建筑给水排水设计手册

（第三版）

下 册

中国建筑设计研究院有限公司　主编

中国建筑工业出版社

目录

上 册

下　　册

第13章 常 用 资 料

13.1 常用符号及材料

13.1.1 给水排水常用符号

给水排水常用符号见表 13.1-1。

给水排水常用符号 表 13.1-1

名 称	符 号	名 称	符 号
流速	V、v	氢离子浓度	pH
流量	Q、q	摩擦阻力系数	λ
面积	A、F、f、ω	局部阻力系数	ξ
容积、体积	V、W	粗糙系数	n
公称尺寸（公称直径、公称通径）	DN	谢才系数	C
管外径、内径	D、d	流量系数	μ
停留时间	T、t	水的运动黏度	ν
扬程	H、h	水的动力黏度	μ
水头损失	H、h	雷诺数	Re
水力坡降	I、i	弗劳德数	Fr
水力半径	R	水力梯度	G
湿周	χ、ρ、P	效率	η
水泵吸程	H_s	周期	T
功率	N	频率	f、P
转速	n	径流系数	ψ

13.1.2 给水排水常用名词缩写

给水排水常用名词缩写见表 13.1-2。

给水排水常用名词缩写 表 13.1-2

常用名称	缩 写	常用名称	缩 写
悬浮固体	SSM	总需氧量	TOD
五日生化需氧量	BOD_5	理论有机碳	ThOC
化学需氧量	COD	总有机碳	TOC
耗氧量	OC	瞬时需氧量	IOD
溶解氧	DO	悬浮固体总量	TSS
理论需氧量	ThOD	溶解固体量	DS

续表

常 用 名 称	缩 写	常 用 名 称	缩 写
混合液浓度（或称污泥浓度）	ALVSS	总凯氏氮	TKN
挥发固体	VSS	工程塑料	ABS
污泥沉降比	SV（%）	浊度	TU
污泥指数	SI	固体总量	TS
余氯量	RCL	污泥容积指数	SVI
悬浮物	SS	污泥密度指数	SDI
聚丙烯酰胺	PAM	厌氧缺氧好氧法	A^2/O
碱式氯化铝	PAC	两级活性污泥法	A/B
聚合硫酸铁	PFS	（或称吸附生物氧化法）	
三氯甲烷	THMS	序批式活性污泥法	SBR
游动电流	SCM	硬聚氯乙烯	PVC-U/UPVC

13.1.3 法定计量单位与习用非法定计量单位换算

国务院于 1981 年 7 月 14 日批准了《中华人民共和国计量单位名称与符号方案（试行）》，由中国国际单位制推行委员会发布执行。本节是根据该方案编制的。

我国的法定计量单位包括：

国际单位制的基本单位（SI）。

国际单位制的辅助单位。

国际单位制中具有专门名称的导出单位。

国家选定的非国际单位制单位。

由以上单位构成的组合形式的单位。

由词头和以上单位构成的十进倍数和分数单位。

1. SI 基本单位

SI 基本单位及其定义见表 13.1-3。

SI 基本单位示例 表 13.1-3

量[①]	单位名称[②]	单位符号	定　义
长　度	米	m	米等于氪—86 原子的 $2p_{10}$ 和 $5d_5$ 能级之间跃迁所对应的辐射，在真空中的 1650763.73 个波长的长度
质　量	千克	kg	千克是质量单位，等于国际千克原器的质量
时　间	秒	s	秒是铯—133 原子基态的两个超精细能级之间跃迁所对应的辐射的 9192631770 个周期的持续时间
电　流	安［培］	A	安培是一恒定电流，若保持在处于真空中相距 1m 的两无限长，而圆截面可忽略的平行直导线内，则在此两导线之间产生的力在每米长度上等于 $2×10^{-7}$ N
热力学温度[③]	开［尔文］	K	热力学温度单位开尔文是水三相点热力学温度的 1/273.26

量①	单位名称②	单位符号	定　义
物质的量	摩［尔］	mol	1. 摩尔是一系统的物质的量，该系统中所包含的基本单位数与 0.012kg 碳－12 的原子数目相等； 2. 在使用摩尔时，基本单位应予指明，可以是原子、分子、离子、电子及其他粒子，或是这些粒子的特定组合
发光强度	坎［德拉］	cd	坎德拉是一光源在给定方向上的发光强度，该光源发出频率为 540×10^{12} Hz 的单色辐射，且在此方向上的辐射强度为 1/683W 每球面度

①本方案的中心内容是单位名称与符号。本方案中所涉及的量的名称，将由有关的国家标准予以规定，下同。

②去掉方括号时为单位名称的全称，去掉方括号中的字时即成为单位名称的简称，无方括号的单位名称，简称与全称同，下同。

③除以开尔文表示的热力学温度外，也可按式 $t = T - 273.15\text{K}$ 所定义的摄氏温度，式中 t 为摄氏温度，T 为热力学温度。单位"摄氏度"与单位"开尔文"相等。"摄氏度"是表示摄氏温度时用来代替"开尔文"的一个专门名称，摄氏温度间隔或温差可以用摄氏度表示，也可以用开尔文表示。

2. SI 辅助单位

SI 辅助单位及其定义见表 13.1-4，使用时可以把它们当作基本单位或导出单位。

SI 辅助单位示例　　　　　　　　　　　　表 13.1-4

量	单位名称	单位符号	定　义
平面角	弧　度	rad	弧度是一圆内两条半径之间的平面角，这两条半径在圆周上截取的弧长与半径相等
立体角	球面度	sr	球面度是一立体角，其顶点位于球心。而它在球面上所截取的面积等于以球半径为边长的正方形面积

3. SI 导出单位

SI 导出单位见表 13.1-5。

用 SI 基本单位表示的 SI 导出单位示例　　　　表 13.1-5

量	SI 单位		量	SI 单位	
	名　称	符　号		名　称	符　号
面　积	平方米	m^2	电流密度	安［培］每平方米	A/m^2
体　积	立方米	m^3	磁场强度	安［培］每米	A/m
速　度	米每秒	m/s	［物质的量］浓度	摩［尔］每立方米	mol/m^3
加速度	米每二次方秒	m/s^2	比体积	立方米每千克	m^3/kg
波　数	每　米	m^{-1}	［光］亮度	坎［德拉］每平方米	cd/m^2
密　度	千克每立方米	kg/m^3			

注：在不致产生误解时，量的名称中方括号内的字可以省略。

有些 SI 导出单位具有专门名称和符号（见表 13.1-6），这些专门名称和符号也可用来表示其他的 SI 导出单位。用专门名称表示的 SI 导出单位见表 13.1-7。

具有专门名称的 SI 导出单位示例　　　　　　　　　　表 13.1-6

量	SI 单位			
	名称	符号	用其他 SI 单位表示的表示式	用 SI 基本单位表示的表示式
频率	赫［兹］	Hz		s^{-1}
力	牛［顿］	N		$m \cdot kg \cdot s^{-2}$
压强，（压力）应力	帕［斯卡］	Pa	N/m^2	$m^{-1} \cdot kg \cdot s^{-2}$
能，功，热量	焦［耳］	J	$N \cdot m$	$m^2 \cdot kg \cdot s^{-2}$
功率，辐［射］通量	瓦［特］	W	J/s	$m^2 \cdot kg \cdot s^{-3}$
电量，电荷	库［仑］	C		$s \cdot A$
电位（电势），电压，电动势	伏［特］	V	W/A	$m^2 \cdot kg \cdot s^{-3} \cdot A^{-1}$
电容	法［拉］	F	C/V	$m^{-2} \cdot kg^{-1} \cdot s^4 \cdot A^2$
电阻	欧［姆］	Ω	V/A	$m^2 \cdot kg \cdot s^{-3} \cdot A^{-2}$
电导	西［门子］	S	A/V	$m^{-2} \cdot kg^{-1} \cdot s^3 \cdot A^2$
磁通［量］	韦［伯］	Wb	$V \cdot s$	$m^2 \cdot kg \cdot s^{-2} \cdot A^{-1}$
磁感应［强度］，磁通密度	特［斯拉］	T	Wb/m^2	$kg \cdot s^{-2} \cdot A^{-1}$
电感	亨［利］	H	Wb/A	$m^2 \cdot kg \cdot s^{-2} \cdot A^{-2}$
摄氏温度	摄氏度	℃		K
光通［量］	流［明］	lm		$cd \cdot sr$
［光］照度	勒［克斯］	lx	lm/m^2	$m^{-2} \cdot cd \cdot sr$
［放射性］活度（放射性强度）	贝可［勒尔］	Bq		s^{-1}
吸收剂量	戈［瑞］	Gy	J/kg	$m^2 \cdot s^{-2}$
剂量当量	希［沃特］	Sv	J/kg	$m^2 \cdot s^{-2}$

注：在不致产生误解时，量的名称中方括号内的字可以省略。

用专门名称表示的 SI 导出单位示例　　　　　　　　　　表 13.1-7

量	SI 单位		
	名称	符号	用 SI 基本单位表示的表示式
［动力］黏度	帕［斯卡］秒	$Pa \cdot s$	$m^{-1} \cdot kg \cdot s^{-1}$
力矩	牛［顿］米	$N \cdot m$	$m^2 \cdot kg \cdot s^{-2}$
表面张力	牛［顿］每米	N/m	$kg \cdot s^{-2}$
热流密度，辐［射］照度	瓦［特］每平方米	W/m^2	$kg \cdot s^{-3}$
热容，熵	焦［耳］每开［尔文］	J/K	$m^2 \cdot kg \cdot s^{-2} \cdot K^{-1}$
比热容，比熵	焦［耳］每千克开［尔文］	$J/(kg \cdot K)$	$m^2 \cdot s^{-2} \cdot K^{-1}$
比能	焦［耳］每千克	J/kg	$m^2 \cdot s^{-2}$
热导率(导热系数)	瓦［特］每米开［尔文］	$W/(m \cdot K)$	$m \cdot kg \cdot s^{-3} \cdot K^{-1}$
能［量］密度	焦［耳］每立方米	J/m^3	$m^{-1} \cdot kg \cdot s^{-2}$
电场强度	伏［特］每米	V/m	$m \cdot kg \cdot s^{-3} \cdot A^{-1}$
电荷体密度	库［仑］每立方米	C/m^3	$m^{-3} \cdot s \cdot A$

续表

量	SI 单位		
	名称	符号	用 SI 基本单位表示的表示式
电 位 移	库[仑]每平方米	C/m^2	$m^{-2} \cdot s \cdot A$
电容率(介电常数)	法[拉]每米	F/m	$m^{-3} \cdot kg^{-1} \cdot s^4 \cdot A^2$
磁 导 率	亨[利]每米	H/m	$m \cdot kg \cdot s^{-2} \cdot A^{-2}$
摩尔能[量]	焦[耳]每摩[尔]	J/mol	$m^2 \cdot kg \cdot s^{-2} \cdot mol^{-1}$
摩尔熵，摩尔热容	焦[耳]每摩[尔]开[尔文]	$J/(mol \cdot K)$	$m^2 \cdot kg \cdot s^{-2} \cdot K^{-1} \cdot mol^{-1}$

注：在不致产生误解时，量的名称中方括号内的字可以省略。

用 SI 辅助单位表示的 SI 导出单位见表 13.1-8。

用 SI 辅助单位表示的 SI 导出单位示例　　　　　表 13.1-8

量	SI 单位	
	名　　称	符　　号
角 速 度	弧度每秒	rad/s
角加速度	弧度每二次方秒	rad/s^2
辐[射]强度	瓦[特]每球面度	W/sr
辐[射]亮度	瓦[特]每平方米球面度	$W/(m^2 \cdot sr)$

注：在不致产生误解时，量的名称中方括号内的字可以省略。

表 13.1-5～表 13.1-8 未列出的其他量可按上述原则构成其 SI 导出单位。

4. SI 词头

SI 词头见表 13.1-9。SI 单位的十进倍数单位与分数单位，由 SI 词头加 SI 单位构成；质量的单位由 SI 词头加克（符号是 g）构成。

SI 词头 (1)　　　　　表 13.1-9

因　　数	词 头 名 称		符　　号
	原文（法）	中　文	
10^{18}	exa	—	E
10^{15}	peta	—	P
10^{12}	tera	—	T
10^9	giga	—	G
10^6	mega	兆	M
10^3	kilo	千	k
10^2	hecto	百	h
10^1	deca	十	da
10^{-1}	deci	分	d
10^{-2}	centi	厘	c
10^{-3}	milli	毫	m
10^{-6}	micro	微	μ
10^{-9}	nano	—	n
10^{-12}	pico	—	p
10^{-15}	femto	—	f
10^{-18}	atto	—	a

表 13.1-9 未列出的 SI 词头中文名称暂不作规定。这部分名称有下列两种方案，待一定时间后再研究决定。目前，建议使用原文名称及符号。表 13.1-10 原文后的括号内系汉字注音。

SI 词头（2）　　　　　　　　表 13.1-10

因　数	词　头　名　称			符　号
	原文（法）	中　文		
		大小数方案	音译方案	
10^{18}	exa（艾可萨）	穰	艾	E
10^{15}	peta（拍它）	秭	拍	P
10^{12}	tera（太拉）	垓	太	T
10^{9}	giga（吉咖）	京	吉	G
10^{-9}	nano（纳诺）	纤	纳	n
10^{-12}	pico（皮可）	沙	皮	p
10^{-15}	femto（飞母托）	尘	飞	f
10^{-18}	atto（阿托）	渺	阿	a

注：10^4 称为万，10^8 称为亿，10^{12} 称为万亿，这类数词的使用不受词头名称的影响，但不应与词头混淆。

5. 市制

暂时允许使用的市制单位见表 13.1-11，其他市制单位不准使用。一般不要将市制单位与国际单位制单位或任何其他单位构成组合单位。

市　制　单　位　　　　　　　　13.1-11

量	单　位　名　称	与 SI 单位的关系
长度	［市］里	1［市］里＝500m
	丈	1 丈＝10/3m＝3.3m
	尺	1 尺＝1/3m＝0.3m
	寸	1 寸＝1/30m＝0.03m
	［市］分	1 分＝1/300m＝0.003m
质量	［市］担	1［市］担＝50kg
	斤	1 斤＝500g＝0.5kg
	两	1 两＝50g＝0.05kg
	钱	1 钱＝5g＝0.005kg
	［市］分	1［市］分＝0.5g＝0.0005kg
面积	亩	1 亩＝10000/15m²＝666.6m²
	［市］分	1［市］分＝1000/15m²＝66.6m²
	［市］厘	1［市］厘＝100/15m²＝6.6m²

13.2 单位换算

13.2.1 统一公制计量单位中文名称

统一公制计量单位名称、代号、对主单位的比见表13.2-1。

统一公制计量单位名称、代号、对主单位的比　　　　表 13.2-1

类　别	采用的单位名称	代　号	对主单位的比
长 度	微米	μm	百万分之一米（1/1000000m）
	忽米	cmm	十万分之一米（1/100000m）
	丝米	dmm	万分之一米（1/10000m）
	毫米	mm	千分之一米（1/1000m）
	厘米	cm	百分之一米（1/100m）
	分米	dm	十分之一米（1/10m）
	米	m	主单位
	十米	dam	米的十倍（10m）
	百米	hm	米的百倍（100m）
	千米	km	米的千倍（1000m）
质 量	毫克	mg	百万分之一 kg（1/1000000kg）
	厘克	cg	十万分之一 kg（1/100000kg）
	分克	dg	万分之一 kg（1/10000kg）
	克	g	千分之一 kg（1/1000kg）
	十克	dag	百分之一 kg（1/100kg）
	百克	hg	十分之一 kg（1/10kg）
	千克	kg	主单位
	公担（分吨）	dt	kg 的百倍（100kg）
	吨	t	kg 的千倍（1000kg），克的兆倍（10^6g）
容 量	毫升	mL	千分之一升（1/1000L）
	厘升	cL	百分之一升（1/100L）
	分升	dL	十分之一升（1/10L）
	升	L	主单位
	十升	daL	升的十倍（10L）
	百升	hL	升的百倍（100L）
	千升（立方米）	kL	升的千倍（1000L）
体 积	立方毫米	mm^3	十亿分之一立方米（10^{-9}m^3）
	立方厘米	cm^3	百万分之一立方米（1/1000000m^3）
	立方米	m^3	主单位

注：1μm＝1000mm（纳米）；1nm＝10A（埃）；1A（埃）＝10^{-8}cm（厘米）。

13.2.2　常用单位换算

1. 长度单位换算

长度单位换算见表 13.2-2。

表 13.2-2

长度单位换算

单位	km	hm	dam	m	dm	cm	mm	μm	nm	pm	Å	X单位
千米	1	10	10^2	10^3	10^4	10^5	10^6	10^9	10^{12}	10^{15}	10^{13}	10^{16}
百米	10^{-1}	1	10	10^2	10^3	10^4	10^5	10^8	10^{11}	10^{14}	10^{12}	10^{15}
十米	10^{-2}	10^{-1}	1	10	10^2	10^3	10^4	10^7	10^{10}	10^{13}	10^{11}	10^{14}
米	10^{-3}	10^{-2}	10^{-1}	1	10	10^2	10^3	10^6	10^9	10^{12}	10^{10}	10^{13}
分米	10^{-4}	10^{-3}	10^{-2}	10^{-1}	1	10	10^2	10^5	10^8	10^{11}	10^9	10^{12}
厘米	10^{-5}	10^{-4}	10^{-3}	10^{-2}	10^{-1}	1	10	10^4	10^7	10^{10}	10^8	10^{11}
毫米	10^{-6}	10^{-5}	10^{-4}	10^{-3}	10^{-2}	10^{-1}	1	10^3	10^6	10^9	10^7	10^{10}
微米	10^{-9}	10^{-8}	10^{-7}	10^{-6}	10^{-5}	10^{-4}	10^{-3}	1	10^3	10^6	10^4	10^7
纳米	10^{-12}	10^{-11}	10^{-10}	10^{-9}	10^{-8}	10^{-7}	10^{-6}	10^{-3}	1	10^3	10	10^4
皮米	10^{-15}	10^{-14}	10^{-13}	10^{-12}	10^{-11}	10^{-10}	10^{-9}	10^{-6}	10^{-3}	1	10^{-2}	10
埃	10^{-13}	10^{-12}	10^{-11}	10^{-10}	10^{-9}	10^{-8}	10^{-7}	10^{-4}	10^{-1}	10^2	1	10^3
X单位①	10^{-16}	10^{-15}	10^{-14}	10^{-13}	10^{-12}	10^{-11}	10^{-10}	10^{-7}	10^{-4}	10^{-1}	10^{-3}	1

①1X 单位 $=1.00206\times10^{-13}$m。

2. 面积单位换算

面积单位换算见表 13.2-3。

表 13.2-3

面积单位换算

单位	km²	hm²=ha	dam²=a	m²	dm²	cm²	mm²	μm²	nm²	pm²	b
平方千米	1	10^2	10^4	10^6	10^8	10^{10}	10^{12}	10^{18}	10^{24}	10^{30}	
平方百米（公顷）	10^{-2}	1	10^2	10^4	10^6	10^8	10^{10}	10^{16}	10^{22}	10^{28}	
平方十米	10^{-4}	10^{-2}	1	10^2	10^4	10^6	10^8	10^{14}	10^{20}	10^{26}	
平方米	10^{-6}	10^{-4}	10^{-2}	1	10^2	10^4	10^6	10^{12}	10^{18}	10^{24}	10^{28}
平方分米	10^{-8}	10^{-6}	10^{-4}	10^{-2}	1	10^2	10^4	10^{10}	10^{16}	10^{22}	10^{26}
平方厘米	10^{-10}	10^{-8}	10^{-6}	10^{-4}	10^{-2}	1	10^2	10^8	10^{14}	10^{20}	10^{24}
平方毫米	10^{-12}	10^{-10}	10^{-8}	10^{-6}	10^{-4}	10^{-2}	1	10^6	10^{12}	10^{18}	10^{22}
平方微米	10^{-18}	10^{-16}	10^{-14}	10^{-12}	10^{-10}	10^{-8}	10^{-6}	1	10^6	10^{12}	10^{16}
平方纳米	10^{-24}	10^{-22}	10^{-20}	10^{-18}	10^{-16}	10^{-14}	10^{-12}	10^{-6}	1	10^6	10^{10}
平方皮米	10^{-30}	10^{-28}	10^{-26}	10^{-24}	10^{-22}	10^{-20}	10^{-18}	10^{-12}	10^{-6}	1	10^4
靶恩				10^{-28}	10^{-26}	10^{-24}	10^{-22}	10^{-16}	10^{-10}	10^{-4}	1

3. 体积单位换算

体积单位换算见表 13.2-4。

体积单位换算　　　　　　　　　　　　　　　　表 13.2-4

单位	km³	hm³	dam³	m³	hL	daL	dm³ =L	dL	cL	cm³ =mL	mm³ =μL	μm³ =fL	nm³	pm³
立方千米	1	10^3	10^6	10^9	10^{10}	10^{11}	10^{12}	10^{13}	10^{14}	10^{15}	10^{18}	10^{27}	10^{36}	10^{45}
立方百米	10^{-3}	1	10^3	10^6	10^7	10^8	10^9	10^{10}	10^{11}	10^{12}	10^{15}	10^{24}	10^{33}	10^{42}
立方十米	10^{-6}	10^{-3}	1	10^3	10^4	10^5	10^6	10^7	10^8	10^9	10^{12}	10^{21}	10^{30}	10^{39}
立方米	10^{-9}	10^{-6}	10^{-3}	1	10	10^2	10^3	10^4	10^5	10^6	10^9	10^{18}	10^{27}	10^{36}
百　升	10^{-10}	10^{-7}	10^{-4}	10^{-1}	1	10	10^2	10^3	10^4	10^5	10^8	10^{17}	10^{26}	10^{35}
十　升	10^{-11}	10^{-8}	10^{-5}	10^{-2}	10^{-1}	1	10	10^2	10^3	10^4	10^7	10^{16}	10^{25}	10^{34}
立方分米（升）	10^{-12}	10^{-9}	10^{-6}	10^{-3}	10^{-2}	10^{-1}	1	10	10^2	10^3	10^6	10^{15}	10^{24}	10^{33}
分　升	10^{-13}	10^{-10}	10^{-7}	10^{-4}	10^{-3}	10^{-2}	10^{-1}	1	10	10^2	10^5	10^{14}	10^{23}	10^{32}
厘　升	10^{-14}	10^{-11}	10^{-8}	10^{-5}	10^{-4}	10^{-3}	10^{-2}	10^{-1}	1	10	10^4	10^{13}	10^{22}	10^{31}
立方厘米（毫升）	10^{-15}	10^{-12}	10^{-9}	10^{-6}	10^{-5}	10^{-4}	10^{-3}	10^{-2}	10^{-1}	1	10^3	10^{12}	10^{21}	10^{30}
立方毫米（微升）	10^{-18}	10^{-15}	10^{-12}	10^{-9}	10^{-8}	10^{-7}	10^{-6}	10^{-5}	10^{-4}	10^{-3}	1	10^9	10^{18}	10^{27}
立方微米（飞升）	10^{-27}	10^{-24}	10^{-21}	10^{-18}	10^{-17}	10^{-16}	10^{-15}	10^{-14}	10^{-13}	10^{-12}	10^{-9}	1	10^9	10^{18}
立方纳米	10^{-36}	10^{-33}	10^{-30}	10^{-27}	10^{-26}	10^{-25}	10^{-24}	10^{-23}	10^{-22}	10^{-21}	10^{-18}	10^{-9}	1	10^9
立方皮米	10^{-45}	10^{-42}	10^{-39}	10^{-36}	10^{-35}	10^{-34}	10^{-33}	10^{-32}	10^{-31}	10^{-30}	10^{-27}	10^{-18}	10^{-9}	1

4. 质量单位换算

质量单位换算见表 13.2-5。

质量单位换算　　　　　　　　　　　　　　　　表 13.2-5

单位	Mt	kt	t（Mg）	dt	kg	hg	dag	g	dg	mg	μg①	ca at②
兆　吨	1	10^3	10^6	10^7	10^9	10^{10}	10^{11}	10^{12}	10^{13}	10^{15}	10^{18}	
千　吨	10^{-3}	1	10^3	10^4	10^6	10^7	10^8	10^9	10^{10}	10^{12}	10^{15}	
吨（兆克）	10^{-6}	10^{-3}	1	10	10^3	10^4	10^5	10^6	10^7	10^9	10^{12}	
分　吨	10^{-7}	10^{-4}	10^{-1}	1	10^2	10^3	10^4	10^5	10^6	10^8	10^{11}	
千　克	10^{-9}	10^{-6}	10^{-3}	10^{-2}	1	10	10^2	10^3	10^4	10^6	10^9	5×10^3
百　克	10^{-10}	10^{-7}	10^{-4}	10^{-3}	10^{-1}	1	10	10^2	10^3	10^5	10^8	5×10^2
十　克	10^{-11}	10^{-8}	10^{-5}	10^{-4}	10^{-2}	10^{-1}	1	10	10^2	10^4	10^7	5×10
克	10^{-12}	10^{-9}	10^{-6}	10^{-5}	10^{-3}	10^{-2}	10^{-1}	1	10	10^2	10^6	5
分　克	10^{-13}	10^{-10}	10^{-7}	10^{-6}	10^{-4}	10^{-3}	10^{-2}	10^{-1}	1	10^2	10^5	0.5
毫　克	10^{-15}	10^{-12}	10^{-9}	10^{-8}	10^{-6}	10^{-5}	10^{-4}	10^{-3}	10^{-2}	1	10^3	5×10^{-3}
微　克	10^{-18}	10^{-15}	10^{-12}	10^{-11}	10^{-9}	10^{-8}	10^{-7}	10^{-6}	10^{-5}	10^{-3}	1	5×10^{-6}
克　拉					2×10^{-4}	2×10^{-3}	2×10^{-2}	2×10^{-1}	2	2×10^2	2×10^5	

①过去称为 γ。

②只用于钻石珍珠、贵金属。

5. 力单位换算

力单位换算见表 13.2-6。

力单位换算　　　　　　　　　　　　　　　　表 13.2-6

单位	N	dyn	gf	kgf	0.1kN	kN
牛顿	1	10^5	0.1019716×10^3 $\approx10^2$	$0.1019716\approx$ 10^{-1}	10^{-2}	10^{-3}
达因	10^{-5}	1	0.1019716×10^{-2} $\approx10^{-3}$	0.1019716×10^{-5} $\approx10^{-6}$	10^{-7}	10^{-8}

续表

单位	N	dyn	gf	kgf	0.1kN	kN
克力[①]	9.80665×10^{-3} $\approx10^{-2}$	9.80665×10^{2} $\approx10^{3}$	1	10^{-3}	9.80665×10^{-5} $\approx10^{-4}$	9.80665×10^{-6} $\approx10^{-5}$
千克力	$9.80665\approx10$	9.80665×10^{5} $\approx10^{6}$	10^{3}	1	9.80665×10^{-2} $\approx10^{-1}$	9.80665×10^{-3} $\approx10^{-2}$
百牛	10^{2}	10^{7}	0.1019716×10^{5} $\approx10^{4}$	0.1019716×10^{2} ≈10	1	10^{-1}
千牛	10^{3}	10^{8}	0.1019716×10^{6} $\approx10^{5}$	0.1019716×10^{3} $\approx10^{2}$	10	1

①克力在西欧有些国家，有一个专门名称"pond"，千克力则称为"kilopond"，符号为 p，kp。

6. 千克力（kgf）换算为牛顿（N）

千克力（kgf）换算为牛顿（N）见表13.2-7。

千克力（kgf）换算为牛顿（N）　　　　　　　　表13.2-7

kgf	0	1	2	3	4	5	6	7	8	9
0	—	9.80665	19.61330	29.41995	39.22660	49.03325	58.83990	68.64655	78.45320	88.25985
10	98.06650	107.87315	117.67980	127.48645	137.29310	147.09975	156.90640	166.71305	176.51970	186.32635
20	196.13300	205.93965	215.74630	225.55295	235.35960	245.16625	254.97290	264.77955	274.58620	284.39285
30	294.19950	304.00615	313.81280	323.61945	333.42610	343.23275	353.03940	362.84605	372.65270	382.45935
40	392.26600	402.07265	411.87930	421.68595	431.49260	441.29925	451.10590	460.91255	470.71920	480.52585
50	490.33250	500.13915	509.94580	519.75245	529.55910	539.36575	549.17240	558.97905	568.78570	578.59235
60	588.39900	598.20565	608.01230	617.81895	627.62560	637.43225	647.23890	657.04555	666.85220	676.65885
70	686.46550	696.27215	706.07880	715.88545	725.69210	735.49875	745.30540	755.11205	764.91870	774.72535
80	784.53200	794.33865	804.14530	813.95195	823.75860	833.56525	843.37190	853.17855	862.98520	872.79185
90	882.59850	892.40515	902.21180	912.01845	921.82510	931.63175	941.43840	951.24505	961.05170	970.85835

注：本表所列换算数值同样适用于下列换算：

千克力米换为焦耳；千克力米每秒换为瓦特；千克力米秒平方换为千克平方米；千克力每平方米换为帕斯卡；

千克力每平方厘米换为 10^{4}Pa；千克力每平方毫米换为牛顿每平方毫米；毫米水柱换为 10^{3}Pa；米水柱换为帕斯卡；千克力秒平方每米四次方换为千克每立方米；千克力米每千克开尔文换为焦耳每千克开尔文；

克力换为 10^{-3}N；兆克力换为 10^{3}N。

例如：$1\text{kgf}\cdot\text{m}=9.80665\text{J}$；$1\text{kgf}\cdot\text{m/s}=9.80665\text{W}$。

7. 动力黏度单位换算

动力黏度单位换算见表13.2-8。

动力黏度单位换算　　　　　　　　表13.2-8

单位	Pa·s	P	cP	kg/(m·h)	kgf·s/m²
帕斯卡秒	1	10	10^{3}	3.6×10^{3}	1.020×10^{-1}
泊（dyn·s/cm²）	10^{-1}	1	10^{2}	3.6×10^{2}	1.020×10^{-2}
厘泊	10^{-3}	10^{-2}	1	3.6	1.020×10^{-4}
千克每米小时	2.778×10^{-4}	2.778×10^{-3}	2.778×10^{-1}	1	2.833×10^{-5}
千克力秒每平方米	9.80665	9.80665×10	9.80665×10^{3}	3.530×10^{4}	1

8. 运动黏度单位换算

运动黏度单位换算见表 13.2-9。

运动黏度单位换算　　　　　　　　　　　　表 13.2-9

单　位	m²/s	St	cSt	m²/h
平方米每秒	1	10^4	10^6	$3.6×10^3$
斯托克斯	10^{-4}	1	10^2	$3.6×10^{-1}$
厘斯	10^{-6}	10^{-2}	1	$3.6×10^{-3}$
平方米每小时	$2.778×10^{-4}$	2.778	$2.778×10^2$	1

9. 不同温标间的换算关系

不同温标间的换算关系见表 13.2-10。

不同温标间的换算关系　　　　　　　　　　表 13.2-10

单位	K	℃	列氏	°F	°R
开尔文 $T_K^{①}$	T_K	$T_K-273.15$	$0.8(T_K-273.15)$	$1.80(T_K-27.15)$ $+32$	$1.80\,T_K$
摄氏度 $t_C^{①}$	$t_C+273.15$	t_C	$0.8t_C$	$1.80t_C+32$	$1.80t_C+491.67$
列氏度 $t_R^{①}$	$1.25t_R+273.15$	$1.25t_R$	t_R	$2.25t_R+32$	$2.25t_R+491.67$
华氏度 $t_F^{①}$	$0.5556(t_F-32)$ $+273.15$	$0.5556(t_F-32)$	$0.444(t_F-32)$	t_F	$t_F+459.67$
兰氏度 $T_R^{①}$	$0.5556T_R$	$0.5556(T_R-$ $491.67)$	$0.444T_R-491.67$	$T_R-459.67$	T_R

① T_K、t_C、t_R、t_F、T_R 表示温度数值。

10. 英制长度单位换算

英制长度单位换算见表 13.2-11。

英制长度单位换算　　　　　　　　　　表 13.2-11

单位	mile	fur	chain	yd	ft	in	m	N·mile
英里	1	8	80	1760	5280	63360	1609	0.869
浪	0.125	1	10	220	660	7920	201.17	
链	0.0125	10^{-1}	1	22	66	792	20.117	
码	$0.568×10^{-3}$	$4.55×10^{-3}$	$45.5×10^{-3}$	1	3	36	0.9144	
英尺	$0.189×10^{-3}$	$1.52×10^{-3}$	$15.2×10^{-3}$	0.333	1	12	0.3048	
英寸	$15.78×10^{-6}$	$0.126×10^{-3}$	$1.263×10^{-3}$	0.0278	0.083	1	0.0254	
米	$0.6215×10^{-3}$	$4.97×10^{-3}$	$49.7×10^{-3}$	1.094	3.281	39.37	1	$54×10^{-5}$
海里	1.1508				6076.12		1852	1

11. 压力与应力单位换算

压力与应力单位换算见表 13.2-12。

压力与应力单位换算

表 13.2-12

单位	Pa=N/m²	bar	atm	Torr=mmHg	dyn/cm²=μbar	mH₂O=kgf/m²	mmH₂O=kgf/m²	kgf/cm²(at)	kgf/mm²	N/mm²=MPa	daN/mm²
帕斯卡	1	10^{-5}	$9.869 \times 10^{-6} \approx 10^{-5}$	7.500×10^{-3}	10	$0.102 \times 10^{-3} \approx 10^{-4}$	$0.102 \approx 10^{-1}$	$10.2 \times 10^{-6} \approx 10^{-5}$	$0.102 \times 10^{-6} \approx 10^{-7}$	10^{-6}	10^{-7}
巴	10^5	1	$0.9869 \approx 1$	750	10^6	$10.2 \approx 10$	$10.2 \times 10^3 \approx 10^4$	$1.02 \approx 1$	$10.2 \times 10^{-3} \approx 10^{-2}$	10^{-1}	10^{-2}
标准大气压	101325	$1.013 \approx 1$	1	760	$1.013 \times 10^6 \approx 10^6$	$10.33 \approx 10$	$10.33 \times 10^3 \approx 10^4$	$1.033 \approx 1$	$10.33 \times 10^{-3} \approx 10^{-2}$	$0.1013 \approx 10^{-1}$	$10.13 \times 10^{-3} \approx 10^{-2}$
托(毫米汞柱)	133.322	1.333×10^{-3}	1.316×10^{-3}	1	1.333×10^3	13.6×10^{-3}	13.60	1.36×10^{-3}	13.60×10^{-6}	133.32×10^{-6}	13.33×10^{-6}
达因/厘米²(微巴)	10^{-1}	10^{-6}	$0.9869 \times 10^{-6} \approx 10^{-6}$	0.750×10^{-3}	1	$10.2 \times 10^{-6} \approx 10^{-5}$	$10.2 \times 10^{-3} \approx 10^{-2}$	$1.02 \times 10^{-6} \approx 10^{-6}$	$10.2 \times 10^{-9} \approx 10^{-8}$	10^{-7}	10^{-8}
米水柱	$9.80661 \times 10^3 \approx 10^4$	$98.0661 \times 10^{-3} \approx 10^{-1}$	$0.09687 \approx 10^{-1}$	73.6	$98.1 \times 10^3 \approx 10^5$	1	10^3	10^{-1}	10^{-3}	$9.81 \times 10^{-3} \approx 10^{-2}$	$0.981 \times 10^{-3} \approx 10^{-3}$
毫米水柱	$9.80661 \approx 10$	$98.0661 \times 10^{-6} \approx 10^{-4}$	$0.0968 \times 10^{-3} \approx 10^{-4}$	0.0736	$98.1 \approx 10^2$	10^{-3}	1	10^{-4}	10^{-6}	$9.81 \times 10^{-6} \approx 10^{-5}$	$0.981 \times 10^{-6} \approx 10^{-6}$
千克力/厘米²(工程大气压)	$9.80665 \times 10^4 \approx 10^5$	$0.980665 \approx 1$	$0.968 \approx 1$	736	$0.981 \times 10^6 \approx 10^6$	10	10^4	1	10^{-2}	$98.1 \times 10^{-3} \approx 10^{-1}$	$9.81 \times 10^{-3} \approx 10^{-2}$
千克力/毫米²	$9.80665 \times 10^6 \approx 10^7$	$98.0665 \times 10^{-2} \approx 10^2$	$0.0968 \times 10^3 \approx 10^2$	0.0736×10^6	$98.1 \times 10^6 \approx 10^8$	10^3	10^6	10^2	1	$9.81 \approx 10$	$0.981 \approx 1$
牛顿/毫米²	10^6	10	$9.869 \approx 10$	7.50×10^3	10^7	$102 \approx 10^2$	$0.102 \times 10^6 \approx 10^5$	$10.2 \approx 10$	$0.102 \approx 10^{-1}$	1	10^{-1}
十牛顿/毫米²	10^7	10^2	$98.69 \approx 10^2$	75.00×10^3	10^8	$1.02 \times 10^3 \approx 10^3$	$1.02 \times 10^6 \approx 10^6$	$0.102 \times 10^3 \approx 10^2$	$1.02 \approx 1$	10	1

12. 功、能与热量单位换算

功、能与热量单位换算见表 13.2-13。

表 13.2-13

单位	$J=N \cdot m=W \cdot s$	cal_h	$W \cdot h$	$kfg \cdot m$	erg	$dyn \cdot m$	米制马力小时	$L \cdot atm$	eV
焦耳	1	0.2388	277.778×10^{-6}	0.10197	10^7	10^5	0.37767×10^{-6}	9.8689×10^{-3}	6.2422×10^{18}
国际蒸汽表卡	4.1868	1	1.163×10^{-3}	0.4269	41.868×10^6	0.41868×10^6	1.581×10^{-6}	41.319×10^{-3}	2.614×10^{19}
瓦小时	3600	0.85984×10^3	1	0.3671×10^3	36.00×10^9	360.0×10^6	1.3597×10^{-3}	35.528	2.2472×10^{22}
千克力米	9.80665	2.3418	2.7241×10^{-3}	1	98.0665×10^6	980.665×10^3	3.7040×10^{-6}	96.781×10^{-3}	6.1215×10^{19}
尔格	10^{-7}	23.884×10^{-9}	27.778×10^{-12}	10.197×10^{-9}	1	10^{-2}	37.767×10^{-15}	0.9869×10^{-9}	6.2422×10^{11}
达因米	10^{-5}	2.3884×10^{-6}	2.7778×10^{-9}	1.0197×10^{-6}	10^2	1	3.7767×10^{-12}	98.689×10^{-9}	6.2422×10^{13}
米制马力小时	2.6478×10^6	632.41×10^3	735.51	0.26999×10^6	26.478×10^{12}	264.78×10^9	1	26.131×10^3	1.6528×10^{25}
升大气压	101.33	24.201	28.147×10^{-3}	10.332	1.0133×10^9	10.133×10^6	38.269×10^{-6}	1	6.3251×10^{20}
电子伏特	1.602×10^{-19}	3.8262×10^{-20}	4.450×10^{-23}	1.6336×10^{-20}	1.602×10^{-12}	1.602×10^{-14}	6.0503×10^{-26}	1.581×10^{-21}	1

13. 功率、能量流及热流单位换算

功率、能量流及热流单位换算见表 13.2-14。

表 13.2-14

单位	W	cal_h/s	$kcal_h/h$	$kgf \cdot m/s$	erg/s	$dyn \cdot m/s$	米制马力	$L \cdot atm/h$
瓦特	1	0.23885	0.8598	0.10197	10^7	10^5	1.3596×10^{-3}	35.528
卡路里每秒	4.1868	1	3.600	0.4269	41.868×10^6	0.41868×10^6	5.6924×10^{-3}	148.75
千卡路里每小时	1.163	0.2778	1	0.11859	11.63×10^6	0.1163×10^6	1.5812×10^{-3}	41.319
千克力米每秒	9.80665	2.3418	8.4305	1	98.0665×10^6	0.980665×10^6	13.333×10^{-3}	348.41
尔格每秒	10^{-7}	23.884×10^{-9}	85.982×10^{-9}	10.197×10^{-9}	1	10^{-2}	0.13596×10^{-9}	3.5528×10^{-6}
达因米每秒	10^{-5}	2.3884×10^{-6}	8.5982×10^{-6}	1.0197×10^{-6}	10^2	1	13.596×10^{-9}	355.28×10^{-6}
米制马力	735.499	0.1757×10^3	0.6324×10^3	75	7.355×10^9	73.55×10^6	1	26.131×10^3
升大气压每小时	28.147×10^{-3}	6.7228×10^{-3}	24.202×10^{-3}	2.8702×10^{-3}	0.28147×10^6	2.8147×10^3	38.269×10^{-6}	1

14. 英寸换算为毫米

英寸换算为毫米见表13.2-15。

英寸换算为毫米

表13.2-15

in	0	1/16in	1/8in	3/16in	1/4in	5/16in	3/8in	7/16in	1/2in	9/16in	5/8in	11/16in	3/4in	13/16in	7/8in	15/16in	1in
0		1.59	3.18	4.76	6.35	7.94	9.53	11.11	12.70	14.29	15.88	17.46	19.05	20.64	22.23	23.81	25.40
1	25.40	26.99	28.58	30.16	31.75	33.34	34.93	36.51	38.10	39.69	41.28	42.86	44.45	46.04	47.63	49.21	50.80
2	50.80	52.39	53.98	55.56	57.15	58.74	60.33	61.91	63.50	65.09	66.68	68.26	69.85	71.44	73.03	74.61	76.20
3	76.20	77.79	79.38	80.96	82.55	84.14	85.73	87.31	88.90	90.49	92.08	93.66	95.25	96.84	98.43	100.01	101.60
4	101.60	103.19	104.78	106.36	107.95	109.54	111.13	112.71	114.30	115.89	117.48	119.06	120.65	122.24	123.83	125.41	127.00
5	127.00	128.59	130.18	131.76	133.35	134.94	136.53	138.11	139.70	141.29	142.88	144.46	146.05	147.64	149.23	150.81	152.40
6	152.40	153.99	155.58	157.16	158.75	160.34	161.93	163.51	165.10	166.69	168.28	169.86	171.45	173.04	174.63	176.21	177.80
7	177.80	179.39	180.98	182.56	184.15	185.74	187.33	188.91	190.50	192.09	193.68	195.26	196.85	198.44	200.03	201.61	203.20
8	203.20	204.79	206.38	207.96	209.55	211.14	212.73	214.31	215.90	217.49	219.08	220.66	222.25	223.84	225.43	227.01	228.60
9	228.60	230.19	231.78	233.36	234.95	236.54	238.13	239.71	241.30	242.89	244.48	246.06	247.65	249.24	250.83	252.41	254.00
10	254.00	255.59	257.18	258.76	260.35	261.94	263.53	265.11	266.70	268.29	269.88	271.46	273.05	274.64	276.23	277.81	279.40

15. 毫米换算为英寸

毫米换算为英寸见表 13.2-16。

毫米换算为英寸　表 13.2-16

mm	0	1	2	3	4	5	6	7	8	9
0		0.039	0.079	0.118	0.157	0.197	0.236	0.276	0.315	0.354
10	0.394	0.433	0.472	0.512	0.551	0.591	0.630	0.669	0.709	0.748
20	0.787	0.827	0.866	0.906	0.945	0.984	1.024	1.063	1.102	1.142
30	1.181	1.220	1.260	1.299	1.339	1.378	1.417	1.457	1.496	1.535
40	1.575	1.614	1.654	1.693	1.732	1.772	1.811	1.850	1.890	1.929
50	1.969	2.008	2.047	2.087	2.126	2.165	2.205	2.244	2.283	2.323
60	2.362	2.402	2.441	2.480	2.520	2.559	2.598	2.638	2.677	2.717
70	2.756	2.795	2.835	2.874	2.913	2.953	2.992	3.031	3.071	3.110
80	3.150	3.189	3.228	3.268	3.307	3.346	3.386	3.425	3.465	3.504
90	3.543	3.583	3.622	3.661	3.701	3.740	3.780	3.819	3.858	3.898
100	3.937	3.976	4.016	4.055	4.094	4.134	4.173	4.213	4.252	4.291

16. 英制面积单位换算

英制面积单位换算见表 13.2-17。

英制面积单位换算

表 13.2-17

单位	in²	ft²	yd²	mi²	acre	cm²	mm²	m²
平方英寸	1	6.944×10^{-3}	7.716×10^{-4}	2.491×10^{-10}	1.594×10^{-7}	6.4516	645.16	6.4516×10^{-4}
平方英尺	144	1	1.111×10^{-1}	3.587×10^{-8}	2.296×10^{-5}	0.0929×10^{4}	0.0929×10^{6}	0.0929
平方码	1.296×10^{3}	9	1	3.228×10^{-7}	2.066×10^{-4}	0.8361×10^{4}	0.8361×10^{6}	0.8361
平方英里	4.014×10^{9}	2.788×10^{7}	3.098×10^{6}	1	6.400×10^{2}			
英亩	6.273×10^{6}	4.356×10^{4}	4.840×10^{3}	1.562×10^{-3}	1			4047
平方厘米	0.1550	10.7639×10^{-4}	1.196×10^{-4}			1	10^{2}	10^{-4}
平方毫米	0.00155	10.7639×10^{-6}	1.196×10^{-6}			10^{-2}	1	10^{-6}
平方米	1.550×10^{3}	10.7639	1.196	0.386×10^{-6}	0.247×10^{-3}	10^{4}	10^{6}	1

17. 英制体积单位换算

英制体积单位换算见表 13.2-18。

英制体积单位换算

表 13.2-18

单位	in³	ft³	yd³	BUL (UK)	BUA (US)	gal	cm³	L	m³
立方英寸	1	5.787×10^{-4}	2.14×10^{-5}	4.51×10^{-4}	4.65×10^{-4}	3.60×10^{-3}	16.387	0.0164	
立方英尺	1.73×10^{3}	1	3.70×10^{-2}	7.79×10^{-1}	8.04×10^{-1}	6.23	28.317×10^{3}	28.317	0.028317
立方码	4.67×10^{4}	27	1	21	21.7	1.68×10^{2}	764554	764.554	0.764554
蒲式耳（英）	2.22×10^{3}	1.28	1.76×10^{-2}	1	1.03	8			
蒲式耳（美）	2.15×10^{3}	1.24	4.61×10^{-2}	9.70×10^{-1}	1	7.75			
加仑（英）	2.77×10^{2}	1.61×10^{-1}	5.95×10^{-3}	1.28×10^{-1}	1.29×10^{-1}	1	4546.1	4.5461	0.0045461
立方厘米	0.061						1	10^{-3}	10^{-6}
升	61.02	0.0353	0.0013			0.22	1000	1	10^{-3}
立方米	61024	35.315	1.308			220	10^{6}	10^{3}	1

18. 英制常用衡质量单位换算

英制常用衡质量单位换算见表 13.2-19。

英制常用衡质量单位换算　　　　　　　表 13.2-19

单位	lt	英担	lb	oz	kg	t
长　吨	1	20	2.24×10^3	3.584×10^4	1.016×10^3	1.0161
英担	5×10^{-2}	1	1.12×10^2	1.792×10^3	50.8	
磅	4.464×10^{-4}	8.93×10^{-3}	1	16	0.45359	
盎司			6.25×10^{-2}	1	28.35×10^{-3}	2.835×10^{-5}
千克	0.984×10^{-3}	19.7×10^{-3}	2.205	35.3	1	0.001
吨	0.9842		2204.6		1000	1

19. 温度换算公式

温　度　换　算　　　　　　　表 13.2-20

开尔文(K)	摄氏度(℃)	华氏度(℉)	兰金度(°R)
$C+273.15$	C	$\dfrac{9}{5}C+32$	$\dfrac{9}{5}C+491.67$
$\dfrac{5}{9}(F+495.67)$	$\dfrac{5}{9}(F-32)$	F	$F+495.67$
$\dfrac{5}{9}R$	$\dfrac{5}{9}(R-491.67)$	$R-495.67$	R
K	$K-273.15$	$\dfrac{9}{5}K-459.67$	$\dfrac{9}{5}K$

20. 速度换算

速度换算见表 13.2-21。

速　度　换　算　　　　　　　表 13.2-21

米/秒(m/s)	英尺/秒(ft/s)	码/秒(yd/s)	千米/小时(km/h)	英里/小时(mi/h)	海里/小时(nmi/h)
1	3.2808	1.0936	3.6000	2.2370	1.9440
0.3048	1	0.3333	1.0973	0.6819	0.5927
0.9144	3.0000	1	3.2919	2.0457	1.7775
0.2778	0.9114	0.3038	1	0.6214	0.5400
0.4470	1.4667	0.4889	1.6093	1	0.8689
0.5144	1.6878	0.5627	1.8520	1.1508	1

21. 流量换算

流量换算见表 13.2-22。

流　量　换　算　　　　　　　表 13.2-22

米³/秒 (m³/s)	英尺³/秒 (ft³/s)	码³/秒 (yd³/s)	升/秒 (L/s)	磅/秒 (lb/s)	米³/小时 (m³/h)	美加仑/秒 (usgal/s)	英加仑/秒 (ukgal/s)	英尺³/分钟 (ft³/min)
1	35.3132	1.3079	1000	2205	3600	264.2000	220.0900	2119
0.0283	1	0.0370	28.3150	62.4388	101.9340	7.4813	6.2279	60
0.7645	27.0000	1	764.5134	1685.7520	2752.2482	201.9844	168.1533	1618
0.0010	0.0353	0.0013	1	2.2050	3.6000	0.2642	0.2201	2.119
0.0005	0.0160	0.0006	0.4535	1	1.6327	0.1198	0.0998	0.960
0.0003	0.0098	0.0004	0.2778	0.6125	1	0.0734	0.0611	0.587
0.0037	0.1307	0.0049	3.7863	8.3487	13.6222	1	0.8333	8.010
0.0045	0.1607	0.0059	4.5435	10.0184	16.3466	1.2004	1	9.620
0.00047	0.0167	0.00062	0.4720	1.0410	1.7000	0.1250	0.1040	1

22. 功的换算

功的换算见表 13.2-23。

功 的 换 算　　　　　　　　　　　　　表 13.2-23

千克·厘米 (kg·cm)	磅·英寸 (lb·in)	千克·米 (kg·m)	磅·英尺 (lb·ft)	吨·米 (t·m)	英吨·英尺 (ton·ft)
1	0.8679	0.01	0.0723	0.00001	0.00003
1.1521	1	0.0115	0.0833	0.00001	0.00004
100	86.797	1	7.2334	0.001	0.0032
13.8257	12	0.1383	1	0.00014	0.0004
100000	86797.2	1000	7233.4	1	3.2291

23. 功率换算

功率换算见表 13.2-24。

功 率 换 算　　　　　　　　　　　　　表 13.2-24

千 瓦 (kW)	公制马力 (Hp)	英制马力 (hp)	千克·米/秒 (kg·m/s)	英尺·磅/秒 (ft·lb/s)	千卡/秒 (kcal/s)	英热单位/秒 (Btu/s)
1	1.3596	1.3410	102	737.562	0.2389	0.9478
0.7355	1	0.9863	75	542.47	0.1757	0.6973
0.7457	1.0139	1	76.04	550	0.1782	0.7068
0.00981	0.01333	0.01315	1	7.2330	0.00234	0.0093
0.00136	0.00184	0.00182	0.1383	1	0.00032	0.00129
4.186	5.691	5.612	426.9	3087	1	3.9680
1.055	1.434	1.415	107.6	778	0.2520	1

24. 水的各种硬度单位及换算

水的各种硬度单位及换算见表 13.2-25。

水的各种硬度单位及换算　　　　　　　　　　表 13.2-25

硬　　度	德国度	法国度	英国度	美国度
毫克当量/L	2.804	5.005	3.511	50.045
德国度	1	1.7848	1.2521	17.848
法国度	0.5603	1	0.7015	10.000
英国度	0.7987	1.4255	1	14.255
美国度	0.0560	0.1	0.0702	1

（1）德国度：1 度相当于 1L 水中含有 10mgCaO；

（2）英国度：1 度相当于 0.7L 水中含有 10mgCaO；

（3）法国度：1 度相当于 1L 水中含有 10mgCaO；

（4）美国度：1 度相当于 1L 水中含有 1mgCaO。

25. 饱和蒸汽压力

饱和蒸汽压力见表 13.2-26。

饱和蒸汽压力   表 13.2-26

水温（℃）	5	10	20	30	40	50
饱和蒸汽压力（以 Pa 计）	0.883	1.1768	2.354	4.217	7.355	12.258
水温（℃）	60	70	80	90	100	
饱和蒸汽压力（以 Pa 计）	19.809	31.087	47.268	70.020	101.303	

26. 密度换算

密度换算见表 13.2-27。

密 度 换 算   表 13.2-27

克/毫升 (g/mL)	千克/米³＝克/升 (kg/m³＝g/L)	克/米³ (g/m³)	磅/英尺³ (lb/ft³)	盎司/英尺³ (oz/ft³)
1	1×10^3	1×10^6	62.43	998.8
0.001	1	1×10^3	0.06243	0.9988
1×10^{-6}	1×10^{-3}	1	6.243×10^{-5}	9.988×10^{-4}
0.016018	16.018	1.6018×10^4	1	16
0.0010012	1.0012	1.0012×10^3	0.0625	1

注：10^{-6}kg/L 为 1ppm，10^{-9}kg/L 为 1ppb，10^{-12}kg/L 为 1ppt。

27. 弧度与角度的换算

弧度与角度的换算见表 13.2-28。

弧度与角度的换算   表 13.2-28

弧 度	2π	π	1	0.01745
度（°）	360	180	57.3	1

注：弧度＝度$\times\dfrac{\pi}{180}$；度＝弧度$\times\dfrac{180}{\pi}$。

28. 高程式系统换算

高程式系统换算见表 13.2-29。

高程式系统换算   表 13.2-29

吴淞零点高程					
大沽口零点高程	0.511	大沽口零点高程			
废黄河零点高程	1.744	1.233	废黄河零点高程		
黄海平均海水面高程（国家系统）	1.807	1.296	0.063	黄海平均海水面高程（国家系统）	
1954 年黄海平均水面高程	1.890	1.379	0.146	0.083	1954 年黄海平均海水面高程
坎门零点平均海水面高程	2.044	1.533	0.300	0.237	0.154	坎门零点平均海水面高程

注：1. 表中所列数值均系正值，以吴淞零点高程为最高。所有高程单位均以 m 计。
2. 表中数值不尽精确，但对一般工程测量使用换算无误。
3. 例：吴淞零点高程＝坎门零点高程－2.044。

29. 坐标换算

坐标换算公式见公式（13.2-1）、公式（13.2-2）：

$$x = x'\cos\theta - y'\sin\theta + a \tag{13.2-1}$$
$$y = x'\sin\theta + y'\cos\theta + b \tag{13.2-2}$$

式中 θ——两坐标系统坐标轴的夹角（$\theta > 90°$），它是第二坐标系统相对于第一坐标系统的转角；如从 y 轴开始按顺时针方向转到 y' 轴时 θ 角为正；如按逆时针方向转到 y' 轴时 θ 角为负；

a、b——系数，是根据若干个重合点在两个坐标系统中的坐标值反求出；θ 角亦根据同一边（重合边）在两个坐标系统中的方位角求得。

$$\left. \begin{array}{l} \theta = a - a' \\ a = y'\sin\theta - x'\cos\theta + x \\ b = -x'\sin\theta - y'\cos\theta + y \end{array} \right\}$$

如图 13.2-1 中 a、b 皆为正号，图 13.2-2 中 a、b 皆为负号。

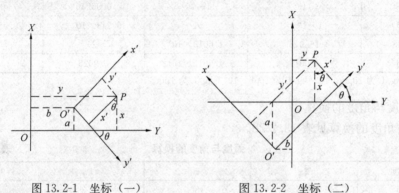

图 13.2-1 坐标（一）   图 13.2-2 坐标（二）

13.3 计算数表

13.3.1 粗糙系数 n 值

人工管渠粗糙系数 n 值见表 13.3-1。

人工管渠粗糙系数 n 值   表 13.3-1

管 渠 类 别	n	管 渠 类 别	n
缸瓦管（带釉）	0.013	水泥砂浆抹面渠道	0.013
混凝土和钢筋混凝土的雨水管	0.013	砖砌渠道（不抹面）	0.015
混凝土和钢筋混凝土的污水管	0.014	砂浆块石渠道（不抹面）	0.017
石棉水泥管	0.012	干砌块石渠道	0.020~0.025
铸铁管	0.013	土明渠（包括带草皮的）	0.025~0.030
钢 管	0.012	木 槽	0.012~0.014
PVC-U 管、PE 管和玻璃钢管	0.009~0.011		

13.3.2 排水管管径与相应排放面积关系值

排水管管径与相应排放面积关系值见表 13.3-2。

排水管管径与相应排放面积相关系值

表 13.3-2

管径(mm)	两种情况	100	120	140	160	180	200	220	250	280	300	350	400	450	500	600	700	800	Q_{max}(L/s)	i_{min}(‰)	v_{min}(m/s)	h/D
单位面积流量(m³/(d·hm²))		1.2	1.4	1.6	1.9	2.1	2.3	2.5	2.9	3.2	3.5	4.0	4.6	5.2	5.8	6.9	8.1	9.3				
单位面积流量(L/(s·hm²))																						
200	(1)	4.6	3.9	3.4	2.9	2.6	2.4	2.2	1.9	1.7	1.5	1.3	1.2	1.0	0.9	0.8	0.6	0.5	12.7	4.00	0.61	0.55
	(2)	4.5	3.8	3.3	2.8	2.5	2.3	2.1	1.8	1.6	1.5	1.3	1.1	1.0	0.9	0.7	0.6	0.5	12.4	3.83	0.60	0.55
300	(1)	13.5	11.6	10.1	8.5	7.7	7.0	6.5	5.6	5.0	4.6	4.0	3.5	3.1	2.8	2.3	2.0	1.7	32.4	3.00	0.70	0.55
	(2)	11.4	9.8	8.5	7.2	6.5	5.9	5.4	4.7	4.2	3.9	3.4	2.9	2.6	2.3	1.9	1.6	1.4	27.9	2.23	0.60	0.55
400	(1)	33.3	28.6	25.0	21.0	19.0	17.4	16.0	13.8	12.5	11.4	10.0	8.7	7.7	6.9	5.8	4.9	4.3	72.1	1.50	0.60	0.65
	(2)	33.5	28.7	25.1	21.1	19.1	17.5	16.1	13.8	12.5	11.5	10.0	8.7	7.7	6.9	5.8	4.9	4.3	72.5	1.51	0.60	0.65
500	(1)	66.8	57.3	50.1	42.2	38.2	34.8	32.1	27.6	25.0	22.9	20.0	17.4	15.4	13.8	11.6	9.9	8.6	133.6	1.20	0.62	0.70
	(2)	64.3	55.1	48.2	40.6	36.7	33.5	30.8	26.6	24.1	22.0	19.2	16.7	14.8	13.3	11.1	9.5	8.3	129.3	1.12	0.60	0.70
600	(1)	105.0	90.0	78.8	66.3	60.0	54.8	50.4	43.4	39.4	36.0	31.5	27.4	24.2	21.7	18.2	15.5	13.5	198.3	1.00	0.64	0.70
	(2)	107.0	91.7	80.2	67.6	61.1	55.8	51.3	44.2	40.1	36.6	32.1	27.9	24.7	22.1	18.6	15.8	13.8	201.7	1.03	0.65	0.70
700	(1)	166.1	142.3	124.5	104.9	94.9	86.6	79.7	68.7	62.2	56.9	49.8	43.3	38.3	34.3	28.8	24.6	21.4	299.1	1.00	0.71	0.70
	(2)	176.4	151.2	132.3	111.4	100.8	92.0	84.7	73.0	66.1	60.5	52.9	46.0	40.7	36.5	30.6	26.1	22.7	316.8	1.12	0.75	0.70
800	(1)	215.1	184.4	161.3	135.8	122.9	112.2	103.2	89.0	80.6	73.7	64.5	56.1	49.6	44.5	37.4	31.8	27.7	382.0	0.80	0.69	0.70
	(2)	217.6	186.5	163.2	137.4	124.3	113.5	104.4	90.0	81.6	74.6	65.2	56.7	50.2	45.0	37.8	32.2	28.0	386.1	0.82	0.70	0.70
900	(1)	301.7	258.6	226.2	190.5	172.4	157.4	144.8	124.8	113.1	103.4	90.5	78.7	69.6	62.4	52.4	44.6	38.9	522.9	0.80	0.75	0.70
	(2)	302.1	258.9	226.6	190.8	172.6	157.6	145.0	125.0	113.3	103.5	90.6	78.8	69.7	62.5	52.5	44.7	38.9	523.6	0.80	0.75	0.70
1000	(1)	393.7	337.5	295.3	248.7	225.0	205.4	189.0	162.9	147.6	135.0	118.1	102.7	90.8	81.4	68.4	58.3	50.8	665.6	0.60	0.70	0.75
	(2)	396.3	339.6	297.2	250.3	226.7	206.7	190.2	163.9	148.6	135.8	118.8	103.3	91.4	81.9	68.9	58.7	51.1	669.4	0.61	0.70	0.75
1100	(1)	520.6	446.2	390.5	328.8	297.5	271.6	249.9	215.4	195.2	178.5	156.2	135.8	120.1	107.7	90.5	77.1	67.1	858.2	0.60	0.74	0.75
	(2)	527.1	451.8	395.3	332.9	301.2	275.0	253.0	218.1	197.6	180.7	158.1	137.5	121.6	109.0	91.6	78.0	68.0	867.9	0.61	0.75	0.75

续表

管径 (mm)	两种情况	单位面积流量 (m³/(d·hm²))																	Q_{max} (L/s)	i_{min} (‰)	v_{min} (m/s)	h/D
		100	120	140	160	180	200	220	250	280	300	350	400	450	500	600	700	800				
		单位面积流量 (L/(s·hm²))																				
		1.2	1.4	1.6	1.9	2.1	2.3	2.5	2.9	3.2	3.5	4.0	4.6	5.2	5.8	6.9	8.1	9.3				
1200	(1)	675.0	578.5	506.2	426.3	385.7	352.1	324.0	279.3	253.1	231.4	202.5	176.0	155.7	139.6	117.3	100.0	87.0	1082	0.60	0.79	0.75
	(2)	688.7	590.3	516.5	434.9	393.5	359.3	330.5	284.9	258.2	236.1	206.6	179.6	158.9	142.4	119.7	102.1	88.8	1102	0.62	0.80	0.75
1300	(1)	863.3	740.0	647.5	545.2	493.3	450.4	414.4	357.2	323.7	296.0	259.0	225.2	199.2	178.6	150.1	127.9	111.3	1340	0.60	0.83	0.75
	(2)	889.0	762.0	666.7	561.5	508.0	463.8	426.7	367.8	333.3	304.8	266.7	231.9	205.1	183.9	154.6	131.7	114.7	1374	0.63	0.85	0.75
1500	(1)	1226	1051	919.2	774.0	700.3	639.4	588.3	507.1	459.6	420.2	367.6	319.7	282.8	253.5	213.1	181.5	158.1	1792	0.50	0.83	0.75
	(2)	1258	1078	943.3	794.3	718.7	656.2	603.7	520.4	471.6	431.2	377.3	328.1	290.2	260.2	218.7	186.3	162.2	1829	0.52	0.85	0.75
1600	(1)	1526	1308	1145	963.8	872.0	796.2	732.5	631.4	572.2	523.2	457.8	398.1	352.1	315.7	265.4	226.0	196.9	2128	0.50	0.87	0.75
	(2)	1597	1369	1198	1009	912.8	833.4	766.7	661.0	599.1	547.7	479.2	416.7	368.6	330.5	277.8	236.6	206.1	2203	0.54	0.90	0.75
1800	(1)	2354	2018	1766	1487	1345	1228	1130	974.2	882.8	807.2	706.3	614.1	543.3	487.1	409.4	348.7	303.7	2913	0.50	0.94	0.75
	(2)	2391	2049	1793	1510	1366	1247	1148	989.2	896.5	819.6	717.2	623.6	551.7	494.6	415.7	354.1	308.4	2944	0.51	0.95	0.75
2000	(1)	3680	3155	2760	2324	2103	1920	1767	1523	1380	1262	1104	960	849.2	761.4	640	545.2	474.8	3858	0.50	1.01	0.75
	(2)	3951	3386	2963	2495	2258	2061	1896	1635	1482	1355	1185	1031	911.7	817.4	687	585.3	509.7	4017	0.54	1.05	0.75

注:1. 表中两种情况为:

(1) 根据管道的最小坡度及最大充满度求得的流量,流速以及在不同单位面积流量下,此流量所相应的排放面积。例如:有面积为47hm²的地面,排放标准采用200m³/(d·hm²),则可从表中查得所需管径为600mm。

(2) 根据管道的最小流速及最大充满度求得的流量,坡度以及在不同单位面积流量下,此流量所相应的面积。例如:有面积9.7hm²的地面,排放标准采用140m³/(d·hm²),则可从表中查得所需管径为300mm。

2. 两种情况由设计人员根据具体条件确定选用;本表中管道粗糙系数按混凝土和钢筋混凝土的污水管选取($n=0.014$)。

13.4 气象、地质、地震

13.4.1 风

1. 风向方位图

风向一般用 8 个或 16 个罗盘方位表示。风向方位见图 13.4-1。

2. 风向玫瑰图

风向玫瑰图，按其风向资料的内容可分为风向玫瑰图、风向频率玫瑰图和平均风速玫瑰图等。如按其气象观测记载的期限，又可分为月平均、季平均、年平均等各种玫瑰图。

风向玫瑰图是用风向次数计算出来的；风向频率玫瑰图是将风向发生的次数用百分数来表示，所以两者的图形是相同的。平均风速玫瑰图用来表示各个风向的风力大小，就是把风向相同的各次风速加在一起，然后用其次数相除所得的数值。风向玫瑰图见图 13.4-2。

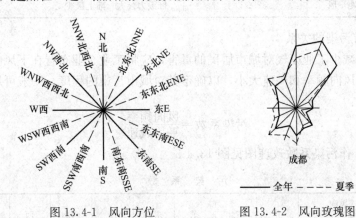

成都

——— 全年　－－－－ 夏季

图 13.4-1　风向方位　　　　　图 13.4-2　风向玫瑰图

风向玫瑰图上所表示的风的吹向，是指从外面吹向地区（玫瑰）中心的。

3. 风速与高度的关系

随着高度的增加，风速受地面摩擦的影响会减小，因此，风离地面越高，则速度越大，这种变化见表 13.4-1。

风速与高度的关系　　　　　　　　　　　　　　　　　表 13.4-1

高度（m）	0.5	1	2	16	32	100
风速（m/s）	2.4	2.8	3.3	4.7	5.5	8.2

4. 风级

风级的划分见表 13.4-2。

风　级　　　　　　　　　　　　　　　　　　　表 13.4-2

风　级	风　名	相当风速（m/s）	地面上物体的象征
0	无　风	0~0.2	炊烟直上，树叶不动
1	软　风	0.3~1.5	风信不动，烟能表示风向
2	轻　风	1.6~3.3	脸感觉有微风，树叶微响，风信开始转动

续表

风　级	风　名	相当风速（m/s）	地面上物体的象征
3	微　风	3.4～5.4	树叶及微枝摇动不息，旌旗飘展
4	和　风	5.5～7.9	地面尘土及纸片飞扬，树的小枝摇动
5	清　风	8.0～10.7	小树摇动，水面起波
6	强　风	10.8～13.8	大树枝摇动，电线呼呼作响，举伞困难
7	疾　风	13.9～17.1	大树摇动，迎风步行感到阻力
8	大　风	17.2～20.7	可折断树枝，迎风步行感到阻力很大
9	烈　风	20.8～24.4	屋瓦吹落，稍有破坏
10	狂　风	24.5～28.4	树木连根拔起或摧毁建筑物，陆上少见
11	暴　风	28.5～32.6	有严重破坏力，陆上很少见
12	飓　风	32.6以上	摧毁力极大，陆上极少见

5. 风与城市污染的关系

为了避免或减少工业废气对城市居民的毒害，应将工业企业布置在下风向。这样，就必须了解城市的风向频率和风速大小，以确定其对城市污染的程度。一般可用污染系数表示，其计算如下：

$$污染系数 = \frac{风向频率}{平均风速}$$

按表13.4-3作污染系数玫瑰图见图13.4-3。

污　染　系　数　　　　　　　　　　　表 13.4-3

项目＼风向	北	东北	东	东南	南	西南	西	西北	总计
次数	10	9	10	11	9	13	8	20	90
频率（%）	11.1	10.0	11.1	12.2	10.0	14.4	9.0	22.2	100
平均风速（m/s）	2.7	2.8	3.4	2.8	2.5	3.1	1.9	3.1	
污染系数	4.1	3.6	3.3	4.4	4.0	4.6	4.7	7.2	

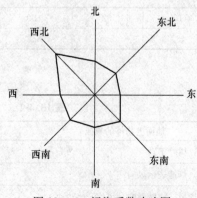

图 13.4-3　污染系数玫瑰图

由图 13.4-3 可知，西北方位的污染系数最大，其次为西和西南两个方位，而东和东北两个方位的污染系数最小。可见，这个城市若新建排放有害气体的工业区时，工业区应放在该城市的东部和东北部，即城市的下风地带；而居住区则以西北部为最好，使居民区位于城市上风地带。

13.4.2　降雨等级及雨量公式

1. 降雨等级的划分

降雨等级的划分见表13.4-4。

降雨等级的划分　　　　　　　　　　　　表 13.4-4

降雨等级	现象描述	降雨量范围（mm）	
		一天内总量	半天内总量
小雨	雨能使地面潮湿、但不泥泞	1～10	0.2～5.0
中雨	雨降到屋顶上有淅淅声，凹地积水	10～25	5.1～15
大雨	降雨如倾盆，落地四溅，平地积水	25～50	15.1～30
暴雨	降雨比大雨还猛，能造成山洪暴发	50～100	30.1～70
大暴雨	降雨比暴雨还大，或时间长，造成洪涝灾害	100～200	70.1～140
特大暴雨	降雨比大暴雨还大，能造成洪涝灾害	>200	>140

2. 暴雨强度公式

我国部分城市暴雨强度公式及降雨强度参见本手册附录Ⅰ。

13.4.3 土的分类

土的分类有：碎石土的分类见表 13.4-5，砂土的分类见表 13.4-6，黏性土的分类见表 13.4-7。

碎石土的分类　　　　　　　　　　　　表 13.4-5

土的名称	颗粒形状	粗组含量
漂石	圆形及亚圆形为主	粒径大于 200mm 的颗粒超过全重 50%
块石	棱角形为主	
卵石	圆形及亚圆形为主	粒径大于 20mm 的颗粒超过全重 50%
碎石	棱角形为主	
圆砾	圆形及亚圆形为主	粒径大于 2mm 的颗粒超过全重 50%
角砾	棱角形为主	

注：1. 分类时应根据粒组含量由大到小以最先符合者确定。

2. 本表摘自《建筑地基基础设计规范》GB 50007—2011。

砂土的分类　　　　　　　　　　　　表 13.4-6

土的名称	粒组含量	土的名称	粒组含量
砾砂	粒径大于 2mm 的颗粒占全重 25%～50%	细砂	粒径大于 0.075mm 的颗粒超过全重 85%
粗砂	粒径大于 0.5mm 的颗粒超过全重 50%	粉砂	粒径大于 0.075mm 的颗粒超过全重 50%
中砂	粒径大于 0.25mm 的颗粒超过全重 50%		

注：1. 分类时应根据粒组含量由大到小以最先符合者确定。

2. 本表摘自《建筑地基基础设计规范》GB 50007—2011。

黏性土的分类　　　　　　　　　　　　表 13.4-7

塑性指数 I_P	土的名称	塑性指数 I_P	土的名称
$I_P > 17$	黏土	$10 < I_P \leqslant 17$	粉质黏土

注：1. 塑性指数由相应于 76g 圆锥体沉入土样中深度为 10mm 时测定的液限计算而得。

2. 本表摘自《建筑地基基础设计规范》GB 50007—2011。

13.4.4　基坑和管沟开挖与支撑

1. 基坑和管沟边坡的最大坡度

基坑和管沟边坡的最大坡度（不加支撑）见表 13.4-8。

基坑和管沟边坡的最大坡度（不加支撑）　　　表 13.4-8

土壤种类	挖方深度为 3m 以内	挖方深度为 3～6m	土壤种类	挖方深度为 3m 以内	挖方深度为 3～6m
填土、砂类土、碎石土	1：1.25	1：1.50	黏土	1：0.50	1：0.67
			黄土	1：0.50	1：0.75
黏质砂土	1：0.67	1：1.00	有裂隙的岩石	1：0.10	1：0.25
砂质黏土	1：0.67	1：0.75	坚实的岩石	1：0	1：0.10

2. 确定管槽底宽度的规定

沟槽的宽度（有支撑时指支撑板间的净距），除管道结构宽度外，应在结构两侧增加工作宽度，每侧增加工作宽度可参照表 13.4-9 的规定。

管槽底宽度的规定　　　表 13.4-9

管径或沟宽（mm）	每侧工作宽度（m）	
	金属管道或砖沟	非金属管道
200～500	0.3	0.4
600～1000	0.4	0.5
1100～1500	0.6	0.6
1600～2000	0.8	0.8

注：1. 有外防水的砖沟，每侧工作宽度宜取 0.8m。

2. 管侧填土系用机械夯实时，每侧工作宽度应能满足机械操作的需要。

3. 现浇混凝土沟时，每侧工作宽度在施工方案中确定。

3. 支撑形式的选择

支撑形式应根据槽深、土质、地下水位、施工季节以及槽边建筑物情况等选定，在一般情况下可按表 13.4-10 选用，当沟槽离建筑物较近以及雨季施工时，支撑形式宜提高一级。

支 撑 形 式　　　表 13.4-10

项　目	黏土、亚黏土、紧密回填土		粉　砂、亚　砂		砂土、砾石、炉渣土	
	无　水	有　水	无　水	有　水	无　水	有　水
第一层支撑直槽	单板撑或井撑	井　撑	稀　撑	密　撑	稀撑或密撑	密　撑
第二层支撑直槽	稀　撑	稀　撑	稀撑或密撑	立板密撑或板桩	立板密撑	立板密撑或板桩

注：1. 如多层槽头槽大开，则头槽不算，二层即为第一层支撑直槽。

2. 密撑可用立板密撑或横板密撑；但在材料许可时，应先选用立板撑，槽帮有坍塌情况者不得使用横板密撑。

3. 有用井点或深井泵将地下水降至槽底以下者，按无水考虑，但井点安装在槽台上者，支撑应加固。

13.4.5　地质年代

地质年代的划分见表 13.4-11。

地质年代的划分　　　　　　　　　　　表 13.4-11

年代单位			年代符号	各纪年数（百万年）	距今年数（百万年）	主要现象
新　生　代（哺乳类动物时代）	第四纪	全新世	Q_h	}1	0.025	
		更新世	Q_p		1	冰川广布，黄土生成
	新第三纪	上新世	N_2	}62	12	西部造山运动，东部低平，湖泊广布
		中新世	N_1			
	旧第三纪	渐新世	E_3		26	哺乳类分化
		始新世	E_2		38	蔬果繁盛，哺乳类急速发展
		古新世	E_1		58	（我国尚无古新世地层发现）
白垩纪			K	43	58	造山作用强烈，火成岩活动矿产生成
侏罗纪			J	45	127	恐龙极盛，中国南山俱成，大陆煤田生成
三叠纪			T	36	152	中国南部最后一次海侵，恐龙哺乳类发育
二叠纪			P	38	182	世界冰川广布，新南最大海侵，造山作用强烈
石炭纪			C	52	203	气候温热，煤田生成，爬行类昆虫发生，地形低平，珊瑚礁发育
泥盆纪			D	36	255	森林发育，腕足类鱼类极盛，两栖类发育
志留纪			S	50	313	珊瑚礁发育，气候局部干燥，造山运动强烈
奥陶纪			O	34	350	地热低平，海水广布，无脊椎动物极繁，末期华北升起
寒武纪			ω	88	430	浅海广布，生物开始大量发展
震旦纪			Z_n		510	地形不平，冰川广布，晚期海侵加广
前震旦纪	滹沱					沉积深厚造山变质强烈，火成岩活动矿产生成
	五台					早期基性喷发，继以造山作用，变质强烈，花岗岩侵入
	泰山				1980	
地壳局部变动，大陆开始形成					（最古矿物）约3350	

13.4.6　地震烈度与震级

1. 地震烈度

地震烈度见表 13.4-12。

中国地震烈度 (2008)　　　　　　　　　　　　　　　　表 13.4-12

地震烈度	人的感觉	房屋震害			其他震害现象	水平向地震动参数	
		类型	震害程度	平均震害指数		峰值加速度 (m/s²)	峰值速度 (m/s)
Ⅰ	无 感	—	—	—	—	—	—
Ⅱ	室内个别静止中的人有感觉	—	—	—	—	—	—
Ⅲ	室内少数静止中的人有感觉	—	门、窗轻微作响	—	悬挂物微动	—	—
Ⅳ	室内多数人、室外少数人有感觉，少数人梦中惊醒	—	门、窗作响	—	悬挂物明显摆动，器皿作响	—	—
Ⅴ	室内绝大多数、室外多数人有感觉，多数人梦中惊醒	—	门窗、屋顶颤动作响，灰土掉落，个别房屋墙体抹灰出现微细裂缝，个别屋顶烟囱掉砖	—	悬挂物大幅度晃动，不稳定器物摇动或翻倒	0.31 (0.22～0.44)	0.03 (0.02～0.04)
Ⅵ	多数人站立不稳，少数人惊逃户外	A	少数中等破坏，多数轻微破坏和/或基本完好	0.00～0.11	家具和物品移动，河岸和松软土上出现裂缝；饱和砂层出现喷砂冒水；个别独立砖烟囱轻度裂缝	0.63 (0.45～0.89)	0.06 (0.05～0.09)
Ⅵ		B	个别中等破坏，少数轻微破坏，多数基本完好	0.00～0.11			
Ⅵ		C	个别轻微破坏，大多数基本完好	0.00～0.08			
Ⅶ	大多数人惊逃户外，骑自行车的人有感觉，行驶中的汽车驾乘人员有感觉	A	少数毁坏和/或严重破坏，多数中等和/或轻微破坏	0.09～0.31	物体从架子上掉落；河岸出现塌方，饱和砂层常见喷水冒砂，松软土上地裂缝较多；大多数独立砖烟囱中等破坏	1.25 (0.90～1.77)	0.13 (0.10～0.18)
Ⅶ		B	少数中等破坏，多数轻微破坏和/或基本完好	0.09～0.31			
Ⅶ		C	少数中等和/或轻微破坏，多数基本完好	0.07～0.22			

续表

地震烈度	人的感觉	房屋震害			其他震害现象	水平向地震动参数	
		类型	震害程度	平均震害指数		峰值加速度（m/s²）	峰值速度（m/s）
Ⅷ	多数人摇晃颠簸，行走困难	A	少数毁坏，多数严重和/或中等破坏	0.29～0.51	干硬土上出现裂缝，饱和砂层绝大多数喷砂冒水；大多数独立砖烟囱严重破坏	2.50（1.78～3.53）	0.25（0.19～0.35）
		B	个别毁坏，少数严重破坏，多数中等和/或轻微破坏	0.29～0.51			
		C	少数严重和/或中等破坏，多数轻微破坏	0.20～0.40			
Ⅸ	行动的人摔跤	A	多数严重破坏或/和毁坏	0.49～0.71	干硬土上多处出现裂缝，可见基岩裂缝、错动，滑披、塌方常见；独立砖烟囱多数倒塌	5.00（3.54～7.07）	0.50（0.36～0.71）
		B	少数毁坏，多数严重和/或中等破坏	0.49～0.71			
		C	少数毁坏和/或严重破坏，多数中等和/或轻微破坏	0.38～0.60			
Ⅹ	骑自行车的人会摔倒。处不稳状态的人会摔离原地，有抛起感	A	绝大多数毁坏	0.69～0.91	山崩和地震断裂出现，基岩上的拱桥破坏；大多数砖烟囱从根部破坏或倒毁	10.00（7.08～14.14）	1.00（0.72～1.41）
		B	大多数毁坏	0.69～0.91			
		C	多数毁坏和/或严重破坏	0.58～0.80			
Ⅺ	—	A	绝大多数毁坏	0.89～1.00	地震断裂延续很长；大量山崩滑坡	—	—
		B		0.89～1.00			
		C		0.78～1.00			
Ⅻ	—	A	几乎全部毁坏	1.00	地面剧烈变化，山河改观	—	—
		B					
		C					

注：1. Ⅰ～Ⅴ度以地面上以及底层房屋中的人的感觉和其他震害现象为主；Ⅵ～Ⅹ度以房屋震害为主，参照其他震害现象；Ⅺ、Ⅻ度应综合房屋震害和地表震害现象。Ⅺ、Ⅻ度的评定，需要专门研究。

2. 一般房屋包括用木构架和土、石、砖墙构造的旧式房屋和单层或数层的、未经抗震设计的新式砖房。对于质量特别差或特别好的房屋，可根据具体情况，对表列各烈度的震害程度和震害指数予以提高或降低。

3. 震害指数以房屋"完好"为0，"毁灭"为1，中间按表列震害程度分级。平均震害指数是相对所有房屋的震害指数的总平均值而言，可以用普查或抽查方法确定。

4. 使用本表时可根据地区具体情况，作出临时的补充规定。

5. 在农村可以自然村为单位，在城镇可以分区进行烈度的评定，但面积以1km²左右为宜。

6. 烟囱指工业或取暖用的锅炉房烟囱。

7. 表中数量词说明，个别：10%以下；少数：10%～50%；多数：50%～70%；大多数：70%～90%；普遍：90%以上。

8. 表中给出的"峰值加速度"和"峰值速度"是参考值，括号内给出的是变动范围。

9. 本表参考《中国地震烈度表》GB/T 17742—2008。

2. 地震烈度与震级对照

地震烈度与震级对照见表13.4-13。

地震烈度与震级对照　　　　　　　　　　　　　　表 13.4-13

	震中烈度（I_0）	Ⅵ	Ⅶ	Ⅷ	Ⅸ	Ⅹ	Ⅺ	Ⅻ	
中国	震级（M）	5	$5\frac{1}{2}$	$6\frac{1}{4}$	$6\frac{3}{4}$	$7\frac{1}{4}$	8	$8\frac{1}{2}$	$M=0.58I_0+1.5$
国际常用	震中烈度（I_0）	Ⅵ—Ⅶ	Ⅶ	Ⅷ—Ⅸ		Ⅹ	Ⅺ—Ⅻ		
	震级（M）	5.3	5.3~5.9	6.0~6.9		7.0~7.7	$7\frac{3}{4}$~$8\frac{1}{2}$		
	震类	e	d	c		b	a		

注：1. 地震震级——按震源放出的能量大小划分震级。震级分9级。
　　2. 地震烈度——按地震发生后在地面上造成的影响或破坏的程度分为12度。工程上称之为烈度。

13.4.7　抗震设防烈度及地震加速度

全国主要城镇抗震设防烈度、地震加速度和地震分组见表13.4-14。

本表仅提供我国各县级及县级以上城镇地区建筑机电工程抗震设计时所采用的抗震设防烈度（以下简称"烈度"）、设计基本地震加速度值（以下简称"加速度"）和所属的设计地震分组（以下简称"分组"）。

城镇抗震设防烈度、地震加速度和地震分组　　　　　　表 13.4-14

省、市、区名称		烈度	加速度	分组	县级及县级以上城镇
北京市		8度	0.20g	第二组	东城区、西城区、朝阳区、丰台区、石景山区、海淀区、门头沟区、房山区、通州区、顺义区、昌平区、大兴区、怀柔区、平谷区、密云区、延庆区
天津市		8度	0.20g	第二组	和平区、河东区、河西区、南开区、河北区、红桥区、东丽区、津南区、北辰区、武清区、宝坻区、滨海新区、宁河区
		7度	0.15g	第二组	西青区、静海区、蓟县
河北省	石家庄市	7度	0.15g	第一组	辛集市
		7度	0.10g	第一组	赵县
		7度	0.10g	第二组	长安区、桥西区、新华区、井陉矿区、裕华区、栾城区、藁城区、鹿泉区、井陉县、正定县、高邑县、深泽县、无极县、平山县、元氏县、晋州市
		7度	0.10g	第三组	灵寿县
		6度	0.05g	第三组	行唐县、赞皇县、新乐市
	唐山市	8度	0.30g	第二组	路南区、丰南区
		8度	0.20g	第二组	路北区、古冶区、开平区、丰润区、滦县
		7度	0.15g	第三组	曹妃甸区（唐海）、乐亭县、玉田县
		7度	0.15g	第二组	滦南县、迁安市
		7度	0.10g	第三组	迁西县、遵化市

续表

省、市、区名称		烈度	加速度	分组	县级及县级以上城镇
河北省	秦皇岛市	7度	0.15g	第二组	卢龙县
		7度	0.10g	第三组	青龙满族自治县、海港区
		7度	0.10g	第二组	抚宁区、北戴河区、昌黎县
		6度	0.05g	第三组	山海关区
	邯郸市	8度	0.20g	第二组	峰峰矿区、临漳县、磁县
		7度	0.15g	第二组	邯山区、丛台区、复兴区、邯郸县、成安县、大名县、魏县、武安市
		7度	0.15g	第一组	永年县
		7度	0.10g	第三组	邱县、馆陶县
		7度	0.10g	第二组	涉县、肥乡县、鸡泽县、广平县、曲周县
	邢台市	7度	0.15g	第一组	桥东区*、桥西区、邢台县、内丘县、柏乡县、隆尧县、任县、南和县、宁晋县、巨鹿县、新河县、沙河市
		7度	0.10g	第二组	临城县、广宗县、平乡县、南宫市
		6度	0.05g	第三组	威县、清河县、临西县
	保定市	7度	0.15g	第二组	涞水县、定兴县、涿州市、高碑店市
		7度	0.10g	第二组	竞秀区、莲池区、徐水区、高阳县、容城县、安新县、易县、蠡县、博野县、雄县
		7度	0.10g	第三组	清苑区、涞源县、安国市
		6度	0.05g	第三组	满城区、阜平县、唐县、望都县、曲阳县、顺平县、定州市
	张家口市	8度	0.20g	第二组	下花园区、怀来县、涿鹿县
		7度	0.15g	第二组	桥东区、桥西区、宣化区*、宣化县、蔚县、阳原县、怀安县、万全县
		7度	0.10g	第三组	赤城县
		7度	0.10g	第二组	张北县、尚义县、崇礼县
		6度	0.05g	第三组	沽源县
		6度	0.05g	第二组	康保县
	承德市	7度	0.10g	第三组	鹰手营子矿区、兴隆县
		6度	0.05g	第三组	双桥区、双滦区、承德县、平泉县、滦平县、隆化县、丰宁满族自治县、宽城满族自治县
		6度	0.05g	第一组	围场满族蒙古族自治县
	沧州市	7度	0.15g	第二组	青县
		7度	0.15g	第一组	青县、肃宁县、献县、任丘市、河间市
		7度	0.10g	第三组	黄骅市
		7度	0.10g	第二组	新华区*、运河区、沧县、东光县、南皮县、吴桥县、泊头市
		6度	0.05g	第三组	海兴县、盐山县、孟村回族自治县

省、市、区名称		烈度	加速度	分组	县级及县级以上城镇
河北省	廊坊市	8度	0.20g	第二组	安次区、广阳区、香河县、大厂回族自治县、三河市
		7度	0.15g	第二组	固安县、永清县、文安县
		7度	0.15g	第一组	大城县
		7度	0.10g	第二组	霸州市
	衡水市	7度	0.15g	第一组	饶阳县、深州市
		7度	0.10g	第二组	桃城区、武强县、冀州市
		7度	0.10g	第一组	安平县
		6度	0.05g	第三组	枣强县、武邑县、故城县、阜城县
		6度	0.05g	第二组	景县
山西省	太原市	8度	0.20g	第二组	小店区、迎泽区、杏花岭区、尖草坪区、万柏林区、晋源区、清徐县、阳曲县
		7度	0.15g	第二组	古交市
		7度	0.10g	第三组	娄烦县
	大同市	8度	0.20g	第二组	城区、矿区、南郊区、大同县
		7度	0.15g	第三组	浑源县
		7度	0.15g	第二组	新荣区、阳高县、天镇县、广灵县、灵丘县、左云县
	阳泉市	7度	0.10g	第三组	盂县
		7度	0.10g	第二组	城区、矿区、郊区、平定县
	长治市	7度	0.10g	第三组	平顺县、武乡县、沁县、沁源县
		7度	0.10g	第二组	城区、郊区、长治县、黎城县、壶关县、潞城市
		6度	0.05g	第三组	襄垣县、屯留县、长子县
	晋城市	7度	0.10g	第三组	沁水县、陵川县
		6度	0.05g	第三组	城区、阳城县、泽州县、高平市
	朔州市	8度	0.20g	第二组	山阴县、应县、怀仁县
		7度	0.15g	第二组	朔城区、平鲁区、右玉县
	晋中市	8度	0.20g	第二组	榆次区、太谷县、祁县、平遥县、灵石县、介休市
		7度	0.10g	第三组	榆社县、和顺县、寿阳县
		7度	0.10g	第二组	昔阳县
		6度	0.05g	第三组	左权县
	运城市	8度	0.20g	第三组	永济市
		7度	0.15g	第三组	临猗县、万荣县、闻喜县、稷山县、绛县
		7度	0.15g	第二组	盐湖区、新绛县、夏县、平陆县、芮城县、河津市
		7度	0.10g	第二组	垣曲县
	忻州市	8度	0.20g	第二组	忻府区、定襄县、五台县、代县、原平市
		7度	0.15g	第三组	宁武县
		7度	0.15g	第二组	繁峙县
		7度	0.10g	第三组	静乐县、神池县、五寨县
		6度	0.05g	第三组	岢岚县、河曲县、保德县、偏关县

续表

省、市、区名称		烈度	加速度	分组	县级及县级以上城镇
山西省	临汾市	8度	0.30g	第二组	洪洞县
		8度	0.20g	第二组	尧都区、襄汾县、古县、浮山市、汾西县、霍州市
		7度	0.15g	第二组	曲沃县、翼城县、蒲县、侯马市
		7度	0.10g	第三组	安泽县、吉县、乡宁县、隰县
		6度	0.05g	第三组	大宁县、永和县
	吕梁市	8度	0.20g	第二组	文水县、交城县、孝义市、汾阳市
		7度	0.10g	第三组	离石区、岚县、中阳县、交口县
		6度	0.05g	第三组	兴县、临县、柳林县、石楼县、方山县
内蒙古自治区	呼和浩特市	8度	0.20g	第二组	新城区、回民区、玉泉区、赛罕区、土默特左旗
		7度	0.15g	第二组	托克托县、和林格尔县、武川县
		7度	0.10g	第二组	清水河县
	包头市	8度	0.30g	第二组	土默特右旗
		8度	0.20g	第二组	东河区、石拐区、九原区、昆都仑区、青山区
		7度	0.15g	第二组	固阳县
		6度	0.05g	第三组	白云鄂博矿区、达尔罕茂明安联合旗
	乌海市	8度	0.20g	第二组	海勃湾区、海南区、乌达区
	赤峰市	8度	0.20g	第一组	元宝山区、宁城县
		7度	0.15g	第一组	红山区、喀喇沁旗
		7度	0.10g	第一组	松山区、阿鲁科尔沁旗、敖汉旗
		6度	0.05g	第一组	巴林左旗、巴林右旗、林西县、克什克腾旗、翁牛特旗
	通辽市	7度	0.10g	第一组	科尔沁区、开鲁县
		6度	0.05g	第一组	科尔沁左翼中旗、科尔沁左翼后旗、库伦旗、奈曼旗、扎鲁特旗、霍林郭勒市
	鄂尔多斯市	8度	0.20g	第二组	达拉特旗
		7度	0.10g	第三组	东胜区、准格尔旗
		6度	0.05g	第三组	鄂托克前旗、鄂托克旗、杭锦旗、伊金霍洛旗
		6度	0.05g	第一组	乌审旗
	呼伦贝尔市	7度	0.10g	第一组	扎赉诺尔区、陈巴尔虎右旗、扎兰屯市
		6度	0.05g	第一组	海拉尔区、阿荣旗、莫力达瓦达斡尔族自治旗、鄂伦春自治旗、鄂温克族自治旗、陈巴尔虎旗、新巴尔虎左旗、满洲里市、牙克石市、额尔古纳市、根河市
	巴彦淖尔市	8度	0.20g	第二组	杭锦后旗
		8度	0.20g	第一组	磴口县、乌拉特前旗、乌拉特后旗
		7度	0.15g	第二组	临河区、五原县
		7度	0.10g	第二组	乌拉特中旗

省、市、区名称		烈度	加速度	分组	县级及县级以上城镇
内蒙古自治区	乌兰察布市	7度	0.15g	第二组	凉城县、察哈尔右翼前旗、丰镇市
		7度	0.10g	第三组	察哈尔右翼中旗
		7度	0.10g	第二组	集宁区、卓资县、兴和县
		6度	0.05g	第三组	四子王旗
		6度	0.05g	第二组	化德县、商都县、察哈尔右翼后旗
	兴安盟	6度	0.05g	第一组	乌兰浩特市、阿尔山市、科尔沁右翼前旗、科尔沁右翼中旗、扎赉特旗、突泉县
	锡林郭勒盟	6度	0.05g	第三组	太仆寺旗
		6度	0.05g	第二组	正蓝旗
		6度	0.05g	第一组	二连浩特市、锡林浩特市、阿巴嘎旗、苏尼特左旗、苏尼特右旗、东乌珠穆沁旗、西乌珠穆沁旗、镶黄旗、正镶白旗、多伦县
	阿拉善盟	8度	0.20g	第二组	阿拉善左旗、阿拉善右旗
		6度	0.05g	第一组	额济纳旗
辽宁省	沈阳市	7度	0.10g	第一组	和平区、沈河区、大东区、皇姑区、铁西区、苏家屯区、浑南区（原东陵区）、沈北新区、于洪区、辽中县
		6度	0.05g	第一组	康平县、法库县、新民市
	大连市	8度	0.20g	第一组	瓦房店市、普兰店市
		7度	0.15g	第一组	金州区
		7度	0.10g	第二组	中山区、西岗区、沙河口区、甘井子区、旅顺口区
		6度	0.05g	第二组	长海县
		6度	0.05g	第一组	庄河市
	鞍山市	8度	0.20g	第二组	海城市
		7度	0.10g	第二组	铁东区、铁西区、立山区、千山区、岫岩满族自治县
		7度	0.10g	第一组	台安县
	抚顺市	7度	0.10g	第一组	新抚区、东洲区、望花区、顺城区*、抚顺县
		6度	0.05g	第一组	新宾满族自治县、清原满族自治县
	本溪市	7度	0.10g	第二组	南芬区
		7度	0.10g	第一组	平山区、溪湖区、明山区
		6度	0.05g	第一组	本溪满族自治县、桓仁满族自治县
	丹东市	8度	0.20g	第一组	东港市
		7度	0.15g	第一组	元宝区、振兴区、振安区
		6度	0.05g	第二组	凤城市
		6度	0.05g	第一组	宽甸满族自治县
	锦州市	6度	0.05g	第二组	古塔区、凌河区、太和区、凌海市
		6度	0.05g	第一组	黑山县、义县、北镇市

续表

省、市、区名称		烈度	加速度	分组	县级及县级以上城镇
辽宁省	营口市	8度	0.20g	第二组	老边区、盖州市、大石桥市
		7度	0.15g	第二组	站前区、西市区、鲅鱼圈区
	阜新市	6度	0.05g	第一组	海州区、新邱区、太平区、清河门区、细河区、阜新蒙古族自治县、彰武县
	辽阳市	7度	0.10g	第二组	弓长岭区、宏伟区、辽阳县
		7度	0.10g	第一组	白塔区、文圣区、太子河区、灯塔市
	盘锦市	7度	0.10g	第二组	双台子区、兴隆台区、大洼县、盘山县
	铁岭市	7度	0.10g	第一组	银州区*、清河区、铁岭县、昌图县、开原市
		6度	0.05g	第一组	西丰县、调兵山市
	朝阳市	7度	0.10g	第二组	凌源市
		7度	0.10g	第一组	双塔区*、龙城区、朝阳县、建平县、北票市
		6度	0.05g	第二组	喀喇沁左翼蒙古族自治县
	葫芦岛市	6度	0.05g	第二组	连山区、龙港区、南票区
		6度	0.05g	第三组	绥中县、建昌县、兴城市
吉林省	长春市	7度	0.10g	第一组	南关区、宽城区、朝阳区、二道区、绿园区、双阳区、九台区
		6度	0.05g	第一组	农安县、榆树市、德惠市
	吉林市	8度	0.20g	第一组	舒兰市
		7度	0.10g	第一组	昌邑区、龙潭区、船营区、丰满区、永吉县
		6度	0.05g	第一组	蛟河市、桦甸市、磐石市
	四平市	7度	0.10g	第一组	伊通满族自治县
		6度	0.05g	第一组	铁西区、铁东区、梨树县、公主岭市、双辽市
	辽源市	6度	0.05g	第一组	龙山区、西安区、东丰县、东辽县
	通化市	6度	0.05g	第一组	东昌区、二道江区、通化县、辉南县、柳河县、梅河口市、集安市
	白山市	6度	0.05g	第一组	浑江区、江源区、抚松县、靖宇县、长白朝鲜族自治县、临江市
	松原市	8度	0.20g	第一组	宁江区、前郭尔罗斯蒙古族自治县
		7度	0.10g	第一组	乾安县
		6度	0.05g	第一组	长岭县、扶余市
	白城市	7度	0.15g	第一组	大安市
		7度	0.10g	第一组	洮北区
		6度	0.05g	第一组	镇赉县、通榆县、洮南市
	延边朝鲜族自治州	7度	0.15g	第一组	安图县
		6度	0.05g	第一组	延吉市、图们市、敦化市、珲春市、龙井市、和龙市、汪清县

续表

省、市、区名称		烈度	加速度	分组	县级及县级以上城镇
黑龙江省	哈尔滨市	8度	0.20g	第一组	方正县
		7度	0.15g	第一组	依兰县、通河县、延寿县
		7度	0.10g	第一组	道里区、南岗区、道外区、松北区、香坊区、呼兰区、尚志市、五常市
		6度	0.05g	第一组	平房区、阿城区、宾县、巴彦县、木兰县、双城区
	齐齐哈尔市	7度	0.10g	第一组	昂昂溪区、富拉尔基区、泰来县
		6度	0.05g	第一组	龙沙区、建华区、铁峰区、碾子山区、梅里斯达斡尔族区、龙江县、依安县、甘南县、富裕县、克山县、克东县、拜泉县、讷河市
	鸡西市	6度	0.05g	第一组	鸡冠区、恒山区、滴道区、梨树区、城子河区、麻山区、鸡东县、虎林市、密山市
	鹤岗市	7度	0.10g	第一组	向阳区、工农区、南山区、兴安区、东山区、兴山区、萝北县
		6度	0.05g	第一组	绥滨县
	双鸭山市	6度	0.05g	第一组	尖山区、岭东区、四方台区、宝山区、集贤县、友谊县、宝清县、饶河县
	大庆市	7度	0.10g	第一组	肇源县
		6度	0.05g	第一组	萨尔图区、龙凤区、让胡路区、红岗区、大同区、肇州县、林甸县、杜尔伯特蒙古族自治县
	伊春市	6度	0.05g	第一组	伊春区、南岔区、友好区、西林区、翠峦区、新青区、美溪区、金山屯区、五营区、乌马河区、汤旺河区、带岭区、乌伊岭区、红星区、上甘岭区、嘉荫县、铁力市
	佳木斯市	7度	0.10g	第一组	向阳区、前进区、东风区、郊区、汤原县
		6度	0.05g	第一组	桦南县、桦川县、抚远县、同江市、富锦市
	七台河市	6度	0.05g	第一组	新兴区、桃山区、茄子河区、勃利县
	牡丹江市	6度	0.05g	第一组	东安区、阳明区、爱民区、西安区、东宁县、林口县、绥芬河市、海林市、宁安市、穆棱市
	黑河市	6度	0.05g	第一组	爱辉区、嫩江县、逊克县、孙吴县、北安市、五大连池市
	绥化市	7度	0.10g	第一组	北林区、庆安县
		6度	0.05g	第一组	望奎县、兰西县、青冈县、明水县、绥棱县、安达市、肇东市、海伦市
	大兴安岭地区	6度	0.05g	第一组	加格达奇区、呼玛县、塔河县、漠河县
上海市		7度	0.10g	第二组	黄浦区、徐汇区、长宁区、静安区、普陀区、闸北区、虹口区、杨浦区、闵行区、宝山区、嘉定区、浦东新区、金山区、松江区、青浦区、奉贤区、崇明县

续表

省、市、区名称		烈度	加速度	分组	县级及县级以上城镇
江苏省	南京市	7度	0.10g	第二组	六合区
		7度	0.10g	第一组	玄武区、秦淮区、建邺区、鼓楼区、浦口区、栖霞区、雨花台区、江宁区、溧水区
		6度	0.05g	第一组	高淳区
	无锡市	7度	0.10g	第一组	崇安区、南长区、北塘区、锡山区、滨湖区、惠山区、宜兴市
		6度	0.05g	第二组	江阴市
	徐州市	8度	0.20g	第二组	睢宁县、新沂市、邳州市
		7度	0.10g	第三组	鼓楼区、云龙区、贾汪区、泉山区、铜山区
		7度	0.10g	第二组	沛县
		6度	0.05g	第二组	丰县
	常州市	7度	0.10g	第一组	天宁区、钟楼区、新北区、武进区、金坛区、溧阳市
	苏州市	7度	0.10g	第一组	虎丘区、吴中区、相城区、姑苏区、吴江区、常熟市、昆山市、太仓市
		6度	0.05g	第二组	张家港市
	南通市	7度	0.10g	第二组	崇川区、港闸区、海安县、如东县、如皋市
		6度	0.05g	第二组	通州区、启东市、海门市
	连云港市	7度	0.15g	第三组	东海县
		7度	0.10g	第三组	连云区、海州区、赣榆区、灌云县
		6度	0.05g	第三组	灌南县
	淮安市	7度	0.10g	第三组	清河区、淮阴区、清浦区
		7度	0.10g	第二组	盱眙县
		6度	0.05g	第三组	淮安区、涟水县、洪泽县、金湖县
	盐城市	7度	0.15g	第三组	大丰区
		7度	0.10g	第三组	盐都区
		7度	0.10g	第二组	亭湖区、射阳县、东台市
		6度	0.05g	第三组	响水县、滨海县、阜宁县、建湖县
	扬州市	7度	0.15g	第二组	广陵区、江都区
		7度	0.15g	第一组	邗江区、仪征市
		7度	0.10g	第二组	高邮市
		6度	0.05g	第三组	宝应县
	镇江市	7度	0.15g	第一组	京口区、润州区
		7度	0.10g	第一组	丹徒区、丹阳市、扬中市、句容市
	泰州市	7度	0.10g	第二组	海陵区、高港区、姜堰区、兴化市
		6度	0.05g	第二组	靖江市
		6度	0.05g	第一组	泰兴市
	宿迁市	8度	0.30g	第二组	宿城区、宿豫区
		8度	0.20g	第二组	泗洪县
		7度	0.15g	第三组	沭阳县
		7度	0.10g	第三组	泗阳县

省、市、区名称		烈度	加速度	分组	县级及县级以上城镇
浙江省	杭州市	7度	0.10g	第一组	上城区、下城区、江干区、拱墅区、西湖区、余杭区
		6度	0.05g	第一组	滨江区、萧山区、富阳区、桐庐县、淳安县、建德市、临安市
	宁波市	7度	0.10g	第一组	海曙区、江东区、江北区、北仑区、镇海区、鄞州区
		6度	0.05g	第一组	象山县、宁海县、余姚市、慈溪市、奉化市
	温州市	6度	0.05g	第二组	洞头区、平阳县、苍南县、瑞安市
		6度	0.05g	第一组	鹿城区、龙湾区、瓯海区、永嘉县、文成县、泰顺县、乐清市
	嘉兴市	7度	0.10g	第一组	南湖区、秀洲区、嘉善县、海宁市、平湖市、桐乡市
		6度	0.05g	第一组	海盐县
	湖州市	6度	0.05g	第一组	吴兴区、南浔区、德清县、长兴县、安吉县
	绍兴市	6度	0.05g	第一组	越城区、柯桥区、上虞区、新昌县、诸暨市、嵊州市
	金华市	6度	0.05g	第一组	婺城区、金东区、武义县、浦江县、磐安县、兰溪市、义乌市、东阳市、永康市
	衢州市	6度	0.05g	第一组	柯城区、衢江区、常山县、开化县、龙游县、江山市
	舟山市	7度	0.10g	第一组	定海区、普陀区、岱山县
		6度	0.05g	第一组	嵊泗县
	台州市	6度	0.05g	第二组	玉环县
		6度	0.05g	第一组	椒江区、黄岩区、路桥区、三门县、天台县、仙居县、温岭市、临海市
	丽水市	6度	0.05g	第二组	庆元县
		6度	0.05g	第一组	莲都区、青田县、缙云县、遂昌县、松阳县、云和县、景宁畲族自治县、龙泉市
安徽省	合肥市	7度	0.10g	第一组	瑶海区、庐阳区、蜀山区、包河区、长丰县、肥东县、肥西县、庐江县、巢湖市
	芜湖市	6度	0.05g	第一组	镜湖区、弋江区、鸠江区、三山区、芜湖县、繁昌县、南陵县、无为县
	蚌埠市	7度	0.15g	第二组	五河县
		7度	0.10g	第二组	固镇县
		7度	0.10g	第一组	龙子湖区、蚌山区、禹会区、淮上区、怀远县
	淮南市	7度	0.10g	第一组	大通区、田家庵区、谢家集区、八公山区、潘集区、凤台县
	马鞍山市	6度	0.05g	第一组	花山区、雨山区、博望区、当涂县、含山县、和县
	淮北市	6度	0.05g	第三组	杜集区、相山区、烈山区、濉溪县
	铜陵市	7度	0.10g	第一组	铜官山区、狮子山区、郊区、铜陵县
	安庆市	7度	0.10g	第一组	迎江区、大观区、宜秀区、枞阳县、桐城市
		6度	0.05g	第一组	怀宁县、潜山县、太湖县、宿松县、望江县、岳西县

省、市、区名称		烈度	加速度	分组	县级及县级以上城镇
安徽省	黄山市	6度	0.05g	第一组	屯溪区、黄山区、徽州区、歙县、休宁县、黟县、祁门县
	滁州市	7度	0.10g	第二组	天长市、明光市
		7度	0.10g	第一组	定远县、凤阳县
		6度	0.05g	第二组	琅琊区、南谯区、来安县、全椒县
	阜阳市	7度	0.10g	第一组	颍州区、颍东区、颍泉区
		6度	0.05g	第一组	临泉县、太和县、阜南县、颍上县、界首市
	宿州市	7度	0.15g	第二组	泗县
		7度	0.10g	第三组	萧县
		7度	0.10g	第二组	灵璧县
		6度	0.05g	第三组	埇桥区
		6度	0.05g	第二组	砀山县
	六安市	7度	0.15g	第一组	霍山县
		7度	0.10g	第一组	金安区、裕安区、寿县、舒城县
		6度	0.05g	第一组	霍邱县、金寨县
	亳州市	7度	0.10g	第二组	谯城区、涡阳县
		6度	0.05g	第二组	蒙城县
		6度	0.05g	第一组	利辛县
	池州市	7度	0.10g	第一组	贵池区
		6度	0.05g	第一组	东至县、石台县、青阳县
	宣城市	7度	0.10g	第一组	郎溪县
		6度	0.05g	第一组	宣州区、广德县、泾县、绩溪县、旌德县、宁国市
福建省	福州市	7度	0.10g	第三组	鼓楼区、台江区、仓山区、马尾区、晋安区、平潭县、福清市、长乐市
		6度	0.05g	第三组	连江县、永泰县
		6度	0.05g	第二组	闽侯县、罗源县、闽清县
	厦门市	7度	0.15g	第三组	思明区、湖里区、集美区、翔安区
		7度	0.15g	第二组	海沧区
		7度	0.10g	第三组	同安区
	莆田市	7度	0.10g	第三组	城厢区、涵江区、荔城区、秀屿区、仙游县
	三明市	6度	0.05g	第一组	梅列区、三元区、明溪县、清流县、宁化县、大田县、尤溪县、沙县、将乐县、泰宁县、建宁县、永安市
	泉州市	7度	0.15g	第三组	鲤城区、丰泽区、洛江区、石狮市、晋江市
		7度	0.10g	第三组	泉港区、惠安县、安溪县、永春县、南安市
		6度	0.05g	第三组	德化县

续表

省、市、区名称		烈度	加速度	分组	县级及县级以上城镇
福建省	漳州市	7度	0.15g	第三组	漳浦县
		7度	0.15g	第二组	芗城区、龙文区、诏安县、长泰县、东山县、南靖县、龙海市
		7度	0.10g	第三组	云霄县
		7度	0.10g	第二组	平和县、华安县
	南平市	6度	0.05g	第二组	政和县
		6度	0.05g	第一组	延平区、建阳区、顺昌县、浦城县、光泽县、松溪县、邵武市、武夷山市、建瓯市
	龙岩市	6度	0.05g	第二组	新罗区、永定区、漳平市
		6度	0.05g	第一组	长汀县、上杭县、武平县、连城县
	宁德市	6度	0.05g	第二组	蕉城区、霞浦县、周宁县、柘荣县、福安市、福鼎市
		6度	0.05g	第一组	古田县、屏南县、寿宁县
江西省	南昌市	6度	0.05g	第一组	东湖区、西湖区、青云谱区、湾里区、青山湖区、新建区、南昌县、安义县、进贤县
	景德镇市	6度	0.05g	第一组	昌江区、珠山区、浮梁县、乐平市
	萍乡市	6度	0.05g	第一组	安源区、湘东区、莲花县、上栗县、芦溪县
	九江市	6度	0.05g	第一组	庐山区、浔阳区、九江县、武宁县、修水县、永修县、德安县、星子县、都昌县、湖口县、彭泽县、瑞昌市、共青城市
	新余市	6度	0.05g	第一组	渝水区、分宜县
	鹰潭市	6度	0.05g	第一组	月湖区、余江县、贵溪市
	赣州市	7度	0.10g	第一组	安远县、会昌县、寻乌县、瑞金市
		6度	0.05g	第一组	章贡区、南康区、赣县、信丰县、大余县、上犹县、崇义县、龙南县、定南县、全南县、宁都县、于都县、兴国县、石城县
	吉安市	6度	0.05g	第一组	吉州区、青原区、吉安县、吉水县、峡江县、新干县、永丰县、泰和县、遂川县、万安县、安福县、永新县、井冈山市
	宜春市	6度	0.05g	第一组	袁州区、奉新县、万载县、上高县、宜丰县、靖安县、铜鼓县、丰城市、樟树市、高安市
	抚州市	6度	0.05g	第一组	临川区、南城县、黎川县、南丰县、崇仁县、乐安县、宜黄县、金溪县、资溪县、东乡县、广昌县
	上饶市	6度	0.05g	第一组	信州区、广丰区、上饶县、玉山县、铅山县、横峰县、弋阳县、余干县、鄱阳县、万年县、婺源县、德兴市

续表

省、市、区名称		烈度	加速度	分组	县级及县级以上城镇
山东省	济南市	7度	0.10g	第三组	长清区
		7度	0.10g	第二组	平阴县
		6度	0.05g	第三组	历下区、市中区、槐荫区、天桥区、历城区、济阳县、商河县、章丘市
	青岛市	7度	0.10g	第三组	黄岛区、平度市、胶州市、即墨市
		7度	0.10g	第二组	市南区、市北区、崂山区、李沧区、城阳区
		6度	0.05g	第三组	莱西市
	淄博市	7度	0.15g	第二组	临淄区
		7度	0.10g	第三组	张店区、周村区、桓台县、高青县、沂源县
		7度	0.10g	第二组	淄川区、博山区
	枣庄市	7度	0.15g	第三组	山亭区
		7度	0.15g	第二组	台儿庄区
		7度	0.10g	第三组	市中区、薛城区、峄城区
		7度	0.10g	第二组	滕州市
	东营市	7度	0.10g	第三组	东营区、河口区、垦利县、广饶县
		6度	0.05g	第三组	利津县
	烟台市	7度	0.15g	第三组	龙口市
		7度	0.15g	第二组	长岛县、蓬莱市
		7度	0.10g	第三组	莱州市、招远市、栖霞市
		7度	0.10g	第二组	芝罘区、福山区、莱山区
		7度	0.10g	第一组	牟平区
		6度	0.05g	第三组	莱阳市、海阳市
	潍坊市	8度	0.20g	第二组	潍城区、坊子区、奎文区、安丘市
		7度	0.15g	第三组	诸城市
		7度	0.15g	第二组	寒亭区、临朐县、昌乐县、青州市、寿光市、昌邑市
		7度	0.10g	第三组	高密市
	济宁市	7度	0.10g	第三组	微山县、梁山县
		7度	0.10g	第二组	兖州区、汶上县、泗水县、曲阜市、邹城市
		6度	0.05g	第三组	任城区、金乡县、嘉祥县
		6度	0.05g	第二组	鱼台县
	泰安市	7度	0.10g	第三组	新泰市、肥城市
		7度	0.10g	第二组	泰山区、岱岳区、宁阳县
		6度	0.05g	第三组	东平县
	威海市	7度	0.10g	第一组	环翠区、文登区、荣成市
		6度	0.05g	第二组	乳山市

省、市、区名称		烈度	加速度	分组	县级及县级以上城镇
山东省	日照市	8 度	0.20g	第二组	莒县
		7 度	0.15g	第三组	五莲县
		7 度	0.10g	第三组	东港区、岚山区
	莱芜市	7 度	0.10g	第三组	钢城区
		7 度	0.10g	第二组	莱城区
	临沂市	8 度	0.20g	第二组	兰山区、罗庄区、河东区、郯城县、沂水县、莒南县、临沭县
		7 度	0.15g	第二组	沂南县、兰陵县、费县
		7 度	0.10g	第三组	平邑县、蒙阴县
	德州市	7 度	0.15g	第二组	平原县、禹城市
		7 度	0.10g	第三组	临邑县、齐河县
		7 度	0.10g	第二组	德城区、陵城区、夏津县
		6 度	0.05g	第三组	宁津县、庆云县、武城县、乐陵市
	聊城市	8 度	0.20g	第二组	阳谷县、莘县
		7 度	0.15g	第二组	东昌府区、茌平县、高唐县
		7 度	0.10g	第三组	冠县、临清市
		7 度	0.10g	第二组	东阿县
	滨州市	7 度	0.10g	第三组	滨城区、博兴县、邹平县
		6 度	0.05g	第三组	沾化区、惠民县、阳信县、无棣县
	菏泽市	8 度	0.20g	第二组	鄄城县、东明县
		7 度	0.15g	第二组	牡丹区、郓城县、定陶县
		7 度	0.10g	第三组	巨野县
		7 度	0.10g	第二组	曹县、单县、成武县
河南省	郑州市	7 度	0.15g	第二组	中原区、二七区、管城回族区、金水区、惠济区
		7 度	0.10g	第二组	上街区、中牟县、巩义市、荥阳市、新密市、新郑市、登封市
	开封市	7 度	0.15g	第二组	兰考县
		7 度	0.10g	第二组	龙亭区、顺河回族区、鼓楼区、禹王台区、祥符区、通许县、尉氏县
		6 度	0.05g	第二组	杞县
	洛阳市	7 度	0.10g	第二组	老城区、西工区、瀍河回族区、涧西区、吉利区、洛龙区、孟津县、新安县、宜阳县、偃师市
		6 度	0.05g	第三组	洛宁县
		6 度	0.05g	第二组	嵩县、伊川县
		6 度	0.05g	第一组	栾川县、汝阳县
	平顶山市	6 度	0.05g	第一组	新华区*、卫东区、石龙区、湛河区、宝丰县、叶县、鲁山县、舞钢市
		6 度	0.05g	第二组	郏县、汝州市

续表

省、市、区名称		烈度	加速度	分组	县级及县级以上城镇
河南省	安阳市	8度	0.20g	第二组	文峰区、殷都区、龙安区、北关区*、安阳县、汤阴县
		7度	0.15g	第二组	滑县、内黄县
		7度	0.10g	第二组	林州市
	鹤壁市	8度	0.20g	第二组	山城区、淇滨区、淇县
		7度	0.15g	第二组	鹤山区、浚县
	新乡市	8度	0.20g	第二组	红旗区、卫滨区、凤泉区、牧野区、新乡县、获嘉县、原阳县、延津县、卫辉市、辉县市
		7度	0.15g	第二组	封丘县、长垣县
	焦作市	7度	0.15g	第二组	修武县、武陟县
		7度	0.10g	第二组	解放区、中站区、马村区、山阳区、博爱县、温县、沁阳市、孟州市
	濮阳市	8度	0.20g	第二组	范县
		7度	0.15g	第二组	华龙区、清丰县、南乐县、台前县、濮阳县
	许昌市	7度	0.10g	第一组	魏都区、许昌县、鄢陵县、禹州市、长葛市
		6度	0.05g	第二组	襄城县
	漯河市	7度	0.10g	第一组	舞阳县
		6度	0.05g	第一组	召陵区、源汇区、郾城区、临颍县
	三门峡市	7度	0.15g	第二组	湖滨区、陕州区、灵宝市
		6度	0.05g	第三组	渑池县、卢氏县
		6度	0.05g	第二组	义马市
	南阳市	7度	0.10g	第一组	宛城区、卧龙区、西峡县、镇平县、内乡县、唐河县
		6度	0.05g	第一组	南召县、方城县、淅川县、社旗县、新野县、桐柏县、邓州市
	商丘市	7度	0.10g	第二组	梁园区、睢阳区、民权县、虞城县
		6度	0.05g	第三组	睢县、永城市
		6度	0.05g	第二组	宁陵县、柘城县、夏邑县
	信阳市	7度	0.10g	第一组	罗山县、潢川县、息县
		6度	0.05g	第一组	浉河区、平桥区、光山县、新县、商城县、固始县、淮滨县
	周口市	7度	0.10g	第一组	扶沟县、太康县
		6度	0.05g	第一组	川汇区、西华县、商水县、沈丘县、郸城县、淮阳县、鹿邑县、项城市
	驻马店市	7度	0.10g	第一组	西平县
		6度	0.05g	第一组	驿城区、上蔡县、平舆县、正阳县、确山县、泌阳县、汝南县、遂平县、新蔡县
	直辖县	7度	0.10g	第二组	济源市

续表

省、市、区名称		烈度	加速度	分组	县级及县级以上城镇
湖北省	武汉市	7度	0.10g	第一组	新洲区
		6度	0.05g	第一组	江岸区、江汉区、硚口区、汉阳区、武昌区、青山区、洪山区、东西湖区、汉南区、蔡甸区、江夏区、黄陂区
	黄石市	6度	0.05g	第一组	黄石港区、西塞山区、下陆区、铁山区、阳新县、大冶市
	十堰市	7度	0.15g	第一组	竹山县、竹溪县
		7度	0.10g	第一组	郧阳区、房县
		6度	0.05g	第一组	茅箭区、张湾区、郧西县、丹江口市
	宜昌市	6度	0.05g	第一组	西陵区、伍家岗区、点军区、猇亭区、夷陵区、远安县、兴山县、秭归县、长阳土家族自治县、五峰土家族自治县、宜都市、当阳市、枝江市
	襄阳市	6度	0.05g	第一组	襄城区、樊城区、襄州区、南漳县、谷城县、保康县、老河口市、枣阳市、宜城市
	鄂州市	6度	0.05g	第一组	梁子湖区、华容区、鄂城区
	荆门市	6度	0.05g	第一组	东宝区、掇刀区、京山县、沙洋县、钟祥市
	孝感市	6度	0.05g	第一组	孝南区、孝昌县、大悟县、云梦县、应城市、安陆市、汉川市
	荆州市	6度	0.05g	第一组	沙市区、荆州区、公安县、监利县、江陵县、石首市、洪湖市、松滋市
	黄冈市	7度	0.10g	第一组	团风县、罗田县、英山县、麻城市
		6度	0.05g	第一组	黄州区、红安县、浠水县、蕲春县、黄梅县、武穴市
	咸宁市	6度	0.05g	第一组	咸安区、嘉鱼县、通城县、崇阳县、通山县、赤壁市
	随州市	6度	0.05g	第一组	曾都区、随县、广水市
	恩施土家族苗族自治州	6度	0.05g	第一组	恩施市、利川市、建始县、巴东县、宣恩县、咸丰县、来凤县、鹤峰县
	直辖县	6度	0.05g	第一组	仙桃市、潜江市、天门市、神农架林区

续表

省、市、区名称		烈度	加速度	分组	县级及县级以上城镇
湖南省	长沙市	6度	0.05g	第一组	芙蓉区、天心区、岳麓区、开福区、雨花区、望城区、长沙县、宁乡县、浏阳市
	株洲市	6度	0.05g	第一组	荷塘区、芦淞区、石峰区、天元区、株洲县、攸县、茶陵县、炎陵县、醴陵市
	湘潭市	6度	0.05g	第一组	雨湖区、岳塘区、湘潭县、湘乡市、韶山市
	衡阳市	6度	0.05g	第一组	珠晖区、雁峰区、石鼓区、蒸湘区、南岳区、衡阳县、衡南县、衡山县、衡东县、祁东县、耒阳市、常宁市
	邵阳市	6度	0.05g	第一组	双清区、大祥区、北塔区、邵东县、新邵县、邵阳县、隆回县、洞口县、绥宁县、新宁县、城步苗族自治县、武冈市
	岳阳市	7度	0.10g	第二组	湘阴县、汨罗市
		7度	0.10g	第一组	岳阳楼区、岳阳县
		6度	0.05g	第一组	云溪区、君山区、华容县、平江县、临湘市
	常德市	7度	0.15g	第一组	武陵区、鼎城区
		7度	0.10g	第一组	安乡县、汉寿县、澧县、临澧县、桃源县、津市市
		6度	0.05g	第一组	石门县
	张家界市	6度	0.05g	第一组	永定区、武陵源区、慈利县、桑植县
	益阳市	6度	0.05g	第一组	资阳区、赫山区、南县、桃江县、安化县、沅江市
	郴州市	6度	0.05g	第一组	北湖区、苏仙区、桂阳县、宜章县、永兴县、嘉禾县、临武县、汝城县、桂东县、安仁县、资兴市
	永州市	6度	0.05g	第一组	零陵区、冷水滩区、祁阳县、东安县、双牌县、道县、江永县、宁远县、蓝山县、新田县、江华瑶族自治县
	怀化市	6度	0.05g	第一组	鹤城区、中方县、沅陵县、辰溪县、溆浦县、会同县、麻阳苗族自治县、新晃侗族自治县、芷江侗族自治县、靖州苗族侗族自治县、通道侗族自治县、洪江市
	娄底市	6度	0.05g	第一组	娄星区、双峰县、新化县、冷水江市、涟源市
	湘西土家族苗族自治州	6度	0.05g	第一组	吉首市、泸溪县、凤凰县、花垣县、保靖县、古丈县、永顺县、龙山县

省、市、区名称		烈度	加速度	分组	县级及县级以上城镇
广东省	广州市	7度	0.10g	第一组	荔湾区、越秀区、海珠区、天河区、白云区、黄埔区、番禺区、南沙区
		6度	0.05g	第一组	花都区、增城区、从化区
	韶关市	6度	0.05g	第一组	武江区、浈江区、曲江区、始兴县、仁化县、翁源县、乳源瑶族自治县、新丰县、乐昌市、南雄市
	深圳市	7度	0.10g	第一组	罗湖区、福田区、南山区、宝安区、龙岗区、盐田区
	珠海市	7度	0.10g	第二组	香洲区、金湾区
		7度	0.10g	第一组	斗门区
	汕头市	8度	0.20g	第二组	龙湖区、金平区、濠江区、潮阳区、澄海区、南澳县
		7度	0.15g	第二组	潮南区
	佛山市	7度	0.10g	第一组	禅城区、南海区、顺德区、三水区、高明区
	江门市	7度	0.10g	第一组	蓬江区、江海区、新会区、鹤山市
		6度	0.05g	第一组	台山市、开平市、恩平市
	湛江市	8度	0.20g	第二组	徐闻县
		7度	0.10g	第一组	赤坎区、霞山区、坡头区、麻章区、遂溪县、廉江市、雷州市、吴川市
	茂名市	7度	0.10g	第一组	茂南区、电白区、化州市
		6度	0.05g	第一组	高州市、信宜市
	肇庆市	7度	0.10g	第一组	端州区、鼎湖区、高要区
		6度	0.05g	第一组	广宁县、怀集县、封开县、德庆县、四会市
	惠州市	6度	0.05g	第一组	惠城区、惠阳区、博罗县、惠东县、龙门县
	梅州市	7度	0.10g	第二组	大埔县
		7度	0.10g	第一组	梅江区、梅县区、丰顺县
		6度	0.05g	第一组	五华县、平远县、蕉岭县、兴宁市
	汕尾市	7度	0.10g	第一组	城区、海丰县、陆丰市
		6度	0.05g	第一组	陆河县
	河源市	7度	0.10g	第一组	源城区、东源县
		6度	0.05g	第一组	紫金县、龙川县、连平县、和平县
	阳江市	7度	0.15g	第一组	江城区
		7度	0.10g	第一组	阳东区、阳西县
		6度	0.05g	第一组	阳春市
	清远市	6度	0.05g	第一组	清城区、清新区、佛冈县、阳山县、连山壮族瑶族自治县、连南瑶族自治县、英德市、连州市
	东莞市	7度	0.10g	第一组	东莞市
	中山市	6度	0.05g	第一组	中山市
	潮州市	8度	0.20g	第二组	湘桥区、潮安区
		7度	0.15g	第二组	饶平县

续表

省、市、区名称		烈度	加速度	分组	县级及县级以上城镇
广东省	揭阳市	7 度	0.15g	第二组	榕城区、揭东区
		7 度	0.10g	第二组	惠来县、普宁市
		6 度	0.05g	第一组	揭西县
	云浮市	6 度	0.05g	第一组	云城区、云安区、新兴县、郁南县、罗定市
广西壮族自治区	南宁市	7 度	0.15g	第一组	隆安县
		7 度	0.10g	第一组	兴宁区、青秀区、江南区、西乡塘区、良庆区、邕宁区、横县
		6 度	0.05g	第一组	武鸣区、马山县、上林县、宾阳县
	柳州市	6 度	0.05g	第一组	城中区、鱼峰区、柳南区、柳北区、柳江县、柳城县、鹿寨县、融安县、融水苗族自治县、三江侗族自治县
	桂林市	6 度	0.05g	第一组	秀峰区、叠彩区、象山区、七星区、雁山区、临桂区、阳朔县、灵川县、全州县、兴安县、永福县、灌阳县、龙胜各族自治县、资源县、平乐县、荔浦县、恭城瑶族自治县
	梧州市	6 度	0.05g	第一组	万秀区、长洲区、龙圩区、苍梧县、藤县、蒙山县、岑溪市
	北海市	7 度	0.10g	第一组	合浦县
		6 度	0.05g	第一组	海城区、银海区、铁山港区
	防城港市	6 度	0.05g	第一组	港口区、防城区、上思县、东兴市
	钦州市	7 度	0.15g	第一组	灵山县
		7 度	0.10g	第一组	钦南区、钦北区、浦北县
	贵港市	6 度	0.05g	第一组	港北区、港南区、覃塘区、平南县、桂平市
	玉林市	7 度	0.10g	第一组	玉州区、福绵区、陆川县、博白县、兴业县、北流市
		6 度	0.05g	第一组	容县
	百色市	7 度	0.15g	第一组	田东县、平果县、乐业县
		7 度	0.10g	第一组	右江区、田阳县、田林县
		6 度	0.05g	第二组	西林县、隆林各族自治县
		6 度	0.05g	第一组	德保县、那坡县、凌云县
	贺州市	6 度	0.05g	第一组	八步区、昭平县、钟山县、富川瑶族自治县
	河池市	6 度	0.05g	第一组	金城江区、南丹县、天峨县、凤山县、东兰县、罗城仫佬族自治县、环江毛南族自治县、巴马瑶族自治县、都安瑶族自治县、大化瑶族自治县、宜州市
	来宾市	6 度	0.05g	第一组	兴宾区、忻城县、象州县、武宣县、金秀瑶族自治县、合山市
	崇左市	7 度	0.10g	第一组	扶绥县
		6 度	0.05g	第一组	江州区、宁明县、龙州县、大新县、天等县、凭祥市
	直辖县	6 度	0.05g	第一组	靖西县

续表

省、市、区名称		烈度	加速度	分组	县级及县级以上城镇
海南省	海口市	8度	0.30g	第二组	秀英区、龙华区、琼山区、美兰区
	三亚市	6度	0.05g	第一组	海棠区、吉阳区、天涯区、崖州区
	三沙市	7度	0.10g	第一组	三沙市（西沙永兴岛）
	儋州市	7度	0.10g	第二组	儋州市
	省直辖县级行政单位	8度	0.20g	第二组	文昌市、定安县
		7度	0.15g	第二组	澄迈县
		7度	0.15g	第一组	临高县
		7度	0.10g	第二组	琼海市、屯昌县
		6度	0.05g	第二组	白沙黎族自治县、琼中黎族苗族自治县
		6度	0.05g	第一组	五指山市、万宁市、东方市、昌江黎族自治县、乐东黎族自治县、陵水黎族自治县、保亭黎族苗族自治县
重庆市		7度	0.10g	第一组	黔江区、荣昌区
		6度	0.05g	第一组	万州区、涪陵区、渝中区、大渡口区、江北区、沙坪坝区、九龙坡区、南岸区、北碚区、綦江区、大足区、渝北区、巴南区、长寿区、江津区、合川区、永川区、南川区、铜梁区、璧山区、潼南区、梁平县、城口县、丰都县、垫江县、武隆县、忠县、开县、云阳县、奉节县、巫山县、巫溪县、石柱土家族自治县、秀山土家族苗族自治县、酉阳土家族苗族自治县、彭水苗族土家族自治县
四川省	成都市	8度	0.20g	第二组	都江堰市
		7度	0.15g	第二组	彭州市
		7度	0.10g	第三组	锦江区、青羊区、金牛区、武侯区、成华区、龙泉驿区、青白江区、新都区、温江区、金堂县、双流县、郫县、大邑县、蒲江县、新津县、邛崃市、崇州市
	自贡市	7度	0.10g	第二组	富顺县
		7度	0.10g	第一组	自流井区、贡井区、大安区、沿滩区
		6度	0.05g	第三组	荣县
	攀枝花市	7度	0.15g	第三组	东区、西区、仁和区、米易县、盐边县
	泸州市	6度	0.05g	第二组	泸县
		6度	0.05g	第一组	江阳区、纳溪区、龙马潭区、合江县、叙永县、古蔺县
	德阳市	7度	0.15g	第二组	什邡市、绵竹市
		7度	0.10g	第三组	广汉市
		7度	0.10g	第二组	旌阳区、中江县、罗江县
	绵阳市	8度	0.20g	第二组	平武县
		7度	0.15g	第二组	北川羌族自治县（新）、江油市
		7度	0.10g	第二组	涪城区、游仙区、安县
		6度	0.05g	第二组	三台县、盐亭县、梓潼县

续表

省、市、区名称		烈度	加速度	分组	县级及县级以上城镇
四川省	广元市	7度	0.15g	第二组	朝天区、青川县
		7度	0.10g	第二组	利州区、昭化区、剑阁县
		6度	0.05g	第二组	旺苍县、苍溪县
	遂宁市	6度	0.05g	第一组	船山区、安居区、蓬溪县、射洪县、大英县
	内江市	7度	0.10g	第一组	隆昌县
		6度	0.05g	第二组	威远县
		6度	0.05g	第一组	市中区、东兴区、资中县
	乐山市	7度	0.15g	第三组	金口河区
		7度	0.15g	第二组	沙湾区、沐川县、峨边彝族自治县、马边彝族自治县
		7度	0.10g	第三组	五通桥区、犍为县、夹江县
		7度	0.10g	第二组	市中区、峨眉山市
		6度	0.05g	第三组	井研县
	南充市	6度	0.05g	第二组	阆中市
		6度	0.05g	第一组	顺庆区、高坪区、嘉陵区、南部县、营山县、蓬安县、仪陇县、西充县
	眉山市	7度	0.10g	第三组	东坡区、彭山区、洪雅县、丹棱县、青神县
		6度	0.05g	第二组	仁寿县
	宜宾市	7度	0.10g	第三组	高县
		7度	0.10g	第二组	翠屏区、宜宾县、屏山县
		6度	0.05g	第三组	珙县、筠连县
		6度	0.05g	第二组	南溪区、江安县、长宁县
		6度	0.05g	第一组	兴文县
	广安市	6度	0.05g	第一组	广安区、前锋区、岳池县、武胜县、邻水县、华蓥市
	达州市	6度	0.05g	第一组	通川区、达川区、宣汉县、开江县、大竹县、渠县、万源市
	雅安市	8度	0.20g	第三组	石棉县
		8度	0.20g	第一组	宝兴县
		7度	0.15g	第三组	荥经县、汉源县
		7度	0.15g	第二组	天全县、芦山县
		7度	0.10g	第三组	名山区
		7度	0.10g	第二组	雨城区
	巴中市	6度	0.05g	第一组	巴州区、恩阳区、通江县、平昌县
		6度	0.05g	第二组	南江县
	资阳市	6度	0.05g	第一组	雁江区、安岳县、乐至县
		6度	0.05g	第二组	简阳市

省、市、区名称		烈度	加速度	分组	县级及县级以上城镇
四川省	阿坝藏族羌族自治州	8 度	0.20g	第三组	九寨沟县
		8 度	0.20g	第二组	松潘县
		8 度	0.20g	第一组	汶川县、茂县
		7 度	0.15g	第二组	理县、阿坝县
		7 度	0.10g	第三组	金川县、小金县、黑水县、壤塘县、若尔盖县、红原县
		7 度	0.10g	第二组	马尔康县
	甘孜藏族自治州	9 度	0.40g	第二组	康定县
		8 度	0.30g	第二组	道孚县、炉霍县
		8 度	0.20g	第三组	理塘县、甘孜县
		8 度	0.20g	第二组	泸定县、德格县、白玉县、巴塘县、得荣县
		7 度	0.15g	第三组	九龙县、雅江县、新龙县
		7 度	0.15g	第二组	丹巴县
		7 度	0.10g	第三组	石渠县、色达县、稻城县
		7 度	0.10g	第二组	乡城县
	凉山彝族自治州	9 度	0.40g	第三组	西昌市
		8 度	0.30g	第三组	宁南县、普格县、冕宁县
		8 度	0.20g	第三组	盐源县、德昌县、布拖县、昭觉县、喜德县、越西县、雷波县
		7 度	0.15g	第三组	木里藏族自治县、会东县、金阳县、甘洛县、美姑县
		7 度	0.10g	第三组	会理县
贵州省	贵阳市	6 度	0.05g	第一组	南明区、云岩区、花溪区、乌当区、白云区、观山湖区、开阳县、息烽县、修文县、清镇市
	六盘水市	7 度	0.10g	第二组	钟山区
		6 度	0.05g	第三组	盘县
		6 度	0.05g	第二组	水城县
		6 度	0.05g	第一组	六枝特区
	遵义市	6 度	0.05g	第一组	红花岗区、汇川区、遵义县、桐梓县、绥阳县、正安县、道真仡佬族苗族自治县、务川仡佬族苗族自治县凤、冈县、湄潭县、余庆县、习水县、赤水市、仁怀市
	安顺市	6 度	0.05g	第一组	西秀区、平坝区、普定县、镇宁布依族苗族自治县、关岭布依族苗族自治县、紫云苗族布依族自治县
	铜仁市	6 度	0.05g	第一组	碧江区、万山区、江口县、玉屏侗族自治县、石阡县、思南县、印江土家族苗族自治县、德江县、沿河土家族自治县、松桃苗族自治县
	黔西南布依族苗族自治州	7 度	0.15g	第一组	望谟县
		7 度	0.10g	第二组	普安县、晴隆县
		6 度	0.05g	第三组	兴义市
		6 度	0.05g	第二组	兴仁县、贞丰县、册亨县、安龙县

续表

省、市、区名称		烈度	加速度	分组	县级及县级以上城镇
贵州省	毕节市	7度	0.10g	第三组	威宁彝族回族苗族自治县
		6度	0.05g	第三组	赫章县
		6度	0.05g	第二组	七星关区、大方县、纳雍县
		6度	0.05g	第一组	金沙县、黔西县、织金县
	黔东南苗族侗族自治州	6度	0.05g	第一组	凯里市、黄平县、施秉县、三穗县、镇远县、岑巩县、天柱县、锦屏县、剑河县、台江县、黎平县、榕江县、从江县、雷山县、麻江县、丹寨县
	黔南布依族苗族自治州	7度	0.10g	第一组	福泉市、贵定县、龙里县
		6度	0.05g	第一组	都匀市、荔波县、瓮安县、独山县、平塘县、罗甸县、长顺县、惠水县、三都水族自治县
云南省	昆明市	9度	0.40g	第三组	东川区、寻甸回族彝族自治县
		8度	0.30g	第三组	宜良县、嵩明县
		8度	0.20g	第三组	五华区、盘龙区、官渡区、西山区、呈贡区、晋宁县、石林彝族自治县、安宁市
		7度	0.15g	第三组	富民县、禄劝彝族苗族自治县
	曲靖市	8度	0.20g	第三组	马龙县、会泽县
		7度	0.15g	第三组	麒麟区、陆良县、沾益县
		7度	0.10g	第三组	师宗县、富源县、罗平县、宣威市
	玉溪市	8度	0.30g	第三组	江川县、澄江县、通海县、华宁县、峨山彝族自治县
		8度	0.20g	第三组	红塔区、易门县
		7度	0.15g	第三组	新平彝族傣族自治县、元江哈尼族彝族傣族自治县
	保山市	8度	0.30g	第三组	龙陵县
		8度	0.20g	第三组	隆阳区、施甸县
		7度	0.15g	第三组	昌宁县
	昭通市	8度	0.20g	第三组	巧家县、永善县
		7度	0.15g	第三组	大关县、彝良县、鲁甸县
		7度	0.15g	第二组	绥江县
		7度	0.10g	第三组	昭阳区、盐津县
		7度	0.10g	第二组	水富县
		6度	0.05g	第二组	镇雄县、威信县
	丽江市	8度	0.30g	第三组	古城区、玉龙纳西族自治县、永胜县
		8度	0.20g	第三组	宁蒗彝族自治县
		7度	0.15g	第三组	华坪县
	普洱市	9度	0.40g	第三组	澜沧拉祜族自治县
		8度	0.30g	第三组	孟连傣族拉祜族佤族自治县、西盟佤族自治县
		8度	0.20g	第三组	思茅区、宁洱哈尼族彝族自治县
		7度	0.15g	第三组	景东彝族自治县、景谷傣族彝族自治县
		7度	0.10g	第三组	墨江哈尼族自治县、镇沅彝族哈尼族拉祜族自治县、江城哈尼族彝族自治县

省、市、区名称		烈度	加速度	分组	县级及县级以上城镇
云南省	临沧市	8度	0.30g	第三组	双江拉祜族佤族布朗族傣族自治县、耿马傣族佤族自治县、沧源佤族自治县
		8度	0.20g	第三组	临翔区、凤庆县、云县、永德县、镇康县
	楚雄彝族自治州	8度	0.20g	第三组	楚雄市、南华县
		7度	0.15g	第三组	双柏县、牟定县、姚安县、大姚县、元谋县、武定县、禄丰县
		7度	0.10g	第三组	永仁县
	红河哈尼族彝族自治州	8度	0.30g	第三组	建水县、石屏县
		7度	0.15g	第三组	个旧市、开远市、弥勒县、元阳县、红河县
		7度	0.10g	第三组	蒙自市、泸西县、金平苗族瑶族傣族自治县、绿春县
		7度	0.10g	第一组	河口瑶族自治县
		6度	0.05g	第三组	屏边苗族自治县
	文山壮族苗族自治州	7度	0.10g	第三组	文山县
		6度	0.05g	第三组	砚山县、丘北县
		6度	0.05g	第二组	广南县
		6度	0.05g	第一组	西畴县、麻栗坡县、马关县、富宁县
	西双版纳傣族自治州	8度	0.30g	第三组	勐海县
		8度	0.20g	第三组	景洪市
		7度	0.15g	第三组	勐腊县
	大理白族自治州	8度	0.30g	第三组	洱源县、剑川县、鹤庆县
		8度	0.20g	第三组	大理市、漾濞彝族自治县、祥云县、宾川县、弥渡县、南涧彝族自治县、巍山彝族回族自治县
		7度	0.15g	第三组	永平县、云龙县
	德宏傣族景颇族自治州	8度	0.30g	第三组	瑞丽市、芒市
		8度	0.20g	第三组	梁河县、盈江县、陇川县
	怒江傈僳族自治州	8度	0.20g	第三组	泸水县
		8度	0.20g	第二组	福贡县、贡山独龙族怒族自治县
		7度	0.15g	第三组	兰坪白族普米族自治县
	迪庆藏族自治州	8度	0.20g	第二组	香格里拉市、德钦县、维西傈僳族自治县
	直辖县	8度	0.20g	第三组	腾冲县

续表

省、市、区名称		烈度	加速度	分组	县级及县级以上城镇
西藏自治区	拉萨市	9度	0.40g	第三组	当雄县
		8度	0.20g	第三组	城关区、林周县、尼木县、堆龙德庆县
		7度	0.15g	第三组	曲水县、达孜县、墨竹工卡县
	昌都县	8度	0.20g	第三组	卡若区、边坝县、洛隆县
		7度	0.15g	第三组	类乌齐县、丁青县、察雅县、八宿县、左贡县
		7度	0.15g	第二组	江达县、芒康县
		7度	0.10g	第三组	贡觉县
	山南地区	8度	0.30g	第三组	错那县
		8度	0.20g	第三组	桑日县、曲松县、隆子县
		7度	0.15g	第三组	乃东县、扎囊县、贡嘎县、琼结县、措美县、洛扎县、加查县、浪卡子县
	日喀则市	8度	0.20g	第三组	仁布县、康马县、聂拉木县
		8度	0.20g	第二组	拉孜县、定结县、亚东县
		7度	0.15g	第三组	桑珠孜区（原日喀则市）、南木林县、江孜县、定日县、萨迦县、白朗县、吉隆县、萨嘎县、岗巴县
		7度	0.15g	第二组	昂仁县、谢通门县、仲巴县
	那曲地区	8度	0.30g	第三组	申扎县
		8度	0.20g	第三组	那曲县、安多县、尼玛县
		8度	0.20g	第二组	嘉黎县
		7度	0.15g	第三组	聂荣县、班戈县
		7度	0.15g	第二组	索县、巴青县、双湖县
		7度	0.10g	第三组	比如县
	阿里地区	8度	0.20g	第三组	普兰县
		7度	0.15g	第三组	噶尔县、日土县
		7度	0.15g	第二组	札达县、改则县
		7度	0.10g	第三组	革吉县
		7度	0.10g	第二组	措勤县
	林芝县	9度	0.40g	第三组	墨脱县
		8度	0.30g	第三组	米林县、波密县
		8度	0.20g	第三组	巴宜区（原林芝县）
		7度	0.15g	第三组	察隅县、朗县
		7度	0.10g	第三组	工布江达县

省、市、区名称		烈度	加速度	分组	县级及县级以上城镇
陕西省	西安市	8度	0.20g	第二组	新城区、碑林区、莲湖区、灞桥区、未央区、雁塔区、阎良区、临潼区、长安区、高陵区、蓝田县、周至县、户县
	铜川市	7度	0.10g	第三组	王益区、印台区、耀州区
		6度	0.05g	第三组	宜君县
	宝鸡市	8度	0.20g	第三组	凤翔县、岐山县、陇县、千阳县
		8度	0.20g	第二组	渭滨区、金台区、陈仓区、扶风县、眉县
		7度	0.15g	第三组	凤县
		7度	0.10g	第三组	麟游县、太白县
	咸阳市	8度	0.20g	第二组	秦都区、杨陵区、渭城区、泾阳县、武功县、兴平市
		7度	0.15g	第三组	乾县
		7度	0.15g	第二组	三原县、礼泉县
		7度	0.10g	第三组	永寿县、淳化县
		6度	0.05g	第三组	彬县、长武县、旬邑县
	渭南市	8度	0.30g	第二组	华县
		8度	0.20g	第二组	临渭区、潼关县、大荔县、华阴市
		7度	0.15g	第三组	澄城县、富平县
		7度	0.15g	第二组	合阳县、蒲城县、韩城市
		7度	0.10g	第三组	白水县
	延安市	6度	0.05g	第三组	吴起县、富县、洛川县、宜川县、黄龙县、黄陵县
		6度	0.05g	第二组	延长县、延川县
		6度	0.05g	第一组	宝塔区、子长县、安塞县、志丹县、甘泉县
	汉中市	7度	0.15g	第二组	略阳县
		7度	0.10g	第三组	留坝县
		7度	0.10g	第二组	汉台区、南郑县、勉县、宁强县
		6度	0.05g	第三组	城固县、洋县、西乡县、佛坪县
		6度	0.05g	第一组	镇巴县
	榆林市	6度	0.05g	第三组	府谷县、定边县、吴堡县
		6度	0.05g	第一组	榆阳区、神木县、横山县、靖边县、绥德县、米脂县、佳县、清涧县、子洲县
	安康市	7度	0.10g	第一组	汉滨区、平利县
		6度	0.05g	第三组	汉阴县、石泉县、宁陕县
		6度	0.05g	第二组	紫阳县、岚皋县、旬阳县、白河县
		6度	0.05g	第一组	镇坪县
	商洛市	7度	0.15g	第二组	洛南县
		7度	0.10g	第三组	商州区、柞水县
		7度	0.10g	第一组	商南县
		6度	0.05g	第三组	丹凤县、山阳县、镇安县

续表

省、市、区名称		烈度	加速度	分组	县级及县级以上城镇
甘肃省	兰州市	8 度	0.20g	第三组	城关区、七里河区、西固区、安宁区、永登县
		7 度	0.15g	第三组	红古区、皋兰县、榆中县
	嘉峪关市	8 度	0.20g	第二组	嘉峪关市
	金昌市	7 度	0.15g	第三组	金川区、永昌县
	白银市	8 度	0.30g	第三组	平川区
		8 度	0.20g	第三组	靖远县、会宁县、景泰县
		7 度	0.15g	第三组	白银区
	天水市	8 度	0.30g	第二组	秦州区、麦积区
		8 度	0.20g	第三组	清水县、秦安县、武山县、张家川回族自治县
		8 度	0.20g	第二组	甘谷县
	武威市	8 度	0.30g	第三组	古浪县
		8 度	0.20g	第三组	凉州区、天祝藏族自治县
		7 度	0.10g	第三组	民勤县
	张掖市	8 度	0.20g	第三组	临泽县
		8 度	0.20g	第二组	肃南裕固族自治县、高台县
		7 度	0.15g	第三组	甘州区
		7 度	0.15g	第二组	民乐县、山丹县
	平凉市	8 度	0.20g	第三组	华亭县、庄浪县、静宁县
		7 度	0.15g	第三组	崆峒区、崇信县
		7 度	0.10g	第三组	泾川县、灵台县
	酒泉市	8 度	0.20g	第二组	肃北蒙古族自治县
		7 度	0.15g	第三组	肃州区、玉门市
		7 度	0.15g	第二组	金塔县、阿克塞哈萨克族自治县
		7 度	0.10g	第三组	瓜州县、敦煌市
	庆阳市	7 度	0.10g	第三组	西峰区、环县、镇原县
		6 度	0.05g	第三组	庆城县、华池县、合水县、正宁县、宁县
	定西市	8 度	0.20g	第三组	通渭县、陇西县、漳县
		7 度	0.15g	第三组	安定区、渭源县、临洮县、岷县
	陇南市	8 度	0.30g	第二组	西和县、礼县
		8 度	0.20g	第三组	两当县
		8 度	0.20g	第二组	武都区、成县、文县、宕昌县、康县、徽县
	临夏回族自治州	8 度	0.20g	第三组	永靖县
		7 度	0.15g	第三组	临夏市、康乐县、广河县、和政县、东乡族自治县、
		7 度	0.15g	第二组	临夏县
		7 度	0.10g	第三组	积石山保安族东乡族撒拉族自治县
	甘南藏族自治州	8 度	0.20g	第三组	舟曲县
		8 度	0.20g	第二组	玛曲县
		7 度	0.15g	第三组	临潭县、卓尼县、迭部县
		7 度	0.15g	第二组	合作市、夏河县
		7 度	0.10g	第三组	碌曲县

省、市、区名称		烈度	加速度	分组	县级及县级以上城镇
青海省	西宁市	7度	0.10g	第三组	城中区、城东区、城西区、城北区、大通回族土族自治县、湟中县、湟源县
	海东市	7度	0.10g	第三组	乐都区、平安区、民和回族土族自治县、互助土族自治县、化隆回族自治县、循化撒拉族自治县
	海北藏族自治州	8度	0.20g	第二组	祁连县
		7度	0.15g	第三组	门源回族自治县
		7度	0.15g	第二组	海晏县
		7度	0.10g	第三组	刚察县
	黄南藏族自治州	7度	0.15g	第二组	同仁县
		7度	0.10g	第三组	尖扎县、河南蒙古族自治县
		7度	0.10g	第二组	泽库县
	海南藏族自治州	7度	0.15g	第二组	贵德县
		7度	0.10g	第三组	共和县、同德县、兴海县、贵南县
	果洛藏族自治州	8度	0.30g	第三组	玛沁县
		8度	0.20g	第三组	甘德县、达日县
		7度	0.15g	第三组	玛多县
		7度	0.10g	第三组	班玛县、久治县
	玉树藏族自治州	8度	0.20g	第三组	曲麻莱县
		7度	0.15g	第三组	玉树县、治多县
		7度	0.10g	第三组	称多县
		7度	0.10g	第二组	杂多县、囊谦县
	海西蒙古族藏族自治州	7度	0.15g	第三组	德令哈市
		7度	0.15g	第二组	乌兰县
		7度	0.10g	第三组	格尔木市、都兰县、天峻县
宁夏回族自治区	银川市	8度	0.20g	第三组	灵武市
		8度	0.20g	第二组	兴庆区、西夏区、金凤区、永宁县、贺兰县
	石嘴山市	8度	0.20g	第二组	大武口区、惠农区、平罗县
	吴忠市	8度	0.20g	第三组	利通区、红寺堡区、同心县、青铜峡市
		6度	0.05g	第三组	盐池县
	固原市	8度	0.20g	第三组	原州区、西吉县、隆德县、泾源县
		7度	0.15g	第三组	彭阳县
	中卫市	8度	0.20g	第三组	沙坡头区、中宁县、海原县

省、市、区名称		烈度	加速度	分组	县级及县级以上城镇
新疆维吾尔自治区	乌鲁木齐市	8度	0.20g	第二组	天山区、沙依巴克区、新市区、水磨沟区*、头屯河区、达阪城区、米东区、乌鲁木齐县
	克拉玛依市	8度	0.20g	第三组	独山子区
		7度	0.10g	第三组	克拉玛依区、白碱滩区
		7度	0.10g	第一组	乌尔禾区
	吐鲁番市	7度	0.15g	第二组	高昌区（原吐鲁番市）
		7度	0.10g	第二组	鄯善县、托克逊县
	哈密地区	8度	0.20g	第二组	巴里坤哈萨克自治县
		7度	0.15g	第二组	伊吾县
		7度	0.10g	第二组	哈密市
	昌吉回族自治州	8度	0.20g	第三组	昌吉市、玛纳斯县
		8度	0.20g	第二组	木垒哈萨克自治县
		7度	0.15g	第三组	呼图壁县
		7度	0.15g	第二组	阜康市、吉木萨尔县
		7度	0.10g	第二组	奇台县
	博尔塔拉蒙古自治州	8度	0.20g	第三组	精河县
		8度	0.20g	第二组	阿拉山口市
		7度	0.15g	第三组	博乐市、温泉县
	巴音郭楞蒙古自治州	8度	0.20g	第二组	库尔勒市、焉耆回族自治县、和静镇、和硕县、博湖县
		7度	0.15g	第二组	轮台县
		7度	0.10g	第三组	且末县
		7度	0.10g	第二组	尉犁县、若羌县
	阿克苏地区	8度	0.20g	第二组	阿克苏市、温宿县、库车县、拜城县、乌什县、柯坪县
		7度	0.15g	第二组	新和县
		7度	0.10g	第三组	沙雅县、阿瓦提县、阿瓦提镇
	克孜勒苏柯尔克孜自治州	9度	0.40g	第三组	乌恰县
		8度	0.30g	第三组	阿图什市
		8度	0.20g	第三组	阿克陶县
		8度	0.20g	第二组	阿合奇县
	喀什地区	9度	0.40g	第三组	塔什库尔干塔吉克自治县
		8度	0.30g	第三组	喀什市、疏附县、英吉沙县
		8度	0.20g	第三组	疏勒县、岳普湖县、伽师县、巴楚县
		7度	0.15g	第三组	泽普县、叶城县
		7度	0.10g	第三组	莎车县、麦盖提县
	和田地区	7度	0.15g	第二组	和田市*、和田县、墨玉县、洛浦县、策勒县
		7度	0.10g	第三组	皮山县
		7度	0.10g	第二组	于田县、民丰县

续表

省、市、区名称		烈度	加速度	分组	县级及县级以上城镇
新疆维吾尔自治区	伊犁哈萨克自治州	8 度	0.30g	第三组	昭苏县、特克斯县、尼勒克县
		8 度	0.20g	第三组	伊宁市、奎屯市、霍尔果斯市、伊宁县、霍城县、巩留县、新源县
		7 度	0.15g	第三组	察布查尔锡伯自治县
	塔城地区	8 度	0.20g	第三组	乌苏市、沙湾县
		7 度	0.15g	第二组	托里县
		7 度	0.15g	第一组	和布克赛尔蒙古自治县
		7 度	0.10g	第二组	裕民县
		7 度	0.10g	第一组	塔城市、额敏县
	阿勒泰地区	8 度	0.20g	第三组	富蕴县、青河县
		7 度	0.15g	第二组	阿勒泰市、哈巴河县
		7 度	0.10g	第二组	布尔津县
		6 度	0.05g	第三组	福海县、吉木乃县
	自治区直辖县级行政单位	8 度	0.20g	第三组	石河子市、可克达拉市
		8 度	0.20g	第二组	铁门关市
		7 度	0.15g	第三组	图木舒克市、五家渠市、双河市
		7 度	0.10g	第二组	北屯市、阿拉尔市
港澳特区和台湾省	香港	7 度	0.15g	第二组	香港
	澳门	7 度	0.10g	第二组	澳门
	台湾省	9 度	0.40g	第三组	嘉义县、嘉义市、云林县、南投县、彰化县、台中市、苗栗县、花莲县
		9 度	0.40g	第二组	台南县、台中县
		8 度	0.30g	第三组	台北市、台北县、基隆市、桃园县、新竹县、新竹市、宜兰县、台东县、屏东县
		8 度	0.20g	第三组	高雄市、高雄县、金门县
		8 度	0.20g	第二组	澎湖县
		6 度	0.05g	第三组	妈祖县

注：1. 引自《中国地震动参数区划图》GB 18306—2015（摘自《建筑抗震设计规范》GB 50011—2010（2016 年版）

　　2. 有 * 的市县系在《中国地震动参数区划图》GB 18306—2015 上骑跨烈度线者，其设防烈度须由各有关省（市）建设主管部门校定。

　　3. 本表地名和烈度数值如与《中国地震动参数区划图》GB 18306—2015 有出入者，应以《中国地震动参数区划图》GB 18306—2015 为准。

13.4.8　太阳能资源分区及太阳能气象参数

1. 太阳能资源分区及分区特征参见本手册表 4.7-10。

2. 典型城市年太阳能设计用气象参数参见本手册表 4.7-11。

13.4.9 给水排水设计常用气象参数

工程建设常需的气象资料，一般包括建设地点的海拔高度、气压、日照、温度、湿度、降水量、风速、风向与频率、冻土深度与积雪深度等内容。表 13.4-15 主要参考《工业建筑供暖通风与空气调节设计规范》GB 50019—2015 室外空气气象参数表中相关内容编写，涵盖本专业常用之夏季湿球温度、海拔、年平均温度以及各地极端温度等。

给水排水设计常用气象参数　　　　　　　　　　表 13.4-15

省、市、区及台站	海拔	年平均温度（℃）	夏季空调室外计算湿球温度（℃）	最大冻土深度（cm）	极端最高温度（℃）	极端最低温度（℃）
北京（1）						
北京	31.3	12.3	26.4	66	41.9	−18.3
天津（2）						
天津	2.5	12.7	26.8	58	40.5	−17.8
塘沽	2.8	12.6	26.9	59	40.9	−15.4
河北（10）						
石家庄	81.0	13.4	26.8	56	41.5	−19.3
唐山	27.8	11.5	26.3	72	39.6	−22.7
邢台	76.8	13.9	26.9	46	41.1	−20.2
保定	17.2	12.9	26.6	58	41.6	−19.6
张家口	724.2	8.8	22.6	136	39.2	−24.6
承德	377.2	9.1	24.1	126	43.3	−24.2
秦皇岛	2.6	11.0	25.9	85	39.2	−20.8
沧州	9.6	12.9	26.7	43	40.5	−19.5
廊坊 霸州	9.0	12.2	26.6	67	41.3	−21.5
衡水 饶阳	18.9	12.5	26.9	77	41.2	−22.6
山西（10）						
太原	778.3	10.0	23.8	72	37.4	−22.7
大同	1067.2	7.0	21.2	186	37.2	−27.2
阳泉	741.9	11.3	23.6	62	40.2	−16.2
运城	376.0	14.0	26.0	39	41.2	−18.9
晋城 阳城	659.5	11.8	24.6	39	38.5	−17.2
朔州 右玉	1345.8	3.9	19.8	169	34.4	−40.4
晋中 榆社	1041.4	8.8	22.3	76	36.7	−25.1
忻州 原平	828.2	9.0	22.9	121	38.1	−25.8
临汾	449.5	12.6	25.7	57	40.5	−23.1
吕梁 离石	950.8	9.1	22.9	104	38.4	−26.0
内蒙古（12）						
呼和浩特	1063.0	6.7	21.0	156	38.5	−30.5
包头	1067.2	7.2	20.9	157	39.2	−31.4
赤峰	568.0	7.5	22.6	201	40.4	−28.8

省、市、区及台站	海拔	年平均温度（℃）	夏季空调室外计算湿球温度（℃）	最大冻土深度（cm）	极端最高温度（℃）	极端最低温度（℃）
通辽	178.5	6.6	24.5	179	38.9	−31.6
鄂尔多斯 东胜	1460.4	6.2	19.0	150	35.3	−28.4
呼伦贝尔 满洲里	661.7	−0.7	19.9	389	37.9	−40.5
呼伦贝尔 海拉尔	610.2	−1.0	20.5	242	36.6	−42.3
巴彦淖尔 临河	1039.3	8.1	20.9	138	39.4	−35.3
乌兰察布 集宁	1419.3	4.3	18.9	184	33.6	−32.4
兴安盟 乌兰浩特	274.7	5.0	23.0	249	40.3	−33.7
二连浩特	964.7	4.0	19.3	310	41.1	−37.1
锡林浩特	989.5	2.6	19.9	265	39.2	−38.0
辽宁（12）						
沈阳	44.7	8.4	25.3	148	36.1	−29.4
大连	91.5	10.9	24.9	90	35.3	−18.8
鞍山	77.3	9.6	25.1	118	36.5	−26.9
抚顺	118.5	6.8	24.8	143	37.7	−35.9
本溪	185.2	7.8	24.3	149	37.5	−33.6
丹东	13.8	8.9	25.3	88	35.3	−25.8
锦州	65.9	9.5	25.2	108	41.8	−22.8
营口	3.3	9.5	25.5	101	34.7	−28.4
阜新	166.8	8.1	24.7	139	40.9	−27.1
铁岭 开原	98.2	7.0	25.0	137	36.6	−36.3
朝阳	169.9	9.0	25.0	135	43.3	−34.4
葫芦岛 兴城	8.5	9.2	25.5	99	40.8	−27.5
吉林（8）						
长春	236.8	5.7	24.1	169	35.7	−33.0
吉林	183.4	4.8	24.1	182	35.7	−40.3
四平	164.2	6.7	24.5	148	37.3	−32.3
通化	402.9	5.6	23.2	139	35.6	−33.1
白山 临江	332.7	5.3	23.6	136	37.9	−33.8
松原 乾安	146.3	5.4	24.2	220	38.5	−34.8
白城	155.2	5.0	23.9	750	38.6	−38.1
延吉 延吉	176.8	5.4	23.7	198	37.7	−32.7
黑龙江（12）						
哈尔滨	142.3	4.2	23.9	205	36.7	−37.7
齐齐哈尔	145.9	3.9	23.5	209	40.1	−36.4

续表

省、市、区 及台站	海拔	年平均温度 （℃）	夏季空调室外 计算湿球温度 （℃）	最大冻土深度 （cm）	极端最高温度 （℃）	极端最低温度 （℃）
鸡西	238.3	4.2	23.2	238	37.6	−32.5
鹤岗	227.9	3.5	22.7	221	37.7	−34.5
伊春	240.9	1.2	22.5	278	36.3	−41.2
佳木斯	81.2	3.6	23.6	220	38.1	−39.5
牡丹江	241.4	4.3	23.5	191	38.4	−35.1
双鸭山 宝清	83.0	4.1	23.4	260	37.2	−37.0
黑河	166.4	0.4	22.3	263	37.2	−44.5
绥化	179.6	2.8	23.4	715	38.3	−41.8
大兴安岭 漠河	433.0	−4.3	20.8	—	38	−49.6
大兴安岭 加格达奇	371.7	−0.8	21.2	288	37.2	−45.4
上海（1）						
上海 徐家汇	2.6	16.1	27.9	8	39.4	−10.1
江苏（9）						
南京	8.9	15.5	28.1	9	39.7	−13.1
徐州	41.0	14.5	27.6	21	40.6	−15.8
南通	6.1	15.3	28.1	12	38.5	−9.6
连云港 赣榆	3.3	13.6	27.8	20	38.7	−13.8
常州	4.9	15.8	28.1	12	39.4	−12.8
淮安 淮阴	17.5	14.4	28.1	20	38.2	−14.2
盐城 射阳	2.0	14.0	28.0	21	37.7	−12.3
扬州 高邮	5.4	14.8	28.3	14	38.2	−11.5
苏州 东山	17.5	16.1	28.3	8	38.8	−8.3
浙江（10）						
杭州	41.7	16.5	27.9	—	39.9	−8.6
温州	28.3	18.1	28.3	—	39.6	−3.9
金华	62.6	17.3	27.6	—	40.5	−9.6
衢州	66.9	17.3	27.7	—	40.0	−10.0
宁波 鄞州	4.8	16.5	28.0	—	39.5	−8.5
嘉兴 平湖	5.4	15.8	28.3	—	38.4	−10.6
绍兴 嵊州	104.3	16.5	27.7	—	40.3	−9.6
舟山 定海	35.7	16.4	27.5	—	38.6	−5.5
台州 玉环	95.9	17.1	27.3	—	34.7	−4.6
丽水	60.8	18.1	27.7	—	41.3	−7.5

省、市、区及台站	海拔	年平均温度（℃）	夏季空调室外计算湿球温度（℃）	最大冻土深度（cm）	极端最高温度（℃）	极端最低温度（℃）
安徽（12）						
合肥	27.9	15.8	28.1	8	39.1	−13.5
芜湖	14.8	16.0	27.7	9	39.5	−10.1
蚌埠	18.7	15.4	28.0	11	40.3	−13.0
安庆	19.8	16.8	28.1	13	39.5	−9.0
六安	60.5	15.7	28.0	10	40.6	−13.6
亳州	37.7	14.7	27.8	18	41.3	−17.5
黄山	1840.4	8.0	19.2	—	27.6	−22.7
滁州	27.5	15.4	28.2	11	38.7	−13.0
阜阳	30.6	15.3	28.1	13	40.8	−14.9
宿州	25.9	14.7	27.8	14	40.9	−18.7
巢湖	22.4	16.0	28.4	9	39.3	−13.2
宣城 宁国	89.4	15.5	27.4	11	41.1	−15.9
福建（7）						
福州	84.0	19.8	28.0	—	39.9	−1.7
厦门	139.4	20.6	27.5	—	38.5	1.5
漳州	28.9	21.3	27.6	—	38.6	−0.1
三明 泰宁	342.9	17.1	26.5	7	38.9	−10.6
南平	125.6	19.5	27.1	—	39.4	−5.1
龙岩	342.3	20.0	25.5	—	39.0	−3.0
宁德 屏南	869.5	15.1	23.8	8	35.0	−9.7
江西（9）						
南昌	46.7	17.6	28.2	—	40.1	−9.7
景德镇	61.5	17.4	27.7	—	40.4	−9.6
九江	36.1	17.0	27.8	—	40.3	−7.0
上饶 玉山	116.3	17.5	27.4	—	40.7	−9.5
赣州	123.8	19.4	27.0	—	40.0	−3.8
吉安	76.4	18.4	27.6	—	40.3	−8.0
宜春	131.3	17.2	27.4	—	39.6	−8.5
抚州 广昌	143.8	18.2	27.1	—	40.0	−9.3
鹰潭 贵溪	51.2	18.3	27.6	—	40.4	−9.3
山东（14）						
济南	51.6	14.7	26.8	35	40.5	−14.9
青岛	76.0	12.7	26.0	—	37.4	−14.3

续表

省、市、区及台站	海拔	年平均温度（℃）	夏季空调室外计算湿球温度（℃）	最大冻土深度（cm）	极端最高温度（℃）	极端最低温度（℃）
淄博	34.0	13.2	26.7	46	40.7	−23.0
烟台	46.7	12.7	25.4	46	38.0	−12.8
潍坊	22.2	12.5	26.9	50	40.7	−17.9
临沂	87.9	13.5	27.2	40	38.4	−14.3
德州	21.2	13.2	26.9	46	39.4	−20.1
菏泽	49.7	13.8	27.4	21	40.5	−16.5
日照	16.1	13.0	26.8	25	38.3	−13.8
威海	65.4	12.5	25.7	47	38.4	−13.2
济宁 兖州	51.7	13.6	27.4	48	39.9	−19.3
泰安	128.8	12.8	26.5	31	38.1	−20.7
滨州 惠民	11.7	12.6	27.2	50	39.8	−21.4
东营	6.0	13.1	26.8	47	40.7	−20.2
河南（12）						
郑州	110.4	14.3	27.4	27	42.3	−17.9
开封	72.5	14.2	27.6	26	42.5	−16.0
洛阳	137.1	14.7	26.9	20	41.7	−15.0
新乡	72.7	14.2	27.6	21	42.0	−19.2
安阳	75.5	14.1	27.3	35	41.5	−17.3
三门峡	409.9	13.9	25.7	32	40.2	−12.8
南阳	129.2	14.9	27.8	10	41.4	−17.5
商丘	50.1	14.1	27.9	18	41.3	−15.4
信阳	114.5	15.3	27.6	—	40.0	−16.6
许昌	66.8	14.5	27.9	15	41.9	−19.6
驻马店	82.7	14.9	27.8	14	40.6	−18.1
周口 西华	52.6	14.4	28.1	12	41.9	−17.4
湖北（11）						
武汉	23.1	16.6	28.4	9	39.3	−18.1
黄石	19.6	17.1	28.3	7	40.2	−10.5
宜昌	133.1	16.8	27.8	—	40.4	−9.8
恩施	457.1	16.2	26.0	—	40.3	−12.3
荆州	32.6	16.5	28.5	5	38.6	−14.9
襄樊 枣阳	125.5	15.6	27.6	—	40.7	−15.1
荆门 钟祥	65.8	16.1	28.2	6	38.6	−15.3
十堰 房县	426.9	14.3	26.3	—	41.4	−17.6

省、市、区 及台站	海拔	年平均温度 （℃）	夏季空调室外 计算湿球温度 （℃）	最大冻土深度 （cm）	极端最高温度 （℃）	极端最低温度 （℃）
黄冈 麻城	59.3	16.3	28.0	5	39.8	−15.3
咸宁 嘉鱼	36.0	17.1	28.5	—	39.4	−12.0
随州 广水	93.3	15.8	28.0	—	39.8	−16.0
湖南（12）						
长沙 马坡岭	44.9	17.0	27.7	—	39.7	−11.3
常德	35.0	16.9	28.6	—	40.1	−13.2
衡阳	104.7	18.0	27.7	—	40.0	−7.9
邵阳	248.6	17.1	26.8	5	39.5	−10.5
岳阳	53.0	17.2	28.3	2	39.3	−11.4
郴州	184.9	18.0	26.7	—	40.5	−6.8
张家界 桑植	322.2	16.2	26.9	—	40.7	−10.2
益阳 沅江	36.0	17.0	28.4	—	38.9	−11.2
永州 零陵	172.6	17.8	26.9	—	39.7	−7.0
怀化 芷江	272.2	16.5	26.8	—	39.1	−11.5
娄底 双峰	100	17.0	27.5	—	39.7	−11.7
湘西州 吉首	208.4	16.6	27.0	—	40.2	−7.5
广东（15）						
广州	41.7	22.0	27.8	—	38.1	0.0
湛江	25.3	23.3	28.1	—	38.1	2.8
汕头	1.1	21.5	27.7	—	38.6	0.3
韶关	60.7	20.4	27.3	—	40.3	−4.3
阳江	23.3	22.5	27.8	—	37.5	2.2
深圳	18.2	22.6	27.5	—	38.7	1.7
江门 台山	32.7	22.0	27.6	—	37.3	1.6
茂名 信宜	84.6	22.5	27.6	—	37.8	1.0
肇庆 高要	41.0	22.3	27.6	—	38.7	1.0
惠州 惠阳	22.4	21.9	27.6	—	38.2	0.5
梅州	87.8	21.3	27.2	—	39.5	−3.3
汕尾	17.3	22.2	27.8	—	38.5	2.1
河源	40.6	21.5	27.5	—	39.0	−0.7
清远 连州	98.3	19.6	27.4	—	39.6	−3.4
揭阳 惠来	12.9	21.9	27.6	—	38.4	1.5
广西（13）						
南宁	73.1	21.8	27.9	—	39.0	−1.9

省、市、区 及台站	海拔	年平均温度 （℃）	夏季空调室外 计算湿球温度 （℃）	最大冻土深度 （cm）	极端最高温度 （℃）	极端最低温度 （℃）
柳州	96.8	20.7	27.5	—	39.1	−1.3
桂林	164.4	18.9	27.3	—	38.5	−3.6
梧州	114.8	21.1	27.9	—	39.7	−1.5
北海	12.8	22.8	28.2	—	37.1	2.0
百色	173.5	22.0	27.9	—	42.2	0.1
钦州	4.5	22.2	28.3	—	37.5	2.0
玉林	81.8	21.8	27.8	—	38.4	0.8
防城港 东兴	22.1	22.6	28.5	—	38.1	3.3
河池	211.0	20.5	27.1	—	39.4	0.0
来宾	84.9	20.8	27.7	—	39.6	−1.6
贺州	108.8	19.9	27.5	—	39.5	−3.5
崇左 龙州	128.8	22.2	28.1	—	39.9	−0.2
海南（2）						
海口	13.9	24.1	28.1	—	38.7	4.9
三亚	5.9	25.8	28.1	—	35.9	5.1
重庆（3）						
重庆	351.1	17.7	26.5	—	40.2	−1.8
万州	186.7	18.0	27.9	—	42.1	−3.7
奉节	607.3	16.3	25.4	—	39.6	−9.2
四川（16）						
成都	506.1	16.1	26.4	—	36.7	−5.9
广元	492.4	16.1	25.8	—	37.9	−8.2
甘孜州 康定	2615.7	7.1	16.3	—	29.4	−14.1
宜宾	340.8	17.8	27.3	—	39.5	−1.7
南充 南坪区	309.3	17.3	27.1	—	41.2	−3.4
凉山州 西昌	1590.9	16.9	21.8	—	36.6	−3.8
遂宁	278.2	17.4	27.5	—	39.5	−3.8
内江	347.1	17.6	27.1	—	40.1	−2.7
乐山	424.2	17.2	26.6	—	36.8	−2.9
泸州	334.8	17.7	27.1	—	39.8	−1.9
绵阳	470.8	16.2	26.4	—	37.2	−7.3
达州	344.9	17.1	27.1	—	41.2	−4.5
雅安	627.6	16.2	25.8	—	35.4	−3.9
巴中	417.7	16.9	26.9	—	40.3	−5.3

续表

省、市、区 及台站	海拔	年平均温度 （℃）	夏季空调室外 计算湿球温度 （℃）	最大冻土深度 （cm）	极端最高温度 （℃）	极端最低温度 （℃）
资阳	357.0	17.2	26.7	—	39.2	−4.0
阿坝州 马尔康	2664.4	8.6	17.3	25	34.5	−16.0
贵州（9）						
贵阳	1074.3	15.3	23.0	—	35.1	−7.3
遵义	843.9	15.3	24.3	—	37.4	−7.1
毕节	1510.6	12.8	21.8	—	39.7	−11.3
安顺	1392.9	14.1	21.8	—	33.4	−7.6
铜仁	279.7	17.0	26.7	—	40.1	−9.2
黔西南州 兴仁	1378.5	15.3	22.2	—	35.5	−6.2
黔南州 罗甸	440.3	19.6	*	—	39.2	−2.7
黔东南州 凯里	720.3	15.7	24.5	—	37.5	−9.7
六盘水 盘县	1515.2	15.2	21.6	—	35.1	−7.9
云南（16）						
昆明	1892.4	14.9	20.0	—	30.4	−7.8
保山	1653.5	15.9	20.9	—	32.3	−3.8
邵通	1949.5	11.6	19.5	—	33.4	−10.6
丽江	2392.4	12.7	18.1	—	32.3	−10.3
普洱 思茅	1302.1	18.4	22.1	—	35.7	−2.5
红河州 蒙自	1300.7	18.7	22.0	—	35.9	−3.9
西双版纳州 景洪	582.0	22.4	25.7	—	41.1	−1.9
文山州	1271.6	18.0	22.1	—	35.9	−3.0
曲靖 沾益	1898.7	14.4	19.8	—	33.2	−9.2
玉溪	1636.7	15.9	20.8	—	32.6	−5.5
临沧	1502.4	17.5	21.3	—	34.1	−1.3
楚雄	1772.0	16.0	20.1	—	33.0	−4.8
大理	1990.5	14.9	20.2	—	31.6	−4.2
德宏州 瑞丽	776.6	20.3	24.5	—	36.4	1.4
怒江州 泸水	1804.9	15.2	20.0	—	32.5	−0.5
迪庆州 香格里拉	3276.1	5.9	13.8	25	25.6	−27.4
西藏（7）						
拉萨	3648.7	8.0	13.5	19	29.9	−16.5
昌都	3306.0	7.6	15.1	81	33.4	−20.7
那曲	4507.0	−1.2	9.1	281	24.2	−37.6
日喀则	3936.0	6.5	13.4	58	28.5	−21.3

续表

省、市、区 及台站	海拔	年平均温度 （℃）	夏季空调室外 计算湿球温度 （℃）	最大冻土深度 （cm）	极端最高温度 （℃）	极端最低温度 （℃）
林芝	2991.8	8.7	15.6	13	30.3	−13.7
阿里地区 狮泉河	4278.0	0.4	9.5	—	27.6	−36.6
山南地区 错那	9280.0	−0.3	8.7	86	18.4	−37.0
陕西（9）						
西安	397.5	13.7	25.8	37	41.8	−12.8
延安	958.5	9.9	22.8	77	38.3	−23.0
宝鸡	612.4	13.2	24.6	29	41.6	−16.1
汉中	509.5	14.4	26.0	8	38.3	−10.0
榆林	1507.5	8.3	21.5	148	38.6	−30.0
安康	290.8	15.6	26.8	8	41.3	−9.7
铜川	978.9	10.6	23.0	53	37.7	−21.8
咸阳 武功	447.8	13.2	*	24	40.4	−19.4
商洛 商州	742.2	12.8	24.3	18	39.9	−13.9
甘肃（13）						
兰州	1517.2	9.8	20.1	98	39.8	−19.7
酒泉	1477.2	7.5	19.6	117	36.6	−29.8
平凉	1346.6	8.8	21.3	48	36.0	−24.3
天水	1141.7	11.0	21.8	90	38.2	−17.4
陇南 武都	1079.1	14.6	22.3	13	38.6	−8.6
张掖	1482.7	7.3	19.5	113	38.6	−28.2
白银 靖远	1398.2	9.0	21.0	86	39.5	−24.3
金昌 永昌	1976.1	5.0	17.2	159	35.1	−28.3
庆阳 西峰镇	1421.0	8.7	20.6	79	36.4	−22.6
定西 临洮	1886.6	7.2	19.2	114	36.1	−27.9
武威	1530.9	7.9	19.6	141	35.1	−28.3
临夏	1917.0	7.0	19.4	85	36.4	−24.7
甘南州 合作	2910.0	2.4	14.5	142	30.4	−27.9
青海（8）						
西宁	2295.2	6.1	16.6	123	36.5	−24.9
玉树	3681.2	3.2	13.1	104	28.5	−27.6
海西州 格尔木	2807.3	5.3	13.3	84	35.5	−26.9
黄南州 河南	8500.0	0.0	12.4	177	26.2	−37.2
海南州 共和	2835.0	4.0	14.8	150	33.7	−27.7
果洛州 达日	3967.5	−0.9	10.9	238	23.3	−34.0

省、市、区 及台站	海拔	年平均温度 （℃）	夏季空调室外 计算湿球温度 （℃）	最大冻土深度 （cm）	极端最高温度 （℃）	极端最低温度 （℃）
海北州 祁连	2787.4	1.0	13.8	250	33.3	−32.0
海东地区 民和	1813.9	7.9	19.4	108	37.2	−24.9
宁夏（5）						
银川	1111.4	9.0	22.1	88	38.7	−27.7
石嘴山 惠农	1091.0	8.8	21.5	91	38.0	−28.4
吴忠 同心	1343.9	9.1	20.7	130	39.0	−27.1
固原	1753.0	6.4	19.0	121	34.6	−30.9
中卫	1225.7	8.7	21.1	66	37.6	−29.2
新疆（14）						
乌鲁木齐	917.9	7.0	18.2	139	42.1	−32.8
克拉玛依	449.5	8.6	19.8	192	42.7	−34.3
吐鲁番	34.5	14.4	24.2	83	47.7	−25.2
哈密	737.2	10.0	22.3	127	43.2	−28.6
和田	1374.5	12.5	21.6	64	41.1	−20.1
阿勒泰	735.3	4.5	19.9	139	37.5	−41.6
哈什	1288.7	11.8	21.2	66	39.9	−23.6
伊犁哈沙克自 治州 伊宁	662.5	9.0	21.3	60	39.2	−36.0
巴音郭楞蒙古 族自治州 库尔勒	931.5	11.7	22.1	58	40.0	−25.3
昌吉回族自治 州 奇台	793.5	5.2	19.5	136	40.5	−40.1
博尔塔拉蒙古 族自治州 精河	320.1	7.8	*	141	41.6	−33.8
阿克苏	1103.8	10.3	*	80	39.6	−25.2
塔城	534.9	7.1	*	160	41.3	−37.1
克孜勒苏柯尔 克孜自治州 乌恰	2175.7	7.3	*	650	35.7	−29.9

注：本表摘自《工业与建筑供暖通风与空气调节设计规范》（GB 50019—2015）表中设计数据的年份统一为
　　1971—2000 年。标准中的"＊"表示数据缺失。

第 14 章 管 材 及 阀 门

14.1 金属管材

14.1.1 钢管及管件

1. 焊接钢管

（1）焊接钢管技术要求

1）钢管牌号和化学成分

①钢管用钢的牌号和化学成分（熔炼分析）应符合国家标准《碳素结构钢》GB/T 700 中 Q195、Q215A、Q215B、Q235A、Q235B、Q275A、Q275B 和国家标准《低合金高强度结构钢》GB/T 1591 中 Q345A、Q345B 的规定。

②化学成分按熔炼成分验收。成品化学成分的允许偏差应符合国家标准《钢的成品化学成分允许偏差》GB/T 222 中的有关规定。

2）制造方法

钢管用电阻焊或埋弧焊的方法制造。

3）力学性能

焊接钢管的力学性能见表 14.1-1。

焊接钢管的力学性能 表 14.1-1

牌　　号	抗拉强度 R_m（MPa） 不小于	下屈服强度 R_{eL}（MPa） 不小于		断后伸长率 A（%） 不小于	
		壁厚≤16mm	壁厚>16mm	外径≤168.3mm	外径>168.3mm
Q195	315	195	185	15	20
Q215A、Q215B	335	215	205	15	20
Q235A、Q235B	370	235	225	15	20
Q275A、Q275B	410	275	265	13	18
Q345A、Q345B	470	345	325	13	18

注：Q195 的屈服强度值仅供参考，不作交货条件。

（2）焊接钢管标准

焊接钢管应符合国家标准《低压流体输送用焊接钢管》GB/T 3091 的规定。

（3）焊接钢管的尺寸、外形、质量

1）焊接钢管的外径和壁厚

外径不大于 219.1mm 的钢管按公称口径 DN 和公称壁厚 t 交货，其公称口径和公称壁厚应符合表 14.1-2 的规定。其中管端用螺纹或沟槽连接的钢管尺寸参见《低压流体输送用焊接钢管》GB/T 3091 的附录 A。

外径大于 219.1mm 的钢管按公称外径和公称壁厚交货，其公称外径和公称壁厚应符合国家标准《焊接钢管尺寸及单位长度重量》GB/T 21835 的规定。

焊接钢管公称口径、外径、公称壁厚和不圆度（mm）　　　　　表 14.1-2

公称口径 DN	外径 D			最小公称壁厚 t	不圆度，不大于
	系列 1	系列 2	系列 3		
6	10.2	10.0	—	2.0	0.20
8	13.5	12.7	—	2.0	0.20
10	17.2	16.0	—	2.2	0.20
15	21.3	20.8	—	2.2	0.30
20	26.9	26.0	—	2.2	0.35
25	33.7	33.0	32.5	2.5	0.40
32	42.4	42.0	41.5	2.5	0.40
40	48.3	48.0	47.5	2.75	0.50
50	60.3	59.5	59.0	3.0	0.60
65	76.1	75.5	75.0	3.0	0.60
80	88.9	88.5	88.0	3.25	0.70
100	114.3	114.0	—	3.25	0.80
125	139.7	141.3	140.0	3.5	1.00
150	165.1	168.3	159.0	3.5	1.20
200	219.1	219.0		4.0	1.60

注：1. 表中的公称口径近似内径的名义尺寸，不表示外径减去 2 倍壁厚所得的内径。

2. 系列 1 是通用系列，属推荐选用系列；系列 2 是非通用系列；系列 3 是少数特殊、专用系列。

2）焊接钢管的外径、壁厚的允许偏差

焊接钢管的外径、壁厚的允许偏差见表 14.1-3。

焊接钢管的外径、壁厚的允许偏差（mm）　　　　　表 14.1-3

公称外径 D	外径允许偏差		壁厚 t 允许偏差
	管体	管端（距管端100mm 范围内）	
D≤48.3	±0.5	—	
48.3＜D≤273.1	±1%D	—	
273.1＜D≤508	±0.75D	+2.4 -0.8	±10%t
D＞508	±1%D 或±10.0，两者取较小值	+3.2 -0.8	

3）焊接钢管的质量

①焊接钢管的单位长度理论质量按公式（14.1-1）计算（钢的密度按 7.85kg/dm³）：

$$W = 0.0246615(D-t)t \qquad (14.1-1)$$

式中　W——钢管的单位长度理论质量（kg/m）；

　　　D——钢管的外径（mm）；

t——钢管的壁厚（mm）。

②钢管镀锌后的单位长度理论质量按公式（14.1-2）计算：

$$W' = cW \tag{14.1-2}$$

式中 W'——钢管镀锌后的单位长度理论质量（kg/m）；

W——钢管镀锌前的单位长度理论质量（kg/m）；

c——镀锌层的质量系数，见表 14.1-4、表 14.1-5。

镀锌层 300g/m² 的质量系数 　　　　　　　表 14.1-4

公称壁厚 （mm）	2.0	2.2	2.3	2.5	2.8	2.9	3.0	3.2	3.5	3.6
系数 c	1.038	1.035	1.033	1.031	1.027	1.026	1.025	1.024	1.022	1.021
公称壁厚 （mm）	3.8	4.0	4.5	5.0	5.4	5.5	5.6	6.0	6.3	7.0
系数 c	1.020	1.019	1.017	1.015	1.014	1.014	1.014	1.013	1.012	1.011
公称壁厚 （mm）	7.1	8.0	8.8	10	11	12.5	14.2	16	17.5	20
系数 c	1.011	1.010	1.009	1.008	1.007	1.006	1.005	1.005	1.004	1.004

镀锌层 500g/m² 的质量系数 　　　　　　　表 14.1-5

公称壁厚 （mm）	2.0	2.2	2.3	2.5	2.8	2.9	3.0	3.2	3.5	3.6
系数 c	1.064	1.058	1.055	1.051	1.045	1.044	1.042	1.040	1.036	1.035
公称壁厚 （mm）	3.8	4.0	4.5	5.0	5.4	5.5	5.6	6.0	6.3	7.0
系数 c	1.034	1.032	1.028	1.025	1.024	1.023	1.023	1.021	1.020	1.018
公称壁厚 （mm）	7.1	8.0	8.8	10	11	12.5	14.2	16	17.5	20
系数 c	1.018	1.016	1.014	1.013	1.012	1.010	1.009	1.008	1.007	1.006

2. 无缝钢管

（1）无缝钢管技术要求

1）钢管牌号和化学成分

① 钢的牌号及化学成分（熔炼分析）应符合国家标准《优质碳素结构钢》GB/T 699 或国家标准《低合金高强度结构钢》GB/T 1591 的规定。钢管按熔炼成分验收。钢管的化学成分允许偏差应符合国家标准《钢的成品化学成分允许偏差》GB/T 222 的规定。

② 钢管由 10、20、Q295、Q345 牌号的钢制造（根据需方要求，经供需双方协商，可生产其他牌号的钢管）。

2）制造方法

① 钢的制造方法

钢应采用电炉、平炉或氧气转炉冶炼。

② 管坯的制造方法

管坯可采用热轧（锻）法制造。热轧（锻）管坯应符合冶金行业标准《优质碳素结构钢热轧和锻制圆管胚》YB/T 5222 的规定。也可采用连铸或钢锭。

③钢管的制造方法

钢管应采用热轧（挤压、挤扩）和冷拔（轧）无缝方法制造。

3）力学性能

无缝钢管的纵向力学性能见表 14.1-6。

无缝钢管的纵向力学性能　　　　表 14.1-6

牌号	抗拉强度 R_m（MPa）不小于	下屈服强度 R_{eL}（MPa）不小于			断后伸长率 δ_s（％）不小于
		壁厚≤16mm	16mm<壁厚≤30mm	壁厚>30mm	
10	335～475	205	195	185	24
20	410～530	245	235	225	20
Q295	390～570	295	285	255	22
Q345	470～630	325	315	295	21

（2）无缝钢管标准

无缝钢管应符合国家标准《输送流体用无缝钢管》GB/T 8163、《无缝钢管尺寸、外形、重量及允许偏差》GB/T 17395 的规定。

（3）无缝钢管的尺寸、外形、质量

1）无缝钢管的外径和壁厚

钢管分热轧（挤压、挤扩）和冷拔（轧）两种。其外径和壁厚应符合《无缝钢管尺寸、外形、重量及允许偏差》GB/T 17395 的规定。

2）无缝钢管的外径、壁厚的允许偏差

无缝钢管的外径、壁厚的允许偏差见表 14.1-7。

无缝钢管的外径、壁厚的允许偏差（mm）　　　　表 14.1-7

钢管种类	钢管尺寸（mm）		允许偏差（mm）	
			普通级	高级
热轧（挤压、挤扩）管	外径 D	全部	±1%D（最小±0.50）	—
	壁厚 S	全部	+15%S（最小+0.45） −12.5%（最小−0.40）"S"	—
冷拔（轧）管	外径 D	6～10	±0.20	±0.15
		10～30	±0.40	±0.20
		30～50	±0.45	±0.30
		>50	±1%D	±0.81%D
	壁厚 S	≤1	±0.15	
		1～3	+15%S −10%S	+12.5%S −10%S
		>3	+12.5%S −10%S	+10%S

注：对外径不小于 351mm 的热扩管，壁厚允许偏差为±18％。

14.1.2 球墨铸铁管及管件、接口

1. 性能和技术要求

(1) 球墨铸铁管及管件的力学性能见表 14.1-8。

球墨铸铁管及管件的力学性能 表 14.1-8

铸件类型	最小抗拉强度 R_m（MPa）	最小伸长率 A（%）	
	DN40～2600	DN40～1000	DN1100～2600
离心球墨铸铁管	420	10	7
非离心球墨铸铁管、管件	420	5	5

注：公称直径 DN40～1000 压力分级离心铸造管设计最小壁厚不小于 10mm 时或公称直径 DN40～1000 壁厚分级
离心铸造管壁厚级别超过 K12 时，最小断后伸长率应为 7%。

(2) 布氏硬度

离心球墨铸铁管的布氏硬度值不得超过 230HBW，非离心球墨铸铁管、管件和附件
的布氏硬度值不得超过 250HBW。焊接部件的焊接受热区的布氏硬度值可高些。

(3) 卫生要求

球墨铸铁管线（包括管道、管件和附件在内）输送饮用水时，与水接触的材料应符合
国家标准《生活饮用水输配水设备及防护材料的安全性评价标准》GB/T 17219 的规定。

(4) 密封要求

1) 管材和管件的密封性

① 壁厚分级的球墨铸铁管与管件都应在表 14.1-9 规定的试验压力下进行水压试验，
试验过程中不应有渗漏、出汗。

球墨铸铁管与管件试验压力（MPa） 表 14.1-9

DN（mm）	最小试验压力		
	离心球墨铸铁管		非离心球墨铸铁管、管件
	$K<9$	$K \geqslant 9$	所有厚度级别
40～300	0.05 $(K+1)^2$	5.0	2.5
350～600	$0.05K^2$	4.0	1.6
700～1000	0.05 $(K-1)^2$	3.2	1.0
1100～2000	0.05 $(K-2)^2$	2.5	1.0
2200～2600	0.05 $(K-3)^2$	1.8	1.0

② 压力分级管的工厂水压试验压力应不低于相应管的压力等级，高于首选压力等级
的压力分级管按照首选压力等级进行水压试验。

2) 接口的密封性

球墨铸铁管接口的密封性等均应符合《水及燃气用球墨铸铁管、管件和附件》GB/T
13295 的要求。

(5) 涂覆要求

一般情况下，管道和管件内外都应有涂层。基本涂层规范是外涂层为锌涂层和终饰

层，内衬是水泥砂浆内衬。

1）外涂层

根据使用时的外部条件，可使用下列涂层：

① 外表面喷涂金属锌和终饰层（符合国家标准《球墨铸铁管外表面锌涂层 第 1 部分：带终饰层的金属锌涂层》GB/T 17456.1，标准涂层，满足绝大多数使用环境）；

② 外表面涂刷富锌涂料和终饰层（符合国家标准《球墨铸铁管外表面锌涂层 第 2 部分：带终饰层的富锌涂料涂层》GB/T 17456.2，作为标准涂层的补充配套使用）；

③ 外表面喷涂加厚金属锌层和终饰层（符合国家标准《球墨铸铁管外表面锌涂层 第 1 部分：带终饰层的金属锌涂层》GB/T 17456.1，加强级的防腐涂层，适用于部分腐蚀性较强的使用环境）；

④ 聚乙烯管套（符合《现场安装聚乙烯套球墨铸铁管线》GB/T 36172，加强级的防腐涂层，适用于大部分腐蚀性较强的使用环境）；

⑤ 聚氨酯（符合国家标准《球墨铸铁管和管件 聚氨酯涂层》GB/T 24596，重防腐涂层，适用于腐蚀性很强的使用环境）；

⑥ 纤维水泥砂浆（特殊涂层，适用于安装条件差的使用环境）；

⑦ 环氧树脂（管件符合《球墨铸铁管、管件及附件 环氧涂层（重防腐）》GB/T 34202，重防腐涂层，适用于腐蚀十分严重和耐磨性要求高的使用环境）。

2）内衬

根据使用时的内部条件，可使用下列内衬：

① 普通硅酸盐水泥（有或无掺合剂）砂浆（符合国家标准《球墨铸铁管和管件 水泥砂浆内衬》GB/T 17457，标准内衬，一般用于输送原水、饮用水）；

② 高铝（矾土）水泥砂浆（符合国家标准《球墨铸铁管和管件水泥砂浆内衬》GB/T 17457，用于输送污水）；

③ 矿渣水泥砂浆；

④ 带有封面层的水泥砂浆（符合国家标准《球墨铸铁管和管件 水泥砂浆内衬密封涂层》GB/T 32488，一般用于输送饮用水，特别适合输送硬度较低的饮用水）；

⑤ 聚氨酯（符合国家标准《球墨铸铁管和管件 聚氨酯涂层》GB/T 24596，满足绝大多数水质需求）；

⑥ 环氧树脂（管件符合《球墨铸铁管、管件及附件 环氧涂层（重防腐）》GB/T 34202，满足绝大多数水质需求）；

⑦ 环氧陶瓷。

(6) 管材标准

1）球墨铸铁管应符合国家标准《水及燃气用球墨铸铁管、管件和附件》GB/T 13295、《污水用球墨铸铁管、管件和附件》GB/T 26081 的规定。

2）球墨铸铁管的设计应符合《球墨铸铁管设计方法》ISO 10803、《球墨铸铁管线自锚接口系统 设计规定和型式试验》ISO 10804 的规定。

3）非开挖（含顶管和拖拉管）应符合冶金行业标准《非开挖铺设用球墨铸铁管》YB/T 4564 的规定。

4）外涂层和内衬应符合国家标准《球墨铸铁管外表面锌涂层 第 1 部分：带终饰层的

金属锌涂层》GB/T 17456.1、《球墨铸铁管外表面锌涂层 第 2 部分：带终饰层的富锌涂料涂层》GB/T 17456.2、《球墨铸铁管和管件 水泥砂浆内衬》GB/T 17457、《球墨铸铁管和管件 聚氨酯涂层》GB/T 24596、《球墨铸铁管和管件 水泥砂浆内衬密封涂层》GB/T 32488 的规定。

(7) 允许压力

1) 定义

① 允许工作压力 (PFA)：部件可长时间安全承受的内部压力，不包括冲击压。

② 最大允许工作压力 (PMA)：部件在使用中可安全承受的最大内压力，包括冲击压。

③ 允许试验压力 (PEA)：新安装在地面上或掩埋在地下的部件在短时间内可承受的最大流体静压力，此压力用以检测管线的完整性和密封性。

注：该试验压力与系统试验压力 (STP) 不同，但同管线的设计压力有关。用来保证管线的完整性和密封性。

2) 球墨铸铁承插直管的允许压力

① 球墨铸铁承插直管的允许压力见表 14.1-10，表中所示的 PFA、PMA 和 PEA 的最大值由《球墨铸铁管设计方法》ISO 10803 中的公式计算得出。

球墨铸铁承插直管允许压力（MPa） 表 14.1-10

DN (mm)	K9 管道的允许压力			K10 管道的允许压力		
	PFA	PMA	PEA	PFA	PMA	PEA
80	6.4	7.7	9.6	6.4	7.7	9.6
100	6.4	7.7	9.6	6.4	7.7	9.6
125	6.4	7.7	9.6	6.4	7.7	9.6
150	6.4	7.7	9.6	6.4	7.7	9.6
200	6.2	7.4	7.9	6.4	7.7	9.6
250	5.4	6.5	7.0	6.1	7.3	7.8
300	4.9	5.9	6.4	5.6	6.7	7.2
350	4.5	5.4	5.9	5.1	6.1	6.6
400	4.2	5.1	5.6	4.8	5.8	6.3
450	4.0	4.8	5.3	4.5	5.4	5.9
500	3.8	4.6	5.1	4.4	5.3	5.8
600	3.6	4.3	4.8	4.1	4.9	5.4
700	3.4	4.1	4.6	3.8	4.6	5.1
800	3.2	3.8	4.3	3.6	4.3	4.8
900	3.1	3.7	4.2	3.5	4.2	4.7
1000	3.0	3.6	4.1	3.4	4.1	4.6
1100	2.9	3.5	4.0	3.2	3.8	4.3
1200	2.8	3.4	3.9	3.2	3.8	4.3
1400	2.8	3.3	3.8	3.1	3.7	4.2

续表

| DN | K9 管道的允许压力 | | | K10 管道的允许压力 | | |
(mm)	PFA	PMA	PEA	PFA	PMA	PEA
1500	2.7	3.2	3.7	3.0	3.6	4.1
1600	2.7	3.2	3.7	3.0	3.6	4.1
1800	2.6	3.1	3.6	3.0	3.6	4.1
2000	2.6	3.1	3.6	2.9	3.5	4.0
2200	2.6	3.1	3.6	2.9	3.5	4.0
2400	2.5	3.0	3.5	2.9	3.4	3.9
2600	2.5	3.0	3.5	2.8	3.4	3.9

注：对于其他壁厚等级，PFA、PMA、PEA 可用同样方法计算得出。

② 球墨铸铁管依据允许工作压力分级时，由 10 倍的 PFA 前面加上字母 C 表示。球墨铸铁管的首选压力等级为 C25、C30 和 C40。其他的压力等级包括 C50、C64 和 C100。压力分级管的允许压力关系如下：

允许工作压力：PFA=C/10（MPa）

最大允许工作压力：PMA=1.20×PFA（MPa）

允许试验压力：PEA=1.20×PFA+0.5（MPa）

③ 承接管件的允许压力

球墨铸铁管承接管件的 PFA、PMA、PEA 最大值如下：

承接管件：PFA、PMA 和 PEA 应参照制造商给出的有关数据。

④ 法兰管及盘接管件的允许压力

球墨铸铁法兰管及盘接管件的 PFA、PMA 和 PEA 最大值见表 14.1-11。

球墨铸铁法兰管及盘接管件允许压力（MPa）　　　表 14.1-11

| DN | PN10 的允许压力 | | | PN16 的允许压力 | | | PN25 的允许压力 | | | PN40 的允许压力 | | |
(mm)	PFA	PMA	PEA	PFA	PMA	PEA	PFA	PMA	PEA	PFA	PMA	PEA
40~50	4.0	4.8	5.3	4.0	4.8	5.3	4.0	4.8	5.3	4.0	4.8	5.3
60~80	1.6	2.0	2.5	1.6	2.0	2.5	4.0	4.8	5.3	4.0	4.8	5.3
100~150	1.6	2.0	2.5	1.6	2.0	2.5	2.5	3.0	3.5	4.0	4.8	5.3
200~260	1.0	1.2	1.7	1.6	2.0	2.5	2.5	3.0	3.5	4.0	4.8	5.3
700~1200	1.0	1.2	1.7	1.6	2.0	2.5	2.5	3.0	3.5			
1400~2600	1.0	1.2	1.7	1.6	2.0	2.5						

（8）允许转角

球墨铸铁管柔性接口的允许转角见表 14.1-12。

球墨铸铁管柔性接口允许转角　　　表 14.1-12

DN（mm）	最大允许转角	安装允许转角
80~300	3.5	3
350~600	2.5	2
≥700	1.5	1

(9) 水平定向钻进施工用自锚管道允许拖拉力

水平定向钻进施工用自锚管道允许拖拉力见表 14.1-13。

水平定向钻进施工用自锚管道允许拖拉力 表 14.1-13

DN（mm）	允许拖拉力（kN）	DN（mm）	允许拖拉力（kN）
100	17.5	600	506.7
200	61.9	700	684.4
250	94.3	800	890.9
300	133.6	900	1122.2
350	179.6	1000	1380.2
400	231.3	1100	1667.7
450	289.5	1200	1979.2
500	355.7		

注：如要获得更高的拖拉力值，应咨询管道制造商。

(10) 球墨铸铁顶管允许顶推力

K9 级球墨铸铁顶管允许顶推力见表 14.1-14。

球墨铸铁顶管允许顶推力 表 14.1-14

DN（mm）	允许顶推力（kN）	DN（mm）	允许顶推力（kN）
250	920	1100	6110
300	1240	1200	7240
350	1270	1400	9020
400	1350	1500	11350
450	1560	1600	12360
500	1910	1800	12360
600	2720	2000	16970
700	2720	2200	16970
800	3300	2400	16970
900	4140	2600	23340
1000	5080		

2. 分类及规格尺寸

(1) 球墨铸铁管分类

1) 按球墨铸铁管的规格分类

球墨铸铁管的公称直径 DN 可分为 80、100、125、150、200、250、300、350、400、450、500、600、700、800、900、1000、1100、1200、1400、1500、1600、1800、2000、2200、2400 及 2600。

球墨铸铁顶管的公称直径范围为 $DN250 \sim DN2600$。

2) 按球墨铸铁管的接口形式分类

球墨铸铁管按管口的接口形式可分为滑入式（如 T 形等，见图 14.1-1 和表 14.1-15）、

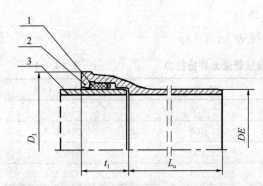

D_1—承口最大径；t_1—承口深度；L_u—锚固环距
插口距离；DE—插口外径。

图 14.1-1　T形接口结构示意图

1—插口；2—挡环；3—支撑体

机械式、自锚式和法兰式等。其中滑入式接口最为常用，可以满足绝大多数使用条件；机械式接口一般用于特殊类别的管件；自锚式接口主要分为胶圈自锚接口、外自锚接口、内自锚接口等，可以应用于免支墩设计（管线弯头无需设置支墩）、斜坡铺设（坡度超过 25%）、穿越河道、水平定向钻进施工等情况，不同类型的接口适用范围和特点如下：

①胶圈自锚接口的适用口径一般不超过 $DN300$，特点是可以满足高层供水需求。

②外自锚接口一般为机械式自锚接口，需要螺栓紧固，其规格范围不超过 $DN1200$，接口 PFA 一般为 $1.0 \sim 2.5MPa$。

T形接口基本尺寸　　　　　　　表 14.1-15

DN (mm)	DE (mm)	D_1 (mm)	t_1 (mm)	L_u (m)
80	98	140	85	6
100	118	163	88	6
125	144	190	91	6
150	170	217	94	6
200	222	278	100	6
250	274	336	105	6
300	326	393	110	6
350	378	448	110	6
400	429	500	110	6
450	480	540	120	6
500	532	604	120	6
600	635	713	130	6
700	738	824	150	6
800	842	943	160	6
900	945	1052	175	6
1000	1048	1158	185	6
1100	1152	1270	200	6/8.15
1200	1255	1378	215	6/8.15
1400	1462	1600	239	6/8.15
1500	1565	1710	250	6/8.15
1600	1668	1821	262	6/8.15
1800	1875	2043	297	6/8.15
2000	2082	2262	319	6/8.15

③内自锚接口一般为滑入式自锚接口，无需螺栓紧固，规格范围覆盖全系列，接口 PFA 一般为 1.6～4.0MPa。特点是 DN1200 以下规格的可以用于水平定向钻进施工。SIA Wb 自锚接口见图 14.1-2 和表 14.1-16，Xanchor 自锚接口见图 14.1-3 和表 14.1-17。

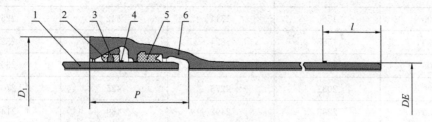

D_1—承口最大径；P—承口深度；l—锚固环距插口距离；DE—插口外径。

图 14.1-2　SIA Wb 自锚接口结构示意图

1—插口；2—挡环；3—支撑体；4—锚固环；5—密封圈；6—承口

SIA Wb 自锚接口基本尺寸（mm）　　　　　　　　　表 14.1-16

DN	DE	D_1	P	l
250	274	345	160	103
300	326	405	171	108
350	378	461	175	110
400	429	516	182	115
450	480	568	186	115
500	532	631	200	120
600	635	738	223	136
700	738	848	250	151
800	842	964	267	161
900	945	1072	281	170
1000	1048	1180	285	172
1100	1152	1291	298	182
1200	1255	1414	323	192

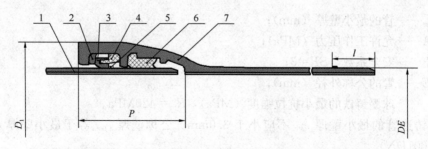

D_1—承口最大径；P—承口深度；l—锚固环距插口距离；DE—插口外径。

图 14.1-3　Xanchor 自锚接口结构示意图

1—插口；2—挡块 A；3—挡块 B；4—支撑圈；5—锚固环；6—密封圈；7—承口

Xanchor 自锚接口基本尺寸（mm） 表 14.1-17

DN	DE	D_1	P	l
1400	1462	1602	328	212
1500	1565	1714	342	225
1600	1668	1824	361	235
1800	1875	2045	408	260
2000	2082	2276	425	270
2200	2288	2492	469	314
2400	2495	2715	490	334
2600	2702	2938	512	350

（2）球墨铸铁管的壁厚

球墨铸铁管的壁厚有两种分级方式，分别为壁厚分级和压力分级。

1）壁厚分级

壁厚分级的球墨铸铁管的公称壁厚按公称直径 DN 的函数关系计算，通过公式（14.1-3）计算：

$$e_{nom} = K(0.5 + 0.001DN) \tag{14.1-3}$$

式中 e_{nom}——公称壁厚（mm）；

　　DN——公称直径（mm）；

　　K——壁厚级别系数，取 9、10、11、12……。

离心铸造管的最小公称壁厚为 6mm，公称壁厚为 6mm 时，最小壁厚为 4.7mm，公称壁厚大于 6mm 时，最小壁厚 e_{min} 等于公称壁厚 e_{nom} 减去（1.3+0.001DN）；非离心铸造管的最小公称壁厚为 7mm，公称壁厚为 7mm 时，最小壁厚为 4.7mm，公称壁厚大于 7mm 时，最小壁厚 e_{min} 等于公称壁厚 e_{nom} 减去（2.3+0.001DN）。

2）压力分级

压力分级的球墨铸铁管最小壁厚 e_{min} 通过公式（14.1-4）计算：

$$e_{min} = \frac{PFA \cdot SF \cdot DE}{2R_m + PFA \cdot SF} \tag{14.1-4}$$

式中 e_{min}——管的最小壁厚（mm）；

　　PFA——允许工作压力（MPa）；

　　SF——安全系数，$SF=3$；

　　DE——管的公称外径（mm）；

　　R_m——球墨铸铁的最小抗拉强度（MPa），$R_m=420$MPa。

离心铸造管的最小壁厚 e_{min} 不应小于 3.0mm。公称壁厚 e_{nom} 等于最小壁厚 e_{min} 加上（1.3+0.001DN）。

（3）球墨铸铁管的规格尺寸

1）承插直管长度

球墨铸铁管的承插直管长度见表 14.1-18。

承插直管长度（mm）　　　　　　　　　　　表 14.1-18

DN	标准长度 L_u
80～600	4000 或 5000 或 5500 或 6000 或 9000
700、800	4000 或 5500 或 6000 或 7000 或 9000
900～2600	4000 或 5000 或 5500 或 6000 或 7000 或 8150 或 9000

注：相对于普通接口的承插直管，内自锚管的承插直管标准长度一般较短。具体尺寸应咨询相应的自锚管制造商。

2）法兰直管长度

球墨铸铁管的法兰直管长度见表 14.1-19。

法兰直管长度（mm）　　　　　　　　　　　表 14.1-19

管材类型	DN	标准长度 L
整体铸造法兰直管	40～2600	500 或 1000 或 2000 或 3000
螺纹连接或焊接法兰直管	40～600	2000 或 3000 或 4000 或 5000 或 6000
	700～1000	2000 或 3000 或 4000 或 5000 或 6000
	1100～2600	4000 或 5000 或 6000 或 7000

3）接口和管件尺寸

球墨铸铁管接口尺寸一般由制造商提供，管件尺寸应符合《水及燃气用球墨铸铁管、管件和附件》GB/T 13295 的规定。

4）长度公差

球墨铸铁管的长度公差见表 14.1-20。

长度公差（mm）　　　　　　　　　　　表 14.1-20

铸件类型	公差
承插直管（标准长度管或短尺管）	−30/+70
承接管件	±20
带法兰接口的管或管件	±10[a]

a 经供需双方协商，较小公差是可接受的。但是公称直径 $DN \leqslant 600$mm 时，不小于±3mm；公称直径 $DN > 600$mm 时，不小于±4mm。

14.1.3 排水铸铁管及管件、接口

1. 建筑排水柔性接口铸铁管及管件

（1）分类及性能

建筑排水柔性接口铸铁管及管件的分类及性能见表 14.1-21。

建筑排水柔性接口铸铁管及管件的分类及性能 表 14.1-21

名 称	柔性接口铸铁管	
产品标准	《排水用柔性接口铸铁管、管件及附件》GB/T 12772	
接口形式	A 型、B 型 机械式柔性接口	W 型、W1 型 卡箍式柔性接口
规格 DN（mm）	三耳 50～100 四耳 125～200 六耳 250 八耳 300	直管 50～300 管件 50～300
壁厚	分为 A 级、B 级	直管只有一种壁厚 管件分为 A 级、B 级
压环强度试验（MPa）	A 型 B 级≥350	W1 型≥350
抗拉强度（MPa）	A 型 B 级直管和管件≥200 A 型 A 级直管及管件、B 型管件 ≥150	W1 型直管≥200 W 型直管和管件、W1 型管件 ≥150
接口试验压力（MPa）	内水压： A 型 B 级≥0.8 A 型 A 级、B 型≥0.35（管材及 接口耐水压试验） 外水压：≥0.08	内水压：W1 型、W 型≥0.35 外水压：≥0.08
轴向位移（即接口 引拔）试验	在管内水压大于等于 0.35MPa 的作用下，接口处拔出大于等于 12mm 时， 稳压 3min，接口处无渗漏	
轴向振动位移试验	在管内水压大于等于 0.35MPa 的作用下，振动频率为 1.8～2.5Hz，沿轴 向作往复振动，位移（另一管段从接口处反复拔出、插入）大于等于± 2.5mm，持续 3min，无渗漏	
横向振动位移 （曲挠）试验	管内保持 0.1MPa 内水压力，在中点接口处，施加一个频率为 0.8～ 1.0Hz 的横向往复推拉力，中点接口处的横向位移值（曲挠值）大于等于± 30mm，持续 5min，无渗漏	

（2）管材标准

建筑排水柔性接口铸铁管及管件应符合国家标准《排水用柔性接口铸铁管、管件及附件》GB/T 12772 的规定。

（3）规格尺寸及质量

直管及管件按其接口形式分为 A 型及 B 型机械式柔性接口、W 型及 W1 型卡箍式柔性接口 4 种。A 型直管及管件均为承插式；B 型直管无承口，管件有承口；W 型、W1 型直管及管件均无承口，见图 14.1-4、图 14.1-5（简称 A 型、B 型、W1 型、W 型）。

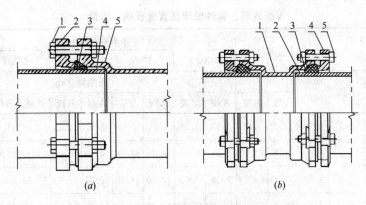

图 14.1-4 A 型、B 型机械式柔性接口示意图

(a) A 型；   (b) B 型

1—紧固螺钉；2—法兰压盖；3—橡胶密封圈；   1—B 型管件；2—插口端；3—橡胶密封圈；

4—插口端；5—承口端   4—法兰压盖；5—紧固螺栓

1）A 型柔性接口直管及管件的承插口形式和尺寸见图 14.1-6、表 14.1-22、表 14.1-23。

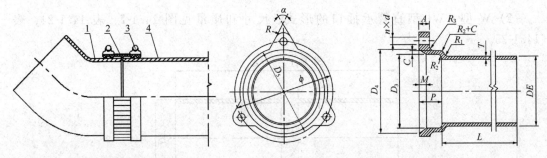

图 14.1-5 W 型、W1 型卡箍式柔性   图 14.1-6 A 型柔性接口形式及直管示意图

接口示意图

1—管件；2—橡胶密封套；

3—不锈钢管箍；4—直管

A 型柔性接口直管及管件的承插口尺寸   表 14.1-22

公称直径 DN (mm)	承插口尺寸（mm）													$n \times d$ 个×直径	α (°)
	插口外径 DE	承口内径 D_3	D_4	D_5	ϕ	C	A	承口深度 P	M	R_1	R_2	R_3	R		
50	61	67	83	93	110	6	15	38	12	8	6	7	14	3×12	60
75	86	92	108	118	135	6	15	38	12	8	6	7	14	3×12	60
100	111	117	133	143	160	6	18	38	12	8	6	7	14	3×12	60
125	137	145	165	175	197	7	18	40	15	10	7	8	16	4×14	90
150	162	170	190	200	221	7	20	42	15	10	7	8	16	4×14	90
200	214	224	244	258	278	8	21	50	15	10	7	8	16	4×14	90
250	268	278	302	317	335	9	23	60	18	12	8	10	18	6×16	90
300	318	330	354	370	395	9	25	72	18	14	8	10	22	8×20	90

A 型直管、管件壁厚及直管长度、质量　　　　　　表 14.1-23

公称直径 DN (mm)	壁厚 T (mm)		承口凸部质量 (kg)	直部每米质量 (kg)		有效长度 L (mm)									
						500		1000		1500		2000		3000	
	A级	B级				总质量 (kg)									
				A级	B级	A级	B级	A级	B级	A级	B级	A级	B级	A级	B级
50	4.5	5.5	0.90	5.75	6.90	3.78	4.35	6.65	7.80	9.53	11.25	12.40	14.70	16.89	20.28
75	5.0	5.5	1.00	9.16	10.02	5.58	6.01	10.16	11.02	14.74	16.03	19.32	21.04	26.91	29.42
100	5.0	5.5	1.40	11.99	13.13	7.39	7.99	13.39	14.53	19.38	21.09	25.38	27.66	35.22	38.55
125	5.5	6.0	2.30	16.36	17.78	10.48	11.19	18.66	20.08	26.84	28.97	35.02	37.86	48.06	52.23
150	5.5	6.0	3.00	19.47	21.17	12.74	13.59	22.47	24.17	32.21	34.76	41.94	45.34	57.19	62.19
200	6.0	7.0	4.00	23.23	32.78	18.12	20.39	32.23	36.78	46.36	53.17	60.46	69.56	82.92	96.28
250	7.0		5.10	41.32		25.76		46.42		67.35		87.74		121.39	
300	7.0		7.30	49.24		31.92		56.54		81.16		105.78		144.65	

2）W 型、W1 型直管承插口的形式、尺寸和质量见图 14.1-7、表 14.1-24、表 14.1-25。

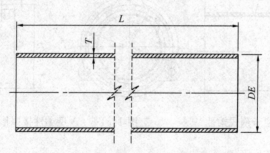

图 14.1-7　W 型、W1 型直管示意图

W 型规格、外径、壁厚及直管质量　　　　　　表 14.1-24

公称直径 DN (mm)	DE (mm)	壁厚 T (mm)	质量 (kg)	
			L=1500mm	L=3000mm
50	61	4.3	8.3	16.5
75	86	4.4	12.2	24.4
100	111	4.8	17.3	34.6
125	137	4.8	21.6	43.1
150	162	4.8	25.6	51.2
200	214	5.8	41.0	81.9
250	268	6.4	56.8	113.6
300	318	7.0	74.0	148.0

W1 型规格、外径、壁厚及直管质量   表 14.1-25

公称直径 DN (mm)	DE (mm)	壁厚 T（mm）				质量（kg） L=3000mm
		直　管		管　件		
		标准	最小	标准	最小	
50	58	3.5	3.0	4.2	3.0	12.9
75	83	3.5	3.0	4.2	3.0	18.9
100	110	3.5	3.0	4.2	3.0	25.3
125	136	4.0	3.5	4.7	3.5	35.8
150	161	4.0	3.5	5.3	3.5	42.6
200	213	5.0	4.0	6.0	4.0	70.6
250	268	5.5	4.5	7.0	4.5	98.0
300	318	6.0	5.0	8.0	5.0	127.0

注：W1 型直管管件的质量均按标准壁厚计。

3）W 型管件端部的形式、尺寸见图 14.1-8、表 14.1-26。

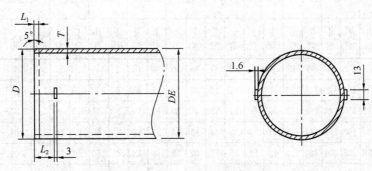

图 14.1-8　W 型管件端部示意图

W 型管件壁厚、外径和端部尺寸（mm）   表 14.1-26

公称直径 DN	各　部　尺　寸					
	壁厚 T		DE	D	L_1	L_2
	A 级	B 级				
50	4.5	5.0	61	63.0	6	29
75	4.5	5.0	86	89.0	6	29
100	5.0	5.5	111	114.0	6	29
125	5.0	5.5	137	138.5	8	38
150	5.0	6.0	162	164.5	8	38
200	6.0	6.0	214	217.5	8	51
250	7.0	7.0	268	271.0	8	51
300	7.0	7.0	318	321.0	8	70

注：1. 插口端部根据需要也可不设凸缘部。

　　2. 管件质量设计凸缘部。

4）B型管件端部的形式、尺寸见图 14.1-9、表 14.1-27。

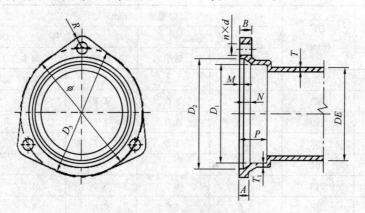

图 14.1-9　B 型管件端部示意图

B 型管件承口尺寸（mm）　　　　　　　　　　表 14.1-27

DN	DE	承口内径 D1	D2 I型	D2 II型	D3 I型	D3 II型	φ I型	φ II型	A I型	A II型	B I型	B II型	承口深度P I型	承口深度P II型	R I型	R II型	M I型	M II型	N I型	N II型	壁厚 T1	壁厚 T	偏差	n×d 个×直径 I型	II型
50	61	65	73	77	92	91	90	95	8	7	12	11	30	30	10	10	3	4	5.0	6	5.0	4.5	−0.7	2×10	2×10
75	86	93	104	106	121	120	126	124	9	8	13	12	30	30	12	12	3	5	6.5	8	5.0	4.5	−0.7	3×12	3×10
100	111	118	131	133	150	147	152	152	10	9	14	13	34	30	14	14	3	5	9.0	9	5.5	5.0	−1.0	3×14	3×10
125	137	144	159	161	180	177	184	182	11	10	15	14	38	34	14	12	3	6	11.0	10	5.5	5.0	−1.0	4×14	3×12
150	162	169	186	188	207	204	210	210	12	11	16	15	40	37	14	12	4	6	12.0	11	5.5	5.0	−1.0	4×14	4×12
200	214	221	243	243	264	263	268	268	14	13	18	17	48	42	16	14	4	7	16.0	12	6.5	6.0	−1.0	6×14	4×14
250	268	276	298	300	323	322	324	328	16	19	20	19	50	48	17	16	4	8	16.0	13	7.5	7.0	−1.2	6×14	6×16
300	318	328	352	354	382	388	378	384	16	21	21	21	55	53	18	18	4	8	17.0	13	7.5	7.0	−1.2	8×16	8×16

（4）部分管件、不锈钢卡箍及橡胶密封圈规格尺寸

1）部分管件规格尺寸见图 14.1-10～图 14.1-67、表 14.1-28～表 14.1-85。

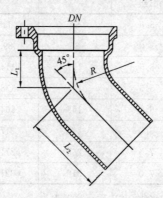

图 14.1-10　A 型 45°弯头

A型45°弯头规格尺寸及质量   表 14.1-28

公称直径 DN (mm)	尺寸（mm）			质量（kg）	
	L_1	L_2	R	A级	B级
50	50	110	80	1.70	1.89
75	56	120	90	2.57	2.72
100	60	130	100	3.52	3.74
125	63	130	110	5.23	5.52
150	65	165	125	6.91	7.32
200	80	195	140	11.48	12.77
250	90	200	160	18.54	
300	105	220	185	25.87	

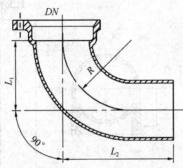

图 14.1-11　A 型 90°弯头

A型90°弯头规格尺寸及质量   表 14.1-29

公称直径 DN (mm)	尺寸（mm）			质量（kg）	
	L_1	L_2	R	A级	B级
50	105	175	105	2.15	2.39
75	117	187	117	3.32	3.48
100	130	210	130	4.70	4.96
125	142	222	142	6.98	7.43
150	155	235	155	8.69	9.26
200	180	270	180	14.21	15.97
250	225	350	210	26.53	
300	270	395	245	37.33	

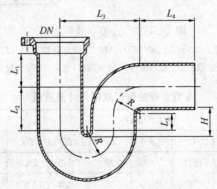

图 14.1-12　A 型 P 形存水弯

A 型 P 形存水弯规格尺寸及质量

表 14.1-30

公称直径 DN（mm）	尺寸（mm）								质量（kg）	
	L_1	L_2	L_3	L_4	L_5	水封 H		R	A 级	B 级
						A 级	B 级			
50	60	80	127.5	120	37.5	70.5	72.5	42.5	3.62	4.21
75	72	92	165.0	125	37.0	71.0	73.0	55.0	6.30	6.80
100	80	105	195.0	135	40.0	69.0	71.0	65.0	9.21	9.98
125	97	117	247.5	135	34.5	73.5	75.5	82.5	14.66	15.77

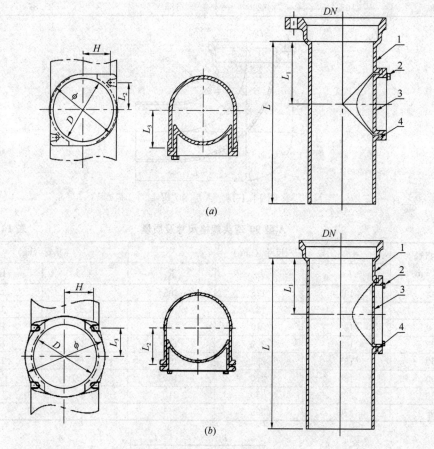

(a)

(b)

图 14.1-13 A 型立管检查口

(a) A 型立管检查口（DN50、DN75、DN100、DN125）；(b) A 型立管检查口（DN150、DN200、DN250、DN300）

1—立管；2—紧固螺栓；3—检查口盖；4—密封胶圈

A 型立管检查口规格尺寸及质量

表 14.1-31

公称直径 DN（mm）	尺寸（mm）							质量（kg）		螺栓
	L	L_1	D	ϕ	L_2	H	L_3	A 级	B 级	个×直径
50	200	78	51	70.5	25	26.5	35.0	2.02	2.26	2×6
75	200	70	76	95.0	35	38.0	47.0	3.56	3.80	2×8

续表

公称直径	尺寸（mm）							质量（kg）		螺栓
DN（mm）	L	L_1	D	ϕ	L_2	H	L_3	A级	B级	个×直径
100	232	82	101	115.0	44	45.0	55.5	5.12	5.48	2×8
125	355	120	115	135.0	49	55.0	68.0	8.04	8.54	2×10
150	300	110	150	195.0	85	67.7	67.7	11.16	11.18	4×10
200	340	110	150	210.0	115	74.3	74.3	17.59	17.67	4×12
250	600	240	150	210.0	145	74.3	74.3	32.27		4×12
300	652	280	150	210.0	175	74.3	74.3	43.43		4×12

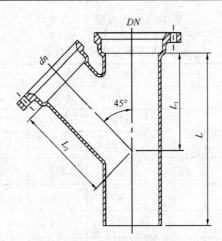

图 14.1-14　A 型 Y 形三通

A 型 Y 形三通规格尺寸及质量　　　　　　　　　　表 **14.1-32**

公称直径（mm）		尺寸（mm）			质量（kg）	
DN	dn	L_1	L_2	L	A级	B级
50	50	130	130	230	3.27	3.66
75	50	145	140	255	4.40	4.76
	75	145	145	273	4.72	5.30
100	50	170	150	270	5.52	5.93
	75	170	155	305	6.28	6.73
	100	180	180	318	7.23	7.71
125	50	185	190	305	7.72	8.76
	75	190	185	315	8.55	9.24
	100	210	195	315	9.16	9.81
	125	225	220	345	11.20	11.97
150	50	215	220	345	10.33	11.09
	75	210	220	345	10.66	11.27
	100	220	210	355	11.28	12.03
	125	245	220	375	12.92	13.76
	150	262	255	395	14.63	15.51
200	200	325	340	460	24.56	27.49

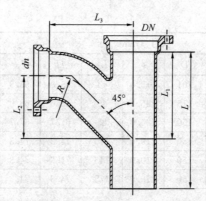

图 14.1-15　A 型 TY 三通

A 型 TY 三通规格尺寸及质量　　　　　　　表 14. 1-33

公称直径 (mm)		尺寸 (mm)					质量 (kg)	
DN	dn	L_1	L_2	L_3	L	R	A 级	B 级
50	50	110	85	110	200	60	3. 17	3. 54
75	50	110	55	110	220	60	4. 04	4. 32
	75	170	115	170	275	85	5. 51	6. 02
100	50	165	150	175	270	60	6. 01	6. 52
	75	203	158	208	305	85	7. 34	7. 46
	100	203	147	203	320	100	8. 14	8. 78
125	50	198	188	213	315	60	8. 84	9. 61
	75	199	159	209	315	85	9. 40	10. 08
	100	199	147	204	355	100	10. 58	11. 36
	125	231	173	231	355	127	12. 64	13. 49
150	50	231	221	246	355	60	11. 16	12. 07
	75	231	191	241	355	85	11. 81	12. 62
	100	231	173	236	355	100	12. 37	13. 23
	125	231	173	231	355	121	13. 90	14. 83
	150	263	200	263	398	127	16. 32	17. 33
200	200	293	215	293	470	140	25. 86	29. 00
250	200	345	270	340	505	140	36. 60	37. 96
	250	395	295	375	580	160	47. 34	47. 34
300	250	420	320	400	600	160	55. 88	55. 88
	300	480	365	450	695	185	69. 02	69. 02

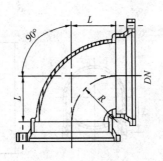

图 14.1-16　B 型 90°弯头

B 型 90°弯头规格尺寸及质量　　　　　　　　表 **14.1-34**

公称直径	尺寸（mm）		质量（kg）	
DN（mm）	L	R	Ⅰ型	Ⅱ型
50	45	45	1.24	1.20
75	60	60	2.09	1.97
100	70	70	3.21	2.92
125	82	82	4.78	4.20
150	98	98	6.20	5.72
200	125	125	11.92	10.74
250	158	158	19.45	19.28
300	184	184	26.94	27.77

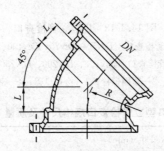

图 14.1-17　B 型 45°弯头

B 型 45°弯头规格尺寸及质量　　　　　　　　表 **14.1-35**

公称直径	尺寸（mm）		质量（kg）	
DN（mm）	L	R	Ⅰ型	Ⅱ型
50	21	50	1.06	1.02
75	28	68	1.75	1.63
100	34	82	2.67	2.37
125	42	100	4.04	3.46
150	50	120	5.15	4.67
200	62	150	9.65	8.47
250	74	178	15.00	14.83
300	87	210	20.84	21.67

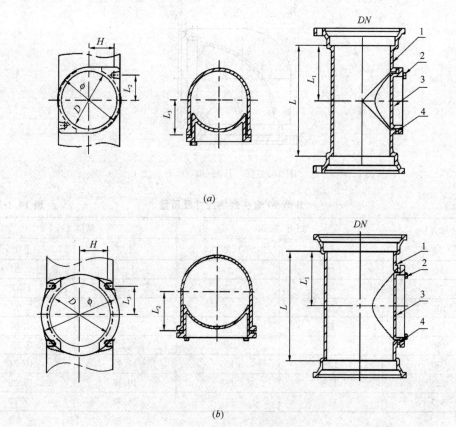

图 14.1-18   B 型立管检查口

(a) B 型立管检查口（DN50、DN75、DN100、DN125）；

(b) B 型立管检查口（DN150、DN200、DN250、DN300）

1—立管；2—紧固螺栓；3—检查口盖；4—密封胶圈

B 型立管检查口规格尺寸及质量   表 14.1-36

公称直径	尺寸（mm）						螺栓	质量（kg）	
DN（mm）	L	L_1	ϕ	L_2	H	L_3	个×直径	Ⅰ型	Ⅱ型
50	134	67.0	70.5	25	26.5	35.0	2×6	1.78	1.78
75	140	70.0	95.0	35	38.0	47.0	2×8	3.00	2.76
100	170	85.0	115.0	44	45.0	55.5	2×8	4.50	4.17
125	192	96.0	135.0	49	55.0	68.0	2×10	5.51	5.85
150	226	113.0	135.0	85	67.7	67.7	4×10	9.30	8.48
200	236	118.0	210.0	115	74.3	74.3	4×10	13.80	13.17
250	364	182.0	210.0	145	74.3	74.3	4×12	25.45	25.35
300	411	205.5	210.0	175	74.3	74.3	4×12	34.32	34.76

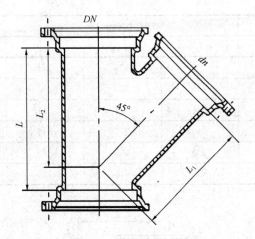

图 14.1-19　B 型 Y 形三通

B 型 Y 形三通规格尺寸及质量　　　　　　　　　　　表 14.1-37

公称直径（mm）		尺寸（mm）			质量（kg）	
DN	dn	L	L₁	L₂	Ⅰ型	Ⅱ型
50	50	118	95	95	2.16	2.11
75	50	115	115	104	2.90	2.76
	75	154	125	125	3.65	3.46
100	50	115	134	114	3.91	3.60
	75	154	144	138	4.75	4.40
	100	190	156	156	5.80	5.37
125	50	116	156	135	5.29	4.69
	75	153	165	149	6.12	5.49
	100	190	177	168	7.27	6.56
	125	229	189	189	8.89	7.79
150	50	116	175	144	6.15	5.65
	75	154	184	169	7.20	6.65
	100	191	197	180	8.45	7.82
	125	230	209	201	9.91	9.14
	150	267	220	220	11.24	10.52
200	100	193	239	213	13.35	12.02
	125	233	251	228	15.23	13.76
	150	269	262	246	17.23	15.46
	200	347	288	288	22.38	20.27
250	100	198	281	241	18.89	18.58
	125	237	292	262	21.19	20.73
	150	274	303	272	23.33	22.92
	200	353	331	318	29.56	28.80
	250	432	359	359	36.57	36.31

续表

公称直径（mm）		尺寸（mm）			质量（kg）	
DN	dn	L	L_1	L_2	Ⅰ型	Ⅱ型
300	100	206	327	271	24.44	25.13
	125	245	339	292	27.07	27.61
	150	281	351	311	29.42	30.01
	200	360	377	348	35.96	36.20
	250	439	407	389	44.02	44.76
	300	521	436	436	52.26	53.51

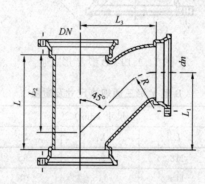

图 14.1-20　B 型 TY 三通

B 型 TY 三通规格尺寸及质量　　　　　　表 14.1-38

公称直径（mm）		尺寸（mm）					质量（kg）	
DN	dn	L	L_1	L_2	L_3	R	Ⅰ型	Ⅱ型
50	50	111	91	87	91	45	2.25	2.19
75	50	112	98	101	111	45	3.08	2.93
	75	149	121	120	121	60	3.86	3.76
100	50	114	102	113	127	45	4.08	3.77
	75	149	123	133	136	60	4.96	4.61
	100	187	153	153	153	70	6.27	5.83
125	50	116	108	131	145	45	5.42	4.82
	75	151	129	147	154	60	6.40	5.76
	100	188	158	166	170	70	7.79	7.07
	125	228	186	188	186	82	9.47	8.61
150	50	120	115	147	163	45	6.46	5.96
	75	155	136	148	172	60	7.50	6.96
	100	191	164	180	187	70	8.91	8.28
	125	228	189	198	200	82	10.68	9.90
	150	268	220	221	220	95	12.46	11.73

公称直径（mm）		尺寸（mm）					质量（kg）	
DN	dn	L	L_1	L_2	L_3	R	Ⅰ型	Ⅱ型
200	100	195	173	181	221	70	13.93	12.60
	125	232	198	227	234	82	16.06	14.59
	150	268	225	245	249	95	17.90	16.48
	200	348	286	288	286	120	24.48	22.71
250	100	204	188	242	260	70	19.89	19.58
	125	241	213	260	273	82	22.33	21.87
	150	276	239	274	288	95	24.57	24.16
	200	350	294	315	319	120	31.63	30.87
	250	436	357	363	357	145	41.20	40.95
300	100	213	202	273	297	70	25.71	26.39
	125	250	227	292	310	82	28.49	29.02
	150	285	253	310	325	95	31.12	31.71
	200	358	307	346	355	120	38.59	38.83
	250	435	361	385	384	145	47.92	48.66
	300	517	426	432	426	170	58.01	59.25

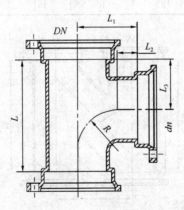

图 14.1-21　B 型立管三通

B 型立管三通规格尺寸及质量　　　　　　表 14.1-39

公称直径（mm）		尺寸（mm）					质量（kg）	
DN	dn	L	L_1	L_2	L_3	R	Ⅰ型	Ⅱ型
75	50	111	82	24	41	45	2.81	2.67
	75	138	84	24	54	60	3.36	3.17
100	50	111	95	25	41	45	3.87	3.48
	75	138	97	25	54	60	4.49	4.06
	100	162	95	25	67	70	5.19	4.64

续表

公称直径（mm）		尺寸（mm）					质量（kg）	
DN	dn	L	L_1	L_2	L_3	R	Ⅰ型	Ⅱ型
125	75	139	109	24	54	60	5.69	5.11
	100	163	108	25	67	70	6.46	5.75
	125	191	110	28	81	82	7.34	6.56
150	75	140	122	24	54	60	6.76	6.22
	100	164	121	26	67	70	7.58	6.92
	125	192	123	29	81	82	8.54	7.80
	150	218	123	28	95	95	9.38	8.66
200	100	166	147	26	67	70	12.18	10.82
	125	194	149	29	81	82	13.39	11.95
	150	219	149	28	95	95	14.40	12.98
	200	275	152	32	123	120	17.72	15.95
250	100	173	174	26	73	70	17.34	16.99
	125	201	175	28	87	82	18.92	18.49
	150	239	176	28	101	95	20.78	20.37
	200	283	179	32	129	120	24.18	23.42
	250	335	185	40	151	145	28.22	27.97

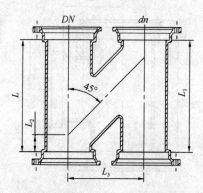

图 14.1-22　B型H形通气管

B型H形通气管规格尺寸及质量　　　　表 14.1-40

公称直径（mm）		尺寸（mm）				质量（kg）	
DN	dn	L	L_1	L_2	L_3	Ⅰ型	Ⅱ型
75	75	214	214	32	150	6.62	6.37
100	75	202	208	22	150	7.69	7.20
	100	238	238	39	160	9.98	9.24
	100	258	258	39	180	10.82	10.08

公称直径 (mm)		尺寸 (mm)				质量 (kg)	
DN	dn	L	L_1	L_2	L_3	Ⅰ型	Ⅱ型
125	75	196	204	10	160	8.99	8.34
	100	243	245	28	180	11.36	10.47
	125	282	282	46	190	14.31	13.27
150	100	241	249	19	190	13.01	12.16
	125	290	296	37	210	16.23	15.23
	150	350	350	55	240	20.18	19.22
200	150	350	360	30	270	26.69	25.03
	200	434	434	67	300	38.49	36.13

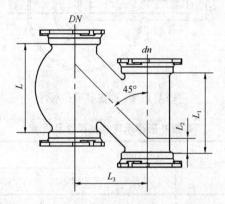

图 14.1-23　B 型 SUNS 防返流 H 形通气管

B 形 SUNS 防返流 H 形通气管规格尺寸及质量　　　　表 14.1-41

公称直径 (mm)		尺寸 (mm)				质量 (kg)
DN	dn	L	L_1	L_2	L_3	
100	100	223	203	35	180	9.30
150	100	223	250	50	241	13.50

注：防止排水立管污废水返流至通气立管的有防返流功能的管件，该产品技术资料由山西泫氏实业集团有限公司
　　提供。

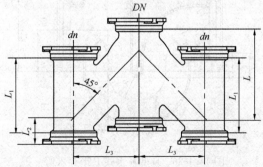

图 14.1-24　B 型 SUNS 防返流双 H 形通气管

B 型 SUNS 防返流双 H 形通气管规格尺寸及质量　　　　表 14.1-42

公称直径 (mm)		尺寸 (mm)				质量 (kg)
DN	dn	L	L₁	L₂	L₃	
100	100	243	203	69	180	13.50

注：具有防止污、废水立管污水返流至共用通气立管造成污废混流功能的管件，该产品技术资料由山西泫氏实业集团有限公司提供。

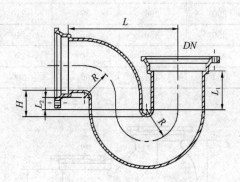

图 14.1-25　B 型 P 形存水弯

B 型 P 形存水弯规格尺寸及质量　　　　表 14.1-43

公称直径 DN (mm)	尺寸 (mm)					质量 (kg)	
	L	L₁	L₂	水封 H	R	Ⅰ 型	Ⅱ 型
50	150	52	25	51	39	2.52	2.48
75	190	66	25	54	53	4.39	4.26
100	228	79	25	54	65	7.21	6.91
125	265	92	25	54	78	11.03	10.51
150	310	93	25	53	90	13.76	13.28

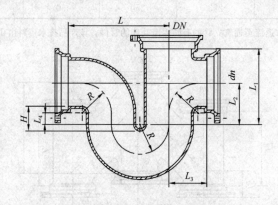

图 14.1-26　B 型补水式 P 形存水弯

B 型补水式 P 形存水弯规格尺寸及质量　　　　　表 14.1-44

公称直径（mm）		尺寸（mm）							质量（kg）	
DN	dn	L	L_1	L_2	L_3	L_4	水封 H	R	Ⅰ型	Ⅱ型
50	50	150	110	60	50	25	51	39	3.28	3.23
75	50	190	135	65	60	25	54	53	5.28	5.14
	75	190	135	65	69	25	54	53	5.58	5.39
100	50	228	165	90	80	25	54	65	8.83	8.44
	75	228	165	90	80	25	54	65	9.09	8.66
	100	228	165	90	85	25	54	65	9.49	8.94

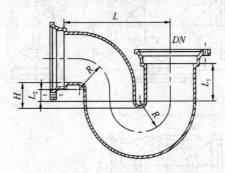

图 14.1-27　B 型深水封 P 形存水弯

B 型深水封 P 形存水弯规格尺寸及质量　　　　　表 14.1-45

公称直径	尺寸（mm）					质量（kg）	
DN（mm）	L	L_1	L_2	水封 H	R	Ⅰ型	Ⅱ型
50	150	81	54	80	39	2.86	2.82
	150	81	74	100	39	2.97	2.93
75	190	92	51	80	53	4.81	4.69
	190	92	71	100	53	4.98	4.86
100	228	105	51	80	65	7.91	7.54
	228	105	71	100	65	8.15	7.78

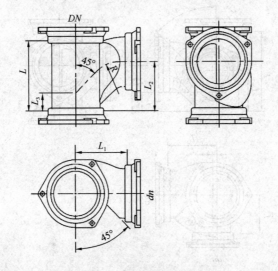

图 14.1-28　B 型旋流三通

B 型旋流三通规格尺寸及质量　　　　　　　　　表 14.1-46

公称直径（mm）		尺寸（mm）					质量（kg）
DN	dn	L	L_1	L_2	L_3	R	Ⅱ型
100	100	175	120	110	40	70	5.31
150	100	190	150	125	24	95	7.98
	150	230	160	130	50	120	9.73

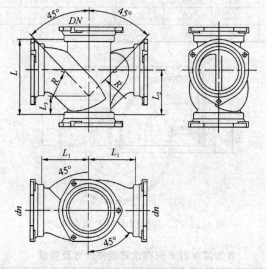

图 14.1-29　B 型旋流四通

B 型旋流四通规格尺寸及质量　　　　　　　　　表 14.1-47

公称直径（mm）		尺寸（mm）					质量（kg）
DN	dn	L	L_1	L_2	L_3	R	Ⅱ型
100	100	175	120	110	40	70	6.45
150	100	190	150	125	24	95	9.55
	150	230	160	130	50	120	12.43

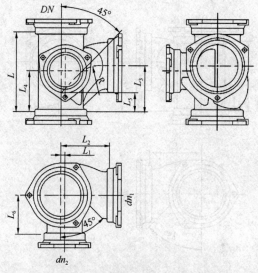

图 14.1-30　B 型旋流直角四通（右向）

B型旋流直角四通（右向）规格尺寸及质量　　　　表 14.1-48

公称直径 (mm)		尺寸（mm）									质量 (kg)
DN	dn_1	dn_2	L	L_1	L_2	L_3	L_4	L_5	L_6	R	Ⅱ型
100	100	50	157	22.5	120	110	85.0	40	90	70	5.73
	100	75	190	10.0	120	110	97.5	40	95	70	6.36
	100	100	190	—	120	110	110.0	40	105	70	6.80
150	100	100	190	19.0	150	121	121.0	20	130	95	9.14
	150	100	230	16.0	160	100	124.0	50	115	120	10.75
	150	150	230	—	160	130	130.0	50	115	120	11.43

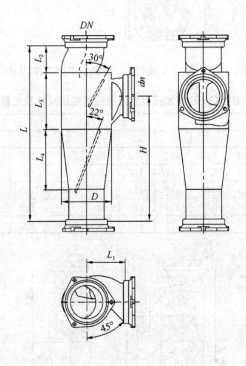

图 14.1-31　B型接口 GB 型加强型旋流器三通

B型接口 GB 型加强型旋流器三通规格尺寸及质量　　　　表 14.1-49

公称直径 (mm)		尺寸（mm）							质量 (kg)
DN	dn	D	L	L_1	L_2	L_3	L_4	H	Ⅱ型
100	50	154	525	113	80	170	180	348	10.67
	75	154	525	117	80	170	180	360	10.96
	100	154	525	119	80	170	180	373	11.26

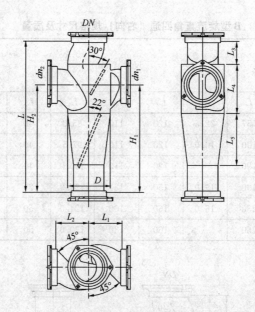

图 14.1-32　B 型接口 GB 型加强型旋流器四通

B 型接口 GB 型加强型旋流器四通规格尺寸及质量　　　表 14. 1-50

公称直径（mm）			尺寸　（mm）									质量（kg）
DN	dn_1	dn_2	D	L	L_1	L_2	L_3	L_4	L_5	H_1	H_2	Ⅱ 型
	75	50	154	525	117	113	80	170	180	360	348	11. 58
	75	75	154	525	117	117	80	170	180	360	360	11. 85
100	100	50	154	525	119	113	80	170	180	373	348	11. 93
	100	75	154	525	119	117	80	170	180	373	360	12. 21
	100	100	154	525	119	119	80	170	180	373	373	12. 49

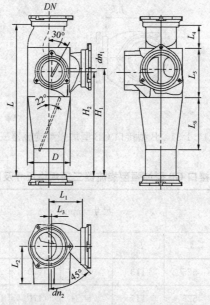

图 14.1-33　B 型接口 GB 型加强型旋流器直角四通

B 型接口 GB 型加强型旋流器直角四通规格尺寸及质量　　　　表 14.1-51

公称直径 (mm)			尺寸（mm）										质量 (kg)
DN	dn_1	dn_2	D	L	L_1	L_2	L_3	L_4	L_5	L_6	H_1	H_2	Ⅱ型
	75	50	154	525	117	130	26	80	170	180	360	348	11.77
	75	75	154	525	117	130	10	80	170	180	360	360	12.29
100	100	50	154	525	119	130	26	80	170	180	373	348	12.20
	100	75	154	525	119	130	10	80	170	180	373	360	12.61
	100	100	154	525	119	149	—	80	170	180	373	373	13.37

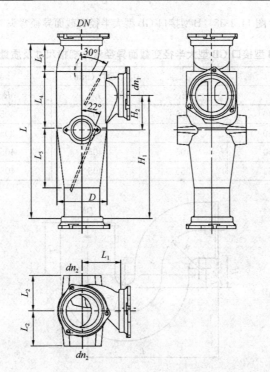

图 14.1-34　B 型接口 GB 型加强型旋流器直角五通（同层排水专用）

B 型接口 GB 型加强型旋流器直角五通（同层排水专用）规格尺寸及质量　　　　表 14.1-52

公称直径 (mm)			尺寸（mm）									质量 (kg)
DN	dn_1	dn_2	D	L	L_1	L_2	L_3	L_4	L_5	H_1	H_2	Ⅱ型
100	100	50	154	525	119	106	80	170	180	370	100	12.45

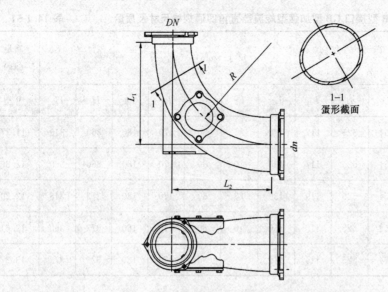

1-1
蛋形截面

图 14.1-35 B 型接口 GB 型大半径变截面异径弯头

B 型接口 GB 型大半径变截面异径弯头规格尺寸及质量　　　　表 14.1-53

公称直径（mm）		尺寸（mm）			重量（kg）
DN	dn	L_1	L_2	R	Ⅱ型
100	150	305	305	305	10.95
	150	455	305	305	12.75
	150	405	405	405	12.98
	150	555	405	405	14.78

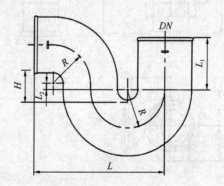

图 14.1-36 W 型 P 形存水弯

W 型 P 形存水弯规格尺寸及质量　　　　表 14.1-54

公称直径 DN（mm）	尺寸（mm）					质量（kg）	
	L	L_1	L_2	水封 H	R	A 级	B 级
50	191	51	—	51	51	1.89	2.09
75	229	83	13	64	64	3.61	3.99
100	267	102	13	64	76	6.15	6.73
150	356	152	13	65	102	12.36	14.74

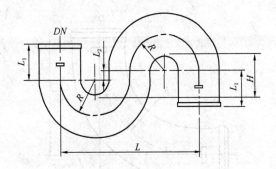

图 14.1-37　W 型 S 形存水弯

W 型 S 形存水弯规格尺寸及质量　　　　　表 14.1-55

公称直径 DN（mm）	尺寸（mm）					质量（kg）	
	L	L_1	L_2	水封 H	R	A 级	B 级
50	204	51	13	63	51	2.50	2.76
	204	58	20	70	58	2.63	2.89

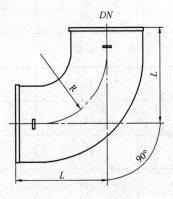

图 14.1-38　W 型 90°弯头

W 型 90°弯头规格尺寸及质量　　　　　表 14.1-56

公称直径 DN（mm）	尺寸（mm）		质量（kg）	
	L	R	A 级	B 级
50	114	76	1.12	1.24
75	127	89	1.79	1.98
100	140	102	2.83	3.10
125	165	114	4.20	4.60
150	178	127	5.35	6.38
200	216	152	10.25	10.25
250	254	178	17.84	17.84

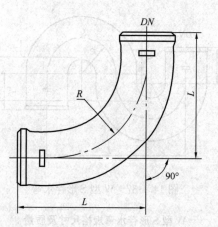

图 14.1-39　W 型 90°长弯头

W 型 90°长弯头规格尺寸及质量　　　　　　　表 14.1-57

公称直径 DN（mm）	尺寸（mm）		质量（kg）	
	L	R	TA 级	TB 级
50	241	203	2.32	2.55
75	254	216	3.49	3.85
100	267	229	5.29	5.76
125	292	241	7.25	7.94
150	305	254	9.03	10.75
200	343	279	16.14	16.14

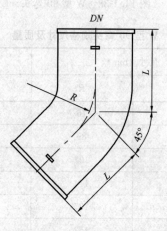

图 14.1-40　W 型 45°弯头

W型45°弯头规格尺寸及质量   表 14.1-58

公称直径	尺寸（mm）		质量（kg）	
DN（mm）	L	R	A 级	B 级
50	70	76	0.79	0.87
75	76	89	1.23	1.36
100	79	102	1.88	2.02
125	98	114	2.85	3.13
150	103	127	3.56	4.25
200	127	152	6.99	6.99
250	151	178	12.16	12.16
300	160	203	15.33	15.33

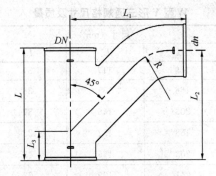

图 14.1-41　W 型 TY 三通

W型 TY 三通规格尺寸及质量   表 14.1-59

公称直径（mm）		尺寸（mm）					质量（kg）	
DN	dn	L	L_1	L_2	L_3	R	A 级	B 级
50	50	168	156	137	51	76	1.74	1.92
75	50	168	171	140	38	76	2.15	2.37
	75	203	203	186	57	89	3.15	3.48
100	50	168	184	140	25	76	2.75	3.02
	75	203	216	184	43	89	3.84	4.23
	100	241	254	235	62	102	5.56	6.09
125	75	246	229	197	43	89	5.06	5.57
	100	284	267	248	62	102	6.86	7.52
	125	321	318	298	79	114	8.98	9.85
150	75	248	241	198	32	89	5.77	6.74
	100	284	279	248	49	102	7.63	8.81
	125	318	330	297	65	114	9.77	11.19
	150	357	365	346	84	127	12.06	14.40
200	100	284	287	240	22	102	10.23	10.50
	125	322	325	278	41	114	12.40	12.81
	150	354	340	305	57	127	14.18	15.25
	200	430	395	375	95	152	20.96	20.96
250	150	384	357	313	59	127	19.44	20.44
	200	462	391	362	98	152	25.94	25.94
	250	541	443	426	133	178	35.45	35.45

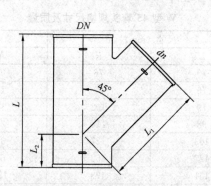

图 14.1-42 W 型 Y 形三通

W 型 Y 形三通规格尺寸及质量   表 14.1-60

公称直径（mm）		尺寸（mm）			质量（kg）	
DN	dn	L	L_1	L_2	A 级	B 级
50	50	168	117	51	1.33	1.49
75	50	168	135	38	1.74	1.92
	75	203	146	57	2.26	2.50
100	50	168	152	25	2.34	2.56
	75	203	165	43	2.97	3.23
	100	241	179	62	3.85	4.22
125	50	205	191	24	3.50	3.84
	75	246	203	43	4.35	4.78
	100	284	216	62	5.38	6.10
	125	321	241	79	6.57	7.20
150	50	211	210	13	4.18	4.94
	75	248	222	32	5.08	5.99
	100	284	235	49	6.17	7.21
	125	318	260	65	7.38	8.58
	150	357	273	84	8.62	10.29
200	100	291	264	24	9.13	9.27
	125	325	289	41	10.64	10.29
	150	360	300	59	12.06	12.54
	200	435	340	95	16.49	16.49
250	100	321	317	25	14.23	14.4
	125	356	359	44	16.41	16.68
	150	392	343	55	17.79	18.40
	200	467	373	92	22.78	22.78
	250	546	419	129	30.01	30.01
300	150	407	381	44	21.64	22.25
	250	560	449	121	34.52	34.52

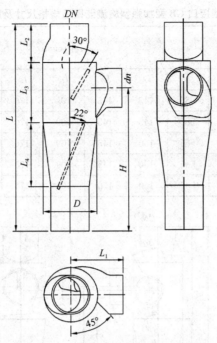

图 14.1-43 W 型接口 GB 型加强型旋流器三通

W 型接口 GB 型加强型旋流器三通规格尺寸及质量   表 14.1-61

公称直径（mm）		尺寸（mm）							质量（kg）
DN	dn	D	L	L_1	L_2	L_3	L_4	H	A 级
100	50	154	585	145	109	170	180	379	9.53
	75	154	585	145	109	170	180	392	9.68
	100	154	585	150	109	170	180	404	9.91

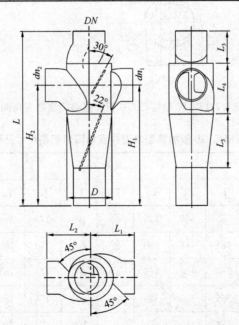

图 14.1-44 W 型接口 GB 型加强型旋流器四通

W型接口 GB型加强型旋流器四通规格尺寸及质量 表 14.1-62

公称直径 (mm)			尺寸 (mm)									质量 (kg)
DN	dn_1	dn_2	D	L	L_1	L_2	L_3	L_4	L_5	H_1	H_2	A级
	75	50	154	585	145	145	109	170	180	392	379	10.12
	75	75	154	585	145	145	109	170	180	392	392	10.27
100	100	50	154	585	150	145	109	170	180	404	379	10.35
	100	75	154	585	150	145	109	170	180	404	392	10.50
	100	100	154	585	150	150	109	170	180	404	404	10.73

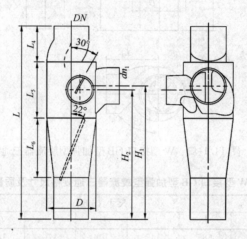

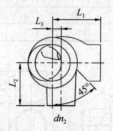

图 14.1-45 W型接口 GB型加强型旋流器直角四通

W型接口 GB型加强型旋流器直角四通规格尺寸及质量 表 14.1-63

公称直径 (mm)			尺寸 (mm)										质量 (kg)
DN	dn_1	dn_2	D	L	L_1	L_2	L_3	L_4	L_5	L_6	H_1	H_2	A级
	75	50	154	585	145	125	40	109	170	180	392	379	9.99
	75	75	154	585	145	130	27	109	170	180	392	392	10.08
100	100	50	154	585	150	125	40	109	170	180	404	379	10.22
	100	75	154	585	150	130	27	109	170	180	404	392	10.31
	100	100	154	585	150	150	—	109	170	180	404	404	10.61

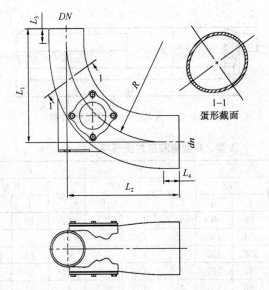

图 14.1-46　W 型接口 GB 型大半径变截面异径弯头

W 型接口 GB 型大半径变截面异径弯头规格尺寸及质量　　　表 14.1-64

公称直径（mm）		尺寸（mm）						质量（kg）
DN	dn	L_1	L_2	L_3	L_4		R	B 级
100	150	350	355	45	50		305	10.84
	150	500	355	195	50		305	12.92
	150	450	455	45	50		405	13.36
	150	600	455	195	50		405	15.44

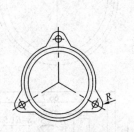
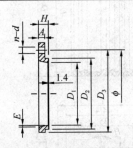

图 14.1-47　A 型法兰压盖

A 型法兰压盖规格尺寸及质量　　　表 14.1-65

公称直径	尺寸（mm）								$n \times d$	质量
DN（mm）	D_1	D_2	D_3	ϕ	A	E	H	R	个×直径	（kg）
50	65	80	93	110	15	3	24	14	3×12	0.67
75	90	105	118	135	15	3	24	14	3×12	0.81
100	115	130	143	160	18	3	26	14	3×12	1.06
125	142	161	175	197	18	5	26	16	4×14	1.85
150	167	186	200	221	20	5	29	16	4×14	2.38
200	220	240	258	278	21	5	29	16	4×14	3.02
250	275	297	317	335	23	6	32	18	6×16	5.02
300	324	349	370	395	25	6	35	22	8×20	8.75

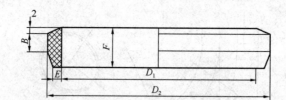

图 14.1-48 A 型、B 型橡胶密封圈

A 型、B 型橡胶密封圈规格尺寸（mm）　　　　　表 **14.1-66**

公称直径 DN	D_1		D_2			E			F			B		
	A 型	B 型	A 型	B 型 I	B 型 II	A 型	B 型 I	B 型 II	A 型	B 型 I	B 型 II	A 型	B 型 I	B 型 II
50	59.5	59	83	75	76	4.0	4.0	3.8	17	15	17	3.1	6.0	8.0
75	84.5	84	108	104	104	4.0	4.0	5.2	17	17	19	3.1	6.0	9.5
100	109.5	109	133	132	130	4.0	4.0	5.5	17	18	19.5	3.1	6.0	10.0
125	135.0	135	165	159	157	4.5	4.5	6.0	21	20	21.5	3.5	6.5	10.5
150	160.0	160	190	186	184	4.5	4.5	6.3	21	21	23	3.5	6.5	11.0
200	212.0	212	244	243	238	5.5	5.5	7.2	21	23	24	3.5	6.5	12.0
250	265.0	265	299	299	295	6.5	5.5	8.1	22	26	28	3.8	9.0	13.5
300	315.0	315	350	350	348	7.0	6.8	9.5	24	28	30	4.2	11.5	14.0

注：用于制造橡胶密封圈的材料应为三元乙丙橡胶或天然橡胶、氯丁橡胶、丁腈橡胶、丁苯橡胶等。

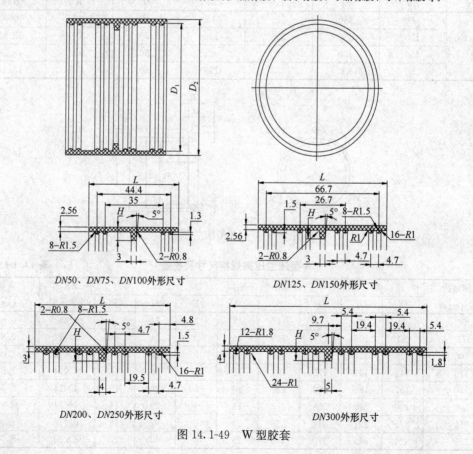

DN50、DN75、DN100 外形尺寸　　　　DN125、DN150 外形尺寸

DN200、DN250 外形尺寸　　　　DN300 外形尺寸

图 14.1-49 W 型胶套

W 型胶套规格尺寸　　　　　　　　　　　表 **14.1-67**

公称直径	尺寸（mm）				水线数量
DN（mm）	D_1	D_2	H	L	
50	50	59	7.0	54	4
75	75	84	7.5	54	4
100	102	112	7.5	54	4
125	126	135	7.5	76	8
150	151	161	7.5	76	8
200	197	207	8.0	101	8
250	253	263	8.0	101	8
300	306	318	10.0	138	12

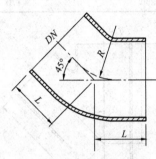

图 14.1-50　W1 型 45°弯头

W1 型 45°弯头规格尺寸及质量　　　　表 **14.1-68**

公称直径	尺寸（mm）		质量
DN（mm）	L	R_{min}	（kg）
50	50	45	0.50
75	60	60	0.88
100	70	70	1.38
125	80	82	2.18
150	90	95	3.28
200	110	120	6.02
250	130	145	10.49
300	155	170	16.98

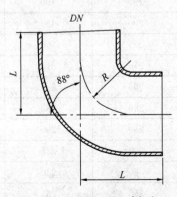

图 14.1-51　W1 型 88°弯头

W1 型 88°弯头规格尺寸及质量　　　　　　　　　表 14.1-69

公称直径 DN (mm)	尺寸（mm）		质量 (kg)
	L	R_{min}	
50	75	45	0.68
75	95	60	1.25
100	110	70	1.93
125	125	82	3.04
150	145	95	4.71
200	175	120	8.48
250	220	145	15.81
300	260	170	25.40

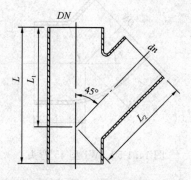

图 14.1-52　W1 型 45°三通

W1 型 45°三通规格尺寸及质量　　　　　　　　　表 14.1-70

公称直径（mm）		尺寸（mm）			质量(kg)
DN	dn	L	L_1	L_2	
50	50	160	115	115	1.15
75	50	180	135	135	1.67
	75	215	155	155	2.22
100	50	190	150	150	2.21
	75	220	170	170	2.77
	100	260	190	190	3.54
125	50	200	160	160	3.02
	75	235	190	190	3.78
	100	270	210	210	4.62
	125	305	230	230	5.77
150	50	230	180	180	4.51
	75	250	200	200	5.09
	100	280	225	225	5.97
	125	320	240	240	6.28
	150	355	265	265	8.90

公称直径（mm）		尺寸（mm）			质量（kg）
DN	dn	L	L_1	L_2	
	75	255	240	240	7.54
	100	300	260	260	9.04
200	125	335	275	275	10.47
	150	375	300	300	12.48
	200	455	340	340	16.94
	100	320	290	290	13.67
250	150	405	340	340	18.13
	200	470	380	380	23.05
	250	560	430	430	31.00
	100	350	330	330	20.02
	150	415	375	375	23.94
300	200	485	410	410	29.78
	250	580	465	465	39.46
	300	660	505	505	49.36

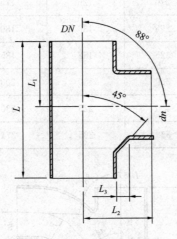

图 14.1-53　W1 型 88°三通

W1 型 88°三通规格尺寸及质量　　　　表 14.1-71

公称直径（mm）		尺寸（mm）				质量（kg）
DN	dn	L	L_1	L_2	L_3	
50	50	145	66	80	20.0	0.97

续表

公称直径（mm）		尺寸（mm）				质量（kg）
DN	dn	L	L₁	L₂	L₃	

公称直径（mm）		尺寸（mm）				质量（kg）
DN	dn	L	L_1	L_2	L_3	
75	50	155	73	90	22.0	1.40
	75	185	83	95	22.0	1.71
100	50	170	76	105	22.0	1.91
	75	190	88	115	22.0	2.26
	100	220	105	115	22.0	2.67
125	50	180	82	120	25.0	2.72
	75	205	96	125	25.0	3.16
	100	235	110	130	25.0	3.70
	125	260	123	135	25.0	4.31
150	50	200	100	140	27.5	3.97
	75	220	100	140	27.5	4.40
	100	245	115	145	27.5	4.98
	125	275	128	150	27.5	5.76
	150	300	142	155	27.5	6.58
200	100	270	126	175	32.5	7.96
	125	295	139	180	32.5	9.00
	150	325	152	185	32.5	10.01
	200	360	180	200	32.5	11.90
250	250	450	225	230	38.0	21.05
300	300	530	265	271	42.0	33.53

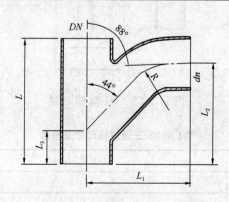

图 14.1-54　W1 型 88°TY 三通

W1 型 88°TY 三通规格尺寸及质量　　　　　　　表 14.1-72

| 公称直径（mm） | | 尺寸（mm） | | | | | 质量（kg） |
DN	dn	L	L_1	L_2	L_3	R	
50	50	160	141	130	45	51	1.45
75	50	180	155	144	45	52	1.97
	75	215	183	174	60	75	2.75
100	50	180	166	140	30	53	2.40
	75	220	194	175	50	76	3.30
	100	260	222	210	70	98	4.38
150	50	230	224	175	25	104	5.04
	75	260	234	202	45	99	5.98
	100	280	246	220	55	99	6.80
	150	355	301	285	90	140	10.93
200	75	285	256	219	40	101	9.01
	100	300	271	230	40	101	9.88
	150	375	326	294	75	145	14.50
	200	455	381	364	115	188	20.69
250	100	330	308	252	40	140	15.05
	150	385	362	294	45	163	19.78
	200	470	409	368	90	187	26.77
	250	560	476	446	130	240	37.76
300	100	345	323	261	35	145	20.50
	150	400	397	301	30	198	26.17
	200	495	456	383	75	234	35.22
	250	580	501	455	115	245	43.53
	300	600	562	466	95	288	56.92

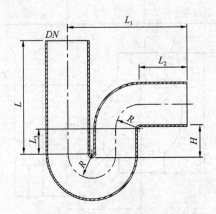

图 14.1-55　W1 型 P 形存水弯

W1 型 P 形存水弯规格尺寸及质量　　　　　　　　　表 14.1-73

公称直径 DN（mm）	尺寸（mm）						质量（kg）
	L	L_1	L_2	L_3	水封 H	R	
50	223	180	75	29.6	50	35	2.52
75	223	225	90	34.6	50	45	4.19
100	250	300	120	31.6	50	60	6.88
125	280	430	130	—	50	100	12.30

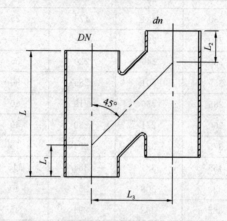

图 14.1-56　W1 型 H 管

W1 型 H 管规格尺寸及质量　　　　　　　　　表 14.1-74

公称直径（mm）		尺寸（mm）				质量（kg）
DN	dn	L	L_1	L_2	L_3	
100	75	207	43	56	150	3.94
	100	243	61	61	160	5.19
150	100	262	45	70	241	8.44

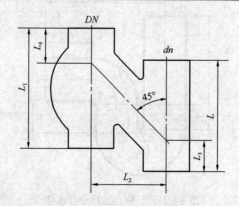

图 14.1-57　W1 型 SUNS 防返流 H 管

W1 型 SUNS 防返流 H 管规格尺寸及质量 表 14.1-75

公称直径（mm）		尺寸（mm）					质量
DN	dn	L	L_1	L_2	L_3	L_4	（kg）
100	100	260	281	180	73	81	6.5
150	100	275	281	241	50	79	9.0

注：防止排水立管污废水返流至通气立管的有防返流功能的管件，该产品技术资料由山西泫氏实业集团有限公司
提供。

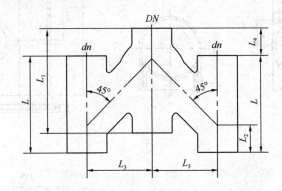

图 14.1-58　W1 型 SUNS 防返流双 H 管

W1 型 SUNS 防返流双 H 管规格尺寸及质量 表 14.1-76

公称直径（mm）		尺寸（mm）					质量
DN	dn	L	L_1	L_2	L_3	L_4	（kg）
100	100	260	234	73	180	62	9.5

注：防止排水立管污废水返流至通气立管的有防返流功能的管件，该产品技术资料由山西泫氏实业集团有限公司
提供。

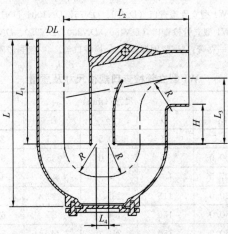

图 14.1-59　W1 型防虹吸存水弯

W1 型防虹吸存水弯规格尺寸及质量　　　　　　表 14.1-77

公称直径 DN（mm）	尺寸（mm）							质量（kg）
	L	L_1	L_2	L_3	L_4	水封 H	R	
50	216	151	142	136	10	80	34	2.50
75	280	185	202	116	17	80	50	4.71
100	332	208	255	130	25	80	65	7.51

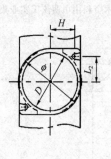
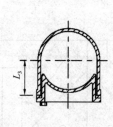
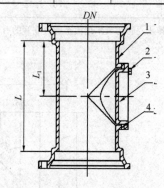

(a)

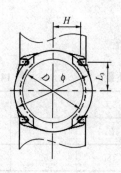
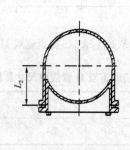
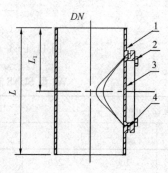

(b)

图 14.1-60　W1 型立管检查口

(a) W1 型立管检查口（DN50、DN75、DN100、DN125）；

(b) W1 型立管检查口（DN150、DN200、DN250、DN300）

1—立管；2—紧固螺栓；3—检查口盖；4—密封胶圈

W1 型立管检查口规格尺寸及质量　　　　　　表 14.1-78

公称直径 DN（mm）	尺寸（mm）							质量（kg）
	L	L_1	D	ϕ	L_2	H	L_3	
50	165	82.5	51	70.5	25	26.5	35.0	1.20
75	200	100.0	76	95.0	35	38.0	47.0	2.00
100	215	107.5	101	115.0	44	45.0	55.5	3.37
125	260	130.0	115	135.0	49	55.0	68.0	4.25
150	300	150.0	150	190.0	85	67.7	67.7	5.64
200	320	160.0	150	210.0	115	74.3	74.3	10.53
250	400	200.0	150	210.0	145	74.3	74.3	17.67
300	450	225.0	150	210.0	175	74.3	74.3	25.95

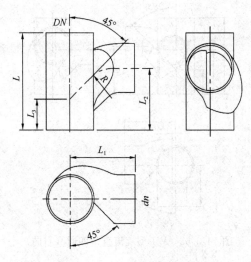

图 14.1-61　W1 型旋流三通

W1 型旋流三通规格尺寸及质量　　　　　　　　　表 14.1-79

公称直径（mm）		尺寸（mm）					质量
DN	dn	L	L_1	L_2	L_3	R	(kg)
100	100	220	150	140	70	70	3.23
150	100	270	180	161	60	95	5.95
	150	300	200	168	88	120	7.66

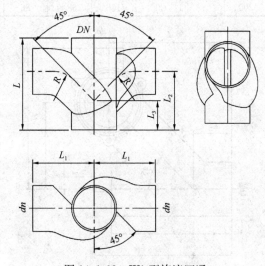

图 14.1-62　W1 型旋流四通

W1 型旋流四通规格尺寸及质量　　　　　　　　　表 14.1-80

公称直径（mm）		尺寸（mm）					质量
DN	dn	L	L_1	L_2	L_3	R	(kg)
100	100	220	150	140	70	70	4.25
150	100	270	180	161	60	95	6.77
	150	300	200	168	88	120	9.72

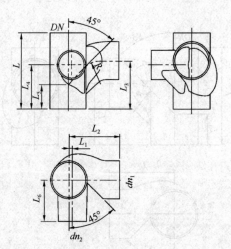

图 14.1-63　W1 型旋流直角四通（右向）

W1 型旋流直角四通（右向）规格尺寸及质量　　　　　　　　表 14.1-81

| 公称直径（mm） | | | 尺寸（mm） | | | | | | | | 质量 |
DN	dn_1	dn_2	L	L_1	L_2	L_3	L_4	L_5	L_6	R	（kg）
	100	50	220	22.5	150	140	115.0	70	110	70	3.50
100	100	75	220	10.0	150	140	127.5	70	120	70	3.61
	100	100	235	—	150	140	140.0	70	120	70	3.91
	100	100	270	19.0	180	161	161.0	60	160	95	6.56
150	150	100	300	16.0	200	168	168.0	88	150	120	8.07
	150	150	300	—	200	168	168.0	88	150	120	8.57

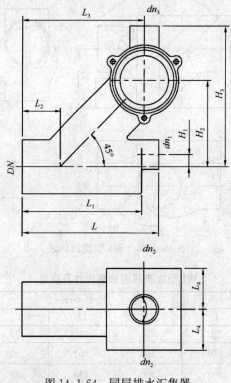

图 14.1-64　同层排水汇集器

同层排水汇集器规格尺寸及质量　　　　　表 14.1-82

公称直径（mm）				尺寸（mm）								壁厚	质量
DN	dn_1	dn_2	dn_3	L	L_1	L_2	L_3	L_4	H_1	H_2	H_3	（mm）	（kg）
	50	100	50	285	250	80	255	84.5	25.0	175	285		8.44
100	50	100	75	285	250	80	255	84.5	12.5	175	285	4.2	8.45
	50	100	100	285	250	80	255	84.5	—	175	285		8.48

注：dn_2 为 B 型接口，dn_3 为选择接口。

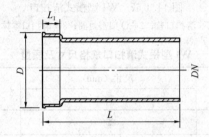

图 14.1-65　后排式坐便器排水连接短管

后排式坐便器排水短管规格尺寸及质量　　　　　表 14.1-83

公称直径	尺寸（mm）			壁厚	质量
DN（mm）	D	L	L_2	（mm）	（kg）
100	132	150	35	4.2	1.63
	132	250	35		2.64

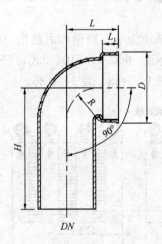

图 14.1-66　后排式坐便器排水 90°弯头

后排式坐便器排水 90°弯头规格尺寸及质量　　　　　表 14.1-84

公称直径	尺寸（mm）					壁厚	质量
DN（mm）	D	L	L_1	H	R	（mm）	（kg）
	132	100	35	150	60		2.40
100	132	100	35	225	60	4.2	3.15
	132	100	35	500	60		5.91

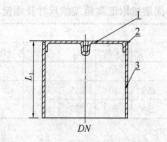

图 14.1-67　W1 型横式清扫口

1—清扫口盖；2—O 型密封圈；3—清扫口本体

W1 型横式清扫口规格尺寸及质量　　　　　　　　　　表 14.1-85

公称直径 DN（mm）	尺寸（mm） L₁	质量（kg）
50	250	1.28
75	250	1.87
100	250	2.51
125	250	3.49
150	250	4.67
200	250	7.00

2）不锈钢卡箍及橡胶密封圈尺寸

①不锈钢卡箍

W 型不锈钢卡箍各部件材质应为《不锈钢和耐热钢　牌号及化学成分》GB/T 20878 所规定的奥氏体不锈钢 12Cr17Ni7、06Cr19Ni10、06Cr17Ni12Mo2，其钢带应平整，不得扭曲，边缘应光洁无毛刺。见图 14.1-68、表 14.1-86。

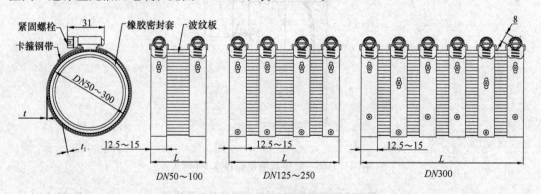

图 14.1-68　W 型不锈钢卡箍

W1 型不锈钢卡箍各部件材质应为《不锈钢和耐热钢　牌号及化学成分》GB/T 20878 所规定的奥氏体不锈钢：钢带及耳板材质为奥氏体不锈钢 06Cr19Ni10、06Cr17Ni12Mo2，连接螺栓、螺母材质及性能等级不得低于 A2-70。见图 14.1-69、表 14.1-87。

W型不锈钢卡箍规格尺寸　　表 14.1-86

公称直径 DN (mm)	尺寸（mm）			卡箍口径调节 D（mm）		安装扭矩 (N·m)
	L	t	t_1	最小	最大	
50				50	76	
75	54			75	101	
100				101	127	
125		0.65	0.18	134	157	
150	76			160	182	7.5
200				198	233	
250	100			248	298	
300	138			298	352	

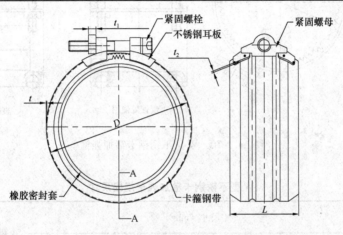

A–A

图 14.1-69　W1 型不锈钢卡箍

W1 型不锈钢卡箍规格尺寸（mm）　　表 14.1-87

公称直径 DN (mm)	尺寸（mm）						螺栓	安装扭矩 (N·m)
	D	t		t_1	t_2	L	直径×长度	
		（06Cr19Ni10 材质）	（06Cr17Ni12Mo2 材质）					
50	70					41	M8×45	18
75	94					45	M8×60	
100	124	0.4	0.5	4.8	1.8			
125	154					54	M8×70	22
150	178							
200	230	0.55	0.55	7.8	2.3	66	M10×80	30

　　W 型、W1 型不锈钢卡箍加强箍的钢带及固定齿条部位材质为碳素结构钢，表面需进行镀锌处理，电镀层技术要求不得低于《金属及其他无机覆盖层　钢铁上经过处理的锌　电镀层》GB/T 9799 中 Fe/Zn 5 级的要求；螺栓和螺母材质为优质碳素钢，性能等级应符合《紧固件机械性能　螺栓、螺钉和螺柱》GB/T 3098.1 的规定：螺栓不得低于 8.8 级，螺母不得低于 8 级。见图 14.1-70、图 14.1-71 表 14.1-88、表 14.1-89。

　　W 型不锈钢卡箍的厚度：钢带 0.65mm，波纹板 0.18mm；W1 型不锈钢卡箍的厚度：平板 0.6mm；不锈钢卡箍加强箍的厚度：板材 2.5mm。

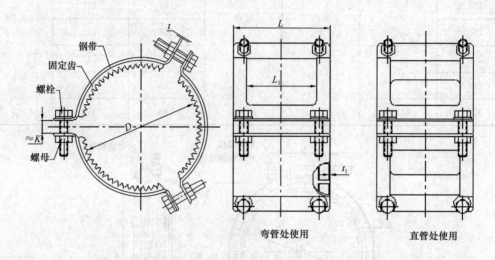

弯管处使用　　　　　　直管处使用

图 14.1-70　W 型不锈钢卡箍加强箍

W 型不锈钢卡箍加强箍规格尺寸　　　　　　　　表 14.1-88

| 公称直径 DN（mm） | 尺寸（mm） | | | | | | 单片数量 | 螺栓 |
	D	t	t_1	L	L_1	K		直径×长度
50	58					11	2	
75	83			95	63			M8×45
100	110	2.5	1.5					
125	135			114	82	15	3	
150	160							
200	210			140	110			M10×45
250	274	3	2	190	146	20	4	
300	326							

注：W 型不锈钢卡箍加强箍不能单独使用，应配套 W 型不锈钢卡箍应用于接口需加固处。

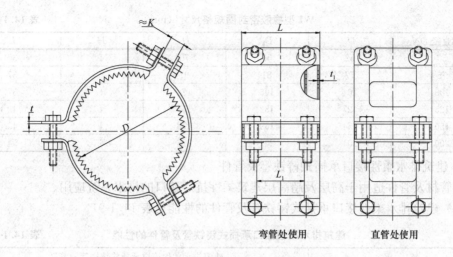

弯管处使用　　直管处使用

图 14.1-71　W1 型不锈钢卡箍加强箍

W1 型不锈钢卡箍加强箍规格尺寸　　　　　　表 14.1-89

公称直径 DN（mm）	尺寸（mm）						单片数量	螺栓
	D	t	t_1	L	L_1	K		直径×长度
50	58					11	2	M8×45
75	83			82	50	11	2	M8×45
100	110	2.5	1.5					M8×45
125	135	2.5	1.5	95	63	15	3	M10×45
150	160			95	63	15	3	M10×45
200	210			106	74	20	4	M10×45

注：W1 不锈钢卡箍加强箍不能单独使用，应配套 W1 型不锈钢卡箍应用于接口需加固处。

②橡胶密封圈

用于制造橡胶密封圈的材料是三元乙丙（EPDM）橡胶、氯丁橡胶、丁腈橡胶、丁苯橡胶等。

W1 型橡胶密封圈规格尺寸见图 14.1-72、表 14.1-90。

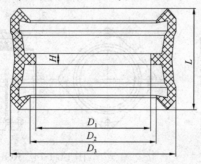

图 14.1-72　W1 型橡胶密封圈

W1 型橡胶密封圈规格尺寸（mm）　　　　　表 14.1-90

公称直径 DN	D_1	D_2	D_3	H	L
50	52	56	70	4	35
75	77	81	97	4	37
100	104	108	124	4	37
125	127	132	151	4	43
150	154	159	178	4	43
200	201	207	226	6	54

2. 建筑排水柔性接口承插式铸铁管及管件

该管材及管件适用于高层及超高层建筑柔性抗震接口的排水系统应用。

（1）建筑排水柔性接口承插式铸铁管及管件的性能见表 14.1-91。

建筑排水柔性接口承插式铸铁管及管件的性能　　　　　表 14.1-91

名　　称	建筑排水柔性接口承插式铸铁管及管件
产品标准	CJ/T 178
接口形式	RC 型、RC1 型法兰承插式接口
接口法兰规格 DN（mm）	三耳 50～200；四耳 125～200；六耳 250；八耳 300
试验压力（MPa）	0.35（耐水压试验）
压环强度试验（MPa）	≥300
抗拉强度（MPa）	RC 型≥150；RC1 型 A1 级≥200
耐水压性能	管内水压加至 0.3MPa 状态并保持 3min，无渗漏
耐弯曲性能	管内水压加至 0.1MPa 状态，使中间结合部发生 30mm 的弯曲，保持 5min，无渗漏
耐振动性能	管内水压至 0.1MPa 状态，再使中间结合部发生振动频率为 1.0Hz 曲挠值±30mm，持续 5min，无渗漏

（2）管材标准

建筑排水柔性接口承插式铸铁管及管件应符合行业标准《建筑排水用柔性接口承插式铸铁管及管件》CJ/T 178、《建筑排水金属管道工程技术规程》CJJ 127 的规定。

（3）规格尺寸、接口形式

直管及管件按其接口形式分为 RC 型、RC1 型机械式机制柔性抗震接口两种类型，RC 型为单承式、RC1 型为全承式，见图 14.1-73、图 14.7-74（简称 RC 型、RC1 型）。

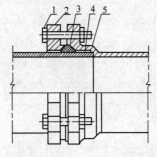

图 14.1-73　RC 型接口形式

1—紧固螺钉；2—法兰压盖；3—橡胶密封圈；4—插口端；5—承口端

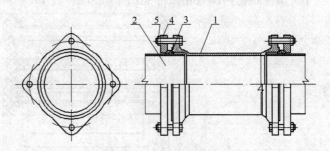

图 14.1-74　RC1 型接口形式

1—RC1 型管件；2—管材；3—橡胶密封圈；4—法兰（分为三耳、四耳、六耳、八耳）；5—螺栓螺母

（4）部分管件规格尺寸见图 14.1-75～图 14.1-108、表 14.1-92～表 14.1-127。

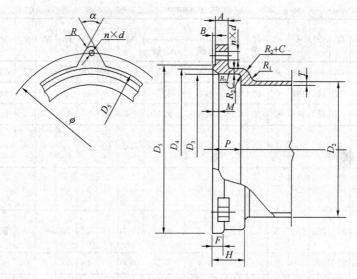

图 14.1-75　RC 型、RC1 型接口承口

RC 型接口承口规格尺寸　　　表 14.1-92

公称直径 DN（mm）	尺寸（mm）																$n×d$ 个×直径	$α$ (°)
	D_2	D_3	D_4	D_5	ϕ	C	H	A	T	M	B	F	P	R_1	R_2	R_3	R		
50	61	65	78	94	108	6	44	16	4.5	5.5	4	14	38	8	5	7	13	3×12	60°
75	86	93	103	117	137	6	45	17	5.0	5.5	4	16	39	8	5	7	14	3×12	60°
100	111	118	128	143	166	6	46	18	5.0	5.5	4	16	40	8	5	7	15	3×14	60°
125	137	144	159	173	205	7	48	20	5.5	7.0	5	16	40	10	6	8	20	3×14 4×14	90°
150	162	169	184	199	227	7	48	24	5.5	7.0	5	18	42	10	6	8	20	3×16 4×16	90°
200	214	221	244	258	284	8	58	27	6.0	10.0	6	18	50	10	6	8	26	3×16 4×16	90°
250	268	276	310	335	370	9	69	28	7.0	10.0	6	25	58	12	8	10	26	6×20	90°
300	320	323	378	396	434	9	78	30	7.0	13.0	6	28	68	15	8	10	26	8×20	90°

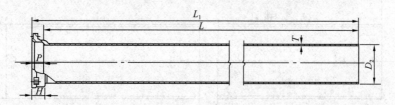

图 14.1-76　RC 型管材

RC1 型接口承口规格尺寸 表 **14.1-93**

公称直径 DN（mm）	尺寸（mm）																	$n \times d$ 个×直径	α (°)
	D_2	D_3	D_4	D_5	ϕ	C	H	A	T		M	F	P	R_1	R_2	R_3	R		
									A 级	A1 级									
50	61	65	78	94	108	6	44	11	4.3	3.5	5.5	7	28	8	5	7	13	3×12	60°
75	86	93	103	117	137	6	45	12	4.4	3.5	5.5	8	28	8	5	7	14	3×12	60°
100	111	118	128	143	166	6	46	13	4.8	3.5	5.5	9	30	8	5	7	15	3×14	60°
125	137	144	159	173	205	7	48	14	4.8	4.0	7.0	10	34	10	6	8	20	3×14 4×14	90°
150	162	169	184	199	227	7	48	15	4.8	4.0	7.0	11	37	10	6	8	20	3×16 4×16	90°
200	214	221	244	258	284	8	58	17	5.8	5.0	10.0	13	42	10	6	8	26	3×16 4×16	90°
250	268	276	310	335	370	9	69	19	6.4	5.5	10.0	19	48	12	8	10	26	6×20	90°
300	318	323	378	396	434	9	78	21	7.0	6.0	13.0	21	53	15	8	10	26	8×20	90°

RC 型直管壁厚及质量 表 **14.1-94**

公称直径 DN（mm）	外径 D_2（mm）	壁厚 T（mm）	承口凸部质量（kg）	直部 1m 质量（kg）	质量（kg）			
					有效长度 L_1（mm）			总长度 L（mm）
					500	1000	1500	1830
50	61	4.5	0.94	5.75	3.82	6.69	9.57	11.24
75	86	5.0	1.20	9.16	5.78	10.36	14.94	17.61
100	111	5.0	1.56	11.99	7.56	13.46	19.55	23.02
125	137	5.5	2.64	16.36	10.82	19.00	27.18	31.92
150	162	5.5	3.20	19.47	12.94	22.67	32.419	38.01
200	214	6.0	4.40	28.23	18.50	32.60	46.70	54.24
250	268	7.0	10.70	42.00	31.20	52.40	73.50	85.20
300	320	7.0	14.30	50.60	38.70	64.00	89.20	102.50

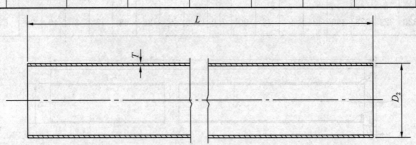

图 14.1-77　RC1 型直管图

RC1 型直管壁厚及质量　　　　表 14.1-95

公称直径 DN（mm）	A 级			A1 级			
	外径 D_2 （mm）	壁厚 T （mm）	质量（kg）（L=3000mm）	外径 D_2 （mm）	壁厚 T （mm）		质量（kg）（L=3000mm）
					标准	公差	
50	61	4.3	16.50	58	3.5	−0.5	13.00
75	86	4.4	24.40	83	3.5	−0.5	18.90
100	111	4.8	34.60	110	3.5	−0.5	25.20
125	137	4.8	43.10	135	4.0	−0.5	35.40
150	162	4.8	51.20	160	4.0	−0.5	42.20
200	214	5.8	81.90	210	5.0	−1.0	69.30
250	268	6.4	113.60	274	5.5	−1.0	99.80
300	318	7.0	148.00	326	6.0	−1.0	129.70

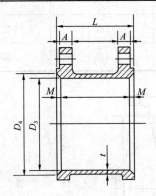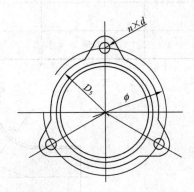

图 14.1-78　RC 型套袖

RC 型套袖规格尺寸及质量　　　　表 14.1-96

公称直径 DN（mm）	尺寸（mm）								$n×d$ 个×直径	质量（kg）
	D_3	D_4	D_5	ϕ	A	t	M	L		
50	67	78	94	108	16	6	5.5	65	3×12	1.99
75	92	103	117	137	17	6	5.5	65	3×12	2.80
100	117	128	143	166	18	6	5.5	65	3×14	3.38
125	145	165	175	197	18	7	15	65	4×16	6.85
150	170	184	199	227	24	7	7	65	4×16	7.72
200	224	244	258	284	27	8	10	90	4×16	10.80

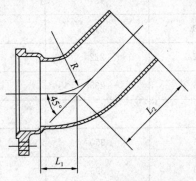

图 14.1-79　RC 型 45°弯头

RC 型 45°弯头规格尺寸及质量　　　　　　　　　表 14.1-97

公称直径 DN（mm）	尺寸（mm）			质量（kg）
	L_1	L_2	R	
50	50	110	80	1.84
75	56	120	90	2.80
100	60	130	100	4.06
125	63	130	110	5.84
150	65	165	125	7.70
200	80	195	140	11.70
250	90	200	160	22.00
300	105	220	185	29.50

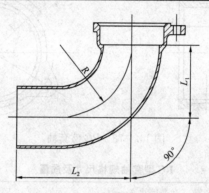

图 14.1-80　RC 型 90°弯头

RC 型 90°弯头规格尺寸及质量　　　　　　　　　表 14.1-98

公称直径 DN（mm）	尺寸（mm）			质量（kg）
	L_1	L_2	R	
50	105	175	105	2.24
75	117	187	117	3.50
100	130	210	130	5.06
125	142	222	142	7.64
150	155	235	155	9.80
200	180	270	180	14.60
250	225	350	210	30.70
300	270	395	245	41.50

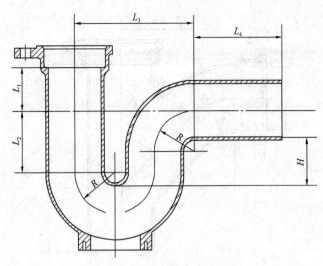

图 14.1-81　RC 型 P 形存水弯

RC 型 P 形存水弯规格尺寸及质量　　　　表 14.1-99

公称直径	尺寸（mm）						质量（kg）
DN（mm）	L_1	L_2	L_3	L_4	H	R	
50	60	80	127.5	120	70.5	42.5	4.24
75	72	92	165.0	125	71.0	55.0	7.40
100	80	105	195.0	135	69.0	65.0	11.76
125	97	117	247.5	135	73.5	82.5	18.74

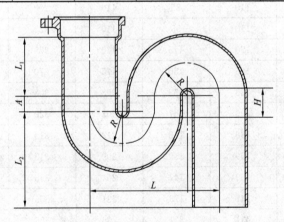

图 14.1-82　RC 型 S 形存水弯

RC 型 S 形存水弯规格尺寸及质量　　　　表 14.1-100

公称直径	尺寸（mm）						质量（kg）
DN（mm）	L_1	A	L_2	L	H	R	
50	90	30	145	160	58	40	5.14
75	90	30	160	210	59	52.5	8.30
100	115	30	190	260	59	65	12.66
125	152	30	233	314	61	78.5	19.34

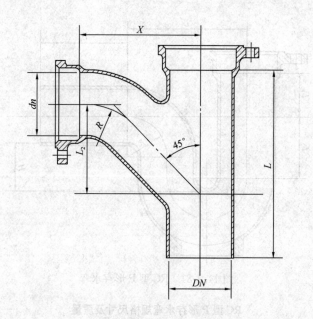

图 14.1-83　RC 型 TY 三通

RC 型 TY 三通规格尺寸及质量　　　　　　表 14.1-101

公称直径（mm）		尺寸（mm）					质量（kg）
DN	dn	L_1	L_2	X	L	R	
50	50	110	85	110	200	60	3.44
75	50	110	55	110	220	60	4.54
	75	170	115	170	275	85	6.30
100	50	165	150	175	270	60	6.70
	75	203	158	208	305	85	7.76
	100	203	147	203	320	100	9.12
125	50	198	188	213	315	60	9.80
	75	199	159	209	315	85	10.13
	100	199	147	204	355	100	11.20
	125	231	173	231	355	127	14.14
150	50	231	221	246	355	60	12.54
	75	231	191	241	355	85	13.30
	100	231	173	236	355	100	15.00
	125	231	173	231	355	121	16.26
	150	263	200	263	398	127	18.80
200	200	293	215	293	470	140	25.60
250	250	395	295	375	580	160	55.00
300	300	480	365	450	695	185	77.70

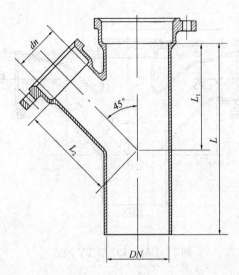

图 14.1-84　RC 型 Y 形三通

| RC 型 Y 形三通规格尺寸及质量 | | | | 表 14.1-102 |

公称直径（mm）		尺寸（mm）			质量（kg）
DN	dn	L_1	L_2	L	
50	50	130	130	230	3.60
75	50	145	140	255	4.94
	75	145	145	273	5.60
100	50	170	150	270	5.10
	75	170	155	305	7.16
	100	180	180	318	8.02
125	50	185	190	305	9.30
	75	190	185	315	9.84
	100	210	195	315	12.30
	125	225	220	345	12.60
150	50	215	220	345	11.64
	75	210	220	345	12.10
	100	220	210	355	12.96
	125	245	220	375	14.64
	150	262	255	395	17.20
200	200	325	340	460	23.90

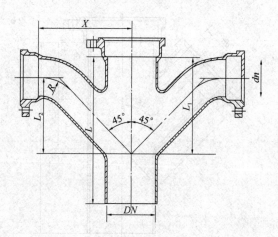

图 14.1-85 RC 型 TY 四通

RC 型 TY 四通规格尺寸及质量　　　　　表 14.1-103

公称直径（mm）		尺寸（mm）					质量（kg）
DN	dn	L_1	L_2	X	L	R	
50	50	110	85	110	200	60	4.87
75	50	110	55	110	220	60	5.86
	75	170	115	170	275	85	8.88
100	50	165	150	175	270	60	8.60
	75	203	158	208	305	85	10.64
	100	203	147	203	320	100	12.84
125	50	198	188	213	315	60	12.30
	75	199	159	209	305	85	12.80
	100	199	147	204	355	100	14.11
	125	231	173	231	355	127	20.51
150	50	231	221	246	355	60	14.97
	75	231	191	241	355	85	12.80
	100	231	173	236	315	100	19.19
	125	231	173	231	355	121	22.57
	150	263	200	263	398	127	26.65
200	200	293	215	293	470	140	35.88

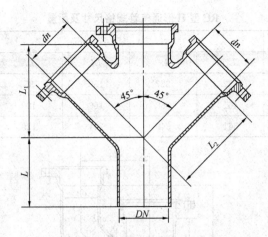

图 14.1-86 RC 型 Y 形四通

RC 型 Y 形四通规格尺寸及质量　　　　　　表 14.1-104

公称直径	尺寸（mm）			质量（kg）
DN（mm）	L_1	L_2	L	
50	130	125	105	4.42
75	145	145	110	7.50
100	184	184	125	10.68
125	211	211	140	16.92
150	240	240	150	22.00
200	305	305	160	31.20

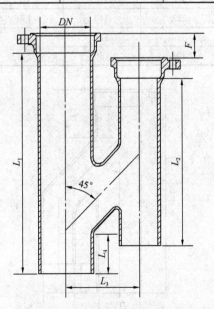

图 14.1-87 RC 型 H 形通气管

RC型H形通气管规格尺寸及质量　　　　　　　　**表 14.1-105**

公称直径（mm）		尺寸（mm）					质量
DN	dn	L_1	L_2	L_3	L_4	F	（kg）
100	75	432	327	150	85	50.0	11.76
	100	461	350	160	100	60.0	13.82
150	100	561	340	241	120	48.5	20.86

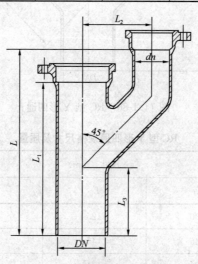

图 14.1-88　RC 型 Y 形通气管

RC型Y形通气管规格尺寸及质量　　　　　　　　**表 14.1-106**

公称直径（mm）		尺寸（mm）				质量
DN	dn	L_1	L_2	L_3	L	（kg）
100	75	322	143	150	392	8.23
	100	362	171	160	442	9.88
150	100	408	166	241	492	15.41

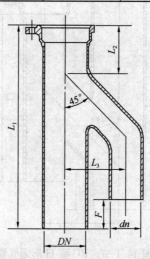

图 14.1-89　RC 型 h 形通气管

RC 型 h 形通气管规格尺寸及质量　　表 14.1-107

公称直径（mm）		尺寸（mm）				质量
DN	dn	L_1	L_2	L_3	F	（kg）
100	75	447	116	150	70	9.05
	100	487	134	160	80	10.06
150	100	537	114	241	90	15.13

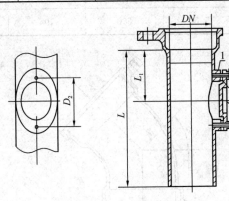

图 14.1-90　RC 型立管检查口

1—立管；2—螺栓；3—垫圈；4—检查口盖

RC 型立管检查口规格尺寸及质量　　表 14.1-108

公称直径	尺寸（mm）			立管质量
DN（mm）	L_1	L	D_2	（kg）
50	78	200	70.0	2.34
75	90	275	86.0	4.40
100	100	320	102.5	6.36
125	120	355	112.5	10.04
150	130	395	112.5	12.80
200	165	470	125.0	16.70
250	240	600	140.0	37.00
300	280	652	160.0	79.00

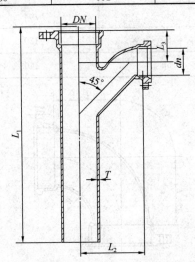

图 14.1-91　RC 型 TY 加长三通（b）

RC型TY加长三通（b）规格尺寸及质量　　　　　表 14.1-109

公称直径（mm）		尺寸（mm）				质量（kg）
DN	dn	T	L_1	L_2	L_3	
100	50	4.5	600	90	185	10.80
	75	5.0	600	90	208	13.10
	100	5.0	600	105	232	14.20

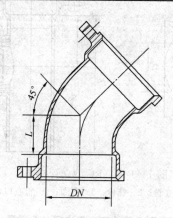

图 14.1-92　RC1 型 45°弯头

RC1 型 45°弯头规格尺寸及质量　　　　　表 14.1-110

公称直径 DN（mm）	尺寸（mm）		质量（kg）
	L	RC	
50	20	48	1.08
75	28	68	2.40
100	35	84	3.42
125	43	104	6.28
150	50	120	6.90
200	58	140	13.00

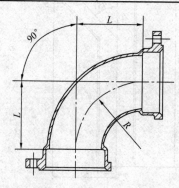

图 14.1-93　RC1 型 90°弯头

RC1 型 90°弯头规格尺寸及质量　　　　　表 14.1-111

公称直径 DN（mm）	尺寸（mm）		质量（kg）
	L	R	
50	54	54	1.38
75	78	78	3.20
100	99	99	4.62
125	122	122	7.78
150	143	143	9.50
200	160	160	16.80

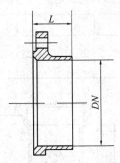

图 14.1-94　RC1 型堵头

RC1 型堵头规格尺寸及质量　　　　　表 14.1-112

公称直径 DN（mm）	尺寸（mm）	质量（kg）
	L	
50	54	0.64
75	78	1.40
100	99	2.16
125	122	3.34
150	143	3.80
200	160	6.30

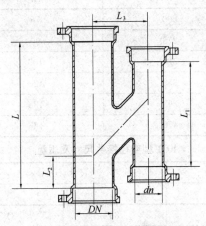

图 14.1-95　RC1 型 H 形通气管

RC1 型 H 形通气管规格尺寸及质量　　　表 14.1-113

公称直径（mm）		尺寸（mm）				质量（kg）
DN	dn	L	L_1	L_2	L_3	
75	75	280	180	40	150	8.92
100	75	240	160	20	150	9.79
	100	280	200	40	160	12.35
125	125	350	250	75	180	18.67
150	100	300	200	30	180	16.87
	125	380	250	30	240	22.13
	150	430	300	65	240	26.64
200	150	460	300	30	300	36.78
	200	520	360	70	300	44.54

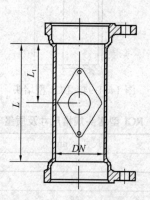

图14.1-96　RC1 型立管检查口

RC1 型立管检查口规格尺寸及质量　　　表 14.1-114

公称直径 DN（mm）	尺寸（mm）		质量（kg）
	L	L_1	
50	200	78	3.03
75	275	90	6.45
100	320	100	9.42
125	355	120	12.68
150	395	130	15.15
200	470	165	33.28

RC1 型变径接头尺寸及质量　　　表 14.1-115

公称直径（mm）		尺寸（mm）		质量（kg）
DN	dn	L	L_1	
75	50	83	31	1.74
100	50	95	38	2.30
	75	94	31	2.76

公称直径（mm）		尺寸（mm）		质量（kg）
DN	dn	L	L_1	
125	50	111	50	2.98
	75	108	41	3.34
	100	112	40	3.70
150	75	117	48	3.90
	100	117	43	4.16
	125	118	40	5.54
200	100	141	59	6.56
	150	131	43	8.00

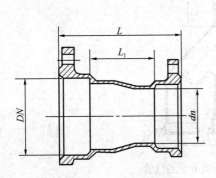

图 14.1-97　RC1 型变径接头

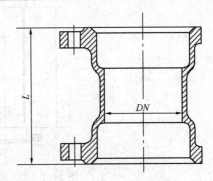

图 14.1-98　RC1 型套袖

RC1 型套袖规格尺寸及质量　　　　表 14.1-116

公称直径 DN（mm）	尺寸（mm）	质量（kg）
	L	
50	75	1.03
75	90	2.34
100	105	2.92
125	115	5.38
150	125	5.40
200	145	9.90

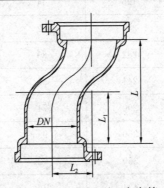

图 14.1-99　RC1 型乙字弯管

RC1 型乙字弯管规格尺寸及质量　　　表 14.1-117

公称直径 DN (mm)	尺寸 (mm)			质量 (kg)
	L	L₁	L₂	
50	250	125	100	2.88
75	280	140	140	4.50
100	322	151	140	7.62
125	300	150	150	11.18
150	268	134	150	11.60
200	320	160	160	15.30

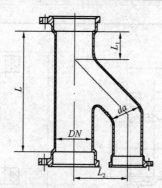

图 14.1-100　RC1 型 h 形通气管

RC1 型 h 形通气管规格尺寸及质量　　　表 14.1-118

公称直径 (mm)		尺寸 (mm)			质量 (kg)
DN	dn	L	L₁	L₂	
75	75	214	60	150	6.33
100	50	202	52	150	6.67
	75	238	69	160	7.82
	100	258	69	180	8.73
125	75	196	44	160	8.93
	100	243	62	180	10.50
	125	282	80	190	12.42
150	100	241	56	190	12.60
	125	290	74	210	15.39
	150	350	92	240	19.28
200	150	350	72	270	26.50
	200	434	109	300	33.88

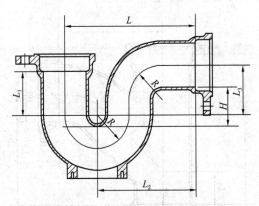

图 14.1-101　RC1 型 P 形存水弯

RC1 型 P 形存水弯规格尺寸及质量　　　　　　　　　表 14.1-119

公称直径 DN（mm）	尺寸（mm）						质量（kg）
	L	L_1	L_2	L_3	R	H	
50	150	50	111	62	39	51	2.78
75	190	64	137	76	53	54	5.20
100	228	77	163	88	65	53	8.22
125	260	90	182	101	78	54	13.18
150	310	103	220	113	90	53	18.40

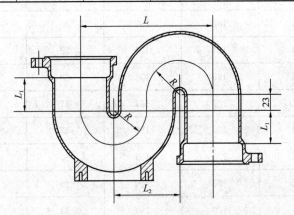

图 14.1-102　RC1 型 S 形存水弯

RC1 型 S 形存水弯规格尺寸及质量　　　　　　　　　表 14.1-120

公称直径 DN（mm）	尺寸（mm）					质量（kg）
	L	L_1	L_2	R	H	
50	156	50	78	39	51	3.18
75	212	64	106	53	54	7.20
100	260	77	130	65	53	10.52
125	312	90	156	78	54	16.18
150	360	103	180	90	53	23.40

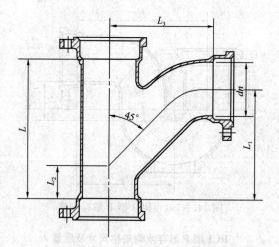

图 14.1-103　RC1 型 TY 三通

RC1 型 TY 三通规格尺寸及质量　　　　　　　表 14.1-121

公称直径（mm）		尺寸（mm）				质量（kg）
DN	dn	L	L₁	L₂	L₃	
50	50	113	93	23	92	2.42
75	50	120	100	23	111	4.04
	75	182	132	36	130	5.50
100	50	124	104	22	127	5.76
	75	165	135	33	145	6.78
	100	207	167	47	165	8.08
125	75	185	150	33	181	8.88
	100	209	169	30	180	10.64
	125	250	210	45	210	12.82
150	75	170	140	33	175	10.90
	100	213	173	45	195	12.36
	125	255	210	64	214	14.74
	150	300	240	68	237	18.20
200	100	226	187	45	237	22.96
	125	271	219	60	254	21.64
	150	305	239	58	276	28.20
	200	384	282	95	282	33.70

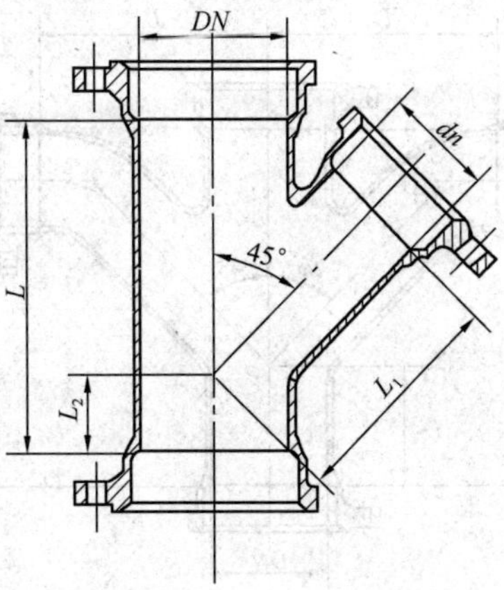

图 14.1-104　RC1 型 Y 形三通

RC1 型 Y 形三通规格尺寸及质量　　**表 14.1-122**

公称直径（mm）		尺寸（mm）			质量（kg）
DN	*dn*	*L*	L_1	L_2	
50	50	125	100	26	2.32
75	50	125	122	16	3.94
	75	167	135	37	5.10
100	50	127	142	4	5.16
	75	164	154	17	6.52
	100	200	185	38	6.38
125	75	169	174	10	8.08
	100	220	184	28	10.14
	125	240	184	44	11.42
150	75	172	193	10	9.90
	100	206	202	17	11.56
	125	240	230	35	13.74
	150	279	235	56	14.80
200	100	210	241	8	17.96
	125	240	254	10	20.14
	150	274	264	25	22.20
	200	349	267	53	26.20

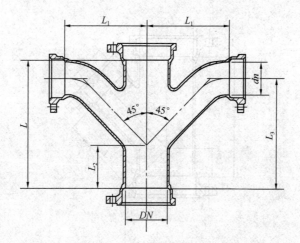

图 14.1-105　RC1 型 TY 四通

RC1 型 TY 四通规格尺寸及质量　　　　　　　　**表 14.1-123**

公称直径（mm）		尺寸（mm）				质量（kg）
DN	dn	L	L_1	L_2	L_3	
50	50	113	93	23	92	3.84
75	50	120	100	23	111	5.86
	75	152	132	36	130	8.61
100	50	124	104	22	127	6.70
	75	165	135	33	145	10.78
	100	207	167	47	165	13.35
125	75	170	138	33	161	12.83
	100	209	169	45	180	15.18
	125	250	210	59	210	17.64
150	75	170	140	33	175	12.90
	100	213	173	45	195	17.51
	125	255	210	59	214	18.08
	150	306	240	71	237	26.10
200	100	226	190	45	245	25.42
	125	271	219	60	276	26.18
	150	325	259	58	276	29.20
	200	364	282	95	285	50.00

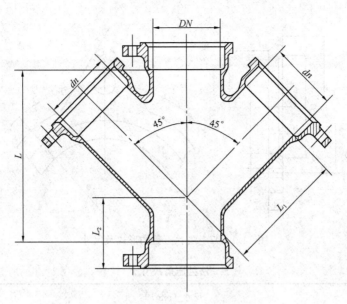

图 14.1-106 RC1 型 Y 形四通

RC1 型 Y 形四通规格尺寸及质量　　　　表 14.1-124

公称直径（mm）		尺寸（mm）			质量
DN	dn	L	L₁	L₂	(kg)
50	50	118	95	45	3.68
75	50	142	115	39	4.31
	75	182	125	57	6.11
100	50	143	134	29	5.06
	75	181	144	46	6.88
	100	219	156	64	8.60
125	75	183	165	38	8.97
	100	221	177	56	10.86
	125	261	189	74	14.33
150	75	154	184	30	10.28
	100	191	197	48	12.47
	125	230	209	66	15.83
	150	267	220	84	19.87

RC 型、RC1 型管件和直管尺寸允许偏差（mm）　　　　表 14.1-125

公称直径 DN	插口外径 D₂	承口内径	承口深度	壁厚	插口圆度
50～100	+1.0 −0.7	±1.5	±2.0	−0.7	≤3.0
125～200	+1.5 −1.2	±2.0	±3.0	−1.0	≤3.5
250～300	+2.2 −1.8	±2.0	±3.0	−1.2	≤4.0

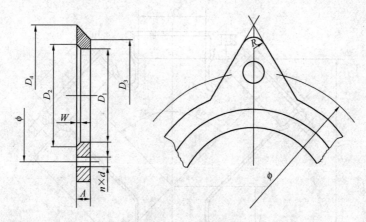

图14.1-107 法兰压盖的形式及尺寸

法兰压盖尺寸 表 14.1-126

公称直径 DN（mm）	尺寸（mm）								n×d 个×直径
	D_1	D_2	D_3	D_4	ϕ	W	R	A	
50	67	78	92	103	108	5.5	13	16	3×12
75	92	103	115	117	137	5.5	14	17	3×12
100	117	128	141	143	166	5.5	15	18	3×12
125	145	159	171	173	205	7.0	20	20	3×16 4×16
150	170	184	197	199	227	7.0	20	24	3×16 4×16
200	224	244	256	258	284	10.0	26	26	3×16 4×16
250	290	310	370	355	370	10.0	26	28	6×20
300	352	378	434	396	434	10.0	26	30	8×20

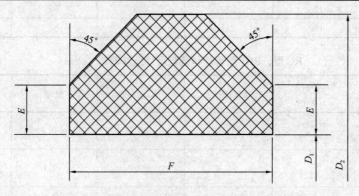

图14.1-108 橡胶密封圈的外形

橡胶密封圈尺寸（mm）　　　　表 14.1-127

公称直径 DN	橡胶密封圈内径 D_1	橡胶密封圈外径 D_2	F	E
50	60.0	80.0	24	4.0
75	85.0	105.0	24	4.0
100	110.0	130.0	24	4.0
125	135.5	159.0	28	4.5
150	160.0	184.0	28	4.5
200	212.0	244.0	34	4.6
250	263.5	310.0	38	9.0
300	297.0	317.5	38	12.0

3. 建筑屋面雨水排水铸铁管、管件及附件

（1）分类及性能

建筑屋面雨水排水铸铁管及管件按用途分为用于室内敷设的 QB 型机械式柔性接口雨水排水球墨铸铁管及管件、HB 型卡箍式柔性接口雨水排水灰口铸铁管及管件和用于室外敷设的雨水排水灰口铸铁雨落管及管件。

建筑屋面雨水排水铸铁管、管件及附件的分类及性能见表 14.1-128。

建筑屋面雨水排水铸铁管、管件及附件的分类及性能　　　　表 14.1-128

名　称	建筑屋面雨水排水铸铁管、管件及附件		
接口形式	QB 型 机械式柔性接口	CJ 型 承插式柔性接口	HB 型 卡箍式柔性接口
规格 DN（mm）	三耳 100 四耳 150、200	75、100、125、150	三耳 100 四耳 150、200
壁厚	直管只有一种壁厚	直管只有一种壁厚	直管只有一种壁厚
抗拉强度（MPa）	抗拉强度 R_m 应≥420MPa，断后伸长率 A 应≥5%	≥200	≥200
接口试验压力（MPa）	内水压：（灌水高度 250m）≥3.0 外水压：≥0.08（替代内负压试验）		内水压：≥1.6 外水压：≥0.08
轴向位移（即接口引拔）试验	在管内水压大于等于 0.35MPa 的作用下，接口处拔出大于等于 12mm 时，稳压 3min，接口处无渗漏		
轴向振动位移试验	在管内水压大于等于 0.35MPa 的作用下，振动频率为 1.8～2.5Hz，沿轴向作往复振动，位移（另一管段从接口处反复拔出、插入）大于等于±2.5mm，持续 3min，无渗漏		
横向振动位移（曲挠）试验	管内保持 0.1MPa 内水压力，在中点接口处，施加一个频率为 0.8～1.0Hz 的横向往复推拉力，中点接口处的横向位移值（曲挠值）大于等于±30mm，持续 5min，无渗漏		

（2）规格型号

1）QB型建筑室内雨水排水球墨铸铁机械式承插柔性接口直管及管件

QB型建筑室内雨水排水球墨铸铁机械式承插柔性接口直管及管件，其中 Q 代表球墨铸铁，B 代表接口采用 B 型接口结构形式。

建筑屋面雨水排水铸铁管及管件按接口形式分为机械式接口（见图 14.1-109）和承插式接口（见图 14.1-110），其规格尺寸见表 14.1-129～表 14.1-131。

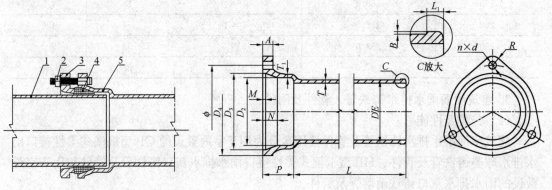

图 14.1-109　QB型直管机械式柔性
接口结构示意图

1—插口端；2—法兰压盖紧固螺栓；
3—法兰压盖；4—橡胶密封圈；5—承
口端（管盘上分为三耳、四耳）

图 14.1-110　QB型机械式柔性接口及直管

QB 型接口规格尺寸（mm）　　　　表 14.1-129

公称直径 DN (mm)	承插口尺寸（mm）														$n \times d$ 个×直径
	DE	承口内径 D_2	D_3	D_4	ϕ	承口深度 P	A	R	M	N	L_1	B	T	T_1	
100	111	119	134	154	162	55	18	16	5	26	12	1.5	5.5	6	3×14
150	162	172	189	213	224	60	20	20	6	29	12	1.5	6.0	7	4×18
200	214	226	243	269	285	65	20	25	7	30	15	2.0	7.0	8	4×23

注：不需要止脱加固的插口，可不参考 L_1 和 B 尺寸。

QB 型直管和管件壁厚及直管长度、质量　　　　表 14.1-130

公称直径 DN (mm)	壁厚 T (mm)	承口部质量 (kg)	直部每米质量 (kg)	有效长度 L（mm）		
				1500	2000	3000
				总质量（kg）		
100	5.5	1.87	13.35	21.90	28.57	41.92
150	6.0	3.65	21.51	35.92	46.67	68.18
200	7.0	5.60	33.36	55.64	72.32	105.68

QB 型管件的名称及规格范围　　　　　　表 14.1-131

序　号	名　　称	公称直径 DN（mm）
1	QB 型 45°弯头	100、150、200
2	QB 型 90°弯头	100、150、200
3	QB 型 90°大半径弯头	100、150、200
4	QB 型乙字弯管	100、150、200
5	QB 型变径接头	150×100、200×100、200×150
6	QB 型偏心变径接头	150×100、200×100、200×150
7	QB 型检查口	100、150、200
8	QB 型直通套袖	100、150、200
9	QB 型 TY 三通	100、150×100、150、200×100、200×150、200
10	QB 型 Y 形三通	100、150×100、150、200×100、200×150、200

2）CJ 型建筑外墙雨水排水灰口铸铁雨落管及管件

CJ 型建筑外墙雨水排水灰口铸铁雨落管及管件，CJ 代表承插接口形式。CJ 型雨落管接口形式及尺寸如图 14.1-111、图 14.1-112 和表 14.1-132～表 14.1-134 所示。

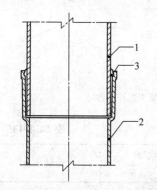

图 14.1-111　CJ 型承插式柔性接口
1—插口端；2—承口端；3—密封胶

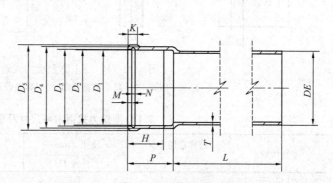

图 14.1-112　CJ 型接口形式及雨落管

CJ 型接口规格尺寸（mm）　　　　　　表 14.1-132

公称直径 DN	承插口尺寸											
	DE	D_1	D_2	D_3	D_4	D_5	M	N	K	P	H	T
75	83	58.5	86	87	95	100	5	5	13	60	45	3.5
100	110	112.5	113	114	122	128	6	5	15	70	55	3.5
125	135	138.0	139	140	149	155	6	6	17	75	60	3.5
150	160	163.0	164	165	174	180	6	6	17	80	60	4.0

CJ 型雨落管、管件壁厚及直管长度、质量　　　　表 14.1-133

公称直径 DN（mm）	壁厚 T（mm）	承口部质量（kg）	直部每米质量（kg）	有效长度 L（mm）		
				1000	2000	3000
				总质量（kg）		
75	3.5	0.68	6.53	6.91	13.21	19.50
100	3.5	1.04	8.43	9.37	17.81	26.24
125	3.5	1.57	10.41	13.25	25.10	36.95
150	4.0	1.96	14.12	15.87	29.98	44.09

CJ 型承口管件的名称及规格范围　　　表 14.1-134

序号	名　称	公称直径 DN（mm）
1	CJ 型 45°弯头	75、100、125、150
2	CJ 型乙字弯管	75、100、125、150
3	CJ 型变径接头	100×75、125×75、125×100、150×75、150×100、150×125
4	CJ 型 90°长弯头	75、100、125、150
5	CJ 型散水弯头短管	75、100、125、150

3）铸铁雨水斗及承雨斗

① ZⅠQ 型重力式雨水。结构形式及尺寸如图 14.1-113 和表 14.1-135 所示。

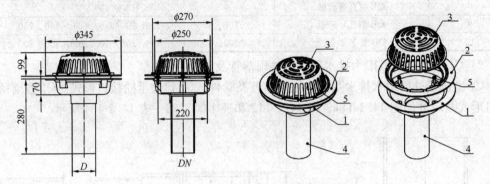

图 14.1-113　ZⅠQ 型重力式雨水斗

1—斗身；2—压盘；3—球形格栅斗帽；4—排出管；5—紧固螺杆及螺母

ZⅠQ 型重力式雨水斗尺寸及质量　　　表 14.1-135

型号代号	公称直径 DN（mm）	尺寸（mm） 外径 D	紧固螺杆 直径×长度	质量（kg）
ZⅠQ-75	75	86	M8×55	11.70
ZⅠQ-100	100	111	M8×55	12.23
ZⅠQ-150	150	162	M8×55	13.22

② ZⅡBH 型侧入式雨水斗。结构形式及尺寸如图 14.1-114 和表 14.1-136 所示。

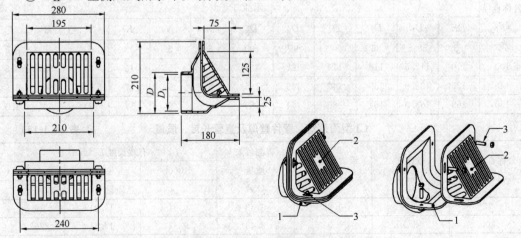

图 14.1-114　ZⅡBH 型重力式溢流雨水斗

1—斗身；2—格栅压板；3—紧固螺杆及螺母

ZⅡBH型侧入式雨水斗尺寸及质量　　　　表 14.1-136

型号代号	公称直径 DN (mm)	尺寸（mm）		紧固螺杆	质量 (kg)
		D	D_1	直径×长度	
ZⅡBH-50	50	70	56	M8×30	5.70
ZⅡBH-75	75	96	82	M8×30	6.06
ZⅡBH-100	100	120	106	M8×30	6.00

③ 87Ⅱ型雨水斗。结构形式及尺寸如图 14.1-115 和表 14.1-137 所示。

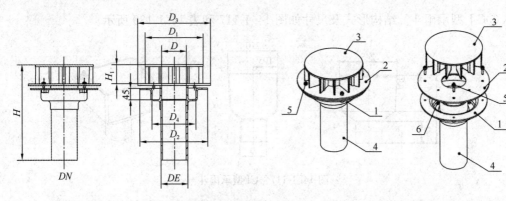

图 14.1-115　87Ⅱ型雨水斗

1—斗身；2—压板；3—导流罩；4—排出管；5—紧固螺杆及螺母；6—连接螺钉

87Ⅱ型雨水斗尺寸及质量　　　　表 14.1-137

型号代号	公称直径 DN (mm)	尺寸（mm）								导流板数量（个）	连接螺钉 直径×长度	紧固螺杆 直径×长度	重量 (kg)
		外径 DE	D	D_1	D_2	D_3	D_4	H	H_1				
87Ⅱ-75	75	86	75	215	255	275	155	390	60	8	M6×15	M8×50	11.57
87Ⅱ-100	100	111	100	240	280	300	182	400	70	12	M6×15	M8×50	14.77
87Ⅱ-150	150	162	150	290	330	350	232	425	95	12	M6×15	M8×50	21.97
87Ⅱ-200	200	214	200	340	380	400	297	440	110	12	M6×15	M8×50	26.87

④ PIQ型虹吸式雨水斗。结构形式及尺寸如图 14.1-116 和表 14.1-138 所示。

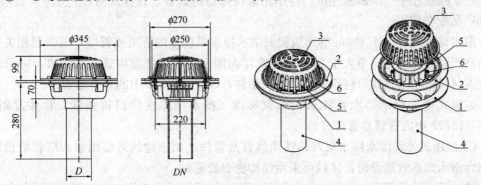

图 14.1-116　PIQ型虹吸式雨水斗

1—斗身；2—压盘；3—球形格栅斗帽；4—排出管；5—整流器；6—紧固螺杆及螺母

PIQ型虹吸式雨水斗尺寸及质量 表 14.1-138

型号代号	公称直径 DN (mm)	尺寸（mm）	紧固螺杆	质量（kg）
		D	直径×长度	
PIQ-50	50	61	M8×55	13.02
PIQ-75	75	86	M8×55	13.58
PIQ-100	100	111	M8×55	14.11

⑤CI型承雨斗。结构形式及尺寸如图 14.1-117 和表 14.1-139 所示。

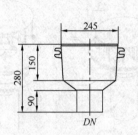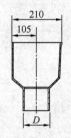

图 14.1-117 CI 型承雨斗

CI型承雨斗尺寸及质量 表 14.1-139

型号代号	公称直径 DN (mm)	尺寸（mm）	质量（kg）
		D	
CI-75	75	86	13.43
CI-100	100	111	13.73

（3）使用要求

建筑屋面雨水排水铸铁管适用于建筑屋面雨水排水系统中，也适用于建筑污水排水、废水排水及对铸铁管无腐蚀性的工业废水排水。

QB 型雨水排水球墨铸铁管及管件主要用于超过 100m 的高层建筑屋面雨水排水系统室内立管及横管等管段的敷设。转换层及底部悬吊横干管和弯头等部位接口应采用止脱接口。在工程应用中可与国家标准《排水用柔性接口铸铁管、管件及附件》GB/T 12772 中所列产品配套使用。

灌水试验高度小于 100m 的建筑屋面雨水排水系统室内管道或管段，可参照相关标准中所列产品配套使用。不大于 70m 的建筑屋面雨水排水系统室内管道或管段，可采用国家标准《排水用柔性接口铸铁管、管件及附件》GB/T 12772 中的直管和管件。

虹吸式屋面雨水排水系统采用国家标准《排水用柔性接口铸铁管、管件及附件》GB/T 12772 中的直管和管件。

CJ 型建筑外墙雨水排水灰口铸铁雨落管及管件适用于建筑外墙雨水雨落管敷设。用于阳台雨水雨落管敷设时，接口可采用结构密封胶密封。

铸铁雨水斗及承雨斗适用于与建筑屋面雨水铸铁管排水系统配套使用的雨水收集。

14.1.4　铜管及管件、接口

1. 适用范围

适用于公称压力不大于 1.6MPa，用于输送生活用水（冷水、热水）、饮用净水、医用气体、压缩空气、惰性气体等。

2. 管材、管件标准

（1）铜管及管件、接口产品应符合国家标准《无缝铜水管和铜气管》GB/T 18033、《铜管接头 第 1 部分：钎焊式管件》GB/T 11618.1、《铜管接头 第 2 部分：卡压式管件》GB/T 11618.2 及行业标准《卡压式铜管件》CJ/T 502 的规定。

（2）工程应用可参照《建筑给水铜管管道工程技术规程》CECS 171 执行。

3. 铜管技术要求

（1）材料要求

管材的化学成分应符合国家标准《加工铜及铜合金牌号和化学成分》GB/T 5231 中 TP2 和 TU2 的规定。

铜管的牌号、状态、规格及尺寸系列应符合《无缝铜水管和铜气管》GB/T 18033 的规定。

1）铜管的牌号、状态和规格见表 14.1-140。

铜管的牌号、状态和规格　　　　表 14.1-140

牌　号	状　态	种　类	规格 (mm)		
			外　径	壁　厚	长　度
TP2 TU2	硬态（Y）	直管	6～325	0.6～8	≤6000
	半硬态（Y2）		6～159		
	软态（M）		6～108		
	软态（M）	盘管	≤28		≥15000

2）铜管的尺寸与最大工作压力应符合表 14.1-141 的规定。

铜管的尺寸与最大工作压力　　　　表 14.1-141

公称直径 DN (mm)	公称外径 (mm)	壁厚（mm）			最大工作压力 P (N/mm^2)								
		A型	B型	C型	硬态（Y）			半硬态（Y2）			软态（M）		
					A型	B型	C型	A型	B型	C型	A型	B型	C型
6	8	1.0	0.8	0.6	17.50	13.70	10.00	13.89	10.90	7.98	11.40	8.95	6.57
8	10	1.0	0.8	0.6	13.70	10.70	7.94	10.87	8.55	6.30	8.95	7.04	5.19
10	12	1.0	0.8	0.6	13.67	8.87	6.65	10.87	7.04	5.21	8.96	5.80	4.29
15	15	1.2	1.0	0.8	10.79	8.87	6.11	8.55	7.04	4.85	7.04	5.80	3.99
	18	1.2	1.0	0.8	8.87	7.31	5.81	7.04	5.81	4.61	5.80	4.70	3.80
20	22	1.5	1.2	0.9	9.08	7.19	5.32	7.21	5.70	4.22	6.18	4.70	3.48
25	28	1.5	1.2	0.9	7.05	5.59	4.62	5.60	4.44	3.30	4.61	3.65	2.72
32	35	2.0	1.5	1.2	7.54	5.54	4.44	5.98	4.44	3.52	4.98	3.65	2.90

续表

公称直径 DN (mm)	公称外径 (mm)	壁厚 (mm)			最大工作压力 P (N/mm²)								
		A型	B型	C型	硬态（Y）			半硬态（Y2）			软态（M）		
					A型	B型	C型	A型	B型	C型	A型	B型	C型
40	42	2.0	1.5	1.2	6.23	4.63	3.68	4.95	3.68	2.92	4.08	3.03	2.41
50	54	2.5	2.0	1.2	6.06	4.81	2.85	4.81	3.77	2.26	3.96	3.14	1.85
65	67	2.5	2.0	1.5	4.85	3.85	2.87	3.85	3.06	2.27	3.17	3.05	1.88
	76	2.5	2.0	1.5	4.26	3.38	2.52	3.38	2.69	2.00	2.80	2.68	1.65
80	89	2.5	2.0	1.5	3.62	2.88	2.15	2.87	2.29	1.71	2.36	2.23	1.41
100	108	3.5	2.5	1.5	4.19	2.97	1.77	3.33	2.36	1.40	2.74	1.94	1.16
125	133	3.5	2.5	1.5	3.38	2.40	1.43	2.68	1.91	1.14	—	—	—
150	159	4.0	3.5	2.0	3.23	2.82	1.60	2.56	2.24	1.27	—	—	—
200	219	6.0	5.0	4.0	3.53	2.93	2.33						
250	267	7.0	5.5	4.5	3.37	2.64	2.15	—	—	—			
	273	7.5	5.8	5.0	3.54	2.16	1.53						
300	325	8.0	6.5	5.5	3.16	2.56	2.16	—	—	—			

注：最大工作压力 P，是指输送介质为 65℃时，硬态允许应力为 63N/mm²，半硬态允许压力为 50N/mm²，软态允许应力为 41.2N/mm²。

3）铜管的外径允许偏差应符合表 14.1-142 的要求。

铜管的外径允许偏差（mm）　　　　　　表 14.1-142

外　径	允　许　偏　差		
	适用于平均外径	适用于任意外径[a]	
	所有状态[b]	硬态（Y）	半硬态（Y2）
15～18	±0.04	±0.04	±0.09
＞18～28	±0.05	±0.06	±0.10
＞28～54	±0.06	±0.07	±0.11
＞54～76	±0.07	±0.10	±0.15
＞76～89	±0.07	±0.15	±0.20
＞89～108	±0.07	±0.20	±0.30
＞108～133	±0.20	±0.70	±0.40
＞133～159	±0.20	±0.70	±0.40
＞159～219	±0.40	±1.50	—
＞219～325	±0.60	±1.50	—

a　包括圆度偏差。

b　软态管材外径公差仅适用平均外径公差。

（2）铜管的力学性能

铜管的室温纵向力学性能应符合表 14.1-143 的规定。

铜管的室温纵向力学性能 表 14.1-143

牌 号	状 态	公称直径 (mm)	抗拉强度 R_m (N/mm²) 不小于	伸长率 A (%) 不小于	维氏硬度 HV5
TP2 TU2	硬态（Y）	≤100	315	—	>100
		>100	295		
	半硬态（Y2）	≤67	250	30	75~100
		>67~159	250	20	
	软态（M）	≤108	205	40	40~75

注：维氏硬度仅供选择性试验。

4. 铜管件及接口

（1）铜管件的技术性能

1）外观要求

管件表面不得有裂纹、凹凸不平和超过壁厚负偏差的划痕；管件表面应清洁，允许有轻微的模痕及因大气影响而发生的氧化变色。

2）尺寸与偏差

① 管件的外形尺寸与偏差应符合表 14.1-144 的规定。

铜管件的外形尺寸与偏差（mm） 14.1-144

公称直径 DN	尺 寸 偏 差
8~22	±1.0
28~54	±1.2
76~88	±1.5
108	±2.0
350~800	±5.0

② 管件未注尺寸的线性和角度公差应符合《一般公差 未注公差的线性和角度尺寸的公差》GB/T 1804 中 m 级的规定；转换接头内、外螺纹应符合《55°密封管螺纹 第1部分：圆柱内螺纹与圆锥外螺纹》GB/T 7306.1 的规定；法兰连接应符合《板式平焊钢制管法兰》GB/T 9119 的规定。

3）液压性能要求

管件应进行水压性能试验，试验压力不应低于 1.6MPa，管件应无渗漏和变形。

4）气密性能要求

管件用于气体介质或进行型式试验时应进行气密性能试验。用于气体介质的气密性试验压力应为工作压力的 1.05 倍，用于液体介质的气密性试验压力应为 0.6MPa，管件应无泄漏出现。

5）连接性能要求

管件应进行连接性能试验。连接性能试验应包括耐压试验、负压试验、拉拔试验、温度变化试验、水压振动试验、压力冲击（波动）试验、水压弯曲挠角试验、偏转角度试验、最大伸缩量试验和耐热性试验。上述试验过程中，管件应无渗漏、脱落和变形。试验方法可参考《薄壁不锈钢卡压式和沟槽式管件》CJ/T 152 中的规定。

6）橡胶密封圈性能要求

供水系统（饮用净水、生活冷热水等）、医用气体、压缩空气、惰性气体用橡胶密封圈材料应采用三元乙丙（EPDM）橡胶或氯化丁基橡胶（CIIR），其材料的物理性能应满足《橡胶密封件110℃热水供应管道的管接口密封圈材料规范》GB/T 27572 中硬度级别为 70 或 80 的性能要求。当有卫生性能要求时，橡胶密封圈的卫生性能应符合《生活饮用水输配水设备及防护材料的安全性评价标准》GB/T 17219 的要求。

7）材料要求

管件的材料应符合表 14.1-145 的规定或达到同等及同等以上机械性能和化学性能的其他材料。

铜管件材料要求   表 14.1-145

形式代号	材料			适用介质
	名称	牌号	标准号	
ST、RT、A45E、B45E、A90E、B90E、SC、BC	铜管	TP2、TU2	《无缝铜水管和铜气管》GB/T 18033	生活用水（冷、热水）、饮用水、压缩空气
CAP	铜板	TP2、TU2	《铜及铜合金板材》GB/T 2040	
	铜带		《铜及铜合金带材》GB/T 2059	
FTC、ETC	黄铜棒	HMn58-2	《铜及铜合金挤制棒》YS/T 649	
	铸铜	ZCuZn40Mn2 ZCuA19Mn2	《铸造铜及铜合金》GB/T 1176	

注：铜管供货状态为半硬态（Y2）。

（2）铜管件的连接方式

建筑给水铜管的连接方式及适用条件见表 14.1-146。

建筑给水铜管的连接方式及适用条件   表 14.1-146

连接方式	系统场所	管材硬度状态	管材最小壁厚类型	公称直径范围 DN（mm）	系统工作压力（MPa）	可否拆卸
钎焊	支管	Y、Y2、M	C	≤50	≤1.0	否
	干管	Y	B	65～200	≤1.6	否
卡压	支管	Y2	C	≤50	≤1.0	否
	干管	Y	B	15～100	≤1.6	否
环压	支管	Y2、M	B	≤25	≤1.0	否
	干管	Y	B	32～100	≤1.6	否
卡套	支管	Y、Y2	C	15～50	≤1.0	可
螺纹	支管	Y2	3.0～3.5mm	20～50	≤1.0	可
沟槽	干管	Y	A	50～200	≤1.6	可
法兰	干管	Y	A	50～200	≤1.6	可

（3）铜管件的承口结构形式及尺寸

1）Ⅰ系列卡压式管件承口的结构形式和基本尺寸见图 14.1-118 和表 14.1-147。

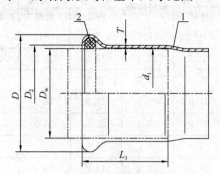

图 14.1-118　Ⅰ系列卡压式管件承口

1—本体；2—密封圈

Ⅰ系列卡压式管件承口的基本尺寸（mm）　　　　表 14.1-147

公称直径 DN	管外径 D_w	壁厚[b] T_{min}	承口端外径 D	承口内径 d_1	承口端内径 d_2	承口长度 L_1
15[a]	15	1.5	23.2	15.3	15.9	20
	18	1.5	26.2	18.3	18.9	20
20	22	1.5	31.6	22.3	23.0	21
25	28	1.5	37.2	28.3	28.9	23
32	35	1.5	44.3	35.5	36.5	26
40	42	1.5	53.3	42.5	43.0	30
50	54	1.5	65.4	54.6	55.0	35
65	76.1	2.0	94.7	77.3	79.0	53
80	88.9	2.0	108.5	90.0	92.0	60
100	108	2.0	133.8	109.5	112.0	75

a　公称直径 DN15 管外径增加 D_w15。现为 D_w15 和 D_w18 两档。

b　铜的壁厚含铁白铜壁厚，舰船用铜和铜合金壁厚参照《钢质海船入级规范》第 3 分册相关规定。

Ⅱ系列卡压式管件承口的结构形式和基本尺寸见图 14.1-119 和表 14.1-148。

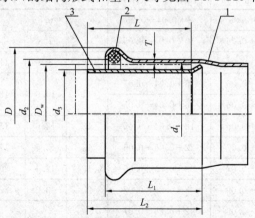

图 14.1-119　Ⅱ系列卡压式管件承口

1—本体；2—密封圈；3—内衬

Ⅱ系列卡压式管件承口的基本尺寸（mm）　　　　表 14.1-148

公称直径 DN	管外径 D_w	管件壁厚 T_{min}	承口端外径 D	承口内径 d_1	承口端内径 d_2	内衬端外径 d_3	插入深度 L	承口长度 L_1	内衬长度 L_2
15[a]	15	1.5	23.2	15.3	15.9	13.3	17	20	22
	18	1.5	26.2	18.3	18.9	16.3	17	20	22
20	22	1.5	31.6	22.3	23.0	19.9	18	21	23
25	28	1.5	37.2	28.3	28.9	25.9	20	23	25
32	35	1.5	44.3	35.5	36.5	32.1	22	26	29
40	42	1.5	53.3	42.5	43.0	39.1	24	30	33
50	54	1.5	65.4	54.6	55.0	51.0	31	35	38

a　公称直径 DN15 管外径增加 D_w15。现为 D_w15 和 D_w18 两档。

2）钎焊连接

钎焊管件承、插口的结构形式和基本尺寸见图 14.1-120 和表 14.1-149。

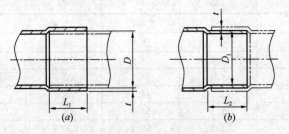

图 14.1-120　钎焊管件承、插口

(a) 承口结构；(b) 插口结构

钎焊管件承、插口的基本尺寸（mm）　　　　表 14.1-149

公称直径 DN	管外径 D_w	承口内径 D		插口外径 D_1		承口长度 $L_1 \geqslant$		插口长度 L_2		壁厚 $t \geqslant$	
		Ⅰ系列	Ⅱ系列	Ⅰ系列	Ⅱ系列	Ⅰ系列	Ⅱ系列	Ⅰ系列	Ⅱ系列	铜	铜合金
6	8	8+0.15+0.06		8+0.04−0.05		7	6.8	9	8.8	0.60	1.00
8	10	10+0.15+0.06		10+0.04−0.05			7.8		9.8		1.00
10	12	12+0.15+0.06		12+0.04−0.05		9	8.6	11	10.6		1.10
15	15、16	15+0.15+0.06		15+0.04−0.05		11	10.6	13	12.6	0.70	1.20
		16+0.15+0.06		16+0.04−0.05							
	18	18+0.15+0.06		18+0.04−0.05		13	12.6	15	14.6	0.80	1.40
20	22	22+0.18+0.07		22+0.05−0.06		15	15.4	17	17.4	0.90	1.50
25	28	28+0.18+0.07		28+0.05−0.06		18	18.4	20	20.4	1.00	1.60
32	35	35+0.23+0.09		35+0.06−0.07		20	23.0	22	25.0	1.20	1.80
40	42、44	42+0.23+0.09		42+0.06−0.07		22	27.0	24	29.0	1.30	2.00
		44+0.23+0.09		44+0.06−0.07							

续表

公称直径 DN	管外径 D_W	承口内径 D		插口外径 D_1		承口长度 L_1 ≥		插口长度 L_2		壁厚 t≥	
		Ⅰ系列	Ⅱ系列	Ⅰ系列	Ⅱ系列	Ⅰ系列	Ⅱ系列	Ⅰ系列	Ⅱ系列	铜	铜合金
50	54、55	54+0.23+0.09		54+0.06−0.07		25	32.0	27	34.0	1.50	2.30
		55+0.23+0.09		55+0.06−0.07							
65	67	67+0.33+0.10		67+0.07−0.08		28	33.5	30	36.5	1.70	2.40
	76	76+0.33+0.10		76+0.07−0.08		30		32		1.90	2.80
80	89	89+0.33+0.10		89+0.07−0.08		32	37.5	34	40.5	2.20	3.10
100	108、105	108+0.33+0.10		108+0.07−0.08		36	47.5	38	51.5	2.40	3.50
		105+0.33+0.10		105+0.07−0.08							
125	133	133+0.8+0.2		133±0.2		38		41		2.50	
150	159	159+0.8+0.3		159±0.2		42		45		3.00	
200	219	219+1.4+0.6		219±0.4		45		48		4.00	
250	267、273	267+2.1+0.9		267±0.6		48		51		5.00	
		273+2.1+0.9		273±0.6						5.80	
300	325	325+2.1+0.9		325±0.6		52		55		6.00	

注：承口内径、插口外径的最大圆度偏差不应超过相对应铜管外径尺寸的1%，最大和最小直径的平均值一个在直径允许偏差范围内。

（4）铜管件的分类、结构形式和基本尺寸

1）铜管件的分类、形式和代号见表14.1-150，卡压式承口连接方式有Ⅰ系列、Ⅱ系列。

铜管件的分类、形式及代号　　　　　　表 14.1-150

分类	形式	代号	承口形式
等径三通	—	ST	Ⅰ系列、Ⅱ系列
异径三通	—	RT	
45°弯头	A 型	45E-A	
	B 型	45E-B	
90°弯头	A 型	90E-A	
	B 型	90E-B	
等径管件	—	SC	
异径管件	—	RC	
管帽	—	CAP	
内螺纹转换接头	—	FTC	
外螺纹转换接头	—	ETC	

注：A型管件接口两端均为承口；B型管件接口一端为承口，另一端为插口。

2）铜管件基本参数见表14.1-151。

铜管件的基本参数　　　　　　　表 14. 1-151

分　类	公称压力 PN（MPa）	公称直径 DN（mm）
等径三通、45°弯头、90°弯头、等径管件、管帽		15～100
异径管件、异径三通	1. 6	20×15～100×80
内螺纹转换接头		15～50
外螺纹转换接头		15～100

3）卡压式铜管件连接的结构形式和基本尺寸

① Ⅰ系列卡压式 ST、A45E、B45E、A90E、B90E、SC、CAP 铜管件的结构形式和基本尺寸见图 14.1-121 和表 14.1-152。

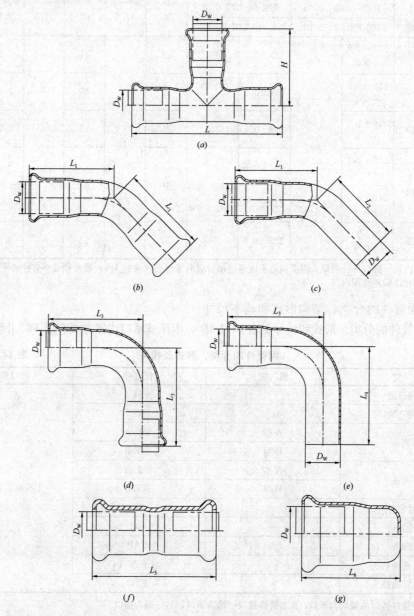

图 14.1-121　Ⅰ系列卡压式 ST、A45E、B45E、A90E、B90E、SC、CAP 铜管件
(*a*) ST；(*b*) A45E；(*c*) B45E；(*d*) A90E；(*e*) B90E；(*f*) SC；(*g*) CAP

Ⅰ系列卡压式 ST、A45E、B45E、A90E、B90E、SC、CAP
铜管件的基本尺寸（mm）   表 14.1-152

公称直径 DN	管外径 D_w	L	H	L_1	L_2	L_3	L_4	L_5	L_6
12	15	64	39	36	41	49	55	48	29
15	18	68	42	37	42	53	59	48	31
20	22	74	45	42	48	61	67	50	33
25	28	84	52	48	54	72	78	54	35
32	35	100	58	55	81	86	130	62	41
40	42	114	63	65	99	112	176	71	48
50	54	138	78	78	127	138	211	83	56
65	76	230	106	123	188	190	247	141	94
80	89	260	126	141	225	220	292	162	104
100	108	310	146	166	275	260	358	194	125

② Ⅱ系列卡压式 ST、A45E、B45E、A90E、B90E、SC、CAP 铜管件的结构形式和基本尺寸见图 14.1-122 和表 14.1-153。

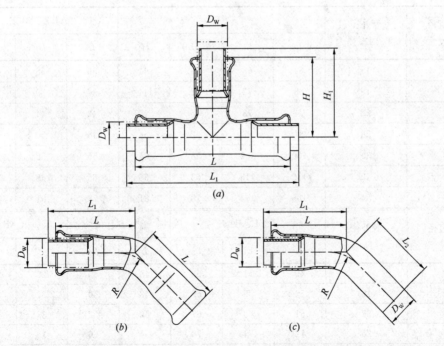

图 14.1-122　Ⅱ系列卡压式 ST、A45E、B45E、A90E、B90E、SC、CAP 铜管件（一）
(a) ST；(b) A45E；(c) B45E

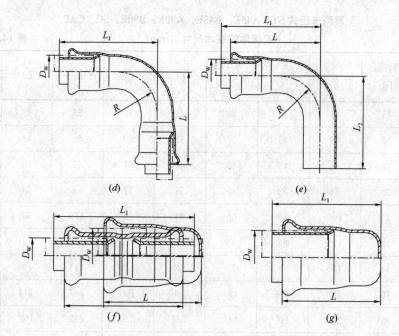

图 14.1-122　Ⅱ系列卡压式 ST、A45E、B45E、A90E、B90E、SC、CAP 铜管件（二）

(*d*) A90E；(*e*) B90E；(*f*) SC；(*g*) CAP

Ⅱ系列卡压式 ST、A45E、B45E、A90E、B90E、SC、CAP
管件的基本尺寸（mm）

表 14.1-153

公称直径 DN	管外径 D_w	ST				A45E、B45E		
		L	L_1	H	H_1	L	L_1	L_2
12	15	64	68	39	41	36	38	41
15	18	68	72	42	44	37	39	42
20	22	74	78	45	47	42	44	48
25	28	84	88	52	54	48	50	54
32	35	100	106	58	61	55	58	81
40	42	112	118	63	66	65	68	99
50	54	138	144	78	81	78	81	127
公称直径 DN	管外径 D_w	A90E、B90E			SC		CAP	
		L	L_1	L_2	L	L_1	L	L_1
12	15	49	51	55	48	50	29	31
15	18	53	55	59	48	50	31	33
20	22	61	63	67	50	52	33	35
25	28	72	74	78	54	56	35	37
32	35	86	89	130	62	65	41	44
40	42	112	115	176	71	74	48	51
50	54	138	141	211	83	86	56	59

③ Ⅰ系列、Ⅱ系列 RC 卡压式铜管件的结构形式和基本尺寸见图 14.1-123 和表 14.1-154。

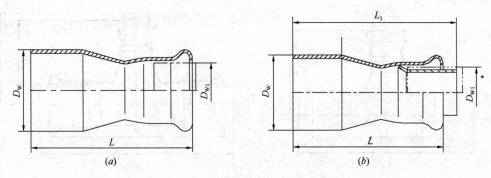

图 14.1-123　Ⅰ系列、Ⅱ系列 RC 卡压式铜管件
(*a*) Ⅰ系列；(*b*) Ⅱ系列

Ⅰ系列、Ⅱ系列 RC 卡压式铜管件的基本尺寸（mm）　　表 **14.1-154**

公称直径 $DN \times DN_1$	管外径 $D_w \times D_{wl}$	Ⅰ系列	Ⅱ系列	
		L	L	L_1
15×12	18×15	55	55	57
20×12	22×15	59	59	61
20×15	22×18	57	57	59
25×12	28×15	66	66	68
25×15	28×18	64	64	66
25×20	28×22	59	59	61
32×15	35×18	78	78	80
32×20	35×22	71	71	73
32×25	35×28	68	68	70
40×15	42×18	93	93	95
40×20	42×22	88	88	90
40×25	42×28	79	79	81
40×32	42×35	72	72	75
50×15	54×18	116	116	118
50×20	54×22	109	109	111
50×25	54×28	102	102	104
50×32	54×35	95	95	98
50×40	54×42	89	89	92
65×50	76×54	160	—	—
80×50	89×54	201	—	—
80×65	89×76	179	—	—
100×65	108×76	229	—	—
100×80	108×89	230	—	—

④ Ⅰ系列、Ⅱ系列 RT 卡压式铜管件的结构形式和基本尺寸见图 14.1-124 和表 14.1-155。

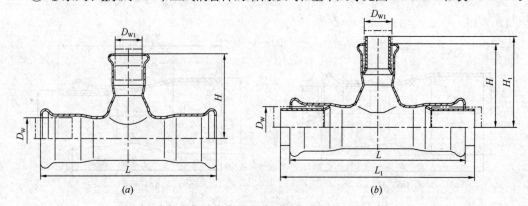

图 14.1-124　Ⅰ系列、Ⅱ系列 RT 卡压式铜管件

(a) Ⅰ系列；(b) Ⅱ系列

Ⅰ系列、Ⅱ系列 RT 卡压式铜管件的基本尺寸（mm）　　　表 14.1-155

公称直径 $DN \times DN_1$	管外径 $D_w \times D_{w1}$	Ⅰ系列、Ⅱ系列		Ⅱ系列	
		L	H	L_1	H_1
15×12	18×15	64	41	68	43
20×12	22×15	74	43	78	45
20×15	22×18		45		47
25×12	28×15	84	45	88	47
25×15	28×18		45		47
25×20	28×22		47		49
32×15	35×18	100	50	106	52
32×20	35×22		51		53
32×25	35×28		52		54
40×15	42×18	114	53	120	55
40×20	42×22		53		55
40×25	42×28		56		58
40×32	42×35		61		64
50×15	54×18	138	58	144	60
50×20	54×22		59		61
50×25	54×28		64		66
50×32	54×35		67		70
50×40	54×42		70		73
65×20	76×22	230	73	—	—
65×25	76×28		73	—	—
65×32	76×35		78	—	—
65×40	76×42		81	—	—
65×50	76×54		85	—	—

续表

公称直径	管外径	Ⅰ系列、Ⅱ系列		Ⅱ系列	
$DN \times DN_1$	$D_w \times D_{w1}$	L	H	L_1	H_1
80×20	89×22		83	—	—
80×25	89×28		81	—	—
80×32	89×35	260	84	—	—
80×40	89×42		87	—	—
80×50	89×54		91	—	—
80×65	89×76		116	—	—
100×20	108×22		93	—	—
100×25	108×28		99	—	—
100×32	108×35		98	—	—
100×40	108×42	310	97	—	—
100×50	108×54		105	—	—
100×65	108×76		126	—	—
100×80	108×89		136	—	—

⑤ Ⅰ系列、Ⅱ系列 FTC 卡压式铜管件的结构形式和基本尺寸见图 14.1-125 和表 14.1-156。

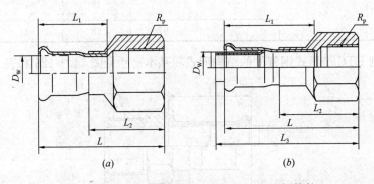

图 14.1-125 Ⅰ系列、Ⅱ系列 FTC 卡压式铜管件
(a) Ⅰ系列; (b) Ⅱ系列

Ⅰ系列、Ⅱ系列 FTC 卡压式铜管件的基本尺寸（mm）　　　　表 14.1-156

公称直径 DN	管外径 D_w	管螺纹 R_p (in)	L	L_1	L_2	L_3
15	15	$\frac{1}{2}$	59	36	34	61
		$\frac{3}{4}$	62	36	37	64
	18	$\frac{1}{2}$	69	47	35	71
		$\frac{3}{4}$	62	33	39	64

续表

公称直径 DN	管外径 D_w	管螺纹 R_p (in)	L	L_1	L_2	L_3
20	22	$\frac{1}{2}$	60	40	35	62
		$\frac{3}{4}$	62	37	39	64
		1	66	38	40	68
25	28	$\frac{3}{4}$	63	38	42	65
		1	69	41	43	71
		$1\frac{1}{4}$	71	43	45	73
32	35	1	67	45	48	70
		$1\frac{1}{4}$	75	47	50	78
		$1\frac{1}{2}$	75	47	52	78
40	42	$1\frac{1}{4}$	71	41	54	74
		$1\frac{1}{2}$	79	51	56	82
50	54	$1\frac{1}{2}$	77	49	61	80
		2	97	68	64	100

⑥ Ⅰ系列 ETC 卡压式铜管件的结构形式和基本尺寸见图 14.1-126 和表 14.1-157。

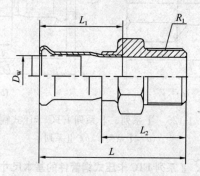

图 14.1-126　Ⅰ系列 ETC 卡压式铜管件

Ⅰ系列 ETC 卡压式铜管件的基本尺寸（mm）　　　　表 14.1-157

公称直径 DN	管外径 D_w	管螺纹 R_1 (in)	L	L_1	L_2
15	15	$\frac{1}{2}$	53	26	38
		$\frac{3}{4}$	57	30	38

续表

公称直径 DN	管外径 D_w	管螺纹 R_1 (in)	L	L_1	L_2
15	18	$\frac{1}{2}$	53	28	38
		$\frac{3}{4}$	57	32	38
20	22	$\frac{1}{2}$	54	28	42
		$\frac{3}{4}$	58	32	42
		1	61	39	38
25	28	$\frac{3}{4}$	61	42	38
		1	64	42	41
		$1\frac{1}{4}$	68	44	43
32	35	1	68	46	45
		$1\frac{1}{4}$	72	48	47
		$1\frac{1}{2}$	73	49	47
40	42	$1\frac{1}{4}$	73	59	41
		$1\frac{1}{2}$	77	53	51
50	54	$1\frac{1}{2}$	89	72	49
		2	83	47	68
65	76.1	$2\frac{1}{2}$	123	86	70
80	88.9	3	137	98	73

⑦ Ⅱ系列 ETC 卡压式铜管件的结构形式和基本尺寸见图 14.1-127 和表 14.1-158。

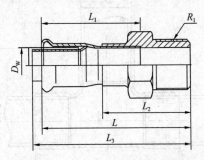

图 14.1-127　Ⅱ系列 ETC 卡压式铜管件

Ⅱ系列 ETC 卡压式铜管件的基本尺寸（mm）   表 14.1-158

公称直径 DN	管外径 D_w	管螺纹 R_1 (in)	L	L_1	L_2	L_3
15	15	1/2	53	26	38	55
		3/4	57	30	38	59
	18	1/2	53	28	38	55
		3/4	57	32	38	59
20	22	$\frac{1}{2}$	54	28	42	56
		$\frac{3}{4}$	58	32	42	60
		1	61	39	38	63
25	28	$\frac{3}{4}$	61	42	38	63
		1	64	42	41	66
		$1\frac{1}{4}$	68	44	43	70
32	35	1	68	46	45	71
		$1\frac{1}{4}$	72	48	47	75
		$1\frac{1}{2}$	73	49	47	76
40	42	$1\frac{1}{4}$	73	59	41	76
		$1\frac{1}{2}$	77	53	51	80
50	54	$1\frac{1}{2}$	89	72	49	92
		2	83	47	68	86

4）钎焊式铜管件连接的结构形式和基本尺寸

① Ⅰ系列等径三通钎焊铜管件的结构形式和基本尺寸见图 14.1-128 和表 14.1-159；Ⅱ系列等径三通钎焊铜管件的结构形式和基本尺寸见图 14.1-128 和表 14.1-160。

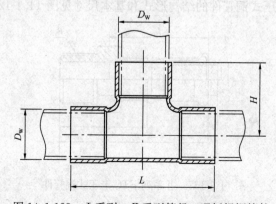

图 14.1-128　Ⅰ系列、Ⅱ系列等径三通钎焊铜管件

Ⅰ系列等径三通钎焊铜管件的基本尺寸及质量 表 14.1-159

公称直径 DN（mm）	管外径 D_w（mm）	结构尺寸（mm）		质量 （kg）
		L	H	
6	8	30	15	0.01
8	10	32	16	0.01
10	12	39	20	0.01
15	15、16	46	23	0.02
	18	54	27	0.03
20	22	64	32	0.05
25	28	78	39	0.09
32	35	90	45	0.14
40	42、44	102	51	0.21
50	54、55	120	60	0.36
65	67	144	72	0.59
	76	156	78	0.80
80	89	176	88	1.19
100	108、105	206	103	1.83
125	133	236	118	2.53
150	159	272	136	4.14
200	219	342	171	9.23
250	267	398	199	16.10
	273	404	202	19.35
300	325	466	233	27.20

Ⅱ系列等径三通钎焊铜管件的基本尺寸及质量 表 14.1-160

公称直径 DN（mm）	管外径 D_w（mm）	结构尺寸（mm）		质量 （kg）
		L	H	
6	8	30	15	0.01
8	10	34	17	0.01
10	12	38	19	0.01
15	15	45	23	0.02
	18	53	27	0.03
20	22	65	32	0.05
25	28	79	39	0.09
32	35	96	48	0.16
40	42	112	56	0.24
50	54	134	67	0.41
65	67	154	77	0.64
	76	164	82	0.85

公称直径 DN (mm)	管外径 Dw (mm)	结构尺寸（mm）		质量 (kg)
		L	H	
80	89	186	93	1.29
100	108	230	115	2.10

② Ⅰ系列异径三通钎焊铜管件的结构形式和基本尺寸见图 14.1-129 和表 14.1-161；Ⅱ系列异径三通钎焊铜管件的结构形式和基本尺寸见图 14.1-129 和表 14.1-162。

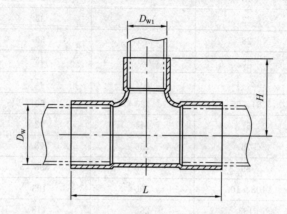

图 14.1-129　Ⅰ系列、Ⅱ系列异径三通钎焊铜管件

Ⅰ系列异径三通钎焊铜管件的基本尺寸及质量　　　　表 14.1-161

公称直径 DN/DN₁ (mm)	管外径 Dw/Dwl (mm)	结构尺寸（mm）		质量 (kg)
		L	H	
8/6	10/8	30	16	0.01
10/8	12/10	37	18	0.01
15/8	15/10、16/10	41	19	0.02
	18/10	46	21	0.02
15/10	15/12、16/10	43	21	0.02
	18/12	48	23	0.03
20/10	22/12	54	26	0.04
20/15	22/15、22/16	57	28	0.04
	22/18	60	30	0.05
25/10	28/12	62	30	0.06
25/15	28/15、28/16	65	32	0.06
	28/18	68	34	0.07
25/20	28/22	72	36	0.08
32/15	35/15、35/16	69	36	0.10
	35/18	72	38	0.11
32/20	35/22	76	40	0.11

续表

公称直径 DN/DN₁（mm）	管外径 Dw/Dw1（mm）	结构尺寸（mm）		质量 （kg）
		L	H	
32/25	35/28	82	43	0.13
40/15	42/15、44/16	74	40	0.13
	42/18、44/18	77	42	0.14
40/20	42/22、44/22	81	44	0.15
40/25	42/28、44/28	87	47	0.17
40/32	42/35、44/35	94	49	0.19
50/15	54/15、54/16	81	46	0.21
	54/18、55/18	84	48	0.22
50/20	54/22、55/22	88	50	0.24
50/25	54/28、55/28	94	53	0.26
50/32	54/35、55/35	101	55	0.28
50/40	54/42、55/44	108	57	0.31
65/20	67/22	98	59	0.36
	76/22	102	63	0.47
65/25	67/28	104	62	0.39
	76/28	108	66	0.50
65/32	67/35	111	64	0.42
	76/35	115	68	0.55
65/40	67/42、67/44	118	66	0.46
	76/42、76/44	122	70	0.59
65/50	67/54、67/55	130	69	0.52
	76/54、76/55	134	73	0.66
80/32	89/35	121	76	0.76
80/40	89/42、89/44	128	78	0.82
80/50	89/54、89/55	140	81	0.91
80/65	89/67	153	84	1.01
	89/76	162	86	1.09
100/50	108/54、105/55	152	92	1.27
100/65	108/67、105/67	165	95	1.40
	108/76、105/76	174	97	1.49
100/80	108/89、105/89	187	99	1.63
125/65	133/67	170	108	1.74
	133/76	179	110	1.84
125/80	133/89	192	112	1.99
125/100	133/108、133/105	211	116	2.23

续表

公称直径 DN/DN₁ （mm）	管外径 Dw/Dwl （mm）	结构尺寸 （mm）		质量 （kg）
		L	H	
150/80	159/89	202	126	2.96
150/100	159/108、159/105	221	130	3.28
150/125	159/133	246	132	3.68
200/100	219/108、219/105	230	162	6.11
200/125	219/133	255	164	6.79
200/150	219/159	281	168	7.54
250/150	267/159	289	193	11.65
	273/159	289	196	13.85
250/200	267/219	349	196	14.06
	273/219	349	199	16.69
300/200	325/219	360	226	20.90
300/250	325/267	408	229	23.69
	325/273	414	229	24.01

Ⅱ系列异径三通钎焊铜管件的基本尺寸及质量　　　　表 14.1-162

公称直径 DN/DN₁	管外径 Dw/Dwl	结构尺寸 （mm）		质量 （kg）
		L	H	
8/6	10/8	32	16	0.01
10/8	12/10	36	18	0.01
15/8	15/10	40	20	0.02
	18/10	45	22	0.02
15/10	15/12	42	21	0.02
	18/12	47	23	0.03
20/10	22/12	55	26	0.04
20/15	22/15	58	28	0.04
	22/18	61	30	0.05
25/10	28/12	63	30	0.06
25/15	28/15	66	32	0.07
	28/18	69	34	0.07
25/20	28/22	73	36	0.08
32/15	35/15	75	35	0.11
	35/18	78	37	0.11
32/20	35/22	82	40	0.12
32/25	35/28	88	43	0.14
40/15	42/15	84	39	0.15
	42/18	87	41	0.16

公称直径 DN/DN_1	管外径 D_w/D_{w1}	结构尺寸（mm）		质量 （kg）
		L	H	
40/20	42/22	91	44	0.17
40/25	42/28	97	47	0.19
40/32	42/35	104	52	0.21
50/15	54/15	95	46	0.25
	54/18	98	48	0.26
50/20	54/22	102	50	0.27
50/25	54/28	108	53	0.29
50/32	54/35	115	58	0.32
50/40	54/42	122	62	0.35
65/20	67/22	109	59	0.40
	76/22	109	63	0.50
65/25	67/28	115	62	0.43
	76/28	115	66	0.54
65/32	67/35	122	67	0.47
	76/35		70	0.58
65/40	67/42	129	71	0.51
	76/42	129	75	0.63
65/50	67/54	141	76	0.58
	76/54	141	80	0.71
80/32	89/35	132	79	0.83
80/40	89/42	139	83	0.90
80/50	89/54	151	88	1.00
80/65	89/67	164	89	1.10
	89/76	173	89	1.17
100/50	108/54	175	99	1.48
100/65	108/67	188	101	1.61
	108/76	197	101	1.69
100/80	108/89	210	105	1.84

③ Ⅰ系列 45°弯头钎焊铜管件的结构形式和基本尺寸见图 14.1-130 和表 14.1-163；Ⅱ系列 45°弯头钎焊铜管件的结构形式和基本尺寸见图 14.1-130 和表 14.1-164。

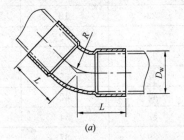 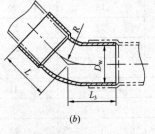

图 14.1-130　Ⅰ系列、Ⅱ系列 45°弯头钎焊铜管件

(a) A 型；(b) B 型

Ⅰ系列 45°弯头钎焊铜管件的基本尺寸及质量

表 14.1-163

公称直径 DN（mm）	管外径 D_w（mm）	结构尺寸（mm）			质量 （kg）
		L	L_3	R	
6	8	10	12	8	0.01
8	10	11	13	10	0.01
10	12	14	16	12	0.01
15	15、16	17	19	15	0.01
	18	20	22	18	0.02
20	22	23	25	22	0.03
25	28	27	29	28	0.05
32	35	32	34	35	0.08
40	42、44	36	38	42	0.12
50	54、55	43	45	54	0.21
65	67	50	52	67	0.34
	76	55	57	76	0.46
80	89	61	63	89	0.69
100	108、105	72	74	108	1.07
125	133	79	82	106	1.43
150	159	91	94	127	2.40
200	219	113	116	175	5.40
250	267	131	134	214	9.50
	273	133	136	218	11.40
300	325	153	156	260	16.15

Ⅱ系列 45°弯头钎焊铜管件的基本尺寸及质量

表 14.1-164

公称直径 DN（mm）	管外径 D_w（mm）	结构尺寸（mm）			质量 （kg）
		L	L_3	R	
6	8	10	12	8	0.01
8	10	12	14	10	0.01
10	12	14	16	12	0.01
15	15	17	19	15	0.01
	18	20	22	18	0.02
20	22	23	25	22	0.03
25	28	28	30	28	0.05
32	35	35	37	35	0.09
40	42	41	43	42	0.14
50	54	50	52	54	0.24
65	67	56	39	67	0.38
	76	59	62	76	0.50

续表

公称直径 DN（mm）	管外径 D_w（mm）	结构尺寸（mm）			质量 （kg）
		L	L_3	R	
80	89	67	70	89	0.76
100	108	83	87	108	1.25

④ Ⅰ系列 90°弯头钎焊铜管件的结构形式和基本尺寸见图 14.1-131 和表 14.1-165；Ⅱ系列 90°弯头钎焊铜管件的结构形式和基本尺寸见图 14.1-131 和表 14.1-166。

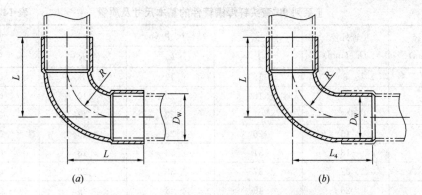

(a) (b)

图 14.1-131 Ⅰ系列、Ⅱ系列 90°弯头钎焊铜管件
(a) A 型；(b) B 型

Ⅰ系列 90°弯头钎焊铜管件的基本尺寸及质量 表 14.1-165

公称直径 DN（mm）	管外径 D_w（mm）	结构尺寸（mm）			质量 （kg）
		L	L_4	R	
6	8	15	17	8	0.01
8	10	17	19	10	0.01
10	12	21	23	12	0.01
15	15、16	26	28	15	0.01
	18	31	33	18	0.03
20	22	37	39	22	0.04
25	28	46	48	28	0.07
32	35	55	57	35	0.12
40	42、44	64	66	42	0.18
50	54、55	79	81	54	0.33
65	67	95	97	67	0.54
	76	106	108	76	0.76
80	89	121	123	89	1.17
100	108、105	144	146	408	1.83
125	133	144	147	106	2.27
150	159	169	172	127	3.79

续表

公称直径 DN（mm）	管外径 D_w（mm）	结构尺寸（mm）			质量（kg）
		L	L_4	R	
200	219	220	223	175	8.94
250	267	262	265	214	16.13
	273	266	269	218	19.40
300	325	312	315	260	27.91

Ⅱ系列 90°弯头钎焊铜管件的基本尺寸及质量　　　　表 14.1-166

公称直径 DN（mm）	管外径 D_w（mm）	结构尺寸（mm）			质量（kg）
		L	L_4	R	
6	8	15	17	8	0.01
8	10	18	20	10	0.01
10	12	21	23	12	0.01
15	15	26	28	15	0.02
	18	31	33	18	0.03
20	22	37	39	22	0.04
25	28	46	48	28	0.07
32	35	58	60	35	0.13
40	42	69	71	42	0.20
50	54	86	88	54	0.36
65	67	101	104	67	0.59
	76	110	113	76	0.80
80	89	127	130	89	1.24
100	108	156	160	108	2.00

⑤ Ⅰ系列等径接头钎焊铜管件的结构形式和基本尺寸见图 14.1-132 和表 14.1-167；Ⅱ系列等径接头钎焊铜管件的结构形式和基本尺寸见图 14.1-132 和表 14.1-168。

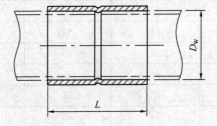

图 14.1-132 Ⅰ系列、Ⅱ系列等径接头钎焊铜管件

Ⅰ系列等径接头钎焊铜管件的基本尺寸及质量　　　　表 14.1-167

公称直径 DN（mm）	管外径 D_w（mm）	结构尺寸（mm）	质量（kg）
		L	
6	8	16	0.01
8	10	16	0.01

公称直径 DN（mm）	管外径 D_w（mm）	结构尺寸（mm） L	质量 （kg）
10	12	20	0.01
15	15、16	24	0.01
	18	29	0.01
20	22	33	0.02
25	28	40	0.04
32	35	45	0.06
40	42、44	49	0.09
50	54、55	56	0.14
65	67	63	0.22
	76	68	0.30
80	89	73	0.43
100	108、105	87	0.67
125	133	96	0.91
150	159	109	1.50
200	219	125	3.15
250	267	141	5.40
	273	141	6.40
300	325	149	8.30

Ⅱ系列等径接头钎焊铜管件的基本尺寸及质量　　　　　表 14.1-168

公称直径 DN（mm）	管外径 D_w（mm）	结构尺寸（mm） L	质量 （kg）
6	8	16	0.01
8	10	18	0.01
10	12	20	0.01
15	15	24	0.01
	18	29	0.01
20	22	34	0.02
25	28	41	0.04
32	35	51	0.07
40	42	59	0.10
50	54	70	0.18
65	67	74	0.26
	76	75	0.33
80	89	84	0.50
100	108	110	0.85

⑥ Ⅰ系列异径接头钎焊铜管件的结构形式和基本尺寸见图 14.1-133 和表 14.1-169；
Ⅱ系列异径接头钎焊铜管件的结构形式和基本尺寸见图 14.1-133 和表 14.1-170。

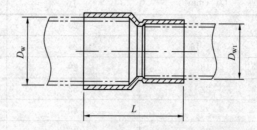

图 14.1-133 Ⅰ系列、Ⅱ系列异径接头钎焊铜管件

Ⅰ系列异径接头钎焊铜管件的基本尺寸及质量 　　表 14.1-169

公称直径 DN/DN_1 (mm)	管外径 D_w/D_{w1} (mm)	结构尺寸 (mm) L	质量 (kg)
8/6	10/8	19	0.01
10/8	12/10	21	0.01
15/8	15/10、16/10	24	0.01
	18/10	28	0.01
15/10	15/12、16/10	25	0.01
	18/12	29	0.01
20/10	22/12	34	0.02
20/15	22/15、22/16	35	0.02
	22/18	35	0.02
25/10	28/12	40	0.03
25/15	28/15、28/16	41	0.03
	28/18	41	0.03
25/20	28/22	41	0.03
32/15	35/15、35/16	46	0.05
	35/18	47	0.05
32/20	35/22	47	0.05
32/25	35/28	47	0.06
40/15	42/15、44/16	52	0.07
	42/18、44/18	52	0.07
40/20	42/22、44/22	53	0.08
40/25	42/28、44/28	53	0.08
40/32	42/35、44/35	51	0.08
50/15	54/15、54/16	62	0.12
	54/18、55/18	62	0.12
50/20	54/22、55/22	63	0.13

续表

公称直径 DN/DN_1(mm)	管外径 D_w/D_{w1}(mm)	结构尺寸(mm) L	质量 (kg)
50/25	54/28、55/28	63	0.13
50/32	54/35、55/35	61	0.14
50/40	54/42、55/44	60	0.14
65/20	67/22	73	0.20
	76/22	80	0.28
65/25	67/28	73	0.21
	76/28	80	0.28
65/32	67/35	72	0.22
	76/35	79	0.29
65/40	67/42	71	0.22
	76/42	77	0.29
65/50	67/54	70	0.22
	76/54	76	0.30
80/32	89/35	90	0.43
80/40	89/42	89	0.43
80/50	89/54	85	0.43
80/65	89/67	82	0.44
	89/76	80	0.44
100/50	108/54	100	0.65
100/65	108/67	96	0.65
	108/76	93	0.65
100/80	108/89	90	0.65
125/65	133/67	110	0.90
	133/76	109	0.90
125/80	133/89	105	0.90
125/100	133/108、133/105	100	0.90
150/80	159/89	124	1.45
150/100	159/108、159/105	118	1.45
150/125	159/133	107	1.41
200/100	219/108、219/105	155	3.30
200/125	219/133	145	3.21
200/150	219/159	135	3.13
250/150	267/159	163	5.60
	273/159	166	6.76
250/200	267/219	136	5.01
	273/219	140	6.20

续表

公称直径 DN/DN₁ (mm)	管外径 Dw/Dw1 (mm)	结构尺寸 (mm) L	质量 (kg)
300/200	325/219	172	9.00
300/250	325/267	151	8.30
	325/273	150	8.20

Ⅱ系列异径接头钎焊铜管件的基本尺寸及质量　　　　表 14.1-170

公称直径 DN/DN_1 (mm)	管外径 D_w/D_{w1} (mm)	结构尺寸 (mm) L	质量 (kg)
8/6	10/8	19	0.01
10/8	12/10	21	0.01
15/8	15/10	25	0.01
	18/10	28	0.01
15/10	15/12	25	0.01
	18/12	28	0.01
20/10	22/12	33	0.02
20/15	22/15	34	0.02
	22/18	34	0.02
25/10	28/12	40	0.03
25/15	28/15	41	0.03
	28/18	41	0.03
25/20	28/22	42	0.04
32/15	35/15	49	0.05
	35/18	50	0.06
32/20	35/22	50	0.06
32/25	35/28	50	0.06
40/15	42/15	58	0.08
	42/18	58	0.08
40/20	42/22	58	0.08
40/25	42/28	59	0.09
40/32	42/35	60	0.10
50/15	54/15	70	0.14
	54/18	70	0.14
50/20	54/22	71	0.14
50/25	54/28	71	0.15
50/32	54/35	72	0.16
50/40	54/42	72	0.17

续表

公称直径 DN/DN_1（mm）	管外径 D_w/D_{w1}（mm）	结构尺寸（mm） L	质量 （kg）
65/20	67/22	80	0.22
	76/22	85	0.29
65/25	67/28	80	0.23
	76/28	85	0.30
65/32	67/35	81	0.24
	76/35	86	0.30
65/40	67/42	82	0.25
	76/42	88	0.31
65/50	67/54	82	0.26
	76/54	87	0.33
80/32	89/35	100	0.46
80/40	89/42	100	0.47
80/50	89/54	101	0.50
80/65	89/67	94	0.50
	89/76	90	0.50
100/50	108/54	119	0.76
100/65	108/67	114	0.76
	108/76	109	0.75
100/80	108/89	107	0.77

14.1.5 薄壁不锈钢管及管件、接口

1. 适用范围

薄壁不锈钢管为壁厚与外径之比不大于 6‰，且壁厚在 0.6～4mm 之间的不锈钢管，适用于公称压力不大于 2.5MPa，用于输送生活用水（冷水、热水）、饮用净水、医用气体、压缩空气、惰性气体及燃气、燃油。

2. 管材、管件产品标准

薄壁不锈钢管及管件产品应符合国家标准《流体输送用不锈钢焊接钢管》GB/T 12771、《不锈钢环压式管件》GB/T 33926 及行业标准《薄壁不锈钢管》CJ/T 151、《薄壁不锈钢卡压式和沟槽式管件》CJ/T 152、《齿环卡压式薄壁不锈钢管件》CJ/T 520、《薄壁不锈钢承插压合式管件》CJ/T 463 的规定。

薄壁不锈钢管的工程应用应符合国家标准《薄壁不锈钢管道技术规范》GB/T 29038 的规定，并可参照《建筑给水薄壁不锈钢管管道工程技术规程》CECS 153、《建筑给水排水薄壁不锈钢管连接技术规程》CECS 277 执行。

3. 材料及技术性能要求

（1）壁厚小于或等于 3.0mm，原材料宜选用 2B 或 BA 表面的不锈钢冷轧钢带，其要

求应符合国家标准《不锈钢热轧钢板和钢带》GB/T 3280 的规定。壁厚大于 3.0mm，原材料宜选用 ID 表面的不锈钢热轧钢带，其要求应符合国家标准《不锈钢热轧钢板和钢带》GB/T 4237 的规定。当管件采用不锈钢铸造时，应符合国家标准《通用耐蚀钢铸件》GB/T 2100 的规定。

（2）不锈钢管及管件常用牌号、化学成分、力学性能及适用条件

1）不锈钢管及管件常用牌号和化学成分应符合表 14.1-171 的规定，成分偏差应符合国家标准《钢的成品化学成分允许偏差》GB/T 222 中的规定。

不锈钢管及管件常用牌号和化学成分（熔炼分析）　　　　表 14.1-171

序号	统一数字代号	牌号	化学成分（质量分数）（%）							
			C	Si	Mn	P	S	Ni	Cr	Mo
1	S30408	06Cr19Ni10	≤0.07	≤0.75	≤2.00	≤0.045	≤0.030	8.00～10.50	17.50～19.50	—
2	S30403	022Cr19Ni10	≤0.03	≤0.75	≤2.00	≤0.045	≤0.030	8.00～12.00	17.50～19.50	—
3	S31608	06Cr17Ni12Mo2	≤0.08	≤0.75	≤2.00	≤0.045	≤0.030	10.00～14.00	16.00～18.00	2.00～3.00
4	S31603	022Cr17Ni12Mo2	≤0.03	≤0.75	≤2.00	≤0.045	≤0.030	10.00～14.00	16.00～18.00	2.00～3.00

2）不锈钢管及管件材料力学性能应符合表 14.1-172 的规定。

不锈钢管及管件材料力学性能　　　　表 14.1-172

序号	统一数字代号	牌号	规定塑性延伸强度 $R_{p0.2}$（MPa）	抗拉强度 R_m（MPa）	断后伸长率 A（%）	
					热处理状态	非热处理状态
1	S30408	06Cr19Ni10	≥205	≥520	≥35	≥25
2	S30403	022Cr19Ni10	≥180	≥480		
3	S31608	06Cr17Ni12Mo2	≥210	≥520		
4	S31603	022Cr17Ni12Mo2	≥180	≥480		

3）不锈钢管及管件材料适用条件应符合表 14.1-173 的要求。

不锈钢管及管件材料适用条件　　　　表 14.1-173

序号	统一数字代号	原代号	牌号	适用范围
1	S30408	304 型	06Cr19Ni10	饮用净水、生活冷热水、压缩空气、惰性气体、医用气体、燃气等轻腐蚀环境的管道用
2	S30403	304L 型	022Cr19Ni10	
3	S31608	316 型	06Cr17Ni12Mo2	耐腐蚀性能要求比 S30403 高的场合
4	S31603	316L 型	022Cr17Ni12Mo2	

（3）不锈钢焊接钢管技术性能

1）分类及代号

钢管按供货状态分为 4 类：焊接状态 H、热处理状态 T、冷拔（轧）状态 WC、磨（抛）光状态 SP。

2）制造方法

钢管采用自动电弧焊或其他自动焊接方法制造。

3）不锈钢管的密度和理论质量计算应符合行业标准《薄壁不锈钢管》CJ/T 151 中的规定。

（4）不锈钢管件的技术性能

1）外观要求

管件外观应清洁，焊缝表面应无裂纹、气孔、咬边等缺陷，其外表面允许有轻微的模痕，但不应有明显的凹凸不平和超过壁厚负偏差的划痕。

2）尺寸与偏差

① 管件的外形尺寸与偏差应符合表 14.1-174 的规定。

不锈钢管件的外形尺寸与偏差（mm） 表 14.1-174

公称直径 DN	尺寸偏差	公称直径 DN	尺寸偏差
12~25	±3	125~300	±7
32~60	±4	350~600	±10
65~100	±5		

② 管件未注尺寸的线性和角度公差应符合国家标准《一般公差 未注公差的线性和角度尺寸的公差》GB/T 1804 中 m 级的规定；转换接头内、外螺纹应符合国家标准《55°密封管螺纹 第 1 部分：圆柱内螺纹与圆锥外螺纹》GB/T 7306.1 的规定；法兰连接应符合国家标准《板式平焊钢制管法兰》GB/T 9119 的规定。

3）管件密封性能要求

① 液压性能要求

管件应进行水压性能试验，试验压力不应低于 2.5MPa，管件应无渗漏和变形。

② 气密性能要求

管件用于气体介质或进行型式试验时应进行气密性能试验。用于气体介质的气密性试验压力应为工作压力的 1.05 倍，用于液体介质的气密性试验压力应为 0.6MPa，管件应无泄漏出现。

4）不锈钢管的选用

不锈钢管的选用应符合表 14.1-175 中的相关规定。

不锈钢管的选用 表 14.1-175

连接方式	产品执行标准	最高工作压力（MPa）	适用范围 DN（mm）	密封	抗拉拔原理
齿环卡压式	《齿环卡压式薄壁不锈钢管件》CJ/T 520	2.5	≤100	O 型橡胶圈	管件经卡压，抗拉拔装置切入管材，起到抗拉拔功能，能有效降低连接承口局部流阻
卡压式	《不锈钢卡压式管件组件 第 1 部分：卡压式管件》GB/T 19228.1；《薄壁不锈钢卡压式和沟槽式管件》CJ/T 152	1.6	≤100	O 型橡胶圈	管件经卡压与管材同时向管内形变，利用材料形变刚性起到抗拉拔功能

续表

连接方式	产品执行标准	最高工作压力（MPa）	适用范围 DN（mm）	密封	抗拉拔原理
承插压合式	《薄壁不锈钢承插压合式管件》CJ/T 463	3.0	≤200	密封胶	管件经卡压与管材同时向管内形变，利用材料形变刚性起到抗拉拔功能
环压式	《不锈钢环压式管件》GB/T 33926	2.5	≤150	宽条状橡胶圈	管件经卡压与管材同时向管内形变，利用材料形变刚性起到抗拉拔功能
沟槽式	《薄壁不锈钢卡压式和沟槽式管件》CJ/T 152；《沟槽式管接头》CJ/T 156	2.5	125～600	C型橡胶圈	卡箍连接管材凹槽，利用卡箍本体强度和管材凹槽（台阶）起到抗拉拔功能
法兰式	《板式平焊钢制管法兰》GB/T 9119	4.0	≤600	平垫	管材与法兰焊接后，法兰与法兰用螺栓紧固连接

4. 不锈钢管件的类型、结构形式、基本尺寸

（1）管件的类型、形式和代号见表 14.1-176。

不锈钢管件的类型、形式及代号　　　　　表 14.1-176

类型	形式	产品代号
等径三通	—	ST
异径三通	—	RT
45°弯头	A 型	45E-A
	B 型	45E-B
90°弯头	A 型	90E-A
	B 型	90E-B
等径对接	—	SC
异径对接	—	RC
管帽	—	CAP
内螺纹转换接头	—	ITC
外螺纹转换接头	—	ETC
双承弯	—	DDE
支路循环管件	—	V

注：A 型管件接口两端均为承口；B 型管件接口一端为承口，另一端为插口（直管）。

（2）管件的基本参数见表 14.1-177。

不锈钢管件的基本参数　　　　　表 14.1-177

产品代号	公称直径 DN（mm）
ST、45E-A、45E-B、90E-A、90E-B、SC、CAP	15～100
RT、RC	20×15～100×80
ITC	15～50

续表

产品代号	公称直径 DN（mm）
ETC	15～80
DDE	15～20
V	15～60

（3）齿环卡压式连接的结构形式和基本尺寸应符合下列规定：

1）齿环卡压式 ST、45E-A、45E-B、90E-A、90E-B、SC、CAP 型管件的结构形式和基本尺寸见图 14.1-134～图 14.1-140 和表 14.1-178。

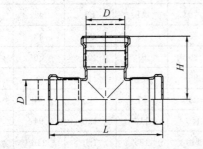

图 14.1-134 齿环卡压式 ST 型管件

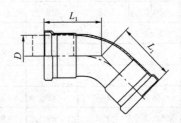

图 14.1-135 齿环卡压式 45E-A 型管件

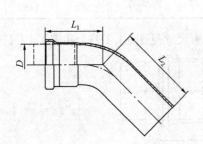

图 14.1-136 齿环卡压式 45E-B 型管件

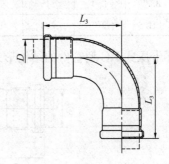

图 14.1-137 齿环卡压式 90E-A 型管件

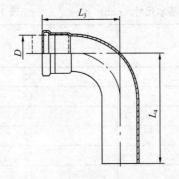

图 14.1-138 齿环卡压式 90E-B 型管件

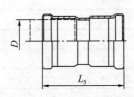

图 14.1-139 齿环卡压式 SC 型管件

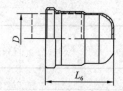

图 14.1-140 齿环卡压式 CAP 型管件

齿环卡压式 ST、45E-A、45E-B、90E-A、90E-B、SC、CAP 管件的基本尺寸（mm）

表 14.1-178

公称直径 DN	管外径 D	L	H	L_1	L_2	L_3	L_4	L_5	L_6
15	16.0	64	32	29	70	41	80	41	29
20	20.0	68	36	33	75	48	90	43	34
25	25.4	84	45	42	80	61	100	56	44
32	32.0	102	54	50	85	73	110	66	52
40	40.0	120	63	58	90	87	125	74	60
50	50.8	144	78	73	100	110	150	94	71
60	60.3	190	89	90	140	135	190	116	77
65	76.1	230	107	110	160	170	230	130	91
80	88.9	250	115	120	180	190	260	135	93
100	101.6	270	130	130	200	210	300	148	106

2）齿环卡压式 RC 型管件的结构形式和基本尺寸见图 14.1-141 和表 14.1-179。

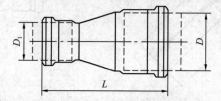

图 14.1-141 齿环卡压式 RC 型管件

齿环卡压式 RC 型管件的基本尺寸（mm）

表 14.1-179

公称直径 $DN \times DN_1$	管外径 $D \times D_1$	L
20×15	20.0×16.0	53
25×15	25.0×16.0	68
25×20	25.0×20.0	65
32×15	32.0×16.0	95
32×20	32.0×20.0	92
32×25	32.0×25.0	75
40×15	40.0×16.0	114
40×20	40.0×20.0	111

续表

公称直径 $DN \times DN_1$	管外径 $D \times D_1$	L
40×25	40.0×25.0	94
40×32	40.0×32.0	85
50×15	51.0×16.0	144
50×20	51.0×20.0	141
50×25	51.0×25.0	124
50×32	51.0×32.0	109
50×40	51.0×40.0	103
60×50	60.3×54.0	121
65×50	76.1×54.0	171
65×60	76.1×60.3	162
80×50	88.9×54.0	203
80×60	88.9×60.3	194
80×65	88.9×76.1	165
100×65	101.6×76.1	205
100×80	101.6×88.9	144

3) 齿环卡压式 RT 型管件的结构形式和基本尺寸见图 14.1-142 和表 14.1-180。

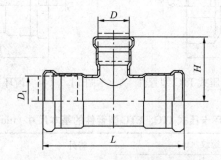

图 14.1-142 齿环卡压式 RT 型管件

齿环卡压式 RT 型管件的基本尺寸（mm）　　　　表 14.1-180

公称直径 $DN \times DN_1$	管外径 $D \times D_1$	L	H
20×15	20.0×16.0	68	39
25×15	25.0×16.0	84	42
25×20	25.0×20.0	84	39
32×15	32.0×16.0	102	46
32×20	32.0×20.0	102	43
32×25	32.0×25.0	102	49
40×20	40.0×20.0	120	47

续表

公称直径 $DN \times DN_1$	管外径 $D \times D_1$	L	H
40×25	40.0×25.0	120	53
40×32	40.0×32.0	120	58
50×25	51.0×25.0	144	59
50×32	51.0×32.0	144	64
50×40	51.0×40.0	144	69
60×50	60.3×54.0	190	83
65×50	76.1×54.0	230	91
65×60	76.1×60.3	230	97
80×60	88.9×60.3	250	103
80×65	88.9×76.1	250	113
100×65	101.6×76.1	270	120
100×80	101.6×88.9	270	122

4) 齿环卡压式 ITC、ETC 型管件的结构形式和基本尺寸见图 14.1-143、图 14.1-144、和表 14.1-181。

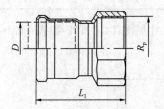

图 14.1-143　齿环卡压式 ITC 型管件

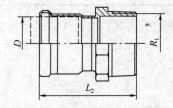

图 14.1-144　齿环卡压式 ETC 型管件

齿环卡压式 ITC、ETC 型管件的基本尺寸（mm）　　　　表 14.1-181

公称直径 DN	管螺纹（in）		管外径 D	L_1	L_2
	R_p	R_1			
15	1/2		16.0	45	50
20	1/2		20.0	47	52
		3/4		48	53
25		3/4	25.0	54	59
		1		58	64
32		1	32.0	63	69
		$1\frac{1}{4}$		66	73
40		$1\frac{1}{4}$	40.0	69	78
		$1\frac{1}{2}$		73	80

续表

公称直径	管螺纹（in）		管外径	L_1	L_2
DN	R_p	R_1	D		
50	2		51.0	86	93
60	$2\frac{1}{2}$		60.3	—	104
65	$2\frac{1}{2}$		76.1	—	114
80	3		88.9	—	120
100	4		101.6	—	136

5）齿环卡压式 DDE 型管件的结构形式和基本尺寸见图 14.1-145 和表 14.1-182。

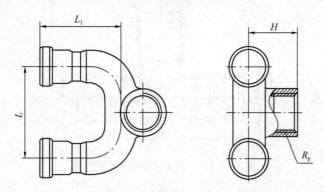

图 14.1-145　齿环卡压式 DDE 型管件

齿环卡压式 DDE 型管件的基本尺寸（mm）　　　　**表 14.1-182**

公称直径	管螺纹	L	L_1	H_{min}
DN	R_p（in）			
15	1/2	50	58	27
20	1/2	55	60	27
	3/4	55	62	27

6）齿环卡压式 V 型管件的结构形式和基本尺寸见图 14.1-146 和表 14.1-183。

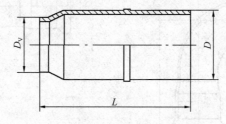

图 14.1-146　齿环卡压式 V 型管件

齿环卡压式 V 型管件的基本尺寸（mm）　　　　　　表 14.1-183

公称直径 DN	管外径 D	D_V	L
20	20.0	17.5	67
25	25.4	22.9	77
32	32.0	28.5	83
40	40.0	36.5	92
50	50.8	47.3	107
60	60.3	56.4	123

（4）D 型卡压式连接的结构形式和基本尺寸应符合下列规定：

1）D 型卡压式 ST、45E-A、45E-B、90E-A、90E-B、SC、CAP 型
管件的结构形式和基本尺寸见图 14.1-147～图 14.1-153 和表 14.1-184～表 14.1-186。

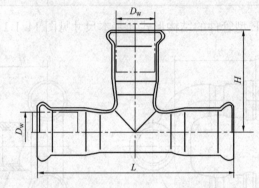

图 14.1-147　D 型卡压式 ST 型管件

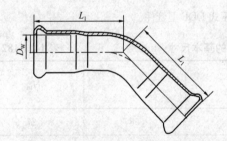

图 14.1-148　D 型卡压式 45E-A 型管件

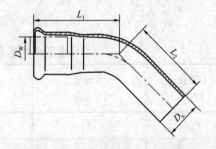

图 14.1-149　D 型卡压式 45E-B 型管件

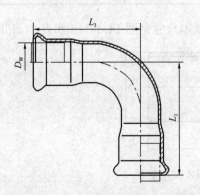

图 14.1-150　D 型卡压式 90E-A 型管件

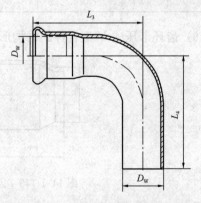

图 14.1-151　D 型卡压式 90E-B 型管件

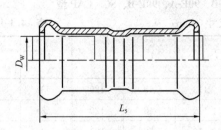

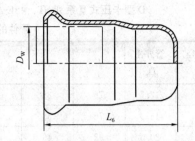

图 14.1-152　D 型卡压式 SC 型管件　　　　　图 14.1-153　D 型卡压式 CAP 型管件

D 型卡压式Ⅰ系列 ST、45E-A、45E-B、90E-A、B90E-B、SC、CAP 型
管件的基本尺寸（mm）　　　　　　　　表 14.1-184

公称直径 DN	管外径 D_w	L	H	L_1	L_2	L_3	L_4	L_5	L_6
12	15.0	64	39	36	41	49	55	48	29
15	18.0	68	42	37	42	53	59	48	31
20	22.0	74	45	42	48	61	67	50	33
25	28.0	84	52	48	54	72	78	54	35
32	35.0	100	58	55	81	86	130	62	41
40	42.0	114	63	65	99	112	176	71	48
50	54.0	138	78	78	127	125	211	83	56
60	60.3	192	96	91	150	135	200	130	84
	63.5	192	96	91	150	135	200	130	84
65	76.1	230	106	123	188	190	247	141	94
80	88.9	260	126	141	225	220	292	162	104
100	101.6	305	141	161	270	255	353	189	120
	108.0	310	146	166	275	260	358	194	125

D 型卡压式Ⅱ系列 ST、45E-A、45E-B、90E-A、90E-B、SC、CAP 型
管件的基本尺寸（mm）　　　　　　　　表 14.1-185

公称直径 DN	管外径 D_w	L	H	L_1	L_2	L_3	L_4	L_5	L_6
15	15.9	76	38	36	113	48	120	53	31
20	22.2	92	46	42	116	58	127	60	42
25	28.6	102	51	46	120	66	135	60	44
32	34.0	136	68	66	217	91	241	100	85
40	42.7	160	80	78	222	110	252	116	93
50	48.6	176	88	87	225	122	259	126	98

D型卡压式Ⅲ系列 ST、45E-A、45E-B、90E-A、90E-B、SC、CAP 型

管件的基本尺寸（mm）　　　　　　表 14.1-186

公称直径 DN	管外径 D_w	L	H	L_1	L_2	L_3	L_4	L_5	L_6
12	12.7	76	38	36	113	48	120	53	31
15	16.0	76	38	36	113	48	120	53	31
20	20.0	92	46	42	116	58	127	60	42
25	25.4	102	51	46	120	66	135	60	44
32	32.0	136	68	66	217	91	241	100	85
40	40.0	160	80	78	222	110	252	116	93
50	50.8	180	90	91	225	126	259	126	98

2）D型卡压式 RC 型管件的结构形式和基本尺寸见图 14.1-154 和表 14.1-187。

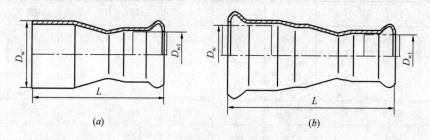

图 14.1-154　D型卡压式 RC 型管件

（a）Ⅰ系列（DN15~50）；（b）Ⅰ系列（DN60~100）、Ⅱ系列、Ⅲ系列

D型卡压式 RC 型管件的基本尺寸（mm）　　　　　表 14.1-187

公称直径 $DN \times DN_1$	Ⅰ系列		Ⅱ系列		Ⅲ系列	
	管外径 $D_w \times D_{w1}$	L	管外径 $D_w \times D_{w1}$	L	管外径 $D_w \times D_{w1}$	L
15×12	18.0×15.0	55	—	—	16.0×12.7	50
20×12	22.0×15.0	59	—	—	20.0×12.7	65
20×15	22.0×18.0	57	22.2×15.9	60	20.0×16.0	60
25×15	28.0×18.0	64	28.6×15.9	75	25.4×16.0	75
25×20	28.0×22.0	59	28.6×22.2	64	25.4×20.0	64
32×15	35.0×18.0	78	34.0×15.9	109	32.0×16.0	109
32×20	35.0×22.0	71	34.0×22.2	103	32.0×20.0	103
32×25	35.0×28.0	68	34.0×28.6	90	32.0×25.4	90
40×15	42.0×18.0	80	42.7×15.9	139	40.0×16.0	139
40×20	42.0×22.0	88	42.7×22.2	134	40.0×20.0	134
40×25	42.0×28.0	79	42.7×28.6	121	40.0×25.4	121
40×32	42.0×35.0	72	42.7×34.0	122	40.0×32.0	122
50×15	54.0×18.0	96	48.6×15.9	149	50.8×16.0	149

公称直径 $DN \times DN_1$	Ⅰ系列		Ⅱ系列		Ⅲ系列	
	管外径 $D_w \times D_{w1}$	L	管外径 $D_w \times D_{w1}$	L	管外径 $D_w \times D_{w1}$	L
50×20	54.0×22.0	109	48.6×22.2	144	50.8×20.0	144
50×25	54.0×28.0	102	48.6×28.6	131	50.8×25.4	131
50×32	54.0×35.0	95	48.6×34.0	138	50.8×32.0	138
50×40	54.0×42.0	89	48.6×42.7	133	50.8×40.0	133
60×50	60.3×54.0	135	60.3×48.6	144	60.3×50.8	144
	63.5×54.0	135	63.5×48.6	144	63.5×50.8	144
65×50	76.1×54.0	160	—	—	—	—
65×60	76.1×60.3	178	—	—	—	—
	76.1×63.5	178	—	—	—	—
80×50	88.9×54.0	201	—	—	—	—
80×60	88.9×60.3	200	—	—	—	—
	88.9×63.5	205	—	—	—	—
80×65	88.9×76.1	179	—	—	—	—
100×65	101.6×76.1	220	—	—	—	—
	108.0×76.1	229	—	—	—	—
100×80	101.6×88.9	220	—	—	—	—
	108.0×88.9	230	—	—	—	—

3）D 型卡压式 RT 型管件的结构形式和基本尺寸见图 14.1-155 和表 14.1-188。

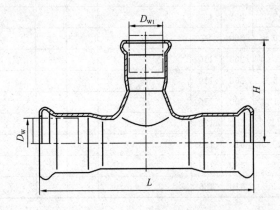

图 14.1-155　D 型卡压式 RT 型管件

D 型卡压式 RT 型管件的基本尺寸（mm）　　　表 14.1-188

公称直径 DN×DN₁	Ⅰ系列			Ⅱ系列			Ⅲ系列		
	管外径 $D_w×D_{w1}$	L	H	管外径 $D_w×D_{w1}$	L	H	管外径 $D_w×D_{w1}$	L	H
15×12	18.0×15.0	68	41	—	—	—	16.0×12.7	92	46
20×12	22.0×15.0	74	43	—	—	—	20.0×12.7	92	46
20×15	22.0×18.0	74	45	22.2×15.9	92	48	20.0×16.0	92	48
25×12	28.0×15.0	84	45	—	—	—	—	—	—
25×15	28.0×18.0	84	45	28.6×15.9	102	52	25.4×16.0	102	52
25×20	28.0×22.0	84	47	28.6×22.2	102	50	25.4×20.0	102	50
32×15	35.0×18.0	100	50	34.0×15.9	136	54	32.0×16.0	136	54
32×20	35.0×22.0	100	51	34.0×22.2	136	52	32.0×20.0	136	52
32×25	35.0×28.0	100	52	34.0×28.6	136	61	32.0×25.4	136	61
40×15	42.0×18.0	114	53	42.7×15.9	162	58	40.0×16.0	162	58
40×20	42.0×22.0	114	53	42.7×22.2	162	56	40.0×20.0	162	56
40×25	42.0×28.0	114	56	42.7×28.6	162	56	40.0×25.4	162	56
40×32	42.0×35.0	114	61	42.7×34.0	162	90	40.0×32.0	162	90
50×15	54.0×18.0	138	58	48.6×15.9	178	61	50.8×16.0	180	62
50×20	54.0×22.0	138	58	48.6×22.2	178	59	50.8×20.0	180	60
50×25	54.0×28.0	138	64	48.6×28.6	178	69	50.8×25.4	180	70
50×32	54.0×35.0	138	67	48.6×34.0	178	76	50.8×32.0	180	77
50×40	54.0×42.0	138	70	48.6×42.7	178	99	50.8×40.0	180	100
60×50	60.3×54.0	192	95	60.3×48.6	230	103	60.3×50.8	230	105
	63.5×54.0	192	95	63.5×48.6	230	103	63.5×50.8	230	105
65×50	76.1×54.0	230	85	—	—	—	—	—	—
65×60	76.1×60.3	230	104	—	—	—	—	—	—
	76.1×63.5	230	104	—	—	—	—	—	—
80×50	88.9×54.0	260	91	—	—	—	—	—	—
80×60	88.9×60.3	260	110	—	—	—	—	—	—
	88.9×63.5	260	110	—	—	—	—	—	—
80×65	88.9×76.1	260	116	—	—	—	—	—	—
100×65	101.6×76.1	300	123	—	—	—	—	—	—
	108.0×76.1	310	126	—	—	—	—	—	—
100×80	101.6×88.9	300	133	—	—	—	—	—	—
	108.0×88.9	310	136	—	—	—	—	—	—

　　4) D 型卡压式 ITC、ETC 型管件的结构形式和基本尺寸见图 14.1-156、图 14.1-157 和表 14.1-189。

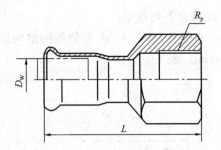

图 14.1-156　D 型卡压式 ITC 型管件

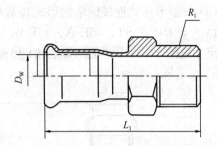

图 14.1-157　D 型卡压式 ETC 型管件

D 型卡压式 ITC、ETC 型管件的基本尺寸（mm）　　表 14.1-189

公称直径 DN	管螺纹（in）		Ⅰ系列			Ⅱ系列			Ⅲ系列		
	R_p	R_1	管外径 D_w	L	L_1	管外径 D_w	L	L_1	管外径 D_w	L	L_1
12	1/2		15.0	59	53	—	—	—	12.7	48	52
15	1/2		18.0	59	53	15.9	48	53	16.0	48	53
	3/4			62	57		—	55		—	55
20	1/2		22.0	60	54	22.2	51	56	20.0	51	56
	3/4			62	58		52	57		52	57
	1			66	61		—	—		—	—
25	3/4		28.0	63	61	28.6	51	—	25.4	51	—
	1			69	64		52	62		52	62
	$1\frac{1}{4}$			71	68		56	—		56	—
32	1		35.0	67	68	34.0	76	82	32.0	76	82
	$1\frac{1}{4}$			75	72		79	86		79	86
	$1\frac{1}{2}$			75	73		—	—		—	—
40	$1\frac{1}{4}$		42.0	71	73	42.7	85	94	40.0	85	94
	$1\frac{1}{2}$			79	77		89	96		89	96
50	$1\frac{1}{2}$		54.0	77	89	48.6	94	101	50.8	94	101
	2			97	90		98	105		98	105
60	$2\frac{1}{2}$		60.3	—	111		—	—		—	—
			63.5	—	111		—	—		—	—
65	—	$2\frac{1}{2}$	76.1	—	117		—	—		—	—
80	—	3	88.9	—	128		—	—		—	—
100	—	4	101.6	—	155		—	—		—	—
			108.0	—	155		—	—		—	—

（5）S型卡压式连接的结构形式和基本尺寸应符合下列规定：

1）S型卡压式ST、45E-A、45E-B、90E-A、90E-B、SC、CAP型管件的结构形式和基本尺寸见图14.1-158～图14.1-164和表14.1-190、表14.1-191。

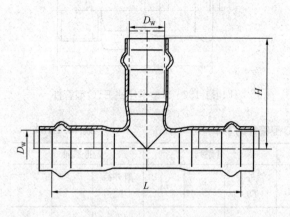

图14.1-158　S型卡压式ST型管件

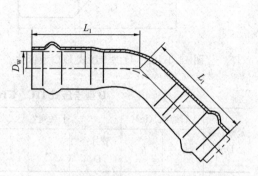

图14.1-159　S型卡压式45E-A型管件

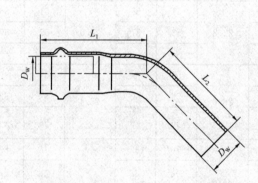

图14.1-160　S型卡压式45E-B型管件

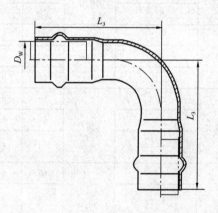

图14.1-161　S型卡压式90E-A型管件

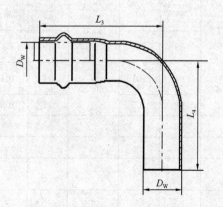

图14.1-162　S型卡压式90E-B型管件

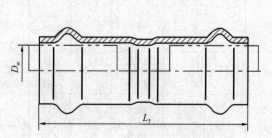

图14.1-163　S型卡压式SC型管件

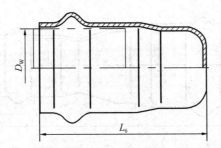

图 14.1-164 S型卡压式 CAP 型管件

S 型卡压式 I 系列 ST、45E-A、45E-B、90E-A、90E-B、SC、CAP 型管件的基本尺寸（mm）　　　　表 14.1-190

公称直径 DN	管外径 D_w	L	H	L_1	L_2	L_3	L_4	L_5	L_6
12	15.0	67	42	39	41	52	55	51	32
15	18.0	71	45	40	42	56	59	51	34
20	22.0	77	48	45	48	64	67	53	36
25	28.0	87	55	51	54	75	78	57	38
32	35.0	103	61	58	81	89	130	65	44
40	42.0	120	69	71	99	118	176	77	54
50	54.0	164	84	84	127	144	211	89	62
60	60.3	192	96	91	150	135	200	130	84
	63.5	192	96	91	150	135	200	130	84
65	76.1	230	106	123	188	190	247	141	94
80	88.9	260	126	141	225	220	292	162	104
100	101.6	305	141	161	270	255	353	189	120
	108.0	310	146	166	275	260	358	194	125

S 型卡压式 II 系列和 III 系列 ST、45E-A、45E-B、90E-A、90E-B、SC、CAP 型管件的基本尺寸（mm）　　　　表 14.1-191

公称直径 DN	管外径 D_w		L	H	L_1	L_2	L_3	L_4	L_5	L_6
12	12.7		76	38	33	62	48	62	60	31
15	16.0	15.9	78	39	35	65	49	79	61	34
20	20.0	22.2	94	46	41	79	62	98	66	40
25	25.4	28.6	115	56	51	96	76	117	82	46
32	32.0	34.0	136	68	60	113	87	138	96	55
40	40.0	42.7	168	82	74	139	108	171	116	67
50	50.8	48.6	198	97	88	163	129	202	136	77

2) S 型卡压式 RC 型管件的结构形式和基本尺寸见图 14.1-165 和表 14.1-192。

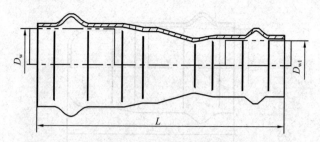

图 14.1-165　S 型卡压式 RC 型管件

S 型卡压式 RC 型管件的基本尺寸（mm）　　　表 14.1-192

公称直径 $DN \times DN_1$	Ⅰ系列		Ⅱ系列		Ⅲ系列	
	管外径 $D_w \times D_{w1}$	L	管外径 $D_w \times D_{w1}$	L	管外径 $D_w \times D_{w1}$	L
15×12	18.0×15.0	62	—	—	16.0×12.7	50
20×12	22.0×15.0	62	—	—	20.0×12.7	65
20×15	22.0×18.0	60	22.2×15.9	60	20.0×16.0	60
25×12	28.0×15.0	73	—	—	—	—
25×15	28.0×18.0	67	28.6×15.9	75	25.4×16.0	75
25×20	28.0×22.0	62	28.6×22.2	64	25.4×20.0	64
32×15	35.0×18.0	81	34.0×15.9	109	32.0×16.0	109
32×20	35.0×22.0	74	34.0×22.2	103	32.0×20.0	103
32×25	35.0×28.0	71	34.0×28.6	90	32.0×25.4	90
40×15	42.0×18.0	86	42.7×15.9	139	40.0×16.0	139
40×20	42.0×22.0	94	42.7×22.2	134	40.0×20.0	134
40×25	42.0×28.0	85	42.7×28.6	121	40.0×25.4	121
40×32	42.0×35.0	78	42.7×34.0	122	40.0×32.0	122
50×15	54.0×18.0	102	48.6×15.9	149	50.8×16.0	149
50×20	54.0×22.0	115	48.6×22.2	144	50.8×20.0	144
50×25	54.0×28.0	108	48.6×28.6	131	50.8×25.4	131
50×32	54.0×35.0	101	48.6×34.0	138	50.8×32.0	138
50×40	54.0×42.0	95	48.6×42.7	133	50.8×40.0	133
60×50	60.3×54.0	135	60.3×48.6	144	60.3×50.8	144
	63.5×54.0	135	63.5×48.6	144	63.5×50.8	144
65×50	76.1×54.0	160	—	—	—	—
65×60	76.1×60.3	178	—	—	—	—
	76.1×63.5	178	—	—	—	—
80×50	88.9×54.0	201	—	—	—	—
80×60	88.9×60.3	200	—	—	—	—
	88.9×63.5	205	—	—	—	—

续表

公称直径	Ⅰ系列			Ⅱ系列			Ⅲ系列		
$DN \times DN_1$	管外径 $D_w \times D_{w1}$	L		管外径 $D_w \times D_{w1}$	L		管外径 $D_w \times D_{w1}$	L	
80×65	88.9×76.1	179		—	—		—	—	
100×65	101.6×76.1	220		—	—		—	—	
	108.0×76.1	229		—	—		—	—	
100×80	101.6×88.9	220		—	—		—	—	
	108.0×88.9	230		—	—		—	—	

3) S型卡压式 RT 型管件的结构形式和基本尺寸见图 14.1-166 和表 14.1-193。

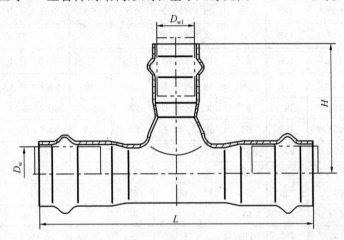

图 14.1-166 S型卡压式 RT 型管件

S型卡压式 RT 型管件的基本尺寸（mm）　　　　　　　　**表 14.1-193**

公称直径	Ⅰ系列			Ⅱ系列			Ⅲ系列		
$DN \times DN_1$	管外径 $D_w \times D_{w1}$	L	H	管外径 $D_w \times D_{w1}$	L	H	管外径 $D_w \times D_{w1}$	L	H
15×12	18.0×15.0	68	41	—	—	—	16.0×12.7	92	46
20×12	22.0×15.0	74	43	—	—	—	20.0×12.7	92	46
20×15	22.0×18.0	74	45	22.2×15.9	92	48	20.0×16.0	92	48
25×12	28.0×15.0	84	45	—	—	—	—	—	—
25×15	28.0×18.0	84	45	28.6×15.9	102	52	25.4×16.0	102	52
25×20	28.0×22.0	84	47	28.6×22.2	102	50	25.4×20.0	102	50
32×15	35.0×18.0	100	50	34.0×15.9	136	54	32.0×16.0	136	54
32×20	35.0×22.0	100	51	34.0×22.2	136	52	32.0×20.0	136	52
32×25	35.0×28.0	100	52	34.0×28.6	136	61	32.0×25.4	136	61

续表

公称直径 $DN \times DN_1$	Ⅰ系列			Ⅱ系列			Ⅲ系列		
	管外径 $D_w \times D_{w1}$	L	H	管外径 $D_w \times D_{w1}$	L	H	管外径 $D_w \times D_{w1}$	L	H
40×15	42.0×18.0	114	53	42.7×15.9	162	58	40.0×16.0	162	58
40×20	42.0×22.0	114	53	42.7×22.2	162	56	40.0×20.0	162	56
40×25	42.0×28.0	114	56	42.7×28.6	162	56	40.0×25.4	162	56
40×32	42.0×35.0	114	61	42.7×34.0	162	90	40.0×32.0	162	90
50×15	54.0×18.0	138	58	48.6×15.9	178	61	50.8×16.0	180	62
50×20	54.0×22.0	138	58	48.6×22.2	178	59	50.8×20.0	180	60
50×25	54.0×28.0	138	64	48.6×28.6	178	69	50.8×25.4	180	70
50×32	54.0×35.0	138	67	48.6×34.0	178	76	50.8×32.0	180	77
50×40	54.0×42.0	138	70	48.6×42.7	178	99	50.8×40.0	180	100
60×50	60.3×54.0	192	95	60.3×48.6	230	103	60.3×50.8	230	105
	63.5×54.0	192	95	63.5×48.6	230	103	63.5×50.8	230	105
65×50	76.1×54.0	230	85	—	—	—	—	—	—
65×60	76.1×60.3	230	104	—	—	—	—	—	—
	76.1×63.5	230	104	—	—	—	—	—	—
80×50	88.9×54.0	260	91	—	—	—	—	—	—
80×60	88.9×60.3	260	110	—	—	—	—	—	—
	88.9×63.5	260	110	—	—	—	—	—	—
80×65	88.9×76.1	260	116	—	—	—	—	—	—
100×65	101.6×76.1	300	123	—	—	—	—	—	—
	108.0×76.1	310	126	—	—	—	—	—	—
100×80	101.6×88.9	300	133	—	—	—	—	—	—
	108.0×88.9	310	136	—	—	—	—	—	—

4）S型卡压式 ITC、ETC 型管件的结构形式和基本尺寸见图 14.1-167、图 14.1-168 和表 14.1-194。

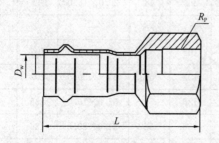

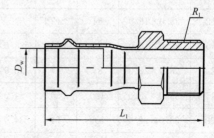

图 14.1-167　S 型卡压式 ITC 型管件　　　　图 14.1-168　S 型卡压式 ETC 型管件

S型卡压式 ITC、ETC型管件的基本尺寸（mm）　　　　表 14.1-194

公称直径 DN	管螺纹(in) Rp	R1	Ⅰ系列 管外径 Dw	L	L1	Ⅱ系列 管外径 Dw	L	L1	Ⅲ系列 管外径 Dw	L	L1
12	1/2		15.0	62	56	—	—	—	12.7	48	52
15	1/2		18.0	62	56	15.9	48	53	16.0	48	53
	3/4			65	60		—	55		—	55
20	1/2		22.0	63	57	22.2	51	56	20.0	51	56
	3/4			65	61		52	57		52	57
	1			69	64		—	—		—	—
25	3/4		28.0	66	64	28.6	51		25.4	51	
	1			72	67		52	62		52	62
	1 1/4			74	72		56			56	
32	1		35.0	70	72	34.0	76	82	32.0	76	82
	1 1/4			78	75		79	86		79	86
	1 1/2			78	76		—	—		—	—
40	1 1/4		42.0	77	76	42.7	85	94	40.0	85	94
	1 1/2			85	80		89	96		89	96
50	1 1/2		54.0	83	95	48.6	94	101	50.8	94	101
	2			103	96		98	105		98	105
60	2 1/2		60.3	—	111	—	—	—	—	—	—
			63.5	—	111	—	—	—	—	—	—
65		2 1/2	76.1	—	117	—	—	—	—	—	—
80		3	88.9	—	128	—	—	—	—	—	—
100		4	101.6	—	155	—	—	—	—	—	—
			108.0	—	155	—	—	—	—	—	—

（6）沟槽式管件、沟槽管帽、法兰转换接头的结构形式和基本尺寸

1）沟槽式 90°弯头、45°弯头、等径三通、等径四通、沟槽管帽、法兰转换接头的结构形式和基本尺寸见图 14.1-169～图 14.1-174 和表 14.1-195。

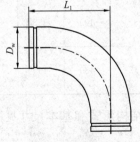

图 14.1-169　沟槽式 90°弯头

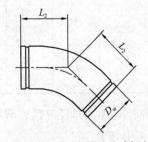

图 14.1-170　沟槽式 45°弯头

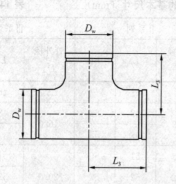

图 14.1-171 沟槽式等径三通

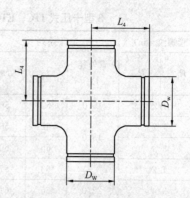

图 14.1-172 沟槽式等径四通

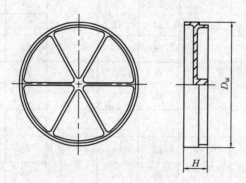

图 14.1-173 沟槽管帽

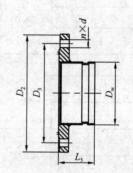

图 14.1-174 法兰转换接头

沟槽式90°弯头、45°弯头、等径三通、等径四通、沟槽管帽、

法兰转换接头的基本尺寸（mm）　　　　　　　　　　表 14.1-195

公称直径 DN	管外径 D_w	$L_1\pm5$	$L_2\pm5$	$L_3\pm5$	$L_4\pm5$	$H\pm5$	$D_2\pm5$	$D_3\pm5$	$L_5\pm5$	$n\times d$ 个×直径
125	133	240 (175)	125	164 (110)	164	25	250	210	76	8×18
150	159	270 (200)	140	183 (165)	183	25	285	240	79	8×22
200	219	360 (271)	180	228 (197)	228	32	340	295	87	12×22
250	273	435 (325)	210	266 (229)	266	32	405	355	90	12×26
300	325	510 (376)	240	304 (254)	304	32	460	460	95	12×26

2）沟槽式异径对接、异径三通、异径四通的结构形式和基本尺寸见图 14.1-175～图 14.1-177 和表 14.1-196。

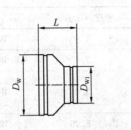

图 14.1-175　沟槽式异径对接

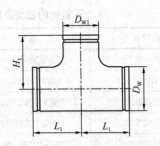

图 14.1-176　沟槽式异径三通

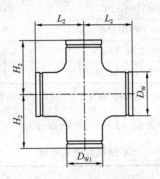

图 14.1-177　沟槽式异径四通

沟槽式异径对接、异径三通、异径四通的基本尺寸（mm）　　表 14.1-196

公称直径 $DN \times DN_1$	管外径 $D_w \times D_{w1}$	$L \pm 5$	$L_1 \pm 5$	$H_1 \pm 5$	$L_2 \pm 5$	$H_2 \pm 5$
150×125	159×133	220	183	177	183	177
200×125	219×133	250	228	202	228	202
200×150	219×159	250	228	208	228	208
250×125	273×133	280	266	231	266	231
250×150	273×159	280	266	234	266	234
250×200	273×219	280	266	258	266	258
300×125	325×133	305	304	256	304	256
300×150	325×159	305	304	259	304	259
300×200	325×219	305	304	279	304	279
300×250	325×273	305	304	291	304	291

14.1.6　不锈钢无缝钢管及不锈钢焊接钢管

1. 材料要求

（1）不锈钢的密度及钢管的理论质量计算公式应符合表 14.1-197 的要求。

不锈钢的密度及钢管的理论质量计算公式　　　　　表 14.1-197

序号	统一数字代号	牌号	密度（kg/dm³）	质量计算公式
1	S30408	06Cr19Ni10	7.93	$W = 0.02491S(D-S)$
2	S30403	022Cr19Ni10	7.90	$W = 0.02482S(D-S)$
3	S31608	06Cr17Ni12Mo2	8.00	$W = 0.02513S(D-S)$
4	S31603	022Cr17Ni12Mo2		
5	S31708	06Cr19Ni13Mo3	8.00	$W = 0.02513S(D-S)$
6	S31703	022Cr19Ni13Mo3	7.98	$W = 0.02507S(D-S)$
7	S32168	06Cr18Ni11Ti	8.00	$W = 0.02513S(D-S)$
8	S34778	06Cr18Ni11Nb	7.98	$W = 0.02507S(D-S)$
9	S22253	022Cr22Ni5Mo3N	7.80	$W = 0.02450S(D-S)$
10	S22053	022Cr23Ni5Mo3N	7.80	$W = 0.02450S(D-S)$

注：W—钢管的理论质量（kg/m）；S—钢管的公称壁厚（mm）；D—钢管的公称外径（mm）。

（2）不锈钢管适用条件应符合表 14.1-198 的要求。

不锈钢管适用条件　　　　　表 14.1-198

序号	统一数字代号	牌号	适用范围
1	S30408	06Cr19Ni10	饮用净水、生活冷热水、压缩空气、惰性气体、医用气体、燃气等轻腐蚀环境的管道用
2	S30403	022Cr19Ni10	
3	S31608	06Cr17Ni12Mo2	含 Mo，对各种无机酸、有机酸、碱、盐类耐腐蚀性和耐点蚀性能要求比 S30403 高的场合
4	S31603	022Cr17Ni12Mo2	
5	S31708	06Cr19Ni13Mo3	耐腐蚀性能要求比 S31603 或 S31608 高的场合
6	S31703	022Cr19Ni13Mo3	
7	S32168	06Cr18Ni11Ti	含 Ti 稳定的奥氏体不锈钢，具有较高的热强性能和持久断裂塑性
8	S34778	06Cr18Ni11Nb	含 Nb 稳定的奥氏体不锈钢，具有良好的耐腐蚀性和热强性
9	S22253	022Cr22Ni5Mo3N	具有优异的耐应力腐蚀和耐点腐蚀能力
10	S22053	022Cr23Ni5Mo3N	

（3）钢应采用粗炼钢水加炉外精炼方法冶炼。经供需双方协商，可采用其他冶炼方法。钢管应酸洗后交货；凡经整体磨、镗或经保护气氛热处理的钢管，可不经酸洗交货。

2. 不锈钢无缝钢管

（1）类别、代号及制造方法：

热轧（挤、扩）钢管　W-H；

冷拔（轧）钢管　W-C。

（2）不锈钢无缝钢管应符合国家标准《结构用不锈钢无缝钢管》GB/T 14975、《流体输送用不锈钢无缝钢管》GB/T 14976、《奥氏体-铁素体型双相不锈钢无缝钢管》GB/T 21833 的规定。钢管的公称外径和公称壁厚应符合《无缝钢管尺寸、外形、重量及允许偏差》GB/T 17395 的规定。根据需方要求，经供需双方协商，可供应《无缝钢管尺寸、外形、重量及允许偏差》GB/T 17395 规定以外的其他尺寸钢管。

（3）不锈钢无缝钢管常用牌号、化学成分、力学性能

1）常用牌号和化学成分应符合表 14.1-199 的规定，成分偏差应符合《钢的成品化学成分允许偏差》GB/T 222 中的规定。

不锈钢无缝钢管常用牌号和化学成分（熔炼分析）　　表 14.1-199

序号	统一数字代号	牌号	化学成分（质量分数）（%）										
			C	Si	Mn	P	S	Ni	Cr	Mo	Ti	Nb	N
1	S30408	06Cr19Ni10	≤0.08	≤1.00	≤2.00	≤0.035	≤0.030	8.00~10.50	18.00~20.00	—	—	—	—
2	S30403	022Cr19Ni10	≤0.03	≤1.00	≤2.00	≤0.035	≤0.030	8.00~12.00	18.00~20.00	—	—	—	—
3	S31608	06Cr17Ni12Mo2	≤0.08	≤1.00	≤2.00	≤0.035	≤0.030	10.00~14.00	16.00~18.00	2.00~3.00	—	—	—
4	S31603	022Cr17Ni12Mo2	≤0.03	≤1.00	≤2.00	≤0.035	≤0.030	10.00~14.00	16.00~18.00	2.00~3.00	—	—	—
5	S31708	06Cr19Ni13Mo3	≤0.08	≤1.00	≤2.00	≤0.035	≤0.030	11.00~15.00	18.00~20.00	3.00~4.00	—	—	—
6	S31703	022Cr19Ni13Mo3	≤0.03	≤1.00	≤2.00	≤0.035	≤0.030	11.00~15.00	18.00~20.00	3.00~4.00	—	—	—
7	S32168	06Cr18Ni11Ti	≤0.08	≤1.00	≤2.00	≤0.035	≤0.030	9.00~12.00	17.00~19.00	—	5C~0.70	—	—
8	S34778	06Cr18Ni11Nb	≤0.08	≤1.00	≤2.00	≤0.035	≤0.030	9.00~12.00	17.00~19.00	—	—	10C~1.10	—
9	S22253	022Cr22Ni5Mo3N	≤0.03	≤1.00	≤2.00	≤0.030	≤0.020	4.50~6.50	21.00~23.00	2.50~3.50	—	—	0.08~0.20
10	S22053	022Cr23Ni5Mo3N	≤0.03	≤1.00	≤2.00	≤0.030	≤0.020	4.50~6.50	22.00~23.00	3.00~3.50	—	—	0.14~0.20

2）不锈钢无缝钢管材料力学性能应符合表 14.1-200 的规定。

不锈钢无缝钢管材料力学性能　　表 14.1-200

序号	统一数字代号	牌号	规定塑性延伸强度 $R_{p0.2}$（MPa）	抗拉强度 R_m（MPa）	断后伸长率 A（%）	硬度 HBW
1	S30408	06Cr19Ni10	≥205	≥520	≥35	—
2	S30403	022Cr19Ni10	≥175	≥480		
3	S31608	06Cr17Ni12Mo2	≥205	≥520		
4	S31603	022Cr17Ni12Mo2	≥175	≥480		
5	S31708	06Cr19Ni13Mo3	≥205	≥520		
6	S31703	022Cr19Ni13Mo3	≥175	≥480		
7	S32168	06Cr18Ni11Ti	≥205	≥520		
8	S34778	06Cr18Ni11Nb	≥205	≥520		
9	S22253	022Cr22Ni5Mo3N	≥450	≥620	≥25	≤290
10	S22053	022Cr23Ni5Mo3N	≥485	≥655	≥25	≤290

(4) 不锈钢无缝钢管应进行热处理。按实际质量交货，根据需方要求，并在合同中注明，钢管可按理论质量交货。

3. 不锈钢焊接钢管

(1) 不锈钢焊接钢管技术性能

1) 分类及代号

不锈钢焊接钢管按供货状态分为 4 类：焊接状态 H、热处理状态 T、冷拔（轧）状态 WC、磨（抛）光状态 SP。

2) 制造方法

不锈钢焊接钢管采用自动电弧焊或其他自动焊接方法制造。

(2) 不锈钢焊接钢管应符合国家标准《机械结构用不锈钢焊接钢管》GB/T 12770、《流体输送用不锈钢焊接钢管》GB/T 12771、《奥氏体-铁素体型双相不锈钢焊接钢管》GB/T 21832 的规定。

(3) 不锈钢焊接钢管基本尺寸

不锈钢焊接钢管的公称外径和公称壁厚应符合《焊接钢管尺寸及单位长度重量》GB/T 21835 的相关规定。根据需方要求，经供需双方协商可供应其他外径和壁厚的不锈钢焊接钢管。

(4) 不锈钢焊接钢管常用牌号、化学成分、力学性能

1) 常用牌号和化学成分应符合表 14.1-201 的规定，成分偏差应符合《钢的成品化学成分允许偏差》GB/T 222 中的规定。

常用牌号和化学成分（熔炼分析）　　　　　　　　表 14.1-201

序号	统一数字代号	牌号	化学成分（质量分数）（%）										
			C	Si	Mn	P	S	Ni	Cr	Mo	Ti	Nb	N
1	S30408	06Cr19Ni10	≤0.08	≤0.75	≤2.00	≤0.040	≤0.030	8.00~10.50	18.00~20.00	—	—	—	—
2	S30403	022Cr19Ni10	≤0.03	≤0.75	≤2.00	≤0.040	≤0.030	8.00~12.00	18.00~20.00	—	—	—	—
3	S31608	06Cr17Ni12Mo2	≤0.08	≤0.75	≤2.00	≤0.040	≤0.030	10.00~14.00	16.00~18.00	2.00~3.00	—	—	—
4	S31603	022Cr17Ni12Mo2	≤0.03	≤0.75	≤2.00	≤0.040	≤0.030	10.00~14.00	16.00~18.00	2.00~3.00	—	—	—
5	S31708	06Cr19Ni13Mo3	≤0.08	≤0.75	≤2.00	≤0.040	≤0.030	11.00~15.00	18.00~20.00	3.00~4.00	—	—	—
6	S31703	022Cr19Ni13Mo3	≤0.03	≤0.75	≤2.00	≤0.040	≤0.030	11.00~15.00	18.00~20.00	3.00~4.00	—	—	—
7	S32168	06Cr18Ni11Ti	≤0.08	≤0.75	≤2.00	≤0.040	≤0.030	9.00~12.00	17.00~19.00	—	5C~0.70	—	—
8	S34778	06Cr18Ni11Nb	≤0.08	≤0.75	≤2.00	≤0.040	≤0.030	9.00~12.00	17.00~19.00	—	—	10C~1.10	—
9	S22253	022Cr22Ni5Mo3N	≤0.03	≤1.00	≤2.00	≤0.030	≤0.020	4.50~6.50	21.00~23.00	2.50~3.50	—	—	0.08~0.20
10	S22053	022Cr23Ni5Mo3N	≤0.03	≤1.00	≤2.00	≤0.030	≤0.020	4.50~6.50	22.00~23.00	3.00~3.50	—	—	0.14~0.20

2) 不锈钢焊接钢管材料力学性能应符合表 14.1-202 的规定。

不锈钢焊接钢管材料力学性能　　　　　　表 14.1-202

序号	统一数字代号	牌号	规定塑性延伸强度 $R_{p0.2}$（MPa）	抗拉强度 R_m（MPa）	断后伸长率 A（％）	硬度 HBW
1	S30408	06Cr19Ni10	≥205	≥520		
2	S30403	022Cr19Ni10	≥175	≥480		
3	S31608	06Cr17Ni12Mo2	≥205	≥520		
4	S31603	022Cr17Ni12Mo2	≥175	≥480		
5	S31708	06Cr19Ni13Mo3	≥205	≥520	≥35	—
6	S31703	022Cr19Ni13Mo3	≥175	≥480		
7	S32168	06Cr18Ni11Ti	≥205	≥520		
8	S34778	06Cr18Ni11Nb	≥205	≥520		
9	S22253	022Cr22Ni5Mo3N	≥450	≥620	≥25	≤290
10	S22053	022Cr23Ni5Mo3N	≥485	≥655	≥25	≤290

（5）不锈钢焊接钢管按理论质量交货，根据需方要求，并在合同中注明，钢管可按实际质量交货。

14.2　非金属管材

14.2.1　非金属管材分类及性能

1. 给水塑料管分类及性能

（1）管材分类

给水塑料管材按组成的塑料材质分类如下：

1）聚烯烃（PO）类

① 聚乙烯（PE）管：聚乙烯（PE80、PE100）管、交联聚乙烯（PE-X）管、耐热聚乙烯（PE-RT）管；

② 聚丙烯（PP）管：无规共聚聚丙烯（PP-R）管、嵌段共聚聚丙烯（PP-B）管；

③ 聚丁烯（PB）管。

2）氯乙烯及硬管类

硬聚氯乙烯（PVC-U）管、高抗冲聚氯乙烯（PVC-HI（AGR））管、氯化聚氯乙烯（PVC-C）管、丙烯腈-丁二烯-苯乙烯（ABS）管。根据管材长期工作 50 年使用寿命，按输水介质温度分为冷水管材和热水管材两类。

① 冷水管材：聚乙烯（PE80、PE100）管、硬聚氯乙烯（PVC-U）管、高抗冲聚氯乙烯（PVC-HI(AGR)）管、丙烯腈-丁二烯-苯乙烯（ABS）管、聚乙烯铝塑复合 PAP（PE-AL-PE）管、不锈钢塑料复合（SNP）管。

② 热水管材：根据国家标准《冷热水系统用热塑性塑料管材和管件》GB/T 18991 的规定，按使用条件的应用等级选用可参见表 14.2-1。

热水管材 50 年使用寿命应用等级　　　　　　　　　表 14.2-1

应用等级	T_D (℃)	在 T_D 下的时间（年）	T_{max} (℃)	在 T_{max} 下的时间（年）	T_{mal} (℃)	在 T_{mal} 下的时间（h）	热水系统最大工作温度（℃）	适用管材
级别 1	60	49	80	1	95	100	60	PE-RT、PVC-C、PE-X、PP-R、PB、XPAP、RPAP、SNPR
级别 2	70	49	80	1	95	100	70	

注：表中 T_D 表示管材设计温度，即系统设计的输送水的温度或温度组合；T_{max} 表示管材最高设计温度，仅在短时间内出现的 T_D 最高值；T_{mal} 表示管材故障温度，即系统超出控制极限时出现的最高温度。

（2）管材的物理力学性能

1）给水聚烯烃（PO）类管材在工程应用中，其主要物理力学性能宜符合表 14.2-2 的规定。

给水聚烯烃（PO）类管材的主要物理力学性能　　　　　表 14.2-2

项目	聚烯烃（PO）类					
	聚乙烯（PE）管			聚丙烯（PP）管		聚丁烯（PB）管
	聚乙烯（PE80、PE100）管	交联聚乙烯（PE-X）管	耐热聚乙烯（PE-RT）管	结晶改善无规共聚聚丙烯（PP-RCT）管	无规共聚聚丙烯（PP-R）管	
管材规格 dn（mm）	12～1000	16～160	12～160	16～200	12～160	12～160
适用范围	冷水	冷水、热水、采暖	冷水、热水、采暖	冷水、热水、采暖	冷水、热水、采暖	冷水、热水、采暖
密度（g/cm³）	0.93～0.96			0.90		0.93
导热系数（W/(m·K)）	0.40～0.42			0.24		0.22
线膨胀系数（mm/(m·℃)）	0.20			0.16		0.13
弹性模量（20℃）（MPa）	600～800			800		350
材质系数 K	27	20	27	20		10
温度适用范围（℃）	-60～40	-60～95	-60～60	0～70	0～75	-20～95
长期使用温度（℃）	≤40	≤75	≤60	≤70	≤70	≤75（70）
耐燃性	易燃			易燃		易燃
断裂伸长率（%）	≥350			≥350		≥125
纵向回缩率（%）	≤3			≤2		≤2
拉伸强度（20℃）（MPa）						≥17
可回收性	较好	差	较好	好	较好	较好
管件材质	与管材同质	金属	与管材同质	与管材同质		与管材同质
连接方式	热熔（SW）、电熔（EF）	机械（M）	热熔（SW）、电熔（EF）	热熔（SW）、电熔（EF）		热熔（SW）、电熔（EF）

注：1. 表中 20℃ 的弹性模量、拉伸强度均为参考值。
　　2. 聚乙烯（PE）管、聚丁烯（PB）管的低温抗冲性能优良。

2）给水氯乙烯及硬管类管材在工程应用中，其主要物理力学性能宜符合表 14.2-3 的规定。

给水氯乙烯及硬管类管材的主要物理力学性能　　　　　表 14.2-3

项目	氯乙烯及硬管类			
	氯乙烯类（PVC）管			丙烯腈-丁二烯-苯乙烯（ABS）管
	硬聚氯乙烯（PVC-U）管	氯化聚氯乙烯（PVC-C）管	高抗冲聚氯乙烯（PVC-HI(AGR)）管	
管材规格 dn（mm）	20～800	20～160	20～110	12～400
适用范围	冷水	冷水、热水	冷水	冷水
密度（g/cm³）	1.40～1.45	1.55	1.40～1.45	1.00～1.07
导热系数（W/(m·K)）	0.16	0.14	0.15	0.26
线膨胀系数（mm/(m·℃)）	0.07	0.06	0.06	0.11
弹性模量（20℃）（MPa）		3500	2800	
材质系数 K	30	34	33	30
温度适用范围（℃）	−10～40	−15～90	−30～50	−10～50
长期使用温度（℃）	≤40	≤75（50～80）	≤40	≤40
耐燃性	自熄			易燃
断裂伸长率（%）	≥80		≥140	
纵向回缩率（%）	≤5			≤5
拉伸强度（20℃）（MPa）	42～45	48～50	51～52	
维卡软化温度（℃）	≥80	≥110		≥90
可回收性	较好	差	较好	差
抗气体渗透性	较好	较好	差	差
管件材质	与管材同质			
连接方式	溶剂型胶粘剂粘结、弹性密封圈连接			

注：1. 表中 20℃的弹性模量、拉伸强度均为参考值。

　　2. 高抗冲聚氯乙烯（PVC-HI(AGR)）管的低温抗冲性能优良。

2. 排水塑料管分类及性能

（1）管材分类

1）排水塑料管材按组成的塑料材质分类如下：

① 聚烯烃（PO）类

a. 聚乙烯（PE）管

(a) 双壁波纹管

(b) 缠绕结构壁管

b. 高密度聚乙烯（HDPE）管

c. 聚丙烯（PP）管

② 硬聚氯乙烯（PVC-U）类

　　a. 平壁管

　　b. 双壁波纹管

　　c. 加筋管

　　d. 中空壁消音管

　　e. 芯层发泡管

　　2）排水塑料管材按适用场合分类如下：

　　① 室外埋地用排水管类

　　a. 聚乙烯双壁波纹管

　　b. 聚乙烯缠绕结构壁管

　　c. 硬聚氯乙烯平壁管

　　d. 硬聚氯乙烯双壁波纹管

　　e. 硬聚氯乙烯加筋管

　　f. 聚丙烯管

　　② 建筑排水管类

　　a. 高密度聚乙烯管

　　b. 硬聚氯乙烯平壁管

　　c. 硬聚氯乙烯中空壁消音管

　　d. 硬聚氯乙烯芯层发泡管

　　e. 硬聚氯乙烯内螺旋管

　　3）主要排水塑料管材的外径范围和连接方式，见表 14.2-4、表 14.2-5。

室外埋地用排水塑料管的外径范围和连接方式　　　　　表 14.2-4

项目		聚乙烯（PE）类		聚丙烯（PP）类		硬聚氯乙烯（PVC-U）类			
		双壁波纹管	缠绕结构壁管	双壁波纹管	缠绕结构壁管	平壁管	双壁波纹管	加筋管	芯层发泡管
外径范围（mm）		110～1200	150～3000	110～1200	150～3500	110～1000	110～1200	150～1000	75～500
连接方式	粘接					✓*			✓
	密封胶圈	✓	✓	✓		✓	✓	✓	✓
	电熔		✓		✓				

　　* 仅外径 110～200 的管材适用于粘接连接方式。

建筑排水塑料管的外径范围和连接方式　　　　　表 14.2-5

项目		聚烯烃（PO）类	硬聚氯乙烯（PVC-U）类			
		高密度聚乙烯管	平壁管	中空壁消音管	芯层发泡管	内螺旋管
外径范围（mm）		110～1200	32～315	50～160	40～500	75～160
连接方式	粘接		✓	✓	✓	
	密封胶圈		✓	✓	✓	✓
	电熔	✓				

　　（2）管材的物理力学性能

　　1）室外埋地用排水塑料管材的主要物理力学性能见表 14.2-6。

室外埋地用排水塑料管材的主要物理力学性能　　　　表 14.2-6

项目		聚乙烯（PE）类		硬聚氯乙烯（PVC-U）类			
		双壁波纹管	缠绕结构壁管	平壁管	双壁波纹管	加筋管	芯层发泡管
密度（g/cm³）		0.94～0.96		1.35～1.50			0.90～1.20
弯曲模量（MPa）		≥800		≥3000			
环刚度 (kN/m²)	≥2	SN2	SN2②	SN2	S0②	—	—
	≥4	SN4	SN4	SN4	S1	SN4	S1
	≥6.3	SN6.3①	SN6.3①	—	—	SN6.3①	—
	≥8	SN8	SN8	SN8	S2	SN8	S2
	≥12.5	SN12.5①	SN12.5①	—	—	SN12.5①	—
	≥16	SN16	SN16	—	S3	SN16	—
冲击性能（TIR）（%）		≤10		≤10	≤10	≤10	≤10
环柔性		试样圆滑，无反向弯曲，无破裂，两壁无脱开	—	—	试样圆滑，无反向弯曲，无破裂，两壁无脱开	试样圆滑，无反向弯曲，无破裂	—
烘箱试验		无起泡、分层、开裂	管材熔缝处应无分层、开裂③	—	无分层、开裂	无分层、开裂、起泡	—
蠕变比率		≤4		—	≤2.5	≤2.5	—
纵向回缩率（%）		—	≤3，管材应无分层、开裂④	≤5，管材表面起泡和开裂			≤5，且不分脱、破裂
二氯甲烷浸泡		—	—	表面无变化	内、外壁无分离，内、外表面变化不劣于4L		内、外表面不劣于4L
维卡软化温度（℃）		—	—	≥79			

① 非首选等级。
② DN/ID≥500mm 时允许有此等级。
③ 用于 B 型管材。
④ 用于 A 型管材。

2）建筑排水塑料管材的主要物理力学性能见表 14.2-7。

建筑排水塑料管材的主要物理力学性能　　　　表 14.2-7

项目	聚乙烯（PE）类	硬聚氯乙烯（PVC-U）类			
	高密度聚乙烯管	平壁管	中空壁消音管④	芯层发泡管	内螺旋管⑤
密度（g/cm³）		1.35～1.55	≤1.55	0.90～1.20	—
纵向回缩率（%）	≤3（110℃），管材应无分层、开裂和起泡	≤5［≤9］②	≤9（20℃）	≤5，且不分脱、破裂	≤9

续表

项目	聚乙烯（PE）类	硬聚氯乙烯（PVC-U）类			
	高密度聚乙烯管	平壁管	中空壁消音管④	芯层发泡管	内螺旋管⑤
熔体流动速率 MFR （5kg，190℃） （g/10min）	$0.2 \leqslant MFR \leqslant 1.1$ 管材、管件的 MFR 与 原料颗粒的 MFR 相差 值不应超过 0.2	—	—	—	—
氧化诱导时间 OIT （200℃）（min）	管材、管件 OIT≥20	—	—	—	—
静液压强度试验 （80℃，165h，4.6MPa）	管材、管件不破裂、 渗漏	—	—	—	—
环刚度（kN/m²）	≥4①	—	≤8	2、4、8	—
拉伸屈服强度（MPa）	—	≥43 [≥40]②	≥40	≥43	≥40
断裂伸长率（%）	—	≥80 [—]②	≥80	≥80	≥80
冲击性能 TIR（%）	—	≤10（20℃） [9/10 通过]②	9/10 通过	≤10	9/10 通过 （20℃）
扁平试验	—	无破裂	无破裂	不破裂、分脱	无破裂
管件加热试验 （（110±2）℃，1h）	管件无分层、开裂和起泡	—	—	—	—
维卡软化温度（℃）		≥79（74）③	≥79（70）③	≥79	≥79（70）③

① 仅用于虹吸式屋面雨水排放系统的管材。

② ［ ］内数据为合格品，［ ］外数据为优等品。

③ （ ）内数据为管件，（ ）外数据为管材。

④ 本列数据摘录自《建筑排水中空壁消音硬聚氯乙烯管管道工程技术规程》CECS 185：2005。

⑤ 本列数据摘录自《建筑排水用硬聚氯乙烯内螺旋管管道工程技术规程》CECS 94：2002。

14.2.2　硬聚氯乙烯（PVC-U）给水管及管件、接口

1. 技术要求

（1）给水用硬聚氯乙烯（PVC-U）管道适用于建筑物内或室外埋地输送饮用水和一般用途水，水温不超过 45℃。

（2）给水用硬聚氯乙烯（PVC-U）管道按连接方式不同分为弹性密封圈式和溶剂粘接式。

（3）输送饮用水的管材及管件，卫生性能应符合国家标准《生活饮用水输配水设备及防护材料的安全性评价标准》GB/T 17219 的规定。

2. 管材标准

给水用硬聚氯乙烯（PVC-U）管道及管件应符合国家标准《给水用硬聚氯乙烯（PVC-U）管材》GB /T 10002.1、《给水用硬聚氯乙烯（PVC-U）管件》GB /T 10002.2 的规定。

3. 规格尺寸

（1）给水用硬聚氯乙烯（PVC-U）管材

给水用硬聚氯乙烯（PVC-U）管材的公称压力等级和规格尺寸见表 14.2-8。

给水用硬聚氯乙烯（PVC-U）管材的规格尺寸（mm） 表 14.2-8

公称外径 dn	S16 SDR33 PN0.63	S12.5 SDR26 PN0.8	S10 SDR21 PN1.0	S8 SDR17 PN1.25	S6.3 SDR13.6 PN1.6	S5 SDR11 PN2.0	S4 SDR9 PN2.5
	公称壁厚 en						
20	—	—	—	—	—	2.0	2.3
25	—	—	—	—	2.0	2.3	2.8
32	—	—	—	2.0	2.4	2.9	3.6
40	—	—	2.0	2.4	3.0	3.7	4.5
50	—	2.0	2.4	3.0	3.7	4.6	5.6
63	2.0	2.5	3.0	3.8	4.7	5.8	7.1
75	2.3	2.9	3.6	4.5	5.6	6.9	8.4
90	2.8	3.5	4.3	5.4	6.7	8.2	10.1
110	2.7	3.4	4.2	5.3	6.6	8.1	10.0
125	3.1	3.9	4.8	6.0	7.4	9.2	11.4
140	3.5	4.3	5.4	6.7	8.3	10.3	12.7
160	4.0	4.9	6.2	7.7	9.5	11.8	14.6
180	4.4	5.5	6.9	8.6	10.7	13.3	16.4
200	4.9	6.2	7.7	9.6	11.9	14.7	18.2
225	5.5	6.9	8.6	10.8	13.4	16.6	—
250	6.2	7.7	9.6	11.9	14.8	18.4	—
280	6.9	8.6	10.7	13.4	16.6	20.6	—
315	7.7	9.7	12.1	15.0	18.7	23.2	—
355	8.7	10.9	13.6	16.9	21.1	26.1	—
400	9.8	12.3	15.3	19.1	23.7	29.4	—
450	11.0	13.8	17.2	21.5	26.7	33.1	—
500	12.3	15.3	19.1	23.9	29.7	36.8	—
560	13.7	17.2	21.4	26.7	—	—	—
630	15.4	19.3	24.1	30.0	—	—	—
710	17.4	21.8	27.2	—	—	—	—
800	19.6	24.5	30.6	—	—	—	—
900	22.0	27.6	—	—	—	—	—
1000	24.5	30.6	—	—	—	—	—

注：公称壁厚 en 根据设计应力（σ_s）12.5MPa 确定。

公称压力（PN）指管材输送 20℃ 水的最大工作压力。当输水温度不同时，应按表 14.2-9 给出的不同温度对压力的折减系数（f）修正工作压力，用折减系数乘以公称压力得到最大允许工作压力。

温度对压力的折减系数 表 14.2-9

温度（℃）	折减系数 f
$0<t\leqslant25$	1
$25<t\leqslant35$	0.8
$35<t\leqslant45$	0.63

（2）给水用硬聚氯乙烯（PVC-U）管件

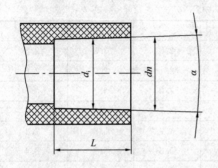

图 14.2-1 粘接式承口示意图

1）分类

管件按连接方式不同分为粘接式承口管件、弹性密封圈式承口管件、螺纹接头管件和法兰连接管件，按加工方式不同分为注塑成型管件和管材弯制成型管件。

2）注塑成型管件尺寸

① 管件承插部位以外的主体壁厚不得小于同规格同压力等级管材壁厚。管件插口平均外径应符合《给水用硬聚氯乙烯（PVC-U）管件》GB/T 10002.1 对管材平均外径及偏差的规定。

② 粘接式承口管件

粘接式承口见图 14.2-1，其配合尺寸见表 14.2-10，承口锥度见表 14.2-11。

粘接式承口配合尺寸（mm） 表 14.2-10

公称外径 dn	最小深度 L	承口中部平均内径 d_i	
		最小	最大
20	16.0	20.1	20.3
25	18.5	25.1	25.3
32	22.0	32.1	32.3
40	26.0	40.1	40.3
50	31.0	50.1	50.3
63	37.5	63.1	63.3
75	43.5	75.1	75.3
90	51.0	90.1	90.3
110	61.0	110.1	110.4
125	68.5	125.1	125.4
140	76.0	140.2	140.5
160	86.0	160.2	160.5
180	96.0	180.2	180.6
200	106.0	200.2	200.6
225	118.5	225.3	225.7
250	131.0	250.3	250.8
280	146.0	280.3	280.9

续表

公称外径	最小深度	承口中部平均内径 d_i	
dn	L	最小	最大
315	163.5	315.4	316.0
355	183.5	355.5	356.2
400	206.0	400.5	401.5

注：管件中部承口平均内径定义为承口中部（承口全部深度的一半处）互相垂直两直径测量值的算术平均值。

承口锥度 表 14.2-11

公称外径（mm）	最大承口锥度 α
$dn \leqslant 63$	$0°40'$
$75 \leqslant dn \leqslant 315$	$0°30'$
$355 \leqslant dn \leqslant 400$	$0°15'$

承口配合深度、承口中部平均内径和承口部分的最大锥度均应符合《给水用硬聚氯乙烯（PVC-U）管件》GB/T 10002.2 的规定。粘接式承口的壁厚应不小于主体壁厚要求的 75%。

粘接式承口管件安装尺寸应符合《给水用硬聚氯乙烯（PVC-U）管件》GB/T 10002.2 的规定。

③ 弹性密封圈式承口管件

a. 单承口深度应符合《给水用硬聚氯乙烯（PVC-U）管材》GB/T 10002.1 对承口尺寸的规定。

b. 双承口深度应符合《给水用硬聚氯乙烯（PVC-U）管材》GB/T 10002.2 中的规定。弹性密封圈承口的密封环槽以外任一点的壁厚应不小于主体壁厚，密封环槽处的壁厚应不小于主体壁厚要求的 80%。

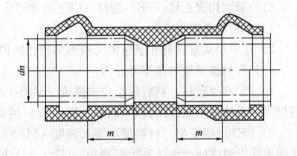

图 14.2-2 弹性密封圈式承口示意图

弹性密封圈式承口见图 14.2-2，其深度见表 14.2-12。

弹性密封圈式承口深度（mm） 表 14.2-12

公称外径	最小深度	公称外径	最小深度
dn	m	dn	m
63	40	250	68
75	42	280	72
90	44	315	78
110	47	355	84
125	49	400	90
140	51	450	98
160	54	500	105
180	57	560	114
200	60	630	125
225	64		

　　c. 弹性密封圈式承口管件安装尺寸应符合《给水用硬聚氯乙烯（PVC-U）管件》GB/T 10002.2 的规定。

　　④ 法兰连接管件

　　a. 法兰连接尺寸应符合《整体钢制管法兰》GB/T 9113 的规定。

　　b. 法兰连接变接头管件安装尺寸应符合《给水用硬聚氯乙烯（PVC-U）管件》GB/T 10002.2 的规定。

　　⑤ 螺纹接头管件

　　a. PVC-U 螺纹接头管件的螺纹尺寸应符合《55°密封管螺纹　第 1 部分：圆柱内螺纹与圆锥外螺纹》GB/T 7306.1 的规定。

　　b. PVC-U 与金属接头管件的安装尺寸应符合《给水用硬聚氯乙烯（PVC-U）管件》GB/T 10002.2 的规定。

　　3）管材弯制成型管件

　　弯制成型管件承口尺寸应符合《给水用硬聚氯乙烯（PVC-U）管材》GB/T 10002.1 对承口尺寸的要求。

14.2.3　聚乙烯（PE）给水管及管件、接口

　　1. 产品分类

　　(1) 给水用聚乙烯（PE）管材（以下简称"管材"）按照管材类型可分为：

　　1）单层实壁管材；

　　2）在单层实壁管材外壁包覆可剥离热塑性防护层的管材（带可剥离层管材）。

　　(2) 管材按照原料类型可分为：

　　1）PE80 级管材，材料最小要求强度（MRS）为 8.0MPa，设计应力 σ_D（由最小要求强度除以总体使用设计系数 C 得出，$C \geqslant 1.25$）的最大值为 6.3MPa；

　　2）PE100 级管材，材料最小要求强度（MRS）为 10.0MPa，设计应力 σ_D（由最小要求强度除以总体使用设计系数 C 得出，$C \geqslant 1.25$）的最大值为 8.0MPa。

　　(3) 管件类型包括：

　　1）熔接连接类管件，该类管件分为电熔管件、热熔对接管件和热熔承插管件；

　　2）构造焊制类管件；

　　3）机械连接类管件（$dn \leqslant 63mm$）；

　　4）法兰连接类管件。

　　2. 管材标准

　　给水用聚乙烯（PE）管材及管件应符合国家标准《给水用聚乙烯（PE）管道系统　第 1 部分：总则》GB/T 13663.1、《给水用聚乙烯（PE）管道系统　第 2 部分：管材》GB/T 13663.2、《给水用聚乙烯（PE）管道系统　第 3 部分：管件》GB/T 13663.3 的规定。

　　3. 技术要求

　　(1) 适用于水温不大于 40℃，最大工作压力（MOP）不大于 2.0MPa，一般用途的压力输水和饮用水输配的聚乙烯管道系统及其组件。

　　(2) 管材标准尺寸比 SDR（管材公称外径与公称壁厚的比值）一般分为 8 个系列，

由于原料等级不同，管材公称压力可分为 0.32MPa、0.4MPa、0.5MPa、0.6MPa、0.8MPa、1.0MPa、1.25MPa、1.6MPa、2.0MPa 共 9 个压力等级。

（3）当聚乙烯管道系统在 20～40℃温度下连续工作时，PE80 和 PE100 可以使用表 14.2-13 给出的压力折减系数。

（4）当温度小于 20℃时，压力折减系数 f_r 为 1.00。

PE80 和 PE100 的压力折减系数　　　　　　　　　　　　表 14.2-13

工作温度[a,b]（℃）	压力折减系数 f_r	工作温度[a,b]（℃）	压力折减系数 f_r
20	1.00	35	0.79
25	0.92	40	0.73
30	0.85		

a 在表中所列温度点之间工作时，允许使用线性内插法。

b 用于更高的温度时，应咨询混配料制造商。

注：除非按《塑料管道系统　用外推法确定热塑性塑料材料以管材形式的长期静液压强度》GB/T 18252 分析表明可以使用较小的折减幅度，这种情况下，折减系数的值较大，从而管材应用的压力更高。

4. 规格尺寸

（1）管材的平均外径根据《给水用聚乙烯（PE）管道系统　第 2 部分：管材》GB/T 13663.2 的要求，应符合表 14.2-14 的要求。管材端口处的平均外径可小于表 14.2-14 中的规定，但不应小于距管材末端 $1.5dn$ 或 300mm（取两者之中较小者）处测量值的 98.5%。

聚乙烯（PE）给水管平均外径和不圆度（mm）　　　　　表 14.2-14

公称外径 dn	平均外径		直管不圆度的最大值[a]
	$d_{em,min}$	$d_{em,max}$	
16	16.0	16.3	1.2
20	20.0	20.3	1.2
25	25.0	25.3	1.2
32	32.0	32.3	1.3
40	40.0	40.4	1.4
50	50.0	50.4	1.4
63	63.0	63.4	1.5
75	75.0	75.5	1.6
90	90.0	90.6	1.8
110	110.0	110.7	2.2
125	125.0	125.8	2.5
140	140.0	140.9	2.8
160	160.0	161.0	3.2
180	180.0	181.1	3.6

续表

公称外径	平均外径		直管不圆度的最大值[a]
dn	$d_{em,min}$	$d_{em,max}$	
200	200.0	201.2	4.0
225	225.0	226.4	4.5
250	250.0	251.5	5.0
280	280.0	281.7	9.8
315	315.0	316.9	11.1
355	355.0	357.2	12.5
400	400.0	402.4	14.0
450	450.0	452.7	15.6
500	500.0	503.0	17.5
560	560.0	563.4	19.6
630	630.0	633.8	22.1
710	710.0	716.4	—
800	800.0	807.2	—
900	900.0	908.1	—
1000	1000.0	1009.0	—
1200	1200.0	1210.8	—
1400	1400.0	1412.6	—
1600	1600.0	1614.4	—
1800	1800.0	1816.2	—
2000	2000.0	2018.0	—
2250	2250.0	2270.3	—
2500	2500.0	2522.5	—

a 应在生产地点测量不圆度。

注：对于盘管或公称外径大于或等于 710mm 的直管，不圆度的最大值应由供需双方商定。

（2）管材的公称壁厚 en 应符合表 14.2-15 的要求（允许使用根据《热塑性塑料管材通用壁厚表》GB/T 10798 和《流体输送用热塑性塑料管材　公称外径和公称压力》GB/T 4217 中规定的管系列推算出的其他标准尺寸比）。

（3）管材的任一点壁厚公差应符合表 14.2-16 的要求。

（4）不圆度应符合表 14.2-14 的要求。

（5）管材可以直管式或盘卷式供货，直管长度宜采用 6m、9m、12m，盘卷的最小内径应不小于 18dn。长度可由供需双方商定，不应有负偏差。

（6）不同 MRS 电熔承口管件的壁厚设计

当管件和管材由相同 MRS 等级的聚乙烯制造时，从距管件端口 2L_1/3（见图 14.2-4）处开始，管件主体任一点的壁厚 E 应大于或等于相应管材的最小壁厚 e_{min}。如果制造管件用聚乙烯的 MRS 等级与管材的不同，管件主体壁厚 E 与管材壁厚 e_{min} 的关系应符合表 14.2-17 的要求。

聚乙烯（PE）给水管公称壁厚　　　　　　　　表 14.2-15

公称外径 dn（mm）	标准尺寸比							
	SDR 9	SDR 11	SDR 13.6	SDR 17	SDR 21	SDR 26	SDR 33	SDR 41
	管系列							
	S 4	S 5	S 6.3	S 8	S 10	S 12.5	S 16	S 20
	PE80 级公称压力（MPa）							
	1.6	1.25	1.0	0.8	0.6	0.5	0.4	0.32
	PE100 级公称压力（MPa）							
	2.0	1.6	1.25	1.0	0.8	0.6	0.5	0.4
	公称壁厚 en（mm）							
16	2.3	—	—	—	—	—	—	—
20	2.3	2.3	—	—	—	—	—	—
25	3.0	2.3	2.3	—	—	—	—	—
32	3.6	3.0	2.4	2.3	—	—	—	—
40	4.5	3.7	3.0	2.4	2.3	—	—	—
50	5.6	4.6	3.7	3.0	2.4	2.3	—	—
63	7.1	5.8	4.7	3.8	3.0	2.5	—	—
75	8.4	6.8	5.6	4.5	3.6	2.9	—	—
90	10.1	8.2	6.7	5.4	4.3	3.5	—	—
110	12.3	10.0	8.1	6.6	5.3	4.2	—	—
125	14.0	11.4	9.2	7.4	6.0	4.8	—	—
140	15.7	12.7	10.3	8.3	6.7	5.4	—	—
160	17.9	14.6	11.8	9.5	7.7	6.2	—	—
180	20.1	16.4	13.3	10.7	8.6	6.9	—	—
200	22.4	18.2	14.7	11.9	9.6	7.7	—	—
225	25.2	20.5	16.6	13.4	10.8	8.6	—	—
250	27.9	22.7	18.4	14.8	11.9	9.6	—	—
280	31.3	25.4	20.6	16.6	13.4	10.7	—	—
315	35.2	28.6	23.2	18.7	15.0	12.1	9.7	7.7
355	39.7	32.2	26.1	21.1	16.9	13.6	10.9	8.7
400	44.7	36.3	29.4	23.7	19.1	15.3	12.3	9.8
450	50.3	40.9	33.1	26.7	21.5	17.2	13.8	11.0
500	55.8	45.4	36.8	29.7	23.9	19.1	15.3	12.3
560	62.5	50.8	41.2	33.2	26.7	21.4	17.2	13.7
630	70.3	57.2	46.3	37.4	30.0	24.1	19.3	15.4
710	79.3	64.5	52.2	42.1	33.9	27.2	21.8	17.4
800	89.3	72.6	58.8	47.4	38.1	30.6	24.5	19.6
900	—	81.7	66.2	53.3	42.9	34.4	27.6	22.0
1000	—	90.2	72.5	59.3	47.7	38.2	30.6	24.5
1200	—	—	88.2	67.9	57.2	45.9	36.7	29.4
1400	—	—	102.9	82.4	66.7	53.5	42.9	34.3
1600	—	—	117.6	94.1	76.2	61.2	49.0	39.2
1800	—	—	—	105.9	85.7	69.1	54.5	43.8
2000	—	—	—	117.6	95.2	76.9	60.6	48.8
2250	—	—	—	—	107.2	86.0	70.0	55.0
2500	—	—	—	—	119.1	95.6	77.7	61.2

注：公称压力按照 C=1.25 计算。

聚乙烯 (PE) 给水管任一点壁厚公差 (mm)   表 14.2-16

公称壁厚 en		壁厚公差	公称壁厚 en		壁厚公差	公称壁厚 en		壁厚公差	公称壁厚 en		壁厚公差
>	≤		>	≤		>	≤		>	≤	
2.0	3.0	0.4	32.0	33.0	3.4	62.0	63.0	6.4	92.0	93.0	9.4
3.0	4.0	0.5	33.0	34.0	3.5	63.0	64.0	6.5	93.0	94.0	9.5
4.0	5.0	0.6	34.0	35.0	3.6	64.0	65.0	6.6	94.0	95.0	9.6
5.0	6.0	0.7	35.0	36.0	3.7	65.0	66.0	6.7	95.0	96.0	9.7
6.0	7.0	0.8	36.0	37.0	3.8	66.0	67.0	6.8	96.0	97.0	9.8
7.0	8.0	0.9	37.0	38.0	3.9	67.0	68.0	6.9	97.0	98.0	9.9
8.0	9.0	1.0	38.0	39.0	4.0	68.0	69.0	7.0	98.0	99.0	10.0
9.0	10.0	1.1	39.0	40.0	4.1	69.0	70.0	7.1	99.0	100.0	10.1
10.0	11.0	1.2	40.0	41.0	4.2	70.0	71.0	7.2	100.0	101.0	10.2
11.0	12.0	1.3	41.0	42.0	4.3	71.0	72.0	7.3	101.0	102.0	10.3
12.0	13.0	1.4	42.0	43.0	4.4	72.0	73.0	7.4	102.0	103.0	10.4
13.0	14.0	1.5	43.0	44.0	4.5	73.0	74.0	7.5	103.0	104.0	10.5
14.0	15.0	1.6	44.0	45.0	4.6	74.0	75.0	7.6	104.0	105.0	10.6
15.0	16.0	1.7	45.0	46.0	4.7	75.0	76.0	7.7	105.0	106.0	10.7
16.0	17.0	1.8	46.0	47.0	4.8	76.0	77.0	7.8	106.0	107.0	10.8
17.0	18.0	1.9	47.0	48.0	4.9	77.0	78.0	7.9	107.0	108.0	10.9
18.0	19.0	2.0	48.0	49.0	5.0	78.0	79.0	8.0	108.0	109.0	11.0
19.0	20.0	2.1	49.0	50.0	5.1	79.0	80.0	8.1	109.0	110.0	11.1
20.0	21.0	2.2	50.0	51.0	5.2	80.0	81.0	8.2	110.0	111.0	11.2
21.0	22.0	2.3	51.0	52.0	5.3	81.0	82.0	8.3	111.0	112.0	11.3
22.0	23.0	2.4	52.0	53.0	5.4	82.0	83.0	8.4	112.0	113.0	11.4
23.0	24.0	2.5	53.0	54.0	5.5	83.0	84.0	8.5	113.0	114.0	11.5
24.0	25.0	2.6	54.0	55.0	5.6	84.0	85.0	8.6	114.0	115.0	11.6
25.0	26.0	2.7	55.0	56.0	5.7	85.0	86.0	8.7	115.0	116.0	11.7
26.0	27.0	2.8	56.0	57.0	5.8	86.0	87.0	8.8	116.0	117.0	11.8
27.0	28.0	2.9	57.0	58.0	5.9	87.0	88.0	8.9	117.0	118.0	11.9
28.0	29.0	3.0	58.0	59.0	6.0	88.0	89.0	9.0	118.0	119.0	12.0
29.0	30.0	3.1	59.0	60.0	6.1	89.0	90.0	9.1	119.0	120.0	12.1
30.0	31.0	3.2	60.0	61.0	6.2	90.0	91.0	9.2	—	—	—
31.0	32.0	3.3	61.0	62.0	6.3	91.0	92.0	9.3	—	—	—

聚乙烯（PE）管件壁厚与管材壁厚之间的关系　　　　　**表 14.2-17**

材料		管件主体任一点壁厚 E 与管材壁厚
管材	管件	e_{min} 之间的关系
PE80	PE100	$E \geqslant 0.8 e_{min}$
PE100	PE80	$E \geqslant 1.25 e_{min}$

为了避免应力集中，管件主体壁厚的变化应是渐变的。

（7）管件尺寸

1）管件插口端尺寸见图 14.2-3 和表 14.2-18。

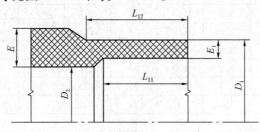

图 14.2-3　管件插口端示意图

说明：

D_1——熔接段的平均外径，在距离端口不大于 L_{12}（管状长度）、平行于该端口平面的任一截面处测量；

D_2——管件的最小通径，测量时不包括焊接形成的卷边（若有）；

E——管件主体壁厚，在管件主体上任一点测量的壁厚；

E_1——在距离插入端口不超过 L_{11}（回切长度）处任一点测量的熔接面的壁厚，并且应与相同 SDR 管材的壁厚及公差相同，公差应符合《给水用聚乙烯（PE）管道系统　第 2 部分：管材》GB/T 13663.2—2018 中表 4 的要求；

L_{11}——熔接段的回切长度，即热熔对接或重新熔接所必需的插口端的初始深度，此段长度允许通过熔接一段壁厚等于 E_1 的管段来实现；

L_{12}——熔接段的管状长度，即熔接端的初始长度，应满足以下各种操作（或组合操作）的要求：对接夹具的安装、电熔管件的装配、热熔承插管件的装配和机械刮刀的使用。

管件插口端尺寸（mm）　　　　　**表 14.2-18**

插口公称外径 dn	熔接段的平均外径[a]		电熔熔接和热熔对接				承插熔接	仅对于热熔对接		
	$D_{1,min}$	$D_{1,max}$	最大不圆度	最小通径 D_2	回切长度 $L_{11,min}$	管状长度[b] $L_{12,min}$	管状长度 $L_{12,min}$	最大不圆度	回切长度 $L_{11,min}$	常规管状长度 $L_{12,min}$
20	20.0	20.3	0.3	13	25	41	11	—	—	—
25	25.0	25.3	0.4	18	25	41	12.5	—	—	—
32	32.0	32.3	0.5	25	25	44	14.6	—	—	—
40	40.0	40.4	0.6	31	25	49	17	—	—	—
50	50.0	50.4	0.8	39	25	55	20	—	—	—
63	63.0	63.4	0.9	49	25	63	24	1.5	5	16
75	75.0	75.5	1.2	59	25	70	25	1.6	6	19
90	90.0	90.6	1.4	71	28	79	28	1.8	6	22

续表

插口公称外径 dn	熔接段的平均外径[a]		电熔熔接和热熔对接				承插熔接	仅对于热熔对接		
	$D_{1,min}$	$D_{1,max}$	最大不圆度	最小通径 D_2	回切长度 $L_{11,min}$	管状长度[b] $L_{12,min}$	管状长度 $L_{12,min}$	最大不圆度	回切长度 $L_{11,min}$	常规管状长度 $L_{12,min}$
110	110.0	110.7	1.7	87	32	82	32	2.2	8	28
125	125.0	125.8	1.9	99	35	87	35	2.5	8	32
140	140.0	140.9	2.1	111	38	92	—	2.8	8	35
160	160.0	161.0	2.4	127	42	98	—	3.2	8	40
180	180.0	181.1	2.7	143	46	105	—	3.6	8	45
200	200.0	201.2	3.0	159	50	112	—	4.0	8	50
225	225.0	226.4	3.4	179	55	120	—	4.5	10	55
250	250.0	251.5	3.8	199	60	129	—	5.0	10	60
280	280.0	281.7	4.2	223	75	139	—	9.8	10	70
315	315.0	316.9	4.8	251	75	150	—	11.1	10	80
355	355.0	357.2	5.4	283	75	164	—	12.5	10	90
400	400.0	402.4	6.0	319	75	179	—	14.0	10	95
450	450.0	452.7	6.8	359	100	195	—	15.6	15	60
500	500.0	503.0	7.5	399	100	212	—	17.5	20	60
560	560.0	563.4	8.4	447	100	235	—	19.6	20	60
630	630.0	633.8	9.5	503	100	255	—	22.1	20	60
710	710.0	714.9	10.6	567	125	280	—	24.8	20	60
800	800.0	805.0	12.0	639	125	280	—	28.0	20	60

a 熔接端平均外径 $D_{1,max}$ 按等级 B 给出。

b L_{12}（电熔管件）的值基于下列公示：

——对于 $dn \leqslant 90mm$，$L_{12}=0.6dn+25$；

——对于 $dn \geqslant 110mm$，$L_{12}=dn/3+45$。

2) 电熔承口端尺寸见图 14.2-4 和表 14.2-19。

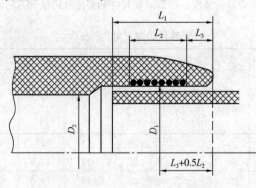

图 14.2-4 电熔承口端示意图

说明：

D_2——管件的最小通径；D_3——距口部端面 $L_{23}+0.5L_{22}$ 处测量的熔融区的平均内径；

L_1——管材或管件插口端的插入深度；在有限位挡块的情况下，它为端口到限位挡块的距离，在没有限位挡块的情况下，它不大于管件总长的一半；

L_2——承口内部的熔接区长度，即熔接区的标称长度；

L_3——管件口部端面与熔接区开始处之间的距离，即管件承口口部非加热长度，$L_{23} \geqslant 5mm$。

电熔承口端尺寸（mm）　表 14.2-19

管件承口端公称直径 dn	平均内径[a] $D_{3,max}$	插入深度		$L_{1,max}$	熔接区长度 $L_{2,min}$
		$L_{1,min}$			
		电流调节型	电压调节型		
20	20.6	20	25	41	10
25	25.6	20	25	41	10
32	32.9	20	25	44	10
40	41.0	20	25	49	10
50	51.1	20	28	55	10
63	64.1	23	31	63	11
75	76.3	25	35	70	12
90	91.5	28	40	79	13
110	111.6	32	53	82	15
125	126.7	35	58	87	16
140	141.7	38	62	92	18
160	162.1	42	68	98	20
180	182.1	46	74	105	21
200	202.1	50	80	112	23
225	227.6	55	88	120	26
250	252.6	73	95	129	33
280	282.9	81	104	139	35
315	318.3	89	115	150	39
355	—	99	127	164	42
400	—	110	140	179	47
450	—	122	155	195	51
500	—	135	170	212	56
560	—	147	188	235	61
630	—	161	209	255	67
710	—	177	220	280	74
800	—	193	230	300	82

a 当管件承口端公称直径≥355mm 时，平均内径由供需双方商定。

注：1. 表中公称直径 dn 指与管件相连的管材的公称外径。

2. 管件公称压力越大，熔接区长度越长，以满足管件性能要求。

3. 制造商宜说明电熔承口端示意图中 D_3 和 L_{21} 的最大及最小实际值以便确定是否影响装夹及连接装配。

3) 聚乙烯法兰连接类管件尺寸见图 14.2-5 和表 14.2-20。

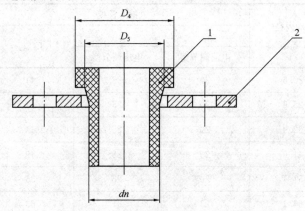

图 14.2-5 聚乙烯法兰连接类管件示意图
1—聚乙烯法兰连接类管件；2—金属法兰盘

说明：

D_4——聚乙烯法兰连接类管件头部的公称直径；

D_5——聚乙烯法兰连接类管件柄（颈）部的公称外径；

dn——相连管材的公称尺寸（外径）或承口的公称直径（内径）。

聚乙烯法兰连接类管件的尺寸（mm）　　　　　　表 14.2-20

管材和插口端公称外径 dn	$D_{4,min}$	D_5
20	45	27
25	58	33
32	68	40
40	78	50
50	88	61
63	102	75
75	122	89
90	138	105
110	158	125
125	158	132
140	188	155
160	212	175
180	212	180
200	268	232
225	268	235
250	320	285
280	320	291
315	370	335
355	430	375
400	482	427

续表

管材和插口端公称外径 dn	$D_{4,min}$	D_5
450	585	514
500	585	530
560	685	615
630	685	642
710	800	737
800	905	840
900	1005	944
1000	1110	1047
1200	1330	1245

注：插口的外径见相关产品标准。

管件熔接区中间的平均内径 D_3 应不小于 dn（$D_3 \geqslant dn$）。

管件最小通径 D_2 应不小于管件承口端公称直径与 $2e_{min}$（$e_{min} = e_{y,min}$）的差值，e_{min} 为《给水用聚乙烯（PE）管道系统 第 2 部分：管材》GB/T 13663.2 规定的相应管材的最小壁厚（$e_{min} = en$）。

若管件具有不同公称直径的承口端，每个承口端均应符合相应的公称直径要求。

5. 聚乙烯给水管道连接方式

（1）热熔连接（管件由与管材材质相同的 PE 注塑成型）

1）热熔对接连接，见图 14.2-6。

2）热熔承插连接，见图 14.2-7。

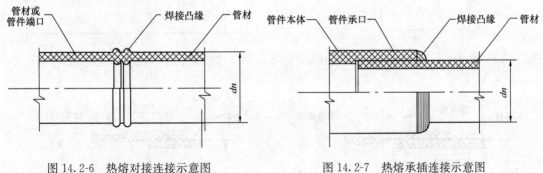

图 14.2-6 热熔对接连接示意图　　　　图 14.2-7 热熔承插连接示意图

3）热熔鞍形连接，见图 14.2-8。

（2）电熔连接（管件由与管材材质相同的 PE 注塑成型）

1）电熔承插连接，见图 14.2-9。

2）电熔鞍形连接，见图 14.2-10。

（3）机械连接

（4）承插式锁紧型连接（承口为增强聚乙烯材料，承口内嵌有密封功能的橡胶圈，材料为三元乙丙橡胶 EPDM 或丁苯橡胶），见图 4.2-11。

（5）承插式非锁紧型连接（承口为增强聚乙烯材料，承口内嵌有密封功能的橡胶圈，材料为三元乙丙橡胶 EPDM 或丁苯橡胶），见图 14.2-12。

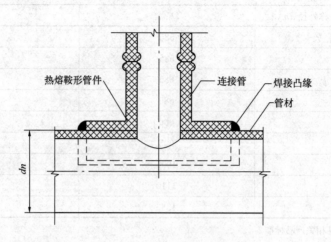

图 14.2-8 热熔鞍形连接示意图

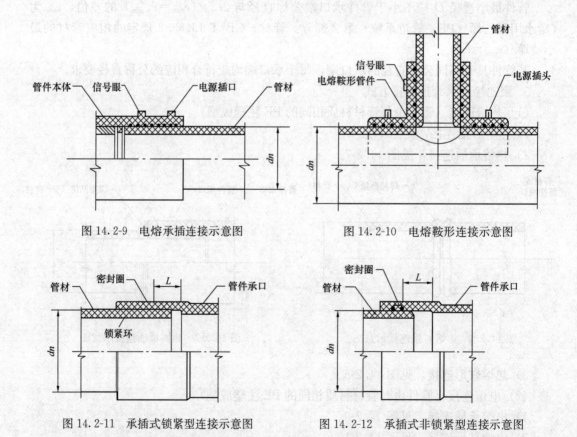

图 14.2-9 电熔承插连接示意图   图 14.2-10 电熔鞍形连接示意图

图 14.2-11 承插式锁紧型连接示意图   图 14.2-12 承插式非锁紧型连接示意图

（6）法兰连接（法兰连接件材料由与管材材质相同的 PE 注塑成型，法兰片材料为钢质，并且表面经防腐处理），见图 14.2-13。

（7）钢塑过渡接头连接（钢塑过渡接头塑端材料为与管材材质相同的 PE，金属端为钢质或铜质，并经过防腐处理），见图 14.2-14。

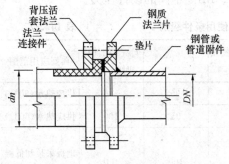

图 14.2-13　法兰连接示意图

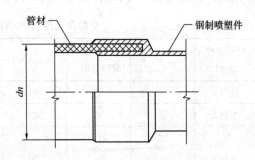

图 14.2-14　钢塑过渡接头连接示意图

14.2.4　交联聚乙烯（PE-X）给水管及管件、接口

1. 产品分类

（1）管材按交联工艺可分为：

1）过氧化物交联聚乙烯（PE-X$_a$）管材；

2）硅烷交联聚乙烯（PE-X$_b$）管材；

3）电子束交联聚乙烯（PE-X$_c$）管材；

4）偶氮交联聚乙烯（PE-X$_d$）管材。

（2）管材按尺寸可分为：

S3.2、S4、S5 和 S6.3 四个管系列。

（3）管材按使用条件可分为：

管材的使用条件级别分为级别 1、级别 2、级别 4、级别 5 四个级别，见《冷热水用交联聚乙烯（PE-X）管道系统　第 1 部分：总则》GB/T 18992.1。

管材按使用条件级别和设计压力选择对应的管系列 S 值，见表 14.2-21。

交联聚乙烯（PE-X）给水管管系列 S 的选择　　　　　　　　　表 14.2-21

设计压力（MPa）	级别 1	级别 2	级别 4	级别 5
0.4	6.3	6.3	6.3	6.3
0.6	6.3	5	6.3	5
0.8	4	4	5	4
1.0	3.2	3.2	4	3.2

2. 管材标准

给水用交联聚乙烯（PE-X）管材及管件应符合国家标准《冷热水用交联聚乙烯（PE-X）管道系统　第 1 部分：总则》GB/T 18992.1、《冷热水用交联聚乙烯（PE-X）管道系统　第 2 部分：管材》GB/T 18992.2 的规定。

3. 技术要求

交联聚乙烯（PE-X）给水管适用于建筑内冷热水管道系统，包括工业及民用冷热水、饮用水和采暖系统等。交联聚乙烯管道系统按使用条件选用其中的 1、2、4、5 四个使用条件级别，见表 14.2-22。每个级别均对应着特定的应用范围及 50 年的使用寿命，在实际应用时，还应考虑 0.4MPa、0.6MPa、0.8MPa、1.0MPa 不同的设计压力。

交联聚乙烯（PE-X）给水管使用条件级别　　　　表 14.2-22

使用条件级别	T_D（℃）	T_D 下的使用时间（年）	T_{max}（℃）	T_{max} 下的使用时间（年）	T_{mal}（℃）	T_{mal} 下的使用时间（h）	典型应用范围
级别 1	60	49	80	1	95	100	供应热水(60℃)
级别 2	70	49	80	1	95	100	供应热水(60℃)
级别 4	20	2.5	70	2.5	100	100	地板采暖和低温散热器采暖
	40	20					
	60	25					
级别 5	20	14	90	1	100	100	高温散热器采暖
	60	25					
	80	10					

注：1. T_D、T_{max} 和 T_{mal} 值超出本表范围时，不能用本表。

2. 表中所列各种级别的管道系统均应同时满足在 20℃ 和 1.0MPa 下输送冷水，达到 50 年寿命。

3. 所有加热系统的介质只能是水或者经处理的水。

4. 规格尺寸

（1）管材的平均外径和最小壁厚应符合表 14.2-23 的要求。

（2）管材的壁厚值不包括阻隔层的厚度。

（3）管材任一点的壁厚偏差应符合表 14.2-24 的要求。

交联聚乙烯（PE-X）给水管管材规格（mm）　　　　表 14.2-23

公称外径 dn	平均外径		管系列			
	$d_{em,min}$	$d_{em,max}$	S6.3	S5	S4	S3.2
			公称壁厚 en			
16	16.0	16.3	1.8	1.8	1.8	2.2
20	20.0	20.3	1.9	1.9	2.3	2.8
25	25.0	25.3	1.9	2.3	2.8	3.5
32	32.0	32.3	2.4	2.9	3.6	4.4
40	40.0	40.4	3.0	3.7	4.5	5.5
50	50.0	50.5	3.7	4.6	5.6	6.9
63	63.0	63.6	4.7	5.8	7.1	8.6
75	75.0	75.7	5.6	6.8	8.4	10.3
90	90.0	90.9	6.7	8.2	10.1	12.3
110	110.0	111.0	8.1	10.0	12.3	15.1
125	125.0	126.2	9.2	11.4	14.0	17.1
140	140.0	141.3	10.3	12.7	15.7	19.2
160	160.0	161.5	11.8	14.6	17.9	21.9

交联聚乙烯（PE-X）给水管任一点壁厚偏差（mm） 表 14.2-24

公称壁厚 en		允许偏差	公称壁厚 en		允许偏差
>	≤		>	≤	
1.0	2.0	0.3	12.0	13.0	1.4
2.0	3.0	0.4	13.0	14.0	1.5
3.0	4.0	0.5	14.0	15.0	1.6
4.0	5.0	0.6	15.0	16.0	1.7
5.0	6.0	0.7	16.0	17.0	1.8
6.0	7.0	0.8	17.0	18.0	1.9
7.0	8.0	0.9	18.0	19.0	2.0
8.0	9.0	1.0	19.0	20.0	2.1
9.0	10.0	1.1	20.0	21.0	2.2
10.0	11.0	1.2	21.0	22.0	2.3
11.0	12.0	1.3			

（4）管件按连接方式分为溶剂粘接型管件、法兰连接型管件及螺纹连接型管件。

（5）溶剂粘接型管件承口的内径与管材的公称外径 dn 相一致，不同管系列的管件体的最小壁厚 e_{min} 应符合表 14.2-25 的规定。

交联聚乙烯（PE-X）管件体的壁厚（mm） 表 14.2-25

公称外径 dn	S6.3	S5	S4
	管件体最小壁厚 e_{min}		
20	2.1	2.6	3.2
25	2.6	3.2	3.8
32	3.3	4.0	4.9
40	4.1	5.0	6.1
50	5.0	6.3	7.6
63	6.4	7.9	9.6
75	7.6	9.2	11.4
90	9.1	11.1	13.7
110	11.0	13.5	16.7
125	12.5	15.4	18.9
140	14.0	17.2	21.2
160	16.0	19.8	24.2

14.2.5 耐热聚乙烯（PE-RT）给水管及管件、接口

1. 分类及使用条件

（1）耐热聚乙烯（PE-RT）管材按管系列分为 S2.5、S3.2；按原材料分为 PE-RT Ⅰ型管材和 PE-RT Ⅱ型管材；按结构的不同分为带阻隔层的管材和不带阻隔层的管材。

（2）管材的使用条件级别分为 4 个级别，管材按使用条件级别和设计压力选择对应的管系列 S 值，见表 14.2-26 及表 14.2-27。

耐热聚乙烯（PE-RT）给水管管系列 S 的选择（PE-RT Ⅰ 型）　表 14.2-26

设计压力 （MPa）	级别 1 （σ_D＝3.29MPa）	级别 2 （σ_D＝2.68MPa）	级别 4 （σ_D＝3.25MPa）	级别 5 （σ_D＝2.38MPa）
	管系列 S			
0.4	5	5	5	5
0.6	5	4	5	3.2
0.8	4	3.2	4	2.5
1.0	3.2	2.5	3.2	—

耐热聚乙烯（PE-RT）给水管管系列 S 的选择（PE-RT Ⅱ 型）　表 14.2-27

设计压力 （MPa）	级别 1 （σ_D＝3.84MPa）	级别 2 （σ_D＝3.72MPa）	级别 4 （σ_D＝3.60MPa）	级别 5 （σ_D＝3.16MPa）
	管系列 S			
0.4	5	5	5	5
0.6	5	5	5	5
0.8	4	4	4	3.2
1.0	3.2	3.2	3.2	2.5

（3）管件按原材料分为 PE-RT Ⅰ 型管件和 PE-RT Ⅱ 型管件；按连接方式的不同分为熔接连接管件和机械连接管件。熔接连接分为热熔承插连接和电熔连接。机械连接是指通过机械方式连接的管件，如螺纹连接和法兰连接。管件按管系列 S 分类与管材相同，管件的壁厚应不小于相同管系列 S 的管材的壁厚。

（4）用于输送生活饮用水的管材及管件，卫生性能应符合国家标准《生活饮用水输配水设备及防护材料的安全性评价标准》GB/T 17219 的规定。

2. 管材标准

耐热聚乙烯（PE-RT）管材及管件应符合国家标准《冷热水用耐热聚乙烯（PE-RT）管道系统　第 2 部分：管材》GB /T 28799.2、《冷热水用耐热聚乙烯（PE-RT）管道系统　第 3 部分：管件》GB /T 28799.3 的规定。

3. 规格尺寸

（1）耐热聚乙烯（PE-RT）管材的公称外径、平均外径、圆度及与管系列 S 对应的壁厚（不包括阻隔层厚度），见表 14.2-28。

耐热聚乙烯（PE-RT）管材的规格尺寸（mm）　表 14.2-28

公称外径 dn	平均外径		管系列			
			S5	S4	S3.2	S2.5
	$d_{em,min}$	$d_{em,max}$	公称壁厚 en [a]			
12	12.0	12.3	—			2.0
16	16.0	16.3	1.8	2.0	2.2	2.7

续表

公称外径 dn	平均外径		管系列			
			S5	S4	S3.2	S2.5
	$d_{em,min}$	$d_{em,max}$	公称壁厚 en [a]			
20	20.0	20.3	2.0	2.3	2.8	3.4
25	25.0	25.3	2.3	2.8	3.5	4.2
32	32.0	32.3	2.9	3.6	4.4	5.4
40	40.0	40.4	3.7	4.5	5.5	6.7
50	50.0	50.5	4.6	5.6	6.9	8.3
63	63.0	63.6	5.8	7.1	8.6	10.5
75	75.0	75.7	6.8	8.4	10.3	12.5
90	90.0	90.9	8.2	10.1	12.3	15.0
110	110.0	110.0	10.0	12.3	15.1	18.3
125	125.0	126.2	11.4	14.0	17.1	20.8
140	140.0	141.3	12.7	15.7	19.2	23.3
160	160.0	161.5	14.6	17.9	21.9	26.6

a 对于熔接连接的管材，最小壁厚不低于 2.0mm。

（2）热熔承插连接管件的承口应符合图 14.2-15、表 14.2-29 的规定

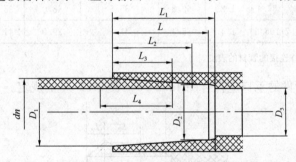

图 14.2-15　热熔承插连接管件承口（PE-RT 管件）

说明：

dn——与管件相连的管材的公称外径；

D_1——承口口部平均内径；

D_2——承口根部平均内径，即距端口距离为 L、平行于端口平面的圆环的平均直径，其中 L 为插口工作深度；

D_3——最小通径；

L——承口参照深度；

L_1——承口实际深度，$L_1 \geqslant L$；

L_2——承口加热深度，即加热工具插入的深度；

L_3——承插深度；

L_4——插口管端加热长度，即插口管端进入加热工具的深度，$L_4 \geqslant L_3$。

热熔承插连接管件承口（PE-RT 管件）的规格尺寸（mm）　　　表 14.2-29

公称外径 dn	承口平均内径				最大不圆度	最小通径 D_3	承口参照深度 L_{min} ($=0.3dn+8.5$)	承口加热深度		承插深度	
	口部		根部					$L_{2,min}$ ($=L-2.5$)	$L_{2,max}$ ($=L$)	$L_{3,min}$ ($=L-3.5$)	$L_{3,max}$ ($=L$)
	$D_{1,min}$	$D_{1,max}$	$D_{2,min}$	$D_{2,max}$							
16	15.0	15.5	14.8	15.3	0.6	9	13.3	10.8	13.3	9.8	13.3
20	19.0	19.5	18.8	19.3	0.6	13	14.5	12.0	14.5	11.0	14.5
25	23.8	24.4	23.5	24.1	0.7	18	16.0	13.5	16.0	12.5	16.0
32	30.7	31.3	30.4	31.0	0.7	25	18.1	15.6	18.1	14.6	18.1
40	38.7	39.3	38.3	38.9	0.7	31	20.5	18.0	20.5	17.0	20.5
50	48.7	49.3	48.3	48.9	0.8	39	23.5	21.0	23.5	20.0	23.5
63	61.6	62.2	61.1	61.7	0.8	49	27.4	24.9	27.4	23.9	27.4
不去皮											
75	73.2	74.0	71.9	72.7	1.0	58.2	31.0	28.5	31.0	27.5	31.0
90	87.8	88.8	86.4	87.4	1.2	69.8	35.5	33.0	35.5	32.0	35.5
110	107.3	108.5	105.8	106.8	1.4	85.4	41.5	39.0	41.5	38.0	41.5
去皮[①]											
75	72.6	73.2	72.3	72.9	1.0	58.2	31.0	28.5	31.0	27.5	31.0
90	87.1	87.8	86.7	87.4	1.2	69.8	35.5	33.0	35.5	32.0	35.5
110	106.3	107.1	105.7	106.5	1.4	85.4	41.5	39.0	41.5	38.0	41.5

① 去皮是指去掉与管件连接的管材的表皮。

（3）电熔连接管件的承口应符合图 14.2-16、表 14.2-30 的规定。

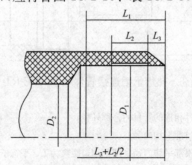

图 14.2-16　电熔连接管件承口（PE-RT 管件）

说明：

D_1——熔融区平均内径；

D_2——最小通径；

L_1——承插深度；

L_2——加热长度；

L_3——管件承口口部非加热长度。

电熔连接管件承口（PE-RT 管件）的规格尺寸（mm）　表 14.2-30

公称外径 dn	熔融区平均内径 $D_{1,min}$	加热长度 $L_{2,min}$	承插深度	
			$L_{1,min}$	$L_{1,max}$
16	16.1	10	20	35
20	20.1	10	20	37
25	25.1	10	20	40
32	32.1	10	20	44
40	40.1	10	20	49
50	50.1	10	20	55
63	63.2	11	23	63
75	75.2	12	25	70
90	90.2	13	28	79
110	110.3	15	32	85
125	125.3	16	35	90
140	140.3	18	38	95
160	160.4	20	42	101

注：此处的公称外径 dn 指与其相连接的管材的公称外径。

14.2.6 无规共聚聚丙烯（PP-R）给水管及管件、接口

1. 无规共聚聚丙烯（PP-R）给水管及管件、接口

（1）技术要求

1）无规共聚聚丙烯（PP-R）管道适用于建筑物内冷热水管道系统，包括饮用水和采暖管道系统等。水温不超过 45℃。

2）无规共聚聚丙烯（PP-R）管道按管系列分为 S6.3、S5、S4、S3.2、S2.5、S2。管系列 S 与最大允许工作压力的关系（20℃，50 年）见表 14.2-31、表 14.2-32。

当管道系统总使用（设计）系数 C 为 1.25 时管系列与最大允许工作压力的关系

表 14.2-31

管系列	S6.3	S5	S4	S3.2	S2.5	S2
最大允许工作压力 （20℃，50 年） （MPa）	1.0	1.25	1.6	2.0	2.5	3.2

当管道系统总使用（设计）系数 C 为 1.5 时管系列与
最大允许工作压力的关系　表 14.2-32

管系列	S6.3	S5	S4	S3.2	S2.5	S2
最大允许工作压力 （20℃，50 年） （MPa）	0.8	1.0	1.25	1.6	2.0	2.5

3）管系列 S 值的选择

无规共聚聚丙烯（PP-R）给水管管系列 S 的选择见表 14.2-33

无规共聚聚丙烯（PP-R）给水管管系列 S 的选择　　　　　表 14.2-33

设计压力（MPa）	级别 1（$\sigma_D = 1.66$MPa）	级别 2（$\sigma_D = 1.19$MPa）	级别 4（$\sigma_D = 1.94$MPa）	级别 5（$\sigma_D = 1.19$MPa）
	管系列 S			
0.4	5	5	5	4
0.6	5	3.2	5	3.2
0.8	3.2	2.5	4	2
1.0	2.5	2	3.2	—

4）输送饮用水的管材及管件，卫生性能应符合国家标准《生活饮用水输配水设备及防护材料的安全性评价标准》GB/T 17219 的规定。

（2）管材标准

无规共聚聚丙烯（PP-R）管道及管件应符合国家标准《冷热水用聚丙烯管道系统 第 2 部分：管材》GB/T 18742.2、《冷热水用聚丙烯管道系统 第 3 部分：管件》GB/T 18742.3 的规定。

（3）规格尺寸

1）无规共聚聚丙烯（PP-R）管材的公称外径、平均外径以及与管系列 S 对应的壁厚（不包括阻隔层厚度），见表 14.2-34。

无规共聚聚丙烯（PP-R）管材的规格尺寸（mm）　　　　　表 14.2-34

公称外径 dn	平均外径		管系列					
			S6.3[a]	S5	S4	S3.2	S2.5	S2
	$d_{em,min}$	$d_{em,max}$	公称壁厚 en					
16	16.0	16.3	—	—	2.0	2.2	2.7	3.3
20	20.0	20.3	—	2.0	2.3	2.8	3.4	4.1
25	25.0	25.3	2.0	2.3	2.8	3.5	4.2	5.1
32	32.0	32.3	2.4	2.9	3.6	4.4	5.4	6.5
40	40.0	40.4	3.0	3.7	4.5	5.5	6.7	8.1
50	50.0	50.5	3.7	4.6	5.6	6.9	8.3	10.1
63	63.0	63.6	4.7	5.8	7.1	8.6	10.5	12.7
75	75.0	75.7	5.6	6.8	8.4	10.3	12.5	15.1
90	90.0	90.9	6.7	8.2	10.1	12.3	15.0	18.1
110	110.0	111.0	8.1	10.0	12.3	15.1	18.3	22.1
125	125.0	126.2	9.2	11.4	14.0	17.1	20.8	25.1
140	140.0	141.3	10.3	12.7	15.7	19.2	23.3	28.1

续表

公称外径 dn	平均外径		管系列					
			S6.3ᵃ	S5	S4	S3.2	S2.5	S2
	$d_{em,min}$	$d_{em,max}$	公称壁厚 en					
160	160.0	161.5	11.8	14.6	17.9	21.9	26.6	32.1
180	180.0	181.7	13.3	16.4	20.1	24.6	29.0	36.1
200	200.0	201.8	14.7	18.2	22.4	27.4	33.2	40.1

a 仅适用于 β 晶型 PP-RCT 管材。

2）无规共聚聚丙烯（PP-R）管件

① 管件按熔接方式的不同分为热熔承插连接管件和电熔连接管件。

热熔承插连接管件的承口应符合图 14.2-17、表 14.2-35 的规定。

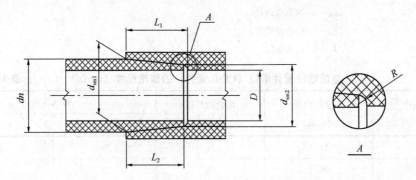

图 14.2-17　热熔承插连接管件承口（PP-R 管件）

热熔承插连接管件承口（PP-R 管件）的规格尺寸（mm）　　　　表 14.2-35

公称外径 dn	承口平均内径				最大不圆度	最小通径 D	承口深度 $L_{1,min}$	承插深度 $L_{2,min}$
	口部		根部					
	$d_{sm1,min}$	$d_{sm1,max}$	$d_{sm2,min}$	$d_{sm2,max}$				
16	15.0	15.5	14.8	15.3	0.4	9.0	13.3	9.8
20	19.0	19.5	18.8	19.3	0.4	13.0	14.5	11.0
25	23.8	24.4	23.5	24.1	0.4	18.0	16.0	12.5
32	30.7	31.3	30.4	31.0	0.5	25.0	18.1	14.6
40	38.7	39.3	38.3	38.9	0.5	31.0	20.5	17.0
50	48.7	49.3	48.3	48.9	0.6	39.0	23.5	20.0
63	61.6	62.2	61.1	61.7	0.6	49.0	27.4	23.9
75	73.2	74.0	71.9	72.7	1.0	58.2	31.0	27.5
90	87.8	88.8	86.4	87.4	1.0	69.8	35.5	32.0
110	107.3	108.5	105.8	106.8	1.0	85.4	41.5	38.0
125	122.4	124.6	121.5	123.0	1.2	99.7	46.5	43.0

注：此处的公称外径 dn 指与管件相连的管材的公称外径。

电熔连接管件的承口应符合图 14.2-18、表 14.2-36 的规定。

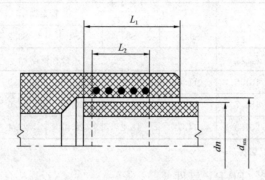

图 14.2-18　电熔连接管件承口（PP-R 管件）

说明：

dn——与管件相连的管材的公称外径；

d_{sm}——熔合段内径；

L_2——熔合段长度；

L_1——插入深度。

电熔连接管件承口（PP-R 管件）的规格尺寸（mm）　　　　　　表 14.2-36

公称外径	熔合段内径	熔合段长度	插入深度	
dn	$d_{sm,min}$	$L_{2,min}$	$L_{1,min}$	$L_{1,max}$
16	16.1	10	20	35
20	20.1	10	20	37
25	25.1	10	20	40
32	32.1	10	20	44
40	40.1	10	20	49
50	50.1	10	20	55
63	63.2	11	23	63
75	75.2	12	25	70
90	90.2	13	28	79
110	110.3	15	32	85
125	125.3	16	35	90
140	140.3	18	38	95
160	160.4	20	42	101

② 管件按管系列 S 分类与国家标准《冷热水用聚丙烯管道系统　第 2 部分：管材》GB/T 18742.2 中 5.2 相同。管件的壁厚应大于相同管系列 S 的管材的壁厚。

③ 带金属螺纹接头的管件其螺纹部分应符合国家标准《55°密封管螺纹　第 1 部分：圆柱内螺纹与圆锥外螺纹》GB 7306.1 及《55°密封管螺纹　第 2 部分：圆锥内螺纹与圆锥外螺纹》GB/T 7306.2 的规定。

2. 结晶改善的无规共聚聚丙烯（PP-RCT）给水管及管件、接口

（1）技术要求

1）结晶改善的无规共聚聚丙烯（PP-RCT）管道适用于建筑物内冷热水管道系统，包括饮用水和采暖管道系统等。水温不超过70℃。

2）结晶改善的无规共聚聚丙烯（PP-RCT）管道按管系列分为 S6.3、S5、S4、S3.2、S2.5、S2。管系列 S 与最大允许工作压力的关系（20℃，50 年）见表 14.2-31、表 14.2-32。

3）管系列 S 值的选择

结晶改善的无规共聚聚丙烯（PP-RCT）管管系列 S 的选择见表 14.2-37。

结晶改善的无规共聚聚丙烯（PP-RCT）管管系列 S 的选择   表 14.2-37

设计压力 （MPa）	级别 1 （$\sigma_D=3.64$MPa）	级别 2 （$\sigma_D=3.40$MPa）	级别 4 （$\sigma_D=3.67$MPa）	级别 5 （$\sigma_D=2.92$MPa）
	管系列 S			
0.4	6.3	6.3	6.3	5
0.6	5	5	5	4
0.8	4	4	4	3.2
1.0	3.2	3.2	3.2	2.5

4）输送饮用水的管材及管件，卫生性能应符合国家标准《生活饮用水输配水设备及防护材料的安全性评价标准》GB/T 17219 的规定。

（2）管材标准

结晶改善的无规共聚聚丙烯（PP-RCT）管道及管件应符合国家标准《冷热水用聚丙烯管道系统　第 2 部分：管材》GB/T 18742.2、《冷热水用聚丙烯管道系统　第 3 部分：管件》GB/T 18742.3 的规定。

（3）规格尺寸

1）结晶改善的无规共聚聚丙烯（PP-RCT）管材的公称外径、平均外径以及与管系列 S 对应的壁厚（不包括阻隔层厚度），见表 14.2-38。

结晶改善的无规共聚聚丙烯（PP-RCT）管材的规格尺寸（mm）   表 14.2-38

公称外径 dn	平均外径		管系列					
			S6.3	S5	S4	S3.2	S2.5	S2
	$d_{em,min}$	$d_{em,max}$	公称壁厚 en					
16	16.0	16.3	—	—	2.0	2.2	2.7	3.3
20	20.0	20.3	—	2.0	2.3	2.8	3.4	4.1
25	25.0	25.3	2.0	2.3	2.8	3.5	4.2	5.1
32	32.0	32.3	2.4	2.9	3.6	4.4	5.4	6.5
40	40.0	40.4	3.0	3.7	4.5	5.5	6.7	8.1
50	50.0	50.5	3.7	4.6	5.6	6.9	8.3	10.1

公称外径 dn	平均外径		管系列					
			S6.3	S5	S4	S3.2	S2.5	S2
	$d_{em,min}$	$d_{em,max}$	公称壁厚 en					
63	63.0	63.6	4.7	5.8	7.1	8.6	10.5	12.7
75	75.0	75.7	5.6	6.8	8.4	10.3	12.5	15.1
90	90.0	90.9	6.7	8.2	10.1	12.3	15.0	18.1
110	110.0	111.0	8.1	10.0	12.3	15.1	18.3	22.1
125	125.0	126.2	9.2	11.4	14.0	17.1	20.8	25.1
140	140.0	141.3	10.3	12.7	15.7	19.2	23.3	28.1
160	160.0	161.5	11.8	14.6	17.9	21.9	26.6	32.1
180	180.0	181.7	13.3	16.4	20.1	24.6	29.0	36.1
200	200.0	201.8	14.7	18.2	22.4	27.4	33.2	40.1

2）结晶改善的无规共聚聚丙烯（PP-RCT）管件

① 管件按熔接方式的不同分为热熔承插连接管件和电熔连接管件。

② 管件按管系列 S 分类与国家标准《冷热水用聚丙烯管道系统　第 2 部分：管材》GB/T 18742.2 中 5.2 相同。管件的壁厚应大于相同管系列 S 的管材的壁厚。

③ 带金属螺纹接头的管件其螺纹部分应符合国家标准《55°密封管螺纹　第 1 部分：圆柱内螺纹与圆锥外螺纹》GB/T 7306.1 及《55°密封管螺纹　第 2 部分：圆锥内螺纹与圆锥外螺纹》GB/T 7306.2 的规定。

14.2.7　聚丁烯（PB）给水管及管件、接口

1. 产品分类

（1）管材按尺寸可分为：S3.2、S4、S5、S6.3、S8 和 S10 六个管系列。

（2）管材按使用条件可分为：级别 1、级别 2、级别 4、级别 5 四个级别，见《冷热水用聚丁烯（PB）管道系统　第 1 部分：总则》GB/T 19473.1。

管材按使用条件级别和设计压力选择对应的管系列 S 值，见表 14.2-39。

（3）熔接管件按熔接方式的不同分为热熔承插连接管件和电熔连接管件。

聚丁烯（PB）给水管管系列 S 的选择　　　　　　　　　　表 14.2-39

设计压力 (MPa)	级别 1	级别 2	级别 4	级别 5
0.4	10	10	10	10
0.6	8	8	8	6.3
0.8	6.3	6.3	6.3	5
1.0	5	5	5	4

2. 管材标准

给水用聚丁烯（PB）管材及管件应符合国家标准《冷热水用聚丁烯（PB）管道系统 第1部分：总则》GB/T 19473.1、《冷热水用聚丁烯（PB）管道系统　第2部分：管材》GB/T 19473.2、《冷热水用聚丁烯（PB）管道系统 第3部分：管件》GB/T 19473.3 的规定。

3. 使用条件

聚丁烯（PB）给水管适用于建筑冷热水管道系统，包括工业及民用冷热水、饮用水和采暖系统等。聚丁烯管道系统按使用条件选用其中的1、2、4、5四个使用条件级别，见表14.2-40。每个级别均对应着特定的应用范围及50年的使用寿命，在实际应用时，还应考虑 0.4MPa、0.6MPa、0.8MPa、1.0MPa 不同的设计压力。

聚丁烯（PB）给水管使用条件级别　　　　　表 14.2-40

使用条件级别	T_D（℃）	T_D 下的使用时间（年）	T_{max}（℃）	T_{max} 下的使用时间（年）	T_{mal}（℃）	T_{mal} 下的使用时间（h）	典型应用范围
级别 1	60	49	80	1	95	100	供应热水（60℃）
级别 2	70	49	80	1	95	100	供应热水（60℃）
级别 4	20 40 60	2.5 20 25	70	2.5	100	100	地板采暖和低温散热器采暖
级别 5	20 60 80	14 25 10	90	1	100	100	较高温散热器采暖

注：1. T_D、T_{max} 和 T_{mal} 值超出本表范围时，不能用本表。

2. 表中所列各种级别的管道系统均应同时满足在 20℃ 和 1.0MPa 下输送冷水，达到 50 年寿命。

3. 所有加热系统的介质只能是水或者经处理的水。

4. 规格尺寸

（1）管材的平均外径和最小壁厚应符合表 14.2-41 的要求；但对于熔接连接的管材，最小壁厚为 1.9mm。

聚丁烯（PB）给水管管材规格（类别 A）（mm）　　　　　表 14.2-41

公称外径 dn	平均外径		管系列					
	$d_{em,min}$	$d_{em,max}$	S10	S8	S6.3	S5	S4	S3.2
			公称壁厚 en					
12	12.0	12.3	1.3	1.3	1.3	1.3	1.4	1.7
16	16.0	16.3	1.3	1.3	1.3	1.5	1.8	2.1
20	20.0	20.3	1.3	1.3	1.5	1.9	2.3	2.8
25	25.0	25.3	1.3	1.5	1.9	2.3	2.8	3.5
32	32.0	32.3	1.6	1.9	2.4	2.9	3.6	4.4

续表

公称外径 dn	平均外径		管系列					
	$d_{em,min}$	$d_{em,max}$	S10	S8	S6.3	S5	S4	S3.2
			公称壁厚 en					
40	40.0	40.4	2.0	2.4	3.0	3.7	4.5	5.5
50	50.0	50.5	2.4	3.0	3.7	4.6	5.6	6.9
63	63.0	63.6	3.0	3.8	4.7	5.8	7.1	8.6
75	75.0	75.7	3.6	4.5	5.6	6.8	8.4	10.3
90	90.0	90.9	4.3	5.4	6.7	8.2	10.1	12.3
110	110.0	111.0	5.3	6.6	8.1	10.0	12.3	15.1
125	125.0	126.2	6.0	7.4	9.2	11.4	14.0	17.1
140	140.0	141.3	6.7	8.3	10.3	12.7	15.7	19.2
160	160.0	161.5	7.7	9.5	11.8	14.6	17.9	21.9

（2）聚丁烯管材的壁厚值不包括阻隔层的厚度。

（3）管材任一点的壁厚偏差应符合表 14.2-42 的要求。

聚丁烯（PB）给水管任一点壁厚偏差（mm） 表 14.2-42

公称壁厚 en		允许偏差	公称壁厚 en		允许偏差
>	≤		>	≤	
1.0	2.0	0.3	12.0	13.0	1.4
2.0	3.0	0.4	13.0	14.0	1.5
3.0	4.0	0.5	14.0	15.0	1.6
4.0	5.0	0.6	15.0	16.0	1.7
5.0	6.0	0.7	16.0	17.0	1.8
6.0	7.0	0.8	17.0	18.0	1.9
7.0	8.0	0.9	18.0	19.0	2.0
8.0	9.0	1.0	19.0	20.0	2.1
9.0	10.0	1.1	20.0	21.0	2.2
10.0	11.0	1.2	21.0	22.0	2.3
11.0	12.0	1.3			

（4）管件按管系列 S 分类与管材相同，按照国家标准《冷热水用聚丁烯（PB）管道系统 第 2 部分：管材》GB/T 19473.2 执行。管件的主体壁厚应不小于相同管系列 S 的管材的壁厚。

（5）带金属螺纹接头的管件其螺纹部分应符合国家标准《55°密封管螺纹 第 1 部分：

圆柱内螺纹与圆锥外螺纹》GB/T 7306.1 及《55°密封管螺纹　第 2 部分：圆锥内螺纹与圆锥外螺纹》GB/T 7306.2 的规定。

（6）热熔承插连接管件的承口应符合图 14.2-19、表 14.2-43 的规定。

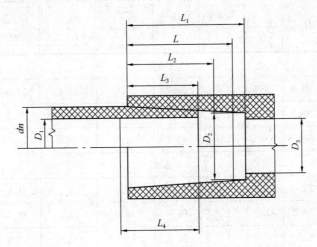

图 14.2-19　热熔承插连接管件承口（PB 管件）

说明：

dn——与管件相连的管材的公称外径；

D_1——承口口部平均内径；

D_2——承口根部平均内径，即距端口距离为 L、平行于端口平面的圆环的平均直径，其中 L 为插口工作深度；

D_3——最小通径；

L——承口参照深度；

L_1——承口实际深度，$L_1 \geqslant L$；

L_2——承口加热深度，即加热工具插入的深度；

L_3——承插深度；

L_4——插口管端加热长度，即插口管端进入加热工具的深度，$L_4 \geqslant L_3$。

热熔承插连接管件承口（PB 管件）的规格尺寸（mm）　表 14.2-43

公称外径 dn	承口平均内径				最大不圆度	最小通径 D_3	承口参照深度	承口加热深度		承插深度	
	口部		根部								
	$D_{1,min}$	$D_{1,max}$	$D_{2,min}$	$D_{2,max}$			L_{min} $(=0.3dn+8.5)$	$L_{2,min}$ $(=L-2.5)$	$L_{2,max}$ $(=L)$	$L_{3,min}$ $(=L-3.5)$	$L_{3,max}$ $(=L)$
16	15.0	15.5	14.8	15.3	0.6	9	13.3	10.8	13.3	9.8	13.3
20	19.0	19.5	18.8	19.3	0.6	13	14.5	12.0	14.5	11.0	14.5
25	23.8	24.4	23.5	24.1	0.7	18	16.0	13.5	16.0	12.5	16.0
32	30.7	31.3	30.4	31.0	0.7	25	18.1	15.6	18.1	14.6	18.1
40	38.7	39.3	38.3	38.9	0.7	31	20.5	18.0	20.5	17.0	20.5
50	48.7	49.3	48.3	48.9	0.8	39	23.5	21.0	23.5	20.0	23.5
63	61.6	62.2	61.1	61.7	0.8	49	27.4	24.9	27.4	23.9	27.4

续表

公称外径 dn	承口平均内径				最大不圆度	最小通径 D_3	承口参照深度 L_{min} (=0.3dn+8.5)	承口加热深度		承插深度	
	口部		根部					$L_{2,min}$ (=L-2.5)	$L_{2,max}$ (=L)	$L_{3,min}$ (=L-3.5)	$L_{3,max}$ (=L)
	$D_{1,min}$	$D_{1,max}$	$D_{2,min}$	$D_{2,max}$							
不去皮											
75	73.2	74.0	71.9	72.7	1.0	58.2	31.0	28.5	31.0	27.5	31.0
90	87.8	88.8	86.4	87.4	1.2	69.8	35.5	33.0	35.5	32.0	35.5
110	107.3	108.5	105.8	106.8	1.4	85.4	41.5	39.0	41.5	38.0	41.5
去皮											
75	72.6	73.2	72.3	72.9	1.0	58.2	31.0	28.5	31.0	27.5	31.0
90	87.1	87.8	86.7	87.4	1.2	69.8	35.5	33.0	35.5	32.0	35.5
110	106.3	107.1	105.7	106.5	1.4	85.4	41.5	39.0	41.5	38.0	41.5

（7）电熔连接管件的承口应符合图 14.2-20、表 14.2-44 的规定。

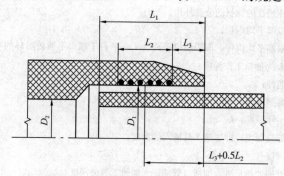

图 14.2-20　电熔连接管件承口（PB 管件）

说明：

D_1——熔融区平均内径；

D_2——最小通径；

L_1——承插深度；

L_2——加热长度；

L_3——管件承口口部非加热长度。

电熔连接管件承口（PB 管件）的规格尺寸（mm）　　　表 14.2-44

公称外径 dn	熔融区平均内径 $D_{1,min}$	加热长度 $L_{2,min}$	承插深度	
			$L_{1,min}$	$L_{1,max}$
16	16.1	10	20	35
20	20.1	10	20	37
25	25.1	10	20	40
32	32.1	10	20	44
40	40.1	10	20	49

续表

公称外径	熔融区平均内径	加热长度	承插深度	
dn	$D_{1,min}$	$L_{2,min}$	$L_{1,min}$	$L_{1,max}$
50	50.1	10	20	55
63	63.2	11	23	63
75	75.2	12	25	70
90	90.2	13	28	79
110	110.3	15	32	85
125	125.3	16	35	90
140	140.3	18	38	95
160	160.4	20	42	101

注：此处的公称外径 dn 指与管件相连的管材的公称外径。

14.2.8 氯化聚氯乙烯（PVC-C）给水管及管件、接口

1. 技术要求

（1）氯化聚氯乙烯（PVC-C）管道适用于工业及民用的冷热水管道系统。

（2）管材按尺寸分为 S6.3、S5、S4 三个管系列。

（3）管材按不同的材料及使用条件级别（见国家标准《冷热水用氯化聚氯乙烯（PVC-C）管道系统　第 1 部分：总则》GB/T 18993.1）和设计压力选择对应的管系列 S 值，见表 14.2-45。

氯化聚氯乙烯（PVC-C）给水管管系列 S 的选择　　　　表 14.2-45

设计压力 (MPa)	级别 1 (σ_D=4.38MPa)	级别 2 (σ_D=4.16MPa)
	管系列 S	
0.6	6.3	6.3
0.8	5	5
1.0	4	4

（4）输送饮用水的管材及管件，卫生性能应符合国家标准《生活饮用水输配水设备及防护材料的安全性评价标准》GB/T 17219 的规定。

2. 管材标准

管道及管件应符合国家标准《冷热水用氯化聚氯乙烯（PVC-C）管道系统　第 2 部分：管材》GB/T 18993.2、《冷热水用氯化聚氯乙烯（PVC-C）管道系统　第 3 部分：管件》GB/T 18993.3、《自动喷水灭火系统　第 19 部分：塑料管道及管件》GB 5135.19 的规定。

3. 规格尺寸

（1）氯化聚氯乙烯（PVC-C）管材

氯化聚氯乙烯（PVC-C）管材的公称外径与管系列 S 对应的公称壁厚 en 见表

14.2-46。

（2）氯化聚氯乙烯（PVC-C）管件

1）氯化聚氯乙烯（PVC-C）管件按连接形式分为溶剂粘接型管件、法兰连接型管件及螺纹连接型管件。

2）不同管系列的管件体的最小壁厚 e_{min} 应符合表 14.2-47 的规定。

氯化聚氯乙烯（PVC-C）管材的规格尺寸（mm）　　　　表 14.2-46

公称外径	管系列		
dn	S6.3	S5	S4
	公称壁厚 en		
20	2.0＊（1.5）	2.0＊（1.9）	2.3
25	2.0＊（1.9）	2.3	2.8
32	2.4	2.9	3.6
40	3.0	3.7	4.5
50	3.7	4.6	5.6
63	4.7	5.8	7.1
75	5.6	6.8	8.4
90	6.7	8.2	10.1
110	8.1	10.0	12.3
125	9.2	11.4	14.0
140	10.3	12.7	15.7
160	11.8	14.6	17.9

注：考虑到刚度要求，带"＊"的最小壁厚为 2.0mm，计算液压试验压力时使用括号中的壁厚。

氯化聚氯乙烯（PVC-C）管件体的壁厚（mm）　　　　表 14.2-47

公称外径	S6.3	S5	S4
dn	管件体最小壁厚 emin		
20	2.1	2.6	3.2
25	2.6	3.2	3.8
32	3.3	4.0	4.9
40	4.1	5.0	6.1
50	5.0	6.3	7.6
63	6.4	7.9	9.6
75	7.6	9.2	11.4
90	9.1	11.1	13.7

续表

公称外径	S6.3	S5	S4
dn	管件体最小壁厚 e_{min}		
110	11.0	13.5	16.7
125	12.5	15.4	18.9
140	14.0	17.2	21.2
160	16.0	19.8	24.2

① 溶剂粘接圆柱形承口尺寸应符合图 14.2-21、表 14.2-48 的要求。

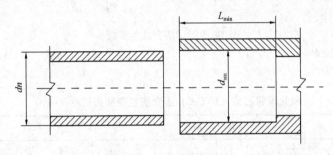

图 14.2-21 圆柱形承口

说明：

dn——公称外径；

d_{sm}——承口平均内径；

L_{min}——承口最小长度。

氯化聚氯乙烯（PVC-C）圆柱形承口尺寸（mm）　　　　　　　**表 14.2-48**

公称外径 dn	承口平均内径		最大不圆度	承口最小长度
	$d_{sm,min}$	$d_{sm,max}$		L_{min}
20	20.1	20.3	0.25	16.0
25	25.1	25.3	0.25	18.5
32	32.1	32.3	0.25	22.0
40	40.1	40.3	0.25	26.0
50	50.1	50.3	0.3	31.0
63	63.1	63.3	0.4	37.5
75	75.1	75.3	0.5	43.5
90	90.1	90.3	0.6	51.0
110	110.1	110.4	0.7	61.0
125	125.1	125.4	0.8	68.5
140	140.2	140.5	0.9	76.0
160	160.2	160.5	1.0	86.0

注：1. 不圆度偏差 $\leqslant 0.007dn$，若 $0.007dn < 0.2mm$，则不圆度偏差 $\leqslant 0.2mm$。

2. 承口最小长度等于 $0.5d_{sm} + 6mm$，最短为 12mm。

3. 承口平均内径 d_{sm}，因在承口中部测量，承口部分最大夹角应不超过 $0°30'$。

② 法兰尺寸应符合图 14.2-22、表 14.2-49 的要求。

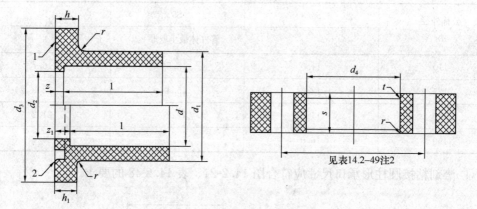

图 14.2-22　活套法兰变接头

1—平面垫圈接合面；

2—密封圈槽接合面

氯化聚氯乙烯（PVC-C）活套法兰变接头尺寸（mm）　　　表 14.2-49

承口公称直径 d	法兰变接头									活套法兰		S
	d_1	d_2	d_3	l	r_{max}	h	z	h_1	z_1	d_4	r_{min}	
20	27±0.15	16	34	16	1	6	3	9	6	28 $\begin{smallmatrix}0\\-0.5\end{smallmatrix}$	1	
25	33±0.15	21	41	19	1.5	7	3	10	6	34 $\begin{smallmatrix}0\\-0.5\end{smallmatrix}$	1.5	
32	41±0.2	28	50	22	1.5	7	3	10	6	42 $\begin{smallmatrix}0\\-0.5\end{smallmatrix}$	1.5	
40	50±0.2	36	61	26	2	8	3	13	8	51 $\begin{smallmatrix}0\\-0.5\end{smallmatrix}$	2	
50	61±0.2	45	73	31	2	8	3	13	8	62 $\begin{smallmatrix}0\\-0.5\end{smallmatrix}$	2	
63	76±0.3	57	90	38	2.5	9	3	14	8	78 $\begin{smallmatrix}0\\-1\end{smallmatrix}$	2.5	根据材质而定
75	90±0.3	69	106	44	2.5	10	3	15	8	92 $\begin{smallmatrix}0\\-1\end{smallmatrix}$	2.5	
90	108±0.3	82	125	51	3	11	5	16	10	110 $\begin{smallmatrix}0\\-1\end{smallmatrix}$	3	
110	131±0.3	102	150	61	3	12	5	18	11	133 $\begin{smallmatrix}0\\-1\end{smallmatrix}$	3	
125	148±0.4	117	170	69	3	13	5	19	11	150 $\begin{smallmatrix}0\\-1\end{smallmatrix}$	3	
140	165±0.4	132	188	76	4	14	5	20	11	167 $\begin{smallmatrix}0\\-1\end{smallmatrix}$	4	
160	188±0.4	152	213	86	4	16	5	22	11	190 $\begin{smallmatrix}0\\-1\end{smallmatrix}$	4	

注：1. 承口尺寸及公差按照图 14.2-19、表 14.2-42 的规定。

　　2. 法兰外径、螺栓孔直径及孔数按照《钢制管法兰类型与参数》GB/T 9112。

③ 氯化聚氯乙烯（PVC-C）管件的规格尺寸见表14.2-50。

氯化聚氯乙烯（PVC-C）管件的规格尺寸　　　　表 14.2-50

管件	规格	外形尺寸（mm）			适用范围
		D_1	D_2	H	设计压力为
直接头	20	27		55	
	25	33		67	
	32	41		78	
	40	50		90	
	50	64		102	
	63	81		122	
45°弯头	20	27		64	
	25	33		79	
	32	41		94	
	40	50		110	
	50	64		130	
	63	81		153	
90°弯头	20	27		38	
	25	33		47	
	32	41		55	
	40	50		65	
	50	64		76	设计压力为 0.8MPa，在
	63	81		93	(23±2)℃ 的水温条件下，
正三通	20	27		76	其工作压力可达 2.0MPa
	25	33		94	（在输送高温水的情况下，
	32	41		110	其工作压力应根据温度的高
	40	50		130	低进行修正）
	50	64		152	
	63	81		186	
异径三通	25/20	33	27	94	
外螺纹直接头	20	R1/2	27	52	
	25	R3/4	33	62	
	32	R1	41	71	
	40	R1$\frac{1}{4}$	50	82	
	50	R1$\frac{1}{2}$	64	93	
	63	R2	81	107	
管堵	20	27		41	
	25	33		58	
	32	41		59	
	40	50		69	
	50	64		82	
	63	81		100	

续表

管件	规格	外形尺寸（mm）			适用范围
		D_1	D_2	H	设计压力为
内螺纹直接头	20/RC1/2	27	35	45	
	25/RC3/4	33	40	54	
	32/RC1	41	50	62	
	40/RC1 $\frac{1}{4}$	50	61	71	
	50/RC1 $\frac{1}{2}$	64	76	79	
	63/RC2	81	92	92	
内螺纹 90°弯头	20/RC1/2	27	35	45	
异径接头（套管式）	25/20	25		38	设计压力为 0.8MPa，在 (23 ± 2)℃ 的水温条件下，其工作压力可达 2.0MPa（在输送高温水的情况下，其工作压力应根据温度的高低进行修正）
	32/25	32		44	
	40/32	40		51	
	50/40	50		57	
	63/50	63		68	
异径接头（大小头式）	32/20	27	32	73	
	40/25	33	40	87	
	50/25	33	50	96	
	50/32	41	50	101	
	63/25	33	63	110	
	63/32	41	63	115	
	63/40	50	63	121	
内螺纹异径接头	25/RC1/2	25		39	
	32/RC1/2	32		45	
	40/RC1 $\frac{1}{4}$	32		45	
正三通内螺纹接头	25/RC1/2	27	35	76	

14.2.9 给水用抗冲改性聚氯乙烯（PVC-M）管材及管件、接口

1. 技术要求

（1）给水用抗冲改性聚氯乙烯（PVC-M）管材及管件适用于压力下输送生活饮用水和一般用途水，水温不超过 45℃ 的给水排水管道系统。

（2）管材按公称压力分为 $PN0.63$、$PN0.8$、$PN1.0$、$PN1.25$、$PN1.6$、$PN2.0$ 六个系列。

（3）温度对压力的折减系数

当输水温度不同时，应按表 14.2-9 给出的不同温度对压力的折减系数（f）修正工作压力。用折减系数乘以公称压力得到最大允许工作压力。公称压力（PN）为管材和管件

输送 20℃水的最大工作压力。

(4) 输送饮用水的管材及管件，卫生性能应符合国家标准《生活饮用水输配水设备及防护材料的安全性评价标准》GB/T 17219 的规定。

2. 管材及管件标准

管材及管件应符合行业标准《给水用抗冲改性聚氯乙烯（PVC-M）管材及管件》CJ/T 272 的规定。

3. 规格尺寸

(1) 给水用抗冲改性聚氯乙烯（PVC-M）管材

管材的公称压力和规格尺寸见表 14.2-51。

给水用抗冲改性聚氯乙烯（PVC-M）管材公称压力和规格尺寸（mm）　表 14.2-51

公称外径 *dn*	管材 S 系列、SDR 系列和公称压力					
	S25 SDR51 *PN*0.63	S20 SDR41 *PN*0.8	S16 SDR33 *PN*1.0	S12.5 SDR26 *PN*1.25	S10 SDR21 *PN*1.6	S8 SDR17 *PN*2.0
	公称壁厚 *en*					
20	—	—	—	—	2.0	2.0
25	—	—	—	—	2.0	2.0
32	—	—	—	—	2.0	2.0
40	—	—	—	—	2.0	2.4
50	—	—	—	2.0	2.4	3.0
63	—	—	2.0	2.5	3.0	3.8
75	—	2.0	2.3	2.9	3.6	4.5
90	2.0	2.2	2.8	3.5	4.3	5.4
110	2.2	2.7	3.4	4.2	5.3	6.6
125	2.5	3.1	3.9	4.8	6.0	7.4
140	2.8	3.5	4.3	5.4	6.7	8.3
160	3.2	4.0	4.9	6.2	7.7	9.5
180	3.6	4.4	5.5	6.9	8.6	10.7
200	3.9	4.9	6.2	7.7	9.6	11.9
225	4.4	5.5	6.9	8.6	10.8	13.4
250	4.9	6.2	7.7	9.6	11.9	14.8
280	5.5	6.9	8.6	10.7	13.4	16.6
315	6.2	7.7	9.7	12.1	15.0	18.7
355	7.0	8.7	10.9	13.6	16.9	21.1
400	7.9	9.8	12.3	15.3	19.1	23.7
450	8.8	11.0	13.8	17.2	21.5	26.7
500	9.8	12.3	15.3	19.1	23.9	29.7

续表

公称外径 dn	管材 S 系列、SDR 系列和公称压力					
	S25 SDR51 $PN0.63$	S20 SDR41 $PN0.8$	S16 SDR33 $PN1.0$	S12.5 SDR26 $PN1.25$	S10 SDR21 $PN1.6$	S8 SDR17 $PN2.0$
	公称壁厚 en					
560	11.0	13.7	17.2	21.4	26.7	33.2
630	12.3	15.4	19.3	24.1	30.0	37.4
710	13.9	17.4	21.8	27.2	33.9	42.1
800	15.7	19.6	24.5	30.6	38.1	47.4

注：公称壁厚 en 根据最小要求强度（MRS）24.5MPa、设计应力（σ_s）16MPa 确定，管材最小壁厚为 2.0mm。

（2）给水用抗冲改性聚氯乙烯（PVC-M）管件

管件按连接形式分为弹性密封圈式承口管件、溶剂粘接式承口管件、螺纹接头管件和法兰连接管件。

4. 承口和插口

（1）承口

1）弹性密封圈式承口最小深度应符合表 14.2-52 的规定，示意图见图 14.2-23。

弹性密封圈式承口的密封环槽处的壁厚不应小于相连管材公称壁厚的 0.8 倍。

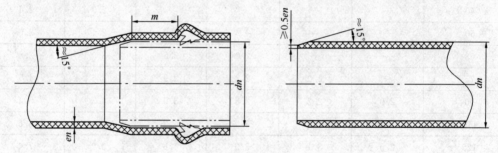

图 14.2-23　弹性密封圈式承口（PVC-M）管件

2）溶剂粘接式承口的最小深度、承口中部内径应符合表 14.2-52 的规定，示意图见图 14.2-24。

溶剂粘接式承口壁厚不应小于相连管材公称壁厚的 0.75 倍。

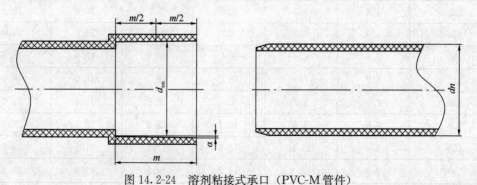

图 14.2-24　溶剂粘接式承口（PVC-M 管件）

给水用抗冲改性聚氯乙烯（PVC-M）管件承口尺寸　　表 14.2-52

公称外径 dn	弹性密封圈式承口最小配合深度 m_{min}	溶剂粘接式承口最小深度 m_{min}	溶剂粘接式承口中部平均内径	
			$d_{sm,min}$	$d_{sm,max}$
20	—	16.0	20.1	20.3
25	—	18.5	25.1	25.3
32	—	22.0	32.1	32.3
40	—	26.0	4.01	40.3
50	—	31.0	50.1	50.3
63	64	37.5	63.1	63.3
75	67	43.5	75.1	75.3
90	70	51.0	90.1	90.3
110	75	61.0	110.1	110.4
125	78	68.5	125.1	125.4
140	81	76.0	140.2	140.5
160	86	86.0	160.2	160.5
180	90	96.0	180.3	180.6
200	94	106.0	200.3	200.6
225	100	118.5	225.3	225.6
250	105	—	—	—
280	112	—	—	—
315	118	—	—	—
355	124	—	—	—
400	130	—	—	—
450	138	—	—	—
500	145	—	—	—
560	154	—	—	—
630	165	—	—	—
710	177	—	—	—
800	190	—	—	—

注：1. 承口中部平均内径是指在承口深度二分之一处所测定的相互垂直的两直径的算术平均值。承口的最大锥度（α）不超过 $0°30'$。

2. 当管材长度大于 12m 时，弹性密封圈式承口深度 m_{min} 需另行设计。

（2）插口

与弹性密封圈式承口相连的插口应按图 14.2-23 加工倒角。

与溶剂粘接式承口相连的插口应按图 14.2-24 适当加工倒角。

14.2.10　丙烯腈-丁二烯-苯乙烯聚合物（ABS）给水管及管件、接口

1. 分类及性能

（1）丙烯腈-丁二烯-苯乙烯（ABS）管材按尺寸分为 S20、S16、S12.5、S10、S8、S6.3、S5、S4 共 8 个系列。

（2）丙烯腈-丁二烯-苯乙烯（ABS）管件按对应的管系列分为 8 类，按连接方式分为溶剂粘接型管件和法兰连接型管件。

2. 管材及管件标准

（1）丙烯腈-丁二烯-苯乙烯（ABS）管材应符合国家标准《丙烯腈-丁二烯-苯乙烯（ABS）压力管道系统　第 1 部分：管材》GB /T 20207.1 的规定。

（2）丙烯腈-丁二烯-苯乙烯（ABS）管件应符合国家标准《丙烯腈-丁二烯-苯乙烯（ABS）压力管道系统 第 2 部分：管件》GB /T 20207.2 的规定。

（3）工程应用可参照《给水排水丙烯腈-丁二烯-苯乙烯（ABS）管管道工程技术规程》CECS 270 执行。

3. 规格尺寸

（1）丙烯腈-丁二烯-苯乙烯（ABS）管材的规格尺寸见表 14.2-53。

丙烯腈-丁二烯-苯乙烯（ABS）管材的规格尺寸（mm）　　　　表 14.2-53

公称外径 dn	公称壁厚 en 和壁厚公差 *															
	管系列 S 和标准尺寸比 SDR															
	S20 SDR41		S16 SDR33		S12.5 SDR 26		S10 SDR 21		S8 SDR 17		S6.8 SDR 13.6		S5 SDR 11		S4 SDR 9	
	e_{min}	c	e_{min}	c	e_{min}	c	e_{min}	c	e_{min}	c	e_{min}	c	e_{min}	c	e_{min}	c
12	—	—	—	—	—	—	—	—	—	—	—	—	1.8	+0.4	1.8	+0.4
16	—	—	—	—	—	—	—	—	—	—	1.8	+0.4	1.8	+0.4	1.8	+0.4
20	—	—	—	—	—	—	—	—	—	—	1.8	+0.4	1.9	+0.4	2.3	+0.5
25	—	—	—	—	—	—	—	—	1.8	+0.4	1.9	+0.4	2.3	+0.5	2.8	+0.5
32	—	—	—	—	—	—	1.8	+0.4	1.9	+0.4	2.4	+0.5	2.9	+0.5	3.6	+0.6
40	—	—	—	—	1.8	+0.4	1.9	+0.4	2.4	+0.5	3.0	+0.5	3.7	+0.6	4.5	+0.7
50	—	—	1.8	+0.4	1.8	+0.4	2.4	+0.5	3.0	+0.5	3.7	+0.6	4.6	+0.7	5.6	+0.8
63	1.8	+0.4	2.0	+0.4	2.5	+0.5	3.0	+0.5	3.8	+0.6	4.7	+0.7	5.8	+0.8	7.1	+1.0
75	1.9	+0.4	2.3	+0.5	2.9	+0.5	3.6	+0.6	4.5	+0.7	5.6	+0.8	6.8	+0.9	8.4	+1.1
90	2.2	+0.5	2.8	+0.5	3.5	+0.6	4.3	+0.7	5.4	+0.8	6.7	+0.9	8.2	+1.1	10.1	+1.3
110	2.7	+0.5	3.4	+0.6	4.2	+0.7	5.3	+0.8	6.6	+0.9	8.1	+1.1	10.0	+1.2	12.3	+1.5
125	3.1	+0.6	3.9	+0.6	4.8	+0.7	6.0	+0.8	7.4	+1.0	9.2	+1.2	11.4	+1.4	14.0	+1.6
140	3.5	+0.6	4.3	+0.7	5.4	+0.7	6.7	+0.9	8.3	+1.1	10.3	+1.3	12.7	+1.5	15.7	+1.8
160	4.0	+0.6	4.9	+0.7	6.2	+0.9	7.7	+1.0	9.5	+1.2	11.8	+1.4	14.6	+1.7	17.9	+2.0
180	4.4	+0.7	5.5	+0.8	6.9	+0.9	8.6	+1.1	10.7	+1.3	13.3	+1.6	16.4	+1.9	20.1	+2.3
200	4.9	+0.7	6.2	+0.9	7.7	+1.0	9.6	+1.2	11.9	+1.4	14.7	+1.7	18.2	+2.1	22.4	+2.5

* 除了有其他规定之外，尺寸应与《热塑性塑料管材通用壁厚表》GB/T 10798 一致。

注：1. 考虑到使用情况及安全，最小壁厚不得小于 1.8mm。

　　2. $e_{min} = en$。

（2）丙烯腈-丁二烯-苯乙烯（ABS）管件

1）管件按连接方式分为溶剂粘接型管件和法兰连接型管件。法兰分为活法兰、呆法兰等。

2）管件的承口中部以里及管件的主体壁厚、最小壁厚不得小于同等规格的管材壁厚。

14.2.11　丙烯酸共聚聚氯乙烯（AGR）给水管及管件、接口

1. 技术要求

（1）丙烯酸共聚聚氯乙烯管道适用于工业及民用的冷水管道系统，长期工作温度不大于 45℃。

（2）当输水温度不同时，应按表 14.2-9 给出的不同温度对压力的折减系数（f）修正工作压力。用折减系数乘以公称压力得到最大允许工作压力。

（3）输送饮用水的管材及管件，卫生性能应符合国家标准《生活饮用水输配水设备及防护材料的安全性评价标准》GB/T 17219 的规定。

（4）输送饮用水的管材及管件的氯乙烯单体含量不应大于 1.0mg/kg。

2. 产品标准

管材及管件应符合行业标准《给水用丙烯酸共聚聚氯乙烯管材及管件》CJ/T 218 的规定。

3. 规格尺寸

（1）丙烯酸共聚聚氯乙烯（AGR）管材

1）按连接方式分为溶剂粘接式和弹性密封圈式。

2）管材按 S 系列、SDR 系列和公称压力分类，公称压力等级和规格尺寸应符合表 14.2-54 的规定。

丙烯酸共聚聚氯乙烯（AGR）管材的规格尺寸（mm）　　　　表 14.2-54

公称外径 dn	管材 S 系列、SDR 系列和公称压力						
	S16	S12.5	S10	S8	S6.3	S5	S4
	SDR33	SDR26	SDR21	SDR17	SDR13.6	SDR11	SDR9
	PN0.63	PN0.8	PN1.0	PN1.25	PN1.6	PN2.0	PN2.5
	公称壁厚 en						
20	—	—	—	—	—	2.0	2.3
25	—	—	—	—	2.0	2.3	2.8
32	—	—	2.0	2.4	2.9	3.6	
40	—	2.0	2.4	3.0	3.7	4.5	
50	—	2.0	2.4	3.0	3.7	4.6	5.6
63	2.0	2.5	3.0	3.8	4.7	5.8	7.1
75	2.3	2.9	3.6	4.5	5.6	6.9	8.4
90	2.8	3.5	4.3	5.4	6.7	8.2	10.1

续表

公称外径 dn	管材 S系列、SDR 系列和公称压力						
	S16	S12.5	S10	S8	S6.3	S5	S4
	SDR33	SDR26	SDR21	SDR17	SDR13.6	SDR11	SDR9
	PN0.63	PN0.8	PN1.0	PN1.25	PN1.6	PN2.0	PN2.5
	公称壁厚 en						
110	2.7	3.4	4.2	5.3	6.6	8.1	10.0
125	3.1	3.9	4.8	6.0	7.4	9.2	11.4
160	4.0	4.9	6.2	7.7	9.5	11.8	14.6
200	4.9	6.2	7.7	9.6	11.9	14.7	18.2
250	6.2	7.7	9.6	11.9	14.8	18.4	—
315	7.7	9.7	12.1	15.0	18.7	23.2	—
355	8.7	10.9	13.6	16.9	21.1	26.1	—
400	9.8	12.3	15.3	19.1	23.7	29.4	—

注：1. 管材最小壁厚不小于 2.0mm。

　　2. 公称压力 PN 的单位为 MPa。

3）管材承口

① 弹性密封圈式承口

a. 弹性密封圈式承口的密封环槽处的壁厚不应小于相连管材的公称壁厚。

b. 弹性密封圈式承口最小深度应符合表 14.2-55 的规定，示意图见图 14.2-25。

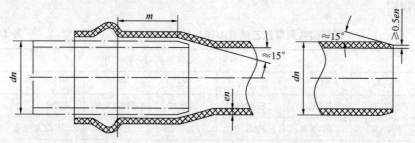

图 14.2-25　弹性密封圈式承口（AGR 管件）

② 溶剂粘接式承口最小深度、承口中部内径尺寸应符合表 14.2-55 的规定，示意图见图 14.2-26。

溶剂粘接式承口壁厚不应小于相连管材公称壁厚的 0.75 倍。

丙烯酸共聚聚氯乙烯（AGR）管件承口尺寸（mm）　　　　表 14.2-55

公称外径 dn	弹性密封圈式承口最小深度 m_{min}	溶剂粘接式承口最小深度 m_{min}	溶剂粘接式承口中部平均内径	
			$d_{sm,min}$	$d_{sm,max}$
20	—	26.0	20.1	20.3
25	—	35.0	25.1	25.3

续表

公称外径 dn	弹性密封圈式承口最小深度 m_{min}	溶剂粘接式承口最小深度 m_{min}	溶剂粘接式承口中部平均内径	
			$d_{sm,min}$	$d_{sm,max}$
32	—	40.0	32.1	32.3
40	—	44.0	40.1	40.3
50	—	55.0	50.1	50.3
63	64	63.0	63.1	63.3
75	67	74.0	75.1	75.3
90	70	74.0	90.1	90.3
110	75	84.0	110.1	110.4
125	78	68.5	125.1	125.4
160	86	86.0	160.2	160.5
200	94	106.0	200.3	200.6
250	105	131.0	250.3	250.8
315	118	163.5	315.4	316.0
355	124	183.5	355.5	356.2
400	130	206.0	400.5	401.5

注：承口中部平均内径是指在承口深度二分之一处所测定的互相垂直的两直径的算术平均值。承口的最大锥度（α）不超过 0°30′。

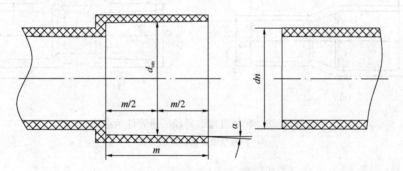

图 14.2-26　溶剂粘接式承口（AGR 管件）

（2）丙烯酸共聚聚氯乙烯（AGR）管件

1）丙烯酸共聚聚氯乙烯（AGR）管件按连接方式不同分为粘接式承口管件、弹性密封圈式承口管件、螺纹接头管件和法兰连接管件。

2）管件按加工方式不同分为注塑成型管件和管材弯制成型管件。

3）粘接式承口管件尺寸应符合表 14.2-55 的规定。弹性密封圈式承口管件尺寸应符合《给水用硬聚氯乙烯（PVC-U）管件》GB/T 10002.2 的规定。螺纹接头管件应符合《55°密封管螺纹　第 1 部分：圆柱内螺纹与圆锥外螺纹》GB/T 7306.1 的规定。法兰连接管件尺寸应符合《整体钢制管法兰》GB/T 9113 的规定。弯制成型管件承口尺寸应符合表 14.2-55 对溶剂粘接式承口尺寸的规定。

4）管件规格尺寸见图 14.2-27～图 14.2-31、表 14.2-56～表 14.2-60。

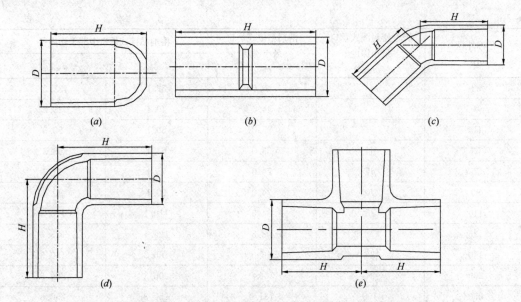

图 14.2-27   堵头、直通、45°弯头、90°弯头、等径三通管件示意图

（a）堵头；（b）直通；（c）45°弯头；（d）90°弯头；（e）等径三通

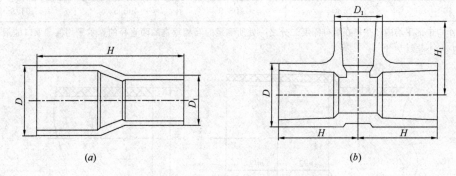

图 14.2-28   异径直通、异径三通管件示意图

（a）异径直通；（b）异径三通

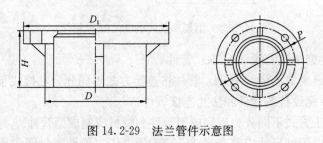

图 14.2-29   法兰管件示意图

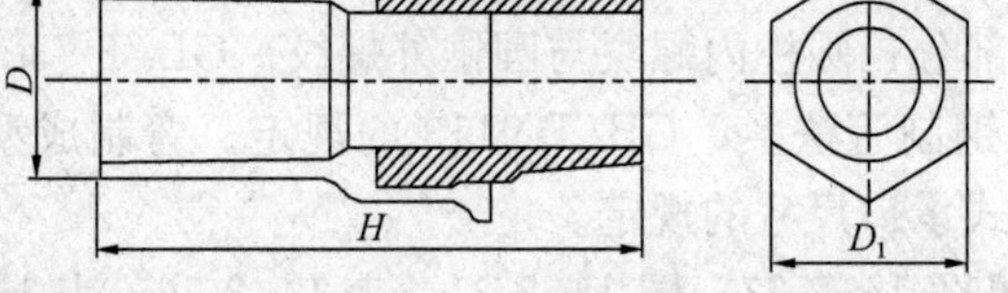

图 14.2-30   外丝直通管件示意图

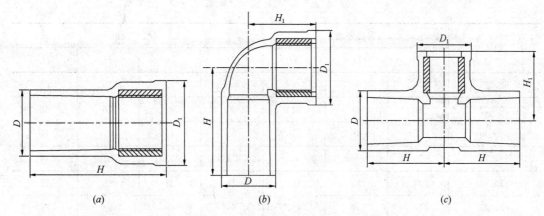

图 14.2-31　内丝直通、内丝弯头、内丝三通管件示意图

(a) 内丝直通；(b) 内丝弯头；(c) 内丝三通

堵头、直通、45°弯头、90°弯头、等径三通管件规格尺寸（mm）　　　表 14.2-56

型号	堵头		直通		90°弯头		45°弯头		等径三通	
	D	H	D	H	D	H	D	H	D	H
20	28	39	28	60	28	40	28	35	28	40
25	33	50	33	78	33	51	33	45	33	51
32	41	59	41	88	41	60	41	51	41	60
40	49	66	49	98	49	69	49	58	49	69
50	60	82	60	121	60	86	60	73	60	86
63	74	97	74	136	74	101	74	85	74	101
75	89	113	89	171	89	119	89	103	89	119
90	104	115	104	175	104	127	104	113	104	127
110	127	138	127	200	127	148	127	123	127	148
160	—	—	185	180	185	180	185	130	185	167
200	—	—	230	220	230	210	230	175	230	208

异径直通、异径三通管件规格尺寸（mm）　　　表 14.2-57

型号	异径直通			异径三通			
	D	D_1	H	D	D_1	H	H_1
25×20	33	28	72	33	28	49	42
32×20	41	28	81	41	28	54	46
32×25	41	33	88	41	33	56	55
40×25	49	41	93	49	41	62	58
40×32	49	41	99	49	41	65	64

续表

型号	异径直通			异径三通			
	D	D_1	H	D	D_1	H	H_1
50×25	—	—	—	60	33	75	63
50×32	60	41	114	60	41	78	69
50×40	60	49	116	60	49	81	73
63×25	—	—	—	74	33	84	71
63×32	74	41	143	74	41	88	76
63×40	74	49	137	74	49	91	80
63×50	74	60	136	74	60	95	92
75×50	89	60	164	89	60	108	99
75×63	89	74	162	89	74	114	107
90×63	104	74	175	104	74	115	113
90×75	104	89	179	104	89	121	126
110×63	—	—	—	132	74	131	126
110×75	127	89	190	127	89	132	135
110×90	127	104	200	127	104	139	136
160×110	—	—	—	185	129	144	141
200×110	—	—	—	232	129	178	162
200×160	232	185	220	232	185	208	195

法兰管件规格尺寸（mm）　　　　　　　　　　　表 14.2-58

型号	D	D_1	H	P	螺栓	型号	D	D_1	H	P	螺栓
50	60	150	63	110	M14×50	110	128	220	93	180	M16×75
63	74	165	70	125	M14×50	160	185	286	96	241	M16×75
75	90	185	82	145	M16×75	200	228	341	116	296	M16×75
90	105	200	74	160	M16×75						

外丝直通管件规格尺寸（mm）　　　　　　　　　表 14.2-59

型号	嵌件螺纹尺寸 R（in）	D	D_1	H	型号	嵌件螺纹尺寸 R（in）	D	D_1	H
20	1/2	28	34	64	40	$1\frac{1}{4}$	49	55	95
25	3/4	33	40	77	50	$1\frac{1}{2}$	52	65	110
32	1	41	49	88	63	2	74	75	127

内丝直通、内丝弯头、内丝三通管件规格尺寸（mm）　　　　表 14.2-60

型号	嵌件螺纹尺寸 R_p (in)	内丝直通			内丝弯头				内丝三通			
		D	D_1	H	D	D_1	H	H_1	D	D_1	H	H_1
20	1/2	28	34	52	28	34	44	34	28	34	44	34
25	1/2	33	43	58	33	43	53	39	33	43	53	37
25	3/4	33	43	59	33	43	54	39	33	43	53	37
32	1/2	—	—	—	—	—	—	—	41	34	55	43
32	3/4	—	—	—	—	—	—	—	41	43	61	43
32	1	41	52	68	41	52	60	40	41	52	61	43
40	3/4	—	—	—	—	—	—	—	49	43	63	50
50	3/4	—	—	—	—	—	—	—	60	43	76	60
50	$1\frac{1}{2}$	61	74	90	—	—	—	—	—	—	—	—
63	3/4	—	—	—	—	—	—	—	74	43	86	70
63	2	74	89	100	—	—	—	—	—	—	—	—

14.2.12　硬聚氯乙烯（PVC-U）排水管及管件、接口

1. 管材标准

（1）室外埋地用排水管产品应符合国家标准《无压埋地排污、排水用硬聚氯乙烯（PVC-U）管材》GB/T 20221、《埋地排水用硬聚氯乙烯（PVC-U）结构壁管道系统　第1部分：双壁波纹管材》GB/T 18477.1、《埋地排水用硬聚氯乙烯（PVC-U）结构壁管道系统　第2部分：加筋管材》GB/T 18477.2 的规定。工程应用可参照《埋地聚乙烯排水管管道工程技术规程》CECS 164、《埋地硬聚氯乙烯排水管道工程技术规程》CECS 122 执行。

（2）建筑排水管产品应符合国家标准《建筑排水用硬聚氯乙烯（PVC-U）管材》GB/T 5836.1、《建筑排水用硬聚氯乙烯（PVC-U）管件》GB/T 5836.2、《建筑排水用硬聚氯乙烯（PVC-U）结构壁管材》GB/T 33608《排水用芯层发泡硬聚氯乙烯（PVC-U）管材》GB/T 16800 的规定。

工程应用应符合行业标准《建筑排水塑料管道工程技术规程》CJJ/T 29 的规定，并可参照《建筑排水用硬聚氯乙烯内螺旋管管道工程技术规程》CECS 94、《建筑排水中空壁消音硬聚氯乙烯管管道工程技术规程》CECS 185 执行。

2. 规格尺寸

（1）室外埋地用硬聚氯乙烯（PVC-U）排水塑料管

1）硬聚氯乙烯（PVC-U）平壁管平均外径应符合表 14.2-61 的规定。

硬聚氯乙烯（PVC-U）平壁管平均外径与壁厚（mm）　　　　　表 14.2-61

公称外径[a] dn	平均外径		壁厚					
			SN2 SDR51		SN4 SDR41		SN8 SDR34	
	$d_{em,min}$	$d_{em,max}$	e_{min}	$e_{m,max}$	e_{min}	$e_{m,max}$	e_{min}	$e_{m,max}$
110	110.0	110.3	—	—	3.2	3.8	3.2	3.8
125	125.0	125.3	—	—	3.2	3.8	3.7	4.3
160	160.0	160.4	3.2	3.8	4.0	4.6	4.7	5.4
200	200.0	200.5	3.9	4.5	4.9	5.6	5.9	6.7
250	250.0	250.5	4.9	5.6	6.2	7.1	7.3	8.3
315	315.0	315.6	6.2	7.1	7.7	8.7	9.2	10.4
(355)	355.0	355.7	7.0	7.9	8.7	9.8	10.4	11.7
400	400.0	400.7	7.9	8.9	9.8	11.0	11.7	13.1
(450)	450.0	450.8	8.8	9.9	11.0	12.3	13.2	14.8
500	500.0	500.9	9.8	11.0	12.3	13.8	14.6	16.3
630	630.0	631.1	12.3	13.8	15.4	17.2	18.4	20.5
(710)	710.0	711.2	13.9	15.5	17.4	19.4	—	—
800	800.0	801.3	15.7	17.5	19.6	21.8	—	—
(900)	900.0	901.5	17.6	19.6	22.0	24.4	—	—
1000	1000.0	1001.6	19.6	21.8	24.5	27.2	—	—

a 括号内为非优选尺寸。

2）不圆度

管材的不圆度在生产后立即测量，应不大于 $0.024dn$。

3）倒角

若有倒角，倒角应与管材轴线呈 15°～45°夹角（见图 14.2-32、表 14.2-62 或图 14.2-33、表 14.2-64）。

管材端部剩余壁厚应至少为 e_{min} 的三分之一。

4）壁厚

壁厚 e 应符合表 14.2-61 的规定，任意一点最大壁厚允许达到 $1.2e_{min}$，但应使平均壁厚 e_m 小于或等于 $e_{m,max}$。

5）承口和插口

① 弹性密封圈连接承口和插口尺寸

a. 承口内径和长度

弹性密封圈基本尺寸应符合表 14.2-62 的规定（见图 14.2-32）。

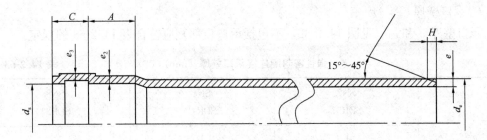

图 14.2-32 弹性密封圈连接承口和插口示意图

说明：

d_s——管材承口内径；

d_e——管材外径；

e——管材壁厚；

e_2——承口处壁厚；

e_3——密封槽处壁厚；

A——承插长度；

C——密封区长度；

H——倒角宽度。

弹性密封圈连接承口和插口的基本尺寸（mm）　　　表 14.2-62

公称外径[a] dn	承口			插口
	$d_{sm,min}$	A_{min}	C_{max}	H[b]
110	110.4	32	26	6
125	125.4	35	26	6
160	160.5	42	32	7
200	200.6	50	40	9
250	250.8	55	70	9
315	316.0	62	70	12
(355)	356.1	66	70	13
400	401.2	70	80	15
(450)	451.4	75	80	17
500	501.5	80	80[c]	18
630	631.9	93	95[c]	23
(710)	712.1	101	109[c]	28
800	802.4	110	110[c]	32
(900)	902.7	120	125[c]	36
1000	1003.0	130	140[c]	41

a 括号内为非优选尺寸。

b 倒角角度约为 15°。

c 允许高于 C 值，生产商应提供实际的 $L_{1,min}$，并使 $L_{1,min}=A_{min}+C$。

b. 承口壁厚

承口壁厚 e_2 和 e_3（见图 14.2-32，不包括承口口部）应符合表 14.2-63 的规定。

弹性密封圈连接承口壁厚（mm）　　　表 14.2-63

公称外径[a] dn	SN2 SDR51		SN4 SDR41		SN8 SDR34	
	$e_{2,min}$	$e_{3,min}$	$e_{2,min}$	$e_{3,min}$	$e_{2,min}$	$e_{3,min}$
110	—	—	2.9	2.4	2.9	2.4
125	—	—	2.9	2.4	3.4	2.8
160	2.9	2.4	3.6	3.0	4.3	3.6
200	3.6	3.0	4.4	3.7	5.4	4.5
250	4.5	3.7	5.5	4.7	6.6	5.5
315	5.6	4.7	6.9	5.8	8.3	6.9
(355)	6.3	5.3	7.8	6.6	9.4	7.8
400	7.1	6.0	8.8	7.4	10.6	8.8
(450)	8.0	6.6	9.9	8.3	11.9	9.9
500	8.9	7.4	11.1	9.3	13.2	11.0
630	11.1	9.3	13.9	11.6	16.6	13.8
(710)	12.6	10.5	15.7	13.1	—	—
800	14.1	11.8	17.7	14.7	—	—
(900)	16.0	13.2	19.8	16.5	—	—
1000	17.8	14.7	22.0	18.4	—	—

a 括号内为非优选尺寸。

② 胶粘剂粘接型承口和插口尺寸

a. 承口内径和长度

胶粘剂粘接型承口和插口（见图 14.2-33）的基本尺寸应符合表 14.2-64 的规定。

胶粘剂粘接型承口和插口的基本尺寸（mm）　　　表 14.2-64

公称外径 dn	承口[a]			插口
	$d_{s,min}$	$d_{s,max}$	$L_{2,min}$	H[b]
110	110.2	110.6	48	6
125	125.2	125.7	51	6
160	160.3	160.8	58	7
200	200.4	200.9	66	9

a 承口长度测量到承口根部。

b 倒角角度约为 15°。

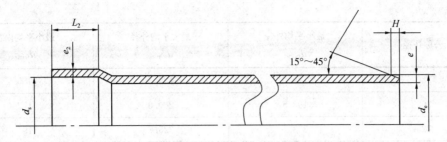

图 14.2-33 胶粘剂粘接型承口和插口示意图

说明：

d_s——管材承口内径；

d_e——管材外径；

e——管材壁厚；

e_2——承口处壁厚；

L_2——胶粘剂粘接型承口长度；

H——倒角宽度。

b. 承口壁厚

承口壁厚 e_2（见图 14.2-33）应符合表 14.2-63 的规定。

（2）硬聚氯乙烯（PVC-U）双壁波纹管

1）管材形状及规格尺寸

管材形状及规格尺寸见图 14.2-34、表 14.2-65。

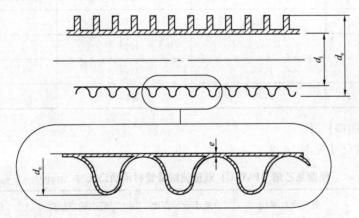

图 14.2-34 硬聚氯乙烯（PVC-U）双壁波纹管管材形状示意图

硬聚氯乙烯（PVC-U）双壁波纹管管材规格尺寸（mm） **14.2-65**

公称外径	最小平均外径 $d_{e,min}$	最大平均外径 $d_{e,max}$	最小平均内径 $d_{i,min}$
110	109.4	110.4	97
125	124.3	125.4	107
140	139.2	140.5	118
160	159.1	160.5	135

续表

公称外径	最小平均外径 $d_{e,min}$	最大平均外径 $d_{e,max}$	最小平均内径 $d_{i,min}$
180	179.0	180.6	155
200	198.8	200.6	172
225	223.7	225.7	194
250	248.5	250.8	216
280	278.4	280.9	243
315	313.2	316.0	270
355	352.9	356.1	310
400	397.6	401.2	340
450	447.3	451.4	383
500	497.0	501.5	432
560	556.7	561.7	486
630	626.3	631.9	540
710	705.8	712.1	614
800	795.2	802.4	680
900	894.6	902.7	766
1000	994.0	1003.0	864
1100	1093.4	1103.3	951
1200	1192.8	1203.6	1037

2）管材承插口尺寸

管材承插口尺寸见图 14.2-35、表 14.2-66。

硬聚氯乙烯（PVC-U）双壁波纹管管材承插口尺寸（mm）　　　　表 14.2-66

公称外径 dn	最小承口平均内径 $D_{i,min}$	最小承口深度 A_{min}	最小插口长度 $L_{1,min}$	最小承口壁厚 $e_{3,min}$
110	110.4	32	60	2.2
125	125.4	35	67	2.2
140	140.5	39	73	2.4
160	160.5	42	81	2.4
180	180.6	46	93	2.7
200	200.6	50	99	3.0
225	225.7	53	112	3.4

续表

公称外径 dn	最小承口平均 内径 $D_{i,min}$	最小承口深度 A_{min}	最小插口长度 $L_{1,min}$	最小承口壁厚 $e_{3,min}$
250	250.8	55	125	3.7
280	280.9	58	128	4.2
315	316.0	62	132	4.7
355	356.1	68	136	5.2
400	401.2	70	150	5.9
450	451.4	75	155	6.7
500	501.5	80	—	7.4
560	561.7	86	—	8.3
630	631.9	93	—	9.3
710	712.1	101	—	10.5
800	802.4	110	—	11.7
900	902.7	120	—	13.3
1000	1003.0	130	—	14.8
1100	1103.3	140	—	16.2
1200	1203.6	150	—	17.7

注：插口长度 L_1 仅适用于图 14.2-35 中所示连接方式的管材。

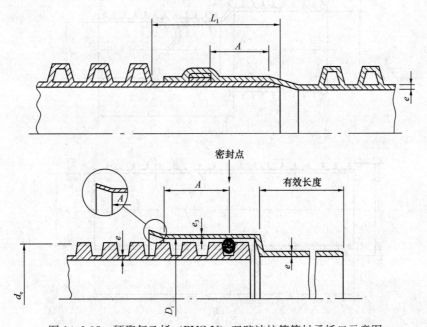

图 14.2-35　硬聚氯乙烯（PVC-U）双壁波纹管管材承插口示意图

3）管材最小壁厚

管材最小壁厚见表 14.2-67。

硬聚氯乙烯（PVC-U）双壁波纹管管材最小壁厚（mm）　　　　表 14.2-67

公称外径 dn	最小壁厚 e_{min}	公称外径 dn	最小壁厚 e_{min}
110	1.0	400	2.3
125	1.1	450	2.5
140	1.2	500	2.8
160	1.2	560	3.0
180	1.3	630	3.3
200	1.4	710	3.8
225	1.5	800	4.1
250	1.7	900	4.5
280	1.8	1000	5.0
315	1.9	1100	5.0
355	2.1	1200	5.0

（3）硬聚氯乙烯（PVC-U）加筋管

1）管材结构

管材结构见图 14.2-36。

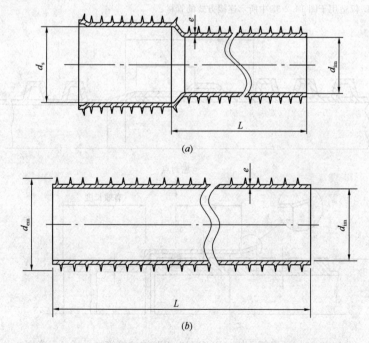

(a)

(b)

图 14.2-36　硬聚氯乙烯（PVC-U）加筋管管材结构示意图
（a）承口管材；（b）直管管材

2）管材规格尺寸

管材规格尺寸见表 14.2-68。

硬聚氯乙烯（PVC-U）加筋管管材规格尺寸（mm）　　　　表 14.2-68

公称尺寸 DN/ID	最小平均内径 $d_{im,min}$	最小壁厚 e_{min}	最小承口深度 A_{min}
150	145.0	1.3	85.0
225	220.0	1.7	115.0
300	294.0	2.0	145.0
400	392.0	2.5	175.0
500	490.0	3.0	185.0
600	588.0	3.5	220.0
800	785.0	4.5	290.0
1000	982.0	5.0	330.0

3）连接方式

管材的连接使用弹性密封圈连接方式。典型的弹性密封圈连接方式见图 14.2-37。

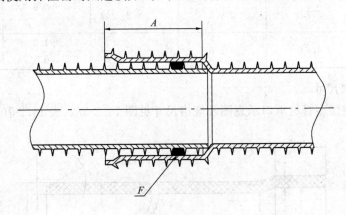

图 14.2-37　典型的弹性密封圈连接示意图

（4）建筑排水用硬聚氯乙烯（PVC-U）平壁管

1）建筑排水用硬聚氯乙烯（PVC-U）管材规格尺寸见表 14.2-69。

建筑排水用硬聚氯乙烯（PVC-U）管材平均外径、壁厚（mm）　　　表 14.2-69

公称外径 dn	平均外径		壁厚		最大不圆度
	$d_{em,min}$	$d_{em,max}$	公称壁厚 en	允许偏差	
32	32.0	32.2	2.0	$+0.4$ 　0	0.8
40	40.0	40.2	2.0	$+0.4$ 　0	1.0

续表

公称外径 dn	平均外径		壁厚		最大不圆度
	$d_{em,min}$	$d_{em,max}$	公称壁厚 en	允许偏差	
50	50.0	50.2	2.0	+0.4 0	1.2
75	75.0	75.3	2.3	+0.4 0	1.8
90	90.0	90.3	3.0	+0.5 0	2.2
110	110.0	110.3	3.2	+0.6 0	2.6
125	125.0	125.3	3.2	+0.6 0	3.0
160	160.0	160.4	4.0	+0.6 0	3.8
200	200.0	200.5	4.9	+0.7 0	4.8
250	250.0	250.5	6.2	+0.8 0	6.0
315	315.0	315.6	7.7	+1.0 0	7.6

2）管材承口尺寸

① 胶粘剂连接型管材承口示意图及规格尺寸见图 14.2-38、表 14.2-70。

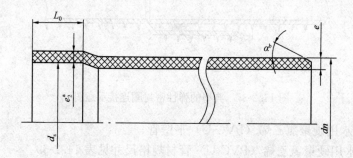

图 14.2-38　胶粘剂连接型管材承口示意图

说明：

L_0——承口深度；

dn——公称外径；

d_s——承口平均内径；

e——管材壁厚；

e_2——承口壁厚；

α——倒角。

a 管材承口壁厚 e_2 应不小于同规格管材公称壁厚的 75%。

b 当管材需要进行倒角时，倒角 α 宜在 15°～45°之间。倒角后管端保留的壁厚应不小于公称壁厚 en 的三分之一。

胶粘剂粘接型管材承口尺寸（mm）   表 14.2-70

公称外径	承口中部平均内径		承口深度
dn	$d_{sm,min}$	$d_{sm,max}$	$L_{0,min}$
32	32.1	32.4	22
40	40.1	40.4	25
50	50.1	50.4	25
75	75.2	75.5	40
90	90.2	90.5	46
110	110.2	110.6	48
125	125.2	125.7	51
160	160.3	160.8	58
200	200.4	200.9	60
250	250.4	250.9	60
315	315.5	316.0	60

② 弹性密封圈连接型管材承口示意图及规格尺寸见图 14.2-39、表 14.2-71。

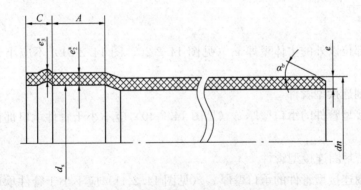

图 14.2-39 弹性密封圈连接型管材承口示意图

说明：

A——承口接合长度；

C——密封区域长度；

dn——公称外径；

d_s——承口平均内径；

e——管材壁厚；

e_2——承口壁厚；

e_3——密封圈环槽壁厚；

α——倒角。

注：密封区域长度由制造商给出。

a 管材承口壁厚 e_2 应不小于同规格管材公称壁厚的 90%，密封圈环槽壁厚 e_3 应不小于同规格管材公称壁厚的 75%。

b 当管材需要进行倒角时，倒角 α 宜在 15°～45° 之间。倒角后管端保留的壁厚应不小于公称壁厚 en 的三分之一。

弹性密封圈连接型管材承口尺寸（mm）

表 14.2-71

公称外径 dn	最小承口平均内径 $d_{sm,min}$	最小承口接合长度 A_{min}
32	32.3	16
40	40.3	18
50	50.3	20
75	75.4	25
90	90.4	28
110	110.4	32
125	125.4	35
160	160.5	42
200	200.6	50
250	250.8	55
315	316.0	62

3）建筑排水用硬聚氯乙烯（PVC-U）管件

① 规格尺寸

a. 壁厚

管件承口部位以外的主体壁厚 e_1（见图 14.2-20、图 14.2-21）不应小于同规格管材的壁厚。

（a）胶粘剂连接型管件

胶粘剂连接型管件的承口壁厚 e_2（见图 14.2-40）应不小于管件承口部位以外的主体壁厚 e_1 的 75%。

（b）弹性密封圈连接型管件

弹性密封圈连接型管件的承口壁厚 e_2（见图 14.2-41）应不小于管件承口部位以外的主体壁厚的 90%。密封环处的壁厚 e_3 应不小于管件承口部位以外的主体壁厚 e_1 的 75%。

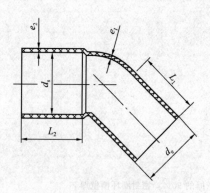

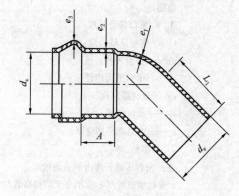

图 14.2-40　胶粘剂连接型承口和插口　　图 14.2-41　弹性密封圈连接型承口和插口

b. 管件的承口和插口的直径和长度

（a）胶粘剂连接型管件

胶粘剂连接型管件承口和插口的直径和长度（见图 14.2-40）应符合表 14.2-72 的规定。

胶粘剂连接型管件承口和插口的直径和长度（mm）　　表 14.2-72

公称外径[a]	插口平均外径		承口中部平均内径		承口深度[b]	插口长度
dn	$d_{em,min}$	$d_{em,max}$	$d_{sm,min}$	$d_{sm,max}$	$L_{1,min}$	$L_{2,min}$
32	32.0	32.2	32.1	32.4	22	22
40	40.0	40.2	40.1	40.4	25	25
50	50.0	50.2	50.1	50.4	25	25
75	75.0	75.3	75.2	75.5	40	40
90	90.0	90.3	90.2	90.5	46	46
110	110.0	110.3	110.2	110.6	48	48
125	125.0	125.3	125.2	125.7	51	51
160	160.0	160.4	160.3	160.8	58	58
200	200.0	200.5	200.4	200.9	60	60
250	250.0	250.5	250.4	250.9	60	60
315	315.0	315.6	315.5	316.0	60	60

a 此处的公称外径 dn 指与管件相连的管材的公称外径。
b 沿承口深度方向允许有不大于 30' 脱模所必需的斜度。

(b) 弹性密封圈连接型管件

弹性密封圈连接型管件承口和插口的直径和长度（见图 14.2-41）应符合表 14.2-73 的规定。

弹性密封圈连接型管件承口和插口的直径和长度（mm）　　表 14.2-73

公称外径	插口平均外径		承口平均内径	最小承口接合长度[a]	最小插口长度
dn	$d_{em,min}$	$d_{em,max}$	$d_{sm,min}$	A_{min}	$L_{2,min}$
32	32.0	32.2	32.3	16	42
40	40.0	40.2	40.3	18	44
50	50.0	50.2	50.3	20	46
75	75.0	75.3	75.4	25	51
90	90.0	90.3	90.4	28	56
110	110.0	110.3	110.4	32	60
125	125.0	125.3	125.4	35	67
160	160.0	160.4	160.5	42	81
200	200.0	200.5	200.6	50	99
250	250.0	250.5	250.8	55	125
315	315.0	315.6	316.0	62	132

a 承口接合长度应不大于承口深度。

② 管件的基本类型及安装长度

a. 弯头的规格尺寸见图 14.2-42、表 14.2-74。

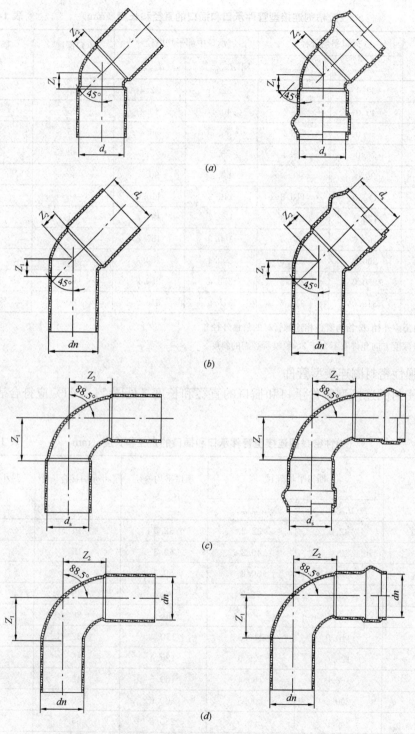

图 14.2-42 建筑排水用硬聚氯乙烯（PVC-U）管件——弯头

（a）45°弯头；（b）45°带插口弯头；（c）90°弯头；（d）90°带插口弯头

建筑排水用硬聚氯乙烯（PVC-U）管件——弯头规格尺寸（mm）　　**表 14.2-74**

公称外径 dn	45°弯头	45°带插口弯头		90°弯头		90°带插口弯头
	$Z_{1,min}$ 和 $Z_{2,min}$	$Z_{1,min}$	$Z_{2,min}$	$Z_{1,min}$ 和 $Z_{2,min}$	$Z_{1,min}$	$Z_{2,min}$
32	8	8	12	23	19	23
40	10	10	14	27	23	27
50	12	12	16	40	28	32
75	17	17	22	50	41	45
90	22	22	27	52	50	55
110	25	25	31	70	60	66
125	29	29	35	72	67	73
160	36	36	44	90	86	93
200	45	45	55	116	107	116
250	57	57	68	145	134	145
315	72	72	86	183	168	183

b. 斜三通的规格尺寸见图 14.2-43、表 14.2-75。

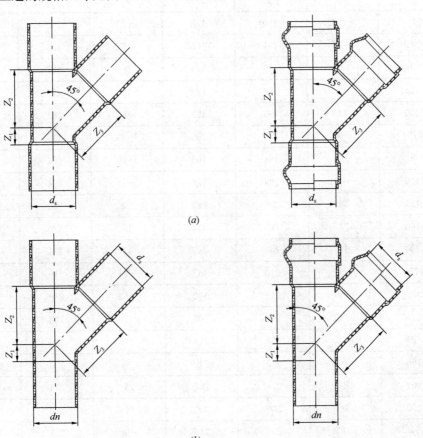

(a)

(b)

图 14.2-43　建筑排水用硬聚氯乙烯管件——斜三通

(a) 45°斜三通；(b) 45°带插口斜三通

建筑排水用硬聚氯乙烯（PVC-U）管件——斜三通规格尺寸（mm）　表 14.2-75

公称外径 dn	45°斜三通			45°带插口斜三通		
	$Z_{1,min}$	$Z_{2,min}$	$Z_{3,min}$	$Z_{1,min}$	$Z_{2,min}$	$Z_{3,min}$
50×50	13	61	64	12	61	61
75×50	−1	75	80	0	79	74
75×75	18	94	94	17	91	91
90×50	−8	87	95	−6	88	82
90×90	19	115	115	21	109	109
110×50	−16	94	110	−15	102	92
110×75	−1	113	121	2	115	110
110×110	25	138	138	25	133	133
125×50	−26	104	120	−23	113	100
125×75	−9	122	132	−6	125	117
125×110	16	147	150	18	144	141
125×125	27	157	157	29	151	151
160×75	−26	140	158	−21	149	135
160×90	−16	151	165	−12	157	145
160×110	−1	165	175	2	167	159
160×125	9	176	183	13	175	169
160×150	34	199	199	36	193	193
200×75	−34	176	156	−39	176	156
200×90	−25	184	166	−30	184	166
200×110	−11	194	179	−16	194	179
200×125	0	202	190	−5	202	190
200×160	24	220	214	18	220	214
200×200	51	241	241	45	241	241
250×75	−55	210	182	−61	210	182
250×90	−46	218	192	−52	218	192
250×110	−32	228	206	−38	228	206
250×125	−21	235	216	−27	235	216
250×160	2	253	240	−4	253	240
250×200	29	274	267	23	274	267
250×250	63	300	300	57	300	300
315×75	−84	253	216	−90	253	216
315×90	−74	261	226	−81	261	226
315×110	−60	272	239	−67	272	239

续表

公称外径	45°斜三通			45°带插口斜三通		
dn	$Z_{1,min}$	$Z_{2,min}$	$Z_{3,min}$	$Z_{1,min}$	$Z_{2,min}$	$Z_{3,min}$
315×125	−50	279	250	−56	279	250
315×160	−26	297	274	−33	297	274
315×200	1	318	301	−6	318	301
315×250	35	344	334	28	344	334
315×315	78	378	378	72	378	378

c. 顺水三通的规格尺寸见图 14.2-44、表 14.2-76、表 14.2-77。

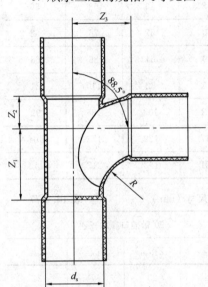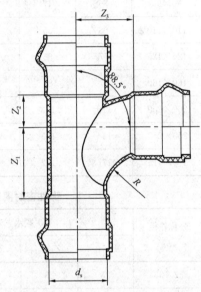

(a)

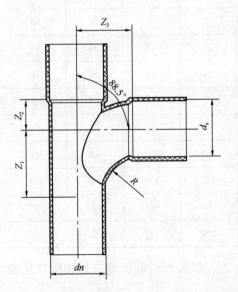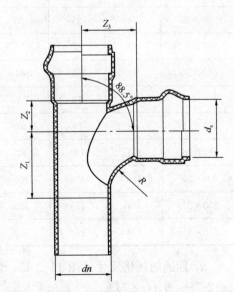

(b)

图 14.2-44　建筑排水用硬聚氯乙烯（PVC-U）管件——顺水三通

(a) 90°顺水三通；(b) 90°带插口顺水三通

胶粘剂粘接型 90°顺水三通规格尺寸（mm）　　　　　　表 14.2-76

公称外径 dn	90°顺水三通				90°带插口顺水三通			
	$Z_{1,min}$	$Z_{2,min}$	$Z_{3,min}$	R_{min}	$Z_{1,min}$	$Z_{2,min}$	$Z_{3,min}$	R_{min}
32×32	20	17	23	25	21	17	23	25
40×40	26	21	29	30	26	21	29	30
50×50	30	26	35	31	33	26	35	35
75×75	47	39	54	49	49	39	52	48
90×90	56	47	64	59	58	46	63	56
110×110	68	55	77	63	70	57	76	62
125×125	77	65	88	72	79	64	86	68
160×160	97	85	110	82	99	82	110	81
200×200	119	103	138	92	121	103	138	92
250×250	144	129	173	104	147	129	173	104
315×315	177	162	217	118	181	162	217	118

弹性密封圈连接型 90°顺水三通规格尺寸（mm）　　　　　　表 14.2-77

公称外径 dn	90°顺水三通				90°带插口顺水三通			
	$Z_{1,min}$	$Z_{2,min}$	$Z_{3,min}$	R_{min}	$Z_{1,min}$	$Z_{2,min}$	$Z_{3,min}$	R_{min}
32×32	23	23	17	34	24	23	17	34
40×40	28	29	21	37	29	29	21	37
50×50	34	35	26	40	35	35	26	40
75×75	49	52	39	51	50	52	39	51
90×90	58	63	46	59	59	63	46	59
110×110	70	76	57	68	72	76	57	68
125×125	80	86	64	75	81	86	64	75
160×160	101	110	82	93	103	110	82	93
200×200	126	138	103	114	128	138	103	114
250×250	161	173	129	152	163	173	129	152
315×315	196	217	162	172	200	217	162	172

　　d. 四通的规格尺寸见图 14.2-45，四通的 Z_1、Z_2、Z_3 长度与同类型三通相同（见表 14.2-75～表 14.2-77）。

　　e. 异径直通的规格尺寸见图 14.2-46、表 14.2-78。

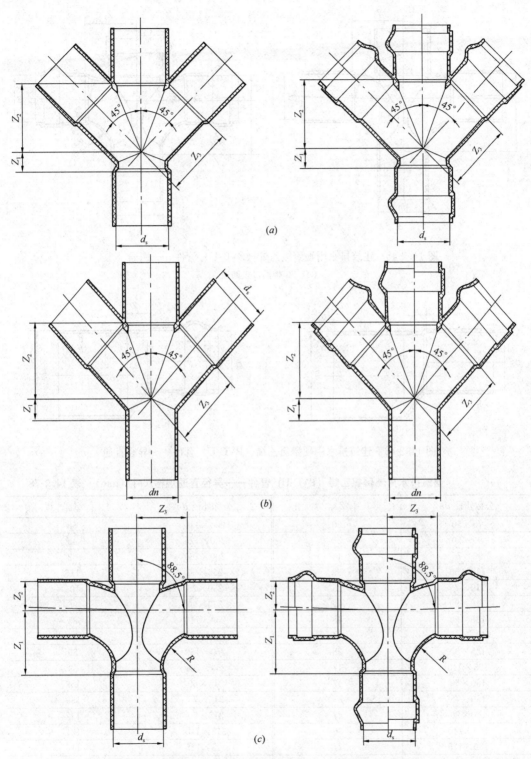

图 14.2-45　建筑排水用硬聚氯乙烯（PVC-U）管件——四通（一）

(*a*) 45°斜四通；(*b*) 45°带插口斜四通；(*c*) 90°正四通

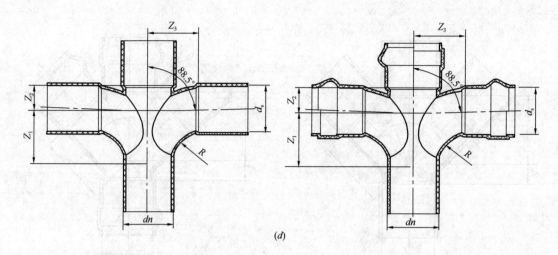

(d)

图 14.2-45　建筑排水用硬聚氯乙烯（PVC-U）管件——四通（二）

（d）90°带插口正四通

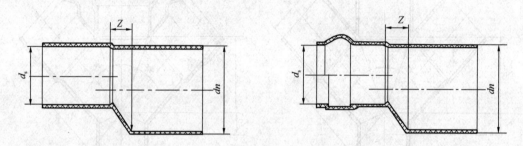

图 14.2-46　建筑排水用硬聚氯乙烯（PVC-U）管件——异径直通

建筑排水用硬聚氯乙烯（PVC-U）管件——异径直通规格尺寸（mm）　表 14.2-78

公称外径 dn	Z_{min}	公称外径 dn	Z_{min}
75×50	20	200×110	58
90×50	28	200×125	49
90×75	14	200×160	32
110×50	39	250×50	116
110×75	25	250×75	103
110×90	19	250×90	96
125×50	48	250×110	85
125×75	34	250×125	77
125×90	28	250×160	59
125×110	17	250×200	39
160×50	67	315×50	152
160×75	53	315×75	139
160×90	47	315×90	132
160×110	36	315×110	121
160×125	27	315×125	112
200×50	89	315×160	95
200×75	75	315×200	74
200×90	69	315×250	49

f. 直通的规格尺寸见图 14.2-47、表 14.2-79。

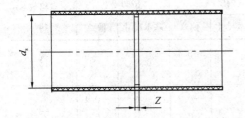 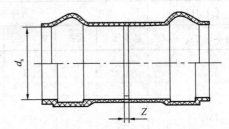

图 14.2-47　建筑排水用硬聚氯乙烯（PVC-U）管件——直通

建筑排水用硬聚氯乙烯（PVC-U）管件——直通规格尺寸（mm）　表 14.2-79

公称外径 dn	Z_{min}	公称外径 dn	Z_{min}
32	2	125	3
40	2	160	4
50	2	200	5
75	2	250	6
90	3	315	8
110	3	—	—

（5）硬聚氯乙烯（PVC-U）中空壁消音管

1）中空壁消音硬聚氯乙烯管材

① 结构形式

中空壁消音硬聚氯乙烯管结构形式见图 14.2-48。

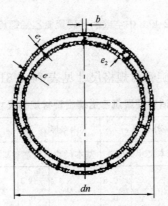

图 14.2-48　中空壁消音硬聚氯乙烯管剖面示意图

② 规格尺寸

中空壁消音硬聚氯乙烯管材规格尺寸见表 14.2-80。

中空壁消音硬聚氯乙烯管材规格尺寸（mm）　　　　表 14.2-80

公称外径 dn		壁厚 e		外壁厚 e_1		内壁厚 e_2		格肋厚 b		空格数（孔）
基本尺寸	偏差	基本尺寸	偏差	基本尺寸	偏差	基本尺寸	偏差	基本尺寸	偏差	
50	+0.30	4.8	+0.50	1.1	+0.50	1.0	+0.40	0.8	+0.30	16
75	+0.50	5.0	+0.50	1.3	+0.60	1.0	+0.50	0.9	+0.40	22
110	+0.60	6.0	+0.70	1.8	+0.70	1.2	+0.60	1.0	+0.40	24
160	+0.80	7.0	+0.70	2.2	+0.70	1.5	+0.70	1.1	+0.50	32

2）中空壁消音硬聚氯乙烯螺旋管

① 结构形式

中空壁消音硬聚氯乙烯螺旋管结构形式见图 14.2-49。

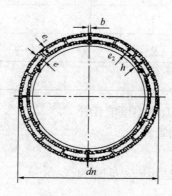

图 14.2-49　中空壁消音硬聚氯乙烯螺旋管剖面

② 规格尺寸

中空壁消音硬聚氯乙烯螺旋管材规格尺寸见表 14.2-81。

中空壁消音硬聚氯乙烯螺旋管材规格尺寸（mm）　　　　表 14.2-81

公称外径 dn		壁厚 e		外壁厚 e_1		内壁厚 e_2		格肋厚 b		螺棱高 h		空格数（孔）
基本尺寸	偏差	基本尺寸	偏差	基本尺寸	偏差	基本尺寸	偏差	基本尺寸	偏差	基本尺寸	偏差	
75	+0.50	5.0	+0.50	1.3	+0.60	1.0	+0.30	0.9	+0.40	1.5	+0.60	22
110	+0.60	6.0	+0.70	1.8	+0.70	1.2	+0.40	1.0	+0.40	1.7	+0.70	24
160	+0.80	7.0	+0.70	2.2	+0.70	1.5	+0.50	1.1	+0.50	1.8	+0.80	32

3）中空壁消音聚氯乙烯管件

外壁为硬聚氯乙烯、内壁为软聚氯乙烯，具有中空壁能降低排水噪声，与中空壁消音硬聚氯乙烯管和中空壁消音硬聚氯乙烯螺旋管配套使用的管件。

① 管件承口尺寸

中空壁消音硬聚氯乙烯管、中空壁消音硬聚氯乙烯螺旋管管件的承口尺寸见表14.2-82，结构形式见图14.2-50。

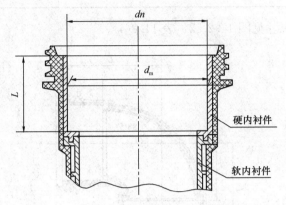

图 14.2-50 中空壁消音聚氯乙烯管件承口

中空壁消音聚氯乙烯管件承口尺寸（mm）   表 **14.2-82**

公称外径	承口中部内径		承口深度 L
dn	$d_{m,max}$	$d_{m,min}$	不小于
50	50.8	50.4	25
75	75.9	75.5	40
110	111.2	110.8	48
160	161.4	161.0	58

② 中空壁消音聚氯乙烯管件规格尺寸

$a.$ 45°弯头规格尺寸见图14.2-51、表14.2-83。

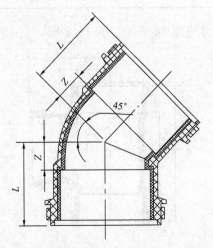

图 14.2-51 中空壁消音聚氯乙烯管件——45°弯头

中空壁消音聚氯乙烯管件——45°弯头规格尺寸（mm）　　　表 14.2-83

公称外径 dn	Z_{min}	L_{min}
50	19.2	44.9
75	25.4	66.1
110	34.2	82.4
160	46.5	104.4

b. 90°弯头规格尺寸见图 14.2-52、表 14.2-84。

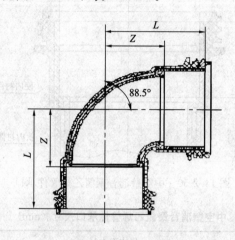

图 14.2-52　中空壁消音聚氯乙烯管件——90°弯头

中空壁消音聚氯乙烯管件——90°弯头规格尺寸（mm）　　　表 14.2-84

公称外径 dn	Z_{min}	L_{min}
50	44.5	70.5
75	57.4	97.9
110	79.0	127.5
160	103.8	162.0

c. 90°顺水三通规格尺寸见图 14.2-53、表 14.2-85。

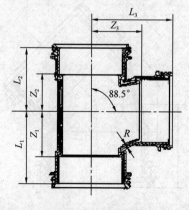

图 14.2-53　中空壁消音聚氯乙烯管件——90°顺水三通

中空壁消音聚氯乙烯管件——90°顺水三通规格尺寸（mm）　表 14.2-85

公称外径 dn	$Z_{1,min}$	$Z_{2,min}$	$Z_{3,min}$	$L_{1,min}$	$L_{2,min}$	$L_{3,min}$	R_{min}
50×50	39.4	32.5	44.7	65.1	58.2	76.0	35.0
75×50	84.7	73.8	60.0	84.4	73.8	85.7	35.0
75×75	56.0	45.9	63.2	96.5	86.4	130.4	53.4
110×50	44.3	35.3	77.9	92.5	83.5	103.6	34.9
110×75	57.8	47.7	82.1	106.0	95.9	122.6	53.4
110×110	79.0	65.9	86.9	127.2	114.1	135.1	68.3
160×75	57.9	50.2	108.4	115.8	107.5	148.9	53.4
160×110	79.2	67.8	113.1	137.1	125.7	161.3	68.3
160×160	106.0	94.1	119.0	163.9	152.0	176.8	88.4

$d.$ 45°斜三通规格尺寸见图 14.2-54、表 14.2-86。

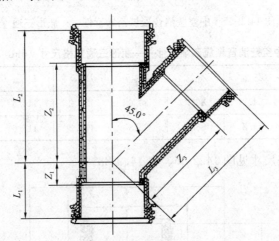

图 14.2-54　中空壁消音聚氯乙烯管件——45°斜三通

中空壁消音聚氯乙烯管件——45°斜三通规格尺寸（mm）　表 14.2-86

公称外径 dn	$Z_{1,min}$	$Z_{2,min}$	$Z_{3,min}$	$L_{1,min}$	$L_{2,min}$	$L_{3,min}$
50×50	21.7	94.7	94.7	47.4	120.4	120.4
75×75	28.1	119.4	119.4	68.6	159.9	159.9
110×110	37.4	168.2	168.2	85.6	216.4	216.4
160×160	49.7	226.0	226.0	107.6	283.9	283.9
75×50	10.0	95.4	100.0	50.5	135.9	125.7
110×50	−7.0	115.2	126.6	41.2	163.4	152.3
110×75	10.1	129.8	136.3	58.3	178.0	176.8
160×75	−12.8	164.0	179.4	45.1	221.9	219.9
160×110	13.4	189.0	198.2	71.3	246.9	246.4

e. 瓶形三通规格尺寸见图 14.2-55、表 14.2-87。

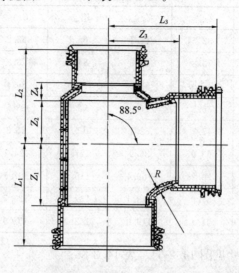

图 14.2-55　中空壁消音聚氯乙烯管件——瓶形三通

中空壁消音聚氯乙烯管件——瓶形三通规格尺寸（mm）　　　表 14.2-87

公称外径 dn	$Z_{1,min}$	$Z_{2,min}$	$Z_{3,min}$	$Z_{4,min}$	$L_{1,min}$	$L_{2,min}$	$L_{3,min}$	R_{min}
110×50	79.0	54.2	86.9	30.6	127.2	110.5	135.1	68.1
110×75	79.0	54.3	86.9	22.8	127.2	117.6	135.1	68.1

f. 90°正四通规格尺寸见图 14.2-56、表 14.2-88。

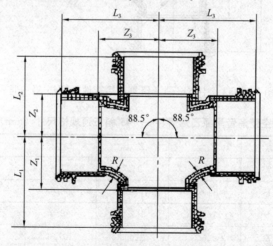

图 14.2-56　中空壁消音聚氯乙烯管件——90°正四通

中空壁消音聚氯乙烯管件——90°正四通规格尺寸（mm）　　　表 14.2-88

公称外径 dn	$Z_{1,min}$	$Z_{2,min}$	$Z_{3,min}$	$L_{1,min}$	$L_{2,min}$	$L_{3,min}$	R_{min}
50×50	39.4	32.5	44.7	65.1	58.2	70.4	34.9
75×50	43.9	33.3	60.0	84.4	73.8	85.7	34.9

续表

公称外径 dn	$Z_{1,min}$	$Z_{2,min}$	$Z_{3,min}$	$L_{1,min}$	$L_{2,min}$	$L_{3,min}$	R_{min}
75×75	56.0	45.9	63.2	96.5	86.4	103.7	53.4
110×50	44.3	35.3	77.9	92.5	83.5	103.6	34.9
110×75	57.8	47.7	82.1	106.0	95.7	122.6	37.0
110×110	79.1	66.1	86.9	127.3	114.3	135.1	44.0
160×75	57.9	49.6	108.4	115.8	107.5	148.9	53.4
160×110	57.9	67.8	113.1	137.1	125.3	161.3	68.3
160×160	106.0	94.1	119.0	163.9	152.0	176.8	88.4

g. 异径管箍规格尺寸见图 14.2-57、表 14.2-89。

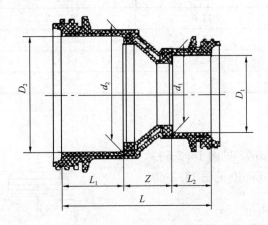

图 14.2-57　中空壁消音聚氯乙烯管件——异径管箍

中空壁消音聚氯乙烯管件——异径管箍规格尺寸（mm）　　**表 14.2-89**

公称外径 dn	$D_{1,min}$	$D_{2,min}$	Z_{min}	L_{min}	$L_{1,min}$	$L_{2,min}$
50×50	51.2	76.4	32.4	98.6	40.5	25.7
75×50	76.4	161.8	48.1	146.5	58.2	40.5
110×50	51.2	111.7	38.3	112.2	48.2	25.7
110×75	76.4	111.7	41.4	130.1	48.2	40.5
160×50	51.2	161.8	44.8	138.3	58.2	25.7
160×110	111.7	161.8	52.9	159.0	58.2	48.2

h. 管箍规格尺寸见图 14.2-58、表 14.2-90。

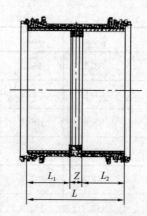

图 14.2-58　中空壁消音聚氯乙烯管件——管箍

中空壁消音聚氯乙烯管件——管箍规格尺寸（mm）　　　表 14.2-90

公称外径 dn	Z_{min}	$L_{1,min}$	$L_{2,min}$
50	12.0	25.7	63.4
75	13.0	40.5	94.0
110	14.8	48.2	111.2
150	16.2	58.0	132.0

③ 旋流器规格尺寸

a. 三通旋流器

立管 $dn100$、横管 $dn75$ 见图 14.2-59。

立管 $dn100$、横管 $dn100$ 见图 14.2-60。

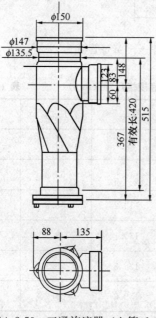

图 14.2-59　三通旋流器（立管 $dn100$、横管 $dn75$）

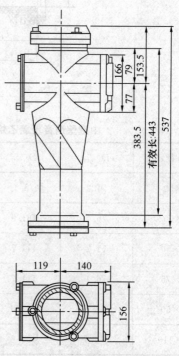

图 14.2-60　三通旋流器（立管 $dn100$、横管 $dn100$）

b. 四通旋流器

立管 $dn100$，横管 $dn75$、50 见图 14.2-61。

立管 $dn100$，横管 $dn75$、75 见图 14.2-62。

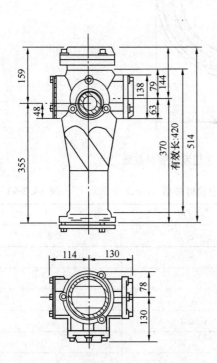

图 14.2-61　四通旋流器（立管 $dn100$、
横管 $dn75$、50）

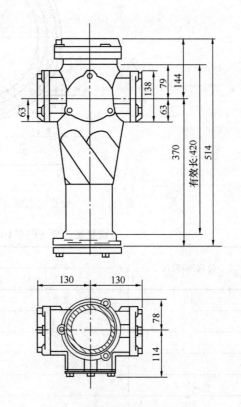

图 14.2-62　四通旋流器（立管 $dn100$、
横管 $dn75$、75）

（6）硬聚氯乙烯（PVC-U）芯层发泡管

1）产品分类

① 管材按外观形式分为直管（Z）、弹性密封连接型管材（M）、溶剂粘接型管材（N）。

② 管材按环刚度分级，见表 14.2-91。

硬聚氯乙烯（PVC-U）芯层发泡管材环刚度　　　　表 14.2-91

级别	S0	S1	S2
环刚度（kN/m²）	2	4	8

注：S0 管材供建筑排水选用；S1、S2 管材供埋地排水选用，也可用于建筑排水。

2）管材规格

① 管材规格用 dn（公称外径）×e（壁厚）表示，见图 14.2-63 和表 14.2-92。

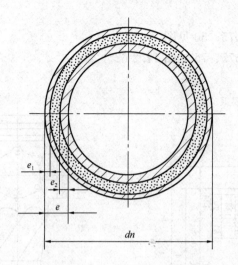

图 14.2-63 硬聚氯乙烯（PVC-U）芯层发泡管材截面尺寸

硬聚氯乙烯（PVC-U）芯层发泡管材规格（mm）　　表 14.2-92

公称外径 dn	壁厚		
	S0	S1	S2
40	2.0	—	—
50	2.0	—	—
75	2.5	3.0	—
90	3.0	3.0	—
110	3.0	3.2	—
125	3.2	3.2	3.9
160	3.2	4.0	5.0
200	3.9	4.9	6.3
250	4.9	6.2	7.8
315	6.2	7.7	9.8
400	—	9.8	12.3
500	—	—	15.0

② 管材平均外径及偏差应符合图 14.2-63 和表 14.2-93 的规定。

硬聚氯乙烯（PVC-U）芯层发泡管材平均外径及偏差（mm）　　表 14.2-93

公称外径 dn	平均外径		公称外径 dn	平均外径	
	基本尺寸	极限偏差		基本尺寸	极限偏差
40	40	+0.3 0	75	75	+0.3 0
50	50	+0.3 0	90	90	+0.3 0

续表

公称外径 dn	平均外径		公称外径 dn	平均外径	
	基本尺寸	极限偏差		基本尺寸	极限偏差
110	110	$+0.4$ 0	250	250	$+0.8$ 0
125	125	$+0.4$ 0	315	315	$+1.0$ 0
160	160	$+0.5$ 0	400	400	$+1.2$ 0
200	200	$+0.6$ 0	500	500	$+1.5$ 0

③ 管材壁厚及偏差应符合图 14.2-63 和表 14.2-94 的规定。

硬聚氯乙烯（PVC-U）芯层发泡管材壁厚及偏差（mm）　表 14.2-94

公称外径 dn	管材壁厚 e 及偏差			公称外径 dn	管材壁厚 e 及偏差		
	S0	S1	S2		S0	S1	S2
40	$2.0_0^{+0.4}$	—	—	160	$3.2_0^{+0.5}$	$4.0_0^{+0.6}$	$5.0_0^{+1.3}$
50	$2.0_0^{+0.4}$	—	—	200	$3.9_0^{+0.6}$	$4.9_0^{+0.7}$	$6.3_0^{+1.6}$
75	$2.5_0^{+0.4}$	$3.0_0^{+0.5}$	—	250	$4.9_0^{+0.7}$	$6.2_0^{+0.9}$	$7.8_0^{+1.8}$
90	$3.0_0^{+0.5}$	$3.0_0^{+0.5}$	—	315	$6.2_0^{+0.9}$	$7.7_0^{+1.0}$	$9.8_0^{+2.4}$
110	$3.0_0^{+0.5}$	$3.2_0^{+0.5}$	—	400	—	$9.8_0^{+1.5}$	$12.3_0^{+3.2}$
125	$3.2_0^{+0.5}$	$3.2_0^{+0.5}$	$3.9_0^{+1.0}$	500	—	—	$15.0_0^{+4.2}$

④ 管材胶粘承口应符合图 14.2-64 和表 14.2-95 的规定，管材密封圈承口应符合图 14.2-65 和表 14.2-96 的规定。

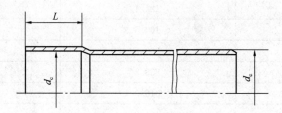

图 14.2-64　溶剂粘接型承口（PVC-U 芯层发泡管材）

溶剂粘接型承口（PVC-U 芯层发泡管材）尺寸及偏差（mm）　表 14.2-95

公称外径 dn	承口平均内径		承口深度 L_{min}
	$d_{sm,min}$	$d_{sm,max}$	
40	40.1	40.4	26
50	50.1	50.4	30

续表

公称外径 dn	承口平均内径		承口深度 L_{min}
	$d_{sm,min}$	$d_{sm,max}$	
75	75.2	75.5	40
90	90.2	90.5	46
110	110.2	110.6	48
125	125.2	125.7	51
160	160.3	160.7	58
200	200.4	200.9	66
250	250.4	250.9	66
315	315.5	316.0	66

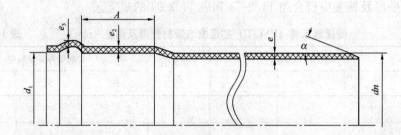

图 14.2-65 弹性密封圈连接型承口（PVC-U 芯层发泡管材）

弹性密封圈连接型承口（PVC-U 芯层发泡管材）尺寸及偏差（mm） 表 **14.2-96**

公称外径 dn	承口端部最小平均内径 $d_{sm,min}$	承口配合深度 A_{min}
75	75.4	20
90	90.4	22
110	110.4	26
125	125.4	26
160	160.5	32
200	200.6	40
250	250.8	70
315	316.0	70
400	401.2	70
500	501.5	80

注：密封圈的几何形状不作规定。

⑤ 管材的同一截面壁厚偏差不得超过 14%，管材的弯曲度应不大于 1%。

（7）硬聚氯乙烯（PVC-U）内螺旋管

1）排水立管

排水立管用硬聚氯乙烯（PVC-U）内螺旋管的规格尺寸见图 14.2-66、表 14.2-97。

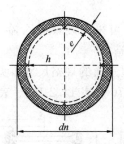

图 14.2-66　排水立管用硬聚氯乙烯
（PVC-U）内螺旋管

排水立管用硬聚氯乙烯（PVC-U）内螺旋管的规格尺寸（mm）　表 14.2-97

公称外径 dn	平均外径 d_{tm}		结构壁厚 e	
	$d_{tm,min}$	$d_{tm,max}$	e_{min}	e_{max}
50	50.0	50.2	2.0	2.4
75	75.0	75.3	2.3	2.7
110	110.0	110.3	3.2	3.8
125	125.0	125.3	3.2	3.8
160	160.0	160.4	4.0	4.6

2）排水横管

排水横管用硬聚氯乙烯（PVC-U）内螺旋管的规格尺寸应符合图 14.2-67、表 14.2-98 的规定。

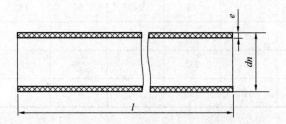

图14.2-67　排水横管用硬聚氯乙烯（PVC-U）内螺旋管

排水横管用硬聚氯乙烯（PVC-U）内螺旋管的规格尺寸（mm）　表 14.2-98

公称外径 dn	平均外径极限偏差	壁厚 e		长度 l	
		基本尺寸	允许偏差	基本尺寸	允许偏差
40	+0.3	2.0	+0.4	4000 或 6000	±10
50	+0.3	2.0	+0.4		
75	+0.3	2.3	+0.4		
110	+0.4	3.2	+0.6		
160	+0.5	4.0	+0.6		
200	+0.6	4.9	+0.8		

3）管件

管道系统连接用的专用管件，可采用硬聚氯乙烯（PVC-U）、玻璃纤维增强聚丙烯（FRPP）等热塑性塑料注塑成型制造。

① 用于接入立管的旋转进水型三通的规格尺寸，见图 14.2-68、表 14.2-99；四通的规格尺寸，见图 14.2-69、图 14.2-70 及表 14.2-100、表 14.2-101。

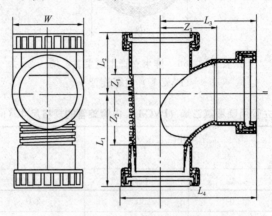

图 14.2-68　中心横向进水型三通

中心横向进水型三通规格尺寸（mm）　　　　　　表 14.2-99

规格	Z_1	Z_2	Z_3	L_1	L_2	L_3	L_4	W
75×50	73.5	30	74	131.5	86.5	110	165	110
75×75	73.5	30	84	131.5	91	143	198	110
110×50	95	31	96	149	96	132	204	144
110×75	84	33	104	148	97	160	232	144
110×110	83	33	113	146	96	176	248	144
160×110	107	54	126	182	129	199	299	200

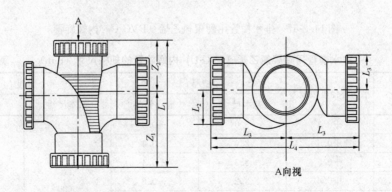

图 14.2-69　中心横向对称进水型四通

中心横向对称进水型四通规格尺寸（mm）　　　表 14.2-100

规格	Z_1	Z_2	L_1	L_2	L_3	L_4
110×110	162	106	268	84	167.5	335
160×110	183	127	310	86	203	406

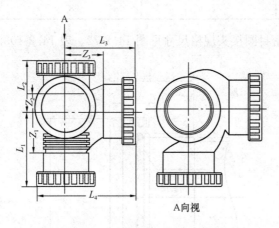

A向视

图 14.2-70　中心横向直角进水型四通

中心横向直角进水型四通规格尺寸（mm）　　　表 14.2-101

规格	Z_1	Z_2	Z_3	L_1	L_2	L_3	L_4
110×110	91	36	115	146	100	179	251
160×110	107	54	107	179	129	199	300

② 横管连接采用螺母挤压密封圈接头管件，其规格尺寸如下：

a. 螺母挤压带止水翼密封圈接头规格尺寸见图 14.2-71、表 14.2-102。

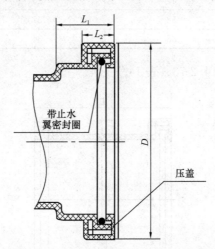

带止水翼密封圈

压盖

图 14.2-71　螺母挤压带止水翼密封圈接头

螺母挤压带止水翼密封圈接头规格尺寸（mm） 表 14.2-102

公称外径 dn	D	L_1	L_2
50	77	25	22
75	111	40	24
110	144	48	29
160	200	58	33

b. 螺母挤压圆形密封圈接头规格尺寸见图 14.2-72、表 14.2-103。

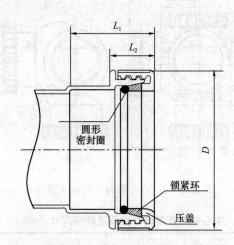

圆形
密封圈

锁紧环

压盖

图 14.2-72 螺母挤压圆形密封圈接头

螺母挤压圆形密封圈接头规格尺寸（mm） 表 14.2-103

公称外径 dn	L_1	L_2	D
50	33	22.5	75.8
75	47	25	102.4
110	58	31	144.2
160	68	34	198.2

c. 管箍规格尺寸见图 14.2-73、表 14.2-104。

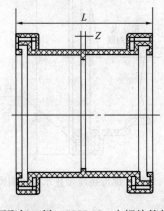

图 14.2-73 硬聚氯乙烯（PVC-U）内螺旋管管件——管箍

硬聚氯乙烯（PVC-U）内螺旋管管件——管箍规格尺寸（mm） 表 14.2-104

规格	Z	L
50	2	76
75	2.5	107.5
110	3.5	122
160	4	134

$d.$ 异径管箍规格尺寸见图 14.2-74、表 14.2-105。

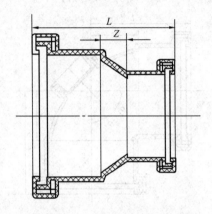

图 14.2-74　硬聚氯乙烯（PVC-U）内螺旋管管件——异径管箍

硬聚氯乙烯（PVC-U）内螺旋管管件——异径管箍规格尺寸（mm） 表 14.2-105

规格	Z	L
50	20	110
75	30	128
110	30	143
160	40	159

$e.$ 45°弯头规格尺寸见图 14.2-75、表 14.2-106。

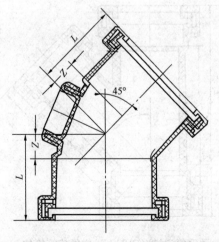

图 14.2-75　硬聚氯乙烯（PVC-U）内螺旋管管件——45°弯头

硬聚氯乙烯（PVC-U）内螺旋管管件——45°弯头规格尺寸（mm）　　表14.2-106

规格	Z	L
50	12	48
75	17	69
110	25	85
160	40	105

f. 90°弯头规格尺寸见图14.2-76、表14.2-107。

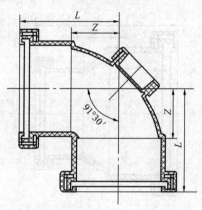

图14.2-76　硬聚氯乙烯（PVC-U）内螺旋管管件——90°弯头

硬聚氯乙烯（PVC-U）内螺旋管管件——90°弯头规格尺寸（mm）　　表14.2-107

规格	Z	L
50	31	67
75	43.5	95.5
110	60.5	120.5
160	87	152

g. 45°斜三通规格尺寸见图14.2-77、表14.2-108。

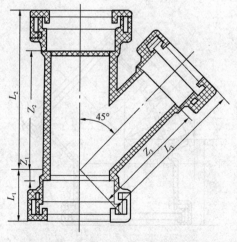

图14.2-77　硬聚氯乙烯（PVC-U）内螺旋管管件——45°斜三通

硬聚氯乙烯（PVC-U）内螺旋管管件——45°斜三通规格尺寸（mm） 表 14.2-108

规格	Z_1	Z_2	Z_3	L_1	L_2	L_3
50×50	14	78	78	38	130	116
75×50	−1	95	98	56	150	136
75×75	18	120	120	56	194	176
110×50	−16	106	130	62	152	168
110×75	−1	131	141	66	196	207
110×110	22	148	145	66	236	211
160×110	−1	182	186	64	240	251
160×160	34	211	211	99	276	276

h. 45°斜三通（上端封闭型）规格尺寸见图 14.2-78、表 14.2-109。

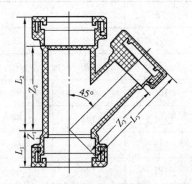

图 14.2-78　硬聚氯乙烯（PVC-U）内螺旋管管件——45°斜三通（上端封闭型）

硬聚氯乙烯（PVC-U）内螺旋管管件——45°斜三通

（上端封闭型）规格尺寸（mm）　　　　　表 14.2-109

规格	Z_1	Z_2	Z_3	L_1	L_2	L_3
50×50	14	78	78	38	130	116
75×50	−1	95	98	56	150	136
75×75	18	120	120	56	194	176
110×50	−16	106	130	62	152	168
110×75	−1	131	141	66	196	207
110×110	22	148	145	66	236	211
160×110	−1	182	186	64	240	251
160×160	34	211	211	99	276	276

i. 45°斜三通（侧端封闭型）规格尺寸见图 14.2-79、表 14.2-110。

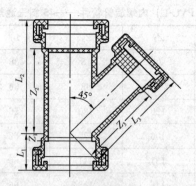

图 14.2-79   硬聚氯乙烯（PVC-U）内螺旋管管件——45°斜三通（侧端封闭型）

硬聚氯乙烯（PVC-U）内螺旋管管件——45°斜三通

（侧端封闭型）规格尺寸（mm）   表 14.2-110

规格	Z_1	Z_2	Z_3	L_1	L_2	L_3
50×50	14	78	78	38	130	116
75×50	−1	95	98	56	150	136
75×75	18	120	120	56	194	176
110×50	−16	106	130	62	152	168
110×75	−1	131	141	66	196	207
110×110	22	148	145	66	236	211
160×110	−1	182	186	64	240	251
160×160	34	211	211	99	276	276

j. 90°顺水三通规格尺寸见图 14.2-80、表 14.2-111。

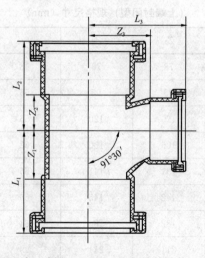

图 14.2-80   硬聚氯乙烯（PVC-U）内螺旋管管件——90°顺水三通

硬聚氯乙烯（PVC-U）内螺旋管管件——90°顺水三通规格尺寸（mm）表 14.2-111

规格	Z_1	Z_2	Z_3	L_1	L_2	L_3
50×50	32	25	36	68	61	74
75×50	33	24	53	86	77	91
75×75	53	30	54	107	84	108
110×50	42	26	80	102	86	117
110×75	52.5	46	86	112.5	106	137
110×110	82	55	93	142	117	155
160×110	68	61	103	133	126	157
160×160	101	83	110	166	149	175

k. 90°顺水三通（上端封闭型）规格尺寸见图 14.2-81、表 14.2-112。

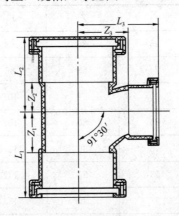

图 14.2-81　硬聚氯乙烯（PVC-U）内螺旋管管件——90°顺水三通（上端封闭型）

硬聚氯乙烯（PVC-U）内螺旋管管件——90°顺水三通（上端封闭型）规格尺寸（mm）　表 14.2-112

规格	Z_1	Z_2	Z_3	L_1	L_2	L_3
50×50	32	25	36	68	61	74
75×50	33	24	53	86	77	91
75×75	53	30	54	107	84	108
110×50	42	26	80	102	86	117
110×75	52.5	46	86	112.5	106	137
110×110	82	55	93	142	117	155
160×110	68	61	103	133	126	157

l. 90°顺水三通（侧端封闭型）规格尺寸见图 14.2-82、表 14.2-113。

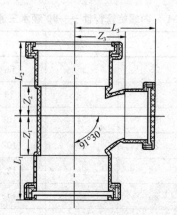

图 14.2-82 硬聚氯乙烯（PVC-U）内螺旋管管件——90°顺水三通（侧端封闭型）

硬聚氯乙烯（**PVC-U**）内螺旋管管件——90°顺水三通
（侧端封闭型）规格尺寸（mm） 表 **14.2-113**

规格	Z_1	Z_2	Z_3	L_1	L_2	L_3
50×50	32	25	36	68	61	74
75×50	33	24	53	86	77	91
75×75	53	30	54	107	84	108
110×50	42	26	80	102	86	117
110×75	52.5	46	86	112.5	106	137
110×110	82	55	93	142	117	155
160×110	68	61	103	133	126	157
160×160	101	84	110	166	149	175

m. 检查口规格尺寸见图 14.2-83、表 14.2-114。

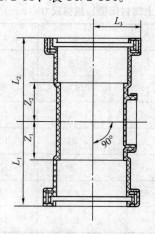

图 14.2-83 硬聚氯乙烯（PVC-U）内螺旋管管件——检查口

硬聚氯乙烯（PVC-U）内螺旋管管件——检查口规格尺寸（mm）   表 14.2-114

规格	Z_1	Z_2	L_1	L_2	L_3
50	30	30	53	86	86
75	40	40	59	93	93
110	65	65	76	125	125
160	80	80	111	154	154

n. 大半径 90°弯头规格尺寸见图 14.2-84、表 14.2-115。

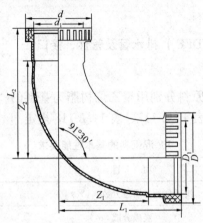

图 14.2-84　硬聚氯乙烯（PVC-U）内螺旋管管件——大半径 90°弯头

硬聚氯乙烯（PVC-U）内螺旋管管件——大半径 90°弯头
规格尺寸（mm）   表 14.2-116

规格	Z_1	Z_2	L_1	L_2	d	d_1	D_1	D
160×110	164	153	238	209	111	144	161	200
200×160	180	205	250	270	161	200	201	215.5

4）螺母挤压密封胶圈

螺母挤压密封胶圈接头应采用与管材配套供应的圆形胶圈或带止水翼的圆形截面，其规格尺寸见图 14.2-85、表 14.2-116。

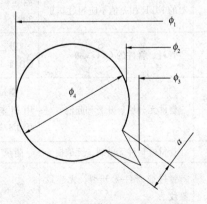

图 14.2-85　带止水翼的密封圈截面

螺母挤压密封胶圈接头规格尺寸（mm）   表 14.2-116

公称外径 dn	ϕ_1	ϕ_2	ϕ_3	ϕ_4	α
50	72.8	60.2	58	63	1.2
75	102.9	89.1	86.1	6.9	1.4
110	126.6	111.5	108	7.5	1.5
160	177.5	161.5	157	8	1.8

14.2.13 高密度聚乙烯（HDPE）排水管及管件、接口

1. 技术要求

用于生产管材及管件的原料分别用聚乙烯树脂为基料的"PE80"或"PE100"混配料，进料的基本性能应符合表 14.2-117、表 14.2-118 规定。

PE 混配料的基本性能要求   表 14.2-117

序 号	项 目	要 求
1	炭黑含量（质量分数）（%）	2.5±0.5
2	炭黑分散	≤等级 3
3	熔体质量流动速率 MFR（5kg，190℃）（g/10min）	0.2≤MFR≤1.1
4	氧化诱导时间 OIT（200℃）（min）	≥20
5	密度（g/cm³）	0.941～0.965

管材、管件的物理性能   表 14.2-118

序号	项目	要求	试验方法
1	管材纵向回缩率（110℃）	≤3%，管材无分层、开裂和起泡	《热塑性塑料管材纵向回缩率的测定》GB/T 6671
2	熔体质量流动速率 MFR（5kg、190℃）（g/10min）	0.2≤MFR≤1.1 管材、管件的 MFR 与原料颗粒的 MFR 相差值不应超过 0.2	《塑料 热塑性塑料熔体质量流动速率（MFR）和熔体体积流动速率（MVR）的测定 第 1 部分：标准方法》GB/T 3682.1
3	氧化诱导时间 OIT（200℃）（min）	管材、管件的 OIT≥20	《聚乙烯管材与管件热稳定性试验方法》GB/T 17391
4	管件加热试验（（110℃±2）℃，1h）	管件无分层、开裂和起泡	《建筑物内污、废水排放（低温和高温）用塑料管道系统. 聚乙烯（PE）》ISO 8770
5	抗冲击强度试验	管材或管件无破裂、无破损	附录 D
6	焊接强度试验	管材或管件无开裂、无连续裂纹	附录 E

序号	项目	要求	试验方法
7	静液压强度试验（80℃，165h，PE 80 为 4.6MPa；PE 100 为 5.5MPa）	管材、管件在试验期间不破裂，不渗漏	《流体输送用热塑性塑料管材耐内压试验方法》GB/T 6111
8	真空试验(23℃，1h，−0.08MPa)	真空压力变化≤0.005MPa	《冷热水用交联聚乙烯（PE-X）管道系统 第2部分：管材》GB/T 18992.2
9	管材环刚度 S_R（kN/m²）	$S_R \geqslant 4$，HDPE 消声管 $S_R \geqslant 12$	《热塑性塑料管材 环刚度的测定》GB/T 9647

电熔管箍应符合以下规定：

（1）采用的缠绕电线外表应有绝缘层；

（2）管箍内部应有限位圈；

（3）管箍的工作电压应为（220±15）V。

2. 执行标准

高密度聚乙烯（HDPE）排水管及管件应符合行业标准《建筑排水用高密度聚乙烯（HDPE）管材及管件》CJ/T 250 的规定。

3. 规格尺寸

（1）管材的规格尺寸

S12.5 管系列尺寸应符合表 14.2-119 的规定。

S12.5 管系列尺寸（mm）　　　　　　　　表 14.2-119

公称外径 dn	外径		壁厚	
	$d_{em, min}$	$d_{em, max}$	$e_{y, min}$	$e_{y, max}$
32	32	32.3	3.0	3.3
40	40	40.4	3.0	3.3
50	50	50.5	3.0	3.3
56	56	56.5	3.0	3.3
63	63	63.6	3.0	3.3
75	75	75.7	3.0	3.3
90	90	90.8	3.5	3.9
110	110	110.8	4.2	4.9
125	125	125.9	4.8	5.5
160	160	161.0	6.2	6.9
200	200	201.1	7.7	8.7
250	250	251.3	9.6	10.8
315	315	316.5	12.1	13.6

S16 管系列尺寸应符合表 14.2-120 的规定。

S16 管系列尺寸（mm）　　　　　表 14.2-120

公称外径 dn	外径		壁厚	
	$d_{em, min}$	$d_{em, max}$	$e_{y, min}$	$e_{y, max}$
200	200	201.1	6.2	6.9
250	250	251.3	7.8	8.6
315	315	316.5	9.8	10.8

管材的应用选择应符合表 14.2-121 的规定。

高密度聚乙烯管材应用选择　　　　　表 14.2-121

公称外径 dn（mm）	管系列	应用领域
32～315	S12.5 HDPE 管	B, BD
200～315	S16 HDPE 管	B
56～160	S12.5 HDPE 消音管	B

注：1. "B" 用于建筑物污水、废水、重力雨水排放；"BD" 除了用于应用领域 "B"，还能用于虹吸式屋面雨水系统和 87 斗雨水系统。

　　2. 虹吸式屋面雨水系统和 87 斗雨水系统应选用 S12.5 管系列 "BD" 标识的管材。

（2）管件的规格尺寸

管件尺寸应符合表 14.2-119、表 14.2-120 及表 14.2-122～表 14.2-124 中外径、壁厚的要求，且管件壁厚不小于配套的管材壁厚；对于提供异径的管件，管件端面尺寸应符合表 14.2-119 和表 14.2-120 中的要求，但管件的壁厚允许从一种壁厚逐渐过渡到另一种壁厚。建筑排水 HDPE 消音管件规格应符合本规程附录 A 的要求。以下 13 种常见管件见附录 B（其中 1）～5）管件可用于应用领域 "B" 和 "BD"，6）～13）管件只用于应用领域 "B"），符合产品标准的其他类型管件也允许使用。

1）弯头

固定的公称角度 α：45°（135°）、91.5°（88.5°）

如需其他角度，应由生产商和采购者协商确定。

2）三通

固定的公称角度 α：45°（135°）、60°、91.5°（88.5°）

如需其他角度，应由生产商和采购者协商确定。

3）异径接头

同心和偏心异径接头

4）检查口

固定的公称角度 α：45°、90°

5）电熔管箍

6）膨胀伸缩节

7）苏维托

8）球形四通

9）密封圈承插接头

10）H形连接管

11）立管通气帽

12）P形存水弯

13）S形存水弯

14）电熔管箍承口尺寸（见图 14.2-86）应符合表 14.2-122 的规定，电熔管箍承口的平均内径由生产厂决定。

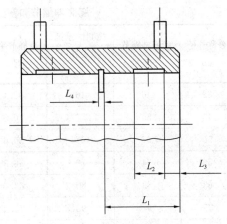

图 14.2-86　电熔管箍承口

电熔管箍承口尺寸（mm）　　　　　表 **14.2-122**

公称外径 dn	管箍外径 d_e	电熔管箍承插嵌入深度 $L_{1,\,min}$	电熔管箍熔融段长度 $L_{2,\,min}$	电熔管箍承口未加热段长度 $L_{3,\,min}$	电熔管箍限位圈长度 $L_{4,\,min}$
40	52	20	10	5	3
50	62	20	10	5	3
56	68	20	10	5	3
63	76	23	10	5	3
75	89	25	10	5	3
90	104	25	10	5	3
110	125	28	15	5	3
125	142	28	15	5	3
160	178	28	15	5	3
200	224	50	25	5	—
250	275	60	25	5	—
315	343	70	25	5	—

15）膨胀伸缩节和密封圈承插接头承口尺寸（见图 14.2-87）应符合表 14.2-123 和表 14.2-124 的规定。

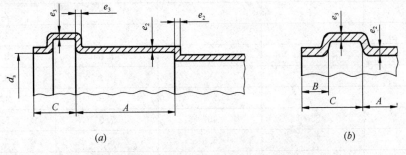

(a)　　　　　　　　　　　(b)

图 14.2-87　膨胀伸缩节和密封圈承插接头承口

（a）膨胀伸缩节承口；（b）密封圈承插接头承口

膨胀伸缩节和密封圈承插接头承口尺寸（mm）　　　表 14.2-123

公称外径 dn	膨胀伸缩节外径 d_e	密封圈承插接头外径 d_e	承插节平均内径 d_{sm}	膨胀伸缩节接合长度 A_{min}	密封圈承插接头接合长度 A_{min}	引入长度 B_{min}	密封区深度 C_{max}
32	46	46	32.4	65	28	5	25
40	55	57	40.5	84	28	5	26
50	67	67	50.6	85	28	5	28
56	74	72	56.6	86	30	5	30
63	83	80	63.7	87	31	5	31
75	97	92	75.8	88	33	5	33
90	113	108	91.0	89	36	5	36
110	136	131	111.1	91	40	6	40
125	157	149	126.3	93	43	7	43
160	195	188	161.5	96	50	9	50
200	250	250	201.9	100	58	12	58
250	291	290	252.4	105	68	18	68
315	361	360	318.0	111	81	20	81

注：1. d_{sm}是由 d_s 测量而计算的平均值。

　　2. 膨胀伸缩节和密封圈承插接头仅适用于应用领域"B"。

膨胀伸缩节和密封圈承插接头壁厚尺寸（mm）　　　表 14.2-124

公称外径 dn	管系列 S16		管系列 S12.5	
	壁厚			
	$e_{2,min}$	$e_{3,min}$	$e_{2,min}$	$e_{3,min}$
32	—	—	2.7	2.3
40	—	—	2.7	2.3
50	—	—	2.7	2.3
56	—	—	2.7	2.3
63	—	—	2.7	2.3
75	—	—	2.7	2.3
90	—	—	3.2	2.7
110	—	—	3.8	3.2
125	—	—	4.4	3.6
160	—	—	5.6	4.7
200	5.6	4.7	7.0	5.8
250	7.0	5.8	8.7	7.2
315	8.8	7.3	10.9	9.1

（3）连接方法

HDPE 管道的连接有对焊连接、电熔连接、密封圈承插连接、螺纹件连接、伸缩承插连接、法兰连接、卡箍连接。

当管道需预制安装或操作空间允许时，宜采用对焊连接方式。

当管道需现场焊接、改装、加补安装、修补或在狭窄空间安装管道时，宜采用电熔管箍连接方式。

当用于要求便于拆卸的场所时，宜采用螺纹件连接或法兰连接。

当与存水弯、淋浴盆连接时，宜采用螺纹件或密封圈承插连接。

当 HDPE 管与钢管、铸铁管连接时，可采用卡箍连接。

14.2.14 聚丙烯（PP）排水管及管件、接口

1. 埋地聚丙烯（PP）双壁波纹管

（1）管材标准

埋地聚丙烯（PP）双壁波纹管道及管件应符合国家标准《埋地排水排污用聚丙烯（PP）结构壁管道系统　第1部分：聚丙烯双壁波纹管材》GB/T 35451.1 的规定。

（2）管材规格尺寸

1）管材结构

管材结构见图 14.2-88。

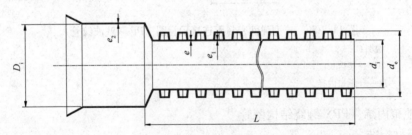

图 14.2-88　典型的埋地聚丙烯（PP）双壁波纹管材结构形式示意图

2）规格尺寸

管材规格尺寸见表 14.2-125。

埋地聚丙烯（PP）双壁波纹管材规格尺寸（mm）　　　　表 14.2-125

公称内径 DN/ID	最小平均内径 $d_{im,min}$	最小层压壁厚 e_{min}	承口最小接合长度 A_{min}	最小内层壁厚 $e_{1,min}$
100	95	1.0	32	1.0
125	120	1.2	38	1.0
150	145	1.3	43	1.0
200	195	1.5	54	1.1
225	220	1.7	55	1.2
250	245	1.8	59	1.4
300	294	2.0	64	1.4

续表

公称内径 DN/ID	最小平均内径 $d_{im,min}$	最小层压壁厚 e_{min}	承口最小接合长度 A_{min}	最小内层壁厚 $e_{1,min}$
400	392	2.5	74	2.0
500	490	3.0	85	2.2
600	588	3.5	96	2.5
800	785	4.5	118	3.0
1000	985	5.0	140	4.0
1200	1185	5.0	162	4.0

（3）连接方式

管材的连接使用弹性密封圈连接方式。典型的弹性密封圈连接方式见图 14.2-89。

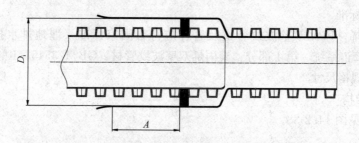

图 14.2-89　典型弹性密封圈连接示意图（PP 双壁波纹管）

说明：

A——接合长度；

D_1——承口内径。

2. 埋地聚丙烯（PP）缠绕结构壁管

（1）管材标准

埋地聚丙烯（PP）缠绕结构壁管道及管件应符合国家标准《埋地排水排污用聚丙烯（PP）结构壁管道系统 第 2 部分：聚丙烯缠绕结构壁管材》GB/T 35451.2 的相关规定。

（2）管材规格尺寸

1）管材结构

管材结构见图 14.2-90～图 14.2-93。

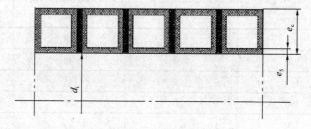

图 14.2-90　A 型 PP 缠绕结构壁管的典型示例 1

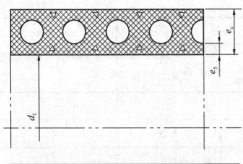

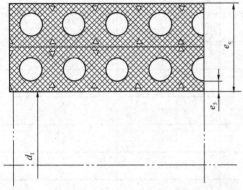

图 14.2-92 B型 PP 缠绕结构壁管的典型示例 1

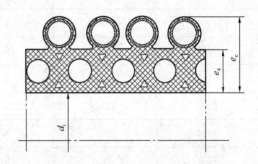

图 14.2-91 A型 PP 缠绕结构壁管的典型示例 2　　图 14.2-93 B型 PP 缠绕结构壁管的典型示例 2

2）管材规格尺寸

管材规格尺寸见表 14.2-126。

埋地聚丙烯（PP）缠绕结构壁管材规格尺寸（mm）　　　　表 14.2-126

公称内径 DN/ID	最小平均内径 $d_{\text{im,min}}$	壁厚		最小接合长度[a] A_{min}
		A 型 $e_{5,\text{min}}$	B 型 $e_{4,\text{min}}$	
200	195	1.1	1.5	54
300	294	1.7	2.0	64
400	392	2.3	2.5	74
500	490	3.0	3.0	85
600	588	3.5	3.5	96
800	785	4.5	4.5	118
1000	985	5.0	5.0	140
1200	1185	5.0	5.0	162
1300	1285	5.0	6.5	—
1400	1385	5.0	7.0	—

续表

公称内径 DN/ID	最小平均内径 $d_{im,min}$	壁厚		最小接合长度[a] A_{min}
		A 型 $e_{5,min}$	B 型 $e_{4,min}$	
1500	1485	5.0	7.5	—
1600	1585	5.0	8.0	—
1700	1685	5.0	8.5	—
1800	1785	5.0	9.0	—
1900	1885	5.0	9.5	—
2000	1985	5.0	10.0	—
2100	2085	5.0	10.0	—
2200	2185	5.0	10.0	—
2300	2285	5.0	10.0	—
2400	2385	5.0	10.0	—
2500	2485	5.0	10.0	—
2600	2585	5.0	10.0	—
2700	2685	5.0	10.0	—
2800	2785	5.0	10.0	—
2900	2885	5.0	10.0	—
3000	2985	5.0	10.0	—
3100	2085	5.0	10.0	—
3200	3185	5.0	10.0	—
3300	3285	5.0	10.0	—
3400	3385	5.0	10.0	—
3500	3485	5.0	10.0	—
3600	3585	5.0	10.0	—

　　a 当 $DN/ID \geqslant 600mm$ 时，最小接合长度可小于表中要求，但最低不应小于 85mm，并在管材上标识"短承口"。

（3）连接方式

　　管材、管件可采用弹性密封圈连接方式、承插口电熔焊接连接方式或挤出焊连接方式。也可采用其他连接方式。典型的弹性密封圈连接方式见图 14.2-94。

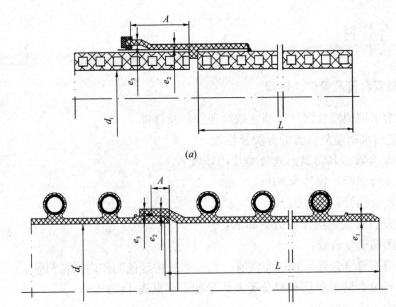

(a)

(b)

图 14.2-94 典型弹性密封圈连接示意图（PP 缠绕结构壁管）

(a) 典型弹性密封圈连接示意图Ⅰ；(b) 典型弹性密封圈连接示意图Ⅱ

典型的承插口电熔焊接连接方式见图 14.2-95。

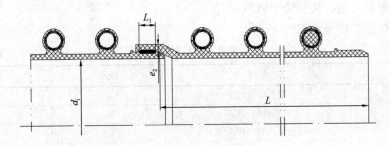

图 14.2-95 典型承插口电熔焊接连接示意图（PP 缠绕结构壁管）

典型的挤出焊连接方式见图 14.2-96。

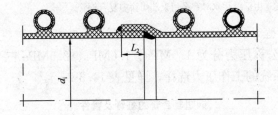

图 14.2-96 典型挤出焊连接示意图（PP 缠绕结构壁管）

14.3　复合管材

14.3.1　钢塑复合管及管件、接口

1. 建筑给水钢塑复合管（衬塑管或涂塑管）及管件

（1）建筑给水钢塑复合管的分类及性能

1）钢塑复合管按其防腐形式分类及代号如下：

① 衬塑复合钢管，代号为 SP-C；

② 涂塑复合钢管，代号为 SP-T。

2）钢塑复合管按输送介质分类如下：

① 冷水用钢塑复合管；

② 热水用钢塑复合管，外表面宜有红色标志或按红色制作内衬塑料管。

3）按钢塑复合管的塑层材料分类及代号如下（见表 14.3-1）：

① 聚乙烯，代号为 PE；

② 耐热聚乙烯，代号为 PE-RT；

③ 交联聚乙烯，代号为 PE-X；

④ 聚丙烯，代号为 PP；

⑤ 硬聚氯乙烯，代号为 PVC-U；

⑥ 氯化聚氯乙烯，代号为 PVC-C；

⑦ 环氧树脂，代号为 EP。

内涂（衬）材料　　　　　　　　　　　表 14.3-1

管材	塑料	冷水	热水
涂塑复合钢管	聚乙烯（PE）	✓	—
	环氧树脂（EP）	✓	—
衬塑复合钢管	硬聚氯乙烯（PVC-U）	✓	—
	聚乙烯（PE）	✓	—
	耐热聚乙烯（PE-RT）	✓	✓
	无规共聚聚丙烯（PP-R）	✓	✓
	交联聚乙烯（PE-X）	✓	✓

注：采用涂塑复合钢管输送生活饮用水时宜采用聚乙烯涂塑复合钢管。

4）按公称压力分类

① 钢塑复合管按公称压力分为 1.0MPa、1.6MPa、2.5MPa 三个等级，钢塑复合管的基管和管件应根据系统的工作压力选择，详见表 14.3-2。

钢塑复合管的基管及管件　　　　　　　　表 14.3-2

基管/管件	工作压力 PD（MPa）
焊接钢管/可锻铸铁衬塑管件	$PD \leqslant 1.0$
无缝钢管/无缝钢管件或球墨铸铁衬塑管件	$1.0 < PD \leqslant 1.6$
无缝钢管/无缝钢管件或铸钢衬塑管件	$1.6 < PD \leqslant 2.5$

② 基管壁厚应根据工作压力选择。当 $DN \leqslant 150\text{mm}$ 且 $PD \leqslant 0.6\text{MPa}$ 时，建议采用普通钢管；当 $DN \leqslant 150\text{mm}$ 且 $0.6\text{MPa} < PD \leqslant 1.0\text{MPa}$，建议选择加厚钢管

（2）管材及管件标准

1）产品标准：《钢塑复合管》GB/T 28897、《给水涂塑复合钢管》CJ/T 120、《给水衬塑可锻铸铁管件》CJ/T 137、《沟槽式管接头》CJ/T 156。

2）工程应用应符合行业标准《建筑给水复合管道工程技术规程》CJJ/T 155 的规定，并可参照《建筑给水钢塑复合管管道工程技术规程》CECS 125 执行。

（3）管材规格尺寸及性能

1）钢塑复合管（内衬塑）结构见图 14.3-1。

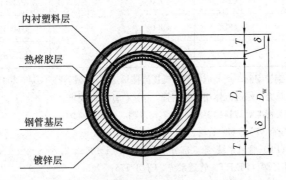

图 14.3-1　钢塑复合管（内衬塑）剖面图

2）钢塑复合管（内衬塑）尺寸见表 14.3-3。

钢塑复合管（内衬塑）尺寸　　　　　　　　　　表 14.3-3

公称直径 DN（mm）	内径 D_j（mm）	钢管外径 D_w（mm）	基管壁厚 T（mm）	内衬塑层厚度（mm）	理论质量（kg/m）	备注
15	15.7	21.3	2.8		1.33	
20	21.3	26.9	2.8		1.73	
25	27.3	33.7	3.2		2.57	
32	35.4	42.4	3.5	1.5±0.2	3.32	
40	41.3	48.3	3.5		4.07	
50	52.7	60.3	3.8		5.17	镀锌普通钢管
65	68.1	76.1	4.0		7.04	
80	80.9	88.9	4.0		8.84	
100	106.3	114.3	4.0	2.0±0.2	11.50	
125	131.7	139.7	4.0		16.34	
150	159.3	168.3	4.5	2.5±0.2	18.80	

续表

公称直径 DN (mm)	内径 D_j (mm)	钢管外径 D_w (mm)	基管壁厚 T (mm)	内衬塑层厚度 (mm)	理论质量 (kg/m)	备　注
200	207.1	219.1	6.0	2.5~0.5	31.52	
250	261	273	6.0	3.0~0.5	39.51	
300	311	325	7.0		54.89	非镀锌管壁厚可根
350	361	377	8.0		72.80	据实际情况作
400	408	426	9.0	3.5~0.5	92.55	调整
450	462	480	9.0		104.53	
500	509	529	10.0		127.99	

注：1. 表中基管按焊接钢管编制，产品应符合《低压流体输送用焊接钢管》GB/T 3091 的要求。基管也可采用无缝钢管，产品应符合《输送流体用无缝钢管》GB/T 8163 的要求。

　　2. 内衬塑应符合相关标准对塑料的要求：

　　《给水用硬聚氯乙烯（PVC-U）管材》GB/T 10002.1；

　　《给水用聚乙烯（PE）管道系统　第 2 部分：管材》GB/T 13663.2；

　　《冷热水用耐热聚乙烯（PE-RT）管道系统》CJ/T 175；

　　《冷热水用交联聚乙烯（PE-X）管道系统　第 2 部分：管材》GB/T 18992.2；

　　《冷热水用聚丙烯管道系统　第 2 部分：管材》GB/T 18742.2 中有关 PP-R 的内容；

　　《冷热水用氯化聚氯乙烯（PVC-C）管道系统　第 2 部分：管材》GB/T 18993.2。

　　3. 外防腐要求：涂塑时应符合《给水涂塑复合钢管》CJ/T 120 的要求

　　亦可采用内衬塑外层涂环氧树脂的钢塑复合管（潮湿环境下加强外层防腐能力，工艺环保，便于后期维修）。

　　4. 管两端可加工为承口、沟槽和法兰。

3）钢塑复合管（涂塑）结构见图 14.3-2。

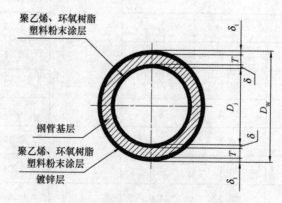

图 14.3-2　钢塑复合管（涂塑）剖面图

4）钢塑复合管（涂塑）尺寸见表 14.3-4。

钢塑复合管（涂塑）尺寸（mm）　　　　表 14.3-4

公称直径 DN	内面塑料涂层厚		外面塑料涂层厚					
			聚乙烯			环氧树脂		
	聚乙烯	环氧树脂	普通级	加强级		普通级	加强级	
15～65	>0.4	>0.3	>0.5	>0.6		>0.3	>0.35	
80～150	>0.5	>0.35	>0.6	>1.0		>0.35	>0.4	
200～300	>0.6	>0.35	>0.8	>1.2		>0.35	>0.4	
350～500	>0.6	>0.35	>0.8	>1.3		>0.35	>0.4	
550、600	>0.8	>0.4	>1.0	>1.5		>0.4	>0.45	

注：1. 焊接钢管：直缝焊接钢管基材按国家标准《低压流体输送用焊接钢管》GB/T 3091 执行；钢管基管按行业标准《普通流体输送管道用埋弧焊钢管》SY/T 5037 执行。
　2. 无缝钢管：基管按国家标准《输送流体用无缝钢管》GB/T 8163 执行。
　3. 焊管管长一般为 6m，若定制需在工厂加工，严禁在工地现场进行加工，以防破坏涂层。
　4. 特殊壁厚可咨询生产厂。
　5. 管两端可加工为沟槽和法兰。
　6. 给水涂塑宜采用外镀锌内涂 PE（聚乙烯），按行业标准《给水涂塑复合钢管》CJ/T 120 执行。
　7. 涂塑复合管不宜采用外镀锌内涂 EP（环氧树脂）。
　8. 雨水用涂塑钢管宜采用内外涂 EP（环氧树脂）。

（4）钢塑复合管连接方式和配套管件

当衬塑钢管 DN≤100mm、系统工作压力≤1.0MPa 时，宜采用螺纹连接；当系统工作压力>1.0MPa 或 DN≥50mm 时，宜采用沟槽连接或法兰连接。当系统工作压力≤1.0MPa 时，宜采用焊接钢管；当系统工作压力>1.0MPa 时，宜采用无缝钢管。见图 14.3-3。

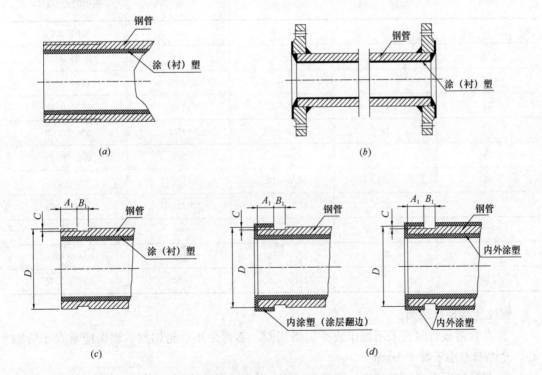

图 14.3-3　钢塑复合管管材常用连接方式

（a）内涂（衬）塑螺纹连接管材；（b）内涂（衬）塑法兰连接管材；（c）内涂（衬）塑沟槽连接管材；
（d）内（内外）涂塑沟槽连接管材

管件种类：按连接方式和适用管材规格不同，分为丝扣管件（$dn15\sim100$）、沟槽管件（$dn50\sim400$）、法兰配件。

1）钢塑复合管螺纹连接技术要求

螺纹连接示意图见图 14.3-4；标准旋入牙数及标准紧固扭矩见表 14.3-5。

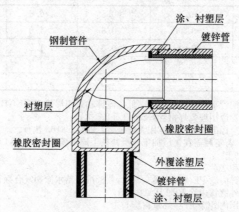

图 14.3-4　钢塑复合管螺纹连接示意图

标准旋入牙数及标准紧固扭矩　　　　　　　　表 14.3-5

公称直径 DN （mm）	旋入		扭矩 （N·m）	管子钳规格 （mm）× 施加的力 （kN）
	长度 （mm）	牙数		
15	11	6.0~6.5	40	350×0.15
20	13	6.5~7.0	60	350×0.25
25	15	6.0~7.5	100	450×0.30
32	17	7.0~7.5	120	450×0.35
40	18	7.0~7.5	150	600×0.30
50	20	9.0~9.5	200	600×0.40
65	23	10.0~10.5	250	900×0.35
80	27	11.5~12.0	300	900×0.40
100	33	13.5~14.0	400	1000×0.50
125	35	15.0~16.0	500	1000×0.60
150	35	15.0~16.0	600	1000×0.70

螺纹连接操作说明：

① 直管需截管时宜采用锯床或手工锯切割，不得采用砂轮切割。锯面应垂直于管轴心，允许偏差小于等于 1mm。

② 套丝应采用自动套丝机，圆锥形管螺纹应符合现行国家标准《55°密封管螺纹　第2部分：圆锥内螺纹与圆锥外螺纹》GB/T 7306.2 的要求。

③ 衬塑管的管端应采用专用铰刀进行清理加工，将衬塑层按其厚度的 1/2 进行倒角，

倒角坡度宜为 $10°\sim15°$；涂塑管应采用削刀削成内倒角。

④ 管端、管螺纹清理加工后，宜采用防锈密封胶和聚四氟乙烯生料带缠绕螺纹。

⑤ 管端、管螺纹套丝后，经清理防腐，主管壁上标记拧入深度。

⑥ 管道与管件连接前，应检查衬塑可锻铸铁管件内橡胶密封圈或厌氧密封胶。

⑦ 用手拧上管件的管端丝扣，再确认管件接口已插入衬（涂）塑管后，用管子钳按表 14.3-5 中数值进行管道和管件的连接，但不得逆向旋转。

⑧ 管道连接后，外露的螺纹部分及证明有钳痕和表面损伤的部位应涂防锈密封胶。

⑨ 厌氧密封胶密封的管接头，养护期不得少于 24h，养护期间不得进行试压。

⑩ 钢塑复合管不得与阀门、给水栓直接连接。应采用黄铜质内衬塑的内外螺纹专用过渡接头或端面防腐圈。

2）钢塑复合管沟槽连接技术要求

沟槽连接示意图见图 14.3-5。

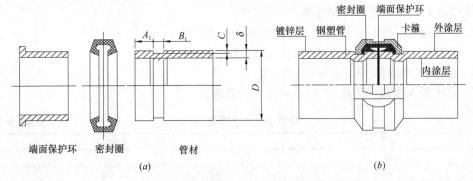

图 14.3-5　钢塑复合管沟槽连接示意图

(a) 钢塑复合管滚槽；(b) 钢塑复合管沟槽接头安装

① 沟槽连接方式适用于公称直径不小于 50mm 的涂（衬）塑钢管的连接。

② 沟槽式管接头应符合现行行业标准《沟槽式管接头》CJ/T 156 的要求。

③ 沟槽式管接头的工作压力应与管道工作压力相匹配。

④ 用于输送热水的沟槽式管接头应采用耐温型橡胶密封圈，材质应符合《生活饮用水输配水设备及防护材料安全性评价标准》GB/T 17219 的要求。

⑤ 对衬塑复合钢管，当采用现场加工沟槽并进行管道安装时，其施工应符合下列要求：

a. 应优先采用成品沟槽式涂塑管件；

b. 连接管段的长度应是管段两端口间净长度减去 $6\sim8$mm 断料，每个连接口之间应有 $3\sim4$mm 间隙并用钢印编号；

c. 应采用机械截管，截面应垂直于轴心，允许偏差为：管径不大于 100mm 时，偏差不大于 1mm；管径大于 125mm 时，偏差不大于 1.5mm；

d. 管外壁断面应用机械加工 1/2 壁厚的圆角；

e. 应用专用滚槽机压槽，压槽时管段应保持水平，钢管与滚槽机止面成 $90°$；压槽时应持续渐进，槽深应符合表 14.3-6 的要求；并应用标准量规测量槽的全周深度，如沟槽过浅，应调整压槽机后再行加工；

沟槽标准深度及公差（mm）　　　　　　表 14.3-6

管　径	沟槽深	公　差
≤80	2.20	+0.3
100~150	2.20	+0.3
200~250	2.50	+0.3
300	3.00	+0.5

f. 与橡胶密封圈接触的管外端应平整光滑，不得有划伤橡胶圈或影响密封的毛刺。

⑥ 给水涂塑管管段在涂塑前应定制标准沟槽，涂塑加工应符合《给水涂塑复合钢管》CJ/T 120 的有关要求，两端带沟槽的涂塑钢管应在涂塑前对基管沟槽进行加工，钢管涂塑后不得进行沟槽加工，沟槽加工应符合《沟槽式管接头》CJ/T 156 的规定。

⑦ 管段涂塑除涂内壁外，还应涂管口端和管端外壁与橡胶密封圈接触部位。

⑧ 衬（涂）塑复合钢管的沟槽连接应按下列程序进行：

a. 检查橡胶密封圈是否匹配，涂润滑剂，并将其套在一根管段的末端；将对接的另一根管段套上，将橡胶密封圈移至连接段中央。

b. 将卡箍套在橡胶密封圈外，并将边缘卡入沟槽中。

c. 将带变形块的螺栓插入螺栓孔，并将螺母旋紧。

注：应对称交替旋紧，防止橡胶密封圈起皱。

⑨ 管道最大支承间距应符合表 14.3-7 的要求。

管道最大支承间距（m）　　　　　　表 14.3-7

管径（mm）	最大支承间距（m）
65~100	3.5
125~200	4.2
250~315	5.0

注：1. 横管的任何两个接头之间应有支承。

2. 不得支承在接头上。

⑩ 在安装过程中可能会对涂塑层造成损伤，请使用同样材质的防腐材料做好涂层修补工作。

⑪ 沟槽连接管道，无须考虑管道因热胀冷缩的补偿。

⑫ 埋地管用沟槽式卡箍接头时，其防腐措施应与管道部分相同。

⑬ 沟槽连接或螺纹连接时（如与非配套管件连接时）必须安装沟槽式或丝扣式管帽（端面防腐圈见图 14.3-6、图 14.3-7），防腐圈尺寸见表 14.3-8。

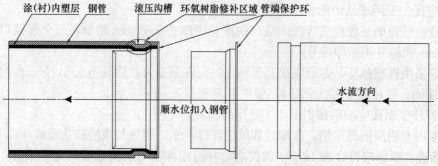

图 14.3-6　端面防腐圈安装示意图

常规工序是先沟槽再涂塑；若先涂塑再沟槽，如果发生了破坏沟槽端面的情况，会涂环氧树脂对端面区域进行修补。

修补用液体环氧树脂，按 A、B 各 50％ 进行调合，在 20min 以内涂在修补处或防腐处。

待环氧树脂完全固化（不黏手）后，顺水位扣入断面防腐圈。

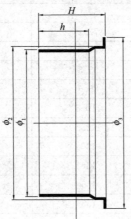

图 14.3-7　端面防腐圈

防腐圈尺寸（mm）　　　　　　　　　　　　　　　　　表 14.3-8

公称尺寸 DN	ϕ_1	ϕ_2	ϕ_3	h	H
80	73	79	89	16	26
100（108）	91	98.1	108	19	30
100（114）	98	105.8	114.3	19	30
125（133）	116	123	133	19	30
125（140）	123	130	140	19	30
150（159）	142.1	149	159.5	19	30
150（165）	146.1	154	165	19	30
200	197.9	206	219.7	25.5	37.5
250	246.5	252	273	24	38
300	295	301	325.5	24.5	39.5
350	348	357	377	23	40

2. 钢塑复合管管端保护环

管端保护环为厚度 0.8～1.0mm 的不锈钢衬套，适用于公称直径 $DN \geqslant 50$mm 的钢塑复合管明装、地埋供水管道的沟槽连接。其规格尺寸见图 14.3-8 和表 14.3-9。

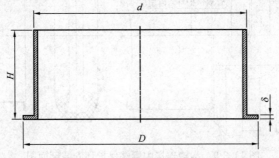

图 14.3-8　管端保护环剖面图

管端保护环规格尺寸（mm）   表 14.3-9

序号	d	D	H	δ
	（±0.3）	（±0.3）	（±1）	（0，−0.1）
1	38	42	40	0.8
2	49	57.5	40	0.8
3	50.8	57.5	40	0.8
4	64.5	72.5	40	0.8
5	65.5	72.5	40	0.8
6	76	85.5	40	0.8
7	78.5	85.5	40	0.8
8	101	110.5	40	0.8
9	103	110.5	40	0.8
10	126	136	40	0.8
11	128	136	40	0.8
12	144	155	40	0.8
13	146	155	40	0.8
14	149	162	40	0.8
15	151	162	40	0.8
16	152	162	40	0.8
17	200	215	50	0.8
18	203	215	50	0.8
19	205	215	50	0.8
20	254	269	50	0.8

　　钢塑复合管安装连接时采用保护环对管端进行保护，能有效避免现场压槽施工对端部内塑层的破坏，再配合液体环氧树脂对管端面进行涂覆防护，隔绝了输送介质与钢塑管切割端面接触，能有效杜绝管道内输送介质渗入管端。当钢塑复合管采用沟槽连接时使用管端保护环可大大提高钢塑管管路系统的可靠性与寿命。如图 14.3-9 所示。

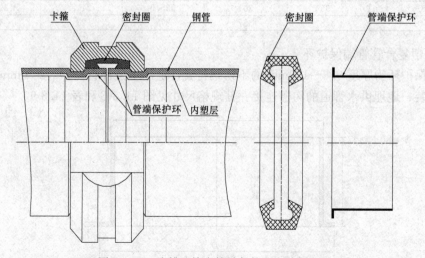

卡箍　密封圈　钢管　　密封圈　管端保护环

管端保护环　内塑层

图 14.3-9　沟槽连接中管端保护环安装剖面图

14.3.2 建筑给水钢塑复合压力管（PSP）及管件、接口

1. 建筑给水钢塑复合压力管（PSP）的分类及性能

（1）按用途分类

钢塑复合压力管按用途分类及代号如下：

1）冷水、饮用水用复合管，代号 L；

2）热水、供暖用复合管，代号 R；

3）特种流体用复合管，代号 T；

4）排水用复合管，代号 P。

（2）按公称压力分类

钢塑复合压力管按公称压力分为 1.25MPa、1.6MPa、2.0MPa、2.5MPa 四个等级，按输送流体及公称压力，其品种见表 14.3-10。

钢塑复合压力管品种分类　　　　　　　　　　　　　表 14.3-10

用途	用途代号	塑料代号	长期工作温度 T_0（℃）	公称压力 PN（MPa）			
				1.25	1.6	2.0	2.5
				最大允许工作压力 P_0（MPa）			
冷水、饮用水	L	PE	≤40	1.25	1.60	2.00	2.50
热水、供暖	R	PE-RT；PE-X；PPR	≤80	1.00	1.25	1.60	2.00
特种流体[a]	T	PE	≤40	1.25	1.60	2.00	2.50
		PE-RT；PE-X；PPR	≤80	1.00	1.25	1.60	2.00
排水	P	PE	≤65[b]	1.25	1.60	2.00	2.50

a 系指和复合管所采用塑料所接触传输介质抗化学药品性能相一致的特种流体。

b 瞬时排水温度不超过 95℃。

注：当输送易在管内产生相变的流体时，管道系统中因相变产生的膨胀力不应超过最大允许工作压力或者在管道系统中采取防止相变的措施。

2. 管材及管件标准

（1）建筑给水钢塑复合压力管应符合行业标准《钢塑复合压力管》CJ/T 183、《钢塑复合压力管用管件》CJ/T 253 的规定。

（2）工程应用可参照《给水钢塑复合压力管管道工程技术规程》CECS 237 执行。

3. 管材规格尺寸

钢塑复合压力管结构见图 14.3-10。钢塑复合压力管规格尺寸见表 14.3-11。

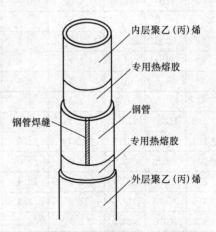

内层聚乙（丙）烯

专用热熔胶

钢管

钢管焊缝

专用热熔胶

外层聚乙（丙）烯

图 14.3-10　钢塑复合压力管结构

钢塑复合压力管（PSP）规格尺寸（mm）　　　　表 14.3-11

公称外径 dn	最小平均外径	最大平均外径	公称压力（MPa）							
			1.25				1.6			
			内层聚乙（丙）烯最小厚度	钢带最小厚度	外层聚乙（丙）烯最小厚度	管壁厚	内层聚乙（丙）烯最小厚度	钢带最小厚度	外层聚乙（丙）烯最小厚度	管壁厚
25	25.0	25.3	—	—	—	—	1.0	0.2	0.6	2.5
32	32.0	32.3	—	—	—	—	1.2	0.3	0.7	3.0
40	40.0	40.4	—	—	—	—	1.3	0.3	0.8	3.5
50	50.0	50.5	1.4	0.3	1.0	3.5	1.4	0.4	1.1	4.0
63	63.0	63.6	1.6	0.4	1.1	4.0	1.6	0.5	1.2	4.5
75	75.0	75.7	1.6	0.5	1.1	4.0	1.7	0.6	1.4	5.0
90	90.0	90.8	1.7	0.6	1.2	4.5	1.8	0.7	1.5	5.5
110	110.0	110.9	1.8	0.7	1.3	5.0	1.9	0.8	1.7	6.0
160	160.0	161.6	1.8	1.0	1.5	5.5	1.9	1.3	1.7	6.5
200	200.0	202.0	1.8	1.3	1.7	6.0	2.0	1.7	1.7	7.0
250	250.0	252.4	1.8	1.6	1.9	6.5	2.0	2.1	1.9	8.0
315	315.0	317.6	1.8	2.0	1.9	7.0	2.0	2.7	1.9	8.5
400	400.0	403.0	1.8	2.6	2.0	7.5	2.0	3.4	2.0	9.5

公称外径 dn	最小平均外径	最大平均外径	公称压力（MPa）							
			2.0				2.5			
			内层聚乙（丙）烯最小厚度	钢带最小厚度	外层聚乙（丙）烯最小厚度	管壁厚	内层聚乙（丙）烯最小厚度	钢带最小厚度	外层聚乙（丙）烯最小厚度	管壁厚
20	20.0	20.3	0.8	0.2	0.4	2.0	0.8	0.3	0.4	2.0
25	25.0	25.3	1.0	0.3	0.6	2.5	1.0	0.4	0.6	2.5
32	32.0	32.3	1.2	0.3	0.7	3.0	1.2	0.4	0.7	3.0
40	40.0	40.4	1.3	0.4	0.8	3.5	1.3	0.5	0.8	3.5
50	50.0	50.5	1.4	0.5	1.5	4.5	1.4	0.6	1.5	4.5
63	63.0	63.6	1.7	0.6	1.7	5.0	—	—	—	—
75	75.0	75.7	1.9	0.6	1.9	5.5	—	—	—	—
90	90.0	90.8	2.0	0.8	2.0	6.0	—	—	—	—
110	110.0	110.9	2.0	1.0	2.2	6.5	—	—	—	—
160	160.0	161.6	2.0	1.6	2.2	7.0	—	—	—	—
200	200.0	202.0	2.0	2.0	2.2	7.5	—	—	—	—
250	250.0	252.4	2.0	2.6	2.3	8.5	—	—	—	—
315	315.0	317.6	2.0	3.3	2.3	9.0	—	—	—	—
400	400.0	403.0	2.0	4.3	2.3	10.0	—	—	—	—

4. 钢塑复合压力管用管件

管件种类：按连接方式和适用管材规格不同，分为扩口式管件（适用管材规格 dn40

~400)、(e-PSP) 钢塑复合压力管用电磁感应双热熔管件（适用管材规格 $dn20\sim250$）和卡压式管件（适用管材规格 $dn16\sim32$）。

（1）扩口式管件以球墨铸铁为主体材质，由管件体（衬套）、螺帽或螺栓、螺纹环或扩口压兰、橡胶密封圈组成，采用紧固螺帽或压兰的方式使管材收缩，达到管材内表面与内衬管件体上橡胶密封圈形成斜侧密封连接的金属管件，安装示意图见图 14.3-11 和图 14.3-12。

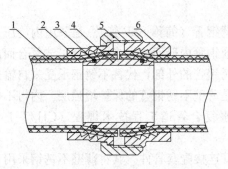

图 14.3-11 螺帽紧固扩口式管件

1—钢塑复合压力管；2—卡环；3—橡胶密封圈；
4—衬套；5—螺帽；6—螺纹环

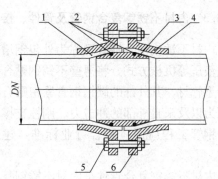

图 14.3-12 螺栓紧固扩口式管件

1—钢塑复合压力管；2—橡胶密封圈；3—衬套；
4—压兰；5—螺栓；6—螺母

（2）卡压式管件以黄铜镀镍为主体材质，由不锈钢套、橡胶密封圈及定位挡环等构成，通过安装工具将不锈钢套压紧在管材外端以实现其密封连接性能的金属管件，安装示意图见图 14.3-13。

（3）(e-PSP) 钢塑复合压力管用电磁感应双热熔管件以内层聚乙（丙）烯为主体材质，由连接件本体和设置在连接件本体两端的承插凹槽组成。该承插凹槽包括：承插凹槽内壁和承插凹槽外壁，承插凹槽内壁内表层嵌入有 U 形支撑套，两连接件本体两端的承插凹槽电磁感应加热定位槽。通过承插凹槽将钢塑复合压力管插入连接件本体内，采用电磁热熔焊接管材和管连接件时，管材的金属层在焊接夹具产生的高频磁场作用下发热，使位于其内外两侧的塑料层熔化，实现管材与管连接件塑料相互热熔连接。安装示意图见图 14.3-14。

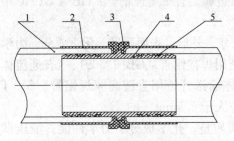

图 14.3-13 卡压式管件

1—钢塑复合压力管；2—不锈钢套；3—定位
挡环；4—管件主体；5—橡胶密封圈

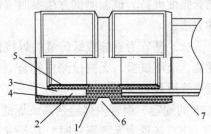

图 14.3-14 (e-PSP) 钢塑复合压力管用
电磁感应双热熔管件

1—连接件本体；2—承插凹槽；3—承插凹槽内
壁；4—承插凹槽外壁；5—U 形支撑套；6—电
磁感应加热定位槽；7—钢塑复合压力管

注：由于（e-PSP）钢塑复合压力管用电磁感应双热熔管件采用先将钢塑复合压力管承插至钢塑复合压力管用管件中，用电磁热熔焊接管材和管连接，因而管件承插口尺寸与《钢塑复合压力管用管件》CJ/T 253 中的尺寸有区别，电磁感应双热熔管件最小承压壁厚与相应外径的比值关系应符合《钢塑复合压力管》CJ/T 183 中相同管系列的要求。电磁感应双热熔管件的物理力学性能应符合《钢塑复合压力管》CJ/T 183 中相同管系列的要求。其他技术要求应符合《钢塑复合压力管》CJ/T 183 中相同管系列的要求。

14.3.3　内衬不锈钢复合钢管及管件、接口

内衬不锈钢复合钢管又称为外包钢增强不锈钢管（简称 SSP 管）。是采用内旋压、爆燃或液压等机械方式，将薄壁不锈钢贴合到普通钢管内壁而成，或以冶金工艺复合而成的复合型管材。其外部的碳钢钢管紧密贴合在不锈钢管的外部，代替不锈钢承受来自输送水的压力以及来自外部的冲击力、刚性支撑力，是薄壁不锈钢管的保护增强层。内衬不锈钢复合钢管工程应用应符合行业标准《建筑给水复合管道工程技术规程》CJJ/T 155 的规定。

内衬不锈钢复合管件是内衬不锈钢复合钢管连接配套管件。其将薄壁不锈钢采用合适的方式（例如：注塑）固定在外层的普通玛钢管件或球墨铸铁管件内壁。保证了构成的管路系统在输送水的过程中，水不能与钢管的外保护增强层、玛钢管件及球墨铸铁管件接触。

1. 技术要求

（1）内衬不锈钢复合钢管应进行基管和衬管结合强度剪切试验或夹持力试验，要求见表 14.3-12。

基管和衬管剪切试验和夹持力试验的结合强度　　　　　表 14.3-12

公称尺寸（mm）	结合强度剪切试验	结合强度夹持力试验	备注
≤250	≥0.3MPa	—	
250~600	≥0.3MPa	≥20MPa	由制造厂两者任选其一
>600	—	≥20MPa	

其中，结合强度剪切试验测试方法参照《内衬不锈钢复合钢管》CJ/T 192 中的方法。结合强度夹持力试验测试方法参照《流体输送用双金属复合耐腐蚀钢管》GB/T 31940 中的方法。

（2）基管为直缝或螺旋缝的焊接钢管时，其尺寸、外形、表面质量、化学成分、力学性能、液压试验、无损检测应符合《低压流体输送用焊接钢管》GB/T 3091、《普通流体输送管道用埋弧焊钢管》SY/T 5037、《普通流体输送管道用直缝高频焊钢管》SY/T 5038 的规定。钢管内焊缝余高或焊缝毛刺高度不应大于 0.5mm。

（3）基管为无缝钢管时，其尺寸、外形、表面质量、化学成分、力学性能、液压试验、无损检测应符合《输送流体用无缝钢管》GB/T 8163 的规定。

（4）基管为依据《石油天然气工业　管线输送系统用钢管》GB/T 9711 生产的钢管时，其尺寸、外形、表面质量、化学成分、力学性能、液压试验、无损检测应符合《石油天然气工业　管线输送系统用钢管》GB/T 9711 的规定。

（5）基管为钢塑复合管时，其尺寸、外形、表面质量、涂层厚度等应符合《钢塑复合管》GB/T 28897 的规定。

（6）衬管主要材料的化学成分应符合表 14.3-13 的规定。

（7）不锈钢衬管的耐蚀性能见表 14.3-14。

不锈钢衬管化学成分要求（%）　　　　　　　表 14.3-13

牌号	代号	C≤	Si≤	Mn≤	P≤	S≤	Cr	Ni	Mo	N
06Cr19Ni10	S30408	0.08	1.00	2.00	0.040	0.030	18.00～20.00	8.00～11.00	—	—
022Cr19Ni10	S30403	0.03	1.00	2.00	0.040	0.030	18.00～20.00	8.00～11.00	—	—
06Cr17Ni12Mo2	S31608	0.08	1.00	2.00	0.040	0.030	16.00～18.00	10.00～14.00	2.00～3.00	—
022Cr17Ni12Mo2	S31603	0.03	1.00	2.00	0.040	0.030	16.00～18.00	10.00～14.00	2.00～3.00	—
022Cr22Ni5Mo3N	S22253	0.03	1.00	2.00	0.030	0.020	21.00～23.00	4.50～6.50	2.50～3.50	0.08～0.20
022Cr25Ni7Mo4N	S25073	0.03	1.00	2.00	0.035	0.020	24.00～26.00	6.00～8.00	3.00～5.00	0.24～0.32

不锈钢衬管耐蚀性能　　　　　　　　表 14.3-14

牌号	介质	浓度	温度（℃）	耐腐蚀性能或腐蚀速度（mm/年）
06Cr19Ni10 (304)	含 Cl^- 水	200mg/L	20	可使用的最高浓度
	含 Cl^- 水	50mg/L	热水	可使用的最高浓度
	硝酸	0.5%～99%	20	<0.1
	醋酸	10%	沸	<0.1
	硫酸	1%	20～99	0.002
	柠檬酸	1%～50%	20	<0.1
	硝铵	—	—	无腐蚀
	碳酸钠	10%	15.6	<0.0014
	锅炉水	—	332	35000h 无腐蚀
022Cr17Ni12Mo2 (316L)	含 Cl^- 水	800mg/L	20	可使用的最高浓度
	H_3PO_4	20%	93	0.05
	醋酸	50%	沸	0.005
	尿素	32%～34%	195	0.065
	硫酸	30%	25	<0.3
	氯化钙	58%	166	0.043
022Cr22Ni5Mo3N (双相不锈钢 2205)	5%NaOH+20%NaCl	—	108	0.001
	NaCl	3%	沸	0.003
	NaOH	30%	沸	0.06
	H_3PO_4	85%	66	0.01
	甲酸	20%	沸	0.033
	硫酸	20%	50	<0.1
	NH_4Cl	50%	115	<0.1
	水/油=90/10，H_2S2%，NaCl 9%，$CO_2$3%，pH 4.5～6，压力 7MPa	—	115～140	实际使用超过了 20 年

2. 规格尺寸

（1）外径和壁厚

内衬不锈钢复合钢管尺寸及允许偏差应符合表 14.3-15 的规定。

内衬不锈钢复合钢管尺寸及允许偏差（mm）   表 14.3-15

公称直径 DN	公称外径 D	外径偏差	衬管公称壁厚 S_2	衬管壁厚偏差	复合钢管公称壁厚	复合钢管壁厚偏差
15	21.3		0.30		2.8	
20	26.9		0.30		2.8	
25	33.7	±0.5	0.30		3.2	
32	42.4		0.30	−0.05 正偏差不限	3.5	
40	48.3		0.40		3.5	
50	60.3		0.40		3.5	
65	76.1		0.40		3.8	
80	88.9		0.40		4.0	
100	114.3	±1%	0.50		4.0	
125	139.7		0.50		4.0	
150	168.3（165.1）		0.60		4.5	
200	219.1		0.70		5.0	
250	273.0		0.80		6.0	±10%
300	323.9		0.90		7.0	
350	355.6	±0.75 %	1.00		8.0	
400	406.4		1.00		8.0	
450	457.0		1.00	−0.10 正偏差不限	8.0	
500	508.0		1.00		8.0	
600	610.0		1.00		8.0	
700	711.0		1.20		10.0	
800	813.0		1.20		10.0	
900	914.0	±1%或±10 两者取较小值	1.20		10.0	
1000	1016.0		1.20		10.0	
1200	1219.0		1.50		11.0	
1400	1422.0		1.50		12.5	

注：1. 复合钢管采用焊接连接时，衬管厚度不应小于 0.5mm。

2. DN150 的钢管外径为 165.1mm，用于采用 55°管螺纹连接或沟槽连接时。

1）当基管执行《低压流体输送用焊接钢管》GB/T 3091、《普通流体输送管道用埋弧焊钢管》SY/T 5037、《普通流体输送管道用直缝高频焊钢管》SY/T 5038 而钢号为 Q235 时，表 14.3-14 中壁厚的复合钢管可用于 DN 不大于 700mm、工作压力不超过 3.0MPa 的场合。

2）当基管执行《输送流体用无缝钢管》GB/T 8163 而钢号为 20 时，表 14.3-14 中壁厚的复合钢管可用于 DN 不大于 700mm、工作压力不超过 3.0MPa 的场合。

3）当基管执行《石油天然气工业　管线输送系统用钢管》GB/T 9711 而钢级为 L320 时，表 14.3-14 中壁厚的复合钢管可用于 DN 不大于 1400mm、工作压力不超过 4.0MPa 的场合。

（2）复合钢管其他壁厚的设计

可根据工程实际情况，设计计算复合钢管或基管的壁厚，而不采用表 14.3-14 的壁厚数据；生产厂若对复合钢管进行液压试验，计算结果为复合钢管壁厚；生产厂若只对基管进行液压试验，计算结果为基管壁厚；本计算方法，可拓展应用于执行《低压流体输送用焊接钢管》GB/T 3091、《普通流体输送管道用埋弧焊钢管》SY/T 5037、《普通流体输送管道用直缝高频焊钢管》SY/T 5038 的焊接钢管、《输送流体用无缝钢管》GB/T 8163 的无缝钢管、《石油天然气工业　管线输送系统用钢管》GB/T 9711 的钢管、《流体输送用不锈钢无缝钢管》GB/T 14976 的不锈钢无缝钢管和《流体输送用不锈钢焊接钢管》GB/T 12771 的不锈钢焊接钢管等。

复合钢管壁厚按公式（14.3-1）计算：

$$t = 0.625P_0D/(R_{eL}KH) \tag{14.3-1}$$

式中　t——复合钢管的公称壁厚（mm）；

P_0——设计压力（MPa）；

D——钢管的公称外径（mm）；

R_{eL}——钢管下屈服强度（MPa），可按表 14.3-16 确定；

K——不同标准规定的许用应力和下屈服强度之比，可按表 14.3-17 确定；

H——高温下许用应力与室温下许用应力相比的下降系数，可按表 14.3-18 确定。

钢管下屈服强度 R_{eL}　　　　　　　　　　表 14.3-16

标准	牌号	壁厚（mm）	下屈服强度（MPa）
《低压流体输送用焊接钢管》GB/T 3091	Q195A、Q195B		195
《低压流体输送用焊接钢管》GB/T 3091	Q235A、Q235B		235
《低压流体输送用焊接钢管》GB/T 3091	Q345A、Q345B		345
《输送流体用无缝钢管》GB/T 8163	10 号	≤10	205
《输送流体用无缝钢管》GB/T 8163	20 号	≤16	245
《输送流体用无缝钢管》GB/T 8163	Q345		345
《石油天然气工业　管线输送系统用钢管》GB/T 9711	L245		245
《石油天然气工业　管线输送系统用钢管》GB/T 9711	L320		320
《石油天然气工业　管线输送系统用钢管》GB/T 9711	L415		415

许用应力和下屈服强度之比 K　　　　　　　　表 14.3-17

标准	牌号	尺寸范围 D（mm）	系数 K
《低压流体输送用焊接钢管》GB/T 3091	—	—	60%
《输送流体用无缝钢管》GB/T 8163	—	—	60%
《石油天然气工业　管线输送系统用钢管》GB/T 9711	L245/B	—	60%

续表

标准	牌号	尺寸范围 D（mm）	系数 K
《石油天然气工业 管线输送系统用钢管》GB/T 9711	L290/X42～ L830/X120	$D \leqslant 141.3$	60%
		$141.3 < D \leqslant 219.1$	75%
		$219.1 < D \leqslant 508$	85%
		$D > 508$	90%

高温下许用应力与室温下许用应力相比的下降系数 H 　　　表 14.3-18

温度 T（℃）	牌号	下降系数 H
$0 < T \leqslant 35$	10 号、20 号、Q235、Q345、L320	100%
$35 < T \leqslant 200$	10 号、20 号、Q235、Q345、L320	≥85%
$200 < T \leqslant 300$	10 号、20 号、Q235、Q345、L320	≥69%

注：比表 14.3-7 更精确的下降系数，可查《压力管道规范 工业管道 第 2 部分：材料》GB/T 20801.2。

（3）弯曲度

公称外径小于 114.3mm 的复合钢管，应具有不影响使用的直度。

公称外径不小于 114.3mm 的复合钢管，全长弯曲度不应大于复合钢管长度的 0.2%。

（4）不圆度

公称外径不大于 508mm 的复合钢管，不圆度（同一截面的最大外径与最小外径之差）应在外径公差范围内。

公称外径大于 508mm 的复合钢管，不圆度应不超过管体外径公差的 80%。

（5）端头外形

复合钢管的两端面应与轴线垂直，切斜应不超过 1.5mm，且不应有切口毛刺。经供需双方协商，可在合同中注明要求管端坡口的具体形式。

对于采用焊接连接的复合钢管，距管端 101.6mm 范围内的外径尺寸要求见表 14.3-19。

焊接连接的复合钢管管端外径要求 　　　表 14.3-19

公称外径 D（mm）	<273.1	273.1～508	>508
管端要求	外径小于公称外径的数值不应大于 0.40mm，应允许外径大于钢管公称外径 1.59mm 的环规通过	外径小于公称外径的数值不应大于 0.79mm，应允许外径大于钢管公称外径 2.38mm 的环规通过	最大外径不应大于公称外径的 1%，最小外径不应小于公称外径的 1%

注：对埋弧焊钢管，允许环规开缺口，使环规能通过焊缝余高。由制造厂选择，可用测径卷尺测量最小外径。

3. 复合钢管端部连接时的耐内压规定

（1）采用符合《可锻铸铁管路连接件》GB/T 3287 的可锻铸铁管路连接件，并在管件内衬有不锈钢的复合管件，最大设计工作压力不大于 2.0MPa。

（2）采用符合《自动喷水灭火系统 第 11 部分：沟槽式管接件》GB 5135.11 的沟槽式管接件，当 DN 不大于 300mm 时，最大设计工作压力不大于 2.5MPa；当 DN 不小于 350mm 时，最大设计工作压力不大于 1.6MPa。

（3）采用符合《板式平焊钢制管法兰》GB/T 9119 的突面板式平焊法兰时，最大设计工作压力不大于 10.0MPa。采用符合《板式平焊钢制管法兰》GB/T 9119 的平面板式平焊法兰时，最大设计工作压力不大于 4.0MPa。采用符合《板式平焊钢制管法兰》GB/T 9122 的管端翻边板式松套法兰时，最大设计工作压力不大于 1.6MPa。

（4）采用符合《流体输送用不锈钢无缝钢管》GB/T 14976 的不锈钢无缝管弯制的钢制无缝对焊管件进行对接焊，最大设计工作压力不大于 15.0MPa。采用符合《流体输送用双金属复合耐腐蚀钢管》GB/T 31940 的内覆不锈钢无缝管弯制的钢制无缝对焊管件进行对接焊，最大设计工作压力不大于 13.6MPa。

4. 内衬不锈钢复合管件和连接方式

（1）内衬不锈钢可锻铸铁管件

内衬不锈钢可锻铸铁管件（见图 14.3-15）的规格尺寸应符合现行国家标准《可锻铸铁管路连接件》GB/T 3287 的规定。

（2）沟槽式管接头

沟槽式管接头（见图 14.3-16）应符合现行国家标准《自动喷水灭火系统　第 11 部分：沟槽式管接件》GB 5135.11 或现行行业标准《沟槽式管接头》CJ/T 156 的规定。采用沟槽连接时，复合钢管端面应有防腐套。

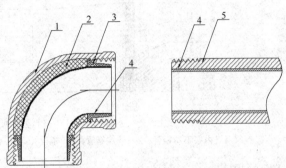

图 14.3-15　内衬不锈钢可锻铸铁管件
1—可锻铸铁管件；2—成型的填充层；3—成型的 L 形双密封圈；
4—不锈钢内衬层；5—端部加工螺纹的外层基管

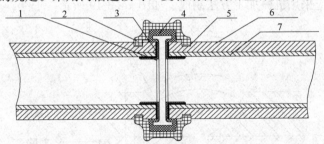

图 14.3-16　沟槽式管接头
1—沟槽式管接头防腐套；2—卡箍；3—防腐胶；4—密封圈；5—沟槽；
6—外层钢管；7—内层不锈钢管

（3）法兰连接

1）采用符合《板式平焊钢制管法兰》GB/T 9119 的平面板式平焊法兰，在法兰内孔与管体端面用不锈钢焊材进行焊接，焊接时碳钢焊滴不应暴露在与流体接触的内表面。如图 14.3-17 所示。

2）当法兰公称尺寸小于等于 150mm 时，尤其在管体长度有变化时，可采用衬塑带颈螺纹法兰（见图 14.3-18），管材和法兰之间应采用螺纹连接，尺寸应符合现行国家标准《带颈螺纹钢制管法兰》GB/T 9114 的规定，螺纹法兰的钢管公称通径不应大于 $DN150$。衬塑接口部位和密封圈的尺寸和要求应符合现行行业标准《给水衬塑可锻铸铁管件》CJ/

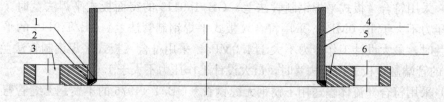

图 14.3-17 平面板式平焊钢制管法兰

1—防腐胶；2—焊缝；3—螺栓孔；4—内层不锈钢管；5—外层钢管；6—平面板式平焊法兰

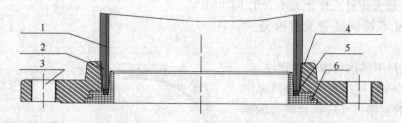

图 14.3-18 衬塑带颈螺纹法兰

1—内层不锈钢管；2—外层钢管；3—螺栓孔；4—带颈螺纹法兰；5—密封圈；6—衬塑

T 137 的规定。

（4）焊接连接

1）焊接应按照现行标准《不锈钢复合钢板焊接技术要求》GB/T 13148 或《石油化工不锈钢复合钢焊接规程》SH/T 3527 的规定，并应符合现行国家标准《给水排水管道工程施工及验收规范》GB 50268 关于焊接施工的规定。

2）焊接坡口应采用机械加工方法制成。如图 14.3-19 所示。

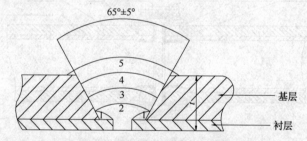

图 14.3-19 复合钢管环焊坡口设计及焊接次序

1—封焊；2—打底焊；3—过渡焊；4—填充焊；5—盖面焊

3）焊条和焊丝的选用见表 14.3-20。

焊条和焊丝的选用 表 14.3-20

基层牌号	基层焊条电弧焊	基层气体保护焊焊丝
Q235-A	E4303 （J422）	ER49-1 （H08Mn2Si）
Q235B、Q235C 20 号钢、Q245R	E4315 （J427）	ER50-2 （H08Mn2Si2A）
Q345、Q345R	E5015 （J507） E5016 （J506）	ER50-2 （H08Mn2SiA）

衬层牌号	衬层焊条电弧焊	衬层气体保护焊焊丝
06Cr19Ni10	E309-16（A302） E309-15（A307） E309L-16（A062） E310-16（A402） E310-15（A407）	ER309L （H03Cr24Ni13Si）
022Cr19Ni10	E309L-16	
06Cr17Ni12Mo2	E309Mo-16、E309MoL-16	ER309LMo （H03Cr24Ni13Mo2）
022Cr17Ni12Mo2	E309MoL-16	
022Cr23Ni5Mo3N	E2209-17	ER2209（H03Cr22Ni8Mo3N）
022Cr25Ni7Mo4N	E2594-16（AWS A5.4-2006）	ER2594（AWS A5.9-2006） （H03Cr25Ni9Mo4N）

4）焊接工艺参数：应采用较小的焊接线能量；对奥氏体不锈钢，衬（覆）层焊接层间温度不宜大于150℃；对奥氏体-铁素体双相不锈钢，衬（覆）层焊接层间温度不宜大于100℃。

5）在现场施焊前将封焊层打开1~2个点位，并对管口进行加热，使其水蒸气和空气尽可能排出，然后再进行打底焊和过渡层的焊接。焊接时应注意观察熔池，如发现熔池由里往外冒气泡，或是发生爆裂时，应立即停止焊接。将接头处打磨干净后重新焊接。

6）采用焊接连接的不锈钢对焊管件可由不锈钢无缝管或内覆不锈钢无缝管弯制而成，其尺寸应符合现行国家标准《钢制对焊管件　类型与参数》GB/T 12459 的规定；采用焊接连接的不锈钢对焊管件也可由覆不锈钢复合钢板经模压、卷焊、校整而成的钢板制成，其尺寸应符合现行国家标准《钢制对焊管件　技术规范》GB/T 13401 的规定。

5. 外观

复合钢管外表面可采用镀锌层、外覆塑料层、涂塑层、防腐层或双方协商确定的涂层。

（1）热镀锌质量应符合《低压流体输送用焊接钢管》GB/T 3091 的规定。

（2）覆塑层或涂塑层的性能应符合《钢塑复合管》GB/T 28897 的规定。

（3）对采用聚乙烯二层防腐结构或三层防腐结构的外防腐层，应符合《埋地钢质管道聚乙烯防腐层》GB/T 23257 的规定。

（4）对采用石油沥青涂料外防腐层、环氧煤沥青涂料外防腐层、环氧树脂玻璃钢外防腐层，应符合《给水排水管道工程施工及验收规范》GB 50268 的规定。

6. 水力计算

（1）室外给水、排水管道的水力计算应分别符合《室外给水设计规范》GB 50013、《室外排水设计规范》GB 50014 的规定，不锈钢管的粗糙系数应为 0.0095。

（2）室内给水管道单位长度的水头损失应按公式（14.3-2）计算：

$$i = 105C^{-1.85}d^{-4.87}q_g^{1.85} \tag{14.3-2}$$

式中　i——管道单位长度水头损失（kPa/m）；

d——管道计算内径（m）；

q_g——管道设计流量（m^3/s）；

C——海澄-威廉系数，对不锈钢取 130。

（3）室内排水管道水力计算应符合《建筑给水排水设计规范》GB 50015 的规定。

14.3.4　铝塑复合管及管件、接口

1. 搭接焊铝塑复合管

嵌入金属层为搭接焊铝合金管的铝塑复合管称为搭接焊铝塑复合管，结构形式见图 14.3-20。

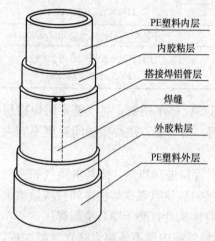

图 14.3-20　搭接焊铝塑复合管
结构示意图

（1）产品分类

1）铝塑复合压力管（以下简称"铝塑管"）按材料分类如下：

① 聚乙烯/铝合金/聚乙烯，代号 PAP；

② 交联聚乙烯/铝合金/交联聚乙烯，代号 XPAP；

③ 耐热聚乙烯/铝合金/耐热聚乙烯，代号 RPAP。

2）铝塑管按用途分类如下：

① 冷水用铝塑管：L；

② 热水用铝塑管：R；

③ 燃气用铝塑管：Q；

④ 特种流体用铝塑管：T。

（2）材料

1）聚乙烯树脂

生产管材所用材料为中密度聚乙烯树脂（MDPE）或高密度聚乙烯树脂（HDPE），其性能应符合表 14.3-21 的要求。用于输送高于 60℃ 的热水的铝塑管，应采用中、高密度交联聚乙烯或中密度聚乙烯（乙烯与辛烯的共聚物）。

搭接焊铝塑复合管用聚乙烯树脂的基本性能要求　　　　表 14.3-21

项目	要求	材料类别
密度（g/cm³）	0.926～0.940	MDPE
	0.941～0.959	HDPE
熔体质量流动速率（190℃，2.16kg）（g/10min）	0.1～10	MDPE、HDPE
拉伸屈服强度（MPa）	≥12	MDPE
	≥22	HDPE
长期静液压强度（20℃、50 年，预算概率 97.5%）（MPa）	《铝塑复合压力管铝管搭接焊式铝塑管》GB/T 18997.1	PE-RT
	≥6.3	MDPE、HDPE

项目	要求	材料类别
耐应力开裂 （设计应力 4MPa、80℃、≥165h）	不开裂	MDPE、HDPE
热稳定性（200℃）	氧化诱导时间≥20min	Q类管材用 PE
耐气体组分（80℃、环应力 2MPa）（h）	≥30	

2）铝材

铝塑管用铝材按《金属材料　拉伸试验　第 1 部分：室温试验方法》GB/T 228.1 进行测试，其断裂伸长率应不小于 20%，抗拉强度应不小于 100MPa。

3）热熔胶

铝塑管用热熔胶的性能应符合表 14.3-22 的要求。

专用热熔胶主要指标　　　　　　　　　　　　　表 14.3-22

密度 （g/cm³）	熔融指数 （g/10min）	维卡软化点 （℃）	断裂伸长率 （%）	剥离强度 （N/25mm）
≥0.926	≥1	≥105	≥400	≥70

4）回用料

不得使用再生回收的聚乙烯、热熔胶和铝材生产铝塑管。

（3）使用条件

铝塑管的环境温度、工作温度和工作压力应符合表 14.3-23 的要求。

搭接焊铝塑管的使用条件　　　　　　　　　　　表 14.3-23

用途代号	铝塑管代号	环境温度 （℃）	工作温度 （℃）	工作压力 （MPa）
L	PAP	−40～60	≤60	≤1.0
R	RPAP	−40～95	≤85	≤1.0
	XPAP		≤95	≤1.0
Q	PAP	−20～60	≤40	≤0.4
T	PAP	−40～60	≤60	≤0.5

注：燃气中含过高芳香烃的冷凝液时应考虑不利因素。

（4）感官指标

1）铝塑管外表面应色泽均匀，无气泡、针眼、脱皮、明显划痕和其他不良缺陷。

2）铝塑管内壁应光滑，无斑点、针眼、裂痕，无异味，无异物。

3）颜色

产品根据用途不同，宜采用如下颜色：

① 冷水用铝塑管：白色；

② 热水用铝塑管：橙红色；

③ 燃气用铝塑管：黄色；

④ 特种流体用铝塑管：红色。

（5）规格尺寸

1）铝塑管的外径及偏差根据《流体输送用热塑性塑料管材　公称外径和公称压力》GB/T 4217 的要求，应符合表 14.3-24 的要求。

2）铝塑管的壁厚和偏差应符合表 14.3-23 的要求。

3）铝塑管内、外层聚乙烯最小壁厚及铝管层最小壁厚应符合表 14.3-23 的要求。铝管焊缝处的外层聚乙烯最小壁厚可为表 14.3-23 中数值的二分之一。

4）圆度应符合表 14.3-23 的要求。

5）铝塑管可以盘卷式或直管式供货，盘卷长度宜采用 100m 或 200m，直管长度宜采用 6m。其他长度可由供需双方商定，其长度不应少于供货规定值。

搭接焊铝塑管结构尺寸要求（mm）　　　　　　　　　表 14.3-24

公称外径 dn	公称外径公差	内径	圆度		管壁厚 e_m		内层塑料最小壁厚 e_n	外层塑料最小壁厚 e_w	铝管层最小壁厚 e_a	
			盘管	直管	最小值	公差			最小值	公差
12		9	—	≤0.4	1.60		0.7		0.18	+0.09
14		10	—	≤0.4	1.60		0.8			
16		12	—	≤0.5	1.65		0.9			
18	+0.3	14	—	≤0.5	1.80	+0.4	0.9	0.4		
20		16	—	≤0.6	1.90		1.0			
25		20	—	≤0.8	2.25		1.1		0.23	+0.09
32		26	—	≤1.0	2.90	+0.5	1.2		0.28	+0.09
40	+0.4	32	—	≤1.2	4.00	+0.6	1.8	0.7	0.35	—
50	+0.5	41	—	≤1.5	4.50	+0.7	2.0	0.8	0.45	—
63	+0.6	51	—	≤1.9	6.00	+0.8	3.0	1.0	0.55	—
75	+0.7	60	—	≤2.3	7.50	+1.0	3.0	1.0	0.65	—

（6）铝塑管的性能要求

1）管环径向拉力

铝塑管按规定方法进行试验时，其峰值拉力应大于或等于表 14.3-25 的规定值。

铝塑管管环径向拉力及爆破强度　　　　　　　　　表 14.3-25

公称外径 dn（mm）	管环径向拉力（N）			爆破强度（MPa）
	PAP	XPAP	RPAP	
12	2000	2100	2000	7.0
14	2300	2300	2100	
16	2300	2300	2100	6.0
18	2400	2400	2200	6.0
20	2500	2500	2100	5.0

公称外径 dn（mm）	管环径向拉力（N）			爆破强度（MPa）
	PAP	XPAP	RPAP	
25	2500	2500	2400	4.0
32	2700	2700	2600	
40	3500	3500	3300	
50	4400	4400	4200	
63	5300	5300	5100	3.8
75	6300	6300	6000	

2）复合强度

① 管环最小平均剥离力

管环最小平均剥离力应符合表 14.3-26 的要求，且任意一件试样的最小剥离力不应小于表 14.3-26 规定值的二分之一。

铝塑管管环最小平均剥离力　　　　　　　表 14.3-26

公称外径 dn（mm）	12	14	16	18	20	25	32	40	50	63	75
最小平均剥离力（N）	35	35	35	38	40	42	45	50	50	60	70

② 扩径试验

管环扩径后，其内层、外层与金属层之间不应出现脱胶，金属层不应出现开裂，内外层管壁不应出现损坏。

3）爆破强度

铝塑管的爆破强度应符合表 14.3-25 的要求。

4）静液压强度

铝塑管的静液压强度应符合表 14.3-27 的要求。

铝塑管静液压强度　　　　　　　表 14.3-27

公称外径 dn（mm）	用途代号				试验时间（h）	要求
	L、Q、T		R			
	试验压力（MPa）	试验温度（℃）	试验压力（MPa）	试验温度（℃）		
12	2.72	60	2.72	82	10	应无破裂、局部球形膨胀、渗漏
14						
16						
18						
20						
25						
32						
40	2.10		2.00	2.10ᵃ		
50						
63						
75						

a 采用 PE-RT 材料生产的铝塑管。

5）交联度

交联铝塑管的交联度应符合表 14.3-28 的要求。

铝塑管交联方式及交联度 表 14.3-28

交联方式	交联度
化学交联	≥65%
辐射交联	≥60%

6）耐化学性能

① 特种流体用铝塑管应符合表 14.3-29 的要求，试样内外层应无龟裂、变黏、异状等现象。

② 除表 14.3-29 的规定之外，尚有特殊要求的特种流体用铝塑管可与生产厂协商附加其他试验要求。

铝塑管耐化学性能要求 表 14.3-29

化学介质	质量变化平均值（mg/cm^3）	外观要求
10%氯化钠溶液	±0.2	试样内层应无龟裂、变黏等现象
30%硫酸	±0.1	
40%硝酸	±0.3	
40%氢氧化钠溶液	±0.1	
体积分数为 95%的乙醇	±1.1	

7）耐气体组分性能

燃气用铝塑管耐气体组分性能应符合《燃气用埋地聚乙烯（PE）管道系统 第 1 部分：管材》GB 15558.1 的要求。

8）卫生性能

冷水和热水用铝塑管按规定方法试验时，其卫生性能应符合《生活饮用水输配水设备及防护材料的安全性评价标准》GB/T 17219 的要求。其他涉及饮用水、食用用途的铝塑管也应符合上述卫生性能要求。

9）系统适用性

管道系统按表 14.3-30 规定的条件进行冷热水循环试验时，试验中管材、管件及连接处应无破裂、泄漏。

铝塑管冷热水循环试验条件 表 14.3-30

最高试验温度[a]（℃）	最低试验温度（℃）	试验压力（MPa）	循环次数	每次循环时间[b]（min）
T_0+10℃	20±2	$P_0±0.05$	5000	30±2

a 最高试验温度不超过 90℃。

b 每次循环冷热各（15±1）min。

10）循环压力冲击试验

管道系统按表 14.3-31 规定的条件进行循环压力冲击试验，试验中管材、管件及连接处应无破裂、泄漏。

铝塑管循环压力冲击试验条件　　　　表 14.3-31

最高试验压力（MPa）	最低试验压力（MPa）	试验温度（℃）	总循环次数	每分钟循环次数（次/min）
1.5±0.05	0.1±0.05	23±2	10000	≥30

11）真空试验

管道系统进行真空试验时应符合表 14.3-32 的要求。

铝塑管真空试验条件　　　　表 14.3-32

试验温度（℃）	试验压力（MPa）	试验时间（h）	压力变化（MPa）
23	−0.08	1	≤0.005

12）耐拉拔试验

按表 14.3-33 所规定的参数进行短期拉拔试验，管材与管件连接处应无人和泄漏、相对轴向移动。

铝塑管耐拉拔性能　　　　表 14.3-33

公称外径 dn（mm）	短期拉拔性能		持久拉拔性能	
	拉拔力（N）	试验时间（h）	拉拔力（N）	试验时间（h）
12	1100		700	
14	1300		900	
16	1500		1000	
18	1700		1100	
20	2400		1400	
25	3100	1	2100	800
32	4300		2800	
40	5800		3900	
50				
63	7900		5300	
75				

2. 对接焊铝塑复合管

一种用对接焊铝合金（或铝）管作为嵌入增强金属层，通过热熔胶与内、外层聚烯烃材料复合而成的铝塑复合管，结构形式见图 14.3-21。

（1）产品分类

1）铝塑复合压力管（以下简称"铝塑管"）按材料分类如下：

① 聚乙烯/铝合金/交联聚乙烯，代号 XPAP1；

② 交联聚乙烯/铝合金/交联聚乙烯，代号 XPAP2；

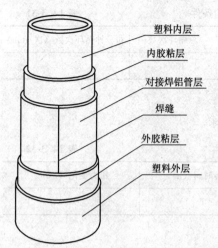

塑料内层
内胶粘层
对接焊铝管层
焊缝
外胶粘层
塑料外层

图14.3-21　对接焊铝塑复合管结构示意图

③ 聚乙烯/铝/聚乙烯，代号 PAP3；

④ 聚乙烯/铝合金/燃气用聚乙烯，代号 PAP4；

⑤ 耐热聚乙烯/铝合金/耐热聚乙烯，代号 RPAP5；

⑥ 无规共聚聚丙烯/铝合金/无规共聚聚丙烯，代号 RPAP6。

2）铝塑管按用途分类如下：

① 冷水用铝塑管：L；

② 热水用铝塑管：R；

③ 燃气用铝塑管：Q；

④ 特种流体用铝塑管：T。

（2）管材标准

《铝塑复合压力管（对接焊）》CJ/T 159；

《铝塑复合压力管　第2部分：铝管对接焊式铝塑管》GB/T 18997.2；

工程应用应符合行业标准《建筑给水复合管道工程技术规程》CJJ/T 155 的规定。

（3）使用条件

铝塑管的环境温度、工作温度和工作压力应符合表 14.3-34 的要求。

对接焊铝塑管的使用条件　　　　　　　　　　　　表 14.3-34

流体类别		用途代号	铝塑管代号	长期工作温度 （℃）	允许工作压力 （MPa）
水	冷水	L	PAP3、PAP4	40	1.40
			XPAP1、XPAP2、RPAP5、RPAP6		2.00
	热水	R	XPAP1、XPAP2、RPAP5、RPAP6	75	1.50
			XPAP1、XPAP2、RPAP5、RPAP6	95	1.25
燃气	天然气等	Q	PAP4	40	0.20～0.40
特种流体		T	PAP3	40	1.00

注：1. 当输送易在管内产生相变的流体时，管道系统中因相变产生的膨胀力不应超过最大允许工作压力。

2. 特种流体指和 HDPE 的抗化学药品性能相一致的特种流体。

（4）规格尺寸

1）铝塑管公称外径应符合表 14.3-35 的要求。

2）铝塑管内、外层塑料壁厚及铝管层壁厚应符合表 14.3-35 的要求。

3）圆度应符合表 14.3-35 的要求。

4）铝塑管可以盘卷式或直管式供货。直管的长度一般为 4m；小于或等于 $dn32$ 的管材可做盘管，$dn16$、$dn20$、$dn25$ 盘管长度一般为 100m，$dn32$ 盘管长度一般为 50m，也可由供需双方协商确定；管材长度不应有负偏差。

对接焊铝塑管结构尺寸要求（mm）　　　　　表 14.3-35

公称外径 dn	公称外径公差	参考内径	圆度		管壁厚 e_m		内层塑料壁厚 e_n		外层塑料最小壁厚 e_w	铝管层壁厚 e_a	
			盘管	直管	公称值	公差	公称值	公差		公称值	公差
16	+0.3 0	10.9	≤1.0	≤0.5	2.3	+0.5 0	1.4		0.3	0.28	±0.04
20		14.5	≤1.2	≤0.6	2.5		1.5			0.36	
25		18.5	≤1.5	≤0.8	3.0		1.7	±0.1		0.44	
32		25.5	≤2.0	≤1.0			1.6			0.60	
40	+0.4 0	32.4	≤2.4	≤1.2	3.5	+0.6 0	1.9		0.4	0.75	
50	+0.5 0	41.4	≤3.0	≤1.5	4.0		2.0			1.00	

14.3.5 铝合金衬塑复合管及管件、接口

1. 技术要求

（1）管材

外管为经热挤压成型或其他方式成型的铝合金无缝圆管，并进行耐腐蚀处理；内管为耐热聚乙烯（PE-RT）管材或无规共聚聚丙烯（PP-R）管材，通过线性预应力技术或其他方式紧密结合而成。管材内、外表面应光滑、平整、色泽均匀，应无明显质量缺陷；管材两端切口应平整。

（2）管件

用于管材之间互相连接以及管材与相关配件、设备等连接，材质为 PE-RT 或 PE-RT 内嵌金属接头，采用电熔、热熔连接；材质为 PP-R 或 PP-R 内嵌金属接头，采用热熔连接，管件应与管材内管采用同种材质。

2. 标准

（1）管道内层 PE-RT 管材应符合国家标准《冷热水用耐热聚乙烯（PE-RT）管道系统　第 2 部分：管材》GB/T 28799.2 中 S4 系列的规定，内层 PP-R 管材应符合国家标准《冷热水用聚丙烯管道系统　第 2 部分：管材》GB/T 18742.2 中 S4 系列的规定，铝合金衬塑管材应符合行业标准《铝合金衬塑复合管材与管件》CJ/T 321 的规定。

（2）热熔连接管件应符合行业标准《铝合金衬塑复合管材与管件》CJ/T 321 的规定，电熔连接管件应符合国家标准《冷热水用耐热聚乙烯（PE-RT）管道系统　第 3 部分：管件》GB/T 28799.3 的规定。

（3）工程应用应符合行业标准《建筑给水复合管道工程技术规程》CJJ/T 155 的规定。

3. 规格尺寸

（1）铝合金衬 PE-RT 应符合表 14.3-36 的规定。

铝合金衬 **PE-RT** 管材规格尺寸（mm）　　　　表 14.3-36

公称外径 dn	管材平均外径		内管平均外径		外管壁厚		内管壁厚		不圆度 ≤
	dn_{min}	dn_{max}	$d_{em,min}$	$d_{em,max}$	壁厚	允许偏差	壁厚	允许偏差	
20	21.2	21.6	20.0	20.3	0.6	+0.3	2.3	+0.5	0.4
25	26.2	26.6	25.0	25.3	0.6	+0.3	2.8	+0.7	0.4
32	33.2	33.6	32.0	32.3	0.6	+0.3	3.6	+0.8	0.5
40	41.4	41.9	40.0	40.4	0.7	+0.3	4.5	+1.0	0.6
50	51.4	51.9	50.0	50.5	0.7	+0.3	5.6	+1.3	0.8
63	64.6	65.2	63.0	63.6	0.7	+0.3	7.1	+1.5	0.8
75	76.8	77.4	75.0	75.7	0.9	+0.3	8.4	+1.5	1.0
90	92.2	92.8	90.0	90.9	1.1	+0.3	10.1	+1.5	1.2
110	112.6	113.2	110.0	111.0	1.3	+0.3	12.3	+1.8	1.4
125	128.0	128.7	125.0	126.2	1.5	+0.3	14.0	+2.0	1.5
160	163.6	164.3	160.0	161.5	1.8	+0.4	17.9	+2.5	1.8
200	205.0	206.5	200.0	201.8	2.5	+0.5	22.2	+2.5	2.5
250	257.0	259.0	250.0	252.2	3.5	+0.7	27.8	+3.0	2.8
315	323.0	325.0	315.0	317.9	4.0	+0.7	35.0	+3.0	3.0

（2）铝合金衬 PP-R 应符合表 14.3-37 的规定。

铝合金衬 **PP-R** 管材规格尺寸（mm）　　　　表 14.3-37

公称外径 dn	管材平均外径		内管平均外径		外管壁厚		内管壁厚		不圆度 ≤
	dn_{min}	dn_{max}	$d_{em,min}$	$d_{em,max}$	壁厚	允许偏差	壁厚	允许偏差	
20	21.2	21.6	20.0	20.3	0.6	+0.3	2.3	+0.5	0.4
25	26.2	26.6	25.0	25.3	0.6	+0.3	2.8	+0.7	0.4
32	33.2	33.6	32.0	32.3	0.6	+0.3	3.6	+0.8	0.5
40	41.4	41.9	40.0	40.4	0.7	+0.3	4.5	+1.0	0.6
50	51.4	51.9	50.0	50.5	0.7	+0.3	5.6	+1.3	0.8
63	64.6	65.2	63.0	63.6	0.7	+0.3	7.1	+1.5	0.8
75	76.8	77.4	75.0	75.7	0.9	+0.3	8.4	+1.5	1.0
90	92.2	92.8	90.0	90.9	1.1	+0.3	10.1	+1.5	1.2
110	112.6	113.2	110.0	111.0	1.3	+0.3	12.3	+1.8	1.4
125	128.0	128.7	125.0	126.2	1.5	+0.3	14.0	+2.0	1.5
160	163.6	164.3	160.0	161.5	1.8	+0.4	17.9	+2.5	1.8

注：考虑到铝合金衬塑复合管道系统结构特征及应用安全保障性，管材内管按管系列 S 值取 4。

（3）热熔连接管件（见图 14.3-22）应符合表 14.3-38 的规定。

热熔连接管件公称外径与相应的承口尺寸（mm）   表 14.3-38

公称外径 dn	管件外径 D_1	最小承口深度 L_1	最小承插深度 L_2	承口的平均内径				最小通径 D_2
				根部		口部		
				$d_{sm1,min}$	$d_{sm1,max}$	$d_{sm2,min}$	$d_{sm2,max}$	
20	26.8	14.5	11.0	18.8	19.3	19.0	19.5	13
25	33.4	16.0	12.5	23.5	24.1	23.8	24.4	18
32	42.8	18.1	14.6	30.4	31.0	30.7	31.3	25
40	53.4	20.5	17.0	38.3	38.9	38.7	39.3	31
50	66.6	23.5	20.0	48.3	48.9	48.7	49.3	39
63	84.0	27.4	23.9	61.6	61.7	61.6	62.2	49
75	100.0	31.0	27.5	71.9	72.7	73.2	74.0	58.2
90	120.0	35.5	32.0	86.4	87.4	87.8	88.8	69.8
110	146.6	41.5	38.0	105.8	106.8	107.3	108.3	85.4
125	166.6	47.5	44.0	120.6	121.8	122.3	123.4	97.0
160	213.2	58.0	54.5	154.8	156.3	156.6	158.1	124.2

注：考虑到铝合金衬 PE-RT 复合管道系统结构特征及应用安全保障性，管件按管系列 S 值取 2.5。

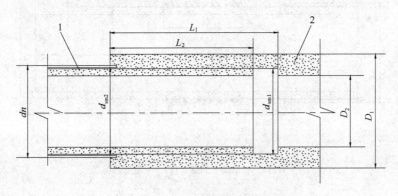

图 14.3-22　热熔连接管件承口示意图
1—管材；2—承插热熔管件

（4）电熔连接管件（见图 14.3-23）应符合表 14.3-39 的规定。

电熔连接管件公称外径与相应的承口尺寸（mm）   表 14.3-39

公称外径 dn	管件外径 D_1	承插深度 L_3	熔融区长度 L_4	不圆度
20	≥26.8	≥55	≥40	≤0.2
25	≥33.4	≥55	≥40	≤0.2
32	≥42.8	≥55	≥40	≤0.2

续表

公称外径 dn	管件外径 D_1	承插深度 L_3	熔融区长度 L_4	不圆度
40	≥53.4	≥55	≥40	≤0.2
50	≥66.6	≥60	≥45	≤0.2
63	≥84.0	≥60	≥45	≤0.2
75	≥100.0	≥60	≥45	≤0.2
90	≥120.0	≥70	≥45	≤0.2
110	≥146.6	≥75	≥45	≤0.5
125	≥166.6	≥75	≥45	≤0.5
160	≥203.8	≥85	≥45	≤0.5
200	≥254.0	≥105	≥50	≤0.5
250	≥317.6	≥115	≥65	≤0.5
315	≥400.0	≥135	≥80	≤0.5

注：考虑到铝合金衬 PE-RT 复合管道系统结构特征及应用安全保障性，管件按管系列 S 值取 2.5。

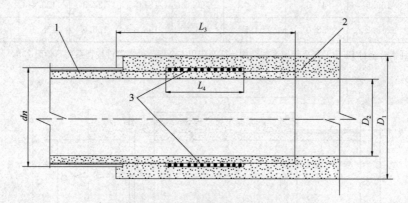

图 14.3-23　电熔连接管件承口示意图
1—管材；2—承插电热熔管件；3—电加热丝

4. 连接方法

铝合金衬 PE-RT 管材与管件 dn63 以下采用热熔或电熔连接，dn63 以上采用电熔连接。

铝合金衬 PP-RT 管材与管件采用热熔或电熔连接。

14.3.6　钢丝网骨架塑料（聚乙烯）复合管材和管件、接口

1. 技术要求

钢丝网骨架塑料（聚乙烯）复合管材及管件应符合表 14.3-40、表 14.3-41 的规定。

钢丝网骨架塑料（聚乙烯）复合管材的技术要求   表 14.3-40

项目	技术要求
短期静液压强度（MPa）	温度 20℃，试验时间 1h 试验压力＝公称压力×2 时，无破裂、无渗漏
爆破压力（MPa）	爆破压力≥公称压力×3
受压开裂稳定性	无裂纹和开裂现象
剥离强度（N/cm）	≥100
复合层静液压稳定性	切割环形槽不破裂、无渗漏
熔体质量流动速率 MFR	加工前后 MFR 变化不应大于 20％

注：当 dn≥250mm 时爆破压力试验不作强制要求。

塑料电熔管件的技术要求   表 14.3-41

项目	技术要求
电阻值	最大值：标称值×（1＋10％）＋0.1Ω 最小值：标称值×（1－10％）
20℃短期静液压强度 （试验时间 100h 环应力：PE63　　8.0 MPa 　　　　PE80　　10.0 MPa 　　　　PE100　　12.4MPa）	不破裂、无渗漏
氧化诱导期（200℃）	≥20min
熔体质量流动速率 MFR （190℃，5kg）	加工前后 MFR 变化不应大于 20％
熔接强度	脆性破坏所占百分比≤33.3％

2. 执行标准

钢丝网骨架塑料（聚乙烯）复合管材及管件应符合行业标准《钢丝网骨架塑料（聚乙烯）复合管材及管件》CJ/T 189 的规定。工程应用应符合行业标准《建筑给水复合管道工程技术规程》CJJ/T 155 的规定。

3. 规格尺寸

（1）管材的尺寸、偏差及公称压力见表 14.3-42。

钢丝网骨架塑料（聚乙烯）复合管材的尺寸、偏差及公称压力   表 14.3-42

公称外径 dn（mm）		公称压力（MPa）						
		0.8	1.0	1.25	1.6	2.0	2.5	3.5
基本尺寸	极限偏差	公称壁厚 en 及极限偏差（mm）						
50	$+1.2$ 0				$4.5^{+1.2}_{0}$	$5.0^{+1.2}_{0}$	$5.5^{+1.5}_{0}$	$5.5^{+1.5}_{0}$
63	$+1.2$ 0				$4.5^{+1.2}_{0}$	$5.0^{+1.2}_{0}$	$5.5^{+1.5}_{0}$	$5.5^{+1.5}_{0}$

公称外径 dn（mm）		公称压力（MPa）						
		0.8	1.0	1.25	1.6	2.0	2.5	3.5
基本尺寸	极限偏差	公称壁厚 en 及极限偏差（mm）						
75	$+1.2 \atop 0$				$5.0^{+1.2}_{0}$	$5.0^{+1.2}_{0}$	$5.5^{+1.5}_{0}$	$6.0^{+1.5}_{0}$
90	$+1.4 \atop 0$				$5.5^{+1.5}_{0}$	$5.5^{+1.5}_{0}$	$5.5^{+1.5}_{0}$	$6.0^{+1.5}_{0}$
110	$+1.4 \atop 0$		$5.5^{+1.5}_{0}$	$5.5^{+1.5}_{0}$	$7.0^{+1.5}_{0}$	$7.0^{+1.5}_{0}$	$7.5^{+1.5}_{0}$	$8.5^{+1.5}_{0}$
140	$+1.7 \atop 0$		$5.5^{+1.5}_{0}$	$5.5^{+1.5}_{0}$	$8.0^{+1.5}_{0}$	$8.5^{+1.5}_{0}$	$9.0^{+1.5}_{0}$	$9.5^{+1.5}_{0}$
160	$+2.0 \atop 0$		$6.0^{+1.5}_{0}$	$6.0^{+1.5}_{0}$	$9.0^{+1.5}_{0}$	$9.5^{+1.5}_{0}$	$10.0^{+2.0}_{0}$	$10.5^{+2.0}_{0}$
200	$+2.3 \atop 0$		$6.0^{+1.5}_{0}$	$6.0^{+1.5}_{0}$	$9.5^{+1.5}_{0}$	$10.5^{+2.0}_{0}$	$11.0^{+2.0}_{0}$	$12.5^{+2.2}_{0}$
225	$+2.5 \atop 0$		$8.0^{+1.5}_{0}$	$8.0^{+1.5}_{0}$	$10.0^{+2.0}_{0}$	$10.5^{+2.0}_{0}$	$11.0^{+2.0}_{0}$	
250	$+2.5 \atop 0$	$8.0^{+1.5}_{0}$	$10.5^{+2.0}_{0}$	$10.5^{+2.0}_{0}$	$12.0^{+2.2}_{0}$	$12.0^{+2.2}_{0}$	$12.5^{+2.2}_{0}$	
315	$+2.7 \atop 0$	$9.5^{+1.5}_{0}$	$11.5^{+2.0}_{0}$	$11.5^{+2.0}_{0}$	$13.0^{+2.5}_{0}$	$13.0^{+2.5}_{0}$		
355	$+2.8 \atop 0$	$10.0^{+2.0}_{0}$	$12.0^{+2.2}_{0}$	$12.0^{+2.2}_{0}$	$14.0^{+2.5}_{0}$			
400	$+3.0 \atop 0$	$10.5^{+2.0}_{0}$	$12.5^{+2.2}_{0}$	$12.5^{+2.2}_{0}$	$15.0^{+2.8}_{0}$			
450	$+3.2 \atop 0$	$11.5^{+2.0}_{0}$	$13.5^{+2.5}_{0}$	$13.5^{+2.5}_{0}$	$16.0^{+2.8}_{0}$			
500	$+3.2 \atop 0$	$12.5^{+2.2}_{0}$	$15.5^{+2.8}_{0}$	$15.5^{+2.8}_{0}$	$18.0^{+3.0}_{0}$			
560	$+3.2 \atop 0$	$17.0^{+3.0}_{0}$	$20.0^{+3.0}_{0}$					
630	$+3.2 \atop 0$	$20.0^{+3.0}_{0}$	$23.0^{+3.0}_{0}$					

（2）塑料电熔管件等径直接的形状和基本尺寸见表14.3-43。

塑料电熔管件等径直接的形状和基本尺寸（mm）　　　　表 14.3-43

图示	公称直径 de	管件外径 D ≥	管件长度 L ≥	插入深度 L₁ ≥	熔区长度 L₂ ≥
	50	65	95	45	20
	63	80	110	50	20
	75	95	120	55	30
	90	110	135	65	35
	110	140	155	75	40
	140	170	170	80	40
	160	200	195	95	45
	200	250	220	105	50
	225	270	230	110	55
	250	296	240	115	65
	315	373	285	135	80
	355	420	290	140	90
	400	473	315	150	100
	450	535	320	155	100
	500	595	330	160	100
	560	665	340	160	140
	630	710	420	200	180

（3）塑料电熔管件90°弯头的形状和基本尺寸见表14.3-44。

塑料电熔管件90°弯头的形状和基本尺寸（mm）　　　　表 14.3-44

图示	公称直径 de	管件外径 D ≥	管件长度 L ≥	插入深度 L₁ ≥	熔区长度 L₂ ≥
	50	65	85	45	20
	63	80	85	50	20
	75	95	100	55	30
	90	110	120	65	35
	110	140	145	75	40
	140	170	170	80	40
	160	200	190	95	45
	200	250	225	105	50
	225	270	250	110	55
	250	296	245	115	65
	315	373	285	135	80
	355	420	355	140	90
	400	473	385	150	100
	450	535	425	155	100
	500	595	455	160	100

（4）塑料电熔管件 45°弯头的形状和基本尺寸见表 14.3-45。

塑料电熔管件 45°弯头的形状和基本尺寸（mm）　　　　　　表 14.3-45

图示	公称直径 de	管件外径 D ≥	管件长度 L ≥	插入深度 L₁ ≥	熔区长度 L₂ ≥
	50	65	82	45	20
	63	80	85	50	20
	75	95	85	55	30
	90	110	100	65	35
	110	140	115	80	40
	140	170	125	80	40
	160	200	150	105	45
	200	250	170	120	50
	225	270	175	110	55
	250	292	210	115	65
	315	366	235	135	80
	355	420	250	140	90
	400	473	275	150	100
	450	535	295	150	100
	500	595	310	160	100

（5）塑料电熔管件等径三通的形状和基本尺寸见表 14.3-46。

塑料电熔管件等径三通的形状和基本尺寸（mm）　　　　　　表 14.3-46

图示	公称直径 de	管件外径 D ≥	公称直径 dn	管件长度 L ≥	插入深度 L₁ ≥	插入深度 L₂ ≥	管件长度 L₃ ≥	熔区长度 L₄ ≥
	50	65	50	150	45	45	90	20
	63	80	63	175	50	55	105	20
	75	95	75	205	55	60	120	30
	90	110	90	230	65	70	140	35
	110	140	110	265	75	75	160	40
	140	170	140	320	80	80	180	40
	160	200	160	365	95	100	215	45
	200	250	200	435	105	110	250	50
	225	270	225	460	110	110	255	55
	250	296	250	485	125	140	285	65
	315	373	315	575	140	145	350	80
	355	420	355	660	140	140	375	90
	400	473	400	740	150	150	425	100
	450	535	450	785	155	155	460	100
	500	595	500	845	160	160	490	100

（6）塑料电熔管件法兰的形状和基本尺寸见表 14.3-47。

塑料电熔管件法兰的形状和基本尺寸（mm）　　　　表 14.3-47

图示	公称直径 de	管件外径 D ≥	管件外径 D₁	管件长度 L ≥	插入深度 L₁ ≥	熔区长度 L₂ ≥
	50	65	90	115	115	40
	63	80	105	120	110	40
	75	95	125	130	125	70
	90	110	140	145	140	70
	110	140	160	150	140	75
	140	165	190	155	145	80
	160	190	215	160	150	85
	200	235	270	180	165	95
	225	255	315	175	160	60
	250	280	325	130	110	60
	315	350	380	135	115	60
	355	380	450	170	155	60
	400	435	495	160	140	65
	450	480	560	190	180	100
	500	540	580	230	210	120
	560	610	650	240	220	130
	630	680	720	270	250	150

（7）塑料电熔管件异径直接的形状和基本尺寸见表 14.3-48。

塑料电熔管件异径直接的形状和基本尺寸（mm）　　　　表 14.3-48

图示	公称直径 de₁	管件外径 D₁ ≥	公称直径 de₂	管件外径 D₂ ≥	管件长度 L ≥	插入深度 L₁ ≥	熔区长度 L₂ ≥	熔区长度 L₃ ≥
	63	80	50	65	120	50	30	20
	75	95	50	65	135	55	35	25
			63	80	135	55	35	25
	90	110	50	65	155	65	40	20
			63	80	155	65	40	25
			75	95	175	65	40	30
	110	140	50	65	160	75	50	20
			63	80	160	75	50	25
			75	95	165	75	50	30
			90	110	175	75	50	40
	140	160	90	110	190	90	55	40
			110	140				40

续表

图示	公称直径 de_1	管件外径 D_1 ≥	公称直径 de_2	管件外径 D_2 ≥	管件长度 L ≥	插入深度 L_1 ≥	熔区长度 L_2 ≥	熔区长度 L_3 ≥
	160	200	90	110	90	110	230	75
			110	140	110	140	230	95
	200	250	110	140	110	140	290	105
			160	200	160	200	250	105
	225	260	110	140	260	115	50	60
			140	140				65
			160	200				70
			200	250				80
	250	296	110	140	280	120	50	60
			140	160				65
			160	200				70
			200	250				80
			225	260				85
	315	373	110	140	310	140	70	70
			140	160				70
			160	200				70
			200	250				75
			225	260				75
			250	296				80
	355	420	110	140	330	150	80	70
			140	160				70
			160	200				70
			200	250				75
			225	260				75
			250	296				80
			315	373				90
	400	468	110	140	340	160	85	70
			140	160				70
			160	200				70
			200	250				75
			225	260				75
			250	296				80
			315	373				90
			355	420				95

续表

图示	公称直径 de_1	管件外径 D_1 ≥	公称直径 de_2	管件外径 D_2 ≥	管件长度 L ≥	插入深度 L_1 ≥	熔区长度 L_2 ≥	熔区长度 L_3 ≥
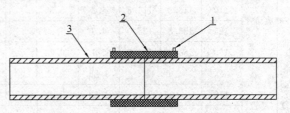	450	535	110	140	360	170	90	70
			140	160				70
			160	200				70
			200	250				75
			225	260				75
			250	296				80
			315	373				90
			355	420				95
			400	473				100
	500	590	110	140	380	180	100	70
			140	160				70
			160	200				70
			200	250				75
			225	260				75
			250	296				80
			315	373				90
			355	420				95
			400	473				100
			450	535				110

4. 连接方式

连接方式为电熔连接，即利用镶嵌在连接处接触面内壁或外壁的电热元件通电后产生的高温，将接触面熔接成整体的连接方式。以管材与等径直接的连接为例，连接的剖面示意图见图 14.3-24。

图 14.3-24 电熔连接示意图

1—电热元件：接线柱；2—电熔管件等径直接；3—钢丝网骨架塑料（聚乙烯）复合管材

14.3.7 排水钢塑复合管及管件、接口

1. 技术要求

钢塑复合短螺距内螺旋管材技术要求见表 14.3-49、表 14.3-50。

钢塑复合短螺距内螺旋管材技术要求　　　　　表 14.3-49

项目	要求
结合强度测试	基管与内衬层之间的结合强度应不小于 1.0MPa
压扁测试	压扁到管外径 3/4，无裂痕、分层
耐水压测试	测试压力达到 0.4MPa，5min 内无渗漏

钢塑复合短螺距内螺旋管材内衬层技术要求　　　　　表 14.3-50

项 目	要求		
	PVC-U	HDPE	PP
密度（kg/m³）	1350～1550	941～965	900～1200
维卡软化温度（℃）	≥79	—	≥140
熔体流动速率 MFR（g/10min）	—	0.2≤MFR≤1.1	MFR≤3.0
纵向回缩率（%）	≤5	≤3	≤3
二氯甲烷浸渍测试	表面变化不劣于 41	—	—
拉伸屈服强度（MPa）	≥40	—	—

2. 执行标准

钢塑复合短螺距内螺旋管材应符合行业标准《建筑排水钢塑复合短螺距内螺旋管材》CJ/T 488 的规定。工程应用应符合行业标准《建筑排水复合管道工程技术规程》CJJ/T 165 的规定。

3. 规格尺寸

钢塑复合、塑料短螺距内螺旋管材规格尺寸见表 14.3-51。

钢塑复合、塑料短螺距内螺旋管材规格尺寸（mm）　　　　　表 14.3-51

材质		公称直径 dn	平均外径		壁厚		螺旋肋高度		螺距		螺旋肋		管长	
			最小平均外径	最大平均外径	最小壁厚	最大壁厚	最小	最大	最小	最大	数量	螺旋方向	基本长度	公差
			$d_{em,min}$	$d_{em,max}$	e_{min}	e_{max}								
钢塑复合管	成品管	80	89.1	89.9	3.9	4.6							4000～6000	30～0.000
		110	113.8	114.6	4.3	5.3								
		125	133.8	135.0	4.3	5.3								
		160	158.7	160.3	5.1	6.2								
	基管	80	89.1		1.88	2.12							4000～6000	
		110	114.2		1.88	2.12								
		125	134.4		1.88	2.12								
		160	159.5		2.35	2.65								
	内衬管	80	83.6	84.5	1.9	2.2	2.4	3.0	600	680	12	逆时针	4000～6000	+30～0.000
		110	108.0	109.7	1.9	2.2	3.2	3.8	760	840				
		125	128.0	129.8	1.9	2.2	3.2	3.8	780	880				
		160	152.6	153.9	2.8	3.1	3.8	4.4	800	900				
塑料管	PVC-U 材质	75	75.0	75.3	2.3	2.7	2.3	2.8	600	680				
		110	110.0	110.3	3.2	3.8	3.0	3.6	760	840				
		125	125.0	125.3	3.2	3.8	3.2	3.8	780	880				
		160	160.0	160.4	4.0	4.6	3.8	4.4	800	900				

材质		公称直径 dn	平均外径		壁厚		螺旋肋高度		螺距		螺旋肋		管长	
			最小平均外径	最大平均外径	最小壁厚	最大壁厚	最小	最大	最小	最大	数量	螺旋方向	基本长度	公差
			$d_{em,min}$	$d_{em,max}$	e_{min}	e_{max}								
塑料管	HDPE 材质	75	75.0	75.7	2.9	3.3	2.3		500	600	12	逆时针	4000~6000	+30~0.000
		110	110.0	110.8	3.8	4.3	3.0		600	700				
		125	125.0	125.9	4.2	4.8	3.5		650	750				
		160	160.0	161.0	4.7	5.3	4.0		700	800				
	PP 材质	75	75.0	75.3	2.9	3.3	2.3		500	600				
		110	110.0	110.4	3.8	4.3	3.0		600	700				
		125	125.0	125.4	4.2	4.8	3.5		650	750				
		160	160.0	160.5	4.7	5.3	4.0		700	800				

4. 连接方式

法兰式橡胶密封圈连接。

将管材端部插入与之相连的带法兰盘的管件的承口内,用螺栓紧固承口法兰和安装在插口处的法兰压盖,挤压安装在两者之间的橡胶密封圈,以达到连接和密封的要求的连接方式。

14.4 阀门

14.4.1 分类、型号含义

阀门的种类很多,建筑给水排水工程中常用的阀门按阀体结构形式和功能可分为截止阀、闸阀、蝶阀、球阀、止回阀、减压阀、安全阀、排气阀、疏水阀、电磁阀等类;按照驱动动力可分为手动、电动、液动、气动 4 类;按照公称压力可分为高压、中压、低压 3 类。建筑给水排水工程中常用的大都为低压阀门,以手动为主。

阀门的型号根据阀门种类、驱动方式、阀体结构、密封或衬里材料、公称压力、阀体材料等,分别用汉语拼音字母及数字表示。各类阀门型号含义按《阀门 型号编制方法》JB/T 308 规定如下(见下页)。

14.4.2 截止阀

截止阀是利用阀瓣沿着阀座通道的中心移动来控制管路启闭的一种闭路阀,可用于各种压力及各种温度输送各种液体和气体。

选用提示:

(1) 该阀阻力较大,关断可靠,但体积较大;

(2) 生产工艺较简单,有金属密封,有橡胶密封;

(3) 可手动调流;

阀门型号含义：

[1] 汉语拼音字母　表示阀门类型

- Z　闸阀
- J　截止阀
- L　节流阀
- Q　球阀
- D　蝶阀
- H　止回阀
- G　隔膜阀
- A　安全阀
- T　调节阀
- X　旋塞
- Y　减压阀
- S　疏水器

[2] 一位数字　表示驱动方式

- 0　电磁动
- 1　电磁-液动
- 2　电-液动
- 3　蜗轮
- 4　正齿轮
- 5　伞齿轮
- 6　气动
- 7　液动
- 8　气-液动
- 9　电动

[3] 一位数字　表示连接形式

- 1　内螺纹
- 2　外螺纹
- 3　法兰（用于双弹簧安全阀）
- 4　法兰
- 5　法兰（用于相配式安全阀，单弹簧安全阀）
- 6　焊接
- 7　对夹式
- 8　卡箍
- 9　卡套

[4] 一位数字　表示结构形式 → 5

[5] 汉语拼音字面　表示密封面或衬里材料

- T　铜合金
- X　橡胶
- N　尼龙塑料
- F　氟塑料
- B　锡基轴承合金
- H　合金钢
- D　渗氮钢
- Y　硬质合金
- J　衬胶
- Q　衬铅
- C　搪瓷
- Q　渗硼钢

[6] 数字　表示公称压力（MPa）

[7] 字母　表示阀体材料

- Z　HT_{25-47}
- K　T_{30-6}
- Q　QT_{40-15}
- T　H_{-62}
- C　$2G_{25Ⅲ}$
- I　Gr_5Mo
- P　$_1Gr_{18}Ni_9Ti$
- P₁　$Cr18Ni_{12}Mo_2Ti$
- V　$_{12}Cr_1MoV$

代号 / 类别	1	2	3	4	5	6	7	8	9	10
闸阀	明杆楔式单闸板	明杆楔式双闸板	明杆平行式单闸板	明杆平行式双闸板	暗杆楔式单闸板	暗杆楔式双闸板		暗杆平行式双闸板		明杆楔式弹性闸板
截止阀、节流阀	直通式			角式	直流式	平衡直通式	平衡角式			
蝶阀	垂直板式		斜板式							
球阀	浮动直通式			浮动L形三通式	浮动T形三通式		固定直通式			
隔膜阀	屋脊式		截止式				闸板式			
旋塞阀			填料直通式	填料T形三通式	填料四通式		油封直通式	油封T形三通式		
止回阀和底阀	升降直通式	升降立式		旋启单瓣式	旋启多瓣式	旋启双瓣式				
安全阀	弹簧封闭微启	弹簧封闭全启	弹簧不封闭带扳手双弹簧微启	弹簧封闭带扳手全启	弹簧封闭带扳手手微启式	弹簧不封闭控制全启	弹簧不封闭带扳手手微启式	弹簧不封闭带扳手微启	脉冲式	弹簧封闭带散热片热片全启式
减压阀	薄膜式	弹簧薄膜式	活塞式	波纹管式	杠杆式					
疏水阀					钟罩浮子式			热动力式	脉冲式	

（4）必要时可起到手动平衡的作用，且抗汽蚀能力较强；

（5）DN50 及以下多为螺纹接口，多采用全铜结构；

（6）安装时要注意水流方向；

（7）DN200 以上不宜采用截止阀。

1. 直通式截止阀

$J_{11}X_{-10}$、$J_{11}W_{-10}$、$J_{11}T_{-16}$、$J_{11}T_{-16}K$ 内螺纹截止阀规格见图 14.4-1、表 14.4-1。

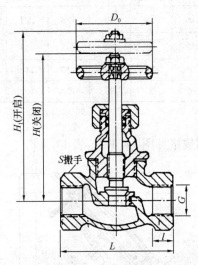

图 14.4-1　$J_{11}X_{-10}$、$J_{11}W_{-10}$、$J_{11}T_{-16}$、$J_{11}T_{-16}K$ 内螺纹截止阀

$J_{11}X_{-10}$、$J_{11}W_{-10}$、$J_{11}T_{-16}$、$J_{11}T_{-16}K$ 内螺纹截止阀规格　　　　表 14.4-1

型号及名称	公称直径 DN (mm)	管螺纹 G (in)	外形尺寸（mm）						质量 (kg)	适用介质	备注
			L	l	S	H	H_1	D_0			
$J_{11}X_{-10}$ 内螺纹截止阀	15	1/2	90	14	32	109	117	55	0.9	≤50℃水	
	20	3/4	100	16	36	109	117	55	1.2		
	25	1	120	18	46	132	142	80	1.7		
	32	$1\frac{1}{4}$	140	20	55	156	168	100	2.5		
	40	$1\frac{1}{2}$	170	22	65	167	182	100	3.75		
	50	2	200	24	80	182	200	120	5.5		
	65	$2\frac{1}{2}$	260	26	95	200	223	140	9.25		
$J_{11}W_{-10}T$ 蛤螺纹铜截止阀	6	1/4	60	10	20	86	93	50	0.37	≤225℃水、蒸汽	
	10	3/8	70	12	24	85	94	50	0.43		
	15	1/2	70	10	24	99	105	50	0.43		
	20	3/4	85	12	32	116	127.5	65	0.6		
	25	1	105	14	41	140	149.5	80	1.0		

续表

型号及 名称	公称直径 DN (mm)	管螺纹 G (in)	外形尺寸（mm）						质量 (kg)	适用介质	备注
			L	l	S	H	H_1	D_0			
$J_{11}W_{-10}T$ 蛤螺纹铜 截止阀	32	$1\frac{1}{4}$	140	18	52	152	168	100	2.6		
	40	$1\frac{1}{2}$	170	20	60	173	193	120	4.0	≤225℃	
	50	2	200	25	70	198	221	140	5.4		
	65	$2\frac{1}{2}$	260	26	90	254	284	160	10.3		
$J_{11}T_{-16}$	15	1/2	90	14	30	110	118	50	0.8	≤200℃	
$J_{11}T_{-16}K$	15	1/2	90	3	30	116	123	65	0.7	≤225℃	

2. 直流式截止阀

$J_{45}J_{-10}C$ 手动衬胶截止阀规格见图 14.4-2、表 14.4-2。

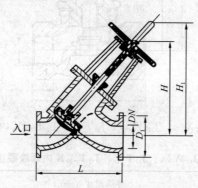

图 14.4-2　$J_{45}J_{-10}C$ 手动衬胶截止阀

$J_{45}J_{-10}C$ 手动衬胶截止阀规格 表 14.4-2

公称直径 DN (mm)	外形尺寸（mm）				Z-d	质量 (kg)	适用介质	备注
	L	D_1	H	H_1				
50	300	125			4-18	45		
75	350	160			4-18	60		
100	400	180			8-18	80		
125	450	210			8-18	84	≤50℃粒状浑浊 物，无腐蚀性或微腐 蚀性液体	
150	500	240	685	835	8-23	90		
200	600	295	900	1100	8-23	140		
250	740	350	950	1150	12-23	175		
300	840	400	1000	1200	12-23	220		
400	900	515	1100	1300	16-25	300		

3. 柱塞式截止阀

$J_{40}HX_{-16}$ 柱塞式截止阀规格见图 14.4-3、表 14.4-3。

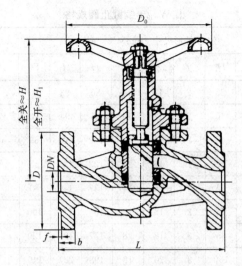

图 14.4-3　$J_{40}HX_{-16}$ 柱塞式截止阀

$J_{40}HX_{-16}$ 柱塞式截止阀规格　　　　　表 14.4-3

公称直径		外形尺寸（mm）									Z-d	质量（kg）	适用介质	备注
mm	in	L	D	D_1	D_2	b	f	H	H_1	D_0				
20	3/4	150	105	75	55	16	2	147	177	120	4-14	4.2		
25	1	160	115	85	65	16	2	170	212	140	4-14	5.5	≤200℃ 水、蒸汽、油类	
32	$1\frac{1}{4}$	180	135	100	78	18	3	196	237	160	4-18	7.0		
40	$1\frac{1}{2}$	200	145	110	85	18	3	.227	276	180	4-18	11.4		
50	2	230	160	125	100	20	3	250	305	200	4-18	15.1		

注：D_1 为法兰螺孔中心圆直径。

4. 铜截止阀

$J_{41}W_{-10}T$ 铜截止阀规格见图 14.4-4、表 14.4-4。

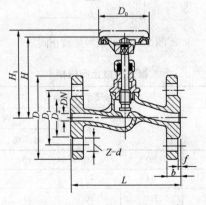

图 14.4-4　$J_{41}W_{-10}T$ 铜截止阀

$J_{41}W_{-10}T$ 铜截止阀规格   表 14.4-4

公称直径 DN (mm)	外形尺寸 (mm)											质量 (kg)	适用介质	备注
	L	D	D_1	D_2	f	b	d	H	H_1	D_0	Z			
6	110	85	55	35	2	12	14	86	93	50		1.9		
10	120	90	60	40	2	12	14	86	94	50		2.1		
15	130	95	65	45	2	14	14	102	109	65	4	2.4		
20	150	105	75	55	2	16	14	123	135	65		3.7		
25	160	115	85	65	2	16	14	137	140	80		4.5	≤225℃水、蒸汽	
32	180	135	100	78	2	18	18	155	171	100		6.6		
40	200	145	110	85	3	18	18	177	197	120		7.7		
50	230	160	125	100	3	20	18	198	221	140		11.5		
65	290	180	145	120	3	20	18	254	284	160		17.0		
80	310	195	160	105		19	18	261	291	190	8	19.5		

5. 聚丙烯截止阀

聚丙烯截止阀规格见图 14.4-5、表 14.4-5。

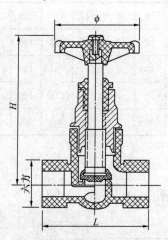

图 14.4-5 聚丙烯截止阀

聚丙烯截止阀规格   表 14.4-5

公称直径 DN (mm)	使用压力 (MPa)	外形尺寸 (mm)					备 注
		H	L	ϕ	六 方		
					对 角	对 边	
15	0.3	125	80	60	40	33.7	
20	0.3	135	93	79	40	40	
25	0.3	158	110	90	54	47	
32	0.3	168	130	90	69.5	60	
40	0.3	174	130	90	74	60	

6. 硬聚氯乙烯截止阀

硬聚氯乙烯截止阀规格见图 14.4-6、表 14.4-6。

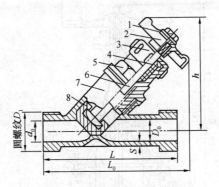

图 14.4-6 硬聚氯乙烯截止阀

1—手轮帽；2—手轮；3—压紧螺母；4—压盖；
5—阀座；6—阀杆；7—阀体；8—阀塞

硬聚氯乙烯截止阀规格   表 14.4-6

公称直径 DN（mm）	外形尺寸（mm）									适用介质	备注
	D_0	S	d_0	D_1	L	L_0		h			
						最小	最大	最小	最大		
15	20	2.5	15	22.2	103					酸碱等腐蚀性流体，但不适用于对硬聚氯乙烯有腐蚀性的化学药品	
20	26	3	20	28.5	126						
25	32	4	24	44	155	~170	~185	~125	~140		
32	40	5	30	55	180	~205	~220	~146	~165		
40	51	6	39	70	205	~236	~257	~175	~198		
50	65	7	51	85	230	~272	~301	~206	~235		

14.4.3 闸阀

闸阀是启闭件（闸板）由阀杆带动，沿闸座密封面作升降运动的阀门。闸阀适用于给水排水、供热和蒸汽管道关启作为调流、切断和截流之用。闸阀的驱动方式有手动、电动和气动。

1. 明杆楔式闸阀

Z41T-10 型明杆楔式闸阀规格见图 14.4-7、表 14.4-7。

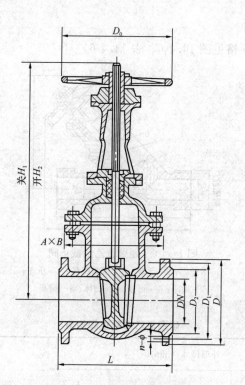

图 14.4-7 Z41T-10 型明杆楔式闸阀

Z41T-10 型明杆楔式闸阀规格　　　　　　　　　　表 14.4-7

公称直径 DN（mm）	外形尺寸（mm）										n-φ（个-直径）	质量（kg）	备　注
	L	D	D₁	D₂	b	f	A×B	H₁	H₂	D₀			
50	180	160	125	100	20	3	170×150	289	346	180	4-18	17.3	
65	195	180	145	120	20	3	187×162	333	402	180	4-18	22	
80	210	195	160	135	22	3	207×172	377	465	200	4-18	28.9	
100	230	215	180	155	22	3	231×186	435	547	200	8-18	37.4	
125	255	245	210	185	24	3	263×208	530	667	240	8-18	53.6	
150	280	280	240	210	24	3	310×240	604	762	240	8-23	68.8	
200	330	335	295	265	26	3	398×278	772	990	320	8-23	133.3	
250	380	390	350	320	28	3	423×508	900	1180	320	12-23	181.8	
300	420	440	400	368	28	4	482×342	1045	1357	400	12-23	259.9	
350	450	500	460	428	30	4	549×399	1224	450	450	16-23	365	
400	480	565	515	482	32	4	616×441	1875		640	16-25	519	
450	510	610	565	532	32	4	685×500	2110		640	20-25	622	
500	540	670	620	585	34	4	780×360	2481	1931	720	20-25	681	
600	600	780	725	685	36	5	900×405	2870	2136	720	20-30	1035	
700	660	895	840	800	38	5	1060×525	3180	2410	900	24-30	1652	

2. 内螺纹暗杆楔式闸阀

$Z_{15}T_{-10}$、$Z_{15}T_{-10}K$ 内螺纹暗杆楔式闸阀规格见图 14.4-8、表 14.4-8。

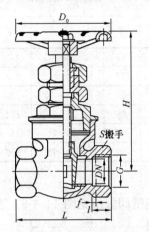

图 14.4-8 $Z_{15}T_{-10}$、$Z_{15}T_{-10}K$ 内螺纹暗杆楔式闸阀

$Z_{15}T_{-10}$、$Z_{15}T_{-10}K$ 内螺纹暗杆楔式闸阀规格　　　　表 14.4-8

型　号	公称直径 DN（mm）	管螺纹 G（in）	外形尺寸（mm）						质量（kg）	适用介质	备　注
			L	l	f	S	H	D_0			
$Z_{15}T_{-10}$	15	1/2	70	14	3	33	123	65	0.9		
			60	12			108	55			
$Z_{15}T_{-10}$	20	3/4	80	16	3	36	132	65	1.1		
			65	13			120	55			
$Z_{15}T_{-10}$	25	1	80	16	3	46	140	80	1.42		
			88	18	4	46	149	80	1.6		
			75	15			135	65			
$Z_{15}T_{-10}K$			75	12		41	127	65	1.6		
$Z_{15}T_{-10}$	32	$1\frac{1}{4}$	90	19	4	57	165	90	2.05	≤120℃水、蒸汽、油类	
			92	19	4	55	169	100	2.3		
			85	17			162	65			
$Z_{15}T_{-10}K$			85	15		50	155	80	2		
$Z_{15}T_{-10}$	40	$1\frac{1}{2}$	99	21	4	64	180	100	2.75		
			106	24	4	60	187	100	3.1		
			95	19			177	80			
$Z_{15}T_{-10}K$			95	16		60	171	80	3		
$Z_{15}T_{-10}$	50	2	110	23	4	80	212	108	4.5		
			120	24	4	75	213	120	5		
			110	21			209	100			
$Z_{15}T_{-10}K$			110	18		70	200	100	4.4		

续表

型　号	公称直径 DN（mm）	管螺纹 G（in）	外形尺寸（mm）						质量（kg）	适用介质	备　注
			L	l	f	S	H	D_0			
$Z_{15}T_{-10}$	65	$2\frac{1}{2}$	130	27	5	95	247	135	7.25	≤120℃ 水、蒸汽、油类	
			120	23			237	120			
$Z_{15}T_{-10}K$			120	20		90	225	120	6.2		
$Z_{15}T_{-10}$	80	3	150	26			274	140			
$Z_{15}T_{-10}K$			150	24	100	265	140		9		
$Z_{15}T_{-10}K$	100	4	170	30		130	306	160	16		

3. 内螺纹暗杆楔式铜闸阀

$Z_{15}W_{-10}T$ 内螺纹暗杆楔式铜闸阀规格见图 14.4-9、表 14.4-9。

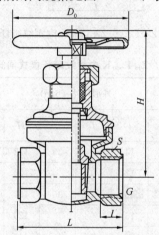

图 14.4-9　$Z_{15}W_{-10}T$ 内螺纹暗杆楔式铜闸阀

$Z_{15}W_{-10}T$ 内螺纹暗杆楔式铜闸阀规格　　　　　表 14.4-9

公称直径 DN（mm）	管螺纹 G（in）	外形尺寸（mm）					质量（kg）	适用介质	备　注
		L	l	S	H	D_0			
15	1/2	44	9	26	84	50	0.3	<100℃ 水	亦有此产品，但尺寸略有不同
20	3/4	46	10	32	96	50	0.36		
25	1	48	11	38	104	50	0.43		
32	$1\frac{1}{4}$	53	12	48	116	65	0.7		
40	$1\frac{1}{2}$	58	13	56	130	65	1.0		
50	2	66	14	68	153	80	1.36		
65	$2\frac{1}{2}$	120	20	90	227	120	6.7		
80	3	150	24	100	267	140	8		
100	4	170	30	130	308	160	19		

4. 平行式双闸板闸阀

$Z_{44}T_{-10}$ 平行式双闸板闸阀规格见图 14.4.10、表 14.4-10。

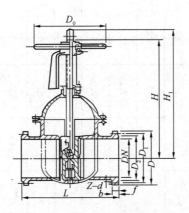

图 14.4-10　$Z_{44}T_{-10}$ 平行式双闸板闸阀

$Z_{44}T_{-10}$ 平行式双闸板闸阀规格　　　　　　　　　表 14.4-10

公称直径 DN (mm)	外形尺寸 (mm)									Z-d	质量 (kg)	适用介质	备 注
	L	D	D_1	D_2	f	b	$\approx H$	$\approx H_1$	D_0				
50	180	160	125	100	3	20	268	337	180	4-18	15.6	≤200℃ 水、蒸汽	（只生产 50、60、200、 125）
65	195	180	145	120	3	20	305	388	180	4-18	19.1		
80	210	195	160	135	3	22	345	440	200	4-18	25.3		
100	230	215	180	155	3	22	395	520	200	8-18	31.1		
125	255	245	210	185	3	24	475	624	240	8-23	66		
150	280	280	240	210	3	24	555	730	240	8-23	66		
200	330	335	295	265	3	26	720	948	320	8-23	103		
250	380	390	350	320	3	28	852	1140	320	12-23	196		
300	420	440	400	368	4	28	990	1330	400	12-23	240		
350	450	500	460	428	4	30	1118	1508	400	16-23	300		
400	480	565	515	482	4	32	1268	1714	500	16-25	450		

5. Z45X 软密封闸阀

Z45X 软密封闸阀的直道式无沟槽结构、内外表面静电喷涂无毒环氧树脂、全包覆橡胶闸板等新技术、新材料、新工艺的应用，使得产品的密封性能、防腐能力、使用寿命等各项性能指标都大大优于传统类型的闸阀，因而产品倍受国内外广大用户的青睐。本产品设有开度指针和带刻度的套筒装置，用来指示阀门开启和关闭的程度。

本产品符合《给水排水用软密封闸阀》CJ/T 216 的要求，广泛应用于饮用水、给水排水、污水处理、石油化工、能源电力、食品医药、天然气、煤气、空调系统、消防系统、建筑等流体管线上。

Z45X 软密封闸阀规格见图 14.4-11、表 14.4-11、表 14.4-12。

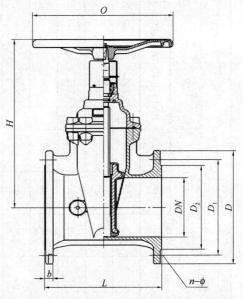

图 14.4-11　YQZ45X-10Q 法兰连接软密封闸阀

YQZ45X-10Q 法兰连接软密封闸阀规格

表 14.4-11

公称直径 DN (mm)	外形尺寸 (mm)												nφ (个-直径)		质量 (kg)		
	L (BS)	L (DIN) F4	L (DIN) F5	D PN10	D PN16	D₁ PN10	D₁ PN16	D₂ PN10	D₂ PN16	b	H	O	PN10	PN16	BS	F4	F5
40	165	140	240	150		110		88		19	285	200	4-19	4-19	11	9	13
50	178	150	250	165		125		102		19	290	200	4-19	4-19	13.5	11.5	15.5
65	190	170	270	185		145		122		19	315	200	4-19	4-19	18	16	20
80	203	180	280	200		160		133		19	365	240	8-19	8-19	20	18	22
100	229	190	300	220		180		158		19	400	280	8-19	8-19	30	27.5	32.5
125	254	200	325	250		210		184		19	457	280	8-19	8-19	42	39.5	45
150	267	210	350	285		240		212		19	504	280	8-23	8-23	50.5	48	54
200	292	230	400	340		295		268		20	592	360	8-23	12-23	90	87	95
250	330	250	450	400		350	355	320		22	675	360	12-23	12-28	138	130	150
300	356	270	500	455		400	410	370		24.5	791	450	12-23	12-28	182	172	200
350	381	290	550	515		460	470	430		26.5	872	450	16-23	16-28	250	236	275
400	406	310	600	575		515	525	485		28	1000	640	16-28	16-31	320	300	380
450	432	330	650	615	640	565	585	530	548	30	1090	640	20-28	20-31	430	390	510
500	457	350	700	670	840	620	650	582	610	31.5	1230	640	20-28	20-34	550	520	650
600	508	390	800	780	840	725	770	682	725	31.5	1344	640	20-31	20-37	600	597	698

YQZ45X-25Q 法兰连接软密封闸阀规格

表 14.4-12

| 公称直径 DN (mm) | 外形尺寸 (mm) | | | | | | | | | $n\phi$ (个-直径) | 质量 (kg) |
| | L (BS) | L (DIN) | | D | D_1 | D_2 | b | H | O | PN25 | |
		F4	F5	PN25	PN25	PN25					
40	165	140	240	150	110	88	19	285	200	4-19	13
50	178	150	250	165	125	102	19	290	200	4-19	16
65	190	170	270	185	145	122	19	315	200	8-19	20.5
80	203	180	280	200	160	133	19	365	240	8-19	23
100	229	190	300	235	190	158	19	400	280	8-23	33
125	254	200	325	270	220	184	19	457	280	8-28	45.5
150	267	210	350	300	250	212	20	504	280	8-28	55
200	292	230	400	360	310	274	22	592	360	12-28	97
250	330	250	450	425	370	330	24.5	675	360	12-31	156
300	356	270	500	485	430	389	27.5	791	450	16-31	210
350	381	290	550	555	490	448	30	872	450	16-34	290
400	406	310	600	620	550	503	32	1000	640	16-37	380
450	432	330	650	670	600	548	34.5	1090	640	20-37	510
500	457	350	700	730	660	610	36.5	1230	720	20-37	650
600	508	390	800	845	770	720	42	1344	720	20-40	863

6. 明杆软密封闸阀

明杆软密封闸阀规格见图 14.4-12、表 14.4-13。

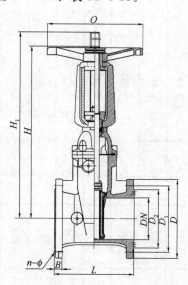

图 14.4-12　YQZ41X-10Q 明杆软密封闸阀

YQZ41X-10Q、YQZ41X-16Q 明杆软密封闸阀规格　　　表 14.4-13

公称直径 DN (mm)	外形尺寸（mm）														n-φ（个-直径）	
	L(BS)	L（DIN）		D		D_1		D_2		B	H	H_1	O	PN10	PN16
		F4	F5	PN10	PN16	PN10	PN16	PN10	PN16						
40	165	140	240	150		110		88		19	320	360	200	4-19	
50	178	150	250	165		125		102		19	320	370	200	4-19	
65	190	170	270	185		145		122		19	360	425	200	4-19	
80	203	180	280	200		160		133		19	420	500	240	8-19	
100	229	190	300	220		180		158		19	494	596	280	8-19	
125	254	200	325	250		210		184		19	549	676	280	8-19	
150	267	210	350	285		240		212		19	622	774	320	8-23	
200	292	230	400	340		295		268		20	760	962	360	8-23	12-23
250	330	250	450	400		350	355	320		22	887	1140	360	12-23	12-28
300	356	270	500	455		400	410	370		24.5	1051	1354	450	12-23	12-28
350	381	290	550	515		460	470	430		26.5	1183	1536	450	16-23	16-28
400	406	310	600	575		515	525	485		28	1322	1725	640	16-28	16-31
450	432	330	650	615	640	565	585	530	548	30	1410	1863	640	20-28	20-31
500	457	350	700	670	715	620	650	582	610	31.5	1610	2115	720	20-28	20-34
600	508	390	800	780	840	725	770	682	725	36	1790	2395	720	20-31	20-37

7. 带桶型过滤软密封闸阀

带桶型过滤软密封闸阀具有截流功能和阻隔流体中渣屑残物。

该闸阀具有功能齐全、性能稳定、结构简单紧凑、占用空间少、使用寿命长、安装与维护方便、性价比高等特点，是给水排水管网中理想的截流和过滤设备。

水流流经过滤网进入下游过程中，较大的渣屑沉积在过滤室，较小的渣屑漏入沉积室底部。需要清理时，关闭闸板，卸下清理口的盖板，取出过滤室，清理沉积物；拧开沉积室底部的堵塞，用水冲洗沉积室。

带桶型过滤软密封闸阀规格见图 14.4-13、表 14.4-14。

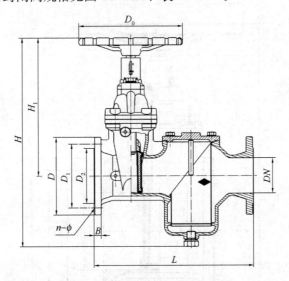

图 14.4-13 带桶型过滤软密封闸阀

带桶型过滤软密封闸阀规格   表 **14.4-14**

公称直径 DN (mm)	外形尺寸 (mm)									$n\text{-}\phi$（个-直径）	
	L	D	D_1		D_2	H	H_1	B	D_0	PN10	PN16
			PN10	PN16							
50	300	165	129		99	390	260	18	180	4-19	
65	340	185	145		118	505	315	18	200	4-19	
80	380	200	160		132	565	365	18	240	8-19	
100	430	220	180		155	593	392	19	280	8-19	
125	500	250	210		184	682	457	19	280	8-19	
150	550	285	240		212	759	504	20	280	8-23	
200	650	340	295		266	897	592	20	360	8-23	12-23
250	775	400	350	355	320	1045	675	22	360	12-23	12-28
300	900	455	400	410	370	1221	791	24.5	450	12-23	12-28
350	1025	515	460	470	430	1375	872	26.5	450	16-23	16-28
400	1150	575	515	525	485	1542	982	28	640	16-28	16-31

8. 不锈钢软密封闸阀

不锈钢软密封闸阀是新一代高品位闸阀产品。阀门的直道式无沟槽结构、全包覆橡胶闸板等新技术、新材料、新工艺的应用，使得产品的密封性能、防腐能力、使用寿命等各项性能指标都大大优于传统类型的闸阀，因而产品倍受国内外广大用户的青睐。

本产品广泛应用于饮用水、给水排水、污水处理、石油化工、能源电力、食品医药、空调系统、建筑等流体管线上。

不锈钢软密封闸阀规格见图 14.4-14、表 14.4-15。

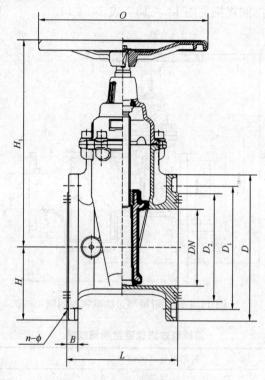

图 14.4-14 不锈钢软密封闸阀

不锈钢软密封闸阀规格   表 14.4-15

| 公称直径 DN (mm) | 外形尺寸（mm） | | | | | | | | | $n\phi$（个-直径） | |
| | L | D | D_1 | | D_2 | B | H | H_1 | O | PN10 | PN16 |
			PN10	PN16							
50	150	165	125		99	18	82.5	221	180	4-18	
65	170	185	145		122	18	92.5	243.5	180	4-18	
80	180	200	160		132	20	100	277	180	8-18	
100	190	220	180		154	22	110	308	220	8-18	
150	210	285	240		210	22	142.5	404	280	8-22	
200	230	340	295		268	24	170	503	330	8-23	12-23
250	250	405	350	355	320	26	202.5	640	360	12-23	12-28
300	270	460	400	410	370	28	230	710	406	12-23	12-28

9. 防盗软密封闸阀

防盗软密封闸阀的防盗开、防盗关装置由护套锁和专用手轮等零部件组成，转动手轮即能开阀或关阀，没有专用手轮就不能启闭阀门。

防盗软密封闸阀规格见图 14.4-15、表 14.4-16。

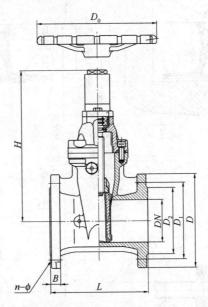

图 14.4-15 防盗软密封闸阀

防盗软密封闸阀规格　　　　表 14.4-16

公称直径 DN (mm)	外形尺寸（mm）							n-φ（个-直径）	
	L	D	D_1	D_2	H	B	D_0	PN10	PN16
65	190	185	145	122	318	19	200	4-19	
80	203	200	160	133	373	19	240	8-19	
100	229	220	180	158	398	19	280	8-19	
125	254	250	210	184	457	19	280	8-19	
150	267	285	240	212	495	20	280	8-23	
200	292	340	295	268	550	20	360	8-23	12-23

10. 地埋闸阀

地埋闸阀主要适用于公称压力 1.0MPa、1.6MPa，工作温度 $-10\sim120℃$，工作介质为水、油、气的地下输送管网上作为启闭设备使用。

地埋闸阀规格见图 14.4-16、表 14.4-17。

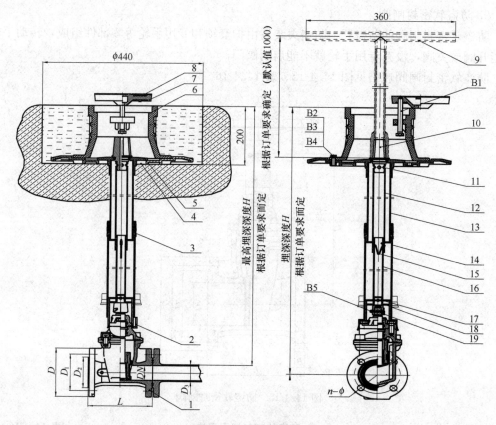

图 14.4-16 地埋闸阀

1—软密封闸阀；2—底套；3—连接套；4—上衬套；5—底板；6—井架；7—井盖；8—介质标牌；9—T 形拌耙；10—上方头；11—上接头组合件；12—上方杆；13—上套管；14—下套管；15—锁定弹簧；16—下方杆；17—下接头组合件；18—卡圈；19—下方头；B1—外六角螺栓；B2—外六角螺栓；B3—平垫圈；B4—外六角螺母；B5—开口销

地埋闸阀规格

表 14.4-17

公称直径 DN (mm)	埋深 (mm)			外形尺寸 (mm)									$n\phi$ (个-直径)	
	名义埋深	埋深范围		L	D		D_1		D_2		D_3		PN10	PN16
		H_{min}	H_{max}		PN10	PN16	PN10	PN16	PN10	PN16	PN10	PN16		
50	725	650	800	150	165		125		102		57		4-19	
	875	750	1000											
	1175	950	1400											
65	743	668	818	170	185		145		122		76		4-19	
	893	768	1018											
	1193	968	1418											

续表

公称直径 DN (mm)	埋深 (mm)			外形尺寸 (mm)									$n\text{-}\phi$ (个-直径)	
	名义埋深	埋深范围		L	D		D_1		D_2		D_3		PN10	PN16
		H_{min}	H_{max}		PN10	PN16	PN10	PN16	PN10	PN16	PN10	PN16		
80	736	673	800	180	200		160		133		89		8-19	
	886	773	1000											
	1186	973	1400											
100	752	689	816	190	220		180		158		108		8-19	
	902	789	1016											
	1202	989	1416											
125	755	708	802	200	250		210		184		133		8-19	
	897	803	992											
	1182	993	1372											
150	763	716	810	210	285		240		212		159		8-23	
	905	811	1000											
	1190	1001	1380											

11. 快速排污阀

$Z_{44}H_{-16}$快速排污阀规格见图 14.4-17、表 14.4-18。

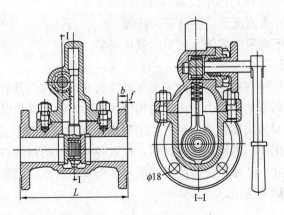

图 14.4-17　$Z_{44}H_{-16}$快速排污阀

$Z_{44}H_{-16}$ 快速排污阀规格　　　　　　表 14.4-18

公称直径 DN (mm)	外形尺寸（mm）					质量（kg）	适用介质	备　注
	L	D	D_1	f	b			
40	200	145	110	3	20	19	≤250℃水、蒸汽	锅炉排污用
50	230	160	125	3	22	22		

14.4.4　蝶阀

　　蝶阀结构简单，质量轻，体积小，开启迅速，可在任意位置安装。在使用时仅需改变阀座材质即可。广泛应用于给水排水行业中。

　　阀座材质选用见表 14.4-19。

阀座材质选用（供参考）　　　　　　表 14.4-19

材　质	适用温度（℃）	使用说明
丁腈橡胶	−23～82	丁腈橡胶具有良好的延展性、耐磨性和耐烃化物等性能，作为通用材料可用于水、真空、酸、盐、碱、脂、油、黄油、液压油、甘醇等介质，但不能用在丙酮、甲酮、硝酸盐和氯化烃的场所
乙丙橡胶	−40～135	乙丙橡胶是一种良好的通用合成橡胶，可用于热水系统、饮料、奶制品、甲酮、酒精、硝酸酯和甘油等介质，但不能用于烃基油、无机物或溶剂中
氟化橡胶	−40～180	氟化橡胶是一种良好的耐烃基油、油性气体和其他石油产品的氟化烃橡胶，适用于水、油品、空气、酸类等介质，但不能用于蒸汽类超过 82℃的热水或浓碱系统

　　选用提示：

　　(1) 行业标准：《给水排水用蝶阀》CJ/T 261；

　　(2) 连接形式：对夹式或法兰；

　　(3) 密封件：三元乙丙（0～100℃）、丁腈（0～60℃）；

　　(4) 手动驱动方式：DN150 以下采用手柄式，DN150 及以上建议采用涡轮式；

　　(5) 建议采用中线蝶阀，因中线蝶阀可以双面承压；

　　(6) PN16 以上压力情况下，不宜采用蝶阀；

　　(7) DN50 以下不宜采用蝶阀，可采用截止阀等。

　　1. 衬里中线蝶阀

　　衬里中线蝶阀采用中线型结构，合理科学的密封表面使阀门开启时蝶板能快速脱离阀座，大大减少蝶板与阀座的摩擦力。由于结构中线对称，使得蝶板受力均匀、对称，从而也降低了操作力矩。蝶阀阀体内表面及法兰密封面全包覆硫化橡胶，使得阀门的耐磨性、耐用性大大提高，选用不同的硫化橡胶材料，配置各种相应的内件材质，可适应不同的温度、不同的工况。因此，产品广泛适应于饮用水、海水、污水、消防系统、建筑楼宇给水排水管线上作启闭或调节使用。

　　(1) 特点

　　1) 结构简单、紧凑、体积小，安装使用方便，90°回转启闭迅速。

　　2) 多重轴向密封，防止泄漏。

3）流阻少，流量特性优良。

4）采用无销连接，传动动力稳固，性能更加可靠。

5）独特的阀座设计，使得操作扭矩小，省力轻巧，可双向密封，泄漏量为零。

（2）主要性能参数

衬里中线蝶阀主要性能参数见表14.4-20。

衬里中线蝶阀主要性能参数　　　　表14.4-20

公称压力 PN （MPa）	试验压力（MPa）		工作压力 P （MPa）	工作温度 t （℃）	适用介质
	壳体	密封			
1.0	1.50	1.10	1.0	常规≤80℃、特殊 ≤200℃	饮用水、清水、污水、 海水、油品、酸碱类
1.6	2.40	1.76	1.6		
2.5	3.75	2.75	2.5		

（3）执行标准

1）产品设计制造：法兰连接的蝶阀应符合《法兰衬里中线蝶阀》CJ/T 471，对夹式连接的蝶阀应符合《法兰和对夹连接弹性密封蝶阀》GB/T 12238。

2）结构长度应符合《金属阀门结构长度》GB/T 12221。

3）试验标准按《工业阀门　压力试验》GB/T 13927。

4）法兰连接尺寸应符合《整体铸铁法兰》GB/T 17241.6。

（4）硫化橡胶材质选用

硫化橡胶材质选用见表14.4-21。

硫化橡胶材质选用　　　　表14.4-21

材质	代号	适用温度（℃）	适用介质
三元乙丙	EPDM	≤80，瞬时120	清水、污水
耐热三元乙丙	EPDM+150	≤120，瞬时150	清水、污水
丁腈橡胶	NBR	≤60，瞬时100	油品
氯丁橡胶	CR	≤80，瞬时120	清水、污水、海水
氟橡胶	FPM	≤150，瞬时200	蒸汽、油品、酸碱类
食品橡胶	WRAS/EPDM	≤80	饮用水

2. 对夹衬里中线蝶阀

（1）D71型手柄传动对夹衬里中线蝶阀规格见图14.4-18、表14.4-22。

D71型手柄传动对夹衬里中线蝶阀规格　　　　表14.4-22

公称直径 DN		外形尺寸（mm）								n-φ（个-直径）		传动装置(mm)		备注
mm	in	L	D		G		H	H_1	H_2	PN10	PN16	A	B	
			PN10	PN16	PN10	PN16								
50	2	43	125		99		242	108	72	4-19		62	254	
65	2.5	46	145		118		261	114	85	4-19		62	254	

续表

公称直径 DN		外形尺寸（mm）								$n\phi$（个-直径）		传动装置（mm）		备注
mm	in	L	D		G		H	H_1	H_2	PN10	PN16	A	B	
			PN10	PN16	PN10	PN16								
80	3	46	160		132		278	121	95	4-19		62	254	
100	4	52	180		156		309	141	106	4-19		62	254	
125	5	56	210		184		348	158	128	4-19		62	254	
150	6	56	240		211		380	174	144	4-23		62	254	

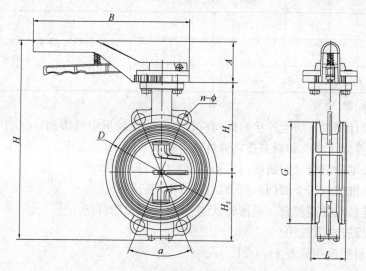

图 14.4-18　D71 型手柄传动对夹衬里中线蝶阀

（2）D371 型蜗轮传动对夹衬里中线蝶阀规格见图 14.4-19、表 14.4-23。

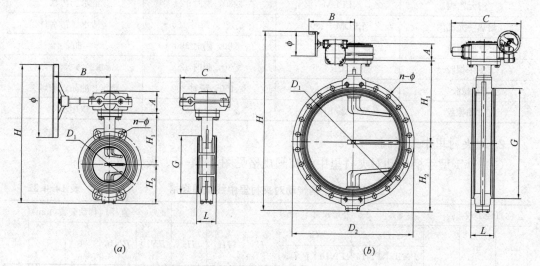

图 14.4-19　D371 型蜗轮传动对夹衬里中线蝶阀

(a) DN50～600；(b) DN700～1200

表 14.4-23

D371 型蜗轮传动对夹衬里中线蝶阀规格

| 公称直径 DN | | 外形尺寸 (mm) | | | | | | | | | | nφ (个-直径) | | 传动装置 (mm) | | | | 备注 |
mm	in	L	D₂ PN10	D₂ PN16	D₁ PN10	D₁ PN16	G PN10	G PN16	H	H₁	H₂	PN10	PN16	A	B	C	φ	
50	2	43	—	—	125	125	99	99	311	108	72	4-19	4-19	60	141	142	200	
65	2.5	46	—	—	145	145	118	118	328	114	85	4-19	4-19	60	141	142	200	
80	3	46	—	—	160	160	132	132	348	121	95	4-19	4-19	60	141	142	200	
100	4	52	—	—	180	180	156	156	378	141	106	4-19	4-19	60	141	142	200	
125	5	56	—	—	210	210	184	184	422	158	128	4-19	4-19	65	161	178	200	
150	6	56	—	—	240	240	211	211	452	174	144	4-23	4-23	65	161	178	200	
200	8	60	—	—	295	295	266	266	514	206	172	4-23	4-23	80	215	203	250	
250	10	68	—	—	350	355	319	319	584	241	207	4-23	4-28	80	215	203	250	
300	12	78	—	—	400	410	370	370	687	279	238	4-23	4-28	80	215	203	250	
350	14	78	—	—	460	470	429	429	792	344	265	4-30	4-30	117	192	294	250	
400	16	102	—	—	515	525	480	489	915	388	296	4-34	4-34	162	265	419	200	
450	18	114	—	—	565	585	530	548	983	423	329	4-28	4-31	162	265	419	200	
500	20	127	—	—	620	650	582	609	1052	457	364	4-28	4-34	162	265	419	200	
600	24	154	—	—	725	770	682	729	1250	531	430	4-31	4-37	199	352	562	250	
700	28	165	895	910	840	840	794	794	1388	601	498	24-31	24-37	199	352	562	250	
800	32	190	1015	1025	950	950	901	901	1524	670	565	24-34	24-40	199	352	562	250	
900	36	203	1115	1125	1050	1050	1001	1001	1771	744	628	28-34	28-40	243	409	736	250	
1000	40	216	1230	1255	1160	1170	1112	1112	1805	797	684	28-37	28-43	243	409	736	250	
1200	48	254	1455	1485	1380	1390	1328	1328	1977	853	800	32-40	32-49	260	582	932	400	

（3）D671 型气动传动对夹衬里中线蝶阀规格见图 14.4-20、表 14.4-24。

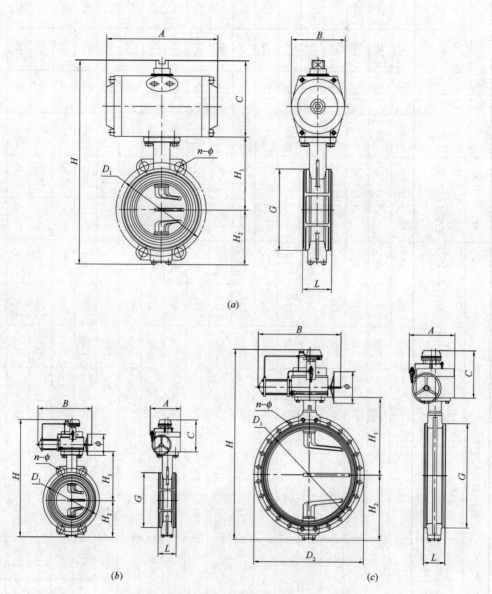

图 14.4-20　D671 型气动传动对夹衬里中线蝶阀

(a) DN50~DN300；(b) DN350~DN600；(c) DN700~DN1200

表 14.4-24

D671 型气动传动对夹衬里中线蝶阀规格

公称直径 DN		外形尺寸 (mm)										nφ (个·直径)		传动装置 (mm)				备注
mm	in	L	D_2 PN10	D_2 PN16	D_1 PN10	D_1 PN16	G PN10	G PN16	H	H_1	H_2	PN10	PN16	A	B	C	φ	
50	2	43	—	—	125		99		294	108	72		4-19	127	59	114	—	
65	2.5	46	—	—	145		118		327	114	85		4-19	141	74	128	—	
80	3	46	—	—	160		132		356	121	95		4-19	169	86	140	—	
100	4	52	—	—	180		156		395	141	106		4-19	186	95	148	—	
125	5	56	—	—	210		184		444	158	128		4-19	217	104	158	—	
150	6	56	—	—	240		211		498	174	144		4-23	222	120	180	—	
200	8	60	—	—	295		266		558	206	172		4-23	284	120	180	—	
250	10	68	—	—	350	355	319		648	241	207	4-23	4-28	298	140	200	360	
300	12	78	—	—	400	410	370		765	279	238	4-23	4-28	368	172	248	360	
350	14	78	—	—	460	470	429		819	344	265	4-30	4-30	335	765	210		
400	16	102	—	—	515	525	480	489	894	388	296	4-34	4-34	335	765	210	360	
450	18	114	—	—	565	585	530	548	962	423	329	4-28	4-31	335	765	210	360	
500	20	127	—	—	620	650	582	609	1104	457	364	4-28	4-34	405	870	283	400	
600	24	154	—	—	725	770	682	729	1460	531	430	4-31	4-37	630	1230	499	400	
700	28	165	895	910	840		794		1609	601	498	24-31	24-37	780	1520	510	500	
800	32	190	1015	1025	950		901		1745	670	565	24-34	24-40	780	1520	510	500	
900	36	203	1115	1125	1050		1001		—	644	628	28-34	28-40	—	—	—	—	
1000	40	216	1230	1255	1160	1170	1112		—	797	684	28-37	28-43	—	—	—	—	
1200	48	254	1455	1485	1380	1390	1328		—	853	800	32-40	32-49	—	—	—	—	

（4）D971 型电动传动对夹衬里中线蝶阀规格见图 14.4-21、表 14.4-25。

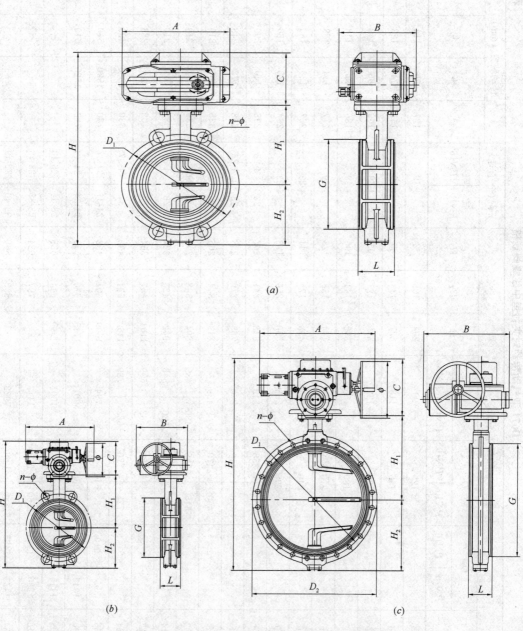

图 14.4-21　D971 型电动传动对夹衬里中线蝶阀
(a) DN50～DN300；(b) DN350～DN600；(c) DN700～DN1200

表 14.4-25

D971 型电动传动对夹衬里中线蝶阀规格

| 公称直径 DN | | L | 外形尺寸 (mm) | | | | | | | | | n-φ (个-直径) | | 传动装置 (mm) | | | | 备注 |
mm	in		D₂ PN10	D₂ PN16	D₁ PN10	D₁ PN16	G PN10	G PN16	H	H₁	H₂	PN10	PN16	A	B	C	φ	
50	2	43	—	—	125	125	99	99	284	108	72	4-19	4-19	159	115	104	—	
65	2.5	46	—	—	145	145	118	118	303	114	85	4-19	4-19	159	115	104	—	
80	3	46	—	—	160	160	132	132	346	121	95	4-19	4-19	208	123	130	—	
100	4	52	—	—	180	180	156	156	377	141	106	4-19	4-19	208	123	130	—	
125	5	56	—	—	210	210	184	184	427	158	128	4-19	4-19	257	157	141	—	
150	6	56	—	—	240	240	211	211	459	174	144	4-23	4-23	257	157	141	—	
200	8	60	—	—	295	295	266	266	519	206	172	4-23	4-23	257	157	141	—	
250	10	68	—	—	350	355	319	319	619	241	207	4-23	4-28	382	242	171	—	
300	12	78	—	—	400	410	370	370	688	279	238	4-23	4-28	382	242	171	—	
350	14	78	—	—	460	470	429	429	792	344	265	4-30	4-30	228	280	183	250	
400	16	102	—	—	515	525	480	489	915	388	296	4-34	4-34	343	369	231	250	
450	18	114	—	—	565	585	530	548	983	423	329	4-28	4-31	343	369	231	250	
500	20	127	—	—	620	650	582	609	1052	457	364	4-28	4-34	343	369	231	250	
600	24	154	—	—	725	770	682	729	1250	531	430	4-31	4-37	439	491	289	250	
700	28	165	895	910	840	840	794	794	1566	601	498	24-31	24-37	867	545	467	450	
800	32	190	1015	1025	950	950	901	901	1748	670	565	24-34	24-40	1215	597	513	—	
900	36	203	1115	1125	1050	1050	1001	1001	1785	644	628	28-34	28-40	1215	597	513	—	
1000	40	216	1230	1255	1160	1170	1112	1112	2029	797	684	28-37	28-43	939	825	548	—	
1200	48	254	1455	1485	1380	1390	1328	1328	2263	853	800	32-40	32-49	1052	888	610	—	

3. 法兰衬里中线蝶阀

（1）D41 型手柄传动法兰衬里中线蝶阀规格见图 14.4-22、表 14.4-26。

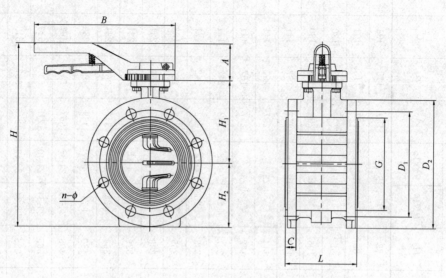

图 14.4-22　D41 型手柄传动法兰衬里中线蝶阀

D41 型手柄传动法兰衬里中线蝶阀规格　　　　表 14.4-26

公称直径 DN		外形尺寸（mm）												n-ϕ（个-直径）		传动装置（mm）		备注
				D_2		D_1		G										
mm	in	L	C	PN10	PN16	PN10	PN16	PN10	PN16	H	H_1	H_2	PN10	PN16	A	B	
50	2	108	19	165		125		99		253	108	83	4-19		62	254	
65	2.5	112	19	185		145		118		269	114	93	4-19		62	254	
80	3	114	19	200		160		132		283	121	100	8-19		62	254	
100	4	127	19	220		180		156		313	141	110	8-19		62	254	
125	5	140	19	250		210		184		345	158	125	8-19		62	254	
150	6	140	19	285		240		211		380	174	144	8-23		62	254	

（2）D341 型蜗轮传动法兰衬里中线蝶阀规格见图 14.4-23、表 14.4-27。

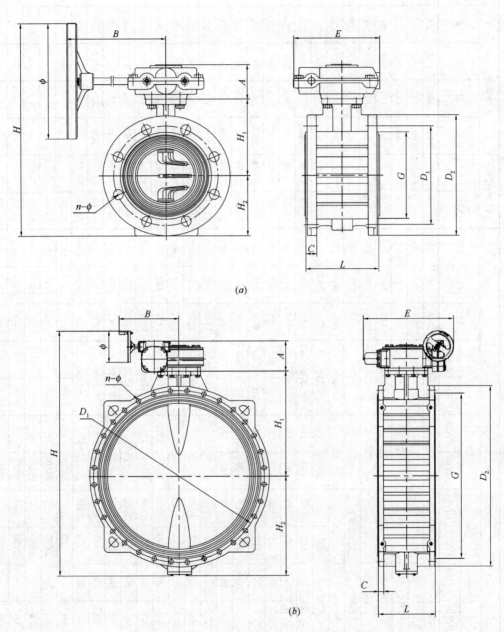

图 14.4-23　D341 型蜗轮传动法兰衬里中线蝶阀

（a）DN50～DN300；（b）DN350～DN3000

表 14.4-27

D341 型蜗轮传动法兰衬里中线蝶阀规格

公称直径 DN		外形尺寸 (mm)												n-φ(个-直径)		传动装置 (mm)				备注
mm	in	L	C PN10	C PN16	D_2 PN10	D_2 PN16	D_1 PN10	D_1 PN16	G PN10	G PN16	H	H_1	H_2	PN10	PN16	A	B	E	φ	
50	2	108	19	19	165	165	125	125	99	99	253	108	83	4-19	4-19	60	141	142	200	
65	2.5	112	19	19	185	185	145	145	118	118	269	114	93	4-19	4-19	60	141	142	200	
80	3	114	19	19	200	200	160	160	132	132	283	121	100	8-19	8-19	60	141	142	200	
100	4	127	19	19	220	220	180	180	156	156	313	141	110	8-19	8-19	60	141	142	200	
125	5	140	19	19	250	250	210	210	184	184	345	158	125	8-19	8-19	65	161	178	200	
150	6	140	19	19	285	285	240	240	211	211	380	174	144	8-23	8-23	65	161	178	200	
200	8	152	20	20	340	340	295	295	266	266	500	205	170	8-23	12-23	80	215	203	250	
250	10	165	22	22	395	405	350	355	319	319	570	240	205	12-23	12-28	80	215	203	250	
300	12	178	24.5	24.5	445	460	400	410	370	370	638	278	235	12-23	12-28	80	215	203	250	
350	14	190	24.5	26.5	505	520	460	470	429	429	735	343	267	16-23	16-28	117	192	294	250	
400	16	216	24.5	28	565	580	515	525	480	489	785	387	298	16-28	16-31	162	265	419	200	
450	18	222	25.5	30	615	640	565	585	530	548	853	422	331	20-28	20-31	162	265	419	200	
500	20	229	26.5	31.5	670	715	620	650	582	609	926	456	370	20-28	20-34	162	265	419	200	
600	24	267	30	36	780	840	725	770	682	729	1089	530	434	20-31	20-37	199	352	562	250	
700	28	292	32.5	39.5	895	910	840	840	794	794	1145	530	490	24-31	24-37	199	352	562	250	
800	32	318	35	43	1015	1025	950	950	901	901	1272	598	549	24-34	24-40	199	352	562	250	
900	36	330	37.5	46.5	1115	1125	1050	1050	1001	1001	1377	652	600	28-34	28-40	243	409	736	250	
1000	40	410	40	50	1230	1255	1160	1170	1112	1112	1492	702	665	28-37	28-43	243	409	736	250	
1200	48	470	45	57	1455	1485	1380	1390	1328	1328	1856	853	803	32-40	32-49	260	582	932	400	
1400	56	530	46	60	1675	1685	1590	1590	1530	1530	2084	971	913	36-43	36-49	260	582	932	400	
1600	64	600	49	65	1915	1930	1820	1820	1750	1750	2365	1120	1045	40-49	40-56	320	722	1077	400	
1800	72	670	52	70	2115	2130	2020	2020	1950	1950	2590	1240	1150	44-49	44-56	320	722	1077	400	
2000	80	760	55	75	2325	2345	2230	2230	2150	2150	—	1355	1260	48-49	48-62	—	—	—	—	
2200	88	800	60	—	2550	—	2440	—	2370	—	—	1525	1455	52-56	—	—	—	—	—	
2400	96	850	65	—	2760	—	2650	—	2570	—	—	1710	1655	56-56	—	—	—	—	—	
2600	104	900	72	—	2960	—	2850	—	2780	—	—	1950	1810	60-59	—	—	—	—	—	
2800	112	950	80	—	3180	—	3070	—	3000	—	—	2025	1915	64-56	—	—	—	—	—	
3000	120	1000	88	—	3405	—	3290	—	3210	—	—	2390	2205	68-62	—	—	—	—	—	

（3）D641 型气动传动法兰衬里中线蝶阀规格见图 14.4-24、表 14.4-28。

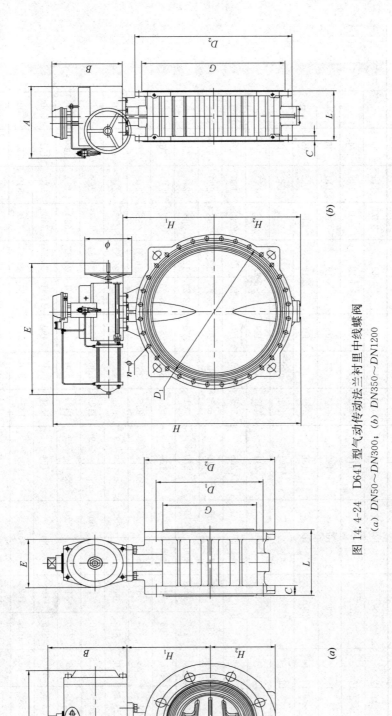

图 14.4-24 D641 型气动传动法兰衬里中线蝶阀
(a) DN50～DN300；(b) DN350～DN1200

表 14.4-28

D641 型气动传动法兰衬里中线蝶阀规格

公称直径 DN (mm)	公称直径 DN (in)	外形尺寸 (mm) L	C PN10	C PN16	D₂ PN10	D₂ PN16	D₁ PN10	D₁ PN16	G PN10	G PN16	H	H₁	H₂	nφ(个-直径) PN10	nφ(个-直径) PN16	传动装置 (mm) A	B	E	φ	备注
50	2	108	19	19	165	165	125	125	99	99	305	108	83	4-19	4-19	127	114	59	—	
65	2.5	112	19	19	185	185	145	145	118	118	335	114	93	4-19	4-19	141	128	74	—	
80	3	114	19	19	200	200	160	160	132	132	361	121	100	8-19	8-19	169	140	86	—	
100	4	127	19	19	220	220	180	180	156	156	399	141	110	8-19	8-19	186	148	95	—	
125	5	140	19	19	250	250	210	210	184	184	441	158	125	8-19	8-19	217	158	104	—	
150	6	140	19	19	285	285	240	240	211	211	498	174	144	8-23	8-23	222	180	120	—	
200	8	152	20	20	395	340	350	295	266	266	555	205	170	8-23	12-23	284	180	120	—	
250	10	165	22	22	445	405	400	355	319	319	645	240	205	12-23	12-28	298	200	140	—	
300	12	178	24.5	24.5	505	460	460	410	370	370	761	278	235	12-23	12-28	368	248	172	—	
350	14	190	24.5	26.5	565	520	515	470	429	429	820	343	267	16-23	16-28	335	210	765	360	
400	16	216	24.5	28	615	580	565	525	480	489	895	387	298	16-28	16-31	335	210	765	360	
450	18	222	25.5	30	670	640	620	585	530	548	963	422	331	20-28	20-31	335	210	765	360	
500	20	229	26.5	31.5	780	715	725	650	582	609	1109	456	370	20-28	20-34	405	283	870	400	
600	24	267	30	36	895	840	840	770	682	729	1463	530	434	20-31	20-37	630	499	1230	400	
700	28	292	32.5	39.5	1015	910	950	840	794	794	1530	530	490	24-31	24-37	780	510	1520	500	
800	32	318	35	43	1115	1025	1050	950	901	901	1657	598	549	24-34	24-40	780	510	1520	500	
900	36	330	37.5	46.5	1230	1125	1160	1050	1001	1001	—	652	600	28-34	28-40	—	—	—	—	
1000	40	410	40	50	1380	1255	1170	1170	1112	1112	—	702	665	28-37	28-43	—	—	—	—	
1200	48	470	45	57	1455	1485	1390	1390	1328	1328	—	853	803	32-40	32-49	—	—	—	—	

（4）D941 型电动传动法兰衬里中线蝶阀规格见图 14.4-25、表 14.4-29。

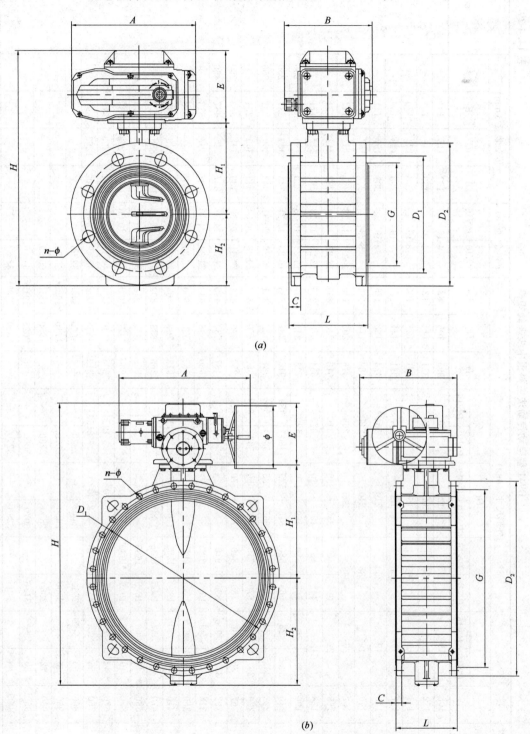

图 14.4-25　D941 型电动传动法兰衬里中线蝶阀

（a）DN50～DN300；（b）DN350～DN3000

表 14.4-29

D941 型电动传动法兰里衬里中线蝶阀规格

| 公称直径 DN | | 外形尺寸 (mm) | | | | | | | | | | | | | nφ(个-直径) | | 传动装置 (mm) | | | | 备注 |
mm	in	L	C PN10	C PN16	D₂ PN10	D₂ PN16	D₁ PN10	D₁ PN16	G PN10	G PN16	H	H₁	H₂	PN10	PN16	A	B	E	φ	
50	2	108	19	19	165	165	125	125	99	99	295	108	83	4-19	4-19	159	115	104	—	
65	2.5	112	19	19	185	185	145	145	118	118	311	114	93	4-19	4-19	159	115	104	—	
80	3	114	19	19	200	200	160	160	132	132	351	121	100	8-19	8-19	208	123	130	—	
100	4	127	19	19	220	220	180	180	156	156	381	141	110	8-19	8-19	208	123	130	—	
125	5	140	19	19	250	250	210	210	184	184	424	158	125	8-19	8-19	257	157	141	—	
150	6	140	19	19	285	285	240	240	211	211	459	174	144	8-23	8-23	257	157	141	—	
200	8	152	20	20	340	340	295	295	266	266	516	205	170	8-23	12-23	257	157	141	—	
250	10	165	22	22	395	405	350	355	319	319	616	240	205	12-23	12-28	382	242	171	—	
300	12	178	24.5	24.5	445	460	400	410	370	370	684	278	235	12-23	12-28	382	242	171	—	
350	14	190	24.5	26.5	505	520	460	470	480	429	793	343	267	16-23	16-28	228	280	183	250	
400	16	216	24.5	28	565	580	515	525	480	489	916	387	298	16-28	16-31	343	369	231	250	
450	18	222	25.5	30	615	640	565	585	530	548	984	422	331	20-28	20-31	343	369	231	250	
500	20	229	26.5	31.5	670	715	620	650	582	609	1057	456	370	20-28	20-34	343	369	231	250	
600	24	267	30	36	780	840	725	770	682	729	1253	530	434	20-31	20-37	439	491	289	250	
700	28	292	32.5	39.5	895	910	840	840	794	794	1487	530	490	24-31	24-37	867	545	467	450	
800	32	318	35	43	1015	1025	950	950	901	901	1660	598	549	24-34	24-40	1215	597	513	—	
900	36	330	37.5	46.5	1115	1125	1050	1050	1001	1001	1765	652	600	28-34	28-40	1215	597	513	—	
1000	40	410	40	50	1230	1255	1160	1170	1112	1112	1915	702	665	28-37	28-43	939	825	548	—	
1200	48	470	45	57	1455	1485	1380	1390	1328	1328	2266	853	803	32-40	32-49	1052	888	610	—	
1400	56	530	46	60	1675	1685	1590	1590	1530	1530	2559	971	913	36-43	36-49	1154	1128	675	—	
1600	64	600	49	65	1915	1930	1820	1820	1750	1750	2900	1120	1045	40-49	40-56	1502	1293	735	—	
1800	72	670	52	70	2115	2130	2020	2020	1950	1950	3203	1240	1150	44-49	44-56	1502	1293	813	—	
2000	80	760	55	75	2325	2345	2230	2230	2150	2150	3512	1355	1260	48-49	48-62	1502	1293	897	—	
2200	88	800	60		2550		2440		2370		—	1525	1455	52-56						
2400	96	850	65		2760		2650		2570		—	1710	1655	56-56						
2600	104	900	72		2960		2850		2780		—	1950	1810	60-59						
2800	112	950	80		3180		3070		3000		—	2025	1915	64-56						
3000	120	1000	88		3405		3290		3210		—	2390	2205	68-62						

（5）MD341 型地埋式蜗轮传动法兰衬里中线蝶阀规格见图 14.4-26、表 14.4-30。

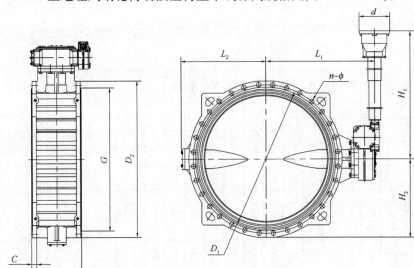

图 14.4-26　MD341 型地埋式蜗轮传动法兰衬里中线蝶阀
注：管径为 $DN200 \sim DN3000$。

4. 双偏心蝶阀

法兰式双偏心软密封蝶阀，采用双偏心结构，减少阀门密封圈的摩擦行程，有效地延长阀门的使用寿命。通道为流阻小的鼓形大流道。常规产品分为手动、电动、气动 3 种驱动方式，可竖装、卧装及外接加长驱动杆。配置各种相应材质的零件，可适应不同工况，是现有老式蝶阀的替代品。产品广泛适用于自来水厂、自来水管网、热力发电厂、水力发电厂、钢铁厂、冶炼厂、造纸厂、化工厂、饮料厂、生活小区、高低层楼宇等系统中的给水排水、通风、空调管线上，作管道介质的调节设备。

产品应符合：制造符合《法兰和对夹连接弹性密封蝶阀》GB/T 12238；试验符合《工业阀门　压力试验》GB/T 13927；法兰连接尺寸符合《整体铸铁法兰》GB/T 17241.6；结构长度符合《金属阀门　结构长度》"GB/T 12221"。

（1）D343 型蜗轮传动法兰双偏心蝶阀规格见图 14.4-27、表 14.4-31。

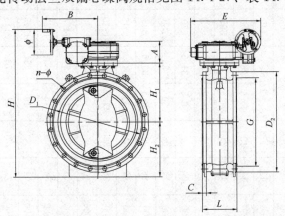

图 14.4-27　D343 型蜗轮传动法兰双偏心蝶阀

MD341型地埋式蜗轮传动法兰衬里中线蝶阀规格

表14.4-30

公称直径 DN		L	C		D₂		D₁		G		d	L₁	L₂	H₁		H₂	nφ（个·直径）		备注
mm	in		PN10	PN16	PN10	PN16	PN10	PN16	PN10	PN16				最小	最大		PN10	PN16	
200	8	152	20	20	340	340	295	295	266	266	150	400	170	800	2000	170	8-23	12-23	
250	10	165	22	22	395	405	350	355	319	319	150	445	205	850	2000	203	12-23	12-28	
300	12	178	24.5	24.5	445	460	400	410	370	370	180	477	235	900	2000	230	12-23	12-28	
350	14	190	24.5	26.5	505	520	460	470	429	429	180	517	267	950	2500	260	16-23	16-28	
400	16	216	24.5	28	565	580	515	525	480	489	250	603	298	1050	2500	290	16-28	16-31	
450	18	222	25.5	30	615	640	565	585	530	548	250	643	331	1100	2500	320	20-28	20-31	
500	20	229	26.5	31.5	670	715	620	650	582	609	250	678	370	1150	2500	358	20-28	20-34	
600	24	267	30	36	780	840	725	770	682	729	300	747	434	1300	3000	420	20-31	20-37	
700	28	292	32.5	39.5	895	910	840	840	794	794	300	816	490	1350	3000	455	24-31	24-37	
800	32	318	35	43	1015	1025	950	950	901	901	300	894	549	1400	3000	513	24-34	24-40	
900	36	330	37.5	46.5	1115	1125	1050	1050	1001	1001	350	1060	600	1500	3000	563	28-34	28-40	
1000	40	410	40	50	1230	1255	1160	1170	1112	1112	350	1176	665	1600	3000	628	28-37	28-43	
1200	48	470	45	57	1455	1485	1380	1390	1328	1328	350	1310	803	1800	3500	743	32-40	32-49	
1400	56	530	46	60	1675	1685	1590	1590	1530	1530	350	1586	913	2000	3500	843	36-43	36-49	
1600	64	600	49	65	1915	1930	1820	1820	1750	1750	500	1782	1045	2300	3500	965	40-49	40-56	
1800	72	670	52	70	2115	2130	2020	2020	1950	1950	500	1990	1150	2500	4000	1065	44-49	44-56	
2000	80	760	55	75	2325	2345	2230	2230	2150	2150	500	2250	1260	2800	4000	1173	48-49	48-62	
2200	88	800	60	—	2550	—	2440	—	2370	—	500	2466	1455	3000	5000	1275	52-56	—	
2400	96	850	65	—	2760	—	2650	—	2570	—	560	2672	1655	3300	5000	1380	56-56	—	
2600	104	900	72	—	2960	—	2850	—	2780	—	560	2983	1810	3600	5000	1480	60-59	—	
2800	112	950	80	—	3180	—	3070	—	3000	—	560	3330	1915	4000	6000	1590	64-56	—	
3000	120	1000	88	—	3405	—	3290	—	3210	—	560	3680	2205	4500	6000	1703	68-62	—	

表 14.4-31

D343 型蜗轮传动法兰双偏心蝶阀规格

公称直径 DN		L	外形尺寸 (mm)												n·φ(个-直径)		传动装置 (mm)				备注
			C		D_2		D_1		G		H	H_1	H_2			A	B	E	ϕ	
mm	in		PN10	PN16	PN10	PN16	PN10	PN16	PN10	PN16				PN10	PN16					
200	8	152	20	20	340	340	295	295	266	266	500	204	154	8-23	12-23	80	215	203	250	
250	10	165	22	22	395	405	350	355	319	319	570	234	190	12-23	12-28	80	215	203	250	
300	12	178	24.5	24.5	445	460	400	410	370	370	638	272	222	12-23	12-28	80	215	203	250	
350	14	190	24.5	26.5	505	520	460	470	429	429	735	309	256	16-23	16-28	117	192	294	250	
400	16	216	24.5	28	565	580	515	525	480	489	785	340	290	16-28	16-31	162	265	419	200	
450	18	222	25.5	30	615	640	565	585	530	548	853	369	325	20-28	20-31	162	265	419	200	
500	20	229	26.5	31.5	670	715	620	650	582	609	926	391	358	20-28	20-34	162	265	419	200	
600	24	267	30	36	780	840	725	770	682	729	1089	458	420	20-31	20-37	199	352	562	250	
700	28	292	32.5	39.5	895	910	840	840	794	794	1145	520	495	24-31	24-37	199	352	562	250	
800	32	318	35	43	1015	1025	950	950	901	901	1272	588	540	24-34	24-40	199	352	562	250	
900	36	330	37.5	46.5	1115	1125	1050	1050	1001	1001	1377	640	600	28-34	28-40	243	409	736	250	
1000	40	410	40	50	1230	1255	1160	1170	1112	1112	1492	702	678	28-37	28-43	243	409	736	250	
1200	48	470	45	57	1455	1485	1380	1390	1328	1328	1856	824	800	32-40	32-49	260	582	932	400	
1400	56	530	46	60	1675	1685	1590	1590	1530	1530	2084	971	920	36-43	36-49	260	582	932	400	
1600	64	600	49	65	1915	1930	1820	1820	1750	1750	2365	1125	1078	40-49	40-56	320	722	1077	400	
1800	72	670	52	70	2115	2130	2020	2020	1950	1950	2590	1240	1170	44-49	44-56	320	722	1077	400	
2000	80	760	55	75	2325	2345	2230	2230	2150	2150	3095	1355	1290	48-49	48-62	450	928	1305	600	
2200	88	800	60	—	2550	—	2440	—	2370	2370	3425	1525	1450	52-56	—	450	928	1305	600	
2400	96	900	65	—	2760	—	2650	—	2570	2570	3810	1710	1650	56-56	—	450	928	1305	600	
2600	104	990	72	—	2960	—	2850	—	2780	2780	4290	1950	1805	60-59	—	535	1022	1516	600	
2800	112	1070	80	—	3180	—	3070	—	3000	3000	4470	2025	1910	64-56	—	535	1022	1516	600	
3000	120	1150	88	—	3405	—	3290	—	3210	3210	5125	2390	2200	68-62	—	535	1022	1516	600	

（2）D643 型气动传动法兰双偏心蝶阀规格见图 14.4-28、表 14.4-32。

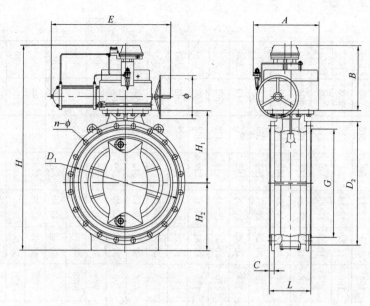

图 14.4-28 D643 型气动传动法兰双偏心蝶阀

（3）D943 型电动传动法兰双偏心蝶阀规格见图 14.4-29、表 14.4-33。

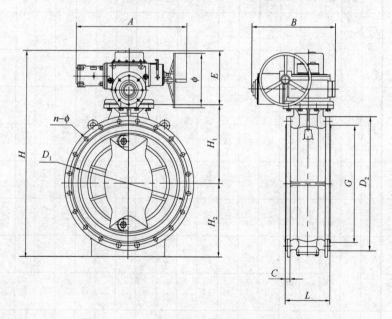

图 14.4-29 D943 型电动传动法兰双偏心蝶阀

表 14.4-32

D643 型气动传动法兰双偏心蝶阀规格

公称直径 DN		外形尺寸 (mm)												nφ (个·直径)		传动装置 (mm)				备注
			C		D_2		D_1		G											
mm	in	L	PN10	PN16	PN10	PN16	PN10	PN16	PN10	PN16	H	H_1	H_2	PN10	PN16	A	B	E	φ	
200	8	152	20	20	340	340	295	295	266	266	538	204	154	8-23	12-23	284	180	610	280	
250	10	165	22	22	395	405	350	355	319	319	624	234	190	12-23	12-28	298	200	610	280	
300	12	178	24.5	24.5	445	460	400	410	370	370	742	272	222	12-23	12-28	368	248	610	280	
350	14	190	24.5	26.5	505	520	460	470	429	429	775	309	256	16-23	16-28	335	210	765	360	
400	16	216	24.5	28	565	580	515	525	480	489	840	340	290	16-28	16-31	335	210	765	360	
450	18	222	25.5	30	615	640	565	585	530	548	904	369	325	20-28	20-31	335	210	765	360	
500	20	229	26.5	31.5	670	715	620	650	582	609	1032	391	358	20-28	20-34	405	283	870	400	
600	24	267	30	36	780	840	725	770	682	729	1377	458	420	20-31	20-37	630	499	1230	400	
700	28	292	32.5	39.5	895	910	840	840	794	794	1525	520	495	24-31	24-37	780	510	1520	500	
800	32	318	35	43	1015	1025	950	950	901	901	1638	588	540	24-34	24-40	780	510	1520	500	
900	36	330	37.5	46.5	1115	1125	1050	1050	1001	1001	—	640	600	28-34	28-40	—	—	—	—	
1000	40	410	40	50	1230	1255	1160	1170	1112	1112	—	702	678	28-37	28-43	—	—	—	—	
1200	48	470	45	57	1455	1485	1380	1390	1328	1328	—	824	800	32-40	32-49	—	—	—	—	

表 14.4-33

D943 型电动传动法兰双偏心蝶阀规格

公称直径 DN		外形尺寸 (mm)												nφ(个·直径)		传动装置 (mm)				备注
mm	in	L	C PN10	C PN16	D2 PN10	D2 PN16	D1 PN10	D1 PN16	G PN10	G PN16	H	H1	H2	PN10	PN16	A	B	E	φ	
200	8	152	24.5	20	340	340	295	295	266	266	499	204	154	8-23	12-23	257	157	141	—	
250	10	165	24.5	22	395	405	350	355	319	319	595	234	190	12-23	12-28	382	242	171	—	
300	12	178	25.5	24.5	445	460	400	410	370	370	665	272	222	12-23	12-28	382	242	171	—	
350	14	190	26.5	26.5	505	520	460	470	429	429	748	309	256	16-23	16-28	382	280	183	250	
400	16	216	30	28	565	580	515	525	480	489	861	340	290	16-28	16-31	343	369	231	250	
450	18	222	32.5	30	615	640	565	585	530	548	925	369	325	20-28	20-31	343	369	231	250	
500	20	229	35	31.5	670	715	620	650	582	609	980	391	358	20-28	20-34	343	369	231	250	
600	24	267	37.5	36	780	840	725	770	682	729	1167	458	420	20-31	20-37	439	491	289	250	
700	28	292	40	39.5	895	910	840	840	794	794	1482	520	495	24-31	24-37	867	545	467	450	
800	32	318	45	43	1015	1025	950	950	901	901	1641	588	540	24-34	24-40	1215	597	513	—	
900	36	330	46	46.5	1115	1125	1050	1050	1001	1001	1753	640	600	28-34	28-40	1215	597	513	—	
1000	40	410	49	50	1230	1255	1160	1170	1112	1112	1928	702	678	28-37	28-43	939	825	548	—	
1200	48	470	52	57	1455	1485	1380	1390	1328	1328	2172	824	800	32-40	32-49	1052	888	548	—	
1400	56	530	55	60	1675	1685	1590	1590	1530	1530	2566	971	920	36-43	36-49	1154	1128	675	—	
1600	64	600	60	65	1915	1930	1820	1820	1750	1750	2938	1125	1078	40-49	40-56	1502	1293	735	—	
1800	72	670	65	70	2115	2130	2020	2020	1950	1950	3223	1240	1170	44-49	44-56	1502	1293	813	—	
2000	80	760		75	2325	2345	2230	2230	2150	2150	3542	1355	1290	48-49	48-62	1502	1293	897	—	
2200	88	800	—	—	2550	—	2440	—	2370	—	—	1525	1450	52-56	—	—	—	—	—	
2400	96	900	—	—	2760	—	2650	—	2570	—	—	1710	1650	56-56	—	—	—	—	—	

（4）SD343 型带伸缩蜗轮传动法兰双偏心蝶阀规格见图 14.4-30、表 14.4-34。

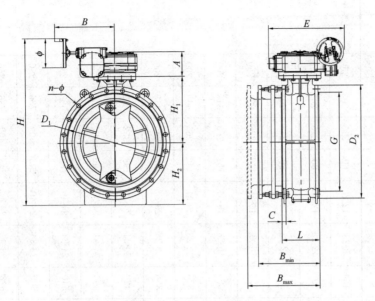

图 14.4-30　SD343 型带伸缩蜗轮传动法兰双偏心蝶阀

（5）SD643 型带伸缩气动传动法兰双偏心蝶阀规格见图 14.4-31、表 14.4-35。

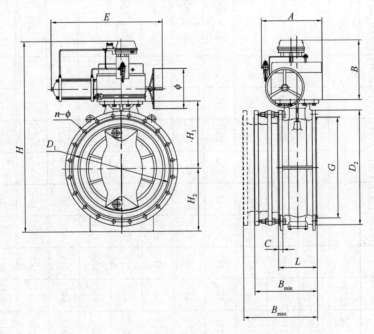

图 14.4-31　SD643 型带伸缩气动传动法兰双偏心蝶阀

SD343 型带伸缩蜗轮传动法兰双偏心蝶阀规格

表 14.4-34

公称直径 DN		外形尺寸 (mm)			C		D₂		D₁		G					n·φ (个直径)		传动装置 (mm)				备注
mm	in	L	B_min	B_max	PN10	PN16	PN10	PN16	PN10	PN16	PN10	PN16	H	H₁	H₂	PN10	PN16	A	B	E	φ	
200	8	152	281	331	20	20	340	340	295	295	266	266	500	204	154	8-23	12-23	80	215	203	250	
250	10	165	301	351	22	22	395	405	350	355	319	319	570	234	190	12-23	12-28	80	215	203	250	
300	12	178	328	378	24.5	24.5	445	460	400	410	370	370	638	272	222	12-23	12-28	80	215	203	250	
350	14	190	341	391	24.5	26.5	505	520	460	470	429	429	735	309	256	16-23	16-28	117	228	294	250	
400	16	216	365	415	24.5	28	565	580	515	525	480	489	785	340	290	16-28	16-31	162	265	419	200	
450	18	222	380	430	25.5	30	615	640	565	585	530	548	853	369	325	20-28	20-31	162	265	419	200	
500	20	229	387	437	26.5	31.5	670	715	620	650	582	609	926	391	358	20-28	20-34	162	265	419	200	
600	24	267	425	475	30	36	780	840	725	770	682	729	1089	458	420	20-31	20-37	199	352	562	250	
700	28	292	458	508	32.5	39.5	895	910	840	840	794	794	1145	520	495	24-31	24-37	199	352	562	250	
800	32	318	496	546	35	43	1015	1025	950	950	901	901	1272	588	540	24-34	24-40	199	352	562	250	
900	36	330	515	565	37.5	46.5	1115	1125	1050	1050	1001	1001	1377	640	600	28-34	28-40	243	409	736	250	
1000	40	410	591	651	40	50	1230	1255	1160	1170	1112	1112	1492	702	678	28-37	28-43	243	409	736	250	
1200	48	470	655	715	45	57	1455	1485	1380	1390	1328	1328	1856	824	800	32-40	32-49	260	582	932	400	
1400	56	530	708	768	46	60	1675	1685	1590	1590	1530	1530	2084	971	920	36-43	36-49	260	582	932	400	

表 14.4-35

SD643 型带伸缩气动传动法兰双偏心蝶阀规格

公称直径 DN		外形尺寸 (mm)			C		D₂		D₁		G					n·φ (个·直径)		传动装置 (mm)				备注
mm	in	L	B_{min}	B_{max}	PN10	PN16	PN10	PN16	PN10	PN16	PN10	PN16	H	H_1	H_2	PN10	PN16	A	B	E	ϕ	
200	8	152	281	331	20	20	340	340	295	295	266	266	538	204	154	8-23	12-23	284	180	610	280	
250	10	165	301	351	22	22	395	405	350	355	319	319	624	234	190	12-23	12-28	298	200	610	280	
300	12	178	328	378	24.5	24.5	445	460	400	410	370	370	742	272	222	12-23	12-28	298	200	610	280	
350	14	190	341	391	24.5	26.5	505	520	460	470	429	429	775	309	256	16-23	16-28	335	210	765	360	
400	16	216	365	415	24.5	28	565	580	515	525	480	489	840	340	290	16-28	16-31	335	210	765	360	
450	18	222	380	430	25.5	30	615	640	565	585	530	548	904	369	325	20-28	20-31	335	210	765	360	
500	20	229	387	437	26.5	31.5	670	715	620	650	582	609	1032	391	358	20-28	20-34	405	283	870	400	
600	24	267	425	475	30	36	780	840	725	770	682	729	1377	458	420	20-31	20-37	630	499	1230	400	
700	28	292	458	508	32.5	39.5	895	910	840	840	794	794	1525	520	495	24-31	24-37	780	510	1520	500	
800	32	318	496	546	35	43	1015	1025	950	950	901	901	1638	588	540	24-34	24-40	780	510	1520	500	
900	36	330	515	565	37.5	46.5	1115	1125	1050	1050	1001	1001	—	640	600	28-34	28-40	—	—	—	—	
1000	40	410	591	651	40	50	1230	1255	1160	1170	1112	1112	—	702	678	28-37	28-43	—	—	—	—	
1200	48	470	655	715	45	57	1455	1485	1380	1390	1328	1328	—	824	800	32-40	32-49	—	—	—	—	

（6）MD343 型地埋式蜗轮传动法兰双偏心蝶阀规格见图 14.4-32、表 14.4-36。

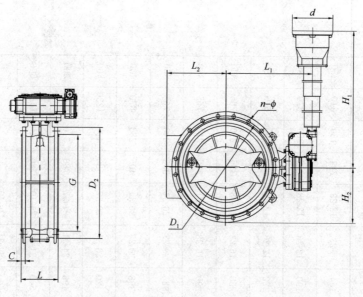

图 14.4-32　MD343 型地埋式蜗轮传动法兰双偏心蝶阀

14.4.5　球阀

球阀选用提示：

（1）$DN50$ 及以下采用全铜丝接，球体一般为不锈钢，密封环为四氟。

（2）$DN50$ 以上一般采用法兰连接。

（3）驱动方式一般为手柄式、涡轮式和电动式 3 种。

1. 内螺纹球阀

CQ11F 型内螺纹球阀规格见图 14.4-33、表 14.4-37。

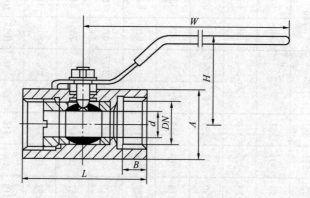

图 14.4-33　CQ11F 型内螺纹球阀

表 14.4-36

MD343 型地埋式蜗轮传动法兰双偏心蝶阀规格

| 公称直径 DN | | 外形尺寸 (mm) | | | | | | | | | | | | | | | | n-φ (个-直径) | | 备注 |
mm	in	L	C PN10	C PN16	D_2 PN10	D_2 PN16	D_1 PN10	D_1 PN16	G PN10	G PN16	d	L_1	L_2	H_1 最小	H_1 最大	H_2	PN10	PN16	
200	8	152	20	20	340	340	295	295	266	266	150	400	154	800	2000	159	8-23	12-23	—
250	10	165	22	22	395	405	350	355	319	319	150	445	190	850	2000	195	12-23	12-28	—
300	12	178	24.5	24.5	445	460	400	410	370	370	180	477	222	900	2000	227	12-23	12-28	—
350	14	190	24.5	26.5	505	520	460	470	429	429	180	517	256	950	2500	261	16-23	16-28	—
400	16	216	24.5	28	565	580	515	525	480	489	250	603	290	1050	2500	295	16-28	16-31	—
450	18	222	25.5	30	615	640	565	585	530	548	250	643	325	1100	2500	330	20-28	20-31	—
500	20	229	26.5	31.5	670	715	620	650	582	609	250	678	358	1150	2500	363	20-28	20-34	—
600	24	267	30	36	780	840	725	770	682	729	300	747	420	1300	3000	425	20-31	20-37	—
700	28	292	32.5	39.5	895	910	840	840	794	794	300	816	495	1350	3000	500	24-31	24-37	—
800	32	318	35	43	1015	1025	950	950	901	901	300	894	540	1400	3000	545	24-34	24-40	—
900	36	330	37.5	46.5	1115	1125	1050	1050	1001	1001	350	1060	600	1500	3000	605	28-34	28-40	—
1000	40	410	40	50	1230	1255	1160	1170	1112	1112	350	1176	678	1600	3000	683	28-37	28-43	—
1200	48	470	45	57	1455	1485	1380	1390	1328	1328	350	1310	800	1800	3500	805	32-40	32-49	—
1400	56	530	46	60	1675	1685	1590	1590	1530	1530	350	1586	920	2000	3500	925	36-43	36-49	—
1600	64	600	49	65	1915	1930	1820	1820	1750	1750	500	1782	1078	2300	3500	1083	40-49	40-56	—
1800	72	670	52	70	2115	2130	2020	2020	1950	1950	500	1990	1170	2500	4000	1175	44-49	44-56	—
2000	80	760	55	75	2325	2345	2230	2230	2150	2150	500	2250	1290	2800	4000	1295	48-49	48-62	—
2200	88	800	60	—	2550	—	2440	—	2370	—	500	2466	1450	3000	5000	1455	52-56	—	—
2400	96	900	65	—	2760	—	2650	—	2570	—	560	2672	1650	3300	5000	1655	56-56	—	—
2600	104	990	72	—	2960	—	2850	—	2780	—	560	2983	1805	3600	5000	1810	60-59	—	—
2800	112	1070	80	—	3180	—	3070	—	3000	—	560	3330	1910	4000	6000	1915	64-56	—	—
3000	120	1150	88	—	3405	—	3290	—	3210	—	560	3680	2200	4500	6000	2205	68-62	—	—

CQ11F 型内螺纹球阀规格　　　　表 14.4-37

公称直径 DN		公称压力 PN (MPa)	外形尺寸 (mm)						质量 (kg)	备 注
mm	in		B	d	A	L	H	W		
8	1/4		11.5	8	30	60	56	110		
10	3/8		11.5	10	31	60	58	110		
15	1/2		14	10	32	60	58	110		
20	3/4		15	13	38	67.3	62	110		
25	1	1.6~6.4	15	18	45	73	68	110		
32	4/5		18	22	53	90	75	150		
40	2/2		19	26	63	97.5	83	150		
50	2		19	32	73	112	90	150		

2. 外螺纹球阀

CQ21F 型外螺纹球阀规格见图 14.4-34、表 14.4-38。

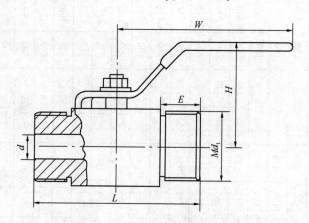

图 14.4-34　CQ21F 型外螺纹球阀

CQ21F 型外螺纹球阀规格　　　　表 14.4-38

公称直径 DN (mm)	外形尺寸 (mm)						质量 (kg)	备 注
	d	L	H	Md_1	E	W		
8	8	85	56	20×1.5	15	110		
10	10	85	58	24×1.5	16	110		
15	10	85	58	30×2	18	110		
20	13	90	62	36×2	18	110		
25	18	100	68	42×2	20	110		
32	22	120	75	52×2	20	150		

续表

公称直径	外形尺寸（mm）						质量	备注
DN（mm）	d	L	H	Md_1	E	W	（kg）	
40	26	135	83	62×3	25	180		
50	32	140	90	72×3	25	150		

3. 法兰球阀

Q41F、Q47F 型法兰球阀规格见图 14.4-35、表 14.4-39。

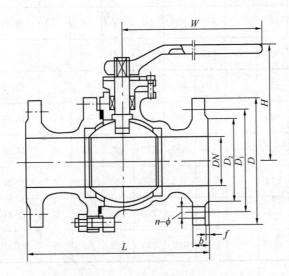

图 14.4-35　Q41F、Q47F 型法兰球阀

Q41F、Q47F 型法兰球阀规格　　　　　　　表 14.4-39

公称直径	公称压力	外形尺寸（mm）								$n\text{-}\phi$	质量	备注
DN（mm）	PN（MPa）	L	W	H	D	D_1	D_2	b	f	（个-直径）	（kg）	
15		108	130	59	95	65	45	14	2	4-14	2.3	
20		117	130	63	105	75	55	14	2	4-14	3.0	
25		127	160	75	115	85	65	14	2	4-14	4.5	
32		140	160	85	135	100	78	16	2	4-18	5.7	
40	1.6	165	230	95	145	110	85	16	3	4-18	7.0	
50		17	230	107	160	125	100	16	3	4-18	9.5	
65		190	400	142	180	145	120	18	3	7-18	15	
80		203	400	152	195	160	135	20	3	8-18	19	

续表

公称直径 DN（mm）	公称压力 PN（MPa）	外形尺寸（mm）								n-φ（个-直径）	质量（kg）	备注
		L	W	H	D	D_1	D_2	b	f			
100		305	700	178	215	180	155	20	3	8-18	33	
125		356	1100	252	245	210	175	22	3	8-18	58	
150		394	1100	272	280	240	210	24	3	8-23	93	
200		457	1500	342	335	295	265	26	3	12-23	160	
200		457	—	398	335	295	265	26	3	12-23	180	
250	1.6	533	—	495	105	355	320	30	3	12-25	240	
300		610	—	580	460	410	375	30	4	12-25	390	
350		688	—	625	520	470	435	34	4	16-25	510	
400		762	—	720	580	525	485	36	4	16-30	750	
500		914	—	940	705	650	608	44	4	20-34	1190	
600		1067	—	1050	840	770	718	48	5	20-41	2100	
700		1245	—	1150	910	840	788	50	5	24-41	3000	

4. 三通球阀

$Q_{44}F_{-16}Q$ 角形、$Q_{45}F_{-16}QT$ 形三通球阀规格见图 14.4-36、表 14.4-40。

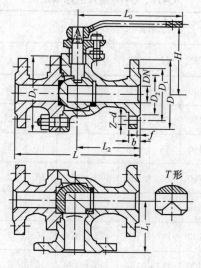

图 14.4-36　$Q_{44}F_{-16}Q$ 角形、$Q_{45}F_{-16}QT$ 形三通球阀

<table>
<tr><td colspan="14" align="center">Q₄₄F_{−16}Q 角形、Q₄₅F_{−16}QT 形三通球阀规格</td><td align="right">表 14.4-40</td></tr>
</table>

公称直径 DN（mm）	外形尺寸（mm）													适用介质	备注
	L	L_2	D	D_1	D_2	D_7	b	f	H	L_0	角形	T形	$Z\text{-}d$		
32	200	100	135	100	78	145	16	2	144	250	9.35	9.24	4-18		
40	220	110	145	110	85	155	16	3	152	300	11	11	4-18		
50	240	120	160	125	100	180	16	3	182	350	17	16.74	4-18		
65	260	130	180	145	120	200	18	3	193	350	20	20.36	4-18	≤150℃ 油类、 水	
80	280	140	195	160	135	225	20	3	217	400	29.4	28.8	8-18		
100	320	160	215	180	155	255	20	3	245	500	41.5	39.6	8-18		
125	380	190	245	210	185	310	22	3	282	600	54.4	52.9	8-18		
150	440	220	280	240	210	355	24	3	319	800	76.6	75	8-23		

5. 双向金属密封球阀

ZSQ 型双向金属密封球阀规格见图 14.4-37、表 14.4-41。

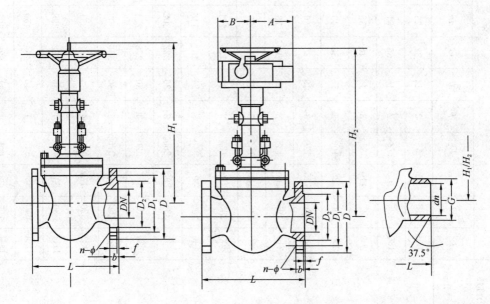

图 14.4-37 ZSQ 型双向金属密封球阀

表 14.4-41

ZSQ 型双向金属密封球阀规格

公称直径 DN (mm)	公称压力 PN (MPa)	外形尺寸 (mm)												n-φ (个-直径)	型号	功率 (kW)	ZSQ41	ZSQ61	ZSQ941	ZSQ961	备注
		L	D	D_1	D_2	f	b	G	dn	H_1	H_2	A	B								
25		160	115	85	65	2	14	32	25	280	531	274	126	4-14	DZ5	0.12	34	30	53	49	
32		180	135	100	78	2	16	38	31	300	541	274	126	4-18	DZ5	0.12	37	33	56	51	
40		200	145	110	85	3	16	46	38	310	560	274	126	4-18	DZ5	0.12	40	35	64	56	
50		230	160	125	100	3	16	58	49	330	581	274	126	4-18	DZ5	0.12	48	40	71	64	
65		290	180	145	120	3	18	75	66	350	631	274	126	4-18	DZ5	0.12	55	48	91	84	
80	1.6	310	195	160	135	3	20	90	78	400	681	274	126	8-18	DZ5	0.12	75	68	126	118	
100		350	215	180	155	3	20	110	96	450	700	274	126	8-18	DZ5	0.12	110	102	166	156	
125		400	245	210	185	3	22	135	121	470	751	318	215	8-18	DZ10	0.25	150	140	234	218	
150		480	280	240	210	3	24	161	146	520	771	318	215	8-23	DZ10	0.25	170	165	240	220	
200		600	335	295	265	4	26	222	202	580	900	385	225	12-23	DZW30	0.75	290	270	355	325	
250		730	405	355	320	4	30	278	254	680	1050	510	245	12-25	DZW45	1.1	360	330	470	434	
300		850	460	410	375	4	30	330	303	750	1120	510	245	12-25	DZW45	1.1	520	484	630	604	
350		980	520	470	435	4	34	382	351	780	1200	510	245	16-25	DZW60	1.5	720	674	830	770	
400		1100	580	525	485	4	36	432	398	870	1280	535	290	16-30	DZW90	2.2	850	788	982	902	
450		1200	640	585	545	4	40	484	450	980	1370	535	290	20-30	DZW90	2.2	920	840	1052	940	
500		1250	705	650	608	4	44	535	501	1100	1460	535	290	20-34	DZW120	3	1210	1100	1352	1210	

续表

公称直径 DN (mm)	公称压力 PN (MPa)	L	D	D_1	D_2	f	b	G	dn	H_1	H_2	A	B	n-φ (个·直径)	型号	功率 (kW)	ZSQ41	ZSQ61	ZSQ941	ZSQ961	备注
25		160	115	85	65	2	16	32	25	280	531	274	126	4-14	DZ5	0.12	34	30	53	49	
32		180	135	100	78	2	18	38	31	300	541	274	126	4-18	DZ5	0.12	37	35	56	51	
40		200	145	110	85	3	18	46	38	310	560	274	126	4-18	DZ5	0.12	40	35	64	59	
50		230	160	125	100	3	20	58	49	330	581	274	126	4-18	DZ5	0.12	48	43	71	66	
65		290	180	145	120	3	22	75	66	350	631	274	126	8-18	DZ5	0.12	58	51	91	84	
80		310	195	160	135	3	22	90	78	400	681	274	126	8-18	DZ5	0.12	80	72	126	118	
100	2.5	350	230	190	160	3	24	110	96	450	700	274	126	8-23	DZ10	0.25	120	108	164	152	
125		400	270	220	188	3	28	135	121	470	751	318	215	8-25	DZ10	0.25	165	149	255	240	
150		480	300	250	218	3	30	161	146	520	771	318	215	8-25	DZ10	0.25	175	154	319	199	
200		600	360	310	278	3	34	222	202	580	900	510	245	12-25	DZW45	1.1	300	278	410	388	
250		730	425	370	332	3	36	278	254	680	1050	510	245	12-30	DZW60	1.5	375	345	485	435	
300		850	485	430	390	4	40	330	303	750	1120	510	245	16-30	DZW60	2.2	535	500	645	610	
350		980	550	490	448	4	44	382	351	780	1200	535	290	16-34	DZW90	3	730	692	862	824	
400		1100	610	550	505	4	48	432	398	870	1280	535	290	16-34	DZW120	3	870	816	1013	959	
450		1200	660	600	555	4	50	484	450	980	1370	535	290	20-34	DZW120	3	940	870	1083	990	
500		1250	730	660	610	4	52	535	500	1100	1460	564	306	20-41	DZW180	4	1230	1140	1490	1390	

6. ABS 和 PVC-U 球阀

ABS 和 PVC-U 球阀规格见图 14.4-38、图 14.4-39、表 14.4-42。

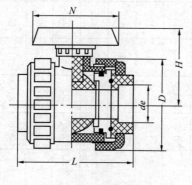

图 14.4-38 ABS 球阀

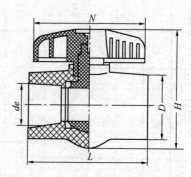

图 14.4-39 PVC-U 球阀

ABS 和 PVC-U 球阀规格　　　　　　　　　　　表 14.4-42

公称直径 DN (mm)	ABS 球阀					PVC-U 球阀					备注
	外形尺寸（mm）					外形尺寸（mm）					
	de	L	H	N	D	de	L	H	N	D	
15	21	106	45	67	52	21	70	83	62	30	
20	25	107	50	67	63	25	87	85	78	38	
25	32	121	56	78	70	32	100	105	94	45	
32	40	165	78	92	78	40	100	105	100	55	
40	50	175	88	112	89	50	110	130	115	62	
50	63	192	98	125	107	63	134	147	135	77	
65	75	243	114	160	133	75	178	204	160	92	
80	94	268	142	199	170	94	230	230	190	106	
100	110	312	170	210	192	110	276	300	235	135	

14.4.6 止回阀

止回阀适用于有压管路系统防止介质逆流。其结构形式有升降式、旋启式、对夹式、微阻缓闭式、蝶式等。

止回阀选用提示：

（1）蝶式液压阻尼式缓闭止回阀：优点是结构简单、阻力小、缓闭效果明显、连接尺寸小；缺点是一般为速开缓闭，不能缓开，液压阻尼机构可靠性差。

（2）活塞式或膜片式缓闭止回阀：优点是阻力小、缓开缓闭速度可调、防水锤效果好、维修方便、可靠性高；缺点是结构复杂、造价较高。

（3）安装形式不限，适合用于给水，后面应设检修用关断阀门。

（4）消声止回阀：阀瓣为升降型，多为梭式或环喷式；采用弹簧升降助力较大，消除水锤效果好；结构简单，很少维护；适合用于给水；适合立式安装；适合用于水泵出口处，上游应设置检修用阀门。

（5）无声止回阀：橡胶膜瓣止回；无金属机械运动部件，工作时无任何噪声；柔性止回，防水锤效果好；橡胶膜片采用高弹性、高强度三元乙丙，抗撕裂性好，即便撕裂短期内仍可正常工作。

（6）蝶式止回阀：结构简单，阻力小；维修方便，造价低廉；密封效果差，不能防水锤，水击声声音大；不适用于排水系统；可用于流速不高、压力较小的给水系统的水泵出口处。

（7）旋启止回阀、橡胶瓣止回阀、球形止回阀：靠重力关闭，严密性一般；结构简单，造价低；抗缠绕能力强，适合用于污水排水系统；旋启式止回阀和橡胶瓣止回阀适合用于屋顶水箱的出口处。

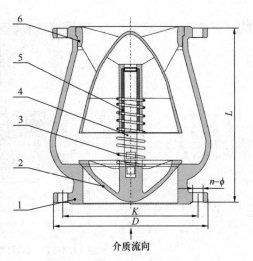

图 14.4-40　YQH42AX 节能
消声止回阀（炮弹型止回阀）
1—阀体；2—包胶阀瓣；3—弹簧；
4—阀杆；5—阀杆环；6—导流体

1. 节能消声止回阀（炮弹型止回阀）

YQH42AX 节能消声止回阀（炮弹型止回阀）规格见图 14.4-40、表 14.4-43。

YQH42AX 节能消声止回阀（炮弹型止回阀）规格　　　　表 14.4-43

公称直径 DN（mm）	外形尺寸（mm）							n\phi（个-直径）		
	D			K			L			
	PN10	PN16	PN25	PN10	PN16	PN25		PN10	PN16	PN25
40	150	150	150	110	110	110	136	4-19	4-19	4-19
50	165	165	165	125	125	125	142	4-19	4-19	4-19
65	185	185	185	145	145	145	154	4-19	4-19	8-19
80	200	200	200	160	160	160	160	8-19	8-19	8-19
100	220	220	235	180	180	190	172	8-19	8-19	8-23
125	250	250	270	210	210	220	186	8-19	8-19	8-28
150	285	285	300	240	240	250	200	8-23	8-23	8-28
200	340	340	360	295	295	310	400	12-23	12-27	12-27
250	395	405	425	350	355	370	450	12-23	12-27	12-30
300	445	450	485	400	410	430	500	16-23	12-27	12-30
350	505	520	555	460	470	490	550	16-28	16-27	16-34
400	565	580	620	515	525	550	600	20-28	16-31	16-37
450	615	640	670	565	585	600	650	20-28	20-31	20-37

YQH7B41XT 节能消声止回阀规格见图 14.4-41、表 14.4-44。

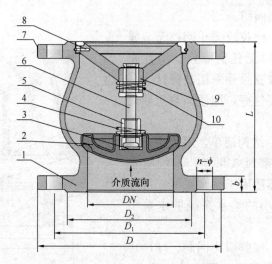

图 14.4-41   YQH7B41XT 节能消声止回阀

1—阀体；2—包胶阀瓣；3—阀杆垫；4—弹簧；5—螺母；6—阀杆；
7—铭牌；8—卡簧；9—阀盖环；10—轴套

YQH7B41XT 节能消声止回阀规格   表 14.4-44

公称直径 DN（mm）	外形尺寸（mm）									n-φ（个-直径）	
	D		D₁		b	D₂		L			
	PN16	PN25	PN16	PN25		PN16	PN25		PN16	PN25
40	150	150	110	110	19	84	84	136	4-19	4-19
50	165	165	125	125	19	99	99	142	4-19	4-19
65	185	185	145	145	19	118	118	154	4-19	8-19
80	200	200	160	160	19	132	132	160	8-19	8-19
100	220	235	180	190	19	156	156	172	8-19	8-23
125	250	270	210	220	19	184	184	186	8-19	8-28
150	285	300	240	250	19	211	211	200	8-23	8-28

2. 橡胶板止回阀

橡胶板止回阀规格见图 14.4-42、表 14.4-45、表 14.4-46。

橡胶板止回阀材料   表 14.4-45

序号	零件名称	零件材质
1	阀体	QT500-7 表面喷涂环氧树脂粉末
2	胶垫圈	EPDM 橡胶
3	阀盖	QT500-7 表面喷涂环氧树脂粉末
4	包胶阀瓣	45 号碳素钢＋强化尼龙布＋EPDM 橡胶
5	地脚架	A3

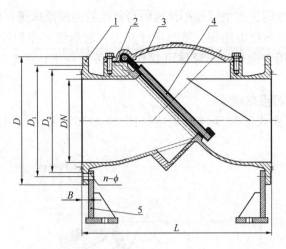

图 14.4-42　橡胶板止回阀

橡胶板止回阀规格　　　　　　　　　表 14.4-46

公称直径 DN（mm）	外形尺寸（mm）						n-φ（个-直径）	
	L	D	D₁		D₂	B	PN10	PN16
			PN10	PN16				
40	165	150	110		88	19	4-19	
50	203	165	125		102	19	4-19	
65	216	185	145		122	19	4-19	
80	241	200	160		133	19	8-19	
100	292	220	180		158	19	8-19	
125	330	250	210		184	19	8-19	
150	356	285	240		212	19	8-23	
200	495	340	295		268	20	8-23	12-33
250	622	405	350	355	320	22	12-23	12-28
300	698	460	400	410	370	24.5	12-23	12-28
350	787	520	460	470	429	26.5	16-23	16-28
400	914	580	515	525	489	28	16-28	16-31

14.4.7　浮球阀

浮球阀属水力类阀门，有直接浮球阀、遥控浮球阀、电控遥控浮球阀等。

选用提示：

（1）DN40 及以下采用直接浮球阀，它既是控制阀又是进水阀。

（2）DN50 及以上应采用遥控浮球阀。

（3）遥控浮球阀的小浮球为水位控制部件，管径一般为 DN20，主阀为进水阀。

（4）遥控浮球阀的优点：水位控制准确，安装位置不限，可装在方便维修的地方，阀前应安装检修用关闭阀门；缺点：防汽蚀能力差，阀瓣、阀座寿命短，振动噪声大。

　　(5) 电控遥控浮球阀进水主阀和小浮球阀与普通的遥控浮球阀一样，就是在控制管上安装了一套电控装置（包括电磁阀、重力浮球开关、电源线、控制线等）。该阀液位控制和设定简单方便；使用寿命长；小浮球可起到安全备份作用；在电控装置检修时可暂时使用。

　　1. 过滤活塞式遥控浮球阀

　　YQ98003 过滤活塞式遥控浮球阀规格见图 14.4-43、表 14.4-47，安装示意图见图 14.4-44。

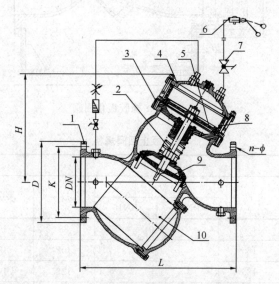

图 14.4-43　YQ98003 过滤活塞式遥控浮球阀
1—阀体；2—阀杆；3—缸体；4—缸盖；5—活塞；6—浮球阀；
7—球阀；8—缸套；9—启闭件；10—过滤器

图示最高高度与阀的进口压力和供水装置有关，一般可参照公式（14.4-1）确定：

$$最高高度 = 进口压力（MPa）\times 102 \times 0.75（m）\tag{14.4-1}$$

YQ98003 过滤活塞式遥控浮球阀规格　　　　　　　表 14.4-47

公称直径 DN（mm）	外形尺寸（mm）								n-φ（个-直径）	
	L		H	D		K				
	无过滤	带过滤		PN10	PN16	PN10	PN16		PN10	PN16
40	280	340	245	150	150	110	110		4-19	4-19
50	280	340	245	165	165	125	125		4-19	4-19
65	305	358	245	185	185	145	145		4-19	8-19
80	325	384	250	200	200	160	160		8-19	8-19
100	375	415	260	220	220	180	180		8-19	8-19
150	440	542	350	285	285	240	240		8-23	8-23
200	600	670	477	340	340	295	295		8-23	12-23
250	730	806	510	395	405	350	355		12-23	12-28
300	810	945	658	445	460	400	410		12-23	12-28
350	945		708	505	520	460	470		16-23	16-28
400	948		818	565	580	515	525		16-28	16-31

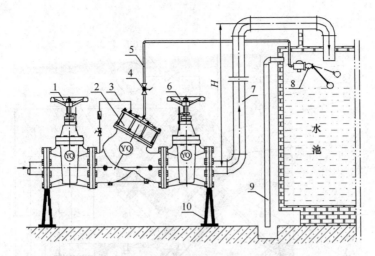

图 14.4-44　YQ98003 过滤活塞式遥控浮球阀安装示意图

1、6—闸阀；2—遥控浮球阀（主阀）；3、5—控制管路；4—球阀；

7—注水管；8—浮球阀；9—溢水管；10—支架

2. 防气蚀遥控浮球阀（带过滤）

防气蚀遥控浮球阀（带过滤）由一个带过滤活塞式主阀和一个浮球阀两部分组成，通过浮球阀的启闭来控制主阀的启闭，浮球阀开启时，主阀开启，浮球阀关闭时，主阀也关闭。浮球阀的启闭则通过浮球所受到的浮力和重力等作用实现，当贮水池水位达到设定高度时，浮球浮起，浮球阀关闭，当贮水池水位降低时，浮球随着降落，浮球阀开启。

该阀主要应用于消防、市政给水排水、工矿企业的水池、水塔的进水管道中，作为水池、水塔的水位自动控制阀门使用。

$FQYJ_L45X$ 防气蚀遥控浮球阀（带过滤）规格见图 14.4-45、表 14.4-48，安装示意图见图 14.4-46。

$FQYJ_L45X$ 防气蚀遥控浮球阀（带过滤）规格　　　　表 14.4-48

公称直径 DN	外形尺寸（mm）							$n \cdot \phi$
（mm）	L	H_1	H_2	D_1	D_2	D_3	B	（个-直径）
40	260	105	92	84	110	150	20	4-19
50	300	123	114	99	125	165	22	4-19
65	340	160	149	118	145	185	22	4-19
80	380	161	183	132	160	200	23	8-19
100	430	217	215	156	180	220	23	8-19
125	500	245	268	184	210	250	24	8-19
150	550	293	276	211	240	285	25	8-23
200	650	337	368	266	295	340	27	12-23

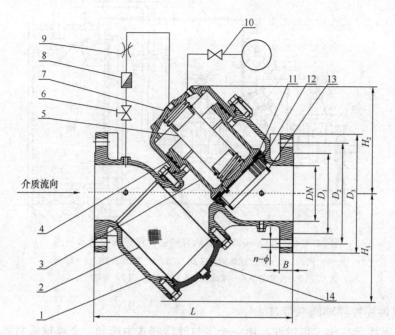

图 14.4-45　FQYJₗ45X 防气蚀遥控浮球阀（带过滤）

1—阀体；2—过滤网；3—活塞；4—活塞密封圈；5—弹簧；6—球阀；
7—缸盖；8—过滤网；9—针形调节阀；10—浮球阀；11—阀瓣密封垫；
12—阀座；13—防气蚀罩；14—阀盖

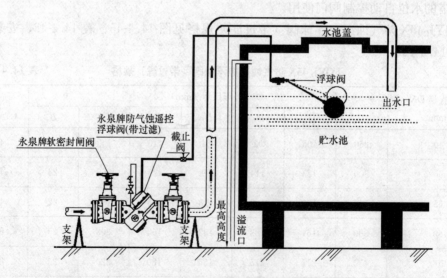

图 14.4-46　FQYJₗ45X 防气蚀遥控浮球阀（带过滤）安装示意图

3. 防气蚀遥控浮球阀

FQYJ45X 防气蚀遥控浮球阀规格见图 14.4-47、表 14.4-49，安装示意图见图 14.4-48。

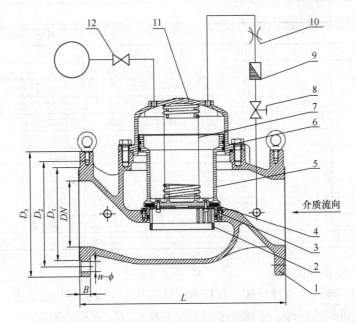

图 14.4-47　FQYJ45X 防气蚀遥控浮球阀

1—阀体；2—防气蚀罩；3—阀座；4—阀瓣密封垫；5—活塞；6—活塞密封圈；
7—弹簧；8—球阀；9—过滤器；10—针形调节阀；11—缸盖；12—浮球阀

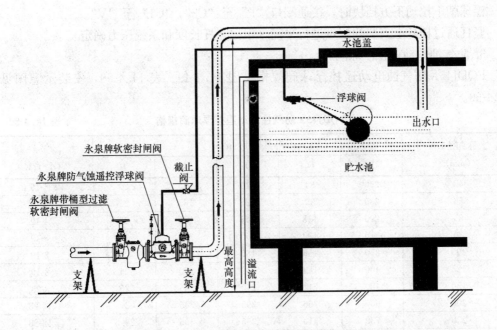

图 14.4-48　FQYJ45X 防气蚀遥控浮球阀安装示意图

FQYJ45X 防气蚀遥控浮球阀规格　　　　表 14.4-49

公称直径 DN (mm)	外形尺寸（mm）					$n\text{-}\phi$ （个-直径）
	L	D_1	D_2	D_3	B	
40	200	84	110	150	20	4-19
50	230	99	125	165	22	4-19
65	290	118	145	185	22	4-19
80	310	132	160	200	23	8-19
100	350	156	180	220	23	8-19
125	400	184	210	250	24	8-19
150	480	211	240	285	25	8-23
200	600	266	295	340	27	12-23
250	730	319	355	405	29.5	12-28
300	850	370	410	460	30	12-28
350	980	429	470	520	30	16-28
400	1100	489	525	580	32	16-31

4. 双水位控制浮球阀

双水位控制浮球阀由浮球导阀、杠杆和浮球等几个主要部件构造而成，应用杠杆原理工作。该阀具有可调式浮球，浮球处于调节状态时阀门处于上次最终位置。浮球沿着竖杆组件移动，推动或拉动该组件，起着切换浮球导阀位置的作用。浮球处于可调式高水位挡块和低水位挡块之间时，主阀保持上次最终位置。

该款导阀可将水流导入相应端口：

浮球朝上推动上方挡块时，接通端口 "P" 至 "C1"，"C2" 至 "V"；

浮球朝下拉动下方挡块时，接通端口 "P" 至 "C2"，"C1" 至 "V"。

竖杆通过杠杆上安装的配重进行平衡（根据竖杆长度和系统压力确定）。

5. 防气蚀电动遥控浮球阀

FQDJ45X 防气蚀电动遥控浮球阀规格见图 14.4-49、表 14.4-50，安装示意图见图 14.4-50。

FQDJ45X 防气蚀电动遥控浮球阀规格　　　　表 14.4-50

公称直径 DN (mm)	外形尺寸（mm）					$n\text{-}\phi$ （个-直径）
	L	D_1	D_2	D_3	B	
40	200	84	110	150	20	4-19
50	230	99	125	165	22	4-19
65	290	118	145	185	22	4-19
80	310	132	160	200	23	8-19
100	350	156	180	220	23	8-19
125	400	184	210	250	24	8-19
150	480	211	240	285	25	8-23
200	600	266	295	340	27	12-23
250	730	319	355	405	29.5	12-28
300	850	370	410	460	30	12-28
350	980	429	470	520	30	16-28
400	1100	489	525	580	32	16-31

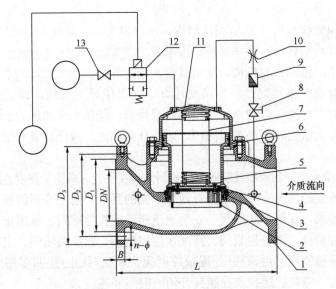

图 14.4-49 FQDJ45X 防气蚀电动遥控浮球阀

1—阀体；2—防气蚀罩；3—阀座；4—阀瓣密封垫；5—活塞；6—活塞密封圈；

7—弹簧；8—球阀；9—过滤器；10—针形调节阀；11—缸盖；12—电动浮球阀；

13—浮球阀

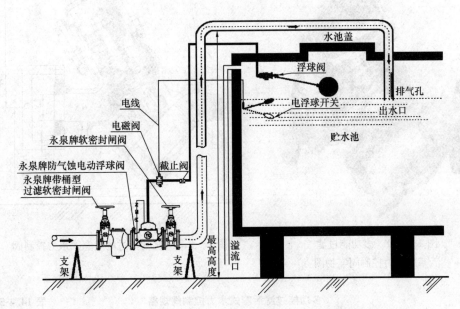

图 14.4-50 FQDJ45X 防气蚀电动遥控浮球阀安装示意图

14.4.8 液压控制阀

1. 设计原理

阀门从性能上讲是一种流体控制设备，控制其开、闭及开启度，从而达到通、断及控制其流量、压力的作用，本阀利用液压传动原理控制阀的启、闭及开启度，并利用管道中的流体作为液压传动介质，达到阀门性能的要求。

2. 特点

(1) 阀体采用流线型的 Y 形宽阀体结构, 压力损失小, 流量大, 抗气蚀, 噪声低。

(2) 液压缸式活塞传动, 动作平稳。

(3) 方便实用的传动密封机构, 整机具有传动、导向、密封 3 项功能, 而且与阀体各自独立, 便于维修及更换零配件。本阀设计有 3 处定位导向机构, 即活塞、阀杆、导向架, 使阀门使用时更加准确、可靠。机构内设有弹簧, 能防止流体压力、流量的急剧变化所产生的振动。在大流量时自动关闭阀门, 防止介质倒流。液压缸具有缓冲作用, 减少水锤对管网的影响。

(4) YQ9800 型水力控制阀将控制阀与过滤器结合在一起, 减少了张度并减少一个接头。

(5) 在主阀不变的情况下, 可根据管网中不同的要求, 附上合适的控制系统, 可以满足管网中不同的要求, 如可调减压阀、安全泄压阀、遥控浮球阀、缓闭止回阀、电动浮球阀、多功能水泵控制阀、流量控制阀、高度水位控制阀、紧急关闭阀、定比减压阀、预防水击泄放阀、流量控制阀、可调减压/流量控制阀、调流/截止/止回多用阀、多孔式套阀等, 并可实现自控、电控、遥控及控制其开闭的时间和速度。

多功能过滤活塞式水力控制阀规格见图 14.4-51、图 14.4-52、表 14.4-51。

图 14.4-51　多功能过滤
活塞式水力控制阀实物图

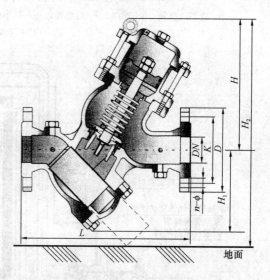

图 14.4-52　多功能过滤活塞式水力控制阀

多功能过滤活塞式水力控制阀规格　　　　　　表 14.4-51

公称直径 DN（mm）	外形尺寸（mm）												n-φ（个-直径）	
	L		H	H₁		H₂	D		K					
	PN16	PN25		PN16	PN25		PN16	PN25	PN16	PN25			PN16	PN25
40	340	340	275	155	155	445	150	150	110	110			7-18	7-18
50	340	340	275	155	155	445	160	165	125	125			4-18	4-18
65	358	358	283	165	165	463	185	185	145	145			4-18	8-18
80	384	384	317	180	180	487	200	200	160	165			8-18	8-18

公称直径 DN（mm）	外形尺寸（mm）											n-φ（个-直径）	
	L		H	H_1		H_2	D		K				
	PN16	PN25		PN16	PN25		PN16	PN25	PN16	PN25		PN16	PN25
100	415	415	338	210	210	525	220	235	180	190		8-18	8-23
150	542	542	407	260	260	717	285	300	240	250		8-23	8-28
200	670	670	504	330	330	902	340	360	295	310		12-23	12-28
250	806	806	623	410	410	1089	405	425	355	370		12-27	12-31
300	945	1015	668	485	458	1208	460	485	410	430		12-27	16-31

多功能活塞式水力控制阀规格见图 14.4-53、图 14.4-54、表 14.4-52。

图 14.4-53　多功能活塞式水力控制阀实物图　　　图 14.4-54　多功能活塞式水力控制阀

多功能活塞式水力控制阀规格　　　　　　　　表 14.4-52

公称直径 DN（mm）	外形尺寸（mm）						n-φ（个-直径）	
	L	H	D		K			
			PN16	PN25、PN40	PN16	PN25、PN40	PN16	PN25、PN40
40	280	245	150	150	110	110	4-19	4-19
50	280	245	160	165	125	125	4-19	4-19
65	305	245	185	185	145	145	4-19	8-19
80	325	250	200	200	160	160	8-19	8-19
100	375	260	220	235	180	190	8-19	8-23
150	440	350	285	300	240	250	8-23	8-28
200	600	477	340	360	295	310	12-23	12-28
250	622	510	405	485	355	370	12-28	12-31
300	810	658	460	485	410	430	12-28	16-31
350	787	708	520	555	470	490	16-28	16-34
400	948	818	580	620	525	550	16-31	16-37
450	1050	900	640	670	585	600	20-31	20-37

续表

公称直径 DN（mm）	外形尺寸（mm）							n-ϕ（个-直径）	
	L	H	D		K		PN16	PN25、PN40
			PN16	PN25、PN40	PN16	PN25、PN40		
500	1100	950	715	730	650	660	20-34	20-37
600	1295	1125	840	845	770	770	20-37	20-40
700	1448	1260	910	960	840	875	24-37	24-43
800	1590	1408	1025	1085	950	990	24-40	24-49
900	1956	1600	1125	1185	1050	1090	28-40	28-49

14.4.9　减压阀

选用提示：

（1）先导式可调减压阀减压准确，减压范围大，流量损失小，寿命长；但结构复杂，造价较高；DN50 以上适合采用先导减压阀；

（2）直接式减压阀适合用于 DN50 及以下口径，一般为全铜丝接；

（3）采用体积较小的直接式减压阀，应考虑水头损失问题；

（4）减压阀前应设置过滤器；

（5）当阀前后压差超过 0.4MPa 时，建议采用活塞式可调减压阀，或采用一个比例式减压阀；

（6）可调减压阀既可减动压，也可减静压。

1. 过滤活塞式可调减压阀

YQ98001 过滤活塞式可调减压阀规格见图 14.4-55、表 14.4-53，安装示意图见图 14.4-56。

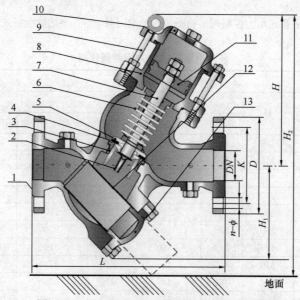

图 14.4-55　YQ98001 过滤活塞式可调减压阀

1—阀体；2—导向架；3—阀座；4—密封垫；5—阀瓣；6—弹簧；
7—阀杆；8—缸体；9—螺杆；10—缸盖；11—活塞；12—过滤网；13—阀盖

YQ98001 过滤活塞式可调减压阀规格　　　　　　　　表 14.4-53

公称直径 DN (mm)	外形尺寸（mm）										n-φ （个-直径）	
	L		H	H_1	H_2	D		K				
	PN16	PN25				PN16	PN25	PN16	PN25	PN16	PN25	
40	300	340	275	155	445	150	150	110	110	4-19	4-19	
50	300	340	275	155	445	160	165	125	125	4-19	4-19	
65	340	358	283	165	463	185	185	145	145	4-19	8-19	
80	380	384	317	180	487	200	200	160	160	8-19	8-19	
100	430	415	338	210	525	220	235	180	190	8-19	8-23	
150	550	542	407	260	717	285	300	240	250	8-23	8-28	
200	670	670	504	330	902	340	360	295	310	12-23	12-28	
250	806	806	623	410	1089	405	425	355	370	12-28	12-31	
300	945	945	668	485	1208	460	485	410	430	12-28	16-31	

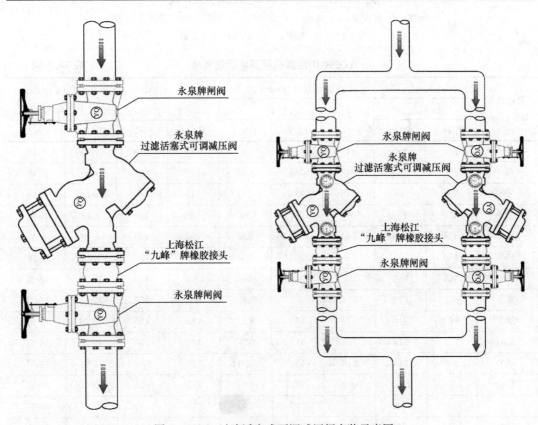

图 14.4-56　过滤活塞式可调减压阀安装示意图

2. 活塞式可调减压阀

YQ20001 活塞式可调减压阀规格见图 14.4-57、表 14.4-54，安装示意图见图 14.4-58。

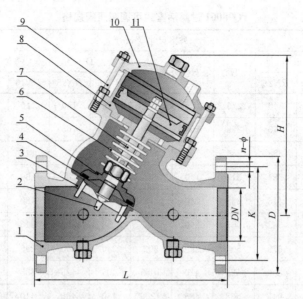

图 14.4-57 YQ20001 活塞式可调减压阀

1—阀体；2—导向架；3—阀座；4—密封垫；5—阀瓣；6—弹簧；7—阀杆；

8—缸体；9—螺杆；10—缸盖；11—活塞

YQ20001 活塞式可调减压阀规格　　　　　　　　　　　　　　表 14.4-54

公称直径 DN（mm）	外形尺寸（mm）								n-φ（个-直径）	
	L		H	D		K				
	PN16	PN25		PN16	PN25	PN16	PN25	PN16	PN25	
40	250	280	245	150	150	110	110	4-19	4-19	
50	250	280	245	160	165	125	125	4-19	4-19	
65	290	305	245	185	185	145	145	4-19	8-19	
80	310	325	250	200	200	160	160	8-19	8-19	
100	350	375	260	220	235	180	190	8-19	8-23	
150	450	440	350	285	300	240	250	8-23	8-28	
200	550	600	477	340	360	295	310	12-23	12-28	
250	622	622	510	405	425	355	370	12-28	12-31	
300	810	810	658	460	485	410	430	12-28	16-31	
350	914	914	708	520	555	470	490	16-28	16-34	
400	948	948	818	580	620	525	550	16-31	16-37	
450	1050	1050	900	640	670	585	600	20-31	20-37	
500	1100	1100	950	715	730	650	660	20-34	20-37	
600	1295	1295	1125	840	845	770	770	20-37	20-40	
700	1448	1448	1260	910	960	840	875	24-37	24-43	
800	1590	1590	1408	1024	1085	950	990	24-40	24-49	
900	1956	1956	1600	1125	1185	1050	1090	28-40	28-49	

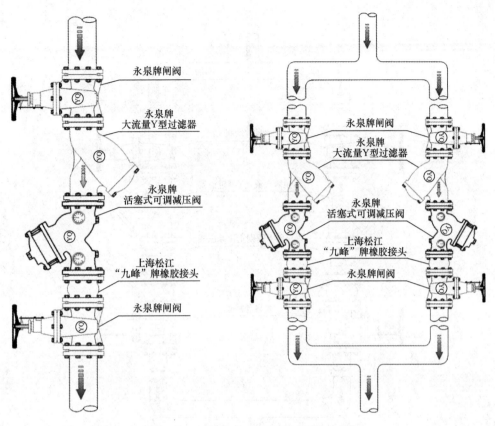

图 14.4-58 活塞式可调减压阀安装示意图

3. 比例式减压阀

YQYM43F 比例式减压阀规格见图 14.4-59、表 14.4-55，安装示意图见图 14.4-60。

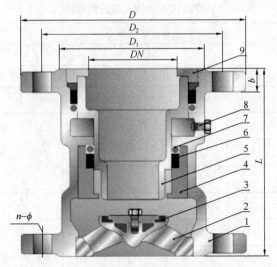

图 14.4-59 YQYM43F 比例式减压阀

1—阀体；2—阀座；3—密封垫；4—缸套；5—活塞；
6—耐磨带；7—密封圈；8—通气螺栓；9—挡圈

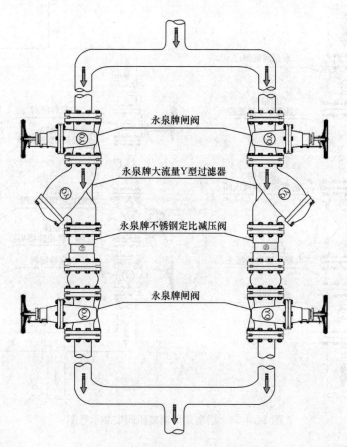

永泉牌闸阀

永泉牌大流量Y型过滤器

永泉牌不锈钢定比减压阀

永泉牌闸阀

图 14.4-60　比例式减压阀安装示意图

YQYM43F 比例式减压阀规格　　　　　表 14.4-55

公称直径 DN (mm)	压力比	外形尺寸（mm）								b	n-φ（个-直径）	
		L	D_1		D_2		D					
			PN16	PN25	PN16	PN25	PN16	PN25			PN16	PN25
50		165	99	99	125	125	165	165	16		4-19	4-19
65		185	118	118	145	145	185	185	18		4-19	8-19
80	1.5 : 1 2 : 1	200	132	132	160	160	200	200	20		8-19	8-19
100	2.5 : 1	220	156	156	180	190	220	235	22		8-19	8-23
125	3 : 1 4 : 1	250	184	184	210	220	250	270	22		8-19	8-28
150		285	211	211	240	250	285	300	24		8-23	8-28
200		340	266	274	295	310	340	360	26		12-23	12-28

4. 丝扣过滤可调减压阀

YQYG12F 丝扣过滤可调减压阀规格见图 14.4-61、表 14.4-56。

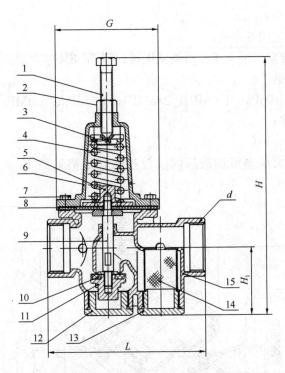

图 14.4-61 YQYG12F 丝扣过滤可调减压阀

1—调节螺栓；2—锁紧螺母；3—上弹簧座；4—弹簧；5—下弹簧座；6—阀盖；7—螺栓；
8—膜片；9—阀杆；10—密封垫；11—阀瓣；12—下盖；13—清洗盖；14—过滤网；15—阀体

YQYG12F 丝扣过滤可调减压阀规格 表 14.4-56

公称直径	外形尺寸（mm）				d（in）
DN（mm）	L	H	H_1	G	
15	120	190	54	80	1/2
20	120	190	54	80	3/4
25	128	205	56	90	1
32	158	260	65	102	$1\frac{1}{4}$
40	158	260	65	102	$1\frac{1}{2}$
50	188	275	80	125	2

5. 防气蚀大压差可调减压阀

防气蚀大压差可调减压阀，是一种具有防止阀座发生气蚀的功能、减压比大于或等于 3：1 的先导式可调减压阀。

选用提示：

（1）具有带过滤和不带过滤两种结构形式；

（2）可正常工作在减压比大于 3：1 小于 9：1 的压差环境下；

（3）可防止阀座发生气蚀；

（4）工作时噪声小；

（5）工作可靠、使用寿命长；

（6）行业标准：《防气蚀大压差可调减压阀》CJ/T 404；

（7）主要技术参数

1）公称压力：1.0MPa、1.6MPa、2.5MPa、4.0MPa、5.0MPa；

2）适用介质：水；

3）适用温度：0～60℃。

DY_L43X 防气蚀大压差可调减压阀（带过滤）规格见图 14.4-62、表 14.4-57～表 14.4-60。

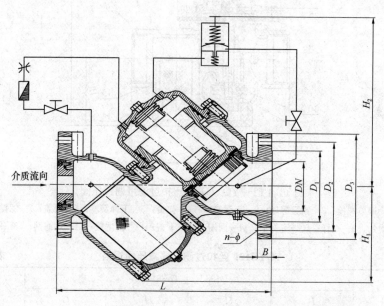

图 14.4-62　DY_L43X 防气蚀大压差可调减压阀（带过滤）

DY_L43X-16Q 防气蚀大压差可调减压阀（带过滤）规格　　表 14.4-57

公称直径 DN（mm）	外形尺寸（mm）							n-ϕ（个-直径）
	L	D_1	D_2	D_3	B	H_1	H_2	
40	260	84	110	150	20	105	337	4-19
50	300	99	125	165	22	123	362	4-19
65	340	118	145	185	22	160	396	4-19
80	380	132	160	200	23	181	419	8-19
100	430	156	180	235	23	217	450	8-19
125	500	184	210	270	24	245	466	8-19
150	550	211	240	300	25	293	512	8-23
200	650	266	295	360	27	337	604	12-23
250	775	319	355	425	29.5	413	696	12-28

DY$_L$43X-25Q 防气蚀大压差可调减压阀（带过滤）规格　　表 14.4-58

公称直径	外形尺寸（mm）							n-φ
DN（mm）	L	D₁	D₂	D₃	B	H₁	H₂	（个-直径）
40	260	84	110	150	20	105	337	4-19
50	300	99	125	165	22	123	362	4-19
65	340	118	145	185	22	160	396	8-19
80	380	132	160	200	23	181	419	8-19
100	430	156	190	235	23	217	450	8-23
125	500	184	220	270	24	245	466	8-28
150	550	211	250	300	25	293	512	8-28
200	650	274	310	360	27	337	604	12-28
250	775	330	370	425	29.5	413	696	12-31

DY$_L$43X-40Q 防气蚀大压差可调减压阀（带过滤）规格　　表 14.4-59

公称直径	外形尺寸（mm）							n-φ
DN（mm）	L	D₁	D₂	D₃	B	H₁	H₂	（个-直径）
40	260	84	110	150	20	105	337	4-19
50	300	99	125	165	22.5	123	362	4-19
65	340	118	145	185	25.5	160	396	8-19
80	380	132	160	200	28.5	181	419	8-19
100	430	156	190	235	32	217	450	8-23
125	500	184	220	270	35	245	466	8-28
150	550	211	250	300	36.5	293	512	8-28
200	650	284	320	375	41	337	604	12-31
250	775	345	385	450	48	413	696	12-34

DY$_L$43X-50Q 防气蚀大压差可调减压阀（带过滤）规格　　表 14.4-60

公称直径	外形尺寸（mm）							n-φ
DN（mm）	L	D₁	D₂	D₃	B	H₁	H₂	（个-直径）
40	260	84	110	150	20	105	337	4-19
50	300	92	127	165	22.5	123	362	8-18
65	340	105	149.5	190	25.5	160	396	8-22
80	380	127	168	210	28.5	181	419	8-22
100	430	157	200	255	32	217	450	8-22
125	500	186	235	280	35	245	466	8-22
150	550	216	270	320	36.5	293	512	12-26
200	650	270	330	380	41	337	604	12-26
250	775	324	387.5	445	48	413	696	16-29.5

DY43X 防气蚀大压差可调减压阀规格见图 14.4-63、表 14.4-61～表 14.4-63。

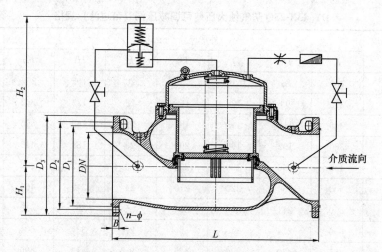

介质流向

图 14.4-63　DY43X 防气蚀大压差可调减压阀

DY43X-10Q、DY43X-16Q 防气蚀大压差可调减压阀规格　　　表 14.4-61

公称直径 DN（mm）	外形尺寸（mm）								n-φ（个-直径）	
	L	D_1		D_2		D_3	B	H_1	H_2	PN10	PN16
		PN10	PN16	PN10	PN16						
40	200	84	84	110	110	150	16	75	240	4-19	4-19
50	230	99	99	125	125	165	16	82.5	301	4-19	4-19
65	290	118	118	145	145	185	17.5	92.5	392	4-19	4-19
80	310	132	132	160	160	200	19	100	408	8-19	8-19
100	350	156	156	180	180	220	24	110	440	8-19	8-19
125	400	184	184	210	210	250	24	125	485	8-19	8-19
150	480	211	211	240	240	285	25.5	142.5	497	8-23	8-23
200	600	266	266	295	295	340	28.5	170	662	8-23	12-23
250	730	319	319	350	355	405	30	202.5	828	12-23	12-28
300	850	370	370	400	410	460	32	230	878	12-23	12-28
350	980	429	429	460	470	520	35	260	910	16-23	16-28
400	1100	480	489	515	525	580	36.5	290	944	16-28	16-31
450	1200	530	548	565	585	640	39.5			20-28	20-31
500	1250	582	609	620	650	715	43			20-28	20-34
600	1450	682	729	725	770	840	48			20-31	20-37
700	1650	794	794	840	840	910	46.5			24-31	24-37
800	1850	901	901	950	950	1025	51			24-34	24-40
900	2050	1001	1001	1050	1050	1125	55.5			28-34	28-40

DY43X-25Q 防气蚀大压差可调减压阀规格　　表 14.4-62

公称直径	外形尺寸（mm）							$n\phi$
DN（mm）	L	D_1	D_2	D_3	B	H_1	H_2	（个-直径）
40	200	84	110	150	20	75	240	4-19
50	230	99	125	165	22	82.5	301	4-19
65	290	118	145	185	22	92.5	392	8-19
80	310	132	160	200	23	100	408	8-19
100	350	156	190	235	23	110	440	8-23
125	400	184	220	270	24	125	485	8-28
150	480	211	250	300	25	142.5	497	8-28
200	600	274	310	360	27	170	662	12-28
250	730	330	370	425	29.5	202.5	828	12-31
300	850	389	430	485	30	230	878	16-31
350	980	418	490	555	30	260	910	16-34
400	1100	503	550	620	32	290	944	16-37
450	1200	548	600	670	34.5			20-37
500	1250	609	660	730	36.5			20-37
600	1450	720	770	845	42			20-40
700	1650	820	875	960	46.5			24-43
800	1850	928	990	1085	51			24-49
900	2050	1028	1090	1185	55.5			28-49

DY43X-40Q、DY43X-50Q 防气蚀大压差可调减压阀规格　　表 14.4-63

公称直径	外形尺寸（mm）							$n\phi$	
		D_1		D_2		D_3		（个-直径）	
DN（mm）	L	PN40	PN50	PN40	PN50	PN40	PN50	B	PN40	PN50
40	200	84	84	110	110	150	150	20	4-19	4-19
50	230	99	92	125	127	165	165	22.5	4-19	8-18
65	290	118	105	145	149.5	185	190	25.5	8-19	8-22
80	310	132	127	160	168	200	210	28.5	8-19	8-22
100	350	156	157	190	200	235	255	32	8-23	8-22
125	400	184	186	220	235	270	280	35	8-28	8-22
150	480	211	216	250	270	300	320	36.5	8-28	12-22
200	600	284	270	320	330	375	380	41	12-31	12-26
250	730	345	324	385	387.5	450	445	48	12-34	16-29.5
300	850	409	381	450	451	515	520	54	16-34	16-32.5
350	980	465	413	510	514.5	580	585	54	16-37	20-32.5
400	1100	535	470	585	571.5	660	650	57	16-40	20-35.5
450	1200	560	533	610	628.5	685	710	60.5	20-40	24-35.5
500	1250	615	584	670	686	755	775	63.5	20-43	24-35.5

6. 丝扣过滤可调减压阀

（1）概述

本产品采用隔膜型水力操作方式，通过调节螺钉对调节弹簧的调整，可控制该阀门出口压力在一定流量范围内为相对恒定值。该阀可水平或垂直安装于生活给水、消防系统或其他清水系统中，是保护给水分支系统安全用水必不可少的设备之一。

（2）特点

1）丝扣连接，结构简单，质量轻，维修安装方便。

2）独立的过滤装置，避免了杂物堵塞，在清洗时无需拆卸阀盖和主阀芯配件。

3）该产品主要用材为铜，耐腐蚀、耐磨损。

4）压力调节灵敏、稳定，既可减动压又可以减静压。

（3）主要性能参数

丝扣过滤可调减压阀主要性能参数见表 14.4-64。

丝扣过滤可调减压阀主要性能参数　　　　　表 14.4-64

公称压力 PN（MPa）	强度试验压力（MPa）	密封试验压力（MPa）	减压范围	使用温度（℃）	适用介质
1.6	6.4	3.2	一般 P_1（进口压力 MPa）/ P_2（出口压力 MPa）$\leqslant 3$	0～100 环境温度（℃） −10～15	清水

YQYG12F-16T、YQYG12F-25T 丝扣过滤可调减压阀规格见图 14.4-64、表 14.4-65。

YQYG12F-16T、YQYG12F-25T 丝扣过滤可调减压阀规格　　　　表 14.4-65

公称直径 DN（mm）	外形尺寸（mm）（PN16、PN25）				d（in）（PN16、PN25）
	L	H	H_1	G	
15	120	190	54	80	1/2
20	120	190	54	80	3/4
25	128	205	56	90	1
32	158	260	65	102	$1\frac{1}{4}$
40	158	260	65	102	$1\frac{1}{2}$
50	188	275	80	125	2

14.4.10 多功能水泵控制阀

1. JD745X-$\frac{10}{16}$型多功能水泵控制阀
   25

（1）适用范围：用于给水泵站，兼具电动阀、止回阀和水锤消除器 3 种功能。特别适用于配套自动化供水控制系统。

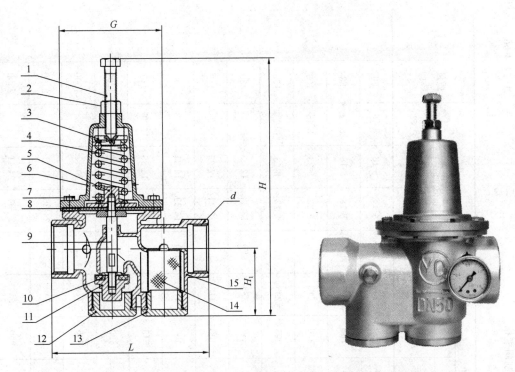

图 14.4-64　YQYG12F-16T、YQYG12F-25T 丝扣过滤可调减压阀

1—调节螺栓；2—锁紧螺母；3—上弹簧座；4—弹簧；5—下弹簧座；6—阀盖；7—螺栓；
8—膜片；9—阀杆；10—密封垫；11—阀瓣；12—下盖；13—清洗盖；14—过滤网；15—阀体

(2) JD745X-$\dfrac{10}{16}$型多功能水泵控制阀规格见图 14.4-65、表 14.4-66。
25

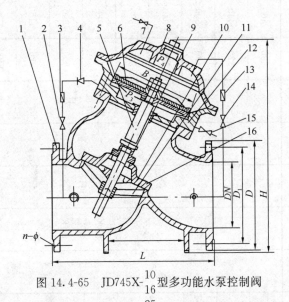

图 14.4-65　JD745X-$\dfrac{10}{16}$型多功能水泵控制阀
25

1—阀体；2、14—控制阀；3、13—过滤器；4—微止回阀；5—阀杆组件；6—膜片及压片；
7、15—排空阀；8—阀盖；9—缓闭阀板；10—主阀板；11—阀座；12—膜片座；16—O 型圈

表 14.4-66

JD745X-10/16/25 型多功能水泵控制阀规格

公称直径 DN (mm)	最低动作压力 (MPa)	水锤峰值	缓闭时间 (s)	适用温度 (℃)	适用介质	外形尺寸 (mm)										n-φ (个-直径)			质量 (kg)	备注
						L	H	D			D₁					PN10	PN16	PN25		
								PN10	PN16	PN25	PN10	PN16	PN25							
80	0.07	≤1.5倍水泵工作压力	3~120(可调节)	0~80	清水、油	300	400	195	195	200	160	160	160			4-18	8-18	8-18	36	
100						320	440	215	215	230	180	180	190			8-18	8-18	8-22	52	
150						480	500	280	280	300	240	240	250			8-23	8-23	8-26	109	
200						500	640	335	335	360	295	295	310			8-23	8-23	12-26	153	
250						605	690	390	405	425	350	355	370			12-23	12-25	12-30	230	
300						700	820	440	460	485	400	410	430			12-23	12-25	16-30	442	
350						800	950	500	520	555	460	470	490			16-23	16-25	16-33	590	
400						980	1150	565	580	620	515	525	550			16-25	16-30	16-36	850	
500						1100	1550	670	405		620	650				20-25	20-34		1200	
600						1300	1600	780	840		725	770				20-30	20-41		1600	
700						1520	1750	895	910		540	540				24-30	24-41		2100	
800						1650	1900	1010	1020		950	950				24-34	24-41		2500	

2. JS74X-$\frac{10}{16}$型深井泵自控阀

(1) 适用范围：安装在潜水泵的出水管道口上，具有自动操作、止回、消除水锤等功能。

(2) JS74X-$\frac{10}{16}$型深井泵自控阀规格见图 14.4-66、表 14.4-67。

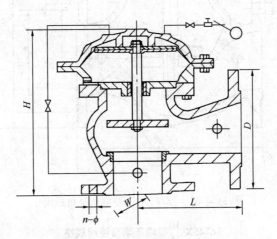

图 14.4-66   JS74X-$\frac{10}{16}$型深井泵自控阀

JS74X-$\frac{10}{16}$型深井泵自控阀规格   表 14.4-67

结构形式	公称直径 DN (mm)	工作压力 (MPa)	适用温度 (℃)	适用介质	外形尺寸 (mm)					质量 (kg)	备注
					L	H	D	W	$n-\phi$ (个-直径)		
角形	50	1.0～1.5	0～90	清水、油品	120	220	160	155	4-18	14	
	80				160	279	195	178	8-18	30	
	100				190	338	215	200	8-18	92	
	150				225	441	280	320	8-23	140	
	200				265	545	340	390	8-23	200	
	250				320	680	406	480	12-23	220	
	300				386	709	480	550	12-23	402	
	350				440	812	526	620	16-23	558	
	400				490	940	600	700	16-23	800	

注：天津国威给排水设备制造有限公司还生产 JS74X-$\frac{10}{16}$型直通式深井泵自控阀。

3. JZ745X-$\frac{10}{16}$型增压泵自控阀

(1) 适用范围：安装在增压泵房的离心泵出口，完全自动操作，确保泵房及管道安全。

(2) JZ745X-$\frac{10}{16}$型增压泵自控阀规格见图 14.4-67、表 14.4-68。

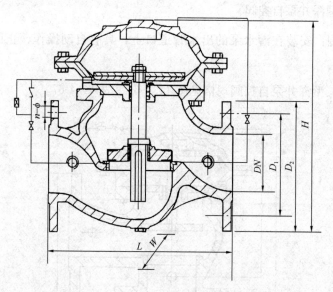

图 14.4-67 JZ745X-$\frac{10}{16}$型增压泵自控阀

JZ745X-$\frac{10}{16}$型增压泵自控阀规格   表 14.4-68

公称直径 DN（mm）	工作压力（MPa）	适用温度（℃）	适用介质	外形尺寸（mm）						质量（kg）	备注
				L	H	D_2	D_1	W	$n\text{-}\phi$（个-直径）		
50				240	235	160	125	155	4-18	16	
65				270	249	180	145	163	4-18	24	
80				300	305	195	160	178	8-18	32	
100				320	380	215	180	200	8-18	50	
125				400	430	245	210	260	8-18	67	
150				480	500	280	240	320	8-23	100	
200				500	580	340	295	390	8-23	150	
250				600	720	406	350	480	12-23	230	
300				700	820	440	400	550	12-23	440	
350				800	843	526	460	600	16-23	590	
400				980	1095	600	515	700	16-25	850	
500				1100	1300	700	620	840	20-25	1200	
600				1300	1500	850	725	1050	24-30	1600	
700				1500	1700	910	840	1300	24-30	2100	
800				1680	1980	1010	950	1420	24-34	2500	

注：天津国威给排水设备制造有限公司还生产 JS74X-$\frac{10}{16}$型角式增压泵自控阀。

4. JLH 型多功能阀

（1）适用范围：用于各种给水泵站，安装于水泵之后，具有截止、节流、止回多种功能。

（2）JLH 型多功能阀规格见图 14.4-68、图 14.4-69、表 14.4-69。

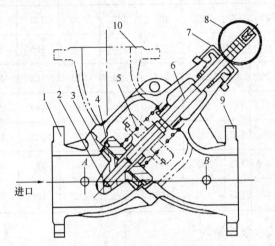

图 14.4-68　JLH 型多功能阀（一）

1—进口法兰；2—阀瓣；3—阀座；4—密封；5—弹簧；6—阀杆；7—刻度标；
8—调节刻度；9—出口法兰；10—角型出口法兰

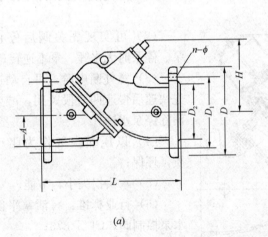 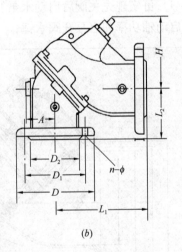

(a) (b)

图 14.4-69　JLH 型多功能阀（二）

(a) 直通型；(b) 角型

JLH 型多功能阀规格　　　　　　　　　　　表 14.4-69

公称直径 DN		外形尺寸（mm）											n-φ（个-直径）	质量（kg）	备注
		L	L₁	L₂	H	A	D		D₁		D₂				
mm	in						PN10	PN16	PN10	PN16	PN10	PN16			
50	2	278	193	85	185	55	160	160	125	125	100	100	4-18	8	
65	2 $\frac{1}{2}$	300	215	85	195	70	180	180	145	145	120	120	4-18	12	

续表

公称直径 DN		外形尺寸（mm）												n-φ（个-直径）	质量（kg）	备注
mm	in	L	L₁	L₂	H	A	D		D₁		D₂					
							PN10	PN16	PN10	PN16	PN10	PN16				
80	3	345	255	90	235	65	195	195	160	160	135	135	4-18	13	
100	4	375	260	110	279	75	215	215	180	180	155	155	4-18	23	
125	5	450	340	115	360	95	245	245	210	210	185	185	4-18	44	
150	6	520	390	130	411	115	280	280	240	240	210	210	8-23	65	
200	8	670	520	150	505	145	335	335	295	295	265	265	8-23	150	
250	10	760	600	160	600	165	390	405	350	355	320	320	8-23	224	
300	12	900	700	200	678	195	440	460	400	410	368	375	8-23	429	

表头：D、D₁、D₂ 三列均分为 PN10、PN16 两子列。

5. 节能活塞平衡式水泵控制阀

节能活塞平衡式水泵控制阀，是一种采用活塞式以气体驱动，阀体结构为直流式，具有截止和止回功能，能在关阀状态下启动离心水泵和防止破坏性停泵水锤产生的阀门。

选用提示：

（1）可实现先关阀后启动水泵、水泵机组达到额定转速后再缓慢开启阀门，减少离心水泵启动轴功率和启泵开阀水锤；

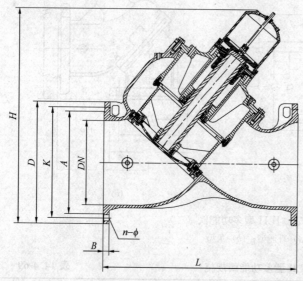

（2）可实现先关阀后停止水泵、停泵时无水锤、泵不逆转；

（3）意外断电时，可自动进行先快速后慢速两阶段关闭，减少和消除停泵水锤；

（4）以压缩空气作为驱动介质，环保；

（5）水头损失小，节能；

（6）行业标准：《活塞平衡式水泵控制阀》CJ/T 373；

（7）主要技术参数：

1）公称压力：1.0MPa、1.6MPa；

2）适用介质：水；

3）适用温度：0~60℃；

4）活塞缸驱动介质：0.5~0.8MPa 压缩空气。

图 14.4-70　JHP46X-10Q、JHP46X-16Q
节能活塞平衡式水泵控制阀

JHP46X 节能活塞平衡式水泵控制阀规格见图 14.4-70、表 14.4-70。

JHP46X-10Q、JHP46X-16Q 节能活塞平衡式水泵控制阀规格   表 14.4-70

| 公称直径 DN (mm) | 外形尺寸 (mm) | | | | | | | | | n-ϕ (个-直径) | | 质量 (kg) |
| | A | | K | | D | B | L | H | W | | | |
	PN10	PN16	PN10	PN16						PN10	PN16	
200	266	266	295	295	340	20	550	691	383	8-20	12-20	123
250	319	319	350	355	405	22	650	788	430	12-20	12-24	187
300	370	370	400	410	460	24.5	750	670	498	12-23	12-28	514
350	429	429	460	470	520	26.5	850	782	560	16-23	16-28	598
400	480	489	515	525	580	28	950	894	636	16-28	16-31	685
450	530	548	565	585	640	30	1050	1006	706	20-28	20-31	772
500	582	609	620	650	715	31.5	1150	1120	774	20-28	20-34	860
600	682	729	725	770	840	36	1350	1397	904	20-31	20-37	1010
700	794	794	840	840	910	39.5	1550	1516	1052	24-31	24-37	1200
800	901	901	950	950	1025	43	1750	1785	1244	24-34	24-40	2325
900	1001	1001	1050	1050	1125	46.5	1950	2012	1386	28-34	28-40	2724
1000	1112	1112	1160	1170	1255	50	2150	2263	1530	28-37	28-43	3610

注：W 指活塞平衡式水泵控制阀的最大宽度。

14.4.11 安全阀

1. 弹簧封闭微启式安全阀

$A_{21}H_{-16}C$ 弹簧封闭微启式安全阀规格见图 14.4-71、表 14.4-71。

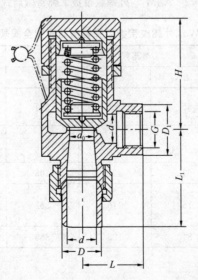

图 14.4-71　$A_{21}H_{-16}C$ 弹簧封闭微启式安全阀

A₂₁H-₁₆C 弹簧封闭微启式安全阀规格

A$_{21}$H$_{-16}$C 弹簧封闭微启式安全阀规格　　　　表 14.4-71

公称直径 DN (mm)	管螺纹 G (in)	外形尺寸 (mm)							质量 (kg)	适用介质	参考价格 (元/个)	备注
		L	L$_1$	D	D$_1$	d	d$_0$	≈H				
15	5/8	35	60	20	30	15	12	64	1	≤200℃ 空气、氨气、水、液氨	76	
20	3/4	40	68	25	34	20	16	125			82	
25	1	50	78	31	40	25	20	105	2.5		87	

2. 外螺纹带扳手弹簧微启式安全阀

A$_{27}$W$_{-10}$外螺纹带扳手弹簧微启式安全阀规格见图 14.4-72、表 14.4-72。

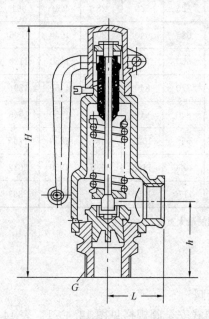

图 14.4-72　A$_{27}$W$_{-10}$外螺纹带扳手弹簧微启式安全阀

A$_{27}$W$_{-10}$外螺纹带扳手弹簧微启式安全阀规格　　　　表 14.4-72

公称直径 DN (mm)	管螺纹 G (in)	外形尺寸 (mm)			质量 (kg)	备注
		L	h	H		
32	1$\frac{1}{4}$	45	79	247	2.7	
40	1$\frac{1}{2}$	55	84	270	3.8	
50	2	67	101	305	5.7	
65	2$\frac{1}{2}$	76	116	362	9.0	
80	3	84	125	383	11.5	

3. 弹簧封闭式安全阀

A$_{41}$H$_{-16}$C 弹簧封闭式安全阀规格见图 14.4-73、表 14.4-73。

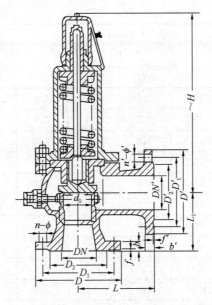

图 14.4-73　$A_{41}H_{-16}C$ 弹簧封闭式安全阀

$A_{41}H_{-16}C$ 弹簧封闭式安全阀规格　　　　表 14.4-73

| 公称直径 DN (mm) | 外形尺寸（mm） | | | | | | | | | | | | | | | | 质量 (kg) | 适用介质 | 备注 |
	L	L_1	D	D_1	D_2	b	f	D_0'	DN'	D_1'	D_2'	b'	f'	H	d_0	$n-\phi$（个-直径）	$n'-\phi'$（个-直径）			
50	130	120	160	125	100	16	3	50	160	125	100	16	3	296	40	4-18	4-18	25.2	≤300℃ 空气、氨气、水	
80	170	135	195	160	135	20	3	80	195	160	135	20	3	409	65	8-18	8-18	34.9		

14.4.12　安全泄压阀

1. 活塞式安全泄压阀

YQ20002 活塞式安全泄压阀规格见图 14.4-74、表 14.4-74，安装示意图见图 14.4-75。

YQ20002-16Q、YQ20002-25Q 活塞式安全泄压阀规格　　　　表 14.4-74

| 公称直径 DN (mm) | 外形尺寸（mm） | | | | | | | $n\phi$（个-直径） | |
| | L | | H | D | | K | | | |
	PN16	PN25		PN16	PN25	PN16	PN25	PN16	PN25
40	250	280	245	150	150	110	110	4-19	4-19
50	250	280	245	160	165	125	125	4-19	4-19
65	290	305	245	185	185	145	145	4-19	8-19
80	310	325	250	200	200	160	160	8-19	8-19

公称直径 DN (mm)	外形尺寸（mm）							n-φ（个-直径）	
	L		H	D		K			
	PN16	PN25		PN16	PN25	PN16	PN25	PN16	PN25
100	350	375	260	220	235	180	190	8-19	8-23
150	450	440	350	285	300	240	250	8-23	8-28
200	550	600	477	340	360	295	310	12-23	12-28
250	622	622	510	405	425	355	370	12-28	12-31
300	810	810	658	460	485	410	430	12-28	16-31
350	914	914	708	520	555	470	490	16-28	16-34
400	948	948	818	580	620	525	550	16-31	16-37
450	1050	1050	900	640	670	585	600	20-31	20-37
500	1100	1100	950	715	730	650	660	20-34	20-37
600	1295	1295	1125	840	845	770	770	20-37	20-40
700	1448	1448	1260	910	960	840	875	24-37	24-43
800	1590	1590	1408	1024	1085	950	990	24-40	24-49
900	1956	1956	1600	1125	1185	1050	1090	28-40	28-49

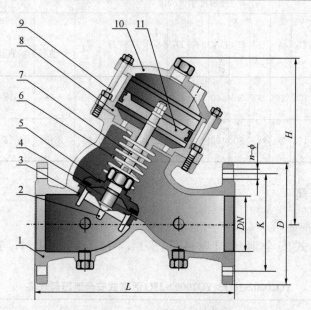

图 14.4-74　YQ20002 活塞式安全泄压阀

1—阀体；2—导向架；3—阀座；4—密封垫；5—阀瓣；6—弹簧；7—阀杆；
8—缸体；9—螺杆；10—缸盖；11—活塞

2. 防气蚀活塞式安全泄压阀

　　YQFQA46X-16Q、YQFQA46X-25Q 防气蚀活塞式安全泄压阀规格见图 14.4-76、表 14.4-75，安装示意图见图 14.4-77。

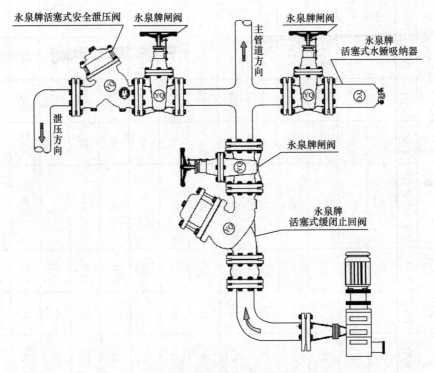

图 14.4-75 活塞式安全泄压阀安装示意图

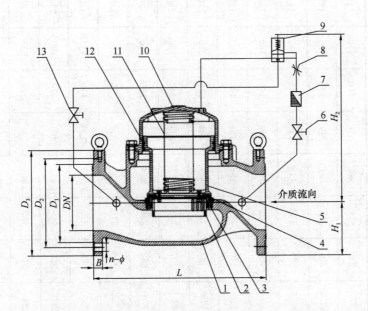

图 14.4-76 YQFQA46X-16Q、YQFQA46X-25Q 防气蚀活塞式安全泄压阀
1—阀体；2—过滤网；3—球阀；4—过滤器；5—调节阀；6—缸盖；7—导阀；8—活塞密封圈；
9—活塞；10—弹簧；11—阀瓣密封圈；12—球阀；13—阀座；14—防气蚀罩；15—阀盖

YQFQA46X-16Q、YQFQA46X-25Q防气蚀活塞式安全泄压阀规格

表 14.4-75

公称直径 DN (mm)	L	H₁	H₂	外形尺寸 (mm)												n-φ (个直径)		
				D_1			D_2			D_3			B					
				PN16	PN25	PN40	PN16	PN25	PN40	PN16	PN25	PN40	PN16	PN25	PN40	PN16	PN25	PN40
40	200	75	240	84	84	84	110	110	110	150	150	150	20	20	20	4-19	4-19	4-19
50	230	82.5	301	99	99	99	125	125	125	165	165	165	22	22	22.5	4-19	4-19	4-19
65	290	92.5	392	118	118	118	145	145	145	185	185	185	22	22	25.5	4-19	8-19	8-19
80	310	100	408	132	132	132	160	160	160	200	200	200	23	23	28.5	8-19	8-19	8-19
100	350	110	440	156	156	156	180	190	190	235	235	235	23	23	32	8-19	8-23	8-23
125	400	125	485	184	184	184	210	220	220	270	270	270	24	24	35	8-19	8-28	8-28
150	480	142.5	497	211	211	211	240	250	250	300	300	300	25	25	36.5	8-23	8-28	8-28
200	600	170	662	266	274	284	295	310	320	340	360	375	27	27	41	12-23	12-28	12-31
250	730	202.5	828	319	330	345	355	370	385	405	425	450	29.5	29.5	48	12-28	12-31	12-34
300	850	230	878	370	389	409	410	430	450	460	485	515	30	30	54	12-28	16-31	16-34
350	980	260	910	429	418	465	470	490	510	520	555	580	30	30	54	16-28	16-34	16-37
400	1100	290	944	489	503	535	525	550	585	580	620	660	32	32	57	16-31	16-37	16-40
450	1200	320	1062	548	548	560	585	600	610	640	670	685	34.5	34.5	60.5	20-31	20-37	20-40
500	1250	357	1180	609	609	615	650	660	670	715	730	755	36.5	36.5	63.5	20-34	20-37	20-43
600	1450	420	1416	729	720	735	770	770	795	840	845	890	42	42	70	20-37	20-40	20-48

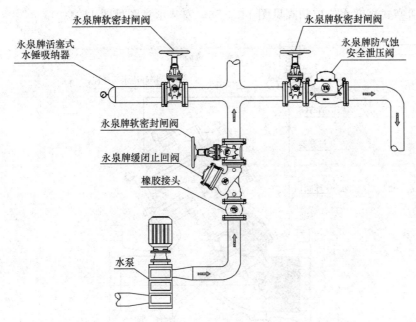

图 14.4-77　防气蚀活塞式安全泄压阀安装示意图

14.4.13　水位控制阀

1. 活塞式高度水位控制阀

（1）概述

本阀利用水箱（水塔）设定的高低水位的静压水头之差，通过水位高度导阀来控制主阀敏感元件活塞的上下运动以达到主阀的启闭。当水箱的水位升到设定的高水位时，主阀关闭，停止向水箱供水；当水箱的水位下降到低水位时，主阀打开，向水箱供水。通过调节高度水位控制阀的调节螺杆，可以设定高低水位。

此阀属纯机械水力控制，安全可靠，广泛用于建筑给水及工矿企业的水池、水塔。

（2）特点

1）纯机械水力操作，取消了浮球（电浮球）和电器控制，克服了以往水位控制阀频繁启闭的缺点，利用水池水位变化、静压水头之差，控制关阀启闭，控制安全、可靠、准确。

2）此阀必须安装在水池外，便于调节和维护。

3）Y 形宽体阀腔，流阻小，抗汽蚀性强，无噪声。

4）安装简单，维护容易。

5）内外表面均喷涂环保涂层，确保产品的防腐蚀性及安全性。

（3）主要技术参数见表 14.4-76。

活塞式高度水位控制阀主要技术参数　　　　　　表 14.4-76

公称压力 PN（MPa）	公称通径 DN（MPa）	强度试验压力（MPa）	密封试验压力（MPa）	适用温度（℃）	环境温度（℃）	适用介质
1.6	40～1200	2.40	1.76	0～100	−30～350	水
2.5		3.75	2.75			

（4）活塞式高度水位控制阀见图 14.4-78、安装示意图见图 14.4-79。

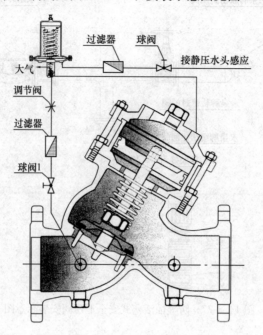

图 14.4-78　活塞式高度水位控制阀

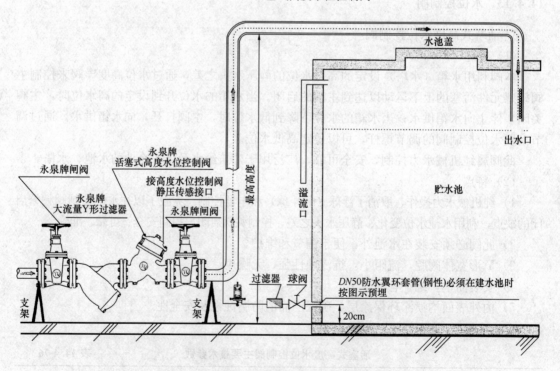

图 14.4-79　活塞式高度水位控制阀安装示意图

（5）备注：广东佛山市南海永兴阀门制造有限公司。

图示最高高度与阀的进口压力和供水装置有关，一般可参照公式确定，最高高度等于进口压力（MPa）。

2. H142X-$\frac{10T}{10}$-B 薄膜式液压水位控制阀

（1）概述

本产品适用于工矿企业、民用建筑中各种水箱（水池）、水塔的自动供水系统。

（2）工作原理

当水池或水塔内水位下降，浮球阀开启排水时，进水管内有压水将阀内阀瓣托起，密封面打开，阀门即开启供水；当水位上升到控制液位时，浮球阀关闭，阀瓣下移将密封面封闭，阀门即停止供水。

薄膜式液压水位控制阀规格见图14.4-80、表14.4-77，安装示意图见图14.4-81。

（3）技术参数

1）使用介质：洁净水；

2）使用压力：0.05～1MPa；

3）介质温度：≤60℃。

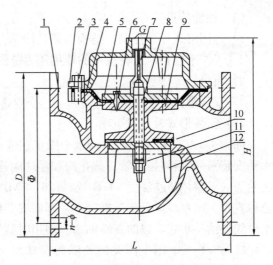

图 14.4-80 薄膜式液压水位控制阀
1—阀体；2—阀盖；3—螺栓；4—膜片；5—上压盖；6—螺栓；7—节流螺母；8—阀杆；9—阀瓣；10—阀瓣垫；11—过滤器；12—导向压盖

薄膜式液压水位控制阀规格 表 14.4-77

| 型号 | 公称直径 DN（mm） | 管螺纹 G（in） | 外形尺寸（mm） | | | | n-φ（个-直径） | 阀体材质 | 质量（kg） | 流量 Q（L/s） |
			Φ	D	L	H				
H142X-10T-B	80	1/2	160	200	250	245	8-17.5	铸钢	18	20
	100	1/2	180	220	296	163	8-17.5	铸钢	26	25
H142X-10-B	150	3/4	240	285	480	432	8-22	铸铁	80	35
	200	1	295	340	585	505	12-22	铸铁	100	60

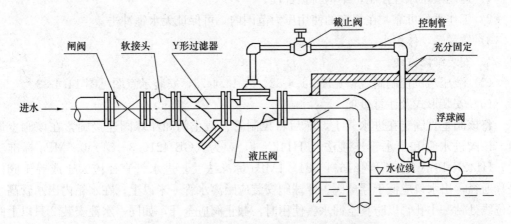

图 14.4-81 薄膜式液压水位控制阀安装示意图

（4）性能特点

1）运用液压原理控制，结构新颖，简单合理。

2）工作平稳可靠，在规定的使用压力范围内，开启灵活，无水锤冲击。

3）质量轻，体积小。

4）安装维修方便。

（5）安装形式及注意事项

如图 14.4-81 所示，将本阀水平固定在进水管上（也可视具体情况而定，但液压必须水平安装），然后将控制管、截止阀和浮球阀连接旋紧在本阀上即可。本阀进出水管连接法兰为（《整体铸铁法兰》GB 17241.6）1MPa 标准法兰。进水管口径应大于或等于阀门公称直径。出水口应低于浮球阀，浮球阀安装应距离水管 1m 以上。在水箱内出水管高于水位线处钻一小孔，以防真空回水。使用时截止阀应全开，如同一水池安装 2 只以上阀则应保持同一平面。因主阀关闭要滞后浮球阀关闭约 30～50s，故水箱要有足够的空余容积，以防溢水。

3. H142X-$\dfrac{4T}{4}$-A 液压水位控制阀
10

（1）概述

该产品适用于工矿企业、民用建筑中各种水箱（池）、水塔的自动供水系统。

（2）工作原理

当水池或水塔内水位下降，浮球阀开启排水时，进水管内有压水将阀内活塞托起，密封面打开，阀门即开启供水，当水位上升到控制线时，浮球阀关闭，活塞下移将密封面封闭，阀门即停止供水。

（3）技术参数

1）使用介质：洁净水；

2）使用压力：H142X-4T-A、H142X-4-A 为 0.05～0.4MPa；H142X-10T-A 为 0.05～1MPa。

（4）性能特点

1）运用液压原理控制，结构新颖合理。

2）工作平稳可靠，在规定的使用压力范围内，可保证无水锤冲击。

3）质量轻，体积小。

4）安装维修方便。

（5）液压水位控制阀规格见图 14.4-82、表 14.4-78，安装示意图见图 14.4-83。

（6）安装形式及注意事项

将该阀垂直固定在进水管上，然后将控制管、截止阀和浮球阀连接旋紧在该阀上即可。该阀进水管和出水管连接法兰 H142X-4T-A 为（GB 4216.3—84）0.6MPa 标准法兰；H142X-10-A 为（GB 4216.4—84）1MPa 标准法兰。进水管直径应大于或等于阀门公称通径，出水口应低于浮球阀。浮球阀安装应距离水管一米以上；在水箱内出水管高于水位线处钻一小孔，以防真空回水。使用时，截止阀应全开，如同一水池安装 2 只以上阀则应保持同一水平面。因主阀关闭要滞后浮球阀关闭约 30～50s，故水箱要有足够的空余容积，以防溢水。

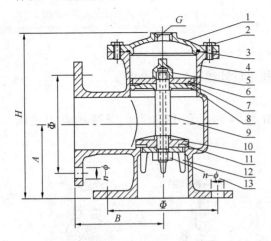
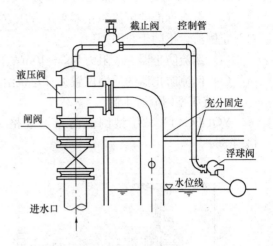

图 14.4-82 液压水位控制阀

1—阀盖；2—螺栓；3—O形密封圈；4—阀体；

5—螺母；6—压盖；7—密封圈；8—压盖2；

9—活塞杆；10—阀瓣；11—密封垫；12—导

向压盖；13—螺母

图 14.4-83 液压水位
控制阀安装示意图

为防止杂质、砂粒进入阀内引起工作失灵，阀前应装过滤器。

液压水位控制阀规格　　　　　　　　　　　　表 14.4-78

| 型号 | 公称直径 DN（mm） | 管螺纹 G（in） | 外形尺寸（mm） | | | | $n\text{-}\phi$ （个-直径） | 阀体 材质 | 质量 （kg） | 流量 （L/s） |
			Φ	A	B	H				
H142X-4T-A	80	1/2	150	115	120	255	4-17.5	铸铜	16	20
	100	1/2	170	132	150	294			24	25
H142X-4-A	150	3/4	225	140	200	370	8-17.5	铸铁	50	35
	200	3/4	280	190	210	455			82	60
	250	3/4	335	220	240	525	12-17.5		144	100
H142X-10-A	80	1/2	160	145	145	328	8-17.5	铸铁	20	20
	100	1/2	180	160	160	357			29	25
	150	3/4	240	180	200	415	8-22		60	35
	200	1	295	215	230	482	8-22		95	60
	250	1	350	245	260	555	12-22		160	100
	300	$1\frac{1}{4}$	400	260	290	620	12-22		210	150
	350	$1\frac{1}{4}$	460	310	310	715	16-22		280	200

14.4.14 倒流防止器

选用提示：

（1）行业标准为《双止回阀倒流防止器》CJ/T 160；

(2) *DN*50 以上一般采用法兰连接，*DN*50 以下采用丝接；

(3) 符合标准的倒流防止器采用减压方式，利用液体永远从高压流向低压的原理，绝对防止倒流，不同于止回阀；

(4) 倒流防止器一般阻力为 3～10m；

(5) 倒流防止器的适用位置见《建筑给水排水设计规范》GB 50015。

1. 减压型倒流防止器

YQDFG4TX 减压型倒流防止器规格见图 14.4-84、表 14.4-79，安装示意图见图 14.4-85。

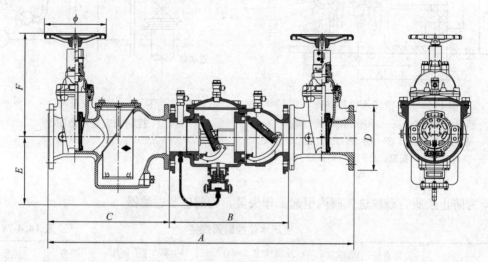

图 14.4-84　YQDFG4TX 减压型倒流防止器

YQDFG4TX 减压型倒流防止器规格　　表 14.4-79

公称直径 DN（mm）	外形尺寸（mm）							nϕ（个-直径）		质量（kg）
	A	B	C	D	E	F	Φ	PN10	PN16	
65	770	279	320	185	220	350	200	4-19		69.5
80	873	331	360	200	235	415	240	8-19		87.5
100	1060	415	400	220	245	445	280	8-19		121
150	1260	530	520	285	300	545	280	8-23		190.5
200	1505	645	630	340	350	650	360	8-23	12-23	288.5
250	1755	750	755	400	415	740	360	12-23	12-28	501
300	2030	860	880	455	475	850	450	12-23	12-28	664
350	2199	985	1000	515	545	955	450	16-23	16-28	821
400	2560	1100	1125	575	605	1060	450	16-28	16-31	1103.5

2. 双止回阀倒流防止器

YQSDFQ4TX 双止回阀倒流防止器规格见图 14.4-86、表 14.4-80，安装示意图见图 14.4-87。

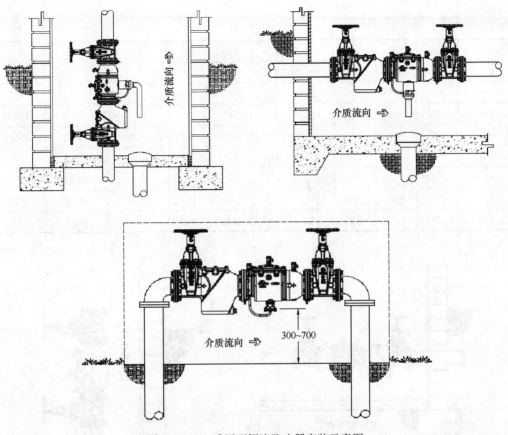

图 14.4-85　减压型倒流防止器安装示意图

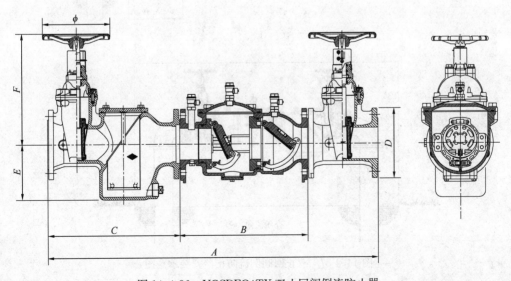

图 14.4-86　YQSDFQ4TX 双止回阀倒流防止器

YQSDFQ4TX 双止回阀倒流防止器规格

表 14.4-80

公称直径 DN（mm）	外形尺寸（mm）							$n\phi$（个-直径）		质量（kg）
	A	B	C	D	E	F	Φ	PN10	PN16	
65	770	279	320	185	220	350	200	4-19		69.5
80	873	331	360	200	235	415	240	8-19		87.5
100	1060	415	400	220	245	445	280	8-19		121
150	1260	530	520	285	300	545	280	8-23		190.5
200	1505	645	630	340	350	650	360	8-23	12-23	288.5
250	1755	750	755	400	415	740	360	12-23	12-28	501
300	2030	860	880	455	475	850	450	12-23	12-28	664
350	2199	985	1000	515	545	955	450	16-23	16-28	821
400	2560	1100	1125	575	605	1060	450	16-28	16-31	1103.5

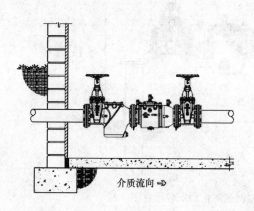
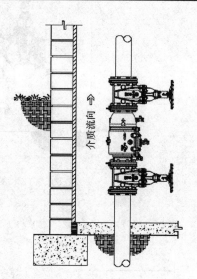
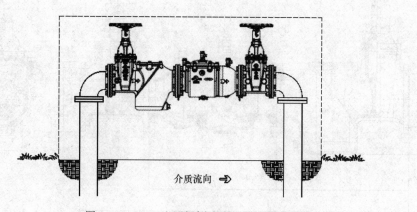

图 14.4-87 双止回阀倒流防止器安装示意图

3. 低阻力倒流防止器

YQ4LHS745X 低阻力倒流防止器规格见图 14.4-88、表 14.4-81，安装示意图见图 14.4-89。

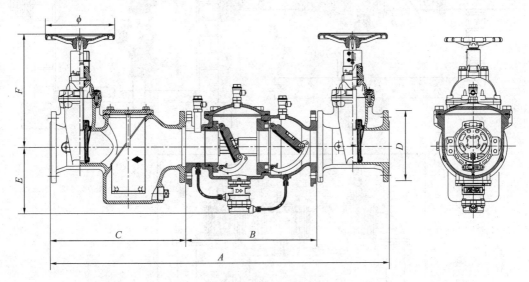

图 14.4-88　YQ4LHS745X 低阻力倒流防止器

YQ4LHS745X 低阻力倒流防止器规格　　　表 14.4-81

公称直径 DN（mm）	外形尺寸（mm）							n-φ（个-直径）		质量（kg）
	A	B	C	D	E	F	Φ	PN10	PN16	
65	770	279	320	185	220	350	200	4-19		69.5
80	873	331	360	200	235	415	240	8-19		87.5
100	1060	415	400	220	245	445	280	8-19		121
150	1260	530	520	285	300	545	280	8-23		190.5
200	1505	645	630	340	350	650	360	8-23	12-23	288.5
250	1755	750	755	400	415	740	360	12-23	12-28	501
300	2030	860	880	455	475	850	450	12-23	12-28	664
350	2199	985	1000	515	545	955	450	16-23	16-28	821
400	2560	1100	1125	575	605	1060	450	16-28	16-31	1103.5

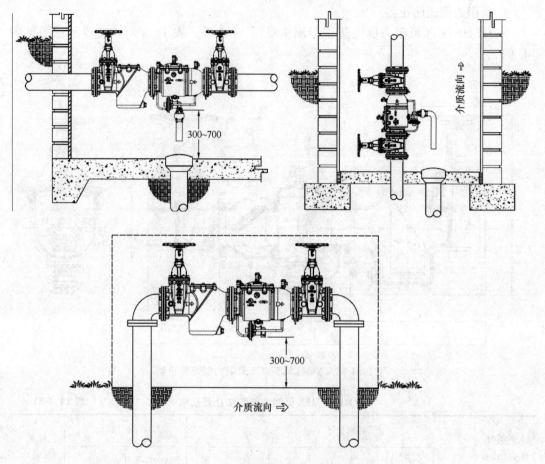

图 14.4-89　低阻力倒流防止器安装示意图

14.4.15　水锤吸纳器

选用提示：

（1）活塞式水锤吸纳器安全性好，寿命长；胶胆式水锤吸纳器消除水锤效果好，但抗冲击性及寿命略差；

（2）DN40 及以下，系统额定压力 1.6MPa 及以下适合使用胶胆式水锤吸纳器；DN50 及以上，系统额定压力 2.5MPa 及以下适合使用活塞式水锤吸纳器；

（3）水锤吸纳器的安装方向一般不受限制；

（4）水锤吸纳器一般按照主管直径选择；

（5）水锤吸纳器应安装检修用关断阀门；

（6）水锤吸纳器应采用全不锈钢材质。

1. 胶胆式水锤吸纳器

胶胆式水锤吸纳器的内部有一环形密闭的容气腔，中间由内胆和多孔管把容气腔和通水腔隔开，当压力冲击波传入水锤吸纳器时，水击作用于内胆上，内胆受压变形向里鼓起来。内胆的变形量与容气腔内的气体压力、水击波大小有关，利用容气腔中空气的胀缩，使突发的冲击波得到缓冲，这样就有效地消除了不规则的水击波震荡，保护管路不受破坏。

性能特点：产品结构简单、安装方便易维修；性能稳定、运作灵敏，带预充气缓冲气压腔，能有效地、快速地消除水锤产生的噪声和振动；壳体采用全不锈钢 304 制作，承压能力强、抗腐蚀、无污染、使用寿命长、免维护。

YQX8000 胶胆式水锤吸纳器规格见图 14.4-90、表 14.4-82，安装示意图见图 14.4-91。

2. 活塞式水锤吸纳器

活塞式水锤吸纳器的内部有密闭的容气腔，下端为一活塞，当冲击波传入水锤吸纳器时，水击作用于活塞上，活塞将往容气腔方向运动，活塞运动的行程与容气腔内的气体压力、水击波大小有关，活塞在一定压力的气体和不规则的水击双重作用下，做上下运动，形成一个动态的平衡，这样就有效地消除了不规则的水击震荡，保护了管路不受破坏。

YQX9000 活塞式水锤吸纳器规格见图 14.4-92、表 14.4-83，安装示意图见图 14.4-93。

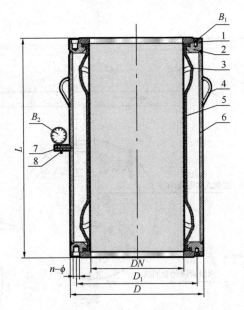

图 14.4-90　YQX8000 胶胆式水锤吸纳器
1—压盖；2—端盖；3—橡胶内胆；4—提手；
5—多孔管；6—壳体；7—接头；
8—充气阀；B1—内六角螺栓；B2—压力表

YQX8000 胶胆式水锤吸纳器规格　表 14.4-82

公称直径 DN（mm）	外形尺寸（mm）					n-ϕ（个-直径）		容气腔容积（L）
	L	D		D_1				
		PN10	PN16	PN10	PN16	PN10	PN16	
50	290	165		125		4-19		4
65	320	185		145		4-19		6
80	365	200		160		8-19		8
100	440	220		180		8-19		14
125	515	250		210		8-19		23
150	610	285		240		8-23		34
200	700	340		295		8-23	12-23	46
250	780	400		350	355	12-23	12-28	53
300	800	455		400	410	12-23	12-28	60
350	850	515		460	470	16-23	16-28	65
400	900	575		515	525	16-28	16-31	68

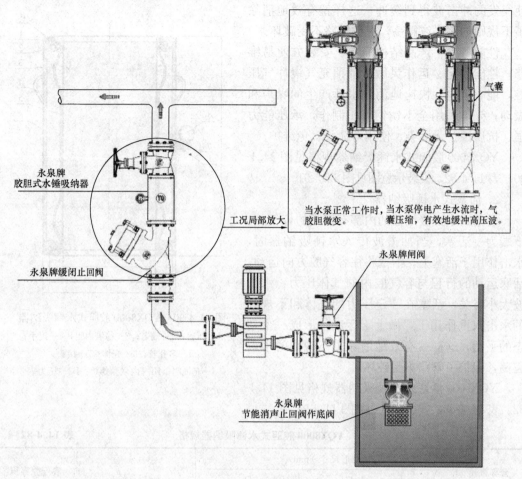

永泉牌
胶胆式水锤吸纳器

永泉牌缓闭止回阀

工况局部放大

气囊

当水泵正常工作时，
胶胆微变。

当水泵停电产生水流时，气
囊压缩，有效地缓冲高压波。

永泉牌闸阀

永泉牌
节能消声止回阀作底阀

图 14.4-91   胶胆式水锤吸纳器安装示意图

YQX9000 活塞式水锤吸纳器规格 表 14.4-83

| 公称直径 DN（mm） | 外形尺寸（mm） | | | | | | n-ϕ（个-直径） | | 容气腔容积（L） |
| | H | D | | K | | D_1 | | | |
		PN10	PN16	PN10	PN16		PN10	PN16	
65	468	185		145		76	4-19		1
80	720	200		160		89	8-19		2.8
100	757	220		180		112	8-19		6
125	796	250		210		135	8-19		16
150	832	285		240		162	8-23		16
200	880	340		295		219	8-23	12-23	25
250	968	405		350	355	273	12-23	12-28	42
300	997	460		400	410	325	12-23	12-28	55
350	1000	520		460	470	365	16-23	16-28	67
400	1050	580		515	525	426	16-28	16-31	104

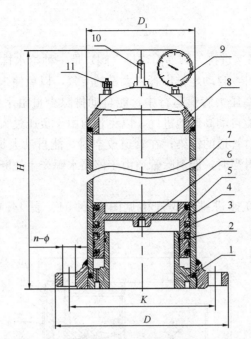

图 14.4-92   YQX9000 活塞式水锤吸纳器

1—挡圈；2—O 型密封圈；3—Y 型密封圈；4—导向环；5—孔用方形密封圈；
6—活塞；7—缸体；8—封头；9—压力表；10—吊环；11—充气阀

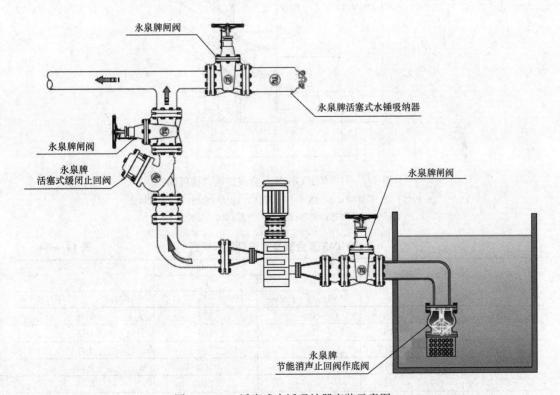

图 14.4-93   活塞式水锤吸纳器安装示意图

14.4.16 排气阀

YQFGP 型复合式高速进排气阀（简称排气阀）是一种给水排水管道专用的进排气控制装置，空管开始充水时，自动地排出管内大量的空气，以免使未排净的空气在管道内形成气囊阻碍水的流动；在压力管道运行中，能自动排除少量由水中析出的空气，产生气阻；在管道发生负压时能自动高速地进气，以免管道由于负压过大而发生失稳破坏和减少自管道漏水处吸入污水对管道的污染；在管道放空时，能自动大量地进气，使放水加快，缩短停水时间；在使用得当时，能消除管道由于停泵水锤产生拉断水柱的破坏性，以保证管道安全运行。

YQFGP4X 复合式高速进排气阀规格见图 14.4-94、表 14.4-84，安装示意图见图 14.4-95。

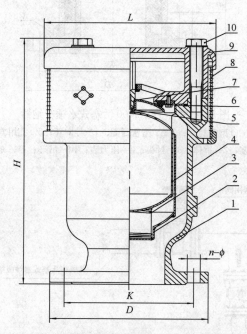

图 14.4-94 YQFGP4X 复合式高速进排气阀

1—阀体；2—浮体罩；3—弹簧；4—浮体；5—小阀垫；6—大密封垫；
7—升降罩；8—滤网；9—阀盖；10—螺栓

YQFGP4X 复合式高速进排气阀规格　　　　表 14.4-84

公称直径 DN (mm)	外形尺寸（mm）								$n\text{-}\phi$（个-直径）	
	H	L	D		K					
			PN10	PN16	PN10	PN16			PN10	PN16
50	340	162	165		125				4-18	
65	340	162	185		145				4-18	
80	384	218	200		160				8-18	
100	384	218	220		180				8-18	
150	446	320	285		240				8-23	
200	529	410	340		295				8-23	12-23
300	650	580	445	460	400	410			16-28	16-31

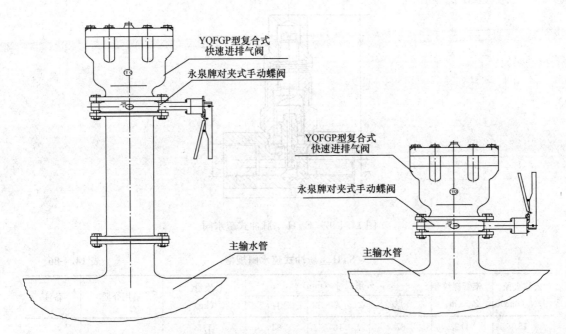

图 14.4-95　复合式高速进排气阀安装示意图

14.4.17　疏水阀

1. 杠杆浮球式疏水阀

$S_{11}gH_{-16}$杠杆浮球式疏水阀规格见图 14.4-96、表 14.4-85。

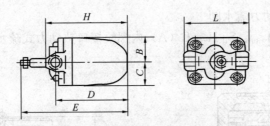

图 14.4-96　$S_{11}gH_{-16}$杠杆浮球式疏水阀

$S_{11}gH_{-16}$杠杆浮球式疏水阀规格　　　　　　　　　　表 14.4-85

公称直径 DN（mm）	管螺纹 G（in）	外形尺寸（mm）						质量（kg）	适用介质	备注
		L	B	C	D	E	H			
15	1/2	120	54	54	148	220	168	4	蒸汽、凝结水	
20	3/4	120	54	54	148	220	168	4		
25	1	120	105	77	200	245	219	6.8		

2. 脉冲式疏水阀

$S_{18}H_{-25}$脉冲式疏水阀规格见图 14.4-97、表 14.4-86。

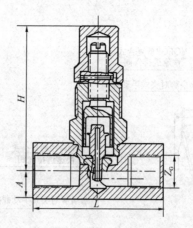

图 14.4-97 $S_{18}H_{-25}$ 脉冲式疏水阀

$S_{18}H_{-25}$ 脉冲式疏水阀规格   表 14.4-86

公称直径	锥管螺纹	外形尺寸 (mm)			质量	适用介质	备注
DN (mm)	Z_G (in)	L	A	H	(kg)		
15	1/2	67	16	84	1.5		
20	3/4	76	22	96	2.5		
25	1	86	26	104	4	≤200℃ 冷凝水	
40	$1\frac{1}{2}$	108	35	137	9		
50	2	120	42	157	13		

3. 内螺纹接口热动力疏水阀

$S_{19}b_0H_{-16}$、$S_{19}bH_{-16}$、$S_{19}H_{-16}C$（A）内螺纹接口热动力式疏水阀规格见图 14.4-98、表 14.4-87。

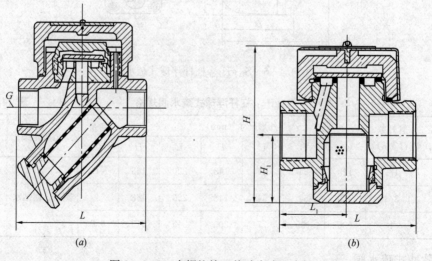

(a)   (b)

图 14.4-98   内螺纹接口热动力式疏水阀
(a) $S_{19}b_0H_{-16}$、$S_{19}bH_{-16}$；(b) $S_{19}H_{-16}C$（A）

内螺纹接口热动力式疏水阀规格 表 **14.4-87**

型号	公称直径 DN (mm)	管螺纹 G (in)	外形尺寸 (mm)				质量 (kg)	适用介质	备注
			L	L_1	H	H_1			
$S_{19}b_0H_{-16}$（备有双金属排空气阀）	15	$1\frac{1}{2}$	90				1.5		
	20	$1\frac{3}{4}$	100				1.8	200℃ 蒸汽、凝结水	
	25	1	120				2.2		
$S_{19}bH_{-16}$	32	$1\frac{1}{4}$	140				3.1		
	40	$1\frac{1}{2}$	150				5.6		
	50	2	170				7.5		
$S_{19}H_{-16}C$ (A)	15		75	37.5	86.5	35	1.23		
	20		82	41	97	42.5	1.32	205℃ 蒸汽、凝结水	
	25		95	47.5	111.5	49.5	1.669		
	40		130	65	142	65	6.9		
	50		140	70	154	72	7.7		

4. 法兰接口热动力式疏水阀

$S_{49}bH_{-16}$、$S_{49}H_{-16}C$ 法兰接口热动力式疏水阀规格见图 14.4-99、表 14.4-88。

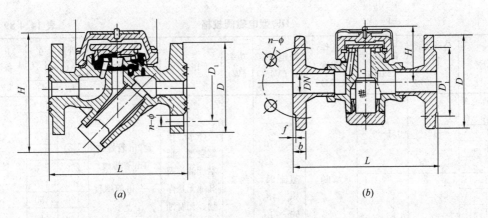

图 14.4-99 法兰接口热动力式疏水阀
(a) $S_{49}bH_{-16}$；(b) $S_{49}H_{-16}C$

法兰接口热动力式疏水阀规格   表 14.4-88

型 号	公称直径 DN (mm)	外形尺寸 (mm)						n-φ (个-直径)	质量 (kg)	适用介质	备注
		D	D_1	f	b	L	H				
$S_{49}bH_{-16}$	15	95	65			140		4-14	3	<200℃ 蒸汽、凝结水	
	20	105	75			160		4-14	3.6		
	25	115	85			180		4-14	4.7		
	40	145	110			220		4-18	9.1		
	50	160	125			240		4-18	12		
$S_{49}H_{-16}C$	15	95	65	2	14	140	55	4-13.5	3.13		
	20	105	75	2	14	160	58	4-13.5	3.70		
	25	115	85	2	14	180	65.5	4-13.5	4.78		
	40	150	110	3	16	220	80.5	4-17.5	10.84		
	50	165	125	3	16	240	85.5	4-17.5	13.62		

5. DF_1 型电磁阀

DF_1 型电磁阀规格见图 14.4-100、表 14.4-89。

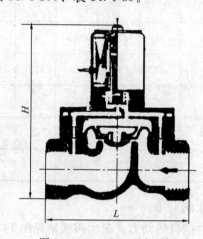

图 14.4-100 DF_1 型电磁阀

DF_1 型电磁阀规格   表 14.4-89

型 号	公称直径 DN (mm)	工作压力 (MPa)	工作温度 (℃)	额定电压 (V)	功率 (W)	工作介质	连接方式	外形尺寸 (mm)		备注
								L	H	
$ZCT_{-15}A$	15	0.1~0.8	≤60	交流 24、36、110、127、220	约 15	净水、压缩空气、低黏度油类及其他无悬浮物、无腐蚀性气、液体	1/2in 管螺纹 1in 管螺纹 $1\frac{1}{2}$in 管螺纹 法兰 4 孔	100	140	
$ZCT_{-25}A$								120	150	
$ZCT_{-40}A$								150	175	
$ZCT_{-50}A$								200	210	
$ZCT_{-75}A$								250	270	
$ZCT_{-1}D$		0.01~0.3		直流 24、36、48、60、110、220				100	140	
$ZCT_{-2}D$								120	150	
$ZCT_{-3}D$								150	175	
$ZCT_{-4}D$								200	210	
$ZCT_{-5}D$								250	270	

14.4.18 旋流防止器

吸水水箱利用水泵抽水或高位水箱利用重力自流供水的过程中，当水位下降至一定高度时，液面会出现旋涡，空气随液面旋涡进入水泵或管网系统。气体与空气混合所产生的气泡会损坏水泵零部件和管网配件。

安装旋流防止器后，从直接吸水方式改变为四周环形吸水方式，并且增大了吸水口的面积，这样大大降低了吸水口的流速，使产生液面旋涡的水位下降，增大了水箱的有限利用容积。

1. 高效能旋流防止器

YQFX4 高效能旋流防止器规格见图 14.4-101、表 14.4-90，安装示意图见图 14.4-102。

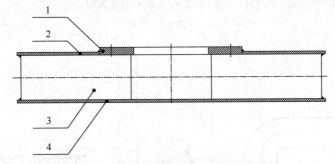

图 14.4-101　YQFX4 高效能旋流防止器

1—法兰；2—顶板；3—肋板；4—底板

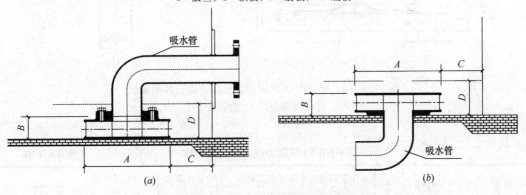

图 14.4-102　YQFX4 高效能旋流防止器安装示意图

(a) 正装图；(b) 倒装图

YQFX4 高效能旋流防止器规格　　　　表 14.4-90

编号	型号	最少安装宽度 A (mm)	最小安装高度 B (mm)	安装最小距离 C (mm)	水位最低位置 D (mm)	法兰尺寸
1	50YQFX4-10/16P	230	94	15	180	
2	65YQFX4-10/16P	230	94	19.5	180	
3	80YQFX4-10/16P	230	94	24	180	
4	100YQFX4-10/16P	420	114	30	200	
5	150YQFX4-10/16P	620	116	45	200	
6	200YQFX4-10/16P	820	166	60	250	《整体铸铁法兰》GB/T 17241.6
7	250YQFX4-10/16P	1020	216	75	300	
8	300YQFX4-10/16P	1220	216	90	300	
9	350YQFX4-10/16P	1220	316	105	400	
10	400YQFX4-10/16P	1220	320	120	400	
11	450YQFX4-10/16P	1350	370	135	450	
12	500YQFX4-10/16P	1350	370	150	450	

2. 低阻力旋流防止器

YQDFX4 低阻力旋流防止器规格见图 14.4-103、表 14.4-91，安装示意图见图 14.4-104。

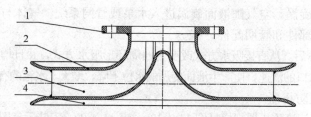

图 14.4-103　YQDFX4 低阻力旋流防止器
1—法兰；2—顶板；3—肋板；4—底板

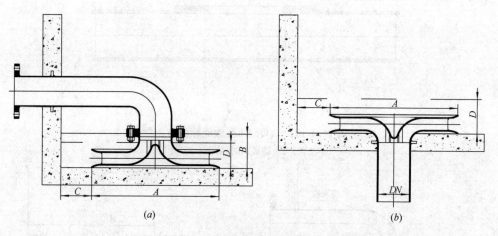

(a)　　　　　　　　　　　　(b)

图 14.4-104　YQDFX4 低阻力旋流防止器安装示意图
(a) 正装图；(b) 倒装图

YQDFX4 低阻力旋流防止器规格　　　　　　　　　　表 14.4-91

编号	型号	最少安装宽度 A (mm)	最小安装高度 B (mm)	安装最小距离 C (mm)	水位最低位置 D (mm)	法兰尺寸
1	50YQDFX4-10/16P	220	154	15	144	
2	65YQDFX4-10/16P	220	154	19.5	144	
3	80YQDFX4-10/16P	220	154	24	144	
4	100YQDFX4-10/16P	423	174	30	154	
5	150YQDFX4-10/16P	623	199	45	179	
6	200YQDFX4-10/16P	827	221	60	201	《整体铸铁法兰》
7	250YQDFX4-10/16P	1030	250	75	230	GB/T 17241.6
8	300YQDFX4-10/16P	1232	275	90	255	
9	350YQDFX4-10/16P	1232	311	105	291	
10	400YQDFX4-10/16P	1232	311	120	291	
11	450YQDFX4-10/16P	1232	329	135	309	
12	500YQDFX4-10/16P	1232	329	150	309	

14.4.19 过滤器

过滤器是一种依靠流体动能作为驱动力，以滤网作为阻隔器件，用以隔离夹杂在流体中大于滤网孔几何尺寸的块状物的装置。根据不同的流道形状，可分为 Y 形和角式 T 形两种结构形式。根据不同的连接形式，可分为法兰连接和螺纹连接等多种连接形式。管道公称尺寸大于 DN50 采用法兰连接、小于 DN50 通常采用螺纹连接。

选用提示：

（1）具有结构简单、维护简便的特点；

（2）具有宽体腔、大流量、过滤网面积大的特点；

（3）Y 形流道比 T 形流道压力损失小；

（4）产品主要用于管道系统中的泵、流量计和特种阀前，以隔断流体中的杂质，保护泵、流量计和特种阀安全运行。

1. 大流量 Y 形过滤器

YQIW41 大流量 Y 形过滤器的规格见图 14.4-105、表 14.4-92、表 14.4-93。

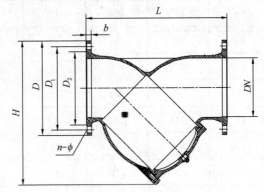

图 14.4-105　YQIW41 大流量 Y 形过滤器

YQIW41-10Q、YQIW41-16Q 大流量 Y 形过滤器规格　　　　表 14.4-92

公称直径 DN（mm）	外形尺寸（mm）							n-φ（个-直径）		质量（kg）
	D	D_1		b	D_2	L	H	PN10	PN16	
		PN10	PN16							
40	150	110		19	84	180	198	4-19		7
50	165	125		19	99	200	218	4-19		8.5
65	185	145		19	118	240	243	4-19		11.5
80	200	160		19	132	260	272	8-19		14.5
100	220	180		19	156	300	316	8-19		19
125	250	210		19	184	350	360	8-19		26
150	285	240		19	211	400	410	8-23		35
200	340	295		20	266	500	510	8-23	12-23	57
250	405	350	355	22	310	600	615	12-23	12-28	90
300	460	400	410	24.5	370	700	722	12-23	12-28	130
350	520	460	470	26.5	429	800	825	16-23	16-28	178
400	580	515	525	28	482	900	942	16-28	16-31	273

YQIW41-25Q 大流量 Y 形过滤器规格　　表 14.4-93

公称直径 DN (mm)	外形尺寸 (mm)						n-φ (个-直径)	质量 (kg)
	D	D_1	b	D_2	L	H		
40	150	110	19	84	180	198	4-19	7
50	165	125	19	99	200	218	4-19	8.5
65	185	145	19	118	240	243	8-19	11.5
80	200	160	19	132	260	272	8-19	14.5
100	235	190	19	156	300	316	8-23	19
125	270	220	19	184	350	360	8-28	26
150	300	250	20	211	400	410	8-28	35
200	360	310	22	274	500	510	12-28	57
250	425	370	24.5	330	600	615	12-31	90
300	485	430	27.5	389	700	722	16-31	130
350	555	490	30	448	800	825	16-34	178
400	620	550	32	503	900	942	16-37	273

2. 角式 T 形过滤器

YQT44-10Q、YQT44-16Q 角式 T 形过滤器规格见图 14.4-106、表 14.4-94。

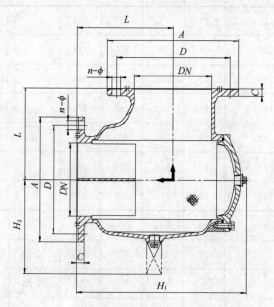

图 14.4-106　YQT44-10Q、YQT44-16Q 角式 T 形过滤器

YQT44-10Q、YQT44-16Q 角式 T 形过滤器规格　　　　表 14.4-94

公称直径 DN（mm）	外形尺寸（mm）							n-φ（个-直径）	
	A	D		C	L	H_1	H_2	PN10	PN16
		PN10	PN16						
80	200	160		19	131	245	201	8-19	
100	220	180		19	146	300	212	8-19	
125	250	210		19	178	350	240	8-19	
150	285	240		19	203	410	260	8-23	
200	340	295		20	248	500	301	8-23	12-23
250	405	350	355	22	311	630	342	12-23	12-28
300	460	400	410	24.5	350	700	420	12-23	12-28
350	520	460	470	26.5	394	800	460	16-23	16-28
400	580	515	525	28	457	920	500	16-28	16-31
450	640	565	585	30	483	1030	630	20-28	20-31
500	715	620	650	31.5	575	1150	700	20-28	20-34

14.4.20　吸气阀

　　吸气阀应适应－20～＋60℃的温度范围，且有良好的自由空气流动空间，在其进气部分要有防蚊虫装置；禁止安装在有暖通空调的供应、回程气压波动和非正常大气压的地方。不得在居室或有重度油烟的环境里使用。

　　(1) 安装在易于接近，又不易被人为损坏的地方，以便在管道中发生堵塞时的清理和维护工作；

　　(2) 垂直安装，垂直度不超过 5°；

　　(3) 在排水支管上时，其吸气阀进气口与排水管上部间距不小于 100mm；在立管顶部时，保持吸气阀进气口与吊顶板距离不小于 150mm 空间或以最高卫生器具溢流口为准不小于 150mm 的立管上；

　　(4) 不得低于卫生器具溢流口 1m 以下安装；

　　(5) 吸气阀与过渡接头宜采用螺纹接口、橡胶密封或卡箍等可拆卸的方式连接，不宜采用与排水管永久性连接或直接粘接。

　　吸气阀必须符合《建筑排水系统吸气阀》CJ 202；欧洲标准《排水系统用吸气阀　要求、试验方法和合格评定》BSEN 12380；美国标准《用于卫生排水系统立管吸气阀（AAV'S）性能要求》ASSE 1050；美国标准《用于卫生排水系统独立与支管吸气阀（AAV'S）性能要求》ASSE 1051；澳洲标准《用于卫生排水管道和排水系统的吸气阀（AAV）ASNZ 4936》；美国国家卫生基金会/美国国家标准《塑料管道系统设施》NSF/ANSZ 14。

　　在排水系统闭水试验完成后安装。

　　优化单立管保护水封平衡正负压配件规格见图 14.4-107、表 14.4-95。

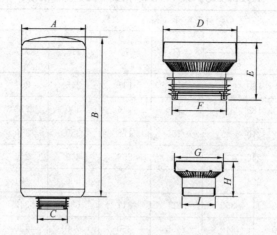

图 14.4-107　优化单立管保护水封平衡正负压配件

优化单立管保护水封平衡正负压配件规格　　　　表 14.4-95

型号及名称	标识	尺寸（mm）	备注	质量	适用介质	备注
正压缓减器	A	直径 200				
	B	652		3.3kg		
	C	DN90	有配套接环连接 DN75、DN110 管径，3in 螺纹		工业、商业、住宅、楼宇重力排水系统，无腐蚀性、无加压排水系统 －40～60℃工作温度	
大型吸气阀	D	直径 126				
	E	131		285g		
	F	DN90	有配套接环连接 DN75、DN110 管径，3in 螺纹			
小型吸气阀	G	70				
	H	67		67g		
	I	DN40	$1\frac{1}{2}$in 螺纹有配套接环连接 DN32、DN40、DN63 管径			

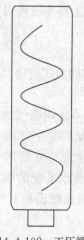

图 14.4-108　正压缓减器设计符号

1. 正压缓减器

连接立管上使立管内正压瞬间气压波动减缓的特殊管件称为正压缓减器，其必须符合国际认可标准。

标准 1：AS/NZ 3500.2.2003/Amdt1/2005-11-10

标准 2：ASSE 1030—2013

必须经国际鉴定机构认可：中国 CNAS，中国香港 HOKLAS，欧洲 DIN，美国 NSF，澳洲 Watermark。

设计符号见图 14.4-108。

每个正压缓减器处理瞬间正压不能超过 5 层楼板的间隔，必须放置在瞬间流发生源地与要保护的设施之间方有效。正压缓减器安装指南见表 14.4-96。

正压缓减器安装指南　　　　　　　　　表 14.4-96

高于立管底部或水平位移段的楼层数	正压缓减器位置
5~10	1 个在底部
11~15	1 个在底部，1 个在中部，1 个在顶部 *
16~25	1 个在底部，第 5 层安一个，在余下的层数中部安一个
26~50	底部连续搭接 2 个，25 层下每隔 5 层安 1 个，超过 25 层每隔 10 层安 1 个
51 层以上及特殊情况	咨询生产商

* 立管有转弯的位置上面需要安装一个。

2. 气压平衡阀

管件内部设置单向气阀，在立管和支管排水时当场及时补气平衡管道气压，保护排水系统上的水封。按体积分为大气压平衡阀（用于立管）和小气压平衡阀（用于支管），简称平衡阀、气阀、吸气阀。

必须符合国际认可标准 ASSE 1050，ASSE 1051，BS EN 12038。

气压平衡阀结合存水弯洁具必须符合 AS 2888.8—2002。

必须经国际鉴定机构认可：中国 CNAS，中国香港 HOKLAS，欧洲 DIN，美国 NSF，澳洲 Watermark。

设计符号见图 14.4-109。

3. 特殊管材

气压平衡阀、吸气阀必须符合现行行业标准《建筑排水系统吸气阀》CJ 202 的规定。管径、吸气量要求见表 14.4-97。

图 14.4-109　吸气阀设计符号

管径、吸气量要求　　　　　　　　　表 14.4-97

排水管公称直径 DN（mm）	最小吸气量（L/s）
50	4
75	16
90	22
110	32

14.4.21　真空破坏器

1. 真空破坏器的设置

（1）从小区或建筑物内的生活饮用水管道上直接接出下列管道时，应在这些用水管道上设置真空破坏器。

1）当游泳池、水上游乐池、按摩池、水景池、循环冷却水集水池等的充水或补水管道出口与溢流水位之间的空气间隙小于出口管径的 2.5 倍时，在其充（补）水管道上安装破真空阀。

2）不含有化学药剂的绿地喷灌系统，当喷头为地下式或自动升降式时，在其引水管起端安装破真空阀。

3）消防（软管）卷盘；

4）出口接软管的冲洗水嘴与给水管道的连接处。

（2）在供水立管顶端应设置真空破坏器和排气阀。

2. 真空破坏器的选用

真空破坏器仅适用于防止虹吸回流场所。

（1）大气型真空破坏器，适用于其下游管道上不设置可关断阀门且出口无回压可能的场所。宜选用单进气型真空破坏器。

（2）压力型真空破坏器，适用于下游设置了可关断阀门的管道。宜选用出口止回型真空破坏器，或采用单进气型真空破坏器与下游管道止回阀配合形式。立管顶部宜选用单进气型真空破坏器和排气阀组合型。

（3）软管型真空破坏器，适用于下游专门连接软管且可能产生虹吸回流和低背压回流的场所，应选用进口止回型真空破坏器。

3. 真空破坏器的安装

（1）真空破坏器的进气口应向下。

（2）真空破坏器应安装在管道的顶端，大气型真空破坏器应高出出水口最高溢流水位 150mm 以上；压力型真空破坏器应高出出水口最高溢流水位 300mm 以上。

（3）软管型真空破坏器应设置在距地面 1000mm 以上；用于固定器具的（澡盆或洗衣机），应高出其最高溢流水位 150mm 以上。

（4）有冻结可能时，其进水管的最低位置宜设置放空泄水阀。

（5）设有排气阀时，真空破坏器应设置在排气阀的下侧。

（6）在真空破坏器的设置场所应有可靠的地面排水措施。

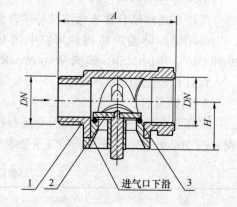

图 14.4-110　水平直通大气型真空破坏器
1—壳体（铜）；2—进气阀瓣（铜）；
3—密封圈（橡胶）

4. 真空破坏器的结构及尺寸

（1）水平直通大气型真空破坏器

水平直通大气型真空破坏器规格见图 14.4-110、表 14.4-98。

水平直通大气型真空破坏器规格　　　　　表 14.4-98

型号	公称直径 DN（mm）	外形尺寸（mm）		质量（kg）
		A	H	
VV-HF	15	55	21	0.2
	20	76	35	0.4
	25	96	38	0.5

（2）水平直通压力型真空破坏器

水平直通压力型真空破坏器规格见图 14.4-111、表 14.4-99。

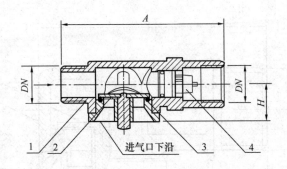

图 14.4-111 水平直通压力型真空破坏器

1—壳体（铜或不锈钢）；2—进气阀瓣（铜）；3—密封圈（橡胶）；

4—止回阀（塑料、不锈钢、橡胶）

水平直通压力型真空破坏器规格　　　　　　　　　　表 14.4-99

型号	公称直径 DN（mm）	外形尺寸（mm）		质量（kg）
		A	H	
	15	71	21	0.2
VV-HFB	20	87	35	0.5
	25	111	38	0.7

（3）管顶大气型真空破坏器

管顶大气型真空破坏器规格见图 14.4-112、图 14.4-113、表 14.4-100、表 14.4-101。

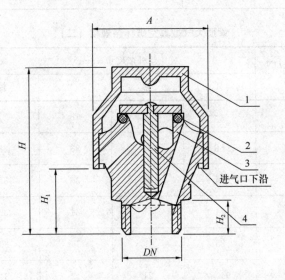

图 14.4-112 管顶大气型真空破坏器（一）

1—壳体（铜）；2—密封圈（橡胶）；3—阀座（铜）；4—托杆（铜）

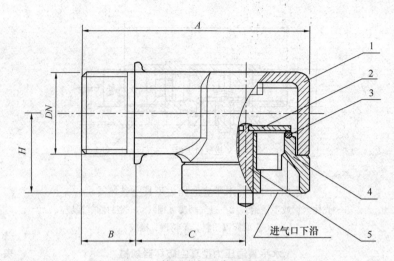

图 14.4-113　管顶大气型真空破坏器（二）

1—壳体（铜）；2—进气阀瓣（铜）；3—密封圈（橡胶）；4—阀座（铜）；5—托杆（铜）

管顶大气型真空破坏器规格（一）　　　　　　　　　表 14.4-100

型号	公称直径 DN (mm)	外形尺寸（mm）				质量 (kg)
		A	H	H_1	H_2	
	15	41.5	48	20	11	0.2
VV-VT	20	56	67	30	13	0.5
	25	64	78	35	15	0.8

管顶大气型真空破坏器规格（二）　　　　　　　　　表 14.4-101

型号	公称直径 DN (mm)	外形尺寸（mm）				质量 (kg)
		A	B	C	H	
	15	43	10	18	31	0.1
	20	68	15	33	28	0.3
VV-HT	25	74	17	34	32	0.4
	32	74	17	34	30	0.5
	40	85	19	38	30	0.7
	50	94.5	21	43	34	1.0

（4）软管型真空破坏器

软管型真空破坏器规格见图 14.4-114、表 14.4-102。

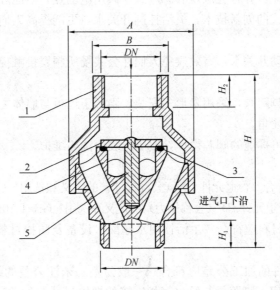

图 14.4-114 软管型真空破坏器
1—壳体（铜）；2—进气阀瓣（铜）；3—密封圈（橡胶）；
4—阀座（铜）；5—托杆（铜）

软管型真空破坏器规格　　　　　　表 14.4-102

型号	公称直径 DN (mm)	外形尺寸（mm）					质量 (kg)
		A	B	H	H_1	H_2	
	15	41.5	24	58	11	12	0.2
VV-VF	20	56	31	81	13	14	0.5
	25	64	40	89	15	16	0.8

14.4.22 液压脚踏延时冲洗阀

液压脚踏延时冲洗阀巧用自来水自身压力，以物理压差原理，脚踏控制开关水。以脚代替手动开关水，有效避免人们在公共场所频繁接触控制开关，造成细菌交叉感染而引发的疾病，从源头上保障双手清洁安全，为您带来轻松的洁净健康生活。整体结构美观大气，造型精简，可拆洗的阀芯设计，便于拆装清洗与维护。是目前国内外公共场所预防交叉感染、节能、节水最理想的节水洁具。产品按安装方式不同，分为明装脚踏阀和暗装脚踏阀两种；按使用场所不同，分为脚踏水龙头、脚踏小便阀、脚踏蹲便阀和脚踏淋浴阀4种。

1. 特点

（1）巧用自来水自身压力，以物理压差原理控制开关水，能有效减小零件之间的磨损，增加产品使用寿命。并且克服现有感应式水阀用电弱点，节能环保。

（2）以液压脚踏式的创新技术，灵活控制开关水，更能提高人们的节水意识，合理使用水资源。

（3）以脚代替手动开关水，有效避免人们在公共场所频繁接触控制开关，造成细菌交叉感染而引发的疾病。

（4）暗装款式的脚踏阀，采用隐形式安装，隐形于地板与墙体之内，质感高档，占地空间小，无任何卫生死角。

（5）造型精简，可拆洗的阀芯设计，便于拆装清洗与维护。

2. 执行标准

产品公称尺寸应符合《管道元件 DN（公称尺寸）的定义和选用》GB/T 1047 的规定，产品公称压力应符合《管道元件 PN（公称压力）的定义和选用》GB/T 1048 的规定。

与水接触的制造材料应符合《生活饮用水输配水设备及防护材料的安全性评价标准》GB/T 17219 的规定。

脚踏阀零件、部件的加工公差应符合《一般公差　未注公差的线性和角度尺寸的公差》GB/T 1804 的规定。脚踏阀与给水管相连接的螺纹尺寸及误差应符合《55°密封管螺纹　第1部分：圆柱内螺纹与圆锥外螺纹》GB/T 7306.1 或《55°密封管螺纹　第2部分：圆锥内螺纹与圆锥外螺纹》GB/T 7306.2 的规定。

脚踏阀金属基体上的金属覆盖层应符合《金属基体上金属和其他无机覆盖层　经腐蚀试验后的试样和试件的评级》GB/T 6461 中 10 级的规定。脚踏阀塑料基体上的金属覆盖层要求达到《金属覆盖层塑料上镍＋铬电镀层》GB/T 12600 使用条件号 3 的规定。脚踏阀表面涂覆的防腐层应符合《色漆和清漆　漆膜的划格试验》GB/T 9286 中 2 级的规定。

明装卧式液压脚踏延时冲洗阀规格见图 14.4-115、表 14.4-103。

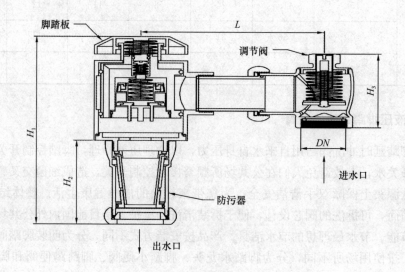

图 14.4-115　明装卧式液压脚踏延时冲洗阀

明装卧式液压脚踏延时冲洗阀规格（mm）　　　表 14.4-103

进水口径 DN	阀体总高 H_1	防污器高度 H_2	调节阀高度 H_3	进出水口间距 L_1	备注
20	152	62	70	116～132	
25	152	62	70	116～132	

明装角式液压脚踏延时冲洗阀规格见图 14.4-116、表 14.4-104。

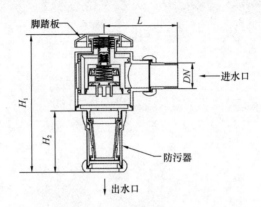

图 14.4-116　明装角式液压脚踏延时冲洗阀

明装角式液压脚踏延时冲洗阀规格（mm）　　　表 14.4-104

进水口径 DN	阀体总高 H_1	防污器高度 H_2	进水口距离 L	备注
20	152	62	82	
25	152	62	82	

环保型暗装液压脚踏延时冲洗阀规格见图 14.4-117、表 14.4-105。

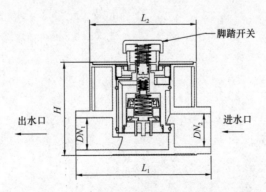

图 14.4-117　环保型暗装液压脚踏延时冲洗阀

环保型暗装液压脚踏延时冲洗阀规格（mm）　　表 14.4-105

进水口径 DN_1	出水口径 DN_2	阀体高度 H	阀体长度 L_1	阀体长度 L_2	备注
15	15	93	150	112	
25	25	93	150	112	

第15章 常 用 水 泵

15.1 给水泵

15.1.1 IS型单级单吸离心泵

1. 说明

IS型单级单吸清水离心泵，是根据国际标准ISO 2825所规定的性能和尺寸设计的，本系列共29个品种，其性能参数与BA型或B型老产品可比的有14种，其效率平均提高3.67%。

它适用于输送清水或物理、化学性质类似于清水的其他液体，其温度不高于80℃。其性能范围：流量Q：6.3~400m³/h；扬程H：5~125m。

2. 型号意义

例 IS80—65—160

IS——国际标准单级单吸清水离心泵；

80——泵入口直径（mm）；

65——泵出口直径（mm）；

160——泵叶轮名义直径（mm）。

3. 技术参数（图15.1-1、表15.1-1）

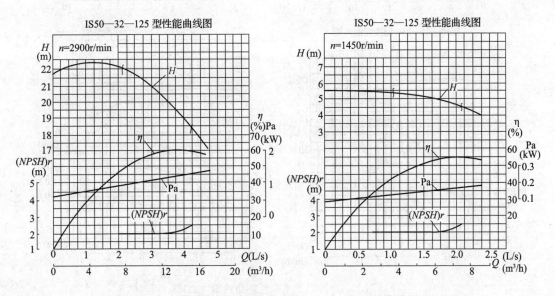

图 15.1-1 IS型水泵性能曲线图（一）（共50种曲线图）

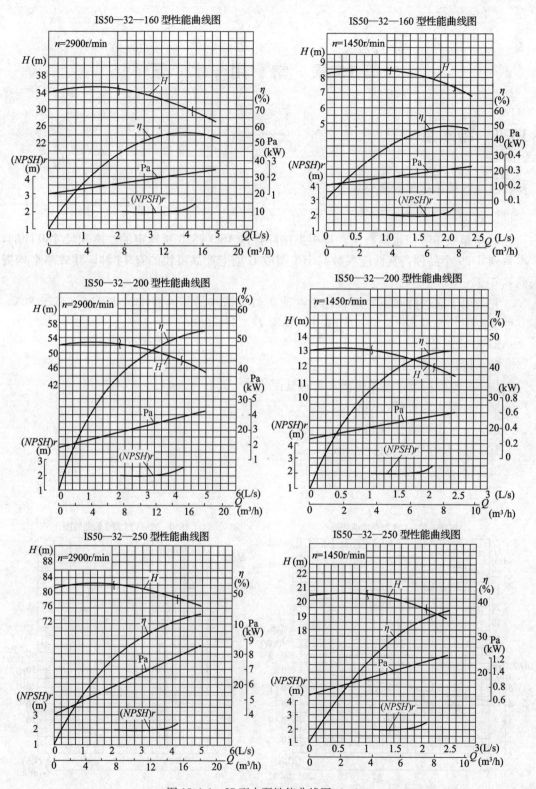

图 15.1-1 IS 型水泵性能曲线图（二）

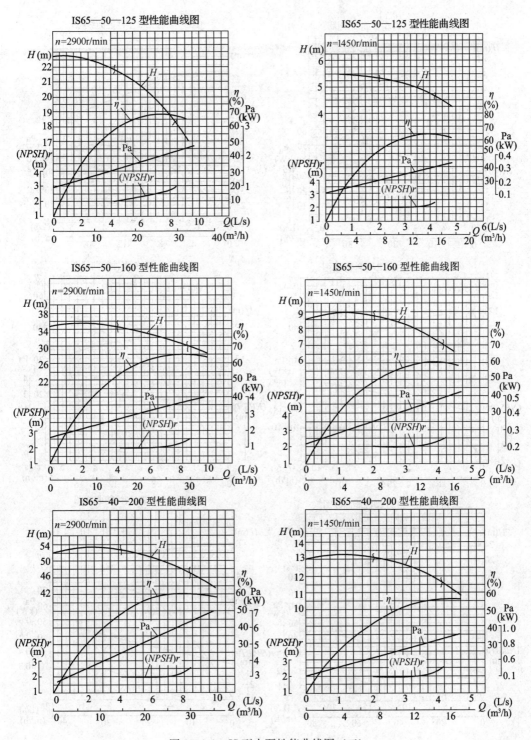

图 15.1-1　IS 型水泵性能曲线图（三）

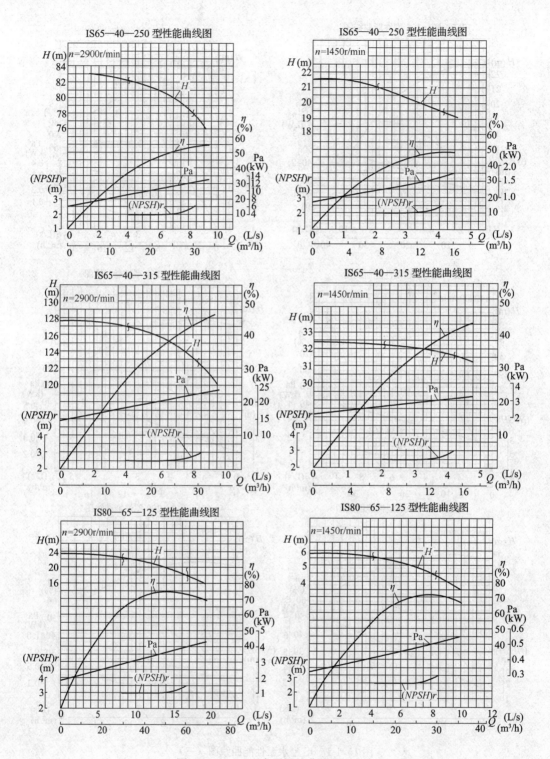

图 15.1-1 IS 型水泵性能曲线图（四）

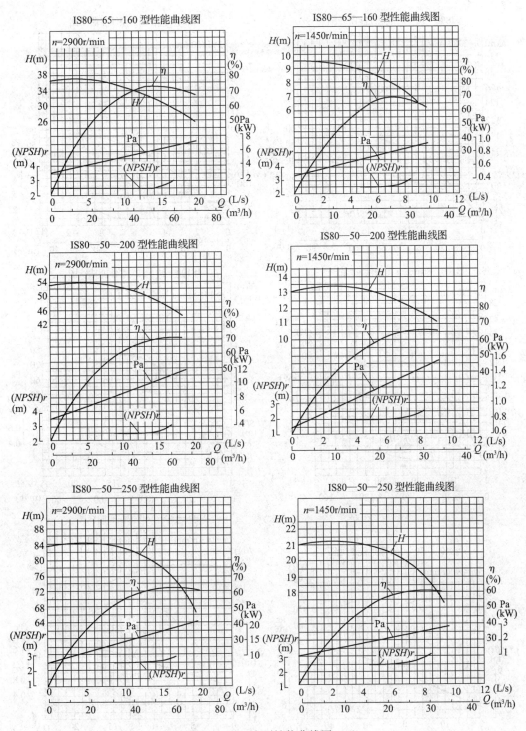

图 15.1-1　IS 型水泵性能曲线图（五）

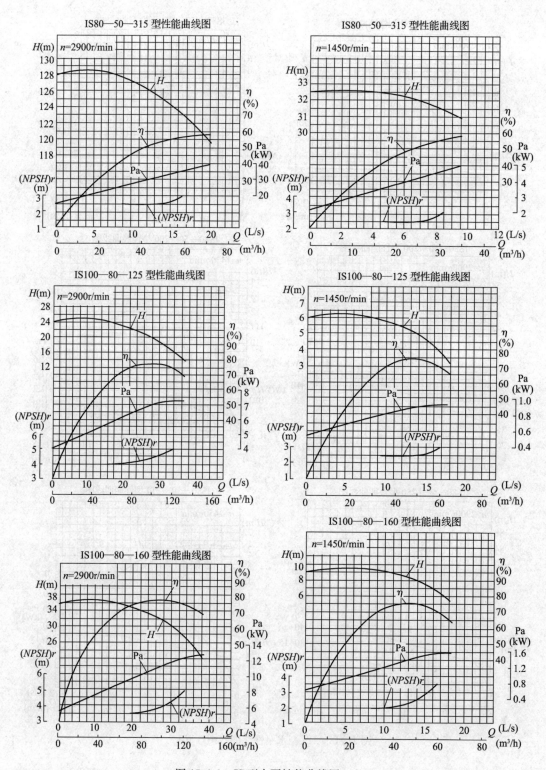

图 15.1-1　IS 型水泵性能曲线图（六）

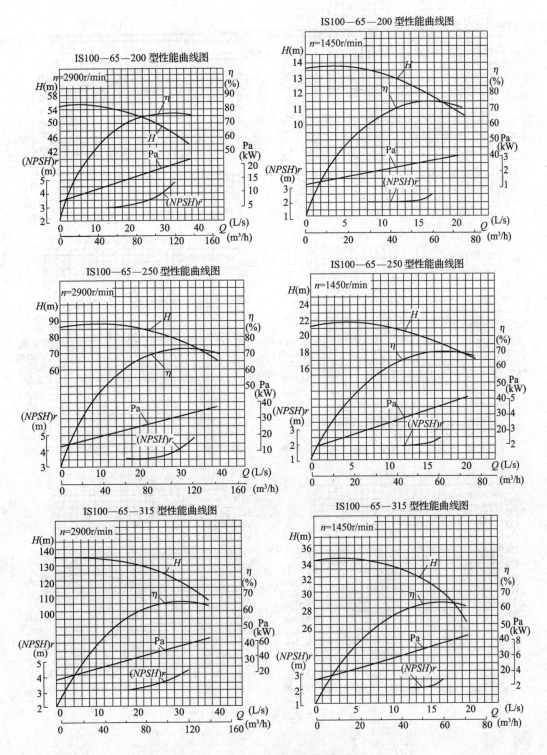

图 15.1-1 IS 型水泵性能曲线图（七）

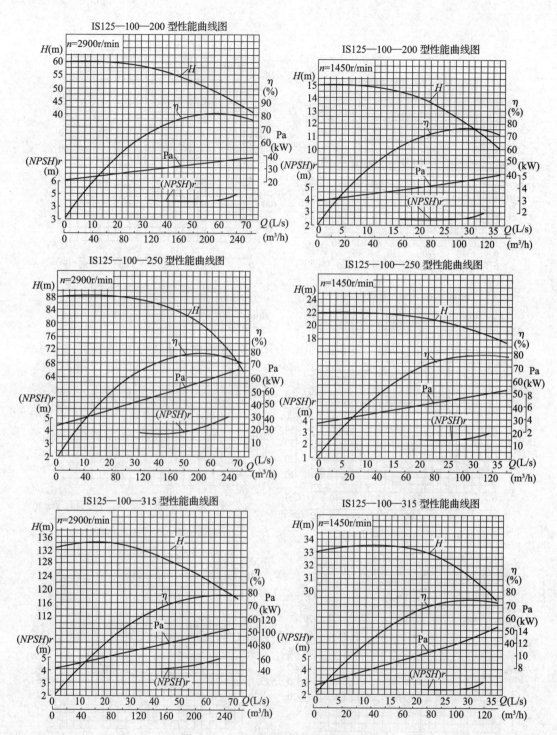

图 15.1-1　IS 型水泵性能曲线图（八）

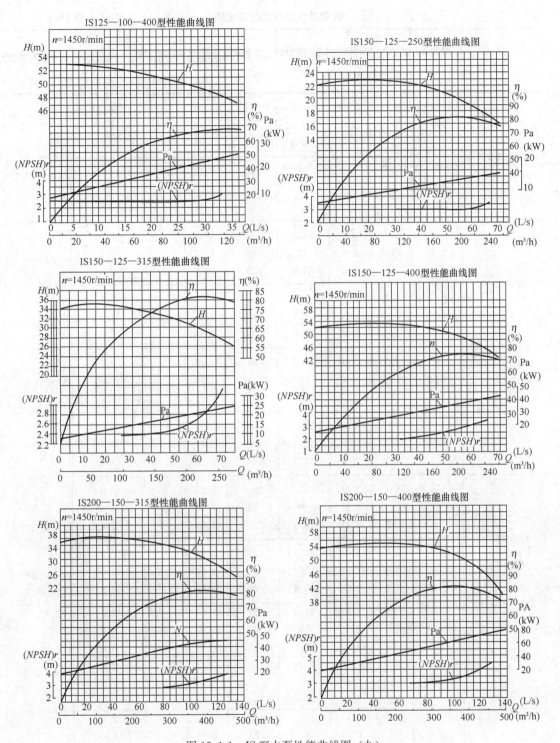

图 15.1-1 IS 型水泵性能曲线图（九）

IS 型单级单吸离心泵性能 表 15.1-1

型号	转速 n (r/min)	流量 Q		扬程 H (m)	效率 η (%)	功率 (kW)		必须气蚀余量 $(NPSH)_r$ (m)	泵重 (kg)
		(m³/h)	(L/s)			轴功率 (Pa)	电机功率		
IS50-32-125	2900	7.5	2.08	22	47	0.96		2.0	35
		12.5	3.47	20	60	0.13	2.2	2.0	
		15	4.17	18.5	60	1.26		2.5	
	1450	3.75	1.04	5.4	43	0.13		2.0	
		6.3	1.74	5	54	0.16	0.55	2.0	
		7.5	2.08	4.6	55	0.17		2.5	
IS50-32-160	2900	7.5	2.08	34.3	44	1.59		2.0	46
		12.5	3.47	32	54	2.02	3	2.0	
		15	4.17	29.6	56	2.16		2.5	
	1450	3.75	1.04	8.5	35	0.25		2.0	
		6.3	1.74	8	48	0.29	0.55	2.0	
		7.5	2.08	7.5	49	0.31		2.5	
IS50-32-200	2900	7.5	2.08	52.5	38	2.82		2.0	50
		12.5	3.47	50	48	3.54	5.5	2.0	
		15	4.17	48	51	3.95		2.5	
	1450	3.75	1.04	13.1	33	0.41		2.0	
		6.3	1.74	12.5	42	0.51	0.75	2.0	
		7.5	2.08	12	44	0.56		2.5	
IS50-32-250	2900	7.5	2.08	82	28.5	5.87		2.0	79
		12.5	3.47	80	38	7.16	11	2.0	
		15	4.17	78.5	41	7.83		2.5	
	1450	3.75	1.04	20.5	23	0.91		2.0	
		6.3	1.74	20	32	1.07	1.5	2.0	
		7.5	2.08	19.5	35	1.14		2.5	
IS65-50-125	2900	15	4.17	21.8	58	1.54		2.0	35
		25	6.94	20	69	1.97	3	2.5	
		30	8.33	18.5	68	2.22		3.0	
	1450	7.5	2.08	5.35	53	0.21		2.0	
		12.5	3.47	5	64	0.27	0.55	2.0	
		15	4.17	4.7	65	0.30		2.5	
IS65-50-160	2900	15	4.17	35	54	2.65		2.0	40
		25	6.94	32	65	3.35	5.5	2.0	
		30	8.33	30	66	3.71		2.5	
	1450	7.5	2.08	8.8	50	0.36		2.0	
		12.5	3.47	8.0	60	0.45	0.75	2.0	
		15	4.17	7.2	60	0.49		2.5	

续表

型号	转速 n (r/min)	流量 Q		扬程 H (m)	效率 η (%)	功率 (kW)		必须气蚀余量 $(NPSH)_r$ (m)	泵重 (kg)
		(m³/h)	(L/s)			轴功率 (Pa)	电机功率		
IS65-40-200	2900	15	4.17	53	49	4.42	7.5	2.0	48
		25	6.94	50	60	5.67		2.0	
		30	8.33	47	61	6.29		2.5	
	1450	7.5	2.08	13.2	43	0.63	1.1	2.0	
		12.5	3.47	12.5	55	0.77		2.0	
		15	4.17	14.8	57	0.85		2.5	
IS65-40-250	2900	15	4.17	82	37	9.05	15	2.0	82
		25	6.94	80	50	10.89		2.0	
		30	8.33	78	53	12.02		2.5	
	1450	7.5	2.08	21	35	1.23	2.2	2.0	
		12.5	3.47	20	46	1.48		2.0	
		15	4.17	19.4	48	1.65		2.5	
IS65-40-315	2900	15	4.17	127	28	18.5	30	2.5	90
		25	6.94	125	40	21.3		2.5	
		30	8.33	123	44	22.8		3.0	
	1450	7.5	2.08	32.3	25	2.63	4	2.5	
		12.5	3.47	32.0	37	2.94		2.5	
		15	4.17	31.7	41	3.16		3.0	
IS80-65-125	2900	30	8.33	22.5	64	2.87	5.5	3.0	44
		50	13.9	20	75	3.63		3.0	
		60	16.7	18	74	3.98		3.5	
	1450	15	4.17	5.6	55	0.42	0.75	2.5	
		25	6.94	5	71	0.48		2.5	
		30	8.33	4.5	72	0.51		3.0	
IS80-65-160	2900	30	8.33	36	61	4.82	7.5	2.5	43
		50	13.9	32	73	5.97		2.5	
		60	16.7	29	72	6.59		3.0	
	1450	15	4.17	9	55	0.67	1.5	2.5	
		25	6.94	8	69	0.79		2.5	
		30	8.33	7.2	68	0.86		3.0	
IS80-50-200	2900	30	8.33	53	55	7.87	15	2.5	51
		50	13.9	50	69	9.87		2.5	
		60	16.7	47	71	10.8		3.0	
	1450	15	4.17	13.2	51	1.06	2.2	2.5	
		25	6.94	12.5	65	1.31		2.5	
		30	8.33	11.8	67	1.44		3.0	

续表

型号	转速 n (r/min)	流量 Q		扬程 H (m)	效率 η (%)	功率（kW）		必须气蚀余量 $(NPSH)_r$ (m)	泵重 (kg)
		(m³/h)	(L/s)			轴功率 (Pa)	电机功率		
IS80-50-250	2900	30	8.33	84	52	13.2		2.5	87
		50	13.9	80	63	17.3	22	2.5	
		60	16.7	75	64	19.2		3.0	
	1450	15	4.17	21	49	1.75		2.5	
		25	6.94	20	60	2.27	3	2.5	
		30	8.33	18.8	61	2.52		3.0	
IS80-50-315	2900	30	8.33	128	41	25.5		2.5	109
		50	13.9	125	54	31.5	37	2.5	
		60	16.7	123	57	35.3		3.0	
	1450	15	4.17	32.5	39	3.4		2.5	
		25	6.94	32	52	4.19	5.5	2.5	
		30	8.33	31.5	56	4.6		3.0	
IS100-80-125	2900	60	16.7	24	67	5.86		4.0	50
		100	27.8	20	78	7.00	11	4.5	
		120	33.3	16.5	74	7.28		5.0	
	1450	30	8.33	6	64	0.77		2.5	
		50	13.9	5	75	0.91	1.5	2.5	
		60	16.7	4	71	0.92		3.0	
IS100-80-160	2900	60	16.7	36	70	8.42		3.5	82.5
		100	27.8	32	78	11.2	15	4.0	
		120	33.3	28	75	12.2		5.0	
	1450	30	8.33	9.2	67	1.12		2.0	
		50	13.9	8.0	75	1.45	2.2	2.5	
		60	16.7	6.8	71	1.57		3.5	
IS100-65-200	2900	60	16.7	54	65	13.6		3.0	83
		100	27.8	50	76	17.9	22	3.6	
		120	33.3	47	77	19.9		4.8	
	1450	30	8.33	13.5	60	1.84		2.0	
		50	13.9	12.5	73	2.33	4	2.0	
		60	16.7	11.8	74	2.61		2.5	
IS100-65-250	2900	60	16.7	87	61	23.4		3.5	108
		100	27.8	80	72	30.3	37	3.8	
		120	33.3	74.5	73	33.3		4.8	
	1450	30	8.33	21.3	55	3.16		2.0	
		50	13.9	20	68	4.00	5.5	2.0	
		60	16.7	19	70	4.44		2.5	

续表

型号	转速 n (r/min)	流量 Q (m³/h)	流量 Q (L/s)	扬程 H (m)	效率 η (%)	轴功率 (Pa)	电机 功率	必须气蚀余量 (NPSH)ᵣ (m)	泵重 (kg)
IS100-65-315	2900	60	16.7	133	55	39.6		3.0	120
		100	27.8	125	66	51.6	75	3.6	
		120	33.3	118	67	57.5		4.2	
	1450	30	8.33	34	51	5.44		2.0	
		50	13.9	32	63	6.92	11	2.0	
		60	16.7	30	64	7.67		2.5	
IS125-100-200	2900	120	33.3	57.5	67	28.0		4.5	96
		20	55.5	50	81	33.6	45	4.5	
		240	66.7	44.5	80	36.4		5.0	
	1450	60	16.7	14.5	62	3.83		2.5	
		100	27.8	12.5	76	4.48	7.5	2.5	
		120	33.3	11.0	75	4.79		3.0	
IS125-100-250	2900	120	33.3	87	66	43.0		3.8	129
		20	55.5	80	78	55.9	75	4.2	
		240	66.7	72	75	62.8		5.0	
	1450	60	16.7	21.5	63	5.59		2.5	
		100	27.8	20	76	7.17	11	2.5	
		120	33.3	18.5	77	7.84		3.0	
IS125-100-315	2900	120	33.3	132.5	60	72.1		4.0	145
		20	55.5	125	75	90.8	110	4.5	
		240	66.7	120	77	101.9		5.0	
	1450	60	16.7	33.5	58	9.4		2.5	
		100	27.8	32	73	11.9	15	2.5	
		120	33.3	30.5	74	13.5		3.0	
IS125-100-400	1450	60	16.7	52	53	16.1		2.5	201
		100	27.8	50	65	21.0	30	2.5	
		120	33.3	48.5	67	23.6		3.0	
IS150-125-250	1450	120	33.3	22.5	71	10.4		3.0	140
		200	55.6	20	81	13.5	18.5	3.0	
		240	66.7	17.5	78	14.7		3.5	

续表

型号	转速 n (r/min)	流量 Q		扬程 H (m)	效率 η (%)	功率（kW）		必须气蚀余量 $(NPSH)_r$ (m)	泵重 (kg)
		(m³/h)	(L/s)			轴功率 (Pa)	电机功率		
IS150-125-310	1450	120	33.3	34	70	15.86		2.5	188
		200	55.6	32	79	22.08	30	2.5	
		240	66.7	29	80	23.71		3.0	
IS150-125-400	1450	120	33.3	53	62	27.9		2.0	212
		200	55.6	50	75	36.3	45	2.8	
		240	66.7	46	74	40.6		3.5	

IS 型水泵外形和安装尺寸见图 15.1-2、表 15.1-2。

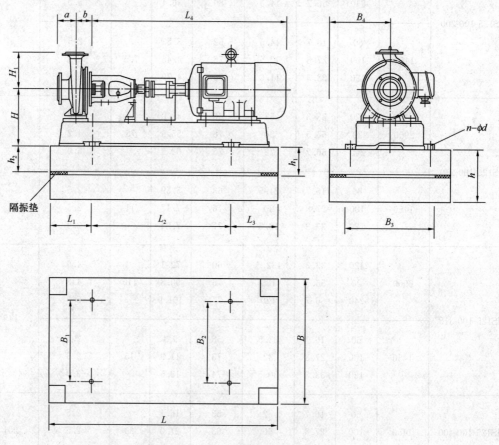

图 15.1-2 IS 型水泵外形和安装尺寸

注：基础尺寸：用于不隔振的为 $L \times B \times h$；用于隔振的为 $L \times B \times h_1$（或 h_2）。

表 15.1-2

IS 型单吸离心泵外形及安装尺寸

泵型号	机座号/功率(kW)	L₁	L₂	L₃	L₄	B₁	B₂	B₃	B₄	H	H₁	a	b	不隔振基础 L	不隔振基础 B	不隔振基础 h	隔振基础 L	隔振基础 B	h₁	h₂	隔振垫型号	n-φd
IS50-30-125	80-4-0.55	200	540	180	700	320	320	360	300	237			70	920	600	220	900	600	145	100	SD42-1	4-φ18.5
	80-2/1.1	200	540	180	700	320	320	360	300	237	140	80	70	920	600							
	90S-2/1.5	200	540	180	725	320	320	360	300	237			70	920	600	200	1000	650	120	100	SD41-1	
	90L-2-2.2	200	600	200	730	350	350	390	315	237			70	1020	630							
IS50-30-160	80-4-0.55	200	540	180	700	320	320	360	300	237			70	920	600	220	900	600	145	100	SD42-1	4-φ18.5
	90-2/1.5	200	540	180	700	320	320	360	300	237	140	80	70	920	600							
	90L-2/2.2	200	600	200	725	350	350	360	300	237			70	920	600	200	1000	650	120	100	SD41-1	
	100L-2/3	200	600	200	730	350	350	390	315	237			70	1020	630							
IS50-32-200	80-4-0.75	200	540	180	700	320	320	360	300	285			70	920	600	280	900	600	145	100	SD42-1	4-φ18.5
	100L-2/3	220	600	200	775	350	350	390	315	285	180	80	90	1020	630							
	112M-2/4	220	600	200	795	350	350	390	315	285			90	1020	630	300	1100	750	195	150	SD42-1.5	4-φ24
	132S₁-2/5.5	240	660	220	850	400	400	450	345	285			110	1020	690							
IS50-32-250	90S-4/1.1	240	660	220	815	400	400	450	345	255			95	1120	690	250	1100	700	195	150	SD42-1.5	
	90L-4/1.5	240	660	220	840	400	400	450	345	255	225	100	95	1120	690							
	132S½-2/5.5	260	740	260	960	440	440	490	365	270			115	1260	730	350	1400	800	195	150	SD42-2.5	4-φ24
	132S₁-2/5.5	275	840	275	1070	490	490	540	390	290			130	1390	780							
IS65-50-125	80-4-0.55	200	540	180	700	320	320	360	300	237			70	920	600	230	900	600	145	100	SD42-1	4-φ18.5
	90L-2/1.5	200	540	180	725	320	320	360	300	237	140	80	70	920	600							
	90L-2-2.2	220	600	200	730	350	350	390	315	237			90	1020	630	230	1000	650	120	100	SD41-1	
	100L-2-3	220	660	200	775	350	350	390	315	237			90	1020	630							
IS65-50-160	80-4-0.75	200	540	180	700	320	320	360	300	257			70	920	600	250	900	600	145	100	SD42-1	4-φ18.5
	100L-2/3	220	600	200	775	350	350	390	315	257	160	80	90	1020	630							
	112M-2/4	220	600	200	795	350	350	390	315	257			90	1020	630	280	1100	700	195	150	SD42-1.5	
	132S₁-2/5.5	240	660	220	850	400	400	450	345	207			110	1120	690							

续表

泵型号	机座号/功率 (kW)	L_1	L_2	L_3	L_4	B_1	B_2	B_3	B_4	H	H_1	a	b	不隔振基础 L	B	h	隔振基础 L	B	h_1	h_2	隔振垫型号	$n-\phi d$
IS65-40-200	80-4/0.55	220	600	200	680	350	350	390	510	285			90	1020	630	250	1000	650	145	100	SD42-1	4-φ18.5
	90S-4/1.1	220	600	200	705	350	350	390	510	285	180	100	90	1020	630	250						
	112M-2/4	220	600	200	795	350	350	390	510	285			90	1020	630	250						
	$132S_2$-2$^{0.55}_{0.75}$	240	660	220	850	400	400	450	560	235			110	1120	690	300	1100	700	195	150	SD42-1.5	4-φ24
IS65-40-250	90S-4/1.1	240	660	220	815	400	400	450	560	255			95	1120	690	240	1100	700	195	150	SD42-1.5	4-φ24
	90L-4/1.5	240	660	220	840	400	400	450	560	255	225		95	1120	690	240						
	10L-4-2.2	240	660	220	885	400	400	450	560	255		100	95	1120	690	240						
	$132S_2$-2/7.5	240	740	260	960	440	440	490	630	270			115	1260	730	350	1400	800	195	150	SD42/2.5	
	$160M$-2$^{11}_{15}$	275	840	275	1070	490	490	540	695	290			130	1390	780	350						
IS65-40-315	$100L$-4$^{2.2}_{3}$	260	740	260	885	440	440	490	630	290	250		95	1260	730	300	1200	750	195	150	SD42-2	4-φ24
	112M-4/4	260	740	260	870	440	440	490	630	290	250		95	1260	730	300						
	160L-2/18.5	275	840	275	1115	490	490	540	695	290	270	125	130	1390	780	300						
	180M-2/22	275	840	275	1140	490	490	540	695	290	270		130	1390	780	300						
	200L-2/30	300	940	280	1220	550	550	610	760	330	250		155	1520	850	400	1500	850	195	150	SD42/3	4-φ28
IS80-65-125	804-/0.75	200	540	180	700	320	320	360	460	257			70	920	600	250	900	600	145	100	SD42-1	4-φ18.5
	100L-2/3	220	600	200	775	350	350	390	510	257	160		90	1020	630	250						
	112M-2/4	220	600	200	795	350	350	390	510	257		100	90	1020	630	250						
	$132S_1$-2/5.5	240	660	220	840	400	400	450	560	207			110	1120	690	280	1100	700	195	150	SD42-1.5	4-φ24
IS80/65-160	80-4-0.75	220	600	200	680	350	350	390	510	285			90	1020	630	250	1000	650	145	100	SD42-1	4-φ18.5
	90S-4/1.1	220	600	200	705	350	350	390	510	285	180		90	1020	630	250						
	90L-4/1.5	220	600	200	730	350	350	390	510	285			90	1020	630	250						
	112M-2/4	220	600	200	795	350	350	390	510	285		100	90	1020	630	250						
	$132S$-2$^{0.55}_{0.75}$	240	660	220	850	400	400	450	560	235			110	1120	690	300	1100	700	195	150	SD42-1.5	4-φ24

续表

泵型号	机座号/功率 (kW)	L_1	L_2	L_3	L_4	B_1	B_2	B_3	B_4	H	H_1	a	b	不隔振基础 L	不隔振基础 B	不隔振基础 h	隔振基础 L	隔振基础 B	h_1	h_2	隔振垫型号	$n-\Phi d$
IS80-50-200	90S-4/1.1	220	600	200	705	350	350	390	315	285	200		90	1020	630							
	90L-4/1.5	220	600	200	730	350	350	390	315	285	200		90	1020	630							
	100L-4/2.2	220	600	200	775	350	350	390	315	285	200	100	90	1020	630	250	1000	650	145	100	SD42-1	4-Φ18.5
	132S$_2$-2/7.5	240	660	220	850	400	400	450	345	285	200		110	1120	690							
	160M-2$^{11}_{15}$	260	740	240	955	440	440	490	365	300	200		130	1240	730	350	1200	750	195	150	SD42/2	4-Φ24
IS80-50-250	100L-4/3	240	660	220	885	400	400	450	345	305			95	1120	690	250	1100	700	195	150	SD42-1.5	
	160M-2/15	275	840	275	1070	490	490	540	390	340	225	125	130	1390	780							4-Φ24
	160L-2/18.5	275	840	275	1115	490	490	540	390	340			130	1390	780							
	180M-2/22	275	840	275	1140	490	490	540	390	340			130	1390	780	400	1400	800	195	150	SD42-3	
IS80-50-315	112M-4/4	260	740	260	885	440	440	490	365	365			115	1240	730							
	132S-4/5.5	260	740	260	960	440	440	490	365	365			115	1260	730	300	1200	700	195	150	SD42-2	4-Φ24
	180M-2/22	275	840	275	1140	490	490	540	390	385	280	125	130	1390	780							
	200I-2$^{30}_{37}$	300	940	280	1220	550	550	610	425	405			155	1520	850	400	1500	850	195	150	SD42-3	4-Φ28
IS100-80-125	80-4/0.75	240	600	220	695	350	350	390	315	285	180		75	1060	630							
	90S-4/1.1	240	600	220	720	350	350	390	315	285			75	1060	630							
	90L-4/1.5	240	600	220	745	350	350	390	315	285		100	75	1060	630	250	1000	650	145	100	SD42-1	4-Φ18.5
	132S-2/7.5	260	660	240	865	400	400	450	345	285			95	1160	690							
	160M-2/11	280	740	260	970	440	440	490	365	300			115	1280	730	320	1200	750	195	150	SD42-2	4-Φ24
IS100-80-160	90L-4/1.5	240	660	220	840	400	400	450	345	285			95	1060	690							
	100L-4/2.2	240	660	220	885	400	400	450	345	285	200	100	95	1060	690	250	1100	700	195	150	SD42-1.5	4-Φ24
	160M-2$^{11}_{15}$	295	840	295	1070	490	490	540	390	320			130	1430	780	350	1400	800	195	150	SD42-2.5	

续表

泵型号	机座号/功率 (kW)	L₁	L₂	L₃	L₄	B₁	B₂	B₃	B₄	H	H₁	a	b	不隔振基础 L	B	h	隔振基础 L	B	h₁	h₂	隔振垫型号	n-φd
IS100-65-200	100L-4/3	280	740	280	905	440	440	490	365	270	225		115	1300	730	250	1200	700	195	150	SD42-2	4-φ24
	112M-4/4	280	740	280	925	440	440	490	365	270	225	100	115	1300	730							
	160M-2/15	295	840	295	1110	490	490	540	390	290	225		130	1430	780	400	1400	800	195	150	SD42-3	
	160L-2/18.5	295	840	295	1155	490	490	540	390	290	225		130	1430	780							
	180M-2/22	295	840	295	1180	490	490	540	390	290	225		130	1430	780							
IS100-65-250	100L-4/3	280	740	280	920	440	440	490	365	290	250		100	1300	730	300	1200	700	195	150	SD42-2	4-φ24
	112M-4/4	280	740	280	940	440	440	490	365	290			100	1300	730							
	112M-4/4	280	740	280	940	440	440	490	365	290		125	100	1300	730							
	132S-4/5.5	280	740	280	1015	440	440	490	365	290			100	1300	730							
	180M-2/22	295	840	295	1195	490	490	540	390	310			115	1430	780	410	1500	850	195	150	SD42-3	4-φ28
	200L-2-30/37	320	940	300	1275	550	550	610	425	330			140	1560	850							
IS100-65-315	132S-4/5.5	295	840	320	1030	490	490	540	390	335	280		115	1455	780	350	1300	800	195	150	SD42-2	4-φ24
	132M-4/7.5	295	840	320	1070	490	490	540	390	335			115	1455	780							
	160M-4/11	295	840	320	1155	490	490	540	390	335			115	1455	780							
	200L-2/37	320	940	300	1305	550	550	610	425	355	280	125	140	1560	850	520	1900	950	245	200	SD42-6	4-φ28
	225M-2/45	360	1060	340	1305	600	600	660	450	355			180	1760	900							
	250M-2/55	360	1060	340	1420	600	600	660	450	355			180	1760	900							
	280S-2/75	390	1200	370	1460	670	670	730	485	375			210	1960	970							
IS125-100-200	112-4/4	290	740	290	940	440	440	490	365	290	280		100	1320	730	300	1200	700	195	150	SD42-2.5	4-φ24
	132S-4/5.5	290	740	290	1015	440	440	490	365	290			100	1320	730							
	132M-4/7.5	290	740	290	1055	440	440	490	365	290	280	125	100	1320	730							
	180M-2/22	305	840	305	1195	490	490	540	390	310			115	1450	780	440	1500	850	195	150	SD42-3	4-φ28
	200L-2/37	330	940	310	1275	550	550	610	425	330			140	1580	850							
	225M-2/45	330	940	310	1315	550	550	610	425	330			140	1580	850							

续表

泵型号	机座号/功率(kW)	L₁	L₂	L₃	L₄	B₁	B₂	B₃	B₄	H	H₁	a	b	不隔振基础 L	不隔振基础 B	不隔振基础 h	隔振基础 L	隔振基础 B	h₁	h₂	隔振垫 型号	n-φd
ISI125-100-250	132S-4/5.5	305	840	330	1003	490	490	540	390	335	280	140	115	1475	780	250	1300	800	195	150	SD42-2.5	4-φ24
	132M-4/7.5	305	840	330	1070	490	490	540	390	335	280	140	115	1475	780	250	1300	800	195	150	SD42-2.5	4-φ24
	160M-4/11	305	840	330	1155	490	490	540	390	335	280	140	115	1475	780	250	1300	800	195	150	SD42-2.5	4-φ24
	200L-2/37	330	940	310	1305	550	550	610	425	355	280	140	140	1580	850	500	1900	950	245	200	SD42-6	4-φ28
	225M-2/45	370	1060	350	1305	600	600	660	450	355	280	140	180	1780	900	500	1900	950	245	200	SD42-6	4-φ28
	250M-2/55	370	1060	350	1420	600	600	660	450	355	280	140	180	1780	900	500	1900	950	245	200	SD42-6	4-φ28
	2805-2/75	400	1200	380	1460	670	670	730	485	355	280	140	210	1980	970	500	1900	950	245	200	SD42-6	4-φ28
ISI125-100-315	160M-4/11	305	840	330	1155	490	490	540	390	360	315	140	115	1475	780	300	1500	850	195	150	SD42-3	4-φ24
	160L-4/15	330	940	310	1175	550	550	610	425	380	315	140	140	1580	850	300	1500	850	195	150	SD42-3	4-φ24
	280S-2/75	400	1200	380	1460	670	670	730	485	400	315	140	210	1980	970	800	1900	1000	245	200	SD42-8	4-φ28
	280M-2/90	400	1200	380	1510	670	670	730	485	400	315	140	210	1980	970	800	1900	1000	245	200	SD42-8	4-φ28
	315S-2/110	400	1200	380	1650	740	740	800	520	400	315	140	210	1980	1040	800	1900	1000	245	200	SD42-8	4-φ28
ISI125-100-400	160L-4/15	370	1060	350	1155	606	600	660	450	410	355	140	160	1780	900	400	1700	900	245	200	SD42-4	4-φ28
	180M-4/18.5	370	1060	350	1180	600	600	660	450	410	355	140	160	1780	900	400	1700	900	245	200	SD42-4	4-φ28
	180L-4/22	370	1060	350	1220	600	600	660	450	410	355	140	160	1780	900	400	1700	900	245	200	SD42-4	4-φ28
	200L-4/30	370	1060	350	1285	600	600	660	450	410	355	140	160	1780	900	400	1700	900	245	200	SD42-4	4-φ28
ISI150-125-250	160M-4/11	305	840	330	1155	490	490	540	390	360	355	140	115	1475	780	350	1500	850	195	150	SD42-3	4-φ24
	160L-4/15	330	940	310	1175	550	550	610	425	380	355	140	140	1580	850	350	1500	850	195	150	SD42-3	4-φ28
	180M-4/18.5	330	940	310	1200	550	550	610	425	380	355	140	140	1580	850	350	1500	850	195	150	SD42-3	4-φ28
ISI150-125-315	180M-4/13.5	370	1060	350	1180	600	600	660	450	410	355	140	160	1780	900	400	1540	850	195	150	SD42-3	4-φ28
	180L-4/22	370	1060	350	1220	600	600	660	450	410	355	140	160	1780	900	400	1540	850	195	150	SD42-3	4-φ28
	200L-4/30	370	1060	350	1285	600	600	660	450	410	355	140	160	1780	900	400	1540	850	195	150	SD42-3	4-φ28
ISI150-125-400	200L-4/30	370	1060	350	1285	600	600	660	450	455	400	140	160	1780	900	450	1700	900	270	200	SD43-6	4-φ28
	225S-4/37	370	1060	350	1330	600	600	660	450	455	400	140	160	1780	900	450	1700	900	270	200	SD43-6	4-φ28
	225M-4/45	370	1060	350	1355	600	600	660	450	450	400	140	160	1780	900	450	1700	900	270	200	SD43-6	4-φ28

4. 典型产品

(1) LF 卧式端吸泵

1) 说明

该系列水泵全寿命周期成本低。补偿式双蜗壳设计可以减小水力径向力，使得轴的挠度最小化，延长轴承及密封的寿命。机械设计可减少维护成本及维护停工时间。后拉式结构便于维护。宽广的型谱范围能满足更精确的应用需求。系列单级端吸泵依据标准进行设计，共有 31 种型号可供选用。作为标准型的端吸离心泵，其结构特点决定了此类水泵的高性能、高可靠性、高效率和宽广的高效区。LF 系列泵主要应用领域包括：冷却循环水系统、消防系统、生活供水系统等。LF 端吸泵外形如图 15.1-3 所示。

图 15.1-3 LF 端吸泵外形

2) 型号意义

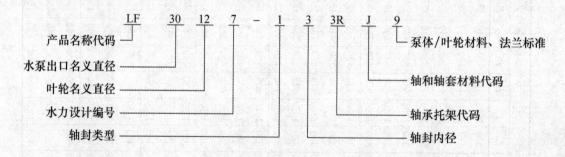

3) 技术参数

产品性能范围：入口直径：40～300mm，出口直径：25～250mm，流量：3～1250m³/h，扬程：2～87m，效率：最高可达 90%，电机功率：0.18～200kW，电机极数：2、4、6 极，电机频率：50Hz。

LF 端吸泵型谱图如图 15.1-4 所示。

(2) e1610 高效端吸泵

1) 说明

该系列水泵为新一代高效端吸泵，具有极高的效率，安装方式灵活、材料配置简洁、温度适用范围广，广泛应用于冷却循环水系统、暖通供热系统等。e1610 端吸泵外形如图 15.1-5 所示。

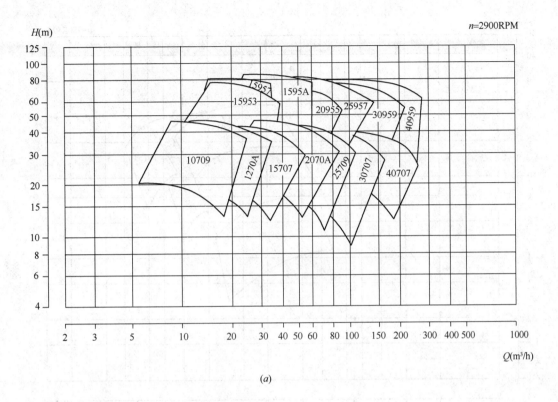

(a)

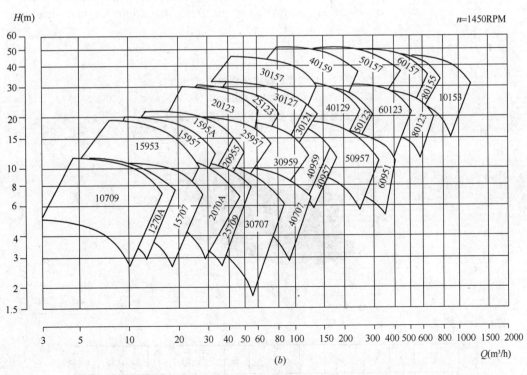

(b)

图 15.1-4　LF 端吸泵型谱图（一）
(a) LF2 极，50Hz；(b) LF4 极，50Hz

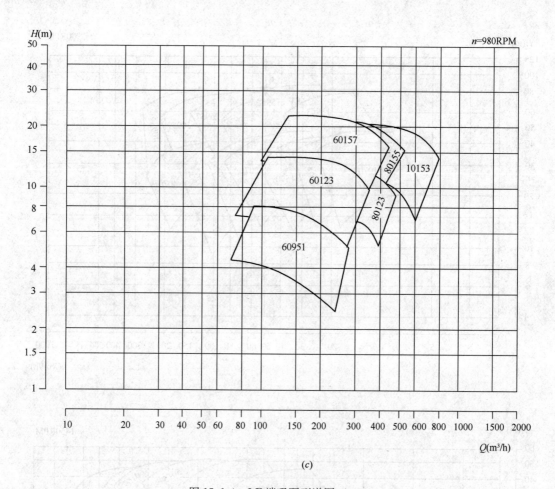

(c)

图 15.1-4　LF端吸泵型谱图（二）

（c）LF6 极，50Hz

注：此泵由格兰富水泵（上海）有限公司提供。

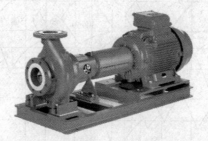

图 15.1-5　e1610 端吸泵外形

2）型号意义

1	2	3	4	5	6	7	8	9	10	11	12	13	14
e1610	5	D	37kW	4P	/A	2	F	A	A	A	C	T	4

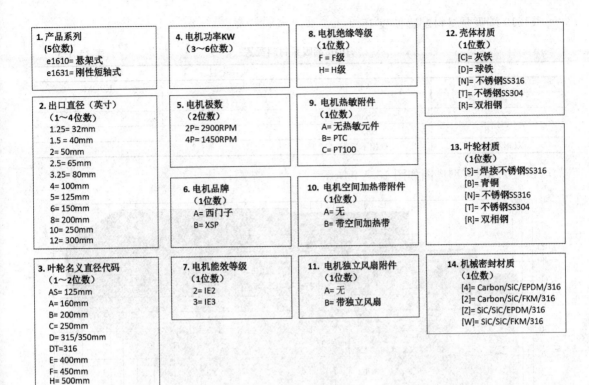

1. 产品系列
（5位数）
e1610= 悬架式
e1631= 刚性短轴式

2. 出口直径（英寸）
（1～4位数）
1.25= 32mm
1.5 = 40mm
2= 50mm
2.5= 65mm
3.25= 80mm
4= 100mm
5= 125mm
6= 150mm
8= 200mm
10= 250mm
12= 300mm

3. 叶轮名义直径代码
（1～2位数）
AS= 125mm
A= 160mm
B= 200mm
C= 250mm
D= 315/350mm
DT=316
E= 400mm
F= 450mm
H= 500mm

4. 电机功率KW
（3～6位数）

5. 电机极数
（2位数）
2P= 2900RPM
4P= 1450RPM

6. 电机品牌
（1位数）
A= 西门子
B= XSP

7. 电机能效等级
（1位数）
2= IE2
3= IE3

8. 电机绝缘等级
（1位数）
F= F级
H= H级

9. 电机热敏附件
（1位数）
A= 无热敏元件
B= PTC
C= PT100

10. 电机空间加热带附件
（1位数）
A= 无
B= 带空间加热带

11. 电机独立风扇附件
（1位数）
A= 无
B= 带独立风扇

12. 壳体材质
（1位数）
[C]= 灰铁
[D]= 球铁
[N]= 不锈钢SS316
[T]= 不锈钢SS304
[R]= 双相钢

13. 叶轮材质
（1位数）
[S]= 焊接不锈钢SS316
[B]= 青铜
[N]= 不锈钢SS316
[T]= 不锈钢SS304
[R]= 双相钢

14. 机械密封材质
（1位数）
[4]= Carbon/SiC/EPDM/316
[2]= Carbon/SiC/FKM/316
[Z]= SiC/SiC/EPDM/316
[W]= SiC/SiC/FKM/316

3）技术参数：规格：$DN32 \sim DN300$；功率：$1.1 \sim 75 \text{kW}$（2 极），$0.55 \sim 315 \text{kW}$（4 极）；扬程：最高 160m；流量：最大到 $1900 \text{m}^3/\text{h}$；工作压力等级：$PN16$；介质温度：$-25 \sim 120℃$（特殊配置 140℃）。

e1610 端吸泵安装尺寸如图 15.1-6 所示。

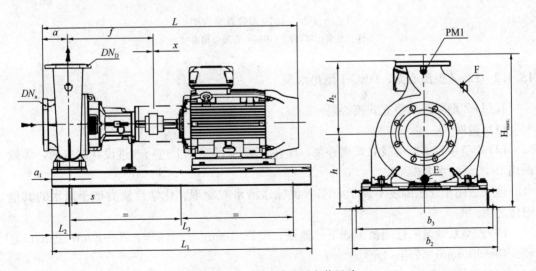

图 15.1-6　e1610 端吸泵安装尺寸

e1610 端吸泵材料配置见表 15.1-3。

e1610 端吸泵材料配置   表 15.1-3

壳体	叶轮	机械密封	机封弹性体
灰铁	灰铁	碳化硅	EPDM
球铁	青铜	石墨	FKM
SS304	SS304		
SS316	SS316		
双相不锈钢	双相不锈钢		

e1610 端吸泵型谱图如图 15.1-7 所示。

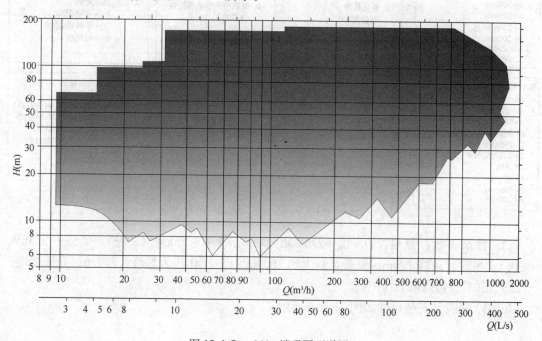

图 15.1-7　e1610 端吸泵型谱图

注：此泵由赛莱默（中国）有限公司提供。

15.1.2　LD-Z 型离心泵、DRG-1 型热水泵

1. LD-Z 型单级单吸立式离心泵

（1）说明

LD-Z 型系列单级单吸立式离心泵，是在 IS 型泵的基础上进行改进设计制造的，等效采用 IS 型泵的水力模型。

该泵适用于介质温度不高于 80℃，供输送清水或物理、化学性质类似于清水的其他液体之用。

LD-Z 型系列泵的性能范围如下：流量：$6.3 \sim 100 m^3/h$；扬程：$20 \sim 80m$；进出口直径：$40 \sim 100mm$；转速：$2900r/min$。

（2）型号意义

例 LD80-160Z

LD——立式单级单吸清水离心泵；

80——泵进出口直径（mm）；

160——叶轮名义直径（mm）；

Z——直联轴式。

LD-Z 型系列立式单级单吸清水离心泵的特点有：进出口方向有 4 种不同的组合：同方向、反方向、左旋 90°、右旋 90°，根据需要可任意选择。

（3）性能参数

LD-Z 型泵外形和安装尺寸如图 15.1-8 所示。

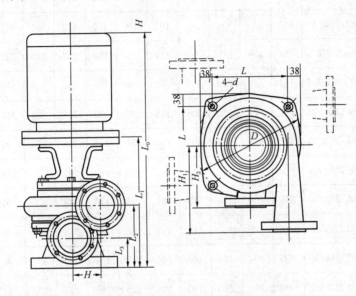

图 15.1-8　LD-Z 型泵外形和安装尺寸

LD-Z 型泵性能见表 15.1-4，外形和安装尺寸见表 15.1-5。

LD-Z 型泵性能（2900r/min）　　　　　　　　　　表 15.1-4

型　号	流量（m³/h）	扬程（m）	功率（kW）	效率（%）	汽蚀余量（m）
LD40-180Z	7.2	40	3	35.3	2.0
LD50-125Z	12.5	20	2.2	60	2.2
LD50-160Z	12.5	32	3	54	2.0
LD50-200Z	12.5	50	5.5	48	2.0
LD50-250Z	12.5	80	11	38	2.0
LD65-125Z	25	20	3	69	2.0
LD65-160Z	25	32	5.5	65	2.0
LD65-200Z	25	50	7.5	60	2.0
LD65-250Z	25	80	15	53	2.0
LD80-125Z	50	20	5.5	75	3.0
LD80-160Z	50	32	7.5	73	2.5
LD80-200Z	50	50	15	69	2.5
LD80-250Z	50	80	22	63	2.5
LD100-125Z	100	20	11	78	4.5
LD100-160Z	100	32	15	78	4.0
LD100-200Z	100	50	22	76	3.6
LD100-250Z	100	80	37	72	3.8

LD-Z 泵外形和安装尺寸　　　　　　表 15.1-5

型号	电机型号/功率 (kW)	安装尺寸									4-d	进出口直径 d_N (mm)	泵重 (kg)
		L_0	L_1	L_2	L_3	H	H_1	H_2	L	h			
LD40-180Z	Y100L-2B5/3	650	330	180	90	106	220	150	177		ϕ17.5	40	81
LD50-125Z	Y90L-2B5/2.2	626	341	196	96	85	95	125	177		ϕ17.5	50	
LD50-160Z	Y100L-2B5/3	660	340	190	96	101	220	150	177	380	ϕ17.5	50	86
LD50-200Z	Y132S$_1$-2B5/5.5	763	370	210	95	111	230	160	205	580	ϕ17.5	50	126
LD65-160Z	Y132S$_1$-2B5/5.5	763	370	210	105	102	230	160	205	500	ϕ17.5	65	126
LD65-200Z	Y132S$_2$-2B5/7.5	763	370	210	105	118	235	165	205	520	ϕ17.5	65	132
LD65-250Z	Y160M$_2$-2B5/15	895	405	225	105	139	250	180	248	660	ϕ19	65	214
LD80-160Z	Y132S$_2$-2B5/7.5	778	385	225	110	100	230	160	205		ϕ17.5	80	132
LD80-200Z	Y160M$_2$-2B5/15	895	405	225	115	121	245	175	248		ϕ19	80	208
LD80-250Z	Y180M-2B5/22	961	405	225	115	143	265	195	248		ϕ19	80	270
LD100-160Z	Y160M$_2$-2B5/15	950	460	280	120	120	240	165	248	830	ϕ19	100	220
LD100-200Z	Y180M-2B5/22	1016	460	280	120	134	265	190	248	900	ϕ19	100	270
LD100-250Z	Y200L$_2$-2B5/37	1136	480	280	120	157	270	195	269	900	ϕ19	100	367
LD100-125Z	Y160M$_1$-2B5/11	950	460	280	120	108	240	165	248		ϕ19	100	
LD80-125Z	Y132S$_1$-2B5/5.5	780	385	225	110	96	232	160	205		ϕ17.5	80	
LD65-125Z	Y100L-2B5/3	675	355	205	100	87	210	140	177		ϕ17.5	65	80

注：LD-2 型是 IS 型泵改成立式的泵。

　2. DRG-1 型系列热水泵

　（1）性能范围：电压：330V；转速：1450r/min；输液温度：0～100℃；系统压力：1.0MPa。

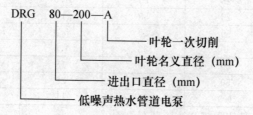

DRG　80—200—A
- 叶轮一次切削
- 叶轮名义直径（mm）
- 进出口直径（mm）
- 低噪声热水管道电泵

　（2）性能参数

DRG-1 型泵外形及安装尺寸如图 15.1-9 所示，系列型谱图如图 15.1-10 所示。

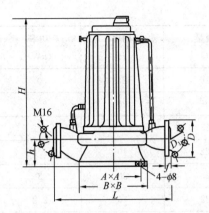

图 15.1-9　DRG-1 型泵外形及安装尺寸

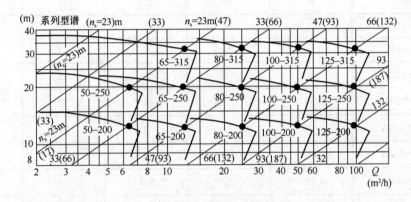

图 15.1-10　DRG-1 型水泵系列型谱图

DRG-1 型泵性能见表 15.1-6，外形和安装尺寸见表 15.1-7。

DRG-1 型泵性能　　　　　　　　　　　　　　　　表 **15.1-6**

型　号	流量 Q	扬程 H	功率 (kW)	效率	噪声 (dB)
DRG50-200	6.25	12.5	0.75	42	<40
DRG50-20A	5.7	10	0.75	34	
DRG50-200B	5	8	0.75	31	
DRG50-250	6.25	20	2.2	32	<50
DRG50-250C	5	12.5	0.75	27	<40
DRG65-200	12.5	12.5	2.2	55	<50
DRG65-200A	11	10	0.75	51	<40
DRG65-250	12.5	20	2.2	43	<50
DRG65-250A	11	16	2.2	42	
DRG65-315	12.5	32	4	37	<55
DRG65-315A	11	28	4	33	

续表

型　号	流量 Q	扬程 H	功率（kW）	效率	噪声（dB）
DRG65-315B	10	24	3	31	<50
DRG65-315C	9	20	2.2	30	
DRG80-200	25	12.5	2.2	65	
DRG80-200A	22	10	2.2	61	<50
DRG80-250	25	20	3	60	
DRG80-250A	22	16	2.2	56	
DRG80-250B	22	12.5	2.2	54	
DRG80-315	25	32	5.5	52	<60
DRG80-315A	23	28	4	46	<55
DRG80-315B	21.5	24	4	44	
DRG80-315C	20	20	3	42	
DRG100-200	50	12.5	4	73	<50
DRG100-200A	45	10	3	71	
DRG100-200B	40	8.5	3	73	
DRG100-250	50	50	5.5	68	<60
DRG100-250A	45	16	4	67	<55
DRG100-250B	40	12	3	65	<50
DRG100-315	50	32	11	63	<65
DRG100-315A	46	27	7.5	60	
DRG100-315B	43	23	7.5	58	<60
DRG100-315C	40	20	5.5	56	
DRG125-200	100	12.5	5.5	76	
DRG125-200A	92	10	5.5	74	
DRG125-200B	85	9	4	72	<55
DRG125-250	100	20	11	76	<65
DRG125-250A	92	16	7.5	74	<60
DRG125-250B	84	14	5.5	72	
DRG125-315	100	32	15	73	
DRG125-315A	92	27	11	70	<65
DRG125-315B	85	23	11	63	

DRG-1 型泵外形和安装尺寸 表 15.1-7

型 号	A	B	L	H	h	法 兰		
						D	D_1	f
DRG50-200			400	500				
DRG50-200A			400	500				
DRG50-200B						φ165	φ125	
DRG50-250	182	220	490	590	110			
DRG50-250C				500				
DRG65-200			400	590				20
DRG65-200A				500				
DRG65-250	220	270	470					
DRG65-250A						φ185	φ145	
DRG65-315				615	135			
DRG65-315A	260	325	600					
DRG65-315B								
DRG65-315C								
DRG80-200			450	625	145			
DRG80-200A	220	270						
DRG80-250			500	630				
DRG80-250A								
DRG80-250B						φ200	φ160	22
DRG80-315				656	150			
DRG80-315A		325	600					
DRG80-315B				630				
DRG80-315C								
DRG100-200			530	655				
DRG100-200A								
DRG100-200B					175			
DRG100-250				681				
DRG100-250A			600	655				
DRG100-250B						φ220	φ180	24
DRG100-315				845				
DRG100-315A	260				180			
DRG100-315B				686				
DRG100-315C		330	630					
DRG125-200				711				
DRG125-200A								
DRG125-200B				685	205			
DRG125-250				870				
DRG125-250A			650	711		φ250	φ210	26
DRG125-250B								
DRG125-315				845				
DRG125-315A			700	845	180			
DRG125-315B								

15.1.3 TSWA 型分段式多级离心泵

1. 说明

TSWA 型泵供输送温度低于 80℃，不含固体颗粒的清水或物理、化学性质类似于清水的液体。适应于矿山、城市和工厂等给水排水用。性能范围：流量 $Q=15\sim191\text{m}^3/\text{h}$；
扬程 $H=14\sim120\text{m}$。

2. 型号意义

例 100TSWA×4

T——透平式；

S——单吸泵；

W——介质温度低于80℃；

A——第一次更新；

100——泵吸入口直径（mm）；

4——泵的级数（即叶轮级数）。

TSWA 型泵是卧式、单吸、分段式多级离心泵。吸入口为水平方向，出水口为垂直
方向，用拉紧螺栓将吸入段、中段、吐出段联接成一体。

3. 性能参数

TSWA 型分段式多级离心泵性能见表 15.1-8。

TSWA 型分段式多级离心泵性能   表 15.1-8

| 泵型号 | 级数 | 流量 Q | | 扬程 H (m) | 转速 n (r/min) | 功率 N | | 效率 η (%) | 允许吸上真空高度 H_s (m) | 叶轮直径 D_2 (mm) | 汽蚀余量 Δh (m) |
		(m³/h)	(L/s)			轴功率 (kW)	电机功率 (kW)				
		15	4.17	20		1.28		64	7.6		2.6
	2	18	5	18.4	1450	1.36	2.2	66	7.2		3.1
		22	6.1	16.8		1.55		65	6.5		3.8
		15	4.17	30		1.92		64	7.6		2.6
	3	18	5	27.6	1450	2.05	3	66	7.2		3.1
		22	6.1	25.2		2.32		65	6.5		3.8
		15	4.17	40		2.55		64	7.6		2.6
	4	18	5	36.8	1450	2.73	4	66	7.2		3.1
		22	6.1	33.6		3.09		65	6.5		3.8
		15	4.17	50		3.19		64	7.6		2.6
	5	18	5	46	1450	3.42	5.5	66	7.2		3.1
		22	6.1	42		3.87		65	6.5		3.8
50TSWA		15	4.17	60		3.83		64	7.6		2.6
	6	18	5	55.2	1450	4.09	5.5	66	7.2		3.1
		22	6.1	58.4		4.65		65	6.5		3.8
		15	4.17	70		4.46		64	7.6		2.6
	7	18	5	64.4	1450	4.78	7.5	66	7.2		3.1
		22	6.1	58.8		5.42		65	6.5		3.8
		15	4.17	80.0		5.1		64	7.6		2.6
	8	18	5	73.6	1450	5.47	7.5	66	7.2		3.1
		22	6.1	67.2		6.19		65	6.5		3.8
		15	4.17	90		5.74		64	7.6		2.6
	9	18	5	82.8	1450	6.14	7.5	66	7.2		3.1
		22	6.1	75.6		6.97		65	6.5		3.8

续表

泵型号	级数	流量 Q (m³/h)	流量 Q (L/s)	扬程 H (m)	转速 n (r/min)	功率 N 轴功率 (kW)	功率 N 电机功率 (kW)	效率 η (%)	允许吸上真空高度 H_s (m)	叶轮直径 D_2 (mm)	汽蚀余量 Δh (m)
75TSWA	2	30	8.33	25	1450	3.00	5.5	68	7.3	200	2.8
		36	10	23		3.22		70	7.0		3.0
		42	11.65	20		3.36		68	6.5		3.8
	3	30	8.33	37.5	1450	4.5	7.5	68	7.3	200	2.8
		36	10	34.5		4.83		70	7.0		3.0
		42	11.65	30		5.04		68	6.5		3.8
	4	30	8.33	50	1450	6	11	68	7.3	200	2.8
		36	10	46		6.44		70	7.0		3.0
		42	11.65	40		6.72		68	6.5		3.8
	5	30	8.3	62.5	1450	7.5	11	68	7.3	200	2.8
		36	10	57.5		8.05		70	7.0		3.0
		42	11.65	50		8.4		68	6.5		3.8
	6	30	8.33	75	1450	9	15	68	7.3	200	2.8
		36	10	69		9.66		70	7.0		3.0
		42	11.65	60		10.08		68	6.5		3.8
	7	30	8.33	87.5	1450	10.5	15	68	7.3	200	2.8
		36	10	80.5		11.27		70	7.0		3.0
		42	11.65	70		11.76		68	6.5		3.8
	8	30	8.33	100	1450	12	18.5	68	7.3	200	2.8
		36	10	92		12.88		70	7.0		3.0
		42	11.65	80		13.44		68	6.5		3.8
	9	30	8.33	112.5	1450	13.5	18.5	68	7.3	200	2.8
		36	10	103.5		14.49		70	7.0		3.0
		42	11.65	902		15.12		68	6.5		3.8
100TSWA	2	62	17.2	32.4	1450	7.65	11	71.5	7.3		2.9
		69	19.2	31.2		8.03		73	7		3.3
		80	22.2	28		8.59		71	6.2		4.2
	3	62	17.2	48.6	1450	11.48	15	71.5	7.3		2.9
		69	19.2	46.8		12.05		73	7		3.3
		80	22.2	42		12.89		71	6.2		4.2
	4	62	17.2	64.8	1450	15.3	18.5	71.5	7.3		2.9
		69	19.2	62.4		16.06		73	7		3.3
		80	22.2	56		17.18		71	6.2		4.2

续表

泵型号	级数	流量 Q		扬程 H (m)	转速 n (r/min)	功率 N		效率 η (%)	允许吸上真空高度 H_s (m)	叶轮直径 D_2 (mm)	汽蚀余量 Δh (m)
		(m^3/h)	(L/s)			轴功率 (kW)	电机功率 (kW)				
100TSWA	5	62	17.2	81	1450	19.13	30	71.5	7.3		2.9
		69	19.2	78		20.08		73	7		3.3
		80	22.2	70		21.48		71	6.2		4.2
	6	62	17.2	97.2	1450	22.95	30	71.5	7.3		2.9
		69	19.2	93.6		24.09		73	7		3.3
		80	22.2	84		25.78		71	6.2		4.2
	7	62	17.2	113.4	1450	26.78	37	71.5	7.3		2.9
		69	19.2	109.2		28.11		73	7		3.3
		80	22.2	98		30.07		71	6.2		4.2
	8	62	17.2	129.6	1450	30.61	45	71.5	7.3		2.9
		69	19.2	124.8		32.12		73	7		3.3
		80	22.2	112		34.37		71	6.2		4.2
	9	62	17.2	145.8	1450	34.43	45	71.5	7.3		2.9
		69	19.2	140.4		36.14		73	7		3.3
		80	22.2	126		38.66		71	6.2		4.2
125TSWA	2	72	20	46	1450	12.8	22	70	7.2	268	2.9
		90	25	43.2		14.4		74	6.8		3.4
		108	30	40		15.6		75.5	6.2		4.1
	3	72	20	69	1450	19.2	30	70	7.2	268	2.9
		90	25	64.8		21.6		74	6.8		3.4
		108	30	60		23.4		75.5	6.2		4.1
	4	72	20	92	1450	25.6	45	70	7.2	268	2.9
		90	25	86.4		28.8		74	6.8		3.4
		108	30	80		31.2		75.5	6.2		4.1
	5	72	20	115	1450	32	55	70	7.2	268	2.9
		90	25	108		36		74	6.8		3.4
		108	30	100		39		75.5	6.2		4.1
	6	72	20	138	1450	38.4	75	70	7.2	268	2.9
		90	25	129.6		43.2		74	6.8		3.4
		108	30	120		46.8		75.5	6.2		4.1
	7	72	20	161	1450	44.8	75	70	7.2	268	2.9
		90	25	151.2		50.4		74	6.8		3.4
		108	30	140		54.6		75.5	6.2		4.1
	8	72	20	184	1450	51.2	90	70	7.2	268	2.9
		90	25	172.8		57.6		74	6.8		3.4
		108	30	160		62.4		75.5	6.2		4.1
	9	72	20	207	1450	57.4	90	70	7.2	268	2.9
		90	25	194.4		64.8		74	6.8		3.4
		108	30	180		70.2		75.5	6.2		4.1

续表

泵型号	级数	流量 Q		扬程 H (m)	转速 n (r/min)	功率 N		效率 η (%)	允许吸上真空高度 H_s (m)	叶轮直径 D_2 (mm)	汽蚀余量 Δh (m)
		(m^3/h)	(L/s)			轴功率 (kW)	电机功率 (kW)				
150TSWA	3	119	32	97.4	1480	43.5	75	72.6	2.1		2.1
		155	43	90		49.3		77	2.5		2.5
		191	53	82.3		54.3		78.8	3.5		3.5
	4	119	33	129.9	1480	58	90	72.6	2.1		2.1
		155	43	120		65.8		77	2.5		2.5
		191	53	109.7		72.4		78.8	3.5		3.5
	5	119	33	162.3	1480	72.4	110	72.6	2.1		2.1
		155	43	150		82.2		77	2.5		2.5
		191	53	137.2		90.6		78.8	3.5		3.5
	6	119	33	194.8	1480	87	135	72.6	2.1		2.1
		115	43	180		98.7		77	2.5		2.5
		191	53	164.6		108.7		78.8	3.5		3.5
	7	119	33	227.3	1480	101.5	155	72.6	2.1		2.1
		155	43	210		115.1		77	2.5		2.5
		191	53	192		126.7		78.8	3.5		3.5
	8	119	33	259.7	1480	115.9	180	72.6	2.1		2.1
		155	43	240		131.6		77	2.5		2.5
		191	53	219.5		144.9		78.8	3.5		3.5
	9	119	33	292.2	1480	130.4	180	72.6	2.1		2.1
		155	43	270		148		77	2.5		2.5
		191	53	246.9		163		78.8	3.5		3.5

TSWA 型分段式多级离心泵外形和安装尺寸见图 15.1-11、表 15.1-9。

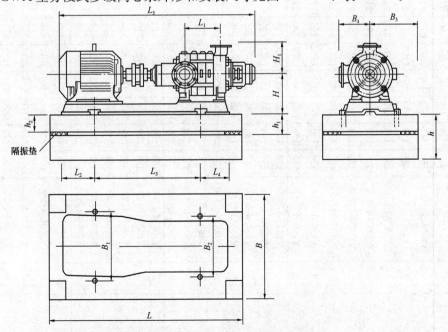

图 15.1-11　TSWA 型分段式多级离心泵外形和安装尺寸

注：基础尺寸，用于不隔振的为 $L \times B \times h$，用于隔振的为 $L \times B \times h_1$（或 h_2）。

表 15.1-9

TSWA 型分段式多级离心泵外形及安装尺寸

泵型号	级数	电动机型号/功率 (kW)	泵外形和安装尺寸											不隔振基础			隔振基础				隔振垫型号	n-φd
			L_1	L_2	L_3	L_4	L_5	H	H_1	B_1	B_2	B_3	B_4	L	B	h	L	B	h_1	h_2		
50TSWA	2	Y100L₁-4/2.2	160	141	600	160	1087	270	210	335	270	290	210	1000	580	450	1100	700	195	150	SD42-2	
	3	Y100L₂-4/3	225	141	600	160	1152	270	210	335	270	290	210	1000	580	520	1100	700	195	150	SD42/2	
	4	Y112M-4/4	290	144	640	190	1237	270	210	375	270	310	210	1100	620	500	1200	700	195	150	SD42-2	
	5	Y132S-4/5.5	355	153	740	260	1377	280	210	430	270	335	210	1260	670	470	1300	750	195	150	SD42-2.5	4-φ25
	6	Y132M-4/7.5	420	153	740	260	1442	280	210	430	270	335	210	1260	670	500	1400	750	195	150	SD42-2.5	
	7	Y132M-4/7.5	485	156	840	325	1547	280	210	430	270	335	210	1420	670	500	1500	750	195	150	SD42-3	
	8	Y160M-4/11	550	156	840	325	1612	280	210	430	270	335	210	1420	670	520	1600	750	245	200	SD42-4	
	9	Y160M-4/11	615	166	860	360	1677	280	210	430	270	335	210	1490	670	530	1700	750	245	200	SD42-4	
75TSWA	2	Y132S-4/5.5	177	145	630	151	1241	285	250	410	310	325	250	1030	650	580	1200	750	195	150	SD42-2.0	4-φ25
	3	Y132M-4/7.5	257	165	690	191	1361	295	250	410	310	325	250	1150	650	610	1300	750	195	150	SD42-2.5	
	4	Y160M-4/11	337	180	790	234	1526	295	250	475	310	360	250	1300	720	590	1500	750	195	150	SD42-3	
	5	Y160M-4/11	417	180	830	274	1606	295	250	475	310	360	250	1390	720	600	1600	750	245	200	SD42-4	
	6	Y160M-4/150	497	200	900	308	1731	295	250	475	310	360	250	1500	720	620	1700	750	245	200	SD42-4	
	7	Y160M-4/15.0	577	200	980	308	1811	295	250	475	310	360	250	1590	720	630	1800	750	245	200	SD42-4	
	8	Y180M-4/18.5	657	200	1070	303	1916	310	250	480	310	360	250	1680	720	680	1900	750	245	200	SD42-4	
	9	Y180M-4/18.5	737	200	1150	303	1996	310	250	480	310	360	250	1760	720	690	2000	750	245	200	SD42-6	
100TSWA	2	Y160M-4/11	383	180	825	173	1575	310	300	505	320	375	310	1280	750	740	1500	800	195	150	SD42-4	4-φ30
	3	Y180M-4/15	383	200	900	222	1720	310	300	505	320	375	310	1430	750	780	1700	800	245	200	SD42-4	
	4	Y180L-4/22	383	215	975	273	1885	310	300	505	320	375	310	1560	750	810	1800	800	245	200	SD42-6	
	5	Y200L-4/30	383	230	1095	276	2050	320	300	525	320	385	310	1700	770	870	2000	850	245	200	SD42-6	
	6	Y200S-4/30	383	230	1240	231	2150	320	300	525	320	385	310	1800	770	890	2100	850	295	250	SD42-8	
	7	Y225S-4/37	383	230	1330	272	2295	330	300	565	320	400	310	1932	800	860	2200	850	295	250	SD42-8	
125TSWA	2	Y180L-4/22	325	220	975	192	1827	350	350	495	360	370	350	1490	740	870	1800	850	245	200	SD42-6	4-φ30
	3	Y200L-4/30	450	230	1060	259	2017	350	350	565	360	400	350	1650	800	920	2000	850	245	200	SD42-6	
	4	Y225M-4/45	575	240	1170	318	2212	360	350	565	360	400	350	1830	800	920	2200	850	295	250	SD42-8	
	5	Y250M-4/55	700	270	1270	384	2422	375	350	620	360	430	350	2030	860	870	2400	900	295	250	SD42-8	
150TSWA	3	Y280S-4/75	204	265	1165	305	2234		350	675	610		410	1840	860		1735	800	295	250	SD42-6	4-φ30
	4	Y280M-4/90	272	332	1260	330	2399		350	675	610	430	410	2030	900		1922	950	295	250	SD42-6	4-φ30

15.1.4 DL 型立式多级分段式离心泵

1. 说明

DL 型立式多级分段式离心泵适用于输送常温清水及物理、化学性质类似于水的液体。流量 Q：$9\sim100\text{m}^3/\text{h}$；扬程 H：$21.2\sim120\text{m}$。

2. 型号意义

例 65DL×5

65——进口直径（mm）；

DL——立式多级分段式；

5——叶轮级数。

3. 性能参数

DL 型立式多级分段式离心泵的出口与进口分别位于泵体的上、下端，均成水平方向布置。该泵共有 40DL、50DL、65DL、80DL、100DL 五种，其性能曲线如图 15.1-12 所示，性能参数见表 15.1-10。

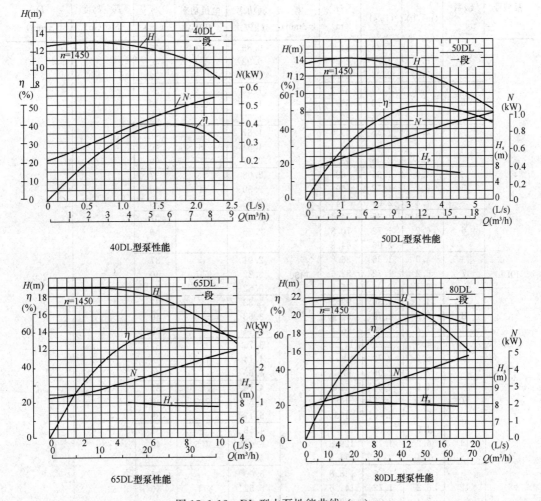

图 15.1-12　DL 型水泵性能曲线（一）

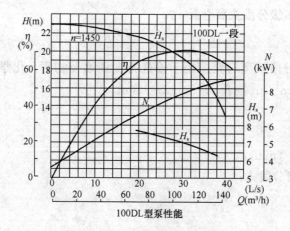

100DL 型泵性能

图 15.1-12 DL 型水泵性能曲线（二）

DL 型立式多级分段式离心泵性能参数   表 15.1-10

| 泵型号 | 级数 | 流量 Q | | 总扬程 H (m) | 转速 n (r/min) | 功率 N | | 效率 η (%) | 允许吸上真空高度 H_a (m) | 叶轮直径 D_2 (mm) |
		(m^3/h)	(L/s)			轴功率 (kW)	电机功率 (kW)			
		4.9	1.36	24.8		0.83		37		
	2	6.2	1.72	23.6		0.92	1.5	40		
		7.4	2.06	21.6		1.03		39		
		4.9	1.36	37.2		1.25		37		
	3	6.2	1.72	35.4		1.38	2.2	40		
		7.4	2.06	32.4		1.55		39		
		4.9	1.36	49.6		1.67		37		
	4	6.2	1.72	47.2		1.84	3	40		
		7.4	2.06	43.2		2.07		39		
		4.9	1.36	62		2.08		37		
	5	6.2	1.72	59		2.30	4	40		
		7.4	2.06	54		2.58		39		
		4.9	1.36	74.4		2.50		37		
	6	6.2	1.72	70.8		2.76	4	40		
		7.4	2.06	64.8		3.10		39		
40DL		4.9	1.36	86.8		2.91		37		
	7	6.2	1.72	82.6	1450	3.22	5.5	40	7	200
		7.4	2.06	75.6		3.62		39		
		4.9	1.36	99.2		3.33		37		
	8	6.2	1.72	94.4		3.68	5.5	40		
		7.4	2.06	86.4		4.14		39		
		4.9	1.36	111.6		3.75		37		
	9	6.2	1.72	106.2		4.14	7.5	40		
		7.4	2.06	97.2		4.65		39		
		4.9	1.36	124		4.16		37		
	10	6.2	1.72	118		4.60	7.5	40		
		7.4	2.06	108		5.17		39		
		4.9	1.36	136.4		4.58		37		
	11	6.2	1.72	129.8		5.06	7.5	40		
		7.4	2.06	118.8		5.69		39		
		4.9	1.36	148.8		5.00		37		
	12	6.2	1.72	141.6		5.52	11	40		
		7.4	2.06	129.6		6.20		39		

泵型号	级数	流量 Q (m³/h)	(L/s)	总扬程 H (m)	转速 n (r/min)	功率 N 轴功率 (kW)	电机功率 (kW)	效率 η (%)	允许吸上真空高度 H_a (m)	叶轮直径 D_2 (mm)
50DL	2	9.0	2.5	39.9		19.6		50	7.9	200
		12.6	3.5	36.6		2.33	3	54	7.6	
		16.2	4.5	31.8		2.70		52	7.2	
	3	9.0	2.5	39.9		19.6		50	7.9	
		12.6	3.5	36.6		2.33	3	54	7.6	
		16.2	4.5	31.8		2.70		52	7.2	
	4	9.0	2.5	53.2		2.61		50	7.9	
		12.6	3.5	48.8		3.10	4	54	7.6	
		16.2	4.5	42.4		3.60		52	7.2	
	5	9.0	2.5	66.5		3.26		50	7.9	
		12.6	3.5	61.0		3.88	5.5	54	7.6	
		16.2	4.5	53.0		4.50		52	7.2	
	6	9.0	2.5	79.8		3.91		50	7.9	
		12.6	3.5	73.2		4.65	5.5	54	7.6	
		16.2	4.5	63.6		5.49		52	7.2	
	7	9.0	2.5	93.1		4.56		50	7.9	
		12.6	3.5	85.4	1450	5.43	7.5	54	7.6	
		16.2	4.5	74.2		6.30		52	7.2	
	8	9.0	2.5	106.4		5.22		50	7.9	
		12.6	3.5	97.6		6.20	7.5	54	7.6	
		16.2	4.5	84.8		7.20		52	7.2	
	9	9.0	2.5	119.7		5.87		50	7.9	
		12.6	3.5	109.8		6.98	11	54	7.6	
		16.2	4.5	95.4		8.10		52	7.2	
	10	9.0	2.5	133.0		6.52		50	7.9	
		12.6	3.5	122.0		7.54	11	54	7.6	
		16.2	4.5	106.0		9.00		52	7.2	
65DL	2	18	5.00	37.0		3.24		56	7.8	232
		30	8.33	32.0		4.22	5.5	62	7.6	
		35	9.72	29.0		4.60		60	7.5	
	3	18	5.00	55.5		4.86		56	7.8	
		30	8.33	48.0		6.33	7.5	62	7.6	
		35	9.72	43.5		6.90		60	7.5	

泵型号	级数	流量 Q		总扬程 H (m)	转速 n (r/min)	功率 N		效率 η (%)	允许吸上真空高度 H_a (m)	叶轮直径 D_2 (mm)
		(m^3/h)	(L/s)			轴功率 (kW)	电机功率 (kW)			
65DL	4	18	5.00	74.0		6.48		56	7.8	232
		30	8.33	64.0		8.44	11	62	7.6	
		35	9.72	58.0		9.20		60	7.5	
	5	18	5.00	92.5		8.10		56	7.8	
		30	8.33	80.0		10.55	15	62	7.6	
		35	9.72	72.5		11.50		60	7.5	
	6	18	5.00	18		6.72		56	7.8	
		30	8.33	30		12.66	15	62	7.6	
		35	9.72	35		13.80		60	7.5	
	7	18	5.00	129.5		11.34		56	7.8	
		30	8.33	112.0		14.77	18.5	62	7.6	
		35	9.72	101.5		16.10		60	7.5	
	8	18	5.00	148.0		12.96		56	7.8	
		30	8.33	128.0		16.88	22	62	7.6	
		35	9.72	116.0		18.40		60	7.5	
	9	18	5.00	166.5		14.58		56	7.8	
		30	8.33	144.0	1450	18.99	22)	62	7.6	
		35	9.72	130.5		20.70		60	7.5	
	10	18	5.00	185.0		16.20		56	7.8	
		30	8.33	160.0		21.10	30	62	7.6	
		35	9.72	145.0		23.00		60	7.5	
80DL	2	32.40	9.0	43.2		6.28		60.7	8.1	250
		50.40	14.0	40.0		7.84	11	70.0	8.0	
		65.16	18.1	34.2		9.12		66.5	7.9	
	3	32.40	9.0	64.8		9.42		60.7	8.1	
		50.40	14.0	60.0		11.76	15	70.0	8.0	
		65.16	18.1	51.3		13.68		66.5	7.9	
	4	32.40	9.0	86.4		12.56		60.7	8.1	
		50.40	14.0	80.0		15.68	22	70.0	8.0	
		65.16	18.1	68.4		18.24		66.5	7.9	
	5	32.40	9.0	108.0		15.70		60.7	8.1	
		50.40	14.0	100.0		19.60	30	70.0	8.0	
		65.16	18.1	85.5		22.80		66.5	7.9	

续表

| 型号 | 级数 | H | H_1 | H_2 | H_3 | L | h | B | b | n-ϕd | 电机 | | 泵重 (kg) |
											型号	(kW)	
50DL	2	1084	104	189	700	220	45	360	305	4-ϕ18	Y100L$_2$-4(B$_5$)	3	235
	3	1152		257	768								256
	4	1240		325	836						Y112M-4(B$_5$)	4	285
	5	1383		393	904						Y132S-4(B$_5$)	5.5	326
	6	1451		491	972								347
	7	1559		529	1040						Y132M-4(B$_5$)	7.5	381
	8	1627		597	1108								402
	9	1780		665	1176						Y160M-4(B$_5$)	11	468
	10	1848		733	1244								489
65DL	2	1306	167	199	827	260	45	430	370	4-ϕ24	Y132S-4(B$_5$)	5.5	379
	3	1426		279	907						Y132M-4(B$_5$)	7.5	447
	4	1591		359	987						Y160M-4(B$_5$)	11	536
	5	1716		439	1067						Y160L-4(B$_5$)	15	600
	6	1796		519	1147								644
	7	1901		599	1227						Y180M-4(V$_1$)	18.5	728
	8	2021		679	1307						Y180L-4(V$_1$)	22	794
	9	2101		759	1287								839
	10	2246		839	1467						Y200L-4(V$_{1'}$)	30	962
80DL	2	1485	120	277	881	280	60	450	400	4-ϕ23	Y160M-4(V8)	11	566
	3	1619		366	970						Y160L-4(V$_1$)	15	640
	4	2733		455	1059						Y180L-4(V$_1$)	22	756
	5	1927		544	1148						Y200L-4(V$_1$)	30	900
	6	2016		633	1237								945
	7	2150		722	1326						Y225S-4(V$_1$)	37	1038
	8	2239		811	1415						Y225M-4(V$_1$)	45	1120
	9	2353		900	1504								1175
	10	2527		989	1593						Y250M-4(V$_1$)	55	1335
100DL	2	1616	130	293	902	280	60	470	410	4ϕ23	Y180M-4(V$_1$)	18.5	764
	3	1784		396	1005						Y200L-4(V$_1$)	30	900
	4	1932		499	1108						Y225S-4(V$_1$)	37	995
	5	2060		602	1211						Y225M-4(V$_1$)	45	1079
	6	2248		705	1314						T250M-4(V$_1$)	55	1241
	7	2421		808	1417						Y280S-4(V$_1$)	75	1443
	8	2524		911	1520								1500
	9	2677		1014	1623						Y280M-4(V$_1$)	90	1600
	10	2780		1117	1726								1657

4. 典型产品

(1) SL（S）立式多级离心泵

1) 说明

该型号水泵有多种规格、多种级数供用户选择。配套其自行研制的高效三相异步电动机，该系列电动机结构轻便、散热性强，高效区域宽，适用范围广，内部结构上增加线槽数，实现电机的高效率，从而提高了水泵的总效率，在工况变化的情况下能最大限度运行在高效区。

2) 型号意义

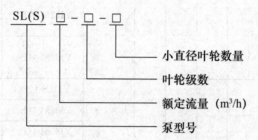

SL（S）□－□－□

小直径叶轮数量
叶轮级数
额定流量（m³/h）
泵型号

SL：立式多级离心泵，用于液体输送，冷热清洁水的循环和增压；
SLS：不锈钢立式多级离心泵，所有过流部件为高等级的不锈钢。

3) 性能参数：流量范围：1～220m³/h；压力范围：0～3.2MPa；工作温度：0～40℃；介质温度：－10～110℃；配用功率：0.37～110kW；电源：AC3×380V/50Hz。

SL（S）立式多级离心泵系列型谱图如图 15.1-14 所示，其性能参数见表 15.1-12～表 15.1-15。

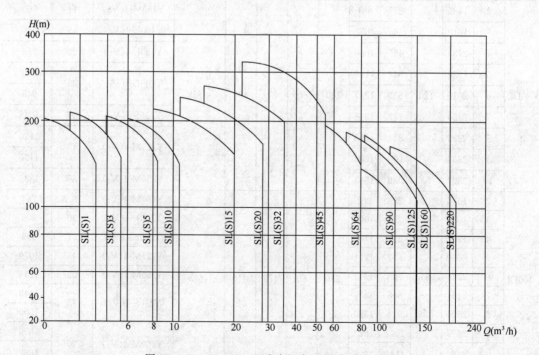

图 15.1-14　SL（S）立式多级离心泵系列型谱图

SL（S）1系列立式多级离心泵技术参数　　　　　表 15.1-12

泵型号	电机（kW）	流量（m³/h）	1.0	1.2	1.4	1.6	1.8	2.0	2.2
SL(S)1-3	0.37		17	16	15	14	11	9	7
SL(S)1-5	0.37		29	27	26	23	20	18	12
SL(S)1-7	0.37		39	37	34	31	27	23	19
SL(S)1-9	0.55		49	45	42	39	35	30	25
SL(S)1-11	0.55		60	57	53	49	43	37	31
SL(S)1-15	0.75	扬程(m)	80	77	72	67	59	50	42
SL(S)1-17	1.1		94	90	85	78	72	61	50
SL(S)1-21	1.1		116	112	106	97	88	77	64
SL(S)1-23	1.1		126	120	112	103	93	82	68
SL(S)1-27	1.5		150	142	134	124	111	91	80
SL(S)1-30	1.5		172	166	156	145	132	115	97
SL(S)1-36	2.2		197	188	178	165	150	131	110

SL(S)3系列立式多级离心泵技术参数　　　　　表 15.1-13

泵型号	电机(kW)	流量(m³/h)	1.3	2.0	2.4	2.8	3.2	3.6	4.0
SL(S)3-4	0.37		22	21	19.5	17	14	9	7
SL(S)3-6	0.55		38	35	31	28	23	18	14
SL(S)3-8	0.75		48	45	41	36	30	24	20.5
SL(S)3-10	0.75		61	59	52	48	41	32	29
SL(S)3-12	1.1		77	71	65	58	50	41	37
SL(S)3-15	1.1	扬程(m)	88	82	77	69	59	48	42
SL(S)3-19	1.5		100	94	86	78	69	57	51
SL(S)3-23	2.2		127	120	111	100	87	71	64
SL(S)3-27	2.2		154	146	137	123	108	88	78
SL(S)3-33	3.0		206	196	181	165	145	120	106
SL(S)3-36	3.0		230	219	203	186	163	135	120

SL(S)5系列立式多级离心泵技术参数　　　　　表 15.1-14

泵型号	电机(kW)	流量(m³/h)	3	4	5	6	7	8	8.5
SL(S)5-3	0.55		18	17	16	11	9	6	5
SL(S)5-5	0.75		31	29	26	22	18	14	11
SL(S)5-7	1.1		41	40	35	31	27	21	19
SL(S)5-9	1.5		58	54	49	44	38	30	27
SL(S)5-11	2.2		70	65	60	53	46	38	34
SL(S)5-15	2.2	扬程(m)	94	90	82	74	65	52	46
SL(S)5-18	3.0		114	107	99	89	78	66	58
SL(S)5-22	4.0		141	133	123	112	97	82	72
SL(S)5-29	4.0		186	178	163	149	130	108	96
SL(S)5-32	5.5		206	196	181	165	145	120	106
SL(S)5-36	5.5		230	219	203	186	163	135	120

SL(S)10系列立式多级离心泵技术参数   表 15.1-15

泵型号	电机(kW)	流量(m³/h)	7	8	9	10	11	12	13
SL(S)10-2	0.75		19	18	17	15	14	13	11
SL(S)10-4	1.5		37	35	33	31	27	25	21
SL(S)10-6	2.2		57	53	51	48	45	40	37
SL(S)10-8	3.0		77	72	68	62	58	52	47
SL(S)10-10	4.0	扬程(m)	98	94	88	81	74	67	59
SL(S)10-12	4.0		114	110	102	96	87	77	66
SL(S)10-14	5.5		137	132	123	115	105	93	79
SL(S)10-16	5.5		154	147	139	128	118	106	91
SL(S)10-18	7.5		176	168	160	150	137	123	107
SL(S)10-20	7.5		195	187	177	166	153	137	120

4）尺寸数据（图 15.1-15、表 15.1-16）

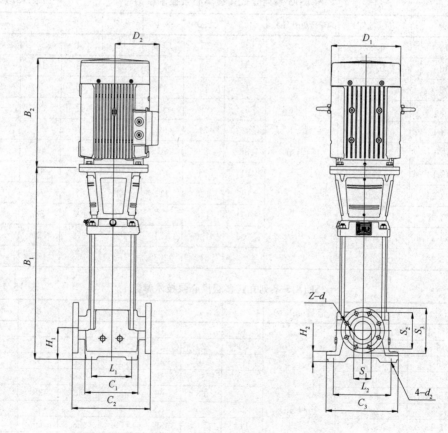

图 15.1-15 SL（S）立式多级离心泵外形及安装尺寸

注：该型号水泵由青岛三利集团有限公司提供。

SL（S）系列立式多级离心泵外形及安装尺寸　　表 15.1-16

泵型号	H_1	H_2	B_1	B_2	D_1	D_2	L_1	L_2	C_1	C_2	C_3	S_1	S_2	S_3	$Z\text{-}d_1$	$4\text{-}d_2$
SL(S)1-3	75	20	279	191	141	109	100	180	141	250	220	$\phi35$	$\phi100$	$\phi140$	4-$\phi18$	4-$\phi14$
SL(S)1-5	75	20	315	191	141	109	100	180	141	250	220	$\phi35$	$\phi100$	$\phi140$	4-$\phi18$	4-$\phi14$
SL(S)1-7	75	20	351	191	141	109	100	180	141	250	220	$\phi35$	$\phi100$	$\phi140$	4-$\phi18$	4-$\phi14$
SL(S)1-9	75	20	387	191	141	109	100	180	141	250	220	$\phi35$	$\phi100$	$\phi140$	4-$\phi18$	4-$\phi14$
SL(S)1-11	75	20	423	191	141	109	100	180	141	250	220	$\phi35$	$\phi100$	$\phi140$	4-$\phi18$	4-$\phi14$
SL(S)1-15	75	20	501	231	141	109	100	180	141	250	220	$\phi35$	$\phi100$	$\phi140$	4-$\phi18$	4-$\phi14$
SL(S)1-17	75	20	537	231	141	109	100	180	141	250	220	$\phi35$	$\phi100$	$\phi140$	4-$\phi18$	4-$\phi14$
SL(S)1-21	75	20	609	231	141	109	100	180	141	250	220	$\phi35$	$\phi100$	$\phi140$	4-$\phi18$	4-$\phi14$
SL(S)1-23	75	20	645	231	141	109	100	180	141	250	220	$\phi35$	$\phi100$	$\phi140$	4-$\phi18$	4-$\phi14$
SL(S)1-27	75	20	733	281	178	110	100	180	141	250	220	$\phi35$	$\phi100$	$\phi140$	4-$\phi18$	4-$\phi14$
SL(S)1-30	75	20	787	281	178	110	100	180	141	250	220	$\phi35$	$\phi100$	$\phi140$	4-$\phi18$	4-$\phi14$
SL(S)1-36	75	20	895	321	178	110	100	180	141	250	220	$\phi35$	$\phi100$	$\phi140$	4-$\phi18$	4-$\phi14$
SL(S)3-4	75	20	297	191	141	109	100	180	141	250	220	$\phi35$	$\phi100$	$\phi140$	4-$\phi18$	4-$\phi14$
SL(S)3-6	75	20	333	191	141	109	100	180	141	250	220	$\phi35$	$\phi100$	$\phi140$	4-$\phi18$	4-$\phi14$
SL(S)3-8	75	20	375	231	141	109	100	180	141	250	220	$\phi35$	$\phi100$	$\phi140$	4-$\phi18$	4-$\phi14$
SL(S)3-10	75	20	411	231	141	109	100	180	141	250	220	$\phi35$	$\phi100$	$\phi140$	4-$\phi18$	4-$\phi14$
SL(S)3-12	75	20	447	231	141	109	100	180	141	250	220	$\phi35$	$\phi100$	$\phi140$	4-$\phi18$	4-$\phi14$
SL(S)3-15	75	20	501	231	141	109	100	180	141	250	220	$\phi35$	$\phi100$	$\phi140$	4-$\phi18$	4-$\phi14$
SL(S)3-19	75	20	589	281	178	110	100	180	141	250	220	$\phi35$	$\phi100$	$\phi140$	4-$\phi18$	4-$\phi14$
SL(S)3-23	75	20	661	321	178	110	100	180	141	250	220	$\phi35$	$\phi100$	$\phi140$	4-$\phi18$	4-$\phi14$
SL(S)3-27	75	20	733	321	178	110	100	180	141	250	220	$\phi35$	$\phi100$	$\phi140$	4-$\phi18$	4-$\phi14$
SL(S)3-33	75	20	845	335	198	120	100	180	141	250	220	$\phi35$	$\phi100$	$\phi140$	4-$\phi18$	4-$\phi14$
SL(S)3-36	75	20	899	335	198	120	100	180	141	250	220	$\phi35$	$\phi100$	$\phi140$	4-$\phi18$	4-$\phi14$
SL(S)5-3	75	20	306	191	141	109	100	180	141	250	220	$\phi35$	$\phi100$	$\phi140$	4-$\phi18$	4-$\phi14$
SL(S)5-5	75	20	366	231	141	109	100	180	141	250	220	$\phi35$	$\phi100$	$\phi140$	4-$\phi18$	4-$\phi14$
SL(S)5-7	75	20	420	231	141	109	100	180	141	250	220	$\phi35$	$\phi100$	$\phi140$	4-$\phi18$	4-$\phi14$
SL(S)5-9	75	20	490	281	178	110	100	180	141	250	220	$\phi35$	$\phi100$	$\phi140$	4-$\phi18$	4-$\phi14$
SL(S)5-11	75	20	544	321	178	110	100	180	141	250	220	$\phi35$	$\phi100$	$\phi140$	2-$\phi18$	4-$\phi14$
SL(S)5-18	75	20	737	335	198	120	100	180	141	250	220	$\phi35$	$\phi100$	$\phi140$	4-$\phi18$	4-$\phi14$
SL(S)5-22	75	20	845	372	220	134	100	180	141	250	220	$\phi35$	$\phi100$	$\phi140$	4-$\phi18$	4-$\phi14$
SL(S)5-29	75	20	1034	372	220	134	100	180	141	250	220	$\phi35$	$\phi100$	$\phi140$	4-$\phi18$	4-$\phi14$
SL(S)5-32	75	20	1145	391	220	134	100	180	141	250	220	$\phi35$	$\phi100$	$\phi140$	4-$\phi18$	4-$\phi14$
SL(S)5-36	75	20	1253	391	220	134	100	180	141	250	220	$\phi35$	$\phi100$	$\phi140$	4-$\phi18$	4-$\phi14$
SL(S)10-2	80	20	347	244	144	109	130	215	178	280	256	$\phi39$	$\phi114$	$\phi150$	4-$\phi18$	4-$\phi14$
SL(S)10-4	80	20	423	284	177	110	130	215	178	280	256	$\phi39$	$\phi114$	$\phi150$	4-$\phi18$	4-$\phi14$
SL(S)10-6	80	20	483	324	177	110	130	215	178	280	256	$\phi39$	$\phi114$	$\phi150$	4-$\phi18$	4-$\phi14$
SL(S)10-8	80	20	548	348	197	120	130	215	178	280	256	$\phi39$	$\phi114$	$\phi150$	4-$\phi18$	4-$\phi14$
SL(S)10-10	80	20	608	374	218	134	130	215	178	280	256	$\phi39$	$\phi114$	$\phi150$	4-$\phi18$	4-$\phi14$

（2）e-SV 不锈钢立式多级泵

1）说明

泵过流部件完全由不锈钢制成，1、3、5、10、15、22m³/h 标准型号。

标准机械密封更换时无需将电机从泵上拆下（用于 10、15、22、33、46、66、92、125SV）

标准电机可与 Hydrovar 装置联合使用，构成泵送控制系统，省电节能。

规格如下：流量：高达 160m³/h；扬程：高达 330m；电源：三相及单相 50Hz 及 60Hz；功率：标准电机 0.37～55kW；最大工作压力：$PN25～40$ 用于 $1～22eSV$，$PN16$、$PN25$、$PN440$ 用于 33～125eSV；泵送流体温度：标准版：$-30～120℃$/在热水设计中可高达 180℃；防护：IP55；绝缘等级：F；组合：配 Hydroval 和其他 VDF（在泵增压器成套设备中）；材质：过流部件 SUS316 不锈钢。

2）型号意义

1，3，5，10，15，22SV 系列

例 22SV10F110T

22——流量 22m³/h；

SV——系列泵；

10——叶轮数量为 10；

F——F 型（AISI304）：圆形法兰；

110——电机额定功率 11kW＊10，频率为 50Hz，三相（＊国产产品只提供 F、N 型，其他为进口产品选项）；

T——频率为 50Hz，三相。

33，46，66，92，125SV 系列

例 125SV8/2AG550T

125——流量 125m³/h；

SV——系列泵；

8——叶轮数量为 8，其中包括 2 个小叶轮；

G——G 型（AISI304/铸铁）：圆形法兰；

550——电机额定功率 55kW＊10；

T——频率为 50Hz，三相。

3）性能参数

e-SV 不锈钢立式多级泵型谱图如图 15.1-16 所示。

4）水泵尺寸（图 15.1-17、表 15.1-17）

e-SV 不锈钢立式多级离心泵安装尺寸表　　　　　　　表 15.1-17

泵型号	电机		尺寸（mm）												质量（kg）	
	功率（kW）	规格	L_1	L_2		L_3	L_4	L_5	L_6	M		D_1		D_2	泵头	总质量
				单相	三相					单相	三相	单相	三相			
1SV02	0.37	71	278	221	214	—	—	253	253	110	110	138	138	105	8.3	14.5
1SV03	0.37	71	278	221	214	—	—	253	253	110	110	138	138	105	8.6	14.8

续表

泵型号	电机		尺寸（mm）												质量（kg）	
	功率（kW）	规格	L_1	L_2		L_3	L_4	L_5	L_6	M		D_1		D_2	泵头	总质量
				单相	三相					单相	三相	单相	三相			
1SV04	0.37	71	298	221	214	—	—	273	273	110	110	138	138	105	9	15.2
1SV05	0.37	71	318	221	214	—	—	293	293	110	110	138	138	105	9.4	15.6
1SV06	0.37	71	338	221	214	—	—	313	313	110	110	138	138	105	9.8	16
1SV07	0.37	71	358	221	214	358	207	333	333	110	110	138	138	105	10.2	16.4
1SV08	0.55	71	378	221	214	378	227	353	353	110	110	138	138	105	10.5	16.8
1SV09	0.55	71	398	221	214	398	247	373	373	110	110	138	138	105	10.9	17.2
1SV10	0.55	71	418	221	214	418	267	393	393	110	110	138	138	105	11.3	17.6
1SV11	0.55	71	438	221	214	438	287	413	413	110	110	138	138	105	11.7	18
1SV12	0.75	80	468	246	272	468	307	443	443	152	150	157	160	120	12.7	23.7
1SV13	0.75	80	488	246	272	488	327	463	463	152	150	157	160	120	13.1	24.1
1SV15	0.75	80	528	246	272	528	367	503	503	152	150	157	160	120	13.9	24.9

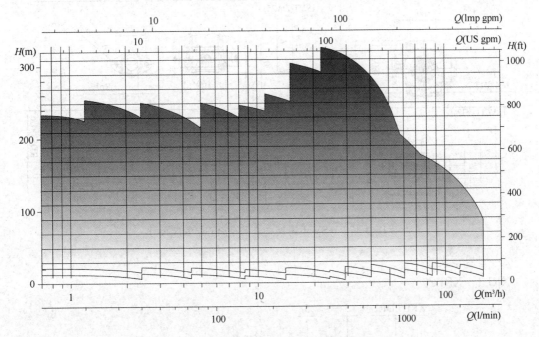

图 15.1-16　e-SV 不锈钢立式多级泵型谱图

注：此泵由赛莱默（中国）有限公司提供。

（3）XRL 立式多级不锈钢水泵

1）说明

XRL 水泵为非自吸式立式多级离心泵，水泵管道式安装，泵进出水口在底部同一轴线上。与管路连接采用法兰连接模式。安装方便、占地面积小。水泵的导叶、叶轮等零件采用不锈钢钢板冲压成型，激光焊接而成，重量轻，结构紧凑，节能环保。水力部件经过CFD优化设计，效率高，耗能低。过流部件全部采用食品级不锈钢制造，广泛应用于建筑给水、消防、增压、灌溉、工业、水处理等领域，用于输送稀薄清洁且不含固体颗粒或纤维的液体或输送具有轻度腐蚀且不含固体颗粒的化学液体。

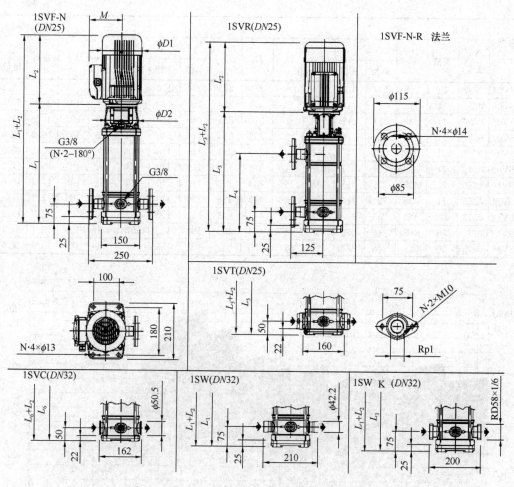

图 15.1-17　e-SV 不锈钢立式多级离心泵安装尺寸

2）型号意义
XRL1～XRL20

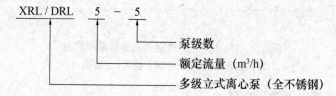

XRL32～XRL90

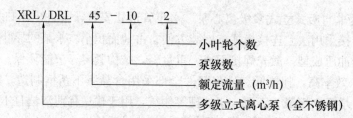

规格说明见表 15.1-18。

XRL 立式多级不锈钢水泵规格 表 15.1-18

规格	XRL1	XRL2	XRL3	XRL4	XRL5	XRL10	XRL15	XRL20	XRL32	XRL45	XRL64	XRL90
流量范围 (m^3/h)	0.7~2.4	1~3.5	1.2~4.5	2~8	2.5~8.5	5~13	8.5~23	11~29	15~40	25~55	30~85	45~130
最大压力 (MPa)	2.2	2.3	2.4	2.1	2.4	2.2	2.3	2.5	2.8	3.3	2.2	2.0
温度范围 (℃)	-15~120											
法兰	DN25	DN25	DN25	DN32	DN32	DN40	DN50	DN50	DN65	DN80	DN100	DN100

注：专业公司相关网站一般会提供在线选型，软件自动生成性能曲线和安装尺寸。

3）性能曲线（图 15.1-18）

4）泵型选择

泵型选择应基于泵性能曲线中的额定流量点，应考虑高度差带来的压力损失、管路和阀门的阻力损失、泵材料，以及水泵的汽蚀性能、温度等因素。性能曲线中的粗线为水泵的建议运行范围，一般取在最高效率点按比率降低 8% 的范围内为最佳。

5）安装

安装该泵时，必须在一个水平、光滑和坚硬的基础上钻孔并用螺栓将泵固定在基础上。基础必须足以对泵的整体提供永久性的稳固支撑。室外安装时，应该使用挡雨棚，用以遮盖并保护电机和水泵。水泵要安装在通风、干燥、不结冰的地方。为了便于泵和电机的检修应留出足够的空间。安装管路时，管路重量、阀门重量、及管路附件重量不能承受在水泵上。

6）关停水泵

关停水泵时，先关闭排出侧隔离阀，再关闭水泵电源，最后关闭吸入侧隔离阀。

注：此型号水泵由上海中韩杜科泵业制造有限公司提供。

（4）CDM 轻型立式多级离心泵

1）说明

该泵为轻型立式多级离心泵，适用于输送常温清水及物化性质类似于水的液体。

该泵主要适用范围：楼宇供水系统、冷却及空调系统、水处理系统、工业清洗系统、消防系统、锅炉给水系统、以及其他工业应用系统。特别是在高层住宅、宾馆、学校、医院、商业等建筑中应用广泛。

设备组成及主要部件：轻型立式多级离心泵由电机、泵头、机械密封、出水导叶、导叶、导流器、进出水段、轴承、叶轮、轴等零部件组成。具体结构如图 15.1-19 所示。

2）型号意义

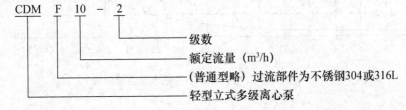

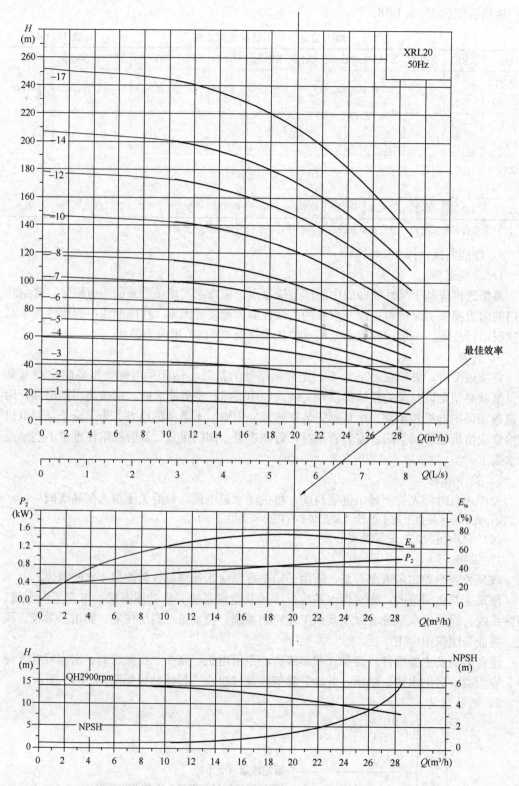

图 15.1-18 XRL 立式多级不锈钢水泵性能曲线

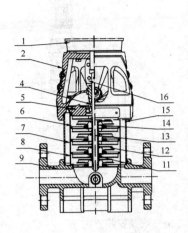

序号	名称	材料	AISI/ASTM
1	电机		
2	泵头	铸铁	ASTM25B
4	机械密封	碳化钨/石墨	
5	出水导叶	不锈钢	AISI304
6	导叶	不锈钢	AISI304
7	支撑导叶	不锈钢	AISI304
8	导流器	不锈钢	AISI304
9	进出水段	铸铁	ASTM25B
11	轴承	碳化钨	
12	叶轮	不锈钢	AISI304
13	轴	不锈钢	AISI304
14	叶轮隔套	不锈钢	AISI304
15	耐压筒	不锈钢	AISI304
16	联轴器	碳钢/粉末冶金	

图 15.1-19　CDM 轻型立式多级离心泵结构

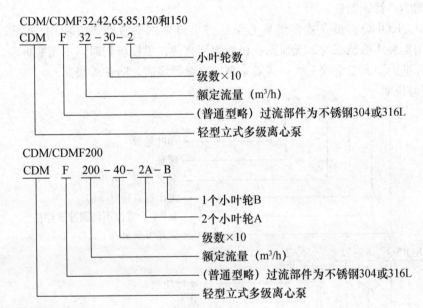

3) 性能参数

基本参数：流量：$0.5 \sim 240 \mathrm{m^3/h}$；扬程：最高 300m；材质：不锈钢 304；液体温度：$0 \sim 120 ℃$；电压：交流 380V。

4) 设备外形及安装（图 15.1-20）

(5) KQDP（Q）轻型立式多级离心泵

1) 说明

该系列轻型立式多级离心泵，分为 KQDP 型、KQDQ 型。适用于建筑给水、锅炉供水、空调冷却、热水循环、消防等场合，可输送清水或类似于清水的液体，KQDQ 型还可用于饮料、医药等领域。KQDP 轻型立式多级离心泵主要零件如叶轮、导叶中段、轴

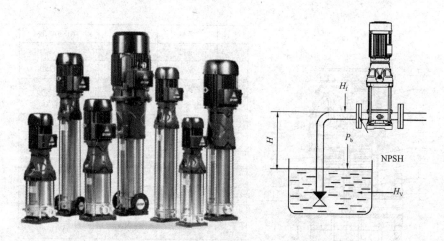

图 15.1-20　CDM 轻型立式多级离心泵外观及安装方法
注：此型号水泵由南方中金环境股份公司提供。

等用不锈钢制造（部分过流部件的材质为铸铁）。刚性联轴器传动。泵体积小、重量轻、振动小、噪声低、抗腐蚀，高效节能、外形美观。KQDQ 轻型立式多级离心泵，其全部过流部件均为不锈钢制造。

　　KQDP、KQDQ 轻型立式多级离心泵的进出口在同一直线，方便用户的管路连接。泵轴封采用集装式机械密封，无泄漏。机封维修方便，更换机封时，不需要拆泵。配用电机的能效标准为国家二级或三级。其效率高，绝缘等级高，防护等级高。

　　2）型号说明

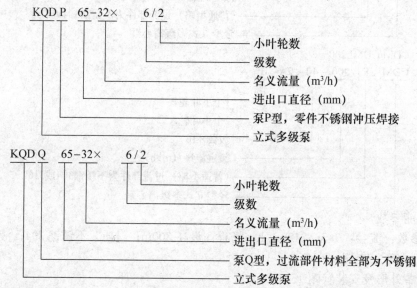

　　3）性能参数：转速：2900r/min（50Hz）；液体：清洁水或理化性能类似于水的液体；液体温度：$-20\sim105℃$；环境温度：最高 40℃，海拔高度小于 1000m；流量范围：$0.8\sim130m^3/h$；扬程范围：$16\sim263m$；最大运行压力：KQDP、KQDQ 型吸入口压力＋泵最大压力≤2.5MPa 且进口压力≤1.0MPa。

　　KQDP（Q）轻型立式多级离心泵型谱图如图 15.1-21 所示。

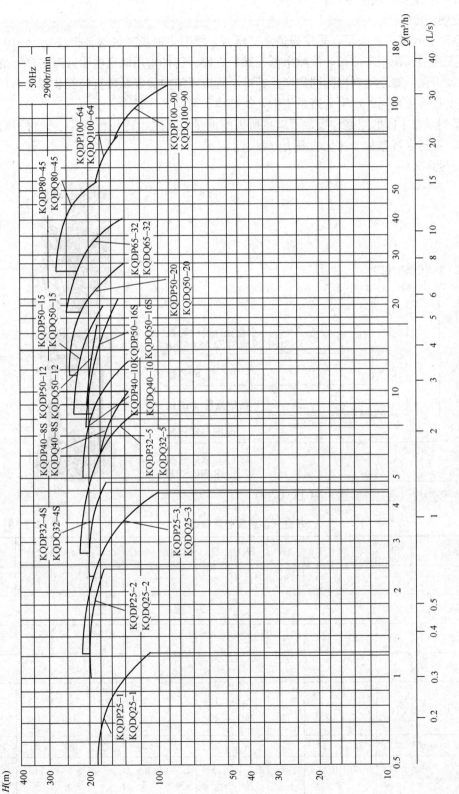

图 15.1-21 KQDP（Q）轻型立式多级离心泵型谱图（50Hz）

注：此型号水泵由上海凯泉泵业（集团）有限公司提供。

（6）SR 立式多级离心泵

1）说明

SR 系列立式多级离心泵，采用先进水力模型，效率比常规多级水泵提高 5%～10%，耐磨损、无泄漏、使用寿命长，故障率低，维护方便。铸件采用四道电泳处理工序，抗腐蚀和气蚀能力强，效率达到国际同类产品标准。管道式结构确保泵可直接安装在进出口同一水平线上且管径相同的水平管路系统中，使结构和管路更为紧凑。

SR 系列泵有不同的规格和级数可满足所需的流量和压力，适用范围广，针对不同行业的需求，可提供可靠和个性化的解决方案。

2）型号意义

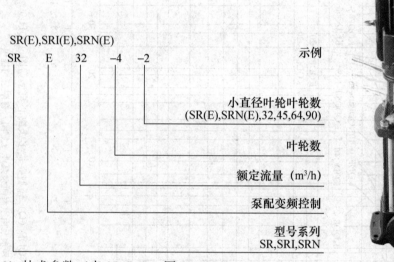

3）技术参数（表 15.1-19、图 15.1-22）

SR 立式多级离心泵参数

表 15.1-19

范围	SR	SR	SR	SR	SR	SR	SR	SR	SR	SR	SR	SR
名义流量(m³/h)	1	3	5	10	15	20	32	45	64	90	120	150
温度范围(℃)						−20～120						
泵最大效率(%)	48	58	66	70	72	72	78	79	80	81	75	72
SR 泵												
SR：流量范围(m³/h)	0.7～2.4	1.2～4.5	2.5～8.5	5～13	9～24	11～29	15～40	22～58	30～85	45～120	60～160	75～180
SR：最大压力(bar)	22	24	24	22	23	25	28	33	22	20	21	19
SR：电机功率(kW)	0.37～2.2	0.37～3	0.37～5.5	0.37～7.5	1.1～15	1.1～18.5	1.5～30	3～45	4～45	5.5～45	11～75	11～75

续表

范围	SR	SR	SR	SR	SR	SR	SR	SR	SR	SR	SR	SR
SRE 泵												
SRE：流量范围(m³/h)	0.7～2.4	1.2～4.5	2.5～8.5	5～13	9～24	11～29	15～40	22～58	30～85	45～120	60～120	75～180
SRE：最大压力(bar)	22	24	24	22	23	25	28	26	20	20	6	5
SRE：电机功率(kW)	0.37～2.2	0.37～3	0.37～5.5	0.37～7.5	1.1～15	1.1～18.5	1.5～22	3～22	4～22	5.5～22	22	22
材料形式												
SR，SRE：铸铁和不锈钢 AISI 304	•	•	•	•	•	•	•	•	•	•	•	•
SRI，SRIE：不锈钢 AISI 304	•	•	•	•	•	•	○	•	○	○	○	○
SRN，SRNE：不锈钢 AISI 316	•	•	•	•	•	•		•			•	•
SR(E)，SRI(E)，SRN(E)管路接口												
法兰	DN25/DN32	DN25/DN32	DN25/DN32	DN40	DN50	DN50	DN65	DN80	DN100	DN100	DN125	DN125

注："•"标准型号，"○"可选型号。

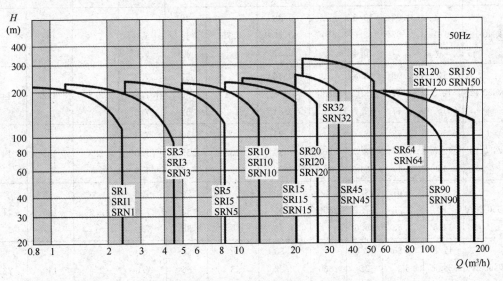

图 15.1-22　SR 立式多级离心泵型谱图

(注：此型号水泵由上海熊猫机械（集团）有限公司提供)

15.1.5 BG 型管道离心泵

1. 说明

BG 型泵适用于输送温度不超过 80℃的清水、石油产品及其他无腐蚀性液体。可供城市给水、供暖、管道中途加压之用。性能范围：流量 Q：2.5～25m³/h；扬程 H：4～20m。

2. 型号意义

例 BG50-20A

BG——单级管道式离心泵；

50——泵出、入口直径（mm）；

20——泵设计点扬程值（m）；

A——泵叶轮直径经第一次切割。

BG 型立式单级离心管道泵，其结构简单、重量轻、安装维修方便。泵的入口和出口在一条直线上，能直接安装在管道之中。所以占地面积小、不要安装基础。其性能见表 15.1-20，其外形和安装尺寸见图 15.1-23、表 15.1-21。

BG 型管道离心泵性能　　　　　　　　　表 15.1-20

泵型号	流量 Q		扬程 H (m)	转速 n (r/min)	功率 N		效率 η (%)	允许吸上真空高度 H_a (m)	汽蚀余量 ΔH (m)	叶轮直径 D_2 (mm)	泵重 W (kg)
	(m³/h)	(L/s)			轴功率 (kW)	电机功率 (kW)					
BG40-8	4.8	1.33	9.6		0.26		46	5.3			
	6.0	1.37	9.3	2800	0.29	0.37	52	6	2.3	92	
	7.2	2.00	8.8		0.33		55	3.0			
BG40-12	3.8	1.07	13.6		0.38		38	7.6			
	6.0	1.67	12.5	2800	0.47	0.75	44	7.0	2.3	108	
	7.7	2.14	10.4		0.51		42	7.0			
BG50-12	10	2.78	13.8		0.66		57	7.3			
	12.5	3.47	13.2	2830	0.75	1.1	60	7.5	2.3	112	14
	15	4.17	12.7		0.84		62	7.5			
BG50-20	10	2.78	23		1.25		50	7.3			
	12.5	3.47	22.5	2860	1.39	2.2	55	7.3	2.3	138	14
	15	4.17	21		1.48		58	7.0			
BG50-20A	9.6	2.67	18.3		0.89		50	7.3			
	12	3.33	17.7	2860	1.05	2.2	55	7.3	2.3	125	14
	14.5	4.03	16.6		1.13		58	7.0			
BG65-20	17.5	4.86	22.5		1.85		58	8.0			
	24.5	6.8	22	2880	2.22	3	66	7.5	2.5	140	22
	30	8.33	21		2.45		69	7.0			
BG65-20A	17.5	4.86			1.53		58	8.0			
	21.5	6.19	16	2880	1.47	2.2	66	7.5	2.5	125	22
	26.0	7.44			1.77		68	7.1			

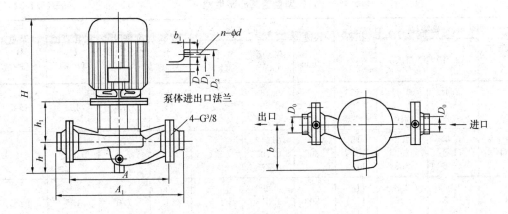

图 15.1-23 BG 型泵外形和安装尺寸

BG 型泵外形和安装尺寸（mm）　　　　　　　表 15.1-21

泵型号	泵外形和安装尺寸						进、出口法兰						结构形式	轴封型号	电机	
	A	A_1	h	h_1	H	b	D	D_0	D_1	D_2	$n-\phi d$	b_1			型号	功率
BG40-8	270	326	93	143	432	<95	40	G1½″	$\phi100$	$\phi130$	4-$\phi14$	16	甲型	D20	1AD7112/T2	370W
BG40-12	270	326	89	143	461	<95	40	G1½″	$\phi100$	$\phi130$	4-$\phi14$	16	甲型	D20	1AD7132/T2	750W
BG50-12	350	410	103	129	507	<140	50	G2″	$\phi110$	$\phi140$	4-$\phi14$	16	乙型	D20	JO2/12/2/T2	1.1kW
BG50-20	370	430	93	152	555	<155	50	G2″	$\phi110$	$\phi140$	4-$\phi14$	16	乙型	D20	JO2/22/2/T2	2.2kW
BG50-20A	370	430	93	152	555	—	50	G2″	$\phi110$	$\phi140$	4-$\phi14$	16	乙型	D20	JO2/21/2/T2	1.5kW
BG65-20	452	516	113	152	595	<180	65	G2½″	$\phi130$	$\phi160$	4-$\phi14$	16	乙型	D20	JO2-31-2/T2	3kW
BG65-20A	452	516	113	152	575	<155	65	G2½″	$\phi130$	$\phi160$	4-$\phi14$	16	乙型	D20	JO2-22-2/T2	2.2kW

注：1.370W 电机根据用户需要也可供应单相 200V 电机（1BO7112/T2）。

2.1.1kW 以上电机可供应防爆电机。

15.1.6　G 型管道离心泵

1. 说明

G 型泵供输送温度低于 80℃无腐蚀性的清水或物理、化学性质类似清水的液体。泵可以安装在水平管道中或竖直管直管道中运行。也可多台串联或并联运行。适合于输送循环水或高层建筑供水。

2. 型号意义

例 G32

G——管道离心泵；

32——泵出入口直径（mm）。

3. 性能参数

G 型管道离心泵性能见表 15.1-22。

G 型管道离心泵性能 表 15.1-22

泵型号	流量 Q		扬程 H (m)	转速 n (r/min)	功率 N		效率 η (%)	允许吸上真空高度 H_a (m)	叶轮直径 D_2 (mm)	泵重 W (kg)
	(m³/h)	(L/s)			轴功率 (kW)	电机功率 (kW)				
G32	2.4	0.67	12		0.163		48	7.7		
	6.0	1.67	10	2800	0.297	0.75	55	7.5	105	35.5
	7.2	2.0	8		0.367		57	7.2		
G40	6.9	1.9	15		0.512		55	7.5		
	11.5	3.2	13.5	2800	0.705	1.1	60	7.3	112	42
	13.8	3.8	11.5		0.745		58	7.0		
G50	10	2.8	18		0.98		50	7.3		
	16.8	4.67	15.5	2800	1.313	1.5	54	7.0	125	51.5
	20	5.55	12		1.334		49	6.8		
G65	18	5	20		1.61		61	7		
	27	7.5	18.5	2800	1.94	2.2	70	6.5	130	56
	32	8.9	16		2.05		68	6		
G80	30	8.33	21.5		2.47		71	7		
	45	12.5	19.5	2800	3.06	4.0	78	6.6	134	85
	54	15	16.5		3.51		69	6		
G100	39.6	11	29		4.24		70	6.5		
	66	18.33	26	2900	6.23	7.5	75	6	147	192.3
	79	22	23		6.87		72	5.5		
G100A	36	10	23		3.316		68	6.3		
	60	16.67	21	2900	4.70	5.5	73	5.8	132	146.3
	72	20	19		5.32		70	5.3		

G 型泵是立式单吸离心泵,泵的出入口为水平,互成 180°。

G 型泵外形和安装尺寸见图 15.1-24、表 15.1-23。

G 型泵外形和安装尺寸(mm) 表 15.1-23

泵型号	泵外形和安装尺寸								进、出口法兰					泵重 W (kg)
	A	B	C	D	E	H	K	T	DN	D_1	D_2	D_3	n-φd	
G32	140	280	80	100	241	421	125	100	32	78	100	135	4-φ18	36.5
G40	150	300	90	100	241	431	35	110	40	85	110	145	4-φ18	42
G50	165	330	100	113	256	469	140	115	50	100	125	160	4-φ18	51.5
G65	200	400	110	110	280	501	160	130	65	120	145	180	4-φ18	56
G80	225	450	140	120	391	651	200	160	80	135	160	195	4-φ18	85
G100	250	500	160	125	485	770	220	180	100	155	180	215	8-φ18	192.3
G100A	250	500	160	125	391	676	220	180	100	155	180	215	8-φ18	146.3

4. 典型产品

(1) DP 单级离心式水泵(管道泵)

1)说明

该产品适用于输送清洁、稀薄、无腐蚀、非易燃易爆,且不含任何可能对泵造成机械和化学损害的固体颗粒和纤维的液体;而在液体黏稠和密度较大的情况下使用时会造成泵特性曲线的下降和能耗的增加。输送液体温度：
-15~110℃。最大工作压力：常规型为
PN25（bar）。它是一款高效率单级离心泵，
主要应用于建筑供水增压、建筑热水循环、
空调供暖、建筑中水、工业建筑等领域。整
机采用模块化结构设计，通用性好，水泵与
电机采用联轴器连接，集装式机械密封易于
维护，高效水力模型，良好的抗气蚀性能，
管道型安装，维护简便。

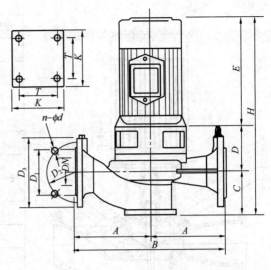

　　性能：流量（Q）范围：8~1000m³/
h；扬程（H）范围：9~95m；配用电机
功率范围：2.2~160kW；泵进出水口范
围：DN32~DN300。

　　2）型号意义

　　以 DP50-24/2 型号名称说明

图 15.1-24　G 型泵外形和安装尺寸

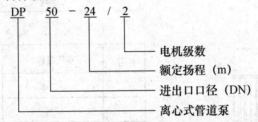

　　（注：一般配有设计在线选型软件，可自动生成性能曲线和安装尺寸）

　　3）尺寸参数

　　产品采用电机与泵可分离式结构，泵部分设计为可拉出形式。DP32~DP150 电机轴
与泵轴采用轴孔配合形式，结构紧凑。DP200 及以上口径的产品设计采用整体便拆机械
密封，更换机械密封时无需拆卸电机。

　　DP 单级离心式水泵结构如图 15.1-25 所示。

　　（2）SLG 立式管道泵

　　1）说明

　　SLG 管道泵是在引进国外先进技术的基础上，自行研制开发的新一代节能、环保立
式管道泵，采用分体结构，配有标准电机和机封，使泵内输送的液体避免受到杂质的影
响。该系列产品运转平稳，噪声低，占地面积小，检修方便。

　　2）型号意义

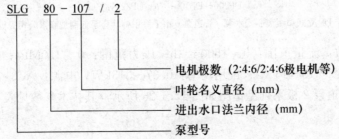

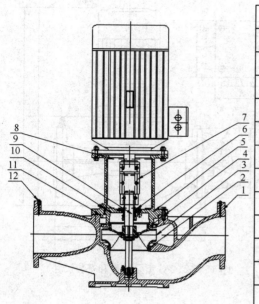

序号	零件名称	材料
1	泵体	铸铁/球铁 HT250/QT450-10
2	口环	球铁 QT450-10
3	叶轮	铸铁/不锈钢 HT250/06Cr19Ni10
4	密封环	球铁 QT450-10
5	泵盖支架	铸铁/球铁 HT250/QT450-10
6	机械密封	石墨/SiC
7	联轴器	球铁 QT500-7
8	防护板	不锈钢 06Cr19Ni10
9	轴	不锈钢 20Cr13
10	放气螺塞	不锈钢/黄铜 06Cr19Ni10/ZCuZn38
11	"O"形圈	NBR/EPDM/FKM
12	螺塞	不锈钢 06Cr19Ni10

(a)

序号	零件名称	材料
1	泵体	铸铁/球铁 HT250/QT450-10
2	口环	球铁 QT450-10
3	叶轮	铸铁/不锈钢 HT250/06Cr19Ni10
4	泵盖支架	铸铁/球铁 HT250/QT450-10
5	机械密封	石墨/SiC
6	防护板	不锈钢 06Cr19Ni10
7	轴	不锈钢 20Cr13/45-20Cr13
8	放气螺塞	不锈钢/黄铜 06Cr19Ni10/ZCuZn38
9	"O"形圈	NBR/EPDM/FKM
10	螺塞	不锈钢 06Cr19Ni10

(b)

图 15.1-25 DP 单级离心式水泵结构

(a) DP200~DP300；(b) DP32~DP150

注：DP 立式单级离心式水泵（管道泵）由上海中韩杜科泵业制造有限公司提供。

3）性能参数：流量范围：0~1500m³/h；压力范围：0~1.0MPa；工作温度：0~40℃；介质温度：-10~150℃；配用功率：0.37~315kW；电源：AC3×380V/50Hz。

SLG 立式管道泵 2 极系列型谱图如图 15.1-26 所示，其技术参数见表 15.1-24。

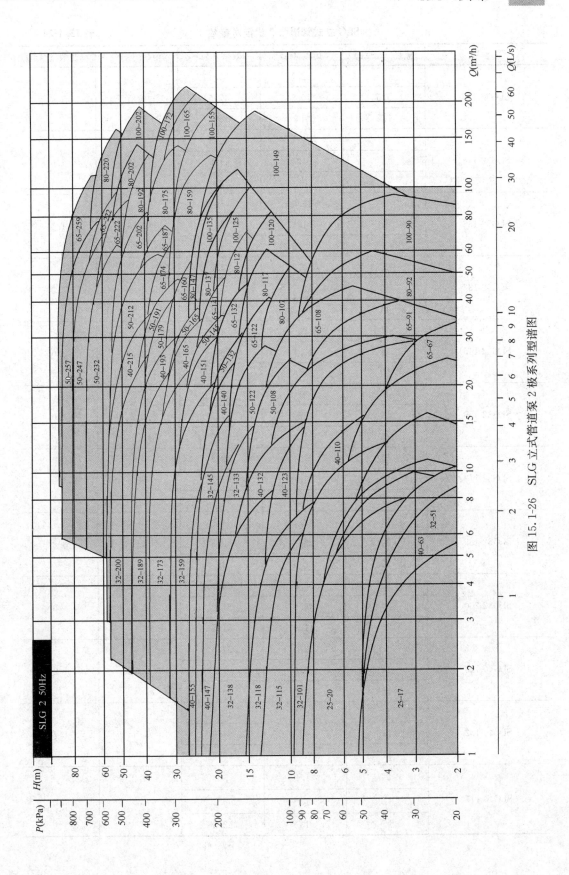

图 15.1-26 SLG 立式管道泵 2 极系列型谱图

SLG 立式管道泵 2 极技术参数 表 15.1-24

泵型号	流量（m³/h）	扬程（m）	效率（%）	电机（kW）	汽蚀余量（m）
SLG32-115	3	12.7	39.4	0.37	1.0
	5.5	10.5	47.5		
	7.5	7.6	42		
SLG32-118	4	14.1	40.3	0.55	1.0
	6	12	44.6		
	8	9	39		
SLG32-138	4	19.6	40	0.75	1.0
	6	17	45		
	8	13.2	43		
SLG32-133	7	19.2	44.5	1.1	3.0
	12	16.7	53		
	14	14.8	52.1		
SLG32-145	7	24	45	1.5	3.0
	14	19.7	55		
	16	17.6	53.7		
SLG32-159	8	31	47	2.2	3.0
	16	26	57.3		
	20	21.3	54.2		
SLG32-173	10	37.4	49.8	3.0	3.0
	18	31.7	57.3		
	21	28.2	56.2		
SLG32-189	12	42.2	44.9	4.0	3.0
	20	35	49.8		
	22	32.5	49		
SLG32-200	12	53.8	44.9	5.5	3.0
	20	46.3	51.2		
	24	41.3	51.2		
SLG40-123	5	12.5	57.5	0.55	1.2
	11	10.6	71		
	16	7.8	63		
SLG40-132	6	16.4	49.8	1.1	1.2
	11	13	57.8		
	14	9.6	53.8		
SLG40-147	7	21.1	50	1.5	1.2
	11	18	55.3		
	15	13	52.5		

泵型号	流量（m³/h）	扬程（m）	效率（%）	电机（kW）	汽蚀余量（m）
SLG40-155	7	24.2	51	0.75	1.2
	12	20.3	57.2		
	15	16.7	54.9		
SLG40-140	12	22.5	49.6	2.2	1.9
	20	19.9	57.5		
	25	16.7	55		
SLG40-151	14	28.2	52.5	3.0	1.7
	24	24.3	60.2		
	30	20	56.2		
SLG40-165	15	34.5	52.7	4.0	1.7
	26	29.8	61.2		
	35	22.5	55.5		
SLG40-193	16	42.3	47.2	5.5	1.7
	22	37.8	51.3		
	27	33.2	50.1		
SLG40-215	18	54.2	49	7.5	1.7
	28	47	52.9		
	34	40.8	51.7		
SLG50-122	12	18	55.3	1.5	1.8
	22	15.5	68.7		
	26	13.7	67		
SLG50-132	14	21.8	60.5	2.2	1.8
	24	19.1	70.3		
	29	16.6	68.5		
SLG50-145	16	27.3	62.5	3.0	1.8
	28	23.2	72.2		
	34	20.4	69		
SLG50-165	20	32.6	58.7	4.0	2.0
	30	29	64.8		
	35	26	63.7		
SLG50-179	20	40	57.5	5.5	2.0
	35	34	67		
	43	28	63.5		
SLG50-191	23	42.5	50	7.5	2.0
	35	38	57		
	45	31.5	55		

续表

泵型号	流量（m³/h）	扬程（m）	效率（%）	电机（kW）	汽蚀余量（m）
SLG50-212	30	53	52.5	11	2.0
	45	46.3	58.5		
	55	39	55.3		
SLG50-232	30	69	52.5	15	2.0
	53	59.2	62.3		
	60	55	61.2		
SLG50-247	35	78	57.5	18.5	2.0
	55	69.3	62.5		
	65	62.5	61.2		
SLG50-257	35	86.5	57.5	22	2.0
	60	75	63		
	70	69	62.1		
SLG65-122	20	17.4	57	2.2	1.5
	32.5	15	66.8		
	40	12.6	64		
SLG65-132	25	20.6	60.8	3.0	1.5
	37.5	18	67.9		
	45	15.2	65		
SLG65-141	20	25	54.5	4.0	1.5
	40	21.7	69.7		
	50	18	66		
SLG65-160	25	33	59.7	5.5	2.0
	50	27.8	72.5		
	55	26	71.8		
SLG65-174	30	39.8	62.5	7.5	2.0
	55	34.5	74.5		
	63	30.6	73		
SLG65-187	32	45.2	56.8	11	2.0
	55	40.2	66.3		
	70	35	63.7		
SLG65-202	35	54.5	58.8	15	2.0
	70	45	67.3		
	80	40	64.4		
SLG65-222	40	64.5	57.5	18.5	2.0
	70	57.5	67.3		
	85	50	65		

SLG 立式管道泵 4 极系列型谱图如图 15.1-27 所示。

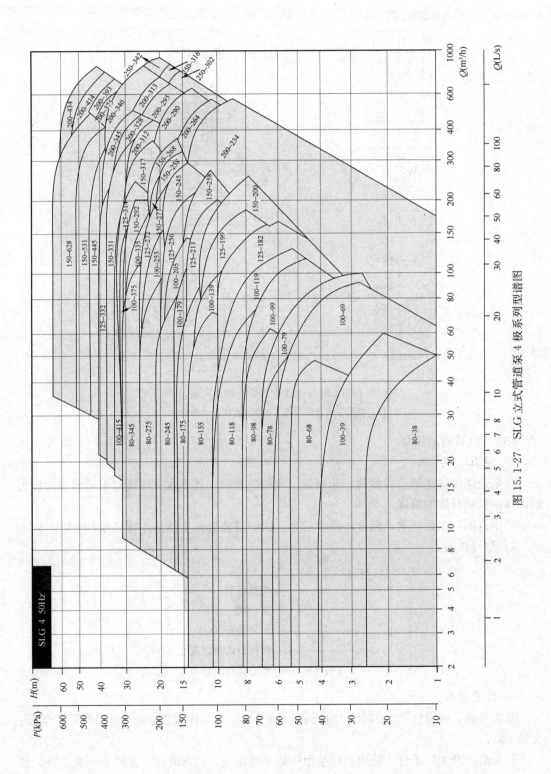

图 15.1-27 SLG 立式管道泵 4 极系列型谱图

4) 水泵外形及尺寸数据 (图 15.1-28)

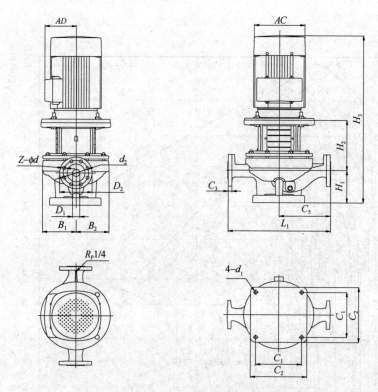

图 15.1-28 SLG 立式管道泵外形及安装尺寸
注：该型号水泵由青岛三利集团有限公司提供。

（3）TD 管道循环泵

1) 说明

该泵适用于输送清洁、稀薄、非侵蚀、非易燃易爆，且不含有可能对泵造成机械损害的固体颗粒和纤维的液体。

适用范围：主循环泵；混合环路中的泵；锅炉混流泵；生活热水循环泵。

2) 型号说明

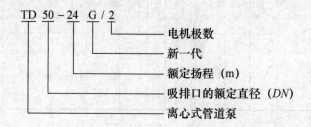

3) 性能参数

基本参数：流量：$2 \sim 1200 \mathrm{m}^3/\mathrm{h}$；扬程：$8 \sim 90\mathrm{m}$；液体温度：$-15 \sim 110℃$；电压：交流 380V。

设备组成及主要部件：管道循环泵由铸造零件组成，包含叶轮、泵体、泵头、轴、机械密封，动力机械为三相异步电机。具体结构如图 15.1-29 所示。

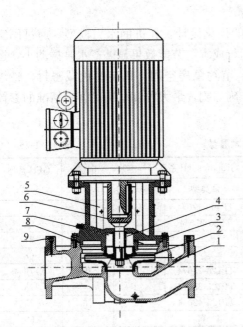

序号	零件名称	材料
1	泵体	铸铁HT200
2	叶轮	铸铁/不锈钢 HT200/ZG07Cr19Ni9
3	泵头	铸铁HT200
4	机械密封	石墨/碳化硅
5	防护板	不锈钢 06Cr19Ni10
6	轴	不锈钢20Cr13
7	放气组合件	不锈钢06Cr19Ni10
8	"O"形圈	丁腈橡胶NBR
9	螺堵	不锈钢06Cr19Ni10

图 15.1-29 TD管道泵结构

4）设备外形及安装（图15.1-30）

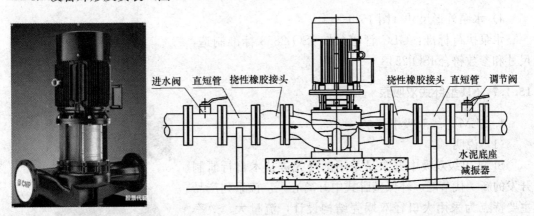

图 15.1-30 TD管道泵外形及安装示意
注：此型号水泵由南方中金环境股份公司提供。

（4）GLC管道泵

1）说明

GLC管道泵为单级单吸离心泵，侧向进水，侧向同线出水，泵壳底部带支撑且一体铸造。水泵与电机之间采用刚性轴器联接。标准型密封为长寿命、耐磨机械密封。适用于增压供水、暖通空调系统、消防喷淋系统、喷洒浇灌、工业水输送和加压及工业流程水输送。

2）水泵主要参数：最大流量：360m³/h；最高扬程：160m；最高工作压力：16bar/25bar；工作温度：-15~120℃；额定转速：2900rpm/1450rpm；进出水口口径：$DN50$~$DN250$。

3）水泵的特点

基于 CFD 计算机流体设计技术，进行泵壳的优化设计，先进的水力模型，通过国家权威第三方检验；高水力效率，从而降低水泵运行成本，节能效果显著；水泵振动小，运行稳定；刚性联轴器紧凑型设计，安装空间小，节约泵房空间；集装式机械密封，易维护；叶轮可以在有效范围根据用户的需要进行准确切割，最大程度地满足客户精准的参数要求；模块化设计。其技术参数见表 15.1-25。

GLC 管道泵技术参数　　　　　　表 15.1-25

序号	泵型号	转速 (r/min)	流量 (m³/h)	扬程 (m)	效率 (%)	Grundfos TP 系列（样本）		国标 (%)	GFC 系列 (%)
						泵类型	效率（%）		
1	GLC100-200	1450	80	15	79	TP100-170/4	79	76	77
2	GLC100-250	1450	80	25	76	TP80-270/4	73	72	74
3	GLC100-315	1450	100	38	74	/		70	71
4	GLC100-400	1450	160	60	75	/		70	68
5	GLC125-200	1450	150	14	81	TP125-160/4	79	80	79
6	GLC125-250	1450	160	23	79	TP125-250/4	72	79	78
7	GLC125-315	1450	160	37	77	TP125-420/4	73	76	75
8	GLC125-400	1450	200	59	74	/		73	68
9	GLC150-250	1450	260	22	84	TP150-220/4	82	81.5	81
10	GLC150-315	1450	280	35	83	TP150-390/4	84	81	78
11	GLC150-400	1450	340	60	81	/		78.5	76

4）水泵外形尺寸（图 15.1-31）

水泵执行标准：GLC 管道泵按 ISO 2858 标准制造，尺寸和参数符合 ISO 2548。

15.1.7　SH 型卧式双吸泵

1. SLM 单级双吸中开泵

（1）说明

SLM 单级双吸中开泵是采用国外先进技术自行研制开发的新一代节能、环保型卧式中开离心泵。该系列产品主要特点为采用大口径双蜗壳结构设计，流量大、效率高、运行平稳、噪声低、适用性广。

（2）型号意义

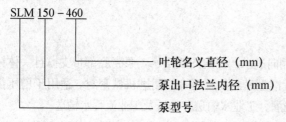

图 15.1-31　TD 管道泵外形及安装示意
注：此泵由赛莱默（中国）有限公司提供。

（3）性能参数：流量范围：50～18000m³/h；压力范围：0.1～1.6MPa；工作温度：0～40℃；介质温度：－20～120℃；配用功率：3.0～450kW；电源：AC3×380V/50Hz。

SLM 单级双吸中开泵系列型谱图如图 15.1-32 所示，其技术参数见表 15.1-26。

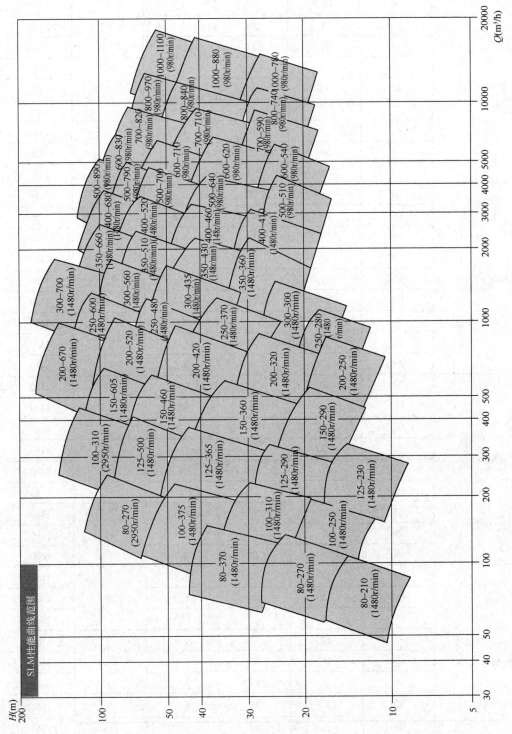

图 15.1-32 SLM 单级双吸中开泵系列型谱图

SLM 单级双吸中开泵技术参数　　　　　表 15.1-26

泵型号	流量（m³/h）	扬程（m）	效率（%）	轴功率（kW）	电机（kW）	转速（r/min）
SLM80-210	57	15.8	78	3.1		1480
	81	14	83	3.7	5.5	1480
	97	12.4	81	4		1480
	45	13.8	76	2.2		1480
	64	12	81	2.6	4	1480
	77	11	79	2.8		1480
	41	12	75	1.7		1480
	58	10	80	2	3	1480
	70	9	78	2.2		1480
SLM80-270	70	26	75	6.6		1480
	100	23	80	7.8	11	1480
	120	21	78	8.8		1480
	64	22	72	5.3		1480
	91	19	78	6	7.5	1480
	109	17	76	6.6		1480
	50	19	73	3.5		1480
	72	17	78	4.3	5.5	1480
	86	15	76	4.6		1480
SLM80-370	77	40	71	11.8		1480
	110	37	76	14.6	18.5	1480
	132	32	74	15.5		1480
	61	35	70	8.3		1480
	87	32	75	10.1	15	1480
	104	28	73	10.9		1480
	55	30	69	6.5		1480
	79	27	74	7.8	11	1480
	95	24	72	8.6		1480
SLM100-250	97	20	78	6.8		1480
	139	18	83	8.2	11	1480
	167	16	81	9		1480
	80	20	78	5.6		1480
	114	18	83	6.7	7.5	1480
	137	16	81	7.1		1480
	69	15.8	76	3.9		1480
	99	14	82	4.7	5.5	1480
	119	12.4	80	5.1		1480

续表

泵型号	流量（m³/h）	扬程（m）	效率（%）	轴功率（kW）	电机（kW）	转速（r/min）
	124	32.5	76	14.4		1480
	177	29	81	17.3	22	1480
	202	26	79	18.1		1480
	118	30	76	12.7		1480
	169	27	81	15.3	18.5	1480
	196	24	79	16.2		1480
SLM100-310	102	31	76	11.3		1480
	145	28	81	13.6	15	1480
	165	25	80	14		1480
	89	24.5	74	8		1480
	127	22	79	9.6	11	1480
	145	19	77	9.7		1480
	124	55	72	26.1		1480
	177	48	76	30.4	37	1480
	212	42	74	32.8		1480
	113	44	69	19.6		1480
	161	40	74	23.7	30	1480
SLM100-375	193	34	72	24.8		1480
	81	48	69	15.3		1480
	116	42	74	17.9	22	1480
	139	36	72	18.9		1480
	78	42	68	13.1		1480
	111	39	73	16.1	18.5	1480
	133	34	71	17.3		1480
	185	15.8	82	9.7		1480
	264	14	87	11.6	15	1480
	306	12.4	85	12.2		1480
	137	14.8	81	6.8		1480
SLM125-230	195	13	86	8	11	1480
	234	11.5	84	8.7		1480
	124	12.6	80	5.3		1480
	177	11	85	6.2	7.5	1480
	212	9.8	83	6.8		1480

泵型号	流量（m³/h）	扬程（m）	效率（%）	轴功率（kW）	电机（kW）	转速（r/min）
	181	28	80	17.2		1480
	258	25	85	20.7	30	1480
	310	22	83	22.4		1480
	172	24.5	79	14.5		1480
	246	22	84	17.5	22	1480
	295	19	82	18.6		1480
SLM125-290	142	24.5	79	12		1480
	203	22	84	14.5	18.5	1480
	244	19	82	15.4		1480
	129	21	77	9.6		1480
	184	18	82	11	15	1480
	221	16	80	12		1480
	216	54	80	39.7		1480
	309	47	85	46.5	55	1480
	371	41	84	49.3		1480
	197	43	78	29.6		1480
	282	39	83	36.1	45	1480
SLM125-365	338	33	81	37.5		1480
	189	39	77	26.1		1480
	270	36	82	32.3	37	1480
	324	31	80	34.2		1480
	148	35	75	18.8		1480
	212	32	80	23.1	30	1480
	254	28	78	24.8		1480
	223	75	77	59.1		1480
	318	69	82	72.8	90	1480
	375	63	80	80.4		1480
	202	62	75	45.5		1480
	289	58	80	57	75	1480
SLM125-500	347	50	78	60.6		1480
	166	60	75	36.2		1480
	237	55	80	44.4	55	1480
	284	48	78	47.6		1480
	159	55	74	32.2		1480
	227	51	79	39.9	45	1480
	272	43.5	77	41.8		1480

续表

泵型号	流量（m³/h）	扬程（m）	效率（%）	轴功率（kW）	电机（kW）	转速（r/min）
	312	23	82	23.8		1480
	445	21	87	29.2	37	1480
	534	18	84	31.2		1480
	284	20	81	19.1		1480
	406	18	86	23.1	30	1480
	487	16	83	25.6		1480
	272	18	80	16.7		1480
SLM150-290	388	16	85	19.9	22	1480
	445	14	82	20.7		1480
	223	17	80	12.9		1480
	319	15	85	15.3	18.5	1480
	383	13.8	83	17.3		1480
	214	15.8	80	11.5		1480
	305	14	85	13.7	15	1480
	346	12.4	83	14.1		1480
	313	41	81	43.1		1480
	447	38	86	53.8	75	1480
	536	32.5	84	56.5		1480
	300	38	80	38.8		1480
	429	35	85	48.1	55	1480
	515	30.5	83	51.5		1480
	286	35	80	34.1		1480
SLM150-360	408	32	85	41.8	45	1480
	476	28	83	43.7		1480
	224	31	78	24.2		1480
	320	28	83	29.4	37	1480
	384	24	81	31		1480
	214	29	77	21.9		1480
	306	26	82	26.4	30	1480
	367	23	80	28.7		1480
	351	76	78	93.1		1480
	501	66	83	108.4	132	1480
SLM150-460	601	59	82	117.7		1480
	337	67	77	79.8		1480
	481	61	82	97.4	110	1480
	577	53	81	102.8		1480

续表

泵型号	流量（m³/h）	扬程（m）	效率（%）	轴功率（kW）	电机（kW）	转速（r/min）
SLM150-460	321	60	76	69		1480
	458	55	81	84.7	90	1480
	550	47	80	88		1480
	265	59	75	56.7		1480
	378	53	80	68.2	75	1480
	454	46	78	72.9		1480
SLM150-605	353	105	76	132.8		1480
	504	96	81	162.6	200	1480
	585	87	80	173.2		1480
	321	88	74	103.9		1480
	458	81	79	127.8	160	1480
	550	73	77	141.9		1480
	277	95	74	96.8		1480
	395	85	79	115.7	132	1480
	474	76	77	127.4		1480
	252	80	73	76.2		1480
	360	71	77	90.4	110	1480
	425	63	75	97.2		1480
SLM200-250	457	20	82	30.3		1480
	653	18	87	36.8	45	1480
	784	16	85	40.2		1480
	435	18	81	26.3		1480
	621	16	86	31.5	37	1480
	745	14.8	84	35.7		1480
	416	15.8	80	22.4		1480
	594	14	85	26.6	30	1480
	682	12.4	83	27.7		1480
	326	13.8	78	15.7		1480
	466	12	83	18.3	22	1480
	559	10.5	81	19.7		1480
SLM200-320	466	32	82	49.5		1480
	666	28	87	58.3	75	1480
	799	25	85	64		1480
	424	26	80	37.5		1480
	606	23	85	44.6	55	1480
	727	21	83	50.1		1480

续表

泵型号	流量（m³/h）	扬程（m）	效率（%）	轴功率（kW）	电机（kW）	转速（r/min）
SLM200-320	367	27	80	33.7	45	1480
	524	24	85	40.3		1480
	629	21	83	43.3		1480
	333	22.5	78	26.1	37	1480
	476	20	83	31.2		1480
	570	18	81	32.6		1480
SLM200-420	496	58	82	95.5	132	1480
	708	52	87	115.2		1480
	850	44	85	119.8		1480
	452	50	80	76.9	110	1480
	646	43	85	89		1480
	775	37	83	94		1480
	430	44	80	65.5	90	1480
	617	40	84	80		1480
	740	34	82	83.5		1480
	356	41	78	50.9	75	1480
	508	38	83	63.3		1480
	610	33	81	67.7		1480
SLM200-520	574	101	80	197.3	280	1480
	820	92	85	241.6		1480
	985	82	83	264.6		1480
	550	95	80	180.4	250	1480
	787	85	84	216.8		1480
	944	76	82	238.2		1480
	524	86	78	157.3	220	1480
	750	77	83	189.2		1480
	900	68	81	205.5		1480
	500	80	77	141.7	200	1480
	715	71	82	168.5		1480
	858	64	80	186.9		1480
	425	80	77	119.9	160	1480
	606	71	82	142.8		1480
	708	64	80	154.2		1480
	386	64	75	89.7	132	1480
	550	59	80	110.6		1480
	660	52	78	117.7		1480

续表

泵型号	流量（m³/h）	扬程（m）	效率（%）	轴功率（kW）	电机（kW）	转速（r/min）
SLM200-670	508	137	75	252.6		1480
	725	125	80	308.4	355	1480
	852	115	78	342		1480
	485	126	74	224.8		1480
	693	115	79	274.6	315	1480
	832	100	77	294.1		1480
	420	130	74	200.4		1480
	600	121	79	249.8	280	1480
	685	112	77	271.2		1480
	400	120	73	178.5		1480
	570	110	78	218.8	250	1480
	648	102	76	236.7		1480
SLM250-280	629	23	83	46.4		1480
	899	20	88	55.6	75	1480
	1070	18	86	58.1		1480
	604	20	82	40.1		1480
	863	18	87	48.6	55	1480
	982	16	85	50.3		1480
	575	19	82	36.3		1480
	820	17	87	43.7	55	1480
	956	15	85	45.9		480
	550	17	81	31.4		1480
	785	15	86	37.3	45	1480
	900	14	84	40.3		1480
SLM250-370	657	40	83	86.2		1480
	938	37	88	107.4	132	1480
	1126	32	86	114.1		1480
	624	36	82	74.6		1480
	890	34	87	92.1	110	1480
	1070	29	85	99.4		1480
	596	34	81	68.1		1480
	852	31	86	83.6	90	1480
	987	27	84	86.4		1480
	491	33	80	54.3		1480
	700	30	85	65.1	75	1480
	840	26	83	71.7		1480

续表

泵型号	流量（m³/h）	扬程（m）	效率（%）	轴功率（kW）	电机（kW）	转速（r/min）
SLM250-480	733	74	84	175.8		1480
	1047	66	89	211.4	250	1480
	1256	59	87	231.9		1480
	704	68	83	157		1480
	1005	61	88	189.6	220	1480
	1206	54	86	206.1		1480
	669	65	82	144.4		1480
	956	55	87	164.5	200	1480
	1147	48	85	176.3		1480
	552	59	81	109.5		1480
	789	53	86	132.4	160	1480
	947	46	84	141.2		1480
	526	56	80	100.2		1480
	751	49	85	117.9	132	1480
	901	43	83	127.1		1480
SLM250-600	701	103	78	252		1480
	1000	96	83	315.2	355	1480
	1201	83	81	335		1480
	669	95	77	224.7		1480
	956	88	82	279.3	315	1480
	1108	80	80	301.6		1480
	578	101	77	206.4		1480
	826	93	82	255	280	1480
	963	83	80	272		1480
	550	92	76	181.2		1480
	786	84	81	221.9	250	1480
	943	74	79	240.5		1480
SLM300-300	839	30	83	82.6		1480
	1199	27	88	100.1	110	1480
	1356	24	86	103		1480
	767	23	81	59.3		1480
	1095	21	86	72.8	90	1480
	1282	18	84	74.8		1480
	633	22.5	80	48.5		1480
	904	20	85	57.9	75	1480
	1085	17	83	60.5		1480
	575	19	78	38.1		1480
	822	17	83	45.8	55	1480
	965	15	81	48.6		1480

续表

泵型号	流量（m³/h）	扬程（m）	效率（%）	轴功率（kW）	电机（kW）	转速（r/min）
	895	60	85	172		1480
	1279	55	90	212.8	250	1480
	1535	48	88	227.9		1480
	859	57	84	158.7		1480
	1227	50	89	187.6	220	1480
	1472	43	87	198.1		1480
	780	49	82	127		1480
SLM300-435	1116	42	87	146.7	200	1480
	1339	36	85	154.4		1480
	736	43	81	106.4		1480
	1052	38	86	126.5	160	1480
	1262	32	84	130.9		1480
	613	40	80	83.4		1480
	876	37	85	103.8	132	1480
	1051	32	83	110.3		1480
	855	81	80	235.7		1480
	1221	75	85	293.3	355	1480
	1465	66	83	317.1		1480
	740	85	80	213.7		1480
	1055	77	85	260.2	315	1480
	1266	68	83	282.4		1480
SLM300-560	702	77	79	186.3		1480
	1003	70	84	227.5	280	1480
	1204	63	82	251.8		1480
	670	72	78	168.6		1480
	959	64	83	201.3	250	1480
	1150	57	81	220.5		1480
	1164	33	81	127.1		1480
	1663	29	86	152.7	200	1480
	1925	26	84	162.2		1480
	1108	30	80	113.1		1480
	1583	27	85	136.9	160	1480
	1832	24	83	144.2		1480
	915	32	79	100.9		1480
SLM350-360	1306	26	84	110	132	1480
	1513	24	82	120.5		1480
	870	26	78	78.9		1480
	1243	23	83	93.8	110	1480
	1439	20	81	96.7		1480
	832	25	77	73.5		1480
	1188	22	82	86.8	90	1480
	1336	19	80	86.4		1480

续表

泵型号	流量（m³/h）	扬程（m）	效率（%）	轴功率（kW）	电机（kW）	转速（r/min）
	1260	50	82	209.1		1480
	1799	45	87	253.3	280	1480
	2068	40	85	264.9		1480
	1208	48	81	194.9		1480
	1726	41	86	224	250	1480
	1998	36	84	233.1		1480
	1150	43	80	168.3		1480
	1642	38	85	199.8	220	1480
	1901	33	83	205.8		1480
SLM350-430	950	40	79	130.9		1480
	1356	36	84	158.2	200	1480
	1569	31	82	161.5		1480
	903	37	78	116.6		1480
	1290	33	83	139.6	160	1480
	1490	30	81	145.5		1480
	862	34	77	103.6		1480
	1232	30	82	122.7	132	1480
	1430	26	80	126.6		1480
	1215	63	81	257.3		1480
	1735	58	86	318.5	355	1480
	2009	50	84	325.5		1480
	1160	59	80	232.9		1480
	1658	54	85	286.7	315	1480
	1925	47	83	296.7		1480
	1005	62	80	211.6		1480
SLM350-510	1433	57	85	261.6	280	1480
	1658	50	83	271.9		1480
	955	56	79	184.1		1480
	1365	51	84	225.3	250	1480
	1578	45	82	235.7		1480
	950	52	78	166.1		1480
	1302	47	83	200.7	220	1480
	1512	42	81	213.4		1480

续表

泵型号	流量（m³/h）	扬程（m）	效率（%）	轴功率（kW）	电机（kW）	转速（r/min）
	1714	36	83	202.4		1480
	2450	32	88	242.4	280	1480
	2815	28	86	249.6		1480
	1645	33	82	180.2		1480
	2350	29	87	213.2	250	1480
	2720	25	85	217.8		1480
	1565	31	81	163		1480
SLM400-410	2236	27	86	191.1	220	1480
	2588	24	84	201.3		1480
	1495	28	80	142.4		1480
	2136	25	85	171	200	1480
	2480	22	83	178.9		1480
	1620	24	79	134		1480
	2020	22	84	144	160	1480
	2340	19	82	147.6		1480
	1747	48	81	281.8		1480
	2495	42	86	331.7	355	1480
	2880	37	84	345.5		1480
	1660	42	80	237.5		1480
SLM400-460	2375	38	85	288.9	315	1480
	2748	33	83	297.4		1480
	1588	39	79	213.4		1480
	2270	35	84	257.3	280	1480
	2635	31	82	271		1480
	2416	29	83	229.8		980
	3451	25	88	266.9	280	980
	3902	22	86	271.7		980
	2318	26	82	200.1		980
	3311	23	87	238.3	250	980
	3785	20	85	242.4		980
	2206	23	81	170.5		980
	3151	21	86	209.5	220	980
	3602	18	84	210.1		980
SLM500-510	1898	25	81	159.5		980
	2711	22	86	188.8	200	980
	3117	19	84	191.9		980
	1821	23	80	142.5		980
	2601	20	85	166.6	185	980
	3011	18	83	177.8		980
	1655	19	78	109.7		980
	2364	17	83	131.8	160	980
	2745	15	81	138.4		980

（4）外形及安装尺寸（图 15.1-33、表 15.1-27、表 15.1-28）

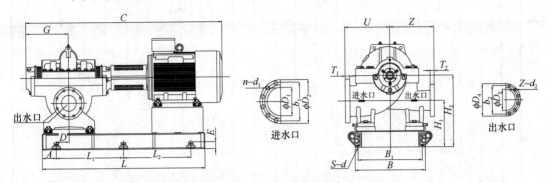

图 15.1-33　SLM 单级双吸中开泵外形及安装尺寸

SLM 单级双吸中开泵法兰尺寸　　　　　　　　　　　表 15.1-27

泵型号	G	b_1	n-d_1	ϕD_1	ϕD_2	T_1	b_2	Z-d_2	ϕD_3	ϕD_4	T_2	转速
SLM80-210	300	210	8-ϕ18	125	250	26	160	8-ϕ18	80	200	22	
SLM80-270	300	210	8-ϕ18	125	250	26	160	8-ϕ18	80	200	22	
SLM80-370	300	240	8-ϕ22	150	285	26	180	8-ϕ18	100	200	22	
SLM100-250	300	240	8-ϕ22	150	285	26	180	8-ϕ18	100	240	24	
SLM100-310	300	240	8-ϕ22	150	285	26	180	8-ϕ18	100	240	24	
SLM100-375	300	240	8-ϕ22	150	285	26	180	8-ϕ18	100	240	24	
SLM125-230	365	295	12-ϕ22	200	340	30	210	8-ϕ18	125	250	26	
SLM125-290	350	295	12-ϕ22	200	340	36	210	8-ϕ18	125	250	34	
SLM125-365	350	295	12-ϕ22	200	340	36	210	8-ϕ18	125	250	32	
SLM125-500	360	295	12-ϕ22	200	340	36	210	8-ϕ18	125	250	32	
SLM150-290	365	295	12-ϕ22	200	340	30	240	8-ϕ22	150	285	26	
SLM150-360	350	295	12-ϕ22	200	340	36	240	8-ϕ22	150	285	34	
SLM150-460	400	295	12-ϕ22	200	340	36	240	8-ϕ22	150	285	34	1480
SLM150-605	400	295	12-ϕ22	200	340	31	240	8-ϕ26	150	285	27	
SLM200-250	400	355	12-ϕ26	250	405	32	295	12-ϕ22	200	340	30	
SLM200-320	388	355	12-ϕ26	250	405	38	295	12-ϕ22	200	340	36	
SLM200-420	402	355	12-ϕ26	250	405	40	295	12-ϕ22	200	340	37	
SLM250-280	464	410	12-ϕ26	300	460	34	355	12-ϕ26	250	405	30	
SLM250-370	477	410	12-ϕ26	300	460	35	355	12-ϕ26	250	405	35	
SLM250-480	523	410	12-ϕ26	300	460	47	355	12-ϕ26	250	405	39	
SLM300-300	453	470	16-ϕ26	350	520	45	410	12-ϕ26	300	460	42	
SLM300-435	508	525	16-ϕ30	400	580	43	410	12-ϕ26	300	460	47	
SLM350-360	508	525	16-ϕ30	400	580	48	470	16-ϕ26	350	520	45	
SLM300-560	592	525	16-ϕ30	400	580	39	410	12-ϕ26	300	460	34	
SLM350-430	602	585	20-ϕ30	450	640	52	470	16-ϕ26	350	520	45	

表 15.1-28

SLM 单级双吸中开泵外形及安装尺寸（一）

泵型号	kW	D	L_1	L_2	L	A	B_1	B	H_1	H_2	C	U	Z	E	S-d
SLM80-210	5.5	30	645	—	945	150	530	600	300	440	1174	300	300	25	4-φ18
	4.0	30	600	—	900	150	530	600	300	440	1100	300	300	25	4-φ18
	3.0	30	600	—	900	150	530	600	300	440	1080	300	300	25	4-φ18
SLM80-270	11	35	775	—	1075	150	530	600	300	440	1305	300	300	30	4-φ18
	7.5	35	700	-	1000	150	530	600	300	440	1215	300	300	30	4-φ18
	5.5	35	650	—	950	150	530	600	300	440	1175	300	300	30	4-φ18
SLM80-370	18.5	25	800	—	1120	160	530	600	300	440	1370	300	330	25	4-φ18
	15	25	800	—	1120	160	530	600	300	440	1350	300	330	25	4-φ18
	11	25	760	—	1080	160	530	600	300	440	1305	300	330	25	4-φ18
SLM100-250	11	36	775	—	1075	150	590	660	310	480	1305	330	330	25	4-φ18
	7.5	36	690	—	990	150	590	660	310	480	1215	330	330	25	4-φ18
	5.5	36	655	—	955	150	590	660	310	480	1175	330	330	25	4-φ18
SLM100-310	22	30	845	—	1155	155	590	660	310	480	1410	330	330	25	4-φ18
	18.5	30	810	—	1120	155	590	660	310	480	1370	330	330	25	4-φ18
	15	30	810	—	1120	155	590	660	310	480	1350	330	330	25	4-φ18
	11	30	765	—	1075	155	590	660	310	480	1305	330	330	25	4-φ18
SLM100-375	37	26	910	—	1230	160	590	660	310	480	1520	370	370	25	4-φ18
	30	26	875	—	1195	160	590	660	310	480	1475	370	370	25	4-φ18
	22	26	836	—	1156	160	590	660	310	480	1410	370	370	25	4-φ18
	18.5	26	800	—	1120	160	590	660	310	480	1370	370	370	25	4-φ18
SLM125-230	15	68	950	—	1260	155	650	730	325	525	1515	370	370	25	4-φ18
	11	68	906	—	1216	155	650	730	325	525	1470	370	370	25	4-φ18
	7.5	68	825	—	1135	155	650	730	325	525	1380	370	370	25	4-φ18

续表

泵型号	kW	D	L_1	L_2	L	A	B_1	B	H_1	H_2	C	U	Z	E	S-d
SLM125-290	30	107	553	553	1335	115	527	576	358	555	1610	365	365	30	6-ϕ18
	22	107	553	553	1335	115	527	576	358	555	1610	365	365	30	6-ϕ18
	18.5	107	492	492	1285	115	527	576	358	555	1560	365	365	30	6-ϕ18
	15	107	472	472	1245	115	527	576	358	555	1520	365	365	30	6-ϕ18
SLM125-365	55	107	565	565	1420	115	551	600	380	538	1790	370	370	30	6-ϕ18
	45	107	535	535	1370	115	551	600	360	518	1730	370	370	30	6-ϕ18
	37	107	520	520	1340	115	551	600	360	518	1695	370	370	30	6-ϕ18
	30	107	520	520	1340	115	551	600	360	518	1685	370	370	30	6-ϕ18
SLM125-500	90	110	570	570	1441	115	670	720	395	596	1924	450	450	30	6-ϕ18
	75	110	545	545	1390	115	670	720	395	596	1874	450	450	30	6-ϕ18
	55	110	510	510	1320	115	670	720	375	576	1804	450	450	30	6-ϕ18
	45	110	480	480	1260	115	670	720	375	576	1745	450	450	30	6-ϕ18
	37	55	1035	—	1375	170	650	730	325	525	1685	400	400	25	4-ϕ18
SLM150-290	30	55	1000	—	1340	170	650	730	325	525	1640	400	400	25	4-ϕ18
	22	55	960	—	1300	170	650	730	325	525	1575	400	400	25	4-ϕ18
	18.5	55	925	—	1265	170	650	730	325	525	1535	400	400	25	4-ϕ18
	15	55	925	—	1265	170	650	730	325	525	1515	400	400	25	4-ϕ18
SLM150-360	75	107	635	635	1500	115	551	600	380	582	1860	380	380	30	6-ϕ18
	55	107	565	565	1430	115	551	600	380	582	1790	380	380	30	6-ϕ18
	45	107	535	535	1370	115	551	600	360	562	1730	380	380	30	6-ϕ18
	37	107	518	518	1335	115	551	600	360	562	1695	380	380	30	6-ϕ18
	30	107	512	512	1325	115	551	600	360	562	1685	380	380	30	6-ϕ18

续表

泵型号	kW	D	L_1	L_2	L	A	B_1	B	H_1	H_2	C	U	Z	E	S.d
SLM150-460	132	160	822	822	1875	115	710	760	435	635	2310	455	455	30	6-ϕ18
	110	160	762	762	1825	115	710	760	435	635	2310	455	455	30	6-ϕ18
	90	160	650	650	1601	115	710	760	415	615	2086	455	455	30	6-ϕ18
	75	160	625	625	1551	115	710	760	415	615	2036	455	455	30	6-ϕ18
SLM150-605	200	160	830	830	1890	115	800	850	415	715	2300	550	500	30	6-ϕ18
	160	160	830	830	1890	115	800	850	415	715	2300	550	500	30	6-ϕ18
	132	160	830	830	1890	115	800	850	415	715	2300	550	500	30	6-ϕ18
	110	160	830	830	1890	115	800	850	395	695	2300	550	500	30	6-ϕ18
SLM200-250	45	100	1140	—	1480	170	760	840	400	640	1780	450	450	30	4-ϕ18
	37	100	1120	—	1460	170	760	840	400	640	1755	450	450	30	4-ϕ18
	30	100	1085	—	1425	170	760	840	400	640	1710	450	450	30	4-ϕ18
	22	100	1050	—	1390	170	760	840	400	640	1645	450	450	30	4-ϕ18
SLM200-320	75	153	735	735	1700	115	700	750	440	680	2092	450	450	30	6-ϕ18
	55	153	674	674	1648	115	700	750	420	660	2022	450	450	30	6-ϕ18
	45	153	647	647	1594	115	700	750	400	640	1960	450	450	30	6-ϕ18
	37	153	635	635	1570	115	700	750	400	640	1935	450	450	30	6-ϕ18
SLM200-420	132	150	815	815	1860	115	700	750	440	680	2301	505	505	30	6-ϕ18
	110	150	725	725	1750	115	700	750	420	660	2301	505	505	30	6-ϕ18
	90	150	689	689	1678	115	700	750	400	640	2077	505	505	30	6-ϕ18
	75	150	664	664	1628	115	700	750	400	640	2030	505	505	30	6-ϕ18
SLM250-280	75	60	1270	—	1660	195	920	1000	440	740	2095	500	500	30	4-ϕ18
	55	60	1240	—	1630	195	920	1000	440	740	2025	500	500	30	4-ϕ18
	45	60	1180	—	1570	195	920	1000	440	740	1940	500	500	30	4-ϕ18

续表

泵型号	kW	D	L₁	L₂	L	A	B₁	B	H₁	H₂	C	U	Z	E	S-d
SLM250-370	132	175	868	868	1966	115	730	780	540	840	2448	500	500	30	6-φ18
	110	175	778	778	1856	115	730	780	540	840	2448	500	500	30	6-φ18
	90	175	742	742	1785	115	730	780	520	820	2224	500	500	30	6-φ18
	75	175	717	717	1734	115	730	780	520	820	2174	500	500	30	6-φ18
SLM250-370	132	175	868	868	1966	115	730	780	540	840	2448	500	500	30	6-φ18
	110	175	778	778	1856	115	730	780	540	840	2448	500	500	30	6-φ18
	90	175	742	742	1785	115	730	780	520	820	2224	500	500	30	6-φ18
	75	175	717	717	1734	115	730	780	520	820	2174	500	500	30	6-φ18
SLM250-480	250	210	995	995	2220	115	834	904	565	870	2790	550	550	30	6-φ18
	220	210	995	995	2220	115	834	904	565	870	2790	550	550	30	6-φ18
	200	210	898	898	2096	115	834	904	545	850	2580	550	550	30	6-φ18
	160	210	898	898	2096	115	834	904	545	850	2580	550	550	30	6-φ18
	132	210	898	898	2096	115	834	904	545	850	2580	550	550	30	6-φ18
SLM300-300	110	160	795	795	1820	115	790	840	555	855	2343	550	500	30	6-φ18
	90	160	724	724	1748	115	790	840	535	835	2119	550	500	30	6-φ18
	75	160	699	699	1698	115	790	840	535	835	2069	550	500	30	6-φ18
	55	160	673	673	1646	115	790	840	515	815	1999	550	500	30	6-φ18

续表

泵型号	kW	D	L_1	L_2	L	A	B_1	B	H_1	H_2	C	U	Z	E	S·d
SLM300-435	250	235	995	995	2220	115	870	930	565	916	2764	650	550	30	6-φ18
	220	235	995	995	2220	115	870	930	565	916	2764	650	550	30	6-φ18
	200	235	898	898	2096	115	870	930	545	896	2555	650	550	30	6-φ18
	160	235	898	898	2096	115	870	930	545	896	2555	650	550	30	6-φ18
	132	235	898	898	2096	115	870	930	545	896	2555	650	550	30	6-φ18
SLM300-560	355	195	990	990	2380	200	1090	1150	626	974	3126	704	654	30	6-φ18
	315	195	873	873	2164	200	1090	1150	605	950	2850	704	654	30	6-φ18
	280	195	873	873	2164	200	1090	1150	605	950	2850	704	654	30	6-φ18
	250	195	873	873	2164	200	1090	1150	605	950	2850	704	654	30	6-φ18
SLM350-360	200	255	898	898	2096	115	870	930	545	893	2555	650	550	30	6-φ18
	160	255	898	898	2096	115	870	930	545	893	2555	650	550	30	6-φ18
	132	255	898	898	2096	115	870	930	545	893	2555	650	550	30	6-φ18
	110	255	843	843	1986	115	870	930	525	873	2555	650	550	30	6-φ18
	90	255	807	807	1914	115	870	930	505	853	2330	650	550	30	6-φ18
SLM350-430	280	180	975	975	2350	200	1060	1120	615	1017	2922	748	650	30	6-φ18
	250	180	975	975	2350	200	1060	1120	615	1017	2922	748	650	30	6-φ18
	220	180	975	975	2350	200	1060	1120	595	1017	2922	748	650	30	6-φ18
	200	180	860	860	2120	200	1060	1120	595	997	2710	748	650	30	6-φ18
	160	180	860	860	2120	200	1060	1120	595	997	2710	748	650	30	6-φ18
	132	180	860	860	2120	200	1060	1120	595	997	2710	748	650	30	6-φ18

SLM 单级双吸中开泵外形及安装尺寸 (二)

表 15.1-29

泵型号	kW	G	b_1	$n-d_1$	ϕD_1	ϕD_2	T_1	b_2	$Z-d_2$	ϕD_3	ϕD_4	T_2	d_3	L_1	B_1	L	d_4	L_2	B_2	H	H_1	C	U	Z	转速
SLM200-520	280	464	355	12-$\phi26$	250	405	32	295	12-$\phi22$	200	340	30	28	430	700	840	28	630	610	355	260	2665	600	500	1480
	250	464	355	12-$\phi26$	250	405	32	295	12-$\phi22$	200	340	30	28	430	700	840	28	560	610	355	260	2665	600	500	
	220	464	355	12-$\phi26$	250	405	32	295	12-$\phi22$	200	340	30	28	430	700	840	28	560	610	355	260	2665	600	500	
	200	464	355	12-$\phi26$	250	405	32	295	12-$\phi22$	200	340	30	28	430	700	800	28	508	508	315	260	2435	600	500	
	160	464	355	12-$\phi26$	250	405	32	295	12-$\phi22$	200	340	30	28	430	700	800	28	508	508	315	260	2435	600	500	
	132	464	355	12-$\phi26$	250	405	32	295	12-$\phi22$	200	340	30	28	430	700	800	28	457	508	315	260	2435	600	500	
SLM200-670	355	464	355	12-$\phi26$	250	405	32	295	12-$\phi22$	200	340	30	30	400	700	975	35	1000	710	400	250	3075	650	550	1480
	315	464	355	12-$\phi26$	250	405	32	295	12-$\phi22$	200	340	30	30	400	700	854	28	630	610	355	250	2654	650	550	
	280	464	355	12-$\phi26$	250	405	32	295	12-$\phi22$	200	340	30	30	400	700	854	28	630	610	355	250	2654	650	550	
	250	464	355	12-$\phi26$	250	405	32	295	12-$\phi22$	200	340	30	30	400	700	854	28	560	610	355	250	2654	650	550	
SLM250-600	355	515	410	12-$\phi26$	300	460	34	355	12-$\phi26$	250	405	32	30	520	700	996	35	1000	710	400	280	3205	650	550	1480
	315	515	410	12-$\phi26$	300	460	34	355	12-$\phi26$	250	405	32	30	520	700	875	28	630	610	355	280	2795	650	550	
	280	515	410	12-$\phi26$	300	460	34	355	12-$\phi26$	250	405	32	30	520	700	875	28	630	610	355	280	2795	650	550	
	250	515	410	12-$\phi26$	300	460	34	355	12-$\phi26$	250	405	32	30	520	700	875	28	560	610	355	280	2795	650	550	
SLM350-510	355	585	525	16-$\phi30$	400	580	40	470	16-$\phi26$	350	520	38	30	520	950	1066	35	1000	710	400	350	3346	700	650	1480
	315	585	525	16-$\phi30$	400	580	40	470	16-$\phi26$	350	520	38	30	520	950	945	28	630	610	355	350	2936	700	650	
	280	585	525	16-$\phi30$	400	580	40	470	16-$\phi26$	350	520	38	30	520	950	945	28	630	610	355	350	2936	700	650	
	250	585	525	16-$\phi30$	400	580	40	470	16-$\phi26$	350	520	38	30	520	950	945	28	560	610	355	350	2936	700	650	
	220	585	525	16-$\phi30$	400	580	40	470	16-$\phi26$	350	520	38	30	520	950	945	28	560	610	355	350	2936	700	650	

续表

泵型号	kW	G	b_1	$n \times d_1$	ϕD_1	ϕD_2	T_1	b_2	Z-d_2	ϕD_3	ϕD_4	T_2	d_3	L_1	B_1	L	d_4	L_2	B_2	H	H_1	C	U	Z	转速
SLM400-410	280	655	650	20-φ33	500	715	46	525	16-φ30	400	580	40	33	650	740	954	28	630	610	355	400	3080	700	550	1480
	250	655	650	20-φ33	500	715	46	525	16-φ30	400	580	40	33	650	740	954	28	560	610	355	400	3080	700	550	
	220	655	650	20-φ33	500	715	46	525	16-φ30	400	580	40	33	650	740	954	28	560	610	355	400	3080	700	550	
	200	655	650	20-φ33	500	715	46	525	16-φ30	400	580	40	33	650	740	916	28	508	508	315	400	2850	700	550	
	160	655	650	20-φ33	500	715	46	525	16-φ30	400	580	40	33	650	740	916	28	508	508	315	400	2850	700	550	
SLM400-460	355	655	650	20-φ33	500	715	46	525	16-φ30	400	580	40	33	650	940	1075	35	1000	710	400	400	3490	650	550	1480
	315	655	650	20-φ33	500	715	46	525	16-φ30	400	580	40	33	650	940	950	28	630	610	355	400	3080	650	550	
	280	655	650	20-φ33	500	715	46	525	16-φ30	400	580	40	33	650	940	950	28	630	610	355	400	3080	650	550	
SLM500-510	280	755	770	20-φ36	600	840	54	650	20-φ30	500	715	46	42	780	1000	1110	35	1000	710	400	475	3690	850	750	1480
	250	755	770	20-φ36	600	840	54	650	20-φ30	500	715	46	42	780	1000	990	28	630	610	355	475	3280	850	750	
	220	755	770	20-φ36	600	840	54	650	20-φ30	500	715	46	42	780	1000	990	28	630	610	355	475	3280	850	750	
	200	755	770	20-φ36	600	840	54	650	20-φ30	500	715	46	42	780	1000	990	28	560	610	355	475	3280	850	750	
	185	755	770	20-φ36	600	840	54	650	20-φ30	500	715	46	42	780	1000	990	28	560	610	355	475	3280	850	750	
	160	755	770	20-φ36	600	840	54	650	20-φ30	500	715	46	42	780	1000	990	28	560	610	355	475	3280	850	750	

注：SLM 单级双吸中开泵由青岛三利集团有限公司提供。

2. e-HSC 中开式双吸泵

（1）说明

此泵为主要针对冷却和冷冻水系统应用而专门开发的中开式双吸泵。适用于冷冻液、冷却水的循环与输送，广泛应用于冷却循环系统、一次或二次变频系统、区域制冷与制热中。革新性的短轴设计，带给用户最稳定的运行和更长的寿命；自冲洗式机械密封结构，最快速的热量扩散，同时不需要易损坏的外部冲洗管；用户维修简便，可不移动上盖就可替换易损件。

（2）性能参数：最大流量：5000m³/h；最高扬程：180m；口径：65～500mm；介质温度：－20～120℃；电机：IE3 高效电机。

e-HSC 中开式双吸泵系列型谱图如图 15.1-34 所示。

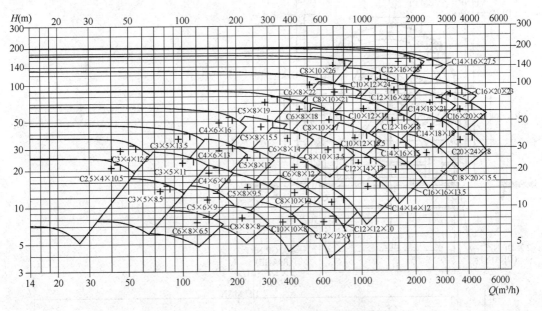

图 15.1-34　e-HSC 中开式双吸泵系列型谱图

（3）水泵形状和尺寸（图 15.1-35、图 15.1-35、表 15.1-30）

图 15.1-35　e-HSC 中开式双吸泵（一）

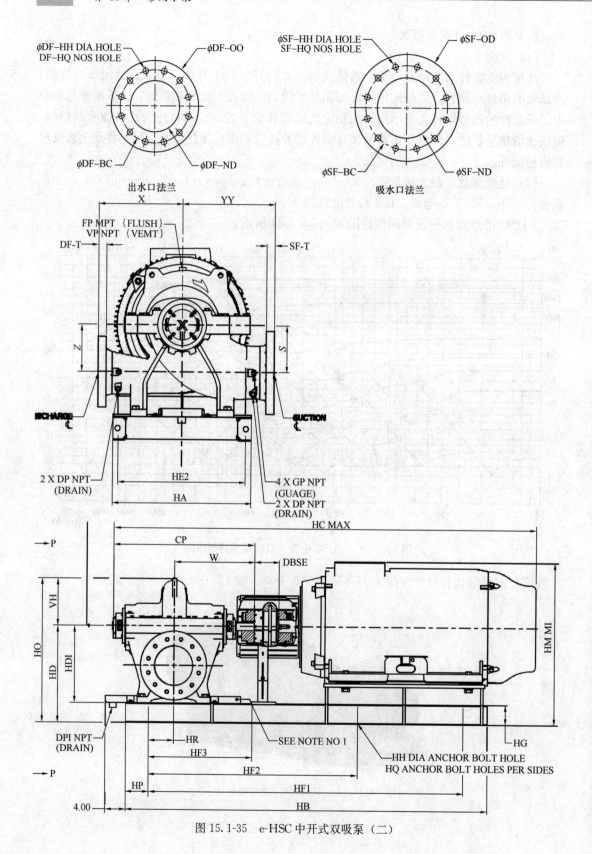

图 15.1-35　e-HSC 中开式双吸泵（二）

表 15.1-30

e-HSC 中开式双吸泵技术参数

NO	型号	RPM	motor	reference_name	Size	CP	HA	HB	HC	HD	HH2	HF1	HF2	HG	HH	HM	H0	HP	HQ	HR	S	VH	W	X	YY	Z
1	e-XC C4X6X13	1500	30	e-XC C4X6X13-30kW-1500	C5×6×9.5	20.62	24.00	58.00	49.00	19.25	22.00	46.00	23.00	4.00	1.00	29.00	28.50	6.00	3.00	3.25	7.75	9.20	12.56	11.50	13.00	7.75
2	e-XC C4X6X12	1500	22	e-XC C6X8X14-22kW-1500	C6×8×14	20.62	24.00	58.00	48.00	19.25	22.00	46.00	23.00	4.00	1.00	28.00	28.50	6.00	3.00	3.25	7.75	9.20	12.56	11.50	13.00	7.75
3	e-XC C5X6X9.5	1500	18.5	e-XC C5X6X9.5-18.5kW-1500	C5×6×9.5	29.19	24.00	58.00	65.25	21.25	22.00	52.00	23.00	4.00	1.00	29.25	30.50	6.00	3.00	10.75	8.25	9.25	17.58	12.50	12.50	8.25
4	e-XC C6X8X14	1500	75	e-XC C6X8X14-75kW-1500	C6×8×14	28.94	29.40	76.00	66.00	25.25	27.50	66.00	16.50	6.00	0.88	36.00	38.06	5.00	5.00	8.00	10.00	12.81	17.56	16.00	18.00	10.00
5	e-XC C6X8X14	1500	37	e-XC C6X8X14-37kW-1500	C6×8×14	28.94	24.00	66.00	59.00	23.50	22.00	54.00	27.00	4.00	1.00	32.00	36.06	6.00	3.00	7.00	10.00	12.81	17.56	16.00	18.00	10.00
6	e-XC C8X10X13.5	1500	110	e-XC C8X10X13.5-110kW-1500	C8×10×13.5	28.94	29.40	76.00	67.00	27.25	27.50	66.00	16.50	6.00	0.88	34.00	39.25	5.00	5.00	8.00	11.00	13.44	17.56	18.00	20.00	11.00
7	e-XC C10X12X14.5	1500	132	e-XC C10X12X14.5-132kW-1500	C10×12×15.5	28.94	29.40	76.00	72.00	27.50	27.50	66.00	16.50	6.00	0.88	36.00	39.25	5.00	5.00	8.00	11.00	13.44	17.56	18.00	20.00	11.00
8	e-XC C12X14X13	1500	110	e-XC C12X14X13-110kW-1500	C12×14×13	31.94	29.40	80.00	81.00	26.50	27.50	70.00	17.50	6.00	0.88	38.00	38.00	5.00	5.00	9.50	10.00	11.50	19.06	16.00	19.00	10.00
9	e-XC C14X16X14.5	1500	250	e-XC C14X16X14.5-250kW-1500	C14×16×14.5	48.54	37.00	104.00	143.00	32.00	35.00	94.00	47.00	4.00	1.00	49.00	47.94	5.00	3.00	12.55	13.78	15.94	27.17	21.65	27.56	13.78
10	e-XC C12X12X10	1500	30	e-XC C12X12X10-30kW-1500	C12×12×10	31.94	24.00	68.00	65.00	24.50	22.00	56.00	28.00	4.00	1.00	33.00	36.00	5.00	3.00	8.50	10.00	11.50	19.06	16.00	19.00	10.00

注：此泵由赛莱默（中国）有限公司提供

3. KQSN 小口径双吸泵

（1）说明

KQSN 系列单级、双吸、水平中开卧式高效离心泵是新生代高效节能型双吸泵产品。其型谱范围广，水力性能好，结构新颖具有高效节能、低脉冲、低噪声、坚固耐用、维修方便等显著特点。其效率指标达到了《清水离心泵能效限定值及节能评价值》GB 19762 的节能评价值。

该泵一般用于输送不含固体颗粒的清水或物理、化学性质类似于水的其他液体，可广泛应用于：高楼供水、建筑消防、中央空调水循环、工程系统中循环供水、冷却水循环、锅炉供水、工业给水排水、水利灌溉，特别适用于水厂、纸厂、电厂、热电厂、钢厂、化工厂、水利工程、灌区供水等。采用耐腐或耐磨材料（如喷涂 SEBF 材料或 1.4460 双相不锈钢材质）可输送有腐蚀性的工业废水、海水及含有悬浮物的雨水等。

性能参数：转速：740、990、1480 和 2960r/min；进出口直径：150～600mm；流量 Q：68～6276m³/h；扬程 H：9～306m；温度范围：液体最高温度≤80℃（−120℃），环境温度一般≤40℃。

（2）型号意义

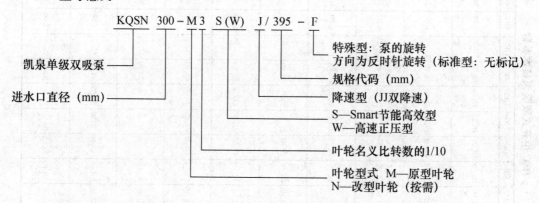

$$\text{KQSN} \ 300 - \text{M3} \ \text{S(W)} \ \text{J} / 395 - \text{F}$$

凯泉单级双吸泵

进水口直径（mm）

特殊型：泵的旋转方向为反时针旋转（标准型：无标记）

规格代码（mm）

降速型（JJ双降速）

S—Smart节能高效型
W—高速正压型

叶轮名义比转数的1/10

叶轮型式 M—原型叶轮
N—改型叶轮（按需）

（3）水泵外观（图 15.1-36）

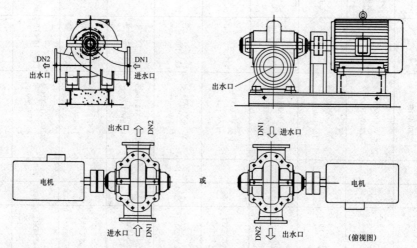

DN2 出水口　DN1 进水口

出水口

出水口 DN2　DN1 进水口

电机　或　电机

进水口 DN1　DN2 出水口

（俯视图）

图 15.1-36　KQSN-S/W 型双吸泵外观

（4）性能参数（图 15.1-37）

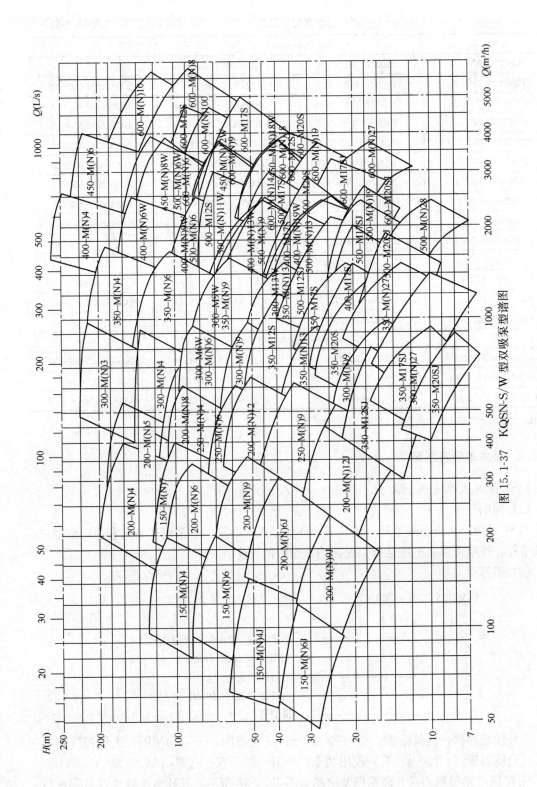

图 15.1-37 KQSN-S/W 型双吸泵型谱图

水泵型号汇总见表 15.1-31。

<table>
<tr><td colspan="4" align="center">水泵型号汇总</td><td align="right">表 15.1-31</td></tr>
</table>

水泵型号汇总			
KQSN 结构的型号			
KQSN150-M(N)4	KQSN150-M(N)6	KQSN150-M(N)7	KQSN200-M(N)4
KQSN200-M(N)5	KQSN200-M(N)6	KQSN200-M(N)8	KQSN200-M(N)9
KQSN200-M(N)12	KQSN250-M(N)4	KQSN250-M(N)6	KQSN250-M(N)9
KQSN300-M(N)3	KQSN300-M(N)4	KQSN300-M(N)6	KQSN300-M(N)9
KQSN300-M(N)13	KQSN300-M(N)19	KQSN300-M(N)27	KQSN350-M(N)4
KQSN350-M(N)6	KQSN350-M(N)9	KQSN350-M(N)13	KQSN350-M(N)27
KQSN400-M(N)4	KQSN450-M(N)6	KQSN500-M(N)6	KQSN500-M(N)9
KQS500-M(N)19	KQSN500-M(N)28	KQSN600-M(N)6	KQSN600-M(N)8
KQSN600-M(N)9	KQSN600-M(N)10	KQSN600-M(N)13	KQSN600-M(N)14
KQSN600-M(N)19	KQSN600-M(N)27		
KQSN-S 结构的型号			
KQSN350-M12S(J)	KQSN350-M17S(J)	KQSN350-M20S(J)	KQSN400-M17S(J)
KQSN500-M12S(J)	KQSN500-M17S(J)	KQSN500-M20S(J)	KQSN600-M12S(J)
KQSN600-M17S(J)	KQSN600-M20S(J)		
KQSN-W 结构的型号			
KQSN300-M6W(J)	KQSN300-M9W(J)	KQSN300-M13W(J)	KQSN400-M(N)6W
KQSN400-M(N)9W	KQSN400-M(N)13W	KQSN400-M(N)19W	KQSN450-M(N)8W
KQSN450-M(N)12W	KQSN450-M(N)18W	KQSN500-M(N)6W	KQSN500-M(N)11W

注：此型号水泵由上海凯泉泵业（集团）有限公司提供。

15.1.8　卧式单吸直联泵

1. SLW 卧式单级离心泵

（1）说明

SLW 单级卧式离心泵是新一代节能、环保卧式离心泵。本系列产品具有适用范围广，高效节能，性能可靠，平稳运行，无振动，噪声低等优点。

（2）型号意义

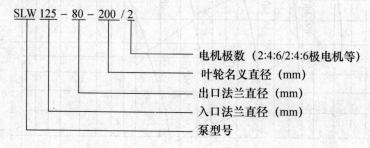

（3）性能参数：流量范围：8～1500m³/h；压力范围：0～2.4MPa；工作温度：0～40℃；介质温度：−10～110℃；配用功率：0.37～355kW；电源：AC3×380V/50Hz。

SLW 卧式单级离心泵 2 极系列型谱图如图 15.1-38 所示，其技术参数见表 15.1-32。

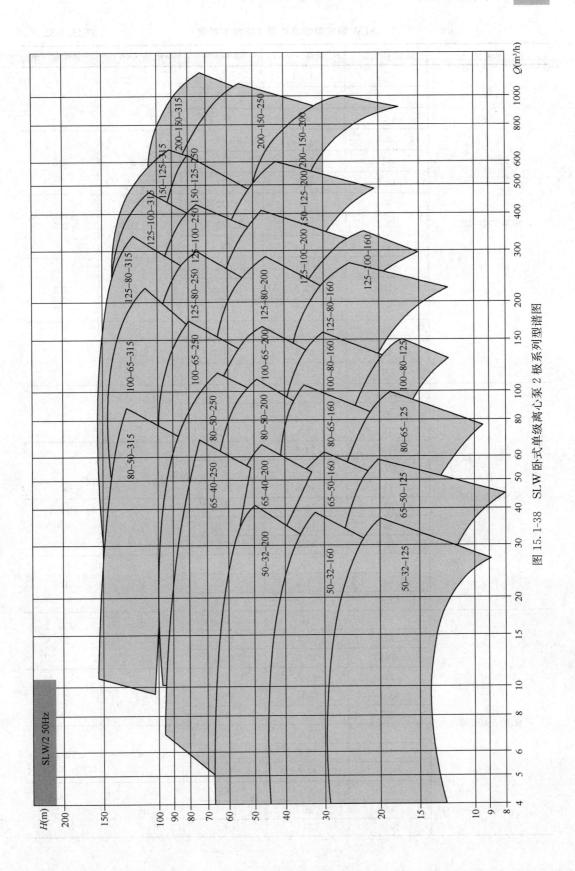

图 15.1-38 SLW 卧式单级离心泵 2 极系列型谱图

SLW 卧式单级离心泵 2 极技术参数   表 15.1-32

泵型号	流量（m³/h）	扬程（m）	效率（%）	电机（kW）	汽蚀余量（m）
SLW65-50-125	31.3	11.3	69	1.5	2.5
	37.5	10	70.3		
	41.7	8.8	69.3		
	30.5	15.3	69	2.2	2.5
	41	13.1	72.3		
	43.5	12.5	72		
	30	20	70	3.0	2.5
	33.7	19.4	72		
	44	17.4	75.1		
	30.5	26	72	4.0	2.5
	47.5	22.6	80.1		
	52	21.7	79		
	30	27	72	5.5	2.5
	48	23.5	81.3		
	56	21.4	80		
SLW65-50-160	29.5	26.5	66	4.0	4.0
	38	25	66		
	45	22	82.2		
	32.8	33.5	72.2	5.5	4.0
	37.2	32.3	75		
	44	31.2	76.6		
	31	41.5	69	7.5	4.0
	38	40.2	75.5		
	48.2	37.5	79		
	33	45	69	11	4.0
	40	44.3	75		
	51.5	41.2	77.9		
SLW65-40-200	27	34	60	5.5	2.2
	31	33	63.2		
	38.8	30.5	65.3		
	28	42.5	60	7.5	2.2
	32.5	42	63.2		
	43.7	38	66		
	34	54.5	63.2	11	2.2
	39	52.5	66		
	53	47.5	68.3		
	35	64	63	15	2.2
	45	60	68		
	59.5	53	69.5		

续表

泵型号	流量（m³/h）	扬程（m）	效率（%）	电机（kW）	汽蚀余量（m）
SLW65-40-250	33	59	60	11	2.2
	39.5	57	64.5		
	46	54.5	67.3		
	35	71	60	15	2.2
	41	69	74		
	50	66	67.8		
	40	80	62	18.5	2.2
	45.5	77.5	64.5		
	64	70	66.9		
	39.5	90	62	22	2.2
	42.5	89.5	64.5		
	56	84	70.4		
	40	95	62	30	2.2
	44	94	64.5		
	59	89	70.3		
SLW65-40-315	25	90	37	22	2.2
	29.7	84.5	39.1		
	34	79.5	40.1		
	24.5	111	36.2	30	2.2
	30	107	39		
	37.8	98	41.3		
	28	128	39	37	2.4
	42.7	112	42.8		
	47	103	42		
	30	150	42	45	2.4
	45.5	131	48.7		
	50.5	122	47.8		
	26.8	161	42.2	55	2.4
	48	138	49.3		
	53	128	48		
SLW80-65-125	35	14.5	61	3.0	2.4
	42	13.8	63.3		
	47.5	13.2	67.3		
	45	17.9	67	4.0	2.4
	52.5	17.2	70.2		
	69.5	14.2	71.9		
	48.5	22	70	5.5	2.4
	74.5	18.7	77.1		
	85.5	17	76.1		
	52.5	26.1	76.1	7.5	2.4
	75	23	81.7		
	91.3	20.5	79.6		

泵型号	流量（m³/h）	扬程（m）	效率（%）	电机（kW）	汽蚀余量（m）
SLW80-65-160	54	22	70	5.5	3.0
	62	20.7	71		
	69.5	19.5	71.8		
	54	28	70	7.5	3.0
	70	25.5	74.2		
	75	25	74.3		
	60	37	74	11	3.0
	75	35	78.5		
	86.5	33	78.8		
	56	44	74	15	3.0
	72.5	42	80.3		
	95	37	82		
SLW80-50-200	55	42	74	11	3.0
	62.5	40	75.5		
	76.5	35.5	74		
	54	52	74	15	3.0
	70	49.5	76.7		
	90	42	73		
	62	59	76	18.5	3.0
	73	57.5	78		
	95	50	75		
	62	67	76.2	22	3.0
	84.5	61.3	79.5		
	97.7	56	78		
SLW80-50-250	56	53	68	15	3.0
	66	50	69.3		
	73	46.5	68		
	57.5	63	68	18.5	3.0
	69	59	70.1		
	80	53	68.8		
	58.5	70.5	68	22	3.0
	75	65	70.4		
	90	58	68		
	63	85	68	30	3.0
	86	77.5	71.3		
	94	73	70		
	65	92	67	37	3.0
	87.5	84	71.7		
	101	77	70		

续表

泵型号	流量（m³/h）	扬程（m）	效率（%）	电机（kW）	汽蚀余量（m）
SLW80-50-315	45	98	51	30	2.7
	52	95	54		
	65.5	89	57.5		
	47	115	51	37	2.7
	53.5	113	54		
	72	106	57.9		
	48	130	51	45	2.7
	67.5	121	57		
	78.5	115	58.3		
	52	150	50	55	2.7
	70	140	57		
	84.5	130	59.4		
	60	167	51	75	3.2
	74	161	54		
	90	150	56		
SLW100-80-125	60	14	62	4.0	3.3
	70	13.5	67		
	80	12.5	73		
	80	17.2	77	5.5	3.3
	111	14.1	80.1		
	127	12.2	77		
	80	22	76	7.5	3.3
	116	18	83		
	130	16	81		
	91.5	24.2	79	11	3.6
	120	21.5	81.9		
	135	19	81		
SLW100-80-160	81	23	80	7.5	3.8
	100	20	81		
	115	17.7	80		
	85	32.5	80	11	3.8
	112.5	27	83.7		
	123	26	83		
	96	39.5	83.2	15	3.8
	127	35.3	86.5		
	140	33	85		
	95	41.5	83.2	18.5	3.8
	129	37	86.9		
	150	33	85.3		

续表

泵型号	流量（m³/h）	扬程（m）	效率（%）	电机（kW）	汽蚀余量（m）
	70	33	72.3		
	85	30	76.5	11	4.0
	105	26	72		
	78	40	75.5		
	95	38	79	15	4.0
	110	35	75		
	75	49.5	75		
	101	45	79.9	18.5	4.0
SLW100-65-200	125	40	75.5		
	77	55	75		
	109	48	80.5	22	4.0
	130	43	76		
	80	66.5	75		
	121	61	84.9	30	4.0
	153	53	78		
	79	68	76		
	126	62	85	37	4.0
	150	56	79		
	91	66	70		
	107.5	64	72.5	30	4.0
	120	61	73		
	95	77	70		
	109	75	72.5	37	4.0
	131	70	73.5		
	97.5	88	70.3		
SLW100-65-250	110	85	72	45	4.0
	140	78	74.4		
	98.5	102	70		
	138.5	94	75	55	4.0
	152	90	75.5		
	100	104	71		
	138	95.5	75	75	4.0
	153	91	75.5		

续表

泵型号	流量（m³/h）	扬程（m）	效率（%）	电机（kW）	汽蚀余量（m）
SLW100-65-315	110	100	70.5	55	4.6
	134	92	72		
	145	90	72		
	120	120	70	75	6.0
	161	111	73.6		
	180	106	72		
	106	138	68	90	6.0
	176	123	74.3		
	200	110	72		
	110	151	67	110	6.0
	190	133	75		
	210	125	73		
SLW125-80-160	132	19	75.5	11	6.2
	160	17	77.9		
	192	13	72		
	140	25	75	15	6.2
	180	21.5	78.9		
	214	18	76		
	140	30	76	18.5	6.2
	188	26	80.2		
	233	22	75		
	142	33	75.5	22	6.2
	196	28.7	80.3		
	233	25	77.2		
	142	39.2	76	30	6.2
	206	34.4	85.2		
	253	28.5	77		
SLW125-80-200	136	35	72.3	22	5.8
	160	31	73.5		
	180	29	72		
	132	45	73	30	5.8
	177	40	75.6		
	210	35	72		
	142	54	75	37	5.8
	183	49.5	79.3		
	222	42	76		
	140	60	75.5	45	5.8
	202	55	79.7		
	240	48	77		
	140	69	76	55	5.8
	216	60.5	82.3		
	263	54	79		

泵型号	流量（m³/h）	扬程（m）	效率（%）	电机（kW）	汽蚀余量（m）
SLW125-80-250	119	68	76	45	6.2
	153	65	79		
	198	58	75		
	130	77.5	75.5	55	6.2
	173	72	79.2		
	220	64	75		
	143	95	76	75	7.6
	218	87	80.8		
	260	77	78.2		
	144	106	75	90	7.6
	238	95.5	82.1		
	290	84	79		
SLW125-80-315	152	108	71	90	7.6
	211	102	75.3		
	242	94	74		
	159	125	71	110	8.1
	231	115	76.2		
	270	103	75		
	162	136	72	132	8.1
	250	126	77.1		
	300	115	75		
	180	154	72.5	160	8.1
	277	142	78.1		
	326	130	76		
SLW125-80-400	181	190	68	200	10
	257	172	71.9		
	307	152	70		
	192	222	67	250	10
	280.5	198	72.2		
	353	167	70		
	220	234	70	315	10
	295	213	72.5		
	373	172	71		
SLW125-100-160	154	28	75	22	7.6
	215.5	24.7	80.5		
	286	18.7	78		
	168	35	78	30	7.6
	240	31	83.1		
	284	26.8	80		
	160	40	79	37	7.6
	254	34.5	84.9		
	320	27	80		

泵型号	流量（m³/h）	扬程（m）	效率（%）	电机（kW）	汽蚀余量（m）
	210	33	70.2	30	7.0
	261	28.5	71.9		
	290	24	71		
	172	42.5	70	37	7.0
	280	34	76.5		
	320	30	75		
SLW125-100-200	160	50	71	45	7.0
	264	44.5	81		
	320	38	81		
	190	56	75	55	7.0
	161	52	81		
	310	46.5	82.2		
	206	66	75	75	7.0
	263	63	81		
	348	56.5	83.5		
	200	52	75	55	7.0
	249	48	76.9		
	280	44	76		
	188	72	76	75	8.6
	282	65	81.6		
	340	56	79		
SLW125-100-250	188	81.5	75	90	8.6
	301	74	83.7		
	350	66	81.5		
	200	96	76	110	8.6
	324	86	84.3		
	390	76	81		
	202	106	75.5	132	8.6
	342	94	85		
	419	84	81.5		
	223	99	74	110	7.5
	292	91.5	76.3		
	360	79	75		
	183	118	71	132	7.5
	270	110	77		
SLW125-100-315	360	95	77		
	190	132	71	160	7.5
	320	120	79		
	405	104	77		
	200	153	70	200	7.5
	300	145	79		
	442	122	79		

续表

泵型号	流量（m³/h）	扬程（m）	效率（%）	电机（kW）	汽蚀余量（m）
SLW150-125-200	290	35	77	45	9.8
	376	29.5	82.5		
	405	27	84.1		
	281	41	77	55	9.8
	377	36	82.5		
	427	32.5	83.4		
	290	54.5	77	75	9.8
	375	49	82.5		
	460	43	85.4		
	330	59	79	90	9.8
	450	52	85		
	488	49.5	87.1		
	312	65.5	77	110	9.8
	443	57.5	85		
	500	54	87.9		
SLW150-125-250	312	64.5	75	90	8.2
	405	59	80		
	455	56	81.3		
	320	74	75	110	8.2
	403	69	80		
	503	64	82		
	328	83	75	132	8.2
	408	80	80		
	495	76	83		
	305	95	72	160	8.2
	420	91	80		
	483	87.5	83		
	308	101	72	200	8.2
	427	98	80		
	550	92	84		
SLW150-125-315	280	93	74	132	5.2
	337	84	77.3		
	445	73	74		
	270	110	73	160	5.2
	395	97	80.2		
	497	80	74		

泵型号	流量（m³/h）	扬程（m）	效率（%）	电机（kW）	汽蚀余量（m）
SLW150-125-315	300	128	77	200	5.2
	445	112	81.5		
	570	90	74		
	305	148	77	250	5.2
	475	131	82.7		
	600	110	78		
SLW200-150-200	600	34	76	75	8.5
	753	27	79.5		
	790	26	79		
	560	43	79	90	8.5
	760	34	83.9		
	835	31	82		
	595	51	79	110	8.5
	815	41	84.5		
	920	35	82		
SLW200-150-250	500	54	73	132	8.2
	685	46	75.1		
	825	41	73.5		
	400	69	70	160	8.2
	545	63	77		
	798	51.5	78.2		
	445	82	73.5	200	8.2
	610	76	79		
	850	64	82.7		
	470	93.5	73.5	250	8.2
	695	89	82.2		
	925	80	85.8		
SLW200-150-315	665	84	72	250	4.2
	850	75	76.8		
	980	62.5	75		
	655	103	72	315	4.2
	940	89	79.9		
	1050	81	78		
	725	110	75	355	4.2
	950	98	80.2		
	1130	85	78		

SLW 卧式单级离心泵 4 极系列型谱图如图 15.1-39 所示，其技术参数见表 15.1-33。

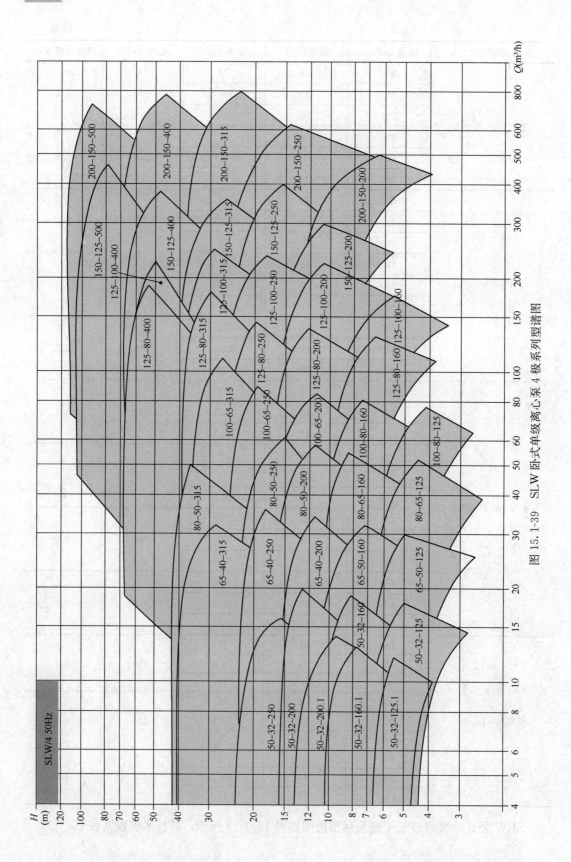

图 15.1-39　SLW 卧式单级离心泵 4 极系列型谱图

SLW 卧式单级离心泵 4 极技术参数

表 15.1-33

泵型号	流量（m³/h）	扬程（m）	效率（%）	电机（kW）	汽蚀余量（m）
SLW65-50-160	13	5.2	65	0.37	1.0
	17	4.8	67.8		
	21.7	4	64		
	14.4	7.1	66	0.55	1.0
	20	6.4	71.8		
	22.5	5.9	71		
	14	9	66	0.75	1.0
	21.9	8	75.2		
	26.5	7.2	73.8		
	16	10.8	66	1.1	1.0
	25	10	75		
	30	9.2	73		
SLW65-40-200	16	9	64	0.75	0.7
	22.6	7.6	67.8		
	24.2	7.1	67		
	16.6	12.1	64	1.1	0.7
	19.9	11.6	67		
	24.6	10.5	67.5		
	17.6	15.1	64	1.5	0.7
	23	14.2	68.5		
	28.1	13.1	69.9		
	17.8	15.5	64	2.2	0.7
	22.9	14.8	68.5		
	28.6	13.3	70.1		
SLW65-40-250	16	15.7	59.3	1.5	1.0
	22.5	14.2	65		
	26	13.6	66.2		
	17.9	19.9	59.3	2.2	1.0
	24.3	18.7	65		
	29.2	17.5	67		
	20.2	22.7	62.1	3.0	1.0
	23.2	22	65		
	31	20.1	68.1		

续表

泵型号	流量（m³/h）	扬程（m）	效率（%）	电机（kW）	汽蚀余量（m）
	11.3	24	35.5		
	17.5	21.2	39.5	3.0	1.7
	20.6	19	38.2		
	12	29.5	36		
	19	25.5	40.6	4.0	1.7
	24	21.3	38		
SLW65-40-315	15.4	36.2	38.2		
	21.8	32.1	42.5	5.5	1.7
	25.5	28.8	41.6		
	16	40.5	38		
	23.1	34.9	42.5	7.5	1.7
	27.2	30.7	41.6		
	27.6	3.2	66.3		
	32	2.9	69.5	0.37	1.5
	34.5	2.8	69.9		
	25	5	69.5		
	31	4.6	73.1	0.55	1.5
	41	3.9	76.2		
SLW80-65-125	23.5	5.9	69.5		
	31.5	5.4	78	0.75	1.5
	42.5	4.5	81.7		
	26	6.6	69.5		
	34.5	6.2	78	1.1	1.5
	46	5.4	81		
	22.5	5	67		
	26	4.8	69.1	0.55	0.8
	32	4.2	71		
	26	5.9	69.1		
	36	5.1	74.4	0.75	0.8
	40	4.8	72.5		
SLW80-65-160	27.5	8	72.5		
	39.5	7.2	76.8	1.1	0.8
	43.5	6.8	76.6		
	26	10.5	72.5		
	37.5	9.8	81	1.5	0.8
	44.5	8.9	81.4		
	28.5	11	76.6		
	45	9.8	82.1	2.2	0.8
	50	9.2	81.5		

续表

泵型号	流量（m³/h）	扬程（m）	效率（%）	电机（kW）	汽蚀余量（m）
SLW80-50-200	25	8.9	73.5	1.1	0.8
	31	8.2	75.1		
	37	7.1	73		
	26	11.2	73.5	1.5	0.8
	34.5	10.1	75.8		
	43	8.7	73.5		
	26	14.6	73	2.2	0.8
	38.5	13.5	80.9		
	49.5	12	77.5		
	34	15.8	77	3.0	0.8
	42	14.7	78.8		
	49	13.2	77.5		
SLW80-50-250	25	15.5	66	2.2	1.0
	34	14.1	69.9		
	38	13	69		
	27	18.6	66.3	3.0	1.0
	39.5	16.5	71.5		
	45	15	69.4		
	31	22.3	69	4.0	1.0
	42	20.6	72.1		
	49	18.8	71		
SLW80-50-315	21	25.5	51	4.0	1.0
	30.5	24	56.3		
	36	23	58.7		
	22.5	31.5	51	5.5	1.0
	33	29	56		
	41	27.5	58.8		
	24	40.5	51	7.5	1.0
	33	38	56.3		
	45	34	60		
	28	43.5	53.5	11	1.0
	41	40.5	59.9		
	48	37.8	61.4		
SLW100-80-125	36.7	3.8	71.1	0.55	1.0
	44	3.3	74.2		
	52.5	3	75.9		
	36	4.6	78	0.75	1.0
	51.7	3.7	83.5		
	55	3.5	84		
	40	6.4	77	1.1	1.0
	57.5	5.5	83.5		
	62	5.3	84.3		

（4）尺寸数据（图15.1-40）

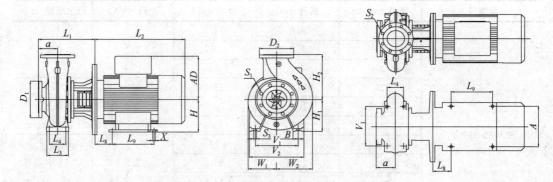

图15.1-40   SLW卧式单级离心泵外形及安装尺寸

注：该型号水泵由青岛三利集团有限公司提供。

2. KQW卧式单级轴联泵

（1）说明

该泵可用于空调、供暖、生活用水、水处理、冷却冷冻系统、液体循环和供水、增压及灌溉等领域中无腐蚀的冷热水输送。介质中固体不溶物，其体积不超过单位体积0.1%，粒度<0.2mm。

使用条件：转速2960r/min、1480r/min或980r/min；流量范围：1.8~2000m³/h；扬程 H：≤127m；介质温度：-10~80℃，环境温度一般≤40℃。

（2）型号说明

例 KQL80/160-7.5/2-Ⅵ或 KQW80/160-7.5-Ⅵ

KQL——标准立式单级泵，KQW标准卧式单级泵；

80——进出口直径；

160——叶轮名义直径；

7.5/2——电机功率/电机极数；

Ⅵ——第六代。

（3）外形结构（图15.1-41）

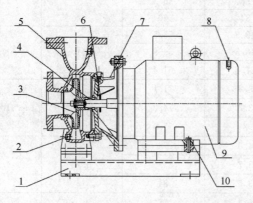

序号	数量	名称
1	1	底座
2	3	螺塞
3	1	叶轮
4	1	机械密封
5	1	泵体
6	1	挡水圈
7	1	泵盖
8	1	转向牌
9	1	电动机
10	8	螺栓

图15.1-41   KQW卧式单级轴联泵外形

（4）性能参数（图 15.1-42）

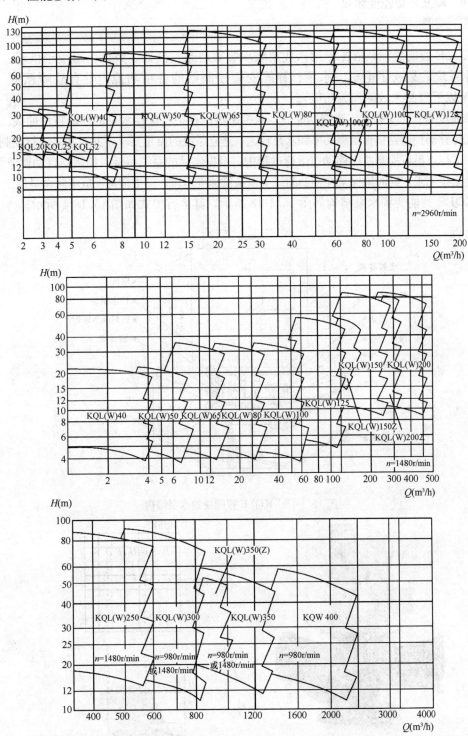

图 15.1-42　KQW 卧式单级轴联泵系列型谱图

注：此型号水泵由上海凯泉泵业（集团）有限公司提供。

15.1.9　KQLE 智能变频泵

1. 说明

KQLE 智能变频泵依托于第六代单级单吸离心泵，高效、节能，适用于供暖、制冷和供水系统，集成了电机、水泵、智能变频控制器的各项功能，带有故障预警（注：7.5kW 以下产品无故障预警功能）。

该泵配置智能变频无传感器功能后，泵控制器内存中将保存水泵的性能特性曲线。运行时，无传感器控制器负责检测功率和水泵转速，建立系统的流量要求，并对水泵进行控制，从而确保运行点沿着控制曲线移动。运行过程中，根据实际的系统特性，控制器自动调节泵速，来满足系统需求，同时确保泵在控制曲线上以最低速度运转，使生命周期成本降至最低。

KQLE 智能变频水泵结构如图 15.1-43 所示，其运行模式如图 15.1-44 所示。

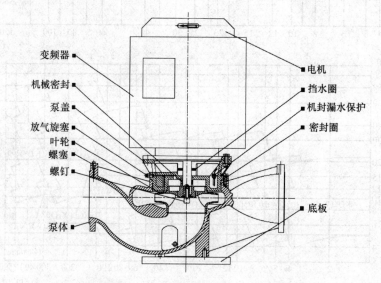

图 15.1-43　KQLE 智能变频水泵结构

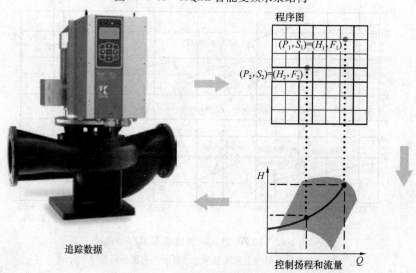

图 15.1-44　KQLE 智能变频水泵运行模式简图

其他特点：人性化中文界面，彩屏 UI 设计；互联性。可选配内置物联远传模块，wifi 模块，让用户远端轻松查看实时运行状况。

2. 性能曲线（图 15.1-45）

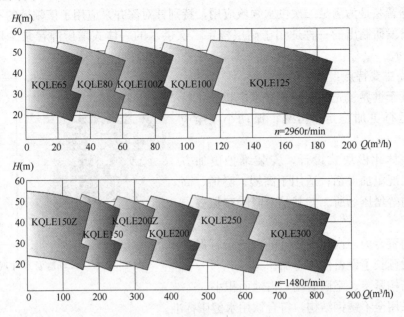

图 15.1-45　KQLE 智能变频泵系列型谱图

3. 外型尺寸（图 15.1-46）

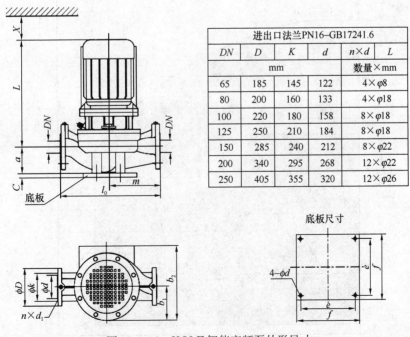

进出口法兰PN16–GB17241.6					
DN	D	K	d	n×d	L
	mm			数量×mm	
65	185	145	122	4×φ8	
80	200	160	133	4×φ18	
100	220	180	158	8×φ18	
125	250	210	184	8×φ18	
150	285	240	212	8×φ22	
200	340	295	268	12×φ22	
250	405	355	320	12×φ26	

图 15.1-46　KQLE 智能变频泵外形尺寸

注：此型号水泵由上海凯泉泵业（集团）有限公司提供。

15.1.10　长轴静音泵

1. 说明

长轴静音泵是为满足二次供水领域应用，特别针对深井泵应用于该领域的不足，经过多年自主研发研制出的一种适用于高层楼宇二次供水的一体式增压静音泵。其外观如图 15.1-47 所示。

2. 产品主要特点：

（1）基于世界领先的密闭式潜水电机技术特别开发，运行更加稳定、可靠，振动小，噪声极低。

（2）一体化模块式设计，安装维护更加方便，适用工况更加灵活；适用于高楼、隧道、高铁站、消防等增压场所。尤其是对降噪减振要求高的场所。

（3）内置专为二次加压设计的独立运行保护装置，大大延长了设备使用寿命。

图 15.1-47　长轴静音泵外观效果

（4）结构紧凑、坚固耐用，占地面积小。

（5）采用全不锈钢结构，符合饮用水健康标准。

3. 性能参数（图 15.1-48）

4. 外形尺寸（图 15.1-49、表 15.1-34）

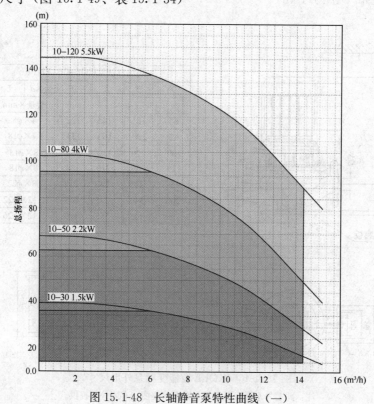

图 15.1-48　长轴静音泵特性曲线（一）

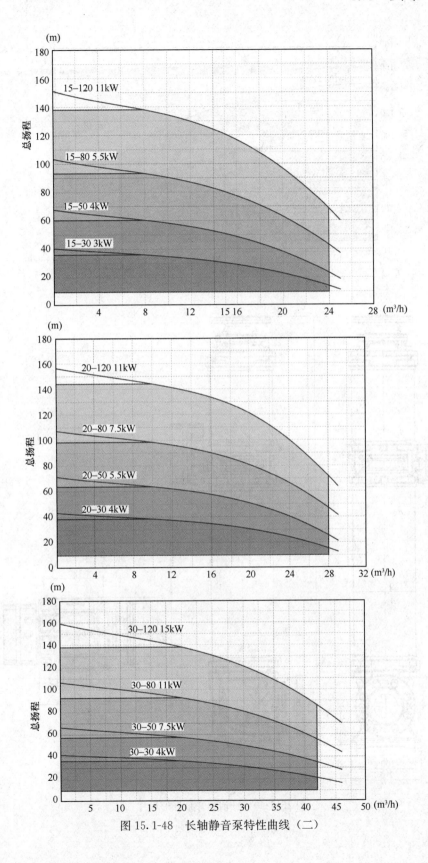

图 15.1-48 长轴静音泵特性曲线（二）

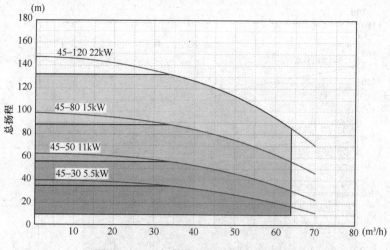

图 15.1-48　长轴静音泵特性曲线（三）

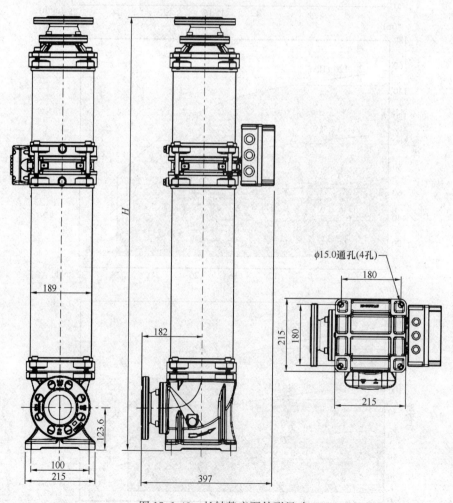

图 15.1-49　长轴静音泵外形尺寸

长轴静音泵性能参数　　　　　　　　表 15.1-34

型号	流量	扬程	功率	总高度
	(m³/h)	(m)	(kW)	H (mm)
lnline 1030	10	30	1.5	742
lnline 1530	15		3	959
lnline 2030	20		4	959
lnline 3030	30		4	1007
lnline 4530	45		5.5	1139
lnline 1050	10	50	2.2	957
lnline 1550	15		4	1121
lnline 2050	20		5.5	1230
lnline 3050	30		7.5	1207
lnline 4550	45		11	1272
lnline 1080	10	80	4	1168
lnline 1580	15		5.5	1326
lnline 2080	20		7.5	1312
lnline 3080	30		11	1436
lnline 4580	45		15	1419
lnline 10120	10	120	5.5	1427
lnline 15120	15		11	1569
lnline 20120	20		11	1521
lnline 30120	30		15	1665
lnline 45120	45		22	1714

注：此型号水泵由富兰克林电气（上海）有限公司提供。

15.1.11　不锈钢井用潜水泵

1. SSI、FS 不锈钢井用潜水泵

（1）说明

该水泵生产者为全球知名的井用潜水电机和潜水泵的制造商。其潜水泵和潜水电机有较大的技术优势，性能稳定，使用寿命长。

不锈钢井用潜水泵特点：全不锈钢叶轮和导壳，抗腐长寿，效率高；SSI 系列采用高品质不锈钢冲压工艺，FS 系列采用不锈钢纳米铸造工艺，产品质量可靠稳定，十分耐用；混流式叶轮设计大大提高运行效率；配备富兰克林潜水电机运行，高效稳定，节能可靠；SSI 流量范围 8～250m³/h，FS 流量范围 80～1200m³/h，提供其他材质；整机原装进口。其外观如图 15.1-50 所示。

（2）性能参数（图 15.1-51、图 15.1-52、表 15.1-35、表 15.1-36）

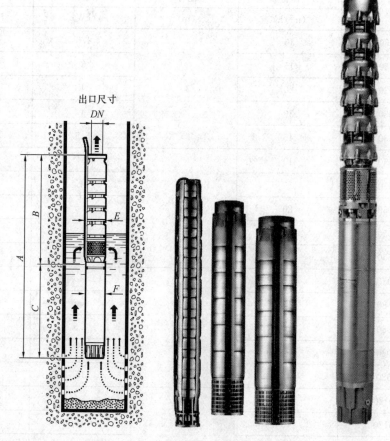

图 15.1-50 不锈钢井用潜水泵外观效果

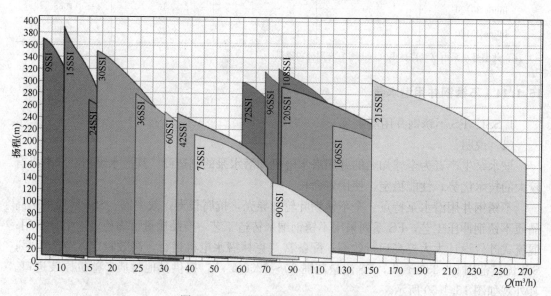

图 15.1-51 SSI 系列井用潜水泵族谱

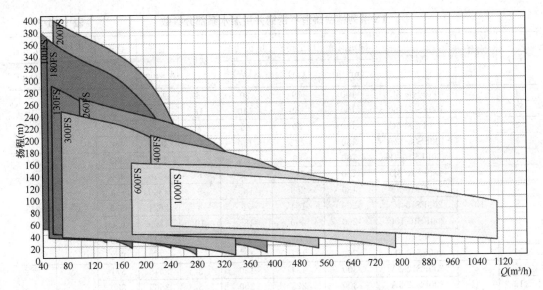

图 15.1-52　FS 系列井用潜水泵型谱图

注：此型号水泵由富兰克林电气（上海）有限公司提供。

SSI 系列冲压不锈钢井用潜水泵部分参数　　表 15.1-35

序号	水泵外径	型号	额定流量 (m^3/h)	额定扬程 (m)	电机功率 (kW)	级数	总长 A (mm)	总重 (kg)	出口尺寸 DN	最大外径 E (mm)
1		9SSI-10	9	81	4	10	1427	39	2.5″	133
2		9SSI-40	9	324	15	40	3482	121		
3		15SSI-10	15	80	5.5	10	1537	45.6		
4		24SSI-38	24	220	22	38	4868	142		
5		30SSI-37	30	259	30	37	4902	156		
6	6″	42SSI-25	42	228	37	25	4142	219		
7		60SSI-10	60	61	15	10	2178	87	4″	149
8		75SSI-10	75	83	30	10	2774	129		
9		75SSI-18	75	149	45	18	3942	238		
10		90SSI-6	90	60	22	6	2080	102		
11		90SSI-12	90	120	45	12	3096	219		
12		72SSI-10	72	127	37	10	2733	212	5″	182
13	8″	72SSI-22	72	279	75	22	4663	342		
14		96SSI-10	96	110	37	10	2733	207		
15		96SSI-23	96	253	93	23	5145	401		
16		108SSI-6	108	111	45	6	2465	234	6″	208
17		108SSI-15	108	278	110	15	4768	497		
18	10″	120SSI-12	120	244	110	12	4300	480		
19		160SSI-5	160	99	55	5	2436	258		
20		215SSI-10	215	250	185	10	4103	573		

FS 系列精密铸造不锈钢井用潜水泵部分参数 表 15.1-36

序号	水泵外径	型号	额定流量 (m^3/h)	额定扬程 (m)	电机功率 (kW)	级数	总长 A (mm)	总重 (kg)	出口尺寸 DN	最大外径 E (mm)
1	8″	100FS08-5C	100	79	30	5	2132	142	5″	200
2		100FS08-16C	100	269	110	16	4567	521		
3		130FS08-5C	130	89	45	5	2172	225		
4		130FS08-12A	130	222	110	12	4023	486		
5	10″	180FDS10-3H	180	83	55	3	2251	282	6″	243
6		180FS10-6D	180	187	130	6	3329	499		
7		180FS10-9F	180	269	185	9	4309	634		
8		200FS10-4C	200	104	75	4	2621	336		
9		200FS10-10C	200	260	185	10	4309	650		
10		260FS10-3E	260	78	75	3	2441	320		
11		260FS10-7D	260	192	185	7	3769	602		
12	12″	300FS12-3A	300	134	150	3	3045	571	7″	298
13		300FS12-5A	300	225	250	5	3569	880		
14		400FS12-3A	400	100	150	3	3045	562		
15		400FS12-5A	400	169	250	5	3569	866		
16	14″	600FS14-1A	600	54	130	1	2702	502	9″	340
17		600FS14-3A	600	137	300	3	3590	952		
18	16″	1000FS16-1A	1000	60	220	1	3153	883	10″	381
19		1000FS16-2A	1000	110	400	2	3738	1094		

2. SJ 不锈钢深井潜水电泵

（1）说明

产品特点：不锈钢多级潜水电泵主要用于井用提水等场合。

适用范围：清洁水、软化水的循环和增压；供水、灌溉系统；降低地下水位；增压。

设备组成及主要部件：不锈钢深井潜水电泵由潜水电机和泵体组成。具体结构如图 15.1-53 所示。

（2）型号说明

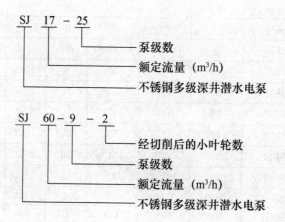

（3）性能参数

基本参数：流量：0.2～240m^3/h；扬程：10～370m；材质：不锈钢 304；液体温度：25℃；电压：交流 380V。

例: SJ95

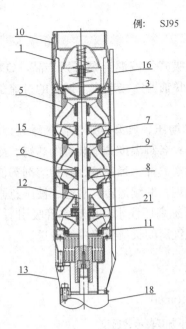

材料

序号	名称	材料	AISI
1	出水体	不锈钢/SS304	AISI304
3	阀盖	不锈钢/SS304	AISI304
5	出水导叶	不锈钢/SS304	AISI304
6	叶轮螺母	不锈钢/SS304	AISI304
7	叶轮	不锈钢/SS304	AISI304
8	叶轮轴套	不锈钢/SS304	AISI304
9	导叶	不锈钢/SS304	AISI304
10	拉紧件	不锈钢/SS304	AISI304
11	导流器	不锈钢/SS304	AISI304
12	泵轴	不锈钢/SS304/420/431	AISI304/420/431
13	支架	不锈钢/SS304	AISI304
15	口环	PBT/NBR	
16	电缆护套	不锈钢/SS304	AISI304
18	电机		
21	进水隔套	石墨	
31	联接套	不锈钢/SS304	AISI304

图 15.1-53　SJ 不锈钢深井潜水电泵结构

（4）设备外形及安装示意（图 15.1-54）

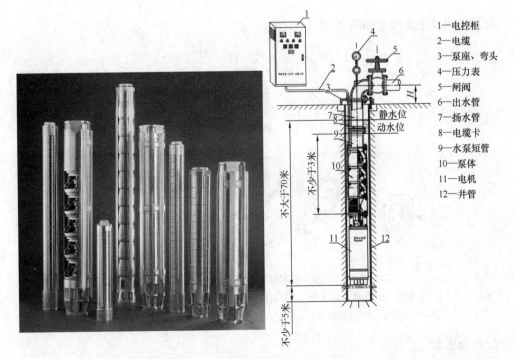

1—电控柜
2—电缆
3—泵座、弯头
4—压力表
5—闸阀
6—出水管
7—扬水管
8—电缆卡
9—水泵短管
10—泵体
11—电机
12—井管

图 15.1-54　SJ 不锈钢深井潜水电泵外形及安装示意
注：此型号水泵由南方中金环境股份公司提供。

15.1.12　QY 型不锈钢自吸式气液混合泵

1. 说明

QY（B）、QYL（B）型泵是一种卧式安装的自吸式气液混合泵系列产品，QY（B）采用特配电机直联式结构，QYL（B）采用标准电机联轴器连接形式。该泵的过流部件全部采用不锈钢材料精铸制成。

本产品适用于液体输送、气液混合搅拌、循环和增压。典型应用于：气浮处理设备、臭氧水制取设备、富氧水制取设备、生化处理设备等；各种温度调节装置的热媒、冷媒循环输送；各种过滤装置；从地下储水罐抽取或高压输送汽油、稀释液、各种溶剂等低黏度液体；清水、纯水、食品、化学液、废液等的喷雾处理；断续运转、水锤、被压急剧变化等苛刻用途（如：小型蒸汽锅炉、高楼给水、向高压罐高压注水、由真空管吸引）；从河流或储水罐等采取样水、移送发泡性液体、易于出现气窝的长横管路中的输送。

2. 型号意义：

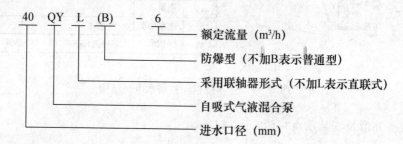

40　QY　L　（B）　-　6
- 额定流量（m³/h）
- 防爆型（不加B表示普通型）
- 采用联轴器形式（不加L表示直联式）
- 自吸式气液混合泵
- 进水口径（mm）

设备组成及主要部件如图 15.1-55 所示。

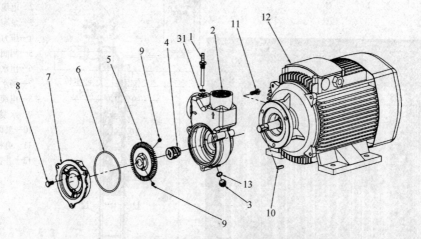

图 15.1-55　QY 型不锈钢自吸式气液混合泵结构

1—进气管；2—泵体；3—堵头；4—机械密封；5—叶轮；6—O 形圈；7—泵盖；
8—六角螺栓；9—紧定螺钉；10—键；11—六角螺栓；12—电机；13—O 形圈

3. 性能参数

水泵基本参数：流量：0.4～18m³/h；扬程：最高 70m；材质：不锈钢 304；液体温度：0～105℃；电压：交流 380V。

设备外形及安装如图 15.1-56、图 15.1-57 所示。

图 15.1-56　QY 型不锈钢自吸式气液混合泵外观

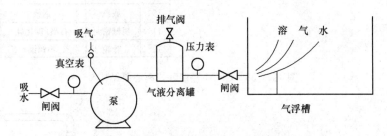

图 15.1-57　QY 型不锈钢自吸式气液混合泵工作原理
注：此型号水泵由南方中金环境股份公司提供。

15.1.13　CHM 轻型卧式离心泵

1. 说明

该泵用于输送稀薄、清洁、不含固体颗粒或纤维的非易燃易爆液体。

适用范围：空调系统；冷却系统；工业清洗；水处理（水的净化）；水产养殖；环境应用。

2. 型号意义

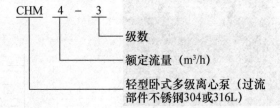

3. 设备组成及主要部件

轻型卧式离心泵由不锈钢零部件组成，包括导流壳体、进出水段、导流器、导叶、叶轮、底座，动力机械为三相异步电动机。具体结构如图 15.1-58 所示。

4. 性能参数

基本参数：流量：$0.4\sim28m^3/h$；扬程：$6\sim60m$；电压：三相交流 380V；液体温度：$-15\sim105℃$。

5. 设备外形及安装（图 15.1-59）

截面图CHM1,2,4

材料

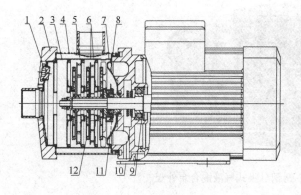

序号	名称	材料	AISI/ASTM
1	堵头	不锈钢	SS-304N2-33
2	压板	压铸铝	ASTM383.1
3	导流壳体	不锈钢	AISI304
4	进出水段	不锈钢	AISI304
5	导流器	不锈钢	AISI304
6	导叶	不锈钢	AISI304
7	出水导叶	不锈钢	AISI304
8	密封座	不锈钢	AISI304
9	电机		
10	底座	钢板	AISI1015
11	机械密封	石墨/碳化硅	
12	叶轮	不锈钢	AISI304

图 15.1-58　CHM 轻型卧式离心泵结构

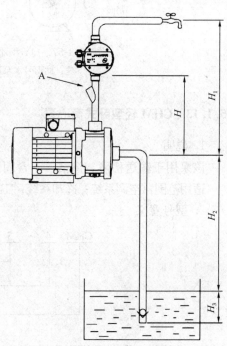

图 15.1-59　CHM 轻型卧式离心泵外观
注：此型号水泵由南方中金环境股份公司提供。

15.1.14　VTP 立式长轴泵

1. 说明

VTP 系列产品系采用具有国际先进水平的优秀水力模型开发设计的新一代立式长轴泵，型谱覆盖范围广，产品适用范围宽，使用效率高。耐磨性能好，可满足各种场合不同介质的使用要求。

VTP 立式长轴水泵按叶轮型式、驱动方式和使用场合分为多种产品。VTC 系列：离心式叶轮，用于高扬程使用场合，可为单级或多级式结构。VTM 系列：混流式叶轮，用于中等扬程使用场合，可为单级结构。VTA 系列：轴流式叶轮，用于大流量低等扬程使用场合，可为单级或多级式结构。

适用场所：市政行业：河流、深井、水库取水；污水输送；火电行业、凝结水输送、灰水回收、消防；钢铁行业、水电行业、农业水利、石油化工、海水淡化等。

VTC、VTCM 系列泵的扬程范围 10～300m，流量范围 15～5500m³/h；

VTM 系列泵扬程范围 10～60m，流量范围 400～40000m³/h；

VTA 系列泵扬程范围 1.5～15m，流量范围 1000～45000m³/h。

2. VTC 泵性能参数：流量：15～5500m³/h；扬程：10～300m；最高温度：80℃。

3. 性能参数（图 15.1-60）

4. VTC 泵头尺寸及长轴泵外观（图 15.1-61、图 15.1-62、表 15.1-37）

VTC 立式长轴泵外形尺寸 表 15.1-37

型号	D_{max}	L_1	L_2	L_3	n_{max}	D_1	D_2	D_3	ϕds	$n\text{-}\phi d$
100VTC20-14	195	150	95	110	10	125h6	165	195	28	8-M12
100VTC30-7	133	200	80	90	25	132h6	160	200	22	8-ϕ14
100VTC30-13	180	150	95	135	10	125h6	156	180	28	8-M12
100VTC40-6	245	225	90	180	10	130h6	210	220	30/35	8-M16
100VTC50-7	245	240	90	180	10	130h6	174	200	40	8-ϕ13.5
100VTC90-9	245	240	90	225	6	130h6	174	200	40	8-ϕ13.5
150VTC120-12	323	295	140	230	4	160h6	210	240	40	8-M16
150VTC150-14	323	292	140	230	4	160h6	210	240	40	8-M16
200VTC200-17	358	320	140	250	3	230h6	280	320	30/40	8-ϕ23
200VTC250-22	420	320	165	300	5	230h6	280	320	50	8-ϕ22
200VTC280-24	420	320	165	300	4	230h6	280	320	50	8-ϕ22
250VTC400-28	477	340	185	330	8	280h6	330	370	60	12-ϕ22
250VTC480-30	477	340	185	330	8	280h6	330	370	60	12-ϕ22
250VTC550-26	430	320	170	365	7	280h6	330	370	60	12-ϕ22
300VTC720-40	570	600	220	390	7	340h6	385	425	60/70/80	12-M20
300VTC820-29	480	320	170	475	7	340h6	385	425	60/70/90	12-ϕ22
300VTC860-43	570	600	220	390	7	340h6	385	425	60/70/80	12-M20
300VTC900-25	435	600	170	513	5	340h6	385	425	50	12-ϕ23
350VTC1000-51	630	370	250	430	7	395h6	440	480	70/90	16-M20
350VTC1200-32	550	320	250	600	4	395h6	440	480	60	16-M20
350VTC1250-36	550	320	250	550	5	395h6	440	480	70/80/90	16-ϕ23
400VTC1650-28	670	400	280	720	3	440h6	500	550	70/80	16-M24
400VTC1750-48	620	400	280	615	4	440h6	500	550	80/90	16-M24
400VTC2100-35	550	320	250	600	4	440h6	500	550	70	16-M20
500VTC2200-32	755	550	250	750	5	550h6	600	650	90	16-ϕ26
500VTC2400-57	965	480	390	675	4	550h6	600	650	90/100/120	16-ϕ30
600VTC2800-26	718	550	450	550	3	660h6	725	780	80/100/110	20-ϕ30
600VTC3300-50	880	320	280	760	2	650h6	700	745	90/100/110	16-ϕ27
600VTC3600-32	810	550	330	870	2	650h6	700	745	90/100	16-M24
700VTC4800-56	1330	440	405	890	1	750h6	840	900	120/140	24-ϕ30

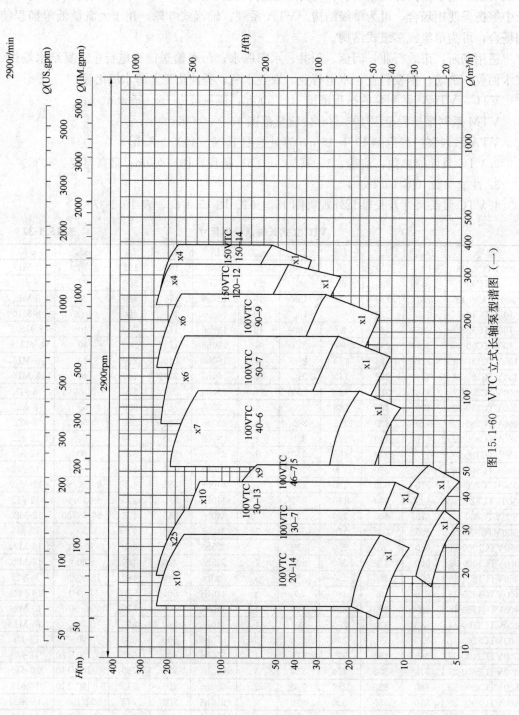

图15.1-60　VTC立式长轴泵型谱图（一）

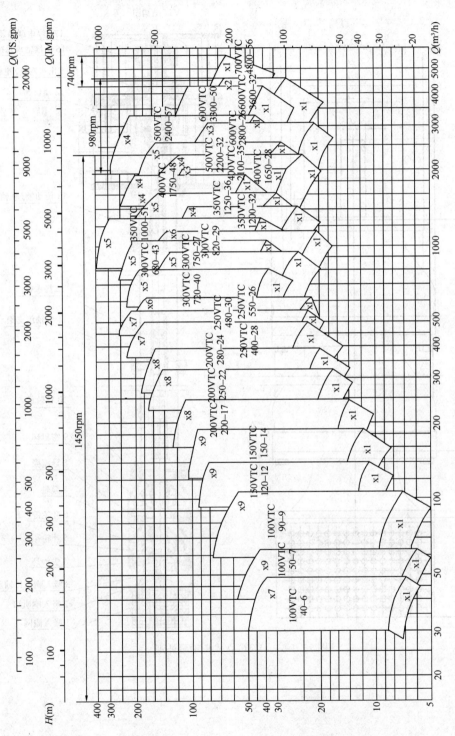

图 15.1-60 VTC 立式长轴泵型谱图（二）

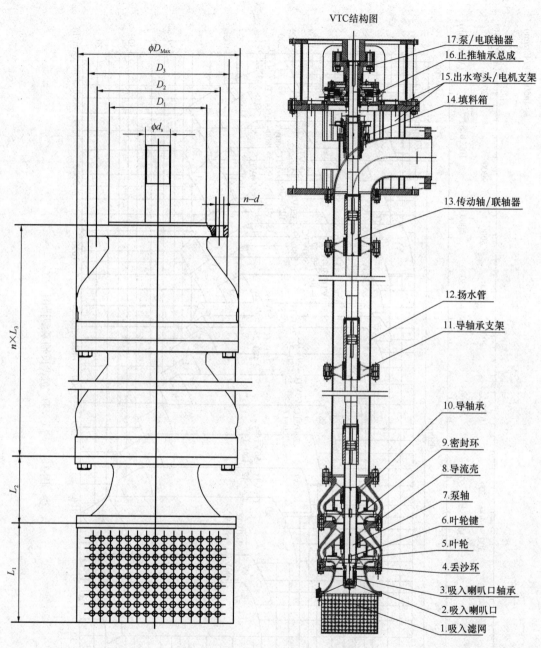

图 15.1-61　VTC 立式长轴泵外观

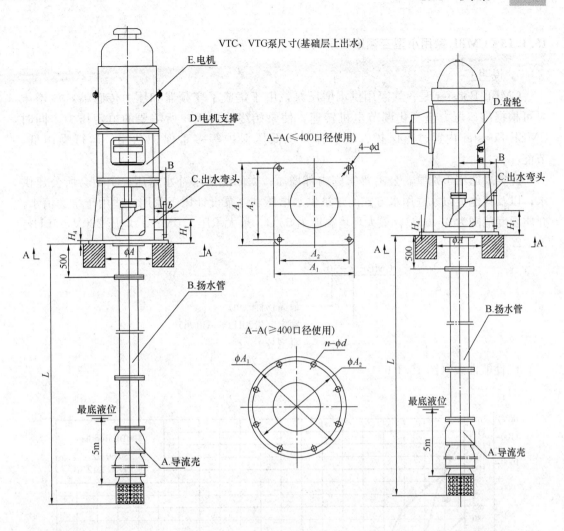

VTC、VTG泵尺寸(基础层上出水)

图 15.1-62　VTC立式长轴泵尺寸

注：此型号水泵由南方中金环境股份公司提供。

型号	A_1	A_2	$n-\phi d$	H_1	H_4	B	S_m	ϕA
80VTC	470	420	25	145	20	300	300	300
100VTC	470	420	25	145	20	300	400	300
150VTC	550	500	25	165	25	350	450	380
200VTC	700	640	30	215	25	400	480	480
250VTC	780	720	30	265	30	450	700	550
300VTC	880	820	30	320	35	500	900	650
350VTC	930	870	30	370	35	550	1400	700
400VTC	1030	960	30	420	40	600	1800	700
500VTC	$\phi1400$	$\phi1500$	8–40	520	40	700	1800	1000
600VTC	$\phi1500$	$\phi1600$	12–40	620	45	850	2000	1100
700VTC	$\phi1800$	$\phi1900$	12–40	700	50	950	2200	1400

15.1.15 CMBE 家用小型变频增压泵

1. 说明

CMBE Booster 是一款家用供水增压泵，由于集成了变频器和压力传感器，该增压泵可根据出口压力值变化调节电机转速，使泵始终输出用户所需要的恒定压力。同时 CMBE Booster 内置过热保护、缺水保护、低压保护等多重保护功能，运行噪声低，节能。

此类泵适用于别墅、公寓等家庭内部增压；太阳能热水补水增压；小型会所公建供水；以及其他类似家庭用水方式的建筑供水增压。该泵设计用于家用，适用于泵送清水，介质温度范围为 0~60℃，最大环境温度为 55℃，最大承压 1.0MPa；电压 220V，50Hz。

2. 型号意义

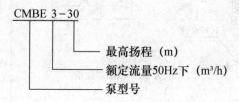

CMBE 3 - 30

— 最高扬程（m）
— 额定流量50Hz下（m³/h）
— 泵型号

3. 性能曲线（图 15.1-63）

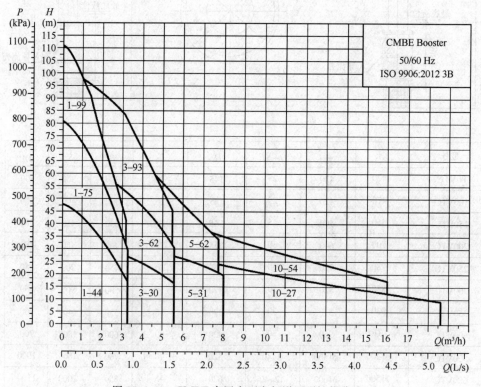

图 15.1-63　CMBE 家用小型变频增压泵性能曲线

4. 外形及安装尺寸（图 15.1-64、表 15.1-38）

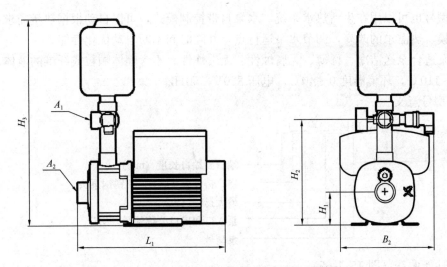

图 15.1-64 CMBE 家用小型变频增压泵外形

CMBE 尺寸   表 15.1-38

泵型号	额定流量 (m³/h)	额定扬程 (m)	输入功率 (W)	H_1 (mm)	H_2 (mm)	H_3 (mm)	L_1 (mm)	B_2 (mm)	A_1 (mm)	A_2 (mm)
CMBE1-44	2.0	26.2	615	75	200	440	326	217	25	25
CMBE1-75	2.0	43.6	998	75	200	440	362	217	25	25
CMBE1-99	2.0	60.9	1250	75	200	440	398	217	25	25
CMBE3-30	3.7	19.1	688	75	200	440	326	217	25	25
CMBE3-62	3.7	39.4	1210	75	200	440	344	217	25	25
CMBE3-93	3.7	59.8	1720	90	215	455	404	217	25	25
CMBE5-31	5.6	21.4	1090	75	200	440	326	217	25	32
CMBE5-62	5.6	44.2	1720	90	215	455	350	217	25	32
CMBE10-27	12.0	16.1	1240	92	253	510	377	232	40	40
CMBE10-54	12.0	35.4	1710	92	253	510	377	232	40	40

注：该型号水泵由格兰富水泵（上海）有限公司提供。

15.1.16 ALPHA2 家用小型热循环泵

1. 说明

ALPHA2 是一款家用供热系统的热水循环泵。ALPHA2 可以实现全自动的变频调节，通过改变水泵的运行点匹配实际的系统需求。

ALPHA2 可以用在单管供热散热片系统、双管供热散热片系统和地暖系统，不锈钢泵头的型号也可以用在生活热水系统。水泵自带控制模式，可以自动根据热量需求，例如系统规模、热需求的改变，调节水泵运行点，并随时间不断自动优化性能。

该泵适合泵送洁净、稀薄、无腐蚀性、无爆炸性、不含固体颗粒或纤维的液体。介质温度 2～110℃，环境温度 0～40℃，电压 220V，50Hz。

2. 型号意义

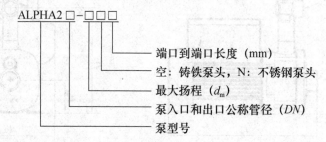

3. 性能曲线（图 15.1-65）

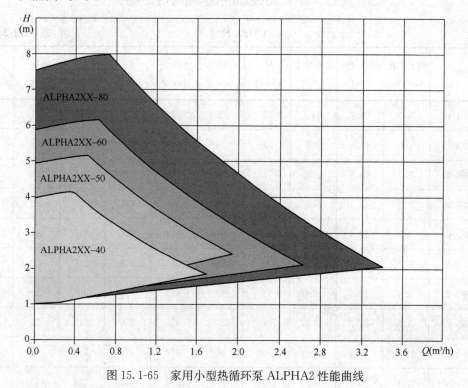

图 15.1-65　家用小型热循环泵 ALPHA2 性能曲线

4. 控制特点

ALPHA2 是智能变频循环泵，可以将压力控制与流量紧密结合。热需求降低时，例如日光照射提高室内温度，散热器的调节阀会关小，对定速泵系统来说，系统的阻力会增大，例如从 A_1 变到 A_2，系统压力升高 ΔH_1，参见图 15.1-66。

但如果在系统中使用变频泵 ALPHA2，压力则是可以减少 ΔH_2，对比定速泵，能耗可以大大降低。参见图 15.1-67。

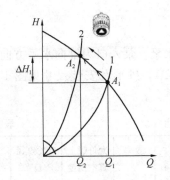

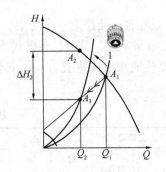

图 15.1-66　水泵工况点分析（1）　　　　图 15.1-67　水泵工况点分析（2）

如果在系统中使用定速泵，压力的升高除了带来能耗浪费，也会导致流体在散热器平衡阀中产生噪声。而这种噪声也可以通过使用变频泵 ALPHA2 来消除。其外观如图 15.1-68 所示。

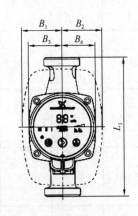

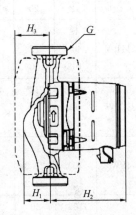

图 15.1-68　家用小型热循环泵 ALPHA2 外观

注：该型号水泵由格兰富水泵（上海）有限公司提供。

15.2　排水泵

15.2.1　PW 型污水泵

1. 说明

PW 型泵供输送温度低于 80℃ 带有纤维或其他悬浮物、无腐蚀的液体。适用于城市、工矿企业排除污水、粪便用。性能范围：流量 Q：38～180m³/h；扬程 H：8.5～48.5m。

2. 型号意义

例 2½PWa

2½——泵出口直径（in）；

P——杂质泵；

W——污水；

a——泵叶轮外径经第一次切割。

PW 型泵是单级、单吸、悬臂式或卧式离心污水泵。泵入口为轴向水平方向，泵出口可根据需要装成水平或垂直方向。其性能见表 15.2-1，外形和安装尺寸见图 15.2-1、表 15.2-2。

PW 型污水泵性能　　　　　　　　　　　　　　　　　　表 15.2-1

泵型号	流量 Q		扬程 H (m)	转速 n (r/min)	功率 N		效率 η (%)	允许吸上真空高度 H_a (m)	叶轮直径 D_2 (mm)	泵重 W (kg)
	(m³/h)	(L/s)			轴功率 (kW)	电机功率 (kW)				
2PW	25.7	7.15	22.4	2890	2.9	4	53.3		135	55
	43	11.95	18.3		3.45		61.3			
	51.6	14.3	16.4		3.76		60.8			
2½PW	36	10	11.6	1440	2.1	4	54	7.5	195	65
	60	16.6	9.5		2.5		62	7.2		
	72	20	8.5		2.72		61.5	7		
2½PW	43	12	34	2920	7.8	15	51	6	170	65
	90	25	26		11		58	5		
	108	30	24		12.5		56	4.2		
2½PW	43	12	48.5	2940	11.6	22	49	7	195	65
	90	25	43		17		62	5.5		
	108	30	39		19.2		60	4.5		
4PW	72	20	12	960	4	7.5	59	7	300	125
	100	27.8	11		4.7		64	6.5		
	120	33.2	10.5		5.5		62	5.5		
4PW	108	30	27.5	1460	13.5	30	60	7.8	300	125
	160	44.4	25.5		18		62	7.5		
	180	50	24.5		19.5		61.5	7		

PW 型污水泵外形和安装尺寸　　　　　　　　　　　　表 15.2-2

泵型号	电动机型号/功率 (kW)	泵外形和安装尺寸 (mm)											不隔振基础 (mm)			n-φd
		L_1	L_2	M	G	E	N	H	H_1	B_1	B_2	B_3	L	B	h	
2PW	Y112M-2/4	322	420	290	400	82	88	205	385	290	290	400	1400	800	800	4-φ18
2½PW	Y112M-4/4	140.5	560	510	400	170	112.5	275	735	385	385	400	1400	800	800	4-φ18
	Y160M₂-2/15		600		600	207		275		430	430					
	Y180M-2/22		700		670	218		350		420	546					
4PW	Y160M-6/7.5	455	600	612	600	207	190	275	600	430	430	400	1400	800	800	4-φ18
	Y200L-4/30		700		775	218		350		420	546					
4PWB	Y160M-4/11	448	600	605	600	200	190	275	570	430	430	400	1400	800	800	4-φ18

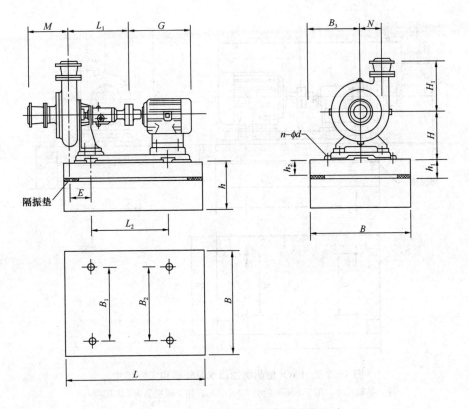

图 15.2-1　PW 型污水泵外形和安装尺寸

15.2.2　PWF 型耐腐蚀污水泵

1. 说明

PWF 型泵供输送温度低于 80℃ 带有酸性、碱性或其他腐蚀性的污水。适用于化学工业中输送浆状的化学制品或污水等用。性能范围：流量 Q：$10 \sim 72 \mathrm{m^3/h}$；扬程 H：$12.5 \sim 18 \mathrm{m}$。

2. 型号意义

例 50PWF

50——泵出口直径（mm）；

P——杂质泵；

W——污水；

F——耐腐蚀。

PWF 型泵是单级、单吸、悬臂式耐腐蚀的离心污水泵。泵入口为轴向水平方向，泵出口可根据需要装成水平或垂直方向。其性能见表 15.2-3，外观和安装尺寸见图 15.2-2、表 15.2-4。

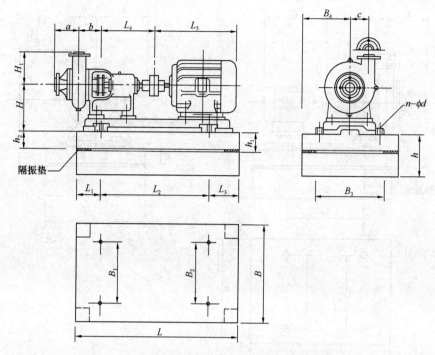

图 15.2-2   PWF 型耐腐蚀污水泵外形和安装尺寸

注：基础尺寸：用于不隔振的为 $L \times B \times h_2$，用于隔振的为 $L \times B \times h_1$。

PWF 型污水泵性能　　　　　　　　　　　　　　　　表 15.2-3

泵型号	流量 Q		扬程 H (m)	转速 n (r/min)	功率 N		效率 η (%)	允许吸上真空高度 H_a (m)	叶轮直径 D_2 (mm)	泵重 W (kg)
	(m³/h)	(L/s)			轴功率 (kW)	电机功率 (kW)				
50PWF	10	2.75	4	18	2.35	4	20.5	5	239	106
	14.5			16	2.47		25.5			
	19		5.25	14.5	2.58		29			
80PWF	42	11.7	14	1440	3.5	5.5	45.5	5.5	230	115
	56	15.5	13.5		4.1		80			
	72	20	12.5		4.5		54.5			

PWF 型耐腐蚀污水泵外形和安装尺寸　　　　　　　　　　表 15.2-4

泵型号	电动机型号/功率 (kW)	泵外形和安装尺寸（mm）															不隔振基础 (mm)			隔振垫型号	$n-\phi d$
		L_1	L_2	L_3	L_4	L_5	B_1	B_2	B_3	B_4	H	H_1	a	b	c	L	B	h		
50PWF	Y112M-4/4.0	280	495	280	285	490	370	370	420	350	330	230	170	255	145	1060	700	280	SD42-1	4-ϕ19
80PWF	Y132S-4/5.5	280	495	280	285	525	370	370	420	350	330	230	177	255	132	1060	700	280	SD42-1.5	4-ϕ19

15.2.3　PWL 型立式污水泵

1. 说明

PWL 型泵供输送温度低于 80℃带有纤维或其他悬浮物的无腐蚀性的液体。适合于城市、工矿企业排除污水、粪便等用途。流量 Q：43～700m³/h；扬程 H：9.5～30m。

2. 型号意义

例 6PWL

6——泵出口直径（in）；

P——杂质泵；

W——污水；

L——立式。

PWL 型泵是立式单吸单级离心污水泵。泵主要由泵体、叶轮、轴、填料盒、轴承盒、支架等零件组成。其性能见表 15.2-5，外观和安装尺寸见图 15.2-3、表 15.2-6。

PWL 型污水泵性能　　表 15.2-5

泵型号	流量 Q		扬程 H (m)	转速 n (r/min)	功率 N		效率 η (%)	允许吸上真空高度 H_a (m)	叶轮直径 D_2 (mm)	泵重 W (kg)
	(m³/h)	(L/s)			轴功率 (kW)	电机功率 (kW)				
2½PWL	43	12	34	2920	7.8	15	51	6	170	83
	90	25	26		11		58	5		
	108	24	24		12.6		56	4.2		
6PWL	250	69.5	30	1450	34	55	60	5	315	417
	350	97	27		42		61	4.5		
	450	125	23		47		60	4		
	200	56	16	980	13.5	30	65	7	335	417
	300	83.3	14		17		67	6.8		
	400	111	12		20		65	6.5		
8PWL	400	111	27.5	980	50	75	60	5.8	465	750
	550	153	25		59.5		63	5.6		
	700	194.4	21		69		58	5.2		
	350	97.2	15.5	730	23	45	64	7.5	465	750
	500	139	13		29		61	6.5		
	650	180.5	9.5		33		51	5.5		

6PWL、8PWL 型泵外形和安装尺寸　　表 15.2-6

泵型号	泵外形和安装尺寸（mm）										进口法兰（mm）				出口法兰（mm）				电动机	
	A	B	C	D	F	H	N	G	L	n-ϕd	a_1	b_1	c_1	n_1-ϕd_1	a_1	b_1	c_1	n_2-ϕd_2	型号	功率 (kW)
6PWL	590	355	670	470	355	285	215	807	952	4-ϕ27	200	280	315	8-ϕ18	150	240	280	8-ϕ23	JO2-81-6(L3)	30
	590	355	670	470	355	285	215	932	952										JO2-91-4(L3)	55
8PWL	750	500	850	650	420	410	300	932	1155		250	335	370	12-ϕ18	200	295	335	8-ϕ23	JO2-91-8(L3)	40
	750	500	850	650	420	410	300	1290	1000										JSL115-6	75

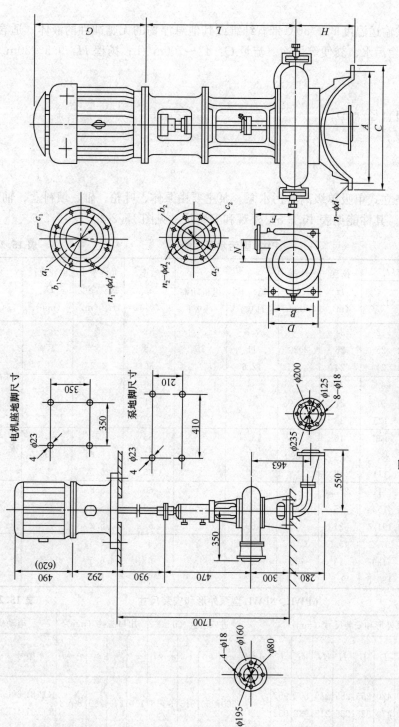

图 15.2-3 PWL 型泵外形和安装尺寸

(a) 2½PWL 型; (b) 6PWL、8PWL 型

15.2.4 WG、WGF 型污水泵

1. 用途

WG、WGF 型污水泵系单级、单吸、卧式悬臂离心泵。适用输送 80℃ 以下带有纤维或其他带悬浮物的液体，以及城市工矿排除污水粪便之用。WGF 型泵的过流零部件采用 $ZG_1Cr_{18}Ni_9$ 不锈钢，适用于排送含有酸、碱性或其他腐蚀性的污水，可供化学工业在流程中输送化学浆液之用，温度不高于 80℃。

2. 型号意义

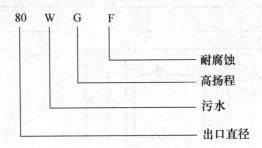

3. 结构

WG、WGF 型污水泵是按《离心式污水泵》JB/T 6534—92 部颁标准发展的一种新型污水泵，叶轮采用不易堵塞的单叶片隧洞式结构。可直接或间接驱动。在同一流量工况下比 PW 型污水泵效率高，是一种高效率节能污水泵。排出口方向可按 45°任意入变方向。WG 型泵轴封用一般填料密封，WGF 型泵采用耐酸石棉填料或机械密封，轴承采用于油润滑。

4. 性能（表 15.2-7）

表 15.2-7

WG、WGF 型污水泵工作性能

型号	流量（Q）		扬程 H (m)	转速 n (r/min)	泵轴功率 N (kW)	配电动机功率 (kW)	效率 η (%)	允许吸上真空高度 H_s (m)	叶轮直径 D (mm)	泵重 (kg)
	(m³/h)	(L/s)								
25 WG WGF	4.8～12.0	1.33～33.3	32.7～21.2	2860	1.61～1.98	3	26～35	7.0～3.5	170	—
	3.8～9.25	1.06～2.57	19.5～15.3		0.72～0.92	1.5	28～42	3.9～7.4	135	
	3.00～7.25	0.83～2.01	12.5～7.90	1700	0.39～0.47	1.1	26～33	6.6～5.7	170	
80WG	20～53	5.5～14.7	11.6～10.2	1440	1.33～2.16	3	47～68	8	196	70
	25～70	6.94～19.4	19～16.5	1850	2.75～4.62	5.5	46.5～68	8.0～7.5	195	
	32～87	8.88～24.1	32～27	2940	6.19～9.81	11	45～65	7.5～6.5	170	
	40～110	11.1～30.56	48～42.5		10.9～18.5	22	48～69	7.5～6.5	196	

WG、WGF 型污水泵外形及安装尺寸见图 15.2-4、表 15.2-8。

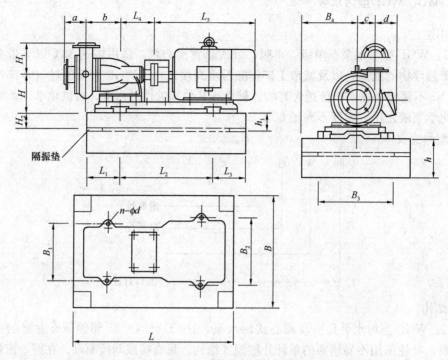

图 15.2-4　WG、WGF 型污水泵外形及安装尺寸

注：基础尺寸：用于不隔振的为 $L \times B \times h$；用于隔振的为 $L \times B \times h_1$（或 h_2）。

泵外形及安装尺寸　　　　　　　　　　　　　　　　表 15.2-8

泵型号		电动机型号-/功率（kW）	泵外形和安装尺寸（mm）															不隔振基础（mm）			n-ϕd
			L_1	L_2	L_3	L_4	L_5	B_1	B_2	B_3	B_4	H	H_1	a	b	c	d	L	B	h	
25	WG	$Y_{100}L_{-2/3}$	240	398	190	187.5	391	—	—	—	—	180	180	111.5	175	125	55	828	—		4-ϕ20
	WGF	$Y_{90}S_{-2/1.5}$	240	335	190		325	—	—	—	—						30	765	—		
80	WG	$Y_{180}M_{-2/22}$	290	645	230	247	687	400	470	530	415	270			226		160	1165	830		4-ϕ25
	WGF	$Y_{160}M_{1-2/11}$	270	628	210	267	617	400	440	500	400	250	211	137	206	127	130	1108	800		
		$Y_{100}L_{2-2/5.5}$	248	498	180	288.5	394	350	410	350	325	240			183.5		55	926	650		

15.2.5　WL 型立式污水泵

1. 说明

WL 型泵供输送含有纤维或其他悬浮物的液体，适合于城市、工矿企业等排除污水及粪便用。性能范围：流量 Q：$10 \sim 25 m^3/h$；扬程 H：$7 \sim 12 mm$。

2. 型号意义

例　$_{50}WL_{-12}A$

50——泵出、入口直径（mm）；

W——污水；

L——立式；

12——泵设计点单级扬程值（m）；

A——泵叶轮外径经第一次切割。

WL 型泵是单吸、单级、立式双管离心污水泵。泵的入口垂直向下，出口垂直向上。其性能见表 15.2-9。外形和安装尺寸见图 15.2-5、表 15.2-10。

WL 型立式污水泵性能表　　　　　　　　　　表 15.2-9

泵型号	流量 Q		扬程 H (m)	转速 n (r/min)	功率 N		效率 η (%)	允许吸上真空高度 H_s (m)	汽蚀余量 Δh (m)	叶轮直径 D_2 (mm)
	(m²/h)	(L/s)			轴功率 (kW)	电机功率 (kW)				
$_{50}$WL—12	10	2.78	12.6				32			
	12.5	3.47	12.1	2900	1.18	1.5	35	—	—	110
	15	4.17	11.3				35			
$_{50}$WL—12A	10	2.78	8.4				31			
	12.5	3.47	8.0	2900	0.78	1.1	35	—	—	
	15	4.17	7.2				35			
$_{65}$WL—12	25	6.94	12	2850	1.7	2.2	48			

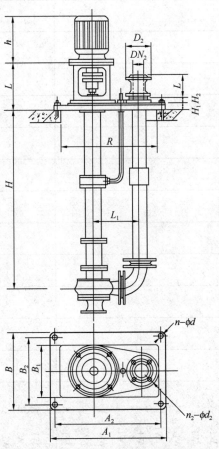

图 15.2-5　WL 型泵外形和安装尺寸

表 15.2-10

WL 型泵外形和安装尺寸

泵型号	泵外形和安装尺寸														出口法兰				电动机	
	A_1	A_2	B_1	B_2	B	H	H_1	H_2	h	L	L_1	l	R	$n\text{-}\phi d$	DN	D_{02}	D_2	$n_2\text{-}\phi d_2$	型号	功率 (kW)
50 WL-12-1	600	560	260	360	400	1064	38	16	260	228	250	120	250	4-ϕ15	50	110	140	4-ϕ14	Y$_{90}$S-$_2$-B$_5$	1.5
50 WL-12 A-1									245										Y$_{802}$-$_2$-B$_5$	1.1
50 WL-12-1.5						1564			260										Y$_{90}$S-$_2$-B$_5$	1.5
50 WL-12 A-1.5									245										Y$_{802}$-$_2$-B$_5$	1.1
50 WL-12-2						2061			260										Y$_{90}$S-$_2$-B$_5$	1.5
50 WL-12 A-2									245										Y$_{802}$-$_2$-B$_5$	1.1
50 WL-12-2.5						2561			260										Y$_{90}$S-$_2$-B$_5$	1.5
50 WL-12 A-2.5									245										Y$_{802}$-$_2$-B$_5$	1.1
50 WL-12-3						3064			260										Y$_{90}$S-$_2$-B$_5$	1.5
50 WL-12 A-3									245										Y$_{802}$-$_2$-B$_5$	1.1
50 WL-12-3.5						3564			260										Y$_{90}$S-$_2$-B$_5$	1.5
50 WL-12 A-3.5									245										Y$_{802}$-$_2$-B$_5$	1.1
50 WL-12-4						4064			260										Y$_{90}$S-$_2$-B$_5$	1.5
50 WL-12 A-4									245										Y$_{802}$-$_2$-B$_5$	1.1
65 WL-12-1	600	560	260	360	400	1064	38	16	285	228	250	120	520	4-ϕ15	65	130	160	4-ϕ14	Y$_{90}$L-$_2$-B$_5$	2.2
65 WL-12 A-1									260										Y$_{90}$S-$_2$-B$_5$	1.5
65 WL-12-1.5						1564			285										Y$_{90}$L-$_2$-B$_5$	2.2
65 WL-12 A-1.5									260										Y$_{90}$S-$_2$-B$_5$	1.5
65 WL-12-2						2064			285										Y$_{90}$L-$_2$-B$_5$	2.2
65 WL-12 A-2									260										Y$_{90}$S-$_2$-B$_5$	1.5
65 WL-12-2.5						2564			285										Y$_{90}$L-$_2$-B$_5$	2.2
65 WL-12 A-2.5									260										Y$_{90}$S-$_2$-B$_5$	1.5
65 WL-12-3						3064			285										Y$_{90}$L-$_2$-B$_5$	2.2
65 WL-12 A-3									260										Y$_{90}$S-$_2$-B$_5$	1.5
65 WL-12-3.5						3564			285										Y$_{90}$L-$_2$-B$_5$	2.2
65 WL-12 A-3.5									260										Y$_{90}$S-$_2$-B$_5$	1.5
65 WL-12-4						4604			285										Y$_{90}$L-$_2$-B$_5$	2.2
65 WL-12 A-4									260										Y$_{90}$S-$_2$-B$_5$	1.5

15.2.6 LP₁型立式污水泵

1. 说明

LP₁型泵供输送温度低于50℃含有悬浮物（无纤维）的污水和废水。悬浮物颗粒直径最大不超过15mm，含量小于150mg/L。适合于工厂、矿山、城市等排水和农田灌溉用。性能范围：流量 Q：7～550m²/h；扬程 H：4～50m。

2. 型号意义

例　$_4LP_{1-7-5}$；$_4LP_{1-80/50}$。

4——泵出入口直径（in）；

LP——立式排水泵；

1——第一次改进设计；

7——泵的比转数除以10的整数值；

5——泵座底平面到叶轮中心的距离（m）；

80——泵设计点流量值（m³/h）；

50——泵设计点单级扬程值（m）。

LP₁型泵是单吸、单级、立式离心污水泵。泵的入口垂直向下，出口水平方向。叶轮浸没在液下。其性能见表15.2-11，外观和安装尺寸见图15.2-6、表15.2-12。

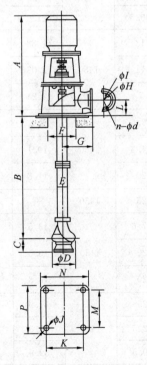

图 15.2-6　LP₁型泵外形和安装尺寸

LP₁型立式污水泵性能

表 15.2-11

泵型号	流量 Q		扬程 H (m)	转速 n (r/min)	功率 N		效率 η (%)	叶轮直径 D₂ (mm)	泵重 W (kg)
	(m³/h)	(L/s)			轴功率 (kW)	电动机功率 (kW)			
11/4LP₋₆	3	0.83	11	2880	0.41	1.1	22	102	
	7	1.94	10.2		0.48		41		
	11	3.06	9		0.6		45		
11/4LP₋₆₋₂	3	0.83	10.8	2880	0.47	1.1	18	102	
	7	1.94	9.8		0.53		34		
	11	3.06	8.7		0.67		37		
11/4LP₋₆₋₃	3	0.83	10.5	2880	0.48	1.1	17	102	
	7	1.94	9.3		0.54		32		
	11	3.06	7.8		0.697		34		
4LP₁₋₈₀/₅₀	54	15	57	2940	16.7	22	50.1	209	—
	80	22.2	50		19.3		56.5		
	108	30	39.5		21.5		54		
4LP₁₋₈₀/₅₀J	27	7.5	13	1450	1.88	4	50.1	209	—
	40	11.2	11		2.03		56.5		
	54	15	7		2.24		55		
4LP₁₋₇	54	15	27.6	1450	8.5	18.5	47.7	295	350
	80	22.2	24.3		10.1		52.4		
	100.8	28	20		11.8		46.5		
4LO₁₋₇ₐ	50	13.9	25	1450	—	11	—	295	350
6LP₁₋₁₀	100.8	28	27.6	1450	13.5	22	56	295	400
	147.6	41	25		16.5		61		
	190.32	56.2	20		19.3		57		
10LP₁₋₄₂₀/₂₂	300	83.3	25	1480	31.9	45	64	300	—
	420	116.7	22.5		35.3		73		
	500	138.9	20.5		39.9		70		
10LP₁₋₄₂₀/₂₂A	236	79.4	22.4	1480	27.8	37	63	290	—
	400	111	20		30.2		72		
	478	132.8	18		34		69		

表 15.2-12

LP₁型泵外形和安装尺寸（mm）

泵型号	型号	泵外形及安装尺寸													出口法兰			电动机	
		A	B	C	ϕD	E	F	G	ϕJ	K	L	M	N	P	ϕH	ϕI	$n\cdot\phi d$	型号	功率(kW)
1¼LP₁-6	1¼LP₁-6	585	1000	74	155	Φ60	Φ180	150	15	200	125	200	240	240	40	100	4-φ14	YB02-2B5	1.1
	1¼LP₁-6-2		2037																
	1¼LP₁-6-3		3037																
4LP₁-80/50	4LP₁-80/50	1456	2500	150	430	Φ133	Φ550	370	23	500	200	500	620	620	100	180	8-φ18	Y180M-2-V1	0.22
	4LP₁-80/50J	1124																Y112M-4-B5	5
4LP₁-7	4LP₁-7	1430	2500	200	480	Φ159	Φ510	370	23	500	200	500	620	620	150	240	8-φ23	Y180M-4-V1	18.5
	4LP₁-7-4		3862																
	4LP₁-7-5		4747																
	4LP₁-7-6		6109																
	4LP₁-7-7		6994																
	4LP₁-7-8		8356																
	4LP₁-7-9		9241																
4LP₁-7a		1300	1700	200	480	Φ159	Φ510	370	23	500	200	500	620	620	150	240	8-φ23	Y160M-4-B5	11
6LP₁-10	6LP₁-10	1475	2500	200	530	Φ219	Φ550	370	23	500	200	500	620	620	150	240	8-φ23	Y180:-4-V1	22
	6LP₁-10-4		3900																
	6LP₁-10-5		4628																
	6LP₁-10-6		6028																
	6LP₁-10-7		6756																
	6LP₁-10-8		8156																
	6LP₁-10-9		8884																
10LP₁-400/22-	10LP₁-400/22	1550	2500	290	370	Φ273	Φ550	390	23	520	250	520	660	660	250	350	12-φ23	Y225S-4-V1	37
	10LP₁-400/22-4		3761																
	10LP₁-400/22-5		5022																
	10LP₁-400/22-6		6283																
	10LP₁-400/22-7		7544																
	10LP₁-400/22-9		8805																
	10LP₁-400/22-10		10066																

15.2.7　YHL 型液下离心泵

1. 说明

YHL 型泵供化工厂井罐汲送发烟硫酸和低黏度、挥发性小、弱腐蚀性的介质。也可供工厂、企业、机关排水用。

2. 型号意义

例　20/30YHL-6

20——泵设计点流量值（m^3/h）；

30——泵设计点扬程值（m）；

YH——液下化工泵；

L——立式；

6——比转数除以 10 的整数值。

YHL 型液下离心泵性能见表 15.2-13，外观和安装尺寸见图 15.2-7、表 15.2-14。

YHL 型液下离心泵性能　　　　　　　　　　　　　　　　表 15.2-13

泵型号	流量 Q		扬程 H (m)	转速 n (r/min)	功率 N		效率 η (%)	叶轮直径 D_2 (mm)	泵重 W (kg)
	(m^3/h)	(L/s)			轴功率 (kW)	电动机功率 (kW)			
1.5/5YHL-1.5	1.5	0.417	17	1450	0.465	1.1	15	112	107
	2	0.556	14.5		0.44		18		
	2.5	0.685	12		0.403		20		
10/30YHL-5	8	2.22	32.5	2900	1.61	4	44	162	180
	10	2.78	31.5		1.72		50		
	12	3.34	30.8		1.83		55		
20/30YHL-6	15	4.17	34.5	2900	2.47	7.5	57	162	195
	20	5.5	32		2.88		60		
	25	6.95	29		3.35		59		

YHL 型液下泵外形和安装尺寸　　　　　　　　　　　　　表 15.2-14

泵 型 号	泵外形和安装尺寸（mm）	
	H	H_1
1.5/15YHL-1.5	2208	1581
	2508	1881
	2802	2175
10/30YHL-5	2894	2160
	2315	1581
	3491	2760
20/30YHL-6	3463	2660

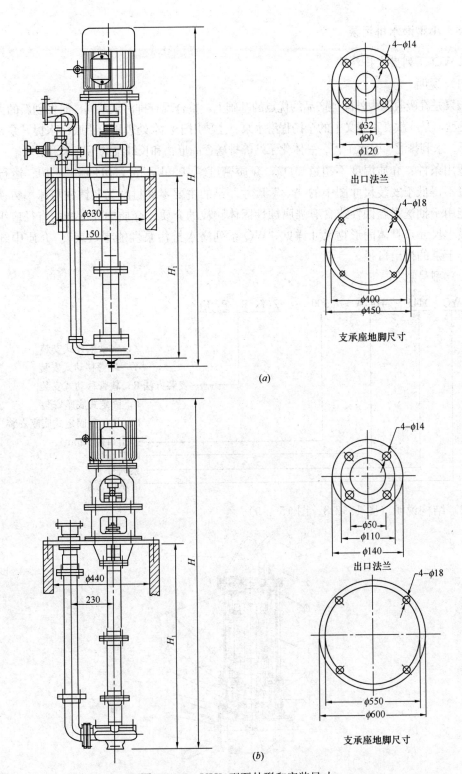

图 15.2-7 YHL 型泵外形和安装尺寸

(a) 1.5/15YHL-1.5 型；(b) 10/30YHL-5，20/30YHL-6 型

15.2.8　小型潜水排污泵

1. WQ 系列潜水排污泵

（1）说明

该泵是在吸收国内外同类产品的优点的基础上，整合现有排污泵系列，研发创新的无过载水力模型，是一款真正意义上的全扬程潜水泵。主要用于污水处理厂、市政污水提升泵站、自来水厂、水利排灌、引水工程、一体化泵站等排送含固形物和长纤维的污废水、雨水。

适用条件：介质温度不超过 40℃，介质密度≤1050kg/m³，pH 值 4～10。运行时泵的液位不得低于安装尺寸图中的"▽"尺寸。泵的主要零件材料为灰铸铁与球墨铸铁，所以不能用于抽送强腐蚀性或含有强腐蚀性固体颗粒的介质。介质中固形物的直径应小于流道的最小尺寸，具体固形物尺寸详见"WQ 系列潜水排污泵性能参数表"。介质中纤维长度应小于泵的排出口径。

（2）型号意义

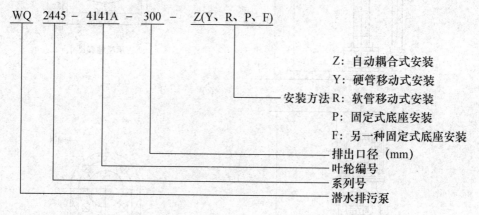

WQ 2445 - 4141A - 300 - Z(Y、R、P、F)

Z：自动耦合式安装
Y：硬管移动式安装
安装方法R：软管移动式安装
P：固定式底座安装
F：另一种固定式底座安装
排出口径（mm）
叶轮编号
系列号
潜水排污泵

（3）结构说明（图 15.2-8、图 15.2-9）

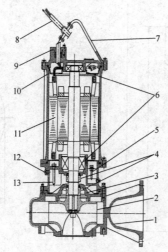

图 15.2-8　　11～22kW 潜水排污泵结构

1—泵体；2—叶轮；3—泵盖；4—机械密封；5—漏水探头；6—轴承；
7—提手；8—电缆；9—电缆密封件；10—接线托板；11—电机；
12—螺塞及注油口；13—漏水探头

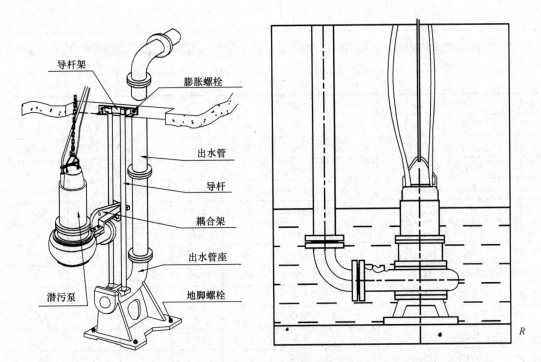

图 15.2-9 潜水排污泵自耦式安装和移动式安装

（4）性能参数（表 15.2-15）

WQ 潜水泵性能参数   表 15.2-15

序号	规格型号	口径	设计流量	设计扬程	转速	配套功率	通过最大颗粒	泵重
		(mm)	(m³/h)	(m)	(r/min)	(kW)	(mm)	(kg)
1	WQ2210-2111-65	65	40	40	2940	11	30	128
2	WQ2210-2112-65		50	46	2940	15	30	136
3	WQ2210-2115-80	80	70	30	2935	11	36	128
4	WQ2210-2116-80		80	34	2935	15	36	138
5	WQ2260-2117-80	80	70	48	2940	18.5	40	185
6	WQ2260-2118-80		80	53	2940	22	40	200
7	WQ2260-2123-100	100	120	31	2940	18.5	44	222
8	WQ2260-2124-100		130	33	2940	22	44	236
9	WQ2290-2125-100	100	120	50	2945	30	40	360
10	WQ2290-2126-100		135	56	2945	37	40	380
11	WQ2290-2131-100	100	165	39	2945	30	40	365
12	WQ2290-2132-100		185	42	2945	37	40	385
13	WQ2260-4125-150	150	160	15	1460	11	60	226
14	WQ2260-4138-150		200	16	1460	15	60	242

续表

序号	规格型号	口径	设计流量	设计扬程	转速	配套功率	通过最大颗粒	泵重
		(mm)	(m³/h)	(m)	(r/min)	(kW)	(mm)	(kg)
15	WQ2290-4135B-150		160	38	1470	30	62	435
16	WQ2290-4135A-150	150	160	40	1470	30	62	440
17	WQ2290-4135-150		160	42	1470	30	62	445
18	WQ2290-4134A-150	150	250	26	1470	30	60	440
19	WQ2290-4134-150		250	28	1475	30	60	445
20	WQ2290-4170-150	150	220	45	1475	45	60	520
21	WQ2290-4171-150		245	48	1475	55	60	550
22	WQ2368-4165-150	150	295	56	1485	75	60	790
23	WQ2368-4166-150		330	60	1485	90	60	820
24	WQ2260-4128-200		280	11	1460	11	70	258
25	WQ2260-4129-200	200	300	13	1460	15	70	274
26	WQ2260-4130-200		300	16	1470	18.5	70	294
27	WQ2260-4131-200		300	18	1470	22	70	306
28	WQ2260-4154-200		400	6.5	1460	11	80	254
29	WQ2260-4155-200	200	400	8	1460	15	80	270
30	WQ2260-4156-200		500	8	1470	18.5	80	286
31	WQ2260-4157-200		500	10.5	1470	22	80	298
32	WQ2290-4172A-200		330	20	1470	30	90	475
33	WQ2290-4172-200		360	22	1470	30	90	480
34	WQ2290-4173-200	200	400	24	1470	37	90	500
35	WQ2290-4174-200		390	28.5	1470	45	90	530
36	WQ2290-4175-200		440	31	1470	55	90	560
37	WQ2368-4145-200	200	520	36	1485	75	80	780
38	WQ2368-4146-200		570	39	1485	90	80	810
39	WQ2445-4147-200	200	480	60	1485	132	80	1400
40	WQ2445-4148-200		520	67	1485	160	80	1500
41	WQ2260-4158A-250		370	8	1470	11	100	290
42	WQ2260-4158-250	250	400	10	1470	15	100	310
43	WQ2260-4159A-250		500	10	1470	18.5	100	325
44	WQ2260-4159-250		500	12	1470	22	100	350
45	WQ2290-4109-250		650	12	1470	30	100	500
46	WQ2290-4110-250	250	650	15	1470	37	100	520
47	WQ2290-4112-250		650	18	1470	45	100	550
48	WQ2290-4168-250		650	22	1470	55	100	580

续表

序号	规格型号	口径	设计流量	设计扬程	转速	配套功率	通过最大颗粒	泵重
		(mm)	(m³/h)	(m)	(r/min)	(kW)	(mm)	(kg)
49	WQ2368-4149-250		650	29.5	1485	75	100	850
50	WQ2368-4150-250		720	32	1485	90	100	880
51	WQ2445-4151A-250		600	40	1485	110	100	1200
52	WQ2445-4151-250	250	650	40	1485	110	100	1205
53	WQ2445-4152A-250		675	42	1485	110	100	1210
54	WQ2445-4152-250		770	43	1485	132	100	1300
55	WQ2445-4153-250		880	46	1485	160	100	1400
56	WQ2290-6155-300		650	6	980	15	90	530
57	WQ2290-6156-300	300	700	7	980	18.5	90	550
58	WQ2290-6157-300		780	7.5	980	22	90	570
59	WQ2290-4115-300		750	10	1470	30	120	500
60	WQ2290-4116-300	300	800	13	1470	37	120	530
61	WQ2290-4117-300		720	16	1470	45	120	560
62	WQ2290-4118-300		720	19	1470	55	120	600
63	WQ2368-4120A-300	300	850	22	1485	75	120	870
64	WQ2368-4120-300		950	24	1485	90	120	900
65	WQ2368-4121-300	300	1100	21.5	1485	90	120	902
66	WQ2445-4139-300		1200	24	1485	110	120	1430
67	WQ2445-4140A-300	300	1200	27	1485	132	120	1500
68	WQ2445-4140-300		1300	30	1485	160	120	1600
69	WQ2445-4141A-300	300	1000	35	1485	132	120	1520
70	WQ2445-4141-300		1050	40	1485	160	120	1615
71	WQ2520-4160-300		1200	37	1485	185	80	2000
72	WQ2520-4161-300		1400	37	1485	200	80	2050
73	WQ2520-4162-300	300	1400	42	1485	220	80	2150
74	WQ2520-4163-300		1400	49	1485	250	80	2300
75	WQ2520-4164-300		1400	52	1485	280	80	2500
76	WQ2368-8152-350		900	4	730	15	70	760
77	WQ2368-8153-350	300	1000	4.5	730	18.5	70	780
78	WQ2368-8154-350		1150	5	730	22	70	800
79	WQ2368-6158-350		900	9	980	30	91	850
80	WQ2368-6159-350	350	1000	10	980	37	91	880
81	WQ2368-6160-350		1300	9	980	45	91	920
82	WQ2368-6161-350		1400	11	980	55	91	960

续表

序号	规格型号	口径	设计流量	设计扬程	转速	配套功率	通过最大颗粒	泵重
		(mm)	(m³/h)	(m)	(r/min)	(kW)	(mm)	(kg)
83	WQ2445-6121-350	350	1250	15	990	75	105	1570
84	WQ2445-6122-350		1400	15	990	90	105	1600
85	WQ2445-6123-350		1750	16	990	110	105	1650
86	WQ2445-6124-350		1800	20	990	132	105	1700
87	WQ2590-6113-350	350	1600	38	990	220	140	3200
88	WQ2590-6174-350		1600	40	990	250	140	3300
89	WQ2590-6115-350		1900	40	990	280	140	3400
90	WQ2368-8155-400	400	1300	6	735	30	80	1180
91	WQ2368-8156-400		1350	7	735	37	80	1200
92	WQ2368-8157-400		1700	7	735	45	80	1250
93	WQ2368-8158-400		1800	8	735	55	80	1300
94	WQ2445-6162-400	400	1650	13	990	75	110	1730
95	WQ2445-6163-400		1800	13.5	990	90	110	1750
96	WQ2445-6164-400		2100	14.5	990	110	110	1800
97	WQ2445-6165-400		2400	15	990	132	110	1850
98	WQ2520-6101-400	400	1600	25	990	160	130	2320
99	WQ2520-6102-400		1800	28	990	185	130	2360
100	WQ2520-6103-400		1800	31	990	200	130	2400
101	WQ2520-6104-400		2200	18	990	160	130	2340
102	WQ2520-6125-400	400	2400	20	990	185	130	2380
103	WQ2520-6126-400		2500	22	990	200	130	2420
104	WQ2590-6105-400	400	2250	23	990	220	150	3830
105	WQ2590-6106-400		2500	26	990	250	150	3900
106	WQ2590-6107-400		2500	30	990	280	150	4000
107	WQ2520-8159-500	500	2300	8	735	75	140	2820
108	WQ2520-8160-500		2300	10	735	90	140	2860
109	WQ2520-8161-500		2900	10	735	110	140	2900
110	WQ2520-8162-500		3000	11	745	132	140	2940
111	WQ2520-8163-500		3400	12.5	745	160	140	3000
112	WQ2520-6108-500	500	3000	13	990	160	130	2920
113	WQ2520-6109-500		3000	15.5	990	185	130	2960
114	WQ2520-6110-500		3000	18.5	990	200	130	3000
115	WQ2590-6117-500	500	2800	20	990	220	150	4150
116	WQ2590-6118-500		2800	23.5	990	250	150	4210
117	WQ2590-6119-500		3000	26	990	280	150	4300

续表

序号	规格型号	口径	设计流量	设计扬程	转速	配套功率	通过最大颗粒	泵重
		(mm)	(m³/h)	(m)	(r/min)	(kW)	(mm)	(kg)
118	WQ2520-1054-600		3000	6	590	75	160	4570
119	WQ2520-1055-600	600	3200	7	590	90	160	4610
120	WQ2520-1056-600		3600	8	590	110	160	4670
121	WQ2520-1057-600		3800	9	590	132	160	4730
122	WQ2740-6170C-600		3200	30	980	355	100	5800
123	WQ2740-6170B-600	600	3400	32	980	400	100	6000
124	WQ2740-6170A-600		3600	33	980	420	100	6200
125	WQ2740-6170-600		3600	36	980	450	100	6300
126	WQ2850-8175-600	600	4200	35	745	580	100	7500
127	WQ2590-8164-600		3800	12.5	745	185	150	4200
128	WQ2590-8165-600		4000	13.5	745	200	150	4350
129	WQ2590-8166-600		4300	14	745	220	150	4470
130	WQ2590-8167-600	600	4600	15	745	250	150	4550
131	WQ2590-8168-600		4800	16	745	280	150	4620
132	WQ2590-8169-600		5000	16	745	315	150	4800
133	WQ2590-1058-700	700	5000	8	590	160	170	6200
134	WQ2590-1059-700		5000	10	590	185	170	6500
135	WQ2590-1250-700		5400	10	495	185	176	6800
136	WQ2590-1251-700	100	5700	10	495	200	176	7100
137	WQ2590-1252-700		6000	10.5	495	220	176	7400
138	WQ2670-1601-800		6500	7	370	200	240	8000
139	WQ2670-1602-800	800	6800	8	370	220	240	8300
140	WQD2670-1603-800		7200	9	370	250	240	8500
141	WQ2670-1253-800		6500	11	495	250	200	8000
142	WQ2670-1254-800	800	6900	12	495	280	200	8400
143	WQ2670-1255-800		7300	12	495	315	200	8800
144	WQ2850-8173A-800		5500	20	745	450	220	8000
145	WQ2850-8173-800		6000	22	745	500	220	8200
146	WQ2850-8174A-800	800	6500	23	745	560	220	8500
147	WQ2850-8174-800		7200	25	745	630	220	8700
148	WQ2850-8170-900		8400	12	745	450	200	9100
149	WQ2850-8171-900	900	8500	15	745	500	200	9300
150	WQ2850-8172-900		9000	15	745	560	200	9600
151	WQ2850-1062-1000	1000	10000	15	590	630	250	10500

注：此型号水泵由上海凯泉泵业（集团）有限公司提供。

2. QX 型潜水电泵

（1）说明

QX 型潜水电泵广泛用于工矿企业、船舶、城市排水、农田排灌。被输送的液体为清水，水中含砂量不超过 0.1‰，水的温度不超过 40℃。

（2）型号意义

例 QX10

Q——潜水电泵；

X——泵进水口位置在潜水电泵的下方；

10——泵设计点扬程值（m）。

QX 型潜水电泵性能见表 15.2-16。

QX 型潜水电泵性能　　　　　　　　　表 15.2-16

泵型号	流量 Q		扬程 H (m)	转速 n (r/min)	配带功率 N (kW)	机组效率 η (%)	电压 U (V)	频率 f (Hz)	电流 I (A)	泵重 W (kg)
	(m³/h)	(L/s)								
QX10	8	2.22	12			39				
	11	3.06	10	2800	0.75	41	380	50	1.83	20
	14	3.89	7.6			39				
QX20（81）	8	2.22	21			40				
	11	3.06	20	2900	1.5	43	380	50	4.17	32
	18	5.0	14			40				
QX15×35-3	12～8	3.3～5.0	35	2870	＊3	—	380	50	6.3	50
QX25×25-3	20～30	5.6～8.3	25	2870	＊3	—	380	50	6.3	50
QX40×15-3	32～48	8.9～13.3	15	2870	＊3	—	380	50	6.3	51
QX65×10-3	52～78	14.4～21.7	10	2870	＊3	—	380	50	6.3	55
QX100×7-3	80～120	22.2～33.3	7	2870	＊3	—	380	50	6.3	55

注：带 ＊ 号者为辅功率。

QX 型潜水电泵外形尺寸见图 15.2-10、表 15.2-17。

QX 型潜水电泵外形尺寸（mm）　　　　　　表 15.2-17

泵 型 号	泵 外 形 尺 寸		
	A	L	管内口径
QX10	220	400	40
QX20（81）	220	435	40
QX15×25-3	246	457	40
QX25×25-3	260	460	50
QX40×15-3	278	465	65

续表

泵 型 号	泵 外 形 尺 寸		
	A	L	管内口径
QX65×10-3	310	490	80
QX100×7-3	370	520	100
QX6-18.5	220	420	38
QX10-14	222	420	50
QX5-10	200	400	38

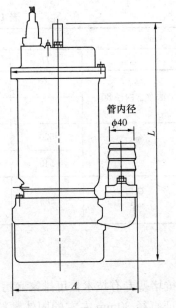

图 15.2-10　QX 型潜水电泵外形图

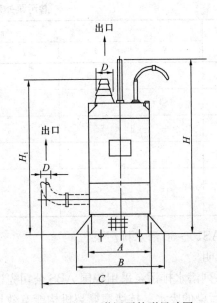

图 15.2-11　潜污泵外形尺寸图

3. 潜污泵

（1）WQ、WZ、QX 型潜污泵

1）说明

潜污泵适用于城市排放污水、厨房排水、生活用排水、工程建筑工地吸排水、低洼地防汛排涝、农田灌溉等水质带有悬浮颗粒的污水，但不适于抽吸含酸、碱污水，以及含大量盐分等腐蚀性的液体。

2）型号意义

例　WQ30-10

WQ——潜污泵；

30——流量（m³/h）；

10——扬程（m）。

WQ、WZ、QX 型潜水泵性能见表 15.2-18，外形尺寸见图 15.2-11 和表 15.2-19。

WZ、WQ、QX 型潜污泵性能　　　　　　　　表 15.2-18

型号	流量 Q (m³/h)	流量 Q (L/s)	扬程 H (m)	转速 n (r/min)	泵轴功率 N (kW)	功率 (kW)	电压 (V)	功率 η (%)	叶轮直径 D (mm)	泵重 (kg)
80WQ	21.6～39	6～10.83	12.7～10.7	1445	3.07～3.34	5.5	—	24.3～34	260	200
WZ20-15	20	5.6	15	2830		2.2	380			42
WQ30-10	30	8.3	10							54
QX22-15J	22	6.1	15	—						50

潜污泵外形尺寸　　　　　　　　表 15.2-19

型　号	外形尺寸（mm） A	B	C	D	H	H₁
80WQ	—	800	—	法兰管内径 80	—	985
80WZ20	483	—	—		—	1109
WQ20-15	—	—	320	螺口	520	—
WWQ30-10	—	—	—		540	—
QX22-15J	215	—	—	螺口 65	585	530

（2）AS10～30 潜水排污泵

1）说明

AS 系列潜水排污泵采用德国 ABS 公司先进的抗堵塞专有技术，可排家庭污水及各行各业严重污染的废水。抗堵塞撕裂机构能有效地保证直径 30mm 左右的固体颗粒及棉纱、杂草等纤维顺利通过。还可根据用户需要提供单轨导向自动耦合机构，它将给安装维修 AS 系列泵带来巨大方便，可不用为此而进出污水坑（见图 15.2-14）。

2）型号意义

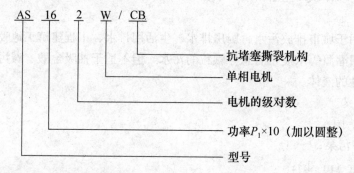

AS 系列潜水排污泵性能见图 15.2-12、表 15.2-20。

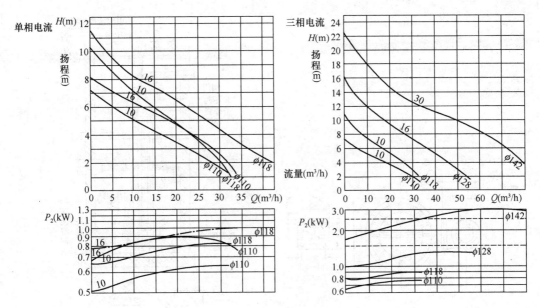

图 15.2-12 AS 系列泵性能曲线图

AS 系列潜水排污泵 表 **15.2-20**

型号	流量 (m³/h)	扬程 (m)	转速 (r/min)	功率 (kW)	电压 (V)	频率 (Hz)	电流 (A)	泵重 (kg)
AS10-2CB	29.4~6	2~6	2850	1.5	380	50	2.9	30
AS10-2CB*	32.8~1.5	2~10	2850	1.5	380	50	2.9	30
AS10-2W/CB	28.6~5.2	2~6	2850	1.24	220	50	5.65	30
AS10-2W/CB*	30.6~0.6	2~10	2850	2.24	220	50	5.65	30
AS16-2CB	52~0.6	2~6	2850	2.2	380	50	3.7	33
AS14-2W/CB	32~0.5	2~8	2850	1.63	220	50	7.5	33
AS30-2CB	83.5~1.0	2~22	2850	3.7	380	50	6.4	44
AS30-2W/CB	83.5~1.0	2~22	2850	3.4	220	50	16.2	44

注：AS10 型叶轮分两种，一种 110mm，一种 118mm，带 * 号者叶轮为 118mm，118 * 只适合短时间运转（超过 1h，效率约为 50%）。最大介质温度：连续使用时约 60℃，间歇使用（最长不超过 5min）为 80℃。

AS 系列潜水排污泵外形及安装见图 15.2-13、图 15.2-14、表 15.2-21。

AS 系列泵外形尺寸（mm） 表 **15.2-21**

型号	A	B	C	D	E	ca
AS10	130	200	308	373	100	215
AS16	130	200	380	373	100	215
AS30	155	225	435	398	100	215

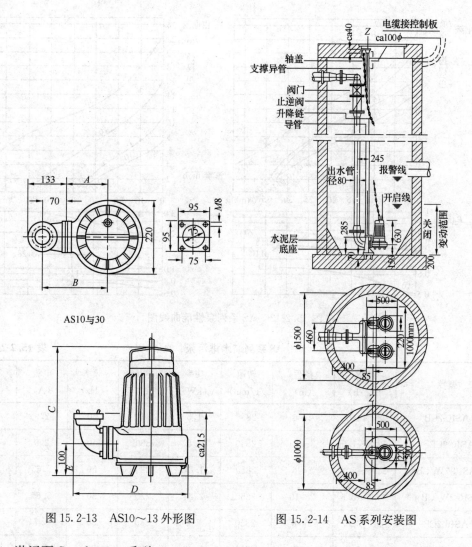

图 15.2-13　AS10～13 外形图　　　　图 15.2-14　AS 系列安装图

4. 潜污泵 Steady1300 系列

1）说明

该水泵特点：Spin-Out 技术无堵塞；无异味设计；短转轴设计；坚固耐用。

2）型号意义

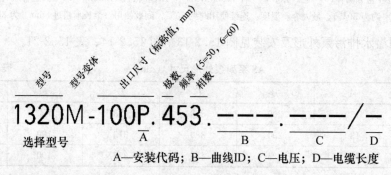

A—安装代码；B—曲线ID；C—电压；D—电缆长度

3）性能参数（图 15.2-15）

最大流量：1800m³/h；最高扬程：58m；潜水深度：20m；温度范围：40℃。

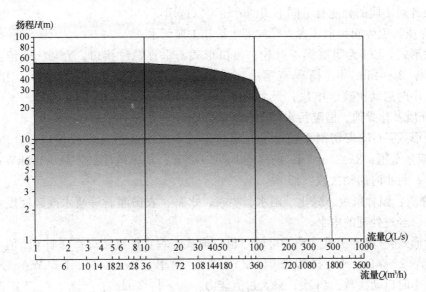

图 15.2-15　Steady 1300 潜污泵技术参数图
注：此泵由赛莱默（中国）有限公司提供。

5. Blue 和 Gray 系列潜水泵

（1）Blue 系列潜水泵

1）说明

Blue 系列潜水泵是采用国外先进设计理念进行设计，专用于污水或雨水排水。具有高效节能、无阻塞、配置齐全等特点。安装方式有自由移动式安装、固定式安装、耦合式安装可选。泵可自带浮球实现自控目的。同时该泵全系列可配置防爆电机。

2）型号意义

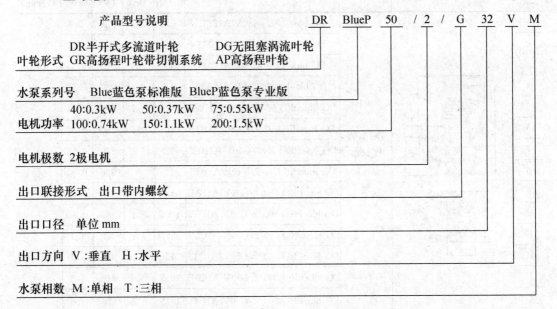

3）叶轮选用

该泵针对不同的介质有不同形式的叶轮可以选用：

① 介质：卫生间污水等含大颗粒的生活和工业污水。

叶轮形式：DG 无阻塞涡流叶轮；出口形式：垂直螺纹接口；介质 pH 值：6～11；流量范围：2～45m³/h；扬程范围：1～14m；功率范围：0.3～1.5kW；工作温度：40℃；每小时启动次数：45 次；最大过流能力：50mm。

② 介质：化粪池、医院污水等含长纤维介质。

叶轮形式：GR 带切割系统叶轮；出口形式：水平法兰及螺纹接口；介质 pH 值：6～11；流量范围：2～21m³/h；扬程范围：2～27m；功率范围：0.74～1.5kW；工作温度：40℃；每小时启动次数：45 次。

③ 介质：园林景观、绿化、雨水、喷泉、水幕、农田灌溉等清水或轻度废水、工厂轻度废水、经过处理的中水。

叶轮形式：DR 半开式多流道叶轮；出口形式：垂直螺纹接口；介质 pH 值：6～11；流量范围：2～42m³/h；扬程范围：2～17m；功率范围：0.3～1.5kW；工作温度：40℃；每小时启动次数：45 次；最大过流能力：30×10（mm）。

④ 介质：园林绿化、景观喷泉、水幕、游泳池、雨水等不含纤维及大颗粒的介质。

叶轮形式：AP 半开式多叶片叶轮；出口形式：水平法兰及螺纹接口；介质 pH 值：6～11；流量范围：2～26m³/h；扬程范围：2～26.6m；功率范围：0.74～1.5kW；工作温度：40℃；每小时启动次数：45 次；最大过流能力：6mm。

4）性能参数（表 15.2-22）

Blue 系列潜水泵性能参数　　　　　　　　表 15.2-22

序号	外形图	叶轮型式	泵型号	额定流量 (m³/h)	额定扬程 (m)	额定电压 (V)	额定功率 (kW)	额定转速 (r/min)
1		DG 系列无堵塞涡流叶轮	DG blue 40/2/G40V A1BM5	9.5	3.5	230	0.3	2850
2			DG blue 50/2/G40V A1BM5	9.8	4.7	230	0.37	
3			DG blue 75/2/G40V A1BM5	11	6	230	0.55	
4			DG blue100/2/G40V A1BM5	15	8.1	230	0.75	
5			DG bluePRO 50/2/G40V A1BM5	8.5	4.7	230	0.37	
6			DG bluePRO 50/2/G40V A1BT5	10	3.6	380	0.37	
7			DG bluePRO 75/2/G40V A1BM5	12	7.1	230	0.55	
8			DG bluePRO 75/2/G40V A1BT5	11	7	380	0.55	
9			DG bluePRO 100/2/G40V A1BM5	13	9.5	230	0.75	
10			DG bluePRO 100/2/G40V A1BT5	13.5	8.1	380	0.75	
11			DG bluePRO 150/2/G50V A1CM5	17	9.1	230	1.1	
12			DG bluePRO 150/2/G50V A1CT5	18	9.1	380	1.1	
13			DG bluePRO 200/2/G50V A1CM5	20.5	10.1	230	1.5	
14			DG bluePRO 200/2/G50V A1CT5	18.9	9.2	380	1.5	

续表

序号	外形图	叶轮型式	泵型号	额定流量 (m³/h)	额定扬程 (m)	额定电压 (V)	额定功率 (kW)	额定转速 (r/min)
15			DR blue 40/2/G32V A1BM5	8.4	5.3	230	0.25	
16			DR blue 50/2/G32V A1BM5	8.5	6.7	230	0.37	
17			DR blue 75/2/G32V A1BM5	10.5	8.2	230	0.55	
18			DR blue 100/2/G32V A1BM5	12.5	10.1	230	0.75	
19			DR bluePRO 50/2/G32V A1BM5	9	6.4	230	0.37	
20			DR bluePRO 50/2/G32V A1BT5	8.5	5.9	380	0.37	
21		DR 半开式多流道叶轮	DR bluePRO 75/2/G32V A1BM5	11	9.8	230	0.55	2850
22			DR bluePRO 75/2/G32V A1BT5	9.9	8.1	380	0.55	
23			DR bluePRO 100/2/G32V A1BM5	12.1	10.6	230	0.75	
24			DR bluePRO 100/2/G32V A1BT5	10.1	9.5	380	0.75	
25			DR bluePRO 150/2/G50V A1CM5	23.8	10.4	230	1.1	
26			DR bluePRO 150/2/G50V A1CT5	20	10	380	1.1	
27			DR bluePRO 200/2/G50V A1CM5	25.5	11.6	230	1.5	
28			DR bluePRO 200/2/G50V A1CT5	25	11.6	380	1.5	
29			GR bluePRO 100/2/G40H A1CM5	12	12.9	230	0.75	
30			CR bluePRO 100/2/G40H A1CT5	12	14.4	380	0.75	
31		GR 带切割系统叶轮	GR bluePRO 150/2/G40H A1CM5	15	13.7	230	1.1	2850
32			GR bluePRO 150/2/G40H A1CT5	13.5	13.6	380	1.1	
33			GR bluePRO 200/2/G40H A1CM5	16	18.7	230	1.5	
34			CR bluePRO 200/2/G40H A1CT5	15.5	18.7	380	1.5	
35			AP bluePRO 100/2/G40H A1CM5	9	10	230	0.75	
36			AP bluePRO 100/2/G40H A1CT5	8.6	11.6	380	0.75	
37		AP 高扬程叶轮	AP bluePRO 150/2/G40H A1CM5	9.8	13.1	230	1.1	2850
38			AP bluePRO 150/2/G40H A1CT5	10	13.5	380	1.1	
39			AP bluePRO 200/2/G40H A1CM5	11	18.9	230	1.5	
40			AP bluePRO 200/2/G40H A1CT5	11	19.5	380	1.5	

注：此型号水泵由泽尼特泵业（苏州）有限公司提供。

（2）Grey 系列潜水泵

1）说明

该泵适用于：污水输送和污水处理厂的提升；雨水、地下水排水；清水供给和配送；工业冷却水泵送。

电源：380/400V-3；出口形式：水平法兰接口；介质 pH 值：6～11；流量范围：4～738m³/h；扬程范围：2～53.5m；功率范围：1.5～18.5kW；工作温度：40℃；每小时启动次数：30 次；最大过流能力：125mm。

2）外形尺寸（图 15.2-16）

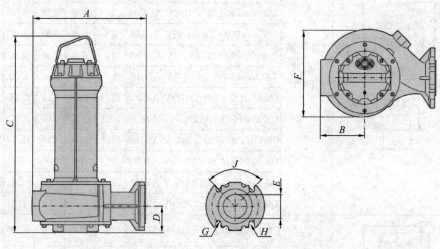

图 15.2-16　Gray 系列潜水排污泵结构图

3）性能参数（表 15.2-23）

Gray 系列潜水泵性能参数　　　　　表 15.2-23

序号	型号	额定流量（m³/h）	额定扬程（m）	电压（V）	额定功率（kW）	额定转速（r/min）	效率（%）	泵重（kg）
1	DRG 200/4/80 MOET5	47.0	5.3	400	1.5	1450	51.0%	66.0
2	DRG 200/4/100 TOET5	54.7	5.0	400	1.5	1450	53.0%	69.0
3	DRG 250/2/65 BOAT5	46.0	9.2	400	1.8	2900	66.2%	34.0
4	DRG 250/2/80 LOAT5	45.0	8.8	400	1.8	2900	64.1%	36.0
5	DRG 300/2/65 AOET5	50.5	9.8	400	2.2	2900	63.2%	48.5
6	DRG 300/2/80 EOET5	57.5	8.9	400	2.2	2900	65.5%	48.9
7	DRG 300/4/80 GOET5	55.2	7.8	400	2.2	1450	65.8%	72.6
8	DRG 300/4/100 UOET5	59	6.67	400	2.2	1450	60.0%	75.6
9	DRG 400/2/65 AOET5	56.0	12.2	400	3.0	2900	66.4%	49.9
10	DRG 400/2/80 EOET5	56.5	12.1	400	3.0	2900	66.4%	50.3
11	DRG 400/4/80 HOET5	60.0	9.1	400	3.0	1450	63.7%	77.0
12	DRG 400/4/100 UOET5	66.3	7.9	400	3.0	1450	60.1%	80.0
13	DRG 550/2/80 AOFT5	82.5	9.5	400	4.0	2900	56.4%	68.0

续表

序号	型号	额定流量 (m³/h)	额定扬程 (m)	电压 (V)	额定功率 (kW)	额定转速 (r/min)	效率 (%)	泵重 (kg)
14	DRG 550/2/80 BOFT5	78.5	8.5	400	4.0	2900	51.2%	68.0
15	DRG 550/4/80 DOFT5	97.0	8.3	400	4.0	1450	65.7%	108.8
16	DRG 550/4/100 ROFT5	129.0	8.1	400	4.0	1450	74.5%	88.8
17	DRG 750/2/80 AOFT5	78.0	13.8	400	5.5	2900	57.7%	70.7
18	DRG 750/2/80 BOFT5	68.5	13.4	400	5.5	2900	52.7%	70.7
19	DRG 750/4/80 DOFT5	105.0	11.3	400	5.5	1450	70.1%	109.8
20	DRG 1000/2/80 AOFT5	77.0	21.0	400	7.5	2900	64.2%	79.7
21	DRG 1000/2/80 BOFT5	82.0	17.4	400	7.5	2900	59.7%	79.7
22	DRG 1000/4/80 DOGT5	111.0	14.2	400	7.5	1450	70.2%	141.0
23	DRG 1000/6/150 FOHT5	260.0	8.1	400	7.5	980	76.5%	257.0
24	DRG 1000/6/200 AOHT5	317.0	5.7	400	7.5	980	70.9%	298.8
25	DRG 1000/6/200 BOHT5	286.0	7.3	400	7.5	980	78.8%	261.0
26	DRG 1000/6/250 COHT5	369.0	7.5	400	7.5	980	82.5%	292.0
27	DRG 1200/2/80 AOGT5	80.0	24.2	400	9.0	2900	66.8%	110.0
28	DRG 1200/2/80 BOGT5	82.0	20.0	400	9.0	2900	61.8%	110.0
29	DRG 1200/4/80 DOHT5	122.0	16.0	400	9.0	1450	73.4%	199.0
30	DRG 1200/4/100 HOHT5	157.0	12.6	400	9.0	1450	66.3%	211.0
31	DRG 1200/4/150 AOHT5	245.0	7.7	400	9.0	1450	62.4%	228.0
32	DRG 1200/4/200 BOHT5	354.0	5.9	400	9.0	1450	67.2%	255.0
33	DRG 1200/4/250 HOHT5	400.0	5.7	400	9.0	1450	74.0%	286.0
34	DRG 1500/2/80 AOGT5	89.0	25.0	400	11.0	2900	66.7%	113.0
35	DRG 1500/2/80 BOGT5	88.0	22.0	400	11.0	2900	62.8%	113.0
36	DRG 1500/4/100 AOHT5	174.0	12.0	400	11.0	1450	58.2%	222.0
37	DRG 1500/4/150 AOHT5	242.0	10.1	400	11.0	1450	63.2%	234.0
38	DRG 1500/4/200 BOHT5	373.0	7.1	400	11.0	1450	70.6%	261.0
39	DRG 1500/4/250 HOHT5	412.0	6.7	400	11.0	1450	75.2%	292.0
40	DRG 1750/6/200 AOHT5	378.0	9.0	400	13.0	980	78.4%	308.8
41	DRG 1750/6/250 COHT5	438.0	8.0	400	13.0	980	83.3%	334.3
42	DRG 2000/2/80 GOHT5	97.0	25.0	400	15.0	2900	55.3%	155.0
43	DRG 2000/4/100 AOHT5	191.0	16.1	400	15.0	1450	64.0%	227.7
44	DRG 2000/4/100 BOHT5	205.0	13.1	400	15.0	1450	56.0%	228.1

续表

序号	型号	额定流量 (m³/h)	额定扬程 (m)	电压 (V)	额定功率 (kW)	额定转速 (r/min)	效率 (%)	泵重 (kg)
45	DRG 2000/4/150 AOHT5	273.0	14.0	400	15.0	1450	70.1%	240.0
46	DRG 2000/4/200 BOHT5	393.0	9.5	400	15.0	1450	73.5%	267.0
47	DRG 2000/4/250 HOHT5	450.0	8.8	400	15.0	1450	78.6%	298.0
48	DRG 2500/2/80 GOHT5	105.0	28.0	400	18.5	2900	57.6%	165.0

注：此型号水泵由泽尼特泵业（苏州）有限公司提供。

15.2.9 ZQ、HQ型潜水轴流泵混流泵

1. 说明

ZQ、HQ型叶片半调式潜水轴流泵、混流泵是传统轴流泵、混流泵的更新换代产品，保留了单机流量大，扬程幅度宽、效率高等特点，驱动水泵的电动机是干式全封闭潜水三相异步电动机，该系列潜水电泵可长期潜入水中连续运行，与传统机组相比有如下优点：适应性强；泵站投资小、运行管理简便；高可靠性无振动低噪声。输送清水、轻度污水，介质温度可达40℃，pH值4～10，最大通过颗粒不大于100mm。

适用用场合：城市供水、引水工程、城市污水排水系统、污水处理工程、电站排水、船坞给排水、水网枢纽的调水、排涝灌溉、水产养殖等。潜水轴流泵适用于低扬程、大流量场合，使用扬程一般在10m以下，潜水混流泵效率高、汽蚀性能好，适用于水位变动较大及要求较高扬程的场合，使用扬程在20m以下。

2. 结构说明（图15.2-17）

3. 型号意义

潜水电泵基本型号说明

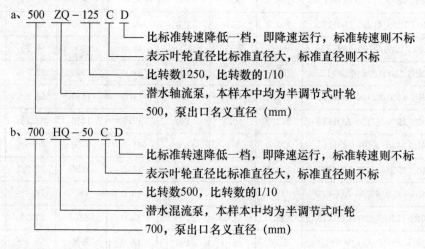

4. 性能参数（图15.2-18）

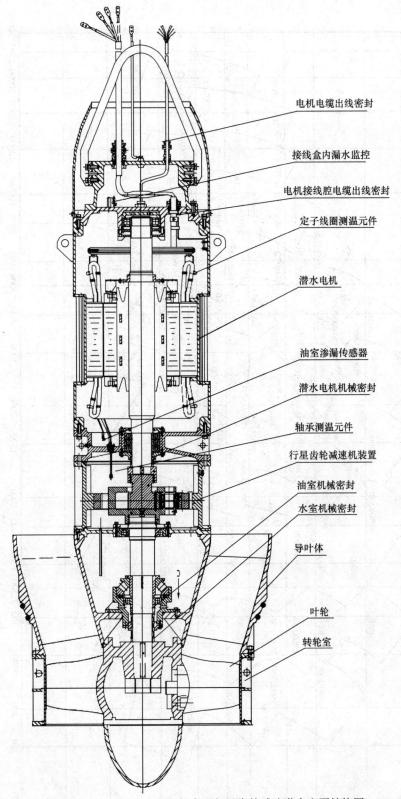

电机电缆出线密封

接线盒内漏水监控

电机接线腔电缆出线密封

定子线圈测温元件

潜水电机

油室渗漏传感器

潜水电机机械密封

轴承测温元件

行星齿轮减速机装置

油室机械密封

水室机械密封

导叶体

叶轮

转轮室

图 15.2-17　1600～2400 口径大型行星齿轮减速潜水电泵结构图

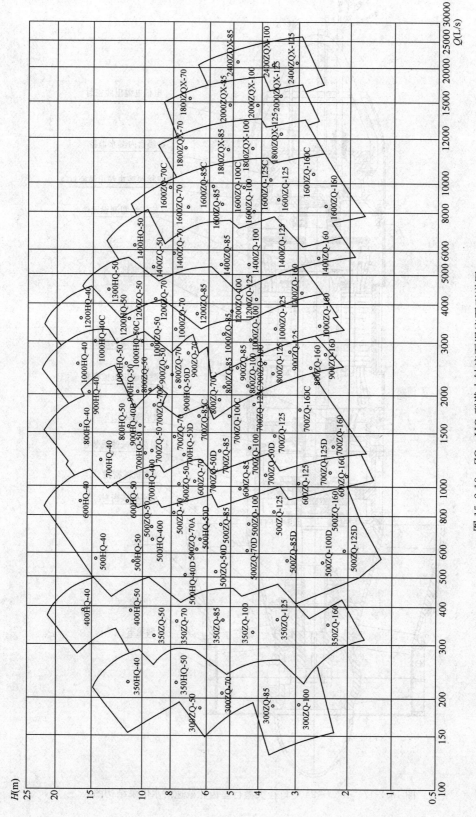

图 15.2-18 ZQ、HQ 型潜水轴流泵混流泵型谱图

注：此型号水泵由上海凯泉泵业（集团）有限公司提供。

第 16 章 常用给水设备及装置

16.1 直饮水设备

16.1.1 ZYG 直饮水分质给水设备[①]

1. 反渗透设备

（1）用途

1）饮水工程：①超纯水制备，②饮用水净化；

2）电力工业：①锅炉补给水；

3）电子工业：①半导体工业超纯水，②集成电路清洗用水；

4）食品工业：①配方用水，②生产用水；

5）制药行业：①工艺用水，②制剂用水，③洗涤用水，④无菌水制备；

6）饮料工业：①配方用水，②生产用水，③洗涤用水；

7）化学工业：①生产用水，②废水处理；

8）海水淡化：①海岛地区，②沿海缺水地区，③船舶，④海水油田等生产生活用水；

9）环保领域：①电镀漂洗水中贵重金属，②水的回收，③实现零排放或微排放。

（2）型号说明

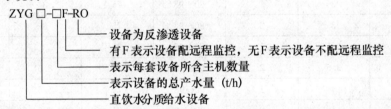

型号示例：

设备型号 ZYG1.0-F-RO，代表直饮水分质给水设备，产水量为 1t/h，设备为反渗透设备。

（3）适用技术参数，见表 16.1-1。水质标准：符合《饮用净水水质标准》，CJ 94。

ZYG-F-RO 直饮水分质给水设备适用技术参数 表 16.1-1

序号	技术参数	主要技术范围
1	回收率	50%～80%
2	脱盐率	90%～98%
3	产水量	0.5～20m³/h

---

① 本节由青岛三利集团有限公司提供资料。

续表

序号	技术参数	主要技术范围
4	工作温度	5～45℃
5	配用功率	0.37～90kW
6	电源	AC 380V/50Hz（三相五线制）
7	高压泵压力	低压进水≥0.2MPa，高压进水 0.9～1.5MPa

（4）主要技术参数，见表 16.1-2。

ZYG-F-RO 主要技术参数　　　　　　　　　表 16.1-2

设备型号	产水量（t/h）	主机台数（台）	脱盐率（%）	回收率（%）	功率（kW）	参考户数（户）
ZYG0.25-1	0.25	1	90～98	56	0.55	150
ZYG0.5-1	0.5	1	90～98	56	1.0	250
ZYG0.75-1	0.75	1	90～98	56	1.5	400
ZYG1-1	1	1	90～98	56	2.2	530
ZYG1-2	1	2	90～98	56	4	530
ZYG1.5-1	1.5	1	90～98	56	2.2	800
ZYG1.5-2	1.5	2	90～98	56	5.5	800
ZYG2-1	2	1	90～98	75	3	1100
ZYG2-2	2	2	90～98	75	5.5	1100
ZYG2.5-1	2.5	1	90～98	75	4	1400
ZYG2.5-2	2.5	2	90～98	75	7.5	1400
ZYG3-1	3	1	90～98	75	3	1600
ZYG3-2	3	2	90～98	75	8	1600
ZYG3.5-1	3.5	1	90～98	75	3	1850
ZYG3.5-2	3.5	2	90～98	75	8.5	1850
ZYG4-1	4	1	90～98	75	5.5	2100
ZYG4-2	4	2	90～98	75	8.8	2100
ZYG4.5-1	4.5	1	90～98	75	5.5	2390
ZYG4.5-2	4.5	2	90～98	75	9	2390
ZYG5-1	5	1	90～98	75	5.5	2650
ZYG6-1	6	1	90～98	80	9.5	3180
ZYG7-1	7	1	90～98	80	10	3710
ZYG8-1	8	1	90～98	80	11	4240
ZYG9-1	9	1	90～98	80	11	4770
ZYG10-1	10	1	90～98	80	11	5300
ZYG11-1	11	1	90～98	80	12	5830
ZYG12-1	12	1	90～98	80	15	6360
ZYG13-1	13	1	90～98	80	18	6890

续表

设备型号	产水量（t/h）	主机台数（台）	脱盐率（%）	回收率（%）	功率（kW）	参考户数（户）
ZYG14-1	14	1	90～98	80	20	7420
ZYG15-1	15	1	90～98	80	22	8000
ZYG16-1	16	1	90～98	80	23	8480
ZYG17-1	17	1	90～98	80	25	9010
ZYG18-1	18	1	90～98	80	26	9540
ZYG19-1	19	1	90～98	80	28	10100
ZYG20-1	20	1	90～98	80	30	10600

注：1. 用户在选择设备时，需同时选择主机和其他配置；选择主机时请参考《主要技术参数表》，选择其他配置时请参考前述有关内容；如有特殊选择要求时需另加说明。

2. 如需公司选型请提供以下数据：水源的种类、水源水质情况（最好有水质检测报告）、产水量（或用户户数）、建筑物的类型和高度等。

2. 纳滤设备

（1）用途

纳滤（简称 NF），是在压力差推动力作用下，盐及小分子物质透过纳滤膜，而截留大分子物质的一种液液分离方法，又称低压反渗透。纳滤膜截留分子量范围为 200～1000MWCO，介于超滤和反渗透之间，主要应用于溶液中大分子物质的浓缩和纯化。

（2）适用技术参数，见表 16.1-3。

ZYG-F-NF 直饮水分质给水设备适用技术参数　　　表 16.1-3

序号	技术参数	主要技术范围
1	回收率	50%～85%
2	脱盐率	一价盐 90%～95%，二价盐 95%～98%
3	产水量	0.5～20m³/h
4	工作温度	5～45℃
5	配用功率	0.37～90kW
6	电源	AC 380V/50Hz（三相五线制）
7	高压泵压力	低压进水≥0.2MPa，高压进水 0.7～1.2MPa

（3）型号说明

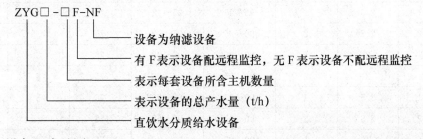

ZYG□-□F-NF

- 设备为纳滤设备
- 有 F 表示设备配远程监控，无 F 表示设备不配远程监控
- 表示每套设备所含主机数量
- 表示设备的总产水量（t/h）
- 直饮水分质给水设备

（4）设备组成及原理

设备包括预处理系统、纳滤处理装置、清洗系统、净水加压系统和电气控制系统等。

预处理系统一般包括原水泵、原水箱、石英砂过滤器、活性炭过滤器、全自动软化器（根据实际工况而定）、精密过滤器等。其主要作用是降低原水的污染指数和余氯等其他杂质，达到纳滤装置进水要求。预处理系统的设备配置应该根据原水的具体情况而定。

纳滤处理装置主要包括高压泵、纳滤膜元件、膜壳（压力容器）、支架等。其主要作用是去除水中的杂质，对水质进行深度净化处理，使出水满足国家相关饮用净水水质标准使用要求。

净水加压系统主要包括净水泵、净水箱、紫外线杀菌器及臭氧发生器等。主要作用是将设备产生的净水利用变频加压供水技术供给用户直接饮用。

清洗系统主要由清洗水箱、清洗水泵、精密过滤器等组成。当纳滤系统受到污染，出水指标不能满足要求时，需要对其进行清洗使之恢复功效。

电气控制系统是用来控制整个纳滤系统正常运行的，包括仪表盘、控制盘、各种电器保护、电气控制柜等。

（5）选型说明

1）用户在选择设备时，需同时选择主机和其他配置；选择主机时请参考《主要技术参数表》，选择其他配置时请参考前述有关内容；如有特殊选择要求时需另加说明。

2）如需公司选型请提供以下数据：水源的种类、水源水质情况（最好有水质检测报告）、产水量（或用户户数）、建筑物的类型和高度等。

（6）主要技术参数，见表 16.1-4。

ZYG-F-NF 直饮水分质给水设备主要技术参数　　　　表 16.1-4

设备型号	产水量（t/h）	主机台数（台）	脱盐率（%）		回收率（%）	功率（kW）	参考户数（户）
			一价盐	二价盐			
ZYG0.25-1	0.25	1	90～95	95～98	56	0.55	150
ZYG0.5-1	0.5	1	90～95	95～98	56	1.0	250
ZYG0.75-1	0.75	1	90～95	95～98	56	1.5	400
ZYG1-1	1	1	90～95	95～98	56	2.2	530
ZYG1-2	1	1	90～95	95～98	56	4	530
ZYG1.5-1	1.5	1	90～95	95～98	56	2.2	800
ZYG1.5-2	1.5	1	90～95	95～98	56	5.5	800
ZYG2-1	2	1	90～95	95～98	75	3	1100
ZYG2-2	2	2	90～95	95～98	75	5.5	1100
ZYG2.5-1	2.5	1	90～95	95～98	75	4	1400
ZYG2.5-2	2.5	2	90～95	95～98	75	7.5	1400
ZYG3-1	3	1	90～95	95～98	75	3	1600
ZYG3-2	3	2	90～95	95～98	75	8	1600
ZYG3.5-1	3.5	1	90～95	95～98	75	3	1850
ZYG3.5-2	3.5	2	90～95	95～98	75	8.5	1850
ZYG4-1	4	1	90～95	95～98	75	5.5	2100
ZYG4-2	4	2	90～95	95～98	75	8.8	2100

设备型号	产水量 （t/h）	主机台数 （台）	脱盐率（%）		回收率 （%）	功率 （kW）	参考户数 （户）
			一价盐	二价盐			
ZYG4.5-1	4.5	1	90～95	95～98	75	5.5	2390
ZYG4.5-2	4.5	2	90～95	95～98	75	9	2390
ZYG5-1	5	1	90～95	95～98	75	5.5	2650
ZYG6-1	6	1	90～95	95～98	80	9.5	3180
ZYG7-1	7	1	90～95	95～98	80	10	3710
ZYG8-1	8	1	90～95	95～98	80	11	4240
ZYG9-1	9	1	90～95	95～98	80	11	4770
ZYG10-1	10	1	90～95	95～98	80	11	5300
ZYG11-1	11	1	90～95	95～98	80	12	5830
ZYG12-1	12	1	90～95	95～98	80	15	6360
ZYG13-1	13	1	90～95	95～98	80	18	6890
ZYG14-1	14	1	90～95	95～98	80	20	7420
ZYG15～1	15	1	90～95	95～98	80	22	8000
ZYG16-1	16	1	90～95	95～98	80	23	8480
ZYG17-1	17	1	90～95	95～98	80	25	9010
ZYG18-1	18	1	90～95	95～98	85	26	9540
ZYG19-1	19	1	90～95	95～98	85	28	10100
ZYG20-1	20	1	90～95	95～98	85	30	10600

16.1.2 NFZS 直饮水设备[①]

1. 产品说明

直饮水设备是一种通过多级净化，使家庭中的自来水能够达到直饮效果的设备（见图 16.1-1）。

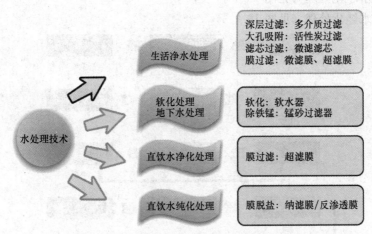

图 16.1-1 NFZS 直饮水设备原理

2. 处理工艺

（1）生活净水处理（见图 16.1-2）

（2）软化水/地下水处理（见图 16.1-3）

---

① 本节由南方中金环境股份有限公司提供资料。

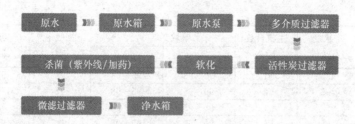

图 16.1-2　生活净水处理工艺

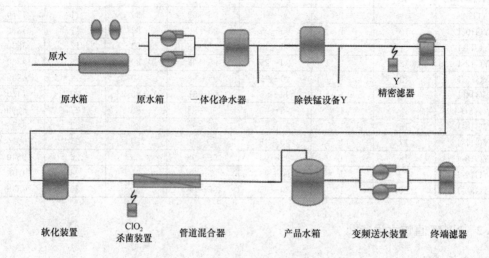

图 16.1-3　软化水/地下水处理工艺

（3）直饮水净化处理（见图 16.1-4）

（4）直饮水纯化处理（见图 16.1-5）

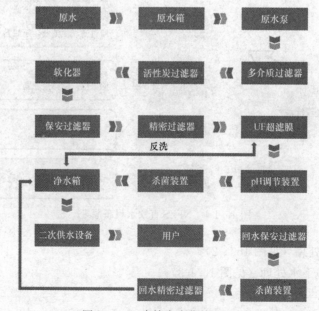

图 16.1-4　直饮水净化处理工艺

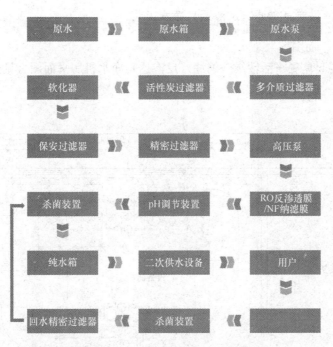

图 16.1-5　直饮水纯化处理工艺

3. 设备外形（见图 16.1-6）

图 16.1-6　NFZS 直饮水设备外形

16.1.3 臭氧→活性炭→纳滤（反渗透）净水工艺

1. 净水机房平面图

（1）1～2m³/h 臭氧→活性炭→纳滤（反渗透）净水机房平面图（见图 16.1-7）

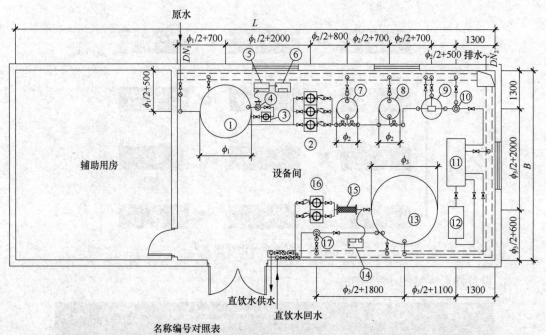

名称编号对照表

编号	设备名称	编号	设备名称	编号	设备名称	编号	设备名称
①	原水箱	⑥	制氧机	⑪	纳滤/反渗透机组	⑯	变频供水泵
②	原水泵	⑦	石英砂过滤器	⑫	化学清洗箱	⑰	回水精滤
③	循环泵	⑧	活性炭过滤器	⑬	净水箱	—	—
④	水射器	⑨	钠离子交换器	⑭	二氧化氯发生器	—	—
⑤	臭氧发生器	⑩	制水精滤	⑮	管道混合器	—	—

说明:
1. 高压泵与化学清洗泵整合在纳滤（反渗透）机组中。
2. 净水机房净高要求不小于4m。
3. 石英砂过滤器及活性炭过滤器的管线连接仅为制水管线。

图 16.1-7 1～2m³/h 臭氧→活性炭→纳滤（反渗透）净水机房平面图

（2）3～5m³/h 臭氧→活性炭→纳滤（反渗透）净水机房平面图（见图 16.1-8）

（3）6～8m³/h 臭氧→活性炭→纳滤（反渗透）净水机房平面图（见图 16.1-9）

2. 1～8m³/h 臭氧→活性炭→纳滤（反渗透）净水机房尺寸如图 16.1-10 所示。

3. 设备表（见表 16.1-5）

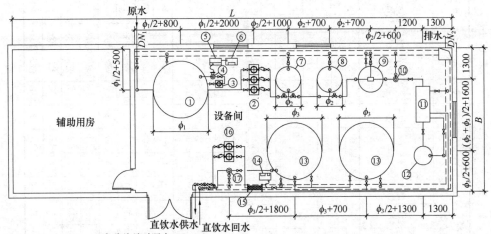

名称编号对照表

编号	设备名称	编号	设备名称	编号	设备名称	编号	设备名称
①	原水箱	⑥	制氧机	⑪	纳滤/反渗透机组	⑯	变频供水泵
②	原水泵	⑦	石英砂过滤器	⑫	化学清洗箱	⑰	回水精滤
③	循环泵	⑧	活性炭过滤器	⑬	净水箱	—	—
④	水射器	⑨	钠离子交换器	⑭	二氧化氯发生器	—	—
⑤	臭氧发生器	⑩	制水精滤	⑮	管道混合器	—	—

说明:
1. 高压泵与化学清洗泵整合在纳滤(反渗透)机组中。
2. 净水机房净高要求不小于4.5m。
3. 石英砂过滤器及活性炭过滤器的管线连接仅为制水管线。
4. 详细管线连接及阀门、仪表的设置详见工艺流程图。

图 16.1-8 3~5m³/h 臭氧→活性炭→纳滤(反渗透)净水机房平面图

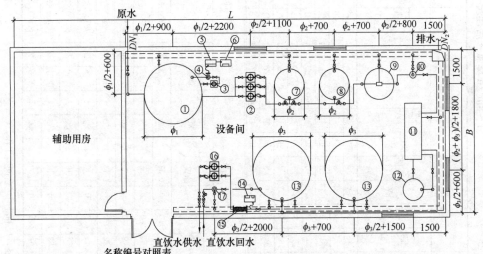

名称编号对照表

编号	设备名称	编号	设备名称	编号	设备名称	编号	设备名称
①	原水箱	⑥	制氧机	⑪	纳滤/反渗透机组	⑯	变频供水泵
②	原水泵	⑦	石英砂过滤器	⑫	化学清洗箱	⑰	回水精滤
③	循环泵	⑧	活性炭过滤器	⑬	净水箱	—	—
④	水射器	⑨	钠离子交换器	⑭	二氧化氯发生器	—	—
⑤	臭氧发生器	⑩	制水精滤	⑮	管道混合器	—	—

说明:
1. 高压泵与化学清洗泵整合在纳滤(反渗透)机组中。
2. 净水机房净高要求不小于4.5m。
3. 石英砂过滤器及活性炭过滤器的管线连接仅为制水管线。
4. 详细管线连接及阀门、仪表的设置详见工艺流程图。

图 16.1-9 6~8m³/h 臭氧→活性炭→纳滤(反渗透)净水机房平面图

表 16.1-5　1～8m³/h 臭氧→活性炭→纳滤（反渗透）设备

产水量 (m³/h)	原水箱 总容积 (m³)	原水箱 φ×H (mm)	原水泵 数量 (台)	原水泵 运行质量 (t/台)	原水泵 流量 (m³/h)	原水泵 扬程 (m)	原水泵 功率 (kW)	石英砂过滤器 数量 (台)	石英砂过滤器 滤速 (m/h)	石英砂过滤器 反冲洗强度 (L/(s·m²))	石英砂过滤器 φ×H (mm)	石英砂过滤器 运行重量 (t/台)	活性炭过滤器 滤速 (m/h)	活性炭过滤器 反冲洗强度 (L/(s·m²))	活性炭过滤器 φ×H (mm)	活性炭过滤器 数量 (台)	活性炭过滤器 运行重量 (t/台)	钠离子交换器 产水量 (m³/h)	钠离子交换器 数量 (台)	钠离子交换器 规格 (μm)	制水精滤 φ×H (mm)	制水精滤 数量 (台)	制水精滤 流量 (m³/h)	高压泵 扬程 (m)	高压泵 功率 (kW)	高压泵 数量 (台)
1	2.5	φ1300×2150	1	2.90	3.0	30	0.75	3	10	12	φ500×2500	1.14	10	12	φ500×2500	1	0.68	2.0	1	1	φ230×500	1	2.0	80	1.5	1
2	5	φ1700×2450	1	5.63	5.0	30	0.75	3	10	12	φ700×2500	2.29	10	12	φ700×2500	1	1.37	4.0	1	1	φ230×750	1	4.0	80	2.2	1
3	8	φ2100×2700	1	9.11	8.0	30	1.10	3	10	12	φ850×2500	3.13	10	12	φ850×2500	1	1.78	6.0	1	1	φ230×750	1	6.0	80	3.0	1
4	10	φ2200×3000	1	11.31	10.0	30	1.85	3	10	12	φ1000×2500	4.31	10	12	φ1000×2500	1	2.43	8.0	1	1	φ230×1000	1	8.0	80	3.0	1
5	12	φ2400×3000	1	13.5	13.0	30	1.85	3	10	12	φ1100×2600	5.25	10	12	φ1100×2600	1	2.98	10.0	1	1	φ230×1000	1	10.0	80	4.0	1
6	16	φ2500×3600	1	17.8	16.0	30	2.2	3	10	12	φ1200×2600	6.22	10	12	φ1200×2600	1	3.53	12.0	1	1	φ230×1000	1	12.0	80	5.5	1
7	18	φ2600×3750	1	19.97	19.0	30	3.0	3	10	12	φ1300×2700	7.41	10	12	φ1300×2700	1	4.25	14.0	1	1	φ273×1000	1	14.0	80	5.5	1
8	20	φ2700×3850	1	22.14	22.0	30	4.0	3	10	12	φ1400×2700	8.53	10	12	φ1400×2700	1	4.86	16.0	1	1	φ325×1000	1	16.0	80	7.5	1

产水量 (m³/h)	膜元件 规格 (in)	膜元件 膜数量 (支)	膜元件 主机尺寸 L₁×W₁×H₁ (mm)	化学清洗泵 运行质量 (t/台)	化学清洗泵 流量 (m³/h)	化学清洗泵 扬程 (m)	化学清洗泵 功率 (kW)	化学清洗泵 数量 (台)	化学清洗箱 总容积 (L)	化学清洗箱 运行重量 (t/台)	化学清洗箱 数量 (台)	净水箱 总容积 (m³)	净水箱 φ×H (mm)	净水箱 数量 (台)	臭氧发生器 运行质量 (t/台)	臭氧发生器 产气量 (g/h)	臭氧发生器 功率 (W)	臭氧发生器 数量 (台)	循环泵 流量 (m³/h)	循环泵 扬程 (m)	循环泵 功率 (kW)	循环泵 数量 (台)	二氧化氯发生器 产气量 (g/h)	二氧化氯发生器 数量 (台)	回水精滤 规格 (μm)	回水精滤 φ×H (mm)	回水精滤 数量 (台)
1	4	6	1500×600×1600	0.42	1.0	40	0.37	1	100	0.13	1	5	φ1700×2450	1	5.63	3	150	1	2.0	30	0.37	1	0.2	1	0.45	φ230×500	1
2	4	11	1500×1000×1600	0.64	2.0	40	0.55	1	150	0.18	1	10	φ2200×3000	1	11.31	6	230	1	4.0	30	0.75	1	0.4	1	0.45	φ230×750	1
3	8	4	1500×600×1600	0.79	3.0	40	0.75	1	200	0.23	1	16	φ2100×2700	2	9.11	9	230	1	6.0	30	1.1	1	0.6	1	0.45	φ230×750	1
4	8	5	1500×600×1800	0.92	4.0	40	1.10	1	250	0.29	1	20	φ2200×3000	2	11.31	12	300	1	8.0	30	1.1	1	0.8	1	0.45	φ230×1000	1
5	8	6	1500×600×1800	1.11	5.0	40	1.10	1	300	0.35	1	26	φ2400×3250	2	14.60	15	300	1	10.0	30	1.5	1	1.0	1	0.45	φ230×1000	1
6	8	8	2500×600×1800	1.35	5.0	40	1.10	1	350	0.40	1	32	φ2500×3600	2	17.8	18	370	1	12.0	30	2.2	1	1.2	1	0.45	φ230×1000	1
7	8	9	2500×600×1800	1.62	5.5	40	1.10	1	450	0.51	1	36	φ2600×3750	2	19.97	21	370	1	14.0	30	2.2	1	1.4	1	0.45	φ273×1000	1
8	10	9	2500×600×1800	1.67	6.5	40	1.50	1	500	0.56	1	40	φ2700×3850	2	22.14	24	370	1	16.0	30	3.0	1	1.6	1	0.45	φ325×1000	1

注：1. 制水时原水泵为一用两备，反冲洗时三台同时工作。

　　2. 高压泵的扬程为纳滤膜要求的工作压力，反渗透过滤扬程需 120m。

　　3. 二氧化氯发生器及投加装置电量最大不超过 1.0kW。

1～8m³/h臭氧→活性炭→纳滤（反渗透）净水机房尺寸表

产水量	净水机房			管径(mm)		电量		原水箱基础				净水箱基础			
	L	B	高度	原水	机房排水	净水设备	化验设备	ϕ_4	H_2	L_2	B_2	ϕ_4	H_2	L_2	B_2
(m^3/h)	(mm)	(mm)	(mm)	DN_1	DN_2	(kW)	(kW)	(mm)	(mm)	(mm)	(mm)	(mm)	(mm)	(mm)	(mm)
1	12700	5600	4000	25	100	10	20	1500	150	300	200	1900	150	300	200
2	13700	6100	4000	32	100	15	20	1800	150	300	200	2400	150	400	300
3	16150	6025	4500	40	150	20	20	2300	200	400	300	2300	200	400	300
4	16700	6200	4500	50	150	25	20	2400	200	400	300	2400	200	400	300
5	17200	6450	4500	50	150	30	20	2600	200	400	300	2600	200	400	300
6	17200	7000	5000	65	150	40	20	2700	200	400	300	2700	200	400	300
7	17600	7150	5000	65	200	50	20	2800	200	400	300	2800	200	400	300
8	18000	7300	5000	80	200	60	20	2900	200	400	300	2900	200	400	300

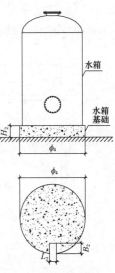

水箱

水箱基础

原（净）水箱基础大样图

说明：
1.净水机房的尺寸仅为设备间的尺寸。
2.表中所列尺寸是对应典型设备平面布置所需要的面积，选用时应根据工程情况进行调整。
3.原水管管径DN_1宜按净水设备产水量确定，并应满足设备反洗所要求的水量。
4.化验设备用电量为20kW，其中蒸馏水器7.5kW、干燥箱3.2kW、蒸汽消毒器1.5kW等。
5.净水设备电源为380V。
6.水箱基础为混凝土，强度等级为C25。
7.原水箱、净水箱直接放置在基础上，待水箱就位后，基础需贴瓷片。
8.基础留有缺口安装水箱排水管，缺口应朝向排水沟。

图 16.1-10　1～8m³/h臭氧→活性炭→纳滤（反渗透）净水机房尺寸

16.1.4　活性炭→纳滤（一）净水工艺（采用二氧化氯消毒）

1. 净水机房平面图

（1）0.5m³/h活性炭→纳滤（一）净水工艺平面图（见图16.1-11）

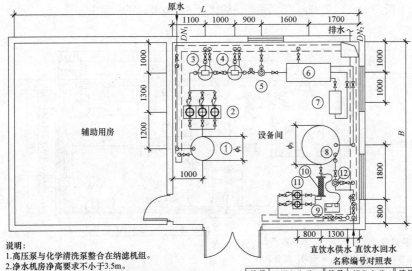

说明：
1.高压泵与化学清洗泵整合在纳滤机组。
2.净水机房净高要求不小于3.5m。
3.石英砂过滤器及活性炭过滤器的管线连接仅为制水管线。
4.整个控制系统包括手动和自动两种工作方式。
5.控制系统应当对相应设备的运行状态有可靠的状态指示。
6.对水位、压力等数据有相应的仪器做出反映。
7.各设备的控制装置需根据相应的具体设备而定。

名称编号对照表

编号	设备名称	编号	设备名称	编号	设备名称
①	原水箱	⑤	制水精滤	⑨	二氧化氯发生器
②	原水泵	⑥	纳滤机组	⑩	管道混合器
③	石英砂过滤器	⑦	化学清洗泵	⑪	变频供水泵
④	活性炭过滤器	⑧	净水箱	⑫	回水精滤

图 16.1-11　0.5m³/h活性炭→纳滤（一）净水机房平面图

（2）1～2m³/h 活性炭→纳滤（一）净水机房平面图（见图 16.1-12）

（3）3～5m³/h 活性炭→纳滤（一）净水机房平面图（见图 16.1-13）

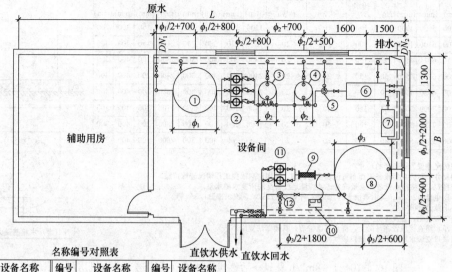

名称编号对照表

编号	设备名称	编号	设备名称	编号	设备名称
①	原水箱	⑥	纳滤机组	⑪	变频供水泵
②	原水泵	⑦	化学清洗箱	⑫	回水精滤
③	石英砂过滤器	⑧	净水箱	—	—
④	活性炭过滤器	⑨	二氧化氯发生器	—	—
⑤	制水精滤	⑩	管道混合器	—	—

说明：
1.高压泵与化学清洗泵整合在纳滤机组中。
2.净水机房净高要求不小于4m。
3.石英砂过滤器及活性炭过滤器的管线连接仅为制水管线。

图 16.1-12　1～2m³/h 活性炭→纳滤（一）净水机房平面图

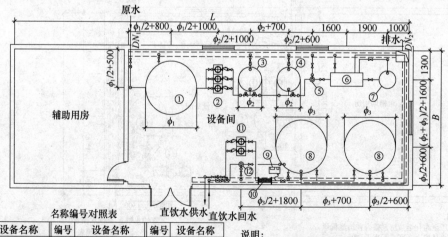

名称编号对照表

编号	设备名称	编号	设备名称	编号	设备名称
①	原水箱	⑥	纳滤机组	⑪	变频供水泵
②	原水泵	⑦	化学清洗箱	⑫	回水精滤
③	石英砂过滤器	⑧	净水箱	—	—
④	活性炭过滤器	⑨	二氧化氯发生器	—	—
⑤	制水精滤	⑩	管道混合器	—	—

说明：
1.高压泵与化学清洗泵整合在纳滤机组中。
2.净水机房净高要求不小于4.5m。
3.石英砂过滤器及活性炭过滤器的管线连接仅为制水管线。

图 16.1-13　3～5m³/h 活性炭→纳滤（一）净水机房平面图

（4）6～8m³/h 活性炭→纳滤（一）净水机房平面图（见图 16.1-14）

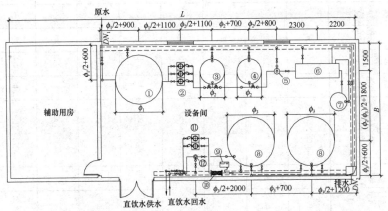

名称编号对照表

编号	设备名称	编号	设备名称	编号	设备名称
①	原水箱	⑥	纳滤机组	⑪	变频供水泵
②	原水泵	⑦	化学清洗箱	⑫	回水精滤
③	石英砂过滤器	⑧	净水箱	-	-
④	活性炭过滤器	⑨	二氧化氯发生器	-	-
⑤	制水精滤	⑩	管道混合器	-	-

说明：
1. 高压泵与化学清洗泵整合在纳滤机组中。
2. 净水机房净高要求不小于5m。
3. 石英砂过滤器及活性炭过滤器的管线连接仅为制水管线。

图 16.1-14　6～8m³/h 活性炭→纳滤（一）净水机房平面图

2. 净水机房尺寸表（见表 16.1-6）
3. 设备表（见表 16.1-7）

0.5～8m³/h 活性炭→纳滤（一）净水机房尺寸　　　　　表 16.1-6

产水量 (m³/h)	净水机房			管径（mm）		电量		原水箱基础				净水箱基础			
	L (mm)	B (mm)	高度 (mm)	原水 DN_1	机房排水 DN_2	净水设备 (kW)	化验设备 (kW)	ϕ_4 (mm)	H_2 (mm)	L_2 (mm)	B_2 (mm)	ϕ_4 (mm)	H_2 (mm)	L_2 (mm)	B_2 (mm)
0.5	9500	6000	3500	25	100	10	20	1000	150	200	200	1500	150	300	200
1	11900	5600	4000	25	100	10	20	1500	150	300	200	1900	150	300	200
2	12900	6100	4000	32	100	15	20	1900	150	300	200	2400	150	400	300
3	15600	6025	4500	40	150	20	20	2300	200	400	200	2300	200	400	300
4	16000	6200	4500	50	150	25	20	2400	200	400	300	2400	200	400	300
5	16400	6450	4500	50	150	30	20	2600	200	400	300	2600	200	400	300
6	17200	7000	5000	65	150	40	20	2700	200	400	300	2700	200	400	300
7	17500	7150	5000	65	200	50	20	2800	200	400	300	2800	200	400	300
8	17800	7300	5000	80	200	60	20	2900	200	400	300	2900	200	400	300

注：1. 净水机房的尺寸仅为设备间的尺寸。
　　2. 表中所列尺寸是对应典型设备平面布置所需要的面积，选用时应根据工程情况进行调整。
　　3. 原水管管径 DN_1 宜按净水设备产水量确定，并应满足设备反洗所要求的水量。
　　4. 化验设备用电量为20kW，其中蒸馏水器 7.5kW、干燥箱 3.2kW、蒸汽消毒器 1.5kW 等。
　　5. 净水设备电源为380V。

表 16.1-7

0.5~8m³/h 活性炭→纳滤（一）设备

产水量 (m³/h)	原水箱		原水泵						石英砂过滤器					活性炭过滤器					制水精滤			高压泵			
	总容积 (m³)	φ×H (mm)	运行质量 (t/台)	数量 (台)	流量 (m³/h)	扬程 (m)	功率 (kW)	数量 (台)	滤速 (m/h)	反冲洗强度 (L/(s·m²))	φ×H (mm)	数量 (台)	运行重量 (t/台)	滤速 (m/h)	反冲洗强度 (L/(s·m²))	φ×H (mm)	数量 (台)	运行质量 (t/台)	规格 (μm)	φ×H (mm)	数量 (台)	流量 (m³/h)	扬程 (m)	功率 (kW)	数量 (台)
0.5	1	φ800×2150	1.24	1	1.5	30	0.55	3	10	12	φ350×2400	1	0.63	10	12	φ350×2400	1	0.40	1	φ230×500	1	1.0	80	1.5	1
1	2.5	φ1300×2150	2.90	1	3.0	30	0.75	3	10	12	φ500×2500	1	1.14	10	12	φ500×2500	1	0.68	1	φ230×500	1	2.0	80	1.5	1
2	5	φ1700×2450	5.63	1	5.0	30	0.75	3	10	12	φ700×2500	1	2.29	10	12	φ700×2500	1	1.37	1	φ230×750	1	4.0	80	2.2	1
3	8	φ2100×2700	9.11	1	8.0	30	1.10	3	10	12	φ850×2500	1	3.13	10	12	φ850×2500	1	1.78	1	φ230×750	1	6.0	80	3.0	1
4	10	φ2200×3000	11.31	1	10.0	30	1.85	3	10	12	φ1000×2500	1	4.31	10	12	φ1000×2500	1	2.43	1	φ230×1000	1	8.0	80	3.0	1
5	12	φ2400×3000	13.5	1	13.0	30	1.85	3	10	12	φ1100×2600	1	5.25	10	12	φ1100×2600	1	2.98	1	φ230×1000	1	10.0	80	4.0	1
6	16	φ2500×3600	17.8	1	16.0	30	2.2	3	10	12	φ1200×2600	1	6.22	10	12	φ1200×2600	1	3.53	1	φ230×1000	1	12.0	80	5.5	1
7	18	φ2600×3750	19.97	1	19.0	30	3.0	3	10	12	φ1300×2700	1	7.41	10	12	φ1300×2700	1	4.25	1	φ273×1000	1	14.0	80	5.5	1
8	20	φ2700×3850	22.14	1	22.0	30	4.0	3	10	12	φ1400×2700	1	8.53	10	12	φ1400×2700	1	4.86	1	φ325×1000	1	16.0	80	7.5	1

注：制水时原水泵为一用两备，反冲洗时三台同时工作。

16.1.5 活性炭→纳滤（二）净水工艺（采用臭氧消毒）

1. 净水机房平面图（见图 16.1-15）

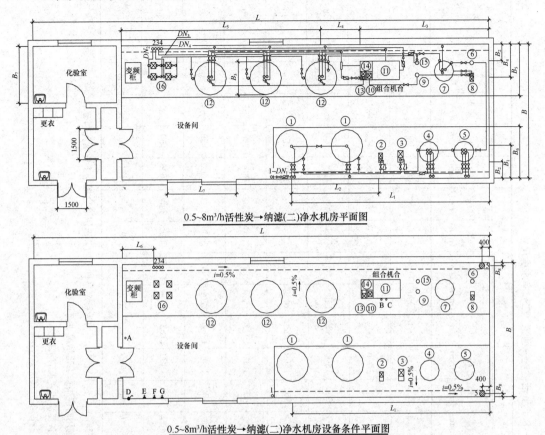

0.5~8m³/h活性炭→纳滤(二)净水机房平面图

0.5~8m³/h活性炭→纳滤(二)净水机房设备条件平面图

说明：
1. 净水处理设备部分设混凝土平台，高出机房地面100mm，0.5%坡向排水明沟；每台净水处理设备设混凝土基础，高出平台50~100mm，基础四周设排水沟至排水明沟。
2. 原水供水管1、直饮水供回水管2、3，排浓水管4安装位置根据管径及工程情况确定。
3. 净水设备平台设置排水明沟，排水明沟尺寸应根据设备反洗排水量计算确定，排水沟中地漏5位置可根据工程调整。
4. 净水设备电源、控制A、B、C等位置根据处理工艺及产水量由设备厂商提供。
5. 单控开关D、监控点E、电源插座F、电活插座G等安装要求由厂商提供。

名称编号对照表

编号	设备名称	编号	设备名称	编号	设备名称	编号	设备名称
①	原水箱	⑤	活性炭过滤器	⑨	保安过滤器	⑬	臭氧循环泵
②	原水泵	⑥	精密过滤器	⑩	高压泵	⑭	臭氧发生器
③	反冲洗泵	⑦	中间水箱	⑪	纳滤膜组件	⑮	循环过滤器
④	砂过滤器	⑧	预压泵	⑫	净水泵	⑯	变频供水泵

图 16.1-15 0.5~8m³/h 活性炭→纳滤（二）净水机房平面图

2. 净水机房尺寸（见表 16.1-8）

3. 设备表（见表 16.1-9）

表 16.1-8

0.5～8m³/h 活性炭→纳滤（二）净水房尺寸

产水量 (m^3/h)	净水机房					原水箱		净水设备及供水设备					净水箱		设备基础			回水	排水	管径 (mm)					电量 (kW)
	L (mm)	B (mm)	B_2 (mm)	高度 (mm)	门宽 L_7 (mm)	L_1 (mm)	B_1 (mm)	L_2 (mm)	L_3 (mm)	L_4 (mm)	B_2 (mm)	B_3 (mm)	L_5 (mm)	B_4 (mm)	$\sum L_{4\sim5}$ (mm)	B_5 (mm)	B_6 (mm)	L_6 (mm)	B_8 (mm)	原水 DN_1	供水 DN_2	回水 DN_3	设备排水 DN_4	机房排水 DN_5	
0.5	16300	4800	2400	3000	2500	5750	850	2350	4580	1250	500	900	5970	950	11800	1500	1300	1600	150	25	25	25	25	80	4
1	17400	5200	2600	3300	2500	6400	1000	2800	4680	1300	500	1000	6920	1000	12900	1600	1600	1600	150	32	32	25	32	80	5
2	19520	6700	3350	3600	3000	7250	1200	3300	5500	1700	600	1600	7820	1400	15020	1900	1900	1600	150	40	40	32	40	80	8
3	20920	7100	3550	3600	3000	8550	1400	3900	5700	1700	600	1600	9020	1400	16420	2300	2300	1600	150	50	40	32	40	80	9
4	23220	7500	3750	3900	3500	10080	1600	4400	6600	2000	800	1600	10120	1600	18720	2500	2500	1600	150	65	50	40	50	100	10
5	23920	7900	3950	3900	3500	10630	1700	4700	6700	2100	800	1800	10620	1700	19420	2700	2700	1600	150	65	50	40	50	100	15
6	26470	8800	4400	4200	4000	12130	1900	5200	7950	2400	1000	1800	11620	1900	21970	2900	2900	1600	150	80	65	40	65	100	18
8	27320	9200	4600	4200	4000	12830	2000	5500	8200	2500	1000	2000	12120	2000	22830	3100	3100	1600	150	80	65	40	65	100	20

注：
1. 净水机房面积与净水设备产水量、设备尺寸、层高等因素有关，表中所列尺寸均为特定条件下的，适用时应根据工程情况调整后确定。
2. 表中所列尺寸是对应典型设备平面布置所需要的面积，并应满足设备反洗所要求的水量。
3. 原水管管径 DN_1 宜按净水设备产水量确定，DN_3 通过计算确定，与设备产水量无直接关系。
4. 管道直饮水系统供回水管径 DN_2、DN_3 通过计算确定，与设备产水量无直接关系。
5. 净水设备供电电源为 380V。

表16.1-9

0.5～8m³/h 活性炭→纳滤（二）设备

上部

产水量(m³/h)	原水箱 有效容积(m³)	原水箱 运行质量(kg)	原水箱 直径×高(mm)	原水泵 流量(m³/h)	原水泵 扬程(m)	原水泵 功率(kW)	原水泵 运行质量(kg)	砂过滤器 滤速(m/h)	砂过滤器 反冲洗强度(L/s·m²)	砂过滤器 直径(mm)	砂过滤器 运行质量(kg)	活性炭过滤器 滤速(m/h)	活性炭过滤器 反冲洗强度(L/s·m²)	活性炭过滤器 直径(mm)	活性炭过滤器 运行质量(kg)	精密过滤器 规格(μm)	精密过滤器 直径(mm)	精密过滤器 运行质量(kg)	中间水箱 有效容积(m³)	中间水箱 直径×高(mm)	中间水箱 运行质量(kg)	预压泵 流量(m³/h)	预压泵 扬程(m)	预压泵 功率(kW)	预压泵 运行质量(kg)
0.5	1.00	576×2	Φ700×2075	1.2	26	0.55	17	6.1	16.0	500	735	6.1	12.0	500	315	5	180	24	0.25	Φ500×2050	325	1.0	26	0.55	17
1	2.20	1348×2	Φ1000×2290	2.5	26	0.55	17	8.8	16.0	600	1035	8.8	12.0	600	430	5	180	24	0.36	Φ600×2060	425	2.0	29	0.55	17
2	4.05	2380×2	Φ1200×2300	4.5	21	0.75	20	11.7	16.0	700	1380	11.7	12.0	700	560	5	200	38	0.49	Φ700×2075	570	4.0	22	0.75	20
3	6.25	3675×2	Φ1600×2250	7.0	28	1.1	33	11.0	16.0	900	2355	11.0	12.0	900	1000	5	200	38	0.82	Φ900×2200	980	6.0	28	1.1	33
4	8.05	4655×2	Φ1600×2580	9.0	23	1.1	33	11.5	16.0	1000	3035	11.5	12.0	1000	1365	5	200	47	1.10	Φ1000×2290	1360	8.0	26	1.1	33
5	10.18	5720×2	Φ1800×2620	11.0	25	2.2	35	11.6	16.0	1100	3690	11.6	12.0	1100	1670	5	200	47	1.36	Φ1100×2310	1675	10.0	25	2.2	35
6	12.00	6690×2	Φ1800×2970	13.0	23	2.2	35	11.5	16.0	1200	4460	11.5	12.0	1200	2055	5	250	83	1.63	Φ1200×2375	2025	12.0	23	2.2	35
8	16.05	8875×2	Φ2000×3200	18.0	20	2.2	35	11.7	16.0	1400	6155	11.7	12.0	1400	2875	5	300	113	2.35	Φ1400×2560	2850	16.0	21	2.2	35

下部

产水量(m³/h)	保安过滤器 规格(μm)	保安过滤器 直径(mm)	保安过滤器 运行质量(kg)	高压泵 流量(m³/h)	高压泵 扬程(m)	高压泵 功率(kW)	高压泵 运行质量(kg)	膜组件 规格(in)	膜组件 长(mm)	膜组件 运行质量(kg)	净水箱 有效容积(m³)	净水箱 直径×高(mm)	净水箱 运行质量(kg)	臭氧循环泵 流量(m³/h)	臭氧循环泵 扬程(m)	臭氧循环泵 功率(kW)	臭氧循环泵 运行质量(kg)	臭氧发生器 产气量(g/h)	臭氧发生器 功率(kW)	臭氧发生器 长×宽(mm)	反冲洗泵 流量(m³/h)	反冲洗泵 扬程(m)	反冲洗泵 功率(kW)	反冲洗泵 运行质量(kg)	循环过滤器 规格(μm)	循环过滤器 直径(mm)	循环过滤器 运行质量(kg)
0.5	5	180	24	1.0	63	0.75	33	4	1016	12×2	1.50	Φ900×2210	958×2	1.0	18	0.37	17	4	0.1	600×500	11.0	25	2.2	33	1	180	24
1	5	180	24	2.0	67	1.1	39	4	1016	12×4	3.30	Φ1000×2340	1800×2	1.0	18	0.37	17	4	0.1	800×500	16.0	21	2.2	33	1	180	24
2	5	200	38	4.0	65	1.5	39	8	1016	50×2	6.08	Φ1600×2250	3675×3*	2.0	15	0.37	17	8	0.2	900×600	22.0	25	3.0	52	1	180	24
3	5	200	38	6.0	65	2.2	39	8	1016	50×4	9.38	Φ1600×2250	3675×3*	2.0	15	0.37	17	8	0.2	900×600	37.0	26	4.0	65	1	180	24
4	5	200	47	8.0	72	3.0	59	8	1016	50×6	12.08	Φ1600×2580	4655×3*	3.0	12	0.37	17	12	0.3	1000×600	45.0	27	7.5	91	1	180	24
5	5	200	47	10.0	65	3.0	59	8	1016	50×7	15.28	Φ1800×2620	5720×3*	3.0	12	0.37	17	12	0.3	1000×600	55.0	25	11.0	129	1	180	38
6	5	250	83	12.0	65	5.5	91	8	1016	50×8	18.00	Φ1800×2970	6690×3*	4.0	15	0.55	17	15	0.4	1000×800	65.0	24	11.0	129	1	200	38
8	5	300	113	16.0	68	5.5	98	8	1016	50×10	24.08	Φ2000×3200	8875×3*	4.0	15	0.55	17	15	0.4	1000×800	87.0	23	11.0	129	1	200	38

注：
1. 原水箱运行质量有 ＊ 标记的，其底部均为平底。
2. 原水箱的实际容积根据用水性质等因素可做相应调整。
3. 净水箱运行质量有 ＊ 标记的，其底部均为平底。
4. 净水箱的实际容积根据用水性质等因素可做相应调整。

16.1.6　活性炭→离子交换→纳滤净水工艺

1. 净水机房及设备条件平面图

(1) 0.5～3m³/h 活性炭→离子交换→纳滤净水机房及设备条件平面图（见图 16.1-16）

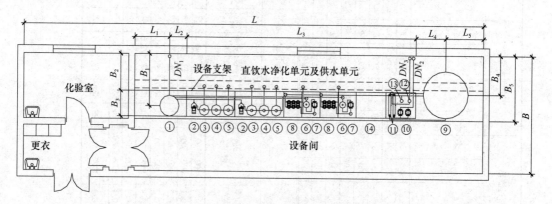

0.5~3m³/h活性炭→离子交换→纳滤净水机房平面图

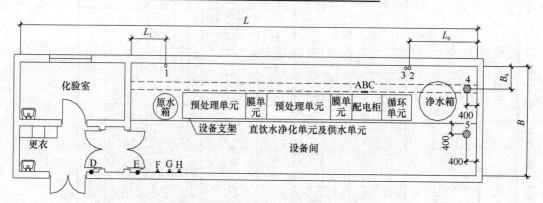

0.5~3m³/h活性炭→离子交换→纳滤净水机房设备条件平面图

名称编号对照表

编号	设备名称	编号	设备名称	编号	设备名称	编号	设备名称
①	原水箱	⑤	离子交换器	⑨	净水箱	⑬	二氧化氯消毒器
②	原水泵	⑥	微米过滤器	⑩	变频供水泵	⑭	配电柜
③	砂过滤器	⑦	高压泵	⑪	紫外线消毒器	–	–
④	活性炭过滤器	⑧	膜组件	⑫	精密过滤器	–	–

说明：
1. 净水处理设备基础为混凝土，基础高100mm。
2. 原水供水管1及直饮水供、回水管2、3安装位置根据管径及工程情况确定。
3. 净水设备设置排水沟，排水沟尺寸应根据设备反洗排水量计算确定，排水沟中地漏位置可根据工程调整。
4. 净水设备电源、控制A、B、C、等位置根据处理工艺及产水量由设备厂商提供。
5. 紫外线灯开关D、单控开关E、监控点F、电源插座G、电话插座H等安装要求由厂商提供。
6. 此图纸所示管路走向及设备位置仅为示意性的，具体情况视实际工程特点而定。

图 16.1-16　0.5～3m³/h 活性炭→离子交换→纳滤净水机房及设备条件平面图

（2）4～8m³/h活性炭→离子交换→纳滤净水机房及设备条件平面图（见图16.1-17）

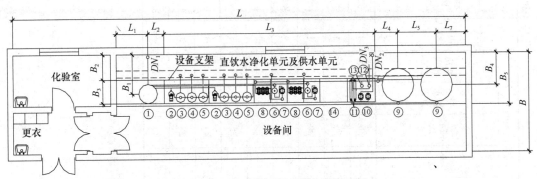

4~8m³/h活性炭→离子交换→纳滤净水机房平面图

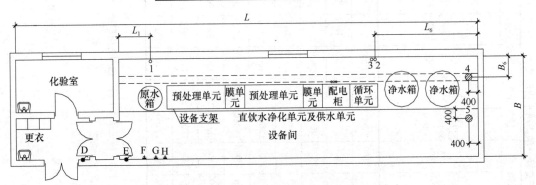

4~8m³/h活性炭→离子交换→纳滤净水机房设备条件平面图

名称编号对照表

编号	设备名称	编号	设备名称	编号	设备名称	编号	设备名称
①	原水箱	⑤	离子交换器	⑨	净水箱	⑬	二氧化氯消毒器
②	原水泵	⑥	微米过滤器	⑩	变频供水泵	⑭	配电柜
③	砂过滤器	⑦	高压泵	⑪	紫外线消毒器	—	
④	活性炭过滤器	⑧	膜组件	⑫	精密过滤器	—	

说明：
1.净水处理设备基础为混凝土，基础高100mm。
2.原水供水管1及直饮水供、回水管2、3安装位置根据管径及工程情况确定。
3.净水设备设置排水沟，排水沟尺寸应根据设备反洗排水量计算确定，排水沟中地漏位置可根据工程调整。
4.净水设备电源、控制A、B、C等位置根据处理工艺及产水量由设备厂商提供。
5.紫外线灯开关D、单控开关E、监控点F、电源插座G、电话插座H等安装要求由厂商提供。
6.此图纸所示管路走向及设备位置仅为示意性的，具体情况视实际工程特点而定。

图16.1-17　4～8m³/h活性炭→离子交换→纳滤净水机房及设备条件平面图

2. 净水机房尺寸（见表16.1-10）

0.5～8m³/h 活性炭→离子交换→纳滤净水机房尺寸　　表16.1-10

产水量 (m³/h)	净水机房			原水箱		净水设备及供水设备					净水箱				设备基础	供回水	排水	管径 (mm)					电量 (kW)	运转质量 (kg)
	L (mm)	B (mm)	高度 (mm)	L_1 (mm)	B_1 (mm)	L_2 (mm)	L_3 (mm)	L_4 (mm)	B_2 (mm)	B_3 (mm)	L_5 (mm)	L_7 (mm)	B_4 (mm)	$\sum L_{4\sim5}$ $\sum L_{1\sim7}$ (mm)	B_5 (mm)	L_6 (mm)	B_6 (mm)	原水 DN_1	供水 DN_2	回水 DN_3	设备排水 DN_4	机房排水 DN_5		
0.5	12800	3700	3000	1000	1200	700	4700	800	620	980	1100	—	1100	8300	1700	1200	370	50	32	20	100	75	10	3320
1	13780	4000	3000	1000	1500	700	5380	950	920	980	1250	—	1250	9280	2000	2300	670	50	32	20	100	75	15	5500
1.5	14100	4100	4000	1000	1600	700	5600	1000	1020	980	1300	—	1300	9600	2100	2400	770	50	32	20	100	75	15	7050
2	17360	4200	4000	1000	1700	700	8760	1050	1120	980	1350	—	1350	12860	2200	2500	870	50	40	20	100	75	20	10070
3	18100	4500	4000	1000	2000	700	9200	1200	1420	980	1500	—	1500	13600	2500	2800	1170	50	40	20	100	75	25	12970
4	20360	4200	4000	1100	1600	800	9960	1050	1120	980	1600	1350	1350	15860	2200	4100	870	80	40	25	100	75	30	17670
5	18150	4300	4000	1100	1700	800	7550	1100	1220	980	1700	1400	1400	13650	2300	4300	970	80	40	25	100	75	35	20570
6	21500	4400	4000	1100	1800	800	10700	1150	1320	980	1800	1450	1450	17000	2400	4500	1070	80	50	25	100	75	40	25330
8	25000	4700	5000	1250	1950	950	12380	1300	1620	980	2100	1600	1600	19580	2700	5100	1370	80	50	25	100	75	45	33980

注：
1. 此表为供水单元为单区的净水机房尺寸表。
2. 净水机房面积与单元产水量、层高等因素有关，设备尺寸、表中所列尺寸均为特定条件下的，表中所列尺寸应根据工程情况调整后确定。
3. 表中所列尺寸是对应典型设备平面布置所需面积，并应满足设备反洗所要求的水量。
4. 原水管管径 DN_1，宜按净水设备产水量确定，DN_3 通过计算确定，与设备产水量无直接关系。
5. 管道直饮水系统供回水管径 DN_2、DN_3 通过计算确定，与供水量无直接关系。
6. 此表中电量、运行质量采用供水单元为高、中、低三区的数值。
7. 净水设备电源为380V。

16.1.7　活性炭→反渗透（一）净水工艺（采用二氧化氯消毒）

1. 净水机房平面图

(1) 0.5m³/h 活性炭→反渗透（一）净水机房平面图（见图 16.1-18）

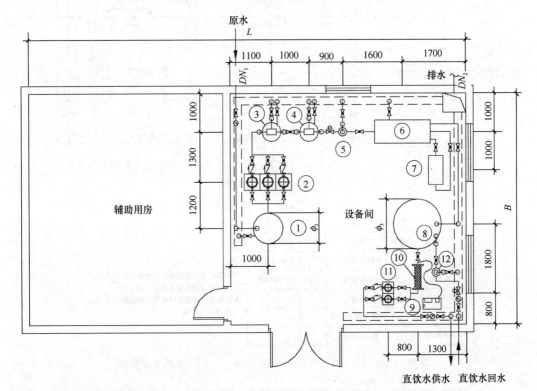

说明:

1. 高压泵与化学清洗泵整合在反渗透机组。
2. 净水机房净高要求不小于3.5m。
3. 石英砂过滤器及活性炭过滤器的管线连接仅为制水管线。
4. 整个控制系统包括手动和自动两种工作方式。
5. 控制系统应当对相应设备的运行状态有可靠的状态指示。
6. 对水位、压力等数据有相应的仪器做出反映。
7. 各设备的控制装置需根据相应的具体设备而定。

名称编号对照表

编号	设备名称	编号	设备名称	编号	设备名称
①	原水箱	⑤	制水精滤	⑨	二氧化氯发生器
②	原水泵	⑥	反渗透机组	⑩	管道混合器
③	石英砂过滤器	⑦	化学清洗泵	⑪	变频供水泵
④	活性炭过滤器	⑧	净水箱	⑫	回水精滤

图 16.1-18　0.5m³/h 活性炭→反渗透（一）净水机房平面图

(2) 1～2m³/h 活性炭→反渗透（一）净水机房平面图（见图 16.1-19）

(3) 3～5m³/h 活性炭→反渗透（一）净水机房平面图（见图 16.1-20）

(4) 6～8m³/h 活性炭→反渗透（一）净水机房平面图（见图 16.1-21）

2. 净水机房尺寸（见表 16.1-11）

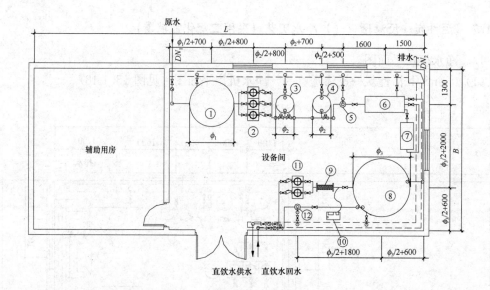

名称编号对照表

编号	设备名称	编号	设备名称	编号	设备名称
①	原水箱	⑥	反渗透机组	⑪	变频供水泵
②	原水泵	⑦	化学清洗箱	⑫	回水精滤
③	石英砂过涉器	⑧	净水箱	—	—
④	活性炭过滤器	⑨	二氧化氯发生器	—	—
⑤	制水精滤	⑩	管道混合器	—	—

说明:
1. 高压泵与化学清洗泵整合在反渗透机组中。
2. 净水机房净高要求不小于4m。
3. 石英砂过滤器及活性炭过滤器的管线连接仅为制水管线。

图 16.1-19　1～2m³/h 活性炭→反渗透（一）净水机房平面图

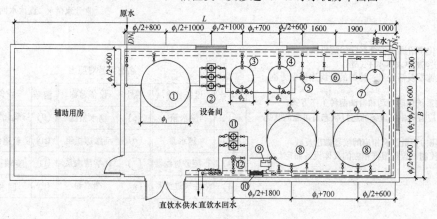

名称编号对照表

编号	设备名称	编号	设备名称	编号	设备名称
①	原水箱	⑥	反渗透机组	⑪	变频供水泵
②	原水泵	⑦	化学清洗箱	⑫	回水精滤
③	石英砂过滤器	⑧	净水箱	—	—
④	活性炭过滤器	⑨	二氧化氯发生器	—	—
⑤	制水精滤	⑩	管道混合器	—	—

说明:
1. 高压泵与化学清洗泵整合在反渗透机组中。
2. 净水机房净高要求不小于4.5m。
3. 石英砂过滤器及活性炭过滤器的管线连接仅为制水管线。

图 16.1-20　3～5m³/h 活性炭→反渗透（一）净水机房平面图

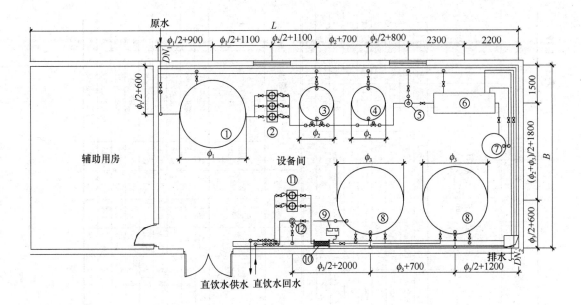

名称编号对照表

编号	设备名称	编号	设备名称	编号	设备名称
①	原水箱	⑥	反渗透机组	⑪	变频供水泵
②	原水泵	⑦	化学清洗箱	⑫	回水精滤
③	石英砂过滤器	⑧	净水箱	–	–
④	活性炭过滤器	⑨	二氧化氯发生器	–	–
⑤	制水精滤	⑩	管道混合器	–	–

说明：
1. 高压泵与化学清洗泵整合在反渗透机组中。
2. 净水机房净高要求不小于5m。
3. 石英砂过滤器及活性炭过滤器的管线连接仅为制水管线。

图 16.1-21　6~8m³/h 活性炭→反渗透（一）净水机房平面图

0.5~8m³/h 活性炭→反渗透（一）净水机房尺寸　　　　表 16.1-11

产水量 (m³/h)	净水机房			管径（mm）		电量		原水箱基础				净水箱基础			
	L (mm)	B (mm)	高度 (mm)	原水 DN_1	机房排水 DN_2	净水设备 (kW)	化验设备 (kW)	ϕ_4 (mm)	H_2 (mm)	L_2 (mm)	B_2 (mm)	ϕ_4 (mm)	H_2 (mm)	L_2 (mm)	B_2 (mm)
0.5	9500	6000	3500	25	100	10	20	1000	150	200	200	1500	150	300	200
1	11900	5600	4000	25	100	10	20	1500	150	300	200	1900	150	300	200
2	12900	6100	4000	32	100	15	20	1900	150	300	200	2400	150	400	300
3	15600	6025	4500	40	150	20	20	2300	200	400	300	2300	200	400	300
4	16000	6200	4500	50	150	25	20	2400	200	400	300	2400	200	400	300
5	16400	6450	4500	50	150	30	20	2600	200	400	300	2600	200	400	300
6	17200	7000	5000	65	150	40	20	2700	200	400	300	2700	200	400	300
7	17500	7150	5000	65	200	50	20	2800	200	400	40	2800	200	400	300
8	17800	7300	5000	80	200	60	20	2900	200	400	300	2900	200	400	300

注：1. 净水机房的尺寸仅为设备间的尺寸。
　　2. 表中所列尺寸是对应典型设备平面布置所需要的面积，选用时应根据工程情况进行调整。
　　3. 原水管管径 DN_1 宜按净水设备产水量确定，并应满足设备反洗所要求的水量。
　　4. 化验设备用电量为20kW，其中蒸馏水器7.5kW、干燥箱3.2kW、蒸汽消毒器1.5kW等。
　　5. 净水设备电源为380V。

3. 设备表（见表 16.1-12）

表 16.1-12

0.5～8m³/h 活性炭→反渗透（一）设备

产水量 (m³/h)	原水箱 总容积 (m³)	原水箱 运行质量 (t/台)	原水箱 数量 (台)	原水箱 φ×H (mm)	原水泵 流量 (m³/h)	原水泵 扬程 (m)	原水泵 功率 (kW)	原水泵 数量 (台)	石英砂过滤器 运行质量 (t/台)	石英砂过滤器 数量 (台)	石英砂过滤器 φ×H (mm)	石英砂过滤器 滤速 (m/h)	石英砂过滤器 反冲洗强度 (L/(s·m²))	活性炭过滤器 反冲洗强度 (L/(s·m²))	活性炭过滤器 滤速 (m/h)	活性炭过滤器 φ×H (mm)	活性炭过滤器 数量 (台)	活性炭过滤器 运行质量 (t/台)	制水精滤 规格 (μm)	制水精滤 数量 (台)	制水精滤 φ×H (mm)	高压泵 流量 (m³/h)	高压泵 扬程 (m)	高压泵 功率 (kW)	高压泵 数量 (台)
0.5	1	1.24	1	φ800×2150	1.5	30	0.55	3	0.63	1	φ350×2400	10	12	12	10	φ350×2400	1	0.40	1	1	φ230×500	1.0	120	1.5	1
1	2.5	2.90	1	φ1300×2150	3.0	30	0.75	3	1.14	1	φ500×2500	10	12	12	10	φ500×2500	1	0.68	1	1	φ230×500	2.0	120	1.5	1
2	5	5.63	1	φ1700×2450	5.0	30	0.75	3	2.29	1	φ700×2500	10	12	12	10	φ700×2500	1	1.37	1	1	φ230×750	4.0	120	2.2	1
3	8	9.11	1	φ2100×2700	8.0	30	1.10	3	3.13	1	φ850×2500	10	12	12	10	φ850×2500	1	1.78	1	1	φ230×750	6.0	120	3.0	1
4	10	11.31	1	φ2200×3000	10.0	30	1.85	3	4.31	1	φ1000×2500	10	12	12	10	φ1000×2500	1	2.43	1	1	φ230×1000	8.0	120	3.0	1
5	12	13.5	1	φ2400×3250	13.0	30	1.85	3	5.25	1	φ1100×2600	10	12	12	10	φ1100×2600	1	2.98	1	1	φ230×1000	10.0	120	4.0	1
6	16	17.8	1	φ2500×3600	16.0	30	2.2	3	6.22	1	φ1200×2600	10	12	12	10	φ1200×2600	1	3.53	1	1	φ230×1000	12.0	120	5.5	1
7	18	19.97	1	φ2600×3750	19.0	30	3.0	3	7.41	1	φ1300×2700	10	12	12	10	φ1300×2700	1	4.25	1	1	φ273×1000	14.0	120	5.5	1
8	20	22.14	1	φ2700×3850	22.0	30	4.0	3	8.53	1	φ1400×2700	10	12	12	10	φ1400×2700	1	4.86	1	1	φ325×1000	16.0	120	7.5	1

产水量 (m³/h)	膜元件 规格 (in)	膜元件 膜数量 (支)	膜元件 主机尺寸 L₁×W₁×H₁ (mm)	膜元件 运行质量 (t/台)	化学清洗泵 流量 (m³/h)	化学清洗泵 扬程 (m)	化学清洗泵 功率 (kW)	化学清洗泵 数量 (台)	化学清洗箱 数量 (台)	化学清洗箱 总容积 (L)	化学清洗箱 运行质量 (t/台)	净水箱 总容积 (m³)	净水箱 数量 (台)	净水箱 运行质量 (t/台)	净水箱 φ×H (mm)	二氧化氯发生器 产气量 (g/h)	二氧化氯发生器 数量 (台)	回水精滤 规格 (μm)	回水精滤 φ×H (mm)	回水精滤 数量 (台)
0.5	4	3	1200×600×1600	0.30	1.0	40	0.37	1	1	50	0.06	2.5	1	2.90	φ1300×2150	0.1	1	0.45	φ230×500	1
1	4	6	1500×600×1600	0.42	1.0	40	0.37	1	1	100	0.13	5	1	5.63	φ1700×2450	0.2	1	0.45	φ230×500	1
2	4	11	1500×1000×1600	0.64	2.0	40	0.55	1	1	150	0.18	10	1	11.31	φ2200×3000	0.4	1	0.45	φ230×750	1
3	8	4	1500×600×1600	0.79	3.0	40	0.75	1	1	200	0.23	16	2	9.11	φ2100×2700	0.6	1	0.45	φ230×750	1
4	8	5	1500×600×1800	0.92	4.0	40	1.10	1	1	250	0.29	20	2	11.31	φ2200×3000	0.8	1	0.45	φ230×1000	1
5	8	6	1500×600×1800	1.11	4.0	40	1.10	1	1	300	0.35	26	2	14.60	φ2400×3250	1.0	1	0.45	φ230×1000	1
6	8	8	2500×600×1800	1.35	5.0	40	1.10	1	1	350	0.40	32	2	17.8	φ2500×3600	1.2	1	0.45	φ230×1000	1
7	8	9	2500×600×1800	1.62	5.5	40	1.10	1	1	450	0.51	36	2	19.97	φ2600×3750	1.4	1	0.45	φ273×1000	1
8	8	10	2500×600×1800	1.67	6.5	40	1.50	1	1	500	0.56	40	2	22.14	φ2700×3850	1.6	1	0.45	φ325×1000	1

注：1. 制水时原水泵为一用两备，反冲洗时三台同时工作。
2. 二氧化氯发生器及投加装置电量最大不超过 1.0kW。

16.1.8　活性炭→反渗透（二）净水工艺（采用臭氧消毒）

1. 净水机房及设备条件平面图（见图 16.1-22）

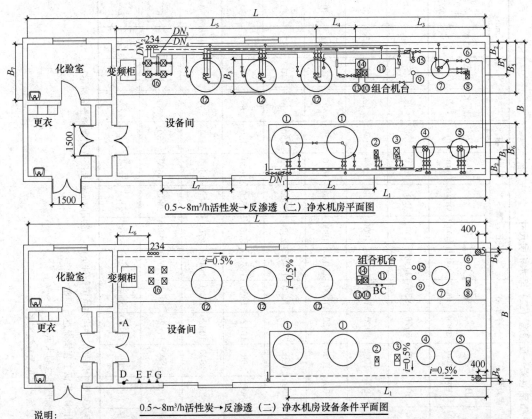

0.5～8m³/h活性炭→反渗透（二）净水机房平面图

0.5～8m³/h活性炭→反渗透（二）净水机房设备条件平面图

说明：
1. 净水处理设备部分设混凝土平台，高出机房地面100mm，0.5%坡向排水明沟；每台净水处理设备设混凝土基础，高出平台50～100mm，基础四周设排水沟至排水明沟。
2. 原水供水管1，直饮水供回水管2、3，排浓水管4安装位置根据管径及工程情况确定。
3. 净水设备平台设置排水明沟，排水明沟尺寸应根据设备反洗排水量计算确定，排水沟中地漏5位置可根据工程调整。
4. 净水设备电源、控制A、B、C等位置根据处理工艺及产水量由设备厂商提供。
5. 单控开关D、监控点E、电源插座F、电话插座G等安装要求由厂商提供。

名称编号对照表

编号	设备名称	编号	设备名称	编号	设备名称	编号	设备名称
①	原水箱	⑤	活性炭过滤器	⑨	保安过滤器	⑬	臭氧循环泵
②	原水泵	⑥	精密过滤器	⑩	高压泵	⑭	臭氧发生器
③	反冲洗泵	⑦	中间水箱	⑪	反渗透膜组件	⑮	循环过滤器
④	砂过滤器	⑧	预压泵	⑫	净水箱	⑯	变频供水泵

图 16.1-22　0.5～8m³/h活性炭→反渗透（二）净水机房及设备条件平面图

2. 净水机房尺寸（见表 16.1-13）

3. 设备表（见表 16.1-14）

表 16.1-13

0.5~8m³/h活性炭→反渗透（二）净水机房尺寸

产水量 (m³/h)	净水机房					原水箱		净水设备及供水设备					净水箱			设备基础		回水	排水	管径 (mm)					电量 (kW)
	L (mm)	B (mm)	B_7 (mm)	高度 (mm)	门宽 L_7 (mm)	L_1 (mm)	B_1 (mm)	L_2 (mm)	L_3 (mm)	L_4 (mm)	B_2 (mm)	B_3 (mm)	L_5 (mm)	B_4 (mm)	$\sum L_{3-5}$ (mm)	B_5 (mm)	B_6 (mm)	L_6 (mm)	B_8 (mm)	原水 DN_1	供水 DN_2	回水 DN_3	设备排水 DN_4	机房排水 DN_5	
0.5	16300	4800	2400	3000	2500	5750	850	2350	4580	1250	500	900	5970	950	11800	1500	1300	1600	150	25	25	25	25	80	4
1	17400	5200	2600	3300	2500	6400	1000	2800	4680	1300	500	1000	6920	1000	12900	1600	1600	1600	150	32	32	25	32	80	5
2	19520	6700	3350	3600	3000	7520	1200	3300	5500	1700	600	1600	7820	1400	15020	1900	1900	1600	150	40	40	32	40	80	8
3	20920	7100	3550	3600	3000	8550	1400	3900	5700	1700	600	1600	9020	1400	16420	2300	2300	1600	150	50	40	32	40	80	9
4	23220	7500	3750	3900	3500	10080	1600	4400	6600	2000	800	1600	10120	1600	18720	2500	2500	1600	150	65	50	40	50	100	10
5	23920	7900	3950	3900	3500	10630	1700	4700	6700	2100	800	1800	10620	1700	19420	2700	2700	1600	150	65	50	40	50	100	15
6	26470	8800	4400	4200	4000	12130	1900	5200	7950	2400	1000	1800	11620	1900	21970	2900	2900	1600	150	80	65	40	65	100	18
8	27320	9200	4600	4200	4000	12830	2000	5500	8200	2500	1000	2000	12120	2000	22830	3100	3100	1600	150	80	65	40	65	100	20

注：1. 净水机房面积与净水设备产水量、设备尺寸、层高等因素有关，表中所列尺寸均为特定条件下的，选用时应根据工程情况调整后确定。

2. 表中所列尺寸是对应典型设备平面布置所需要的面积，选用时应根据工程情况进行调整。

3. 原水管径 DN_1 宜按净水设备产水量确定，并应满足设备反洗所需的水量。

4. 管道直饮水系统回水管径 DN_2、DN_3 通过计算确定，与设备产水量无直接关系。

5. 净水设备电源为380V。

0.5～8m³/h 活性炭→反渗透（二）设备

表 16.1-14

上部

产水量 (m³/h)	原水箱			原水泵				砂过滤器				活性炭过滤器				精密过滤器			中间水箱			预压泵			
	有效容积 (m³)	直径×高 (mm)	运行质量 (kg)	流量 (m³/h)	扬程 (m)	功率 (kW)	运行质量 (kg)	滤速 (m/h)	反冲洗强度 (L/(s·m²))	直径 (mm)	运行质量 (kg)	滤速 (m/h)	反冲洗强度 (L/(s·m²))	直径 (mm)	运行质量 (kg)	规格 (μm)	直径 (mm)	运行质量 (kg)	有效容积 (m³)	直径×高 (mm)	运行质量 (kg)	流量 (m³/h)	扬程 (m)	功率 (kW)	运行质量 (kg)
0.5	1.00	φ700×2075	576×2	1.2	26	0.55	17	6.1	16.0	500	735	6.1	12.0	500	315	5	180	24	0.25	φ500×2050	325	1.0	26	0.55	17
1	2.20	φ1000×2290	1348×2	2.5	26	0.55	17	8.8	16.0	600	1035	8.8	12.0	600	430	5	180	24	0.36	φ600×2060	425	2.0	29	0.55	17
2	4.05	φ1200×2300	2380×2*	4.5	21	0.75	20	11.7	16.0	700	1380	11.7	12.0	700	560	5	200	38	0.49	φ700×2075	570	4.0	22	0.75	20
3	6.25	φ1600×2250	3675×2*	7.0	28	1.1	33	11.0	16.0	900	2355	11.0	12.0	900	1000	5	200	38	0.82	φ900×2200	980	6.0	28	1.1	33
4	8.05	φ1600×2580	4655×2*	9.0	23	1.1	33	11.5	16.0	1000	3035	11.5	12.0	1000	1365	5	200	47	1.10	φ1000×2290	1360	8.0	26	1.1	33
5	10.18	φ1800×2620	5720×2*	11.0	25	2.2	35	11.6	16.0	1100	3690	11.6	12.0	1100	1670	5	200	47	1.36	φ1100×2310	1675	10.0	25	2.2	35
6	12.00	φ1800×2970	6690×2*	13.0	23	2.2	35	11.5	16.0	1200	4460	11.5	12.0	1200	2055	5	250	83	1.63	φ1200×2375	2025	12.0	23	2.2	35
8	16.05	φ2000×3200	8875×2*	18.0	20	2.2	35	11.7	16.0	1400	6155	11.7	12.0	1400	2875	5	300	113	2.35	φ1400×2560	2850	16.0	21	2.2	35

下部

产水量 (m³/h)	保安过滤器			膜组件			高压泵				净水箱			臭氧循环泵				臭氧发生器				反冲洗泵				循环过滤器		
	规格 (μm)	直径 (mm)	运行质量 (kg)	规格 (in)	长 (mm)	运行质量 (kg)	流量 (m³/h)	扬程 (m)	功率 (kW)	运行质量 (kg)	有效容积 (m³)	直径×高 (mm)	运行质量 (kg)	流量 (m³/h)	扬程 (m)	功率 (kW)	运行质量 (kg)	产气量 (g/h)	功率 (kW)	长×宽 (mm)	运行质量 (kg)	流量 (m³/h)	扬程 (m)	功率 (kW)	运行质量 (kg)	规格 (μm)	直径 (mm)	运行质量 (kg)
0.5	5	180	24	4	1016	12×2	1.0	80	1.1	39	1.50	φ900×2210	958×2	1.0	18	0.37	17	4	0.1	600×500	24	11.0	25	2.2	6	1	180	24
1	5	180	24	4	1016	12×4	2.0	80	1.1	39	3.30	φ1000×2340	1800×2	1.0	18	0.37	17	4	0.1	800×500	24	16.0	21	2.2	8	1	180	24
2	5	200	38	8	1016	50×2	4.0	81	2.2	39	6.08	φ1600×2250	3675×2*	2.0	15	0.37	17	8	0.2	900×600	38	22.0	25	3.0	12	1	180	24
3	5	200	38	8	1016	50×4	6.0	75	2.2	46	9.38	φ1600×2250	3675×3*	2.0	15	0.37	17	8	0.2	900×600	38	37.0	26	4.0	12	1	180	24
4	5	200	47	8	1016	50×6	8.0	73	3.0	59	12.08	φ1600×2580	4655×3*	3.0	12	0.37	17	12	0.3	1000×600	47	45.0	27	7.5	20	1	180	24
5	5	200	47	8	1016	50×7	10.0	81	4.0	72	15.28	φ1800×2620	5720×3*	3.0	12	0.37	17	12	0.3	1000×600	47	55.0	25	11.0	20	1	180	24
6	5	250	83	8	1016	50×8	12.0	76	5.5	98	18.00	φ1800×2970	6690×3*	4.0	15	0.55	17	15	0.4	1000×800	83	65.0	24	11.0	25	1	200	38
8	5	300	113	8	1016	50×10	16.0	80	7.5	104	24.08	φ2000×3200	8875×3*	4.0	15	0.55	17	15	0.4	1000×800	113	87.0	23	11.0	25	1	200	38

注: 1. 原水箱运行质量有 * 标记的, 其底部均为平底。
2. 原水箱的实际容积根据采用水性质等因素可做相应调整。
3. 净水箱运行质量有 * 标记的, 其底部均为平底。
4. 净水箱的实际容积根据采用水性质等因素可做相应调整。

16.1.9 臭氧→活性炭→超滤净水工艺

1. 净水机房平面图

(1) 1~2m³/h 臭氧→活性炭→超滤净水机房平面图（见图 16.1-23）

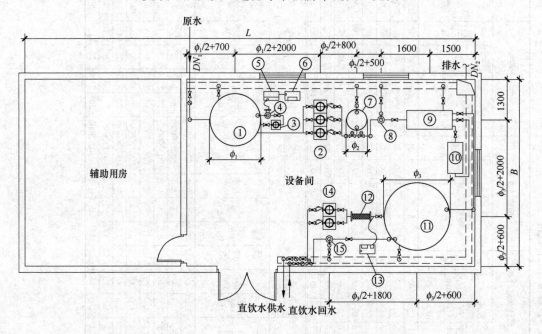

名称编号对照表

编号	设备名称	编号	设备名称	编号	设备名称
①	原水箱	⑦	活性炭过滤器	⑬	管道混合器
②	原水泵	⑧	制水精滤	⑭	变频供水泵
③	循环泵	⑨	超滤机组	⑮	回水精滤
④	水射器	⑩	化学清洗箱	—	—
⑤	臭氧发生器	⑪	净水箱	—	—
⑥	制氧机	⑫	二氧化氯发生器	—	—

说明:
1. 高压泵与化学清洗泵整合在超滤机组中。
2. 净水机房净高要求不小于4m。
3. 活性炭过滤器的管线连接仅为制水管线。
4. 详细管线连接及阀门、仪表的设置详见工艺流程图。

图 16.1-23 1~2m³/h 臭氧→活性炭→超滤净水机房平面图

(2) 3~5m³/h 臭氧→活性炭→超滤净水机房平面图（见图 16.1-24）

(3) 6~8m³/h 臭氧→活性炭→超滤净水机房平面图（见图 16.1-25）

2. 净水机房尺寸（见表 16.1-15）

3. 设备表（见表 16.1-16）

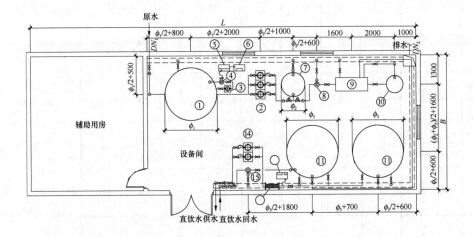

名称编号对照表

编号	设备名称	编号	设备名称	编号	设备名称
①	原水箱	⑦	活性炭过滤器	⑬	管道混合器
②	原水泵	⑧	制水精滤	⑭	变频供水泵
③	循环泵	⑨	超滤机组	⑮	回水精滤
④	水射器	⑩	化学清洗箱	—	—
⑤	臭氧发生器	⑪	净水箱	—	—
⑥	制氧机	⑫	二氧化氯发生器	—	—

说明:
1. 高压泵与化学清洗泵整合在超滤机组中。
2. 净水机房净高要求不小于4.5m。
3. 活性炭过滤器的管线连接仅为制水管线。
4. 详细管线连接及阀门仪表的设置详见工艺流程图。

图 16.1-24 3～5m³/h 臭氧→活性炭→超滤净水机房平面图

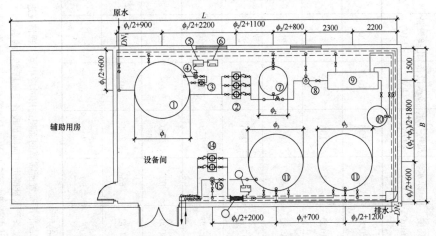

名称编号对照表

编号	设备名称	编号	设备名称	编号	设备名称
①	原水箱	⑦	活性炭过滤器	⑬	管道混合器
②	原水泵	⑧	制水精滤	⑭	变频供水泵
③	循环泵	⑨	超滤机组	⑮	回水精滤
④	水射器	⑩	化学清洗箱	—	—
⑤	臭氧发生器	⑪	净水箱	—	—
⑥	制氧机	⑫	二氧化氯发生器	—	—

说明:
1. 高压泵与化学清洗泵整合在超滤机组中。
2. 净水机房净高要求不小于5m。
3. 活性炭过滤器的管线连接仅为制水管线。
4. 详细管线连接及阀门仪表的设置详见工艺流程图。

图 16.1-25 6～8m³/h 臭氧→活性炭→超滤净水机房平面图

表 16.1-15

1~8m³/h 臭氧→活性炭→超滤净水机房尺寸

产水量 (m³/h)	净水机房			管径 (mm)		电量		原水箱基础				净水箱基础			
	L (mm)	B (mm)	高度 (mm)	原水 DN_1	机房排水 DN_2	净水设备 (kW)	化验设备 (kW)	ϕ_4 (mm)	H_2 (mm)	L_2 (mm)	B_2 (mm)	ϕ_4 (mm)	H_2 (mm)	L_2 (mm)	B_2 (mm)
1	12100	5600	4000	25	100	10	20	1500	150	300	200	1900	150	300	200
2	12700	6100	4000	32	100	15	20	1900	150	300	200	2400	150	400	300
3	15150	6025	4500	40	150	20	20	2300	200	400	300	2300	200	400	300
4	15400	6200	4500	50	150	25	20	2400	200	400	300	2400	200	400	300
5	15700	6450	4500	50	150	30	20	2600	200	400	300	2600	200	400	300
6	16400	7000	5000	65	150	40	20	2700	200	400	300	2700	200	400	300
7	16600	7150	5000	65	200	50	20	2800	200	400	300	2800	200	400	300
8	16800	7300	5000	80	200	60	20	2900	200	400	300	2900	200	400	300

注: 1. 净水机房的尺寸仅为设备间的尺寸。
2. 表中所列尺寸是对应典型设备平面布置所需要的面积，选用时应根据工程情况进行调整。
3. 原水管管径 DN_1 直按净水设备产水量确定并应满足设备反洗所要求的水量。
4. 化验设备用电量为 20kW，其中净水器 7.5kW、干燥箱 3.2kW、蒸汽消毒器 1.5kW 等。
5. 净水设备电源为 380V。

表 16.1-16

1~8m³/h 臭氧→活性炭→超滤设备

产水量 (m³/h)	原水箱		原水泵					活性炭过滤器						制水精滤		高压泵						膜元件		
	总容积 (m³)	φ₁×H (mm)	数量 (台)	运行质量 (t/台)	流量 (m³/h)	扬程 (m)	功率 (kW)	数量 (台)	滤速 (m/h)	反冲洗强度 (L/(s·m²))	φ₂×H (mm)	数量 (台)	运行质量 (t/台)	φ×H (mm)	数量 (台)	数量 (台)	流量 (m³/h)	扬程 (m)	功率 (kW)	数量 (台)	规格 (in)	膜数量 (支)	主机尺寸 $L_1×W_1×H_1$ (mm)	重量 (t/台)
1	2.5	φ1300×2150	1	2.90	3.0	30	0.75	3	10	12	φ500×2500	1	0.68	φ230×500	1	1	2.0	50	1.5	1	4	6	1500×600×1600	0.42
2	5	φ1700×2450	1	5.63	5.0	30	0.75	3	10	12	φ700×2500	1	1.37	φ230×750	1	1	4.0	50	2.2	1	4	11	1500×1000×1600	0.64
3	8	φ2100×2700	1	9.11	8.0	30	1.10	3	10	12	φ850×2500	1	1.78	φ230×750	1	1	6.0	50	3.0	1	8	4	1500×600×160	0.79
4	10	φ2200×3000	1	11.31	10.0	30	1.85	3	10	12	φ100×2500	1	2.43	φ230×1000	1	1	8.0	50	3.0	1	8	5	1500×600×180	0.92
5	12	φ2400×3000	1	13.5	13.0	30	1.85	3	10	12	φ1100×2600	1	2.98	φ230×1000	1	1	10.0	50	4.0	1	8	6	1500×600×180	0.11
6	16	φ2500×3600	1	17.8	16.0	30	2.2	3	10	12	φ1200×2600	1	3.53	φ230×1000	1	1	12.0	50	5.5	1	8	8	2500×600×1800	0.35
7	18	φ2600×3750	1	19.97	19.0	30	3.0	3	10	12	φ1300×2700	1	4.25	φ273×1000	1	1	14.0	50	5.5	1	8	9	2500×600×1800	0.62
8	20	φ2700×3850	1	22.14	22.0	30	4.0	3	10	12	φ1400×2700	1	4.86	φ325×1000	1	1	16.0	50	7.5	1	8	10	2500×600×1800	0.67

产水量 (m³/h)	化学清洗泵			化学清洗箱			净水箱		臭氧发生器				循环泵				二氧化氯发生器		回水精滤		
	流量 (m³/h)	扬程 (m)	功率 (kW)	数量 (台)	总容积 (L)	运行重量 (t/台)	总容积 (m³)	φ₃×H (mm)	数量 (台)	运行重量 (t/台)	产气量 (g/h)	功率 (W)	数量 (台)	流量 (m³/h)	扬程 (m)	功率 (kW)	产气量 (g/h)	数量 (台)	φ×H (mm)	规格 (μm)	数量 (台)
1	1.0	40	0.37	1	100	0.13	5	φ1700×2450	1	5.63	3	150	1	2.0	30	0.37	0.2	1	φ230×500	0.45	1
2	2.0	40	0.55	1	150	0.18	10	φ2200×3000	1	11.31	6	230	1	4.0	30	0.75	0.4	1	φ230×750	0.45	1
3	3.0	40	0.75	1	200	0.23	16	φ2100×2700	2	9.11	9	230	1	6.0	30	1.1	0.6	1	φ230×750	0.45	1
4	4.0	40	1.10	1	250	0.29	20	φ2200×3000	2	11.31	12	300	1	8.0	30	1.1	0.8	1	φ230×1000	0.45	1
5	4.0	40	1.10	1	300	0.35	26	φ2400×3250	2	14.60	15	300	1	10.0	30	1.5	1.0	1	φ230×1000	0.45	1
6	5.0	40	1.10	1	350	0.40	32	φ2500×3600	2	17.8	18	370	1	12.0	30	2.2	1.2	1	φ230×1000	0.45	1
7	5.5	40	1.10	1	450	0.51	36	φ2600×3750	2	19.97	21	370	1	14.0	30	2.2	1.4	1	φ273×1000	0.45	1
8	6.5	40	1.50	1	500	0.56	40	φ2700×3850	2	22.14	24	370	1	16.0	30	3.0	1.6	1	φ325×1000	0.45	1

注: 1. 制水时原水泵为一用两备，反冲洗时三台同时工作。

2. 二氧化氯发生器及投加装置电量最大不超过1.0kW。

16.1.10　电渗析净水工艺

1. 净水机房及设备条件平面图（见图 16.1-26）

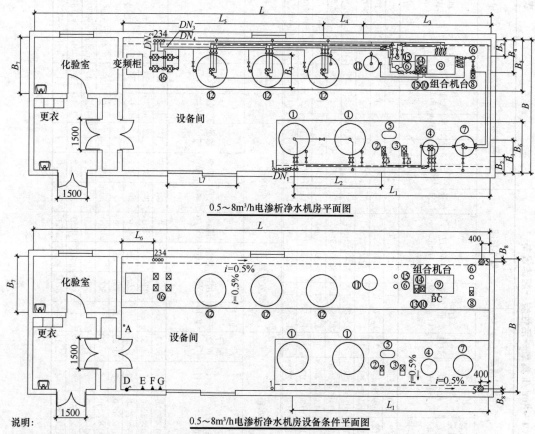

说明:
1. 净水处理设备部分设混凝土平台, 高出机房地面100mm, 0.5%坡向排水明沟; 每台净水处理设备设混凝土基础, 高出平台50~100mm, 基础四周设排水沟至排水明沟。
2. 原水供水管1, 直饮水供回水管2、3, 排浓水管4安装位置根据管径及工程情况确定。
3. 净水设备平台设置排水明沟, 排水明沟尺寸应根据设备反洗排水量计算确定, 排水沟中地漏5位置可根据工程调整。
4. 净水设备电源、控制A、B、C等位置根据处理工艺及产水量由设备厂商提供。
5. 单控开关D、监控点E、电源插座F、电话插座G等安装要求由厂商提供。

名称编号对照表

编号	设备名称	编号	设备名称	编号	设备名称	编号	设备名称	编号	设备名称	编号	设备名称
①	原水箱	④	锰砂过滤器	⑦	中间水箱	⑩	酸洗泵	⑬	臭氧循环泵	⑯	变频供水泵
②	原水泵	⑤	空气压缩机	⑧	预压泵	⑪	酸洗水箱	⑭	臭氧发生器	—	—
③	反冲洗泵	⑥	精密过滤器	⑨	电渗析组件	⑫	净水箱	⑮	循环过滤器	—	—

图 16.1-26　0.5~8m³/h电渗析净水机房及设备条件平面图

2. 净水机房尺寸（见表 16.1-17）

3. 设备（见表 16.1-18）

0.5～8m³/h 电渗析净水机房尺寸

表 16.1-17

产水量 (m³/h)	净水机房					原水箱		净水设备及供水设备					净水箱		∑L₃₋₅ (mm)	设备基础		回水	排水	管径 (mm)					电量 (kW)
	L (mm)	B (mm)	B₇ (mm)	高度 (mm)	门宽 L₇ (mm)	L₁ (mm)	B₁ (mm)	L₂ (mm)	L₃ (mm)	L₄ (mm)	B₂ (mm)	B₃ (mm)	L₅ (mm)	B₄ (mm)		B₅ (mm)	B₆ (mm)	L₆ (mm)	B₈ (mm)	原水 DN₁	供水 DN₂	回水 DN₃	设备排水 DN₄	机房排水 DN₅	
0.5	16600	4900	2450	3000	2500	6100	850	2350	4980	1250	500	900	5870	950	12100	1500	1400	1600	150	25	25	25	25	80	4
1	17700	5000	2500	3300	2500	6650	1000	2800	4980	1300	500	1000	6920	1000	13200	1600	1400	1600	150	32	32	25	32	80	5
2	19720	6300	3150	3600	3000	7650	1200	3300	5500	1700	600	1400	8020	1400	15220	2300	1500	1600	150	40	40	32	40	80	8
3	20720	7100	3550	3600	3000	8450	1400	3900	5500	1700	600	1400	9020	1400	16220	2300	2300	1600	150	50	40	32	40	80	9
4	23020	7500	3750	3900	3500	9850	1600	4400	6400	2000	800	1600	10120	1600	18520	2500	2500	1600	150	65	50	40	50	100	10
5	23920	7900	3950	3900	3500	10250	1700	4700	6700	2100	800	1700	10620	1700	19420	2700	2700	1600	150	65	50	40	50	100	15
6	26220	8800	4400	4200	4000	12130	1900	5200	7700	2400	1000	1900	11620	1900	21720	2900	2900	1600	150	65	65	40	65	100	18
8	26920	9200	4600	4200	4000	12630	2000	5500	7800	2500	1000	2000	12120	2000	22420	3100	3100	1600	150	80	65	40	65	100	20

注: 1. 净水机房面积与净水设备产水量、设备尺寸、层高等因素有关。设备尺寸、层高等尺寸均为特定条件下的，表中所列尺寸应根据工程情况调整后确定。

2. 表中所列尺寸是对应典型设备平面型设备产水量确定，并应满足设备反洗所要求的水量。

3. 原水管径 DN₁ 宜按净水设备产水量确定，并应满足设备反洗所要求的水量。

4. 管道直饮水系统供回水管径 DN₂、DN₃ 通过计算确定，与设备产水量无直接关系。

5. 净水设备电源为 380V。

表 16.1-18

0.5～8m³/h 电渗析设备

上部

产水量 (m³/h)	原水箱			原水泵				锰砂过滤器				精密过滤器			中间水箱			电渗析组件		预压泵				酸洗泵			
	有效容积 (m³)	直径×高 (mm)	运行质量 (kg)	流量 (m³/h)	扬程 (m)	功率 (kW)	运行质量 (kg)	滤速 (m/h)	反冲洗强度 (L/s·m²)	直径 (mm)	运行质量 (kg)	规格 (μm)	直径 (mm)	运行质量 (kg)	有效容积 (m³)	直径×高 (mm)	运行质量 (kg)	长×宽×高 (mm)	运行质量 (kg)	流量 (m³/h)	扬程 (m)	功率 (kW)	运行质量 (kg)	流量 (m³/h)	扬程 (m)	功率 (kW)	运行质量 (kg)
0.5	1.00	φ700×2075	576×2	1.2	26	0.55	17	2.4	18.0	800	2500	5	180	24	0.25	φ500×2050	325	1300×680×1200	800	1.0	26	0.55	17	1.0	26	0.55	17
1	2.20	φ1000×2290	1348×2	2.5	26	0.55	17	5.0	18.0	800	2500	5	180	24	0.36	φ600×2060	425	1300×680×1200	800	2.0	29	0.55	17	2.0	29	0.55	17
2	4.05	φ1200×2300	2380×2*	4.5	21	0.75	20	9.0	18.0	800	2500	5	200	38	0.49	φ700×2075	570	1300×680×1200	800	4.0	22	0.75	20	4.0	22	0.75	20
3	6.25	φ1600×2250	3675×2*	7.0	28	1.1	33	13.9	18.0	800	2500	5	200	38	0.82	φ900×2200	980	1300×680×1200	800	6.0	28	1.1	33	6.0	28	1.1	33
4	8.05	φ1600×2580	4655×2*	9.0	23	1.1	33	17.9	18.0	800	2500	5	200	47	1.10	φ1000×2290	1360	1300×680×1200	800	8.0	26	1.1	33	8.0	26	1.1	33
5	10.18	φ1800×2620	5720×2*	11.0	25	2.2	35	21.9	18.0	800	2500	5	200	47	1.36	φ1100×2310	1675	2250×850×1200	2600	10.0	25	2.2	35	10.0	25	2.2	35
6	12.00	φ1800×2970	6690×2*	13.0	23	2.2	35	11.5	18.0	1200	5280	5	250	83	1.63	φ1200×2375	2025	2250×850×1200	2600	12.0	23	2.2	35	12.0	23	2.2	35
8	16.05	φ2000×3200	8875×2*	18.0	20	2.2	35	15.9	18.0	1200	5280	5	300	113	2.35	φ1400×2560	2850	2250×850×1200	2600	16.0	21	2.2	35	16.0	21	2.2	35

下部

产水量 (m³/h)	酸洗水箱			净水箱			净水泵				臭氧循环泵				臭氧发生器				循环过滤器			反冲洗泵				空气压缩机			
	容积 (m³)	直径×高 (mm)	运行质量 (kg)	有效容积 (m³)	直径×高 (mm)	运行质量 (kg)	流量 (m³/h)	扬程 (m)	功率 (kW)	运行质量 (kg)	流量 (m³/h)	扬程 (m)	功率 (kW)	运行质量 (kg)	长×宽 (mm)	产气量 (g/h)	功率 (kW)	运行质量 (kg)	规格 (μm)	直径 (mm)	运行质量 (kg)	流量 (m³/h)	扬程 (m)	功率 (kW)	运行质量 (kg)	排气量 (L/min)	功率 (kW)	长×宽×高 (mm)	运行质量 (kg)
0.5	0.12	φ600×600	170	1.50	φ900×2210	958×2	1.0	18	0.37	17	1.0	18	0.37	17	600×500	4	0.1	6	1	180	24	32.6	26	4.0	65	100	0.37	710×350×600	50
1	0.12	φ600×600	170	3.30	φ1000×2340	1800×2	1.0	18	0.37	17	1.0	18	0.37	17	800×500	4	0.1	8	1	180	24	32.6	26	4.0	65	100	0.37	710×350×60	50
2	0.20	φ700×700	270	6.08	φ1600×2250	3675×2*	2.0	15	0.37	17	2.0	15	0.37	17	900×600	8	0.2	12	1	180	24	32.6	26	4.0	65	100	0.37	710×350×600	50
3	0.20	φ700×700	270	9.38	φ1600×2250	3675×3*	2.0	15	0.37	17	2.0	15	0.37	17	900×600	8	0.2	12	1	180	24	32.6	26	4.0	65	100	0.37	710×350×600	50
4	0.28	φ800×800	400	12.08	φ1600×2580	4655×3*	3.0	12	0.37	17	3.0	12	0.37	17	1000×600	12	0.3	20	1	180	24	32.6	26	4.0	65	100	0.37	710×350×600	50
5	0.28	φ800×800	400	15.28	φ1800×2620	5720×3*	3.0	12	0.37	17	3.0	12	0.37	17	1000×600	12	0.3	20	1	180	24	32.6	26	4.0	65	100	0.37	710×350×600	50
6	0.40	φ900×900	570	18.00	φ1800×2970	6690×3*	4.0	15	0.55	17	4.0	15	0.55	17	1000×800	15	0.4	25	1	200	38	73.2	24	11.0	129	100	0.37	710×350×600	50
8	0.40	φ900×900	570	24.08	φ2000×3200	8875×3*	4.0	15	0.55	17	4.0	15	0.55	17	1000×800	15	0.4	25	1	200	38	73.2	24	11.0	129	100	0.37	710×350×600	50

注: 1. 原水箱运行质量有 * 标记的，其底部均为平底。
2. 原水箱的实际容积等根据水性质等因素可作相应调整。
3. 净水箱运行质量有 * 标记的，其底部均为平底。
4. 净水箱的实际容积根据水性质等因素可作相应调整。

16.2 变频调速供水设备

用于新建、扩建和改建的民用建筑及小区和一般工业建筑生活给水系统中变频调速供水设备选用与安装。

16.2.1 BTG、BTG-B 微机控制变频调速给水设备[①]

1. 用途

(1) 生活给水

1) 普通住宅楼、商住楼、居民小区的生活给水

2) 高层建筑、高级宾馆饭店等的生活给水

3) 综合楼、写字楼、俱乐部等建筑物的生活给水

(2) 生产用水

1) 工矿企业的生产、生活给水、恒压供应的工艺流程用水

2) 各种类型的循环水、冷却水供应系统

(3) 辅助给水系统

1) 深水井（深水泵、潜水泵）加压给水系统

2) 污水处理厂、排水站的自动控制给水系统

(4) 其他加压给水系统

1) 各种类型的自来水厂及给水加压泵站

2) 生活小区、高层建筑等的热水供应系统或热水供暖系统

3) 石油、化工等行业输送石油及含酸碱等的液体系统

2. 型号说明

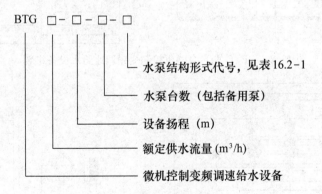

水泵结构形式代号 表 16.2-1

结构形式	代号
智能立式多级变速泵	B
立式多级离心泵	无

① 本节由青岛三利集团有限公司提供资料。

型号示例:

例1: 微机控制变频调速给水设备,额定供水流量为 $30m^3/h$,设备扬程为 $35m$,配用2台水泵,立式多级离心泵结构,其型号表示为:BTG30-35-2;

例2: 微机控制变频调速给水设备,额定供水流量为 $30m^3/h$,设备扬程为 $35m$,配用2台水泵,智能立式多级变速泵结构,其型号表示为:BTG30-35-2-B。

3. 适用技术参数(见表16.2-2)

BTG、BTG-B 微机控制变频调速给水设备技术参数及性能　　表16.2-2

序号	技术参数	主要技术范围	备注
1	供水流量范围	$0\sim10000m^3/h$	根据工程情况和要求确定
2	供水压力范围	$0\sim2.5MPa$	
3	控制功率	$\leqslant550kW$	
4	压力控制误差	$\leqslant0.01MPa$	
5	环境温度	$0\sim40℃$	
6	环境湿度	$\leqslant90\%$(电控部分)	
7	电源	$380V\times(1\pm10\%)$,$50Hz\pm2Hz$	

4. BTG 微机控制变频调速给水设备性能参数及安装尺寸(见图16.2-1、图16.2-2,表16.2-3~表16.2-8)

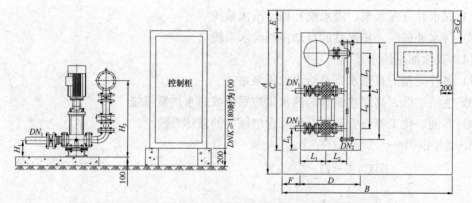

图 16.2-1　BTG 两台泵微机控制变频调速给水设备组装

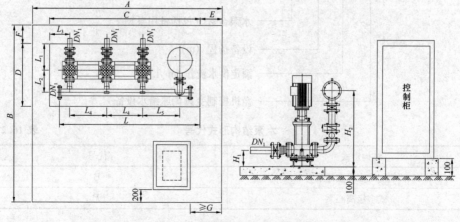

图 16.2-2　BTG 三台泵微机控制变频调速给水设备组装

BTG 两台泵微机控制变频调速给水设备技术参数   表 16.2-3

序号	参考户数	设备型号	流量 (m³/h)	扬程 (m)	推荐水泵 型号	推荐水泵 功率 (kW)	台数	缓冲器 $\phi \times H$ (cm)	控制柜
1	50	BTG18-25-2	18	25	SL10-3	1.1			
		BTG18-34-2		34	SL10-4	1.5			
		BTG18-43-2		43	SL10-5	2.2			
		BTG18-52-2		52	SL10-6	2.2			
		BTG18-70-2		70	SL10-8	3.0			
2	100	BTG24-25-2	24	25	SL15-2	2.2			
		BTG24-38-2		38	SL15-3	3.0			
		BTG24-51-2		51	SL15-4	4.0			
		BTG24-64-2		64	SL15-5	4.0			
		BTG24-77-2		77	SL15-6	5.5			
		BTG24-90-2		90	SL15-7	5.5			
		BTG24-103-2		103	SL15-8	7.5			
		BTG24-115-2		115	SL15-9	7.5			
		BTG24-130-2		130	SL15-10	11			
		BTG24-155-2		155	SL15-12	11			
		BTG24-185-2		185	SL15-14	11			
3	200	BTG34-22-2	34	22	SL15-2	2.2	2	HCQ60×150	DKG160
		BTG34-33-2		33	SL15-3	3.0			
		BTG34-44-2		44	SL15-4	4.0			
		BTG34-55-2		55	SL15-5	4.0			
		BTG34-67-2		67	SL15-6	5.5			
		BTG34-77-2		77	SL15-7	5.5			
		BTG34-90-2		90	SL15-8	7.5			
		BTG34-100-2		100	SL15-9	7.5			
		BTG34-112-2		112	SL15-10	11			
		BTG34-135-2		135	SL15-12	11			
		BTG34-157-2		157	SL15-14	11			
4	300	BTG46-20-2	46	20	SL20-2	2.2			
		BTG46-32-2		32	SL20-3	4.0			
		BTG46-43-2		43	SL20-4	5.5			
		BTG46-54-2		54	SL20-5	5.5			
		BTG46-65-2		65	SL20-6	7.5			
		BTG46-76-2		76	SL20-7	7.5			
		BTG46-90-2		90	SL20-8	11			
		BTG46-110-2		110	SL20-10	11			
		BTG46-130-2		130	SL20-12	15			
		BTG46-153-2		153	SL20-14	15			

续表

序号	参考户数	设备型号	流量 (m^3/h)	扬程 (m)	推荐水泵			台数	缓冲器 $\phi \times H$ (cm)	控制柜
					型号	功率 (kW)				
5	400	BTG53-26-2	53	26	SL32-2-2	3.0		2	HCQ60×150	DKG160
		BTG53-32-2		32	SL32-2	4.0				
		BTG53-42-2		42	SL32-3-2	5.5				
		BTG53-58-2		58	SL32-4-2	7.5				
		BTG53-76-2		76	SL32-5-2	11				
		BTG53-91-2		91	SL32-6-2	11				
		BTG53-109-2		109	SL32-7-2	15				
		BTG53-130-2		130	SL32-8	15				
		BTG53-148-2		148	SL32-9	18.5				
		BTG53-163-2		163	SL32-10	18.5				
		BTG53-180-2		180	SL32-11	22				DKG180
		BTG53-192-2		192	SL32-12	22				
6	600	BTG72-24-2	72	24	SL32-2	4.0				DKG160
		BTG72-30-2		30	SL32-3-2	5.5				
		BTG72-42-2		42	SL32-4-2	7.5				
		BTG72-56-2		56	SL32-5-2	11				
		BTG72-68-2		68	SL32-6-2	11				
		BTG72-81-2		81	SL32-7-2	15				
		BTG72-94-2		94	SL32-8-2	15				
		BTG72-100-2		100	SL32-8	15				
		BTG72-115-2		115	SL32-9	18.5				
		BTG72-128-2		128	SL32-10	18.5				DKG180
		BTG72-140-2		140	SL32-11	22				
		BTG72-152-2		152	SL32-12	22				
		BTG72-170-2		170	SL32-13	30				
7	800	BTG90-19-2	90	19	SL45-1	4.0				DKG160
		BTG90-31-2		31	SL45-2-2	5.5				
		BTG90-39-2		39	SL45-2	7.5				
		BTG90-52-2		52	SL45-3-2	11				
		BTG90-72-2		72	SL45-4-2	15				
		BTG90-92-2		92	SL45-5-2	18.5				
		BTG90-100-2		100	SL45-5	18.5				
		BTG90-121-2		121	SL45-6	22				DKG180
		BTG90-143-2		143	SL45-7	30				
		BTG90-163-2		163	SL45-8	30				
		BTG90-185-2		185	SL45-9	37				
		BTG90-204-2		204	SL45-10	37				

序号	参考户数	设备型号	流量 (m³/h)	扬程 (m)	推荐水泵			缓冲器 φ×H (cm)	控制柜
					型号	功率 (kW)	台数		
8	1000	BTG107-23-2	107	23	SL45-2-2	5.5			DKG160
		BTG107-32-2		32	SL45-2	7.5			
		BTG107-42-2		42	SL45-3-2	11			
		BTG107-59-2		59	SL45-4-2	15			DKG180
		BTG107-76-2		76	SL45-5-2	18.5			
		BTG107-84-2		84	SL45-5	18.5			
		BTG107-94-2		94	SL45-6-2	22			
		BTG107-120-2		120	SL45-7	30			
		BTG107-134-2		134	SL45-8	30			
		BTG107-153-2		153	SL45-9	37			DKG200
		BTG107-170-2		170	SL45-10	37			
		BTG107-190-2		190	SL45-11	45			DKG160
9	1500	BTG154-22-2	154	22	SL90-1	7.5	2	HCQ60×150	
		BTG154-36-2		36	SL90-2-2	11			
		BTG154-47-2		47	SL90-2	15			
		BTG154-60-2		60	SL90-3-2	18.5			DKG180
		BTG154-72-2		72	SL90-3	22			
		BTG154-87-2		87	SL90-4-2	30			
		BTG154-98-2		98	SL90-4	30			
		BTG154-111-2		111	SL90-5-2	37			DKG200
		BTG154-122-2		122	SL90-5	37			DKG160
		BTG154-137-2		137	SL90-6-2	45			
		BTG154-149-2		149	SL90-6	45			
10	2000	BTG195-26-2	195	26	SL90-2-2	11			
		BTG195-39-2		39	SL90-2	15			
		BTG195-46-2		46	SL90-3-2	18.5			DKG180
		BTG195-60-2		60	SL90-3	22			
		BTG195-69-2		69	SL90-4-2	30			
		BTG195-82-2		82	SL90-4	30			
		BTG195-90-2		90	SL90-5-2	37			
		BTG195-102-2		102	SL90-5	37			DKG200
		BTG195-111-2		111	SL90-6-2	45			
		BTG195-126-2		126	SL90-6	45			

BTG 三台泵微机控制变频调速给水设备技术参数   表 16.2-4

序号	参考户数	设备型号	流量 (m³/h)	扬程 (m)	推荐水泵			缓冲器 φ×H (cm)	控制柜
					型号	功率 (kW)	台数		
11	500	BTG63-22-3	63	22	SL20-2	2.2			
		BTG63-34-3		34	SL20-3	4.0			
		BTG63-47-3		47	SL20-4	5.5			
		BTG63-58-3		58	SL20-5	5.5			
		BTG63-70-3		70	SL20-6	7.5			
		BTG63-82-3		82	SL20-7	7.5			
		BTG63-95-3		95	SL20-8	11			
		BTG63-115-3		115	SL20-10	11			
		BTG63-141-3		141	SL20-12	15			
		BTG63-166-3		166	SL20-14	15			
12	800	BTG90-22-3	90	22	SL32-2-2	3.0	3	HCQ60×150	DKG180
		BTG90-29-3		29	SL32-2	4.0			
		BTG90-38-3		38	SL32-3-2	5.5			
		BTG90-53-3		53	SL32-4-2	7.5			
		BTG90-70-3		70	SL32-5-2	11			
		BTG90-84-3		84	SL32-6-2	11			
		BTG90-100-3		100	SL32-7-2	15			
		BTG90-120-3		120	SL32-8	15			
		BTG90-138-3		138	SL32-9	18.5			
		BTG90-151-3		151	SL32-10	18.5			
		BTG90-170-3		170	SL32-11	22			
		BTG90-185-3		185	SL32-12	22			
		BTG90-198-3		198	SL32-13-2	30			
13	1000	BTG107-24-3	107	24	SL32-2	4.0			
		BTG107-30-3		30	SL32-3-2	5.5			
		BTG107-42-3		42	SL32-4-2	7.5			
		BTG107-56-3		56	SL32-5-2	11			
		BTG107-68-3		68	SL32-6-2	11			
		BTG107-81-3		81	SL32-7-2	15			
		BTG107-94-3		94	SL32-8-2	15			
		BTG107-100-3		100	SL32-8	15			
		BTG107-115-3		115	SL32-9	18.5			
		BTG107-126-3		126	SL32-10	18.5			
		BTG107-140-3		140	SL32-11	22			
		BTG107-151-3		151	SL32-12	22			
		BTG107-170-3		170	SL32-13	30			

续表

序号	参考户数	设备型号	流量 (m³/h)	扬程 (m)	推荐水泵		台数	缓冲器 φ×H (cm)	控制柜
					型号	功率 (kW)			
14	1500	BTG154-23-3	154	23	SL64-1	5.5			DKG180
		BTG154-35-3		35	SL64-2-2	7.5			
		BTG154-42-3		42	SL64-2-1	11			
		BTG154-49-3		49	SL64-2	11			
		BTG154-60-3		60	SL64-3-2	15			
		BTG154-67-3		67	SL64-3-1	15			
		BTG154-75-3		75	SL64-3	18.5			
		BTG154-101-3		101	SL64-4	22			
		BTG154-113-3		113	SL64-5-2	30			
		BTG154-129-3		129	SL64-5	30			
		BTG154-139-3		139	SL64-6-2	30			
		BTG154-155-3		155	SL64-6	37			DKG200
		BTG154-170-3		170	SL64-7-1	37			
		BTG154-185-3		185	SL64-7	45			DKG180×2
15	2000	BTG195-20-3	195	20	SL64-1	5.5	3	HCQ60×150	DKG180
		BTG195-28-3		28	SL64-2-2	7.5			
		BTG195-37-3		37	SL64-2-1	11			
		BTG195-44-3		44	SL64-2	11			
		BTG195-52-3		52	SL64-3-2	15			
		BTG195-59-3		59	SL64-3-1	15			DKG200
		BTG195-67-3		67	SL64-3	18.5			DKG180×2
		BTG195-90-3		90	SL64-4	22			
		BTG195-100-3		100	SL64-5-2	30			
		BTG195-113-3		113	SL64-5	30			
		BTG195-137-3		137	SL64-6	37			
		BTG195-153-3		153	SL64-7-1	37			
		BTG195-164-3		164	SL64-7	45			DKG180
16	2500	BTG235-22-3	235	22	SL90-1	7.5			
		BTG235-35-3		35	SL90-2-2	11			
		BTG235-47-3		47	SL90-2	15			
		BTG235-59-3		59	SL90-3-2	18.5			
		BTG235-72-3		72	SL90-3	22			
		BTG235-86-3		86	SL90-4-2	30			
		BTG235-97-3		97	SL90-4	30			
		BTG235-110-3		110	SL90-5-2	37			DKG200
		BTG235-122-3		122	SL90-5	37			
		BTG235-135-3		135	SL90-6-2	45			DKG180×2
		BTG235-149-3		149	SL90-6	45			

续表

序号	参考户数	设备型号	流量 (m³/h)	扬程 (m)	推荐水泵 型号	推荐水泵 功率 (kW)	推荐水泵 台数	缓冲器 φ×H (cm)	控制柜
17	3000	BTG275-20-3	275	20	SL90-1	7.5	3	HCQ60×150	DKG180
		BTG275-29-3		29	SL90-2-2	11			
		BTG275-42-3		42	SL90-2	15			
		BTG275-51-3		51	SL90-3-2	18.5			
		BTG275-64-3		64	SL90-3	22			
		BTG275-75-3		75	SL90-4-2	30			
		BTG275-88-3		88	SL90-4	30			
		BTG275-98-3		98	SL90-5-2	37			DKG200
		BTG275-110-3		110	SL90-5	37			
		BTG275-121-3		121	SL90-6-2	45			DKG180×2
		BTG275-133-3		133	SL90-6	45			

BTG 两台泵微机控制变频调速给水设备安装尺寸　　　　表 16.2-5

序号	水泵系列	A	B	C	D	E	F	G	L_1	L_2	L_3	L_4	L_5	DN_1	H_1	DN_2	L	H_2	缓冲器 φ×H (cm)
1	SL10	4000	4000	1750	1200	800	800	600	750	300	250	480	600	DN50	177	DN65	1360	790	
																DN80	1360	790	
																DN100	1370	810	
2	SL15/20	4000	4000	1800	1250	800	800	600	700	345	300	480	600	DN65	187	DN100	1400	875	
																DN125	1400	895	
																DN150	1420	905	
3	SL32	4000	4000	1900	1250	800	800	800	700	375	300	600	600	DN80	223	DN100	1520	990	
																DN125	1520	1010	
																DN150	1540	1020	
4	SL45	4000	4000	2000	1300	800	800	800	600	448	350	600	600	DN100	252	DN125	1520	1105	HCQ60 ×150
																DN150	1540	1115	
																DN200	1540	1145	
5	SL64	4500	4000	2050	1350	800	800	800	600	512	350	650	650	DN125	250	DN150	1660	1225	
																DN200	1670	1255	
																DN250	1670	1280	
6	SL90	4500	4000	2050	1350	800	800	800	600	519	350	650	650	DN125	250	DN150	1660	1225	
																DN200	1670	1255	
																DN250	1670	1280	

BTG 三台泵微机控制变频调速给水设备安装尺寸　　表 16.2-6

序号	水泵系列	A	B	C	D	E	F	G	L₁	L₂	L₃	L₄	L₅	DN₁	H₁	DN₂	L	H₂	缓冲器 φ×H (cm)
1	SL15/20	4500	4000	2250	1250	800	800	800	700	345	300	480	600	DN65	207	DN100	1880	895	
																	DN125	1880	915	
																	DN150	1900	925	
2	SL32	5000	4000	2500	1250	800	800	800	700	375	300	600	600	DN80	223	DN100	2120	990	
																	DN125	2120	1010	
																	DN150	2140	1020	
3	SL45	5000	4000	2600	1300	800	800	800	600	448	350	600	600	DN100	252	DN125	2120	1105	HCQ60×150
																	DN150	2140	1115	
																	DN200	2140	1145	
4	SL64	5000	4000	2700	1350	800	800	800	600	512	350	650	650	DN125	250	DN150	2310	1225	
																	DN200	2310	1255	
																	DN250	2330	1280	
5	SL90	5000	4000	2700	1350	800	800	800	600	519	350	650	650	DN125	250	DN150	2310	1225	
																	DN200	2310	1255	
																	DN250	2330	1280	

BTG-B 两台泵微机控制变频调速给水设备技术参数　　表 16.2-7

序号	参考户数	设备型号	流量 (m³/h)	扬程 (m)	推荐水泵 型号	推荐水泵 台数	推荐水泵 功率 (kW)	缓冲器 φ×H (cm)
1	15	BTG8.5-10-2-B	8.5	10	SLB5-2	2	0.37	HCQ60×150
		BTG8.5-21-2-B		21	SLB5-4		0.55	
		BTG8.5-28-2-B		28	SLB5-5		0.75	
		BTG8.5-39-2-B		39	SLB5-7		1.1	
		BTG8.5-50-2-B		50	SLB5-9		1.5	
		BTG8.5-57-2-B		57	SLB5-10		1.5	
		BTG8.5-64-2-B		64	SLB5-11		2.2	
		BTG8.5-70-2-B		70	SLB5-12		2.2	
		BTG8.5-76-2-B		76	SLB5-13		2.2	
		BTG8.5-81-2-B		81	SLB5-14		2.2	
		BTG8.5-87-2-B		87	SLB5-15		2.2	
		BTG8.5-93-2-B		93	SLB5-16		2.2	
		BTG8.5-107-2-B		107	SLB5-18		3.0	
		BTG8.5-118-2-B		118	SLB5-20		3.0	
		BTG8.5-132-2-B		132	SLB5-22		4.0	
		BTG8.5-143-2-B		143	SLB5-24		4.0	
		BTG8.5-155-2-B		155	SLB5-26		4.0	
		BTG8.5-172-2-B		172	SLB5-29		4.0	
		BTG8.5-192-2-B		192	SLB5-32		5.5	

续表

序号	参考户数	设备型号	流量 (m³/h)	扬程 (m)	推荐水泵			缓冲器 φ×H (cm)
					型号	台数	功率 (kW)	
2	20	BTG10-20-2-B	10	20	SLB5-4	2	0.55	HCQ60×150
		BTG10-25-2-B		25	SLB5-5		0.75	
		BTG10-32-2-B		32	SLB5-6		1.1	
		BTG10-36-2-B		36	SLB5-7		1.1	
		BTG10-42-2-B		42	SLB5-8		1.1	
		BTG10-48-2-B		48	SLB5-9		1.5	
		BTG10-55-2-B		55	SLB5-10		1.5	
		BTG10-60-2-B		60	SLB5-11		2.2	
		BTG10-66-2-B		66	SLB5-12		2.2	
		BTG10-72-2-B		72	SLB5-13		2.2	
		BTG10-76-2-B		76	SLB5-14		2.2	
		BTG10-82-2-B		82	SLB5-15		2.2	
		BTG10-87-2-B		87	SLB5-16		2.2	
		BTG10-100-2-B		100	SLB5-18		3.0	
		BTG10-110-2-B		110	SLB5-20		3.0	
		BTG10-125-2-B		125	SLB5-22		4.0	
		BTG10-135-2-B		135	SLB5-24		4.0	
		BTG10-146-2-B		146	SLB5-26		4.0	
		BTG10-162-2-B		162	SLB5-29		4.0	
		BTG10-181-2-B		181	SLB5-32		5.5	
3	30	BTG13-20-2-B	13	20	SLB5-5	2	0.75	
		BTG13-25-2-B		25	SLB5-6		1.1	
		BTG13-29-2-B		29	SLB5-7		1.1	
		BTG13-33-2-B		33	SLB5-8		1.1	
		BTG13-40-2-B		40	SLB5-9		1.5	
		BTG13-44-2-B		44	SLB5-10		1.5	
		BTG13-50-2-B		50	SLB5-11		2.2	
		BTG13-55-2-B		55	SLB5-12		2.2	
		BTG13-60-2-B		60	SLB5-13		2.2	
		BTG13-64-2-B		64	SLB5-14		2.2	
		BTG13-68-2-B		68	SLB5-15		2.2	
		BTG13-72-2-B		72	SLB5-16		2.2	
		BTG13-85-2-B		85	SLB5-18		3.0	

续表

序号	参考户数	设备型号	流量 (m³/h)	扬程 (m)	推荐水泵 型号	台数	功率 (kW)	缓冲器 φ×H (cm)
3	30	BTG13-92-2-B	13	92	SLB5-20	2	3.0	
		BTG13-106-2-B		106	SLB5-22		4.0	
		BTG13-113-2-B		113	SLB5-24		4.0	
		BTG13-123-2-B		123	SLB5-26		4.0	
		BTG13-137-2-B		137	SLB5-29		4.0	
		BTG13-154-2-B		154	SLB5-32		5.5	
		BTG13-173-2-B		173	SLB5-36		5.5	
4	40	BTG15-18-2-B	15	18	SLB10-2	2	0.75	
		BTG15-28-2-B		28	SLB10-3		1.1	
		BTG15-37-2-B		37	SLB10-4		1.5	
		BTG15-47-2-B		47	SLB10-5		2.2	
		BTG15-56-2-B		56	SLB10-6		2.2	
		BTG15-68-2-B		68	SLB10-7		3.0	
		BTG15-77-2-B		77	SLB10-8		3.0	
		BTG15-85-2-B		85	SLB10-9		3.0	
		BTG15-95-2-B		95	SLB10-10		4.0	
		BTG15-112-2-B		112	SLB10-12		4.0	
		BTG15-132-2-B		132	SLB10-14		5.5	HCQ60×150
		BTG15-150-2-B		150	SLB10-16		5.5	
		BTG15-173-2-B		173	SLB10-18		7.5	
		BTG15-192-2-B		192	SLB10-20		7.5	
5	50	BTG18-25-2-B	18	25	SLB10-3	2	1.1	
		BTG18-34-2-B		34	SLB10-4		1.5	
		BTG18-43-2-B		43	SLB10-5		2.2	
		BTG18-51-2-B		51	SLB10-6		2.2	
		BTG18-69-2-B		69	SLB10-8		3.0	
		BTG18-78-2-B		78	SLB10-9		3.0	
		BTG18-88-2-B		88	SLB10-10		4.0	
		BTG18-105-2-B		105	SLB10-12		4.0	
		BTG18-122-2-B		122	SLB10-14		5.5	
		BTG18-140-2-B		140	SLB10-16		5.5	
		BTG18-160-2-B		160	SLB10-18		7.5	
		BTG18-177-2-B		177	SLB10-20		7.5	

序号	参考户数	设备型号	流量（m³/h）	扬程（m）	推荐水泵			缓冲器 $\phi \times H$（cm）
					型号	台数	功率（kW）	
6	75	BTG21-22-2-B	21	22	SLB10-3	2	1.1	
		BTG21-30-2-B		30	SLB10-4		1.5	
		BTG21-39-2-B		39	SLB10-5		2.2	
		BTG21-47-2-B		47	SLB10-6		2.2	
		BTG21-62-2-B		62	SLB10-8		3.0	
		BTG21-70-2-B		70	SLB10-9		3.0	
		BTG21-92-2-B		92	SLB10-12		4.0	
		BTG21-110-2-B		110	SLB10-14		5.5	
		BTG21-125-2-B		125	SLB10-16		5.5	
		BTG21-145-2-B		145	SLB10-18		7.5	
		BTG21-160-2-B		160	SLB10-20		7.5	
7	100	BTG24-26-2-B	24	26	SLB15-2	2	2.2	HCQ60×150
		BTG24-38-2-B		38	SLB15-3		3.0	
		BTG24-51-2-B		51	SLB15-4		4.0	
		BTG24-64-2-B		64	SLB15-5		4.0	
		BTG24-77-2-B		77	SLB15-6		5.5	
		BTG24-90-2-B		90	SLB15-7		5.5	
		BTG24-102-2-B		102	SLB15-8		7.5	
		BTG24-115-2-B		115	SLB15-9		7.5	
		BTG24-130-2-B		130	SLB15-10		11	
		BTG24-155-2-B		155	SLB15-12		11	
		BTG24-180-2-B		180	SLB15-14		11	
8	125	BTG28-24-2-B	28	24	SLB15-2	2	2.2	
		BTG28-36-2-B		36	SLB15-3		3.0	
		BTG28-49-2-B		49	SLB15-4		4.0	
		BTG28-61-2-B		61	SLB15-5		4.0	
		BTG28-73-2-B		73	SLB15-6		5.5	
		BTG28-85-2-B		85	SLB15-7		5.5	
		BTG28-98-2-B		98	SLB15-8		7.5	
		BTG28-110-2-B		110	SLB15-9		7.5	
		BTG28-125-2-B		125	SLB15-10		11	
		BTG28-150-2-B		150	SLB15-12		11	
		BTG28-172-2-B		172	SLB15-14		11	

续表

序号	参考户数	设备型号	流量 (m³/h)	扬程 (m)	推荐水泵			缓冲器 φ×H (cm)
					型号	台数	功率 (kW)	
9	150	BTG30-23-2-B	30	23	SLB15-2	2	2.2	
		BTG30-35-2-B		35	SLB15-3		3.0	
		BTG30-48-2-B		48	SLB15-4		4.0	
		BTG30-60-2-B		60	SLB15-5		4.0	
		BTG30-75-2-B		75	SLB15-6		5.5	
		BTG30-85-2-B		85	SLB15-7		5.5	
		BTG30-96-2-B		96	SLB15-8		7.5	
		BTG30-108-2-B		108	SLB15-9		7.5	
		BTG30-121-2-B		121	SLB15-10		11	
		BTG30-145-2-B		145	SLB15-12		11	
		BTG30-167-2-B		167	SLB15-14		11	
10	175	BTG32-22-2-B	32	22	SLB15-2	2	2.2	
		BTG32-34-2-B		34	SLB15-3		3.0	
		BTG32-47-2-B		47	SLB15-4		4.0	
		BTG32-58-2-B		58	SLB15-5		4.0	
		BTG32-69-2-B		69	SLB15-6		5.5	
		BTG32-80-2-B		80	SLB15-7		5.5	HCQ60×150
		BTG32-93-2-B		93	SLB15-8		7.5	
		BTG32-104-2-B		104	SLB15-9		7.5	
		BTG32-118-2-B		118	SLB15-10		11	
		BTG32-140-2-B		140	SLB15-12		11	
		BTG32-163-2-B		163	SLB15-14		11	
11	200	BTG34-21-2-B	34	21	SLB15-2	2	2.2	
		BTG34-33-2-B		33	SLB15-3		3.0	
		BTG34-44-2-B		44	SLB15-4		4.0	
		BTG34-55-2-B		55	SLB15-5		4.0	
		BTG34-66-2-B		66	SLB15-6		5.5	
		BTG34-78-2-B		78	SLB15-7		5.5	
		BTG34-90-2-B		90	SLB15-8		7.5	
		BTG34-100-2-B		100	SLB15-9		7.5	
		BTG34-113-2-B		113	SLB15-10		11	
		BTG34-136-2-B		136	SLB15-12		11	
		BTG34-157-2-B		157	SLB15-14		11	
		BTG34-192-2-B		192	SLB15-17		15	

序号	参考户数	设备型号	流量 (m³/h)	扬程 (m)	推荐水泵			缓冲器 φ×H (cm)
					型号	台数	功率 (kW)	
12	225	BTG36-20-2-B	36	20	SLB15-2	2	2.2	
		BTG36-31-2-B		31	SLB15-3		3.0	
		BTG36-42-2-B		42	SLB15-4		4.0	
		BTG36-53-2-B		53	SLB15-5		4.0	
		BTG36-63-2-B		63	SLB15-6		5.5	
		BTG36-75-2-B		75	SLB15-7		5.5	
		BTG36-86-2-B		86	SLB15-8		7.5	
		BTG36-96-2-B		96	SLB15-9		7.5	
		BTG36-109-2-B		109	SLB15-10		11	
		BTG36-131-2-B		131	SLB15-12		11	
		BTG36-151-2-B		151	SLB15-14		11	
		BTG36-185-2-B		185	SLB15-17		15	
13	250	BTG39-20-2-B	39	20	SLB15-2	2	2.2	HCQ60×150
		BTG39-28-2-B		28	SLB15-3		3.0	
		BTG39-40-2-B		40	SLB15-4		4.0	
		BTG39-49-2-B		49	SLB15-5		4.0	
		BTG39-60-2-B		60	SLB15-6		5.5	
		BTG39-72-2-B		72	SLB15-7		5.5	
		BTG39-81-2-B		81	SLB15-8		7.5	
		BTG39-90-2-B		90	SLB15-9		7.5	
		BTG39-102-2-B		102	SLB15-10		11	
		BTG39-122-2-B		122	SLB15-12		11	
		BTG39-141-2-B		141	SLB15-14		11	
		BTG39-173-2-B		173	SLB15-17		15	
14	275	BTG42-22-2-B	42	22	SLB20-2	2	2.2	
		BTG42-35-2-B		35	SLB20-3		4.0	
		BTG42-47-2-B		47	SLB20-4		5.5	
		BTG42-58-2-B		58	SLB20-5		5.5	
		BTG42-70-2-B		70	SLB20-6		7.5	
		BTG42-82-2-B		82	SLB20-7		7.5	
		BTG42-94-2-B		94	SLB20-8		11	
		BTG42-118-2-B		118	SLB20-10		11	
		BTG42-143-2-B		143	SLB20-12		15	
		BTG42-165-2-B		165	SLB20-14		15	

序号	参考户数	设备型号	流量（m³/h）	扬程（m）	推荐水泵			缓冲器 $\phi \times H$（cm）
					型号	台数	功率（kW）	
15	300	BTG46-20-2-B	46	20	SLB20-2	2	2.2	
		BTG46-32-2-B		32	SLB20-3		4.0	
		BTG46-43-2-B		43	SLB20-4		5.5	
		BTG46-54-2-B		54	SLB20-5		5.5	
		BTG46-65-2-B		65	SLB20-6		7.5	
		BTG46-76-2-B		76	SLB20-7		7.5	
		BTG46-90-2-B		90	SLB20-8		11	
		BTG46-110-2-B		110	SLB20-10		11	
		BTG46-132-2-B		132	SLB20-12		15	
		BTG46-154-2-B		154	SLB20-14		15	
		BTG46-188-2-B		188	SLB20-17		18.5	
16	350	BTG48-17-2-B	48	17	SLB32-1	2	2.2	HCQ60×150
		BTG48-25-2-B		25	SLB32-2-2		3.0	
		BTG48-32-2-B		32	SLB32-2		4.0	
		BTG48-44-2-B		44	SLB32-3-2		5.5	
		BTG48-61-2-B		61	SLB32-4-2		7.5	
		BTG48-80-2-B		80	SLB32-5-2		11	
		BTG48-97-2-B		97	SLB32-6-2		11	
		BTG48-102-2-B		102	SLB32-6		11	
		BTG48-114-2-B		114	SLB32-7-2		15	
		BTG48-120-2-B		120	SLB32-7		15	
		BTG48-130-2-B		130	SLB32-8-2		15	
		BTG48-136-2-B		136	SLB32-8		15	
		BTG48-155-2-B		155	SLB32-9		18.5	
		BTG48-166-2-B		166	SLB32-10-2		18.5	
		BTG48-171-2-B		171	SLB32-10		18.5	
		BTG48-184-2-B		184	SLB32-11-2		22	
		BTG48-190-2-B		190	SLB32-11		22	

序号	参考户数	设备型号	流量 (m³/h)	扬程 (m)	推荐水泵			缓冲器 φ×H (cm)
					型号	台数	功率 (kW)	
17	400	BTG53-26-2-B	53	26	SLB32-2-2	2	3.0	
		BTG53-32-2-B		32	SLB32-2		4.0	
		BTG53-42-2-B		42	SLB32-3-2		5.5	
		BTG53-58-2-B		58	SLB32-4-2		7.5	
		BTG53-77-2-B		77	SLB32-5-2		11	
		BTG53-91-2-B		91	SLB32-6-2		11	
		BTG53-98-2-B		98	SLB32-6		11	
		BTG53-110-2-B		110	SLB32-7-2		15	
		BTG53-115-2-B		115	SLB32-7		15	
		BTG53-125-2-B		125	SLB32-8-2		15	
		BTG53-130-2-B		130	SLB32-8		15	
		BTG53-142-2-B		142	SLB32-9-2		18.5	
		BTG53-148-2-B		148	SLB32-9		18.5	
		BTG53-158-2-B		158	SLB32-10-2		18.5	
		BTG53-164-2-B		164	SLB32-10		18.5	
		BTG53-176-2-B		176	SLB32-11-2		22	
		BTG53-182-2-B		182	SLB32-11		22	
		BTG53-192-2-B		192	SLB32-12-2		22	HCQ60×150
		BTG53-198-2-B		198	SLB32-12		22	
18	450	BTG58-23-2-B	58	23	SLB32-2-2	2	3.0	
		BTG58-30-2-B		30	SLB32-2		4.0	
		BTG58-38-2-B		38	SLB32-3-2		5.5	
		BTG58-54-2-B		54	SLB32-4-2		7.5	
		BTG58-70-2-B		70	SLB32-5-2		11	
		BTG58-90-2-B		90	SLB32-6		11	
		BTG58-102-2-B		102	SLB32-7-2		15	
		BTG58-110-2-B		110	SLB32-7		15	
		BTG58-118-2-B		118	SLB32-8-2		15	
		BTG58-124-2-B		124	SLB32-8		15	
		BTG58-135-2-B		135	SLB32-9-2		18.5	
		BTG58-141-2-B		141	SLB32-9		18.5	
		BTG58-150-2-B		150	SLB32-10-2		18.5	
		BTG58-156-2-B		156	SLB32-10		18.5	
		BTG58-167-2-B		167	SLB32-11-2		22	
		BTG58-173-2-B		173	SLB32-11		22	
		BTG58-182-2-B		182	SLB32-12-2		22	
		BTG58-189-2-B		189	SLB32-12		22	

续表

序号	参考户数	设备型号	流量 (m³/h)	扬程 (m)	推荐水泵			缓冲器 φ×H (cm)
					型号	台数	功率 (kW)	
19	500	BTG63-21-2-B	63	21	SLB32-2-2	2	3.0	
		BTG63-28-2-B		28	SLB32-2		4.0	
		BTG63-37-2-B		37	SLB32-3-2		5.5	
		BTG63-51-2-B		51	SLB32-4-2		7.5	
		BTG63-68-2-B		68	SLB32-5-2		11	
		BTG63-81-2-B		81	SLB32-6-2		11	
		BTG63-97-2-B		97	SLB32-7-2		15	
		BTG63-116-2-B		116	SLB32-8		15	
		BTG63-126-2-B		126	SLB32-9-2		18.5	
		BTG63-133-2-B		133	SLB32-9		18.5	
		BTG63-140-2-B		140	SLB32-10-2		18.5	
		BTG63-147-2-B		147	SLB32-10		18.5	
		BTG63-156-2-B		156	SLB32-11-2		22	
		BTG63-163-2-B		163	SLB32-11		22	
		BTG63-171-2-B		171	SLB32-12-2		22	
		BTG63-178-2-B		178	SLB32-12		22	
		BTG63-189-2-B		189	SLB32-13-2		30	
		BTG63-196-2-B		196	SLB32-13		30	HCQ60×150
20	600	BTG72-24-2-B	72	24	SLB32-2	2	4.0	
		BTG72-30-2-B		30	SLB32-3-2		5.5	
		BTG72-42-2-B		42	SLB32-4-2		7.5	
		BTG72-57-2-B		57	SLB32-5-2		11	
		BTG72-69-2-B		69	SLB32-6-2		11	
		BTG72-81-2-B		81	SLB32-7-2		15	
		BTG72-95-2-B		95	SLB32-8-2		15	
		BTG72-100-2-B		100	SLB32-8		15	
		BTG72-108-2-B		108	SLB32-9-2		18.5	
		BTG72-115-2-B		115	SLB32-9		18.5	
		BTG72-120-2-B		120	SLB32-10-2		18.5	
		BTG72-127-2-B		127	SLB32-10		18.5	
		BTG72-134-2-B		134	SLB32-11-2		22	
		BTG72-141-2-B		141	SLB32-11		22	
		BTG72-146-2-B		146	SLB32-12-2		22	
		BTG72-154-2-B		154	SLB32-12		22	
		BTG72-163-2-B		163	SLB32-13-2		30	
		BTG72-170-2-B		170	SLB32-13		30	
		BTG72-176-2-B		176	SLB32-14-2		30	
		BTG72-182-2-B		182	SLB32-14		30	

序号	参考户数	设备型号	流量(m³/h)	扬程(m)	推荐水泵			缓冲器 $\phi \times H$ (cm)
					型号	台数	功率 (kW)	
21	700	BTG80-16-2-B	80	16	SLB45-1-1	2	3.0	HCQ60×150
		BTG80-20-2-B		20	SLB45-1		4.0	
		BTG80-36-2-B		36	SLB45-2-2		5.5	
		BTG80-41-2-B		41	SLB45-2		7.5	
		BTG80-58-2-B		58	SLB45-3-2		11	
		BTG80-64-2-B		64	SLB45-3		11	
		BTG80-79-2-B		79	SLB45-4-2		15	
		BTG80-87-2-B		87	SLB45-4		15	
		BTG80-100-2-B		100	SLB45-5-2		18.5	
		BTG80-108-2-B		108	SLB45-5		18.5	
		BTG80-130-2-B		130	SLB45-6		22	
		BTG80-147-2-B		147	SLB45-7-2		30	
		BTG80-154-2-B		154	SLB45-7		30	
		BTG80-168-2-B		168	SLB45-8-2		30	
		BTG80-176-2-B		176	SLB45-8		30	
		BTG80-190-2-B		190	SLB45-9-2		30	
22	800	BTG90-19-2-B	90	19	SLB45-1	2	4.0	
		BTG90-31-2-B		31	SLB45-2-2		5.5	
		BTG90-39-2-B		39	SLB45-2		7.5	
		BTG90-52-2-B		52	SLB45-3-2		11	
		BTG90-72-2-B		72	SLB45-4-2		15	
		BTG90-92-2-B		92	SLB45-5-2		18.5	
		BTG90-100-2-B		100	SLB45-5		18.5	
		BTG90-120-2-B		120	SLB45-6		22	
		BTG90-136-2-B		136	SLB45-7-2		30	
		BTG90-144-2-B		144	SLB45-7		30	
		BTG90-156-2-B		156	SLB45-8-2		30	
		BTG90-164-2-B		164	SLB45-8		30	
		BTG90-176-2-B		176	SLB45-9-2		30	

续表

序号	参考户数	设备型号	流量 (m³/h)	扬程 (m)	推荐水泵 型号	推荐水泵 台数	推荐水泵 功率 (kW)	缓冲器 $\phi \times H$ (cm)
23	900	BTG98-17-2-B	98	17	SLB45-1	2	4.0	
		BTG98-28-2-B		28	SLB45-2-2		5.5	
		BTG98-37-2-B		37	SLB45-2		7.5	
		BTG98-48-2-B		48	SLB45-3-2		11	
		BTG98-55-2-B		55	SLB45-3		11	
		BTG98-67-2-B		67	SLB45-4-2		15	
		BTG98-83-2-B		83	SLB45-5-2		18.5	
		BTG98-92-2-B		92	SLB45-5		18.5	
		BTG98-105-2-B		105	SLB45-6-2		22	
		BTG98-113-2-B		113	SLB45-6		22	
		BTG98-126-2-B		126	SLB45-7-2		30	
		BTG98-134-2-B		134	SLB45-7		30	
		BTG98-145-2-B		145	SLB45-8-2		30	
		BTG98-153-2-B		153	SLB45-8		30	
		BTG98-163-2-B		163	SLB45-9-2		30	HCQ60×150
24	1000	BTG107-24-2-B	107	24	SLB45-2-2	2	5.5	
		BTG107-32-2-B		32	SLB45-2		7.5	
		BTG107-42-2-B		42	SLB45-3-2		11	
		BTG107-49-2-B		49	SLB45-3		11	
		BTG107-60-2-B		60	SLB45-4-2		15	
		BTG107-66-2-B		66	SLB45-4		15	
		BTG107-78-2-B		78	SLB45-5-2		18.5	
		BTG107-86-2-B		86	SLB45-5		18.5	
		BTG107-95-2-B		95	SLB45-6-2		22	
		BTG107-102-2-B		102	SLB45-6		22	
		BTG107-113-2-B		113	SLB45-7-2		30	
		BTG107-122-2-B		122	SLB45-7		30	
		BTG107-130-2-B		130	SLB45-8-2		30	
		BTG107-138-2-B		138	SLB45-8		30	
		BTG107-147-2-B		147	SLB45-9-2		30	

序号	参考户数	设备型号	流量 (m³/h)	扬程 (m)	推荐水泵			缓冲器 φ×H (cm)
					型号	台数	功率 (kW)	
25	1250	BTG133-20-2-B	133	20	SLB64-1	2	5.5	
		BTG133-28-2-B		28	SLB64-2-2		7.5	
		BTG133-37-2-B		37	SLB64-2-1		11	
		BTG133-43-2-B		43	SLB64-2		11	
		BTG133-52-2-B		52	SLB64-3-2		15	
		BTG133-59-2-B		59	SLB64-3-1		15	
		BTG133-65-2-B		65	SLB64-3		18.5	
		BTG133-73-2-B		73	SLB64-4-2		18.5	
		BTG133-81-2-B		81	SLB64-4-1		22	
		BTG133-88-2-B		88	SLB64-4		22	
		BTG133-98-2-B		98	SLB64-5-2		30	
		BTG133-106-2-B		106	SLB64-5-1		30	
		BTG133-113-2-B		113	SLB64-5		30	
		BTG133-120-2-B		120	SLB64-6-2		30	
26	1500	BTG154-22-2-B	154	22	SLB90-1	2	7.5	HCQ60×150
		BTG154-34-2-B		34	SLB90-2-2		11	
		BTG154-48-2-B		48	SLB90-2		15	
		BTG154-60-2-B		60	SLB90-3-2		18.5	
		BTG154-72-2-B		72	SLB90-3		22	
		BTG154-87-2-B		87	SLB90-4-2		30	
		BTG154-98-2-B		98	SLB90-4		30	
27	1750	BTG175-21-2-B	175	21	SLB90-1	2	7.5	
		BTG175-32-2-B		32	SLB90-2-2		11	
		BTG175-43-2-B		43	SLB90-2		15	
		BTG175-54-2-B		54	SLB90-3-2		18.5	
		BTG175-67-2-B		67	SLB90-3		22	
		BTG175-78-2-B		78	SLB90-4-2		30	
		BTG175-91-2-B		91	SLB90-4		30	
28	2000	BTG195-26-2-B	195	26	SLB90-2-2	2	11	
		BTG195-40-2-B		40	SLB90-2		15	
		BTG195-47-2-B		47	SLB90-3-2		18.5	
		BTG195-60-2-B		60	SLB90-3		22	
		BTG195-69-2-B		69	SLB90-4-2		30	
		BTG195-82-2-B		82	SLB90-4		30	

BTG-B 三台泵微机控制变频调速给水设备技术参数　　表 16.2-8

序号	参考户数	设备型号	流量(m³/h)	扬程(m)	推荐水泵			缓冲器 $\phi \times H$ (cm)
					型号	台数	功率(kW)	
1	500	BTG63-22-3-B	63	22	SLB20-2	3	2.2	
		BTG63-36-3-B		36	SLB20-3		4.0	
		BTG63-47-3-B		47	SLB20-4		5.5	
		BTG63-58-3-B		58	SLB20-5		5.5	
		BTG63-72-3-B		72	SLB20-6		7.5	
		BTG63-82-3-B		82	SLB20-7		7.5	
		BTG63-95-3-B		95	SLB20-8		11	
		BTG63-118-3-B		118	SLB20-10		11	
		BTG63-143-3-B		143	SLB20-12		15	
		BTG63-165-3-B		165	SLB20-14		15	
2	600	BTG72-15-3-B	72	15	SLB32-1	3	2.2	HCQ60×150
		BTG72-27-3-B		27	SLB32-2-2		3.0	
		BTG72-32-3-B		32	SLB32-2		4.0	
		BTG72-44-3-B		44	SLB32-3-2		5.5	
		BTG72-61-3-B		61	SLB32-4-2		7.5	
		BTG72-80-3-B		80	SLB32-5-2		11	
		BTG72-97-3-B		97	SLB32-6-2		11	
		BTG72-120-3-B		120	SLB32-7		15	
		BTG72-136-3-B		136	SLB32-8		15	
		BTG72-155-3-B		155	SLB32-9		18.5	
		BTG72-165-3-B		165	SLB32-10-2		18.5	
		BTG72-171-3-B		171	SLB32-10		18.5	
		BTG72-184-3-B		184	SLB32-11-2		22	
		BTG72-190-3-B		190	SLB32-11		22	
3	700	BTG80-24-3-B	80	24	SLB32-2-2	3	3.0	
		BTG80-30-3-B		30	SLB32-2		4.0	
		BTG80-41-3-B		41	SLB32-3-2		5.5	
		BTG80-57-3-B		57	SLB32-4-2		7.5	
		BTG80-76-3-B		76	SLB32-5-2		11	
		BTG80-90-3-B		90	SLB32-6-2		11	
		BTG80-108-3-B		108	SLB32-7-2		15	
		BTG80-130-3-B		130	SLB32-8		15	
		BTG80-142-3-B		142	SLB32-9-2		18.5	
		BTG80-163-3-B		163	SLB32-10		18.5	
		BTG80-175-3-B		175	SLB32-11-2		22	
		BTG80-181-3-B		181	SLB32-11		22	
		BTG80-191-3-B		191	SLB32-12-2		22	
		BTG80-197-3-B		197	SLB32-12		22	

序号	参考户数	设备型号	流量 (m³/h)	扬程 (m)	推荐水泵			缓冲器 φ×H (cm)
					型号	台数	功率 (kW)	
4	800	BTG90-22-3-B	90	22	SLB32-2-2	3	3.0	
		BTG90-29-3-B		29	SLB32-2		4.0	
		BTG90-38-3-B		38	SLB32-3-2		5.5	
		BTG90-52-3-B		52	SLB32-4-2		7.5	
		BTG90-68-3-B		68	SLB32-5-2		11	
		BTG90-83-3-B		83	SLB32-6-2		11	
		BTG90-100-3-B		100	SLB32-7-2		15	
		BTG90-120-3-B		120	SLB32-8		15	
		BTG90-138-3-B		138	SLB32-9		18.5	
		BTG90-153-3-B		153	SLB32-10		18.5	
		BTG90-163-3-B		163	SLB32-11-2		22	
		BTG90-169-3-B		169	SLB32-11		22	
		BTG90-177-3-B		177	SLB32-12-2		22	
		BTG90-184-3-B		184	SLB32-12		22	
		BTG90-197-3-B		197	SLB32-13-2		30	
5	900	BTG98-20-3-B	98	20	SLB32-2-2	3	3.0	HCQ60×150
		BTG98-27-3-B		27	SLB32-2		4.0	
		BTG98-34-3-B		34	SLB32-3-2		5.5	
		BTG98-49-3-B		49	SLB32-4-2		7.5	
		BTG98-65-3-B		65	SLB32-5-2		11	
		BTG98-70-3-B		70	SLB32-5		11	
		BTG98-92-3-B		92	SLB32-7-2		15	
		BTG98-99-3-B		99	SLB32-7		15	
		BTG98-112-3-B		112	SLB32-8		15	
		BTG98-128-3-B		128	SLB32-9		18.5	
		BTG98-142-3-B		142	SLB32-10		18.5	
		BTG98-151-3-B		151	SLB32-11-2		22	
		BTG98-157-3-B		157	SLB32-11		22	
		BTG98-165-3-B		165	SLB32-12-2		22	
		BTG98-172-3-B		172	SLB32-12		22	
		BTG98-183-3-B		183	SLB32-13-2		30	
		BTG98-190-3-B		190	SLB32-13		30	
		BTG98-197-3-B		197	SLB32-14-2		30	

续表

序号	参考户数	设备型号	流量（m³/h）	扬程（m）	推荐水泵			缓冲器 $\phi \times H$（cm）
					型号	台数	功率（kW）	
6	1000	BTG107-21-3-B	107	21	SLB45-1	3	4.0	HCQ60×150
		BTG107-38-3-B		38	SLB45-2-2		5.5	
		BTG107-43-3-B		43	SLB45-2		7.5	
		BTG107-59-3-B		59	SLB45-3-2		11	
		BTG107-69-3-B		69	SLB45-3		11	
		BTG107-83-3-B		83	SLB45-4-2		15	
		BTG107-90-3-B		90	SLB45-4		15	
		BTG107-106-3-B		106	SLB45-5-2		18.5	
		BTG107-114-3-B		114	SLB45-5		18.5	
		BTG107-130-3-B		130	SLB45-6-2		22	
		BTG107-137-3-B		137	SLB45-6		22	
		BTG107-155-3-B		155	SLB45-7-2		30	
		BTG107-162-3-B		162	SLB45-7		30	
		BTG107-177-3-B		177	SLB45-8-2		30	
		BTG107-185-3-B		185	SLB45-8		30	
7	1250	BTG132-20-3-B	132	20	SLB45-1	3	4.0	
		BTG132-32-3-B		32	SLB45-2-2		5.5	
		BTG132-40-3-B		40	SLB45-2		7.5	
		BTG132-52-3-B		52	SLB45-3-2		11	
		BTG132-72-3-B		72	SLB45-4-2		15	
		BTG132-93-3-B		93	SLB45-5-2		18.5	
		BTG132-101-3-B		101	SLB45-5		18.5	
		BTG132-115-3-B		115	SLB45-6-2		22	
		BTG132-123-3-B		123	SLB45-6		22	
		BTG132-138-3-B		138	SLB45-7-2		30	
		BTG132-146-3-B		146	SLB45-7		30	
		BTG132-158-3-B		158	SLB45-8-2		30	
		BTG132-166-3-B		166	SLB45-8		30	
		BTG132-178-3-B		178	SLB45-9-2		30	

序号	参考户数	设备型号	流量 (m³/h)	扬程 (m)	推荐水泵			缓冲器 φ×H (cm)
					型号	台数	功率 (kW)	
8	1500	BTG154-24-3-B	154	24	SLB64-1	3	5.5	
		BTG154-33-3-B		33	SLB64-2-2		7.5	
		BTG154-42-3-B		42	SLB64-2-1		11	
		BTG154-49-3-B		49	SLB64-2		11	
		BTG154-60-3-B		60	SLB64-3-2		15	
		BTG154-68-3-B		68	SLB64-3-1		15	
		BTG154-75-3-B		75	SLB64-3		18.5	
		BTG154-85-3-B		85	SLB64-4-2		18.5	
		BTG154-93-3-B		93	SLB64-4-1		22	
		BTG154-100-3-B		100	SLB64-4		22	
		BTG154-114-3-B		114	SLB64-5-2		30	
		BTG154-121-3-B		121	SLB64-5-1		30	
		BTG154-128-3-B		128	SLB64-5		30	
		BTG154-139-3-B		139	SLB64-6-2		30	
9	1750	BTG175-22-3-B	175	22	SLB64-1	3	5.5	HCQ60×150
		BTG175-32-3-B		32	SLB64-2-2		7.5	
		BTG175-40-3-B		40	SLB64-2-1		11	
		BTG175-48-3-B		48	SLB64-2		11	
		BTG175-58-3-B		58	SLB64-3-2		15	
		BTG175-63-3-B		63	SLB64-3-1		15	
		BTG175-70-3-B		70	SLB64-3		18.5	
		BTG175-80-3-B		80	SLB64-4-2		18.5	
		BTG175-88-3-B		88	SLB64-4-1		22	
		BTG175-95-3-B		95	SLB64-4		22	
		BTG175-107-3-B		107	SLB64-5-2		30	
		BTG175-114-3-B		114	SLB64-5-1		30	
		BTG175-122-3-B		122	SLB64-5		30	
		BTG175-131-3-B		131	SLB64-6-2		30	
10	2000	BTG195-20-3-B	195	20	SLB64-1	3	5.5	
		BTG195-28-3-B		28	SLB64-2-2		7.5	
		BTG195-37-3-B		37	SLB64-2-1		11	
		BTG195-45-3-B		45	SLB64-2		11	
		BTG195-52-3-B		52	SLB64-3-2		15	
		BTG195-59-3-B		59	SLB64-3-1		15	
		BTG195-68-3-B		68	SLB64-3		18.5	
		BTG195-74-3-B		74	SLB64-4-2		18.5	
		BTG195-83-3-B		83	SLB64-4-1		22	
		BTG195-90-3-B		90	SLB64-4		22	
		BTG195-100-3-B		100	SLB64-5-2		30	
		BTG195-107-3-B		107	SLB64-5-1		30	
		BTG195-115-3-B		115	SLB64-5		30	
		BTG195-123-3-B		123	SLB64-6-2		30	

续表

序号	参考户数	设备型号	流量 (m³/h)	扬程 (m)	推荐水泵			缓冲器 φ×H (cm)
					型号	台数	功率 (kW)	
11	2250	BTG216-23-3-B	216	23	SLB90-1	3	7.5	HCQ60×150
		BTG216-38-3-B		38	SLB90-2-2		11	
		BTG216-49-3-B		49	SLB90-2		15	
		BTG216-62-3-B		62	SLB90-3-2		18.5	
		BTG216-75-3-B		75	SLB90-3		22	
		BTG216-90-3-B		90	SLB90-4-2		30	
		BTG216-101-3-B		101	SLB90-4		30	
12	2500	BTG235-22-3-B	235	22	SLB90-1	3	7.5	
		BTG235-35-3-B		35	SLB90-2-2		11	
		BTG235-47-3-B		47	SLB90-2		15	
		BTG235-60-3-B		60	SLB90-3-2		18.5	
		BTG235-72-3-B		72	SLB90-3		22	
		BTG235-86-3-B		86	SLB90-4-2		30	
		BTG235-97-3-B		97	SLB90-4		30	HCQ60×150
13	2750	BTG255-21-3-B	255	21	SLB90-1	3	7.5	
		BTG255-32-3-B		32	SLB90-2-2		11	
		BTG255-45-3-B		45	SLB90-2		15	
		BTG255-56-3-B		56	SLB90-3-2		18.5	
		BTG255-68-3-B		68	SLB90-3		22	
		BTG255-80-3-B		80	SLB90-4-2		30	
		BTG255-92-3-B		92	SLB90-4		30	
14	3000	BTG275-20-3-B	275	20	SLB90-1	3	7.5	
		BTG275-29-3-B		29	SLB90-2-2		11	
		BTG275-42-3-B		42	SLB90-2		15	
		BTG275-51-3-B		51	SLB90-3-2		18.5	
		BTG275-65-3-B		65	SLB90-3		22	
		BTG275-75-3-B		75	SLB90-4-2		30	
		BTG275-88-3-B		88	SLB90-4		30	

16.2.2 Ⅶ系列智联变频供水设备[①]

1. 设备组成及工作原理

Ⅶ系列智联变频供水设备主要是由智能密闭水箱、智能水箱附件、加压泵组、设备附件、高压补偿调节单元、蓄能增压单元、气压水罐、智能控制柜等组成，如图16.2-3所

[①] 本节由上海威派格智慧水务股份有限公司提供资料。

示；可适用于市政来水量不足、集中供水等二次供水系统中，设备保证用户端恒压供水、小流量保压的同时保证用户端水质。设备利用 VPN 专用网络，以崭新的方法将现实世界中的供水设备、售后团队和先进的传感器、控制器和软件应用程序连接起来；使用基于物理的分析、预测算法、自动化和电气工程学及其他相关专业知识来解析供水设备与供水管网的运作方式，通过软件建立售后团队、生产部门和研发团队间的实时连接，以支持更为智能的设计、操作、维护，以及高质量的服务与故障预警、安全保障功能。

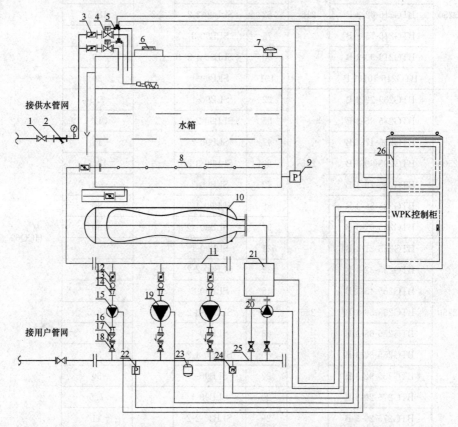

图 16.2-3　Ⅶ系列智联三罐式无负压供水设备组成及工作原理

1—阀门；2—Y 型过滤器；3—蝶阀；4—遥控浮球阀；5—电磁阀；6—密闭人孔；7—通气帽；8—枝状引水装置；9—压力变送器；10—高压腔；11—进水汇总管；12—不锈钢蝶阀；13—可曲绕橡胶接头；14—偏心异径短管；15—小变频调速泵；16—同心异径弯管；17—对夹式止回阀；18—意式球阀；19—大变频调速器；20—超高压蓄能泵；21—双向补偿器；22—出水压力变送器；23—保压罐；24—压力开关；25—出水汇总管；26—变频控制柜

（1）Ⅶ系列智联变频供水设备能够时刻监测用户管网压力，根据检测压力和设定压力的差异，通过降低或升高变频器频率的方式，保证用户端恒压供水。

（2）由市政管网来的水注入智能密闭水箱中，当控制系统采集到用户端的水压变化信号时，智能控制系统辅以一对一的变频控制方式可根据用户的用水变化规律预测流量变化情况，控制每台水泵的运行状态以实现对用户的稳定供水，并同时完成对高压腔的蓄水。

（3）在小流量供水阶段，加压泵组停泵休眠，储存在高压腔当中高压力的水经过高压补偿调节单元减压后直接供给用户，不需启动水泵而直接由高压腔供水，有效地减少了水泵的启停次数，大大提高了供水设备的能效，并保证了高压腔内水的循环更新。

（4）智能控制系统通过定量模拟及数据分析等方法，可根据居民的用水情况精准控制水箱内的液位高度，确保水箱内的水每天至少进行一次循环，保证水质；同时智能控制系统通过对居民用水规律及用水历史数据的整理分析，在用水高峰到来前对水箱进行足量地蓄水，在用水高峰时不从市政管网取水，有效保护了市政管网压力，完美地满足了用户的用水需求。

2. 设备型号说明

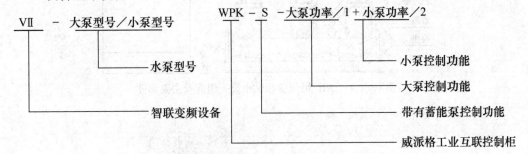

16.2.3 DRL 恒压变频供水设备[①]

1. 型号说明

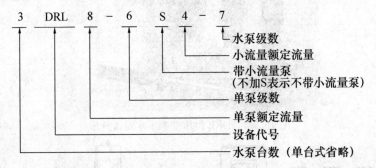

2. 设备组成及主要部件

恒压变频设备由不锈钢多级离心泵、止回阀、阀门、底座、进水管路、出水管路、出口压力传感器、出口压力表、压力开关、低水位传感器、倒流防止器（可选）、过滤器（可选）、智能型恒压变频控制柜、压力罐、导线等附件组成。具体如图 16.2-4 所示。

3. 性能参数

基本参数：流量：$0.4 \sim 1440 \text{m}^3/\text{h}$；扬程：$4 \sim 305\text{m}$；电压：三相交流 380V；液体温度：$0 \sim 70^{\circ}\text{C}$。

产品特点：恒压密闭供水系统，避免使用屋顶水箱而造成的水质二次污染。

适用范围：高层建筑、居民小区、别墅等；医院、学校、体育馆、高尔夫球场、机场等；宾馆、写字楼、百货商场、大型桑拿浴场等；公园、游乐场、果园、农场等；生产制造、洗涤装置、食品行业、工厂等。

4. 设备外形及安装（见图 16.2-5、图 16.2-6）

---

① 本节由南方中金环境股份有限公司提供资料。

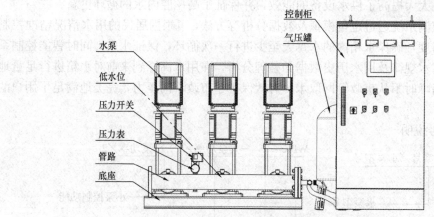

控制柜
气压罐
水泵
低水位
压力开关
压力表
管路
底座

图 16.2-4 DRL 恒压变频供水设备组成及主要部件

图 16.2-5 DRL 恒压变频供水设备外形

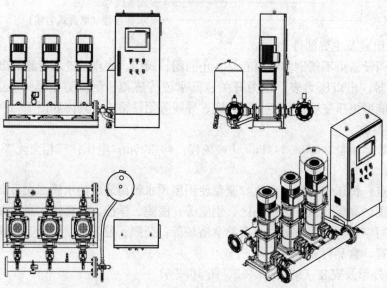

图 16.2-6 DRL 恒压变频供水设备安装

16.2.4 Grundfos 系列全变频恒压供水设备

1. 型号说明

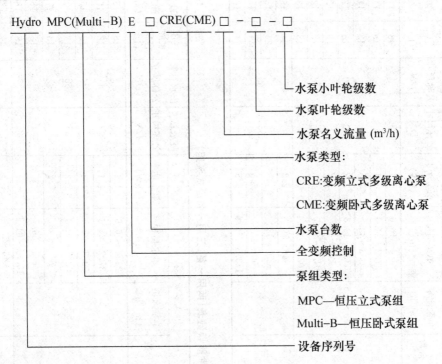

Hydro MPC(Multi-B) E □ CRE(CME) □ - □ - □

- 水泵小叶轮级数
- 水泵叶轮级数
- 水泵名义流量 (m³/h)
- 水泵类型:
  - CRE:变频立式多级离心泵
  - CME:变频卧式多级离心泵
- 水泵台数
- 全变频控制
- 泵组类型:
  - MPC—恒压立式泵组
  - Multi-B—恒压卧式泵组
- 设备序列号

2. 设备组成及主要部件 (见图 16.2-7)
3. 性能参数 (见表 16.2-9～表 16.2-15)

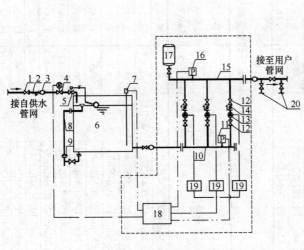

主要部件表

序号	名称	用途
1	阀门	管路检修时用
2	过滤器	过滤管网进水
3	可曲挠橡胶接头	隔振、便于管路拆卸检修
4	水箱进水电动阀	水箱溢流时自动关闭
5	液压水位控制阀	水箱自动补水
6	不锈钢水箱	储存所需水量
7	液压传感器	检测水箱水位
8	水箱溢流管	水箱超高液位溢流
9	不锈钢滤网	防止蚊虫进入水箱
10	吸水总管	水泵吸水
11	吸水压力传感器(带压力表)	水泵干转保护
12	阀门	水泵进、出水控制阀
13	水泵	增压供水
14	止回阀	防止用户管网压力水回流
15	出水总管	汇集水泵出水供给用户
16	出水压力传感器(带压力表)	检测设备供水压力
17	气压水罐	稳定系统压力
18	智能水泵专用控制柜	智能控制,参数设定及显示
19	数字集成变频器	控制水泵变频运行
20	消毒器接口	供连接消毒装置用

注: 1.图中虚线框内为厂家成套设备供货范围。
　　2.——控制线;——信号线。

图 16.2-7　Grundfos 系列全变频恒压供水设备组成及控制原理

表 16.2-9

Grundfos 系列全变频恒压供水设备性能参数表（一用一备卧式泵组）

序号	设备型号	设备流量 (m³/h)	供水压力 (MPa)	设备运行总功率 (kW)	卧式多级水泵					吸水总管公称尺寸 DN	出水总管公称尺寸 DN	气压水罐容积 (L)	设备净重 (kg)	运行质量 (kg)
					水泵型号	台数	单泵流量 (m³/h)	单泵扬程 (m)	单泵功率 (kW)					
1	Hydro Multi-BE 2CME5-2	6.5	0.2	1.14	CME5-2	2	3.5~7.6	24.4~16.6	1.1	50	50	18	112	139
2	Hydro Multi-BE 2CME5-3		0.3	1.14	CME5-3			37.2~24.3	1.1			18	112	139
3	Hydro Multi-BE 2CME5-4		0.4	1.54	CME5-4			50.3~32.5	1.5			18	116	139
4	Hydro Multi-BE 2CME5-5		0.5	2.24	CME5-5			63.7~40.8	2.2			18	122	146
5	Hydro Multi-BE 2CME5-6		0.6	2.24	CME5-6			77.2~48	2.2			18	122	146
6	Hydro Multi-BE 2CME5-7		0.7	3.04	CME5-7			91.5~56.7	3			18	123	160
7	Hydro Multi-BE 2CME5-8		0.8	3.04	CME5-8			103.6~64.4	3			18	133	160
8	Hydro Multi-BE 2CME10-2	15	0.2~0.3	2.24	CME10-2	2	6.5~18.3	46~19	2.2	65	65	24	157	202
9	Hydro Multi-BE 2CME10-3		0.4~0.5	4.05	CME10-3			70~38	4			24	168	202
10	Hydro Multi-BE 2CME10-4		0.6	5.55	CME10-4			90~47.9	5.5			24	175	210
11	Hydro Multi-BE 2CME10-5		0.7~0.8	5.55	CME10-5			113.3~59.9	5.5			24	180	216

表 16.2-10

Grundfos 系列全变频恒压供水设备性能参数表（两用一备、三用一备卧式泵组）

序号	设备型号	设备流量 (m³/h)	供水压力 (MPa)	设备运行总功率 (kW)	卧式多级水泵					吸水总管公称尺寸 DN	出水总管公称尺寸 DN	气压水罐容积 (L)	设备净重 (kg)	运行质量 (kg)
					水泵型号	台数	单泵流量 (m³/h)	单泵扬程 (m)	单泵功率 (kW)					
1	Hydro Multi-BE 3CME5-2	13	0.2	2.24	CME5-2	3	3.5~7.6	24.4~16.6	1.1	65	65	18	153	189
2	Hydro Multi-BE 3CME5-3		0.3	2.24	CME5-3			37.2~24.3	1.1			18	153	189
3	Hydro Multi-BE 3CME5-4		0.4	3.04	CME5-4			50.3~32.5	1.5			18	160	192
4	Hydro Multi-BE 3CME5-5		0.5	4.44	CME5-5			63.7~40.8	2.2			18	173	208
5	Hydro Multi-BE 3CME5-6		0.6	4.44	CME5-6			77.2~48	2.2			18	173	208
6	Hydro Multi-BE 3CME5-7		0.7	6.04	CME5-7			91.5~56.7	3			18	187	224
7	Hydro Multi-BE 3CME5-8		0.8	6.04	CME5-8			103.6~64.4	3			18	187	224
8	Hydro Multi-BE 3CME10-2	30	0.2~0.3	4.44	CME10-2	3	6.5~18.3	46~19	2.2	80	80	24	229	275
9	Hydro Multi-BE 3CME10-3		0.4~0.5	8.05	CME10-3			70~38	4			24	239	287
10	Hydro Multi-BE 3CME10-4		0.6	11.05	CME10-4			90~47.9	5.5			24	254	305
11	Hydro Multi-BE 3CME10-5		0.7~0.8	11.05	CME10-5			113.3~59.9	5.5			24	254	305

续表

卧式多级水泵

序号	设备型号	设备流量 (m³/h)	供水压力 (MPa)	设备运行总功率 (kW)	水泵型号	台数	单泵流量 (m³/h)	单泵扬程 (m)	单泵功率 (kW)	吸水总管公称尺寸 DN	出水总管公称尺寸 DN	气压水罐容积 (L)	设备净重 (kg)	运行质量 (kg)
12	Hydro Multi-BE 4CME10-2	45	0.2~0.3	6.64	CME10-2	4	6.5~18.3	46~19	2.2	100	100	24	298	358
13	Hydro Multi-BE 4CME10-3		0.4~0.5	12.05	CME10-3			70~38	4			24	318	382
14	Hydro Multi-BE 4CME10-4		0.6	16.55	CME10-4			90~47.9	5.5			24	334	401
15	Hydro Multi-BE 4CME10-5		0.7~0.8	16.55	CME10-5			113.3~59.9	5.5			24	334	401

表 16.2-11

Grundfos 系列全变频恒压供水设备性能参数表（一用一备立式泵组）

立式多级水泵

序号	设备型号	设备流量 (m³/h)	供水压力 (MPa)	设备运行总功率 (kW)	水泵型号	台数	单泵流量 (m³/h)	单泵扬程 (m)	单泵功率 (kW)	吸水总管公称尺寸 DN	出水总管公称尺寸 DN	气压水罐容积 (L)	设备净重 (kg)	运行质量 (kg)
1	Hydro MPC-E 2CRE5-4	8.5	0.2	1.14	CRE5-4	2	4~10.3	35~16.4	1.1	50	50	18	92	115
2	Hydro MPC-E 2CRE5-5		0.3	1.54	CRE5-5			44.6~22.8	1.5			18	94	117
3	Hydro MPC-E 2CRE5-7		0.4	2.24	CRE5-7			62.6~31.5	2.2			18	97	121
4	Hydro MPC-E 2CRE5-9		0.5	2.24	CRE5-9			79~39.7	2.2			18	97	121
5	Hydro MPC-E 2CRE5-10		0.6	3.04	CRE5-10			88.6~44	3			18	163	204
6	Hydro MPC-E 2CRE5-12		0.7	3.04	CRE5-12			105.5~53	3			18	163	204
7	Hydro MPC-E 2CRE5-14		0.8	4.05	CRE5-14			126.4~64.6	4			18	190	238
8	Hydro MPC-E 2CRE5-16		0.9~1.0	4.05	CRE5-16			144~74.3	4			18	190	238
9	Hydro MPC-E 2CRE5-18		1.1	5.55	CRE5-18			163.4~85	5.5			18	220	275
10	Hydro MPC-E 2CRE5-20		1.2~1.3	5.55	CRE5-20			181.3~94.6	5.5			18	220	275
11	Hydro MPC-E 2CRE5-22		1.4	5.55	CRE5-22			198~103.3	5.5			18	220	275
12	Hydro MPC-E 2CRE5-24		1.5	7.55	CRE5-24			218.2~112.2	7.5			18	228	285
13	Hydro MPC-E 2CRE10-2	13	0.2	1.54	CRE10-2	2	8~15.8	27.8~15.4	1.5	65	65	18	122	153
14	Hydro MPC-E 2CRE10-3		0.3	2.24	CRE10-3			41~22	2.2			18	124	155
15	Hydro MPC-E 2CRE10-4		0.4	3.04	CRE10-4			56.2~32	3			18	190	238
16	Hydro MPC-E 2CRE10-5		0.5	3.04	CRE10-5			70~40	3			18	190	238
17	Hydro MPC-E 2CRE10-6		0.6	4.05	CRE10-6			86~50	4			18	216	270
18	Hydro MPC-E 2CRE10-7		0.7~0.8	5.55	CRE10-7			101~58.8	5.5			18	254	318
19	Hydro MPC-E 2CRE10-8		0.9	5.55	CRE10-8			114.8~67	5.5			18	254	318

续表

序号	设备型号	设备流量 (m³/h)	供水压力 (MPa)	设备运行总功率 (kW)	水泵型号	台数	立式多级水泵 单泵流量 (m³/h)	单泵扬程 (m)	单泵功率 (kW)	吸水总管公称尺寸 DN	出水总管公称尺寸 DN	气压水罐容积 (L)	设备净重 (kg)	运行质量 (kg)
20	Hydro MPC-E 2CRE10-9	13	1.0	5.55	CRE10-9			129~76	5.5			18	254	318
21	Hydro MPC-E 2CRE10-10		1.1	7.55	CRE10-10			144~79.8	7.5			18	268	335
22	Hydro MPC-E 2CRE10-12		1.2~1.3	7.55	CRE10-12	2	8~15.8	172.3~101.2	7.5	65	65	18	268	335
23	Hydro MPC-E 2CRE10-14		1.4~1.5	11.05	CRE10-14			199~116.3	11			18	456	570
24	Hydro MPC-E 2CRE10-17		1.6	11.05	CRE10-17			259~152.1	11			18	456	570
25	Hydro MPC-E 2CRE15-2	22	0.2	3.04	CRE15-2			36.8~19.6	3			80	214	268
26	Hydro MPC-E 2CRE15-3		0.3~0.4	4.05	CRE15-3			57~27.3	4			80	238	298
27	Hydro MPC-E 2CRE15-4		0.5	5.55	CRE15-4			76~44.2	5.5			80	276	345
28	Hydro MPC-E 2CRE15-5		0.6~0.7	7.55	CRE15-5	2	12~28.4	94.9~55.5	7.5	80	80	80	286	358
29	Hydro MPC-E 2CRE15-7		0.8~1.0	11.05	CRE15-7			135~78.7	11			80	494	618
30	Hydro MPC-E 2CRE15-8		1.1	11.05	CRE15-8			153.6~90.4	11			80	494	618
31	Hydro MPC-E 2CRE15-10		1.2~1.4	15.06	CRE15-10			194.4~114.3	15			80	534	668
32	Hydro MPC-E 2CRE15-12		1.5~1.6	18.56	CRE15-12			232.6~138	18.5			80	564	705

表 16.2-12

Grundfos 系列全变频恒压供水设备性能参数表(两用一备立式泵组)

序号	设备型号	设备流量 (m³/h)	供水压力 (MPa)	设备运行总功率 (kW)	水泵型号	台数	立式多级水泵 单泵流量 (m³/h)	单泵扬程 (m)	单泵功率 (kW)	吸水总管公称尺寸 DN	出水总管公称尺寸 DN	气压水罐容积 (L)	设备净重 (kg)	运行质量 (kg)
1	Hydro MPC-E 3CRE10-2	26	0.2	3.04	CRE10-2	3	8~15.8	27.8~15.4	1.5	80	80	24	213	266
2	Hydro MPC-E 3CRE10-3		0.3	4.44	CRE10-3			41~22	2.2			24	216	270
3	Hydro MPC-E 3CRE10-4		0.4	6.04	CRE10-4			56.2~32	3			24	315	394
4	Hydro MPC-E 3CRE10-5		0.5	6.04	CRE10-5			70~40	3			24	315	394
5	Hydro MPC-E 3CRE10-6		0.6	8.05	CRE10-6			86~50	4			24	366	458
6	Hydro MPC-E 3CRE10-7		0.7~0.8	11.05	CRE10-7			101~58.8	5.5			24	411	514
7	Hydro MPC-E 3CRE10-8		0.9	11.05	CRE10-8			114.8~67	5.5			24	411	514
8	Hydro MPC-E 3CRE10-9		1.0	11.05	CRE10-9			129~76	5.5			24	411	514
9	Hydro MPC-E 3CRE10-10		1.1	15.05	CRE10-10			144~79.8	7.5			24	432	540
10	Hydro MPC-E 3CRE10-12		1.2~1.3	15.05	CRE10-12			172.3~101.2	7.5			24	432	540

续表

序号	设备型号	设备流量 (m³/h)	供水压力 (MPa)	设备运行总功率 (kW)	水泵型号	立式多级水泵 台数	单泵流量 (m³/h)	单泵扬程 (m)	单泵功率 (kW)	吸水总管公称尺寸 DN	出水总管公称尺寸 DN	气压水罐容积 (L)	设备净重 (kg)	运行质量 (kg)
11	Hydro MPC-E 3CRE10-14	26	1.4~1.5	22.05	CRE10-14	3	8~15.8	199~116.3	11	80	80	24	714	893
12	Hydro MPC-E 3CRE10-17		1.6	22.05	CRE10-17			259~152.1	11			24	714	893
13	Hydro MPC-E 3CRE15-2		0.2	6.04	CRE15-2			36.8~19.6	3			50	327	409
14	Hydro MPC-E 3CRE15-3		0.3~0.4	8.05	CRE15-3			57~27.3	4			50	375	469
15	Hydro MPC-E 3CRE15-4	44	0.5~0.6	11.05	CRE15-4	3	12~28.4	76~44.2	5.5	65	65	50	420	525
16	Hydro MPC-E 3CRE15-5		0.7	15.05	CRE15-5			94.9~55.5	7.5			50	436	545
17	Hydro MPC-E 3CRE15-7		0.8~1.1	22.05	CRE15-7			135~78.7	11			50	744	930
18	Hydro MPC-E 3CRE15-8		1.2	22.05	CRE15-8			153.6~90.4	11			50	744	930
19	Hydro MPC-E 3CRE15-10		1.3~1.5	30.06	CRE15-10			194.4~114.3	15			50	804	1005
20	Hydro MPC-E 3CRE15-12		1.6	37.06	CRE15-12			232.6~138	18.5			50	849	1061

表 16.2-13 Grundfos 系列全变频恒压供水设备性能参数表（三用一备立式泵组）

序号	设备型号	设备流量 (m³/h)	供水压力 (MPa)	设备运行总功率 (kW)	水泵型号	立式多级水泵 台数	单泵流量 (m³/h)	单泵扬程 (m)	单泵功率 (kW)	吸水总管公称尺寸 DN	出水总管公称尺寸 DN	气压水罐容积 (L)	设备净重 (kg)	运行质量 (kg)
1	Hydro MPC-E 4CRE10-2	40	0.2	4.54	CRE10-2	4	8~15.8	27.8~15.4	1.5	100	100	24	249	311
2	Hydro MPC-E 4CRE10-3		0.3	6.64	CRE10-3			41~22	2.2			24	253	316
3	Hydro MPC-E 4CRE10-4		0.4~0.5	9.04	CRE10-4			56.2~32	3			24	397	496
4	Hydro MPC-E 4CRE10-5		0.6	9.04	CRE10-5			70~40	3			24	397	496
5	Hydro MPC-E 4CRE10-6		0.7~0.8	12.05	CRE10-6			86~50	3			24	450	546
6	Hydro MPC-E 4CRE10-7		0.9	16.55	CRE10-7			101~58.8	5.5			24	513	641
7	Hydro MPC-E 4CRE10-8		1.0	16.55	CRE10-8			114.8~67	5.5			24	513	641
8	Hydro MPC-E 4CRE10-9		1.0~1.2	16.55	CRE10-9			129~76	5.5			24	513	641
9	Hydro MPC-E 4CRE10-10		1.3	22.55	CRE10-10			144~79.8	7.5			24	541	676
10	Hydro MPC-E 4CRE10-12		1.4~1.6	22.55	CRE10-12			172.3~101.2	7.5			24	541	676

续表

序号	设备型号	设备流量 (m³/h)	供水压力 (MPa)	设备运行总功率 (kW)	水泵型号	台数	立式多级水泵 单泵流量 (m³/h)	单泵扬程 (m)	单泵功率 (kW)	吸水总管公称尺寸 DN	出水总管公称尺寸 DN	气压水罐容积 (L)	设备净重 (kg)	运行质量 (kg)
11	Hydro MPC-E 4CRE15-2	48	0.2~0.3	9.04	CRE15-2	4	12~28.4	36.8~19.6	3	100	100	24	462	578
12	Hydro MPC-E 4CRE15-3		0.4~0.5	12.05	CRE15-3			57~27.3	4			24	518	648
13	Hydro MPC-E 4CRE15-4		0.6~0.7	16.55	CRE15-4			76~44.2	5.5			24	577	721
14	Hydro MPC-E 4CRE15-5		0.8	22.55	CRE15-5			94.9~55.5	7.5			24	605	756
15	Hydro MPC-E 4CRE15-6		0.9	33.05	CRE15-6			96.2~56.1	11			24	1020	1275
16	Hydro MPC-E 4CRE15-7		1.0~1.2	33.05	CRE15-7			135~78.7	11			24	1020	1275
17	Hydro MPC-E 4CRE15-8		1.3~1.4	33.05	CRE15-8			153.6~90.4	11			24	1020	1275
18	Hydro MPC-E 4CRE15-10		1.5~1.6	45.06	CRE15-10			194.4~114.3	15			24	1112	1390
19	Hydro MPC-E 4CRE15-2	66	0.2	9.04	CRE15-2	4	12~28.4	36.8~19.6	3	125	125	50	462	578
20	Hydro MPC-E 4CRE15-3		0.3~0.4	12.05	CRE15-3			57~27.3	4			50	518	648
21	Hydro MPC-E 4CRE15-4		0.5~0.6	16.55	CRE15-4			76~44.2	5.5			50	577	721
22	Hydro MPC-E 4CRE15-5		0.7	22.55	CRE15-5			94.9~55.5	7.5			50	605	756
23	Hydro MPC-E 4CRE15-7		0.8~1.1	33.05	CRE15-7			135~78.7	11			50	1020	1275
24	Hydro MPC-E 4CRE15-8		1.2	33.05	CRE15-8			153.6~90.4	11			50	1020	1275
25	Hydro MPC-E 4CRE15-10		1.3~1.5	45.06	CRE15-10			194.4~114.3	15			50	1112	1390
26	Hydro MPC-E 4CRE15-12		1.6	55.56	CRE15-12			232.6~138	18.5			50	1176	1470
27	Hydro MPC-E 4CRE15-2	72	0.2	9.04	CRE15-2	4	12~28.4	36.8~19.6	3	125	125	50	462	578
28	Hydro MPC-E 4CRE15-3		0.3~0.4	12.05	CRE15-3			57~27.3	4			50	518	648
29	Hydro MPC-E 4CRE15-4		0.5	16.55	CRE15-4			76~44.2	5.5			50	577	721
30	Hydro MPC-E 4CRE15-5		0.6~0.7	22.55	CRE15-5			94.9~55.5	7.5			50	605	756
31	Hydro MPC-E 4CRE15-7		0.8~1.0	33.05	CRE15-7			135~78.7	11			50	1020	1275
32	Hydro MPC-E 4CRE15-8		1.1	33.05	CRE15-8			153.6~90.4	11			50	1020	1275

续表

序号	设备型号	设备流量(m³/h)	供水压力(MPa)	设备运行总功率(kW)	立式多级水泵					吸水总管公称尺寸DN	出水总管公称尺寸DN	气压水罐容积(L)	设备净重(kg)	运行质量(kg)
					水泵型号	台数	单泵流量(m³/h)	单泵扬程(m)	单泵功率(kW)					
33	Hydro MPC-E 4CRE15-10	72	1.2~1.4	45.06	CRE15-10	4	12~28.4	194.4~114.3	15	125	125	50	1112	1390
34	Hydro MPC-E 4CRE15-12		1.5~1.6	55.56	CRE15-12			232.6~138	18.5			50	1176	1390
35	Hydro MPC-E 4CRE20-2		0.2	12.05	CRE20-2	4	16~35.3	38.9~19.1	4	150	150	50	522	653
36	Hydro MPC-E 4CRE20-3		0.3~0.4	16.55	CRE20-3			58.8~30	5.5			50	586	733
37	Hydro MPC-E 4CRE20-4		0.5	22.55	CRE20-4			78.6~41.1	7.5			50	608	760
38	Hydro MPC-E 4CRE20-5	90	0.6~0.7	33.05	CRE20-5			80.3~41.7	11			50	1033	1291
39	Hydro MPC-E 4CRE20-6		0.8	33.05	CRE20-6			120.4~59	11			50	1033	1291
40	Hydro MPC-E 4CRE20-7		0.9~1.0	45.06	CRE20-7			141.5~76.3	15			50	1161	1451
41	Hydro MPC-E 4CRE20-8		1.1	45.06	CRE20-8			160.6~87.3	15			50	1161	1451
42	Hydro MPC-E 4CRE20-10		1.2~1.4	55.56	CRE20-10			202~109.7	18.5			50	1188	1485

Grundfos 系列全变频恒压供水设备性能参数表（四用一备立式泵组）　表 16.2-14

序号	设备型号	设备流量(m³/h)	供水压力(MPa)	设备运行总功率(kW)	立式多级水泵					吸水总管公称尺寸DN	出水总管公称尺寸DN	气压水罐容积(L)	设备净重(kg)	运行质量(kg)
					水泵型号	台数	单泵流量(m³/h)	单泵扬程(m)	单泵功率(kW)					
1	Hydro MPC-E 5CRE15-2	96	0.2	12.04	CRE15-2	5	12~28.4	36.8~19.6	3	150	150	50	526	658
2	Hydro MPC-E 5CRE15-3		0.3~0.4	16.05	CRE15-3			57~27.3	4			50	598	748
3	Hydro MPC-E 5CRE15-4		0.5~0.6	22.05	CRE15-4			76~44.2	5.5			50	682	853
4	Hydro MPC-E 5CRE15-5		0.7	30.05	CRE15-5			94.9~55.5	7.5			50	719	899
5	Hydro MPC-E 5CRE15-7		0.8~1.1	44.05	CRE15-7			135~78.7	11			50	1223	1529
6	Hydro MPC-E 5CRE15-8		1.2	44.05	CRE15-8			153.6~90.4	11			50	1223	1529
7	Hydro MPC-E 5CRE15-10		1.3~1.5	60.06	CRE15-10			194.4~114.3	15			50	1323	1654
8	Hydro MPC-E 5CRE15-12		1.6	74.06	CRE15-12			232.6~138	18.5			50	1398	1748

续表

序号	设备型号	设备流量 (m³/h)	供水压力 (MPa)	设备运行总功率 (kW)	立式多级水泵					吸水总管公称尺寸 DN	出水总管公称尺寸 DN	气压水罐容积 (L)	设备净重 (kg)	运行质量 (kg)
					水泵型号	台数	单泵流量 (m³/h)	单泵扬程 (m)	单泵功率 (kW)					
9	Hydro MPC-E 5CRE20-2	120	0.2	16.05	CRE20-2	5	16~35.3	38.9~19.1	4	150	150	50	593	741
10	Hydro MPC-E 5CRE20-3		0.3~0.4	22.05	CRE20-3			58.8~30	5.5			50	672	840
11	Hydro MPC-E 5CRE20-4		0.5	30.05	CRE20-4			78.6~41.1	7.5			50	714	893
12	Hydro MPC-E 5CRE20-5		0.6~0.7	44.05	CRE20-5			80.3~41.7	11			50	1208	1510
13	Hydro MPC-E 5CRE20-6		0.8	44.05	CRE20-6			120.4~59	11			50	1208	1510
14	Hydro MPC-E 5CRE20-7		0.9~1.0	60.06	CRE20-7			141.5~76.3	15			50	1368	1710
15	Hydro MPC-E 5CRE20-8		1.1	60.06	CRE20-8			160.6~87.3	15			50	1368	1710
16	Hydro MPC-E 5CRE20-10		1.2~1.4	74.06	CRE20-10			202~109.7	18.5			50	1411	1764
17	Hydro MPC-E 5CRE32-2-1	130	0.2~0.3	22.05	CRE32-2-1	5	28~46	43.08~19.2	5.5	200	200	80	745	931
81	Hydro MPC-E 5CRE32-3		0.4~0.6	44.05	CRE32-3			77.2~44.4	11			80	1227	1534
19	Hydro MPC-E 5CRE32-4		0.7~0.8	60.06	CRE32-4			103.8~60.2	15			80	1353	1691
20	Hydro MPC-E 5CRE32-5-2		0.9	60.06	CRE32-5-2			118.1~69	15			80	1353	1691
21	Hydro MPC-E 5CRE32-6		1.0~1.2	74.06	CRE32-6			155.6~89.5	18.5			80	1428	1785
22	Hydro MPC-E 5CRE32-7		1.3~1.4	88.06	CRE32-7			181.3~105.8	22			80	1508	1885

Grundfos 系列全变频恒压供水设备性能参数表(五用一备立式泵组)

表 16.2-15

序号	设备型号	设备流量 (m³/h)	供水压力 (MPa)	设备运行总功率 (kW)	立式多级水泵					吸水总管公称尺寸 DN	出水总管公称尺寸 DN	气压水罐容积 (L)	设备净重 (kg)	运行质量 (kg)
					水泵型号	台数	单泵流量 (m³/h)	单泵扬程 (m)	单泵功率 (kW)					
1	Hydro MPC-E 6CRE32-2-1	200	0.2~0.3	27.55	CRE32-2-1	6	25~48.4	43.8~19.2	5.5	200	200	80	885	1106
2	Hydro MPC-E 6CRE32-3		0.4~0.6	55.05	CRE32-3			77.2~44.4	11			80	1481	1851
3	Hydro MPC-E 6CRE32-4		0.7~0.8	75.06	CRE32-4			103.8~60.2	15			80	1603	2004
4	Hydro MPC-E 6CRE32-5-2		0.9	75.06	CRE32-5-2			118.1~69	15			80	1603	2004
5	Hydro MPC-E 6CRE32-6		1.0~1.2	92.56	CRE32-6			155.6~89.5	18.5			80	1693	2116
6	Hydro MPC-E 6CRE32-7		1.3~1.4	110.06	CRE32-7			181.3~105.8	22			80	1789	2236
7	Hydro MPC-E 6CRE45-1	300	0.2	37.55	CRE45-1	6	35~70.6	32.9~19.2	7.5	250	250	120	1044	1305
8	Hydro MPC-E 6CRE45-2-2		0.3~0.4	75.06	CRE45-2-2			58.1~28	15			120	1676	2095
9	Hydro MPC-E 6CRE45-2		0.5	75.06	CRE45-2			69.4~40.9	15			120	1676	2095
10	Hydro MPC-E 6CRE45-3		0.6~0.7	92.56	CRE45-3			103.6~60	18.5			120	1926	2408
11	Hydro MPC-E 6CRE45-4-2		0.8~0.9	110.06	CRE45-4-2			124.5~74.7	22			120	2185	2731
12	Hydro MPC-E 6CRE64-2-1	425	0.4	92.56	CRE64-2-1	6	50~103	66.6~35.4	18.5	300	300	120	1510	1888
13	Hydro MPC-E 6CRE64-2		0.5~0.6	110.06	CRE64-2			76.9~48	22			120	2198	2748
14	Hydro MPC-E 6CRE90-2-2	525	0.4	92.56	CRE90-2-2	6	70~136	55.8~11.4	18.5	350	350	180	1870	2338
15	Hydro MPC-E 6CRE90-2-1		0.5~0.6	110.06	CRE90-2-1			67.8~22.8	22			180	2226	2782

16.2.5　dooch 系列全变频恒压供水设备

1. 型号说明

（1）全变频恒压供水设备（配置立式多级水泵）

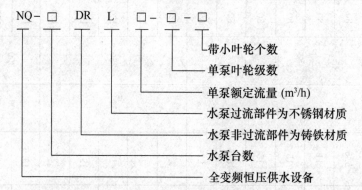

NQ-□ DR L □-□-□

- 带小叶轮个数
- 单泵叶轮级数
- 单泵额定流量 (m³/h)
- 水泵过流部件为不锈钢材质
- 水泵非过流部件为铸铁材质
- 水泵台数
- 全变频恒压供水设备

（2）微型全变频恒压供水设备（配置微型不锈钢多级水泵）

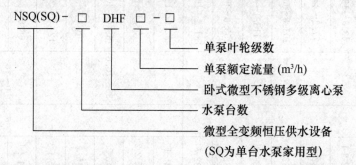

NSQ(SQ)-□ DHF □-□

- 单泵叶轮级数
- 单泵额定流量 (m³/h)
- 卧式微型不锈钢多级离心泵
- 水泵台数
- 微型全变频恒压供水设备
  (SQ为单台水泵家用型)

2. 设备组成及主要部件（见图 16.2-8）

3. 性能参数（见表 16.2-16～表 16.2-19）

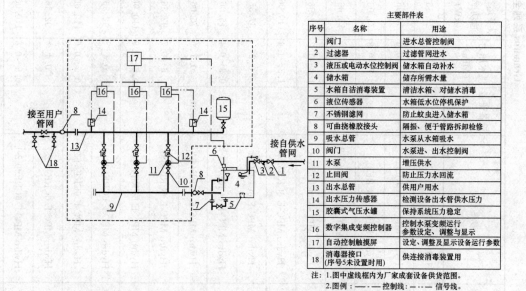

主要部件表

序号	名称	用途
1	阀门	进水总管控制阀
2	过滤器	过滤管网进水
3	液压或电动水位控制阀	储水箱自动补水
4	储水箱	储存所需水量
5	水箱自洁消毒装置	清洁水箱、对储水消毒
6	液位传感器	水箱低水位停机保护
7	不锈钢滤网	防止蚊虫进入储水箱
8	可曲挠橡胶接头	隔振、便于管路拆卸检修
9	吸水总管	水泵从水箱吸水
10	阀门	水泵进、出水控制阀
11	水泵	增压供水
12	止回阀	防止压力水回流
13	出水总管	供用户用水
14	出水压力传感器	检测设备出水管供水压力
15	胶囊式气压水罐	保持系统压力稳定
16	数字集成变频控制器	控制水泵变频运行参数设定、调整与显示
17	自动控制触摸屏	设定、调整及显示设备运行参数
18	消毒器接口（序号5未设置时用）	供连接消毒装置用

注：1. 图中虚线框内为厂家成套设备供货范围。
　　2. 图例：—·—控制线；———信号线。

图 16.2-8　dooch 系列全变频恒压供水设备组成及控制原理

dooch 系列全变频恒压供水设备性能参数（一用一备立式泵组） 表 16.2-16

序号	设备型号	设备流量 (m³/h)	供水压力 (MPa)	设备运行总功率 (kW)	立式多级水泵					吸、出水总管公称尺寸 DN	气压水罐容积 (L)	设备净重 (kg)	运行质量 (kg)
					水泵型号	台数	单泵流量 (m³/h)	单泵扬程 (m)	单泵功率 (kW)				
1	NQ-2DRL3-4	3	0.2	0.39	DRL3-4	2	2~4	23~12	0.37	50	110	263	343
2	NQ-2DRL3-7		0.3	0.57	DRL3-7			40~22	0.55	50	110	266	346
3	NQ-2DRL3-9		0.4	0.77	DRL3-9			51~30	0.75	50	110	272	352
4	NQ-2DRL3-11		0.5	1.12	DRL3-11			63~37	1.1	50	110	378	358
5	NQ-2DRL3-13		0.6	1.12	DRL3-13			73~42	1.1	50	110	280	360
6	NQ-2DRL3-15		0.7	1.12	DRL3-15			84~48	1.1	50	110	282	362
7	NQ-2DRL3-17		0.8	1.52	DRL3-17			99~58	1.5	50	110	296	376
8	NQ-2DRL3-19		0.9	1.52	DRL3-19			110~64	1.5	50	110	298	378
9	NQ-2DRL3-21		1.0	2.22	DRL3-21			123~73	2.2	50	110	300	380
10	NQ-2DRL3-25		1.2	2.22	DRL3-25			145~86	2.2	50	110	302	382
11	NQ-2DRL3-29		1.4	2.22	DRL3-29			168~99	2.2	50	110	306	386
12	NQ-2DRL3-33		1.6	3.02	DRL3-33			193~114	3	50	110	318	398
13	NQ-2DRL4-3	5	0.2	0.57	DRL4-3	2	3~6	26~17	0.55	50	110	260	340
14	NQ-2DRL4-4		0.3	0.77	DRL4-4			35~26	0.75	50	110	260	340
15	NQ-2DRL4-6		0.4	1.12	DRL4-6			53~39	1.1	50	110	270	350
16	NQ-2DRL4-7		0.5	1.52	DRL4-7			61~46	1.5	50	110	280	360
17	NQ-2DRL4-8		0.6	1.52	DRL4-8			70~52	1.5	50	110	280	360
18	NQ-2DRL4-10		0.7	2.22	DRL4-10			88~65	2.2	50	110	280	360
19	NQ-2DRL4-11		0.8	2.22	DRL4-11			96~72	2.2	50	110	280	360
20	NQ-2DRL4-12		0.9	2.22	DRL4-12			105~78	2.2	50	110	290	370
21	NQ-2DRL4-14		1.0	3.02	DRL4-14			123~91	3	50	110	290	370
22	NQ-2DRL4-17		1.2	4.02	DRL4-17			149~111	4	50	110	300	380
23	NQ-2DRL4-19		1.4	4.02	DRL4-19			146~124	4	50	110	311	391
24	NQ-2DRL4-22		1.6	4.02	DRL4-22			193~143	4	50	110	331	411

续表

序号	设备型号	设备流量 (m³/h)	供水压力 (MPa)	设备运行总功率 (kW)	水泵型号	立式多级水泵				吸、出水总管公称尺寸 DN	气压水罐容积 (L)	设备净重 (kg)	运行质量 (kg)
						台数	单泵流量 (m³/h)	单泵扬程 (m)	单泵功率 (kW)				
25	NQ-2DRL10-3	10	0.2	1.12	DRL10-3	2	6~12	30~18	1.1	65	110	351	452
26	NQ-2DRL10-4		0.3	1.52	DRL10-4			40~25	1.5	65	110	355	453
27	NQ-2DRL10-5		0.4	2.22	DRL10-5			50~33	2.2	65	110	359	461
28	NQ-2DRL10-6		0.5	2.22	DRL10-6			60~39	2.2	65	110	359	461
29	NQ-2DRL10-8		0.6	3.02	DRL10-8			80~52	3	65	110	363	469
30	NQ-2DRL10-9		0.7	3.02	DRL10-9			90~59	3	65	110	363	469
31	NQ-2DRL10-10		0.8	4.02	DRL10-10			100~66	4	65	110	375	472
32	NQ-2DRL10-11		0.9	4.02	DRL10-11			110~70	4	65	110	375	472
33	NQ-2DRL10-13		1.0	4.02	DRL10-13			130~85	4	65	110	375	472
34	NQ-2DRL10-15		1.2	5.52	DRL10-15			150~100	5.5	65	110	376	475
35	NQ-2DRL10-17		1.4	5.52	DRL10-17			170~115	5.5	65	110	376	475
36	NQ-2DRL10-19		1.6	7.52	DRL10-19			190~129	7.5	65	110	383	488
37	NQ-2DRL15-2	15	0.2	2.22	DRL15-2	2	10~22	26~17	2.2	80	110	413	512
38	NQ-2DRL15-3		0.3	3.02	DRL15-3			39~24	3	80	110	422	519
39	NQ-2DRL15-4		0.4	4.02	DRL15-4			52~25	4	80	110	426	525
40	NQ-2DRL15-5		0.5~0.6	4.02	DRL15-5			65~42	4	80	110	426	525
41	NQ-2DRL15-6		0.7	5.52	DRL15-6			79~52	5.5	80	110	433	529
42	NQ-2DRL15-7		0.8	5.52	DRL15-7			91~60	5.5	80	110	433	529
43	NQ-2DRL15-8		0.9	7.52	DRL15-8			106~70	7.5	80	110	439	543
44	NQ-2DRL15-9		1.0	7.52	DRL15-9			119~78	7.5	80	110	439	543
45	NQ-2DRL15-10		1.2	11.02	DRL15-10			132~89	11	80	110	510	621
46	NQ-2DRL15-12		1.4	11.02	DRL15-12			160~105	11	80	110	510	621
47	NQ-2DRL15-14		1.6	11.02	DRL15-14			184~122	11	80	110	510	621

表 16.2-17

dooch 系列全变频恒压供水设备性能参数（两用一备立式泵组）

序号	设备型号	设备流量 (m³/h)	供水压力 (MPa)	设备运行总功率 (kW)	水泵型号	立式多级水泵 台数	单泵流量 (m³/h)	单泵扬程 (m)	单泵功率 (kW)	吸、出水总管公称尺寸 DN	气压水罐容积 (L)	设备净重 (kg)	运行质量 (kg)
1	NQ-3DRL10-3	20	0.2	2.22	DRL10-3	3	6~12	30~18	1.1	80	110	407	553
2	NQ-3DRL10-4		0.3	3.02	DRL10-4			40~25	1.5	80	110	412	559
3	NQ-3DRL10-5		0.4	4.42	DRL10-5			50~33	2.2	80	110	413	563
4	NQ-3DRL10-6		0.5	4.42	DRL10-6			60~39	2.2	80	110	413	563
5	NQ-3DRL10-8		0.6	6.02	DRL10-8			80~52	3	80	110	429	575
6	NQ-3DRL10-9		0.7	6.02	DRL10-9			90~59	3	80	110	429	575
7	NQ-3DRL10-10		0.8	8.02	DRL10-10			100~66	4	80	110	451	621
8	NQ-3DRL10-11		0.9	8.02	DRL10-11			110~70	4	80	110	451	621
9	NQ-3DRL10-13		1.0	8.02	DRL10-13			130~85	4	80	110	451	621
10	NQ-3DRL10-15		1.2	11.02	DRL10-15			150~100	5.5	80	110	463	635
11	NQ-3DRL10-17		1.4	11.02	DRL10-17			170~115	5.5	80	110	463	635
12	NQ-3DRL10-19		1.6	15.03	DRL10-19			190~129	7.5	80	110	466	650
13	NQ-3DRL15-2	30	0.2	4.42	DRL15-2	3	10~22	26~17	2.2	100	110	459	630
14	NQ-3DRL15-3		0.3	6.02	DRL15-3			39~24	3	100	110	464	645
15	NQ-3DRL15-4		0.4	8.02	DRL15-4			52~35	4	100	110	473	650
16	NQ-3DRL15-5		0.5~0.6	8.02	DRL15-5			65~42	4	100	110	473	650
17	NQ-3DRL15-6		0.7	11.02	DRL15-6			79~52	5.5	100	110	481	661
18	NQ-3DRL15-7		0.8	11.02	DRL15-7			91~60	5.5	100	110	481	661
19	NQ-3DRL15-8		0.9	15.03	DRL15-8			106~70	7.5	100	110	492	675
20	NQ-3DRL15-9		1.0	15.03	DRL15-9			119~78	7.5	100	110	492	675
21	NQ-3DRL15-10		1.2	22.03	DRL15-10			132~89	11	100	110	653	800
22	NQ-3DRL15-12		1.4	22.03	DRL15-12			160~105	11	100	110	653	800
23	NQ-3DRL15-14		1.6	22.03	DRL15-14			184~122	11	100	110	653	800

续表

序号	设备型号	设备流量 (m³/h)	供水压力 (MPa)	设备运行总功率 (kW)	立式多级水泵					吸、出水总管公称尺寸 DN	气压水罐容积 (L)	设备净重 (kg)	运行质量 (kg)
					水泵型号	台数	单泵流量 (m³/h)	单泵扬程 (m)	单泵功率 (kW)				
24	NQ-3DRL20-2	40	0.2	4.42	DRL20-2	3	12~28	25~15	2.2	100	110	511	653
25	NQ-3DRL20-3		0.3	8.02	DRL20-3			41~23	4	100	110	515	655
26	NQ-3DRL20-4		0.4	11.02	DRL20-4			57~32	5.5	100	110	520	659
27	NQ-3DRL20-5		0.6	11.02	DRL20-5			70~40	5.5	100	110	520	659
28	NQ-3DRL20-6		0.7	15.03	DRL20-6			83~49	7.5	100	110	525	663
29	NQ-3DRL20-7		0.8	15.03	DRL20-7			98~57	7.5	100	110	525	663
30	NQ-3DRL20-8		0.9	22.03	DRL20-8			114~66	11	100	110	710	850
31	NQ-3DRL20-10		1.2	22.03	DRL20-10			140~82	11	100	110	710	850
32	NQ-3DRL20-12		1.4	30.03	DRL20-12			170~100	15	100	110	725	865
33	NQ-3DRL20-13		1.6	30.03	DRL20-13			180~110	15	100	110	725	865
34	NQ-3DRL20-2	50	0.2	4.42	DRL20-2	3	12~28	25~15	2.2	100	110	511	653
35	NQ-3DRL20-3		0.3	8.02	DRL20-3			41~23	4	100	110	515	655
36	NQ-3DRL20-4		0.4	11.02	DRL20-4			57~32	5.5	100	110	520	659
37	NQ-3DRL20-5		0.5	11.02	DRL20-5			70~40	5.5	100	110	520	659
38	NQ-3DRL20-6		0.6	15.03	DRL20-6			83~49	7.5	100	110	525	663
39	NQ-3DRL20-7		0.7	15.03	DRL20-7			98~57	7.5	100	110	525	663
40	NQ-3DRL20-8		0.8	22.03	DRL20-8			114~66	11	100	110	710	850
41	NQ-3DRL20-9		0.9	22.03	DRL20-9			140~82	11	100	110	710	850
42	NQ-3DRL20-10		1.0	22.03	DRL20-10			170~100	11	100	110	710	850
43	NQ-3DRL20-12		1.2	30.03	DRL20-12			180~110	15	100	110	725	865
44	NQ-3DRL20-14		1.4	30.03	DRL20-14			197~117	15	100	110	725	865
45	NQ-3DRL20-17		1.6	37.03	DRL20-17			241~144	18.5	100	110	731	871

dooch 系列全变频恒压供水设备性能参数（三用一备立式泵组）

表 16.2-18

序号	设备型号	设备流量 (m³/h)	供水压力 (MPa)	设备运行总功率 (kW)	立式多级水泵					吸、出水总管公称尺寸 DN	气压水罐容积 (L)	设备净重 (kg)	运行质量 (kg)
					水泵型号	台数	单泵流量 (m³/h)	单泵扬程 (m)	单泵功率 (kW)				
1	NQ-4DRL20-2	60	0.2	6.62	DRL20-2	4	12~28	25~15	2.2	150	200	610	755
2	NQ-4DRL20-3		0.3	12.02	DRL20-3			41~23	4	150	200	625	759
3	NQ-4DRL20-4		0.4~0.5	16.52	DRL20-4			57~32	5.5	150	200	631	763
4	NQ-4DRL20-5		0.6	16.52	DRL20-5			70~40	5.5	150	200	631	763
5	NQ-4DRL20-6		0.7	22.52	DRL20-6			83~49	7.5	150	200	645	775
6	NQ-4DRL20-7		0.8	22.52	DRL20-7			98~57	7.5	150	200	645	775
7	NQ-4DRL20-8		0.9~1.0	33.03	DRL20-8			114~66	11	150	200	855	1020
8	NQ-4DRL20-10		1.2	33.03	DRL20-10			140~82	11	150	200	855	1020
9	NQ-4DRL20-12		1.4	45.03	DRL20-12			170~100	15	150	200	875	1035
10	NQ-4DRL20-13		1.6	45.03	DRL20-13			180~110	15	150	200	875	1035
11	NQ-4DRL32-2-2	90	0.2	9.02	DRL32-2-2	4	20~36	27~17	3	200	200	1012	1205
12	NQ-4DRL32-2		0.3	12.02	DRL32-2			35~23	4	200	200	1015	1211
13	NQ-4DRL32-3		0.4	16.52	DRL32-3			52~37	5.5	200	200	1025	1218
14	NQ-4DRL32-4-2		0.5	22.52	DRL32-4-2			65~42	7.5	200	200	1044	1231
15	NQ-4DRL32-4		0.6	22.52	DRL32-4			70~48	7.5	200	200	1044	1231
16	NQ-4DRL32-5		0.7	33.03	DRL32-5			90~62	11	200	200	1321	1510
17	NQ-4DRL32-6-2		0.8	33.03	DRL32-6-2			101~67	11	200	200	1321	1510
18	NQ-4DRL32-6		0.9	33.03	DRL32-6			107~75	11	200	200	1321	1510
19	NQ-4DRL32-7-2		1.0	45.03	DRL32-7-2			120~81	15	200	200	1335	1545
20	NQ-4DRL32-8		1.2	45.03	DRL32-8			143~100	15	200	200	1335	1545
21	NQ-4DRL32-9		1.4	55.53	DRL32-9			162~115	18.5	200	200	1350	1555
22	NQ-4DRL32-11-2		1.6	66.05	DRL32-11-2			195~135	22	200	200	1365	1563

续表

序号	设备型号	设备流量 (m³/h)	供水压力 (MPa)	设备运行率总功率 (kW)	立式多级水泵					吸、出水总管公称尺寸 DN	气压水罐容积 (L)	设备净重 (kg)	运行质量 (kg)
					水泵型号	台数	单泵流量 (m³/h)	单泵扬程 (m)	单泵功率 (kW)				
23	NQ-4DRL45-1	120	0.2	12.02	DRL45-1	4	25~55	24~13	4	200	200	1410	1611
24	NQ-4DRL45-2-2		0.3	16.52	DRL45-2-2			40~22	5.5	200	200	1423	1619
25	NQ-4DRL45-2		0.4	22.52	DRL45-2			48~31	7.5	200	200	1435	1623
26	NQ-4DRL45-3-2		0.5	33.03	DRL45-3-2			66~40	11	200	200	1900	2115
27	NQ-4DRL45-3		0.6	33.03	DRL45-3			73~47	11	200	200	1900	2115
28	NQ-4DRL45-4-2		0.7	45.03	DRL45-4-2			91~56	15	200	200	1920	2133
29	NQ-4DRL45-4		0.8	45.03	DRL45-4			98~64	15	200	200	1920	2133
30	NQ-4DRL45-5-2		0.9~1.0	55.53	DRL45-5-2			117~72	18.5	200	200	1945	2145
31	NQ-4DRL45-6-2		1.2	66.05	DRL45-6-2			14190	22	200	200	1953	2156
32	NQ-4DRL64-1	180	0.2	16.52	DRL64-1	4	40~80	25~17	5.5	250	300	1525	1813
33	NQ-4DRL64-2-2		0.3	22.52	DRL64-2-2			38~19	7.5	250	300	1553	1821
34	NQ-4DRL64-2-1		0.4	33.03	DRL64-2-1			45~28	11	250	300	2010	2305
35	NQ-4DRL64-3-2		0.5	45.03	DRL64-3-2			65~40	15	250	300	2035	2316
36	NQ-4DRL64-3-1		0.6	45.03	DRL64-3-1			72~47	15	250	300	2035	2316
37	NQ-4DRL64-3		0.7	55.53	DRL64-3			80~56	18.5	250	300	2041	2332
38	NQ-4DRL64-4-2		0.8	55.53	DRL64-4-2			92~59	18.5	250	300	2041	2332
39	NQ-4DRL64-4		0.9	66.05	DRL64-4			106~75	22	250	300	2050	2345

dooch 系列全变频恒压供水设备性能参数（四用一备立式泵组）

表 16.2-19

序号	设备型号	设备流量 (m³/h)	供水压力 (MPa)	设备运行总功率 (kW)	立式多级水泵 水泵型号	台数	单泵流量 (m³/h)	单泵扬程 (m)	单泵功率 (kW)	吸、出水总管 公称尺寸 DN	气压水罐 容积 (L)	设备净重 (kg)	运行质量 (kg)
1	NQ-5DRL64-1	240	0.2	22.02	DRL64-1			25~17	5.5	300	500	1710	2017
2	NQ-5DRL64-2-2		0.3	30.02	DRL64-2-2			38~19	7.5	300	500	1723	2025
3	NQ-5DRL64-2-1		0.4	44.03	DRL64-2-1			45~28	11	300	500	2332	2622
4	NQ-5DRL64-3-2		0.5	60.03	DRL64-3-2	5	40~80	65~40	15	300	500	2345	2635
5	NQ-5DRL64-3-1		0.6	60.03	DRL64-3-1			72~47	15	300	500	2345	2635
6	NQ-5DRL64-3		0.7	74.03	DRL64-3			80~56	18.5	300	500	2356	2644
7	NQ-5DRL64-4-2		0.8	74.03	DRL64-4-2			92~59	18.5	300	500	2356	2644
8	NQ-5DRL64-4		0.9	88.05	DRL64-4			106~75	22	300	500	2375	2659
9	NQ-5DRL90-1	360	0.2	30.02	DRL90-1			25~14	7.5	350	500	2511	2812
10	NQ-5DRL90-2-2		0.3	44.03	DRL90-2-2			41~16	11	350	500	2525	2823
11	NQ-5DRL90-2		0.4	60.03	DRL90-2	5	60~110	53~32	15	350	500	2533	2835
12	NQ-5DRL90-3-2		0.5	74.03	DRL90-3-2			68~35	18.5	350	500	2546	2844
13	NQ-5DRL90-3		0.6	88.05	DRL90-3			80~50	22	350	500	2555	2856
14	NQ-5DRL120-1	480	0.2	44.03	DRL120-1			25~13	11	400	750	2610	3002
15	NQ-5DRL120-2-1		0.3	74.03	DRL120-2-1	5	70~150	46~25	18.5	400	750	2632	3021
16	NQ-5DRL120-2		0.4	88.05	DRL120-2			54~33	22	400	750	2654	3035
17	NQ-5DRL150-1	600	0.2	60.03	DRL150-1			26~17	15	450	1000	2820	3200
18	NQ-5DRL150-2-1		0.3	88.05	DRL150-2-1	5	90~170	46~25	22	450	1000	2835	3215

16.2.6　xylem系列全变频恒压供水设备

1. 型号说明

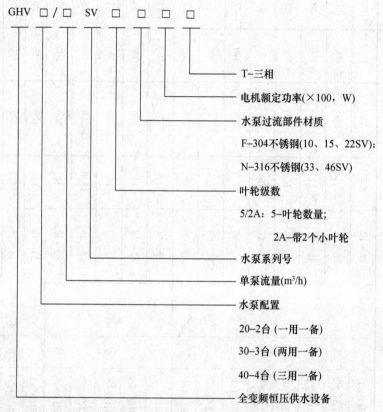

GHV □ / □ SV □ □ □ □

T–三相

电机额定功率(×100，W)

水泵过流部件材质

F–304不锈钢(10、15、22SV)；

N–316不锈钢(33、46SV)

叶轮级数

5/2A：5–叶轮数量；

2A–带2个小叶轮

水泵系列号

单泵流量(m³/h)

水泵配置

20–2台 (一用一备)

30–3台 (两用一备)

40–4台 (三用一备)

全变频恒压供水设备

2. 设备组成及主要部件（见图16.2-9）

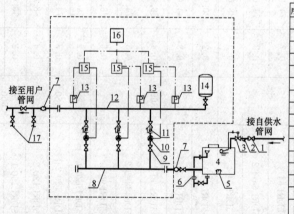

主要部件表

序号	名称	用途
1	阀门	进水总管控制阀
2	过滤器	过滤管网进水
3	液压或电动水位控制阀	自动控制储水箱补水
4	储水箱	储存所需水量
5	水箱自洁消毒装置	清洁水箱、对储水消毒
6	不锈钢滤网	防止蚊虫进入水箱
7	可曲挠橡胶接头	隔振、便于管路拆卸检修
8	吸水总管	水泵从水箱吸水
9	阀门	水泵进、出水控制阀
10	水泵	增压供水
11	止回阀	防止压力水回流
12	出水总管	供用户用水
13	出水压力传感器	检测设备出水管供水压力
14	胶囊式气压水罐	保持系统压力稳定
15	数字集成变频控制器	控制水泵变频运行
16	配电柜、显示屏	供配电，设定、调整及显示设备运行参数
17	消毒器接口 (序号5未设置时用)	供连接消毒装置用

注：1.图中虚线框内为厂制成套设备供货范围。
　　2.图例：— — 控制线；---- 信号线。

图16.2-9　xylem系列全变频恒压供水设备组成及控制原理

3. 性能参数（见表16.2-20～表16.2-22）

xylem系列全变频恒压供水设备性能参数（一用一备泵组）

表16.2-20

序号	设备型号	设备流量 (m³/h)	供水压力 (MPa)	设备运行总功率 (kW)	立式多级水泵					气压水罐容积 (L)	吸水总管公称尺寸 DN	出水总管公称尺寸 DN	设备净重 (kg)	运行质量 (kg)
					水泵型号	台数	单泵流量 (m³/h)	单泵扬程 (m)	单泵功率 (kW)					
1	GHV20/10SV04F015T	10	0.35	1.52	10SV04F015T	2	10	35	1.5	24	65	50	390	395
2	GHV20/10SV05F022T		0.47	2.22	10SV05F022T			47	2.2		65	50	400	405
3	GHV20/10SV06F022T		0.53	2.22	10SV06F022T			53	2.2		65	50	410	415
4	GHV20/10SV07F030T		0.63	3.02	10SV07F030T			63	3		65	50	420	425
5	GHV20/10SV08F030T		0.72	3.02	10SV08F030T			72	3		65	50	430	435
6	GHV20/10SV09F040T		0.8	4.02	10SV09F040T			80	4		65	50	440	445
7	GHV20/10SV10F040T		0.88	4.02	10SV10F040T			88	4		65	50	450	455
8	GHV20/10SV11F040T		0.96	4.02	10SV11F040T			96	4		65	50	460	465
9	GHV20/10SV13F055T		1.06	5.53	10SV13F055T			106	5.5		65	50	500	505
10	GHV20/15SV04F040T	15	0.49	4.02	15SV04F040T	2	15	49	4	40	80	65	415	423
11	GHV20/15SV05F040T		0.61	4.02	15SV05F040T			61	4		80	65	425	433
12	GHV20/15SV06F055T		0.74	5.53	15SV06F055T			74	5.5		80	65	465	473
13	GHV20/15SV07F055T		0.85	5.53	15SV07F055T			85	5.5		80	65	470	478
14	GHV20/15SV08F075T		1.0	7.53	15SV08F075T			100	7.5		80	65	510	518
15	GHV20/15SV09F075T		1.12	7.53	15SV09F075T			112	7.5		80	65	515	523
16	GHV20/15SV10F110T		1.26	11.03	15SV10F110T			126	11		80	65	545	553
17	GHV20/22SV04F040T	22	0.44	4.02	22SV04F040T	2	22	44	4	60	100	80	415	425
18	GHV20/22SV05F055T		0.55	5.53	22SV05F055T			55	5.5		100	80	455	465
19	GHV20/22SV06F075T		0.72	7.53	22SV06F075T			72	7.5		100	80	495	505
20	GHV20/22SV07F075T		0.84	7.53	22SV07F075T			84	7.5		100	80	500	510
21	GHV20/22SV08F110T		0.97	11.03	22SV08F110T			97	11		100	80	540	550
22	GHV20/22SV09F110T		1.09	11.03	22SV09F110T			109	11		100	80	550	560
23	GHV20/22SV10F110T		1.2	11.03	22SV10F110T			120	11		100	80	560	570

表16.2-21

xylem系列全变频恒压供水设备性能参数（两用一备泵组）

序号	设备型号	设备流量 (m³/h)	供水压力 (MPa)	设备运行总功率 (kW)	立式多级水泵 水泵型号	台数	单泵流量 (m³/h)	单泵扬程 (m)	单泵功率 (kW)	气压水罐容积 (L)	吸水总管公称尺寸 DN	出水总管公称尺寸 DN	设备净重 (kg)	运行质量 (kg)
1	GHV30/10SV04F015T	20	0.35	3.02	10SV04F015T	3	10	35	1.5	24	80	65	475	482
2	GHV30/10SV05F022T		0.47	4.42	10SV05F022T			47	2.2		80	65	485	492
3	GHV30/10SV06F022T		0.53	4.42	10SV06F022T			53	2.2		80	65	495	502
4	GHV30/10SV07F030T		0.63	6.02	10SV07F030T			63	3		80	65	505	512
5	GHV30/10SV08F030T		0.72	6.02	10SV08F030T			72	3		80	65	515	522
6	GHV30/10SV09F040T		0.8	8.02	10SV09F040T			80	4		80	65	530	537
7	GHV30/10SV10F040T		0.88	8.02	10SV10F040T			88	4		80	65	535	542
8	GHV30/10SV11F040T		0.96	8.02	10SV11F040T			96	4		80	65	540	547
9	GHV30/10SV13F055T		1.06	11.03	10SV13F055T			106	5.5		80	65	600	607
10	GHV30/15SV04F040T	30	0.49	8.02	15SV04F040T	3	15	49	4	40	100	80	525	535
11	GHV30/15SV05F040T		0.61	8.02	15SV05F040T			61	4		100	80	530	540
12	GHV30/15SV06F055T		0.74	11.03	15SV06F055T			74	5.5		100	80	550	560
13	GHV30/15SV07F055T		0.85	11.03	15SV07F055T			85	5.5		100	80	560	570
14	GHV30/15SV08F075T		1.0	15.03	15SV08F075T			100	7.5		100	80	620	630
15	GHV30/15SV09F075T		1.12	15.03	15SV09F075T			112	7.5		100	80	630	640
16	GHV30/15SV10F110T		1.26	22.03	15SV10F110T			126	11		100	80	690	700
17	GHV30/22SV04F040T	44	0.44	8.02	22SV04F040T	3	22	44	4	60	125	100	515	527
18	GHV30/22SV05F055T		0.55	11.03	22SV05F055T			55	5.5		125	100	535	547
19	GHV30/22SV06F075T		0.72	15.03	22SV06F075T			72	7.5		125	100	595	607
20	GHV30/22SV07F075T		0.84	15.03	22SV07F075T			84	7.5		125	100	600	612
21	GHV30/22SV08F110T		0.97	22.03	22SV08F110T			97	11		125	100	660	672
22	GHV30/22SV09F110T		1.09	22.03	22SV09F110T			109	11		125	100	670	682
23	GHV30/22SV10F110T		1.2	22.03	22SV10F110T			120	11		125	100	680	692

续表

序号	设备型号	设备流量 (m³/h)	供水压力 (MPa)	设备运行总功率 (kW)	立式多级水泵					气压水罐容积 (L)	吸水总管公称尺寸 DN	出水总管公称尺寸 DN	设备净重 (kg)	运行质量 (kg)
					水泵型号	台数	单泵流量 (m³/h)	单泵扬程 (m)	单泵功率 (kW)					
24	GHV30/33SV2/2AG040T	66	0.27	8.02	33SV2/2AG040T	3	33	27	4	90	125	100	702	717
25	GHV30/33SV2/1AG040T		0.32	8.02	33SV2/1AG040T			32	4		125	100	705	720
26	GHV30/33SV2G055T		0.39	11.03	33SV2G055T			39	5.5		125	100	765	780
27	GHV30/33SV3/2AG055T		0.44	11.03	33SV3/2AG055T			44	5.5		125	100	770	785
28	GHV30/33SV3/1AG075T		0.51	15.03	33SV3/1AG075T			51	7.5		125	100	780	795
29	GHV30/33SV3G075T		0.58	15.03	33SV3G075T			58	7.5		125	100	790	805
30	GHV30/33SV4/2AG075T		0.66	15.03	33SV4/2AG075T			66	7.5		125	100	800	815
31	GHV30/33SV4/1AG110T		0.73	22.03	33SV4/1AG110T			73	11		125	100	890	905
32	GHV30/33SV4G110T		0.80	22.03	33SV4G110T			80	11		125	100	895	910
33	GHV30/33SV5/2AG110T		0.85	22.03	33SV5/2AG110T			85	11		125	100	900	915
34	GHV30/33SV5/1AG110T		0.92	22.03	33SV5/1AG110T			92	11		125	100	905	920
35	GHV30/33SV5G150T		1.01	30.05	33SV5G150T			101	15		125	100	995	1010
36	GHV30/33SV6/2AG150T		1.08	30.05	33SV6/2AG150T			108	15		125	100	1010	1025
37	GHV30/33SV6/1AG150T		1.16	30.05	33SV6/1AG150T			116	15		125	100	1020	1035
38	GHV30/33SV6G150T		1.21	30.05	33SV6G150T			121	15		125	100	1030	1045
39	GHV30/33SV7/2AG150T		1.26	30.05	33SV7/2AG150T			126	15		125	100	1040	1055
40	GHV30/46SV1G040T	92	0.18	8.02	46SV1G040T	3	46	18	4	125	150	125	710	730
41	GHV30/46SV2/2AG055T		0.29	11.03	46SV2/2AG055T			29	5.5		150	125	800	820
42	GHV30/46SV2G075T		0.38	15.03	46SV2G075T			38	7.5		150	125	820	840
43	GHV30/46SV3/2AG110T		0.52	22.03	46SV3/2AG110T			52	11		150	125	940	960
44	GHV30/46SV3G110T		0.60	22.03	46SV3G110T			60	11		150	125	945	965
45	GHV30/46SV4/2AG150T		0.73	30.05	46SV4/2AG150T			73	15		150	125	1005	1025
46	GHV30/46SV4G150T		0.82	30.05	46SV4G150T			82	15		150	125	1010	1030
47	GHV30/46SV5/2AG185T		0.93	37.05	46SV5/2AG185T			93	18.5		150	125	1055	1075
48	GHV30/46SV5G185T		1.03	37.05	46SV5G185T			103	18.5		150	125	1060	1080
49	GHV30/46SV6/2AG220T		1.13	44.05	46SV6/2AG220T			113	22		150	125	1150	1170
50	GHV30/46SV6G220T		1.24	44.05	46SV6G220T			124	22		150	125	1155	1175

表 16.2-22

xylem 系列全变频恒压供水设备性能参数（三用一备泵组）

序号	设备型号	设备流量 (m³/h)	供水压力 (MPa)	设备运行总功率 (kW)	立式多级水泵 水泵型号	台数	单泵流量 (m³/h)	单泵扬程 (m)	单泵功率 (kW)	气压水罐容积 (L)	吸水总管公称尺寸 DN	出水总管公称尺寸 DN	设备净重 (kg)	运行质量 (kg)
1	GHV40/10SV04F015T	30	0.35	4.52	10SV04F015T	4	10	35	1.5	24	100	80	570	580
2	GHV40/10SV05F022T		0.47	6.62	10SV05F022T			47	2.2		100	80	575	585
3	GHV40/10SV06F022T		0.53	6.62	10SV06F022T			53	2.2		100	80	580	595
4	GHV40/10SV07F030T		0.63	9.02	10SV07F030T			63	3		100	80	590	600
5	GHV40/10SV08F030T		0.72	9.02	10SV08F030T			72	3		100	80	595	605
6	GHV40/10SV09F040T		0.8	12.02	10SV09F040T			80	4		100	80	605	615
7	GHV40/10SV10F040T		0.88	12.02	10SV10F040T			88	4		100	80	610	620
8	GHV40/10SV11F040T		0.96	12.02	10SV11F040T			96	4		100	80	615	625
9	GHV40/10SV13F055T		1.06	16.53	10SV13F055T			106	5.5		100	80	695	705
10	GHV40/15SV04F040T	45	0.49	12.02	15SV04F040T	4	15	49	4	40	125	100	640	655
11	GHV40/15SV05F040T		0.61	12.02	15SV05F040T			61	4		125	100	645	660
12	GHV40/15SV06F055T		0.74	16.53	15SV06F055T			74	5.5		125	100	650	665
13	GHV40/15SV07F055T		0.85	16.53	15SV07F055T			85	5.5		125	100	655	670
14	GHV40/15SV08F075T		1.0	22.53	15SV08F075T			100	7.5		125	100	735	750
15	GHV40/15SV09F075T		1.12	22.53	15SV09F075T			112	7.5		125	100	740	755
16	GHV40/15SV10F110T		1.26	33.03	15SV10F110T			126	11		125	100	820	835
17	GHV40/22SV04F040T	66	0.44	12.02	22SV04F040T	4	22	44	4	60	150	125	635	652
18	GHV40/22SV05F055T		0.55	16.53	22SV05F055T			55	5.5		150	125	715	732
19	GHV40/22SV06F075T		0.72	22.53	22SV06F075T			72	7.5		150	125	795	812
20	GHV40/22SV07F075T		0.84	22.53	22SV07F075T			84	7.5		150	125	800	817
21	GHV40/22SV08F110T		0.97	33.03	22SV08F110T			97	11		150	125	880	897
22	GHV40/22SV09F110T		1.09	33.03	22SV09F110T			109	11		150	125	885	902
23	GHV40/22SV10F110T		1.2	33.03	22SV10F110T			120	11		150	125	890	907

续表

序号	设备型号	设备流量 (m³/h)	供水压力 (MPa)	设备运行总功率 (kW)	立式多级水泵					气压水罐容积 (L)	吸水总管公称尺寸 DN	出水总管公称尺寸 DN	设备净重 (kg)	运行质量 (kg)
					水泵型号	台数	单泵流量 (m³/h)	单泵扬程 (m)	单泵功率 (kW)					
24	GHV40/33SV2/2AG040T	99	0.27	12.02	33SV2/2AG040T	4	33	27	4	90	150	125	875	895
25	GHV40/33SV2/1AG040T		0.32	12.02	33SV2/1AG040T			32	4		150	125	880	900
26	GHV40/33SV2G055T		0.39	16.53	33SV2G055T			39	5.5		150	125	960	980
27	GHV40/33SV3/2AG055T		0.44	16.53	33SV3/2AG055T			44	5.5		150	125	965	985
28	GHV40/33SV3/1AG075T		0.51	22.53	33SV3/1AG075T			51	7.5		150	125	985	1005
29	GHV40/33SV3G075T		0.58	22.53	33SV3G075T			58	7.5		150	125	990	1010
30	GHV40/33SV4/2AG075T		0.66	22.53	33SV4/2AG075T			66	7.5		150	125	1000	1020
31	GHV40/33SV4/1AG110T		0.73	33.03	33SV4/1AG110T			73	11		150	125	1120	1040
32	GHV40/33SV4G110T		0.80	33.03	33SV4G110T			80	11		150	125	1125	1145
33	GHV40/33SV5/2AG110T		0.85	33.03	33SV5/2AG110T			85	11		150	125	1130	1150
34	GHV40/33SV5/1AG110T		0.92	33.03	33SV5/1AG110T			92	11		150	125	1135	1155
35	GHV40/33SV5G150T		1.01	45.05	33SV5G150T			101	15		150	125	1170	1190
36	GHV40/33SV6/2AG150T		1.08	45.05	33SV6/2AG150T	4		108	15		150	125	1185	1205
37	GHV40/33SV6/1AG150T		1.16	45.05	33SV6/1AG150T			116	15		150	125	1190	1210
38	GHV40/33SV6G150T		1.21	45.05	33SV6G150T			121	15		150	125	1195	1215
39	GHV40/33SV7/2AG150T		1.26	45.05	33SV7/2AG150T			126	15		150	125	1200	1220
40	GHV40/46SV1G040T	138	0.18	12.02	46SV1G040T		46	18	4	125	200	150	875	900
41	GHV40/46SV2/2AG055T		0.29	16.53	46SV2/2AG055T			29	5.5		200	150	990	1015
42	GHV40/46SV2G075T		0.38	22.53	46SV2G075T			38	7.5		200	150	1010	1035
43	GHV40/46SV3/2AG110T		0.52	33.03	46SV3/2AG110T			52	11		200	150	1130	1155
44	GHV40/46SV3G110T		0.60	33.03	46SV3G110T			60	11		200	150	1135	1160
45	GHV40/46SV4/2AG150T		0.73	45.05	46SV4/2AG150T	4		73	15		200	150	1215	1240
46	GHV40/46SV4G150T		0.82	45.05	46SV4G150T			82	15		200	150	1220	1245
47	GHV40/46SV5/2AG185T		0.93	55.55	46SV5/2AG185T			93	18.5		200	150	1280	1305
48	GHV40/46SV5G185T		1.03	55.55	46SV5G185T			103	18.5		200	150	1285	1310
49	GHV40/46SV6/2AG220T		1.13	66.05	46SV6/2AG220T			113	22		200	150	1405	1430
50	GHV40/46SV6G220T		1.24	66.05	46SV6G220T			124	22		200	150	1410	1440

16.2.7 QB系列全变频供水设备

1. 型号说明

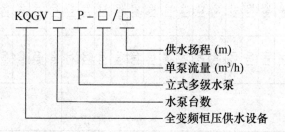

KQGV□ P－□/□

- 供水扬程 (m)
- 单泵流量 (m³/h)
- 立式多级水泵
- 水泵台数
- 全变频恒压供水设备

2. 设备组成及主要部件（见图16.2-10）

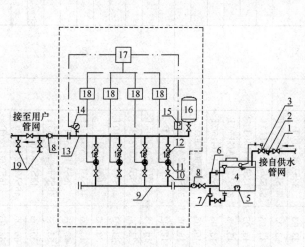

主要部件表

序号	名称	用途
1	阀门	水箱进水控制阀
2	过滤器	滤出水中杂质
3	液压水位控制阀	水箱自动补水
4	水箱	储存所需水量
5	水箱自洁消毒装置	对水箱储水消毒
6	水箱溢流管	水箱超高液位溢流
7	不锈钢滤网	防止蚊虫进入水箱
8	可曲挠橡胶接头	隔振、便于管路拆卸检修
9	吸水总管	水泵吸水
10	阀门	水泵进、出水控制阀
11	水泵	增压供水
12	止回阀	防止压力水回流
13	出水总管	供用户用水
14	电接点压力表	超压保护
15	压力传感器	检测设备出水管供水压力
16	隔膜式气压罐	保持系统压力稳定
17	智能PID控制柜	智能控制，参数设定及显示
18	数字集成变频器	控制水泵变频运行
19	消毒器接口 (序号5未设置时用)	供连接消毒装置用

注：1. 图中虚线框内为厂家成套设备供货范围。
　　2. —·—控制线；— — —信号线。

图 16.2-10 QB系列全变频供水设备组成及控制原理

3. 性能参数（见表16.2-23～表16.2-25）

QB系列全变频恒压供水设备性能参数（一用一备泵组）

表 16.2-23

序号	设备型号	设备流量(m³/h)	供水压力(MPa)	设备运行总功率(kW)	立式多级水泵 水泵型号	台数	单泵流量(m³/h)	单泵扬程(m)	单泵功率(kW)	吸水总管公称尺寸DN	出水总管公称尺寸DN	气压水罐容积(L)	设备净重(kg)	运行质量(kg)
1	KQGV2P-05/52	5	0.52	1.55	KQDPE32-5×10	2	5	52	1.5	40	40	12	177	195
2	KQGV2P-05/85		0.85	2.25	KQDPE32-5×16			85	2.2	40	40	12	186	205
3	KQGV2P-05/106		1.06	3.05	KQDPE32-5×20			106	3	40	40	24	199	219
4	KQGV2P-05/131		1.31	4.05	KQDPE32-5×24			131	4	40	40	24	230	253
5	KQGV2P-10/29	10	0.29	1.55	KQDPE40-10×4	2	10	29	1.5	65	50	50	207	228
6	KQGV2P-10/46		0.46	2.25	KQDPE40-10×6			46	2.2	65	50	50	212	233
7	KQGV2P-10/70		0.70	3.05	KQDPE40-10×9			70	3	65	50	50	227	250
8	KQGV2P-10/95		0.95	4.05	KQDPE40-10×12			95	4	65	50	50	260	286
9	KQGV2P-10/127		1.27	5.55	KQDPE40-10×16			127	5.5	65	50	100	321	353
10	KQGV2P-15/22	15	0.22	2.25	KQDPE50-15×2	2	15	22	2.2	80	65	50	217	239
11	KQGV2P-15/34		0.34	3.05	KQDPE50-15×3			34	3	80	65	50	228	251
12	KQGV2P-15/58		0.58	4.05	KQDPE50-15×5			58	4	80	65	50	259	285
13	KQGV2P-15/81		0.81	5.55	KQDPE50-15×7			81	5.5	80	65	50	319	351
14	KQGV2P-15/104		1.04	7.55	KQDPE50-15×9			104	7.5	80	65	100	332	366
15	KQGV2P-15/129		1.29	11.05	KQDPE50-15×11			129	11	80	65	100	436	479
16	KQGV2P-20/23	20	0.23	2.25	KQDPE50-20×2	2	20	23	2.2	80	65	60	219	241
17	KQGV2P-20/34		0.34	4.05	KQDPE50-20×3			34	4	80	65	60	254	280
18	KQGV2P-20/58		0.58	5.55	KQDPE50-20×5			58	5.5	80	65	60	315	346
19	KQGV2P-20/81		0.81	7.55	KQDPE50-20×7			81	7.5	80	65	60	326	358
20	KQGV2P-20/118		1.18	11.05	KQDPE50-20×10			118	11	80	65	100	436	479
21	KQGV2P-20/130		1.30	15.05	KQDPE50-20×11			130	15	80	65	100	451	496

表 16.2-24

QB 系列全变频恒压供水设备性能参数（两用一备泵组）

| 序号 | 设备型号 | 设备流量 (m³/h) | 供水压力 (MPa) | 设备运行总功率 (kW) | 立式多级水泵 | | | | | 吸水总管公称尺寸 DN | 出水总管公称尺寸 DN | 气压水罐容积 (L) | 设备净重 (kg) | 运行质量 (kg) |
					水泵型号	台数	单泵流量 (m³/h)	单泵扬程 (m)	单泵功率 (kW)					
1	KQGV3P-15/22	30	0.22	4.45	KQDPE50-15×2	3	15	22	2.2	100	80	100	305	335
2	KQGV3P-15/34		0.34	6.05	KQDPE50-15×3			34	3	100	80	100	321	353
3	KQGV3P-15/58		0.58	8.05	KQDPE50-15×5			58	4	100	80	100	367	404
4	KQGV3P-15/81		0.81	11.05	KQDPE50-15×7			81	5.5	100	80	100	463	509
5	KQGV3P-15/104		1.04	15.05	KQDPE50-15×9			104	7.5	100	80	100	482	531
6	KQGV3P-15/129		1.29	22.05	KQDPE50-15×11			129	11	100	80	100	637	701
7	KQGV3P-20/23	40	0.23	4.45	KQDPE50-20×2	3	20	23	2.2	125	100	200	308	339
8	KQGV3P-20/34		0.34	8.05	KQDPE50-20×3			34	4	125	100	200	361	397
9	KQGV3P-20/58		0.58	11.05	KQDPE50-20×5			58	5.5	125	100	200	456	502
10	KQGV3P-20/81		0.81	15.05	KQDPE50-20×7			81	7.5	125	100	200	472	520
11	KQGV3P-20/118		1.18	22.05	KQDPE50-20×10			118	11	125	100	200	637	701
12	KQGV3P-20/130		1.30	30.05	KQDPE50-20×11			130	15	125	100	200	661	727
13	KQGV3P-32/17	64	0.17	6.05	KQDPE65-32×2/2	3	32	17	3	125	100	200	495	545
14	KQGV3P-32/30		0.30	8.05	KQDPE65-32×3/2			30	4	125	100	200	532	585
15	KQGV3P-32/36		0.36	11.05	KQDPE65-32×3			36	5.5	125	100	200	594	654
16	KQGV3P-32/54		0.54	15.05	KQDPE65-32×5/2			54	7.5	125	100	200	631	694
17	KQGV3P-32/79		0.79	22.05	KQDPE65-32×7/2			79	11	125	100	200	809	890
18	KQGV3P-32/110		1.10	30.05	KQDPE65-32×9			110	15	125	100	200	888	977
19	KQGV3P-45/26	90	0.26	11.05	KQDPE80-45×2/2	3	45	26	5.5	150	125	300	624	686
20	KQGV3P-45/35		0.35	15.05	KQDPE80-45×2			35	7.5	150	125	300	663	730
21	KQGV3P-45/53		0.53	22.05	KQDPE80-45×3			53	11	150	125	300	812	893
22	KQGV3P-45/79		0.79	30.05	KQDPE80-45×5/2			79	15	150	125	300	888	976

表 16.2-25

QB系列全变频恒压供水设备性能参数（三用一备泵组）

序号	设备型号	设备流量 (m³/h)	供水压力 (MPa)	设备运行总功率 (kW)	水泵型号	立式多级水泵 台数	立式多级水泵 单泵流量 (m³/h)	立式多级水泵 单泵扬程 (m)	立式多级水泵 单泵功率 (kW)	吸水总管公称尺寸 DN	出水总管公称尺寸 DN	气压水罐容积 (L)	设备净重 (kg)	运行质量 (kg)
1	KQGV4P-20/23	60	0.23	6.65	KQDPE50-20×2	4	20	23	2.2	150	125	200	419	461
2	KQGV4P-20/34		0.34	12.05	KQDPE50-20×3			34	4	150	125	200	490	539
3	KQGV4P-20/58		0.58	16.55	KQDPE50-20×5			58	5.5	150	125	200	623	685
4	KQGV4P-20/81		0.81	22.55	KQDPE50-20×7			81	7.5	150	125	200	645	709
5	KQGV4P-20/118		1.18	33.05	KQDPE50-20×10			118	11	150	125	200	865	951
6	KQGV4P-20/130		1.30	45.05	KQDPE50-20×11			130	15	150	125	200	895	985
7	KQGV4P-32/17	96	0.17	9.05	KQDPE65-32×2/2	4	32	17	3	150	125	300	635	698
8	KQGV4P-32/30		0.30	12.05	KQDPE65-32×3/2			30	4	150	125	300	683	751
9	KQGV4P-32/36		0.36	16.55	KQDPE65-32×3			36	5.5	150	125	300	767	843
10	KQGV4P-32/54		0.54	22.55	KQDPE65-32×5/2			54	7.5	150	125	300	815	897
11	KQGV4P-32/79		0.79	33.05	KQDPE65-32×7/2			79	11	150	125	300	1053	1158
12	KQGV4P-32/110		1.10	45.05	KQDPE65-32×9			110	15	150	125	300	1158	1274
13	KQGV4P-45/26	135	0.26	16.55	KQDPE80-45×2/2	4	45	26	5.5	200	150	500	838	922
14	KQGV4P-45/35		0.35	22.55	KQDPE80-45×2			35	7.5	200	150	500	891	980
15	KQGV4P-45/53		0.53	33.05	KQDPE80-45×3			53	11	200	150	500	1089	1198
16	KQGV4P-45/79		0.79	45.05	KQDPE80-45×5/2			79	15	200	150	500	1190	1309

16.2.8 HLS 系列微机控制变频供水设备

1. 型号说明

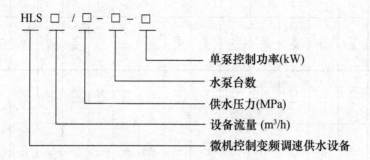

HLS □ / □ - □ - □

单泵控制功率(kW)
水泵台数
供水压力(MPa)
设备流量 (m³/h)
微机控制变频调速供水设备

2. 设备组成及主要部件（见图 16.2-11）

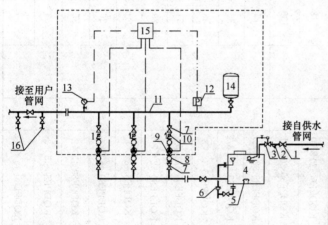

主要部件表

序号	名称	用途
1	阀门	水箱进水控制阀
2	过滤器	滤除水中杂质
3	液压水位控制阀	水箱自动补水
4	储水箱	储存所需水量
5	水箱自洁消毒装置	对水箱储水消毒
6	不锈钢滤网	防止蚊虫进入水箱
7	阀门	水泵进、出口控制阀
8	可曲挠橡胶接头	隔振、便于管路拆卸检修
9	水泵	增压供水
10	止回阀	防止压力水回流
11	出水总管	供用户用水
12	压力传感器	检测设备出水管供水压力
13	电接点压力表	超压保护
14	隔膜式气压罐	保持系统压力稳定
15	智能变频控制柜	控制水泵变频运行
16	消毒器接口 (序号5未设置时用)	供连接消毒装置用

注：1.图中虚线框内为厂家成套设备供货范围。
2.——控制线：----- 信号线。

图 16.2-11 HLS 系列微机控制变频供水设备组成及控制原理

3. 性能参数（见表 16.2-26～表 16.2-28）

HLS 系列微机控制变频供水设备性能参数（一用一备泵组）

表 16.2-26

序号	设备型号	设备流量 (m³/h)	供水压力 (MPa)	设备运行总功率 (kW)	水泵型号	台数	单泵流量 (m³/h)	单泵扬程 (m)	单泵功率 (kW)	吸水口径 DN	气压水罐容积 (L)	出水总管公称尺寸 DN	设备净重 (kg)	运行质量 (kg)
					立式多级水泵									
1	HLS8/0.30-2-1.5	8	0.30	1.52	50AABH8-15×2	2	8	30	1.5	50	24	65	310	341
2	HLS8/0.45-2-2.2		0.45	2.22	50AABH8-15×3			45	2.2	50		65	330	361
3	HLS8/0.60-2-3.0		0.60	3.02	50AABH8-15×4			60	3	50		65	390	421
4	HLS8/0.75-2-4.0		0.75	4.02	50AABH8-15×5			75	4	50		65	410	441
5	HLS8/0.90-2-5.5		0.90	5.52	50AABH8-15×6			90	5.5	50		65	470	501
6	HLS8/1.05-2-5.5		1.05	5.52	50AABH8-15×7			105	5.5	50	24	65	500	531
7	HLS8/1.20-2-5.5		1.20	5.52	50AABH8-15×8			120	5.5	50		65	590	621
8	HLS8/1.35-2-5.5		1.35	7.52	50AABH8-15×9			135	7.5	50		65	670	701
9	HLS8/1.50-2-5.5		1.50	7.52	50AABH8-15×10			150	7.5	50		65	730	761
10	HLS12/0.30-2-2.2	12	0.30	2.22	50AABH12-15×2	2	12	30	2.2	50		80	330	370
11	HLS12/0.45-2-3.0		0.45	3.02	50AABH12-15×3			45	3	50		80	350	390
12	HLS12/0.60-2-4.0		0.60	4.02	50AABH12-15×4			60	4	50		80	410	450
13	HLS12/0.75-2-5.5		0.75	5.52	50AABH12-15×5			75	5.5	50	24	80	430	470
14	HLS12/0.90-2-5.5		0.90	5.52	50AABH12-15×6			90	5.5	50		80	490	530
15	HLS12/1.05-2-5.5		1.05	5.52	50AABH12-15×7			105	5.5	50		80	520	560
16	HLS12/1.20-2-7.5		1.20	7.52	50AABH12-15×8			120	7.5	50		80	630	670
17	HLS12/1.35-2-7.5		1.35	7.52	50AABH12-15×9			135	7.5	50		80	660	700
18	HLS12/1.50-2-11		1.50	11.02	50AABH12-15×10			150	11	50		80	780	820
19	HLS18/0.30-2-3.0	18	0.30	3.02	50AABH18-15×2	2	18	30	3	50		80	360	417
20	HLS18/0.45-2-4.0		0.45	4.02	50AABH18-15×3			45	4	50	50	80	430	487
21	HLS18/0.60-2-5.5		0.60	5.52	50AABH18-15×4			60	5.5	50		80	450	507
22	HLS18/0.75-2-5.5		0.75	5.52	50AABH18-15×5			75	5.5	50		80	470	527

续表

| 序号 | 设备型号 | 设备流量 (m³/h) | 供水压力 (MPa) | 设备运行总功率 (kW) | 立式多级水泵 | | | | | | | | 设备净重 (kg) | 运行质量 (kg) |
					水泵型号	台数	单泵流量 (m³/h)	单泵扬程 (m)	单泵功率 (kW)	吸水口径 DN	气压水罐容积 (L)	出水总管公称尺寸 DN		
23	HLS18/0.90-2-7.5	18	0.90	7.52	50AABH18-15×6	2	18	90	7.5	50	50	80	580	637
24	HLS18/1.05-2-7.5		1.05	7.52	50AABH18-15×7			105	7.5	50		80	610	667
25	HLS18/1.20-2-11		1.20	11.02	50AABH18-15×8			120	11	50		80	640	697
26	HLS18/1.35-2-11		1.35	11.02	50AABH18-15×9			135	11	50		80	760	817
27	HLS18/1.50-2-15		1.50	15.03	50AABH18-15×10			150	15	50		80	790	847
28	LHS30/0.30-2-5.5	30	0.30	5.52	65AABH30-15×2	2	30	30	5.5	65	50	100	510	580
29	LHS30/0.45-2-5.5		0.45	5.52	65AABH30-15×3			45	5.5	65		100	520	590
30	LHS30/0.60-2-7.5		0.60	7.52	65AABH30-15×4			60	7.5	65		100	590	660
31	LHS30/0.75-2-11		0.75	11.02	65AABH30-15×5			75	11	65		100	650	720
32	LHS30/0.90-2-15		0.90	15.03	65AABH30-15×6			90	15	65		100	730	800
33	LHS30/1.05-2-15		1.05	15.03	65AABH30-15×7			105	15	65		100	760	830
34	LHS30/1.20-2-15		1.20	15.03	65AABH30-15×8			120	15	65		100	800	870
35	LHS30/1.35-2-18.5		1.35	18.53	65AABH30-15×9			135	18.5	65		100	920	990
36	LHS30/1.50-2-22		1.50	22.03	65AABH30-15×10			150	22	65		100	990	1060
37	HLS30/0.30-2-5.5	30	0.30	5.52	80AABH30-15×2	2	30	30	5.5	80	50	100	510	567
38	HLS30/0.45-2-5.5		0.45	5.52	80AABH30-15×3			45	5.5	80		100	520	577
39	HLS30/0.60-2-7.5		0.60	7.52	80AABH30-15×4			60	7.5	80		100	590	644
40	HLS30/0.75-2-11		0.75	11.02	80AABH30-15×5			75	11	80		100	650	707
41	HLS30/0.90-2-15		0.90	15.03	80AABH30-15×6			90	15	80		100	730	787
42	HLS30/1.05-2-15		1.05	15.03	80AABH30-15×7			105	15	80		100	760	817
43	HLS30/1.20-2-15		1.20	15.03	80AABH30-15×8			120	15	80		100	800	857
44	HLS30/1.35-2-18.5		1.35	18.53	80AABH30-15×9			135	18.5	80		100	920	977
45	HLS30/1.50-2-22		1.50	22.03	80AABH30-15×10			150	22	80		100	990	1047

表 16.2-27

HLS系列微机控制变频供水设备性能参数（二用一备泵组）

序号	设备型号	设备流量 (m³/h)	供水压力 (MPa)	设备运行总功率 (kW)	立式多级水泵 水泵型号	台数	单泵流量 (m³/h)	单泵扬程 (m)	单泵功率 (kW)	吸水口径 DN	气压水罐 容积 (L)	出水总管 公称尺寸 DN	设备净重 (kg)	运行质量 (kg)
1	HLS36/0.30-3-3.0	36	0.30	6.03	50AABH18-15×2	3	18	30	3	50	50	100	480	553
2	HLS36/0.45-3-4.0		0.45	8.03	50AABH18-15×3			45	4	50		100	585	658
3	HLS36/0.60-3-5.5		0.60	11.03	50AABH18-15×4			60	5.5	50		100	615	688
4	HLS36/0.75-3-5.5		0.75	11.03	50AABH18-15×5			75	5.5	50		100	645	718
5	HLS36/0.90-3-7.5		0.90	15.03	50AABH18-15×6			90	7.5	50	50	100	810	883
6	HLS36/1.05-3-7.5		1.05	15.03	50AABH18-15×7			105	7.5	50		100	855	928
7	HLS36/1.20-3-11		1.20	22.03	50AABH18-15×8			120	11	50		100	900	973
8	HLS36/1.35-3-11		1.35	22.03	50AABH18-15×9			135	11	50	80	100	1080	1153
9	HLS36/1.50-3-15		1.50	30.04	50AABH18-15×10			150	15	50		100	1125	1198
10	HLS60/0.30-3-5.5	60	0.30	11.03	65AABH30-15×2	3	30	30	5.5	65		150	705	837
11	HLS60/0.45-3-5.5		0.45	11.03	65AABH30-15×3			45	5.5	65		150	720	852
12	HLS60/0.60-3-7.5		0.60	15.03	65AABH30-15×4			60	7.5	65		150	825	957
13	HLS60/0.75-3-11		0.75	22.03	65AABH30-15×5			75	11	65		150	915	1047
14	HLS60/0.90-3-15		0.90	30.04	65AABH30-15×6			90	15	65	80	150	1035	1167
15	HLS60/1.05-3-15		1.05	30.04	65AABH30-15×7			105	15	65		150	1080	1212
16	HLS60/1.20-3-15		1.20	30.04	65AABH30-15×8			120	15	65		150	1140	1272
17	HLS60/1.35-3-18.5		1.35	37.04	65AABH30-15×9			135	18.5	65		150	1320	1452
18	HLS60/1.50-3-22		1.50	44.04	65AABH30-15×10			150	22	65		150	1425	1557

续表

序号	设备型号	设备流量 (m³/h)	供水压力 (MPa)	设备运行总功率 (kW)	水泵型号	立式多级水泵 台数	单泵流量 (m³/h)	单泵扬程 (m)	单泵功率 (kW)	吸水口径 DN	气压水罐容积 (L)	出水总管公称尺寸 DN	设备净重 (kg)	运行质量 (kg)
19	HLS60/0.30-3-5.5	60	0.30	11.03	80AABH30-15×2	3	30	30	5.5	80		150	705	787
20	HLS60/0.45-3-5.5		0.45	11.03	80AABH30-15×3			45	5.5	80		150	720	801
21	HLS60/0.60-3-7.5		0.60	15.03	80AABH30-15×4			60	7.5	80	80	150	825	906
22	HLS60/0.75-3-11		0.75	22.03	80AABH30-15×5			75	11	80		150	915	996
23	HLS60/0.90-3-15		0.90	30.04	80AABH30-15×6			90	15	80		150	1035	1116
24	HLS60/1.05-3-15		1.05	30.04	80AABH30-15×7			105	15	80		150	1080	1161
25	HLS60/1.20-3-15		1.20	30.04	80AABH30-15×8			120	15	80	80	150	1140	1221
26	HLS60/1.35-3-18.5		1.35	37.04	80AABH30-15×9			135	18.5	80		150	1320	1401
27	HLS60/1.50-3-22		1.50	44.04	80AABH30-15×10			150	22	80		150	1425	1506
28	HLS100/0.30-3-5.5	100	0.30	11.03	80AABH50-15×2	3	50	30	5.5	80		200	735	829
29	HLS100/0.45-3-7.5		0.45	15.03	80AABH50-15×3			45	7.5	80		200	855	949
30	HLS100/0.60-3-11		0.60	22.03	80AABH50-15×4			60	11	80	100	200	885	979
31	HLS100/0.75-3-15		0.75	30.04	80AABH50-15×5			75	15	80		200	1005	1099
32	HLS100/0.90-3-18.5		0.90	37.04	80AABH50-15×6			90	18.5	80		200	1085	1179
33	HLS100/1.05-3-22		1.05	44.04	80AABH50-15×7			105	22	80		200	1335	1429
34	HLS100/1.20-3-22		1.20	44.04	80AABH50-15×8			120	22	80		200	1460	1554
35	HLS144/0.30-3-7.5	144	0.30	15.03	100AABH72-15×2	3	72	30	7.5	100		200	1035	1140
36	HLS144/0.45-3-11		0.45	22.03	100AABH72-15×3			45	11	100		200	1125	1230
37	HLS144/0.60-3-15		0.60	30.04	100AABH72-15×4			60	15	100	100	200	1185	1290
38	HLS144/0.75-3-18.5		0.75	37.04	100AABH72-15×5			75	18.5	100		200	1260	1365
39	HLS144/0.90-3-22		0.90	44.04	100AABH72-15×6			90	22	100		200	1635	1740

表 16.2-28

HLS 系列微机控制变频供水设备性能参数(三用一备泵组)

序号	设备型号	设备流量 (m³/h)	供水压力 (MPa)	设备运行总功率 (kW)	水泵型号	台数	立式多级水泵 单泵流量 (m³/h)	单泵扬程 (m)	单泵功率 (kW)	吸水口径 DN	气压水罐容积 (L)	出水总管公称尺寸 DN	设备净重 (kg)	运行质量 (kg)
1	HLS90/0.30-3-5.5	90	0.30	16.55	65AABH30-15×2	4	30	30	5.5	65	80	200	900	981
2	HLS90/0.45-4-5.5		0.45	16.55	65AABH30-15×3			45	5.5	65		200	920	1001
3	HLS90/0.60-4-7.5		0.60	22.55	65AABH30-15×4			60	7.5	65		200	1060	1141
4	HLS90/0.75-4-11		0.75	33.05	65AABH30-15×5			75	11	65		200	1180	1261
5	HLS90/0.90-4-15		0.90	45.05	65AABH30-15×6			90	15	65		200	1340	1421
6	HLS90/1.05-4-15		1.05	45.05	65AABH30-15×7			105	15	65		200	1400	1481
7	HLS90/1.20-4-15		1.20	45.05	65AABH30-15×8			120	15	65		200	1480	1561
8	HLS90/1.35-4-18.5		1.35	55.55	65AABH30-15×9			135	18.5	65		200	1720	1801
9	HLS90/1.50-4-22		1.50	66.05	65AABH30-15×10			150	22	65		200	1860	1941
10	HLS90/0.30-4-5.5	90	0.30	16.55	80AABH30-15×2	4	30	30	5.5	80	80	200	910	1001
11	HLS90/0.45-4-5.5		0.45	16.55	80AABH30-15×3			45	5.5	80		200	965	1056
12	HLS90/0.60-4-7.5		0.60	22.55	80AABH30-15×4			60	7.5	80		200	1080	1171
13	HLS90/0.75-4-11		0.75	33.05	80AABH30-15×5			75	11	80		200	1210	1301
14	HLS90/0.90-4-15		0.90	45.05	80AABH30-15×6			90	15	80		200	1370	1461
15	HLS90/1.05-4-15		1.05	45.05	80AABH30-15×7			105	15	80		200	1520	1611

续表

序号	设备型号	设备流量 (m³/h)	供水压力 (MPa)	设备运行总功率 (kW)	水泵型号	立式多级水泵					气压水罐容积 (L)	出水总管公称尺寸 DN	设备净重 (kg)	运行质量 (kg)
						台数	单泵流量 (m³/h)	单泵扬程 (m)	单泵功率 (kW)	吸水口径 DN				
16	HLS90/1.20-4-15	90	1.20	45.05	80AABH30-15×8	4	30	120	15	80	80	200	1590	1681
17	HLS90/1.35-4-18.5		1.35	55.55	80AABH30-15×9			135	18.5	80		200	1600	1691
18	HLS90/1.50-4-22		1.50	66.05	80AABH30-15×10			150	22	80		200	1610	1701
19	HLS150/0.40-4-5.5	150	0.30	16.55	80AABH50-15×2	4	50	30	5.5	80	100	250	910	1014
20	HLS150/0.45-4-7.5		0.45	22.55	80AABH50-15×3			45	7.5	80		250	965	1069
21	HLS150/0.60-4-11		0.60	33.05	80AABH50-15×4			60	11	80		250	1080	1184
22	HLS150/0.75-4-15		0.75	45.05	80AABH50-15×5			75	15	80	100	250	1210	1314
23	HLS150/0.90-4-18.5		0.90	55.55	80AABH50-15×6			90	18.5	80		250	1370	1474
24	HLS150/1.05-4-22		1.05	66.05	80AABH50-15×7			105	22	80		250	1520	1624
25	HLS150/1.20-4-22		1.20	66.05	80AABH50-15×8			120	22	80	100	250	1590	1694
26	HLS216/0.30-4-7.5	216	0.30	22.55	100AABH72-15×2	4	72	30	7.5	100		250	1340	1461
27	HLS216/0.45-4-11		0.45	33.05	100AABH72-15×3			45	11	100		250	1460	1581
28	HLS216/0.60-4-15		0.60	45.05	100AABH72-15×4			60	15	100	100	250	1540	1661
29	HLS216/0.75-4-18.5		0.75	55.55	100AABH72-15×5			75	18.5	100		250	1640	1761
30	HLS216/0.90-4-22		0.90	66.05	100AABH72-15×6			90	22	100		250	2140	2261

16.3　无负压（叠压）供水设备

16.3.1　WWG、WWG（Ⅱ）、WWG（Ⅱ）-B 系列无负压（叠压）给水设备[①]

1. WWG、WWG（Ⅱ）无负压给水设备用途

用于新建、扩建或改建的民用和工业建筑及小区的市政供水管网的二次加压给水。

2. WWG、WWG（Ⅱ）无负压给水设备型号说明

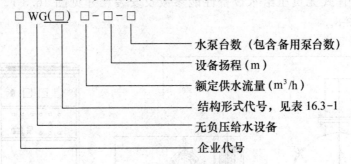

结构形式代号　　　　　　　　　　　　　　　　　表 16.3-1

结构形式	代号
分体式	无
整体式	Ⅱ

型号示例：

例 1：无负压给水设备，额定供水流量为 30m³/h，设备扬程为 35m，配用 2 台水泵，整体式结构，其型号表示为：□WG（Ⅱ）30-35-2；

例 2：无负压给水设备，额定供水流量为 135m³/h，设备扬程为 100m，配用 3 台水泵，分体式结构，其型号表示为：□WG135-100-2。

3. WWG、WWG（Ⅱ）无负压给水设备适用技术参数（见表 16.3-2）

WWG、WWG（Ⅱ）无负压给水设备技术参数及性能　　　表 16.3-2

序号	技术参数	主要技术范围	备注
1	供水流量范围	0～10000m³/h	根据工程情况和要求确定
2	供水压力范围	0～2.5MPa	
3	控制电机容量（单台）	≤550kW	
4	控制方式	1. 出口恒压变流量； 2. 出口变压变流量（控制点恒压）	可根据工程情况和用户要求设置
5	调节方式	数字（或模拟）、PID、PI 调节	
6	运行方式	多台交互并联（或单泵变频）运行	
7	显示内容	频率、电压、电流、设定压力、故障	
8	操作方式	变频、工频自动或手动	
9	压力控制误差	±0.01MPa	
10	噪声	<75dB（A 声级）	不得大于水泵的规定值

[①] 本节由青岛三利集团有限公司提供资料。

序号	技术参数	主要技术范围	备注
11	通信	GPRS、485、422、232、UBS、PS 接口	
12	防护等级（柜体）	不低于 IP30	符合《外壳防护等级》GB/T 4208 的规定
13	环境温度	4~40℃	
14	空气相对湿度	<95%（20℃），无结露	

4. WWG 分体式无负压给水设备性能参数及安装尺寸见图 16.3-1、图 16.3-2，表 16.3-3~表 16.3-8。

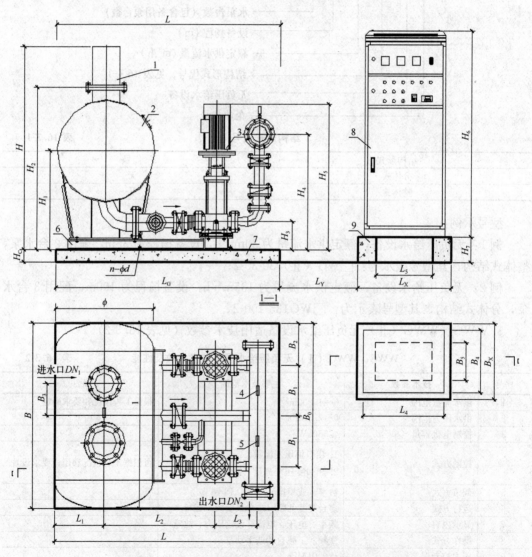

图 16.3-1　WWG 分体式（两台泵）无负压给水设备组装

1—真空抑制器；2—稳流补偿器；3—水泵；4—压力控制器；5—压力传感器；
6—设备底座；7—设备基础（C20）；8—控制柜；9—控制柜基础（C20）

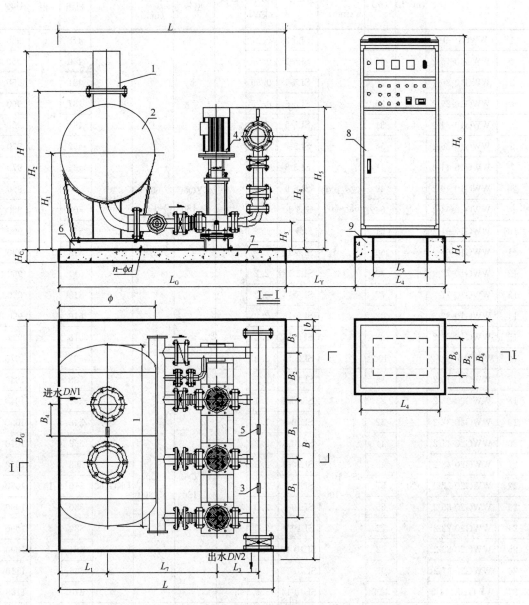

图 16.3-2　WWG 分体式（三台泵）无负压给水设备组装
1—真空抑制器；2—稳流补偿器；3—压力控制器；4—水泵；5—压力传感器；
6—设备底座；7—设备基础（C20）；8—控制柜；9—控制柜基础（C20）

WWG 分体式（两台泵）无负压给水设备技术参数　　表 16.3-3

序号	设备型号	额定流量 (m³/h)	额定扬程 (m)	进/出水管径 DN_1/DN_2 (mm)	推荐水泵 型号	电机功率 (kW)	台数	稳流补偿器 规格型号	外形尺寸 $\Phi \times L$ (mm)	控制柜型号	质量 (kg) 设备机组	控制柜	运行载荷 (kg)
1	WWG10-9-2		9		SL5-2	0.37					478		950
2	WWG10-15-2		15		SL5-3	0.55					480		950
3	WWG10-20-2		20		SL5-4	0.55					481		950
4	WWG10-25-2		25		SL5-5	0.75					487		960
5	WWG10-31-2		31		SL5-6	1.1					491		960
6	WWG10-36-2		36		SL5-7	1.1					492		970
7	WWG10-41-2		41		SL5-8	1.1					494		970
8	WWG10-49-2	10	49	65～100/ 65～100	SL5-9	1.5	2	CYQ60 ×130	600 ×1300	DKG160	506	143	980
9	WWG10-54-2		54		SL5-10	1.5					507		980
10	WWG10-61-2		61		SL5-11	2.2					512		990
11	WWG10-66-2		66		SL5-12	2.2					513		990
12	WWG10-72-2		72		SL5-13	2.2					514		990
13	WWG10-77-2		77		SL5-14	2.2					515		990
14	WWG10-82-2		82		SL5-15	2.2					516		990
15	WWG10-88-2		88		SL5-16	2.2					518		990
16	WWG10-100-2		100		SL5-18	3.0					591		1070
17	WWG20-15-2		15		SL10-2	0.75					538		1040
18	WWG20-23-2		23		SL10-3	1.1					542		1040
19	WWG20-32-2		32		SL10-4	1.5					548		1050
20	WWG20-41-2		41		SL10-5	2.2					562		1070
21	WWG20-48-2		48		SL10-6	2.2					568		1070
22	WWG20-57-2	20	57	65～100/ 65～100	SL10-7	3.0	2	CYQ60 ×130	600 ×1300	DKG160	570	143	1070
23	WWG20-65-2		65		SL10-8	3.0					580		1090
24	WWG20-72-2		72		SL10-9	3.0					582		1090
25	WWG20-82-2		82		SL10-10	4.0					584		1090
26	WWG20-97-2		97		SL10-12	4.0					606		1110
27	WWG20-114-2		114		SL10-14	5.5					670		1180
28	WWG30-23-2		23		SL15-2	2.2					610		1140
29	WWG30-35-2		35		SL15-3	3.0		CYQ60 ×130	600× 1300		620		1150
30	WWG30-48-2		48		SL15-4	4.0					642	143	1180
31	WWG30-59-2	30	59	80～150/ 80～150	SL15-5	4.0	2			DKG160	646		1180
32	WWG30-72-2		72		SL15-6	5.5					880		1920
33	WWG30-83-2		83		SL15-7	5.5		CYQ80 ×150	800× 1470		884		1920
34	WWG30-96-2		96		SL15-8	7.5					890	145	1930
35	WWG30-107-2		107		SL15-9	7.5					894		1930

续表

序号	设备型号	额定流量 (m³/h)	额定扬程 (m)	进/出水管径 DN₁/DN₂ (mm)	推荐水泵 型号	电机功率 (kW)	台数	稳流补偿器 规格型号	外形尺寸 Φ×L (mm)	控制柜型号	质量（kg）设备机组	控制柜	运行载荷 (kg)
36	WWG40-23-2		23		SL20-2	2.2					640		1700
37	WWG40-36-2	40	36	80～150/80～150	SL20-3	4.0	2	CYQ60×130	600×1300	DKG160	670	143	1740
38	WWG40-48-2		48		SL20-4	5.5					714		1780
39	WWG40-60-2		60		SL20-5	5.5					898	143	1990
40	WWG40-72-2		72		SL20-6	7.5					906		2000
41	WWG40-84-2	40	84	80～150/80～150	SL20-7	7.5	2	CYQ80×150	800×1470	DKG160	908	145	2000
42	WWG40-98-2		98		SL20-8	11					972		2070
43	WWG40-122-2		122		SL20-10	11					978		2080
44	WWG64-21-2		21		SL32-2-2	3.0					988		2140
45	WWG64-28-2		28		SL32-2	4.0					1006	143	2160
46	WWG64-35-2		35		SL32-3-2	5.5					1024		2180
47	WWG64-42-2		42		SL32-3	5.5					1024		2180
48	WWG64-50-2		50		SL32-4-2	7.5					1040		2190
49	WWG64-56-2		56		SL32-4	7.5					1040		2190
50	WWG64-65-2	64	65	100～200/100～200	SL32-5-2	11	2	CYQ80×150	800×1470	DKG160	1122		2280
51	WWG64-72-2		72		SL32-5	11					1122		2280
52	WWG64-79-2		79		SL32-6-2	11					1130	145	2290
53	WWG64-85-2		85		SL32-6	11					1130		2290
54	WWG64-94-2		94		SL32-7-2	15					1204		2370
55	WWG64-100-2		100		SL32-7	15					1204		2370
56	WWG64-108-2		108		SL32-8-2	15					1212		2380
57	WWG64-115-2		115		SL32-8	15					1212		2380
58	WWG90-15-2		15		SL45-1-1	3.0					1040		2240
59	WWG90-19-2		19		SL45-1	4.0					1058	143	2260
60	WWG90-30-2		30		SL45-2-2	5.5					1076		2280
61	WWG90-39-2		39		SL45-2	7.5				DKG160	1086		2290
62	WWG90-52-2		52		SL45-3-2	11					1168		2380
63	WWG90-59-2	90	59	125～200/125～200	SL45-3	11	2	CYQ80×150	800×1470		1168	145	2380
64	WWG90-72-2		72		SL45-4-2	15					1242		2470
65	WWG90-82-2		82		SL45-4	15					1242		2470
66	WWG90-93-2		93		SL45-5-2	18.5					1270		2500
67	WWG90-100-2		100		SL45-5	18.5					1270		2500
68	WWG90-113-2		113		SL45-6-2	22				DKG180	1384	190	2620
69	WWG90-121-2		121		SL45-6	22					1384		2620

续表

序号	设备型号	额定流量 (m^3/h)	额定扬程 (m)	进/出水管径 DN_1/DN_2 (mm)	推荐水泵 型号	推荐水泵 电机功率 (kW)	推荐水泵 台数	稳流补偿器 规格型号	稳流补偿器 外形尺寸 $\Phi \times L$ (mm)	控制柜型号	质量(kg) 设备机组	质量(kg) 控制柜	运行载荷 (kg)
70	WWG128-15-2		15		SL64-1-1	4.0					1384	143	3360
71	WWG128-21-2		21		SL64-1	5.5					1394		3370
72	WWG128-29-2		29		SL64-2-2	7.5					1412		3390
73	WWG128-37-2		37		SL64-2-1	11					1486		3480
74	WWG128-44-2		44		SL64-2 SL9110						1486	145	3480
75	WWG128-53-2	128	53	125~250/150~250	SL64-3-2	15	2	CYQ100×200	1000×2000	DKG160	1562		3560
76	WWG128-60-2		60		SL64-3-1	15					1562		3560
77	WWG128-68-2		68		SL64-3	18.5					1580		3580
78	WWG128-75-2		75		SL64-4-2	18.5					1588	190	3590
79	WWG128-84-2		84		SL64-4-1	22					1964		3700
80	WWG128-91-2		91		SL64-4	22					1964		3700
81	WWG180-14-2		14		SL90-1-1	5.5					1406	143	3390
82	WWG180-20-2		20		SL90-1	7.5				DKG160	1414		3400
83	WWG180-30-2		30	125~250/150~250	SL90-2-2	11					1498	145	3490
84	WWG180-42-2	180	42		SL90-2	15	2	CYQ100×200	1000×2000		1564		3560
85	WWG180-52-2		52		SL90-3-2	18.5				DKG180	1592	190	3590
86	WWG180-65-2		65		SL90-3	22					1698		3710

注：表中所列举的设备型号仅为常用的定型设备型号，当选用表中所列举的流量和扬程范围外的设备需与生产厂家联系。

WWG分体式（三台泵）无负压给水设备技术参数　　　　表 16.3-4

序号	设备型号	额定流量 (m^3/h)	额定扬程 (m)	进/出水管径 DN_1/DN_2 (mm)	推荐水泵 型号	推荐水泵 电机功率 (kW)	推荐水泵 台数	稳流补偿器 规格型号	稳流补偿器 外形尺寸 $\Phi \times L$ (mm)	控制柜型号	质量(kg) 设备机组	质量(kg) 控制柜	运行载荷 (kg)
1	WWG45-23-3		23		SL15-2	2.2					960		2110
2	WWG45-35-3		35		SL15-3	3.0					975		2120
3	WWG45-48-3		48		SL15-4	4.0					1008	195	2160
4	WWG45-59-3	45	59	100~150/100~150	SL15-5	4.0	3	CYQ80×150	800×1470	DKG180	1014		2170
5	WWG45-72-3		72		SL15-6	5.5					1080		2240
6	WWG45-83-3		83		SL15-7	5.5					1086		2240
7	WWG45-96-3		96		SL15-8	7.5					1095	210	2250
8	WWG45-107-3		107		SL15-9	7.5					1101		2260

续表

序号	设备型号	额定流量（m³/h）	额定扬程（m）	进/出水管径 DN_1/DN_2（mm）	推荐水泵			稳流补偿器		控制柜型号	质量（kg）		运行载荷（kg）
					型号	电机功率（kW）	台数	规格型号	外形尺寸 $\Phi \times L$（mm）		设备机组	控制柜	
9	WWG60-23-3		23		SL20-2	2.2					990	195	2090
10	WWG60-36-3		36		SL20-3	4.0					1035	210	2140
11	WWG60-48-3		48		SL20-4	5.5					1101		2210
12	WWG60-60-3	60	60	100～150/100～150	SL20-5	5.5	3	CYQ80×150	800×1470	DKG180	1107		2220
13	WWG60-72-3		72		SL20-6	7.5					1119		2230
14	WWG60-84-3		84		SL20-7	7.5					1122		2240
15	WWG60-98-3		98		SL20-8	11					1218		2340
16	WWG60-122-3		122		SL20-10	11					1227		2350
17	WWG96-21-3		21		SL32-3-2	3.0					1317		3350
18	WWG96-28-3		28		SL32-2	4.0					1344	195	3370
19	WWG96-35-3		35		SL32-3-2	5.5					1371		3400
20	WWG96-42-3		42		SL32-2	5.5					1371		3400
21	WWG96-50-3	96	50	125～250/125～200	SL32-4-2	7.5	3	CYQ100×200	1000×2000	DKG180	1395		3430
22	WWG96-56-3		56		SL32-4	7.5					1395		3430
23	WWG96-65-3		65		SL32-5-2	11					1518	210	3570
24	WWG96-72-3		72		SL32-5	11					1518		3570
25	WWG96-79-3		79		SL32-6-2	11					1530		3580
26	WWG96-85-3		85		SL32-6	11					1530		3580
27	WWG96-94-3		94		SL32-7-2	15					1641		3700
28	WWG96-100-3	96	100	125～150/125～200	SL32-7	15	3	CYQ100×200	1000×2000	DKG180	1641	210	3700
29	WWG96-108-3		108		SL32-8-2	15					1653		3720
30	WWG96-115-3		115		SL32-8	15					1653		3720

续表

序号	设备型号	额定流量 (m³/h)	额定扬程 (m)	进/出水管径 DN₁/DN₂ (mm)	推荐水泵 型号	电机功率 (kW)	台数	稳流补偿器 规格型号	外形尺寸 Φ×L (mm)	控制柜型号	质量(kg) 设备机组	控制柜	运行载荷 (kg)
31	WWG135-15-3		15		SL45-1-1	3.0					1365		3450
32	WWG135-19-3		19		SL45-1	4.0					1392	195	3480
33	WWG135-30-3		30		SL45-2-2	5.5					1419		3510
34	WWG135-39-3		39		SL45-2	7.5					1434		3520
35	WWG135-52-3		52		SL45-3-2	11					1557		3660
36	WWG135-59-3	135	59	125～150/150～250	SL45-3	11	3	CYQ100 ×200	1000× 2000	DKG180	1557	210	3660
37	WWG135-72-3		72		SL45-4-2	15					1668		3780
38	WWG135-82-3		82		SL45-4	15					1668		3780
39	WWG135-93-3		93		SL45-5-2	18.5					1710		3830
40	WWG135-100-3		100		SL45-5	18.5					1710	235	3830
41	WWG135-113-3		113		SL45-6-2	22					1881		4020
42	WWG135-121-3		121		SL45-6	22					1881		4020
43	WWG192-14-3		14		SL64-1-1	4.0					1561	195	3880
44	WWG192-21-3		21		SL64-1	5.5					1576		3900
45	WWG192-29-3		29		SL64-2-2	7.5					1603		3930
46	WWG192-37-3		37		SL64-2-1	11					1714		4050
47	WWG192-44-3		44		SL64-2	11					1714	210	4050
48	WWG192-53-3	192	53	125～150/150～250	SL64-3-2	15	3	CYQ100 ×200	1000× 2000	DKG180	1828		4170
49	WWG192-60-3		60		SL64-3-1	15					1828		4170
50	WWG192-68-3		68		SL64-3	18.5					1855		4200
51	WWG192-75-3		75		SL64-4-2	18.5					1867		4220
52	WWG192-84-3		84		SL64-4-1	22					2026	235	4390
53	WWG192-91-3		91		SL64-4	22					2026		4390
54	WWG270-15-3		15		SL90-1-1	5.5					1594	195	3920
55	WWG270-20-3		20		SL90-1	7.5					1606		3930
56	WWG270-30-3		30		SL90-2-2	11					1732	210	4070
57	WWG270-42-3	270	42	125～250/150～250	SL90-2	15	3	CYQ100 ×200	1000× 2000	DKG180	1831		4180
58	WWG270-52-3		52		SL90-3-2	18.5					1873	235	4220
59	WWG270-65-3		65		SL90-3	22					2032		4400

注：表中所列举的设备型号仅为常用的定型设备型号，当选用表中所列举的流量和扬程范围外的设备须与生产厂家联系。

表 16.3-5

WWG 分体式(两台泵)无负压给水设备安装尺寸

序号	设备型号	外形尺寸(mm) L	B	H	基础尺寸(mm) L_G	B_G	H_G	安装尺寸(mm) L_1	L_2	L_3	B_1	B_2	B_3	H_1	H_2	H_3	H_4	H_5	L_Y	膨胀螺栓孔 n-ϕd	配套控制柜 型号	外形尺寸(mm) L_4	B_4	H_6	基础尺寸(mm) L_K	B_K	L_5	B_5	H_7
1	WWG10-9-2																	583											
2	WWG10-15-2																	610											
3	WWG10-20-2																	637											
4	WWG10-25-2																	708											
5	WWG10-31-2																	735											
6	WWG10-36-2	1420	1300	1220	1500	1300	100	304	726	280	325	325	275	560	955	190	800	766	≥1000	6-ϕ16	DKG 160	660	500	1770	760	600	460	300	200
7	WWG10-41-2																	789											
8	WWG10-49-2																	882											
9	WWG10-54-2																	909											
10	WWG10-61-2																	936											
11	WWG10-66-2																	963											
12	WWG10-72-2																	990											
13	WWG10-77-2																	1017											
14	WWG10-82-2																	1044											
15	WWG10-88-2																	1071											
16	WWG10-100-2																	1183											
17	WWG20-15-2																	689											
18	WWG20-23-2																	719											
19	WWG20-32-2																	815											
20	WWG20-41-2																	845											
21	WWG20-48-2																	875											
22	WWG20-57-2	1450	1300	1242	1500	1300	100	304	745	290	325	325	275	580	977	190	800	964	≥1000	6-ϕ16	DKG 160	660	500	1770	760	600	460	300	200
23	WWG20-65-2																	964											
24	WWG20-72-2																	1024											
25	WWG20-82-2																	1091											
26	WWG20-97-2																	1151											
27	WWG20-114-2																	1262											

续表

表中分组说明：外形尺寸（mm）：L、B、H；基础尺寸（mm）：L_G、B_G、H_G；安装尺寸（mm）：L_1、L_2、L_3、B_1、B_2、B_3、H_1、H_2、H_3、H_4、H_5、L_Y；膨胀螺栓孔 $n\times\Phi d$；配套控制柜：型号、外形尺寸（mm）L_4、B_4、H_6、基础尺寸（mm）L_K、B_K、L_5、B_5、H_7。

序号	设备型号	L	B	H	L_G	B_G	H_G	L_1	L_2	L_3	B_1	B_2	B_3	H_1	H_2	H_3	H_4	H_5	L_Y	$n\times\Phi d$	型号	L_4	B_4	H_6	L_K	B_K	L_5	B_5	H_7
28	WWG30-23-2																	811											
29	WWG30-35-2												$\frac{255}{80}$					915											
30	WWG30-48-2	1570	1300	1280	1600	1300	100	304	829			250	≤100	620	1015			997											
31	WWG30-59-2									345	400		$\frac{240}{150}$			201	见表16.3-7	1042	≥1000	6-$\phi16$	DKG160	660	500	1770	760	600	460	300	200
32	WWG30-72-2												$\frac{310}{80}$					1138											
33	WWG30-83-2	1765	1470	1570	1800	1470	100	406	870			335	$\frac{305}{100}$	720	1218			1183											
34	WWG30-96-2												$\frac{295}{125}$					1228											
35	WWG30-107-2												$\frac{290}{150}$					1273											
36	WWG40-23-2																	829											
37	WWG40-36-2												$\frac{255}{80}$					970											
38	WWG40-48-2	1570	1300	1330	1600	1300	100					250	≤100	680	1065			1066											
39	WWG40-60-2									345	400		$\frac{240}{150}$			221	见表16.3-7	1111	≥1000	6-$\phi16$	DKG160	660	500	1770	760	600	460	300	200
40	WWG40-72-2												$\frac{310}{80}$					1156											
41	WWG40-84-2	1790	1470	1635	1800	1470	100					335	$\frac{305}{100}$	780	1283			1201											
42	WWG40-98-2												$\frac{295}{125}$					1396											
43	WWG40-122-2												$\frac{290}{150}$					1486											

续表

序号	设备型号	外形尺寸(mm)			基础尺寸(mm)			安装尺寸(mm)												膨胀螺栓孔 n×φd	配套控制柜 型号	外形尺寸(mm)			基础尺寸(mm)				
		L	B	H	L_G	B_G	H_G	L_1	L_2	L_3	B_1	B_2	B_3	H_1	H_2	H_3	H_4	H_5	L_Y			L_4	B_4	H_6	L_K	B_K	L_5	B_5	H_7
44	WWG64-21-2																	1045											
45	WWG64-28-2																	4082											
46	WWG64-35-2																	1171											
47	WWG64-42-2												$\frac{310}{80}$					1171											
48	WWG64-50-2												$\frac{305}{100}$					1241											
49	WWG64-56-2												$\frac{295}{125}$					1241											
50	WWG64-65-2	1915	1470	1665	1900	1470	100	406	976	370	400	335	$\frac{290}{150}$	810	1313	233	见表16.3-7	1484	≥1000	6-φ16	DKG160	660	500	1770	760	600	460	300	200
51	WWG64-72-2																	1484											
52	WWG64-79-2																	1564											
53	WWG64-85-2																	1564											
54	WWG64-94-2																	1648											
55	WWG64-100-2																	1648											
56	WWG64-108-2																	1718											
57	WWG64-115-2																	1718											
58	WWG90-15-2																	1016											
59	WWG90-19-2																	1053											
60	WWG90-30-2																	1152											
61	WWG90-39-2												$\frac{295}{125}$					1152											
62	WWG90-52-2	2050	1470	1685	2000	1470	100	406	1034	440	400	355	$\frac{290}{150}$	840	1333	263	见表16.3-7	1415	≥1000	6-φ16	DKG160	660	500	1770	760	600	460	300	200
63	WWG90-59-2												$\frac{290}{200}$					1415											
64	WWG90-72-2																	1509											
65	WWG90-82-2																	1509											
66	WWG90-93-2																	1579											
67	WWG90-100-2																	1579			DKG180	800	600	1970	900	700	600	400	100
68	WWG90-113-2																	1751											
69	WWG90-121-2																	1751											

续表

序号	设备型号	外形尺寸(mm)			基础尺寸(mm)			安装尺寸(mm)												膨胀螺栓孔 $n\text{-}\phi d$	配套控制柜								
		L	B	H	L_G	B_G	H_G	L_1	L_2	L_3	B_1	B_2	B_3	H_1	H_2	H_3	H_4	H_5	L_Y		型号	L_4	B_4	H_6	L_K	B_K	L_5	B_5	H_7
70	WWGJ128-15-2																	1068											
71	WWGJ128-21-2																	1087			DKG 160	660	500	1770	760	600	460	300	200
72	WWGJ128-29-2																	1170											
73	WWGJ128-37-2												$\dfrac{375}{125}$				见表 16.3 -7	1353											
74	WWGJ128-44-2												$\dfrac{370}{150}$					1353											
75	WWGJ128-53-2	2416	2000	1945	2500	2000	100	506	1197	515	500	500	$\dfrac{350}{200}$	980	1593	275		1449	$\geqslant 1000$	6-$\phi16$	DKG 180	800	600	1970	900	700	600	400	100
76	WWGJ128-60-2																	1449											
77	WWGJ128-68-2												$\dfrac{350}{250}$					1449											
78	WWGJ128-75-2																	1532											
79	WWGJ128-84-2																	1614											
80	WWGJ128-91-2																	1614											
81	WWGJ180-14-2																	1097											
82	WWGJ180-20-2												$\dfrac{375}{125}$					1097			DKG 160	660	500	1770	760	600	460	300	200
83	WWGJ180-30-2	2424	2000	1945	2500	2000	100	506	1200	520	500	500	$\dfrac{370}{150}$	980	1593	275	见表 16.3 -7	1372	$\geqslant 1000$	6-$\phi16$									
84	WWGJ180-42-2												$\dfrac{350}{200}$					1383			DKG 180	800	600	1970	900	700	600	400	100
85	WWGJ180-52-2												$\dfrac{350}{250}$					1478											
86	WWGJ180-65-2																	1560											

注:1. 带"—"数据的分子表示 B_3 尺寸,分母表示进水口径 DN_1 的规格(单位:mm)。
2. 为进水口 DN_1 的法兰端面高度。

表 16.3-6

WWG 分体式(三台泵)无负压给水设备安装尺寸

序号	设备型号	外形尺寸(mm) L	B	H	基础尺寸(mm) L_G	B_G	H_G	安装尺寸(mm) L_1	L_2	L_3	B_1	B_2	B_3	B_4	H_1	H_2	H_3	H_4	H_5	b	L_Y	膨胀螺栓孔 n-φd	配套控制柜 型号	外形尺寸(mm) L_4	B_1	H_6	基础尺寸(mm) L_K	B_K	L_5	B_5	H_7
1	WWG45-23-3	1789	1770	1635	1900	1870	100	406	845	345	480	380	265	310/80	780	1283	221	见表16.3-8	811	73	≥1000	7-φ16	DKG 180	800	600	1970	900	700	600	400	100
2	WWG45-35-3	1789	1770	1635	1900	1870	100	406	845	345	480	380	265	310/80	780	1283	221	见表16.3-8	915	73	≥1000	7-φ16	DKG 180	800	600	1970	900	700	600	400	100
3	WWG45-48-3	1789	1770	1635	1900	1870	100	406	845	345	480	380	265	305/100	780	1283	221	见表16.3-8	997	73	≥1000	7-φ16	DKG 180	800	600	1970	900	700	600	400	100
4	WWG45-59-3	1789	1770	1635	1900	1870	100	406	845	345	480	380	265	305/100	780	1283	221	见表16.3-8	1042	73	≥1000	7-φ16	DKG 180	800	600	1970	900	700	600	400	100
5	WWG45-72-3	1789	1770	1635	1900	1870	100	406	845	345	480	380	265	295/125	780	1283	221	见表16.3-8	1138	73	≥1000	7-φ16	DKG 180	800	600	1970	900	700	600	400	100
6	WWG45-83-3	1789	1770	1635	1900	1870	100	406	845	345	480	380	265	295/125	780	1283	221	见表16.3-8	1183	73	≥1000	7-φ16	DKG 180	800	600	1970	900	700	600	400	100
7	WWG45-96-3	1789	1770	1635	1900	1870	100	406	845	345	480	380	265	290/150	780	1283	221	见表16.3-8	1228	73	≥1000	7-φ16	DKG 180	800	600	1970	900	700	600	400	100
8	WWG45-107-3	1789	1770	1635	1900	1870	100	406	845	345	480	380	265	290/150	780	1283	221	见表16.3-8	1273	73	≥1000	7-φ16	DKG 180	800	600	1970	900	700	600	400	100
9	WWG60-23-3	1819	1780	1665	1900	1870	100	406	925	345	480	380	265	310/80	820	1313	240	见表16.3-8	845	73	≥1000	7-φ16	DKG 180	800	600	1970	900	700	600	400	100
10	WWG60-36-3	1819	1780	1665	1900	1870	100	406	925	345	480	380	265	310/80	820	1313	240	见表16.3-8	986	73	≥1000	7-φ16	DKG 180	800	600	1970	900	700	600	400	100
11	WWG60-48-3	1819	1780	1665	1900	1870	100	406	925	345	480	380	265	305/100	820	1313	240	见表16.3-8	1081	73	≥1000	7-φ16	DKG 180	800	600	1970	900	700	600	400	100
12	WWG60-60-3	1819	1780	1665	1900	1870	100	406	925	345	480	380	265	305/100	820	1313	240	见表16.3-8	1126	73	≥1000	7-φ16	DKG 180	800	600	1970	900	700	600	400	100
13	WWG60-72-3	1819	1780	1665	1900	1870	100	406	925	345	480	380	265	295/125	820	1313	240	见表16.3-8	1171	73	≥1000	7-φ16	DKG 180	800	600	1970	900	700	600	400	100
14	WWG60-84-3	1819	1780	1665	1900	1870	100	406	925	345	480	380	265	295/125	820	1313	240	见表16.3-8	1216	73	≥1000	7-φ16	DKG 180	800	600	1970	900	700	600	400	100
15	WWG60-98-3	1819	1780	1665	1900	1870	100	406	925	345	480	380	265	290/150	820	1313	240	见表16.3-8	1412	73	≥1000	7-φ16	DKG 180	800	600	1970	900	700	600	400	100
16	WWG60-122-3	1819	1780	1665	1900	1870	100	406	925	345	480	380	265	290/150	820	1313	240	见表16.3-8	1502	73	≥1000	7-φ16	DKG 180	800	600	1970	900	700	600	400	100

续表

序号	设备型号	外形尺寸(mm) L	B	H	基础尺寸(mm) L_G	B_G	H_G	安装尺寸(mm) L_1	L_2	L_3	B_1	B_2	B_3	B_4	H_1	H_2	H_3	H_4	H_5	b	L_Y	膨胀螺栓孔 n-d	配套控制柜 型号	外形尺寸(mm) L_4	B_4	H_6	基础尺寸(mm) L_K	B_K	L_5	B_5	H_7
17	WWG96-21-3	2292	2116	1945	2200	2200	100	506	1128	370	600	450	275		980	1593	260	见表16.3-8	1065	51	≥1000	7-ϕ16	DKG180	800	600	1970	900	700	600	400	100
18	WWG96-28-3																		1102												
19	WWG96-35-3																		1191												
20	WWG96-42-3																		1191												
21	WWG96-50-3													$\dfrac{375}{125}$					1261												
22	WWG96-56-3																		1261												
23	WWG96-65-3													$\dfrac{375}{150}$					1504												
24	WWG96-72-3																		1504												
25	WWG96-79-3													$\dfrac{350}{200}$					1584												
26	WWG96-85-3																		1584												
27	WWG96-94-3													$\dfrac{350}{250}$					1668												
28	WWG96-100-3																		1668												
29	WWG96-108-3																		1738												
30	WWG96-115-3																		1738												
31	WWG135-15-3	2324	2116	1960	2400	2200	100	506	1175	445	600	450	275		1000	1608	284	见表16.3-8	1044	51	≥1000	7-ϕ16	DKG180	800	600	1970	900	700	600	400	100
32	WWG135-19-3																		1081												
33	WWG135-30-3																		1180												
34	WWG135-39-3													$\dfrac{375}{125}$					1180												
35	WWG135-52-3																		1443												
36	WWG135-59-3													$\dfrac{375}{150}$					1443												
37	WWG135-72-3																		1537												
38	WWG135-82-3													$\dfrac{350}{200}$					1537												
39	WWG135-93-3																		1617												
40	WWG135-100-3													$\dfrac{350}{250}$					1617												
41	WWG135-113-3																		1779												
42	WWG135-121-3																		1779												

续表

序号	设备型号	外形尺寸(mm)			基础尺寸(mm)			安装尺寸(mm)													b	L_Y	膨胀螺栓孔 $n\text{-}\phi d$	配套控制柜 型号	外形尺寸(mm)			基础尺寸(mm)				
		L	B	H	L_G	B_G	H_G	L_1	L_2	L_3	B_1	B_2	B_3	B_4	H_1	H_2	H_3	H_4	H_5					L_4	B_4	H_6	L_K	B_K	L_5	B_5	H_7
43	WWG192-14-3																		1088												
44	WWG192-21-3																		1107												
45	WWG192-29-3																		1190												
46	WWG192-37-3																		1373												
47	WWG192-44-3																		1373												
48	WWG192-53-3	2579	2315	2020	2550	2400	100	506	1360	515	650	500	300	100	1030	1668	295	见表16.3-8	1469	51	≥1000	7-ϕ16	DKG-180	800	600	1970	900	700	600	400	100
49	WWG192-60-3																		1469												
50	WWG192-68-3																		1469												
51	WWG192-75-3																		1552												
52	WWG192-84-3																		1634												
53	WWG192-91-3																		1634												
54	WWG270-15-3																		1117												
55	WWG270-20-3																		1117												
56	WWG270-30-3	2589	2315	2020	2600	2400	100	506	1365	520	650	500	300	100	1030	1668	295	见表16.3-8	1392	51	≥1000	7-ϕ16	DKG-180	800	600	1970	900	700	600	400	100
57	WWG270-42-3																		1406												
58	WWG270-52-3																		1498												
59	WWG270-65-3																		1580												

注:1. 带"—"数据的分子表示B_4尺寸,分母表示进水口径DN_1的规格(单位:mm)。

2. 为进水口DN_1的法兰端面高度。

WWG 分体式（两台泵）无负压给水设备出水管配置　　表 16.3-7

配套水泵 出水中心高度 H_4（mm） 出水管 DN_2（mm）	配套水泵系列（两台）							
	SL5	SL10	SL15	SL20	SL32	SL45	SL64	SL90
65	800	800	—	—	—	—	—	—
80	800	800	870	870	—	—	—	—
100	800	800	880	880	1000	—	—	—
125	—	—	900	900	1020	1100	—	—
150	—	—	910	910	1030	1110	1230	1260
200					1060	1140	1260	1290
250							1280	1320

WWG 分体式（三台泵）无负压给水设备出水管配置　　表 16.3-8

配套水泵 出水中心高度 H_4（mm） 出水管 DN_2（mm）	配套水泵系列（三台）					
	SL5	SL20	SL32	SL45	SL64	SL90
100	880	880	—	—	—	—
125	900	900	1050	—	—	—
150	910	910	1070	1170	1250	1250
200	—	—	1100	1200	1280	1280
250	—	—	—	1230	1310	1310

5. WWG（Ⅱ）整体式无负压给水设备的性能参数及安装尺寸见（见图 16.3-3、图 16.3-4，表 16.3-9～表 16.3-11）

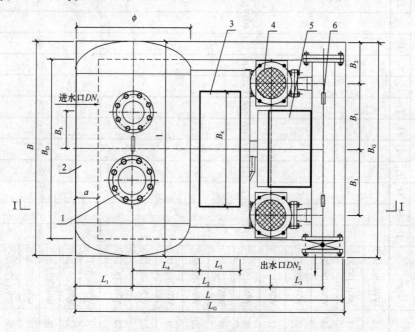

图 16.3-3　WWG（Ⅱ）整体式无负压给水设备安装尺寸

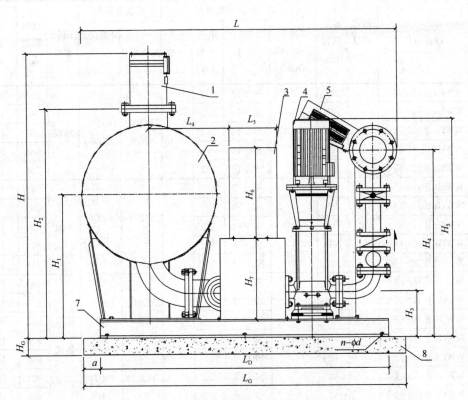

图 16.3-4　WWG（Ⅱ）整体式无负压给水设备组装

1—真空抑制器；2—稳流补偿器；3—集成控制柜；4—水泵；5—触摸屏；
6—压力控制器；7—设备底座；8—设备基础（C20）

WWG（Ⅱ）整体式无负压给水设备技术参数　　　　表 16.3-9

序号	设备型号	额定流量 (m³/h)	额定扬程 (mm)	进/出水管径 DN_1/DN_2 (mm)	推荐水泵			稳流补偿器		控制柜型号	整机质量 (kg)	运行载荷 (kg)
					型号	电机功率 (kW)	台数	规格型号	外形尺寸 $\Phi \times L$ (mm)			
1	WWG（Ⅱ）10-9-2		9		SL5-2	0.37					528	1000
2	WWG（Ⅱ）10-15-2		15		SL5-3	0.55					530	1000
3	WWG（Ⅱ）10-20-2		20		SL5-4	0.55					531	1000
4	WWG（Ⅱ）10-25-2		25		SL5-5	0.75					537	1010
5	WWG（Ⅱ）10-31-2	10	31	65-100	SL5-6	1.1	2	CYQ60×130	600×1300	集成	541	1020
6	WWG（Ⅱ）10-36-2		36		SL5-7	1.1					542	1020
7	WWG（Ⅱ）10-41-2		41		SL5-8	1.1					544	1020
8	WWG（Ⅱ）10-49-2		49		SL5-9	1.5					556	1030
9	WWG（Ⅱ）10-54-2		54		SL5-10	1.5					557	1030
10	WWG（Ⅱ）10-61-2		61		SL5-11	2.2					562	1040

续表

序号	设备型号	额定流量 (m³/h)	额定扬程 (mm)	进/出水管径 DN_1/DN_2 (mm)	推荐水泵			稳流补偿器			控制柜型号	整机质量 (kg)	运行载荷 (kg)
					型号	电机功率 (kW)	台数	规格型号	外形尺寸 $\Phi \times L$ (mm)				
11	WWG(Ⅱ)10-66-2		66		SL5-12	2.2						563	1040
12	WWG(Ⅱ)10-72-2		72		SL5-13	2.2		CYQ60× 130	600× 1300		集成	564	1040
13	WWG(Ⅱ)10-77-2	10	77	65-100	SL5-14	2.2	2					565	1040
14	WWG(Ⅱ)10-82-2		82		SL5-15	2.2						566	1040
15	WWG(Ⅱ)10-88-2		88		SL5-16	2.2						568	1040
16	WWG(Ⅱ)20-15-2		15		SL10-2	0.75						588	1090
17	WWG(Ⅱ)20-23-2		23		SL10-3	1.1		CYQ60× 130	600× 1300		集成	592	1100
18	WWG(Ⅱ)20-32-2	20	32	65-100	SL10-4	1.5	2					598	1100
19	WWG(Ⅱ)20-41-2		41		SL10-5	2.2						612	1120
20	WWG(Ⅱ)20-48-2		48		SL10-6	2.2						618	1130
21	WWG(Ⅱ)30-23-2		23		SL15-2	2.2						660	1190
22	WWG(Ⅱ)30-35-2		35		SL15-3	3.0		CYQ60× 130	600× 1300			670	1200
23	WWG(Ⅱ)30-48-2		48		SL15-4	4.0						692	1230
24	WWG(Ⅱ)30-59-2	30	59	80-150	SL15-5	4.0	2				集成	696	1230
25	WWG(Ⅱ)30-72-2		72		SL15-6	5.5						930	1970
26	WWG(Ⅱ)30-83-2		83		SL15-7	5.5		CYQ80× 150	800× 1470			934	1980
27	WWG(Ⅱ)30-96-2		96		SL15-8	7.5						940	1980
28	WWG(Ⅱ)30-107-2		107		SL15-9	7.5						944	1990
29	WWG(Ⅱ)40-23-2		23		SL20-2	2.2		CYQ60× 130	600× 1300			690	1760
30	WWG(Ⅱ)40-36-2		36		SL20-3	4.0	2					720	1790
31	WWG(Ⅱ)40-48-2		48		SL20-4	5.5						764	1840
32	WWG(Ⅱ)40-60-2		60		SL20-5	5.5						948	2040
33	WWG(Ⅱ)40-72-2	40	72	80-150	SL20-6	7.5		CYQ80× 150	800× 1470		集成	956	2050
34	WWG(Ⅱ)40-84-2		84		SL20-7	7.5						958	2050
35	WWG(Ⅱ)40-98-2		98		SL20-8	11						1022	2120
36	WWG(Ⅱ)40-122-2		122		SL20-10	11						1028	2130
37	WWG(Ⅱ)64-21-2		21		SL32-2-2	3.0						1088	2242
38	WWG(Ⅱ)64-28-2		28		SL32-2	4.0						1106	2262
39	WWG(Ⅱ)64-35-2		35		SL32-3-2	5.5						1124	2281
40	WWG(Ⅱ)64-42-2		42		SL32-3	5.5						1124	2281
41	WWG(Ⅱ)64-50-2		50		SL32-4-2	7.5		CYQ80× 150	800× 1470		集成	1140	2299
42	WWG(Ⅱ)64-56-2	64	56	100-200	SL32-4	7.5	2					1140	2299
43	WWG(Ⅱ)64-65-2		65		SL32-5-2	11						1222	2389
44	WWG(Ⅱ)64-72-2		72		SL32-5	11						1222	2389
45	WWG(Ⅱ)64-79-2		79		SL32-6-2	11						1230	2398
46	WWG(Ⅱ)64-85-2		85		SL32-6	11						1230	2398

注：表中所列举的设备型号仅为常用的定型设备型号，当选用表中所列举的流量和扬程范围外的设备需与生产厂家联系。

WWG(Ⅱ)整体式无负压给水设备出水管配置 表 16.3-10

配套水泵 出水中心高度 H_4 (mm) 出水管 DN_2 (mm)	配套水泵系列				
	SL5	SL10	SL15	SL20	SL32
65			—	—	—
80	800	793	870	870	—
100			880	880	1000
125	—		900	900	1020
150			910	910	1030
200	—		—	—	1060

6. WWG（Ⅱ）-B 无负压管网增压稳流给水设备用途：

(1) 适用于任何自来水压力不足地区的加压供水；

(2) 新建的住宅小区或办公楼等生活用水；

(3) 低层自来水压力不能满足要求的消防用水；

(4) 改造原有的气压供水设备；

(5) 必须建水池的，可以采用无负压设备与水池共用的供水方式进一步节能；

(6) 自来水厂的大型供水中间加压泵站；

(7) 工矿企业的生产、生活用水等；

(8) 各种循环水系统；

(9) 要求供水质量高、水压稳定的医院、高档酒店、写字楼等用水场合。

7. WWG（Ⅱ）-B 无负压管网增压稳流给水设备型号说明

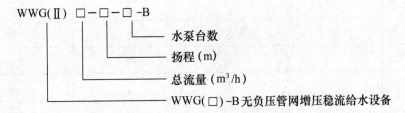

型号示例：

例1：WWG（Ⅱ）-B 无负压管网增压稳流给水设备，设备额定供水流量为 $20m^3/h$，扬程为 60m，配用 2 台水泵，其型号表示为：WWG（Ⅱ）20-60-2-B。

例2：WWG（Ⅱ）-B 无负压管网增压稳流给水设备，设备额定供水流量为 $150m^3/h$，扬程为 80m，配用 3 台水泵，其型号表示为：WWG（Ⅱ）150-80-3-B。

8. WWG（Ⅱ）-B 无负压管网增压稳流给水设备适用技术参数（见表 16.3-12）

表 16.3-11

WWG(Ⅱ)整体式无负压给水设备安装尺寸

序号	设备型号	外形尺寸 (mm)			底座尺寸 (mm)		基础尺寸 (mm)			安装尺寸(mm)																			膨胀螺栓	
		L	B	H	L_D	B_D	L_G	B_G	H_G	L_1	L_2	L_3	L_4	L_5	B_1	B_2	B_3	B_4	H_1	$H_2^①$	H_3	H_4	H_5	H_6	H_7	a	孔 $n\text{-}\phi d$		
1	WWG(Ⅱ)10-9-2																						583						
2	WWG(Ⅱ)10-15-2																						610						
3	WWG(Ⅱ)10-20-2																						637						
4	WWG(Ⅱ)10-25-2																						708						
5	WWG(Ⅱ)10-31-2																						735						
6	WWG(Ⅱ)10-36-2																						766						
7	WWG(Ⅱ)10-41-2																						789						
8	WWG(Ⅱ)10-49-2	1400	1300	1220	1300	900	1500	1300	100	300	780	280	350	250	325	325	275	860	560	955	210	800	882	480	265	100	8-ϕ18		
9	WWG(Ⅱ)10-54-2																						909						
10	WWG(Ⅱ)10-61-2																						936						
11	WWG(Ⅱ)10-66-2																						963						
12	WWG(Ⅱ)10-72-2																						990						
13	WWG(Ⅱ)10-77-2																						1017						
14	WWG(Ⅱ)10-82-2																						1044						
15	WWG(Ⅱ)10-88-2																						1071						
16	WWG(Ⅱ)20-15-2																						689						
17	WWG(Ⅱ)20-23-2																						719						
18	WWG(Ⅱ)20-32-2	1450	1300	1242	1350	900	1500	1300	100	300	805	290	360	265	325	325	275	860	580	977	210	793	815	480	265	100	8-ϕ18		
19	WWG(Ⅱ)20-41-2																						845						
20	WWG(Ⅱ)20-48-2																						875						

续表

序号	设备型号	L	B	H	L_D	B_D	L_G	B_G	H_G	L_1	L_2	L_3	L_4	L_5	B_1	B_2	B_3	B_4	H_1	$H_2$①	H_3	H_4	H_5	H_6	H_7	a	$n\text{-}\phi d$
		外形尺寸(mm)			底座尺寸(mm)		基础尺寸(mm)			安装尺寸(mm)																	膨胀螺栓孔
21	WWG(Ⅱ)30-23-2	1550	1300	1280	1450	1000	1600	1300	100	300	830	345	380	285	400	250	275	860	620	1015	230	见表16.3-10	811	510	410	100	8-φ18
22	WWG(Ⅱ)30-35-2	1550	1300	1280	1450	1000	1600	1300	100	300	830	345	380	285	400	250	275	860	620	1015	230	见表16.3-10	915	510	410	100	8-φ18
23	WWG(Ⅱ)30-48-2	1550	1300	1280	1450	1000	1600	1300	100	300	830	345	380	285	400	250	275	860	620	1015	230	见表16.3-10	997	510	410	100	8-φ18
24	WWG(Ⅱ)30-59-2	1550	1300	1280	1450	1000	1600	1300	100	300	830	345	380	285	400	250	275	860	620	1015	230	见表16.3-10	1042	510	410	100	8-φ18
25	WWG(Ⅱ)30-72-2	1700	1470	1570	1580	1080	1800	1470	100	400	950	345	385	285	400	335	250	860	720	1218	230	见表16.3-10	1138	510	410	100	8-φ18
26	WWG(Ⅱ)30-83-2	1700	1470	1570	1580	1080	1800	1470	100	400	950	345	385	285	400	335	250	860	720	1218	230	见表16.3-10	1183	510	410	100	8-φ18
27	WWG(Ⅱ)30-96-2	1700	1470	1570	1580	1080	1800	1470	100	400	950	345	385	285	400	335	250	860	720	1218	230	见表16.3-10	1228	510	410	100	8-φ18
28	WWG(Ⅱ)30-107-2	1700	1470	1570	1580	1080	1800	1470	100	400	950	345	385	285	400	335	250	860	720	1218	230	见表16.3-10	1273	510	410	100	8-φ18
29	WWG(Ⅱ)40-23-2	1590	1300	1330	1450	1000	1600	1300	100	310	870	345	380	285	400	250	275	860	680	1065	250	见表16.3-10	829	510	410	100	8-φ18
30	WWG(Ⅱ)40-36-2	1590	1300	1330	1450	1000	1600	1300	100	310	870	345	380	285	400	250	275	860	680	1065	250	见表16.3-10	970	510	410	100	8-φ18
31	WWG(Ⅱ)40-48-2	1590	1300	1330	1450	1000	1600	1300	100	310	870	345	380	285	400	250	275	860	680	1065	250	见表16.3-10	1066	510	410	100	8-φ18
32	WWG(Ⅱ)40-60-2	1590	1300	1330	1450	1000	1600	1300	100	310	870	345	380	285	400	250	275	860	680	1065	250	见表16.3-10	1111	510	410	100	8-φ18
33	WWG(Ⅱ)40-72-2	1750	1470	1635	1580	1080	1800	1470	100	410	990	345	385	285	400	335	250	860	780	1283	250	见表16.3-10	1156	510	410	150	8-φ18
34	WWG(Ⅱ)40-84-2	1750	1470	1635	1580	1080	1800	1470	100	410	990	345	385	285	400	335	250	860	780	1283	250	见表16.3-10	1201	510	410	150	8-φ18
35	WWG(Ⅱ)40-98-2	1750	1470	1635	1580	1080	1800	1470	100	410	990	345	385	285	400	335	250	860	780	1283	250	见表16.3-10	1396	510	410	150	8-φ18
36	WWG(Ⅱ)40-122-2	1750	1470	1635	1580	1080	1800	1470	100	410	990	345	385	285	400	335	250	860	780	1283	250	见表16.3-10	1486	510	410	150	8-φ18
37	WWG(Ⅱ)64-21-2	1810	1470	1630	1620	1300	1900	1470	100	410	1030	370	465	290	450	285	250	940	810	1306	260	见表16.3-10	1045	530	470	150	8-φ18
38	WWG(Ⅱ)64-28-2	1810	1470	1630	1620	1300	1900	1470	100	410	1030	370	465	290	450	285	250	940	810	1306	260	见表16.3-10	1082	530	470	150	8-φ18
39	WWG(Ⅱ)64-35-2	1810	1470	1630	1620	1300	1900	1470	100	410	1030	370	465	290	450	285	250	940	810	1306	260	见表16.3-10	1171	530	470	150	8-φ18
40	WWG(Ⅱ)64-42-2	1810	1470	1630	1620	1300	1900	1470	100	410	1030	370	465	290	450	285	250	940	810	1306	260	见表16.3-10	1171	530	470	150	8-φ18
41	WWG(Ⅱ)64-50-2	1810	1470	1630	1620	1300	1900	1470	100	410	1030	370	465	290	450	285	250	940	810	1306	260	见表16.3-10	1241	530	470	150	8-φ18
42	WWG(Ⅱ)64-56-2	1810	1470	1630	1620	1300	1900	1470	100	410	1030	370	465	290	450	285	250	940	810	1306	260	见表16.3-10	1241	530	470	150	8-φ18
43	WWG(Ⅱ)64-65-2	1810	1470	1630	1620	1300	1900	1470	100	410	1030	370	465	290	450	285	250	940	810	1306	260	见表16.3-10	1484	530	470	150	8-φ18
44	WWG(Ⅱ)64-72-2	1810	1470	1630	1620	1300	1900	1470	100	410	1030	370	465	290	450	285	250	940	810	1306	260	见表16.3-10	1484	530	470	150	8-φ18
45	WWG(Ⅱ)64-79-2	1810	1470	1630	1620	1300	1900	1470	100	410	1030	370	465	290	450	285	250	940	810	1306	260	见表16.3-10	1564	530	470	150	8-φ18
46	WWG(Ⅱ)64-85-2	1810	1470	1630	1620	1300	1900	1470	100	410	1030	370	465	290	450	285	250	940	810	1306	260	见表16.3-10	1564	530	470	150	8-φ18

① 为进水口 DN_1 的法兰端面高度。

WWG（Ⅱ）-B 无负压管网增压稳流给水设备技术参数及性能　　表 16.3-12

序号	技术参数	主要技术范围
1	流量范围	0-1000m³/h
2	压力范围	0-2.5MPa
3	配用功率	≤90kW
4	压力调节精度	≤0.01MPa
5	环境温度	0～40℃
6	相对湿度	90%以下（电控部分）
7	电源	AC380V×（1±10%），50Hz±2Hz
8	稳流补偿器	0.35～5.0m³

9. WWG（Ⅱ）-B 无负压管网增压稳流给水设备结构组成（见图 16.3-5）

WWG（Ⅱ）-B 无负压管网增压稳流给水设备技术参数见表 16.3-13、表 16.3-14。

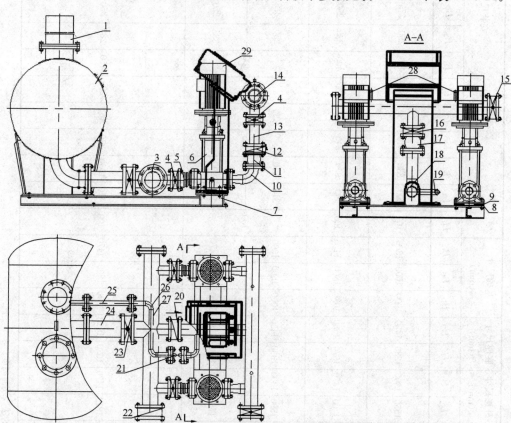

图 16.3-5　WWG（Ⅱ）-B 无负压管网增压稳流给水设备结构组成

1—真空抑制器；2—稳流补偿器；3—进水总管；4—蝶阀；5—橡胶偏心异径接头；6—变频水泵；
7—设备底座；8—底座垫板；9—减振垫；10—水泵出水管；11—可曲挠橡胶接头；12—蝶式止回阀；
13—调整管；14—出水总管；15—蝶阀；16—蝶阀；17—可曲挠橡胶接头；18—90°弯头（长半径）；
19—90°弯头（长半径）；20—蝶式止回阀；21—法兰式铜闸阀；22—蝶式止回阀；23—电动蝶阀；
24—调整管；25—调整管；26—90°弯头（长半径）；27—钢管；28—表接丝头；29—控制柜

WWG（Ⅱ）-B 无负压管网增压稳流给水设备（两台泵）技术参数   表 16.3-13

序号	参考户数	设备型号	流量(m³/h)	扬程(m)	推荐水泵 型号	台数	功率(kW)	稳流补偿器 Φ×L(cm)
1	15	WWG(Ⅱ)8.5-10-2-B	8.5	10	SLB5-2	2	0.37	CYQ60×130
		WWG(Ⅱ)8.5-21-2-B		21	SLB5-4		0.55	
		WWG(Ⅱ)8.5-28-2-B		28	SLB5-5		0.75	
		WWG(Ⅱ)8.5-39-2-B		39	SLB5-7		1.1	
		WWG(Ⅱ)8.5-50-2-B		50	SLB5-9		1.5	
		WWG(Ⅱ)8.5-57-2-B		57	SLB5-10		1.5	
		WWG(Ⅱ)8.5-64-2-B		64	SLB5-11		2.2	
		WWG(Ⅱ)8.5-70-2-B		70	SLB5-12		2.2	
		WWG(Ⅱ)8.5-76-2-B		76	SLB5-13		2.2	
		WWG(Ⅱ)8.5-81-2-B		81	SLB5-14		2.2	
		WWG(Ⅱ)8.5-87-2-B		87	SLB5-15		2.2	
		WWG(Ⅱ)8.5-93-2-B		93	SLB5-16		2.2	
		WWG(Ⅱ)8.5-107-2-B		107	SLB5-18		3.0	
		WWG(Ⅱ)8.5-118-2-B		118	SLB5-20		3.0	
		WWG(Ⅱ)8.5-132-2-B		132	SLB5-22		4.0	
		WWG(Ⅱ)8.5-143-2-B		143	SLB5-24		4.0	
		WWG(Ⅱ)8.5-155-2-B		155	SLB5-26		4.0	
		WWG(Ⅱ)8.5-172-2-B		172	SLB5-29		4.0	
		WWG(Ⅱ)8.5-192-2-B		192	SLB5-32		5.5	
2	20	WWG(Ⅱ)10-20-2-B	10	20	SLB5-4	2	0.55	CYQ60×130
		WWG(Ⅱ)10-25-2-B		25	SLB5-5		0.75	
		WWG(Ⅱ)10-32-2-B		32	SLB5-6		1.1	
		WWG(Ⅱ)10-36-2-B		36	SLB5-7		1.1	
		WWG(Ⅱ)10-42-2-B		42	SLB5-8		1.1	
		WWG(Ⅱ)10-48-2-B		48	SLB5-9		1.5	
		WWG(Ⅱ)10-55-2-B		55	SLB5-10		1.5	
		WWG(Ⅱ)10-60-2-B		60	SLB5-11		2.2	
		WWG(Ⅱ)10-66-2-B		66	SLB5-12		2.2	
		WWG(Ⅱ)10-72-2-B		72	SLB5-13		2.2	
		WWG(Ⅱ)10-76-2-B		76	SLB5-14		2.2	
		WWG(Ⅱ)10-82-2-B		82	SLB5-15		2.2	
		WWG(Ⅱ)10-87-2-B		87	SLB5-16		2.2	
		WWG(Ⅱ)10-100-2-B		100	SLB5-18		3.0	
		WWG(Ⅱ)10-110-2-B		110	SLB5-20		3.0	
		WWG(Ⅱ)10-125-2-B		125	SLB5-22		4.0	
		WWG(Ⅱ)10-135-2-B		135	SLB5-24		4.0	
		WWG(Ⅱ)10-146-2-B		146	SLB5-26		4.0	
		WWG(Ⅱ)10-162-2-B		162	SLB5-29		4.0	
		WWG(Ⅱ)10-181-2-B		181	SLB5-32		5.5	

续表

序号	参考户数	设备型号	流量 (m^3/h)	扬程 (m)	推荐水泵			稳流补偿器 $\Phi \times L$(cm)
					型号	台数	功率(kW)	
3	30	WWG(Ⅱ)13-20-2-B	13	20	SLB5-5	2	0.75	CYQ60×130
		WWG(Ⅱ)13-25-2-B		25	SLB5-6		1.1	
		WWG(Ⅱ)13-29-2-B		29	SLB5-7		1.1	
		WWG(Ⅱ)13-33-2-B		33	SLB5-8		1.1	
		WWG(Ⅱ)13-40-2-B		40	SLB5-9		1.5	
		WWG(Ⅱ)13-44-2-B		44	SLB5-10		1.5	
		WWG(Ⅱ)13-50-2-B		50	SLB5-11		2.2	
		WWG(Ⅱ)13-55-2-B		55	SLB5-12		2.2	
		WWG(Ⅱ)13-60-2-B		60	SLB5-13		2.2	
		WWG(Ⅱ)13-64-2-B		64	SLB5-14		2.2	
		WWG(Ⅱ)13-68-2-B		68	SLB5-15		2.2	
		WWG(Ⅱ)13-72-2-B		72	SLB5-16		2.2	
		WWG(Ⅱ)13-85-2-B		85	SLB5-18		3.0	
		WWG(Ⅱ)13-92-2-B		92	SLB5-20		3.0	
		WWG(Ⅱ)13-106-2-B		106	SLB5-22		4.0	
		WWG(Ⅱ)13-113-2-B		113	SLB5-24		4.0	
		WWG(Ⅱ)13-123-2-B		123	SLB5-26		4.0	
		WWG(Ⅱ)13-137-2-B		137	SLB5-29		4.0	
		WWG(Ⅱ)13-154-2-B		154	SLB5-32		5.5	
		WWG(Ⅱ)13-173-2-B		173	SLB5-36		5.5	
4	40	WWG(Ⅱ)15-18-2-B	15	18	SLB10-2	2	0.75	CYQ60×130
		WWG(Ⅱ)15-28-2-B		28	SLB10-3		1.1	
		WWG(Ⅱ)15-37-2-B		37	SLB10-4		1.5	
		WWG(Ⅱ)15-47-2-B		47	SLB10-5		2.2	
		WWG(Ⅱ)15-56-2-B		56	SLB10-6		2.2	
		WWG(Ⅱ)15-68-2-B		68	SLB10-7		3.0	
		WWG(Ⅱ)15-77-2-B		77	SLB10-8		3.0	
		WWG(Ⅱ)15-85-2-B		85	SLB10-9		3.0	
		WWG(Ⅱ)15-95-2-B		95	SLB10-10		4.0	
		WWG(Ⅱ)15-112-2-B		112	SLB10-12		4.0	
		WWG(Ⅱ)15-132-2-B		132	SLB10-14		5.5	
		WWG(Ⅱ)15-150-2-B		150	SLB10-16		5.5	
		WWG(Ⅱ)15-173-2-B		173	SLB10-18		7.5	
		WWG(Ⅱ)15-192-2-B		192	SLB10-20		7.5	

续表

| 序号 | 参考户数 | 设备型号 | 流量 (m³/h) | 扬程 (m) | 推荐水泵 | | | 稳流补偿器 Φ×L(cm) |
					型号	台数	功率(kW)	
5	50	WWG(Ⅱ)18-25-2-B	18	25	SLB10-3	2	1.1	CYQ60×130
		WWG(Ⅱ)18-34-2-B		34	SLB10-4		1.5	
		WWG(Ⅱ)18-43-2-B		43	SLB10-5		2.2	
		WWG(Ⅱ)18-51-2-B		51	SLB10-6		2.2	
		WWG(Ⅱ)18-69-2-B		69	SLB10-8		3.0	
		WWG(Ⅱ)18-78-2-B		78	SLB10-9		3.0	
		WWG(Ⅱ)18-88-2-B		88	SLB10-10		4.0	
		WWG(Ⅱ)18-105-2-B		105	SLB10-12		4.0	
		WWG(Ⅱ)18-122-2-B		122	SLB10-14		5.5	
		WWG(Ⅱ)18-140-2-B		140	SLB10-16		5.5	
		WWG(Ⅱ)18-160-2-B		160	SLB10-18		7.5	
		WWG(Ⅱ)18-177-2-B		177	SLB10-20		7.5	
6	75	WWG(Ⅱ)21-22-2-B	21	22	SLB10-3	2	1.1	CYQ60×130
		WWG(Ⅱ)21-30-2-B		30	SLB10-4		1.5	
		WWG(Ⅱ)21-39-2-B		39	SLB10-5		2.2	
		WWG(Ⅱ)21-47-2-B		47	SLB10-6		2.2	
		WWG(Ⅱ)21-62-2-B		62	SLB10-8		3.0	
		WWG(Ⅱ)21-70-2-B		70	SLB10-9		3.0	
		WWG(Ⅱ)21-92-2-B		92	SLB10-12		4.0	
		WWG(Ⅱ)21-110-2-B		110	SLB10-14		5.5	
		WWG(Ⅱ)21-125-2-B		125	SLB10-16		5.5	
		WWG(Ⅱ)21-145-2-B		145	SLB10-18		7.5	
		WWG(Ⅱ)21-160-2-B		160	SLB10-20		7.5	
7	100	WWG(Ⅱ)24-26-2-B	24	26	SLB15-2	2	2.2	CYQ60×130
		WWG(Ⅱ)24-38-2-B		38	SLB15-3		3.0	
		WWG(Ⅱ)24-51-2-B		51	SLB15-4		4.0	
		WWG(Ⅱ)24-64-2-B		64	SLB15-5		4.0	
		WWG(Ⅱ)24-77-2-B		77	SLB15-6		5.5	
		WWG(Ⅱ)24-90-2-B		90	SLB15-7		5.5	
		WWG(Ⅱ)24-102-2-B		102	SLB15-8		7.5	
		WWG(Ⅱ)24-115-2-B		115	SLB15-9		7.5	CYQ80×150
		WWG(Ⅱ)24-130-2-B		130	SLB15-10		11	
		WWG(Ⅱ)24-155-2-B		155	SLB15-12		11	
		WWG(Ⅱ)24-180-2-B		180	SLB15-14		11	

续表

| 序号 | 参考户数 | 设备型号 | 流量 (m³/h) | 扬程 (m) | 推荐水泵 | | | 稳流补偿器 Φ×L(cm) |
					型号	台数	功率(kW)	
8	125	WWG(Ⅱ)28-24-2-B	28	24	SLB15-2	2	2.2	CYQ60×130
		WWG(Ⅱ)28-36-2-B		36	SLB15-3		3.0	
		WWG(Ⅱ)28-49-2-B		49	SLB15-4		4.0	
		WWG(Ⅱ)28-61-2-B		61	SLB15-5		4.0	
		WWG(Ⅱ)28-73-2-B		73	SLB15-6		5.5	
		WWG(Ⅱ)28-85-2-B		85	SLB15-7		5.5	
		WWG(Ⅱ)28-98-2-B		98	SLB15-8		7.5	
		WWG(Ⅱ)28-110-2-B		110	SLB15-9		7.5	CYQ80×150
		WWG(Ⅱ)28-125-2-B		125	SLB15-10		11	
		WWG(Ⅱ)28-150-2-B		150	SLB15-12		11	
		WWG(Ⅱ)28-172-2-B		172	SLB15-14		11	
9	150	WWG(Ⅱ)30-23-2-B	30	23	SLB15-2	2	2.2	CYQ60×130
		WWG(Ⅱ)30-35-2-B		35	SLB15-3		3.0	
		WWG(Ⅱ)30-48-2-B		48	SLB15-4		4.0	
		WWG(Ⅱ)30-60-2-B		60	SLB15-5		4.0	
		WWG(Ⅱ)30-75-2-B		75	SLB15-6		5.5	
		WWG(Ⅱ)30-85-2-B		85	SLB15-7		5.5	
		WWG(Ⅱ)30-96-2-B		96	SLB15-8		7.5	
		WWG(Ⅱ)30-108-2-B		108	SLB15-9		7.5	CYQ80×150
		WWG(Ⅱ)30-121-2-B		121	SLB15-10		11	
		WWG(Ⅱ)30-145-2-B		145	SLB15-12		11	
		WWG(Ⅱ)30-167-2-B		167	SLB15-14		11	
10	175	WWG(Ⅱ)32-22-2-B	32	22	SLB15-2	2	2.2	CYQ60×130
		WWG(Ⅱ)32-34-2-B		34	SLB15-3		3.0	
		WWG(Ⅱ)32-47-2-B		47	SLB15-4		4.0	
		WWG(Ⅱ)32-58-2-B		58	SLB15-5		4.0	
		WWG(Ⅱ)32-69-2-B		69	SLB15-6		5.5	
		WWG(Ⅱ)32-80-2-B		80	SLB15-7		5.5	
		WWG(Ⅱ)32-93-2-B		93	SLB15-8		7.5	
		WWG(Ⅱ)32-104-2-B		104	SLB15-9		7.5	CYQ80×150
		WWG(Ⅱ)32-118-2-B		118	SLB15-10		11	
		WWG(Ⅱ)32-140-2-B		140	SLB15-12		11	
		WWG(Ⅱ)32-163-2-B		163	SLB15-14		11	

续表

序号	参考户数	设备型号	流量（m³/h）	扬程（m）	推荐水泵			稳流补偿器 Φ×L（cm）
					型号	台数	功率（kW）	
11	200	WWG（Ⅱ）34-21-2-B	34	21	SLB15-2	2	2.2	CYQ60×130
		WWG（Ⅱ）34-33-2-B		33	SLB15-3		3.0	
		WWG（Ⅱ）34-44-2-B		44	SLB15-4		4.0	
		WWG（Ⅱ）34-55-2-B		55	SLB15-5		4.0	
		WWG（Ⅱ）34-66-2-B		66	SLB15-6		5.5	
		WWG（Ⅱ）34-78-2-B		78	SLB15-7		5.5	
		WWG（Ⅱ）34-90-2-B		90	SLB15-8		7.5	
		WWG（Ⅱ）34-100-2-B		100	SLB15-9		7.5	CYQ80×150
		WWG（Ⅱ）34-113-2-B		113	SLB15-10		11	
		WWG（Ⅱ）34-136-2-B		136	SLB15-12		11	
		WWG（Ⅱ）34-157-2-B		157	SLB15-14		11	
		WWG（Ⅱ）34-192-2-B		192	SLB15-17		15	
12	225	WWG（Ⅱ）36-20-2-B	36	20	SLB15-2	2	2.2	CYQ60×130
		WWG（Ⅱ）36-31-2-B		31	SLB15-3		3.0	
		WWG（Ⅱ）36-42-2-B		42	SLB15-4		4.0	
		WWG（Ⅱ）36-53-2-B		53	SLB15-5		4.0	
		WWG（Ⅱ）36-63-2-B		63	SLB15-6		5.5	
		WWG（Ⅱ）36-75-2-B		75	SLB15-7		5.5	
		WWG（Ⅱ）36-86-2-B		86	SLB15-8		7.5	
		WWG（Ⅱ）36-96-2-B		96	SLB15-9		7.5	CYQ80×150
		WWG（Ⅱ）36-109-2-B		109	SLB15-10		11	
		WWG（Ⅱ）36-131-2-B		131	SLB15-12		11	
		WWG（Ⅱ）36-151-2-B		151	SLB15-14		11	
		WWG（Ⅱ）36-185-2-B		185	SLB15-17		15	
13	250	WWG（Ⅱ）39-20-2-B	39	20	SLB15-2	2	2.2	CYQ60×130
		WWG（Ⅱ）39-28-2-B		28	SLB15-3		3.0	
		WWG（Ⅱ）39-40-2-B		40	SLB15-4		4.0	
		WWG（Ⅱ）39-49-2-B		49	SLB15-5		4.0	
		WWG（Ⅱ）39-60-2-B		60	SLB15-6		5.5	
		WWG（Ⅱ）39-72-2-B		72	SLB15-7		5.5	
		WWG（Ⅱ）39-81-2-B		81	SLB15-8		7.5	
		WWG（Ⅱ）39-90-2-B		90	SLB15-9		7.5	CYQ80×150
		WWG（Ⅱ）39-102-2-B		102	SLB15-10		11	
		WWG（Ⅱ）39-122-2-B		122	SLB15-12		11	
		WWG（Ⅱ）39-141-2-B		141	SLB15-14		11	
		WWG（Ⅱ）39-173-2-B		173	SLB15-17		15	

续表

序号	参考户数	设备型号	流量 (m³/h)	扬程 (m)	推荐水泵 型号	台数	功率(kW)	稳流补偿器 Φ×L(cm)
14	275	WWG(Ⅱ)42-22-2-B	42	22	SLB20-2	2	2.2	CYQ60×130
		WWG(Ⅱ)42-35-2-B		35	SLB20-3		4.0	
		WWG(Ⅱ)42-47-2-B		47	SLB20-4		5.5	
		WWG(Ⅱ)42-58-2-B		58	SLB20-5		5.5	
		WWG(Ⅱ)42-70-2-B		70	SLB20-6		7.5	
		WWG(Ⅱ)42-82-2-B		82	SLB20-7		7.5	
		WWG(Ⅱ)42-94-2-B		94	SLB20-8		11	CYQ80×150
		WWG(Ⅱ)42-118-2-B		118	SLB20-10		11	
		WWG(Ⅱ)42-142-2-B		142	SLB20-12		15	
		WWG(Ⅱ)42-165-2-B		165	SLB20-14		15	
15	300	WWG(Ⅱ)46-20-2-B	46	20	SLB20-2	2	2.2	CYQ60×130
		WWG(Ⅱ)46-32-2-B		32	SLB20-3		4.0	
		WWG(Ⅱ)46-43-2-B		43	SLB20-4		5.5	
		WWG(Ⅱ)46-54-2-B		54	SLB20-5		5.5	
		WWG(Ⅱ)46-65-2-B		65	SLB20-6		7.5	
		WWG(Ⅱ)46-76-2-B		76	SLB20-7		7.5	
		WWG(Ⅱ)46-90-2-B		90	SLB20-8		11	CYQ80×150
		WWG(Ⅱ)46-110-2-B		110	SLB20-10		11	
		WWG(Ⅱ)46-132-2-B		132	SLB20-12		15	
		WWG(Ⅱ)46-154-2-B		154	SLB20-14		15	
		WWG(Ⅱ)46-188-2-B		188	SLB20-17		18.5	
16	350	WWG(Ⅱ)48-17-2-B	48	17	SLB32-1	2	2.2	CYQ80×150
		WWG(Ⅱ)48-25-2-B		25	SLB32-2-2		3.0	
		WWG(Ⅱ)48-32-2-B		32	SLB32-2		4.0	
		WWG(Ⅱ)48-44-2-B		44	SLB32-3-2		5.5	
		WWG(Ⅱ)48-61-2-B		61	SLB32-4-2		7.5	
		WWG(Ⅱ)48-80-2-B		80	SLB32-5-2		11	
		WWG(Ⅱ)48-97-2-B		97	SLB32-6-2		11	
		WWG(Ⅱ)48-102-2-B		102	SLB32-6		11	
		WWG(Ⅱ)48-114-2-B		114	SLB32-7-2		15	
		WWG(Ⅱ)48-120-2-B		120	SLB32-7		15	
		WWG(Ⅱ)48-130-2-B		130	SLB32-8-2		15	
		WWG(Ⅱ)48-136-2-B		136	SLB32-8		15	
		WWG(Ⅱ)48-155-2-B		155	SLB32-9		18.5	
		WWG(Ⅱ)48-166-2-B		166	SLB32-10-2		18.5	
		WWG(Ⅱ)48-171-2-B		171	SLB32-10		18.5	
		WWG(Ⅱ)48-184-2-B		184	SLB32-11-2		22	
		WWG(Ⅱ)48-190-2-B		190	SLB32-11		22	

序号	参考户数	设备型号	流量 (m³/h)	扬程 (m)	推荐水泵			稳流补偿器 Φ×L (cm)
					型号	台数	功率(kW)	
17	400	WWG(Ⅱ)53-26-2-B	53	26	SLB32-2-2	2	3.0	CYQ80×150
		WWG(Ⅱ)53-32-2-B		32	SLB32-2		4.0	
		WWG(Ⅱ)53-42-2-B		42	SLB32-3-2		5.5	
		WWG(Ⅱ)53-58-2-B		58	SLB32-4-2		7.5	
		WWG(Ⅱ)53-77-2-B		77	SLB32-5-2		11	
		WWG(Ⅱ)53-91-2-B		91	SLB32-6-2		11	
		WWG(Ⅱ)53-98-2-B		98	SLB32-6		11	
		WWG(Ⅱ)53-110-2-B		110	SLB32-7-2		15	
		WWG(Ⅱ)53-115-2-B		115	SLB32-7		15	
		WWG(Ⅱ)53-125-2-B		125	SLB32-8-2		15	
		WWG(Ⅱ)53-130-2-B		130	SLB32-8		15	
		WWG(Ⅱ)53-142-2-B		142	SLB32-9-2		18.5	
		WWG(Ⅱ)53-148-2-B		148	SLB32-9		18.5	
		WWG(Ⅱ)53-158-2-B		158	SLB32-10-2		18.5	
		WWG(Ⅱ)53-164-2-B		164	SLB32-10		18.5	
		WWG(Ⅱ)53-176-2-B		176	SLB32-11-2		22	
		WWG(Ⅱ)53-182-2-B		182	SLB32-11		22	
		WWG(Ⅱ)53-192-2-B		192	SLB32-12-2		22	
		WWG(Ⅱ)53-198-2-B		198	SLB32-12		22	
18	450	WWG(Ⅱ)58-23-2-B	58	23	SLB32-2-2	2	3.0	CYQ80×150
		WWG(Ⅱ)58-30-2-B		30	SLB32-2		4.0	
		WWG(Ⅱ)58-38-2-B		38	SLB32-3-2		5.5	
		WWG(Ⅱ)58-54-2-B		54	SLB32-4-2		7.5	
		WWG(Ⅱ)58-70-2-B		70	SLB32-5-2		11	
		WWG(Ⅱ)58-90-2-B		90	SLB32-6		11	
		WWG(Ⅱ)58-102-2-B		102	SLB32-7-2		15	
		WWG(Ⅱ)58-110-2-B		110	SLB32-7		15	
		WWG(Ⅱ)58-118-2-B		118	SLB32-8-2		15	
		WWG(Ⅱ)58-124-2-B		124	SLB32-8		15	
		WWG(Ⅱ)58-135-2-B		135	SLB32-9-2		18.5	
		WWG(Ⅱ)58-141-2-B		141	SLB32-9		18.5	
		WWG(Ⅱ)58-150-2-B		150	SLB32-10-2		18.5	
		WWG(Ⅱ)58-156-2-B		156	SLB32-10		18.5	
		WWG(Ⅱ)58-167-2-B		167	SLB32-11-2		22	
		WWG(Ⅱ)58-173-2-B		173	SLB32-11		22	
		WWG(Ⅱ)58-182-2-B		182	SLB32-12-2		22	
		WWG(Ⅱ)58-189-2-B		189	SLB32-12		22	

序号	参考户数	设备型号	流量 (m³/h)	扬程 (m)	推荐水泵			稳流补偿器
					型号	台数	功率(kW)	Φ×L(cm)
19	500	WWG(Ⅱ)63-21-2-B	63	21	SLB32-2-2	2	3.0	CYQ80×150
		WWG(Ⅱ)63-28-2-B		28	SLB32-2		4.0	
		WWG(Ⅱ)63-37-2-B		37	SLB32-3-2		5.5	
		WWG(Ⅱ)63-51-2-B		51	SLB32-4-2		7.5	
		WWG(Ⅱ)63-68-2-B		68	SLB32-5-2		11	
		WWG(Ⅱ)63-81-2-B		81	SLB32-6-2		11	
		WWG(Ⅱ)63-97-2-B		97	SLB32-7-2		15	
		WWG(Ⅱ)63-116-2-B		116	SLB32-8		15	
		WWG(Ⅱ)63-126-2-B		126	SLB32-9-2		18.5	
		WWG(Ⅱ)63-133-2-B		133	SLB32-9		18.5	
		WWG(Ⅱ)63-140-2-B		140	SLB32-10-2		18.5	
		WWG(Ⅱ)63-147-2-B		147	SLB32-10		18.5	
		WWG(Ⅱ)63-156-2-B		156	SLB32-11-2		22	
		WWG(Ⅱ)63-163-2-B		163	SLB32-11		22	
		WWG(Ⅱ)63-171-2-B		171	SLB32-12-2		22	
		WWG(Ⅱ)63-178-2-B		178	SLB32-12		22	
		WWG(Ⅱ)63-189-2-B		189	SLB32-13-2		30	
		WWG(Ⅱ)63-196-2-B		196	SLB32-13		30	
20	600	WWG(Ⅱ)72-24-2-B	72	24	SLB32-2	2	4.0	CYQ80×150
		WWG(Ⅱ)72-30-2-B		30	SLB32-3-2		5.5	
		WWG(Ⅱ)72-42-2-B		42	SLB32-4-2		7.5	
		WWG(Ⅱ)72-57-2-B		57	SLB32-5-2		11	
		WWG(Ⅱ)72-69-2-B		69	SLB32-6-2		11	
		WWG(Ⅱ)72-81-2-B		81	SLB32-7-2		15	
		WWG(Ⅱ)72-95-2-B		95	SLB32-8-2		15	
		WWG(Ⅱ)72-100-2-B		100	SLB32-8		15	
		WWG(Ⅱ)72-108-2-B		108	SLB32-9-2		18.5	
		WWG(Ⅱ)72-115-2-B		115	SLB32-9		18.5	
		WWG(Ⅱ)72-120-2-B		120	SLB32-10-2		18.5	
		WWG(Ⅱ)72-127-2-B		127	SLB32-10		18.5	
		WWG(Ⅱ)72-134-2-B		134	SLB32-11-2		22	
		WWG(Ⅱ)72-141-2-B		141	SLB32-11		22	
		WWG(Ⅱ)72-146-2-B		146	SLB32-12-2		22	
		WWG(Ⅱ)72-154-2-B		154	SLB32-12		22	
		WWG(Ⅱ)72-163-2-B		163	SLB32-13-2		30	
		WWG(Ⅱ)72-170-2-B		170	SLB32-13		30	
		WWG(Ⅱ)72-176-2-B		176	SLB32-14-2		30	
		WWG(Ⅱ)72-182-2-B		182	SLB32-14		30	

续表

序号	参考户数	设备型号	流量 (m³/h)	扬程 (m)	推荐水泵 型号	台数	功率(kW)	稳流补偿器 Φ×L(cm)
21	700	WWG(Ⅱ)80-16-2-B	80	16	SLB45-1-1	2	3.0	CYQ80×150
		WWG(Ⅱ)80-20-2-B		20	SLB45-1		4.0	
		WWG(Ⅱ)80-36-2-B		36	SLB45-2-2		5.5	
		WWG(Ⅱ)80-41-2-B		41	SLB45-2		7.5	
		WWG(Ⅱ)80-58-2-B		58	SLB45-3-2		11	
		WWG(Ⅱ)80-64-2-B		64	SLB45-3		11	
		WWG(Ⅱ)80-79-2-B		79	SLB45-4-2		15	
		WWG(Ⅱ)80-87-2-B		87	SLB45-4		15	
		WWG(Ⅱ)80-100-2-B		100	SLB45-5-2		18.5	
		WWG(Ⅱ)80-108-2-B		108	SLB45-5		18.5	
		WWG(Ⅱ)80-130-2-B		130	SLB45-6		22	
		WWG(Ⅱ)80-147-2-B		147	SLB45-7-2		30	
		WWG(Ⅱ)80-154-2-B		154	SLB45-7		30	
		WWG(Ⅱ)80-168-2-B		168	SLB45-8-2		30	
		WWG(Ⅱ)80-176-2-B		176	SLB45-8		30	
		WWG(Ⅱ)80-190-2-B		190	SLB45-9-2		30	
22	800	WWG(Ⅱ)90-19-2-B	90	19	SLB45-1	2	4.0	CYQ80×150
		WWG(Ⅱ)90-31-2-B		31	SLB45-2-2		5.5	
		WWG(Ⅱ)90-39-2-B		39	SLB45-2		7.5	
		WWG(Ⅱ)90-52-2-B		52	SLB45-3-2		11	
		WWG(Ⅱ)90-72-2-B		72	SLB45-4-2		15	
		WWG(Ⅱ)90-92-2-B		92	SLB45-5-2		18.5	
		WWG(Ⅱ)90-100-2-B		100	SLB45-5		18.5	
		WWG(Ⅱ)90-120-2-B		120	SLB45-6		22	
		WWG(Ⅱ)90-136-2-B		136	SLB45-7-2		30	
		WWG(Ⅱ)90-144-2-B		144	SLB45-7		30	
		WWG(Ⅱ)90-156-2-B		156	SLB45-8-2		30	
		WWG(Ⅱ)90-164-2-B		164	SLB45-8		30	
		WWG(Ⅱ)90-176-2-B		176	SLB45-9		30	
23	900	WWG(Ⅱ)98-17-2-B	98	17	SLB45-1	2	4.0	CYQ80×150
		WWG(Ⅱ)98-28-2-B		28	SLB45-2-2		5.5	
		WWG(Ⅱ)98-37-2-B		37	SLB45-2		7.5	
		WWG(Ⅱ)98-48-2-B		48	SLB45-3-2		11	
		WWG(Ⅱ)98-55-2-B		55	SLB45-3		11	
		WWG(Ⅱ)98-67-2-B		67	SLB45-4-2		15	
		WWG(Ⅱ)98-83-2-B		83	SLB45-5-2		18.5	
		WWG(Ⅱ)98-92-2-B		92	SLB45-5		18.5	
		WWG(Ⅱ)98-105-2-B		105	SLB45-6-2		22	
		WWG(Ⅱ)98-113-2-B		113	SLB45-6		22	
		WWG(Ⅱ)98-126-2-B		126	SLB45-7-2		30	
		WWG(Ⅱ)98-134-2-B		134	SLB45-7		30	
		WWG(Ⅱ)98-145-2-B		145	SLB45-8-2		30	
		WWG(Ⅱ)98-153-2-B		153	SLB45-8		30	
		WWG(Ⅱ)98-163-2-B		163	SLB45-9-2		30	

序号	参考户数	设备型号	流量 (m³/h)	扬程 (m)	推荐水泵			稳流补偿器 Φ×L(cm)
					型号	台数	功率(kW)	
24	1000	WWG(Ⅱ)107-24-2-B	107	24	SLB45-2-2	2	5.5	CYQ80×150
		WWG(Ⅱ)107-32-2-B		32	SLB45-2		7.5	
		WWG(Ⅱ)107-42-2-B		42	SLB45-3-2		11	
		WWG(Ⅱ)107-49-2-B		49	SLB45-3		11	
		WWG(Ⅱ)107-60-2-B		60	SLB45-4-2		15	
		WWG(Ⅱ)107-66-2-B		66	SLB45-4		15	
		WWG(Ⅱ)107-78-2-B		78	SLB45-5-2		18.5	
		WWG(Ⅱ)107-86-2-B		86	SLB45-5		18.5	
		WWG(Ⅱ)107-95-2-B		95	SLB45-6-2		22	
		WWG(Ⅱ)107-102-2-B		102	SLB45-6		22	
		WWG(Ⅱ)107-113-2-B		113	SLB45-7-2		30	
		WWG(Ⅱ)107-122-2-B		122	SLB45-7		30	
		WWG(Ⅱ)107-130-2-B		130	SLB45-8-2		30	
		WWG(Ⅱ)107-138-2-B		138	SLB45-8		30	
		WWG(Ⅱ)107-147-2-B		147	SLB45-9-2		30	
25	1250	WWG(Ⅱ)133-20-2-B	133	20	SLB64-1	2	5.5	CYQ100×200
		WWG(Ⅱ)133-28-2-B		28	SLB64-2-2		7.5	
		WWG(Ⅱ)133-37-2-B		37	SLB64-2-1		11	
		WWG(Ⅱ)133-43-2-B		43	SLB64-2		11	
		WWG(Ⅱ)133-52-2-B		52	SLB64-3-2		15	
		WWG(Ⅱ)133-59-2-B		59	SLB64-3-1		15	
		WWG(Ⅱ)133-65-2-B		65	SLB64-3		18.5	
		WWG(Ⅱ)133-73-2-B		73	SLB64-4-2		18.5	
		WWG(Ⅱ)133-81-2-B		81	SLB64-4-1		22	
		WWG(Ⅱ)133-88-2-B		88	SLB64-4		22	
		WWG(Ⅱ)133-98-2-B		98	SLB64-5-2		30	
		WWG(Ⅱ)133-106-2-B		106	SLB64-5-1		30	
		WWG(Ⅱ)133-113-2-B		113	SLB64-5		30	
		WWG(Ⅱ)133-120-2-B		120	SLB64-6-2		30	
26	1500	WWG(Ⅱ)154-22-2-B	154	22	SLB90-1	2	7.5	CYQ100×200
		WWG(Ⅱ)154-34-2-B		34	SLB90-2-2		11	
		WWG(Ⅱ)154-48-2-B		48	SLB90-2		15	
		WWG(Ⅱ)154-60-2-B		60	SLB90-3-2		18.5	
		WWG(Ⅱ)154-72-2-B		72	SLB90-3		22	
		WWG(Ⅱ)154-87-2-B		87	SLB90-4-2		30	
		WWG(Ⅱ)154-98-2-B		98	SLB90-4		30	

序号	参考户数	设备型号	流量 (m³/h)	扬程 (m)	推荐水泵			稳流补偿器 Φ×L(cm)
					型号	台数	功率(kW)	
27	1750	WWG(Ⅱ)175-21-2-B	175	21	SLB90-1	2	7.5	CYQ100×200
		WWG(Ⅱ)175-32-2-B		32	SLB90-2-2		11	
		WWG(Ⅱ)175-43-2-B		43	SLB90-2		15	
		WWG(Ⅱ)175-54-2-B		54	SLB90-3-2		18.5	
		WWG(Ⅱ)175-67-2-B		67	SLB90-3		22	
		WWG(Ⅱ)175-78-2-B		78	SLB90-4-2		30	
		WWG(Ⅱ)175-91-2-B		91	SLB90-4		30	
28	2000	WWG(Ⅱ)195-26-2-B	195	26	SLB90-2-2	2	11	CYQ100×200
		WWG(Ⅱ)195-40-2-B		40	SLB90-2		15	
		WWG(Ⅱ)195-47-2-B		47	SLB90-3-2		18.5	
		WWG(Ⅱ)195-60-2-B		60	SLB90-3		22	
		WWG(Ⅱ)195-69-2-B		69	SLB90-4-2		30	
		WWG(Ⅱ)195-82-2-B		82	SLB90-4		30	

注：表中所列举的设备型号仅为常用的定型设备型号，当选用表中所列举的流量和扬程范围外的设备需与生产厂家联系。

WWG(Ⅱ)-B 无负压管网增压稳流给水设备(三台泵)技术参数　　表 16.3-14

序号	参考户数	设备型号	流量 (m³/h)	扬程 (m)	推荐水泵			稳流补偿器 Φ×L(cm)
					型号	台数	功率(kW)	
1	500	WWG(Ⅱ)63-22-3-B	63	22	SLB20-2	3	2.2	CYQ80×150
		WWG(Ⅱ)63-36-3-B		36	SLB20-3		4.0	
		WWG(Ⅱ)63-47-3-B		47	SLB20-4		5.5	
		WWG(Ⅱ)63-58-3-B		58	SLB20-5		5.5	
		WWG(Ⅱ)63-72-3-B		72	SLB20-6		7.5	
		WWG(Ⅱ)63-82-3-B		82	SLB20-7		7.5	
		WWG(Ⅱ)63-95-3-B		95	SLB20-8		11	
		WWG(Ⅱ)63-118-3-B		118	SLB20-10		11	
		WWG(Ⅱ)63-143-3-B		143	SLB20-12		15	
		WWG(Ⅱ)63-165-3-B		165	SLB20-14		15	
2	600	WWG(Ⅱ)72-15-3-B	72	15	SLB32-1	3	2.2	CYQ100×200
		WWG(Ⅱ)72-27-3-B		27	SLB32-2-2		3.0	
		WWG(Ⅱ)72-32-3-B		32	SLB32-2		4.0	
		WWG(Ⅱ)72-44-3-B		44	SLB32-3-2		5.5	
		WWG(Ⅱ)72-61-3-B		61	SLB32-4-2		7.5	
		WWG(Ⅱ)72-80-3-B		80	SLB32-5-2		11	
		WWG(Ⅱ)72-97-3-B		97	SLB32-6-2		11	
		WWG(Ⅱ)72-120-3-B		120	SLB32-7		15	
		WWG(Ⅱ)72-136-3-B		136	SLB32-8		15	
		WWG(Ⅱ)72-155-3-B		155	SLB32-9		18.5	
		WWG(Ⅱ)72-165-3-B		165	SLB32-10-2		18.5	
		WWG(Ⅱ)72-171-3-B		171	SLB32-10		18.5	
		WWG(Ⅱ)72-184-3-B		184	SLB32-11-2		22	
		WWG(Ⅱ)72-190-3-B		190	SLB32-11		22	

序号	参考户数	设备型号	流量 (m³/h)	扬程 (m)	推荐水泵 型号	台数	功率(kW)	稳流补偿器 $\Phi \times L$(cm)
3	700	WWG(Ⅱ)80-24-3-B	80	24	SLB32-2-2	3	3.0	CYQ100×200
		WWG(Ⅱ)80-30-3-B		30	SLB32-2		4.0	
		WWG(Ⅱ)80-41-3-B		41	SLB32-3-2		5.5	
		WWG(Ⅱ)80-57-3-B		57	SLB32-4-2		7.5	
		WWG(Ⅱ)80-76-3-B		76	SLB32-5-2		11	
		WWG(Ⅱ)80-90-3-B		90	SLB32-6-2		11	
		WWG(Ⅱ)80-108-3-B		108	SLB32-7-2		15	
		WWG(Ⅱ)80-130-3-B		130	SLB32-8		15	
		WWG(Ⅱ)80-142-3-B		142	SLB32-9-2		18.5	
		WWG(Ⅱ)80-163-3-B		163	SLB32-10		18.5	
		WWG(Ⅱ)80-175-3-B		175	SLB32-11-2		22	
		WWG(Ⅱ)80-181-3-B		181	SLB32-11		22	
		WWG(Ⅱ)80-191-3-B		191	SLB32-12-2		22	
		WWG(Ⅱ)80-197-3-B		197	SLB32-12		22	
4	800	WWG(Ⅱ)90-22-3-B	90	22	SLB32-2-2	3	3.0	CYQ100×200
		WWG(Ⅱ)90-29-3-B		29	SLB32-2		4.0	
		WWG(Ⅱ)90-38-3-B		38	SLB32-3-2		5.5	
		WWG(Ⅱ)90-52-3-B		52	SLB32-4-2		7.5	
		WWG(Ⅱ)90-68-3-B		68	SLB32-5-2		11	
		WWG(Ⅱ)90-83-3-B		83	SLB32-6-2		11	
		WWG(Ⅱ)90-100-3-B		100	SLB32-7-2		15	
		WWG(Ⅱ)90-120-3-B		120	SLB32-8		15	
		WWG(Ⅱ)90-138-3-B		138	SLB32-9		18.5	
		WWG(Ⅱ)90-153-3-B		153	SLB32-10		18.5	
		WWG(Ⅱ)90-163-3-B		163	SLB32-11-2		22	
		WWG(Ⅱ)90-169-3-B		169	SLB32-11		22	
		WWG(Ⅱ)90-177-3-B		177	SLB32-12-2		22	
		WWG(Ⅱ)90-184-3-B		184	SLB32-12		22	
		WWG(Ⅱ)90-197-3-B		197	SLB32-13-2		30	

续表

序号	参考户数	设备型号	流量 (m³/h)	扬程 (m)	推荐水泵 型号	台数	功率(kW)	稳流补偿器 Φ×L(cm)
5	900	WWG(Ⅱ)98-20-3-B	98	20	SLB32-2-2	3	3.0	CYQ100×200
		WWG(Ⅱ)98-27-3-B		27	SLB32-2		4.0	
		WWG(Ⅱ)98-34-3-B		34	SLB32-3-2		5.5	
		WWG(Ⅱ)98-49-3-B		49	SLB32-4-2		7.5	
		WWG(Ⅱ)98-65-3-B		65	SLB32-5-2		11	
		WWG(Ⅱ)98-70-3-B		70	SLB32-5		11	
		WWG(Ⅱ)98-92-3-B		92	SLB32-7-2		15	
		WWG(Ⅱ)98-99-3-B		99	SLB32-7		15	
		WWG(Ⅱ)98-112-3-B		112	SLB32-8		15	
		WWG(Ⅱ)98-128-3-B		128	SLB32-9		18.5	
		WWG(Ⅱ)98-142-3-B		142	SLB32-10		18.5	
		WWG(Ⅱ)98-151-3-B		151	SLB32-11-2		22	
		WWG(Ⅱ)98-157-3-B		157	SLB32-11		22	
		WWG(Ⅱ)98-165-3-B		165	SLB32-12-2		22	
		WWG(Ⅱ)98-172-3-B		172	SLB32-12		22	
		WWG(Ⅱ)98-183-3-B		183	SLB32-13-2		30	
		WWG(Ⅱ)98-190-3-B		190	SLB32-13		30	
		WWG(Ⅱ)98-197-3-B		197	SLB32-14-2		30	
6	1000	WWG(Ⅱ)107-21-3-B	107	21	SLB45-1	3	4.0	CYQ100×200
		WWG(Ⅱ)107-38-3-B		38	SLB45-2-2		5.5	
		WWG(Ⅱ)107-43-3-B		43	SLB45-2		7.5	
		WWG(Ⅱ)107-59-3-B		59	SLB45-3-2		11	
		WWG(Ⅱ)107-69-3-B		69	SLB45-3		11	
		WWG(Ⅱ)107-83-3-B		83	SLB45-4-2		15	
		WWG(Ⅱ)107-90-3-B		90	SLB45-4		15	
		WWG(Ⅱ)107-106-3-B		106	SLB45-5-2		18.5	
		WWG(Ⅱ)107-114-3-B		114	SLB45-5		18.5	
		WWG(Ⅱ)107-130-3-B		130	SLB45-6-2		22	
		WWG(Ⅱ)107-137-3-B		137	SLB45-6		22	
		WWG(Ⅱ)107-155-3-B		155	SLB45-7-2		30	
		WWG(Ⅱ)107-162-3-B		162	SLB45-7		30	
		WWG(Ⅱ)107-177-3-B		177	SLB45-8-2		30	
		WWG(Ⅱ)107-185-3-B		185	SLB45-8		30	

续表

| 序号 | 参考户数 | 设备型号 | 流量 (m³/h) | 扬程 (m) | 推荐水泵 | | | 稳流补偿器 Φ×L(cm) |
					型号	台数	功率(kW)	
7	1250	WWG(Ⅱ)132-20-3-B	132	20	SLB45-1	3	4.0	CYQ100×200
		WWG(Ⅱ)132-32-3-B		32	SLB45-2-2		5.5	
		WWG(Ⅱ)132-40-3-B		40	SLB45-2		7.5	
		WWG(Ⅱ)132-52-3-B		52	SLB45-3-2		11	
		WWG(Ⅱ)132-72-3-B		72	SLB45-4-2		15	
		WWG(Ⅱ)132-93-3-B		93	SLB45-5-2		18.5	
		WWG(Ⅱ)132-101-3-B		101	SLB45-5		18.5	
		WWG(Ⅱ)132-115-3-B		115	SLB45-6-2		22	
		WWG(Ⅱ)132-123-3-B		123	SLB45-6		22	
		WWG(Ⅱ)132-138-3-B		138	SLB45-7-2		30	
		WWG(Ⅱ)132-146-3-B		146	SLB45-7		30	
		WWG(Ⅱ)132-158-3-B		158	SLB45-8-2		30	
		WWG(Ⅱ)132-166-3-B		166	SLB45-8		30	
		WWG(Ⅱ)132-178-3-B		178	SLB45-9		30	
8	1500	WWG(Ⅱ)154-24-3-B	154	24	SLB64-1	3	5.5	CYQ100×200
		WWG(Ⅱ)154-33-3-B		33	SLB64-2-2		7.5	
		WWG(Ⅱ)154-42-3-B		42	SLB64-2-1		11	
		WWG(Ⅱ)154-49-3-B		49	SLB64-2		11	
		WWG(Ⅱ)154-60-3-B		60	SLB64-3-2		15	
		WWG(Ⅱ)154-68-3-B		68	SLB64-3-1		15	
		WWG(Ⅱ)154-75-3-B		75	SLB64-3		18.5	
		WWG(Ⅱ)154-85-3-B		85	SLB64-4-2		18.5	
		WWG(Ⅱ)154-93-3-B		93	SLB64-4-1		22	
		WWG(Ⅱ)154-100-3-B		100	SLB64-4		22	
		WWG(Ⅱ)154-114-3-B		114	SLB64-5-2		30	
		WWG(Ⅱ)154-121-3-B		121	SLB64-5-1		30	
		WWG(Ⅱ)154-128-3-B		128	SLB64-5		30	
		WWG(Ⅱ)154-139-3-B		139	SLB64-6-2		30	
9	1750	WWG(Ⅱ)175-22-3-B	175	22	SLB64-1	3	5.5	CYQ100×200
		WWG(Ⅱ)175-32-3-B		32	SLB64-2-2		7.5	
		WWG(Ⅱ)175-40-3-B		40	SLB64-2-1		11	
		WWG(Ⅱ)175-48-3-B		48	SLB64-2		11	
		WWG(Ⅱ)175-58-3-B		58	SLB64-3-2		15	
		WWG(Ⅱ)175-63-3-B		63	SLB64-3-1		15	
		WWG(Ⅱ)175-70-3-B		70	SLB64-3		18.5	
		WWG(Ⅱ)175-80-3-B		80	SLB64-4-2		18.5	
		WWG(Ⅱ)175-88-3-B		88	SLB64-4-1		22	
		WWG(Ⅱ)175-95-3-B		95	SLB64-4		22	
		WWG(Ⅱ)175-107-3-B		107	SLB64-5-2		30	
		WWG(Ⅱ)175-114-3-B		114	SLB64-5-1		30	
		WWG(Ⅱ)175-122-3-B		122	SLB64-5		30	
		WWG(Ⅱ)175-131-3-B		131	SLB64-6-2		30	

续表

序号	参考户数	设备型号	流量（m³/h）	扬程（m）	推荐水泵			稳流补偿器 Φ×L(cm)
					型号	台数	功率(kW)	
10	2000	WWG(Ⅱ)195-20-3-B	195	20	SLB64-1	3	5.5	CYQ100×200
		WWG(Ⅱ)195-28-3-B		28	SLB64-2-2		7.5	
		WWG(Ⅱ)195-37-3-B		37	SLB64-2-1		11	
		WWG(Ⅱ)195-45-3-B		45	SLB64-2		11	
		WWG(Ⅱ)195-52-3-B		52	SLB64-3-2		15	
		WWG(Ⅱ)195-59-3-B		59	SLB64-3-1		15	
		WWG(Ⅱ)195-68-3-B		68	SLB64-3		18.5	
		WWG(Ⅱ)195-74-3-B		74	SLB64-4-2		18.5	
		WWG(Ⅱ)195-83-3-B		83	SLB64-4-1		22	
		WWG(Ⅱ)195-90-3-B		90	SLB64-4		22	
		WWG(Ⅱ)195-100-3-B		100	SLB64-5-2		30	
		WWG(Ⅱ)195-107-3-B		107	SLB64-5-1		30	
		WWG(Ⅱ)195-115-3-B		115	SLB64-5		30	
		WWG(Ⅱ)195-123-3-B		123	SLB64-6-2		30	
11	2250	WWG(Ⅱ)216-23-3-B	216	23	SLB90-1	3	7.5	CYQ100×200
		WWG(Ⅱ)216-38-3-B		38	SLB90-2-2		11	
		WWG(Ⅱ)216-49-3-B		49	SLB90-2		15	
		WWG(Ⅱ)216-62-3-B		62	SLB90-3-2		18.5	
		WWG(Ⅱ)216-75-3-B		75	SLB90-3		22	
		WWG(Ⅱ)216-90-3-B		90	SLB90-4-2		30	
		WWG(Ⅱ)216-101-3-B		101	SLB90-4		30	
12	2500	WWG(Ⅱ)235-22-3-B	235	22	SLB90-1	3	7.5	CYQ100×200
		WWG(Ⅱ)235-35-3-B		35	SLB90-2-2		11	
		WWG(Ⅱ)235-47-3-B		47	SLB90-2		15	
		WWG(Ⅱ)235-60-3-B		60	SLB90-3-2		18.5	
		WWG(Ⅱ)235-72-3-B		72	SLB90-3		22	
		WWG(Ⅱ)235-86-3-B		86	SLB90-4-2		30	
		WWG(Ⅱ)235-97-3-B		97	SLB90-4		30	
13	2750	WWG(Ⅱ)255-21-3-B	255	21	SLB90-1	3	7.5	CYQ100×200
		WWG(Ⅱ)255-32-3-B		32	SLB90-2-2		11	
		WWG(Ⅱ)255-45-3-B		45	SLB90-2		15	
		WWG(Ⅱ)255-56-3-B		56	SLB90-3-2		18.5	
		WWG(Ⅱ)255-68-3-B		68	SLB90-3		22	
		WWG(Ⅱ)255-80-3-B		80	SLB90-4-2		30	
		WWG(Ⅱ)255-92-3-B		92	SLB90-4		30	

续表

序号	参考户数	设备型号	流量 (m³/h)	扬程 (m)	推荐水泵			稳流补偿器 Φ×L(cm)
					型号	台数	功率(kW)	
14	3000	WWG(Ⅱ)275-20-3-B	275	20	SLB90-1	3	7.5	CYQ100×200
		WWG(Ⅱ)275-29-3-B		29	SLB90-2-2		11	
		WWG(Ⅱ)275-42-3-B		42	SLB90-2		15	
		WWG(Ⅱ)275-51-3-B		51	SLB90-3-2		18.5	
		WWG(Ⅱ)275-65-3-B		65	SLB90-3		22	
		WWG(Ⅱ)275-75-3-B		75	SLB90-4-2		30	
		WWG(Ⅱ)275-88-3-B		88	SLB90-4		30	

10. 说明：

（1）设备流量和扬程应通过计算确定，表 16.3-3～表 16.3-4、表 16.3-9、表 16.3-13～表 16.3-14 中标定的额定流量和额定扬程均为水泵铭牌标定的流量和扬程。工程设计时，应根据给水系统所需流量、压力及其变化规律选用水泵。

（2）设备的进、出水管径应能满足工程设计需要。当市政供水管网（进水）和用户管网（供水）与设备进、出水管径不符合时，应采用变径连接。

（3）设备进、出水管均为法兰连接，其中进水管法兰：$PN=1.0$MPa（《板式平焊钢制管法兰》GB/T 9119），出水管法兰：$PN=1.6$MPa（《板式平焊钢制管法兰》GB/T 9119），特殊要求需在订货时注明。

（4）环境温度：5～40℃。

（5）介质温度：≤80℃，超过 80℃的应在订货时说明。

在图 16.3-1～图 16.3-5 和表 16.3-4～表 16.3-14 外的其他组装形式和资料需与生产厂家联系。

16.3.2　ZBD 无负压（叠压）多用途给水设备[①]

1. 用途

该无负压设备适用于以下场所：

（1）新建、改建或扩建的办公楼、住宅楼、居住区及其配套设施的生活用水；

（2）宾馆、高档会所、各类商场、超市等场所的生活用水；

（3）工矿企业的生产、生活用水；

（4）各类传统二次供水方式的改造工程；

（5）各种循环水系统。

2. 型号说明

[①]　本节由青岛三利集团有限公司提供资料。

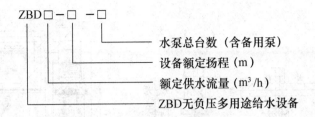

型号示例：

例 1：无负压多用途给水设备，设备额定供水流量为 20m³/h，扬程为 60m，配用 2 台水泵，其型号表示为：ZBD 20-60-2。

例 2：无负压多用途给水设备，设备额定供水流量为 150m³/h，扬程为 80m，配用 3 台水泵，其型号表示为：ZBD 150-80-3。

3. 适用技术参数（见表 16.3-15）

ZBD 无负压多用途给水设备技术参数及性能　　表 16.3-15

序号	技术参数	主要技术范围
1	流量范围	0～1000m³h
2	压力范围	0～2.5MPa
3	配用功率	≤75kW
4	压力调节精度	≤0.01MPa
5	环境温度	0～40℃
6	相对湿度	90%以下（电控部分）
7	电源	AC380V×（1±10%），50Hz±2Hz

4. 工作原理

在传统无负压、BTG 等供水设备原理基础上，基于"变量恒压/变量变压"BLHY/BLBY 自平衡供水原理和技术，充分利用 SLBD 系列智能变速电机，通过精密传感器的监测及集成反馈系统，可靠实现无负压功能，同时实现各种工况下的可靠供水，具体原理是：当管网来水流量满足时，设备采用专用 DSP 数字信号处理器，通过压力、流量、计算处理、输出、变速闭环控制来实现对水泵无级变速的精准控制，达到恒压或变压供水要求；当管网来水量相对不足致使实际压力 P_1 下降到临界值 P_0（一般取 0.05MPa）以下时，此时 $P_1 < P_0$，设备通过自动智能监测和分析，自动按比例设定一个低于原供水恒压值 P_2 的供水压力值 P_3，以改变水泵的工况点，从而匹配来水的变化，保证设备不对来水管网产生任何影响，设备会自动实时动态跟踪监测上游管网和下游用户用水情况，实现智能自平衡供水，设备实时自动试测判断，最大程度满足供水要求，实现低压不停机，供水而又不产生负压的最佳状态，实现来水不利情况下的最优化供水。

设备内置有多种程序模式，各程序模式遵循公式：$P_3 \propto K \times P_1/P_0 \times P_2$，$K$ 为供水模式修正系数。ZBD 设备结构组成如图 16.3-6 所示。

5. ZBD 无负压多用途给水设备结构组成（见图 16.3-6）

6. ZBD 无负压多用途给水设备（两台泵）技术参数（见表 16.3-16）

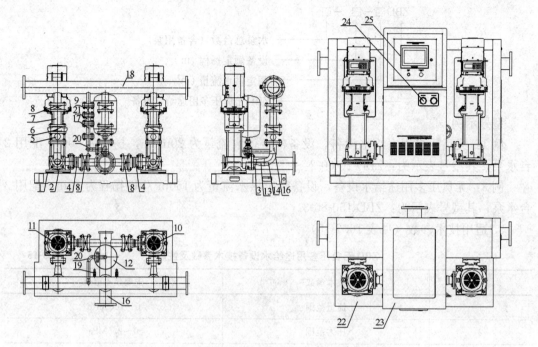

图 16.3-6 ZBD 设备结构组成（管件、壳体组装）

1—减振垫；2—水泵底座垫板；3—钢管；4—橡胶偏心异径接头；5—可曲挠橡胶接头；6—蝶式止回阀；7—调整管；8—蝶阀；9—法兰式铜闸阀；10—变频水泵（R）；11—变频水泵（L）；12—气压罐；13—同心变径；14—90°弯头（长半径）；15—钢管；16—进水总管；17—调整管；18—出水总管；19—表接丝头；20—90°弯头（长半径）；21—可曲挠橡胶接头；22—设备底座；23—设备壳体；24—面板式压力表；25—触摸屏

ZBD 无负压多用途给水设备（两台泵）技术参数　　　　　表 16.3-16

序号	参考户数	设备型号	流量 (m³/h)	扬程 (m)	进/出水管经 DN_1/DN_2 (mm)	外形尺寸 长×宽 (mm)	推荐水泵		
							型号	台数	功率 (kW)
1	15	ZBD8.5-10-2	8.5	10	65-125/ 65-125	1535× 791	SLB5-2	2	0.37
		ZBD8.5-21-2		21			SLB5-4		0.55
		ZBD8.5-28-2		28			SLB5-5		0.75
		ZBD8.5-39-2		39			SLB5-7		1.1
		ZBD8.5-50-2		50			SLB5-9		1.5
		ZBD8.5-57-2		57			SLB5-10		1.5
		ZBD8.5-64-2		64			SLB5-11		2.2
		ZBD8.5-70-2		70			SLB5-12		2.2
		ZBD8.5-76-2		76			SLB5-13		2.2
		ZBD8.5-81-2		81			SLB5-14		2.2
		ZBD8.5-87-2		87			SLB5-15		2.2
		ZBD8.5-93-2		93			SLB5-16		2.2
		ZBD8.5-107-2		107			SLB5-18		3.0
		ZBD8.5-118-2		118			SLB5-20		3.0
		ZBD8.5-132-2		132			SLB5-22		4.0
		ZBD8.5-143-2		143			SLB5-24		4.0
		ZBD8.5-155-2		155			SLB5-26		4.0

续表

序号	参考户数	设备型号	流量 (m³/h)	扬程 (m)	进/出水管经 DN₁/DN₂ (mm)	外形尺寸 长×宽 (mm)	推荐水泵		
							型号	台数	功率 (kW)
2	20	ZBD10-20-2	10	20	65-125/ 65-125	1535× 791	SLB5-4	2	0.55
		ZBD10-25-2		25			SLB5-5		0.75
		ZBD10-32-2		32			SLB5-6		1.1
		ZBD10-36-2		36			SLB5-7		1.1
		ZBD10-42-2		42			SLB5-8		1.1
		ZBD10-48-2		48			SLB5-9		1.5
		ZBD10-55-2		55			SLB5-10		1.5
		ZBD10-60-2		60			SLB5-11		2.2
		ZBD10-66-2		66			SLB5-12		2.2
		ZBD10-72-2		72			SLB5-13		2.2
		ZBD10-76-2		76			SLB5-14		2.2
		ZBD10-82-2		82			SLB5-15		2.2
		ZBD10-87-2		87			SLB5-16		2.2
		ZBD10-100-2		100			SLB5-18		3.0
		ZBD10-110-2		110			SLB5-20		3.0
		ZBD10-125-2		125			SLB5-22		4.0
		ZBD10-135-2		135			SLB5-24		4.0
		ZBD10-146-2		146			SLB5-26		4.0
3	30	ZBD13-20-2	13	20	65-125/ 65-125	1535× 791	SLB5-5	2	0.75
		ZBD13-25-2		25			SLB5-6		1.1
		ZBD13-29-2		29			SLB5-7		1.1
		ZBD13-33-2		33			SLB5-8		1.1
		ZBD13-40-2		40			SLB5-9		1.5
		ZBD13-44-2		44			SLB5-10		1.5
		ZBD13-50-2		50			SLB5-11		2.2
		ZBD13-55-2		55			SLB5-12		2.2
		ZBD13-60-2		60			SLB5-13		2.2
		ZBD13-64-2		64			SLB5-14		2.2
		ZBD13-68-2		68			SLB5-15		2.2
		ZBD13-72-2		72			SLB5-16		2.2
		ZBD13-85-2		85			SLB5-18		3.0
		ZBD13-92-2		92			SLB5-20		3.0
		ZBD13-106-2		106			SLB5-22		4.0
		ZBD13-113-2		113			SLB5-24		4.0
		ZBD13-123-2		123			SLB5-26		4.0
		ZBD13-137-2		137			SLB5-29		4.0
		ZBD13-154-2		154			SLB5-32		5.5

序号	参考户数	设备型号	流量 (m³/h)	扬程 (m)	进/出水管经 DN_1/DN_2 (mm)	外形尺寸 长×宽 (mm)	推荐水泵		
							型号	台数	功率 (kW)
4	40	ZBD15-18-2	15	18	65-125/ 65-125	1535× 791	SLB10-2	2	0.75
		ZBD15-28-2		28			SLB10-3		1.1
		ZBD15-37-2		37			SLB10-4		1.5
		ZBD15-47-2		47			SLB10-5		2.2
		ZBD15-56-2		56			SLB10-6		2.2
		ZBD15-68-2		68			SLB10-7		3.0
		ZBD15-77-2		77			SLB10-8		3.0
		ZBD15-85-2		85			SLB10-9		3.0
		ZBD15-95-2		95			SLB10-10		4.0
		ZBD15-112-2		112			SLB10-12		4.0
		ZBD15-132-2		132			SLB10-14		5.5
		ZBD15-150-2		150			SLB10-16		5.5
5	50	ZBD18-25-2	18	25	65-125/ 65-125	1535× 791	SLB10-3	2	1.1
		ZBD18-34-2		34			SLB10-4		1.5
		ZBD18-43-2		43			SLB10-5		2.2
		ZBD18-51-2		51			SLB10-6		2.2
		ZBD18-69-2		69			SLB10-8		3.0
		ZBD18-78-2		78			SLB10-9		3.0
		ZBD18-88-2		88			SLB10-10		4.0
		ZBD18-105-2		105			SLB10-12		4.0
		ZBD18-122-2		122			SLB10-14		5.5
		ZBD18-140-2		140			SLB10-16		5.5
		ZBD18-160-2		160			SLB10-18		7.5
		ZBD18-177-2		177			SLB10-20		7.5
6	75	ZBD21-22-2	21	22	65-125/ 65-125	1535× 791	SLB10-3	2	1.1
		ZBD21-30-2		30			SLB10-4		1.5
		ZBD21-39-2		39			SLB10-5		2.2
		ZBD21-47-2		47			SLB10-6		2.2
		ZBD21-62-2		62			SLB10-8		3.0
		ZBD21-70-2		70			SLB10-9		3.0
		ZBD21-92-2		92			SLB10-12		4.0
		ZBD21-110-2		110			SLB10-14		5.5
		ZBD21-125-2		125			SLB10-16		5.5
		ZBD21-145-2		145			SLB10-18		7.5
		ZBD21-160-2		160			SLB10-20		7.5
		ZBD21-172-2		172			SLB10-22		7.5

续表

序号	参考户数	设备型号	流量 (m³/h)	扬程 (m)	进/出水管经 DN_1/DN_2 (mm)	外形尺寸 长×宽 (mm)	推荐水泵		
							型号	台数	功率 (kW)
7	100	ZBD24-26-2	24	26	80-150/ 80-150	1640× 820	SLB15-2	2	2.2
		ZBD24-38-2		38			SLB15-3		3.0
		ZBD24-51-2		51			SLB15-4		4.0
		ZBD24-64-2		64			SLB15-5		4.0
		ZBD24-77-2		77			SLB15-6		5.5
		ZBD24-90-2		90			SLB15-7		5.5
		ZBD24-102-2		102			SLB15-8		7.5
		ZBD24-115-2		115			SLB15-9		7.5
		ZBD24-130-2		130			SLB15-10		11
		ZBD24-155-2		155			SLB15-12		11
		ZBD24-180-2		180			SLB15-14		11
8	125	ZBD28-24-2	28	24	80-150/ 80-150	1640× 820	SLB15-2	2	2.2
		ZBD28-36-2		36			SLB15-3		3.0
		ZBD28-49-2		49			SLB15-4		4.0
		ZBD28-61-2		61			SLB15-5		4.0
		ZBD28-73-2		73			SLB15-6		5.5
		ZBD28-85-2		85			SLB15-7		5.5
		ZBD28-98-2		98			SLB15-8		7.5
		ZBD28-110-2		110			SLB15-9		7.5
		ZBD28-125-2		125			SLB15-10		11
		ZBD28-150-2		150			SLB15-12		11
		ZBD28-172-2		172			SLB15-14		11
9	150	ZBD30-23-2	30	23	80-150/ 80-150	1640× 820	SLB15-2	2	2.2
		ZBD30-35-2		35			SLB15-3		3.0
		ZBD30-48-2		48			SLB15-4		4.0
		ZBD30-60-2		60			SLB15-5		4.0
		ZBD30-75-2		75			SLB15-6		5.5
		ZBD30-85-2		85			SLB15-7		5.5
		ZBD30-96-2		96			SLB15-8		7.5
		ZBD30-108-2		108			SLB15-9		7.5
		ZBD30-121-2		121			SLB15-10		11
		ZBD30-145-2		145			SLB15-12		11
		ZBD30-167-2		167			SLB15-14		11

续表

序号	参考户数	设备型号	流量 (m³/h)	扬程 (m)	进/出水管经 DN_1/DN_2 (mm)	外形尺寸 长×宽 (mm)	推荐水泵		
							型号	台数	功率 (kW)
10	175	ZBD32-22-2	32	22	80-150/ 80-150	1640× 820	SLB15-2	2	2.2
		ZBD32-34-2		34			SLB15-3		3.0
		ZBD32-47-2		47			SLB15-4		4.0
		ZBD32-58-2		58			SLB15-5		4.0
		ZBD32-69-2		69			SLB15-6		5.5
		ZBD32-80-2		80			SLB15-7		5.5
		ZBD32-93-2		93			SLB15-8		7.5
		ZBD32-104-2		104			SLB15-9		7.5
		ZBD32-118-2		118			SLB15-10		11
		ZBD32-140-2		140			SLB15-12		11
		ZBD32-163-2		163			SLB15-14		11
11	200	ZBD34-21-2	34	21	80-150/ 80-150	1640× 820	SLB15-2	2	2.2
		ZBD34-33-2		33			SLB15-3		3.0
		ZBD34-44-2		44			SLB15-4		4.0
		ZBD34-55-2		55			SLB15-5		4.0
		ZBD34-66-2		66			SLB15-6		5.5
		ZBD34-78-2		78			SLB15-7		5.5
		ZBD34-90-2		90			SLB15-8		7.5
		ZBD34-100-2		100			SLB15-9		7.5
		ZBD34-113-2		113			SLB15-10		11
		ZBD34-136-2		136			SLB15-12		11
		ZBD34-157-2		157			SLB15-14		11
12	225	ZBD36-20-2	36	20	80-150/ 80-150	1640× 820	SLB15-2	2	2.2
		ZBD36-31-2		31			SLB15-3		3.0
		ZBD36-42-2		42			SLB15-4		4.0
		ZBD36-53-2		53			SLB15-5		4.0
		ZBD36-63-2		63			SLB15-6		5.5
		ZBD36-75-2		75			SLB15-7		5.5
		ZBD36-86-2		86			SLB15-8		7.5
		ZBD36-96-2		96			SLB15-9		7.5
		ZBD36-109-2		109			SLB15-10		11
		ZBD36-131-2		131			SLB15-12		11
		ZBD36-151-2		151			SLB15-14		11

续表

序号	参考户数	设备型号	流量 (m³/h)	扬程 (m)	进/出水管经 DN_1/DN_2 (mm)	外形尺寸 长×宽 (mm)	推荐水泵 型号	台数	功率（kW）
13	250	ZBD39-20-2	39	20	80-150/ 80-150	1640× 820	SLB15-2	2	2.2
		ZBD39-28-2		28			SLB15-3		3.0
		ZBD39-40-2		40			SLB15-4		4.0
		ZBD39-49-2		49			SLB15-5		4.0
		ZBD39-60-2		60			SLB15-6		5.5
		ZBD39-72-2		72			SLB15-7		5.5
		ZBD39-81-2		81			SLB15-8		7.5
		ZBD39-90-2		90			SLB15-9		7.5
		ZBD39-102-2		102			SLB15-10		11
		ZBD39-122-2		122			SLB15-12		11
		ZBD39-141-2		141			SLB15-14		11
		ZBD39-173-2		173			SLB15-17		15
14	275	ZBD42-22-2	42	22	80-150/ 80-150	1640× 820	SLB20-2	2	2.2
		ZBD42-35-2		35			SLB20-3		4.0
		ZBD42-47-2		47			SLB20-4		5.5
		ZBD42-58-2		58			SLB20-5		5.5
		ZBD42-70-2		70			SLB20-6		7.5
		ZBD42-82-2		82			SLB20-7		7.5
		ZBD42-94-2		94			SLB20-8		11
		ZBD42-118-2		118			SLB20-10		11
		ZBD42-143-2		143			SLB20-12		15
		ZBD42-165-2		165			SLB20-14		15
15	300	ZBD46-20-2	46	20	80-150/ 80-150	1640× 820	SLB20-2	2	2.2
		ZBD46-32-2		32			SLB20-3		4.0
		ZBD46-43-2		43			SLB20-4		5.5
		ZBD46-54-2		54			SLB20-5		5.5
		ZBD46-65-2		65			SLB20-6		7.5
		ZBD46-76-2		76			SLB20-7		7.5
		ZBD46-90-2		90			SLB20-8		11
		ZBD46-110-2		110			SLB20-10		11
		ZBD46-132-2		132			SLB20-12		15
		ZBD46-154-2		154			SLB20-14		15

序号	参考户数	设备型号	流量（m³/h）	扬程（m）	进/出水管经 DN₁/DN₂（mm）	外形尺寸 长×宽（mm）	推荐水泵		
							型号	台数	功率（kW）
16	350	ZBD48-17-2	48	17	100-150/100-150	1700×845	SLB32-1	2	2.2
		ZBD48-25-2		25			SLB32-2-2		3.0
		ZBD48-32-2		32			SLB32-2		4.0
		ZBD48-44-2		44			SLB32-3-2		5.5
		ZBD48-61-2		61			SLB32-4-2		7.5
		ZBD48-80-2		80			SLB32-5-2		11
		ZBD48-97-2		97			SLB32-6-2		11
		ZBD48-102-2		102			SLB32-6		11
		ZBD48-114-2		114			SLB32-7-2		15
		ZBD48-120-2		120			SLB32-7		15
		ZBD48-130-2		130			SLB32-8-2		15
		ZBD48-136-2		136			SLB32-8		15
		ZBD48-155-2		155			SLB32-9		18.5
		ZBD48-166-2		166			SLB32-10-2		18.5
17	400	ZBD53-26-2	53	26	100-150/100-150	1700×845	SLB32-2-2	2	3.0
		ZBD53-32-2		32			SLB32-2		4.0
		ZBD53-42-2		42			SLB32-3-2		5.5
		ZBD53-58-2		58			SLB32-4-2		7.5
		ZBD53-77-2		77			SLB32-5-2		11
		ZBD53-91-2		91			SLB32-6-2		11
		ZBD53-98-2		98			SLB32-6		11
		ZBD53-110-2		110			SLB32-7-2		15
		ZBD53-115-2		115			SLB32-7		15
		ZBD53-125-2		125			SLB32-8-2		15
		ZBD53-130-2		130			SLB32-8		15
		ZBD53-142-2		142			SLB32-9-2		18.5
		ZBD53-148-2		148			SLB32-9		18.5
		ZBD53-158-2		158			SLB32-10-2		18.5
		ZBD53-164-2		164			SLB32-10		18.5
18	450	ZBD58-23-2	58	23	100-150/100-150	1700×845	SLB32-2-2	2	3.0
		ZBD58-30-2		30			SLB32-2		4.0
		ZBD58-38-2		38			SLB32-3-2		5.5
		ZBD58-54-2		54			SLB32-4-2		7.5
		ZBD58-70-2		70			SLB32-5-2		11
		ZBD58-90-2		90			SLB32-6		11
		ZBD58-102-2		102			SLB32-7-2		15
		ZBD58-110-2		110			SLB32-7		15
		ZBD58-118-2		118			SLB32-8-2		15
		ZBD58-124-2		124			SLB32-8		15
		ZBD58-135-2		135			SLB32-9-2		18.5
		ZBD58-141-2		141			SLB32-9		18.5
		ZBD58-150-2		150			SLB32-10-2		18.5
		ZBD58-156-2		156			SLB32-10		18.5

续表

序号	参考户数	设备型号	流量（m³/h）	扬程（m）	进/出水管经 DN_1/DN_2（mm）	外形尺寸 长×宽（mm）	推荐水泵 型号	台数	功率（kW）
19	500	ZBD63-21-2	63	21	100-150/100-150	1700×845	SLB32-2-2	2	3.0
		ZBD63-28-2		28			SLB32-2		4.0
		ZBD63-37-2		37			SLB32-3-2		5.5
		ZBD63-51-2		51			SLB32-4-2		7.5
		ZBD63-68-2		68			SLB32-5-2		11
		ZBD63-81-2		81			SLB32-6-2		11
		ZBD63-97-2		97			SLB32-7-2		15
		ZBD63-116-2		116			SLB32-8		15
		ZBD63-126-2		126			SLB32-9-2		18.5
		ZBD63-133-2		133			SLB32-9		18.5
		ZBD63-140-2		140			SLB32-10-2		18.5
		ZBD63-147-2		147			SLB32-10		18.5
20	600	ZBD72-24-2	72	24	100-150/100-150	1700×845	SLB32-2	2	4.0
		ZBD72-30-2		30			SLB32-3-2		5.5
		ZBD72-42-2		42			SLB32-4-2		7.5
		ZBD72-57-2		57			SLB32-5-2		11
		ZBD72-69-2		69			SLB32-6-2		11
		ZBD72-81-2		81			SLB32-7-2		15
		ZBD72-95-2		95			SLB32-8-2		15
		ZBD72-100-2		100			SLB32-8		15
		ZBD72-108-2		108			SLB32-9-2		18.5
		ZBD72-115-2		115			SLB32-9		18.5
		ZBD72-120-2		120			SLB32-10-2		18.5
		ZBD72-127-2		127			SLB32-10		18.5
21	700	ZBD80-16-2	80	16	100-200/100-200	1800×893	SLB45-1-1	2	3.0
		ZBD80-20-2		20			SLB45-1		4.0
		ZBD80-36-2		36			SLB45-2-2		5.5
		ZBD80-41-2		41			SLB45-2		7.5
		ZBD80-58-2		58			SLB45-3-2		11
		ZBD80-64-2		64			SLB45-3		11
		ZBD80-79-2		79			SLB45-4-2		15
		ZBD80-87-2		87			SLB45-4		15
		ZBD80-100-2		100			SLB45-5-2		18.5
		ZBD80-108-2		108			SLB45-5		18.5
		ZBD80-130-2		130			SLB45-6		22

序号	参考户数	设备型号	流量（m³/h）	扬程（m）	进/出水管径 DN_1/DN_2（mm）	外形尺寸 长×宽（mm）	推荐水泵		
							型号	台数	功率（kW）
22	800	ZBD90-19-2	90	19	100-200/100-200	1800×893	SLB45-1	2	4.0
		ZBD90-31-2		31			SLB45-2-2		5.5
		ZBD90-39-2		39			SLB45-2		7.5
		ZBD90-52-2		52			SLB45-3-2		11
		ZBD90-72-2		72			SLB45-4-2		15
		ZBD90-92-2		92			SLB45-5-2		18.5
		ZBD90-100-2		100			SLB45-5		18.5
		ZBD90-120-2		120			SLB45-6		22
23	900	ZBD98-17-2	98	17	100-200/100-200	1800×893	SLB45-1	2	4.0
		ZBD98-28-2		28			SLB45-2-2		5.5
		ZBD98-37-2		37			SLB45-2		7.5
		ZBD98-48-2		48			SLB45-3-2		11
		ZBD98-55-2		55			SLB45-3		11
		ZBD98-67-2		67			SLB45-4-2		15
		ZBD98-83-2		83			SLB45-5-2		18.5
		ZBD98-92-2		92			SLB45-5		18.5
		ZBD98-105-2		105			SLB45-6-2		22
		ZBD98-113-2		113			SLB45-6		22
24	1000	ZBD107-24-2	107	24	100-200/100-200	1800×893	SLB45-2-2	2	5.5
		ZBD107-32-2		32			SLB45-2		7.5
		ZBD107-42-2		42			SLB45-3-2		11
		ZBD107-49-2		49			SLB45-3		11
		ZBD107-60-2		60			SLB45-4-2		15
		ZBD107-66-2		66			SLB45-4		15
		ZBD107-78-2		78			SLB45-5-2		18.5
		ZBD107-86-2		86			SLB45-5		18.5
		ZBD107-95-2		95			SLB45-6-2		22
25	1250	ZBD133-20-2	133	20	150-250/150-250	2126×1040	SLB64-1	2	5.5
		ZBD133-28-2		28			SLB64-2-2		7.5
		ZBD133-37-2		37			SLB64-2-1		11
		ZBD133-43-2		43			SLB64-2		11
		ZBD133-52-2		52			SLB64-3-2		15
		ZBD133-59-2		59			SLB64-3-1		15
		ZBD133-65-2		65			SLB64-3		18.5
		ZBD133-73-2		73			SLB64-4-2		18.5

续表

序号	参考户数	设备型号	流量 (m³/h)	扬程 (m)	进/出水管经 DN_1/DN_2 (mm)	外形尺寸 长×宽 (mm)	推荐水泵		
							型号	台数	功率 (kW)
26	1500	ZBD154-22-2	154	22	150-250/ 150-250	2126× 1040	SLB90-1	2	7.5
		ZBD154-34-2		34			SLB90-2-2		11
		ZBD154-48-2		48			SLB90-2		15
		ZBD154-60-2		60			SLB90-3-2		18.5
		ZBD154-72-2		72			SLB90-3		22
		ZBD154-87-2		87			SLB90-4-2		30
		ZBD154-98-2		98			SLB90-4		30
27	1750	ZBD175-21-2	175	21	150-250/ 150-250	2126× 1040	SLB90-1	2	7.5
		ZBD175-32-2		32			SLB90-2-2		11
		ZBD175-43-2		43			SLB90-2		15
		ZBD175-54-2		54			SLB90-3-2		18.5
		ZBD175-67-2		67			SLB90-3		22
		ZBD175-78-2		78			SLB90-4-2		30
		ZBD175-91-2		91			SLB90-4		30
28	2000	ZBD195-26-2	195	26	150-250/ 150-250	2126× 1040	SLB90-2-2	2	11
		ZBD195-40-2		40			SLB90-2		15
		ZBD195-47-2		47			SLB90-3-2		18.5
		ZBD195-60-2		60			SLB90-3		22
		ZBD195-69-2		69			SLB90-4-2		30
		ZBD195-82-2		82			SLB90-4		30
		ZBD195-90-2		90			SLB90-5-2		37

注：表中所列举的设备型号仅为常用的定型设备型号，当选用表中所列举的流量和扬程范围外的设备需与生产厂家联系。

7. ZBD 无负压多用途给水设备（三台泵）技术参数（见表 16.3-17）

ZBD 无负压多用途给水设备（三台泵）技术参数　　表 16.3-17

序号	参考户数	设备型号	流量 (m³/h)	扬程 (m)	进/出水管经 DN_1/DN_2 (mm)	外形尺寸 长×宽 (mm)	推荐水泵		
							型号	台数	功率(kW)
1	500	ZBD63-22-3	63	22	80-150/ 80-150	1690× 1246	SLB20-2	3	2.2
		ZBD63-36-3		36			SLB20-3		4.0
		ZBD63-47-3		47			SLB20-4		5.5
		ZBD63-58-3		58			SLB20-5		5.5
		ZBD63-72-3		72			SLB20-6		7.5
		ZBD63-82-3		82			SLB20-7		7.5
		ZBD63-95-3		95			SLB20-8		11
		ZBD63-118-3		118			SLB20-10		11
		ZBD63-143-3		143			SLB20-12		15
		ZBD63-165-3		165			SLB20-14		15

序号	参考户数	设备型号	流量 (m^3/h)	扬程 (m)	进/出水管径 DN_1/DN_2 (mm)	外形尺寸 长×宽 (mm)	推荐水泵		
							型号	台数	功率(kW)
2	600	ZBD72-15-3	72	15	100-150/ 100-150	1755× 1371	SLB32-1	3	2.2
		ZBD72-27-3		27			SLB32-2-2		3.0
		ZBD72-32-3		32			SLB32-2		4.0
		ZBD72-44-3		44			SLB32-3-2		5.5
		ZBD72-61-3		61			SLB32-4-2		7.5
		ZBD72-80-3		80			SLB32-5-2		11
		ZBD72-97-3		97			SLB32-6-2		11
		ZBD72-120-3		120			SLB32-7		15
		ZBD72-136-3		136			SLB32-8		15
		ZBD72-155-3		155			SLB32-9		18.5
		ZBD72-165-3		165			SLB32-10-2		18.5
3	700	ZBD80-24-3	80	24	100-150/ 100-150	1755× 1371	SLB32-2-2	3	3.0
		ZBD80-30-3		30			SLB32-2		4.0
		ZBD80-41-3		41			SLB32-3-2		5.5
		ZBD80-57-3		57			SLB32-4-2		7.5
		ZBD80-76-3		76			SLB32-5-2		11
		ZBD80-90-3		90			SLB32-6-2		11
		ZBD80-108-3		108			SLB32-7-2		15
		ZBD80-130-3		130			SLB32-8		15
		ZBD80-142-3		142			SLB32-9-2		18.5
		ZBD80-163-3		163			SLB32-10		18.5
4	800	ZBD90-22-3	90	22	100-150/ 100-150	1755× 1371	SLB32-2-2	3	3.0
		ZBD90-29-3		29			SLB32-2		4.0
		ZBD90-38-3		38			SLB32-3-2		5.5
		ZBD90-52-3		52			SLB32-4-2		7.5
		ZBD90-68-3		68			SLB32-5-2		11
		ZBD90-83-3		83			SLB32-6-2		11
		ZBD90-100-3		100			SLB32-7-2		15
		ZBD90-120-3		120			SLB32-8		15
		ZBD90-138-3		138			SLB32-9		18.5
		ZBD90-153-3		153			SLB32-10		18.5

续表

序号	参考户数	设备型号	流量 (m³/h)	扬程 (m)	进/出水管经 DN_1/DN_2 (mm)	外形尺寸 长×宽 (mm)	推荐水泵		
							型号	台数	功率(kW)
5	900	ZBD98-20-3	98	20	100-150/100-150	1755×1371	SLB32-2-2	3	3.0
		ZBD98-27-3		27			SLB32-2		4.0
		ZBD98-34-3		34			SLB32-3-2		5.5
		ZBD98-49-3		49			SLB32-4-2		7.5
		ZBD98-65-3		65			SLB32-5-2		11
		ZBD98-70-3		70			SLB32-5		11
		ZBD98-92-3		92			SLB32-7-2		15
		ZBD98-99-3		99			SLB32-7		15
		ZBD98-112-3		112			SLB32-8		15
		ZBD98-128-3		128			SLB32-9		18.5
		ZBD98-142-3		142			SLB32-10		18.5
6	1000	ZBD107-21-3	107	21	100-200/100-200	1869×1420	SLB45-1	3	4.0
		ZBD107-38-3		38			SLB45-2-2		5.5
		ZBD107-43-3		43			SLB45-2		7.5
		ZBD107-59-3		59			SLB45-3-2		11
		ZBD107-69-3		69			SLB45-3		11
		ZBD107-83-3		83			SLB45-4-2		15
		ZBD107-90-3		90			SLB45-4		15
		ZBD107-106-3		106			SLB45-5-2		18.5
		ZBD107-114-3		114			SLB45-5		18.5
7	1250	ZBD132-20-3	132	20	100-200/100-200	1869×1420	SLB45-1	3	4.0
		ZBD132-32-3		32			SLB45-2-2		5.5
		ZBD132-40-3		40			SLB45-2		7.5
		ZBD132-52-3		52			SLB45-3-2		11
		ZBD132-72-3		72			SLB45-4-2		15
		ZBD132-93-3		93			SLB45-5-2		18.5
		ZBD132-101-3		101			SLB45-5		18.5
8	1500	ZBD154-24-3	154	24	150-250/150-250	2040×1500	SLB64-1	3	5.5
		ZBD154-33-3		33			SLB64-2-2		7.5
		ZBD154-42-3		42			SLB64-2-1		11
		ZBD154-49-3		49			SLB64-2		11
		ZBD154-60-3		60			SLB64-3-2		15
		ZBD154-68-3		68			SLB64-3-1		15
		ZBD154-75-3		75			SLB64-3		18.5

续表

序号	参考户数	设备型号	流量 (m³/h)	扬程 (m)	进/出水管经 DN_1/DN_2 (mm)	外形尺寸 长×宽 (mm)	推荐水泵 型号	台数	功率(kW)
9	1750	ZBD175-22-3	175	22	150-250/ 150-250	2040× 1500	SLB64-1	3	5.5
		ZBD175-32-3		32			SLB64-2-2		7.5
		ZBD175-40-3		40			SLB64-2-1		11
		ZBD175-48-3		48			SLB64-2		11
		ZBD175-58-3		58			SLB64-3-2		15
		ZBD175-63-3		63			SLB64-3-1		15
		ZBD175-70-3		70			SLB64-3		18.5
10	2000	ZBD195-20-3	195	20	150-250/ 150-250	2040× 1500	SLB64-1	3	5.5
		ZBD195-28-3		28			SLB64-2-2		7.5
		ZBD195-37-3		37			SLB64-2-1		11
		ZBD195-45-3		45			SLB64-2		11
		ZBD195-52-3		52			SLB64-3-2		15
		ZBD195-59-3		59			SLB64-3-1		15
		ZBD195-68-3		68			SLB64-3		18.5
		ZBD195-90-3		90			SLB64-4		22
11	2250	ZBD216-23-3	216	23	150-250/ 150-250	2040× 1500	SLB90-1	3	7.5
		ZBD216-38-3		38			SLB90-2-2		11
		ZBD216-49-3		49			SLB90-2		15
		ZBD216-62-3		62			SLB90-3-2		18.5
		ZBD216-75-3		75			SLB90-3		22
		ZBD216-90-3		90			SLB90-4-2		30
		ZBD216-101-3		101			SLB90-4		30
12	2500	ZBD235-22-3	235	22	150-250/ 150-250	2040× 1500	SLB90-1	3	7.5
		ZBD235-35-3		35			SLB90-2-2		11
		ZBD235-47-3		47			SLB90-2		15
		ZBD235-60-3		60			SLB90-3-2		18.5
		ZBD235-72-3		72			SLB90-3		22
		ZBD235-86-3		86			SLB90-4-2		30
		ZBD235-97-3		97			SLB90-4		30
13	2750	ZBD255-21-3	255	21	150-250/ 150-250	2040× 1500	SLB90-1	3	7.5
		ZBD255-32-3		32			SLB90-2-2		11
		ZBD255-45-3		45			SLB90-2		15
		ZBD255-56-3		56			SLB90-3-2		18.5
		ZBD255-68-3		68			SLB90-3		22
		ZBD255-80-3		80			SLB90-4-2		30
		ZBD255-92-3		92			SLB90-4		30

续表

序号	参考户数	设备型号	流量 (m³/h)	扬程 (m)	进/出水管径 DN_1/DN_2 (mm)	外形尺寸 长×宽 (mm)	推荐水泵		
							型号	台数	功率(kW)
14	3000	ZBD275-20-3	275	20	150-250/ 150-250	2040× 1500	SLB90-1	3	7.5
		ZBD275-29-3		29			SLB90-2-2		11
		ZBD275-42-3		42			SLB90-2		15
		ZBD275-51-3		51			SLB90-3-2		18.5
		ZBD275-65-3		65			SLB90-3		22
		ZBD275-75-3		75			SLB90-4-2		30
		ZBD275-88-3		88			SLB90-4		30

注：表中所列举的设备型号仅为常用的定型设备型号，当选用表中所列举的流量和扬程范围外的设备需与生产厂家联系。

16.3.3 WⅡ系列智联无负压 (叠压) 供水设备[①]

1. 设备组成及工作原理

WⅡ系列智联三罐式无负压供水设备主要是由综合水力控制单元、加压泵组、恒压罐体、高压罐体、超高压罐体、蓄能增压单元、智能控制柜等组成的整套增压供水设备如图16.3-7所示。该系列产品，充分利用市政管网余压叠加增压，确保市政供水管网不产生负压，同时能够通过高压罐体与超高压罐体协同配合完成补偿流量和小流量保压功能。智联无负压供水设备利用 VPN 专用网络，以崭新的方法将现实世界中的供水设备、售后团队和先进的传感器、控制器和软件应用程序连接起来；使用基于物理的分析、预测算法、自动化和电气工程学及其他相关专业知识来解析供水设备与供水管网的运作方式，通过软件建立售后团队、生产部门和研发团队间的实时连接，以支持更为智能的设计、操作、维护，以及高质量的服务与故障预警、安全保障功能。

(1) 设备控制系统实时监测市政管网和用户管网压力，根据检测压力和设定压力的差异，通过降低或升高变频器频率等方式，使设备运行充分利用市政管网压力且能够确保市政供水管网不产生负压。

(2) 当市政管网压力充足时，市政管网的水进入恒压腔，通过变频调速泵组加压供水；同时一部分与设备出口端压力等压的水通过双向补偿器 C 端到 A 端进入到高压腔，另外一部分利用超高压蓄能泵为超高压腔加压蓄能。

(3) 当市政管网供水量不足，压力趋向市政最低服务压力时，双向补偿器汇集高压腔与超高压腔的蓄能水，从 A 端到 B 端补偿到恒压腔中，完成高峰时用水差量补偿，确保设备进水端压力始终维持在最低服务压力以上。

(4) 当夜间用户用水量较少时，超高压腔蓄能水经减压后与高压腔中的水混合后经过双向补偿器 A 端到 C 端直接供给用户，减少设备启停，大大提高了供水设备的节能性、安全性、稳定性。

---

① 本节由上海威派格智慧水务股份有限公司提供资料。

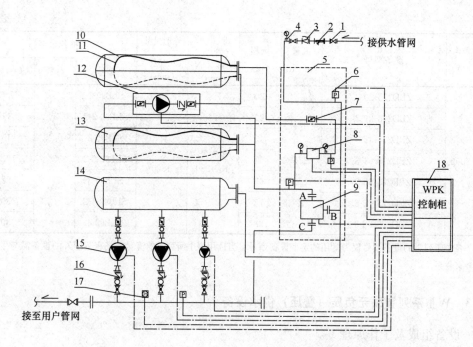

图 16.3-7　WⅡ系列智联三罐式无负压供水设备组成及工作原理

1—阀门；2—Y 型过滤器；3—倒流防止器；4—压力表；5—综合水利控制单元；

6—压力传感器；7—蝶阀；8—电磁减压阀；9—双向补偿器；10—超高压罐体；

11—食品级水囊；12—蓄能增压单元；13—高压罐体；14—恒压罐体；15—加压泵组；

16—止回阀；17—压力开关；18—智能控制柜

2. 设备型号说明

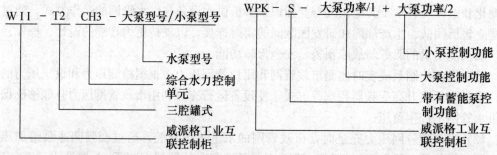

（1）设备加压泵组搭配建议：公建项目由两台大泵和一台小泵构成；住宅项目由一台大泵和两台小泵构成。小泵流量为大泵流量的 1/2，系统流量范围 4～200m³/h。

（2）根据系统的流量和扬程，进行水泵的选型，此时水泵的扬程为系统扬程减去可叠压利用的市政给水扬程。若不同系列的水泵均能满足流量和扬程要求，那么此时要考虑水泵的工作效率，选择一台运行点接近泵最高效率点的水泵。因水泵是按用水高峰期时的最大可能流量选取，那么应考虑水泵供水高峰期时的工作点位于泵工作曲线的右侧，这样可使变频控制条件下用水量下降时泵在高效区工作。

（3）改造项目宜进行用水规律收集后选型；有大量可参考、类比数据的新项目宜进行有针对性的选型；在满足最大工况要求的条件下，应尽量减少能量的浪费，本公司可提供详尽技术支持。

3. 设备安装尺寸及基础（见图 16.3-8）

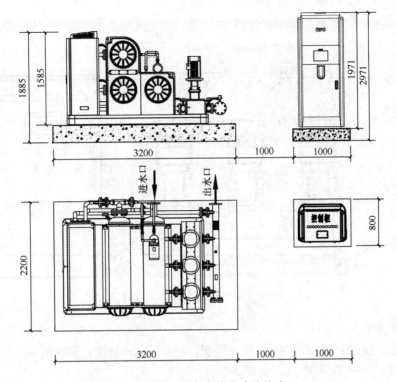

图 16.3-8　设备安装尺寸及基础

16.3.4　NFWG、NFWX 无负压（叠压）供水设备①

1. NFWG 罐式无负压（叠压）供水设备

（1）型号说明

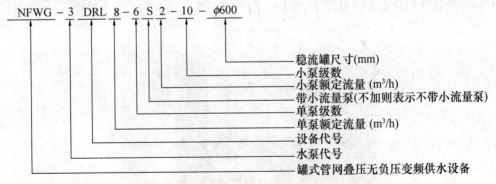

NFWG - 3 DRL 8 - 6 S 2 - 10 - φ600

- 稳流罐尺寸(mm)
- 小泵级数
- 小泵额定流量 (m³/h)
- 带小流量泵(不加则表示不带小流量泵)
- 单泵级数
- 单泵额定流量 (m³/h)
- 设备代号
- 水泵代号
- 罐式管网叠压无负压变频供水设备

（2）设备组成及主要部件

无负压变频设备由无负压稳流罐、防负压装置、倒流防止器（可选）、过滤器（可选）、不锈钢多级离心泵、止回阀、阀门、底座、进水管路、出水管路、出口压力传感器、

---

① 本节由南方中金环境股份有限公司提供资料。

出口压力开关、出口压力表、进口压力传感器、进口压力表、智能型无负压变频控制柜、压力罐、导线等附件组成。具体如图16.3-9所示。

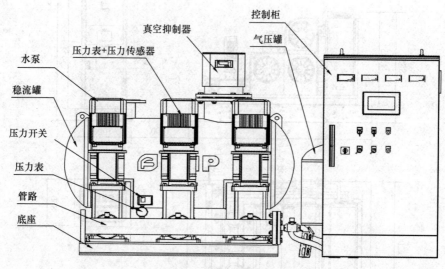

图16.3-9 设备组成及主要部件

（3）性能参数

基本参数：流量：$0.4 \sim 1440 m^3/h$；扬程：$4 \sim 305 m$；材质：不锈钢304；液体温度：$0 \sim 70℃$；电压：交流380V。

产品特点：与市政自来水直联加压运行，有真空抑制器检测系统，防止对市政自来水管网产生负压。

适用范围：高层建筑、居民小区、别墅等；医院、学校、体育馆、高尔夫球场、机场等；宾馆、写字楼、百货商场、大型桑拿浴场等；公园、游乐场、果园、农场等；生产制造、洗涤装置、食品行业、工厂等。

（4）设备外形及安装（见图16.3-10、图16.3-11）

图16.3-10 NFWG罐式无负压（叠压）供水设备外形

2. NFWX箱式无负压（叠压）供水设备（切换式）

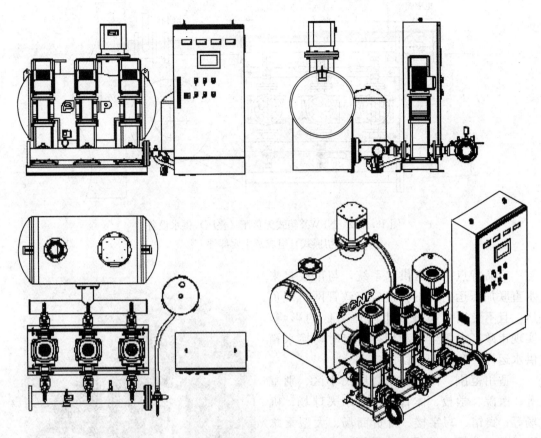

图 16.3-11 NFWG 罐式无负压（叠压）供水设备安装

（1）型号说明

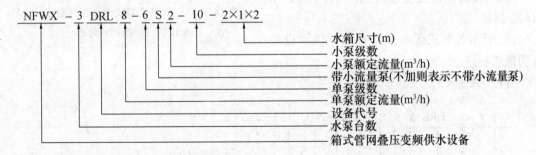

（2）设备组成及主要部件

箱式无负压变频设备由不锈钢多级离心泵、止回阀、阀门、底座、进水管路、出水管路、电磁切换阀、出口压力传感器、出口压力表、出口压力开关、进口压力开关、进口压力表、智能型无负压变频控制柜、压力罐、导线等附件组成。具体如图 16.3-12 所示。

（3）性能参数

基本参数：流量：$0.4\sim1440m^3/h$；扬程：$4\sim305m$；材质：不锈钢 304；液体温度：$0\sim70℃$；电压：交流 380V。

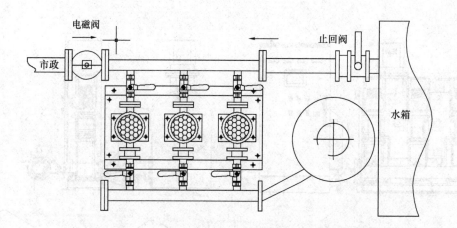

图 16.3-12 NFWX 箱式无负压（叠压）供水设备
（切换式）组成及主要部件

产品特点：恒压供水系统，与市政自来水直联加压运行，不会造成市政管网出现负压，且不受用水高峰期市政压力低的影响，实现市政、水箱全自动切换，定时切换水箱供水运行，确保水质无死水。

适用范围：高层建筑、居民小区、别墅等；医院、学校、体育馆、高尔夫球场、机场等；宾馆、写字楼、百货商场、大型桑拿浴场等；公园、游乐场、果园、农场等；生产制造、洗涤装置、食品行业、工厂等。

（4）设备外形及安装（见图 16.3-13、图 16.3-14）

3. NFWX 箱式无负压（叠压）供水设备（切换式）

（1）型号说明

图 16.3-13 NFWX 箱式无负压（叠压）
供水设备（切换式）外形

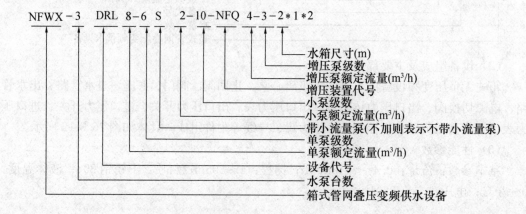

NFWX-3 DRL 8-6 S 2-10-NFQ 4-3-2*1*2

- 水箱尺寸(m)
- 增压泵级数
- 增压泵额定流量(m³/h)
- 增压装置代号
- 小泵级数
- 小泵额定流量(m³/h)
- 带小流量泵(不加则表示不带小流量泵)
- 单泵级数
- 单泵额定流量(m³/h)
- 设备代号
- 水泵台数
- 箱式管网叠压变频供水设备

（2）设备组成及主要部件

箱式无负压变频设备由不锈钢多级离心泵、止回阀、阀门、底座、进水管路、出水管路、水箱进水电磁阀浮球阀、压力传感器、压力表、压力开关、智能型增压装置、稳压调节器、智能型无负压变频控制柜、压力罐、导线等附件组成。具体如图 16.3-15 所示。

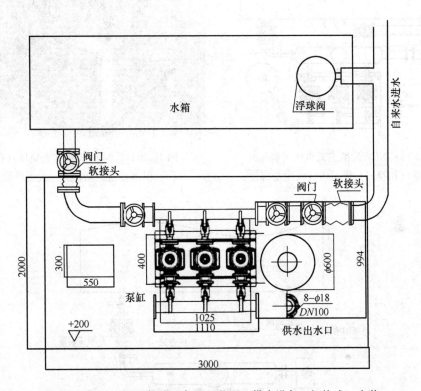

图 16.3-14　NFWX 箱式无负压（叠压）供水设备（切换式）安装

（3）性能参数

基本参数：流量：$0.4\sim1440\text{m}^3/\text{h}$；扬程：$4\sim305\text{m}$；材质：不锈钢 304；液体温度：$0\sim70℃$；电压：交流 380V。

产品特点：恒压供水系统，与市政自来水直联加压运行，不会造成市政管网出现负压，且不受用水高峰期市政压力低的影响，实现市政、水箱全自动切换，定时切换水箱供水运行，确保水质无死水。

适用范围：高层建筑、居民小区、别墅等；医院、学校、体育馆、高尔夫球场、机场等；宾馆、写字楼、百货商场、大型桑拿浴场等；公园、游乐场、果园、农场等；生产制造、洗涤装置、食品行业、工厂等。

（4）设备外形及安装（见图 16.3-16、图 16.3-17）

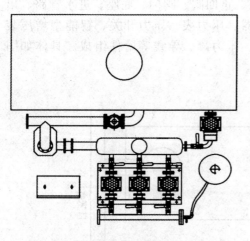

图16.3-15　NFWX箱式无负压（叠压）
供水设备（切换式）设备组成及主要部件

图16.3-16　NFWX箱式无负压（叠压）
供水设备（切换式）设备外形

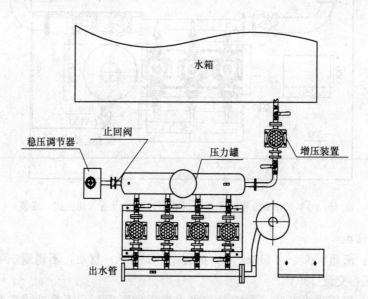

图16.3-17　NFWX箱式无负压（叠压）供水设备（切换式）安装

注：此图为示意图，以实际安装为准。

16.3.5　XMZH智慧集成、AAD/AAD（B）智慧调峰泵站[①]

1. XMZH智慧集成泵站

（1）用途

用于新建、扩建和改建的民用建筑及小区和一般工业建筑生活给水系统中生活供水一体化设备选用与安装。具体如下：

[①]　本节由上海熊猫机械（集团）有限公司提供资料。

1）普通住宅楼、商住楼、居民小区的生活给水；

2）高层建筑、高级宾馆饭店等的生活给水；

3）综合楼、写字楼、俱乐部等建筑物的生活给水。

（2）型号说明

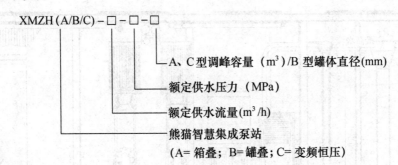

型号示例：

例1：XMZH（A）100-1.2-30 为 A 型熊猫智慧集成泵站；设备额定供水流量为 100m³/h，额定供水压力为1.2MPa，设备调峰容量为30m³；

例2：XMZH（B）50-0.8-800 为 A 型熊猫智慧集成泵站；设备额定供水流量为 50m³/h，额定供水压力为0.8MPa，叠压罐罐体直径为 φ800。

（3）适用技术参数（见表16.3-18）

智慧集成泵站技术参数及性能   表 16.3-18

序号	技术参数	主要技术范围	备注
1	供水流量范围	0~1000m³/h	根据工程情况和要求确定
2	供水压力范围	0~2.5MPa	
3	控制功率	≤370kW	
4	压力控制误差	≤0.01MPa	
5	环境温度	−30~60℃	
6	环境湿度	≤90%（电控部分）	
7	电源	380V×（1±10%），50Hz±2Hz	

（4）性能参数及尺寸

XMZH（A）见图16.3-18、图16.3-19、表16.3-19。

XMZH（B）见图16.3-20、图16.3-21、表16.3-20。

XMZH（C）见图16.3-22、图16.3-23、表16.3-21。

2. AAD/AAD（B）智慧调峰泵站

（1）用途

用于解决高峰低谷时段不相同、输水管网改造困难、高峰时期供水压力不稳、末端流量减少或停水等情况的区域调峰、集中供水用户。

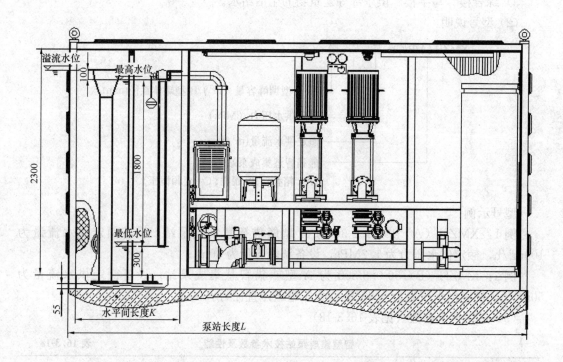

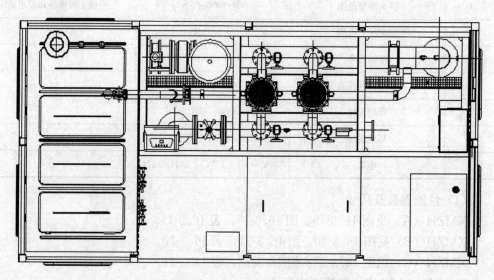

图 16.3-18 两台泵智慧集成泵站 XMZH（A）组装

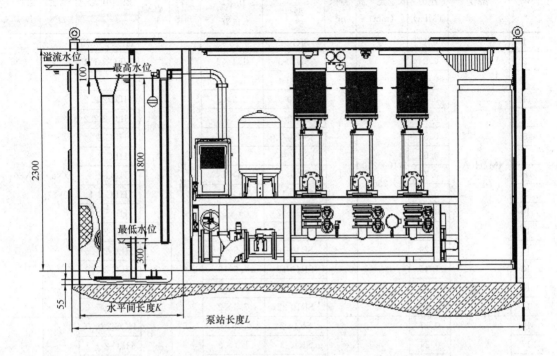

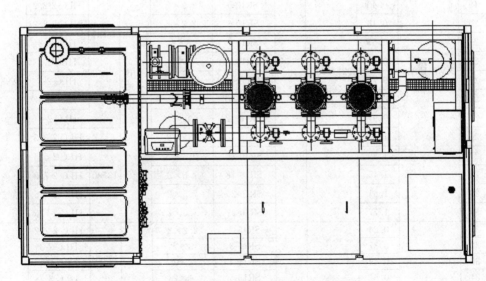

图 16.3-19 三台泵智慧集成泵站 XMZH（A）组装

智慧集成泵站 XMZH（A）技术参数及性能　　　　　表 16.3-19

序号	型号	额定压力（MPa）	泵站尺寸长×宽×高（mm）	有效容积（m³）	变频泵组		运行方式	设备运行质量（kg）	控制柜型号	进水管径 DN	出水管径 DN
					型号	功率×台数					
1	XMZH(A)-7-□-4	0.17	3710×2500×2560	4	SR10-2	0.75×2	1用1备	7900	HLC-2-0.75	DN80	DN80
2		0.24			SR10-3	1.1×2			HLC-2-1.1		
3		0.32			SR10-4	1.5×2			HLC-2-1.5		
4		0.40			SR10-5	2.2×2			HLC-2-2.2		
5		0.48			SR10-6	2.2×2			HLC-2-2.2		
6		0.57			SR10-7	3×2			HLC-2-3		
7		0.65			SR10-8	3×2			HLC-2-3		
8		0.73			SR10-9	3×2			HLC-2-3		
9		0.81			SR10-10	4×2			HLC-2-4		
10		0.97			SR10-12	4×2			HLC-2-4		
11		1.13			SR10-14	5.5×2		8020	HLC-2-5.5		
12		1.29			SR10-16	5.5×2			HLC-2-5.5		
13		1.45			SR10-18	7.5×2			HLC-2-7.5		
14		1.61			SR10-20	7.5×2			HLC-2-7.5		
15		1.77			SR10-22	7.5×2			HLC-2-7.5		
16	XMZH(A)-7-□-9	0.17	4920×2500×2560	4	SR10-2	0.75×2	1用1备	13640	HLC-2-0.75	DN80	DN80
17		0.24			SR10-3	1.1×2			HLC-2-1.1		
18		0.32			SR10-4	1.5×2			HLC-2-1.5		
19		0.40			SR10-5	2.2×2			HLC-2-2.2		
20		0.48			SR10-6	2.2×2			HLC-2-2.2		
21		0.57			SR10-7	3×2			HLC-2-3		
22		0.65			SR10-8	3×2			HLC-2-3		
23		0.73			SR10-9	3×2			HLC-2-3		
24		0.81			SR10-10	4×2			HLC-2-4		
25		0.97			SR10-12	4×2			HLC-2-4		
26		1.13			SR10-14	5.5×2		13780	HLC-2-5.5		
27		1.29			SR10-16	5.5×2			HLC-2-5.5		
28		1.45			SR10-18	7.5×2			HLC-2-7.5		
29		1.61			SR10-20	7.5×2			HLC-2-7.5		
30		1.77			SR10-22	7.5×2			HLC-2-7.5		
31	XMZH(A)-12-□-9	0.24	4920×2500×2560	9	SR15-2	2.2×2	1用1备	13650	HLC-2-2.2	DN80	DN80
32		0.37			SR15-3	3×2			HLC-2-3		
33		0.49			SR15-4	4×2			HLC-2-4		
34		0.61			SR15-5	4×2			HLC-2-4		
35		0.73			SR15-6	5.5×2		13770	HLC-2-5.5		
36		0.86			SR15-7	5.2×2			HLC-2-5.5		
37		0.98			SR15-8	7.5×2			HLC-2-37.5		
38		1.10			SR15-9	7.5×2			HLC-2-7.5		
39		1.22			SR15-10	11×2		13970	HLC-2-11		
40		1.46			SR15-12	11×2			HLC-2-11		

续表

序号	型号	额定压力(MPa)	泵站尺寸长×宽×高(mm)	有效容积(m³)	变频泵组型号	功率×台数	运行方式	设备运行质量(kg)	控制柜型号	进水管径DN	出水管径DN
41		0.24			SR20-2	2.2×2		18410	HLC-2-2.2		
42		0.37			SR20-3	4×2			HLC-2-4		
43		0.49			SR20-4	5.5×2			HLC-2-5.5		
44		0.61			SR20-5	5.5×2		18490	HLC-2-5.5		
45	XMZH(A)-	0.73	6130×2500×2560	13	SR20-6	7.5×2	1用1备		HLC-2-7.5	DN80	DN80
46	18-□-13	0.86			SR20-7	7.5×2			HLC-2-7.5		
47		0.98			SR20-8	11×2			HLC-2-11		
48		1.22			SR20-10	11×2		18730	HLC-2-11		
49		1.46			SR20-12	15×2			HLC-2-15		
50		0.24			SR15-2	2.2×3			HLC-2-2.2		
51		0.37			SR15-3	3×3		19350	HLC-3-3		
52		0.49			SR15-4	4×3			HLC-3-4		
53		0.61			SR15-5	4×3			HLC-3-4		
54	XMZH(A)-	0.73	7340×2500×2560	13	SR15-6	5.5×3	2用1备		HLC-3-5.5	DN100	DN10
55	28-□-13	0.86			SR15-7	5.5×3		19480	HLC-3-5.5		
56		0.98			SR15-8	7.5×3			HLC-3-7.5		
57		1.10			SR15-9	7.5×3			HLC-3-7.5		
58		1.22			SR15-10	11×3		19780	HLC-3-11		
59		1.46			SR15-12	11×3			HLC-3-11		
60		0.24			SR20-2	2.2×3		25080	HLC-3-2.2		
61		0.37			SR20-3	4×3			HLC-3-4		
62		0.49			SR20-4	5.5×3			HLC-3-5.5		
63		0.61			SR20-5	5.5×3		25210	HLC-3-5.5		
64	XMZH(A)-	0.73	8550×2500×2560	18	SR20-6	7.5×3	2用1备		HLC-3-7.5	DN125	DN100
65	35-□-18	0.86			SR20-7	7.5×3			HLC-3-7.5		
66		0.98			SR20-8	11×3			HLC-3-11		
67		1.22			SR20-10	11×3		25570	HLC-3-11		
68		1.46			SR20-12	15×3			HLC-3-15		
69		0.29			SR32-2	4×3			HLC-3-4		
70		0.44			SR32-3	5.5×3			HLC-3-5.5		
71		0.53			SR32-4-2	7.5×3		25230	HLC-3-7.5		
72		0.59			SR32-4	7.5×3			HLC-3-7.5		
73	XMZH(A)-	0.68	8550×2500×2560	18	SR32-5-2	11×3	2用1备		HLC-3-11	DN150	DN125
74	50-□-18	0.75			SR32-5	11×3			HLC-3-11		
75		0.81			SR32-6-2	11×3			HLC-3-11		
76		0.85			SR32-6	11×3		25620	HLC-3-11		
77		0.99			SR32-7-2	15×3			HLC-3-15		
78		1.05			SR32-7	15×3			HLC-3-15		

续表

序号	型号	额定压力（MPa）	泵站尺寸长×宽×高（mm）	有效容积（m³）	变频泵组 型号	变频泵组 功率×台数	运行方式	设备运行质量（kg）	控制柜型号	进水管径 DN	出水管径 DN
79		0.15			SR45-1-1	3×3			HLC-3-3		
80		0.19			SR45-1	4×3		31080	HLC-3-4		
81		0.30			SR45-2-2	5.5×3			HLC-3-5.5		
82		0.39			SR45-2	7.5			HLC-3-7.5		
83	XMZH（A）-	0.52	9760×2500	23	SR45-3-2	11×3	2用		HLC-3-11	DN150	DN150
84	85-□-23	0.59	×2560		SR45-3	11×3	1备		HLC-3-11		
85		0.72			SR45-4-2	15×3			HLC-3-15		
86		0.80			SR45-4	15×3		31560	HLC-3-15		
87		0.93			SR45-5-2	18.5×3			HLC-3-18.5		
88		0.00			SR45-5	18.5×3			HLC-3-18.5		

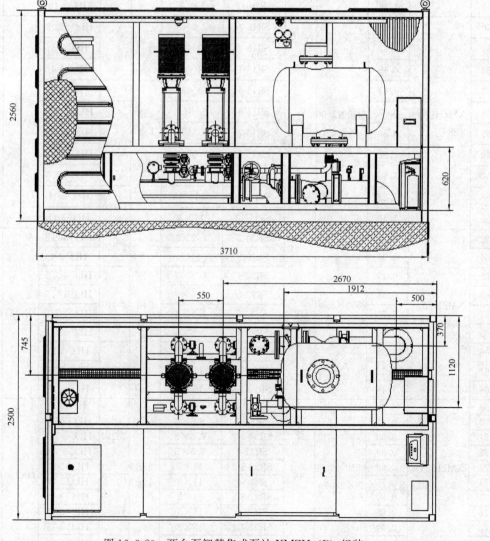

图 16.3-20 两台泵智慧集成泵站 XMZH（B）组装

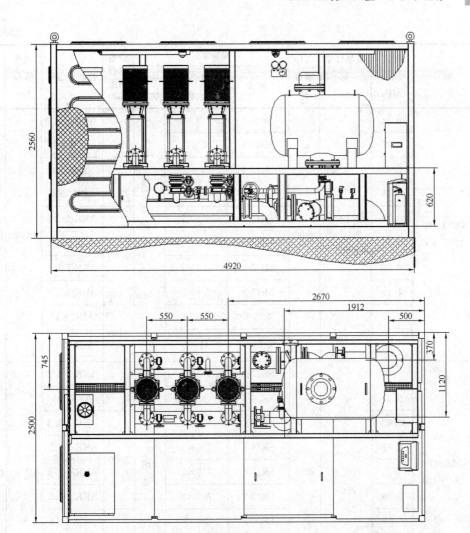

图 16.3-21　三台泵智慧集成泵站 XMZH（B）组装

智慧集成泵站 XMZH（B）技术参数及性能　　　　　　表 16.3-20

序号	型号	额定压力（MPa）	泵站尺寸长×宽×高（mm）	气压罐直径	变频泵组			设备运行质量（kg）	控制柜型号	进水管径 DN	出水管径 DN
					型号	功率×台数	运行方式				
1		0.17			SR10-2	0.75×2			AKK-2-0.75		
2		0.24			SR10-3	1.1×2			AKK-2-1.1		
3		0.32			SR10-4	1.5×2			AKK-2-1.5		
4		0.40			SR10-5	2.2×2		4650	AKK-2-2.2		
5		0.48			SR10-6	2.2×2			AKK-2-2.2		
6		0.57	3710×		SR10-7	3×2			AKK-2-3		
7	XMZH(B)-	0.65	2500×	φ600	SR10-8	3×2	1用		AKK-2-3	DN80	DN80
8	7-□-600	0.73	2560		SR10-9	3×2	1备		AKK-2-3		
9		0.81			SR10-10	4×2			AKK-2-4		
10		0.97			SR10-12	4×2			AKK-2-4		
11		1.13			SR10-14	5.5×2			AKK-2-5.5		
12		1.29			SR10-16	5.5×2		4770	AKK-2-5.5		
13		1.45			SR10-18	7.5×2			AKK-2-7.5		
14		1.61			SR10-20	7.5×2			AKK-2-7.5		
15		1.77			SR10-22	7.5×2			AKK-2-7.5		

序号	型号	额定压力（MPa）	泵站尺寸长×宽×高（mm）	气压罐直径	变频泵组			设备运行质量（kg）	控制柜型号	进水管径 DN	出水管径 DN
					型号	功率×台数	运行方式				
16		0.24			SR15-2	2.2×2			AKK-2-2.2		
17		0.37			SR15-3	3×2		4980	AKK-2-3		
18		0.49			SR15-4	4×2			AKK-2-4		
19		0.61			SR15-5	4×2			AKK-2-4		
20	XMZH(B)-	0.73	3710×2500×2560	φ800	SR15-6	5.5×2	1用1备		AKK-2-5.5	DN80	DN80
21	12-□-800	0.86			SR15-7	5.5×2		5060	AKK-2-5.5		
22		0.98			SR15-8	7.5×2			AKK-2-7.5		
23		1.10			SR15-9	7.5×2			AKK-2-7.5		
24		1.22			SR15-10	11×2		5260	AKK-2-11		
25		1.46			SR15-12	11×2			AKK-2-11		
26		0.24			SR20-2	2.2×2		4990	AKK-2-2.2		
27		0.37			SR20-3	4×2			AKK-2-4		
28		0.49			SR20-4	5.5×2			AKK-2-5.5		
29		0.61			SR20-5	5.5×2		5080	AKK-2-5.5		
30	XMZH(B)-	0.73	3710×2500×2560	φ800	SR20-6	7.5×2	1用1备		AKK-2-7.5	DN80	DN80
31	18-□-800	0.86			SR20-7	7.5×2			AKK-2-7.5		
32		0.98			SR20-8	11×2			AKK-2-11		
33		1.22			SR20-10	11×2		5290	AKK-2-11		
34		1.46			SR20-12	15×2			AKK-2-15		
35		0.24			SR15-2	2.2×3			AKK-3-2.2		
36		0.37			SR15-3	3×3		5580	AKK-3-3		
37		0.49			SR15-4	4×3			AKK-3-4		
38		0.61			SR15-5	4×3			AKK-3-4		
39	XMZH(B)-	0.73	4920×2500×2560	φ800	SR15-6	5.5×3	2用1备		AKK-3-5.5	DN100	DN100
40	28-□-800	0.86			SR15-7	5.5×3		5710	AKK-3-5.5		
41		0.98			SR15-8	7.5×3			AKK-3-7.5		
42		1.10			SR15-9	7.5×3			AKK-3-7.5		
43		1.22			SR15-10	11×3		6010	AKK-3-11		
44		1.46			SR15-12	11×3			AKK-3-11		

续表

序号	型号	额定压力(MPa)	泵站尺寸 长×宽×高(mm)	气压罐直径	变频泵组		运行方式	设备运行质量(kg)	控制柜型号	进水管径 DN	出水管径 DN
					型号	功率×台数					
45	XMZH(B)-35-□-800	0.24	4920×2500×2560	φ800	SR20-2	2.2×3	2用1备	5580	AKK-3-2.2	DN120	DN100
46		0.37			SR20-3	4×3			AKK-3-4		
47		0.49			SR20-4	5.5×3			AKK-3-5.5		
48		0.61			SR20-5	5.5×3		5710	AKK-3-5.5		
49		0.73			SR20-6	7.5×3			AKK-3-7.5		
50		0.86			SR20-7	7.5×3			AKK-3-7.5		
51		0.98			SR20-8	11×3			AKK-3-11		
52		1.22			SR20-10	11×3		6060	AKK-3-11		
53		1.46			SR20-12	15×3			AKK-3-15		
54	XMZH(B)-50-□-800	0.29	4920×2500×2560	φ800	SR32-2	4×3	2用1备	5860	AKK-3-4	DN150	DN125
55		0.44			SR32-3	5.5×3			AKK-3-5.5		
56		0.53			SR32-4	7.5×3			AKK-3-7.5		
57		0.59			SR32-4	7.5×3			AKK-3-7.5		
58		0.68			SR32-5	11×3			AKK-3-11		
59		0.75			SR32-5	11×3			AKK-3-11		
60		0.81			SR32-6	11×3		6250	AKK-3-11		
61		1.85			SR32-6	11×3			AKK-3-11		
62		0.99			SR32-7	15×3			AKK-3-15		
63		1.05			SR32-7	15×3			AKK-3-15		
64	XMZH(B)-85-□-800	0.15	4920×2500×2560	φ800	SR45-1	3×3	2用1备	6080	AKK-3-3	DN150	DN150
65		0.19			SR45-1	4×3			AKK-3-4		
66		0.30			SR45-2	5.5×3			AKK-3-5.5		
67		0.39			SR45-2	7.5			AKK-3-7.5		
68		0.52			SR45-3	11×3			AKK-3-11		
69		0.59			SR45-3	11×3			AKK-3-11		
70		0.72			SR45-4	15×3		6550	AKK-3-15		
71		0.80			SR45-4	15×3			AKK-3-15		
72		0.93			SR45-5	18.5×3			AKK-3-18.5		
73		1.00			SR45-5	18.5×3			AKK-3-18.5		

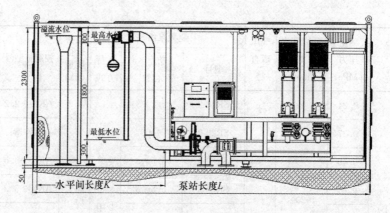

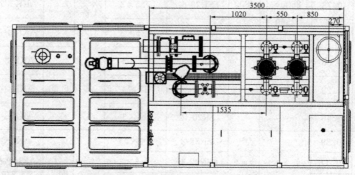

图 16.3-22 两台泵智慧集成泵站 XMZH(C)组装

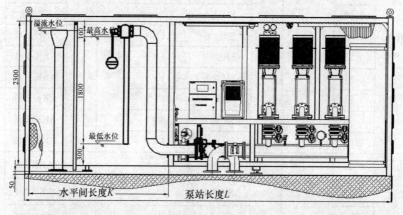

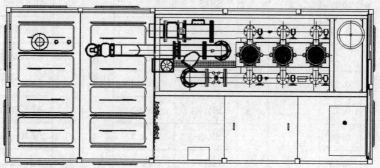

图 16.3-23 三台泵智慧集成泵站 XMZH(C)组装

智慧集成泵站 XMZH(C)技术参数及性能　　表 16.3-21

序号	型号	额定压力（MPa）	泵站尺寸长×宽×高（mm）	有效容积（m³）	变频泵组 型号	变频泵组 功率×台数	运行方式	设备运行质量（kg）	控制柜型号	进水管径 DN	出水管径 DN
1		0.17			SR10-2	0.75×2			HLC-2-0.75		
2		0.24			SR10-3	1.1×2			HLC-2-1.1		
3		0.32			SR10-4	1.5×2			HLC-2-1.5		
4		0.40			SR10-5	2.2×2			HLC-2-2.2		
5		0.48			SR10-6	2.2×2		7850	HLC-2-2.2		
6		0.57			SR10-7	3×2			HLC-2-3		
7	XMZH(A)-7-□-4	0.65	3710×2500×2560	4	SR10-8	3×2	1用1备		HLC-2-3	DN80	DN80
8		0.73			SR10-9	3×2			HLC-2-3		
9		0.81			SR10-10	4×2			HLC-2-4		
10		0.97			SR10-12	4×2			HLC-2-4		
11		1.13			SR10-14	5.5×2			HLC-2-5.5		
12		1.29			SR10-16	5.5×2			HLC-2-5.5		
13		1.45			SR10-18	7.5×2		8970	HLC-2-7.5		
14		1.61			SR10-20	7.5×2			HLC-2-7.5		
15		1.77			SR10-22	7.5×2			HLC-2-7.5		
16		0.17			SR10-2	0.75×2			HLC-2-0.75		
17		0.24			SR10-3	1.1×2			HLC-2-1.1		
18		0.32			SR10-4	1.5×2			HLC-2-1.5		
19		0.40			SR10-5	2.2×2			HLC-2-2.2		
20		0.48			SR10-6	2.2×2			HLC-2-2.2		
21		0.57			SR10-7	3×2		13600	HLC-2-3		
22		0.65			SR10-8	3×2			HLC-2-3		
23	XMZH(A)-7-□-9	0.73	4920×2500×2560	4	SR10-9	3×2	1用1备		HLC-2-3	DN80	DN80
24		0.81			SR10-10	4×2			HLC-2-4		
25		0.97			SR10-12	4×2			HLC-2-4		
26		1.13			SR10-14	5.5×2			HLC-2-5.5		
27		1.29			SR10-16	5.5×2			HLC-2-5.5		
28		1.45			SR10-18	7.5×2		13730	HLC-2-7.5		
29		1.61			SR10-20	7.5×2			HLC-2-7.5		
30		1.77			SR10-22	7.5×2			HLC-2-7.5		

序号	型号	额定压力(MPa)	泵站尺寸 长×宽×高(mm)	有效容积(m³)	变频泵组 型号	变频泵组 功率×台数	运行方式	设备运行质量(kg)	控制柜型号	进水管径 DN	出水管径 DN
31		0.24			SR15-2	2.2×2			HLC-2-2.2		
32		0.37			SR15-3	3×2		13600	HLC-2-3		
33		0.49			SR15-4	4×2			HLC-2-4		
34		0.61			SR15-5	4×2			HLC-2-4		
35	XMZH(A)-	0.73	4920×2500 ×2560	9	SR15-6	5.5×2	1用 1备		HLC-2-5.5	DN80	DN80
36	12-□-9	0.86			SR15-7	5.2×2		13720	HLC-2-5.5		
37		0.98			SR15-8	7.5×2			HLC-2-7.5		
38		1.10			SR15-9	7.5×2			HLC-2-7.5		
39		1.22			SR15-10	11×2		13900	HLC-2-11		
40		1.46			SR15-12	11×2			HLC-2-11		
41		0.24			SR20-2	2.2×2		18360	HLC-2-2.2		
42		0.37			SR20-3	4×2			HLC-2-4		
43		0.49			SR20-4	5.5×2			HLC-2-5.5		
44		0.61			SR20-5	5.5×2			HLC-2-5.5		
45	XMZH(A)-	0.73	6130×2500 ×2560	13	SR20-6	7.5×2	1用 1备	18440	HLC-2-7.5	DN80	DN80
46	18-□-13	0.86			SR20-7	7.5×2			HLC-2-7.5		
47		0.98			SR20-8	11×2			HLC-2-11		
48		1.22			SR20-10	11×2		18680	HLC-2-11		
49		1.46			SR20-12	15×2			HLC-2-15		
50		0.24			SR15-2	2.2×3			HLC-3-2.2		
51		0.37			SR15-3	3×3		19300	HLC-3-3		
52		0.49			SR15-4	4×3			HLC-3-4		
53		0.61			SR15-5	4×3			HLC-3-4		
54	XMZH(A)-	0.73	6130×2500 ×2560	13	SR15-6	5.5×3	2用 1备		HLC-3-5.5	DN100	DN10
55	28-□-13	0.86			SR15-7	5.5×3		19430	HLC-3-5.5		
56		0.98			SR15-8	7.5×3			HLC-3-7.5		
57		1.10			SR15-9	7.5×3			HLC-3-7.5		
58		1.22			SR15-10	11×3		19730	HLC-3-11		
59		1.46			SR15-12	11×3			HLC-3-11		
60		0.24			SR20-2	2.2×3		25030	HLC-3-2.2		
61		0.37			SR20-3	4×3			HLC-3-4		
62		0.49			SR20-4	5.5×3			HLC-3-5.5		
63	XMZH(A)-	0.61	7340×2500 ×2560	18	SR20-5	5.5×3	2用 1备	25160	HLC-3-5.5	DN125	DN100
64	35-□-18	0.73			SR20-6	7.5×3			HLC-3-7.5		
65		0.86			SR20-7	7.5×3			HLC-3-7.5		
66		0.98			SR20-8	11×3			HLC-3-11		
67		1.22			SR20-10	11×3		25500	HLC-3-11		
68		1.46			SR20-12	15×3			HLC-3-15		

续表

序号	型号	额定压力（MPa）	泵站尺寸长×宽×高（mm）	有效容积（m³）	变频泵组			设备运行质量（kg）	控制柜型号	进水管径 DN	出水管径 DN
					型号	功率×台数	运行方式				
69		0.29			SR32-2	4×3		25160	HLC-3-4		
70		0.44			SR32-3	5.5×3			HLC-3-5.5		
71		0.53			SR32-4-2	7.5×3			HLC-3-7.5		
72		0.59			SR32-4	7.5×3			HLC-3-7.5		
73	XMZH(A)-50-□-18	0.68	7340×2500×2560	18	SR32-5-2	11×3	2用1备		HLC-3-11	DN150	DN125
74		0.75			SR32-5	11×3			HLC-3-11		
75		0.81			SR32-6-2	11×3		25550	HLC-3-11		
76		0.85			SR32-6	11×3			HLC-3-11		
77		0.99			SR32-7-2	15×3			HLC-3-15		
78		1.05			SR32-7	15×3			HLC-3-15		
79		0.15			SR45-1-1	3×3		31030	HLC-3-3		
80		0.19			SR45-1	4×3			HLC-3-4		
81		0.30			SR45-2-2	5.5×3			HLC-3-5.5		
82		0.39			SR45-2	7.5			HLC-3-7.5		
83	XMZH(A)-85-□-23	0.52	8550×2500×2560	23	SR45-3-2	11×3	2用1备		HLC-3-11	DN150	DN150
84		0.59			SR45-3	11×3			HLC-3-11		
85		0.72			SR45-4-2	15×3		31500	HLC-3-15		
86		0.80			SR45-4	15×3			HLC-3-15		
87		0.93			SR45-5-2	18.5×3			HLC-3-18.5		
88		1.00			SR45-5	18.5×3			HLC-3-18.5		

（2）型号说明

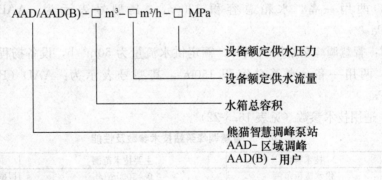

```
AAD/AAD(B)-□ m³-□ m³/h-□ MPa
```

- 设备额定供水压力
- 设备额定供水流量
- 水箱总容积
- 熊猫智慧调峰泵站
  AAD- 区域调峰
  AAD(B)- 用户

（3）工作原理

智慧调峰泵站是集叠加增压或常压增压供水于一体的全密闭式给水系统。其工作原理如下：智慧调峰泵站进水通过过滤系统后进入到储水箱进行储存，低峰储水，高峰出水，设备安装完毕时先根据当地自来水公司的要求进行控制，储备水量实时传送至自来水公司管理平台，用水高峰或自来水压力不足时系统自动计算分析并启动储备水源供水模式进行调峰工作，同时也可由自来水公司等主管单位根据区域供水压力情况主动实施操控调峰。

泵站设计完全颠覆传统观念，采用承压密闭结构，防止异物等进入泵站造成二次污染和人为造成的安全隐患。同时，泵站配置了水锤消除器及紫外线消毒装置，同时储备水的能力，提高调峰泵站补水调峰时间，降低用户投资。

系统设置安防及门禁等保护报警系统，以此拉近管理者和泵房之间的距离，真正实现无人值守，智慧箱式泵站设置有视频监控系统，可将泵站视频资料进行储存及上传，用户可通过视频监控系统查看对泵房现场情况。同时设置防闯入及吓阻系统，进一步提高了智慧箱式泵站的安全等级。

智慧调峰泵站通信采用目前先进的有线通信模式，可将现场视频等数据信号实时传递至远程监控中心，通过大数据系统进行有效分析及管理泵站，解决用户后顾之忧。

同时通过大数据系统对片区自来水进行有效监控及管理，实时提供解运行决方案，提高自来水主管网供水能力。

（4）系统优点、特点

1）全封闭结构、安全系数更高

2）智慧调峰

3）智能信息

4）自动清洗

5）漏损监控、视频监控

6）联合安保

7）更高的安全等级

8）语音对讲

9）管网地理信息

10）智能集成壳体

11）自动化控制

例 1：智慧调峰泵站区域调峰，额定供水流量为 300m³/h，设备扬程为 40m，配用 3 台水泵，两用一备，水箱总容积 1200m³，其型号表示为：AAD-1200m³-300m³/h-0.4MPa。

例 2：智慧调峰泵站用户调峰，额定供水流量为 50m³/h，设备扬程为 40m，配用 3 台水泵，两用一备，水箱总容积 150m³，其型号表示为：AAD（B）-150m³-50m³/h-0.4MPa。

（5）适用技术参数（见表 16.3-22）

智慧调峰泵站技术参数及性能　　　　　　　　　　　表 16.3-22

序号	技术参数	主要技术范围	备注
1	供水流量范围	0～5000m³/h	根据工程情况和要求确定
2	供水压力范围	0～2.5MPa	
3	控制功率	≤600kW	
4	压力控制误差	≤0.01MPa	
5	环境温度	0～40℃	
6	环境湿度	≤90%（电控部分）	
7	电源	380V×（1±10%），50Hz±2Hz	

（6）智慧调峰泵站性能参数表及示意图

AAD 见图 16.3-24、图 16.3-25，表 16.3-23。

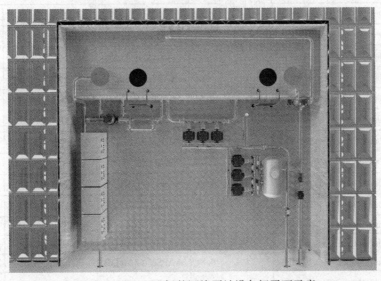

图 16.3-24　AAD 智慧调峰泵站平面示意

图 16.3-25　AAD 智慧调峰泵站设备间平面示意

智慧调峰泵站 AAD 技术参数及性能　　　　　　　表 16.3-23

序号	型号	额定容积 (m³)	额定流量 (m³/h)	额定压力 (MPa)	调峰泵选型	叠压泵选型	调峰泵/叠压泵功率 (kW)	调峰泵/叠压泵台数 (台)
1	AAD-100m³-50m³/h-0.45MPa-3	100	50	0.45	80AAB50-45-7.5	80AAB50-30-5.5	7.5/5.5	3/3
2	AAD-100m³-50m³/h-0.60MPa-3			0.60	80AAB50-60-11	80AAB50-45-7.5	11/7.5	3/3
3	AAD-100m³-50m³/h-0.75MPa-3			0.75	80AAB50-75-15	80AAB50-60-11	15/11	3/3
4	AAD-100m³-50m³/h-0.90MPa-3			0.90	80AAB50-90-18.5	80AAB50-75-15	18.5/15	3/3
5	AAD-200m³-100m³/h-0.45MPa-3	200	100	0.45	100AAB100-45-15	100AAB100-30-11	15/11	3/3
6	AAD-200m³-100m³/h-0.60MPa-3			0.60	100AAB100-60-22	100AAB100-45-15	22/15	3/3
7	AAD-200m³-100m³/h-0.75MPa-3			0.75	100AAB100-75-30	100AAB100-60-22	30/22	3/3
8	AAD-200m³-100m³/h-0.90MPa-3			0.90	100AAB100-90-30	100AAB100-75-30	30/30	3/3
9	AAD-300m³-150m³/h-0.60MPa-3	300	150	0.60	150SFL(Ⅱ)160-20×3	150SFL(Ⅱ)160-20×2	45/37	3/3
10	AAD-300m³-150m³/h-0.80MPa-3			0.80	150SFL(Ⅱ)160-20×4	150SFL(Ⅱ)160-20×3	55/45	3/3
11	AAD-300m³-150m³/h-1.00MPa-3			1.00	150SFL(Ⅱ)160-20×5	150SFL(Ⅱ)160-20×4	75/55	3/3
12	AAD-400m³-200m³/h-0.60MPa-3	400	200	0.60	200SFL(Ⅱ)200-20×3	200SFL(Ⅱ)200-20×2	55/37	3/3
13	AAD-400m³-200m³/h-0.80MPa-3			0.80	200SFL(Ⅱ)200-20×4	200SFL(Ⅱ)200-20×3	75/55	3/3
14	AAD-400m³-200m³/h-1.00MPa-3			1.00	200SFL(Ⅱ)200-20×5	200SFL(Ⅱ)200-20×4	90/75	3/3
15	AAD-500m³-250m³/h-0.52MPa-3	500	250	0.52	200SFL(Ⅱ)200-52	200SFL(Ⅱ)200-34	55/37	3/3
16	AAD-500m³-250m³/h-0.70MPa-3			0.70	200SFL(Ⅱ)200-70	200SFL(Ⅱ)200-52	75/55	3/3
17	AAD-500m³-250m³/h-0.88MPa-3			0.88	200SFL(Ⅱ)200-88	200SFL(Ⅱ)200-88	90/75	3/3
18	AAD-500m³-250m³/h-1.06MPa-3			1.06	200SFL(Ⅱ)200-106	200SFL(Ⅱ)200-88	110/90	3/3
19	AAD-800m³-400m³/h-0.37MPa-3	800	400	0.37	AABS150-465(Ⅰ)B	AABS150-365(Ⅰ)A	55/45	3/3
20	AAD-800m³-400m³/h-0.50MPa-3			0.50	AABS150-465A	AABS150-465(Ⅰ)B	75/55	3/3
21	AAD-800m³-400m³/h-0.62MPa-3			0.62	AABS150-610(Ⅰ)C	AABS150-465A	110/75	3/3
22	AAD-800m³-400m³/h-0.71MPa-3			0.71	AABS150-610B	AABS150-610(Ⅰ)C	110/110	3/3
23	AAD-1000m³-500m³/h-0.31MPa-3	1000	500	0.31	AABS200-430B	AABS200-330(Ⅰ)C	55/30	3/3
24	AAD-1000m³-500m³/h-0.61MPa-3			0.61	AABS150-465(Ⅰ)	AABS200-430B	110/55	3/3
25	AAD-1000m³-500m³/h-0.85MPa-3			0.85	AABS150-610	AABS150-465(Ⅰ)	160/110	3/3
26	AAD-1000m³-500m³/h-0.91MPa-3			0.91	AABS150-610(Ⅰ)A	AABS150-610	185/160	3/3
27	AAD-1500m³-750m³/h-0.76MPa-3	1500	750	0.76	AABS200-530(Ⅰ)A	AABS200-530(Ⅰ)B	220/160	3/3
28	AAD-1500m³-750m³/h-0.80MPa-3			0.80	AABS200-530	AABS200-530(Ⅰ)A	220/220	3/3
29	AAD-1500m³-750m³/h-1.26MPa-3			1.26	AABS200-670(Ⅰ)A	AABS200-670A	400/315	3/3
30	AAD-1500m³-750m³/h-1.29MPa-3			1.29	AABS200-670	AABS200-670A	400/315	3/3
31	AAD-2000m³-1000m³/h-0.39MPa-3	2000	1000	0.39	AABS250-380(Ⅰ)	AABS250-380(Ⅰ)B	132/90	3/3
32	AAD-2000m³-1000m³/h-0.43MPa-3			0.43	AABS250-470(Ⅰ)B	AABS250-380	185/110	3/3
33	AAD-2000m³-1000m³/h-0.84MPa-3			0.84	AABS250-620(Ⅰ)B	AABS250-620B	315/250	3/3
34	AAD-2000m³-1000m³/h-0.89MPa-3			0.89	AABS250-620A	AABS250-620(Ⅰ)B	315/315	3/3

续表

序号	型号	额定容积(m³)	额定流量(m³/h)	额定压力(MPa)	调峰泵选型	叠压泵选型	调峰泵/叠压泵功率(kW)	调峰泵/叠压泵台数(台)
35	AAD-3000m³-1500m³/h-0.35MPa-3			0.35	AABS300-440(I)B	AABS300-440C	185/132	3/3
36	AAD-3000m³-1500m³/h-0.45MPa-3			0.45	AABS300-440A	AABS300-440(I)B	250/185	3/3
37	AAD-3000m³-1500m³/h-0.63MPa-3	3000	1500	0.63	AABS300-570(I)B	AABS300-440A	355/250	3/3
38	AAD-3000m³-1500m³/h-0.90MPa-3			0.90	AABS300-690(I)C	AABS300-570A	560/355	3/3
39	AAD-3000m³-1500m³/h-0.97MPa-3			0.97	AABS300-690B	AABS300-690(I)C	560/560	3/3
40	AAD-5000m³-2500m³/h-0.37MPa-3			0.37	AABS300-440A	AABS300-440B	250/185	4/4
41	AAD-5000m³-2500m³/h-0.56MPa-3			0.56	AABS300-570(I)B	AABS300-440A	355/250	4/4
42	AAD-5000m³-2500m³/h-0.71MPa-3	5000	1800	0.71	AABS300-690(I)	AABS300-570(I)B	1120/355	4/4
43	AAD-5000m³-2500m³/h-0.75MPa-3			0.75	AABS300-690(I)C	AABS300-570(I)B	560/355	4/4
44	AAD-5000m³-2500m³/h-0.82MPa-3			0.82	AABS300-690B	AABS300-690(I)	560/1120	4/4
45	AAD-5000m³-2500m³/h-0.26MPa-3			0.26	AABS350-440(I)C	AABS350-370(I)A	220/132	5/5
46	AAD-5000m³-2500m³/h-0.39MPa-3	8000	2000	0.39	AABS350-530(I)C	AABS350-440(I)C	315/220	5/5
47	AAD-5000m³-2500m³/h-0.51MPa-3			0.51	AABS350-530B	AABS350-530(I)C	400/315	5/5
48	AAD-5000m³-2500m³/h-1.16MPa-3			1.16	AABS350-610A	AABS350-610B	900/800	5/5
49	AAD-5000m³-2500m³/h-0.46MPa-3			0.46	AABS350-440(I)	AABS350-440(I)A	450/355	5/5
50	AAD-5000m³-2500m³/h-0.71MPa-3	10000	2500	0.71	AABS350-530(I)	AABS350-440(I)	630/450	5/5
51	AAD-5000m³-2500m³/h-0.79MPa-3			0.79	AABS400-530(I)A	AABS350-530(I)	710/630	5/5
52	AAD-5000m³-2500m³/h-0.90MPa-3			0.90	AABS400-620	AABS400-530(I)A	800/710	5/5

AAD（B）见图 16.3-26、图 16.3-27，表 16.3-24。

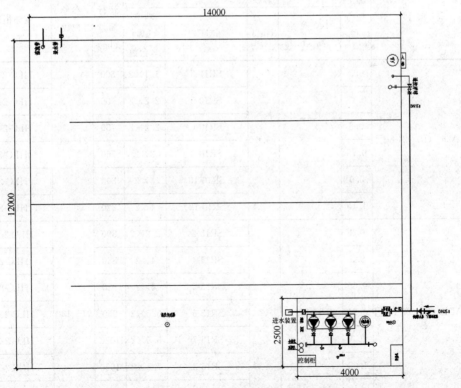

图 16.3-26 AAD（B）智慧调峰泵站平面示意

图 16.3-27　AAD（B）智慧调峰泵站设备间示意

智慧调峰泵站 AAD（B）技术参数及性能　　　　　表 16.3-24

序号	型号	额定压力（MPa）	泵站尺寸 长×宽×高（m）	有效容积（m³）	变频专用泵 型号	功率（kW）×台数	设备运行质量（kg）	参考户数	变频柜型号
1		0.3			SR10-3	1.1×2	600		HLC-2-1.1
2		0.45			SR10-5	2.2×2	700		HLC-2-2.2
3		0.6			SR10-6	2.2×2	750		HLC-2-2.2
4	ADD（B）-24-8-□	0.75	4×3×2	9.6	SR10-8	3×2	760	71～90	HLC-2-3
5		0.9			SR10-10	4×2	800		HLC-2-4
6		1.15			SR10-12	4×2	820		HLC-2-4
7		0.3			SR15-2	2.2×2	800		HLC-2-2.2
8		0.5			SR15-4	4×2	850		HLC-2-4
9		0.65			SR15-5	4×2	920		HLC-2-4
10	ADD（B）-27-12-□	0.75	4.5×3×2	12	SR15-6	5.5×2	950	91～130	HLC-2-5.5
11		0.9			SR15-7	5.5×2	1020		HLC-2-5.5
12		1.05			SR15-8	7.5×2	1050		HLC-2-7.5
13		1.15			SR15-9	7.5×2	1120		HLC-2-7.5

续表

序号	型号	额定压力 (MPa)	泵站尺寸 长×宽× 高（m）	有效容积 (m³)	变频专用泵 型号	功率 (kW) ×台数	设备运行质量 (kg)	参考户数	变频柜型号
14		0.3			SR15-3	3×2	800		HLC-3-3
15		0.5			SR15-4	4×2	850		HLC-3-4
16		0.6			SR15-5	4×2	920		HLC-3-4
17	ADD（B）-30-18-□	0.75	5×3×2	19.2	SR15-6	5.5×2	950	131～190	HLC-3-5.5
18		0.9			SR15-8	7.5×2	1020		HLC-3-7.5
19		1			SR15-9	7.5×2	1050		HLC-3-7.5
20		1.15			SR15-10	11×2	1120		HLC-3-11
21		0.3			SR15-2	2.2×3	1000		HLC-3-2.2
22		0.5			SR15-4	4×3	1050		HLC-3-4
23		0.6			SR15-5	4×3	1120		HLC-3-4
24	ADD（B）-35-22-□	0.75	5×3.5×2	22	SR15-6	5.5×3	1150	191～250	HLC-3-5.5
25		0.9			SR15-7	5.5×3	1220		HLC-3-5.5
26		1			SR15-8	7.5×3	1250		HLC-3-7.5
27		1.15			SR15-9	7.5×3	1320		HLC-3-7.5
28		0.3			SR15-3	3×3	1000		HLC-3-3
29		0.5			SR15-4	4×3	1050		HLC-3-4
30		0.6			SR15-5	4×3	1120		HLC-3-4
31	ADD（B）-60-36-□	0.75	6×5×2	36.8	SR15-6	5.5×3	1150	251～370	HLC-3-5.5
32		0.9			SR15-8	7.5×3	1220		HLC-3-7.5
33		1			SR15-9	7.5×3	1250		HLC-3-7.5
34		1.15			SR15-10	11×3	1320		HLC-3-11
35		0.3			SR20-3	4×3	1000		HLC-3-4
36		0.5			SR20-4	5.5×3	1050		HLC-3-5.5
37		0.6			SR20-5	5.5×3	1120		HLC-3-5.5
38	ADD（B）-70-44-□	0.75	7×5×2	44.8	SR20-6	7.5×3	1150	371～450	HLC-3-7.5
39		0.9			SR20-8	11×3	1220		HLC-3-11
40		1			SR20-8	11×3	1250		HLC-3-11
41		1.15			SR20-10	11×3	1320		HLC-3-11
42		0.3			SR32-2-2	3×3	1320		HLC-3-3
43		0.45			SR32-3	5.5×3	1400		HLC-3-5.5
44		0.6			SR32-4-2	7.5×3	1450		HLC-3-7.5
45	ADD（B）-85-54-□	0.75	8.5×5×2	55.2	SR32-5-2	11×3	1480	451～600	HLC-3-11
46		0.9			SR32-6-2	11×3	1550		HLC-3-11
47		1.05			SR32-7	15×3	1620		HLC-3-15
48		1.2			SR32-8-2	15×3	1720		HLC-3-15

序号	型号	额定压力(MPa)	泵站尺寸 长×宽×高(m)	有效容积(m³)	变频专用泵 型号	功率(kW)×台数	设备运行质量(kg)	参考户数	变频柜型号
49		0.3			SR32-2-2	3×3	1320		HLC-3-3
50		0.45			SR32-3	5.5×3	1400		HLC-3-5.5
51		0.6			SR32-4-2	7.5×3	1450		HLC-3-7.5
52	ADD (B) -93.5-60-□	0.75	8.5×5.5×2	62	SR32-5-2	11×3	1480	601~670	HLC-3-11
53		0.9			SR32-6-2	11×3	1550		HLC-3-11
54		1.05			SR32-7	15×3	1620		HLC-3-15
55		1.2			SR32-8-2	15×3	1720		HLC-3-15
56		0.25			SR45-1	4×3	1750		HLC-3-4
57		0.4			SR45-2-2	5.5×3	1820		HLC-3-5.5
58	ADD (B) -110-70-□	0.6	8×5.5×2.5	75.2	SR45-3-2	11×3	1850	671~780	HLC-3-11
59		0.7			SR45-3	11×3	1920		HLC-3-11
60		0.9			SR45-4	15×3	2010		HLC-3-15
61		1.1			SR45-5-2	18.5×3	2050		HLC-3-18.5
62		0.25			SR45-1	4×3	1750		HLC-3-4
63		0.4			SR45-2-2	5.5×3	1820		HLC-3-5.5
64	ADD (B) -120-80-□	0.6	8×6×2.5	84.8	SR45-3-2	11×3	1850	781~890	HLC-3-11
65		0.7			SR45-3	11×3	1920		HLC-3-11
66		0.9			SR45-4	15×3	2010		HLC-3-15
67		1.1			SR45-5-2	18.5×3	2050		HLC-3-18.5
68		0.25			SR45-1	4×3	1750		HLC-3-4
69		0.4			SR45-2-2	5.5×3	1820		HLC-3-5.5
70	ADD (B) -135-90-□	0.6	9×6×2.5	95.2	SR45-3	11×3	1850	891~1000	HLC-3-11
71		0.7			SR45-4-2	15×3	1920		HLC-3-15
72		0.9			SR45-5-2	18.5×3	2010		HLC-3-18.5
73		1.1			SR45-5	18.5×3	2050		HLC-3-18.5
74		0.25			SR64-1	5.5×3	1750		HLC-3-5.5
75		0.4			SR64-2-2	7.5×3	1820		HLC-3-7.5
76	ADD (B) -146.2-100-□	0.6	9×6.5×2.5	104.2	SR64-3-2	15×3	1850	1001~1200	HLC-3-15
77		0.7			SR64-3-1	15×3	1920		HLC-3-15
78		0.9			SR64-4-2	18.5×3	2010		HLC-3-18.5
79		1.1			SR64-5-2	30×3	2050		HLC-3-30

16.4 热水设备及装置

16.4.1 水加热器

1. RV（BRV）导流型容积式水加热器

（1）执行标准

本系列水加热器按国家行业标准《导流型容积式水加热器和半容积式水加热器》CJ/T 163 制造。

（2）产品标记

1）RV（BRV）-03 产品标记

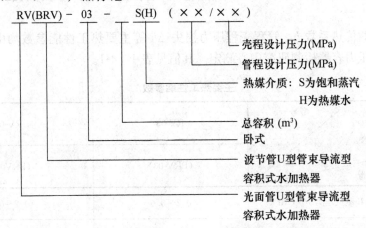

2）RV（BRV）-04 产品标记

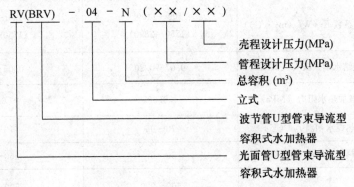

3）标记示例

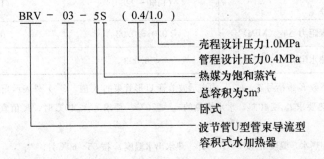

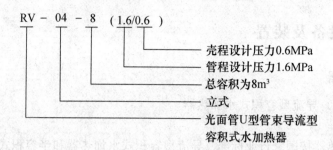

注：RV（BRV）-03 导流型容积式水加热器分成汽-水换热与水-水换热两种型式。构造略有不同。

RV（BRV）-04 导流型容积式水加热器的汽-水换热与水-水换热同一构造，同一型式。

（3）产品的传热系数 k、管程壳程压力损失 Δh 等主要热工性能参数均由国家质量技术监督局锅炉压力容器检测研究中心测定。其值见表16.4-1。

主要热工性能参数　　　　　　　　　　　　　　表 16.4-1

参数 工况	型号	RV-03 (BRV-03)	RV-04 (BRV-04)
汽-水换热	饱和蒸汽压力 P_t（MPa）	0.2～0.6	0.2～0.6
	凝结水出水温度 t_{mz}（℃）	50～70	50～70
	传热系数 K（W/（m²·℃））	800～1100 (1750～2890)	800～1100 (1750～2890)
	凝结水剩余压头（MPa）	0.07～0.20	0.05～0.20
	被加热水阻力（MPa）	≤0.003	≤0.003
水-水换热	热媒水初温 t_{mc}（℃）	70～95	70～95
	热媒水终温 t_{mz}（℃）	50～67	50～67
	传热系数 K（W/（m²·℃））	500～900 (1450～2260)	500～900 (1450～2260)
	热媒阻力 Δh_1（MPa）	0.01～0.02	0.03～0.05
	被加热水阻力 Δh_2（MPa）	≤0.003	≤0.003

注：1. 表中传热系数 K 带括号者，（　）内表示波节管 U 形管束的 K 值，（　）外表示光面管 U 形管束的 K 值。

2. 当汽水换热要求 $t_{mz} \leqslant 40℃$，水水换热的 $t_{mc} \leqslant 70℃$，要求 $t_{mz} \leqslant 40℃$ 时，K 值宜按表中低限值的 80% 选取。

3. 冷水（被加热水）温度 t_L 按 5～15℃ 计。热水出水温度 t_Y 按 55～60℃ 计。

（4）选用表

1）RV（BRV）-03 导流型容积式水加热器选用表见 16.4-2。

2）RV（BRV）-04 导流型容积式水加热器选用表见 16.4-3。

RV（BRV）-03 导流型容积式水加热器选用表 表 16.4-2

型号	总容积 V (m³)	罐体直径 ϕ (mm)	设计压力（MPa）管程 P_t	壳程 P_s	总长 L (mm)	自重 g (kg)	传热管束 最大管长 L_0 (mm)	传热面积 F (m²)
0.6 1.5S（0.4/1.0）1.6	1.5	900	0.4	0.6	2895	769	2200	A 型 5.23
				1.0	2901	893		
				1.6	2957	1056		B 型 3.86
0.6 3S（0.4/1.0）1.6	3.0	1200	0.4	0.6	3184	1324	2530	A 型 7.5
				1.0	3236	1564		
				1.6	3270	1779		B 型 4.5
0.6 5S（0.4/1.0）1.6	5.0	1400	0.4	0.6	3984	1919	3300	A 型 13.26
				1.0	4036	2499		B 型 9.83
				1.6	4072	2632		C 型 5.9
0.6 8S（0.4/1.0）1.6	8.0	1800	0.4	0.6	4058	2960	3300	A 型 19.2
				1.0	4107	3773		B 型 14.3
				1.6	4151	4085		C 型 10.8
0.6 1.5H（1.6/1.0）1.6	1.5	900	1.6	0.6	2921	794	2200	A 型 6.2
				1.0	2927	910		
				1.6	2957	1040		B 型 4.0
0.6 3H（1.6/1.0）1.6	3.0	1200	1.6	0.6	3230	1461	2530	A 型 15.2
				1.0	3266	1671		
				1.6	3270	1847		B 型 12.4
0.6 5H（1.6/1.0）1.6	5.0	1400	1.6	0.6	4030	2020	3300	A 型 20.1
				1.0	4066	2519		
				1.6	4072	2674		B 型 16.4
0.6 8H（1.6/1.0）1.6	8.0	1800	1.6	0.6	4122	3098	3400	A 型 27.7
				1.0	4145	3857		
				1.6	4151	4098		B 型 22.3

RV（BRV）-04 导流型容积式水加热器选用表　　表 16.4-3

型号	总容积 V (m³)	贮水容积 Ve (m³)	设计压力 (MPa) 管程 Pt	壳程 Ps	总长 H (mm)	自重 g (kg)	传热管束 最大管长 L0 (mm)	传热面积 F (m²)
−1.5 (0.4/1.6, 0.6/1.0/1.6)	1.5	1.44	0.4	0.6	1848	854		A10.7
				1.0	1856	1068		
				1.6	1890	1287		
			1.6	0.6	1848	912		
				1.0	1856	1108		
				1.6	1890	1351		
−2.0 (0.4/1.6, 0.6/1.0/1.6)	2.0	1.94	0.4	0.6	2248	949		B8.9
				1.0	2256	1187		
				1.6	2290	1455		
			1.6	0.6	2248	1007		
				1.0	2256	1227	1320	
				1.6	2290	1528		
−2.5 (0.4/1.6, 0.6/1.0/1.6)	2.5	2.44	0.4	0.6	2698	854		C7.2
				1.0	2706	1068		
				1.6	2704	1287		
			1.6	0.6	2698	912		
				1.0	2706	1108		
				1.6	2740	1351		
−3.0 (0.4/1.6, 0.6/1.0/1.6)	3.0	2.94	0.4	0.6	3148	1163		D5.9
				1.0	3156	1456		
				1.6	3190	1832		
			1.6	0.6	3148	1221		
				1.0	3156	1496		
				1.6	3190	1923		
−3.5 (0.4/1.6, 0.6/1.0/1.6)	3.5	3.43	0.4	0.6	2365	1432		A13.1
				1.0	2403	1783		
				1.6	2407	2207		
			1.6	0.6	2365	1505		
				1.0	2403	1830		
				1.6	2407	2317		
−4.0 (0.4/1.6, 0.6/1.0/1.6)	4.0	3.93	0.4	0.6	2615	1534		B10.9
				1.0	2653	1902		
				1.6	2657	2387		
			1.6	0.6	2615	1604	1720	
				1.0	2653	1949		
				1.6	2657	2506		
−4.5 (0.4/1.6, 0.6/1.0/1.6)	4.5	4.43	0.4	0.6	2815	1633		C8.8
				1.0	2853	1997		
				1.6	2857	2530		
			1.6	0.6	2815	1704		
				1.0	2853	2044		
				1.6	2857	2658		

续表

参数 型号	总容积 V (m³)	贮水容积 V_e (m³)	设计压力 (MPa) 管程 P_t	设计压力 (MPa) 壳程 P_s	总长 H (mm)	自重 g (kg)	传热管束 最大管长 L_0 (mm)	传热管束 传热面积 F (m²)
$-5.0\ ({0.4 \atop 1.6}/{0.6\ 1.0 \atop 1.6})$	5.0	4.93		0.6	3215	1772	1720	D7.3
			0.4	1.0	3253	2188		
				1.6	3257	2817		
				0.6	3215	1842		
			1.6	1.0	3253	2235		
				1.6	3257	2958		
$-5.5\ ({0.4 \atop 1.6}/{0.6\ 1.0 \atop 1.6})$	5.5	5.40		0.6	2893	2037		A19.7
			0.4	1.0	2931	2650		
				1.6	2939	3321		
				0.6	2893	2102		
			1.6	1.0	2931	2708		
				1.6	2939	3487		
$-6.0\ ({0.4 \atop 1.6}/{0.6\ 1.0 \atop 1.6})$	6.0	5.90		0.6	3093	2127		B16.0
			0.4	1.0	3131	2775		
				1.6	3139	3489		
				0.6	3093	2192		
			1.6	1.0	3131	2833		
				1.6	3139	3664		
$-6.5\ ({0.4 \atop 1.6}/{0.6\ 1.0 \atop 1.6})$	6.5	6.40		0.6	3293	2214	1920	C11.8
			0.4	1.0	3331	2901		
				1.6	3339	3680		
				0.6	3293	2279		
			1.6	1.0	3331	2959		
				1.6	3339	3864		
$-7.0\ ({0.4 \atop 1.6}/{0.6\ 1.0 \atop 1.6})$	7.0	6.90		0.6	3443	2283		D9.2
			0.4	1.0	3481	2995		
				1.6	3489	3814		
				0.6	3443	2348		
			1.6	1.0	3481	3053		
				1.6	3489	4005		
$-7.5\ ({0.4 \atop 1.6}/{0.6\ 1.0 \atop 1.6})$	7.5	7.40		0.6	3643	2371		
			0.4	1.0	3689	3120		
				1.6	3691	3994		
				0.6	3643	2436		
			1.6	1.0	3689	3178		
				1.6	3691	4194		

续表

参数 / 型号	总容积 V (m³)	贮水容积 V_e (m³)	设计压力 (MPa) 管程 P_t	设计压力 (MPa) 壳程 P_s	总长 H (mm)	自重 g (kg)	传热管束 最大管长 L_0 (mm)	传热管束 传热面积 F (m²)
$-8.0\ \left(\dfrac{0.4}{1.6}\Big/\dfrac{0.6}{1.0}\ 1.6\right)$	8.0	7.90	0.4	0.6	3843	2461	1920	A19.7 B16.0 C11.8 D9.2
			0.4	1.0	3881	3245		
			0.4	1.6	3889	4147		
			1.6	0.6	3843	2526		
			1.6	1.0	3881	3303		
			1.6	1.6	3889	4383		
$-8.5\ \left(\dfrac{0.4}{1.6}\Big/\dfrac{0.6}{1.0}\ 1.6\right)$	8.5	8.39	0.4	0.6	3254	2592		A21.4
			0.4	1.0	3262	3480		
			0.4	1.6	3270	4413		
			1.6	0.6	3252	2683		
			1.6	1.0	3262	3549		
			1.6	1.6	3270	4844		
$-9.0\ \left(\dfrac{0.4}{1.6}\Big/\dfrac{0.6}{1.0}\ 1.6\right)$	9.0	8.89	0.4	0.6	3454	2691	2120	B17.4
			0.4	1.0	3462	3637		
			0.4	1.6	3470	4804		
			1.6	0.6	3454	2782		
			1.6	1.0	3462	3696		
			1.6	1.6	3470	5044		
$-9.5\ \left(\dfrac{0.4}{1.6}\Big/\dfrac{0.6}{1.0}\ 1.6\right)$	9.5	9.39	0.4	0.6	3654	2790		C12.8
			0.4	1.0	3662	3793		
			0.4	1.6	3670	5007		
			1.6	0.6	3654	2881		
			1.6	1.0	3662	3852		
			1.6	1.6	3670	5257		
$-10.0\ \left(\dfrac{0.4}{1.6}\Big/\dfrac{0.6}{1.0}\ 1.6\right)$	10.0	9.89	0.4	0.6	3854	2889		D9.9
			0.4	1.0	3862	3950		
			0.4	1.6	3870	5211		
			1.6	0.6	3854	2980		
			1.6	1.0	3862	4009		
			1.6	1.6	3870	5472		

注：表中每一种型号都可对应选用其栏内的 A、B、C、D 四种传热面积。如 $V=1.5\text{m}^3$ 者可选用 A（10.7m²）～ D（5.9m²）四种传热面积。

　　（5）RV（BRV）-03 导流型容积式水加热器外形尺寸见图 16.4-1，表 16.4-4；RV（BRV）-04 导流型容积式水加热器外形尺寸见图 16.4-2，表 16.4-5。

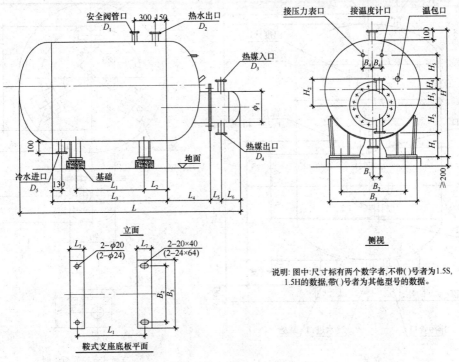

图 16.4-1　RV（BRV）-03 导流型容积式水加热器外形尺寸及安装图

说明：图中:尺寸标有两个数字者,不带( )号者为1.5S,1.5H的数据,带( )号者为其他型号的数据。

RV（BRV）-03 外形尺寸　　　　　表 16.4-4

型号	L₁	L₂	L₃	L₄ I	L₄ II	L₄ III	L₅ I	L₅ II	L₅ III	L₆	L₇	L I	L II	L III	B₁	B₂	B₃	B₄	H₁	H₂ I、II	H₂ III	H₃	H₄	H₅	H I、II	H III	φ	φ₁	D₁ I、II	D₁ III	D₂	D₃	D₄	D₅
1.5S 0.6 (0.4/1.0 1.6)	1140	380	1900	398	404	418	116	116	122	213	150	2895	2901	2957	100	590	810	150	510	305	345	150	230	150	1240	1240	900	400	32	32	50	50	50	50
1.5H 0.6 (1.6/1.0 1.6)	1140	380	1900	418	418	418	122	122	122	213	150	2921	2921	2957	100	590	810	150	510	305	305	150	230	150	1240	1240	900	400	32	32	50	50	50	50
3S 0.6 (1.6/1.0 1.6)	1200	400	2000	477	508	533	126	130	140	248	170	3184	3236	3270	123	720	880	250	600	340	340	210	200	150	1544	1544	1200	500	40	40	65	65	65	65
3H 0.6 (1.6/1.0 1.6)	1200	400	2000	509	528	533	140	140	140	248	170	3230	3266	3270	123	720	880	250	600	340	340	210	200	150	1544	1544	1200	500	40	40	65	65	65	65
5S 0.6 (1.6/1.0 1.6)	1700	500	2700	527	558	583	126	130	140	248	170	3984	4036	4072	123	840	1000	250	620	340	340	290	200	200	1744	1748	1400	500	50	50	65	65	65	65
5S 0.6 (1.6/1.0 1.6)	1700	500	2700	559	580	583	140	140	140	248	170	4030	4066	4072	123	840	1000	250	620	340	340	290	200	200	1744	1748	1400	500	50	50	65	65	65	65
8S 0.6 (1.6/1.0 1.6)	1500	500	2500	654	676	705	138	146	160	283	220	4058	4107	4151	150	1260	1420	250	710	376	376	400	250	250	2148	2152	1800	600	65	65	80	80	80	80
8H 0.6 (1.6/1.0 1.6)	1500	500	2500	696	700	705	160	160	160	283	220	4122	4145	4151	150	1260	1420	250	710	376	376	400	250	250	2148	2152	1800	600	65	65	80	80	80	80

　　注：表中，Ⅰ表示 Ps=0.6MPa；Ⅱ表示 Ps=1.0MPa；Ⅲ表示 Ps=1.6MPa。

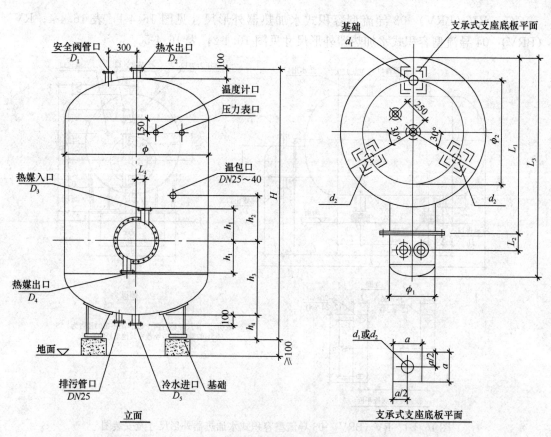

图 16.4-2　RV（BRV）-04 导流型容积式水加热器外形尺寸及安装图

RV（BRV）-04 外形尺寸　　　　　　　　　　表 16.4-5

型号	设计压力	ϕ	ϕ_1	ϕ_2	h_1	h_2	h_3	h_4	L_1 I	L_1 II	L_2 I	L_2 II	L_3 I	L_3 II	L_4	D_1	D_2	D_3	D_4	D_5	d_1	d_2	a
-1.5-3	0.4/1.6 0.6	1200	500	800	349	400	681	236	1309	1323	154	186	1711	1757	123	40	50	65	65	50	30	40	350
-3.5-5	0.4/1.6 0.6	1600	500	1100	349	500	783	249	1726	1740	154	186	2128	2174	123	50	65	65	65	65	30	40	350
-5.5-8	0.4/1.6 0.6	1800	600	1250	349	545	883	277	1951	1937	172	214	2368	2423	150	65	80	80	80	80	36	46	400
-8.5-10	0.4/1.6 0.6	2000	600	1350	349	600	950	254	2115	2137	172	214	2568	2632	150	65	80	80	80	80	36	46	400
-1.5-3	0.4/1.6 1.0	1200	500	800	349	400	700	236	1315	1325	166	186	1729	1759	123	40	50	65	65	50	30	40	350
-3.5-5	0.4/1.6 1.0	1600	500	1100	349	500	802	249	1730	1740	166	186	2144	2174	123	50	65	65	65	65	30	40	350
-5.5-8	0.4/1.6 1.0	1800	600	1250	349	545	902	277	1929	1943	190	214	2400	2438	150	65	80	80	80	80	36	46	400

续表

型号	设计压力	ϕ	ϕ_1	ϕ_2	h_1	h_2	h_3	h_4	L_1		L_2		L_3		L_4	D_1	D_2	D_3	D_4	D_5	d_1	d_2	a
									Ⅰ	Ⅱ	Ⅰ	Ⅱ	Ⅰ	Ⅱ									
-8.5-10	0.4/1.0 1.6	2000	600	1350	349	600	954	254	2133	2147	190	214	2602	2640	150	65	80	80	80	80	36	46	400
-1.5-3	0.4/1.6 1.6	1200	500	800	349	400	702	236	1331	1331	186	186	1763	1763	123	40	50	65	65	50	24	40	350
-3.5-5	0.4/1.6 1.6	1600	500	1100	349	500	804	249	1748	1748	186	186	2180	2180	123	50	65	65	65	65	30	40	350
-5.5-8	0.4/1.6 1.6	1800	600	1250	349	545	906	277	1949	1949	214	214	2444	2444	150	65	80	80	80	80	36	46	400
-8.5-10	0.4/1.6 1.6	2000	600	1350	349	600	958	254	2149	2155	214	214	2636	2636	150	65	80	80	80	80	36	46	400

注：1. 表中：Ⅰ表示 Pt＝0.4MPa；Ⅱ表示 Pt＝1.6MPa 的对应值。

　　2. 热媒为饱和蒸汽时，热媒出口管管径可比表中 D_4 小 2～3 号。

2. HRV（BHRV）半容积式水加热器

（1）执行标准

本系列水加热器按国家行业标准《导流型容积式水加热器和半容积式水加热器》CJ/T 163 制造。

（2）产品标记：

1）HRV（BHRV）-01 产品标记

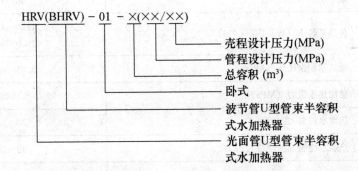

2）HRV（BHRV）-02 产品标记

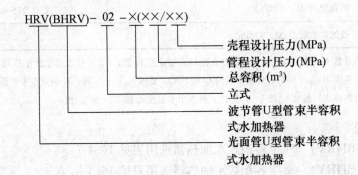

3）标记示例

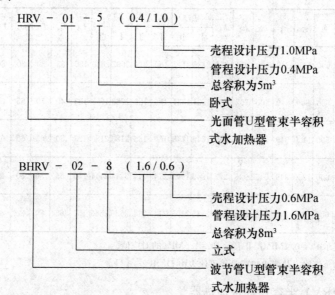

（3）产品的传热系数 k、管程壳程压力损失 Δh 等主要热性能参数均由国家质量技术监督局锅炉压力容器检测研究中测定。其值见表 16.4-6。

主要热工性能参数　　　　　　　　　表 16.4-6

汽-水换热	饱和蒸汽压力 P_t（MPa）	0.2～0.6
	凝结水出水温度 t_{mz}（℃）	40～70
	传热系数 K（W/（m²·℃））	1150～1500 （2900～3500）
	凝结水剩余压头（MPa）	0.05～0.20
	被加热水阻力（MPa）	≤0.005
水-水换热	热媒水初温 t_{mc}（℃）	70～95
	热媒水终温 t_{mz}（℃）	52～68
	传热系数 K（W/（m²·℃））	750～950 （1500～1860）
	热媒阻力 Δh_1（MPa）	0.04～0.06
	被加热水阻力 Δh_2（MPa）	≤0.005

注：1. 表中传热系数 K 带括号者，（　）内波节管 U 形管束的 K 值，（　）外表示光面管 U 形管束的 K 值。
　　2. 当汽水换热要求 t_{mz}≤40℃，水水换热的 t_{mc}≤70℃，要求 t_{mz}≤40℃时，K 值宜按表中低限值的 80% 选取。
　　3. 冷水（被加热水）温度 t_L 按 5～15℃ 计。热水出水温度 t_γ 按 55～60℃ 计。

（4）选用表

1）HRV（BHRV）-01 半容积式水加热器选用表见 16.4-7。

2）HRV（BHRV）-02 半容积式水加热器选用表见 16.4-8。

HRV（BHRV）-01 半容积式换热器选用表　表 16.4-7

参数 型号	总容积 V （m³）	贮水容积 V_e （m³）	设计压力（MPa） 管程 P_t	壳程 P_s	总长 L （mm）	自重 g （kg）	传热管束 最大管长 L_0 （mm）	传热面积 F （m²）
$-0.5\left(\begin{smallmatrix}0.4\\1.6\end{smallmatrix}\big/1.0\right)\begin{smallmatrix}0.6\\1.6\end{smallmatrix}$	0.5	0.48		0.6	1921	550	1500	A3.0
				1.0	1927	602		
				1.6	1931	692		B4.2
$-0.8\left(\begin{smallmatrix}0.4\\1.6\end{smallmatrix}\big/1.0\right)\begin{smallmatrix}0.6\\1.6\end{smallmatrix}$	0.8	0.77		0.6	2701	722	2280	A4.8
				1.0	2707	801		
				1.6	2711	922		B6.8
$-1.0\left(\begin{smallmatrix}0.4\\1.6\end{smallmatrix}\big/1.0\right)\begin{smallmatrix}0.6\\1.6\end{smallmatrix}$	1.0	0.96		0.6	2287	830	1810	A6.2
				1.0	2297	992		
				1.6	2301	1141		B8.0
$-1.2\left(\begin{smallmatrix}0.4\\1.6\end{smallmatrix}\big/1.0\right)\begin{smallmatrix}0.6\\1.6\end{smallmatrix}$	1.2	1.15		0.6	2597	901	2120	A7.3
				1.0	2607	1070		
				1.6	2611	1231		B9.5
$-1.5\left(\begin{smallmatrix}0.4\\1.6\end{smallmatrix}\big/1.0\right)\begin{smallmatrix}0.6\\1.6\end{smallmatrix}$	1.5	1.53	0.4 1.6	0.6	2124	1221	1570	A8.4
				1.0	2162	1338		
				1.6	2168	1539		B13.0
$-2.0\left(\begin{smallmatrix}0.4\\1.6\end{smallmatrix}\big/1.0\right)\begin{smallmatrix}0.6\\1.6\end{smallmatrix}$	2.0	1.91		0.6	2554	1425	2000	A10.8
				1.0	2592	1657		
				1.6	2598	1910		B16.7
$-2.5\left(\begin{smallmatrix}0.4\\1.6\end{smallmatrix}\big/1.0\right)\begin{smallmatrix}0.6\\1.6\end{smallmatrix}$	2.5	2.40		0.6	2974	1641	2400	A13.0
				1.0	3012	1899		
				1.6	3018	2185		B20.4
$-3.0\left(\begin{smallmatrix}0.4\\1.6\end{smallmatrix}\big/1.0\right)\begin{smallmatrix}0.6\\1.6\end{smallmatrix}$	3.0	2.90		0.6	2780	1639	2100	A11.4
				1.0	2816	2056		
				1.6	2822	2221		B17.7
$-3.5\left(\begin{smallmatrix}0.4\\1.6\end{smallmatrix}\big/1.0\right)\begin{smallmatrix}0.6\\1.6\end{smallmatrix}$	3.5	3.40		0.6	3080	1849	2400	A13.0
				1.0	3096	2249		
				1.6	3102	2430		B20.4
$-4.0\left(\begin{smallmatrix}0.4\\1.6\end{smallmatrix}\big/1.0\right)\begin{smallmatrix}0.6\\1.6\end{smallmatrix}$	4.0	3.88		0.6	3380	2005	2700	A14.7
				1.0	3396	2444		
				1.6	3404	2641		B23.1
$-4.5\left(\begin{smallmatrix}0.4\\1.6\end{smallmatrix}\big/1.0\right)\begin{smallmatrix}0.6\\1.6\end{smallmatrix}$	4.5	4.36		0.6	3177	2594	2500	A18.8
				1.0	3200	2960		
				1.6	3208	3198		B28.2
$-5.0\left(\begin{smallmatrix}0.4\\1.6\end{smallmatrix}\big/1.0\right)\begin{smallmatrix}0.6\\1.6\end{smallmatrix}$	5.0	4.84		0.6	3427	2764	2750	A20.7
				1.0	3450	3159		
				1.6	3458	3413		B31.0

HRV（BHRV）-02 半容积式水加热器选用　　　　表 16.4-8

型号 / 参数	总容积 V (m³)	储水容积 Ve (m³)	设计压力 (MPa) 管程 Pt	设计压力 (MPa) 壳程 Ps	总高 H (mm)	自重 g (kg)	最大管长 L0 (mm)	传热面积 F (m²)
−0.8 (0.4/1.6) (0.6/1.0/1.6)	0.8	0.77		0.6	1748	664		
				1.0	1752	751		
				1.6	1576	864		A3.6
−1.0 (0.4/1.6) (0.6/1.0/1.6)	1.0	0.97		0.6	2048	704		
				1.0	2052	805	1160	
				1.6	2056	926		
−1.2 (0.4/1.6) (0.6/1.0/1.6)	1.2	1.17		0.6	2348	744		B5.1
				1.0	2352	859		
				1.6	2356	988		
−1.5 (0.4/1.6) (0.6/1.0/1.6)	1.5	1.43		0.6	1876	1083		
				1.0	1914	1278		
				1.6	1922	1598		A8.0
−2.0 (0.4/1.6) (0.6/1.0/1.6)	2.0	1.93		0.6	2276	1127		
				1.0	2314	1397	1480	
				1.6	2322	1747		
−2.5 (0.4/1.6) (0.6/1.0/1.6)	2.5	2.43	0.4 1.6	0.6	2726	1234		B12.2
				1.0	2764	1531		
				1.6	2772	1914		
−3.0 (0.4/1.6) (0.6/1.0/1.6)	3.0	2.92		0.6	2081	1550		
				1.0	2119	1862		
				1.6	2127	2328		A3.6
−3.5 (0.4/1.6) (0.6/1.0/1.6)	3.5	3.42		0.6	2331	1649		
				1.0	2369	1971	1880	
				1.6	2377	2464		
−4.0 (0.4/1.6) (0.6/1.0/1.6)	4.0	3.92		0.6	2581	1748		B5.1
				1.0	2619	2091		
				1.6	2627	2614		
−4.5 (0.4/1.6) (0.6/1.0/1.6)	4.5	4.38		0.6	2412	2135		
				1.0	2452	2654		
				1.6	2460	3318		A14.9
−5.0 (0.4/1.6) (0.6/1.0/1.6)	5.0	4.88		0.6	2612	2225	2100	A23.0
				1.0	2652	2780		
				1.6	2660	3475		

（5）HRV（BHRV）-01 半容积式水加热器外形尺寸见图 16.4-3，表 16.4-9；HRV（BHRV）-02 半容积式水加热器外形尺寸见图 16.4-4，表 16.4-10。

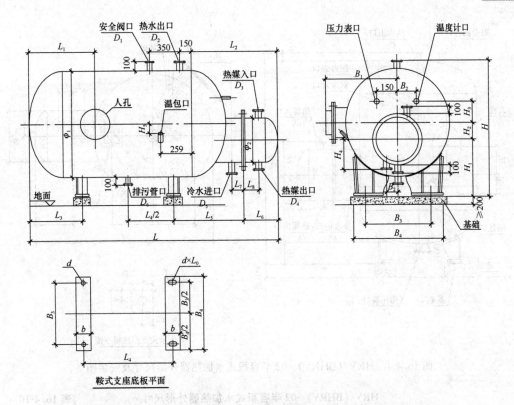

图 16.4-3　HRV（BHRV）-01半容积式水加热器外形尺寸及安装图

HRV（BHRV）-01半容积式水加热器外形尺寸（mm）　　　　表 16.4-9

参数 / 型号	φ1	φ2	H	H1	H2	H3	H4	H5	L1	L2	L3	L4	L5	L6	L7	L8	B1	B2	B3	B4	b	d	d×10	D1	D2	D3	D4	D5	D6
(0.4/0.6)(1.6)			1012	457						580	380		564																
−0.5(0.4/0.6)(1.6)	700	700	1016	457	113	130	250	−50	350	580	381	650 / 1430	572	312	120	130	520	75	460	610	150	20	20×45	32	50	40	40	50	25
−0.6(0.4/0.6)(1.6)			1028	459						586	382		582																
−1.0(0.4/0.6)(1.6)			1212	516						700	467		660																
−1.2(0.4/0.6)(1.6)	900	400	1216	516	140	250	305	0	460	720	478	780 / 1090	670	345	130	150	750	123	590	810	150	20	20×45	40	50	50	50	50	32
(0.4/0.6)(1.6)			1220	518						724	497		682																
−1.5(0.4/0.6)(1.6)			1516	598						800	531	450	709																
−2.0(0.4/0.6)(1.6)	1200	500	1520	600	210	350	348	0	530	830	550	880	747	388	140	155	900	123	720	880	170	24	24×64	50	65	65	65	65	32
−2.5(0.4/0.6)(1.6)			1528	604						834	554	1300	761																
−3.0(0.4/0.6)(1.6)			1716	618						1000	733	700	913																
−3.5(0.4/0.6)(1.6)	1400	500	1724	622	290	400	348	50	750	1030	750	1000	948	388	140	175	1010	123	840	1000	170	24	24×64	65	80	80	80	80	32
−4.0(0.4/0.6)(1.6)			1732	626						1034	754	1300	962																
(0.4/0.6)(1.6)			1970	749						1060	733		897																
−4.5(0.4/0.6)(1.6)	1600	600	1974	742	320	540	394	150	880	1090	752	1020 / 1270	927	463	150	180	1120	150	960	1160	200	24	24×64	65	100	100	100	100	32
−5.0(0.4/0.6)(1.6)			1982	746						1094	756		941																

注：1. 表中 L_4 所示参数与型号栏中总容积一一对应。

2. 总长 L 见 "HRV（BHRV）-01半容积式水加热器选用表"。

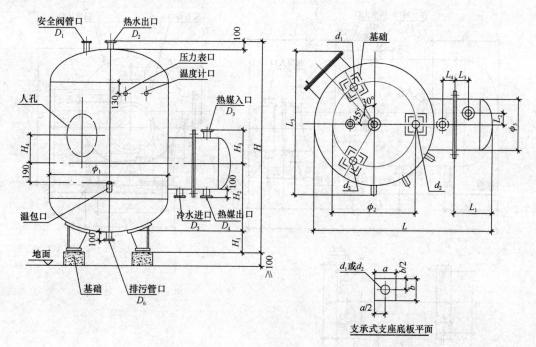

图 16.4-4　HRV（BHRV）-02 半容积式水加热器外形尺寸及安装图

HRV（BHRV）-02 半容积式水加热器外形尺寸　　　　表 16.4-10

型号\参数	ϕ_1	ϕ_2	ϕ_3	H_1	H_2	H_3	H_4	L	L_1	L_2	L_3	L_4	L_5	a	b	d_1	d_2	D_1	D_2	D_3	D_4	D_5	D_6
$\binom{0.4}{1.6}/0.6)$					556			1567															
−0.8 $\binom{0.4}{1.6}/0.6)$	900	630	400	236	575	305	300	1571	345	100	160	125	1160	130	150	24	30	40	50	50	50	50	32
−1.2 $\binom{0.4}{1.6}/0.6)$					577			1575															
−1.5 $\binom{0.4}{1.6}/0.6)$					681			1940															
−2.0 $\binom{0.4}{1.6}/0.6)$	1200	840	500	264	700	348	200	1944	388	123	170	165	1417	170	170	24	30	50	65	65	65	65	32
−2.5 $\binom{0.4}{1.6}/0.6)$					702			1948															
−3.0 $\binom{0.4}{1.6}/0.6)$					783			2364															
−3.5 $\binom{0.4}{1.6}/0.6)$	1600	1200	500	265	802	348	200	2368	388	123	170	175	1759	210	170	30	40	65	80	80	80	80	32
−4.0 $\binom{0.4}{1.6}/0.6)$					806			2372															
$\binom{0.4}{1.6}/0.6)$					883			2647															
−4.5 $\binom{0.4}{1.6}/0.6)$	1800	1350	600	296	920	394	300	2652	463	150	180	200	1945	230	200	30	40	65	100	100	100	100	32
−5.0 $\binom{0.4}{1.6}/0.6)$					924			2656															

注：总高 H 见“HRV（BHRV）-02 半容积式水加热器选用装”。

3. DFRV 浮动盘管导流型容积式水加热器

（1）产品标记：

1）“汽-水型”产品标记

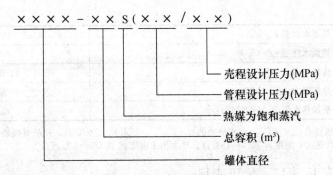

2)"水-水型"产品标记

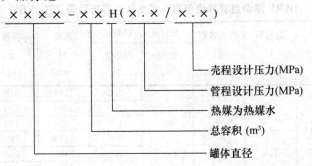

3)标记示例

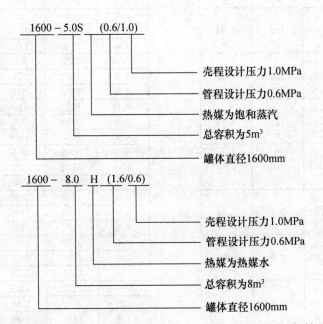

（2）产品的传热系数 k、管程壳程压力损失 Δh 等主要热性能参数均由国家质量技术监督局锅炉压力容器检测研究中测定。其值见表 16.4-11。

主要热工性能参数 表 **16.4-11**

汽-水换热	饱和蒸汽压力 P_c (MPa)	0.2～0.6
	凝结水出水温度 t_{mz}（℃）	45～65
	传热系数 K（W/（m²·℃））	2100～2560
	凝结水剩余压头 P_z（MPa）	≥0.05
	被加热水阻力 Δh_2（MPa）	≤0.01

续表

水-水换热	热媒水初温 t_{mc}（℃）	70～120
	热媒水终温 t_{mz}（℃）	50～81
	传热系数 K（W/（m²·℃））	1150～1450
	热媒阻力 Δh_1（MPa）	0.05～0.1
	被加热水阻力 Δh_2（MPa）	≤0.01

注：1. 当汽水换热要求 t_{mz}≤40℃，水水换热的 t_{mc}≤70℃，要求 t_{mz}≤40℃时，K 值宜按表中低限值的80%选取。
　　2. 冷水（被加热水）温度 t_L 按5～15℃计。热水出水温度 t_y 按55～60℃计。

（3）选用见表16.4-12、表16.4-13。

DFRV 浮动盘管导流型容积式水加热器选用表（汽-水型）　　表 16.4-12

参数 型号	总容积 V （m³）	贮水容积 V_e （m³）	设计压力（MPa） 管程 P_t	壳程 P_s	总高 H （mm）	自重 g （kg）	罐体直径 ϕ （mm）	传热面积 F （m²）
0.6 −900−0.8S（0.6/1.0） 1.6	0.8	0.74		0.6 1.0 1.6	1796 1800 1824	610 730 750		A 2.5 B 3.0
0.6 −900−1.0S（0.6/1.0） 1.6	1.0	0.94		0.6 1.0 1.6	2479 2483 2492	760 930 1160	900	A 2.5 B 3.0
0.6 −900−1.2S（0.6/1.0） 1.6	1.2	1.14		0.6 1.0 1.6	3099 3103 3112	900 1100 1370		A 3.0 B 3.5
0.6 −1000−1.0S（0.6/1.0） 1.6	1.0	0.93		0.6 1.0 1.6	1829 1833 1852	630 770 970		A 2.5 B 3.0
0.6 −1000−1.5S（0.6/1.0） 1.6	1.5	1.43	0.6	0.6 1.0 1.6	2479 2483 2492	730 900 1130	1000	A 3.0 B 4.0
0.6 −1000−2.0S（0.6/1.0） 1.6	2.0	1.93		0.6 1.0 1.6	3099 3103 3112	870 970 1340		A 3.5 B 4.5
0.6 −1200−1.5S（0.6/1.0） 1.6	1.5	1.43		0.6 1.0 1.6	1962 1966 1971	1020 1180 1450		A 3.0 B 4.0
0.6 −1200−2.0S（0.6/1.0） 1.6	2.0	1.93		0.6 1.0 1.6	2402 2406 2411	1170 1350 1650	1200	A 3.5 B 4.5
0.6 −1200−2.5S（0.6/1.0） 1.6	2.5	2.43		0.6 1.0 1.6	2852 2856 2861	1335 1560 1880		A 5.0 B 6.5
0.6 −1400−3.0S（0.6/1.0） 1.6	3.0	2.93		0.6 1.0 1.6	2586 2591 2599	1520 1920 2270		A 6.0 B 7.5
0.6 −1400−3.5S（0.6/1.0） 1.6	3.5	3.43		0.6 1.0 1.6	2906 2911 2919	1640 2100 2470	1400	A 7.0 B 8.5
0.6 −1400−4.0S（0.6/1.0） 1.6	4.0	3.93		0.6 1.0 1.6	3236 3241 3249	1820 2220 2480		A 8.0 B 9.5

型号 \ 参数	总容积 V (m³)	贮水容积 V_e (m³)	设计压力(MPa) 管程 P_t	设计压力(MPa) 壳程 P_s	总高 H (mm)	自重 g (kg)	罐体直径 ϕ (mm)	传热面积 F (m²)
−1600−3.5S (0.6/1.0) 0.6 1.6	3.5	3.43			0.6 → 2417 1.0 → 2426 1.6 → 2434	1940 2360 2750		A 7.0 B 8.5
−1600−4.0S (0.6/1.0) 0.6 1.6	4.0	3.93			0.6 → 2717 1.0 → 2726 1.6 → 2734	2110 2550 3040		A 8.0 B 9.5
−1600−4.5S (0.6/1.0) 0.6 1.6	4.5	4.42			0.6 → 3167 1.0 → 3176 1.6 → 3184	2190 2790 3180	1600	A 9.0 B 10.5
−1600−5.0S (0.6/1.0) 0.6 1.6	5.0	4.92			0.6 → 3417 1.0 → 3426 1.6 → 3434	2380 3040 3330		A 10.0 B 11.5
−1600−5.5S (0.6/1.0) 0.6 1.6	5.5	5.42		0.6	0.6 → 3517 1.0 → 3526 1.6 → 3534	2350 3130 3520		A 11.0 B 12.5
−1800−5.0S (0.6/1.0) 0.6 1.6	5.0	4.91			0.6 → 2661 1.0 → 2680 1.6 → 2692	2580 3030 3680		A 10.0 B 11.5
−1800−5.5S (0.6/1.0) 0.6 1.6	5.5	5.41			0.6 → 2861 1.0 → 2880 1.6 → 2892	2655 3210 3800		A 11.0 B 12.5
−1800−6.0S (0.6/1.0) 0.6 1.6	6.0	5.91			0.6 → 3061 1.0 → 3080 1.6 → 3092	2750 3138 3948	1800	A 12.0 B 14.0
−1800−6.5S (0.6/1.0) 0.6 1.6	6.5	6.41			0.6 → 3261 1.0 → 3280 1.6 → 3292	2840 3340 4090		A 13.0 B 15.0
−1800−7.0S (0.6/1.0) 0.6 1.6	7.0	6.91			0.6 → 3461 1.0 → 3480 1.6 → 3492	2930 3450 4230		A 14.0 B 16.0

DFRV 浮动盘管导流型容积式水加热器选用表（水-水型）　　表 16.4-13

型号 \ 参数	总容积 V (m³)	贮水容积 Ve (m³)	设计压力（MPa）管程 Pt	设计压力（MPa）壳程 Ps	总高 H (mm)	自重 g (kg)	罐体直径 φ (mm)	传热面积 F (m²)
−900−0.8H ($^{0.6}_{1.6}$/$^{0.6}_{1.0}$$_{1.6}$)	0.8	0.74		0.6	1796	630		A 2.5
				1.0	1800	750		
				1.6	1824	770		B 4.0
−900−1.0H ($^{0.6}_{1.6}$/$^{0.6}_{1.0}$$_{1.6}$)	1.0	0.94		0.6	2479	780	900	A 3.0
				1.0	2483	950		
				1.6	2492	1160		B 5.0
−900−1.2H ($^{0.6}_{1.6}$/$^{0.6}_{1.0}$$_{1.6}$)	1.2	1.14		0.6	3099	920		A 4.0
				1.0	3103	1120		
				1.6	3112	1390		B 6.0
−1000−1.0H ($^{0.6}_{1.6}$/$^{0.6}_{1.0}$$_{1.6}$)	1.0	0.93		0.6	1829	680		A 3.0
				1.0	1833	820		
				1.6	1852	1020		B 5.0
−1000−1.5H ($^{0.6}_{1.6}$/$^{0.6}_{1.0}$$_{1.6}$)	1.5	1.43		0.6	2479	780	1000	A 6.0
				1.0	2483	950		
				1.6	2492	1180		B 8.0
−1000−2.0H ($^{0.6}_{1.6}$/$^{0.6}_{1.0}$$_{1.6}$)	2.0	1.93		0.6	3099	920		A 8.0
			0.6	1.0	3103	1020		
			1.6	1.6	3112	1390		B 11.0
−1200−1.5H ($^{0.6}_{1.6}$/$^{0.6}_{1.0}$$_{1.6}$)	1.5	1.43		0.6	1962	1080		A 6.3
				1.0	1966	1240		
				1.6	1971	1510		B 7.9
−1200−2.0H ($^{0.6}_{1.6}$/$^{0.6}_{1.0}$$_{1.6}$)	2.0	1.93		0.6	2402	1230	1200	A 7.9
				1.0	2406	1412		
				1.6	2411	1710		B 11.1
−1200−2.5H ($^{0.6}_{1.6}$/$^{0.6}_{1.0}$$_{1.6}$)	2.5	2.43		0.6	2852	1395		A 9.5
				1.0	2856	1620		
				1.6	2861	1940		B 13.4
−1400−3.0H ($^{0.6}_{1.6}$/$^{0.6}_{1.0}$$_{1.6}$)	3.0	2.93		0.6	2586	1610		A 10.5
				1.0	2591	2010		B 14.4
				1.6	2599	2360		
−1400−3.5H ($^{0.6}_{1.6}$/$^{0.6}_{1.0}$$_{1.6}$)	3.5	3.43		0.6	2906	1730	1400	A 14.4
				1.0	2911	2190		
				1.6	2919	2560		B 18.3
−1400−4.0H ($^{0.6}_{1.6}$/$^{0.6}_{1.0}$$_{1.6}$)	4.0	3.93		0.6	3236	1912		A 18.3
				1.0	3241	2310		
				1.6	3249	2570		B 20.9

续表

参数 型号		总容积 V （m³）	贮水容积 V_e （m³）	设计压力（MPa）		总高 H （mm）	自重 g （kg）	罐体直径 ϕ （mm）	传热面积 F （m²）
				管程 P_t	壳程 P_s				
$-1600-3.5H$ $\left(\begin{smallmatrix}0.6\\1.6\end{smallmatrix}\begin{smallmatrix}0.6\\/1.0\\1.6\end{smallmatrix}\right)$		3.5	3.43			0.6	2417	2050		A 16.5
						1.0	2426	2470		
						1.6	2434	2860		B 19.5
$-1600-4.0H$ $\left(\begin{smallmatrix}0.6\\1.6\end{smallmatrix}\begin{smallmatrix}0.6\\/1.0\\1.6\end{smallmatrix}\right)$		4.0	3.93			0.6	2717	2220		A 18.1
						1.0	2726	2660		
						1.6	2734	3150		B 21.1
$-1600-4.5H$ $\left(\begin{smallmatrix}0.6\\1.6\end{smallmatrix}\begin{smallmatrix}0.6\\/1.0\\1.6\end{smallmatrix}\right)$		4.5	4.42			0.6	3167	2305	1600	A 19.5
						1.0	3176	2905		
						1.6	3184	3295		B 22.7
$-1600-5.0H$ $\left(\begin{smallmatrix}0.6\\1.6\end{smallmatrix}\begin{smallmatrix}0.6\\/1.0\\1.6\end{smallmatrix}\right)$		5.0	4.92			0.6	3417	2390		A 21.1
						1.0	3426	3150		
						1.6	3434	3440		B 24.2
$-1600-5.5H$ $\left(\begin{smallmatrix}0.6\\1.6\end{smallmatrix}\begin{smallmatrix}0.6\\/1.0\\1.6\end{smallmatrix}\right)$		5.5	5.42			0.6	3517	2560		A 22.7
				0.6 1.6		1.0	3526	3340		
						1.6	3534	3730		B 27.2
$-1800-5.0H$ $\left(\begin{smallmatrix}0.6\\1.6\end{smallmatrix}\begin{smallmatrix}0.6\\/1.0\\1.6\end{smallmatrix}\right)$		5.0	4.91			0.6	2661	2680		A 21.9
						1.0	2680	3130		
						1.6	2692	3780		B 25.3
$-1800-5.0H$ $\left(\begin{smallmatrix}0.6\\1.6\end{smallmatrix}\begin{smallmatrix}0.6\\/1.0\\1.6\end{smallmatrix}\right)$		5.5	5.41			0.6	2861	2775		A 25.3
						1.0	2880	3240		
						1.6	2892	3925		B 28.7
$-1800-6.0H$ $\left(\begin{smallmatrix}0.6\\1.6\end{smallmatrix}\begin{smallmatrix}0.6\\/1.0\\1.6\end{smallmatrix}\right)$		6.0	5.91			0.6	3061	2870	1800	A 27.0
						1.0	3080	3350		
						1.6	3092	4070		B 30.4
$-1800-6.5H$ $\left(\begin{smallmatrix}0.6\\1.6\end{smallmatrix}\begin{smallmatrix}0.6\\/1.0\\1.6\end{smallmatrix}\right)$		6.5	6.41			0.6	3261	2960		A 28.7
						1.0	3280	3460		
						1.6	3292	4215		B 33.8
$-1800-7.0H$ $\left(\begin{smallmatrix}0.6\\1.6\end{smallmatrix}\begin{smallmatrix}0.6\\/1.0\\1.6\end{smallmatrix}\right)$		7.0	6.91			0.6	3461	3050		A 30.4
						1.0	3480	3570		
						1.6	3492	4360		B 35.5

（4）外形尺寸见图 16.4-5，表 16.4-14。

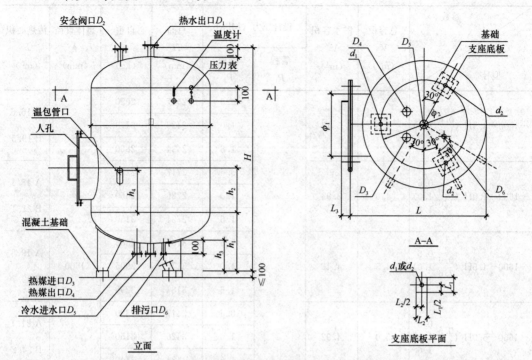

图 16.4-5 DFRV 浮动盘管导流型容积式水加热器外形尺寸及安装图

DFRV 浮动盘管导流型容积式水加热器外形尺寸（mm）　　　　　表 16.4-14

工况 型号 参数	汽-水型						水-水型					
	−900 −0.8(S) −1.2(S)	−1000 −1.0(S) −2.0(S)	−1200 −1.5(S) −2.5(S)	−1400 −3.0(S) −4.0(S)	−1600 −3.5(S) −5.5(S)	−1800 −5.0(S) −7.0(S)	−900 −0.8(H) −1.2(H)	−1000 −1.0(H) −2.0(H)	−1200 −1.5(H) −2.5(H)	−1400 −3.0(H) −4.0(H)	−1600 −3.5(H) −5.5(H)	−1800 −5.0(H) −7.0(H)
ϕ	900	1000	1200	1400	1600	1800	900	1000	1200	1400	1600	1800
ϕ_1	500	500	500	500	500	600	500	500	600	600	700	700
ϕ_2	630	700	840	1050	1200	1350	630	700	840	1050	1200	1350
h_1	510	535	637	691	756	808	510	535	637	691	756	808
h_2	320	320	420	470	520	520	320	320	420	470	520	520
h_3	250	250	300	300	300	300	250	250	300	300	300	300
h_4	300	300	300	250	250	250	300	300	300	250	250	250
L	1015	1115	1315	1515	1715	1920	1015	1115	1315	1515	1715	1920
L_1	130	130	170	170	210	210	130	130	170	170	210	210
L_2	90	90	120	130	160	160	90	90	120	130	160	160
L_3	120	125	125	125	130	130	120	125	125	125	130	130
D_1	50	50	65	65	100	100	50	50	65	65	100	100
D_2	32	32	40	40	65	65	32	32	40	40	65	65
D_3	50	65	65	65	80	100	50	50	65	80	100	125
D_4	32	40	40	40	50	65	50	50	65	80	100	125
D_5	50	50	65	65	100	100	50	50	65	65	100	100
D_6	32	32	32	40	40	40	32	32	32	40	40	40
d_1	24	24	24	24	30	30	24	24	24	24	30	30
d_2	30	30	30	30	40	40	30	30	30	30	40	40

注：罐体总高 H 详见 DFHV 浮动盘管导流型容积式水加热器选用表（汽-水型）和 DFHV 浮动盘管导流型容积式
　　水加热器选用表（水-水型）。

4. SW、WW 半即热式水加热器

（1）规范标准

本系列水加热器按照国家行业标准《半即热式水加热器》CJ/T 3074—2014 制造。

（2）产品标记

1）标记

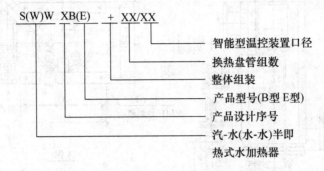

2）标记示例：

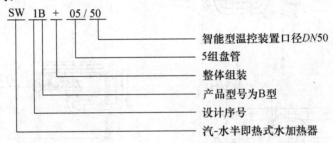

（3）产品性能特点

1）积分预测功能，提前感知水温变化，控制阀门提前动作，保证出水温度变化范围 ±2℃；

2）智能温控：双重超温保护，实现超温超压双控制。全程开关时间 5～7s，零泄漏，有阀门开关显示，有远程控制接口。

（4）产品的传热系数 K、管程、壳程压力损失等主要热工性能参数经原机械工业部锅炉产品质量监督测试中心华北地区热工测试站测定。其值见表 16.4-15。

主要性能参数　　　　　　　　　　　　　　　　表 16.4-15

项　　目		参　　数
汽-水换热	饱和蒸汽压力 P_t（MPa）	0.15～0.7
	凝结水出水温度 t_{mz}（℃）	≤60℃
	凝结水剩余水头（MPa）	≈0
	被加热水阻力 Δh_2（MPa）	≤0.02
	传热系数 K（W/（m²·℃））	1900～3530
水-水换热	热媒水初温 t_{mc}（℃）	70～110
	热媒水终温 t_{mz}（℃）	50～80
	热媒水阻力 Δh_1（MPa）	≤0.04
	被加热水阻力 Δh_2（MPa）	≤0.02
	传热系数 K（W/（m²·℃））	1500～2500

注：冷水（被加热水）温度按 10～15℃计；

热水出水温度按 55～60℃计。

（5）外形尺寸见图 16.4-6～图 16.4-9；表 16.4-16～表 16.4-19。

（6）换热面积见表 16.4-16～表 16.4-19。

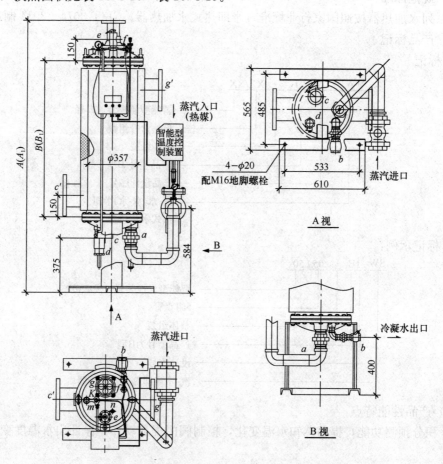

图 16.4-6 SW1B 半即热式水加热器外形尺寸图

SW1B 半即热式水加热器选用参数与外形尺寸　　　　　　　表 16.4-16

型号	质量(kg)	换热面积(m²)	A	A_1	B	B_1	容积(m³)
SW1B+03	209	1.39	1263	1513	1183	1433	0.05(0.075)
SW1B+05	250	2.32	1493	1743	1413	1663	0.07(0.095)
SW1B+07	277	3.25	1723	1973	1643	1893	0.09(0.115)
SW1B+09	309	4.18	1953	2203	1873	2123	0.11(0.135)
SW1B+11	336	5.11	2183	2433	2103	2353	0.13(0.155)
SW1B+13	368	6.04	2413	2663	2333	2583	0.15(0.175)
SW1B+15	395	6.97	2643	2893	2563	2813	0.18(0.205)

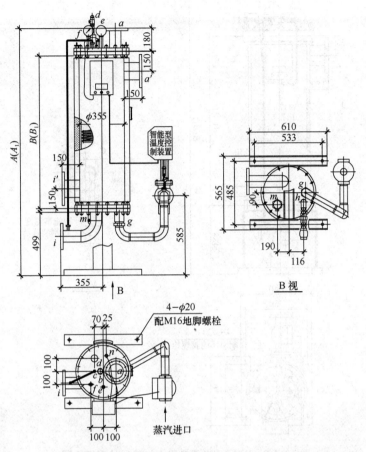

图 16.4-7　SW2B 半即热式水加热器外形尺寸图

SW2B 半即热式水加热器选用参数与外形尺寸　　　　表 16.4-17

型号	质量(kg)	换热面积(m²)	A	A₁	B	B₁	容积(m³)
SW2B+03	265(285)	1.41	1213	1463	500	750	0.041(0.064)
SW2B+05	285(305)	2.35	1443	1693	730	980	0.058(0.081)
SW2B+07	305(325)	3.29	1673	1923	960	1210	0.076(0.099)
SW2B+09	325(345)	4.23	1903	2153	1190	1440	0.094(0.117)
SW2B+11	345(365)	5.17	2133	2383	1420	1670	0.111(0.134)
SW2B+13	365(385)	6.11	2363	2613	1650	1900	0.129(0.152)
SW2B+15	385(405)	7.05	2593	2843	1880	2130	0.147(0.170)

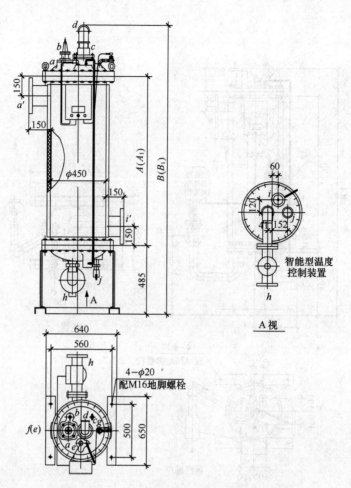

图 16.4-8　WW3E 半即热式水加热器外形尺寸图

WW3E 半即热式水加热器选用参数与外形尺寸　　　　表 16.4-18

型号	质量(kg)	换热面积(m²)	A	A₁	B	B₁	容积(m³)
WW3E+03	357(450)	2.85	745	1095	1656	2006	0.13(0.18)
WW3E+05	416(508)	4.75	975	1325	1886	2236	0.17(0.23)
WW3E+07	475(566)	6.65	1205	1555	2116	2466	0.21(0.27)
WW3E+09	534(624)	8.55	1435	1785	2346	2696	0.24(0.30)
WW3E+11	593(682)	10.45	1665	2015	2576	2926	0.28(0.34)
WW3E+13	652(740)	12.35	1895	2245	2806	3156	0.32(0.38)
WW3E+15	711(798)	14.25	2125	2475	3036	3386	0.35(0.40)
WW3E+16	740(827)	15.20	2240	2590	3151	3501	0.37(0.43)
WW3E+18	799(885)	17.10	2470	2820	3381	3731	0.40(0.46)
WW3E+20	858(943)	19.00	2700	3050	3611	3961	0.43(0.49)

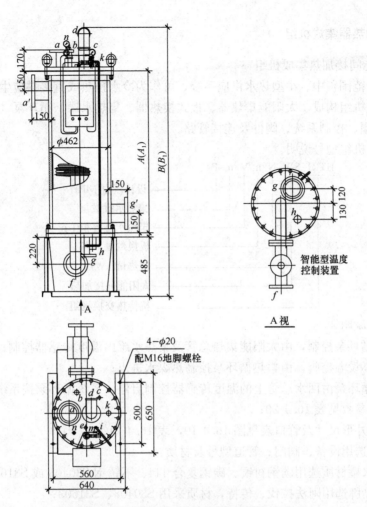

图 16.4-9 WW4E 半即热式水加热器外形尺寸

WW4E 半即热式水加热器选用参数与外形尺寸   表 16.4-19

型号	盘管数量	质量(kg)	A	A₁	B	B₁	容积(m³)
WW4E+03	3	473(501)	860	1210	1675	2025	0.14(0.19)
WW4E+05	5	518(545)	1090	1440	1905	2255	0.18(0.23)
WW4E+07	7	563(592)	1320	1670	2135	2485	0.22(0.28)
WW4E+09	9	609(637)	1550	1900	2365	2715	0.26(0.32)
WW4E+11	11	654(683)	1780	2130	2595	2945	0.29(0.36)
WW4E+13	13	699(725)	2010	2360	2825	3175	0.32(0.40)
WW4E+15	15	745(773)	2240	2590	3055	3405	0.36(0.42)
WW4E+16	16	768(797)	2355	2705	3170	3520	0.38(0.44)
WW4E+18	18	790(818)	2585	2935	3400	3750	0.41(0.48)
WW4E+20	20	860(886)	2815	3165	3630	3980	0.45(0.52)

16.4.2　水加热器集成机组

1. 太阳能间接加热集成机组

（1）适用范围：中、小型热水供应系统，可作为冷水预热或直接供应生活热水；

（2）集成机组构成。太阳能集热器、板式换热器、集热水罐、循环泵（集热、加热和系统）、膨胀罐、控制系统、阀件及连接管路。

（3）集成机组型号说明

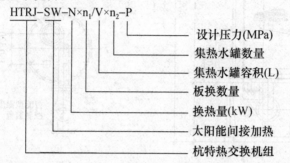

$$HTRJ\text{-}SW\text{-}N×n_1/V×n_2\text{-}P$$

设计压力(MPa)
集热水罐数量
集热水罐容积(L)
板换数量
换热量(kW)
太阳能间接加热
杭特热交换机组

（4）控制说明

1）集热循环泵控制，由太阳能集热总管及集热水罐内温度传感器控制；

2）板换不设温控阀，由集热循环泵控制热媒水进出；

3）系统循环泵由回水总管上的温度传感器控制启停，系统循环泵按系统要求配置。

（5）选型参数见表16.4-20；

（6）机组外形尺寸及管口表见图16.4-10，表16.4-21；

（7）机组选用设备、阀门、管道型号及材质：

1）集热水罐材质选用碳钢衬铜、碳钢复合444、不锈钢S30408或S31603；

2）板换品牌选用阿法拉伐、传特，材质采用S30408、S31603；

3）循环泵品牌选用格兰富、南方泵业，材质采用不锈钢或碳钢；

4）膨胀罐材质采用外碳钢内隔膜；

5）阀门品牌选用斯派莎克、阿姆斯壮、上海精工、埃美柯；

6）连接管材质采用薄壁不锈钢S30408、S31603；

7）控制元件品牌选用施耐德、ABB、西门子、正泰。

太阳能间接加热集成机组参数（板换及集热水罐各1台）　　　表16.4-20

型号	日集热量 (kW)	集热水罐容积 (L)	板换面积 (m²)	太阳能集热面积 (m²)	膨胀罐	集热循环泵			加热循环泵			机组净重 （kg）		
						(m³/h)	(m)	(kW)	(m³/h)	(m)	(kW)	0.6MPa	1.0MPa	1.6MPa
HTRJ-SW-25×1/500×1	16~28	500	0.91	9~16	XNP-400	1.2	10	0.37	1.5	10	0.37	1360	1430	1480
HTRJ-SW-50×1/1000×1	32~56	1000	1.80	18~32	XNP-600	2.3	10	0.37	3.0	10	0.37	1550	1600	1700
HTRJ-SW-75×1/1500×1	48~84	1500	2.73	27~48	XNP-800	3.5	10	0.55	4.5	10	0.55	1790	1850	1985
HTRJ-SW-100×1/2000×1	64~112	2000	3.60	32~64	XNP-800	4.6	10	0.55	6.0	10	0.55	2095	2150	2395

续表

型号	日集热量 (kW)	集热水罐容积 (L)	板换面积 (m²)	太阳能集热面积 (m²)	膨胀罐	集热循环泵			加热循环泵			机组净重 （kg）		
						(m³/h)	(m)	(kW)	(m³/h)	(m)	(kW)	0.6MPa	1.0MPa	1.6MPa
HTRJ-SW-125×1/2500×1	80～140	2500	4.53	45～80	XNP-800	5.8	10	0.55	7.5	10	0.55	2360	2440	2560
HTRJ-SW-150×1/3000×1	96～168	3000	5.46	54～96	NP-800	6.9	10	0.55	9.0	10	0.75	2495	2580	2750
HTRJ-SW-175×1/3500×1	112～196	3500	6.39	63～112	NP-800	8.1	10	0.55	10.5	10	0.75	2965	2915	3055
HTRJ-SW-200×1/4000×1	128～224	4000	7.20	72～128	NP-1000	9.2	10	0.75	12	10	0.75	2950	3160	3410
HTRJ-SW-225×1/4500×1	144～252	4500	8.19	81～144	NP-1000	10.5	10	0.75	13.5	10	1.1	3225	3290	3555
HTRJ-SW-250×1/5000×1	160～280	5000	9.06	90～160	NP-1200	11.5	10	0.75	15	10	1.1	3355	3560	3730

注：1. 集热水罐容积按 30～50L/m² 太阳能集热器面积计算。

　　2. 集热、加热循环泵流量均按每 1m² 集热器面积的 0.02L/(m²·s) 计算。

　　3. 计算板式换热器循环加热的平均温度差按 10℃ 计算。

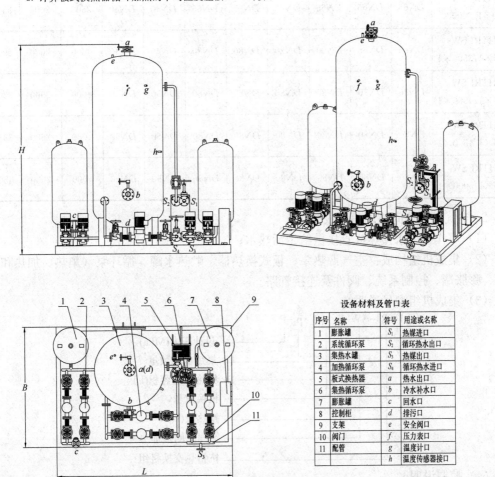

序号	名称	符号	用途或名称
1	膨胀罐	S_1	热媒进口
2	系统循环泵	S_2	循环热水出口
3	集热水罐	S_3	热媒出口
4	加热循环泵	S_4	循环热水进口
5	板式换热器	a	热水出口
6	集热循环泵	b	冷水补水口
7	膨胀罐	c	回水口
8	控制柜	d	排污口
9	支架	e	安全阀口
10	阀门	f	压力表口
11	配管	g	温度计口
		h	温度传感器接口

设备材料及管口表

图 16.4-10　太阳能集热机组外形

太阳能间接加热集成机组外形尺寸及管口（板换及集热水罐各 1 台）　　表 16.4-21

型号	热媒进口	热媒出口	循环热水出口	循环热水进口	热水出口	冷水补水口	回水口	排污口	外形尺寸（mm）		
	S_1	S_3	S_2	S_4	a	b	c	d	长 L	宽 B	高 H
HTRJ-SW-25×1/500×1	DN40	DN40	DN40	DN40	DN40	DN40	DN32	DN32	2400	1700	2000
HTRJ-SW-50×1/1000×1	DN40	DN40	DN40	DN40	DN40	DN40	DN32	DN32	3300	1800	2500
HTRJ-SW-75×1/1500×1	DN50	DN50	DN50	DN50	DN50	DN50	DN32	DN32	3500	2000	2600
HTRJ-SW-100×1/2000×1	DN50	DN50	DN50	DN50	DN50	DN50	DN32	DN32	3500	2000	2900
HTRJ-SW-125×1/2500×1	DN50	DN50	DN50	DN50	DN50	DN50	DN32	DN32	3500	2000	3200
HTRJ-SW-150×1/3000×1	DN65	DN65	DN65	DN65	DN65	DN65	DN40	DN40	3500	2000	3500
HTRJ-SW-175×1/3500×1	DN65	DN65	DN80	DN80	DN80	DN80	DN40	DN40	4000	2600	2900
HTRJ-SW-200×1/4000×1	DN80	DN80	DN80	DN80	DN80	DN80	DN50	DN50	4000	2600	3200
HTRJ-SW-225×1/4500×1	DN80	DN80	DN80	DN80	DN80	DN80	DN50	DN50	4000	2600	3350
HTRJ-SW-250×1/5000×1	DN80	DN80	DN80	DN80	DN80	DN80	DN50	DN50	4000	2600	3500

2. 空气源热泵间接加热集成机组

（1）可作为冷水预热或直接供给生活热水；

（2）集成机组构成：空气源热泵、板式换热器、贮热水罐、循环泵（集热、加热和系统）、膨胀罐、控制系统、阀件及连接管路。

（3）集成机组型号说明

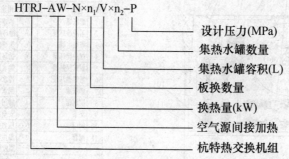

HTRJ–AW–N×n₁/V×n₂–P

设计压力(MPa)
集热水罐数量
集热水罐容积(L)
板换数量
换热量(kW)
空气源间接加热
杭特热交换机组

（4）控制说明

1）集热循环泵控制，由空气源热泵热水管及贮热水罐内温度传感器控制；

2）板换不设温控阀，由集热循环泵控制热媒水进出；

3）系统循环泵由回水总管上的温度传感器控制启停，系统循环泵按系统要求配置。

（5）选型参数见表16.4-22；

（6）机组外形尺寸及连接管口表见图16.4-11，表16.4-23；

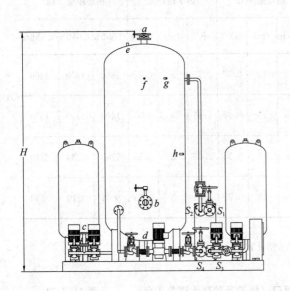
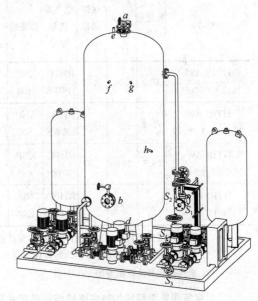

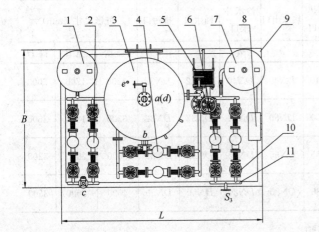

设备材料及管口表			
序号	名称	符号	用途或名称
1	膨胀罐	S_1	热媒进口
2	系统循环泵	S_2	循环热水出口
3	贮热水罐	S_3	热媒出口
4	加热循环泵	S_4	循环热水进口
5	板式换热器	a	热水出口
6	热媒循环泵	b	冷水补水口
7	膨胀罐	c	回水口
8	控制柜	d	排污口
9	支架	e	安全阀口
10	阀门	f	压力表口
11	配管	g	温度计口
		h	温度传感器接口

图16.4-11 空气源热泵换热机组外形

（7）机组选用设备、阀门、管道型号及材质：

1）贮热水罐材质选用碳钢衬铜、碳钢复合444、不锈钢S30408或S31603；

2）板换品牌选用阿法拉伐、传特，材质采用S30408、S31603；

3）空气源热泵品牌选用美国瑞美标准型热水机组；

4）循环泵品牌选用格兰富、南方泵业，材质采用不锈钢或碳钢；

5）膨胀罐材质采用外碳钢内隔膜；

6）阀门品牌选用斯派莎克、阿姆斯壮、上海精工、埃美柯；

7）连接管材质采用薄壁不锈钢 S30408、S31603；

8）控制元件品牌选用施耐德、ABB、西门子、正泰。

空气源热泵间接加热机组参数表（板换及贮热水罐各 1 台）　　　　表 16.4-22

型号	换热量（kW）	贮热水罐容积（L）	板换面积（m²）	空气源热泵型号	膨胀罐	热媒循环泵			热水循环泵			机组净重（kg）		
						(m³/h)	(m)	(kW)	(m³/h)	(m)	(kW)	0.6MPa	1.0MPa	1.6MPa
HTRJ-AW-19.3×1/500×1	19.3	500	0.71	RHPC-19WS	XNP-400	1.2	15	0.37	0.73	8	0.37	1300	1350	1400
HTRJ-AW-38.5×1/1000×1	38.5	1000	1.41	RHPC-38WS	XNP-600	2.3	15	0.37	1.45	8	0.37	1400	1450	1550
HTRJ-AW-78.5×1/2500×1	78.5	2500	2.87	RHPC-78WS	XNP-800	5.8	15	0.55	2.96	8	0.55	2160	2230	2310
HTRJ-AW-154×1/5000×1	154	5000	5.64	RHPC-154WS	NP-1200	11.5	15	0.75	5.80	8	0.55	3005	3210	3380

注：1. 贮热水罐容积只按约 1h 设计小时耗热量计算。

2. 集热、加热循环泵流量按平均时耗热量的 2～2.5 倍计算。

3. 板式换热器计算温差按 10℃ 计算。

空气源热泵间接加热集成机组外形尺寸及管口（板换及贮热水罐各 1 台）　　　表 16.4-23

型号	热媒进口	热媒出口	循环热水出口	循环热水进口	热水出口	冷水补水口	回水口	排污口	外形尺寸（mm）		
	S_1	S_3	S_2	S_4	a	b	c	d	长 L	宽 B	高 H
HTRJ-AW-19.3×1/500×1	DN32	DN32	DN40	DN40	DN40	DN40	DN32	DN32	3200	1700	2000
HTRJ-AW-38.5×1/1000×1	DN40	DN40	DN50	DN50	DN50	DN50	DN32	DN32	3300	1800	2500
HTRJ-AW-78.5×1/2500×1	DN50	DN50	DN65	DN65	DN65	DN65	DN32	DN32	3500	2000	3200
HTRJ-AW-154×1/5000×1	DN80	DN80	DN80	DN80	DN80	DN80	DN50	DN50	4000	2600	3500

3. 热媒水为≤95℃间接加热集成机组

（1）适用范围：直接换热或辅热供应生活热水。

（2）集成机组构成：板式换热器、贮热水罐、循环泵（热媒、加热和系统）、膨胀罐、控制系统、阀件及连接管路。

（3）一、二次侧温度

一次侧热媒温度：$T_1 = 85℃$，$T_2 = 60℃$；

二次侧热水温度：$t_1 = 13℃$，$t_2 = 55℃$。

（4）集成机组型号说明：

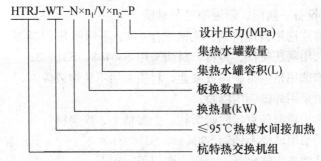

$HTRJ-WT-N\times n_1/V\times n_2-P$

— 设计压力(MPa)
— 集热水罐数量
— 集热水罐容积(L)
— 板换数量
— 换热量(kW)
— ≤95℃热媒水间接加热
— 杭特热交换机组

(5) 控制说明

1) 板换不设温控阀，由热媒循环泵的启停控制，贮热水罐内设温度传感器控制热媒循环泵运行；

2) 系统循环泵由回水总管上的温度传感器控制启停，系统循环泵按系统要求配置。

(6) 选型参数见表16.4-24。

(7) 机组外形尺寸及连接管口见图16.4-12，表16.4-25。

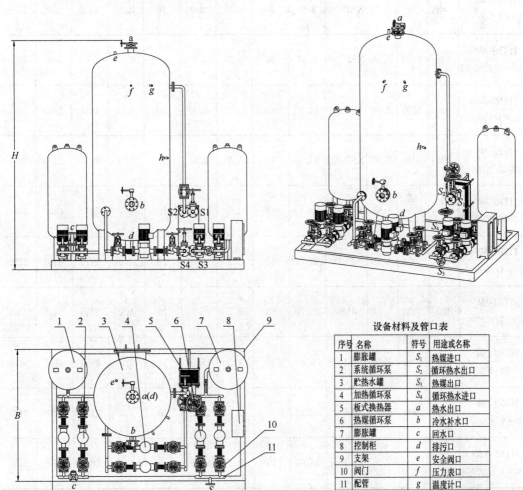

设备材料及管口表

序号	名称	符号	用途或名称
1	膨胀罐	S_1	热媒进口
2	系统循环泵	S_2	循环热水出口
3	贮热水罐	S_3	热媒出口
4	加热循环泵	S_4	循环热水进口
5	板式换热器	a	热水出口
6	热媒循环泵	b	冷水补水口
7	膨胀罐	c	回水口
8	控制柜	d	排污口
9	支架	e	安全阀口
10	阀门	f	压力表口
11	配管	g	温度计口
		h	温度传感器接口

图16.4-12 换热机组外形

（8）机组选用设备、阀门、管道型号及材质

1）集热水罐材质选用碳钢衬铜、碳钢复合 444、不锈钢 S30408 或 S31603；

2）板换品牌选用阿法拉伐、传特，材质采用 S30408、S31603；

3）循环泵品牌选用格兰富、南方泵业，材质采用不锈钢或碳钢；

4）膨胀罐材质采用外碳钢内隔膜；

5）阀门品牌选用斯派莎克、阿姆斯壮、上海精工、埃美柯；

6）连接管材质采用薄壁不锈钢 S30408、S31603；

7）控制元件品牌选用施耐德、ABB、西门子、正泰。

热媒为≤95℃间接加热集成机组参数（板换及贮热水罐各 1 台）　　　表 16.4-24

型号	换热量（kW）	贮罐容积（L）	板换面积（m²）	膨胀罐	热媒循环泵			热水循环泵			机组净重（kg）		
					(m³/h)	(m)	(kW)	(m³/h)	(m)	(kW)	0.6MPa	1.0MPa	1.6MPa
HTRJ-WT-70×1/500×1	70	500	0.73	XNP-400	3.68	10	0.37	2.2	10	0.37	1450	1500	1550
HTRJ-AW-140×1/1000×1	140	1000	1.46	XNP-600	7.37	10	0.75	4.39	10	0.37	1600	1650	1750
HTRJ-AW-210×1/1500×1	210	1500	2.19	XNP-800	11.05	10	1.1	6.58	10	0.75	1865	1910	2035
HTRJ-AW-280×1/2000×1	280	2000	2.92	XNP-800	14.74	10	1.1	8.78	10	0.75	2045	2100	2235
HTRJ-AW-350×1/2500×1	350	2500	3.65	XNP-800	18.42	10	1.5	10.97	10	1.1	2310	2380	2460
HTRJ-AW-420×1/3000×1	420	3000	4.38	NP-800	22.11	10	1.5	13.17	10	1.1	2475	2550	2700
HTRJ-AW-490×1/3500×1	490	3500	5.11	NP-800	25.79	10	1.5	15.36	10	1.1	2715	2865	3005
HTRJ-AW-560×1/4000×1	560	4000	5.84	NP-1000	29.48	10	1.5	17.56	10	1.5	2950	3160	3310
HTRJ-AW-630×1/4500×1	630	4500	6.57	NP-1000	33.16	10	1.5	19.75	10	1.5	3125	3260	3455
HTRJ-AW-700×1/5000×1	700	5000	7.3	NP-1200	36.85	10	2.2	21.95	10	1.5	3205	3410	3680

注：1. 贮热水罐容积按 20min 设计小时耗热量计算。

　　2. 热媒循环泵、热水循环泵均按设计小时耗热量及相应温差计算。

热媒为≤95℃间接加热集成机组外形尺寸及管口表（板换及贮热水罐各 1 台）　表 16.4-25

型号	热媒进口	热媒出口	循环热水出口	循环热水进口	热水出口	冷水补水口	回水口	排污口	外形尺寸（mm）		
	S_1	S_3	S_2	S_4	a	b	c	d	长 L	宽 B	高 H
HTRJ-WT-70×1/500×1	DN40	DN40	DN40	DN40	DN40	DN40	DN32	DN32	3200	1700	2000
HTRJ-AW-140×1/1000×1	DN40	DN40	DN40	DN40	DN40	DN40	DN32	DN32	3300	1800	2500
HTRJ-AW-210×1/1500×1	DN50	DN50	DN40	DN40	DN40	DN40	DN32	DN32	3600	2000	2600
HTRJ-AW-280×1/2000×1	DN50	DN50	DN50	DN50	DN50	DN50	DN32	DN32	3600	2000	2900
HTRJ-AW-350×1/2500×1	DN50	DN50	DN50	DN50	DN50	DN50	DN32	DN32	3600	2000	3200
HTRJ-AW-420×1/3000×1	DN65	DN65	DN65	DN65	DN65	DN65	DN40	DN40	3600	2000	3500
HTRJ-AW-490×1/3500×1	DN65	DN65	DN65	DN65	DN65	DN65	DN40	DN40	4000	2600	2900
HTRJ-AW-560×1/4000×1	DN80	DN80	DN80	DN80	DN80	DN80	DN50	DN50	4000	2600	3200
HTRJ-AW-630×1/4500×1	DN80	DN80	DN80	DN80	DN80	DN80	DN50	DN50	4000	2600	3350
HTRJ-AW-700×1/5000×1	DN80	DN80	DN100	DN100	DN100	DN100	DN50	DN50	4000	2600	3500

4. 立式半容积式浮动盘管换热器集成机组

（1）适用范围：直接换热或辅热供应生活热水。

（2）集成机组构成：立式半容积式浮动盘管换热器、膨胀罐、热水循环泵、控制系统、阀件及连接管路。

（3）集成机组型号说明：

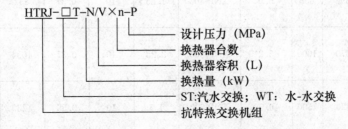

（4）工况

1）ST汽水交换：

热媒：0.4MPa饱和蒸汽，$T_1 = 151.1℃$，$T_2 = 60℃$；

二次侧热水：$t_1 = 15℃$，$t_2 = 60℃$。

2）WT水水交换：

热媒：$T_1 = 95℃$，$T_2 = 65℃$；

二次侧热水：$t_1 = 15℃$，$t_2 = 60℃$。

（5）系统热水循环泵：

循环流量 q_x：

设计小时耗热量 $Q_h \leqslant 800kW$ 者，$q_x = 3 \sim 6m^3/h$；

设计小时耗热量 $Q_h > 800kW$ 者，$q_x = 5 \sim 10m^3/h$；

扬程 H_x：$H_x = 5 \sim 10m$。

（6）控制说明：

1）换热器热媒进口设温度控制阀，罐内设温度传感器；

2）系统循环泵由回水总管上的温度传感器控制启停。

（7）选型参数见表16.4-26，表16.4-27。

（8）机组外形尺寸及连接管口见图16.4-13、表16.4-28。

（9）机组选用设备、阀门、管道型号及材质

1）换热器：DFHRV立式浮动盘半容积式水加热器

材质：壳体碳钢衬铜、碳钢复合444、不锈钢S30408或S31603；

盘管：紫铜T2。

2）温控阀品牌选用英国斯派莎克、德国西门子；

3）循环泵品牌选用格兰富、南方泵业，材质采用不锈钢或碳钢；

4）膨胀罐材质采用外碳钢内隔膜；

5）阀门品牌选用斯派莎克、阿姆斯壮、上海精工、埃美柯；

6）连接管材质采用薄壁不锈钢S30408、S31603；

7）控制元件品牌选用施耐德、ABB、西门子、正泰。

立式半容积式浮动盘换热器管汽-水换热集成机组参数（换热器1台）　　　表16.4-26

型号	换热量 (kW)	容积 (L)	换热面积 (m^2)	膨胀罐	热水循环泵			机组净重（kg）		
					(m^3/h)	(m)	(kW)	0.6MPa	1.0MPa	1.6MPa
HTRJ-ST-390×1/500×1	390	800	3.0	XNP-400	1.85	10	0.37	862	1065	1253
HTRJ-ST-670×1/1000×1	670	1000	5.2	XNP-600	3.25	10	0.37	1054	1250	1450
HTRJ-ST 890×1/1500×1	890	1500	6.9	XNP-600	4.3	10	0.55	1230	1450	1670

续表

型号	换热量 (kW)	容积 (L)	换热面积 (m²)	膨胀罐	热水循环泵			机组净重 (kg)		
					(m³/h)	(m)	(kW)	0.6MPa	1.0MPa	1.6MPa
HTRJ-ST-1000×1/2000×1	1000	2000	7.8	XNP-800	4.85	10	0.55	1380	1550	1800
HTRJ-ST-1000×1/2500×1	1000	2500	7.8	XNP-800	4.85	10	0.55	1550	1790	2080
HTRJ-ST-1000×1/3000×1	1000	3000	7.8	XNP-800	4.85	10	0.75	1800	2050	2355
HTRJ-ST-1060×1/3500×1	1060	3500	8.2	NP-800	8	10	0.75	2080	2400	2785
HTRJ-ST-1350×1/4000×1	1350	4000	10.4	NP-1000	8	10	0.75	2230	2560	3000
HTRJ-ST-1350×1/4500×1	1350	4500	10.4	NP-1000	8	10	1.1	2360	2750	3158
HTRJ-ST-1350×1/5000×1	1350	5000	10.4	NP-1200	8	10	1.1	2800	3200	3500

注：换热器容积按贮存 15min 设计小时耗热量计算。

立式半容积式浮动盘管换热器水-水换热集成机组参数表（换热器 1 台）　表 16.4-27

型号	换热量 (kW)	容积 (L)	换热面积 (m²)	膨胀罐	热水循环泵			机组净重 (kg)		
					(m³/h)	(m)	(kW)	0.6MPa	1.0MPa	1.6MPa
HTRJ-WT-130×1/500×1	130	800	3.0	XNP-400	1.0	10	0.37	962	1165	1353
HTRJ-WT-225×1/1000×1	225	1000	5.2	XNP-600	1.35	10	0.37	1054	1250	1450
HTRJ-WT-300×1/1500×1	300	1500	6.9	XNP-600	1.8	10	0.55	1230	1450	1670
HTRJ-WT-335×1/2000×1	335	2000	7.8	XNP-800	2.0	10	0.55	1380	1550	1800
HTRJ-WT-335×1/2500×1	335	2500	7.8	XNP-800	2.0	10	0.55	1550	1790	2080
HTRJ-WT-335×1/3000×1	335	3000	7.8	XNP-800	2.0	10	0.75	1800	2050	2355
HTRJ-WT-335×1/3500×1	355	3500	8.2	NP-800	2.5	10	0.75	2080	2400	2785

续表

型号	换热量(kW)	容积(L)	换热面积(m²)	膨胀罐	热水循环泵			机组净重, kg		
					(m³/h)	(m)	(kW)	0.6MPa	1.0MPa	1.6MPa
HTRJ-WT-450×1/4000×1	450	4000	10.4	NP-1000	2.7	10	0.75	2230	2560	3000
HTRJ-WT-450×1/4500×1	450	4500	10.4	NP-1000	2.7	10	1.1	2360	2750	3158
HTRJ-WT-450×1/5000×1	450	5000	10.4	NP-1200	2.7	10	1.1	2800	3200	3500

注：换热器容积按贮存 20min 设计小时耗热量计算。

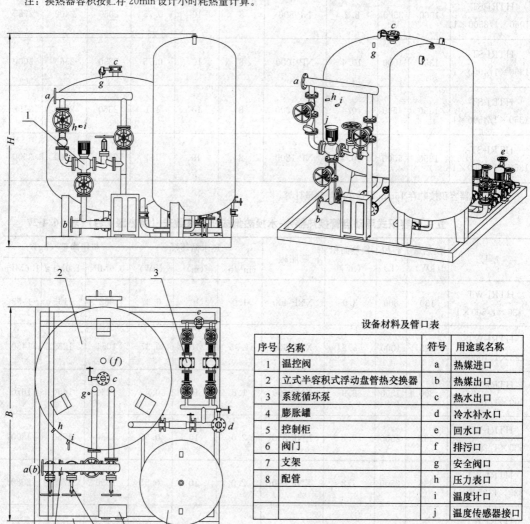

设备材料及管口表

序号	名称	符号	用途或名称
1	温控阀	a	热媒进口
2	立式半容积式浮动盘管热交换器	b	热媒出口
3	系统循环泵	c	热水出口
4	膨胀罐	d	冷水补水口
5	控制柜	e	回水口
6	阀门	f	排污口
7	支架	g	安全阀口
8	配管	h	压力表口
		i	温度计口
		j	温度传感器接口

图 16.4-13 立式半容积式浮动盘管换热机组外形图

立式半容积式浮动盘管换热器集成机组外形尺寸及管口（换热器 1 台）　　表 16.4-28

型号	热媒进口	热媒出口	热水出口	冷水补水口	回水口	排污口	外形尺寸（mm）		
	a	b	c	d	e	f	长 L	宽 B	高 H
HTRJ-□T-N×1/500×1	DN40	DN40 (DN25)	DN40	DN40	DN25	DN32	1700	1700	1800
HTRJ-□T-N×1/1000×1	DN65	DN65 (DN40)	DN50	DN50	DN32	DN32	1800	1800	2050
HTRJ-□T-N×1/1500×1	DN65	DN65 (DN40)	DN65	DN65	DN40	DN32	2000	2000	2150
HTRJ-□T-N×1/2000×1	DN65	DN65 (DN40)	DN65	DN65	DN40	DN32	2000	2000	2550
HTRJ-□T-N×1/2500×1	DN65	DN65 (DN40)	DN65	DN65	DN40	DN32	2000	2000	3000
HTRJ-□T-N×1/3000×1	DN65	DN65 (DN40)	DN65	DN65	DN40	DN40	2000	2000	3450
HTRJ-□T-N×1/3500×1	DN65	DN65 (DN40)	DN80	DN80	DN50	DN40	2400	2400	2650
HTRJ-□T-N×1/4000×1	DN65	DN65 (DN40)	DN80	DN80	DN50	DN50	2400	2400	2900
HTRJ-□T-N×1/4500×1	DN65	DN65 (DN40)	DN80	DN80	DN50	DN50	2400	2400	3200
HTRJ-□T-N×1/5000×1	DN65	DN65 (DN40)	DN80	DN80	DN50	DN50	2400	2400	3500

注：括号内参数为汽水换热时的参数。

16.4.3　板式水加热器换热机组

1. 机组组成如图 16.4-14 所示。

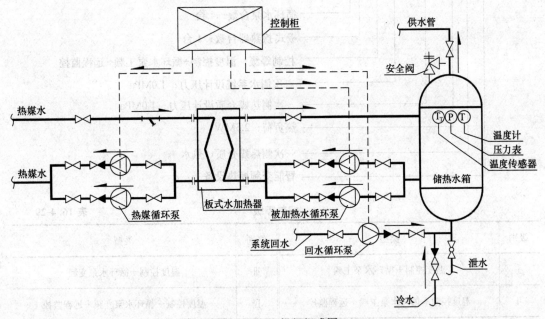

图 16.4-14　机组组成图

2. 适用条件

（1）直供生活热水或预热生活热水；

（2）热媒为 70~95℃高温热水或＜70℃低温热水。

3. 型号说明

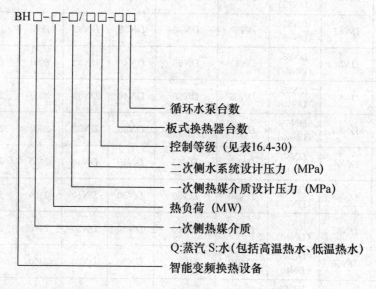

BH□-□-□/□□-□□

- 循环水泵台数
- 板式换热器台数
- 控制等级（见表16.4-30）
- 二次侧水系统设计压力（MPa）
- 一次侧热媒介质设计压力（MPa）
- 热负荷（MW）
- 一次侧热媒介质
- Q:蒸汽 S:水（包括高温热水、低温热水）
- 智能变频换热设备

型号示例

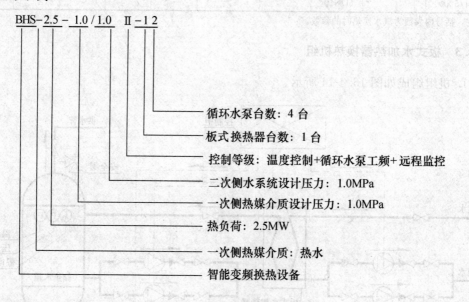

BHS-2.5-1.0/1.0 Ⅱ-12

- 循环水泵台数：4 台
- 板式换热器台数：1 台
- 控制等级：温度控制+循环水泵工频+远程监控
- 二次侧水系统设计压力：1.0MPa
- 一次侧热媒介质设计压力：1.0MPa
- 热负荷：2.5MW
- 一次侧热媒介质：热水
- 智能变频换热设备

控制等级　　　　　　　　　　　　　　　　表 16.4-29

级别	类型	级别	类型
Ⅰ	温度控制＋循环水泵工频	Ⅲ	温度控制＋循环水泵变频
Ⅱ	温度控制＋循环水泵工频＋远程监控	Ⅳ	温度控制＋循环水泵变频＋远程监控

4. 组件参数，见表 16.4-30。

板式水加热器换热机组组件参数　　　　表 16.4-30

参数 型号	板式水加热器		预热水罐		循环泵	
	换热面积 （m²）	工作压力 （MPa）	容积 V （m³）	工作压力 （MPa）	流量 Q （m³/h）	扬程 H （m）
BHS-0.15-120	2.0	0.6～1.6	0.9	0.6～1.6	3.0	10
BHS-0.23-120	3.1	0.6～1.6	1.3	0.6～1.6	4.0	10
BHS-0.29-120	3.9	0.6～1.6	1.7	0.6～1.6	5.0	10
BHS-0.37-120	5.0	0.6～1.6	2.2	0.6～1.6	7.0	10
BHS-0.46-120	6.3	0.6～1.6	2.7	0.6～1.6	8.0	10
BHS-0.55-120	7.5	0.6～1.6	3.2	0.6～1.6	10	10
BHS-0.65-120	8.8	0.6～1.6	3.8	0.6～1.6	12	10
BHS-0.75-120	10.2	0.6～1.6	4.3	0.6～1.6	13	10
BHS-0.85-120	11.5	0.6～1.6	5.0	0.6～1.6	15	10
BHS-1.0-120	13.6	0.6～1.6	6.0	0.6～1.6	18	10
BHS-1.2-120	16.3	0.6～1.6	7.0	0.6～1.6	22	10
BHS-1.5-120	20.4	0.6～1.6	8.5	0.6～1.6	26	10

注：循环泵指热媒水、热水循环泵，系统回水循环泵按设计要求配置。

5. 产热量，见表 16.4-31。

板式水加热器换热机组产热量　　　　表 16.4-31

参数 型号	换热面积（m²）	产热量（kJ/h）	
		高温热媒水	低温热媒水
BHS-0.15-120	2.0	540000	314000
BHS-0.23-120	3.1	828000	487000
BHS-0.29-120	3.9	1044000	613000
BHS-0.37-120	5.0	1332000	785000
BHS-0.46-120	6.3	1656000	990000
BHS-0.55-120	7.5	1980000	1180000
BHS-0.65-120	8.8	2340000	1380000
BHS-0.75-120	10.2	2700000	1600000
BHS-0.85-120	11.5	3060000	1810000
BHS-1.0-120	13.6	3600000	2140000
BHS-1.2-120	16.3	4320000	2560000
BHS-1.5-120	20.4	5400000	3200000

6. 机组外形及尺寸，见图 16.4-15、表 16.4-32。

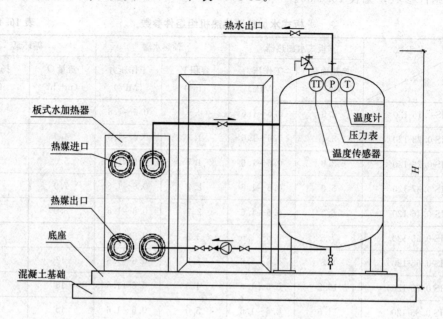

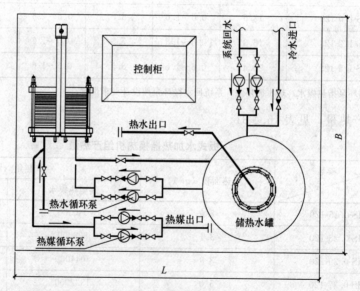

图 16.4-15　板式水加热器换热机组外形尺寸图

板式水加热器换热机组-外形尺寸　　表 16.4-32

参数 型号	换热面积 （m²）	尺寸（mm）			质量（净重） （kg）
		长 L	宽 B	高 H	
BHS-0.15-120	2.0	2800	2200	1800	2200
BHS-0.23-120	3.1	3000	2200	1800	2400
BHS-0.29-120	3.9	3000	2200	1800	2600
BHS-0.37-120	5.0	3200	2600	1800	2800

续表

参数 型号	换热面积 (m²)	尺寸（mm）			质量（净重） (kg)
		长 L	宽 B	高 H	
BHS-0.46-120	6.3	3200	2600	2000	3000
BHS-0.55-120	7.5	3200	2600	2000	3200
BHS-0.65-120	8.8	3400	2800	2200	3400
BHS-0.75-120	10.2	3400	2800	2200	3600
BHS-0.85-120	11.5	3400	2800	2200	3800
BHS-1.0-120	13.6	3600	3000	2400	4000
BHS-1.2-120	16.3	3600	3000	2400	4200
BHS-1.5-120	20.4	3600	3000	2400	4500

16.4.4　燃气集成热水机组

1. 型号说明

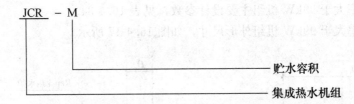

例：型号 JCR-1.5，表示燃气集成热水机组，贮水容积为 1.5m³。

2. 额定功率小于等于 99kW 机组主要设计参数，见表 16.4-33。

燃气集成热水机组选型参数（额定功率≤99kW）　　表 16.4-33

序号	集成机组型号	额定功率 Q (kW)	贮水容积 (m³)	贮罐贮热量 Qz (kW)	持续供热 T 小时平均供热量 Qg		管口表					外形尺寸					耗气量 (m³/h)	机组净重 (kg)		
					T=2h	T=3h	a	b	c	d	e	A	B	C	φ₁	φ₂		0.6 MPa	1.0 MPa	1.6 MPa
1	JCR-1	47.8	1.0	64	80	69.2	40	40	25	32	20	2680	900	1950	800	153	4.98	400	450	500
2	JCR-1.5	88.2	1.5	96	136.2	120.2	40	40	25	32	20	2680	1100	2050	1000	204	9.03	490	550	610
3	JCR-2	99.0	2.0	128	163	141.7	50	50	32	40	20	2680	1200	2100	1100	229	10.79	530	600	600

注：1. 贮热量按热水温度 $t=60℃$，冷水温度 $=5℃$ 计算。

2. 持续加热时间可用水人数或床位数选值，一般用水人数较少时，按 $T=2\sim3h$ 考虑。

3. 持续供热 T 小时，集成机组平均供热量：按导流型容积式水加热器设计小时供热量计算。

4. 集成机组内循环泵 $Q=4.5\sim10m³/h$，$H=8m$。

5. 外循环泵 $Q=0.3\sim0.5m³/h$，$H=5m$，数据仅供参考，具体应根据工程实际情况而定。

3. 额定功率小于等于99kW机组外形尺寸，如图16.4-16所示。

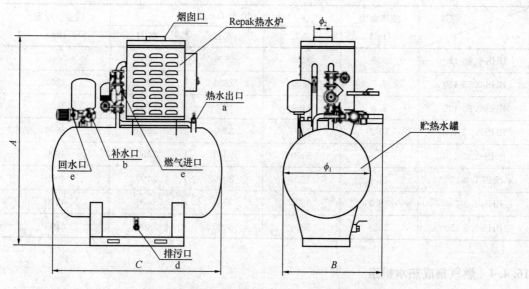

图16.4-16 额定功率≤99kW机组外形尺寸图

4. 额定功率大于99kW机组主要设计参数，见表16.4-34。

5. 额定功率大于99kW机组外形尺寸，如图16.4-17所示。

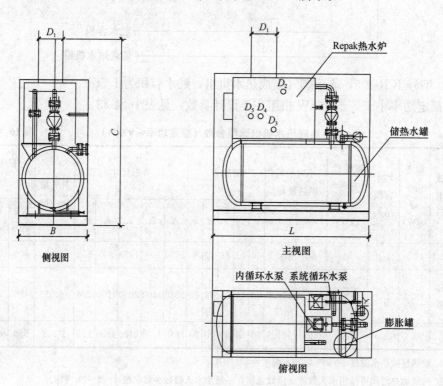

图16.4-17 额定功率大于99kW机组外形尺寸图

表 16.4-34

燃气集成热水机组选型参数（额定功率大于 99kW）

序号	热水机型号	燃气机输入功率 (kW)	温度升45℃热水量 (m³/h)	燃气量 (m³/h)		机组尺寸 (mm)			膨胀罐容积 (L)		贮热水罐容积 (m³)	机内循环泵		机外循环泵		烟囱尺寸 D_1 (mm)	燃气管径 D_2 (mm)	热水、冷水管径 D_3,D_4 (mm)	系统回水管径 D_5 (mm)	机组净重 (kg)		
				天然气	城市煤气	长度 L	宽度 B	高度 C	定式供水系统膨胀罐容积	全日供水系统		流量 (m³/h)	扬程 H (m)	流量 (m³/h)	扬程 H (m)					0.6MPa	1.0MPa	1.6MPa
1	JCR-4	217.9	4.1	22.31	55	2200	1000	2600	100	300	1	9.1~20.4	8	1	8	356	25	50	20	850	900	1000
2	JCR-6	297.1	5.6	30.41	75	2500	1200	2800	150	400	1.5	10.7~20.4	8	1.6	8	407	32	65	25	1000	1200	1500
3	JCR-7	387.5	7.3	39.67	97.9	2500	2200	2500	200	450	2	13.9~20.4	8	2	8	458	32	65	25	1800	2000	2300
4	JCR-9	482.2	9.1	49.36	122.1	2800	2500	2500	250	500	2.5	17.3~20.4	8	3	8	508	32	65	32	2300	2500	2800

注：1. 本表使用条件：燃气机产热量（设计小时供热量）＝系统设计小时耗热量。
2. 贮热设施：贮热水罐容积按贮存 15～20mm 设计小时耗热量进行配置；
3. 冷水进水总硬度（以碳酸钙计）≥300mg/L 时宜配 BHRV-01 卧式波节管半容积式水加热器换热同热供应热水、水加热器容积按贮热水罐配置。
4. 机外循环泵即系统循环泵，系统循环泵参数仅供参考，具体应根据实际工程计算确定。

16.4.5 燃气容积式热水器

1. 型号说明

G72——200QW：

G——Gas 的首字母缩写；

72——容积为 72 加仑（275L）；

200——额定热负荷为 200 千 BTU（58.5kW）；

Q——强制排气；

W——户外型。

例：G72-200QW：燃气炉，容积为 72 加仑，额定热负荷为 200 千 BTU。

2. 技术参数与外形尺寸

（1）G70 和 G72 系列外形尺寸见图 16.4-18、表 16.4-35。

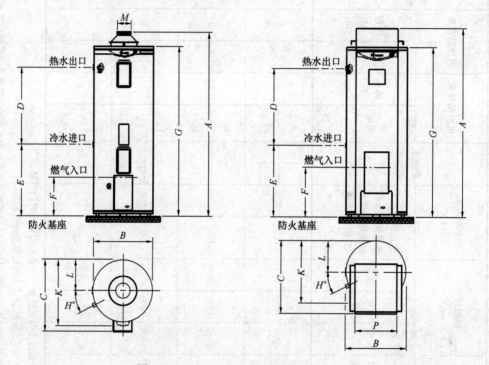

图 16.4-18 G70 和 G72 系列外形尺寸图

G70 和 G72 系列外形尺寸   表 16.4-35

型号		G70-120	G70-120W	G72-200	G72-200QW
容积（L）		（室内型）265	（室外型）265	（室内型）275	（室外型）275
名义尺寸 （mm）	A	1795	1835	1895	1865
	B	610	610	640	640
	C	750	710	780	780
	D	750	750	750	750

续表

	E	700	700	685	685
	F	380	380	340	340
	G	1655	1655	1695	1695
名义尺寸	H	35°	35°	36°	36°
(mm)	K	660	660	722	722
	L	302	302	320	320
	M	125	—	200	—
	P	—	420	—	320
净重（kg）		129	136	180	190

热水器的额定耗气量及要求气压见表 16.4-36。

热水器的额定耗气量及要求气压					表 16.4-36
型号		G70-120	G70-120W	G72-200	G72-200QW
额定容积	(L)	265		275	
额定热负荷	天然气 (kW/h)	28		50	
额定耗气量	天然气 (m³/h)	2.76		4.94	
额定燃气压力	天然气 (Pa)	2000			

注：耗气量天然气以 12T、低热值 8700 kcal/m³ 计。

（2）G100 系列外形尺寸见图 16.4-19、表 16.4-37。

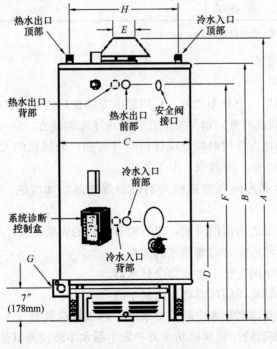

图 16.4-19 G100 系列外形尺寸图

G100 系列外形尺寸 表 16.4-37

型号	输入功率 BTU/h (MJ/h)	容积 (L)	A (mm)	B (mm)	C (mm)	D (mm)	E (mm)	F (mm)	G (mm)	H (mm)	顶部进出水接口	背部进出水接口	前面进出口接口
G100-310	310000 (294)	379L	1905	1740	768	819	178	1568	3/4″ 20	584			
G100-376	376000 (356)										1-1/2″ 38mm	2 51mm	2 51mm
G100-400	399900 (379)	379L	1930	1740	768	819	203	1568	3/4″ 20	584			

注：1. 燃气种类：天然气；额定压力：2000Pa。

2. 额定电压：220VAC。

3. 以上型号有：顶部进出水口/背部进出水口和前面进出水口供选择安装，其余未使用接口应堵住。

热水器的额定耗气量及要求气压见表 16.4-38。

热水器的额定耗气量及要求气压 表 16.4-38

型号			G100-310	G100-376	G100-376QW	G100-400	G100-400QW
额定容积		(L)	379				
额定热负荷	天然气	(kW/h)	82	99	106		
额定耗气量	天然气	(m³/h)	8.1	9.78	10.48		
额定燃气压力	天然气	(Pa)	2000				

注：耗气量天然气以 12T、低热值 8700kcal/m³ 计。

3. 热水器的安装要求

（1）基本安装要求

1）热水器有户内型与户外型之分，户内型应安装在户内通风良好的地方，如设备间；严禁安装在封闭的空间或户外，请勿安装在将出现冰冻的地方。

2）安装热水器的地方任何时候都应保持空气流通，通风孔的大小由热负荷确定，按每 1MJ/h 至少两个 650mm² 的面积，上下分布。

3）勿在安装热水器房间存放或使用易燃易爆物品，如汽油、稀释液、喷雾剂、油漆等。

4）热水器应尽量靠近房屋的外墙，以方便排烟管的安装。

5）热水器应尽量靠近经常需要热水的地点。

6）热水器四周的空间应便于拆卸整个热水器。

7）热水器及排烟管离任何可燃物距离最小为 500mm。

8）热水器的前盖及排烟装置应避免被水淋。热水器应放置于一耐火基座上，基座附近应有排水设施处；安装的位置应能防止万一发生漏水不致浸淹其他房间或下面楼层。

（2）多台布置方式及间距见图 16.4-20、表 16.4-39。

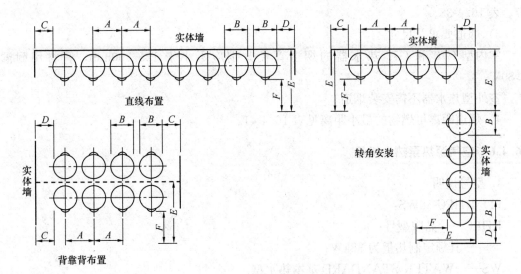

图 16.4-20　多台布置方式及间距

多台布置方式及间距　　　　　　　　　　　　　　　　表 16.4-39

型号	安装的最小尺寸要求					
	A	B	C	D	E*	F*
G70-120	860	610	300	100	1750	900
G72-200	890	640	300	100	1780	900
G70-120W	920	610	410	410	1710	900
G72-200QW	890	640	350	350	1780	900

注：1. 建议热水器背部和墙的最小距离为 100mm。

　　2. 为保证维修和热水器移动方便，热水器前部预留的距离至少为 900mm（E*、F*）。

燃气热水器与可燃物最小间距　　　　　　　　　　　　表 16.4-40

产品型号	单位	侧面	背面	顶部
G100-310（A）	mm	152	152	305
G100-376	mm	152	152	305
G100-400	mm	152	152	305

注：热水器前面的最小的维修空间距离为 500mm。

（3）其他安装要求

1）冷热水管要求及预留尺寸

冷热水管应采用耐压能力至少在 1.0MPa 以上的金属管。其相对尺寸请对照表 16.4-35、表 16.4-36。

2）燃气管要求及预留尺寸

燃气管的规格为 20mm，应采用能防火的金属管。其相对尺寸请对照表 16.4-

37、表 16.4-38。

3）烟道要求及尺寸

室内型 G70 和 G72 热水器的烟道直径分别应不小于 125/200mm，管材用耐温 ≥80℃。

室外型热水器不需安装烟道。

4）烟道距离可燃物的最小距离见表 16.4-41。

16.4.6 空气源热泵热水机组

1. 型号说明

（1）RHPC-38WS：

RHPC——品牌型号；

38——其额定制热量为 38kW；

WS——WATER STANDARD 基本热水型。

（2）RHPC-38LS（PS）：

RHPC——品牌型号；

38——额定制热量为 38kW；

LS——LOW TEMPERATURESTANDARD 基本低温型；

PS——POOL STANDARD 基本泳池型。

2. 外形尺寸

（1）RHPC-19WS、RHPC-19LS、RHPC-38WS、RHPC-38PS、RHPC-38LS 外形尺寸见图 16.4-21、表 16.4-41。

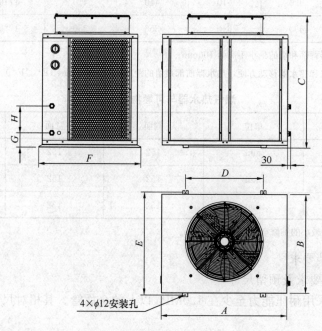

图 16.4-21 RHPC-19WS、RHPC-19LS、RHPC-38WS、
RHPC-38PS、RHPC-38LS 外形图

RHPC-19WS、RHPC-19LS、RHPC-38WS、RHPC-38PS、RHPC-38LS 外形尺寸　表 16.4-41

型号	RHPC-19WS	RHPC-19LS	RHPC-38WS	RHPC-38PS	RHPC-38LS
A	800	800	1200	1200	1200
B	800	800	920	920	970
C	970	1120	1230	1230	1420
D	460	460	760	760	760
E	840	840	960	960	1010
F	870	870	990	990	1040
G	148	105	135	170	109
H	250	250	250	320	250

（2）RHPC-78WS 外形尺寸如图 16.4-22 所示。

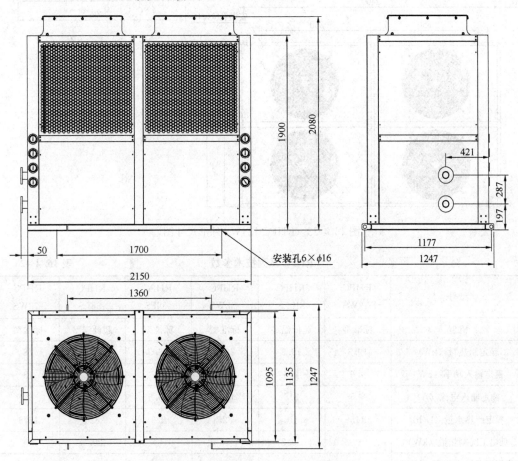

图 16.4-22　RHPC-78WS 外形尺寸图

（3）RHPC-154WS 外形尺寸如图 16.4-23 所示。

3. 技术参数

（1）RHPC-19WS、RHPC-19LS、RHPC-38WS、RHPC-38PS、RHPC-38LS、RH-PC-78WS 的技术参数见表 16.4-42。

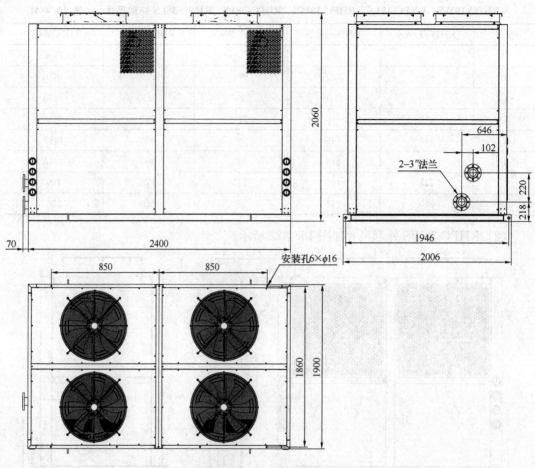

图 16.4-23　RHPC-154WS 外形尺寸图

RHPC 系列技术参数　　　　　　　　　　　　　　　表 16.4-42

型号	RHPC-19WS	RHPC-19LS	RHPC-38WS	RHPC-38PS	RHPC-38LS	RHPC-78WS
机型	标准型	超低温型	标准型	泳池型	超低温型	标准型
额定制热量（kW）	19.3	19.3	38.5	38.5	38.5	78
额定输入功率（kW）	4.6	4.6	9.2	9.2	9.2	18
额定输入电流（A）	8.5	8.5	16.5	16.5	16.5	33
额定产热水量（L/h）	415	415	825	825	825	1676
低温工况制热量（kW）	—	10.2	—	—	20.5	—
低温工况输入功率（kW）	—	4.3	—	—	8.5	—
最大输入功率（kW）	6.9	6.9	13.8	13.8	13.8	27
最大输入电流（A）	13	13	25	25	25	49
额定出水温度（℃）	55	55	55	28	55	55
水温调节范围（℃）	15～60	15～60	15～60	15～45	15～60	15～60

续表

电源		380V 3N～ 50Hz					
制冷剂		R22/R417A					
制冷剂充注量（g）		2500	5000	2500×2	2500×2	5000×2	2500×4
最高吸气压力（MPa）		1.2	1.2	1.2	1.2	1.2	1.2
最高排气压力（MPa）		3.0	3.0	3.0	3.0	3.0	3.0
防触电类别		I类	I类	I类	I类	I类	I类
防护等级		IP×4	IP×4	IP×4	IP×4	IP×4	IP×4
质量（kg）		155	175	270	280	320	622
外形尺寸（mm）	长	800	800	1200	1200	1200	2150
	宽	800	800	920	920	970	1135
	高	970	1120	1230	1230	1420	2080
循环水泵流量（m³/h）		4	4	8	15	8	16
水管接头		G1″	G1″	G1¼″	RP2″	G1¼″	G2″
噪声（dB(A)）		≤60	≤60	≤62	≤62	≤62	≤70
环境温度范围（℃）		−10～45	−25～45	−10～45	−10～45	−25～45	−10～45
测试条件		名义工况：干球温度 20℃；湿球温度 15℃； 低温工况：干球温度−15℃； 热水：初始水温 15℃；终止水温 55℃（泳池型终止水温 28℃）					

（2）RHPC-154WS 的技术参数见表 16.4-43。

RHPC-154WS 技术参数 表 16.4-43

型号	RHPC-154WS
机型	标准型
额定制热量（kW）	154
额定输入功率（kW）	36
额定输入电流（A）	65.5
额定产热水量（L/h）	3320
最大输入功率（kW）	54
最大输入电流（A）	98
额定出水温度（℃）	55
水温调节范围（℃）	40～60
电源	380V 3N—50Hz
制冷剂	R22/R417A
制冷剂充注量（g）	2500×8
最高吸气压力（MPa）	1.2
最高排气压力（MPa）	3.0

续表

防触电类别		Ⅰ类
防护等级		IP×4
质量（kg）		1700
外形尺寸 （mm）	长	2400
	宽	1900
	高	2060
循环水泵流量（m³/h）		32
水管接头		G3″
噪声（dB(A)）		≤68
环境温度范围（℃）		-10～45
测试条件		环境：干球温度20℃，湿球温度15℃； 热水：初始水温15℃；终止水温55℃

4. 热泵的安装要求

（1）主机安装场所的选择

1）能提供足够的安装和维护空间；

2）进出风口无障碍和强风不可直接吹机器出风口；

3）干燥通风处；

4）支承面平坦，能承受主机重量，可以水平安装主机，且不会增加噪声及振动；

5）便于安装连接管和连接电气。

（2）安装维护所需空间见图16.4-24～图16.4-26。

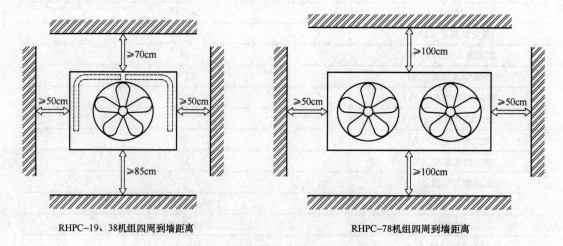

RHPC-19、38机组四周到墙距离　　　　RHPC-78机组四周到墙距离

图 16.4-24　安装维护所需空间示意图

注：多台机组安装时，两台机组之间的距离应不小于1m。

如机组上部设有挡雨棚或其他障碍物，应符合图16.4-25、图16.4-26要求。

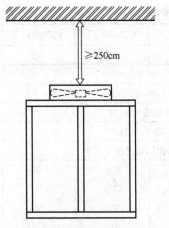

图 16.4-25　RHPC-19\38 机组顶面到
障碍的距离图

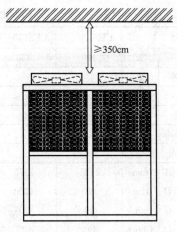

图 16.4-26　RHPC-78 机组顶面到
障碍的距离图

16.4.7　电力热水器（A）

1. 型号说明

CES120-15：CES 为 Commercial Electric Standard 的首字母缩写，120 代表容积为 120L，15 代表功率为 15kW；

CEP200-30：CEP 为 Commercial Electric Pro 的首字母缩写，200 代表容积为 200L，30 代表功率为 30kW；

CEA400-60：CEA 为 Commercial Electric Advantage 的首字母缩写，400 代表容积为 400L，30 代表功率为 30kW。

2. CES 电热水器外形尺寸及技术参数表见图 16.4-27、表 16.4-44。

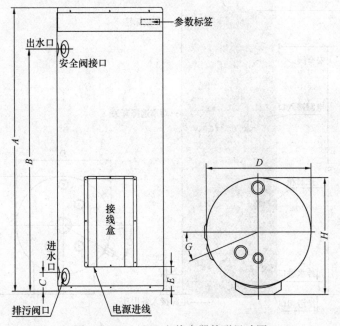

图 16.4-27　CES 电热水器外形尺寸图

CES 电热水器技术参数

表 16.4-44

型号		CES120-□	CES150-□	CES200-□	CES320-□	CES400-□	CES495-□
额定容量	(L)	120	150	200	320	400	495
额定输入功率	(W)	15000/24000/30000					
额定电流	(A)	22.7/36.4/45.5					
加热管数量	(组)	3 组或 6 组					
额定电压及频率	~	~380V/50Hz					
水温调节范围	(℃)	50～80（出厂设定在 65℃）					
外形尺寸	A (mm)	1125	1375	1535	1783	1928	1911
	B (mm)	900	1150	1335	1552	1712	1630
	C (mm)	90	90	90	92	92	92
	D (mm)	498	498	525	610	648	681
	E (mm)	118	118	118	175	175	245
	G (度)	22	22	22	29	29	29
	H (mm)	535	535	565	655	690	725
净重	(kg)	43/45	52/54	64/66	82/84	94/98	118/120
安全阀接头尺寸	(mm)	RP¾/20	RP¾/20	RP¾/20	RP¾/20	RP¾/20	RP¾/20
冷热水接头尺寸	(mm)	RP1¼/32	RP1¼/32	RP1¼/32	RP1¼/32	RP1¼/32	RP1¼/32
额定压力	(MPa)	1.0					
最高进水压力	(MPa)	0.8					
防水等级		IP×1					

3. CEP 电热水器外形尺寸及的技术参数见图 16.4-28、表 16.4-45、表 16.4-46。

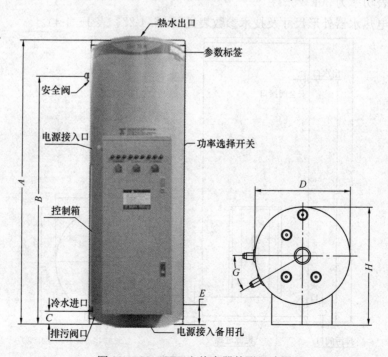

图 16.4-28 CEP 电热水器外形尺寸图

CEP200、CEP320、CEP400 电热水器技术参数　　　　表 16.4-45

型号		CEP200-□				CEP320-□				CEP400-□			
		30	36	45	54	30	36	45	54	30	36	45	54
额定容量	(L)	200				320				400			
额定输入功率	(W)	30（两档可调 15000/30000）；36（两档可调 18000/36000）											
		45（三档可调 15000/30000/45000）；54（三档可调 18000/36000/54000）											
额定电流	(A)	22.7/27.3/45.5/54.5/68.2/81.9											
加热管数量	(组)	六组或九组											
额定电压及频率	～	～380V/50Hz											
水温调节范围	(℃)	50～80（出厂设定在 70℃）											
外形尺寸 A	(mm)	1535				1783				1928			
B	(mm)	1335				1552				1712			
C	(mm)	90				92				92			
D	(mm)	525				610				648			
E	(mm)	87				143				143			
G	(度)	22				29				29			
H	(mm)	660				740				788			
净重	(kg)	84/86				103/105				112/114			
安全阀接头尺寸	(mm)	RP¾/20				RP¾/20				RP¾/20			
冷热水接头尺寸	(mm)	RP1¼/32				RP1¼/32				RP1¼/32			
额定压力	(MPa)	1.0											
最高进水压力	(MPa)	0.80											
防水等级		IP×1											

CEP495 电热水器技术参数　　　　表 16.4-46

型号		CEP495-30	CEP495-36	CEP495-45	CEP495-54
额定容量	(L)	495			
额定输入功率	(W)	15000/30000 两档可调	18000/36000 两档可调	15000/30000/45000 三档可调	18000/36000/54000 三档可调
额定电流	(A)	22.7/45.5	27.3/54.5	22.7/45.5/68.2	27.3/54.5/81.9
加热管数量	(组)	六组	六组	九组	九组
额定电压及频率	～	～380V/50Hz			
水温调节范围	(℃)	50～80（出厂设定在 70℃）			
外形尺寸 A	(mm)	1911	1911	1911	1911
B	(mm)	1629	1629	1629	1629
C	(mm)	92	92	92	92
D	(mm)	681	681	681	681
E	(mm)	197	197	197	197
G	(度)	29	29	29	29
H	(mm)	825	825	825	825

续表

净重	(kg)	136	138
安全阀接头尺寸	(mm)	RP¾/20	
冷热水接头尺寸	(mm)	RP1½/40	
额定压力	(MPa)	1.0	
最高进水压力	(MPa)	0.80	
防水等级		IP×1	

4. CEA 电热水器外形尺寸及技术参数见图 16.4-29、表 16.4-47。

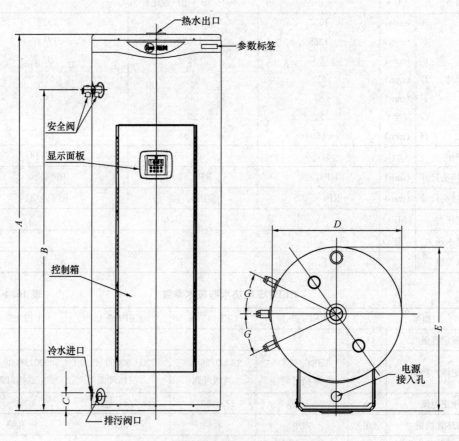

图 16.4-29　CEA 电热水器外形尺寸图

CEA 电热水器技术参数　　　　　　表 **16.4-47**

型号		CEA400-60	CEA400-75	CEA400-90	CEA495-60	CEA495-75	CEA495-90
额定容量	(L)	400			495		
额定输入功率	(W)	60000	75000	90000	60000	75000	90000
额定电流	(A)	91	114	136	91	114	136
加热管数量	(组)	五组					

续表

额定电压及频率	～	380V 3N～50Hz	
水温调节范围	（℃）	30～78（出厂设定在65℃）	
外形尺寸	A （mm）	1900	1911
	B （mm）	1680	1629
	C （mm）	92	92
	D （mm）	648	681
	E （mm）	795	835
	G （度）	25	25
净重	（kg）	130	152
安全阀接头尺寸	（mm）	RP¾/20	
冷热水接头尺寸	（mm）	RP1-½/40	
额定压力	（MPa）	0.85	
最高进水压力	（MPa）	0.68	
防水等级		IP×1	

注：同种容积可能有不同功率配置，其中60表示60000W；75表示75000W，90表示90000W 具体配置请以产品为准（详见热水器铭牌上的参数标签）。

16.4.8 商用储水式电热水器（B)

1. BCE商用标准型电热水器

（1）型号说明

BCE-50-12

BCE——商用标准型电热水器；50——储水容积（gal）；12——电功率（kW）。

（2）外形尺寸及主要外形参数见图16.4-30，表16.4-48。

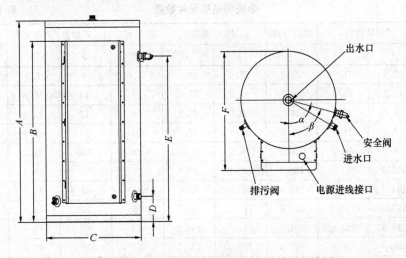

图16.4-30 BCE商用标准型电热水器外形尺寸图

BCE 商用标准型电热水器主要外形参数   表 16.4-48

型号	容积 (gal/L)	A 热水器 高度 (mm)	B 控制箱 高度 (mm)	C 热水器 外径 (mm)	D 进水口 高度 (mm)	E 安全阀 高度 (mm)	F 深度 (mm)	α (°)	β (°)	净重 (kg)
BCE-50	50/190	1364	1310	550	150	1121	724	75	90	75
BCE-80	80/300	1469	1375	650	173	1201	824	65	75	100
BCE-120	120/455	1539	1405	750	197	1247	924	45	70	126

（3）主要技术参数见表 16.4-49～表 16.4-51。

BCE 商用标准型电热水器主要性能参数   表 16.4-49

功率 (kW)	型号			额定 工作压力 (MPa)	温度调 节范围 (℃)	进出水 管径 (mm)	安全阀 管径 (mm)	排污阀 管径 (mm)
	50gal/190L	80gal/300L	120gal/455L					
6	BCE-50-6	BCE-80-6	BCE-120-6	1.1	49-82	DN32	DN20	DN20
9	BCE-50-9	BCE-80-9	BCE-120-9	1.1	49-82	DN32	DN20	DN20
12	BCE-50-12	BCE-80-12	BCE-120-12	1.1	49-82	DN32	DN20	DN20
15	BCE-50-15	BCE-80-15	BCE-120-15	1.1	49-82	DN32	DN20	DN20
18	BCE-50-18	BCE-80-18	BCE-120-18	1.1	49-82	DN32	DN20	DN20
24	BCE-50-24	BCE-80-24	BCE-120-24	1.1	49-82	DN32	DN20	DN20
30	BCE-50-30	BCE-80-30	BCE-120-30	1.1	49-82	DN32	DN20	DN20
36	BCE-50-36	BCE-80-36	BCE-120-36	1.1	49-82	DN32	DN20	DN20
45	BCE-50-45	BCE-80-45	BCE-120-45	1.1	49-82	DN32	DN20	DN20
54	BCE-50-54	BCE-80-54	BCE-120-54	1.1	49-82	DN32	DN20	DN20
81	BCE-50-81	BCE-80-81	BCE-120-81	1.1	49-82	DN32	DN20	DN20

电流和电热元件数量   表 16.4-50

输入功率 (kW)	208V 相数		220V 相数	240V 相数		380V 相数	415V 相数	480V 相数	电热元件数量
	1	3	1	1	3	3	3	3	
6	28.8	16.6	27.3	25.0	14.4	10.0	9	7.2	3
9	43.2	25.0	40.9	37.2	21.6	14	13	10.8	3
12	57.6	33.3	54.5	50.0	28.9	19	17	14.4	3
15	72.1	41.6	68.2	62.5	36.1	23	21	18.0	3
18	86.5	50.0	81.8	75.0	43.4	28	25	21.6	3
24	115.4	66.7	109.1	100.0	57.8	37	34	28.9	6
30	144.2	83.3	136.4	125.0	72.2	46	42	36.1	6
36	173.0	100.0	163.6	150.0	86.7	55	50	43.3	6
45	216.3	125.0	204.5	187.5	108.3	69	63	54.1	9
54	259.6	150.0	245.5	225.0	130.0	83	75	65.0	9
81	389.4	224.8	368.2	337.5	194.9	123.1	112.7	97.4	9

相对温升下每小时产生的热水量（美制加仑 gal/L）　　表 16.4-51

输入功率 (kW)	BTU/h	30°F 17℃	40°F 22℃	50°F 28℃	60°F 33℃	70°F 39℃	80°F 45℃	90°F 50℃	100°F 56℃	110°F 61℃	120°F 67℃	130°F 72℃	140°F 78℃
6	20,478	82 310	62 233	49 184	41 155	35 133	31 116	27 103	25 93	22 85	21 78	19 72	18 66
9	30,717	123 465	92 349	74 279	62 233	53 199	46 174	41 155	37 140	34 127	31 116	28 107	26 100
12	40,956	164 620	123 465	98 372	82 310	70 265	61 233	55 207	49 186	45 169	41 155	38 143	35 133
15	51,195	205 775	154 582	123 465	102 388	88 332	77 291	68 258	61 233	56 211	51 194	47 179	44 165
18	61,434	246 930	184 698	148 558	123 465	105 399	92 349	82 310	74 279	67 254	61 233	57 215	53 199
24	81,912	328 1241	246 930	197 744	164 620	140 532	123 465	109 414	98 372	89 338	82 310	76 286	70 266
30	102,390	410 1551	307 1163	246 930	205 775	176 665	154 582	137 517	123 465	112 423	102 388	95 358	88 332
36	122,868	492 1861	369 1396	295 1117	246 930	211 798	184 698	164 620	148 556	134 508	123 465	113 429	105 399
45	153,585	615 2326	461 1745	369 1398	307 1163	263 997	230 872	205 775	184 698	168 634	154 582	142 537	132 498
54	184,302	738 2791	553 2094	443 1659	369 1396	316 1196	277 1047	246 930	221 837	201 761	184 696	170 644	158 598
81	276,453	1107 4190	830 3143	664 2514	554 2095	474 1796	415 1571	369 1397	332 1257	302 1143	277 1048	255 967	237 898

1kW（3413BTU）＝4.1gal 水升高 100°F 所需热量。

2. BCE 商用大容量电热水器

（1）型号说明

BCE-150-54

BCE——商用大容量电热水器；150——储水容积（gal）；54——电功率（kW）。

（2）外形尺寸及主要外形参数见图 16.4-31，表 16.4-52。

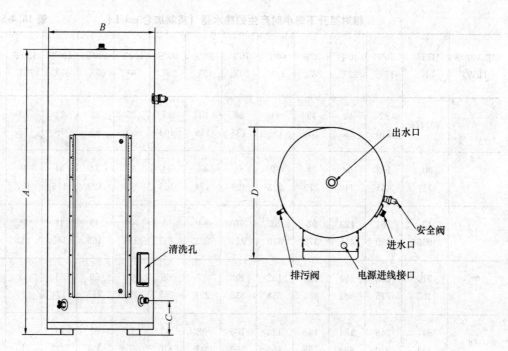

图 16.4-31 BCE 商用大容量电热水器外形尺寸图

BCE 商用大容量电热水器主要外形、性能参数　　　　表 16.4-52

型号	容积	A 热水器高度	B 热水器外径	C 进水口高度	D 深度	额定工作压力	清洗孔	进出水管径	安全阀管径	排污阀管径	净重
	(gal/L)	(mm)	(mm)	(mm)	(mm)	(MPa)	(mm)	(mm)	(mm)	(mm)	(kg)
BCE-150	150/600	2019	750	197	924	1.1	可选	DN50	DN20	DN25	200
BCE-200	200/800	2126	850	303	1024	1.1	可选	DN50	DN20	DN25	330
BCE-250	250/1000	2456	850	303	1024	1.1	可选	DN50	DN25	DN25	410
BCE-300	300/1200	1885	1100	365	1274	1.1	70×94	DN50	DN25	DN25	480
BCE-400	400/1500	2240	1100	365	1274	1.1	70×94	DN50	DN25	DN25	580
BCE-500	500/2000	2070	1300	415	1474	1.1	70×94	DN80	DN25	DN40	740
BCE-600	600/2500	2425	1300	415	1474	1.1	70×94	DN80	DN25	DN40	820
BCE-750	750/3000	2310	1500	465	1674	1.1	70×94	DN80	DN25	DN40	911

（3）型号规格、电流和电热元件数量、相对温升下每小时产生的热水量见表 16.4-53～表 16.4-55。

型号规格　　　　表 16.4-53

型号规格								
功率(kW) \ 容积(gal/L)	150gal/600L	200gal/800L	250gal/1000L	300gal/1200L	400gal/1500L	500gal/2000L	600gal/2500L	750gal/3000L
9	BCE-150-9	BCE-200-9	BCE-250-9	BCE-300-9	BCE-400-9	BCE-500-9	BCE-600-9	BCE-750-9

续表

功率 (kW)＼容积 (gal/L)	150gal/ 600L	200gal/ 800L	250gal/ 1000L	300gal/ 1200L	400gal/ 1500L	500gal/ 2000L	600gal/ 2500L	750gal/ 3000L
12	BCE-150-12	BCE-200-12	BCE-250-12	BCE-300-12	BCE-400-12	BCE-500-12	BCE-600-12	BCE-750-12
15	BCE-150-15	BCE-200-15	BCE-250-15	BCE-300-15	BCE-400-15	BCE-500-15	BCE-600-15	BCE-750-15
18	BCE-150-18	BCE-200-18	BCE-250-18	BCE-300-18	BCE-400-18	BCE-500-18	BCE-600-18	BCE-750-18
24	BCE-150-24	BCE-200-24	BCE-250-24	BCE-300-24	BCE-400-24	BCE-500-24	BCE-600-24	BCE-750-24
30	BCE-150-30	BCE-200-30	BCE-250-30	BCE-300-30	BCE-400-30	BCE-500-30	BCE-600-30	BCE-750-30
36	BCE-150-36	BCE-200-36	BCE-250-36	BCE-300-36	BCE-400-36	BCE-500-36	BCE-600-36	BCE-750-36
45	BCE-150-45	BCE-200-45	BCE-250-45	BCE-300-45	BCE-400-45	BCE-500-45	BCE-600-45	BCE-750-45
54	BCE-150-54	BCE-200-54	BCE-250-54	BCE-300-54	BCE-400-54	BCE-500-54	BCE-600-54	BCE-750-54
81	BCE-150-81	BCE-200-81	BCE-250-81	BCE-300-81	BCE-400-81	BCE-500-81	BCE-600-81	BCE-750-81

注：81kW 热水器的电热元件为三角形接法，其余为星型接法。

电流和电热元件数量　　　　　　　　　　　　表 16.4-54

输入功率 (kW)	208V 相数		220V 相数	240V 相数		380V 相数	415V 相数	480V 相数	电热元件 数量
	1	3	1	1	3	3	3	3	
9	43.2	25.0	40.9	37.2	21.6	14	13	10.8	3
12	57.6	33.3	54.5	50.0	28.9	19	17	14.4	3
15	72.1	41.6	68.2	62.5	36.1	23	21	18.0	3
18	86.5	50.0	81.8	75.0	43.4	28	25	21.6	3
24	115.4	66.7	109.1	100.0	57.8	37	34	28.9	6
30	144.2	83.3	136.4	125.0	72.2	46	42	36.1	6
36	173.0	100.0	163.6	150.0	86.7	55	50	43.3	6
45	216.3	125.0	204.5	187.5	108.3	69	63	54.1	9
54	259.6	150.0	245.5	225.0	130.0	83	75	65.0	9
81	389.4	224.8	368.2	337.5	194.9	123.1	112.7	97.4	9

相对温升下每小时产生的热水量（美制加仑 gal/L）　　　　表 16.4-55

输入功率 (kW)	BTU/ h	30℉ 17℃	40℉ 22℃	50℉ 28℃	60℉ 33℃	70℉ 39℃	80℉ 45℃	90℉ 50℃	100℉ 56℃	110℉ 61℃	120℉ 67℃	130℉ 72℃	140℉ 78℃
9	30, 717	123 465	92 349	74 279	62 233	53 199	46 174	41 155	37 140	34 127	31 116	28 107	26 100
12	40, 956	164 620	123 465	98 372	82 310	70 265	61 233	55 207	49 186	45 169	41 155	38 143	35 133
15	51, 195	205 775	154 582	123 465	102 388	88 332	77 291	68 258	61 233	56 211	51 194	47 179	44 165

续表

输入功率(kW)	BTU/h	30°F 17℃	40°F 22℃	50°F 28℃	60°F 33℃	70°F 39℃	80°F 45℃	90°F 50℃	100°F 56℃	110°F 61℃	120°F 67℃	130°F 72℃	140°F 78℃
18	61,434	246 / 930	184 / 698	148 / 558	123 / 465	105 / 399	92 / 349	82 / 310	74 / 279	67 / 254	61 / 233	57 / 215	53 / 199
24	81,912	328 / 1241	246 / 930	197 / 744	164 / 620	140 / 532	123 / 465	109 / 414	98 / 372	89 / 338	82 / 310	76 / 286	70 / 266
30	102,390	410 / 1551	307 / 1163	246 / 930	205 / 775	176 / 665	154 / 582	137 / 517	123 / 465	112 / 423	102 / 388	95 / 358	88 / 332
36	122,868	492 / 1861	369 / 1396	295 / 1117	246 / 930	211 / 798	184 / 698	164 / 620	148 / 556	134 / 508	123 / 465	113 / 429	105 / 399
45	153,585	615 / 2326	461 / 1745	369 / 1398	307 / 1163	263 / 997	230 / 872	205 / 775	184 / 698	168 / 634	154 / 582	142 / 537	132 / 498
54	184,302	738 / 2791	553 / 2094	443 / 1659	369 / 1396	316 / 1196	277 / 1047	246 / 930	221 / 837	201 / 761	184 / 696	170 / 644	158 / 598
81	276,453	1107 / 4190	830 / 3143	664 / 2514	554 / 2095	474 / 1796	415 / 1571	369 / 1397	332 / 1257	302 / 1143	277 / 1048	255 / 967	237 / 898

注：1kW(3413BTU)＝4.1gal 水升高 100°F 所需热量。

3. BSE 商用智能型电热水器

（1）型号说明

BSE-120-90

BSE——商用智能型电热水器；120——储水容积（gal）；54——电功率（kW）。

（2）外形尺寸及主要外形参数见图 16.4-32、表 16.4-56。

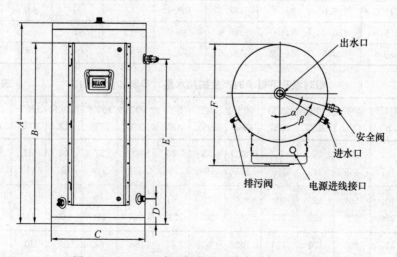

图 16.4-32　BSE 商用智能型电热水器外形尺寸图

BSE 商用智能型电热水器主要外形参数 表 16.4-56

型号	容积 (gal/L)	A 热水器高度 (mm)	B 控制箱高度 (mm)	C 热水器外径 (mm)	D 进水口高度 (mm)	E 安全阀高度 (mm)	F 深度 (mm)	α (°)	β (°)	净重 (kg)
BSE-50	50/190	1364	1310	550	150	1121	724	75	90	90
BSE-80	80/300	1469	1375	650	173	1201	824	65	75	105
BSE-120	120/455	1539	1405	750	197	1247	924	45	70	137

（3）性能参数、电流和电热元件数量、相对温升下每小时产生的热水量见表 16.4-57～表 16.4-59。

性 能 参 数 表 16.4-57

功率 (kW)	型号			额定工作 压力 (MPa)	温度调节 范围 (℃)	进出水 管径 (mm)	安全阀 管径 (mm)	排污阀 管径 (mm)
	50gal/190L	80gal/300L	120gal/455L					
60	BSE-50-60	BSE-80-60	BSE-120-60	1.1	32-88	DN32	DN20	DN20
75	BSE-50-75	BSE-80-75	BSE-120-75	1.1	32-88	DN32	DN20	DN20
90	BSE-50-90	BSE-80-90	BSE-120-90	1.1	32-88	DN32	DN20	DN20

电流和电热元件、交流接触器数量 表 16.4-58

输入 功率 (kW)	内浸式电热 元件		50A 交流接触器 数量		208V 相数		220V 相数	240V 相数		380V 相数	415V 相数	480V 相数
	数量	(kW)	208V/ 240V	380V/ 415V/ 480V	1	3	1	1	3	3	3	3
60	4	15	4	4	—	166.4	—	250.0	144.4	91	84	72.0
75	5	15		5	—	208.0	—		180.5	114	105	90.0
90	5	18	5		—	249.6	—		216.6	137	126	108.0

相对温升下每小时产生的热水量（美制加仑 gal/L） 表 16.4-59

输入功率 (kW)	BTU/ h	30°F 17℃	40°F 22℃	50°F 28℃	60°F 33℃	70°F 39℃	80°F 45℃	90°F 50℃	100°F 56℃	110°F 61℃	120°F 67℃	130°F 72℃	140°F 78℃
60	204, 780	820 3100	616 2328	492 1860	408 1552	352 1328	308 1164	272 1032	244 932	224 844	204 776	188 596	176 512
75	255, 975	1025 3875	770 2910	615 2325	510 1940	440 1660	385 1455	340 1290	305 1165	280 1055	255 970	235 745	220 640
90	307, 170	1230 4650	924 3492	738 2790	612 2328	528 1992	462 1746	408 1548	366 1398	335 1266	306 1164	282 894	264 768

注：1kW(3413BTU)=4.1gal 水升高 100°F 所需热量。

4. EHW 电热水锅炉

（1）型号说明

EHW75S-720-400-1.0

EHW——电热水锅炉；

75——直径（cm）；

S——元件位置双端；

D——元件位置单端；

720——电功率（kW）；

400——电压（V）；

1.0——额定工作压力（MPa）。

（2）外形尺寸及主要外形参数见图 16.4-33，表 16.4-60。

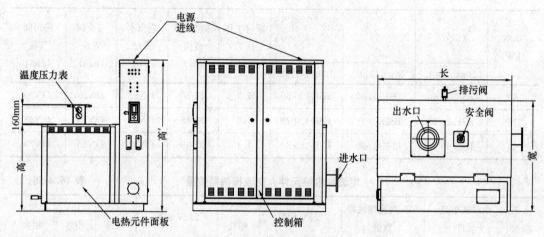

图 16.4-33　EHW 电热水锅炉外形尺寸图

EHW 电热水锅炉外形尺寸及主要参数　　　　　表 16.4-60

型号	最大输入功率（kW）	输出热量（10^4kcal）	电热元件组	最大流量（m³/h）	连接尺寸 DN（mm） 进/出水	排污阀	内胆尺寸 直径（mm）	容量（L）	外形尺寸（mm） 长	宽	高	高′	质量（kg） 装载质量	运行质量
EHW40D	180	15	12	35	80	25	400×1100	114	1350	930	660	980	370	487
EHW40S	210	18	14	35	80	25	400×1100	114	1350	930	660	980	390	507
EHW50S	390	34	26	65	100	25	500×1150	200	1450	990	760	1270	480	657
EHW60S	660	57	44	88	100	32	600×1200	330	1450	1130	890	1370	580	860
EHW75S	1080	93	72	140	150	40	750×1200	480	1500	1270	1080	1830	860	1270
EHW90S	1500	129	100	200	150	50	900×1200	625	1650	1520	1260	1880	1160	1870
EHW100S	1860	160	124	250	200	50	1000×1250	880	1650	1580	1380	2150	1360	2240
EHW110S	2280	196	152	280	200	50	1100×1300	1090	1700	1680	1480	2200	1630	2720
EHW120S	2640	227	176	400	250	50	1200×1400	1390	1800	1780	1600	2280	2080	3470
EHW130S	3000	258	200	400	250	50	1300×1500	1480	1900	1880	1700	2280	2490	3970

（3）不同电压规格参数见表 16.4-61、表 16.4-62。

380～415V 型号规格　　　　表 16.4-61

型号	电热元件组	总功率（kW）	回路	每步（kW）	电流（A）400/3
EHW40D-150	10	150	5	5@30	217
EHW40D-180	12	180	6	6@30	260
EHW40S-210	14	210	7	1@60 5@30	303
EHW50S-240	16	240	8	8@30	346
EHW50S-270	18	270	9	1@60 7@30	390
EHW50S-300	20	300	10	2@60 6@30	433
EHW50S-330	22	330	11	3@60 5@30	476
EHW50S-360	24	360	12	4@60 4@30	520
EHW50S-390	26	390	13	5@60 3@30	563
EHW60S-420	28	420	14	6@60 2@30	606
EHW60S-450	30	450	15	7@60 1@30	650
EHW60S-480	32	480	16	8@60	693
EHW60S-510	34	510	17	7@60 3@30	736
EHW60S-540	36	540	18	8@60 2@30	779
EHW60S-570	38	570	19	9@60 1@30	823
EHW60S-600	40	600	20	10@60	866
EHW60S-630	42	630	21	9@60 3@30	909
EHW60S-660	44	660	22	10@60 2@30	953
EHW75S-690	46	690	23	11@60 1@30	996
EHW75S-720	48	720	24	12@60	1039
EHW75S-750	50	750	25	11@60 1@90	1083
EHW75S-780	52	780	26	10@60 2@90	1126
EHW75S-810	54	810	27	9@60 3@90	1169
EHW75S-840	56	840	28	8@60 4@90	1212
EHW75S-870	58	870	29	7@60 5@90	1256
EHW75S-900	60	900	30	6@60 6@90	1299
EHW75S-930	62	930	31	5@60 7@90	1342
EHW75S-960	64	960	32	4@60 8@90	1386
EHW75S-990	66	990	33	3@60 9@90	1429
EHW75S-1020	68	1020	34	2@60 10@90	1472
EHW75S-1050	70	1050	35	1@60 11@90	1516
EHW75S-1080	72	1080	36	12@90	1559
EHW90S-1140	76	1140	38	4@60 10@90	1645

续表

型号	电热元件组	总功率(kW)	回路	每步(kW)	电流(A) 400/3
EHW90S-1200	80	1200	40	2@60 12@90	1732
EHW90S-1260	84	1260	42	14@90	1819
EHW90S-1320	88	1320	44	4@60 12@90	1905
EHW90S-1380	92	1380	46	2@60 14@90	1992
EHW90S-1440	96	1440	48	16@90	2079
EHW90S-1500	100	1500	50	4@60 14@90	2165
EHW100S-1560	104	1560	52	2@60 16@90	2252
EHW100S-1620	108	1620	54	18@90	2338
EHW100S-1680	112	1680	56	4@60 16@90	2425
EHW100S-1740	116	1740	58	2@60 18@90	2512
EHW100S-1800	120	1800	60	20@90	2598
EHW100S-1860	124	1860	62	4@60 18@90	2685
EHW110S-1920	128	1920	64	2@60 20@90	2771
EHW110S-1980	132	1980	66	22@90	2858
EHW110S-2040	136	2040	68	4@60 20@90	2945
EHW110S-2100	140	2100	70	2@60 22@90	3031
EHW110S-2160	144	2160	72	24@90	3118
EHW110S-2220	148	2220	74	2@120 22@90	3204
EHW110S-2280	152	2280	76	4@120 20@90	3291
EHW120S-2340	156	2340	78	6@120 18@90	3378
EHW120S-2400	160	2400	80	8@120 16@90	3464
EHW120S-2460	164	2460	82	10@120 14@90	3551
EHW120S-2520	168	2520	84	12@120 12@90	3637
EHW120S-2580	172	2580	86	14@120 10@90	3724
EHW120S-2640	176	2640	88	16@120 8@90	3811
EHW130S-2700	180	2700	90	18@120 6@90	3897
EHW130S-2760	188	2760	92	20@120 4@90	3984
EHW130S-2820	188	2820	94	22@120 2@90	4070
EHW130S-2880	192	2880	96	24@120	4157

480V 型号规格   表 16.4-62

型号	电热元件		总功率(kW)	回路	每步(kW)	电流(A) 480/3
	数量	功率				
EHW40D-150	10×15		150	5	5@30	181
EHW40D-180	10×18		180	5	5@36	217
EHW40D-200	10×20		200	5	5@406	241
EHW40S-210	14×15		210	7	7@30	253

续表

型号	电热元件		总功率 (kW)	回路	每步 (kW)	电流 (A) 480/3
	数量	功率				
EHW50S-216	12×18		216	6	6@36	260
EHW50S-240	12×20		240	6	6@40	289
EHW50S-252	14×18		252	7	7@36	304
EHW50S-280	14×20		280	7	7@40	337
EHW50S-320	16×20		320	8	8@40	385
EHW50S-360	20×18		360	10	10@36	434
EHW60S-400	20×20		400	10	2@80 6@40	482
EHW60S-440	22×20		440	11	3@80 5@40	530
EHW60S-480	24×20		480	12	4@80 4@40	578
EHW60S-520	26×20		520	13	5@80 3@40	626
EHW60S-560	28×20		560	14	6@80 2@40	674
EHW60S-600	30×20		600	15	7@80 1@40	722
EHW60S-640	32×20		640	16	8@80	770
EHW60S-680	34×20		680	17	7@80 3@40	818
EHW75S-720	36×20		720	18	8@80 2@40	867
EHW75S-760	38×20		760	19	9@80 1@40	915
EHW75S-800	40×20		800	20	10@80	963
EHW75S-840	42×20		840	21	9@80 3@40	1011
EHW75S-880	44×20		880	22	10@80 2@40	1059
EHW75S-920	46×20		920	23	11@80 1@40	1107
EHW75S-960	48×20		960	24	12@80	1156
EHW75S-1000	50×20		1000	25	1@120 11@80	1204
EHW75S-1040	52×20		1040	26	2@120 10@80	1252
EHW75S-1080	54×20		1080	27	3@120 9@80	1300
EHW90S-1120	56×20		1120	28	4@120 8@80	1348
EHW90S-1160	58×20		1160	29	5@120 7@80	1396
EHW90S-1200	60×20		1200	30	6@120 6@80	1444
EHW90S-1240	62×20		1240	31	7@120 5@80	1493
EHW90S-1280	64×20		1240	32	8@120 4@80	1541
EHW90S-1320	66×20		1320	33	9@120 3@80	1589
EHW90S-1360	68×20		1360	34	10@120 2@80	1637
EHW90S-1400	70×20		1400	35	11@120 1@80	1685
EHW90S-1440	72×20		1440	36	12@120	1733
EHW90S-1480	74×20		1480	37	9@120 5@80	1781

| 型号 | 电热元件 | | 总功率 | 回路 | 每步（kW） | 电流（A） |
	数量	功率	（kW）			480/3
EHW100S-1520	76×20		1520	38	10@120 4@80	1829
EHW100S-1560	78×20		1440	39	11@120 3@80	1877
EHW100S-1600	80×20		1600	40	12@120 2@80	1926
EHW100S-1680	84×20		1680	42	14@120	2022
EHW100S-1760	88×20		1760	44	12@120 4@80	2119
EHW100S-1840	92×20		1840	46	14@120 2@80	2215
EHW110S-1920	96×20		1920	48	16@120	2311
EHW110S-2000	100×20		2000	50	14@120 4@80	2407
EHW110S-2080	104×20		2080	52	16@120 2@80	2503
EHW110S-2160	108×20		2160	54	18@120	2600
EHW110S-2240	112×20		2240	56	16@120 4@80	2696
EHW120S-2320	116×20		2320	58	18@120 2@80	2792
EHW120S-2400	120×20		2400	60	20@120	2888
EHW120S-2480	124×20		2480	62	18@120 4@80	2985
EHW120S-2560	128×20		2560	64	20@120 2@80	3081
EHW120S-2640	132×20		2640	66	22@120	3177
EHW130S-2720	136×20		2720	68	20@120 4@80	3273
EHW130S-2800	140×20		2800	70	22@120 2@80	3369
EHW130S-2880	144×20		2880	72	24@120	3466
EHW130S-2960	148×20		2960	74	2@160 22@120	3562
EHW130S-3040	152×20		3040	76	4@160 20@120	3658
EHW130S-3120	156×20		3120	78	6@160 18@120	3755
EHW130S-3200	160×20		3200	80	8@160 16@120	3851
EHW130S-3280	164×20		3280	82	10@160 14@120	3947
EHW130S-3360	168×20		3360	84	12@160 12@120	4044
EHW130S-3440	172×20		3440	86	14@160 10@120	4140
EHW130S-3520	176×20		3520	88	16@160 8@120	4236
EHW130S-3600	180×20		3600	90	18@160 6@120	4332

16.4.9 无动力集热循环太阳能热水机组

1. 真空管型无动力集热循环太阳能热水机组

（1）型号说明

SLY-300L/24-5818

SLY——无动力集贮热装置；

300L——集贮热装置贮水容积；

24——24 支全玻璃真空管；

5818——ϕ58×1800 全玻璃真空管。

单组、多组集贮热装置如图 16.4-34、图 16.4-35 所示。

图 16.4-34 单组集贮热装置布置

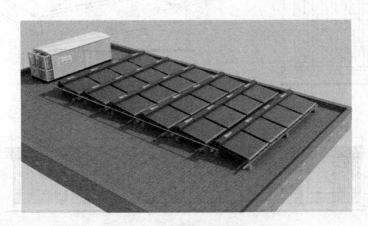

图 16.4-35 多组集贮热装置布置

（2）真空管型无动力集热循环太阳能集贮热装置主要设计参数见表 16.4-63。

真空管型无动力集热循环太阳能集贮热装置选型参数　　　　表 16.4-63

名称	型号、参数
无动力太阳能集热器	SLY-300L/24-5818
无动力太阳能集热器尺寸	长度×宽度×高度 ＝2300×2167×520
集热面积	3.6m²
年平均集热效率	50％
集热器水头损失	1.0～2.0m
全玻璃真空管	24 支 ϕ58×1800 全玻璃真空管

续表

名称	型号、参数
贮热内胆	SUS304 不锈钢，直径 φ380mm
内置换热器	316L 不锈钢
保温层	50～70mm 聚氨酯发泡
总有效贮水量	300L
产品净重	100kg
满水重量	400kg
单位荷载	120kg/m²

（3）真空管型无动力集热循环太阳能集贮热装置外形尺寸如图 16.4-36 所示。

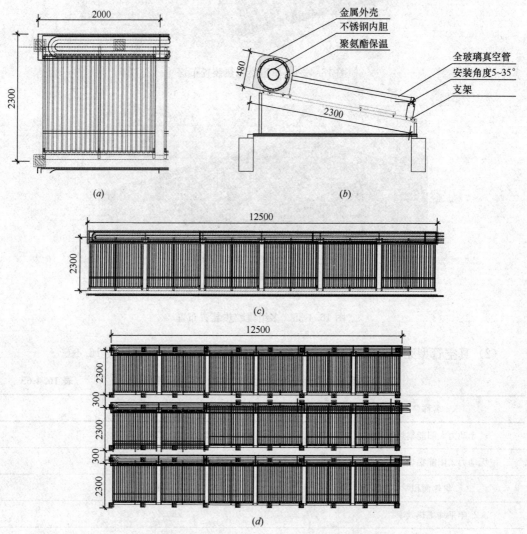

图 16.4-36　真空管型无动力集热循环太阳能集贮热装置外形尺寸图（一）

（a）单台集贮热装置外形图；（b）无动力集贮热装置断面图；（c）6台集贮热装置串联外形图；

（d）多组集热器串并联布置图（集热面积 3.6×18＝65m²）

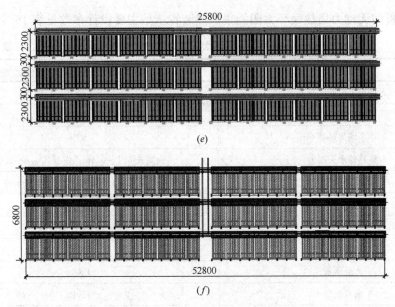

图 16.4-36　真空管型无动力集热循环太阳能集贮热装置外形尺寸图（二）

(e) 多组集热器串并联布置图（集热面积 3.6×36＝130m²）；

(f) 多组集热器串并联布置图（集热面积 3.6×72＝260m²）

2. 平板型无动力集热循环太阳能热水机组

（1）型号说明

SLJC-P-230L-4.0

SLJC——无动力集贮热装置；

P——平板型集热器；

230L——集贮热装置贮水容积；

4.0——模块集热面积（m²）；

单组无动力集贮热装置外形如图 16.4-37 所示。

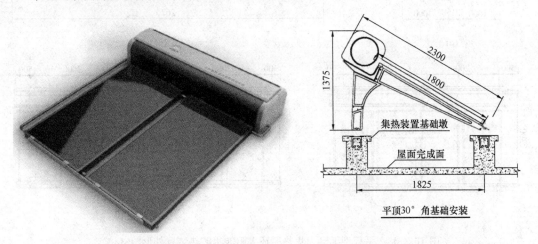

图 16.4-37　单组无动力集贮热装置外形图

（2）平板型无动力集热循环太阳能集贮热装置选型主要设计参数见表16.4-64。

平板型无动力集热循环太阳能集贮热装置选型参数　　　　　表 16.4-64

名称	型号、参数
无动力太阳能集热器	SLJC-P-230L-4.0
集热面积	$4m^2$
年平均集热效率	50%
集热器水头损失	内筒式 0.1～0.3m，内管式 1.0～2.0m
贮热内胆	SUS304 不锈钢，直径 ϕ380mm
内置换热器	316L 不锈钢
保温层	50mm 聚氨酯发泡
总容水量	230L
产品净重	190kg
满水重量	420kg
单位荷载	$120kg/m^2$

（3）集贮热装置外形尺寸如图 16.4-38 所示。

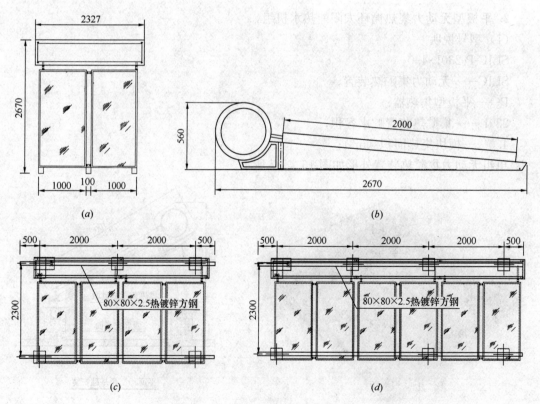

图 16.4-38　平板型无动力集热循环太阳能集贮热装置外形图（一）

（a）单台集贮热装置外形图；（b）无动力集贮热装置断面图；（c）2 台集贮热装置外形图；

（d）3 台集贮热装置外形图

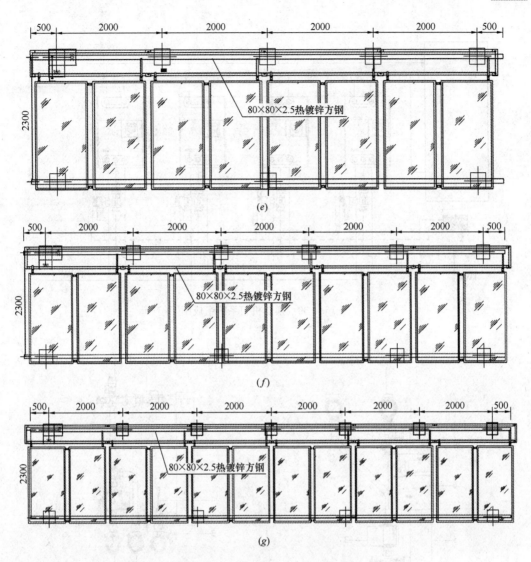

图 16.4-38　平板型无动力集热循环太阳能集贮热装置外形（二）

（*e*）4 台集贮热装置外形图；（*f*）5 台集贮热装置外形图；（*g*）6 台集贮热装置外形图

16.4.10　模块式智能化换热机组

1. 模块式智能化换热机组系统组成如图 16.4-39 所示。
2. 模块式智能化换热机组产品组成如图 16.4-40、图 16.4-41 所示。
3. 模块式智能化换热机组选型参数见表 16.4-65、表 16.4-66。

模块式智能化换热机组 Regumaq X30 产水量（L/min）　　　　表 16.4-65

热媒温度（℃）　　热水温度（℃）	55	60	65	70	75	80	85
50	22	28	33	38	42	44	56
55		22	28	30	33	38	42
60			23	28	32	34	36

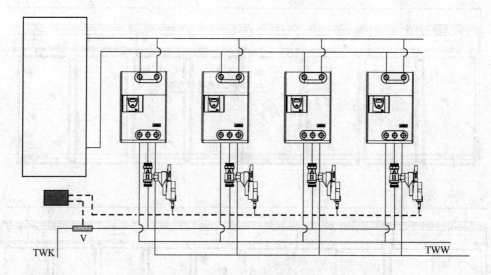

图 16.4-39 换热机组系统组成图

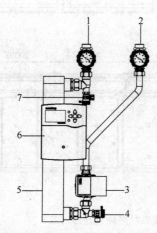

图 16.4-40 热媒侧组件图

1—带有温度传感器接口的球阀，并在手轮内部设置了温度传感器及仪表；2—带有止回功能的球阀，并在手轮内部设置了温度传感器及仪表；3—一次泵；4—冲洗、注排水装置；5—板式换热器；6—电子控制器；7—冲洗、注排水装置

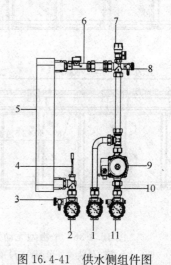

图 16.4-41 供水侧组件图

1—带有温度传感器接口的球阀，并在手轮内部设置了温度传感器及仪表；2—带有温度传感器接口的球阀，并在手轮内部设置了温度传感器及仪表；3—冲洗、注排水装置；4—温度传感器；5—板式换热器；6—流量传感器；7—生活热水安全阀；8—冲洗、注排水装置；9—循环泵；10—止回阀；11—带有温度传感器接口的球阀，并在手轮内部设置了温度传感器及仪表，集成了排水阀

模块式智能化换热机组 Regumaq X80 产水量（L/min）　　　表 16.4-66

热媒温度（℃）＼热水温度（℃）	55	60	65	70	75	80	85	90
45	66	82	92	104	116	124	142	148
55		46	59	70	80	88	98	108
60			45	55	66	75	84	94

4. 模块式智能化换热机组外形尺寸如图 16.4-42、图 16.4-43 所示。

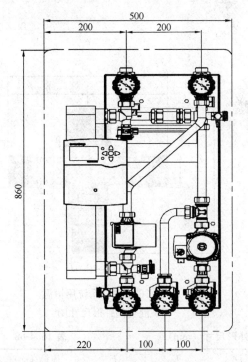

图 16.4-42　换热机组 Regumaq X30
　　　　　外形尺寸图

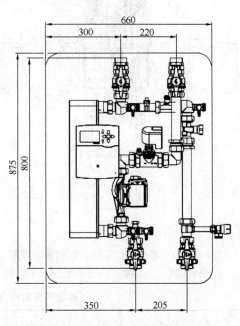

图 16.4-43　换热机组 Regumaq X80
　　　　　外形尺寸图

5. 适用范围：高端别墅、公寓等建筑的局部热水供应。

16.4.11　恒温混合阀

1. 系统用恒温混合阀

（1）系统用恒温混合阀构造原理如图 16.4-44 所示。

（2）系统用恒温混合阀选型参数见表 16.4-67。

系统用恒温混合阀选型参数　　　　　　表 16.4-67

DN（mm）	公称混合出流量 K_v（m³/h）	混合出流量（m³/h）	水头损失 h（MPa）
15	1.5	0.24～1.8	0.005～0.15
20	1.7	0.24～2.0	0.005～0.15
25	3.0	0.36～3.6	0.005～0.15

DN（mm）	公称混合出流量 K_v（m³/h）	混合出流量（m³/h）	水头损失 h（MPa）
32	7.6	1.0～9.3	0.005～0.15
40	11.0	1.5～13.5	0.005～0.15
50	13.3	2.0～16.3	0.005～0.15

注：宜按水头损失≤0.02MPa选择混合出流量。

（3）系统用恒温混合阀外形尺寸见图16.4-45、表16.4-68。

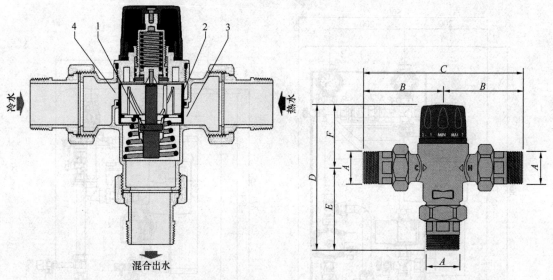

图16.4-44 系统用恒温混合阀构造原理图   图16.4-45 系统用恒温
1—热敏元件；2—活塞；3—热水端；4—冷水端   混合阀外形尺寸图

系统用恒温混合阀外形尺寸（mm）   表 16.4-68

DN	A	B	C	D	E	F	质量（kg）
15	15	62.5	125	136.5	82	54	0.64
20	20	67	134	137	82	55	0.81
25	25	83.5	167	173	100.5	72	1.2
32	32	104.5	209	195.5	109	86.5	2.47
40	40	121	242	219.5	129	90.5	3.81
50	50	131	262	234.5	139	95.5	5.58

2. 末端用恒温混合阀（Ⅰ）

（1）末端用恒温混合阀（Ⅰ）构造及工作原理同图16.4-44所示。

（2）末端用恒温混合阀（Ⅰ）选型参数见表16.4-69。

末端用恒温混合阀（Ⅰ）选型参数   表 16.4-69

DN（mm）	公称混合出流量 K_v（m³/h）	混合出流量（m³/h）	水头损失 h（MPa）
20	1.7	0.24～2.0	0.005～0.15

（3）末端用恒温混合阀（Ⅰ）外形尺寸及尺寸表如图16.4-46所示。

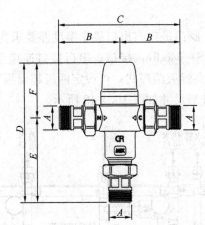

A	B	C	D	E	F
3/4″	66.5	133	130	81.5	48.5

图 16.4-46　末端用恒温混合阀（Ⅰ）外形尺寸图及尺寸表

3. 末端用恒温混合阀（Ⅱ）

（1）末端用恒温混合阀（Ⅱ）构造原理类同阀（Ⅰ）。

（2）末端用恒温混合阀（Ⅱ）选型参数见表 16.4-70。

末端用恒温混合阀（Ⅱ）选型参数　　　　表 16.4-70

型号	管径	流量 q（L/s）	水头损失 h（MPa）
DMV2	$DN15$	0.15～0.32	0.02～0.10
DMV3	$DN15$	0.30～0.63	0.02～0.10
DMV23	$DN20$	0.30～0.63	0.02～0.10
RADA320	$DN25$	0.45～0.82	0.02～0.10
RADA450	$DN32$	0.90～1.70	0.02～0.10

（3）末端用恒温混合阀（Ⅱ）外形尺寸如图 16.4-47 所示。

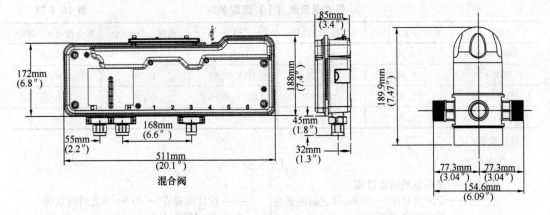

图 16.4-47　末端用恒温混合阀（Ⅱ）外形尺寸图

4. 系统配热力灭菌功能的恒温混合阀（Ⅰ）

（1）构造及运行原理

1）该阀由恒温混合阀（主阀）配电子执行器组成。

2) 运行原理

DRV 数控主阀功能：水温波动控制在±1℃；阀门进口与出口最小温度差要求为1℃；自我诊断故障信息显示；内置楼宇自控系统（BAS）Modbus 接口；串行接口连接至楼宇自控系统（BACnet、LonWorks、Web）；可设定高温灭菌模式；可设定两级超温报警。

（2）单阀外形尺寸如图 16.4-48 所示，阀组外形尺寸如图 16.4-49 所示。

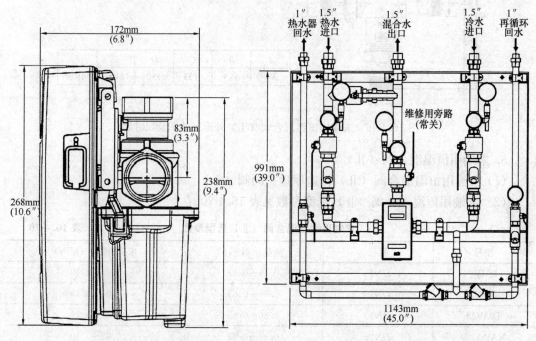

图 16.4-48　DRV 数控主阀外形尺寸图　　　　图 16.4-49　DRV 数控主阀阀组外形尺寸图

（3）选型参数见表 16.4-71。

恒温混合阀（Ⅰ）选型参数

表 16.4-71

型号	流量 q（m³/h）	水头损失 h（MPa）	型号	流量 q（m³/h）	水头损失 h（MPa）
DRV40/R	10.90	≤0.03	DMC80	21.35	≤0.03
DMC40	10.90	≤0.03	DMC80-80	42.70	≤0.03
DMC40-40	21.80	≤0.03	DMC80-80-80	64.05	≤0.03
DRV80/R	21.35	≤0.03	—	—	—

注：型号标记：

DRV40/R
- 循环系统回水管束
- 设计流量在0～10.9m³/h之间的系统
- 数字再循环阀

DMC40
- 设计流量在0～10.9m³/h之间的系统
- 数字混合中心

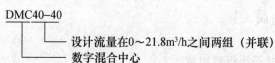

DMC40-40
- 设计流量在0～21.8m³/h之间两组（并联）
- 数字混合中心

5. 系统配热力灭菌功能的恒温混合阀（Ⅱ）

（1）构造及运行原理

1）该阀由恒温混合阀（主阀）配电子执行器组成。

2）运行原理：由电子执行器根据系统设置控制系统按正常工况和灭菌工况运行。

（2）外形尺寸见图16.4-50、表16.4-72。

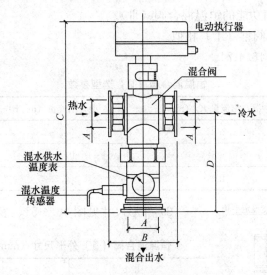

图 16.4-50　阀体外形尺寸图

恒温混合阀（Ⅱ）外形尺寸（mm）　　　　　　　　　　表 16.4-72

DN	A	B	C	D	E	F	G	质量（kg）
20	20	74	200	85	145	180	105	1.3
25	25	75	212	95	145	180	105	1.7
32	32	85	226	140	145	180	105	2.3
40	40	100	248	150	145	180	105	2.9
50	50	110	266	170	145	180	105	5.0
65	65	235	600	275	145	180	105	28
80	80	235	600	275	145	180	105	30.4

（3）选型参数见表16.4-73。

恒温混合阀（Ⅱ）选型参数　　　　　　　　　　表 16.4-73

DN（mm）	公称混合出流量 K_v（m³/h）	混合出流量（m³/h）	水头损失 h（MPa）
20	5.2	0.5～1.6	0.005～0.01
25	9.0	0.7～3.3	0.005～0.01
32	14.5	1.0～4.6	0.005～0.01
40	23.0	1.5～7.5	0.005～0.01
50	32.0	2.0～10.0	0.005～0.01

续表

DN（mm）	公称混合出流量 K_v（m³/h）	混合出流量（m³/h）	水头损失 h（MPa）
60	90.0	4.0～30.0	0.005～0.01
80	120.0	5.0～40.0	0.005～0.01

注：宜按水头损失≤0.02MPa选择混合出流量。

6. 系统配热力灭菌功能的恒温混合阀（Ⅲ）

（1）运行原理：与阀型（Ⅰ）相似。

（2）选型参数见表16.4-74。

恒温混合阀（Ⅲ）选型参数　　　　　　　　表 16.4-74

DN（mm）	公称混合出流量 K_v（m³/h）	混合出流量（m³/h）	水头损失 h（MPa）
20	2.3	0.2～2.0	0.001～0.1
25	4.5	0.4～4.5	0.001～0.1
32	4.8	0.5～5	0.001～0.1

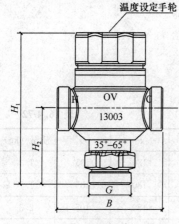

图 16.4-51　恒温混合阀（Ⅲ）
外形尺寸图

（3）外形尺寸见图16.4-51、表16.4-75。

恒温混合阀（Ⅲ）外形尺寸（mm）　　　　表 16.4-75

DN	G	B	H_1	H_2
20	1	80	117	62
25	25	114	124	62
32	32	114	124	62

16.4.12　循环专用阀

1. 温控循环阀（Ⅰ）

（1）构造原理如图16.4-52所示。

（2）运行原理

1）循环平衡功能：达到设定温度时，由恒温传感器（2）控制的活塞（1）调节热水出口（3）闭合，使循环水流向其他管路。温度降低时，执行相反操作，出口重新打开，这样使系统的所有支路都能够达到要求温度。

2）辅助杀菌功能：当进入阀体水温达到灭菌水温（≈70℃）时，阀芯半闭，通过约

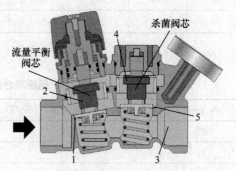

图 16.4-52　温控循环阀（Ⅰ）构造原理图
1—活塞；2—恒温传感器；3—热水出口；
4—恒温传感器；5—旁通阀

1/2的循环流量，灭菌运行结束时阀体恢复正常运行。

（3）选型参数见表16.4-76。

温控循环阀（Ⅰ）选型参数　　　　　　　　表16.4-76

DN（mm）	K_V（Δt=5K）（m³/h）	调节流量（m³/h）	阻损（MPa）	旁通杀菌流量（m³/h）
15	0.45	0.03～0.2	0.005～0.2	0.07～0.45
20	0.45	0.03～0.2	0～0.04	0.07～0.45

（4）外形尺寸见图16.4-53、表16.4-77。

温控循环阀（Ⅰ）安装尺寸（mm）　　　　　表16.4-77

DN	A	B	C	D	质量（kg）
15	15	100	18.5	74.5	0.75
20	20	100	18.5	74.5	0.70

2. 温控循环阀（Ⅱ）

（1）构造原理如图16.4-54所示。

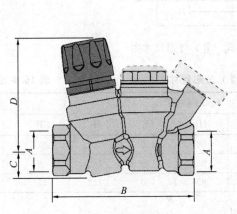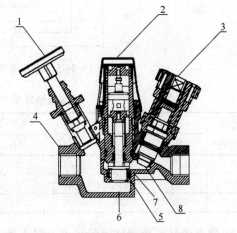

图16.4-53　温控循环阀（Ⅰ）
外形尺寸图

图16.4-54　温控循环阀（Ⅱ）构造原理图
1—温度计；2—温度设定手轮；3—流量设定手轮；
4—阀体；5—温度传感器；6—温控阀杆；
7—阀座；8—水力平衡阀杆

（2）运行原理

1）通过温度手轮（2）设定循环管道温度，在生活热水恒温平衡阀的内部设有高敏温度传感器（5），它根据设定温度使热敏元件膨胀或收缩调节阀杆（6）位置改变阀门开度，从而自力式调节所控环路循环流量。

2）通过流量设定手轮（3）进行系统预调节流量设定，特殊设计的阀座（7）与阀杆（8）结构保证线性的流量特性曲线。

3）温控循环阀具有热力杀菌功能，可配合系统高温热水进行相关流量调节。

4）通过温度计（1）可监控管道温度。温度计移除后可通过传感器连接楼控系统或通过配件进行系统排水排气。

（3）选型参数见表 16.4-78。

温控循环阀（Ⅱ）流量选用

表 16.4-78

DN（mm）	K_V（$\Delta t=5K$） （m³/h）	恒温调节流量 （m³/h）	旁通杀菌流量 （m³/h）
15	0.31	0.03～0.11	0.06～0.23
20	0.44	0.06～0.31	0.11～0.50
25	0.6	0.086～0.42	0.14～1.10

（4）外形尺寸见图 16.4-55、表 16.4-79。

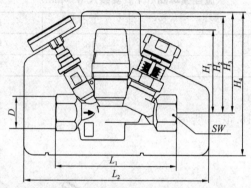

图 16.4-55   温控循环阀（Ⅱ）外形尺寸图

温控循环阀（Ⅱ）外形尺寸

表 16.4-79

公称直径 DN（mm）	外形尺寸（mm）								质量 （kg）
	D	L_1	L_2	H_1	H_2	H_3	H_4	SW	
15	Rp½	110	188	83	96	100	142	27	1
20	Rp¾	123	188	83	96	100	142	32	1.06
25	Rp1	133	188	83	98	100	142	41	1.18

3. 静态流量平衡阀（流量计型流量平衡阀）

（1）构造原理如图 16.4-56 所示。

（2）运行原理

流量的调节通过阀杆 2 控制球阀 1 的开关度完成，其调节的流量则通过流量计 3 显示。流量计与平衡阀体旁通连接，当需要调试流量时，拉开流量计活塞杆，旁通流量则通过透明的刻度显示器 5 内部的磁性浮球 4 显示出来。

（3）选型参数见表 16.4-80。

流量计型流量平衡阀技术参数

表 16.4-80

编号	132402	132512	132522	132602	132702	132802	132902
口径	1/2″	3/4″	3″/4	1″	1¼″	1½″	2″
流量（l/min）	2～7	5～13	7～28	10～40	20～70	30～120	50～200
K_v（m³/h）	0.9	2.5	5.4	7.2	13.1	27.8	46.4

（4）外形尺寸见图 16.4-57、表 16.4-81。

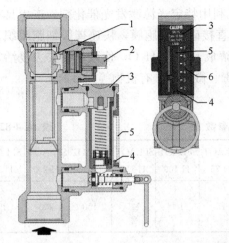
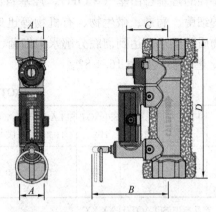

图16.4-56　流量计型流量平衡阀构造原理图
1—控制球阀；2—阀杆；3—流量计；
4—磁性浮球；5—刻度显示器

图 16.4-57　流量计型流量平衡
阀外形尺寸图

流量计型流量平衡阀外形尺寸（mm）　　　　　　　　　表 16.4-81

A	B	C	D	质量（kg）
20	83.5	45.5	145	0.74
20	83.5	45.5	145	0.74
25	85	47	158	0.96
32	88	50	163.5	1.19
40	91	56.5	171	1.47
50	96.5	62	177	2.00

16.4.13　紫外光催化二氧化钛（AOT）消毒装置

1. 构造如图 16.4-58 所示。

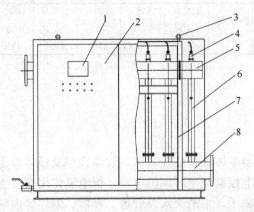

序号	名称
1	控制面板
2	外壳
3	吊环
4	灯罩及灯连接器
5	出水汇管
6	反应器（含腔体、UV灯、石英套管）
7	支架
8	进水汇管

图 16.4-58　AOT 结构示意图

2. 工作原理

AOT 灭菌设备采用光催化高级氧化技术，利用特定光源激发光催化剂，产生具有强氧化特性的羟基自由基（·OH）。羟基自由基直接破坏细胞膜，快速摧毁细胞组织。将水中的细菌、病毒、微生物、有机物等迅速分解成 CO_2 和 H_2O，使微生物失去复活、繁殖的物质基础从而达到彻底分解水中细菌、病毒、微生物、有机物等的目的。

3. 选型参数见表 16.4-82。

AOT 选型参数　　　　　　　　　　　　表 16.4-82

型号	SFLAOT-H-5	SFLAOT-H-10	SFLAOT-H-25	SFLAOT-H-35	SFLAOT-H-50	SFLAOT-H-75	SFLAOT-H-100	SFLAOT-H-125	SFLAOT-H-150	SFLAOT-H-200	SFLAOT-H-250
最大小时流量（m³/h）	5	10	25	35	50	75	100	125	150	200	250

注：产品标识 SFLAOT-H-XX-XX

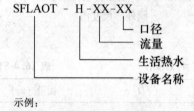

示例：

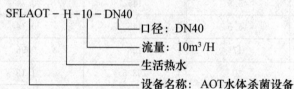

4. 外形尺寸见表 16.4-83。

AOT 外形尺寸（mm）　　　　　　　　　　表 16.4-83

型号	SFLAOT-H-5	SFLAOT-H-10	SFLAOT-H-25	SFLAOT-H-35	SFLAOT-H-50	SFLAOT-H-75	SFLAOT-H-100	SFLAOT-H-125	SFLAOT-H-150	SFLAOT-H-200	SFLAOT-H-250
外形尺寸 长×宽×高	400×400×1300	400×400×1300	450×400×1300	710×500×1450	890×500×1450	1270×550×1500	1650×600×1500	1080×970×1500	1270×1050×1500	1650×1060×1510	2030×1230×1570

16.4.14　银离子消毒器

1. 构造如图 16.4-59 所示。

2. 工作原理

银离子消毒器主要由银离子发生器本体、智能控制器、管道接口及箱体等组成；发生器加满水，设备通电，智能控制器精准控制产生可调恒电流，恒电流作用在发生器内的银电极上，使银电极释放一定浓度的银离子，来消灭水及管道、容器、附件等内壁繁殖的细菌，尤其军团菌，达到给二次生活热水及热水系统消毒的目的。

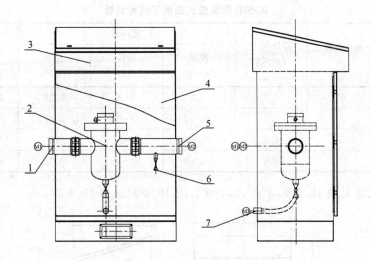

图 16.4-59 型银离子消毒器构造示意图
1—进水口；2—银离子发生器本体；3—控制模块；4—箱体；
5—出水口；6—取样口；7—排污口

3. 选型参数见表 16.4-84、表 16.4-85。

SID 型银离子消毒器选型参数 表 16.4-84

参数 型号	系统容积（m³）	设计压力（MPa）
SID-5	≤5	1.6
SID-10	≤5～10	1.6
SID-15	≤10～15	1.6
SID-20	≤15～20	1.6

注：产品标识

1.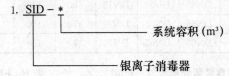

SID－＊ — 系统容积(m³)

— 银离子消毒器

标记示例：SID-5 银离子消毒器，设备自身不带系统循环泵，适用系统容积 5m³。

2.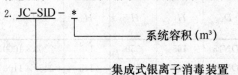

JC－SID－＊ — 系统容积(m³)

— 集成式银离子消毒装置

标记示例：JC-SID -5 集成式银离子消毒装置，内带系统循环泵，适用系统容积 5m³。

3. 表中"系统容积"指系统中水加热器设备容积加管道容积。

4. 系统设计压力大于 1.6MPa 时，订货时注明。

JC-SID 型集成式银离子消毒装置　　　表 16.4-85

参数型号	系统容积 （m³）	设计压力 （MPa）	循环泵			膨胀罐 全容积/直径 （L/mm/mm）
			流量 （m³/h）	扬程 （m）	功率 （kW）	
JC-SID-5	5	1.6	≤2	5～8	0.37	130/φ400/1495
JC-SID-10	10	1.6	>2～4	5～10	0.37	340/φ600/1795
JC-SID-15	15	1.6	>4～6	8～12	0.55	500/φ700/1885
JC-SID-20	20	1.6	>6～8	10～15	0.75	800/φ800/2340

4. 外形尺寸见图 16.4-60、表 16.4-86、图 16.4-61、表 16.4-87。

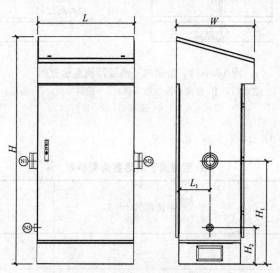

图 16.4-60　SID 银离子消毒器外形尺寸图

SID 银离子消毒器外形尺寸（mm）　　　表 16.4-86

参数型号	系统容积 （m³）	长×宽×高 L×W×H	总重 （kg）	N₁	N₂	N₃	H₁	H₂	L₁
SID-5	≤5	600×480×111	40	DN50	DN50	DN15	450	150	200
SID-10	≤5～10	600×480×111	40	DN50	DN50	DN15	450	150	200
SID-15	≤10～15	600×480×111	42	DN65	DN65	DN20	470	150	200
SID-20	≤15～20	600×480×111	42	DN65	DN65	DN20	470	150	200

JC-SID 型集成式银离子消毒装置外形尺寸（mm）　　　表 16.4-87

尺寸型号	D_1	D_2	D_3	D_4	H_1	H_2	H_3	L×W×H
JC-SID-5	DN32	DN50	DN50	DN15	165	550	145	2200×1000×1615
JC-SID-10	DN40	DN65	DN65	DN15	165	550	145	2450×1100×1915
JC-SID-15	DN50	DN80	DN80	DN20	195	630	175	2550×1200×2085
JC-SID-20	DN60	DN100	DN100	DN20	195	630	175	2700×1300×2570

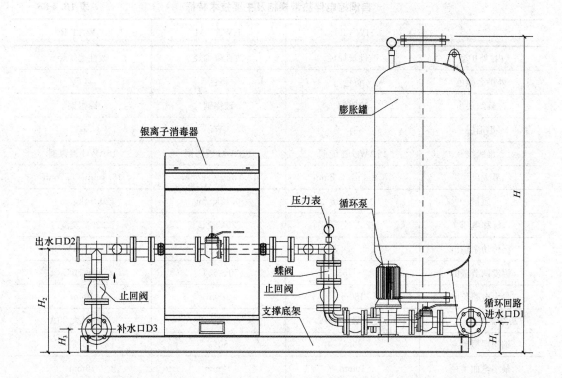

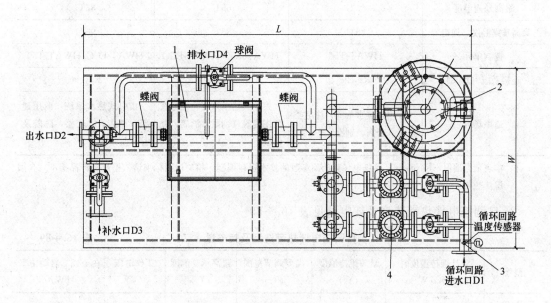

图 16.4-61 JC-SID 型集成式银离子消毒装置外形尺寸图

1—银离子消毒器；2—膨胀罐；3—温度传感器；4—循环泵

16.4.15 自调控（自限温）电伴热带

1. 自调控（自限温）电伴热带规格及技术参数见表 16.4-88。

自调控电伴热带规格及主要技术特征 表 16.4-88

	HWAT-L	HWAT-M	HWAT-R
内/外护套	改性聚烯烃	改性聚烯烃	改性聚烯烃
外护套颜色	黄色	橙色	红色
编织层	镀锡铜	镀锡铜	镀锡铜
铝箔层	有	有	有
母线线	16AWG 镀镍铜	16AWG 镀镍铜	16AWG 镀镍铜
最大尺寸	13.8mm×6.8mm	13.7mm×7.6mm	16.1mm×6.7mm
质量	0.12kg/m	0.12kg/m	0.14kg/m
标称电压	220V 交流	220V 交流	220V 交流
标称功率输出	45℃下 6.4W/m	55℃下 8.2W/m	70℃下 11W/m
温度调节范围	40~45℃	50~55℃	50~70℃
最大电路长度	180m	100m	100m
断路器类型/尺寸	C 型/最大 20A	C 型/最大 20A	C 型/最大 20A
编织层覆盖率	80%	80%	80%
最小弯曲半径	10mm	10mm	10mm
最高暴露温度	65℃	65℃	85℃
最高暴露温度（通电）	85℃	85℃	90℃
控制单元	HWAT-T50	HWAT-T50/HWAT-ECO	HWAT-ECO/HWAT-T50
连接系统（IP68）	Rayclic	Rayclic	Rayclic
适用场合	分户式热水系统，住宅类建筑（公寓、别墅）	集中式热水系统，住宅及商用建筑（别墅，酒店，办公楼）	集中式热水系统，商用建筑（酒店，办公楼，医院及疗养院）

注：本表依据瑞侃（Raychem）品牌电伴热产品参数的技术资料编制。相关检测标准请依据最新产品标准《自限温伴热带》GB/T 19835。

2. 自调控电伴热带选型及耗电量见表 16.4-89。

自调控电伴热带选型及耗电量 表 16.4-89

型号	设计维持温度时的功率（W/m）	最高维持温度（℃）	温度调节范围（℃）	最高承受温度（℃）	工作电压（V）	在+12℃启动功率（W）
HWAT-L	6.4	45	40~45	65	220	22
HWAT-M	8.2	55	50~55	65	220	32
HWAT-R	11	70	50~70	85	220	39

注：本表依据瑞侃（Raychem）品牌电伴热产品参数的技术资料编制。相关检测标准请依据最新产品标准《自限温伴热带》GB/T 19835。

3. 自调控电伴热带回路长度及电源线最大长度见表 16.4-90。

自调控电伴热带回路长度以及电源线最大长度参照　　　表 16.4-90

最大断路电流		发热线缆规格 最大长度（m）	伴热电缆电源线最大长度（m）		
			3×1.5mm²	3×2.5mm²	3×4.0mm²
10A	HWAT-L	80	120	205	325
	HWAT-M	50	185	310	490
	HWAT-R	50	135	220	355
13A	HWAT-L	110	95	155	250
	HWAT-M	65	120	200	325
	HWAT-R	65	115	190	300
16A	HWAT-L	140	70	115	185
	HWAT-M	80	105	175	280
	HWAT-R	80	90	150	245
20A	HWAT-L	180	—	90	145
	HWAT-M	100	—	145	230
	HWAT-R	100	—	120	195

注：1. 本表依据瑞侃（Raychem）品牌电伴热产品参数的技术资料编制。相关检测标准请依据最新产品标准《自限温伴热带》GB/T 19835。

2. 发热线缆回路长度可参照单回路内需做伴热维温的管路长度以及伴热比（即管道长度/伴热线缆的长度，一般设计考虑伴热比为1：1，也就是1m管道需要1m的伴热线缆）进行综合考虑，确定长度后再确定所需最大的断路电流。伴热电缆电源线最大长度为断路器到伴热系统电源接线盒位置的最大长度。

4. 热水自调控伴热系统配件见表16.4-91。

自调控电伴热系统常用配件　　　表 16.4-91

连接组件名称	图例	使用条件	伴热带的附加长度（m）
电源连接件 RayClic-CE		供电连接，可连接1根发热电缆	0.3
两通连接件 RayClic-S		两通连接，连接2根发热电缆	0.6
三通连接件 RayClic-T		三通连接，连接3根发热电缆	1.0
四通连接件 RayClic-X		四通连接，连接四根发热电缆	1.2

续表

连接组件名称	图例	使用条件	伴热带的附加长度（m）
电源两通连接件 RayClic-PS		供电连接，可连接 2 根发热电缆	0.6
电源三通连接件 RayClic-PT		供电连接，可连接 3 根发热电缆	1.0
带凝胶的尾端 RayClic-E		尾端连接，用于发热电缆末端绝缘保护	无
耐高温玻璃胶带 GT66		用于伴热带固定	无
铝箔胶带 AT-180		塑料管道或者可能存在腐蚀性的外界条件时使用	无
伴热带标识 LAB-I-01	ELECTRIC TRACED	内有伴热带警示标识	无

注：本表依据瑞侃（Raychem）品牌电伴热产品参数的技术资料编制。相关检测标准请依据最新产品标准《自限温伴热带》GB/T 19835。

16.5　二次供水消毒装置

二次供水消毒装置适用于建筑小区、厂区、民用建筑及工业建筑生活饮用水供水工程总消毒设施的选用及安装。

二次供水消毒必须对细菌有灭活作用，消毒后副产物对水质和人体健康应无影响，二次供水水质应符合现行国家标准《生活饮用水卫生标准》GB 5749 的相关规定。

16.5.1 QL 型紫外线消毒器

1. 工作原理

紫外线消毒器内装紫外线消毒灯管,利用灯管内汞蒸气放电时辐射波峰在 253.7mm 的紫外线照射下致死各种微生物。

2. 设备组成

紫外线消毒器设备由紫外灯管、石英玻璃套管、不锈钢筒体及配电系统（整流器、风扇、计时器、指示灯）等组成。

3. 型号说明

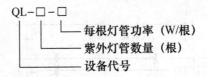

4. 外形及安装（见图 16.5-1、图 16.5-2）

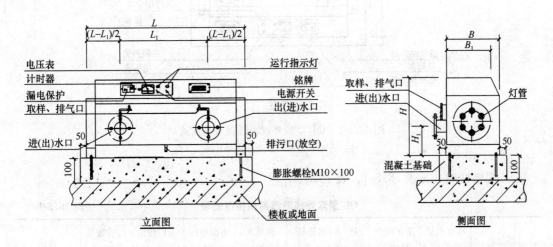

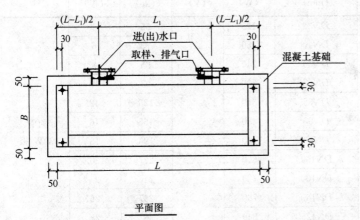

图 16.5-1 QL 型紫外线消毒器（侧向式）

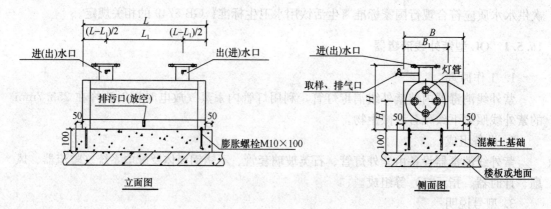

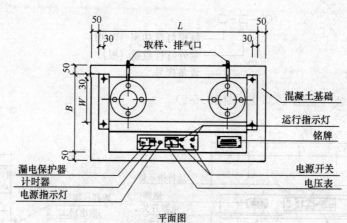

图 16.5-2　QL 型紫外线消毒器（上向式）

注：进水和出水口方向可任意互换。

5. 规格性能（见表 16.5-1、表 16.5-2）

QL 型紫外线消毒器规格性能表　　　　　表 16.5-1

型号	额定水量 (m³/h)	工作压力 (MPa)	进（出）水管径 (mm)	总功率 (W)	电源电压 (V)	运行质量 (kg)	灯管数量 (根)	备注
QL4-30	≤5		DN32	120		65	4	
QL6-30	≤8		DN40	180		73	6	
QL8-30	≤10		DN50	240		65	8	
QL10-30	≤14		DN65	300		95	10	
QL12-30	≤16		DN65	360		125	12	
QL16-30	≤20	≤0.6	DN80	480	220	165	16	灯管 30W/根
QL18-30	≤25		DN80	540		193	18	
QL20-30	≤30		DN100	600		227	20	
QL24-30	≤36		DN100	720		246	24	
QL26-30	≤40		DN100	780		267	26	
QL28-30	≤45		DN125	840		282	28	
QL30-30	≤50		DN125	900		314	30	

QL 型紫外线消毒器规格安装尺寸表（mm）　　　　表 16.5-2

型号	L	L_1	B	B_1	H	H_1	W	进出水口法兰	
								安装螺栓	螺栓孔中心圆直径
QL4-30		680	355(330)	230(200)	400(425)	170	140	4-M16	$\phi100$
QL6-30		670	395(370)	270(240)	440(465)	190	180	4-M16	$\phi110$
QL8-30		665	415(390)	290(260)	460(485)	200	200	4-M16	$\phi125$
QL10-30		645	455(430)	330(300)	500(525)	220	240	4-M16	$\phi145$
QL12-30		645	475(450)	350(320)	520(545)	230	260	4-M16	$\phi145$
QL16-30	960	630	535(510)	410(380)	580(605)	260	320	8-M16	$\phi160$
QL18-30		630	550(530)	430(400)	600(625)	270	340	8-M16	$\phi160$
QL20-30		610	560(530)	440(410)	600(625)	270	340	8-M16	$\phi180$
QL24-30		610	595(570)	470(440)	640(665)	290	380	8-M16	$\phi180$
QL26-30		610	605(580)	480(450)	650(675)	295	390	8-M16	$\phi180$
QL28-30		585	615(580)	490(450)	660(675)	300	390	8-M16	$\phi210$
QL30-30		585	630(660)	510(530)	700(755)	320	440	8-M16	$\phi210$

注：括号内数值为上向式消毒器尺寸。

16.5.2 RZ 型紫外线消毒器

1. 工作原理

紫外线消毒器内装紫外线消毒灯管，利用灯管内汞蒸气放电时辐射波峰在 253.7mm 的紫外线照射下致死各种微生物。

2. 设备组成

紫外线消毒器设备由紫外灯管、石英玻璃套管、不锈钢筒体及配电系统（整流器、风扇、计时器、指示灯）等组成。

3. 型号说明

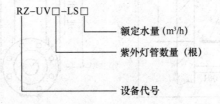

4. 外形及安装（见图 16.5-3）

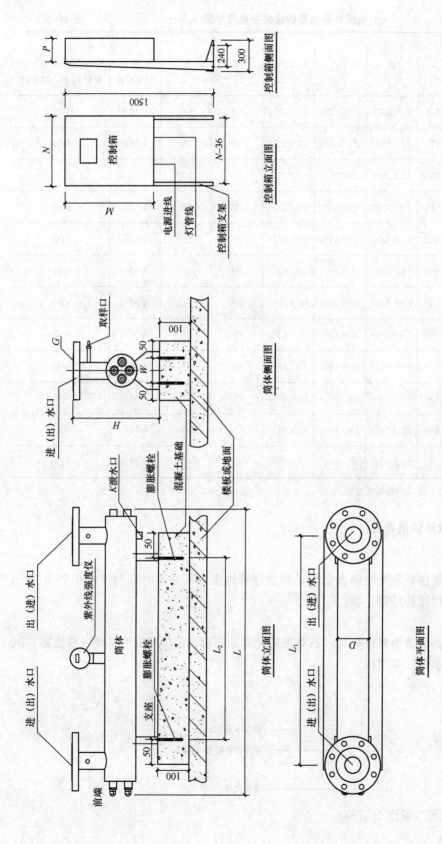

图 16.5-3　RZ 型紫外线消毒器

注：1. 工作水压≤0.8MPa。
　　2. 设备选配件有紫外线强度仪、筒体支座和控制箱支架。
　　3. 灯管线常规长度为 2m，控制箱应靠近筒体前端固定。
　　4. 采用低压高强紫外线灯管。

5. 规格性能（见表 16.5-3、表 16.5-4）

RZ 型紫外线消毒器规格性能表

表 16.5-3

型号	额定水量 (m³/h)	功耗 (W)	灯管规格 (W)	灯管数 (根)	筒体质量 (kg)	控制箱质量 (kg)	进出水口
RZ-UV2-LS10	10	180	87	2	12	22	DN50
RZ-UV2-LS15	15	300	87	3	18	23	DN65
RZ-UV2-LS20	20	390	87	4	19	24	DN65
RZ-UV2-LS30	30	380	87	5	25	25	DN80
RZ-UV2-LS35	35	570	87	6	26	26	DN100
RZ-UV2-LS40	40	660	87	7	40	27	DN100
RZ-UV2-LS45	45	750	87	8	41	28	DN100
RZ-UV2-LS50	50	870	87	9	48	38	DN125
RZ-UV2-LS60	60	1050	87	11	50	40	DN150
RZ-UV2-LS80	80	1230	87	13	52	42	DN150
RZ-UV2-LS100	100	1410	87	15	62	44	DN150
RZ-UV2-LS125	125	1460	320	4	85	38	DN150
RZ-UV2-LS140	140	1810	320	5	90	40	DN150

RZ型紫外线消毒器安装尺寸

表16.5-4

型　号	筒体							控制箱			型式	进出水口法兰		筒体支座地脚螺栓	控制箱支架地脚螺栓
	L	L_1	L_2	D	H	W	K（内丝）	M	N	P		安装螺栓	螺栓孔中心圆直径		
	(mm)	(mm)	(mm)	(mm)	(mm)	(mm)	(inch)	(mm)	(mm)	(mm)					
RZ-UV2-LS10	950	750	450	φ89	269	60	3/4″	600	400	200	落地式	4-M16	φ125	4-M6×80	4-M10×80
RZ-UV2-LS15	950	730	450	φ127	307	100	3/4″	600	400	200	落地式	4-M16	φ145	4-M6×80	4-M10×80
RZ-UV2-LS20	950	730	450	φ127	307	100	3/4″	600	400	200	落地式	4-M16	φ145	4-M6×80	4-M10×80
RZ-UV2-LS30	950	720	450	φ159	359	140	1″	600	400	200	落地式	8-M16	φ160	4-M8×80	4-M10×80
RZ-UV2-LS35	950	700	450	φ159	359	140	1″	600	400	200	落地式	8-M16	φ180	4-M8×80	4-M10×80
RZ-UV2-LS40	950	700	450	φ168	368	140	1″	600	400	200	落地式	8-M16	φ180	4-M8×80	4-M10×80
RZ-UV2-LS45	950	700	450	φ168	368	140	1″	600	400	200	落地式	8-M16	φ180	4-M8×80	4-M10×80
RZ-UV2-LS50	950	675	450	φ219	419	180	1″	600	600	200	落地式	8-M16	φ210	4-M8×80	4-M10×80
RZ-UV2-LS60	950	650	450	φ219	419	180	1″	800	600	200	落地式	8-M20	φ240	4-M8×80	4-M10×80
RZ-UV2-LS80	950	650	450	φ219	419	180	1″	800	600	200	落地式	8-M20	φ240	4-M8×80	4-M10×80
RZ-UV2-LS100	950	650	450	φ273	493	220	1″	800	600	200	落地式	8-M20	φ240	4-M8×80	4-M10×80
RZ-UV2-LS125	1750	1420	1000	φ219	419	180	1″	800	600	200	落地式	8-M20	φ240	4-M8×80	4-M10×80
RZ-UV2-LS140	1750	1420	1000	φ219	419	180	1″	800	600	200	落地式	8-M20	φ240	4-M8×80	4-M10×80

注：1. 进出水常规方向为上进下出，其他侧向进侧出（分同侧和不同侧），下进上出等方向也可订制。
2. 进出水口法兰执行现行国家标准《板式平焊钢制管法兰》GB/T 9119，压力等级1.0MPa。

16.5.3 紫外线协同防污消毒器

1. 工作原理

紫外线协同防污消毒器是以物理方法为主、化学方法为辅，将高强紫外线和微电解防污消毒技术结合。先利用高强紫外线灯管产生的强紫外光照射水体中的细菌、病毒、寄生虫、水藻及其他病原体，通过破坏其细胞中的 DNA 结构，将其杀灭。在随后通过微电解装置工作时形成的物理场中，水被微电解出的活性氧直接杀菌，或者与氯离子相互组成活性更强的氧化剂杀菌，水经微电解后具有滞后效应，能产生持续的杀菌作用。

2. 设备组成

紫外线协同防污消毒器由紫外线灯管、石英玻璃套管、不锈钢筒体、紫外线控制系统（工作指示、计时器、紫外线强度仪）、微电解控制器、微电解电极及清洗装置等组成。

3. 型号说明

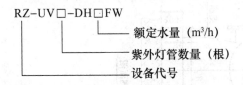

RZ-UV□-DH□FW

额定水量（m³/h）

紫外灯管数量（根）

设备代号

4. 外形及安装（见图 16.5-4）

5. 规格性能（见表 16.5-5、表 16.5-6）

紫外线协同防污消毒器规格性能　　　　表 16.5-5

型 号	额定水量	功耗	灯管规格	灯管数	电极电流	电极数	筒体质量	控制箱质量	进出水口
	（m³/h）	（W）	（W/根）	（根）	（A）	（个）	（kg）	（kg）	
RZ-UV2-DH25FW	25	700	172	2	2	1	75	38	DN100
RZ-UV2-DH50FW	50	1030	172	3	2.5	1	95	39	DN150
RZ-UV2-DH75FW	75	1280	172	4	3	1	98	40	DN150
RZ-UV2-DH100FW	100	1660	320	3	4	1	145	40	DN150
RZ-UV2-DH150FW	150	2460	320	5	5	1	195	50	DN200
RZ-UV2-DH200FW	200	2850	320	6	6	1	198	52	DN200
RZ-UV2-DH250FW	250	3300	320	7	7	2	268	75	DN300
RZ-UV2-DH300FW	300	4030	320	9	10	2	326	78	DN350
RZ-UV2-DH350FW	350	4760	320	11	11	2	466	80	DN400
RZ-UV2-DH400FW	400	5150	320	12	13	2	470	82	DN400

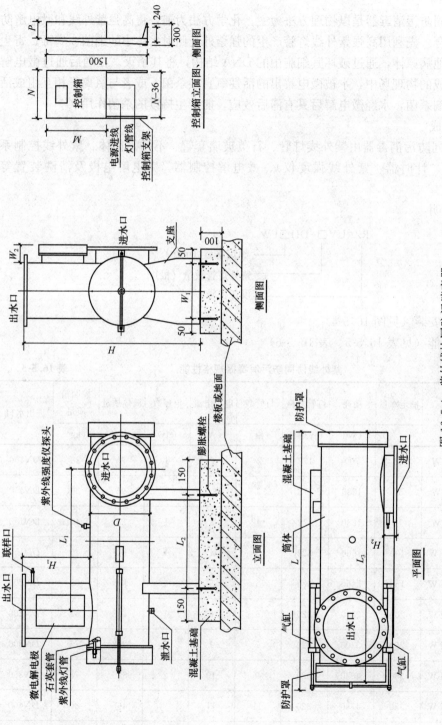

图 16.5-4   紫外线协同防污消毒器

注：1. 进出水常规方向为侧进上出，其他方向也可订制。
    2. 进出水口法兰执行现行国家标准《板式平焊钢制管法兰》GB/T 9119，压力等级 1.0MPa。
    3. 控制箱常规出线长度 2m，出线方向在底部。
    4. 灯管线常规出线长度 2m，控制箱应靠近筒体前端固定。

表 16.5-6

紫外线协同防污消毒器安装尺寸

型 号	筒 体										控制箱				进出水口法兰		筒体支座膨胀螺栓
	L (max) (mm)	L_1 (mm)	L_2 (mm)	L_3 (mm)	W_1 (mm)	W_2 (mm)	H (mm)	H_1 (mm)	H_2 (mm)	D (mm)	M (mm)	N (mm)	P (mm)	型式	安装螺栓	螺栓孔中心圆直径	
RZ-UV2-DH25FW	1540	645	400	1050	160	140	1080	575	100	φ168	800	600	200	落地式	8-M16	φ180	4-M12×80
RZ-UV2-DH50FW	1540	595	400	1050	210	140	1150	575	100	φ219	800	600	200	落地式	8-M20	φ240	4-M12×80
RZ-UV2-DH75FW	1540	595	400	1050	210	140	1150	575	100	φ219	800	600	200	落地式	8-M20	φ240	4-M12×80
RZ-UV2-DH100FW	2300	1375	900	1825	210	140	1150	575	100	φ219	800	600	200	落地式	8-M20	φ240	4-M12×80
RZ-UV2-DH150FW	2300	1310	900	1825	230	140	1200	575	100	φ273	800	800	200	落地式	8-M20	φ295	4-M12×80
RZ-UV2-DH200FW	2300	1310	900	1825	230	140	1200	575	100	φ273	800	800	200	落地式	8-M20	φ295	4-M12×80
RZ-UV2-DH250FW	2300	1180	850	1825	320	140	1300	575	100	φ377	1500	800	300	落地式	12-M20	φ400	4-M14×80
RZ-UV2-DH300FW	2300	1120	800	1825	370	140	1350	575	100	φ426	1500	800	300	落地式	16-M20	φ460	4-M16×80
RZ-UV2-DH350FW	2300	1060	750	1825	420	140	1400	575	100	φ480	1500	800	300	落地式	16-M24	φ515	4-M16×80
RZ-UV2-DH400FW	2300	1060	750	1825	420	140	1400	575	100	φ480	1500	800	300	落地式	16-M24	φ515	4-M16×80

16.5.4　水箱臭氧自洁器

1. 工作原理

臭氧是一种强氧化剂，其氧原子可以氧化细菌的细胞壁，直至穿透细胞壁与其体内的不饱和键化合而将其杀死，且具有良好的脱色、氧化、除臭功能，在向氧气的转化过程中没有二次残留及二次污染物产生。

2. 设备组成

（1）外置式水箱臭氧自洁器由控制箱（含臭氧发生器和控制器）、循环水泵（置于臭氧释能器内）、射流器等组成，臭氧释能器设于水箱外部。

（2）内置式水箱臭氧自洁器由控制箱（含臭氧发生器和控制器）、臭氧释能器（含潜水泵、射流器）等组成，臭氧释能器设于水箱内部。

3. 型号说明

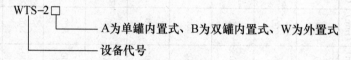

4. 外形及安装（见图 16.5-5～图 16.5-7）

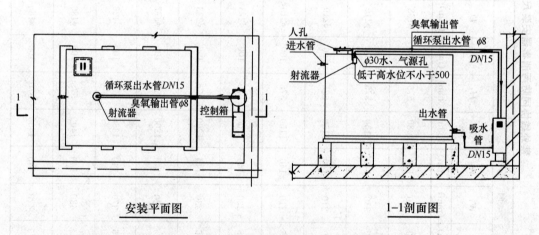

安装平面图　　　　　　　　　1—1剖面图

图 16.5-5　水箱臭氧自洁器安装示意（外置式）

注：1. 安装控制器的墙体，砖墙厚度不小于240mm，混凝土墙厚不小于100mm。
　　2. 射流器宜靠近水箱进水管处安装。

5. 规格性能及安装尺寸（见表 16.5-7、表 16.5-8）

水箱臭氧自洁器规格性能表　　　　　　表 16.5-7

型号	总功率（W）	电源电压（V）	臭氧释能器电压（V）	臭氧发生量（g/h）	适用水箱（池）容积（m³）	设备质量（kg）		备注
						臭氧释能器	控制器	
WTS-2A	405	220	220	4	≤20	25	18	单罐内置式
WTS-2B	745	220	220	8	20～40	50	25	双罐内置式
WTS-2W	405	220	220	4	≤20	45		外置式

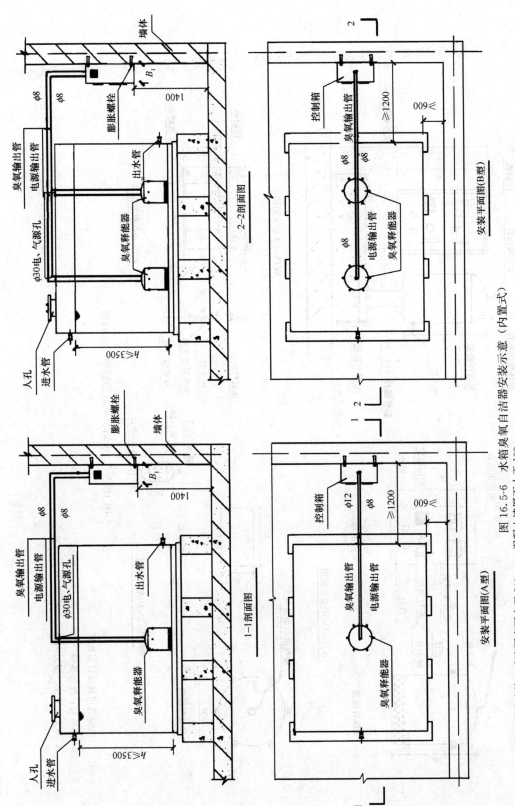

图 16.5-6 水箱臭氧自洁器安装示意（内置式）

注: 1. 安装控制器的墙体，砖墙厚度不小于 240mm，混凝土墙厚 100mm。
2. 水箱（池）容积超过表 16.5-7 臭氧自洁消毒器规格性能表中容积的，可增加水箱臭氧自洁消毒器台数，水箱（池）中的臭氧释能器应均布。

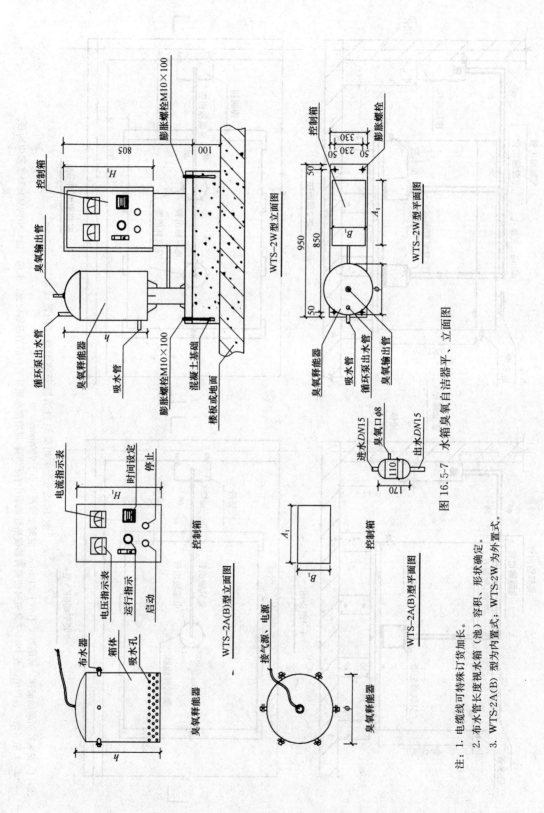

图 16.5-7 水箱臭氧自洁器平、立面图

注: 1. 电缆线可特殊订货加长。
2. 布水管长度视水箱 (池) 容积、形状确定。
3. WTS-2A(B) 型为内置式; WTS-2W 为外置式。

水箱臭氧自洁器安装尺寸（mm）　　　　表 16.5-8

型号	ϕ	h	A_1	B_1	H_1
WTS-2A	400	520	380	200	560
WTS-2B	400	520	430	200	650
WTS-2W	300	500	380	200	560

16.6　循环水处理设备

16.6.1　冷却塔

1. 逆流式

（1）（C）DBNL3 系列圆形逆流玻璃钢冷却塔（见图 16.6-1）

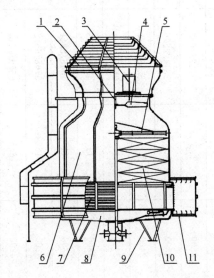

图 16.6-1　（C）DBNL3 系列冷却塔外形

1—出风口吸声屏；2—减速装置；3—电机；4—风机；5—布水装置；6—上塔体；
7—进风百叶窗；8—下塔体；9—塔体支架；10—淋水填料；11—进风口吸声屏

型号说明：

（C）DBNL3-□：D—低噪声；B—玻璃钢；N—逆流式；L—冷却塔；3—第三次改型设计；□—标准工况的名义流量度，m^3/h；CD—为超低噪声型。

1）性能参数（见表 16.6-1）

(C)DBNL3 系列冷却塔性能参数

表 16.6-1

冷却塔型号	标准工况冷却水量 (m³/h)	风机直径 (mm)	电机功率 (kW)	质量 (kg) 自重	质量 (kg) 运转质量	进水压力 (kPa)	标准噪声 (dB(A))
(C)DBNL3-100	100	1800	3.0	973/1230	1741/1998	28.6	63.0/58.0
(C)DBNL3-125	125	1800	4.0	1063/1320	1887/2144	31.5	63.0/58.0
(C)DBNL3-150	150	2400	4.0	1695/2045	2789/3139	29.0	63.0/58.0
(C)DBNL3-175	175	2400	5.5	1835/2182	3010/3357	31.5	64.0/59.0
(C)DBNL3-200	200	2800	5.5	2132/2663	3618/4149	30.1	65.0/60.0
(C)DBNL3-250	250	2800	7.5	2344/2876	3936/4568	32.6	65.5/60.5
(C)DBNL3-300	300	3400	7.5	3558/4132	5637/6211	35.0	66.0/61.0
(C)DBNL3-350	350	3400	11	3860/4434	6096/6670	37.5	66.0/61.0
(C)DBNL3-400	400	3800	11	4300/4995	7184/7879	36.0	66.0/61.0
(C)DBNL3-450	450	3800	11	4646/5341	8020/8715	38.5	67.0/62.0
(C)DBNL3-500	500	4200	15	5768/6612	9367/10211	37.0	68.0/63.0
(C)DBNL3-600	600	4200	18.5	6570/7414	9915/10759	42.0	68.0/63.0
DBNL3-700	700	4700	18.5	6915	11689	39.5	69.0
DBNL3-800	800	4700	22	7983	13486	44.5	69.0
DBNL3-900	900	4700	22	8934	15089	42.5	70.0
DBNL3-1000	1000	4700	30	10560	17646	47.5	70.0

注: 1. 进水压力指冷却塔与外部管道接管点处所需压力。
　　2. 左边的数据用于 DBNL3 型, 右边的数据用于 CDNBL3 型。
　　3. 标准点噪声为冷却塔壁水平距离一倍塔体直径。

2）外形尺寸（见图16.6-2、图16.6-3、表16.6-2、表16.6-3）

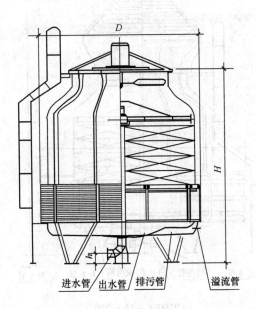

DBNL$_3$-100~125

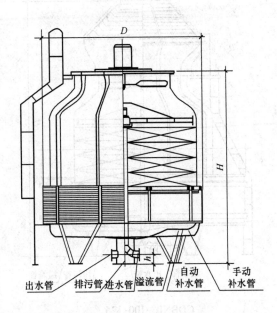

DBNL$_3$-150~250

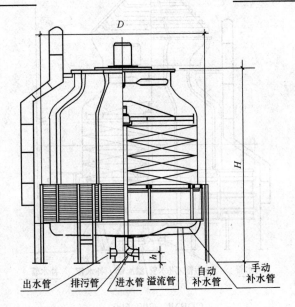

DBNL$_3$-300~1000

图16.6-2　DBNL3-100～1000外形尺寸

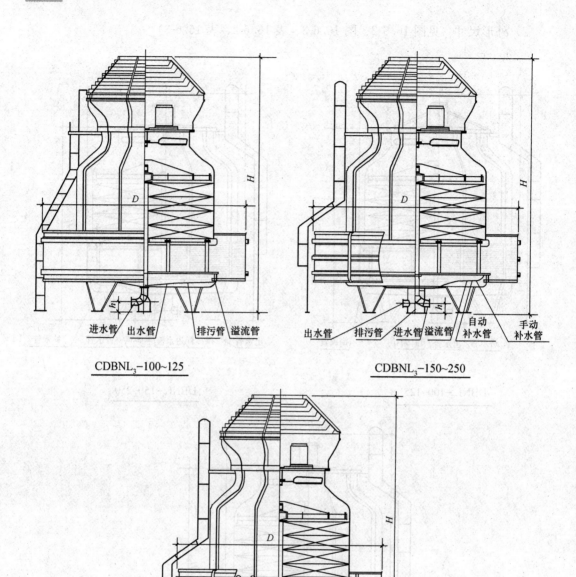

CDBNL₃-100~125　　　　　　　　　　　　CDBNL₃-150~250

CDBNL₃-300~600

图 16.6-3　CDBNL3-100~600 外形尺寸

表 16.6-2

DBNL3-100～1000 外形尺寸

冷却塔型号		DBNL3-100	DBNL3-125	DBNL3-150	DBNL3-175	DBNL3-200	DBNL3-250	DBNL3-300	DBNL3-350	DBNL3-400	DBNL3-450	DBNL3-500	DBNL3-600	DBNL3-700	DBNL3-800	DBNL3-900	DBNL3-1000
外形尺寸 (mm)	外径 D	3134	3134	3732	3732	4342	4342	5134	5134	6044	6044	6746	6746	7766	7766	8836	8836
	高度 H	3294	3544	3553	3803	3835	4085	4223	4473	4618	4868	5219	5719	5589	6089	6040	6540
	h	150	150	200	200	220	220	230	230	230	230	300	300	300	300	300	300
配管管径 DN (mm)	进水管	150	150	200	200	200	200	250	250	250	250	300	300	350	350	400	400
	出水管	200	200	250	250	250	250	300	300	300	300	350	350	400	400	450	450
	排污管	40	40	50	50	50	50	50	50	50	50	80	80	80	80	80	80
	溢水管	40	40	80	80	80	80	80	80	100	100	100	100	100	100	100	100
	自动补水管	20	20	25	25	32	32	40	40	50	50	50	50	80	80	80	80
	手动补水管	20	20	25	25	32	32	40	40	50	50	50	50	80	80	80	80

CDBNL3-100～600 外形尺寸　　　　表 16.6-3

冷却塔型号		CDBNL3 -100	CDBNL3 -125	CDBNL3 -150	CDBNL3 -175	CDBNL3 -200	CDBNL3 -250	CDBNL3 -300	CDBNL3 -350	CDBNL3 -400	CDBNL3 -450	CDBNL3 -500	CDBNL3 -600
外形尺寸 (mm)	外径 D	3900	3900	4600	4600	5700	5700	6400	6400	7400	7400	8200	8200
	高度 H	4440	4690	4765	5015	5194	5444	5713	5963	6269	6519	6890	7390
	h	150	150	200	200	220	220	230	230	230	230	300	300
配管 管径 DN (mm)	进水管	150	150	200	200	200	200	250	250	250	250	300	300
	出水管	200	200	250	250	250	250	300	300	300	300	350	350
	排污管	40	40	50	50	50	50	50	50	50	50	80	80
	溢水管	40	40	80	80	80	80	80	80	100	100	100	100
	自动补水管	20	20	25	25	32	32	40	40	50	50	50	50
	手动补水管	20	20	25	25	32	32	40	40	50	50	50	50

（2）DFNDP、DFNGP 系列方形逆流式玻璃钢冷却塔（见图 16.6-4）

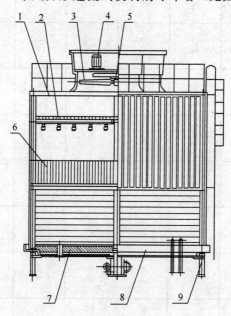

图 16.6-4　DFNDP、DFNGP 系列方形逆流式玻璃钢冷却塔外形

1—检修平台；2—布水及收水装置；3—风机；4—电机；5—减速装置；
6—淋水填料；7—降噪垫；8—下塔盘；9—钢架

型号说明：

DFNDP-□、DFNGP-□：D—低噪声；F—方形；N—逆流式；DP—浅水型集水盘；GP—深水型集水盘；□—标准工况的名义流量度，m³/h。

1）性能参数（见表16.6-4）

DFNDP、DFNGP 系列方形逆流式玻璃钢冷却塔性能参数 表 16.6-4

冷却塔型号	标准工况冷却水量（m³/h）	风机直径（mm）	电机功率（kW）	质量（kg）		进水压力（kPa）	标准点噪声（dB(A)）
				自重	运转质量		
DFNDP-100/DFNGP-100	100	1800	3.0	2160/2500	3180/4800	62	60.0
DFNDP-150/DFNGP-150	150	2400	4.0	2700/3010	3800/6250	63	60.0
DFNDP-200/DFNGP-200	200	2800	5.5	3550/4440	5180/8660	65	61.0
DFNDP-300/DFNGP-300	300	3400	7.5	5040/5910	7390/12000	58	61.5
DFNDP-400/DFNGP-400	400	3800	11	6100/6960	9100/14600	60	63.0
DFNDP-500/DFNGP-500	500	3800	15	7580/8640	11300/17900	64	64.0
DFNDP-600/DFNGP-600	600	4200	15	8200/9810	12800/21600	65	64.5
DFNDP-750/DFNGP-750	750	4200	22	9300/11300	15200/26300	68	66.0
DFNDP-900/DFNGP-900	900	4700	30	14200/14600	21000/32100	70	67.0
DFNDP-1050/DFNGP-1050	1050	4700	30	15800/17400	23600/37900	70	68.0

注：1. DFNDP 为浅水型集水盘，DFNGP 为深水型集水盘。

2. 进水压力指冷却塔与外部管道接管点处所需压力。

3. /左边的数据用于与外部管道接管点处所需压力。

4. DFNDP-500～1050，DFNGP-500～1050 型冷却塔电机外置。

5. 标准点噪声为进风口方向离塔壁水平距离 $1.13(长×宽)^{1/2}$、高度 1.5m 处的噪声值。

2）外形尺寸（见图 16.6-5、表 16.6-5）

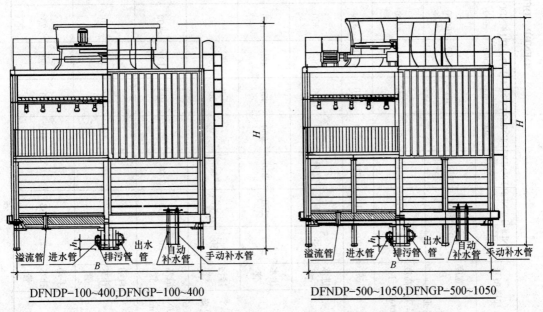

DFNDP-100~400,DFNGP-100~400   DFNDP-500~1050,DFNGP-500~1050

图 16.6-5 DFNDP、DFNGP 系列方形逆流式玻璃钢冷却塔外形尺寸

表 16.6-5

DFNDP、DFNGP 系列方形逆流式玻璃钢冷却塔外形尺寸

冷却塔型号		DFNDP-100	DFNDP-150	DFNDP-200	DFNDP-300	DFNDP-400	DFNDP-500	DFNDP-600	DFNDP-750	DFNDP-900	DFNDP-1050	DFNGP-100	DFNGP-150	DFNGP-200	DFNGP-300	DFNGP-400	DFNGP-500	DFNGP-600	DFNGP-750	DFNGP-900	DFNGP-1050
外形尺寸(mm)	宽度 B	2600	3100	3600	4300	4800	5300	6000	6800	7300	7800	2600	3100	3600	4300	4800	5300	6000	6800	7300	7800
	高度 H	4890	4970	5460	5690	6040	6700	6980	7290	7900	8100	5190	5270	5760	5990	6340	7000	7280	7590	8200	8400
	h	180	210	210	240	270	300	320	320	350	350	180	210	210	240	270	300	320	320	350	350
配管管径 DN (mm)	进水管	150	200	200	250	300	300	350	350	400	450	150	200	200	250	300	300	350	350	400	450
	出水管	200	250	250	300	350	400	450	450	500	500	200	250	250	300	350	400	450	450	500	500
	排污管	50	50	50	50	50	50	50	50	50	50	50	50	50	50	50	50	50	50	50	50
	溢水管	50	50	80	80	100	100	100	100	125	125	50	50	80	80	100	100	100	100	125	125
	自动补水管	32	32	40	40	50	50	70	70	80	80	32	32	40	40	50	50	70	70	80	80
	手动补水管	32	32	40	40	50	50	70	70	80	80	32	32	40	40	50	50	70	70	80	80

（3）CDFNDP、CDFNGP 系列方形逆流式玻璃钢冷却塔（见图 16.6-6）

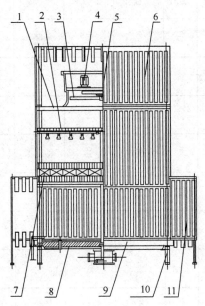

图 16.6-6　CDFNDP、CDFNGP 系列方形逆流式玻璃钢冷却塔外形

1—检修平台；2—布水及收水装置；3—风机；4—电机；5—减速装置；6—出风口吸声屏；

7—淋水填料；8—降噪垫；9—下塔盘；10—钢架；11—进风口吸声屏

型号说明：

CDFNDP-□、CDFNGP-□：CD—超低噪声；F—方形；N—逆流式；DP—浅水型集水盘；GP—深水型集水盘；□—标准工况的名义流量度，m^3/h。

1）性能参数（见表 16.6-6）

CDFNDP、CDFNGP 系列方形逆流式玻璃钢冷却塔性能参数　　　表 16.6-6

冷却塔型号	标准工况冷却水量（m^3/h）	风机直径（mm）	电机功率（kW）	质量（kg）		进水压力（kPa）	标准点噪声（dB(A)）
				自重	运转质量		
CDFNDP-100/CDFNGP-100	100	1800	3.0	2700/3070	3650/5320	62	57.0
CDFNDP-150/CDFNGP-150	150	2100	5.5	3500/3700	4210/6950	63	57.5
CDFNDP-200/CDFNGP-200	200	2800	5.5	4360/5340	5890/9560	65	58.5
CDFNDP-300/CDFNGP-300	300	3400	7.5	5990/6960	8350/13500	58	59.5
CDFNDP-400/CDFNGP-400	400	3800	11	7250/8250	10200/15900	60	61.0
CDFNDP-500/CDFNGP-500	500	3800	15	8930/10200	12700/19500	64	61.5
CDFNDP-600/CDFNGP-600	600	4200	15	10100/11800	14700/23600	65	62.0
CDFNDP-750/CDFNGP-750	750	4200	22	11300/13700	17200/28700	68	63.0
CDFNDP-900/CDFNGP-900	900	4700	30	16600/17200	24200/35700	70	64.0
CDFNDP-1050/CDFNGP-1050	1050	4700	30	18600/21100	26400/41100	70	65.0

注：1. CDFNDP 为浅水型集水盘，CDFNGP 为深水型集水盘。

2. 进水压力指冷却塔与外部管道接管点处所需压力。

3. /左边的数据用于 CDFNDP 型，/右边的数据用于 CDFNGP 型。

4. CDFNDP-500～1050，CDFNGP-500～1050 型冷却塔电机外置。

5. 标准点噪声为进风口方向离塔壁水平距离 1.13（长×宽）$^{1/2}$，高度 1.5m 处的噪声值。

2）外形尺寸（见图 16.6-7、表 16.6-7）

CDFNDP、CDFNGP 系列方形逆流式玻璃钢冷却塔外形尺寸

表 16.6-7

冷却塔型号		CDFNDP -100	CDFNDP -150	CDFNDP -200	CDFNDP -300	CDFNDP -400	CDFNDP -500	CDFNDP -600	CDFNDP -750	CDFNDP -900	CDFNDP -1050	CDFNGP -100	CDFNGP -150	CDFNGP -200	CDFNGP -300	CDFNGP -400	CDFNGP -500	CDFNGP -600	CDFNGP -750	CDFNGP -900	CDFNGP -1050
外形尺寸 (mm)	宽度 B	2600	3100	3600	4300	4800	5300	6000	6800	7300	7800	2600	3100	3600	4300	4800	5300	6000	6800	7300	7800
	高度 H	5390	5470	6810	7040	7390	7700	7980	8290	8600	8800	5690	5770	7110	7340	7690	8000	8280	8590	8900	9100
	L	550	650	750	850	920	1000	1100	1220	1340	1420	500	650	750	850	920	1000	1100	1220	1340	1420
	h	180	210	210	240	270	300	320	320	350	350	180	210	210	240	270	300	320	320	350	350
配管管径 DN (mm)	进水管	150	200	200	250	300	300	350	350	400	450	150	200	200	250	300	300	350	350	400	450
	出水管	200	250	250	300	350	400	450	450	500	500	200	250	250	300	350	400	450	450	500	500
	排污管	50	50	50	50	50	50	50	50	50	50	50	50	50	50	50	50	50	50	50	50
	溢水管	50	50	80	80	100	100	100	100	125	125	50	50	80	80	100	100	100	100	125	125
	自动补水管	32	32	40	40	50	50	70	70	80	80	32	32	40	40	50	50	70	70	80	80
	手动补水管	32	32	40	40	50	50	70	70	80	80	32	32	40	40	50	50	70	70	80	80

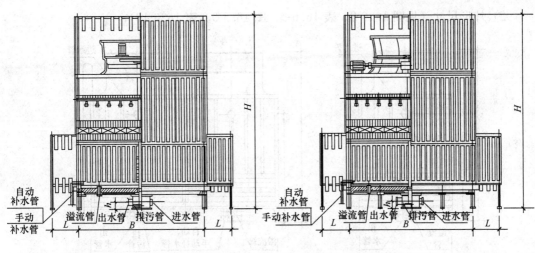

CDFNDP-100~400,CDFNGP-100~400　　　　CDFNDP-500~1050,CDFNGP-500~1050

图 16.6-7　CDFNDP、CDFNGP 系列方形逆流式玻璃钢冷却塔外形尺寸

（4）RFDZ 系列方形逆流低噪声玻璃钢冷却塔

1）性能参数（见表 16.6-8）

RFDZ 逆流式玻璃钢冷却塔性能参数　　　　　表 16.6-8

冷却塔型号	标准工况冷却水量（m³/h）	风机直径 $\phi \times n$（mm）	电机功率（kW×n）	质量（kg）		进水压力（kPa）	标准点噪声（dB(A)）
				自质	运转质量		
RFDZ-150	102	1800×1	4.0×1	940	2070	34	62.5
RFDZ-175	119	1800×1	4.0×1	1000	2160	36	63.0
RFDZ-200	136	2100×1	4.0×1	1150	2610	37	63.0
RFDZ-225	152	2100×1	5.5×1	1170	2670	37	63.0
RFDZ-250	170	2100×1	5.5×1	1260	2810	37	63.5
RFDZ-300	204	1800×2	4.0×2	1880	4070	36	63.5
RFDZ-350	238	1800×2	4.0×2	1900	4210	37	64.0
RFDZ-400	272	2100×2	4.0×2	2130	5050	37	64.0
RFDZ-450	306	2100×2	5.5×2	2230	5240	36	64.5
RFDZ-500	340	2100×2	5.5×2	2420	5510	37	65.0
RFDZ-600	408	2100×3	4.0×3	2970	7350	37	65.5
RFDZ-700	476	1800×4	4.0×4	3700	8420	37	65.5
RFDZ-800	544	2100×4	4.0×4	3880	9720	37	66.0
RFDZ-900	612	2100×4	5.5×4	4320	10350	37	66.5
RFDZ-1000	680	2100×4	5.5×4	4670	10870	37	67.0
RFDZ-1125	765	2100×5	5.5×5	5520	13040	37	67.5
RFDZ-1250	850	2100×5	5.5×5	5850	13610	37	67.5

注：1. 进水压力冷却塔上水管在冷却塔基础平面处所需的压力。

　　2. 标准点噪声为进风口方向离塔壁水平距离 1.13（长×宽）$^{1/2}$，高度 1.5m 处的噪声值。

　　3. 本系列冷却塔的规格按冷吨计，当湿球温度＝27℃，进水温度＝37℃，出水温度＝32℃，循环水量＝13L/min 时为 1 冷吨。

2) 外形尺寸（见图 16.6-8、表 16.6-9、图 16.6-9、表 16.6-10）

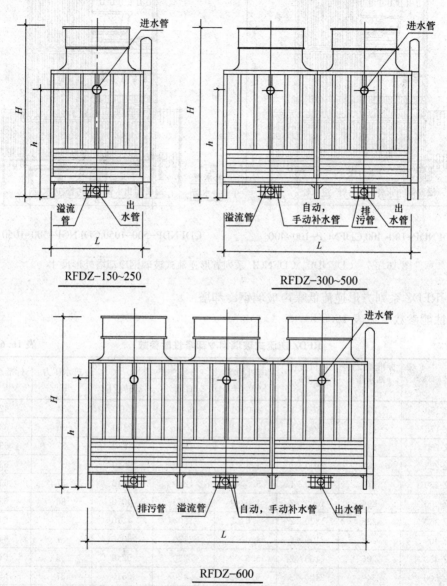

RFDZ-150~250

RFDZ-300~500

RFDZ-600

图 16.6-8　RFDZ150～600 系列逆流式玻璃钢冷却塔外形尺寸

RFDZ150～600 系列逆流式玻璃钢冷却塔外形尺寸　　　　　表 16.6-9

冷却塔型号		RFDZ -150	RFDZ -175	RFDZ -200	RFDZ -225	RFDZ -250	RFDZ -300	RFDZ -350	RFDZ -400	RFDZ -450	RFDZ -500	RFDZ -600
外形尺寸 (mm)	长度 L	2420	2420	2740	2740	2740	4750	4790	5430	5430	5430	8120
	宽度 W	2420	2420	2740	2740	2740	2420	2420	2740	2740	2740	2740
	高度 H	3260	3450	3510	3510	3680	3260	3450	3510	3510	3680	3510

续表

配管管径 DN (mm)	进水管	150×1	150×1	150×1	200×1	200×1	150×1	150×2	150×2	200×2	200×2	150×3
	出水管	150×1	150×1	150×1	200×1	200×1	150×1	150×2	150×2	200×2	200×2	150×3
	排污管	50×1	50×1	50×1	50×1	50×1	50×1	50×2	50×2	50×2	50×2	50×3
	溢水管	50×1	50×1	50×1	50×1	50×1	50×1	50×2	50×2	50×2	50×2	50×3
	自动补水管	25×1	25×1	25×1	25×1	25×1	25×1	25×2	25×2	25×2	25×2	25×3
	手动补水管	32×1	32×1	32×1	32×1	32×1	32×1	32×2	32×2	32×2	32×2	32×3
接管尺寸 h (mm)		2470	2470	2610	2610	2800	2470	2470	2610	2610	2800	2800

RFDZ-700～1250 系列逆流式玻璃钢冷却塔外形尺寸　　　　表 16.6-10

冷却塔型号		RFDZ-700	RFDZ-800	RFDZ-900	RFDZ-1000	RFDZ-1125	RFDZ-1250
外形尺寸 (mm)	长度 L	9530	10810	10810	10810	13500	13500
	宽度 W	2420	2740	2740	2740	2740	2740
	高度 H	3450	3510	3510	3680	3510	3680
配管管径 DN (mm)	进水管	150×4	150×4	200×4	200×4	200×5	200×5
	出水管	150×4	150×4	200×4	200×4	200×5	200×5
	排污管	50×4	50×4	50×4	50×4	50×5	50×5
	溢水管	50×4	50×4	50×4	50×4	50×5	50×5
	自动补水管	25×4	25×4	25×4	25×4	25×5	25×5
	手动补水管	32×4	32×4	32×4	32×4	32×5	32×5
接管尺寸 h (mm)		2470	2610	2610	2800	2610	2800

（5）LBCM-LN 系列圆形逆流式玻璃钢冷却塔

1）性能参数（表 16.6-11）

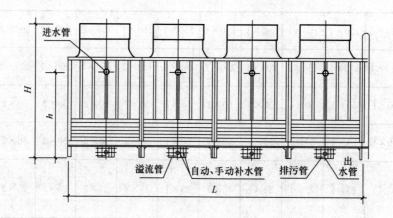

RFDZ-700~1000

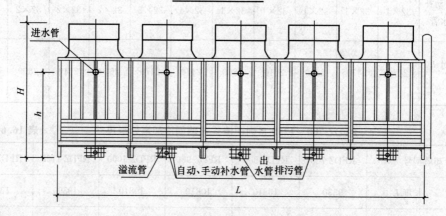

RFDZ-1125~1250

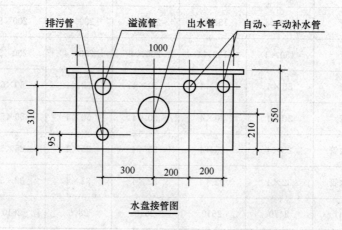

水盘接管图

图16.6-9 RFDZ700~1250系列逆流式玻璃钢冷却塔外形尺寸

LBCM-LN 系列圆形逆流式玻璃钢冷却塔性能参数　　　　表 16.6-11

冷却塔型号	标准工况冷却水量（m³/h）	风机直径（mm）	电机功率（kW）	质量（kg）		进水压力（kPa）	标准点噪声（dB(A)）
				自重	运转质量		
LBCM-LN-100	100	2360	3.7	850	2830	35	59
LBCM-LN-125	125	2360	3.7	1150	3740	37	60
LBCM-LN-150	150	2970	5.5	1480	4070	41	61
LBCM-LN-175	175	2970	7.5	1610	4530	41	61
LBCM-LN-200	200	2970	7.5	1850	5110	41	62
LBCM-LN-250	250	3380	11.0	2620	7260	45	64
LBCM-LN-300	300	3380	11.0	2900	7540	45	64
LBCM-LN-350	350	3380	15.0	3400	8350	45	65
LBCM-LN-400	400	3380	15.0	3980	11390	55	65
LBCM-LN-450	450	4270	22.0	4650	12350	55	66
LBCM-LN-500	500	4270	22.0	5180	12780	65	67
LBCM-LN-600	600	4270	22.0	5900	13700	65	69
LBCM-LN-700	700	4270	30.0	7300	18650	65	69
LBCM-LN-750	750	4270	30.0	8000	27510	70	70
LBCM-LN-800	800	4270	30.0	8200	27720	70	70
LBCM-LN-900	900	4270	37.0	8400	27910	75	70

注：1. 电机供电电压为 380V。

　　2. 进水压力指冷却塔与外部管道接管点处所需压力。

　　3. 标准点噪声为进风口方向离塔壁水平距离 1 倍塔体直径，高度 1.5m 处的噪声值。

2）外形尺寸（见图 16.6-10、表 16.6-12）

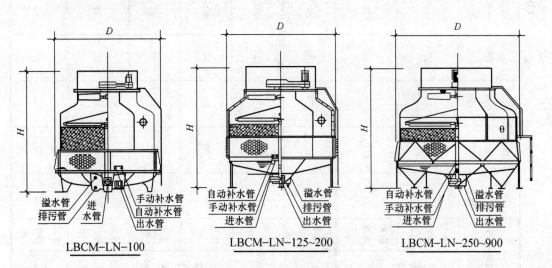

图 16.6-10　LBCM-LN 系列圆形逆流式玻璃钢冷却塔外形尺寸

表16.6-12

LBCM-LN系列圆形逆流式玻璃钢冷却塔外形尺寸

冷却塔型号		LBCM-LN-100	LBCM-LN-125	LBCM-LN-150	LBCM-LN-175	LBCM-LN-200	LBCM-LN-250	LBCM-LN-300	LBCM-LN-350	LBCM-LN-400	LBCM-LN-450	LBCM-LN-500	LBCM-LN-600	LBCM-LN-700	LBCM-LN-750	LBCM-LN-800	LBCM-LN-900
外形尺寸(mm)	最大外径 D	3300	3770	3770	3770	4440	5180	5580	5580	6600	6600	7600	7600	7600	8430	8430	8430
	最大高度 H	3435	4140	4390	4390	4750	5220	5310	5310	5270	5270	6210	6625	6625	7050	7350	7350
配管管径 DN (mm)	进水管	125	125	150	150	200	200	200	250	250	250	250	300	300	300	300	300
	出水管	125	125	150	150	200	200	200	250	250	250	250	300	300	300	300	300
	排污管	50	50	50	50	50	50	50	50	50	50	80	80	80	80	80	80
	溢水管	50	50	50	50	50	100	100	100	100	100	100	100	100	100	100	100
	自动补水管	25	32	32	32	32	50	50	50	50	50	50	50	50	65	65	65
	手动补水管	25	32	32	32	32	50	50	50	50	50	50	50	50	65	65	65

（6）LRCM-H 系列圆形逆流式玻璃钢冷却塔

1）性能参数（表 16.6-13）

LRCM-H 系列圆形逆流式玻璃钢冷却塔性能参数　　　表 **16.6-13**

冷却塔型号	标准工况冷却水量（m³/h）	风机直径（mm）	电机功率（kW）	质量（kg）		进水压力（kPa）	标准点噪声（dB(A)）
				自重	运转质量		
LRCM-H-100	100	1500	3.7	850	2320	37	60
LRCM-H-125	125	1800	5.5	1030	2830	38	60
LRCM-H-150	150	2000	5.5	1120	3170	38	61
LRCM-H-175	175	2000	7.5	1200	3370	38	62
LRCM-H-200	200	1500	3.7×2	1600	4040	37	62.5
LRCM-H-250	250	1800	5.5×2	1960	5560	38	63
LRCM-H-300	300	2000	5.5×2	2140	6240	38	63
LRCM-H-350	350	2000	7.5×2	2300	6640	38	63.5
LRCM-H-450	450	2000	5.5×3	3160	9310	38	64
LRCM-H-500	500	1800	5.5×4	3820	10520	38	65.5
LRCM-H-600	600	2000	5.5×4	4180	11880	38	65.5
LRCM-H-700	700	2000	7.5×4	4500	12680	38	66.5
LRCM-H-875	875	2000	7.5×5	5600	15950	38	67.5

注：1. 电机供电电压为 380V。

　　2. 进水压力指冷却塔与外部管道接管点处所需压力。

　　3. 标准点噪声为进风口方向离塔壁水平距离 1.13（长×宽）$^{1/2}$，高度 1.5m 处的噪声值。

2）外形尺寸（见图 16.6-11、表 16.6-14）

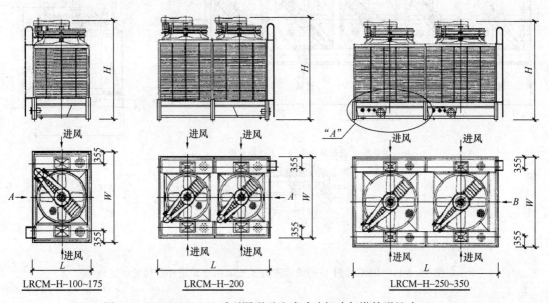

图 16.6-11　LRCM-H 系列圆形逆流式玻璃钢冷却塔外形尺寸（一）

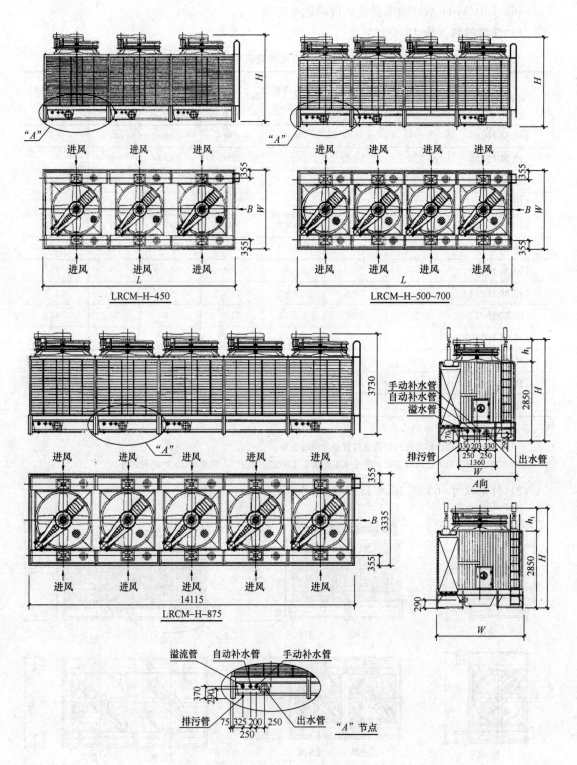

图 16.6-11　LRCM-H 系列圆形逆流式玻璃钢冷却塔外形尺寸（二）

LRCM-H 系列圆形逆流式玻璃钢冷却塔外形尺寸、接管（mm） 表 16.6-14

冷却塔型号	L	W	H	h₁	进水管	出水管	排污管	溢水管	自动补水管	手动补水管
LRCM-H-100	2070	2835	3660	810	100×2	150×1	50×1	50×1	25×1	25×1
LRCM-H-125	2475	3135	3730	880	125×2	200×1	50×1	50×1	32×1	32×1
LRCM-H-150	2575	3335	3730	880	125×2	200×1	50×1	50×1	32×1	32×1
LRCM-H-175	2875	3335	3730	880	125×2	200×1	50×1	50×1	32×1	32×1
LRCM-H-200	4075	2835	3660	810	100×4	200×2	50×2	50×2	32×2	32×2
LRCM-H-250	4885	3135	3730	880	125×4	200×2	50×2	50×2	32×2	32×2
LRCM-H-300	5085	3335	3730	880	125×4	200×2	50×2	50×2	32×2	32×2
LRCM-H-350	5685	3335	3730	880	125×4	200×2	50×2	50×2	32×2	32×2
LRCM-H-450	7595	3335	3730	880	125×6	200×3	50×3	50×3	32×3	32×3
LRCM-H-500	9705	3135	3730	880	125×8	200×3	50×3	50×3	32×3	32×3
LRCM-H-600	10105	3335	3730	880	125×8	200×3	50×3	50×3	32×3	32×3
LRCM-H-700	11305	3335	3730	880	125×8	200×3	50×3	50×3	32×3	32×3
LRCM-H-875	14115	3335	3730	880	125×10	200×4	50×4	50×4	32×4	32×4

2. 横流式

(1)（C）DBHZ₂ 系列横流（超）低噪声玻璃钢冷却塔

1）性能参数（见表 16.6-15）

DBHZ₂ 系列横流式冷却塔性能参数 表 16.6-15

冷却塔型号	标准工况冷却水量（m³/h）	风机直径 $\phi \times n$（mm）	电机功率（kW×n）	质量（kg）		进水压力（kPa）	标准点噪声 dB(A)
				自重	运转质量		
DBHZ₂-100/CDBHZ₂-80	100/80	1700×1	3.0×1/2.2×1	1090/1065	2610/2590	33	62.0/57.5
DBHZ₂-125/CDBHZ₂-100	125/100	1800×1	4.0×1/3.0×1	1250/1220	2820/2790	33	62.5/57.5
DBHZ₂-150/CDBHZ₂-125	150/125	2000×1	4.0×1/3.0×1	1450/1415	3410/3370	36	62.5/58.0
DBHZ₂-175/CDBHZ₂-150	175/150	2200×1	5.5×1/4.0×1	1680/1640	3820/3780	36	63.0/59.0
CDBHZ₂-175	175	2400×1	5.5×1	2030	4510	39	59.0
DBHZ₂-200	200	2400×1	5.5×1	1980	4430	36	64.0
DBHZ₂-250/CDBHZ₂-200	250/200	1800×2	4.0×2/3.0×2	2480/2430	5620/5570	33	64.0/59.5
DBHZ₂-300/CDBHZ₂-250	300/250	2000×2	4.0×2/3.0×2	2870/2800	6790/6720	36	64.5/59.5
CDBHZ₂-350	350	2400×2	5.5×2	4010	8910	39	61.0
DBHZ₂-400	400	2400×2	5.5×2	3950	8870	36	65.5
DBHZ₂-450/CDBHZ₂-375	450/375	2000×3	4.0×3/3.0×3	4290/4195	10170/10065	36	66.5/61.0
CDBHZ₂-400	400	1800×4	3.0×4	4900	10750	33	61.5
DBHZ₂-525/CDBHZ₂-450	525/450	2200×3	5.5×3/4.0×3	4960/4840	11380/11260	36	67.0/61.5
CDBHZ₂-500	500	2000×4	3.0×4	5700	13070	36	62.0
CDBHZ₂-525	525	2400×3	5.5×3	5980	13430	39	62.0
DBHZ₂-600	600	2400×3	5.5×3	5840	13340	36	67.5
DBHZ₂-700/CDBHZ₂-600	700/600	2200×4	4.0×4/3.0×4	6600/6460	15160/15040	36	68.0/62.5
CDBHZ₂-700	700	2400×4	5.5×4	7770	17250	39	68.5
DBHZ₂-800	800	2400×4	5.5×4	7720	17720	36	68.5
DBHZ₂-875/CDBHZ₂-750	875/750	2200×5	4.0×5/3.0×5	8240/8080	18940/18780	36	69.0/64.5
CDBHZ₂-875	875	2400×5	5.5×5	9950	22310	39	65.0
DBHZ₂-1000	1000	2400×5	5.5×5	9700	22100	39	70.0

注：1. 进水压力指冷却塔与外部管道接管点处所需压力。

2. /左边的数据用于 DBHZ₂ 型塔，/右边的数据用于 CDBHZ₂ 型塔。

3. 标准点噪声为进风口方向离塔壁水平距离 1.13（长×宽）$^{1/2}$，高度 1.5m 处的噪声值。

2）外形尺寸（见图 16.6-12、表 16.6-16）

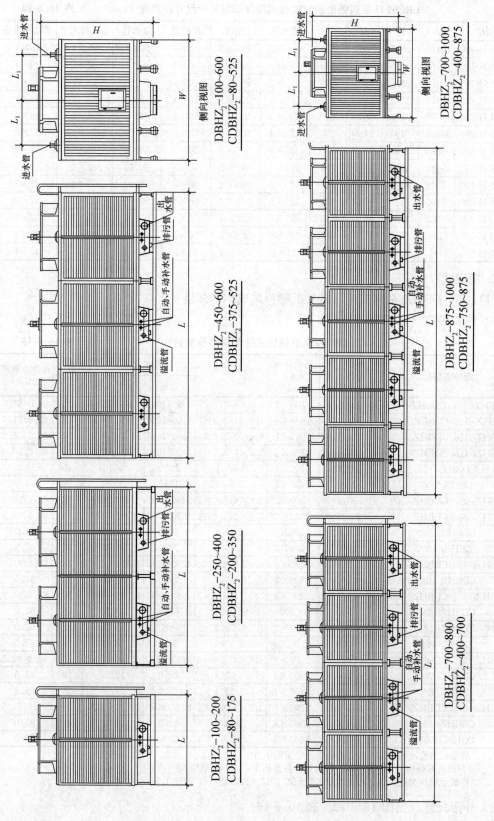

图16.6-12 (C)DBHZ₂系列横流式冷却塔外形尺寸

表 16.6-16

(C) DBHZ₂ 系列横流式冷却塔外形尺寸

冷却塔型号	长度 L	宽度 W	高度 H	L_1	进水管	出水管	排污管	溢水管	自动补水管	手动补水管
DBHZ₂-100 / CDBHZ₂-80	1825	3745	3358	1362	100×1	150×1	50×1	50×1	25×1	25×1
DBHZ₂-125 / CDBHZ₂-100	2230	3850	3358	1415	125×2/100×2	200×1/150×1	50×1	50×1	32×1	32×1
DBHZ₂-150 / CDBHZ₂-125	2530	4050	3610	1515	125×2/125×2	200×1	50×1	50×1	32×1	32×1
DBHZ₂-175 / CDBHZ₂-150	2830	4250	3610	1615	150×2/125×2	200×1	50×1	50×1	32×1	32×1
CDBHZ₂-175	3230	4450	3860	1715	150×2	200×1	50×1	50×1	32×1	32×1
DBHZ₂-200	3230	4450	3610	1715	150×2	200×1	50×1	50×1	32×1	32×1
DBHZ₂-250 / CDBHZ₂-200	4440	3850	3358	1415	125×4/100×4	200×2/150×2	50×2	50×2	32×2	32×2
DBHZ₂-300 / CDBHZ₂-250	5040	4050	3610	1515	125×4	200×2	50×2	50×2	32×2	32×2
DBHZ₂-350 / CDBHZ₂-300	5640	4250	3610	1615	150×4/125×4	200×2	50×2	50×2	32×2	32×2
CDBHZ₂-350	6640	4450	3860	1715	150×4	200×2	50×2	50×2	32×2	32×2
DBHZ₂-400	6640	4450	3610	1715	150×4	200×2	50×2	50×2	32×2	32×2
DBHZ₂-450 / CDBHZ₂-375	7550	4050	3610	1515	125×6	200×3	50×3	50×3	32×3	32×3
DBHZ₂-525 / CDBHZ₂-450	8450	4250	3610	1615	150×6/125×6	200×3	50×3	50×3	32×3	32×3
DBHZ₂-600 / CDBHZ₂-525	9650	4450	3610	1715	150×6	200×3	50×3	50×3	32×3	32×3
CDBHZ₂-500	9650	4450	3860	1715	150×6	200×3	50×3	50×3	32×3	32×3
DBHZ₂-700 / CDBHZ₂-600	10060	4250	3610	1515	125×8	200×4	50×4	50×4	32×4	32×4
CDBHZ₂-700	11260	4250	3860	1715	150×8/125×8	200×4	50×4	50×4	32×4	32×4
DBHZ₂-800	12860	4450	3610	1715	150×8	200×4	50×4	50×4	32×4	32×4
DBHZ₂-875 / CDBHZ₂-750	12860	4450	3610	1615	150×8/125×10	200×4	50×4	50×4	32×4	32×4
CDBHZ₂-875	14070	4250	3860	1615	150×10	200×5	50×5	50×5	32×5	32×5
DBHZ₂-1000	16070	4450	3610	1715	150×10	200×5	50×5	50×5	32×5	32×5

外形尺寸单位为 mm；配管管径 DN 单位为 mm。

注：1. DBHZ₂塔型 200 以上为并联塔，接管尺寸可参见 200 以下塔型。
　　2. CDBHZ₂塔型 175 以上为并联塔，接管尺寸可参见 175 以下塔型。
　　3. /左边的数据用于 DBHZ₂塔型，/右边的数据用于 CDBHZ₂塔型。

（2）HBL（C）D2 系列横流式冷却塔

1）性能参数（见表 16.6-17）

HBL（C）D2 系列横流式冷却塔性能参数　　　　　表 16.6-17

冷却塔型号	标准工况冷却水量（m³/h）	风机直径 $\phi \times n$（mm）	电机功率（kW×n）	质量（kg）		进水压力（kPa）	标准点噪声（dB(A)）
				自重	运转质量		
HBLD2-300/HBLCD2-250	300/250	2800×1	7.5×1/5.5×1	3360/3380	5320/5260	46	64.5/60.5
HBLD2-350/HBLCD2-300	350/300	3000×1	11×1/7.5×1	3340/3560	5920/5870	46	65.0/61.0
HBLD2-400/HBLCD2-350	400/350	3200×1	11×1/7.5×1	3830/3870	6640/6580	51	65.5/61.5
HBLD2-450/HBLCD2-400	450/400	3400×1	15×1/11×1	4100/4140	7470/7400	51	66.5/62.0
HBLD2-500/HBLCD2-450	500/450	3800×1	15×1/11×1	4840/4870	8800/8720	51	67.0/62.0
HBLD2-600/HBLCD2-500	600/500	2800×2	7.5×2/5.5×2	6590/6630	10640/10520	46	67.5/62.5
HBLD2-700/HBLCD2-600	700/600	3000×2	11×2/7.5×2	7060/7090	11840/11740	46	67.5/62.5
HBLD2-800/HBLCD2-700	800/700	3200×2	11×2/7.5×2	7510/7660	13280/13160	51	68.0/63.0
HBLD2-900/HBLCD2-800	900/800	3400×2	15×2/11×2	8140/8230	14950/14800	51	69.0/64.0
HBLD2-1000/HBLCD2-900	1000/900	3800×2	15×2/11×2	9630/9700	17600/17440	51	69.5/64.5

注：1. 进水压力指冷却塔与外部管道接管点处所需压力。

　　2. /左边的数据用于 HBLD2 型塔，/右边的数据用于 HBLCD2 型塔。

　　3. 标准点噪声为进风口方向离塔壁水平距离 1.13（长×宽）$^{1/2}$，高度 1.5m 处的噪声值。

2）外形尺寸（见图 16.6-13、表 16.6-18）

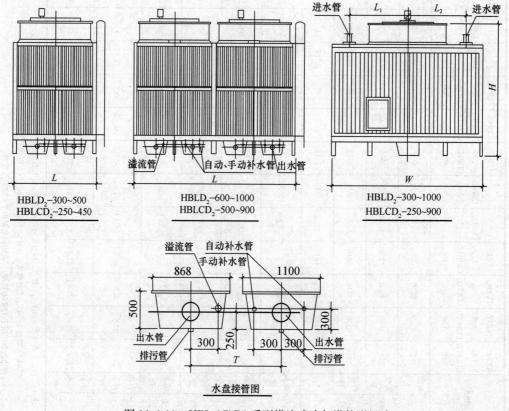

图 16.6-13　HBL（C）D2 系列横流式冷却塔外形尺寸

HBL(C)D2 系列横流式冷却塔外形尺寸表性能参数　　表 16.6-18

冷却塔型号		HBLD2-300 HBLCD2-250	HBLD2-350 HBLCD2-300	HBLD2-400 HBLCD2-350	HBLD2-450 HBLCD2-400	HBLD2-500 HBLCD2-450	HBLD2-500 HBLCD2-500	HBLD2-700 HBLCD2-600	HBLD2-800 HBLCD2-700	HBLD2-900 HBLCD2-800	HBLD2-1000 HBLCD2-900
外形尺寸(mm)	外径 D	3210	3510	3500	3810	4400	6420	7020	7000	7620	8800
	高度 H	5830	6030	6340	6460	6880	5830	6030	6340	6460	6880
	h	4437/ 5237	4437/ 5337	4939/ 5939	4939/ 6039	4939/ 6139	4437/ 5237	4437/ 5337	4939/ 5939	4939/ 6039	4939/ 6139
配管管径 DN (mm)	进水管	200×2	200×2	200×2	200×2	250×2	200×4	200×4	200×4	200×4	250×4
	出水管	200×2	200×2	250×2	250×2	250×2	200×4	200×4	250×4	250×4	250×4
	排污管	50×2	50×2	50×2	50×2	50×2	50×4	50×4	50×4	50×4	50×4
	溢水管	80×1	80×1	100×1	100×1	100×1	80×2	80×2	100×2	100×2	100×2
	自动补水管	40×1	40×1	50×1	50×1	50×1	40×2	40×2	50×2	50×2	50×2
	手动补水管	40×1	40×1	50×1	50×1	50×1	40×2	40×2	50×2	50×2	50×2
接管尺寸 T		1410	1510	1510	1610	1806	1410	1510	1510	1610	1806
接管尺寸 L_1		2205	2305	2460	2520	2730	2205	2305	2460	2520	2730

（3）RHDZ、RHCZ 系列横流式玻璃钢冷却塔

1）性能参数（见表 16.6-19）

RHDZ、RHCZ 系列横流式玻璃钢冷却塔性能参数　　表 16.6-19

冷却塔型号	标准工况冷却水量（m³/h）	风机直径 $\phi \times n$（mm）	电机功率（kW×n）	质量（kg）		进水压力（kPa）	标准点噪声（dB(A)）
				自重	运转质量		
RHDZ-100/RHCZ-100	100	1600×1	3.0×1	920/950	2420/2450	34/35	62.0/57.0
RHDZ-125/RHCZ-125	125	1800×1	4.0×1	1085/1120	2955/2990	36/37	62.5/57.5
RHDZ-150/RHCZ-150	150	2000×1	4.0×1	1290/1330	3340/3380	37/38	62.5/58.0
RHDZ-175/RHCZ-175	175	2100×1	5.5×1	1445/1490	3635/3680	37/38	63.0/59.0
RHDZ-200/RHCZ-200	200	2400×1	5.5×1	1560/1610	4060/4110	37/38	63.0/59.0
RHDZ-250/RHCZ-250	250	1800×1	4.0×2	2130/2200	5830/5900	36/37	64.0/59.5
RHDZ-300/RHCZ-300	300	2000×2	4.0×2	2500/2580	6220/6300	37/38	64.5/60.0
RHDZ-350/RHCZ-350	350	2100×2	5.5×2	2810/2900	7020/7110	37/38	65.0/61.0
RHDZ-375/RHCZ-375	375	1800×2	4.0×3	3175/3280	6995/7100	36/37	65.5/61.5
RHDZ-400/RHCZ-400	400	2400×2	5.5×2	3020/3120	8020/8120	37/38	66.0/61.5
RHDZ-450/RHCZ-450	450	2000×3	4.0×3	3780/3900	9920/10040	37/38	66.0/61.5
RHDZ-525/RHCZ-525	525	2100×3	5.5×3	4265/4400	10865/11000	37/38	66.0/62.0
RHDZ-600/RHCZ-600	600	2400×3	5.5×3	4600/4750	11980/12130	37/38	67.0/62.5
RHDZ-700/RHCZ-700	700	2100×4	5.5×4	5620/5800	14340/14520	37/38	67.0/63.0
RHDZ-750/RHCZ-750	750	2000×5	4.0×5	6370/6570	16600/16800	37/38	67.5/63.5
RHDZ-800/RHCZ-800	800	2400×4	5.5×4	6130/6330	16150/16350	37/38	67.5/64.0
RHDZ-875/RHCZ-875	875	2100×5	5.5×5	7125/7350	17975/18200	37/38	68.0/64.5
RHDZ-1000/RHCZ-1000	1000	2400×5	5.5×5	7650/7900	20280/20530	37/38	68.0/64.5

注：1. 进水压力指冷却塔与外部管道接管点处所需压力。

2. /左边的数据用于 HBLD2 型塔，/右边的数据用于 HBLCD2 型塔。

3. 标准点噪声为进风口方向离塔壁水平距离 1.13（长×宽）^(1/2)，高度 1.5m 处的噪声值。

2）外形尺寸（见图 16.6-14、表 16.6-20、图 16.6-15、表 16.6-21）

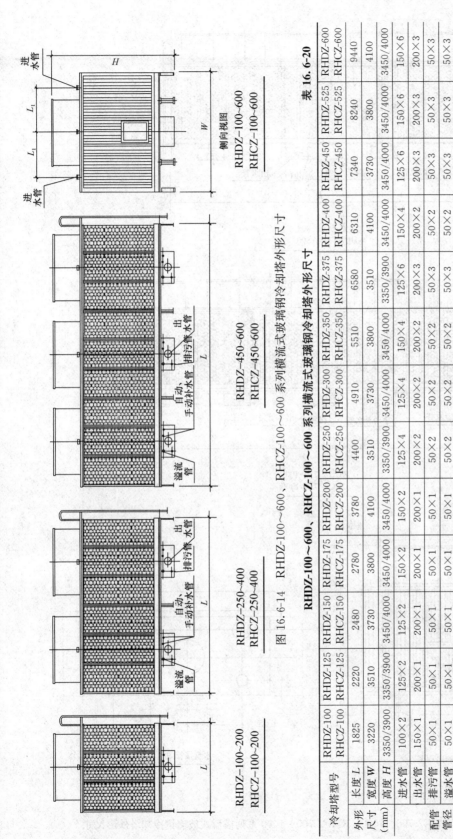

RHDZ-100~200
RHCZ-100~200

RHDZ-250~400
RHCZ-250~400

RHDZ-450~600
RHCZ-450~600

RHDZ-100~600
RHCZ-100~600
侧向视图

图16.6-14　RHDZ-100~600，RHCZ-100~600 系列横流式玻璃钢冷却塔外形尺寸

RHDZ-100~600，RHCZ-100~600 系列横流式玻璃钢冷却塔外形尺寸　表16.6-20

冷却塔型号		RHDZ-100 RHCZ-100	RHDZ-125 RHCZ-125	RHDZ-150 RHCZ-150	RHDZ-175 RHCZ-175	RHDZ-200 RHCZ-200	RHDZ-250 RHCZ-250	RHDZ-300 RHCZ-300	RHDZ-350 RHCZ-350	RHDZ-375 RHCZ-375	RHDZ-400 RHCZ-400	RHDZ-450 RHCZ-450	RHDZ-525 RHCZ-525	RHDZ-600 RHCZ-600
外形尺寸 (mm)	长度 L	1825	2220	2480	2780	3780	4400	4910	5510	6580	6310	7340	8240	9440
	宽度 W	3220	3510	3730	3800	4100	3510	3730	3800	3510	4100	3730	3800	4100
	高度 H	3350/3900	3350/3900	3450/4000	3450/4000	3450/4000	3350/3900	3450/4000	3450/4000	3350/3900	3450/4000	3450/4000	3450/4000	3450/4000
配管管径 DN (mm)	进水管	100×2	125×2	125×2	150×2	150×2	125×4	125×4	150×4	125×6	150×4	125×6	150×6	150×6
	出水管	150×1	200×1	200×1	200×1	200×1	200×2	200×2	200×2	200×3	200×2	200×3	200×3	200×3
	排污管	50×1	50×1	50×1	50×1	50×1	50×2	50×2	50×2	50×3	50×2	50×3	50×3	50×3
	溢流管	50×1	50×1	50×1	50×1	50×1	50×2	50×2	50×2	50×3	50×2	50×3	50×3	50×3
	自动补水管	25×1	32×1	32×1	32×1	32×1	32×2	32×2	32×2	32×3	32×2	32×3	32×3	32×3
	手动补水管	25×1	32×1	32×1	32×1	32×1	32×2	32×2	32×2	32×3	32×2	32×3	32×3	32×3
接管尺寸 L_1 (mm)		1210	1355	1465	1500	1650	1355	1465	1500	1355	1650	1465	1500	1650

注: 1. RHDZ、RHCZ 塔型 200 以上为并联塔，接管尺寸可参见 200 以下塔型。
2. /左边的数据用于 RHDZ 型塔，/右边的数据用于 RHCZ 型塔。

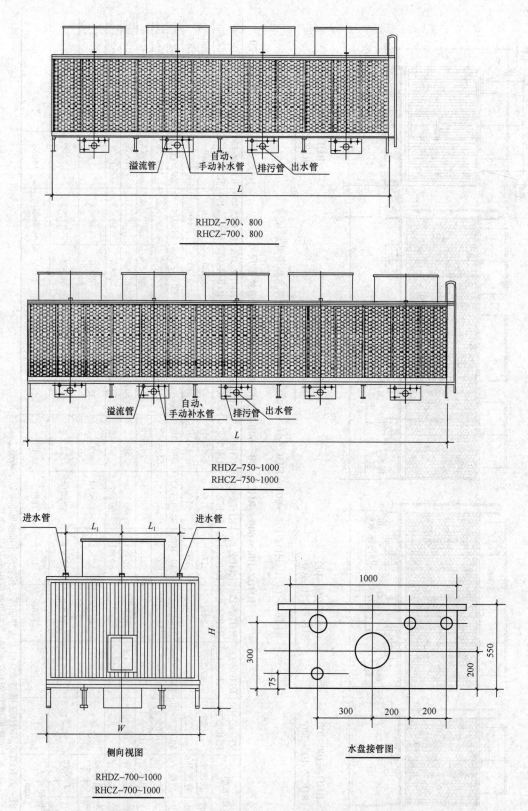

RHDZ-700、800
RHCZ-700、800

RHDZ-750~1000
RHCZ-750~1000

进水管　　L_1　　L_1　　进水管

H

W

侧向视图

RHDZ-700~1000
RHCZ-700~1000

1000

300

75

300　200　200

550

200

水盘接管图

图 16.6-15　RHDZ-700～1000、RHCZ-700～1000 系列横流式玻璃钢冷却塔外形尺寸

RHDZ-700～1000、RHCZ-700～1000 系列横流式玻璃钢冷却塔外形尺寸　　　表 16.6-21

冷却塔型号		RHDZ-700 RHCZ-700	RHDZ-750 RHCZ-750	RHDZ-800 RHCZ-800	RHDZ-875 RHCZ-875	RHDZ-1000 RHCZ-1000
外形尺寸(mm)	长度 L	10970	12200	12570	13700	15700
	宽度 W	3800	3730	4100	3800	4100
	高度 H	3450/4000	3450/4000	3450/4000	3450/4000	3450/4000
配管管径 DN (mm)	进水管	150×8	125×10	150×8	150×10	150×10
	出水管	200×4	200×5	200×4	200×5	200×5
	排污管	50×4	50×5	50×4	50×5	50×5
	溢水管	50×4	50×5	50×4	50×5	50×5
	自动补水管	32×4	32×5	32×4	32×5	32×5
	手动补水管	32×4	32×5	32×4	32×5	32×5
接管尺寸 L_1		1500	1465	1650	1500	1650

注：1. RHDZ、RHCZ 塔型 200 以上为并联塔，接管尺寸可参见 200 以下塔型。

　　2. /左边的数据用于 RHDZ 型塔，/右边的数据用于 RHCZ 型塔。

（4）NC 系列横流冷却塔（表 16.6-22、表 16.6-23）

NC 系列方形横流玻璃钢冷却塔性能参数　　　表 16.6-22

型号	公称吨数	电机(kW)	外形尺寸（mm）			自重(kg)	运行质量(kg)	塔体扬程(mH_2O)
			长度 L	宽度 W	高度 H			
NC8321C-1	105	3	2000	3900	3710	1288	2418	3.6
NC8321D-1	114	4	2000	3900	3710	1289	2419	3.6
NC8321E-1	125	5.5	2000	3900	3710	1298	2428	3.6
NC8322C-1	152	4	2500	3900	3710	1577	3087	3.6
NC8322D-1	166	5.5	2500	3900	3710	1599	3109	3.6
NC8322E-1	182	7.5	2500	3900	3710	1639	3149	3.6
NC8322F-1	205	11	2500	3900	3710	1659	3169	3.6
NC8323C-1	214	5.5	2900	4100	4360	2014	4024	4.1
NC8323D-1	235	7.5	2900	4100	4360	2028	4038	4.1
NC8323E-1	262	11	2900	4100	4360	2068	4078	4.1
NC8323F-1	289	15	2900	4100	4360	2088	4098	4.1
NC8324C-1	274	7.5	3400	4400	4460	2381	4581	4.1
NC8324D-1	305	11	3400	4400	4460	2421	4621	4.1
NC8324E-1	336	15	3400	4400	4460	2470	4661	4.1
NC8324F-1	361	18.5	3400	4400	4460	2515	4706	4.1

续表

型号	公称吨数	电机 (kW)	外形尺寸（mm）			自重 (kg)	运行质量 (kg)	塔体扬程 (mH$_2$O)
			长度 L	宽度 W	高度 H			
NC8325C-1	306	7.5	3050	5700	4810	3105	6655	4.9
NC8325D-1	350	11	3050	5700	4810	3128	6678	4.9
NC8325E-1	390	15	3050	5700	4810	3168	6718	4.9
NC8325F-1	417	18.5	3050	5700	4810	3214	6764	4.9
NC8326C-1	396	11	3050	5700	5470	3549	7099	5.5
NC8326D-1	440	15	3050	5700	5470	3589	7139	5.5
NC8326E-1	474	18.5	3050	5700	5470	3634	7185	5.5
NC8326F-1	500	22	3050	5700	5470	3644	7194	5.5
NC8327C-1	425	11	3600	5700	5430	3916	8006	5.5
NC8327D-1	471	15	3600	5700	5430	3956	8046	5.5
NC8327E-1	507	18.5	3600	5700	5430	4001	8091	5.5
NC8327F-1	540	22	3600	5700	5430	4010	8100	5.5
NC8328C-1	485	15	3600	5700	5430	4384	8684	5.5
NC8328D-1	522	18.5	3600	5700	5430	4429	8730	5.5
NC8328E-1	555	22	3600	5700	5430	4439	8739	5.5
NC8328F-1	611	30	3600	5700	5430	4500	8800	5.5
NC8329C-1	538	15	4500	6080	5430	4997	10097	5.5
NC8329D-1	611	22	4500	6080	5430	5051	10151	5.5
NC8329E-1	684	30	4500	6080	5430	5112	10213	5.5
NC8329F-1	730	37	4500	6080	5430	5206	10307	5.5
NC8330C-1	603	18.5	4500	6330	5430	5448	10748	5.5
NC8330D-1	642	22	4500	6330	5430	5457	10757	5.5
NC8330E-1	711	30	4500	6330	5430	5518	10819	5.5
NC8330F-1	760	37	4500	6330	5430	5612	10912	5.5
NC8331C-1	668	45	4500	6330	5430	5697	10997	5.5
NC8331D-1	748	22	4900	6330	5430	5707	12467	5.5
NC8331E-1	798	30	4900	6330	5430	5768	12528	5.5
NC8331F-1	848	37	4900	6330	5430	5862	12622	5.5
NC8332C-1	749	45	4900	6330	5430	5947	12707	5.5

续表

型号	公称吨数	电机（kW）	外形尺寸（mm）			自重（kg）	运行质量（kg）	塔体扬程（mH$_2$O）
			长度 L	宽度 W	高度 H			
NC8332D-1	838	22	4900	6330	6200	6100	13060	6.0
NC8332E-1	893	30	4900	6330	6200	6161	13122	6.0
NC8332F-1	949	37	4900	6330	6200	6255	13215	6.0

NC 系列方形横流钢制冷却塔性能参数　　　　　　**表 16.6-23**

型号	公称吨数	电机（kW）	外形尺寸（mm）			自重（kg）	运行质量（kg）
			长度 L	宽度 W	高度 H		
NC8301-1	94～180	1.49～11.16	1956	4267	3099	2055	4135
NC8302-1	118～242	1.49～14.9	2413	4725	3099	2270	5105
NC8303-1	154～297	2.24～18.65	2413	4725	3632	2615	5455
NC8304-1	215～369	3.73～22.38	2718	5182	3962	3190	6670
NC8305-1	281～519	5.6～37.3	3327	5715	3962	4170	8840
NC8306-1	350～582	7.46～37.3	3632	6045	3962	5060	10420
NC8307-1	348～651	5.6～44.76	3632	6833	4064	5535	12365
NC8309-1	481～750	11.16～44.76	4242	6833	4064	6580	14560
NC8309K-1	752	44.76	4242	6833	5131	6650	14635
NC8310-1	567～891	14.92～55.95	3327	6833	6045	7640	15660
NC8310K-1	940	55.95	3327	6833	7112	7640	15660
NC8311-1	503～971	7.46～55.95	3632	6833	6045	8070	16835
NC8311K-1	1016	55.95	3632	6833	7112	8140	15560
NC8312-1	633～1072	11.16～55.95	4242	6833	6045	9225	19495
NC8312K\N\R-1	1120～1300	55.95～89.52	4242	6833	7112	9880	20150

注：1. 公称吨以 35℃热水，29.5℃冷水，25.5℃湿球温度和 0.189L/s 的流量为基准；标准水量是以 37℃热水，32℃冷水，28℃湿球温度的标准工况为基准。所有表数据均以单间为准。Marley Update 是一种基于 web 的选塔软件，它能够根据特定设计需要推荐最适合您的塔型及型号。

3. 其他型式冷却塔

（1）MHF 系列闭式冷却塔性能参数（见表 16.6-24）

MHF 系列闭式冷却塔性能参数 表 16.6-24

型号	公称吨数 (m³/h)	电机 (kW)	泵 (kW)	外形尺寸（mm）			自重 (kg)	运行质量 (kg)
				长度 L	宽度 W	高度 H		
MHF702	42～80	5.60～11.19	1.49	2769	2565	5207	4237	5761～6795
MHF703	60～115	7.46～14.92	2.24	3683	2565	5207	5080	5964～6795
MHF704	100～190	11.19～22.38	3.73	3683	3658	5969	7824	10600～13240
MHF705	170～280	16.79～33.57	5.60	5512	3658	5969	11782	15980～19920
MHF706	210～400	14.92～55.95	2×5.60	3632	7163	7606	16279	20130～24130
MHF707	340～510	22.38～55.95	2×5.60	4242	7925	6706	18738	24950～28040

（2）MCW 系列鼓风式冷却塔性能参数（见表 16.6-25）

MCW 鼓风式冷却塔冷却塔性能参数 表 16.6-25

型号	公称吨数	电机 (kW)	外形尺寸（mm）			自重 (kg)	运行质量 (kg)
			长度 L	宽度 W	高度 H		
901116B-1	18	1.1	912	1250	2555	580	7333
901116C-1	20	1.5	912	1250	2555	580	7333
901116D-1	23	2.2	912	1250	2555	580	7333
901117D-1	26	2.2	912	1250	2555	580	7333
901117F-1	31	3.7	912	1250	2555	580	7333
901126F-1	45	3.7	1824	1250	2555	836	1156
901126H-1	50	5.5	1824	1250	2555	836	1156
901127H-1	57	5.5	1824	1250	2555	836	1156
901127J-1	62	7.5	1824	1250	2555	836	1156
901136H-1	66	5.5	2736	1250	2555	1092	1588
901136J-1	75	7.5	2736	1250	2555	1092	1588
9011137H-1	75	5.5	2736	1250	2855	1092	1588
9011137J-1	85	7.5	2736	1250	2855	1092	1588
9011137K-1	93	11	2736	1250	2855	1092	1588
901146K-1	102	5.5×2	3648	1250	2555	1351	2006
9011147K-1	117	5.5×2	3648	1250	2855	1351	2006
9011147L-1	125	7.5×2	3648	1250	2855	1351	2006
901156K-1	134	5.5×2	5742	1250	2555	1866	2586
901156L-1	150	7.5×2	5742	1250	2555	1866	2586
901157L-1	170	7.5×2	5742	1250	2855	1866	2586
901157N-1	187	11×2	5742	1250	2855	1866	2586
901546M-1	214	18.5	3550	2400	4070	2588	4460

型号	公称吨数	电机（kW）	外形尺寸（mm）			自重（kg）	运行质量（kg）
			长度 L	宽度 W	高度 H		
901546N-1	225	22	3550	2400	4070	2588	4460
901547M-1	239	18.5	3550	2400	4500	2588	4460
901547N-1	253	22	3550	2400	4500	2588	4460
901548N-1	270	22	3550	2400	4500	2588	4460
901548P-1	298	30	3550	2400	4500	2588	4460
901549P-1	309	30	3550	2400	4810	2588	4460
901556N-1	286	22	5380	2400	3895	3347	6206
901556P-1	315	30	5380	2400	4070	3347	6206
901556Q	336	37	5380	2400	4070	3347	6206
901557Q-1	379	37	5380	2400	4500	3347	6206
901557R-1	400	44	5380	2400	4500	3347	6206
901558R-1	429	44	5380	2400	4500	3347	6206
901731K-1	142	11	2680	2980	4340	2360	5175
901732L-1	179	15	2680	2980	4700	2360	5175
901732M-1	191	18.5	2680	2980	4700	2360	5175
901736L-1	178	15	2680	2980	4340	2360	5175
901736M-1	190	18.5	2680	2980	4340	2360	5175
901737N-1	218	22	2680	2980	4700	2360	5175
901738N-1	234	22	2680	2980	4940	2360	5175
901746N-1	261	22	3680	2980	4340	3290	7050
901747N-1	285	22	3680	2980	4700	3290	7050
901747P-1	314	30	3680	2980	4700	3290	7050
901748P-1	337	30	3680	2980	4940	3290	7050
901748Q-1	357	37.5	3680	2980	4940	3290	7050
901756Q-1	381	18.5×2	5360	2980	4340	4970	10590
901757Q-1	417	18.5×2	5360	2980	4700	4970	10590
901757R-1	437	18.5×2	5360	2980	4700	4970	10590
901758R-1	469	18.5×2	5360	2980	4940	4970	10590
901946N-1	251	22	3550	3600	4030	3443	7251
901946P-1	275	30	3550	3600	4030	3443	7251
901947N-1	280	22	3550	3600	4260	3443	7251
901947P-1	309	30	3550	3600	4260	3443	7251
901948N-1	307	22	3550	3600	4560	3443	7251

续表

型号	公称吨数	电机 (kW)	外形尺寸（mm）			自重 (kg)	运行质量 (kg)
			长度 L	宽度 W	高度 H		
901948P-1	340	30	3550	3600	4560	3443	7251
901949P-1	358	30	3550	3600	4990	3443	7251
901949Q-1	389	37	3550	3600	4990	3443	7251
901949R-1	416	45	3550	3600	4990	3443	7251
901956Q-1	375	37	5380	3600	4055	4741	10557
901956R-1	401	44	5380	3600	4055	4741	10557
901987Q-1	411	37	5380	3600	4285	4741	10557
901957R-1	434	44	5380	3600	4285	4741	10557
901958Q-1	463	37	5380	3600	4585	4741	10557
901958R-1	491	44	5380	3600	4585	4741	10557
901959R-1	513	44	5380	3600	5015	4741	10557
901959S-1	567	60	5380	3600	5015	4741	10557
901959T-1	600	74	5380	3600	5015	4741	10557

（3）AV 系列单侧进风冷却塔性能参数（见 16.6-26）

AV 系列单侧进风冷却塔性能参数　　　　　表 16.6-26

型号	标准水量	电机 (kW)	外形尺寸（mm）			自重 (kg)	运行质量 (kg)	塔体扬程 (mH₂O)
			长度 L	宽度 W	高度 H			
AV-125	125	4	2440	3080	4530	1200	2650	4.6
AV-150	150	5.5	3180	3080	4530	1440	3340	4.6
AV-175	175	5.5	3180	3410	4730	1670	3770	4.8
AV-200	200	7.5	3180	3410	4730	1720	3820	4.8
AV-225	225	7.5	3180	3680	4730	1770	3950	4.8
AV-250	250	7.5	3980	3680	4730	1890	4390	4.8
AV-300	300	11	4480	4240	5270	2340	5940	5.2
AV-350	350	15	4480	4240	5270	2390	5990	5.2
AV-400	400	11	4840	4660	5410	3860	6860	5.2
AV-450	450	15	4840	4660	5410	2930	6930	5.2

注：1. 公称吨以 35℃热水，29.5℃冷水，25.5℃湿球温度和 0.189L/s 的流量为基准；标准水量是以 37℃热水，32℃冷水，28℃湿球温度的标准工况为基准。所有表数均以单间为准。Marley Update 是一种基于 web 的选塔软件，它能够根据特定设计需要推荐最适合您的塔型及型号。

（4）LFC 系列喷射式无风机玻璃钢冷却塔

1）性能参数（见表 16.6-27）

表 16.6-27

LFC 系列喷射式无风机玻璃钢冷却塔性能参数

冷却塔型号	标准工况冷却水量 (m³/h)	外形尺寸:长×宽×高 (mm)	质量 (kg) 自重	质量 (kg) 运转质量	进水压力 (kPa) τ=27℃	τ=28℃	τ=29℃	标准点噪声 (dB(A))	接管规格 进水管 管径 (mm)	进水管 数量 (个)	出水管 管径 (mm)	出水管 数量 (个)	排污管 管径 (mm)	排污管 数量 (个)	溢水管 管径 (mm)	溢水管 数量 (个)	自动补水管 管径 (mm)	自动补水管 数量 (个)	手动补水管 管径 (mm)	手动补水管 数量 (个)
LFC-100	100	3900×2700×4580	1030	2220	120	140	150	58	80	6	125	1	50	1	50	1	25	1	25	1
LFC-125	125	5100×2700×4580	1290	2770	120	140	150	56	80	8	150	1	50	1	50	1	32	1	32	1
LFC-150	150	5700×2700×4580	1510	3040	120	140	150	55	80	9	150	1	50	1	50	1	32	1	32	1
LFC-175	175	3300×5100×5180	1650	3360	130	150	160	55	100	5	200	1	50	1	50	1	32	1	32	1
LFC-200	200	3900×5100×5180	1910	3890	130	150	160	55.5	100	6	200	1	50	1	50	1	32	1	32	1
LFC-250	250	4500×5100×5180	2180	4870	130	150	160	55.8	100	7	200	1	50	1	50	1	32	1	32	1
LFC-300	300	5700×5100×5180	2780	5800	130	150	160	56.3	100	9	250	1	50	1	50	1	32	1	32	1
LFC-350	350	6300×5100×5480	2980	6330	130	150	160	56.5	100	10	250	1	50	1	50	1	32	1	32	1
LFC-400	400	7500×5100×5480	3520	7840	130	150	160	57.2	100	12	200	2	50	2	50	2	32	2	32	2
LFC-450	450	8100×5100×5480	3810	8500	130	150	160	57.2	100	13	200	2	50	2	50	2	32	2	32	2
LFC-500	500	8700×5100×5480	4020	8900	130	150	160	57.3	100	14	200	2	50	2	50	2	32	2	32	2
LFC-550	550	9900×5100×5480	4620	9760	130	150	160	57.4	100	16	250	2	50	2	50	2	32	2	32	2
LFC-600	600	11100×5100×5480	5140	10560	130	150	160	57.5	100	18	250	2	50	2	50	2	32	2	32	2
LFC-650	650	11700×5100×5480	5410	11160	130	150	160	58	100	19	250	2	50	2	50	2	32	2	32	2
LFC-700	700	12300×5100×5480	5700	11820	130	150	160	58.5	100	20	250	2	50	2	50	2	32	2	32	2

注: 1. 进水压力指冷却塔与外部管道接管点处所需压力。

2. 标准点噪声为进风口方向离塔壁水平距离 (长×宽) 1.13 (长×宽) 1/2，高度 1.5m 处的噪声值。

3. 为防止喷嘴堵塞，总进水管道上应安装管道过滤器，滤网规格宜为 50～60 目。

2）外形及尺寸（见图16.6-16、表16.6-28）

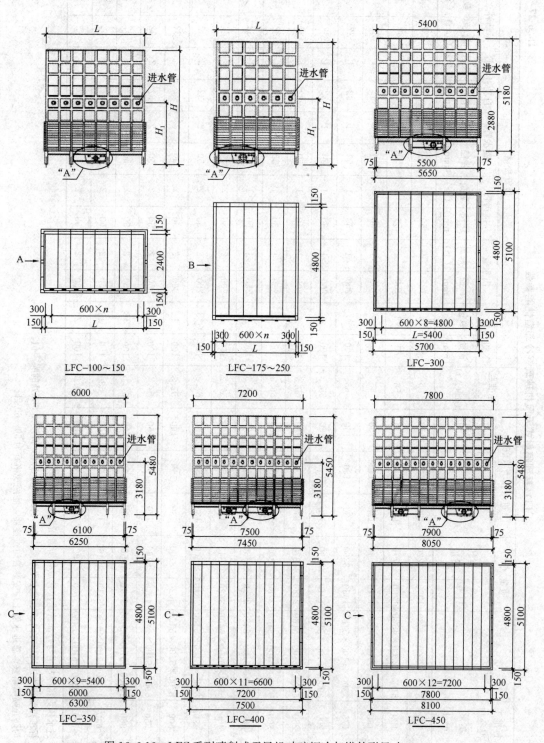

图 16.6-16 LFC 系列喷射式无风机玻璃钢冷却塔外形尺寸（一）

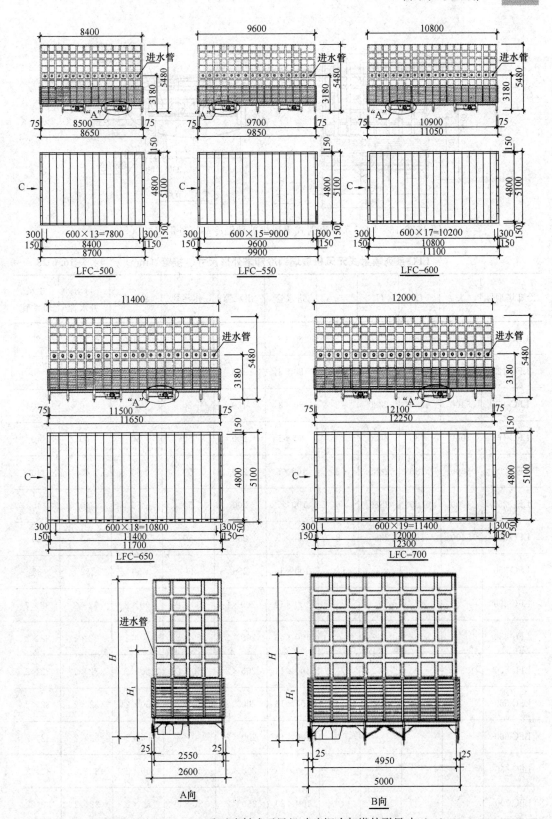

图 16.6-16 LFC 系列喷射式无风机玻璃钢冷却塔外形尺寸 (二)

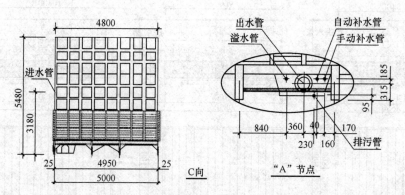

图 16.6-16　LFC 系列喷射式无风机玻璃钢冷却塔外形尺寸（三）

LFC 系列喷射式无风机玻璃钢冷却塔外形尺寸、接管（mm）　　表 16.6-28

冷却塔型号	L	H	H_1	n	进水管	出水管	排污管	溢水管	自动补水管	手动补水管
LFC-100	3600	4580	2280	5	80×3	125	50	50	25	25
LFC-125	4800	4580	2280	7	80×3	150	50	50	40	40
LFC-150	5400	4580	2280	8	80×3	150	50	50	40	40
LFC-175	3000	5180	2880	4	80×3	200	50	50	40	40
LFC-200	3600	5180	2880	5	100×6	200	50	50	40	40
LFC-250	4200	5180	2880	6	100×7	200	50	50	40	40
LFC-300	5400	5180	2880	8	100×9	250	50	50	40	40
LFC-350					100×10	250	50	50	32	32
LFC-400					100×12	200×2	50×2	50×2	32×2	32×2
LFC-450					100×13	200×2	50×2	50×2	32×2	32×2
LFC-500					100×14	200×2	50×2	50×2	32×2	32×2
LFC-550					100×16	200×2	50×2	50×2	32×2	32×2
LFC-600					100×18	200×2	50×2	50×2	32×2	32×2
LFC-650					100×19	250×2	50×2	50×2	32×2	32×2
LFC-700					100×20	250×2	50×2	50×2	32×2	32×2

16.6.2 循环水处理设备

1. NCA/B 系列循环水自动加药装置

型号说明：

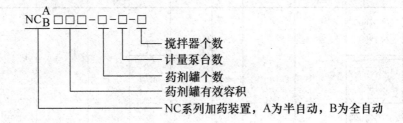

（1）外形图（见图 16.6-17）

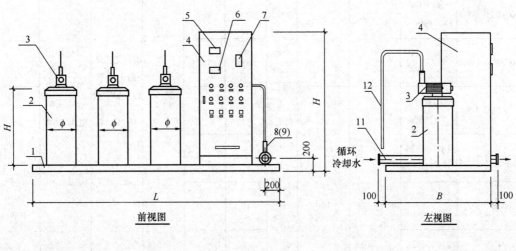

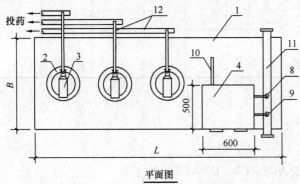

图 16.6-17　NCA/B 系列循环水自动加药装置外形

1—底座；2—加药罐；3—计量泵；4—控制屏；5—控制器；6—pH 控制器；
7—电导率控制器；8—pH 传感器；9—电导率传感器；10—流量传感器；
11—循环冷却水管；12—药液管（PP-R，自备）

（2）性能参数、外形尺寸（表 16.6-29）

NCA/B 系列循环水自动加药装置性能参数　　　表 16.6-29

型号	外形尺寸 $L \times B \times H$ (mm)	药剂罐 罐体尺寸 $\Phi \times h$ (mm)	有效容积 (L/个)	材质	剂量泵 最大流量 (L/h) 杀菌剂	阻垢缓蚀剂	出口压力 (MPa)	供电电源	搅拌器	适用系统水量范围 (m^3/h)
NCA200-1-1-1	600×600 ×1280				—	4.7				
NCB200-1-1-1	1450×1000 ×1600				—	4.7				
NCB200-2-2-2	2600×1000 ×1600	580×930	200		200	4.7				1000~ 5000
NCB200-3-3-3	3200×1000 ×1600				200	4.7	0.2			
NCB200-4-4-4	3790×1000 ×1600			不锈钢或聚乙烯 (PE)	200	4.7	0.3	电压 220V,最大功率 0.75kW/台	根据用户需要配置,单台功率 0.075kW,电压 220V	
NCA-1-1-1	470×470 ×1080				—	2.0	0.4			
NCB-1-1-1	1330×880 ×1600				—	2.0	0.5			
NCB-2-2-2	2320×880 ×1600	460×750	100		40	2.0				100~ 1000
NCB-3-3-3	2780×880 ×1600				40	2.0				
NCB-4-4-4	3250×880 ×1600				40	2.0				

2. DA 系列电子除垢仪

型号说明

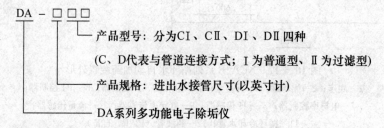

DA — □□□

├── 产品型号：分为CⅠ、CⅡ、DⅠ、DⅡ四种
　　　(C、D代表与管道连接方式；Ⅰ为普通型、Ⅱ为过滤型)

├── 产品规格：进出水接管尺寸(以英寸计)

└── DA系列多功能电子除垢仪

(1) 外形图（见图 16.6-18）

(2) 性能参数及外形尺寸（见表 16.6-30）

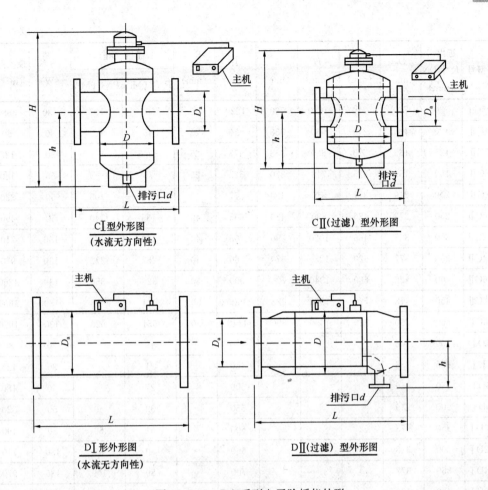

图 16.6-18 DA 系列电子除垢仪外形

DA 系列电子除垢仪规格尺寸 表 16.6-30

规格型号	进出口尺寸 DN (mm)	D_o (mm)	D (mm)	H (mm)	h (mm)	L (mm)	d (mm)	质量（kg）		功率 (W)	最大流量 (m³/h)
								$PN1.0$MPa	$PN1.6$MPa		
DA-4C I	100	108	133	540	260	333	25	30		30	80
DA-5C I	125	133	159	570	285	359	25	35		30	125
DA-6C I	150	159	219	625	297	419	25	49		50	180
DA-8C I	200	219	273	700	340	473	25	76	77	50	320
DA-10C I	250	273	325	750	350	565	40	104	108	50	490
DA-12C I	300	325	377	810	375	617	40	133	141	130	710
DA-14C I	350	377	426	930	435	666	40	170	190	130	970
DA-16C I	400	426	465	1005	472	746	40	197	219	130	1260
DA-18C I	450	478	520	1115	545	800	50	275	312	130	1600
DA-20C I	500	530	620	1245	595	940	50	360	426	130	1970
DA-24C I	600	630	720	1425	695	1080	50	440	540	130	2850

续表

规格型号	进出口尺寸 DN (mm)	D_0 (mm)	D (mm)	H (mm)	h (mm)	L (mm)	d (mm)	质量（kg）		功率 (W)	最大流量 (m³/h)
								PN1.0MPa	PN1.6MPa		
DA-28C I	700	720	820	1620	790	1220	50	601	707	130	3880
DA-4C II	100	108	219	630	330	419	25	45		30	80
DA-5C II	125	133	273	680	333	473	25	55.5		30	125
DA-6C II	150	159	325	710	370	525	25	78		50	180
DA-8C II	200	219	377	810	400	577	40	102	103	50	320
DA-10C II	250	273	426	890	420	665	40	135	140	50	490
DA-12C II	300	325	466	1020	590	705	40	169	177	130	710
DA-14C II	350	377	520	1230	670	760	40	252	272	130	970
DA-16C II	400	426	620	1340	700	900	50	328	350	130	1260
DA-18C II	450	478	720	1560	825	1000	50	431	468	130	1600
DA-20C II	500	530	820	1650	890	1140	50	551	620	130	1970
DA-4D I	100	108				450		19		30	80
DA-5D I	125	133				450		21		30	125
DA-6D I	150	159				500		27		50	180
DA-8D I	200	219				550		39	40	50	320
DA-10D I	250	273				600		51	66	50	490
DA-12D I	300	328				650		80	88	130	710
DA-14D I	350	377				700		89	109	130	970
DA-16D I	400	426				750		107	129	130	1260
DA-18D I	450	478				800		124	161	130	1600
DA-20D I	500	530				850		164	231	130	1970
DA-24D I	600	630				950		224	326	130	2850
DA-28D I	700	720				1050		306	412	130	3880
DA-4D II	100	108	159		130	640	40	29		30	80
DA-5D II	125	133	219		160	740	40	45		30	125
DA-6D II	150	159	273		200	770	50	67		50	180
DA-8D II	200	219	325		230	880	50	86	87	50	320
DA-10D II	250	273	426		270	1010	50	127	132	50	490
DA-12D II	300	325	478		300	1330	65	172	180	130	710
DA-14D II	350	377	530		340	1420	65	258	278	130	970
DA-16D II	400	426	630		380	1520	65	312	334	130	1260
DA-18D II	450	478	720		450	1780	100	407	444	130	1600
DA-20D II	500	530	820		500	1940	100	540	606	130	1970
DA-24D II	600	630	920		550	2140	150	647	749	130	2850

3. 内磁水处理器

（1）型号说明

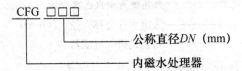

CFG □□□

— 公称直径DN（mm）

— 内磁水处理器

（2）外形图（见图 16.6-19）

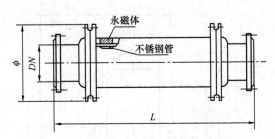

永磁体

不锈钢管

ϕ

DN

L

图 16.6-19 CFG 系列内磁水处理器外形

（3）性能参数（见表 16.6-31）

CFG 系列内磁水处理器性能参数 表 16.6-31

规格 DN (mm)	外形尺寸 $\Phi \times L$ (mm)	流速 (m/s)	适用流量范围 (m³/h)	垂直中心磁强 (mT)	质量 (kg)
125	315×900	1.5～3	95～150	160	130
150	335×930	1.5～3	130～230	160	180
200	405×950	1.5～3	170～340	160	230
250	490×980	2～3.5	265～530	160	260
300	550×1020	2～3.5	382～760	160	340
350	640×1100	2～3.5	520～1000	160	480
400	705×1200	2～3.5	697～1350	160	610
450	840×1300	2～3.5	859～1700	160	850
500	905×1400	2～3.5	1060～2100	160	980
550	980×1500	2～3.5	1700～2900	160	1200
600	1015×1600	2～3.5	2050～3500	160	1350

4. 过滤器

（1）GCQ 系列自洁式排气过滤器

型号说明

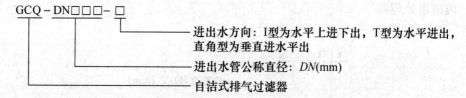

进出水方向：I型为水平上进下出，T型为水平进出，直角型为垂直进水平出

进出水管公称直径：DN(mm)

自洁式排气过滤器

1）GCQ-I型自洁式排气过滤器外形尺寸（见图16.6-20、表16.6-32）

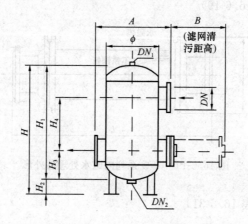

图16.6-20　GCQ-I型自洁式排气过滤器外形

GCQ-I型自洁式排气过滤器外形尺寸　　　　表16.6-32

规格 DN (mm)	参考范围 (m³/h)	Φ (mm)	A (mm)	B (mm)	H (mm)	H_1 (mm)	H_2 (mm)	H_3 (mm)	H_4 (mm)	排气阀接口 DN_1 (mm)	排污阀接口 DN_2 (mm)	质量 (kg)
150	85~120	500	740	550	1290	1020	270	320	410	15	40	190
200	130~250	600	860	750	1470	1200	270	380	470	15	50	240
250	260~400	700	980	850	1740	1450	290	450	580	15	50	320
300	400~650	800	1090	1000	1860	1570	290	490	620	15	50	450
350	650~900	900	1200	1100	2140	1840	300	540	780	15	65	640
400	900~1100	1000	1320	1250	2290	1990	300	590	840	15	65	700
450	1100~1500	1100	1440	1350	2490	2190	300	640	940	15	65	880
500	1500~2000	1200	1540	1450	2880	2560	320	740	1110	15	80	1160
550	1900~2300	1200	1540	1450	3040	2720	320	780	1150	15	80	1240
600	2200~2800	1300	1640	1550	3150	2830	320	840	1180	15	80	1350
650	2700~3200	1300	1640	1550	3300	2960	340	890	1220	15	80	1400
700	3100~3600	1400	1740	1650	3470	3130	340	940	1270	15	80	1500
750	3200~4000	1400	1740	1650	3620	3280	340	960	1790	15	100	1650

2）GCQ-T型、直角型自洁式排气过滤器外形尺寸（见图16.6-21、表16.6-33、表16.6-34）

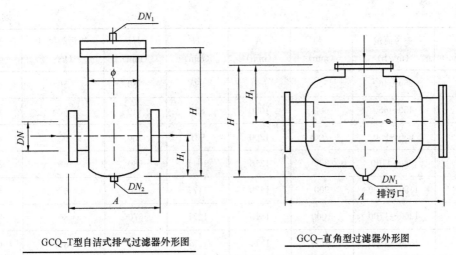

GCQ-T型自洁式排气过滤器外形图　　　　GCQ-直角型过滤器外形图

图 16.6-21　GCQ-T 型、直角型过滤器外形

GCQ-T型自洁式排气过滤器外形尺寸　　　　　　表 16.6-33

规格 DN (mm)	参考流量 (m³/h)	ϕ (mm)	A (mm)	H (mm)	H_1 (mm)	排气阀接口 DN_1 (mm)	排污阀接口 DN_2 (mm)	质量 (kg)
150	60～85	426	640	700	260	15	40	160
200	90～130	470	720	800	300	15	40	220
250	150～260	500	780	950	360	15	50	280
300	250～400	600	890	1050	400	15	50	350
350	450～650	700	1000	1200	460	15	50	420
400	650～900	800	1120	1350	515	15	65	490
450	900～1100	900	1100	1450	560	15	65	560
500	1150～1500	1000	1240	1600	610	15	65	640
550	1300～1700	1000	1340	1700	640	15	80	720
600	1600～2000	1100	1440	1840	690	15	80	810
650	1900～2300	1100	1440	1960	720	15	80	900
700	2200～2700	1200	1540	2100	760	15	80	1000
750	2400～3100	1200	1540	2250	790	15	100	1150
800	2700～3600	1300	1640	2400	850	15	100	1300

GCQ-直角型自洁式排气过滤器外形尺寸　　　　　　表 16.6-34

规格 DN (mm)	参考流量 (m³/h)	ϕ (mm)	A (mm)	H (mm)	H_1 (mm)	排污阀接口 DN_1 (mm)	质量 (kg)
150	60～85	377	640	533	290	40	75
200	90～130	426	730	588	320	40	100
250	150～250	470	820	653	350	50	150

续表

规格 DN（mm）	参考流量 （m³/h）	ϕ （mm）	A （mm）	H （mm）	H_1 （mm）	排污阀接口 DN_1	质量 （kg）
300	250～400	500	930	698	380	50	190
350	450～650	600	1050	821	440	50	240
400	650～900	700	1200	931	500	65	300
450	900～1100	800	1310	1041	560	65	370
500	1150～1500	900	1420	1177	620	65	450
550	1300～1700	1000	1510	1277	670	80	540
600	1600～2000	1000	1570	1277	670	80	640
650	1900～2300	1100	1660	1427	770	80	750
700	2200～2700	1100	1710	1427	770	80	880
750	2400～3100	1200	1770	1493	770	100	980
800	2700～3600	1200	1820	1493	770	100	1080

（2）DAG 系列自动排污管道过滤器（见图 16.6-22、表 16.6-35）

型号说明：

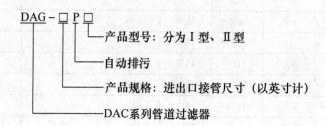

图 16.6-22 DAG-PⅠ、Ⅱ型过滤器外形

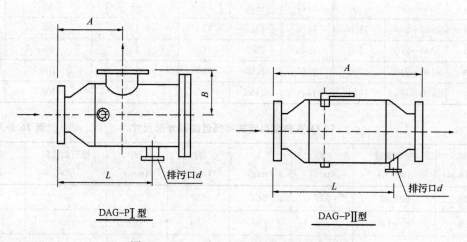

DAG-PⅠ型　　　　　DAG-PⅡ型

图 16.6-22 DAG-PⅠ、Ⅱ型过滤器外形

DAG-PⅠ、Ⅱ型过滤器规格参数表 表 16.6-35

规格型号	进出口尺寸 （mm）	A （mm）	B （mm）	L （mm）	质量 （kg）	d （mm）	参考流量 （m³/h）
DAG-4PⅠ	100	300	180	410	40	25	80
DAG-4PⅡ		480	—	390	23		
DAG-5PⅠ	125	320	220	450	59	40	125
DAG-5PⅡ		590	—	470	38		
DAG-6PⅠ	150	380	240	520	81	40	180
DAG-6PⅡ		670	—	530	52		
DAG-8PⅠ	200	400	280	560	104	50	320
DAG-8PⅡ		750	—	620	79		
DAG-10PⅠ	250	500	320	700	150	50	490
DAG-10PⅡ		850	—	710	121		
DAG-12PⅠ	300	650	350	900	195	65	710
DAG-12PⅡ		1100	—	905	151		
DAG-14PⅠ	350	670	370	940	250	65	970
DAG-14PⅡ		1200	—	975	235		
DAG-16PⅠ	400	720	420	1020	450	65	1260
DAG-16PⅡ		1300	—	1045	291		
DAG-18PⅠ	450	870	460	1125	480	100	1590
DAG-18PⅡ		1540	550	1210	400		
DAG-20PⅠ	500	995	—	1375	640	100	1970
DAG-20PⅡ		1720	600	1350	516		
DAG-24PⅠ	600	1140	—	1500	860	100	2850
DAG-24PⅡ		1920	—	1540	734		

注：工作压力≤1.6MPa；压力损失≤0.015MPa；过滤精度 d=1.2mm。

（3）DA 系列多功能循环冷却水旁滤装置

1) 外形图（见图 16.6-23）

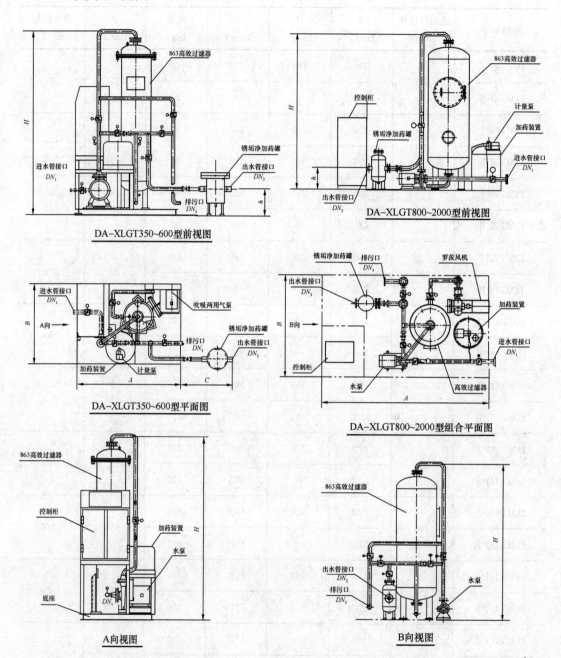

DA-XLGT350~600型前视图

DA-XLGT800~2000型前视图

DA-XLGT350~600型平面图

DA-XLGT800~2000型组合平面图

A向视图

B向视图

图 16.6-23　DA 系列多功能循环冷却水旁滤装置外形

注：1. DA-XLGT350、500、600 三种型号为一体化装置形式；DA-XLGT800、1200、1600、2000 四种型号为现场组装形式。

2. 装置工作压力≤0.35MPa；压力损失为 0.035～0.2MPa。

3. 供电电源电压为 380V。

2) 性能参数（见表 16.6-36）

DA 系列多功能循环冷却水旁滤装置性能参数 表 16.6-36

规格型号		DA-XLGT-350	DA-XLGT-500	DA-XLGT-600	DA-XLGT-800	DA-XLGT-1200	DA-XLGT-1600	DA-XLGT-2000
循环水量（m³/h）		266	500	666	1333	3333	5000	8333
处理水量（m³/h）		5～8	8～15	15～20	20～40	40～100	100～150	150～250
外形尺寸	A	1350	1450	1600	3400	4000	5050	6000
	B	1000	1000	1100	2000	2300	2800	3500
	C	520	550	600	—	—	—	—
	H	2360	2360	2360	3800	4160	4800	5400
	h	300	420	420	420	530	700	850
进水管径 DN1		40	50	65	65	100	150	200
出水管径 DN2		40	50	65	65	100	150	200
排污管径 DN3		40	50	65	80	125	200	200
设备净重（kg）		426	532	635	1300	2200	3500	5400
运行质量（kg）		650	920	1100	2960	6200	11500	17100
水泵功率（kW）		1.1	2.2	2.2	5.5～7.5	7.5～11	11～22	22～45
风机功率（kW）		1.1	1.1	1.5	5.5	7.5～11	11～16	18.5～22

（4）SCⅡ系列循环冷却水处理器

1）外形图（见图 16.6-24）

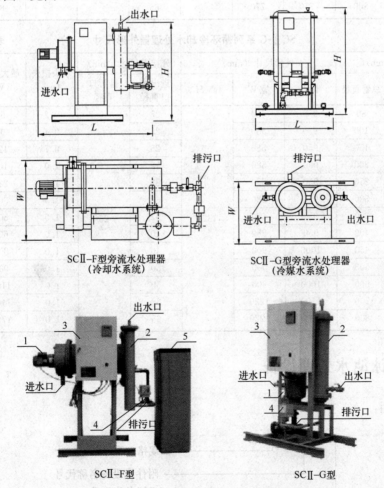

SCⅡ-F型旁流水处理器
（冷却水系统）

SCⅡ-G型旁流水处理器
（冷媒水系统）

SCⅡ-F型

SCⅡ-G型

图 16.6-24　SCⅡ系列循环冷却水处理器外形

2）性能参数及尺寸（见表16.6-37、表16.6-38）

SCⅡ-F系列循环冷却水处理器外形尺寸　　　　表16.6-37

选型区（mm）		外形尺寸（mm）			外接管尺寸（mm）		水头损失（m）	最大功率（W）	质量（kg）
型号	总管直径	长 L	宽 W	高 H	进出水口直径	排污口直径			
SCⅡ-0100F	80	1450	720		25		6	90	165
SCⅡ-0200F	100	1450	720		25		6	120	168
SCⅡ-0300F	150	1450	720		25		6	160	171
SCⅡ-0400F	200	1450	720		25		6	200	174
SCⅡ-0500F	250	1450	720		25		6	300	177
SCⅡ-0600F	300	1450	720		32		4	500	180
SCⅡ-0700F	350	1450	720	1260	32	25	7	600	183
SCⅡ-0800F	400	1475	740		40		5	800	186
SCⅡ-0900F	450	1475	740		40		7	900	189
SCⅡ-1000F	500	1550	750		50		4.5	1100	192
SCⅡ-1100F	600	1550	750		50		5	1300	195
SCⅡ-1200F	700	1750	770		65		4	1500	198
SCⅡ-1300F	800	1750	770		65		5	1800	201

SCⅡ-G系列循环冷却水处理器外形尺寸　　　　表16.6-38

选型区（mm）		外形尺寸（mm）			外接管尺寸（mm）		水头损失（m）	最大功率（W）	质量（kg）
型号	总管直径	长 L	宽 W	高 H	进出水口直径	排污口直径			
SCⅡ-0100G	80	950	580		25		0.2	50	102
SCⅡ-0200G	100	950	580		25		0.4	90	105
SCⅡ-0300G	150	950	580		25		0.7	120	108
SCⅡ-0400G	200	950	580		25		1.0	160	111
SCⅡ-0500G	250	950	580		25		1.0	220	114
SCⅡ-0600G	300	950	580		32		1.0	300	117
SCⅡ-0700G	350	950	580	1320	32	25	1.0	500	126
SCⅡ-0800G	400	950	580		40		1.0	600	138
SCⅡ-0900G	450	1000	900		40		1.0	800	172
SCⅡ-1000G	500	1000	900		50		1.0	900	184
SCⅡ-1100G	600	1000	900		50		1.0	1100	196
SCⅡ-1200G	700	1100	1220		65		1.0	1400	246
SCⅡ-1300G	800	1100	1220		65		1.0	1700	258

16.7　游泳池水处理设备

型号说明：

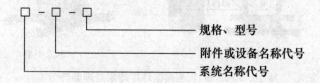

16.7.1 立式石英砂过滤器（见图16.7-1～图16.7-3）

立式不锈钢石英砂过滤器

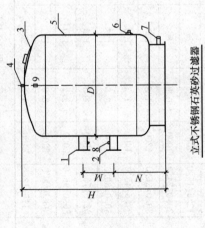

部件编号名称对照表

编号	名　称
1	进水接口
2	出水接口
3	人孔
4	排气孔接口
5	视窗
6	排砂口
7	排水接口
8	压力表口
9	吊耳

立式石英砂过滤器外形尺寸及技术参数

型号	工作压力 (MPa)	滤速 (m/h)	过滤水量 (m³/h)	外径 D (mm)	过滤面积 (m²)	H (mm)	N (mm)	M (mm)	进/出水管径 DN (mm)	人孔 (mm)	排砂口 (mm)	滤料类型	滤料 粒径 (mm)	滤料 不均匀系数 K_{80}	滤料 滤层厚度 (mm)
HD-SFL-1000	0.6	20	15.70	1006	0.785	2068	836	400	80	400	125	石英砂	0.5～0.7	≤1.4	≥1000 (含承托层)
HD-SFL-1200			22.60	1206	1.130	2104	776	440	100						
HD-SFL-1400			30.80	1408	1.540	2268	827	500	125						
HD-SFL-1600			40.20	1608	2.010	2330	849	500	125						
HD-SFL-1800			50.80	1810	2.540	2393	782	570	150						
HD-SFL-2000			62.80	2010	3.140	2508	858	570	150						
HD-SFL-2400			90.40	2412	4.520	2692	865	680	200						
HD-SFL-1000		25	19.63	1006	0.785	2068	836	400	80						
HD-SFL-1200			28.25	1206	1.130	2104	776	440	100						
HD-SFL-1400			38.50	1408	1.540	2268	827	500	125						
HD-SFL-1600			50.25	1608	2.010	2330	849	500	125						
HD-SFL-1800			63.50	1810	2.540	2393	782	570	150						
HD-SFL-2000			78.50	2010	3.140	2508	858	570	150						
HD-SFL-2400			113.00	2412	4.520	2692	865	680	200						

图 16.7-1　HD 立式石英砂过滤器

注：1. 不锈钢牌号为 S30408。
　　2. 本图由北京恒动环境技术有限公司提供的资料编制。

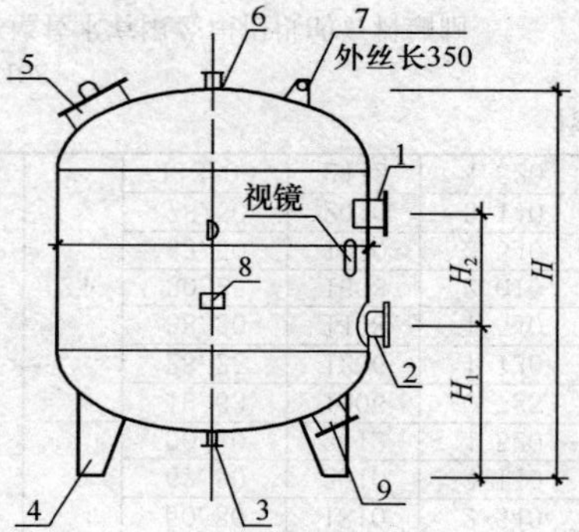

部件编号名称对照表

编号	名称
1	进水接口
2	出水接口
3	泄水接口
4	支座
5	人孔
6	排气阀接口
7	吊环
8	铭牌及排座
9	排污口

立式石英砂过滤器

立式石英砂过滤器外型尺寸及技术参数

型号	工作压力 (MPa)	滤速 (m/h)	流量 (m³/h)	内径D (mm)	过滤面积 (m²)	进/出水管径 DN	H (mm)	H_1 (mm)	H_2 (mm)	滤料类型	粒径 (mm)	不均匀系数 K_{80}	厚度 (mm)	泄水口 DN	材质	运行质量 (t)	备注
HT-ZLA-800L			12.5/15.0	800	0.5	80	1700	560	650							1.0	
HT-ZLA-1000L			20.0/24.0	1000	0.8	80	1780	560	700							1.5	
HT-ZLA-1200L			30.0/36.0	1200	1.2	100	2120	650	900							2.7	侧面、顶部均设有人孔
HT-ZLA-1400L			37.5/45.0	1400	1.5	100	2210	680	900							4.0	
HT-ZLA-1600L	0.45	25/30	50.0/60.0	1600	2.0	125	2320	750	900	天然石英砂	0.5~1.0	≤2.0	≥1000(含承托层)	50	S31603 不锈钢	5.2	
HT-ZLA-1800L			62.5/75.0	1800	2.5	125	2380	780	900							6.3	
HT-ZLA-2000L			80.0/96.0	2000	3.2	150	2620	870	1000							7.7	
HT-ZLA-2200L			95.0/114	2200	3.8	150	2690	890	1000							9.5	
HT-ZLA-2400L			115/138	2400	4.6	200	2820	960	1000							11.0	

图 16.7-2 HT 立式石英砂过滤器

注: 本图根据江苏恒泰泳池设备有限公司提供的资料编制。

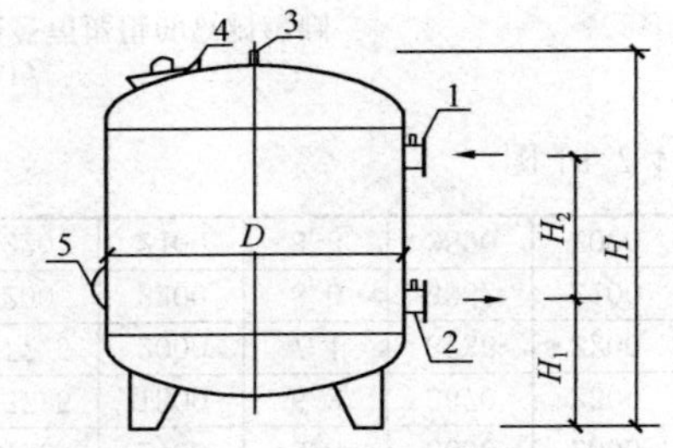

配件编号名称对照表

编号	名 称
1	进水接口
2	出水接口
3	自动排气阀接口
4	人孔
5	卸料口

立式石英砂过滤器

立式石英砂过滤器外形尺寸及技术参数

型号	工作压力 (MPa)	流速 (m/h)	过滤水量 (m³/h)	内径 D (mm)	过滤面积 (m²)	H (mm)	H_1 (mm)	H_2 (mm)	进/出水管径 DN (mm)	泄水口 DN (mm)	滤料类型	粒径 (mm)	不均匀系数 K_{80}	厚度 (mm)	材质	运行质量 (t)	备注
JT-GLA-0.8	0.4	15～25	7～12	800	0.5	1700	560	650	80	100	石英砂	0.5～0.7	≤1.4	≥1000（含承托层）	碳钢、S30408 不锈钢	1.5	
JT-GLA-1.0			12～20	1000	0.8	1780	560	700	80							2.5	
JT-GLA-1.2			18～24	1200	1.2	2120	650	900	100							4.2	配水系统为小阻力系统
JT-GLA-1.4			22～37	1400	1.5	2210	680	900	100							6.0	
JT-GLA-1.6			30～50	1600	2.0	2320	750	900	125							8.0	
JT-GLA-1.8			37～62	1800	2.5	2380	780	900	125							10.0	
JT-GLA-2.0			48～80	2000	3.2	2620	870	1000	150							12.7	
JT-GLA-2.2			57～95	2200	3.8	2690	890	1000	150							15.7	
JT-GLA-2.4			69～115	2400	4.6	2820	960	1000	200							18.8	
JT-GLA-2.6			79～132	2600	5.3	2850	990	1000	200							22.0	
JT-GLB-0.8		30	15	800	0.5	1650	650	650	80							1.5	
JT-GLB-1.0			24	1000	0.8	1800	700	700	80							2.5	
JT-GLB-1.2			36	1200	1.2	2000	750	800	100							4.2	配水系统为大阻力系统
JT-GLB-1.4			45	1400	1.5	2100	800	800	100							6.0	
JT-GLB-1.6			60	1600	2.0	2300	850	800	125							8.0	
JT-GLB-1.8			75	1800	2.5	2400	900	900	125							10.0	
JT-GLB-2.0			96	2000	3.2	2600	870	1000	150							12.7	
JT-GLB-2.2			114	2200	3.8	2700	950	1000	150							15.7	
JT-GLB-2.4			138	2400	4.6	2900	1000	1000	200							18.8	

图 16.7-3 JT 立式石英砂过滤器

注：本图根据浙江金泰泳池环保设备有限公司提供的资料编制。

16.7.2　卧式石英砂过滤器（见图16.7-4~图16.7-6）

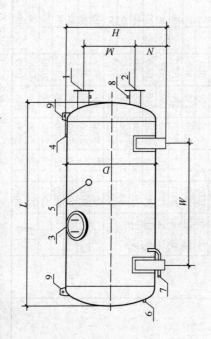

卧式石英砂过滤器

配件编号名称对照表

编号	名　称
1	进水接口
2	出水接口
3	人孔
4	排气孔接口
5	视窗
6	排砂口
7	排水接口
8	压力表口
9	吊耳

卧式石英砂过滤器外形尺寸及技术参数

型号	工作压力 (MPa)	滤速 (m/h)	过滤水量 (m³/h)	内径 D (mm)	过滤面积 (m²)	L (mm)	W (mm)	N (mm)	M (mm)	H (mm)	进/出水管径 DN (mm)	泄水口 (mm)	排砂口 (mm)	滤料类型	粒径 (mm)	不均匀系数 K_{80}	滤层厚度 (mm)
HD-SFW-3748	0.6	20	126	1800	6.3	3670	2300	895	790	2040	200	32	125	石英砂	0.5~0.8	≤1.7	≥800
HD-SFW-3826			142	2000	7.1	3736	2200	985	900	2260	250	40					
HD-SFW-3932			160	2200	8.0	3832	2100	1130	900	2480	250						
HD-SFW-4010			176	2400	8.8	3890	2000	1275	1000	2700	300	50					
HD-SFW-3748		25	157.5	1800	6.3	3670	2300	895	790	2040	200	32					
HD-SFW-3826			177.5	2000	7.1	3736	2200	985	900	2260	250	40					
HD-SFW-3932			200	2200	8.0	3832	2100	1130	900	2480	250						
HD-SFW-4010			220	2400	8.8	3890	2000	1275	1000	2700	300	50					

图 16.7-4　HD 卧式石英砂过滤器

注：1. 不锈钢牌号为 S30408。
　　2. 表中滤层厚度未包含承托层厚度。
　　3. 本图由北京恒动环境技术有限公司提供的资料编制。

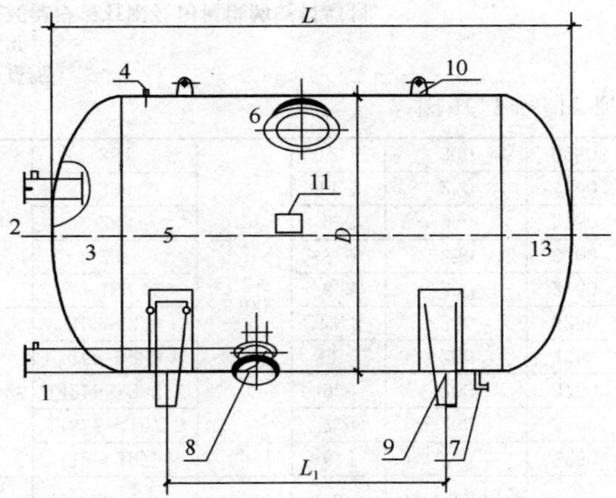

部件编号名称对照表

序号	名 称
1	出水接管
2	进水接管
3	前封头
4	放气接口
5	筒体
6	人孔
7	排污口
8	排砂口
9	支座
10	吊耳
11	铭牌阀座
12	压力容器铭牌
13	后封头

卧式石英砂过滤器

卧式过滤器外形尺寸及技术参数

型号	流速 (m/h)	内径 D (mm)	L (mm)	过滤水量 (m³/h)	L_1 (mm)	过滤面积 (m²)	进/出水管径 DN (mm)	滤料 类型	粒径 (mm)	不均匀系数 K_{80}	厚度 (mm)	材质	设备质量 (t)	运行质量 (t)
HT-ZLA-3300W	25	2200	3300	157.5	2250	6.3	200	天然石英砂	0.5~1.0	≤2.0	≥1000	S31603 不锈钢	18	28
HT-ZLA-4000W		2200	4100	197.5	3000	7.9	200						23	35
HT-ZLA-4800W		2200	4800	237.5	3750	9.5	200						28	42
HT-ZLA-5500W		2400	5100	280.0	4500	11.2	250						33	49
HT-ZLA-6300W		2400	5800	320.0	5250	12.8	250						38	56
HT-ZLB-3300W	30	2200	3300	189.0	2250	6.3	200						18	28
HT-ZLB-4000W		2200	4100	237.0	3000	7.9	250						23	35
HT-ZLB-4800W		2200	4800	285.0	3750	9.5	250						28	42
HT-ZLB-5500W		2400	5100	336.0	4500	11.2	250						33	49
HT-ZLB-6300W		2400	5800	384.0	5250	12.8	300						38	56

图 16.7-5　HT 卧式石英砂过滤器

注：1. 表中滤层厚度包含承托层厚度。
2. 本图根据江苏恒泰泳池设备有限公司提供的资料编制。

部件编号名称对照表

编号	名　称
1	自动排气阀
2	进水管
3	出水管
4	侧向人孔
5	顶部人孔
6	泄水口
7	底座

卧式过滤器

卧式过滤器外形尺寸及技术参数

型　号	工作压力(MPa)	流速(m/h)	过滤水量(m³/h)	内径D(mm)	过滤面积(m²)	进/出水管径DN(mm)	L_1(mm)	L(mm)	泄水口DN(mm)	滤料类型	粒径(mm)	不均匀系数K_{80}	厚度(mm)	材质	设备质量(t)	运行质量(t)	备注
JT-GWA-3.3-01	0.40	15~25	118~197.5	2400	6.3	200	2250	3300	100	单层石英砂	0.5~0.7	≤1.4	≥1000	碳钢或S31603	18	28	碳钢过滤器内有高分子内衬
JT-GWA-4.0-01			118.5~197.5		7.9	200	3000	4000							23	35	
JT-GWA-4.8-01			142.5~237.5		9.5	200	3750	4800							28	42	
JT-GWA-5.5-01			168~280		11.2	250	4500	5500							33	49	
JT-GWA-6.3-01			192~320		12.8	250	5250	6300							38	56	
JT-GWB-3.3-01		30	189		6.3	200	2250	3300						不锈钢	18	28	
JT-GWB-4.0-01			237		7.9	250	3000	4000							23	35	
JT-GWB-4.8-01			288		9.5	250	3750	4800							28	42	
JT-GWB-5.5-01			336		11.2	250	4500	5500							33	49	
JT-GWB-6.3-01			384		12.8	300	5250	6300							38	56	

图16.7-6　JT卧式石英砂过滤器

注：1. 过滤器配水采用小阻力系统。
2. 滤层厚度包含承托层厚度。
3. 本图根据浙江金泰冰池环保设备有限公司提供的资料编制。

16.7.3 压力式可再生硅藻土过滤器（见图16.7-7）

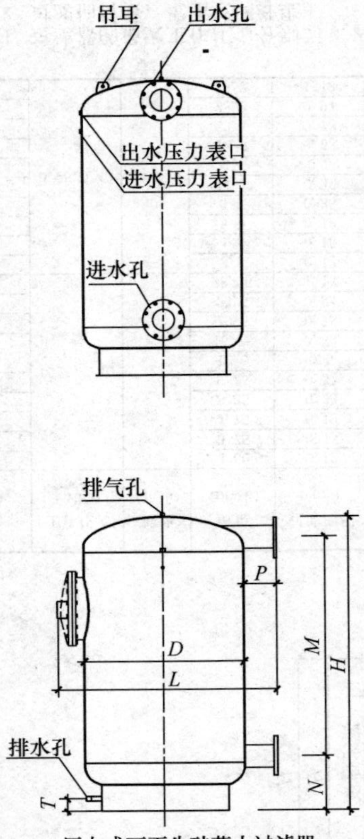

压力式可再生硅藻土过滤器

压力式可再生硅藻土过滤器外形尺寸及技术参数

型号	HD-DEF-150	HD-DEF-200	HD-DEF-250	HD-DEF-300	HD-DEF-350	HD-DEF-400	HD-DEF-450
D（mm）	800	900	1000	1100	1200	1300	1400
H（mm）	2085	2095	2100	2200	2280	2390	2470
L（mm）	1180	1270	1380	1490	1620	1720	1840
M（mm）	1610	1620	1630	1640	1650	1660	1680
N（mm）	355	335	360	390	480	545	560
T（mm）	80	80	90	90	100	100	100
P（mm）	200	200	200	220	220	245	245
进水口 出水口	*DN*100	*DN*125	*DN*125	*DN*150	*DN*150	*DN*200	*DN*200
运行质量（kg）	1200	1500	1850	2250	2700	3200	3900
过滤面积（m^2）	15	20	25	30	35	40	50
过滤负荷（$m^3/(m^2 \cdot h)$）	3～5	3～5	3～5	3～5	3～5	3～5	3～5
处理量（m^3/h）	45～75	60～100	75～125	90～150	105～175	120～200	150～250
硅藻土装填量（kg）	15	20	25	30	35	40	50

图16.7-7 压力式可再生硅藻土过滤器外形尺寸及技术参数

注：1. 过滤器材质为S31608不锈钢。
2. 滤元为纤维布和ABS塑料管。
3. 本图根据北京恒动环境技术有限公司提供的资料编制。

16.7.4 多向阀立式过滤器（见图16.7-8、图16.7-9）

部件编号名称对照表

编号	名 称
1	进水接口
2	出水接口
3	反冲洗排水接口
4	反冲洗观视口
5	压力表
6	排水口
7	配水滤棒

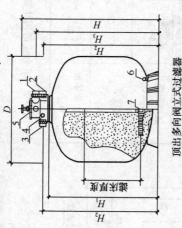

顶出多向阀立式过滤器

顶出多向阀立式过滤器外形尺寸及技术参数

型号	工作压力 (MPa)	滤速 (m/h)	流量 (m³/h)	过滤面积 (m²)	D (mm)	H (mm)	H₁ (mm)	H₂ (mm)	H₃ (mm)	进/出水管径 DN (mm)	滤料类型	粒径 (mm)	不均匀系数 K₈₀	厚度 (m)	滤砂质量 (t)	运行质量 (t)	罐体厚度 (mm)
KP400	0.25/0.40	25	3.00	0.12	400	1310	1060	1110	1169	50	石英砂	0.5~0.7	<1.7	0.7（不含托层）	0.14	0.21	≥4
KP450			3.75	0.15	450	1320	1070	1120	1179	50					0.18	0.26	≥4
KP500			4.75	0.19	500	1330	1080	1130	1189	50					0.22	0.32	≥4
KP650			8.25	0.33	650	1340	1090	1140	1199	50					0.38	0.53	≥5
KP700			9.25	0.37	700	1350	1100	1150	1209	50					0.44	0.64	≥5.5
KP800			12.5	0.5	800	1450	1150	1212	1292	63					0.58	0.85	≥5.5
KP900			15.75	0.63	900	1470	1170	1232	1312	63					0.73	1.06	≥6
KP1000			19.5	0.78	1000	1500	1200	1262	1342	63					0.89	1.36	≥6
KP1100			23.5	0.94	1100	1550	1250	1312	1392	63					1.07	1.62	≥6.5
KP1200			28.25	1.13	1200	1570	1270	1332	1412	63					1.28	1.91	≥6.5
KP400	0.25/0.40	30	3.6	0.12	400	1310	1060	1110	1169	50					0.14	0.21	≥4
KP450			4.5	0.15	450	1320	1070	1120	1179	50					0.18	0.26	≥4
KP500			5.7	0.19	500	1330	1080	1130	1189	50					0.22	0.32	≥4
KP650			9.9	0.33	650	1340	1090	1140	1199	50					0.38	0.53	≥5
KP700			11.1	0.37	700	1350	1100	1150	1209	50					0.44	0.64	≥5.5
KP800			15	0.5	800	1450	1150	1212	1292	63					0.58	0.85	≥5.5
KP900			18.9	0.63	900	1470	1170	1232	1312	63					0.73	1.06	≥6
KP1000			23.4	0.78	1000	1500	1200	1262	1342	63					0.89	1.36	≥6
KP1100			28.2	0.94	1100	1550	1250	1312	1392	63					1.07	1.62	≥6.5
KP1200			33.9	1.13	1200	1570	1270	1332	1412	63					1.28	1.91	≥6.5

图16.7-8 顶出多向阀立式过滤器外形尺寸及技术参数

注：
1. 过滤器的最大工作压力分别为0.25MPa和0.40MPa两种规格，出厂测试压力为工作压力的1.5倍。
2. 过滤桶材质：聚脂玻璃纤维。
3. 玻璃钢过滤器桶身内有食品级防腐涂层。
4. 过滤器内部布水器和配水滤棒为塑料材质。
5. 滤床从过滤棒表面算起，其下面承托层采用1~2mm的粗砂。
6. 本图根据广东盛英泳池水疗设备有限公司，广州市波英泳池水疗设备（制造）有限公司提供的资料编制。

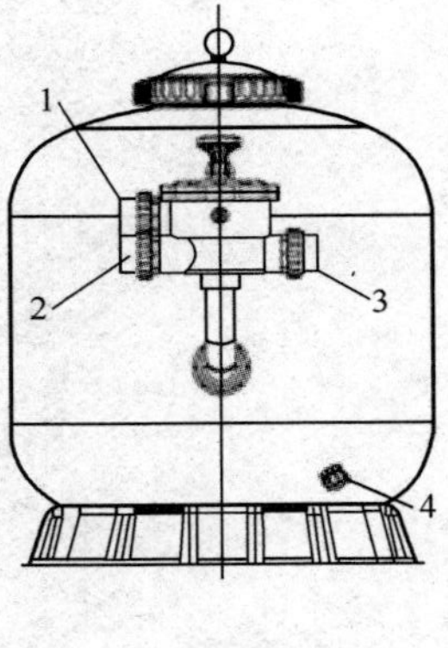

侧出多向阀立式过滤器外形尺寸及技术参数

型号	工作压力 (MPa)	滤速 (m/h)	流量 (m³/h)	过滤面积 (m²)	D (mm)	H (mm)	H₁ (mm)	H₂ (mm)	H₃ (mm)	进/出水管径 DN (mm)	滤料类型	粒径 (mm)	不均匀系数 K₈₀	厚度 (m)	滤砂质量 (t)	运行质量 (t)	罐体厚度 (mm)
KS450	0.25/0.45	25	3.75	0.15	450	1160	500	125	684	50	石英砂	0.5~0.7	<1.7	0.7	0.18	0.262	≥4
KS500			4.75	0.19	500	1210	600	125	784	50					0.22	0.332	≥4
KS650			8.25	0.33	650	1260	650	125	834	50					0.38	0.542	≥5
KS700			9.25	0.37	700	1300	700	125	884	50					0.44	0.642	≥5
KS800			12.5	0.5	800	1360	650	220	945	65					0.58	0.855	≥5.5
KS900			15.75	0.63	900	1410	700	220	995	65					0.73	1.065	≥6
KS1000			19.5	0.78	1000	1430	600	220	895	65					0.89	1.365	≥6
KS1100			23.5	0.94	1100	1450	620	220	915	65					1.07	1.625	≥6.5
KS1200			28.25	1.13	1200	1480	630	220	925	65					1.28	1.915	≥6.5
KS450	0.25/0.45	30	4.5	0.15	450	1160	500	125	684	50					0.18	0.262	≥4
KS500			5.7	0.19	500	1210	600	125	784	50					0.22	0.332	≥4
KS650			9.9	0.33	650	1260	650	125	834	50					0.38	0.542	≥5
KS700			11.1	0.37	700	1300	700	125	884	50					0.44	0.642	≥5
KS800			15	0.5	800	1360	650	220	945	65					0.58	0.855	≥5.5
KS900			18.9	0.63	900	1410	700	220	995	65					0.73	1.065	≥6
KS1000			23.4	0.78	1000	1430	600	220	895	65					0.89	1.365	≥6
KS1100			28.2	0.94	1100	1450	620	220	915	65					1.07	1.625	≥6.5
KS1200			33.9	1.13	1200	1480	630	220	925	65					1.28	1.915	≥6.5

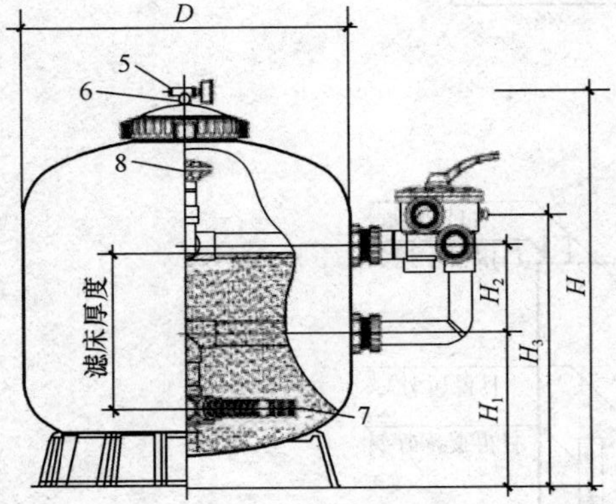

名称表

编号	名 称
1	进水接口
2	出水接口
3	反冲洗排水口
4	排水口
5	压力表
6	排气阀
7	配水滤棒
8	布水点

立面图

剖面图

图 16.7-9 侧出多向阀立式过滤器外形尺寸及技术参数

注：1. 过滤器的最大工作压力分别为 0.25MPa 和 0.45MPa 两种型号，出厂测试压力为工作压力的 1.5 倍。
2. 过滤桶材质：聚酯玻璃纤维；玻璃钢材质过滤器罐身内有食品级防腐涂层。
3. 过滤器内部布水器、配水滤棒为塑料材质。
4. 滤床厚度从过滤棒表面起算，其下面承托层用 1~2mm 的粗砂。
5. 本图根据广东联盛游泳池水疗设备有限公司、广州市波英泳池设备（制造）有限公司提供的资料编制。

16.7.5 臭氧发生器（见图 16.7-10～图 16.7-15）

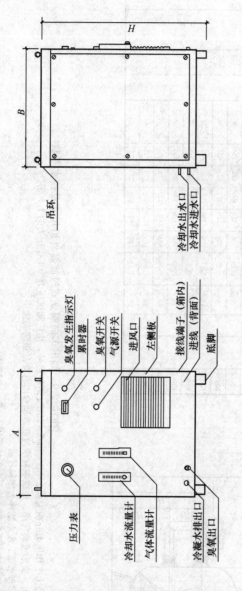

HD-10 型、HD-20 型臭氧发生器设备参数

HD-10型、HD-20型臭氧发生器

型　　号	HD-10	HD-20
主机功率（kW）	0.5	0.5
臭氧产量（mg/L）	10	20
设备供电	200V/50Hz/5A	200V/50Hz/5A
$A \times B \times H$（mm）	520×560×580	520×560×580
质量（kg）	50	61

图 16.7-10　HD-10 型、HD-20 型臭氧发生器

注：1. 本设备配有分子筛制氧机。
　　2. 设备四周应留有不小于 800mm 的操作维修空间。
　　3. 本图根据北京恒动环境技术有限公司提供的资料编制。

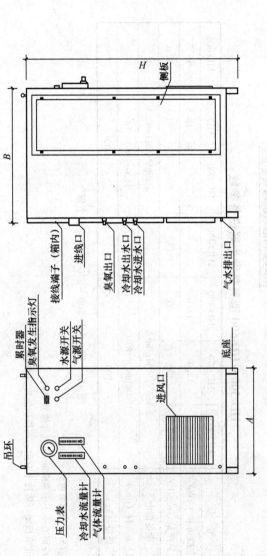

HD-40型、HD-80、HD-150和HD-200型臭氧发生器

HD-40型、HD-80、HD-150和HD-200型臭氧发生器设备参数

型　号	HD-40	HD-80	HD-150	HD-200
主机功率（kW）	1.65	3.0	5.5	6.5
臭氧产量（mg/L）	40	80	150	200
设备供电	3-380V/50Hz/10A	3-380V/50Hz/16A	3-380V/50Hz/25A	3-380V/50Hz/32A
$A×B×H$（mm）	520×695×1370	700×780×1450	700×960×1680	700×960×1850
质量（kg）	105	220	300	330

图16.7-11　HD-40型、HD-80型、HD-150型、HD-200型臭氧发生器

注：1. 本设备配有分子筛制氧机。
　　2. 本设备四周应留有不小于800mm的操作维修空间。
　　3. 本图根据北京恒动环境技术有限公司提供的资料编制。

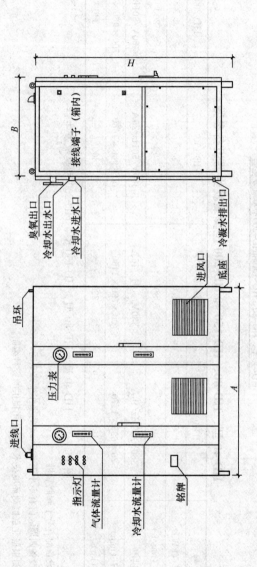

HD-300~HD-600型臭氧发生器

HD-300～HD-600 型臭氧发生器设备参数

型 号	HD-300	HD-350	HD-400	HD-450	HD-500	HD-550	HD-600
主机功率（kW）	11.0	12.0	13.0	16.5	17.5	18.5	19.5
臭氧产量（mg/L）	300	350	400	450	500	550	600
设备供电	3-380V/50Hz/50A				3-380V/50Hz/63A		
A×B×H（mm）	170×960×1870				2400×960×1870		
质量（kg）	700				1000		

图 16.7-12 HD-300～600 型臭氧发生器

注：1. 本设备配有分子筛制氧机。
2. 设备四周应留有不小于 800mm 的操作维修空间。
3. 本图根据北京恒动环境技术有限公司提供的资料编制。

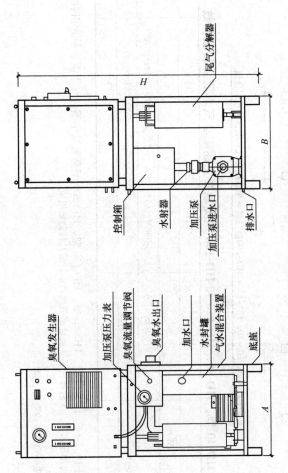

HD-10型、HD-20型臭氧发生器与气水混合单元组合图

HD-10 型、HD-20 型臭氧发生器设备参数

型　号	HD-10	HD-20
带标配气水混合系统的总功率 (kW)	0.5	0.5
臭氧产量 (mg/L)	10	20
设备供电	200V/50Hz/5A	200V/50Hz/5A
A×B×H (mm)	520×560×580	520×560×580
质量 (kg)	50	61

图 16.7-13 HD-10 型、HD-20 型臭氧发生器与气水混合单元组合

注: 1. 臭氧发生器配套气水混合装置由加压水泵、水射器、臭氧流量调节阀、水封罐及控制箱组成。
　　2. 选用时应与臭氧发生器相配套。
　　3. 设备应放在臭氧反应罐附近。
　　4. 设备四周应留有不小于 800mm 的操作维修空间。
　　5. 本图和表根据北京恒动环境技术有限公司提供的资料编制。

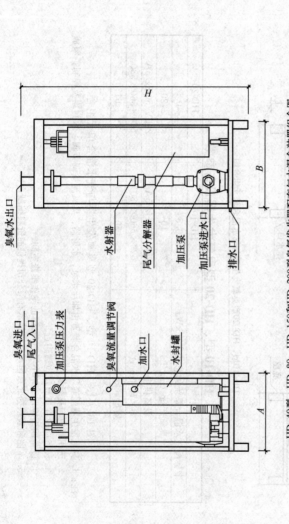

HD-40型、HD-80、HD-150和HD-200型臭氧发生器配套气水混合装置组合图

HD-40 型、HD-80 型、HD-150 型、HD-200 型臭氧发生器配套气水混合装置参数

型 号	HD-40	HD-80	HD-150	HD-200
气水混合装置装置的功率（kW）	0.9	1.1	2.2	2.2
设备供电	3-380V/50Hz/10A	3-380V/50Hz/16A	3-380V/50Hz/25A	3-380V/50Hz/32A
A×B×H（mm）	500×480×1170	500×480×1170	700×480×1470	700×480×1470
质量（kg）	45	45	75	75

图 16.7-14 HD-40 型、HD-80 型、HD-150 型、HD-200 型臭氧发生器与气水混合单元组合

注：1. 臭氧发生器配套气水混合装置由加压水泵、水射器、臭氧流量调节阀、水封罐及控制箱组成。
　　2. 选用时应与臭氧发生器相配套。
　　3. 本图根据北京恒动环境技术有限公司提供的资料编制。

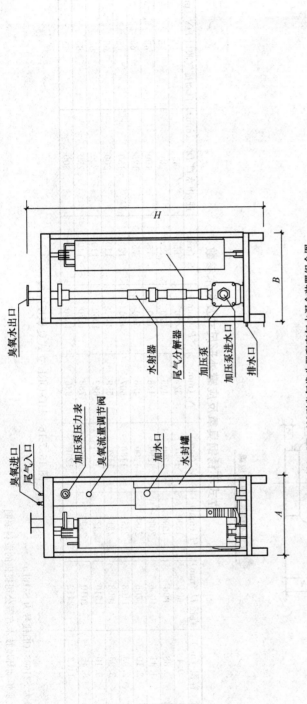

HD-300～HD-600型臭氧发生器配套气水混合装置组合图

HD-300～HD-600 型臭氧发生器配套气水混合装置参数

型　号	HD-300	HD-350～450	HD-500～600
气水混合装置的功率 (kW)	2.2	3.0	4.0
设备供电		3-380V/50Hz	
$A \times B \times H$ (mm)	500×450×1470	700×500×1470	500×450×1470
质量 (kg)	75	100	100

图 16.7-15 HD-300～600 型臭氧发生器与气水混合组合单元组合

注: 1. 臭氧发生器配套气水混合装置由加压泵、水射器、臭氧发生器相配套。
　　2. 选用时应与臭氧发生器相配套。
　　3. 本图和表根据北京恒动环境技术有限公司提供的资料编制。

16.7.6　臭氧反应罐（见图 16.7-16～图 16.7-21）

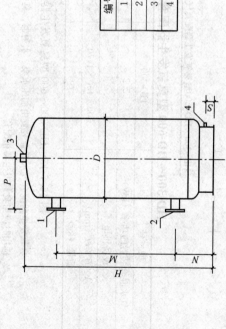

名称表

编号	名　　称
1	进水接口
2	出水接口
3	自动排气阀接口
4	泄污管接口

立式不锈钢臭氧反应罐

立式不锈钢臭氧反应罐外形形尺寸及技术参数

型　　号	容积 (m³)	直径 D (mm)	H (mm)	M (mm)	N (mm)	P (mm)	S (mm)	进/出水口 DN (mm)	自动排气阀口 DN (mm)
HD-ORL-0.40	0.4	604	1590	1057	325	420	65	65	65
HD-ORL-0.88	0.88	806	1990	1300	405	520	80	80	65
HD-ORL-1.41	1.41	1006	2051	1280	436	640	75	100	65
HD-ORL-2.10	2.10	1206	2088	1200	486	740	75	125	65
HD-ORL-2.93	2.93	1408	2251	1180	607	850	120	150	65
HD-ORL-3.93	3.93	1608	2312	1120	659	960	110	200	65
HD-ORL-5.10	5.10	1810	2375	1120	682	1060	110	200	65
HD-ORL-6.45	6.45	2010	2490	1060	788	1170	140	250	65
HD-ORL-11.2	11.2	2412	2971	1240	936	1380	140	300	65

图 16.7-16　HD-ORL 立式臭氧反应罐

注：1. 不锈钢牌号为 S31603（旧代号为 S316L）

2. 本图根据北京恒动环境技术有限公司提供的资料编制。

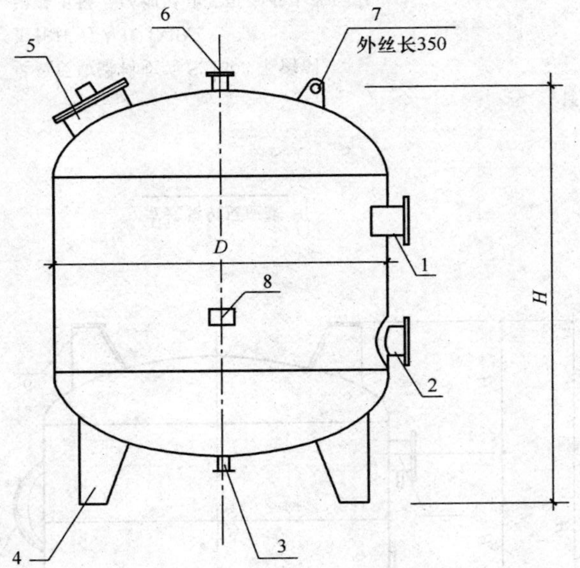

名称表

编号	名 称
1	进水接口
2	出水接口
3	泄水管口
4	支座
5	人孔
6	排气阀接口
7	吊环
8	名牌

立式臭氧反应罐外型尺寸及技术参数

型 号	容积 (m³)	内径 D (mm)	H (mm)	材 料
HT-OF-2000L	2.0	1200	2100	
HT-OF-3000L	3.0	1400	2300	
HT-OF-4000L	4.0	1600	2300	S31603
HT-OF-6000L	6.0	1400	2300	不锈钢
HT-OF-7000L	7.0	1800	2300	
HT-OF-9000L	9.0	2000	2500	
HT-OF-10000L	10.0	2400	2500	
HT-OF-11000L	11.0	2400	2800	

立式臭氧反应罐

图 16.7-17 HT-OF 立式臭氧反应罐

注：1. 设备质量、详细尺寸等可咨询生产厂家。
2. 本图根据江苏恒泰泳池设备有限公司提供的资料编制。

名称表

编号	名 称
1	进水接口
2	出水接口
3	吊环
4	排气阀接口
5	人孔
6	支座

立式臭氧反应罐外型尺寸及技术参数

型 号	容积 (m^3)	内径 D (mm)	H (mm)	H_1 (mm)	H_2 (mm)	材 料
JT-OFL-2	2.0	1200	2200	650	900	S31603 不锈钢
JT-OFL-3	3.0	1400	2250	680	900	
JT-OFL-4	4.0	1600	2300	750	900	
JT-OFL-5	5.0	1800	2400	780	900	
JT-OFL-7	7.0	2000	2650	870	1000	
JT-OFL-8.5	8.5	2200	2700	890	1000	
JT-OFL-10	10.0	2400	2850	960	1000	
JT-OFL-12	12.0	2600	2900	990	1000	

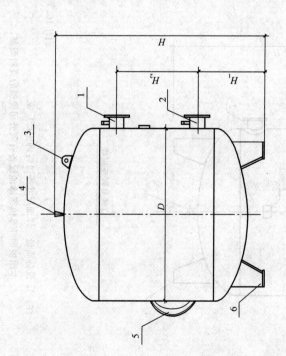

立式臭氧反应罐

图 16.7-18 JT-OFL 立式臭氧反应罐

注: 1. 臭氧反应罐材质为 S31603 不锈钢。
2. 工作压力为 0.4MPa。
3. 设备重量、详细尺寸等可咨询生产厂家。
4. 本图根据浙江金泰泳池环保设备有限公司提供的资料编制。

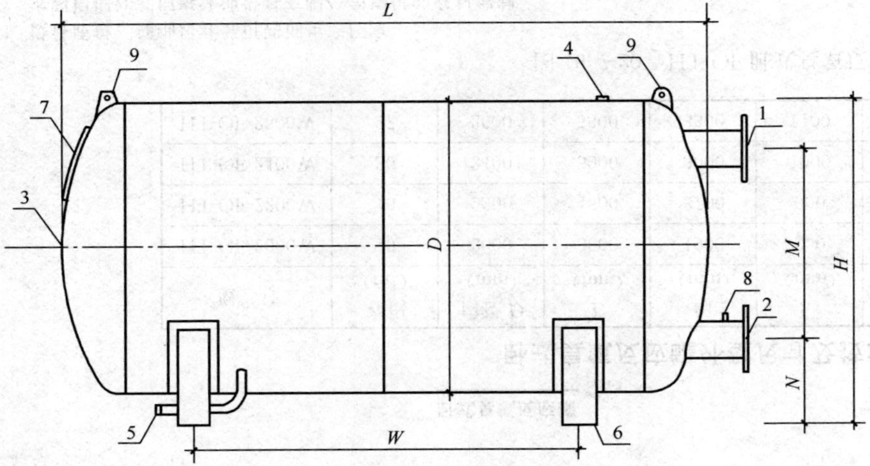

名称表

编号	名　称
1	进水接口
2	出水接口
3	视窗口
4	自动排气阀接口
5	泄污管接口
6	罐体支座
7	人孔
8	压力表口
9	吊耳

卧式不锈钢臭氧反应罐

卧式不锈钢臭氧反应罐外形尺寸及技术参数

型　号	容积 (m³)	直径 D (mm)	H (mm)	M (mm)	N (mm)	W (mm)	L (mm)	进/出水口 DN (mm)	泄水口 DN (mm)	自动排气阀口 DN (mm)
HD-ORW-6.94	6.94	1600	1793	1030	484	1700	3530	200/250	32	32
HD-ORW-8.9	8.90	1800	2003	1170	514	1700	3608	200/250	32	32
HD-ORW-11.2	11.20	2000	2241	1280	602	1700	3660	250/300	40	32
HD-ORW-13.8	13.80	2200	2441	1390	642	1700	3752	250/300	40	32
HD-ORW-16.7	16.70	2400	2667	1520	716	1700	3810	300/350	50	32

图 16.7-19　HD-ORW 卧式臭氧反应罐

注：1. 不锈钢牌号为 S31603。
2. 本图根据北京恒动环境技术有限公司提供的资料编制。

名称表

编号	名　称
1	进水接口
2	出水接口
3	人孔
4	人孔部强图
5	排气孔
6	排污接口
7	吊耳
8	铭牌
9	支座

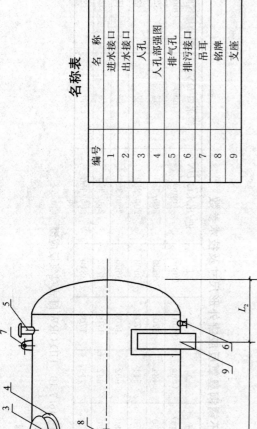

卧式臭氧反应罐

卧式臭氧反应罐外型尺寸及技术参数

型　号	容积 (m^3)	内径 D (mm)	L (mm)	L_1 (mm)	L_2 (mm)	H_1 (mm)	H_2 (mm)	H_3 (mm)	材料
HT-OF-2000W	10	2000	3500	1900	800	380	1080	1730	S31603 不锈钢
HT-OF-2200W	16	2200	4500	2700	900	380	1130	1830	
HT-OF-2400W	20	2400	5000	3000	1000	380	1180	1980	
HT-OF-2600W	27	2600	5500	3300	1100	380	1280	2080	

图 16. 7-20　HT-OF 卧式臭氧反应罐

注：1. 设备质量、详细尺寸等可咨询生产厂家。
　　2. 本图根据江苏恒泰泳池设备有限公司提供的资料编制。

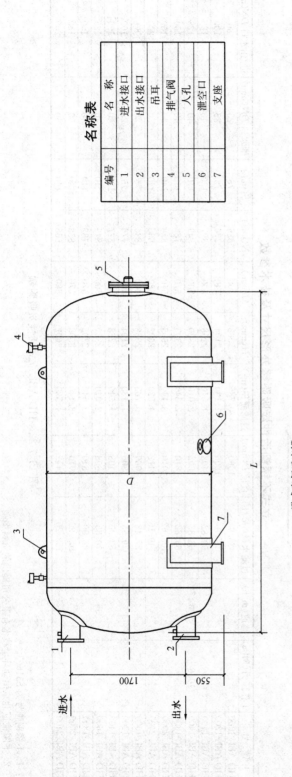

卧式臭氧反应罐

名称表

编号	名　称
1	进水接口
2	出水接口
3	吊耳
4	排气阀
5	人孔
6	泄空口
7	支座

卧式臭氧反应罐外型尺寸

型　号	容积 (m³)	内径 D (mm)	长度 L (mm)	进、出管径 (mm)	材料
JT-OFW-12	12	2200	3500	DN250	S31603 不锈钢
JT-OFW-14	14	2200	4000	DN250	
JT-OFW-16	14	2200	4500	DN300	
JT-OFW-18	16	2200	5000	DN300	
JT-OFW-21	21	2400	5000	DN300	

图 16.7-21　JT-OFW 卧式臭氧反应罐

注：1. 设备质量、详细尺寸等可咨询生产厂家。

2. 本图根据浙江金泰泳池环保设备有限公司提供的资料编制。

16.7.7 活性炭吸附罐（见图16.7-22～图16.7-27）

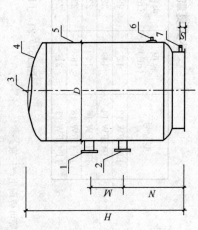

立式不锈钢活性炭吸附罐

名称表

编号	名　称
1	进水接口
2	出水接口
3	人孔
4	排气孔接口
5	视窗
6	排砂口
7	排砂接口

立式不锈钢活性炭吸附罐外形尺寸及技术参数

型　号	工作压力(MPa)	滤速(m/h)	过滤水量(m³/h)	直径D(mm)	过滤面积(m²)	H(mm)	M(mm)	N(mm)	S(mm)	泄水口DN(mm)	进/出水口DN(mm)
HD-ABL-1000	0.6	33	25.9	1060	0.785	2068	400	836	75	25	80
HD-ABL-1200			37.3	1206	1.130	2104	440	776	75	25	100
HD-ABL-1400			50.82	1408	1.540	2268	500	827	120	40	125
HD-ABL-1600			66.83	1608	2.010	2330	500	849	110	40	125
HD-ABL-1800			63.82	1810	2.540	2393	570	782	110	40	150
HD-ABL-2000			103.62	2010	3.140	2508	570	858	140	50	150
HD-ABL-2400			149.16	2412	4.520	2692	680	865	140	50	200
HD-ABL-1000	0.6	35	27.48	1060	0.785	2068	400	836	75	25	80
HD-ABL-1200			39.55	1206	1.130	2104	440	776	75	25	100
HD-ABL-1400			53.90	1408	1.540	2268	500	827	120	40	125
HD-ABL-1600			70.35	1608	2.010	2330	500	849	110	40	125
HD-ABL-1800			88.90	1810	2.540	2393	570	782	110	40	150
HD-ABL-2000			109.90	2010	3.140	2508	570	858	140	50	150
HD-ABL-2400			158.20	2412	4.520	2692	680	865	140	50	200

图16.7-22　HD-ABL 立式活性炭吸附罐

注：1. 不锈钢牌号为 S31603。
　　2. 本图根据北京恒动环境技术有限公司提供的资料编制。

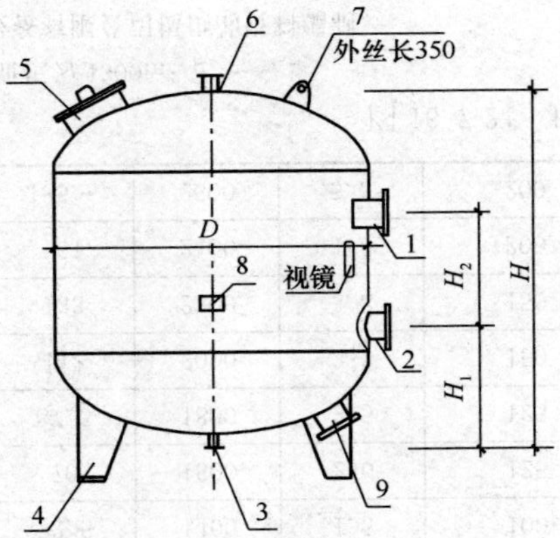

名称表

编号	名 称
1	进水接口
2	出水接口
3	泄水接口
4	支座
5	人孔
6	排气阀接口
7	吊环
6	名牌及排座
7	排污口

立式活性炭吸附罐

立式活性炭吸附罐外型尺寸及技术参数

型 号	工作压力 (MPa)	滤速 (m/h)	流量 (m³/h)	内径 D (mm)	过滤面积 (m²)	进、出水管径 DN (mm)	H (mm)	H₁ (mm)	H₂ (mm)	炭床厚度 (mm)	泄水口 DN (mm)	材质	运行质量 (t)	备注
HT-OX-800L			17.5	800	0.5	80	1700	560	650				1.0	
HT-OX-1000L			28	1000	0.8	80	1780	560	700				1.5	
HT-OX-1200L			42	1200	1.2	100	2120	650	900				2.7	侧面、顶部均设有人孔
HT-OX-1400L	0.45	35	52.5	1400	1.5	100	2210	680	900	1000 (含承托层)	50	S31603 不锈钢	4.0	
HT-OX-1600L			70	1600	2.0	125	2320	750	900				5.2	
HT-OX-1800L			87.5	1800	2.5	125	2380	780	900				6.3	
HT-OX-2000L			112	2000	3.2	150	2620	870	1000				7.7	
HT-OX-2200L			133	2200	3.8	150	2690	890	1000				9.5	
HT-OX-2400L			161	2400	4.6	200	2820	960	1000				11.0	

图 16.7-23 HT-OX 立式活性炭吸附罐

注：本图根据江苏恒泰泳池设备有限公司提供的资料编制。

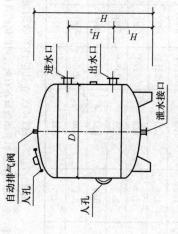

JT-OXF-0.8~2.4活性炭吸附罐

活性炭吸附罐外形尺寸及技术参数

型　号	工作压力 (MPa)	滤速 (m/h)	流量 (m³/h)	内径 D (mm)	过滤面积 (m²)	进/出水口 DN (mm)	H (mm)	H₁ (mm)	H₂ (mm)	炭床厚度 (mm)	泄水口 DN (mm)	运行质量 (t)	材质	备注
JT-OXF-0.8	0.40	35	17.5	800	0.5	80	1700	560	650	1000 (含承托层)	100	1.0	1. 碳钢高分子防腐内衬; 2. S31603 不锈钢	侧面、顶部均设有人孔
JT-OXF-1.0			28	1000	0.8	80	1780	560	700			1.5		
JT-OXF-1.2			42	1200	1.2	100	2120	650	900			2.7		
JT-OXF-1.4			52.5	1400	1.5	100	2210	680	900			4.0		
JT-OXF-1.6			70	1600	2.0	125	2320	750	900			5.2		
JT-OXF-1.8			87.5	1800	2.5	125	2380	780	900			6.3		
JT-OXF-2.0			112	2000	3.2	150	2620	870	1000			7.7		
JT-OXF-2.2			133	2200	3.8	150	2690	890	1000			9.5		
JT-OXF-2.4			161	2400	4.6	200	2820	960	1000			11.0		
JT-OXF-2.6			185.5	2600	5.3	200	2850	990	1000			11.0		

图 16.7-24　JT-OXF 立式活性炭吸附罐

注: 1. 活性炭颗粒为 1.5mm，比表面积为 1300m²/g。
2. 本图根据浙江金泰泳池环保设备有限公司提供的资料编制。

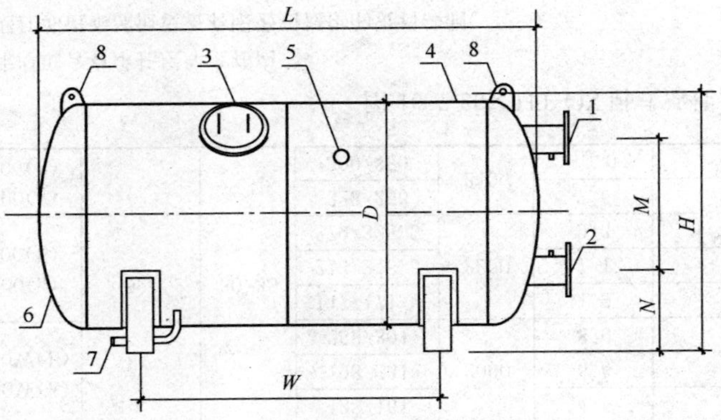

名称表

编号	名 称
1	进水接口
2	出水接口
3	人孔
4	排气孔接口
5	视窗
6	排砂口
7	排水接口
8	吊环

卧式不锈钢活性炭吸附罐

卧式不锈钢活性炭吸附罐外形尺寸及技术参数

型 号	工作压力 (MPa)	滤速 (m/h)	过滤水量 (m³/h)	内径 D (mm)	过滤面积 (m²)	H (mm)	M (mm)	N (mm)	L (mm)	W (mm)	进/出水管径 DN (mm)	泄水口 DN (mm)	排砂口 DN (mm)	活性炭床厚度 (mm)
HD-ABW-3748	0.6	33	207.9	1800	6.3	2040	790	895	3608	1700	200	32	125	≥1000 (含承托层)
HD-ABW-3826			234.3	2000	7.1	2260	900	985	3666	1700	250	40		
HD-ABW-3932			264.0	2200	8.0	2480	900	1130	3752	1700	250	50		
HD-ABW-4010			290.4	2400	8.8	2700	1000	1275	3810	1700	300	32		
HD-ABW-3748		35	220.5	1800	6.3	2040	790	895	3608	1700	200	40		
HD-ABW-3826			248.5	2000	7.1	2260	900	985	3666	1700	250	32		
HD-ABW-3932			280.0	2200	8.0	2480	900	1130	3752	1700	250	40		
HD-ABW-4010			308.0	2400	8.8	2700	1000	1275	3810	1700	300	50		

图 16.7-25 HD-ABW 卧式活性炭吸附罐

注: 1. 不锈钢牌号为 S31603。
2. 活性炭承托层为 1~2mm，厚度不小于 200mm。
3. 吸附罐配水装置为过滤棒，材质为塑料制品。
4. 本图根据北京恒动环境技术有限公司提供资料编制。

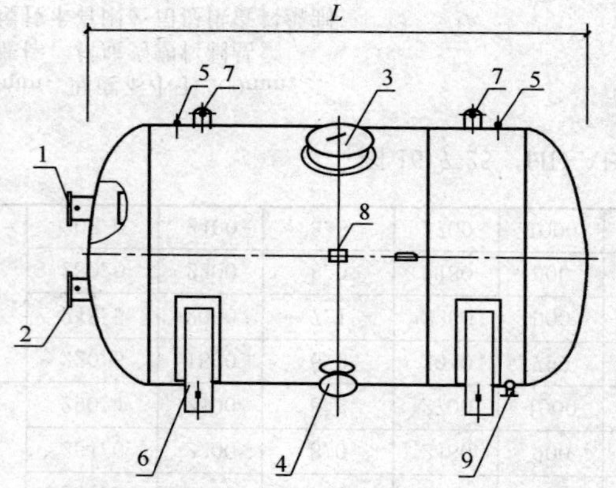

名称表

编号	名 称
1	进水接口
2	出水接口
3	人孔补强图
4	排砂补强图
5	排气口
6	支座
7	吊环
8	铭牌座
9	排污口

卧式吸附器

卧式吸附罐外型尺寸及技术参数

型 号	工作压力 (MPa)	滤速 (m/h)	流量 (m³/h)	内径 D (mm)	过滤面积 (m²)	进/出水管径 DN (mm)	L (mm)	炭床厚度 (mm)	材质	运行质量 (t)
HT-OX-2000W(a)			138/161	2000	4.6	200	3000	1000		12.1
HT-OX-2000W(b)			198/231		6.6	200	4000	1000		16.5
			258/301		8.6	250	5000	1000		20.8
HT-OX-2200(a)	0.4	30/35	147/171.5	2200	4.9	200	3000	1100	S31603 不锈钢	14.7
HT-OX-2200(b)			213/248.5		7.1	250	4000	1100		20.0
			279/325.5		9.3	250	5000	1100		25.3
HT-OX-2400(a)			228/266	2400	7.6	250	4000	1200		23.4
HT-OX-2400(b)			300/350		10.0	250	5000	1200		29.7

图 16.7-26 HT-OX 卧式活性炭吸附罐

注：1. 表中炭床厚度含有承托层厚度在内。
   2. 本图根据江苏恒泰泳池设备有限公司提供的资料编制。

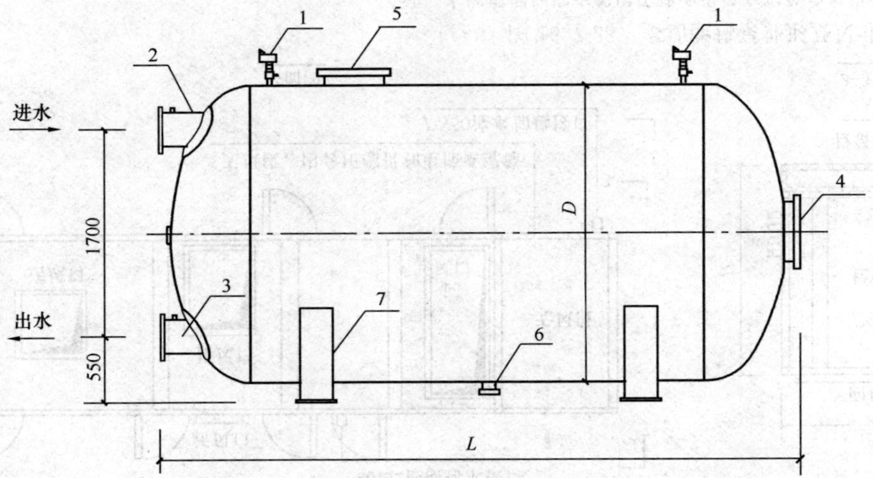

卧式活性炭吸附罐

名称表

编号	名 称
1	自动排气阀
2	进水管
3	出水管
4	侧向人孔
5	顶部人孔
6	泄水口
7	底座

卧式活性炭吸附罐外形尺寸及技术参数

型 号	工作压力 (MPa)	流速 (m/h)	过滤水量 (m³/h)	内径 D (mm)	过滤面积 (m²)	进/出水管径 DN (mm)	L (mm)	泄水口 DN (mm)	炭床高度 (mm)	运行质量 (t)	材质	备注
JT-XFG-3.5	0.6	30~35	225~262	2400	7.5	200	3500	100	1000	24	碳钢或 S31603 不锈钢	碳钢过滤器内有高分子内衬
JT-XFG-4.0			258~300		8.6	200	4000			27		
JT-XFG-4.5			294~343		9.8	250	4500			30		
JT-XFG-5.0			327~380		10.9	250	5000			33		

图 16. 7-27 JT-XFG 卧式活性炭吸附罐

注: 1. 活性炭颗粒为 1. 5mm, 比表面积为 1300m²/g。
2. 详细尺寸等可咨询生产厂家。
3. 本图根据浙江金泰泳池环保设备有限公司提供的资料编制。

16.7.8　多功能热泵（见图 16.7-28、表 16.7-1）

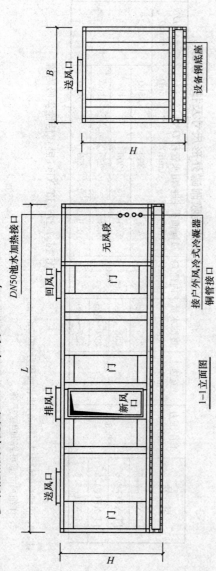

1—1 立面图

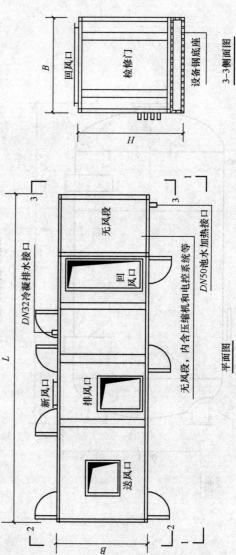

平面图

多功能热泵机组外形尺寸 (mm)

设备型号	机组外形尺寸		
	L	B	H
SWHP060SR. A	4808	1384	1600
SWHP100SR. B	6352	2440	1640
SWHP140SR. B	6352	2440	1640
SWHP190SR. B	6352	2440	1640
SWHP140SR. C	7470	2440	2610
SWHP190SR. C	7470	2440	2610
SWHP220SR. C	7470	2440	2610
SWHP300SR. C	7470	2440	2610

2—2 侧视图

3—3 侧面图

图 16. 7-28　多功能热泵外形及尺寸

注：本图根据深圳市戴思乐泳池设备有限公司提供的资料编制。

多功能热泵技术参数

表 16.7-1

热泵机组型号	压缩机功率 (kW)	风机功率(可选) (kW)	除湿量 (kg/h) 回风29℃, RH65%, R410A	制冷量 (kW) 回风29℃, RH65%, R410A	除湿量 (kg/h) 回风29℃, RH65%, R407A	制冷量 (kW) 回风29℃, RH65%, R407A	空气辅助加热(内置)逆购)热水盘管(需70℃热水) 供热量 (kW)	流量 (L/s)	近似质量 (kg)	送风量范围 (L/s)	最小新风量范围 (L/s)	备注
SWHP060SR. A	17.96	2×3, 2×5.5	45.0	52.9	37.8	47.3	81.4	0.9	2200	1888~3776	0~991	
SWHP100SR. B	27.24	2×5.5, 2×7.5, 2×11	71.0	86.3	68.0	82.9	131.9	1.6	4100	3776~5663	0~1651	
SWHP140SR. B	36.22	2×7.5, 2×11, 2×15	104.0	125.1	92.0	118.9	175.3	1.6	4100	4248~8495	0~2229	
SWHP190SR. B	40.86	2×7.5, 2×11, 2×15	118.0	140.0	110.0	135.9	171.9	1.6	4100	5191~8495	0~2395	上回上送
SWHP140SR. C	36.22	2×11, 2×15	109.0	128.3	95.0	121.2	239.2	3.2	5500	7079~11327	0~3221	上排方式
SWHP190SR. C	40.86	2×11, 2×15	122.0	142.4	112.0	137.5	243.2	3.2	5500	8495~11327	0~3469	
SWHP220SR. C	54.48	2×11, 2×15, 2×18.5	140.0	170.7	131.0	173.4	271.1	3.2	5500	6607~11327	0~3138	
SWHP300SR. C	72.44	2×15, 2×18.5	212.0	252.4	185.0	244.8	307.7	3.2	5500	8967~13215	0~3882	
SWHP060SR. A	17.96	2×3, 2×5.5	45.0	52.9	37.8	47.3	81.4	0.9	2200	1888~3776	0~991	
SWHP100SR. B	27.24	2×5.5, 2×7.5, 2×11	71.0	86.3	68.0	82.9	131.9	1.6	4100	3776~5663	0~1651	
SWHP140SR. B	36.22	2×7.5, 2×11, 2×15	104.0	125.1	92.0	118.9	175.3	1.6	4100	4248~8495	0~2229	
SWHP190SR. B	40.86	2×7.5, 2×11, 2×15	118.0	140.0	110.0	135.9	171.9	1.6	4100	5191~8495	0~2395	侧回前送
SWHP140SR. C	36.22	2×11, 2×15	109.0	128.3	95.0	121.2	239.2	3.2	5500	7079~11327	0~3221	侧排方式
SWHP190SR. C	40.86	2×11, 2×15	122.0	142.4	112.0	137.5	243.2	3.2	5500	8495~11327	0~3469	
SWHP220SR. C	54.48	2×11, 2×15, 2×18.5	140.0	170.7	131.0	173.4	271.1	3.2	5500	6607~11327	0~3138	
SWHP300SR. C	72.44	2×15, 2×18.5	212.0	252.4	185.0	244.8	307.7	3.2	5500	8967~13215	0~3882	

注: 本表根据深圳市戴思乐泳池设备有限公司提供的资料编制。

16.7.9 除湿热泵（见图 16.7-29、图 16.7-30）

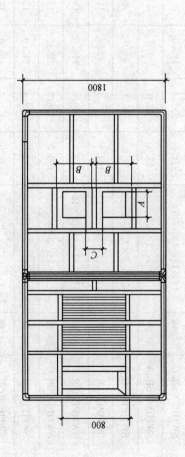

平面图

立面图

风口尺寸（mm）

	A	B	C
	310	294	194
	310	346	243
	362	329	224

除湿热泵技术参数

型　号	除湿量 （kg/h）	热回收量（kW） （钛池水冷凝器）	热回收量（kW） （空气冷凝器）	空气、水 热回收模式
BDP-16+F	17.5	19.5	12.5	
BDP-21+F	22.0	25.0	17.0	
BDP-25+F	25.5	28.5	19.5	同步进行
BDP-30+F	31.0	33.0	22.0	
BDP-35+F	37.0	39.5	26.5	

图 16.7-29 BDP-16～35+F 除湿热泵外型及尺寸

注：1. 水冷凝器为纯钛材质，热回收模式能够满足同时给空气和池水加热。
 2. 可根据项目实际情况定制设备，具体参数受建筑条件影响而变化。
 3. 本图根据亚士图泳池设备（上海）有限公司提供的资料编制。

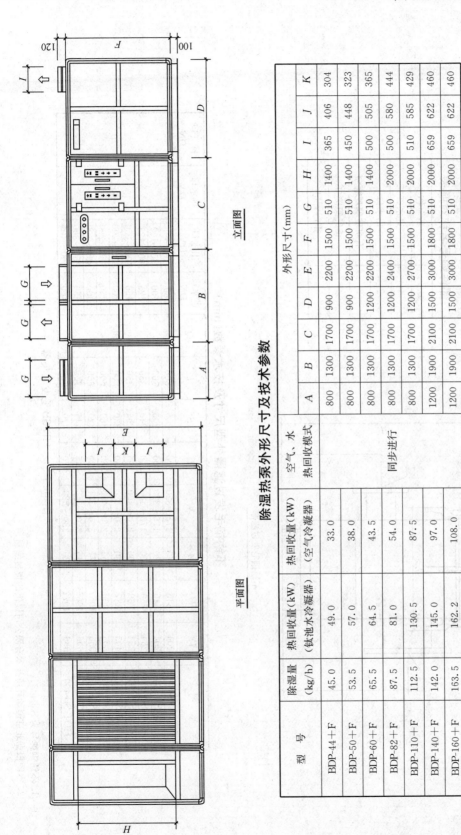

立面图

平面图

除湿热泵外形尺寸及技术参数

型　号	除湿量（kg/h）	热回收量（kW）（钛池水冷凝器）	热回收量（kW）（空气冷凝器）	空气、水热回收模式	外形尺寸（mm）										
					A	B	C	D	E	F	G	H	I	J	K
BDP-44＋F	45.0	49.0	33.0		800	1300	1700	900	2200	1500	510	1400	365	406	304
BDP-50＋F	53.5	57.0	38.0		800	1300	1700	900	2200	1500	510	1400	450	448	323
BDP-60＋F	65.5	64.5	43.5	同步进行	800	1300	1700	1200	2200	1500	510	1400	500	505	365
BDP-82＋F	87.5	81.0	54.0		800	1300	1700	1200	2400	1500	510	2000	500	580	444
BDP-110＋F	112.5	130.5	87.5		800	1300	1700	1200	2700	1500	510	2000	510	585	429
BDP-140＋F	142.0	145.0	97.0		1200	1900	2100	1500	3000	1800	510	2000	659	622	460
BDP-160＋F	163.5	162.2	108.0		1200	1900	2100	1500	3000	1800	510	2000	659	622	460

图 16.7-30　BDP-44～160＋F 除湿热泵外形及尺寸

注：1. 可根据项目实际情况定制设备，具体参数受建筑条件影响而变化。
2. 水冷凝器为纯钛材质，热回收模式能够满足同时给空气和池水加热。
3. 本图根据亚士图泳池设备（上海）有限公司提供的资料编制。

16.7.10 毛发聚集器 (见图 16.7-31~图 16.7-33)

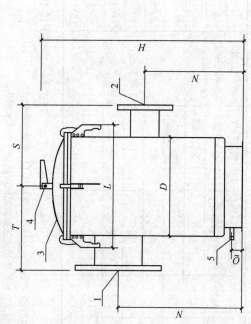

部件编号名称对照表

编号	名　称
1	进水口
2	出水口
3	有机玻璃观察窗
4	排气阀接口
5	排污管口

不锈钢毛发过滤器

不锈钢毛发过滤器外型尺寸及技术参数 (mm)

型　号	D	H	M	N	T	S	L	Q	进水口 DN	出水口 DN	排水口 DN	排气口 DN
HDT-SB-80	204	645	320	175~320	200	200	300	50	80	50~80	15	10
HDT-SB-100	204	645	320	175~320	200	200	300		100	80~100		
HDT-SB-125	254	750	400	175~400	240	240	350		125	80~125		
HDT-SB-150	354	769	400	220~400	295	295	450		150	100~150		
HDT-SB-200	405	887	480	250~480	330	330	500		200	125~200		
HDT-SB-250	505	900	455	280~455	380	380	600		250	150~250		
HDT-SB-300	556	1057	571	320~571	420	420	650		300	200~300		
HDT-SB-350	606	1065	545	350~545	445	445	700		350	250~350		
HDT-SB-400	656	1072	520	380~520	470	470	750		400	250~400		

图 16.7-31　HD-SB 毛发聚集器

注：1. 不锈钢牌号为 S30408。
　　2. 本图根据北京恒动环境技术有限公司提供的资料编制。

编号	名　称
1	进水口
2	出水口
3	支座
4	快开式螺栓
5	截污网框
6	有机玻璃观察窗
7	排气阀接口
8	排污管口

部件名称对照表

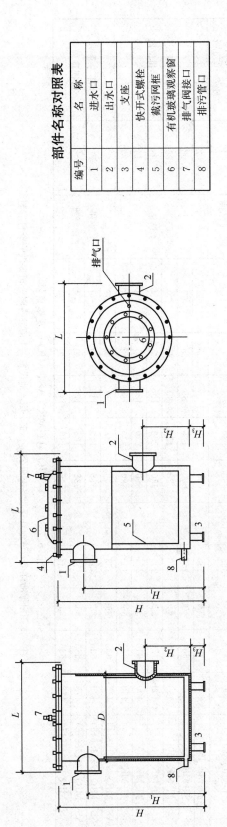

Ⅰ型毛发聚集器　　Ⅱ型毛发聚集器　　Ⅱ型毛发聚集器俯视面

毛发聚集器外型尺寸及技术参数

型　号	D (mm)	H (mm)	H_1 (mm)	H_2 (mm)	H_3 (mm)	L (mm)	进水口 DN	出水口 DN	泄水口 DN	最大处理水量 (m^3/h)	材　料 滤筒	材　料 外壳	滤筒过滤面积 (m^2)	备注
HT-MF-65	280	540	468	140	25	485	65	65	20	18	不锈钢	碳钢防腐或不锈钢	0.097	快开式顶部设观察口、排气口、排污阀
HT-MF-100	400	550	340	155	40	600	100	65	25	45			0.024	
HT-MF-125	400	600	370	155		600	125	65	25	60			0.033	
HT-MF-150	400	670	420	170		620	150	80	25	80			0.053	
HT-MF-200	400	750	480	205		650	200	100	25	150			0.094	
HT-MF-250	400	840	550	245		650	250	125	25	240			0.140	
HT-MF-300	450	950	650	300		680	300	150	32	300			0.200	

图 16.7-32　HT-MF 毛发聚集器

注：本图根据江苏恒泰泳池设备有限公司提供的资料编制。

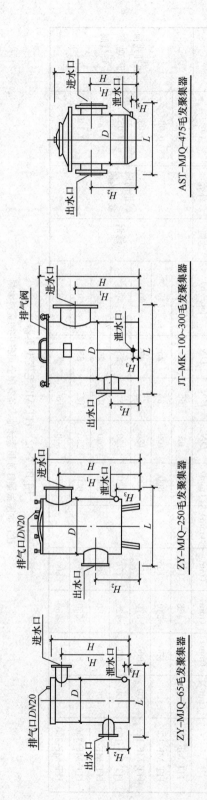

毛发聚集器外型尺寸及技术参数

型 号	D (mm)	H (mm)	H₁ (mm)	H₂ (mm)	H₃ (mm)	L (mm)	进水口 DN	出水口 DN	泄水口 DN	最大处理水量 (m³/h)	材料 滤筒	材料 外壳	滤筒过滤面积 (m²)	备 注
ZY-MJQ-65	280	540	468	140	25	485	65	65	20	18	不锈钢	碳钢防腐	0.097	平底、平顶
ZY-MJQ-250	400	835	650	365	30	660	250	250	40	113			0.140	拱顶、底部有支座 H₄=165mm
JT-MK-100	400	550	370	155	40	600	100	65	25	45	S30408		0.024	快开式顶部设观
JT-MK-125	400	600	400	155		600	125	65	25	60			0.033	察口、排气阀
JT-MK-150	400	670	440	170		620	150	80	25	80		S30408	0.053	
JT-MK-200	400	750	520	205		650	200	100	25	150		不锈钢	0094	
JT-MK-250	400	840	550	245		650	250	125	25	240			0.140	
JT-MK-300	450	950	650	300		680	300	150	32	300			0.200	
AST-MJQ-475(15644)	475	635	353	353	20	500	90	90	20	37	聚酯和	玻璃纤维	0.209	顶部为透明 可视顶盖
AST-MJQ-475(15645)	475	635	353	353		516	110	110	20	55				
AST-MJQ-475(15646)	475	635	353	353		532	125	125	20	72				
AST-MJQ-475(15647)	475	635	353	353		546	140	140	20	90				

图 16.7-33 ZY-MJQ、JT-MK、AST-MJQ 毛发聚集器

注：本图根据浙江金泰泳池环保设备有限公司、亚士图泳池设备（上海）有限公司提供的资料编制。

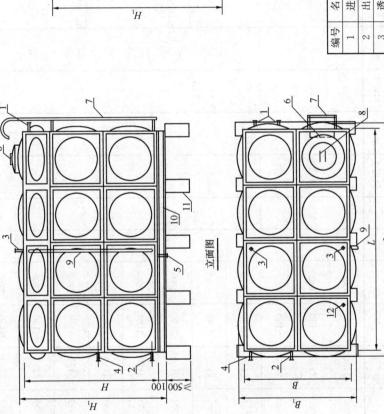

名称表

编号	名称	编号	名称	编号	名称
1	进水管	5	泄水管	9	水位计
2	出水管	6	内人梯	10	型钢底架
3	透气管	7	外人梯	11	基础
4	溢流管	8	人孔	12	电信号管

图 16.8-1 组合式不锈钢板给水箱外形

16.8 给水水箱

16.8.1 不锈钢给水箱

1. 组合式不锈钢板给水箱

（1）材质及用途

组合式不锈钢板给水箱箱体采用食品级不锈钢板，经专用模具冲压成型，箱块，经氩弧焊接成型，箱体整体强度高，有较好的耐腐蚀性。可用于符合生活饮用水卫生标准的冷水、热水、消防用水等。水温不高于 60℃，不宜用于开水、软化水、地热水等贮存。

（2）外形图（见图 16.8-1）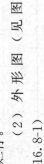

（3）选用表（见表 16.8-1）

组合式不锈钢板给水箱选用

表 16.8-1

序号	公称容积(m³)	箱体尺寸(mm)			外形尺寸(mm)			箱板厚度(mm)						接管直径(mm)				基础梁数量 n	水箱质量(kg)
		L	B	H	L_1	B_1	H_1	箱顶	箱底	侧板1	侧板2	侧板3	侧板4	进水管	出水管	溢流管	泄水管		
1	1	1000	1000	1000	1150	1150	1205	1.2	1.5	1.5	—	—	—	50	50	80	50	2	140
2	2	2000	1000	1000	2150	1150	1205	1.2	1.5	1.5	—	—	—	50	50	80	50	3	230
3	4	2000	2000	1000	2150	2150	1205	1.2	1.5	1.5	—	—	—	50	50	80	50	3	378
4	8	2000	2000	2000	2150	2150	2205	1.2	1.5	1.5	1.5	—	—	50	50	80	50	4	655
5	12	3000	2000	2000	3150	2150	2205	1.2	2.0	2.0	1.5	—	—	50	50	80	50	4	900
6	16	4000	2000	2000	4150	2150	2205	1.2	2.0	2.0	1.5	—	—	65	65	100	65	5	1136
7	18	3000	3000	2000	3150	3150	2205	1.2	2.0	2.0	1.5	—	—	65	65	100	65	4	1200
8	24	4000	3000	2000	4150	3150	2205	1.2	2.0	2.0	1.5	—	—	65	65	100	65	5	1490
9	30	5000	3000	2000	5150	3150	2205	1.2	2.0	2.0	1.5	—	—	65	65	100	65	6	1790
10	32	4000	4000	2000	4150	4150	2205	1.2	2.0	2.0	1.5	—	—	80	80	100	80	5	1870
11	40	5000	4000	2000	5150	4150	2205	1.2	2.0	2.0	1.5	—	—	80	80	100	80	6	2242
12	48	6000	4000	2000	6150	4150	2205	1.2	2.0	2.0	1.5	—	—	80	80	100	80	7	2611

续表

序号	公称容积 (m³)	箱体尺寸 (mm)			外形尺寸 (mm)			箱板厚度 (mm)						接管直径 (mm)				基础梁数量 n	水箱质量 (kg)
		L	B	H	L_1	B_1	H_1	箱顶	箱底	侧板1	侧板2	侧板3	侧板4	进水管	出水管	溢流管	泄水管		
										(侧板从下至上)									
13	75	5000	6000	2500	5150	6150	2705		2.5	2.0	2.0	1.5						6	3612
14	90	6000	5000	3000	6150	5150	3205							100	100	150	100	7	4178
15	105	7000	5000	3000	7150	5150	3205											8	4742
16	120	8000	5000	3000	8150	5150	3205											9	5230
17	144	8000	6000	3000	8150	6150	3205	1.2	3.0	3.0	2.0	1.5	—					9	6110
18	180	10000	6000	3000	10150	6150	3205							150	150	200	100	11	7440
19	225	15000	5000	3000	15150	5150	3205											16	8150
20	300	20000	5000	3000	20150	5150	3205											21	10750
21	420	20000	7000	3000	20150	7150	3205							200	200	250	100	21	13600
22	528	22000	6000	4000	22150	6150	4205		4.0	4.0	2.5	2.0	1.5					23	18800

注: 1. 水箱质量为水箱本体质量与型钢底架质量之和。
2. 接管直径和位置以设计图纸为准。
3. 水箱尺寸可根据工程需要组合任意尺寸。

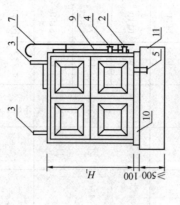

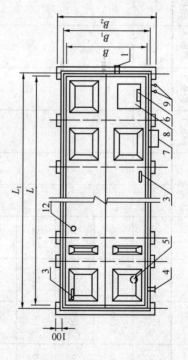

名称表

编号	名称	编号	名称	编号	名称
1	进水管	5	泄水管	9	水位计
2	出水管	6	内人梯	10	型钢底架
3	透气管	7	外人梯	11	基础
4	溢流管	8	人孔	12	电信号管

侧面图

立面图

平面图

图 16.8-2　装配式不锈钢板给水箱外形

2. 装配式不锈钢板给水箱

（1）用途

装配式不锈钢板给水箱箱体采用食品级不锈钢经专用模具冲压成标准板块，螺栓连接，压紧密封材料拼装而成。可用于生活、消防、雨水、中水、循环水和工业用水等贮存。

（2）外形图（见图 16.8-2）

(3) 选用表（见表 16.8-2）

装配式不锈钢板给水水箱选用

表 16.8-2

序号	公称容积 (m³)	箱体尺寸 (mm)			外形尺寸 (mm)			板厚 (mm)						基础参数		水箱质量 (kg)
		L	B	H	L_1	B_1	H_1	顶板	底板	侧板 1	侧板（从下至上）侧板 2	侧板 3	侧板 4	B_2 (mm)	n	
1	5.5	2880	1880	1000	3000	2000	1120	2.0	3.0	3.0	—	—	—	2200	4	800
2	14.0	4880	2880	1000	5000	3000	1120	2.0	3.0	3.0	—	—	—	3200	6	1600
3	25.5	5880	2880	1500	6000	3000	1620	2.0	3.0	3.0	3.0	—	—	3200	7	2300
4	58.0	7880	4880	1500	8000	5000	1620	2.0	3.0	3.0	3.0	—	—	5200	9	3710
5	72.5	9880	4880	1500	10000	5000	1620	2.0	3.0	3.0	3.0	—	—	5200	11	4500
6	28.0	4880	2880	2000	5000	3000	2120	2.0	3.0	3.0	3.0	—	—	3200	6	2250
7	34.0	5880	2880	2000	6000	3000	2120	2.0	3.0	3.0	3.0	—	—	3200	7	2600
8	96.0	7880	4880	2500	8000	5000	2620	2.0	3.0	3.0	3.0	3.0	—	5200	9	4650
9	145.0	9880	5880	2500	10000	6000	2620	2.0	3.0	3.0	3.0	3.0	—	6200	11	7200
10	190.0	11880	6380	2500	12000	6500	2620	2.0	3.0	3.0	3.0	3.0	—	6700	13	6700
11	127.0	7880	5380	3000	8000	5500	3120	2.0	3.0	3.0	3.0	3.0	—	5700	9	6000
12	150.0	8380	5880	3000	8500	6000	3120	2.0	4.0	3.0	3.0	3.0	—	8700	10	6800
13	221.0	9880	6380	3500	10000	6500	3620	2.0	4.0	3.0	3.0	3.0	3.0	6700	11	8850
14	277.0	12380	6380	3500	12500	6500	3620	2.0	4.0	3.0	3.0	3.0	3.0	6700	14	10650
15	332.0	14880	6380	3500	15000	6500	3620	2.0	4.0	3.0	3.0	3.0	3.0	6700	16	11900
16	786.0	19880	9880	4000	20000	10000	4120	2.0	4.0	4.0	3.0	3.0	3.0	10200	21	23100

注：1. 水箱质量含底架槽钢的质量，底架槽钢规格为[10。
2. 接管直径和位置以设计图纸为准。
3. 水箱尺寸可根据工程需要组合任意尺寸。

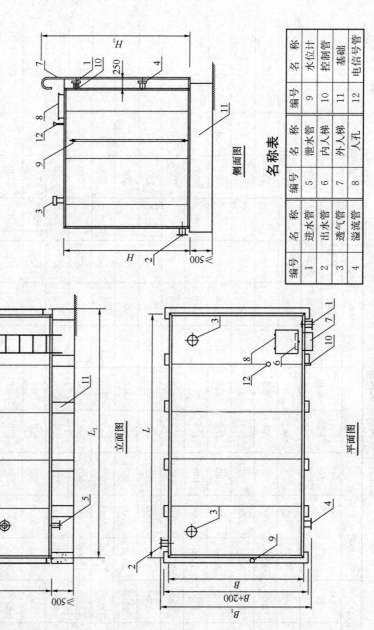

名称表

编号	名　称	编号	名　称	编号	名　称
1	进水管	5	泄水管	9	水位计
2	出水管	6	内人梯	10	控制管
3	透气管	7	外人梯	11	基础
4	溢流管	8	人孔	12	电信号管

图 16.8-3　组合式不锈钢波纹板给水箱外形

3. 组合式不锈钢波纹板给水箱

　　(1) 材质及用途

　　组合式不锈钢波纹板给水箱箱体采用食品级不锈钢经冲压成波纹板块，组合焊接而成，水箱整体性强、拉筋较少。可用于符合生活饮用水卫生标准的冷水、热水、消防用水等。水温不高于60℃，不宜用于开水、软化水、地热水等贮存。

　　(2) 外形图（见图 16.8-3）

(3) 选用表 (见表 16.8-3)

组合式不锈钢波纹板给水水箱选用

表 16.8-3

| 序号 | 公称容积 (m³) | 箱体尺寸 (mm) | | | 外形尺寸 (mm) | | | 箱板厚度 (mm) | | 侧板 (从下至上) | | | 接管直径 DN (mm) | | | | | 基础参数 | | 水箱质量 (kg) |
		L	B	H	L_1	B_1	H_1	顶板	底板	侧板 1	侧板 2	侧板 3	进水管	控制管	出水管	溢流管	放空管	L_0 (mm)	n	
1	2.0	1350	1150	1300	1550	1500	1800	1.2	1.2+1.0	1.2	—	—	50	20	50	65	50	675	3	221
2	3.7	2250	1250	1300	2450	1600	1800	1.2	1.2+1.0	1.2	—	—	50	20	50	65	50	750	4	248
3	6.6	2300	2200	1300	2500	2550	1800	1.2	1.2+1.0	1.2	—	—	50	20	50	65	50	767	4	362
4	10.7	3200	2300	1450	3400	2650	1950	1.2	1.5+1.2	1.5	—	—	50	20	50	65	50	800	5	592
5	13.9	3250	2750	1550	3450	3100	2050	1.2	1.5+1.2	1.5	—	—	50	20	50	65	50	813	5	698
6	18.2	3500	2500	2080	3700	2850	2580	1.2	1.5+1.2	1.5	—	—	65	20	65	80	65	875	5	826
7	24.1	4300	2700	2080	4500	3050	2580	1.2	1.5+1.2	1.5	—	—	65	20	65	80	65	860	6	1033
8	38.0	5150	3350	2200	5350	3700	2700	1.2	1.5+1.2	1.5	—	—	80	20	80	80	80	858	7	1431
9	42.4	5500	3500	2200	5700	3850	2700	1.2	1.5+1.2	1.5	—	—	80	20	80	100	80	917	7	1552
10	49.8	6420	3080	2520	6620	3430	3020	1.2	1.5+1.2	1.5	—	—	80	20	80	100	80	803	9	1948
11	66.2	7500	3500	2520	7700	3850	3020	1.2	1.5+1.2	1.5	—	—	100	20	100	125	100	833	10	2445
12	91.9	7850	4150	2820	8050	4500	3320	1.2	1.5+1.2	2.0	—	—	100	20	100	125	100	872	10	3304
13	135	8250	4250	3860	8450	4600	4360	1.2	2.0+1.2	2.0	1.5	—	125	20	125	150	125	825	11	4989
14	150	8850	4150	4080	9050	4500	4580	1.2	2.0+1.2	2.0	1.5	—	125	20	125	150	125	885	11	5304
15	163	9200	4300	4120	9400	4650	4620	1.2	2.0+1.2	2.0	1.5	—	125	20	125	150	125	836	12	6149
16	186	9500	4500	4360	9700	4850	4860	1.2	2.0+1.2	2.0	1.5	—	150	20	150	200	150	864	12	6579
17	239	9800	5200	4680	10000	5550	5180	1.2	2.0+1.2	2.0	1.5	—	150	20	150	200	150	817	13	7683
18	303	9850	6150	5000	10050	6500	5500	1.2	2.0+1.2	2.0	1.5	—	200	20	200	200	150	821	13	9157
19	419	10200	6800	6040	10400	7150	6540	1.2	2.5+1.5	2.5	2.0	1.5	200	20	200	250	150	785	14	13141
20	750	15700	7300	6540	15900	7650	7040	1.2	2.5+1.5	2.5	2.0	1.5	250	20	250	300	150	785	21	24278

注：1. 水箱质量包括水箱本体及其拉筋等附件的质量。

2. 接管管径和位置以设计图纸为准。

3. 水箱尺寸可根据工程需要组合任意尺寸。

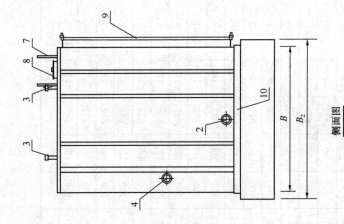

侧面图

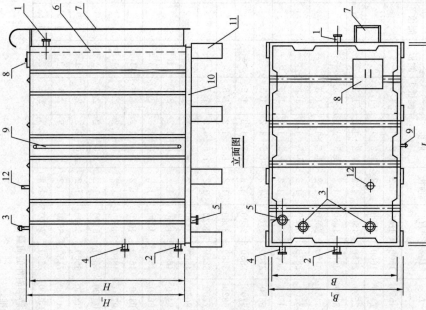

立面图

平面图

名称表

编号	名称	编号	名称	编号	名称
1	进水管	5	泄水管	9	水位计
2	出水管	6	内人梯	10	型钢底架
3	透气管	7	外人梯	11	基础
4	溢流管	8	人孔	12	电信号管

图 16.8-4　组合式不锈钢肋板给水箱外形

4. 组合式不锈钢肋板给水箱

(1) 材质及用途

组合式不锈钢肋板给水箱箱体采用模具冲压成肋形板块，通过焊接拼接而成，水箱整体性强，拉筋较少。可用于符合生活饮用水卫生标准的冷水、热水、消防用水等。水温不高于60℃，不宜用于开水、软化水、地热水等贮存。

(2) 外形图(见图16.8-4)

（3）选用表（见表 16.8-4）

组合式不锈钢肋板给水箱选用

表 16.8-4

序号	公称容积 (m³)	箱体尺寸 (mm)			外形尺寸 (mm)			基础参数 (mm)		水箱质量 (kg)
		L	B	H	L₁	B₁	H₁	B₂	n	
1	1.2	1000	1000	1200	1100	1100	1250	1200	2	188
2	2.2	1500	1200	1220	1600	1300	1270	1400	3	307
3	4.0	1800	1400	1600	1900	1500	1650	1600	3	454
4	5.8	1800	1600	2000	1900	1700	2050	1800	3	573
5	6.4	2000	1600	2000	2100	1700	2050	1800	3	645
6	7.7	2400	1600	2000	2500	1700	2050	1800	4	728
7	9.6	2400	2000	2000	2500	2100	2050	2200	4	829
8	12.5	2600	2400	2000	2700	2500	2050	2600	4	1005
9	13.7	2600	2400	2200	2700	2500	2250	2600	4	1220
10	18.4	3200	2400	2400	3300	2500	2450	2600	4	1486
11	23.7	3800	2600	2400	3900	2700	2450	2800	5	1745
12	31.1	4600	2600	2600	4700	2700	2650	2800	6	2108
13	44.5	5300	2800	3000	5400	2900	3050	3000	6	2735
14	134.4	6400	5000	4200	6500	5100	4250	5200	7	7365
15	188.8	7600	5400	4600	7700	5500	4650	5600	9	9553
16	242.0	8300	5400	5400	8400	5500	5450	5600	9	11601
17	334.1	9600	6000	5800	9700	6100	5850	6200	11	14306
18	370.8	10300	6000	6000	10400	6100	6050	6200	11	15423

注：1. 水箱质量含型钢底架质量，水箱高度 H 不含型钢底架及土建基础高度。
　　2. 接管位置以设计为准。
　　3. 水箱尺寸可根据工程需要选择选用。

16.8.2 装配式 SMC 给水箱

（1）材质及用途

装配式 SMC 给水箱箱体采用玻璃纤维增强塑料（SMC）模压单板，密封材料拼装而成，重量轻，防腐性能好，可用于生活、消防、雨水、中水、循环水和工业用水等贮水，也可用于有腐蚀性的用水贮水。

(2) 外形图 (见图16.8-5)

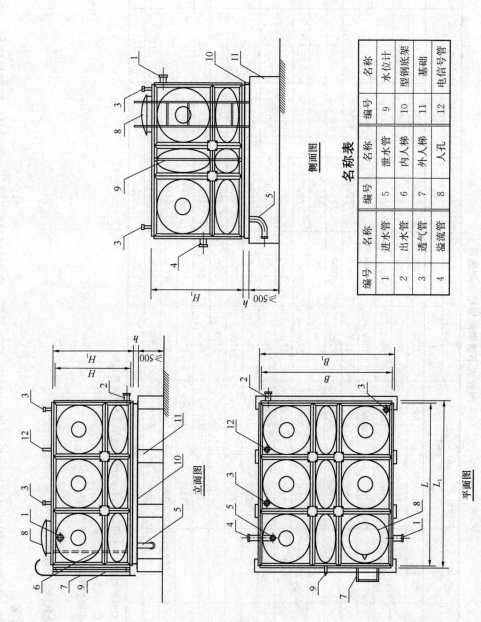

侧面图

名称表

编号	名称	编号	名称	编号	名称
1	进水管	5	泄水管	9	水位计
2	出水管	6	内人梯	10	型钢底架
3	透气管	7	外人梯	11	基础
4	溢流管	8	人孔	12	电信号管

立面图

平面图

图 16.8-5 装配式 SMC 给水箱外形

（3）选用表（表 16.8-5）

装配式 SMC 给水箱选用

表 16.8-5

序号	公称容积 (m³)	箱体尺寸 (mm)			外形尺寸 (mm)			板厚 (mm)		侧板（从下至上）					基础参数		n	水箱干重 (kg)
		L	B	H	L_1	B_1	H_1	顶板	底板	侧板 1	侧板 2	侧板 3	侧板 4	侧板 5	B_2 (mm)	底架用槽钢		
1	1	1000	1000	1000	1100	1100	1100	5	10	10	—	—	—	—	1200	[10	2	190
2	3	2000	1500	1000	2100	1600	1100	5	10	10	—	—	—	—	1700	[10	3	388
3	4.5	2000	1500	1500	2100	1600	1600	5	10	10	8	—	—	—	1700	[10	3	534
4	6	2000	2000	1500	2100	2100	1600	5	10	10	8	—	—	—	2200	[10	3	625
5	12	3000	2000	2000	3100	2100	2100	5	12	10	8	—	—	—	2200	[10	4	1038
6	15	3000	2500	2000	3100	2600	2100	5	12	10	8	—	—	—	2700	[10	4	1271
7	18	3000	3000	2000	3100	3100	2100	5	12	10	8	—	—	—	3200	[10	4	1390
8	30	4000	3000	2500	4100	3100	2600	5	12	12	10	8	—	—	3200	[10	5	2065
9	36	4000	3000	3000	4100	3100	3100	5	14	14	12	8	—	—	3200	[12.6	5	2512
10	42	4000	3500	3000	4100	3600	3100	5	14	14	12	8	—	—	3700	[12.6	5	2872
11	54	4500	4000	3000	4600	4100	3100	5	14	14	12	8	—	—	4200	[12.6	6	3403
12	60	5000	4000	3000	5100	4100	3100	5	14	14	12	8	—	—	4200	[12.6	6	3622
13	70	5000	4000	3500	5100	4100	3600	5	16	14	12	10	8	—	4200	[12.6	6	4147
14	96	6000	4000	4000	6100	4100	4100	5	18	18	14	12	10	—	4200	[14a	7	5810
15	140	7000	5000	4000	7100	5100	4100	5	18	18	14	12	10	—	5200	[14a	8	7266
16	180	8000	5000	4500	8100	5100	4600	5	20	18	16	14	12	10	5200	[14a	9	9771
17	225	9000	5000	5000	9100	5100	5100	5	22	20	18	14	12	10	5200	[14a	10	11410

注：1. 水箱质量含型钢底架质量，水箱高度 H 不含型钢底架及土建基础高度。
2. 接管位置和管径以设计图纸为准。
3. 水箱尺寸可根据工程需要组合任意尺寸。

16.8.3 装配式搪瓷钢板给水箱

（1）材质及用途

装配式搪瓷钢板给水箱箱体采用成型钢板，进行搪瓷处理后，用紧固螺栓拼装而成。可用于生活、消防、雨水、中水、循环水和工业用水等贮水，也可用于有腐蚀性的用水贮水。

（2）外形图（见图 16.8-6）

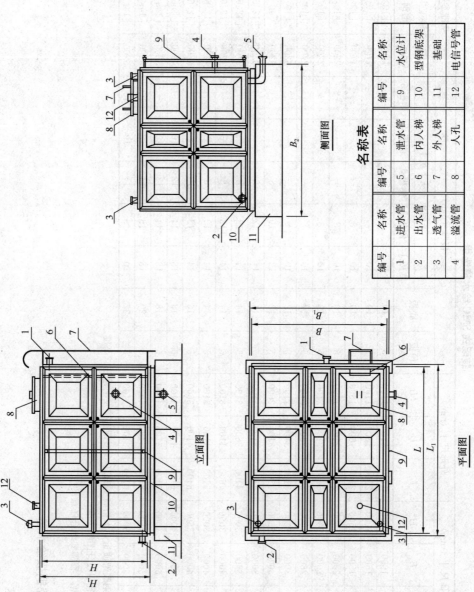

编号	名称	编号	名称	编号	名称	编号	名称
1	进水管	5	泄水管	9	水位计
2	出水管	6	内人梯	10	型钢底架
3	透气管	7	外人梯	11	基础
4	溢流管	8	人孔	12	电信号管

名称表

侧面图

立面图

平面图

图 16.8-6　装配式搪瓷钢板给水箱外形

(3) 选用表(见表16.8-6)

装配式搪瓷钢板给水水箱选用

表 16.8-6

序号	公称容积 (m³)	箱体尺寸 (mm)			外形尺寸 (mm)			板厚 (mm)								B_2 (mm)	基础参数		水箱质量 (kg)
								顶板	底板	侧板(从下至上)							底架用	n	
		L	B	H	L_1	B_1	H_1			侧板1	侧板2	侧板3	侧板4	侧板5	侧板6		槽钢		
1	1	1000	1000	1000	1100	1100	1100	3.0	3.0	3.0	—	—	—	—	—	1200	[10	2	273
2	3	2000	1500	1000	2100	1600	1100	3.0	3.0	3.0	—	—	—	—	—	1700	[10	3	530
3	4.5	2000	1500	1500	2100	1600	1600	3.0	3.0	3.0	3.0	—	—	—	—	1700	[10	3	776
4	6	2000	2000	1500	2100	2100	1600	3.0	3.0	3.0	3.0	—	—	—	—	2200	[10	3	914
5	12	3000	2000	2000	3100	2100	2100	3.0	3.0	3.0	3.0	—	—	—	—	2200	[10	4	1441
6	15	3000	2500	2000	3100	2600	2100	3.0	3.0	3.0	3.0	—	—	—	—	2700	[10	4	1730
7	18	3000	3000	2000	3100	3100	2100	3.0	3.0	3.0	3.0	—	—	—	—	3200	[10	4	1920
8	30	4000	3000	2500	4100	3100	2600	3.0	4.0	3.0	3.0	3.0	—	—	—	3200	[10	5	2880
9	36	4000	3000	3000	4100	3100	3100	3.0	4.0	4.0	3.0	3.0	—	—	—	3200	[12.6	5	3345
10	42	4000	3500	3000	4100	3600	3100	3.0	4.0	4.0	3.0	3.0	—	—	—	3700	[12.6	5	3812
11	54	4500	4000	3000	4600	4100	3100	3.0	4.0	4.0	3.0	3.0	—	—	—	4200	[12.6	6	4539
12	60	5000	4000	3000	5100	4100	3100	3.0	4.0	4.0	3.0	3.0	—	—	—	4200	[12.6	6	4847
13	70	5000	4000	3500	5100	4100	3600	3.0	4.0	4.0	4.0	3.0	3.0	—	—	4200	[12.6	6	5473
14	96	6000	4000	4000	6100	4100	4100	3.0	5.0	5.0	4.0	3.0	3.0	—	—	4200	[14a	7	7428
15	140	7000	5000	4000	7100	5100	4100	3.0	5.0	5.0	4.0	3.0	3.0	—	—	5200	[14a	8	9770
16	180	8000	5000	4500	8100	5100	4600	3.0	5.0	5.0	5.0	4.0	3.0	3.0	—	5200	[14a	9	12010
17	225	9000	5000	5000	9100	5100	5100	3.0	5.0	5.0	5.0	4.0	4.0	3.0	—	5200	[14b	10	13580
18	360	10000	6000	6000	10100	6100	6100	3.0	6.0	6.0	5.0	5.0	4.0	3.0	3.0	6200	[16	11	20342

注：1. 水箱质量含型钢底架质量，水箱高度 H 不含型钢底架及土建基础高度。
2. 接管位置和管径以设计图纸为准。
3. 水箱尺寸可根据工程需要组合任意尺寸。

16.8.4 冲压式内喷涂钢板给水水箱

(1) 材质及用途

冲压式内喷涂钢板给水水箱箱体由 SUS304-2B 不锈钢板冲压成带肋壳体，经焊接成整体而成，钢板内喷涂 NE-508 涂料。可用于水温不大于 55℃的生活、消防等用水。

(2) 外形图（见图 16.8-7）

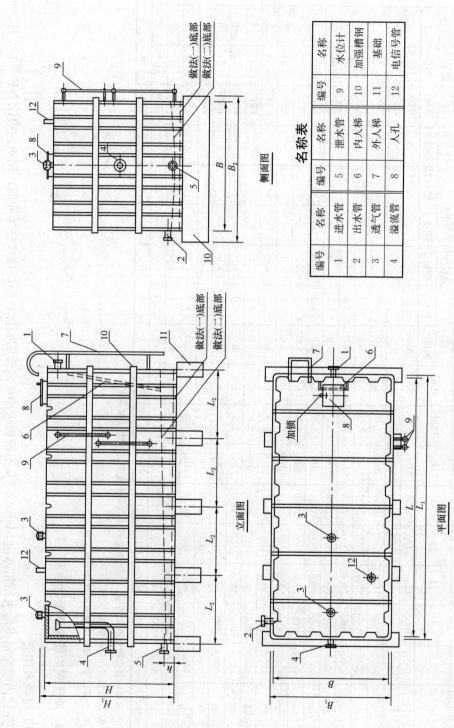

名称表

编号	名称	编号	名称	编号	名称
1	进水管	5	泄水管	9	水位计
2	出水管	6	内人梯	10	加强槽钢
3	透气管	7	外人梯	11	基础
4	溢流管	8	人孔	12	电信号管

侧面图

立面图

平面图

图 16.8-7　冲压式内喷涂钢板给水箱外形

注：1. 箱体选用 SUS304-2B 不锈钢板，经模具冲压成所需要的模块，再进行组装，做法（二）水箱可工厂整体焊接和现场焊接。
　　2. 做法（一）为平底结构，做法（二）水箱底部为圆弧并坡向排泄口方向，清洗和泄空时较方便，采用何种底部构造由设计人员确定。
　　3. 各管口法兰均为 1.0MPa 标准法兰。

(3) 选用表 (见表16.8-7)

冲压式内喷涂钢板给水水箱选用　　　　　　　　　　　　表16.8-7

序号	公称容积 (m³)	箱体尺寸 (mm)			外形尺寸 (mm)			钢板厚度 (mm)			接管直径 (mm)				基础参数			水箱质量 (kg)
		L	B	H	L_1	B_1	H_1	箱顶	箱底	箱壁	进水管	出水管	溢流管	泄水管	B_2 (mm)	L_2 (mm)	n	
1	1.22	1000	1000	1220	1200	1200	1320	2	2	1.5	45	40	50	32	1200	500	3	160
2	1.75	1200	1200	1220	1400	1400	1320	2	2	1.5	40	40	50	32	1400	600	3	204
3	2.2	1500	1200	1220	1700	1400	1320	2	2	1.5	40	40	50	32	1400	750	3	240
4	2.64	1800	1200	1220	2000	1400	1320	2	2	1.5	50	50	65	40	1400	900	3	332
5	4.0	1800	1400	1600	2000	1600	1700	2	2	1.5	50	50	65	40	1600	900	3	495
6	5.12	1600	1600	2000	1800	1800	2100	2	2	1.5	50	50	65	40	1800	800	3	540
7	6.4	2000	1600	2000	2200	1800	2100	2	2	1.5	65	65	80	50	1800	1000	3	587
8	7.7	2400	1600	2000	2600	1800	2100	2	3	2	65	65	80	50	1800	800	4	630
9	9.6	2400	2000	2000	2600	2200	2100	2	3	2	65	65	80	50	2200	800	4	728
10	11.6	2410	2410	2000	2610	2610	2100	2	3	2	65	65	80	50	2610	800	4	994
11	13.5	2800	2410	2000	3000	2610	2100	3	3	2	65	65	80	50	2610	935	4	1080
12	17.6	3000	2400	2440	3200	2600	2540	3	3	2	80	80	100	65	2600	1000	4	1463
13	20.13	3300	2500	2440	3500	2700	2540	3	3	2	80	80	100	65	2700	1100	4	1682
14	22.84	3900	2400	2440	4100	2600	2540	3	3	2	80	80	100	65	2600	975	5	1892
15	27.6	3900	2900	2440	4100	3100	2540	3	3	2	100	100	150	80	3100	975	5	2270
16	33.3	4700	2900	2440	4900	3100	2540	3	3	2	100	100	150	80	3100	940	6	2637
17	36.5	5000	3000	2440	5200	3200	2540	3	3	2	150	150	200	80	3200	1000	6	2790
18	44.0	6000	3000	2440	6200	3200	2540	3	3	2	150	150	200	80	3200	1000	7	2948

16.8.5　装配式镀锌钢板给水箱

(1) 材质及用途

装配式镀锌钢板给水水箱箱体采用 Q235 钢板冲压成标准板块，经镀锌防腐处理，现场组装，橡胶垫密封，螺栓连接拼装而成。

(2) 外形图 (见图 16.8-8)

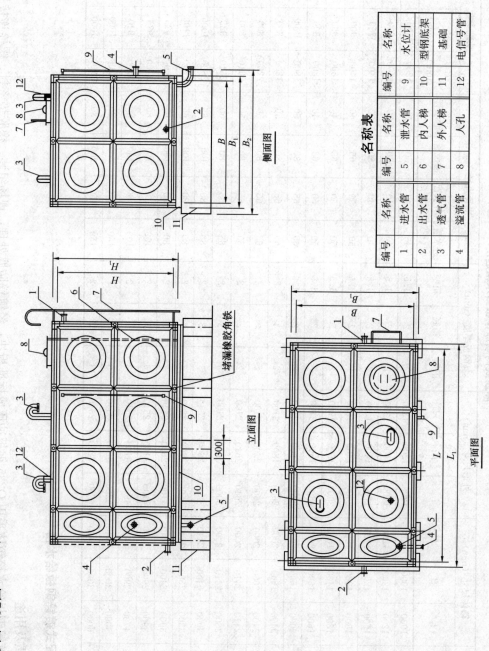

名称表

编号	名称	编号	名称	编号	名称
1	进水管	5	泄水管	9	水位计
2	出水管	6	内人梯	10	型钢底架
3	透气管	7	外人梯	11	基础
4	溢流管	8	人孔	12	电信号管

图 16.8-8 装配式镀锌钢板给水箱外形

(3) 选用表 (见表 16.8-8)

装配式镀锌钢板给水水箱选用

表 16.8-8

| 序号 | 公称容积 (m³) | 箱体尺寸 (mm) | | | 外形尺寸 (mm) | | | 钢板厚度 (mm) | | | | | | 基础参数 | | 水箱质量 (kg) |
		L	B	H	L_1	B_1	H_1	箱底	侧板1	侧板 (从下至上) 侧板2	侧板3	侧板4	箱顶	B_2 (mm)	n	
1	1	1000	1000	1000	1112	1112	1159	3	3	—	—	—	2	1312	2	272
2	2	2000	1000	1000	2115	1112	1159	3	3	—	—	—	2	1312	3	422
3	4	2000	1000	2000	2115	1112	2162	3	3	3	—	—	2	1312	3	649
4	6	2000	2000	1500	2115	2115	1662	3	3	3	—	—	2	2315	3	816
5	8	2000	2000	2000	2115	2115	2162	3	3	3	—	—	2	2315	3	936
6	9	3000	1500	2000	3118	1615	2162	3	3	3	—	—	2	2315	4	1069
7	10	2500	2000	2000	2618	2115	2162	3	3	3	—	—	2	2315	4	1101
8	12	3000	2000	2000	3118	2115	2162	3	3	3	—	—	2	2315	4	1221
9	15	3000	2000	2500	3118	2115	2665	4	4	3	3	—	2	2315	4	1559
10	16	4000	2000	2000	4121	2115	2162	3	3	3	—	—	2	2315	5	1505
11	18	3000	3000	2000	3118	3118	2162	3	3	3	3	—	2	3318	4	1575
12	20	4000	2000	2500	4121	2115	2665	4	4	3	3	—	2	2315	5	1977
13	22.5	3000	3000	2500	3118	3118	2665	4	4	3	3	—	2	3318	4	2065
14	24	4000	3000	2000	4121	3118	2162	3	3	3	3	—	2	3318	5	1930
15	30	4000	3000	2500	4121	3118	2665	4	4	3	3	—	2	3318	5	2528
16	35	4000	3500	2500	4121	3621	2665	4	4	3	3	—	2	3821	5	2855

第 17 章　常用排水器材及装置

17.1　卫生器具

17.1.1　陶瓷洗脸盆

1. 挂式（托架式）洗脸盆

挂式（托架式）洗脸盆标准见图 17.1-1，其主要规格尺寸见表 17.1-1。

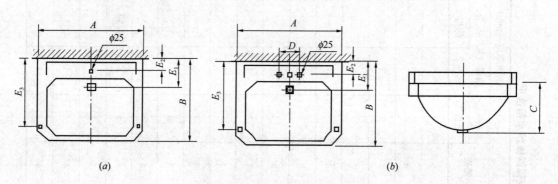

图 17.1-1　挂式（托架式）洗脸盆

(a) 单眼挂盆；(b) 三眼挂盆

陶瓷挂式（托架式）洗脸盆主要规格尺寸　　　　　　　　　表 17.1-1

产品名称	型　号	规格 $A \times B \times C$ (mm)	产品名称	型　号	规格 $A \times B \times C$ (mm)
陶瓷挂式 洗脸盆	3 号	560×410×300	陶瓷挂式 洗脸盆	27 号	560×410×220
	4 号	510×460×280		33 号	510×410×210
	5 号	510×460×265		39 号	410×310×200
	6 号	510×410×250		40 号	560×460×240
	7 号	600×470×300		41 号	530×450×215
	12 号	510×310×250		42 号	560×410×200
	13 号	410×310×200		46 号	560×410×210
	14 号	510×360×250		47 号	560×410×210
	18 号	560×410×295		48 号	560×410×210
	19 号	510×480×280		49 号	510×410×200
	21 号	455×312×212		50 号	560×410×210
	22 号	350×250×200			

注：表中产品尺寸参考《卫生陶瓷》GB 6952—2015 中的规格尺寸。

挂式洗脸盆样式见图 17.1-2。

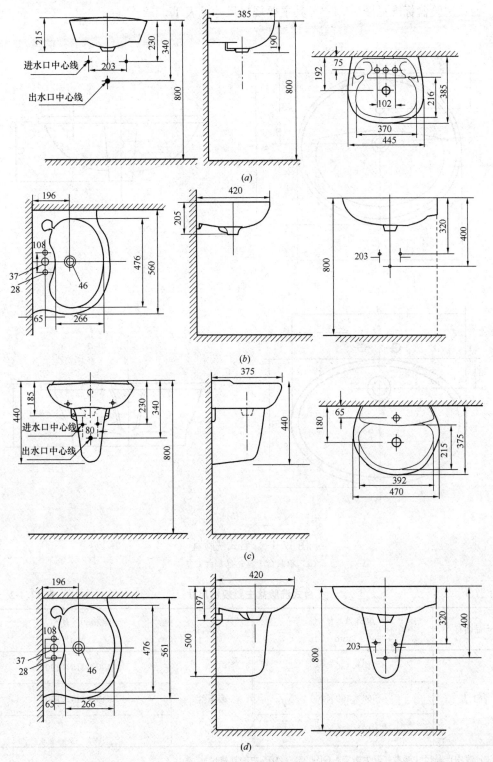

图 17.1-2　挂式洗脸盆样式

(a) 挂盆；(b) 挂角盆；(c) 挂柱盆；(d) 挂柱角盆

2. 台式洗脸盆

台式洗脸盆标准见图 17.1-3，其主要规格尺寸见表 17.1-2。

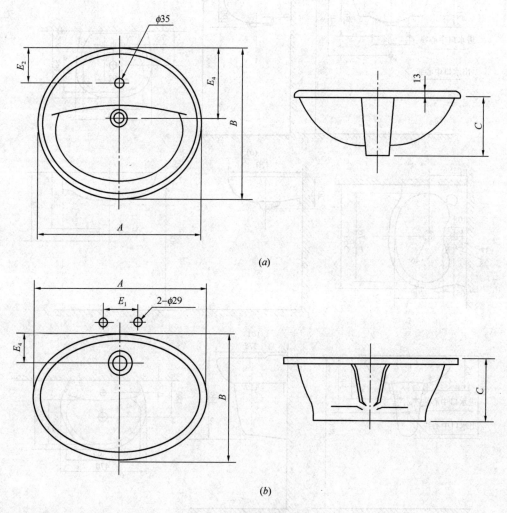

图 17.1-3　台式洗脸盆

(a) 单眼台上盆；(b) 台下盆

台式洗脸盆主要规格尺寸　　　　　　表 17.1-2

产品名称	规格 $A×B×C$ (mm)	产品名称	规格 $A×B×C$ (mm)
台上盆	510×430×180	台下盆	490×415×190
	560×480×200		540×440×190
	610×470×180		

注：表中产品尺寸参考《卫生陶瓷》GB 6952—2015 中的规格尺寸。

台式洗脸盆样式见图 17.1-4。

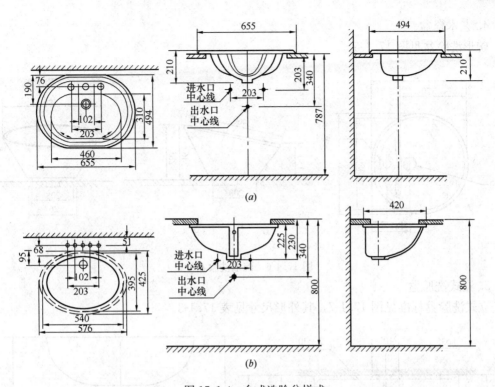

图 17.1-4　台式洗脸盆样式

（a）台上盆；（b）台下盆

3. 半入台盆

半入台盆见图 17.1-5。

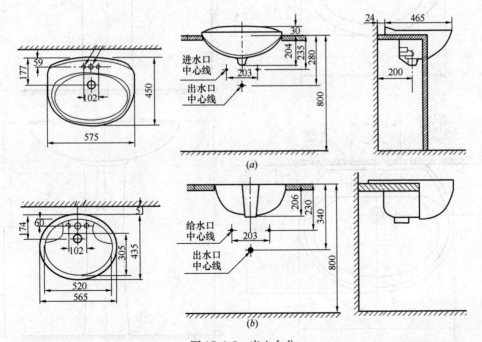

图 17.1-5　半入台盆

（a）落地式；（b）悬挂式

4. 艺术瓷盆

碗形洗脸盆见图 17.1-6。

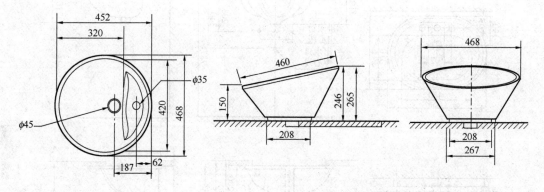

图 17.1-6　碗形洗脸盆

5. 立式洗脸盆

立式洗脸盆标准见图 17.1-7，其外形尺寸见表 17.1-3。

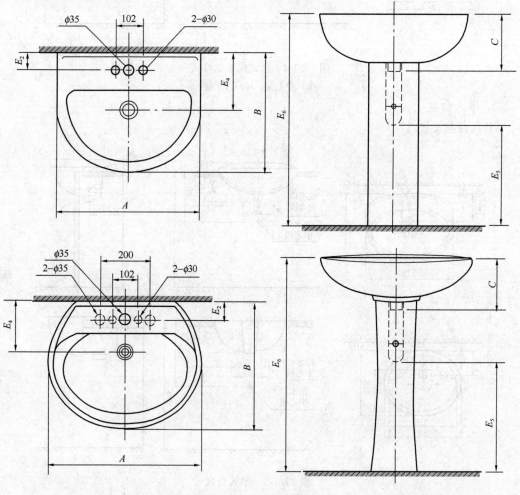

图 17.1-7　立式洗脸盆

立式洗脸盆外形尺寸 **表 17.1-3**

产品名称	外形尺寸（mm）							产品名称	外形尺寸（mm）						
	A	*B*	*C*	E_2	E_4	E_5	E_6		*A*	*B*	*C*	E_2	E_4	E_5	E_6
三眼盆	550	435	210	65	205	385	835	单眼盆	590	495	205	70	200	380	825
	620	490	210	65	185	380	810		585	490	200	65	205	370	820
	610	455	220	65	200	380	810								

注：表中产品尺寸参考《卫生陶瓷》GB 6952—2015 中的规格尺寸。

立式洗脸盆样式见图 17.1-8。

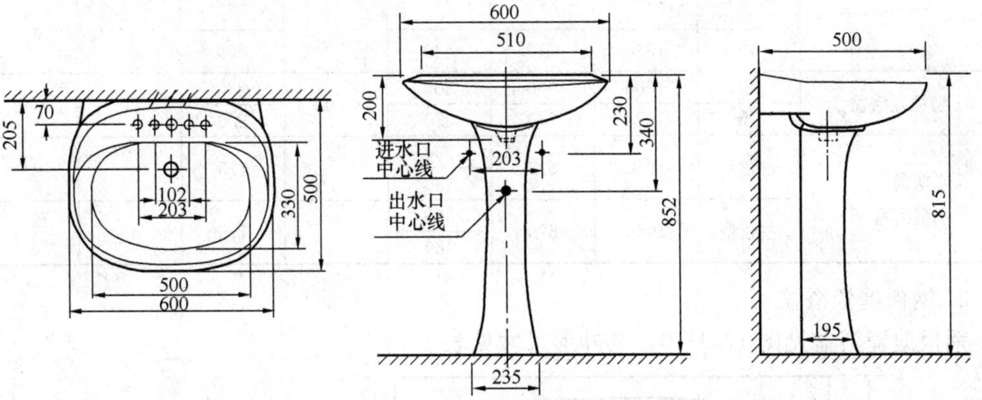

图 17.1-8 立式洗脸盆样式

17.1.2 浴盆

1. 铸铁搪瓷浴盆

铸铁搪瓷浴盆见图 17.1-9，其外形尺寸见表 17.1-4。

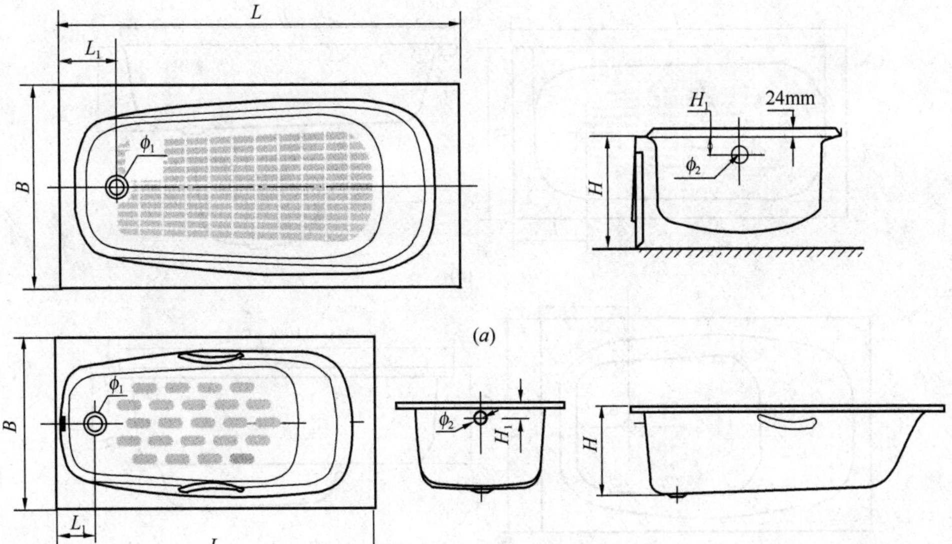

图 17.1-9 铸铁搪瓷浴盆

(*a*) 有裙边；(*b*) 无裙边

铸铁搪瓷浴盆外形尺寸　　　　　　　　表 17.1-4

种类	型号	外形尺寸（mm）						
		L	B	H	H_1	L_1	ϕ_1	ϕ_2
长方方边、圆边搪瓷浴盆	4ft	1200	650	360	70	200	50	46
	$4\frac{1}{2}$ft	1400	700	380		220		
	5ft	1520	740	410		230		
	$5\frac{1}{2}$ft	1680	754	430	80	250		
	6ft	1830	810	440		250		
81 型搪瓷浴盆	3ft	1000	600	300	80	230	50	46
	5ft	1520	740	370		200		
搪瓷小型浴盆	右弦型	1080	620	390		175	48	
				480				
	左弦型	1080	620	390		175	48	
				480				

2. 钢板搪瓷浴盆

钢板搪瓷浴盆见图 17.1-10，其外形尺寸见表 17.1-5。

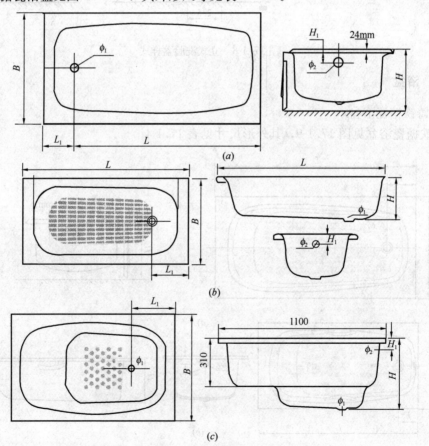

图 17.1-10　钢板搪瓷浴盆

(a) 有裙边；(b) 无裙边；(c) 坐泡式

钢板搪瓷浴盆外形尺寸　　　表 17.1-5

种类	型号	外形尺寸（mm）						
		L	B	H	H_1	L_1	ϕ_1	ϕ_2
加厚钢板搪瓷浴盆	CT-1805	1800	750	425	70	286	51	45
	CT-1745	1700	750	425		286	51	45
钢板搪瓷浴盆	CT-0210	1219	686	425	75	280	56	64
	CT-0410	1372	686	425		280	56	64
	CT-0510	1534	764	381	67	220	56	64
无裙边搪瓷浴盆	CT-1410	1400	700	355	70	280	51	45
	CT-1510	1500	700	355				
	CT-1710	1700	700	355				
坐泡浴盆	CT-1110	1100	700	475	75	295	51	45

3. 玻璃钢浴盆

玻璃钢浴盆见图 17.1-11，其外形尺寸见表 17.1-6。

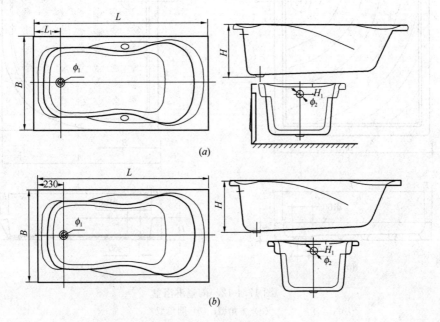

图 17.1-11　玻璃钢浴盆
(a) 有裙边；(b) 无裙边

玻璃钢浴盆外形尺寸　　　表 17.1-6

种类	型号	外形尺寸（mm）						
		L	B	H	H_1	L_1	ϕ_1	ϕ_2
玻璃钢浴盆	小号	1100	680	425	70	115	51	45
	中一号	1190	720	425		105	51	45
	中二号	1370	650	425	75	105	56	64
	大号	1700	760	425		105	56	64

续表

种类	型号	外形尺寸（mm）						
		L	B	H	H_1	L_1	ϕ_1	ϕ_2
玻璃钢浴盆	1101	1690	760	381	67	240	56	64
	1102	1580	690			240		
	1105	1500	550			320		
			720					
	1106	1080	600			175		
	1107	1400	700			270		

4. 陶瓷淋浴盆

陶瓷淋浴盆见图 17.1-12，其外形尺寸见表 17.1-7。

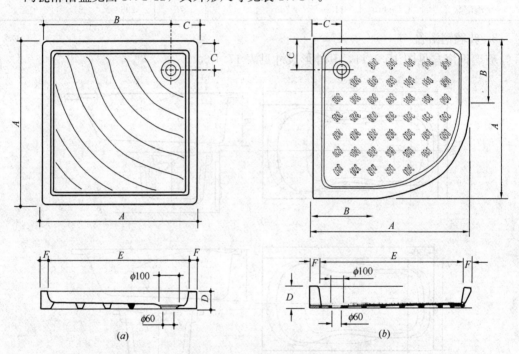

图 17.1-12　陶瓷淋浴盆
(a) 方角型；(b) 圆角型

陶瓷淋浴盆外形尺寸　　　　　　　　　　　　　表 17.1-7

型号	外形尺寸（mm）					
	A	B	C	D	E	F
方角型	700	560	140	85	610	45
	750	610	140	85	650	50
	800	655	145	110	700	50
圆角型	800	240	140	100	700	50
	900	150	150	120	800	50

5. 水力按摩浴盆

矩形水力按摩浴盆见图 17.1-13。

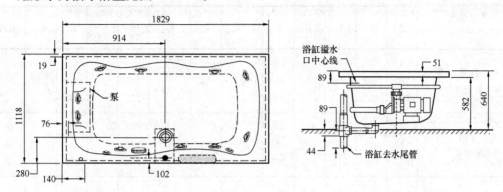

图 17.1-13　矩形水力按摩浴盆

17.1.3　大便器

1. 坐式大便器

（1）分体坐式大便器

分体坐式大便器见图 17.1-14，其外形尺寸见表 17.1-8。

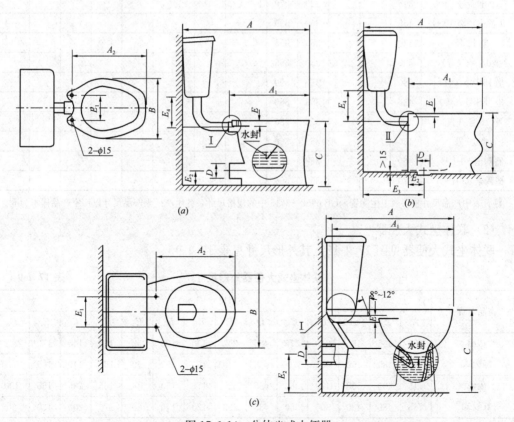

图 17.1-14　分体坐式大便器

（a）挂箱虹吸式（横排）；（b）挂箱虹吸式（下排）；（c）坐箱冲落式（横排）

分体坐式大便器外形尺寸　　　　　　　　　　　　　　　　表 17.1-8

产品名称	外形尺寸（mm）												
	A	A_1	A_2	B	C	D	E	E_1	E_2 S形	E_2 P形	E_3	E_4	水封
挂箱 虹吸式	740 760 780	460 480	430	350	340 360 390	φ85	<45	145～ 165	100 175	85	370 445	200	>50
坐箱 虹吸式	690 740 660	610 695 610	420 460 410	380 370 355	365 370 365	φ90	40	140	210 230 235		290 290 280		90 60 50
坐箱 冲落式 （后出水）	640 720	625 670	425 430	345 350	385 340 360 390	φ100 φ85	40 <45	150 145～ 165		185 85			
坐 3 号	460			350	360								
坐 4 号	440			360	360								
坐 7 号	500			350	395								
坐 9 号	305			220	270								
（儿童式）坐 10 号	455			350	395								
坐 14 号	530			350	395								
坐 15 号（弯）	530			350	395								
坐 15P 号（直）	520			350	390								
坐 18S 号（弯）	486			358	386								
坐 18 号（直）	486			358	386								
坐 19 号	480			350	360								
石陶坐 80-1 号	460			350	360								
搪陶坐 8301 号	670			350	360								

注：表中产品尺寸参考《卫生陶瓷》GB 6952—2015 中的规格尺寸，各生产厂家产品尺寸以厂家产品样本为准。

（2）联体坐式大便器

联体坐式大便器见图 17.1-15，其外形尺寸见表 17.1-9。

联体坐式大便器外形尺寸　　　　　　　　　　　　　　　　表 17.1-9

产品名称	外形尺寸（mm）													
	A	A_1	B	C	C_1	D	E	E_1	E_2	E_3	E_4	F	F_1	F_2
喷射 虹吸式	680	425	465	640	375	φ85	295	150	100	50	145	140	170	
	745	480	450	605	3700	φ85	310	150	100	50	160	140	165	
旋涡 虹吸式	715	430	500	470	360	φ85	320	170	150	100	165	265	165	100
	765	480	480	500	360	φ85	295	120	140	60	170	200	130	60

注：表中产品尺寸参考《卫生陶瓷》GB 6952—2015 中的规格尺寸，各生产厂家产品尺寸以厂家产品样本为准。

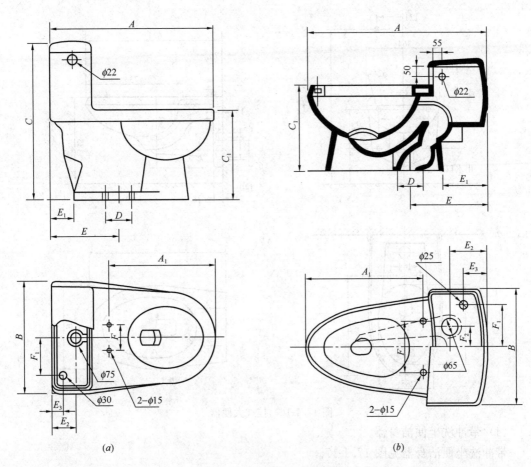

图 17.1-15　联体坐式大便器

(a) 喷射虹吸式；(b) 旋涡虹吸式

(3) 挂式大便器

挂式大便器见图 17.1-16，其参考规格尺寸见表 17.1-10。

挂式大便器参考规格尺寸　　　　　　　　　　表 17.1-10

产品名称（编号）	规格尺寸（mm）			
	A（长）	B（宽）	C（高）	E（安装孔距）
L-2106.0	530	355	360	194
CP-2191	540	360	395	185
CP-2257	641	364	344	230
CP-2258	635	370	330	225
C-152	540	360	380	180

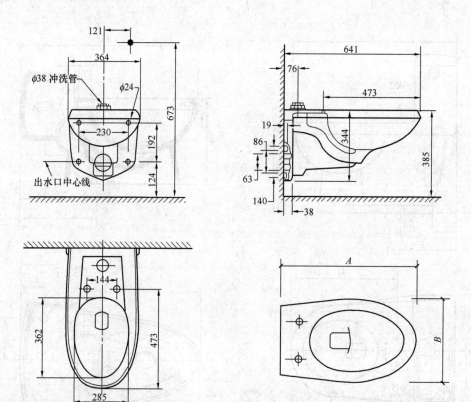

图 17.1-16 挂式大便器

（4）带冲洗坐便洁身器

带冲洗坐便洁身器见图 17.1-17。

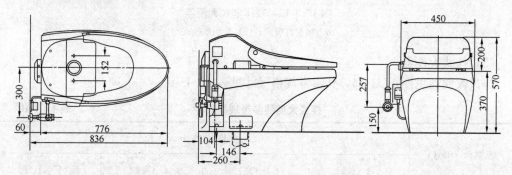

图 17.1-17 带温控热水冲洗坐便器

2. 蹲式大便器

蹲式大便器见图 17.1-18，其外形尺寸见表 17.1-11。

蹲式大便器外形尺寸   表 17.1-11

产品名称 （编号）	外形尺寸（mm）						
	A	A_1	B	C	D	E	E_1
带前挡板型	610	590	280 260	200	$\phi120$	430	60

续表

产品名称 （编号）	外形尺寸（mm）						
	A	A_1	B	C	D	E	E_1
带防滑踏板、水封型	570		435	320	ϕ85	35	
	550		420	280	ϕ95	40	
蹲 1 号	610		280	200			
蹲 12 号	570		320	275			
蹲 13 号	500		430	285			
蹲 14 号	670		340	300			
蹲 16 号	620		500	180			
蹲 17 号	635		450	305			
蹲 18 号	815		320	320			
蹲 19 号	815		320	320			
蹲 20 号	580		550	190			
蹲 21 号	600		445	160			
蹲 22 号	690		360	330			
蹲 25 号	695		500	220			
蹲 28 号	610		280	300			
蹲 29 号	610		280	400			

注：表中产品尺寸参考《卫生陶瓷》GB 6952—2015 中的规格尺寸，各生产厂家产品尺寸以厂家产品样本为准。

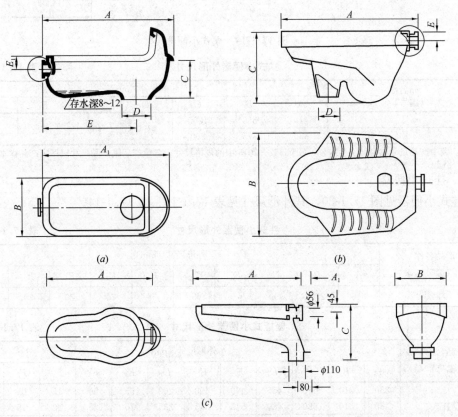

图 17.1-18　蹲式大便器

（a）带前挡板型；（b）带防滑踏板、水封型；（c）平缘型

17.1.4 小便器

1. 立式小便器

立式小便器见图 17.1-19，其外形尺寸见表 17.1-12。

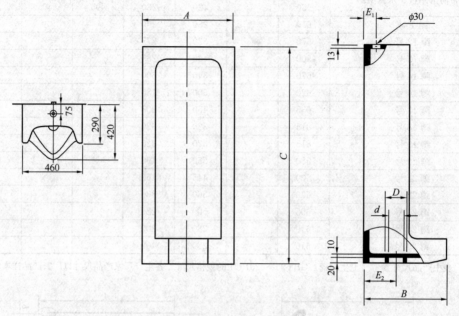

图 17.1-19 立式小便器

立式小便器外形尺寸 　　表 **17.1-12**

产品名称 （编号）	外形尺寸（mm）						
	A	B	C	D	d	E_1	E_2
1号	410	360	1000	$\phi100$	$\phi85$	60	150
2号	330	375	900				

注：表中产品尺寸参考《卫生陶瓷》GB 6952—2015 中的规格尺寸，各生产厂家产品尺寸以厂家产品样本为准。

2. 挂式小便器

挂式小便器见图 17.1-20，其外形尺寸见表 17.1-13、表 17.1-14。

斗式小便器外形尺寸 　　表 **17.1-13**

产品名称 （编号）	外形尺寸（mm）									
	A	B	C	D_1	D_2	E_1	E_2	F_1	F_2	G
斗式	340	270	490	$\phi35$	$\phi50$	38	70	25	30	42

壁挂式小便器外形尺寸 　　表 **17.1-14**

产品名称 （编号）	外形尺寸（mm）											
	A	B	C	D	E_1	E_2	E_3	E_4	E_5	F_1	F_2	G
壁挂式	330	310	610	$\phi55$	490	490	200	65	50	15	25	100
	480	310	680	$\phi50$	545	545	335	70	45	20	15	105
	465	320	700	$\phi65$	575	570	215	65	50	20	15	120

注：表中产品尺寸参考《卫生陶瓷》GB 6952—2015 中的规格尺寸，各生产厂家产品尺寸以厂家产品样本为准。

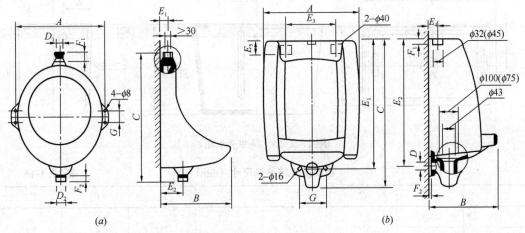

图 17.1-20　挂式小便器

(a) 斗式；(b) 壁挂式

17.1.5　净身器

净身器见图 17.1-21，其外形尺寸见表 17.1-15。

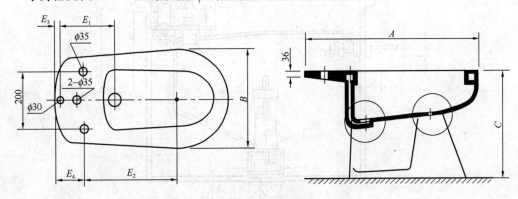

图 17.1-21　净身器

净身器外形尺寸　　　　　　　　　　　　　表 17.1-15

产品型号（编号）	外形尺寸（mm）						
	A	B	C	E_1	E_2	E_3	E_4
1	645	350	380	170	320	40	110
2	590	370	360	155	310	20	60

注：表中产品尺寸参考《卫生陶瓷标准》GB 6952—2015 规格尺寸，各生产厂家产品尺寸以厂家产品样本为准。

17.1.6　冲洗水箱

1. 高冲洗水箱

高冲洗水箱见图 17.1-22，其外形尺寸见表 17.1-16。

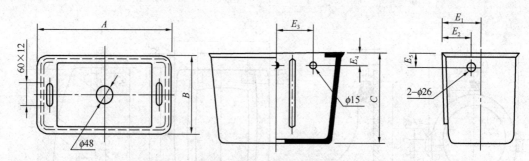

图 17.1-22 高冲洗水箱

高冲洗水箱外形尺寸（mm） 表 17.1-16

A	B	C	E_1	E_2	E_3	E_4	E_5
420	240	280	120	85	115	35	40
440	260						

注：表中产品尺寸参考《卫生陶瓷》GB 6952—2015 中的规格尺寸，各生产厂家产品尺寸以厂家产品样本为准。

液压式高冲洗水箱见图 17.1-23，其外形尺寸见表 17.1-17。

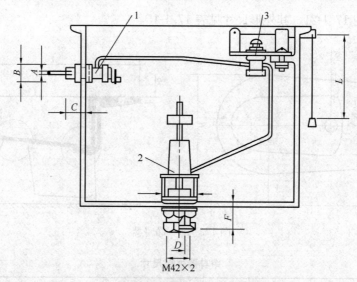

图 17.1-23 液压式高冲洗水箱
1—浮球阀；2—排水塞封；3—控制按键

液压高冲洗水箱外形尺寸（mm） 表 17.1-17

A	B	C	D	E	F	L	G	H
$\phi14$	$\geqslant\phi35$	$\geqslant42$	$\phi32.5$ / $\phi34$	$\geqslant\phi58$	$\geqslant53$	800	$\phi6.5$	30

注：1. 表中产品尺寸参考《卫生陶瓷》GB 6952—2015 中的规格尺寸，各生产厂家产品尺寸以厂家产品样本为准。
2. A—进水管内径；B—进水密封橡胶垫外径；C—进水阀进水管连接长度；D—活塞排水阀排水管内径；E—排水密封橡胶垫外径；F—活塞排水阀连接长度；L—拉绳长度；G—控制阀控制杆支架螺丝孔直径；H—控制杆支架螺丝孔距离。

2. 低冲洗水箱

低冲洗水箱见图 17.1-24，其外形尺寸见表 17.1-18。

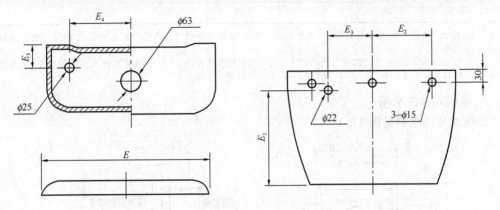

图 17.1-24　低冲洗水箱

低冲洗水箱外形尺寸（mm）　　　　　　　　　　表 **17.1-18**

E	E_1	E_2	E_3	E_4	E_5
520	260	150	195	150	75
470	270	135	185	140	70

液压式低冲洗水箱见图 17.1-25，其外形尺寸见表 17.1-19。

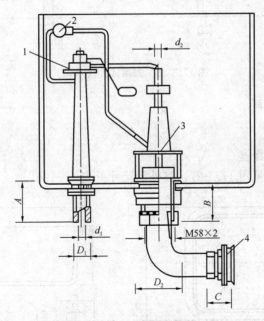

图 17.1-25　液压式低冲洗水箱

1—浮球阀；2—控制按键；3—排水塞封；4—锁口

液压低冲洗水箱外形尺寸（mm）　　　　表 17.1-19

d_1	d_2	D_1	D_2	A	B	C
13～13.5	≥9	≥35	≥75	≥70	≥40	≥40

注：1. 表中产品尺寸参考《卫生陶瓷》GB 6952—2015 中的规格尺寸，各生产厂家产品尺寸以厂家产品样本为准。

2. d_1—进水管内径；d_2—溢流管内径；D_1—进水密封橡胶垫外径；D_2—排水密封橡胶垫外径；A—进水阀进水管连接长度；B—活塞排水阀连接长度；C—锁口连接长度。

3. 暗藏式冲洗水箱

暗藏式冲洗水箱见图 17.1-26。

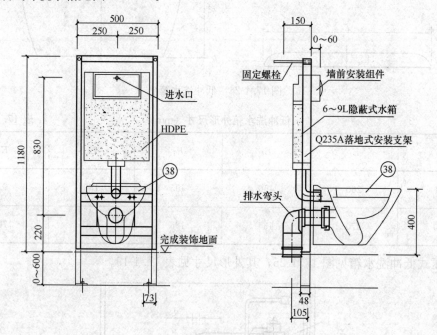

图 17.1-26　暗藏式冲洗水箱

17.1.7　洗涤盆、化验盆

1. 陶瓷洗涤盆

（1）卷沿、直沿洗涤盆

卷沿、直沿洗涤盆见图 17.1-27，其外形尺寸见表 17.1-20。

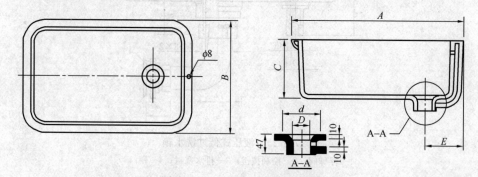

图 17.1-27　卷沿、直沿洗涤盆

（2）立柱洗涤盆

立柱洗涤盆见图 17.1-28。

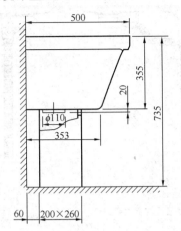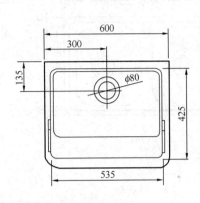

图 17.1-28　立柱洗涤盆

卷沿、直沿洗涤盆外形尺寸　　　　　　　　　　　　表 17.1-20

型号	外形尺寸（mm）					
	A	B	C	D	d	E
卷沿、直沿洗涤盆标准	610	410；460	200；150	65	100	卷沿槽 140
	560	360；410				
	510	360				
	460	310；360		50	70	直沿槽 110
	410	310				
	300	200				
洗 1 号	610	460	200	65	100	
洗 2 号	610	410	200	65	100	
洗 3 号	510	360	200	50	100	
洗 4 号	610	410	150	65	100	卷沿槽 140
洗 5 号	410	310	200	50	70	
洗 6 号	610	460	150	65	100	
洗 7 号	510	360	150	50	70	直沿槽 110
洗 8 号	410	310	150	50	70	
洗 10 号	765	510	153	65	100	
洗 11 号	689	469	153	65	100	
洗 12 号	610	450	153	65	100	

注：表中产品尺寸参考《卫生陶瓷》GB 6952—2015 中的规格尺寸，各生产厂家产品尺寸以厂家产品样本为准。

2. 不锈钢洗涤盆

不锈钢洗涤盆见图 17.1-29。

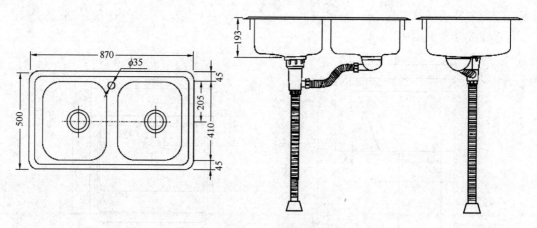

图 17.1-29 不锈钢洗涤盆

注：主要生产厂家、各地水暖器材厂均有生产。

3. 化验盆

化验盆见图 17.1-30，其外形尺寸见表 17.1-21。

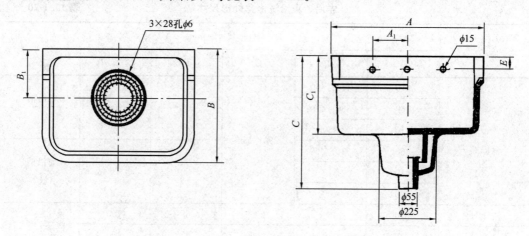

图 17.1-30 化验盆

化验盆外形尺寸（mm） 表 17.1-21

A	A₁	B	B₁	C	C₁	E
600	150	440	190	510	300	70

注：表中产品尺寸参考《卫生陶瓷》GB 6952—2015 中的规格尺寸，各生产厂家产品尺寸以厂家产品样本为准。

17.2　卫生器具排水配件

17.2.1　洗脸盆排水配件

1. P 形排水栓

P 形排水栓见图 17.2-1。

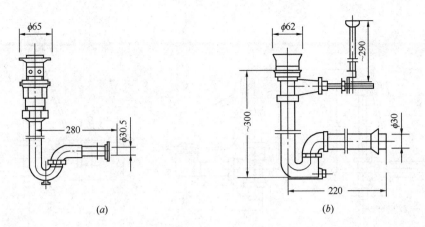

图 17.2-1 P形排水栓
(a) 按键式（翻板式）；(b) 提拉式

2. S形排水栓

S形排水栓见图 17.2-2。

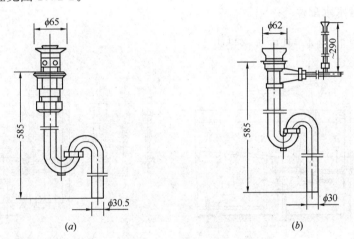

图 17.2-2 S形排水栓
(a) 按键式（翻板式）；(b) 提拉式

17.2.2 浴盆排水配件

浴盆排水栓见图 17.2-3，其规格见表 17.2-1。

浴盆排水栓规格   表 17.2-1

名称	型号	规格 DN (mm)	说　明
堵盖型（Ⅱ型）排水栓	YP4	34	铜质镀铬、镍，橡胶塞排水。溢水孔径 $\phi46$
掀把型排水栓	YP3	38	铜质镀铬、镍，上下搬动把手排水。溢水孔径 $\phi65$
堵盖型（塑料）排水栓	YP2	35	工程塑料，溢水孔径 $\phi40$

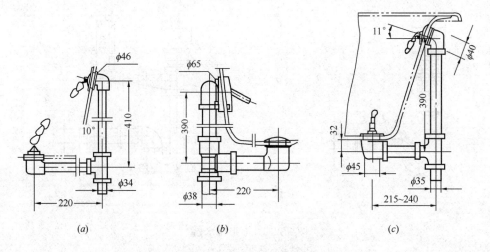

图 17.2-3 浴盆排水栓

(a) 堵盖型；(b) 掀把型；(c) 堵盖型（塑料）

17.2.3 净身盆排水配件

净身盆见图 17.2-4，其中规格见表 17.2-2。

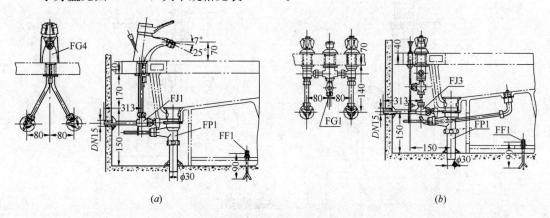

图 17.2-4 净身盆

(a) 单把净身盆；(b) 双把净身盆

净身盆规格 表 17.2-2

名称及型号		DN（mm）	公称压力（MPa）	适用温度（℃）	说明
单把净身盆配件	FG4 单把给水龙头	15	0.59	≤100	铜质镀铬、镍；采用上给水避免交叉感染
	FP1 排水栓	30			
双把净身盆配件	FG1 冷、热手把	15	0.59	≤100	铜质镀铬、镍；冷、热手把调节，喷头出水水柱高度适中
	FP1 排水栓	30			

17.2.4 存水弯

陶瓷存水弯见图 17.2-5，其外形尺寸见表 17.2-3。

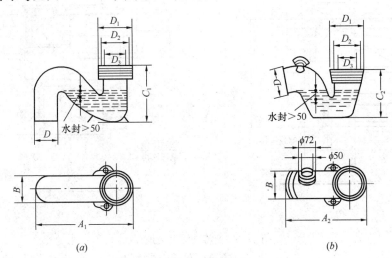

图 17.2-5 陶瓷存水弯
(a) S形；(b) P形

陶瓷存水弯外形尺寸 表 17.2-3

型号	外形尺寸（mm）								
	A_1	A_2	B	C_1	C_2	D	D_1	D_2	D_3
1 号	435		110	215		$\phi100$	$\phi170$	$\phi100$	$\phi100$
			105						$\phi110$
2 号		335	100		180	$\phi100$	$\phi150$	$\phi125$	$\phi90$
JC138-67	437		100	230	180	$\phi100$	$\phi170$	$\phi130$	$\phi110$
							$\phi150$	$\phi146$	$\phi95$

17.3 地漏

17.3.1 无水封地漏

1. 普通无水封地漏

（1）铸铁无水封地漏

铸铁无水封地漏见图 17.3-1，其规格尺寸见表 17.3-1。

铸铁无水封地漏规格尺寸 表 17.3-1

DN	Q_{max}	各部分尺寸（mm）				
（mm）	（L/s）	D	D_1/A	D_2	D_3	H
50	1.0	143	102	96	61	
75	1.8	174	130	124	86	≥300
100	3.8	195	155	149	111	
150	10.0	256	206	200	162	

注：表中 A 为地漏方形算子边长尺寸。

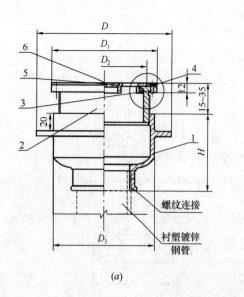

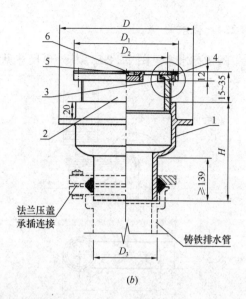

（a）　　　　　　　　　　　　　　（b）

图17.3-1　铸铁无水封地漏

（a）螺纹接口；（b）法兰接口

1—铸体本体；2—调节段；3—螺钉；4—盖圈；5—洗衣机插口盖板；6—洗衣机插口算子

（2）带网筐无水封地漏

带网筐无水封地漏见图17.3-2，其规格尺寸见表17.3-2。

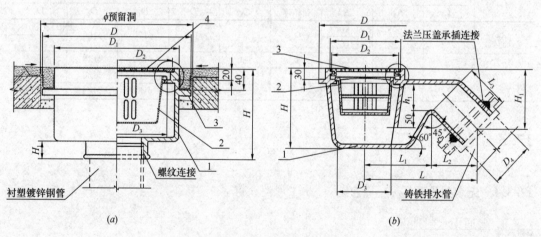

（a）　　　　　　　　　　　　　　（b）

图17.3-2　带网筐无水封地漏

（a）下排式；（b）侧排式

1—本体；2—网框；3—防水翼环；4—算子

带网筐无水封地漏规格尺寸　　　　　　　　　　　表17.3-2

DN (mm)		Q_{max} (L/s)	各部分尺寸（mm）												G (in)
			D	D_1	D_2	D_3	D_4	H	H_1	h_1	L	L_1	L_2	L_3	
下排式	100	3.8	280	250	235	222	166	170		101					4
	150	10.0	330	300	285	274	222	205		132					6

DN	Q_{max}	各部分尺寸（mm）												G
(mm)	(L/s)	D	D_1	D_2	D_3	D_4	H	H_1	h_1	L	L_1	L_2	L_3	(in)
侧排式 100	3.8	250	200	198	180	110	225	169		331	197	134	140	4
150	10.0	300	250	248	230	161	265	195		364	205	159	150	6

注：表中 A 为地漏方形算子边长尺寸。

（3）铸铁侧墙地漏

铸铁侧墙地漏见图 17.3-3，其规格尺寸见表 17.3-3。

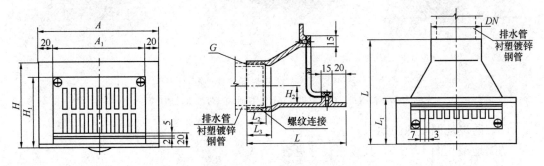

图 17.3-3　铸铁侧墙地漏

铸铁侧墙地漏规格尺寸　　　　　　　　表 17.3-3

DN	Q_{max}	各部分尺寸（mm）									G
(mm)	(L/s)	A	A_1	L	L_1	L_2	L_3	H	H_1	H_2	(in)
50	1.0	171	131	146	55	20	25	120	100	25	2
75	1.7	222	182	170	55	25	30	145	125	41	3
100	3.8	273	233	195	55	28	33	170	150	52	4

2. 机械密封地漏

（1）机械密封地漏

机械密封地漏见图 17.3-4，其规格尺寸见表 17.3-4。

机械密封地漏规格尺寸
表 17.3-4

DN	Q_{max}	各部分尺寸（mm）						G
(mm)	(L/s)	D/A	D_1	D_2	D_3	D_4	H	(in)
50	1.0	127	130	115	104	100	115	2
75	1.8	157	161	145	135	131	120	3
100	3.8	174	182	162	152	152	125	4

注：表中 A 为地漏方形算子边长尺寸。

（2）磁性密封翻斗式地漏

采用翻斗式无压液体单向阀及磁性密封技术制造的一种机械密封地漏（见图

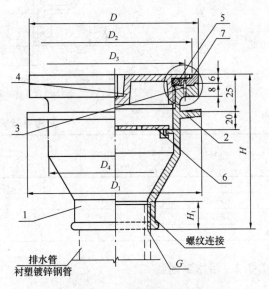

图 17.3-4　机械密封地漏
1—本体；2—防水翼环；3—螺钉；4—密封盖；
5—O 型密封圈；6—盖圈；7—算子

17.3-5)。在无水流的状态下，通过永久磁性材料的吸附作用，翻斗将排水管口封闭；排水时，翻斗进水，利用水的重力将翻斗密封口打开，达到排水的目的（注：机械密封不能替代水封）。

(a)　　　　　　　　　(b)　　　　　　　　　(c)

图 17.3-5　磁性密封翻斗式地漏

(a) 直通式；(b) 横排式；(c) 直通式（带洗衣机插口）

（3）防爆地漏（人防地漏）

防爆地漏见图 17.3-6，其规格尺寸见表 17.3-5。

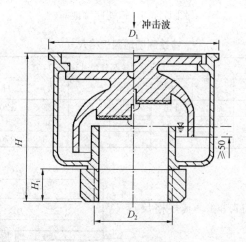

图 17.3-6　防爆地漏

防爆地漏规格尺寸　　　　　　　　　　　　表 17.3-5

型号	DN (mm)	各部分尺寸（mm）			D_2 (in)
		D_1	H	H_1	
FBD50	50	120	105	25	2
FBD80	80	170	125	30	3
FBD100	100	212	155	35	4
FBD150	150				

17.3.2　带水封地漏

1. 铸铁带水封地漏

铸铁带水封地漏见图 17.3-7，其规格尺寸见表 17.3-6。

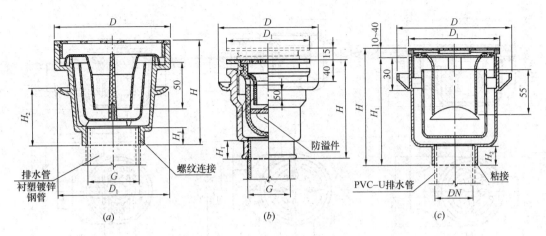

图 17.3-7　铸铁带水封地漏

(a) 铸铁带水封地漏；(b) 铸铁带水封防返溢地漏；(c) 塑料带水封防返溢地漏（HY 型）

铸铁带水封地漏规格尺寸　　　　　　　　　　　表 17.3-6

名称	DN (mm)	Q_{max} (L/s)	各部分尺寸（mm）					G (in)
			D	D_1	H	H_1	H_2	
铸铁带水封地漏	50	1.05	129	124	115～125	19	63	2
	75	1.7	186	171	134～144	29	74	3
	100	3.8	223	195	162～172	38	87	4
铸铁带水封防返溢地漏	50	1.05	150	112	140			2
	75	1.7	200	160	145			3
	100	3.8	240	210	145			4.
塑料带水封防返溢地漏	50	1.0	150	120	140～170	130		2
	75	1.7	191	161	150～180	140		3
	100	2.5	238	208	170～200	160		4

2. 多通道带水封地漏

DL 型铸铁地漏见图 17.3-8，其规格见表 17.3-7。

DL 型铸铁地漏规格　　　　　　　　　　　表 17.3-7

型号	DN (mm)	材质	形式
DL-1	50		双通道水平出口
DL-2	50	本体： 铸铁 HT15-33 箅盖铸铁或铸铜	三通道水平出口
DL-3	50		三通道水平出口，顶盖带洗衣机排水接入口
DL-6 DL-6c	50		垂直、单通道出口 C 型带洗衣机排水接口
DL-7	50		单通道水平出口

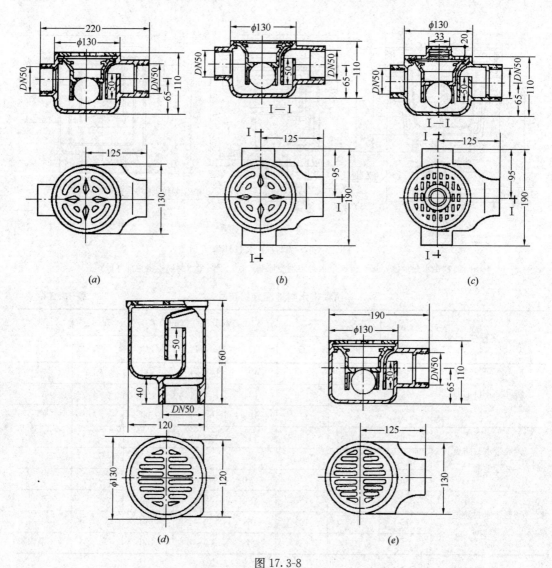

图 17.3-8

(a) DL-1 型双通道；(b) DL-2 型三通道；(c) DL-3 型三通道带洗衣机排水接口；
(d) DL-6 型垂直单出口；(e) DL-7 型水平单出口

17.4　雨水斗

17.4.1　重力流雨水斗

重力流雨水斗安装图见图 17.4-1，其相关参数见表 17.4-1。

侧入式雨水斗型号规格、外形尺寸及质量　　　　　　表 17.4-1

序号	型号	外形尺寸（mm）								质量（kg）
		d	D	H	H_1	H_2	L	L_1	L_2	
1	CP50-180	61	76	210.5	170	280	182	62	208	8.30

续表

序号	型号	外形尺寸（mm）								质量（kg）
		d	D	H	H_1	H_2	L	L_1	L_2	
2	CP75-180	86	108	210.5	170	280	182	62	208	8.65
3	CP100-180	111	133	210.5	170	280	182	62	208	8.85

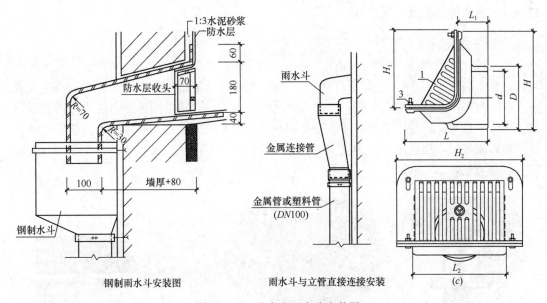

图 17.4-1 重力流雨水斗安装图

17.4.2 半有压流雨水斗

87型铸铁雨水斗见图17.4-2，其相关参数见表17.4-2。

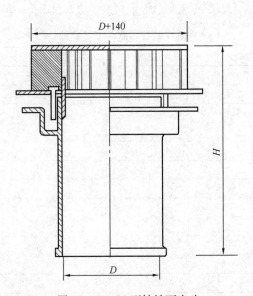

图 17.4-2 87型铸铁雨水斗

87 型铸铁雨水斗规格、外形尺寸及质量   表 17.4-2

序号	DN (mm)	Q_{max} (L/s)	D (mm)	H (mm)	质量 (kg)
1	75 (80)	6.0	75	397	11.67
2	100	12.0	100	407	14.87
3	150	26.0	150	432	22.07

17.4.3 压力流 (虹吸) 雨水斗

1. 第三代虹吸雨水斗

第三代虹吸雨水斗, 全新设计理念的斗罩及斗体设计技术, 搅动流和直线流复合进水方式, 排水高效稳定, 是全球第三代虹吸式屋面雨水排放系统的核心产品。该系列虹吸式雨水斗同时采用了三面进水方式, 一面为雨水斗底部进水; 第二面为侧向进水; 第三面是侧上部分的进水。这种进水方式能够增加雨水斗周边水流的流速, 并且能够使整个虹吸系统快速形成虹吸, 使雨水斗进水更高效, 而且更稳定。第三代虹吸雨水斗见图 17.4-3, 其主要参数见表 17.4-3。

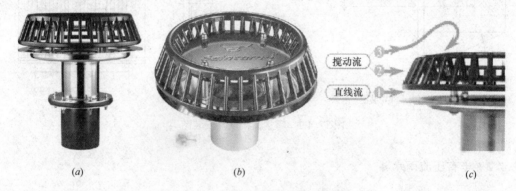

搅动流
直线流

(a)   (b)   (c)

图 17.4-3 Saintarco 第三代虹吸雨水斗
(a) HDPE 出口短管雨水斗; (b) 不锈钢短管雨水斗; (c) 三面进水方式

第三代虹吸雨水斗主要参数   表 17.4-3

出口短管材质	编号	出口短管规格 (mm)	斗前水深 (mm)	设计排水量 (L/s)
HDPE 管	1	56	35	12
	2	75	55	19
	3	90	55	25
	4	110	80	45
	5	125	85	60
	6	160	105	100
不锈钢管	1	57	35	12
	2	76	55	19
	3	89	55	25
	4	108	80	45
	5	133	85	60
	6	159	105	100

注: 产品规格参考广东圣腾 (Saintarco) 科技股份有限公司产品资料。

2. 虹吸式溢流雨水斗

虹吸式溢流雨水斗是专门用于溢流排水的特殊雨水斗，同样配备有不锈钢管和 HDPE 管两类出口短管，设计流量有 12L/s 和 25L/s 两种，可组成虹吸式溢流排水系统。虹吸式溢流雨水斗见图 17.4-4。

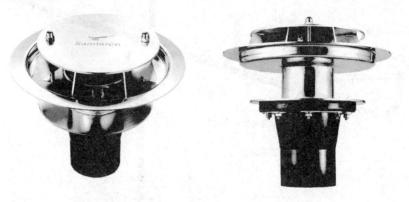

图 17.4-4 虹吸式溢流雨水斗

3. 第三代虹吸式屋面雨水排放系统

第三代虹吸式雨水排放管道包括不锈钢管道和 HDPE 管道两大类，适用于各种类型的工程项目。不锈钢管道耐腐蚀性良好、力学和物理性能优良、强度高、耐冲击、防火性能优良、装饰效果良好、使用寿命长；HDPE 管道耐腐蚀性良好、化学稳定性好、低温抗冲击性好、抗应力开裂性好、摩阻系数小、施工便捷、使用寿命长，见图 17.4-5～图 17.4-7。

图 17.4-5 不锈钢管道虹吸式雨水排放系统

图 17.4-6 HDPE 管材、管件

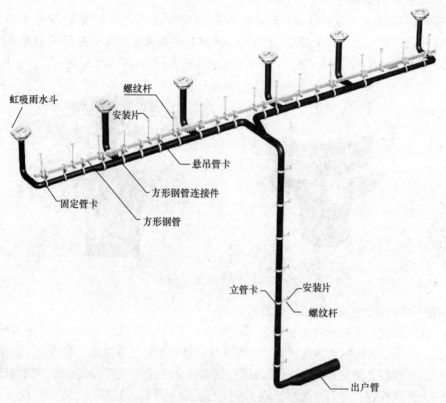

图 17.4-7 HDPE 管道虹吸式雨水排放系统

注：产品规格参考广东圣腾（Saintarco）科技股份有限公司产品资料。

17.5 排水管道附件及附属设施

17.5.1 吸气阀

吸气阀见图 17.5-1，其规格尺寸见表 17.5-1。

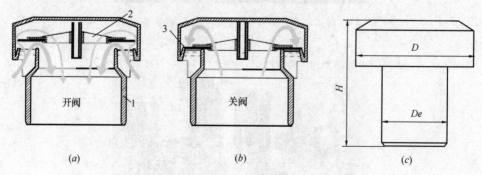

图 17.5-1 吸气阀

(a) 负压时阀瓣上升开启（吸气）；(b) 正压时阀瓣下落关闭（密闭）；(c) 外形尺寸

1—阀体，由上阀体、下体和导杆组成；2—阀，由圆盘和密封环组成；3—密封环

公称直径 DN (mm)	外径 De (mm)	吸气量（L/s）（−250Pa）	D (mm)	H (mm)
32	32	7.9	51	61
40	40	13	70	77
50	50	19	84	98
75	75	37	118	107
100	110	46	140	120
150	160	114	210	145

吸气阀规格尺寸　　　　　　　　表 17.5-1

17.5.2　管道清扫口

1. 全铜管道清扫口

全铜管道清扫口见图 17.5-2，其规格尺寸见表 17.5-2。

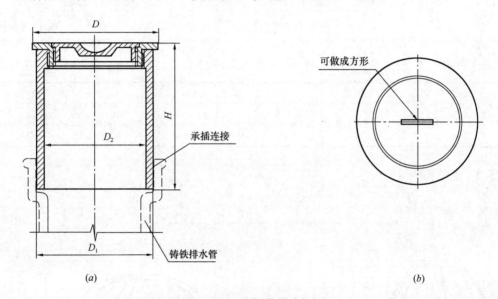

图 17.5-2　全铜管道清扫口

(a) HD 型构造图；(b) HD 型盖板

全铜管道清扫口规格尺寸　　　　　　　　表 17.5-2

型号	DN (mm)	各部分尺寸（mm）			D_2 (in)
		D	D_1	H	
WJ-QSK-B-50	50	81	63	25	2
WJ-QSK-B-75	75	111	92	29	3
WJ-QSK-B-100	100	136	117	29	4
WJ-QSK-B-150	150	185	168	31	6

2. 塑料管道清扫口

塑料管道清扫口见图 17.5-3，其规格尺寸见表 17.5-3。

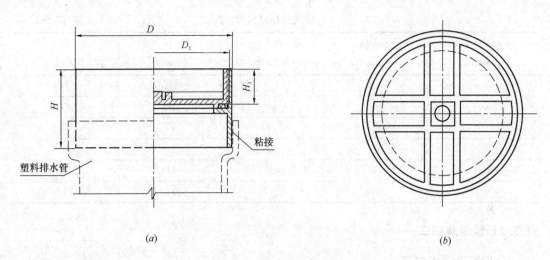

(a)　　　　　　　　　　　　　　　　　　　　(b)

图 17.5-3　塑料管道清扫口

(a) 构造图；(b) 俯视图

塑料管道清扫口规格尺寸　　　　　　　　　　　　　表 17.5-3

型号	DN (mm)	各部分尺寸（mm）			
		D	D_1	H	H_1
YT-QSK-50	50	50	M46	25	15
YT-QSK-75	75	75	M70	40	20
YT-QSK-100	100	100	M102	50	25

17.5.3　通气帽

1. 塑料通气帽

塑料通气帽见图 17.5-4，其规格尺寸见表 17.5-4。

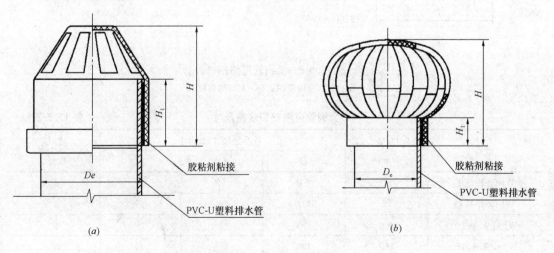

(a)　　　　　　　　　　　　　　　　　　　　(b)

图 17.5-4　塑料通气帽

(a) 伞状通气帽；(b) 球状通气帽

塑料通气帽规格尺寸 表 17.5-4

De (mm)	各部分尺寸（mm）	
	H	H_1
50	50	25
75	77	40
110	112	50
160	120	60

2. 铸铁伸顶通气帽

铸铁伸顶通气帽见图 17.5-5，其规格尺寸见表 17.5-5。

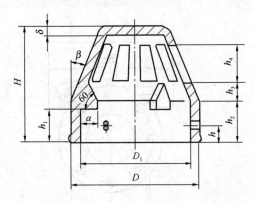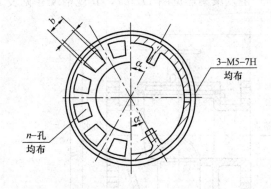

图 17.5-5 铸铁伸顶通气帽

铸铁伸顶通气帽规格尺寸 表 17.5-5

DN (mm)	各部分尺寸（mm）									n-孔
	D	D_1	H	h	h_1	h_2	h_3	h_4	b	
50	80	70	70	10	20	25	10	25	12	12
75	105	95	100	10	30	40	10	40	14	12
100	130	120	125	20	35	50	15	50	15	18
150	182	170	180	30	45	75	20	75	15	20

3. 铸铁伸顶通气帽（蘑菇形）

铸铁伸顶通气帽（蘑菇形）见图 17.5-6，其规格尺寸见表 17.5-6。

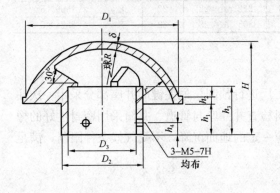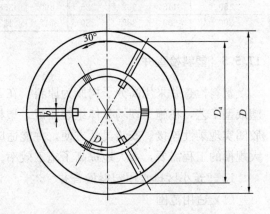

图 17.5-6 铸铁伸顶通气帽（蘑菇形）

铸铁伸顶通气帽（蘑菇形）规格尺寸　　　　　　表 17.5-6

DN (mm)	各部分尺寸（mm）									
	D	D_1	D_2	D_3	D_4	H	h_1	h_2	h_3	h_4
50	142	136	80	70	126	80	25	6	40	10
75	166	160	105	95	150	90	30	6	45	10
100	196	190	130	120	180	110	40	8	55	20
150	266	260	182	170	250	125.5	45	8	60	20

17.5.4 毛发聚集器

毛发聚集器见图 17.5-7，其规格尺寸见表 17.5-7。

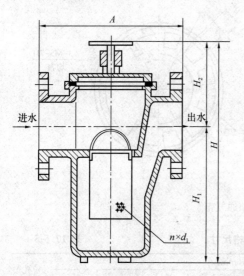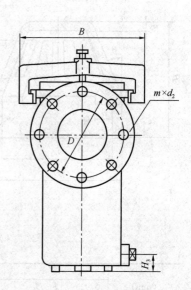

图 17.5-7 毛发聚集器（法兰式）

毛发聚集器规格尺寸　　　　　　表 17.5-7

DN (mm)	各部分尺寸（mm）									$n×d_1$
	A	B	D	H	H_1	H_2	H_3	d_2	m	
100	350	232	170	437	259	178	28	18	4	841×5
125	410	256	200	510	300	210	28	22	8	1224×5
150	448	302	225	560	338	222	28	22	8	1969×5
200	600	388	280	742	437	305	28	22	8	3824×5

17.5.5 塑料检查井

塑料检查井采用高分子树脂为原料，在工厂进行预制，最关键的井座部分采用一次注塑成型工艺，在施工现场分体组装而成。塑料检查井井座与管道、井筒采用密封性好的橡胶圈实现柔性连接，安装灵活方便，并能适应一定的地面沉降，不受气候条件限制，满足大规模的工程需要，大大地提高了施工效率。

1. 建筑小区排水用塑料检查井

（1）适用范围

1）建筑小区排水用塑料检查井适用于抗震设防烈度≤9 度地区的建筑小区范围内埋地

深度不大于 6m、不下井操作的塑料排水检查井工程。可用于一般土质、软土土质、永久性冰冻土质、季节性冰冻土质、膨胀性土质和湿陷性黄土土质条件下的塑料排水检查井施工。

2）建筑小区排水用塑料检查井荷载：一般车道的地面荷载按汽车总重 15t（后轮压 5t）设计；消防车道的地面荷载按汽车总重 30t（后轮压 6t）设计。

（2）构成

建筑小区排水用塑料检查井由井座、井筒、井盖和配件组成。井座：采用高分子树脂 PPB、PVC、PE 为原料，一次注塑成型；井筒：可采用 PC 井筒专用管或 HDPE 井筒专用管；井盖：设置在绿化带内可采用塑料井盖，设置在人行道、小区道路或市政道路上可采用复合材料井盖、铸铁井盖、钢筋混凝土井盖。

（3）建筑小区排水用塑料检查井见图 17.5-8，其参数见表 17.5-8。

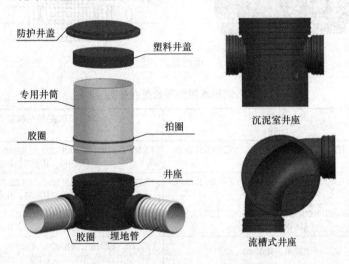

图 17.5-8　建筑小区排水用塑料检查井

建筑小区排水用塑料检查井参数　　　　　　　　　　　　　表 17.5-8

井径 (mm)	管径 (mm)	与井筒匹配的马鞍接头直径 (mm)
OD200	OD160/ID150	OD75、OD110
OD315	OD200/ID200、OD250/ID225	OD75、OD110、OD160、OD200、ID150、ID200
OD450	OD200/ID200、OD250/ID225、OD315/ID300、OD400/ID400	OD110、OD160、OD200、OD250、ID150、ID200、ID225
OD630	OD200/ID200、OD250/ID225、OD315/ID300、OD400/ID400、OD500/ID500、OD630	OD110、OD160、OD200、OD250、OD315、ID150、ID200、ID225、ID300

注：OD公称尺寸为外径系列；ID公称尺寸为内径系列。

2. 市政排水用塑料检查井

（1）适用范围

市政排水用塑料检查井适用于市政道路、公共建筑区、居住区、厂区等范围内埋地深度不大于 7m，可下井操作的塑料排水检查井工程的设计、施工和维护保养。

（2）构成

市政排水用塑料检查井由井座、井室、偏置收口、井筒、井盖和配件组成。井筒：可采用 PC 井筒专用管或 HDPE 井筒专用管；井盖：可采用铸铁井盖或复合材料井盖或钢筋混凝土井盖。

(3) 市政排水用塑料检查井见图 17.5-9，其参数见表 17.5-9。

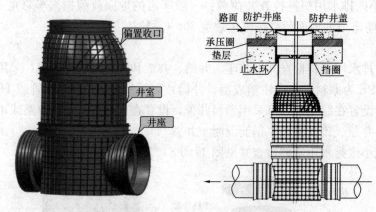

图 17.5-9　市政排水用塑料检查井

市政排水用塑料检查井参数　　　　　　　　　　　　　表 17.5-9

井径 (mm)	管径 (mm)	与井筒匹配的马鞍接头直径 (mm)
ID600	OD315/ID300、OD400/ID400、OD500/ID500、OD630	OD110、OD160、OD200、OD250、OD315、ID150、ID200、ID225、ID300
ID700	OD315/ID300、OD400/ID400、OD500/ID500、OD630/ID600	OD110、OD160、OD200、OD250、OD315、ID150、ID200、ID225、ID300
ID1000	OD400/ID400、OD500/ID500、ID600、ID700、ID800	OD110、OD160、OD200、OD250、OD315、OD400、ID150、ID200、ID225、ID300、ID400
ID1200	ID800、ID1000	OD110、OD160、OD200、OD250、OD315、OD400、ID150、ID200、ID225、ID300、ID400

注：OD公称尺寸为外径系列；ID公称尺寸为内径系列。

(4) 塑料检查井安装示意图见图 17.5-10。

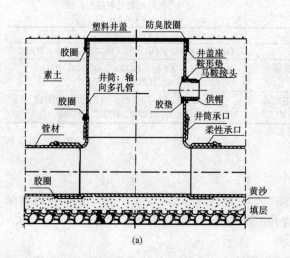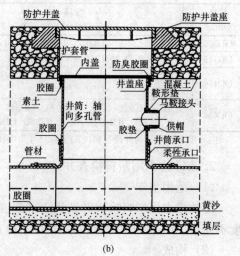

(a)　　　　　　　　　　　　　　(b)

图 17.5-10　塑料检查井安装示意图

(a) 绿化区域塑料检查井安装示意图；(b) 道路区域塑料检查井安装示意图

17.6 排水设备

17.6.1 污水提升装置

1. 一体化污水提升装置

一体化污水提升装置又称密闭式污水提升装置，专门用来收集和提升不能依靠重力自流至市政排污管道的污水、雨水及渗漏水，用于替代传统混凝土泵池加水泵的提升装置。

（1）JNTS-W-□□一体化污水提升装置

JNTS-W-30一体化污水提升装置见图17.6-1，JNTS-W-□□一体化污水提升装置参数见表17.6-1。

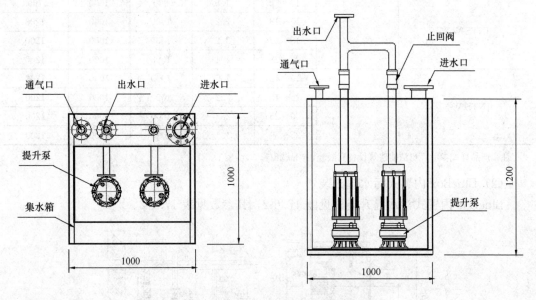

图 17.6-1 JNTS-W-30 一体化污水提升装置

JNTS-W-□□一体化污水提升装置参数　　　　　　　　　　表 17.6-1

产品型号	流量 （m³/h）	扬程 （m）	功率（kW） （三相）	长 （mm）	宽 （mm）	高 （mm）
JNTS-QW-1/5 （适用于轻度污水）	1～5	5～10	0.74	600	500	700
		12～16	0.74	600	500	700
JNTS-W-5	5	8～10	0.74	900	1000	700
		12～15	0.74	900	1000	700
		15～20	1.1	900	1000	700
		20～25	1.5	900	1000	700
JNTS-W-10	10	8～10	0.74	900	1000	700
		12～15	1.1	900	1000	700
		15～20	1.5	900	1000	700
		20～25	2.2	1000	1000	1200

续表

产品型号	流量 （m³/h）	扬程 （m）	功率（kW） （三相）	长 （mm）	宽 （mm）	高 （mm）
JNTS-W-15	15	8～10	1.1	900	1000	700
		12～15	1.5	900	1000	700
		15～20	1.5	900	1000	700
		20～25	2.2	1000	1000	1200
JNTS-W-20	20	10～12	1.1	900	1000	700
		15～18	1.5	900	1000	700
		18～22	2.2	1000	1000	1200
		22～28	4.1	1000	1000	1200
JNTS-W-25	25	10～12	1.5	900	1000	700
		15～18	2.2	1000	1000	1200
		18～22	2.2	1000	1000	1200
		22～28	4.1	1000	1000	1200
JNTS-W-30	30	10～12	1.5	1000	1000	1200
		15～18	2.2	1000	1000	1200
		20～25	2.2	1000	1000	1200
		25～30	4.1	1000	1000	1200

注：产品样式参考广州洁能建筑设备有限公司产品资料。

（2）BlueBox 内置式污水提升装置

BlueBox 内置式污水提升装置见图 17.6-2，其参数见表 17.6-2。

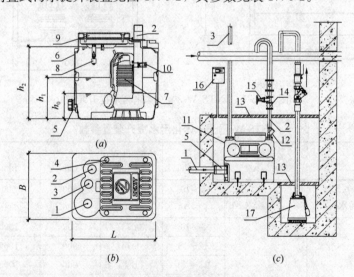

图 17.6-2　BlueBox 内置式污水提升装置

（a）1-1 剖面图；（b）平面图；（c）安装图

1—进水口；2—出水口；3—通气口；4—螺栓；5—排空口；6—集水箱；7—潜水排污泵；
8—报警浮球；9—检修盖；10—卡箍；11—污水提升装置；12—球形止回阀；
13—密封盖板；14—可曲挠橡胶接头；15—闸阀；16—控制柜；17—排水泵

BlueBox 内置式污水提升装置参数　　　　　　　　　　　表 17.6-2

| 序号 | 型号 | 潜水排污泵 | | 用电总功率（kW） | 水箱总容积（L） | 出水管管径 DN_1（mm） | 水位高度（mm） | | | 外形尺寸（mm） | | |
		每台功率（kW）	台数				h_0	h_1	h_2	L	B	H
1	BlueBox 60V/75	0.55	1	0.83	60	40	140	230	400	482	370	480
2	BlueBox 60V/100	0.75	1	1.13	60	40	140	230	400	482	370	480
3	BlueBox 60G/100	0.75	1	1.13	60	40	140	230	400	482	370	480
4	BlueBox 90V/75	0.55	1	0.83	90	40	140	230	465	480	370	610
5	BlueBox 90V/100	0.75	1	1.13	90	40	140	230	465	480	370	610
6	BlueBox 90G/100	0.75	1	1.13	90	40		230	465	480	370	610
7	BlueBox 150V/75	0.55	1	0.83	150	40	140	350	480	578	478	660
8	BlueBox 150V/100	0.75	1	1.13	150	40	140	350	480	578	478	660
9	BlueBox 150V/150	1.10	1	1.65	150	50	140	350	480	578	478	660
10	BlueBox 150V/200	1.50	1	2.25	150	50	140	350	480	578	478	660
11	BlueBox 150G/100	0.75	1	1.13	150	40	140	350	480	578	478	660
12	BlueBox 150G/150	1.10	1	1.65	150	40	140	350	480	578	478	660
13	BlueBox 150G/200	1.50	1	2.25	150	40	140	350	480	578	478	660
14	BlueBox 250V/75	0.55	1	0.83	250	40	200	400	500	900	500	661
15	BlueBox 250V/100	0.75	1	1.13	250	40	200	400	500	900	500	661
16	BlueBox 250V/150	1.10	1	1.65	250	50	200	400	500	900	500	661
17	BlueBox 250V/200	1.50	1	2.25	250	50	200	400	500	900	500	661
18	BlueBox 250G/100	0.75	1	1.13	250	40	200	400	500	900	500	661
19	BlueBox 250G/150	1.10	1	1.65	250	40	200	400	500	900	500	661
20	BlueBox 250G/200	1.50	1	2.25	250	40	200	400	500	900	500	661
21	BlueBox 250PlusV/75	0.55	2	1.65	250	40	200	350	550	700	570	732
22	BlueBox 250PlusV/100	0.75	2	2.25	250	40	200	350	550	700	570	732
23	BlueBox 250PlusV/150	1.10	2	3.30	250	40	200	350	550	700	570	732
24	BlueBox 250PlusV/200	1.50	2	4.50	250	50	200	350	550	700	570	732
25	BlueBox 250PlusG/100	0.75	2	2.25	250	40	200	350	550	700	570	732
26	BlueBox 250PlusG/150	1.10	2	3.30	250	40	200	350	550	700	570	732
27	BlueBox 250PlusG/200	1.50	2	4.50	250	40	200	350	550	700	570	732
28	BlueBox 400SV/150	1.10	2	3.30	500	50	200	350	550	1004	905	685
29	BlueBox 400SV/200	1.50	2	4.50	500	50	200	350	550	1004	905	685
30	BlueBox 400SG/100	0.75	2	2.25	500	50	200	350	550	1004	905	685
31	BlueBox 400SG/150	1.10	2	3.30	500	50	200	350	550	1004	905	685
32	BlueBox 400SG/200	1.50	2	4.50	500	50	200	350	550	1004	905	685

注：产品样式参考泽尼特泵业（苏州）有限公司产品资料。

（3）BlueBox 外置式污水提升装置

外置式污水提升装置设两台涡流泵或流道泵，配套潜水排污泵采用干式水平安装。正常情况下，双泵交替运行，互为备用。至报警水位时，双泵同时运行。潜水排污泵采用水位自动控制，h_0 为停泵水位，h_1 为单泵启动水位，h_2 为双泵同时启动水位，h_3 为报警水位。每个集水箱的总容积为 500L，每套装置选配 1～3 个集水箱。

BlueBox 外置式污水提升装置见图 17.6-3，其参数见表 17.6-3。

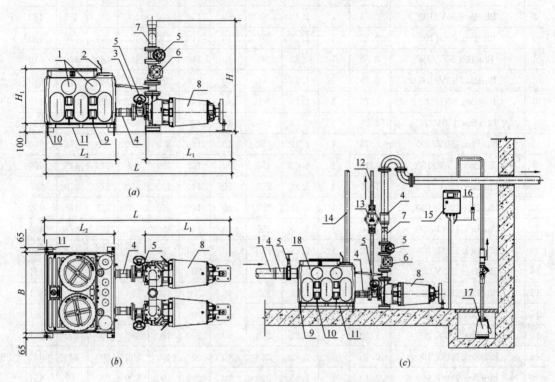

图 17.6-3　BlueBox 外置式污水提升装置

（a）立面图；（b）平面图；（c）安装图

1—进水管；2—取压管；3—反冲洗管；4—橡胶软接头；5—闸阀；6—止回阀；7—三通；
8—排污泵；9—六角螺栓；10—膨胀螺栓；11—支架；12—排空管；13—手动隔膜泵；
14—通气管；15—控制柜；16—报警信号灯；17—排水泵

BlueBox 外置式污水提升装置参数　　　　　　　　　　表 17.6-3

序号	型号	排污泵		用电总功率（kW）	水箱总容积（L）	外形尺寸（mm）						水位高度（mm）			
		每台功率（kW）	台数			L	B	H	出水管管径 DN_1	进水管管径 DN_2	通气管管径 DN_3	h_0	h_1	h_2	h_3
1	BlueBox E 400S/ZUG V065A 4.0/2AD	4.0	2	12.0	500～1500	2176	1000	1305	65	80	65	185	470	500	545
2	BlueBox E 400S/ZUG V065A 5.5/2AW	5.5	2	16.5		2176	1000	1305	65	80	65				
3	BlueBox E 400S/ZUG V065A 7.5/2AW	7.5	2	22.5		2276	1000	1305	65	80	65				

续表

序号	型号	排污泵		用电总功率（kW）	水箱总容积（L）	外形尺寸（mm）						水位高度（mm）			
		每台功率（kW）	台数			L	B	H	出水管管径 DN_1	进水管管径 DN_2	通气管管径 DN_3	h_0	h_1	h_2	h_3
4	BlueBox E 400S/ZUG V065A 9.0/2AW	9.0	2	27.0		2276	1000	1305	65	80	65				
5	BlueBox E 400S/ZUG OC080G 3.0/4AW	3.0	2	9.0		2261	1000	1439	80	100	80				
6	BlueBox E 400S/ZUG OC080H 4.0/4AW	4.0	2	12.0		2261	1000	1439	80	100	80				
7	BlueBox E 400S/ZUG V080B 9.0/2AD	9.0	2	27.0		2414	1000	1439	80	100	80				
8	BlueBox E 400S/ZUG V080B 11.0/2AD	11.0	2	33.0		2414	1000	1439	80	100	80				
9	BlueBox E 400S/ZUG V080B 15.0/2AD	15.0	2	45.5		2504	1000	1439	80	100	80				
10	BlueBox E 400S/ZUG V080B 18.5/2AD	18.5	2	55.5	500~1500	2504	1000	1439	80	100	80	185	470	500	545
11	BlueBox E 400S/ZUG V080D 5.5/4AD	5.5	2	16.5		2276	1000	1439	80	100	80				
12	BlueBox E 400S/ZUG V080D 7.5/4AD	7.5	2	22.5		2276	1000	1439	80	100	80				
13	BlueBox E 400S/ZUG V080D 9.0/4AD	9.0	2	27.0		2414	1000	1439	80	100	80				
14	BlueBox E 400S/ZUG V080D 11.0/4AD	11.0	2	33.0		2414	1000	1439	80	100	80				
15	BlueBox E 400S/ZUG V080D 15.0/4AD	15.0	2	45.0		2504	1000	1439	80	100	80				
16	BlueBox E 400S/ZUG OC080G 15.0/2BW	15.0	2	45.0		2504	1000	1439	80	100	80				

注：产品样式参考泽尼特泵业（苏州）有限公司产品资料。

（4）智慧预制泵站

1）适用范围：智慧预制泵站适用于室外的雨（污）水、中水、工业废水的收集提升，以及应急排涝，农业灌溉。雨（污）水温度为 0~40℃，pH 值为 4~10。

2）设备组成：智慧预制泵站由筒体、格栅、水泵、控制柜、阀门管路等系统组成。集成检修室由不锈钢壳体（含保温层）、起吊装置、排风装置、温控系统、门禁、监控及远程控制组成。

3）工作原理：雨（污）水经初过滤后进入筒体进水口，进水口的密闭管路将进水管的有害气体密闭在杂物管道内，雨（污）水经细格栅过滤后，进入到水泵侧，由液位控制水泵启动排水。智慧预制泵站可实时监控水泵、电力、能耗、安全、排风、照明灯设备运转数据；可实现远程监控、预警分析、GIS 地图、决策分析等功能；支持数据接口与其他信息化系统数据通讯；支持移动端 APP、微信进行系统使用。

4）型号意义

□□□□-□□□□-□□□□-□□/□-□□□□＊□□□□
　　　　　　　　　　　　　　　　　　　　　　筒体高度 (mm)
　　　　　　　　　　　　　　　　　　　　筒体直径 (mm)
　　　　　　　　　　　　　　　　　水泵数量 (台)
　　　　　　　　　　　　　　单泵功率 (kW)
　　　　　　　　　　总流量 (m³/h)
　　　　　　　智慧预制泵站

例：XMPS-100-15/Ⅱ-3000×5500 表示：系统总流量 100m³/h，单泵功率 15kW，水泵为 2 台（一用一备），筒体直径 ϕ3000，高度 5500mm。

5）性能参数（表 17.6-4）

智慧预制泵站产品参数　　　　　　　　　　　表 17.6-4

序号	流量范围 (m³/h)	系统流量 (m³/h)	扬程 (m)	数量	筒径 D_1 (mm)	水泵口径 (mm)	水泵功率 (kW)	进口管管径 D_4 (mm)	出水管管径 D_5 (mm)	设备净重 (kg)	水泵型号
1		30~50	12~17	2	1600	65	4	200	80	1432	65WQ40-15-4
2		25~30	30~32	2	1600	65	5.5	200	80	1520	65WQ25-32-5.5
3		35~40	20~22	2	1600	65	5.5	200	80	1520	65WQ35-22-5.5
4		50~65	15~17	2	1600	80	5.5	200	150	1550	80WQ65-15-5.5
5		30~40	30~36	2	1600	80	7.5	200	150	1909	80WQ30-36-7.5
6		40~50	20~25	2	1600	80	7.5	200	150	1909	80WQ40-23-7.5
7		65~80	18~20	2	1600	100	7.5	200	150	1967	100WQ65-20-7.5
8	<150 (1备1用)	80~100	15~18	2	1600	100	7.5	200	150	1962	100WQ100-15-7.5
9		65~80	20~22	2	2000	100	11	200	150	2407	100WQ70-20-11
10		80~100	22~30	2	2000	100	15	200	150	3007	100WQ80-30-15
11		65~80	38~40	2	2000	100	18.5	300	250	3545	150WQ65-40-18.5
12		100~150	10~15	2	2000	150	7.5	300	250	2965	150WQ150-10-7.5
13		105~145	15~17	2	2000	150	11	300	250	3345	150WQ145-15-11
14		110~140	26~30	2	2500	150	18.5	300	250	4178	150WQ110-30-18.5
15		150~170	19~20	2	2500	150	18.5	300	250	4178	150WQ160-20-18.5
16		150~170	25~27	2	2500	150	22	300	250	4178	150WQ150-27-22
17	150~200 (1用1备)	140~170	30~40	2	2500	150	30	300	250	3945	150WQ140-40-30
18		170~200	28~32	2	2500	150	30	300	250	3945	150WQ140-40-30

序号	流量范围 (m³/h)	系统流量 (m³/h)	扬程 (m)	数量	筒径 D_1 (mm)	水泵口径 (mm)	水泵功率 (kW)	进口管管径 D_4 (mm)	出水管管径 D_5 (mm)	设备净重 (kg)	水泵型号
19	150～200 (2用1备)	130～160	20～22	3	2000	100	11	300	200	3393	100WQ70-20-11
20		160～200	22～30	3	2000	100	15	300	200	3393	100WQ80-30-15
21		130～160	38～40	3	2500	100	18.5	400	300	4788	150WQ65-40-18.5
22	200～400 (2用1备)	200～300	10～15	3	2500	150	7.5	400	300	3918	150WQ150-10-7.5
23		210～290	15～17	3	2500	150	11	400	300	4488	150WQ145-15-11
24		220～280	26～30	3	2500	150	18.5	400	300	4788	150WQ110-30-18.5
25		300～340	19～20	3	2500	150	18.5	400	300	4788	150WQ160-20-18.5
26		300～340	25～27	3	2500	150	22	400	300	4788	150WQ150-27-22
27		280～340	37～40	3	2500	150	30	400	300	5388	150WQ140-40-30
28		340～400	28～32	3	2500	150	30	400	300	5388	150WQ140-40-30
29		500～600	7～10	3	3000	200	11	500	400	6253	200WQ300-7-11
30		600～800	7～10	3	3000	200	15	500	400	6253	200WQ300-10-15
31		400～500	15～17	3	3000	200	18.5	500	400	6613	200WQ250-15-18.5
32		600～800	10～15	3	3000	200	22	500	400	6793	200WQ300-15-22
33		560～720	15～22	3	3000	200	30	500	400	8125	200WQ280-22-30
34		1000～1200	10～12.5	3	3000	250	30	600	500	8231	250WQ500-12.5-30
35		500～800	25～35	3	3000	200	45	500	400	8205	200WQ250-35-45
36		600～800	20～23	3	3000	200	45	500	400	8205	200WQ400-20-45
37		1080～1200	18～20	3	3000	250	55	600	500	9611	250WQ600-20-55
38		900～1200	25～32	3	3000	250	75	600	500	10571	250WQ450-32-75
39		1400～1800	8～11	3	3800	300	37	700	600	12014	300WQ700-11-37
40		1200～1600	12～16	3	3800	300	45	700	600	12014	300WQ800-12-45
41		1200～1600	20～25	3	3800	300	75	700	600	12554	300WQ800-20-75
42		1600～1800	20～25	3	3800	300	90	700	600	15044	300WQ800-25-90
43		2400～2700	8～10	3	3800	300	37	700	600	12014	300WQ700-11-37
44		1800～2400	12～16	3	3800	300	45	700	600	12014	300WQ800-12-45
45		1800～2400	20～25	3	3800	300	75	700	600	12554	300WQ800-20-75

续表

序号	流量范围 (m³/h)	系统流量 (m³/h)	扬程 (m)	数量	筒径 D_1 (mm)	水泵口径 (mm)	水泵功率 (kW)	进口管管径 D_4 (mm)	出水管管径 D_5 (mm)	设备净重 (kg)	水泵型号
46		2400~2700	20~25	3	3800	300	90	700	600	15044	300WQ800-25-90
47		3000~3600	20~24	3	3800	350	110	800	700	21663	350WQ1100-24-110
48		2100~3000	28~31	3	3800	350	132	800	700	22173	350WQ800-30-132
49		2100~2400	30~42	3	3800	350	132	800	700	22173	350WQ750-42-132
50		2500~4000	8~14	3	4200	400	55	800	700	42175	400WQ-1100-10-55
51		3500~6000	5~9	3	4200	400	55	1000	700	42175	400WQ1700-8-55
52	200~400 (2用1备)	3000~5500	4.5~7.5	3	4200	400	37	1000	700	40935	400WQ1600-6.4-37
53		4000~7000	4.5~7.5	3	4200	400	45	1200	700	40195	400WQ2000-6.4-45
54		2500~4000	10~18	3	6500	400	75	800	700	41275	400WQ1250-15-75
56		5000~9000	5~9	3	6500	500	90	1200	900	53462	500WQ2500-8-90
57		6300~10000	5~9	3	6500	500	110	1200	900	53862	500WQ3000-8-110
58		6300~10000	12~20	3	6500	500	200	1200	900	56462	500WQ3000-17-200
59		8500~10000	7~12	3	6500	500	160	1200	900	54962	500WQ3000-13-160

注：规格型号参照上海熊猫机械（集团）限公司产品资料。

6）智慧预制泵站结构及材料表，见图 17.6-4。

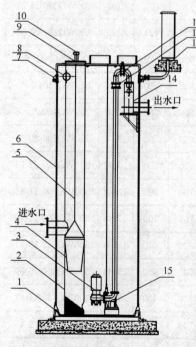

编号	名称	材质	单位	数量	备注
1	防淤泥底座	GRP	个	1	
2	格栅筒	GRP	件	1	
3	潜水排污泵		件		
4	格栅	GRP	件	1	
5	格栅吊链	304	件	1	
6	筒体	GRP	件	1	
7	吊耳	A3	件	4	
8	穿线管	GRP	件	1	
9	防滑盖板	铝合金	件	1	P=0.06kW
10	排风管	304	根	2	
11	对夹式蝶阀	球墨铸铁	件	1	每台水泵1件
12	软接头		件		每台水泵1件
13	控制柜		件		
14	止回箱	GRP	件	1	
15	耦合装置		件		每台水泵1件

图 17.6-4　智慧预制泵站结构示意图

7）智慧预制泵站安装示意图，见图 17.6-5。

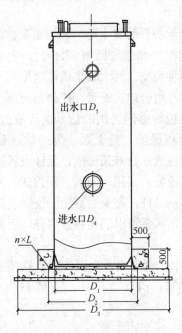

序号	D_1	D_2	D_3	D_4	D_5	数量 n	螺纹规格 L
1	1600	1900	2000			12	M16×200
2	2000	2300	2400			14	M16×200
3	2500	2800	2900			16	M16×200
4	3000	3300	3400			20	M16×200
5	3500	/	/	见性能参数表		6	24×M16
6	3800	/	/			8	32×M16
7	4200	/	/			10	40×M16
8	6500	/	/			18	72×M16
9	8000	/	/			24	96×M16

图 17.6-5　智慧预制泵站安装示意图

8）多功能室结构及材料表，见图 17.6-6。

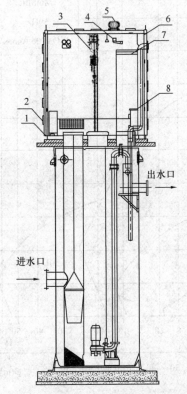

编号	名称	材质	单位	数量	备注
1	多功能室底座	304	件		一体化
2	多功能室壳体	304	件		
3	手动葫芦		件	1	1~3t
4	监控系统		件	1	
5	排风装置	304	件	1	P=0.18kW
6	空调		件	1	1.5P选配件
7	控制柜		件	1	
8	工具箱		件	1	

图 17.6-6　多功能室结构及材料表

2. 成品污水提升装置

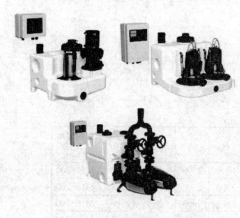

图 17.6-7 成品污水提升装置

（1）说明

成品污水提升装置主要包含污水泵、污水收集箱、控制柜三部分（见图 17.6-7）。主要分单泵和双泵两种类型。污水收集箱可根据污水泵排水能力之大小组合连接配置。控制系统通过污水收集箱内液位传感器提供的信号进行液位监测、污水泵控制和保护。整个系统为一体化密闭装置，废气经通气立管升顶排放，保证设备放置区域内无臭气泄漏；采用压阻式（压力式）液位传感器，无移动部件，避免因脏物沾染而引起阻塞或误动作。污水泵可以满足频繁启停，启停次数达 60 次/h。

此类装置主要用于提升不能重力直接排放的污废水，废水内所含固体颗粒直径不应超过 80mm；环境温度：$0 \sim 40℃$；液体温度：$0 \sim 40℃$；pH：$4 \sim 10$；液体最大密度：$1100kg/m^3$。

（2）性能曲线

成品污水提升装置性能曲线见图 17.6-8。

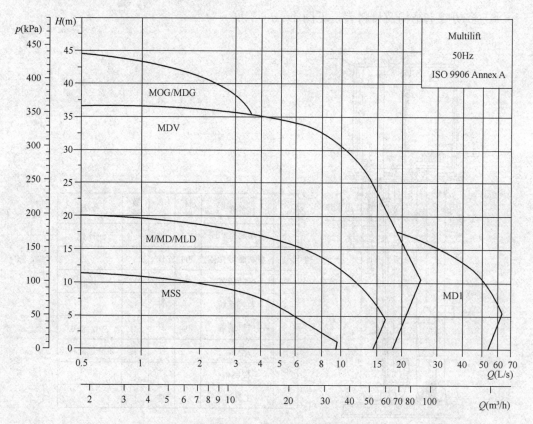

图 17.6-8 成品污水提升装置性能曲线

（3）适用范围

成品污水提升装置的适用范围见图 17.6-9。

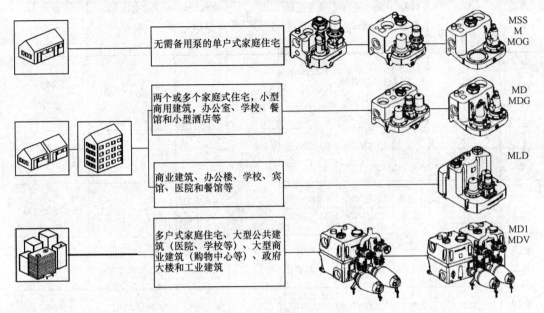

图 17.6-9　成品污水提升装置适用范围

（4）技术参数

成品污水提升装置技术参数见表 17.6-5。

成品污水提升装置技术参数　　　　　　　　　　　　　　　　表 17.6-5

产品系列	最大流量 (L/s)	最大扬程 (m)	叶轮形式	垂直进口 (mm)	水平进口 (mm)	水平进口高度 (mm)	水箱容积 (L)	设备尺寸 (mm)	电压 (V)
MSS	10	11.8	涡流	1×DN100 1×DN50	4×DN100 1×DN50	180/250	44	510×522×340	1×230 3×400
M	16	20.5	涡流	1×DN150 1×DN50	2×DN100 DN100/150 2×DN150	180/250 /315	92	580×740×445	1×230 3×400
MOG	4.5	46	切割	1×DN150 1×DN50	2×DN100 DN100/150 2×DN50	180～315	92	712×722×551	1×230 3×400
MD	16	20.5	涡流	2×DN150 1×DN50	2×DN100 DN100/150 2×DN50	180～315	130	722×868×551	1×230 3×400

续表

产品系列	最大流量 (L/s)	最大扬程 (m)	叶轮形式	垂直进口 (mm)	水平进口 (mm)	水平进口高度 (mm)	水箱容积 (L)	设备尺寸 (mm)	电压 (V)
MDG	4.5	46	切割	1×DN150 1×DN50	2×DN100 DN100/150 2×DN50	180~315	93	712×722×551	1×230 3×400
MLD	16	20.5	涡流	1×DN150 1×DN50	1×DN150 1×DN50	560	270	800×1002×760	1×230 3×400
MD1 (SL1)	63	25	S型单流道	1×DN100 1×DN50	4×DN150 1×DN50	700/840	450/900 /1350	1625/1655/ 1775×780×850	3×380~415
MDV (SLV)	28	34	涡流	1×DN100 1×DN50	4×DN150 1×DN50	700/840	450/900 /1350	1605/1690/ 1695×780×850	3×380~415
MD1 (SE1)	63	25	S型单流道	1×DN100 1×DN50	4×DN150 1×DN50	700/840	450/900 /1350	191/2005/ 2060×780×850	3×380~415
MDV (SEV)	28	34	涡流	1×DN100 1×DN50	4×DN150 1×DN50	700/840	450/900 /1350	1800/1870/ 1895×780×850	3×380~415

注：产品样式参考格兰富水泵（上海）有限公司产品资料。

（5）各系列成品污水提升装置的性能曲线见图17.6-10。

3. 家用小型污水提升器

（1）说明

家用小型污水提升器主要用于提升住户家庭内地下室污废水，分别配有一个或多个接口，连接不同的卫生洁具与设施（见图17.6-11、表17.6-6）。采用此类设备用户能在任何地方安装卫生洁具，增加用户装修的自由度。

家用小型污水提升器负荷表   表 17.6-6

型 号	连接卫生洁具
Sololift2 WC-1（切割功能）	1个后排坐便器＋1个洗手盆
Sololift2 WC-3（切割功能）	1个后排坐便器＋3个其他洁具（洗手盆/淋浴/坐浴盆/水槽）
Sololift2 CWC-3（切割功能）	1个隐藏式坐便器＋3个其他洁具（洗手盆/淋浴/坐浴盆/水槽）
Sololift2 C-3	1台洗衣机＋1个洗碗机＋1个淋浴或1个洗手盆
Sololift2 D-2	1个淋浴＋1个洗手盆或1个水槽

注：产品样式参考格兰富水泵（上海）有限公司产品资料。

具体适用场所：地下室盥洗室、新增的浴室、简易房内的卫生间等。液体温度：0~75℃，可持续泵送90℃的高温液体30min；pH：4~10。

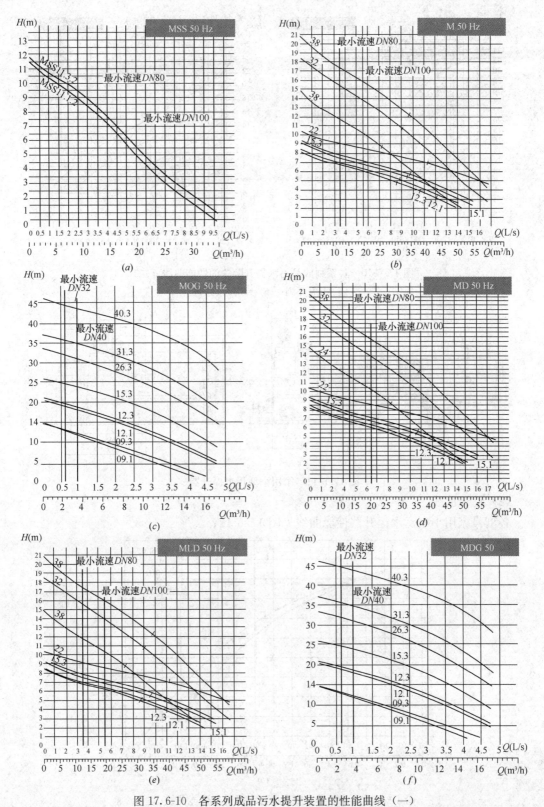

图 17.6-10 各系列成品污水提升装置的性能曲线（一）

(a) MSS 系列；(b) M 系列；(c) MOG 系列；(d) MD 系列；(e) MLD 系列；(f) MDG 系列；

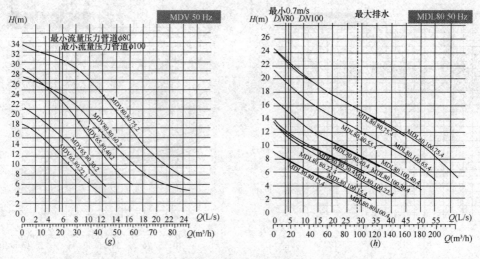

图 17.6-10　各系列成品污水提升装置的性能曲线（二）

（g）MDV 系列；（h）MD1.80 系列

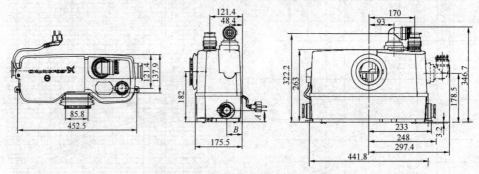

图 17.6-11　家用小型污水提升器

（2）性能曲线

各型号家用小型污水提升器性能曲线见图 17.6-12。

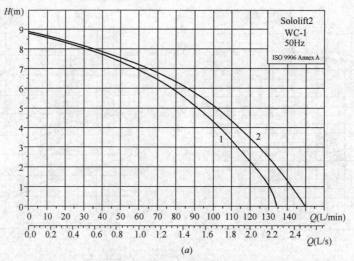

图 17.6-12　各型号家用小型污水提升器性能曲线（一）

（a）WC-1 型；

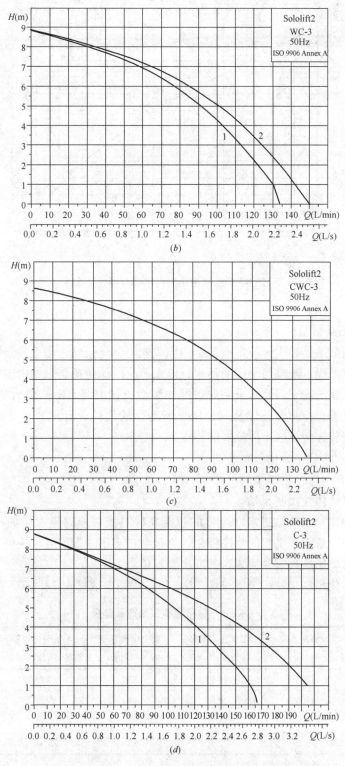

图 17.6-12 各型号家用小型污水提升器性能曲线（二）

(b) WC-3 型；(c) CWC-3 型；(d) C-3 型；

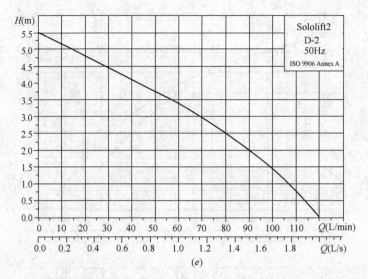

图 17.6-12　各型号家用小型污水提升器性能曲线（三）

(e) D-2 型

4. 一体化预制泵站

一体化预制泵站是替代传统排水泵站的集成式一体化泵站，用来收集和提升不能依靠重力自流的市政工程、建筑与小区的污水、雨水等。一体化预制泵站由工厂集中设计、制造、组装后运至现场安装，筒体采用先进的加厚型机械缠绕 GR 玻璃钢材质制成，水泵、管路、阀门、仪表、控制设备以及其他用户所需要的附件成套配置，具有体积小、效率高、智能化、安装方便、施工周期短等特点。

（1）BoxPRO＋P 一体化预制泵站

BoxPRO＋P 一体化预制泵站见图 17.6-13。

（2）QKEP 一体化预制泵站

QKEP 一体化预制泵站进水端配置的智能粉碎系统可粉碎进水中的大块杂物，杜绝水泵堵塞的隐患。系统采用智能程序控制，当杂物过多出现拥堵时，控制系统根据侦测到电流的变化，自动切换到应急模式，并发出警示信号。

QKEP 一体化预制泵站示意图见图 17.6-14，产品参数见表 17.6-7。

QKEP 一体化预制泵站产品参数　　　　　　　　　　　表 17.6-7

筒径 D (mm)	筒高 L (mm)	最大进水管径 $DN_{进}$ (mm)	最大出水管径 $DN_{出}$ (mm)	水泵配置数量 (台)	备注
2000	4～6	600	300	2	
2400	4～8	800	400	2	筒体材质：
3000	5～12	1000	500	2/3	玻璃钢（GRP）
3800	5～16	1200	600	2/3/4	

注：1. 规格型号参考广州全康环保设备有限公司产品资料。

　　2. 泵筒高度 4m、6m、8m、12m、16m 可根据实际情况选取。

　　3. 可根据需要定制检修平台。

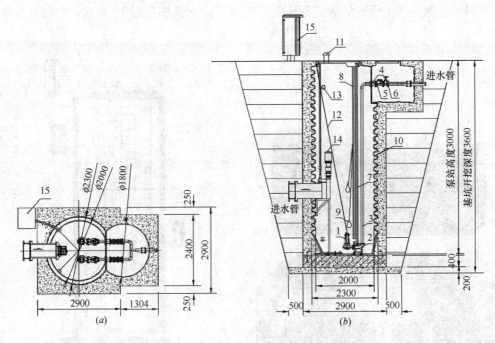

图 17.6-13　BoxPRO+P 一体化预制泵站

(a) 平面图；(b) A-A 剖面图

1—潜污泵；2—耦合底座；3—压力管道；4—可曲挠橡胶管软接头；5—止回阀；6—闸阀；7—导杆；

8—压力传感器套管；9—浮球开关；10—筒体；11—通风管；12—吊链；13—电缆孔；

14—粉碎型格栅；15—控制柜

注：1. 一体化预制泵站参考泽尼特泵业（苏州）有限公司产品资料。

2. 根据工程实际情况，可提供 BoxPRO+P、BoxPRO+M、BoxPRO+U 三种型号的一体化预制泵站供客户选择。

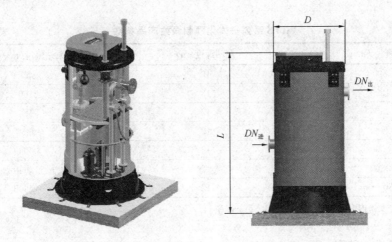

图 17.6-14　QKEP 一体化预制泵站示意图

（3）NFPS 系列一体化预制泵站

NFPS 系列一体化预制泵站包含泵站筒体、压力管道、检修平台、检修爬梯、格栅装置、耦合系统、通风装置、防滑井盖等标准部件。

NFPS系列一体化预制泵站实物图见图17.6-15，示意图见图17.6-16，产品参数见表17.6-8。

图17.6-15　NFPS系列一体化预制泵站实物图

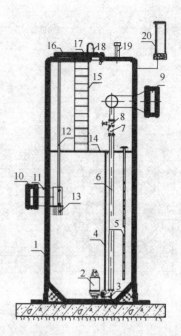

图17.6-16　NFPS系列一体化
预制泵站示意图

1—预制筒体；2—水泵；3—直耦底座；4—水泵导轨；5—静压式液位仪保护管；6—压力管道；7—止回阀；8—闸阀；9—软连接；10—软连接；11—进水口；12—格栅导轨；13—提篮格栅；14—服务平台；15—扶梯；16—盖板；17—安全格栅；18—扶手；19—通风管；20—电气控制柜

NFPS系列一体化预制泵站产品参数   表17.6-8

泵站直径（mm）	泵站深度（m）	泵站流量（m³/d）
800	10	450
1200	12	2160
1500	12	5180
2000	12	10368
3000	12	38880
3800	12	116640
3800 · n	12	345600

注：规格型号参考南方中金环境股份有限公司产品资料。

17.6.2　真空排水装置

真空排水装置由真空阀、真空收集罐、真空泵、排污泵等组成。适合于排污困难的地下建筑、无法保证重力流排放的场所、密封性和卫生性要求严格的场所，见图17.6-17，其负荷见表17.6-9。

图 17.6-17　真空排水装置

(*a*) PE30 型；(*b*) KOMP360 型

真空排水装置负荷表　　　　　　　　　　表 17.6-9

大便器	小便器	洗手盆	地漏	真空排水装置型号	真空泵功率(kW)	排污泵功率(kW)	备注
4	2	2	2	PE30	2×0.55	2×1.5	
8	4	4	2	PE60	2×1.5	2×2.0	
18	8	15	4	TYPE85			
60	25	40	8	TYPE140			

真空收集罐详图见图 17.6-18。

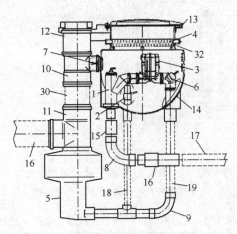

图 17.6-18　真空收集罐详图

1—真空管塞；2—感应管帽；3—真空阀；4—隔离层；5—收集槽；6—橡胶弯头；7—通风帽；
8—弯头；9—弯头；10—连接件；11—连接件；12—连接件；13—盖板；14—收集箱体；
15—大小头；16—重力排污管；17—真空排污支管；18—感应管；19—吸污管

17.7　建筑排水局部处理装置

17.7.1　厨房隔油装置

1. JNCY 系列多功能油水处理器

多功能油水处理器配备全套最新技术和功能，配有全自动螺旋格栅及反冲洗装置、全自动滚筒刮油装置、自动抽油装置、自动加热装置及自动化控制系统等，能实现全自动化运行，无需人工操作。同时可根据客户需求加配加药和过滤等深度处理功能。

（1）智能型地上式（不含提升）

JNCY-A-30/Z 隔油器外形尺寸见图 17.7-1，JNCY-A-□□/Z 隔油器参数见表 17.7-1。

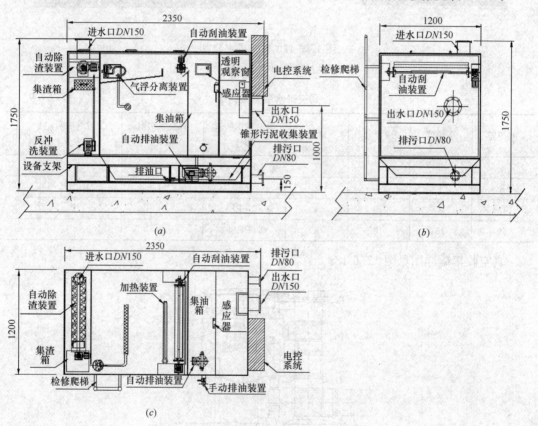

图 17.7-1　JNCY-A-30/Z 隔油器外形尺寸

(a) 主视图；(b) 侧视图；(c) 平面图

JNCY-A-□□/Z 隔油器（不含提升）参数一览表　　　　　表 17.7-1

序号	型号	处理水量 (m³/h)	设备外形尺寸 L×B×H (mm)	安装尺寸			进水管管径 DN (mm)	出水管管径 DN (mm)	通气孔管径 DN (mm)	排空管管径 DN (mm)	排油管管径 DN (mm)	设备总功率 (kW)
				进水口高度 (mm)	出水口高度 (mm)	集油箱容积 (L)						
1	JNCY-A-5/Z	5	1850×1100×1650	1650	900	250	100	100	80	80	40	6.04

续表

序号	型号	处理水量 (m³/h)	设备外形尺寸 $L \times B \times H$ (mm)	安装尺寸			进水管管径 DN (mm)	出水管管径 DN (mm)	通气孔管径 DN (mm)	排空管管径 DN (mm)	排油管管径 DN (mm)	设备总功率 (kW)
				进水口高度 (mm)	出水口高度 (mm)	集油箱容积 (L)						
2	JNCY-A-10/Z	10	1950×1100×1650	1650	900	300	100	100	80	80	40	6.04
3	JNCY-A-15/Z	15	2050×1100×1650	1650	900	400	100	100	80	80	40	6.04
4	JNCY-A-20/Z	20	2150×1100×1650	1650	900	500	100	100	80	80	40	6.04
5	JNCY-A-25/Z	25	2250×1200×1750	1750	1000	550	150	150	100	80	40	6.04
6	JNCY-A-30/Z	30	2350×1200×1750	1750	1000	600	150	150	100	80	40	6.04
7	JNCY-A-35/Z	35	2450×1200×1750	1750	1000	650	150	150	100	80	40	6.04
8	JNCY-A-40/Z	40	2550×1400×1950	1950	1200	700	150	150	100	80	40	6.04
9	JNCY-A-45/Z	45	2650×1400×1950	1950	1200	750	150	150	100	80	40	6.04
10	JNCY-A-50/Z	50	2750×1400×1950	1950	1200	800	150	150	100	80	40	6.04

注：产品样式参考广州洁能建筑设备有限公司产品资料。

（2）智能型地上式（含提升）

JNCY-A-30/T 隔油器外形尺寸见图 17.7-2，JNCY-A-□□/T 隔油器参数见表17.7-2。

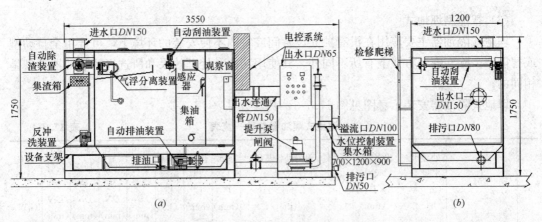

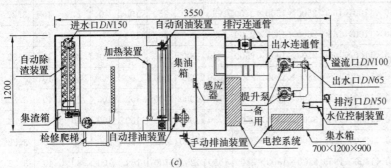

图 17.7-2　JNCY-A-30/T 隔油器外形尺寸

（a）主视图；（b）侧视图；（c）平面图

JNCY-A-□□/T 隔油器（含提升）参数一览表

表 17.7-2

序号	型号	处理水量 (m³/h)	设备外形尺寸 L×B×H (mm)	安装尺寸			进水管管径 DN (mm)	出水管管径 DN (mm)	通气孔管管径 DN (mm)	排空管管径 DN (mm)	排油管管径 DN (mm)	提升泵参数			设备总功率 (kW)
				进水口高度 (mm)	出水口高度 (mm)	集油箱容积 (L)						流量 (m³/h)	扬程 (m)	功率 (kW)	
1	JNCY-A-5/T	5	2850×1100×1650	1650	1300	250	100	50	80	80	40	5	15	1.1	8.24
2	JNCY-A-10/T	10	2950×1100×1650	1650	1300	300	100	50	80	80	40	10	15	1.1	8.24
3	JNCY-A-15/T	15	3050×1100×1650	1650	1400	400	100	50	80	80	40	15	15	1.5	9.04
4	JNCY-A-20/T	20	3150×1100×1650	1650	1400	500	100	50	80	80	40	20	15	2.2	10.44
5	JNCY-A-25/T	25	3250×1200×1750	1750	1400	550	150	65	100	80	40	25	15	3.0	12.04
6	JNCY-A-30/T	30	3350×1200×1750	1750	1400	600	150	65	100	80	40	30	15	3.0	12.04
7	JNCY-A-35/T	35	3450×1200×1750	1750	1400	650	150	65	100	80	40	35	15	3.0	12.04
8	JNCY-A-40/T	40	3550×1400×1950	1950	1400	700	150	65	100	80	40	40	15	4.0	14.04
9	JNCY-A-45/T	45	3650×1400×1950	1950	1400	750	150	65	100	80	40	45	15	4.0	14.04
10	JNCY-A-50/T	50	3750×1400×1950	1950	1600	800	150	80	100	80	40	50	15	5.5	17.04

注：产品样式参考广州洁能建筑设备有限公司产品资料。

（3）智能型埋地式

埋地式隔油器主要应用在没有独立设备间或室内不便安装的环境下，可选用全自动型或智能型。除在安装方式上有所不同外，其使用功能及处理效果和所选择的隔油器类型是相同的。

埋地式隔油器安装示意图见图 17.7-3，其参数见表 17.7-3。

埋地式隔油器参数一览表

表 17.7-3

序号	型号	处理水量 (m³/h)	设备外形尺寸 L×B×H (mm)	预留设备基坑尺寸 L×B×H (mm)	进水口高度 (mm)	出水口高度 (mm)	集油箱容积 (L)	进出水管管径 DN (mm)	通气孔管管径 DN (mm)	排空管管径 DN (mm)	排油管管径 DN (mm)	设备总功率 (kW)
1	JNCY-B-5/Z	5	1850×1100×1650	2500×1500×2500	1650	900	250	100	80	80	40	3.82
2	JNCY-B-10/Z	10	1950×1100×1650	2600×1500×2500	1650	900	300	100	80	80	40	3.82
3	JNCY-B-15/Z	15	2050×1100×1650	2700×1500×2500	1650	900	400	100	80	80	40	3.82
4	JNCY-B-20/Z	20	2150×1100×1650	2800×1500×2500	1650	900	500	100	80	80	40	3.82
5	JNCY-B-25/Z	25	2250×1200×1750	2900×1600×2600	1750	1000	550	150	100	80	40	3.82
6	JNCY-B-30/Z	30	2350×1200×1750	3000×1600×2600	1750	1000	600	150	100	80	40	3.82
7	JNCY-B-35/Z	35	2450×1200×1750	3100×1600×2600	1750	1000	650	150	100	80	40	3.82
8	JNCY-B-40/Z	40	2550×1400×1950	3200×1800×2800	1950	1200	700	150	100	80	40	3.82
9	JNCY-B-45/Z	45	2650×1400×1950	3300×1800×2800	1950	1200	750	150	100	80	40	3.82
10	JNCY-B-50/Z	50	2750×1400×1950	3400×1800×2800	1950	1200	800	150	100	80	40	3.82

注：产品样式参考广州洁能建筑设备有限公司产品资料。

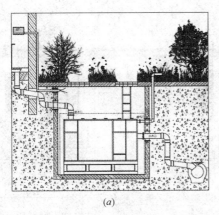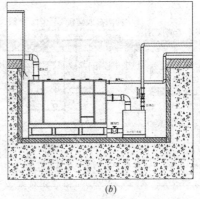

(a)　　　　　　　　　　　　　(b)

图 17.7-3　埋地式隔油器安装示意图

(a) 室外埋地式安装示意图；(b) 室内埋地式安装示意图

说明：1. 室外埋地式安装时应提前做好各管道的预埋套管，方便管路对接。

2. 室外埋地式应根据顶盖是否过车等因素考虑顶盖制作方式，当顶盖过车、过人时应制作成钢筋混凝土盖板，同时应预留检修人口和不小于 1000mm 的检修空间。当顶盖不承重时可用钢板制作，且不用制作人孔和预留检修空间。

3. 室外埋地式由于检修维护工作都由顶部进行，所以功能选择时宜选择顶部外置式安装方式，方便设备维护检修。

4. 室内埋地式安装时应考虑设备正面预留不小于 1000mm 的检修维护空间。设备功能选择时宜选用外置式安装方式。

5. 室内埋地式安装类似于将设备间下沉，在室内埋地式安装过程中也应考虑地上式安装过程中所需要的各种因素。

2. Smart G 智能密闭隔油器

智能密闭隔油器的箱体结构完全密闭，保证设备在运行全过程无异味外泄，上锥下斗的布局使轻质的油脂在锥体中加速上浮，重质的固体物沉聚于斗底，方便清空。

(1) Smart G 智能密闭隔油器外形尺寸见图 17.7-4，其参数见表 17.7-4。

Smart G 智能密闭隔油器参数一览表　　　　　　　　　　表 17.7-4

编号	型号	设备外形尺寸 (mm)			最大处理量 (m³/h)	有效容积 (L)	进水口径 DN (mm)	出水口径 DN (mm)	装机功率 (kW)		运行质量 (kg)
		长	宽	高					旗舰型	技术型	
1	QKEP-GYQ(Z)-900L	1600	800	2150	12	900	150	150	4.8	2.0	1230
2	QKEP-GYQ(Z)-1400L	2000	1000	2150	20	1400	150	150	4.8	2.0	1777
3	QKEP-GYQ(Z)-1900L	2400	1200	2150	30	1900	150	200	4.8	2.0	2333
4	QKEP-GYQ(Z)-2600L	2800	1400	2150	40	2600	150	200	4.8	2.0	3096
5	QKEP-GYQ(Z)-3400L	3200	1600	2150	50	3400	150	200	4.8	2.0	3967
6	QKEP-GYQ(Z)-4100L	3500	1800	2150	60	4100	200	250	4.8	2.0	4734
7	QKEP-GYQ(Z)-4700L	3600	2000	2150	70	4700	250	300	4.8	2.0	5291

注：产品规格参考广州全康环保设备有限公司产品资料。

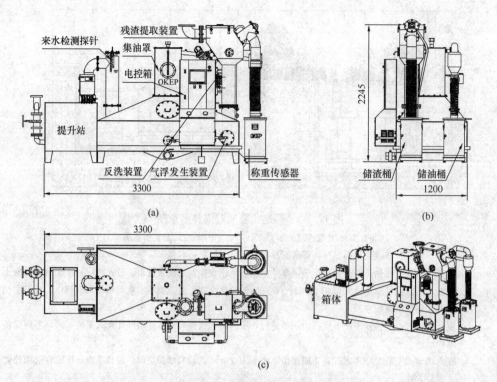

图 17.7-4 Smart G 智能密闭隔油器外形尺寸

(a) 立面图；(b) 侧面图；(c) 平面图

(2) G-Tank 提升装置

G-Tank 提升装置是 Smart G 智能密闭隔油器的配套设备，G-Tank 提升装置配置进口品牌水泵，并配置独立的控制器，其处理水量由配置的水泵参数决定。

G-Tank 提升装置见图 17.7-5，其参数见表 17.7-5。

G-Tank 提升装置参数一览表　　　　　　　　　　表 17.7-5

序号	型号	设备外形尺寸（mm）			箱体容积（L）	运行质量（kg）	流量（m³/h）
		长	宽	高			
1	QKEP-TSZ-510L-SS	800	800	800	510	620	≤20
2	QKEP-TSZ-720L-SS	900	900	900	720	860	≤30
3	QKEP-TSZ-1000L-SS	1000	1000	1000	1000	1200	≤60
4	QKEP-TSZ-1200L-SS	1200	1200	1200	1200	1450	≤80

注：产品规格参考广州全康环保设备有限公司产品资料。

3. OLGA 全自动油水分离器

OLGA 全自动油水分离器采用优质的 SUS304、SUS316 不锈钢制作，产品类别分为：地上型、经济型、地埋型、厨下型。其特点是：全密封结构，无异味；多层过滤，同时实

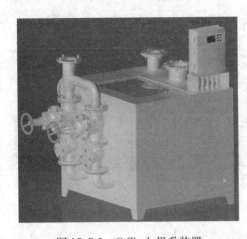

图 17.7-5　G-Tank 提升装置

其参数见表 17.7-6。

现固体杂物、油脂的有效分离；独特的反冲洗水系统设计，确保系统长期稳定运行；智能控制，自动化运行。

（1）地上型油水分离器

地上型油水分离器由固液分离舱和油水分离舱组成。当废水进入固液分离舱时，固态残渣被细格栅隔离，过滤器内设有螺旋输送轴，将被拦截的废渣输入废渣收集桶内。含有油脂的废水流入油水分离舱，进行油水分离。安装在油脂贮存区底部的加热装置，可以保持分离出的油脂的流动性，避免油脂凝结。

地上型油水分离器外形尺寸见图 17.7-6，

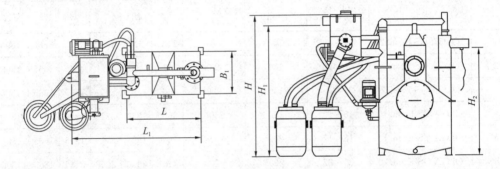

图 17.7-6　地上型油水分离器外形尺寸

地上型油水分离器参数一览表　　　　　　　　　　　　表 17.7-6

编号	型号	处理量（L/s）	进出水口径 DN（mm）	有效容积（L）	设备尺寸（mm）					
					L_1	B_1	L	H	H_1	H_2
1	OLGA-GS2	2～3	100	385	1500	590	1000	1845	1665	1300
2	OLGA-GS4	4～4.5	100	470	1710	590	1230	1845	1665	1300
3	OLGA-GS7	7～8.5	150	990	2600	700	2090	1895	1665	1300
4	OLGA-GS10	10～12	150	2400	3600	1330	3110	1895	1665	1330
5	OLGA-GS15	15～17	200	3675	3600	1980	3110	1895	1665	1300
6	OLGA-GS20	20～22	200	6200	4100	2300	3600	2145	1865	1500
7	OLGA-GS25	25～28	200	7550	4600	2380	4120	2145	1865	1500

注：产品样式参考苏州奥嘉环境技术有限公司产品资料。

（2）经济型油水分离器

经济型油水分离器对餐饮废水中的固态残渣和油脂分别进行分离，分离效果好，工艺简便，经济实惠。

经济型油水分离器外形尺寸见图 17.7-7，其参数见表 17.7-7。

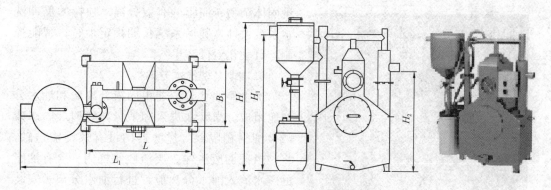

图 17.7-7 经济型油水分离器外形尺寸

经济型油水分离器参数一览表   表 **17. 7-7**

编号	型号	处理量 (L/s)	进出水口径 DN (mm)	有效容积 (L)	设备尺寸（mm）					
					L_1	B_1	L	H	H_1	H_2
1	OLGA-GS-Econ. 2	2～3	100	385	1500	590	1000	1845	1665	1300
2	OLGA-GS-Econ. 4	4～4.5	100	470	1710	590	1230	1845	1665	1300
3	OLGA-GS-Econ. 7	7～8.5	150	990	2600	700	2090	1895	1665	1300
4	OLGA-GS-Econ. 10	10～12	150	2400	3600	1330	3110	1895	1665	1330
5	OLGA-GS-Econ. 15	15～17	200	3675	3600	1980	3110	1895	1665	1300
6	OLGA-GS-Econ. 20	20～22	200	6200	4100	2300	3600	2145	1865	1500
7	OLGA-GS-Econ. 25	25～28	200	7550	4600	2380	4120	2145	1865	1500

注：产品样式参考苏州奥嘉环境技术有限公司产品资料。

（3）地埋型油水分离器

地埋型油水分离器主要应用于没有独立设备间或者室内不便安装的环境下。地埋型油水分离器采用无动力格栅；箱体底部采用漏斗型设计，便于排空、清洗底部污泥；采用自动刮油系统；内置集油箱自动排油；采用全自动温控加热系统，能有效控制油温。

地埋型油水分离器外形尺寸见图 17.7-8，其参数见表 17.7-8。

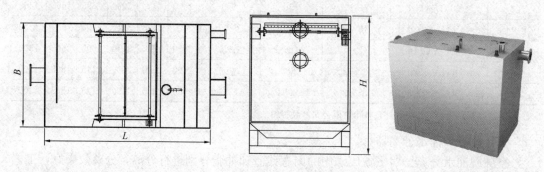

图 17.7-8 地埋型油水分离器外形尺寸

地埋型油水分离器参数一览表　　　　　　表 17.7-8

编号	型号	处理量 (L/s)	进出水口径 DN (mm)	箱体尺寸 L×B×H (mm)	通气管管径 DN (mm)	安装尺寸（mm）		
						进水口高度	出水口高度	集油桶容积 (L)
1	OLGA-GS B5	5	100	2000×1000×1500	80	1650	900	250
2	OLGA-GS B10	10	100	2000×1200×1600	80	1750	1000	300
3	OLGA-GS B15	15	100	2500×1200×1600	80	1750	1000	400
4	OLGA-GS B20	20	150	2500×1200×1600	100	1950	1200	500
5	OLGA-GS B25	25	150	2500×1400×1800	100	1950	1200	560
6	OLGA-GS B30	30	150	2500×1600×1800	100	1950	1200	600
7	OLGA-GS B35	35	150	2750×1600×1800	100	1950	1200	650
8	OLGA-GS B40	40	150	3000×1600×1800	100	1950	1200	700
9	OLGA-GS B45	45	150	3250×1600×1800	100	1950	1200	750
10	OLGA-GS B50	50	150	3000×1600×2000	100	2150	1400	800

注：产品样式参考苏州奥嘉环境技术有限公司产品资料。

（4）厨下型油水分离器

厨下型油水分离器是一套专门收集经由厨房水槽排出的废弃油脂的油水处理设备，适用于家庭厨房或中小型餐饮企业，安装在厨房洗涤池下面。

厨下型油水分离器过滤筒收集较大固体残渣，倾倒残渣方便；采用独特的刮油系统设计，含水率低；加热棒加热油脂区，使油水分离更彻底；进出水口采用橡胶软连接的安装方式，安装方便；自动控制加热棒与电机的运行，安全可靠。

厨下型油水分离器外形尺寸见图 17.7-9，其参数见表 17.7-9。

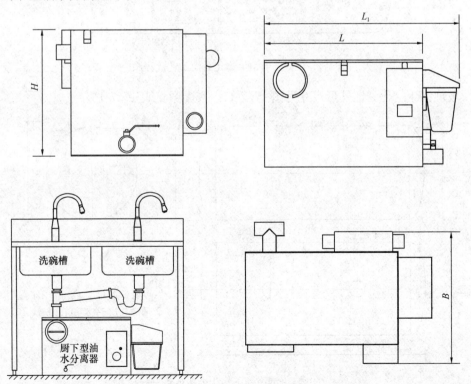

图 17.7-9　厨下型油水分离器外形尺寸

厨下型油水分离器参数一览表   表 17.7-9

编号	型号	处理量 (L/s)	进出水口径 DN (mm)	总容积 (L)	设备尺寸 (mm)			
					L_1	L	B	H
1	OLGA-GS Mini0.5	0.5	40	110	780	620	560	340
2	OLGA-GS Mini1.0	1.0	50	150	810	650	560	420
3	OLGA-GS Mini1.5	1.5	50	200	1000	850	600	420
4	OLGA-GS Mini2.0	2.0	50	260	1150	1000	615	450

注：产品样式参考苏州奥嘉环境技术有限公司产品资料。

17.7.2　玻璃钢生物化粪池

玻璃钢生物化粪池是利用微生物处理技术组合而成的一种新型高效生活污水处理净化装置。在池体侧壁三个水平方向上设有进水管、出水管（可根据现场污水管网敷设情况任选），并设有导流管，布水均匀，不产生短流。在池体顶部设有清掏口，便于清掏。池体内部用隔舱板分成一级厌氧室、二级厌氧室和三级澄清室，使分解、消化有机物更加彻底，是集固液分离和生物处理为一体的小型生活污水处理构筑物。

1. 玻璃钢生物化粪池工艺流程见图 17.7-10。

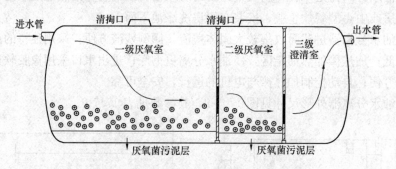

图 17.7-10　玻璃钢生物化粪池工艺流程图

2. 玻璃钢生物化粪池外形尺寸见图 17.7-11，其参数见表 17.7-10。

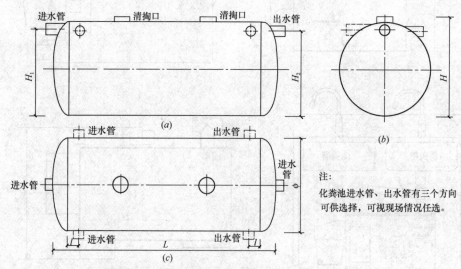

注:
化粪池进水管、出水管有三个方向
可供选择，可视现场情况任选。

图 17.7-11　玻璃钢生物化粪池外形尺寸

(a) 立面图；(b) 侧面图；(c) 平面图

玻璃钢生物化粪池参数一览表　　　　　　　表 17.7-10

型号	容积 V (m³)	直径 φ (mm)	总长 L (mm)	总高 H (mm)	I (mm)	进水管高 H₁ (mm)	出水管高 H₂ (mm)	进出水管管径 DN (mm)	对应国标型号
QKSH1-2	2	1200	1950	1410	250	1050	950	200	G1-2SQF
QKSH2-4	4	1500	2500	1710	280	1350	1250	200	G2-4SQF
QKSH3-6	6	1500	3600	1710	280	1350	1250	200	G3-6SQF
QKSH4-9	9	1800	3800	2010	300	1650	1550	200	G4-9SQF
QKSH5-12	12	2000	4100	2212	300	1850	1750	200	G5-12SQF
QKSH6-16	16	2000	5400	2216	300	1850	1750	200	G6-16SQF
QKSH7-20	20	2400	4800	2618	320	2250	2150	250	G7-20SQF
QKSH8-25	25	2400	5900	2620	320	2250	2150	250	G8-25SQF
QKSH9-30	30	2400	7000	2622	320	2250	2150	250	G9-30SQF
QKSH10-40	40	2800	6800	3026	350	2650	2550	300	G10-40SQF
QKSH11-50	50	2800	8300	3026	350	2650	2550	300	G11-50SQF
QKSH12-75 (A)	75	3200	10000	3432	400	2900	2800	300	G12-75SQF
QKSH12-75 (B)	75	3500	8300	3732	400	3200	3100	300	G12-75SQF
QKSH13-100 (A)	100	3200	13000	3436	400	2900	2800	300	G13-100SQF
QKSH13-100 (B)	100	3500	10900	3736	400	3200	3100	300	G13-100SQF
QKSH14-125	125	4000	10500	4240	400	3700	3600	400	G14-125
QKSH15-150	150	4000	12500	4240	400	3700	3600	400	G15-150

注：产品规格参考广州全康环保设备有限公司产品资料。

17.8　污废水处理装置

17.8.1　废水处理装置

　　SG-DS 多功能水处理装置由杀菌、灭藻、絮凝、膜过滤等多个独立功能单元配置水泵控制阀、自动控制柜组成。该装置可去除水中的细菌、藻类、固体颗粒、悬浮物及色度。是一个处理速度快、效果好、简单实用的水处理装置。适合于城市景观循环水处理、洗涤废水回用等，其外形尺寸见图 17.8-1，参数见表 17.8-1。

SG-DS 多功能水处理装置参数一览表　　　　　　　表 17.8-1

型号	外形尺寸 (mm)			进出水口、排污口尺寸 DN (mm)	处理水量 (m³/h)	设备净重 (kg)	设备荷重 (kg)	电耗 (kW)
	H	L	W					
SG-DS-50	1400	1240	700	50	8～16	250	500	3
SG-DS-80	1700	1600	850	80	20～30	360	900	5.5
SG-DS-100	1850	1640	870	100	30～50	460	1160	7.5
SG-DS-125	2200	1840	1020	125	50～80	630	1580	11
SG-DS-150	2500	2200	1250	150	80～120	760	2240	15
SG-DS-200	2700	2200	1300	200	120～240	1080	2860	22

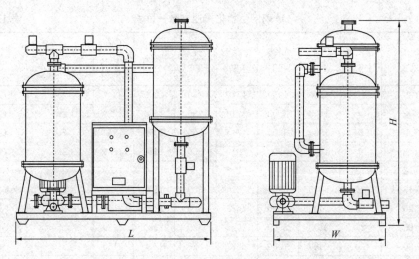

图 17.8-1　SG-DS 多功能水处理装置外形尺寸

17.8.2 污水处理装置

1. 一体化污水处理设备

一体化污水处理设备是一种将生物技术与膜技术有机结合的集成式高效污水处理设备，设备能有效去除 BOD、COD、NH_3-N、TP、TN、SS 等污染物，具有技术性能稳定可靠、处理效果好、投资少、运行维护简单方便等优点。设备主体采用集成化、模块化设计，具备结构紧凑、占地面积小、建设方式灵活、安全可靠、维护成本低、自动化程度高、管理方便等特点。

(1) 设备安装方式：地表式、半埋式、全埋式三种。

(2) 设备主体材质：玻璃钢、碳钢、不锈钢三种，见图 17.8-2。

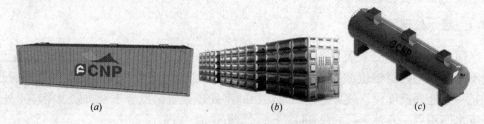

(a)　　　　　　　　　　　(b)　　　　　　　　　　(c)

图 17.8-2　NFPS 系列一体化污水处理设备

(a) 标准集装箱型；(b) 不锈钢型；(c) 玻璃钢型

注：一体化污水处理设备产品规格参考南方中金环境股份有限公司产品资料。

(3) 设备进水污染物浓度要求见表 17.8-2。

一体化污水处理设备进水污染物浓度要求　　　　　　　　　　表 17.8-2

指标	一体化污水处理设备进水水质	《城镇污水处理厂污染物排放标准》GB 18918—2002		
		一级 A 标准	一级 B 标准	二级标准
pH	6～9	6～9	6～9	6～9
COD_{Cr}	≤400	≤50	≤60	≤100

续表

指标	一体化污水处理设备进水水质	《城镇污水处理厂污染物排放标准》GB 18918—2002		
		一级 A 标准	一级 B 标准	二级标准
BOD$_5$	≤200	≤10	≤20	≤30
NH$_3$-N	≤25	≤5（8）	≤8（15）	≤25（30）
SS	≤250	≤10	≤20	≤30
TP	≤5	≤0.5	≤1	≤3

（4）适用范围：

农村生活污水：村庄、集镇、疗养院、旅游景区、山庄等；

城镇生活污水：办公楼、商场、宾馆、机关、学校、医院等；

公共设施污水：高速公路、铁路、工业园区、矿山等；

食品加工污水：屠宰、水产品加工、食品、洗涤厂等中小型工业有机废水。

（5）型号定义：

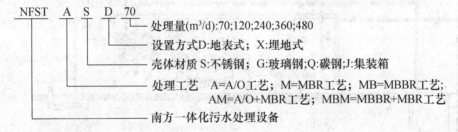

（6）选型指南：

参数：污水水质；排放水质指标；设计污水处理量等。

应用领域：农村生活污水；城镇生活污水；公共设施污水；食品加工污水。

工艺选择：A/O 工艺；MBBR 工艺；MBR 工艺。

设置方式：埋地式；地表式。

容器材质：SUS304 不锈钢；高强度纤维玻璃钢；集装箱。

2. 生物法（A^{2}O＋MBBR）污水处理器

生物法（A^{2}O＋MBBR）污水处理器在传统生物处理基础上强化硝化液回流，利用回流在缺氧段精确控制 DO 含量，加强处理器脱氮能力，强化脱氮后的混合液进入厌氧状态，增加聚磷菌种群及吸磷动力，实现高效除磷。采用改性 MBBR 流化填料，利用内壁回旋结构加强生物着床能力，使微生物种群大为增加，且通过 MBBR 生物填料的流动性，增加好氧段活性污泥浓度，增强对有机污染物的去除效率。

（1）生物法（A^{2}O＋MBBR）工艺流程见图 17.8-3。

（2）生物法（A^{2}O＋MBBR）污水处理器参数见表 17.8-3。

生物法（A^{2}O＋MBBR）污水处理器参数一览表　　表 17.8-3

序号	一级 A 标准		一级 B 标准		设备外形尺寸 $L×B×H$（m）	运行功率（kW）
	型号	处理量（m³/d）	型号	处理量（m³/d）		
1	KLM-β-A^{2}O-20A	20	KLM-β-A^{2}O-25B	25	3.0×1.5×3.0	0.75

续表

序号	一级 A 标准		一级 B 标准		设备外形尺寸 $L \times B \times H$ (m)	运行功率 (kW)
	型号	处理量 (m^3/d)	型号	处理量 (m^3/d)		
2	KLM-β-A²O-35A	35	KLM-β-A²O-40B	40	4.5×1.5×3.0	0.75
3	KLM-β-A²O-60A	60	KLM-β-A²O-80B	80	7.5×1.5×3.0	1.1
4	KLM-β-A²O-110A	110	KLM-β-A²O-140B	140	9.0×2.5×3.0	1.1
5	KLM-β-A²O-140A	140	KLM-β-A²O-180B	180	10.5×2.5×3.0	1.5
6	KLM-β-A²O-230A	180	KLM-β-A²O-230B	230	13.5×2.5×3.0	2.5
7	KLM-β-A²O-250A	250	KLM-β-A²O-320B	320	15.0×3.0×3.0	2.5

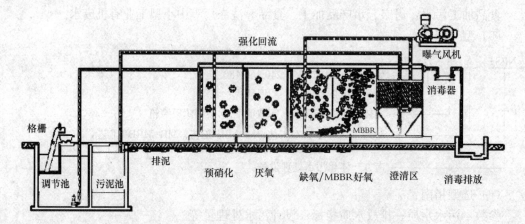

图 17.8-3　生物法（A²O＋MBBR）工艺流程图

3. LP-MBR 膜法污水处理器

在传统 MBR 技术基础上开发出低功耗 LP-MBR（Low Power MBR）工艺，重新优化工艺流程，运用在生物法上的技术，强化脱氮除磷效率，运用气提新技术减少水泵数量，使设备具有良好的节能效率。

（1）LP-MBR 膜法工艺流程见图 17.8-4。

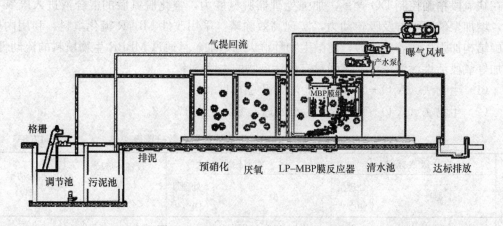

图 17.8-4　LP-MBR 膜法工艺流程图

（2）LP-MBR 膜法污水处理器参数见表 17.8-4。

LP-MBR 膜法污水处理器参数一览表   表 17.8-4

序号	一级 A 标准		一级 B 标准		设备外形尺寸 $L \times B \times H$ (m)	运行功率 (kW)
	型号	处理量 (m^3/d)	型号	处理量 (m^3/d)		
1	KLM-β-MBR-20A	20	KLM-β- MBR -30B	30	3.0×1.5×3.0	0.8
2	KLM-β- MBR -50A	50	KLM-β- MBR -60B	60	6.0×1.5×3.0	1.2
3	KLM-β- MBR -100A	100	KLM-β- MBR -130B	130	7.5×2.5×3.0	2.9
4	KLM-β- MBR -200A	200	KLM-β- MBR -250B	250	10.5×3.0×3.0	4.8
5	KLM-β- MBR -400A	400	KLM-β- MBR -500B	500	13.5×3.5×3.0	9.0
6	KLM-β- MBR -500A	500	KLM-β- MBR -620B	620	15.0×3.5×3.0	9.0

17.9 雨水控制与利用系列产品

17.9.1 雨水弃流过滤装置

初期雨水弃流装置将降雨初期雨水分流至污水管道，降雨后期污染程度较轻的雨水经过预处理截留水中的悬浮物、固体颗粒杂质、沉淀、过滤，达到回收利用的标准。

1. 初期雨水弃流装置类型

（1）浮球式弃流过滤装置

降雨初期的雨水在流经雨水弃流过滤装置时，因重力的作用，雨水首先通过低位敞口的排污管排放。在雨量增大后，位于排污管上端的浮球在水流浮力的作用下将排污管关闭，桶中液位升高，雨水通过过滤网过滤后流向出水口，进行收集。雨停后，随装置中贮存的雨水的减少，浮球在重力的作用下自动复位，将桶中过滤产生的垃圾带出，从而实现初期雨水的弃流、过滤、自动排污等多种功能。

（2）旋流式弃流装置

降雨初期的雨水沿管道侧壁流动，雨水在筛网表面以旋转的状态流向中心的排水管排入雨水或污水管道。随着降雨的延续，中后期雨水就会穿过筛网汇集到雨水收集管道，最终接入蓄水池。弃流装置可以自行将上次残留在筛网上的树叶等滤出物冲入雨水或污水管道中，自行清洁。

（3）智能控制弃流装置

智能控制弃流装置，是以降雨下垫面上的雨水初期径流量、径流水质、径流时间等为控制信号，可以准确地设定弃流量。根据雨水初期弃流装置提取降雨或径流的特征元素的区别，可以分为流量型、雨量型、水质监测型、PLC 控制型等多种类型。

2. 初期雨水弃流装置适用场合

初期雨水弃流装置适用场合见表 17.9-1。

初期雨水弃流装置适用场合　　　　　　　　　表 17.9-1

弃流装置形式	适用场合
浮球式弃流过滤装置	适用于屋面、地面、道路等汇流之后的雨水弃流，一般安装在截污挂篮装置后
旋流式弃流装置	适用于屋面排水立管，直接与小型贮水系统连接，立管管径为 DN100、DN125
旋流式弃流井	适用于控制雨水水质中以悬浮物为主要污染物的区域
智能控制弃流装置 （流量型）	适用于控制面积适中，设置在小区域排水出口处
智能控制弃流装置 （雨量型/远程控制型）	适用于控制面积较大区域，弃流装置数量较多，每个弃流装置所负担的面积相近时，采用降雨量信息，由控制中心远程控制
智能控制弃流装置 （水质监测型）	适用于弃流装置所负担管道流程较长，对于初期雨水界定不明确时，通过雨水在线监测的水质控制

3. 初期雨水弃流装置产品型号参数

初期雨水弃流装置产品型号参数见表 17.9-2～表 17.9-6（产品规格参考北京泰宁科创雨水利用技术股份有限公司产品资料）。

浮球式弃流过滤装置产品型号参数　　　　　　表 17.9-2

产品型号	产品尺寸 （mm）	排污口径 DN （mm）	材质	控制方式	安装要求
Saintarco-QL450	$H=650$；$\phi=450$	110	PP、 PVC-U、 不锈钢 304	雨量控制	进水口管底与排污口管底 落差≥300mm
Saintarco-QL600	$H=900$；$\phi=600$	110			
Saintarco-QL700	$H=1000$；$\phi=700$	110			

注：产品规格参考广东圣腾（Saintarco）科技股份有限公司产品资料。

方形立管过滤弃流装置产品型号参数　　　　　　表 17.9-3

产品型号	产品编码	D_1（mm）	D_2（mm）	D_3（mm）
AL-S100		120	110	90
AL-S125		135	125	110

椭圆形立管过滤弃流装置产品型号参数 表 17.9-4

产品型号	产品编码	D_1（mm）	D_2（mm）	D_3（mm）
AL-E100		120	110	90
AL-E125		135	125	110

智能控制弃流装置——流量型产品型号参数 表 17.9-5

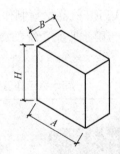

产品型号	产品编码	A（mm）	B（mm）	H（mm）
LQL-AW50		600	260	500
LQL-BW50		600	260	500
LQL-AW100		600	260	500
LQL-BW100		600	260	500
LQL-AW125		600	300	600
LQL-BW125		600	300	600
LQL-AW150		600	300	600
LQL-BW150		600	300	600
LQL-AW200		700	400	700
LQL-BW200		700	400	700
LQL-AW250		800	500	800
LQL-BW250		800	500	800

注：产品型号中的 A 表示主控型弃流装置；B 表示从控型弃流装置。

表 17.9-6

智能控制弃流装置——雨量型产品型号参数

产品型号	产品编码	控制盘尺寸（in）	
YQL-AW7		7	
YQL-AW10		10	

17.9.2 雨水源头截污过滤装置

1. 雨水截污挂篮装置

雨水截污挂篮装置用 PP 成品材料制作而成，内置不锈钢过滤网提篮，可以拦截较大的垃圾和树叶。主要用于雨水收集系统的源头，起到初期过滤效果。其产品型号参数见表 17.9-7。

表 17.9-7

雨水截污挂篮装置产品型号参数

产品型号	产品尺寸（mm）	格栅精度（mm）	材质	清洗方式
Saintarco-JW450	$H=650$；$\phi=450$	2	PP/不锈钢 304 配有不锈钢提篮 和过滤格栅	地面手动清理提篮
Saintarco-JW600	$H=900$；$\phi=600$	2		
Saintarco-JW700	$H=1000$；$\phi=700$	2		

注：产品规格参考广东圣腾（Saintarco）科技股份有限公司产品资料。

2. 雨水口截污过滤装置

根据初期雨水与后期雨水在雨水口上的不同进水方式，针对性地设置雨水截污网、过滤介质。

　　形式一：设置在纵坡小于1‰的道路外侧，初期雨水通过设置在道路上的雨水口靠近路缘石一侧的半个面进水，随着雨量增大，雨水从整个雨水口进水。如图 17.9-1 所示，可以在 1、2 两个截污篮内放置不同滤料。当水流主要从上方流入时，杂物主要在 1 篮中，2 篮不易堵塞，保证雨水口排水能力。

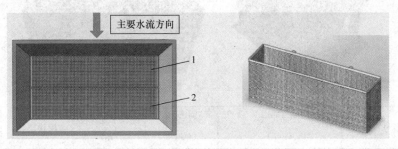

图 17.9-1　雨水口截污过滤装置（形式一）

1、2—截污篮

　　形式二：设置在纵坡大于1‰的道路外侧，初期雨水通过设置在道路上的雨水口上游半个面进水，随着雨量增大，雨水从整个雨水口进水。如图 17.9-2 所示，可以在 1、2 两个截污篮内放置不同滤料。当水流主要从上方流入时，杂物主要在 1 篮中，2 篮不易堵塞，保证雨水口排水能力。

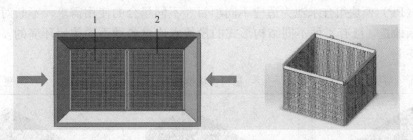

图 17.9-2　雨水口截污过滤装置（形式二）

1、2—截污篮

　　形式三：设置在最低点，雨水通过雨水口四周进水，随着雨量增大，雨水从整个雨水口进水。如图 17.9-3 所示，可以在外框、内框两个截污篮内放置不同滤料。当水流主要从上方流入时，杂物主要在外框中，内框不易堵塞，保证雨水口排水能力。

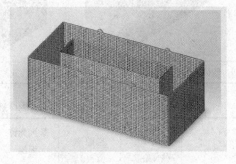

图 17.9-3　雨水口截污过滤装置（形式三）

17.9.3　雨水调蓄贮存装置

1. 雨水收集 PP 模块

　　雨水收集 PP 模块可组成雨水收集池框架，每个模块单元由两块 PP 单片组成，配有四面护板、支撑柱、扣板、连接件等，承重30～45t，并可根据承重要求增加支撑柱。其产品型号参数见表 17.9-8。

雨水收集 PP 模块产品型号参数　　　　　表 17.9-8

产品型号	产品尺寸 （mm）	抗压强度 （t/m²）	建议水池深度 （m）	模块层数	覆土深度 （m）
Saintarco-MK1200A	1200×600×240	30	1.5～3	3～6	1.5～2
Saintarco-MK1200B	1200×600×240	45	1.5～3	3～6	1.5～2

注：产品规格参考广东圣腾（Saintarco）科技股份有限公司产品资料。

2. 塑料模块组合水池

塑料模块组合水池由多个 PP 模块单体组合，在建筑工地现场拼合成整体，并通过包裹防渗材料，形成地下蓄水池。

塑料（PP）模块组合水池为适应不同项目、不同场合的使用需求，不断对模块的结构形式创新改造，已有 4 种不同结构形式的模块来应对各种不同使用环境的需求。见表17.9-9、表 17.9-10。

塑料模块类型　　　　　表 17.9-9

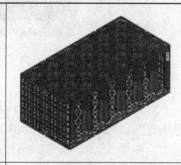

整体式贮水模块 SLMK-Ⅰ/Ⅱ　　拼装式贮水模块 SLMK-Ⅲ　　组合式贮水模块 SLMK-Ⅳ

塑料模块技术参数　　　　　表 17.9-10

型号	竖向承压 （kN/m²）	空隙率 （%）	最大允许 埋深 （m）	产品特点	连接方式	适用场合
SLMK-Ⅰ	400	95.5	4.0	结构稳定、承压强度大、安装快捷、水池有效容积大	平面：连接卡 竖向：圆管连接	
SLMK-Ⅱ	400	95.5	4.0		平面：X 连接件 竖向：圆管连接	

续表

型号	竖向承压 (kN/m²)	空隙率 (%)	最大允许 埋深 (m)	产品特点	连接方式	适用场合
SLMK-Ⅲ	150	94.3	2.5	体积小、施工安装便捷、可作为清水池使用	平面：X连接件 竖向：插板连接	绿化带内
SLMK-Ⅳ	450	95.5	6.0	承压强度大、体积小、杂质通过性好	平面：X连接件 竖向：圆管连接	市政调蓄池

注：产品规格参考北京泰宁科创雨水利用技术股份有限公司产品资料。

3. 一体化小型贮存装置

一体化 HDPE 小型雨水贮存利用设备，是以 HDPE 密封式贮水罐为基体，在罐内设置相应的机电设备。罐体可以安放在地面上或者埋入地下，自屋面或者其他集流场所收集的雨水在罐内做简单处理。

适用范围：该设备可广泛应用于小型建筑、别墅、洗车场、住宅的雨水收集与利用。其型号参数见表 17.9-11。

一体化小型贮存装置型号参数　　　　　表 17.9-11

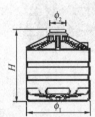

WT-C 系列

颜色：黑色/灰色

WT-C350B	地面安装贮水罐：黑色	尺寸：1800mm×1970mm×470mm	体积：3.5m³	产品编码：10801003
WT-C350G	地面安装贮水罐：灰色	尺寸：1800mm×1970mm×470mm	体积：3.5m³	产品编码：10801004
WT-C350B/Z	埋地安装贮水罐：黑色	尺寸：1800mm×1970mm×470mm	体积：3.5m³	产品编码：10801005
WT-C500B	地面安装贮水罐：黑色	尺寸：2200mm×2290mm×470mm	体积：5.0m³	产品编码：10801006

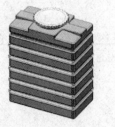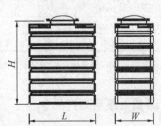

WT-S 系列

颜色：多种可选

WT-S125	地面安装贮水罐多种可选	尺寸：1240mm×720mm×1520mm	体积：1.25m³	产品编码：10801014

续表

WT-E 系列

颜色：多种可选

| WT-E100 | 地面安装贮水罐多种可选 | 尺寸：1460mm×690mm×1535mm | 体积：1.0m³ | 产品编码： |

注：产品规格参考北京泰宁科创雨水利用技术股份有限公司产品资料。

4. 镂空塑料模块

该模块组合水池是一种新型贮水装置，由镂空塑料模块贮水单元组合成水池骨架，配合不同的包裹材料构成。在水池骨架的外围包覆不透水的土工膜构成贮水池，包覆透水土工布构成入渗池。

镂空塑料模块由聚丙烯塑料注塑成型，上、下两个塑料模块对扣组成一个贮水单元，如图 17.9-4 所示。其产品规格参数见表 17.9-12。

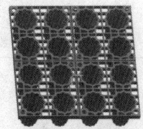

图 17.9-4　镂空塑料贮水模块

镂空塑料模块产品规格参数　　　　　　　表 17.9-12

项目	轻型贮水模块	重型贮水模块
产品尺寸 $A \times B \times H$（mm）	800×800×220	800×800×220
产品材质	聚丙烯（PP）	聚丙烯（PP）
质量（kg）	7.7	9.4
孔隙率（%）	95	90
贮水容积（L）	140	140
流速（L/min）	3280	3280
抗压强度（t/m²）	20～35	35～50
适用范围	建筑小区、绿地、城市道路	穿越桥道、深度埋深

注：产品规格参考广州全康环保设备有限公司产品资料。

17.9.4　滞留入渗系列产品

1. 屋顶绿化雨水循环利用系统

屋顶的雨水通过土壤层、土工布渗透进入蓄水层，蓄水层中的雨水能够通过导水管回渗到土工布上方的土壤中，滋润周边土壤层。整个系统无需维护，雨水能够循环使用，如图 17.9-5 所示。产品规格参数见表 17.9-13。

屋顶绿化雨水循环利用系统产品规格参数　　　　　　　表 17.9-13

产品安装：在蓄水层的上面铺装土工布（200g/m²）；穿过土工布每平方米安装 5 个导水管（带支架），同时安装通气帽；土工布上平铺 80～100mm 厚的种植土；在种植土上种植植物	长度（mm）	宽度（mm）	高度（mm）	质量（kg）
	700	350	85	0.7

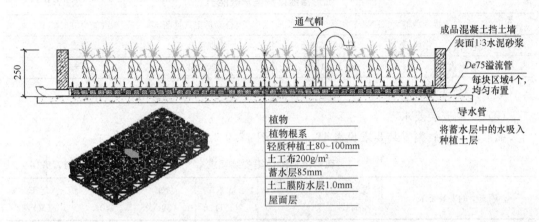

图 17.9-5　屋顶绿化雨水循环利用系统

2. 弧形渗透排放渠

弧形渗透排放渠是模块化的产品，主要用于雨水的滞留和渗透，也可替代塑料模块作渗透渠。产品具有质量轻、贮水量大、安装快捷等优点。采用拱形的结构，强度高，侧面设计有较大面积的渗透条缝，能将收集的雨水快速分散。如图 17.9-6、图 17.9-7 所示。

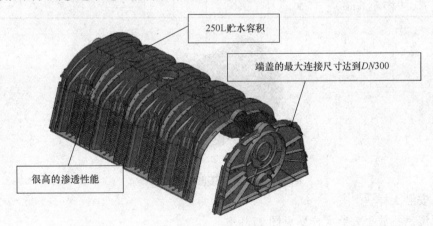

图 17.9-6　弧形渗透排放渠

（1）产品规格

弧形渗透排放渠规格见表 17.9-14。

弧形渗透排放渠规格　　　　　　　　　　　　表 17.9-14

体积（L）	长度（mm）	宽度（mm）	高度（mm）	质量（kg）	颜色
250	1142	760	434	10	黑色
500	1142	760	868	20	黑色

（2）产品适用条件、用途

弧形渗透排放渠适用于有渗透需求的区域，如绿地下面、透水铺装下面、小型停车场下面、工业区、住宅区等区域。其承载能力见表17.9-15。

弧形渗透排放渠承载能力　　　　　　　　　表 17.9-15

渗透渠承载能力（kN/m²）		组合渗透渠（见图17.9-7）承载能力（kN/m²）	
短期荷载	最大100	短期荷载	最大75
长期荷载	最大59	长期荷载	最大35

注：产品规格参考北京泰宁科创雨水利用技术股份有限公司产品资料。

（3）产品安装要求

弧形渗透排放渠安装要求见表17.9-16、图17.9-7。

弧形渗透排放渠安装要求　　　　　　　　　表 17.9-16

渗透渠的安装要求		没有交通荷载	轿车	货车（12t）	货车（30t）	货车（40t）	货车（60t）
渗透渠	最小覆土深度（mm）	250	250	500	500	500	750
	最大覆土深度（mm）	3740	3490	3240	2740	2490	1740
	最大安装深度（mm）	4250	4000	3750	3250	3000	2250
渗透渠（组合）	最小覆土深度（mm）	250	250	—	—	—	—
	最大覆土深度（mm）	1480	1480	—	—	—	—
	最大安装深度（mm）	2500	2500	—	—	—	—

图 17.9-7　组合弧形渗透排放渠

（4）安装大样

弧形渗透排放渠安装大样图见图17.9-8。

3. 雨水渗透渠

雨水渗透渠由单个模块组装而成，将传统的雨水管雨水、渠改为可渗透的雨水渠，周围回填砾石，雨水通过埋设于地下的多孔管向四周土壤层渗透。它既可与雨水管系统、渗透池、渗透井等结合使用，也可单独使用。其优点是占地面积小，有较好的透水能力，适

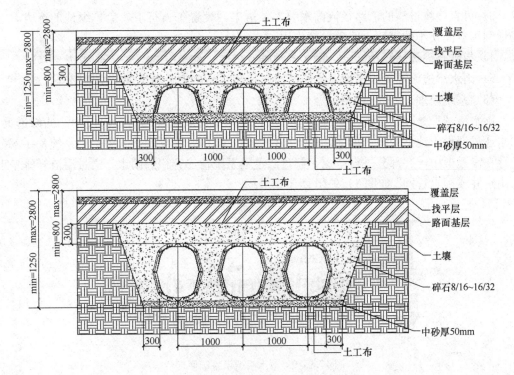

图 17.9-8　弧形渗透排放渠安装大样图

于沿道路或建筑物四周设置。

（1）雨水渗透渠示意图

雨水渗透渠示意图见图 17.9-9。

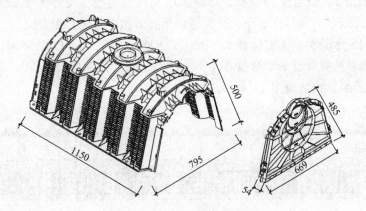

图 17.9-9　雨水渗透渠示意图

（2）适用范围

雨水渗透渠在紧凑的尺寸加上贮存单元可以有效地贮存雨水，具有渗透性高、承载力强和安装深的特点。雨水渗透渠适用于绿地下面、透水铺装下面、小型停车场下面、工业区、住宅区等区域。

1）可置于植草沟下方，扩大植草沟雨水滞留量。

2）可置于生物滞留池、雨水花园下方，形成增强型渗透设施。

3）可直接将过滤的道路径流雨水引入渗透渠，设置于人行道、后排绿地的下方，在场地利用空间狭小的市政道路上发挥作用。

4）与砾石渗透层轻易结合，增大各种砾石垫层、渗透层的贮水空间。

5）雨水渗透渠不适用于地下水位较高、径流污染严重及易出现结构坍塌等区域。

（3）系统原理

雨水渗透渠是在传统雨水排放的基础上，将雨水管或明渠改为带渗透功能的渗透渠，雨水通过埋设于地下的渗透渠向四周土壤层渗透。降雨时，雨水进入渗透渠系统，一部分贮存在渗透渠中，一部分进行渗透，超过渗透渠系统蓄渗容积的雨水，通过溢流管排至下游雨水井或雨水管网。如图17.9-10所示。

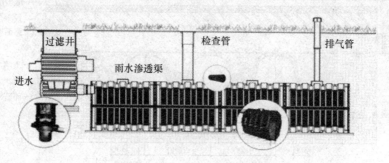

图17.9-10　雨水渗透渠系统原理

（4）系统组成

1）雨水渗透渠系统由渗透渠渠体和附件组成。附件由过滤井、检查管、通气帽、土工布、碎石层等组成。

2）渗透渠由PP塑料注塑成型，渗透渠单元内部镂空，尺寸为150mm×795mm×500mm，可单个安装，也可上、下两个渗透渠单元对扣，增加蓄渗容积。

3）渗透渠配水管根据需要选择DN100、DN150、DN200、DN300进行连接。

4）通气帽及检查管设于水池顶部。

雨水渗透渠系统构造见图17.9-11。

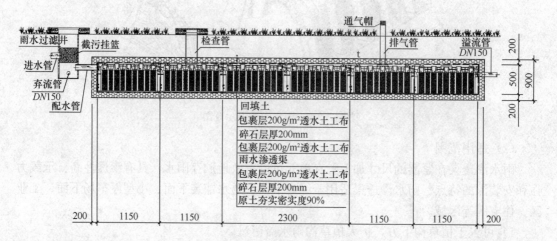

图17.9-11　雨水渗透渠系统构造

（5）雨水渗透渠规格参数

雨水渗透渠规格参数见表 17.9-17。

雨水渗透渠规格参数　　　　　　　　　　表 17.9-17

长（mm）	宽（mm）	高（mm）	贮水量（L）	净重（kg）	承压等级（kN/m²）
1150	795	500	300	11	200～600
安装要求	最小覆土深度 250mm，最大覆土深度 3740mm				
	安装管径：$DN100$、$DN150$、$DN200$、$DN300$				
	渗透渠距离建筑物基础水平距离应大于 3m				
	渗透渠底部距地下水位或不透水层>1m，下层土壤渗透系数宜为 $4\times10^{-6}\sim1\times10^{-3}$m/s				
	渗透渠前应设置截污设施				

注：雨水渗透渠规格参考深圳志深建筑技术有限公司产品资料。

4. 渗排一体化系统

雨水通过埋设于地下的多孔管或多孔雨水检查井向四周土壤渗透，其优点是占地面积少，管道四周填充粒径 20～30mm 的碎石，有较好的透水能力。

（1）PE 排水沟

PE 排水沟由 PE 材料滚塑而成，沟体侧面设有加强肋，具有较高的承压能力。底部和侧面根据需要可开设渗透孔，并通过每段沟体之间的隔板将初期径流雨水滞留在沟体内。

适用范围：常置于低势绿地边沿，也可置于路肩，也适用于公园及人行广场。

（2）PE 渗透式雨水口/集水渗透井

适用范围：设在雨水入渗管的分段连接处，通常设置在绿地内、行人路面和公园及人行广场。

材质及功能：树脂井盖，LDPE 整体井筒。带箅井盖，井壁、井底开孔，井内有截污筐，检查井有集水、截污、渗透功能。

（3）渗透管道

1）聚乙烯穿孔渗透管

适用范围：常与渗透式雨水井及渗透式弃流井等结合使用，也可单独使用，常置于绿地下、人行道下。

材质及功能：选用 HDPE 材质的穿孔管道，可以承受较大的荷载。不仅有良好的渗透效果，而且与雨水渗透井、弃流井的连接方式更加简便牢固。雨水渗透管的使用可以达到回补地下水的功能。

2）软式透水管

适用范围：采用小直径的软式透水管以较小的间隙密布在土层中，用于收集和排出土壤中的滞水。

材质及功能：以外覆聚氯乙烯的弹簧为架，以渗透性土工布及聚合纤维编织物为管壁的复合型管材。埋设于土壤中，常作为集水毛细管使用。

（4）渗排一体化系列产品

渗排一体化系列产品见表 17.9-18。

渗排一体化系列产品　　　　　　表 17. 9-18

PE 地沟
（TP-E 系列）

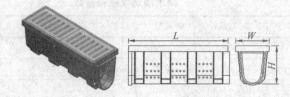

产品型号	产品编码	长 L（mm）	宽 W（mm）	高 H（mm）	备注
TP-E3040	10608004	1060	355	395	
TP-E3040I	10608005	1060	355	395	渗透

聚乙烯雨水口
（TR-E 系列）

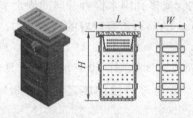

产品型号	产品编码	长 L（mm）	宽 W（mm）	高 H（mm）	备注
TR-E3045	10715001	555	355	450	
TR-E3045I	10715002	555	355	450	渗透
TR-E3080	10715003	555	355	830	
TR-E3080I	10715004	555	355	830	渗透

聚乙烯雨水口
（TR-E 系列）

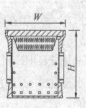

产品型号	产品编码	长 L（mm）	宽 W（mm）	高 H（mm）	备注
TR-E4045	10715005	432	432	468	
TR-E4045I	10715006	432	432	468	渗透
TR-E4045W	10715007	432	432	468	无底
TR-E4045WI	10715008	432	432	468	渗透/无底

续表

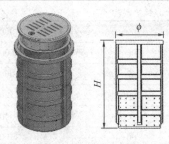

雨水检查井
（TM-E 系列）

产品型号	产品编码	直径 φ（mm）	高度 H（mm）	备注
TM-E6010	10701001	625	1000	
TM-E6012	10701002	625	1200	
TM-E8014	10701003	885	1400	
TM-E6010I	10702001	625	1000	渗透
TM-E6012I	10702002	625	1200	渗透
TM-E8014I	10702003	885	1400	渗透

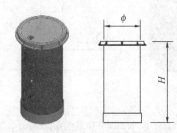

组合式雨水检查井
（直壁式）
（TM-C 系列）

产品型号	产品编码	直径 φ（mm）	高度 H（mm）	备注
TM-C6010	10705007	600	1000	
TM-C6015	10705008	600	1500	
TM-C6020	10705009	600	2000	
TM-C6025	10705010	600	2500	
TM-C6030	10705011	600	3000	
TM-C6035	10705026	600	3500	
TM-C6040	10705027	600	4000	
TM-C6045	10705028	600	4500	
TM-C6050	10705029	600	5000	
TM-C6055	10705030	600	5500	
TM-C6060	10705031	600	6000	
TM-C7010	10705012	700	1000	
TM-C7015	10705013	700	1500	
TM-C7020	10705014	700	2000	
TM-C7025	10705015	700	2500	

续表

产品型号	产品编码	直径 ϕ（mm）	高度 H（mm）	备注
TM-C7030	10705016	700	3000	
TM-C7035	10705018	700	3500	
TM-C7040	10705019	700	4000	
TM-C7045	10705020	700	4500	
TM-C7050	10705021	700	5000	
TM-C7055	10705022	700	5500	

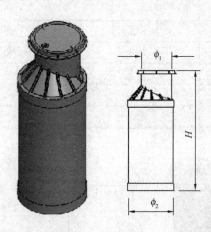

组合式雨水检查井
（收口式）
（TM-C 系列）

产品型号	产品编码	收口直径 ϕ_1（mm）	井体直径 ϕ_2（mm）	高度 H（mm）	备注
TM-C60/9015	10706031	600	900	1500	
TM-C60/9020	10706032	600	900	2000	
TM-C60/9025	10706033	600	900	2500	
TM-C60/9030	10706034	600	900	3000	
TM-C60/9035	10706037	600	900	3500	
TM-C60/9040	10706038	600	900	4000	
TM-C60/9045	10706039	600	900	4500	
TM-C60/9050	10706040	600	900	5000	
TM-C60/9055	10706041	600	900	5500	

注：产品规格参考北京泰宁科创雨水利用技术股份有限公司产品资料。

5. 透水铺装及路面

（1）陶瓷透水砖

陶瓷透水砖是利用陶瓷原料经筛分选料，通过合理的颗粒级配，经高温烧结而形成的优质透水建材。

特点：强度高、透水性好、抗冻融性能好、防滑性能好。

陶瓷透水砖产品规格见表 17.9-19。

陶瓷透水砖产品规格 表 17.9-19

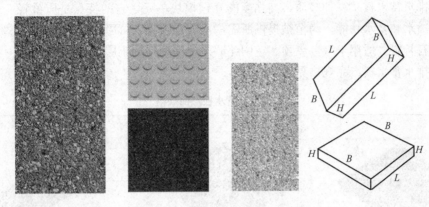

序号	规格 L×B×H（mm）	颜　色
1	100×200×50	本色、白色、浅灰、深灰、红色、棕色、黄色、灰色、蓝色、暗红、草绿、咖啡
2	200×200×55	本色、白色、浅灰、深灰、红色、棕色、黄色、灰色、蓝色、暗红、草绿、咖啡
3	300×150×55	本色、白色、浅灰、深灰、红色、棕色、黄色、灰色、蓝色、暗红、草绿、咖啡
4	300×300×60/80	本色、白色、浅灰、深灰、红色、棕色、黄色、灰色、蓝色、暗红、草绿、咖啡
5	400×200×60/80	本色、白色、浅灰、深灰、红色、棕色、黄色、灰色、蓝色、暗红、草绿、咖啡
6	500×300×80	本色、白色、浅灰、深灰、红色、棕色、黄色、灰色、蓝色、暗红、草绿、咖啡

注：产品规格参考广东圣腾（Saintarco）科技股份有限公司产品资料。

（2）彩色透水整体路面

彩色透水整体路面由 5 层材料构成，采用无机材料结合碎石素土等自然路基，通过先进技术层叠铺设而成的彩色透水路面。

彩色透水整体路面产品规格见表 17.9-20。

彩色透水整体路面产品规格 表 17.9-20

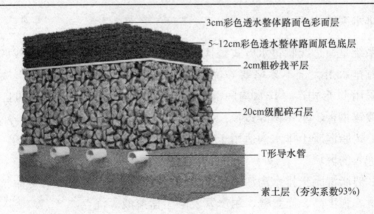

产品	透水率（mm/s）	适用温度（℃）	降噪（dB）	色彩	适用范围
彩色透水整体路面	>3	−40～200	5～9	16 种	车道、人行道、广场、公园

注：产品规格参考广东圣腾（Saintarco）科技股份有限公司产品资料。

6. 三维排水蓄水板

三维排水蓄水板是一种轻质、高强度的互锁模块单元，它的特点是质量轻、强度高，具有内渗透水和蓄水功能，为植被提供所需的水分和营养，可以替代地下排水系统中常用的重质砾石骨料。适用于绿色屋顶、空中花园及地面花园的土层排水。

三维排水蓄水板产品规格见表 17.9-21。

三维排水蓄水板产品规格　　　　　　表 17.9-21

Saintarco-PSB3150 排水板

Saintarco-PSB3050 排水板

Saintarco-PSB2050 排水板

序号	型号	规格 $L \times B \times H$ （mm）	抗压强度 （kN/m²）	排水能力 （L/(m·s)）	质量 （kg/m²）	材料	颜色
1	Saintarco-PSB3150	500×500×30	600	16.5	2.2	再生聚丙烯	黑色
2	Saintarco-PSB3050	500×500×30	800	16.5	2.5	再生聚丙烯	黑色
3	Saintarco-PSB2050	500×500×20	800	13.0	2.0	再生聚丙烯	黑色

注：产品规格参考广东圣腾（Saintarco）科技股份有限公司产品资料。

17.9.5　线性排水系统

线性排水系统是通过线状进水方式替代传统点状进水方式，场地汇水找坡长度小，进水断面大，具有排水量大、不易堵塞等优点。线性排水沟沟体采用树脂混凝土和 PE 材质，沟体断面采用 U 形构造，排水沟底部易形成较大的流速，具有良好的自净能力。配以球墨铸铁、镀锌钢板、不锈钢等盖板。

应用场合：树脂混凝土排水沟适用于人行道、公共交通路面、公共广场、停车场以及允许各种车辆进入的区域。

功能特点：树脂混凝土排水沟沟体由树脂和石英砂填料组成，具有寿命长、抗腐蚀性能好、表面光滑、强度高、质量轻、耐严寒及融雪盐溶液等优点。

技术参数：弯曲抗拉强度≥22N/mm²；抗压强度＞90N/mm²；弹性模量＞22kN/mm²；密度为 2.1～2.3g/cm³；渗水深度 0mm（《排水装置用混凝土生产、要求和检验标准》DIN 4281）

线性排水沟产品规格见表 17.9-22。

线性排水沟产品规格　　　　　　　　　　　表 17.9-22

缝隙式树脂混凝土排水沟
（RC-F 系列）

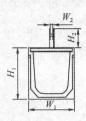

产品型号	产品编码	沟体尺寸（mm）			（不锈钢）盖板尺寸（mm）		
		W_1	H_1	L_1	W_2	H_2	L_2
RC-F1010	10603001	120	135	1000	15	80	1000
RC-F1020	10603002	120	230	1000	15	100	1000
RC-F1040	10603003	120	375	1000	15	100	1000
RC-F2020	10603004	190	220	1000	15	100	1000
RC-F3020	10603005	315	230	1000	15	100	1000
RC-F3030	10603006	315	330	1000	15	100	1000
RC-F3031	10603007	310	285	1000	15	100	1000
RC-F4040	10603008	360	430	1000	15	100	1000
RC-F4050	10603009	360	530	1000	15	100	1000
RC-F4041	10603010	380	430	1000	15	100	1000

平箅式（不锈钢）树脂混凝
土排水沟
（RC-P 系列）

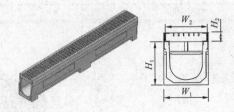

产品型号	产品编码	沟体尺寸（mm）			（不锈钢）盖板尺寸（mm）		
		W_1	H_1	L_1	W_2	H_2	L_2
RC-P1010S	10601001	120	135	1000	113	28	1000
RC-P1040S	10601002	120	375	1000	113	28	1000

平算式（铸铁）树脂混凝土
排水沟
（RC-P 系列）

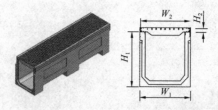

产品型号	产品编码	沟体尺寸（mm）			（铸铁）盖板尺寸（mm）		
		W_1	H_1	L_1	W_2	H_2	L_2
RC-P3030C	10601003	310	285	1000	302	20	1000
RC-P2030C	10601004	260	285	1000	252	20	1000

可调坡度缝隙式排水沟
（RC-FA 系列）

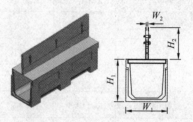

产品型号	产品编码	沟体尺寸（mm）			（不锈钢）盖板尺寸（mm）		
		W_1	H_1	L_1	W_2	H_2	L_2
RC-FA3020A	10604001	315	230	1000	15	96～117	1000
RC-FA3020B	10604002	315	230	1000	15	117～169	1000
RC-FA3020C	10604003	315	230	1000	15	169～241	1000
RC-FA3020D	10604004	315	230	1000	15	241～300	1000
RC-FA3030A	10604005	315	330	1000	15	96～117	1000
RC-FA3030B	10604006	315	330	1000	15	117～169	1000
RC-FA3030C	10604007	315	330	1000	15	169～241	1000
RC-FA3030D	10604008	315	330	1000	15	241～300	1000

渗透式树脂混凝土排水沟
（平算式不锈钢）
（RC-PI 系列）

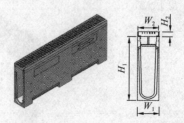

产品型号	产品编码	沟体尺寸（mm）			（不锈钢）盖板尺寸（mm）		
		W_1	H_1	L_1	W_2	H_2	L_2
RC-PI1040	10602011	120	375	1000	113	28	1000

注：产品规格参考北京泰宁科创雨水利用技术股份有限公司产品资料。

17.9.6 雨水过滤装置

1. 一体化雨水过滤装置

一体化雨水过滤装置用于小型屋面雨水的收集、处理、贮存、回用，如图 17.9-12 所示，其规格尺寸见表 17.9-23。

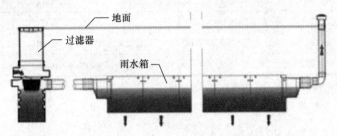

图 17.9-12　一体化雨水过滤装置

一体化雨水过滤装置规格尺寸　　　　　　　表 17.9-23

系统型号	适合屋面集雨面积（m²）	过滤器尺寸（mm）		单元雨水箱尺寸（mm）长×宽×高
		高	直径	
1	350	1050 1300 1550	400	600×1200×600
2	500	1665 1920 2170	400	
3	1000	1900 2100 2300	630	
4	2000	1954 2079 2205 2330	1000	

2. 埋地式雨水净化一体机

埋地式雨水净化一体机由优质玻璃纤维增强材料制作而成，内置石英砂过滤器、自动化投药器、多向阀、泄压回水等设备，集水质净化的混凝、反应、澄清、过滤、消毒工艺流程于一体，整套装置全自动运行，安全可靠。操作简单方便，无需机房，安装简易。

（1）埋地式雨水净化一体机见图 17.9-13。

图 17.9-13　埋地式雨水净化一体机

（2）埋地式雨水净化一体机产品规格参数见表17.9-24。

埋地式雨水净化一体机产品规格参数　　　　表 17.9-24

产品型号	处理量 （m³/h）	工作压力 （kg/cm²）	砂缸滤速 （m/h）	砂缸过滤面积 （m²）	接口尺寸 DN（mm）
QKYTJ-10	10	2	50	0.22	50
QKYTJ-15	15	2	50	0.22	50
QKYTJ-20	20	2	50	0.38	50
QKYTJ-25	25	2	50	0.38	50

注：产品规格参考广州全康环保设备有限公司产品资料。

17.10　小型污水处理设备

17.10.1　格栅

1. 手动、链式格栅除污机

手动、链式格栅除污机构造简单，制造方便，占地面积小，适用于槽深不大的中小型格栅井。

链式格栅除污机由驱动电机、减速器、主轴、链条、齿耙、栅条、栅架、过力矩保护装置等组成。

手动、链式格栅除污机见图17.10-1，其安装尺寸见表17.10-1。

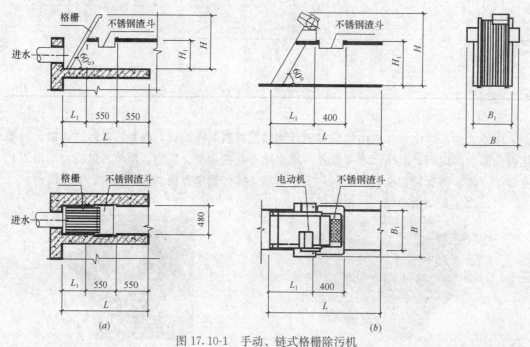

图 17.10-1　手动、链式格栅除污机
（a）手动格栅除污机；（b）链式电动格栅除污机

手动、机械格栅除污机安装尺寸（mm） 表 17.10-1

型 号	L	L_1	B	B_1	H	H_1
Ⅰ 型	880	450			760	400
Ⅱ 型	940	51	500～600	420～520	810	450
Ⅲ 型	960	540			860	500
Ⅳ 型	990	570			910	550

2. GH 型链式格栅除污机

GH 型链式格栅除污机见图 17.10-2，其安装尺寸见表 17.10-2。

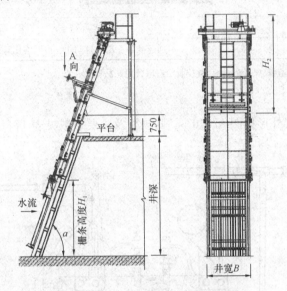

图 17.10-2　GH 型链式格栅除污机

GH 型链式格栅除污机安装尺寸（mm） 表 17.10-2

型号	格栅宽度 W	有效栅宽 W_1	设备总宽度 W_2	水槽宽度 W_3	排渣口高度 h		耙齿速度（m/mim）	电机功率（kW）
GH-800	800	500	1090	850				0.75
GH-1000	1000	700	1290	1050	$\alpha=60°$	$h=1000$		1.1～1.5
GH-1200	1200	900	1490	1250	$\alpha=65°$	$h=1050$		1.1～1.5
GH-1400	1400	1100	1690	1450	$\alpha=70°$	$h=1120$	6～8	1.1～1.5
GH-1500	1500	1200	1790	1550	$\alpha=75°$	$h=1200$		1.1～1.5
GH-1600	1600	1300	1890	1650	$\alpha=80°$	$h=1350$		1.1～1.5
GH-1800	1800	1500	2090	1850				1.5

注：1. 安装角度推荐采用 70°或 75°。

　　2. 栅条间净距为 16mm、20mm、25mm、40mm、80mm，最小为 16mm。

17.10.2　加药和消毒设备

1. 全自动加药装置

全自动加药装置通过在线检测系统、自动加药系统来控制化学药剂的投加，可投加不同药剂，达到消毒或沉淀的效果。

全自动加药装置产品规格见表 17.10-3。

全自动加药装置产品规格　　　　　　　　表 17.10-3

全自动加药装置	

产品型号	产品特点
Saintarco-JY300	加药准确、高度自动化、可网络化管理

注：产品规格参考广东圣腾（Saintarco）科技股份有限公司产品资料。

2. ClO₂发生器

H 型 ClO₂ 发生器外形见图 17.10-3，其规格及主要参数见表 17.10-4。

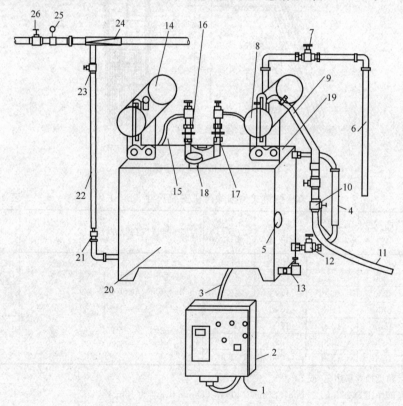

图 17.10-3　H 型 ClO₂ 发生器外形

1—电源插头；2—温控器；3—电源线；4—液位管；5—搬运孔；6—抽酸管；7—抽酸管阀门；8—盐酸罐；9—连通管；10—进气阀门；11—进气管；12—排污阀；13—排水阀；14—CTA 溶液灌；15—给料管；16—滴定管；17—球阀；18—加水口；19—安全阀；20—主机；21—单向阀；22—出气管；23—出气管阀门；24—水射器；25—压力表；26—截止阀

H 型 ClO₂ 发生器规格及主要参数

表 17.10-4

型号	有效氯产量（g/h）	动力水量（m³/h）	动力水压（MPa）	设备尺寸（mm）长×宽×高	加热功率（W）	游泳池水消毒能力（t/h）	医院污水消毒能力（t/h）	设备质量（kg）
H908-30	30	1	≥0.15	550×355×750	—	—	—	30
H908-50	50	1	≥0.15	780×580×880	500	10~25	1~5	60
H908-100	100	1.2	≥0.2	1000×610×1080	500	20~50	2.5~10	70
H908-200	200	1.2	≥0.2	1000×610×1080	500	40~100	5~20	76
H908-300	300	1.5	≥0.2	1100×6101×300	500	60~150	7.5~30	80
H908-400	400	1.5	≥0.25	1100×6101×300	500	80~200	10~40	86
H908-500	500	2	≥0.25	1100×6101×300	500	100~250	12.5~50	90
H908-1000	1000	3	≥0.3	1500×750×1400	500	200~500	25~100	140
H908-2000	2000	3	≥0.3	1500×750×1400	500	400~1000	50~200	170

3. GXQ 型次氯酸钠发生器

GXQ 型次氯酸钠发生器外形见图 17.10-4，其规格及主要参数见表 17.10-5。

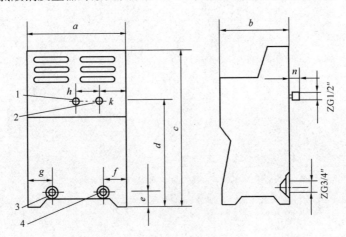

图 17.10-4 GXQ 型次氯酸钠发生器外形

1—盐水进口；2—冷却水进口；
3—次氯酸钠排出口；4—冷却水排出口

表 17.10-5

参数	型号			
	GXQ-A₄	GXQ-A₅	GXQ-B	GXQ-C
有效氯产量（g/h）	25~30	40~45	90~100	90~100
消毒液流量（mL/min）	50~60	90~100	200~230	200~230
消毒液含氯量（mg/mL）	7~7.5	7~7.5	7~7.5	7~7.5
贮液箱容积（L）	27	27	27	27
盐转化效率（%）	26~30	26~30	26~30	26~30
电流效率（%）	65~69	65~69	65~69	65~69

续表

参数		型号			
		GXQ-A$_4$	GXQ-A$_5$	GXQ-B	GXQ-C
盐水浓度（g/L）		40	40	40	40
电解槽	电流（A）	7～9	7～9	22～25	22～28
	电压（V）	14～16	20～22	16.5～17.5	16.5～17.5
	阳极电流密度（A/m²）	1200～1400	1200～1400	1200～1400	1200～1400
电源电压（V）		220	220	220	220
外形尺寸（长×宽×高）（mm）		620×400×1000	620×400×1000	730×530×1200	800×550×1300
运行方式		自控连续运行			
电耗（kWh/kg）		3.0	3.0	3.0	3.0
盐耗（kg/kg）		230	320	650	1200
运行电功率（W）		3.4	3.4	3.4	3.4
耗水量（m³/kg）		0.15	0.15	0.15	0.15
质量（kg）		50	55	75	80

第 18 章 消防设备、器材及装置

18.1 室外消火栓

室外消火栓型号编制方法如下所示：

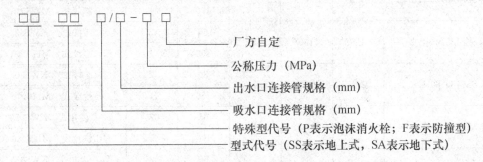

- 厂方自定
- 公称压力（MPa）
- 出水口连接管规格（mm）
- 吸水口连接管规格（mm）
- 特殊型代号（P表示泡沫消火栓；F表示防撞型）
- 型式代号（SS表示地上式，SA表示地下式）

18.1.1 地上式室外消火栓

地上式室外消火栓规格与性能见表 18.1-1。

地上式室外消火栓规格及性能　　　　表 18.1-1

型号	公称压力（MPa）	进水口		出水口		
		口径（mm）	数量（个）	口径（mm）	数量（个）	连接形式及尺寸
SS100/65-1.0	1.0	100	1	65	2	内扣式　KWS65
				100	1	螺纹式　M125×6
SS150/65-1.0	1.0	150	1	65	2	内扣式　KWS65
				150	1	螺纹式　M170×6
SS150/80-1.0	1.0	150	1	80	2	内扣式　KWS80
				150	1	螺纹式　M170×6
SSF100/65-1.0	1.0	100	1	65	2	内扣式　KWS65
				100	1	螺纹式　M125×6
SSF150/65-1.0	1.0	150	1	65	2	内扣式　KWS65
				150	1	螺纹式　M170×6
SSF150/80-1.0	1.0	150	1	80	2	内扣式　KWS80
				150	1	螺纹式　M170×6
SS100/65-1.6	1.6	100	1	65	2	内扣式　KWS65
				100	1	螺纹式　M125×6

型号	公称压力（MPa）	进水口		出水口		
		口径（mm）	数量（个）	口径（mm）	数量（个）	连接形式及尺寸
SS150/65-1.6	1.6	150	1	65	2	内扣式 KWS65
				150	1	螺纹式 M170×6
SS150/80-1.6	1.6	150	1	80	2	内扣式 KWS80
				150	1	螺纹式 M170×6
SSF100/65-1.6	1.6	100	1	65	2	内扣式 KWS65
				100	1	螺纹式 M125×6
SSF150/65-1.6	1.6	150	1	65	2	内扣式 KWS65
				150	1	螺纹式 M170×6
SSF150/80-1.6	1.6	150	1	80	2	内扣式 KWS80
				150	1	螺纹式 M170×6
SSP100/65-1.6	1.6	100	1	65	2	内扣式 KWS65
				100	1	螺纹式 M125×6
SSP150/65-1.6	1.6	150	1	65	2	内扣式 KWS65
				150	1	螺纹式 M170×6
SSP150/80-1.6	1.6	150	1	80	2	内扣式 KWS80
				150	1	螺纹式 M170×6

图 18.1-1 所示为地上式室外消火栓。

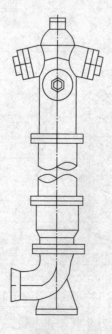

图 18.1-1 室外地上式消火栓

18.1.2 地下式室外消火栓

地下式室外消火栓规格及性能见表 18.1-2。

地下式室外消火栓规格及性能　　　　　　　　　　表 18.1-2

型号	公称压力（MPa）	进水口		出水口		
		口径（mm）	数量（个）	口径（mm）	数量（个）	连接形式及尺寸
SA100/65-1.0	1.0	100	1	65	1	内扣式　KWS65
				100	1	螺纹式　M125×6
SA100/65-1.6	1.6	100	1	65	1	内扣式　KWS65
				100	1	螺纹式　M125×6
SA100-1.0	1.0	100	1	100	1	消火栓连接器专用接口
SA100-16	1.6	100	1	100	1	消火栓连接器专用接口

图 18.1-2 所示为室外地下式消火栓。

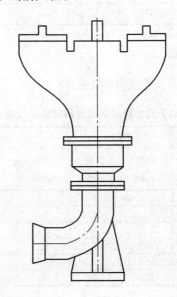

图 18.1-2　室外地下式消火栓

18.2　消防水泵接合器

消防水泵接合器型号编制方法如下所示：

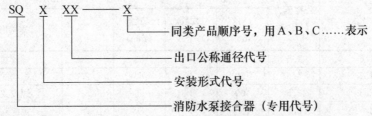

安装形式代号：S—地上式；X—地下式；B—墙壁式；D—多用式。

出口公称通径代号：100-表示公称通径为 $DN100$；150—表示公称通径为 $DN150$。

18.2.1 地上式消防水泵接合器

地上式消防水泵接合器规格及性能见表18.2-1。

地上式消防水泵接合器规格及性能　　　　　　表 18.2-1

型号	公称压力（MPa）	进水口		出水口		
		口径（mm）	数量（个）	口径（mm）	数量（个）	连接形式及尺寸
SQS100-1.6	1.6	100	1	65	2	螺纹式　KWS65
SQS150-1.6	1.6	150	1	80	2	螺纹式　KWS80
SQS100-2.5	2.5	100	1	65	2	螺纹式　KWS65
SQS150-2.5	2.5	150	1	80	2	螺纹式　KWS80
SQS100-4.0	4.0	100	1	65	2	螺纹式　KWS65
SQS150-4.0	4.0	150	1	80	2	螺纹式　KWS80

18.2.2 地下式消防水泵接合器

地下式消防水泵接合器规格及性能见表18.2-2。

地下式消防水泵接合器规格及性能　　　　　　表 18.2-2

型号	公称压力（MPa）	进水口		出水口		
		口径（mm）	数量（个）	口径（mm）	数量（个）	连接形式及尺寸
SQA100-1.6	1.6	100	1	65	2	螺纹式　KWA65
SQA150-1.6	1.6	150	1	80	2	螺纹式　KWA80
SQA100-2.5	2.5	100	1	65	2	螺纹式　KWA65
SQA150-2.5	2.5	150	1	80	2	螺纹式　KWA80
SQA100-4.0	4.0	100	1	65	2	螺纹式　KWA65
SQA150-4.0	4.0	150	1	80	2	螺纹式　KWA80

18.2.3 墙壁式消防水泵接合器

墙壁式消防水泵接合器规格及性能见表18.2-3。

墙壁式消防水泵接合器规格及性能　　　　　　表 18.2-3

型号	公称压力（MPa）	进水口		出水口		
		口径（mm）	数量（个）	口径（mm）	数量（个）	连接形式及尺寸
SQB100-1.6	1.6	100	1	65	2	螺纹式　KWS65
SQB150-1.6	1.6	150	1	80	2	螺纹式　KWS80
SQB100-2.5	2.5	100	1	65	2	螺纹式　KWS65
SQB150-2.5	2.5	150	1	80	2	螺纹式　KWS80
SQB100-4.0	4.0	100	1	65	2	螺纹式　KWS65
SQB150-4.0	4.0	150	1	80	2	螺纹式　KWS80

18.2.4 多用式消防水泵接合器

多用式消防水泵接合器规格及性能见表18.2-4。

多用式消防水泵接合器规格及性能   表18.2-4

型号	公称压力（MPa）	进水口		出水口		
		口径（mm）	数量（个）	口径（mm）	数量（个）	连接形式及尺寸
SQD100-1.6	1.6	100	1	65	2	螺纹式 KWS65
SQD150-1.6	1.6	150	1	80	2	螺纹式 KWS80
SQD100-2.5	2.5	100	1	65	2	螺纹式 KWS65
SQD150-2.5	2.5	150	1	80	2	螺纹式 KWS80
SQD100-4.0	4.0	100	1	65	2	螺纹式 KWS65
SQD150-4.0	4.0	150	1	80	2	螺纹式 KWS80

18.3 室内消火栓

室内消火栓型号编制方法如下所示：

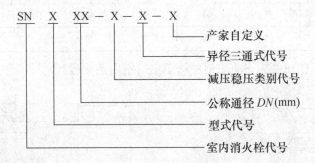

消火栓型式代号：

A—45°出口型；Z—旋转型；J—减压型；W—减压稳压型；Y—异径三通式。

18.3.1 室内消火栓

室内消火栓规格及性能见表18.3-1。

室内消火栓规格及性能   表18.3-1

型号	公称压力（MPa）	进水口径（mm）	出水口		栓阀数量	结构形式
			口径（mm）	数量（个）		
SN25	1.6	25	25	1	单阀	直角出口式
SN50	1.6	50	50	1	单阀	直角出口式

续表

| 型号 | 公称压力（MPa） | 进水口径（mm） | 出水口 | | 栓阀数量 | 结构形式 |
			口径（mm）	数量（个）		
SN60	1.6	65	65	1	单阀	直角出口式
SN25	1.6	25	25	1	单阀	45°出口式
SN50	1.6	50	50	1	单阀	45°出口式
SN65	1.6	65	65	1	单阀	45°出口式
SNJS25	0～0.85	25	25	1	单阀	梭式
SNJS50	0～0.85	50	50	1	单阀	梭式
SNJS65	0～0.85	65	65	1	单阀	梭式
SNAJS25	0～0.85	25	25	1	单阀	45°出口式、梭式
SNAJS50	0～0.85	50	50	1	单阀	45°出口式、梭式
SNAJS65	0～0.85	65	65	1	单阀	45°出口式、梭式
SNSS50	1.6	50	50	2	双阀	双出口式
SNSS65	1.6	65	65	2	双阀	双出口式
SNJ65	1.6	65	65	1	单阀	减压型
SNZK65	1.6	65	65	1	单阀	旋转快开型

图 18.3-1、图 18.3-2 为 SN65 型单阀单出口室内消火栓。

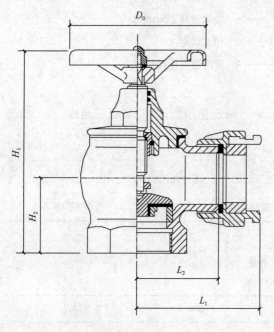 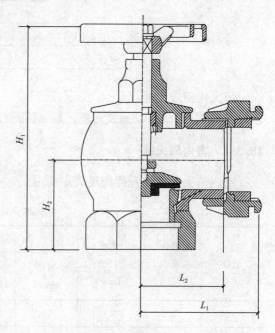

图 18.3-1　SN65 型单阀单出口室内消火栓　　图 18.3-2　SNZ65 旋转型单阀单出口室内消火栓

产品规格及基本尺寸见表 18.3-2。

产品规格及基本尺寸　　　　　　　　表 18.3-2

产品型号	公称通径（mm）	进水口	出水口	结构尺寸（mm）				
		管螺纹	消防接口	H_1	H_2	L_1	L_2	D_o
SN65	65	Rp2$\frac{1}{2}$	KN65	≤205	71	≤120	80	120
SNZ65	65	Rp2$\frac{1}{2}$	KN66	≤225	71～110	≤126	78	120

图 18.3-3 所示为 SNW-Ⅲ型减压稳压消火栓。

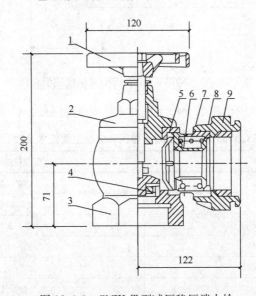

图 18.3-3　SNW-Ⅲ型减压稳压消火栓

SNW-Ⅲ型减压稳压消火栓主要部件名称及材质见表 18.3-3。

SNW-Ⅲ型减压稳压消火栓主要部件名称及材质　　　　　　　　表 18.3-3

序号	名称	材质	序号	名称	材质
1	手轮	灰铸铁	7	弹簧	弹簧钢
2	阀盖	灰铸铁	8	活塞套	黄铜
3	阀体	灰铸铁	9	固定接口	铝合金
4	阀座	黄铜	10	密封装置	—
5	挡板	不锈钢	11	旋转机构	—
6	活塞	黄铜	12	底座	灰铸铁

图 18.3-4 所示为 SNZW65-Ⅲ旋转型减压稳压消火栓。

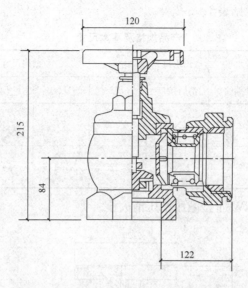

图 18.3-4　SNZW65-Ⅲ旋转型减压稳压消火栓

SNZW65-Ⅲ旋转型减压稳压消火栓主要技术参数见表 18.3-4。

SNZW65-Ⅲ旋转型减压稳压消火栓主要技术参数　　　　　表 18.3-4

固定接口	$DN65$ 内扣式消防接口
试验压力	2.4MPa
公称压力	1.6MPa
栓前压力 P_1	$0.7\sim1.6$MPa
栓后压力 P_2	$0.35\sim0.45$MPa
减压稳压类别	Ⅲ
流量	$Q \geqslant 5$L/s

18.3.2　室内消火栓箱

室内消火栓箱型号编制方法如下所示：

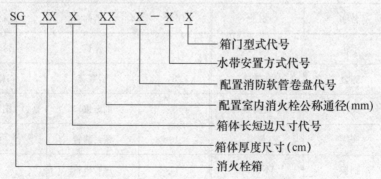

水带安置方式代号：P—盘卷式；J—卷置式；T 托架式。

箱门型式代号：S—双开门式；H—前后开门式。

栓箱基本型号、基本参数及消防器材的配置见表 18.3-5。

栓箱基本型号、基本参数及消防器材的配置

表 18.3-5

消火栓箱基本型号	代号	长边(mm)	短边(mm)	厚度(mm)	室内消火栓公称通径25	室内消火栓公称通径50	室内消火栓公称通径65	出口数量	消防水带公称通径50	消防水带公称通径65	消防水带长度(20或25)	消防水带根数	消防水枪当量喷嘴直径16	消防水枪当量喷嘴直径19	消防水枪支数	控制按钮防水	控制按钮数量	指示灯防水	指示灯数量	消防软管卷盘软管内径19	消防软管卷盘软管内径25	软管长度(20或25)
SG20A50	A	800	650	200		☆		1	☆		☆	1	☆		1	☆	1	☆	1			
SG20A65	A	800	650	200			☆	1		☆	☆	1		☆	1	☆	1	☆	1			
SG24A50	A	800	650	240		☆		1	☆		☆	1	☆		1	☆	1	☆	1			
SG24A65	A	800	650	240			☆	1		☆	☆	1		☆	1	☆	1	☆	1			
SG24AZ	A	800	650	240	★	☆		1	☆		☆	1	☆		1	☆	1	☆	1	☆	★	☆
SG32A50	A	800	650	320		☆		1	☆		☆	1	☆		1	☆	1	☆	1			
SG32A65	A	800	650	320			☆	1		☆	☆	1		☆	1	☆	1	☆	1			
SG32AZ	A	800	650	320	★	☆		1	☆		☆	1	☆		1	☆	1	☆	1	☆	★	☆
SG20B50	B	1000	700	200		☆		1	☆		☆	1	☆		1	☆	1	☆	1			
SG20B65	B	1000	700	200			☆	1		☆	☆	1		☆	1	☆	1	☆	1			
SG24B50	B	1000	700	240		☆		1或2	☆		☆	1或2	☆		1或2	☆	1	☆	1			
SG24B65	B	1000	700	240			☆	1或2		☆	☆	1或2		☆	1或2	☆	1	☆	1			
SG24B50Z	B	1000	700	240	★	☆		1	☆		☆	1	☆		1	☆	1	☆	1	☆	★	☆
SG24B65Z	B	1000	700	240	★		☆	1		☆	☆	1		☆	1	☆	1	☆	1	☆	★	☆
SG32B50	B	1000	700	320		☆		1或2	☆		☆	1或2	☆		1或2	☆	1	☆	1			
SG32B65	B	1000	700	320			☆	1或2		☆	☆	1或2		☆	1或2	☆	1	☆	1			
SG32B50Z	B	1000	700	320	★	☆		1	☆		☆	1	☆		1	☆	1	☆	1	☆	★	☆
SG32B65Z	B	1000	700	320	★		☆	1		☆	☆	1		☆	1	☆	1	☆	1	☆	★	☆

续表

消火栓箱基本型号	箱体基本参数			室内消火栓				消防水带				消防水枪			基本电器设备				消防软管卷盘		
代号	长短边尺寸		厚度(mm)	公称通径(mm)			出口数量	公称通径(mm)		长度(m)	根数	当量喷嘴直径(mm)		支数	控制按钮		指示灯		软管内径(mm)		软管长度(m)
	长边(mm)	短边(mm)		25	50	65		50	65	20或25		16	19		防水	数量	防水	数量	19	25	20或25
SG20C50	C 1200	750	200		☆		1	☆		☆	1	☆		1	☆	1	☆	1	☆		
SG20C65	1200	750	200			☆	1		☆	☆	1		☆	1	☆	1	☆	1	☆		
SG24C50	1200	750	240		☆		1或2	☆		☆	1或2	☆		1或2	☆	1	☆	1	☆		
SG24C65	1200	750	240			☆	1或2		☆	☆	1或2		☆	1或2	☆	1	☆	1	☆		
SG24C50Z	1200	750	240	★	☆		1	☆		☆	1	☆		1	☆	1	☆	1	☆	★	☆
SG24C65Z	1200	750	240	★		☆	1		☆	☆	1		☆	1	☆	1	☆	1	☆	★	☆
SG32C50	1200	750	320		☆		1或2	☆		☆	1或2	☆		1或2	☆	1	☆	1	☆		
SG32C65	1200	750	320			☆	1或2		☆	☆	1或2		☆	1或2	☆	1	☆	1	☆		
SG32C50Z	1200	750	320	★	☆		1	☆		☆	1	☆		1	☆	1	☆	1	☆	★	☆
SG32C65Z	1200	750	320	★		☆	1		☆	☆	1		☆	1	☆	1	☆	1	☆	★	☆

注：1. ☆表示栓箱内所配置的器材的规格。
2. 出口数量："1"表示一个单出口室内消火栓；"2"表示一个双出口室内消火栓或两个单出口室内消火栓。
3. ★表示可以选用。当消防软管卷盘进水管选用其他类型阀门时，D≥20mm。
4. 箱体基本参数还可选用厚度210mm、280mm的箱体。
5. 表中消防器材的配置为最低配置。
6. 组合式消火栓箱（带灭火器）的长、短边尺寸为D，长边尺寸可选用1600mm、1800mm、1850mm。

图 18.3-5～图 18.3-30 所示为各类型消火栓箱及消防柜。

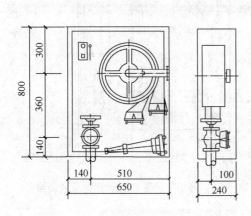

图 18.3-5　甲型单栓室内消火栓箱

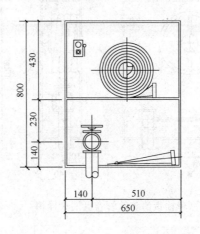

图 18.3-6　乙型单栓室内消火栓箱

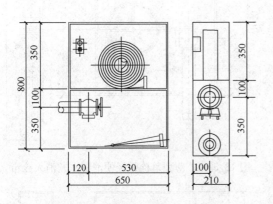

图 18.3-7　丙型单栓室内消火栓箱

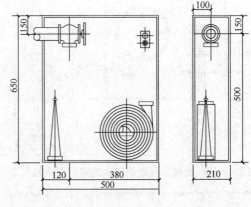

图 18.3-8　丁型单栓室内消火栓箱

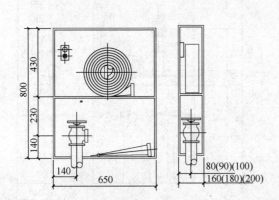

图 18.3-9　薄型单栓室内消火栓箱

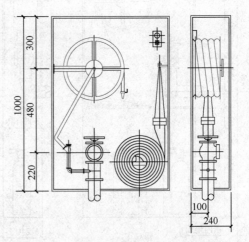

图 18.3-10　甲型单栓带消防软管卷盘消火栓箱

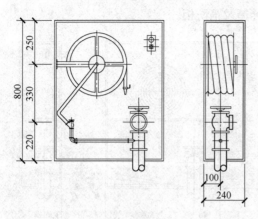

图 18.3-11　乙型单栓带消防软管卷盘消火栓箱

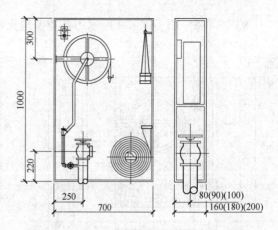

图 18.3-12　薄型单栓带消防软管卷盘消火栓箱

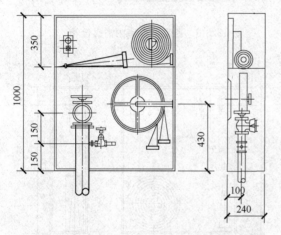

图 18.3-13　单栓带轻便消防水龙室内消火栓箱

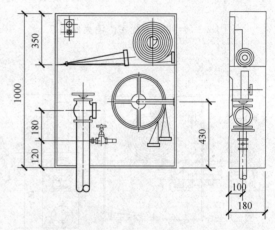

图 18.3-14　薄型单栓带轻便消防水龙消火栓箱

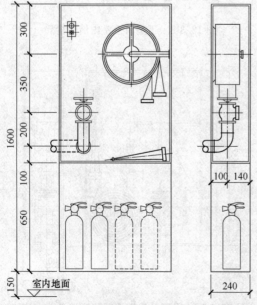

图 18.3-15　甲型单栓带灭火器箱组合式消防柜

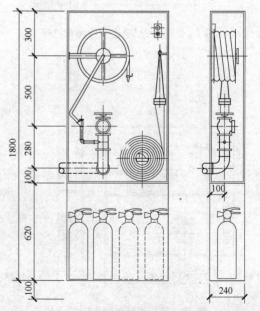

图 18.3-16　乙型单栓带灭火器箱组合式消防柜

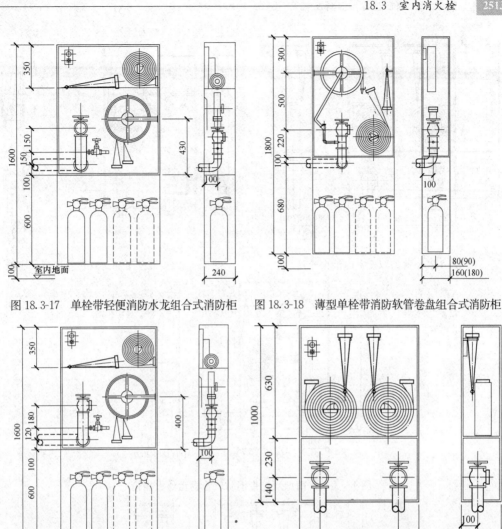

图 18.3-17　单栓带轻便消防水龙组合式消防柜　　图 18.3-18　薄型单栓带消防软管卷盘组合式消防柜

图 18.3-19　薄型单枪带轻便消防水龙组合式消防柜　　图 18.3-20　甲型双栓室内消火栓箱

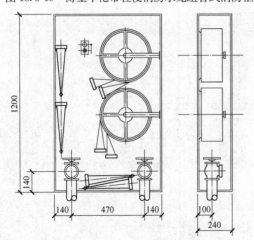

图 18.3-21　乙型双栓室内消火栓箱

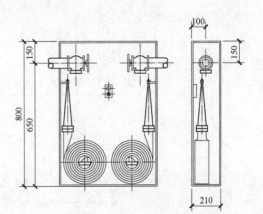

图 18.3-22　丙型双栓室内消火栓箱

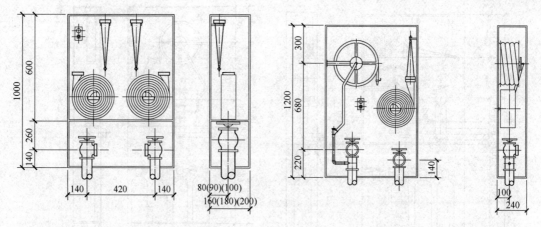

图 18.3-23 薄型双栓室内消火栓箱 　　　　 图 18.3-24 双栓带消防软管卷盘消火栓箱

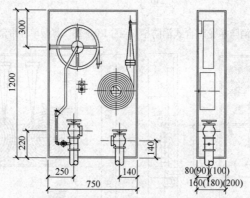

图 18.3-25 薄型双栓带消防软管卷盘消火栓箱

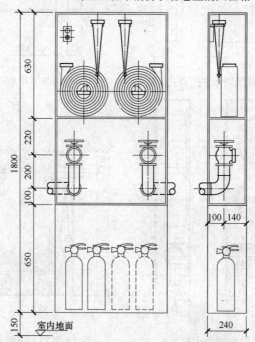

图 18.3-26 甲型双栓带灭火器箱组合式消防柜

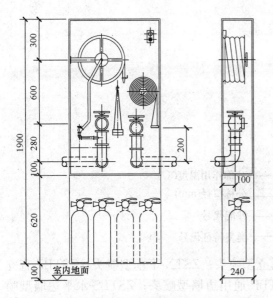

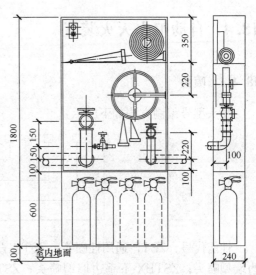

图 18.3-27　乙型双栓带灭火器箱组合式消防柜　　　图 18.3-28　双栓带轻便消防水龙组合式消防柜

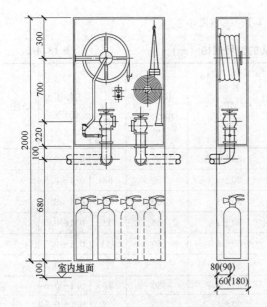

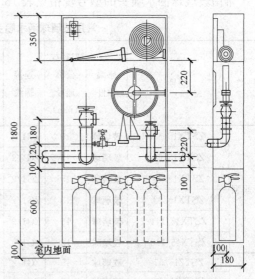

图 18.3-29　薄型双栓带消防软管卷盘
组合式消防柜

图 18.3-30　薄型双栓带轻便消防水龙
组合式消防柜

18.3.3　消防软管卷盘与轻便消防水龙

轻便消防水龙基本参数见表 18.3-6。

轻便消防水龙基本参数　　　　　　　　　表 18.3-6

接口公称通径(mm)	水带		额定工作压力(MPa)	流量（L/min）		射程（m）		喷雾角
	内径、公称尺寸及公差(mm)	长度及公差(m)		直流	喷雾	直流	喷雾	
15.0	25	10	0.25	≥15.0	≥17.50	≥15.50	≥3.50	0°～90°连续可调

18.4 自动喷水灭火装置

18.4.1 喷头

喷头型号编制方法如下所示：

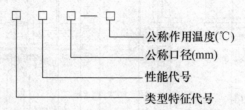

性能代号：ZSTP-通用性喷头；ZSTZ-直立型喷头；ZSTX-下垂型喷头；ZSTBZ-直立边墙型喷头；ZSTBX-下垂边墙型喷头；ZSTBP-通用边墙型喷头；ZSTBS-水平边墙型喷头；ZSTDQ-齐平式喷头；ZSTDR-嵌入式喷头；ZSTDY-隐蔽式喷头；ZSTG-干式喷头。

1. 玻璃球洒水喷头

常用玻璃球洒水喷头的型号规格见表18.4-1、表18.4-2。

常用玻璃球洒水喷头的型号规格（一）   表18.4-1

种类	型号	感温原件	口径或公称通径 (mm)	连接螺纹	K 值 (L·(MPa)$^{-1/2}$/min)	RTI 值 (m·s)$^{1/2}$	动作温度 (℃)	工作压力 (MPa)	备注
下垂型	ZSTX15/57	玻璃球	15	ZG1/2″	80±4	80	57	0.1~0.5	
	ZSTX15/68	玻璃球	15	ZG1/2″	80±4	80	68	0.1~0.5	
	ZSTX15/79	玻璃球	15	ZG1/2″	80±4	80	79	0.1~0.5	
	ZSTX15/93	玻璃球	15	ZG1/2″	80±4	80	93	0.1~0.5	
	ZSTX15/141	玻璃球	15	ZG1/2″	80±4	80	141	0.1~0.5	
	ZSTX15/182	玻璃球	15	ZG1/2″	80±4	80	182	0.1~0.5	
直立型	ZSTZ15/57	玻璃球	15	ZG1/2″	80±4	80	57	0.1~0.5	
	ZSTZ15/68	玻璃球	15	ZG1/2″	80±4	80	68	0.1~0.5	
	ZSTZ15/79	玻璃球	15	ZG1/2″	80±4	80	79	0.1~0.5	
	ZSTZ15/93	玻璃球	15	ZG1/2″	80±4	80	93	0.1~0.5	
	ZSTZ15/141	玻璃球	15	ZG1/2″	80±4	80	141	0.1~0.5	
	ZSTZ15/182	玻璃球	15	ZG1/2″	80±4	80	182	0.1~0.5	
直立边墙型	ZSTBZ15/57	玻璃球	15	ZG1/2″	80±4	80	57	0.1~0.5	
	ZSTBZ15/68	玻璃球	15	ZG1/2″	80±4	80	68	0.1~0.5	
	ZSTBZ15/79	玻璃球	15	ZG1/2″	80±4	80	79	0.1~0.5	
	ZSTBZ15/93	玻璃球	15	ZG1/2″	80±4	80	93	0.1~0.5	
	ZSTBZ15/141	玻璃球	15	ZG1/2″	80±4	80	141	0.1~0.5	
	ZSTBZ15/182	玻璃球	15	ZG1/2″	80±4	80	182	0.1~0.5	

续表

种类	型号	感温原件	口径或公称通径(mm)	连接螺纹	K 值(L·(MPa)$^{-1/2}$/min)	RTI 值(m·s)$^{1/2}$	动作温度(℃)	工作压力(MPa)	备注
下垂边墙型	ZSTBX15/57	玻璃球	15	ZG1/2″	80±4	80	57	0.1~0.5	
	ZSTBX15/68	玻璃球	15	ZG1/2″	80±4	80	68	0.1~0.5	
	ZSTBX15/79	玻璃球	15	ZG1/2″	80±4	80	79	0.1~0.5	
	ZSTBX15/93	玻璃球	15	ZG1/2″	80±4	80	93	0.1~0.5	
	ZSTBX15/141	玻璃球	15	ZG1/2″	80±4	80	141	0.1~0.5	
	ZSTBX15/182	玻璃球	15	ZG1/2″	80±4	80	182	0.1~0.5	
下垂型	ZSTBS15/57	玻璃球	15	ZG1/2″	80±4	80	57	0.1~0.5	
	ZSTBS15/68	玻璃球	15	ZG1/2″	80±4	80	68	0.1~0.5	
	ZSTBS15/79	玻璃球	15	ZG1/2″	80±4	80	79	0.1~0.5	
	ZSTBS15/93	玻璃球	15	ZG1/2″	80±4	80	93	0.1~0.5	
	ZSTBS15/141	玻璃球	15	ZG1/2″	80±4	80	141	0.1~0.5	
	ZSTBS15/182	玻璃球	15	ZG1/2″	80±4	80	182	0.1~0.5	
直立型	T-ZSTBS20/57	玻璃球	15	ZG1/2″	80±4	50~80	57	0.1~0.5	
	T-ZSTBS20/68	玻璃球	15	ZG1/2″	80±4	50~80	68	0.1~0.5	
	T-ZSTBS20/79	玻璃球	15	ZG1/2″	80±4	50~80	79	0.1~0.5	
	T-ZSTBS20/93	玻璃球	15	ZG1/2″	80±4	50~80	93	0.1~0.5	
	T-ZSTBS20/141	玻璃球	15	ZG1/2″	80±4	50~80	141	0.1~0.5	
	T-ZSTBS20/182	玻璃球	15	ZG1/2″	80±4	50~80	182	0.1~0.5	

注：K 值为喷头流量特性系数，RTI 值是指闭式喷头的响应时间指数，RTI≤50 的喷头叫做快速响应喷头。

常用玻璃球洒水喷头的型号规格（二）　　表 18.4-2

种类	型号	感温原件	口径或公称通径(mm)	连接螺纹	K 值(L·(MPa)$^{-1/2}$/min)	RTI 值(m·s)$^{1/2}$	动作温度(℃)	工作压力(MPa)	备注
隐蔽型	ZSTDY15/68	玻璃球	15	ZG1/2″	80±4	80	68	0.1~0.5	
	ZSTDY15/79	玻璃球	15	ZG1/2″	80±4	80	79	0.1~0.5	
	ZSTDY15/93	玻璃球	15	ZG1/2″	80±4	80	93	0.1~0.5	
特殊响应直立型	T-ZSTZ15/68	玻璃球	15	ZG1/2″	80±4	50~80	68	0.1~0.5	
	T-ZSTZ15/79	玻璃球	15	ZG1/2″	80±4	50~80	79	0.1~0.5	
	T-ZSTZ15/93	玻璃球	15	ZG1/2″	80±4	50~80	93	0.1~0.5	
快速响应直立型	K-ZSTZ15/68	玻璃球	15	ZG1/2″	80±4	50	68	0.1~0.5	
	K-ZSTZ15/79	玻璃球	15	ZG1/2″	80±4	50	79	0.1~0.5	
	K-ZSTZ15/93	玻璃球	15	ZG1/2″	80±4	50	93	0.1~0.5	

续表

种类	型号	感温原件	口径或公称通径(mm)	连接螺纹	K 值 (L·(MPa)$^{-1/2}$/min)	RTI 值 (m·s)$^{1/2}$	动作温度(℃)	工作压力(MPa)	备注
特殊响应下垂型	T-ZSTX15/68	玻璃球	15	ZG1/2″	80±4	50～80	68	0.1～0.5	
	T-ZSTX15/79	玻璃球	15	ZG1/2″	80±4	50～80	79	0.1～0.5	
	T-ZSTX15/93	玻璃球	15	ZG1/2″	80±4	50～80	93	0.1～0.5	
快速响应下垂型	K-ZSTX15/68	玻璃球	15	ZG1/2″	80±4	50	68	0.1～0.5	
	K-ZSTX15/79	玻璃球	15	ZG1/2″	80±4	50	79	0.1～0.5	
	K-ZSTX15/93	玻璃球	15	ZG1/2″	80±4	50	93	0.1～0.5	
特殊响应水平边墙型	T-ZSTBS15/68	玻璃球	15	ZG1/2″	80±4	50～80	68	0.1～0.5	
	T-ZSTBS15/79	玻璃球	15	ZG1/2″	80±4	50～80	79	0.1～0.5	
	T-ZSTBS15/93	玻璃球	15	ZG1/2″	80±4	50～80	93	0.1～0.5	
快速响应水平边墙型	K-ZSTBS15/68	玻璃球	15	ZG1/2″	80±4	50	68	0.1～0.5	
	K-ZSTBS15/79	玻璃球	15	ZG1/2″	80±4	50	79	0.1～0.5	
	K-ZSTBS15/93	玻璃球	15	ZG1/2″	80±4	50	93	0.1～0.5	

注：K 值为喷头流量特性系数，RTI 值是指闭式喷头的响应时间指数，RTI≤50 的喷头叫做快速响应喷头。

图 18.4-1～图 18.4-8 所示为各类型系列的玻璃球洒水喷头。

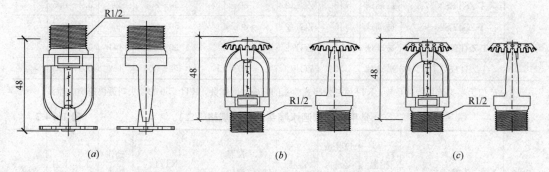

图 18.4-1　ZST-15 系列标准、快速响应玻璃球洒水喷头

（a）ZST-15 下垂型喷头；（b）ZST-15 直立型喷头；（c）ZST-15 普通型喷头

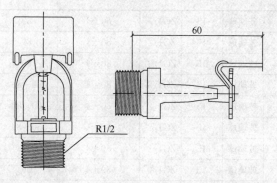

图 18.4-2　ZSTB-15 型边墙型标准、快速响应玻璃球洒水喷头

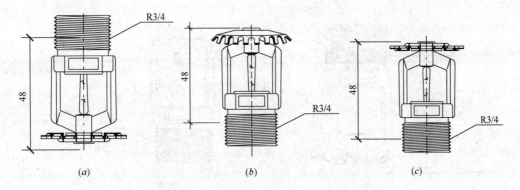

图 18.4-3　ZST-20 系列标准、快速响应玻璃球洒水喷头

(a) ZST-20 下垂型喷头；(b) ZST-20 直立型喷头；(c) ZST-20 普通型喷头

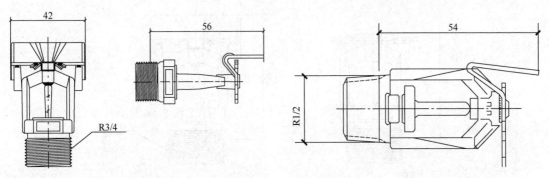

图 18.4-4　ZSTB-20 型边墙型标准、快速响应
玻璃球洒水喷头

图 18.4-5　WWH 型水平型边墙喷头

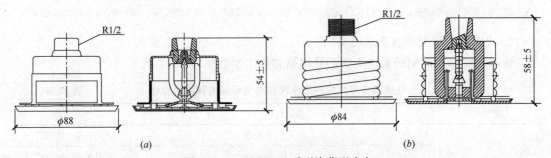

图 18.4-6　ZSTD-15 系列隐藏型喷头

(a) ZSTD-15 卡扣调节式吊顶隐藏型喷头；(b) ZSTDA-15 螺纹可调式吊顶隐藏型喷头

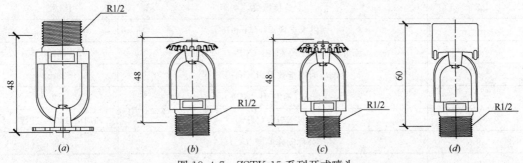

图 18.4-7　ZSTK-15 系列开式喷头

(a) ZSTKX-15 下垂型喷头；(b) ZSTKZ-15 直立型喷头；(c) ZSTKP-15 普通型喷头；(d) ZSTKB-15 边墙型喷头

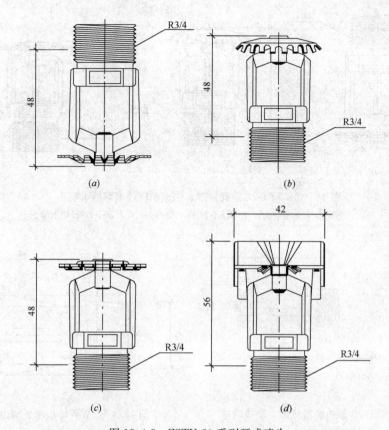

图 18.4-8 ZSTK-20 系列开式喷头

(a) ZSTKX-20 下垂型喷头；(b) ZSTKZ-20 直立型喷头；(c) ZSTKP-20 普通型喷头；(d) ZSTKB-20 边墙型喷头

2. 快速响应早期抑制洒水喷头

快速响应早期抑制洒水喷头的型号规格和技术参数见表 18.4-3。

表 18.4-3

快速响应早期抑制洒水喷头的型号规格和技术参数

序号	参数名称		技术参数
1	型号	下垂型	ESFR-202/68℃P
		直立型	ESFR-202/68℃U
2	公称尺寸（mm）		20
3	连接螺纹		R3/4°
4	供水支管管径（mm）		≥DN50
5	流量特性系数 K（L·(MPa)$^{-1/2}$/min）		202、242、363
6	响应时间指数 RTI（m·s)$^{1/2}$		≤28±8
7	最大工作压力（MPa）		1.2
8	出厂试压（MPa）		3.45，100% 进行
9	公称动作温度（℃）		68
10	感温玻璃球直径（mm）		ϕ2.5

序号	参数名称	技术参数		
11	感温元件距顶板距离（mm）	102～330		
12	最大覆盖面积（m²）	9.3		
13	喷头最大间距（m²）	3.05		
14	最小覆盖面积（m²）	7.4		
15	嘴头最小间距（m）	2.70		
16	质量（g）	235		
17	安装高度与最低工作压力 最大室内高度（m）	9.1	10.7	12.2
	最大货堆高度（m）	7.6	9.1	10.7
	供水压力要求（MPa）	≥0.34	≥0.52	≥0.52

图 18.4-9 所示为 ESFR 早期灭火快速响应洒水喷头。

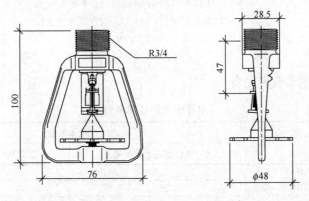

图 18.4-9　ESFR 早期灭火快速响应洒水喷头

图 18.4-10、图 18.4-11 所示为 ESFR-17 快速响应早期抑制直立型喷头与 ESFR-25 快速响应早期抑制下垂型喷头。

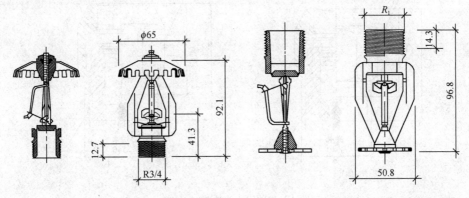

图 18.4-10　ESFR-17 快速响应早期抑制
直立型喷头

图 18.4-11　ESFR-25 快速响应早期抑制
下垂型喷头

图 18.4-12 所示为 ELO-231 标准响应、标准覆盖喷头。

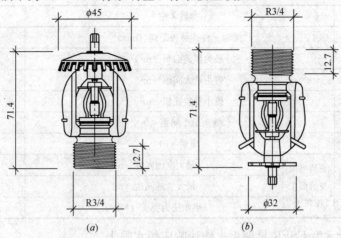

图 18.4-12　ELO-231 标准响应、标准覆盖喷头

(a) ELO-231 直立型喷头；(b) ELO-231 下垂型喷头

3. 水雾喷头

(1) 水雾喷头

水雾喷头的技术参数表见表 18.4-4。

水雾喷头的技术参数　　　　　　　　　　　　　　表 18.4-4

水雾喷头名称	技术参数	
	ZSTWB 型高速水雾喷头	ZSTWC 型中速水雾喷头
额定工作用力（MPa）	0.35	0.35
工作压力范围（MPa）	0.28~0.8	0.14~0.5
雾滴直径 $D_{V0.99}$（μm）	900	<800

图 18.4-13 所示为水喷雾喷头。

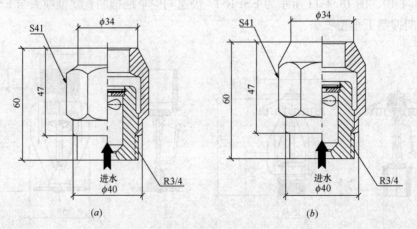

图 18.4-13　水喷雾喷头大样

(a) 喷头（一）；(b) 喷头（二）

(2) 高速水雾喷头

高速水雾喷头的技术参数表见表 18.4-5。

高速水雾喷头的技术参数   表 18.4-5

型号	公称压力（MPa）	流量（L/min）	雾化角（°）	流量特性系数	连接螺纹
ZSTWB-16-60	0.35	30	60	16	R1/2
ZSTWB-I6-90	0.35	30	90	16	R1/2
ZSTWB-16-120	0.35	30	120	16	R1/2
ZSTWB-21.5-60	0.35	40	60	21.5	R1/2
ZSTWB-21.5-90	0.35	40	90	21.5	R1/2
ZSTVB-21.5-120	0.35	40	120	21.5	R1/2
ZSTWB-26.5-60	0.35	50	60	26.5	R3/4
ZSTWB-26 5-90	0.35	50	90	26.5	R3/4
ZSTWB-26.5-120	0.35	50	120	26.5	R3/4
ZSTWB-33.7-60	0.35	63	60	33.7	R3/4
ZSTWB-33.7-90	0.35	63	90	33.7	R3/4
ZSTWB-33.7-120	0.35	63	120	33.7	R3/4
ZSTWB-43-60	0.35	80	60	43	R3/4
ZSTWB-43-90	0.35	80	90	43	R3/4
ZSTWB-43-120	0.35	80	120	43	R3/4
ZSTWB-53.5-60	0.35	100	60	53.5	R3/4
ZSTWB-53.5-90	0.35	100	90	53.5	R3/4
ZSTWB-53.5-120	0.35	100	120	53.5	R3/4
ZSTWB-67.5-90	0.35	125	90	67.5	R1
ZSTWB-80-30	0.35	150	30	80	R1
ZSTWB-86-90	0.35	160	90	86	R1
ZSTWB-107-90	0.35	200	90	107	R1
ZSTWB-117-90	0.35	220	90	117	R1
ZSTWB-160-90	0.35	300	90	160	R1

动态传输皮带水雾喷头型号及技术参数见表 18.4-6。

动态传输皮带水雾喷头   表 18.4-6

序号	型号规格	流量系数	喷射角（°）	有效距离（m）	工作压力范围（MPa）
1	ZSTWB/SL-S225-40-90	18.9	90	2.2	0.4～0.8
2	ZSTWB/SL-S225-50-120	23.5	120	2.2	0.4～0.8
3	ZSTWB/SL-S225-63-120	33.7	120	2.2	0.4～0.8
4	ZSTWB/SL-S225-80-120	42.8	120	2.2	0.4～0.8

防护冷却水雾喷头型号及技术参数见表 18.4-7。

防护冷却水雾喷头   表 18.4-7

序号	型号规格	流量系数	喷射角（°）	有效距离（m）	工作压力范围（MPa）
1	ZSTWB/SL-S232-22-90	15.6	90	2.0	0.2～0.6
2	ZSTWB/SL-S232-40-90	18.9	120	1.8	0.2～0.6

续表

序号	型号规格	流量系数	喷射角 (°)	有效距离 (m)	工作压力范围 (MPa)
3	ZSTWB/SL-S232-40-120	18.9	120	1.8	0.2～0.6
4	ZSTWB/SL-S232-50-120	23.5	120	1.8	0.2～0.6

电缆隧道水雾喷头型号及技术参数见表 18.4-8。

电缆隧道水雾喷头　　　　　　　　　　　　　表 18.4-8

序号	型号规格	流量系数	喷射角 (°)	有效距离 (m)	工作压力范围 (MPa)
1	ZSTWB/SL-S221-50-90	26.7	90	2.5	0.28～0.8
2	ZSTWB/SL-S221-63-90	33.7	90	2.5	0.28～0.8
3	ZSTWB/SL-S221-63-120	33.7	120	2.2	0.28～0.8
4	ZSTWB/SL-S221-80-120	42.8	120	2.2	0.28～0.8

油浸变压器水雾喷头型号及技术参数见表 18.4-9。

油浸变压器水雾喷头　　　　　　　　　　　　表 18.4-9

序号	型号规格	流量系数	喷射角 (°)	有效距离 (m)	工作压力范围 (MPa)
1	ZSTWB/SL-S223-63-90	33.7	90	2.5	0.28～0.8
2	ZSTWB/SL-S223-63-120	33.7	120	2.2	0.28～0.8
3	ZSTWB/SL-S223-80-120	42.8	120	2.2	0.28～0.8

高闪点油类水雾喷头型号及技术参数见表 18.4-10。

高闪点油类水雾喷头　　　　　　　　　　　　表 18.4-10

序号	型号规格	流量系数	喷射角 (°)	有效距离 (m)	工作压力范围 (MPa)
1	ZSTWB/SL-S222-63-90	33.7	90	2.6	0.2～0.8
2	ZSTWB/SL-S222-63-120	33.7	120	2.3	0.2～0.8
3	ZSTWB/SL-S222-80-120	42.8	120	2.3	0.2～0.8

水雾封堵喷头型号及技术参数见表 18.4-11。

水雾封堵喷头　　　　　　　　　　　　　　　表 18.4-11

序号	型号规格	流量系数	喷射角 (°)	有效距离 (m)	工作压力范围 (MPa)
1	ZSTWB/SL-S231-63-90	33.7	90	2.5	0.2～0.8
2	ZSTWB/SL-S231-63-120	33.7	120	2.4	0.2～0.8
3	ZSTWB/SL-S231-80-90	42.8	90	2.3	0.2～0.8
4	ZSTWB/SL-S231-80-120	42.8	120	2.2	0.2～0.8

（3）中速水雾喷头

中速水雾喷头的技术参数表见表 18.4-12。

中速水雾喷头的技术参数 表 18.4-12

型号	公称压力（MPa）	流量（L/min）	雾化角（°）	流量特性系数	连接螺纹
ZSTWC-16-90	0.35	30	90	16	R1/2
ZSTWC-16-120	0.35	30	120	16	R1/2
ZSTWC-16-150	0.35	30	150	16	R1/2
ZSTWC-16-180	0.35	30	180	16	R1/2
ZSTWC-21-90	0.35	40	90	21	R1/2
ZSTWC-21-120	0.35	40	120	21	R1/2
ZSTWC-21-150	0.35	40	150	21	R1/2
ZSTWC-21-180	0.35	40	180	21	R1/2
ZSTWC-28-90	0.35	50	90	28	R1/2
ZSTWC-28-120	0.35	50	120	28	R1/2
ZSTWC-28-150	0.35	50	150	28	R1/2
ZSTWC-28-180	0.35	50	180	28	R1/2
ZSTWC-34-90	0.35	60	90	34	R1/2
ZSTWC-34-120	0.35	60	120	34	R1/2
ZSTWC-34-150	0.35	60	150	34	R1/2
ZSTWC-34-180	0.35	60	180	34	R1/2
ZSTWC-37-90	0.35	70	90	37	R1/2
ZSTWC-37-120	0.35	70	120	37	R1/2
ZSTWC-37-150	0.35	70	150	37	R1/2
ZSTWC-37-180	0.35	70	180	37	R1/2
ZSTWC-43-90	0.35	80	90	43	R1/2
ZSTWC-43-120	0.35	80	120	43	R1/2
ZSTWC-43-150	0.35	80	150	43	R1/2
ZSTWC-43-180	0.35	80	180	43	R1/2
ZSTWC-54-90	0.35	100	90	54	R1/2
ZSTWC-54-120	0.35	100	120	54	R1/2
ZSTWC-54-150	0.35	100	150	54	R1/2
ZSTWC-54-180	0.35	100	180	54	R1/2
ZSTWC-67-90	0.35	125	90	67	R1/2
ZSTWC-67-120	0.35	125	120	67	R1/2
ZSTWC-67-150	0.35	125	150	67	R1/2
ZSTWC-67-180	0.35	125	180	67	R1/2
ZSTWC-86-90	0.35	160	90	86	R1/2

续表

型号	公称压力（MPa）	流量（L/min）	雾化角（°）	流量特性系数	连接螺纹
ZSTWC-86-120	0.35	160	120	86	R1/2
ZSTWC-86-150	0.35	160	150	86	R1/2
ZSTWC-86-180	0.35	160	180	86	R1/2
ZSTWC-118-90	0.35	220	90	118	R1/2
ZSTWC-118-120	0.35	220	120	118	R1/2
ZSTWC-118-150	0.35	220	150	118	R1/2
ZSTWC-118-180	0.35	220	180	118	R1/2

4. 水幕喷头

（1）下垂型水幕喷头

下垂型水幕喷头规格型号和技术参数见表18.4-13。

下垂型水幕喷头规格型号和技术参数　　　　　　　　表 18.4-13

型号	流量特性系数 K	喷射角度（°）	最小工作压力（MPa）	连接螺纹
ZSTMA-T 28/160	28	160	0.1	R1/2
ZSTMA-T 32/160	32	160	0.1	R1/2
ZSTMA-T 42/160	42	160	0.1	R1/2
ZSTMA-T 52/160	52	160	0.1	R3/4
ZSTMA-T 80/160	80	160	0.1	R1

（2）水平型水幕喷头

水平型水幕喷头规格型号和技术参数见表18.4-14。

水平型水幕喷头规格型号和技术参数　　　　　　　　表 18.4-14

型号	流量特性系数 K	喷射角度（°）	最小工作压力（MPa）	连接螺纹
ZSTMA-T 28/120、180	28	120、180	0.1	R1/2
ZSTMA-T 32/120、180	32	120、180	0.1	R1/2
ZSTMA-T 52/120、180	52	120、180	0.1	R1/2
ZSTMA-T 80/120、180	80	120、180	0.1	R3/4
ZSTMA-T115/120、180	115	120、180	0.1	R1

（3）水平型双缝水幕喷头

水平型双缝水幕喷头规格型号和技术参数见表18.4-15。

水平型双缝水幕喷头规格型号和技术参数　　　　　　　　表 18.4-15

型号	流量特性系数 K	喷射角度（°）	最小工作压力（MPa）	连接螺纹
ZSTMC-T 28/120、180	28	120、180	0.1	R1/2
ZSTMC-T 32/120、180	32	120、180	0.1	R1/2
ZSTMC-T 52/120、180	52	120、180	0.1	R1/2

型号	流量特性系数 K	喷射角度（°）	最小工作压力（MPa）	连接螺纹
ZSTMC-T 80/120、180	80	120、180	0.1	R3/4
ZSTMC-T 115/120、180	115	120、180	0.1	R1

（4）檐口型水幕喷头

檐口型水幕喷头规格型号和技术参数见表18.4-16。

檐口型水幕喷头规格型号和技术参数 表 18.4-16

型号	流量特性系数 K	喷射角度（°）	最小工作压力（MPa）	连接螺纹
ZSTMD-T 28/120、180	28	120、180	0.1	R1/2
ZSTMD-T 40/120、180	40	120、180	0.1	R1/2
ZSTMD-T 52/120、180	52	120、180	0.1	R1/2

图 18.4-14 所示为 ZSTM 型水幕喷头。

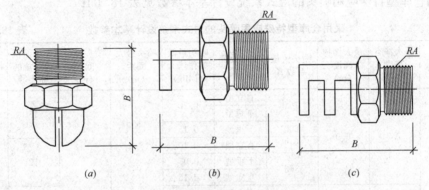

图 18.4-14　ZSTM 型水幕喷头

（a）ZSTM-A 型水幕喷头大样图；（b）ZSTM-B 型水幕喷头大样图

（c）ZSTM-C 型水幕喷头大样图

5. 雨淋喷头

图 18.4-15 所示为开式雨淋喷头结构，其型号及外形尺寸见表 18.4-17，主要技术性能参数见表 18.4-18。

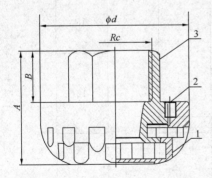

图 18.4-15　开式雨淋喷头结构

1—喷头；2—止退销；3—接头

开式雨淋喷头型号及外形尺寸 表 18.4-17

产品名称	型号	外形尺寸			连接尺寸	质量
		A	B	ϕd	Rc (in)	（kg）
雨淋喷头	DS XC-85	40		55	1/2	0.180
	DS XC-190	45		65	1	0.385
	DS XC-304	45	20	65	1	0.385
	DS XC-683	70		100	1½	1.400
	DS XC-1138	80		120	2	2.150

生产厂家：广东永泉阀门科技有限公司。

开式雨淋喷头主要技术性能参数　　　　表 18.4-18

产品名称	型号	标准性能参数 K				流量特性系数 $K=Q/(10P)^{1/2}$	平均洒水密度 (mm/min)	集水盘最小密度 (mm/min)
		供水压力 (MPa)	流量 (L/min)	安装高度 (m)	雨淋半径 (m)			
雨淋喷头	DS XC-85	0.2	120	2~20	2.5	85±6	4.5	1.2
	DS XC-190	0.25	300	6~20	4	190±10		
	DS XC-304		480		5	304±15		
	DS XC-683		1080		7.5	683±35		
	DS XC-1138		1800		9	1138±57	5.5	

生产厂家：为广东永泉阀门科技有限公司。

6. 特殊应用喷头

（1）仓库型特殊应用喷头

采用仓库型特殊应用喷头的湿式系统设计基本参数见表 18.4-19。

采用仓库型特殊应用喷头的湿式系统设计基本参数　　　　表 18.4-19

储物类别	最大净空高度 (m)	最大储物高度 (m)	喷头流量系数 K	喷头设置方式	喷头最低工作压力 (MPa)	喷头最大间距 (m)	喷头最小间距 (m)	作用面积内开放的喷头数	持续喷水时间 (h)
Ⅰ级、Ⅱ级	7.5	6.0	161	直立型	0.20	3.7	2.4	15	1.0
				下垂型					
			200	下垂型	0.15				
			242	直立型	0.10				
			363	下垂型	0.07			12	
				直立型	0.15				
	9.0	7.5	161	直立型	0.35			20	
				下垂型					
			200	下垂型	0.25				
			242	直立型	0.15				
			363	直立型	0.15			12	
				下垂型	0.07				
	12.0	10.5	363	直立型	0.10	3.0		24	
				下垂型	0.20			12	
箱装不发泡塑料	7.5	6.0	161	直立型	0.35	3.7		15	
				下垂型					
			200	下垂型	0.25				
			242	直立型	0.15				
			363	直立型	0.15				
				下垂型	0.07				
	9.0	7.5	363	直立型	0.15			12	
				下垂型	0.07				
	12.0	10.5	363	下垂型	0.20	3.0			
箱装发泡塑料	7.5	6.0	161	直立型	0.35	3.7		15	
				下垂型					
			200	下垂型	0.25				
			242	直立型	0.15				
			363	直立型	0.07				
				下垂型					

（2）非仓库型特殊应用喷头

非仓库型特殊应用喷头的基本设计参数见表18.4-20。

非仓库型特殊应用喷头的基本设计参数　　　表 18.4-20

适用场所		最大净空高度 h (m)	喷水强度 (L/ (min·m²))	作用面积 (m²)	喷头间距 S (m)
民用建筑	中庭、体育馆、航站楼等	$12 < h \leqslant 18$	15	160	$1.8 \leqslant S \leqslant 3.0$
	影剧院、音乐厅、会展中心等	$12 < h \leqslant 18$	20		

7. 家用喷头

喷头溅水盘与顶板的距离见表18.4-21。

喷头溅水盘与顶板的距离　　　表 18.4-21

喷头类型	喷头溅水盘与顶板的距离 S_L (mm)
家用喷头	$25 \leqslant S_L \leqslant 100$
边墙型家用喷头	$100 \leqslant S_L \leqslant 150$

8. 旋转型喷头

旋转型喷头主要技术参数见表18.4-22。

旋转型喷头主要技术参数　　　表 18.4-22

DN (mm)	K	n	$P=0.10\text{MPa}$		$P=0.25\text{MPa}$		$P=0.90\text{MPa}$		最大安装高度 (m)
			R (m)	q (L/s)	R (m)	q (L/s)	R (m)	q (L/s)	
15	90	0.46	5.0	1.50	5.5	2.29	5.5	4.12	13
20	142	0.46	6.0	2.37	6.5	3.61	7.0	6.50	15
25	242	0.43	6.5	4.03	7.0	5.98	7.5	10.4	18
32	281	0.42	7.0	4.68	7.5	6.88	7.5	11.8	18
40	310	0.42	7.0	5.17	8.0	7.59	9.0	13.0	18
40	360	0.42	7.0	6.00	8.0	8.82	9.0	15.1	18

注：1. K—喷头流量系数。

　　2. n—幂指数，$n = 0.42 \sim 0.46$。

　　3. P—喷头设计工作压力（MPa），按 $0.10 \sim 1.20$MPa 控制，宜取 $0.10 \sim 0.90$MPa。

　　4. R—喷头保护半径（m）。

　　5. q—喷头流量（L/s）。

生产厂家：广州龙雨消防设备有限公司。

图 18.4-16 所示为闭式旋转型喷头的构造。

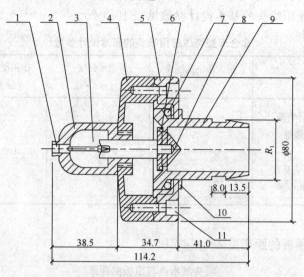

图 18.4-16 闭式旋转型喷头结构

1—调节螺丝；2—支架；3—感温管；4—前盖；5—后盖；
6—胶圈；7—滚珠；8—分流器；9—进水管；10—卡簧；11—螺丝

图 18.4-17 所示为开式旋转型喷头的构造。

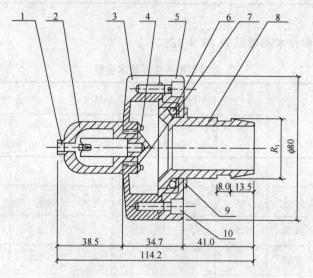

图 18.4-17 开式旋转型喷头结构

1—调节螺丝；2—支架；3—前盖；4—胶圈；5—后盖；
6—滚珠；7—分流器；8—进水管；9—卡簧；10—螺丝

18.4.2 报警阀组

1. 湿式报警阀组

ZSFZ 系列自动喷水湿式报警阀技术参数见表 18.4-23。

ZSFZ 系列自动喷水湿式报警阀技术参数　　表 18.4-23

工作压力	1.6MPa
最低使用环境温度	4℃
最高使用环境温度	70℃
水头损失	<0.02MPa
流量范围	15～60L/min

ZSFZ 系列自动喷水湿式报警阀组装置型号规格见表 18.4-24。

ZSFZ 系列自动喷水湿式报警阀组装置型号规格　　表 18.4-24

型号　尺寸	法兰连接尺寸（mm）			
	公称尺寸	外径	螺栓孔中心直径	螺栓尺寸及数量
ZSFZ100	DN100	φ215	φ180	8×φ18
ZSFZ150	DN150	φ285	φ240	8×φ22
ZSFZ200	DN200	φ340	φ295	12×φ22

图 18.4-18 所示为 ZSFZ 型湿式报警阀组。

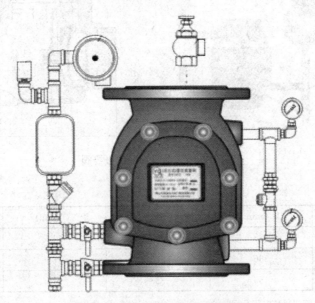

图 18.4-18　ZSFZ 型湿式报警阀组

图 18.4-19 所示为法兰式湿式报警阀，其尺寸型号见表 18.4-25。

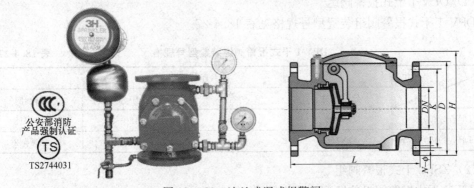

图 18.4-19　法兰式湿式报警阀

法兰式湿式报警阀　　表 18.4-25

尺寸型号	L（mm）		H（mm）		D（mm）		K（mm）		N-φ（mm）	
	PN16	PN25	PN16	PN25	PN16	PN25	PN16	PN25	PN16	PN25
ZSFZ 100（PN16）	306		245	252	220	235	180	190	8～19	8～23
ZSFZ 150（PN16）	366		314	322	285	300	240	250	8～22	8～28
ZSFZ 200（PN16）	453		384	394	340	360	295	310	12～23	12～28

生产厂家：广东永泉阀门科技有限公司。

图 18.4-20 所示为沟槽式湿式报警阀，其尺寸型号见表 18.4-26。

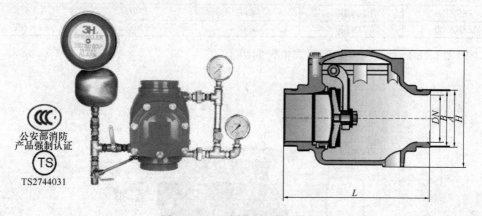

图 18.4-20　沟槽式湿式报警阀

沟槽式湿式报警阀　　表 18.4-26

尺寸型号	L（mm）	H（mm）	A（mm）	B（mm）
ZSFZ 100（G PN16）	318	232	114	109
ZSFZ 150（G PN16）	366	303	165	160
ZSFZ 200（G PN16）	453	383	219	214

生产厂家：广东永泉阀门科技有限公司。

2. 干式报警阀组

（1）DPV-1 干式报警阀组

DPV-1 干式报警阀组装置型号规格见表 18.4-27。

DPV-1 干式报警阀组装置型号规格　　表 18.4-27

尺寸 型号	法兰连接尺寸（mm）			
	公称尺寸	外径	螺栓孔中心直径	螺栓孔径
DPV-1-100	DN100	φ215	φ180	8×φ18
DPV-1-150	DN150	φ285	φ240	8×φ22

（2）ZSFC 干式报警阀组

ZSFC 干式报警阀组装置型号规格见表 18.4-28。

ZSFC 干式报警阀组装置型号规格　　　　　　　　表 18.4-28

尺寸 型号	法兰连接尺寸（mm）			
	公称尺寸	外径	螺栓孔中心直径	螺栓孔径
ZSFC100	*DN*100	ϕ215	ϕ180	8×ϕ18

3. 预作用报警阀组

（1）ZSFY 系列预作用报警阀组

ZSFY 系列预作用报警阀组型号规格见表 18.4-29。

ZSFY 预作用报警装置型号规格　　　　　　　　表 18.4-29

尺寸 型号	法兰连接尺寸（mm）				
	通径	外径	螺栓孔中心直径	螺栓孔径	螺栓规格
ZSFY100	ϕ100	ϕ220	ϕ180	8×ϕ18	M16
ZSFY150	ϕ150	ϕ285	ϕ240	8×ϕ22	M20
ZSFY200	ϕ200	ϕ340	ϕ295	12×ϕ22	M20

（2）ZSFU 系列预作用报警阀组

ZSFU 系列预作用报警阀组型号规格见表 18.4-30。

ZSFU 预作用报警装置型号规格　　　　　　　　表 18.4-30

尺寸 型号	法兰连接尺寸（mm）				
	通径	外径	螺栓孔中心直径	螺栓孔径	螺栓规格
ZSFU100	ϕ100	ϕ220	ϕ180	8×ϕ18	M16
ZSFU150	ϕ150	ϕ285	ϕ240	8×ϕ22	M20

（3）活塞式预作用报警阀组

活塞式预作用报警组主要性能参数见表 18.4-31。

活塞式预作用报警组主要性能参数　　　　　　　　表 18.4-31

公称压力	1.6MPa	2.5MPa
密封试验压力	3.2MPa	5.0MPa
强度试验压力	6.4MPa	10.0MPa
伺应压力	≥0.14MPa	
水头损失	≤0.07MPa	
适用介质	清水	
充气压力范围	0.03～0.05MPa	
高压报警气压压力	≥0.055MPa	
低压报警气压压力	≤0.025MPa	

生产厂家：广东永泉阀门科技有限公司。

活塞式预作用报警组主要零件及材料见表 18.4-32。

活塞式预作用报警组主要零件及材料　　　　表 18.4-32

序号	名称	材质	序号	名称	材料
1	阀体	QT500-7	12	螺柱	06Cr19Ni10/304
2	导向架	ZCuAl9Mn2	13	螺母	06Cr19Ni10/304
3	O 形圈	NBR	14	缸盖	QT500-7
4	阀座	06Cr19Ni10/304/ZCuAl9Mn2	15	六角螺母	06Cr19Ni10/304
5	密封垫	NBR	16	O 形圈	NBR
6	阀瓣	ZCuAl9Mn2	17	缸体	ZCuAl9Mn2
7	阀杆	06Cr17Ni12Mo2/06Cr19Ni10/ 304	18	活塞	ZCuAl9Mn2
8	六角螺母	H62/06Cr19Ni10/304	19	摇杆	ZCuAl9Mn2
9	弹簧	07Cr17Ni7Al/631/60Si2MnA	20	导环	H62
10	O 形圈	NBR	21	双头螺杆	06Cr19Ni10/304
11	双 Y 密封圈	NBR	22	密封垫	NBR

生产厂家：广东永泉阀门科技有限公司。

图 18.4-21 所示为活塞式预作用报警组结构，其主要外形连接尺寸见表 18.4-33。

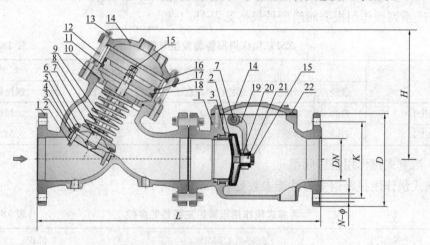

图 18.4-21　活塞式预作用报警组结构
注：图中对应注释见表 18.4-32。

活塞式预作用报警组主要外形连接尺寸　　　　表 18.4-33

尺寸型号	DN（mm）		L（mm）		H（mm）		D（mm）		K（mm）		N-φ（mm）	
	PN16	PN25	PN16	PN25	PN16	PN25	PN16	PN25	PN16	PN25	PN16	PN25
ZSFY 100	100		656		260		220	235	180	190	8-19	8-23
ZSFY 150	150		816		350		285	300	240	250	8-22	8-28
ZSFY 200	200		1003		477		340	360	295	310	12-23	12-28

生产厂家：广东永泉阀门科技有限公司。

4. 雨淋报警阀组

（1）ZSFY 系列雨淋报警阀组

ZSFY 系列雨淋报警阀组装置型号规格见表18.4-34。

ZSFY 系列雨淋报警阀组装置型号规格   表 18.4-34

型号 \ 尺寸	法兰连接尺寸			
	公称尺寸	外径	螺栓孔中心直径	螺栓尺寸及数量
ZSFY100	$DN100$	$\phi220$	$\phi18$	$16\times M16\times160$
ZSFY150	$DN150$	$\phi280$	$\phi23$	$16\times M18\times165$
ZSFY200	$DN200$	$\phi340$	$\phi23$	$32\times M20\times180$

（2）ZSFM 系列雨淋报警阀组

ZSFM 系列雨淋报警阀组装置型号规格见表18.4-35。

ZSFM 系列隔膜雨淋阀组装置型号规格   表 18.4-35

型号 \ 尺寸	法兰连接尺寸（mm）			
	公称尺寸	外径	螺栓孔中心直径	螺栓孔径	螺栓规格
ZSFM50	$DN50$	$\phi160$	$\phi125$	$8\times\phi18$	M16
ZSFM100	$DN100$	$\phi220$	$\phi180$	$16\times\phi18$	M16
ZSFM150	$DN150$	$\phi285$	$\phi240$	$16\times\phi22$	M20
ZSFM200	$DN200$	$\phi340$	$\phi295$	$24\times\phi22$	M20

（3）DV-1 系列雨淋报警阀组

DV-1 系列雨淋报警阀组装置型号规格见表18.4-36。

DV-1 系列雨淋阀组装置型号规格   表 18.4-36

型号 \ 尺寸	法兰连接尺寸（mm）			
	公称尺寸	外径	螺栓孔中心直径	螺栓孔径
DV-1-100	$DN100$	$\phi215$	$\phi180$	$16\times\phi18$
DV-1-150	$DN150$	$\phi285$	$\phi240$	$16\times\phi22$

（4）活塞式雨淋报警阀

活塞式雨淋报警阀主要性能参数见表18.4-37。

活塞式雨淋报警阀主要性能参数   表 18.4-37

公称压力		1.6MPa/2.5MPa
适用介质		清水
试验压力		$\geqslant0.14MPa$
开启时间		$\leqslant10s$
复位时间		$\leqslant30s$
水头损失		$\leqslant0.07MPa$
电磁阀	防护等级	符合《外壳防护等级》GB/T 4208
	防爆等级	符合《爆炸性环境 第1部分：设备 通用要求》GB 3836.1

生产厂家：广东永泉阀门科技有限公司。

图 18.4-22 所示为法兰式活塞式雨淋报警阀，其型号与尺寸见表18.4-38。

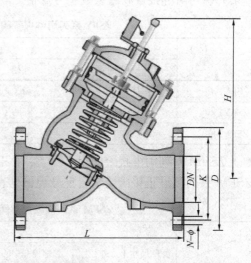

图 18.4-22 法兰式活塞式雨淋报警阀

法兰式活塞式雨淋报警阀型号与尺寸   表 **18.4-38**

尺寸 型号	L (mm)		H (mm)		D (mm)		K (mm)		N-ϕ (mm)	
	PN16	PN25	PN16	PN25	PN16	PN25	PN16	PN25	PN16	PN25
ZSFS 100	350		260		220	235	180	190	8-19	8-23
ZSFS 150	450		350		285	300	240	250	8-23	8-23
ZSFS 200	550		477		340	360	295	310	12-23	12-28
ZSFS 250	622		510		405	425	355	370	12-28	16-31
ZSFS 300	810		685		460	485	410	430	12-28	16-31

生产厂家：广东永泉阀门科技有限公司。

图 18.4-23 所示为沟槽式活塞式雨淋报警阀，其型号与尺寸见表 18.4-39。

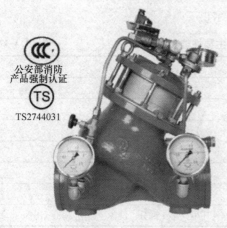
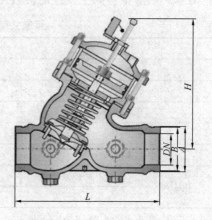

图 18.4-23 沟槽式活塞式雨淋报警阀

沟槽式活塞式雨淋报警阀型号与尺寸　　　　　表 18.4-39

尺寸 型号	L（mm）	H（mm）	A（mm）	B（mm）
ZSFS 100（G）	350	260	114	109
ZSFS 150（G）	450	350	165	160
ZSFS 200（G）	550	477	219	210
ZSFS 250（G）	622	510	273	268
ZSFS 300（G）	810	685	325	319

生产厂家：广东永泉阀门科技有限公司。

18.4.3　水流指示器

水流指示器型号规格、主要技术参数及性能参数见表 18.4-40～表 18.4-42 和图 18.4-24。

水流指示器装置型号规格和主要技术参数　　　　　表 18.4-40

参数名称	技术参数
型号	2SJ2
规格	DN50、DN65、DN80、DN100、DN125、DN150、DN200
连接类型	法兰式、螺纹式、马鞍式、焊接式、对夹式
额定工作压力	1.2MPa
动作流量	15～37.5L/min
水头损失	流速 4.5m/s 时，≤0.02MPa
密封试验压力	2.4MPa 水压，历时 5min，不变形、不渗漏
触点容量	AC220V，5A DC24V，3A

水流指示器主要性能参数　　　　　表 18.4-41

灵敏度	不报警流量（L/min）	报警流量（L/min）
	≤15	≥15 且≤37.5

水流指示器装置型号规格　　　　　表 18.4-42

型号	公称尺寸（mm）	连接形式
ZSJZ50、ZSJZ50B	50	丝扣
ZSJZ80、ZSJZ80B	80	丝扣
ZSJZ100、ZSJZ100B	100	法兰
ZSJZ150、ZSJZ150B	150	法兰

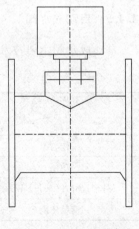

图 18.4-24　ZSJZ 型水流指示器

18.4.4　末端试水装置（阀）

末端试水装置（阀）主要技术指标见表 18.4-43。

末端试水装置（阀）主要技术指标　　　　　表 18.4-43

型号 技术参数	末端试水装置			末端试水阀		
	GHZM-80	GHZM-115	GHZM-122	GHZM/S-80	GHZM/S-115	GHZM/S-122
工作电源	DC24V					
功耗	静态：1.5W， 动态：25W	静态：1.5W， 动态：30W		静态：1.5W， 动态：25W		静态：1.5W， 动态：30W
外形尺寸 （L×H×W）	210×205×97 （mm）	280×440×210 （mm）		210×205×97 （mm）		280×440×210 （mm）
使用环境	−25～80℃，相对湿度≤90%					

生产厂家：上海光华永盛消防智能股份有限公司。

图 18.4-25 所示为末端试水装置（阀）外形。

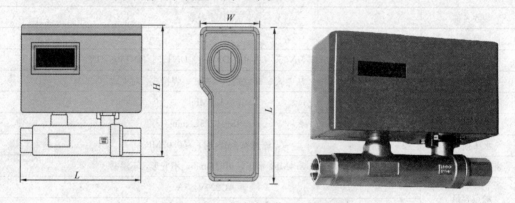

图 18.4-25　末端试水装置（阀）外形

18.4.5　自动放水阀

自动放水阀主要技术指标见表 18.4-44。

自动放水阀主要技术指标　　　　　表 18.4-44

型号 技术参数	GHZF/65	GHZF/100
工作电源	DC24V	
功耗	静态：1.5W，动态：30W	
外形尺寸（L×H×W）	280×440×210（mm）	284×470×368（mm）
使用环境	−25～80℃，相对湿度≤90%	

生产厂家：上海光华永盛消防智能股份有限公司。

图 18.4-26 所示为自动放水阀外形。

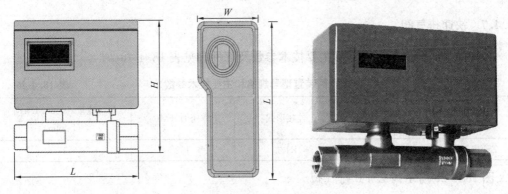

图 18.4-26　自动放水阀外形

18.4.6　智能稳压阀

智能稳压阀主要技术指标见表 18.4-45。

智能稳压阀主要技术指标　　　　　　　　表 18.4-45

技术参数 \ 型号	GHZK/100	GHZK/150
工作电源	DC24V	
功耗	静态：2W，动态：30W	
外形尺寸（$L×H×W$）	350×500×450（mm）	480×630×550（mm）
使用环境	−25～80℃，相对湿度≤90%	

生产厂家：上海光华永盛消防智能股份有限公司。

图 18.4-27 所示为智能稳压阀外形。

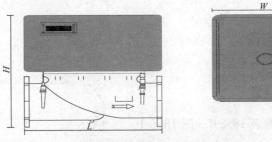

图 18.4-27　智能稳压阀外形

18.4.7　快速排气阀

快速排气阀装置型号规格和主要技术参数及部件表见表18.4-46。

				排气阀装置型号规格和主要技术参数 表 18.4-46

型号	公称尺寸（mm）	连接形式	工作压力（MPa）	排气流量（0.35MPa时）（L/min）
ZSFP15	15	R1/2	1.2	17

图18.4-28所示为ZSFP排气阀。

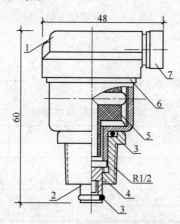

图 18.4-28　ZSFP 排气阀

1—上阀盖；2—下阀芯；3—形密封圈；4—下阀体；
5—浮体；6—上阀体；7—二次密封盖

18.5　大空间灭火装置

18.5.1　大空间智能灭火装置

大空间智能灭火装置见表18.5-1、图18.5-1。

		单个标准型大空间智能灭火装置的基本设计参数 表 18.5-1

内容	单位	型号 / 标准型
标准喷水流量	L/s	5
标准喷水强度	L/（min·m²）	2.5
接口直径	mm	40
喷头及探头最大安装高度	m	25
喷头及探头最小安装高度	m	6
标准工作压力	MPa	0.25

续表

内容		单位 / 型号	标准型
标准圆形保护半径		m	6
标准圆形保护面积		m²	113.04
标准矩形保护范围及面积	轻危险级	$a(\text{m}) \times b(\text{m}) = S(\text{m}^2)$	8.4×8.4＝70.56 8×8.8＝70.4 7×9.6＝67.2 6×10.4＝62.4 5×10.8＝54 4×11.2＝44.8 3×11.6＝34.8
	中危险级 Ⅰ级		7×7＝49 6×8.2＝49.2 5×10＝50 4×11.3＝45.2 3×11.6＝34.8
	中危险级 Ⅱ级		6×6＝36 5×7.5＝37.5 4×9.2＝36.8 3×11.6＝34.8
	严重危险级 Ⅰ级		5×5＝25 4×6.2＝24.8 3×8.2＝24.6
	严重危险级 Ⅱ级		4.2×4.2＝17.64 3×6.2＝18.6

注：表格内容来自 CECS 263：2009 表 5.0.1-1。

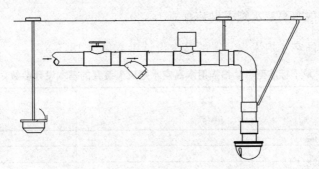

图 18.5-1 大空间智能灭火装置

18.5.2 自动扫描射水灭火装置

标准型自动扫描射水灭火装置的基本设计参数见表 18.5-2。

标准型自动扫描射水灭火装置的基本设计参数 表 18.5-2

内容	单位 / 型号	标准型
标准喷水流量	L/s	2

内容	单位	型号	标准型
标准喷水强度	L/(min·m²)	轻危险级 中危险级Ⅰ级 中危险级Ⅱ级	4(扫描角度：90°) 6(扫描角度：60°) 8(扫描角度：45°)
接口直径	mm		20
喷头及探头最大安装高度	m		6
喷头及探头最小安装高度	m		2.5
标准工作压力	MPa		0.15
最大扇形保护角度	度		360
标准圆形保护半径	m		6
标准圆形保护面积	m²		113.04
标准矩形保护范围及面积	$a(m) \times b(m) = S(m^2)$		8.4×8.4=70.56 8×8.8=70.4 7×9.6=67.2 6×10.4=62.4 5×10.8=54 4×11.2=44.8 3×11.6=34.8

注：表格内容来自 CECS 263：2009 表 5.0.1-2。

18.5.3　自动扫描射水高空水炮灭火装置

自动扫描射水高空水炮灭火装置的基本设计参数见表 18.5-3。

单个标准型自动扫描射水高空水炮灭火装置的基本设计参数　　　　表 18.5-3

内容	单位	型号	标准型
标准喷水流量	L/s		5
接口直径	mm		25
水炮及探头最大安装高度	m		20
水炮及探头最低安装高度	m		6
标准工作压力	MPa		0.6
标准圆形保护半径	m		20
标准圆形保护面积	m²		1256
标准矩形保护范围及面积	$a(m) \times b(m) = S(m^2)$		28.2×28.2=795.24 25×31=775 20×34=680 15×37=555 10×38=380

注：1. 轻危险级、中危险级Ⅰ级、中危险级Ⅱ级保护范围和面积相同。
　　2. 表格内容来自 CECS263：2009 表 5.0.1-3。

18.5.4 消防炮灭火装置

1. 水炮

水炮性能参数见表 18.5-4。

水炮性能参数   表 18.5-4

流量(L/s)	额定工作压力上限(MPa)	射程(m)	流量允差
20		≥48	
25		≥50	
30	1.0	≥55	±8%
40		≥60	
50		≥65	
60		≥70	
70		≥75	
80	1.2	≥80	±6%
100		≥85	
120		≥90	±5%
150		≥95	
180	1.4	≥100	±4%
200		≥105	

注：具有直流-喷雾功能的水炮，最大喷雾角应不小于 90°。

2. 泡沫炮

泡沫炮性能参数见表 18.5-5。

泡沫炮性能参数   表 18.5-5

泡沫混合液流量(L/s)	额定工作压力上限(MPa)	射程(m)	流量允差	发泡倍数(20℃时)	25%析液时间(min)(20℃时)
24		≥40			
32	1.0	≥45	±8%		
40		≥50			
48		≥55			
64		≥60			
80		≥70	±6%	≥6	≥2.5
100	1.2	≥75			
120		≥80	±5%		
150		≥85			
180	1.4	≥90	±4%		
200		≥95			

注：表中泡沫炮，由外部设备提供泡沫混合液，其混合比应复合 6%～7%或 3%～4%的要求；配备自吸装置的泡沫炮，可以比表中规定的射程小 10%，其混合比也应符合 6%～7%或 3%～4%的要求。

3. 两用炮

两用炮性能参数见表18.5-6。

两用炮性能参数 表 18.5-6

泡沫混合液流量 (L/s)	额定工作压力上限 (MPa)	射程(m)		流量允差	发泡倍数 (20℃时)	25%析液时间 (min)(20℃时)
		泡沫	水			
24		≥40	≥45			
32	1.0	≥45	≥50	±8%		
40		≥50	≥55			
48		≥55	≥60			
64		≥60	≥65			
80	1.2	≥70	≥75	±6%	≥6	≥2.5
100		≥75	≥80			
120		≥80	≥85	±5%		
150		≥85	≥90			
180	1.4	≥90	≥95	±4%		
200		≥95	≥100			

注：表中两用炮，由外部设备提供泡沫混合液，其混合比应复合6%~7%或3%~4%的要求；配备自吸装置的泡沫/水两用炮，可以比表中规定的射程小10%，其混合比也应符合6%~7%或3%~4%的要求。

4. 干粉炮

干粉炮性能参数见表18.5-7。

干粉炮性能参数 表 18.5-7

有效喷射率 (kg/s)	工作压力范围 (MPa)	有效射程 (m)
10		≥18
20		≥20
25		≥30
30		≥35
35	0.5~1.7	≥38
40		≥40
45		≥45
50		≥50

5. 远控消防泡沫炮

远控消防泡沫炮性能参数见表18.5-8。

远控消防泡沫炮性能参数 表 18.5-8

泡沫混合液流量 (L/s)	额定工作压力 (MPa)	射程 (m)	流量允差	发泡倍数 (20℃时)	25%析液时间 (min)(20℃时)	泡沫混合比
32		≥48				
40	≤0.8	≥55	±8%	≥6	≥2.5	6%~7%
48		≥60				

续表

泡沫混合液流量 （L/s）	额定工作压力 （MPa）	射程 （m）	流量允差	发泡倍数 （20℃时）	25%析液时间 （min）（20℃时）	泡沫混合比
64	≤1.0	≥70	±6%	≥6	≥2.5	6%～7%
80		≥80				
100	≤1.2	≥85	±5%			
120		≥90				
150		≥95				
180	≤1.4	≥100	±4%			
200		≥105				

6. 远控消防水炮

远控消防水炮性能参数见表 18.5-9。

远控消防水炮性能参数 表 18.5-9

流量（L/s）	额定工作压力（MPa）	射程（m）	流量允差
30	≤0.8	≥55	±8%
40		≥60	
50		≥70	
60	≤1.0	≥75	±6%
70		≥80	
80		≥85	
100	≤1.2	≥90	
120		≥95	±5%
150		≥100	
180	≤1.4	≥105	±4%
200		≥110	

7. 远控消防泡沫-水两用炮

远控消防泡沫-水两用炮性能参数见表 18.5-10。

远控消防泡沫-水两用炮性能参数 表 18.5-10

泡沫混合液流量 （L/s）	额定工作压力 （MPa）	射程（m） 泡沫	射程（m） 水	流量允差	发泡倍数 （20℃时）	25%析液时间 （min）（20℃时）	泡沫混合比
32	≤0.8	≥48	≥55	±8%	≥6	≥2.5	6%～7%
40		≥55	≥65				
48		≥60	≥70				
64	≤1.0	≥70	≥75	±6%			
80		≥80	≥85				
100	≤1.2	≥85	≥90				
120		≥90	≥95	±5%			
150		≥95	≥100				
180	≤1.4	≥100	≥105	±4%			
200		≥105	≥110				

图 18.5-2　所示为手轮式手动消防水炮外形。

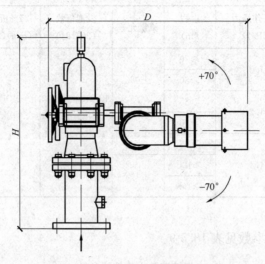

图 18.5-2　手轮式手动消防水炮外形

18.6　气体消防灭火装置

气体灭火系统技术性能见表 18.6-1。

气体灭火系统技术性能　　　　　表 18.6-1

灭火剂名称	七氟丙烷			N_2、Ar、CO_2 混合气体		二氧化碳	三氟甲烷	氮气	
化学(或商品)名称	HFC-227ea			IG-541		CO_2	HFC-23	IG-100	
化学组成	CF3CHFCF3			N_2(52%) Ar(40%) CO_2(8%)		CO_2(100%)	CHF$_3$	N_2(100%)	
灭火机理	主要以物理方式和部分化学方式灭火			物理窒息(其中 CO_2 喷放时还有部分冷却作用)			主要以物理方式和部分化学方式灭火	物理窒息	
灭火储存压力(20℃时)	2.5 MPa	4.2 MPa	5.6 MPa	15.0 MPa	20.0 MPa	高压系统 5.7MPa 低压系统 2.1MPa (-18℃时)	4.2MPa	15.0 MPa	20.0 MPa
系统最大工作压力(50℃时)	4.2 MPa	6.7 MPa	7.2 MPa	17.2 MPa	23.2 MPa	高压系统 12.1MPa	13.7 MPa	17.2 MPa	23.2 MPa
喷嘴入口工作压力(20℃时)(绝对压力)	≥0.6 MPa	≥0.7 MPa	≥0.8 MPa	≥2.0 MPa	≥2.1 MPa	高压系统≥1.4MPa 低压系统≥1.0MPa	≥0.9MPa (工程设计时宜大于 1.0MPa)	≥1.0MPa	
灭火剂储存形态	液态			气态		液态	液态	气态	

续表

灭火剂名称	七氟丙烷	N_2、Ar、CO_2 混合气体	二氧化碳	三氟甲烷	氮气
灭火设计浓度	1. 图书、档案、票据和文物资料库宜采用10%； 2. 油浸变压器室、带油开关的配电室和自备发电机房宜采用9%； 3. 通信机房、电子计算机房宜采用8%	1. 固体表面火灾不应小于36.5%； 2. 其他火灾类型不应小于规范规定灭火浓度的1.3倍	1. 全淹没灭火系统灭火设计浓度不得低于34%（汽油、柴油），电子计算机房、电缆间为47%，棉花为58%，纸张、数据储存间为62%； 2. 局部应用灭火系统的设计可采用面积法或体积法	1. 图书、档案、票据和文物资料库和国家重点保护场所宜采用19.5%； 2. 油浸变压器室、带油开关的配电室和燃油发电机房和电力控制室宜采用16.2%； 3. 通信机房、电子计算机房、电话局交换室和UPS室宜采用16.2%	1. 固体表面火灾不应小于36%； 2. 液体火灾不应小于43.7%； 3. 气体火灾不应小于43.7%； 4. 电子产品及通信设备火灾不应小于38.3%
N0AEL 浓度	9%	43%	<5%	30%	43%
L0AEL 浓度	10.5%	52%	10%	>30%	52%
防护区环境温度	不低于0℃	不低于0℃	−20~100℃	−20~100℃	不低于0℃
储存装置环境温度	−10~50℃	−10~50℃	高压系统0~49℃ 低压系统−23~49℃	−20~50℃	0~50℃
防护区面积与容积限制	1. 有管网系统面积不宜大于800m^2，且容积不宜大于3600m^3； 2. 预制系统面积不宜大于500m^2，且容积不宜大于1600m^3	有管网系统面积不宜大于800m^2，容积不宜大于3600m^3	无具体规定	1. 有管网系统面积不宜大于1000m^2，且容积不宜大于4000m^3； 2. 预制系统面积不宜大于200m^2，且容积不宜大于800m^3	1. 有管网系统面积不宜大于1000m^2，且容积不宜大于4500m^3； 2. 预制系统面积不宜大于100m^2，且容积不宜大于400m^3
灭火剂设计喷放时间	1. 通信机房和电子计算机房等防护区不应大于8s； 2. 其他防护区不应大于10s	喷放至设计用量的95%时，不应大于60s，且不应小于48s	1. 全淹没灭火系统不应大于60s；当扑救固体深位火灾时不应大于7min，并应在前2min内使二氧化碳浓度达到30%； 2. 局部应用灭火系统不应小于30s，对于燃点温度低于沸点温度的液体和可熔化固体的火灾不应小于1.5min	≤10s	不应大于60s

续表

灭火剂名称	七氟丙烷	N₂、Ar、CO₂ 混合气体	二氧化碳	三氟甲烷	氮气
灭火浸溃(抑制)时间	1. 木材、纸张、织物等固体表面； 2. 火灾宜采用20min；其他固体表面火灾宜采10min； 3. 通信机房，电子计算机房的电气设备火灾应采用5min； 4. 气体和液体火灾不应小于1min	1. 木材、纸张、织物等固体表面火灾宜采用20min； 2. 其他固体表面火灾宜采用10min； 3. 通信机房、电子计算机房的电气设备火灾宜采用10min	全淹没灭火系统固体深位火灾： 1. 棉、毛，织物、纸张、数据储存间、数据打印设备间为20min； 2. 计算机房、电器开关和配电室、电缆间和电缆沟为10min	1. 木材、纸张、织物等易燃固体表面火灾不应小于10min； 2. 其他可燃固体表面火灾不应小于10min； 3. 通信机房、电子计算机房不应小于3min； 4. 可燃气体或可燃液体火灾不应小于1min	不小于10min
灭火输送距离	内贮压式系统： 2.5MPa系统≤30m 4.2MPa系统≤45m 5.6MPa系统≤60m 外贮压式系统≤150m	≤150m	高压CO₂系统≤120m 低压CO₂系统≤60m	≤60m	≤150m
灭火剂输送形态	液体单相流	气体单相非稳态流	气液两相流	气液两相流	气体单相非稳态流
系统种类	全淹没灭火系统：内贮压式系统，外贮压式系统； 1. 单元独立系统； 2. 组合分配系统； 3. 柜式（无管网）预制系统	全淹没灭火系统： 1. 单元独立系统； 2. 组合分配系统	全淹没灭火系统和局部应用灭火系统：高压系统、低压系统；单元独立系统、组合分配系统；高压CO₂柜式（无管网）预制系统	全淹没灭火系统： 1. 单元独立系统； 2. 组合分配系统； 3. 柜式（无管网）预制系统	全淹没灭火系统： 1. 单元独立系统； 2. 组合分配系统； 3. 柜式（无管网）预制系统
工作电源	主电源：AC220V/50Hz，备用电源：DC24V				
功率消耗	警戒时：≤15W，报警时：≤30W				
启动方式	有管网系统：自动控制、手动控制、机械应急操作；无管网预制系统：自动控制、手动控制				
适用扑救火灾类型	1. 固体表面火灾； 2. 液体火灾； 3. 灭火前能切断气源的气体火灾； 4. 电气火灾	1. 固体表面火灾； 2. 液体大灾； 3. 灭火前能切断气源的气体火灾； 4. 电气火灾	1. 固体表面火灾及棉、毛、织物、纸张等部分固体深位火灾； 2. 液体火灾或石蜡、沥青等可熔化的固体火灾； 3. 灭火前能切断气源的气体火灾； 4. 电气火灾	1. 固体表面火灾； 2. 液体大灾或可熔化的固体火灾； 3. 灭火前能切断气源的气体火灾； 4. 电气火灾	1. 电子产品及通信设备火灾； 2. 甲、乙、丙类液体大灾或灭火前能切断气源的气体火灾； 3. 固体表面火灾

灭火剂名称	七氟丙烷	N_2、Ar、CO_2 混合气体	二氧化碳	三氟甲烷	氮气
不适用扑救火灾类型	1. 硝化纤维、硝酸钠等氧化剂或含氧化剂的化学制品火灾； 2. 钾、镁、钠、钛、铀、锆等活泼金属的火灾（D类火灾）； 3. 氢化钾、氢化钠等金属氢化物火灾； 4. 过氧化氢、联氨等能自行分解的化学物质火灾； 5. 可燃固体物质的深位火灾	1. 硝化纤维、硝酸钠等氧化剂或含氧化剂的化学制品火灾； 2. 钾、镁、钠、钛、铀、锆等活泼金属的火灾（D类火灾）； 3. 氢化钾、氢化钠等金属氢化物火灾； 4. 过氧化氢、联氨等能自行分解的化学物质火灾； 5. 可燃固体物质的深位火灾	1. 硝化纤维、硝酸钠等氧化剂或含氧化剂的化学制品火灾； 2. 钾、镁、钠、钛、铀、锆等活泼金属的火灾（D类火灾）； 3. 氢化钾、氢化钠等金属氢化物火灾	1. 硝化纤维、硝酸钠等氧化剂或含氧化剂的化学制品火灾； 2. 钾、镁、钠、钛、铀、锆等活泼金属的火灾（D类火灾）； 3. 氢化钾、氢化钠等金属氢化物火灾； 4. 过氧化氢、联氨等能自行分解的化学物质火灾； 5. 可燃固体物质的深位火灾	1. 硝化纤维、硝酸钠等氧化剂或含氧化剂的化学制品火灾； 2. 钾、镁、钠、钛、铀、锆等活泼金属的火灾（D类火灾）； 3. 氢化钾、氢化钠等金属氢化物火灾； 4. 过氧化氢、联氨等能自行分解的化学物质火灾
可适用火灾危险场所举例	电气和电子设备室；通信设备室；国家白虎文物中的金属、纸绢质制品和音像档案库；易燃和可燃液体储存间及有可燃液体的设备用房；喷放灭火剂之前可切断可燃、助燃气体气源的可燃气体火灾危险场所；经常有人工作而需要设置气体保护的区域或场所	电气和电子设备室；通信设备室；国家白虎文物中的金属、纸绢质制品和音像档案库；易燃和可燃液体储存间及有可燃液体的设备用房；喷放灭火剂之前可切断可燃、助燃气体气源的可燃气体火灾危险场所；经常有人工作而需要设置气体保护的区域或场所	图书、档案等珍贵资料库房，变配电室、通信机房等封闭空间的全淹没保护和轧机、印刷机、电站、浸渍油槽等场所的局部保护	电气和电子设备室；通信设备室；国家白虎文物中的金属、纸绢质制品和音像档案库；易燃和可燃液体储存间及有可燃液体的设备用房；喷放灭火剂之前可切断可燃、助燃气体气源的可燃气体火灾危险场所；经常有人工作而需要设置气体保护的区域或场所	电气和电子设备室；通信设备室；国家白虎文物中的金属、纸绢质制品和音像档案库；易燃和可燃液体储存间及有可燃液体的设备用房；喷放灭火剂之前可切断可燃、助燃气体气源的可燃气体火灾危险场所；经常有人工作而需要设置气体保护的区域或场所
不适用火灾危险场所举例	根据不适用扑救火灾类型确定	根据不适用扑救火灾类型确定	对人有窒息作用，不能用于保护经常有人工作的场所；在释放过程中由于有固态 CO_2（干冰）存在，会使防护区的温度急剧下降，对精密仪器及设备有一定影响	根据不适用扑救火灾类型确定	根据不适用扑救火灾类型确定

图 18.6-1～图 18.6-3 所示为气体灭火系统通用组件。

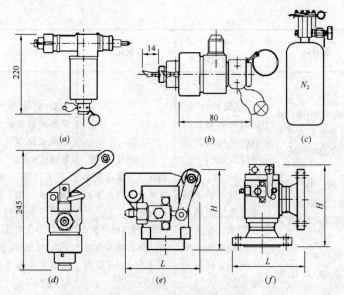

图 18.6-1 气体灭火系统通用组件（一）

（*a*）电磁启动器；（*b*）气启动器；（*c*）启动瓶组；（*d*）手气启动器；
（*e*）*DN*25～*DN*65 螺纹连接选择阀（*f*）*DN*80～*DN*150 法兰连接选择阀

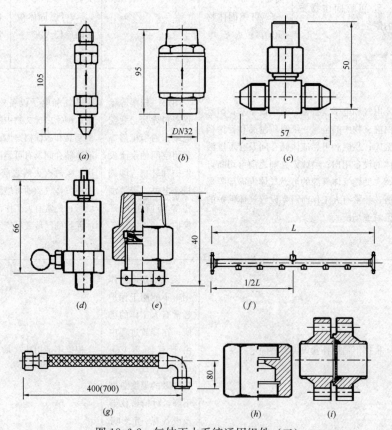

图 18.6-2 气体灭火系统通用组件（二）

（*a*）气体单向阀；（*b*）液体单向阀；（*c*）低压泄漏阀；（*d*）自锁压力开关；
（*e*）安全阀；（*f*）集流管；（*g*）高压软管；（*h*）螺纹连接减压装置；（*i*）法兰连接减压装置

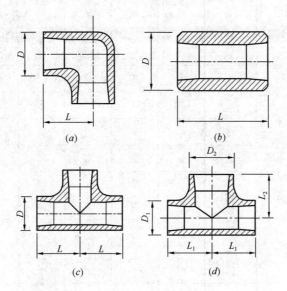

图 18.6-3　气体灭火系统通用组件（三）

(a) 90°弯头；(b) 管箍；(c) 三通；(d) 异径三通

选择阀尺寸见表 18.6-2。

| 公称通径 DN | 选择阀尺寸 | | 表 18.6-2 |
| | 外形尺寸（mm） | | 当量长度（m） |
	L	H	
25	100	125	3.5
32	120	140	4.2
40	135	160	5
50	150	180	6
65	170	200	7.5
80	295	310	9
100	335	335	11
125	390	405	13.5
150	425	450	16.5

管道连接件尺寸见表 18.6-3。

表 18.6-3　　　　　　　　　　　　　　　　管道连接件尺寸

90°弯头				管道				三通					异径三通													
规格 DN	外形尺寸(mm) D	L	当量长度(m)	规格 DN	外形尺寸(mm) D	L	当量长度(m)	规格 DN	外形尺寸(mm) D	L	当量长度(m) 直通段	分支段	规格 $DN_1 \times DN_2$ 分支段	外形尺寸(mm) D_1	D_2	L_1	L_2	当量长度(m) 直通段	分支段	规格 $DN_1 \times DN_2$ 分支段	外形尺寸(mm) D_1	D_2	L_1	L_2	当量长度(m) 直通段	分支段
20	46	38	0.67	20	35	51	0.2	20	46	38	0.5	1.7	20×25	46	56	38	44	1.1	2.1	32×40	62	75	51	60	1.8	2.6
25	56	44	0.85	25	43	60	0.2	25	56	44	0.6	2.0	20×32	46	62	38	51	1.1	2.4	32×50	62	84	51	64	1.8	3.1
32	62	51	1.13	32	54	67	0.3	32	62	51	0.7	2.5	20×40	46	75	38	60	1.1	2.9	32×65	62	102	51	83	1.8	4.3
40	75	60	1.31	40	62	79	0.3	40	75	60	0.9	3.2	20×50	46	84	38	64	1.1	3.3	40×50	75	84	60	64	1.0	4.9
50	84	64	1.68	50	72	86	0.4	50	84	64	1.1	4.0	25×32	56	62	44	51	1.5	2.2	40×65	75	102	60	83	1.0	6.1
65	102	83	2.01	65	92	92	0.5	65	102	83	1.4	5.0	25×40	56	75	44	60	1.5	3.1	50×65	84	102	64	83	1.8	5.9
80	121	95	2.50	80	108	108	0.6	80	121	95	1.7	5.8	25×50	56	84	44	64	1.5	4.2	50×80	84	121	64	95	1.8	6.8

18.6.1 SDE 灭火装置

18.6.2 氮气（IG-100）灭火装置

氮气 IG-100 的灭火浓度和最小设计灭火浓度见表 18.6-4。

氮气 IG-100 的灭火浓度和最小设计灭火浓度 表 18.6-4

可燃物名称	灭火浓度（体积%）	最小设计灭火浓度（体积%）
丙酮	29.9	38.9
乙腈	26.7	34.7
航空汽油	35.8	46.5
航空涡轮用煤油	36.2	47.1
1-丁醇	37.2	48.4
环己酮	42.1	54.7
2 号柴油	35.8	46.5
二乙醚	33.8	43.9
乙烷	29.5	38.4
乙醇	34.5	44.9
乙基醋酸脂	32.7	42.5
己烷	34.4	44.7
己烯	42.1	54.7
异丙基醇	31.3	40.7
甲烷	30.0	39.0
甲醇	41.2	53.6
丁酮	35.8	46.5
甲基异丁酮	32.3	42.0
辛烷	35.8	46.5
戊烷	32.4	42.1
石油醚	35.0	45.5
丙烷	32.3	42.0
标准汽油	35.8	46.5
甲苯	28.0	36.4
聚乙烯醋酸盐	34.4	44.7
真空管道油	32.4	42.1

氮气 IG-100 灭火剂技术性能见表 18.6-5。

氮气 IG-100 灭火剂技术性能 表 18.6-5

项 目	指 标
氮气含量（%）≥	99.6
水分含量（质量分数）（%）≤	50
氧含量（质量分数）（%）≤	0.1

氮气 IG-100 的惰化浓度和最小设计惰化浓度见表 18.6-6。

氮气 IG-100 的惰化浓度和最小设计惰化浓度　　　　表 18.6-6

可燃物名称	惰化浓度（%）	最小设计惰化浓度（%）
甲烷	43.0	47.3
丙烷	49.0	53.9

氮气 IG-100 的质量体积见表 18.6-7。

氮气 IG-100 的质量体积　　　　表 18.6-7

温度 t （℃）	质量体积 S （m^3/kg）	每单位防护空间体积所需的氮气 IG-100 灭火剂体积，V 灭火剂/V 防护空间 （m^3/m^3）							
		设计浓度（体积百分比）							
		36%	38.30%	42%	46%	50%	54%	58%	62%
−20	0.7411	0.518	0.561	0.631	0.714	0.803	0.899	1.005	1.121
−10	0.7704	0.498	0.54	0.607	0.686	0.772	0.865	0.966	1.078
0	0.7997	0.480	0.52	0.585	0.661	0.744	0.833	0.931	1.038
10	0.8290	0.463	0.502	0.564	0.638	0.718	0.804	0.898	1.002
20	0.8583	0.447	0.485	0.545	0.616	0.693	0.777	0.868	0.968
30	0.8876	0.432	0.468	0.527	0.596	0.670	0.751	0.839	0.936
40	0.9169	0.418	0.453	0.510	0.577	0.649	0.727	0.812	0.906
50	0.9462	0.406	0.44	0.494	0.559	0.629	0.704	0.787	0.878
60	0.9755	0.394	0.427	0.479	0.542	0.610	0.683	0.763	0.851
70	1.0048	0.382	0.414	0.465	0.526	0.592	0.663	0.741	0.827
80	1.0341	0.371	0.402	0.452	0.511	0.575	0.645	0.720	0.803

灭火剂输送管道规格见表 18.6-8。

灭火剂输送管道规格　　　　表 18.6-8

公称尺寸		高压系统		低压系统	
		封闭段管道	开口端管道	封闭段管道	开口端管道
		外径×壁厚		外径×壁厚	
（mm）	（in）	（mm×mm）		（mm×mm）	
15	1/2	22×4	22×4	22×4	22×3
20	3/4	27×4	27×4	27×4	27×3
25	1	34×4	34×4	34×4	34×3.5
32	11/4	42×5	42×5	42×5	42×3.5
40	11/2	48×5	48×5	48×5	48×3.5
50	2	60×5.5	60×5.5	60×5.5	60×4
65	21/2	76×7	76×7	76×7	76×5
80	3	89×7.5	89×7.5	89×7.5	89×5.5
90	31/2	102×8	102×8	102×8	102×6
100	4	114×8.5	114×8.5	114×8.5	114×6
125	5	140×9.5	140×9.5	140×9.5	140×6.5
150	6	168×11	168×11	168×11	168×7

18.6.3 烟烙尽（IG-541）灭火装置

IG541 混合气体灭火剂技术性能参数见表 18.6-9。

IG541 混合气体灭火剂技术性能参数   表 18.6-9

IG-541 成分	主要技术指标					
	纯度（体积分数）	比例（％）	氧含量（质量分数）	水分含量（质量分数）	其他成分最大含量	悬浮物或沉淀物
氮气 N_2	≥99.99％	48.8～55.2	≤3ppm	≤5ppm	≤10ppm	—
氩气 Ar	≥99.97％	37.2～42.8	≤3ppm	≤4ppm		
二氧化碳 CO_2	≥99.5％	7.6～8.4	≤10ppm	≤10ppm		

图 18.6-4 所示为 IG541 气体灭火系统。

IG541 气体灭火系统储存装置技术参数及尺寸见表 18.6-10。

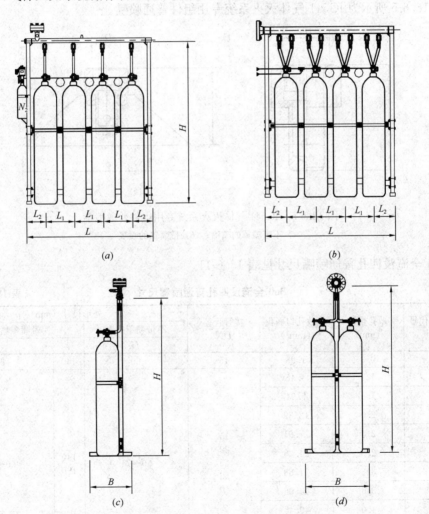

图 18.6-4　IG541 气体灭火系统专用组件

（a）单元独立系统储存装置；（b）组合分配系统储存装置；（c）单排瓶组钢瓶侧视；（d）双排瓶组钢瓶侧视

IG541 气体灭火系统储存装置技术参数及尺寸   表 18.6-10

灭火剂储瓶容积（L）		70	80	90
储瓶外形尺寸 φ×H（mm）		φ279×1460	φ279×1640	φ325×1440
灭火贮存压力（20℃时）				
灭火剂最大充装量（kg/瓶）		14.7	16.8	18.8
灭火剂喷放剩余量				
外形尺寸 （mm）	L_1	350	350	370
	L_2	230	230	250
	L	$(n-1)350+460$		$(n-1)370+500$
	B	单排瓶组 540，双排瓶组 750		
	H	2050	2230	2030
储瓶净重（kg/只）		95	105	144.2
充装灭火剂后质量 G（kg/瓶）		109.7	121.8	133

图 18.6-5 所示为 IG541 气体灭火系统专用组件普通喷嘴。

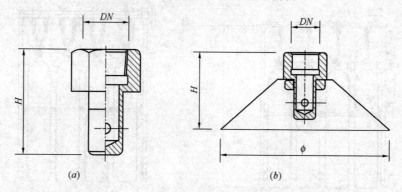

图 18.6-5 IG541 气体灭火系统专用组件普通喷嘴
(a) 不带喷罩的喷嘴；(b) 带喷罩的喷嘴

360°全淹没四孔普通喷嘴尺寸见表 18.6-11。

360°全淹没四孔普通喷嘴尺寸   表 18.6-11

喷嘴规格代号 No	单孔直径 （mm）	等效孔口面积 （mm²）	接管管径 DN	外形尺寸（mm）		
				不带喷罩喷嘴	带喷罩喷嘴	
				H	φ	H
2	0.8	1.98	15	60	140	60
3	1.2	4.45				
4	1.6	7.94				
5	2.0	12.39				
6	2.4	17.81	15 20 25 32 40	60～74	140 190	60～77
7	2.8	24.26				
8	3.2	31.68				
9	3.6	40.06				
10	4.0	49.48				
11	4.4	59.87				
12	4.8	71.29				

喷嘴规格代号 No	单孔直径 (mm)	等效孔口面积 (mm²)	接管管径 DN	外形尺寸（mm）		
				不带喷罩喷嘴	带喷罩喷嘴	
				H	φ	H
13	5.2	83.61	15 20 25			
14	5.6	96.97	32 40 50			
15	6.0	111.29				
16	6.4	126.71	20	60～95	140 190	60～95
18	7.2	160.32	25			
20	8.0	197.94	32			
22	8.8	239.48	40			
24	9.6	285.03	50			
26	10.4	334.50	25 32			
28	11.2	387.90	40 50	74～95		77～95
30	12.0	445.30				

图 18.6-6 所示为 IG541 气体灭火系统专用组件带孔板喷嘴。

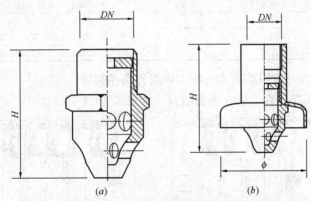

图 18.6-6　IG541 气体灭火系统专用组件带孔板喷嘴
（a）不带喷罩的喷嘴；（b）带喷罩的喷嘴

360°全淹没四孔带孔板喷嘴尺寸见表 18.6-12。

360°全淹没四孔带孔板喷嘴尺寸　　　　　　　表 18.6-12

喷嘴规格代号 No	单孔直径 (mm)	等效孔口面积 (mm²)	接管管径 DN	外形尺寸（mm）		
				不带喷罩喷嘴	带喷罩喷嘴	
				H	φ	H
2	0.8	1.98	15	52		90
3	1.2	4.45	20	56		90
4	1.6	7.94	25	58	130	100
5	2.0	12.39	32	64		110
6	2.4	17.81	40	72		115

18.6.4　三氟甲烷（FE-13）灭火装置

三氟甲烷灭火剂技术性能参数见表 18.6-13。

三氟甲烷灭火剂技术性能参数   表 18.6-13

项目	主要技术指标	项目	主要技术指标
	三氟甲烷		三氟甲烷
纯度（体积分数）	≥99.5%	蒸发残留物（质量分数）	≤0.1%
碱度（质量分数）	≤3ppm	悬浮物或沉淀物	不可见
水分含量（质量分数）	≤0.2ppm		

三氟甲烷灭火系统主要技术参数见表 18.6-14。

三氟甲烷灭火系统主要技术参数   表 18.6-14

灭火剂储瓶容积（L）	40，70，90
灭火剂贮存压力（20℃时）	4.2MPa
灭火剂储瓶单位容积最大充装量	≤0.86kg/L
启动瓶容积（L）	4，7
启动气体充装压力（20℃时）	6MPa
系统适用环境条件	储瓶间及防护区-20～50℃
工作电源	主电源 AC220V；备用电源 DC24V
功率消耗	警戒时≤15W；报警时≤30W
系统启动方式	自动控制、手动控制、机械应急操作

图 18.6-7 所示为三氟甲烷灭火系统专用组件储存装置。

三氟甲烷灭火系统储存装置技术参数及尺寸见表 18.6-15。

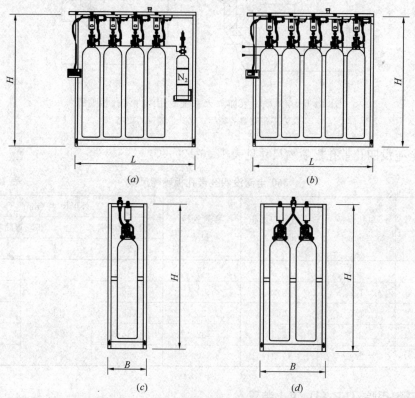

图 18.6-7 三氟甲烷灭火系统专用组件储存装置

(a) 单元独立系统储存装置；(b) 组合分配系统储存装置；(c) 单排钢瓶侧视；(d) 双排钢瓶侧视

三氟甲烷灭火系统储存装置技术参数及尺寸 　　　　　表 18.6-15

灭火剂储瓶容积（L）		40			70			90	
储瓶外形尺寸 φ×H（mm）		φ219×1350			φ267×1500			φ325×1420	
灭火剂贮存压力（20℃时）		4.2MPa							
灭火剂最大充装量（kg/瓶）		34			60			77	
灭火剂喷放剩余量（kg/瓶）		<2			<3			<3.5	
外形尺寸 （mm）	单排瓶数	L	B	H	L	B	H	L	B	H
	1	400	单排 400， 双排 650	2000	460	单排 400， 双排 650	2050	510	单排 400， 双排 750	2050
	2	650			770			870		
	3	900			1080			1230		
	4	1150			1390			1590		
	5	1400			1700			—		
储瓶净重（kg/只）		58			90			143	
充装灭火剂后质量 G（kg/瓶）		92			150			220	

图 18.6-8 所示为三氟甲烷灭火系统专用组件喷嘴。

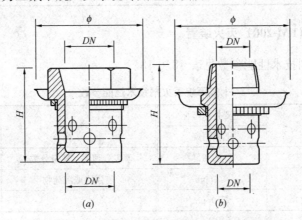

(a)　　　　　　　(b)

图 18.6-8　三氟甲烷灭火系统专用组件喷嘴

(a) 内螺纹连接喷嘴；(b) 外螺纹连接喷嘴

喷嘴尺寸见表 18.6-16。

喷嘴尺寸 　　　　　表 18.6-16

公称通径 DN（mm）	内螺纹连接		外螺纹连接	
	φ（mm）	H（mm）	φ（mm）	H（mm）
15	95	48	95	56
20		54		62
25		60		69
32		67		75
40	110	73	110	81
50		81		89

三氟甲烷喷嘴等效孔口面积见表18.6-17。

三氟甲烷喷嘴等效孔口面积 表18.6-17

DN	15	20	25	32	40	50	DN	15	20	25	32	40	50	DN	15	20	25	32	40	50
喷嘴规格代号 No	\multicolumn{6}{c|}{等效孔口面积（mm²）}						喷嘴规格代号 No	\multicolumn{6}{c|}{等效孔口面积（mm²）}						喷嘴规格代号 No	\multicolumn{6}{c}{等效孔口面积（mm²）}					
1	\multicolumn{6}{c|}{0.49}						6.5	\multicolumn{6}{c|}{20.90}						14	\multicolumn{6}{c}{96.97}					
1.5	\multicolumn{6}{c|}{1.11}						7	\multicolumn{6}{c|}{24.26}						15	\multicolumn{6}{c}{111.29}					
2	\multicolumn{6}{c|}{1.98}						7.5	\multicolumn{6}{c|}{27.81}						16	\multicolumn{6}{c}{126.71}					
2.5	\multicolumn{6}{c|}{3.09}						8	\multicolumn{6}{c|}{31.68}						18	\multicolumn{6}{c}{160.32}					
3	\multicolumn{6}{c|}{4.45}						8.5	\multicolumn{6}{c|}{35.74}						20	—	\multicolumn{5}{c}{197.94}					
3.5	\multicolumn{6}{c|}{6.06}						9	\multicolumn{6}{c|}{40.60}						22	—	\multicolumn{5}{c}{239.48}					
4	\multicolumn{6}{c|}{7.94}						9.5	\multicolumn{6}{c|}{44.65}						24	\multicolumn{6}{c}{285.03}					
4.5	\multicolumn{6}{c|}{10.00}						10	\multicolumn{6}{c|}{49.48}						11	—	\multicolumn{5}{c}{506.45}					
5	\multicolumn{6}{c|}{12.39}						11	\multicolumn{6}{c|}{59.87}						48	—	\multicolumn{5}{c}{1138.71}					
5.5	\multicolumn{6}{c|}{14.97}						12	\multicolumn{6}{c|}{71.29}							\multicolumn{6}{c}{—}					
6	\multicolumn{6}{c|}{17.81}						13	\multicolumn{6}{c|}{83.61}							\multicolumn{6}{c}{}					

18.6.5 七氟丙烷（FM-200）灭火装置

七氟丙烷灭火剂技术性能参数见表18.6-18。

七氟丙烷灭火剂技术性能参数 表18.6-18

项目	主要技术指标 七氟丙烷	项目	主要技术指标 七氟丙烷
纯度（体积分数）	≥99.6%	蒸发残留物（质量分数）	≤0.01%
碱度（质量分数）	≤3ppm	悬浮物或沉淀物	不可见
水分含量（质量分数）	≤10ppm		

七氟丙烷气体灭火系统主要技术参数见表18.6-19。

七氟丙烷气体灭火系统主要技术参数 表18.6-19

灭火剂储瓶容积（L）	\multicolumn{3}{c}{40，60，70，90，100，120，150，180，240}		
灭火剂贮存压力（20℃时）	2.5MPa	4.2MPa	5.6MPa
灭火剂储瓶单位容积最大充装量	1.12kg/L	1.12kg/L	1.08kg/L
启动瓶容积（L）	\multicolumn{3}{c}{3、4、5、7、8、27}		
启动气体充装压力（20℃时）	\multicolumn{3}{c}{6MPa}		
系统适用环境条件	\multicolumn{3}{c}{储瓶间－10～50℃；防护区不低于0℃}		
工作电源	\multicolumn{3}{c}{主电源 AC220V；备用电源 DC24V}		
功率消耗	\multicolumn{3}{c}{警戒时≤15W；报警时≤30W}		
系统启动方式	\multicolumn{3}{c}{自动控制、手动控制、机械应急操作}		

图 18.6-9 所示为七氟丙烷灭火系统专用组件储存装置。

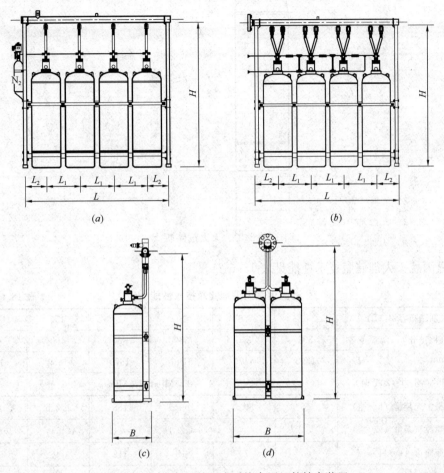

图 18.6-9　七氟丙烷灭火系统专用组件储存装置
(a) 单元独立系统储存装置；(b) 组合分配系统储存装置；(c) 单排钢瓶侧视；(d) 双排钢瓶侧视

七氟丙烷灭火系统储存装置尺寸见表 18.6-20。

七氟丙烷灭火系统储存装置尺寸　　　　　　　　　　　表 18.6-20

	储瓶规格（L）	L	L₁	L₂	B	H
外形尺寸 (mm)	40	$(n-1)L_1 + 2 \times L_2$	300	210	单排 500， 双排 780	1740
	60		—	—		—
	70		430	270		1650
	90		430	270		1845
	100		430	270		1955
	120		480	300	单排 540， 双排 880	1870
	150		480	300		2100
	180		480	300		2240

图 18.6-10 所示为灭火剂储瓶。

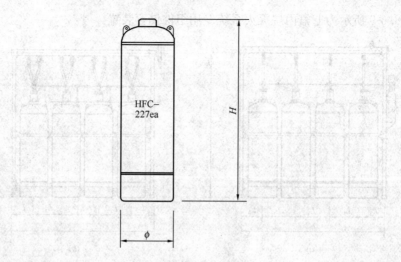

图 18.6-10　灭火剂储瓶

七氟丙烷灭火剂储瓶技术性能见表 18.6-21。

七氟丙烷灭火剂储瓶技术性能　　　　　　　　　　　　　　表 18.6-21

灭火剂储瓶容积（L）		40	70	90	120	150	180
储瓶外形尺寸（mm）	ϕ	232	350	350	350	400	400
	H	1390	1170	1340	1670	1650	1880
灭火剂贮存压力（20℃时）		2.5MPa，4.2MPa					
灭火剂最大充装量（kg/瓶）		46	80.5	103.5	138	172.5	207
灭火剂喷放剩余量（kg/瓶）		≤2	≤2.5			≤4	≤5
储瓶净重（kg/只）		60	79	94	115	146	198
充装灭火剂后质量 G（kg/瓶）		106	159.5	197.5	253	318.5	405

图 18.6-11 所示为七氟丙烷灭火系统专用组件喷嘴。

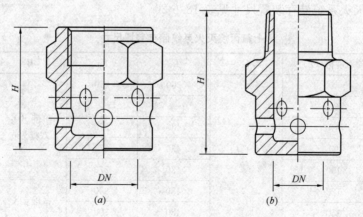

图 18.6-11　七氟丙烷灭火系统专用组件喷嘴
(a) 内螺纹连接喷嘴；(b) 外螺纹连接喷嘴

七氟丙烷灭火系统喷嘴尺寸见表18.6-22。

表 18.6-22

七氟丙烷灭火系统喷嘴尺寸

喷嘴规格代号 No	等效单孔直径（mm）	等效孔口面积（mm²）	接管管径 DN	H（mm）		质量（kg）	
				内螺纹连接	外螺纹连接	内螺纹连接	外螺纹连接
1	0.79	0.49	20	40.5	55.5	0.17	0.29
1.5	1.19	1.11					
2	1.59	1.98					
2.5	1.98	3.09					
3	2.38	4.45	25	53.5	71.5	0.36	0.57
3.5	2.78	6.06					
4	3.18	7.94					
4.5	3.57	10.00					
5	3.97	12.39					
5.5	4.37	14.97					
6	4.76	17.81	32	60	81	0.56	0.95
6.5	5.16	20.90					
7	5.56	24.26					
7.5	5.95	27.81					
8	6.35	31.68					
8.5	6.75	35.74					
9	7.14	40.06	40	66	87	0.65	0.99
9.5	7.54	44.65					
10	7.94	49.48					
11	8.73	59.87					
12	9.53	71.29					
13	10.32	83.61					
14	11.11	96.97	50	73	97	0.78	1.35
15	11.91	111.29					
16	12.70	126.71					
18	14.29	160.32					
20	15.88	197.94					
22	17.46	239.48					
24	19.05	285.03					
32	25.40	506.45					

图 18.6-12 所示为外储压式七氟丙烷灭火系统专用组件动力气储瓶。

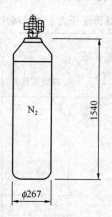

图 18.6-12　外储压式七氟丙烷灭火系统专用组件动力气储瓶

动力气储瓶主要技术性能参数见表 18.6-23。

动力气储瓶主要技术性能参数　　　　　　　　表 18.6-23

容积	充装压力	材质	介质	充装后总重量
70L	12MPa（20℃时）	无缝钢瓶	N$_2$	120kg

图 18.6-13、图 18.6-14 所示为外储压式七氟丙烷灭火系统专用组件减压阀与灭火剂储瓶。

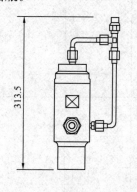
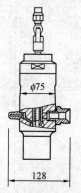

图 18.6-13　外储压式七氟丙烷灭火系统
专用组件减压阀

图 18.6-14　外储压式七氟丙烷灭火
系统专用组件灭火剂储瓶

灭火剂储瓶主要技术性能参数见表 18.6-24。

灭火剂储瓶主要技术性能参数　　　　　　　　表 18.6-24

容积（L）	90	180
贮存压力（20℃时）	0.39MPa（绝对压力）	
外形尺寸 $\phi \times H$（mm）	$\phi350 \times 1150$	$\phi400 \times 1635$
灭火剂最大充装量（kg/瓶）	114	227
灭火剂喷放剩余量（kg/瓶）	0.85	1.0
储瓶净重（kg/只）	93	185
充装后总质量（kg）	207	412

图 18.6-15 所示为外储压式七氟丙烷灭火系统专用组件储瓶架。

图 18.6-16 为外储压式七氟丙烷灭火系统专用组件液面测量装置。

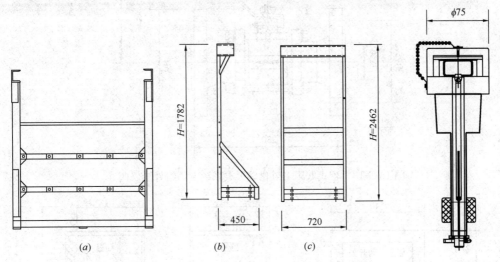

图 18.6-15 外储压式七氟丙烷灭火系统专用组件储瓶架

(a) 储瓶架正视图；(b) 90L 储瓶架；(c) 180L 储瓶架

图 18.6-16 外储压式七氟丙烷灭火系统专用组件液面测量装置

18.6.6 二氧化碳灭火装置

二氧化碳灭火剂技术性能参数见表 18.6-25。

二氧化碳灭火剂技术性能参数　　　　　　　　表 **18.6-25**

项目	主要技术指标	项目	主要技术指标
纯度（体积分数）	≥99.5%	醇类含量（以乙醇计）	≤30mg/L
水分含量（质量分数）	≤0.015%	总硫化物含量	≤5mg/kg
油含量	无	液态密度（0℃，3.4MPa）	0.914kg/L

图 18.6-17～图 18.6-20 所示分别为柜式低压二氧化碳灭火系统专用组件主控阀、维修阀、机械应急装置以及柜式灭火装置。

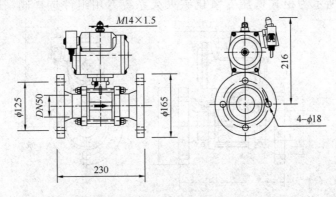

图 18.6-17 柜式低压二氧化碳灭火系统专用组件主控阀

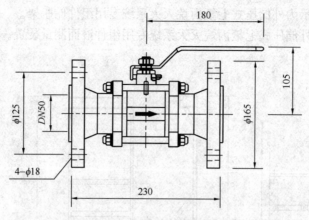

图 18.6-18 柜式低压二氧化碳灭火系统专用组件维修阀

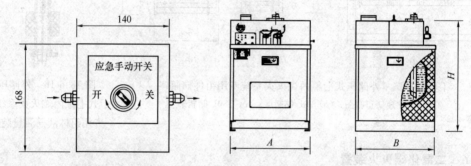

图 18.6-19 柜式低压二氧化碳灭火系统
专用组件机械应急装置

图 18.6-20 柜式低压二氧化碳灭火系统
专用组件柜式灭火装置

柜式灭火装置主要性能参数见表 18.6-26。

柜式灭火装置主要性能参数　　　　　　　　　　　表 18.6-26

型号	外形尺寸（mm）			充装用接口		整机质量 (kg)
	A	B	H	液相充装口	气相平衡口	
ZED160	800	800	1400			490
ZED360	800	800	2100	3/4″	1/2″	820
ZED560	1000	1000	2100			1040

图 18.6-21 所示为柜式低压二氧化碳灭火系统专用组件选择阀，选择阀尺寸见表 18.6-27。

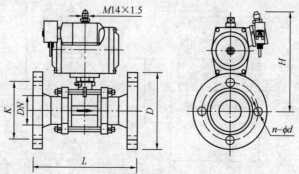

图 18.6-21 柜式低压二氧化碳灭火系统专用组件选择阀

选择阀尺寸　　　　　　　　　　　　　　　　　　表 18.6-27

型号	外形尺寸（mm）					
	DN	L	H	D	K	n-φd
ZX25/25	25	170	145	115	85	4-φ14
ZX32/25	32	185	168	140	100	4-φ18
ZX40/25	40	210	200	150	110	
ZX50/25	50	230	216	165	125	
ZX65/25	65	250	256	185	145	8-φ18
ZX80/25	80	280	288	200	160	
ZX100/25	100	320	330	235	190	8-φ23
ZX125/25	125	400	430	270	220	8-φ25
ZX150/25	150	430	500	300	250	
2X200/25	200	550	620	375	320	12-φ30

喷嘴技术性能参数见表 18.6-28。

喷嘴技术性能参数　　　　　　　　　　　　　　表 18.6-28

喷嘴型号					喷嘴规格代号 No	等效孔口面积（mm²）	接头螺纹	保护半径（m）		保护面积（m²）	最大安装高度（m）	
全淹没型	防尘型	多次喷放型	架空型	槽边型				架空型	全淹没型防尘型多次喷放型	槽边型	架空型	其他型
ZTE-2Q5	ZTE-2F5	ZTE-2D5	ZTE-2GA	ZTE-2C5	5	12.39	1/2"	0.8～1.5	1.7	0.3～1.30	0.45～1.45	4
ZTE-4Q6	ZTE-4F6	ZTE-4D6	ZTE-4GA	ZTE-4C6	6	17.81						
ZTE-4Q7	ZTE-4F7	ZTE-4D7	ZTE-4G7	ZTE-4C7	7	24.26						
ZTE-4Q8	ZTE-4F8	ZTE-4D8	ZTE-4G8		8	31.68						
ZTE-4Q9	ZTE-4F9	ZTE-4D9	ZTE-4G9		9	40.06						
ZTE-4Q10	ZTE-4F10	ZTE-4D10	ZTE-4G10		10	49.48		1.2～4	2.2		1～3	5
ZTE-4Q11	ZTE-4F11	ZTE-4D11	ZTE-4G11		11	59.87				—		
ZTE-4Q12	ZTE-4F12	ZTE-4D12	ZTE-4G12		12	71.29	3/4"					
ZTE-4Q13	ZTE-4F13	ZTE-4D13	ZTE-4G13		13	83.61						
ZTE-4Q14	ZTE-4F14	ZTE-4D14	ZTE-4G14		14	96.97			2.5			
ZTE-4Q15	ZTE-4F15	ZTE-4D15	ZTE-4G15		15	111.29	1"					

图 18.6-22、图 18.6-23 所示为高压、低压二氧化碳灭火系统专用组件，以及 ZTE-C 槽边型喷嘴，其中 ZTE-G 架空型喷嘴规格尺寸见表 18.6-29。

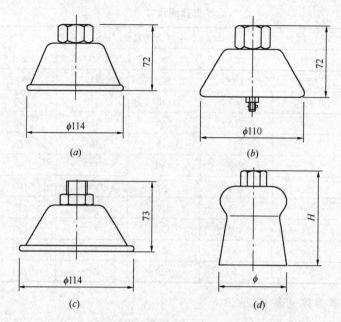

图 18.6-22　高压、低压二氧化碳灭火系统专用组件

(*a*) ZTE-O 全淹没型喷嘴；(*b*) ZTE-F 除尘型喷嘴；

(*c*) ZTE-D 多次喷放型喷嘴；(*d*) ZTE-G 架空型喷嘴

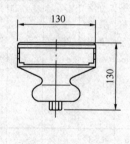

图 18.6-23　高压、低压二氧化碳灭火系统
专用组件 ZTE-C 槽边型喷嘴

TE-G 架空型喷嘴规格尺寸　表 18.6-29

规格	ϕ	H
No5～7	96	132
No8～15	128	240

图 18.6-24 所示为储罐式低压二氧化碳灭火装置，装置尺寸及相关技术参数见表 18.6-30。

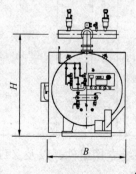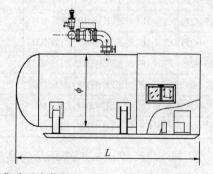

图 18.6-24　储罐式低压二氧化碳灭火装置

装置尺寸及相关技术参数   表 18.6-30

储罐规格 (t)	外形尺寸（mm）					含灭火剂总质量（kg）	制冷机组功率（kW）	储罐间最小尺寸：长度×宽度×净高（mm）	储罐间地面荷载
	ϕ	L	B	H	DN				
1	900	4000	1450	1900	65	3000	2	6500×4000×4000	不小于2000kg/m²
2	1200	3960	1750	2070	80	4500	3	6500×4000×4000	不小于2200kg/m²
3	1200	4850	1750	2120	100	6000	3	7500×4500×4000	
4	1200	5740	1800	2160	125	7000	4.5	8500×4500×4200	
5	1600	5630	2200	2730	150	9000	4.5	8500×5000×5000	不小于2500kg/m²
6	1600	6350	2200	2670	150	11000	4.5	9000×5000×5000	
8	1600	6315	2400	2920	200	13500	5.5	9000×5000×5000	
10	1800	6000	2600	3190	200	16000	5.5	9000×5500×5500	不小于3000kg/m²
12	1800	7000	2600	3190	200	19000	5.5	10000×5500×5500	

图 18.6-25 所示为储罐式低压二氧化碳灭火系统专用组件主控阀，主控阀尺寸见表 18.6-31。

主控阀尺寸   表 18.6-31

型号	外形尺寸（mm）							质量（kg）
	L	A	H	H_1	D	D_1	n-ϕd	
ZZ65/25	241	348	301	110	185	145	8-ϕ18	36
Z280/25	283	348	312	121	200	160		45
ZZ100/25	305	532	592	152	235	190	8-ϕ23	60
ZZ125/25	380	532	592	152	270	220	8-ϕ25	90
ZZ150/25	403	620	640	175	300	250		130
ZZ200/25	419	680	680	222	375	320	12-ϕ30	170

图 18.6-26 所示为储罐式低压二氧化碳灭火系统专用组件维修阀，维修阀尺寸见表 18.6-32。

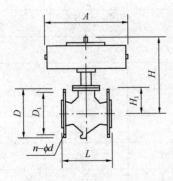

图 18.6-25 储罐式低压二氧化碳灭火系统专用组件主控阀

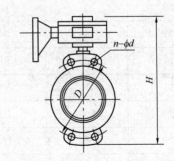

图 18.6-26 储罐式低压二氧化碳灭火系统专用组件维修阀

维修阀尺寸

表 18.6-32

型号	外形尺寸（mm）			质量
	H	D	$n-\phi d$	（kg）
ZW65/25	300	145	8-ϕ18	25
ZW80/25	335	160		30
ZW100/25	335	190	8-ϕ23	36
ZW125/25	385	220	8-ϕ25	40
ZW150/25	445	250		48
ZW200/25	570	320	12-ϕ30	65

　　图 18.6-27 所示为储罐式低压二氧化碳灭火系统专用组件选择阀，选择阀尺寸见表 18.6-33。

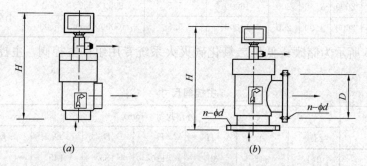

图 18.6-27　储罐式低压二氧化碳灭火系统专用组件选择阀
（a）螺纹连接；（b）法兰连接

选择阀尺寸

表 18.6-33

型号	外形尺寸（mm）				质量
	H	L	D	螺纹或 $n-\phi d$	（kg）
ZX25/25	288	50	—	1″	4
ZX32/25	300	56	—	$1^1/_4$″	6
ZX40/25	308	60	—	$1^1/_2$″	8
ZX50/25	348	71	—	2″	12
ZX65/25	360	81	—	$2^1/_2$″	15
ZX80/25	410	93	—	3″	19
ZX100/25	500	155	190	8-ϕ23	25
ZX125/25	540	170	220	8-ϕ25	40
ZX150/25	580	195	250	8-ϕ25	60

　　图 18.6-28 所示为储罐式低压二氧化碳灭火系统专用组件储罐，装置尺寸见表 18.6-34。

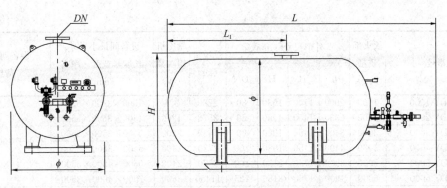

图 18.6-28　储罐式低压二氧化碳灭火系统专用组件储罐

二氧化碳储罐装置尺寸　　　　　　　　表 18.6-34

规格 (t)	外形尺寸（mm）					含灭火剂质量 (kg)
	ϕ	L	H	L_1	DN	
1	900	4000	1695	1340	65	3000
2	1200	3960	1830	1170	80	4500
3	1200	4850	1830	2160	100	6000
4	1200	5740	2350	2685	125	7000
5	1600	5630	2350	2620	150	9000
6	1600	6350	2350	2940	150	11000
8	1600	6315	2430	3000	200	13500
10	1800	6000	2690	3000	200	16000
12	1800	7000	2690	3300	200	19000

　　图 18.6-29 所示为整体式低压二氧化碳灭火装置，装置尺寸及相关技术参数见表 18.6-35。

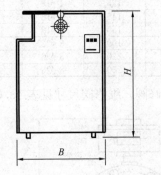
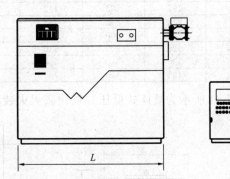
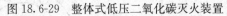

图 18.6-29　整体式低压二氧化碳灭火装置

整体式低压二氧化碳灭火装置尺寸及相关技术参数　　　　表 18.6-35

型号	灭火剂质量 (kg)	外形尺寸（mm）				总质量 (kg)	制冷机组功率 (W)	设备间最小尺寸：长度×宽度×净高 (mm)	设备间地面荷载
		L	B	H	DN				
WLDY-200	200	1400	750	1150	32	780	695	3500×3000×3000	不小于 1000kg/m²
WLDY-335	355	1620	800	1355	50	1072	695	3500×3000×3000	
WLDY-555	555	1855	950	1455	50	1465	695	4000×3000×3000	

续表

型号	灭火剂质量（kg）	外形尺寸（mm）				总质量（kg）	制冷机组功率（W）	设备间最小尺寸：长度×宽度×净高（mm）	设备间地面荷载
		L	B	H	DN				
WLDY-1000	1000	2000	1100	1630	80	2280	931	4500×3500×3500	不小于1500kg/m²
WLDY-2000	2000	2330	1400	1980	80	3578	1200	4500×3500×3500	
WLDY-3000	3000	3400	1450	1980	80	5430	2400	5500×3500×3500	
WLDY-4000	4000	4400	1450	1980	100	7720	2400	6500×3500×3500	
WLDY-5000	5000	3900	1750	2180	100	9570	2400	6500×4000×3500	
WLDY-6000	6000	4900	1750	2180	125	11450	3600	7500×4000×3500	
WLDY-8000	8000	4900	1950	2400	125	14860	3600	7500×4500×4000	不小于2000kg/m²
WLDY-10000	10000	5000	2150	2500	125	17500	3600	7500×4500×4500	
WLDY-12000	12000	5750	2150	2500	150	20700	4800	8000×4500×4500	
WLDY-14000	14000	6250	2150	2590	150	23500	4800	8500×4500×4500	
WLDY-16000	16000	7450	2150	2590	150	27500	4800	9500×4500×4500	
WLDY-18000	18000	6750	2350	2790	150	31500	6000	9500×5000×5000	不小于3000kg/m²
WLDY-20000	20000	7550	2350	2790	150	35000	6000	10000×5000×5000	
WLDY-25000	25000	9000	2350	2790	150	43000	7200	11500×5000×5000	
WLDY-30000	30000	11000	2350	2790	150	53000	7200	13500×5000×5000	

图 18.6-30 所示为整体式低压二氧化碳灭火装置主控阀、选择阀，阀门尺寸见表 18.6-36。

主控阀、选择阀尺寸　　　　　　　　　表 18.6-36

型号	外形尺寸（mm）						质量（kg）
	L	A	H	D	D_1	$n\text{-}\phi d$	
WLDZ-25	155	185	380	115	85	$4\text{-}\phi14$	8.5
WLDZ-32	165	185	438	140	100	$4\text{-}\phi18$	11
WLDZ-40	180	185	435	150	110	$4\text{-}\phi18$	15
WLDZ-50	197	185	442	165	125	$4\text{-}\phi18$	18
WLDZ-65	222	222	448	185	145	$8\text{-}\phi18$	40
WLDZ-80	252	300	524	200	160	$8\text{-}\phi18$	44
WLDZ-100	320	300	530	235	190	$8\text{-}\phi22$	57
WLDZ-125	330	340	650	270	220	$8\text{-}\phi26$	100
WLDZ-150	403	445	764	300	250	$8\text{-}\phi26$	111

图 18.6-31 所示为整体式低压二氧化碳灭火装置维修阀，维修阀尺寸见表 18.6-37。

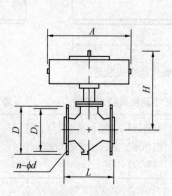

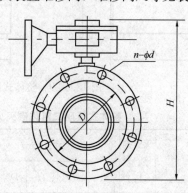

图 18.6-30　整体式低压二氧化碳灭火
装置主控阀、选择阀

图 18.6-31　整体式低压二氧化碳灭火
装置维修阀

维修阀尺寸　　　　　　　　　　　　　　　　　　**表 18.6-37**

型号	外形尺寸（mm）			质量（kg）
	H	D	$n\text{-}\phi d$	
WLDJ-25	200	85	4-ϕ14	6
WLDJ-32	230	100	4-ϕ18	10
WLDJ-40	255	110		14
WLDJ-50	280	125		20
WLDJ-65	300	145	8-ϕ18	32
WLDJ-80	345	160		38
WLDJ-100	420	190	8-ϕ22	48
WLDJ-125	450	220	8-ϕ26	75
WLDJ-150	510	250		90

储罐式低压二氧化碳灭火系统主要技术参数见表 18.6-38。

储罐式低压二氧化碳灭火系统主要技术参数　　　　　**表 18.6-38**

系统设计工作压力	2.5MPa
CO_2 灭火剂储存温度	$-20 \sim -18$℃
灭火剂最大装量系数	$\leqslant 0.95$
储罐间环境温度	$-23 \sim -49$℃
供电电源	AC380/220V
系统启动方式	自动控制、手动控制、机械应急操作

低压二氧化碳灭火系统主要组件功能见表 18.6-39。

高压二氧化碳灭火系统主要技术参数　　　　　　　**表 18.6-39**

灭火剂储瓶容积容积（L）	40、70、90
灭火剂贮存压力（20℃时）	5.7MPa
灭火剂储瓶单位容积最大充装量	$\leqslant 0.60$kg/L
启动瓶容积（L）	4、3
启动气体充装压力（20℃时）	6MPa
系统适用环境条件	储瓶间$-10 \sim 50$℃；防护区不低于 0℃
工作电源	主电源 AC220V；备用电源 DC24V
功率消耗	警戒时$\leqslant$15W；报警时$\leqslant$30W
系统启动方式	自动控制、手动控制、机械应急操作

18.6.7　注氮控氧防火装置

供氮装置技术性能参数见表 18.6-40。

供氮装置技术性能参数　　　　　　　　　　表 18.6-40

机组型号		FS-N-50F (M)	FS-N-100F (M)	FS-N-300F	FS-N-500F	FS-N-1000F	FS-N-1400F	FS-N-2000F
氮气排量 ±5%	L/min	50	100	300	500	1000	1400	2000
	m³/h	3	6	18	30	60	84	120
最大防护容积 (m³)		100	180	540	1800	3600	6000	8000
注氮压力 (MPa)		0.40±0.10						
氮气纯度 (%)		≥95						
适用系统		无管网系统		无(有) 管网系统	有管网系统			
设置位置环境温度 (℃)		−15~40						
设置位置相对湿度 (%)		≤95						
装机功率 (kW)		1.1	2.2	4	7.5	15	22	30
供电电压		AC 220V 或 AC 380/220V		AC 380/220V				
额定电流 (A)		6.0(220V) 3.5(380V)	12.0(220V) 7.0(380V)	10.5	16.0	32.5	46.0	67.0
电源线最小断面 (mm²)		1.5	2.5	2.5	4.0	6.0	10.0	16.0
运行噪声 (dB(A))		60	63	65	65	68	70	72
机组质量(kg)		空气压缩机 95 分子筛法制氮气体分 离机 161，膜法制氮 气体分离机 18	空气压缩机 117	一体机组 815	空气压缩机 400，气体分 离机 550	空气压缩机 650，气体分 离机 750	空气压缩机 850，气体分 离机 1450	空气压缩机 990，气体分 离机 1810

注氮控氧防火系统选型见表 18.6-41。

注氮控氧防火系统选型　　　　　　　　　　表 18.6-41

防护区总容积 (m³)	供氮装置			注氮管路及喷嘴			系统特征			
							无管网系统		有管网系统	
	机组型号	台 数	功率 (kW)	主干管 路管径 DN	适用喷 嘴型号	防护区 喷嘴布 置数量	一机 一区	多机 一区	单元独 立系统	组合分 配系统
<100	FS-N-50	1	1.1	—	—	—	✓	—	—	—
101~180	FS-N-100	1	2.2	—	—	—	✓	—	—	—
181~300	FS-N-50	3	3×1.1	—	—	—	—	✓	—	—
	FS-N-100	2	2×2.2	—	—	—	—	✓	—	—
	FS-N-300	1	4	15	PT1/4	4~8	✓	—	✓	✓
301~360	FS-N-100	2	2×2.2	—	—	—	—	✓	—	—
	FS-N-300	1	4	15	PT1/4	4~8	✓	—	✓	✓

防护区总容积 (m³)	供氮装置			注氮管路及喷嘴			系统特征			
	机组型号	台数	功率 (kW)	主干管路管径 DN	适用喷嘴型号	防护区喷嘴布置数量	无管网系统		有管网系统	
							一机一区	多机一区	单元独立系统	组合分配系统
361～540	FS-N-100	3	3×2.2	—	—	—	—	√J	—	—
	FS-N-300	1	4	15	PT1/4	4～8	√		√	√
541～1000	FS-N-300	2	2×4	—	—	—		√	√	√
	FS-N-500	1	7.5	20	PT3/8	4～8			√	√
1001-1800	FS-N-500	1	7.5	20	PT3/8	4～8			√	√
1801～3600	FS-N-1000	1	15	25	PT3/8	8～16			√	√
3601～6000	FS-N-1400	1	22	32	PT3/8	12～24	—		√	√
6001～8000	FS-N-2000	1	30	40	PT3/8	16～32		√	√	

无管网注氮控氧防火系统组件配置见表18.6-42。

无管网注氮控氧防火系统组件配置 表 18.6-42

组件名称		供氮装置（台）			氧浓度探测器（台）	主控制器（台）	紧急报警控制器（台）
		空气压缩机组	气体分离机组	一体机组			
设置数量（台）	FS-N-50	1～3	1～3	—	2	1	1（或2）
	FS-N-100	1～3	1～3	—	2	1	1（或2）
	FS-N-300	—	—	1或2	2	1	1（或2）

有管网注氮控氧防火系统组件配置见表18.6-43。

有管网注氮控氧防火系统组件配置 表 18.6-43

组件名称		供氮装置（台）			氧浓度探测器	主控制器	紧急报警控制器
		空气压缩机组	气体分离机组	一体机组			
设置数量（台）	FS-N-300	—	—	1	每个防护区2台	每个防护区1台	每个防护区1（或2）台
	FS-N-500	1	1	—			
	FS-N-1000	1	1	—			
	FS-N-1400	1	1	—			
	FS-N-2000	1	1	—			

图18.6-32所示为注氮控氧防火系统供氮装置，装置尺寸见表18.6-44。

注氮控氧防火系统供氮装置尺寸 表 18.6-44

名称	型号	A	B	C	D	E	H	h	质量（kg）
空气压缩机组	FS-N-50	800	450	460	460	170	925	320	95
	FS-N-100	800	450	460	460	170	925	320	117
名称	型号	A_1	B_1	C_1	D_1	E_1	H_1	—	质量（kg）
膜法制氮气体分离机组	FS-N-50M	1220	115	26	920	150	300		18
	FS-N-100M	1220	115	26	920	150	300		18

名称	型号	A_2	B_2	C_2	—	—	H_2	—	质量（kg）
分子筛制氮气体	FS-N-50F	600	385	65	—	—	1600	—	161
分离机组	FS-N-100F	600	385	65	—	—	1600	—	161

名称	型号	DN	接口螺纹 G	L	L_1	—	材质	质量（kg）
注氮喷嘴	PT 1/4	8	1/4″	43	9	—	黄铜	0.02
	PT 3/8	10	3/8″	45	10	—		0.04

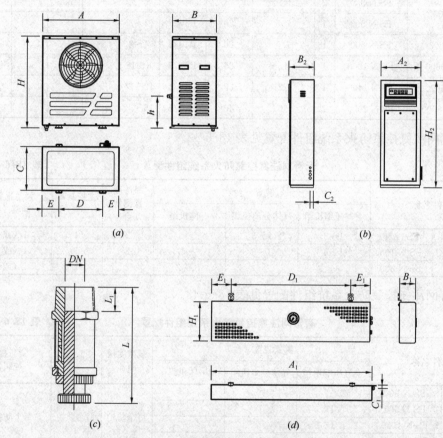

图 18.6-32　注氮控氧防火系统供氮装置

（a）空气压缩机组；（b）分子筛法制氮气体分离机组；（c）注氮喷嘴；（d）膜法制氮气体分离机组

图 18.6-33～图 18.6-35 所示为 FS-N-300F 一体机组、气体分离机组、空气压缩机组。

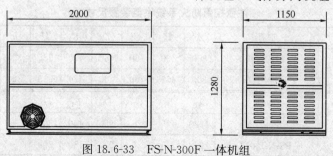

图 18.6-33　FS-N-300F 一体机组

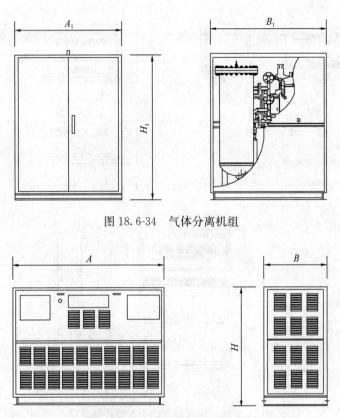

图 18.6-34　气体分离机组

图 18.6-35　空气压缩机组

注氮控氧防火系统供氮装置型号及尺寸见表 18.6-45。

注氮控氧防火系统供氮装置型号及尺寸　　　　表 18.6-45

机组型号	空气压缩机组				气体分离机组				
	外形尺寸（mm）			质量（kg）	外形尺寸（mm）			氮气出口接管口径 DN	质量（kg）
	A	B	H		A_1	B_1	H_1		
FS-N-500F	1330	640	1250	400	1220	1350	1450	20	550
FS-N-1000F	1760	720	1380	650	1340	1460	1850	25	750
FS-N-1400F	1900	800	1460	850	1460	1580	1950	32	1450
FS-N-2000F	2100	850	1550	990	1810	1920	2100	40	1810

图 18.6-36 所示为注氮控氧防火系统控制组件。

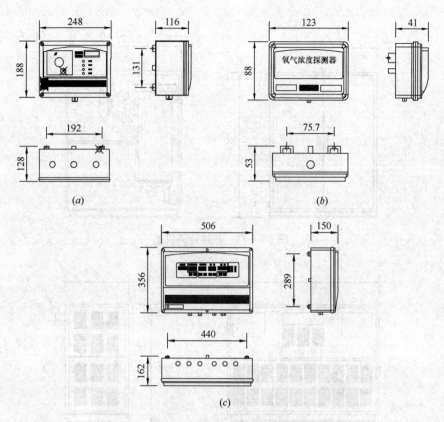

图 18.6-36　注氮控氧防火系统控制组件

(a) 紧急警报控制器；(b) 氧浓度探测器；(c) 主控制器

18.7　特殊灭火装置

18.7.1　泡沫灭火装置

1. 低倍数

低倍数泡沫灭火枪性能参数见表 18.7-1。

低倍数泡沫灭火枪性能参数　　　　　表 18.7-1

混合液额定流量 (L/s)	额定工作压力上限 (MPa)	发泡倍数 N (20℃时)	25％析液时间 (20℃时) (min)	射程 (m)	流量允差 (%)	混合比 (%)
4				≥18		
6	0.8	5<N<20	≥2	≥24	±8	3~4 或 6~7 或制造商公布值
8				≥28		

泡沫产生器设置数量及泡沫喷射口数量见表 18.7-2、表 18.7-3。

泡沫产生器设置数量 表 18.7-2	
储罐直径（m）	泡沫产生器设置数量（个）
≤10	1
>10 且≤25	2
>25 且≤30	3
>30 且≤35	4

泡沫喷射口数量 表 18.7-3	
储罐直径（m）	喷射口数量（个）
≤23	1
>23 且≤33	2
>33 且≤40	3

2. 中倍数

中倍数泡沫灭火枪性能参数见表 18.7-4。

中倍数泡沫灭火枪性能参数   表 18.7-4

混合液额定流量（L/s）	额定工作压力上限（MPa）	发泡倍数 N	50%析液时间（20℃时）（min）	射程（m）	流量允差（%）	混合比（%）
4		$20<N<200$ 且不低于制造商公布值		≥3.5		
6	0.8		≥5	≥4.5	±8	3~4 或 6~7 或制造商公布值
8				≥5.5		

中倍数泡沫枪数量和连续供给时间见表 18.7-5。

中倍数泡沫枪数量和连续供给时间   表 18.7-5

储罐直径（m）	配备泡沫枪支数（支）	连续供给时间（min）	泡沫枪流量（L/s）
≤10	1	10	3
>10 且≤20	1	20	3
>20 且≤30	2	20	3
>30 且≤40	2	30	3
>40	3	30	3

3. 高倍数

国产管线式比例混合器主要规格及性能参数见表 18.7-6。

国产管线式比例混合器主要规格及性能参数   表 18.7-6

型号	进口压力（MPa）	出口压力 0.7MPa 时泡沫混合液流量（L/s）
PHF3	0.6~1.2	3
PHF4	0.6~1.2	3.75
PHF8	0.6~1.2	7.5
PHF16	0.6~1.2	15

18.7.2 自动喷水—泡沫联用灭火装置

自动喷水-泡沫联用系统在地下车库应用的设计参数选取见表 18.7-7。

自动喷水-泡沫联用系统在地下车库应用的设计参数选取		表 18.7-7	
项目	数值	项目	数值
泡沫混合液供给强度（L/（min·m²））	8	系统的作用面积（m²）	160
供给时间（min）	10	比例混合器后喷淋管网的有效容积（L）	≤720
喷头灭火要求的最低工作压力（MPa）	0.1	系统设计流量（L/min）	≥1280

18.7.3 蒸汽灭火装置

图 18.7-1 所示为蒸汽喷枪构造。

18.7.4 细水雾灭火装置

开式细水雾喷头技术性能参数见表 18.7-8，外形如图 18.7-2 所示。

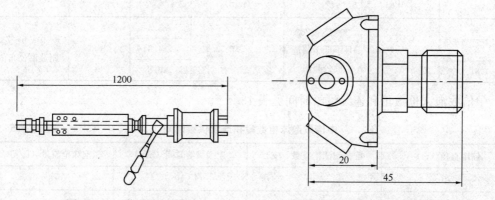

图 18.7-1 蒸汽喷枪构造   图 18.7-2 开式细水雾喷头外形

开式细水雾喷头技术性能参数   表 18.7-8

型号	雾滴直径 $D_{V0.99}$（μm）	流量系数 K	额定流量（L/min）	工作压力（MPa）	微型喷嘴数（个）	接口螺纹规格	备注
XSWT0.17/10		0.17	1.7		4		—
XSWT0.25/10		0.25	2.5		6		夹层专用
XSWT0.45/10		0.45	4.5		4		—
XSWT0.55/10		0.55	5.5		6		夹层专用
XSWT0.70/10	≤90	0.70	7.0	10～13	4	M18×1.5	
XSWT0.95/10		0.95	9.5				
XSWT1.19/10		1.19	11.9				—
XSWT1.68/10		1.68	16.8		5		
XSWT2.04/10		2.04	20.4				

闭式细水雾喷头技术性能参数见表18.7-9，外形如图18.7-3所示。

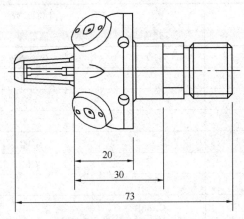

图 18.7-3 闭式细水雾喷头外形

闭式细水雾喷头技术性能参数 表 18.7-9

型号	雾滴直径 $D_{V0.99}$ （μm）	流量系数 K	额定流量 （L/min）	工作压力 （MPa）	公称动作温度 （℃）	响应时间指数 RTI	微型喷嘴数 （个）	接口螺纹规格
XSWT0.70-10/57		0.70	7.0				4	
XSWT1.25-10/57		1.25	12.5					
XSWT1.68-10/57	≤90	1.68	16.8	10～13	57/68	超快速 ≤20 $(m \cdot s)^{1/2}$	5	M18×1.5
XSWT2.04-10/57		2.04	20.4					
XSWT2.74-10/57		2.74	27.4				6	

细水雾枪性能参数表见表18.7-10。

细水雾枪性能参数 表 18.7-10

项目		性能参数		
		背负式	推车式	车载式
储液容器	容积（L）	12、16	20、25、45、65、125	45、65、125、200、≥250
	工作压力（MPa）	公布值	公布值	公布值
气瓶	容积（L）	3.0、4.7	6.8、9.0、12.0	6.8、9.0、12.0
	公称压力（MPa）	30±1	30±1	30±1
泵组	额定出口压力（MPa）	2.5、4.0、6.0	2.5、4.0、6.0、8.0、10.0、12.0、15.0、20.0、25.0	2.5、4.0、6.0、8.0、10.0、12.0、15.0、20.0、25.0
	额定流量（L/min）	公布值	公布值	公布值
细水雾喷射额定工作压力（MPa）		公布值		
细水雾喷射额定流量（L/min）		公布值		
水雾喷射额定工作压力（MPa）		公布值		
水雾喷射额定流量（L/min）		公布值		

续表

项目	性能参数		
	背负式	推车式	车载式
软管长度（m）	≥1.2	≥15.0	≥30.0
细水雾射程（m）	≥5		
水雾射程（m）	≥10		
雾滴直径 $D_{v0.50}$（μm）	≤200		
雾滴直径 $D_{v0.99}$（μm）	≤400		
喷射剩余率（%）	≤5		
灭火性能 A类火	≥2A	≥4A	≥4A
灭火性能 B类火	≥55B（可添加水系或泡沫灭火剂）	≥144B（可添加水系或泡沫灭火剂）	≥144B（可添加水系或泡沫灭火剂）
细水雾枪质量（kg）	≤5		
细水雾枪及供液装置总质量（包括灭火剂）（kg）	≤30	≤450	≤车辆限载

图中为标明公差，均为±5%

瓶组式装置气体贮存压力以及装置最大工作压力应符合表 18.7-11 的规定（贮存气体为氮气时）。

瓶组式装置气体贮存压力及最大工作压力 表 18.7-11

气体贮存压力（MPa）	最大工作压力（50℃时）（MPa）
15.0	17.2
20.0	23.2

18.7.5 干粉灭火装置

干粉灭火装置喷射性能见表 18.7-12。

干粉灭火装置喷射性能 表 18.7-12

干粉灭火剂标称充装量 m（kg）	喷射时间（s）
$m \leq 5$	≤5
$5 < m \leq 10$	≤10
$10 < m \leq 16$	≤15
$m > 16$	不大于生产电位使用说明书公布值

注：喷射的剩余率不应大于 5%。

干粉枪的基本性能参数见表 18.7-13。

干粉枪的基本性能参数 表 18.7-13

名义有效喷射率（kg/s）	实际有效喷射率 E（kg/s）	工作压力范围（MPa）	有效射程（m）
0.5	$0.5 \leq E < 1$	规定的最小/最大工作压力	≥3
1	$1 \leq E < 2$		≥5

续表

名义有效喷射率 （kg/s）	实际有效喷射率 E （kg/s）	工作压力范围 （MPa）	有效射程 （m）
2	$2 \leqslant E < 3$		$\geqslant 6$
3	$3 \leqslant E < 4$		$\geqslant 8$
4	$4 \leqslant E < 5$	规定的最小/最大 工作压力	$\geqslant 10$
5	$5 \leqslant E < 8$		$\geqslant 11$
8	$8 \leqslant E < 10$		$\geqslant 12$

灭火器灭火级别见表18.7-14。

灭火器灭火级别　　　　　　　　　　表 18.7-14

灭火器类型		灭火剂充装置		灭火级别		类型规格
		L	kg	A类	B类	
水（清水、酸碱）	手提式	7	—	5A	—	MSQ7　MS7
		9	—	8A	—	MSQ9　MS9
泡沫（化学泡沫）	手提式	6	—	5A	2B	MP6
		9	—	8A	4B	MP9
	推车式	40	—	13A	18B	MPT40
		65	—	21A	25B	MPT65
		90	—	27A	35B	MPT90
二氧化碳	手提式	—	2	—	1B	MT2
		—	3	—	2B	MT3
		—	5	—	3B	MT5
		—	7	—	4B	MT7
	推车式	—	20		8B	MTT20
		—	25		10B	MTT25
干粉（碳酸氢钠）	手提式	—	1	3A	2B	MFN1
		—	2	5A	5B	MFN2
		—	3	5A	7B	MFN3
		—	4	8A	10B	MFN4
		—	5	8A	12B	MFN5
		—	6	13A	14B	MFN6
		—	8	13A	18B	MFN8
		—	10	21A	20B	MFN10
	推车式	—	25	21A	35B	MFNT25
		—	35	27A	45B	MFNT35
		—	50	34A	65B	MFNT50
		—	75	43A	90B	MFNT75
		—	100	55A	120B	MFNT100

续表

灭火器类型		灭火剂充装置		灭火级别		类型规格
		L	kg	A类	B类	
干粉（磷酸铵盐）	手提式	—	1	3A	2B	MFA1
		—	2	5A	5B	MFA2
		—	3	5A	7B	MFA3
		—	4	8A	10B	MFA4
		—	5	8A	12B	MFA5
		—	6	13A	14B	MFA6
		—	8	13A	18B	MFA8
		—	10	21A	20B	MFA10
	推车式	—	25	21A	35B	MFAT25
		—	35	27A	45B	MFAT35
		—	50	34A	65B	MFAT50
		—	75	43A	90B	MFAT75
		—	100	55A	120B	MFAT100

18.8　灭火器

建筑灭火器型号编制方法如下所示：

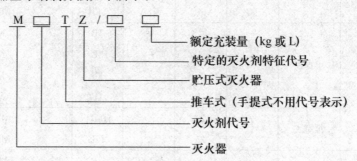

灭火剂代号：

S-清水或带添加剂的水基型灭火器；P-泡沫灭火剂；F-干粉灭火剂；T-二氧化碳灭火剂；J-卤代烷、卤代烃类气体灭火剂。

18.8.1　水型灭火器

水型灭火器类型和规格见表18.8-1。

<table>
<tr><td colspan="7" align="center">水型灭火器类型和规格　　　　　　　　　　　表 18.8-1</td></tr>
<tr><td rowspan="2">灭火器类型</td><td colspan="2">灭火剂充装量（规格）</td><td rowspan="2">灭火器类型
规格代码（型号）</td><td rowspan="2">A类灭火级别</td><td rowspan="2">B类灭火级别</td></tr>
<tr><td>L</td><td>kg</td></tr>
<tr><td rowspan="4">手提式灭火器</td><td rowspan="2">3</td><td rowspan="2">—</td><td>MS/Q3</td><td rowspan="4">1A</td><td>—</td></tr>
<tr><td>MS/T3</td><td>55B</td></tr>
<tr><td rowspan="2">6</td><td rowspan="2"></td><td>MS/Q6</td><td>—</td></tr>
<tr><td>MS/T6</td><td>55B</td></tr>
</table>

续表

灭火器类型	灭火剂充装量（规格）		灭火器类型 规格代码（型号）	A类灭火级别	B类灭火级别
	L	kg			
手提式灭火器	9	—	MS/Q9	2A	—
			MS/T9		89B
推车式灭火器	20	—	MST20	4A	—
	45	—	MST40		—
	60	—	MST60		—
	125	—	MST125	6A	—

18.8.2 泡沫灭火器

泡沫灭火器类型和规格见表 18.8-2。

泡沫灭火器类型和规格 表 18.8-2

灭火器类型	灭火剂充装量（规格）		灭火器类型 规格代码（型号）	A类灭火级别	B类灭火级别
	L	kg			
手提式灭火器	3	—	MP3、MP/AR3	1A	55B
	4	—	MP4、MP/AR4		55B
	6	—	MP6、MP/AR6		55B
	9	—	MP9、MP/AR9	2A	89B
推车式灭火器	20	—	MPT20、MPT/AR20	4A	113B
	45	—	MPT40、MPT/AR40	4A	144B
	60	—	MPT60、MPT/AR60	4A	233B
	125	—	MPT125、MPT/AR125	6A	297B

灭火器用泡沫灭火剂的灭火性能应符合表 18.8-3 的要求。

灭火器用泡沫灭火剂的灭火性能 表 18.8-3

灭火器 规格	灭火剂类别	燃料类别	灭火级别	不合格 类型
6L	AFFF/非 AR、AFFF/AR、FFFP/非 AR FFFP/AR、P/非 AR、P/AR、FP/非 AR、FP/AR、S/非 AR 、S/AR	橡胶工业用 溶剂油	≥55B	A
	AFFF/AR、FFFP/AR、P/AR 、FP/AR、S/AR	99%丙酮	≥21B	A
	AFFF/非 AR、AFFF/AR、FFFP/非 AR FFFP/AR、P/非 AR、P/AR、FP/非 AR、FP/AR、S/非 AR 、S/AR	木垛	≥1A	A

18.8.3 干粉类灭火器

干粉灭火器类型和规格见表 18.8-4。

干粉灭火器类型和规格   表 18.8-4

灭火器类型		灭火剂充装量（规格）		灭火器类型规格代码（型号）	A类灭火级别	B类灭火级别
		L	kg			
手提式灭火器	干粉（碳酸氢钠）	—	1	MF1	—	21B
		—	2	MF2	—	21B
		—	3	MF3	—	34B
		—	4	MF4	—	55B
		—	5	MF5	—	89B
		—	6	MF6	—	89B
		—	8	MF8	—	144B
		—	10	MF10	—	144B
	干粉（磷酸铵盐）	—	1	MF/ABC1	1A	21B
		—	2	MF/ABC2	1A	21B
		—	3	MF/ABC3	2A	34B
		—	4	MF/ABC4	2A	55B
		—	5	MF/ABC5	3A	89B
		—	6	MF/ABC6	3A	89B
		—	8	MF/ABC8	4A	144B
		—	10	MF/ABC10	6A	144B
推车式灭火器	干粉（碳酸氢钠）	—	20	MFT20	—	183B
		—	50	MFT50	—	297B
		—	100	MFT100	—	297B
		—	125	MFT125	—	297B
	干粉（磷酸铵盐）	—	20	MFT/ABC20	6A	183B
		—	50	MFT/ABC50	8A	297B
		—	100	MFT/ABC100	10A	297B
		—	125	MFT/ABC125	10A	297B

18.8.4 二氧化碳（CO_2）灭火器

二氧化碳灭火剂的质量指标应符合表 18.8-5。

二氧化碳灭火剂的质量指标   表 18.8-5

项目	指标
纯度（%）（体积分数）	≥99.5
水含量（%）（质量分数）	≤0.015
油含量	无
醇类含量（以乙醇计）（mg/L）	≤30
总硫化物含量（mg/kg）	≤5.0

注：对非发醇法所得的二氧化碳，醇类含量不作规定。

二氧化碳灭火器类型和规格见表18.8-6。

二氧化碳灭火器类型和规格　　　　　　　　　　表18.8-6

灭火器类型	灭火剂充装量（规格）		灭火器类型规格代码（型号）	A类灭火级别	B类灭火级别
	L	kg			
手提式灭火器	—	2	MT2	—	21B
	—	3	MT3	—	21B
	—	5	MT5	—	34B
	—	7	MT7	—	55B
推车式灭火器	—	10	MTT10	—	55B
	—	20	MTT20	—	70B
	—	30	MTT30	—	113B
	—	50	MTT50	—	183B

18.8.5　其他类别灭火器

卤代烷（1211）灭火器类型和规格见表18.8-7。

卤代烷（1211）灭火器类型和规格　　　　　　表18.8-7

灭火器类型	灭火剂充装量（规格）		灭火器类型规格代码（型号）	A类灭火级别	B类灭火级别
	L	kg			
手提式灭火器	—	1	MY1	—	21B
	—	2	MY2	0.5A	21B
	—	3	MY3	0.5A	34B
	—	4	MY4	1A	34B
	—	6	MY6	1A	55B
推车式灭火器	—	10	MYT10	—	70B
	—	20	MYT20	—	114B
	—	30	MYT30	—	183B
	—	50	MYT50	—	297B

二氟一氯一溴甲烷（1211）用于扑灭B类、C类火灾，其质量指标应符合表18.8-8。

二氟一氯一溴甲烷灭火器质量指标　　　　　　表18.8-8

项目	指标
1211含量（%）（质量分数）	≥99.0
水分（mg/kg）	≤20
酸性物（以HBr）（mg/kg）	≤3
卤离子	合格
蒸发残留物（mg/kg）	≤80
色度	不深于15号

三氟一溴甲烷（1301）质量指标应符合表18.8-9。

三氟一溴甲烷质量指标　　　　　　　　　　　表18.8-9

项目	指标
纯度（%）（mol/mol）	≥99.6
水分（mg/kg）	≤10
酸性物（以HBr）（mg/kg）	≤3
卤离子	合格
蒸发残渣（%）（m/m）	≤0.005
原灌装容器蒸汽相中永久性气体（以空气表示）（%）（mol/mol）	1.5
悬浮物或沉淀	合格

惰性气体（IG-01）灭火剂的技术性能应符合表18.8-10。

惰性气体（IG-01）灭火剂的技术性能 表 18.8-10

项目	指标
氩气含量（%）（质量分数）	≥99.9
水分含量（%）（质量分数）	≤50×10^{-4}
悬浮物或沉淀物	不可见

柜式气体灭火装置的主要参数应符合表18.8-11。

柜式气体灭火装置的主要参数 表 18.8-11

装置类型	工作温度范围（℃）	贮存压力（MPa）	最大工作压力（MPa）	泄压装置动作压力（MPa）	最大充装密度（kg/m³）	最大充装压力（MPa）	喷射时间（s）
柜式二氧化碳	0~49	5.17	15.00	19±0.95	600	—	≤60
柜式七氟丙烷	0~50	2.50	4.20	泄压动作压力设定值应不小于1.25倍最大工作压力，但不大于部件强度试验压力的95%，泄压动作压力范围为设定值×（1±5%）	1150	—	≤10
柜式三氟甲烷	−20~50	4.2	13.7		860	—	≤10
柜式氮气	0~50	15	17.2		—	15	≤60
柜式氩气	0~50	15	16.5		—	15	≤60

注：当工作温度范围超过表中规定时，应将其实际的工作温度范围在装置上标记出来。

七氟丙烷（HFC227ea）灭火剂性能指标应符合表18.8-12。

七氟丙烷（HFC227ea）灭火剂性能指标 表 18.8-12

项目	指标
纯度（%）	≥99.6
水分（mg/kg）	≤10
酸度（以 HF 计）（mg/kg）	≤1
蒸发残留物（%）	≤0.01
悬浮物或沉淀物	不可见

18.9 消防管材

18.9.1 金属管道

涂覆钢管涂层厚度应符合表18.9-1的要求。

涂覆钢管涂层厚度 表 18.9-1

公称通径 DN（mm）	涂层厚度（mm）
DN≤65	>0.30
DN≥80	>0.35

18.9.2 非金属管道

自动喷水灭火系统 PVC-C 管材的规格尺寸应符合表18.9-2的要求。

自动喷水灭火系统 PVC-C 管材的规格尺寸　　　　表 18.9-2

公称直径 (mm)	外径 (mm)	允许偏差 (mm)	管系列 S（标准尺寸比 SDR）	
			6.3（13.5）	
			壁厚（mm）	允许偏差
25	33.40	±0.10	2.5	+0.50
32	42.20	±0.13	3.4	+0.50
40	48.30	±0.13	3.85	+0.50
50	60.30	±0.15	4.7	+0.50
65	73.00	±0.15	5.75	+0.50
80	88.90	±0.15	6.95	+0.50

自动喷水灭火系统 PVC-C 管件的承口尺寸应符合表 18.9-3 的要求。

自动喷水灭火系统 PVC-C 管件的承口尺寸　　　　表 18.9-3

公称直径 (mm)	最小承口深度 (mm)	承口顶部平均内径（mm）	允许偏差 (mm)	承口底部平均内径（mm）	允许偏差 (mm)
25	28.58	33.66	±0.13	33.27	±0.13
32	31.75	42.42	±0.13	42.04	±0.13
40	34.94	48.56	±0.15	48.11	±0.15
50	38.10	60.63	±0.15	60.17	±0.15
65	47.45	73.38	±0.15	72.85	±0.15
80	50.63	89.31	±0.15	88.70	±0.15

优脉 PVC-C 喷淋消防管道系统尺寸及质量见表 18.9-4。

优脉 PVC-C 喷淋消防管道系统尺寸及质量　　　　表 18.9-4

规格							质量			
公称尺寸（规格）		管道外径 OD		管道内径 ID		壁厚	未充水		充水	
(mm)	(in)	(mm)	(in)	(mm)	(in)	(mm)	(kg/m)	(磅/英尺)	(kg/m)	(磅/英尺)
25.0	1	33.4	1.315	28.4	1.101	2.5	0.390	0.262	1.005	0.675
32.0	1.25	42.2	1.660	35.4	1.394	3.4	0.622	0.418	1.606	1.079
40.0	1.5	48.3	1.900	40.6	1.598	3.85	0.816	0.548	2.109	1.417
50.0	2	60.3	2.375	50.9	2.003	4.7	1.278	0.859	3.310	2.224
65.0	2.5	73.0	2.875	61.5	2.423	5.75	1.871	1.257	4.844	3.255
80.0	3	88.9	3.500	75.0	2.950	6.95	2.778	1.867	7.186	4.829

生产厂家：上海远洲管业科技股份有限公司。

18.10　消防配件

18.10.1　管道沟槽式连接件

1. 接头结构图与基本尺寸

沟槽式管接头型号编制方法如下所示：

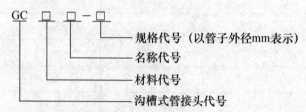

材料代号：QT-球墨铸铁；ZG-铸钢；DG-锻钢。

名称代号：1-刚性接头；2-挠性接头；3-机械三通。

（1）刚性接头

型号 GCQT1，结构如图 18.10-1 所示，基本尺寸见表 18.10-1。

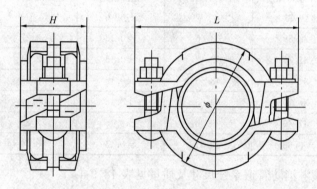

图 18.10-1　公称通径 25～300mm 的刚性接头结构

刚性接头基本尺寸　　　　　　　　　　表 18.10-1

公称通径 （mm）	钢管外径 （mm）	公称压力 （MPa）	螺栓尺寸	最大外形尺寸（mm）		
				ϕ	L	H
25	32			60	108	
32	42		2-M8×50	70	112	44
40	48			76	118	
50	57			92	124	
50	60	2.5	2-M10×55	92	124	47
65	76			100	140	
80	89			122	154	
100	108		2-M10×65	148	178	54
100	114			154	186	

续表

公称通径 (mm)	钢管外径 (mm)	公称压力 (MPa)	螺栓尺寸	最大外形尺寸（mm）		
				ϕ	L	H
125	133			173	220	
125	140			180	216	
150	159	2.5	2-M12×75	200	238	54
150	165			205	244	
150	168			210	250	
200	219		2-M16×90	266	345	
250	273	1.6	2-M20×110	330	452	66
300	325			382	505	

（2）挠性接头

型号 GCQT2，结构如图 18.10-2 所示，基本尺寸见表 18.10-2。

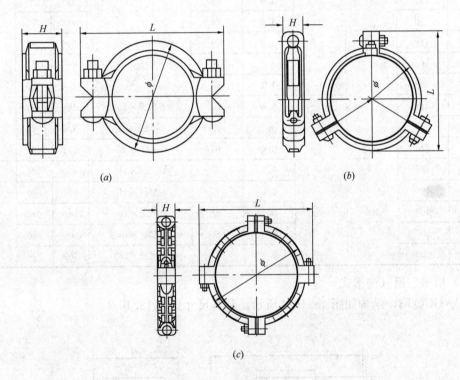

图 18.10-2　挠性接头结构

(*a*) 25～200mm；(*b*) 250～300mm；(*c*) 350～600mm

挠性接头基本尺寸 表 18.10-2

公称通径 (mm)	钢管外径 (mm)	公称压力 (MPa)	管端允许 最大间隙 (mm)	接头允许最大		螺栓尺寸	最大外形尺寸 (mm)		
				转角 (°)	挠度 (mm)		ϕ	L	H
20	27	2.5	2	4.2	74	2-M8×50	54	92	44
25	32			3.6	62	2-M10×55	60	106	

续表

公称通径（mm）	钢管外径（mm）	公称压力（MPa）	管端允许最大间隙（mm）	接头允许最大		螺栓尺寸	最大外形尺寸（mm）		
				转角（°）	挠度（mm）		ϕ	L	H
32	42		2	2.7	47	2-M10×55	70	112	44
40	48			2.4	42		76	118	
50	57			2.3	42	2-M12×65	92	124	
50	60			2.3	42		92	124	47
65	76			1.9	33		110	140	
80	89			1.6	28		122	154	
100	108	2.5	2.5	1.7	29	2-M12×75	145	183	
100	114			1.6	28		154	194	
125	133			1.4	24		173	225	
125	140			1.3	23		180	225	54
150	159			1.2	20	2-M16×85	200	252	
15O	165			1.1	19		205	254	
150	168			1.1	19		210	260	
200	219			0.8	14	2-M20×130	266	334	
250	273			0.7	12	3-M20×85	320	370	66
300	325			0.6	10	3-M20×85	372	420	
350	377		3.2	0.5	8	4-M22×110	440	524	
400	426			0.4	7	4-M22×110	492	570	
45O	460	1.6		0.3	6	4-M22×130	546	632	76
500	530			0.3	6	4-M22×130	600	688	
600	630			0.3	5	4-M22×160	702	796	

（3）机械三通（沟槽式）

型号 GCQT3，结构如图 18.10-3 所示，基本尺寸见表 18.10-3。

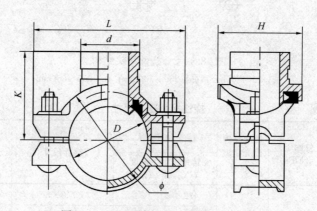

图 18.10-3　机械三通（沟槽式）结构

机械三通（沟槽式）基本尺寸　　　　　　　表 18.10-3

公称通径 （mm）	D×d （mm）	螺栓尺寸	公称压力 （MPa）	最大外形尺寸（mm）			
				K	φ	L	H
100×50	108×57						
100×50	108×60				134		
100×65	108×76	2-M12×75		110		185	110
100×65	114×57						
100×65	114×60				140		
100×65	114×76						
125×50	133×57						
125×50	133×60				157	215	
125×65	133×76						
125×80	133×39			115			125
125×50	140×57						
125×50	140×60				164	220	
125×65	140×76						
125×80	140×89						
150×50	159×57						
150×50	159×60						
150×65	159×76				187	242	
150×80	159×89						
150×100	159×108						
150×100	159×114		2.5				
150×50	165×57	2-M16×100					
150×50	165×57						
150×50	165×60						
150×65	165×76			135	193	245	135
150×80	165×89						
150×100	165×108						
150×100	165×114						
150×50	168×57						
150×50	168×60						
150×65	168×76				196	250	
150×80	168×89						
150×100	166×108						
150×100	168×114						
200×50	219×57						
200×50	219×60						
200×65	219×76						
200×80	219×89						
200×100	219×108	2-M16×100	2.5	155	250	300	165
200×100	219×114						
200×125	219×133						
200×125	219×140						

（4）机械三通（螺纹式）

型号 GCQT3s，结构如图 18.10-4 所示。

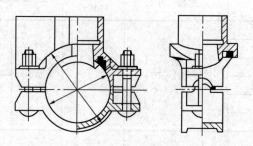

图 18.10-4　机械三通（螺纹式）结构

2. 管件结构图与基本尺寸

沟槽式管件型号编制方法如下所示：

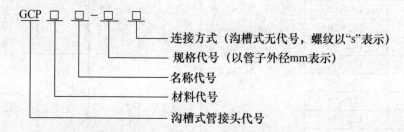

材料代号：QT-球墨铸铁；ZG-铸钢；DG-锻钢。

名称代号：01-90°弯头；02-45°弯头；03-三通；04-异径三通；05-四通；06-盲片；07-异径管；08-法兰。

（1）90°弯头

型号 GCPQT01，结构如图 18.10-5 所示，基本尺寸见表 18.10-4。

（2）45°弯头

型号 GCPQT02，结构如图 18.10-6 所示，基本尺寸见表 18.10-4。

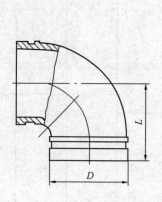
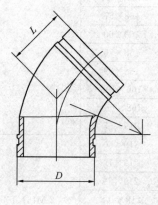

图 18.10-5　GCPQT01 90°弯头结构　　图 18.10-6　GCPQT02 45°弯头结构

（3）三通

型号 GCPQT03，结构如图 18.10-7 所示，基本尺寸见表 18.10-4。

（4）四通

型号 GCPQT05，结构如图 18.10-8 所示，基本尺寸见表 18.10-4。

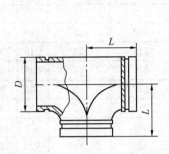 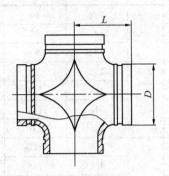

图 18.10-7　GCPQT03 三通结构　　　　图 18.10-8　GCPQT05 四通结构

（5）盲片

型号 GCPQT06，结构如图 18.10-9 所示，基本尺寸见表 18.10-4。

（6）法兰

型号 GCPQT08，结构如图 18.10-10 所示，基本尺寸见表 18.10-4。

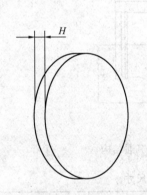 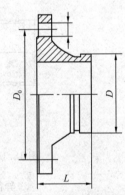

图 18.10-9　GCPQT06 盲片结构　　　图 18.10-10　GCPQT08 法兰结构

90°弯头、45°弯头、三通、四通、盲片、法兰基本尺寸　　　　　表 18.10-4

公称通径 (mm)	D (mm)	公称压力 (MPa)	基本尺寸 (mm)							
			GCPQT01 90°弯头	GCPQT02 45°弯头	CXTPQT03 三通	GCPQT05 四通	GCPQT06 盲片	GCIQT08 法兰		
			L	L	L	L	H	D_0	L	$n\text{-}\phi$
50	57	2.5	84	55	84	84	25	125	65	4-ϕ18
50	60		84	55	84	84	25	125	65	4-ϕ18
65	76		90	60	90	90	25	145	65	4-ϕ18
80	89		94	65	94	94	25	160	65	8-ϕ18
100	108		104	80	104	104	25	180	70	8-ϕ18
100	114		104	80	104	104	25	180	70	8-ϕ18
125	133		122	90	122	122	25	210	70	8-ϕ18

续表

公称通径 (mm)	D (mm)	公称压力 (MPa)	基本尺寸（mm）								
			GCPQT01 90°弯头	GCPQT02 45°弯头	CXTPQT03 三通	GCPQT05 四通	GCPQT06 盲片	GCIQT08 法兰			
			L	L	L	L	H	D_0	L	$n\phi$
125	140		122	90	122	122	25	210	70	8-ϕ18
150	159		142	95	142	142	25	240	70	8-ϕ22
150	165		142	95	142	142	25	240	70	8-ϕ22
150	168	2.5	142	95	142	142	25	240	70	8-ϕ22
200	219		179	124	179	179	32	295	80	12-ϕ22
250	273		215	144	215	215	32	355	85	12-ϕ25
300	325		245	147	245	245	32	410	90	12-ϕ25
350	377		356	147	305	305	40	470	100	16-ϕ25
400	426		406	168	328	326	40	525	110	16-ϕ30
450	480	1.6	457	190	359	350	40	585	115	20-ϕ30
500	530		508	210	387	387	40	650	125	20-ϕ34
600	630		610	253	441	441	40	770	135	20-ϕ41

（7）异径三通

型号 GCPQT04，结构如图 18.10-11 所示，基本尺寸见表 18.10-5。

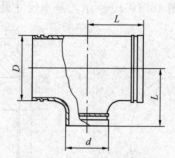

图 18.10-11　异径三通结构

异径三通基本尺寸　　　　　　　　　　　　　　　　　　　　表 18.10-5

公称通径 (mm)	D×d (mm)	公称压力 (MPa)	L (mm)	公称通径 (mm)	D×d (mm)	公称压力 (MPa)	L (mm)
80×65	89×76		94	125×80	140×89		
100×65	108×76			125×100	140×108		122
100×80	108×89			125×100	140×114		
100×65	114×76		104	150×65	159×76		
100×80	114×89			150×80	159×89		
125×65	133×76	2.5		150×100	159×108	2.5	
125×S0	133×89			150×100	159×114		142
125×100	133×108		122	150×125	159×133		
125×100	133×114			150×125	159×140		
125×65	140×76			150×65	165×76		

续表

公称通径 (mm)	D×d (mm)	公称压力 (MPa)	L (mm)	公称通径 (mm)	D×d (mm)	公称压力 (MPa)	L (mm)
150×80	165×89			300×150	325×168	2.5	245
150×100	165×108			300×200	325×239		
150×100	165×114			300×250	325×273		
150×125	165×133			350×200	377×219		305
150×125	165×140		142	350×250	377×273		
150×65	168×76			350×300	377×325		
150×80	168×89			400×200	426×219		328
150×100	168×108			400×250	426×271		
150×100	168×114			400×300	426×325		
150×125	168×133			450×200	480×219		359
150×125	168×140			450×250	480×273		
200×100	219×108	2.5		450×300	480×325		
200×100	219×114			500×200	530×219		387
200×125	219×133			500×250	530×273	1.6	
200×125	219×140		179	500×300	530×325		
200×150	219×159			500×350	530×377		
200×150	219×165			500×200	630×219		441
200×150	219×168			600×250	630×273		
250×150	273×159			600×300	630×325		
250×150	273×165		215	600×350	630×377		
250×150	273×168			600×400	630×426		
250×200	273×219			600×450	630×480		
300×150	325×159		245	600×500	630×530		
300×150	325×165			—	—		

（8）异径管（螺纹管）

型号 GCPQT07s，结构如图 18.10-12 所示。

（9）异径管（沟槽式）

型号 GCPQT07，结构如图 18.10-13 所示。

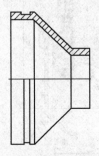
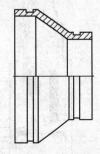

图 18.10-12　异径管（螺纹管）结构　　图 18.10-13　异径管（沟槽式）结构

3. 钢管滚槽的基本尺寸

图 18.10-14 所示为钢管滚槽结构，基本尺寸见表 18.10-6。

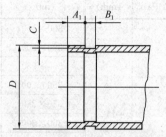

图 18.10-14 钢管滚槽结构

钢管滚槽、开槽基本尺寸及偏差表（mm）　　　表 18.10-6

公称通径	钢管外径	A_1	B_1	C	公称通径	钢管外径	A_1	B_1	C
20	27			1.5	150	159			
25	32	14	8		150	165	16	9.5	2.2
32	42			1.8	150	168			
40	48				200	219			
50	57				250	273	19		2.5
50	60	14.5			300	325			
65	76				350	377			3.3
80	89		9.5	2.2	400	426		13	
100	108				450	480	25		
100	114				500	530			5.5
125	133	16			600	630			
125	140								

18.10.2 消防专用阀门

1. 消防信号闸阀

图 18.10-15 所示为法兰式消防信号闸阀，其外形连接尺寸见表 18.10-7。

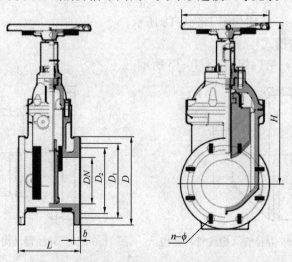

图 18.10-15 法兰式消防信号闸阀结构

表 18.10-7

法兰式消防信号闸阀主要外形连接尺寸 (mm)

DN	L 第3系列	L 第14系列	L 第15系列	D PN16	D PN25	D PN40	D₁ PN16	D₁ PN25	D₁ PN40	D₂ PN16	D₂ PN25	D₂ PN40	n-φ PN16	n-φ PN25	n-φ PN40	b PN16	b PN25	b PN40	H	O
40	165	140	240		150			110			84			4~19			19		285	200
50	178	150	250		165			125			99			4~19			19		290	200
65	190	170	270		185			145			118		4~19	8~19	8~19		19		315	200
80	203	180	280		200			160			132		8~19	8~19	8~19		19		365	240
100	229	190	300	220	235	235	180	190	190		156		8~19	8~23	8~23		19		400	280
125	254	200	325	250	270	270	210	220	220		184		8~19	8~28	8~28	19	19	23.5	457	280
150	267	210	350	285	300	300	240	250	250		211		8~23	8~28	8~28	19	20	26	504	280
200	292	230	400	340	360	375	295	310	320	266	274	284	12~23	12~28	12~31	20	22	30	592	360
250	330	250	450	405	425	450	355	370	385	319	330	345	12~28	12~31	12~34	22	24.5	34.5	675	360
300	356	270	500	460	485	515	410	430	450	370	389	409	12~28	16~31	16~34	24.5	27.5	39.5	791	450
350	381	290	550	520	555	580	470	490	510	429	448	465	16~28	16~34	16~37	26.5	30	44	872	450
400	406	310	600	580	620	660	525	550	585	480	503	535	16~31	16~37	16~40	28	32	48	1000	640
450	432	330	650	640	670	685	585	600	610	548	548	560	20~31	20~37	20~40	30	34.5	49	1090	640
500	457	350	700	715	730	755	650	660	670	609	609	615	20~34	20~37	20~43	31.5	36.5	52	1230	720
600	508	390	800	840	845	890	770	770	795	720	720	735	20~37	20~40	20~49	36	42	58	1408	720

生产厂家：广东永泉阀门科技有限公司。

图 18.10-16 所示为沟槽式消防信号闸阀，其主要外形连接尺寸及质量见表 18.10-8。

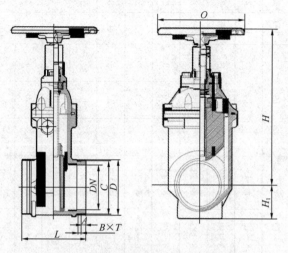

图 18.10-16　沟槽式消防信号闸阀

沟槽式消防信号闸阀主要外形连接尺寸及质量　　　　　　　　表 18.10-8

DN (mm)	L (mm)	D (mm)	C (mm)	A (mm)	B×T (mm)	H (mm)	H₁ (mm)	O (mm)	质量 (kg)
40	140	54	48	15.9	7.14×1.6	285	32	200	4.5
50	150	66	60	15.9	7.14×1.6	290	38	200	6
65	170	81	76	15.9	7.14×2	315	46	200	9.5
80	180	98	89	15.9	7.14×2	365	54	240	11
100	190	120	114	15.9	8.74×2.1	400	65	280	19.5
125	200	149	140	15.9	8.74×2.1	457	80	280	30
150	210	174	165	15.9	8.74×2.2	504	92	280	36
200	230	228	219	19.1	11.9×2.4	592	119	360	71
250	250	278	273	19.1	11.9×2.4	675	144	360	108
300	270	332	325	19.1	11.9×2.4	791	171	450	143

生产厂家：广东永泉阀门科技有限公司。

2. 消防信号蝶阀

图 18.10-17 所示为沟槽式消防信号闸阀，其主要外形连接尺寸及质量见表 18.10-9。

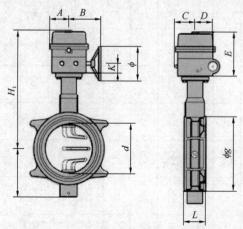

图 18.10-17　沟槽式消防信号闸阀

消防信号蝶阀主要外形连接尺寸及质量　　　　　　　　　表 18.10-9

公称口径		L	d	ϕg	H_1	H_2	传动装置（带信号）(mm)							质量
(inch)	(mm)	(mm)	(mm)	(mm)	(mm)	(mm)	A	B	C	D	E	K	ϕ	(kg)
2	50	43	51	99	273	66	60	103	75	41	150	35	150	4.9
2½	65	46	61	120	290	77.5	60	103	75	41	150	35	150	6.15
3	80	45	79	132	296	87	60	103	75	41	150	35	150	7.05
4	100	52	96	158	320	100	60	103	75	41	150	35	150	8.85
5	125	56	125	184	341	122	60	103	75	41	150	35	150	12.9
6	150	56	149	212	355	136	60	103	75	41	150	35	150	15.7
8	200	60	195	268	391	165	60	127	85	63	150	40	200	26.4
10	250	68	241	320	441	200	60	127	85	63	150	40	200	34.4
12	300	78	290	372	500	230	60	127	85	63	150	40	200	55.7

生产厂家：广东永泉阀门科技有限公司。

18.10.3　减压装置

1. 减压阀

防气蚀大压差可调减压阀主要性能参数见表 18.10-10。

防气蚀大压差可调减压阀主要性能参数　　　　　　　表 18.10-10

公称压力（MPa）	1.6	2.5	4.0
强度试验压力（MPa）	6.4	10	16
密封试验压力（MPa）	3.2	5	8
适用介质	水		
适用温度（℃）	0～80℃		

生产厂家：广东永泉阀门科技有限公司。

防气蚀大压差可调减压阀主要零件及材料见表 18.10-11。

防气蚀大压差可调减压阀主要零件及材料　　　　　　表 18.10-11

序号	名称	材料	序号	名称	材料
1	阀体	QT500-7 表面喷涂环氧树脂	9	活塞	CF8
2	过滤网	06Cr19Ni10 / 304	10	弹簧	07Cr17Ni7Al /631/60Si2MnA
3	球阀	Cf8/ZCuAl9Mn2	11	阀瓣密封圈	EPDM/NBR
4	过滤器	ZCuAl9Mn2	12	球阀	H62/CF8
5	针形调节阀	ZCuAl9Mn2	13	阀座	06Cr19Ni10 / 304
6	缸盖	ZCuSn5Pb5Zn5	14	防气蚀罩	CF8
7	导阀	ZCuSn5Pb5Zn5	15	阀盖	QT500-7 表面喷涂环氧树脂
8	活塞密封圈	EPDM / NBR			

生产厂家：广东永泉阀门科技有限公司。

图 18.10-18 所示为防气蚀大压差可调减压阀结构，其主要尺寸见表 18.10-12。

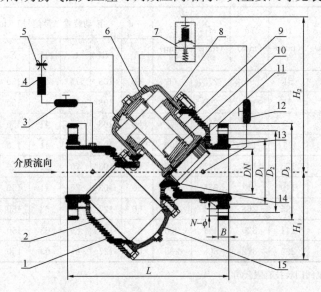

图 18.10-18 防气蚀大压差可调减压阀结构
注：图中注释见表 18.10-11。

防气蚀大压差可调减压阀主要尺寸（mm） 表 18.10-12

DN	L	H_1	H_2	D_1			D_2			D_3			N-ϕ			B		
				PN16	PN25	PN40	PN16	PN25	PN40	PN16	PN25	PN40	PN16	PN25	PN40	PN16	PN25	PN40
40	260	105	337	84	84	84	110	110	110	150	150	150	4～19	4～19	4～19	20		20
50	300	123	362	99	99	99	125	125	125	165	165	165	4～19	4～19	4～19	22		22.5
65	340	160	396	118	118	118	145	145	145	185	185	185	4～19	8～19	8～19	22		25.5
80	380	181	419	132	132	132	160	160	160	200	200	200	8～19	8～19	8～19	23		28.5
100	430	217	450	156	156	156	180	190	190	235	235	235	8～19	8～23	8～23	23		32
125	500	245	466	184	184	184	210	220	220	270	270	270	8～19	8～23	8～28	24		35
150	550	293	512	211	211	211	240	250	250	300	300	300	8～23	8～28	8～28	25		36.5
200	650	337	604	266	274	284	295	310	320	360	360	375	12～23	12～28	12～31	27		41

生产厂家：广东永泉阀门科技有限公司。

2. 泄压阀

防气蚀安全泄压阀主要性能参数见表 18.10-13。

防气蚀安全泄压阀主要性能参数 表 18.10-13

公称压力（MPa）	1.6	2.5	4.0
壳体强度试验压力（MPa）	6.4	10	16
密封试验压力（MPa）	3.2	5	8
整定压力范围（MPa）	0～1.6	0～2.5	0～4.0
适用介质	水		
适用温度（℃）	0～80℃		
法兰连接标准	GB/T 17241.6、EN1092ISO7005.2、DIN2501		

生产厂家：广东永泉阀门科技有限公司。

防气蚀安全泄压阀主要零件及材料见表18.10-14。

防气蚀安全泄压阀主要零件及材料 表 18.10-14

序号	名 称	材料	序号	名 称	材料
1	阀体	QT500-7 表面喷涂环氧树脂	8	针形调节阀	ZCuAl9Mn2
2	防气蚀罩	CF8	9	导阀	ZCuSn5Pb5Zn5
3	阀座	06Cr19Ni10/304	10	缸盖	ZCuSn5Pb5Zn5
4	阀瓣密封圈	EPDM/NBR	11	弹簧	07Cr17Ni7Al/631/60Si2MnA
5	活塞	CF8	12	阀瓣密封圈	EPDM/NBR
6	球 阀	CF8/ZCuAl9Mn2	13	球 阀	CF8/ZCuAl9Mn2
7	过滤器	ZCuAl9Mn2			

生产厂家：广东永泉阀门科技有限公司。

图 18.10-19 所示为防气蚀安全泄压阀外形，其主要外形连接尺寸见表 18.10-15、表 18.10-16。

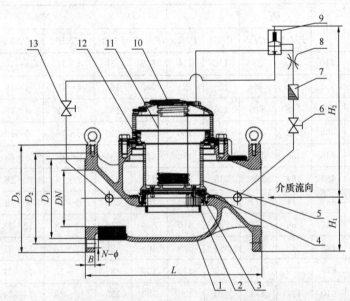

图 18.10-19 防气蚀安全泄压阀外形
注：图中注释见表18.10-14。

防气蚀安全泄压阀主要外形连接尺寸（mm） 表 18.10-15

DN	L	D_1	D_2	D_3	N-ϕ	B
40	200	84	110	150	4～19	20
50	230	99	125	165	4～19	22.5
65	290	118	145	185	8～19	25.5
80	310	132	160	200	8～23	28.5
100	350	156	190	235	8～23	32
125	400	184	220	270	8～28	35

续表

DN	L	D_1	D_2	D_3	N-ϕ	B
150	480	211	250	300	8~28	36.5
200	600	284	320	375	12~31	41
250	730	345	385	450	12~34	48
300	850	409	450	515	16~34	54
350	980	465	510	580	16~37	54
400	1100	535	585	660	16~40	57
450	1200	560	610	685	20~40	60.5
500	1250	615	670	755	20~43	63.5
600	1450	735	795	890	20~48	70

生产厂家：广东永泉阀门科技有限公司。

防气蚀安全泄压阀主要外形连接尺寸（mm）　　　　表 18.10-16

DN	L	H_1	H_2	D_1		D_2		D_3		N-ϕ		B	
				PN16	PN25	PN16	PN25	PN16	PN25	PN16	PN25	PN16	PN25
40	200	75	240	84	84	110	110	150	150	4~19	4~19	20	20
50	230	82.5	301	99	99	125	125	165	165	4~19	4~19	22	22
65	290	92.5	392	118	118	145	145	185	185	4~19	8~19	22	22
80	310	100	408	132	132	160	160	200	200	8~19	8~19	23	23
100	350	110	440	156	156	180	190	220	235	8~19	8~23	23	23
125	400	125	485	184	184	210	220	250	270	8~19	8~28	24	24
150	480	143	497	211	211	240	250	285	300	8~23	8~28	25	25
200	600	170	662	266	274	295	310	340	360	12~23	12~28	27	27
250	730	203	828	319	330	355	370	405	425	12~28	12~31	29.5	29.5
300	850	230	878	370	389	410	430	460	485	12~28	16~31	30	30
350	980	260	910	429	418	470	490	520	555	16~28	16~34	30	30
400	1100	290	944	489	503	525	550	580	620	16~31	16~37	32	32
450	1200	320	1062	548	548	585	600	640	670	20~31	20~37	34.5	34.5
500	1250	357	1180	609	609	650	660	715	730	20~34	20~37	36.5	36.5
600	1450	420	1416	729	720	770	770	840	845	20~37	20~40	42	42
700	1650	455	1652	794	820	840	875	910	960	24~37	24~43	46.5	46.5
800	1850	513	1888	901	928	950	990	1025	1085	24~40	24~49	51	51
900	2050	563	2124	1001	1028	1050	1090	1125	1185	28~40	28~49	55.5	55.5
1000	2250	673	2360	1112	1140	1170	1210	1255	1320	28~43	28~56	60	60
1200	2450	743	2832	1328	1350	1390	1420	1485	1530	32~49	32~56	69	69

生产厂家：广东永泉阀门科技有限公司。

3. 消防水锤吸纳器

消防水锤吸纳器主要性能参数见表 18.10-17。

消防水锤吸纳器主要性能参数 表 18.10-17

公称压力 PN（MPa）	1.6	2.5
强度试验压力（MPa）	6.4	10
密封试验压力（MPa）	3.2	5
适用温度	0～100℃	
环境温度	−30～350℃	
适用介质	水	

生产厂家：广东永泉阀门科技有限公司。

（1）活塞式消防水锤吸纳器

图 18.10-20 所示为活塞式消防水锤吸纳器结构，其主要外形连接尺寸见表 18.10-18。

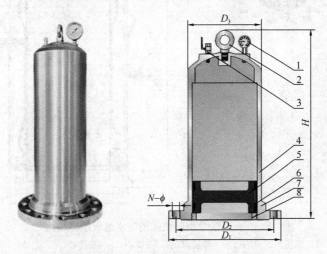

图 18.10-20 活塞式消防水锤吸纳器结构

1—不锈钢含油压力表；2—吊环；3—充气阀；4—不锈钢阀体；5—活塞；6—密封环；7—法兰；8—挡圈

活塞式消防水锤吸纳器主要外形连接尺寸（mm） 表 18.10-18

公称通径	D_1			D_2			D_3	H	N-ϕ		
DN（mm）	PN16	PN25	PN40	PN16	PN25	PN40			PN16	PN25	PN40
65	185	185	185	145	145	145	76	468	4～18	8～18	8～18
80	200	200	200	160	160	160	89	720	8～18	8～18	8～18
100	220	235	235	180	190	190	112	757	8～18	8～22	8～22
125	250	270	270	210	220	220	135	796	8～18	8～26	8～26
150	285	300	300	240	250	250	162	832	8～22	8～26	8～26
200	340	360	375	295	310	320	219	880	12～22	12～26	12～30
250	405	425	450	355	370	385	273	968	12～26	12～30	12～33
300	460	485	515	410	430	450	325	997	12～26	16～30	16～33
350	520	555	580	470	490	510	365	1000	16～26	16～33	16～36

续表

公称通径	D_1			D_2			D_3	H	N-ϕ		
DN（mm）	PN16	PN25	PN40	PN16	PN25	PN40			PN16	PN25	PN40
400	580	620	660	525	550	585	426	1016	16～30	16～36	16～39
450	640	670	685	585	600	610	430	1060	20～30	20～33	20～40
500	715	730	755	650	660	670	530	1200	20～34	20～37	20～40
600	840	845	890	770	770	795	630	1350	20～37	20～40	20～49

生产厂家：广东永泉阀门科技有限公司。

（2）胶胆式消防水锤吸纳器

图 18.10-21 所示为法兰型胶胆式消防水锤吸纳器结构，其主要外形尺寸见表 18.10-19。

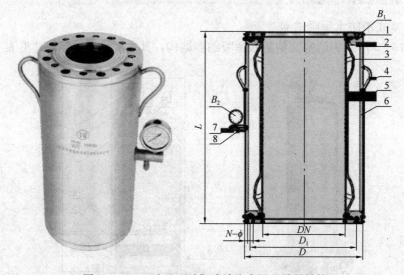

图 18.10-21　法兰型胶胆式消防水锤吸纳器结构

1—压盖；2—端盖；3—橡胶内胆；4—提手；5—多孔管；6—壳体；
7—接头；8—充气阀；B1—内六角圆柱头螺钉；B2—压力表

法兰型胶胆式消防水锤吸纳器主要外形连接尺寸（mm）　　　表 18.10-19

尺寸（mm）	L	D			D_1			N-ϕ		
公称通径 DN		PN16	PN25	PN40	PN16	PN25	PN40	PN16	PN25	PN40
50	290	165			125			4～18		
65	320	185			145			4～18	8～18	8～18
80	365	200			160			8～18	8～18	8～18
100	440	220	235	235	180	190	190	8～18	8～22	8～22
125	515	250	270	270	210	220	220	8～18	8～26	8～26
150	610	285	300	300	240	250	250	8～22	8～26	8～26
200	700	340	360	375	295	310	320	12～22	12～26	12～30
250	780	405	425	450	355	370	385	12～26	12～30	12～33
300	800	460	485	515	410	430	450	12～26	16～30	16～33
400	900	580	620	660	525	550	585	16～31	16～37	16～40

生产厂家：广东永泉阀门科技有限公司。

图 18.10-22 所示为丝扣型胶胆式消防水锤吸纳器结构，其主要外形尺寸见表 18.10-20。

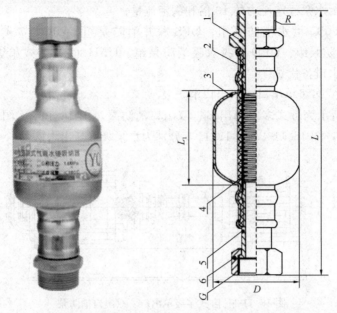

图 18.10-22　法兰型胶胆式消防水锤吸纳器结构
1—接头；2—弹性胶管；3—壳体；4—弹簧；5—接头；6—螺母

丝扣型胶胆式消防水锤吸纳器主要外形连接尺寸　表 18.10-20

尺寸公称通径 DN (mm)	PN16				
	L (mm)	L_1 (mm)	D (mm)	R (in)	G (in)
15	170	65	53	R 1/2	G 1/2
20	170	65	63	R 3/4	G 3/4
25	170	65	63	R 1	G 1
32	244	100	100	R1 1/4	G1 1/4
40	250	100	100	R1 1/2	G1 1/2
50	250	100	100	R2	G2

生产厂家：广东永泉阀门科技有限公司。

18.11　消防专用增压稳压设备

18.11.1　消防增压泵

消防泵型号编制方法如下所示：

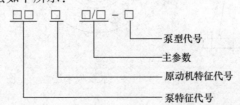

泵特征代号：消防泵为 XB；

原动机特征代号：C 为柴油机驱动，D 为电机驱动；

主参数：表示水泵额定压力的 10 倍和额定流量；

泵型代号：UFQ 潜水消防泵组、UFS 深井消防泵组、UFM 立式多级消防泵组、UFG 立式单级消防泵组、UFD 单级双吸消防泵组、UFH（C）卧式单级消防泵组、SL 三利消防稳压给水设备代号。

1. 卧式、立式多级单出口、双出口消防泵

图 18.11-1 所示为卧式多级单出口、双出口消防泵，图 18.11-2、图 18.11-3 分别为 A 向及 K 向视图，图 18.11-4、图 18.11-5 分别为水泵吸水与出水法兰。

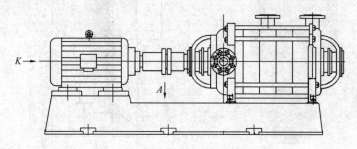

图 18.11-1　卧式多级单出口、双出口消防泵

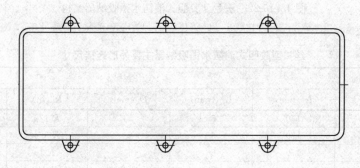

图 18.11-2　A 向

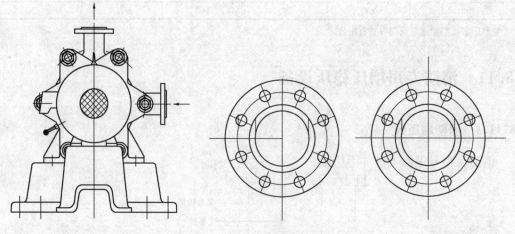

图 18.11-3　K 向　　　　图 18.11-4　水泵吸水法兰　　　图 18.11-5　水泵出水法兰

2. 卧式、立式恒压消防泵

图 18.11-6、图 18.11-7 所示分别为 XBD 系列卧式、立式恒压消防泵，图 18.11-8、图 18.11-9 分别为水泵吸水与出水法兰。

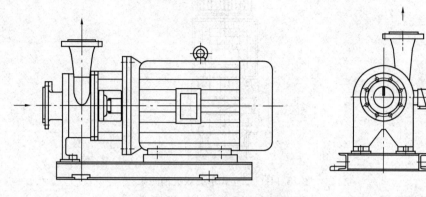

图 18.11-6　卧式恒压消防泵

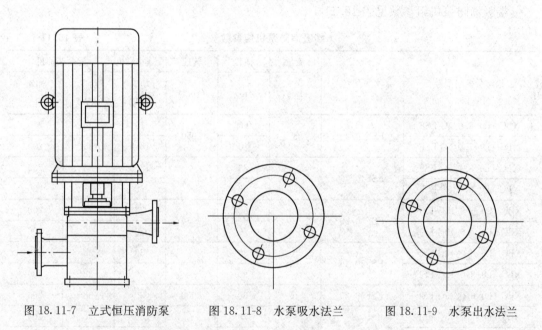

图 18.11-7　立式恒压消防泵　　　图 18.11-8　水泵吸水法兰　　　图 18.11-9　水泵出水法兰

3. 卧式、立式单级双吸消防泵

图 18.11-10、图 18.11-11 所示分别为 XBD 系列卧式、立式单级双吸消防泵。

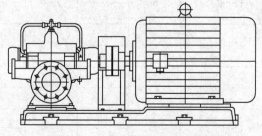

图 18.11-10　卧式单级双吸消防泵

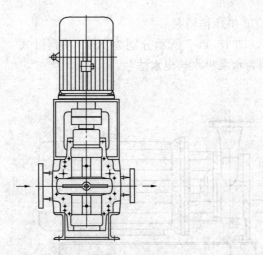

图 18.11-11 立式单级双吸消防泵

4. 端吸消防泵

端吸消防泵机组参数见表 18.11-1。

端吸消防泵机组参数   表 18.11-1

消防泵机组型号	水泵型号	流量 (L/s)	扬程 (m)	转速 (rpm)	配套电动机 功率 (kW)	配套柴油机 功率 (kW)	油箱 (L)
XBC (D) 6.0/5G-ESF	ESF40/20	5	60	2950	15	38	200
XBC (D) 7.0/5G-ESF			70		18.5	38	200
XBC (D) 8.0/5G-ESF	ESF40/26	5	80	2950	18.5	38	200
XBC (D) 9.0/5G-ESF			90		22	38	200
XBC (D) 6.0/10G-ESF	ESF50/20	10	60	2950	22	38	200
XBC (D) 7.0/10G-ESF			70		30	38	200
XBC (D) 8.0/10G-ESF	ESF50/26	10	80	2950	30	38	200
XBC (D) 9.0/10G-ESF			90		30	38	200
XBC (D) 6.0/15G-ESF	ESF50/20	15	60	2950	22	38	200
XBC (D) 7.0/15G-ESF			70		30	38	200
XBC (D) 8.0/15G-ESF	ESF50/26	15	80	2950	30	38	200
XBC (D) 9.0/15G-ESF			90		37	38	200
XBC (D) 6.0/20G-ESF	ESF65/20	20	60	2950	30	38	200
XBC (D) 7.0/20G-ESF			70		37	38	200
XBC (D) 8.0/20G-ESF	ESF65/26	20	80	2950	45	64	200
XBC (D) 9.0/20G-ESF			90		55	64	200
XBC (D) 6.0/25G-ESF	ESF65/20	25	60	2950	30	38	200
XBC (D) 7.0/25G-ESF			70		45	64	200
XBC (D) 8.0/25G-ESF	ESF65/26	25	80	2950	45	64	200
XBC (D) 9.0/25G-ESF			90		55	64	200

续表

消防泵机组型号	水泵型号	流量 (L/s)	扬程 (m)	转速 (rpm)	配套电动机 功率 (kW)	配套柴油机 功率 (kW)	油箱 (L)
XBC（D）6.0/30G-ESF	ESF65/20	30	60	2950	37	38	200
XBC（D）7.0/30G-ESF	ESF65/20	30	70	2950	45	64	200
XBC（D）8.0/30G-ESF	ESF65/26	30	80	2950	45	64	200
XBC（D）9.0/30G-ESF	ESF65/26	30	90	2950	55	64	200
XBC（D）6.0/45G-ESF	ESF80/20	45	60	2950	55	64	200
XBC（D）7.0/45G-ESF	ESF80/20	45	70	2950	75	94	400
XBC（D）8.0/45G-ESF	ESF80/26	45	80	2950	75	94	400
XBC（D）9.0/45G-ESF	ESF80/26	45	90	2950	90	94	400

注：1. 以上型号已取得 UL/FM 认证和 CCCF 认证。

2. 电动机和柴油机为参考，以最终认证为准。

生产厂家：湖南南方安美消防设备有限公司。

5. UFQ 系列潜水消防泵组

UFQ 系列潜水消防泵组性能参数见表 18.11-2。

UFQ 系列潜水消防泵组性能参数 表 18.11-2

潜水消防泵组型号	额定流量 (L/s)	(m³/h)	额定压力 (MPa)	级数 I	转数 (r/min)	电机功率 (kW)	井下部分最大外径 (mm)	型号
XBD3.7/5Q-UFQ	5	18	0.37	4	2900	3	127	VP20-4
XBD4.6/5Q-UFQ	5	18	0.47	5	2900	3.7	127	VP20-5
XBD5.6/5Q-UFQ	5	18	0.56	6	2900	3.7	127	VP20-6
XBD6.5/5Q-UFQ	5	18	0.65	7	2900	5.5	127	VP20-7
XBD7.4/5Q-UFQ	5	18	0.74	8	2900	5.5	127	VP20-8
XBD4.7/10Q-UFQ	10	36	0.47	6	2900	7.5	127	VP40-6
XBD5.5/10Q-UFQ	10	36	0.55	7	2900	11	127	VP40-7
XBD6.2/10Q-UFQ	10	36	0.62	8	2900	11	127	VP40-8
XBD7.0/10Q-UFQ	10	36	0.70	9	2900	11	127	VP40-9
XBD7.8/10Q-UFQ	10	36	0.78	10	2900	11	127	VP40-10
XBD4.0/15Q-UFQ	15	54	0.40	3	2900	7.5	165	VP60-3
XBD5.3/15Q-UFQ	15	54	0.53	4	2900	7.5	165	VP60-4
XBD6.7/15Q-UFQ	15	54	0.67	5	2900	11	165	VP60-5
XBD3.9/20Q-UFQ	20	72	0.39	4	2900	15	175	VP80-4
XBD4/25Q-UFQ	25	90	0.40	2	2900	15	210	VP110-2
XBD4/30Q-UFQ	30	108	0.40	2	2900	18.5	210	VP130-2
XBD3.3/35Q-UFQ	35	126	0.33	1	2900	18.5	265	VP170-1

潜水消防泵组型号	额定流量		额定压力	级数	转数	电机功率	井下部分最大外径	型号
	(L/s)	(m³/h)	(MPa)	I	(r/min)	(kW)	(mm)	
XBD3/45Q-UFQ	45	162	0.30	1	2900	18.5	265	VP200-1
XBD3.8/50Q-UFQ	50	180	0.38	1	2900	37	265	VP250-1
XBD3.8/60Q-UFQ	60	216	0.38	1	2900	37	265	VP250-1
XBD4.5/80Q-UFQ	80	288	0.45	1	2900	75	310	VP290-1
XBD5.8/100Q-UFQ	100	360	0.58	1	2900	93	310	VP330-1
XBD4.5/140Q-UFQ	140	504	0.45	1	2900	55	385	VP550-1
XBD4/160Q-UFQ	160	576	0.40	1	2900	55	385	VP550-1
XBD3.5/180Q-UFQ	180	648	0.35	1	2900	93	430	VP750-1

生产厂家：南京尤孚泵业有限公司。

6. UFS系列电动深井消防泵组

UFS系列电动深井消防泵组性能参数见表18.11-3。

UFS系列电动深井消防泵组性能参数 表18.11-3

电动深井消防泵组型号	额定流量		额定压力	级数	转数	电机功率	井下部分最大外径	型号
	(L/s)	(m³/h)	(MPa)	I	(r/min)	(kW)	(mm)	
XBD3.3/5J-UFS	5	18	0.33	3	2940	5.5	150	VT20-11×3
XBD4.2/10J-UFS	10	36	0.42	3	2940	7.5	150	VT40-13.5×3
XBD4.0/15J-UFS	15	54	0.40	2	2940	11	190	VT60-20×2
XBD4.6/20J-UFS	20	72	0.46	2	2940	15	190	VT80-22.5×2
XBD4.0/25J-UFS	25	90	0.40	2	2940	15	190	VT90-20×2
XBD3.3/30J-UFS	30	108	0.33	3	2940	15	181	VT90-20×3
XBD3.3/35J-UFS	35	126	0.36	2	1475	18.5	190	VT25-18×2
XBD3.4/40J-UFS	40	144	0.34	4	1475	22	250	VT130-8.5×4
XBD3.3/45J-UFS	45	162	0.33	3	1475	22	295	VT160-11.5×3
XBD3.6/50J-UFS	50	180	0.36	3	1475	30	295	VT185-12×3
XBD2.7/60J-UFS	60	216	0.27	2	1475	22	295	VT220-13×2
XBD3.0/80J-UFS	80	288	0.30	2	1475	37	346	VT300-15×2
XBD3.2/100J-UFS	100	360	0.32	2	1475	55	346	VT370-16×2
XBD2.6/120J-UFS	120	432	0.26	1	1475	55	430	VT450-30×1
XBD2.8/140J-UFS	140	504	0.28	1	1475	55	430	VT550-27×1
XBD2.6/160J-UFS	160	576	0.26	1	1475	55	430	VT550-27×1
XBD3.0/180J-UFS	180	648	0.30	1	1475	90	520	VT650-32×1
XBD3.2/200J-UFS	200	720	0.32	1	1475	110	520	VT900-30×1
XBD3.0/250J-UFS	250	900	0.30	1	1475	110	520	VT900-30×1
XBD2.4/300J-UFS	300	1080	0.24	1	1475	110	600	VT100029×1
XBD2.5/350J-UFS	350	1260	0.25	1	1475	132	600	VT1250-30×1

生产厂家：南京尤孚泵业有限公司。

7. UFM 系列立式多级消防泵组

UFM 系列立式多级消防泵组性能参数见表 18.11-4。

UFM 系列立式多级消防泵组型号及性能参数   表 18.11-4

立式多级消防泵组型号	额定流量		额定压力	转数	电机功率	型号
	(L/s)	(m³/h)	(MPa)	(r/min)	(kW)	
XBD2.5/5G-UFM	5	18	0.21	2900	2.2	VM16-20
XBD0.70/10G-UFM	10	36	0.07	2900	1.5	VM30-10-2
XBD1.1/15G-UFM	15	54	0.11	2900	3	VM45-10-1
XBD1.1/20G-UFM	20	72	0.11	2900	4	VM60-10-1
XBD1.3/25G-UFM	25	90	0.13	2900	5.5	VM90-10-1
XBD1.95/30G-UFM	30	108	0.20	2900	11	VM120-10
XBD1.8/35G-UFM	35	126	0.18	2900	11	VM120-10
XBD1.4/40G-UFM	40	144	0.14	2900	11	VM150-10-1
XBD2.3/45G-UFM	45	162	0.23	2900	18.5	VM200-10-B
XBD13.8/45G-UFM	60	216	1.38	2900	110	VM200-40-A

生产厂家：南京尤孚泵业有限公司。

8. UFG 系列立式单级消防泵组

UFG 系列立式单级消防泵组型号及性能参数见表 18.11-5。

UFG 系列立式单级消防泵组型号及性能参数   表 18.11-5

立式单级消防泵组型号	额定流量		额定压力	转数	电机功率	叶轮直径	型号
	(L/s)	(m³/h)	(MPa)	(r/min)	(kW)	(mm)	
XBD1.5/5G-UFG	5	18	0.15	2900	1.5	125	FG50-160/2
XBD1.5/10G-UFG	10	36	0.15	2900	3	110	FG65-130B/2
XBD1.2/15G-UFG	15	54	0.12	2900	3	110	FG65-130B/2
XBD1.7/20G-UFG	20	72	0.17	2900	5.5	120	FG80-130/2
XBD2.4/30G-UFG	30	108	0.24	2900	11	135	FG100-160/2
XBD2.0/30G-UFG	40	144	0.20	2900	11	135	FG100-160/2
XBD2.0/55G-UFG	55	198	0.20	2900	15	160	FG125-160/2
XBD4.8/70G-UFG	70	252	0.48	2900	45	205	FG125-260/2

生产厂家：南京尤孚泵业有限公司。

9. UFD 单级双吸消防泵组

UFD 单级双吸消防泵组型号及性能参数见表 18.11-6。

UFD 单级双吸消防泵组型号及性能参数   表 18.11-6

UFD 单级双吸消防泵组型号	额定流量		额定压力	转数	电机功率	叶轮直径	型号
	(L/s)	(m³/h)	(MPa)	(r/min)	(kW)	(mm)	
XBD3/40G-UFD	40	144	0.30	2900	22	175	FS80-210
XBD4.7/60G-UFD	60	216	0.47	2900	45	201	FS100-250

UFD 单级双吸消防泵组型号	额定流量		额定压力	转数	电机功率	叶轮直径	型号
	(L/s)	(m³/h)	(MPa)	(r/min)	(kW)	(mm)	
XBD4/100G-UFD	100	360	0.40	2900	75	193	FS125-230
XBD0.8/20G-UFD	20	72	0.08	1450	3	150	FS80-210
XBD0.9/40G-UFD	40	144	0.09	1450	7.5	210	FS100-250
XBD0.8/60G-UFD	60	216	0.08	1450	11	193	FS125-230
XBD1.1/100G-UFD	100	360	0.11	1450	18.5	227	FS150 290
XBD1.8/150G-UFD	150	540	0.18	1450	37	266	FS200-320
XBD1.9/250G-UFD	250	900	0.19	1450	75	306	FS250-370
XBD2.5/400G-UFD	400	1440	0.25	1450	160	354	FS300-435
XBD2.5/600G-UFD	600	2160	0.25	1450	220	365/345	FS350-430
XBD5.2/700G-UFD	700	2520	0.52	1450	560	460	FS400-560

生产厂家：南京尤孚泵业有限公司。

10. XBD-SL 消防增压泵

XBD-SL 消防增压泵主要技术参数见表 18.11-7。

XBD-SL 消防增压泵技术参数　　　　　　　　　　表 18.11-7

泵组型号	电机功率(kW)	额定流量(L/s)	额定扬程(MPa)	转速(r/min)
XBD4.0/10G-SL	7.5	10	0.40	2940
XBD6.0/10G-SL	11	10	0.60	2940
XBD8.0/10G-SL	15	10	0.80	2940
XBD8.9/10G-SL	15	10	0.89	2940
XBD10.0/10G-SL	18.5	10	1.00	2940
XBD11.0/10G-SL	18.5	10	1.10	2940
XBD12.5/10G-SL	22	10	1.25	2940
XBD3.0/15G-SL	7.5	15	0.30	2940
XBD4.0/15G-SL	11	15	0.40	2940
XBD5.0/15G-SL	11	15	0.50	2940
XBD6.0/15G-SL	15	15	0.60	2940
XBD7.0/15G-SL	18.5	15	0.70	2940
XBD8.0/15G-SL	18.5	15	0.80	2940
XBD9.0/15G-SL	22	15	0.90	2940
XBD10.0/15G-SL	22	15	1.00	2940
XBD11.0/15G-SL	30	15	1.10	2940
XBD11.7/15G-SL	30	15	1.17	2940
XBD12.5/15G-SL	30	15	1.25	2940
XBD4.7/20G-SL	15	20	0.47	2940

续表

泵组型号	电机功率 （kW）	额定流量 （L/s）	额定扬程 （MPa）	转速 （r/min）
XBD6.1/20G-SL	18.5	20	0.61	2940
XBD7.3/20G-SL	22	20	0.73	2940
XBD9.0/20G-SL	30	20	0.90	2940
XBD10.0/20G-SL	30	20	1.00	2940
XBD11.2/20G-SL	37	20	1.12	2940
XBD12.5/20G-SL	37	20	1.25	2940
XBD4.0/25G-SL	18.5	25	0.40	2940
XBD5.0/25G-SL	22	25	0.50	2940
XBD6.3/25G-SL	30	25	0.63	2940
XBD8.0/25G-SL	37	25	0.80	2940
XBD10.3/25G-SL	45	25	1.03	2940
XBD11.0/25G-SL	45	25	1.10	2940
XBD12.0/25G-SL	45	25	1.20	2940
XBD4.0/30G-SL	22	30	0.40	2940
XBD5.5/30G-SL	30	30	0.55	2940
XBD6.2/30G-SL	30	30	0.62	2940
XBD7.0/30G-SL	37	30	0.70	2940
XBD8.0/30G-SL	45	30	0.80	2940
XBD9.0/30G-SL	45	30	0.90	2940
XBD10.0/30G-SL	55	30	1.00	2940
XBD11.0/30G-SL	55	30	1.10	2940

生产厂家：青岛三利集团有限公司。

11. XBD-SLG 消防增压泵

XBD-SLG 消防增压泵技术参数见表 18.11-8。

XBD-SLG 消防增压泵技术参数　　　　表 18.11-8

泵组型号	电机功率 （kW）	额定流量 （L/s）	额定扬程 （MPa）	转速 （r/min）
XBD4.0/20G-SLG	18.5	20	0.40	2960
XBD6.5/20G-SLG	30	20	0.65	2960
XBD8.2/20G-SLG	37	20	0.82	2960
XBD10.0/20G-SLG	45	20	1.00	2960
XBD11.0/20G-SLG	45	20	1.10	2960
XBD12.0/20G-SLG	55	20	1.20	2960
XBD3.0/30G-SLG	22	30	30	2960
XBD4.0/30G-SLG	30	30	0.4	2960

泵组型号	电机功率 (kW)	额定流量 (L/s)	额定扬程 (MPa)	转速 (r/min)
XBD5.0/30G-SLG	37	30	0.5	2960
XBD6.0/30G-SLG	37	30	0.6	2960
XBD8.0/30G-SLG	45	30	0.8	2960
XBD9.0/30G-SLG	45	30	0.9	2960
XBD10.5/30G-SLG	55	30	1.05	2960
XBD12.0/30G-SLG	75	30	1.20	2960
XBD4.0/40G-SLG	30	40	0.40	2960
XBD5.0/40G-SLG	37	40	0.50	2960
XBD6.3/40G-SLG	45	40	0.63	2960
XBD8.0/40G-SLG	55	40	0.80	2960
XBD9.5/40G-SLG	75	40	0.95	2960
XBD10.0/40G-SLG	75	40	1.00	2960
XBD11.0/40G-SLG	75	40	1.10	2960
XBD12.0/40G-SLG	90	40	1.20	2960

生产厂家：青岛三利集团有限公司。

12. XBD-SLW 消防增压泵

XBD-SLW 消防增压泵技术参数见表 18.11-9。

XBD-SLW 消防增压泵技术参数　　　　　　表 18.11-9

泵组型号	电机功率 (kW)	额定流量 (L/s)	额定扬程 (MPa)	转速 (r/min)
XBD8.0/25G-SLW	37	25	0.80	2950
XBD9.0/25G-SLW	37	25	0.90	2950
XBD10.0/25G-SLW	45	25	1.00	2950
XBD11.0/25G-SLW	55	25	1.10	2950
XBD12.0/25G-SLW	55	25	1.20	2950
XBD13.0/25G-SLW	55	25	1.30	2950
XBD14.0/25G-SLW	75	25	1.40	2950
XBD15.0/25G-SLW	75	25	1.50	2950
XBD7.0/30G-SLW	37	30	0.70	2950
XBD8.0/30G-SLW	37	30	0.80	2950
XBD9.0/30G-SLW	45	30	0.90	2950
XBD10.0/30G-SLW	55	30	1.00	2950
XBD11.0/30G-SLW	75	30	1.10	2950
XBD12.0/30G-SLW	75	30	1.20	2950
XBD13.0/30G-SLW	75	30	1.30	2950

续表

泵组型号	电机功率 (kW)	额定流量 (L/s)	额定扬程 (MPa)	转速 (r/min)
XBD14.0/30G-SLW	75	30	1.40	2950
XBD15.0/30G-SLW	90	30	1.50	2950
XBD16.0/30G-SLW	90	30	1.60	2950
XBD18.0/30G-SLW	110	30	1.80	2950
XBD20.0/30G-SLW	110	30	2.00	2950
XBD22.0/30G-SLW	132	30	2.20	2950
XBD24.0/30G-SLW	132	30	2.40	2950
XBD9.0/35G-SLW	55	35	0.90	2950
XBD10.0/35G-SLW	55	35	1.00	2950
XBD11.0/35G-SLW	75	35	1.10	2950
XBD12.0/35G-SLW	75	35	1.20	2950
XBD13.0/35G-SLW	90	35	1.30	2950
XBD14.0/35G-SLW	90	35	1.40	2950
XBD15.0/35G-SLW	90	35	1.50	2950
XBD16.0/35G-SLW	110	35	1.60	2950
XBD17.0/35G-SLW	110	35	1.70	2950
XBD6.0/40G-SLW	37	40	0.60	2950
XBD7.0/40G-SLW	45	40	0.70	2950
XBD8.0/40G-SLW	55	40	0.80	2950
XBD9.0/40G-SLW	55	40	0.90	2950
XBD10.0/40G-SLW	75	40	1.00	2950
XBD11.0/40G-SLW	75	40	1.10	2950
XBD12.0/40G-SLW	90	40	1.20	2950
XBD13.0/40G-SLW	90	40	1.30	2950
XBD14.0/40G-SLW	110	40	1.40	2950
XBD15.0/40G-SLW	110	40	1.50	2950
XBD16.0/40G-SLW	110	40	1.60	2950
XBD17.0/40G-SLW	132	40	1.70	2950
XBD18.0/40G-SLW	132	40	1.80	2950
XBD20.0/40G-SLW	160	40	2.00	2950
XBD22.0/40G-SLW	160	40	2.20	2950
XBD24.0/40G-SLW	200	40	2.40	2950
XBD4.0/45G-SLW	30	45	0.40	2950
XBD5.0/45G-SLW	37	45	0.50	2950
XBD6.0/45G-SLW	45	45	0.60	2950
XBD7.0/45G-SLW	55	45	0.70	2950
XBD8.0/45G-SLW	75	45	0.80	2950
XBD9.0/45G-SLW	75	45	0.90	2950

续表

泵组型号	电机功率 （kW）	额定流量 （L/s）	额定扬程 （MPa）	转速 （r/min）
XBD10.0/45G-SLW	75	45	1.00	2950
XBD11.0/45G-SLW	90	45	1.10	2950
XBD12.0/45G-SLW	90	45	1.20	2950
XBD13.0/45G-SLW	110	45	1.30	2950
XBD14.0/45G-SLW	110	45	1.40	2950
XBD15.0/45G-SLW	110	45	1.50	2950
XBD4.0/50G-SLW	37	50	0.4	2950
XBD5.0/50G-SLW	45	50	0.50	2950
XBD6.0/50G-SLW	55	50	0.60	2950
XBD7.0/50G-SLW	55	50	0.70	2950
XBD8.0/50G-SLW	75	50	0.80	2950
XBD9.0/50G-SLW	75	50	0.90	2950
XBD10.0/50G-SLW	90	50	1.00	2950
XBD11.0/50G-SLW	90	50	1.10	2950
XBD12.0/50G-SLW	110	50	1.20	2950
XBD13.0/50G-SLW	110	50	1.30	2950

生产厂家：青岛三利集团有限公司。

13. XBD-L系列单级电动机消防泵组

图18.11-12所示为XBD-L系列单级电动机消防泵组。

14. XBD-DRL系列多级电动机消防泵组

图18.11-13所示为XBD-DRL系列多级电动机消防泵组。

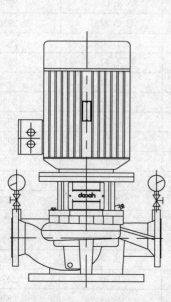 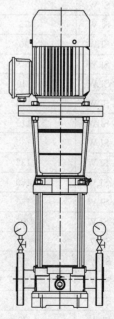

图18.11-12　XBD-L系列单级电动机消防泵组　　图18.11-13　XBD-DRL系列多级电动机消防泵组

15. XBD-L 系列单级电动机消防泵组

XBD-L 系列单级电动机消防泵组参数见表 18.11-10。

XBD-L 系列单级电动机消防泵组参数   表 18.11-10

泵组型号	电机功率 (kW)	额定流量 (L/s)	额定扬程 (MPa)	转速 (r/min)
XBD3.0/5G-L	4	5	0.30	2900
XBD4.7/5G-L	5.5	5	0.47	2900
XBD5.5/5G-L	7.5	5	0.55	2900
XBD6.8/5G-L	11	5	0.68	2900
XBD8.2/5G-L	11	5	0.82	2900
XBD3.1/10G-L	5.5	10	0.31	2900
XBD3.6/10G-L	7.5	10	0.36	2900
XBD4.4/10G-L	11	10	0.44	2900
XBD5.3/10G-L	11	10	0.53	2900
XBD6.2/10G-L	15	10	0.62	2900
XBD7.0/10G-L	15	10	0.70	2900
XBD8.2/10G-L	18.5	10	0.82	2900
XBD3.3/15G-L	11	15	0.33	2900
XBD4.1/15G-L	11	15	0.41	2900
XBD5.0/15G-L	15	15	0.50	2900
XBD5.5/15G-L	18.5	15	0.55	2900
XBD6.6/15G-L	22	15	0.66	2900
XBD3.2/20G-L	11	20	0.32	2900
XBD3.5/20G-L	15	20	0.35	2900
XBD4.1/20G-L	15	20	0.41	2900
XBD5.2/20G-L	22	20	0.52	2900
XBD3.2/25G-L	15	25	0.32	2900
XBD3.5/25G-L	15	25	0.35	2900
XBD4.0/25G-L	18.5	25	0.40	2900
XBD5.3/25G-L	30	25	0.53	2900
XBD5.0/30G-L	37	30	0.50	2900
XBD6.1/30G-L	45	30	0.61	2900
XBD7.1/30G-L	55	30	0.71	2900
XBD8.5/30G-L	75	30	0.85	2900
XBD9.2/30G-L	75	30	0.92	2900
XBD9.9/30G-L	75	30	0.99	2900
XBD5.0/35G-L	37	35	0.50	2900
XBD6.1/35G-L	45	35	0.61	2900

泵组型号	电机功率 （kW）	额定流量 （L/s）	额定扬程 （MPa）	转速 （r/min）
XBD7.1/35G-L	55	35	0.71	2900
XBD8.5/35G-L	75	35	0.85	2900
XBD10.0/35G-L	90	35	1.00	2900
XBD4.9/40G-L	37	40	0.49	2900
XBD6.0/40G-L	45	40	0.60	2900
XBD7.1/40G-L	55	40	0.71	2900
XBD8.4/40G-L	75	40	0.84	2900
XBD9.1/40G-L	75	40	0.91	2900
XBD10.0/40G-L	90	40	1.00	2900
XBD4.9/45G-L	45	45	0.49	2900
XBD6.0/45G-L	55	45	0.60	2900
XBD7.0/45G-L	75	45	0.70	2900
XBD8.3/45G-L	90	45	0.83	2900
XBD4.8/50G-L	45	50	0.48	2900
XBD6.0/50G-L	55	50	0.60	2900
XBD7.0/50G-L	75	50	0.70	2900
XBD8.3/50G-L	90	50	0.83	2900

生产厂家：上海中韩杜科泵业制造有限公司。

16. XBD-DRL 系列多级电动机消防泵组

XBD-DRL 系列多级电动机消防泵组参数见表 18.11-11。

XBD-DRL 系列多级电动机消防泵组参数　　　　　　表 18.11-11

泵组型号	电机功率 （kW）	额定流量 （L/s）	额定扬程 （MPa）	转速 （r/min）
XBD3.4/5G-DRL	4	5	0.34	2900
XBD5.8/5G-DRL	5.5	5	0.58	2900
XBD8.3/5G-DRL	7.5	5	0.83	2900
XBD10.6/5G-DRL	11	5	1.06	2900
XBD14.0/5G-DRL	15	5	1.40	2900
XBD4.0/10G-DRL	7.5	10	0.40	2900
XBD8.3/10G-DRL	15	10	0.83	2900
XBD12.6/10G-DRL	22	10	1.26	2900
XBD14.0/10G-DRL	30	10	1.40	2900
XBD4.2/15G-DRL	11	15	0.42	2900
XBD6.7/15G-DRL	18.5	15	0.67	2900
XBD9.0/15G-DRL	22	15	0.90	2900

续表

泵组型号	电机功率 (kW)	额定流量 (L/s)	额定扬程 (MPa)	转速 (r/min)
XBD11.0/15G-DRL	30	15	1.10	2900
XBD13.2/15G-DRL	37	15	1.32	2900
XBD4.2/20G-DRL	22	20	0.42	2900
XBD6.3/20G-DRL	30	20	0.63	2900
XBD8.4/20G-DRL	45	20	0.84	2900
XBD10.7/20G-DRL	55	20	1.07	2900
XBD3.9/25G-DRL	22	25	0.39	2900
XBD6.0/25G-DRL	30	25	0.60	2900
XBD8.1/25G-DRL	45	25	0.81	2900
XBD10.3/25G-DRL	55	25	1.03	2900
XBD4.3/30G-DRL	30	30	0.43	2900
XBD6.4/30G-DRL	37	30	0.64	2900
XBD8.6/30G-DRL	55	30	0.86	2900
XBD12.9/30G-DRL	75	30	1.29	2900
XBD5.1/35G-DRL	45	35	0.51	2900
XBD7.1/35G-DRL	55	35	0.71	2900
XBD9.8/35G-DRL	75	35	0.98	2900
XBD10.7/35G-DRL	90	35	1.07	2900
XBD7.8/40G-DRL	75	40	0.78	2900
XBD9.5/40G-DRL	75	40	0.95	2900
XBD11.7/40G-DRL	90	40	1.17	2900
XBD13.3/40G-DRL	110	40	1.33	2900
XBD14.8/40G-DRL	110	40	1.48	2900
XBD4.7/45G-DRL	45	45	0.47	2900
XBD6.7/45G-DRL	55	45	0.67	2900
XBD10.2/45G-DRL	90	45	1.02	2900
XBD12.0/45G-DRL	110	45	1.20	2900
XBD14.3/45G-DRL	110	45	1.43	2900

生产厂家：上海中韩杜科泵业制造有限公司。

17. ZY-HXZ 消防增压给水设备

（1）ZY-HXZ 消防增压给水设备型号说明

消防增压给水设备型号编制方法如下所示：

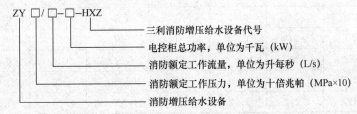

（2）ZY-HXZ 消防增压给水设备（立式多级消防泵）

ZY-HXZ 消防增压给水设备（立式多级消防泵）性能参数见表 18.11-12。

ZY-HXZ 消防增压给水设备（立式多级消防泵）性能参数　　表 18.11-12

设备型号	设备额定工作流量（L/s）	设备额定工作压力（MPa）	消防泵型号	消防泵额定工作流量（L/s）	消防泵额定工作压力（MPa）	控制柜型号
ZY4.0/10-15-HXZ	10	0.40	XBD4.0/10G-SL	10	0.40	DKG160
ZY6.0/10-22-HXZ	10	0.60	XBD6.0/10G-SL	10	0.60	DKG160
ZY8.0/10-30-HXZ	10	0.80	XBD8.0/10G-SL	10	0.80	DKG160
ZY8.7/10-30-HXZ	10	0.87	XBD8.9/10G-SL	10	0.89	DKG160
ZY10.0/10-37-HXZ	10	1.00	XBD10.0/10G-SL	10	1.00	DKG180
ZY11.0/10-37-HXZ	10	1.10	XBD11.0/10G-SL	10	1.10	DKG180
ZY12.5/10-44-HXZ	10	1.25	XBD12.5/10G-SL	10	1.25	DKG180
ZY13.4/10-44-HXZ	10	1.34	XBD13.4/10G-SL	10	1.34	DKG180
ZY15.4/10-60-HXZ	10	1.54	XBD15.4/10G-SL	10	1.54	DKG180
ZY16.0/10-60-HXZ	10	1.60	XBD16.0/10G-SL	10	1.60	DKG180
ZY3.0/15-15-HXZ	15	0.30	XBD3.0/15G-SL	15	0.30	DKG160
ZY4.0/15-22-HXZ	15	0.40	XBD4.0/15G-SL	15	0.40	DKG160
ZY5.0/15-22-HXZ	15	0.50	XBD5.0/15G-SL	15	0.50	DKG160
ZY6.0/15-30-HXZ	15	0.60	XBD6.0/15G-SL	15	0.60	DKG160
ZY7.0/15-37-HXZ	15	0.70	XBD7.0/15G-SL	15	0.70	DKG180
ZY8.0/15-37-HXZ	15	0.80	XBD8.0/15G-SL	15	0.80	DKG180
ZY9.0/15-44-HXZ	15	0.90	XBD9.0/15G-SL	15	0.90	DKG180
ZY10.0/15-44-HXZ	15	1.00	XBD10.0/15G-SL	15	1.00	DKG180
ZY11.0/15-60-HXZ	15	1.10	XBD11.0/15G-SL	15	1.10	DKG180
ZY11.7/15-60-HXZ	15	1.17	XBD11.7/15G-SL	15	1.17	DKG180
ZY12.5/15-60-HXZ	15	1.25	XBD12.5/15G-SL	15	1.25	DKG180
ZY13.4/15-60-HXZ	15	1.34	XBD13.4/15G-SL	15	1.34	DKG180
ZY14.0/15-74-HXZ	15	1.40	XBD14.0/15G-SL	15	1.40	DKG180
ZY15.0/15-74-HXZ	15	1.50	XBD15.0/15G-SL	15	1.50	DKG180
ZY16.0/15-74-HXZ	15	1.60	XBD16.0/15G-SL	15	1.60	DKG180
ZY16.5/15-74-HXZ	15	1.65	XBD16.5/15G-SL	15	1.65	DKG180
ZY4.7/20-30-HXZ	20	0.47	XBD4.7/20G-SL	20	0.47	DKG160
ZY6.1/20-37-HXZ	20	0.61	XBD6.1/20G-SL	20	0.61	DKG180
ZY7.3/20-44-HXZ	20	0.73	XBD7.3/20G-SL	20	0.73	DKG180
ZY9.0/20-60-HXZ	20	0.90	XBD9.0/20G-SL	20	0.90	DKG180
ZY10.0/20-60-HXZ	20	1.00	XBD10.0/20G-SL	20	1.00	DKG180
ZY11.2/20-74-HXZ	20	1.12	XBD11.2/20G-SL	20	1.12	DKG180

续表

设备型号	设备额定 工作流量 （L/s）	设备额定 工作压力 （MPa）	消防泵型号	消防泵额定 工作流量 （L/s）	消防泵额定 工作压力 （MPa）	控制柜 型号
ZY12.5/20-74-HXZ	20	1.25	XBD12.5/20G-SL	20	1.25	DKG180
ZY14.0/20-90-HXZ	20	1.40	XBD14.0/20G-SL	20	1.40	DKG180
ZY15.0/20-90-HXZ	20	1.50	XBD15.0/20G-SL	20	1.50	DKG180
ZY16.5/20-110-HXZ	20	1.65	XBD16.5/20G-SL	20	1.65	DKG180
ZY4.0/25-37-HXZ	25	0.40	XBD4.0/25G-SL	25	0.40	DKG180
ZY5.0/25-44-HXZ	25	0.50	XBD5.0/25G-SL	25	0.50	DKG180
ZY6.3/25-60-HXZ	25	0.63	XBD6.3/25G-SL	25	0.63	DKG180
ZY7.0/25-60-HXZ	25	0.70	XBD7.0/25G-SL	25	0.70	DKG180
ZY8.0/25-74-HXZ	25	0.80	XBD8.0/25G-SL	25	0.80	DKG180
ZY10.3/25-90-HXZ	25	1.03	XBD10.3/25G-SL	25	1.03	DKG180
ZY11.0/25-90-HXZ	25	1.10	XBD11.0/25G-SL	25	1.10	DKG180
ZY12.0/25-90-HXZ	25	1.20	XBD12.0/25G-SL	25	1.20	DKG180
ZY12.6/25-110-HXZ	25	1.26	XBD12.6/25G-SL	25	1.26	DKG180
ZY14.0/25-150-HXZ	25	1.40	XBD14.0/25G-SL	25	1.40	DKG200
ZY15.4/25-150-HXZ	25	1.54	XBD15.4/25G-SL	25	1.54	DKG200
ZY4.0/30-44-HXZ	30	0.40	XBD4.0/30G-SL	30	0.40	DKG180
ZY5.5/30-60-HXZ	30	0.55	XBD5.5/30G-SL	30	0.55	DKG180
ZY6.2/30-60-HXZ	30	0.62	XBD6.2/30G-SL	30	0.62	DKG180
ZY7.0/30-74-HXZ	30	0.70	XBD7.0/30G-SL	30	0.70	DKG180
ZY8.0/30-90-HXZ	30	0.80	XBD8.0/30G-SL	30	0.80	DKG180
ZY9.0/30-90-HXZ	30	0.90	XBD9.0/30G-SL	30	0.90	DKG180
ZY10.0/30-110-HXZ	30	1.00	XBD10.0/30G-SL	30	1.00	DKG180
ZY11.0/30-110-HXZ	30	1.10	XBD11.0/30G-SL	30	1.10	DKG180
ZY12.0/30-150-HXZ	30	1.20	XBD12.0/30G-SL	30	1.20	DKG200
ZY13.0/30-150-HXZ	30	1.30	XBD13.0/30G-SL	30	1.30	DKG200
ZY14.0/30-150-HXZ	30	1.40	XBD14.0/30G-SL	30	1.40	DKG200
ZY15.0/30-150-HXZ	30	1.50	XBD15.0/30G-SL	30	1.50	DKG200
ZY3.0/40-44-HXZ	40	0.30	XBD3.0/40G-SL	40	0.30	DKG180
ZY4.0/40-60-HXZ	40	0.40	XBD4.0/40G-SL	40	0.40	DKG180
ZY5.0/40-74-HXZ	40	0.50	XBD5.0/40G-SL	40	0.50	DKG180
ZY6.0/40-74-HXZ	40	0.60	XBD6.0/40G-SL	40	0.60	DKG180
ZY7.0/40-90-HXZ	40	0.70	XBD7.0/40G-SL	40	0.70	DKG180
ZY8.0/40-110-HXZ	40	0.80	XBD8.0/40G-SL	40	0.80	DKG180
ZY9.0/40-150-HXZ	40	0.90	XBD9.0/40G-SL	40	0.90	DKG200
ZY10.0/40-150-HXZ	40	1.00	XBD10.0/40G-SL	40	1.00	DKG200

续表

设备型号	设备额定工作流量(L/s)	设备额定工作压力(MPa)	消防泵型号	消防泵额定工作流量(L/s)	消防泵额定工作压力(MPa)	控制柜型号
ZY10.6/40-150-HXZ	40	1.06	XBD10.6/40G-SL	40	1.06	DKG200
ZY11.0/40-150-HXZ	40	1.10	XBD11.0/40G-SL	40	1.10	DKG200
ZY12.0/40-180-HXZ	40	1.20	XBD12.0/40G-SL	40	1.20	DKG200
ZY13.0/40-180-HXZ	40	1.30	XBD13.0/40G-SL	40	1.30	DKG200
ZY14.0/40-220-HXZ	40	1.40	XBD14.0/40G-SL	40	1.40	DKG200
ZY14.5/40-220-HXZ	40	1.45	XBD14.5/40G-SL	40	1.45	DKG200
ZY15.0/40-220-HXZ	40	1.50	XBD15.0/40G-SL	40	1.50	DKG200

生产厂家：青岛三利集团有限公司。

（3）ZY-HXZ 消防增压给水设备（立式单级消防泵）

ZY-HXZ 消防增压给水设备（立式单级消防泵）性能参数见表 18.11-13。

ZY-HXZ 消防增压给水设备（立式单级消防泵）性能参数　　表 18.11-13

设备型号	设备额定工作流量(L/s)	设备额定工作压力(MPa)	消防泵型号	消防泵额定工作流量(L/s)	消防泵额定工作压力(MPa)	控制柜型号
ZY4.0/20-37-HXZ	20	0.40	XBD4.0/20G-SLG	20	0.40	DKG180
ZY6.5/20-60-HXZ	20	0.65	XBD6.5/20G-SLG	20	0.65	DKG180
ZY8.2/20-74-HXZ	20	0.82	XBD8.2/20G-SLG	20	0.82	DKG180
ZY10.0/20-90-HXZ	20	1.00	XBD10.0/20G-SLG	20	1.00	DKG180
ZY11.0/20-90-HXZ	20	1.10	XBD11.0/20G-SLG	20	1.10	DKG180
ZY12.0/20-110-HXZ	20	1.20	XBD12.0/20G-SLG	20	1.20	DKG180
ZY13.0/20-150-HXZ	20	1.30	XBD13.0/20G-SLG	20	1.30	DKG200
ZY3.0/30-44-HXZ	30	0.30	XBD3.0/30G-SLG	30	0.30	DKG180
ZY4.0/30-60-HXZ	30	0.40	XBD4.0/30G-SLG	30	0.40	DKG180
ZY5.0/30-74-HXZ	30	0.50	XBD5.0/30G-SLG	30	0.50	DKG180
ZY6.0/30-74-HXZ	30	0.60	XBD6.0/30G-SLG	30	0.60	DKG180
ZY8.0/30-90-HXZ	30	0.80	XBD8.0/30G-SLG	30	0.80	DKG180
ZY9.0/30-90-HXZ	30	0.90	XBD9.0/30G-SLG	30	0.90	DKG180
ZY10.5/30-110-HXZ	30	1.05	XBD10.5/30G-SLG	30	1.05	DKG180
ZY12.0/30-150-HXZ	30	1.20	XBD12.0/30G-SLG	30	1.20	DKG200
ZY13.0/30-150-HXZ	30	1.30	XBD13.0/30G-SLG	30	1.30	DKG200
ZY14.0/30-150-HXZ	30	1.40	XBD14.0/30G-SLG	30	1.40	DKG200
ZY15.0/30-180-HXZ	30	1.50	XBD15.0/30G-SLG	30	1.50	DKG200
ZY16.0/30-220-HXZ	30	1.60	XBD16.0/30G-SLG	30	1.60	DKG200
ZY4.0/40-60-HXZ	40	0.40	XBD4.0/40G-SLG	40	0.40	DKG180

设备型号	设备额定工作流量 (L/s)	设备额定工作压力 (MPa)	消防泵型号	消防泵额定工作流量 (L/s)	消防泵额定工作压力 (MPa)	控制柜型号
ZY5.0/40-74-HXZ	40	0.50	XBD5.0/40G-SLG	40	0.50	DKG180
ZY6.3/40-90-HXZ	40	0.63	XBD6.3/40G-SLG	40	0.63	DKG180
ZY8.0/40-110-HXZ	40	0.80	XBD8.0/40G-SLG	40	0.80	DKG180
ZY9.5/40-150-HXZ	40	0.95	XBD9.5/40G-SLG	40	0.95	DKG200
ZY10.0/40-150-HXZ	40	1.00	XBD10.0/40G-SLG	40	1.00	DKG200
ZY11.0/40-150-HXZ	40	1.10	XBD11.0/40G-SLG	40	1.10	DKG200
ZY12.0/40-180-HXZ	40	1.20	XBD12.0/40G-SLG	40	1.20	DKG200
ZY13.0/40-180-HXZ	40	1.30	XBD13.0/40G-SLG	40	1.30	DKG200
ZY14.0/40-220-HXZ	40	1.40	XBD14.0/40G-SLG	40	1.40	DKG200
ZY15.0/40-220-HXZ	40	1.50	XBD15.0/40G-SLG	40	1.50	DKG200

生产厂家：青岛三利集团有限公司。

(4) ZY-HXZ 消防增压给水设备（卧式单级消防泵）

ZY-HXZ 消防增压给水设备（卧式单级消防泵）性能参数见表 18.11-14。

ZY-HXZ 消防增压给水设备（卧式单级消防泵）性能参数　　表 18.11-14

设备型号	设备额定工作流量 (L/s)	设备额定工作压力 (MPa)	消防泵型号	消防泵额定工作流量 (L/s)	消防泵额定工作压力 (MPa)	控制柜型号
ZY4.0/20-30-HXZ	20	0.40	XBD4.0/20G-SLW	20	0.40	DKG160
ZY5.0/20-37-HXZ	20	0.50	XBD5.0/20G-SLW	20	0.50	DKG180
ZY6.0/20-37-HXZ	20	0.60	XBD6.0/20G-SLW	20	0.60	DKG180
ZY7.0/20-60-HXZ	20	0.70	XBD7.0/20G-SLW	20	0.70	DKG180
ZY8.0/20-60-HXZ	20	0.80	XBD8.0/20G-SLW	20	0.80	DKG180
ZY9.0/20-74-HXZ	20	0.90	XBD9.0/20G-SLW	20	0.90	DKG180
ZY10.0/20-74-HXZ	20	1.00	XBD10.0/20G-SLW	20	1.00	DKG180
ZY11.2/20-90-HXZ	20	1.12	XBD11.2/20G-SLW	20	1.12	DKG180
ZY12.0/20-90-HXZ	20	1.20	XBD12.0/20G-SLW	20	1.20	DKG180
ZY13.0/20-90-HXZ	20	1.30	XBD13.0/20G-SLW	20	1.30	DKG180
ZY14.0/20-110-HXZ	20	1.40	XBD14.0/20G-SLW	20	1.40	DKG180
ZY15.0/20-110-HXZ	20	1.50	XBD15.0/20G-SLW	20	1.50	DKG180
ZY16.0/20-150-HXZ	20	1.60	XBD16.0/20G-SLW	20	1.60	DKG200
ZY4.0/25-30-HXZ	25	0.40	XBD4.0/25G-SLW	25	0.40	DKG160
ZY5.0/25-37-HXZ	25	0.50	XBD5.0/25G-SLW	25	0.50	DKG180
ZY6.0/25-44-HXZ	25	0.60	XBD6.0/25G-SLW	25	0.60	DKG180
ZY7.0/25-60-HXZ	25	0.70	XBD7.0/25G-SLW	25	0.70	DKG180

设备型号	设备额定工作流量（L/s）	设备额定工作压力（MPa）	消防泵型号	消防泵额定工作流量（L/s）	消防泵额定工作压力（MPa）	控制柜型号
ZY8.0/25-74-HXZ	25	0.80	XBD8.0/25G-SLW	25	0.80	DKG180
ZY9.0/25-74-HXZ	25	0.90	XBD9.0/25G-SLW	25	0.90	DKG180
ZY10.0/25-90-HXZ	25	1.00	XBD10.0/25G-SLW	25	1.00	DKG180
ZY11.0/25-110-HXZ	25	1.10	XBD11.0/25G-SLW	25	1.10	DKG180
ZY12.0/25-110-HXZ	25	1.20	XBD12.0/25G-SLW	25	1.20	DKG180
ZY13.0/25-110-HXZ	25	1.30	XBD13.0/25G-SLW	25	1.30	DKG180
ZY14.0/25-150-HXZ	25	1.40	XBD14.0/25G-SLW	25	1.40	DKG200
ZY15.0/25-150-HXZ	25	1.50	XBD15.0/25G-SLW	25	1.50	DKG200
ZY16.0/25-180-HXZ	25	1.60	XBD16.0/25G-SLW	25	1.60	DKG200
ZY4.0/30-44-HXZ	30	0.40	XBD4.0/30G-SLW	30	0.40	DKG180
ZY5.0/30-60-HXZ	30	0.50	XBD5.0/30G-SLW	30	0.50	DKG180
ZY6.0/30-60-HXZ	30	0.60	XBD6.0/30G-SLW	30	0.60	DKG180
ZY7.0/30-74-HXZ	30	0.70	XBD7.0/30G-SLW	30	0.70	DKG180
ZY8.0/30-74-HXZ	30	0.80	XBD8.0/30G-SLW	30	0.80	DKG180
ZY9.0/30-90-HXZ	30	0.90	XBD9.0/30G-SLW	30	0.90	DKG180
ZY10.0/30-110-HXZ	30	1.00	XBD10.0/30G-SLW	30	1.00	DKG180
ZY11.0/30-150-HXZ	30	1.10	XBD11.0/30G-SLW	30	1.10	DKG200
ZY12.0/30-150-HXZ	30	1.20	XBD12.0/30G-SLW	30	1.20	DKG200
ZY13.0/30-150-HXZ	30	1.30	XBD13.0/30G-SLW	30	1.30	DKG200
ZY14.0/30-150-HXZ	30	1.40	XBD14.0/30G-SLW	30	1.40	DKG200
ZY15.0/30-180-HXZ	30	1.50	XBD15.0/30G-SLW	30	1.50	DKG200
ZY16.0/30-180-HXZ	30	1.60	XBD16.0/30G-SLW	30	1.60	DKG200
ZY4.0/40-60-HXZ	40	0.40	XBD4.0/40G-SLW	40	0.40	DKG180
ZY5.0/40-60-HXZ	40	0.50	XBD5.0/40G-SLW	40	0.50	DKG180
ZY6.0/40-74-HXZ	40	0.60	XBD6.0/40G-SLW	40	0.60	DKG180
ZY7.0/40-90-HXZ	40	0.70	XBD7.0/40G-SLW	40	0.70	DKG180
ZY8.0/40-110-HXZ	40	0.80	XBD8.0/40G-SLW	40	0.80	DKG180
ZY9.0/40-110-HXZ	40	0.90	XBD9.0/40G-SLW	40	0.90	DKG180
ZY10.0/40-150-HXZ	40	1.00	XBD10.0/40G-SLW	40	1.00	DKG200
ZY11.0/40-150-HXZ	40	1.10	XBD11.0/40G-SLW	40	1.10	DKG200
ZY12.0/40-180-HXZ	40	1.20	XBD12.0/40G-SLW	40	1.20	DKG200
ZY13.0/40-180-HXZ	40	1.30	XBD13.0/40G-SLW	40	1.30	DKG200
ZY14.0/40-220-HXZ	40	1.40	XBD14.0/40G-SLW	40	1.40	DKG200
ZY15.0/40-220-HXZ	40	1.50	XBD15.0/40G-SLW	40	1.50	DKG200
ZY16.0/40-220-HXZ	40	1.60	XBD16.0/40G-SLW	40	1.60	DKG200

续表

设备型号	设备额定工作流量（L/s）	设备额定工作压力（MPa）	消防泵型号	消防泵额定工作流量（L/s）	消防泵额定工作压力（MPa）	控制柜型号
ZY4.0/50-74-HXZ	50	0.40	XBD4.0/50G-SLW	50	0.40	DKG180
ZY5.0/50-90-HXZ	50	0.50	XBD5.0/50G-SLW	50	0.50	DKG180
ZY6.0/50-110-HXZ	50	0.60	XBD6.0/50G-SLW	50	0.60	DKG180
ZY7.0/50-110-HXZ	50	0.70	XBD7.0/50G-SLW	50	0.70	DKG180
ZY8.0/50-150-HXZ	50	0.80	XBD8.0/50G-SLW	50	0.80	DKG200
ZY9.0/50-150-HXZ	50	0.90	XBD9.0/50G-SLW	50	0.90	DKG200
ZY10.0/50-180-HXZ	50	1.00	XBD10.0/50G-SLW	50	1.00	DKG200
ZY11.0/50-180-HXZ	50	1.10	XBD11.0/50G-SLW	50	1.10	DKG200
ZY12.0/50-220-HXZ	50	1.20	XBD12.0/50G-SLW	50	1.20	DKG200
ZY13.0/50-220-HXZ	50	1.30	XBD13.0/50G-SLW	50	1.30	DKG200
ZY14.0/50-220-HXZ	50	1.40	XBD14.0/50G-SLW	50	1.40	DKG200
ZY15.0/50-264-HXZ	50	1.50	XBD15.0/50G-SLW	50	1.50	DKG200
ZY16.0/50-264-HXZ	50	1.60	XBD16.0/50G-SLW	50	1.60	DKG200
ZY5.2/60-90-HXZ	60	0.52	XBD5.2/60G-SLW	60	0.52	DKG180
ZY6.2/60-110-HXZ	60	0.62	XBD6.2/60G-SLW	60	0.62	DKG180
ZY8.5/60-150-HXZ	60	0.85	XBD8.5/60G-SLW	60	0.85	DKG200
ZY9.0/60-180-HXZ	60	0.90	XBD9.0/60G-SLW	60	0.90	DKG200
ZY10.0/60-180-HXZ	60	1.00	XBD10.0/60G-SLW	60	1.00	DKG200
ZY11.0/60-220-HXZ	60	1.10	XBD11.0/60G-SLW	60	1.10	DKG200
ZY12.0/60-220-HXZ	60	1.20	XBD12.0/60G-SLW	60	1.20	DKG200
ZY13.0/60-264-HXZ	60	1.30	XBD13.0/60G-SLW	60	1.30	DKG200
ZY14.0/60-264-HXZ	60	1.40	XBD14.0/60G-SLW	60	1.40	DKG200
ZY15.0/60-320-HXZ	60	1.50	XBD15.0/60G-SLW	60	1.50	DKG200
ZY5.0/70-110-HXZ	70	0.50	XBD5.0/70G-SLW	70	0.50	DKG180
ZY5.4/70-150-HXZ	70	0.54	XBD5.4/70G-SLW	70	0.54	DKG200
ZY6.0/70-150-HXZ	70	0.60	XBD6.0/70G-SLW	70	0.60	DKG200
ZY6.5/70-150-HXZ	70	0.65	XBD6.5/70G-SLW	70	0.65	DKG200
ZY7.0/70-150-HXZ	70	0.70	XBD7.0/70G-SLW	70	0.70	DKG200
ZY7.4/70-180-HXZ	70	0.74	XBD7.4/70G-SLW	70	0.74	DKG200
ZY8.0/70-180-HXZ	70	0.80	XBD8.0/70G-SLW	70	0.80	DKG200
ZY8.3/70-220-HXZ	70	0.83	XBD8.3/70G-SLW	70	0.83	DKG200
ZY9.0/70-220-HXZ	70	0.90	XBD9.0/70G-SLW	70	0.90	DKG200
ZY9.5/70-220-HXZ	70	0.95	XBD9.5/70G-SLW	70	0.95	DKG200
ZY10.0/70-264-HXZ	70	1.00	XBD10.0/70G-SLW	70	1.00	DKG200
ZY10.5/70-264-HXZ	70	1.05	XBD10.5/70G-SLW	70	1.05	DKG200

续表

设备型号	设备额定工作流量（L/s）	设备额定工作压力（MPa）	消防泵型号	消防泵额定工作流量（L/s）	消防泵额定工作压力（MPa）	控制柜型号
ZY11.0/70-264-HXZ	70	1.10	XBD11.0/70G-SLW	70	1.10	DKG200
ZY11.5/70-264-HXZ	70	1.15	XBD11.5/70G-SLW	70	1.15	DKG200
ZY12.0/70-320-HXZ	70	1.20	XBD12.0/70G-SLW	70	1.20	DKG200
ZY12.5/70-320-HXZ	70	1.25	XBD12.5/70G-SLW	70	1.25	DKG200
ZY13.0/70-320-HXZ	70	1.30	XBD13.0/70G-SLW	70	1.30	DKG200
ZY13.5/70-400-HXZ	70	1.35	XBD13.5/70G-SLW	70	1.35	DKG200
ZY5.0/80-150-HXZ	80	0.50	XBD5.0/80G-SLW	80	0.50	DKG200
ZY5.3/80-150-HXZ	80	0.53	XBD5.3/80G-SLW	80	0.53	DKG200
ZY6.0/80-150-HXZ	80	0.60	XBD6.0/80G-SLW	80	0.60	DKG200
ZY6.3/80-150-HXZ	80	0.63	XBD6.3/80G-SLW	80	0.63	DKG200
ZY7.0/80-180-HXZ	80	0.70	XBD7.0/80G-SLW	80	0.70	DKG200
ZY7.2/80-180-HXZ	80	0.72	XBD7.2/80G-SLW	80	0.72	DKG200
ZY8.0/80-220-HXZ	80	0.80	XBD8.0/80G-SLW	80	0.80	DKG200
ZY8.2/80-220-HXZ	80	0.82	XBD8.2/80G-SLW	80	0.82	DKG200
ZY9.0/80-264-HXZ	80	0.90	XBD9.0/80G-SLW	80	0.90	DKG200
ZY9.5/80-264-HXZ	80	0.95	XBD9.5/80G-SLW	80	0.95	DKG200
ZY10.0/80-264-HXZ	80	1.00	XBD10.0/80G-SLW	80	1.00	DKG200
ZY10.5/80-264-HXZ	80	1.05	XBD10.5/80G-SLW	80	1.05	DKG200
ZY11.0/80-264-HXZ	80	1.10	XBD11.0/80G-SLW	80	1.10	DKG200
ZY11.5/80-320-HXZ	80	1.15	XBD11.5/80G-SLW	80	1.15	DKG200
ZY12.0/80-320-HXZ	80	1.20	XBD12.0/80G-SLW	80	1.20	DKG200
ZY12.2/80-320-HXZ	80	1.22	XBD12.2/80G-SLW	80	1.22	DKG200
ZY13.0/80-400-HXZ	80	1.30	XBD13.0/80G-SLW	80	1.30	DKG200
ZY13.5/80-400-HXZ	80	1.35	XBD13.5/80G-SLW	80	1.35	DKG200
ZY5.0/90-150-HXZ	90	0.50	XBD5.0/90G-SLW	90	0.50	DKG200
ZY5.5/90-180-HXZ	90	0.55	XBD5.5/90G-SLW	90	0.55	DKG200
ZY6.0/90-180-HXZ	90	0.60	XBD6.0/90G-SLW	90	0.60	DKG200
ZY6.5/90-220-HXZ	90	0.65	XBD6.5/90G-SLW	90	0.65	DKG200
ZY7.0/90-220-HXZ	90	0.70	XBD7.0/90G-SLW	90	0.70	DKG200
ZY7.5/90-220-HXZ	90	0.75	XBD7.5/90G-SLW	90	0.75	DKG200
ZY8.0/90-220-HXZ	90	0.80	XBD8.0/90G-SLW	90	0.80	DKG200
ZY8.5/90-220-HXZ	90	0.85	XBD8.5/90G-SLW	90	0.85	DKG200
ZY9.0/90-264-HXZ	90	0.90	XBD9.0/90G-SLW	90	0.90	DKG200
ZY9.3/90-264-HXZ	90	0.93	XBD9.3/90G-SLW	90	0.93	DKG200
ZY10.0/90-264-HXZ	90	1.00	XBD10.0/90G-SLW	90	1.00	DKG200

续表

设备型号	设备额定工作流量 (L/s)	设备额定工作压力 (MPa)	消防泵型号	消防泵额定工作流量 (L/s)	消防泵额定工作压力 (MPa)	控制柜型号
ZY10.5/90-320-HXZ	90	1.05	XBD10.5/90G-SLW	90	1.05	DKG200
ZY11.0/90-320-HXZ	90	1.10	XBD11.0/90G-SLW	90	1.10	DKG200
ZY11.5/90-320-HXZ	90	1.15	XBD11.5/90G-SLW	90	1.15	DKG200
ZY12.0/90-320-HXZ	90	1.20	XBD12.0/90G-SLW	90	1.20	DKG200
ZY12.5/90-400-HXZ	90	1.25	XBD12.5/90G-SLW	90	1.25	DKG200
ZY13.0/90-400-HXZ	90	1.30	XBD13.0/90G-SLW	90	1.30	DKG200
ZY13.5/90-400-HXZ	90	1.35	XBD13.5/90G-SLW	90	1.35	DKG200
ZY5.0/100-150-HXZ	100	0.50	XBD5.0/100G-SLW	100	0.50	DKG200
ZY5.2/100-180-HXZ	100	0.52	XBD5.2/100G-SLW	100	0.52	DKG200
ZY6.0/100-180-HXZ	100	0.60	XBD6.0/100G-SLW	100	0.60	DKG200
ZY6.5/100-220-HXZ	100	0.65	XBD6.5/100G-SLW	100	0.65	DKG200
ZY7.0/100-264-HXZ	100	0.70	XBD7.0/100G-SLW	100	0.70	DKG200
ZY7.2/100-264-HXZ	100	0.72	XBD7.2/100G-SLW	100	0.72	DKG200
ZY8.0/100-264-HXZ	100	0.80	XBD8.0/100G-SLW	100	0.80	DKG200
ZY8.2/100-264-HXZ	100	0.82	XBD8.2/100G-SLW	100	0.82	DKG200
ZY9.0/100-320-HXZ	100	0.90	XBD9.0/100G-SLW	100	0.90	DKG200
ZY9.3/100-320-HXZ	100	0.93	XBD9.3/100G-SLW	100	0.93	DKG200
ZY10.0/100-320-HXZ	100	1.00	XBD10.0/100G-SLW	100	1.00	DKG200
ZY10.5/100-320-HXZ	100	1.05	XBD10.5/100G-SLW	100	1.05	DKG200
ZY11.0/100-320-HXZ	100	1.10	XBD11.0/100G-SLW	100	1.10	DKG200
ZY11.5/100-400-HXZ	100	1.15	XBD11.5/100G-SLW	100	1.15	DKG200
ZY12.0/100-400-HXZ	100	1.20	XBD12.0/100G-SLW	100	1.20	DKG200
ZY12.5/100-400-HXZ	100	1.25	XBD12.5/100G-SLW	100	1.25	DKG200
ZY13.0/100-400-HXZ	100	1.30	XBD13.0/100G-SLW	100	1.30	DKG200
ZY13.5/100-400-HXZ	100	1.35	XBD13.5/100G-SLW	100	1.35	DKG200
ZY6.0/120-220-HXZ	120	0.60	XBD6.0/120G-SLW	120	0.60	DKG200
ZY7.0/120-264-HXZ	120	0.70	XBD7.0/120G-SLW	120	0.70	DKG200
ZY7.6/120-320-HXZ	120	0.76	XBD7.6/120G-SLW	120	0.76	DKG200
ZY8.0/120-320-HXZ	120	0.80	XBD8.0/120G-SLW	120	0.80	DKG200
ZY8.3/120-320-HXZ	120	0.83	XBD8.3/120G-SLW	120	0.83	DKG200
ZY9.0/120-400-HXZ	120	0.90	XBD9.0/120G-SLW	120	0.90	DKG200
ZY9.7/120-400-HXZ	120	0.97	XBD9.7/120G-SLW	120	0.97	DKG200
ZY10.0/120-500-HXZ	120	1.00	XBD10.0/120G-SLW	120	1.00	DKG200
ZY11.0/120-500-HXZ	120	1.10	XBD11.0/120G-SLW	120	1.10	DKG200
ZY11.5/120-500-HXZ	120	1.15	XBD11.5/120G-SLW	120	1.15	DKG200
ZY12.5/120-630-HXZ	120	1.25	XBD12.5/120G-SLW	120	1.25	DKG200

生产厂家：青岛三利集团有限公司。

18.11.2 消防稳压泵

1. 消防稳压泵型号说明

消防稳压泵型号编制方法如下所示：

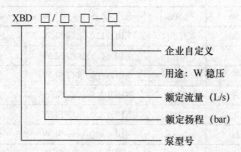

2. XBD-SL 消防稳压泵

XBD-SL 消防稳压泵技术参数见表 18.11-15。

<table>
<tr><td colspan="5" align="center">XBD-SL 消防稳压泵技术参数　　　　　　　表 18.11-15</td></tr>
<tr><td align="center">泵组型号</td><td align="center">电机功率
（kW）</td><td align="center">额定流量
（L/s）</td><td align="center">额定扬程
（MPa）</td><td align="center">转速
（r/min）</td></tr>
<tr><td align="center">XBD3.0/1.0W-SL</td><td align="center">0.75</td><td align="center">1</td><td align="center">0.30</td><td align="center">2940</td></tr>
<tr><td align="center">XBD3.5/1.0W-SL</td><td align="center">1.1</td><td align="center">1</td><td align="center">0.35</td><td align="center">2940</td></tr>
<tr><td align="center">XBD4.1/1.0W-SL</td><td align="center">1.1</td><td align="center">1</td><td align="center">0.41</td><td align="center">2940</td></tr>
<tr><td align="center">XBD4.5/1.0W-SL</td><td align="center">1.1</td><td align="center">1</td><td align="center">0.45</td><td align="center">2940</td></tr>
<tr><td align="center">XBD5.4/1.0W-SL</td><td align="center">1.5</td><td align="center">1</td><td align="center">0.54</td><td align="center">2940</td></tr>
<tr><td align="center">XBD6.0/1.0W-SL</td><td align="center">1.5</td><td align="center">1</td><td align="center">0.60</td><td align="center">2940</td></tr>
<tr><td align="center">XBD6.5/1.0W-SL</td><td align="center">2.2</td><td align="center">1</td><td align="center">0.65</td><td align="center">2940</td></tr>
<tr><td align="center">XBD7.0/1.0W-SL</td><td align="center">2.2</td><td align="center">1</td><td align="center">0.70</td><td align="center">2940</td></tr>
<tr><td align="center">XBD8.0/1.0W-SL</td><td align="center">2.2</td><td align="center">1</td><td align="center">0.80</td><td align="center">2940</td></tr>
<tr><td align="center">XBD3.8/2.0W-SL</td><td align="center">1.5</td><td align="center">2</td><td align="center">0.38</td><td align="center">2940</td></tr>
<tr><td align="center">XBD4.5/2.0W-SL</td><td align="center">2.2</td><td align="center">2</td><td align="center">0.45</td><td align="center">2940</td></tr>
<tr><td align="center">XBD5.5/2.0W-SL</td><td align="center">2.2</td><td align="center">2</td><td align="center">0.55</td><td align="center">2940</td></tr>
<tr><td align="center">XBD6.5/2.0W-SL</td><td align="center">3.0</td><td align="center">2</td><td align="center">0.65</td><td align="center">2940</td></tr>
<tr><td align="center">XBD7.5/2.0W-SL</td><td align="center">3.0</td><td align="center">2</td><td align="center">0.75</td><td align="center">2940</td></tr>
<tr><td align="center">XBD8.5/2.0W-SL</td><td align="center">3.0</td><td align="center">2</td><td align="center">0.85</td><td align="center">2940</td></tr>
<tr><td align="center">XBD9.5/2.0W-SL</td><td align="center">4.0</td><td align="center">2</td><td align="center">0.95</td><td align="center">2940</td></tr>
<tr><td align="center">XBD3.9/3.0W-SL</td><td align="center">3.0</td><td align="center">3</td><td align="center">0.39</td><td align="center">2940</td></tr>
<tr><td align="center">XBD5.0/3.0W-SL</td><td align="center">4.0</td><td align="center">3</td><td align="center">0.50</td><td align="center">2940</td></tr>
<tr><td align="center">XBD6.5/3.0W-SL</td><td align="center">4.0</td><td align="center">3</td><td align="center">0.65</td><td align="center">2940</td></tr>
<tr><td align="center">XBD7.7/3.0W-SL</td><td align="center">5.5</td><td align="center">3</td><td align="center">0.77</td><td align="center">2940</td></tr>
<tr><td align="center">XBD9.2/3.0W-SL</td><td align="center">5.5</td><td align="center">3</td><td align="center">0.92</td><td align="center">2940</td></tr>
<tr><td align="center">XBD3.8/5.0W-SL</td><td align="center">4.0</td><td align="center">5</td><td align="center">0.38</td><td align="center">2940</td></tr>
</table>

续表

泵组型号	电机功率 （kW）	额定流量 （L/s）	额定扬程 （MPa）	转速 （r/min）
XBD5.0/5.0W-SL	5.5	5	0.50	2940
XBD6.0/5.0W-SL	5.5	5	0.60	2940
XBD7.5/5.0W-SL	7.5	5	0.75	2940
XBD8.8/5.0W-SL	7.5	5	0.88	2940
XBD9.2/5.0W-SL	11	5	0.92	2940

生产厂家：青岛三利集团有限公司。

18.11.3 消防专用稳压设备

1. 立式增压稳压设备

立式增压稳压设备立视图和平面图见图 18.11-14、图 18.11-15，设备尺寸及技术特性见表 18.11-16、表 18.11-17。

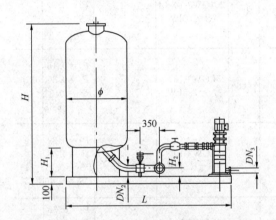 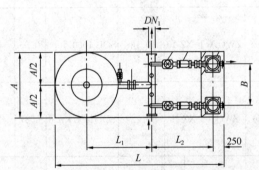

图 18.11-14 立式增压稳压设备立视图　　　　图 18.11-15 立式增压稳压设备平面图

立式增压稳压设备尺寸　　　　表 **18.11-16**

序号	罐体型号	ϕ	H	H_1	H_2	L	L_1	L_2	A	B	DN_1	DN_2	DN_3
1	SQL 800	800	2474	580	230	2100	750	700	1000	500	100	80	25
2	SQL1000	1000	2806	710	240	2200	750	700	1100	600	100	100	25
3	SQL1200	1200	3210	740	250	2300	750	700	1200	700	100	100	25

立式增压稳压设备技术特性　　　　表 **18.11-17**

序号	增压稳压 设备型号	消防 压力 （MPa） P_1	立式隔膜式气压罐				配用水泵	设备运行质量 （kg）		运行压力 （MPa）	稳压 水容 积 （L）
			型号规格	工作压 力比 b	消防储水 容积（L）		型号	甲型	乙型		
					标定 容积	实际 容积					
1	ZW(L)-Ⅰ-Z-7	0.10	SQL800×06	0.60	300	319	25LGW3-10×4 $N=1.5$kW	1452	1487	$P_1=0.10$ $P_2=0.23$ $PS_1=0.26$ $PS_2=0.31$	54

序号	增压稳压设备型号		消防压力 (MPa) P_1	立式隔膜式气压罐				配用水泵		设备运行质量 (kg)		运行压力 (MPa)	稳压水容积 (L)
				型号规格	工作压力比 b	消防储水容积 (L)		型号		甲型	乙型		
						标定容积	实际容积						
2	ZW(L)-Ⅰ-Z-10		0.16	SQL800×0.6	0.80	150	159	25LGW3-10×4 $N=1.5$kW		1428	1463	$P_1=0.16$ $P_2=0.23$ $PS_1=0.26$ $PS_2=0.31$	70
3	ZW(L)-Ⅰ-X-10		0.16	S01800×0.6	0.60	J00	319	25LGW3-10×5 $N=1.5$kW		1474	1509	$P_1=0.16$ $P_2=0.33$ $PS_1=0.36$ $PS_2=0.42$	52
4	ZW(L)-Ⅰ-X-13		0.22	SOL 1000×0.6	0.76	300	329	251GW3-10×4 $N=1.5$kW		2312	2362	$P_1=0.22$ $P_2=0.32$ $PS_1=0.35$ $PS_2=0.40$	97
5	ZW(L)-Ⅰ-XZ-10		0.16	SQL 1000×0.6	0.65	450	480	25LGW3-10×4 $N=1.5$kW		2312	2362	$P_1=0.16$ $P_2=0.30$ $PS_1=0.33$ $PS_2=0.38$	86
6	ZW(L)-1-XZ-13		0.22	SOU1000×0.6	0.67	450	452	25LGW3-10×5 $N=1.5$kW		2312	2362	$P_1=0.22$ $P_2=0.38$ $PS_1=0.41$ $PS_2=0.46$	80
7	ZW(L)-Ⅱ-Z-	A	0.22 - 0.38	SQL800×0.6	0.80	150	159	25LGW3-10×6 $N=2.2$kW		1452	1487	$P_1=0.38$ $P_2=0.50$ $PS_1=0.53$ $PS_2=0.60$	61
8		B	0.38 - 0.50	SQL800×1.0	0.80	150	159	25LGW3-10×8 $N=2.2$kW		1513	1548	$P_1=0.50$ $P_2=0.65$ $PS_1=0.68$ $PS_2=0.75$	51
9		C	0.50 - 0.65	SQL1000×1.5	0.85	150	206	25LGW3-10×9 $N=2.2$kW		1653	1670	$P_1=0.65$ $P_2=0.78$ $PS_1=0.81$ $PS_2=0.86$	59
10		D	0.65 - 0.85	SQL1000×1.5	0.85	150	206	25LG3-10×11 $N=3.0$kW		1701	17J6	$P_1=0.85$ $P_2=1.02$ $PS_1=1.04$ $PS_2=1.10$	57
11		E	0.85 - 1.00	SQL1000×1.5	0.85	150	206	2SIG3-10×13 $N=4.0$kW		1709	1744	$P_1=1.00$ $P_2=1.21$ $PS_1=1.19$ $PS_2=1.27$	50

续表

序号	增压稳压设备型号		消防压力(MPa)P_1	立式隔膜式气压罐				配用水泵	设备运行质量(kg)		运行压力(MPa)	稳压水容积(L)
				型号规格	工作压力比b	消防储水容积(L)		型号	甲型	乙型		
						标定容积	实际容积					
12	ZW(L)-Ⅱ-X-	A	0.22-0.38	SQL1000×0.6	0.78	300	502	25LGW3-10×6 N=2.2kW	2344	2394	$P_1=0.38$ $P_2=0.52$ $PS_1=0.55$ $PS_2=0.60$	72
13		B	0.38-0.50	SQL1000×1.0	0.78	300	302	25LGW3-10×8 N=2.2kW	2494	2544	$P_1=0.50$ $P_2=0.67$ $PS_1=0.70$ $PS_2=0.75$	61
14		C	0.50-0.65	SQL1000×1.5	0.78	300	302	25LGW3-10×10 N=3.0kW	2689	2739	$P_1=0.65$ $P_2=0.86$ $PS_1=0.88$ $PS_2=0.93$	51
15		D	0.65-0.85	SQL1200×1.5	0.85	300	355	25LGW3-10×13 N=4.0kW	2703	2753	$P_1=0.85$ $P_2=1.02$ $PS_1=1.05$ $PS_2=1.10$	82
16		E	0.85-1.00	SQL1200×1.5	0.85	300	355	25LGW3-10×15 N=4.0kW	2730	2780	$P_1=1.00$ $P_2=1.19$ $PS_1=1.21$ $PS_2=1.26$	73
17	ZW(L)-Ⅱ-XZ-	A	0.22-0.38	SQL1200×0.6	0.80	450	474	25LGW3-10×6 N=2.2kW	3641	3706	$P_1=0.38$ $P_2=0.50$ $PS_1=0.53$ $PS_2=0.58$	133
18		B	0.38-0.50	SQL1200×1.0	0.80	450	474	25LGW3-10×8 N=3.2kW	3947	4012	$P_1=0.50$ $P_2=0.65$ $PS_1=0.68$ $PS_2=0.73$	110
19		C	0.50-0.65	SQL1200×1.0	0.80	450	474	25LGW3-10×10 N=3.0kW	3961	4026	$P_1=0.65$ $P_2=0.84$ $PS_1=0.87$ $PS_2=0.92$	90
20		D	0.65-0.85	SQL1200×1.5	0.80	450	474	25LGW3-10×12 N=4.0kW	4124	4169	$P_1=0.85$ $P_2=1.09$ $PS_1=1.12$ $PS_2=1.17$	73
21		E	0.85-1.00	SQL1200×1.5	0.80	450	474	25LGW3-10×14 N=4.0kW	4156	4221	$P_1=1.00$ $P_2=1.30$ $PS_1=1.27$ $PS_2=1.35$	64

2. 卧式增压稳压设备

图 18.11-16、图 18.11-17 所示为卧式增压稳压设备立视图和平面图，设备尺寸及技术特性见表 18.11-18、表 18.11-19。

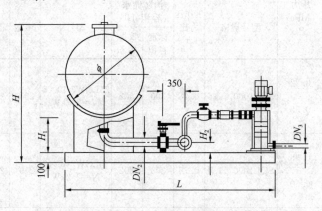

图 18.11-16　卧式增压稳压设备立视图

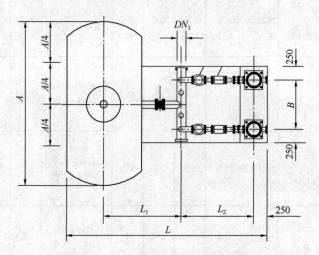

图 18.11-17　卧式增压稳压设备平面图

卧式增压稳压设备尺寸（mm）　　　　　　　　　　　表 18.11-18

序号	罐体型号	φ	H	H₁	H₂	L	L₁	L₂	A	B	DN₁	DN₂	DN₃
1	SQW1000	1000	1818	520	230	2200	750	700	2274	637	100	100	25
2	SQW1200	1200	2022	520	240	2300	750	700	2574	787	100	100	25

卧式增压稳压设备技术特性　　　　　　　　　　　表 18.11-19

序号	增压稳压设备型号	消防压力（MPa）P_1	立式隔膜式气压罐				配用水泵	设备运行质量（kg）		运行压力（MPa）	稳压水容积（L）
			型号规格	工作压力比 b	消防储水容积(L) 标定容积	实际容积	型号	甲型	乙型		
1	ZW(W)-Ⅰ-X-7	0.10	SQW1000×0.6	0.75	300	390	25LGW3-10×3 $N=1.1$kW	2568	2613	$P_1=0.10$ $P_2=0.17$ $PS_1=0.20$ $PS_2=0.25$	148

序号	增压稳压设备型号		消防压力(MPa)P_1	立式隔膜式气压罐				配用水泵	设备运行质量(kg)		运行压力(MPa)	稳压水容积(L)
				型号规格	工作压力比b	消防储水容积(L)		型号	甲型	乙型		
						标定容积	实际容积					
2	ZW(W)-Ⅰ-Z-0.1		0.16	SQW1000×0.6	0.80	150	312	25LGW3-10×3 $N=1.1$kW	2525	2570	$P_1=0.16$ $P_2=0.22$ $PS_1=0.25$ $PS_2=0.30$	145
3	ZW(W)-Ⅰ-X-10		0.16	SQW1000×0.6	0.80	300	312	25LGW3-10×3 $N=1.1$kW	2568	2613	$P_1=0.16$ $P_2=0.22$ $PS_1=0.25$ $PS_2=0.30$	145
4	ZW(W)-Ⅰ-X-13		0.22	SQW1000×0.6	0.80	300	312	251GW3-10×4 $N=1.5$kW	2548	2593	$P_1=0.22$ $P_2=0.30$ $PS_1=0.32$ $PS_2=0.37$	126
5	ZW(W)-Ⅰ-XZ-10		0.16	SQW1000×0.6	0.70	450	467	25LGW3-10×4 $N=1.5$kW	2548	2593	$P_1=0.16$ $P_2=0.27$ $PS_1=0.30$ $PS_2=0.35$	113
6	ZW(W)-Ⅰ-XZ-13		0.22	SQW1000×0.6	0.71	450	452	25LGW3-10×5 $N=1.5$kW	2548	2593	$P_1=0.22$ $P_2=0.35$ $PS_1=0.38$ $PS_2=0.43$	98
7	ZW(W)-Ⅱ-Z-	A	SQW1000×0.6	SQW1000×0.6	0.85	150	234	25LGW3-10×6 $N=2.2$kW	2525	2570	$P_1=0.38$ $P_2=0.46$ $PS_1=0.49$ $PS_2=0.540$	99
8		B	0.38 - 0.50	SQW1000×1.0	0.85	150	234	25LGW3-10×7 $N=2.2$kW	2682	2730	$P_1=0.50$ $P_2=0.60$ $PS_1=0.63$ $PS_2=0.68$	82
9		C	0.50 - 0.65	SQW1000×1.0	0.85	150	234	25LGW3-10×9 $N=2.2$kW	2690	2738	$P_1=0.65$ $P_2=0.75$ $PS_1=0.81$ $PS_2=0.86$	67
10		D	0.65 - 0.85	SQW1000×1.5	0.85	150	234	25LGW3-10×11 $N=3.0$kW	2865	2913	$P_1=0.85$ $P_2=1.02$ $PS_1=1.05$ $PS_2=1.10$	54
11		E	0.85 - 1.00	SQW1000×1.5	0.85	150	234	2SLGW3-10×13 $N=4.0$kW	2905	2953	$P_1=1.00$ $P_2=1.19$ $PS_1=1.21$ $PS_2=1.27$	57

续表

序号	增压稳压设备型号		消防压力 (MPa) P_1	立式隔膜式气压罐				配用水泵	设备运行质量 (kg)		运行压力 (MPa)	稳压水容积 (L)
				型号规格	工作压力比 b	消防储水容积(L)		型号	甲型	乙型		
						标定容积	实际容积					
12	ZW(W)-Ⅱ-X-	A	0.22 - 0.38	SQW1000×0.6	0.80	300	312	25LGW3-10×6 $N=2.2$kW	2581	2626	$P_1=0.38$ $P_2=0.50$ $PS_1=0.53$ $PS_2=0.58$	87
13		B	0.38 - 0.50	SQW1000×1.0	0.80	300	312	25LGW3-10×8 $N=2.2$kW	2620	2665	$P_1=0.50$ $P_2=0.68$ $PS_1=0.65$ $PS_2=0.73$	72
14		C	0.50 - 0.65	SQW1000×1.0	0.80	300	312	25LGW3-10×10 $N=3.0$kW	2640	2679	$P_1=0.65$ $P_2=0.84$ $PS_1=0.87$ $PS_2=0.92$	59
15		D	0.65 - 0.85	SQW1200×1.5	0.80	300	312	25LGW3-10×12 $N=4.0$kW	2850	2889	$P_1=0.85$ $P_2=1.09$ $PS_1=1.12$ $PS_2=1.18$	57
16		E	0.85 - 1.00	SQW1200×1.5	0.80	300	312	25LGW3-10×14 $N=4.0$kW	2929	2968	$P_1=1.00$ $P_2=1.27$ $PS_1=1.30$ $PS_2=1.36$	50
17	ZW(W)-Ⅱ-XZ-	A	0.22 - 0.38	SQW1200×0.6	0.80	450	506	25LGW3-10×6 $N=2.2$kW	3939	3992	$P_1=0.38$ $P_2=0.50$ $PS_1=0.53$ $PS_2=0.58$	142
18		B	0.38 - 0.50	SQW1200×1.0	0.80	450	506	25LGW3-10×8 $N=3.2$kW	4198	4251	$P_1=0.50$ $P_2=0.65$ $PS_1=0.68$ $PS_2=0.73$	117
19		C	0.50 - 0.65	SQW1200×1.0	0.80	450	506	25LGW3-10×10 $N=3.0$kW	4212	4265	$P_1=0.65$ $P_2=0.87$ $PS_1=0.84$ $PS_2=0.92$	96
20		D	0.65 - 0.85	SQW1200×1.5	0.80	450	506	25LGW3-10×12 $N=4.0$kW	4444	4497	$P_1=0.85$ $P_2=1.09$ $PS_1=1.12$ $PS_2=1.17$	78
21		E	0.85 - 1.00	SQW1200×1.5	0.80	450	506	25LGW3-10×14 $N=4.0$kW	4519	4572	$P_1=1.00$ $P_2=1.30$ $PS_1=1.27$ $PS_2=1.35$	69

3. W-SL 消防稳压给水设备

（1）消防稳压给水设备型号说明

消防稳压给水设备型号编制方法如下所示：

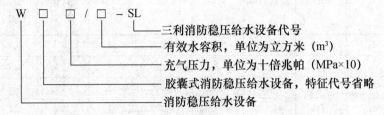

W □ □/□ - SL
— 三利消防稳压给水设备代号
— 有效水容积，单位为立方米（m³）
— 充气压力，单位为十倍兆帕（MPa×10）
— 胶囊式消防稳压给水设备，特征代号省略
— 消防稳压给水设备

（2）W-SL 消防稳压给水设备性能参数

W-SL 消防稳压给水设备性能参数见表 18.11-20。

W-SL 消防稳压给水设备性能参数　　　　表 18.11-20

设备型号	充气压力（MPa）	气压水罐		稳压泵型号	稳压泵额定工作流量（L/s）	稳压泵额定工作压力（MPa）	控制柜型号
		规格型号	有效水容积（m³）				
W1.5/0.3-SL	0.15	φ1000	0.30	XBD3.5/1W-SL	1	0.35	DKG160
W2.0/0.3-SL	0.20	φ1000	0.30	XBD4.1/1W-SL	1	0.41	DKG160
W2.5/0.3-SL	0.25	φ1000	0.30	XBD4.5/1W-SL	1	0.45	DKG160
W3.0/0.3-SL	0.30	φ1000	0.30	XBD5.4/1W-SL	1	0.54	DKG160
W3.5/0.3-SL	0.35	φ1000	0.30	XBD6.0/1W-SL	1	0.60	DKG160
W4.0/0.3-SL	0.40	φ1000	0.30	XBD7.0/1W-SL	1	0.70	DKG160
W4.5/0.3-SL	0.45	φ1000	0.30	XBD8.0/1W-SL	1	0.80	DKG160
W5.0/0.3-SL	0.50	φ1000	0.30	XBD8.5/1W-SL	1	0.85	DKG160
W5.5/0.3-SL	0.55	φ1000	0.30	XBD9.1/1W-SL	1	0.91	DKG160
W6.0/0.3-SL	0.60	φ1000	0.30	XBD9.6/1W-SL	1	0.96	DKG160
W6.5/0.3-SL	0.65	φ1000	0.30	XBD10.6/1W-SL	1	1.06	DKG160
W7.0/0.3-SL	0.70	φ1000	0.30	XBD12.0/1W-SL	1	1.20	DKG160
W7.5/0.3-SL	0.75	φ1000	0.30	XBD12.0/1W-SL	1	1.20	DKG160
W8.0/0.3-SL	0.80	φ1000	0.30	XBD13.5/1W-SL	1	1.35	DKG160
W8.5/0.3-SL	0.85	φ1000	0.30	XBD13.5/1W-SL	1	1.35	DKG160
W9.0/0.3-SL	0.90	φ1000	0.30	XBD14.8/1W-SL	1	1.48	DKG160
W9.5/0.3-SL	0.95	φ1000	0.30	XBD14.8/1W-SL	1	1.48	DKG160
W10.0/0.3-SL	1.00	φ1000	0.30	XBD16.1/1W-SL	1	1.61	DKG160
W10.5/0.3-SL	1.05	φ1000	0.30	XBD16.1/1W-SL	1	1.61	DKG160
W1.5/0.45-SL	0.15	φ1200	0.45	XBD3.0/1W-SL	1	0.30	DKG160
W2.0/0.45-SL	0.20	φ1200	0.45	XBD3.5/1W-SL	1	0.35	DKG160
W2.5/0.45-SL	0.25	φ1200	0.45	XBD4.5/1W-SL	1	0.45	DKG160

续表

设备型号	充气压力（MPa）	气压水罐		稳压泵型号	稳压泵额定工作流量（L/s）	稳压泵额定工作压力（MPa）	控制柜型号
		规格型号	有效水容积（m³）				
W3.0/0.45-SL	0.30	φ1200	0.45	XBD5.4/1W-SL	1	0.54	DKG160
W3.5/0.45-SL	0.35	φ1200	0.45	XBD6.0/1W-SL	1	0.60	DKG160
W4.0/0.45-SL	0.40	φ1200	0.45	XBD6.5/1W-SL	1	0.65	DKG160
W4.5/0.45-SL	0.45	φ1200	0.45	XBD7.0/1W-SL	1	0.70	DKG160
W5.0/0.45-SL	0.50	φ1200	0.45	XBD8.0/1W-SL	1	0.80	DKG160
W5.5/0.45-SL	0.55	φ1200	0.45	XBD8.5/1W-SL	1	0.85	DKG160
W6.0/0.45-SL	0.60	φ1200	0.45	XBD9.1/1W-SL	1	0.91	DKG160
W6.5/0.45-SL	0.65	φ1200	0.45	XBD9.6/1W-SL	1	0.96	DKG160
W7.0/0.45-SL	0.70	φ1200	0.45	XBD10.6/1W-SL	1	1.06	DKG160
W7.5/0.45-SL	0.75	φ1200	0.45	XBD12.0/1W-SL	1	1.20	DKG160
W8.0/0.45-SL	0.80	φ1200	0.45	XBD12.0/1W-SL	1	1.20	DKG160
W8.5/0.45-SL	0.85	φ1200	0.45	XBD13.5/1W-SL	1	1.35	DKG160
W9.0/0.45-SL	0.90	φ1200	0.45	XBD13.5/1W-SL	1	1.35	DKG160
W9.5/0.45-SL	0.95	φ1200	0.45	XBD14.8/1W-SL	1	1.48	DKG160
W10.0/0.45-SL	1.00	φ1200	0.45	XBD14.8/1W-SL	1	1.48	DKG160
W10.5/0.45-SL	1.05	φ1200	0.45	XBD16.1/1W-SL	1	1.61	DKG160

生产厂家：青岛三利集团有限公司。

第19章 管道水力计算

19.1 钢管和铸铁管水力计算

19.1.1 计算公式

1. 按水力坡降计算水头损失

水管的水力计算，一般采用以下公式：

$$i = \lambda \frac{1}{d_j} - \frac{v^2}{2g} \tag{19.1-1}$$

式中　i——水力坡降；

　　　　λ——摩阻系数；

　　　　d_j——管子的计算内径（m）；

　　　　v——平均水流速度（m/s）；

　　　　g——重力加速度，为 9.81（m/s²）。

应用公式（19.1-1）时，必须先确定求取系数 λ 值的依据。对于旧的钢管和铸铁管：

当 $\dfrac{v}{\upsilon} \geqslant 9.2 \times 10^5 \dfrac{1}{m}$ 时（υ—液体的运动黏滞度，m²/s），$\lambda = \dfrac{0.0210}{d_j^{0.3}}$；　　　　(19.1-2)

当 $\dfrac{v}{\upsilon} < 9.2 \times 10^5 \dfrac{1}{m}$ 时

$$\lambda = \frac{1}{d_j^{0.3}} \left(1.5 \times 10^{-6} + \frac{\upsilon}{v} \right)^{0.3}; \tag{19.1-3}$$

或采用 $\upsilon = 1.3 \times 10^{-5} \text{m}^2/\text{s}$（水温为 10℃）时，则

$$\lambda = \frac{0.0179}{d_j^{0.3}} \left(1 + \frac{0.867}{v} \right)^{0.3} \tag{19.1-4}$$

管壁如发生锈蚀或沉垢，管壁的粗糙度就增加，从而使系数 λ 值增大，公式（19.1-2）和公式（19.1-3）适合于旧钢管和铸铁管这类管材的自然粗糙度。

将公式（19.1-2）和公式（19.1-4）中求得的 λ 值代入公式（19.1-1）中，得出的旧钢管和铸铁管的计算公式：

当 $v \geqslant 1.2 \text{m/s}$ 时，

$$i = 0.00107 \frac{v^2}{d_j^{1.3}} \tag{19.1-5}$$

当 $v < 1.2 \text{m/s}$ 时，

$$i = 0.000912 \frac{v^2}{d_j^{1.3}} \left(1 + \frac{0.867}{v} \right)^{0.3} \tag{19.1-6}$$

钢管和铸铁管水力计算表即按公式（19.1-5）和公式（19.1-6）制成。

2. 按比阻计算水头损失

由公式（19.1-4）求得比阻公式如下：

$$A = \frac{i}{Q^2} = \frac{0.001736}{d_{\mathrm{j}}^{5.3}} \tag{19.1-7}$$

钢管和铸铁管的比阻 A 值，列于表19.1-4。

19.1.2 水力计算表编制表和使用说明

1. 钢管和铸铁管水力计算表采用管子计算内径 d_{j} 尺寸，见表19.1-1。在确定计算内径 d_{j} 时，直径小于300mm的钢管及铸铁管，考虑锈蚀和沉垢的影响，其内径应减去1mm计算。对于直径等于300mm和300mm以上的管子，这种直径的减小没有实际意义，可不必考虑。

编制钢管和铸铁管水力计算表时所用的计算内径尺寸　　　　　　　表 19.1-1

钢管（mm）								铸铁管（mm）	
水煤气钢管				中等管径钢管					
公称直径 DN	外径 D	内径 D	计算内径 d_{j}	公称直径 DN	外径 D	内径 D	计算内径 d_{j}	内径 D	计算内径 d_{j}
8	13.50	9.00	8.00	125	146	126	125	50	49
10	17.00	12.50	11.50	150	168	148	147	75	74
15	21.25	15.75	14.75	175	194	174	173	100	99
20	26.75	21.25	20.25	200	219	199	198	125	124
25	33.50	27.00	26.00	225	245	225	224	150	149
32	42.25	35.75	34.75	250	273	253	252	200	199
40	48.00	41.00	40.00	275	299	279	278	250	249
50	60.00	53.00	52.00	300	325	305	305	300	300
70	75.50	68.00	67.00	325	351	331	331	350	350
80	88.50	80.50	79.50	350	377	357	357		
100	114.00	106.00	105.00						
125	140.00	131.00	130.00						
150	165.00	156.00	155.00						

2. 表19.1-2、表19.1-3（中等管径钢管水力计算表）管壁厚均采用10mm，使用中如需精确计算，应根据所选用的管子壁厚的不同，分别对表19.1-2、表19.1-3中的 $1000i$ 和 v 值或对表19.1-4中的 A 值加以修正。

$1000i$ 值和 A 值的修正系数 K_1 采用公式（19.1-8）计算：

$$K_1 = \left(\frac{d_{\mathrm{j}}}{d_{\mathrm{j}'}}\right)^{5.3} \tag{19.1-8}$$

式中　d_{j}——壁厚10mm时管子的计算内径（m）；

d_{j}'——选用管子的计算内径（m）。

修正系数 K_1 值，见表 19.1-2。

平均水流速度 v 的修正系数 K_2，采用公式（19.1-9）计算：

$$K_2 = \left(\frac{d_j}{d_j'}\right)^2 \tag{19.1-9}$$

修正系数 K_2 值，见表 19.1-3。

中等管径的钢管 **1000i** 值和 **A** 值的修正系数 K_1　　　　　　表 **19.1-2**

公称直径 DN	壁厚 δ （mm）								
	4	5	6	7	8	9	10	11	12
125	0.61	0.66	0.72	0.78	0.85	0.92	1	1.09	1.18
150	0.66	0.70	0.76	0.81	0.88	0.93	1	1.08	1.16
175	0.70	0.74	0.79	0.83	0.89	0.94	1	1.06	1.13
200	0.73	0.77	0.81	0.85	0.90	0.95	1	1.06	1.12
225	0.76	0.79	0.83	0.87	0.91	0.95	1	1.05	1.10
250	0.78	0.81	0.86	0.88	0.92	0.96	1	1.04	1.09
275	0.80	0.83	0.86	0.89	0.93	0.96	1	1.04	1.08
300	0.81	0.84	0.87	0.90	0.93	0.97	1	1.03	1.07
325	0.83	0.85	0.88	0.91	0.94	0.97	1	1.03	1.07
350	0.84	0.86	0.89	0.92	0.95	0.97	1	1.03	1.06

中等管径的钢管 v 值的修正系数 K_2　　　　　　表 **19.1-3**

公称直径 DN	壁厚 δ （mm）								
	4	5	6	7	8	9	10	11	12
125	0.83	0.86	0.88	0.91	0.94	0.97	1	1.03	1.07
150	0.85	0.88	0.90	0.91	0.94	0.97	1	1.03	1.05
175	0.87	0.89	0.91	0.93	0.96	0.98	1	1.02	1.05
200	0.89	0.91	0.92	0.94	0.97	0.98	1	1.02	1.04
225	0.90	0.92	0.93	0.95	0.97	0.98	1	1.02	1.04
250	0.91	0.93	0.94	0.95	0.97	0.98	1	1.02	1.03
275	0.92	0.93	0.94	0.96	0.97	0.99	1	1.01	1.03
300	0.93	0.94	0.95	0.96	0.97	0.99	1	1.01	1.03
325	0.93	0.94	0.95	0.96	0.98	0.99	1	1.01	1.02
350	0.94	0.95	0.96	0.97	0.98	0.99	1	1.01	1.02

钢管和铸铁管的比阻 A 值　　　　　　　　表 19.1-4

水煤气钢管			中等管径钢管		铸　铁　管	
公称直径 DN (mm)	A (Qm³/s)	A (QL/s)	公称直径 DN (mm)	A (Qm³/s)	内径 (mm)	A (Qm³/s)
8	225500000	225.5	125	106.2	50	15190
10	32950000	3295	150	44.95	75	1709
15	8809000	8.809	175	18.96	100	365.3
20	1643000	1.643	200	9.273	125	110.8
25	436700	0.4367	225	4.822	150	41.85
32	93860	0.09386	250	2.583	200	9.029
40	44530	0.04453	275	1.535	250	2.752
50	11080	0.01108	300	0.9392	300	1.025
70	2893	0.002893	325	0.6088	350	0.4529
80	1168	0.001168	350	0.4078		
125	86.23	0.00008623				
150	33.95	0.00003395				

3. 按比阻计算水头损失时，公式（19.1-7）只适用于平均水流速度当 $v \geqslant 1.2$m/s 的情况。当 $v < 1.2$m/s 时，表 19.1-4 中的比阻 A 值，应乘以修正系数 K_3。K_3 可按公式（19.1-10）计算：

$$K_3 = 0.852 \left(1 + \frac{0.867}{v} \right)^{0.3} \qquad (19.1-10)$$

修正系数 K_3 值，见表 19.1-5。

钢管和铸铁管 A 值的修正系数 K_3　　　　　　　表 19.1-5

v (m/s)	0.2	0.25	0.3	0.35	0.4	0.45	0.5	0.55	0.6
K_3	1.41	1.33	1.28	1.24	1.20	1.175	1.15	1.13	1.15

v (m/s)	0.65	0.7	0.75	0.8	0.85	0.9	1.0	1.1	$\geqslant 1.2$
K_3	1.10	1.085	1.07	1.06	1.05	1.04	1.03	1.015	1.00

4. 钢管（水煤气管）的 $1000i$ 和 v 值见表 19.1-6；钢管 $DN = 125 \sim 350$mm 的 $1000i$ 和 v 值见表 19.1-7；铸铁管 $DN = 50 \sim 350$mm 的 $1000i$ 和 v 值见表 19.1-8；表中 v 值为平均水流速度（m/s）。

计算示例：

【**例 19.1-1**】当流量 $Q=14\text{L/s}=0.014\text{m}^3/\text{s}$ 时，求管长 $L=3500\text{m}$，外径×壁厚＝$194×6\text{mm}$ 的钢管的水头损失。

【**解**】由表 19.1-1 中查得外径 $D=194\text{mm}$ 的钢管公称直径为 $DN=175\text{mm}$，又由表 19.1-7 中 $DN=175\text{mm}$ 一栏内查得 $1000i=4.15$，$v=0.6\text{m/s}$。

因为管壁厚度不等于 10mm（为 6mm），故需对 $1000i$ 值加以修正。由表 19.1-2 中查得修正系数 $K_1=0.79$。

故水头损失为：

$$h=iK_1L=\frac{4.15}{1000}×0.79×3500=11.47\text{m}$$

按着比阻求水头损失时，由表 19.1-4 中查得 $A=18.96$（Q 以 m^3/s 计），因为平均水流速度 $v=0.6\text{m/s}$（小时 1.2m/s），故需对 A 值加以修正。

由表 19.1-5 查得修正系数 $K_3=1.15$。修正系数 K_1 仍等于 0.79。

故水头损失为：

$$h=AK_1K_3LQ^2=18.96×0.79×1.15×3500×0.014^2=11.46\text{m}$$

同样，因为管壁厚度不等于 10mm，也应对平均水流速度 v 值加以修正，由表 19.1-3 查得修正系数 $K_2=0.91$。

则求得：

$$v=0.60×0.91=0.55\text{m/s}$$

【**例 19.1-2**】当流量 $Q=7\text{L/s}=0.007\text{m}^3/\text{s}$ 时，求 $DN=150\text{mm}$，管长 $L=2000\text{m}$ 的铸铁管的水头损失。

【**解**】由表 19.1-8 中查到：$1000i=2.46$；$v=0.40\text{m/s}$，故 $h=iL=\frac{2.46}{1000}×2000=4.92\text{m}$。

按比阻 A 值求水头损失时，由表 19.1-4 中查得 $A=41.85$（Q 以 m^3/s 计）。因为平均流速小于 1.2m/s，故必须计入修正系数 K_3，当 $v=0.40\text{m/s}$ 时，由表 19.1-5 中查得 $K_3=1.20$。

故水头损失为：

$$h=AK_3LQ^2=41.85×1.20×2000×0.007^2=4.92\text{m}$$

19.1.3　钢管和铸铁管水力计算

钢管和铸铁管水力计算见表 19.1-6～表 19.1-8。

表 19.1-6

钢管（水煤气管）的 1000i 和 v 值

Q (m³/h)	Q (L/s)	DN (mm) 8 v	8 1000i	10 v	10 1000i	15 v	15 1000i	20 v	20 1000i	25 v	25 1000i	32 v	32 1000i	40 v	40 1000i
0.09	0.025	0.50	162												
0.108	0.030	0.60	226												
0.126	0.035	0.70	300	0.34	50.4										
0.144	0.040	0.80	384	0.38	63.9										
0.162	0.045	0.89	476	0.43	79.0	0.26	23.5								
0.180	0.050	0.99	580	0.48	95.5	0.29	28.4								
0.198	0.055	1.09	692	0.53	113	0.32	33.8								
0.216	0.060	1.19	815	0.58	133	0.35	39.2								
0.234	0.065	1.29	953	0.63	154	0.38	45.2	0.20	9.76						
0.252	0.070	1.39	1105	0.67	176	0.41	51.8	0.22	11.1						
0.270	0.075	1.49	1268	0.72	200	0.44	58.6	0.23	12.5						
0.288	0.080	1.59	1443	0.77	225	0.47	65.7	0.25	14.0						
0.306	0.085	1.69	1629	0.82	252	0.50	73.3	0.26	15.6						
0.324	0.090	1.79	1827	0.87	280	0.53	81.5	0.28	17.3						
0.342	0.095	1.89	2035	0.91	310	0.56	89.8	0.29	19.1						
0.360	0.10	1.99	2255	0.96	340	0.58	98.5	0.31	20.8						
0.396	0.11	2.19	2729	1.06	406	0.64	117	0.34	24.7	0.21	7.36				
0.432	0.12	2.39	3247	1.15	478	0.70	137	0.37	28.8	0.23	8.59				
0.468	0.13	2.59	3811	1.25	557	0.76	159	0.40	33.3	0.24	9.91				
0.504	0.14	2.78	4420	1.35	646	0.82	182	0.43	38.0	0.26	11.3				
0.540	0.15	2.98	5074	1.44	742	0.88	208	0.46	43.0	0.28	12.7				
0.576	0.16			1.54	843	0.94	234	0.50	48.5	0.30	14.3				
0.612	0.17			1.64	953	0.99	262	0.53	54.1	0.32	15.9				
0.648	0.18			1.73	1068	1.05	291	0.56	60.1	0.34	17.6				
0.684	0.19			1.83	1189	1.11	322	0.59	66.3	0.36	19.4				
0.72	0.20			1.92	1318	1.17	354	0.62	72.7	0.38	21.3	0.21	5.22		
0.90	0.25			2.41	2059	1.46	551	0.78	109	0.47	31.8	0.26	7.70	0.20	3.92
1.08	0.30			2.89	2965	1.76	793	0.93	153	0.56	44.2	0.32	10.7	0.24	5.42
1.26	0.35			3.37	4036	2.05	1079	1.09	204	0.66	58.6	0.37	14.1	0.28	7.08
1.44	0.40					2.34	1409	1.24	263	0.75	74.8	0.42	17.9	0.32	8.98

续表

Q (m³/h)	Q (L/s)	DN20 v	DN20 1000i	DN25 v	DN25 1000i	DN32 v	DN32 1000i	DN40 v	DN40 1000i	DN50 v	DN50 1000i	DN70 v	DN70 1000i	DN80 v	DN80 1000i
1.62	0.45	1.40	333	0.85	93.2	0.47	22.1	0.36	11.1	0.21	3.12				
1.80	0.50	1.55	411	0.94	113	0.53	26.7	0.40	13.4	0.23	3.74				
1.98	0.55	1.71	497	1.04	135	0.58	31.8	0.44	15.9	0.26	4.44				
2.16	0.60	1.86	591	1.13	159	0.63	37.3	0.48	18.4	0.28	5.16				
2.34	0.65	2.02	694	1.22	185	0.68	43.1	0.52	21.5	0.31	5.97				
2.52	0.70	2.17	805	1.32	214	0.74	49.5	0.56	24.6	0.33	6.83	0.27	1.99		
2.70	0.75	2.33	924	1.41	246	0.79	56.2	0.60	28.3	0.35	7.70	0.28	2.26	0.20	1.64
2.88	0.80	2.48	1051	1.51	279	0.84	63.2	0.64	31.4	0.38	8.52	0.30	2.53	0.21	1.78
3.06	0.85	2.64	1187	1.60	316	0.90	70.7	0.68	35.1	0.40	9.63	0.31	2.81	0.22	1.95
3.24	0.90	2.79	1330	1.69	354	0.95	78.7	0.72	39.0	0.42	10.7	0.33	3.11	0.23	2.10
3.42	0.95			1.79	394	1.00	86.9	0.76	43.1	0.45	11.8	0.34	3.42	0.24	2.27
3.60	1.0			1.88	437	1.05	95.7	0.80	47.3	0.47	12.9	0.35	3.76	0.25	2.44
3.78	1.05			1.98	481	1.11	105	0.84	51.8	0.49	14.1	0.37	4.09	0.26	2.61
3.96	1.1			2.07	528	1.16	114	0.87	56.4	0.52	15.3	0.38	4.44	0.27	2.79
4.14	1.15			2.17	578	1.21	124	0.91	61.3	0.54	16.6	0.40	4.81	0.28	2.97
4.32	1.2			2.26	629	1.27	135	0.95	66.3	0.56	18.0	0.41	5.18	0.29	3.16
4.50	1.25			2.35	682	1.32	147	0.99	71.6	0.59	19.4	0.42	5.57	0.30	3.36
4.68	1.3			2.45	738	1.37	159	1.03	76.9	0.61	20.8	0.44	5.99	0.31	3.56
4.86	1.35			2.54	796	1.42	171	1.07	82.5	0.64	22.3	0.45	6.41	0.32	3.76
5.04	1.4			2.64	856	1.48	184	1.11	88.4	0.66	23.7	0.47	6.83	0.33	3.97
5.22	1.45			2.73	918	1.53	197	1.15	94.4	0.68	25.4	0.48	7.27	0.34	4.19
5.40	1.5			2.82	983	1.58	211	1.19	101	0.71	27.0	0.50	7.72	0.35	4.41
5.58	1.55			2.92	1049	1.63	226	1.23	107	0.73	28.7	0.51	8.22	0.36	4.66
5.76	1.6			3.01	1118	1.69	240	1.27	114	0.75	30.4	0.52	8.70	0.37	4.89
5.94	1.65					1.74	256	1.31	121	0.78	32.2	0.54	9.19	0.38	5.13
6.12	1.7					1.79	271	1.35	129	0.80	34.0	0.48	9.69		
6.30	1.75					1.85	287	1.39	136	0.82	35.9	0.50	10.2		
6.48	1.8					1.90	304	1.43	144	0.85	37.8	0.51	10.7		
6.66	1.85					1.95	321	1.47	152	0.87	39.7	0.52	11.3		
6.84	1.9					2.00	339	1.51	161	0.89	41.8	0.54	11.9		

DN（mm）

续表

Q (m³/h)	Q (L/s)	32 v	32 1000i	40 v	40 1000i	50 v	50 1000i	70 v	70 1000i	80 v	80 1000i	100 v	100 1000i	125 v	125 1000i
7.02	1.95	2.06	357	1.55	169	0.92	43.8	0.55	12.4	0.39	5.37	0.225	1.39		
7.20	2.0	2.11	375	1.59	178	0.94	46.0	0.57	13.0	0.40	5.62	0.23	1.39		
7.56	2.1	2.21	414	1.67	196	0.99	50.3	0.60	14.2	0.42	6.13	0.24	1.58		
7.92	2.2	2.32	454	1.75	216	1.04	54.9	0.62	15.5	0.44	6066	0.25	1.72		
8.28	2.3	2.43	497	1383	236	1.08	59.6	0.65	16.8	0.46	7.22	0.27	1.87		
8.64	2.4	2.53	541	1.91	256	1.13	64.5	0.68	18.2	0.48	7.79	0.28	2.00		
9.00	2.5	2.64	587	1.99	278	1.18	69.6	0.71	19.6	0.50	8.41	0.29	2.16		
9.36	2.6	2.74	635	2.07	301	1.22	74.9	0.74	21.0	0.52	9.03	0.30	2.31	0.20	0.826
9.72	2.7	2.85	684	2.15	325	1.27	80.8	0.77	22.6	0.54	9.66	0.31	2.48	0.203	0.878
10.08	2.8	2.95	736	2.23	349	1.32	86.9	0.79	24.1	0.56	10.3	0.32	2.63	0.21	0.940
10.44	2.9			2.31	374	1.37	93.2	0.82	25.7	0.58	11.0	0.33	2.81	0.22	0.995
10.80	3.0			2.39	400	1.41	99.8	0.85	27.4	0.60	11.7	0.35	2.98	0.23	1.06
11.16	3.1			2.47	428	1.46	107	0.88	29.1	0.62	12.4	0.36	3.17	0.233	1.12
11.52	3.2			2.55	456	1.51	114	0.91	30.9	0.64	13.2	0.37	3.36	0.24	1.19
11.88	3.3			2.63	485	1.55	121	0.94	32.7	0.66	13.9	0.38	3.54	0.25	1.26
12.24	3.4			2.71	515	1.60	128	0.93	34.5	0.68	14.7	0.39	3.74	0.26	1.32
12.60	3.5			2.78	545	1.65	136	0.99	36.5	0.70	15.5	0.40	3.93	0.264	1.40
12.96	3.6			2.86	577	1.69	144	1.02	38.4	0.72	16.3	0.42	4.14	0.27	1.46
13.32	3.7			2.94	610	1.74	152	1.05	40.4	0.74	17.2	0.43	4.34	0.28	1.54
13.68	3.8			3.02	643	1.79	160	4.08	42.5	0.76	18.0	0.44	4.57	0.29	1.61
14.04	3.9					1.84	169	1.11	44.6	0.79	18.9	0.45	4.77	0.294	1.69
14.40	4.0					1.88	177	1.13	46.8	0.81	19.8	0.46	5.01	0.30	1.76
14.76	4.1					1.93	186	1.16	49.0	0.83	20.7	0.47	5.22	0.31	1.84
15.12	4.2					1.98	196	1.19	51.2	0.85	21.7	0.48	5.46	0.32	1.92
15.48	4.3					2.02	205	1.22	53.5	0.87	22.6	0.50	5.71	0.324	2.01
15.84	4.4					2.07	215	1.25	56.0	0.89	23.6	0.51	5.94	0.33	2.09
16.20	4.5					2.12	224	1.28	58.6	0.91	24.6	0.52	6.20	0.34	2.18
16.56	4.6					2.17	135	1.30	61.2	0.93	25.7	0.53	6.44	0.35	2.27
16.92	4.7					2.21	245	1.38	63.9	0.95	26.7	0.54	6.71	0.354	2.35
17.28	4.8					2.26	255	1.36	66.7	0.97	27.8	0.55	6.95	0.56	2.45

DN（mm）

续表

Q (m³/h)	Q (L/s)	DN (mm) 50		70		80		100		125		150	
		v	1000i	v	1000i	v	1000i	v	1000i	v	1000i	v	1000i
17.64	4.9	2.31	266	1.39	69.5	0.99	28.9	0.57	7.24	0.37	2.53	0.26	1.08
18.00	5.0	2.35	277	1.42	72.3	1.01	30.0	0.58	7.49	0.38	2.63	0.265	1.12
18.36	5.1	2.40	288	1.45	75.2	1.03	31.1	0.59	7.77	0.384	2.72	0.27	1.15
18.72	5.2	2.45	300	1.47	78.2	1.05	32.2	0.60	8.04	0.39	2.82	0.276	1.20
19.08	5.3	2.50	311	1.50	81.3	1.07	33.4	0.61	8.34	0.40	2.91	0.28	1.24
19.44	5.4	2.54	323	1.53	84.4	1.09	34.6	0.62	8.64	0.41	3.02	0.286	1.28
19.80	5.5	2.59	335	1.56	87.5	1.11	35.8	0.63	8.92	0.414	3.11	0.29	1.32
20.16	5.6	2.64	348	1.59	90.7	1.13	37.0	0.65	9.23	0.42	3.22	0.297	1.37
20.52	5.7	2.68	360	1.62	94.0	1.15	38.3	0.66	9.52	0.43	3.32	0.30	1.41
20.88	5.8	2.73	373	1.64	97.3	1.17	39.5	0.67	9.84	0.44	3.43	0.31	1.45
21.24	5.9	2.78	386	1.67	101	1.19	40.8	0.68	10.1	0.444	3.53	0.313	1.50
21.60	6.0	2.82	399	1.70	104	1.21	42.1	0.69	10.5	0.45	3.65	0.32	1.54
21.96	6.1	2.87	412	1.73	108	1.23	43.5	0.70	10.8	0.46	3.76	0.323	1.59
22.32	6.2	2.92	426	1.76	111	1.25	44.9	0.72	11.1	0.47	3.87	0.33	1.64
22.68	6.3	2.97	440	1.79	115	1.27	46.4	0.73	11.4	0.475	3.99	0.334	1.69
23.04	6.4	3.01	454	1.81	118	1.29	47.9	0.74	11.8	0.48	4.09	0.34	1.73
23.40	6.5			1.84	122	1.31	49.4	0.75	12.1	0.49	4.22	0.344	1.78
23.76	6.6			1.87	126	1.33	50.9	0.76	12.4	0.50	4.33	0.35	1.83
24.12	6.7			1.90	130	1.35	52.4	0.77	12.8	0.505	4.45	0.355	1.88
24.48	6.8			1.93	134	1.37	54.0	0.78	13.2	0.51	4.57	0.36	1.93
24.84	6.9			1.96	138	1.39	55.6	0.80	13.5	0.52	4.70	0.366	1.98
25.20	7.0			1.99	142	1.41	57.3	0.81	13.9	0.53	4.81	0.37	2.03
25.56	7.1			2.01	146	1.43	58.9	0.82	14.3	0.535	4.95	0.376	2.08
25.92	7.2			2.04	150	1.45	60.6	0.83	14.6	0.54	5.06	0.38	2.14
26.28	7.3			2.07	154	1.47	62.3	0.84	15.0	0.55	5.20	0.39	2.19
26.64	7.4			2.10	158	1.49	64.0	0.85	15.4	0.56	5.32	0.392	2.24
27.00	7.5			2.13	163	1.51	65.7	0.87	15.8	0.565	5.46	0.40	2.30
27.36	7.6			2.15	167	1.53	67.5	0.88	16.2	0.57	5.60	0.403	2.36
27.72	7.7			2.18	172	1.55	69.3	0.89	16.6	0.58	5.73	0.41	2.41
28.08	7.8			2.21	176	1.57	71.1	0.90	17.0	0.59	5.87	0.413	2.46

续表

DN (mm)

Q (m³/h)	Q (L/s)	70 v	70 1000i	80 v	80 1000i	100 v	100 1000i	125 v	125 1000i	150 v	150 1000i
28.44	7.9	2.24	181	1.59	72.9	0.91	17.4	0.595	6.00	0.42	2.53
28.80	8.0	2.27	185	1.61	74.8	0.92	17.8	0.60	6.15	0.424	2.58
29.16	8.1	2.30	190	1.63	76.7	0.93	18.2	0.61	6.28	0.43	2.64
29.52	8.2	2.33	195	1.65	78.6	0.95	18.6	0.62	6.43	0.435	2.71
29.88	9.3	2.35	199	1.67	80.5	0.96	19.1	0.625	6.56	0.44	2.76
30.24	8.4	2.38	204	1.69	82.4	0.97	19.5	0.63	3.72	0.445	2.82
30.60	8.5	2.41	209	1.71	84.4	0.98	19.9	0.64	6.85	0.45	2.88
30.96	8.6	2.44	214	1.73	86.4	0.99	20.3	0.65	7.01	0.456	2.95
31.32	8.7	2.47	219	1.75	88.4	1.01	20.8	0.655	7.15	0.46	3.00
31.68	8.8	2.50	224	1.77	90.5	1.02	21.2	0.66	7.31	0.466	3.06
32.04	8.9	2.52	229	1.79	92.6	1.03	21.7	0.67	7.45	0.47	3.14
32.40	9.0	2.55	234	1.81	94.6	1.04	22.1	0.68	7.62	0.477	3.20
32.76	9.1	2.58	240	1.83	96.8	1.05	22.6	0.69	7.78	0.4	3.26
33.12	9.2	2.61	245	1.85	98.9	1.06	23.0	0.963	7.93	0.49	3.33
33.48	9.3	2.64	250	1.87	101	1.07	23.5	0.70	8.10	0.493	3.39
33.84	9.4	2.67	256	1.89	103	1.09	24.0	0.71	8.25	0.50	3.45
34.20	9.5	2.69	261	1.91	105	1.10	24.5	0.72	8.42	0.503	3.52
34.56	9.6	2.72	267	1.93	108	1.11	25.0	0.723	8.57	0.51	3.59
34.92	9.7	2.75	272	1.95	110	1.12	25.4	0.73	8.74	0.514	3.66
35.28	9.8	2.78	278	1.97	112	1.13	26.0	0.74	8.090	0.52	3.72
35.64	9.9	2.81	284	1.99	115	1.14	26.4	0.75	9.08	0.525	3.80
36.00	10.0	2.84	589	2.01	117	1.15	26.9	0.753	9.23	0.53	3.87
36.90	10.25	2.91	304	2.06	123	1.18	28.2	0.77	9.67	0.54	4.04
37.80	10.5	2.98	319	2.11	129	1.21	29.5	0.79	10.1	0.56	4.22
38.70	10.75	3.05	334	2.16	135	1.24	30.9	0.81	10.6	0.57	4.41
39.6	11.0			2.21	141	1.27	32.4	0.83	11.0	0.58	4.60
40.5	11.25			2.27	148	1.30	33.8	0.85	11.5	0.60	4.79
41.4	11.5			2.32	155	1.33	35.4	0.87	11.9	0.61	4.98
42.3	11.75			2.37	161	1.36	36.9	0.88	12.4	0.62	5.19
43.2	12.0			2.42	168	1.39	38.5	0.90	12.9	0.64	5.39

DN (mm)

Q (m³/h)	Q (L/s)	125 v	125 1000i	150 v	150 1000i
88.2	24.5	1.85	51.8	1.30	20.4
90.0	25.0	1.88	53.9	1.32	21.2
91.8	25.5	1.92	56.1	1.35	22.1
93.6	26.0	1.96	58.3	1.38	22.9
95.4	265	2.00	60.5	1.40	23.8
97.2	27.0	2.03	62.9	1.43	24.7
99.0	27.5	2.07	65.2	1.46	25.7
100.8	28.0	2.11	67.6	1.48	26.6
102.6	28.5	2.15	70.0	1.51	27.6
104.4	29.0	2.18	72.5	1.54	28.5
106.2	29.5	2.22	75.0	1.56	29.5
108.0	30.0	2.26	77.6	1.59	30.5
109.8	30.5	2.30	80.2	1.62	31.6
111.6	31.0	2.34	82.9	1.64	32.6
113.4	31.5	2.37	85.6	1.67	33.7
115.2	32.0	2.41	88.3	1.70	34.8
117.0	32.5	2.45	91.1	1.72	35.9
118.8	33.0	2.49	93.9	1.75	37.0
120.6	33.5	2.52	96.8	1.77	38.1
122.4	34.0	2.56	99.7	1.80	39.2
124.2	34.5	2.60	103	1.83	70.4
126.0	35.0	2.64	106	1.85	41.6
127.8	35.5	2.67	109	1.88	42.8
129.6	36.0	2.71	112	1.91	44.0
131.4	36.5	2.75	115	1.93	45.2
133.2	37.0	2.79	118	1.96	46.5
135.0	37.5	2.82	121	1.99	47.7
136.8	38.0	2.86	125	2.01	49.0
138.6	38.5	2.90	128	2.04	50.5
140.4	39.0	2.94	131	2.07	51.6

续表

Q (m³/h)	Q (L/s)	DN 80 v	DN 80 1000i	DN 100 v	DN 100 1000i	DN 125 v	DN 125 1000i	DN 150 v	DN 150 1000i
44.1	12.25	2.47	175	1.41	40.1	0.92	13.4	0.65	5.59
45.0	12.5	2.52	183	1.44	41.8	0.94	14.0	0.66	5.80
45.9	12.75	2.57	190	1.47	43.5	0.96	14.5	0.68	6.03
46.8	13.0	2.62	197	1.50	45.2	0.98	15.0	0.69	6.24
47.7	13.25	2.67	205	1.53	46.9	1.00	15.5	0.70	6.46
48.6	13.5	2.72	213	1.56	48.7	1.02	16.1	0.71	6.68
49.5	13.75	2.77	221	1.59	50.6	1.04	16.7	0.73	6.92
50.4	14.0	2.82	229	1.62	52.4	1.05	17.2	0.74	7.15
51.3	14.25	2.87	237	1.65	54.3	1.07	17.8	0.75	7.38
52.2	14.5	2.92	246	1.67	56.2	1.09	18.4	0.77	7.61
53.1	14.75			1.70	58.2	1.11	19.0	0.78	7.88
54.0	15.0			1.73	60.2	1.13	19.6	0.79	8.12
55.8	15.5			1.78	64.2	1.17	20.8	0.82	8.62
57.6	16.0			1.85	68.5	1.20	22.1	0.85	9.15
59.4	16.5			1.90	72.8	1.24	23.5	0.87	9.67
61.2	17.0			1.96	77.3	1.28	24.9	0.90	10.2
63.0	17.5			2.02	81.9	1.32	26.4	0.93	10.8
64.8	18.0			2.08	86.6	1.36	27.9	0.95	11.4
66.6	18.5			2.14	91.5	1.39	29.5	0.98	11.9
68.4	19.0			2.19	96.5	1.43	31.1	1.01	12.6
70.2	19.5			2.25	102	1.47	32.8	1.03	13.2
72.0	20.0			2.31	107	1.51	34.5	1.06	13.8
73.8	20.5			2.37	112	1.54	36.2	1.09	14.5
75.6	21.0			2.42	118	1.58	38.0	1.11	15.2
77.4	21.5			2.48	124	1.62	39.9	1.14	15.8
79.2	22.0			2.54	129	1.66	41.7	1.17	16.5
81.0	22.5			2.60	135	1.69	43.6	1.19	17.2
82.8	23.0			2.66	141	1.73	45.6	1.22	18.0
84.6	23.5			2.71	148	1.77	47.6	1.24	18.7
86.4	24.0			2.77	154	1.81	49.7	1.27	19.5

Q (m³/h)	Q (L/s)	DN 150 v	DN 150 1000i
142.2	39.5	2.09	53.0
144.0	40	2.12	54.3
147.6	41	2.17	57.1
151.2	42	2.23	59.9
154.8	43	2.28	62.8
158.4	44	2.33	65.7
162.0	45	2.38	68.7
165.6	46	2.44	71.8
169.2	47	2.49	75.0
172.8	48	2.54	78.2
176.4	49	2.60	81.5
180.0	50	2.65	84.9
183.6	51	2.70	88.3
187.2	52	2.76	91.8
190.8	53	2.81	95.4
194.4	54	2.86	99.0
198.0	55	2.91	103
201.6	56	2.97	106
205.2	57	3.02	110

表 19.1-7

钢管 DN=125～350mm 的 1000i 和 v 值

Q (m³/h)	Q (L/s)	125 v	125 1000i	150 v	150 1000i	175 v	175 1000i	200 v	200 1000i	225 v	225 1000i	250 v	250 1000i	275 v	275 1000i
9.00	2.5	0.20	0.932												
9.90	2.75	0.22	1.10												
10.80	3.0	0.24	1.28												
11.70	3.25	0.26	1.48												
12.60	3.5	0.28	1.68	0.21	0.768										
13.50	3.75	0.31	1.91	0.22	0.869										
14.40	4.0	0.33	2.14	0.24	0.976										
15.30	4.25	0.35	2.39	0.25	1.08										
16.20	4.5	0.37	2.64	0.26	1.20										
17.10	4.75	0.39	2.90	0.28	1.32	0.20	0.600								
18.00	5.0	0.41	3.18	0.29	1.45	0.21	0.659								
18.90	5.25	0.43	3.48	0.31	1.57	0.22	0.715								
19.80	5.5	0.45	3.77	0.32	1.71	0.23	0.778								
20.70	5.75	0.47	4.10	0.34	1.86	0.24	0.844								
21.60	6.0	0.49	4.342	0.35	1.99	0.25	0.905	0.20	0.474						
23.40	6.5	0.53	5.12	0.38	2.31	0.28	1.04	0.21	0.544						
25.20	7.0	0.57	5.84	0.41	2.63	0.30	1.19	0.23	0.619						
27.00	7.5	0.61	6.63	0.44	2.98	0.32	1.35	0.24	0.703						
28.80	8.0	0.65	7.46	0.47	3.35	0.34	1.51	0.26	0.786	0.20	0.433				
30.60	8.5	0.69	8.34	0.50	3.74	0.36	1.69	0.28	0.874	0.22	0.483				
32.4	9.0	0.73	9.25	4.14	0.38	1.87	0.29	0.966	0.23	0.531					
34.2	9.5	0.77	10.2	0.56	4.58	0.40	2.05	0.31	1.06	0.24	0.586				
36.0	10.0	0.81	11.2	0.59	5.02	0.42	2.25	0.32	1.17	0.25	0.643	0.20	0.362		
37.8	10.5	0.86	12.3	0.692	5.50	0.45	2.46	0.34	1.27	0.27	0.397	0.21	0.394		
39.6	11.0	0.90	13.5	0.65	5.98	0.47	2.68	0.36	1.38	0.28	0.759	0.22	0.428		
41.4	11.5	0.94	14.5	0.68	0.49	0.49	2.90	0.37	1.49	0.29	0.823	0.23	0.466	0.20	0.313
43.2	12.0	0.98	15.8	0.71	7.01	0.51	3.13	0.39	1.62	0.30	0.884	0.24	0.502	0.206	0.335
45.0	12.5	1.02	17.0	0.74	7.55	0.53	3.38	0.41	1.74	0.32	0.952	0.25	0.540	0.21	0.359
46.8	13.0	1.06	18.3	0.77	8.12	0.55	3.62	0.42	1.86	0.33	1.02	0.26	0.578	0.22	0.383
48.6	13.5	1.10	19.6	0.79	8.70	0.57	3.88	0.44	1.99	0.34	1.09	0.27	0.618		

续表

Q (m³/h)	Q (L/s)	DN125 v	DN125 1000i	DN150 v	DN150 1000i	DN175 v	DN175 1000i	DN200 v	DN200 1000i	DN225 v	DN225 1000i	DN250 v	DN250 1000i	DN275 v	DN275 1000i
50.4	14.0	1.14	21.0	0.82	9.31	0.60	4.15	0.45	2.14	0.35	1.16	0.28	0.659	0.23	0.410
52.2	14.5	1.18	22.5	0.85	9.93	0.62	4.42	0.47	2.27	0.37	1.24	0.29	0.701	0.24	0.436
54.0	15.0	1.22	23.9	0.88	10.6	0.64	4.70	0.49	2.41	0.38	1.32	0.30	0.745	0.25	0.462
55.8	15.5	1.26	25.5	0.91	11.2	0.66	4.99	0.50	2.56	0.39	1.40	0.31	0.789	0.255	0.489
57.6	16.0	1.30	27.2	0.94	11.9	0.68	5.30	0.52	2.72	0.41	1.48	0.32	0.835	0.26	0.519
59.4	16.5	1.34	28.9	0.97	12.6	0.70	5.60	0.54	2.87	0.42	1.57	0.33	0.882	0.27	0.548
61.2	17.0	1.39	30.7	1.00	13.3	0.72	5.91	0.55	3.03	0.43	1.65	0.34	0.930	0.28	0.577
63.0	17.5	1.43	32.5	1.03	14.1	0.74	6.23	0.57	3.19	0.44	1.74	0.35	0.980	0.29	0.606
64.8	18.0	1.47	34.4	1.06	14.8	0.77	6.57	0.58	3.37	0.46	1.83	0.36	1.06	0.30	0.636
66.6	18.5	1.51	36.3	1.09	15.6	0.79	6.91	0.60	3.54	0.47	1.92	0.37	1.08	0.305	0.671
68.4	19.0	1.55	38.3	1.12	16.4	0.81	7.25	0.62	3.71	0.48	2.02	0.38	1.13	0.31	0.703
70.2	19.5	1.59	40.4	1.15	17.2	0.83	7.62	0.63	3.89	0.49	2.12	0.39	1.19	0.32	0.735
72.0	20.0	1.63	42.5	1.18	18.1	0.85	7.98	0.65	4.07	0.51	2.21	0.40	1.24	0.33	0.768
73.8	20.5	1.67	44.6	1.21	18.9	0.87	8.35	0.67	4.27	0.52	2.31	0.41	1.30	0.34	0.806
75.6	21.0	1.71	46.8	1.24	19.8	0.89	8.72	0.68	4.46	0.53	5.42	0.42	1.36	0.35	0.840
77.4	21.5	1.75	49.1	1.27	20.8	0.91	9.13	0.70	4.65	0.355	2.53	0.43	1.41	0.354	0.875
79.2	22.0	1.79	51.4	1.30	21.8	0.94	9.52	0.71	4.85	0.56	2.63	0.44	1.47	0.36	0.911
81.0	22.5	1.83	53.7	1.33	22.8	0.96	9.92	0.73	5.06	0.57	2.74	0.45	1.54	0.37	0.952
82.8	23.0	1.87	56.2	1.36	23.8	0.98	10.3	0.75	5.27	0.58	2.86	0.46	1.60	0.38	0.989
84.6	23.5	1.92	58.6	1.38	24.8	1.00	10.8	0.76	5.48	0.60	2.97	0.47	1.66	0.39	1.03
86.4	24.0	1.95	61.1	1.41	25.9	1.02	11.2	0.78	5.69	0.61	3.09	0.48	1.72	0.395	1.06
88.2	24.5	2.00	63.7	1.44	27.0	1.04	11.6	0.80	5.92	0.62	3.21	0.49	1.79	0.40	1.11
90.0	25.0	2.04	66.3	1.47	28.1	1.06	12.1	0.81	6.14	0.63	3.32	0.50	1.86	0.41	1.15
91.8	25.5	2.08	69.0	1.50	29.2	1.08	12.5	0.83	6.37	0.65	3.45	0.51	1.92	0.42	1.19
93.6	26.0	2.12	71.8	1.53	30.4	1.11	13.0	0.84	6.60	0.66	3.57	0.52	1.99	0.43	1.23
95.4	26.5	2.16	74.5	1.56	31.6	1.13	13.4	0.86	6.84	0.67	3.69	0.53	2.06	0.44	1.28
97.2	27.0	2.20	77.4	1.59	32.7	1.15	13.9	0.88	7.08	0.68	3.83	0.54	2.13	0.445	1.32
99.0	27.5	2.24	80.3	1.62	34.0	1.17	14.4	0.89	7.32	0.70	3.96	0.55	2.21	0.45	1.37
100.8	28.0	2.28	83.2	1.65	35.2	1.19	14.9	0.91	7.57	0.74	7.09	0.56	2.28	0.46	1.41
102.6	28.5	2.32	86.2	1.68	36.5	1.21	15.4	0.92	7.82	0.72	4.22	0.57	2.35	0.47	1.45

续表

Q (m³/h)	Q (L/s)	125 v	125 1000i	150 v	150 1000i	175 v	175 1000i	200 v	200 1000i	225 v	225 1000i	250 v	250 1000i	275 v	275 1000i
104.4	29.0	2.36	89.3	1.71	37.8	1.23	15.9	0.94	8.08	0.74	4.36	0.58	2.43	0.48	1.50
106.2	29.5	2.40	92.4	1.74	39.1	1.26	16.5	0.96	8.34	0.75	4.51	0.59	2.51	0.49	1.55
108.0	30.0	2.45	95.5	1.77	40.5	1.28	17.1	0.97	8.60	0.76	4.64	0.60	2.58	0.49	1.59
109.8	30.5	2.49	98.8	1.80	41.8	1.30	17.6	0.99	8.87	0.77	1.79	0.61	2.66	0.50	1.64
111.6	31.0	2.53	102	1.83	43.2	1.32	18.2	1.01	9.15	0.79	4.94	0.62	2.74	0.51	1.69
113.4	31.5	2.57	105	1.86	44.6	1.34	18.8	1.02	9.42	0.80	5.08	0.63	2.83	0.52	1.74
115.2	32.0	2.61	109	1.89	46.0	1.36	19.4	1.04	9.70	0.81	5.23	0.64	2.92	0.53	1.79
117.0	32.5	2.65	112	1.92	47.5	1.38	20.0	1.05	9.98	0.82	5.39	0.65	3.00	0.54	1.84
118.8	33.0	2.69	116	1.94	48.9	1.40	20.6	1.07	10.3	0.84	5.53	0.66	3.08	0.54	1.90
120.6	33.5	2.73	119	1.97	50.4	1.43	21.3	1.09	10.6	0.85	5.69	0.67	3.17	0.55	1.95
122.4	34.0	2.77	123	2.00	52.0	1.45	21.9	1.10	10.9	0.86	5.85	0.68	3.26	0.56	2.00
124.2	34.5	2.81	126	2.03	53.5	1.47	22.6	1.12	11.2	0.87	6.00	0.69	3.34	0.57	2.05
126.0	35.0	2.85	130	2.06	55.1	1.48	23.2	1.14	11.5	0.89	6.17	0.70	3.43	0.58	2.11
127.8	35.5	2.89	134	2.09	56.7	1.51	23.9	1.15	11.8	0.90	6.34	0.71	3.52	0.59	2.16
129.6	36.0	2.93	138	2.12	58.3	1.53	24.6	1.17	12.1	0.91	6.50	0.72	3.61	0.59	2.22
131.4	36.5	2.97	141	2.15	59.9	1.55	25.3	1.18	12.4	0.93	6.67	0.73	3.71	0.60	2.27
133.2	37.0	3.02	145	2.18	61.5	1.57	26.0	1.20	12.7	0.94	6.84	0.74	3.80	0.61	2.34
135.0	37.5			2.21	63.2	1.60	26.7	1.22	13.0	0.95	7.05	0.75	3.90	0.62	2.39
136.8	38.0			2.24	64.9	1.62	27.4	1.23	13.4	0.96	7.19	0.76	3.99	0.63	2.45
138.6	38.5			2.27	66.6	1.64	28.1	1.25	13.7	0.98	7.37	0.77	4.09	0.63	2.51
140.4	39.0			2.30	68.4	1.66	28.8	1.27	14.1	0.99	7.55	0.78	4.19	0.64	2.57
142.2	39.5			2.33	70.1	1.68	29.6	1.28	14.5	1.00	7.72	0.79	4.29	0.65	2.63
144.0	40			2.36	71.9	1.70	30.3	1.30	14.8	1.01	7.91	0.80	1.39	0.66	2.69
147.6	41			2.42	75.6	1.74	31.9	1.33	15.6	1.04	8.28	0.82	4.59	0.67	2.81
151.2	42			2.48	79.3	1.79	33.4	1.37	16.4	1.07	8.67	0.84	4.80	0.69	2.94
154.8	43			2.53	83.1	1.83	35.1	1.40	17.1	1.09	9.05	0.86	5.01	0.71	3.07
158.4	44			2.59	87.0	1.87	36.7	1.43	17.9	1.12	9.44	0.88	5.23	0.72	3.21
162.0	45			2.65	91.0	1.91	38.4	1.46	18.8	1.14	9.86	0.90	5.45	0.74	3.34
165.6	46			2.71	95.1	1.96	40.1	1.50	19.6	1.17	10.3	0.92	5.68	0.76	3.48
169.2	47			2.77	99.3	2.00	41.9	1.53	20.5	1.19	10.7	0.94	5.91	0.77	3.62

续表

Q (m³/h)	Q (L/s)	DN(mm) 300 v	300 1000i	325 v	325 1000i	350 v	350 1000i
54.0	15.0	0.20					
55.8	15.5	0.21	0.295				
57.6	16.0	0.22	0.313				
59.4	16.5	0.23	0.331				
61.2	17.0	0.233	0.350				
63.0	17.5	0.24	0.369				
64.8	18.0	0.25	0.386				
66.6	18.5	0.253	0.406				
68.4	19.0	0.26	0.427	0.22	0.302		
70.2	19.5	0.27	0.448	0.23	0.317		
72.0	20.0	0.274	0.470	0.232	0.330	0.20	0.230
73.8	20.5	0.28	0.492	0.24	0.345	0.205	0.240
75.6	21.0	0.29	0.511	0.244	0.360	0.21	0.251
77.4	21.5	0.294	0.534	0.25	0.376	0.215	0.261
79.2	22.0	0.30	0.557	0.256	0.392	0.22	0.272
81.0	22.5	0.31	0.581	0.26	0.406	0.225	0.283
82.8	23.0	0.315	0.605	0.27	0.422	0.23	0.294
84.6	23.5	0.32	0.630	0.273	0.439	0.235	0.307
86.4	24.0	0.33	0.655	0.28	0.457	0.24	0.317
88.2	24.5	0.335	0.677	0.285	0.471	0.245	0.329
90.0	25.0	0.34	0.703	0.29	0.489	0.25	0.341
91.8	25.5	0.35	0.730	0.30	0.507	0.255	0.353
93.6	26.0	0.36	0.756	0.302	0.526	0.26	0.365
95.4	26.5	0.363	0.784	0.31	0.544	0.265	0.378
97.2	27.0	0.37	0.812	0.314	0.563	0.27	0.391
99.0	27.5	0.38	0.836	0.32	0.583	0.275	0.406
100.8	28.0	0.383	0.864	0.325	0.599	0.28	0.417
102.6	28.5	0.39	0.893	0.33	0.619	0.285	0.430

Q (m³/h)	Q (L/s)	DN(mm) 300 v	300 1000i	325 v	325 1000i	350 v	350 1000i
104.1	29.0	0.40	0.953	0.34	0.639	0.29	0.443
106.2	29.5	0.404	0.983	0.34	0.659	0.295	0.457
108.0	30.0	0.41	1.01	0.35	0.680	0.30	0.471
109.8	30.5	0.42	1.04	0.35	0.698	0.305	0.485
111.6	31.0	0.424	1.07	0.36	0.719	0.31	0.499
113.4	31.5	0.43	1.10	0.37	0.741	0.315	0.513
115.2	32.0	0.44	1.14	0.37	0.762	0.32	0.528
117.0	32.5	0.445	1.17	0.38	0.785	0.325	0.543
118.8	33.0	0.45	1.20	0.38	0.8036	0.33	0.558
120.6	33.5	0.46	1.23	0.39	0.826	0.335	0.573
122.4	34.0	0.465	1.27	0.39	0.849	0.34	0.588
124.2	34.5	0.47	1.30	0.40	0.872	0.345	0.604
126.0	35.0	0.48	1.34	0.41	0.896	0.35	0.620
127.8	35.5	0.49	1.37	0.41	0.916	0.355	0.636
129.6	36.0	0.493	1.41	0.42	0.940	0.36	0.652
131.4	36.5	0.50	1.44	0.42	0.964	0.365	0.668
133.2	37.0	0.51	1.47	0.43	0.989	0.37	0.684
135.0	37.5	0.513	1.51	0.44	1.01	0.375	0.701
136.8	38.0	0.52	1.55	0.44	1.04	0.38	0.718
138.6	38.5	0.53	1.59	0.45	1.06	0.385	0.735
140.4	39.0	0.534	1.63	0.453	1.09	0.39	0.752
142.2	39.5	0.54	1.66	0.46	1.11	0.395	0.769
144.0	40.0	0.55	1.70	0.465	1.14	0.40	0.787
147.6	41	0.56	1.78	0.48	1.19	0.41	0.823
151.2	42	0.57	1.86	0.49	1.24	0.42	0.859
154.8	43	0.59	1.94	0.50	1.30	0.43	0.896
158.4	44	0.60	2.02	0.51	1.35	0.44	0.934
162.0	45	0.62	2.11	0.52	1.41	0.45	0.973
165.6	46	0.63	2.20	0.53	1.47	0.46	1.01
169.2	47	0.64	2.28	0.55	1.52	0.47	1.05

续表

Q (m³/h)	Q (L/s)	DN (mm) 200 v	DN (mm) 200 1000i	225 v	225 1000i	250 v	250 1000i	275 v	275 1000i	300 v	300 1000i	325 v	325 1000i	350 v	350 1000i
172.8	48	1.56	21.4	1.22	11.1	0.96	6.14	0.79	3.73	0.66	2.37	0.56	1.58	0.48	1.09
176.4	49	1.59	22.3	1.24	11.6	0.98	6.368	0.81	3.91	0.67	2.47	0.57	1.64	0.49	1.13
180.0	50	1.63	23.2	1.27	12.1	1.00	6.63	0.82	4.03	0.68	2.55	0.58	1.70	0.50	1.17
183.6	51	1.66	24.1	1.29	12.5	1.02	6.87	0.84	4.20	0.70	2.65	0.59	1.77	0.51	1.21
187.2	52	1.69	25.1	1.32	13.0	1.04	7.14	0.86	4.36	0.71	2.75	0.60	1.83	0.52	1.26
190.8	53	1.72	26.0	1.34	13.5	1.06	7.40	0.87	4.52	0.72	2.84	0.62	1.90	0.53	1.30
194.4	54	1.76	27.0	1.37	14.1	1.08	7.66	0.89	4.68	0.74	2.94	0.63	1.96	0.54	1.35
198.0	55	1.79	28.0	1.40	14.6	1.10	7.92	0.91	4.84	0.75	3.05	0.64	2.03	0.55	1.39
201.6	56	1.82	29.1	1.42	15.1	1.12	8.20	0.92	5.01	0.77	3.14	0.65	2.10	0.56	1.44
205.2	57	1.85	30.1	1.45	15.7	1.14	8.47	0.94	5.17	0.78	3.25	0.66	2.16	0.57	1.49
208.8	58	1.89	31.2	1.47	16.2	1.16	8.75	0.95	5.33	0.79	3.36	0.67	2.24	0.58	1.54
212.4	59	1.92	32.3	1.50	16.8	1.18	9.03	0.97	5.51	0.81	3.46	0.69	2.31	0.59	1.58
216.0	60	1.95	33.4	1.52	17.4	1.20	9.30	0.99	5.68	0.82	3.57	0.70	2.38	0.60	1.63
219.6	61	1.98	34.5	1.55	17.9	1.22	9.61	1.00	5.88	0.83	3.69	0.71	2.45	0.61	1.68
223.2	62	2.02	35.6	1.57	18.5	1.24	9.93	1.02	6.05	0.85	3.80	0.72	2.52	0.62	1.73
226.8	63	2.05	36.8	1.60	19.1	1.26	10.2	1.04	6.24	0.86	3.91	0.73	2.60	0.63	1.79
230.4	64	2.08	38.0	1.62	19.7	1.28	10.6	1.05	6.42	0.88	1.03	0.74	2.68	0.64	1.84
234.0	65	2.11	39.2	1.65	20.4	1.30	10.9	1.07	6.60	0.89	4.15	0.75	2.75	0.65	1.89
237.6	66	2.15	40.4	1.67	21.0	1.32	11.2	1.09	6.79	0.90	4.26	0.77	2.83	0.66	1.94
241.2	67	2.18	41.6	1.70	21.6	1.34	11.6	1.10	6.99	0.92	4.38	0.78	2.92	0.67	2.00
244.8	68	2.21	42.9	1.73	22.3	1.36	11.9	1.12	7.19	0.93	4.51	0.79	2.99	0.68	2.05
248.4	69	2.24	44.1	1.75	23.0	1.38	12.3	1.14	7.38	0.94	4.63	0.80	3.08	0.69	2.11
252.0	70	2.28	45.4	1.78	23.6	1.40	12.7	1.15	7.58	0.96	4.76	0.81	3.16	0.70	2.16
255.6	71	2.31	46.7	1.80	24.3	1.42	13.0	1.17	7.80	0.97	4.89	0.82	3.24	0.71	2.22
259.2	72	2.34	48.1	1.83	25.0	1.44	13.4	1.19	7.99	0.98	5.01	0.84	3.33	0.72	2.28
262.8	73	2.37	49.4	1.85	25.7	1.46	13.8	1.20	8.18	1.00	5.14	0.85	3.41	0.73	2.34
266.4	74	2.41	50.8	1.88	26.4	1.48	14.1	1.22	8.41	1.01	5.28	0.86	3.50	0.74	2.40
270.0	75	2.44	52.2	1.90	27.1	1.50	14.5	1.24	8.63	1.03	5.40	0.87	3.59	0.75	2.46
273.6	76	2.47	53.6	1.93	27.8	1.52	14.9	1.25	8.87	1.04	5.54	0.88	3.68	0.76	2.52
277.2	77	2.50	55.0	1.95	58.6	1.54	15.3	1.27	9.10	1.05	5.68	0.89	3.77	0.77	2.58

续表

Q (m³/h)	Q (L/s)	200 v	200 1000i	225 v	225 1000i	250 v	250 1000i	275 v	275 1000i	300 v	300 1000i	325 v	325 1000i	350 v	350 1000i
280.8	78	2.54	56.4	1.98	29.3	1.56	15.7	1.28	9.34	1.07	5.82	0.91	3.86	0.78	2.64
284.4	79	2.57	57.9	2.00	30.1	1.58	16.1	1.30	9.58	1.08	5.96	0.92	3.95	0.79	2.71
288.0	80	2.60	59.3	2.03	30.9	1.60	16.5	1.32	9.82	1.09	6.10	0.93	4.05	0.80	2.77
291.6	81	2.63	60.8	2.06	31.6	1.62	16.9	1.33	10.1	1.11	6.25	0.94	4.14	0.81	2.83
295.2	82	2.67	62.3	2.08	32.4	1.64	17.4	1.35	10.3	1.12	6.38	0.95	1.23	0.82	2.90
298.8	83	2.70	63.9	2.11	33.2	1.66	17.8	1.37	10.6	1.14	6.53	0.96	4.33	0.83	2.96
302.4	84	2.73	65.4	2.13	34.0	1.68	18.2	1.38	10.8	1.15	6.69	0.98	4.43	0.84	3.03
306.0	85	2.76	67.0	2.16	34.8	1.70	18.7	1.40	11.1	1.16	6.83	0.99	4.53	0.85	3.10
309.6	86	2.80	68.6	2.18	35.7	1.72	19.1	1.42	11.3	1.18	6.98	1.00	4.62	0.86	3.17
313.2	87	2.83	70.2	2.21	36.5	1.74	19.5	1.43	11.6	1.19	7.14	1.01	4.73	0.87	3.23
316.8	88	2.86	71.8	2.23	37.3	1.76	20.0	1.45	11.9	1.20	7.27	1.02	4.88	0.88	3.30
320.4	89	2.89	73.4	2.26	38.2	1.78	20.5	1.47	12.2	1.22	7.44	1.03	4.93	0.89	3.37
324.0	90	2.93	75.1	2.28	39.1	1.80	20.9	1.48	12.4	1.23	7.61	1.05	5.04	0.90	3.44
327.6	91	2.96	76.8	2.31	39.9	1.82	21.4	1.50	12.7	1.25	7.78	1.06	5.13	0.91	3.52
331.2	92	2.99	78.5	2.33	40.8	1.84	21.9	1.52	13.0	1.26	7.95	1.07	5.24	0.92	3.59
334.8	93			2.36	41.7	1.86	22.3	1.53	13.3	1.27	8.12	1.08	5.35	0.93	3.66
338.4	94			2.39	42.6	1.88	22.8	1.55	13.6	1.29	8.30	1.09	5.46	0.94	3.73
342.0	95			2.41	43.5	1.90	23.3	1.56	13.8	1.30	8.48	1.10	5.57	0.95	3.81
345.6	96			2.44	44.4	1.92	23.8	1.58	14.1	1.31	8.66	1.12	5.68	0.96	3.88
349.2	97			2.46	45.4	1.94	24.3	1.60	14.4	1.33	8.84	1.13	5.79	0.97	3.96
352.8	98			2.49	46.3	1.96	24.8	1.61	14.7	1.34	9.02	1.14	5.90	0.98	4.03
356.4	99			2.51	47.3	1.98	25.3	1.63	15.0	1.35	9.21	1.15	6.01	0.99	4.12
360.0	100			2.54	48.2	2.00	25.8	1.65	15.3	1.37	9.39	1.16	6.13	1.00	4.19
367.2	102			2.59	50.2	2.04	26.9	1.68	16.0	1.40	9.77	1.18	6.36	1.02	4.35
374.4	104			2.64	52.2	2.08	27.9	1.71	16.6	1.42	10.2	1.21	6.58	1.04	4.51
381.6	106			2.69	54.2	2.12	29.0	1.75	17.2	1.45	10.5	1.23	6.84	1.06	4.67
388.8	108			2.74	56.2	2.16	30.1	1.78	17.9	1.48	10.9	1.15	7.10	1.08	4.84
369.0	110			2.79	58.3	2.20	31.2	1.81	18.6	1.51	11.4	1.28	7.37	1.10	5.00
403.2	112			2.84	60.5	2.24	32.4	1.84	19.3	1.53	11.8	1.30	7.64	1.12	5.18
410.4	114			2.89	62.7	2.28	33.6	1.88	19.9	1.56	12.2	1.32	7.91	1.14	5.35

DN (mm)

续表

Q (m³/h)	Q (L/s)	DN (mm) 300 v	300 1000i	350 v	350 1000i
633.6	176	2.41	29.1	1.76	12.6
640.8	178	2.44	29.8	1.78	12.9
648.0	180	2.46	30.4	1.80	13.2
655.2	182	2.49	31.1	1.82	13.5
662.4	184	2.52	31.8	1.84	13.8
669.6	186	2.55	32.5	1.86	14.1
676.8	188	2.57	33.2	1.88	14.4
684.0	190	2.60	33.9	1.90	14.7
691.2	192	2.63	34.6	1.92	15.0
698.4	194	2.65	35.3	1.94	15.3
705.6	196	2.68	36.1	1.96	15.7
712.8	198	2.71	36.8	1.98	16.0
720.0	200	2.74	37.6	2.00	16.3
730.8	203	2.78	38.7	2.03	16.8
741.6	206	2.82	39.9	2.06	17.3
752.4	209	2.86	41.0	2.09	17.8
763.2	212	2.90	42.2	2.12	18.3
774.0	215	2.94	43.4	2.15	18.8
784.8	218	2.98	44.6	2.18	19.4
795.6	221	3.02	45.9	2.21	19.9
806.4	224			2.24	20.5
817.2	227			2.27	21.0
828.0	230			2.30	21.6
838.8	233			2.33	22.1
849.6	236			2.36	22.7
860.4	239			2.39	23.3
871.2	242			2.42	23.9
882.0	245			2.45	24.5
892.8	248			2.48	25.1
903.6	251			2.51	25.7

Q (m³/h)	Q (L/s)	DN (mm) 250 v	250 1000i	275 v	275 1000i	300 v	300 1000i	325 v	325 1000i	350 v	350 1000i
417.6	116	2.32	34.8	1.91	20.7	1.59	12.6	1.35	8.19	1.16	5.53
424.8	118	2.36	36.0	1.94	21.4	1.61	13.1	1.37	8.48	1.18	5.71
432.0	120	2.40	37.2	1.98	22.1	1.64	13.5	1.39	8.77	1.20	5.87
439.2	122	2.44	38.4	2.01	22.8	1.67	14.0	1.42	9.06	1.22	6.07
446.4	124	2.48	39.7	2.04	23.6	1.70	14.4	1.44	9.36	1.24	0.27
453.6	126	2.52	41.0	2.08	24.4	1.72	14.9	1.46	9.66	1.26	6.47
460.8	128	2.56	42.3	2.11	25.1	1.75	15.4	1.49	9.97	1.28	6.68
468.0	130	2.60	43.6	2.14	25.9	1.78	15.9	1.51	10.3	1.30	6.89
475.2	132	2.64	45.0	2.17	26.7	1.81	16.4	1.53	10.6	1.32	7.10
482.4	134	2.68	46.4	2.21	27.6	1.83	16.9	1.56	10.9	1.34	7.32
489.6	136	2.73	47.8	2.24	28.4	1.86	17.4	1.58	11.3	1.36	7.54
496.8	138	2.77	49.2	2.27	29.2	1.89	17.9	1.60	11.6	1.38	7.77
504.0	140	2.81	50.6	2.31	30.1	1.92	18.4	1.63	11.9	1.40	7.99
511.2	142	2.85	52.1	2.34	30.9	1.94	18.9	1.65	12.3	1.42	8.22
518.4	144	2.89	53.6	2.37	31.8	1.97	19.5	1.67	12.6	1.44	8.46
525.6	146	2.93	55.1	2.40	32.7	2.00	20.0	1.70	13.0	1.46	8.69
532.8	148	2.97	56.6	2.44	33.6	2.03	20.6	1.72	13.3	1.48	8.93
540.0	150	3.01	58.1	2.47	34.5	2.05	21.1	1.74	13.7	1.50	9.17
547.2	152			2.50	35.5	2.08	21.7	1.77	14.1	1.52	9.42
554.4	154			2.54	36.4	2.11	22.3	1.79	14.4	1.54	9.67
561.6	156			2.57	37.4	2.13	22.9	1.81	14.8	1.56	9.92
568.8	158			2.60	38.3	2.16	23.4	1.84	15.2	1.58	10.2
576.0	160			2.64	39.3	2.19	24.0	1.86	15.6	1.60	10.4
583.2	162			2.67	40.3	2.22	24.6	1.88	16.0	1.62	10.7
590.4	164			2.70	41.3	2.24	25.3	1.91	16.4	1.64	11.0
597.6	166			2.73	42.3	2.27	25.9	1.93	16.7	1.66	11.2
604.8	168			2.77	43.2	2.30	26.5	1.95	17.2	1.68	11.5
612.0	170			2.80	44.4	2.33	27.1	1.98	17.6	1.70	11.8
619.2	172			2.83	45.4	2.35	27.8	2.00	18.0	1.72	12.1
626.4	174			2.87	46.5	2.38	28.4	2.02	18.4	1.74	12.3

表 19.1-8

铸铁管 DN＝50～350mm 的 1000i 和 v 值

DN（mm）

Q (m³/h)	Q (L/s)	50 v	50 1000i	75 v	75 1000i	100 v	100 1000i	125 v	125 1000i
1.80	0.50	0.26	4.99						
2.16	0.60	0.32	6.90						
2.52	0.70	0.37	9.09						
2.88	0.80	0.42	11.6						
3.24	0.90	0.48	14.3	0.21	1.92				
3.60	1.0	0.53	17.3	0.23	2.31				
3.96	1.1	0.58	20.6	0.26	2.75				
4.32	1.2	0.64	24.1	0.28	3.20				
4.68	1.3	0.69	27.9	0.30	3.69				
5.04	1.4	0.74	32.0	0.33	4.22				
5.40	1.5	0.79	36.3	0.35	4.77	0.20	1.31		
5.76	1.6	0.85	40.9	0.37	5.34	0.21	1.45		
6.12	1.7	0.90	45.7	0.39	5.95	0.22	1.45		
6.48	1.8	0.95	50.8	0.42	6.59	0.23	1.77		
6.84	1.9	1.01	56.2	0.44	7.28	0.25	2.11		
7.20	2.0	1.06	61.9	0.46	7.98	0.26	2.29		
7.56	2.1	1.11	67.9	0.49	8.71	0.27	2.29		
7.92	2.2	1.17	74.0	0.51	9.47	0.29	2.66		
8.28	2.3	1.22	80.3	0.53	10.3	0.30	2.88		
8.64	2.4	1.27	87.5	0.56	11.1	0.31	3.08	0.20	0.902
9.00	2.5	1.33	94.9	0.58	11.9	0.32	3.30	0.21	0.966
9.36	2.6	1.38	103	0.60	12.8	0.34	3.52	0.215	1.03
9.72	2.7	1.43	111	0.63	13.8	0.35	3.75	0.22	1.11
10.08	2.8	1.48	119	0.65	14.7	0.36	3.98	0.23	1.18
10.44	2.9	1.54	128	0.67	15.7	0.38	4.23	0.24	1.25
10.8	3.0	1.59	137	0.70	16.7	0.39	4.47	0.25	1.33
11.6	3.1	1.64	146	0.72	17.7	0.40	4.73	0.26	1.41
11.52	3.2	1.70	155	0.74	18.8	0.42	4.99	0.265	1.49
11.88	3.3	1.75	165	0.77	19.9	0.43		0.27	1.57
12.24	3.4	1.80	176	0.79	21.0	0.44		0.28	1.66

续表

Q (m³/h)	Q (L/s)	DN 50 (mm) v	DN 50 (mm) 1000i	DN 75 (mm) v	DN 75 (mm) 1000i	DN 100 (mm) v	DN 100 (mm) 1000i	DN 125 (mm) v	DN 125 (mm) 1000i	DN 150 (mm) v	DN 150 (mm) 1000i
12.6	3.5	1.86	186	0.81	22.2	0.45	5.26	0.29	1.75	0.20	0.723
12.96	3.6	1.91	197	0.84	23.2	0.47	5.53	0.30	1.84	0.21	0.755
13.32	3.7	1.96	208	0.86	24.5	0.48	5.81	0.31	1.93	0.212	0.794
13.68	3.8	2.02	219	0.88	25.8	0.49	6.10	0.315	2.03	0.22	0.834
14.04	3.9	2.07	231	0.91	27.1	0.51	6.39	0.32	2.12	0.224	0.874
14.40	4.0	2.12	243	0.93	28.4	0.52	6.69	0.33	2.22	0.23	0.909
14.76	4.1	2.17	255	0.95	29.7	0.53	7.00	0.34	2.31	0.235	0.952
15.12	4.2	2.23	268	0.98	31.1	0.55	7.31	0.35	2.42	0.24	0.995
15.48	4.3	2.28	281	1.00	32.5	0.56	7.63	0.36	2.53	0.25	1.04
15.84	4.4	2.33	294	1.02	33.9	0.57	7.96	0.364	2.63	0.252	1.08
16.20	4.5	2.39	308	1.05	35.3	0.58	8.29	0.37	2.74	0.26	1.12
16.56	4.6	2.44	321	1.07	36.8	0.60	8.63	0.38	2.85	0.264	1.17
16.92	4.7	2.49	335	1.09	38.3	0.61	8.97	0.39	2.96	0.27	1.22
17.28	4.8	2.55	350	1.12	39.8	0.62	9.33	0.40	3.07	0.275	1.26
17.64	4.9	2.60	365	1.14	41.4	0.64	9.68	0.41	3.20	0.28	1.31
18.00	5.0	2.65	380	1.16	43.0	0.65	10.0	0.414	3.31	0.286	1.35
18.36	5.1	2.70	395	1.19	44.6	0.66	10.4	0.42	3.43	0.29	1.40
18.72	5.2	2.76	411	1.21	46.2	0.68	10.8	0.43	3.56	0.30	1.45
19.08	5.3	2.81	427	1.23	48.0	0.69	11.2	0.44	3.68	0.304	1.50
19.44	5.4	2.86	443	1.26	49.8	0.70	11.6	0.45	3.80	0.31	1.55
19.8	5.5	2.92	459	1.28	51.7	0.72	12.0	0.455	3.92	0.315	1.60
20.16	5.6	2.97	476	1.30	53.6	0.73	12.3	0.46	4.07	0.32	1.65
20.52	5.7	3.02	493	1.33	55.3	0.74	12.7	0.47	4.19	0.33	1.71
20.88	5.8			1.35	57.3	0.75	13.2	0.48	4.32	0.333	1.77
21.24	5.9			1.37	59.3	0.77	13.6	0.49	4.47	0.34	1.81
21.6	6.0			1.39	61.5	0.78	14.0	0.50	4.60	0.344	1.87
21.96	6.1			1.42	63.6	0.79	14.4	0.505	4.74	0.35	1.93
22.32	6.2			1.44	65.7	0.80	14.9	0.51	4.87	0.356	1.99
22.68	6.3			1.46	67.8	0.82	15.3	0.52	5.03	0.36	2.08
23.04	6.4			1.49	70.0	0.83	15.8	0.53	5.17	0.37	2.10

续表

Q (m³/h)	Q (L/s)	DN 75 v	DN 75 1000i	DN 100 v	DN 100 1000i	DN 125 v	DN 125 1000i	DN 150 v	DN 150 1000i	DN 200 v	DN 200 1000i
23.40	6.5	1.51	72.2	0.84	16.2	0.54	5.31	0.373	2.16	0.21	0.531
23.76	6.6	1.53	74.4	0.86	16.7	0.55	5.46	0.38	2.22	0.212	0.545
24.12	6.7	1.56	76.7	0.87	17.2	0.555	5.62	0.384	2.28	0.215	0.559
24.48	6.8	1.58	79.0	0.88	17.7	0.56	5.77	0.39	2.34	0.22	0.577
24.84	6.9	1.60	81.3	0.90	18.1	0.57	5.92	0.396	2.41	0.222	0.591
25.20	7.0	1.63	83.7	0.91	18.6	0.58	6.09	0.40	2.46	0.225	0.605
25.56	7.1	1.65	86.1	0.92	19.1	0.59	6.24	0.41	2.53	0.228	0.619
25.92	7.2	1.67	88.6	0.93	19.6	0.60	6.40	0.413	2.60	0.23	0.634
26.28	7.3	1.70	91.1	0.95	20.1	0.604	6.56	0.42	2.66	0.235	0.653
26.64	7.4	1.72	93.6	0.96	20.7	0.61	6.74	0.424	2.72	0.238	0.668
27.00	7.5	1.74	96.1	0.97	21.2	0.62	6.90	0.43	2.79	0.24	0.683
27.36	7.6	1.77	98.7	0.99	21.7	0.63	7.06	0.436	2.86	0.244	0.698
27.72	7.7	1.79	101	1.00	22.2	0.64	7.25	0.44	2.93	0.248	0.718
28.08	7.8	1.81	104	1.01	22.8	0.65	7.41	0.45	2.99	0.25	0.734
28.44	7.9	1.84	107	1.06	23.3	0.654	7.58	0.453	3.07	0.254	0.749
28.80	8.0	1.86	109	1.04	23.9	0.66	7.75	0.46	3.14	0.257	0.765
29.16	8.1	1.88	112	1.05	24.4	0.67	7.95	0.465	3.21	0.26	0.781
29.52	8.2	1.91	115	1.06	25.0	0.68	8.12	0.47	3.28	0.264	0.802
29.88	8.3	1.93	118	1.08	25.6	0.69	8.30	0.476	3.35	0.267	0.819
30.24	8.4	1.95	121	1.09	26.2	0.70	8.50	0.48	3.43	0.27	0.835
30.60	8.5	1.98	123	1.10	26.7	0.704	8.68	0.49	3.49	0.273	0.851
30.96	8.6	2.00	126	1.12	27.3	0.71	8.86	0.493	3.57	0.277	0.874
31.32	8.7	2.02	129	1.13	27.9	0.72	9.04	0.50	3.65	0.28	0.891
31.68	8.8	2.05	132	1.14	28.5	0.73	9.25	0.505	3.73	0.283	0.908
32.04	8.9	2.07	135	1.16	29.2	0.74	9.44	0.51	3.80	0.287	0.930
32.40	9.0	2.09	138	1.17	29.9	0.745	9.63	0.52	3.91	0.29	0.942
33.30	9.25	2.15	146	1.20	31.3	0.77	10.1	0.53	4.07	0.30	0.989
34.20	9.5	2.21	154	1.23	33.0	0.79	10.6	0.54	4.28	0.305	1.04
35.10	9.75	2.27	162	1.27	34.7	0.81	11.2	0.56	4.49	0.31	1.09
36.00	10.0	2.33	171	1.30	36.5	0.83	11.7	0.57	4.69	0.32	1.13

续表

Q (m³/h)	(L/s)	DN (mm) 75 v	75 1000i	100 v	100 1000i	125 v	125 1000i	150 v	150 1000i	200 v	200 1000i	250 v	250 1000i	300 v	300 1000i
36.90	10.25	2.38	180	1.33	38.4	0.85	12.2	0.59	4.92	0.33	1.19	0.21	0.400		
37.80	10.5	2.44	188	1.36	40.3	0.87	12.8	0.60	5.13	0.34	1.24	0.216	0.421		
38.70	10.75	2.50	197	1.40	42.2	0.89	13.4	0.62	5.37	0.35	1.30	0.22	0.438		
39.60	11.0	2.56	207	1.43	44.2	0.91	14.0	0.63	5.59	0.354	1.35	0.226	0.456		
40.50	11.25	2.62	216	1.46	46.2	0.93	14.6	0.64	5.82	0.36	1.41	0.23	0.474		
41.40	11.5	2.67	226	1.49	48.3	0.95	15.1	0.66	6.07	0.37	1.46	0.236	0.492		
42.30	11.75	2.73	236	1.53	50.4	0.97	15.8	0.67	6.31	0.38	1.52	0.24	0.510		
43.20	12.0	2.79	246	1.56	52.6	0.99	16.4	0.69	6.55	0.39	1.58	0.246	0.529		
44.10	12.25	2.85	256	1.59	54.8	1.01	17.0	0.70	6.82	0.394	1.64	0.25	0.552		
45.00	12.5	2.91	267	1.62	57.1	1.03	17.7	0.72	7.07	0.40	1.70	0.26	0.572		
45.90	12.75	2.96	278	1.66	59.4	1.06	18.4	0.73	7.32	0.41	1.76	0.262	0.592		
46.80	13.0	3.02	289	1.69	61.7	1.08	19.0	0.75	7.60	0.42	1.82	0.27	0.612		
47.70	13.25			1.72	64.1	1.10	19.7	0.76	7.87	0.43	1.88	0.272	0.632		
48.60	13.5			1.75	66.6	1.12	20.4	0.77	8.14	0.434	1.95	0.28	0.653		
49.50	13.75			1.79	69.1	1.14	21.2	0.79	8.43	0.44	2.01	0.282	0.674		
50.40	14.0			1.82	71.6	1.16	21.9	0.80	8.71	0.45	2.08	0.29	0.695		
51.30	14.25			1.85	74.2	1.18	22.6	0.82	8.99	0.46	2.15	0.293	0.721		
52.20	14.5			1.88	76.8	1.20	23.3	0.83	9.30	0.47	2.21	0.30	0.743	0.20	0.301
53.10	14.75			1.92	79.5	1.22	24.1	0.85	9.59	0.474	2.28	0.303	0.766	0.21	0.312
54.00	15.0			1.95	82.2	1.24	24.9	0.86	9.88	0.48	2.35	0.31	0.788	0.212	0.320
55.80	15.5			2.01	87.8	1.28	26.6	0.89	10.5	0.50	2.50	0.32	0.834	0.22	0.338
57.60	16.0			2.08	93.5	1.32	28.4	0.92	11.1	0.51	2.64	0.33	0.886	0.23	0.358
59.40	16.5			2.14	99.5	1.37	30.2	0.95	11.8	0.53	2.79	0.34	0.935	0.233	0.377
61.20	17.0			2.21	106	1.41	32.0	0.97	12.5	0.55	2.96	0.35	0.985	0.24	0.398
63.00	17.5			2.27	112	1.45	33.9	1.00	13.2	0.56	3.12	0.36	1.04	0.25	0.421
64.80	18.0			2.34	118	1.49	35.9	1.03	13.9	0.58	3.28	0.37	1.09	0.255	0.443
66.60	18.5			2.40	125	1.53	37.9	1.06	14.6	0.59	3.45	0.38	1.15	0.26	0.464
68.40	19.0			2.47	132	1.57	40.0	1.09	15.3	0.61	3.62	0.39	1.20	0.27	0.468
70.20	19.5			2.53	139	1.61	42.1	1.12	16.1	0.63	3.80	0.40	1.26	0.28	0.509
72.00	20.0			2.60	146	1.66	44.3	1.15	16.9	0.64	3.97	0.41	1.32	0.283	0.532

续表

Q (m³/h)	Q (L/s)	DN 100 v	DN 100 1000i	DN 125 v	DN 125 1000i	DN 150 v	DN 150 1000i	DN 200 v	DN 200 1000i	DN 250 v	DN 250 1000i	DN 300 v	DN 300 1000i	DN 350 v	DN 350 1000i
73.80	20.5	2.66	154	1.70	46.5	1.18	17.7	0.66	4.16	0.42	1.38	0.29	0.556	0.213	0.264
75.60	21.0	2.73	161	1.74	48.8	1.20	18.4	0.67	4.34	0.43	1.44	0.30	0.580	0.22	0.275
77.40	21.5	2.79	169	1.78	51.2	1.23	19.3	0.69	4.53	0.44	1.50	0.304	0.604	0.223	0.286
79.20	22.0	2.86	177	1.82	53.6	1.26	20.2	0.71	4.73	0.45	1.57	0.31	0.629	0.23	0.300
81.00	22.5	2.92	185	1.86	56.1	1.29	21.2	0.72	4.93	0.46	1.63	0.32	0.655	0.234	0.311
82.80	23.0	2.99	193	1.90	58.6	1.32	22.1	0.74	5.13	0.47	1.69	0.325	0.681	0.24	0.323
84.60	23.5			1.95	61.2	1.35	23.1	0.76	5.35	0.48	1.77	0.33	0.707	0.244	0.335
86.40	24.0			1.99	63.8	1.38	24.1	0.77	5.56	0.49	1.83	0.34	0.734	0.25	0.347
88.20	24.5			2.03	66.5	1.41	25.1	0.79	5.77	0.50	1.90	0.35	0.765	0.255	0.362
90.00	25.0			2.07	69.2	1.43	26.1	0.80	5.98	0.51	1.97	0.354	0.793	0.26	0.375
91.80	25.5			2.11	72.0	1.46	27.2	0.82	6.21	0.52	2.05	0.36	0.821	0.265	0.388
93.60	26.0			2.15	74.9	1.49	28.3	0.84	6.44	0.53	2.12	0.37	0.850	0.27	0.401
95.40	26.5			2.19	77.8	1.52	29.4	0.85	6.67	0.54	2.19	0.375	0.879	0.275	0.414
97.20	27.0			2.24	80.7	1.55	30.5	0.87	6.90	0.55	2.26	0.38	0.910	0.28	0.430
99.00	27.5			2.28	83.8	1.58	31.6	0.88	7.14	0.56	2.35	0.39	0.939	0.286	0.444
100.8	28.0			2.32	86.8	1.61	32.8	0.90	7.38	0.57	2.42	0.40	0.969	0.29	0.458
102.6	28.5			2.36	90.0	1.63	34.0	0.92	7.62	0.58	2.50	0.403	1.00	0.296	0.472
104.4	29.0			2.40	93.2	1.66	35.2	0.93	7.87	0.59	2.58	0.41	1.03	0.30	0.486
106.2	29.5			2.44	96.4	1.69	36.4	0.95	8.13	0.61	2.66	0.42	1.06	0.31	0.503
108.0	30.0			2.48	99.6	1.72	37.7	0.96	8.40	0.62	2.75	0.424	1.10	0.312	0.518
109.8	30.5			2.53	103	1.75	38.9	0.98	8.66	0.63	2.83	0.43	1.13	0.32	0.533
111.6	31.0			2.57	106	1.78	40.2	1.00	8.92	0.64	2.92	0.44	1.17	0.322	0.548
113.4	31.5			2.61	110	1.81	41.5	1.01	9.19	0.65	3.00	0.45	1.20	0.33	0.563
115.2	32.0			2.65	113	1.84	42.8	1.03	9.46	0.66	3.09	0.453	1.23	0.333	0.582
117.0	32.5			2.69	117	1.86	44.2	1.04	9.74	0.67	3.18	0.46	1.27	0.34	0.597
118.8	33.0			2.73	121	1.89	45.6	1.06	10.0	0.68	3.27	0.47	1.30	0.343	0.613
120.6	33.5			2.77	124	1.92	47.0	1.08	10.3	0.69	3.36	0.474	1.34	0.35	0.629
122.4	34.0			2.82	128	1.95	48.4	1.09	10.6	0.70	3.45	0.48	1.37	0.353	0.646
124.2	34.5			2.86	132	1.98	49.8	1.11	10.9	0.71	3.54	0.49	1.41	0.36	0.665
126.0	35.0			2.90	136	2.01	51.3	1.12	11.2	0.72	3.64	0.495	1.45	0.364	0.682

续表

DN (mm)

Q (m³/h)	Q (L/s)	125 v	125 1000i	150 v	150 1000i	200 v	200 1000i	250 v	250 1000i	300 v	300 1000i	350 v	350 1000i
127.8	35.5	2.94	140	2.04	52.7	1.14	11.5	0.73	3.74	0.50	1.49	0.37	0.699
129.6	36.0	2.98	144	2.06	54.2	1.16	11.8	0.74	3.83	0.51	1.52	0.374	0.716
131.4	36.5	3.02	148	2.09	55.7	1.17	12.1	0.75	3.93	0.52	1.56	0.38	0.733
133.2	37.0			2.12	57.3	1.19	12.4	0.73	4.03	0.523	1.60	0.385	0.754
135.0	37.5			2.15	58.8	1.21	12.7	0.77	4.13	0.53	1.64	0.39	0.772
136.8	38.0			2.18	60.4	1.22	13.0	0.78	4.23	0.54	1.68	0.395	0.789
138.6	38.5			2.21	62.0	1.24	13.4	0.79	4.33	0.545	1.72	0.40	0.808
140.4	39.0			2.24	63.6	1.25	13.7	0.80	4.44	0.55	1.76	0.405	0.826
142.2	39.5			2.27	65.3	1.27	14.1	0.81	4.54	0.56	1.81	0.41	0.848
144.0	40.0			2.29	66.9	1.29	14.4	0.82	4.63	0.57	1.85	0.42	0.866
147.6	41			2.35	70.3	1.32	15.2	0.84	4.87	0.58	1.93	0.43	0.904
151.2	42			2.41	73.8	1.35	15.9	0.86	5.09	0.59	2.05	0.44	0.943
154.8	43			2.47	77.4	1.38	16.7	0.88	5.32	0.61	2.10	0.45	0.986
158.4	44			2.52	81.0	1.41	17.5	0.90	5.56	0.62	2.19	0.46	1.03
162.0	45			2.58	84.7	1.45	18.3	0.92	5.79	0.64	2.29	0.47	1.07
165.6	46			2.64	88.5	1.48	19.1	0.94	6.04	0.65	2.38	0.48	1.11
169.2	47			2.70	92.4	1.51	19.9	0.96	6.27	0.66	2.48	0.49	1.15
172.8	48			2.75	96.4	1.54	20.8	0.99	6.53	0.68	2.57	0.50	1.20
176.4	49			2.81	100	1.58	21.7	1.01	6.78	0.69	2.67	0.51	1.25
180.0	50			2.87	105	1.61	22.6	1.03	7.05	0.71	2.77	0.52	1.30
183.6	51			2.92	109	1.64	23.5	1.05	7.30	0.72	2.87	0.53	1.34
187.2	52			2.98	113	1.67	24.4	1.07	7.58	0.74	2.99	0.54	1.39
190.8	53			3.04	118	1.70	25.4	1.09	7.85	0.75	3.09	0.55	1.44
194.4	54					1.74	26.3	1.11	8.13	0.76	3.20	0.56	1.49
198.0	55					1.77	27.3	1.13	8.41	0.78	3.31	0.57	1.54
201.6	56					1.80	28.3	1.15	8.70	0.79	3.42	0.58	1.59
205.2	57					1.83	29.3	1.17	8.99	0.81	3.53	0.59	1.64
208.8	58					1.86	30.4	1.19	9.29	0.82	3.64	0.60	1.70
212.4	59					1.90	31.4	1.21	9.58	0.83	3.77	0.61	1.75
216.0	60					1.93	32.5	1.23	9.91	0.85	3.88	0.62	1.81

续表

左表（DN 200／250／300／350）

Q (m³/h)	Q (L/s)	DN 200 v	DN 200 $1000i$	DN 250 v	DN 250 $1000i$	DN 300 v	DN 300 $1000i$	DN 350 v	DN 350 $1000i$
219.6	61	1.96	33.6	1.25	10.2	0.86	4.00	0.63	1.86
223.2	62	1.99	34.7	1.27	10.6	0.88	4.12	0.64	1.91
226.8	63	2.03	35.8	1.29	10.9	0.89	4.25	0.65	1.97
230.4	64	2.06	37.0	1.31	11.3	0.91	4.37	0.67	2.03
234.0	65	2.09	38.1	1.33	11.9	0.92	4.50	0.68	2.09
237.6	66	2.12	39.3	1.36	12.0	0.93	4.64	0.69	2.15
241.2	67	2.15	40.5	1.38	12.4	0.95	4.76	0.70	2.20
244.8	68	2.19	41.7	1.40	12.7	0.96	4.90	0.71	2.27
248.4	69	2.22	43.0	1.42	13.1	0.98	5.03	0.72	2.33
252.0	70	2.25	44.2	1.44	13.5	0.99	5.17	0.73	2.39
255.6	71	2.28	45.5	1.46	13.9	1.00	5.30	0.74	2.46
259.2	72	2.31	46.8	1.48	14.3	1.02	5.45	0.75	2.52
262.8	73	2.35	48.1	1.50	14.7	1.03	5.59	0.76	2.59
266.4	74	2.38	49.4	1.52	15.1	1.05	5.74	0.77	2.65
270.0	75	2.41	50.8	1.54	15.5	1.06	5.88	0.78	2.71
273.6	76	2.44	52.1	1.56	15.9	1.07	6.02	0.79	2.78
277.2	77	2.48	53.5	1.58	16.3	1.09	6.17	0.80	2.85
280.8	78	2.51	54.9	1.60	16.7	1.10	6.32	0.81	2.92
284.4	79	2.54	56.3	1.62	17.2	1.12	6.48	0.82	2.99
288.0	80	2.60	59.2	1.66	18.1	1.15	6.79	0.84	3.13
291.6	81	2.60	59.2	1.66	18.1	1.15	6.79	0.84	3.13
295.2	82	2.64	60.7	1.68	18.5	1.16	6.94	0.85	3.20
298.8	83	2.67	62.2	1.70	19.0	1.17	7.10	0.86	3.28
302.4	84	2.70	63.7	1.73	19.4	1.19	7.26	0.87	3.35
306.0	85	2.73	65.2	1.75	19.9	1.20	7.41	0.88	3.42
309.6	86	2.77	66.8	1.77	20.4	1.22	7.58	0.89	3.50
313.2	87	2.80	68.3	1.79	20.8	1.23	7.76	0.90	3.57
316.8	88	2.83	69.9	1.81	21.3	1.24	7.94	0.91	3.65
320.4	89	2.86	71.5	1.83	21.8	1.26	8.12	0.93	3.73
324.0	90	2.89	73.1	1.85	22.3	1.27	8.30	0.94	3.80

右表（DN 300／350）

Q (m³/h)	Q (L/s)	DN 300 v	DN 300 $1000i$	DN 350 v	DN 350 $1000i$
730.8	203	2.87	42.2	2.11	18.7
741.6	206	2.91	43.5	2.14	19.2
752.4	209	2.96	44.8	2.17	19.8
763.2	212	3.00	46.1	2.20	20.3
774.0	215			2.23	20.9
784.8	218			2.27	21.5
795.6	221			2.30	22.1
806.4	224			2.33	22.7
817.2	227			2.36	23.3
828.0	230			2.39	24.0
838.8	233			2.42	24.6
849.6	236			2.45	25.2
860.4	239			2.48	25.9
871.2	242			2.52	26.5
882.0	245			2.56	27.2
892.8	248			2.58	27.8
903.6	251			2.61	28.5
914.4	254			2.64	29.2
925.2	257			2.67	29.9
936.0	260			2.73	31.3
946.8	263			2.73	31.3
957.6	266			2.76	32.0
968.4	269			2.80	32.8
979.2	272			2.83	33.5
990.0	275			2.86	34.2
1000.8	278			2.89	35.0
1011.6	281			2.92	35.8
1022.4	284			2.95	36.5
1033.2	287			2.98	37.3
1044.0	290			3.01	38.1

续表

Q (m³/h)	Q (L/s)	DN (mm) 300 v	300 1000i	350 v	350 1000i
511.2	142	2.01	20.7	1.48	9.13
518.4	144	2.04	21.3	1.50	9.39
525.6	146	2.07	21.8	1.52	9.65
532.8	148	2.09	22.5	1.54	9.92
540.0	150	2.12	23.1	1.56	10.2
547.2	152	2.15	23.7	1.58	10.5
554.4	154	2.18	24.3	1.60	10.7
61.6	156	2.21	24.0	1.62	11.0
568.8	158	2.24	25.6	1.64	11.3
576.0	160	2.26	26.2	1.66	11.6
583.2	162	2.29	26.9	1.68	11.9
590.4	164	2.32	27.6	1.70	12.2
597.6	166	2.35	28.2	1.73	12.5
604.8	168	2.38	28.9	1.75	12.8
612.0	170	2.40	29.6	1.77	13.1
619.2	172	2.43	30.3	1.79	13.4
626.4	174	2.46	31.0	1.81	13.7
633.6	176	2.49	31.8	1.83	14.0
640.8	178	2.52	32.5	1.85	14.3
648.0	180	2.55	33.2	1.87	14.7
655.2	182	2.57	34.0	1.89	15.0
662.4	184	2.60	34.7	1.91	15.3
669.6	186	2.63	35.5	1.93	15.7
676.8	188	2.66	36.2	1.95	16.0
684.0	190	2.69	37.0	1.97	16.3
691.2	192	2.72	37.8	2.00	16.7
698.4	194	2.74	38.6	2.02	17.0
705.6	196	2.77	39.4	2.04	17.4
712.8	198	2.80	40.2	2.06	17.7
720.0	200	2.83	41.0	2.08	18.1

Q (m³/h)	Q (L/s)	DN (mm) 200 v	200 1000i	250 v	250 1000i	300 v	300 1000i	350 v	350 1000i
327.6	91	2.93	74.8	1.87	22.8	1.29	8.49	0.95	3.88
331.2	92	2.96	76.4	1.89	23.3	1.30	8.68	0.96	3.96
334.8	93	2.99	78.1	1.91	23.8	1.32	8.87	0.97	4.05
338.4	94	3.02	79.8	1.93	24.3	1.33	9.06	0.98	4.12
342.0	95			1.95	24.8	1.34	9.25	0.99	4.20
345.6	96			1.97	25.4	1.36	9.45	1.00	4.29
349.2	97			1.99	25.9	1.37	9.65	1.01	4.37
352.8	98			2.01	26.4	1.39	9.85	1.02	4.46
356.4	99			2.93	27.0	1.40	10.0	1.03	4.54
360.0	100			2.05	27.5	1.41	10.2	1.04	1.62
367.2	102			2.09	28.6	1.44	10.7	1.06	4.80
374.4	104			2.14	29.8	1.47	11.1	1.08	4.98
381.6	106			2.18	30.9	1.50	11.5	1.10	5.16
388.8	108			2.22	32.1	1.53	12.0	1.12	5.34
396.0	110			2.26	33.3	1.56	12.4	1.14	5.53
403.2	112			2.30	34.5	1.58	12.9	1.16	5.72
410.4	114			2.34	35.8	1.61	13.3	1.18	5.91
417.6	116			2.38	37.0	1.64	13.8	1.21	6.09
424.8	118			2.42	38.3	1.67	14.3	1.23	6.31
432.0	120			2.46	39.6	1.70	14.8	1.25	6.52
439.2	122			2.51	41.0	1.73	15.3	1.27	6.74
446.4	124			2.55	42.3	1.75	15.8	1.29	6.96
453.6	126			2.59	43.7	1.78	16.3	1.31	7.19
460.8	128			2.63	45.1	1.81	16.8	1.33	7.42
468.0	130			2.67	46.5	1.84	17.3	1.35	7.65
475.2	132			2.71	48.0	1.87	17.9	1.37	7.89
482.4	134			2.75	19.4	1.90	18.4	1.39	8.13
489.6	136			2.79	50.9	1.92	19.0	1.41	8.38
496.8	138			2.83	52.4	1.95	19.5	1.43	8.62
504.0	140			2.88	53.9	1.98	20.1	1.46	8.88

19.2　住宅给水管段设计秒流量计算表

住宅给水管段设计秒流量计算表详见附表 A。

附表 A

住宅给水管段设计秒流量计算表

给水管段设计秒流量计算表　　　　　　　　表 A-1

U_0	1.0		1.5		2.0		2.5		3.0		3.5	
N_g	U (%)	q (L/s)	U (%)	q (L/s)	U (%)	q (L/s)	U (%)	q (L/s)	U (%)	q (L/s)	U (%)	q (L/s)
1	100.00	0.20	100.00	0.20	100.00	0.20	100.00	0.20	100.00	0.20	100.00	0.20
2	70.94	0.28	71.20	0.28	71.49	0.29	71.78	0.29	72.08	0.29	72.39	0.29
3	58.00	0.35	58.30	0.35	8.62	0.35	58.96	0.35	59.31	0.36	59.66	0.36
4	50.28	0.40	50.60	0.40	50.94	0.41	51.30	0.41	51.66	0.41	52.03	0.42
5	45.01	0.45	45.34	0.45	45.69	0.46	46.06	0.46	46.43	0.46	46.82	0.47
6	41.12	0.49	41.45	0.50	41.81	0.50	42.18	0.51	42.57	0.51	42.96	0.52
7	38.09	0.53	38.43	0.54	38.79	0.54	39.17	0.55	39.56	0.55	39.96	0.56
8	36.65	0.57	35.99	0.58	36.36	0.58	36.74	0.59	37.13	0.59	37.53	0.60
9	33.63	0.61	33.98	0.61	34.35	0.62	34.73	0.63	35.12	0.63	35.53	0.64
10	31.92	0.64	32.27	0.65	32.64	0.65	33.03	0.66	33.42	0.67	33.83	0.68
11	30.45	0.67	30.80	0.68	31.17	0.69	31.56	0.69	31.96	0.70	32.36	0.71
12	29.17	0.70	29.52	0.71	29.89	0.72	30.28	0.73	30.68	0.74	31.09	0.75
13	28.04	0.73	28.39	0.74	28.76	0.75	29.15	0.76	29.55	0.77	29.96	0.78
14	27.03	0.76	27.38	0.77	27.76	0.78	28.15	0.79	28.55	0.80	28.96	0.81
15	26.12	0.78	26.48	0.79	26.85	0.81	27.24	0.82	27.64	0.83	28.05	0.84
16	25.30	0.81	25.66	0.82	26.03	0.83	26.42	0.85	26.83	0.86	27.24	0.87
17	24.56	0.83	24.91	0.85	25.29	0.86	25.68	0.87	26.08	0.89	26.49	0.90
18	23.88	0.86	24.23	0.87	24.61	0.89	25.00	0.90	25.40	0.91	25.81	0.93
19	23.25	0.88	23.60	0.90	23.98	0.91	24.37	0.93	24.77	0.94	25.19	0.96
20	22.67	0.91	23.02	0.92	23.40	0.94	23.79	0.95	24.20	0.97	24.61	0.98
22	21.63	0.95	21.98	0.97	22.36	0.98	22.75	1.00	23.16	1.02	23.57	1.04
24	20.72	0.99	21.07	1.01	21.45	1.03	21.85	1.05	22.25	1.07	22.66	1.09
26	19.92	1.04	20.27	1.05	20.65	1.07	21.05	1.09	21.45	1.12	21.87	1.14
28	19.21	1.08	19.56	1.10	19.94	1.12	20.33	1.14	20.74	1.16	21.15	1.18
30	18.56	1.11	18.92	1.14	19.30	1.16	19.69	1.18	20.10	1.21	20.51	1.23

U_0	1.0		1.5		2.0		2.5		3.0		3.5	
N_g	U (%)	q (L/s)	U (%)	q (L/s)	U (%)	q (L/s)	U (%)	q (L/s)	U (%)	q (L/s)	U (%)	q (L/s)
32	17.99	1.15	18.34	1.17	18.72	1.20	19.12	1.22	19.52	1.25	19.94	1.28
34	17.46	1.19	17.81	1.21	18.19	1.24	18.59	1.26	18.99	1.29	19.41	1.32
36	16.97	1.22	17.33	1.25	17.71	1.28	18.11	1.30	18.51	1.33	18.93	1.36
38	16.53	1.26	16.89	1.28	17.27	1.31	17.66	1.34	18.07	1.37	18.48	1.40
40	16.12	1.29	16.48	1.32	16.86	1.35	17.25	1.38	17.66	1.41	18.07	1.45
42	15.74	1.32	16.09	1.35	16.47	1.38	16.87	1.42	17.28	1.45	17.69	1.49
44	15.38	1.35	15.74	1.39	16.12	1.42	16.52	1.45	16.92	1.49	17.34	1.53
46	15.05	1.38	15.41	1.42	15.79	1.45	16.18	1.49	16.59	1.53	17.00	1.56
48	14.74	1.42	15.10	1.45	15.48	1.49	15.87	1.52	16.28	1.56	16.69	1.60
50	14.45	1.45	14.81	1.48	15.19	1.52	15.58	1.56	15.99	1.60	16.40	1.64
55	13.79	1.52	14.15	1.56	14.53	1.60	14.92	1.64	15.33	1.69	15.74	1.73
60	13.22	1.59	13.57	1.63	13.95	1.67	14.35	1.72	14.76	1.77	15.17	1.82
65	12.71	1.65	13.07	1.70	13.45	1.75	13.84	1.80	14.25	1.85	14.66	1.91
70	12.26	1.72	12.62	1.77	13.00	1.82	13.39	1.87	13.80	1.93	14.21	1.99
75	11.85	1.78	12.21	1.83	12.59	1.89	12.99	1.95	13.39	2.01	13.81	2.07
80	11.49	1.84	11.84	1.89	12.22	1.96	12.62	2.02	13.02	2.08	13.44	2.15
85	11.15	1.90	11.51	1.96	11.89	2.02	12.28	2.09	12.69	2.16	13.10	2.23
90	10.85	1.95	11.20	2.02	11.58	2.09	11.98	2.16	12.38	2.23	12.80	2.30
95	10.57	2.01	10.92	2.08	11.30	2.15	11.70	2.22	12.10	2.30	12.52	2.38
100	10.31	2.06	10.66	2.13	11.04	2.21	11.44	2.29	11.84	2.37	12.26	2.45
110	9.84	2.17	10.20	2.24	10.58	2.33	10.97	2.41	11.38	2.50	11.79	2.59
120	9.44	2.26	9.79	2.35	10.17	2.44	10.56	2.54	10.97	2.63	11.38	2.73
130	9.08	2.36	9.43	2.45	9.81	2.55	10.21	2.65	10.61	2.76	11.02	2.87
140	8.76	2.45	9.11	2.55	9.49	2.66	9.89	2.77	10.29	2.88	10.70	3.00
150	8.47	2.54	8.83	2.65	9.20	2.76	9.60	2.88	10.00	3.00	10.42	3.12
160	8.21	2.63	8.57	2.74	8.94	2.86	9.34	2.99	9.74	3.12	10.16	3.25
170	7.98	2.71	8.33	2.83	8.71	2.96	9.10	3.09	9.51	3.23	9.92	3.37
180	7.76	2.79	8.11	2.92	8.49	3.06	8.89	3.20	9.29	3.34	9.70	3.49
190	7.56	2.87	7.91	3.01	8.29	3.15	8.69	3.30	9.09	3.45	9.50	3.61
200	7.38	2.95	7.73	3.09	8.11	3.24	8.50	3.40	8.91	3.56	9.32	3.73
220	7.05	3.10	7.40	3.26	7.78	3.42	8.17	3.60	8.57	3.77	8.99	3.95
240	6.76	3.25	7.11	3.41	7.49	3.60	7.88	3.78	8.29	3.98	8.70	4.17
260	6.51	3.28	6.86	3.57	7.24	3.76	7.63	3.97	8.03	4.18	8.44	4.39
280	6.28	3.52	6.63	3.72	7.01	3.93	7.40	4.15	7.81	4.37	8.22	4.60
300	6.08	3.65	6.43	3.86	6.81	4.08	7.20	4.32	7.60	4.56	8.01	4.81

续表

U_0	1.0		1.5		2.0		2.5		3.0		3.5	
N_g	U (%)	q (L/s)	U (%)	q (L/s)	U (%)	q (L/s)	U (%)	q (L/s)	U (%)	q (L/s)	U (%)	q (L/s)
320	5.89	3.77	6.25	4.00	6.62	4.24	7.02	4.49	7.42	4.75	7.83	5.01
340	5.73	3.89	6.08	4.13	6.46	4.39	6.85	4.66	7.25	4.93	7.66	5.21
360	5.57	4.01	5.93	4.27	6.30	4.54	6.69	4.82	7.10	5.11	7.51	5.40
380	5.43	4.13	5.79	4.40	6.16	4.68	6.55	4.98	6.95	5.29	7.36	5.60
400	5.30	4.24	5.66	4.52	6.03	4.83	6.42	5.14	6.82	5.46	7.23	5.79
420	5.18	4.35	5.54	4.65	5.91	4.96	6.30	5.29	7.70	5.63	7.11	5.97
440	5.07	4.46	5.42	4.77	5.80	5.10	6.19	5.45	6.59	5.80	7.00	6.16
460	4.97	4.57	5.32	4.89	5.69	5.24	6.08	5.60	6.48	5.97	6.89	6.34
480	4.87	4.67	5.22	5.01	5.59	5.37	5.98	5.75	6.39	6.13	6.79	6.52
500	4.78	4.78	5.13	5.13	5.50	5.50	5.89	5.89	6.29	6.29	6.70	6.70
550	4.57	5.02	4.92	5.41	5.29	5.82	5.68	6.25	6.08	6.69	6.49	7.14
600	4.39	5.26	4.74	5.68	5.11	6.13	5.50	6.60	5.90	7.08	6.31	7.57
650	4.23	5.49	4.58	5.95	4.95	6.43	5.34	6.94	5.74	7.46	6.15	7.99
700	4.08	5.72	4.43	6.20	4.81	6.73	5.19	7.27	5.59	7.83	6.00	8.40
750	3.95	5.93	4.30	6.46	4.68	7.02	5.07	7.60	5.46	8.20	5.87	8.81
800	3.84	6.14	4.19	6.70	4.56	7.30	4.95	7.92	5.35	8.56	5.75	9.21
850	3.73	6.34	4.08	6.94	4.45	7.57	4.84	8.23	5.24	8.91	5.65	9.60
900	3.64	6.54	3.98	7.17	4.36	7.84	4.75	8.54	5.14	9.26	5.55	9.99
950	3.55	6.74	3.90	7.40	4.27	8.11	4.66	8.85	5.05	9.60	5.46	10.37
1000	3.46	6.93	3.81	7.63	4.19	8.37	4.57	9.15	4.97	9.94	5.38	10.75
1100	3.32	7.30	3.66	8.06	4.04	8.88	4.42	9.73	4.82	10.61	5.23	11.50
1200	3.09	7.65	3.54	8.49	3.91	9.38	4.29	10.31	4.69	11.26	5.10	12.23
1300	3.07	7.99	3.42	8.90	3.79	9.86	4.18	10.87	4.58	11.90	4.98	12.95
1400	2.97	8.33	3.32	9.30	3.69	10.34	4.08	11.42	4.48	12.53	4.88	13.66
1500	2.88	8.65	3.23	9.69	3.60	10.80	3.99	11.96	4.38	13.15	4.79	14.36
1600	2.80	8.96	3.15	10.07	3.52	11.26	3.90	12.49	4.30	13.76	4.70	15.05
1700	2.73	9.27	3.07	10.45	3.44	11.71	3.83	13.02	4.22	14.36	4.63	15.74
1800	2.66	9.57	3.00	10.81	3.37	12.15	3.76	13.53	4.16	14.96	4.56	16.41
1900	2.59	9.86	2.94	11.17	3.31	12.58	3.70	14.04	4.09	15.55	4.49	17.08
2000	2.54	10.14	2.88	11.53	3.25	13.01	3.64	14.55	4.03	16.13	4.44	17.74
2200	2.43	10.70	2.78	12.22	3.15	13.85	3.53	15.54	3.93	17.28	4.33	19.05
2400	2.34	11.23	2.69	12.89	3.06	14.67	3.44	16.51	3.83	18.41	4.24	20.34
2600	2.26	11.75	2.61	13.55	2.97	15.47	3.36	17.46	3.75	19.52	4.16	21.16

续表

U_0	1.0		1.5		2.0		2.5		3.0		3.5	
N_g	U (%)	q (L/s)	U (%)	q (L/s)	U (%)	q (L/s)	U (%)	q (L/s)	U (%)	q (L/s)	U (%)	q (L/s)
2800	2.19	12.26	2.53	14.19	2.90	16.25	3.29	18.40	3.68	20.61	4.08	22.86
3000	2.12	12.75	2.47	14.81	2.84	17.03	3.22	19.33	3.62	21.69	4.02	24.10
3200	2.07	13.22	2.41	15.43	2.78	17.79	3.16	20.24	3.56	22.76	3.96	25.33
3400	2.01	13.69	2.36	16.03	2.73	18.54	3.11	21.14	3.50	23.81	3.90	26.54
3600	1.96	14.15	2.13	16.62	2.68	19.27	3.06	22.03	3.45	24.86	3.85	27.75
3800	1.92	14.59	2.26	17.21	2.63	20.00	3.01	22.91	3.41	25.90	3.81	28.94
4000	1.88	15.03	2.22	17.78	2.59	20.72	2.97	23.78	3.37	26.92	3.77	30.13
4200	1.84	15.46	2.18	18.35	2.55	21.43	2.93	24.64	3.33	27.94	3.73	31.30
4400	1.80	15.88	2.15	18.91	2.52	22.14	2.90	25.50	3.29	28.95	3.69	32.47
4600	1.77	16.30	2.12	19.46	2.48	22.84	2.86	26.35	3.26	29.96	3.66	33.64
4800	1.74	16.71	2.08	20.00	2.45	23.53	2.83	27.19	3.22	30.95	3.62	34.79
5000	1.71	17.11	2.05	20.54	2.42	24.21	2.80	28.03	3.19	31.95	3.59	35.94
5500	1.65	18.10	1.99	21.87	2.35	25.90	2.74	30.09	3.13	34.40	3.53	38.79
6000	1.59	19.05	1.93	23.16	2.30	27.55	2.68	32.12	3.07	36.82	$N_g=5714$	
6500	1.54	19.97	1.88	24.43	2.24	29.18	2.63	34.13	3.02	39.21	$u=3.5\%$	
6667									3.00	40.00	$q=40.00$	
7000	1.49	20.88	1.83	25.67	2.20	30.78	2.58	36.11				
7500	1.45	21.76	1.79	26.88	2.16	32.36	2.54	38.06				
8000	1.41	22.62	1.76	28.08	2.12	33.92	2.50	40.00				
8500	1.38	23.46	1.72	29.26	2.09	35.47						
9000	1.35	24.29	1.69	30.43	2.06	36.09						
9500	1.32	25.10	1.66	31.58	2.03	38.50						
10000	1.29	25.90	1.64	32.72	2.00	40.00						
11000	1.25	27.46	1.59	34.95								
12000	1.21	28.97	1.55	37.14								
13000	1.17	30.45	1.51	39.29								
14000	1.14	31.89	$N_g=13333$									
15000	1.11	33.31	$u=1.5$									
16000	1.08	34.69	$q=40$									
17000	1.06	36.05										
18000	1.04	37.39										
19000	1.02	38.70										
20000	1.00	40.00										

续表

U_0	4.0		4.5		5.0		6.0		7.0		8.0	
N_g	U (%)	q (L/s)	U (%)	q (L/s)	U (%)	q (L/s)	U (%)	q (L/s)	U (%)	q (L/s)	U (%)	q (L/s)
1	100.00	0.20	100.00	0.20	100.00	0.20	100.00	0.20	100.00	0.20	100.00	0.20
2	72.70	0.29	73.02	0.29	73.33	0.29	73.98	0.30	74.64	0.30	75.30	0.30
3	60.02	0.36	60.38	0.36	60.75	0.36	61.49	0.37	62.24	0.37	63.00	0.38
4	52.41	0.42	52.80	0.42	53.18	0.43	53.97	0.43	54.76	0.44	55.56	0.44
5	47.21	0.47	47.60	0.48	48.00	0.48	48.80	0.49	49.62	0.50	50.45	0.50
6	43.35	0.52	43.76	0.53	44.16	0.53	44.98	0.54	45.81	0.55	46.65	0.56
7	40.36	0.57	40.76	0.57	41.17	0.58	42.01	0.59	42.85	0.60	43.70	0.61
8	37.94	0.61	38.35	0.61	38.76	0.62	39.60	0.63	40.45	0.65	41.31	0.66
9	35.93	0.65	36.35	0.65	36.76	0.66	37.61	0.68	38.46	0.69	39.33	0.71
10	34.24	0.68	34.65	0.69	35.07	0.70	35.92	0.72	36.78	0.74	37.65	0.75
11	32.77	0.72	33.19	0.73	33.61	0.74	34.46	0.76	35.33	0.78	36.20	0.80
12	31.50	0.76	31.92	0.77	32.34	0.78	33.19	0.80	34.06	0.82	34.93	0.84
13	30.37	0.79	30.79	0.80	31.22	0.81	32.07	0.83	32.94	0.86	33.82	0.88
14	29.37	0.82	29.79	0.83	30.22	0.85	31.07	0.87	31.94	0.89	32.82	0.92
15	28.47	0.85	28.89	0.87	29.32	0.88	30.18	0.91	31.05	0.93	31.93	0.96
16	27.65	0.88	28.08	0.90	28.50	0.91	29.36	0.94	30.23	0.97	31.12	1.00
17	26.91	0.91	27.33	0.93	27.76	0.94	28.62	0.97	29.50	1.00	30.38	1.03
18	26.23	0.94	26.65	0.96	27.08	0.97	27.94	1.01	28.82	1.04	29.70	1.07
19	25.60	0.97	26.03	0.99	26.45	1.01	27.32	1.04	28.19	1.07	29.08	1.10
20	25.03	1.00	25.45	1.02	25.88	1.04	26.74	1.07	27.62	1.10	28.50	1.14
22	23.99	1.06	24.41	1.07	24.84	1.09	25.71	1.13	26.58	1.17	27.47	1.21
24	23.08	1.11	23.51	1.13	23.94	1.15	24.80	1.19	25.68	1.23	26.57	1.28
26	22.29	1.16	22.71	1.18	23.14	1.20	24.01	1.25	24.98	1.29	25.77	1.34
28	21.57	1.21	22.00	1.23	22.43	1.26	23.30	1.30	24.18	1.35	25.06	1.40
30	20.93	1.26	21.36	1.28	21.79	1.31	22.66	1.36	23.54	1.41	24.43	1.47
32	20.36	1.30	20.78	1.33	21.21	1.36	22.08	1.41	22.96	1.47	23.85	1.53
34	19.83	1.35	20.25	1.38	20.68	1.41	21.55	1.47	22.43	1.53	23.32	1.59
36	19.35	1.39	19.77	1.42	20.20	1.45	21.07	1.52	21.95	1.58	22.84	1.64
38	18.90	1.44	19.33	1.47	19.76	1.50	20.63	1.57	21.51	1.63	22.40	1.70
40	18.49	1.48	18.92	1.51	19.35	1.55	20.22	1.62	21.10	1.69	21.99	1.76
42	18.11	1.52	18.54	1.56	18.97	1.59	19.84	1.67	20.72	1.74	21.61	1.82
44	17.76	1.56	18.18	1.60	18.61	1.64	19.48	1.71	20.36	1.79	21.25	1.87
46	17.43	1.60	17.85	1.64	18.28	1.68	19.15	1.76	20.03	1.84	20.92	1.92
48	17.11	1.64	17.54	1.68	17.97	1.73	18.84	1.81	19.72	1.89	20.61	1.98
50	16.82	1.68	17.25	1.73	17.68	1.77	18.55	1.86	19.43	1.94	20.32	2.03
55	16.17	1.78	16.59	1.82	17.02	1.87	17.89	1.97	18.77	2.07	19.66	2.16
60	15.59	1.87	16.02	1.92	16.45	1.97	17.32	2.08	18.20	2.18	19.08	2.29
65	15.08	1.96	15.51	2.02	15.94	2.07	16.81	2.19	17.69	2.30	18.58	2.42

续表

U_0	4.0		4.5		5.0		6.0		7.0		8.0	
N_g	U (%)	q (L/s)	U (%)	q (L/s)	U (%)	q (L/s)	U (%)	q (L/s)	U (%)	q (L/s)	U (%)	q (L/s)
70	14.63	2.05	15.06	2.11	15.49	2.17	16.36	2.29	17.24	2.41	18.13	2.54
75	14.23	2.13	14.65	2.20	15.08	2.26	15.95	2.39	16.83	2.52	17.72	2.66
80	13.86	2.22	14.28	2.29	14.71	2.35	15.58	2.49	16.46	2.63	17.35	2.78
85	13.52	2.30	13.95	2.37	14.38	2.44	15.25	2.59	16.13	2.74	17.02	2.89
90	13.22	2.38	13.64	2.46	14.07	2.53	14.94	2.69	15.82	2.85	16.71	3.01
95	12.94	2.46	13.36	2.54	13.79	2.62	14.66	2.79	15.54	2.95	16.43	3.12
100	12.68	2.54	13.10	2.62	13.53	2.71	14.40	2.88	15.28	3.06	16.17	3.23
110	12.21	2.69	12.63	2.78	13.06	2.87	13.93	3.06	14.81	3.26	15.70	3.45
120	11.80	2.83	12.23	2.93	12.66	3.04	13.52	3.25	14.40	3.46	15.29	3.67
130	11.44	2.98	11.87	3.09	12.30	3.20	13.16	3.42	14.04	3.65	14.93	3.88
140	11.12	3.11	11.55	3.23	11.97	3.35	12.84	3.60	13.72	3.84	14.61	4.09
150	10.83	3.25	11.26	3.38	11.69	3.51	12.55	3.77	13.43	4.03	14.32	4.30
160	10.57	3.38	11.00	3.52	11.43	3.66	12.29	3.93	13.17	4.21	14.06	4.50
170	10.34	3.51	10.76	3.66	11.19	3.80	12.05	4.10	12.93	4.40	13.82	4.70
180	10.12	3.64	10.54	3.80	10.97	3.95	11.84	4.26	12.71	4.58	13.60	4.90
190	9.92	3.77	10.34	3.93	10.77	4.09	11.64	4.42	12.51	4.75	13.40	5.09
200	9.74	3.89	10.16	4.06	10.59	4.23	11.45	4.58	12.33	4.93	13.21	5.28
220	9.40	4.14	9.83	4.32	10.25	4.51	11.12	4.89	11.99	5.28	12.88	5.67
240	9.12	4.38	9.54	4.58	9.96	4.78	10.83	5.20	11.70	5.62	12.59	6.04
260	8.86	4.61	9.28	4.83	9.71	5.05	10.57	5.50	11.45	5.95	12.33	6.41
280	8.63	4.83	9.06	5.07	9.48	5.31	10.34	5.79	11.22	6.28	12.10	6.78
300	8.43	5.06	8.85	5.31	9.28	5.57	10.14	6.08	11.01	6.61	11.89	7.14
320	8.24	5.28	8.67	5.55	9.09	5.82	9.95	6.37	10.83	6.93	11.71	7.49
340	8.08	5.49	8.50	5.78	8.92	3.07	9.78	6.65	10.66	7.25	11.54	7.84
360	7.92	5.70	8.34	6.01	8.77	6.31	9.63	6.93	10.50	7.56	11.38	8.18
380	7.78	5.91	8.20	6.23	8.63	6.56	9.49	7.21	10.36	7.87	11.24	8.54
400	7.65	6.12	8.07	6.46	8.49	6.80	9.35	7.48	10.23	8.18	11.10	8.88
420	7.53	6.32	7.95	6.68	8.37	7.03	9.23	7.76	10.10	8.49	10.98	9.22
440	7.41	6.52	7.83	6.89	8.26	7.27	9.12	8.02	9.99	8.79	10.87	9.56
460	7.31	6.72	7.73	7.11	8.15	7.50	9.01	8.29	9.88	9.09	10.76	9.90
480	7.21	6.92	7.63	7.32	8.05	7.73	8.91	8.56	9.78	9.39	10.66	10.23
500	7.12	7.12	7.54	7.54	7.96	7.96	8.82	8.82	9.69	9.69	10.56	10.56
550	6.91	7.60	7.32	8.06	7.75	8.52	8.61	9.47	9.47	10.42	10.35	11.39
600	6.72	8.07	7.14	8.57	7.56	9.08	8.42	10.11	9.29	11.15	10.16	12.20
650	6.56	8.53	6.98	9.07	7.40	9.62	8.26	10.74	9.12	11.86	10.00	13.00
700	6.42	8.98	6.83	9.57	7.26	10.16	8.11	11.36	8.98	12.57	9.85	13.79
750	6.29	9.43	6.70	10.06	7.13	10.69	7.98	11.97	8.85	13.27	9.72	14.58

续表

U_0	4.0		4.5		5.0		6.0		7.0		8.0	
N_g	U(%)	q(L/s)	U(%)	q(L/s)	U(%)	q(L/s)	U(%)	q(L/s)	U(%)	q(L/s)	U(%)	q(L/s)
800	6.17	9.87	6.59	10.54	7.01	11.21	7.86	12.58	8.73	13.96	9.60	15.36
850	6.06	10.30	6.48	11.01	6.90	11.73	7.75	13.18	8.62	14.65	9.49	16.14
900	5.96	10.73	6.38	11.48	6.80	12.24	7.66	13.78	8.52	15.34	9.39	16.91
950	5.87	11.16	6.29	11.95	6.71	12.75	7.56	14.37	8.43	16.01	9.30	17.67
1000	5.79	11.58	6.21	12.41	6.63	13.26	7.48	14.96	8.34	16.69	9.22	18.43
1100	5.64	12.41	6.06	13.32	6.48	14.25	7.33	16.12	8.19	18.02	9.06	19.94
1200	5.51	13.22	5.93	14.22	6.35	15.23	7.20	17.27	8.06	19.34	8.93	21.43
1300	5.39	14.02	5.81	15.11	6.23	16.20	7.08	18.41	7.94	20.65	8.81	22.91
1400	5.29	14.81	5.71	15.98	6.13	17.15	6.98	19.53	7.84	21.95	8.71	24.38
1500	5.20	15.30	5.61	16.84	6.03	18.10	6.88	20.65	7.74	23.23	8.61	25.84
1600	5.11	16.37	5.53	17.70	5.95	19.04	6.80	21.76	7.66	24.51	8.53	27.28
1700	5.04	17.13	5.45	18.54	5.87	19.97	6.72	22.85	7.58	25.77	8.45	28.72
1800	4.97	17.89	5.38	19.38	5.80	20.89	6.65	23.94	7.51	27.03	8.38	30.15
1900	4.90	18.64	5.32	20.21	5.74	21.80	6.59	25.03	7.44	28.29	8.31	31.58
2000	4.85	19.38	5.26	21.04	5.68	22.71	6.53	26.10	7.38	29.53	8.25	33.00
2200	4.74	20.85	5.15	22.67	5.57	24.51	6.42	28.24	7.27	32.01	8.14	35.81
2400	4.65	22.30	5.06	24.29	5.48	26.29	6.32	30.35	7.18	34.46	8.04	38.60
2600	4.56	23.73	4.98	25.88	5.39	28.05	6.24	32.45	7.10	36.89	$N_g=2500$	
2800	4.49	25.15	4.90	27.46	5.32	29.80	6.17	34.52	7.02	39.31	$u=8.0\%$	
3000	4.42	26.55	4.84	29.02	5.25	31.53	6.10	36.59	$N_g=2857$		$q=40.00$	
3200	4.36	27.94	4.78	30.58	5.19	33.24	6.04	38.64	$u=7.0\%$			
3400	4.31	29.31	4.72	32.12	5.14	34.95	$N_g=3333$		$q=40.00$			
3600	4.26	30.68	4.67	33.64	5.09	36.64	$u=6.0\%$					
3800	4.22	32.03	4.63	35.16	5.04	38.33	$q=40.00$					
4000	4.17	33.38	4.58	36.67	5.00	40.00						
4200	4.13	34.72	4.54	38.17								
4400	4.10	36.05	4.51	39.67								
4600	4.06	37.37	$N_g=4444$									
4800	4.03	38.69	$u=4.5\%$									
5000	4.00	40.00	$q=40.00$									

住宅给水管段卫生器具给水当量同时出流概率计算式 α_c 系数取值表　　　表 A-2

U_0(%)	α_c	U_0(%)	α_c	U_0(%)	α_c
1.0	0.00323	3.0	0.01939	5.0	0.03715
1.5	0.00697	3.5	0.02374	6.0	0.04629
2.0	0.01097	4.0	0.02816	7.0	0.05555
2.5	0.01512	4.5	0.03263	8.0	0.06489

19.3   塑料给水管水力计算

编制说明：硬聚氯乙烯和聚乙烯管规格取自"轻工业部部标准 SG78～80－75"。聚丙烯管规格取自轻工业部聚丙烯管材标准起草小组 1978 年 8 月编制的"聚丙烯管材料暂行技术条件"。还有部分取自化工部部标准。后面列入的计算表都是依据这些技术资料计算所得。后面列入的附表 B、C、D、E、F、G 等计算图、表，是近几年各种塑料管材发展后有关厂家和主管部门组织进行试验、测试取得的技术成果。如附表 B 硬聚氯乙烯管水力计算图；附表 C 给水聚丙烯管水力计算表；附表 D 建筑给水氯化聚氯乙烯管水力计算表；附表 E 交联聚乙烯管水力计算图、表；附表 F 建筑给水铝塑复合管水力计算图；附表 G 建筑给水钢塑复合管水力计算表（包括衬塑和涂塑两种钢管水力计算表）；根据对比验算本公式与新推荐试验公式只有 2.3%～4.5% 的差值，编者认为两者均可采用。

19.3.1   计算公式

塑料给水管水力计算按公式（19.3-1）～公式（19.3-4）：

$$i = \lambda \frac{1}{d_j} \frac{v^2}{2g} \tag{19.3-1}$$

式中 i——水力坡降；

　　λ——摩阻系数；

　　d_j——管子的计算内径（m）；

　　v——平均水流速度（m/s）；

　　g——重力加速度，为 9.81（m/s²）。

应用公式（19.3-1）时，应先确定系数 λ 值。对于各种材质的塑料管（硬聚氯乙烯管、聚丙烯管、聚乙烯管等），摩阻系数定为：

$$\lambda = \frac{0.25}{Re^{0.226}} \tag{19.3-2}$$

式中 Re——雷诺数，

$$Re = \frac{vd_j}{v} \tag{19.3-3}$$

其中 v——液体的运动黏滞系数（m²/s），

当 $v = 1.3 \times 10^{-6}$ m²/s（水温为 10℃）时，将公式（19.3-2）和公式（19.3-3）中求得的 λ 值代入公式（19.3-1）中，进行整理后得到：

$$i = 0.000915 \frac{Q^{1.774}}{d_j^{4.774}} \tag{19.3-4}$$

式中 Q——计算流量（m³/s）；

　　d_j——管的计算内径（m）。

19.3.2   水力计算表的编制和使用说明

塑料给水管水力计算表即按公式（19.3-4）制成。其编制和使用方法说明如下：

1. 标准计算内径的选定：为计算方便，水力计算表是按标准管的计算内径编制的。

对于公称管径 $DN=8\sim15$mm 的塑料管，采用"轻工业部部标准 SG78~80－75"中 $PN=1.0$MPa 规格的硬聚氯乙烯的实际内径作为标准管计算内径。对于公称管径 $DN=20\sim400$mm 的塑料管，采用"轻工业部部标准 SG78~80－75"中 $PN=0.6$MPa 规格的硬聚氯乙烯管的实际内径作为标准管计算内径。

2. 阻力和流速修正系数计算公式：各种不同材质、不同规格的塑料管，由于计算内径互有差异，所以在进行水力计算时，应将查水力计算表所得的 $1000i$ 值和 v，分别乘以阻力修正系数 K_1 和流速修正系数 K_2 进行修正。K_1、K_2 计算用公式（19.3-5）、公式（19.3-6）：

$$K_1 = \left(\frac{d_j}{d_j'}\right)^{4.774} \tag{19.3-5}$$

$$K_2 = \left(\frac{d_j}{d_j'}\right)^2 \tag{19.3-6}$$

式中　d_j——标准管计算内径（m）；

　　　d_j'——计算管计算内径（m）。

3. K_1 和 K_2 计算数据：国产各种材质规格塑料管的 K_1、K_2 数据见表 19.3-1、表 19.3-2 和表 19.3-3。在表 19.3-1 中，硬聚氯乙烯和聚乙烯管规格取自"轻工业部部标准 SG78~80-75"。在表 19.3-2 中，聚丙烯管规格取自轻工业部聚丙烯管材标准起草小组 1978 年 8 月编制的"聚丙烯管材料暂行技术条件"。在表 19.3-3 中，硬聚氯乙烯管和聚乙烯管规格取自"化工部部标准 HG_2-6365"。其他材质、规格塑料管的 K_1、K_2 可分别用公式（19.3-5）和式（19.3-6）自行计算。

【例 19.3-1】已知流量 $Q=14$L/s$=0.014$m³/s，求管长 $l=3500$m，管径 $\phi200\times10$，轻工业部标准 $PN=1.0$MPa 硬聚氯乙烯管的水头损失及平均水流速度。

【解】由表 19.3-1 中查得外径 $\phi200$m 的塑料管公称直径为 $DN200$mm，又由表 19.3-4 中查得 $DN200$mm，当 $Q=14$L/s 时，$1000i=1.34$m，$v=0.5$m/s。

因选用非标准管，故需对已求得的 $1000i$ 值加以修正。由表 19.3-1 查得阻力修正系数 $K_1=1.231$，故实际水头损失为

$$h = 9.8iK_1l = 9.8 \times \frac{1.34}{1000} \times 1.231 \times 3500 = 56.55\text{kPa}$$

同法查得流速修正值 $K_2=1.091$，将由表 19.3-4 中查得的流速 $v=0.50$m/s 加以修正。求得管内实际流速为

$$v = 0.50 \times 1.091 = 0.546\text{m/s}$$

4. 推荐计算公式的几点说明：

(1) 中国工程建设标准化协会 1990 年 9 月 25 日批准发行的《室外硬聚氯乙烯给水管道工程设计规程》中第三章水力计算提出了硬聚氯乙烯管的水力摩阻系数 λ 可按公式（19.3-7）计算：

$$\lambda = \frac{0.304}{Re^{0.239}} \tag{19.3-7}$$

当水温 20℃时，硬聚氯乙烯管的水力坡降可按公式（19.3-8）计算：

$$i = 8.75 \times 10^{-4} \frac{Q^{1.761}}{d_j^{4.761}} \tag{19.3-8}$$

公式 (19.3-7) 及公式 (19.3-8) 系该设计规程编委会以漳州塑料一厂和江阴化工塑料厂的 $de40$、$de50$ 及 $de100$ 管材，测试长度 20m，测得 18 组数据，整理后所得。

(2) 本手册编者认为：

1) 上述规程推荐的公式 (以下简称规程公式) 与本手册推荐的公式 (以下简称手册公式) 在计算依据上没有本质矛盾，均使用勃拉修斯 (BLASIUS) 公式 (19.3-9)：

$$\lambda = \frac{A}{Re^B} \qquad (19.3\text{-}9)$$

作为公式原型。区别在于两者 A、B 值的确定方法不同 (见公式 (19.3-2) 和公式 (19.3-7))。规程公式 A、B 值的确定，系实验数据整理所得。因其实验条件，管材等不同，可能会有所出入。规程公式测得常数 $A=0.304$、$B=0.239$。

2) 实际试算表明，使用规程公式 (19.3-7) 与使用手册公式 (19.3-2) 所编表格，两者的计算结果较相近，一般相差仅为 3%～4% 左右。

【例 19.3-2】 $Q=0.01\text{m}^3/\text{h}$、$\phi32\times1.5$ 硬聚氯乙烯管：

按规程公式查表，$de=32\text{mm}$，$v=1.28\text{m/s}$，$1000i=76.15$

按手册公式查表，$DN=25\text{mm}$，$v=1.29\text{m/s}$，$1000i=71.57$

两者 $1000i$ 相差 4.5%。

【例 19.3-3】 $Q=10\text{m}^3/\text{h}$、$\phi63\times2.5$ 硬聚氯乙烯管：

按规程公式查表，$de=63\text{mm}$，$v=1.03\text{m/s}$，$1000i=21.36$

按手册公式查表，$DN=50\text{mm}$，$v=1.08\text{m/s}$，$1000i=22.12$

两者 $1000i$ 相差 3.4%。

【例 19.3-4】 $Q=55.6\text{m}^3/\text{h}$、$\phi140\times4.5$ 硬聚氯乙烯管：

按规程公式查表，$de=140\text{mm}$，$v=1.14\text{m/s}$，$1000i=9.45$

按手册公式查表，$DN=125\text{mm}$，$v=1.15\text{m/s}$，$1000i=9.23$

两者 $1000i$ 相差 2.3%。

【例 19.3-5】 $Q=130.1\text{m}^3/\text{h}$、$\phi180\times5.5$ 硬聚氯乙烯管：

按规程公式查表，$de=140\text{mm}$，$v=1.61\text{m/s}$，$1000i=12.73$

按手册公式查表，$DN=175\text{mm}$，$v=1.61\text{m/s}$，$1000i=12.35$

两者 $1000i$ 相差 3%。

3) 鉴于上述情况，在国家尚未由权威机构统一塑料给水管水力计算公式之前，仍建议使用本手册推荐的计算公式。

(3) 关于计算管径 (见本节)：本手册指定的公称管径 DN，系编者为计算方便，选用与塑料管实际内径相接近的管径，并参照给水排水工程的习惯管径系列编制成本表。而《规程》中的管径系列 de，则为塑料管的外径系列，与本手册不同。因此在比较两表时应注意到这一点。比如，《规程》中的 $de25$ 为本手册中的 $DN20$；《规程》中的 $de40$ 为本手册中的 $DN32$，如此类推。

19.3.3   塑料给水管水力计算

塑料给水管水力计算，见表 19.3-4。

轻工业部标准硬聚氯乙烯管及聚乙烯管 K_1、K_2值

表 19.3-1

材质	硬聚氯乙烯								聚 乙 烯			
工作压力 PN	0.6MPa				1.0MPa				0.4MPa			
公称直径 DN (mm)	外径 ϕ ×壁厚 (mm)	计算内径 d'_j (mm)	K_1	K_2	外径 ϕ ×壁厚 (mm)	计算内径 d'_j (mm)	K_1	K_2	外径 ϕ ×壁厚 (mm)	计算内径 d'_j (mm)	K_1	K_2
8					12×1.5	9	1	1	12×1.5	9	1	1
10					16×2	12	1	1	16×2	12	1	1
15					20×2	16	1	1	20×2	16	1	1
20	25×1.5	22	1	1	25×2.5	20	1.576	1.210	25×2	21	1.249	1.098
25	32×1.5	29	1	1	32×2.5	27	1.407	1.154	32×2.5	27	1.407	1.154
32	40×2.0	36	1	1	40×3	34	1.314	1.121	40×3	34	1.314	1.121
40	50×2.0	46	1	1	50×3.5	43	1.380	1.144	50×4	42	1.544	1.200
50	63×2.5	58	1	1	63×4	55	1.289	1.112	63×5	53	1.538	1.198
70	75×2.5	70	1	1	75×4	67	1.232	1.092				
80	90×3	84	1	1	90×4.5	81	1.190	1.075				
100	110×3.5	103	1	1	110×5.5	99	1.208	1.082				
110	125×4	117	1	1	125×6	113	1.181	1.072				
125	140×4.5	131	1	1	140×7	126	1.204	1.081				
150	160×5	150	1	1	160×8	144	1.215	1.085				
175	180×5.5	169	1	1	180×9	162	1.224	1.088				
200	200×6	188	1	1	200×10	180	1.231	1.091				
225	225×7	211	1	1								
250	250×7.5	235	1	1								
275	280×8.5	263	1	1								
300	315×9.5	296	1	1								
350	355×10.5	334	1	1								
400	400×12	376	1	1								

表 19.3-2

轻工部标准聚丙烯管 K_1、K_2 值

材质	聚　丙　烯												
工作压力 PN	0.4MPa				0.6MPa				1.0MPa			
公称直径 DN (mm)	外径 φ×壁厚 (mm)	计算内径 d'_j (mm)	K_1	K_2	外径 φ×壁厚 (mm)	计算内径 d'_j (mm)	K_1	K_2	外径 φ×壁厚 (mm)	计算内径 d'_j (mm)	K_1	K_2
8									16×2	12	1	1
10									20×2	16	1	1
15									25×2.1	20.8	1.307	1.119
20									32×2.7	26.6	1.510	1.189
25									40×3.4	33.2	1.472	1.175
32					40×2.1	35.8	1.027	1.011	50×4.2	41.6	1.616	1.223
40	20×2	46	1	1	50×2.6	44.8	1.135	1.054	63×5.3	52.4	1.624	1.225
50	63×2.3	58.4	0.968	0.986	63×3.3	56.4	1.143	1.058	75×6.3	62.4	1.731	1.258
70	75×2.7	69.6	1.028	1.012	75×3.9	67.2	1.215	1.082	90×7.5	75	1.718	1.254
80	90×3.2	83.6	1.023	1.010	90×4.7	80.8	1.204	1.081	110×9.2	91.6	1.751	1.264
100	110×3.9	102.2	1.038	1.016	110×5.7	98.6	1.232	1.091	125×10.5	104	1.755	1.266
110	125×4.4	116.2	1.033	1.014	125×6.5	112	1.232	1.091	140×11.7	116.6	1.744	1.262
125	140×5	130	1.037	1.015	140×7.3	125.4	1.232	1.091	160×13.4	133.2	1.763	1.268
150	160×5.7	148.6	1.046	1.019	160×8.3	143.4	1.240	1.094	180×15	150	1.767	1.269
175	180×.4	167.2	1.052	1.022	180×9.4	161.2	1.253	1.099	200×16.7	166.6	1.781	1.273
200	200×7.1	185.8	1.058	1.024	200×10.4	179.2	1.257	1.101				
225	225×7.9	209.2	1.042	1.017	225×11.7	201.6	1.243	1.095				
250	250×8.8	232.4	1.055	1.023	250×13	224.0	1.257	1.101				
275	280×.9	260.2	1.052	1.022	280×14.5	251	1.250	1.098				
300	315×11.1	292.8	1.053	1.022	315×16.3	282.4	1.252	1.099				
350	355×12.5	330	1.059	1.024	355×18.4	318.2	1.260	1.102				
400	400×14.1	371.8	1.055	1.023	400×20.7	358.6	1.254	1.099				

化学工业部标准硬聚氯乙烯管及聚乙烯管 K_1、K_2 值　　表 19.3-3

材质	硬聚氯乙烯								聚乙烯			
工作压力 PN	0.6MPa				1.0MPa				0.3～0.5MPa			
公称直径 DN (mm)	外径 φ×壁厚 (mm)	计算内径 d'_j (mm)	K_1	K_2	外径 φ×壁厚 (mm)	计算内径 d'_j (mm)	K_1	K_2	外径 φ×壁厚 (mm)	计算内径 d'_j (mm)	K_1	K_2
8					12.5×2.25	8	1.755	1.26				
10	20×2	16			15×2.5	10	2.388	1.440	15×2	11	1.515	1.190
15	25×2	21	1	1	20×2.5	15	1.361	1.138	20×2.5	15	1.361	1.138
20	32×3	26	1.249	1.098	25×3.3	18.4	2.347	1.430	25×2.5	20	1.576	1.210
25	40×3.5	33	1.684	1.244	32×4.4	23.2	2.902	1.563	32×3.4	25.2	1.955	1.324
32	51×4	43	1.515	1.190	40×5	30	2.388	1.440	40×3.5	33	1.515	1.190
40	65×4.5	56	1.380	1.144	51×6	39	2.199	1.391	50×3.5	43	1.380	1.144
50	76×5	66	1.182	1.073	65×7	51	1.848	1.293	60×5	50	2.031	1.346
70	90×6	78	1.324	1.125	76×8	60	2.087	1.361	75×5	65	1.424	1.160
80	114×7	100	1.424	1.160					90×5	80	1.262	1.103
100	146×8	130	1.152	1.061					112×6	100	1.152	1.061
110									123×6	111	1.286	1.111
125	166×8	150	1.324	1.125					140×7	126	1.204	1.081
150			1.424	1.160								
175												
200	218×10	198	1.152	1.061								
225												
250	270×10	250	1.037	1.015								
275												
300	325×12	301	1	1								
350	382×16	350	0.781	0.902								
400	430×16	398	0.744	0.884								

表 19.3-4

塑料给水管水力计算

DN (mm)

Q (m³/h)	Q (L/s)	DN8 v	DN8 1000i	DN10 v	DN10 1000i	DN15 v	DN15 1000i	DN20 v	DN20 1000i	DN25 v	DN25 1000i	DN32 v	DN32 1000i	DN40 v	DN40 1000i	DN50 v	DN50 1000i
0.09	0.025	0.39	36.63	0.22	9.28												
0.108	0.030	0.47	50.62	0.27	12.82												
0.126	0.035	0.55	66.53	0.31	16.85												
0.144	0.040	0.63	84.32	0.35	21.35	0.20	5.41										
0.162	0.045	0.71	104	0.40	26.32	0.22	6.66										
0.180	0.050	0.79	125	0.44	31.72	0.25	8.03										
0.198	0.055	0.86	148	0.49	37.57	0.27	9.61	0.20	3.61								
0.216	0.060	0.94	173	0.53	43.84	0.30	11.10	0.21	4.04								
0.236	0.065	1.02	200	0.57	50.53	0.32	12.80	0.22	4.50								
0.252	0.070	1.10	228	0.62	57.63	0.35	14.59	0.24	4.98								
0.270	0.075	1.18	257	0.66	65.13	0.37	16.49	0.25	5.49								
0.288	0.080	1.26	288	0.71	73.03	0.40	18.49	0.26	6.00								
0.306	0.085	1.34	321	0.75	81.32	0.42	20.59	0.29	7.11								
0.324	0.090	1.41	355	0.80	90.00	0.45	22.79	0.32	8.30								
0.342	0.095	1.49	391	0.84	99.06	0.47	25.09	0.34	9.57	0.20	2.56						
0.360	0.10	1.57	428	0.88	109	0.50	27.48	0.37	10.91	0.21	2.92						
0.396	0.11	1.73	507	0.97	128	0.55	32.54	0.39	12.33	0.23	3.30						
0.432	0.12	1.89	590	1.06	150	0.60	37.97	0.42	13.83	0.24	3.70						
0.498	0.13	2.04	682	1.15	173	0.65	43.76	0.45	15.40	0.26	4.12						
0.504	0.14	2.20	782	1.24	197	0.70	49.91	0.47	17.04	0.27	4.56						
0.540	0.15	2.36	880	1.31	223	0.75	56.41	0.50	18.76	0.29	5.02						
0.576	0.16	2.52	986	1.41	250	0.80	63.25	0.53	20.55	0.30	5.50						
0.612	0.17	2.67	1098	1.50	278	0.85	70.43										
0.648	0.18	2.83	1215	1.59	308	0.90	77.95										
0.684	0.19	2.99	1337	1.68	339	0.94	85.79										
0.720	0.20	3.14	1465	1.77	371	0.99	93.97	0.66	30.52	0.38	8.16	0.20	1.96				
0.90	0.25			2.21	552	1.24	140	0.79	42.18	0.45	11.28	0.25	2.91				
1.08	0.30			2.65	762	1.49	193	0.92	55.45	0.53	14.84	0.29	4.02				
1.26	0.35			3.09	1001	1.74	254	1.05	70.27	0.61	18.79	0.34	5.28	0.21	1.64		
1.44	0.40					1.99	321	1.18	86.60	0.68	23.16	0.39	6.69	0.24	2.08		
1.62	0.45					2.24	396	1.32	104	0.76	27.92	0.44	8.25	0.27	2.56		
1.80	0.50					2.49	477	1.45	124	0.83	33.06	0.49	9.95	0.30	3.09		
1.98	0.55					2.74	565	1.58	144	0.91	38.58	0.54	11.78	0.33	3.65		
2.16	0.60					2.98	660	1.71	166	0.98	44.47	0.59	13.74	0.36	4.26	0.23	1.41
2.34	0.65					3.23	760					0.64	15.84	0.39	4.91	0.25	1.63

续表

Q m³/h	Q L/s	DN 20 v	DN 20 1000i	DN 25 v	DN 25 1000i	DN 32 v	DN 32 1000i	DN 40 v	DN 40 1000i	DN 50 v	DN 50 1000i	DN 70 v	DN 70 1000i	DN 80 v	DN 80 1000i	DN 100 v	DN 100 1000i
2.52	0.70	1.84	190	1.06	50.72	0.69	18.06	0.42	5.61	0.27	1.85						
2.70	0.75	1.97	214	1.14	57.32	0.74	20.42	0.45	6.34	0.28	2.09	0.20	0.85				
2.88	0.80	2.10	240	1.21	64.27	0.79	22.89	0.48	7.10	0.30	2.35	0.20	0.96				
3.06	0.85	2.24	268	1.29	71.57	0.84	25.49	0.51	7.91	0.32	2.62	0.22	1.07				
3.24	0.90	2.37	296	1.36	79.21	0.88	28.22	0.54	8.75	0..34	2.89	0.23	1.18				
3.42	0.95	2.50	326	1.44	87.18	0.93	31.06	0.57	9.64	0.36	3.19	0.25	1.30				
3.60	1.00	2.63	379	1.51	95.48	0.98	34.01	0.60	10.55	0.38	3.49	0.25	1.42				
3.78	1.05	2.76	389	1.59	104	1.03	37.08	0.63	11.51	0.40	3.81	0.27	1.55				
3.96	1.10	2.89	423	1.67	113	1.08	40.28	0.66	12.50	0.42	4.13	0.29	1.68	0.20	0.71		
4.14	1.15	3.03	457	1.74	122	1.13	43.58	0.69	13.52	0.44	4.47	0.30	1.82	0.21	0.76		
4.32	1.20			1.82	132	1.18	47.00	0.72	14.58	0.45	4.82	0.31	1.97	0.22	0.82		
4.50	1.25			1.89	142	1.23	50.53	0.75	15.68	0.47	5.18	0.32	2.11	0.23	0.88		
4.68	1.30			1.97	152	1.28	54.17	0.78	16.81	0.49	5.56	0.34	2.26	0.23	0.95		
4.86	1.35			2.04	163	1.33	57.92	0.81	17.97	0.51	5.94	0.35	2.42	0.24	1.01		
5.04	1.40			2.12	173	1.38	61.78	0.84	19.17	0.53	6.34	0.36	2.58	0.25	1.08		
5.22	1.45			2.20	185	1.42	65.75	0.87	20.40	0.55	6.75	0.38	2.74	0.26	1.15		
5.40	1.50			2.27	196	1.47	69.83	0.90	21.67	0.57	7.16	0.39	2.92	0.27	1.22		
5.58	1.55			0.35	208	1.52	74.00	0.93	22.96	0.59	7.59	0.40	3.09	0.28	1.30		
5.76	1.60			2.42	220	1.57	78.30	0.96	24.30	0.61	8.03	0.42	3.27	0.29	1.37		
5.94	1.65			2.50	232	1.62	82.69	0.99	25.66	0.63	8.48	0.43	3.46	0.30	1.45	0.20	0.55
6.12	1.70			2.57	245	1.67	87.19	1.02	27.05	0.64	8.95	0.44	3.65	0.31	1.53	0.20	0.58
6.30	1.75			2.65	258	1.72	91.79	1.05	28.48	0.66	9.42	0.45	3.84	0.32	1.61	0.21	0.61
6.48	1.80			2.73	271	1.77	96.49	1.08	29.94	0.68	9.90	0.46	4.03	0.33	1.69	0.22	0.64
6.66	1.85			2.80	284	1.82	101	1.11	31.43	0.70	10.39	0.48	4.24	0.33	1.77	0.22	0.67
6.84	1.90			2.88	298	1.87	106	1.14	32.96	0.72	10.90	0.49	4.44	0.34	1.86	0.23	0.70
7.02	1.95			2.95	312	1.92	111	1.17	34.51	0.74	11.41	0.51	4.65	0.35	1.95	0.23	0.74
7.20	2.00			3.03	327	1.96	116	1.20	36.09	0.76	11.94	0.52	4.85	0.36	2.04	0.24	0.77
7.86	2.1					2.06	127	1.26	39.36	0.80	13.01	0.55	5.30	0.38	2.22	0.25	0.84
7.92	2.2					2.16	138	1.32	42.74	0.83	14.13	0.57	5.76	0.40	2.41	0.26	0.91
8.28	2.3					2.26	149	1.38	46.25	0.84	15.29	0.60	6.23	0.42	2.61	0.28	0.99
8.64	2.4					2.36	161	1.44	49.88	0.91	16.49	0.62	6.27	0.43	2.81	0.29	1.06
9.00	2.5					2.46	173	1.50	53.62	0.95	17.73	0.65	7.23	0.45	3.03	0.30	1.14
9.36	2.6					2.55	185	1.56	57.49	0.98	19.01	0.68	7.75	0.47	3.24	0.31	1.23
9.72	2.7					2.65	198	1.62	61.47	1.02	20.33	0.70	8.28	0.49	3.47	0.32	1.31
10.08	2.8					2.75	211	1.68	65.57	1.06	21.68	0.73	8.83	0.51	3.70	0.34	1.40

DN (mm)

续表

Q m³/h	Q L/s	DN 32 v	DN 32 1000i	DN 40 v	DN 40 1000i	DN 50 v	DN 50 1000i	DN 70 v	DN 70 1000i	DN 80 v	DN 80 1000i	DN 100 v	DN 100 1000i
10.44	2.90	2.85	225	1.74	69.77	1.10	23.07	0.75	9.40	0.52	3.94	0.35	1.49
10.80	3.00	2.95	239	1.81	74.10	1.14	24.50	0.78	9.98	0.54	4.18	0.36	1.58
11.16	3.10	3.05	253	1.87	78.54	1.17	25.97	0.81	10.58	0.56	4.43	0.37	1.67
11.52	3.20			1.93	83.09	1.21	27.48	0.83	11.20	0.58	4.69	0.38	1.77
11.88	3.30			1.99	88.75	1.25	29.02	0.86	11.82	0.60	4.95	0.40	1.87
12.24	3.40			2.05	92.52	1.29	30.60	0.88	12.47	0.61	5.22	0.41	1.97
12.60	3.50			2.11	97.41	1.33	32.21	0.91	13.13	0.63	5.50	0.42	2.08
12.96	3.60			2.14	102	1.36	33.86	0.94	13.80	0.65	5.78	0.43	2.18
13.32	3.70			2.23	108	1.40	35.55	0.96	14.48	0.67	6.07	0.44	2.29
13.68	3.80			2.29	113	1.44	37.27	0.99	15.19	0.69	6.36	0.46	2.40
14.01	3.90			2.35	118	1.48	39.03	1.01	15.90	0.70	6.66	0.47	2.52
14.40	4.00			2.41	123	1.51	40.82	1.04	16.63	0.72	6.97	0.48	2.63
14.76	4.10			2.47	129	1.55	42.65	1.07	17.38	0.74	7.28	0.49	2.75
15.12	4.20			2.53	135	1.59	44.51	1.09	18.14	0.76	7.60	0.50	2.87
15.48	4.30			2.59	140	1.63	46.41	1.12	18.91	0.78	7.92	0.52	2.99
15.84	4.40			2.65	146	1.67	48.34	1.14	19.70	0.79	8.25	0.53	3.12
16.20	4.50			2.71	152	1.70	50.31	1.17	20.50	0.81	8.58	0.54	3.24
16.56	4.60			2.77	158	1.74	52.31	1.20	21.31	0.83	8.93	0.55	3.37
16.92	4.70			2.83	164	1.78	54.34	1.22	22.14	0.85	9.27	0.56	3.50
17.28	4.80			2.89	171	1.82	56.41	1.25	22.99	0.87	9.63	0.58	3.64
17.64	4.90			2.98	177	1.86	58.51	1.27	23.84	0.88	9.98	0.59	3.77
18.00	5.00			3.01	183	1.89	60.64	1.30	24.71	0.90	10.35	0.60	3.91
18.36	5.10					1.93	62.81	1.33	25.59	0.92	10.72	0.61	4.05
18.72	5.20					1.97	65.01	1.35	26.49	0.94	11.09	0.62	4.19
19.08	5.30					2.01	67.25	1.38	27.40	0.96	11.47	0.64	4.34
19.44	5.40					2.04	69.52	1.40	28.33	0.97	11.86	0.65	4.48
19.80	5.50					2.08	71.82	1.43	29.26	0.99	12.26	0.66	4.63
20.16	5.60					2.12	74.19	1.46	30.21	1.01	12.65	0.67	4.78
20.52	5.70					2.16	76.51	1.48	31.18	1.03	13.06	0.68	493
20.88	5.80					2.20	78.91	1.51	32.15	1.05	13.47	0.70	5.09
21.24	5.90					2.23	81.34	1.53	33.14	1.06	13.88	0.71	5.24
21.60	6.00					2.27	83.80	1.56	34.15	1.08	14.30	0.72	5.40
21.96	6.10					2.3	86.30	1.59	35.16	1.10	14.73	0.73	5.56
22.32	6.20					2.35	88.82	1.61	36.19	1.12	15.16	0.74	5.73
22.68	6.30					2.38	91.38	1.64	37.24	1.14	15.59	0.76	5.89

续表

Q m³/h	Q L/s	DN(mm) 50 v	50 1000i	70 v	70 1000i	80 v	80 1000i	100 v	100 1000i
23.04	6.40	2.42	93.97	1.66	38.29	1.15	16.03	0.77	6.06
23.40	6.50	2.46	96.59	1.69	39.36	1.17	16.48	0.78	6.23
23.76	6.60	2.50	99.24	1.71	40.44	1.19	16.93	0.79	6.40
24.12	6.70	2.54	102	1.74	41.53	1.21	17.39	0.80	6.57
24.48	6.80	2.57	105	1.77	42.64	1.23	17.86	0.82	6.75
24.84	6.90	2.61	104	1.79	43.76	1.25	18.32	0.83	6.92
25.20	7.00	2.65	110	1.82	44.89	1.26	18.80	0.84	7.10
25.56	7.10	2.69	113	1.84	46.03	1.28	19.28	0.85	7.28
25.96	7.20	2.73	116	1.87	47.19	1.30	19.76	0.86	7.47
26.28	7.30	2.76	119	1.90	48.36	1.32	20.25	0.88	7.65
26.64	7.40	2.86	122	1.92	49.54	1.34	20.75	0.89	7.84
27.00	7.50	2.84	125	1.95	50.73	1.35	21.25	0.90	8.03
27.36	7.60	2.88	127	1.97	51.94	1.37	21.75	0.91	8.22
27.72	7.70	2.91	131	2.00	53.16	1.39	22.26	0.92	8.41
28.08	7.80	2.95	133	2.03	54.39	1.41	22.78	0.94	8.60
28.44	7.90	2.99	137	2.05	55.63	1.43	23.30	0.95	8.80
28.80	8.00			2.08	56.89	1.44	23.82	0.96	9.00
29.14	8.10			2.10	58.15	1.46	24.35	0.97	9.20
29.52	8.20			2.13	59.43	1.48	24.89	0.98	9.40
29.88	8.30			2.16	60.73	1.50	25.43	1.00	9.60
30.24	8.40			2.18	62.03	1.52	25.98	1.01	9.80
30.60	8.50			2.21	63.22	1.53	26.53	1.02	10.02
30.96	8.60			2.23	64.67	1.55	27.08	1.03	10.23
31.32	8.70			2.26	66.01	1.57	27.65	1.04	10.44
31.68	8.80			2.29	67.37	1.59	28.21	1.06	10.66
32.04	8.90			2.31	68.73	1.61	28.78	1.07	10.87
32.40	9.00			2.34	70.11	1.62	29.36	1.08	11.09
32.76	9.10			2.36	71.49	1.64	29.94	1.09	11.31
33.12	9.20			2.39	72.89	1.66	30.53	1.10	11.53
33.48	9.30			2.42	74.30	1.68	31.12	1.12	11.76
33.84	9.40			2.44	75.73	1.70	31.71	1.13	11.98
34.20	9.50			2.47	77.16	1.71	32.31	1.14	12.21
34.56	9.60			2.50	78.61	1.73	32.92	1.15	12.44
34.92	9.70			2.52	80.07	1.75	33.53	1.16	12.67
35.28	9.87			2.55	81.54	1.77	34.15	1.18	12.90

Q m³/h	Q L/s	DN(mm) 70 v	70 1000i	80 v	80 1000i	100 v	100 1000i
35.64	9.90	2.57	83.02	1.79	34.77	1.19	13.13
36.00	10.00	2.60	84.351	1.80	35.39	1.20	13.37
36.90	10.25	2.66	88.30	1.85	36.98	1.23	13.97
37.80	10.50	2.73	92.15	1.89	38.59	1.26	14.58
38.70	10.75	2.79	96.08	1.94	40.24	1.29	15.20
39.60	11.00	2.86	100.0	1.98	41.91	1.32	15.83
40.50	11.25	2.92	104	2.03	43.62	1.35	16.48
41.40	1.50	2.99	109	2.08	45.35	1.38	17.13
42.30	11.75	3.05	113	2.12	47.11	1.41	17.80
43.20	12.00			2.17	48.91	1.4	18.48
44.10	12.25			2.21	50.73	1.47	19.16
45.00	12.50			2.26	52.58	1.50	19.86
45.90	12.75			2.30	54.46	1.53	20.57
46.80	13.00			2.35	56.37	1.56	21.29
47.70	13.25			2.39	58.31	1.59	22.03
48.60	13.50			2.44	60.27	1.62	22.77
49.50	13.75			2.48	62.27	1.65	23.52
50.40	14.00			2.53	64.29	1.68	24.29
21.30	14.25			2.57	66.34	1.71	25.06
52.20	14.50			2.62	68.42	1.74	25.85
53.10	14.75			2.66	70.53	1.77	26.64
54.00	15.00			2.71	72.66	1.80	27.45
55.80	15.50			2.80	77.12	1.86	29.09
57.60	16.00			2.89	81.47	1.92	30.78
59.40	16.50			2.98	86.05	1.98	32.51
61.20	17.00			3.07	90.73	2.04	34.27
63.0	17.50					2.10	36.08
64.80	18.00					2.16	37.93
66.60	18.50					2.22	39.82
68.40	19.00					2.28	41.75
70.20	19.50					2.34	43.72
72.00	20.00					2.40	45.73
73.80	20.50					2.46	47.77
75.60	21.00					2.52	49.86
77.40	21.50					2.58	51.99

DN (mm)

Q (m³/h)	Q (L/s)	DN 100 — v	DN 100 — 1000i
79.20	22.00	2.64	54.15
81.00	22.50	2.70	56.35
82.80	23.00	2.76	58.59
84.60	23.50	2.82	60.87
86.40	24.00	2.88	63.19
88.20	24.50	2.94	65.54
90.00	25.00	3.00	67.93

Q (m³/h)	Q (L/s)	110 v	110 1000i	125 v	125 1000i	150 v	150 1000i	175 v	175 1000i	200 v	200 1000i
7.56	2.10	0.20	0.46								
7.92	2.20	0.20	0.50								
8.28	2.30	0.21	0.54								
8.64	2.40	0.22	0.58								
9.0	2.50	0.23	0.62								
9.36	2.60	0.24	0.64								
9.72	2.70	0.25	0.71	0.20	0.42						
10.08	2.80	0.26	0.76	0.21	0.44						
10.44	2.90	0.27	0.81	0.22	0.47						
10.80	3.00	0.28	0.86	0.22	0.50						
11.16	3.10	0.29	0.91	0.23	0.53						
11.52	3.20	0.30	0.96	0.24	0.56						
11.88	3.30	0.31	1.02	024	0.59						
12.24	3.40	0.32	1.07	0.25	0.63						
12.60	3.50	0.33	1.13	0.26	0.66	0.20	0.35				
12.96	3.60	0.33	1.19	0.27	0.69	0.20	0.36				
13.32	3.70	0.34	1.25	0.28	0.73	0.21	0.38				
13.38	3.80	0.35	1.31	0.28	0.76	0.21	0.40				
14.01	3.90	0.36	1.37	0.29	0.80	0.22	0.42				
14.40	4.00	0.37	1.43	0.30	0.83	0.23	0.44				
14.76	4.10	0.38	1.50	0.30	0.87	0.23	0.46				
15.12	4.20	0.39	1.56	0.31	0.91	0.24	0.48				
15.48	4.30	0.40	1.63	0.32	0.95	0.24	0.50				
15.84	4.40	0.41	1.70	0.33	0.99	0.25	0.52		0.29		
16.20	4.50	0.42	1.76	0.33	1.03	0.25	0.54	0.20	0.30		
16.56	4.60	0.43	1.83	0.34	1.07	0.26	0.56	0.20	0.32		
16.92	4.70	0.44	1.91	0.35	1.11	0.27	0.58	0.21	0.33		
17.28	4.80	0.45	1.98	0.36	1.15	0.27	0.60	0.21	0.34		
17.64	4.90	0.46	2.05	0.36	1.20	0.28	0.63	0.22	0.35		
18.00	5.00	0.47	2.13	0.37	1.24	0.28	0.65	0.22	0.37		
18.36	5.10	0.47	2.20	0.38	1.28	0.29	0.67	0.23	0.38		
18.72	5.20	0.48	2.28	0.39	1.33	0.29	070	0.23	0.39		
19.08	5.30	0.49	2.36	0.40	1.38	0.30	0.72	0.24	0.41		
19.44	5.40	0.50	2.44	0.40	1.42	0.31	0.74	0.24	0.42		
19.80	5.50	0.51	2.52	0.41	1.47	0.31	0.77	0.25	0.44	0.20	0.26

续表

| Q | | DN (mm) | | | | | | | | | | | | | |
m³/h	L/s	110 v	110 1000i	125 v	125 1000i	150 v	150 1000i	175 v	175 1000i	200 v	200 1000i	225 v	225 1000i	250 v	250 1000i
20.16	5.60	0.52	2.60	0.42	1.52	0.32	0.79	0.25	0.45	0.20	0.26				
20.52	5.70	0.53	2.68	0.42	1.56	0.32	0.82	0.25	0.46	0.21	0.27				
20.88	5.80	0.54	2.77	0.43	1.61	0.33	0.85	0.26	0.48	0.21	0.28				
21.24	5.90	0.55	2.85	0.44	1.66	0.33	0.87	0.26	0.49	0.21	0.29				
21.60	6.00	0.56	2.94	0.45	1.71	0.34	0.90	0.27	0.51	0.22	0.30				
21.96	6.10	0.57	3.03	0.45	1.76	0.35	0.92	0.27	0.52	0.22	0.31				
22.32	6.20	0.58	3.12	0.46	1.82	0.35	0.95	0.28	0.54	0.22	0.32				
22.68	6.30	0.59	3.21	0.47	1.87	0.36	0.98	0.28	0.55	0.23	0.33				
23.04	6.40	0.60	3.30	0.47	1.92	0.36	1.01	0.29	0.57	0.23	0.33				
23.40	6.50	0.61	3.39	0.48	1.98	0.37	1.04	0.29	0.59	0.23	0.34				
23.76	6.60	0.61	3.48	0.49	2.03	0.37	1.06	0.29	0.60	0.24	0.35	0.20	0.22		
24.12	6.70	0.62	3.58	0.50	2.08	0.38	1.09	0.30	0.62	0.24	0.36	0.20	0.23		
24.48	6.80	0.63	3.67	0.50	2.14	0.38	1.12	0.30	0.63	0.24	0.37	0.20	0.23		
24.84	6.90	0.64	3.77	0.51	2.20	0.39	1.15	0.31	0.65	0.25	0.38	0.20	0.24		
25.20	7.00	0.65	3.86	0.52	2.25	0.40	1.18	0.31	0.67	0.25	0.39	0.20	0.24		
25.56	7.10	0.66	3.96	0.53	2.31	0.40	1.21	0.32	0.68	0.26	0.40	0.20	0.25		
25.96	7.20	0.67	4.06	0.53	2.37	0.41	1.24	0.32	0.70	0.26	0.41	0.21	0.26		
26.28	7.30	0.68	4.16	0.54	2.43	0.41	1.27	0.33	0.72	0.26	0.42	0.21	0.26		
26.64	7.40	0.69	4.26	0.55	2.49	0.42	1.30	0.33	0.74	0.27	0.43	0.21	0.27		
27.00	7.50	0.70	4.37	0.56	2.55	0.42	1.33	0.33	0.75	0.27	0.44	0.21	0.27		
27.36	7.60	0.71	4.47	0.56	2.61	0.43	1.37	0.34	0.77	0.27	0.45	0.22	0.28		
27.72	7.70	0.72	4.58	0.57	2.67	0.44	1.40	0.34	0.79	0.28	0.46	0.22	0.28		
28.08	7.80	0.73	4.68	0.58	2.73	0.44	1.43	0.35	0.81	0.28	0.48	0.22	0.29		
28.44	7.90	0.73	4.79	0.58	2.79	0.45	1.46	0.35	0.83	0.28	0.49	0.23	0.29		
28.80	8.00	0.74	4.90	0.59	2.86	0.45	1.50	0.36	0.85	0.29	0.50	0.23	0.30		
29.14	8.10	0.75	5.01	0.60	2.92	0.46	1.53	0.36	0.87	0.29	0.51	0.23	0.30		
29.52	8.20	0.76	5.12	0.61	2.98	0.46	1.56	0.37	0.88	0.30	0.52	0.23	0.31		
29.88	8.30	0.77	5.23	0.62	3.05	0.47	1.60	0.37	0.90	0.30	0.53	0.24	0.31		
30.24	8.40	0.78	5.34	0.62	3.11	0.48	1.63	0.37	0.92	0.30	0.54	0.24	0.32		
30.60	8.50	0.79	5.45	0.63	3.18	0.48	41.67	0.38	0.94	0.31	0.55	0.24	0.33		
30.96	8.60	0.80	5.57	0.64	3.25	0.49	1.70	0.38	0.96	0.31	0.56	0.25	0.33	0.20	0.20
31.32	8.70	0.81	5.68	0.65	3.31	0.49	1.74	0.39	0.98	0.31	0.58	0.25	0.34	0.20	0.20
31.68	8.80	0.82	5.80	0.65	3.38	0.50	1.77	0.39	1.00	0.32	0.59	0.25	0.35	0.20	0.21
32.04	8.90	0.83	5.92	0.66	3.45	0.50	1.81	0.40	1.02	0.32	0.60	0.25	0.35	0.21	0.22
32.40	9.00	0.84	6.04	0.67	3.52	0.51	1.84	0.40	1.04	0.32	0.61	0.26	0.36	0.21	0.22

续表

Q (m³/h)	Q (L/s)	DN 110 v	DN 110 1000i	DN 125 v	DN 125 1000i	DN 150 v	DN 150 1000i	DN 175 v	DN 175 1000i	DN 200 v	DN 200 1000i	DN 225 v	DN 225 1000i	DN 250 v	DN 250 1000i	DN 275 v	DN 275 1000i
32.76	9.10	0.85	6.16	0.68	3.59	0.51	1.88	0.41	1.06	0.33	0.62	0.26	0.37	0.21	0.22		
33.12	9.20	0.86	6.28	0.68	3.66	0.52	1.92	0.41	1.08	0.33	0.64	0.26	0.38	0.21	0.22		
33.48	9.30	0.87	6.40	0.69	3.73	0.53	1.96	0.41	1.11	0.34	0.65	0.27	0.38	0.21	0.23		
33.84	9.40	0.87	6.52	0.70	3.80	0.53	1.99	0.42	1.13	0.34	0.66	0.27	0.39	0.22	0.23		
34.20	9.50	0.88	6.64	0.70	3.87	0.54	2.03	0.42	1.15	0.34	0.67	0.27	0.40	0.22	0.24		
34.56	9.60	0.89	6.77	0.71	3.95	0.54	2.07	0.43	1.17	0.35	0.69	0.27	0.41	0.22	0.24		
34.92	9.70	0.90	6.89	0.72	4.02	0.55	2.11	0.43	1.19	0.35	0.71	0.28	0.41	0.22	0.25		
35.28	9.80	0.91	7.02	0.73	4.09	0.55	2.14	0.44	1.21	0.35	0.72	0.28	0.42	0.22	0.25		
35.64	9.90	0.92	7.15	0.73	4.17	0.56	2.18	0.44	1.24	0.36	0.73	0.28	0.43	0.23	0.26		
36.00	10.00	0.93	7.28	0.74	4.24	0.57	2.22	0.45	1.26	0.36	0.74	0.29	0.44	0.23	0.26		
36.90	10.25	0.95	7.60	0.76	4.43	0.58	2.32	0.46	1.31	0.37	0.77	0.29	0.46	0.24	0.27	0.20	0.17
37.80	10.50	0.98	7.93	0.78	4.63	0.59	2.42	0.47	1.37	0.38	0.81	0.30	0.48	0.24	0.28	0.20	0.18
38.70	10.75	1.00	8.27	0.80	4.82	0.61	2.53	0.48	1.43	0.39	0.84	0.31	0.50	0.25	0.30	0.20	0.19
39.60	11.00	1.02	8.62	0.82	5.02	0.62	2.63	0.49	1.49	0.40	0.87	0.32	0.52	0.25	0.31	0.21	0.20
40.50	11.25	1.05	8.97	0.83	5.23	0.64	2.74	0.50	1.55	0.41	0.91	0.32	0.54	0.26	0.32	0.21	0.20
41.40	11.50	1.07	9.32	0.85	5.44	0.65	2.85	0.51	1.61	0.41	0.95	0.33	0.56	0.27	0.33	0.21	0.21
42.30	11.75	1.09	9.69	0.87	5.65	0.66	2.96	0.52	1.67	0.42	0.98	0.34	0.58	0.27	0.35	0.22	0.22
43.20	12.00	1.12	10.05	0.89	5.86	0.68	3.07	0.53	1.74	0.43	1.02	0.34	0.60	0.28	0.36	0.22	0.22
44.10	12.25	1.14	10.43	0.91	6.08	0.69	3.19	0.55	1.80	0.44	1.06	0.35	0.62	0.28	0.37	0.23	0.23
45.00	12.50	1.16	10.81	0.93	6.30	0.71	3.30	0.56	1.87	0.45	1.10	0.36	0.65	0.29	0.39	0.23	0.23
45.90	12.75	1.19	11.20	0.95	6.53	0.72	3.42	0.57	1.93	0.46	1.14	0.36	0.67	0.29	0.40	0.23	0.24
46.80	13.00	1.21	11.59	0.96	6.76	0.74	3.54	0.58	2.00	0.47	1.18	0.37	0.69	0.30	0.42	0.24	0.25
47.70	13.25	1.23	11.99	0.98	6.99	0.75	3.66	0.59	2.07	0.48	1.22	0.38	0.72	0.30	0.43	0.24	0.26
48.60	13.50	1.26	12.39	1.00	7.22	0.76	3.78	0.60	2.14	0.49	1.26	0.39	0.74	0.31	0.44	0.25	0.26
49.50	13.75	1.28	12.80	1.02	7.46	0.78	3.91	0.61	2.21	0.50	1.30	0.39	0.77	0.32	0.46	0.25	0.27
50.40	14.00	1.30	13.22	1.04	7.71	0.79	4.04	0.62	2.28	0.50	1.34	0.40	0.79	0.32	0.47	0.26	0.28
51.30	14.25	1.33	13.64	1.06	7.95	0.81	4.17	0.64	2.36	0.51	1.38	0.41	0.81	0.33	0.49	0.26	0.29
52.20	14.50	1.35	14.07	1.08	8.20	0.82	4.30	0.65	2.43	0.52	1.43	0.41	0.84	0.33	0.50	0.27	0.29
53.10	14.75	1.37	14.50	1.09	8.45	0.83	4.43	0.66	2.51	0.53	1.47	0.42	0.87	0.34	0.52	0.27	0.30
54.00	15.00	1.40	14.94	1.11	8.71	0.85	4.56	0.67	2.58	0.54	1.52	0.43	0.89	0.35	0.83	0.28	0.31
55.80	15.50	1.44	15.83	1.15	9.23	0.88	4.84	0.69	2.74	0.56	1.61	0.44	0.95	0.36	0.57	0.29	0.33
57.60	16.00	1.49	16.75	1.19	9.77	0.91	5.12	0.71	2.89	0.58	1.70	0.46	1.00	0.37	0.60	0.29	0.35
59.40	16.50	1.53	17.69	1.22	10.31	0.93	5.40	0.74	3.06	0.59	1.80	0.47	1.06	0.38	0.63	0.30	0.37
61.20	17.00	1.58	18.65	1.26	10.87	0.96	5.70	0.76	3.22	0.61	1.90	0.49	1.12	0.39	0.67	0.31	0.39
63.00	17.50	1.62	19.64	1.30	11.45	0.99	6.00	0.78	3.39	0.63	2.00	0.50	1.18	0.40	0.70	0.32	0.41

续表

Q m³/h	Q L/s	110 v	110 1000i	125 v	125 1000i	150 v	150 1000i	175 v	175 1000i	200 v	200 1000i	225 v	225 1000i	250 v	250 1000i	275 v	275 1000i
64.8	18.0	1.67	20.64	1.34	12.09	1.02	6.30	0.80	3.57	0.65	2.15	0.51	1.24	0.41	0.74	0.33	0.43
66.6	18.5	1.72	21.67	1.37	12.63	1.05	6.62	0.82	3.75	0.67	2.25	0.53	1.30	0.43	0.78	0.34	0.45
68.4	19.0	1.77	22.72	1.41	13.25	1.08	6.94	0.85	3.93	0.68	2.36	0.54	1.36	0.44	0.81	0.35	0.48
70.2	19.5	1.81	23.79	1.45	13.87	1.10	7.27	0.87	4.11	0.70	2.47	0.56	1.43	0.45	0.85	0.36	0.50
72.0	20.0	1.86	24.88	1.48	14.51	1.13	7.60	0.89	4.30	0.72	2.59	0.57	1.49	0.46	0.89	0.37	0.52
72.8	20.5	1.91	26.00	1.52	15.16	1.16	7.94	0.91	4.49	0.74	2.70	0.59	1.56	0.47	0.93	0.38	0.54
75.6	21.0	1.95	27.13	1.56	15.82	1.19	8.29	0.94	4.69	0.76	2.82	0.60	1.63	0.48	0.97	0.39	0.57
77.4	21.5	2.00	28.29	1.60	16.49	1.22	8.64	0.96	4.89	0.78	2.94	0.61	1.69	0.50	1.01	0.40	0.59
79.2	22.0	2.05	29.47	1.63	17.18	1.24	9.06	0.98	5.09	0.79	3.06	0.63	1.77	0.51	1.06	0.40	0.62
81.0	22.5	2.09	30.67	1.67	17.88	1.27	9.37	1.00	5.30	0.81	3.19	0.64	1.84	0.52	1.10	0.41	0.64
82.8	23.0	2.14	31.89	1.71	18.59	1.30	9.74	1.03	5.51	0.83	3.31	0.66	1.91	0.53	1.14	0.42	0.67
84.6	23.5	2.19	33.13	1.74	19.31	1.33	10.12	1.05	5.72	0.85	3.44	0.67	1.98	0.54	1.19	0.43	0.69
86.4	24.0	2.23	34.39	1.78	20.05	1.36	10.50	1.07	5.94	0.87	3.57	0.69	2.06	0.55	1.23	0.44	0.72
88.2	24.5	2.28	35.67	1.82	20.79	1.39	10.89	1.09	6.16	0.88	3.71	0.70	2.14	0.56	1.28	0.45	0.75
90.0	25.0	2.33	36.97	1.85	21.55	1.41	11.29	1.11	6.39	0.90	3.84	0.71	2.21	0.58	1.32	0.46	0.77
91.8	25.5	2.37	38.29	1.89	22.32	1.44	11.69	1.14	6.62	0.92	3.98	0.73	2.29	0.59	1.37	0.47	0.80
93.6	26.0	2.42	39.63	1.93	23.11	1.47	12.10	1.16	6.85	0.94	4.12	0.74	2.37	0.60	1.42	0.48	0.83
95.4	26.5	2.46	41.00	1.97	23.90	1.50	12.50	1.18	7.08	0.95	4.26	0.76	2.46	0.61	1.47	0.49	0.86
97.2	27.0	2.51	42.38	2.00	24.71	1.53	12.94	1.20	7.32	0.97	4.40	0.77	2.54	0.62	1.52	0.50	0.89
99.0	27.5	2.56	43.78	2.04	25.52	1.56	13.37	1.23	7.57	0.99	4.55	0.79	2.62	0.63	1.57	0.51	0.92
100.8	28.0	2.60	45.20	2.08	26.35	1.58	13.80	1.25	7.81	1.01	4.70	0.80	2.71	0.65	1.62	0.52	0.95
102.6	28.5	2.65	46.64	2.11	27.19	1.61	14.24	1.27	8.06	1.06	4.85	0.82	2.79	0.66	1.67	0.53	0.98
104.4	29.0	2.70	48.11	2.15	28.05	1.64	14.69	1.29	8.31	1.04	5.00	0.83	2.88	0.67	1.72	0.53	1.01
106.2	29.5	2.74	49.59	2.19	28.91	1.67	15.14	1.32	8.57	1.06	5.15	0.84	2.97	0.68	1.76	0.54	1.04
108.0	30.0	2.79	51.09	2.23	29.78	1.70	15.60	1.34	8.83	1.08	5.31	0.86	3.06	0.69	1.83	0.55	1.07
109.8	30.5	2.84	52.61	2.26	30.67	1.73	16.07	1.36	9.09	1.10	5.47	0.87	3.15	0.70	1.88	0.56	1.10
111.6	31.0	2.88	54.15	2.30	31.57	1.75	16.54	1.38	9.36	1.12	5.63	0.89	3.24	0.71	1.97	0.57	1.13
113.4	31.5	2.93	55.71	2.34	32.48	1.78	17.01	1.40	9.63	1.13	5.79	0.90	3.34	0.73	2.00	0.58	1.17
115.2	32.0	2.98	57.28	2.37	33.40	1.81	17.49	1.43	9.90	1.15	5.95	0.92	3.43	0.74	2.05	0.59	1.20
117.0	32.5	3.02	58.88	2.41	34.33	1.84	17.98	1.45	10.18	1.17	6.12	0.93	3.53	0.75	2.11	0.60	1.23
118.8	33.0			2.45	35.27	1.87	18.48	1.47	10.46	1.19	6.29	0.94	3.62	0.76	2.17	0.61	1.27
120.6	33.5			2.49	36.22	1.90	18.98	1.49	10.74	1.21	6.46	0.96	3.72	0.77	2.23	0.62	1.30
122.4	34.0			2.52	37.19	1.92	19.48	1.51	11.02	1.22	6.63	0.97	3.82	0.78	2.28	0.63	1.33
124.2	34.5			2.56	38.16	1.95	20.00	1.54	11.31	1.24	6.80	0.99	3.92	0.80	2.34	0.64	1.37
126.0	35.0			2.60	39.15	1.98	20.51	1.56	11.61	1.26	6.98	1.00	4.02	0.81	2.41	0.64	1.41

续表

Q		DN (mm)													
		125		150		175		200		225		250		275	
m³/h	L/s	v	1000i	v	1000i	v	1000i	v	1000i	v	1000i	v	1000i	v	1000i
127.8	35.5	2.63	40.15	2.01	21.03	1.58	11.90	1.28	7.16	1.02	4.12	0.82	2.47	0.65	1.44
129.6	36.0	2.67	41.16	2.04	21.56	1.60	12.20	1.30	7.34	1.03	4.23	0.83	2.53	0.66	1.48
131.4	36.5	2.71	42.18	2.07	22.09	1.63	12.50	1.31	7.52	1.04	4.33	0.84	2.59	0.67	1.51
133.2	37.0	2.75	43.21	2.09	22.63	1.65	12.81	1.33	7.70	1.06	4.44	0.85	2.65	0.68	1.55
135.0	37.5	2.78	44.25	2.12	23.18	1.67	13.12	1.35	7.89	1.07	4.55	0.86	2.72	0.69	1.59
136.8	38.0	2.82	45.30	2.15	23.73	1.69	13.43	1.37	8.07	1.09	4.65	0.88	2.78	0.70	1.63
138.6	38.5	2.86	46.36	2.18	24.29	1.72	13.74	1.39	8.26	1.10	4.76	0.89	2.85	0.74	1.66
140.4	39.0	2.89	47.44	2.21	24.85	1.74	14.06	1.40	8.46	1.12	4.87	0.90	2.91	0.72	1.70
142.2	39.5	2.93	48.52	2.24	25.42	1.76	14.38	1.42	8.65	1.13	4.98	0.91	2.98	0.73	1.74
144.0	40	2.97	49.62	2.26	25.99	1.78	14.71	1.44	83.84	1.14	5.10	0.92	3.05	0.74	1.78
147.6	41	3.04	51.84	2.32	27.15	1.83	15.37	1.48	9.24	1.17	5.33	0.95	3.18	0.75	1.86
151.2	42			2.38	28.34	1.87	16.04	1.51	9.64	1.20	5.56	0.97	3.32	0.77	1.97
154.8	43			2.43	29.55	1.92	16.72	1.55	10.05	1.23	5.80	0.99	3.47	0.79	2.02
158.4	44			2.49	30.78	1.96	17.42	1.59	10.47	1.26	6.04	1.01	3.61	0.81	2.11
162.0	45			2.55	32.03	2.01	18.13	1.62	10.90	1.29	6.28	1.04	3.76	0.83	2.19
165.6	46			2.60	33.30	2.05	18.85	1.66	11.30	1.32	6.53	1.06	3.91	0.85	2.28
169.2	47			2.66	34.60	2.10	19.58	1.69	11.77	1.34	6.79	1.08	4.06	0.87	2.37
172.8	48			2.72	35.92	2.14	20.32	1.73	12.22	1.37	7.04	1.11	4.21	0.88	2.46
176.4	49			2.77	37.25	2.18	21.08	1.77	12.68	1.40	7.31	1.16	4.37	0.90	2.55
180.0	50			2.83	38.61	2.23	21.85	1.80	13.14	1.43	7.57	1.15	4.53	0.92	2.65
183.6	51			2.89	39.99	2.27	22.63	1.84	13.61	1.46	7.84	1.18	4.69	0.94	2.74
187.2	52			2.94	41.40	2.32	23.42	1.87	14.09	1.49	8.12	1.20	4.85	0.96	2.84
190.8	53			3.00	42.82	2.36	24.23	1.91	14.57	1.52	8.40	1.22	5.02	0.98	2.93
194.4	54					2.41	25.05	1.95	15.06	1.54	8.68	1.24	5.19	0.99	3.03
198.0	55					2.45	25.88	1.98	15.56	1.57	8.97	1.27	5.36	1.01	3.13
201.6	56					2.50	26.72	2.02	16.06	1.60	9.26	1.29	5.54	1.03	3.23
205.2	57					2.54	27.57	2.05	16.58	1.63	9.55	1.31	5.71	1.05	3.34
208.8	58					2.59	28.43	2.09	17.10	1.66	9.85	1.34	5.89	1.07	3.44
212.4	59					2.63	29.31	2.13	17.62	1.69	10.16	1.36	6.07	1.09	3.55
216.0	60					2.67	30.19	2.16	18.16	1.72	10.46	1.38	6.26	1.10	3.66
219.6	61					2.73	31.09	2.20	18.70	1.74	10.78	1.41	6.44	1.12	3.76
223.2	62					2.76	32.00	2.23	19.24	1.77	11.09	1.43	6.63	1.14	3.87
226.8	63					2.81	32.92	2.27	19.80	1.80	11.41	1.45	6.82	1.16	3.99
230.4	64					2.85	33.86	2.31	20.36	1.83	11.73	1.48	7.02	1.18	4.10
234.0	65					2.90	34.80	2.34	20.93	1.86	12.06	1.50	7.21	1.20	4.21

续表

Q m³/h	Q L/s	DN (mm) 175 v	175 1000i	200 v	200 1000i	225 v	225 1000i	250 v	250 1000i	275 v	275 1000i
237.6	66	2.94	35.76	2.38	21.50	1.89	12.39	1.52	7.41	1.2	4.33
241.2	67	2.99	36.72	2.41	22.08	1.92	12.73	1.54	7.61	1.23	4.45
244.8	68	3.03	37.70	2.45	22.67	1.94	13.07	1.57	7.81	1.25	4.56
248.4	69			2.49	23.27	1.97	13.41	1.59	8.02	1.27	4.68
252.0	70			2.52	23.87	2.00	13.76	1.61	8.23	1.29	4.81
255.6	71			2.56	24.48	2.03	14.11	1.64	8.43	1.31	4.93
259.2	72			2.59	25.09	2.06	14.46	1.66	8.65	1.33	5.05
262.8	73			2.63	25.71	2.09	14.81	1.68	8.86	1.34	5.18
266.4	74			2.67	26.34	2.12	15.18	1.71	9.08	1.36	5.30
270.0	75			2.70	26.97	2.14	15.55	1.73	9.30	1.38	5.43
273.6	76			2.74	27.62	2.17	15.92	1.75	9.52	1.40	5.56
277.2	77			2.77	28.26	2.20	16.29	1.78	9.74	1.42	5.69
280.8	78			2.81	28.91	2.23	16.67	1.80	9.97	1.44	5.82
284.4	79			2.85	29.58	2.26	17.05	1.82	10.19	1.45	5.96
288.0	80			2.88	30.25	2.29	17.43	1.84	10.42	1.47	6.09
291.6	81			2.92	30.92	2.32	17.82	1.87	10.66	1.49	6.23
295.2	82			2.95	31.60	2.35	18.21	1.89	10.89	1.51	6.36
298.8	83			2.99	32.29	2.37	18.61	1.91	11.20	1.53	6.50
302.4	84			3.03	32.98	2.40	19.01	1.94	11.37	1.55	6.64
306	85					2.43	19.41	1.96	11.61	1.56	6.78
309.6	86					2.46	19.82	1.98	11.85	1.58	6.93
313.2	87					2.49	20.23	2.01	12.10	1.60	7.07
316.8	88					2.52	20.64	2.03	12.34	1.62	7.21
320.4	89					2.55	21.06	2.05	12.59	1.64	7.36
324.0	90					2.57	21.48	2.07	12.85	1.66	7.51
327.6	91					2.60	21.91	2.10	13.10	1.68	7.65
331.2	92					2.63	22.34	2.12	13.36	1.69	7.80
334.8	93					2.66	22.77	2.14	13.62	1.71	7.96
338.4	94					2.69	23.21	2.17	13.88	1.73	8.11
342	95					2.72	23.65	2.19	14.14	1.75	8.26
345.6	96					2.75	24.09	2.21	14.40	1.77	8.42
349.2	97					2.77	24.54	2.24	14.67	1.79	8.57
352.8	98					2.80	24.99	2.26	14.94	1.80	8.73
356.4	99					2.83	25.44	2.28	15.21	1.82	8.89
360.0	100					2.86	25.90	2.31	15.49	1.84	9.05

续表

Q (m³/h)	Q (L/s)	DN 225 (mm) v	DN 225 (mm) 1000i	DN 250 (mm) v	DN 250 (mm) 1000i	DN 275 (mm) v	DN 275 (mm) 1000i
367.2	102	2.92	26.83	2.35	16.04	1.88	9.37
374.4	104	2.97	27.77	2.40	16.60	1.91	9.70
381.6	106	3.03	28.72	2.44	17.17	1.95	10.03
388.8	108			2.49	17.75	1.99	10.37
396.0	110			2.54	18.34	2.02	10.71
403.2	112			2.58	18.93	2.06	11.06
410.4	114			2.63	19.54	2.10	11.42
417.6	116			2.68	20.15	2.14	11.77
424.8	118			2.72	20.77	2.17	12.14
432.0	120			2.77	21.40	2.21	12.50
439.2	122			2.81	22.04	2.25	12.88
446.4	124			2.86	22.68	2.28	13.25
453.6	126			2.90	23.33	2.32	13.63
460.8	128			2.95	24.00	2.36	14.02
468.0	130			3.00	24.66	2.39	14.41
475.2	132					2.43	14.81
482.4	134					2.47	15.21
489.6	136					2.50	15.61
496.8	138					2.54	16.02
504.0	140					2.58	16.44
511.2	142					2.61	16.85
518.4	144					2.65	17.28
525.6	146					2.69	17.71
532.8	148					2.72	18.14
540.0	150					2.76	18.58
547.2	152					2.80	19.02
554.4	154					2.83	19.46
561.6	156					2.87	19.91
568.8	158					2.91	20.37
575.0	160					2.95	20.83
583.2	162					2.98	21.29
590.4	164					3.02	21.76

Q (m³/h)	Q (L/s)	DN 300 v	DN 300 1000i	DN 350 (mm) v	DN 350 (mm) 1000i	DN 400 v	DN 400 1000i
47.7	13.25	0.20	0.14				
48.6	13.50	0.20	0.15				
49.5	13.75	0.20	0.15				
50.4	14.00	0.20	0.16				
51.3	14.25	0.21	0.16				
52.2	14.50	0.21	0.17				
53.1	14.75	0.2	0.17				
54.0	15.00	0.22	0.18				
55.8	15.50	0.22	0.19	0.20	0.13		
57.6	16.00	0.23	0.20	0.20	0.13		
59.4	16.50	0.24	0.21	0.21	0.14		
61.2	17.00	0.25	0.22	0.21	0.14		
63.0	17.50	0.25	0.23	0.22	0.18		
64.8	18.00	0.26	0.25	0.22	0.16		
66.6	18.50	0.27	0.26	0.23	0.17		
68.4	19.00	0.28	0.27	0.23	0.17	0.20	0.11
70.2	19.50	0.28	0.29	0.24	0.18	0.20	0.11
72.0	20.00	0.29	0.30	0.25	0.19	0.20	0.12
73.8	20.50	0.30	0.31	0.25	0.20	0.21	0.12
75.6	21.00	0.31	0.33	0.26	0.21	0.21	0.13
77.4	21.50	0.31	0.34	0.26	0.21	0.22	0.13
79.2	22.000	0.32	0.35	0.27	0.22	0.22	0.14
81.0	22.50	0.33	0.36	0.27	0.23	0.23	0.14
82.8	23.00	0.33	0.38	0.28	0.24	0.23	0.15
84.6	23.50	0.34	0.39	0.29	0.25	0.23	0.15
86.4	24.0	0.35	0.41	0.29	0.26	0.24	0.16
88.2	24.50	0.36	0.42	0.30	0.26	0.24	0.16
90.0	25.00	0.36	0.44	0.30	0.27	0.25	0.17
91.8	25.50	0.37	0.46	0.31	0.28	0.25	0.17
93.6	26.00	0.38	0.47	0.31	0.29	0.26	0.18
95.4	26.50	0.39	0.49	0.32	0.30		
97.2	27.00	0.39	0.50	0.33	0.31		
99.0	27.50	0.40	0.52				
100.8	28.00	0.41	0.54				
102.6	28.50	0.41	0.56				

续表

Q m³/h	Q L/s	DN 300 v	DN 300 1000i	DN 350 v	DN 350 1000i	DN 400 v	DN 400 1000i
104.4	29.0	0.42	0.57	0.33	0.32	0.26	0.18
106.2	29.5	0.43	0.59	0.34	0.33	0.27	0.19
108.0	30.0	0.44	0.61	0.34	0.34	0.27	0.19
109.8	30.5	0.44	0.63	0.35	0.35	0.27	0.20
111.6	31.0	0.45	0.64	0.35	0.36	0.28	0.21
113.4	31.5	0.46	0.66	0.36	0.37	0.28	0.21
115.2	32.0	0.47	0.68	0.37	0.38	0.29	0.22
117.0	32.5	0.47	0.70	0.37	0.39	0.29	0.22
118.8	33.0	0.48	0.72	0.38	0.40	0.30	0.23
120.6	33.5	0.49	0.74	0.38	0.42	0.30	0.24
122.4	34.0	0.50	0.76	0.39	0.43	0.31	0.24
124.2	34.5	0.50	0.76	0.39	0.44	0.31	0.25
126.0	35.0	0.51	0.80	0.40	0.45	0.32	0.26
127.8	35.5	0.52	0.82	0.41	0.46	0.32	0.26
129.6	36.0	0.52	0.84	0.41	0.47	0.32	0.27
131.4	36.5	0.53	0.86	0.42	0.48	0.33	0.27
133.2	37.0	0.54	0.88	0.42	0.50	0.33	0.28
135.0	37.5	0.54	0.90	0.43	0.51	0.34	0.29
136.8	38.0	0.55	0.92	0.43	0.52	0.34	0.30
138.6	38.5	0.56	0.95	0.44	0.53	0.35	0.30
140.4	39.0	0.57	0.97	0.45	0.54	0.35	0.31
142.2	39.5	0.57	0.99	0.45	0.56	0.36	0.32
144.0	40.0	0.58	1.01	0.46	0.57	0.36	0.32
147.6	41	0.60	1.06	0.47	0.59	0.37	0.34
151.2	42	0.61	1.10	0.48	0.62	0.38	0.35
154.8	43	0.62	1.15	0.49	0.65	0.39	0.37
158.4	44	0.64	1.20	0.50	0.67	0.40	0.38
162.0	45	0.65	1.25	0.51	0.70	0.41	0.40
165.6	46	0.67	1.30	0.53	0.73	0.41	0.41
169.2	47	0.68	1.35	0.54	0.76	0.42	0.43
172.8	48	0.70	1.40	0.55	0.79	0.43	0.45
176.4	49	0.71	1.45	0.56	0.82	0.44	0.46
180.0	50	0.73	1.50	0.57	0.85	0.45	0.48
183.6	51	0.74	1.56	0.58	0.88	0.46	0.50
187.2	52	0.76	1.61	0.59	0.91	0.47	0.51
190.8	53	0.77	1.67	0.60	0.94	0.48	0.53
194.4	54	0.78	1.72	0.62	0.97	0.49	0.55
198.0	55	0.80	1.78	0.63	1.00	0.50	0.57
201.6	56	0.81	1.84	0.64	1.03	0.50	0.59
205.2	57	0.83	1.90	0.65	1.07	0.51	0.61
208.8	58	0.84	1.96	0.66	1.10	0.52	0.62
212.4	59	0.86	2.02	0.67	1.13	0.53	0.64
216.0	60	0.87	2.08	0.68	1.17	0.54	0.66
219.6	61	0.89	2.14	0.70	1.20	0.55	0.68
223.2	62	0.90	2.20	0.71	1.24	0.56	0.70
226.8	63	0.92	2.27	0.72	1.27	0.57	0.72
230.4	64	0.93	2.33	0.73	1.31	0.58	0.74
234.0	65	0.95	2.40	0.74	1.35	0.59	0.76
237.6	66	0.96	2.46	0.75	1.38	0.59	0.79
241.2	67	0.97	2.53	0.76	1.42	0.60	0.81
244.8	68	0.99	2.60	0.78	1.46	0.61	0.83
248.4	69	1.00	2.66	0.79	1.50	0.62	0.85
252.0	70	1.02	2.73	0.80	1.54	0.63	0.87
255.6	71	1.03	2.80	0.81	1.57	0.64	0.89
259.2	72	1.05	2.87	0.82	1.61	0.65	0.92
262.8	73	1.06	2.94	0.83	1.65	0.66	0.94
266.4	74	1.08	3.02	0.84	1.69	0.67	0.96
270.0	75	1.09	3.09	0.86	1.74	0.68	0.99
273.6	76	1.10	3.16	0.87	1.78	0.68	1.01
277.2	77	1.12	3.24	0.88	1.82	0.69	1.03
280.8	78	1.13	3.31	0.89	1.86	0.70	1.06
284.4	79	1.15	3.39	0.90	1.90	0.71	1.08
288.0	80	1.16	3.46	0.91	1.95	0.72	1.11
291.6	81	1.18	3.54	0.92	1.99	0.73	1.13
295.2	82	1.19	3.62	0.94	2.03	0.74	1.16
298.8	83	1.21	3.70	0.95	2.08	0.75	1.18
302.4	84	1.22	3.78	0.96	2.12	0.76	1.21
306.0	85	1.24	3.86	0.97	2.17	0.77	1.23
309.6	86	1.25	3.94	0.98	2.21	0.77	1.26
313.2	87	1.26	4.02	0.99	2.26	0.78	1.28

续表

DN (mm) 左表

Q		300		350		400	
m³/h	L/s	v	1000i	v	1000i	v	1000i
316.8	88	1.28	4.10	1.00	2.30	0.79	1.31
320.4	89	1.29	4.19	1.02	2.35	0.80	1.34
324.0	90	1.31	4.27	1.03	2.40	0.81	1.36
327.6	91	1.32	4.35	1.04	2.45	0.82	1.39
331.2	92	1.34	4.44	1.05	2.49	0.83	1.42
334.8	93	1.35	4.52	1.06	2.54	0.84	1.44
338.4	94	1.37	4.61	1.07	2.59	0.85	1.47
342.0	95	1.38	4.70	1.08	2.64	0.86	1.50
345.6	96	1.40	4.79	1.10	2.69	0.86	1.53
349.2	97	1.41	4.88	1.11	2.74	0.87	1.56
352.8	98	1.42	4.96	1.12	2.79	0.88	1.58
356.4	99	1.44	5.06	1.13	2.84	0.89	1.61
360.0	100	1.45	5.15	1.14	2.89	0.90	1.64
367.2	102	1.48	5.33	1.16	2.99	0.92	1.70
374.4	104	1.51	5.52	1.19	3.10	0.94	1.76
381.6	106	1.54	5.71	1.21	3.21	0.95	1.82
388.8	108	1.57	5.90	1.23	3.31	0.97	1.88
396.0	110	1.60	6.09	1.26	3.42	0.99	1.95
403.2	112	1.63	6.29	1.28	3.53	1.01	2.01
410.4	114	1.66	6.49	1.30	3.65	1.03	2.07
417.6	116	1.69	6.70	1.32	3.76	1.04	2.14
424.8	118	1.71	6.90	1.35	3.88	1.06	2.20
432.0	120	1.74	7.11	1.37	3.99	1.08	2.27
439.2	122	1.77	7.32	1.39	4.1	1.10	2.34
446.4	124	1.80	7.54	1.42	4.23	1.12	2.41
453.6	126	1.83	7.75	1.44	4.36	1.13	2.47
460.8	128	1.86	7.97	1.46	4.48	1.15	2.54
468.0	130	1.89	8.20	1.48	4.60	1.17	2.62
475.2	132	1.92	8.42	1.51	4.73	1.19	2.69
482.4	134	1.95	8.65	1.53	4.86	1.21	2.76
489.6	136	1.98	8.88	1.55	4.99	1.22	2.83
496.8	138	2.01	9.11	1.58	5.12	1.24	2.91
504.0	140	2.03	9.35	1.60	5.25	1.26	2.98
511.2	142	2.06	9.59	1.62	5.39	1.28	3.06
518.4	144	2.09	9.83	1.64	5.52	1.30	3.14

DN (mm) 右表

Q		300		350		400	
m³/h	L/s	v	1000i	v	1000i	v	1000i
525.6	146	2.12	10.07	1.67	5.66	1.31	3.21
532.8	148	2.15	10.32	1.69	5.80	1.33	3.29
540.0	150	2.18	10.56	1.71	5.94	1.35	3.37
547.2	152	2.21	10.80	1.73	6.08	1.37	3.45
554.4	154	2.24	11.07	1.76	6.22	1.39	3.53
561.6	156	2.27	11.33	1.78	6.36	1.41	3.61
568.8	158	2.30	11.59	1.80	6.51	1.42	3.70
576.0	160	2.33	11.85	1.83	6.66	1.44	3.78
583.2	162	2.35	12.11	1.85	6.80	1.46	3.87
590.4	164	2.38	12.38	1.87	6.95	1.48	3.95
597.6	166	2.41	12.65	1.89	7.10	1.50	4.04
604.8	168	2.44	12.92	1.92	7.26	1.51	4.12
612.0	170	2.47	13.19	1.94	7.41	1.53	4.21
619.2	172	2.50	13.47	1.96	7.57	1.55	4.30
626.4	174	2.53	13.75	1.99	7.73	1.57	4.39
633.6	176	2.56	14.03	2.01	7.88	1.59	4.48
640.8	178	2.59	14.31	2.03	8.04	1.60	4.57
648.0	180	2.62	14.60	2.05	8.20	1.62	4.66
655.2	182	2.64	14.89	2.08	8.36	1.64	4.75
662.4	184	2.67	15.18	2.10	8.53	1.66	4.84
669.6	186	2.70	15.47	2.12	8.69	1.68	4.94
676.8	188	2.73	15.77	2.15	8.86	1.69	5.03
684.0	190	2.76	16.07	2.17	9.03	1.71	5.13
691.2	192	2.79	16.37	2.19	9.20	1.73	5.22
698.4	194	2.82	16.67	2.2	9.37	1.75	5.32
705.6	196	2.85	16.98	2.24	9.54	1.77	5.42
712.8	198	2.88	17.29	2.26	9.71	1.78	5.52
720.0	200	2.91	17.60	2.28	9.89	1.80	5.62
730.8	203	2.95	18.07	2.32	10.15	1.83	5.77
741.6	206	3.00	18.55	2.35	10.42	1.86	5.92
752.4	209			2.39	10.69	1.88	6.07
763.2	212			2.42	10.96	1.91	6.23
774.0	215			2.45	11.24	1.94	6.39
784.8	218			2.49	11.52	1.96	6.55
795.6	221			2.52	11.80	1.99	6.71

续表

Q		DN (mm)				Q		DN (mm)			
		350		400				350		400	
m³/h	L/s	v	1000i	v	1000i	m³/h	L/s	v	1000i	v	1000i
806.4	224	2.56	12.09	2.02	6.87	1000.8	278			2.50	10.07
817.2	227	2.59	12.38	2.04	7.03	1011.6	281			2.53	10.27
828.0	230	2.63	12.67	2.07	7.20	1022.4	284			2.56	10.46
838.8	233	2.66	12.96	2.10	7.37	1033.2	287			2.58	10.66
849.6	236	2.69	13.26	2.13	7.53	1044.0	290			2.61	10.86
860.4	239	2.73	13.56	2.15	7.70	1054.8	293			2.64	11.06
871.2	242	2.76	13.87	2.18	7.88	1065.6	296			2.67	11.26
882.0	245	2.80	14.17	2.21	8.05	1076.4	299			2.69	11.46
892.8	248	2.83	14.48	2.23	8.23	1087.2	302			2.72	11.67
903.6	251	2.86	14.79	2.26	8.40	1098.0	305			2.75	11.88
914.4	254	2.90	15.11	2.29	8.58	1108.8	308			2.77	12.08
925.2	257	2.93	15.43	2.31	8.76	1119.6	311			2.80	12.29
936.0	260	2.97	15.75	2.34	8.95	1130.4	314			2.83	12.50
946.8	263	3.00	16.07	2.37	9.13	1141.2	317			2.85	12.72
957.6	266			2.40	9.32	1152.0	320			2.88	12.93
968.4	269			2.42	9.50	1166.4	324			2.92	13.22
979.2	272			2.45	9.69	1180.8	328			2.95	13.51
990.0	275			2.48	9.88						

附表 B

硬聚氯乙烯管水力计算图

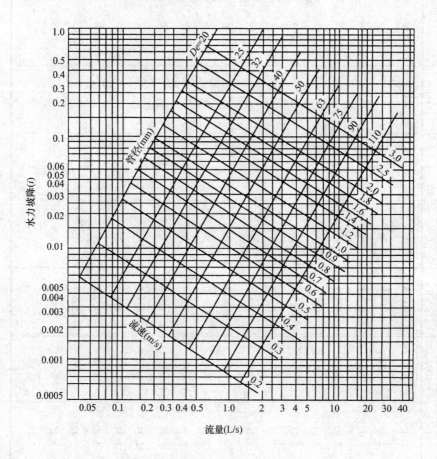

图 B 硬聚氯乙烯管道水力计算图（公称压力 1.6MPa）

附表 C

给水聚丙烯管水力计算表

给水聚丙烯冷水管水力计算（一）　　　　　　　　表 C-1（1）

Q		DN（mm）									
		8		10		15		20		25		32
m³/h	L/s	v	1000i	v	1000i	v	1000i	v	1000i	v	1000i	v	1000i
0.090	0.025	0.13	2.665										
0.108	0.030	0.16	3.683										

续表

Q		DN (mm)											
		8		10		15		20		25		32	
m³/h	L/s	v	1000i	v	1000i	v	1000i	v	1000i	v	1000i	v	1000i
0.126	0.035	0.19	4.841										
0.144	0.040	0.21	6.135										
0.162	0.045	0.24	7.561	0.14	1.975								
0.180	0.050	0.27	9.115	0.15	2.381								
0.198	0.055	0.30	10.794	0.17	2.820								
0.216	0.060	0.32	12.596	0.18	3.291								
0.236	0.065	0.35	14.518	0.20	3.793								
0.252	0.070	0.38	16.558	0.21	4.326	0.13	1.359						
0.270	0.075	0.40	18.713	0.23	4.889	0.14	1.536						
0.288	0.080	0.43	20.983	0.24	5.482	0.15	1.722						
0.306	0.085	0.46	23.366	0.26	6.104	0.16	1.917						
0.324	0.090	0.48	25.859	0.28	6.756	0.17	2.122						
0.342	0.095	0.51	28.463	0.29	7.436	0.18	2.336						
0.360	0.100	0.54	31.174	0.31	8.144	0.19	2.558						
0.396	0.110	0.59	36.917	0.34	9.644	0.21	3.029	0.14	1.201				
0.432	0.120	0.64	43.078	0.37	11.254	0.23	3.535	0.14	1.201				
0.468	0.130	0.70	49.651	0.40	12.971	0.24	4.074	0.16	1.384				
0.504	0.140	0.75	56.627	0.43	14.794	0.26	4.647	0.17	1.578				
0.540	0.150	0.81	64.000	0.46	16.720	0.28	5.252	0.18	1.784				
0.576	0.160	0.86	71.763	0.49	18.748	0.30	5.889	0.19	2.000				
0.612	0.170	0.91	79.911	0.52	20.877	0.32	6.558	0.20	2.227	0.13	0.763		
0.648	0.180	0.97	88.439	0.55	23.104	0.34	7.257	0.22	2.465	0.14	0.844		
0.684	0.190	1.02	97.342	0.58	25.430	0.36	7.988	0.23	2.713	0.15	0.929		
0.720	0.200	1.07	106.615	0.61	27.853	0.38	8.749	0.24	2.971	0.15	1.018		
0.900	0.250	1.34	158.394	0.76	41.380	0.47	12.998	0.30	4.414	0.19	1.512		
1.080	0.300	1.61	218.880	0.92	57.181	0.57	17.962	0.36	6.100	0.23	2.090	0.14	0.694
1.260	0.350	1.88	287.719	1.07	75.165	0.66	23.611	0.42	8.018	0.27	2.747	0.17	0.912
1.440	0.400	2.15	364.625	1.22	95.257	0.75	29.922	0.48	10.162	0.31	3.482	0.19	1.156
1.620	0.450	2.42	449.357	1.38	117.939	0.85	36.875	0.54	12.523	0.34	4.291	0.22	1.425
1.800	0.500	2.68	541.708	1.53	141.519	0.94	44.454	0.60	15.097	0.38	5.172	0.24	1.717
1.980	0.550	2.95	641.499	1.68	167.589	1.04	52.643	0.66	17.878	0.42	6.125	0.27	2.034

续表

Q		DN (mm)											
		8		10		15		20		25		32	
m³/h	L/s	v	1000i	v	1000i	v	1000i	v	1000i	v	1000i	v	1000i
2.160	0.600			1.84	195.561	1.13	61.429	0.72	20.862	0.46	7.148	0.29	2.373
2.340	0.650			1.99	225.398	1.22	70.801	0.78	24.045	0.50	8.238	0.31	2.735
2.52	0.700			2.14	257.067	1.32	80.749	0.84	27.423	0.54	9.396	0.34	3.119
2.700	0.750			2.29	290.536	1.41	91.262	0.90	30.994	0.57	10.619	0.36	3.526
2.880	0.800			2.45	325.779	1.51	102.333	0.96	34.753	0.61	11.907	0.39	3.953
3.060	0.850			2.60	362.770	1.60	113.952	1.02	38.699	0.65	13.259	0.14	4.402
3.240	0.900			2.75	401.484	1.70	126.113	1.08	42.829	0.69	14.674	0.43	4.872
3.420	0.950			2.91	441.899	1.79	138.808	1.14	47.141	0.73	16.151	0.46	5.362
3.600	1.000			3.06	483.996	1.88	152.031	1.20	51.632	0.76	17.690	0.48	5.873
3.780	1.050					1.98	165.777	1.26	56.300	0.80	19.289	0.51	6.404
3.960	1.100					2.07	180.038	1.32	61.143	0.84	20.949	0.53	6.955
4.140	1.150					2.17	194.810	1.38	66.160	0.88	22.667	0.55	7.526
4.320	1.200					2.26	210.088	1.44	71.348	0.92	24.445	0.58	8.116
4.500	1.250					2.35	225.899	1.50	76.707	0.96	26.281	0.60	8.726
4.680	1.300					2.45	242.141	1.56	52.234	0.99	28.175	0.63	9.354
4.860	1.350					2.54	258.908	1.62	87.928	1.03	30.126	0.65	10.002
5.040	1.400					2.64	276.162	1.68	93.788	1.07	32.133	0.67	10.669

Q		DN (mm)											
		20		25		32		40		50		63	
m³/h	L/s	v	1000i	v	1000i	v	1000i	v	1000i	v	1000i	v	1000i
5.220	1.450					2.73	293.901	1.74	99.812	1.11	34.197	0.70	11.354
5.400	1.500					2.83	312.118	1.80	105.999	1.15	36.317	0.72	12.058
5.580	1.550					2.92	330.813	1.86	112.348	1.19	38.492	0.75	12.780
5.760	1.600					3.01	349.979	1.92	118.857	1.22	40.722	0.77	13.520
5.940	1.650							1.98	125.526	1.26	43.007	0.80	14.279
6.120	1.700							2.04	132.352	1.30	45.346	0.82	15.055
6.300	1.750							2.10	139.337	1.34	47.739	0.84	15.850
6.480	1.800							2.16	146.477	1.38	50.185	0.87	16.662
6.660	1.850							2.22	153.772	1.42	52.685	0.89	17.492
6.840	1.900							2.28	161.222	1.45	55.237	0.92	18.339
7.020	1.950							2.34	168.825	1.49	57.842	0.94	19.204
7200	2.000							2.40	176.580	1.53	60.500	0.96	20.087
7.860	2.100							2.52	192.545	1.61	65.969	1.01	21.903
7.920	2.200							2.64	209.109	1.68	71.644	1.06	23.787

续表

Q		DN (mm)												
		20		25		32		40		50		63		
m³/h	L/s	v	1000i	v	1000i	v	1000i	v	1000i	v	1000i	v	1000i
8.280	2.300							2.76	226.267	1.76	77.523	1.11	25.739
8.640	2.400							2.88	244.012	1.84	83.603	1.16	27.757
9.000	2.500							3.00	262.338	1.91	89.882	1.20	29.842
9.360	2.600									1.99	96.358	1.25	31.992
9.720	2.700									2.07	103.030	1.30	34.207
10.080	2.800									2.14	109.896	1.35	36.487
10.440	2.900									2.22	116.955	1.40	38.830
10.800	3.000									2.29	124.205	1.45	41.237
11.160	3.100									2.37	131.644	1.49	43.707
11.520	3.200									2.45	139.271	1.54	46.240
11.880	3.300									2.52	147.085	1.59	48.834
12.240	3.400									2.60	155.085	1.64	51.490
12.600	3.500									2.68	163.268	1.69	54.207
12.960	3.600									2.75	171.635	1.73	56.985
13.320	3.700									2.83	180.183	1.78	59.823
13.680	3.800									2.91	188.913	1.83	62.721
14.010	3.900									2.98	197.821	1.88	65.679
14.400	4.000									3.06	206.909	1.93	68.696
14.760	4.100											1.98	71.772
15.120	4.200											2.02	74.907
15.480	4.300											2.07	78.100
15.840	4.400											2.12	81.351
16.200	4.500											2.17	84.660
16.560	4.600											2.22	88.026
16.920	4.700											2.27	91.449
17.280	4.800											2.31	94.929
17.640	4.900											2.36	98.466
18.000	5.000											2.41	102.059
18.360	5.100											2.46	105.708
18.720	5.200											2.51	109.413
19.080	5.300											2.55	113.173

续表

Q		DN (mm)											
		20		25		32		40		50		63	
m³/h	L/s	v	1000i	v	1000i	v	1000i	v	1000i	v	1000i	v	1000i
19.440	5.400											2.60	116.989
19.800	5.500											2.65	120.860
20.160	5.600											2.70	124.785
20.520	5.700											2.75	128.766
20.880	5.800											2.80	132.800
21.240	5.900											2.84	136.889
21.600	6.000											2.89	141.032
21.960	6.100											2.94	145.229
22.320	6.200											2.99	149.479
22.680	6.300											3.04	153.783

注：1. $t = 20℃$，$v = 0.0101 cm^2/s$。

2. 公称压力 1.25MPa。

给水聚丙烯冷水管水力计算（二）　　　　表 C-1（2）

Q		DN (mm)					
		75		90		110	
m³/h	L/s	v	1000i	v	1000i	v	1000i
0.090	0.025						
0.108	0.030						
0.126	0.035						
0.144	0.040						
0.162	0.045						
0.180	0.050						
0.198	0.055						
0.216	0.060						
0.236	0.065						
0.252	0.070						
0.270	0.075						
0.288	0.080						
0.306	0.085						
0.324	0.090						
0.342	0.095						

Q		DN (mm)					
		75		90		110	
m³/h	L/s	v	1000i	v	1000i	v	1000i
0.360	0.100						
0.396	0.110						
0.432	0.120						
0.468	0.130						
0.504	0.140						
0.540	0.150						
0.576	0.160						
0.612	0.170						
0.648	0.180						
0.684	0.190						
0.720	0.200						
0.900	0.250						
1.080	0.300						
1.260	0.350						
1.440	0.400	0.140	0.502				
1.620	0.450	0.150	0.619				
1.800	0.500	0.170	0.747				
1.980	0.550	0.190	0.884				
2.160	0.600	0.200	1.032				
2.340	0.650	0.220	1.189				
2.52	0.700	0.240	1.356	0.160	0.562		
2.700	0.750	0.250	1.533	0.180	0.635		
2.880	0.800	0.270	1.718	0.190	0.712		
3.060	0.850	0.290	1.914	0.200	0.793		
3.240	0.900	0.310	2.118	0.210	0.878	0.140	0.336
3.420	0.950	0.320	2.331	0.220	0.966	0.150	0.370
3.600	1.000	0.340	2.553	0.240	1.058	0.160	0.405
3.780	1.050	0.360	2.784	0.250	1.154	0.170	0.442
3.960	1.100	0.370	3.023	0.260	1.253	0.170	0.480
4.140	1.150	0.390	3.271	0.270	1.356	0.180	0.519
4.320	1.200	0.410	3.528	0.280	1.462	0.190	0.560

续表

Q		DN（mm）					
		75		90		110	
m³/h	L/s	v	1000i	v	1000i	v	1000i
4.500	1.250	0.420	3.793	0.290	1.572	0.200	0.602
4.680	1.300	0.440	4.066	0.310	1.685	0.200	0.645
4.860	1.350	0.460	4.348	0.320	1.802	0.210	0.690
5.040	1.400	0.480	4.638	0.330	1.922	0.220	0.736
5.220	1.450	0.490	4.936	0.340	2.046	0.230	0.783
5.400	1.500	0.510	5.241	0.350	2.172	0.240	0.831
5.580	1.550	0.530	5.555	0.360	2.302	0.240	0.881
5.760	1.600	0.540	5.877	0.380	2.436	0.250	0.932
5.940	1.650	0.560	6.207	0.390	2.573	0.260	0.985
6.120	1.700	0.580	6.545	0.400	2.712	0.270	1.038
6.300	1.750	0.590	6.890	0.410	2.856	0.280	1.093
6.480	1.800	0.610	7.243	0.420	3.002	0.280	1.149
6.660	1.850	0.630	7.604	0.430	3.151	0.290	1.206
6.840	1.900	0.650	7.972	0.450	3.304	0.300	1.265
7.020	1.950	0.660	8.348	0.460	3.460	0.310	1.324
7.200	2.000	0.680	8.732	0.470	3.619	0.310	1.385
7.560	2.100	0.710	9.521	0.490	3.946	0.330	1.510
7.920	2.200	0.750	10.340	0.520	4.285	0.350	1.640
8.280	2.300	0.780	11.188	0.540	4.637	0.360	1.775
8.640	2.400	0.820	12.066	0.560	5.001	0.380	1.914
9.000	2.500	0.850	12.972	0.590	5.376	0.390	2.058
9.360	0.600	0.880	13.907	0.610	5.764	0.410	2.206
9.720	2.700	0.920	14.870	0.630	6.163	0.420	2.359
10.080	2.800	0.950	15.861	0.660	6.574	0.440	2.516
10.440	2.900	0.990	16.879	0.680	6.996	0.460	2.678
10.800	3.000	1.020	17.926	0.710	7.429	0.470	2.844
11.160	3.100	1.050	18.999	0.730	7.874	0.490	3.014
11.520	3.200	1.090	20.100	0.750	8.331	0.500	3.189
11.880	3.300	1.120	21.228	0.780	8.798	0.520	3.367
12.240	3.400	1.160	22.383	0.800	9.277	0.530	3.551
12.600	3.500	1.190	23.564	0.820	9.766	0.550	3.738

续表

Q		DN（mm）					
		75		90		110	
m³/h	L/s	v	1000i	v	1000i	v	1000i
12.960	3.600	1.220	24.771	0.850	10.266	0.570	3.930
13.320	3.700	1.260	26.005	0.870	10.778	0580	4.125
13.680	3.800	1.290	27.265	0.890	11.300	0.600	4.325
14.010	3.900	1.330	28.551	0.920	11.833	0.610	4529
14.400	4.000	1.360	29.862	0.940	12.376	0.630	4.737
14.760	4.100	1.390	31.199	0.960	12.931	0.640	4.949
15.120	4.200	1.430	32.562	0.990	13.495	0.660	5.165
15.480	4.300	1.460	33.950	1.010	14.071	0.680	5.386
15.840	4.400	1.500	35.363	1.030	14.656	0.690	5.610
16.200	4.500	1.530	36.801	1.060	15.252	0.710	5.838
16.560	4.600	1.560	38.265	1.080	15.859	0.720	0.070
16.920	4.700	1.600	39.753	1.100	16.476	0.740	6.306
17.280	4.800	1.630	41.265	1.130	17.103	0.750	6.546
17.640	4.900	1.670	72.803	1.150	17.740	0.770	6.790
18.000	5.000	1.700	44.362	1.180	18.387	0.790	7.038
18.360	5.100	1.730	45.951	1.200	19.045	0.800	7.289
18.720	5.200	1.770	47.561	1.220	19.712	0.820	7.545
19.080	5.300	1.800	49.196	1.250	20.390	0.830	7.804
19.440	5.400	1.840	50.855	1.270	21.077	0.850	8.067
19.800	5.500	1.870	52.537	1.290	21.774	0.860	8.334
20.160	5.600	1.900	54.244	1.320	22.482	0.880	8.605
20.520	5.700	1.940	55.974	1.340	23.199	0.900	8.879
20.880	5.800	1.970	57.728	1.360	23.926	0.910	9.158
21.240	5.900	2.010	59.505	1.390	24.662	0.930	9.440
21.600	6.000	2.040	61.306	1.410	25.409	0.940	9.725
21.960	6.100	2.070	63.131	1.430	26.165	0.960	10.015
22.320	6.200	2.110	64.978	1.460	26.930	0.970	10.308
22.680	6.300	2.140	66.849	1.480	27.706	0.990	10.605
23.040	6.400	2.180	68.743	1.500	28.491	1.010	10.905
23.400	6.500	2.210	70.660	1.530	29.285	1.020	11.209
23.760	6.600	2.240	72.600	1.550	30.089	1.040	11.517

续表

Q		DN (mm)					
		75		90		110	
m³/h	L/s	v	1000i	v	1000i	v	1000i
24.120	6.700	2.280	74.563	1.570	30.903	1.050	11.828
24.480	6.800	2.310	76.548	1.600	31.726	1.070	12.143
24.840	6.900	2.350	78.557	1.620	32.558	1.080	12.462
25.200	7.000	2.380	80.588	1.650	33.400	1.100	12.784
25.560	7.100	2.410	82.641	1.670	34.251	1.120	13.110
25.920	7.200	2.450	84.717	1.690	35.111	1.130	13.439
26.280	7.300	2.480	86.816	1.720	35.981	1.150	13.772
26.640	7.400	2.520	88.917	1.740	36.860	1.160	14.108
27.000	7.500	2.550	91.080	1.760	37.749	1.180	14.448
27.360	7.600	2.580	93.245	1.790	37.646	1.190	14.792
27.720	7.700	2.620	95.433	1.810	39.553	1.210	15.139
28.080	7.800	2.650	97.643	1.830	40.486	1.230	15.490
28.440	7.900	2.690	99.875	1.860	41.393	1.240	15.844
28.800	8.000	2.720	102.128	1.880	42.327	1.260	16.201
29.160	8.100	2.750	104.404	1.900	43.271	1.270	16.562
29.520	8.200	2.790	106.701	1.930	44.223	1.290	16.927
29.880	8.300	2.820	109.021	1.950	45.184	1.300	17.294
30.240	8.400	2.860	111.362	1.970	46.154	1.320	17.666
30.600	8.500	2.890	113.724	2.000	47.134	1.340	18.041
30.960	8.600	2.920	116.109	2.020	48.122	1.350	18.419
31.320	8.700	2.960	118.515	2.040	49.119	1.370	18.800
31.680	8.800	2.990	120.942	2.070	50.125	1.380	19.186
32.040	8.900	3.030	123.391	2.090	51.140	1.400	19.574
32.400	9.000	3.060	125.861	2.120	52.164	1.410	19.966
32.760	9.100	3.090	128.352	2.140	53.196	1.430	20.361
33.120	9.200	3.130	130.865	2.160	54.238	1.450	20.760
33.480	9.300	3.160	133.399	2.190	55.288	1.460	21.162
33.840	9.400			2.210	56.347	1.480	21.567
34.200	9.500			2.230	57.415	1.490	21.976
34.560	9.600			2.260	58.491	1.510	22.388
34.920	9.700			2.280	59.573	1.520	22.803

Q		DN (mm)					
		75		90		110	
m³/h	L/s	v	1000i	v	1000i	v	1000i
35.280	9.800			2.300	60.670	1.540	23.222
35.640	9.900			2.330	61.773	1.560	23.644
36.000	10.000			2.350	62.884	1.570	24.069
36.900	10.250			2.410	65.700	1.610	25.147
37.800	10.500			2.470	68.570	1.650	26.245
38.700	10.750			2.530	71.492	1.690	27.364
39.600	11.000			2.590	74.468	1.730	28.503
40.500	11.250			2.640	77.497	1.770	29.662
41.400	11.500			2.700	80.597	1.810	30.842
42.300	11.750			2.760	83.712	1.850	32.041
43.200	12.000			2.820	86.898	1.890	33.261
44.100	12.250			2.880	90.135	1.930	34.500
45.000	12.500			2.940	93.424	1.970	35.759
45.900	12.750			3.000	96.764	2.000	37.037
46.800	13.000			3.060	100.156	2.040	38.335
47.700	13.250					2.080	39.653
48.600	13.500					2.120	70.990
49.500	13.750					2.160	42.346
50.400	14.000					2.200	43.721
51.300	14.250					2.240	45.116
52.200	14.500					2.280	46.530
53.100	14.750					2.320	47.962
54.000	15.000					2.360	49.414
55.800	15.500					2.440	52.373
57.600	16.000					2.520	55.408
59.400	16.500					2.590	58.517
61.200	17.000					2.670	61.700
63.000	17.500					2.750	64.955
64.800	18.000					2.830	68.284
66.600	18.500					2.910	71.684
68.400	19.000					2.990	75.157

续表

Q		DN (mm)					
		75		90		110	
m³/h	L/s	v	1000i	v	1000i	v	1000i
70. 200	19. 500						
72. 000	20. 000						
73. 800	20. 500						
75. 600	21. 000						
77. 400	21. 500						
79. 200	22. 000						
81. 000	22. 500						
82. 800	23. 000						
84. 600	23. 500						
86. 400	24. 000						

给水聚丙烯热水管水力计算 (一)　　　　　表 C-2 (1)

Q		DN (mm)											
		20		25		32		40		50		63	
m³/h	L/s	v	1000i	v	1000i	v	1000i	v	1000i	v	1000i	v	1000i
0. 090	0. 025	0. 18	4. 534										
0. 108	0. 030	0. 22	6. 266	0. 14	2. 098								
0. 126	0. 035	0. 26	8. 237	0. 16	2. 758								
0. 144	0. 040	0. 29	10. 438	0. 18	3. 495								
0. 162	0. 045	0. 33	12. 864	0. 21	4. 307	0. 13	1. 340						
0. 180	0. 050	0. 37	15. 508	0. 23	5. 192	0. 14	1. 615						
0. 198	0. 055	0. 40	18. 364	0. 25	6. 149	0. 16	1. 913						
0. 216	0. 060	0. 44	21. 429	0. 28	7. 175	0. 17	2. 232						
0. 236	0. 065	0. 47	24. 699	0. 30	8. 270	0. 18	2. 573						
0. 252	0. 070	0. 51	28. 169	0. 32	9. 432	0. 20	2. 934						
0. 270	0. 075	0. 55	31. 837	0. 35	10. 660	0. 21	3. 316	0. 13	1. 122				
0. 288	0. 080	0. 58	35. 699	0. 37	11. 953	0. 23	3. 718	0. 14	1. 259				
0. 306	0. 085	0. 62	39. 752	0. 39	13. 310	0. 24	4. 140	0. 15	1. 402				
0. 324	0. 090	0. 66	43. 944	0. 42	14. 731	0. 25	4. 582	0. 16	1. 551				
0. 342	0. 095	0. 69	48. 423	0. 44	16. 213	0. 27	5. 044	0. 17	1. 707				
0. 360	0. 100	0. 73	53. 036	0. 46	17. 758	0. 28	5. 524	0. 18	1. 870				
0. 396	0. 110	0. 80	62. 806	0. 51	21. 029	0. 31	6. 542	0. 20	2. 214				

续表

Q		DN（mm）											
		20		25		32		40		50		63	
m³/h	L/s	v	1000i	v	1000i	v	1000i	v	1000i	v	1000i	v	1000i
0.432	0.120	0.88	73.289	0.55	24.539	0.34	7.634	0.22	2.584	0.14	0.897		
0.468	0.130	0.95	84.470	0.60	28.283	0.37	8.798	0.23	2.978	0.15	1.034		
0.504	0.140	1.02	96.339	0.64	32.257	0.40	10.034	0.25	3.397	0.16	1.179		
0.540	0.150	1.10	108.882	0.69	36.457	0.42	11.341	0.27	3.839	0.17	1.332		
0.576	0.160	1.17	122.090	0.74	40.879	0.45	12.717	0.29	4.304	0.18	1.494		
0.612	0.170	1.24	135.952	0.79	45.521	0.48	14.160	0.31	4.793	0.20	1.664		
0.648	0.180	1.32	150.461	0.83	50.379	0.51	15.672	0.32	5.305	0.21	1.841	0.13	0.599
0.684	0.190	1.39	165.607	0.88	55.450	0.54	17.249	0.34	5.839	0.22	2.027	0.14	0.660
0.720	0.200	1.46	181.383	0.92	60.732	0.57	18.892	0.36	6.395	0.23	2.220	0.14	0.722
0.900	0.250	1.83	269.473	1.16	90.228	0.71	28.068	0.45	9.501	0.29	3.298	0.18	1.073
1.080	0.300	2.19	372.377	1.39	124.683	0.85	38.786	0.54	13.129	0.35	4.557	0.22	1.483
1.260	0.350	2.56	489.493	1.62	163.897	0.99	50.985	0.63	17.258	0.40	5.990	0.25	1.950
1.440	0.400	2.92	620.331	1.85	207.705	1.13	64.512	0.72	21.871	0.46	7.592	0.29	2.471
1.620	0.450			2.08	255.972	1.27	79.627	0.81	26.953	0.52	9.356	0.32	3.045
1.800	0.500			2.31	308.579	1.42	95.992	0.90	32.492	0.58	11.278	0.36	3.671
1.980	0.550			2.54	365.424	1.56	113.675	0.99	38.478	0.64	13.356	0.40	4.347
2.160	0.600			2.77	426.416	1.70	132.648	1.08	44.900	0.69	15.585	0.43	5.073
2.340	0.650			3.00	491.475	1.84	152.887	1.17	51.750	0.75	17.963	0.47	5.847
2.52	0.700					1.98	174.368	1.26	59.021	0.81	20.487	0.51	6.668
2.700	0.750					2.12	197.070	1.35	66.706	0.87	23.154	0.54	7.536
2.880	0.800					2.27	220.975	1.44	74.797	0.92	25.963	0.58	8.450
3.060	0.850					2.41	246.066	1.53	83.290	0.98	28.911	0.61	9.410
3.240	0.900					2.55	272.325	1.62	92.179	1.04	31.966	0.65	10.414
3.420	0.950					2.69	299.739	1.71	101.458	1.10	35.217	0.69	11.462
3.600	1.000					2.83	328.293	1.80	111.123	1.16	38.572	0.72	12.554
3.780	1.050					2.97	357.974	1.89	121.170	1.21	42.060	0.76	13.689
3.960	1.100					3.12	388.770	1.98	131.594	1.27	45.678	0.79	14.867
4.140	1.150							2.07	142.391	1.33	49.426	0.83	16.087
4.320	1.200							2.16	153.558	1.39	53.302	0.87	17.349
4.500	1.250							2.25	165.091	1.44	57.305	0.90	18.652
4.680	1.300							2.34	176.986	1.50	61.4340	0.94	19.996

续表

Q		DN (mm)											
m³/h	L/s	\multicolumn 20		25		32		40		50		63	
		v	$1000i$	v	$1000i$	v	$1000i$	v	$1000i$	v	$1000i$	v	$1000i$
4. 860	1. 350							2. 43	189. 242	1. 56	65. 688	0. 97	21. 380
5. 040	1. 400							2. 52	201. 853	1. 62	70. 066	1. 01	22. 805
5. 220	1. 450							216	214. 818	1. 67	74. 566	1. 05	24. 270
5. 400	1. 500							2. 70	228. 134	1. 73	79. 188	1. 08	25. 774
5. 580	1. 550							2. 79	241. 798	1. 79	83. 931	1. 12	27. 318
5. 760	1. 600							2. 88	255. 808	1. 85	88. 794	1. 15	28. 901
5. 940	1. 650							2. 97	270. 160	1. 91	93. 776	1. 19	30. 522
6. 120	1. 700							3. 06	284. 853	1. 96	98. 876	1. 23	32. 182
6. 300	1. 750									2. 02	104. 094	1. 26	33. 880
6. 480	1. 800									2. 08	109. 428	1. 30	35. 616
6. 660	1. 850									2. 14	114. 879	1. 34	37. 390
6. 840	1. 900									2. 19	120. 444	1. 37	39. 202
7. 020	1. 950									2. 25	126. 124	1. 41	41. 051
7200	2. 000									2. 31	131. 918	1. 44	42. 936
7. 860	2. 100									2. 43	143. 844	1. 52	46. 818
7. 920	2. 200									2. 54	156. 219	1. 59	50. 846
8. 280	2. 300									2. 66	169. 037	1. 66	55. 018
8. 640	2. 400									2. 77	182. 293	1. 73	59. 332
9. 000	2. 500									2. 89	195. 985	1. 80	63. 789
9. 360	2. 600									3. 00	210. 106	1. 88	68. 385
9. 720	2. 700											1. 95	73. 120
10. 080	2. 800											2. 02	77. 993
10. 440	2. 900											2. 09	83. 003
10. 800	3. 000											2. 17	88. 148
11. 160	3. 100											2. 24	93. 427
11. 520	3. 200											2. 31	98. 840
11. 880	3. 300											2. 38	104. 386
12. 240	3. 400											2. 45	110. 063
12. 600	3. 500											2. 53	115. 871
12. 960	3. 600											2. 60	121. 809
13. 320	3. 700											2. 67	127. 875

Q		DN (mm)										
		20		25		32		40		50		63	
m³/h	L/s	v	1000i	v	1000i	v	1000i	v	1000i	v	1000i	v	1000i
13.680	3.800											2.74	134.071
14.010	3.900											2.81	140.393
14.400	4.000											2.89	146.813
14.760	4.100											2.96	153.418
15.120	4.200											3.03	160.119

注：1. $t=70℃$，$v=0.0041cm^2/s$。

2. 公称压力 2.5MPa。

给水聚丙烯热水管水力计算（二）　　　表 C-2（2）

Q		DN (mm)					
		75		90		110	
m³/h	L/s	v	1000i	v	1000i	v	1000i
0.090	0.025						
0.108	0.030						
0.126	0.035						
0.144	0.040						
0.162	0.045						
0.180	0.050						
0.198	0.055						
0.216	0.060						
0.236	0.065						
0.252	0.070						
0.270	0.075						
0.288	0.080						
0.306	0.085						
0.324	0.090						
0.342	0.095						
0.360	0.100						
0.396	0.110						
0.432	0.120						
0.468	0.130						
0.504	0.140						

续表

| Q | | DN（mm） | | | | | |
| | | 75 | | 90 | | 110 | |
m³/h	L/s	v	1000i	v	1000i	v	1000i
0.540	0.150						
0.576	0.160						
0.612	0.170						
0.648	0.180						
0.684	0.190						
0.720	0.200						
0.900	0.250						
1.080	0.300	0.150	0.645				
1.260	0.350	0.180	0.848				
1.440	0.400	0.200	1.075	0.140	0.450		
1.620	0.450	0.230	1.325	0.160	0.555		
1.800	0.500	0.250	4.597	0.180	0.669		
1.980	0.550	0.280	1.891	0.190	0.792		
2.160	0.600	0.310	2.207	0.210	0.924	0.140	0.353
2.340	0.650	0.330	2.543	0.230	1.065	0.150	0.407
2.520	0.700	0.360	2.901	0.250	1.215	0.170	0.464
2.700	0.750	0.380	3.278	0.270	1.373	0.180	0.524
2.880	0.800	0.410	3.676	0.280	1.539	0.190	0.588
3.060	0.850	0.430	4.094	0.300	1.714	0.200	0.655
3.240	0.900	0.460	5.430	0.320	1.897	0.210	0.725
3.420	0.950	0.480	4.986	0.340	2.088	0.220	0.798
3.600	1.000	0.510	5.461	0.350	2.287	0.240	0.874
3.780	1.050	0.530	0.955	0.370	2.494	0.250	0.953
3.960	1.100	0.560	6.468	0.390	2.708	0.260	1.035
4.140	1.150	0.590	6.998	0.410	2.931	0.270	1.120
4.320	1.200	0.610	7.547	0.420	3.161	0.280	1.207
4.500	1.250	0.640	8.114	0.440	3.398	0.300	1.298
4.680	1.300	0.660	8.698	0.460	3.643	0.310	1.392
4.860	1.350	0.690	9.301	0.480	3.895	0.320	1.488
5.040	1.400	0.710	9.921	0.500	4.155	0.330	1.587
5.220	1.450	0.740	10.558	0.510	4.421	0.340	1.689

续表

Q		DN（mm）					
		75		90		110	
m³/h	L/s	v	1000i	v	1000i	v	1000i
5.400	1500	0.760	11.212	0.530	4.695	0.350	1.794
5.580	1.550	0.790	11.884	0.550	4.977	0.370	1.901
5.760	1.600	0.810	12.572	0.570	5.265	0.380	2.011
5.940	1.650	0.840	13.278	0.580	5.560	0.390	2.124
6.120	1.700	0.870	14.000	0.600	5.563	0.400	2.240
6.300	1.750	0.890	14.739	0.620	6.172	0.410	2.358
6.480	1.800	0.920	15.494	0.640	6.489	0.430	2.479
6.660	1.850	0.940	16.266	0.650	6.812	0.440	2.602
6.840	1.900	0.970	17.054	0.670	7.142	0.450	2.728
7.020	1.950	0.990	17.858	0.690	7.479	0.460	2.857
7.200	2.000	1.020	18.678	0.710	7.822	0.470	2.988
7.560	2.100	1.070	20.367	0.740	8.529	0.500	3.258
7.920	2.200	1.120	22.119	0.780	9.263	0.520	3.538
8.280	2.300	1.170	23.934	0.810	10.023	0.540	3.829
8.640	2.400	1.220	25.811	0.850	10.809	0.570	4.129
9.000	2.500	1.270	27.749	0.880	11.621	0.590	4.439
9.360	0.600	1.320	29.749	0.920	12.458	0.610	4.759
9.720	2.700	1.380	31.809	0.950	13.321	0.640	5.089
10.080	2.800	1.430	33.929	0.990	14.209	0.660	5.428
11.160	3.100	1.580	40.643	1.100	17.020	0.730	6.502
11.520	3.200	1.630	42.997	1.130	18.007	0.760	6.878
11.880	3.300	1.680	45.410	1.170	19.017	0.780	7.264
12.240	3.400	1.730	47.880	1.200	20.051	0.800	7.659
12.600	3.500	1.780	50.409	1.240	21.109	0.830	8.064
12.960	3.600	1.830	52.989	1.270	22.191	0.850	8.477
13.320	3.700	1.880	55.628	1.310	23.296	0.870	8.899
13.680	3.800	1.940	58.323	1.340	24.425	0.900	9.330
14.040	3.900	1.990	61.074	1.380	25.577	0.920	9.770
14.400	4.000	2.040	63.879	1.410	26.752	0.950	10.219

续表

Q		DN (mm)					
		75		90		110	
m³/h	L/s	v	$1000i$	v	$1000i$	v	$1000i$
14.760	4.100	2.090	66.740	1.450	27.949	0.970	10.677
15.120	4.200	2.140	69.655	1.490	29.170	0.990	11.143
15.480	4.300	2.190	72.624	1.520	30.414	1.020	11.618
15.840	4.400	2.240	75.647	1.560	31.680	1.040	12.102
16.200	4.500	2.290	78.724	1.590	32.968	1.060	12.594
16.560	4.600	2.340	81.854	1.630	34.279	1.090	13.094
16.920	4.700	2.390	85.037	1.660	35.612	1.110	13.604
17.280	4.800	2.440	88.273	1.700	36.967	1.130	14.121
17.640	4.900	2.500	91.562	1.730	38.344	1.160	14.648
18.000	5.000	2.550	94.903	1.770	39.744	1.180	15.182
18.360	5.100	2.600	98.296	1.800	41.165	1.210	15.725
18.720	5.200	2.650	101.741	1.840	42.607	1.230	16.276
19.080	5.300	2.700	105.238	1.870	44.072	1.250	16.835
19.440	5.400	2.750	108.768	1.910	45.558	1.280	17.403
19.800	5.500	2.800	112.385	1.950	47.065	1.300	17.979
20.160	5.600	2.850	116.036	1.980	48.594	1.320	18.563
20.520	5.700	2.900	119.737	2.020	50.144	1.350	19.155
20.880	5.800	2.950	123.489	2.050	51.715	1.370	19.755
21.240	5.900	3.000	127.291	2.090	53.307	1.390	20.363
21.600	6.000	3.060	131.143	2.120	54.921	1.420	20.980
21.960	6.100			2.160	56.555	1.440	21.604
22.320	6.200			2.190	58.210	1.470	22.236
22.680	6.300			2.320	59.886	1.490	22.876
23.040	6.400			2.260	61.583	1.510	23.524
23.400	6.500			2.300	63.300	1.540	24.180
23.760	6.600			2.330	65.038	1.560	24.844
24.120	6.700			2.370	66.796	1.580	25.516
24.480	6.800			2.410	68.575	1.610	26.196
24.840	6.900			2.440	70.374	1.630	26.883
25.200	7.000			2.480	72.194	1.650	27.578
25.560	7.100			2.510	74.033	1.680	28.281

续表

Q		DN（mm）					
		75		90		110	
m³/h	L/s	v	1000i	v	1000i	v	1000i
25.920	7.200			2.550	75.893	1.700	28.991
26.280	7.300			2.580	77.773	1.730	29.709
26.640	7.400			2.620	79.673	1.750	30.435
27.000	7.500			2.650	81.593	1.770	31.168
27.360	7.600			2.690	83.533	1.800	31.909
27.720	7.700			2.720	85.493	1.820	32.658
28.080	7.800			2.760	87.472	1.840	33.414
28.440	7.900			2.790	89.472	1.870	34.178
28.800	8.000			2.830	91.491	1.890	34.949
29.160	8.100			2.860	93.529	1.910	35.728
29.520	8.200			2.900	95.587	1.940	36.514
29.880	8.300			2.940	97.665	1.960	37.308
30.240	8.400			2.970	99.762	1.990	38.109
30.600	8.500			3.010	101.879	2.010	39.917
30.960	8.600			3.040	104.015	2.030	39.733
31.320	8.700			3.080	106.170	2.060	40.557
31.680	8.800			3.110	108.344	2.080	41.387
32.040	8.900					2.100	42.225
32.400	9.000					2.130	43.071
32.760	9.100					2.150	43.923
33.120	9.200					2.170	44.783
33.480	9.300					2.200	45.650
33.840	9.400					2.220	46.525
34.200	9.500					2.250	47.406
34.560	9.600					2.270	48.295
34.920	9.700					2.290	49.191
35.280	9.800					2.320	50.095
35.640	9.900					2.340	51.005
36.000	10.000					2.360	51.923
36.900	10.250					2.420	54.248
37.800	10.500					2.480	56.617

续表

Q		DN（mm）					
		75		90		110	
m³/h	L/s	v	$1000i$	v	$1000i$	v	$1000i$
38.700	10.750					2.540	59.030
39.600	11.000					2.600	61.487
40.500	11.250					2.660	63.988
41.400	11.500					2.720	66.533
42.300	11.750					2.780	69.120
43.200	12.000					2.840	71.750
44.100	12.250					2.900	74.423
45.000	12.500					2.950	77.139
45.900	12.750					3.010	79.897
46.800	13.000						
47.700	13.250						
48.600	13.500						
49.500	13.750						
50.400	14.000						
51.300	14.250						
52.200	14.500						

阻力修正系数 K_2、流速修正系数 K_3 表　　　　表 C-3

冷水管公称压力（MPa）

PN1.0				PN1.25				PN1.6			
外径 $\phi\times$壁厚(mm)	计算内径 d'_j(mm)	K_1	K_2	外径 $\phi\times$壁厚(mm)	计算内径 d'_j(mm)	K_1	K_2	外径 $\phi\times$壁厚(mm)	计算内径 d'_j(mm)	K_1	K_2
20×2.3	15.4	1	1	20×2.3	15.4	1	1	20×2.3	15.4	1	1
25×2.3	20.4	1	1	25×2.3	20.4	1	1	25×2.8	19.4	1.271	1.103
32×2.4	27.2	0.806	0.914	32×3.0	26.0	1	1	32×3.6	24.8	1.253	1.099
40×3.0	34.0	0.818	0.919	40×3.7	32.6	1	1	40×4.5	31.0	1.271	1.106
50×3.7	42.6	0.814	0.917	50×4.6	40.8	1	1	50×5.6	38.8	1.271	1.106
63×4.7	53.6	0.819	0.919	63×5.8	51.4	1	1	63×7.1	48.8	1.281	1.109
75×5.7	63.6	0.823	0.926	75×6.9	61.2	1	1	75×8.4	58.2	1.271	1.106
90×6.7	76.6	0.826	0.923	90×8.2	73.6	1	1	90×10.1	69.8	1.288	1.112
110×8.1	93.8	0.821	0.921	110×10.0	90	1	1	110×12.3	85.4	1.285	1.111

水温修正系数 K_1 表　　　　　　　表 C-4

冷水水温	10℃	20℃	30℃	40℃
冷水管温度修正系数 K_1	1.061	1	0.949	0.908

不同温度及使用寿命下的允许压力　　　　　表 C-5

使用温度（℃）	使用寿命（年）	公称压力（MPa）					
		1.0	1.25	1.6	2.0	2.5	3.2
20	1	1.43	1.96	2.27	2.86	3.60	4.53
	5	1.35	1.70	2.14	2.69	3.39	4.26
	10	1.31	1.65	2.08	2.62	3.30	4.15
	25	1.27	1.59	2.01	2.53	3.18	4.01
	50	1.23	1.55	1.96	2.46	3.10	3.90
40	1	1.04	1.30	1.64	2.07	2.60	3.26
	5	0.97	1.22	1.54	1.93	2.43	3.06
	10	0.94	1.18	1.49	1.88	2.36	2.97
	25	0.91	1.14	1.43	1.81	2.27	2.86
	50	0.88	1.11	1.39	1.76	2.21	2.78
60	1	0.74	0.93	1.17	1.47	1.86	2.34
	5	0.69	0.87	1.09	1.37	1.73	2.17
	10	0.67	0.84	1.05	1.33	1.67	2.10
	25	0.64	0.80	1.01	1.28	1.61	2.02
	50	0.62	0.78	0.98	1.23	1.55	1.96
70	1	0.62	0.78	0.98	1.24	1.56	1.96
	5	0.58	0.73	0.91	1.15	1.45	1.82
	10	0.56	0.70	0.88	1.11	1.40	1.76
	25	0.49	0.61	0.77	0.97	1.22	1.54
	50	0.41	0.52	0.65	0.82	1.03	0.30
80	1	0.52	0.66	0.83	1.04	1.31	1.65
	5	0.48	0.61	0.76	0.96	1.21	1.52
	10	0.39	0.49	0.62	0.78	0.98	1.23
	25	0.31	0.39	0.50	0.62	0.79	0.99
95	1	0.37	0.47	0.59	0.74	0.93	1.17
	5	0.25	0.31	0.40	0.50	0.63	0.79
	(10)	(0.21)	(0.27)	(0.34)	(0.42)	(0.53)	(0.67)

注：1. 表中公称压力是指环应力为 PP-R 管 80 系列的对应数值。

2. 表中数值为允许压力。工作压力应将表中对应数值除以 1.25~1.5。

3. 括号内数值不推荐使用。

附表 D

建筑给水氯化聚氯乙烯管水力计算表

流量 q		DN（20mm）		DN（25mm）		DN（32mm）		DN（40mm）	
		D_j0.0160（m）		D_j0.0210（m）		D_j0.0272（m）		D_j0.0340（m）	
（m³/h）	（L/s）	v（m/s）	i（kPa/m）	v（m/s）	i（kPa/m）	v（m/s）	i（kPa/m）	v（m/s）	i（kPa/m）
0.360	0.100	0.50	0.269						
0.396	0.110	0.55	0.319						
0.432	0.120	0.60	0.372						
0.468	0.130	0.65	0.429						
0.504	0.140	0.70	0.489						
0.540	0.150	0.75	0.553						
0.576	0.160	0.80	0.620						
0.612	0.170	0.85	0.691	0.49	0.189				
0.648	0.180	0.90	0.764	0.52	0.209				
0.684	0.190	0.94	0.841	0.55	0.230				
0.72	0.200	0.99	0.922	0.58	0.252				
0.90	0.250	1.24	1.369	0.72	0.374				
1.08	0.300	1.49	1.892	0.87	0.517	0.52	0.150		
0.26	0.350	1.74	2.487	1.01	0.679	0.60	0.197		
1.44	0.400	1.99	3.152	1.15	0.860	0.69	0.250		
1.62	0.450	2.24	3.884	1.30	1.060	0.77	0.308	0.50	0.106
1.80	0.500	2.49	4.682	1.44	1.278	0.86	0.372	0.55	0.128
1.98	0.550	2.74	5.545	1.59	1.514	0.95	0.440	0.61	0.152
2.16	0.600	2.98	6.470	1.73	1.766	1.03	0.514	0.66	0.177
2.34	0.650	3.23	7.457	1.88	2.036	1.12	0.592	0.72	0.204
2.52	0.700			2.02	2.322	1.20	0.675	0.77	0.233
2.70	0.750			2.17	2.624	1.29	0.763	0.83	0.263
2.88	0.800			2.31	2.943	1.38	0.856	0.88	0.295

流量 q		DN (20mm)		DN (25mm)		DN (32mm)		DN (40mm)	
		D_j0.0160 (m)		D_j0.0210 (m)		D_j0.0272 (m)		D_j0.0340 (m)	
(m³/h)	(L/s)	v (m/s)	i (kPa/m)	v (m/s)	i (kPa/m)	v (m/s)	i (kPa/m)	v (m/s)	i (kPa/m)
3.06	0.850			2.45	3.277	1.46	0.953	0.94	0.328
3.24	0.900			2.60	3.627	1.55	1.055	0.99	0.363
3.42	0.950			2.74	3.992	1.63	1.161	1.05	0.400
3.60	1.000			2.89	4.372	1.72	1.271	1.10	0.438
3.78	1.050			3.03	4.767	1.81	1.386	1.16	0.478
3.96	1.100					1.89	1.506	1.21	0.519
4.14	1.150					1.98	1.629	1.27	0.561
4.32	1.200					2.07	1.757	1.32	0.606
4.50	1.250					2.15	1.889	1.38	0.651
4.68	1.300					2.24	2.025	1.43	0.698
4.86	1.350					2.32	2.165	1.49	0.746
5.04	1.400					2.41	2.310	1.54	0.796
5.22	1.450					2.50	2.458	1.60	0.847
5.40	1.500					2.58	2.610	1.65	0.900
5.58	1.550					2.67	2.767	1.71	0.953
5.76	1.600					2.75	2.927	1.76	1.009
5.94	1.650					2.84	3.091	1.82	1.065
6.12	1.700					2.93	3.259	1.87	1.123
6.30	1.75					3.01	3.431	1.93	1.183
6.48	1.800							1.98	1.243
0.66	1.850							2.04	1.305
6.84	1.900							2.09	1.368

续表

流量 q		DN (40mm)		DN (50mm)		DN (63mm)		DN (75mm)	
		D_j0.0340 (m)		D_j0.0426 (m)		D_j0.0536 (m)		D_j0.0638 (m)	
(m³/h)	(L/s)	v (m/s)	i (kPa/m)	v (m/s)	i (kPa/m)	v (m/s)	i (kPa/m)	v (m/s)	i (kPa/m)
2.52	0.700	0.77	0.233	0.49	0.079				
2.70	0.750	0.83	0.263	0.53	0.090				
2.88	0.800	0.88	0.295	0.56	0.101				
3.06	0.850	0.94	0.328	0.60	0.112				
3.24	0.900	0.99	0.363	0.63	0.124				
3.42	0.950	1.05	0.400	0.67	0.136				
3.60	1.000	1.10	0.438	0.70	0.149				
3.78	1.050	1.16	0.478	0.74	0.163				
3.96	1.100	1.21	0.519	0.77	0.177	0.49	0.059		
4.14	1.150	1.27	0.561	0.81	0.191	0.51	0.064		
4.32	1.200	1.32	0.606	0.84	0.206	0.53	0.069		
4.50	1.250	1.38	0.651	0.88	0.222	0.55	0.074		
4.68	1.300	1.43	0.698	0.91	0.238	0.58	0.079		
4.86	1.350	1.49	0.746	0.95	0.254	0.60	0.085		
5.04	1.400	1.54	0.796	0.98	0.271	0.62	0.091		
5.22	1.450	1.60	0.847	1.02	0.289	0.64	0.096		
5.40	1.500	1.65	0.900	1.05	0.307	0.66	0.102		
5.58	1.550	1.71	0.953	1.09	0.325	0.69	0.109		
5.76	1.600	1.76	1.009	1.12	0.344	0.71	0.115	0.50	0.050
5.94	1.650	1.82	1.065	1.16	0.363	0.73	0.121	0.52	0.053
6.12	1.700	1.87	1.123	1.19	0.383	0.75	0.128	0.53	0.056
6.30	1.750	1.93	1.183	1.23	0.403	0.78	0.135	0.55	0.059
6.48	1.800	1.98	1.243	1.26	0.424	0.80	0.142	0.56	0.062
6.66	1.850	2.04	1.305	1.30	0.445	0.82	0.149	0.58	0.065

续表

| 流量 q | | DN（40mm） | | DN（50mm） | | DN（63mm） | | DN（75mm） | |
| | | D_j0.0340（m） | | D_j0.0426（m） | | D_j0.0536（m） | | D_j0.0638（m） | |
(m³/h)	(L/s)	v (m/s)	i (kPa/m)	v (m/s)	i (kPa/m)	v (m/s)	i (kPa/m)	v (m/s)	i (kPa/m)
6.84	1.900	2.09	1.368	1.33	0.466	0.84	0.156	0.59	0.068
7.02	1.950	2.15	1.433	1.37	0.488	0.86	0.163	0.61	0.071
7.20	2.000	2.20	1.499	1.40	0.511	0.89	0.171	0.63	0.074
7.56	2.100	2.31	1.634	1.47	0.557	0.93	0.186	0.66	0.081
7.92	2.200	2.42	1.775	1.54	0.605	0.97	0.202	0.69	0.088
8.28	2.300	2.53	1.920	1.61	0.654	1.02	0.219	0.72	0.095
8.64	2.400	2.64	2.071	1.68	0.706	1.06	0.236	0.75	0.103
9.00	2.500	2.75	2.226	1.75	0.759	1.11	0.253	0.78	0.110
9.36	2.600	2.86	2.387	1.82	0.813	1.15	0.272	0.81	0.118
9.72	2.700	2.97	2.552	1.89	0.870	1.20	0.290	0.84	0.126
10.08	2.800	3.08	2.722	1.96	0.928	1.24	0.310	0.88	0.135
10.44	2.900			2.03	0.987	1.29	0.330	0.91	0.144
10.80	3.000			2.10	1.048	1.33	0.350	0.94	0.152
11.16	3.100			2.17	1.111	1.37	0.371	0.97	0.162
11.52	3.200			2.25	1.176	1.42	0.393	1.00	0.171
11.88	3.300			2.32	1.242	1.46	0.415	1.03	0.181
12.24	3.400			2.39	1.309	1.51	0.437	1.06	0.190
12.60	3.500			2.46	1.378	1.55	0.460	1.09	0.200
12.96	3.600			2.53	1.449	1.60	0.484	1.16	0.211
13.32	3.700			2.60	1.521	1.64	0.508	1.16	0.221
13.68	3.800			2.67	1.595	1.68	0.533	1.19	0.232
14.04	3.900			2.74	1.670	1.73	0.558	1.22	0.243
14.40	4.000			2.81	1.747	1.77	0.583	1.25	0.254
14.76	4.100			2.88	1.825	1.82	0.610	1.28	0.265

| 流量 q | | DN（50mm） | | DN（63mm） | | DN（75mm） | | DN（90mm） | |
| | | D_j0.0426（m） | | D_j0.0536（m） | | D_j0.0638（m） | | D_j0.0766（m） | |
（m³/h）	（L/s）	v（m/s）	i（kPa/m）	v（m/s）	i（kPa/m）	v（m/s）	i（kPa/m）	v（m/s）	i（kPa/m）
8.28	2.300	1.61	0.654	1.02	0.219	0.72	0.095	0.50	0.040
8.64	2.400	1.68	0.706	1.06	0.236	0.75	0.103	0.52	0.043
9.00	2.500	1.75	0.759	1.11	0.253	0.78	0.110	0.54	0.046
9.36	2.600	1.82	0.813	1.15	0.272	0.81	0.118	0.56	0.049
9.72	2.700	1.89	0.870	1.20	0.290	0.84	0.126	0.59	0.053
10.08	2.800	1.96	0.928	1.24	0.310	0.88	0.135	0.61	0.056
10.44	2.900	2.03	0.987	1.29	0.330	0.91	0.144	0.63	0.060
10.80	3.000	2.10	1.048	1.33	0.350	0.94	0.152	0.65	0.064
11.16	3.100	2.17	1.111	1.37	0.371	0.97	0.162	0.67	0.068
11.52	3.200	2.25	1.176	1.42	0.393	1.00	0.171	0.69	0.071
11.88	3.300	2.32	1.242	1.46	0.415	1.03	0.181	0.72	0.075
12.24	3.400	2.39	1.309	1.51	0.437	1.06	0.190	0.74	0.080
12.60	3.500	2.46	1.378	1.55	0.460	1.09	0.200	0.76	0.084
12.96	3.600	2.53	1.449	1.60	0.484	1.13	0.211	0.78	0.088
13.32	3.700	2.60	1.521	1.64	0.508	1.16	0.221	0.80	0.092
13.68	3.800	2.67	1.595	1.68	0.533	1.19	0.232	0.82	0.097
14.04	3.900	2.74	1.670	1.73	0.558	1.22	0.243	0.85	0.101
14.40	4.000	2.81	1.747	1.77	0.583	1.25	0.254	0.87	0.106
14.76	4.100	2.88	1.825	1.82	0.610	1.28	0.265	0.89	0.111
15.12	4.200	2.95	1.904	1.86	0.636	1.31	0.277	0.91	0.116
15.48	4.300	3.02	1.986	1.91	0.663	1.35	0.289	0.93	0.121
15.84	4.400			1.95	0.691	1.38	0.031	0.95	0.126
16.20	4.500			1.99	0.719	1.41	0.313	0.98	0.131
16.56	4.60			2.04	0.748	1.44	0.325	1.00	0.136

| 流量 q | | DN（50mm） | | DN（63mm） | | DN（75mm） | | DN（90mm） | |
| | | D_j0.0426（m） | | D_j0.0536（m） | | D_j0.0638（m） | | D_j0.0766（m） | |
(m³/h)	(L/s)	v (m/s)	i (kPa/m)	v (m/s)	i (kPa/m)	v (m/s)	i (kPa/m)	v (m/s)	i (kPa/m)
16.92	4.70			2.08	0.777	1.47	0.338	1.02	0.141
17.28	4.80			2.13	0.806	1.50	0.351	1.04	0.147
17.64	4.90			2.17	0.836	1.53	0.364	1.06	0.152
18.00	5.00			2.22	0.867	1.56	0.377	1.08	0.158
18.36	5.10			2.26	0.898	1.60	0.391	1.11	0.163
18.72	5.20			2.30	0.929	1.63	0.404	1.13	0.169
19.08	5.30			2.35	0.961	1.66	0.418	1.15	0.175
19.44	5.40			2.39	0.994	1.69	0.433	1.17	0.181
19.80	5.50			2.44	1.026	1.72	0.447	1.19	0.187
20.16	5.60			2.48	1.060	1.75	0.461	1.22	0.193
20.52	5.70			2.53	1.094	1.78	0.476	1.24	0.199
20.88	5.80			2.57	1.128	1.81	0.491	1.26	0.205
21.24	5.90			2.61	1.163	1.85	0.506	1.28	0.211
21.60	6.00			2.66	1.198	1.88	0.521	1.30	0.218
21.96	6.10			2.70	1.233	1.91	0.537	1.31	0.224
22.62	6.20			2.75	1.269	1.94	0.553	1.35	0.231
22.68	6.30			2.79	1.306	1.97	0.569	1.37	0.237
23.04	6.40			2.84	1.343	2.00	0.585	1.39	0.244
23.40	6.50			2.88	1.380	2.03	0.601	1.41	0.251
23.76	6.60			2.92	1.418	2.06	0.617	1.43	0.258
24.12	6.70			2.97	1.457	2.10	0.634	1.45	0.265
24.48	6.80			3.01	1.495	2.13	0.651	1.48	0.272
24.84	6.90					2.16	0.668	1.50	0.279
25.20	7.00					2.19	0.685	1.52	0.286

流量 q		DN (75mm)		DN (90mm)		DN (110mm)		DN (125mm)	
		D_j0.0638 (m)		D_j0.0766 (m)		D_j0.0938 (m)		D_j0.1066 (m)	
(m³/h)	(L/s)	v (m/s)	i (kPa/m)	v (m/s)	i (kPa/m)	v (m/s)	i (kPa/m)	v (m/s)	i (kPa/m)
12.24	3.400	1.06	0.190	0.74	0.080	0.49	0.030		
12.60	3.500	1.09	0.200	0.76	0.084	0.51	0.032		
12.96	3.600	1.13	0.211	0.78	0.088	0.52	0.033		
13.32	3.700	1.16	0.221	0.80	0.092	0.54	0.035		
13.68	3.800	1.19	0.232	0.82	0.097	0.55	0.037		
14.04	3.900	1.22	0.243	0.85	0.101	0.56	0.039		
14.40	4.000	1.25	0.254	0.87	0.106	0.58	0.040		
14.76	4.100	1.28	0.265	0.89	0.111	0.59	0.042		
15.12	4.200	1.31	0.277	0.91	0.116	0.61	0.044		
15.48	4.300	1.35	0.589	0.93	0.121	0.62	0.046		
15.84	4.400	1.38	0.301	0.95	0.126	0.64	0.048		
16.20	4.500	1.41	0.313	0.98	0.131	0.65	0.050	0.50	0.027
16.56	4.60	1.44	0.325	1.00	0.136	0.67	0.052	0.52	0.028
16.92	4.70	1.47	0.338	1.02	0.141	0.68	0.054	0.53	0.029
17.28	4.80	1.50	0.351	1.04	0.147	0.69	0.056	0.54	0.030
17.64	4.90	1.53	0.364	1.06	0.152	0.71	0.058	0.55	0.031
18.00	5.00	1.56	0.377	1.08	0.158	0.72	0.060	0.56	0.033
18.36	5.10	1.60	0.391	1.11	0.163	0.74	0.062	0.57	0.034
18.72	5.20	1.63	0.404	1.13	0.169	0.75	0.064	0.58	0.035
19.08	5.30	1.66	0.418	1.15	0.175	0.77	0.066	0.59	0.036
19.44	5.40	1.69	0.433	1.17	0.181	0.78	0.069	0.61	0.037
19.80	5.50	1.72	0.447	1.19	0.187	0.80	0.071	0.62	0.039
20.16	5.60	1.75	0.461	1.22	0.193	0.81	0.073	0.63	0.040
20.52	5.70	1.78	0.476	1.24	0.199	0.82	0.076	0.64	0.041

续表

| 流量 q | | DN（75mm） | | DN（90mm） | | DN（110mm） | | DN（125mm） | |
| | | D_j0.0638（m） | | D_j0.0766（m） | | D_j0.0938（m） | | D_j0.1066（m） | |
（m³/h）	（L/s）	v（m/s）	i（kPa/m）	v（m/s）	i（kPa/m）	v（m/s）	i（kPa/m）	v（m/s）	i（kPa/m）
20.88	5.80	1.81	0.491	1.26	0.205	0.84	0.078	0.65	0.042
21.24	5.90	1.85	0.506	1.28	0.211	0.85	0.080	0.66	0.044
21.60	6.00	1.88	0.521	1.30	0.218	0.87	0.083	0.67	0.045
21.96	1.91	6.10	0.537	1.32	0.224	0.88	0.085	0.68	0.046
22.32	6.20	1.94	0.553	1.35	0.231	0.90	0.088	0.69	0.048
22.68	6.30	1.97	0.569	1.37	0.237	0.91	0.090	0.71	0.049
23.04	6.40	2.00	0.585	1.39	0.244	0.93	0.093	0.72	0.050
23.40	6.50	2.03	0.601	1.41	0.251	0.94	0.095	0.73	0.052
23.76	6.60	2.06	0.617	1.43	0.258	0.96	0.098	0.74	0.053
24.12	6.70	2.10	0.634	1.45	0.265	0.97	0.101	0.75	0.055
24.48	6.80	2.13	0.651	1.48	0.272	0.98	0.103	0.76	0.056
24.84	6.90	2.16	0.668	1.50	0.279	1.00	0.106	0.77	0.058
25.20	7.00	2.19	0.685	1.52	0.286	1.01	0.109	0.78	0.059
25.56	7.10	2.22	0.703	1.54	0.294	1.03	0.112	0.80	0.061
25.92	7.20	2.25	0.720	1.56	0.301	1.04	0.114	0.81	0.062
26.28	7.30	2.28	0.738	1.58	0.308	1.06	0.117	0.82	0.064
26.64	7.40	2.31	0.756	1.61	0.316	1.07	0.120	0.83	0.065
27.00	7.50	2.35	0.775	1.63	0.324	1.09	0.123	0.84	0.067
27.36	7.60	2.38	0.793	1.65	0.331	1.10	0.126	0.85	0.068
27.72	7.70	2.41	0.812	1.67	0.339	1.11	0.129	0.86	0.070
28.08	7.80	2.44	0.830	1.69	0.347	1.13	0.132	0.87	0.072
28.44	7.90	2.47	0.849	1.71	0.355	1.14	0.135	0.89	0.073
28.80	8.00	2.50	0.869	1.74	0.363	1.16	0.138	0.90	0.075
29.16	8.10	2.53	0.888	1.76	0.371	1.17	0.141	0.91	0.077

| 流量 q | | DN (75mm) | | DN (90mm) | | DN (110mm) | | DN (125mm) | |
| | | D_j0.0638 (m) | | D_j0.0766 (m) | | D_j0.0938 (m) | | D_j0.1066 (m) | |
(m³/h)	(L/s)	v (m/s)	i (kPa/m)	v (m/s)	i (kPa/m)	v (m/s)	i (kPa/m)	v (m/s)	i (kPa/m)
29.52	8.20	2.56	0.907	1.78	0.379	1.19	0.144	0.92	0.078
29.88	8.30	2.60	0.927	1.80	0.387	1.20	0.147	0.93	0.080
20.24	8.40	2.63	0.947	1.82	0.396	1.22	0.150	0.94	0.082
30.60	8.50	2.66	0.967	1.84	0.404	1.23	0.154	0.95	0.083
30.96	8.60	2.69	0.987	1.87	0.413	1.24	0.157	0.96	0.085
31.32	8.70	2.72	1.008	1.89	0.421	1.26	0.160	0.97	0.087
31.68	8.80	2.75	1.029	1.91	0.430	1.27	0.163	0.99	0.089
32.04	8.90	2.78	1.049	1.93	0.438	1.29	0.167	1.00	0.090
32.40	9.00	2.82	1.070	1.95	0.447	1.30	0.170	1.01	0.092
32.76	9.10	2.85	1.092	1.97	0.456	1.32	0.173	1.02	0.094
33.12	9.20	2.88	1.113	2.00	0.465	1.33	0.177	1.03	0.096
33.48	9.30	2.91	1.135	2.02	0.474	1.35	0.180	1.04	0.098
33.84	9.40	2.94	1.156	2.04	0.483	1.36	0.184	1.05	0.100
34.20	9.50	2.97	1.178	2.06	0.492	1.37	0.187	1.06	0.102
34.56	9.60	3.00	1.200	2.08	0.501	1.39	0.191	1.08	0.104
34.92	9.70			2.10	0.511	1.40	0.194	1.09	0.105
35.28	9.80			2.13	0.520	1.42	0.198	1.10	0.107
35.64	9.90			2.15	0.530	1.43	0.201	1.11	0.109
36.00	10.00			2.17	0.539	1.45	0.205	1.12	0.111
36.90	10.25			2.22	0.563	1.48	0.214	1.15	0.116
37.80	10.50			2.28	0.588	1.52	0.223	1.18	0.121
38.70	10.75			2.33	0.613	1.56	0.233	1.20	0.127
39.60	11.00			2.39	0.638	1.59	0.243	1.23	0.132
40.50	11.25			2.44	0.664	1.63	0.253	1.26	0.137

续表

| 流量 q | | DN (75mm) | | DN (90mm) | | DN (110mm) | | DN (125mm) | |
| | | D_j0.0638 (m) | | D_j0.0766 (m) | | D_j0.0938 (m) | | D_j0.1066 (m) | |
(m³/h)	(L/s)	v (m/s)	i (kPa/m)	v (m/s)	i (kPa/m)	v (m/s)	i (kPa/m)	v (m/s)	i (kPa/m)
41.40	11.50			2.50	0.691	1.66	0.263	1.29	0.143
42.30	11.75			2.55	0.718	1.70	0.273	1.32	0.148
43.20	12.00			2.60	0.745	1.74	0.283	1.34	0.154
44.10	12.25			2.66	0.773	1.77	0.294	1.37	0.160
45.00	12.50			2.71	0.801	1.81	0.304	1.40	0.165
45.90	12.75			2.77	0.829	1.85	0.315	1.43	0.171
46.80	13.00			2.82	0.859	1.88	0.326	1.46	0.177
47.70	13.25			2.88	0.888	1.92	0.338	1.48	0.183
48.60	13.50			2.93	0.918	1.95	0.349	1.51	0.190
49.50	13.75			2.98	0.948	1.99	0.361	1.54	0.196
50.40	14.00			3.04	0.979	2.03	0.372	1.57	0.202
51.30	14.25					2.03	0.384	1.60	0.209
52.20	14.50					2.10	0.396	1.62	0.215
53.10	14.75					2.13	0.408	1.65	0.222
54.00	15.00					2.17	0.421	1.68	0.228
55.80	15.50					2.24	0.446	1.74	0.242
57.60	16.00					2.32	0.472	1.79	0.256
59.40	16.50					2.39	0.498	1.85	0.271
61.20	17.00					2.46	0.525	1.90	0.285
63.00	17.50					2.53	0.553	1.96	0.300
64.80	18.00					2.60	0.581	2.02	0.316
66.60	18.50					2.68	0.610	2.07	0.331
68.40	19.00					2.75	0.640	2.13	0.347
70.20	19.50					2.82	0.670	2.18	0.364

| 流量 q | | DN (110mm) | | DN (125mm) | | DN (140mm) | | DN (160mm) | |
| | | D_j0.0938 (m) | | D_j0.1066 (m) | | D_j0.1194 (m) | | D_j0.1364 (m) | |
(m³/h)	(L/s)	v (m/s)	i (kPa/m)	v (m/s)	i (kPa/m)	v (m/s)	i (kPa/m)	v (m/s)	i (kPa/m)
20.16	5.60	0.81	0.073	0.63	0.040	0.50	0.023		
20.52	5.70	0.82	0.073	0.64	0.041	0.51	0.024		
20.88	5.80	0.84	0.078	0.65	0.042	0.52	0.025		
21.24	5.90	0.85	0.080	0.66	0.044	0.53	0.025		
21.60	6.00	0.87	0.083	0.67	0.045	0.54	0.026		
21.96	6.10	0.88	0.085	0.68	0.046	0.54	0.027		
22.32	6.20	0.90	0.088	0.69	0.048	0.55	0.028		
22.68	6.30	0.91	0.090	0.71	0.049	0.56	0.029		
23.04	6.40	0.93	0.093	0.72	0.050	0.57	0.029		
23.40	6.50	0.94	0.095	0.73	0.052	0.58	0.030		
23.76	6.60	0.96	0.098	0.74	0.053	0.59	0.031		
24.12	6.70	0.97	0.101	0.75	0.055	0.60	0.032		
24.48	6.80	0.98	0.103	0.76	0.056	0.61	0.033		
24.84	6.90	1.00	0.106	0.77	0.058	0.62	0.034		
25.20	7.00	1.01	0.109	0.78	0.059	0.63	0.034		
25.56	7.10	1.03	0.112	0.80	0.061	0.63	0.035		
25.92	7.20	1.04	0.114	0.81	0.062	0.64	0.036		
26.28	7.30	1.06	0.117	0.82	0.064	0.65	0.037	0.50	0.020
26.64	7.40	1.07	0.120	0.83	0.065	0.66	0.038	0.51	0.020
27.00	7.50	1.09	0.123	0.84	0.067	0.67	0.039	0.51	0.021
27.36	7.60	1.10	0.126	0.85	0.068	0.68	0.040	0.52	0.021
27.72	7.70	1.11	0.129	0.86	0.070	0.69	0.041	0.53	0.022
28.08	7.80	1.13	0.132	0.87	0.072	0.70	0.042	0.53	0.022
28.44	7.90	1.14	0.135	0.89	0.073	0.71	0.043	0.54	0.023

| 流量 q | | DN (110mm) | | DN (125mm) | | DN (140mm) | | DN (160mm) | |
| | | D_j0.0938 (m) | | D_j0.1066 (m) | | D_j0.1194 (m) | | D_j0.1364 (m) | |
(m³/h)	(L/s)	v (m/s)	i (kPa/m)	v (m/s)	i (kPa/m)	v (m/s)	i (kPa/m)	v (m/s)	i (kPa/m)
28.80	8.00	1.16	0.138	0.90	0.075	0.71	0.044	0.55	0.023
29.16	8.10	1.17	0.141	0.91	0.077	0.72	0.045	0.55	0.024
29.52	8.20	1.19	0.144	0.92	0.078	0.73	0.046	0.56	0.024
29.88	8.30	1.20	0.147	0.93	0.080	0.74	0.047	0.57	0.025
30.24	8.40	1.22	0.150	0.94	0.082	0.75	0.048	0.57	0.025
30.60	8.50	1.23	0.154	0.95	0.083	0.76	0.049	0.58	0.26
30.96	8.60	1.24	0.157	0.96	0.085	0.77	0.050	0.59	0.026
31.32	8.70	1.26	0.160	0.97	0.087	0.78	0.051	0.60	0.027
31.68	8.80	1.27	0.163	0.99	0.089	0.79	0.052	0.60	0.027
32.04	8.90	1.29	0.167	1.00	0.090	0.79	0.053	0.61	0.028
32.40	9.00	1.30	0.170	1.01	0.092	0.80	0.054	0.62	0.028
32.76	9.10	1.32	0.173	1.02	0.094	0.81	0.055	0.62	0.029
33.12	9.20	1.33	0.177	1.03	0.096	0.82	0.056	0.63	0.030
33.48	9.30	1.35	0.180	1.04	0.098	0.83	0.057	0.64	0.030
33.84	9.40	1.36	0.184	1.05	0.100	0.84	0.058	0.64	0.031
34.20	9.50	1.37	0.187	1.06	0.102	0.85	0.059	0.65	0.031
34.56	9.60	1.39	0.191	1.08	0.104	0.86	0.060	0.66	0.032
34.92	9.70	1.40	0.194	1.09	0.105	0.87	0.064	0.66	0.032
35.28	9.80	1.42	0.198	1.10	0.107	0.88	0.062	0.67	0.033
35.64	9.90	1.43	0.201	1.11	0.109	0.88	0.064	0.68	0.034
36.00	10.00	1.45	0.205	1.12	0.111	0.89	0.065	0.68	0.034
36.90	10.25	1.48	0.214	1.15	0.116	0.92	0.068	0.70	0.036
37.80	10.50	1.52	0.223	1.18	0.121	0.94	0.071	0.72	0.037
38.70	10.75	1.56	0.233	1.20	0.127	0.96	0.074	0.74	0.039

| 流量 q | | DN (110mm) | | DN (125mm) | | DN (140mm) | | DN (160mm) | |
| | | D_j0.0938 (m) | | D_j0.1066 (m) | | D_j0.1194 (m) | | D_j0.1364 (m) | |
(m³/h)	(L/s)	v (m/s)	i (kPa/m)	v (m/s)	i (kPa/m)	v (m/s)	i (kPa/m)	v (m/s)	i (kPa/m)
39.60	11.00	1.59	0.243	1.23	0.132	0.98	0.077	0.75	0.041
40.50	11.25	1.63	0.253	1.26	0.137	1.00	0.080	0.77	0.042
41.40	11.50	1.66	0.263	1.29	0.143	1.03	0.083	0.79	0.044
42.30	11.75	1.70	0.273	1.32	0.148	1.05	0.086	0.80	0.046
43.20	12.00	1.71	0.283	1.34	0.154	1.07	0.089	0.82	0.047
44.10	12.25	1.77	0.297	1.37	0.160	1.09	0.093	0.84	0.049
45.00	12.50	1.81	0.304	1.40	0.165	1.12	0.096	0.86	0.051
45.90	12.75	1.85	0.315	1.43	0.171	1.14	0.100	0.87	0.053
46.80	13.00	1.88	0.326	1.46	0.177	1.16	0.103	0.89	0.055
47.70	13.25	1.92	0.338	1.48	0.183	1.18	0.107	0.91	0.057
48.60	13.50	1.95	0.349	1.51	0.190	1.21	0.110	0.92	0.058
49.50	13.75	1.99	0.361	1.54	0.196	1.23	0.114	0.94	0.060
50.40	14.00	2.03	0.372	1.57	0.202	1.25	0.118	0.96	0.062
51.30	14.25	2.06	0.384	1.60	0.209	1.27	0.121	0.98	0.064
52.20	14.50	2.10	0.396	1.62	0.215	1.30	0.125	0.99	0.066
53.10	14.75	2.13	0.408	1.65	0.222	1.32	0.129	1.01	0.068
54.00	15.00	2.17	0.421	1.68	0.228	1.34	0.133	1.03	0.070
55.80	15.50	2.24	0.446	1.74	0.242	1.38	0.141	1.06	0.075
57.60	16.00	2.32	0.472	1.79	0.256	1.43	0.149	1.09	0.079
59.40	16.50	2.39	0.498	1.85	0.271	1.47	0.157	1.13	0.083
61.20	17.00	2.46	0.525	1.90	0.285	1.52	0.166	1.16	0.088
63.00	17.50	2.53	0.553	1.96	0.300	1.56	0.175	1.20	0.093
64.80	18.00	2.60	0.581	2.02	0.316	1.61	0.184	1.23	0.097
66.60	18.50	2.68	0.610	2.07	0.331	1.65	0.193	1.27	0.102

续表

| 流量 q | | DN (110mm) | | DN (125mm) | | DN (140mm) | | DN (160mm) | |
| | | D_j0.0938 (m) | | D_j0.1066 (m) | | D_j0.1194 (m) | | D_j0.1364 (m) | |
(m³/h)	(L/s)	v (m/s)	i (kPa/m)	v (m/s)	i (kPa/m)	v (m/s)	i (kPa/m)	v (m/s)	i (kPa/m)
68.40	19.00	2.75	0.340	2.13	0.347	1.70	0.202	1.30	0.107
70.20	19.20	2.82	0.670	2.18	0.364	1.74	0.212	1.33	0.112
72.00	20.00	2.89	0.701	2.24	0.381	1.79	0.221	1.37	0.117
73.80	20.50	2.97	0.732	2.30	0.398	1.83	0.231	1.40	0.123
75.60	21.00	3.04	0.764	2.35	0.415	1.88	0.242	1.44	0.128
77.40	21.50			2.41	0.433	1.92	0.252	1.47	0.133
79.20	22.00			2.47	0.451	1.96	0.262	1.51	0.139
81.00	22.50			2.52	0.469	2.01	0.273	1.54	0.145
82.80	23.00			2.58	0.488	2.05	0.284	1.57	0.150
84.60	23.50			2.63	0.507	2.10	0.295	1.61	0.156
86.40	24.00			2.69	0.526	2.14	0.306	1.64	0.162
88.20	24.50			2.75	0.546	2.19	0.317	1.68	0.168
90.00	25.00			2.80	0.565	2.23	0.329	1.71	0.174
91.80	25.50			2.86	0.586	2.28	0.341	1.75	0.181
93.60	26.00			2.91	0.606	2.32	0.353	1.78	0.187
95.40	26.50			2.97	0.627	2.37	0.365	1.81	0.193
97.20	27.00			3.03	0.648	2.41	0.377	1.85	0.200
99.00	27.50					2.46	0.390	1.88	0.206
100.80	28.00					2.50	0.402	1.92	0.213
102.60	28.50					2.55	0.415	1.95	0.220
104.40	29.00					2.59	0.428	1.98	0.227
106.20	29.50					2.63	0.441	2.02	0.234
108.00	30.00					2.68	0.455	2.05	0.241
109.80	30.50					2.72	0.468	2.09	0.248

| 流量 q | | DN (110mm) | | DN (125mm) | | DN (140mm) | | DN (160mm) | |
| | | D_j0.0938 (m) | | D_j0.1066 (m) | | D_j0.1194 (m) | | D_j0.1364 (m) | |
(m³/h)	(L/s)	v (m/s)	i (kPa/m)	v (m/s)	i (kPa/m)	v (m/s)	i (kPa/m)	v (m/s)	i (kPa/m)
111.60	31.00					2.77	0.482	2.12	0.255
113.40	31.50					2.81	0.496	2.16	0.263
115.20	32.00					2.86	0.510	2.19	0.270
117.00	32.50					2.90	0.524	2.22	0.278
118.80	33.00					2.95	0.538	2.26	0.285
120.60	33.50					2.99	0.553	2.29	0.293
122.40	34.00					3.04	0.568	2.33	0.301
124.20	34.50							2.36	0.309
126.00	35.00							2.40	0.317
127.80	35.50							2.43	0.325
129.60	36.00							2.46	0.333
131.40	36.50							2.50	0.341
133.20	37.00							2.53	0.349
135.00	37.50							2.57	0.358
136.80	38.00							2.60	0.366
138.60	38.50							2.63	0.375
140.40	39.00							2.67	0.384
142.20	39.50							2.70	0.392
144.00	40.00							2.74	0.401
145.80	40.50							2.77	0.410
147.60	41.00							2.81	0.419
149.40	41.50							2.84	0.428
151.20	42.00							2.87	0.438
153.00	42.50							2.91	0.447

| 流量 q | | DN (110mm) | | DN (125mm) | | DN (140mm) | | DN (160mm) | |
| | | D_j0.0938 (m) | | D_j0.1066 (m) | | D_j0.1194 (m) | | D_j0.1364 (m) | |
(m³/h)	(L/s)	v (m/s)	i (kPa/m)	v (m/s)	i (kPa/m)	v (m/s)	i (kPa/m)	v (m/s)	i (kPa/m)
154.80	43.00							2.94	0.456
156.60	43.50							2.98	0.466
158.40	44.00							3.01	0.475
160.20	44.50								
162.00	45.00								
163.80	45.50								
165.60	46.00								
167.40	46.50								
169.20	47.00								
171.00	47.50								
172.80	48.00								
174.60	48.50								
176.40	49.00								
178.20	49.50								
180.00	50.00								
181.80	50.50								
183.60	51.00								
185.40	51.50								
187.20	52.00								
189.00	52.50								
190.80	53.00								
192.60	53.50								
194.40	54.00								
196.20	54.50								

管系列 S5 的冷水 （10℃） 水力计算表　　　表 D-2

| 流量 q | | DN （20mm） | | DN （25mm） | | DN （32mm） | | DN （40mm） | |
| | | D_j0.0160 （m） | | D_j0.0204 （m） | | D_j0.0262 （m） | | D_j0.0326 （m） | |
（m³/h）	（L/s）	v （m/s）	i （kPa/m）	v （m/s）	i （kPa/m）	v （m/s）	i （kPa/m）	v （m/s）	i （kPa/m）
0.360	0.10	0.50	0.269						
0.396	0.11	0.55	0.319						
0.432	0.12	0.60	0.372						
0.468	0.13	0.65	0.429						
0.504	0.14	0.70	0.489						
0.540	0.15	0.75	0.553						
0.576	0.16	0.80	0.620	0.49	0.194				
0.612	0.17	0.85	0.691	0.52	0.217				
0.648	0.18	0.90	0.764	0.55	0.240				
0.684	0.19	0.94	0.844	0.58	0.264				
0.72	0.20	0.99	0.922	0.61	0.289				
0.90	0.25	1.24	1.369	0.76	0.429	0.46	0.130		
1.08	0.30	1.49	1.892	0.92	0.593	0.56	0.180		
0.26	0.35	1.74	2.487	1.07	0.780	0.65	0.236		
1.44	0.40	1.99	3.152	1.22	0.988	0.74	0.299	0.48	0.105
1.62	0.45	2.24	3.884	1.38	1.218	0.83	0.369	0.54	0.130
1.80	0.50	2.49	4.682	1.53	1.468	0.93	0.445	0.60	0.157
1.98	0.55	2.74	5.545	1.68	1.738	1.02	0.526	0.66	0.185
2.16	0.60	2.98	6.470	1.84	2.029	1.11	0.614	0.72	0.216
2.34	0.65	3.23	7.457	1.99	2.338	1.21	0.708	0.78	0.249
2.52	0.70			2.14	2.667	1.30	0.808	0.84	0.284
2.70	0.75			2.29	3.014	1.39	0.913	0.90	0.322
2.88	0.80			2.45	3.379	1.48	1.023	0.96	0.361

续表

| 流量 q | | DN（20mm） | | DN（25mm） | | DN（32mm） | | DN（40mm） | |
| | | D_j0.0160（m） | | D_j0.0204（m） | | D_j0.0262（m） | | D_j0.0326（m） | |
（m³/h）	（L/s）	v（m/s）	i（kPa/m）	v（m/s）	i（kPa/m）	v（m/s）	i（kPa/m）	v（m/s）	i（kPa/m）
3.06	0.85			2.60	2.763	1.58	1.140	1.02	0.041
3.24	0.90			2.75	4.165	1.67	1.261	1.08	0.444
0.42	0.95			2.91	4.584	1.76	1.388	1.14	0.489
3.60	1.00			3.06	5.021	1.85	1.520	1.20	0.536
3.78	1.05					1.95	1.658	1.26	0.584
3.96	1.10					2.04	1.801	1.32	0.634
4.14	1.15					2.13	1.948	1.38	0.686
4.32	1.20					2.23	2.101	1.44	0.740
4.50	1.25					2.32	2.259	1.50	0.796
4.68	1.360					2.41	2.422	1.56	0.853
4.86	1.35					2.50	2.589	1.62	0.912
5.04	1.40					2.60	2.762	1.68	0.973
5.22	1.45					2.69	2.939	1.74	1.035
5.40	1.50					2.78	3.121	1.80	1.100
5.58	1.55					2.88	3.308	1.86	1.165
5.76	1.60					2.97	3.500	1.92	1.233
5.94	1.65					3.06	3.696	1.98	1.302
6.12	1.70							2.04	1.373
6.30	1.75							2.10	1.445
6.48	1.80							2.16	1.519
6.66	1.85							2.22	1.595
9.84	1.90							2.28	1.672

流量 q		DN (40mm)		DN (50mm)		DN (63mm)		DN (75mm)	
		D_j0.0326 (m)		D_j0.0408 (m)		D_j0.0514 (m)		D_j0.0614 (m)	
(m³/h)	(L/s)	v (m/s)	i (kPa/m)	v (m/s)	i (kPa/m)	v (m/s)	i (kPa/m)	v (m/s)	i (kPa/m)
2.34	0.65	0.78	0.249	0.50	0.085				
2.52	0.70	0.84	0.284	0.54	0.097				
2.70	0.75	0.90	0.322	0.57	0.110				
2.88	0.80	0.96	0.361	0.61	0.124				
3.06	0.85	1.02	0.401	0.65	0.138				
3.24	0.90	1.08	0.444	0.69	0.152				
3.42	0.95	1.14	0.489	0.73	0.168				
3.60	1.00	1.20	0.536	0.76	0.184	0.48	0.061		
3.78	1.05	1.26	0.584	0.80	0.200	0.51	0.066		
3.96	1.10	1.32	0.634	0.84	0.217	0.53	0.072		
4.14	1.15	1.38	0.686	0.88	0.235	0.55	0.078		
4.32	1.20	1.44	0.740	0.92	0.251	0.58	0.084		
4.50	1.25	1.50	0.796	0.96	0.273	0.60	0.091		
4.68	1.30	1.56	0.853	0.99	0.292	0.63	0.097		
4.86	1.35	1.62	0.912	1.03	0.313	0.65	0.104		
5.04	1.40	1.68	0.973	1.07	0.333	0.67	0.111		
5.22	1.45	1.74	1.035	1.11	0.355	0.70	0.118	0.49	0.050
5.40	1.50	1.80	1.100	1.15	0.377	0.72	0.125	0.51	0.054
5.58	1.55	1.86	1.165	1.19	0.399	0.75	0.133	0.52	0.057
5.76	1.60	1.92	1.233	1.22	0.422	0.77	0.140	0.54	0.060
5.94	1.65	1.98	1.302	1.26	0.446	0.80	0.148	0.56	0.063
6.12	1.70	2.04	1.373	1.30	0.470	0.82	0.156	0.57	0.067
6.30	1.75	2.10	1.445	1.34	0.495	0.84	0.164	0.59	0.070
6.48	1.80	2.16	1.519	1.38	0.521	0.87	0.173	0.61	0.074

| 流量 q | | DN（40mm） | | DN（50mm） | | DN（63mm） | | DN（75mm） | |
| | | D_j0.0326（m） | | D_j0.0408（m） | | D_j0.0514（m） | | D_j0.0614（m） | |
(m³/h)	(L/s)	v (m/s)	i (kPa/m)	v (m/s)	i (kPa/m)	v (m/s)	i (kPa/m)	v (m/s)	i (kPa/m)
6.66	1.85	2.22	1.595	1.42	0.547	0.89	0.181	0.62	0.078
6.84	1.90	2.28	1.672	1.45	0.573	0.92	0.190	0.64	0.081
7.02	1.95	2.34	1.751	1.49	0.600	0.94	0.199	0.66	0.085
7.20	2.00	2.40	1.832	1.53	0.628	0.96	0.208	0.68	0.089
7.56	2.10	2.52	1.997	1.61	0.684	1.01	0.227	0.71	0.097
7.92	2.20	2.64	2.169	1.68	0.743	1.06	0.247	0.74	0.106
8.28	2.30	2.76	2.347	1.76	0.804	1.11	0.267	0.78	0.114
8.64	2.40	2.88	2.531	1.84	0.867	1.16	0.288	1.81	0.123
9.00	2.50	3.00	2.721	1.91	0.932	1.20	0.310	0.84	0.132
9.36	2.60			1.99	1.000	1.25	0.332	0.88	0.142
9.72	2.70			2.07	1.069	1.30	0.355	0.91	0.152
10.08	2.80			2.14	1.140	1.35	0.378	0.95	0.162
10.44	2.90			2.22	1.213	1.40	0.403	0.98	0.172
10.80	3.00			2.29	1.288	1.45	0.428	1.01	0.183
11.16	3.10			2.37	1.366	1.49	0.453	1.05	0.194
11.52	3.20			2.45	1.445	1.54	0.480	1.08	0.205
11.88	3.30			2.52	1.526	1.59	0.507	1.11	0.217
12.24	3.40			2.60	1.609	1.64	0.534	1.15	0.229
12.60	3.50			2.68	1.694	1.69	0.562	1.18	0.241
12.96	3.60			2.75	1.780	1.73	0.591	1.22	0.253
13.32	3.70			2.83	1.869	1.78	0.621	1.25	0.266
13.68	3.80			2.91	1.960	1.83	0.651	1.28	0.278
14.04	3.90			2.98	2.052	1.88	0.681	1.32	0.292
14.40	4.00			3.06	2.146	1.93	0.713	1.35	0.305

| 流量 q | | DN (63mm) | | DN (75mm) | | DN (90mm) | | DN (110mm) | |
| | | D_j0.0514 (m) | | D_j0.0614 (m) | | D_j0.0736 (m) | | D_j0.0900 (m) | |
(m^3/h)	(L/s)	v (m/s)	i (kPa/m)	v (m/s)	i (kPa/m)	v (m/s)	i (kPa/m)	v (m/s)	i (kPa/m)
7.56	2.10	1.01	0.227	0.71	0.097	0.49	0.041		
7.92	2.20	1.06	0.247	0.74	0.106	0.52	0.044		
8.28	2.30	1.11	0.267	0.78	0.114	0.54	0.048		
8.64	2.40	1.16	0.288	0.81	0.123	0.56	0.052		
9.00	2.50	1.20	0.310	0.84	0.132	0.59	0.056		
9.36	2.60	1.25	0.332	0.88	0.142	0.61	0.060		
9.72	2.70	1.30	0.355	0.91	0.152	0.63	0.064		
10.08	2.80	1.35	0.378	0.95	0.162	0.66	0.068		
10.44	2.90	1.40	0.403	0.98	0.172	0.68	0.073		
10.80	3.00	1.45	0.428	1.01	0.183	0.71	0.077		
11.16	3.10	1.49	0.453	1.05	0.194	0.73	0.082		
11.52	3.20	1.54	0.480	1.08	0.205	0.75	0.086	0.50	0.033
11.88	3.30	1.59	0.507	1.11	0.217	0.78	0.091	0.52	0.035
11.24	3.40	1.64	0.534	1.15	0.229	0.80	0.096	0.53	0.037
12.60	3.50	1.69	0.562	1.18	0.241	0.82	0.101	0.55	0.039
12.96	3.60	1.73	0.591	1.22	0.253	0.85	0.106	0.57	0.041
13.32	3.70	1.78	0.621	1.25	0.266	0.87	0.112	0.58	0.043
13.68	3.80	1.83	0.651	1.28	0.278	0.89	0.117	0.60	0.045
14.04	3.90	1.88	0.681	1.32	0.292	0.92	0.123	0.61	0.047
14.40	4.00	1.93	0.713	1.35	0.305	0.94	0.128	0.63	0.049
14.76	4.10	1.98	0.745	1.38	0.319	0.96	0.134	0.64	0.051
15.12	4.20	2.02	0.777	1.42	0.333	0.99	0.140	0.66	0.054
15.48	4.30	2.07	0.810	1.45	0.347	1.01	0.146	0.68	0.056
15.84	4.40	2.12	0.844	1.49	0.361	1.03	0.152	0.69	0.058

续表

流量 q		DN (63mm)		DN (75mm)		DN (90mm)		DN (110mm)	
		D_j 0.0514 (m)		D_j 0.0614 (m)		D_j 0.0736 (m)		D_j 0.0900 (m)	
(m³/h)	(L/s)	v (m/s)	i (kPa/m)	v (m/s)	i (kPa/m)	v (m/s)	i (kPa/m)	v (m/s)	i (kPa/m)
16.20	4350	2.17	0.878	1.52	0.376	1.06	0.158	0.71	0.061
16.56	4.60	2.22	0.913	1.55	0.391	1.08	0.165	0.73	0.063
16.92	4.70	2.27	0.949	1.59	0.406	1.10	0.171	0.74	0.065
17.28	4.80	2.31	0.985	1.62	0.421	1.13	0.177	0.75	0.068
17.64	4.90	2.36	1.021	1.65	0.437	1.15	0.184	0.77	0.070
18.00	5.00	2.41	1.059	1.69	0.453	1.18	0.191	0.79	0.073
18.36	5.10	2.46	1.097	1.72	0.469	1.20	0.198	0.80	0.076
18.72	5.20	2.51	1.135	1.76	0.486	1.22	0.204	0.82	0.078
19.08	5.30	2.55	1.174	1.79	0.502	1.25	0.212	0.83	0.081
19.44	5.40	2.60	1.214	1.82	0.519	1.27	0.219	0.85	0.084
19.80	5.50	2.65	1.254	1.86	0.537	1.29	0.226	0.86	0.086
20.16	5.60	2.70	1.294	1.89	0.554	1.32	0.233	0.88	0.089
20.52	5.70	2.75	1.336	1.93	0.572	1.34	0.241	0.90	0.092
20.88	5.80	2.80	1.378	1.96	0.590	1.36	0.248	0.91	0.095
21.24	5.90	2.84	1.420	1.996	0.608	1.39	0.256	0.93	0.098
21.60	6.00	2.89	1.463	2.03	0.626	1.41	0.264	0.94	0.101
21.96	6.10	2.94	1.507	2.06	0.645	1.43	0.271	0.96	0.104
22.32	6.20	2.99	1.551	2.09	0.664	1.46	0.279	0.97	0.107
22.68	6.30	3.04	1.595	2.13	0.683	1.48	0.587	0.99	0.110
23.04	6.40			2.16	0.702	1.59	0.596	1.01	0.113
23.40	6.50			2.20	0.722	1.53	0.304	1.02	0.116
23.76	6.60			2.23	0.741	1.55	0.312	1.04	0.119
24.12	6.70			2.26	0.762	1.57	0.321	1.05	0.123
24.48	6.80			2.30	0.782	1.60	0.329	1.07	0.126

| 流量 q | | DN（75mm） | | DN（90mm） | | DN（110mm） | | DN（125mm） | |
| | | D_j0.0164（m） | | D_j0.0736（m） | | D_j0.0900（m） | | D_j0.1022（m） | |
（m³/h）	（L/s）	v（m/s）	i（kPa/m）	v（m/s）	i（kPa/m）	v（m/s）	i（kPa/m）	v（m/s）	i（kPa/m）
14.76	4.10	1.38	0.319	0.96	0.134	0.64	0.051	0.50	0.028
15.12	4.20	1.42	0.333	0.99	0.140	0.66	0.054	0.51	0.029
15.48	4.30	1.45	0.347	1.01	0.146	0.68	0.056	0.52	0.030
15.84	4.40	1.49	0.361	1.03	0.152	0.69	0.058	0.54	0.032
16.20	4.50	1.52	0.376	1.06	0.158	0.71	0.061	0.55	0.033
16.56	4.60	1.55	0.391	1.08	0.165	0.72	0.063	0.56	0.034
16.92	4.70	1.59	0.406	1.10	0.171	0.74	0.065	0.57	0.036
17.28	4.80	1.62	0.421	1.13	0.177	0.75	0.068	0.59	0.037
17.64	4.90	1.65	0.437	1.15	0.184	0.77	0.070	0.60	0.038
18.00	5.00	1.69	0.453	1.18	0.191	0.79	0.073	0.61	0.040
18.36	5.10	1.72	0.469	1.20	0.198	0.80	0.073	0.62	0.041
18.72	5.20	1.76	0.486	1.22	0.204	0.82	0.078	0.63	0.043
19.08	5.30	1.79	0.502	1.25	0.212	0.83	0.081	0.65	0.044
19.44	5.40	1.82	0.519	1.27	0.219	0.85	0.084	0.66	0.046
19.80	5.50	1.86	0.537	1.29	0.226	0.86	0.086	0.67	0.047
20.16	5.60	1.89	0.554	1.32	0.233	0.88	0.089	0.68	0.049
20.52	5.70	1.93	0.572	1.34	0.241	0.90	0.092	0.69	0.050
20.88	5.80	1.96	0.590	1.36	0.248	0.91	0.095	0.71	0.052
21.24	5.90	1.99	0.608	1.39	0.256	0.93	0.098	0.72	0.053
21.60	6.00	2.03	0.626	1.41	0.264	0.94	0.101	0.73	0.055
21.96	6.10	2.06	0.645	1.43	0.271	0.96	0.104	0.74	0.057
22.32	6.20	2.09	0.664	1.46	0.279	0.97	0.107	0.76	0.058
22.68	6.30	2.13	0.683	1.48	0.287	0.99	0.110	0.77	0.060
23.04	6.40	2.16	0.702	1.50	0.296	1.01	0.113	0.78	0.062

续表

| 流量 q | | DN（75mm） | | DN（90mm） | | DN（110mm） | | DN（125mm） | |
| | | D_j0.0164（m） | | D_j0.0736（m） | | D_j0.0900（m） | | D_j0.1022（m） | |
（m³/h）	（L/s）	v（m/s）	i（kPa/m）	v（m/s）	i（kPa/m）	v（m/s）	i（kPa/m）	v（m/s）	i（kPa/m）
23.40	6.50	2.20	0.722	1.53	0.304	1.02	0.116	0.79	0.063
23.76	6.60	2.23	0.741	1.55	0.312	1.04	0.119	0.80	0.065
24.12	6.70	2.26	0.762	1.57	0.321	1.05	0.123	0.82	0.067
24.48	6.80	2.30	0.782	1.60	0.329	1.07	0.126	0.83	0.069
24.84	6.90	2.33	0.802	1.62	0.338	1.08	0.129	0.84	0.070
25.20	7.00	2.36	0.823	1.65	0.346	1.10	0.133	0.82	0.072
25.56	7.10	2.40	0.844	1.67	0.355	1.12	0.136	0.87	0.074
25.92	7.20	2.43	0.865	1.69	0.364	1.13	0.139	0.88	0.076
26.28	7.30	2.47	0.887	1.72	0.373	1.15	0.143	0.89	0.078
26.64	7.40	2.50	0.908	1.74	0.382	1.16	0.146	0.90	0.080
27.00	7.50	2.53	0.930	1.76	0.392	1.18	0.150	0.91	0.082
27.36	7.60	2.57	0.952	1.79	0.401	1.19	0.153	0.93	0.084
27.72	7.70	2.60	0.975	1.81	0.410	1.21	0.157	0.94	0.086
28.08	7.80	2.63	0.997	1.83	0.420	1.23	0.161	0.95	0.088
28.44	7.90	2.67	1.020	1.86	0.429	1.24	0.164	0.96	0.090
28.80	8.00	2.70	1.043	1.88	0.439	1.26	0.168	0.98	0.092
29.16	8.10	2.74	1.066	1.90	0.449	1.27	0.172	0.99	0.094
29.52	8.20	2.77	1.090	1.93	0.459	1.29	0.176	1.00	0.096
29.88	8.30	2.80	1.113	1.95	0.469	1.30	0.179	1.01	0.098
30.24	8.40	2.84	1.137	1.97	0.479	1.32	0.183	1.02	0.100
30.60	8.50	2.87	1.161	2.00	0.489	1.34	0.187	1.04	0.102
30.96	8.60	2.90	1.186	2.02	0.499	1.35	0.191	1.05	0.104
31.32	8.70	2.94	1.210	2.04	0.510	1.37	0.195	1.06	0.106
31.68	8.80	2.97	1.235	2.07	0.520	1.38	0.199	1.07	0.108

| 流量 q | | DN (90mm) | | DN (110mm) | | DN (125mm) | | DN (140mm) | |
| | | D_j0.0736 (m) | | D_j0.0900 (m) | | D_j0.1022 (m) | | D_j0.1146 (m) | |
(m³/h)	(L/s)	v (m/s)	i (kPa/m)	v (m/s)	i (kPa/m)	v (m/s)	i (kPa/m)	v (m/s)	i (kPa/m)
18.72	5.20	1.22	0.204	0.82	0.078	0.63	0.043	0.50	0.025
19.08	5.30	1.25	0.212	0.83	0.081	0.65	0.044	0.51	0.026
19.44	5.40	1.27	0.219	0.85	0.084	0.66	0.046	0.52	0.026
19.80	5.50	1.29	0.226	0.86	0.086	0.67	0.047	0.53	0.027
20.16	5.60	1.32	0.233	0.88	0.089	0.68	0.049	0.54	0.028
20.52	5.70	1.34	0.241	0.90	0.092	0.69	0.050	0.55	0.029
20.88	5.80	1.36	0.248	0.91	0.095	0.71	0.052	0.56	0.030
21.24	5.90	1.39	0.256	0.93	0.098	0.72	0.053	0.57	0.031
21.60	6.00	1.41	0.264	0.94	0.101	0.73	0.055	0.58	0.032
21.96	6.10	1.43	0.271	0.96	0.104	0.74	0.057	0.59	0.033
22.32	6.20	1.46	0.279	0.97	0.107	0.76	0.058	0.60	0.034
22.68	6.30	1.48	0.287	0.99	0.110	0.77	0.060	0.61	0.035
23.04	6.40	1.50	0.296	1.01	0.113	0.78	0.062	0.62	0.036
23.40	6.50	1.53	0.304	1.02	0.116	0.79	0.063	0.63	0.037
23.76	6.60	1.55	0.312	1.04	0.119	0.80	0.065	0.64	0.038
24.12	6.70	1.57	0.321	1.05	0.123	0.82	0.067	0.65	0.039
24.48	6.80	1.60	0.329	1.07	0.126	0.83	0.069	0.66	0.040
24.84	6.90	1.62	0.338	1.08	0.129	0.84	0.070	0.67	0.041
25.20	7.00	1.65	0.346	1.10	0.133	0.85	0.072	0.68	0.042
25.56	7.10	1.67	0.355	1.12	0.136	0.87	0.074	0.69	0.043
25.92	7.20	1.69	0.364	1.13	0.139	0.88	0.076	0.70	0.044
26.28	7.30	1.72	0.373	1.15	0.143	0.89	0.078	0.71	0.045
26.64	7.40	1.74	0.382	1.16	0.146	0.90	0.080	0.72	0.046
27.00	7.50	1.76	0.392	1.18	0.150	0.91	0.082	0.73	0.047

续表

| 流量 q | | DN (90mm) | | DN (110mm) | | DN (125mm) | | DN (140mm) | |
| | | $D_j0.0736$ (m) | | $D_j0.0900$ (m) | | $D_j0.1022$ (m) | | $D_j0.1146$ (m) | |
(m³/h)	(L/s)	v (m/s)	i (kPa/m)	v (m/s)	i (kPa/m)	v (m/s)	i (kPa/m)	v (m/s)	i (kPa/m)
27.36	7.36	1.79	0.401	1.19	0.153	0.93	0.084	0.74	0.048
27.72	7.70	1.81	0.410	1.21	0.157	0.94	0.086	0.75	0.050
28.08	7.80	1.83	0.420	1.23	0.161	0.95	0.088	0.76	0.051
28.44	7.90	1.86	0.429	1.24	0.164	0.96	0.090	0.77	0.052
28.80	8.00	1.88	0.439	1.26	0.168	0.98	0.092	0.78	0.053
29.16	8.10	1.90	0.449	1.27	0.172	0.99	0.094	0.79	0.054
29.52	8.20	1.93	0.459	1.29	0.176	1.00	0.096	0.79	0.055
29.88	8.30	1.95	0.469	1.30	0.179	1.01	0.098	0.80	0.057
30.24	8.40	1.97	0.479	1.32	0.183	1.02	0.100	0.81	0.058
30.60	8.50	2.00	0.489	1.34	0.187	1.04	0.102	0.82	0.059
30.96	8.60	2.02	0.499	1.35	0.191	1.05	0.104	0.83	0.060
31.32	8.70	2.04	0.510	1.37	0.195	1.06	0.106	0.84	0.062
31.68	8.80	2.07	0.520	1.38	0.199	1.07	0.108	0.85	0.063
32.04	8.90	2.09	0.530	1.40	0.203	1.08	0.111	0.86	0.064
32.40	9.00	2.12	0.541	1.41	0.207	1.10	0.113	0.87	0.065
32.76	9.10	2.14	0.552	1.43	0.211	1.11	0.115	0.88	0.067
33.12	9.20	2.16	0.563	1.45	0.215	1.12	0.117	0.89	0.068
33.48	9.30	2.19	0.574	1.46	0.215	1.12	0.117	0.89	0.068
33.84	9.40	2.21	0.585	1.48	0.224	1.15	0.122	0.91	0.071
34.20	9.50	2.23	0.596	1.49	0.228	1.16	0.124	0.92	0.072
34.56	9.60	2.26	0.607	1.51	0.232	1.17	0.127	0.93	0.073
34.92	9.70	2.28	0.618	1.52	0.237	1.18	0.129	0.94	0.075
35.28	9.80	2.30	0.629	1.54	0.241	1.19	0.131	0.95	0.076
35.64	9.90	2.33	0.641	1.56	0.245	1.21	0.134	0.96	0.077

续表

流量 q		DN (90mm)		DN (110mm)		DN (125mm)		DN (140mm)	
		D_j0.0736 (m)		D_j0.0900 (m)		D_j0.1022 (m)		D_j0.1146 (m)	
(m³/h)	(L/s)	v (m/s)	i (kPa/m)	v (m/s)	i (kPa/m)	v (m/s)	i (kPa/m)	v (m/s)	i (kPa/m)
36.00	10.00	2.35	0.652	1.57	0.250	1.22	0.136	0.97	0.079
36.90	10.25	2.41	0.682	1.61	0.261	1.25	0.142	0.99	0.082
37.80	10.50	2.47	0.711	1.65	0.272	1.28	0.148	1.02	0.086
38.70	10.75	2.53	0.742	1.69	0.284	1.31	0.155	1.04	0.090
39.60	11.00	2.59	0.772	1.73	0.296	1.34	0.161	1.07	0.093
40.50	11.25	2.64	0.804	1.77	0.308	1.37	0.168	1.09	0.097
41.40	11.50	2.70	0.836	1.81	0.320	1.40	0.174	1.11	0.101
42.30	11.75	2.76	0.868	1.85	0.332	1.43	0.181	1.14	0.105
43.20	12.00	2.80	0.901	1.89	0.345	1.46	0.188	1.16	0.109
44.10	12.25	2.88	0.935	1.93	0.358	1.49	0.195	1.19	0.113
45.00	12.50	2.94	0.969	1.96	0.371	1.52	0.202	1.21	0.117
45.90	12.75	3.00	1.004	2.00	0.384	1.55	0.209	1.24	0.121
46.80	13.00			2.04	0.398	1.58	0.217	1.26	0.125
47.70	13.25			2.08	0.411	1.62	0.224	1.28	0.130
48.60	13.50			2.12	0.425	1.65	0.232	1.31	0.134
49.50	13.75			2.16	0.439	1.68	0.239	1.33	0.139
50.40	14.00			2.20	0.454	1.71	0.247	1.36	0.143
51.30	14.25			2.24	0.468	1.74	0.255	1.38	0.148
52.20	14.50			2.28	0.483	1.77	0.263	1.41	0.152
53.10	14.75			2.32	0.498	1.80	0.271	1.43	0.157
54.00	15.00			2.36	0.513	1.83	0.279	1.45	0.162
55.80	15.50			2.44	0.543	1.89	0.296	1.50	0.171
57.60	16.00			2.52	0.575	1.95	0.313	1.55	0.181
59.40	16.50			2.59	0.607	2.01	0.331	1.60	0.192

续表

流量 q		DN（90mm）		DN（110mm）		DN（125mm）		DN（140mm）	
		D_j0.0736（m）		D_j0.0900（m）		D_j0.1022（m）		D_j0.1146（m）	
(m³/h)	(L/s)	v (m/s)	i (kPa/m)	v (m/s)	i (kPa/m)	v (m/s)	i (kPa/m)	v (m/s)	i (kPa/m)
61.20	17.00			2.67	0.640	2.07	0.349	1.65	0.202
63.00	17.50			2.70	0.674	2.13	0.367	1.70	0.213
64.80	18.00			2.83	0.708	2.19	0.386	1.75	0.223
66.60	18.50			2.91	0.744	2.26	0.405	1.79	0.235
68.40	19.00			2.99	0.780	2.32	0.425	1.84	0.246
70.20	19.50			3.07	0.816	2.38	0.445	1.89	0.258
72.00	20.00					2.44	0.465	1.94	0.269
73.80	20.50					2.50	0.486	1.99	0.281
75.60	21.00					2.56	0.508	2.04	0.294
77.40	21.50					2.62	0.529	2.08	0.306
79.20	22.00					2.68	0.551	2.13	0.319
81.00	22.50					2.74	0.574	2.18	0.332
82.80	23.00					2.80	0.596	2.23	0.345
84.60	23.50					2.86	0.620	2.28	0.359
86.40	24.00					2.93	0.643	2.33	0.372
88.20	24.50					2.99	0.667	2.38	0.386
90.00	25.00					3.05	0.691	2.42	0.400
91.80	25.50							2.47	0.415
93.60	26.00							2.52	0.429
95.40	26.50							2.57	0.444
97.20	27.00							2.62	0.459
99.00	27.50							2.67	0.474
100.80	28.00							2.71	0.489
102.60	28.50							2.76	0.505

续表

| 流量 q | | DN (110mm) | | DN (125mm) | | DN (140mm) | | DN (160mm) | |
| | | D_j0.0900 (m) | | D_j0.1022 (m) | | D_j0.1146 (m) | | D_j0.1308 (m) | |
(m³/h)	(L/s)	v (m/s)	i (kPa/m)	v (m/s)	i (kPa/m)	v (m/s)	i (kPa/m)	v (m/s)	i (kPa/m)
24.12	6.70	1.05	0.123	0.82	0.067	0.65	0.039	0.50	0.021
24.48	6.80	1.07	0.126	0.83	0.069	0.66	0.040	0.51	0.021
24.84	6.90	1.08	0.129	0.84	0.070	0.67	0.041	0.51	0.022
25.20	7.00	1.10	0.133	0.85	0.072	0.68	0.042	0.52	0.022
25.56	7.10	1.12	0.136	0.87	0.074	0.69	0.043	0.53	0.023
25.92	7.20	1.13	0.139	0.88	0.076	0.70	0.044	0.54	0.023
26.28	7.30	1.15	0.143	0.89	0.078	0.71	0.045	0.54	0.024
26.64	7.40	1.16	0.146	0.90	0.080	0.72	0.046	0.55	0.025
27.00	7.50	1.18	0.150	0.91	0.082	0.73	0.047	0.56	0.025
27.36	7.60	1.19	0.153	0.93	0.084	0.74	0.048	0.57	0.026
27.72	7.70	1.21	0.157	0.94	0.086	0.75	0.050	0.57	0.026
28.08	7.80	1.23	0.161	0.95	0.088	0.76	0.051	0.58	0.027
28.44	7.90	1.24	0.164	0.96	0.090	0.77	0.052	0.59	0.028
28.80	8.00	1.26	0.168	0.98	0.092	0.78	0.053	0.60	0.028
29.16	8.10	1.27	0.172	0.99	0.094	0.79	0.054	0.60	0.029
29.52	8.20	1.29	0.176	1.00	0.096	0.79	0.055	0.61	0.029
29.88	8.30	1.30	0.179	1.01	0.098	0.80	0.057	0.62	0.030
30.24	8.40	1.32	0.183	1.02	0.100	0.81	0.058	0.63	0.031
30.60	8.50	1.34	0.187	1.04	0.102	0.82	0.059	0.63	0.031
30.96	8.60	1.35	0.191	1.05	0.104	0.83	0.060	0.64	0.032
31.32	8.70	1.37	0.195	1.06	0.106	0.84	0.062	0.65	0.033
31.68	8.80	1.38	0.199	1.07	0.108	0.85	0.063	0.65	0.033
32.04	8.90	1.40	0.203	1.08	0.111	0.86	0.064	0.66	0.034
32.40	9.00	1.41	0.207	1.10	0.113	0.87	0.065	0.67	0.035

续表

| 流量 q | | DN (110mm) | | DN (125mm) | | DN (140mm) | | DN (160mm) | |
| | | $D_j0.0900$ (m) | | $D_j0.1022$ (m) | | $D_j0.1146$ (m) | | $D_j0.1308$ (m) | |
(m³/h)	(L/s)	v (m/s)	i (kPa/m)	v (m/s)	i (kPa/m)	v (m/s)	i (kPa/m)	v (m/s)	i (kPa/m)
32.76	9.10	1.43	0.211	1.11	0.115	0.88	0.067	0.68	0.035
33.12	9.20	1.45	0.215	1.12	0.117	0.89	0.068	0.68	0.036
33.48	9.30	1.46	0.220	1.13	0.120	0.90	0.069	0.69	0.073
33.84	9.40	1.48	0.224	1.15	0.122	0.91	0.071	0.70	0.038
34.20	9.50	1.49	0.228	1.16	0.124	0.92	0.072	0.71	0.038
34.56	9.60	1.51	0.232	1.17	0.127	0.93	0.073	0.71	0.039
34.92	9.70	1.52	0.237	1.18	0.129	0.94	0.075	0.72	0.040
35.28	9.80	1.54	0.241	1.19	0.131	0.95	0.076	0.73	0.040
35.64	9.90	1.56	0.245	1.21	0.134	0.96	0.077	0.74	0.041
36.00	10.00	1.57	0.250	1.22	0.136	0.97	0.079	0.74	0.042
36.90	10.25	1.61	0.261	1.25	0.142	0.99	0.082	0.76	0.044
37.80	10.50	1.65	0.272	1.28	0.148	1.02	0.086	0.78	0.046
38.70	10.75	1.69	0.284	1.31	0.155	1.04	0.090	0.80	0.048
39.60	11.00	1.73	0.296	1.34	0.161	1.07	0.093	0.82	0.050
40.50	11.25	1.77	0.308	1.37	0.168	1.09	0.097	0.84	0.052
41.40	11.50	1.81	0.320	1.40	0.174	1.11	0.101	0.86	0.054
42.30	11.75	1.85	0.332	1.43	0.181	1.14	0.105	0.87	0.056
43.20	12.00	1.89	0.345	1.46	0.188	1.16	0.109	0.89	0.058
44.10	12.25	1.93	0.358	1.49	0.195	1.19	0.113	0.91	0.060
45.00	12.50	1.96	0.371	1.52	0.202	1.21	0.117	0.93	0.062
45.90	12.75	2.00	0.384	1.55	0.209	1.24	0.121	0.95	0.064
46.80	13.00	2.04	0.398	1.58	0.217	1.26	0.125	0.97	0.067
47.70	13.25	2.08	0.411	1.62	0.224	1.28	0.130	0.99	0.069
48.60	13.50	2.12	0.425	1.65	0.232	1.31	0.134	1.00	0.071

续表

| 流量 q | | DN (110mm) | | DN (125mm) | | DN (140mm) | | DN (160mm) | |
| | | D_j0.0900 (m) | | D_j0.1022 (m) | | D_j0.1146 (m) | | D_j0.1308 (m) | |
(m³/h)	(L/s)	v (m/s)	i (kPa/m)	v (m/s)	i (kPa/m)	v (m/s)	i (kPa/m)	v (m/s)	i (kPa/m)
49.50	13.75	2.16	0.439	1.68	0.239	1.33	0.139	1.02	0.074
50.40	14.00	2.20	0.454	1.71	0.247	1.36	0.143	1.04	0.076
51.30	14.25	2.24	0.468	1.74	0.255	1.38	0.148	1.06	0.079
52.20	14.50	2.28	0.483	1.77	0.263	1.41	0.152	1.08	0.081
53.10	14.75	2.32	0.498	1.80	0.271	1.43	0.157	1.10	0.084
54.00	15.0	2.36	0.513	1.83	0.279	1.45	0.162	1.12	0.086
55.80	15.50	2.44	0.543	1.89	0.296	1.50	0.171	1.15	0.091
57.60	16.00	2.52	0.575	1.95	0.313	1.55	0.181	1.19	0.096
59.40	16.50	2.59	0.607	2.01	0.331	1.60	0.192	1.23	0.102
61.20	17.00	2.67	0.640	2.07	0.349	1.65	0.232	1.27	0.107
63.00	17.50	2.75	0.674	2.13	0.367	1.70	0.213	1.30	0.113
64.80	18.00	2.83	0.708	2.19	0.386	1.75	0.223	1.34	0.119
66.60	18.50	2.91	0.744	2.26	0.405	1.79	0.235	1.38	0.125
68.40	19.00	2.99	0.780	2.32	0.425	1.84	0.246	1.41	0.131
70.20	19.50	3.07	0.816	2.38	0.445	1.89	0.258	1.45	0.137
72.00	20.00			2.44	0.465	1.94	0.269	1.49	0.143
73.80	20.50			2.50	0.486	1.99	0.281	1.53	0.150
75.60	21.00			2.56	0.508	2.04	0.294	1.56	0.156
77.40	21.50			2.62	0.529	2.08	0.306	1.60	0.163
79.20	22.00			2.68	0.551	2.13	0.319	1.64	0.170
81.00	22.50			2.74	0.574	2.18	0.332	1.67	0.177
82.80	23.00			2.80	0.596	2.23	0.345	1.71	0.184
84.60	23.50			2.86	0.620	2.28	0.359	1.75	0.191
86.40	24.00			2.93	0.643	2.33	0.372	1.79	0.198

续表

流量 q		DN (110mm)		DN (125mm)		DN (140mm)		DN (160mm)	
		D_j0.0900 (m)		D_j0.1022 (m)		D_j0.1146 (m)		D_j0.1308 (m)	
(m³/h)	(L/s)	v (m/s)	i (kPa/m)	v (m/s)	i (kPa/m)	v (m/s)	i (kPa/m)	v (m/s)	i (kPa/m)
88.20	24.50			2.99	0.667	2.38	0.386	1.82	0.205
90.00	25.00			3.05	0.691	2.42	0.400	1.86	0.213
91.80	25.50					2.47	0.415	1.90	0.221
93.60	26.00					2.52	0.429	1.93	0.228
95.40	26.50					2.57	0.444	1.97	0.236
97.20	27.00					2.62	0.459	2.01	0.244
99.00	27.50					2.67	0.474	2.05	0.252
100.80	28.00					2.71	0.489	2.08	0.260
102.60	28.50					2.76	0.505	2.12	0.269
104.40	29.00					2.81	0.521	2.16	0.277
106.20	29.50					2.86	0.537	2.20	0.286
108.00	30.00					2.91	0.553	2.23	0.294
109.80	30.50					2.96	0.570	2.27	0.303
111.60	31.00					3.01	0.586	2.31	0.312
113.40	31.50							2.34	0.321
115.20	32.00							2.38	0.330
117.00	32.50							2.42	0.339
118.80	33.00							2.46	0.348
120.60	33.50							2.49	0.358
122.40	34.00							2.53	0.367
124.20	34.50							2.57	0.377
126.00	35.00							2.60	0.387
127.80	35.50							2.64	0.397
129.60	36.00							2.68	0.407

管系列 S5 的热水（60℃）水力计算表　　　表 D-3

| 流量 q | | DN（20mm） | | DN（25mm） | | DN（32mm） | | DN（40mm） | |
| | | D_j0.0160（m） | | D_j0.0204（m） | | D_j0.0262（m） | | D_j0.0326（m） | |
(m³/h)	(L/s)	v (m/s)	i (kPa/m)	v (m/s)	i (kPa/m)	v (m/s)	i (kPa/m)	v (m/s)	i (kPa/m)
0.360	0.100	0.50	0.215						
0.396	0.110	0.55	0.255						
0.432	0.120	0.60	0.298						
0.468	0.130	0.65	0.343						
0.504	0.140	0.70	0.391						
0.540	0.150	0.75	0.442						
0.576	0.160	0.80	0.496	0.49	0.155				
0.612	0.170	0.85	0.552	0.52	0.173				
0.648	0.180	0.90	0.611	0.55	0.192				
0.684	0.190	0.94	0.672	0.58	0.211				
0.72	0.200	0.99	0.736	0.61	0.231				
0.90	0.250	1.24	1.094	0.76	0.343	0.46	0.104		
1.08	0.300	1.49	1.512	0.92	0.474	0.56	0.144		
1.26	0.350	1.74	1.987	1.07	0.623	0.65	0.189		
1.44	0.400	1.99	2.518	1.22	0.790	0.74	0.239	0.48	0.084
1.62	0.450	2.24	3.103	1.38	0.973	0.83	0.295	0.54	0.104
1.80	0.500	2.49	3.741	1.53	1.173	0.93	0.355	0.60	0.125
1.98	0.550	2.74	4.431	1.68	1.389	1.02	0.421	0.66	0.148
2.16	0.600	2.98	5.170	1.84	1.621	1.11	0.491	0.72	0.173
2.34	0.650	3.23	5.959	1.99	1.868	1.21	0.566	0.78	0.199
2.52	0.700			2.14	2.131	1.30	0.645	0.84	0.227
2.70	0.750			2.29	2.408	1.39	0.729	0.90	0.257
2.88	0.800			2.45	2.700	1.48	0.818	0.96	0.288

续表

流量 q		DN (20mm)		DN (25mm)		DN (32mm)		DN (40mm)	
		D_j 0.0160 (m)		D_j 0.0204 (m)		D_j 0.0262 (m)		D_j 0.0326 (m)	
(m³/h)	(L/s)	v (m/s)	i (kPa/m)	v (m/s)	i (kPa/m)	v (m/s)	i (kPa/m)	v (m/s)	i (kPa/m)
3.06	0.850			2.60	3.007	1.58	0.911	1.02	0.321
3.24	0.900			2.75	3.328	1.67	1.008	1.08	0.355
3.42	0.950			2.91	3.663	1.76	1.109	1.14	0.391
3.60	1.000			3.06	4.012	1.85	1.215	1.20	0.428
3.78	1.050					1.95	1.325	1.26	0.467
3.96	1.100					2.04	1.439	1.32	0.507
4.14	1.150					2.13	1.557	1.38	0.548
4.32	1.200					2.23	1.679	1.44	0.591
4.50	1.250					2.32	1.805	1.50	0.636
4.68	1.300					2.41	1.935	1.56	0.682
4.86	1.350					2.50	2.069	1.62	0.729
5.04	1.400					2.60	2.207	1.68	0.777
5.22	1.450					2.69	2.349	1.74	0.827
5.40	1.500					2.78	2.494	1.80	0.879
5.58	1.550					2.88	2.644	1.86	0.931
5.76	1.600					2.97	2.797	1.92	0.985
5.94	1.650					3.06	2.954	1.98	1.040
6.12	1.700							2.04	1.097
6.30	1.750							2.10	1.155
6.48	1.800							2.16	1.214
6.66	1.850							2.22	1.275
6.84	1.900							2.28	1.336

| 流量 q | | DN（40mm） | | DN（50mm） | | DN（63mm） | | DN（75mm） | |
| | | D_j0.0326（m） | | D_j0.0408（m） | | D_j0.0514（m） | | D_j0.0614（m） | |
（m³/h）	（L/s）	v（m/s）	i（kPa/m）	v（m/s）	i（kPa/m）	v（m/s）	i（kPa/m）	v（m/s）	i（kPa/m）
2.34	0.650	0.78	0.199	0.50	0.068				
2.52	0.700	0.84	0.227	0.54	0.078				
2.70	0.750	0.90	0.257	0.57	0.088				
2.88	0.800	0.96	0.288	0.61	0.099				
3.06	0.850	1.02	0.321	0.65	0.110				
3.24	0.900	1.08	0.355	0.69	0.122				
3.42	0.950	1.14	0.391	0.73	0.134				
3.60	1.000	1.20	0.428	0.76	0.147	0.48	0.049		
3.78	1.050	1.26	0.467	0.80	0.160	0.51	0.053		
3.96	1.100	1.32	0.507	0.84	0.174	0.53	0.058		
4.14	1.150	1.38	0.548	0.88	0.188	0.55	0.062		
4.32	1.200	1.44	0.591	0.92	0.203	0.58	0.067		
4.50	1.250	1.50	0.636	0.96	0.218	0.60	0.072		
4.68	1.300	1.56	0.682	0.99	0.234	0.63	0.078		
4.86	1.350	1.62	0.729	1.03	0.250	0.65	0.083		
5.04	1.400	1.68	0.777	1.07	0.266	0.67	0.088		
5.22	1.450	1.74	0.827	1.11	0.283	0.70	0.094	0.49	0.040
5.40	1.500	1.80	0.879	1.15	0.301	0.72	0.100	0.51	0.043
5.58	1.550	1.86	0.931	1.19	0.319	0.75	0.106	0.52	0.045
5.76	1.600	1.92	0.985	1.22	0.338	0.77	0.112	0.54	0.048
5.94	1.650	1.98	1.040	1.26	0.356	0.80	0.118	0.56	0.051
6.12	1.700	2.04	1.097	1.30	0.376	0.82	0.125	0.57	0.053
6.30	1.750	2.10	1.155	1.34	0.396	0.84	0.131	0.59	0.056
6.48	1.800	2.16	1.214	1.38	0.416	0.87	0.138	0.61	0.059

续表

流量 q		DN（40mm）		DN（50mm）		DN（63mm）		DN（75mm）	
		D_j0.0326（m）		D_j0.0408（m）		D_j0.0514（m）		D_j0.0614（m）	
(m³/h)	(L/s)	v (m/s)	i (kPa/m)	v (m/s)	i (kPa/m)	v (m/s)	i (kPa/m)	v (m/s)	i (kPa/m)
6.66	1.850	2.22	1.275	1.42	0.437	0.89	0.145	0.62	0.062
6.81	1.900	2.28	1.336	1.45	0.458	0.92	0.152	0.64	0.065
7.02	1.950	2.34	1.399	1.49	0.479	0.94	0.159	0.66	0.068
7.20	2.000	2.40	1.464	1.53	0.501	0.96	0.166	0.68	0.071
7.56	2.100	2.52	1.596	1.61	0.547	1.01	0.182	0.71	0.078
7.92	2.200	2.64	1.733	1.68	0.594	1.06	0.197	0.74	0.084
8.28	2.300	2.76	1.876	1.76	0.643	1.11	0.213	0.78	0.091
8.64	2.400	2.88	2.023	1.84	0.693	1.16	0.230	0.81	0.098
9.00	2.500	3.00	2.175	1.91	0.745	1.20	0.247	0.84	0.106
9.36	2.600			1.99	0.799	1.25	0.265	0.88	0.113
9.72	2.700			2.07	0.854	1.30	0.284	0.91	0.121
10.08	2.800			2.14	0.911	1.35	0.302	0.95	0.129
10.44	2.900			2.22	0.969	1.40	0.322	0.98	0.138
10.80	3.000			2.29	1.030	1.45	0.242	1.01	0.146
11.16	3.100			2.37	1.091	1.49	0.362	1.05	0.155
11.52	3.200			2.45	1.154	1.54	0.383	1.08	0.164
11.88	3.300			2.52	1.219	1.59	0.405	1.11	0.173
12.24	3.400			2.60	1.285	1.64	0.427	1.15	0.183
12.60	3.500			2.68	1.353	1.69	0.449	1.18	0.192
12.96	3.600			2.75	1.423	1.73	0.472	1.22	0.202
13.32	3.700			2.83	1.494	1.78	0.496	1.25	0.212
13.68	3.800			2.91	1.566	1.83	0.520	1.28	0.223
10.04	3.900			2.98	1.640	1.88	0.544	1.32	0.233
14.40	4.000			3.06	1.715	1.93	0.569	1.35	0.244

续表

流量 q		DN (63mm)		DN (75mm)		DN (90mm)		DN (110mm)	
		D_j0.0514 (m)		D_j0.0614 (m)		D_j0.0736 (m)		D_j0.0900 (m)	
(m³/h)	(L/s)	v (m/s)	i (kPa/m)	v (m/s)	i (kPa/m)	v (m/s)	i (kPa/m)	v (m/s)	i (kPa/m)
7.56	2.100	1.01	0.182	0.71	0.078	0.49	0.033		
7.92	2.200	1.06	0.197	0.74	0.084	0.52	0.036		
8.28	2.300	1.11	0.213	0.78	0.091	0.54	0.038		
8.64	2.400	1.16	0.230	0.81	0.098	0.56	0.041		
9.00	2.500	1.20	0.247	0.84	0.106	0.59	0.045		
9.36	2.600	1.25	0.265	0.88	0.113	0.61	0.048		
9.72	2.700	1.30	0.284	0.91	0.121	0.63	0.051		
10.08	2.800	1.35	0.302	0.95	0.129	0.66	0.054		
10.44	2.900	1.40	0.322	0.98	0.138	0.68	0.058		
10.80	3.000	1.45	0.342	1.01	0.146	0.71	0.062		
11.16	3.100	1.49	0.362	1.05	0.155	0.73	0.065	0.49	0.025
11.52	3.200	1.54	0.383	1.08	0.164	0.75	0.069	0.50	0.026
11.88	3.300	1.59	0.405	1.11	0.173	0.78	0.073	0.52	0.028
11.24	3.400	1.64	0.427	1.15	0.183	0.80	0.077	0.53	0.029
12.60	3.500	1.69	0.449	1.18	0.192	0.82	0.081	0.55	0.031
12.96	3.600	1.73	0.472	1.22	0.202	0.85	0.085	0.57	0.033
13.32	3.700	1.78	0.496	1.25	0.212	0.87	0.089	0.58	0.034
13.68	3.800	1.83	0.520	1.28	0.223	0.89	0.094	0.60	0.036
14.04	3.900	1.88	0.544	1.32	0.233	0.92	0.098	0.61	0.038
14.40	4.000	1.93	0.569	1.35	0.244	0.94	0.103	0.63	0.039
14.76	4.100	1.98	0.595	1.38	0.255	0.96	0.107	0.64	0.041
15.12	4.200	2.02	0.621	1.42	0.266	0.99	0.112	0.66	0.043
15.48	4.300	2.07	0.647	1.45	0.277	1.01	0.117	0.68	0.045
15.84	4.400	2.12	0.674	1.49	0.289	1.03	0.121	0.69	0.046

续表

流量 q		DN（63mm）		DN（75mm）		DN（90mm）		DN（110mm）	
		D_j0.0514（m）		D_j0.0614（m）		D_j0.0736（m）		D_j0.0900（m）	
（m³/h）	（L/s）	v（m/s）	i（kPa/m）	v（m/s）	i（kPa/m）	v（m/s）	i（kPa/m）	v（m/s）	i（kPa/m）
16.20	4.500	2.17	0.702	1.52	0.300	1.06	0.126	0.71	0.048
16.56	4.60	2.22	0.730	1.55	0.312	1.08	0.131	0.72	0.050
16.92	4.70	2.27	0.758	1.59	0.324	1.10	0.137	0.74	0.052
17.28	4.80	2.31	0.787	1.62	0.337	1.13	0.142	0.75	0.054
17.64	4.90	2.36	0.816	1.65	0.349	1.15	0.147	0.77	0.056
18.00	5.00	2.41	0.846	1.69	0.362	1.18	0.152	0.79	0.058
18.36	5.10	2.46	0.876	1.72	0.375	1.20	0.158	0.80	0.060
18.72	5.20	2.51	0.907	1.76	0.388	1.22	0.163	0.82	0.063
19.08	5.30	2.55	0.938	1.79	0.401	1.25	0.169	0.83	0.065
19.44	5.40	2.60	0.970	1.82	0.415	1.27	0.175	0.85	0.067
19.80	5.50	2.65	1.002	1.86	0.429	1.29	0.180	0.86	0.069
20.16	5.60	2.70	1.034	1.89	0.443	1.32	0.186	0.88	0.071
20.52	5.70	2.75	1.067	1.93	0.457	1.34	0.192	0.90	0.074
20.88	5.80	2.80	1.101	1.96	0.471	1.36	0.198	0.91	0.076
21.24	5.90	2.84	1.135	1.99	0.486	1.39	0.204	0.93	0.078
21.60	6.00	2.89	1.169	2.03	0.500	1.41	0.211	0.97	0.081
21.96	6.10	2.94	1.204	2.06	0.515	1.43	0.217	0.96	0.083
22.32	6.20	2.99	1.239	2.09	0.530	1.46	0.223	0.97	0.085
22.68	6.30	3.04	1.275	2.13	0.546	1.48	0.230	0.99	0.088
23.04	6.40			2.16	0.561	1.50	0.236	1.01	0.090
23.40	6.50			2.20	0.577	1.53	0.243	1.02	0.093
23.76	6.60			2.23	0.592	1.55	0.249	1.04	0.095
24.12	6.70			2.26	0.608	1.57	0.256	1.05	0.098
24.48	6.80			2.30	0.625	1.60	0.263	1.07	0.101

| 流量 q | | DN (75mm) | | DN (90mm) | | DN (110mm) | | DN (125mm) | |
| | | $D_j 0.0164$ (m) | | $D_j 0.0736$ (m) | | $D_j 0.0900$ (m) | | $D_j 0.1022$ (m) | |
(m³/h)	(L/s)	v (m/s)	i (kPa/m)	v (m/s)	i (kPa/m)	v (m/s)	i (kPa/m)	v (m/s)	i (kPa/m)
14.76	4.100	1.38	0.255	0.96	0.107	0.64	0.041	0.50	0.022
15.12	4.200	1.42	0.266	0.99	0.112	0.66	0.043	0.51	0.223
15.48	4.300	1.45	0.277	1.01	0.117	0.68	0.045	0.52	0.024
15.84	4.400	1.49	0.289	1.03	0.121	0.69	0.046	0.54	0.025
16.20	4.500	1.52	0.300	1.06	0.126	0.71	0.048	0.55	0.026
16.56	4.60	1.55	0.312	1.08	0.131	0.72	0.050	0.56	0.027
16.92	4.70	1.59	0.324	1.10	0.137	0.74	0.052	0.57	0.028
17.28	4.80	1.62	0.337	1.13	0.142	0.75	0.054	0.59	0.030
17.64	4.90	1.65	0.349	1.15	0.147	0.77	0.056	0.60	0.031
18.00	5.00	1.69	0.362	1.18	0.152	0.79	0.058	0.61	0.032
18.36	5.10	1.72	0.375	1.20	0.158	0.80	0.060	0.62	0.033
18.72	5.20	1.76	0.388	1.22	0.163	0.82	0.063	0.63	0.034
19.08	5.30	1.79	0.401	1.25	0.169	0.83	0.065	0.65	0.035
19.44	5.40	1.82	0.415	1.27	0.175	0.85	0.067	0.66	0.036
19.80	5.50	1.86	0.429	1329	0.180	0.86	0.069	0.67	0.038
20.16	5.60	1.89	0.443	1.32	0.186	0.88	0.071	0.68	0.039
20.52	5.70	1.93	0.457	1.34	0.192	0.90	0.074	0.69	0.040
20.88	5.80	1.96	0.471	1.36	0.198	0.91	0.076	0.71	0.041
21.24	5.90	1.99	0.486	1.39	0.207	0.93	0.078	0.72	0.043
21.60	6.00	2.03	0.500	1.41	0.211	0.94	0.081	0.73	0.044
21.96	6.10	2.06	0.515	1.43	0.217	0.96	0.083	0.74	0.045
22.32	6.20	2.09	0.530	1.46	0.223	0.97	0.085	0.76	0.047
22.68	6.30	2.13	0.546	1.48	0.230	0.99	0.088	0.77	0.048
23.04	6.40	2.16	0.561	1.50	0.236	1.01	0.090	0.78	0.049

续表

| 流量 q | | DN（75mm） | | DN（90mm） | | DN（110mm） | | DN（125mm） | |
| | | D_j0.0164（m） | | D_j0.0736（m） | | D_j0.0900（m） | | D_j0.1022（m） | |
（m³/h）	（L/s）	v（m/s）	i（kPa/m）	v（m/s）	i（kPa/m）	v（m/s）	i（kPa/m）	v（m/s）	i（kPa/m）
23.40	6.50	2.20	0.577	1.53	0.243	1.02	0.093	0.79	0.051
23.76	6.60	2.23	0.592	1.55	0.249	1.04	0.095	0.80	0.052
24.12	6.70	2.26	0.608	1.57	0.256	1.05	0.098	0.82	0.053
24.48	6.80	2.30	0.625	1.60	0.263	1.07	0.101	0.83	0.055
24.84	6.90	2.33	0.641	1.62	0.270	1.08	0.103	0.84	0.056
25.20	7.00	2.36	0.658	1.65	0.277	1.10	0.106	0.85	0.058
25.56	7.10	2.40	0.674	1.67	0.284	1.12	0.109	0.87	0.059
25.92	7.20	2.43	0.691	1.69	0.291	1.13	0.111	0.88	0.061
26.28	7.30	2.47	0.708	1.72	0.298	1.15	0.114	0.89	0.062
26.64	7.40	2.50	0.726	1.74	0.306	1.16	0.117	0.90	0.064
27.00	7.50	2.53	0.743	1.76	0.313	1.18	0.120	0.91	0.065
27.36	7.60	2.57	0.761	1.79	0.320	1.19	0.123	0.93	0.067
27.72	7.70	2.60	0.779	1.81	0.328	1.21	0.125	0.94	0.068
28.08	7.80	2.63	0.797	1.83	0.335	1.23	0.128	0.95	0.070
28.44	7.90	2.67	0.815	1.86	0.343	1.24	0.131	0.96	0.072
28.80	8.00	2.70	0.833	1.88	0.351	1.26	0.134	0.98	0.073
29.16	8.10	2.74	0.852	1.90	0.359	1.27	0.137	0.99	0.075
29.52	8.20	2.77	0.871	1.93	0.367	1.29	0.140	1.00	0.076
29.88	8.30	2.80	0.890	1.95	0.375	1.30	0.143	1.01	0.078
30.24	8.40	2.84	0.909	1.97	0.383	1.32	0.146	1.02	0.080
30.60	8.50	2.87	0.928	2.00	0.391	1.34	0.150	1.04	0.082
30.96	8.60	2.90	0.948	2.02	0.399	1.35	1.153	1.05	0.083
31.32	8.70	2.94	0.967	2.04	0.407	1.37	0.156	1.06	0.085
31.68	8.80	2.97	0.987	2.07	0.415	1.38	0.159	1.07	0.087

续表

| 流量 q | | DN（90mm） | | DN（110mm） | | DN（125mm） | | DN（140mm） | |
| | | D_j0.0736（m） | | D_j0.0900（m） | | D_j0.1022（m） | | D_j0.1146（m） | |
(m³/h)	(L/s)	v (m/s)	i (kPa/m)	v (m/s)	i (kPa/m)	v (m/s)	i (kPa/m)	v (m/s)	i (kPa/m)
18.72	5.20	1.22	0.163	0.82	0.063	0.63	0.034	0.50	0.020
19.08	5.30	1.25	0.169	0.83	0.065	0.65	0.035	0.51	0.020
19.44	5.40	1.27	0.175	0.85	0.067	0.66	0.036	0.52	0.021
19.80	5.50	1.29	0.180	0.86	0.069	0.67	0.038	0.53	0.022
20.16	5.60	1.32	0.186	0.88	0.071	0.68	0.039	0.54	0.023
20.52	5.70	1.34	0.192	0.90	0.074	0.69	0.040	0.55	0.023
20.88	5.80	1.36	0.198	0.91	0.076	0.71	0.041	0.56	0.024
21.24	5.90	1.39	0.204	0.93	0.078	0.72	0.043	0.57	0.025
21.60	6.00	1.41	0.211	0.94	0.081	0.73	0.044	0.58	0.025
21.96	6.10	1.43	0.217	0.96	0.083	0.74	0.045	0.59	0.026
22.32	6.20	1.46	0.223	0.97	0.085	0.76	0.047	0.60	0.027
22.68	6.30	1.48	0.230	0.99	0.088	0.77	0.048	0.61	0.028
23.04	6.40	1.50	0.236	1.01	0.090	0.78	0.049	0.62	0.029
23.40	6.50	1.53	0.243	1.02	0.093	0.79	0.051	0.63	0.029
23.76	6.60	1.55	0.249	1.04	0.095	0.80	0.052	0.64	0.030
24.12	6.70	1.57	0.256	1.05	0.098	0.82	0.053	0.65	0.031
24.48	6.80	1.60	0.263	1.07	0.101	0.83	0.055	0.66	0.032
24.84	6.90	1.62	0.270	1.08	0.103	0.84	0.056	0.67	0.033
25.20	7.00	1.65	0.277	1.10	0.106	0.85	0.058	0.68	0.033
25.56	7.10	1.67	0.284	1.12	0.109	0.87	0.059	0.69	0.034
25.92	7.20	1.69	0.291	1.13	0.111	0.88	0.061	0.70	0.035
26.28	7.30	1.72	0.298	1.15	0.114	0.89	0.062	0.71	0.036
26.64	7.40	1.74	0.306	1.16	0.117	0.90	0.064	0.72	0.037
27.00	7.50	1.76	0.313	1.18	0.120	0.91	0.165	0.73	0.038

续表

流量 q		DN（90mm）		DN（110mm）		DN（125mm）		DN（140mm）	
		D_j0.0736（m）		D_j0.0900（m）		D_j0.1022（m）		D_j0.1146（m）	
（m³/h）	（L/s）	v（m/s）	i（kPa/m）	v（m/s）	i（kPa/m）	v（m/s）	i（kPa/m）	v（m/s）	i（kPa/m）
27.36	7.60	1.79	0.320	1.19	0.123	0.93	0.067	0.74	0.039
27.72	7.70	1.81	0.328	1.21	0.125	0.94	0.068	0.75	0.040
28.08	7.80	1.83	0.335	1.23	0.128	0.95	0.070	0.76	0.041
28.44	7.90	1.86	0.343	1.24	0.131	0.96	0.072	0.77	0.041
28.80	8.00	1.88	0.351	1.26	0.134	0.98	0.073	0.78	0.042
29.16	8.10	1.90	0.359	1.27	0.137	0.99	0.075	0.79	0.043
29.52	8.20	1.93	0.367	1.29	0.140	1.00	0.076	0.79	0.044
29.88	8.30	1.95	0.375	1.30	0.143	1.01	0.078	0.80	0.045
30.24	8.40	1.97	0.383	1.32	0.146	1.02	0.080	0.81	0.046
30.60	8.50	2.00	0.391	1.34	0.150	1.04	0.082	0.82	0.047
30.96	8.60	2.02	0.399	1.35	0.153	1.05	0.083	0.83	0.048
31.32	8.70	2.04	0.407	1.37	0.156	1.06	0.085	0.84	0.049
31.68	8.80	2.07	0.415	1.38	0.159	1.07	0.087	0.85	0.050
32.04	8.90	2.09	0.424	1.40	0.162	1.08	0.088	0.86	0.051
32.40	9.00	2.12	0.432	1.41	0.165	1.10	0.090	0.87	0.052
32.76	9.10	2.14	0.441	1.43	0.169	1.11	0.092	0.88	0.053
33.12	9.20	2.16	0.450	1.45	0.172	1.12	0.094	0.89	0.054
33.48	9.30	2.19	0.458	1.46	0.175	1.13	0.096	0.90	0.055
33.84	9.40	2.21	0.467	1.48	0.179	1.15	0.097	0.91	0.056
34.20	9.50	2.23	0.476	1.49	0.182	1.16	0.099	0.92	0.057
34.56	9.60	2.26	0.485	1.51	0.186	1.17	0.101	0.93	0.059
34.92	9.70	2.28	0.494	1.52	0.189	1.18	0.103	0.94	0.060
35.28	9.80	2.360	0.503	1.54	0.192	1.19	0.105	0.95	0.061
35.64	9.90	2.33	0.512	1.56	0.196	1.21	0.107	0.96	0.062

续表

| 流量 q | | DN（90mm） | | DN（110mm） | | DN（125mm） | | DN（140mm） | |
| | | D_j0.0736（m） | | D_j0.0900（m） | | D_j0.1022（m） | | D_j0.1146（m） | |
（m³/h）	（L/s）	v（m/s）	i（kPa/m）	v（m/s）	i（kPa/m）	v（m/s）	i（kPa/m）	v（m/s）	i（kPa/m）
36.00	10.00	2.35	0.521	1.57	0.200	1.22	0.109	0.97	0.063
36.90	10.25	2.41	0.545	1.61	0.208	1.25	0.114	0.99	0.066
37.80	10.50	2.47	0.568	1.65	0.218	1.28	0.119	1.02	0.069
38.70	10.75	2.53	0.593	1.69	0.227	1.31	0.124	1.04	0.072
39.60	11.00	2.59	0.617	1.73	0.236	1.34	0.129	1.07	0.075
40.50	11.25	2.64	0.642	1.77	0.246	1.37	0.134	1.09	0.078
41.40	11.50	2.70	0.668	1.81	0.256	1.40	0.139	1.11	0.081
42.30	11.75	2.76	0.694	1.85	0.266	1.43	0.145	1.14	0.084
43.20	12.00	2.80	0.720	1.89	0.276	1.46	0.150	1.16	0.087
44.10	12.25	2.88	0.747	1.93	0.286	1.49	0.156	1.19	0.090
45.00	12.50	2.94	0.774	1.96	0.296	1.52	0.162	1.21	0.094
45.90	12.75	3.00	0.802	2.00	0.307	1.55	0.167	1.24	0.097
46.80	13.00			2.04	0.318	1.58	0.173	1.26	0.100
47.70	13.25			2.08	0.329	1.62	0.179	1.28	0.104
48.60	13.50			2.12	0.340	1.65	0.185	1.31	0.107
49.50	13.75			2.16	0.351	1.68	0.191	1.33	0.111
50.40	14.00			2.20	0.362	1.71	0.198	1.36	0.114
51.30	14.25			2.24	0.374	1.71	0.204	1.38	0.118
52.20	14.50			2.28	0.386	1.77	0.210	1.41	0.122
53.10	14.75			2.32	0.398	1.80	0.217	1.43	0.125
54.00	15.00			2.36	0.410	1.83	0.223	1.45	0.129
55.80	15.50			2.44	0.434	1.89	0.237	1.50	0.137
57.60	16.00			2.52	0.459	1.95	0.250	1.55	0.145
59.40	16.50			2.59	0.485	2.01	0.264	1.60	0.153

续表

流量 q		DN（90mm）		DN（110mm）		DN（125mm）		DN（140mm）	
		D_j0.0736（m）		D_j0.0900（m）		D_j0.1022（m）		D_j0.1146（m）	
（m³/h）	（L/s）	v（m/s）	i（kPa/m）	v（m/s）	i（kPa/m）	v（m/s）	i（kPa/m）	v（m/s）	i（kPa/m）
61.20	17.00			2.67	0.511	2.07	0.279	1.65	0.161
63.00	17.50			2.75	0.538	2.13	0.293	1.70	0.170
64.80	18.00			2.83	0.566	2.19	0.308	1.75	0.179
66.60	18.50			2.91	0.594	2.26	0.324	1.79	0.187
68.40	19.00			2.99	0.623	2.32	0.340	1.84	0.197
70.20	19.50			3.07	0.652	2.38	0.356	1.89	0.206
72.00	20.00					2.44	0.372	1.94	0.215
73.80	20.50					2.50	0.389	1.99	0.225
75.60	21.00					2.56	0.406	2.04	0.235
77.40	21.50					2.62	0.423	2.08	0.245
79.20	22.00					2.68	0.440	2.13	0.255
81.00	22.50					2.74	0.458	2.18	0.265
82.80	23.00					2.80	0.477	2.23	0.276
84.60	23.50					2.86	0.495	2.28	0.287
86.40	24.00					2.93	0.514	2.33	0.297
88.20	24.50					2.99	0.533	2.38	0.309
90.00	25.00					3.05	0.553	2.42	0.320
91.80	25.50							2.47	0.331
93.60	26.00							2.52	0.343
95.40	26.50							2.57	0.355
97.20	27.00							2.62	0.367
99.00	27.50							2.67	0.379
100.80	28.00							2.71	0.391
102.60	28.50							2.76	0.404

续表

流量 q		DN (140mm)		DN (160mm)	
		$D_j 0.1146$ (m)		$D_j 0.1308$ (m)	
(m³/h)	(L/s)	v (m/s)	i (kPa/m)	v (m/s)	i (kPa/m)
24.12	6.70	0.65	0.031	0.50	0.016
24.48	6.80	0.66	0.032	0.51	0.017
24.84	6.90	0.67	0.033	0.51	0.017
25.20	7.00	0.68	0.033	0.52	0.018
25.56	7.10	0.69	0.034	0.53	0.018
25.92	7.20	0.70	0.035	0.54	0.019
26.28	7.30	0.71	0.036	0.54	0.019
26.64	7.40	0.72	0.037	0.55	0.020
27.00	7.50	0.73	0.038	0.56	0.020
27.36	7.60	0.74	0.039	0.57	0.021
27.72	7.70	0.75	0.040	0.57	0.021
28.08	7.80	0.76	0.041	0.58	0.022
28.44	7.90	0.77	0.041	0.59	0.022
28.80	8.00	0.78	0.042	0.60	0.023
29.16	8.10	0.79	0.043	0.60	0.023
29.52	8.20	0.79	0.044	0.61	0.024
29.88	8.30	0.80	0.045	0.62	0.024
30.24	8.40	0.81	0.046	0.63	0.025
30.60	8.50	0.82	0.047	0.63	0.025
30.96	8.60	0.83	0.048	0.64	0.026
31.32	8.70	0.84	0.049	0.65	0.026
31.68	8.80	0.85	0.050	0.65	0.027
32.04	8.90	0.86	0.051	0.66	0.027
32.40	9.00	0.87	0.052	0.67	0.028
32.76	9.10	0.88	0.053	0.68	0.028
33.12	9.20	0.89	0.054	0.68	0.029
33.48	9.30	0.90	0.055	0.69	0.029
33.84	9.40	0.91	0.056	0.70	0.030
34.20	9.50	0.92	0.057	0.71	0.031
34.56	9.60	0.93	0.059	0.71	0.031
34.92	9.70	0.94	0.060	0.72	0.032
35.28	9.80	0.95	0.061	0.73	0.032
35.64	9.90	0.96	0.062	0.74	0.033
36.00	10.00	0.97	0.063	0.74	0.033
36.90	10.25	0.99	0.066	0.76	0.035

续表

| 流量 q | | DN（140mm） | | DN（160mm） | |
| | | D_j0.1146（m） | | D_j0.1308（m） | |
（m³/h）	（L/s）	v（m/s）	i（kPa/m）	v（m/s）	i（kPa/m）
37.80	10.50	1.02	0.069	0.78	0.037
38.70	10.75	1.04	0.072	0.80	0.038
39.60	11.00	1.07	0.075	0.82	0.040
40.50	11.25	1.09	0.078	0.84	0.041
41.40	11.50	1.11	0.081	0.86	0.043
42.30	11.75	1.14	0.084	0.87	0.045
43.20	12.00	1.16	0.087	0.89	0.046
44.10	12.25	1.19	0.090	0.91	0.048
45.00	12.50	1.21	0.094	0.93	0.050
45.90	12.75	1.24	0.097	0.95	0.052
46.80	13.00	1.26	0.100	0.97	0.053
47.70	13.25	1.28	0.104	0.99	0.055
48.60	13.50	1.31	0.107	1.00	0.057
49.50	13.75	1.33	0.111	1.02	0.059
50.40	14.00	1.36	0.114	1.04	0.061
51.30	14.25	1.38	0.118	1.06	0.063
52.20	14.50	1.41	0.122	1.08	0.065
53.10	14.75	1.43	0.125	1.10	0.067
54.00	15.00	1.45	0.129	1.12	0.069
55.80	15.50	1.50	0.137	1.15	0.073
57.60	16.00	1.55	0.145	1.19	0.077
59.40	16.50	1.60	0.153	1.23	0.081
61.20	17.00	1.65	0.161	1.27	0.086
63.00	17.50	1.70	0.170	1.30	0.090
64.80	18.00	1.75	0.179	1.34	0.095
66.60	18.50	1.79	0.187	1.38	0.100
68.40	19.00	1.84	0.197	1.41	0.105
70.20	19.50	1.89	0.206	1.45	0.109
72.00	20.00	1.94	0.215	1.49	0.115
73.80	20.50	1.99	0.225	1.53	0.120
75.60	21.00	2.04	0.235	1.56	0.125
77.40	21.50	2.08	0.245	1.60	0.130
79.20	22.00	2.13	0.255	1.64	0.136
81.00	22.50	2.18	0.265	1.67	0.141
82.80	23.00	2.23	0.276	1.71	0.147

| 流量 q | | DN（140mm） | | DN（160mm） | |
| | | D_j 0.1146（m） | | D_j 0.1308（m） | |
（m³/h）	（L/s）	v（m/s）	i（kPa/m）	v（m/s）	i（kPa/m）
84.60	23.50	2.28	0.287	1.75	0.152
86.40	24.00	2.33	0.297	1.79	0.158
88.20	24.50	2.38	0.309	1.82	0.164
90.00	25.00	2.42	0.320	1.86	0.170
91.80	25.50	2.47	0.331	1.90	0.176
93.60	26.00	2.52	0.343	1.93	0.182
95.40	26.50	2.57	0.355	1.97	0.189
97.20	27.00	2.62	0.367	2.01	0.195
99.00	27.50	2.67	0.379	2.05	0.201
100.80	28.00	2.71	0.391	2.08	0.208
102.60	28.50	2.76	0.404	2.12	0.215
104.40	29.00	2.81	0.416	2.16	0.221
106.20	29.50	2.86	0.429	2.20	0.228
108.00	30.00	2.91	0.442	2.23	0.235
109.80	30.50	2.96	0.455	2.27	0.242
111.60	31.00	3.01	0.468	2.31	0.249
113.40	31.50			2.34	0.256
115.20	32.00			2.38	0.264
117.00	32.50			2.42	0.271
118.80	33.00			2.46	0.278
120.60	33.50			2.49	0.286
122.40	34.00			2.53	0.294
124.20	34.50			2.57	0.301
126.00	35.00			2.60	0.309
127.80	35.50			2.64	0.317
129.60	36.00			2.68	0.325
131.40	36.50			2.72	0.333
133.20	37.00			2.75	0.341
135.00	37.50			2.79	0.349
136.80	38.00			2.83	0.358
138.60	38.50			2.87	0.366
140.40	39.00			2.90	0.374
142.20	29.50			2.94	0.383
144.00	40.00			2.98	0.392
145.80	40.50			3.01	0.400

管系列 S4 的热水（60℃）水力计算表　　　表 D-4

流量 q		DN（20mm）		DN（25mm）		DN（32mm）		DN（40mm）	
		D_j0.0154（m）		D_j0.0194（m）		D_j0.0248（m）		D_j0.0310（m）	
（m³/h）	（L/s）	v（m/s）	i（kPa/m）	v（m/s）	i（kPa/m）	v（m/s）	i（kPa/m）	v（m/s）	i（kPa/m）
0.324	0.090	0.48	0.218						
0.342	0.095	0.51	0.236						
0.360	0.100	0.54	0.258						
0.396	0.110	0.59	0.306						
0.432	0.120	0.357							
0.468	0.130	0.70	0.412						
0.504	0.140	0.75	0.469	0.47	0.156				
0.540	0.150	0.81	0.530	0.51	0.176				
0.576	0.160	0.86	0.595	0.54	0.198				
0.612	0.170	0.91	0.662	0.58	0.220				
0.648	0.180	0.97	0.733	0.61	0.243				
0.684	0.190	1.02	0.807	0.64	0.268				
0.72	0.200	1.07	0.884	0.68	0.293				
0.90	0.250	1.34	1.313	0.85	0.436	0.52	0.135		
1.08	0.300	1.61	1.818	1.01	0.603	0.62	0.187		
1.26	0.350	1.88	2.385	1.18	0.792	0.72	0.245		
1.44	0.400	2.15	3.022	1.35	1.004	0.83	0.311	0.53	0.107
1.62	0.450	2.42	3.725	1.52	1.237	0.93	0.383	0.60	0.132
1.80	0.500	2.68	4.490	1.69	1.491	1.04	0.462	0.66	0.159
1.98	0.550	2.95	5.317	1.86	1.766	1.14	0.547	0.73	0.188
2.16	0.600	3.22	6.205	2.03	2.061	1.24	0.638	0.79	0.220
2.34	0.650			2.20	2.375	1.35	0.735	0.86	0.253
2.52	0.700			2.37	2.709	1.45	0.839	0.93	0.289

| 流量 q | | DN (20mm) | | DN (25mm) | | DN (32mm) | | DN (40mm) | |
| | | D_j0.0154 (m) | | D_j0.0194 (m) | | D_j0.0248 (m) | | D_j0.0310 (m) | |
(m³/h)	(L/s)	v (m/s)	i (kPa/m)	v (m/s)	i (kPa/m)	v (m/s)	i (kPa/m)	v (m/s)	i (kPa/m)
2.70	0.750			2.54	3.061	1.55	0.948	0.99	0.327
2.88	0.800			2.71	3.433	1.66	1.063	1.06	0.366
3.06	0.850			2.88	3.822	1.76	1.184	1.13	0.408
3.24	0.900			3.04	4.230	1.86	1.310	1.19	0.451
3.42	0.950					1.97	1.442	1.26	0.497
3.60	1.000					2.07	1.579	1.32	0.544
3.78	1.050					2.17	1.722	1.39	0.593
3.96	1.100					2.28	1.870	1.46	0.644
4.14	1.150					2.38	2.023	1.52	0.697
4.32	1.200					2.48	2.182	1.59	0.752
4.50	1.250					2.59	2.346	1.66	0.808
4.68	1.300					2.69	2.515	1.72	0.867
4.86	1.350					2.79	2.689	1.79	0.927
5.04	1.400					2.90	2.868	1.85	0.989
5.22	1.450					3.00	3.053	1.92	1.052
5.40	1.500							1.99	1.117
5.58	1.550							2.05	1.184
5.76	1.600							2.12	1.253
5.94	1.650							2.19	1.323
6.12	1.700							2.25	1.395
6.30	1.750							2.32	1.469
0.48	1.800							2.38	1.544

续表

流量 q		DN (40mm)		DN (50mm)		DN (63mm)		DN (75mm)	
		D_j0.0310 (m)		D_j0.0388 (m)		D_j0.0488 (m)		D_j0.0582 (m)	
(m³/h)	(L/s)	v (m/s)	i (kPa/m)	v (m/s)	i (kPa/m)	v (m/s)	i (kPa/m)	v (m/s)	i (kPa/m)
1.98	0.550	0.73	0.188	0.47	0.065				
2.16	0.600	0.79	0.220	0.51	0.075				
2.34	0.650	0.86	0.253	0.55	0.087				
2.52	0.700	0.93	0.259	0.59	0.099				
2.70	0.750	0.99	0.327	0.63	0.112				
2.88	0.800	1.06	0.366	0.68	0.125				
3.06	0.850	1.13	0.108	0.72	0.140				
3.24	0.900	1.19	0.451	0.76	0.155	0.48	0.052		
3.42	0.950	1.26	0.497	0.80	0.170	0.51	0.057		
3.60	1.000	1.32	0.544	0.85	0.186	0.53	0.062		
3.78	1.050	1.39	0.593	0.89	0.203	0.56	0.068		
3.96	1.100	1.46	0.644	0.93	0.221	0.59	0.074		
4.14	1.150	1.52	0.697	0.97	0.239	0.61	0.080		
4.32	1.200	1.59	0.752	1.01	0.258	0.64	0.086		
4.50	1.250	1.66	0.808	1.06	0.277	0.67	0.093		
4.68	1.300	1.72	0.867	1.10	0.297	0.70	0.099	0.49	0.043
4386	1.350	1.79	0.927	1.14	0.317	0.72	0.106	0.51	0.046
5.04	1.400	1.85	0.989	1.18	0.339	0.75	0.113	0.53	0.049
5.22	1.450	1.92	1.052	1.23	0.360	0.78	0.121	0.55	0.052
5.40	1.500	1.99	1.117	1.27	0.383	0.80	0.128	0.56	0.055
5.58	1.550	2.05	1.184	1.31	0.406	0.83	0.136	0.58	0.059
5.76	1.600	2.12	1.253	1.35	0.429	0.86	0.144	0.60	0.062
5.94	1.650	2.19	1.323	1.40	0.453	0.88	0.152	0.62	0.065
6.12	1.700	2.25	1.395	1.44	0.478	0.91	0.160	0.64	0.069

续表

| 流量 q | | DN (40mm) | | DN (50mm) | | DN (63mm) | | DN (75mm) | |
| | | D_j0.0310 (m) | | D_j0.0388 (m) | | D_j0.0488 (m) | | D_j0.0582 (m) | |
(m³/h)	(L/s)	v (m/s)	i (kPa/m)	v (m/s)	i (kPa/m)	v (m/s)	i (kPa/m)	v (m/s)	i (kPa/m)
6.30	1.750	2.32	1.469	1.48	0.503	0.94	0.168	0.66	0.073
6.48	1.800	2.38	1.544	1.52	0.529	0.96	0.177	0.68	0.076
6.66	1.850	2.45	1.621	1.56	0.555	0.99	0.186	0.70	0.080
6.84	1.900	2.52	1.699	1.61	0.582	1.02	0.195	0.71	0.084
7.02	1.950	2.58	1.779	1.65	0.609	1.04	0.204	0.73	0.088
7.20	2.000	2.65	1.861	1.69	0.637	1.07	0.213	0.75	0.092
7.56	2.100	2.78	2.029	1.78	0.695	1.12	0.233	0.79	0.100
7.92	2.200	2.91	2.204	1.86	0.755	1.18	0.253	0.83	0.109
8.28	2.300	3.05	2.385	1.95	0.817	1.23	0.273	0.86	0.118
8.64	2.400			2.03	0.881	1.28	0.295	0.90	0.127
9.00	2.500			2.11	0.947	1.34	0.317	0.94	0.137
9.36	2.600			2.20	1.015	1.39	0.340	0.98	0.147
6.72	2.700			2.28	1.086	1.44	0.363	1.01	0.157
10.08	2.800			2.37	1.158	1.50	0.387	1.05	0.167
10.44	2.900			2.45	1.232	1.55	0.412	1.09	1.178
10.80	3.000			2.54	1.309	1.60	0.438	1.13	0.189
11.16	3.100			2.62	1.387	1.66	0.464	1.17	0.200
11.52	3.200			2.71	1.467	1.71	0.491	1.20	0.212
11.88	3.300			2.79	1.550	1.76	0.519	1.24	0.224
12.24	3.400			2.88	1.634	1.82	0.547	1.28	0.236
12.60	3.500			2.96	1.720	1.87	0.576	1.32	0.248
12.96	3.600			3.04	1.808	1.92	0.605	1.35	0.261
13.32	3.700					1.98	0.635	1.39	0.274
13.68	3.800					2.03	0.666	1.43	0.287

续表

流量 q		DN (63mm)		DN (75mm)		DN (90mm)		DN (110mm)	
		D_j0.0488 (m)		D_j0.0582 (m)		D_j0.0698 (m)		D_j0.0854 (m)	
(m³/h)	(L/s)	v (m/s)	i (kPa/m)	v (m/s)	i (kPa/m)	v (m/s)	i (kPa/m)	v (m/s)	i (kPa/m)
6.66	1.850	0.99	0.186	0.70	0.080	0.48	0.034		
6.84	1.900	1.02	0.195	0.71	0.084	0.50	0.035		
7.02	1.950	1.04	0.204	0.73	0.088	0.51	0.037		
7.20	2.000	1.07	0.213	0.75	0.092	0.52	0.039		
7.56	2.100	1.12	0.233	0.79	0.100	0.55	0.042		
7.92	2.200	1.18	0.253	0.83	0.109	0.57	0.046		
8.28	2.300	1.23	0.273	0.86	0.118	0.60	0.050		
8.64	2.400	1.28	0.295	0.90	0.127	0.63	0.053		
9.00	2.500	1.34	0.317	0.94	0.137	0.65	0.057		
9.36	2.600	1.39	0.340	0.98	0.147	0.68	0.062		
9.72	2.700	1.44	0.363	1.01	0.157	0.71	0.066		
10.08	2.800	1.50	0.387	1.05	0.167	0.73	0.070	0.49	0.027
10.44	2.900	1.55	0.412	1.09	0.178	0.76	0.075	0.51	0.029
10.80	3.000	1.60	0.438	1.13	0.189	0.78	0.079	0.52	0.030
11.16	3.100	1.66	0.464	1.17	0.200	0.81	0.084	0.54	0.032
11.52	3.200	1.71	0.491	1.20	0.212	0.84	0.089	0.56	0.034
11.88	3.300	1.76	0.519	1.24	0.224	0.86	0.094	0.58	0.036
12.24	3.400	1.82	0.547	1.28	0.236	0.89	0.099	0.59	0.038
12.60	3.500	1.87	0.576	1.32	0.248	0.91	0.104	0.61	0.040
12.96	3.600	1.92	0.605	1.35	0.261	0.94	0.110	0.63	0.042
13.32	3.700	1.98	0.635	1.39	0.274	0.97	0.115	0.65	0.044
13.68	3.800	2.03	0.666	1.43	0.287	0.99	0.121	0.66	0.046
14.04	3.900	2.09	0.698	1.48	0.301	1.02	0.126	0.68	0.048
14.40	4.000	2.14	0.730	1.50	0.315	1.05	0.132	0.70	0.050

续表

| 流量 q | | DN（63mm） | | DN（75mm） | | DN（90mm） | | DN（110mm） | |
| | | D_j0.0488（m） | | D_j0.0582（m） | | D_j0.0698（m） | | D_j0.0854（m） | |
（m³/h）	（L/s）	v（m/s）	i（kPa/m）	v（m/s）	i（kPa/m）	v（m/s）	i（kPa/m）	v（m/s）	i（kPa/m）
14.76	4.100	2.19	0.762	1.54	0.329	1.07	0.138	0.72	0.053
15.12	4.200	2.25	0.796	1.58	0.343	1.10	0.144	0.73	0.055
15.48	4.300	2.30	0.829	1.62	0.358	1.12	0.150	0.75	0.057
15.84	4.400	2.35	0.864	1.65	0.373	1.15	0.156	0.77	0.060
16.20	4.500	2.41	0.899	1.69	0.388	1.18	0.163	0.79	0.062
16.56	4.60	2.46	0.935	1.73	0.403	1.250	0.169	0.80	0.065
16.92	4.70	2.51	0.971	1.77	0.419	1.23	0.176	0.82	0.067
17.28	4.80	2.57	1.008	1.80	0.435	1.25	0.183	0.84	0.070
17.64	4.90	2.62	1.046	1.84	0.451	1.28	0.189	0.86	0.072
18.00	5.00	2.67	1.084	1.88	0.467	1.31	0.196	0.87	0.075
18.36	5.10	2.73	1.123	1.92	0.484	1.33	0.203	0.89	0.078
18.72	5.20	2.78	1.162	1.92	0.501	1.36	0.210	0.91	0.080
19.08	5.30	2.83	1.202	1.99	0.518	1.39	0.218	0.93	0.083
19.44	5.40	2.89	1.242	2.03	0.536	1.41	0.225	0.94	0.086
19.80	5.50	2.91	1.284	2.07	0.554	1.44	0.232	0.96	0.089
20.16	5.60	2.99	1.325	2.11	0.572	1.46	0.540	0.98	0.092
20.52	5.70	3.05	1.367	2.14	0.590	1.49	0.248	1.00	0.095
20.88	5.80			2.18	0.608	1.52	0.255	1.01	0.088
21.24	5.90			2.22	0.627	1.54	0.263	1.03	0.101
21.60	6.00			2.26	0.646	1.57	0.271	1.05	0.104
21.96	6.10			2.29	0.665	1.59	0.279	1.06	0.107
22.32	6.20			2.33	0.685	1.62	0.288	1.08	0.110
22.68	6.30			2.37	0.704	1.65	0.296	1.10	0.113
23.04	6.40			2.41	0.724	1.67	0.304	1.12	0.116

续表

流量 q		DN（75mm）		DN（90mm）		DN（110mm）		DN（125mm）	
		D_j0.0582（m）		D_j0.0698（m）		D_j0.0854（m）		D_j0.0970（m）	
（m³/h）	（L/s）	v（m/s）	i（kPa/m）	v（m/s）	i（kPa/m）	v（m/s）	i（kPa/m）	v（m/s）	i（kPa/m）
13.32	3.700	1.39	0.274	0.97	0.115	0.65	0.044	0.50	0.024
13.68	3.800	1.43	0.287	0.99	0.121	0.66	0.046	0.51	0.025
14.04	3.900	1.47	0.301	1.02	0.126	0.68	0.048	0.53	0.026
14.40	4.000	1.50	0.315	1.05	0.132	0.70	0.050	0.54	0.027
14.76	4.100	1.54	0.329	1.07	0.138	0.72	0.053	0.55	0.029
15.12	4.200	1.58	0.343	1.10	0.144	0.73	0.055	0.57	0.030
15.48	4.300	1.62	0.358	1.12	0.150	0.75	0.057	0.58	0.031
15.84	4.400	1.65	0.373	1.15	0.156	0.77	0.060	0.60	0.033
16.20	4.500	1.69	0.388	1.18	0.163	0.79	0.062	0.61	0.034
16.56	4.60	1.73	0.403	1.20	0.169	0.80	0.065	0.62	0.035
16.92	4.70	1.77	0.419	1.23	0.176	0.82	0.067	0.64	0.037
17.28	4.80	1.80	0.435	1.25	0.183	0.84	0.070	0.65	0.038
17.64	4.90	1.84	0.451	1.28	0.189	0.86	0.072	0.66	0.039
18.00	5.00	1.88	0.467	1.31	0.196	0.87	0.075	0.68	0.041
18.36	5.10	1.92	0.484	1.33	0.203	0.89	0.078	0.69	0.042
18.72	5.20	1.95	0.501	1.36	0.210	0.91	0.080	0.70	0.044
19.08	5.30	1.99	0.518	1.39	0.218	0.93	0.083	0.72	0.045
19.44	5.40	2.03	0.536	1.41	0.225	0.94	0.086	0.73	0.047
19.80	5.50	2.07	0.554	1.44	0.232	0.96	0.089	0.74	0.048
20.16	5.60	2.11	0.572	1.46	0.240	0.98	0.092	0.73	0.050
20.52	5.70	2.14	0.590	1.49	0.248	1.00	0.095	0.77	0.051
20.88	5.80	2.18	0.608	1.52	0.255	1.01	0.098	0.78	0.053
21.24	5.90	2.22	0.627	1.54	0.263	1.03	0.101	0.80	0.055
21.60	6.00	2.26	0.646	1.57	0.271	1.05	0.104	0.81	0.056

续表

| 流量 q | | DN (75mm) | | DN (90mm) | | DN (110mm) | | DN (125mm) | |
| | | D_j0.0582 (m) | | D_j0.0698 (m) | | D_j0.0854 (m) | | D_j0.0970 (m) | |
(m³/h)	(L/s)	v (m/s)	i (kPa/m)	v (m/s)	i (kPa/m)	v (m/s)	i (kPa/m)	v (m/s)	i (kPa/m)
21.96	6.10	2.29	0.665	1.59	0.279	1.06	0.107	0.83	0.058
22.32	6.20	2.33	0.685	1.62	0.288	1.08	0.110	0.84	0.060
22.68	6.30	2.37	0.704	1.65	0.296	1.10	0.113	0.85	0.061
23.04	6.40	2.41	0.724	1.67	0.304	1.12	0.116	0.87	0.063
23.40	6.50	2.44	0.745	1.70	0.313	1.13	0.119	0.88	0.065
23.76	6.60	2.48	0.765	1.72	0.321	1.15	0.123	0.89	0.067
24.12	6.70	2.52	0.786	1.75	0.330	1.17	0.126	0.91	0.069
24.48	6.80	2.56	0.807	1.78	0.339	1.19	0.129	0.92	0.070
24.84	6.90	2.59	0.828	1.80	0.348	1.20	0.133	0.93	0.072
25.20	7.00	2.63	0.849	1.83	0.357	1.22	0.136	0.95	0.074
25.56	7.10	2.67	0.871	1.86	0.366	1.24	0.140	0.96	0.076
25.92	7.20	2.71	0.893	1.88	0.375	1.26	0.143	0.97	0.078
26.28	7.30	2.74	0.915	1.91	0.384	1.27	0.147	0.99	0.080
26.64	7.40	2.78	0.937	1.93	0.394	1.29	0.150	1.00	0.082
27.00	7.50	2.82	0.960	1.96	0.403	1.31	0.154	1.01	0.084
27.36	7.60	2.86	0.983	1.99	0.413	1.33	0.158	1.03	0.086
27.72	7.70	2.89	1.006	2.01	0.422	1.34	0.161	1.04	0.088
28.08	7.80	2.93	1.029	2.04	0.432	1.36	0.165	1.06	0.090
28.44	7.90	2.97	1.052	2.06	0.442	1.38	0.169	1.07	0.092
28.80	8.00	3.01	1.076	2.09	0.452	1.40	0.173	1.08	0.094
29.16	8.10			2.12	0.462	1.41	0.176	1.10	0.096
29.52	8.20			2.14	0.472	1.43	0.180	1.11	0.098
29.88	8.30			2.17	0.482	1.45	0.184	1.12	0.100
30.24	8.40			2.20	0.493	1.47	0.188	1.14	0.102

续表

| 流量 q | | DN (90mm) | | DN (110mm) | | DN (125mm) | | DN (140mm) | |
| | | D_j0.0698 (m) | | D_j0.0854 (m) | | D_j0.0970 (m) | | D_j0.1086 (m) | |
(m³/h)	(L/s)	v (m/s)	i (kPa/m)	v (m/s)	i (kPa/m)	v (m/s)	i (kPa/m)	v (m/s)	i (kPa/m)
16.56	4.60	1.20	0.169	0.80	0.065	0.62	0.035	0.50	0.021
16.92	4.70	1.23	0.176	0.82	0.067	0.64	0.037	0.51	0.021
17.28	4.80	1.25	0.183	0.84	0.070	0.65	0.038	0.52	0.022
17.64	4.90	1.28	0.189	0.86	0.072	0.66	0.039	0.53	0.023
18.00	5.00	1.31	0.196	0.87	0.075	0.68	0.041	0.54	0.024
18.36	5.10	1.33	0.203	0.89	0.078	0.69	0.042	0.55	0.025
18.72	5.20	1.36	0.210	0.91	0.080	0.70	0.044	0.56	0.026
19.08	5.30	1.39	0.218	0.93	0.083	0.72	0.045	0.57	0.026
19.44	5.40	1.41	0.225	0.94	0.086	0.73	0.047	0.58	0.027
19.80	5.50	1.44	0.232	0.96	0.089	0.74	0.048	0.59	0.028
20.16	5.60	1.46	0.240	0.98	0.092	0.76	0.050	0.69	0.029
20.52	5.70	1.49	0.248	1.00	0.095	0.77	0.051	0.62	0.030
20.88	5.80	1.52	0.255	1.01	0.098	0.78	0.053	0.63	0.031
21.24	5.90	1.54	0.263	1.03	0.101	0.80	0.055	0.64	0.032
21.60	6.00	1.57	0.271	1.05	0.104	0.81	0.056	0.65	0.033
21.96	6.10	1.59	0.279	1.06	0.107	0.83	0.058	0.66	0.034
22.32	6.20	1.92	0.288	1.08	0.110	0.84	0.060	0.67	0.035
22.68	6.30	1.65	0.296	1.10	0.113	0.85	0.061	0.68	0.036
23.04	6.40	1.67	0.304	1.12	0.116	0.87	0.063	0.69	0.037
23.40	6.50	1.70	0.313	1.13	0.119	0.88	0.065	0.70	0.038
23.76	6.60	1.72	0.321	1.15	0.123	0.89	0.067	0.71	0.039
24.12	6.70	1.75	0.330	1.17	0.126	0.91	0.069	0.72	0.040
24.48	6.80	1.78	0.339	1.19	0.129	0.92	0.070	0.73	0.041
24.84	6.90	1.80	0.348	1.20	0.133	0.93	0.072	0.74	0.042

续表

流量 q		DN (90mm)		DN (110mm)		DN (125mm)		DN (140mm)	
		D_j0.0698 (m)		D_j0.0854 (m)		D_j0.0970 (m)		D_j0.1086 (m)	
(m³/h)	(L/s)	v (m/s)	i (kPa/m)	v (m/s)	i (kPa/m)	v (m/s)	i (kPa/m)	v (m/s)	i (kPa/m)
25.20	7.00	1.83	0.357	1.22	0.136	0.95	0.074	0.76	0.043
25.56	7.10	1386	0.366	1.24	0.140	0.96	0.076	0.77	0.044
25.92	7.20	1.88	0.375	1.26	0.143	0.97	0.078	0.78	0.045
26.28	7.30	1.91	0.384	1.27	0.147	0.99	0.080	0.79	0.047
26.64	7.40	1.93	0.394	1.29	0.150	1.00	0.082	0.80	0.048
27.00	7.50	1.96	0.403	1.31	0.154	1.01	0.084	0.81	0.049
27.36	7.60	1.99	0.413	1.33	0.158	1.03	0.086	0.82	0.050
27.72	7.70	2.01	0.422	1.34	0.161	1.04	0.088	0.83	0.051
28.08	7.80	2.04	0.432	1.36	0.165	1.06	0.090	0.84	0.052
28.44	7.90	2.06	0.442	1.38	0.169	1.07	0.092	0.85	0.054
28.80	8.00	2.09	0.452	1.40	0.173	1.08	0.094	0.86	0.055
29.16	8.10	2.12	0.462	1.41	0.176	1.10	0.096	0.87	0.056
29.52	8.20	2.14	0.472	1.43	0.180	1.11	0.098	0.89	0.057
29.88	8.30	2.17	0.482	1.45	0.184	1.12	0.100	0.90	0.058
30.24	8.40	2.20	0.493	1.47	0.188	1.14	0.102	0.91	0.060
30.60	8.50	2.22	0.503	1.48	0.192	1.15	0.105	0.92	0.061
30.96	8.60	2.25	0.514	1.50	0.196	1.16	0.107	0.93	0.062
31.32	8.70	2.27	0.524	1.52	0.200	1.18	0.109	0.94	0.064
31.68	8.80	2.30	0.535	1.54	0.204	1.19	0.111	0.95	0.065
32.04	8.90	2.33	0.546	1.55	0.208	1.20	0.113	0.96	0.066
32.40	9.00	2.35	0.557	1.57	0.213	1.22	0.116	0.97	0.067
32.76	9.10	2.38	0.568	1.59	0.217	1.23	0.118	0.98	0.069
33.12	9.20	2.40	0.579	1.61	0.221	1.24	0.120	0.99	0.070
33.48	9.30	2.43	0.590	1.62	0.225	1.26	0.123	1.00	0.072

流量 q		DN (90mm)		DN (110mm)		DN (125mm)		DN (140mm)	
		D_j0.0698 (m)		D_j0.0854 (m)		D_j0.0970 (m)		D_j0.1086 (m)	
(m³/h)	(L/s)	v (m/s)	i (kPa/m)	v (m/s)	i (kPa/m)	v (m/s)	i (kPa/m)	v (m/s)	i (kPa/m)
33.84	9.40	2.46	0.602	1.64	0.230	1.27	0.125	1.01	0.073
34.20	9.50	2.48	0.613	1.66	0.234	1.29	0.127	1.03	0.074
34.56	9.60	2.51	0.624	1.68	0.238	1.30	0.130	1.04	0.076
34.92	9.70	2.53	0.636	1.69	0.243	1.31	0.132	1.05	0.077
35.28	9.80	2.56	0.648	1.71	0.247	1.33	0.135	1.06	0.079
35.64	9.90	2.59	0.659	1.73	0.252	1.34	0.137	1.07	0.080
36.00	10.00	2.61	0.671	1.75	0.256	1.35	0.140	1.08	0.081
36.90	10.25	2.68	0.701	1.79	0.268	1.39	0.146	1.11	0.085
37.80	10.50	2.74	0.732	1.83	0.279	1.42	0.152	1.13	0.089
38.70	10.75	2.81	0.763	1.88	0.291	1.45	0.159	1.16	0.093
39.60	11.00	2.87	0.795	1.92	0.304	1.49	0.165	1.19	0.096
40.50	11.25	2.94	0.827	1.96	0.316	1.52	0.172	1.21	0.100
41.40	11.50	3.01	0.860	2.01	0.328	1.56	0.179	1.24	0.104
42.30	11.75			2.05	0.341	1.59	0.186	1.27	0.108
43.20	12.00			2.09	0.354	1.62	0.193	1.30	0.112
44.10	12.25			2.14	0.367	1.66	0.200	1.32	0.117
45.00	12.50			2.18	0.381	1.69	0.207	1.35	0.121
45.90	12.75			2.23	0.394	1.73	0.215	1.38	0.125
46.80	13.00			2.27	0.408	1.76	0.222	1.40	0.130
47.70	13.25			2.31	0.422	1.79	0.230	1.43	0.134
48.60	13.50			2.36	0.436	1.83	0.238	1.46	0.139
49.50	13.75			2.40	0.451	1.86	0.245	1.48	0.143
5.40	14.00			2.44	0.466	1.89	0.253	1.51	0.148
51.30	14.25			2.49	0.480	1.93	0.262	1.54	0.153

| 流量 q | | DN (90mm) | | DN (110mm) | | DN (125mm) | | DN (140mm) | |
| | | D_j0.0698 (m) | | D_j0.0854 (m) | | D_j0.0970 (m) | | D_j0.1086 (m) | |
(m³/h)	(L/s)	v (m/s)	i (kPa/m)	v (m/s)	i (kPa/m)	v (m/s)	i (kPa/m)	v (m/s)	i (kPa/m)
52.20	14.50			2.53	0.495	1.93	0.270	1.57	0.157
53.10	14.75			2.58	0.511	2.00	0.278	1.59	0.162
54.00	15.00			2.62	0.526	2.03	0.286	1.62	0.167
55.80	15.50			2.71	0.558	2.10	0.304	1.67	0.177
57.60	16.00			2.79	0.590	2.17	0.321	1.73	0.187
59.40	16.50			2.88	0.623	2.23	0.339	1.78	0.198
61.20	17.00			2.97	0.657	2.30	0.358	1.84	0.209
63.00	17.50			3.03	0.692	2.37	0.377	1.89	0.220
64.80	18.00					2.44	0.396	1.94	0.231
66.60	18.50					2.50	0.416	2.00	0.242
68.40	19.00					2.57	0.436	2.05	0.254
70.20	19.50					2.64	0.456	2.11	0.266
72.00	20.00					2.71	0.477	2.16	0.278
73.80	20.50					2.77	0.499	2.21	0.291
75.60	21.00					2.84	0.520	2.27	0.303
77.40	21.50					2.91	0.543	2.32	0.316
79.20	22.00					2.98	0.565	2.38	0.330
81.00	22.50					3.04	0.588	2.43	0.343
82.80	23.00							2.48	0.357
84.60	23.50							2.54	0.370
86.40	24.00							2.59	0.385
88.20	24.50							2.64	0.399
90.00	25.00							2.70	0.413
91.80	25.50							2.75	0.428

| 流量 q | | DN（140mm） | | DN（160mm） | |
| | | D_j0.1086（m） | | D_j0.1242（m） | |
（m³/h）	（L/s）	v（m/s）	i（kPa/m）	v（m/s）	i（kPa/m）
21.96	6.10	0.66	0.034	0.50	0.018
22.32	6.20	0.67	0.035	0.51	0.018
22.68	6.30	0.68	0.036	0.52	0.019
23.04	6.40	0.69	0.037	0.53	0.019
2.40	6.50	0.70	0.038	0.54	0.020
23.76	6.60	0.71	0.039	0.54	0.21
24.12	6.70	0.72	0.040	0.55	0.021
24.48	6.80	0.73	0.041	0.56	0.022
24.84	6.90	0.74	0.042	0.57	0.022
25.20	7.00	0.76	0.043	0.58	0.023
25.56	7.10	0.77	0.044	0.59	0.023
25.92	7.20	0.78	0.045	0.59	0.024
26.28	7.30	0.79	0.047	0.60	0.025
26.64	7.40	0.80	0.048	0.61	0.025
27.00	7.50	0.81	0.049	0.62	0.026
27.36	7.60	0.82	0.050	0.63	0.026
27.72	7.70	0.83	0.051	0.64	0.027
28.08	7.80	0.84	0.052	0.64	0.028
28.44	7.90	0.85	0.054	0.65	0.028
28.80	8.00	0.86	0.055	0.66	0.029
29.16	8.10	0.87	0.056	0.67	0.030
29.52	8.20	0.89	0.057	0.68	0.030
29.88	8.30	0.90	0.058	0.69	0.031
30.24	8.40	0.91	0.060	0.69	0.031
30.60	8.50	0.92	0.061	0.70	0.032
30.96	8.60	0.93	0.062	0.71	0.033
31.32	8.70	0.94	0.064	0.72	0.033
31.68	8.80	0.95	0.065	0.73	0.034
32.04	8.90	0.96	0.066	0.73	0.035
32.40	9.00	0.97	0.067	0.74	0.036
32.76	9.10	0.98	0.069	0.75	0.036
33.12	9.20	0.99	0.070	0.76	0.037
33.48	9.30	1.00	0.072	0.77	0.038
33.84	9.40	1.01	0.073	0.78	0.038
34.20	9.50	1.03	0.074	0.78	0.039

| 流量 q | | DN (140mm) | | DN (160mm) | |
| | | D_j0.1086 (m) | | D_j0.1242 (m) | |
(m³/h)	(L/s)	v (m/s)	i (kPa/m)	v (m/s)	i (kPa/m)
34.56	9.60	1.02	0.076	0.79	0.040
34.92	9.70	1.05	0.077	0.80	0.041
35.28	9.80	1.06	0.079	0.81	0.041
35.64	9.90	1.07	0.080	0.82	0.042
36.00	10.00	1.08	0.081	0.83	0.043
36.90	10.25	1.11	0.085	0.85	0.045
37.80	10.50	1.13	0.089	0.87	0.047
38.70	10.75	1.16	0.093	0.89	0.049
39.60	11.00	1.19	0.096	0.91	0.051
40.50	11.25	1.21	0.100	0.93	0.053
41.40	11.50	1.24	0.104	0.95	0.055
42.30	11.75	1.27	0.108	0.97	0.057
43.20	12.00	1.30	0.112	0.99	0.059
44.10	12.25	1.32	0.117	1.01	0.061
45.00	12.50	1.35	0.121	1.03	0.064
45.90	12.75	1.38	0.125	1.05	0.066
46.80	13.00	1.40	0.130	1.07	0.068
47.70	13.25	1.43	0.134	1.09	0.071
48.60	13.50	1.46	0.139	1.11	0.073
49.50	13.75	1.48	0.143	1.13	0.075
50.40	14.00	1.51	0.148	1.16	0.078
51.30	14.25	1.54	0.153	1.18	0.080
52.20	14.50	1.57	0.157	1.20	0.083
53.10	14.75	1.59	0.162	1.22	0.085
54.00	15.00	1.62	0.167	1.24	0.088
55.80	15.50	1.67	0.177	1.28	0.093
57.60	16.00	1.73	0.187	1.32	0.099
59.40	16.50	1.78	0.198	1.36	0.104
61.20	17.00	1.84	0.209	1.40	0.110
63.00	17.50	1.89	0.220	1.44	0.116
64.80	18.00	1.94	0.231	1.49	0.122
66.60	18.50	2.00	0.242	1.53	0.128
68.40	19.00	2.05	0.254	1.57	0.134
72.20	19.50	2.11	0.266	1.61	0.410
72.00	20.00	2.16	0.278	1.65	0.147

| 流量 q | | DN (140mm) | | DN (160mm) | |
| | | $D_j 0.1086$ (m) | | $D_j 0.1242$ (m) | |
(m³/h)	(L/s)	v (m/s)	i (kPa/m)	v (m/s)	i (kPa/m)
73.80	20.50	2.21	0.291	1.69	0.153
75.60	21.00	2.27	0.303	1.73	0.160
77.40	21.50	2.32	0.316	1.77	0.167
79.20	22.00	2.38	0.330	1.82	0.174
81.00	22.50	2.43	0.343	1.86	0.181
82.80	23.00	2.48	0.357	1.90	0.188
84.60	23.50	2.54	0.370	1.94	0.195
86.40	24.00	2.59	0.385	1.98	0.203
88.20	24.50	2.64	0.399	2.02	0.210
90.00	25.00	2.70	0.413	2.06	0.218
91.80	25.50	2.75	0.428	2.10	0.226
93.60	26.00	2.81	0.443	2.15	0.234
95.40	26.50	2.86	0.458	2.19	0.242
97.20	27.00	2.91	0.474	2.23	0.250
99.00	27.50	2.97	0.490	2.27	0.258
100.80	28.00	3.02	0.506	2.31	0.266
102.60	28.50			2.35	0.275
104.40	29.00			2.39	0.283
106.20	29.50			2.43	0.292
108.00	30.00			2.48	0.301
109.80	30.50			2.52	0.310
111.60	31.00			2.56	0.319
113.40	31.50			2.60	0.328
115.20	32.00			2.64	0.338
117.00	32.50			2.68	0.347
118.80	33.00			2.72	0.356
120.60	33.50			2.77	0.366
122.40	34.00			2.81	0.376
124.20	34.50			2.85	0.386
126.00	35.00			2.89	0.396
127.80	35.50			2.93	0.406
129.60	36.00			2.97	0.416
131.40	36.50			3.01	0.426

管件和阀的局部阻力折算管长　　　　　　　　　　　　　　表 D-5

公称外径 d_n (mm)	折算管长 (m)							
	90°弯头	45°弯头	三通（分流）	三通（直流）	闸阀	球闸	角阀	单向阀
20	0.75	0.45	1.2	0.24	0.15	6.0	3.6	1.6
25	0.9	0.54	1.5	0.27	0.18	7.5	4.5	2.0
32	1.2	0.72	1.8	0.36	0.24	10.5	5.4	2.5
40	1.5	0.9	2.1	0.45	0.30	13.5	6.6	3.1
50	2.1	1.2	3.0	0.60	0.39	16.5	8.4	4.0
63	2.4	1.5	3.6	0.75	0.48	19.5	10.2	4.6
75	3.0	1.8	4.5	0.90	0.63	24.0	12.0	5.7
90	3.5	2.1	5.4	1.05	0.70	30.0	14.3	6.6
110	4.2	2.4	6.3	1.20	0.81	37.5	16.5	7.6
125	5.1	3.0	7.5	1.50	0.99	42.0	21.0	10.0
140	6.0	3.6	9.0	1.80	1.20	49.5	24.0	12.0
160	6.8	4.0	10.2	2.00	1.30	55.0	26.0	14.0

管材规格尺寸 (mm)　　　　　　　　　　　　　　表 D-6

公称外径 (d_n)	管材不圆度最大值	公称壁厚		
		管系列 (S)		
		6.3	5	4
20	1.2	2.0	2.0	2.3
25	1.2	2.0	2.3	2.8
32	1.3	2.4	2.9	3.6
40	1.4	3.0	3.7	4.5
50	1.4	3.7	4.6	5.6
64	1.5	4.7	5.8	7.1
75	1.6	5.6	6.8	8.4
90	1.8	6.7	8.2	10.1
110	2.2	8.1	10.0	12.3
125	2.5	9.2	11.4	14.0
140	2.8	10.3	12.7	15.7
160	3.2	11.8	14.6	17.9

注：与管系列 S6、S5、S4 相对应的管材压力等级为 1.6MPa、2.0MPa、2.5MPa。

附表 E

交联聚乙烯管水力计算图表

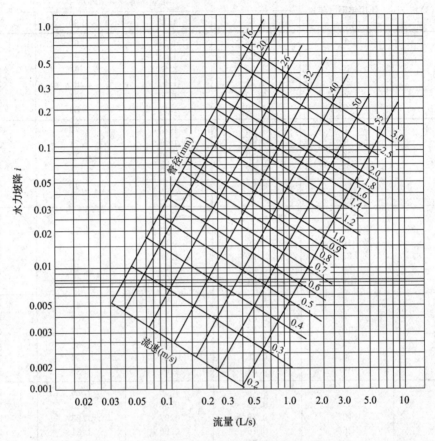

图 E　交联聚乙烯管道水力计算图（60℃）

水头损失温度修正系数　　　　　　　　　　　　　　　表 E-1

水温（℃）	10	20	30	40	50	60	70	80	90	95
修正系数	1.23	1.18	1.12	1.08	1.03	1.00	0.98	0.96	0.93	0.90

交联聚乙烯（PEX）使用温度与允许工作压力及使用寿命　　表 E-2

工作条件		管外径/壁厚（SDR）			
		13.6	11	9	7.3
温度（℃）	使用年限（年）	相应压等级（MPa）			
		0.60	1.25	1.60	2.00
10	1	1.42	1.79	2.25	2.83
	5	1.39	1.76	2.21	2.78
	10	1.38	1.74	2.19	2.76
	25	1.37	1.72	2.17	2.73
	50	1.36	1.71	2.15	2.71
	100	1.35	1.70	2.14	2.69

续表

工作条件		管外径/壁厚（SDR）			
		13.6	11	9	7.3
温度（℃）	使用年限（年）	相应压等级（MPa）			
		0.60	1.25	1.60	2.00
20	1	1.26	1.58	1.99	2.51
	5	1.23	1.55	1.96	2.46
	10	1.22	1.54	1.94	2.44
	25	1.21	1.52	1.92	2.42
	50	1.20	1.51	1.91	2.40
	100	1.19	1.50	1.89	2.38
30	1	1.12	1.41	1.77	2.23
	5	1.00	1.38	1.74	2.19
	10	1.09	1.37	1.72	2.17
	25	1.07	1.35	1.71	2.15
	50	1.07	1.34	1.69	2.13
	100	1.06	1.33	1.68	2.11
40	1	0.99	1.25	1.58	1.99
	5	0.97	1.23	1.55	1.95
	10	0.96	1.22	1.53	1.93
	25	0.95	1.20	1.51	1.91
	50	0.95	1.19	1.50	1.89
	100	0.94	1.18	1.49	1.88
50	1	0.89	1.12	1.41	1.77
	5	0.87	1.10	1.38	1.74
	10	0.86	1.09	1.37	1.72
	25	0.85	1.07	1.35	1.70
	50	0.85	1.07	1.34	1.69
	100	0.84	1.06	1.33	1.67
60	1	0.79	1.00	1.26	1.58
	5	0.78	0.98	1.23	1.55
	10	0.77	0.97	1.22	1.54
	25	0.76	0.96	1.21	1.52
	50	0.75	0.95	1.20	1.51
70	1	0.71	0.89	1.13	1.42
	5	0.70	0.88	1.10	1.39
	10	0.69	0.87	1.09	1.38
	25	0.68	0.86	1.08	1.36
	50	0.67	0.85	1.07	1.35
80	1	0.64	0.80	1.01	1.27
	5	0.63	0.79	0.99	1.24
	10	0.62	0.78	0.98	1.23
	25	0.61	0.77	0.97	1.22
	50	0.61	0.76	0.96	1.21
90	1	0.57	0.72	0.91	1.14
	5	0.56	0.71	0.89	1.12
	10	0.55	0.70	0.88	1.11
	25	0.55	0.69	0.87	1.10
95	1	0.54	0.68	1.86	1.08
	5	0.53	0.67	0.84	1.06
	10	0.53	0.66	0.83	1.05
	25	0.52	0.66	0.82	1.04

注：生产企业常规产品压力等级为1.25MPa（SDR11）。

附录 F

建筑给水铝塑复合管水力计算图

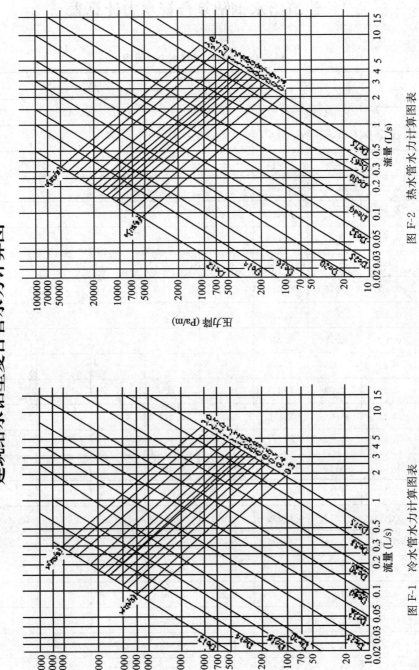

图 F-1 冷水管水力计算图表
水温＝10℃，介质：水

图 F-2 热水管水力计算图表
水温＝60℃，介质：水

附表 G

建筑给水钢塑复合管水力计算表

建筑给水用衬塑钢管水力计算表 表 G-1

| 流量 Q | | DN15 | | DN20 | | DN25 | | DN32 | |
| | | $D_j = 0.0128$ | | $D_j = 0.0183$ | | $D_j = 0.0240$ | | $D_j = 0.0328$ | |
(m³/h)	(L/s)	v	i	v	i	v	i	v	i
0.234	0.065	0.51	0.345						
0.252	0.070	0.54	0.393						
0.270	0.075	0.58	0.444						
0.288	0.080	0.62	0.498						
0.306	0.085	0.66	0.554						
0.324	0.090	0.70	0.614						
0.342	0.095	0.74	0.675						
0.360	0.100	0.78	0.740						
0.396	0.11	0.85	0.876						
0.432	0.12	0.93	1.022						
0.468	0.13	1.01	1.178	0.49	0.214				
0.504	0.14	1.09	1.344	0.53	0.224				
0.540	0.15	1.17	1.519	0.57	0.276				
0.576	0.16	1.24	1.703	0.61	0.309				
0.612	0.17	1.32	1.896	0.65	0.344				
0.648	0.18	1.40	2.099	0.68	0.381				
0.684	0.19	1.48	2.310	0.72	0.419				
0.72	0.20	1.55	2.530	0.76	0.459				
0.90	0.25	1.94	3.789	0.95	0.682	0.55	0.187		
1.08	0.30	2.33	5.194	1.14	0.943	0.66	0.258		
1.26	0.35	2.72	6.828	1.33	1.239	0.77	0.340		
1.44	0.40	3.11	8.653	1.52	1.570	0.88	0.430		
1.62	0.45			1.71	1.935	0.99	0.530	0.53	0.119
1.80	0.50			1.90	2.333	1.11	0.639	0.59	0.144

续表

流量 Q		DN15		DN20		DN25		DN32	
		$D_j=0.0128$		$D_j=0.0183$		$D_j=0.0240$		$D_j=0.0328$	
(m³/h)	(L/s)	v	i	v	i	v	i	v	i
1.98	0.55			2.09	2.763	1.22	0.757	0.65	0.170
2.16	0.60			2.28	3.224	1.33	0.884	0.71	0.199
2.34	0.65			2.47	3.716	1.44	1.018	0.77	0.229
2.52	0.70			2.66	4.238	1.55	1.161	0.83	0.261
2.70	0.75			2.85	4.790	1.66	1.313	0.89	0.295
2.88	0.80			3.04	5.371	1.77	1.472	0.95	0.331
3.06	0.85					1.88	1.639	1.01	0.369
3.24	0.90					1.99	1.814	1.07	0.408
3.42	0.95					2.10	1.996	1.12	0.449
3.60	1.00					2.21	2.187	1.18	0.492
3.78	1.05					2.32	2.384	1.24	0.537
3.96	1.10					2.43	2.259	1.30	0.583
4.14	1.15					2.54	2.802	1.36	0.631
4.32	1.20					2.65	3.022	1.42	0.680
4.50	1.25					2.76	3.249	1.48	0.731
4.68	1.30					2.87	3.483	1.54	0.784
4.86	1.35					2.98	3.724	1.60	0.838
5.04	1.40					3.09	3.972	1.66	0.894
5.22	1.45							1.72	0.951
5.40	1.50							1.78	1.010
5.58	1.55							1.83	1.071
5.76	1.60							1.89	1.133
5.94	1.65							1.95	1.197
6.12	1.70							2.01	1.262

| 流量 Q | | DN32 | | DN40 | | DN50 | | DN65 | |
| | | $D_j = 0.0328$ | | $D_j = 0.0380$ | | $D_j = 0.0500$ | | $D_j = 0.0650$ | |
(m³/h)	(L/s)	v	i	v	i	v	i	v	i
2.16	0.60	0.71	0.199	0.53	0.099				
2.34	0.65	0.77	0.229	0.57	0.114				
2.52	0.70	0.83	0.261	0.62	0.129				
2.70	0.75	0.89	0.295	0.66	0.146				
2.88	0.80	0.95	0.331	0.71	0.164				
3.06	0.85	1.01	0.369	0.75	0.183				
3.24	0.90	1.07	0.408	0.79	0.202				
3.42	0.95	1.12	0.449	0.84	0.223				
3.60	1.00	1.18	0.492	0.88	0.244	0.51	0.066		
3.78	1.05	1.24	0.537	0.93	0.266	0.53	0.072		
3.96	1.10	1.30	0.583	0.97	0.289	0.56	0.078		
4.14	1.15	1.36	0.631	1.01	0.312	0.59	0.084		
4.32	1.20	1.42	0.680	1.06	0.337	0.61	0.091		
4.50	1.25	1.48	0.731	1.10	0.362	0.64	0.098		
4.68	1.30	1.54	0.784	1.15	0.388	0.66	0.105		
4.86	1.35	1.60	0.838	1.19	0.415	0.69	0.112		
5.04	1.40	1.66	0.894	1.23	0.443	0.71	0.119		
5.22	1.45	1.72	0.951	1.28	0.471	0.74	0.127		
5.40	1.50	1.78	1.010	1.32	0.501	0.76	0.135		
5.58	1.55	1.83	1.071	1.37	0.530	0.79	0.143		
5.76	1.60	1.89	1.133	1.41	0.561	0.81	0.151		
5.94	1.65	1.95	1.197	1.45	0.593	0.84	0.160	0.50	0.046
6.12	1.70	2.01	1.262	1.50	0.625	0.87	0.169	0.51	0.048
6.30	1.75	2.07	1.328	1.54	0.658	0.89	0.177	0.53	0.051
6.48	1.80	2.13	1.396	1.59	0.692	0.92	0.187	0.54	0.053

续表

| 流量 Q | | DN32 | | DN40 | | DN50 | | DN65 | |
| | | $D_j = 0.0328$ | | $D_j = 0.0380$ | | $D_j = 0.0500$ | | $D_j = 0.0650$ | |
(m³/h)	(L/s)	v	i	v	i	v	i	v	i
6.66	1.85	2.19	1.466	1.63	0.726	0.94	0.196	0.56	0.056
6.84	1.90	2.25	1.537	1.68	0.761	0.97	0.205	0.57	0.059
7.02	1.95	2.31	1.609	1.72	0.797	0.99	0.215	0.59	0.061
7.20	2.00	2.37	1.683	1.76	0.834	1.02	0.225	0.60	0.064
7.56	2.10	2.49	1.835	1.85	0.909	1.07	0.245	0.63	0.070
7.92	2.20	2.60	1.993	1.94	0.987	1.12	0.266	0.66	0.076
8.28	2.30	2.72	2.157	2.03	1.068	1.17	0.288	0.69	0.082
8.64	2.40	2.84	2.326	2.12	1.152	1.22	0.311	0.72	0.089
9.00	2.50	2.96	2.501	2.20	1.239	1.27	0.334	0.75	0.096
9.36	2.60	3.08	2.681	2.29	1.328	1.32	0.358	0.78	0.102
9.72	2.70			2.38	1.420	1.38	0.383	0.81	0.109
10.08	2.80			2.47	1.515	1.43	0.409	0.84	0.117
10.44	2.90			2.56	1.612	1.48	0.435	0.87	0.124
10.80	3.00			2.65	1.712	1.53	0.432	0.90	0.132
11.16	3.10			2.73	1.814	1.58	0.489	0.93	0.140
11.52	3.20			2.82	1.919	1.63	0.518	0.96	0.148
11.88	3.30			2.91	2.027	1.68	0.547	0.99	0.156
12.24	3.40			3.00	2.137	1.73	0.577	1.02	0.165
12.60	3.50					1.78	0.607	1.05	0.173
12.96	3.60					1.83	0.638	1.08	0.182
13.32	3.70					1.88	0.670	1.12	0.191
13.68	3.80					1.94	0.702	1.15	0.201
14.04	3.90					1.99	0.735	1.18	0.210
14.40	4.00					2.04	0.769	1.21	0.220
14.76	4.10					2.09	0.804	1.24	0.230

续表

| 流量 Q | | DN50 | | DN65 | | DN80 | | DN100 | |
| | | $D_j=0.0500$ | | $D_j=0.0650$ | | $D_j=0.0765$ | | $D_j=0.1020$ | |
(m³/h)	(L/s)	v	i	v	i	v	i	v	i
14.76	4.10	2.09	0.804	1.24	0.230	0.89	0.106	0.50	0.027
15.12	4.20	2.14	0.839	1.27	0.240	0.91	0.110	0.51	0.058
15.48	4.30	2.19	0.875	1.30	0.250	0.94	0.115	0.53	0.029
15.84	4.40	2.24	0.911	1.33	0.260	0.96	0.120	0.54	0.030
16.20	4.50	2.29	0.948	1.36	0.271	0.98	0.124	0.55	0.032
16.56	4.60	2.34	0.986	1.39	0.282	1.00	0.129	0.56	0.033
16.92	4.70	2.39	1.024	1.42	0.293	1.02	0.134	0.58	0.034
17.28	4.80	2.44	1.063	1.45	0.304	1.04	0.140	0.59	0.035
17.64	4.90	2.50	1.103	1.48	0.315	1.07	0.145	0.60	0.037
18.00	5.00	2.55	1.143	1.51	0.327	1.09	0.150	0.61	0.038
18.36	5.10	2.60	1.184	1.54	0.338	1.11	0.155	0.62	0.039
18.72	5.20	2.65	1.225	1.57	0.350	1.13	0.161	0.64	1.041
19.08	5.30	2.70	1.267	1.60	0.362	1.15	0.166	0.65	0.042
19.44	5.40	2.75	1.310	1.63	0.374	1.17	0.172	0.66	0.044
19.80	5.50	2.80	1.353	1.66	0.387	1.20	0.178	0.67	0.045
20.16	5.60	2.85	1.397	1.69	0.399	1.22	0.183	0.69	0.046
20.52	5.70	2.90	1.442	1.72	0.412	1.24	0.189	0.70	0.048
20.88	5.80	2.95	1.487	1.75	0.425	1.26	0.195	0.71	0.049
21.24	5.90	3.00	1.533	1.78	0.438	1.28	0.201	0.72	0.051
21.60	6.00			1.81	0.451	1.31	0.207	0.73	0.053
21.96	6.10			1.84	0.465	1.33	0.214	0.75	0.054
22.32	6.20			1.87	0.478	1.35	0.220	0.76	0.056
22.68	6.30			1.90	0.492	1.37	0.226	0.77	0.057
23.04	6.40			1.93	0.506	1.39	0.233	0.78	0.059
23.40	6.50			1.96	0.520	1.41	0.239	0.80	0.061

| 流量 Q | | DN50 | | DN65 | | DN80 | | DN100 | |
| | | $D_j = 0.0500$ | | $D_j = 0.0650$ | | $D_j = 0.0765$ | | $D_j = 0.1020$ | |
(m³/h)	(L/s)	v	i	v	i	v	i	v	i
23.76	6.60			1.99	0.534	1.44	0.246	0.81	0.062
24.12	6.70			2.02	0.549	1.46	0.252	0.82	0.064
24.48	6.80			2.05	0.564	1.48	0.259	0.83	0.066
24.84	6.90			2.08	0.578	1.50	0.266	0.84	0.067
25.20	7.00			2.11	0.593	1.52	0.273	0.86	0.069
25.56	7.10			2.14	0.608	1.54	0.280	0.87	0.071
25.92	7.20			2.17	0.624	1.57	0.287	0.88	0.073
26.28	7.30			2.20	0.639	1.59	0.294	0.89	0.074
26.64	7.40			2.23	0.655	1.61	0.301	0.91	0.076
27.00	4.50			2.26	0.671	1.63	0.308	0.92	0.078
27.36	7.60			2.29	0.686	1.65	0.315	0.93	0.080
27.72	7.70			2.32	0.703	1.68	0.323	0.94	0.082
28.08	7.80			2.35	0.719	1.70	0.330	0.95	0.084
28.44	7.90			2.38	0.735	1.72	0.338	0.97	0.086
28.80	8.00			2.41	0.752	1.74	0.345	0.98	0.087
29.16	8.10			2.44	0.769	1.76	0.353	0.99	0.089
29.52	8.20			2.47	0.786	1.78	0.361	1.00	0.091
29.88	8.30			2.50	0.803	1.81	0.369	1.02	0.093
30.24	8.40			2.53	0.820	1.83	0.377	1.03	0.095
30.60	8.50			2.56	0.837	1.85	0.385	1.04	0.097
30.96	8.60			2.59	0.855	1.87	0.393	1.05	0.099
31.32	8.70			2.62	0.873	1.89	0.401	1.06	0.102
31.68	8.80			2.65	0.890	1.91	0.409	1.08	0.104
32.04	8.90			2.68	0.908	1.94	0.417	1.09	0.106
32.40	9.00			2.71	0.927	1.96	0.426	1.10	0.108

续表

流量 Q		DN65 $D_j=0.0650$		DN80 $D_j=0.0765$		DN100 $D_j=0.1020$		DN125 $D_j=0.1280$	
(m³/h)	(L/s)	v	i	v	i	v	i	v	i
23.04	6.40	1.93	0.506	1.39	0.233	0.78	0.059	0.50	0.020
23.40	6.50	1.96	0.520	1.41	0.239	0.80	0.061	0.51	0.020
23.76	6.60	1.99	0.534	1.44	0.246	0.81	0.062	0.51	0.021
24.12	6.70	2.02	0.549	1.46	0.252	0.82	0.064	0.52	0.022
24.48	6.80	2.05	0.564	1.48	0.259	0.83	0.066	0.53	0.022
24.84	6.90	2.08	0.578	1.50	0.266	0.84	0.067	0.54	0.023
25.20	7.00	2.11	0.593	1.52	0.273	0.86	0.069	0.54	0.023
25.56	7.10	2.14	0.608	1.54	0.280	0.87	0.071	0.55	0.024
25.92	7.20	2.17	0.624	1.57	0.287	0.88	0.073	0.56	0.025
26.28	7.30	2.20	0.639	1.59	0.294	0.89	0.074	0.57	0.025
26.64	7.40	2.23	0.655	1.61	0.301	0.91	0.076	0.58	0.026
27.00	7.50	2.26	0.671	1.63	0.308	0.92	0.087	0.58	0.026
27.36	7.60	2.29	0.686	1.65	0.315	0.93	0.080	0.59	0.027
27.72	7.70	2.32	0.703	1.68	0.323	0.94	0.082	0.60	0.028
28.08	7.80	2.35	0.719	1.70	0.330	0.95	0.084	0.61	0.028
28.44	7.90	2.38	0.735	1.72	0.338	0.97	0.086	0.61	0.029
28.80	8.00	2.41	0.752	1.74	0.345	0.98	0.087	0.62	0.030
29.16	8.10	2.44	0.769	1.76	0.353	0.99	0.089	0.63	0.030
29.52	8.20	2.47	0.789	1.78	0.361	1.00	0.091	0.64	0.031
29.88	8.30	2.50	0.803	1.81	0.369	1.02	0.093	0.65	0.032
30.24	8.40	2.53	0.820	1.83	0.377	1.03	0.095	0.65	0.032
30.60	8.50	2.56	0.837	1.85	0.385	1.04	0.097	0.66	0.033
30.96	8.60	2.59	0.855	1.87	0.393	1.05	0.099	0.67	0.034
31.32	8.70	2.62	0.873	1.89	0.401	1.06	0.102	0.68	0.034
31.68	8.80	2.65	0.890	1.91	0.409	1.08	0.104	0.68	0.035

| 流量 Q | | DN65 | | DN80 | | DN100 | | DN125 | |
| | | $D_j=0.0650$ | | $D_j=0.0765$ | | $D_j=0.1020$ | | $D_j=0.1280$ | |
(m³/h)	(L/s)	v	i	v	i	v	i	v	i
32.04	8.90	2.68	0.908	1.94	0.417	1.09	0.106	0.69	0.036
32.40	9.00	2.71	0.927	1.96	0.426	1.10	0.108	0.70	0.036
32.76	9.10	2.74	0.945	1.98	0.434	1.11	1.110	0.71	0.037
33.12	9.20	2.77	0.963	2.00	0.443	1.13	0.112	0.71	0.038
33.48	9.30	2.80	0.982	2.02	0.451	1.14	0.114	0.72	0.039
33.84	9.40	2.83	1.001	2.05	0.460	1.15	0.116	0.73	0.039
34.20	9.50	2.86	1.020	2.07	0.469	1.16	0.119	0.74	0.040
34.56	9.60	2.89	1.039	2.09	0.477	1.17	0.121	0.75	0.041
34.92	9.70	2.92	1.058	2.11	0.486	1.19	0.123	0.75	0.042
35.28	9.80	2.95	1.078	2.13	0.495	1.20	0.125	0.76	0.042
35.64	9.90	2.98	1.097	2.15	0.504	1.21	0.128	0.77	0.043
36.00	10.00	3.01	1.117	2.18	0.513	1.22	0.130	0.78	0.044
36.90	10.25			2.23	0.536	1.25	0.136	0.80	0.046
37.80	10.50			2.28	0.560	1.28	0.142	0.82	0.048
38.70	10.75			2.34	0.583	1.32	0.148	0.84	0.050
39.60	11.00			2.39	0.608	1.35	1.154	0.85	0.052
40.50	11.25			2.45	0.632	1.38	0.160	0.89	0.056
41.40	11.50			2.50	0.658	1.41	0.167	0.89	0.056
42.30	11.75			2.56	0.683	1.44	0.173	0.91	0.059
43.20	12.00			2.61	0.709	1.47	0.180	0.93	0.061
44.10	12.25			2.67	0.736	1.50	0.186	0.95	0.063
45.00	12.50			2.72	0.762	1.53	0.193	0.97	0.065
45.90	12.75			2.77	0.790	1.56	0.200	0.99	0.068
46.80	13.00			2.83	0.817	1.59	0.207	1.01	0.070
47.70	13.25			2.88	0.846	1.62	0.214	1.03	0.072

续表

流量 Q		DN80 $D_j=0.0765$		DN100 $D_j=0.1020$		DN125 $D_j=0.1280$		DN150 $D_j=0.1510$	
(m^3/h)	(L/s)	v	i	v	i	v	i	v	i
32.04	8.90	1.94	0.417	1.09	0.106	0.69	0.036	0.50	0.016
32.40	9.00	1.96	0.426	1.10	0.108	0.70	0.036	0.50	0.017
32.76	9.10	1.98	0.434	1.11	0.110	0.71	0.037	0.51	0.017
33.12	9.20	2.00	0.443	1.13	0.112	0.71	0.038	0.51	0.017
33.48	9.30	2.02	0.451	1.14	0.114	0.72	0.039	0.52	0.018
33.84	9.40	2.05	0.460	1.15	0.116	0.73	0.039	0.52	0.018
34.20	9.50	2.07	0.469	1.16	0.119	0.74	0.040	0.53	0.018
34.56	9.60	2.09	0.477	1.17	0.121	0.75	0.041	0.54	0.019
34.92	9.70	2.11	0.486	1.19	0.123	0.75	0.042	0.54	0.019
35.28	9.80	2.13	0.495	1.20	0.125	0.76	0.042	0.55	0.019
35.64	9.90	2.15	0.504	1.21	0.128	0.77	0.043	0.55	0.020
36.00	10.00	2.18	0.513	1.22	0.130	0.78	0.044	0.56	0.020
36.90	10.25	2.23	0.536	1.25	0.136	0.80	0.046	0.57	0.021
37.80	10.50	2.28	0.560	1.28	0.142	0.82	0.048	0.59	0.022
38.70	10.75	2.34	0.583	1.32	0.148	0.84	0.050	0.60	0.023
39.60	11.00	2.39	0.608	1.35	0.154	0.85	0.052	0.61	0.024
40.50	11.25	2.45	0.632	1.38	0.160	0.87	0.054	0.63	0.025
41.40	11.50	2.50	0.658	1.41	0.167	0.89	0.056	0.64	0.026
42.30	11.75	2.56	0.683	1.44	0.173	0.91	0.059	0.66	0.027
43.20	12.00	2.61	0.709	1.47	0.180	0.93	0.061	0.67	0.028
44.10	12.25	2.67	0.736	1.50	0.186	0.95	0.063	0.68	0.029
45.00	12.50	2.72	0.762	1.53	0.193	0.97	0.065	0.70	0.060
45.90	12.75	2.77	0.790	1.56	0.200	0.99	0.068	0.71	0.031

续表

流量 Q		DN80		DN100		DN125		DN150	
		$D_j=0.0765$		$D_j=0.1020$		$D_j=0.1280$		$D_j=0.1510$	
(m³/h)	(L/s)	v	i	v	i	v	i	v	i
46.80	13.00	2.83	0.817	1.59	0.207	1.01	0.070	0.73	0.032
47.70	13.25	2.88	0.846	1.62	0.214	1.03	0.072	0.74	0.033
48.60	13.50	2.94	0.874	1.65	0.221	1.05	0.075	0.75	0.034
49.50	13.75	2.99	0.903	1.68	0.229	1.07	0.077	0.77	0.035
50.40	14.00	3.05	0.932	1.71	0.236	1.09	0.080	0.78	0.036
51.30	14.25			1.74	0.244	1.11	0.082	0.80	0.037
52.20	14.50			1.77	0.251	1.13	0.085	0.81	0.039
53.10	14.75			1.81	0.259	1.15	0.088	0.82	0.040
54.00	15.00			1.84	0.267	1.17	0.090	0.84	0.041
55.80	15.50			1.90	0.283	1.20	0.096	0.87	0.043
57.60	16.00			1.96	0.299	1.24	0.101	0.89	0.046
59.40	16.50			2.02	0.316	1.28	0.107	0.92	0.049
61.20	17.00			2.08	0.333	1.32	0.113	0.95	0.051
63.00	17.50			2.14	0.351	1.36	0.119	0.98	0.054
64.80	18.00			2.20	0.369	1.40	0.125	1.01	0.057
66.60	18.50			2.26	0.387	1.44	0.131	1.03	0.059
68.40	19.00			2.33	0.406	1.48	0.137	1.06	0.062
70.20	19.50			2.39	0.425	1.52	0.144	1.09	0.065
72.00	20.00			2.45	0.445	1.55	0.150	1.12	0.068
73.80	20.50			2.51	0.464	1.59	0.157	1.14	0.071
75.60	21.00			2.57	0.485	1.63	0.164	1.17	0.074
77.40	21.50			2.63	0.505	1.67	0.171	1.20	0.078
79.20	22.00			2.69	0.526	1.71	0.178	1.23	0.081

| 流量 Q | | DN80 | | DN100 | | DN125 | | DN150 | |
| | | $D_j=0.0765$ | | $D_j=0.1020$ | | $D_j=0.1280$ | | $D_j=0.1510$ | |
(m³/h)	(L/s)	v	i	v	i	v	i	v	i
81.00	22.50			2.75	0.548	1.75	0.185	1.26	0.084
82.80	23.00			2.81	0.570	1.79	0.193	1.28	0.088
84.60	23.50			2.88	0.592	1.83	0.200	1.31	0.091
86.40	24.00			2.94	0.614	1.87	0.208	1.34	0.094
88.20	24.50			3.00	0.637	1.90	0.216	1.37	0.098
90.00	24.50			3.00	0.637	1.90	0.216	1.37	0.098
91.80	25.50					1.98	0.231	1.42	0.105
93.60	26.00					2.02	0.239	1.45	0.109
95.40	26.50					2.06	0.248	1.48	0.113
97.20	27.00					2.10	0.256	1.51	0.116
99.00	27.50					2.14	0.265	1.54	0.120
100.80	28.00					2.18	0.273	1.56	0.124
102.60	28.50					2.21	0.282	1.59	0.128
104.40	29.00					2.25	0.291	1.62	0.132
106.20	29.50					2.29	0.300	1.65	0.136
108.00	30.00					2.33	0.309	1.68	0.140
109.80	30.50					2.37	0.318	1.70	0.144
111.60	31.00					2.41	0.327	1.73	0.149
113.40	31.50					2.45	0.337	1.76	0.153
115.20	32.00					2.49	0.346	1.79	0.157
117.60	32.50					2.53	0.356	1.81	0.162

续表

流量 Q		DN80 D_j=0.0765		DN100 D_j=0.1020		DN125 D_j=0.1280		DN150 D_j=0.1510	
(m³/h)	(L/s)	v	i	v	i	v	i	v	i
118.80	33.00					2.53	0.366	1.84	0.166
120.60	33.50					2.60	0.375	1.87	0.171
122.40	34.00					2.64	0.385	1.90	0.175
124.20	34.50					2.68	0.396	1.93	0.180
126.00	35.00					2.72	0.406	1.95	0.184
126.00	35.00					2.72	0.406	1.95	0.184
129.60	36.00					2.80	0.427	2.01	0.194
131.40	36.50					2.84	0.437	2.04	0.199
133.20	37.00					2.88	0.448	2.07	0.203
135.00	37.50					2.91	0.459	2.09	0.208
136.80	38.00					2.95	0.469	2.12	0.213
138.60	38.50					2.99	0.481	2.15	0.218
140.40	39.00					3.03	0.492	2.18	0.223
142.20	39.50					3.07	0.503	2.21	0.228
144.00	40.00					3.11	0.514	2.23	0.234
145.80	40.50					3.15	0.526	2.26	0.239
147.60	41.00					3.19	0.537	2.29	0.244
149.40	41.50					3.23	0.549	2.32	0.249
151.20	42.00					3.29	0.561	2.35	0.255
153.00	42.50							2.37	0.560
154.80	43.00							2.40	0.266

注：单位 I 为 kPa/m，D_j 为 m，v 为 m/s。

建筑给水用内涂塑钢管水力计算表　　表 G-2

| 流量 Q | | DN15 | | DN20 | | DN25 | | DN32 | |
| | | $D_j = 0.0128$ | | $D_j = 0.0183$ | | $D_j = 0.0240$ | | $D_j = 0.0328$ | |
(m³/h)	(L/s)	v	i	v	i	v	i	v	i
0.306	0.085	0.49	0.277						
0.324	0.090	0.52	0.307						
0.342	0.095	0.05	0.338						
0.360	0.100	0.58	0.370						
0.396	0.11	0.64	0.438						
0.432	0.12	0.70	0.511						
0.468	0.13	0.76	0.589						
0.504	0.14	0.81	0.672						
0.540	0.15	0.87	0.759						
0.576	0.16	0.93	0.852	0.49	0.188				
0.612	0.17	0.99	0.948	0.53	0.210				
0.648	0.18	1.05	1.049	0.56	0.232				
0.684	0.19	1.10	1.155	0.59	0.256				
0.72	0.20	1.16	1.265	0.62	0.280				
0.90	0.25	1.45	1.879	0.77	0.416	0.47	0.128		
1.08	0.30	1.74	2.597	0.93	0.575	0.57	0.176		
1.26	0.35	2.03	3.414	1.08	0.755	0.66	0.232		
1.44	0.40	2.33	4.326	1.24	0.957	0.75	0.294		
1.62	0.45	2.62	5.332	1.39	1.180	0.85	0.362	0.47	0.090
1.80	0.50	2.91	6.428	1.54	1.422	0.94	0.436	0.53	0.108
1.98	0.55	3.20	7.612	1.70	1.684	1.04	0.517	0.58	0.128

续表

| 流量 Q | | DN15 | | DN20 | | DN25 | | DN32 | |
| | | $D_j=0.0128$ | | $D_j=0.0183$ | | $D_j=0.0240$ | | $D_j=0.0328$ | |
(m^3/h)	(L/s)	v	i	v	i	v	i	v	i
2.70	0.75			2.32	2.919	1.41	0.896	0.79	0.223
2.88	0.80			2.47	3.273	1.51	1.004	0.84	0.250
3.06	0.85			2.63	3.645	1.60	1.118	0.89	0.278
3.24	0.90			2.78	4.034	1.70	1.238	0.95	0.308
3.42	0.95			2.94	4.440	1.79	1.362	1.00	0.339
3.60	1.00			3.09	4.863	1.88	1.492	1.05	0.371
3.78	1.05					1.98	1.627	1.10	0.405
3.96	1.10					2.07	1.767	1.16	0.439
4.14	1.15					2.17	1.912	1.21	0.475
4.32	1.20					2.26	2.062	1.26	0.513
4.50	1.25					2.35	2.217	1.31	0.551
4.68	1.30					2.45	2.377	1.37	0.591
4.86	1.35					2.54	2.541	1.42	0.632
5.04	1.40					2.64	2.711	1.47	0.674
5.22	1.45					2.73	2.885	1.52	0.717
5.40	1.50					2.83	3.063	1.58	0.762
5.58	1.55					2.92	3.247	1.63	0.807
5.76	1.60					3.01	3.435	1.68	0.854
5.94	1.65							1.73	0.902
6.12	1.70							1.79	0.951
6.30	1.75							1.84	1.001

续表

| 流量 Q | | DN32 | | DN40 | | DN50 | | DN65 | |
| | | $D_j=0.0348$ | | $D_j=0.0400$ | | $D_j=0.0520$ | | $D_j=0.0670$ | |
(m³/h)	(L/s)	v	i	v	i	v	i	v	i
2.16	0.60			1.85	1.965	1.13	0.603	0.63	0.150
2.34	0.65			2.01	2.265	1.22	0.695	0.68	0.173
2.52	0.70			2.16	2.583	1.32	0.793	0.74	0.197
2.70	0.75	0.79	0.223	0.60	0.115				
2.88	0.80	0.84	0.250	0.64	0.128				
3.06	0.85	0.89	0.278	0.68	0.143				
3.24	0.90	0.95	0.308	0.72	0.158				
3.42	0.95	1.00	0.339	0.76	0.174				
3.60	1.00	1.05	0.371	0.80	0.191				
3.78	1.05	1.10	0.405	0.84	0.208	0.49	0.059		
3.96	1.10	1.16	0.439	0.88	0.226	0.52	0.065		
4.14	1.15	1.21	0.475	0.92	0.245	0.54	0.070		
4.32	1.20	1.26	0.513	0.95	0.264	0.57	0.075		
4.50	1.25	1.31	0.551	0.99	0.284	0.59	0.081		
4.68	1.30	1.37	0.591	1.03	0.304	0.61	0.087		
4.86	1.35	1.42	0.632	1.07	0.325	0.64	0.093		
5.04	1.40	1.47	0.674	1.11	0.347	0.66	0.099		
5.22	1.45	1.52	0.717	1.15	0.369	0.68	0.105		
5.40	1.50	1.58	0.762	1.19	0.392	0.71	0.112		
5.58	1.55	1.63	0.807	1023	0.415	0.73	0.119		
5.76	1.60	1.68	0.854	1.27	0.439	0.75	0.126		
5.94	1.65	1.73	0.902	1.31	0.464	0.78	0.133		
6.12	1.70	1.79	0.951	1.35	0.489	0.80	0.140		
6.30	1.75	1.84	1.001	1.39	0.515	0.82	0.147	0.50	0.044
6.48	1.80	1.89	1.053	1.43	0.541	0.85	0.155	0.51	0.046

续表

流量 Q		DN32		DN40		DN50		DN65	
		D_j=0.0348		D_j=0.0400		D_j=0.0520		D_j=0.0670	
(m³/h)	(L/s)	v	i	v	i	v	i	v	i
6.48	1.80							1.89	1.053
6.66	1.85							1.95	1.105
6.84	1.90							2.00	1.159
7.20	2.00	2.10	1.269	1.59	0.653	0.94	0.187	0.57	0.056
7.56	2.10	2.21	1.384	1.67	0.712	0.99	0.203	0.60	0.061
7.92	2.20	2.31	1.503	1.75	0.773	1.04	0.221	0.62	0.066
8.28	2.30	2.42	1.626	1.83	0.836	1.08	0.239	0.65	0.071
8.64	2.40	2.52	1.753	1.91	0.902	1.13	0.258	0.68	0.077
9.00	2.50	2.63	1.885	1.99	0.970	1.18	0.277	0.71	0.083
9.36	2.60	2.73	2.021	2.07	1.040	1.22	0.297	0.74	0.089
9.72	2.70	2.84	2.161	2.15	1.112	1.27	0.318	0.77	0.095
10.08	2.80	2.94	2.305	2.23	1.186	1.32	0.339	0.79	0.101
10.44	2.90	3.05	2.453	2.31	1.262	1.37	0.361	0.82	0.108
10.80	3.00			2.39	1.340	1.41	0.383	0.85	0.114
11.16	3.10			2.47	1.420	1.46	0.406	0.88	0.121
11.52	3.20			2.55	1.502	1.51	0.429	0.91	0.128
11.88	3.30			2.63	1.587	1.55	0.453	0.94	0.135
12.24	3.40			2.71	1.673	1.60	0.478	0.96	0.143
12.60	3.50			2.79	1.761	1.65	0.503	0.99	0.150
12.96	3.60			2.86	1.852	1.70	0.529	1.02	0.158
13.32	3.70			2.94	1.944	1.74	0.556	1.05	0.166
13.68	3.80			3.02	2.038	1.79	0.582	1.08	0.174
14.04	3.90					1.84	0.610	1.11	0.182
14.40	4.00					1.88	0.638	1.13	0.190
14.76	4.10					1.93	0.666	1.16	0.199

续表

| 流量 Q | | DN50 | | DN65 | | DN80 | | DN100 | |
| | | $D_j=0.0520$ | | $D_j=0.0670$ | | $D_j=0.0795$ | | $D_j=0.1050$ | |
(m³/h)	(L/s)	v	i	v	i	v	i	v	i
9.00	2.50	1.18	0.277	0.71	0.083	0.50	0.037		
9.36	2.60	1.22	0.297	0.74	0.089	0.52	0.039		
9.72	2.70	1.27	0.318	0.77	0.095	0.54	0.042		
10.08	2.80	1.32	0.339	0.79	0.101	0.56	0.045		
10.44	2.90	1.37	0.361	0.82	0.108	0.58	0.048		
10.80	3.00	1.41	0.383	0.85	0.114	0.60	0.050		
11.16	3.10	1.46	0.406	0.88	0.121	0.62	0.053		
11.52	3.20	1.51	0.429	0.91	0.128	0.64	0.057		
11.88	3.30	1.55	0.453	0.94	0.135	0.66	0.060		
12.24	3.40	1.60	0.478	0.96	0.143	0.68	0.063		
12.60	3.50	1.65	0.503	0.99	0.150	0.71	0.066		
12.96	3.60	1.70	0.529	1.02	0.158	0.73	0.070		
13.32	3.70	1.74	0.556	1.05	0.166	0.75	0.073		
13.68	3.80	1.79	0.582	1.08	0.174	0.77	0.077		
14.04	3.90	1.84	0.610	1.11	0.182	0.79	0.080		
14.40	4.00	1.88	0.638	1.13	0.190	0.81	0.084		
14.76	4.10	1.93	0.666	1.16	0.199	0.83	0.088		
15.12	4.20	1.98	0.696	1.19	0.207	0.85	0.092	0.49	0.024
15.48	4.30	2.02	0.725	1.22	0.216	0.87	0.096	0.50	0.025
15.84	4.40	2.07	0.755	1.25	0.225	0.89	0.100	0.51	0.026
16.20	4.50	2.12	0.786	1.28	0.234	0.91	0.104	0.52	0.027
16.56	4.60	2.17	0.817	1.30	0.244	0.93	0.108	0.53	0.029
16.92	4.70	2.21	0.849	1.33	0.253	0.95	0.112	0.54	0.030
17.28	4.80	2.26	0.882	1.36	0.263	0.97	0.116	0.55	0.031
17.64	4.90	2.31	0.914	1.39	0.273	0.99	0.120	0.57	0.032

续表

流量 Q		DN50 $D_j=0.0520$		DN65 $D_j=0.0670$		DN80 $D_j=0.0795$		DN100 $D_j=0.1050$	
(m³/h)	(L/s)	v	i	v	i	v	i	v	i
18.00	5.00	2.35	0.948	1.42	0.283	1.01	0.125	0.58	0.033
18.36	5.10	2.40	0.982	1.45	0.293	1.03	0.129	0.59	0.034
18.72	5.20	2.45	1.016	1.47	0.303	1.05	0.134	0.60	0.035
19.08	5.30	2.50	1.051	1.50	0.313	1.07	0.139	0.61	0.037
19.44	5.40	2.54	1.086	1.53	0.324	1.09	0.143	0.62	0.038
19.80	5.50	2.59	1.122	0.56	0.335	1.11	0.148	0.64	0.039
20.16	5.60	2.64	1.159	1.59	0.346	1.13	0.153	0.65	0.040
20.52	5.70	2.68	1.196	1.62	0.357	1.15	0.158	0.66	0.042
20.88	5.80	2.73	1.233	1.65	0.368	1.17	0.163	0.67	0.043
21.24	5.90	2.78	1.271	1.67	0.379	1.19	0.168	0.68	0.044
21.60	6.00	2.83	1.310	1.70	0.391	1.21	0.173	0.69	0.046
21.96	6.10	2.87	1.349	1.73	0.402	1.23	0.178	0.70	0.047
22.32	6.20	2.92	1.388	1.76	0.414	1.25	0.183	0.72	0.048
22.68	6.30	2.97	1.428	1.79	0.426	1.27	0.188	0.73	0.050
23.04	6.40	3.01	1.468	1.82	0.438	1.29	0.194	0.74	0.051
23.40	6.50			1.84	0.450	1.31	0.199	0.75	0.053
23.76	6.60			1.87	0.462	1.33	0.204	0.76	0.054
24.12	6.70			1.90	0.472	1.35	0.210	0.77	0.056
24.48	6.80			1.93	0.488	1.37	0.215	0.79	0.057
24.84	6.90			1.96	0.500	1.39	0.221	0.80	0.059
25.20	7.00			1.99	0.513	1.41	0.227	0.81	0.060
25.56	7.10			2.01	0.526	1.43	0.233	0.82	0.062
25.92	7.20			2.04	0.540	1.45	0.238	0.83	0.063
26.28	7.30			2.07	0.553	1.47	0.24	0.84	0.065
26.64	7.40			2.10	0.567	1.49	0.250	0.85	0.066

续表

流量 Q		DN65 $D_j=0.0670$		DN80 $D_j=0.0795$		DN100 $D_j=0.1050$		DN125 $D_j=0.1310$	
(m³/h)	(L/s)	v	i	v	i	v	i	v	i
24.12	6.70	1.90	0.475	1.35	0.210	0.77	0.056	0.50	0.019
24.48	6.80	1.93	0.488	1.37	0.215	0.79	0.057	0.50	0.020
24.84	6.90	1.96	0.500	1.39	0.221	0.80	0.059	0.51	0.020
25.20	7.00	1.99	0.513	1.41	0.227	0.81	0.060	0.52	0.021
25.56	7.10	2.01	0.526	1.43	0.233	0.82	0.062	0.53	0.021
25.92	7.20	2.04	0.540	1.45	0.238	0.83	0.063	0.53	0.022
26.68	7.30	2.07	0.553	1.47	0.244	0.84	0.065	0.54	0.023
26.64	7.40	2.10	0.567	1.49	0.250	0.85	0.066	0.55	0.023
27.00	7.50	2.13	0.580	1.51	0.256	0.87	0.068	0.56	0.024
27.36	7.60	2.16	0.594	1.53	0.262	0.88	0.070	0.56	0.024
27.72	7.70	2.18	0.608	1.55	0.269	0.89	0.071	0.57	0.025
28.08	7.80	2.21	0.622	1.57	0.275	0.90	0.073	0.58	0.025
27.44	7.90	2.24	0.636	1.59	0.281	0.91	0.074	0.59	0.026
28.80	8.00	2.27	0.651	1.61	0.287	0.92	0.076	0.59	0.026
29.16	8.10	2.30	0.665	1.63	0.294	0.94	0.078	0.60	0.027
29.52	8.20	2.33	0.680	1.65	0.300	0.95	0.080	0.61	0.028
29.88	8.30	2.35	0.694	1.67	0.307	0.96	0.081	0.62	0.028
30.24	8.40	2.38	0.709	1.69	0.313	0.97	0.083	0.62	0.029
30.60	8.50	2.41	0.724	1.71	0.320	0.98	0.085	0.63	0.030
30.96	8.60	2.44	0.740	1.73	0.327	0.99	0.087	0.64	0.030
31.32	8.70	2.47	0.755	1.75	0.334	1.00	0.088	0.65	0.031
61.68	8.80	2.50	0.770	1.77	0.340	1.02	0.090	0.65	0.031
32.04	8.90	2.52	0.786	1.79	0.347	1.03	0.092	0.66	0.032
32.40	9.00	2.55	0.802	1.81	0.354	1.04	0.094	0.67	0.033
32.76	9.10	2.58	0.818	1.83	0.361	1.05	0.096	0.68	0.033

| 流量 Q | | DN80 | | DN100 | | DN125 | | DN150 | |
| | | $D_j=0.0670$ | | $D_j=0.0795$ | | $D_j=0.1050$ | | $D_j=0.1310$ | |
(m³/h)	(L/s)	v	i	v	i	v	i	v	i
33.12	9.20	2.61	0.834	1.85	0.368	1.06	0.098	0.68	0.034
33.48	9.30	2.64	0.850	1.87	0.376	1.07	0.100	0.69	0.035
33.84	9.40	2.67	0.866	1.89	0.383	1.09	0.101	0.70	0.035
34.20	9.50	2.69	0.882	1.91	0.390	1.10	0.103	0.70	0.036
34.56	9.60	2.72	0.899	1.93	0.397	1.11	0.105	0.71	0.037
34.92	9.70	2.75	0.916	1.965	1.405	1.12	0.107	0.72	0.037
35.28	9.80	2.78	0.933	1.97	0.412	1.13	0.109	0.73	0.038
35.64	9.90	2.81	0.949	1.99	0.420	1.14	0.111	0.73	0.039
36.00	10.00	2.84	0.967	2.01	0.427	1.15	0.113	0.74	0.039
36.90	10.25	2.91	1.010	2.06	0.446	1.18	0.118	0.76	0.041
37.80	10.50	2.98	1.054	2.12	0.466	1.21	0.123	0.78	0.043
38.70	10.75	3.05	1.099	2.17	0.486	1.24	0.129	0.80	0.045
39.60	11.00			2.22	0.506	1.27	0.134	0.82	0.047
40.50	11.25			2.27	0.526	1.30	0.139	0.83	0.049
41.40	11.50			2.32	0.547	1.33	0.145	0.85	0.050
42.30	11.75			2.37	0.569	1.36	0.151	0.87	0.052
43.20	12.00			2.42	0.590	1.39	0.156	0.89	0.054
44.10	12.25			2.47	0.612	1.41	0.162	0.91	0.056
45.00	12.50			2.52	0.635	1.44	0.168	0.93	0.058
45.90	12.75			2.57	0.657	1.47	0.174	0.95	0.061
46.80	13.00			2.62	0.680	1.50	0.180	0.96	0.063
47.70	13.25			2.67	0.704	1.53	0.186	0.98	0.065
48.60	13.50			2.72	0.727	1.56	0.193	1.00	0.067
19.50	13.75			2.77	0.751	1.59	0.199	1.02	0.069
50.40	14.00			2.82	0.776	1.62	0.206	1.04	0.071

续表

流量 Q		DN80 $D_j=0.0795$		DN100 $D_j=0.1050$		DN125 $D_j=0.1310$		DN150 $D_j=0.1550$	
(m³/h)	(L/s)	v	i	v	i	v	i	v	i
33.84	9.40	1.89	0.383	1.09	0.101	0.70	0.035	0.50	0.016
34.20	9.50	1.91	0.390	1.10	0.103	0.70	0.036	0.50	0.016
34.56	9.60	1.93	0.397	1.11	0.105	0.71	0.037	0.51	0.016
34.92	9.70	1.95	0.405	1.12	0.107	0.72	0.037	0.51	0.017
35.28	9.80	1.97	0.412	1.13	0.109	0.73	0.038	0.52	0.017
35.64	9.90	1.99	0.420	1.14	0.111	0.73	0.039	0.52	0.017
36.00	10.00	2.01	0.427	1.15	0.113	0.74	0.039	0.53	0.018
36.90	10.25	2.06	0.446	1.18	0.118	0.76	0.041	0.54	0.018
37.80	10.50	2.12	0.466	1.21	0.123	0.78	0.043	0.56	0.019
38.70	10.75	2.17	0.486	1.24	0.129	0.80	0.045	0.57	0.020
39.60	11.00	2.22	0.506	1.27	0.134	0.82	0.047	0.58	0.021
40.50	11.25	2.27	0.526	1.30	0.139	0.83	0.049	0.60	0.022
41.40	11.50	2.32	0.547	1.33	0.145	0.85	0.050	0.61	0.023
42.30	11.75	2.37	0.569	1.36	0.151	0.87	0.052	0.62	0.023
43.20	12.00	2.42	0.590	1.39	0.156	0.89	0.054	0.64	0.024
44.10	12.25	2.47	0.612	1.41	0.162	0.91	0.056	0.65	0.025
45.00	12.50	2.52	0.635	1.44	0.168	0.93	0.058	0.66	0.026
45.90	12.75	2.57	0.657	1.47	0.174	0.95	0.061	0.68	0.027
46.80	13.00	2.62	0.680	1.50	0.180	0.96	0.063	0.69	0.028
47.70	13.25	2.67	0.704	1.53	0.186	0.98	0.065	0.70	0.029
48.60	13.50	2.72	0.727	1.56	0.193	1.00	0.067	0.72	0.030
49.50	13.75	2.77	0.751	1.59	0.199	1.02	0.069	0.73	0.031
50.40	14.00	2.82	0.776	1.62	0.206	1.04	0.071	0.74	0.032

流量 Q		DN80		DN100		DN125		DN150	
		$D_j = 0.0795$		$D_j = 0.1050$		$D_j = 0.1310$		$D_j = 0.1550$	
(m³/h)	(L/s)	v	i	v	i	v	i	v	i
51.30	14.25	2.87	0.801	1.65	0.212	1.06	0.074	0.76	0.033
52.20	14.50	2.92	0.826	1.67	0.219	1.08	0.076	0.77	0.034
53.10	14.75	2.97	0.851	1.70	0.226	1.09	0.078	0.78	0.035
54.00	15.00	3.02	0.877	1.73	0.232	1.11	0.79	0.036	
55.80	15.50			1.79	0.246	1.15	0.086	0.82	0.038
57.60	16.00			1.85	0.261	1.19	0.091	0.85	0.041
59.40	16.50			1.91	0.275	1.22	0.096	0.87	0.043
61.20	17.00			1.96	0.290	1.26	0.101	0.90	0.045
63.00	17.50			2.02	0.305	1.30	0.106	0.93	0.048
64.80	18.00			2.08	0.321	1.34	0.112	0.95	0.050
66.60	18.50			2.14	0.337	1.37	0.117	0.98	0.053
68.40	19.00			2.19	0.353	1.41	0.123	1.01	0.055
70.20	19.50			2.25	0.370	1.45	0.129	1.03	0.058
72.00	20.00			2.31	0.387	1.48	0.135	1.06	0.060
73.80	20.50			2.37	0.404	1.52	0.141	1.09	0.063
75.60	21.00			2.43	0.422	1.56	0.147	1.11	0.066
7.40	21.50			2.48	0.440	1.60	0.153	1.14	0.069
79.20	22.00			2.54	0.458	1.63	0.159	1.17	0.071
81.00	22.50			2.60	0.477	1.67	0.166	1.19	0.074
82.80	23.00			2.66	0.496	1.71	0.172	1.22	0.077
84.60	23.50			2.71	0.515	1.74	0.179	1.25	0.080
86.40	24.00			2.77	0.535	1.78	0.186	1.27	0.083
88.20	24.50			2.83	0.555	1.82	0.193	1.30	0.086

| 流量 Q | | DN80 | | DN100 | | DN125 | | DN150 | |
| | | $D_j = 0.0795$ | | $D_j = 0.1050$ | | $D_j = 0.1310$ | | $D_j = 0.1550$ | |
(m³/h)	(L/s)	v	i	v	i	v	i	v	i
90.00	25.00			2.89	0.575	1.85	0.200	1.32	0.090
91.80	25.50			2.94	0.596	1.89	0.207	1.35	0.093
93.60	26.00			3.00	0.616	1.93	0.214	1.38	0.096
95.40	26.50			3.06	0.638	1.97	0.222	1.40	0.099
97.20	27.00					2.00	0.229	1.43	0.103
99.00	27.50					2.04	0.237	1.46	0.106
100.80	28.00					2.08	0.245	1.48	0.110
102.60	28.50					2.11	0.252	1.51	0.113
104.40	29.00					2.15	0.260	1.54	0.117
106.20	29.50					2.19	0.268	1.56	0.120
100.00	30.00					2.23	0.276	1.59	0.124
109.80	30.50					2.26	0.285	1.62	0.127
111.60	31.00					2.30	0.293	1.64	0.131
113.40	31.50					2.34	0.301	1.67	0.135
115.20	32.00					2.37	0.310	1.70	0.137
117.00	32.50					2.41	0.319	1.72	0.143
118.80	33.00					2.45	0.327	1.75	0.147
120.60	33.50					2.49	0.336	1.78	0.151
122.40	34.00					2.52	0.345	1.80	0.155
124.20	34.50					2.56	0.354	1.83	0.159
126.00	35.00					2.60	0.363	1.85	0.163
127.80	35.50					2.63	0.373	1.88	0.167

续表

流量 Q		DN80		DN100		DN125		DN150	
		D_j=0.0795		D_j=0.1050		D_j=0.1310		D_j=0.1550	
(m³/h)	(L/s)	v	i	v	i	v	i	v	i
129.60	36.00					2.67	0.382	1.91	0.171
131.40	36.50					2.71	0.391	1.93	0.175
133.20	37.00					2.75	0.401	1.96	0.180
135.00	37.50					2.78	0.411	1.99	0.184
136.80	38.00					2.82	0.420	2.01	0.188
138.60	38.50					2.86	0.430	2.04	0.193
140.40	39.00					2.89	0.440	2.07	0.197
142.20	39.50					2.93	0.450	2.09	0.202
144.00	40.00					2.97	0.460	2.12	0.206
162.00	45.00					3.34	0.567	2.38	0.254
180.00	50.00							2.65	0.306
198.00	55.00							2.91	0.363
216.00	60.00							3.18	0.423

注：单位 I 为 kPa/m，D_j 为 m，v 为 m/s。

水头损失温度修正系数									表 G-3	
水温（℃）	10	20	30	40	50	60	70	80	90	100
修正系数	1.0	0.94	0.90	0.86	0.82	0.79	0.77	0.75	0.73	0.72

19.4　建筑给水薄壁不锈钢管水力计算

建筑给水薄壁不锈钢管水力计算见附表 H。

附表 H

建筑给水薄壁不锈钢管水力计算表

		建筑给水薄壁不锈钢管水力计算表						表 H-1	
Q		DN10				DN15			
		Ⅰ系列				Ⅰ系列			
		d_j0.01110		d_j0.01150		d_j0.01400		d_j0.01440	
(m³/h)	(L/s)	v	i	v	i	v	i	v	i
0.234	0.065	0.672	0.765	0.626	0.644	0.422	0.247	0.399	0.215
0.252	0.070	0.724	0.877	0.674	0.738	0.455	0.283	0.430	0.247
0.270	0.075	0.781	1.010	0.728	0.850	0.491	0.326	0.464	0.284
0.288	0.080	0.827	1.123	0.771	0.945	0.520	0.363	0.491	0.316
0.306	0.085	0.879	1.256	0.819	1.057	0.552	0.406	0.522	0.354
0.324	0.090	0.931	1.396	0.867	1.175	0.585	0.451	0.553	0.393
0.342	0.095	0.982	1.543	0.915	1.299	0.617	0.498	0.584	0.434
0.360	0.100	1.034	1.697	0.963	1.428	0.650	0.548	0.614	0.478
0.396	0.110	1.137	2.024	1.060	1.704	0.715	0.654	0.676	0.570
0.432	0.120	1.241	2.378	1.156	2.001	0.780	0.768	0.737	0.669
0.468	0.130	1.344	2.757	1.252	2.321	0.845	0.890	0.799	0.776
0.504	0.140	1.447	3.162	1.349	2.662	0.910	1.021	0.860	0.890
0.540	0.150	1.551	3.593	1.445	3.024	0.975	1.160	0.922	1.011
0.576	0.160	1.654	4.048	1.541	3.407	1.040	1.307	0.983	1.140
0.612	0.170	1.758	4.529	1.638	3.812	1.105	1.462	1.044	1.275
0.648	0.180	1.861	5.034	1.734	4.237	1.170	1.626	1.106	1.417
0.684	0.190	1.964	5.564	1.830	4.683	1.235	1.797	1.167	1.566

续表

Q		DN10				DN15			
		Ⅰ系列				Ⅰ系列			
		d_j0.01110		d_j0.01150		d_j0.01400		d_j0.01440	
(m³/h)	(L/s)	v	i	v	i	v	i	v	i
0.720	0.200	2.068	6.118	1.926	5.149	1.300	1.975	1.229	1.722
0.900	0.250	—	—	2.408	7.780	1.625	2.985	1.536	2.602
1.080	0.300	—	—	—	—	1.950	4.182	1.843	3.646
1.260	0.350	—	—	—	—	2.275	5.563	2.150	4.849
1.440	0.400	—	—	—	—	—	—	—	—
1.620	0.450	—	—	—	—	—	—	—	—
1.800	0.500	—	—	—	—	—	—	—	—
1.980	0.550	—	—	—	—	—	—	—	—
2.160	0.600	—	—	—	—	—	—	—	—
2.340	0.650	—	—	—	—	—	—	—	—
2.520	0.700	—	—	—	—	—	—	—	—
2.700	0.750	—	—	—	—	—	—	—	—
2.880	0.800	—	—	—	—	—	—	—	—
3.060	0.850	—	—	—	—	—	—	—	—
3.240	0.900	—	—	—	—	—	—	—	—
3.420	0.950	—	—	—	—	—	—	—	—
3.600	1.000	—	—	—	—	—	—	—	—
3.780	1.050	—	—	—	—	—	—	—	—
3.960	1.100	—	—	—	—	—	—	—	—

续表

Q		DN15							
		I 系列							
		d_j0.01584		d_j0.01600		d_j0.01640		d_j0.01784	
(m³/h)	(L/s)	v	i	v	i	v	i	v	i
0.234	0.065	0.330	0.135	0.323	0.129	0.308	0.114	0.260	0.076
0.252	0.070	0.355	0.155	0.348	0.148	0.332	0.131	0.280	0.087
0.270	0.075	0.384	0.179	0.376	0.170	0.358	0.151	0.302	0.100
0.288	0.080	0.406	0.199	0.398	0.189	0.379	0.168	0.320	0.111
0.306	0.085	0.432	0.222	0.423	0.212	0.403	0.188	0.340	0.125
0.324	0.090	0.457	0.247	0.448	0.235	0.426	0.209	0.360	0.139
0.342	0.095	0.482	0.273	0.473	0.260	0.450	0.231	0.380	0.153
0.360	0.100	0.508	0.300	0.498	0.286	0.474	0.254	0.400	0.168
0.396	0.110	0.558	0.358	0.547	0.341	0.521	0.302	0.440	0.201
0.432	0.120	0.609	0.421	0.597	0.401	0.568	0.355	0.480	0.236
0.468	0.130	0.660	0.488	0.647	0.465	0.616	0.412	0.520	0.273
0.504	0.140	0.711	0.560	0.697	0.533	0.663	0.473	0.560	0.314
0.540	0.150	0.762	0.636	0.746	0.605	0.710	0.537	0.600	0.356
0.576	0.160	0.812	0.716	0.796	0.682	0.758	0.605	0.640	0.402
0.612	0.170	0.863	0.802	0.846	0.763	0.805	0.677	0.680	0.449
0.648	0.180	0.914	0.891	0.896	0.848	0.853	0.752	0.720	0.499
0.684	0.190	0.965	0.985	0.945	0.938	0.900	0.831	0.760	0.552
0.720	0.200	1.015	1.083	0.995	1.031	0.947	0.914	0.801	0.607

续表

Q		DN15							
		I系列							
		d_j0.01584		d_j0.01600		d_j0.01640		d_j0.01784	
(m³/h)	(L/s)	v	i	v	i	v	i	v	i
0.900	0.250	1.269	1.636	1.244	1.558	1.184	1.381	1.001	0.917
1.080	0.300	1.523	2.292	1.493	2.183	1.421	1.935	1.201	1.285
1.260	0.350	1.777	3.049	1.742	2.903	1.658	2.574	1.401	1.709
1.440	0.400	2.031	3.903	1.990	3.717	1.895	3.295	1.601	2.187
1.620	0.450	—	—	2.239	4.621	2.131	4.098	1.801	2.720
1.800	0.500	—	—	—	—	—	—	2.001	3.305
1.980	0.550	—	—	—	—	—	—	—	—
2.160	0.600	—	—	—	—	—	—	—	—
2.340	0.650	—	—	—	—	—	—	—	—
2.520	0.700	—	—	—	—	—	—	—	—
2.700	0.750	—	—	—	—	—	—	—	—
2.880	0.800	—	—	—	—	—	—	—	—
3.060	0.850	—	—	—	—	—	—	—	—
3.240	0.900	—	—	—	—	—	—	—	—
3.420	0.950	—	—	—	—	—	—	—	—
3.600	1.000	—	—	—	—	—	—	—	—
3.780	1.050	—	—	—	—	—	—	—	—
3.960	1.100	—	—	—	—	—	—	—	—

续表

Q		DN15						DN20	
		II系列						I系列	
		d_j0.01390		d_j0.01430		d_j0.01574		d_j0.01760	
(m³/h)	(L/s)	v	i	v	i	v	i	v	i
0.234	0.065	0.429	0.256	0.405	0.223	0.334	0.140	—	—
0.252	0.070	0.462	0.293	0.436	0.255	0.360	0.160	—	—
0.270	0.075	0.498	0.338	0.471	0.294	0.388	0.184	—	—
0.288	0.080	0.527	0.376	0.498	0.327	0.411	0.205	—	—
0.306	0.085	0.560	0.420	0.530	0.366	0.437	0.229	—	—
0.324	0.090	0.593	0.467	0.561	0.407	0.463	0.255	—	—
0.342	0.095	0.626	0.516	0.592	0.449	0.488	0.282	—	—
0.360	0.100	0.659	0.567	0.623	0.494	0.514	0.310	—	—
0.396	0.110	0.725	0.677	0.685	0.590	0.566	0.369	—	—
0.432	0.120	0.791	0.795	0.748	0.692	0.617	0.434	—	—
0.468	0.130	0.857	0.922	0.810	0.803	0.668	0.503	—	—
0.504	0.140	0.923	1.057	0.872	0.921	0.720	0.577	—	—
0.540	0.150	0.989	1.201	0.934	1.046	0.771	0.656	—	—
0.576	0.160	1.055	1.354	0.997	1.179	0.823	0.739	0.658	0.429
0.612	0.170	1.121	1.514	1.059	1.319	0.874	0.827	0.699	0.480
0.648	0.180	1.187	1.683	1.121	1.466	0.926	0.919	0.740	0.533
0.684	0.190	1.253	1.860	1.184	1.620	0.977	1.015	0.781	0.589
0.720	0.200	1.319	2.046	1.246	1.782	1.028	1.117	0.822	0.648

Q		DN15						DN20	
		Ⅱ系列						Ⅰ系列	
		d_j0.01390		d_j0.01430		d_j0.01574		d_j0.01760	
(m³/h)	(L/s)	v	i	v	i	v	i	v	i
0.900	0.250	1.648	3.091	1.557	2.692	1.285	1.687	1.028	0.979
1.080	0.300	1.978	4.331	1.869	3.772	1.543	2.364	1.234	1.372
1.260	0.350	2.308	5.760	2.180	5.017	1.800	3.144	1.439	1.825
1.440	0.400	—	—	—	—	2.057	4.025	1.645	2.336
1.620	0.450	—	—	—	—	—	—	1.851	2.905
1.800	0.500	—	—	—	—	—	—	2.056	3.531
1.980	0.550	—	—	—	—	—	—	—	—
2.160	0.600	—	—	—	—	—	—	—	—
2.340	0.650	—	—	—	—	—	—	—	—
2.520	0.700	—	—	—	—	—	—	—	—
2.700	0.750	—	—	—	—	—	—	—	—
2.880	0.800	—	—	—	—	—	—	—	—
3.060	0.850	—	—	—	—	—	—	—	—
3.240	0.900	—	—	—	—	—	—	—	—
3.420	0.950	—	—	—	—	—	—	—	—
3.600	1.000	—	—	—	—	—	—	—	—
3.780	1.050	—	—	—	—	—	—	—	—
3.960	1.100	—	—	—	—	—	—	—	—

续表

Q		DN20							
		Ⅰ系列							
		d_j0.01760		d_j0.01800		d_j0.01960		d_j0.02000	
(m³/h)	(L/s)	v	i	v	i	v	i	v	i
0.576	0.160	0.658	0.429	0.629	0.384	0.531	0.254	0.510	0.230
0.612	0.170	0.699	0.480	0.668	0.430	0.564	0.284	0.541	0.257
0.648	0.180	0.740	0.533	0.708	0.478	0.597	0.316	0.573	0.286
0.684	0.190	0.781	0.589	0.747	0.528	0.630	0.349	0.605	0.316
0.720	0.200	0.822	0.648	0.786	0.581	0.663	0.384	0.637	0.348
0.900	0.250	1.028	0.979	0.983	0.878	0.829	0.580	0.796	0.525
1.080	0.300	1.234	1.372	1.180	1.230	0.995	0.812	0.955	0.736
1.260	0.350	1.439	1.825	1.376	1.636	1.161	1.081	1.115	0.979
1.440	0.400	1.645	2.336	1.573	2.094	1.326	1.383	1.274	1.254
1.620	0.450	1.851	2.905	1.769	2.604	1.492	1.720	1.433	1.559
1.800	0.500	2.056	3.531	1.966	3.165	1.658	2.090	1.592	1.894
1.980	0.550	—	—	2.162	3.775	1.824	2.493	1.752	2.260
2.160	0.600	—	—	—	—	1.990	2.929	1.911	2.654
2.340	0.650	—	—	—	—	2.155	3.396	2.070	3.078
2.520	0.700	—	—	—	—	—	—	—	—
2.700	0.750	—	—	—	—	—	—	—	—
2.880	0.800	—	—	—	—	—	—	—	—
3.060	0.850	—	—	—	—	—	—	—	—
3.240	0.900	—	—	—	—	—	—	—	—
3.420	0.950	—	—	—	—	—	—	—	—

续表

Q		DN20							
		Ⅰ系列							
		d_j0.01760		d_j0.01800		d_j0.01960		d_j0.02000	
(m³/h)	(L/s)	v	i	v	i	v	i	v	i
3.600	1.000	—	—	—	—	—	—	—	—
3.780	1.050	—	—	—	—	—	—	—	—
3.960	1.100	—	—	—	—	—	—	—	—
4.140	1.150	—	—	—	—	—	—	—	—
4.320	1.200	—	—	—	—	—	—	—	—
4.500	1.250	—	—	—	—	—	—	—	—
4.680	1.300	—	—	—	—	—	—	—	—
4.860	1.350	—	—	—	—	—	—	—	—
5.040	1.400	—	—	—	—	—	—	—	—
5.220	1.450	—	—	—	—	—	—	—	—
5.400	1.500	—	—	—	—	—	—	—	—
5.580	1.550	—	—	—	—	—	—	—	—
5.760	1.600	—	—	—	—	—	—	—	—
5.940	1.650	—	—	—	—	—	—	—	—
6.120	1.700	—	—	—	—	—	—	—	—
6.300	1.750	—	—	—	—	—	—	—	—
6.480	1.800	—	—	—	—	—	—	—	—
6.660	1.850	—	—	—	—	—	—	—	—
6.840	1.900	—	—	—	—	—	—	—	—
7.020	1.950	—	—	—	—	—	—	—	—
7.560	2.100	—	—	—	—	—	—	—	—

续表

Q		DN20						DN25			
		Ⅱ系列						Ⅰ系列			
		d_j0.01980		d_j0.02020		d_j0.02060		d_j0.02300		d_j0.02340	
(m³/h)	(L/s)	v	i	v	i	v	i	v	i	v	i
0.576	0.160	0.520	0.242	0.500	0.219	0.480	0.199	—	—	—	—
0.612	0.170	0.552	0.270	0.531	0.245	0.510	0.223	—	—	—	—
0.648	0.180	0.585	0.301	0.562	0.273	0.540	0.248	—	—	—	—
0.684	0.190	0.617	0.332	0.593	0.301	0.570	0.274	—	—	—	—
0.720	0.200	0.650	0.365	0.624	0.331	0.600	0.301	—	—	—	—
0.900	0.250	0.812	0.552	0.780	0.501	0.750	0.455	0.602	0.266	0.582	0.245
1.080	0.300	0.975	0.773	0.937	0.701	0.901	0.638	0.722	0.373	0.698	0.343
1.260	0.350	1.137	1.028	1.093	0.933	1.051	0.848	0.843	0.496	0.814	0.456
1.440	0.400	1.300	1.317	1.249	1.194	1.201	1.086	0.963	0.635	0.931	0.584
1.620	0.450	1.462	1.637	1.405	1.485	1.351	1.350	1.084	0.789	1.047	0.726
1.800	0.500	1.625	1.989	1.561	1.805	1.501	1.640	1.204	0.959	1.163	0.882
1.980	0.550	1.787	2.373	1.717	2.153	1.651	1.957	1.324	1.144	1.280	1.052
2.160	0.600	1.950	2.787	1.873	2.529	1.801	2.298	1.445	1.344	1.396	1.236
2.340	0.650	2.112	3.232	2.029	2.932	1.951	2.665	1.565	1.558	1.512	1.433
2.520	0.700	—	—	—	—	2.101	3.057	1.686	1.787	1.629	1.643
2.700	0.750	—	—	—	—	—	—	1.806	2.031	1.745	1.867
2.880	0.800	—	—	—	—	—	—	1.926	2.288	1.861	2.104
3.060	0.850	—	—	—	—	—	—	2.047	2.560	1.978	2.354
3.240	0.900	—	—	—	—	—	—	—	—	2.094	2.616
3.420	0.950	—	—	—	—	—	—	—	—	—	—

续表

Q		DN20						DN25			
		Ⅱ系列						Ⅰ系列			
		d_j0.01980		d_j0.02020		d_j0.02060		d_j0.02300		d_j0.02340	
(m³/h)	(L/s)	v	i	v	i	v	i	v	i	v	i
3.600	1.000	—	—	—	—	—	—	—	—	—	—
3.780	1.050	—	—	—	—	—	—	—	—	—	—
3.960	1.100	—	—	—	—	—	—	—	—	—	—
4.140	1.150	—	—	—	—	—	—	—	—	—	—
4.320	1.200	—	—	—	—	—	—	—	—	—	—
4.500	1.250	—	—	—	—	—	—	—	—	—	—
4.680	1.300	—	—	—	—	—	—	—	—	—	—
4.860	1.350	—	—	—	—	—	—	—	—	—	—
5.040	1.400	—	—	—	—	—	—	—	—	—	—
5.220	1.450	—	—	—	—	—	—	—	—	—	—
5.400	1.500	—	—	—	—	—	—	—	—	—	—
5.580	1.550	—	—	—	—	—	—	—	—	—	—
5.760	1.600	—	—	—	—	—	—	—	—	—	—
5.940	1.650	—	—	—	—	—	—	—	—	—	—
6.120	1.700	—	—	—	—	—	—	—	—	—	—
6.300	1.750	—	—	—	—	—	—	—	—	—	—
6.480	1.800	—	—	—	—	—	—	—	—	—	—
6.660	1.850	—	—	—	—	—	—	—	—	—	—
6.840	1.900	—	—	—	—	—	—	—	—	—	—

Q		DN25							
		Ⅰ系列				Ⅱ系列			
		d_j0.02560		d_j0.02600		d_j0.02620		d_j0.02660	
(m³/h)	(L/s)	v	i	v	i	v	i	v	i
0.900	0.250	0.486	0.158	0.471	0.146	0.464	0.141	0.450	0.131
1.080	0.300	0.583	0.221	0.565	0.205	0.557	0.198	0.540	0.184
1.260	0.350	0.680	0.294	0.660	0.273	0.650	0.263	0.630	0.244
1.440	0.400	0.778	0.377	0.754	0.349	0.742	0.337	0.720	0.313
1.620	0.450	0.875	0.468	0.848	0.434	0.835	0.419	0.810	0.389
1.800	0.500	0.972	0.569	0.942	0.528	0.928	0.509	0.900	0.472
1.980	0.550	1.069	0.679	1.036	0.630	1.021	0.607	0.990	0.563
2.160	0.600	1.166	0.798	1.131	0.740	1.113	0.713	1.080	0.662
2.340	0.650	1.263	0.925	1.225	0.858	1.206	0.826	1.170	0.768
2.520	0.700	1.361	1.061	1.319	0.984	1.299	0.948	1.260	0.880
2.700	0.750	1.458	1.205	1.413	1.118	1.392	1.077	1.350	1.000
2.880	0.800	1.555	1.358	1.508	1.259	1.485	1.213	1.440	1.127
3.060	0.850	1.652	1.519	1.602	1.409	1.577	1.357	1.530	1.261
3.240	0.900	1.749	1.689	1.696	1.566	1.670	1.509	1.620	1.401
3.420	0.950	1.847	1.867	1.790	1.731	1.763	1.667	1.710	1.549
3.600	1.000	1.944	2.052	1.884	1.903	1.856	1.833	1.800	1.703
3.780	1.050	2.041	2.246	1.979	2.083	1.949	2.007	1.890	1.864
3.960	1.100	—	—	2.073	2.270	2.041	2.187	1.980	2.031
4.140	1.150	—	—	—	—	—	—	2.070	2.206
4.320	1.200	—	—	—	—	—	—	—	—

Q		DN25							
		Ⅰ系列				Ⅱ系列			
		d_j0.02560		d_j0.02600		d_j0.02620		d_j0.02660	
(m³/h)	(L/s)	v	i	v	i	v	i	v	i
4.500	1.250	—	—	—	—	—	—	—	—
4.680	1.300	—	—	—	—	—	—	—	—
4.860	1.350	—	—	—	—	—	—	—	—
5.040	1.400	—	—	—	—	—	—	—	—
5.220	1.450	—	—	—	—	—	—	—	—
5.400	1.500	—	—	—	—	—	—	—	—
5.580	1.550	—	—	—	—	—	—	—	—
5.760	1.600	—	—	—	—	—	—	—	—
5.940	1.650	—	—	—	—	—	—	—	—
6.120	1.700	—	—	—	—	—	—	—	—
6.300	1.750	—	—	—	—	—	—	—	—
6.480	1.800	—	—	—	—	—	—	—	—
6.660	1.850	—	—	—	—	—	—	—	—
6.840	1.900	—	—	—	—	—	—	—	—
7.020	1.950	—	—	—	—	—	—	—	—
7.560	2.100	—	—	—	—	—	—	—	—
7.920	2.200	—	—	—	—	—	—	—	—
8.280	2.300	—	—	—	—	—	—	—	—

Q		DN32							
		I 系列							
		d_j0.02900		d_j0.02960		d_j0.03200		d_j0.03260	
(m³/h)	(L/s)	v	i	v	i	v	i	v	i
1.080	0.300	0.454	0.121	0.436	0.109	0.373	0.075	0.360	0.068
1.260	0.350	0.530	0.160	0.509	0.145	0.435	0.099	0.420	0.091
1.440	0.400	0.606	0.205	0.582	0.186	0.498	0.127	0.479	0.116
1.620	0.450	0.682	0.255	0.654	0.231	0.560	0.158	0.539	0.144
1.800	0.500	0.757	0.310	0.727	0.281	0.622	0.192	0.599	0.175
1.980	0.550	0.833	0.370	0.800	0.335	0.684	0.229	0.659	0.209
2.160	0.600	0.909	0.435	0.872	0.393	0.746	0.269	0.719	0.246
2.340	0.650	0.985	0.504	0.945	0.456	0.809	0.312	0.779	0.285
2.520	0.700	1.060	0.578	1.018	0.523	0.871	0.358	0.839	0.327
2.700	0.750	1.136	0.657	1.090	0.594	0.933	0.407	0.899	0.371
2.880	0.800	1.212	0.740	1.163	0.670	0.995	0.458	0.959	0.419
3.060	0.850	1.288	0.828	1.236	0.749	1.057	0.513	1.019	0.468
3.240	0.900	1.363	0.920	1.309	0.833	1.120	0.570	1.079	0.520
3.420	0.950	1.439	1.017	1.381	0.920	1.182	0.630	1.139	0.575
3.600	1.000	1.515	1.118	1.454	1.012	1.244	0.692	1.199	0.632
3.780	1.050	1.590	1.224	1.527	1.108	1.306	0.758	1.259	0.692
3.960	1.100	1.666	1.334	1.599	1.207	1.368	0.826	1.319	0.754
4.140	1.150	1.742	1.448	1.672	1.311	1.431	0.897	1.378	0.819
4.320	1.200	1.818	1.567	1.745	1.418	1.493	0.970	1.438	0.886
4.500	1.250	1.893	1.690	1.817	1.529	1.555	1.046	1.498	0.956

续表

Q		DN32							
		I 系列							
		d_j0.02900		d_j0.02960		d_j0.03200		d_j0.03260	
(m³/h)	(L/s)	v	i	v	i	v	i	v	i
4.680	1.300	1.969	1.817	1.890	1.644	1.617	1.125	1.558	1.028
4.860	1.350	2.045	1.948	1.963	1.763	1.679	1.206	1.618	1.102
5.040	1.400	—	—	2.036	1.886	1.742	1.290	1.678	1.179
5.220	1.450	—	—	—	—	1.804	1.377	1.738	1.258
5.400	1.500	—	—	—	—	1.866	1.466	1.798	1.339
5.580	1.550	—	—	—	—	1.928	1.557	1.858	1.423
5.760	1.600	—	—	—	—	1.990	1.652	1.918	1.509
5.940	1.650	—	—	—	—	2.053	1.748	1.978	1.597
6.120	1.700	—	—	—	—	—	—	2.038	1.688
6.300	1.750	—	—	—	—	—	—	—	—
6.480	1.800	—	—	—	—	—	—	—	—
6.660	1.850	—	—	—	—	—	—	—	—
6.840	1.900	—	—	—	—	—	—	—	—
7.020	1.950	—	—	—	—	—	—	—	—
7.560	2.100	—	—	—	—	—	—	—	—
7.920	2.200	—	—	—	—	—	—	—	—
8.280	2.300	—	—	—	—	—	—	—	—
8.640	2.400	—	—	—	—	—	—	—	—
9.000	2.500	—	—	—	—	—	—	—	—

续表

Q		DN32				DN40			
		Ⅱ系列				Ⅰ系列			
		d_j0.03100		d_j0.03160		d_j0.03700		d_j0.03760	
(m³/h)	(L/s)	v	i	v	i	v	i	v	i
1.080	0.300	0.398	0.087	0.383	0.079	—	—	—	—
1.260	0.350	0.464	0.116	0.447	0.106	—	—	—	—
1.440	0.400	0.530	0.148	0.510	0.135	—	—	—	—
1.620	0.450	0.597	0.184	0.574	0.168	—	—	—	—
1.800	0.500	0.663	0.224	0.638	0.204	—	—	—	—
1.980	0.550	0.729	0.267	0.702	0.244	0.512	0.113	0.496	0.104
2.160	0.600	0.795	0.314	0.765	0.286	0.558	0.133	0.541	0.123
2.340	0.650	0.862	0.364	0.829	0.332	0.605	0.154	0.586	0.142
2.520	0.700	0.928	0.418	0.893	0.380	0.651	0.176	0.631	0.163
2.700	0.750	0.994	0.475	0.957	0.432	0.698	0.201	0.676	0.185
2.880	0.800	1.060	0.535	1.021	0.487	0.744	0.226	0.721	0.209
3.060	0.850	1.127	0.598	1.084	0.545	0.791	0.253	0.766	0.234
3.240	0.900	1.193	0.665	1.148	0.606	0.837	0.281	0.811	0.260
3.420	0.950	1.259	0.735	1.212	0.669	0.884	0.310	0.856	0.287
3.600	1.000	1.326	0.808	1.276	0.736	0.931	0.341	0.901	0.316
3.780	1.050	1.392	0.884	1.340	0.806	0.977	0.374	0.946	0.345
3.960	1.100	1.458	0.964	1.403	0.878	1.024	0.407	0.991	0.377
4.140	1.150	1.524	1.047	1.467	0.953	1.070	0.442	1.036	0.409
4.320	1.200	1.591	1.132	1.531	1.031	1.117	0.478	1.081	0.442
4.500	1.250	1.657	1.221	1.595	1.112	1.163	0.516	1.126	0.477

续表

Q		DN32				DN40			
		Ⅱ系列				Ⅰ系列			
		$d_j0.03100$		$d_j0.03160$		$d_j0.03700$		$d_j0.03760$	
(m³/h)	(L/s)	v	i	v	i	v	i	v	i
4.680	1.300	1.723	1.313	1.658	1.196	1.210	0.555	1.171	0.513
4.860	1.350	1.790	1.408	1.722	1.282	1.256	0.595	1.216	0.550
5.040	1.400	1.856	1.506	1.786	1.372	1.303	0.636	1.261	0.588
5.220	1.450	1.922	1.607	1.850	1.464	1.349	0.679	1.307	0.628
5.400	1.500	1.988	1.711	1.914	1.558	1.396	0.723	1.352	0.668
5.580	1.550	2.055	1.818	1.977	1.656	1.442	0.768	1.397	0.710
5.760	1.600	—	—	2.041	1.756	1.489	0.814	1.442	0.753
5.940	1.650	—	—	—	—	1.535	0.862	1.487	0.797
6.120	1.700	—	—	—	—	1.582	0.911	1.532	0.842
6.300	1.750	—	—	—	—	1.628	0.961	1.577	0.889
6.480	1.800	—	—	—	—	1.675	1.013	1.622	0.936
6.660	1.850	—	—	—	—	1.721	1.065	1.667	0.985
6.840	1.900	—	—	—	—	1.768	1.119	1.712	1.035
7.020	1.950	—	—	—	—	1.815	1.174	1.757	1.086
7.560	2.100	—	—	—	—	1.954	1.347	1.892	1.245
7.920	2.200	—	—	—	—	2.047	1.468	1.982	1.357
8.280	2.300	—	—	—	—	—	—	2.072	1.474
8.640	2.400	—	—	—	—	—	—	—	—
9.000	2.500	—	—	—	—	—	—	—	—

Q		DN40				DN40			
		I 系列				II 系列			
		d_j0.03900		d_j0.03960		d_j0.039700		d_j0.04030	
(m³/h)	(L/s)	v	i	v	i	v	i	v	i
1.980	0.550	0.461	0.087	0.447	0.081	0.445	0.080	0.431	0.075
2.160	0.600	0.503	0.103	0.487	0.095	0.485	0.094	0.471	0.088
2.340	0.650	0.544	0.119	0.528	0.111	0.525	0.109	0.510	0.101
2.520	0.700	0.586	0.137	0.569	0.127	0.566	0.125	0.549	0.116
2.700	0.750	0.628	0.155	0.609	0.144	0.606	0.142	0.588	0.132
2.880	0.800	0.670	0.175	0.650	0.162	0.647	0.160	0.627	0.149
3.060	0.850	0.712	0.196	0.690	0.182	0.687	0.179	0.667	0.167
3.240	0.900	0.754	0.217	0.731	0.202	0.727	0.199	0.706	0.185
3.420	0.950	0.796	0.240	0.772	0.223	0.768	0.220	0.745	0.205
3.600	1.000	0.838	0.264	0.812	0.245	0.808	0.242	0.784	0.225
3.780	1.050	0.879	0.289	0.853	0.268	0.849	0.265	0.824	0.246
3.960	1.100	0.921	0.315	0.894	0.293	0.889	0.289	0.863	0.269
4.140	1.150	0.963	0.342	0.934	0.318	0.929	0.314	0.902	0.292
4.320	1.200	1.005	0.370	0.975	0.344	0.970	0.339	0.941	0.316
4.500	1.250	1.047	0.399	1.015	0.371	1.010	0.366	0.980	0.340
4.680	1.300	1.089	0.429	1.056	0.398	1.051	0.394	1.020	0.366
4.860	1.350	1.131	0.460	1.097	0.427	1.091	0.422	1.059	0.392
5.040	1.400	1.173	0.492	1.137	0.457	1.132	0.451	1.098	0.420
5.220	1.450	1.214	0.525	1.178	0.488	1.172	0.482	1.137	0.448
5.400	1.500	1.256	0.559	1.219	0.519	1.212	0.513	1.177	0.477

续表

Q		DN40				DN40			
		Ⅰ系列				Ⅱ系列			
		d_j0.03900		d_j0.03960		d_j0.039700		d_j0.04030	
(m³/h)	(L/s)	v	i	v	i	v	i	v	i
5.580	1.550	1.298	0.594	1.259	0.552	1.253	0.545	1.216	0.507
5.760	1.600	1.340	0.630	1.300	0.585	1.293	0.578	1.255	0.537
5.940	1.650	1.382	0.667	1.340	0.619	1.334	0.612	1.294	0.569
6.120	1.700	1.424	0.705	1.381	0.655	1.374	0.647	1.333	0.601
6.300	1.750	1.466	0.744	1.422	0.691	1.414	0.682	1.373	0.634
6.480	1.800	1.508	0.784	1.462	0.728	1.455	0.719	1.412	0.668
6.660	1.850	1.549	0.824	1.503	0.765	1.495	0.756	1.451	0.703
6.840	1.900	1.591	0.866	1.543	0.804	1.536	0.794	1.490	0.738
7.020	1.950	1.633	0.909	1.584	0.844	1.576	0.833	1.530	0.775
7.560	2.100	1.759	1.042	1.706	0.968	1.697	0.956	1.647	0.889
7.920	2.200	1.843	1.136	1.787	1.055	1.778	1.042	1.726	0.968
8.280	2.300	1.926	1.233	1.868	1.145	1.859	1.131	1.804	1.051
8.640	2.400	2.010	1.334	1.950	1.239	1.940	1.224	1.882	1.137
9.000	2.500	—	—	2.031	1.336	2.021	1.320	1.961	1.227
9.360	2.600	—	—	—	—	—	—	2.039	1.319
9.720	2.700	—	—	—	—	—	—	—	—
10.080	2.800	—	—	—	—	—	—	—	—
11.160	3.100	—	—	—	—	—	—	—	—
11.520	3.200	—	—	—	—	—	—	—	—

续表

Q		DN50 Ⅰ系列							
		d_j0.04780		d_j0.04840		d_j0.05100		d_j0.05160	
(m³/h)	(L/s)	v	i	v	i	v	i	v	i
2.880	0.800	0.446	0.065	0.435	0.061	0.392	0.047	0.383	0.045
3.060	0.850	0.474	0.073	0.462	0.068	0.416	0.053	0.407	0.050
3.240	0.900	0.502	0.081	0.489	0.076	0.441	0.059	0.431	0.056
3.420	0.950	0.530	0.089	0.517	0.084	0.465	0.065	0.455	0.061
3.600	1.000	0.558	0.098	0.544	0.092	0.490	0.072	0.478	0.068
3.780	1.050	0.585	0.107	0.571	0.101	0.514	0.078	0.502	0.074
3.960	1.100	0.613	0.117	0.598	0.110	0.539	0.085	0.526	0.081
4.140	1.150	0.641	0.127	0.625	0.120	0.563	0.093	0.550	0.088
4.320	1.200	0.669	0.137	0.653	0.129	0.588	0.100	0.574	0.095
4.500	1.250	0.697	0.148	0.680	0.139	0.612	0.108	0.598	0.102
4.680	1.300	0.725	0.159	0.707	0.150	0.637	0.116	0.622	0.110
4.860	1.350	0.753	0.171	0.734	0.161	0.661	0.125	0.646	0.118
5.040	1.400	0.781	0.183	0.761	0.172	0.686	0.133	0.670	0.126
5.220	1.450	0.808	0.195	0.789	0.184	0.710	0.142	0.694	0.134
5.400	1.500	0.836	0.208	0.816	0.195	0.735	0.151	0.718	0.143
5.580	1.550	0.864	0.221	0.843	0.208	0.759	0.161	0.742	0.152
5.760	1.600	0.892	0.234	0.870	0.220	0.784	0.171	0.766	0.161
5.940	1.650	0.920	0.248	0.897	0.233	0.808	0.181	0.789	0.171
6.120	1.700	0.948	0.262	0.924	0.246	0.833	0.191	0.813	0.180
6.300	1.750	0.976	0.276	0.952	0.260	0.857	0.201	0.837	0.190
6.480	1.800	1.004	0.291	0.979	0.274	0.882	0.212	0.861	0.200

续表

Q		DN50							
		I 系列							
		d_j0.04780		d_j0.04840		d_j0.05100		d_j0.05160	
(m³/h)	(L/s)	v	i	v	i	v	i	v	i
6.660	1.850	1.031	0.306	1.006	0.288	0.906	0.223	0.885	0.211
6.840	1.900	1.059	0.322	1.033	0.303	0.931	0.235	0.909	0.222
7.020	1.950	1.087	0.337	1.060	0.318	0.955	0.246	0.933	0.232
7.560	2.100	1.171	0.387	1.142	0.364	1.029	0.282	1.005	0.267
7.920	2.200	1.227	0.422	1.196	0.397	1.077	0.308	1.053	0.291
8.280	2.300	1.282	0.458	1.251	0.431	1.126	0.334	1.100	0.315
8.640	2.400	1.338	0.495	1.305	0.466	1.175	0.361	1.148	0.341
9.000	2.500	1.394	0.534	1.360	0.503	1.224	0.390	1.196	0.368
9.360	2.600	1.450	0.574	1.414	0.541	1.273	0.419	1.244	0.396
9.720	2.700	1.505	0.616	1.468	0.580	1.322	0.449	1.292	0.424
10.080	2.800	1.561	0.659	1.523	0.620	1.371	0.481	1.340	0.454
11.160	3.100	1.728	0.795	1.686	0.749	1.518	0.580	1.483	0.548
11.520	3.200	1.784	0.844	1.740	0.794	1.567	0.615	1.531	0.581
11.880	3.300	1.840	0.893	1.795	0.840	1.616	0.651	1.579	0.615
12.240	3.400	1.896	0.944	1.849	0.888	1.665	0.688	1.627	0.650
12.600	3.500	1.951	0.996	1.903	0.937	1.714	0.726	1.675	0.686
12.960	3.600	2.007	1.049	1.958	0.987	1.763	0.765	1.722	0.723
13.320	3.700	—	—	2.012	1.038	1.812	0.805	1.770	0.760
13.680	3.800	—	—	—	—	1.861	0.846	1.818	0.799
14.040	3.900	—	—	—	—	1.910	0.887	1.866	0.838
14.760	4.100	—	—	—	—	2.008	0.973	1.962	0.919
15.120	4.200	—	—	—	—	2.057	1.018	2.009	0.961

Q		DN50				DN65					
		Ⅱ系列				Ⅰ系列				Ⅱ系列	
		d_j0.04560		d_j0.04620		d_j0.06030		d_j0.06050		d_j0.05730	
(m³/h)	(L/s)	v	i	v	i	v	i	v	i	v	i
2.880	0.800	0.490	0.082	0.477	0.077	—	—	—	—	—	—
3.060	0.850	0.521	0.091	0.507	0.086	—	—	—	—	—	—
3.240	0.900	0.551	0.102	0.537	0.095	—	—	—	—	—	—
3.420	0.950	0.582	0.112	0.567	0.105	—	—	—	—	—	—
3.600	1.000	0.613	0.123	0.597	0.116	—	—	—	—	—	—
3.780	1.050	0.643	0.135	0.627	0.127	—	—	—	—	—	—
3.960	1.100	0.674	0.147	0.657	0.138	0.385	0.038	0.383	0.037	0.427	0.048
4.140	1.150	0.705	0.160	0.686	0.150	0.403	0.041	0.400	0.040	0.446	0.053
4.320	1.200	0.735	0.173	0.716	0.162	0.420	0.044	0.418	0.044	0.466	0.057
4.500	1.250	0.766	0.186	0.746	0.175	0.438	0.048	0.435	0.047	0.485	0.061
4.680	1.300	0.796	0.200	0.776	0.188	0.455	0.051	0.452	0.051	0.504	0.066
4.860	1.350	0.827	0.215	0.806	0.202	0.473	0.055	0.470	0.054	0.524	0.071
5.040	1.400	0.858	0.230	0.836	0.216	0.490	0.059	0.487	0.058	0.543	0.076
5.220	1.450	0.888	0.245	0.865	0.230	0.508	0.063	0.505	0.062	0.563	0.081
5.400	1.500	0.919	0.261	0.895	0.245	0.526	0.067	0.522	0.066	0.582	0.086
5.580	1.550	0.950	0.278	0.925	0.260	0.543	0.071	0.539	0.070	0.601	0.091
5.760	1.600	0.980	0.294	0.955	0.276	0.561	0.075	0.557	0.074	0.621	0.097
5.940	1.650	1.011	0.312	0.985	0.292	0.578	0.080	0.574	0.079	0.640	0.102
6.120	1.700	1.041	0.329	1.015	0.309	0.596	0.084	0.592	0.083	0.660	0.108

续表

Q		DN50				DN65					
		Ⅱ系列				Ⅰ系列				Ⅱ系列	
		d_j0.04560		d_j0.04620		d_j0.06030		d_j0.06050		d_j0.05730	
(m³/h)	(L/s)	v	i	v	i	v	i	v	i	v	i
6.300	1.750	1.072	0.347	1.044	0.326	0.613	0.089	0.609	0.088	0.679	0.114
6.480	1.800	1.103	0.366	1.074	0.343	0.631	0.094	0.626	0.092	0.698	0.120
6.660	1.850	1.133	0.385	1.104	0.361	0.648	0.099	0.644	0.097	0.718	0.127
6.840	1.900	1.164	0.405	1.134	0.380	0.666	0.104	0.661	0.102	0.737	0.133
7.020	1.950	1.195	0.424	1.164	0.398	0.683	0.109	0.679	0.107	0.757	0.140
7.560	2.100	1.287	0.487	1.253	0.457	0.736	0.125	0.731	0.123	0.815	0.160
7.920	2.200	1.348	0.531	1.313	0.498	0.771	0.136	0.766	0.134	0.854	0.174
8.280	2.300	1.409	0.576	1.373	0.540	0.806	0.148	0.800	0.145	0.892	0.189
8.640	2.400	1.470	0.623	1.432	0.585	0.841	0.160	0.835	0.157	0.931	0.205
9.000	2.500	1.532	0.672	1.492	0.631	0.876	0.172	0.870	0.170	0.970	0.221
9.360	2.600	1.593	0.723	1.552	0.678	0.911	0.185	0.905	0.182	1.009	0.238
9.720	2.700	1.654	0.775	1.611	0.727	0.946	0.199	0.940	0.196	1.048	0.255
10.080	2.800	1.715	0.829	1.671	0.778	0.981	0.213	0.974	0.209	1.086	0.273
11.160	3.100	1.899	1.001	1.850	0.939	1.086	0.257	1.079	0.253	1.203	0.329
11.520	3.200	1.960	1.061	1.910	0.996	1.121	0.272	1.114	0.268	1.242	0.349
11.880	3.300	2.022	1.123	1.970	1.054	1.156	0.288	1.149	0.283	1.280	0.369
12.240	3.400	—	—	2.029	1.114	1.191	0.304	1.183	0.300	1.319	0.390

续表

Q		DN50				DN65					
		II 系列				I 系列				II 系列	
		d_j0.04560		d_j0.04620		d_j0.06030		d_j0.06050		d_j0.05730	
(m³/h)	(L/s)	v	i	v	i	v	i	v	i	v	i
12.600	3.500	—	—	—	—	1.226	0.321	1.218	0.316	1.358	0.412
12.960	3.600	—	—	—	—	1.261	0.338	1.253	0.333	1.397	0.434
13.320	3.700	—	—	—	—	1.296	0.356	1.288	0.350	1.436	0.456
13.680	3.800	—	—	—	—	1.331	0.374	1.323	0.368	1.474	0.479
14.040	3.900	—	—	—	—	1.366	0.392	1.357	0.386	1.513	0.503
14.760	4.100	—	—	—	—	1.436	0.430	1.427	0.424	1.591	0.552
15.120	4.200	—	—	—	—	1.471	0.450	1.462	0.443	1.630	0.577
15.480	4.300	—	—	—	—	1.506	0.470	1.497	0.463	1.668	0.603
15.840	4.400	—	—	—	—	1.542	0.490	1.531	0.483	1.707	0.629
16.200	4.500	—	—	—	—	1.577	0.511	1.566	0.503	1.746	0.656
16.560	4.600	—	—	—	—	1.612	0.533	1.601	0.524	1.785	0.683
16.920	4.700	—	—	—	—	1.647	0.554	1.636	0.545	1.824	0.710
17.280	4.800	—	—	—	—	1.682	0.576	1.671	0.567	1.862	0.739
17.640	4.900	—	—	—	—	1.717	0.599	1.705	0.589	1.901	0.767
18.000	5.000	—	—	—	—	1.752	0.621	1.740	0.611	1.940	0.797
18.360	5.100	—	—	—	—	1.787	0.645	1.775	0.634	1.979	0.826
18.720	5.200	—	—	—	—	1.822	0.668	1.810	0.657	2.018	0.857
19.080	5.300	—	—	—	—	1.857	0.692	1.845	0.681	—	—
19.440	5.400	—	—	—	—	1.892	0.716	1.879	0.705	—	—
19.800	5.500	—	—	—	—	1.927	0.741	1.914	0.729	—	—
20.160	5.600	—	—	—	—	1.962	0.766	1.949	0.754	—	—
20.520	5.700	—	—	—	—	1.997	0.792	1.984	0.779	—	—
20.880	5.800	—	—	—	—	2.032	0.818	2.019	0.805	—	—

续表

Q		DN80						DN100			
		I 系列						I 系列			
		d_j0.08490		d_j0.07210		d_j0.07310		d_j0.09760		d_j0.10400	
(m³/h)	(L/s)	v	i	v	i	v	i	v	i	v	i
3.960	1.100	0.371	0.024	0.515	0.052	0.501	0.049	—	—	—	—
4.140	1.150	0.389	0.026	0.539	0.057	0.524	0.053	—	—	—	—
4.320	1.200	0.406	0.028	0.564	0.062	0.548	0.058	—	—	—	—
4.500	1.250	0.424	0.030	0.588	0.067	0.572	0.063	—	—	—	—
4.680	1.300	0.442	0.033	0.613	0.072	0.596	0.068	—	—	—	—
4.860	1.350	0.460	0.035	0.637	0.078	0.620	0.073	—	—	—	—
5.040	1.400	0.477	0.038	0.662	0.083	0.644	0.078	—	—	—	—
5.220	1.450	0.495	0.040	0.686	0.089	0.668	0.083	—	—	—	—
5.400	1.500	0.548	0.048	0.760	0.107	0.739	0.100	—	—	—	—
5.580	1.550	0.566	0.051	0.784	0.114	0.763	0.107	—	—	—	—
5.760	1.600	0.583	0.054	0.809	0.121	0.787	0.113	—	—	—	—
5.940	1.650	0.601	0.058	0.833	0.127	0.811	0.119	—	—	—	—
6.120	1.700	0.619	0.061	0.858	0.135	0.834	0.126	—	—	—	—
6.300	1.750	0.636	0.064	0.882	0.142	0.858	0.133	—	—	—	—
6.480	1.800	0.654	0.067	0.907	0.149	0.882	0.139	—	—	—	—
6.660	1.850	0.672	0.071	0.931	0.157	0.906	0.146	—	—	—	—
6.840	1.900	0.689	0.074	0.956	0.164	0.930	0.154	—	—	—	—
7.020	1.950	0.725	0.081	1.005	0.180	0.977	0.169	—	—	—	—
7.560	2.100	0.742	0.085	1.029	0.188	1.001	0.176	—	—	—	—
7.920	2.200	0.760	0.089	1.054	0.197	1.025	0.184	—	—	—	—
8.280	2.300	0.778	0.093	1.078	0.205	1.049	0.192	—	—	—	—
8.640	2.400	0.795	0.097	1.103	0.214	1.073	0.200	—	—	—	—
9.000	2.500	0.813	0.101	1.127	0.223	1.097	0.209	—	—	—	—

续表

Q		DN80						DN100			
		I 系列						I 系列			
		d_j0.08490		d_j0.07210		d_j0.07310		d_j0.09760		d_j0.10400	
(m³/h)	(L/s)	v	i	v	i	v	i	v	i	v	i
9.360	2.600	0.831	0.105	1.152	0.232	1.120	0.217	—	—	—	—
9.720	2.700	0.848	0.109	1.176	0.241	1.144	0.226	—	—	—	—
10.080	2.800	0.866	0.251	1.201	0.251	1.168	0.234	—	—	—	—
11.160	3.100	0.884	0.260	1.225	0.260	1.192	0.243	—	—	—	—
11.520	3.200	0.000	0.000	0.000	0.000	0.000	0.000	—	—	—	—
11.880	3.300	0.000	0.000	0.000	0.000	0.000	0.000	—	—	—	—
12.240	3.400	0.000	0.000	0.000	0.000	0.000	0.000	—	—	—	—
12.600	3.500	0.000	0.000	0.000	0.000	0.000	0.000	—	—	—	—
12.960	3.600	0.000	0.000	0.000	0.000	0.000	0.000	—	—	—	—
13.320	3.700	0.000	0.000	0.000	0.000	0.000	0.000	—	—	—	—
13.680	3.800	0.000	0.000	0.000	0.000	0.000	0.000	—	—	—	—
14.040	3.900	0.000	0.000	0.000	0.000	0.000	0.000	—	—	—	—
14.760	4.100	0.000	0.000	0.000	0.000	0.000	0.000	—	—	—	—
15.120	4.200	0.000	0.000	0.000	0.000	0.000	0.000	—	—	—	—
15.480	4.300	0.000	0.000	0.000	0.000	0.000	0.000	—	—	—	—
15.840	4.400	0.000	0.000	0.000	0.000	0.000	0.000	—	—	—	—
16.200	4.500	0.000	0.000	0.000	0.000	0.000	0.000	—	—	—	—
16.560	4.600	0.000	0.000	0.000	0.000	0.000	0.000	—	—	—	—
16.920	4.700	0.000	0.000	0.000	0.000	0.000	0.000	—	—	—	—
17.280	4.800	0.000	0.000	0.000	0.000	0.000	0.000	—	—	—	—
17.640	4.900	0.000	0.000	0.000	0.000	0.000	0.000	—	—	—	—
18.000	5.000	0.000	0.000	0.000	0.000	0.000	0.000	—	—	—	—

续表

Q		DN80						DN100			
		I 系列						I 系列			
		d_j0.08490		d_j0.07210		d_j0.07310		d_j0.09760		d_j0.10400	
(m³/h)	(L/s)	v	i	v	i	v	i	v	i	v	i
18.360	5.100	1.219	0.472	1.691	0.472	1.645	0.442	—	—	—	—
18.720	5.200	1.237	0.485	1.715	0.485	1.669	0.453	—	—	—	—
19.080	5.300	1.255	0.498	1.740	0.498	1.693	0.466	—	—	—	—
19.440	5.400	1.272	0.511	1.764	0.511	1.716	0.478	—	—	—	—
19.800	5.500	1.290	0.524	1.789	0.524	1.740	0.490	—	—	—	—
20.160	5.600	1.308	0.537	1.813	0.537	1.764	0.503	—	—	—	—
20.520	5.700	1.325	0.551	1.838	0.551	1.788	0.515	—	—	—	—
20.880	5.800	1.343	0.565	1.862	0.565	1.812	0.528	—	—	—	—
21.240	5.900	1.361	0.578	1.887	0.578	1.836	0.541	—	—	—	—
21.600	6.000	1.379	0.592	1.911	0.592	1.859	0.554	0.802	0.083	0.707	0.061
21.960	6.100	1.432	0.635	1.985	0.635	1.931	0.594	0.816	0.086	0.718	0.063
22.320	6.200	1.449	0.650	2.009	0.650	1.955	0.608	0.829	0.089	0.730	0.065
22.680	6.300	1.467	0.665	—	—	1.979	0.621	0.843	0.091	0.742	0.067
23.040	6.400	1.485	0.679	—	—	2.003	0.635	0.856	0.094	0.754	0.069
23.400	6.500	1.502	0.695	—	—	—	—	0.869	0.097	0.766	0.071
23.760	6.600	1.520	0.710	—	—	—	—	0.883	0.100	0.777	0.073
24.120	6.700	1.538	0.725	—	—	—	—	0.896	0.102	0.789	0.075
24.480	6.800	1.555	0.741	—	—	—	—	0.909	0.105	0.801	0.077
24.840	6.900	1.573	0.756	—	—	—	—	0.923	0.108	0.813	0.079

续表

Q		DN80						DN100			
		I 系列						I 系列			
		d_j0.08490		d_j0.07210		d_j0.07310		d_j0.09760		d_j0.10400	
(m³/h)	(L/s)	v	i	v	i	v	i	v	i	v	i
25.200	7.000	1.591	0.772	—	—	—	—	0.936	0.111	0.824	0.081
25.560	7.100	—	—	—	—	—	—	0.949	0.114	0.836	0.084
25.920	7.200	—	—	—	—	—	—	0.963	0.117	0.848	0.086
26.280	7.300	—	—	—	—	—	—	0.976	0.120	0.860	0.088
26.640	7.400	—	—	—	—	—	—	0.990	0.123	0.872	0.090
27.000	7.500	—	—	—	—	—	—	1.003	0.126	0.883	0.093
27.360	7.600	—	—	—	—	—	—	1.016	0.129	0.895	0.095
27.720	7.700	—	—	—	—	—	—	1.030	0.132	0.907	0.097
28.080	7.800	—	—	—	—	—	—	1.043	0.136	0.919	0.099
29.160	8.100	—	—	—	—	—	—	1.083	0.145	0.954	0.107
29.520	8.200	—	—	—	—	—	—	1.097	0.149	0.966	0.109
29.880	8.300	—	—	—	—	—	—	1.110	0.152	0.978	0.112
30.240	8.400	—	—	—	—	—	—	1.123	0.155	0.989	0.114
30.600	8.500	—	—	—	—	—	—	1.137	0.159	1.001	0.117
30.960	8.600	—	—	—	—	—	—	1.150	0.162	1.013	0.119
31.320	8.700	—	—	—	—	—	—	1.163	0.166	1.025	0.122
31.680	8.800	—	—	—	—	—	—	1.177	0.169	1.036	0.124

续表

Q		DN100				DN125		DN150			
		Ⅰ系列				Ⅰ系列		Ⅰ系列			
		d_j0.09760		d_j0.10400		d_j0.129		d_j0.153		d_j0.156	
(m³/h)	(L/s)	v	i	v	i	v	i	v	i	v	i
32.040	8.900	1.190	0.173	1.048	0.127						
32.400	9.000	1.204	0.177	1.060	0.130						
32.760	9.100	1.217	0.180	1.072	0.132	0.697	0.046	0.495	0.020	0.476	0.018
33.120	9.200	1.230	0.184	1.084	0.135	0.704	0.047	0.501	0.021	0.482	0.019
33.480	9.300	1.244	0.188	1.095	0.138	0.712	0.048	0.506	0.021	0.487	0.019
33.840	9.400	1.257	0.191	1.107	0.141	0.720	0.049	0.512	0.021	0.492	0.020
34.200	9.500	1.270	0.195	1.119	0.143	0.727	0.050	0.517	0.022	0.497	0.020
34.560	9.600	1.284	0.199	1.131	0.146	0.735	0.051	0.522	0.022	0.503	0.020
34.920	9.700	1.297	0.203	1.142	0.149	0.743	0.052	0.528	0.023	0.508	0.021
35.280	9.800	1.311	0.207	1.154	0.152	0.750	0.053	0.533	0.023	0.513	0.021
35.640	9.900	1.324	0.211	1.166	0.155	0.758	0.054	0.539	0.024	0.518	0.021
36.000	10.000	1.337	0.215	1.178	0.158	0.766	0.055	0.544	0.024	0.523	0.022
36.900	10.250	1.371	0.225	1.207	0.165	0.785	0.058	0.558	0.025	0.537	0.023
37.800	10.500	1.404	0.235	1.237	0.172	0.804	0.060	0.571	0.026	0.550	0.024
39.600	11.000	1.471	0.256	1.296	0.188	0.842	0.066	0.599	0.029	0.576	0.026
40.500	11.250	1.504	0.267	1.325	0.196	0.861	0.069	0.612	0.030	0.589	0.027
41.400	11.500	1.538	0.278	1.354	0.204	0.880	0.071	0.626	0.031	0.602	0.028
42.300	11.750	1.571	0.289	1.384	0.212	0.899	0.074	0.639	0.032	0.615	0.029

续表

Q		DN100				DN125		DN150			
		Ⅰ系列				Ⅰ系列		Ⅰ系列			
		d_j0.09760		d_j0.10400		d_j0.129		d_j0.153		d_j0.156	
(m³/h)	(L/s)	v	i	v	i	v	i	v	i	v	i
43.200	12.000	1.605	0.301	1.413	0.221	0.919	0.077	0.653	0.034	0.628	0.031
44.100	12.250	1.638	0.312	1.443	0.229	0.938	0.080	0.667	0.035	0.641	0.032
45.000	12.500	1.672	0.324	1.472	0.238	0.957	0.083	0.680	0.036	0.654	0.033
45.900	12.750	1.705	0.336	1.502	0.247	0.976	0.086	0.694	0.038	0.667	0.034
46.800	13.000	1.738	0.349	1.531	0.256	0.995	0.090	0.707	0.039	0.680	0.036
47.700	13.250	1.772	0.361	1.561	0.265	1.014	0.093	0.721	0.040	0.694	0.037
48.600	13.500	1.805	0.374	1.590	0.275	1.033	0.096	0.735	0.042	0.707	0.038
49.500	13.750	1.839	0.387	1.619	0.284	1.053	0.099	0.748	0.043	0.720	0.039
50.400	14.000	1.872	0.400	1.649	0.294	1.072	0.103	0.762	0.045	0.733	0.041
51.300	14.250	1.906	0.413	1.678	0.303	1.091	0.106	0.775	0.046	0.746	0.042
52.200	14.500	1.939	0.427	1.708	0.313	1.110	0.110	0.789	0.048	0.759	0.043
53.100	14.750	1.973	0.441	1.737	0.323	1.129	0.113	0.803	0.049	0.772	0.045
54.000	15.000	2.006	0.455	1.767	0.334	1.148	0.117	0.816	0.051	0.785	0.046
55.800	15.500	—	—	1.826	0.354	1.187	0.124	0.843	0.054	0.811	0.049
57.600	16.000	—	—	1.884	0.376	1.225	0.132	0.871	0.057	0.838	0.052
59.400	16.500	—	—	1.943	0.398	1.263	0.139	0.898	0.061	0.864	0.055
61.200	17.000	—	—	2.002	0.421	1.301	0.147	0.925	0.064	0.890	0.058

续表

Q		DN125		DN150			
		I 系列		I 系列			
		$d_j 0.129$		$d_j 0.153$		$d_j 0.156$	
		v	i	v	i	v	i
63.000	17.500	1.340	0.155	0.952	0.068	0.916	0.062
64.800	18.000	1.378	0.164	0.980	0.071	0.942	0.065
66.600	18.500	1.416	0.172	1.007	0.075	0.968	0.068
68.400	19.000	1.454	0.181	1.034	0.079	0.995	0.072
70.200	19.500	1.493	0.190	1.061	0.083	1.021	0.075
72.000	20.000	1.531	0.199	1.088	0.087	1.047	0.079
73.800	20.500	1.569	0.208	1.116	0.091	1.073	0.083
75.600	21.000	1.608	0.218	1.143	0.095	1.099	0.086
77.400	21.500	1.646	0.227	1.170	0.099	1.125	0.090
79.200	22.000	1.684	0.237	1.197	0.103	1.152	0.094
81.000	22.500	1.722	0.247	1.224	0.108	1.178	0.098
82.800	23.000	1.761	0.258	1.252	0.112	1.204	0.102
84.600	23.500	1.799	0.268	1.279	0.117	1.230	0.106
88.200	24.500	1.875	0.290	1.333	0.126	1.282	0.115
90.000	25.000	1.914	0.301	1.360	0.131	1.309	0.119
91.800	25.500	1.952	0.312	1.388	0.136	1.335	0.124
93.600	26.000	1.990	0.323	1.415	0.141	1.361	0.128
95.400	26.500	2.029	0.335	1.442	0.146	1.387	0.133
97.200	27.000	—	—	1.469	0.151	1.413	0.137
99.000	27.500	—	—	1.497	0.156	1.440	0.142

续表

Q		DN125		DN150			
		I 系列		I 系列			
		d_j0.129		d_j0.153		d_j0.156	
		v	i	v	i	v	i
100.800	28.000	—	—	1.524	0.162	1.466	0.147
109.800	30.500	—	—	1.660	0.189	1.597	0.172
111.600	31.000	—	—	1.687	0.195	1.623	0.177
113.400	31.500	—	—	1.714	0.201	1.649	0.183
115.200	32.000	—	—	1.741	0.207	1.675	0.188
117.000	32.500	—	—	1.769	0.213	1.701	0.194
118.800	33.000	—	—	1.796	0.219	1.727	0.199
120.600	33.500	—	—	1.823	0.225	1.754	0.205
122.400	34.000	—	—	1.850	0.231	1.780	0.210
124.200	34.500	—	—	1.877	0.238	1.806	0.216
126.000	35.000	—	—	1.905	0.244	1.832	0.222
127.800	35.500	—	—	1.932	0.251	1.858	0.228
129.600	36.000	—	—	1.959	0.257	1.884	0.234
131.400	36.500	—	—	1.986	0.264	1.911	0.240
133.200	37.000	—	—	2.013	0.270	1.937	0.246
135.000	37.500	—	—	—	—	1.963	0.252
136.800	38.000	—	—	—	—	1.989	0.259
138.600	38.500	—	—	—	—	2.015	0.265

19.5 建筑给水铜管水力计算

建筑给水铜管水力计算见附表 I。

附表 I

建筑给水铜管水力计算表

建筑给水铜管的沿程水头损失计算表   表 I-1

流量 Q		DN15		DN20		DN25		DN32	
		d_j 0.0136		d_j 0.0202		d_j 0.0262		d_j 0.0326	
(m³/h)	(L/s)	v (m/s)	i (kPa/m)	v (m/s)	i (kPa/m)	v (m/s)	i (kPa/m)	v (m/s)	i (kPa/m)
0.252	0.070	0.48	0.33						
0.270	0.075	0.52	0.37						
0.288	0.080	0.55	0.42						
0.306	0.085	0.59	0.47						
0.324	0.090	0.62	0.52						
0.342	0.095	0.65	0.57						
0.360	0.100	0.69	0.63						
0.396	0.110	0.76	0.75						
0.432	0.120	0.83	0.88						
0.468	0.130	0.89	1.03						
0.504	0.140	0.96	1.18						
0.540	0.150	1.03	1.34						
0.576	0.160	1.10	1.51	0.50	0.22				
0.612	0.170	1.17	1.68	0.53	0.25				
0.648	0.180	1.24	1.87	0.56	0.27				
0.684	0.190	1.31	2.07	0.59	0.30				
0.720	0.200	1.38	2.27	0.62	0.33				
0.900	0.250	1.72	3.44	0.78	0.50	0.46	0.14		
1.080	0.300	2.07	4.82	0.94	0.70	0.56	0.20		
1.260	0.350			1.09	0.93	0.65	0.26		
1.440	0.400			1.25	1.19	0.74	0.34	0.48	0.12
1.620	0.450			1.40	1.49	0.83	0.42	0.54	0.14
1.800	0.500			1.56	1.80	0.93	0.51	0.60	0.18
1.980	0.550			1.72	2.15	1.02	0.61	0.66	0.21

续表

流量 Q		DN15		DN20		DN25		DN32	
		d_j0.0136		d_j0.0202		d_j0.0262		d_j0.0326	
(m³/h)	(L/s)	v (m/s)	i (kPa/m)	v (m/s)	i (kPa/m)	v (m/s)	i (kPa/m)	v (m/s)	i (kPa/m)
2.160	0.600			1.87	2.53	1.11	0.71	0.72	0.25
2.340	0.650			2.03	2.93	1.21	0.83	0.78	0.29
2.520	0.700					1.30	0.95	0.84	0.33
2.700	0.750					1.39	1.08	0.90	0.37
2.880	0.800					1.48	1.21	0.96	0.42
3.060	0.850					1.58	1.36	1.02	0.47
3.240	0.900					1.67	1.51	1.08	0.52
3.420	0.950					1.76	1.67	1.14	0.58
3.600	1.000					1.85	1.83	1.20	0.63
3.780	1.050					1.95	2.01	1.26	0.69
3.960	1.100					2.04	2.19	1.32	0.75
4.140	1.150							1.38	0.82
4.320	1.200							1.44	0.89
4.500	1.250							1.50	0.96
4.680	1.300							1.56	1.03
4.860	1.350							1.62	1.10
5.040	1.400							1.68	1.18
5.220	1.450							1.74	1.26
5.440	1.500							1.80	1.34
5.580	1.550							1.86	1.42
5.760	1.600							1.92	1.51
5.940	1.650							1.98	1.60
6.120	1.700							2.04	1.69

续表

| 流量 Q | | DN40 | | DN50 | | DN25 | | DN65 | |
| | | d_j0.0328 | | d_j0.0380 | | d_j0.0640 | | d_j0.0643 | |
(m³/h)	(L/s)	v (m/s)	i (kPa/m)	v (m/s)	i (kPa/m)	v (m/s)	i (kPa/m)	v (m/s)	i (kPa/m)
2.160	0.600	0.49	0.10						
2.340	0.650	0.53	0.11						
2.520	0.700	0.57	0.13						
2.700	0.750	0.61	0.14						
2.880	0.800	0.65	0.16						
3.060	0.850	0.69	0.18						
3.240	0.900	0.73	0.20						
3.420	0.950	0.77	0.22						
3.600	1.000	0.81	0.25						
3.780	1.050	0.85	0.27	0.50	0.07				
3.960	1.100	0.89	0.29	0.53	0.08				
4.140	1.150	0.93	0.32	0.55	0.09				
4.320	1.200	0.97	0.34	0.57	0.09				
4.500	1.250	1.01	0.37	0.60	0.10				
4.680	1.300	1.06	0.40	0.62	0.11				
4.860	1.350	1.10	0.43	0.65	0.12				
5.040	1.400	1.14	0.46	0.67	0.13				
5.220	1.450	1.18	0.49	0.69	0.13				
5.400	1.500	1.22	0.52	0.72	0.14				
5.580	1.550	1.26	0.55	0.74	0.15				
5.760	1.600	1.30	0.59	0.77	0.16	0.50	0.06		
5.940	1.650	1.34	0.62	0.79	0.17	0.51	0.06	0.51	0.06
6.120	1.700	1.38	0.65	0.81	0.18	0.53	0.06	0.52	0.06
6.300	1.750	1.42	0.69	0.84	0.19	0.54	0.07	0.54	0.07
6.480	1.800	1.46	0.73	0.86	0.20	0.56	0.07	0.55	0.07

流量 Q		DN40		DN50		DN25		DN65	
		d_j0.0328		d_j0.0380		d_j0.0640		d_j0.0643	
(m³/h)	(L/s)	v (m/s)	i (kPa/m)	v (m/s)	i (kPa/m)	v (m/s)	i (kPa/m)	v (m/s)	i (kPa/m)
6.660	1.850	1.50	0.77	0.88	0.21	0.58	0.07	0.57	0.07
6.840	1.900	1.54	0.80	0.91	0.22	0.59	0.08	0.59	0.08
7.020	1.950	1.58	0.84	0.93	0.23	0.61	0.08	0.60	0.08
7.200	2.000	1.62	0.88	0.96	0.24	0.62	0.09	0.62	0.08
7.560	2.100	1.71	0.97	1.00	0.27	0.65	0.09	0.65	0.09
7.920	2.200	1.79	1.05	1.05	0.29	0.68	0.10	0.68	0.10
8.280	2.300	1.87	1.15	1.10	0.32	0.71	0.11	0.71	0.11
8.640	2.400	1.95	1.24	1.15	0.34	0.75	0.12	0.74	0.12
9.000	2.500	2.03	1.34	1.20	0.37	0.78	0.13	0.77	0.13
9.360	2.600			1.24	0.40	0.81	0.14	0.80	0.14
9.720	2.700			1.29	0.42	0.84	0.15	0.83	0.15
10.080	2.800			1.34	0.45	0.87	0.16	0.86	0.16
10.440	2.900			1.39	0.48	0.90	0.17	0.89	0.17
10.800	3.000			1.43	0.52	0.93	0.18	0.92	0.18
11.160	3.100			1.48	0.55	0.96	0.19	0.95	0.19
11.520	3.200			1.53	0.58	0.99	0.20	0.99	0.20
11.880	3.300			1.58	0.62	1.03	0.22	1.02	0.21
12.240	3.400			1.63	0.65	1.06	0.23	1.05	0.22
12.600	3.500			1.67	0.69	1.09	0.24	1.08	0.23
12.960	3.600			1.72	0.72	1.12	0.25	1.11	0.25
13.320	3.700			1.77	0.76	1.15	0.27	1.14	0.26
13.680	3.800			1.82	0.80	1.18	0.28	1.17	0.27
14.040	3.900			1.86	0.84	1.21	0.29	1.20	0.29
14.400	4.000			1.91	0.88	1.24	0.31	1.23	0.30
14.760	4.100			1.96	0.92	1.27	0.32	1.26	0.31

续表

流量 Q		DN65				DN80			
		d_j0.0640		d_j0.0643		d_j0.0731		d_j0.0850	
(m³/h)	(L/s)	v (m/s)	i (kPa/m)	v (m/s)	i (kPa/m)	v (m/s)	i (kPa/m)	v (m/s)	i (kPa/m)
7.560	2.100	0.65	0.09	0.65	0.09	0.50	0.05		
7.920	2.200	0.68	0.10	0.68	0.10	0.52	0.05		
8.280	2.300	0.71	0.11	0.71	0.11	0.55	0.06		
8.640	2.400	0.75	0.12	0.74	0.12	0.57	0.06		
9.000	2.500	0.78	0.13	0.77	0.13	0.60	0.07		
9.360	2.600	0.81	0.14	0.80	0.14	0.62	0.07		
9.720	2.700	0.84	0.15	0.83	0.15	0.64	0.08	0.51	0.04
10.080	2.800	0.87	0.16	0.86	0.16	0.67	0.08	0.53	0.05
10.440	2.900	0.90	0.17	0.89	0.17	0.69	0.09	0.55	0.05
10.800	3.000	0.93	0.18	0.92	0.18	0.71	0.09	0.57	0.05
11.160	3.100	0.96	0.19	0.95	0.19	0.74	0.10	0.59	0.06
11.520	3.200	0.99	0.20	0.99	0.20	0.76	0.11	0.61	0.06
11.880	3.300	1.03	0.22	1.02	0.21	0.79	0.11	0.62	0.06
12.240	3.400	1.06	0.23	1.05	0.22	0.81	0.12	0.64	0.07
12.600	3.500	1.09	0.24	1.08	0.23	0.83	0.13	0.66	0.07
12.960	3.600	1.12	0.25	1.11	0.25	0.86	0.13	0.68	0.08
13.320	3.700	1.15	0.27	1.14	0.26	0.88	0.14	0.70	0.08
13.680	3.800	1.18	0.28	1.17	0.27	0.91	0.15	0.72	0.08
14.040	3.900	1.21	0.29	1.20	0.29	0.93	0.15	0.74	0.09
14.400	4.000	1.24	0.31	1.23	0.30	0.95	0.16	0.76	0.09
14.760	4.100	1.27	0.32	1.26	0.31	0.98	0.17	0.78	0.10
15.120	4.200	1.31	0.34	1.29	0.33	1.00	0.18	0.80	0.10
15.480	4.300	1.34	0.35	1.32	0.34	1.02	0.18.	0.81	0.11
15.840	4.400	1.37	0.37	1.36	0.36	1.05	0.19	0.83	0.11
16.20	4.50	1.40	0.38	1.39	0.37	1.07	0.20	0.85	0.11

流量 Q		DN65				DN80			
		d_j0.0640		d_j0.0643		d_j0.0731		d_j0.0850	
(m³/h)	(L/s)	v (m/s)	i (kPa/m)	v (m/s)	i (kPa/m)	v (m/s)	i (kPa/m)	v (m/s)	i (kPa/m)
16.56	4.60	1.43	0.40	1.42	0.39	1.10	0.21	0.87	0.12
16.92	4.70	1.46	0.41	1.45	0.41	1.12	0.22	0.89	0.12
17.28	4.80	1.49	0.43	1.48	0.42	1.14	0.23	0.91	0.13
17.64	4.90	1.52	0.45	1.51	0.44	1.17	0.23	0.93	0.13
18.00	5.00	1.55	0.46	1.45	0.45	1.19	0.24	0.95	0.14
18.36	5.10	1.59	0.48	1.57	0.47	1.22	0.25	0.97	0.14
18.72	5.20	1.62	0.50	1.60	0.49	1.24	0.26	0.98	0.15
19.08	5.30	1.65	0.52	1.63	0.51	1.26	0.27	1.00	0.15
19.44	5.40	1.68	0.54	1.66	0.52	1.29	0.28	1.02	0.16
19.80	5.50	1.71	0.55	1.69	0.54	1.31	0.29	1.04	0.17
20.16	5.60	1.74	0.57	1.72	0.56	1.33	0.30	1.06	0.17
20.52	5.70	1.77	0.59	1.76	0.58	1.36	0.31	1.08	0.18
20.88	5.80	1.80	0.61	1.79	0.60	1.38	0.32	1.10	0.18
21.24	5.90	1.83	0.63	1.82	0.62	1.41	0.33	1.12	0.19
21.60	6.00	1.87	0.65	1.85	0.64	1.43	0.34	1.14	0.19
21.96	6.10	1.90	0.67	1.88	0.66	1.45	0.35	1.16	0.20
22.32	6.20	1.93	0.69	1.91	0.68	1.48	0.36	1.17	0.21
22.68	6.30	1.96	0.71	1.94	0.70	1.50	0.37	1.19	0.21
23.04	6.40	1.99	0.73	1.97	0.72	1.52	0.38	1.21	0.22
23.40	6.50	2.02	0.76	2.00	0.74	1.55	0.40	1.23	0.23
23.76	6.60			2.03	0.76	1.57	0.41	1.25	0.23
24.12	6.70					1.60	0.42	1.27	0.24
24.48	6.80					1.62	0.43	1.29	0.25
24.84	6.90					1.64	0.44	1.31	0.25
25.20	7.00					1.67	0.45	1.33	0.26

流量 Q		DN80				DN100		DN125	
		d_j0.0731		d_j0.0820		d_j0.1050		d_j0.1280	
(m³/h)	(L/s)	v (m/s)	i (kPa/m)	v (m/s)	i (kPa/m)	v (m/s)	i (kPa/m)	v (m/s)	i (kPa/m)
15.480	4.300	1.02	0.18	0.81	0.11	0.50	0.03		
15.840	4.400	1.05	0.19	0.83	0.11	0.51	0.03		
16.20	4.50	1.07	0.20	0.85	0.11	0.52	0.03		
16.56	4.60	1.10	0.21	0.87	0.12	0.53	0.04		
16.92	4.70	1.12	0.22	0.89	0.12	0.54	0.04		
17.28	4.80	1.14	0.23	0.91	0.13	0.55	0.04		
17.64	4.90	1.17	0.23	0.93	0.13	0.57	0.04		
18.00	5.00	1.19	0.24	0.95	0.14	0.58	0.04		
18.36	5.10	1.22	0.25	0.97	0.14	0.59	0.04		
18.72	5.20	1.24	0.26	0.98	0.15	0.60	0.04		
19.08	5.30	1.26	0.27	1.00	0.15	0.61	0.05		
19.44	5.40	1.29	0.28	1.02	0.16	0.62	0.05		
19.80	5.50	1.31	0.29	1.04	0.17	0.64	0.05		
20.16	5.60	1.33	0.30	1.06	0.17	0.65	0.05		
20.52	5.70	1.36	0.31	1.08	0.18	0.66	0.05		
20.88	5.80	1.38	0.32	1.10	0.18	0.67	0.05		
21.24	5.90	1.41	0.33	1.12	0.19	0.68	0.06		
21.60	6.00	1.43	0.34	1.14	0.19	0.69	0.06		
21.96	6.10	1.45	0.35	1.16	0.20	0.70	0.06		
22.32	6.20	1.48	0.36	1.17	0.21	0.72	0.06		
22.68	6.30	1.50	0.37	1.19	0.21	0.73	0.06		
23.04	6.40	1.52	0.38	1.21	0.22	0.74	0.07	0.50	0.03
23.40	6.50	1.55	0.40	1.23	0.23	0.75	0.07	0.51	0.03
23.76	6.60	1.57	0.41	1.25	0.23	0.76	0.07	0.51	0.03
24.12	6.70	1.60	0.42	1.27	0.24	0.77	0.07	0.52	0.03

续表

流量 Q		DN80				DN100		DN125	
		d_j0.0731		d_j0.0820		d_j0.1050		d_j0.1280	
(m³/h)	(L/s)	v (m/s)	i (kPa/m)	v (m/s)	i (kPa/m)	v (m/s)	i (kPa/m)	v (m/s)	i (kPa/m)
24.48	6.80	1.62	0.43	1.29	0.25	0.79	0.07	0.53	0.03
24.84	6.90	1.64	0.44	1.31	0.25	0.80	0.08	0.54	0.03
25.20	7.00	1.67	0.45	1.33	0.26	0.81	0.08	0.54	0.03
25.56	7.10	1.69	0.47	1.34	0.27	0.82	0.08	0.55	0.03
25.92	7.20	1.72	0.48	1.36	0.27	0.83	0.08	0.56	0.03
26.28	7.30	1.74	0.49	1.38	0.28	0.84	0.08	0.57	0.03
26.64	7.40	1.76	0.50	1.40	0.29	0.85	0.09	0.58	0.03
27.00	7.50	1.79	0.52	1.42	0.29	0.87	0.09	0.58	0.03
27.36	7.60	1.81	0.53	1.44	0.30	0.88	0.09	0.59	0.03
27.72	7.70	1.83	0.54	1.46	0.31	0.89	0.09	0.60	0.04
28.08	7.80	1.86	0.55	1.48	0.32	0.90	0.09	0.61	0.04
28.44	7.90	1.88	0.57	1.50	0.32	0.91	0.10	0.61	0.04
28.80	8.00	1.91	1.58	1.51	0.33	0.92	0.10	0.62	0.04
29.16	8.10	1.93	0.59	1.53	0.34	0.94	0.10	0.63	0.04
29.52	8.20	1.95	0.61	1.55	0.35	0.95	0.10	0.64	0.04
29.88	8.30	1.98	0.62	1.57	0.36	0.96	0.11	0.65	0.04
30.24	8.40	2.00	0.64	1.59	0.36	0.97	0.11	0.65	0.04
30.60	8.50			1.61	0.37	0.98	0.11	0.66	0.04
30.96	8.60			1.63	0.38	0.99	0.11	0.67	0.04
31.32	8.70			1.65	0.39	1.00	0.12	0.68	0.05
31.68	8.80			1.67	0.40	1.02	0.12	0.68	0.05
32.04	8.90			1.69	0.40	1.03	0.12	0.69	0.05
32.40	9.00			1.70	0.41	1.04	0.12	0.70	0.05
32.76	9.10			1.72	0.42	1.05	0.13	0.71	0.05
33.12	9.20			1.74	0.43	1.06	0.13	0.71	0.05

流量 Q		DN80		DN100		DN125			
		d_j0.0820		d_j0.1050		d_j0.1280		d_j0.1300	
(m³/h)	(L/s)	v (m/s)	i (kPa/m)	v (m/s)	i (kPa/m)	v (m/s)	i (kPa/m)	v (m/s)	i (kPa/m)
24.12	6.70	1.27	0.24	0.77	0.07	0.52	0.03	0.50	0.03
24.48	6.80	1.29	0.25	0.79	0.07	0.53	0.03	0.51	0.03
24.84	6.90	1.31	0.25	0.80	0.08	0.54	0.03	0.52	0.03
25.20	7.00	1.33	0.26	0.81	0.08	0.54	0.03	0.53	0.03
25.56	7.10	1.34	0.27	0.82	0.08	0.55	0.03	0.53	0.03
25.92	7.20	1.36	0.27	0.83	0.08	0.56	0.03	0.54	0.03
26.28	7.30	1.38	0.28	0.84	0.08	0.57	0.03	0.55	0.03
26.64	7.40	1.40	0.29	0.85	0.09	0.58	0.03	0.56	0.03
27.00	7.50	1.42	0.29	0.87	0.09	0.58	0.03	0.57	0.03
27.36	7.60	1.44	0.30	0.88	0.09	0.59	0.03	0.57	0.03
27.72	7.70	1.46	0.31	0.89	0.09	0.60	0.04	0.58	0.03
28.08	7.80	1.48	0.32	0.90	0.09	0.61	0.04	0.59	0.03
28.44	7.90	1.50	0.32	0.91	0.10	0.61	0.04	0.60	0.03
28.80	8.00	1.51	0.33	0.92	0.10	0.62	0.04	0.60	0.04
29.16	8.10	1.53	0.34	0.94	0.10	0.63	0.04	0.60	0.04
29.52	8.20	1.55	0.35	0.95	0.10	0.64	0.04	0.61	0.04
29.88	8.30	1.57	0.36	0.96	0.11	0.65	0.04	0.62	0.04
30.24	8.40	1.59	0.36	0.97	0.11	0.65	0.04	0.63	0.04
30.60	8.50	1.61	0.37	0.98	0.11	0.66	0.04	0.63	0.04
30.96	8.60	1.63	0.38	0.99	0.11	0.67	0.04	0.64	0.04
31.32	8.70	1.65	0.39	1.00	0.12	0.68	0.04	0.65	0.04
31.68	8.80	1.67	0.40	1.02	0.12	0.68	0.05	0.65	0.04
32.04	8.90	1.69	0.40	1.03	0.12	0.69	0.05	0.66	0.04
32.40	9.00	1.70	0.41	1.04	0.12	0.70	0.05	0.67	0.04
32.76	9.10	1.72	0.42	1.05	0.13	0.71	0.05	0.68	0.04

| 流量 Q | | DN80 | | DN100 | | DN125 | | | |
| | | d_j0. 0820 | | d_j0. 1050 | | d_j0. 1280 | | d_j0. 1300 | |
(m³/h)	(L/s)	v (m/s)	i (kPa/m)	v (m/s)	i (kPa/m)	v (m/s)	i (kPa/m)	v (m/s)	i (kPa/m)
33. 12	9. 20	1. 74	0. 43	1. 06	0. 13	0. 71	0. 05	0. 69	0. 05
33. 48	9. 30	1. 76	0. 44	1. 07	0. 13	0. 72	0. 05	0. 70	0. 05
33. 84	9. 40	1. 78	0. 45	1. 09	0. 13	0. 73	0. 05	0. 71	0. 05
34. 20	9. 50	1. 80	0. 46	1. 10	0. 14	0. 74	0. 05	0. 72	0. 05
34. 56	9. 60	1. 82	0. 46	1. 11	0. 14	0. 75	0. 05	0. 72	0. 05
34. 92	9. 70	1. 84	0. 47	1. 12	0. 14	0. 75	0. 05	0. 73	0. 05
35. 28	9. 80	1. 86	0. 48	1. 13	0. 14	0. 76	0. 06	0. 74	0. 05
35. 64	9. 90	1. 87	0. 49	1. 14	0. 15	0. 77	0. 06	0. 75	0. 05
36. 00	10. 00	1. 89	0. 50	1. 15	0. 15	0. 78	0. 06	0. 75	0. 05
36. 90	10. 25	1. 94	0. 52	1. 18	0. 16	0. 80	0. 06	0. 77	0. 06
37. 80	10. 50	1. 99	0. 55	1. 21	0. 16	0. 82	0. 06	0. 79	0. 06
38. 70	10. 75	2. 04	0. 57	1. 24	0. 17	0. 84	0. 07	0. 81	0. 06
39. 60	11. 00			1. 27	0. 18	0. 85	0. 07	0. 83	0. 06
40. 50	11. 25			1. 30	0. 19	0. 87	0. 07	0. 85	0. 07
41. 40	11. 50			1. 33	0. 19	0. 89	0. 07	0. 87	0. 07
42. 30	11. 75			1. 36	0. 20	0. 91	0. 08	0. 89	0. 07
43. 20	12. 00			1. 39	0. 21	0. 93	0. 08	0. 90	0. 07
44. 10	12. 25			1. 41	0. 22	0. 95	0. 08	0. 92	0. 08
45. 00	12. 50			1. 44	0. 23	0. 97	0. 09	0. 94	0. 08
45. 90	12. 75			1. 47	0. 24	0. 99	0. 09	0. 96	0. 08
46. 80	13. 00			1. 50	0. 24	1. 01	0. 09	0. 98	0. 09
47. 70	13. 25			1. 53	0. 25	1. 03	0. 10	1. 00	0. 09
48. 60	13. 50			1. 56	0. 26	1. 05	0. 10	1. 02	0. 09
49. 50	13. 75			1. 59	0. 27	1. 07	0. 10	1. 04	0. 10
50. 40	14. 00			1. 62	0. 28	1. 09	0. 11	1. 05	0. 10

| 流量 Q | | DN100 | | DN125 | | | | DN150 | |
| | | d_j0.0136 | | d_j0.0202 | | d_j0.0262 | | d_j0.0326 | |
(m³/h)	(L/s)	v (m/s)	i (kPa/m)	v (m/s)	i (kPa/m)	v (m/s)	i (kPa/m)	v (m/s)	i (kPa/m)
33.12	9.20	1.06	0.13	0.71	0.05	0.69	0.05	0.50	0.02
33.48	9.30	1.07	0.13	0.72	0.05	0.70	0.05	0.51	0.02
33.84	9.40	1.09	0.13	0.73	0.05	0.71	0.05	0.51	0.02
34.20	9.50	1.10	0.14	0.74	0.05	0.72	0.05	0.52	0.02
34.56	9.60	1.11	0.14	0.75	0.05	0.72	0.05	0.52	0.02
34.92	9.70	1.12	0.14	0.75	0.05	0.73	0.05	0.53	0.02
35.28	9.80	1.13	0.14	0.76	0.06	0.74	0.05	0.53	0.02
35.64	9.90	1.14	0.15	0.77	0.06	0.75	0.05	0.54	0.02
36.00	10.00	1.15	0.15	0.78	0.06	0.75	0.05	0.54	0.02
36.90	10.25	1.18	0.16	0.80	0.06	0.77	0.06	0.56	0.03
37.80	10.50	1.21	0.16	0.82	0.06	0.79	0.06	0.57	0.03
38.70	10.75	1.24	0.17	0.84	0.07	0.81	0.06	0.58	0.03
39.60	11.00	1.27	0.18	0.85	0.07	0.83	0.06	0.60	0.03
40.50	11.25	1.30	0.19	0.87	0.07	0.85	0.07	0.61	0.03
41.40	11.50	1.33	0.19	0.89	0.07	0.87	0.07	0.63	0.03
42.30	11.75	1.36	0.20	0.91	0.08	0.89	0.07	0.64	0.03
43.20	12.00	1.39	0.21	0.93	0.08	0.90	0.07	0.65	0.03
44.10	12.25	1.41	0.22	0.95	0.08	0.92	0.08	0.67	0.03
45.00	12.50	1.44	0.23	0.97	0.09	0.94	0.08	0.68	0.04
45.90	12.75	1.47	0.24	0.99	0.09	0.96	0.08	0.69	0.04
46.80	13.00	1.50	0.24	1.01	0.09	0.98	0.09	0.71	0.04
47.70	13.25	1.53	0.25	1.03	0.10	1.00	0.09	0.72	0.04
48.60	13.50	1.56	0.26	1.05	0.10	1.02	0.09	0.73	0.04
49.50	13.75	1.59	0.27	1.07	0.10	1.04	0.10	0.75	0.04
50.40	14.00	1.62	0.28	1.09	0.11	1.05	0.10	0.76	0.04

续表

| 流量 Q | | DN100 | | DN125 | | | | DN150 | |
| | | $d_j 0.0136$ | | $d_j 0.0202$ | | $d_j 0.0262$ | | $d_j 0.0326$ | |
(m³/h)	(L/s)	v (m/s)	i (kPa/m)	v (m/s)	i (kPa/m)	v (m/s)	i (kPa/m)	v (m/s)	i (kPa/m)
51.30	14.25	1.65	0.29	1.11	0.11	1.07	0.10	0.78	0.05
52.20	14.50	1.67	0.30	1.13	0.11	1.09	0.11	0.79	0.05
53.10	14.75	1.70	0.31	1.15	0.12	1.11	0.11	0.80	0.05
54.00	15.00	1.73	0.32	1.17	0.12	1.13	0.11	0.82	0.05
55.80	15.50	1.79	0.34	1.20	0.13	1.17	0.12	0.84	0.05
57.60	16.00	1.85	0.36	1.24	0.14	1.21	0.13	0.87	0.06
59.40	16.50	1.91	0.38	1.28	0.14	1.24	0.13	0.90	0.06
61.20	17.00	1.96	0.40	1.32	0.15	1.28	0.14	0.92	0.06
63.00	17.50	2.02	0.42	1.36	0.16	1.32	0.15	0.95	0.07
64.80	18.00			1.40	0.17	1.36	0.16	0.98	0.07
66.60	18.50			1.44	0.18	1.39	0.17	1.01	0.08
68.40	19.00			1.48	0.19	1.43	0.17	1.03	0.08
70.20	19.50			1.52	0.20	1.47	0.18	1.06	0.08
72.00	20.00			1.55	0.21	1.51	0.19	1.09	0.09
73.80	20.50			1.59	0.22	1.54	0.20	1.12	0.09
75.60	21.00			1.63	0.23	1.58	0.21	1.14	0.09
77.40	21.50			1.67	0.24	1.62	0.22	1.17	0.10
79.20	22.00			1.71	0.25	1.66	0.23	1.20	0.10
81.00	22.50			1.75	0.26	1.70	0.24	1.22	0.11
82.80	23.00			1.79	0.27	1.73	0.25	1.25	0.11
84.60	23.50			1.83	0.28	1.77	0.26	1.28	0.12
86.40	24.00			1.87	0.29	1.81	0.27	1.31	0.12
88.20	24.50			1.90	0.30	1.85	0.28	1.33	0.13
90.00	25.00			1.94	0.31	1.88	0.29	1.36	0.13
91.80	25.50			1.98	0.32	1.92	0.30	1.39	0.14

| 流量 Q | | DN125 | | DN150 | | | | DN200 | |
| | | d_j0.1300 | | d_j0.1530 | | d_j0.1550 | | d_j0.2090 | |
(m³/h)	(L/s)	v (m/s)	i (kPa/m)	v (m/s)	i (kPa/m)	v (m/s)	i (kPa/m)	v (m/s)	i (kPa/m)
34.20	9.50	0.72	0.05	0.52	0.02	0.50	0.02		
34.56	9.60	0.72	0.05	0.52	0.02	0.51	0.02		
34.92	9.70	0.73	0.05	0.53	0.02	0.51	0.02		
35.28	9.80	0.74	0.05	0.53	0.02	0.52	0.02		
35.64	9.90	0.75	0.05	0.54	0.02	0.52	0.02		
36.00	10.00	0.75	0.05	0.54	0.02	0.53	0.02		
36.90	10.25	0.77	0.06	0.56	0.03	0.54	0.03		
37.80	10.50	0.79	0.06	0.57	0.03	0.56	0.03		
38.70	10.75	0.81	0.06	0.58	0.03	0.57	0.03		
39.60	11.00	0.83	0.06	0.60	0.03	0.58	0.03		
40.50	11.25	0.85	0.07	0.61	0.03	0.60	0.03		
41.40	11.50	0.87	0.07	0.63	0.03	0.61	0.03		
42.30	11.75	0.89	0.07	0.64	0.03	0.62	0.03		
43.20	12.00	0.90	0.07	0.65	0.03	0.64	0.03		
44.10	12.25	0.92	0.08	0.67	0.03	0.65	0.03		
45.00	12.50	0.94	0.08	0.68	0.04	0.66	0.04		
45.90	12.75	0.96	0.08	0.69	0.04	0.68	0.04		
46.80	13.00	0.98	0.09	0.71	0.04	0.69	0.04		
47.70	13.25	1.00	0.09	0.72	0.04	0.70	0.04		
48.60	13.50	1.02	0.09	0.73	0.04	0.72	0.04		
49.50	13.75	1.04	0.10	0.74	0.04	0.73	0.04		
50.40	14.00	1.05	0.10	0.76	0.04	0.74	0.04		
51.30	14.25	1.07	0.10	0.78	0.05	0.76	0.04		
52.20	14.50	1.09	0.11	0.79	0.05	0.77	0.04		
53.10	14.75	1.11	0.11	0.80	0.05	0.78	0.05		

续表

流量 Q		DN125		DN150				DN200	
		$d_j0.1300$		$d_j0.1530$		$d_j0.1550$		$d_j0.2090$	
(m³/h)	(L/s)	v (m/s)	i (kPa/m)	v (m/s)	i (kPa/m)	v (m/s)	i (kPa/m)	v (m/s)	i (kPa/m)
54.00	15.00	1.13	0.11	0.82	0.05	0.79	0.05		
55.80	15.50	1.17	0.12	0.84	0.05	0.82	0.05		
57.60	16.00	1.21	0.13	0.87	0.06	0.85	0.05		
59.40	16.50	1.24	0.13	0.90	0.06	0.87	0.06		
61.20	17.00	1.28	0.14	0.92	0.06	0.90	0.06	0.50	0.01
63.00	17.50	1.32	0.15	0.95	0.07	0.93	0.07	0.51	0.01
64.80	18.00	1.36	0.16	0.98	0.07	0.95	0.07	0.52	0.02
66.60	18.50	1.39	0.17	1.01	0.08	0.98	0.07	0.54	0.02
68.40	19.00	1.43	0.17	1.03	0.08	1.01	0.08	0.55	0.02
70.20	19.50	1.47	0.18	1.06	0.08	1.03	0.08	0.57	0.02
72.00	20.00	1.51	0.19	1.09	0.09	1.06	0.08	0.58	0.02
73.80	20.50	1.54	0.20	1.12	0.09	1.09	0.09	0.60	0.02
75.60	21.00	1.58	0.21	1.14	0.09	1.11	0.09	0.61	0.02
77.40	21.50	1.62	0.22	1.17	0.10	1.14	0.09	0.63	0.02
79.20	22.00	1.66	0.23	1.20	0.10	1.17	0.10	0.64	0.02
81.00	22.50	1.70	0.24	1.22	0.11	1.19	0.10	0.66	0.02
82.80	23.00	1.73	0.25	1.25	0.11	1.22	0.11	0.67	0.02
84.60	23.50	1.77	0.26	1.28	0.12	1.25	0.11	0.68	0.03
88.40	24.00	1.81	0.27	1.31	0.12	1.27	0.11	0.70	0.03
88.20	24.50	1.85	0.28	1.33	0.13	1.30	0.12	0.71	0.03
90.00	25.00	1.88	0.29	1.36	0.13	1.32	0.12	0.73	0.03
91.80	25.50	1.92	0.30	1.39	0.14	1.35	0.13	0.74	0.03
93.60	26.00	1.96	0.31	1.41	0.14	1.38	0.13	0.76	0.03
95.40	26.50	2.00	0.32	1.44	0.15	1.40	0.14	0.77	0.03
97.20	27.00			1.47	0.15	1.43	0.14	0.79	0.03

流量 Q		DN150				DN200			
		d_j0.1530		d_j0.1550		d_j0.2090		d_j0.2110	
(m³/h)	(L/s)	v (m/s)	i (kPa/m)	v (m/s)	i (kPa/m)	v (m/s)	i (kPa/m)	v (m/s)	i (kPa/m)
63.00	17.50	0.95	0.07	0.93	0.06	0.51	0.01	0.50	0.01
64.80	18.00	0.98	0.07	0.95	0.07	0.52	0.02	0.51	0.01
66.60	18.50	1.01	0.08	0.98	0.07	0.54	0.02	0.53	0.02
68.40	19.00	1.03	0.08	1.01	0.07	0.55	0.02	0.54	0.02
70.20	19.50	1.06	0.08	1.03	0.08	0.57	0.02	0.56	0.02
72.00	20.00	1.09	0.09	1.06	0.08	0.58	0.02	0.57	0.02
73.80	20.50	1.12	0.09	1.09	0.09	0.60	0.02	0.59	0.02
75.60	21.00	1.14	0.09	1.11	0.09	0.61	0.02	0.60	0.02
77.40	21.50	1.17	0.10	1.14	0.09	0.63	0.02	0.61	0.02
79.20	22.00	1.20	0.10	1.17	0.10	0.64	0.02	0.63	0.02
81.00	22.50	1.22	0.11	1.19	0.10	0.66	0.02	0.64	0.02
82.80	23.00	1.25	0.11	1.22	0.11	0.67	0.02	0.66	0.02
84.60	23.50	1.28	0.12	1.25	0.11	0.68	0.03	0.67	0.02
86.40	24.00	1.31	0.12	1.27	0.11	0.70	0.03	0.69	0.03
88.20	24.50	1.33	0.13	1.30	0.12	0.71	0.03	0.70	0.03
90.00	25.00	1.36	0.13	1.32	0.12	0.73	0.03	0.71	0.03
91.80	25.50	1.39	0.14	1.35	0.13	0.74	0.03	0.73	0.03
93.60	26.00	1.41	0.14	1.38	0.13	0.76	0.03	0.74	0.03
95.40	26.50	1.44	0.15	1.40	0.14	0.77	0.03	0.76	0.03
97.20	27.00	1.47	0.15	1.43	0.14	0.79	0.03	0.77	0.03
99.00	27.50	1.50	0.16	1.46	0.15	0.80	0.03	0.79	0.03
100.80	28.00	1.52	0.16	1.48	0.15	0.82	0.04	0.80	0.03
102.60	28.50	1.55	0.17	1.51	0.16	0.83	0.04	0.82	0.03
104.40	29.00	1.58	0.17	1.54	0.16	0.85	0.04	0.83	0.04
106.20	29.50	1.60	0.18	1.56	0.17	0.86	0.04	0.84	0.04

续表

流量 Q		DN150				DN200			
		d_j0.1530		d_j0.1550		d_j0.2090		d_j0.2110	
(m³/h)	(L/s)	v (m/s)	i (kPa/m)	v (m/s)	i (kPa/m)	v (m/s)	i (kPa/m)	v (m/s)	i (kPa/m)
108.00	30.00	1.63	0.18	1.59	0.17	0.87	0.04	0.86	0.04
109.08	30.50	1.66	0.19	1.62	0.18	0.89	0.04	0.87	0.04
111.60	31.00	1.69	0.19	1.64	0.18	0.90	0.04	0.89	0.04
113.40	31.50	1.71	0.20	1.67	0.19	0.92	0.04	0.90	0.04
115.20	32.00	1.74	0.21	1.70	0.19	0.93	0.05	0.92	0.04
117.00	32.50	1.77	0.21	1.72	0.20	0.95	0.05	0.93	0.04
118.80	33.00	1.79	0.22	1.75	0.21	0.96	0.05	0.94	0.05
120.60	33.50	1.82	0.23	1.78	0.21	0.98	0.05	0.96	0.05
122.40	34.00	1.85	0.24	1.80	0.22	0.99	0.05	0.97	0.05
124.20	34.50	1.88	0.24	1.83	0.22	1.01	0.05	0.99	0.05
126.00	35.00	1.90	0.24	1.85	0.23	1.02	0.05	1.00	0.05
127.80	35.50	1.93	0.25	1.88	0.24	1.03	0.05	1.02	0.05
129.60	36.00	1.96	0.25	1.91	0.24	1.05	0.06	1.03	0.05
131.40	36.50	1.99	0.26	1.93	0.25	1.06	0.06	1.04	0.06
133.20	37.00	2.01	0.27	1.96	0.25	1.08	0.06	1.06	0.06
135.00	37.50			1.99	0.26	1.09	0.06	1.07	0.06
136.80	38.00			2.01	0.27	1.11	0.06	1.09	0.06
138.60	38.50					1.12	0.06	1.10	0.06
140.40	39.00					1.14	0.07	1.12	0.06
142.20	39.50					1.15	0.07	1.13	0.06
144.00	40.00					1.17	0.07	1.14	0.07
145.80	40.50					1.18	0.07	1.16	0.07
147.60	41.00					1.20	0.07	1.17	0.07
149.40	41.50					1.21	0.07	1.19	0.07
151.20	42.00					1.22	0.07	1.20	0.07

续表

流量 Q		DN200			
		d_j0.2090		d_j0.2110	
(m³/h)	(L/s)	v (m/s)	i (kPa/m)	v (m/s)	i (kPa/m)
153.00	42.50	1.24	0.08	1.22	0.07
154.80	43.00	1.25	0.08	1.23	0.07
156.60	43.50	1.27	0.08	1.24	0.08
158.40	44.00	1.28	0.08	1.26	0.08
160.20	44.50	1.30	0.08	1.27	0.08
162.00	45.00	1.31	0.09	1.29	0.08
163.80	45.50	1.33	0.09	1.30	0.08
165.60	46.00	1.34	0.09	1.32	0.08
167.40	46.50	1.36	0.09	1.33	0.09
169.20	47.00	1.37	0.09	1.34	0.09
171.00	47.50	1.38	0.09	1.36	0.09
172.80	48.00	1.40	0.10	1.37	0.09
174.60	48.50	1.41	0.10	1.39	0.09
176.40	49.00	1.43	0.10	1.40	0.10
178.20	49.50	1.44	0.10	1.42	0.10
180.00	50.00	1.46	0.10	1.43	0.10
181.80	50.50	1.47	0.11	1.44	0.10
183.60	51.00	1.49	0.11	1.46	0.10
185.40	51.50	1.50	0.11	1.47	0.10
187.20	52.00	1.52	0.11	1.49	0.11
189.00	52.50	1.53	0.11	1.50	0.11
190.80	53.00	1.54	0.12	1.52	0.11
192.60	53.50	1.56	0.12	1.53	0.11
194.40	54.00	1.57	0.12	1.54	0.11
196.20	54.50	1.59	0.12	1.56	0.12
198.00	55.00	1.60	0.12	1.57	0.12
199.80	55.50	1.62	0.13	1.59	0.12
201.60	56.00	1.63	0.13	1.60	0.12
203.40	56.50	1.65	0.13	1.62	0.12
205.20	57.00	1.66	0.13	1.63	0.13
207.00	57.50	1.68	0.13	1.64	0.13
208.80	58.00	1.69	0.14	1.66	0.13
210.60	58.50	1.71	0.14	1.67	0.13
212.40	59.00	1.72	0.14	1.69	0.13

流量 Q		DN200			
		d_j0.2090		d_j0.2110	
(m³/h)	(L/s)	v (m/s)	i (kPa/m)	v (m/s)	i (kPa/m)
214.20	59.50	1.73	0.14	1.70	0.14
216.00	60.00	1.75	0.14	1.72	0.14
217.80	60.50	1.76	0.15	1.73	0.14
219.60	61.00	1.78	0.15	1.74	0.14
221.40	61.50	1.79	0.15	1.76	0.14
223.20	62.00	1.81	0.15	1.77	0.15
225.00	62.50	1.82	0.16	1.79	0.15
226.80	63.00	1.84	0.16	1.80	0.15
228.60	63.50	1.85	0.16	1.82	0.15
230.40	64.00	1.87	0.16	1.83	0.16
232.20	64.50	1.88	0.17	1.84	0.16
234.00	65.00	1.89	0.17	1.86	0.16
235.80	65.50	1.91	0.17	0.87	0.16
237.60	66.00	1.92	0.17	1.89	0.16
239.40	66.50	1.94	0.18	1.90	0.17
241.20	67.00	1.95	0.18	1.92	0.17
243.00	67.50	1.97	0.18	1.93	0.17
244.80	68.00	1.98	0.18	1.94	0.17
246.60	68.50	2.00	0.09	1.96	0.18
248.40	69.00	2.01	0.19	1.97	0.18
250.20	69.50			1.99	0.18
252.00	70.00			2.00	0.18

第 20 章 蒸汽、凝结水、压缩空气管道压力损失计算

20.1 计算公式

1. 管径：管径计算见式（20.1-1）、式（20.1-2）。

$$d = \sqrt{\frac{4 \times 1000^3 Gv}{3600 \pi \omega}} = 594.5 \sqrt{\frac{Gv}{\omega}} \tag{20.1-1}$$

或
$$d = 18.8 \sqrt{\frac{Q}{\omega}} \tag{20.1-2}$$

式中　d——管子内径（mm）；

　　　v——管道内介质的比容（m³/kg）；

　　　G——介质的重量流量（t/h）；

　　　ω——介质的流速（m/s）；

　　　Q——介质的容积流量（m³/h）。

$$\Delta P = 1.15 \left[\frac{\omega_m^2}{2g v_m} \left(\frac{\lambda \times 10^3}{d_j} L + \Sigma \xi \right) \right] + (H_z - H_c) \frac{1}{v_m} \tag{20.1-3}$$

式中　ΔP——管道的压力损失（kg/m²）；

　　　ω_m——介质的平均流速（m/s）；

　　　v_m——介质的平均比容（m³/kg）；

　　　λ——摩阻系数；

　　　L——管路的总展开长度（m）；

　　　$\Sigma \xi$——局部阻力系数的总和；

H_c、H_z——管道始端和终端的标高（m）；

　　　d_j——计算内径（m）；

　　　g——重力加速度（m/s²）。

在气体管道中，静压头 $(H_z - H_c) \dfrac{1}{v_m}$ 很小，可以略去不计。

上式（20.1-3）中，$\dfrac{\omega_m^2}{2g v_m} = \dfrac{\omega_m^2 \gamma}{2g} = h_j$

式中　h_j——计算速度头（动压头）；

　　　γ——介质密度（kg/m³）。

每米管长的摩阻系数 $\xi = \dfrac{\lambda \times 10^3}{d_j}$

2. 允许比压降

（1）蒸汽管、压缩空气管允许比压降，按公式（20.1-4）计算：

$$\Delta h = \frac{(P_c - P_z \pm \times 100000)}{1.15(l + l_N)} \tag{20.1-4}$$

式中　Δh ——允许比压降（9.806Pa）；

　　　P_c ——起点压力（MPa）；

　　　P_z ——终点压力（MPa）；

　　　l ——管道直线长度（m）；

　　　l_N ——管道局部阻力的当量长度（m）；

　　1.15——安全系数。

（2）自流凝结水管：允许比压降，按式（20.1-5）计算：

$$\Delta h = 0.5i \tag{20.1-5}$$

式中　i ——每米管长的水力坡降（9.806Pa）。

（3）余压凝结水管：允许比压降，按式（20.1-6）计算；

$$\Delta h = \frac{(P_c - P_z - P_f) \times 100000}{1.15(l + l_N)} \tag{20.1-6}$$

式中　P_c ——起点压力（MPa）；P_c 与疏水器前压力 P_q 有关，$P_q \geqslant 0.3$MPa（表压）时，
$P_c = 0.07 P_q - 0.08$（MPa）；$0.3 > P_q > 0.07$（MPa）（表压）时，$P_c = 0.04 P_q$（MPa）；

　　　P_z ——终点压力（MPa）；

　　　P_f ——翻高等压力损失（MPa）。

20.2　压降计算参数

蒸汽、凝结水和空气输送时压力损失计算，应根据该介质的性质，结合计算参数进行计算。有关参数的选用和校正换算分述如下。

1. 允许流速和绝对粗糙度的选定见表 20.2-1。

允许流速 ω 和绝对粗糙度 δ 值　　　　　　　　　表 20.2-1

饱和蒸汽			自流凝结水		
DN（mm）	w（m/s）	δ（mm）	DN（mm）	w（m/s）	δ（mm）
15~20	10~15				
25~32	15~20				
40	20~25				
50~80	25~35	0.2	15~200	0.1~0.3	1
100~150	35~40				
≥200	40~60				

续表

余压凝结水			压缩空气		
15~20	≤0.5	—	≤50	≤8	—
25~32	≤0.7				
40~50	≤1.0	0.5	≥70	≤15	0.2
70~80	≤1.6				
≥100	≤2.0				

注：1. 表中流速只有当压力降允许时方可采用，否则应以允许压力降计算管径。

2. 余压凝结水按汽水混合物计算。

2. 绝对粗糙度 δ 值的换算；下列管径计算表都是按预定 δ 值（管壁绝对粗糙度）制定的。使用中若与实际采用的 δ 值不同时，需将管径计算表中查得的单位水头损失 R 值乘以修正系数 m（见表 20.2-2）；流速、流量与粗糙度无关，因此可采用直接在本计算表中查得之值。

粗糙度换算系数 m 值　　　　　　　　　　　　　表 20.2-2

δ	δ′			
	0.1	0.2	0.5	1
	m			
0.1	1	1.189	1.495	1.778
0.2	0.841	1	1.259	1.495
0.5	0.669	0.795	1	1.189
1	0.562	0.669	0.842	1

注：制表依据：$m = \sqrt[4]{\dfrac{\delta}{\delta'}}$

式中　δ'——计算中实际采用的粗糙度值；

　　　δ——计算表中采用的粗糙度值。

3. 介质密度 ρ 的校正

下列管径计算表是按预定的介质密度 ρ 制定的。若实际采用的介质密度 ρ' 值与预定介质密度 ρ 值不同，则应将表中查出的介质流速 ω 及单位水头损失 R 进行校正，以求得实际的截至流速 ω' 及单位水头损失 R' 值：

$$\omega' = \omega \frac{\rho}{\rho'}$$

$$R' = R \frac{\rho}{\rho'}$$

20.3　压力损失计算

1. 蒸汽、凝结水、压缩空气管道压力损失计算见表 20.3-3～表 20.3-8。

蒸汽管道（δ=0.2mm）

表 20.3-3

P（表压 MPa）

G（kg/h），R（Pa/m）

DN (mm)	ω (m/s)	0.07		0.1		0.2		0.3		0.4		0.5		0.6	
		G	R	G	R	G	R	G	R	G	R	G	R	G	R
15	10	6.7	111.8	7.8	131.4	11.3	189.3	14.9	251.1	18.4	310.9	21.8	366.8	25.3	426.6
	15	10.0	251.1	11.7	294.2	17.0	428.6	22.4	565.8	27.6	650.2	32.4	809.0	37.6	939.5
	20	13.4	437.4	15.0	524.7	22.7	764.9	29.8	1000.3	30.8	1235.6	43.7	1471.0	50.5	1696.6
20	10	12.2	76.5	14.1	78.5	20.7	180.4	27.1	170.6	33.5	211.8	39.8	251.1	46.0	289.3
	15	18.2	17.2	21.1	198.1	31.1	296.2	38.6	346.2	50.3	476.6	57.7	527.6	69.0	652.1
	20	24.3	304.0	28.2	361.9	41.4	524.7	54.2	684.6	67.0	845.3	79.6	1004.2	92.0	1157.2
25	15	29.4	128.5	34.4	150.5	50.2	318.7	65.8	288.3	81.2	355.0	96.2	430.5	111.0	487.4
	20	39.2	225.6	45.8	268.7	66.7	393.2	87.8	512.9	108.0	642.3	128.0	747.3	149.0	864.9
	25	49.0	349.1	57.3	417.8	83.3	606.1	110.0	801.2	136.0	1000.3	161.0	1167.0	186.0	1353.3
32	15	51.6	90.2	60.2	105.9	88.0	154.9	115.0	202.0	142.0	243.2	169.0	264.8	195.0	350.1
	20	67.7	154.9	80.2	187.3	117.0	265.8	154.0	359.9	190.0	438.4	226.0	537.4	260.0	605.1
	25	85.6	245.2	100.0	290.3	147.0	434.4	193.0	562.9	238.0	683.5	282.0	815.9	325.0	945.4
40	20	90.6	135.3	105.0	156.9	154.0	228.5	202.0	302.0	249.0	352.1	283.0	407.0	343.0	513.9
	25	113.0	209.7	132.0	247.1	194.0	360.9	258.0	474.6	311.0	580.6	354.0	634.5	1428.0	800.2
	30	136.0	306.0	158.0	354.0	232.0	519.8	306.0	666.9	374.0	838.5	444.0	1000.3	514.0	1157.2
	35	157.0	407.0	185.0	485.4	268.0	701.2	354.0	928.7	437.0	1147.4	521.0	1372.9	594.0	1539.6
50	20	134.0	104.9	157.0	125.5	229.0	181.4	301.0	237.3	371.0	294.2	443.0	351.1	508.0	397.2
	25	168.0	165.7	197.0	193.2	287.0	281.5	377.0	362.8	465.0	460.9	554.0	550.2	636.0	624.7
	30	202.0	236.3	236.0	280.5	344.0	406.0	452.0	527.6	558.0	662.9	664.0	789.4	764.0	902.2
	35	234.0	320.7	270.0	382.5	400.0	554.1	530.0	920.8	650.0	912.0	776.0	1078.7	885.0	1216.0

续表

DN (mm)	ω (m/s)	P (表压 MPa)												
		0.07		0.1		0.2		0.3		0.4		0.5		0.6	
		G (kg/h), R (Pa/m)													
		G	R	G	R	G	R	G	R	G	R	G	R	G	R
70	20	257.0	69.6	299.0	83.4	437.0	120.6	572.0	148.9	706.0	192.2	838.0	231.4	970.0	265.8
	25	317.0	107.9	374.0	128.5	542.0	185.3	715.0	246.1	880.0	300.1	1052.0	362.8	1200.0	407.0
	30	380.0	154.0	448.0	184.4	650.0	268.7	858.0	353.0	1060.0	437.4	1262.0	521.7	1440.0	536.4
	35	445.0	211.8	525.0	253.0	762.0	366.8	1005.0	485.4	1240.0	595.3	1478.0	715.9	1685.0	800.2
80	25	454.0	89.2	528.0	104.0	773.0	152.0	1012.0	200.1	1297.0	264.8	1480.0	290.3	1713.0	335.4
	30	556.0	132.4	630.0	149.1	926.0	218.7	1213.0	285.4	1498.0	353.0	1776.0	416.8	2053.0	747.6
	35	634.0	173.6	738.0	202.0	1082.0	298.1	1415.0	388.3	1749.0	480.5	2074.0	568.8	2400.0	658.0
	40	726.0	227.5	844.0	264.8	1237.0	390.3	1620.0	509.9	1978.0	627.9	2370.0	742.4	2740.0	848.3
100	25	673	68.6	784	80.4	1149	118.7	1502	154	1856	181.4	2201	226.5	2547	261.8
	30	808	100	940	115.7	1377	170.6	1801	221.6	2220	274.6	2640	324.6	3058	376.6
	35	944	136.3	1099	157.9	1608	232.4	2108	304	2600	374.6	3083	443.3	3568	513.9
	40	1034	162.8	1250	204	1832	301.1	2396	392.3	2980	490.3	3514	575.7	4030	654.1
125	25	1034	51	1205	58.8	1762	87.3	2310	114.7	2852	140.2	3380	165.7	3910	192.2
	30	1241	73.5	1447	85.3	2118	125.5	2770	162.8	3420	202	4063	239.3	4690	276.5
	35	1450	100	1690	116.7	2477	171.6	3200	223.6	4000	275.6	4740	326.6	5485	381.5
	40	1600	130.4	1930	152	2826	223.6	3700	290.3	4560	358.9	5420	426.6	6264	480.5

DN (mm)	ω (m/s)	P (表压 MPa) G (kg/h), R (Pa/m)												
		0.07		0.1		0.2		0.3		0.4		0.5		0.6	
		G	R	G	R	G	R	G	R	G	R	G	R	G	R
150	25	1515	42.2	1768	49	2584	69.6	3380	94.1	4169	114.7	4960	137.3	5737	158
	30	1818	60.8	2120	69.6	3100	103	4066	135.3	5015	166.7	5760	185.3	6875	227.5
	35	2121	82.4	2404	96.1	3620	141.2	4739	183.4	5850	226.5	6948	26.7	8036	310.9
	40	2400	104.9	2830	125.5	4114	182.4	5416	239.3	6080	295.5	7920	345.2	9180	406
200	35	4038	59.8	4710	69.6	6880	103	9020	133.4	11250	168.7	13212	196.1	15290	226.5
	40	4616	78.5	5376	91.2	7880	134.4	10320	174.6	12720	215.7	15100	256	17450	295.2
	50	5786	122.6	6740	145.1	9800	207.9	12920	274.6	15910	346.2	18790	397.2	21880	462.9
	60	6930	176.5	8057	205	11750	298.1	15450	392.3	19060	485.4	22615	574.7	26200	666.9
250	30	5320	29.4	6318	35.3	9250	52	12120	69.6	14950	84.3	17730	98.1	20500	115.7
	35	6300	41.2	7370	48.1	10800	70.6	14120	92.2	17450	121.6	20680	136.3	23930	155.9
	40	7237	53	84.3	62.8	12300	92.2	16145	120.6	19910	168.7	23640	176.5	27380	204
	50	9050	88.3	10550	99	15330	142.2	20190	188.3	24900	232.4	29560	275.6	34200	317.7
	60	14840	120.6	12650	141.2	18400	205.9	24200	270.74	28870	311.9	35450	395.2	41100	459
300	30	7718	24.5	8980	28.4	13150	41.2	17220	53.9	21240	66.7	25210	79.4	29180	91.2
	35	9018	33.3	10500	38.2	15370	56.9	20130	73.5	24810	90.2	29470	108.9	34080	125.5
	40	10280	43.1	11900	50	17520	73.5	22980	98.1	28370	118.7	33600	141.2	38800	162.8
	50	12860	67.7	14960	58.8	21800	114.7	28700	151	35400	185.3	42000	219.7	48640	255
	60	15430	97.1	17970	112.8	26180	164.8	34430	215.7	42500	267.7	50400	315.8	58380	367.7

注：压力 1kg/cm³＝0.1MPa。

自流凝结水管道（δ=1mm、γ=961.95m³）

表 20.3-4

DN (mm)

G (t/h)，ω (m/s)

R(Pa/m)	15		20		25		32		40		50		70		80		100		125		150		200	
	G	ω	G	ω	G	ω	G	ω	G	ω	G	ω	G	ω	G	ω	G	ω	G	ω	G	ω	G	ω
19.6	0.073	0.11	0.16	0.13	0.3	0.16	0.62	0.17	0.9	0.17	1.51	0.22	3.01	0.26	5.34	0.3	8.31	0.33	16.98	0.39	27.9	0.44	62.86	0.54
39.2	0.102	0.15	0.23	0.18	0.42	0.21	0.88	0.26	1.27	0.28	2.14	0.31	4.25	0.37	7.56	0.42	13.16	0.49	23.93	0.56	38.19	0.62	88.95	0.76
58.8	0.124	0.18	0.28	0.23	0.52	0.26	1.07	0.37	1.55	0.34	2.6	0.37	5.21	0.45	9.24	0.51	16.46	0.52	29.3	0.69	46.95	0.77	108.85	0.93
78.4	0.144	0.21	0.32	0.26	0.6	0.3	1.24	0.35	1.79	0.39	3.01	0.44	6.02	0.52	10.7	0.58	18.57	0.69	33.79	0.78	53.09	0.86	125.61	0.99
98.1	0.161	0.24	0.36	0.29	0.67	0.34	1.39	0.41	2.01	0.44	3.36	0.48	6.71	0.58	11.92	0.67	20.72	0.76	37.78	0.89	60.52	0.99	14.67	1.21
117.7	0.177	0.26	0.39	0.32	0.74	0.36	1.52	0.44	2.2	0.48	3.7	0.54	7.35	0.64	13.07	0.73	22.74	0.83	41.27	0.97	66.12	1.08	153.96	1.32
137.3	0.191	0.28	0.42	0.35	0.8	0.4	1.64	0.47	2.37	0.52	3.98	0.57	7.95	0.69	14.12	0.79	24.58	0.9	44.66	1.05	71.71	1.17	166.34	1.43
156.9	0.195	0.29	0.45	0.36	0.85	0.43	1.76	0.5	2.54	0.56	4.25	0.61	8.49	0.73	15.11	0.84	26.27	0.97	47.87	1.12	76.48	1.24	177.9	1.53
176.5	0.216	0.32	0.48	0.39	0.9	0.46	1.87	0.53	2.69	0.58	4.52	0.66	9.01	0.79	16.01	0.89	27.88	1.03	51.54	1.21	81.06	1.32	188.9	1.62
196.1	0.228	0.34	0.51	0.41	0.95	0.47	1.97	0.57	2.84	0.62	4.77	0.69	9.51	0.82	16.87	0.94	29.34	1.07	53.37	1.25	85.46	1.39	198.62	1.71

表 20.3-5　余压凝结水管、管径计算表（一）

P_2(MPa) ＼ P_1(MPa)	0.8	0.7	0.6	0.5	0.4	0.3	0.2	0.19	0.18	0.17	0.16	0.15	0.14	0.13	0.12	0.11	0.1	0.09	0.08	0.07	0.06	0.05	0.04	0.03	0.02	0.01
0.00	3.00	2.97	2.95	2.90	2.86	2.76	2.70	2.69	2.68	2.67	2.65	2.63	2.62	2.61	2.60	2.58	2.57	2.55	2.52	2.50	2.46	2.43	2.41	2.38	2.34	2.30
0.01	2.95	2.90	2.88	2.82	2.77	2.71	2.61	2.60	2.59	2.58	2.57	2.56	2.54	2.52	2.50	2.48	2.47	2.45	2.42	2.40	2.38	2.35	2.33	2.30	2.25	
0.02	2.87	2.84	2.80	2.77	2.72	2.65	2.55	2.54	2.52	2.51	2.50	2.49	2.47	2.46	2.45	2.43	2.41	2.39	2.36	2.34	2.32	2.30	2.26	2.23		
0.03	2.83	2.80	2.76	2.72	2.68	2.61	2.50	2.49	2.48	2.46	2.45	2.44	2.42	2.41	2.40	2.38	2.35	2.32	2.31	2.29	2.25	2.20	2.18			
0.04	2.78	2.75	2.72	2.67	2.63	2.57	2.45	2.44	2.43	2.41	2.40	2.38	2.37	2.35	2.34	2.32	2.29	2.26	2.25	2.23	2.19	2.15				
0.05	2.73	2.70	2.68	2.62	2.58	2.53	2.40	2.39	2.38	2.36	2.35	2.33	2.32	2.30	2.28	2.26	2.24	2.20	2.19	2.17	2.13					
0.06	2.69	2.64	2.61	2.57	2.52	2.47	2.35	2.34	2.32	2.30	2.30	2.28	2.26	2.24	2.22	2.20	2.18	2.15	2.12	2.10						
0.07	2.62	2.59	2.55	2.52	2.45	2.40	2.30	2.28	2.26	2.25	2.24	2.23	2.20	2.18	2.16	2.14	2.12	2.09	2.04							
0.08	2.58	2.56	2.52	2.49	2.42	2.37	2.26	2.24	2.22	2.20	2.19	2.18	2.16	2.14	2.12	2.09	2.05	2.03								
0.09	2.55	2.52	2.49	2.45	2.38	2.33	2.21	2.20	2.18	2.16	2.15	2.14	2.12	2.10	2.07	2.04	2.02									
0.10	2.52	2.48	2.46	2.42	2.35	2.29	2.17	2.16	2.14	2.12	2.11	2.10	2.08	2.06	2.03	2.00										
0.11	2.50	2.47	2.46	2.40	2.33	2.27	2.15	2.13	2.10	2.09	2.08	2.06	2.04	2.02	1.98											
0.12	2.47	2.44	2.42	2.38	2.31	2.25	2.12	2.09	2.07	2.06	2.05	1.99	1.98	1.97												
0.13	2.45	2.42	2.40	2.35	2.28	2.23	2.09	2.06	2.04	2.03	2.02	1.97	1.96													
0.14	2.42	2.40	2.37	2.32	2.25	2.20	2.06	2.03	2.01	2.00	1.98	1.95														

续表

P_1 (MPa) / P_2 (MPa)

P_2 (MPa) ＼ P_1 (MPa)	0.16	0.17	0.18	0.19	0.2	0.3	0.4	0.5	0.6	0.7	0.8
0.15	1.94	1.97	1.98	2.00	2.03	2.17	2.23	2.30	2.35	2.38	2.40
0.16		1.93	1.94	1.96	1.99	2.14	2.20	2.27	2.32	2.35	2.38
0.17			1.90	1.82	1.95	2.10	2.17	2.24	2.29	2.32	2.35
0.18				1.88	1.91	2.06	2.14	2.21	2.26	2.29	2.33
0.19					1.87	2.02	2.10	2.17	2.22	2.26	2.30
0.20						1.98	2.07	2.14	2.19	2.23	2.28
0.25						1.87	1.96	2.03	2.07	2.13	2.17
0.30							1.87	1.95	2.00	2.05	2.09
0.35							1.80	1.85	1.92	1.96	2.00
0.40								1.80	1.85	1.90	1.95
0.45									1.75	1.80	1.85

DN_1 ＼ DN_2	25	32	40	50	70	80	100	125	150	200	250	300
10	2.16	2.86	3.28									
15		1.72	2.27	2.60	3.23							
20			1.68	1.93	2.40	3.16						
25				1.52	1.89	2.48	3.04					
32					1.43	1.87	2.30	2.80				
40						1.64	2.00	2.44	3.04			
50							1.60	1.96	2.45	3.00	3.09	
70								1.49	1.78	2.44	3.16	
80									1.52	1.83	2.52	3.09
100										1.50	2.07	2.59

（示意：μ ↑；DN₁ →；DN₂ →）

注：1. 表中符号 DN_1——热水管径 (mm)；DN_2——汽水混合物管径 (mm)；P_1——起点压力 (MPa)；P_2——终点压力 (MPa)。

2. 当实际采用的管径 DN_2 与计算管径 DN_1 不同时，实际压降应按下式校正：$R_2 = R_1\left(\dfrac{DN_1}{DN_2}\right)^{5.25} = R_1\left(\dfrac{t_1}{t_2}\right)^{5.25}$。

表 20.3-6

余压凝结水管、管径计算表（二）(R (Pa/m)、q_m (t/h)、ω (m/s))

R	20		50		80		100		150		200		250		300		350		400		450		500	
DN_l	q_m	ω	q_m	ω	q_m	ω	q_m	ω	q_m	ω	q_m	ω	q_m	ω	q_m	ω	q_m	ω	q_m	ω	q_m	ω	q_m	ω
10	0.047	0.1	0.076	0.16	0.095	0.22	0.11	0.28	0.14	0.36	0.17	0.42	0.18	0.44	0.20	0.45	0.21	0.47	0.23	0.49	0.24	0.51	0.25	0.53
15	0.07	0.11	0.11	0.17	0.15	0.27	0.165	0.32	0.20	0.4	0.23	0.43	0.25	0.45	0.28	0.48	0.30	0.49	0.32	0.52	0.34	0.54	0.36	0.56
20	0.175	0.14	0.26	0.23	0.34	0.3	0.39	0.33	0.45	0.44	0.54	0.47	0.6	0.50	0.66	0.55	0.70	0.59	0.77	0.64	0.83	0.68	0.89	0.72
25	0.30	0.15	0.48	0.24	0.62	0.32	0.7	0.35	0.85	0.45	0.95	0.48	1.07	0.54	1.17	0.59	1.27	0.64	1.35	0.68	1.40	0.72	1.52	0.76
32	0.48	0.17	0.76	0.27	0.95	0.34	1.10	0.4	1.30	0.47	1.50	0.54	1.70	0.61	1.85	0.66	2.00	0.72	2.15	0.77	2.30	0.83	2.40	0.86
40	0.80	0.19	1.30	0.31	1.64	0.4	1.85	0.45	2.22	0.53	2.60	0.63	2.90	0.70	3.15	0.76	3.40	0.82	3.60	0.87	3.85	0.93	4.10	0.99
50	1.60	0.24	2.50	0.37	3.15	0.47	3.60	0.53	4.40	0.65	5.00	0.74	5.60	0.83	6.10	0.91	6.60	0.97	7.00	1.03	7.50	1.11	7.80	1.17
70	3.70	0.29	5.80	0.45	7.00	0.54	8.00	0.62	10.0	0.78	11.5	0.89	13.0	1.01	14.0	1.09	15.0	1.16	16.0	1.24	17.5	1.36	18.2	1.42
80	5.60	0.31	9.00	0.51	11.2	0.63	13.0	0.73	15.5	0.88	18.0	1.01	20.0	1.12	22.0	1.24	23.8	1.34	25.5	1.43	27.0	1.62	28.5	1.60
100	10.0	0.37	15.6	0.59	20.0	0.74	22.0	0.81	27.0	1.00	31.0	1.15	35.0	1.29	38.0	1.40	41.5	1.53	44.5	1.62	47.0	1.74	53.0	1.80
125	18.0	0.42	28.5	0.67	36.0	0.85	41.0	0.97	49.0	1.16	58.0	1.37	64.0	1.51	70.0	1.65	75.0	1.78	80.0	1.89	85.0	2.01	90.0	2.13
150	29.0	0.48	46.0	0.75	58.0	0.95	65.0	1.07	80.0	1.31	90.0	1.48	103	1.68	112	1.85	123	2.00	130	2.13	138	2.34	145	2.38
200	64.0	0.57	100.0	0.90	130.0	1.16	145	1.3	177	1.59	205	1.84	228	2.06	250	2.24	270	2.42	290	2.6	307	2.75	324	2.90

表 20.3-7

压缩空气管道 ($t=40℃$，$δ=0.2mm$)

DN (mm)	ω (m/s)	0.3		0.4		0.5		0.6		0.7		0.8	
		(m³/min)	(Pa/m)	(m³/min)	(Pa/m)	(m³/min)	(Pa/m)	(m³/min)	(Pa/m)	(m³/min)	(Pa/m)	(m³/min)	(Pa/m)
15	8	0.270	356.9	0.337	445.3	0.41	534.4	0.47	622.7	0.541	711.9	0.6	796.3
	10	0.339	557.0	0.421	696.1	0.51	829.6	0.6	977.1	0.675	1115.0	0.759	1249.4
	12	0.406	794.3	0.507	1004.2	0.61	1204.2	0.71	1405.3	0.811	1601.4	0.91	1802.4
20	8	0.487	239.3	0.608	299.8	0.729	360.5	0.852	418.7	0.974	178.5	1.1	539.85
	10	0.555	374.6	0.694	467.8	0.832	561.9	0.971	655.1	1.11	74.7.7	1.25	842.4
	12	0.623	432.5	0.778	674.7	0.935	808.5	1.09	752.2	1.245	1106.2	1.4	1213.1
25	8	0.751	178.5	0.933	223.1	1.13	266.8	1.31	311.4	1.5	355.1	1.68	399.7
	10	0.940	278.5	1.17	348.9	1.41	417.6	1.63	487.2	1.87	556	2	619.8
	12	1.129	402.10	1.41	501.50	1.69	602.40	1.97	701.40	2.25	796.30	2.52	910
32	8	1.31	124.5	1.64	155.9	1.96	188.3	2.29	224.6	2.56	249.1	2.93	280.2
	10	1.63	195.1	2.05	244.5	2.45	292.6	2.86	341.8	3.27	389.3	3.66	468.3
	12	1.96	280.5	2.45	351.6	2.95	421.2	3.43	491.7	3.93	553.1	4.41	630.5
40	8	2.30	102.6	2.53	124.0	3.03	148.9	3.54	173.3	4.04	198.1	4.52	223.6
	10	2.53	155.2	3.16	194.5	3.79	234.6	4.41	289.3	5.00	308.9	5.71	348.9
	12	3.03	219.1	3.79	278.4	4.53	336.4	5.31	389.9	6.05	444.2	6.79	504.0
50	8	3.00	72.0	3.75	90.0	4.50	108.0	5.25	127.3	6.00	144.0	6.75	131.9
	10	3.76	112.9	4.70	141.1	5.11	169.5	6.57	197.6	7.53	225.5	8.43	253.6
	12	4.51	162.4	5.82	161.0	6.77	242.2	7.89	283.4	9.00	269.7	10.25	363.8
70	8	4.70	54.1	6.09	58.1	7.03	81.2	7.92	94.55	9.37	99.0	10.53	121.3
	10	5.86	84.5	7.33	105.7	8.80	126.5	10.50	144.5	11.73	168.6	13.31	190.0
	12	7.03	122.2	8.78	152.6	10.50	182.9	12.28	213.2	14.03	189.3	15.92	273.6

P 表压 (MPa)

续表

DN (mm)	ω (m/s)	P表压 (MPa)											
		0.3		0.4		0.5		0.6		0.7		0.8	
		(m³/min)	(Pa/m)	(m³/min)	(Pa/m)	(m³/min)	(Pa/m)	(m³/min)	(Pa/m)	(m³/min)	(Pa/m)	(m³/min)	(Pa/m)
80	8	6.95	42.2	8.68	52.7	10.42	63.0	12.13	73.5	13.87	84.1	15.62	94.5
	10	8.69	69.2	10.83	82.5	13.01	99.0	15.19	115.0	17.47	131.4	19.4	148.1
	12	10.42	95.0	12.96	118.7	15.58	142.2	18.2	166.2	20.47	189.4	23.38	213.7
100	8	15.04	46.4	18.75	58.0	22.47	69.5	26.2	81.2	30.00	92.8	33.8	99.0
	10	18.04	66.9	22.57	83.0	27.02	100.3	31.57	116.9	36.03	133.4	40.4	150.0
	12	24.04	96.1	30.1	114.2	36.61	136.8	42.2	158.8	48.1	182	54.1	204.9
125	8	23.4	34.6	29.39	43.3	26.2	51.3	40.9	60.6	46.68	69.1	52.5	77.9
	10	28.1	50.4	35.49	66.9	42.13	75.4	49.1	87.8	56.1	100.3	63.8	112.8
	12	37.5	66.8	46.9	83.5	56.3	100.3	65.7	116.9	75.42	133.4	84.5	144.1
150	8	31.4	20.4	39.4	27.7	45.4	30.8	5450	37.8	62.2	42.9	69.7	48.1
	10	39.4	34.5	48.5	41.8	57.7	49.9	66.7	56.7	7.2	66.4	86.4	75.1
	12	55.5	66.2	68.3	79.4	83.1	96.3	96.8	106.9	111.7	129.9	124.5	146.1
200	8	58.7	13.7	74.2	17.4	89.5	21.1	106.0	26.4	117.0	28.4	132.6	32.5
	10	87.9	28.8	112.0	42.7	132	47.4	156.0	57.6	177.0	63.5	197.2	71.0
	12	118.0	60.4	147.2	73.8	177.5	86.6	204.0	99.0	231.0	114.7	265.0	129.4
250	8	113.70	16.30	144.00	21.00	147.50	25.60	203.00	29.40	230.00	33.10	258.00	37.50
	10	168.10	19.90	188.00	35.60	225.00	49.80	263.00	56.10	300.00	64.90	338.00	75.30
	12	181.60	29.30	220.00	52.60	252.00	65.40	294.00	74.10	336.00	84.40	378.00	96.10
300	8	166.00	12.20	204.00	17.90	249.00	20.20	290.00	23.90	332.00	25.90	374.00	30.40
	10	227.00	26.70	284.00	32.10	342.00	41.00	397.00	46.30	454.00	58.40	511.00	60.80
	12	257.50	34.20	322.00	43.80	386.00	52.90	450.00	60.60	515.00	68.20	580.00	78.20

注: $1mmH_2O = 9.80665Pa$。

2. 压缩空气管道局部阻力系数 ξ 的值，见表 20.3-8；某些压缩空气管道的分支和断面突变如图 20-1 所示。

压缩空气管道局部阻力系数 ξ 值　　　　　　　　表 **20.3-8**

局部阻力名称	ξ	局部阻力名称	ξ
弯曲半径小的弯管	1.5	转弯十字管	3
弯曲半径大的弯管	1	异径管 200×150	0.2
半弯管	0.5	异径管 150×125	0.1
弯管（沿曲线徐缓变化的）	0.3~1.0	异径管 150×100	0.3
圆形分支管（见图 20.1-1）		异径管 125×100	0.15
当速度变化不大时，如果		异径管 75×50	0.2
$d=d_b$	1	异径管 75×50	0.3
$d>2d_b$	0.4	异径管 50×37	0.2
$d>4d_b$	0	横断面变化处（见图 20.1-1）	
对流丁字管	3	变化不大，而且徐缓	0
直流丁字管	1.5	突变的	$0.5\left(1-\dfrac{A_1}{A}\right)$
叉管	1	进口	0.5
截门，开启的	0	出口	1
直路十字管	2	消声器	据样本或实例

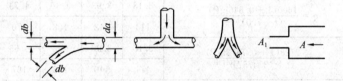

图 20-1　某些压缩空气管道的分支和断面突变示意

附录 I 我国部分城镇降雨强度

城镇名称		暴雨强度公式	降雨强度 q_5（L/(s·100m²)/H（mm/h）					
			$P=1$	$P=2$	$P=3$	$P=4$	$P=5$	$P=10$
北京		I 区（$T \leqslant 180\text{min}$） $q = \dfrac{3064(1+0.74\lg P)}{(t+11.35)^{0.912}}$ II 区（$P \leqslant 10, T \leqslant 120\text{min}$） $q = \dfrac{2001(1+0.811\lg P)}{(t+8)^{0.711}}$	3.23	4.02	4.48	4.81	5.06	5.85
		II 区（$P \leqslant 10, 120 < T \leqslant 360\text{min}$） $q = \dfrac{2313(1+1.091\lg P)}{(t+10)^{0.759}}$ II 区（$P > 10, T \leqslant 120\text{min}$） $q = \dfrac{1378(1+1.0471\lg P)}{(t+8)^{0.642}}$ II 区（$P > 10, 120 < T \leqslant 360\text{min}$） $q = \dfrac{1913(1+1.3211\lg P)}{(t+10)^{0.744}}$	116	145	161	173	182	211
上海		$q = \dfrac{1600(1+0.846\lg P)}{(t+7.0)^{0.656}}$	3.13	3.93	4.40	4.73	4.99	5.79
			113	142	158	170	180	208
天津（滨海新区）		$q = \dfrac{2728(1+0.7672\lg P)}{(t+13.4757)^{0.7386}}$	3.16	3.90	4.32	4.63	4.86	5.59
			114	140	156	167	175	201
天津（蓟北山区）		$q = \dfrac{2583(1+0.7780\lg P)}{(t+13.7521)^{0.7677}}$	2.72	3.36	3.73	4.00	4.20	4.84
			98	121	134	144	151	174
天津（市内六区、北辰、东丽、津南、西青）		$q = \dfrac{2887.43(1+0.794\lg P)}{(t+18.8)^{0.81}}$	2.22	2.75	3.05	3.27	3.45	3.97
			80	99	110	118	124	143
天津（静海、宁河、武清、宝坻）		$q = \dfrac{3034(1+0.7589\lg P)}{(t+13.2148)^{0.7489}}$	3.11	3.82	4.24	4.53	4.76	5.47
			112	138	152	163	171	197
河北	石家庄	$P=1, q = \dfrac{3595.009(1+1.148\lg P)}{(t+14.32)^{1.149}}$ $P=2, q = \dfrac{2867.557(1+0.914\lg P)}{(t+14.05)^{0.843}}$ $P=3, q = \dfrac{2676.342(1+0.886\lg P)}{(t+13.45)^{0.807}}$	1.20	3.05	3.62		4.26	5.01
		$P=5, q = \dfrac{2497.652(1+0.862\lg P)}{(t+12.61)^{0.781}}$ $P=10, q = \dfrac{2259.176(1+0.849\lg P)}{(t+11.99)^{0.749}}$ $P=50, q = \dfrac{1800.427(1+0.812\lg P)}{(t+9.911)^{0.691}}$	43	110	130		153	180

城镇名称		暴雨强度公式	降雨强度 q_5 （L/(s·100m²)/H （mm/h）					
			$P=1$	$P=2$	$P=3$	$P=4$	$P=5$	$P=10$
河北	承德	$q=\dfrac{2839[1+0.728\lg(P-0.121)]}{(t+9.60)^{0.87}}$	2.64	3.30	3.68	3.94	4.14	4.75
			95	119	132	142	149	171
	秦皇岛	$i=\dfrac{7.369(1+0.75845\lg P)}{(t+7.067)^{0.615}}$	2.66	3.27	3.62	3.88	4.07	4.68
			96	118	130	140	147	168
	唐山	$q=\dfrac{935(1+0.87\lg P)}{t^{0.6}}$	3.56	4.49	5.04	5.42	5.72	6.66
			128	162	181	195	206	240
	廊坊	$i=\dfrac{16.956+13.017\lg T_E}{(t+14.085)^{0.785}}$	2.80	3.44	3.82	4.09	4.30	4.94
			101	124	138	147	155	178
	沧州	$i=\dfrac{10.227+8.099\lg T_E}{(t+4.819)^{0.671}}$	3.69	4.57	5.08	5.45	5.73	6.61
			133	164	183	196	206	238
	保定	$i=\dfrac{14.973+10.266\lg T_E}{(t+13.877)^{0.776}}$	2.56	3.09	3.39	3.61	3.78	4.31
			92	111	122	130	136	155
	邢台	$i=\dfrac{9.609+8.583\lg T_E}{(t+9.381)^{0.677}}$	2.64	3.35	3.76	4.06	4.29	5.00
			95	121	136	146	154	180
	邯郸	$i=\dfrac{7.802+7.500\lg T_E}{(t+7.767)^{0.602}}$	2.81	3.63	4.10	4.44	4.70	5.52
			101	131	148	160	169	199
	衡水	$q=\dfrac{3575(1+\lg P)}{(t+18)^{0.87}}$	2.34	3.04	3.45	3.74	3.97	4.67
			84	109	124	135	143	168
	任丘	—	3.42	4.34	4.88	5.27	5.56	—
			123	156	176	190	200	—
	张家口	—	2.14	2.80	3.19	3.46	3.67	—
			77	101	115	125	132	—
山西	太原	$q=\dfrac{880(1+0.86\lg P)}{(t+4.6)^{0.62}}$	2.17	2.73	3.05	3.29	3.47	4.03
			78	98	110	118	125	145
	大同	$q=\dfrac{1532.7(1+1.08\lg P)}{(t+6.9)^{0.87}}$	1.78	2.35	2.69	2.93	3.12	3.70
			64	85	97	106	112	133
	朔县	$q=\dfrac{1402.8(1+0.8\lg T)}{(t+6)^{0.81}}$	2.01	2.50	2.78	2.98	3.14	3.62
			72	90	100	107	113	130
	原平	$q=\dfrac{1803.6(1+1.04\lg P)}{(t+8.64)^{0.8}}$	2.23	2.93	3.34	3.63	3.85	4.55
			80	105	120	131	139	164
	阳泉	$q=\dfrac{1730.1(1+0.61\lg T)}{(t+9.6)^{0.78}}$	2.14	2.53	2.76	2.92	3.05	3.44
			77	91	99	105	110	124
	榆次	$q=\dfrac{1736.8(1+1.08\lg T)}{(t+10)^{0.81}}$	1.94	2.57	2.94	3.20	3.40	4.03
			70	92	106	115	122	145

城镇名称		暴雨强度公式	降雨强度 q_5（L/(s·100m²)/H（mm/h）					
			$P=1$	$P=2$	$P=3$	$P=4$	$P=5$	$P=10$
山西	离石	$q=\dfrac{1045.4(1+0.8\lg T)}{(t+7.64)^{0.7}}$	1.77	2.20	2.45	2.62	2.76	3.19
			64	79	88	94	99	115
	长治	$q=\dfrac{3340(1+1.43\lg T)}{(t+15.8)^{0.93}}$	1.99	2.84	3.34	3.70	3.97	4.83
			71	102	120	133	143	174
	临汾	$q=\dfrac{1207.4(1+0.94\lg T)}{(t+5.64)^{0.74}}$	2.10	2.69	3.04	3.29	3.48	4.07
			76	97	109	118	125	147
	侯马	$q=\dfrac{2212.8(1+1.04\lg T)}{(t+10.4)^{0.83}}$	2.29	3.00	3.42	3.72	3.95	4.67
			82	108	123	134	142	168
	运城	$q=\dfrac{993.7(1+1.04\lg T)}{(t+10.3)^{0.65}}$	1.69	2.22	2.52	2.74	2.91	3.44
			61	80	91	99	105	124
内蒙	包头	$i=\dfrac{9.96(1+0.985\lg P)}{(t+5.40)^{0.85}}$	2.27	2.95	3.34	3.62	3.84	4.51
			82	106	120	130	138	162
	集宁	$q=\dfrac{534.4(1+\lg P)}{t^{0.63}}$	1.94	2.52	2.86	3.11	3.29	3.88
			70	91	103	112	119	140
	赤峰	$q=\dfrac{1600(1+1.35\lg P)}{(t+10)^{0.8}}$	1.83	2.58	3.01	3.32	3.56	4.31
			66	93	109	120	128	155
	海拉尔	$q=\dfrac{2630(1+1.05\lg P)}{(t+10)^{0.99}}$	1.80	2.37	2.70	2.94	3.12	3.69
			65	85	97	106	112	133
黑龙江	哈尔滨	$q=\dfrac{2889(1+0.90\lg P)}{(t+10)^{0.88}}$	2.67	3.39	3.81	4.11	4.34	5.06
			96	122	137	148	156	182
	漠河	$q=\dfrac{1469.6(1+1.0\lg P)}{(t+6)^{0.86}}$	1.87	2.43	2.76	2.99	3.18	3.74
			67	88	99	108	114	135
	呼玛	$q=\dfrac{2538(1+0.857\lg P)}{(t+10.4)^{0.93}}$	2.00	2.51	2.81	3.03	3.19	3.71
			72	90	101	109	115	133
	黑河	$q=\dfrac{2806(1+0.83\lg P)}{(t+8.5)^{0.93}}$	2.49	3.12	3.48	3.74	3.94	4.56
			90	112	125	135	142	164
	嫩江	$q=\dfrac{1703.4(1+0.8\lg P)}{(t+6.75)^{0.8}}$	2.37	2.94	3.28	3.52	3.70	4.27
			85	106	118	127	133	154
	北安	$q=\dfrac{1503(1+0.85\lg P)}{(t+6)^{0.78}}$	2.32	2.91	3.25	3.50	3.69	4.28
			83	105	117	126	133	154
	齐齐哈尔	$q=\dfrac{1920(1+0.89\lg P)}{(t+6.4)^{0.86}}$	2.37	3.00	3.37	3.64	3.84	4.48
			85	108	121	131	138	161
	大庆	$q=\dfrac{1820(1+0.91\lg P)}{(t+8.3)^{0.77}}$	2.48	3.16	3.56	3.84	4.06	4.74
			89	114	128	138	146	171

续表

城镇名称		暴雨强度公式	降雨强度 q_5 (L/(s·100m²)/H (mm/h)					
			$P=1$	$P=2$	$P=3$	$P=4$	$P=5$	$P=10$
黑龙江	佳木斯	$q=\dfrac{2310(1+0.81\lg P)}{(t+8)^{0.87}}$	2.48	3.08	3.44	3.69	3.88	4.49
			89	111	124	133	140	162
	同江	$q=\dfrac{2672(1+0.84\lg P)}{(t+9)^{0.89}}$	2.55	3.20	3.57	3.84	4.05	4.69
			92	115	129	138	146	169
	抚远	$q=\dfrac{1586.5(1+0.81\lg P)}{(t+6.2)^{0.78}}$	2.41	3.00	3.34	3.59	3.77	4.36
			87	108	120	129	136	157
	虎林	$q=\dfrac{1469.4(1+1.01\lg P)}{(t+6.7)^{0.76}}$	2.27	2.96	3.36	3.64	3.87	4.56
			82	106	121	131	139	164
	鸡西	$q=\dfrac{2054(1+0.76\lg P)}{(t+7)^{0.87}}$	2.36	2.91	3.22	3.45	3.62	4.16
			85	105	116	124	130	150
	牡丹江	$q=\dfrac{2550(1+0.92\lg P)}{(t+10)^{0.93}}$	2.05	2.62	2.96	3.19	3.38	3.95
			74	94	106	115	122	142
	伊春	—	2.16	2.86	3.26	3.55	3.77	—
			78	103	117	128	136	—
	东宁	—	2.09	2.64	2.96	3.19	3.36	—
			75	95	107	115	121	—
	尚志	—	2.43	3.02	3.37	3.62	3.81	—
			87	109	121	130	137	—
	勃利	—	2.44	3.18	3.61	3.91	4.15	—
			88	114	130	141	149	—
	饶河	—	2.01	2.46	2.73	2.92	3.06	—
			72	89	98	105	110	—
	绥化	—	2.70	3.39	3.79	4.07	4.29	—
			97	122	136	147	154	—
	通河	—	2.48	3.00	3.30	3.52	3.68	—
			89	108	119	127	132	—
	绥芬河	—	2.02	2.47	2.72	2.91	3.05	—
			73	89	98	105	110	—
	讷河	—	2.36	3.00	3.38	3.64	3.85	—
			85	108	122	131	139	—
	双鸭山	—	2.39	2.95	3.28	3.51	3.69	—
			86	106	118	126	133	—

城镇名称		暴雨强度公式	降雨强度 q_5（L/(s·100m²)/H（mm/h）					
			$P=1$	$P=2$	$P=3$	$P=4$	$P=5$	$P=10$
吉林	长春	$q=\dfrac{1600(1+0.80\lg P)}{(t+5)^{0.76}}$	2.78	3.45	3.84	4.12	4.34	5.00
			100	124	138	148	156	180
	白城	$q=\dfrac{662(1+0.70\lg P)}{t^{0.6}}$	2.52	3.05	3.36	3.58	3.75	4.28
			91	110	121	129	135	154
	前郭尔罗斯蒙古族自治区	$q=\dfrac{696(1+0.68\lg P)}{t^{0.6}}$	2.65	3.19	3.51	3.73	3.91	4.45
			95	115	126	134	141	160
	四平	$q=\dfrac{937.7(1+0.70\lg P)}{t^{0.6}}$	3.57	4.32	4.76	5.07	5.32	6.07
			129	156	171	183	191	218
	吉林	$q=\dfrac{860.5(1+0.70\lg P)}{(t+0)^{0.60}}$	3.28	3.97	4.37	4.66	4.88	5.57
			118	143	157	168	176	201
	海龙	$i=\dfrac{16.4(1+0.8991\lg P)}{(t+10)^{0.867}}$	2.39	3.04	3.41	3.68	3.89	4.54
			86	109	123	133	140	163
	通化	$q=\dfrac{1154.3(1+0.70\lg P)}{t^{0.6}}$	4.39	5.32	5.86	6.25	6.55	7.47
			158	192	211	225	236	269
	浑江	$q=\dfrac{696(1+1.05\lg P)}{t^{0.67}}$	2.37	3.12	3.55	3.86	4.11	4.85
			85	112	128	139	148	175
	延吉	$q=\dfrac{666.2(1+0.70\lg P)}{t^{0.6}}$	2.54	3.07	3.38	3.61	3.78	4.31
			91	111	122	130	136	155
	辽源	—	3.39	4.08	4.49	4.78	5.00	—
			122	147	162	172	180	—
	双江		2.67	3.21	3.52	3.76	3.93	—
			96	116	127	135	141	—
	长白	—	2.99	3.62	3.99	4.25	4.45	—
			108	130	144	153	160	—
	敦化		2.74	3.32	3.66	3.90	4.08	—
			99	120	132	140	147	—
	图门	—	2.44	2.95	3.25	3.46	3.63	—
			88	106	117	125	131	—
	桦甸	—	3.86	4.68	5.16	5.49	5.76	—
			139	168	186	198	207	—

续表

城镇名称		暴雨强度公式	降雨强度 q_5（L/(s·100m²)/H（mm/h）					
			$P=1$	$P=2$	$P=3$	$P=4$	$P=5$	$P=10$
辽宁	沈阳	$q=\dfrac{1984(1+0.77\lg P)}{(t+9)^{0.77}}$	2.60	3.14	3.50	3.75	3.95	4.57
			94	113	126	135	142	164
	本溪	$q=\dfrac{1500(1+0.56\lg P)}{(t+6)^{0.70}}$	2.80	3.27	3.55	3.74	3.90	4.37
			101	118	128	135	140	157
	丹东	$q=\dfrac{1221(1+0.668\lg P)}{(t+7)^{0.605}}$	2.72	3.26	3.58	3.81	3.98	4.53
			98	117	129	137	143	163
	大连	$q=\dfrac{1900(1+0.66\lg P)}{(t+8)^{0.8}}$	2.44	2.93	3.21	3.41	3.57	4.05
			88	105	116	123	128	146
	营口	$q=\dfrac{1800(1+0.80\lg P)}{(t+8)^{0.76}}$	2.84	3.52	3.92	4.21	4.43	5.11
			102	127	141	151	159	184
	鞍山	$q=\dfrac{2306(1+0.70\lg P)}{(t+11)^{0.757}}$	2.83	3.42	3.77	4.02	4.21	4.81
			102	123	136	145	152	173
	辽阳	$q=\dfrac{1220(1+0.75\lg P)}{(t+5)^{0.65}}$	2.73	3.35	3.71	3.96	4.16	4.78
			98	121	134	143	150	172
	黑山	$q=\dfrac{1676(1+0.9\lg P)}{(t+7.4)^{0.747}}$	2.56	3.25	3.65	3.94	4.16	4.86
			92	117	132	142	150	175
	锦州	$q=\dfrac{2200(1+0.85\lg P)}{(t+7)^{0.8}}$	3.01	3.78	4.24	4.56	4.80	5.58
			108	136	152	164	173	201
	锦西	$q=\dfrac{1878(1+0.8\lg P)}{(t+6)^{0.732}}$	3.25	4.03	4.49	4.81	5.06	5.84
			117	145	161	173	182	210
	绥中	$q=\dfrac{1833(1+0.806\lg P)}{(t+9)^{0.724}}$	2.71	3.37	3.76	4.03	4.24	4.90
			98	121	135	145	153	176
	阜新	—	2.23	2.95	3.47	3.89	4.25	—
			80	106	125	140	153	—
山东	济南	$q=\dfrac{1421.481(1+0.932\lg P)}{(t+7.347)^{0.617}}$	3.01	3.86	4.36	4.71	4.98	5.82
			109	139	157	169	179	210
	德州	$q=\dfrac{2763.708(1+0.906\lg P)}{(t+15.670)^{0.751}}$	2.84	3.62	4.07	4.39	4.64	5.42
			102	130	147	158	167	195
	淄博	$q=\dfrac{2186.085(1+0.997\lg P)}{(t+10.328)^{0.791}}$	2.52	3.28	3.72	4.04	4.28	5.04
			91	118	134	145	154	181
	潍坊	$q=\dfrac{4843.466(1+0.984\lg P)}{(t+19.481)^{0.932}}$	2.46	3.19	3.61	3.92	4.15	4.88
			89	115	130	141	149	176

城镇名称		暴雨强度公式	降雨强度 q_5（L/(s·100m²)/H（mm/h）					
			$P=1$	$P=2$	$P=3$	$P=4$	$P=5$	$P=10$
山东	掖县	$i=\dfrac{17.034+17.322\lg T_E}{(t+9.058)^{0.837}}$	3.03	3.96	4.50	4.89	5.19	6.12
			109	143	162	176	187	220
	龙口	$i=\dfrac{3.781+3.118\lg T_E}{(t+2.605)^{0.467}}$	2.45	3.06	3.41	3.66	3.86	4.47
			88	110	123	132	139	161
	长岛	$i=\dfrac{5.941+4.976\lg T_E}{(t+3.626)^{0.622}}$	2.60	3.25	3.64	3.91	4.12	4.77
			93	117	131	141	148	172
	烟台	$q=\dfrac{1619.486(1+0.958\lg P)}{(t+11.142)^{0.698}}$	2.32	2.99	3.39	3.66	3.88	4.55
			84	108	122	132	140	164
	莱阳	$i=\dfrac{5.824+6.241\lg T_E}{(t+8.173)^{0.532}}$	2.47	3.26	3.73	4.06	4.32	5.11
			89	117	134	146	155	184
	海阳	$i=\dfrac{4.953+4.063\lg T_E}{(t+0.158)^{0.523}}$	3.51	4.37	4.88	5.24	5.52	6.38
			126	157	176	189	199	230
	枣庄	$q=\dfrac{1170.206(1+0.919\lg P)}{(t+5.445)^{0.595}}$	2.90	3.70	4.17	4.50	4.76	5.56
			104	133	150	162	171	200
	青岛	$q=\dfrac{1919.009(1+0.997\lg P)}{(t+10.740)^{0.738}}$	2.51	3.26	3.70	4.02	4.26	5.01
			90	117	133	145	153	180
	东营	$q=\dfrac{1363.621(1+0.919\lg P)}{(t+5.778)^{0.653}}$	2.89	3.69	4.15	4.48	4.74	5.54
			104	133	150	161	171	199
	济宁	$q=\dfrac{2451.987(1+0.893\lg P)}{(t+14.249)^{0.733}}$	2.81	3.56	4.00	4.31	4.56	5.31
			101	128	144	155	164	191
	泰安	$q=\dfrac{2024.805(1+0.958\lg P)}{(t+9.873)^{0.730}}$	2.82	3.64	4.11	4.45	4.71	5.53
			102	131	148	160	170	199
	威海	$q=\dfrac{1824.308(1+0.764\lg P)}{(t+10)^{0.685}}$	2.85	3.51	3.89	4.17	4.38	5.03
			103	126	140	150	158	181
	日照	$q=\dfrac{1444.966(1+0.880\lg P)}{(t+6.952)^{0.650}}$	2.88	3.64	4.09	4.41	4.65	5.42
			104	131	147	159	168	195
	莱芜	$q=\dfrac{3731.4(1+0.997\lg P)}{(t+17.267)^{0.843}}$	2.73	3.55	4.03	4.36	4.63	5.45
			98	128	145	157	167	196
	临沂	$q=\dfrac{1652.094(1+0.997\lg P)}{(t+8.294)^{0.661}}$	2.99	3.89	4.41	4.79	5.08	5.97
			108	140	159	172	183	215
	聊城	$q=\dfrac{1455.148(1+0.932\lg P)}{(t+9.346)^{0.614}}$	2.84	3.63	4.10	4.43	4.68	5.48
			102	131	147	159	169	197

续表

城镇名称		暴雨强度公式	降雨强度 q_5 (L/(s·100m²))/H (mm/h)					
			$P=1$	$P=2$	$P=3$	$P=4$	$P=5$	$P=10$
山东	滨州	$q = \dfrac{2819.094(1+0.932\lg P)}{(t+14.368)^{0.808}}$	2.57	3.29	3.71	4.01	4.25	4.97
			93	119	134	145	153	179
	菏泽	$q = \dfrac{2578.764(1+0.997\lg P)}{(t+13.076)^{0.785}}$	2.66	3.46	3.92	4.25	4.51	5.31
			96	124	141	153	162	191
江苏	南京	$i = \dfrac{64.300+53.800\lg P}{(t+32.900)^{1.011}}$	2.72	3.41	3.81	4.09	4.31	5.00
			98	123	137	147	155	180
	徐州	$i = \dfrac{16.007(1+0.71719\lg P)}{(t+17.217)^{0.7069}}$	2.99	3.63	4.01	4.27	4.48	5.13
			107	131	144	154	161	185
	连云港	$i = \dfrac{9.5(1+0.719\lg P)}{(t+11.2)^{0.619}}$	2.83	3.44	3.80	4.05	4.25	4.86
			102	124	137	146	153	175
	淮阴	$q = \dfrac{6120(1+1.05\lg P)}{(t+39.4)^{0.996}}$	1.40	1.84	2.10	2.28	2.43	2.54
			50	66	76	82	87	92
	盐城	$q = \dfrac{945.22(1+0.761\lg P)}{(t+3.5)^{0.57}}$	2.79	3.43	3.80	4.07	4.27	4.91
			100	123	137	146	154	177
	扬州	$i = \dfrac{15.7269(1+0.6968\lg P)}{(t+13.1179)^{0.7522}}$	2.97	3.60	3.96	4.22	4.42	5.04
			107	129	143	152	159	182
	南通	$i = \dfrac{11.4508(1+0.7254\lg P)}{(t+10.8344)^{0.7097}}$	2.69	3.28	3.62	3.87	4.06	4.65
			97	118	130	139	146	167
	镇江	$q = \dfrac{2418.16(1+0.787\lg P)}{(t+10.5)^{0.78}}$	2.85	3.53	3.92	4.20	4.42	5.10
			103	127	141	151	159	183
	常州	$q = \dfrac{134.5106(1+0.4784\lg P)}{(t+32.0692)^{0.11947}}$	3.00	3.43	3.68	3.86	4.00	4.43
			108	124	133	139	144	160
	无锡	$q = \dfrac{4758.5(1+3089.5\lg P)}{(t+18.469)^{0.845}}$	3.31	3.95	4.33	4.60	4.81	5.45
			119	142	156	166	173	196
	苏州	$q = \dfrac{3306.63(1+0.8201\lg P)}{(t+18.99)^{0.7735}}$	2.83	3.53	3.94	4.23	4.45	5.15
			102	127	142	152	160	185
	太仓	$q = \dfrac{2422(1+0.79\lg P)}{(t+13.1)^{0.72}}$	3.01	3.73	4.15	4.44	4.67	5.39
			108	134	149	160	168	194
	靖江	—	2.88	3.45	3.79	4.02	4.20	—
			104	124	136	145	151	—
	高淳	—	2.87	3.62	4.06	4.37	4.62	—
			103	130	146	157	166	—

城镇名称		暴雨强度公式	降雨强度 q_5（L/(s・100m²)/H（mm/h）					
			$P=1$	$P=2$	$P=3$	$P=4$	$P=5$	$P=10$
江苏	泗洪	—	2.17	2.57	2.80	2.97	3.10	—
			78	93	101	107	112	—
	阜宁	—	2.69	3.13	3.36	3.52	3.65	—
			97	113	121	127	131	—
	沭阳	—	2.97	3.52	3.85	4.08	4.25	—
			107	127	139	147	153	—
	响水	—	2.56	3.20	3.57	3.84	4.04	—
			92	115	129	138	145	—
	泰州	$i=\dfrac{9.100(1+0.619\lg P)}{(t+5.648)^{0.644}}$	3.31	3.93	4.29	4.55	4.75	5.36
			119	141	154	164	171	193
	淮安	$q=\dfrac{2326(1+0.72\lg P)}{(t+11.28)^{0.711}}$	3.20	3.89	4.30	4.59	4.81	5.50
			115	140	155	165	173	198
	江阴	—	2.52	3.28	3.72	4.03	4.27	—
			91	118	134	145	154	—
	溧阳	—	1.71	2.10	2.33	2.50	2.62	—
			62	76	84	90	94	—
	高邮	—	2.84	3.37	3.69	3.91	4.08	—
			102	121	133	141	147	—
	东台	—	2.74	3.30	3.63	3.86	4.04	—
			99	119	131	139	145	—
	昆山	$q=\dfrac{9.5336(1+0.5917\lg P)}{(t+5.9828)^{0.6383}}$	3.44	4.06	4.41	4.67	4.87	5.48
			124	146	159	168	175	197
	常熟	$q=\dfrac{2021.504(1+0.64\lg P)}{(t+7.2)^{0.698}}$	3.53	4.21	4.60	4.89	5.10	5.78
			127	151	166	176	184	208
	句容	—	2.70	3.26	3.59	3.82	4.00	—
			97	117	129	138	144	—
安徽	合肥	$q=\dfrac{4850(1+0.846\lg P)}{(t+19.1)^{0.896}}$	2.80	3.52	3.93	4.23	4.46	5.17
			101	127	142	152	161	186
	蚌埠	$q=\dfrac{2957.275(1+0.399\lg P)}{(t+12.892)^{0.747}}$	3.43	3.84	4.08	4.25	4.39	4.80
			123	138	147	153	158	173
	淮南	$i=\dfrac{12.18(1+0.71\lg P)}{(t+6.29)^{0.71}}$	3.64	4.42	4.87	5.19	5.44	6.22
			131	159	175	187	196	224

续表

城镇名称		暴雨强度公式	降雨强度 q_5（L/(s·100m²)/H（mm/h）					
			$P=1$	$P=2$	$P=3$	$P=4$	$P=5$	$P=10$
安徽	芜湖	$q=\dfrac{3345(1+0.78\lg P)}{(t+12)^{0.83}}$	3.19	3.93	4.37	4.68	4.92	5.67
			115	142	157	169	177	204
	安庆	$P=2, q=\dfrac{1953.15(1+0\lg P)}{(t+7.38)^{0.62}}$ $P=3, q=\dfrac{1570.16(1+0\lg P)}{(t+4.79)^{0.54}}$ $P=5, q=\dfrac{1270.37(1+0\lg P)}{(t+2)^{0.47}}$		4.10	4.58		5.09	5.51
		$P=10, q=\dfrac{1074.35(1+0\lg P)}{(t-0.54)^{0.39}}$ $P=50, q=\dfrac{967.31(1+0\lg P)}{(t-3.19)^{0.3}}$		148	165		183	198
	淮北	$q=\dfrac{927.306(1+0.711\lg P)}{(t+2.340)^{0.505}}$	3.39	4.11	4.54	4.84	5.07	5.80
			122.00	148.11	163.38	174.22	182.63	208.74
	亳州	$q=\dfrac{1321.161(1+0.739\lg P)}{(t+5.989)^{0.596}}$	3.17	3.87	4.28	4.57	4.80	5.51
			113.98	139.34	154.18	164.70	172.86	198.22
浙江	杭州	$q=\dfrac{3968.269\times(1+0.906\lg P)}{(t+16.129)^{0.876}}$	2.74	3.49	3.93	4.24	4.48	5.23
			99	126	141	153	161	188
	乐清	$q=\dfrac{729.710(1+0.950\lg P)}{(t+3.563)^{0.474}}$	2.64	3.39	3.83	4.14	4.39	5.14
			95	122	138	149	158	185
	诸暨	$i=\dfrac{12.874(1+1.0011\lg P)}{(t+9.867)^{0.761}}$	1.49	1.93	2.19	2.38	2.52	2.97
			53	70	79	86	91	107
	宁波	$i=\dfrac{99.380(1+0.85569\lg P)}{(t+32.196)^{1.113}}$	2.97	3.73	4.18	4.49	4.74	5.50
			107	134	150	162	171	198
	温州	$i=\dfrac{4.545(1+0.71089\lg P)}{(t+3.528)^{0.422}}$	3.07	3.73	4.11	4.39	4.60	5.26
			111	134	148	158	166	189
	衢州	$q=\dfrac{2551.010(1+0.567\lg P)}{(t+10)^{0.780}}$	3.09	3.61	3.92	4.14	4.31	4.84
			111	130	141	149	155	174
	余姚	$q=\dfrac{2293.666(1+0.698\lg P)}{(t+9.77)^{0.723}}$	3.27	3.96	4.36	4.65	4.87	5.56
			118	143	157	167	175	200
	浒山	$i=\dfrac{33.141+28.559\lg T_{M}}{(t+31.506)^{0.874}}$	2.39	3.00	3.37	3.62	3.82	4.44
			86	108	121	130	138	160
	镇海	$q=\dfrac{2710.303(1+0.958\lg P)}{(t+15.050)^{0.769}}$	2.70	3.48	3.94	4.26	4.51	5.29
			97	125	142	153	162	190
	溪口	$i=\dfrac{42.004+30.861\lg T_{M}}{(t+24.272)^{0.954}}$	2.80	3.42	3.78	4.04	4.24	4.86
			101	123	136	145	153	175

续表

城镇名称		暴雨强度公式	降雨强度 q_5 （L/(s·100m²)/H （mm/h)					
			$P=1$	$P=2$	$P=3$	$P=4$	$P=5$	$P=10$
浙江	绍兴	$i=\dfrac{17.635(1+0.76433\lg P)}{(t+12.882)^{0.811}}$	2.84	3.49	3.88	4.15	4.36	5.01
			102	126	140	149	157	180
	湖州	$i=\dfrac{23.090(1+0.98852\lg P)}{(t+18.862)^{0.842}}$	3.00	3.89	4.41	4.78	5.07	5.96
			108	140	159	172	183	215
	嘉兴	$i=\dfrac{10.641(1+0.67465\lg P)}{(t+10.647)^{0.655}}$	2.93	3.53	3.88	4.12	4.32	4.91
			106	127	140	148	155	177
	台州	$i=\dfrac{9.925(1+0.61824\lg P)}{(t+11.952)^{0.631}}$	2.78	3.30	3.60	3.81	3.98	4.50
			100	119	130	137	143	162
	舟山	$i=\dfrac{4.589(1+0.85552\lg P)}{(t+6.650)^{0.516}}$	2.16	2.71	3.04	3.27	3.45	4.01
			78	98	109	118	124	144
	丽水	$i=\dfrac{7590(1+0.58748\lg P)}{(t+5.919)^{0.611}}$	2.94	3.46	3.77	3.98	4.15	4.67
			106	125	136	143	149	168
	金华	$i=\dfrac{6.650(1+0.94722\lg P)}{(t+3.573)^{0.616}}$	2.96	3.80	4.29	4.64	4.91	5.76
			106	137	155	167	177	207
	兰溪	$i=\dfrac{47.664(1+0.78695\lg P)}{(t+23.285)^{1.038}}$	2.48	3.07	3.41	3.65	3.84	4.43
			89	110	123	132	138	159
江西	南昌	$q=\dfrac{1598(1+0.69\lg P)}{(t+1.4)^{0.64}}$	4.87	5.88	6.47	6.89	7.22	8.23
			175	212	233	248	260	296
	庐山	$q=\dfrac{2121(1+0.61\lg P)}{(t+8)^{0.73}}$	3.26	3.86	4.21	4.46	4.65	5.25
			117	139	152	161	167	189
	修水	$q=\dfrac{3006(1+0.78\lg P)}{(t+10)^{0.79}}$	3.54	4.37	4.86	5.20	5.47	6.30
			127	157	175	187	197	227
	波阳	$q=\dfrac{1700(1+0.58\lg P)}{(t+8)^{0.66}}$	3.13	3.67	3.99	4.22	4.40	4.94
			113	132	144	152	158	178
	宜春	$q=\dfrac{1077.655(1+0.893\lg P)}{(t+7.400)^{0.590}}$	2.44	3.10	3.48	3.75	3.96	4.62
			88	111	125	135	143	166
	贵溪	$q=\dfrac{7014(1+0.49\lg P)}{(t+19)^{0.96}}$	3.32	3.81	4.09	4.30	4.46	4.94
			119	137	147	155	160	178
	吉安	$q=\dfrac{5010(1+0.48\lg P)}{(t+10)^{0.92}}$	4.15	4.75	5.10	5.35	5.54	6.14
			149	171	184	192	199	221
	赣州	$q=\dfrac{3173(1+0.56\lg P)}{(t+10)^{0.79}}$	3.74	4.37	4.73	5.00	5.20	5.83
			134	157	170	180	187	210

续表

城镇名称		暴雨强度公式	降雨强度 q_5（L/(s·100m²)/H（mm/h）					
			$P=1$	$P=2$	$P=3$	$P=4$	$P=5$	$P=10$
江西	景德镇	—	3.70	4.36	4.75	5.03	5.25	—
			133	157	171	181	189	—
	萍乡	—	3.08	3.81	4.23	4.53	4.76	—
			111	137	152	163	171	—
	九江	—	3.83	4.52	4.93	5.21	5.43	—
			138	163	177	188	195	—
	湖口	—	3.65	4.31	4.69	4.97	5.18	—
			131	155	169	179	186	—
	上饶	—	4.63	5.28	5.67	5.94	6.15	—
			167	190	204	214	221	—
	婺源	—	3.54	4.05	4.34	4.55	4.71	—
			127	146	156	164	170	—
	资溪	—	3.98	4.82	5.32	5.66	5.93	—
			143	174	192	204	213	—
	莲花	—	3.47	4.01	4.33	4.56	4.73	—
			125	144	156	164	170	—
	新余	—	2.54	3.06	3.36	3.57	3.74	—
			91	110	121	129	135	—
	清江	—	4.12	4.98	5.48	5.83	6.11	—
			148	179	197	210	220	—
	上高	—	3.26	3.97	4.38	4.68	4.90	—
			117	143	158	168	176	—
	瑞金	—	4.43	5.14	5.57	5.86	6.10	—
			159	185	201	211	220	—
	兴国	—	4.31	4.99	5.38	5.66	5.88	—
			155	180	194	204	212	—
	井岗山	—	2.15	2.51	2.73	2.88	2.99	—
			77	90	98	104	108	—
	龙南	—	3.23	3.77	4.09	4.31	4.49	—
			116	136	147	155	162	—
	南丰	—	3.90	4.51	4.87	5.12	5.32	—
			140	162	175	184	192	—

续表

城镇名称		暴雨强度公式	降雨强度 q_5（L/(s·100m²)）/H（mm/h）					
			$P=1$	$P=2$	$P=3$	$P=4$	$P=5$	$P=10$
江西	都昌	—	2.20	2.59	2.83	2.99	3.12	—
			79	93	102	108	112	—
	彭泽	—	2.48	2.92	3.17	3.35	3.49	—
			89	105	114	121	126	—
	永修	—	4.05	4.90	5.39	5.74	6.01	—
			146	176	194	207	216	—
	德安	—	2.51	3.04	3.35	3.57	3.74	—
			90	109	121	129	135	—
	玉山	—	4.74	5.41	5.80	6.08	6.29	—
			171	195	209	219	226	—
	安福	—	3.96	4.53	4.87	5.10	5.29	—
			143	163	175	184	190	—
	弋阳	—	4.19	4.81	5.17	5.42	5.62	—
			151	173	186	195	202	—
	临川	—	3.81	4.44	4.81	5.07	5.27	—
			137	160	173	183	190	—
	遂川	—	4.40	5.09	5.49	5.78	6.00	—
			158	183	198	208	216	—
	寻乌	—	3.74	4.37	4.74	5.00	5.20	—
			135	157	171	180	187	—
	信丰	—	5.07	5.93	6.43	6.78	7.06	—
			183	213	231	244	254	—
	会昌	—	3.72	4.35	4.72	4.98	5.18	—
			134	157	170	179	186	—
	宁都	—	3.06	3.54	3.82	4.02	4.17	—
			110	127	138	145	150	—
	广昌	—	3.94	4.56	4.92	5.17	5.37	—
			142	164	177	186	193	—
	德兴	—	3.92	4.47	4.80	5.03	5.21	—
			141	161	173	181	188	—
	进贤	—	4.18	4.94	5.38	5.69	5.94	—
			150	178	194	205	214	—

续表

城镇名称		暴雨强度公式	降雨强度 q_5 （L/(s·100m²))/H (mm/h)					
			$P=1$	$P=2$	$P=3$	$P=4$	$P=5$	$P=10$
江西	泰和	—	4.98	5.70	6.12	6.42	6.65	—
			179	205	220	231	239	—
	乐平	—	3.59	4.15	4.48	4.71	4.89	—
			129	149	161	170	176	—
	东乡	—	3.95	4.66	5.08	5.37	5.60	—
			142	168	183	193	202	—
	金溪	—	3.31	3.86	4.18	4.41	4.59	—
			119	139	150	159	165	—
	余干	—	3.67	4.31	4.68	4.95	5.16	—
			132	155	168	178	186	—
	武宁	—	2.68	3.30	3.67	3.93	4.13	—
			96	119	132	141	149	—
	丰城	—	3.50	4.23	4.65	4.95	5.19	—
			126	152	167	178	187	—
	峡江	—	3.72	4.26	4.58	4.80	4.97	—
			134	153	165	173	179	—
	奉新	—	4.57	5.58	6.18	6.60	6.93	—
			165	201	222	238	249	—
	铜鼓	—	2.98	3.68	4.09	4.38	4.61	—
			107	132	147	158	166	—
	乐安	—	4.04	4.71	5.11	5.38	5.60	—
			145	170	184	194	202	—
福建	福州	$q=\dfrac{2136.312(1+0.700\lg T_E)}{(t+7.576)^{0.711}}$	3.53	4.27	4.71	5.02	5.26	6.00
			127	154	170	181	189	216
	福清	$q=\dfrac{1220.705(1+0.505\lg T_E)}{(t+4.083)^{0.593}}$	3.30	3.80	4.09	4.30	4.46	4.96
			119	137	147	155	161	179
	长乐	$q=\dfrac{1310.144(1+0.663\lg T_E)}{(t+3.929)^{0.624}}$	3.34	4.01	4.40	4.68	4.89	5.56
			120	144	158	168	176	200
	连江	$q=\dfrac{2145.118(1+0.635\lg T_E)}{(t+5.803)^{0.723}}$	3.84	4.57	5.00	5.31	5.54	6.28
			138	165	180	191	200	226
	闽侯	$q=\dfrac{4118.863(1+0.543\lg T_E)}{(t+13.651)^{0.855}}$	3.38	3.93	4.25	4.48	4.66	5.21
			122	141	153	161	168	187

城镇名称		暴雨强度公式	降雨强度 q_5　（L/(s·100m²)/H（mm/h）					
			$P=1$	$P=2$	$P=3$	$P=4$	$P=5$	$P=10$
福建	罗源	$q=\dfrac{2765.289(1+0.506\lg T_E)}{(t+10.713)^{0.767}}$	3.34	3.85	4.15	4.36	4.53	5.04
			120	139	149	157	163	181
	厦门	$q=\dfrac{1432.348(1+0.582\lg T_E)}{(t+4.560)^{0.633}}$	3.43	4.03	4.38	4.63	4.83	5.43
			124	145	158	167	174	195
	漳州	$q=\dfrac{2618.151(1+0.571\lg T_E)}{(t+7.732)^{0.728}}$	4.11	4.81	5.23	5.52	5.75	6.45
			148	173	188	199	207	232
	龙海	$q=\dfrac{1273.318(1+0.624\lg P)}{(t+3.208)^{0.569}}$	3.84	4.57	4.99	5.29	5.52	6.24
			138	164	180	190	199	225
	漳浦	$q=\dfrac{2253.448(1+0.563\lg P)}{(t+12.114)^{0.703}}$	3.06	3.58	3.88	4.10	4.26	4.78
			110	129	140	148	154	172
	云霄	$q=\dfrac{1184.218(1+0.446\lg P)}{(t+4.660)^{0.540}}$	3.48	3.95	4.22	4.41	4.56	5.03
			125	142	152	159	164	181
	诏安	$q=\dfrac{1219.148(1+0.495\lg P)}{(t+4.527)^{0.558}}$	3.47	3.98	4.28	4.50	4.66	5.18
			125	143	154	162	168	187
	东山	$q=\dfrac{1210.683(1+0.721\lg P)}{(t+3.382)^{0.538}}$	3.86	4.69	5.18	5.53	5.80	6.64
			139	169	187	199	209	239
	泉州	$q=\dfrac{1639.461(1+0.591\lg P)}{(t+7.695)^{0.658}}$	3.08	3.63	3.95	4.18	4.35	4.90
			111	131	142	150	157	176
	晋江	$q=\dfrac{1742.815(1+0.585\lg P)}{(t+6.065)^{0.668}}$	3.50	4.11	4.48	4.73	4.93	5.55
			126	148	161	170	177	200
	南安	$q=\dfrac{1663.367(1+0.546\lg P)}{(t+6.724)^{0.637}}$	3.47	4.08	4.44	4.69	4.89	5.50
			125	147	160	169	176	198
	惠安	$q=\dfrac{892.031(1+0.688\lg P)}{(t+2.055)^{0.534}}$	3.14	3.79	4.17	4.44	4.65	5.30
			113	137	150	160	168	191
	德化	$q=\dfrac{2328.859(1+0.431\lg P)}{(t+7.747)^{0.731}}$	3.62	4.09	4.37	4.56	4.71	5.18
			130	147	157	164	170	187
	永春	$q=\dfrac{1974.454(1+0.541\lg P)}{(t+5.990)^{0.636}}$	4.28	4.98	5.38	5.67	5.90	6.59
			154	179	194	204	212	237
	莆田	$q=\dfrac{1950.220(1+0.629\lg P)}{(t+6.756)^{0.697}}$	3.50	4.16	4.55	4.83	5.04	5.70
			126	150	164	174	181	205
	仙游	$q=\dfrac{3604.085(1+0.486\lg P)}{(t+12.490)^{0.798}}$	3.67	4.21	4.52	4.75	4.92	5.46
			132	152	163	171	177	197

续表

城镇名称		暴雨强度公式	降雨强度 q_5 (L/(s·100m²)/H (mm/h)					
			$P=1$	$P=2$	$P=3$	$P=4$	$P=5$	$P=10$
福建	三明	$q=\dfrac{3973.398(1+0.494\lg P)}{(t+12.17)^{0.848}}$	3.57	4.10	4.41	4.63	4.80	5.33
			128	147	159	167	173	192
	永安	$q=\dfrac{2635.188(1+0.536\lg P)}{(t+8.508)^{0.789}}$	3.38	3.92	4.24	4.47	4.64	5.19
			122	141	153	161	167	187
	沙县	$q=\dfrac{3560.956(1+0.481\lg P)}{(t+9.975)^{0.844}}$	3.63	4.15	4.46	4.68	4.85	5.37
			131	149	161	168	174	193
	南平	$q=\dfrac{2109.869(1+0.513\lg P)}{(t+6.597)^{0.720}}$	3.61	4.17	4.50	4.73	4.91	5.47
			130	150	162	170	177	197
	邵武	$q=\dfrac{2555.940(1+0.547\lg P)}{(t+6.530)^{0.769}}$	3.90	4.54	4.92	5.18	5.39	6.03
			140	163	177	187	194	217
	建瓯	$q=\dfrac{2787.609(1+0.528\lg P)}{(t+8.614)^{0.787}}$	3.57	4.14	4.47	4.71	4.89	5.46
			129	149	161	169	176	196
	建阳	$q=\dfrac{3134.242(1+0.524\lg P)}{(t+7.996)^{0.807}}$	3.96	4.58	4.95	5.20	5.41	6.03
			142	165	178	187	195	217
	武夷山	$q=\dfrac{2247.563(1+0.495\lg P)}{(t+8.638)^{0.704}}$	3.57	4.10	4.41	4.64	4.81	5.34
			129	148	159	167	173	192
	浦城	$q=\dfrac{2563.662(1+0.512\lg P)}{(t+7.403)^{0.771}}$	3.68	4.25	4.58	4.81	5.00	5.56
			132	153	165	173	180	200
	龙岩	$q=\dfrac{2399.136(1+0.471\lg P)}{(t+8.162)^{0.756}}$	3.42	3.90	4.19	4.39	4.54	5.03
			123	141	151	158	164	181
	漳平	$q=\dfrac{2234.704(1+0.590\lg P)}{(t+5.238)^{0.763}}$	3.79	4.46	4.85	5.13	5.35	6.02
			136	161	175	185	193	217
	连城	$q=\dfrac{3054.798(1+0.508\lg P)}{(t+10.675)^{0.787}}$	3.50	4.04	4.35	4.57	4.75	5.28
			126	145	157	165	171	190
	长汀	$q=\dfrac{2690.159(1+0.475\lg P)}{(t+8.911)^{0.758}}$	3.66	4.18	4.49	4.70	4.87	5.39
			132	150	161	169	175	194
	宁德	$q=\dfrac{1750.121(1+0.541\lg P)}{(t+6.799)^{0.633}}$	3.67	4.27	4.62	4.86	5.06	5.65
			132	154	166	175	182	204
	福安	$q=\dfrac{2488.427(1+0.532\lg P)}{(t+8.710)^{0.745}}$	3.54	4.11	4.44	4.67	4.85	5.42
			127	148	160	168	175	195
	福鼎	$q=\dfrac{2995.282(1+0.634\lg P)}{(t+9.587)^{0.776}}$	3.74	4.46	4.88	5.17	5.40	6.12
			135	160	176	186	194	220

续表

城镇名称		暴雨强度公式	降雨强度 q_5 （L/(s·100m²)/H （mm/h）					
			$P=1$	$P=2$	$P=3$	$P=4$	$P=5$	$P=10$
福建	霞浦	$q = \dfrac{2180.616(1+0.669\lg P)}{(t+8.240)^{0.723}}$	3.37	4.05	4.44	4.73	4.94	5.62
			121	146	160	170	178	202
河南	郑州	$q = \dfrac{3073(1+0.892\lg P)}{(t+15.1)^{0.824}}$	2.59	3.29	3.70	3.98	4.21	4.91
		$q = \dfrac{7650(1+1.15\lg P)}{(t+37.3)^{0.99}}$	93	118	133	143	152	177
	安阳	$q = \dfrac{3680P^{0.4}}{(t+16.7)^{0.858}}$	2.63	3.46	4.07	4.57	5.00	6.59
			95	125	147	165	180	237
	新乡	$q = \dfrac{1102(1+0.623\lg P)}{(t+3.20)^{0.60}}$	3.12	3.70	4.04	4.29	4.48	5.06
			112	133	146	154	161	182
	济源	$i = \dfrac{22.973+35.317\lg T_M}{(t+27.857)^{0.926}}$	1.51	2.21	2.62	2.91	3.14	3.84
			54	80	94	105	113	138
	洛阳	$i = \dfrac{62.372+45.684\lg P}{(t+29.4)^{1.057}}$	2.47	3.02	3.34	3.57	3.74	4.29
			89	109	120	128	135	154
	开封	$q = \dfrac{4801(1+0.74\lg P)}{(t+17.4)^{0.913}}$	2.81	3.43	3.80	4.06	4.26	4.89
			101	124	137	146	153	176
	商丘	$i = \dfrac{9.821+9.068\lg T_E}{(t+4.492)^{0.694}}$	3.44	4.40	4.96	5.35	5.66	6.62
			124	158	178	193	204	238
	漯河	$q = \dfrac{1622.658(1+0.732\lg P)}{(t+8.7)^{0.677}}$	2.76	3.37	3.72	3.97	4.17	4.78
			99	121	134	143	150	172
	许昌	$q = \dfrac{1987(1+0.747\lg P)}{(t+11.7)^{0.75}}$	2.41	2.95	3.26	3.49	3.66	4.20
			87	106	117	126	132	151
	平顶山	$q = \dfrac{883.8(1+0.837\lg P)}{t^{0.57}}$	3.53	4.42	4.94	5.31	5.60	6.49
			127	159	178	191	202	234
	南阳	$i = \dfrac{3.591+3.970\lg T_M}{(t+3.434)^{0.416}}$	2.47	3.29	3.77	4.11	4.38	5.20
			89	119	136	148	158	187
	信阳	$q = \dfrac{2058P^{0.341}}{(t+11.9)^{0.723}}$	2.66	3.52	4.14	4.64	5.07	6.69
			96	127	149	167	183	241
	卢氏	—	3.10	3.96	4.50	4.83	5.16	—
			112	143	162	174	186	—
	驻马店		2.54	3.24	3.65	3.94	4.17	—
			91	117	131	142	150	—

续表

城镇名称		暴雨强度公式	降雨强度 q_5 (L/(s·100m²)/H (mm/h)					
			$P=1$	$P=2$	$P=3$	$P=4$	$P=5$	$P=10$
湖北	武汉	$q=\dfrac{983(1+0.65\lg P)}{(t+4)^{0.56}}$	2.87	3.43	3.76	4.00	4.18	4.74
			103	124	135	144	150	171
	襄阳	$q=\dfrac{7839.62(1+0.841\lg P)}{(t+31.481)^{0.963}}$	2.45	3.08	3.44	3.70	3.90	4.52
			88	111	124	133	140	163
	老河口	$q=\dfrac{6400(1+1.059\lg P)}{(t+23.36)}$	2.26	2.98	3.40	3.70	3.93	4.65
			81	107	122	133	141	167
	随州	$q=\dfrac{1190(1+0.9\lg P)}{t^{0.7}}$	3.86	4.90	5.51	5.95	6.28	7.33
			139	176	198	214	226	264
	恩施	$q=\dfrac{1108(1+0.73\lg P)}{t^{0.626}}$	4.05	4.93	5.45	5.82	6.11	7.00
			146	178	196	210	220	252
	荆州	$q=\dfrac{3100.593(1+0.932\lg P)}{(t+16.100)^{0.823}}$	2.52	3.23	3.64	3.94	4.16	4.87
			91	116	131	142	150	175
	沙市	$q=\dfrac{684.7(1+0.854\lg P)}{t^{0.526}}$	2.94	3.69	4.13	4.45	4.69	5.44
			106	133	149	160	169	196
	黄石	$q=\dfrac{6113.589(1+0.750\lg P)}{(t+22.627)^{0.865}}$	3.46	4.25	4.70	5.03	5.28	6.06
			125	153	169	181	190	218
	宜昌	—	3.28	3.72	3.94	4.09	4.20	—
			118	134	142	147	151	—
	荆门	$q=\dfrac{2230.377(1+1.224\lg P)}{(t+20.277)^{0.721}}$	2.17	2.97	3.44	3.77	4.03	4.83
			78	107	124	136	145	174
湖南	长沙	$0.25\leqslant P\leqslant10$ $q=\dfrac{1392.1(1+0.55\lg P)}{(t+12.548)^{0.5452}}$ $P>10$ $q=\dfrac{1141.9(1+0.54\lg P)}{(t+8.277)^{0.5127}}$	2.92	3.40	3.69	3.89	4.04	4.53
			105	123	133	140	146	163
	岳阳	$q=\dfrac{1201.291(1+0.819\lg T)}{(t+7.3)^{0.589}}$	2.74	3.42	3.81	4.09	4.31	4.98
			99	123	137	147	155	179
	怀化	$q=\dfrac{1020(1+0.75\lg T)}{t^{0.533}}$	4.33	5.30	5.87	6.28	6.59	7.57
			156	191	211	226	237	273
	常德	$q=\dfrac{1422(1+0.907\lg T)}{(t+5.419)^{0.654}}$	3.07	3.91	4.40	4.75	5.02	5.86
			111	141	158	171	181	211

续表

城镇名称		暴雨强度公式	降雨强度 q_5（L/(s·100m²)/H（mm/h）					
			$P=1$	$P=2$	$P=3$	$P=4$	$P=5$	$P=10$
湖南	株洲	$q=\dfrac{1839.712(1+0.724\lg T)}{(t+6.986)^{0.703}}$	3.21	3.91	4.32	4.61	4.83	5.53
			116	141	155	166	174	199
	邵阳	$q=\dfrac{3262.02(1+0.582\lg T)}{(t+10)^{0.83178}}$	3.43	4.03	4.38	4.63	4.82	5
			123	145	158	167	174	195
	郴州	$q=\dfrac{1434.730(1+0.852\lg T)}{(t+6.0)^{0.647}}$	3.04	3.82	4.28	4.60	4.85	6
			109	138	154	166	175	203
	益阳	$q=\dfrac{1938.229(1+0.802\lg T)}{(t+9.434)^{0.703}}$	2.97	3.68	4.10	4.40	4.63	5.35
			107	133	148	158	167	192
	衡阳	$q=\dfrac{892(1+0.67\lg T)}{t^{0.57}}$	3.56	4.28	4.70	5.00	5.23	5.95
			128	154	169	180	188	214
	石门县	$q=\dfrac{3093.039(1+0.629\lg T)}{(t+15.5)^{0.774}}$	2.99	3.55	3.88	4.12	4.30	4.86
			107	128	140	148	155	175
	永州市	$q=\dfrac{1020(1+\lg T)}{(t+1)}$	1.70	2.21	2.51	2.72	2.89	3
			61	80	90	98	104	122
	娄底	—	3.53	4.29	4.74	5.05	5.29	—
			127	154	171	182	190	—
	醴陵	—	2.93	3.63	4.04	4.33	4.56	—
			105	131	145	156	164	—
	冷水江	$q=\dfrac{3093.039(1+0.629\lg T)}{(t+15.5)^{0.774}}$	3.32	3.81	4.10	4.30	4.46	—
			120	137	148	155	161	—
广东	广州	$q=\dfrac{3618.427(1+0.438\lg T)}{(t+11.259)^{0.750}}$	5.68	6.43	6.86	7.17	7.42	8.16
			204	231	247	258	267	294
	韶关	$q=\dfrac{958(1+0.63\lg P)}{t^{0.544}}$	3.99	4.75	5.19	5.51	5.75	6.51
			144	171	187	198	207	234
	深圳（总公式）	$q=\dfrac{1450.239(1+0.594\lg P)}{(t+11.13)^{0.555}}$　$i=\dfrac{8.701(1+0.594\lg P)}{(t+11.13)^{0.555}}$　1）针对特定重现期和特定历时组合下的暴雨强度，详见《深圳市暴雨强度公式及查算图表》2015年版附表1查询。　2）针对特定重现期和任意历时各种组合下的暴雨强度，详见《深圳市暴雨强度公式及查算图表》2015年版单一周期暴雨强度分公式进行计算。　3）若用户需要2~100年任意重现期下的暴雨强度，则可利用以上暴雨强度总公式进行计算。	3.10 / 112	3.65 / 132	3.98 / 143	4.21 / 151	4.39 / 158	4.94 / 178

续表

城镇名称		暴雨强度公式	降雨强度 q_5 （L/(s·100m²)/H （mm/h）					
			$P=1$	$P=2$	$P=3$	$P=4$	$P=5$	$P=10$
广东	惠州（总公式）	$q=\dfrac{1337.746(1+0.546\lg P)}{(t+3.980)^{0.562}}$	3.90	4.54	4.91	5.18	5.38	5.55
			140	163	177	186	194	200
	江门（总公式）	$q=\dfrac{2283.662(1+1.128\lg P)}{(t+11.663)^{0.662}}$	3.55	4.75	5.46	5.96	6.34	7.55
			128	171	196	214	228	272
	佛山（总公式）	$q=\dfrac{2770.365(1+0.466\lg P)}{(t+11.526)^{0.697}}$	3.97	4.52	4.85	5.08	5.26	5.81
			143	163	175	183	189	209
	中山	$q=\dfrac{1829.552(1+0.444\lg P)}{(t+6.0)^{0.591}}$	4.43	5.03	5.37	5.62	5.81	6.40
			160	181	193	202	209	231
	珠海（采用单一重现期公式计算）	$P=1a:q=\dfrac{1843.7101}{(t+7.7821)^{0.5681}}$ $P=2a:q=\dfrac{1795.0045}{(t+6.1025)^{0.5302}}$ $P=3a:q=\dfrac{1750.6978}{(t+5.6218)^{0.5068}}$ $P=5a:q=\dfrac{1622.7177}{(t+4.5287)^{0.4714}}$ $P=10a:q=\dfrac{1338.3005}{(t+1.5471)^{0.4062}}$	4.34 / 156	5.01 / 180	5.29 / 190	/	5.61 / 202	6.24 / 225
	湛江（总公式）	$q=\dfrac{4123.986(1+0.607\lg P)}{(t+28.766)^{0.693}}$	3.60	4.26	4.64	4.91	5.12	5.78
			130	153	167	177	184	208
海南	海口	$q=\dfrac{2338(1+0.4\lg P)}{(t+9)^{0.65}}$	4.21	4.71	5.01	5.22	5.38	5.89
			151	170	180	188	194	212
广西	南宁（修订公式适用于南宁市6个区：青秀区、兴宁区、邕宁区、良庆区、江南区和西乡塘区）	$q=\dfrac{4306.586(1+0.516\lg P)}{(t+15.293)^{0.793}}$	3.96 / 142.47	4.57 / 164.60	4.93 / 177.54	5.19 / 186.72	5.38 / 193.85	6.00 / 215.98
	贺州（总公式）	$q=\dfrac{1823.540(1+0.620\lg P)}{(t+7.017)^{0.669}}$	3.46	4.10	4.48	4.75	4.95	5.60
			124	148	161	171	178	202
	河池	$q=\dfrac{2850(1+0.597\lg P)}{(t+8.5)^{0.757}}$	3.97	4.69	5.11	5.40	5.63	6.35
			143	169	184	194	203	228
	融水	$q=\dfrac{2097(1+0.516\lg P)}{(t+6.7)^{0.65}}$	4.24	4.90	5.28	5.56	5.77	6.43
			153	176	190	200	208	231
	桂林	$q=\dfrac{4230(1+0.402\lg P)}{(t+13.5)^{0.841}}$	3.64	4.08	4.33	4.52	4.66	5.10
			131	147	156	163	168	184

续表

城镇名称		暴雨强度公式	降雨强度 q_5 （L/(s·100m²)/H （mm/h）					
			$P=1$	$P=2$	$P=3$	$P=4$	$P=5$	$P=10$
广西	柳州	$i=\dfrac{6.598+3.929\lg T_E}{(t+3.019)^{0.541}}$	3.57	4.21	4.59	4.85	5.06	5.70
			129	152	165	175	182	205
	百色	$q=\dfrac{2800(1+0.547\lg P)}{(t+9.5)^{0.747}}$	3.80	4.42	4.79	5.05	5.25	5.88
			137	159	172	182	189	212
	宁明	$q=\dfrac{4030(1+0.62\lg P)}{(t+12.5)^{0.823}}$	3.82	4.54	4.95	5.25	5.48	6.19
			138	163	178	189	197	223
	东兴	$i=\dfrac{4.557+2.485\lg T_E}{(t+1.738)^{0.314}}$	4.18	4.87	5.27	5.55	5.77	6.46
			151	175	190	200	208	233
	钦州	$q=\dfrac{1817(1+0.505\lg P)}{(t+5.7)^{0.58}}$	4.60	5.29	5.70	5.99	6.22	6.92
			165	191	205	216	224	249
	北海	$q=\dfrac{1625(1+0.437\lg P)}{(t+4.0)^{0.57}}$	4.64	5.26	5.61	5.87	6.06	6.67
			167	189	202	211	218	240
	玉林	$q=\dfrac{2170(1+0.484\lg P)}{(t+6.4)^{0.665}}$	4.30	4.93	5.29	5.55	5.76	6.38
			155	177	191	200	207	230
	梧州	$q=\dfrac{6113.589(1+0.750\lg P)}{(t+22.627)^{0.865}}$	3.46	1.34	1.43	1.50	1.55	1.72
			125	48	52	54	56	62
	全州	—	3.31	3.87	4.19	4.43	4.61	—
			119	139	151	159	166	—
	阳朔	—	3.73	4.27	4.58	4.80	4.97	—
			134	154	165	173	179	—
	贵县	—	4.38	5.06	5.46	5.75	5.97	—
			158	182	197	207	215	—
	桂平	—	4.53	5.17	5.55	5.82	6.02	—
			163	186	200	210	217	—
	贺县	—	3.57	4.06	4.34	4.55	4.70	—
			129	146	156	164	169	—
	罗城	—	3.54	4.16	4.52	4.77	4.97	—
			127	150	163	172	179	—
	南丹	—	3.64	4.29	4.68	4.95	5.16	—
			131	154	168	178	186	—
	平果	—	3.70	4.25	4.57	4.80	4.97	—
			133	153	165	173	179	—

续表

城镇名称		暴雨强度公式	降雨强度 q_5（L/(s·100m²)/H（mm/h）					
			$P=1$	$P=2$	$P=3$	$P=4$	$P=5$	$P=10$
广西	田东	—	3.82	4.58	5.02	5.34	5.58	—
			138	165	181	192	201	—
	田阳	—	3.62	4.28	4.67	4.95	5.16	—
			130	154	168	178	186	—
	来宾	—	3.92	4.54	4.91	5.17	5.37	—
			141	163	177	186	193	—
	鹿寨	—	4.46	5.10	5.47	5.73	5.94	—
			161	184	197	206	214	—
	宜山	—	3.56	4.14	4.47	4.71	4.89	—
			128	149	161	170	176	—
	兴安	—	3.45	4.00	4.32	4.54	4.72	—
			124	144	156	163	170	—
	昭平	—	4.26	5.07	5.54	5.88	6.14	—
			153	183	199	212	221	—
	柳城	—	3.50	4.11	4.47	4.73	4.93	—
			126	148	161	170	177	—
	武鸣	—	3.57	4.15	4.50	4.74	4.93	—
			129	149	162	171	177	—
	田林	—	4.00	4.62	4.99	5.25	5.45	—
			144	166	180	189	196	—
	隆林	—	3.32	3.86	4.18	4.41	4.58	—
			120	139	150	159	165	—
	崇左	—	4.07	4.67	5.02	5.27	5.46	—
			147	168	181	190	197	—
陕西	西安	$q=\dfrac{2785833(1+1.658\lg P)}{(t+16.813)^{0.9302}}$	1.58	2.37	2.84	3.16	3.42	4.21
			57	85	102	114	123	152
	榆林	$i=\dfrac{8.22(1+1.152\lg P)}{(t+9.44)^{0.746}}$	1.87	2.52	2.90	3.17	3.38	4.03
			67	91	104	114	122	145
	子长	$i=\dfrac{18.612(1+1.04\lg P)}{(t+15)^{0.877}}$	2.25	2.95	3.36	3.65	3.88	4.58
			81	106	121	132	140	165
	延安	$i=\dfrac{5.582(1+1.292\lg P)}{(t+8.22)^{0.7}}$	1.53	2.12	2.47	2.72	2.91	3.51
			55	76	89	98	105	126

城镇名称		暴雨强度公式	降雨强度 q_5 （L/(s·100m²)/H （mm/h）					
			$P=1$	$P=2$	$P=3$	$P=4$	$P=5$	$P=10$
陕西	宜川	$i=\dfrac{15.64(1+1.01\lg P)}{(t+10)^{0.856}}$	2.57	3.35	3.81	4.14	4.39	5.17
			93	121	137	149	158	186
	彬县	$i=\dfrac{8.802(1+1.328\lg P)}{(t+18.5)^{0.737}}$	1.43	2.01	2.34	2.58	2.77	3.34
			52	72	84	93	100	120
	铜川	$i=\dfrac{5.94(1+1.39\lg P)}{(t+7)^{0.67}}$	1.88	2.66	3.12	3.45	3.70	4.49
			68	96	112	124	133	161
	宝鸡	$i=\dfrac{11.01(1+0.94\lg P)}{(t+12)^{0.932}}$	1.31	1.68	1.90	2.05	2.17	2.54
			47	61	68	74	78	92
	商县	$i=\dfrac{6.8(1+0.941\lg P)}{(t+9.556)^{0.731}}$	1.60	2.06	2.32	2.51	2.66	3.11
			58	74	84	90	96	112
	汉中	$i=\dfrac{2.6(1+1.041\lg P)}{(t+4)^{0.518}}$	1.48	1.94	2.21	2.41	2.55	3.02
			53	70	80	87	92	109
	安康	$i=\dfrac{8.74(1+0.961\lg P)}{(t+14)^{0.75}}$	1.60	2.07	2.34	2.53	2.68	3.15
			58	74	84	91	97	113
	咸阳	—	1.69	2.45	2.90	3.22	3.46	—
			61	88	104	116	125	—
	蒲城	—	2.01	2.73	3.16	3.46	3.69	—
			72	98	114	125	133	—
宁夏	银川	$q=\dfrac{242(1+0.83\lg P)}{t^{0.477}}$	1.12	1.40	1.57	1.68	1.77	2.06
			40	51	56	61	64	74
甘肃	兰州	$q=\dfrac{1140(1+0.96\lg P)}{(t+8)^{0.8}}$	1.46	1.89	2.14	2.31	2.45	2.87
			53	68	77	83	88	103
	张掖	$q=\dfrac{88.4(1+0.623\lg P)}{t^{0.456}}$	0.42	0.65	0.84	1.01	1.16	1.78
			15	24	30	36	42	64
	临夏	$q=\dfrac{479(1+0.86\lg P)}{t^{0.621}}$	1.76	2.22	2.49	2.68	2.82	3.28
			63	80	90	96	102	118
	靖远	$q=\dfrac{284(1+1.35\lg P)}{t^{0.505}}$	1.26	1.77	2.07	2.28	2.45	2.96
			45	64	75	82	88	107
	平凉	$i=\dfrac{4.452+4.481\lg T_E}{(t+2.570)^{0.668}}$	1.92	2.51	2.85	3.09	3.28	3.86
			69	90	102	111	118	139
	天水	$i=\dfrac{37.104+33.385\lg T_E}{(t+18.431)^{1.131}}$	1.75	2.22	2.50	2.70	2.85	3.32
			63	80	90	97	103	120

续表

城镇名称		暴雨强度公式	降雨强度 q_5 （L/(s·100m²)/H （mm/h）					
			$P=1$	$P=2$	$P=3$	$P=4$	$P=5$	$P=10$
甘肃	敦煌	—	1.39	1.73	1.93	2.07	2.18	—
			50	62	69	75	78	—
	玉门	—	1.59	1.98	2.21	2.37	2.50	—
			57	71	80	85	90	—
青海	西宁	$q=\dfrac{308(1+1.39\lg P)}{(t+0)^{0.58}}$	0.74	1.05	1.23	1.36	1.46	1.77
			27	38	44	49	52	64
	同仁	—	0.81	1.10	1.28	1.40	1.49	—
			29	40	46	50	54	—
新疆	乌鲁木齐	$q=\dfrac{693(1+1.123\lg P)}{(t+15)^{0.841}}$	0.56	0.75	0.86	0.94	1.00	1.18
			20	27	31	34	36	43
	塔城	$q=\dfrac{750(1+1.1\lg P)}{t^{0.85}}$	1.91	2.54	2.91	3.17	3.38	4.01
			69	92	105	114	122	144
	乌苏	$q=\dfrac{1135(1+0.583\lg P)}{t+4}$	1.26	1.48	1.61	1.70	1.78	2.00
			45	53	58	61	64	72
	石河子	$q=\dfrac{198(1+1.318\lg P)}{(t+0)^{0}}$	1.98	2.77	3.23	3.55	3.80	4.59
			71	100	116	128	137	165
	奇台	$q=\dfrac{86.30(1+1.16\lg P)}{(t+0)^{0}}$	0.86	1.16	1.34	1.47	1.56	1.86
			31	42	48	53	56	67
	吐鲁番	—	0.73	0.90	1.00	1.08	1.14	—
			26	32	36	39	41	—
重庆	沙坪坝	$q=\dfrac{1132(1+0.958\lg P)}{(t+5.408)^{0.595}}$	2.81	3.62	4.09	4.43	4.69	5.50
			101	130	147	159	169	198
	巴南	$q=\dfrac{1898(1+0.867\lg P)}{(t+9.480)^{0.709}}$	2.85	3.60	4.03	4.34	4.58	5.33
			103	130	145	156	165	192
	渝北	$q=\dfrac{1111(1+0.945\lg P)}{(t+9.713)^{0.561}}$	2.46	3.16	3.57	3.86	4.08	4.78
			88	114	128	139	147	172
四川	成都	$i=\dfrac{44.594(1+0.651\lg P)}{(t+27.346)^{0.953}\lg P^{-0.017}}$		3.06	3.11	3.15	3.18	3.25
				110	112	114	115	117
	内江	$q=\dfrac{1246(1+0.705\lg P)}{(t+4.73P^{0.0102})^{0.597}}$	3.20	3.20	4.27	4.54	4.76	5.42
			115	115	154	164	171	195
	自贡	$q=\dfrac{4392(1+0.59\lg P)}{(t+19.3)^{0.804}}$	3.38	3.98	4.33	4.58	4.77	5.37
			122	143	156	165	172	193

城镇名称		暴雨强度公式	降雨强度 q_5 （L/（s·100m²）/H （mm/h）					
			$P=1$	$P=2$	$P=3$	$P=4$	$P=5$	$P=10$
四川	泸州	$q=\dfrac{10020(1+0.56\lg P)}{t+36}$	2.44	2.86	3.10	3.27	3.40	3.81
			88	103	111	118	122	137
	宜宾	$q=\dfrac{1169(1+0.828\lg P)}{(t+0)^{0.561}}$	4.74	3.82	4.04	4.16	4.24	3.95
			171	138	145	150	153	142
	乐山	$q=\dfrac{2213.141(1+0.57\lg P)}{(t+17.392)^{0.655}}$	2.89	3.38	3.67	3.88	4.04	4.54
			104	122	132	140	145	163
	雅安	$i=\dfrac{7.622(1+0.632\lg P)}{(t+6.64)^{0.56}}$	3.22	3.83	4.19	4.45	4.64	5.25
			116	138	151	160	167	189
	渡口	$q=\dfrac{2422(1+0.614\lg P)}{(t+13)^{0.78}}$	2.49	2.95	3.22	3.41	3.56	4.02
			90	106	116	123	128	145
	眉山	$q=\dfrac{3682.174(1+1.214\lg P)}{(t+22.6)^{0.810}}$	2.51	3.42	5.89	4.34	4.63	5.55
			90	123	212	156	167	200
	巴中	$q=\dfrac{1969.666(1+0.698\lg P)}{(t+17.946)^{0.699}}$	2.20	2.67	2.94	3.13	3.28	3.74
			79	96	106	113	118	135
	南充	—	1.81	1.95	2.00	2.04	2.06	—
			65	70	72	73	74	—
	广元	—	3.24	4.20	4.67	4.93	5.13	—
			117	151	168	177	185	—
	遂宁	—	2.86	3.28	3.54	3.70	3.82	—
			103	118	127	133	138	—
	简阳	—	2.55	3.04	3.37	3.54	3.70	—
			92	109	121	127	133	—
	甘孜	—	0.64	0.80	0.89	0.96	1.00	—
			23	29	32	35	36	—
贵州	贵阳	$q=\dfrac{1887(1+0.707\lg P)}{(t+9.35P^{0.031})^{0.695}}$	2.96	3.56	3.90	4.14	4.33	4.90
			107	128	140	149	156	176
	桐梓	$q=\dfrac{2022(1+0.674\lg P)}{(t+9.58P^{0.044})^{0.733}}$	2.84	3.36	3.66	3.87	4.03	4.52
			102	121	132	139	145	163
	毕节	$q=\dfrac{5055(1+0.473\lg P)}{(t+17)^{0.95}}$	2.68	3.06	3.29	3.45	3.57	3.95
			97	110	118	124	128	142
	水城	$i=\dfrac{42.25+62.60\lg P}{t+35}$	1.76	2.55	3.01	3.34	3.59	4.38
			64	92	108	120	129	158

城镇名称		暴雨强度公式	降雨强度 q_5（L/(s·100m²)/H（mm/h）					
			P=1	P=2	P=3	P=4	P=5	P=10
贵州	安顺	$q=\dfrac{3756(1+0.875\lg P)}{(t+13.14P^{0.158})^{0.827}}$	3.42	4.04	4.36	4.56	4.71	5.10
			123	145	157	164	169	184
	罗甸	$q=\dfrac{763(1+0.647\lg P)}{(t+0.915P^{0.775})^{0.51}}$	3.08	3.49	3.66	3.75	3.79	3.80
			111	126	132	135	137	137
	榕江	$q=\dfrac{2223(1+0.767\lg P)}{(t+8.93P^{0.168})^{0.729}}$	3.26	3.79	4.07	4.25	4.38	4.75
			117	137	147	153	158	171
	湄潭	—	2.91	3.37	3.63	3.84	3.98	—
			105	121	131	138	143	—
	铜仁	—	3.36	4.06	4.50	4.76	4.86	—
			121	146	162	171	175	—
云南	昆明	$q=\dfrac{700(1+0.775\lg P)}{(t+0)^{0.496}}$	3.15	3.89	4.32	4.62	4.86	5.59
			113	140	155	166	175	201
	丽江	$q=\dfrac{317(1+0.958\lg P)}{t^{0.45}}$	1.54	1.98	2.24	2.42	2.57	3.01
			55	71	81	87	92	108
	下关	$q=\dfrac{1534(1+1.035\lg P)}{(t+9.86)^{0.762}}$	1.96	2.57	2.93	3.18	3.38	3.99
			71	93	106	115	122	144
	腾冲	$q=\dfrac{4342(1+0.96\lg P)}{t+13P^{0.09}}$	2.41	2.31	2.24	2.20	2.17	2.07
			87	83	81	79	78	74
	思茅	$q=\dfrac{3350(1+0.5\lg P)}{(t+10.5)^{0.85}}$	3.26	3.75	4.04	4.24	4.40	4.89
			117	135	145	153	158	176
	昭通	$q=\dfrac{4008(1+0.667\lg P)}{t+12P^{0.08}}$	2.36	2.72	2.92	3.05	3.15	3.44
			85	98	105	110	113	124
	沾益	$q=\dfrac{2355(1+0.654\lg P)}{(t+9.4P^{0.157})^{0.806}}$	2.74	3.10	3.28	3.40	3.48	3.38
			99	112	118	122	125	122
	开远	$q=\dfrac{995(1+1.15\lg P)}{t^{0.58}}$	3.91	5.27	6.06	6.62	7.06	8.41
			141	190	218	238	254	303
	广南	$q=\dfrac{977(1+0.641\lg P)}{t^{0.57}}$	3.90	4.66	5.10	5.41	5.65	6.41
			141	168	184	195	204	231
	临沧	—	2.80	3.19	3.40	3.53	3.63	—
			101	115	122	127	131	—
	蒙自	—	2.29	3.02	3.44	3.75	3.98	—
			82	109	124	135	143	—

城镇名称		暴雨强度公式	降雨强度 q_5（L/(s·100m²)/H（mm/h）					
			$P=1$	$P=2$	$P=3$	$P=4$	$P=5$	$P=10$
云南	河口	—	3.70	4.11	4.42	4.60	4.73	—
			133	148	159	166	170	—
	玉溪	$q=\dfrac{2871(1+0.633\lg P)}{(t+14.742)^{0.818}}$	2.50	2.98	3.26	3.46	3.61	4.09
			90	107	117	124	130	147
	曲靖	—	2.30	3.18	3.96	4.05	4.34	—
			83	114	143	146	156	—
	宜良	—	2.11	2.91	3.38	3.71	3.97	—
			76	105	122	134	143	—
	东川	—	1.80	2.45	2.83	3.10	3.31	—
			65	88	102	112	119	—
	楚雄	—	2.59	3.32	3.75	4.05	4.29	—
			93	120	135	146	154	—
	会泽	—	1.79	2.29	2.59	2.80	2.96	—
			64	82	93	101	107	—
	宣威	—	4.09	5.41	6.18	6.73	7.15	—
			147	195	222	242	257	—
	大理	—	1.98	2.42	2.73	2.95	3.13	—
			71	87	98	106	113	—
	保山	—	2.50	3.23	3.65	3.95	4.19	—
			90	116	131	142	151	—
	个旧	—	1.96	2.62	3.00	3.28	3.49	—
			71	94	108	118	126	—
	芒市	—	3.14	4.02	4.53	4.90	5.18	—
			113	145	163	176	186	—
	陆良	—	2.46	3.41	3.97	4.36	4.67	—
			89	123	143	157	168	—
	文山	—	1.48	1.95	2.22	2.42	2.57	—
			53	70	80	87	93	—
	晋宁	—	2.21	3.10	3.62	3.99	4.28	—
			80	112	130	144	154	—
	允景洪	—	2.48	3.20	3.62	3.92	4.15	—
			89	115	130	141	149	—

续表

城镇名称		暴雨强度公式	降雨强度 q_5 (L/(s·100m²)/H (mm/h)					
			$P=1$	$P=2$	$P=3$	$P=4$	$P=5$	$P=10$
西藏	拉萨	—	2.57	3.15	3.49	3.72	3.91	—
			93	113	126	134	141	—
	林芝	—	2.70	3.17	3.51	3.75	3.94	—
			97	114	126	135	142	—
	日喀则	—	2.68	3.29	3.64	3.89	4.09	
			96	118	131	140	147	
	那曲	—	2.33	2.87	3.17	3.39	3.56	
			84	103	114	122	128	
	泽当	—	2.51	3.08	3.41	3.64	3.83	
			90	111	123	131	138	
	昌都	—	2.70	3.17	3.51	3.75	3.94	
			97	114	126	135	142	

注：1. 本次更新暴雨强度公式的城镇包括：北京、上海、天津、石家庄、秦皇岛、太原、大同、哈尔滨、黑河、齐齐哈尔、佳木斯、长春、吉林、沈阳、本溪、营口、锦州、济南、德州、淄博、潍坊、烟台、青岛、枣庄、东营、济宁、泰安、威海、日照、莱芜、临沂、聊城、滨州、菏泽、南京、徐州、连云港、淮阴、扬州、南通、常州、无锡、苏州、太仓、泰州、淮安、昆山、常熟、合肥、蚌埠、安庆、淮北、亳州、杭州、乐清、诸暨、宁波、温州、余姚、镇海、绍兴、湖州、嘉兴、台州、舟山、丽水、金华、兰溪、南昌、宜春、洛阳、武汉、襄阳、荆州、黄石、荆门、长沙、岳阳、怀化、常德、株洲、邵阳、郴州、益阳、衡阳、石门县、永州市、广州、深圳、惠州、佛山、中山、珠海、湛江、南宁、贺州、兰州、西宁、乌鲁木齐、乌苏、石河子、奇台、重庆、成都、宜宾、乐山、渡口、眉山、巴中、昆明、玉溪。

2. 表中 P、T 代表设计降雨的重现期；T_E 代表非年最大值法选样的重现期；T_M 代表年最大值法选样的重现期。

3. 表中 q_5 为 5 分钟的降雨强度；H 为小时降雨厚度，根据 q_5 值折算而来。

4. 公式中：q 代表设计降雨强度 (L/(s·100m²))，i 代表降雨强度 (mm/min)，t 代表降雨历时 (min)，P、T 代表设计降雨的重现期 (a)；

5. 具有单一周期暴雨强度公式的城市宜优先使用单一周期暴雨强度公式。

6. 表中河北张家口等暴雨强度公式未列出的城市，仅有 5 分钟降雨强度值，相关数据引自《全国民用建筑工程设计技术措施 2009-给水排水》之附录 E-1《我国部分城镇降雨强度》。

7. 本次雨量公式主要根据 2018 年 06 月 06 日前搜集之各城市最新暴雨强度公式进行更新，雨量公式涉及不同的编制方式，本文不做深入讨论。

附 录 Ⅱ

序号	产品类别	公司名称	推荐产品		联系方式
1	给水设备	青岛三利中德美水设备有限公司	给水泵	SLW 卧式单级离心泵	网址: www.sanli.cn 地址: 山东省青岛市城阳区青大工业园 电话: 0532-87807902 联系人: 谢雄 手机: 13465320915 Email: sanli@sanli.cn
			给水泵	SL (S) 立式多级离心泵	
			给水泵	SLG 立式管道泵	
			给水泵	SLM 单级双吸中开泵	
			直饮水设备	ZYG 直饮水分质给水设备	
			变频调速供水设备	BTG、BTG-B 微机控制变频调速给水设备	
			无负压给水设备	WWG、WWG (Ⅱ)、WWG (Ⅱ) -B 系列无负压供水设备	
			无负压给水设备	ZBD 无负压多用途给水设备	
			热水加热设备	BHQ (S) 智能变频换热设备	
			消防专用增压稳压设备	XBD-SL、XBD-SLG、XBD-SLW 消防增压泵	
			消防专用增压稳压设备	XBD-SL 消防稳压泵	
			消防专用增压稳压设备	ZY-HXZ 消防增压给水设备	
			消防专用增压稳压设备	W-SL 消防稳压给水设备	
			数字集成全变频控制给水设备	Q 系列数字集成全变频控制给水设备	
2		上海中韩杜科泵业制造有限公司	高效离心式水泵。	XRL 系列立式多级不锈钢离心泵	网址: www.doochpump.com.cn 地址: 上海市青浦区练塘国家级工业区章练塘路 239 号 电话: 021-6679390 联系人: 沈月生 手机: 13585702763 Email: shenyuesheng@doochpump.com.cn
			高效离心式水泵。	DP 系列单离心泵	

续表

序号	产品类别	公司名称	推荐产品		联系方式
3	给水设备	上海威派格智慧水务股份有限公司	智联给水设备	WII 智联无负压供水设备	网址：http：//www.shwpg.com/ 地址：北京市西城区宣外大街 10 号庄胜广场中央办公楼北翼 1118 室 电话：010-63100235 联系人：徐宏建（女士） 手机：13366105766 Email：xuhongjianqian@163.com
				VII 智联变频供水设备	
4		北京精铭泰工程技术开发有限公司	罐式（叠压）无负压给水设备	精铭泰牌 JMT 型罐式（叠压）无负压给水设备	网址：www.jingmingtai.com 地址：北京市朝阳区金盏乡黎各庄村 电话：010-84393750 联系人：杨金明 手机：13911223909 Email：jmt@jingmingtai.com
			箱式无负压给水设备	精铭泰牌 JZX 型箱式无负压管网叠压给水设备	
			微机变频调速给水设备	精铭泰牌 JMTHB 型微机控制变频调速给水设备	
			罐式全变频调速给水设备	精铭泰牌 JMTG 型罐式全变频调速给水设备	
			不锈钢冲压式焊接水箱	精铭泰牌 JMT 型不锈钢冲压式焊接水箱	
			波浪式无内拉筋不锈钢水箱	精铭泰牌 JMT 型波浪式无内拉筋不锈钢水箱	
5		富兰克林电气（上海）有限公司	加压泵	富兰克林静音泵	网址：www.fele.com 地址：上海市黄陂北路 227 号中区广场 1002 室 电话：+862163270909 联系人：张平 手机：17887904175 Email：pzhang@fele.com

续表

序号	产品类别	公司名称		推荐产品	联系方式
6		富兰克林电气（上海）有限公司	井用潜水泵	SSI, FS 井用潜水泵	网址：www.fele.com 地址：上海市黄陂北路 227 号中区厂场 1002 室 电话：+86216327 0909 联系人：张平 手机：17887904175 Email：pzhang@fele.com
		上海凯泉泵业（集团）有限公司	水泵	KQL/KQW 立式卧式单级离心泵 KQDP/KQDQ 轻型立式多级离心泵 KQLE 智能变频泵 KQSN 单级双吸离心泵	网址：http://www.kaiquan.com.cn 地址：上海市嘉定区曹安公路 4255 号/4287 号 电话：4000026600 联系人：高宏钧 手机：13916217267 Email：gaohongjun@kaiquan.com.cn
7	给水设备	南方中金环境股份有限公司	水泵产品 供水设备产品	CDM 不锈钢立式多级离心泵、TD 管道循环泵 DRL 恒压变频供水设备、NFWG 罐式无负压（叠压）供水设备、NFWX 箱式无负压（叠压）供水设备	网址：www.cnppump.com 地址：浙江省杭州市余杭区仁和街道仁河大道 46 号 电话：0571-86397821, 0731-84091707 联系人：黄利军、黄密军 手机：13707409047 Email：nm-domestic@nanfang-pump.com
8		赛莱默（中国）有限公司	泵	e-HSC 中开双吸泵 e-SV 不锈钢立式多级泵 GLC 立式管道泵 e-1610 高效端吸泵	网址：www.xylem.com 地址：上海市遵义路 100 号 A 座 30-31 层 电话：021-22082888 联系人：刘建强 手机：+8618640093796 Email：jianqiang.liu@xyleminc.com

续表

序号	产品类别	公司名称	推荐产品		联系方式
9	给水设备	上海熊猫机械（集团）有限公司	给水设备	XMZH 系列智慧集成泵站	网址：www.panda.sh.cn 地址：上海市青浦区盈港东路 6355 号 电话：59863888 联系人：谭红全 手机：15901678366 Email：770261314@qq.com
			给水设备	智慧调峰泵站	
			立式多级泵	熊猫 SR 系列立式多级离心泵	
10		格兰富水泵（上海）有限公司	IS 型单级单吸离心泵	LF	网址：www.grundfos.cn 地址：上海市闵行区苏虹路 33 号 3 号楼 10 楼（虹桥天地） 电话：021-61225222 联系人：李国良 手机：13913581627 Email：grlii@grundfos.com
			家用小型供水增压泵	CME Booster	
			家用小型热水循环泵	ALPHA2	
11	直饮水设备	南方中金环境股份有限公司	建筑饮水产品	5. NFZS 直饮水设备	网址：www.cnppump.com 地址：浙江省杭州市余杭区仁和街道仁河大道 46 号 电话：0571-86397821，0731-84091707 联系人：黄利军、黄密军 手机：13707409047 Email：nm-domestic@nanfang-pump.com
12	餐饮油水分离提升设备	广州洁能建筑设备有限公司	餐饮油水分离设备	JNCY 系列多功能油水处理器	网址：www.gzjnwy.com 地址：广州市花都区炭步镇广汇路 2 号 001 电话：020-36743587 联系人：王奎 手机：13828420100 Email：170239376@qq.com

续表

序号	产品类别	公司名称	推荐产品	联系方式
13		苏州奥嘉环境技术有限公司	全自动油水分离器	全自动油水分离器、厨下型全自动油水分离器	网址: www.olga-china.com 地址: 苏州市凌港路128号富民一区2幢 电话: 0512-65018378 联系人: 经玉亮 手机: 18912609966 Email: 18912609966@qq.com
14	餐饮油水分离提升设备	安徽天健环保股份有限公司	隔油提升—体化设备	隔油提升—体化设备	网址: http://www.tj021.com 地址: 安徽省合肥市经济技术开发区天都路1号天健工业园 电话: 0551-63681228 联系人: 付海洋 手机: 18755168871 Email: tianjian@zhgtj.cn
15		北京精铭泰工程技术开发有限公司	智慧隔油（油水分离）设备	精铭泰牌YBDT型智慧型-波浪式隔油（油水分离）设备	网址: www.jingmingtai.com 地址: 北京市朝阳区金盏乡黎各庄村 电话: 010-84393750 联系人: 杨金明 手机: 13911223909 Email: jmt@jingmingtai.com
16		广州全康环保设备有限公司	餐饮废水处理设备	智能密闭油水分离器	网址: http://www.iqkep.com/ 地址: 广州市番禺区番禺大道北555号天安总部中心25号楼1401室 电话: 4008360377 联系人: 孔伟俊 手机: 18126831715 Email: gwqkl68@126.com

续表

序号	产品类别	公司名称		推荐产品	联系方式
17		泽尼特泵业（苏州）有限公司	潜水排污泵	Blue 系列潜水泵	网址：www.zenit.com 地址：江苏省苏州市工业园区胜浦分区吴浦路 26 号 电话：0512-62554988 联系人：祁强 手机：18913161212 Email: jqi@zenit.com
			潜水排污泵	Grey 系列潜水泵	
			污水提升装置	BlueBox 系列污水提升装置	
18	污水提升设备	北京精铭泰工程技术开发有限公司	罐式污水提升设备	精铭泰牌 JWZ 型波浪形罐式污水提升设备	网址：www.jingmingtai.com 地址：北京市朝阳区金盏乡黎各庄村 电话：010-84393750 联系人：杨金明 手机：13911223909 Email: jmt@jingmingtai.com
19		上海凯泉泵业（集团）有限公司	水泵	WQ 系列潜水排污泵	网址：http://www.kaiquan.com.cn 地址：上海市嘉定区曹安公路 4255 号/4287 号 电话：4000026600 联系人：高宏钧 手机：13916217267 Email: gaohongjun@kaiquan.com.cn
				ZQ、HQ 潜水轴流混流泵	
20		格兰富泵（上海）有限公司	成品污水提升装置	Multilift 污水提升站	网址：www.grundfos.cn 地址：上海市闵行区苏虹路 33 号 3 号楼 10 楼（虹桥天地） 电话：021-61225222 联系人：李国良 手机：13913581627 Email: grli@grundfos.com
			家用小型污水提升器	Sololift2 小型家庭污水提升站	

续表

序号	产品类别	公司名称		推荐产品	联系方式
21		南方中金环境股份有限公司	排水设备产品	4. NFPS一体化预制泵站设备、NFST一体化污水处理设备、NFSO油水分离设备	网址：www. cnppump. com 地址：浙江省杭州市余杭区仁和街道仁河大道46号 电话：0571-86397821，0731-84091707 联系人：黄利军、黄密军 手机：13707409047 Email：nm-domestic@nanfang-pump.com
22		赛莱默（中国）有限公司	泵	潜污泵 Steady 1300 系列	网址：www. xylem. com 地址：上海市遵义路 100 号 A 座 30-31 层 电话：021-22082888 联系人：刘建强 手机：+8618640093796 Email：jianqiang. liu@xyleminc. com
23	污水提升设备	安徽天健环保股份有限公司	污水提升一体化设备	密闭污水提升泵站	网址：http：//www. tj021. com 地址：安徽省合肥市经济技术开发区天都路 1 号天健工业园 电话：0551-6381228 联系人：付海洋 手机：18755168871 Email：tianjian@zhgtj. cn
24		上海熊猫机械（集团）有限公司	智慧预制泵站	智慧预制泵站	网址：www. panda. sh. cn 地址：上海市青浦区盈港东路6355 号 电话：021-59863888-9602 联系人：王兴荣 手机：15901693998 Email：379897205@qq. com

续表

序号	产品类别	公司名称	推荐产品	联系方式
25	重力排水平压保护水封设备	艾联科西技术服务部 Aliaxis Technical Services	重力排水平压保护水封设备　思都得正压缓减器	网址: https://www.studor.net/en/pageid/solutions-bim 地址: Suite 5, Castle House, Sea View Way, Brighton, BN2 6NT United Kingdom 电话: +44 (0) 1273 525 498 联系人: 张用虎 手机: +44 (0) 1273 525 500 Email: mchang@aliaxis.com
26		深圳志深建筑技术有限公司	雨水渗透渠 海绵城市雨水渗透渠	网址: http://www.szzhisong.com 地址: 深圳市宝安区新安街道湖滨中路西北侧新锦安雅园（D区）3栋2座14B 电话: 0755-29418425 联系人: 鲁克俭/张珈骑 手机: 13600422754/18027294945 Email: zhishen1976@126.com
27	海绵城市系列产品	北京泰宁科创雨水利用技术股份有限公司	海绵城市系列产品 调蓄储存系列产品 转输排放系列产品 滞留入渗系列产品 截污净化系列产品 监控运维平台	网址: www.tidelion.com 地址: 北京市昌平区科技园京水河路6号商业楼四层 电话: 01060775529 联系人: 高俊斌 手机: 18610962073 Email: gaojunbin@tidelion.com
28		江苏百海环保科技有限公司	PP雨水模块收集系统 PP雨水模块 PE防渗膜 土工布 PP注塑组合井 PVC地埋钢桁架密封设备间 拼装式阀门控制系统 电路集成控制柜	网址: www.baihai.com 地址: 江苏南通中央商务区5号楼3单元25层 电话: 0513-8566179 联系人: 方群 手机: 13920023066 Email: 1280804113@qq.com 或 xih_nt@vip.163.com

续表

序号	产品类别	公司名称		推荐产品	联系方式
29	雨水系统设备 海绵城市系列产品 同层排水系统	广东圣腾科技股份有限公司	虹吸雨水 建筑小区雨水收集（海绵城市） 建筑同层排水系统	虹吸雨斗和雨水排放收集系统、建筑小区雨水收集系统和设备、海绵城市建设产品和系统、建筑同层排水系统和设备	网址：http://www.saintarco.com/ 地址：广州市天河区天河北路626号1502房 电话：020-83986188、83986095、83986096 联系人：轩境泽 手机：15815803257 Email：937968047@qq.com
30	生活热水设备	瑞美（中国）热水器有限公司	生活热水设备	燃气/电容积式热水器、空气源热泵	网址：www.rheemchina.com 地址：上海市静安区恒丰路568号恒汇国际大厦2706室 电话：021-64261775 联系人：李欣 手机：13817018996 Email：lixin@rheemchina.com
31	生活热水系统控制阀	上海通华不锈钢压力容器工程有限公司	银离子消毒器 水加热器 膨胀罐	SID型银离子消毒器 JC-SID集成式银离子消毒装置 RV系列导流型容积式热交换器 HRV系列半容积式热交换器 囊式膨胀罐	网址：http://www.tonghua-china.com 地址：上海浦东新区浦东北路1039号 电话：6846681 联系人：吴雁云 手机：13918896191 Email：sales@tonghua-china.com
32		欧文托普（中国）暖通空调系统技术有限公司	智能换热机组 生活热水控制阀	模块式智能化换热机组 生活热水恒温平衡阀 生活热水恒温混水阀	网址：www.oventrop.com.cn 地址：北京市大兴区经济技术开发区同济中路2号301室 电话：01067883203-6301 联系人：李继来 手机：13910103709 Email：lijilai@oventrop.com.cn

续表

序号	产品类别	公司名称	推荐产品		联系方式
33	生活热水系设备	阿姆斯壮热水设备贸易（上海）有限公司	生活热水设备	热静力混合阀、数字式恒温混合阀、快速热水器	网址：www.armstronginternational.com 地址：上海市徐汇区中山西路 1800 号兆丰环球大厦 9F1 电话：021-64400699 联系人：刘猛 手机：18621187322 Email：lium@armstrong.com.cn
34		河北保定太行集团有限责任公司	消毒杀菌设备	AOT 光催化杀菌设备	网址：www.thydwater.com 地址：保定市太行路 888 号 电话：13613220720 联系人：闫红霞 手机：13613220720 Email：2358869060@qq.com
			半容积式水加热器、WW\SW 系列半即热式换热器	THF 系列浮动盘管型半容式水加热器 WW\SW 系列浮动盘管型半容式即热式水加热器	
35	生活热水系统控制阀	意大利卡莱菲北京办事处	生活冷热水阀门	例如：前端恒温混合阀；末端恒温混合阀；高温减压阀；编程式热力杀菌电子恒温混合阀；恒温平衡阀	网址：www.caleffi.com.cn 地址：北京市朝阳区广渠东路 1 号 电话：010-87710178 联系人：昌桐 手机：13439507664 Email：neyo@caleffi.com.cn
36		北京索乐阳光能源科技有限公司	生活热水设备	无动力太阳能装配式热水机组装配式管道	网址：www.bjsola.com 地址：北京市昌平区怀昌路兴寿 6 号 电话：400-962-8166 联系人：王智会 手机：13511013034 Email：401575947@qq.com

续表

序号	产品类别	公司名称	推荐产品	联系方式
37	生活热水设备	巨浪（苏州）热水器有限公司	生活热水设备 储水式电热水器、电热水锅炉、储热水箱	网址：http://www.waterheaters.cn 地址：江苏省苏州市高新区浒关分区嵩山路 88 号 电话：0512-65365576 联系人：洪一波 手机：1358484 2199 Email: hongyibo@billowint.com，
38	生活热水系统控制阀	浙江杭特容器有限公司	水加热器换热机组 RV. HRV 系式导流型容积式半容积式加热器 HTRJ-SW 太阳能间接加热换热机组 HTRJ-AW 空气源热泵间接加热换热机组 HTRJ-WT 热媒≤95℃间接加热换热机组 HTRJ-ST 立式半容积式浮动盘管换热机组	网址：www.rongqi.cn 地址：浙江省上虞经济开发区东山路 电话：0575-82605318 联系人：陈立飞 手机：13989521868 Email: 397339233@qq.com
39	自调控（自限温）电伴热保温	盈凡热控技术（上海）有限公司	自调控（自限温）电伴热保温 瑞侃 HWAT 智能热水恒温系统 自调控（自限温）电伴热保温	网址：https://www.nventhermal.cn/index.aspx 地址：上海市宜山路 1009 号创新大厦 20 楼 邮政编码：200233 电话：＋86 21 2412 1688 联系人：刘毅 手机：13911643757 Email: louie.liu@nvent.com
40	自动喷洒系统附件	广州龙雨消防设备有限公司	旋转喷头 B-DSXC 系列旋转喷头	网址：http://www.longius.com 地址：广州龙雨消防设备有限公司 电话：020-34728852 联系人：颜日明 手机：13922796666 Email: 3344182@qq.com

续表

序号	产品类别	公司名称	推荐产品	联系方式
41	自动喷洒系统附件	上海光华永盛消防智能系统股份有限公司	自动喷洒系统	1. 自动末端试水装置； 2. 智能调压阀； 3. 自动消火栓试水装置； 4. 水泵自动放水阀。	网址：www.ghys.com.cn 地址：上海市松江区小昆山镇中心路399弄18号 电话：021-64343260 联系人：张敏伟 手机：13482353436 Email：gh@ghxf.net
42		苏州洪恩流体科技有限公司	消防增压给水设备	物联网消防给水机组	网址：www.szhnlt.com 地址：江苏省太仓市沙溪镇工业园陶湾路5幢 电话：0512-80600966 联系人：洪礼鹏 手机：15820786603 Email：admin@hongen-sz.com
43		上海中韩杜科泵业制造有限公司	XBD消防泵组	XBD系列消防泵组	网址：www.doochpump.com.cn 地址：上海市青浦区练塘国家级工业区章练塘路239号 电话：021-67679390 联系人：沈月生 手机：13585702763 Email：shenyuesheng@doochpump.com.cn
44	消防泵	南方中金环境股份有限公司	1. 建筑消防产品	1. 消防泵机组（含电动机消防泵、柴油机消防泵）	网址：www.cnppump.com 地址：浙江省杭州市余杭区仁和街道仁河大道46号 电话：0571-86397821，0731-84091707 联系人：黄利军、黄密军 手机：13707409047 Email：nm-domestic@nanfang-pump.com

续表

序号	产品类别	公司名称	推荐产品		联系方式
45	建筑机电抗震	北京雅仕格机电科技有限公司	机电工程抗震支撑系统，	机电工程抗震支撑系统和产品	网址: http://www.arshcoo.com/ 地址: 北京市西城区南滨河路 27 号 7 号楼 11 层 1108 电话: 010-63383881、83907471 联系人: 轩境泽 手机: 15815803257 Email: 937968047@qq.com
			建筑成品装配支撑系统，	建筑成品装配支撑和产品	
			机电工程绝热支撑系统，	机电工程绝热支撑和产品	
			综合管廊预埋支撑系统	综合管廊预埋支撑系统和产品	
46		深圳市置华机电设备有限公司	建筑机电抗震	GB 50981 云计算平台	网址: http://www.bc-seismic.com/ 地址: 深圳市盐田区沙头角街道沙盐路 3018 号盐田现代产业服务中心 22 层 电话: 0755-82787698 联系人: 李泽 手机: 15695626315 Email: lize@bc-seismic.com
47	管材及附件	湖北大洋塑胶有限公司	钢塑复合压力管	e-PSP 钢塑复合压力管	网址: www.hbdysj.com 地址: 湖北省广水市开发区沿河大道 3 号 电话: 0722-6412428 联系人: 周红运 手机: 17720533155 1866520671 Email: 771487013@qq.com
48		广东东方管业有限公司	管材及阀门	钢丝网骨架塑料（聚乙烯）复合管材和管件	网址: www.eastpipe.com 地址: 广东省佛山市顺德区杏坛镇东村工业大道南 9 号 电话: 0757-27382211 联系人: 林祥强 手机: 13509955888 Email: 13509955888@vip.com

续表

序号	产品类别	公司名称	推荐产品	联系方式
49		德房家（中国）管道系统有限公司	薄壁不锈钢管及管件	可立接系列齿环式压卡薄壁不锈钢管及管件 质连系列卡压式薄壁不锈钢管及管件	网址：https://www.viega.cn/ 地址：无锡市锡山区万全路30号平谦国际现代产业园P栋 电话：0510-88731337 联系人：李亚涛 手机：13661426986 Email：Yatao.Li@viega.cn
50	管材及附件	上海德士净水管道制造有限公司	给排水管道	钢塑复合管及管配件（具有定尺生产及BIM系统的生产安装能力）	网址：www.sh-ds.cn 地址：上海市闵行区都会路2338号57栋 电话：021-51796127 联系人：蒋建明 手机：13901908409 Email：shds@jiangjm.cn 2218398429@qq.com
51		浙江金洲管道科技股份有限公司	建筑给排水管材及管件	镀锌钢管（燃气、消防）、钢塑复合管（涂塑、衬塑、涂覆、涂漆管件、涂漆燃气管等	网址：http://www.chinakingland.com 地址：浙江省湖州市东门十五里牌（318国道旁） 电话：0572-2260601 联系人：魏安家 手机：13757075664 Email：info@chinakingland.com
52		佑利控股集团有限公司	管材及阀门	PVC-C/PVC-U/ABS系列管材、管件及阀门	网址：Http://www.chinayouli.com 地址：浙江省乐清市柳市镇佑利工业园（兴业北路8-88号） 电话：0577-62767777 联系人：林华义 手机：13505871133 Email：sale@chinayouli.com

续表

序号	产品类别	公司名称		推荐产品	联系方式
53		新兴铸管股份有限公司重庆销售分公司	钢塑复合管	钢塑复合压力管及管件、接口（PSP）	网址：www.xxpsp.cn 地址：河北省邯郸市复兴区石化街4号复合管部 电话：0310-5797150 联系人：张红斌 总工 高级工程师 手机：18630077276 Email：hongbin.zhang@126.com
54	管材及附件	广州荣润智造科技有限公司	热浸镀锌钢管、钢塑复合钢管	装配式钢塑复合钢管、热浸镀锌钢管（给水、消防、燃气）及管件、接口；装配式地下综合管廊管线及管件、接口，装配式抗震支架、装配式暖通管道	网址：www.rongrunde.com 地址：广东省广州市花都区花东镇天和村4号101 电话：020-37720811 联系人：史文荣 总经理 手机：13902901365 Email：2881516173@qq.com
55		陕西兴纪龙管道有限公司	铝合金衬塑复合管材	铝合金衬塑复合管系列产品：给水及中央空调用铝合金衬PP-R、铝合金衬PE；器用铝合金衬PB；燃气用铝合金衬PE。	网址：www.xingjilong.cn 地址：中国陕西省西安市国家航空高技术产业基地二期南良区 电话：029-89082008/89082018 联系人：付晓娟 手机：18629368980 Email：XJLTGB@163.com
			塑料管材	塑料管材系列产品：给水用PE-RT、PP-R、PE；散热器用PB；地暖辐射采暖专用PB、PE-RT；建筑排水用HDPE	
			管件	PE-RT 电熔连接管件；PE-RT、PP-R、PB、PE承插热熔连接管件；PE承插电熔连接管件，PE对接焊热熔连接管件；HDPE承插电熔连接管件。	

续表

序号	产品类别	公司名称		推荐产品	联系方式
56	管材及附件	禹州市新光铸造有限公司	铸铁排水管材	排水用柔性接口铸铁排水管、管件及附件 建筑雨水排水系统用铸铁管、管件及附件	网址：www. hnxinguang. com 地址：河南省禹州市火龙镇西王庄村 电话：0374-8637267 0374-8638038 联系人：许进福 手机：18339061954 Email：hnxinguang888@sina. com
57		开德阜国际贸易（上海）有限公司	给水塑料管材	结晶改善的无规共聚聚丙烯（PP-RCT）给水管及管件、接口	网址：http：//www. aqua-scie. com. cn 地址：上海市徐汇区虹桥路1号港汇中心一座9楼907室 电话：021-64073666转305 联系人：李佳俊 产品推广经理 手机：18918257672 Email：jerryli@kdf. com. cn
58		积水（青岛）塑胶有限公司	给水、排水管道	丙烯酸共聚聚氯乙烯（AGR）给水管及管件； 硬质聚氯乙烯（PVC-U）加强型内螺旋管；AD型特殊单立管专用接头； 交联PE-X给水管	网址：http：//www. sekisui-qd. com 地址：青岛市经济技术开发区延河路273号 电话：0532-86837876或0532-85969080 联系人：徐嘉、王方朋
59		江苏武进不锈股份有限公司	不锈钢无缝管及不锈钢焊管	不锈钢无缝管及不锈钢焊管	网址：www. wjss. com. cn 地址：江苏省 常州市 天宁区 郑陆镇武澄西路1号 电话：0519-88737340 联系人：宋建新 手机：13063905616 Email：songjx8737340@163. com

续表

序号	产品类别	公司名称	推荐产品		联系方式
60		山西泫氏实业集团有限公司	铸铁排水管材	排水用柔性接口铸铁排水管、管件及附件	网址：www.suns-china..com 地址：山西省高平市寺庄镇箭头村工业园区 电话：0356-5221219、0356-5226110 联系人：吴兑建 手机：18334690310 E.mail：sunswkj@126.com
61		高碑店市联通铸造有限责任公司	建筑物排放废水、污水、雨水和通气用排水铸铁管道及对铸铁无腐蚀的工业废水排水铸铁管道	建筑雨水排水系统用铸铁管、管件及附件	
				排水用柔性接口铸铁管、管件及附件	网址：WWW.ltzz.cn 地址：河北省高碑店市方官镇北工业区2号 电话：0312-2795999 联系人：刘立民 手机：13903364755 E.mail：13903364755@163.com
62	管材及附件	北京沪苓天管材有限公司	建筑排水柔性接口承插式铸铁管及管件	建筑排水柔性接口承插式铸铁管及管件	网址：www.bjhxt168.com 地址：北京市丰台区大红门时村慧时欣园5号楼2705室 电话：010-87896858 联系人：李加增 手机：13901081211 E.mail：13901081211@163.com
63		河北兴华铸管有限公司	铸铁排水管材	排水用柔性接口铸铁排水管、管件及附件	网址：www.xinghuazhg.com 地址：保定市徐水区安肃镇迁民庄村 电话：0312-8665123、0312-8683536 联系人：胡亮 手机：13701186592 E.mail：xinghuazhg@163.com
				建筑雨水排水系统用铸铁管、管件及附件	

续表

序号	产品类别	公司名称	推荐产品	联系方式
64	管材及附件	泽州县金秋铸造有限责任公司	排水用柔性接口铸铁排水管、管件及附件	网址: www.jqzzgs.com 地址: 山西省泽州县南村镇东常村 电话: 0356-3896111 联系人: 徐立 手机: 13834923290 Email: 1660124049@qq.com
			铸铁排水管材管件	
			建筑雨水排水系统用铸铁管、管件及附件	
65		河北建投宝塑管业有限公司	给水排水管材	网址: www.baosupipe.com.cn 地址: 河北省保定市北二环 5699 号大学科技园 1-A-301 电话: 0312-5918305 联系人: 吴承刚、周少鹏 手机: 13833019005/15933582605 Email: taijiblue@pvc-opipes.com
			给水用聚乙烯 (PE) 管材	
			给水用硬聚氯乙烯 (PVC-U) 管材	
			给水用抗冲改性聚氯乙烯 (PVC-M) 管材	
			给水用抗冲压双轴取向聚氯乙烯 (PVC-O) 管材	
			全塑保温管	
66		苏州创成爱康建筑科技有限公司	PB 建筑集成给水管道系统	网址: WWW.AIKANG.COM 地址: 苏州市马运路 248 号 电话: 0512-6777 8869 联系人: 徐军 手机: 18915501385 Email: 18915501385@163.com
			PB 聚丁烯可更换管道	
67		江苏众信绿色管业科技有限公司	增强不锈钢管	网址: www.zxky.cn 地址: 南京市江宁区湖熟街道金迎路 6 号 电话: 025-86553658 联系人: 陈祥 手机: 15195772177 Email: 15195772177@163.com

续表

序号	产品类别	公司名称	推荐产品	联系方式
68		上海中塑管业有限公司	无规共聚聚丙烯给水管	结晶改善的无规共聚聚丙烯（PP-RCT）给水管	网址：www.zhsu.com 地址：上海市金山区枫泾镇建安路61号 电话：021-6729 3562 联系人：赵秀静 手机：18017391250 Email：zhsu@zhsu.com
69		上海远洲管业科技股份有限公司	PVC-C消防管道及管件	优脉PVC-C消防管道及管件	网址：www.vizol.cn 地址：上海市青浦区朱枫公路1258号 电话：010-59235888 联系人：周文忠 手机：18802100188 Email：zhwzh@vizol.cn
70	管材及附件	新兴铸管股份有限公司	给排水管材	离心球墨铸铁管	网址：www.xinxing-pipes.com 地址：邯郸市复兴路19号 电话：0310-4061535 联系人：白占顺 手机：13333109558 Email：xxzgbzs@sina.com
71		浙江正康实业股份有限公司	给水用不锈钢管材及管件	给水用不锈钢管、不锈钢双卡压式管件、不锈钢卡凸式管件、不锈钢沟槽式管件、焊接式管件不锈钢	网址：www.cnzjzk.com 地址：温州市经济技术开发区海园区丁香路678号 电话：0577-55560056 联系人：刘会 手机：13587860296 Email：360706992@qq.com

续表

序号	产品类别	公司名称		推荐产品	联系方式
72		广东联塑科技实业有限公司	产品及服务涵盖管道产品、水暖卫生洁具、整体厨房、型材门窗、装饰板材、卫生材料、海洋养殖、环境保护、建材家居渠道与服务等领域。	市政给排水管道产品、建筑小区给排水管道产品等	网址：http://www.lesso.com/ 地址：广东省佛山市顺德区龙江镇镇塑工业村 电话：07572922510 联系人：李统一 手机：15011662608 Email：litongyi@lesso.com
73	管材及附件	永高股份有限公司	给排水塑料管材管件	塑料管材（硬聚氯乙烯（PVC-U、UPVC）给水管及管件、接口；无规共聚聚丙烯（PP-R）给水管、管件及接口；耐热聚乙烯（PE-RT）给水管、管件及接口；聚丁烯（PB）给水管、管件及接口；氯化聚氯乙烯（PVC-C、CPVC）给水管及管件、接口；硬聚氯乙烯（PVC-U、UPVC）排水管及管件、接口及接口；高密度聚乙烯（HDPE）排水管、管件及接口；聚丙烯（PP）排水管、管件及接口）	网址：http://www.era.com.cn 地址：浙江省台州市黄岩经济开发区堘西路2号 电话：0576-84532000 联系人：黄剑 Email：huangjian@era.com.cn
74		广东永泉阀门科技有限公司	建筑用阀门	蝶阀、闸阀、倒流防止器、大压差减压阀、多功能水泵控制阀、消防信号蝶阀、消防信号闸阀、水锤吸纳器、湿式报警阀、雨淋式报警阀…	网址：www.yq.com.cn 地址：佛山市南海区九江镇龙高路梅东段1号 电话：0757-86509999 联系人：陈键明 手机：13911766288 Email：chenjm@yq.com.cn
75	给排水系统阀件	泉州市六合一水暖设备有限公司	液压脚踏延时冲洗阀	明装卧式液压脚踏延时冲洗阀、明装角式脚踏脚踩延时压脚踏踩延时暗装液压脚踏延时冲洗阀、环保型暗装液压脚踏延时冲洗阀	网址：http://www.6in1.com.cn 地址：泉州市泉秀路宝成大厦2号楼2号 电话：0595-86181321 联系人：洪坤贤 手机：13305952222 Email：613617878@qq.com